KARL A. HOFMANN

ANORGANISCHE CHEMIE

21., berichtigte Auflage

Herausgegeben von

Prof. Dr. ULRICH HOFMANN, Heidelberg
und
Prof. Dr. WALTER RÜDORFF, Tübingen

mit 122 Abbildungen

 Springer Fachmedien Wiesbaden GmbH

ISBN 978-3-528-18221-2   ISBN 978-3-663-14240-9 (eBook)
DOI 10.1007/978-3-663-14240-9

1973

Vorwort zur 17. Auflage

Die 17. Auflage ist in allen Teilen sorgfältig überarbeitet, ergänzt und — soweit es möglich war — auf den gegenwärtigen Stand der Chemie gebracht worden. Der Nomenklatur lagen die im Jahre 1959 veröffentlichten Richtsätze zugrunde. Die Überarbeitung führte zu manchen Umstellungen gegenüber der letzten Auflage. So wurden mehrere Kapitel mit allgemeinem Inhalt weiter vorn in den Text eingefügt und die Lanthaniden mit der Familie der Actiniden vereinigt. Stets haben wir darauf geachtet, dem bewährten Prinzip des Buches zu entsprechen, und dem experimentellen Ergebnis den Vorrang vor der erklärenden Regel gegeben.

Kummer bereitete den Lehrbuchverfassern oftmals die Angabe der Konstanten, z. B. die der Schmelz- und Siedepunkte. So findet man für den Schmelzpunkt des Kaliumjodids in den neuesten Tabellenwerken die Werte 681,8 °C oder 723 °C. Der Schmelzpunkt des Iridiums wird jedoch mit 2454 °C angegeben, obwohl bei der Schwierigkeit, so hohe Temperaturen genau zu messen, mindestens die letzte Stelle unsicher ist. In solch krassen Fällen wurden deshalb abgerundete Werte eingesetzt.

Neben anderem hat sich der Verlag bemüht, durch eine zweckmäßige Typographie den Text übersichtlich und ansprechend zu gestalten.

Wieder haben wir vielen Kollegen für wertvolle Hinweise zu danken, ganz besonders den Herren O. BAYER, Leverkusen, A. DIETZEL, Würzburg, E. WÖLFEL, Darmstadt, Dr. H. JONAS, Leverkusen, Dr. K. RUTHARDT, Hanau, Dr. K. WINTERSBERGER, Ludwigshafen und der KNAPSACK-GRIESHEIM AG. Frau Dr. Gerda RÜDORFF danken wir für ihre Mitarbeit bei der Fertigstellung des Manuskriptes und das Lesen der Korrekturen sowie für die Aufstellung des Registers.

Verfasser und Verlag hoffen, daß der bald 50 Jahre alte „K. A. Hofmann" wie bisher ein zuverlässiges Buch zur Information für den Chemiker, vor allem aber weiterhin ein gutes Lehrbuch für den Studenten bleiben möge.

Heidelberg und Tübingen, im September 1963

Ulrich Hofmann   *Walter Rüdorff*

Inhaltsverzeichnis

Nichtmetalle

Sonderkapitel

Internationale Atomgewichte 1972

bezogen auf den genauen Wert 12 für die relative Atommasse des Kohlenstoffisotops ^{12}C

Element	Zeichen	Ordnungszahl	Atomgewicht	Element	Zeichen	Ordnungszahl	Atomgewicht
Actinium	Ac	89	227	Natrium	Na	11	22,9898
Aluminium	Al	13	26,9815	Neodym	Nd	60	144,24
Americium	Am	95	[241] [1]	Neon	Ne	10	20,179
Antimon	Sb	51	121,75	Neptunium	Np	93	[237]
Argon	Ar	18	39,948	Nickel	Ni	28	58,71
Arsen	As	33	74,9216	Niob	Nb	41	92,9064
Astat	At	85	[210]	Nobelium	No	102	[254]
Barium	Ba	56	137,34	Osmium	Os	76	190,2
Berkelium	Bk	97	[247]	Palladium	Pd	46	106,4
Beryllium	Be	4	9,01218	Phosphor	P	15	30,9738
Blei	Pb	82	207,2	Platin	Pt	78	195,09
Bor	B	5	10,81	Plutonium	Pu	94	[239]
Brom	Br	35	79,904	Polonium	Po	84	210
Cadmium	Cd	48	112,40	Praseodym	Pr	59	140,907
Cäsium	Cs	55	132,9055	Promethium	Pm	61	[147]
Calcium	Ca	20	40,08	Protactinium	Pa	91	231,0359
Californium	Cf	98	[249]	Quecksilber	Hg	80	200,59
Cer	Ce	58	140,12	Radium	Ra	88	226,0254
Chlor	Cl	17	35,453	Radon	Rn	86	222
Chrom	Cr	24	51,996	Rhenium	Re	75	186,2
Curium	Cm	96	[242]	Rhodium	Rh	45	102,9055
Dysprosium	Dy	66	162,50	Rubidium	Rb	37	85,4678
Einsteinium	Es	99	[252]	Ruthenium	Ru	44	101,07
Eisen	Fe	26	55,847	Samarium	Sm	62	150,4
Erbium	Er	68	167,26	Sauerstoff	O	8	15,9994
Europium	Eu	63	151,96	Scandium	Sc	21	44,9559
Fermium	Fm	100	[253]	Schwefel	S	16	32,06
Fluor	F	9	18,9984	Selen	Se	34	78,96
Francium	Fr	87	[223]	Silber	Ag	47	107,868
Gadolinium	Gd	64	157,25	Silicium	Si	14	28,086
Gallium	Ga	31	69,72	Stickstoff	N	7	14,0067
Germanium	Ge	32	72,59	Strontium	Sr	38	87,62
Gold	Au	79	196,9665	Tantal	Ta	73	180,9479
Hafnium	Hf	72	178,49	Technetium	Tc	43	[99]
Helium	He	2	4,00260	Tellur	Te	52	127,60
Holmium	Ho	67	164,9303	Terbium	Tb	65	158,9254
Indium	In	49	114,82	Thallium	Tl	81	204,37
Iridium	Ir	77	192,22	Thorium	Th	90	232,0381
Jod	J	53	126,9045	Thulium	Tm	69	168,9342
Kalium	K	19	39,102	Titan	Ti	22	47,90
Kobalt	Co	27	58,9332	Uran	U	92	238,029
Kohlenstoff	C	6	12,011	Vanadin	V	23	50,9414
Krypton	Kr	36	83,80	Wasserstoff	H	1	1,0080
Kupfer	Cu	29	63,54	Wismut	Bi	83	208,9806
Lanthan	La	57	138,9055	Wolfram	W	74	183,85
Lawrencium	Lw	103	[257]	Xenon	Xe	54	131,30
Lithium	Li	3	6,941	Ytterbium	Yb	70	173,04
Lutetium	Lu	71	174,97	Yttrium	Y	39	88,9059
Magnesium	Mg	12	24,305	Zink	Zn	30	65,38
Mangan	Mn	25	54,9380	Zinn	Sn	50	118,69
Mendelevium	Md	101	[256]	Zirkonium	Zr	40	91,22
Molybdän	Mo	42	95,94				

[1]) Eckige Klammern bedeuten, daß das Atomgewicht dieses künstlich gewonnenen Elementes nur für das langlebigste derzeit bekannte oder für das am genauesten untersuchte Isotop gilt.

Einleitung

Nur zwangsweise teilen wir die Erscheinungen der Natur in das Gebiet des greifbar Stofflichen und Wägbaren, der *Materie*, und in das Gebiet der die örtlichen Verschiebungen, die inneren und äußeren Veränderungen der Materie bewirkenden *Energie*.

Wir können die Materie nicht wahrnehmen ohne die Energie des Lichtes, der Raumerfüllung, des Gewichtes oder der Wärme, und ebenso können wir die Energie nur an ihren Wirkungen auf die Materie der Umgebung und auf die unseres Körper beobachten. Dennoch hat es sich mit der Erweiterung der menschlichen Kenntnisse als zweckmäßig erwiesen, die Lehre der Materie, die *Chemie*, abzutrennen von der Lehre der Energie, der *Physik*, weil zum tieferen Eindringen in die Erscheinungen der Natur die Beobachtung entweder auf die Materie oder auf die treibenden Kräfte der Energie überwiegend und mit einer gewissen Einseitigkeit konzentriert werden muß.

Geschichtlicher Überblick

Die Naturwissenschaften beruhen auf der Beobachtung, die uns zunächst die Erscheinungen der Natur und weiterhin die Zusammenhänge zwischen diesen erkennen läßt. Nicht von geistigem Streben getrieben, auch nicht aus bloßer Neugierde hat seit uralter Zeit der Mensch die ihn umgebende Natur beobachtet, vielmehr zwangen ihn dazu Hunger und Kälte sowie Krankheiten und alle die Gefahren, die ihm von seiten der feindlichen Natur drohten, und je härter sich dieser Kampf ums Dasein gestaltete, desto mehr mußte der Mensch seine natürlichen Gaben entfalten und anstrengen, um nicht das Schicksal unzähliger Arten des tierischen Stammbaumes zu teilen, nämlich auszusterben oder von anderen Lebewesen zurückgedrängt zu werden.

Die ersten Spuren menschenähnlicher Wesen finden wir gegen Ende des Tertiärs. Solange diese Ahnen des Menschengeschlechts in dem milden Klima der Tertiärzeit lebten, gab die Natur ihnen freigebig Nahrung und Ruhestätte. Als aber gegen Ausgang dieser Erdperiode die gewaltigen Vergletscherungen in Europa, Asien, Amerika begannen, als vor einer Million Jahren die Eiszeit eintrat, da verschwand das Paradies der nördlichen Länder, und die menschenähnlichen Geschöpfe mußten entweder nach tropischen Erdteilen flüchten oder, wo dies wegen der auch von Süden, von den Alpen und Pyrenäen ausgehenden Gletscher nicht möglich war, in den zwar vom ewigen Eis freien, aber von Schneestürmen durchtobten, in trübe Winterkälte versunkenen Landstrichen sich behaupten. Dies war nur möglich mit der Hilfe des Feuers, der ersten und größten Erfindung des Menschen.

Dem vom Blitz gezündeten Waldbrand, vielleicht auch den gegen das Ende der Tertiärzeit allenthalben hervordringenden vulkanischen Feueressen, hatte der Mensch den Feuerbrand entnommen und für seine Zwecke dienstbar gemacht, und wenn ihm die sorglich gehütete Feuerstätte erlosch, so fand er durch Beobachtung Mittel und Wege, das Feuer zu erzeugen, sei es durch Reiben von hartem in weichem Holz oder durch Auffangen des Funkens aus Feuerstein und Schwefelkies auf trockenem Moos oder Baumschwamm. „Nur mit dem Feuer konnten sich die Urmenschen an den nebeltrüben, kalten und schneesturmreichen Rand des Eises wagen, wo ihnen zwar keine pflanzliche Nahrung, aber dafür eine unerschöpfliche, wunderbare Quelle von animalischer Kost geboten wurde. Durch sie befähigt, die Unbilden des Klimas zu ertragen, durch sie entzündet zu kühnem Handeln, erhob sich unter dem Einfluß von Eis und Feuer ein gewalttätiges, starkes Geschlecht aus den Banden tierischer Ahnen empor" (aus JOHANNES WALTHER: Geschichte der Erde und des Lebens). So finden wir denn die ersten Spuren des feuer- besitzenden Menschen schon zu Beginn der Eiszeit, und hier tritt uns der Mensch zuerst als Erfinder im naturwissenschaftlichen Sinne des Wortes entgegen.

Die Beobachtung des Feuers lehrte später den Menschen keramische Geräte herzustellen, das Kupfer zu schmelzen, die Bronze und das Eisen aus den Erzen zu gewinnen; er lernte das Gerben; die Beobachtung der Tier- und Pflanzenwelt lehrte ihn, Gifte und Farben herzustellen; aus den Veränderungen des Traubensaftes beim Aufbewahren gewann er berauschende Getränke und weiterhin den Essig zum Heilen der Wunden und zur Halt- barmachung der Speisen.

Wieweit in frühgeschichtlicher Zeit die chemischen Kenntnisse der Kulturvölker gingen, wissen wir nur sehr unvollkommen. Jedenfalls kannten die Chaldäer und die alten Ägypter den gebrannten Kalk, den gebrannten Ton; sie konnten Kupfer, Bronze, Eisen, Blei, auch Antimon aus den Erzen erschmelzen; als Farben kannten sie die Mennige, den Zinnober, den Ocker, das Auripigment, den mineralischen Ultramarin, ferner ein Blau, aus Kupferoxyd und Natriumsilikat geschmolzen, auch wußten sie den Indigo und den Krappfarbstoff aus den Pflanzen zu verwerten. Mit Indigo kann man aber nur aus der auf einer Reduktion des Farbstoffs beruhenden Küpe färben, die damals und noch lange danach mittels eines Gärungsprozesses erzeugt wurde. Um mit dem Krappfarbstoff (dem Alizarin) rot färben zu können, muß man das Gewebe mit Alaun oder der Tonerde des Alaunbaumes (Symplocos lanzeolata) beizen. Alles dieses setzt schon erhebliche Einzel- kenntnisse voraus, desgleichen die Färberei mit dem indigoverwandten Farbstoff der Purpurschnecke. Mit Kochsalz und Alaun bewahrten die Ägypter die Leichname von Menschen und Tieren als Mumien vor der Fäulnis.

Auch die Kenntnis von Giften und Heilmitteln war vor mehr als vier Jahrtausenden hochentwickelt. Die Chaldäer kannten wohl die Brechwirkungen von Antimon- und Arsenpräparaten, und die ägyptischen Priester wußten ihre Geheimnisse zu wahren durch Verabreichung eines Trankes des Schweigens.

Noch in unserer Zeit wußten selbst die rohesten Naturvölker die Gifte der Strychnos- pflanzen, der Wolfsmilchgewächse, des Upasbaumes (Antiaris toxicaria), von Käfer- larven (Diamphidia simplex) mit Geschicklichkeit zu gewinnen und vor Zersetzung zu bewahren.

Leider sind Aufzeichnungen der ägyptischen Kenntnisse nicht erhalten geblieben, aber die Araber traten das Erbe der alten Priester des Nillandes an, des Landes Chemi[1]), und nannten unter Voransetzung des Artikels al die ägyptische Kunst Alchemie[2]). Schon

---

[1]) Chemi bedeutet soviel wie schwarz, und wegen der schwarzen Erde im Gegensatz zum roten Wüstensand hieß Ägypten in der koptischen Sprache Chemi. Nach E. v. LIPPMANN bedeutete „Chemi" ≙ „das Schwarze", bei den spätgriechischen Alchemisten das „schwarze Präparat", in dem man Anfang und Ende der Verwandlungen suchte; siehe das Werk dieses Autors: Entstehung und Ausbreitung der Alchemie.

[2]) Nach ALEXANDER FINDLAY liegt der Ursprung der Alchemie in einem Gemisch der technischen Erfahrung der ägyptischen Künstler, der griechisch philosophischen Spekulation und der mystischen Anschauungen der Perser und Chaldäer. Der Stein der Weisen wird als Mittel zur Beschleunigung eines natürlichen Wachstumsvorganges der Metalle bis zum voll- kommenen Metall Gold aufgefaßt.

im 8. Jahrhundert haben sich im östlichen Persien Schulen der experimentellen Alchemie entwickelt, aus denen berühmte Ärzte hervorgingen.

Der im 9. Jahrhundert lebende DSCHABIR IBN HAJJAN, der arabische GEBER (zum Unterschied vom lateinischen GEBER, dem unbekannten Verfasser der *Summa perfectionis*), beschreibt die Herstellung von Salmiak durch Destillation von Blut, Haaren und Harn, und der um 923 verstorbene arabische Arzt AL RAZI kannte auch das mineralische Vorkommen des Salmiaks östlich von Samarkand aus glimmenden Kohlenlagern sowie den vulkanischen Salmiak vom Demawend (JULIUS RUSKA).

Der Salmiak galt, abgesehen von seiner medizinischen Verwendung, als das Elixier zur Verwandlung von Metallen. Bald wandte sich das Streben in der Folgezeit immer mehr der Gewinnung des Goldes zu, und unterstützt durch die Beobachtung, daß man aus dem metallisch messinggelbglänzenden Schwefelkies kleine Mengen Gold gewinnen konnte, glaubte man an die Möglichkeit, unedle Metalle in edle, insbesondere Kupfer oder Bronze in Gold verwandeln zu können. Doch blieben die alten Gelehrten noch immer so weit auf dem Boden der Wirklichkeit, daß sie durch nüchterne Beobachtung wertvolle Entdeckungen machten, wie die Darstellung der Salpetersäure aus Salpeter, Alaun und Kupfervitriol, der Salzsäure aus Kochsalz und Eisenvitriol, der Schwefelsäure aus dem Eisenvitriol. Auch machte man eine hochwichtige Erfindung, indem man, wohl auf Grund chinesischer Kenntnisse des Salpeters (Chinasalz genannt), Mischungen aus Salpeter, Schwefel und Kohle bereitete. Aus diesem ursprünglich nur als Brand- und Sprengmittel verwendeten Pulver entwickelte sich im 14. Jahrhundert das Schießpulver.

Ins Abenteuerliche wuchs die Alchemie und wurde zur schwarzen Kunst, als nach Unterdrückung und Vertreibung der Araber ihre Kenntnisse sich von Spanien auch in Europa ausbreiteten. Unter dem unheilvollen Einfluß mystisch-religiöser Vorstellungen wurde selbst der sonst klare Blick von hochbegabten Männern, wie ALBERTUS MAGNUS, ROGER BACO, RAYMUNDUS LULLUS, getrübt, und man suchte nach der *Quinta essentia*, die als Stein der Weisen, großes Elixier oder Magisterium (Meisterstück) unedle Metalle in Gold verwandeln sollte und als *Aurum potabile* alle Krankheiten heilen, das Alter verjüngen sowie endlich das Leben verlängern mußte. Hieraus ergab sich als besondere Richtung die *Iatrochemie* (ἰατρός ≙ Arzt), die zunächst zwar ganz richtig die Lebensvorgänge als chemische, die Heilkunde als angewandte Chemie auffaßte und von berühmten Ärzten, wie PARACELSUS (gestorben 1541), LIBAVIUS, GLAUBER (1604 bis 1668) vertreten wurde, aber gleich der schwarzen Kunst zu unmittelbar auf den praktischen Gewinn gerichtet war. Diese Forschungsweise war ja, abgesehen von den mystischen Formen und Vorstellungen, in die sie gekleidet war, die nächstliegende, natürlichste, denn von Anfang an strebte der Mensch nach chemischen Kenntnissen nur des materiellen Vorteils wegen; aber je mehr die Oberfläche der Natur daraufhin abgesucht worden war, um so tiefer mußte man gehen, um die versteckt liegenden Schätze zu heben. Dies läßt sich aber mit Sicherheit nur dadurch erzwingen, daß man mit unbefangenem Blick Teil für Teil das zutage geförderte Material betrachtet, mustert, sichtet, ordnet, den Zusammenhang zwischen den einzelnen Teilen zu finden sucht und dann erst auf die praktische Verwertbarkeit der Beobachtungen Rücksicht nimmt; man muß, um über die oberflächlichen Funde hinauszukommen, voraussetzungslos, man muß wissenschaftlich forschen. Die wissenschaftliche Forschungsweise ist die verfeinerte, vertiefte Kunst des Suchens.

Diese fehlte zumeist den Alchemisten und Iatrochemikern; aber man tut ihnen unrecht, wenn man sie als Abenteurer, Gaukler oder Betrüger ansieht. Die obengenannten Männer strebten nach Erkenntnis, und wir verdanken ihnen viele wichtige Entdeckungen, wie z. B. die der Kohlensäure durch LIBAVIUS und VAN HELMONT, des Phosphors durch BRAND (1669), der Leuchtsteine durch VINCENTIUS CASCIOROLUS (Anfang des 17. Jahrhunderts), der Antimonpräparate, der Wismutsalze und des Zinnchlorids durch Libavius (1605), wie auch die meisten metallurgischen Prozesse schon von den Alchemisten aufgefunden wurden.

Sicherlich standen diese Männer der wahren chemischen Forschungsweise viel näher als die großen Philosophen des klassischen Altertums und ihre Anhänger in den späteren Zeiten des Mittelalters; denn sie gebrauchten ihre natürlichen Sinne und versanken nicht in abstrakte Spekulationen über die Teilbarkeit der Materie, wie Anaxagoras und Demokritos, über den Aufbau der Welt aus den vier Elementen Wasser, Feuer, Luft und Erde, wie Empedokles und Aristoteles, oder über das Wesen des metallischen Zustandes, wie Plato.

Es bleibt für die Forschungsart der griechischen Philosophen der Mangel an jedem Bedürfnis charakteristisch, die Ergebnisse des Denkens auch durch objektive Versuche (Experimente) zu prüfen. Erst die alexandrinische Schule der griechischen Forscher hat, vielleicht unter dem Einfluß ägyptischer Denkungsart, mit einer wirklichen, auf Experimente gegründeten Naturforschung begonnen, welche ganz die gleichen Wege gegangen ist, die wir auch heute noch benutzen.

Der Grund, weshalb die höchstentwickelten Kulturvölker des klassischen Altertums, die Griechen und Römer, an den Fortschritten der Chemie keinen tätigen Anteil nahmen, lag in dem geistigen Hochmut, der sich ganz unverhüllt in einem Satz Plutarchs ausspricht: „Wir brauchen zwar die Färber und Salbenköche, aber wir halten sie für niedrige Handwerker" (wörtlich βαναύσους ≙ vor dem Ofen Arbeitende, d. h. gewöhnliche Handwerker im Gegensatz zu den hochstehenden Vertretern der schönen Künste und Wissenschaften). Römer und Griechen überließen solch niedrige Arbeit den Sklaven, die eben nur die ihnen befohlene Arbeit verrichteten.

Bis über die Mitte des 19. Jahrhunderts hinaus machte sich dieser geistige Hochmut der klassisch gebildeten Menschen zum Schaden chemischer Forschung geltend und hielt viele Kräfte davon fern, und hätten nicht die drohenden Krankheiten oder der Hunger nach Gold die chemische Forschung aufrecht erhalten, so wäre nach dem Zusammenbruch der arabischen Kultur dieses Wissensgebiet von der Renaissance im Abendlande vollends unterdrückt worden.

Die wissenschaftliche Richtung der Chemie wurde von Boyle (1626 bis 1691) eingeleitet, und die erste brauchbare Theorie entwickelte Stahl (1660 bis 1734). Diese Phlogistontheorie (φλογιστός ≙ verbrannt) geht zurück auf Plato, der das Rosten für eine Ausscheidung hielt. Allgemein nahm man an, daß beim Rosten (Verkalken) sowie beim Verbrennen das Phlogiston entweiche, und man nannte die hinterbleibenden Produkte Phlegma oder dephlogistierte Stoffe. Um aus ihnen wieder die ursprünglichen Substanzen, wie die Metalle, herzustellen, mußte man ihnen Phlogiston wieder zuführen, was mit phlogistierter Luft (Wasserstoff) oder mit der phlogistonreichen Kohle gelang, die dabei ihrerseits in dephlogistierte Luft (Kohlensäure) überging.

Das Phlogiston war keine Materie, sondern ein Agens in ähnlichem Sinne wie die Wärme, die man bis zur Mitte des vorigen Jahrhunderts als besonderen Stoff auffaßte. Was Stahl in seinem Phlogiston ahnte, kennen wir heute als Energie, die bei chemischen Vorgängen aufgenommen oder abgegeben wird.

Viele wertvolle Untersuchungen über Metalle, Mineralien, Phosphorsäure, über die Gase usw. verdanken wir den Anhängern der Phlogistontheorie, insbesondere Marggraf, Priestley, Scheele, Cavendish, Bergman und Black[1]).

---

[1]) Siehe: Günther Bugge, Das Buch der großen Chemiker, Band I und II, Verlag Chemie, Weinheim, 1953/1955.

Die gewichtsmäßigen Zu- oder Abnahmen bei chemischen Umsetzungen waren den späteren Phlogistikern, wie PRIESTLEY, SCHEELE, CAVENDISH, wohl bekannt; aber die qualitative Betrachtungsweise überwog, wie stets im Frühstadium der Wissenschaft, und hierfür genügte die Phlogistontheorie fast 100 Jahre lang.

Um 1774 gewann durch ANTOINE LAVOISIER die quantitative, mit der *Waage* messende chemische Forschung die Grundlage in der Sauerstofftheorie.

LAVOISIER erkannte und betonte, daß bei der Verbrennung ebenso wie bei dem Rosten (der Verkalkung) ein wägbarer Stoff hinzukomme, und zwar aus der umgebenden Luft. Diesen Stoff nannte er Oxygene (Säurebildner), woher wir die Bezeichnung Sauerstoff haben, weil manche Produkte der Verbrennung mit Wasser Säuren bilden, und er wies 1774 in einem besonderen, den Arbeiten von PRIESTLEY entnommenen Versuch nach (siehe bei Sauerstoff), daß das Quecksilberoxid soviel wiegt, wie das verbrauchte Quecksilber und der verbrauchte Sauerstoff zusammen wiegen. Diesem Beispiel folgten zwar bald viele andere, aber obwohl KLAPROTH die neue Sauerstofftheorie eifrig vertrat, gelangte sie doch erst zu Anfang des 19. Jahrhunderts zu unbestrittener Herrschaft.

Um diese Zeit (1808 bis 1827) begründete DALTON die Atomtheorie, die im Verein mit der Lehre von den Gasmolekülen, wie sie AVOGADRO 1811 entwickelte, den Grund legte zu unseren heutigen Anschauungen von der Struktur der Materie. Die dadurch geförderte gewaltige Entwicklung der Chemie im 19. und 20. Jahrhundert an dieser Stelle zu schildern, ist nicht nötig; denn der ganze folgende Inhalt dieses Buches wird diese Errungenschaften im einzelnen behandeln, soweit sie nicht in das Spezialgebiet der organischen Chemie oder physikalischen Chemie gehören.

Einteilung der Chemie

Wie bei den Naturwissenschaften überhaupt, ist auch bei der Chemie die unterste Grundlage, auf der sich die Erscheinungen der sichtbaren Welt aufbauen, noch verborgen, und man kann nicht, von wenigen Voraussetzungen ausgehend, das Lehrgebäude der Chemie aufrichten. Die chemische Forschung und der chemische Unterricht müssen von der dem Blick zunächstliegenden Oberfläche aus allmählich in die Tiefe dringen, und je weiter wir dabei fortschreiten, um so mehr Zusammenhänge zwischen dem zutage geförderten Material lassen sich aufdecken. Weil dieses realer Art ist und in Gestalt von Tatsachen unvergänglichen Wert besitzt, können spätere Funde dieses nicht mehr ändern, sondern uns nur veranlassen, unsere Vorstellungen, Hypothesen und Theorien umzuformen. Von diesen werden unsere durch das Experiment errungenen Erfahrungen nicht berührt, und die gewaltige Arbeit der früheren Forscher bleibt in ihrer ganzen Geltung fortbestehen, ebenso wie die experimentellen Forschungsergebnisse der Phlogistiker und der Alchemisten.

Die Chemie ist eine Erfahrungswissenschaft, nicht eine Geisteswissenschaft, und wer Chemie studieren will, muß, wie der Mensch der uralten Zeiten, zunächst nur beobachten und das, was er mit seinen Sinnen wahrgenommen hat, seinem Gedächtnis einprägen. Erst dann, wenn hinlängliche Eindrücke aus der Beobachtung haften geblieben sind, können die Beziehungen zwischen den Tatsachen verfolgt werden.

Analytische Chemie

Die forschende Tätigkeit des Chemikers erstreckt sich zunächst auf die Isolierung reiner Stoffe aus den bisweilen sehr komplizierten Gemischen der Natur und weiterhin auf die Zerlegung dieser Stoffe in die Grundstoffe, die Elemente. Diese Tätigkeit, die Materie zu trennen und ihre Bestandteile nachzuweisen, ist die Aufgabe der *analytischen Chemie* (von ἀναλύειν ≙ auflösen, auftrennen). Man hat vielfach die Chemie kurzweg als Scheidekunst bezeichnet, doch mit Unrecht; denn diese ist nur ein Teil der Chemie und nicht das Ganze.

Präparative Chemie

Wie die Natur aus den Elementen die unzähligen Erscheinungsformen aufbaut, so kann der Mensch die äußeren Bedingungen hierzu bieten und so die Elemente miteinander zu komplizierten Gebilden sich vereinigen lassen, und dies ist die zweite Aufgabe, nämlich die der *präparativen (synthetischen) Chemie* (von σύνθεσις ≙ Zusammensetzung, -stellung, -fügung). Die gewaltige Entwicklung der technischen Chemie beruht zumeist auf den Leistungen der Forschung auf diesem Gebiet. Der präparativen Chemie verdanken wir nicht nur die Herstellung von seltenen Naturprodukten, sondern auch die Gewinnung von neuen, der Natur nicht bekannten Stoffen mit wertvollen Eigenschaften.

Wenn nun durch die vereinte Arbeit der analytischen und präparativen Chemie der stoffliche Zusammenhang und die Eigenschaften der materiellen Erscheinungsformen, wenn uns ihre Qualitäten bekannt sind, dann kann man die quantitativen Beziehungen zwischen diesen Qualitäten vielfach mathematisch behandeln, ähnlich wie dies in der Physik fast allgemein möglich ist. Aber man muß sich stets vergegenwärtigen, daß die Mathematik nur klar definierte Begriffe verarbeiten kann und nur quantitative Beziehungen zwischen vorher schon erkannten Qualitäten auswerten läßt. Der mathematischen Behandlung der Chemie muß deshalb die qualitative Kenntnis der Materie vorausgehen, man kann die Mathematik erst dann anwenden, wenn man die Experimentalchemie in ihren wesentlichsten Teilen beherrscht.

Physikalische Chemie

Die Erforschung der quantitativen Beziehungen in der Chemie und der Gesetzmäßigkeiten, die den chemischen Vorgängen zugrunde liegen, ist die Aufgabe der *physikalischen Chemie*. Diese bringt den Verlauf chemischer Vorgänge in zahlenmäßige Beziehungen zu den Konzentrationen der Stoffe und zu den äußeren Bedingungen der Temperatur und des Druckes. Sie lehrt uns ferner die Gesetze, nach denen wir mit Hilfe der Wärme und der Elektrizität stoffliche Veränderungen bewirken können, sie hat die eine Zeitlang nur losen Beziehungen zwischen Physik und Chemie wieder eng geknüpft und ist zu einem kräftigen und unentbehrlichen Zweig unserer Wissenschaft geworden.

Anorganische und organische Chemie

Alle Lebewesen enthalten Verbindungen des Elementes Kohlenstoff. Nur dieses Element vermag die Vielfalt der Stoffe zu bilden, die uns in der organischen Materie begegnen, und nur seine Verbindungen besitzen die Fähigkeit, sich unter so sanften Bedingungen und so vielgestaltig ineinander zu verwandeln, wie es die Vorgänge im lebenden Organismus zeigen. Dieses einzigartige chemische Verhalten des Kohlenstoffs führt dazu, daß die Zahl seiner heute bekannten Verbindungen ungefähr zehnmal so groß ist, wie die Gesamtzahl der Verbindungen aller anderen Elemente, und daß die Analyse und die Synthese seiner Verbindungen besondere experimentelle Methoden erfordern. Es hat sich daher seit langem im Unterricht als zweckmäßig erwiesen, die Chemie der weitaus meisten Verbindungen des Kohlenstoffs als *organische Chemie* zu trennen von der *anorganischen Chemie* der übrigen Elemente. Wir folgen dieser Tradition, indem wir in diesem Buch nur einige wenige einfache Verbindungen des Kohlenstoffs behandeln. Nur in dem Kapitel „Die metallorganischen Verbindungen" gehen wir über den meist üblichen Rahmen hinaus, um eine kurze Übersicht über dieses Grenzgebiet zwischen anorganischer und organischer Chemie zu geben.

Ein Chemiker muß die Grundlagen der anorganischen wie der organischen und der physikalischen Chemie beherrschen. Aber auch gediegene physikalische Kenntnisse sind zum Verständnis chemischer Vorgänge erforderlich. Da auf allen höheren Schulen die Elemente der Physik gelehrt werden, ist es überflüssig, diese hier zu wiederholen, und der Leser wird in den einzelnen Fällen auf die betreffenden Lehrbücher zurückgreifen können. Weil dagegen die Chemie an den Schulen vielfach nur nebenbei behandelt wird, soll hier kein diesbezügliches Wissen vorausgesetzt werden.

Mineralogie

Enge Beziehungen bestehen ferner zwischen der Chemie, vor allem der anorganischen Chemie, und der *Mineralogie*. Denn die Natur bietet dem Chemiker viele der einfacheren Stoffe als Minerale in fertig kristallisierter Form und oft in so vollendeter Ausbildung, wie wir sie im Laboratorium nicht erreichen können. An diesen Vorbildern hat der Mensch die erste wichtige Aufgabe der wissenschaftlichen Chemie, die des Sonderns und Sichtens, klar erkennen müssen, und die Lehre von den Mineralen, die Mineralogie, bildete die solide Grundlage, auf der die Chemiker des 18. und 19. Jahrhunderts ihre Wissenschaft begründeten. Auch heute noch muß man beim Studium der anorganischen Chemie immer wieder auf das Vorkommen der Ausgangsmaterialien in der Natur zurückkommen.

Nichtmetalle

Einführung in die Grundlagen — Sauerstoff, Wasserstoff, Wasser, Edelgase, Stickstoff

Reine Stoffe und Gemenge

Betrachten wir die uns umgebende Materie, so erkennen wir schon auf den ersten Blick eine ungeheure, verwirrende Zahl von verschiedenen Stoffen. Die erste Aufgabe der Chemie besteht nun darin, diese Vielzahl von Stoffen zu sichten und zu ordnen, d. h., aus den Gemischen die einheitlichen Bestandteile, die *reinen Stoffe*, abzutrennen, zu isolieren und dann ihr Verhalten kennenzulernen.

Unter einem reinen Stoff versteht man solche Erscheinungsformen der Materie, die zunächst das Licht durchaus gleichmäßig beeinflussen, so daß auch unter dem Mikroskop keine verschiedenartigen Teile nachzuweisen sind. Weiterhin müssen sie eine wenn auch beschränkte Widerstandsfähigkeit gegen die trennenden Einflüsse der anderen Energieformen, wie zunächst der mechanischen Energie, besitzen, sie dürfen unter dem Einfluß der Schwerkraft, durch Schütteln und in einer Zentrifuge, aber auch durch ein Magnetfeld nicht zerlegt werden. Verreibt man z. B. 56 Teile Eisenpulver mit 32 Teilen Schwefelblume so gut wie möglich, so kann man doch unter dem Mikroskop die einzelnen Stoffe nebeneinander noch erkennen, bei längerem schwachen Schütteln tritt teilweise Entmischung ein, und mit dem Magnet kann man die Eisenteilchen herausziehen. Erhitzt man aber diese Mischung, so geht sie unter Aufglühen in eine einheitliche Substanz, in das Eisensulfid (Schwefeleisen) über, in dem man weder unter dem Mikroskop die Bestandteile nachweisen kann, noch auch durch Schütteln oder mit dem Magnet eine Trennung erreicht.

Ein reiner Stoff kann demnach, wie das Eisensulfid, aus verschiedenen Stoffen bestehen, aber diese dürfen nicht bloß miteinander gemengt sein, sondern sie müssen durch chemischen Umsatz zu einer *Verbindung* vereint sein.

Vielfach zeigen einheitliche Stoffe auch gegen die Wärme ein ganz bestimmtes Verhalten, indem sie bei einer ganz bestimmten Temperatur schmelzen und weiterhin einen nur von der Temperatur abhängigen Dampfdruck zeigen, so daß sie beim Sieden vom ersten bis zum letzten Tropfen unverändert überdestillieren, ohne daß sich währenddessen die Temperatur ändert. Sind diese beiden Kriterien: scharfer Schmelzpunkt und Siedepunkt, erfüllt, so darf man mit großer Wahrscheinlichkeit auf die Einheitlichkeit der betreffenden Substanz schließen, nicht aber aus dem Mangel dieser Kennzeichen ohne weiteres folgern, daß ein Gemenge vorliegt; denn es gibt viele einheitliche Stoffe, die beim Schmelzen oder Verdampfen chemisch zersetzt werden, wie etwa der Rohrzucker.

Als einfachste, bekannteste Beispiele mögen destilliertes Wasser, auch Regenwasser, einerseits und bloß mechanisch filtriertes Meerwasser andererseits dienen. Beide erscheinen unter dem Mikroskop einheitlich, und auch die Schwerkraft bewirkt beim ruhigen Stehenlassen keine Trennung in verschiedenartige Stoffe, ebensowenig kann man durch Zentrifugieren eine solche erreichen.

Während aber das destillierte und das Regenwasser bei 0 °C vom ersten bis zum letzten Tropfen gefrieren, sobald dazu durch einen Eissplitter der Anstoß gegeben ist und die Schmelzwärme entzogen wird, sinkt der Gefrierpunkt des Meerwassers tiefer und tiefer, je mehr Eis sich schon abgeschieden hat, und beim Destillieren sieden erstere unter einem bestimmten Druck bei einer ganz bestimmten Temperatur vom ersten bis zum letzten Tropfen über, während der Siedepunkt des Meerwassers in dem Maße steigt, wie die Destillation fortschreitet. Schließlich bleibt aus dem abgedampften Meerwasser ein vom Wasser selbst verschiedener Rückstand, der aus den Salzen des Meeres, vor allem aus Kochsalz, besteht.

Auch gegen Lösungsmittel zeigen einheitliche Stoffe oftmals ein charakteristisches Verhalten, indem sie durch teilweise Auflösung nicht zerlegt werden. Wird z. B. reines Kochsalz mit einer zur vollständigen Lösung unzureichenden Menge Wasser geschüttelt, der Rückstand getrocknet und das Filtrat eingedampft, so erweisen sich beide Teile, nämlich der noch nicht in Lösung gegangene und der daraus wieder abgeschiedene, als völlig gleichartig. Ist aber dem Kochsalz, wie es häufig vorkommt, Magnesiumchlorid beigemengt, so kann man dieses durch wenig kaltes Wasser ausziehen und gewinnt aus der Lösung ein bitter schmeckendes Salz, das sich vom Kochsalz auch noch dadurch unterscheidet, daß es nach dem Eindampfen zur Trockne an feuchter Luft wieder zerfließt.

Wenn man aus dem einheitlichen Verhalten eines Stoffes gegen teilweise Auflösung mit großer Wahrscheinlichkeit auf das Vorliegen eines chemischen Individuums schließen darf, so ist das entgegengesetzte Verhalten doch nicht als ein Beweis dagegen anzunehmen, da viele Stoffe, wie z. B. das Wismutnitrat oder das Quecksilbersulfat, durch Wasser weitgehend chemisch zersetzt werden. Es ist deshalb bisweilen schwer zu unterscheiden, ob man ein Gemenge oder einen einheitlichen Stoff in Händen hat, und es bedarf oft der Anwendung verschiedener Untersuchungsmethoden, um diese Frage zu entscheiden.

Glücklicherweise kommt nun aber die Natur selbst dem Streben des Chemikers, zu sondern und zu sichten, in weitgehendem Maße entgegen, indem sie aus dem Wirrsal der ursprünglichen Gemenge einheitliche Stoffe mittels der ordnenden Kristallisationskraft abtrennt. Kristalle schließen infolge ihres periodisch regelmäßigen Baues Fremdstoffe im allgemeinen aus ihrem Gefüge aus. Dagegen haben amorphe Stoffe keinen periodisch regelmäßigen Bau, und deswegen fehlt bei ihnen die Gewähr für eine einheitliche Zusammensetzung. Gelingt es, eine Substanz aus einer Schmelze, einer Lösung oder aus dem Dampfzustand in optisch einheitlichen Kristallen darzustellen, dann darf man diese mit weitgehender Sicherheit als chemisch einheitlich bezeichnen. Diese Sicherheit wächst, wenn man findet, daß auch nach wiederholtem teilweisen Kristallisieren die optischen Eigenschaften und vor allem der Schmelzpunkt sich nicht verändern, so daß die zuerst erscheinenden Kriställchen mit den später auftretenden übereinstimmen.

Elemente

Unterwirft man die reinen Stoffe energischen Einwirkungen physikalischer oder chemischer Natur, so lassen sich die meisten in noch einfachere Bestandteile zerlegen, bis man an Haltepunkte gelangt, wo eine weitere Trennung mit Hilfe chemischer Agenzien, hoher Temperaturen oder elektrolytischer Vorgänge nicht mehr möglich ist.

Diese einfachen Stoffe nennt man *Elemente* (elementum ≙ der Baustein) oder Grundstoffe. Aus diesen niederen Einheiten lassen sich die höheren Einheiten der materiellen

Welt aufbauen, so wie man aus Bausteinen ein Gebäude errichten kann. Wir wissen heute, daß diese Elemente freilich nicht Urstoffe im strengen Sinne des 'Wortes sind, sondern daß sie aus noch kleineren Einheiten bestehen und sich auch dementsprechend zerlegen lassen. Aber hierzu sind Energiemengen erforderlich, die millionenmal größer sind als die in unseren Laboratorien beliebig verfügbaren (Näheres hierüber am Schluß des Buches).

Demgemäß ist ein chemisches Element ein Stoff, der durch kein chemisches Verfahren in einfachere, voneinander verschiedene Stoffe zerlegt werden kann.

Schon EMPEDOKLES (450 v. Chr.) und nach ihm ARISTOTELES teilten die Natur in Elemente ein: Feuer, Wasser, Luft und Erde. Aber diese Einteilung ist durchaus oberflächlich; denn das Feuer ist ein Vorgang, kein Stoff, und das Wasser ist zwar ein chemisches Individuum, aber wir können dasselbe durch verschiedene energische Einwirkungen noch zerlegen. Die Luft ist, wie sich bald zeigen wird, ein Gemenge, und die Erde ist, wie der erste Blick zeigt, aus den allerverschiedenartigsten Stoffen zusammengesetzt.

Wir wissen, daß in der Natur 88 Elemente vorkommen, und daß gegenwärtig noch 15 weitere künstlich dargestellt werden können. In der Tabelle S. XII sind die bisher bekannten Elemente aufgezählt.

Verbreitung der Elemente

Die Zahl von 103 Elementen läßt erkennen, daß die Grundlage, auf der sich die Erscheinungsformen des Stoffes aufbauen, selbst schon von komplizierter Art ist, doch kommt diesen Elementen praktisch und wissenschaftlich keine gleichmäßig wichtige Bedeutung zu. Sehr anschaulich hat dies F. W. CLARKE in seinen Erörterungen über die relative Häufigkeit der Elemente in der Erdrinde dargetan, bei welchen er annimmt, daß die Zusammensetzung der festen Erdkruste bis zu einer Tiefe von 16 km unter dem Meeresspiegel dieselbe sei, welche wir an der Oberfläche und in den bisher erforschten Tiefen kennen. Die mittlere Dichte dieser Kruste läßt sich mit 2,6 g/cm³ annehmen. Bei Hinzurechnung des Meeres und der Atmosphäre erweist sich diese äußere Erdschicht als zur Hälfte aus Sauerstoff und zu einem Viertel aus Silicium bestehend, während die übrigen 25 % durch die sonstigen auf der Erde vorkommenden Elemente gebildet werden. Davon fallen nach den Bestimmungen von I. und W. NODDACK 7,5 % auf Aluminium, 4,7 % auf Eisen, 3,4 % auf Calcium, 1,9 % auf Magnesium, 2,6 % auf Natrium, 2,4 % auf Kalium. Gerade diejenigen Elemente aber, die sich der menschlichen Wahrnehmung am meisten aufdrängen, weil ihre Verbindungen unter dem Antrieb des Sonnenlichtes und der Sonnenwärme auf rastloser Wanderschaft begriffen sind, treten quantitativ zurück. So wird der Wasserstoff mit nur 0,88 %, der Kohlenstoff mit 0,09 %, der Phosphor mit 0,12 %, der Stickstoff mit 0,03 % angegeben. Das Element, aus dem die Lebewesen sich aufbauen, bildet also nur einen kleinen Bruchteil der Masse einer 16 km starken Erdrinde. Auch der Chlorgehalt der Erdkruste berechnet sich zu nur 0,19 %, obwohl dieses Element in dem Wasser der Ozeane, die mehr als zwei Drittel der Erdoberfläche mit einer mittleren Tiefe von 4 km bedecken, auf einen Gehalt von rund 2 % angereichert ist.

Anders wird die Reihenfolge freilich, wenn man anstelle des Gewichts die relative Häufigkeit der Atome als Maßstab wählt. Setzt man die Häufigkeit von Sauerstoff = 30, so folgen an zweiter Stelle Silicium und Wasserstoff mit 9,5, an dritter Aluminium (2,5), dann Natrium (1), Magnesium (0,86), Calcium (0,80), Eisen (0,73), Kalium (0,60) und Kohlenstoff (0,17).

Weil nun die mittlere Dichte der diesen Berechnungen zugrunde gelegten Erdkruste zu nur 2,6 g/cm³ anzunehmen ist, die Dichte des gesamten Erdballs aber zu 5,515 g/cm³ ermittelt wurde, so folgt, daß die spezifisch leichteren Elemente sich an der Oberfläche angesammelt haben, während die tieferen Schichten der Erde bis hinab zum Mittelpunkt überwiegend aus den schweren Elementen bestehen. Als solche kommen die Schwermetalle in Betracht und unter diesen besonders das Eisen, das ja auch den Hauptbestandteil vieler Meteoriten bildet, die wir als Bruchstücke zertrümmerter Weltkörper ansehen.

Auf Grund der Erdbebenforschung schließt man auf das Vorhandensein eines kugelförmigen Kernes im Erdinnern, dessen Radius etwa 0,55 des Erdhalbmessers und dessen Dichte etwa 8 . . . 9 g/cm³ beträgt. Dieser im wesentlichen aus Nickeleisen bestehende Kern (*Siderosphäre*) wird von einer Schale umgeben, die in erster Linie aus Sulfiden und Oxiden des Eisens und anderer Schwermetalle besteht (*Chalkosphäre*). Nach außen abgeschlossen wird diese Schale von der Silicathülle (*Lithosphäre*), die eine Dicke von etwa ¹/₅ des Erdradius besitzt und in ihrer obersten Schicht die feste Gesteinskruste trägt (V. M. GOLDSCHMIDT).

Metalle und Nichtmetalle

Nach einem bewährten Prinzip teilt man die Elemente in Metalle und Nichtmetalle ein. Diese Einteilung drängt sich jedem aufmerksamen Beobachter auf bei einem Vergleich von Elementen wie Eisen, Kupfer, Silber oder Aluminium einerseits und Schwefel, Chlor, Jod, Sauerstoff oder Wasserstoff andererseits. Allen Metallen ist gemeinsam, daß sie die Elektrizität und die Wärme gut leiten und metallischen Glanz besitzen. Das Fehlen dieser Eigenschaften charakterisiert die Nichtmetalle, zu denen man die zuletzt genannten Elemente rechnet. Wie erst bei der Besprechung der Metalle näher erläutert werden soll, sind die Unterschiede zwischen den Eigenschaften von Metallen und Nichtmetallen eine Folge des Baues der Atome.

Die Nichtmetalle sollen hier zuerst behandelt werden, weil die Chemie der Metallverbindungen die Kenntnis der Nichtmetalle voraussetzt.

Sauerstoff, O

Atomgewicht	15,9994
Schmelzpunkt	−218,4 °C
Siedepunkt (Temperaturfixpunkt)	−182,97 °C
Kritische Temperatur	−118,8 °C
Kritischer Druck	49,7 atm
Dichte des flüssigen Sauerstoffs beim Siedepunkt	1,134 g/ml
Gewicht von 1 l gasförmigen Sauerstoff bei 0 °C und 760 Torr	1,429 g

Von SCHEELE 1774 entdeckt.

Sauerstoff als Bestandteil der Luft

Wie schon im vorigen Kapitel mitgeteilt wurde, ist der Sauerstoff auf der Erdoberfläche dem Gewichte nach mit 50 % vertreten und übertrifft somit alle anderen Elemente hinsichtlich der Menge seines Vorkommens. Aber weitaus der Hauptanteil des Sauerstoffs ist im Wasser und in den Gesteinen fest gebunden, so daß sich nur ein relativ kleiner Bruchteil im freien Zustand findet, und zwar in der Luft, die dem Volumen nach 20,8 %, dem Gewichte nach 23 % davon enthält.

Daß die Luft im chemischen Sinne nicht einheitlich ist, sondern ein Gemenge darstellt, ergibt sich zunächst aus ihrem Verhalten gegenüber brennbaren Stoffen.

Läßt man z. B. ein Stück Phosphor unter einer durch Wasser nach außen abgesperrten Glasglocke brennen, wie dies die Abb. 1 deutlich zeigt, so verlöscht dieses nach kurzer Zeit, obwohl noch ⁴/₅ des anfänglichen Gasvolumens übrigbleiben, sobald die entwickelte

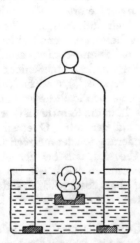

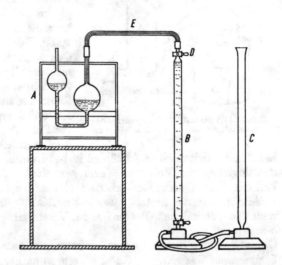

Abb. 1. Verbrennung von Phosphor in der Luft, die über Wasser abgesperrt ist. Der Phosphor befindet sich in dem durch einen Korkring schwimmend erhaltenen kleinen Tiegel.

Abb. 2. Apparatur zur Sauerstoffbestimmung nach HEMPEL

Wärme an die Umgebung abgegeben ist und die anfängliche Temperatur sich wieder eingestellt hat. Wir schließen daraus, daß sich nur ¹/₅ der Luft an der Verbrennung beteiligt hat. Weil das Sperrwasser sauer schmeckt und gegen blaues Lackmus die den Säuren eigene Rotfärbung bewirkt, nannte man diesen Bestandteil der Luft Sauerstoff. Wenn man auch später erkannte, daß dieser Namengebung ein Irrtum zugrunde lag, weil es auch echte Säuren gibt, die keinen Sauerstoff enthalten, hat man diesen Namen doch beibehalten.

Um den Prozentgehalt der Luft an Sauerstoff genauer zu ermitteln, läßt man diesen bei gewöhnlicher Temperatur auf Phosphor unter Wasser, auf alkalische Pyrogallollösung oder auf alkalische Dithionitlösung wirken. Hierzu dient am besten die Hempelsche Gaspipette (Abb. 2).

Die Pipette A ist mit der alkalischen Pyrogallollösung zunächst vollkommen gefüllt, während die Bürette B zuerst so viel Luft über Wasser abgesperrt enthält, daß beim Senken der Niveauröhre C bis zum gleichen Niveau des Wassers in beiden Röhren die Luft in B genau 100 ml Raum einnimmt. Dann öffnet man den Hahn bei D und treibt das Gas durch E über die Pyrogallollösung. Nach 15 ... 20 min saugt man zurück und mißt wieder bei gleichem Niveau des Wassers in B und C das Volumen des Gasrestes. Dieses wird zu 79,2 ml gefunden; der Unterschied von 100 ml — 79,2 ml = 20,8 ml entspricht dem verbrauchten Sauerstoff.

Den Gasrückstand, der im ersten Falle sich nicht an der Verbrennung, im zweiten sich nicht an der Wirkung auf Pyrogallol beteiligt, nennt man *Stickstoff*, weil eine Flamme darin erstickt und weil auch Tiere in diesem Gase ersticken.

Wie in der Einleitung schon besprochen wurde, hat zuerst LAVOISIER die Vorgänge der Verbrennung und des Rostens richtig verstanden und nachgewiesen, daß diese auf der Wirkung eines Bestandteiles der Luft mit der verbrennenden Substanz bzw. dem rostenden Metall beruhen.

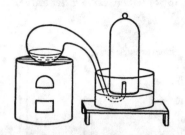

Er bediente sich im Jahre 1774 hierzu der skizzierten Versuchsanordnung (Abb. 3). Unter der Glasglocke befand sich über Quecksilber abgesperrte Luft, die mit der Luft in der Retorte in Verbindung stand. Die Retorte enthielt außerdem metallisches Quecksilber. Nachdem dieses auf dem Kohleofen mehrere Tage lang nahe am Sieden erhalten worden war, zeigte sich auf dem Quecksilber der Retorte roter „Quecksilberkalk" [1]), und nach dem Abkühlen ergab sich eine beträchtliche Abnahme des Luftvolumens. Als dann die Retorte stärker erhitzt wurde, verschwand der rote „Quecksilberkalk", und nach raschem Abkühlen war die Volumenverminderung wieder ausgeglichen, das ursprüngliche Volumen wieder hergestellt. Daraus ergab sich, daß bei der „Verkalkung" des Quecksilbers ebensoviel aus der Luft aufgenommen wird, wie bei der Wiederbildung des Metalls aus seinem „Kalk" von diesem abgegeben wird, daß demnach das „Verkalken" (Rosten) in der Vereinigung des Metalls mit einem Teile der Luft besteht.

Abb. 3. LAVOISIERS Versuchsanordnung zur Untersuchung des „Verkalkens" (Rostens) von Metallen

Da, wie schon PRIESTLEY gefunden hatte, aus dem roten „Quecksilberrost" bei starkem Erhitzen ein Gas entwich, das die Verbrennungserscheinungen viel lebhafter unterhielt als die Luft selbst, schloß LAVOISIER weiter, daß der den „Rost" erzeugende Teil der Luft auch die Verbrennung bewirke. Wegen der sauren Reaktion mancher Verbrennungsprodukte nannte er diesen Teil Oxygène, d. h. Säurebildner, und den trägen Luftrückstand, der weder die Verbrennung noch die Atmung unterhalten konnte, Azote, zu deutsch Stickstoff.

Die Verbindungen des Sauerstoffs nennt man allgemein Oxide und den Vorgang der Vereinigung mit Sauerstoff Oxydation.

Flüssige Luft

Strenggenommen darf man aus den vorstehenden Versuchen nur folgern, daß die Luft Sauerstoff und Stickstoff enthält, nicht aber, daß diese darin als bloßes Gemisch vorliegen. Die Luft könnte auch eine Verbindung dieser beiden Elemente sein, wie wir solche später beim Stickstoff in größerer Zahl kennenlernen werden; und die bisher gemachten Beobachtungen wären dann so zu deuten, daß durch die beteiligten Stoffe, nämlich den Phosphor, die alkalische Pyrogallollösung oder das Quecksilber, unter Sauerstoffverbrauch diese Verbindung, Luft genannt, zersetzt wird. Verflüssigt man die Luft aber bei tiefen Temperaturen, so läßt sich mit dieser flüssigen Luft beweisen, daß auch ohne die Einwirkung chemischer Vorgänge, nämlich durch einfaches Verdampfen sich die Zusammensetzung der Luft ändert.

Die Verflüssigung der Luft gelingt nach LINDE dadurch, daß man die Luft auf bis zu 200 atm komprimiert, die komprimierte Luft so stark wie möglich kühlt und dann ent-

---

[1]) Unter Metallkalk verstand man damals den Rost, nach unserer jetzigen Kenntnis das Oxid des betreffenden Metalls.

spannen läßt. Bei dieser Entspannung kühlt sich die Luft weiter ab, weil bei dieser Volumenvergrößerung Arbeit gegen die Anziehungskräfte zwischen den Gasmolekülen geleistet werden muß (*Joule-Thompson-Effekt*). Mit dieser kalten Luft kühlt man im Gegenstromprinzip die erneut komprimierte Luft auf tiefere Temperatur als zuerst. Durch fortgesetzte Wiederholung erreicht man so immer tiefere Temperaturen, bis schließlich die Luft sich beim Entspannen unter den Kondensationspunkt abkühlt und flüssig wird.

Versuche mit flüssiger Luft

Gießt man flüssige Luft in ein Dewargefäß und hält in die entweichenden Dämpfe einen glimmenden Holzspan, so erlischt er, wenn die Luft frisch aus dem Verflüssiger kommt, oder er glüht nur schwach weiter, wenn sie schon einige Zeit lang aufbewahrt worden war. Je weiter aber die Verdampfung der flüssigen Luft in dem Dewargefäß fortschreitet, um so lebhafter glüht der Span in dem Dampf, und wenn annähernd $2/3$ entwichen sind, dann geht das Glühen in flammende Verbrennung über, so daß jedesmal, wenn man den auch nur an einem Punkte schwach glimmenden Span über die Öffnung hält, dieser sofort mit heller Flamme aufleuchtet.

Hieraus müssen wir schließen, daß beim freiwilligen Verdampfen der flüssigen Luft zuerst überwiegend der Stickstoff entweicht und der Sauerstoff sich im Rückstand anreichert. Eine solche freiwillige Trennung zweier Stoffe ohne Anwendung höherer Temperaturen und ohne die Einwirkung eines dritten Stoffes (der glimmende Span wurde absichtlich nicht in die flüssige Luft, sondern nur in die aus dieser schon entweichenen Dampf gebracht, so daß er nicht auf die flüssige Luft wirken konnte) schließt das Vorhandensein chemisch bindender Kräfte zwischen diesen beiden Stoffen aus und läßt uns die flüssige Luft lediglich als eine Lösung von flüssigem Sauerstoff in flüssigem Stickstoff, d. h. also als ein Gemenge (Gemisch) erscheinen.

Das gleiche ergibt sich aus den folgenden beiden Versuchen: Bringt man frisch hergestellte flüssige Luft in ein Dewargefäß, und hält man nahe der Flüssigkeit in den austretenden Dampf ein Pentanthermometer, so zeigt dieses zunächst etwa $-192\,°C$, doch bald steigt die Temperatur und erreicht schließlich, wenn fast alles verdampft ist, etwa $-183\,°C$. Wäre die Luft eine Verbindung, so müßte sie, weil bei der sehr niedrigen Temperatur eine Zersetzung ausgeschlossen erscheint, einen konstanten Siedepunkt zeigen.

Gießt man in ein Becherglas von 1 l Inhalt zu 500 ml Wasser reichlich flüssige Luft, so siedet diese lebhaft auf, weil ihr das um 200 grd wärmere Wasser viel Wärme zum Verdampfen zuführt. Diese siedende Schicht flüssiger Luft schwimmt obenauf, sie ist also leichter als das Wasser, und zwar etwa im Verhältnis von 0,9 : 1. Allmählich aber lösen sich dicke Tropfen nach unten ab und sinken im Wasser unter, wenn sie auch durch die lebhafte Verdampfung vorübergehend immer wieder nach oben gerissen werden. Die flüssige Luft wird also allmählich schwerer als das Wasser, ihre Dichte nimmt während der Verdampfung zu, weil sie entmischt wird. Dabei beobachtet man, daß der flüssig gebliebene Rest immer deutlicher eine bläuliche Farbe annimmt, wodurch die Entmischung der Luft auch schon äußerlich sich kenntlich macht. Diese bläuliche Farbe kommt dem Sauerstoff zu im Unterschied von dem farblosen Stickstoff. Im Absorptionsspektrum des flüssigen Sauerstoffs treten vier Banden auf, von denen die stärksten im Orange und Gelb liegen.

Da der Siedepunkt des reinen Stickstoffs mit $-195,8\,°C$ (bei 760 Torr) tiefer liegt als der des Sauerstoffs mit $-183\,°C$, ist der Dampf über flüssiger Luft stets stickstoffreicher

als die Flüssigkeit. Durch mehrfach wiederholte Kondensation und Verdampfung
(Rektifikation) erreicht man in der Technik eine fast vollständige Trennung der beiden
Gase und gewinnt Sauerstoff mit einer Reinheit von 99,5...99,7%. In den Handel
gelangt der Sauerstoff in stählernen Zylindern (Stahlflaschen) unter 150 atü Druck.
Sauerstoffflaschen sind durch einen blauen Anstrich kenntlich gemacht.

Mit Hilfe der flüssigen Luft kann man in eindruckvollster Weise die Wirkung tiefer
Temperaturen auf sonst als Gase oder Flüssigkeiten bekannte Stoffe vorführen und die
Abhängigkeit gewisser Eigenschaften, wie Elastizität und Farbe, von der Temperatur
demonstrieren.

Übergießt man Quecksilber mit flüssiger Luft, so erstarrt es alsbald zu silberähnlichem,
kristallinen Metall. Bringt man Diäthyläther in einem Reagensglas in flüssige Luft, so erstarrt
er schnell zu harten, farblosen Kristallen; Äthylalkohol dagegen wird zunehmend dickflüssiger
und zäher als Sirup, die Oberfläche sinkt infolge der Zusammenziehung muldenförmig ein; allmählich wird die Masse spröde und hart wie Glas, bekommt aber vielfach Risse und Sprünge,
bleibt aber amorph. Hält man eine Blume in flüssige Luft, so gefriert das Wasser in den
Pflanzenzellen augenblicklich, und das Gewebe wird dadurch so spröde, daß es durch leichten
Stoß zu Pulver zerstäubt wird. Ein kleinerer Apfel, den man einige Minuten lang unter flüssige
Luft getaucht hat, zerspringt in Splitter, wenn man ihn fallen läßt.

Ein weicher elastischer Gummischlauch wird in flüssiger Luft glashart, klingt beim Anschlagen
an Glas und läßt sich mit dem Hammer zerschlagen. Ein Bleiglöckchen gibt nach 10 min langem
Verweilen in flüssiger Luft beim Anschlagen mit einem Glasstab einen hellen Ton, als ob es
aus reinem Silber bestände. Die beiden letzterwähnten Versuche zeigen, wie durch die tiefe
Temperatur die Elastizität des Materials verändert wird.

Taucht man ein Reagensglas mit Schwefelstücken gefüllt in die flüssige Luft, so sieht man
bald, daß auch die Farbe von der Temperatur beeinflußt wird; der gelbe Schwefel wird weiß
wie Kreide. Auch roter Phosphor und viele andere Stoffe ändern ihre Farbe mit der Temperatur
in auffälliger Weise.

*Leicht brennbare Flüssigkeiten, wie Äther und ganz besonders Schwefelkohlenstoff,
dürfen nicht unmittelbar mit flüssiger Luft gemengt werden,* weil durch hierbei auftretende elektrische Reibungsfunken äußerst heftige Explosionen ausgelöst werden
können. Die tiefen Temperaturen der flüssigen Luft bringen die letzten Reste Wasser
zum Gefrieren und trocknen die Stoffe so weit aus, daß sich starke elektrische Ladungen
ausbilden können.

Darstellung von reinem Sauerstoff

Das Verfahren von LINDE zur Trennung der flüssigen Luft in Stickstoff und Sauerstoff
ist heute so weit entwickelt, daß man genügend reinen Sauerstoff für die Industrie fast
ausschließlich auf diese Weise gewinnt.

Zur Darstellung von völlig reinem Sauerstoff im Laboratorium geht man von sauerstoffhaltigen Verbindungen aus, die den Sauerstoff bei Energiezufuhr oder bei Umsetzung mit anderen Verbindungen leicht abgeben.

Die schon auf S. 14 erwähnte Darstellung· aus Quecksilberoxid nach PRIESTLEY und
LAVOISIER (1774) ist unrentabel, da man aus 10 g des Oxids nur wenig mehr als 500 ml
Sauerstoff erhält. Wesentlich geeigneter ist das sauerstoffreiche *Kaliumchlorat*, von
welchem 10 g etwa 2800 ml Sauerstoff abgeben. Um die Zersetzung dieses Salzes zu
fördern, mischt man ihm etwa $1/10$ seines Gewichtes Braunstein zu. Man erhitzt das
Gemisch in einem Reagensglas aus schwer schmelzbarem Glas und fängt nach Verdrängung der Luft das Gas über Wasser auf.

Auch aus *Kaliumdichromat* läßt sich beim Erhitzen mit dem doppelten Gewicht konzentrierter Schwefelsäure sehr reiner Sauerstoff darstellen.

Die zahlreichen anderen Methoden der Sauerstoffgewinnung, wie aus *Bariumperoxid, Natriumperoxid, Wasserstoffperoxid, Chlorkalk,* sowie insbesondere durch *Elektrolyse des Wassers,* sollen bei den betreffenden Stoffen besprochen werden.

Über atomaren Sauerstoff siehe S. 44.

Oxydationsvorgänge

Verbrennungserscheinungen in Sauerstoff

Weil in der Luft nur 20,8 Vol.-% Sauerstoff neben dem trägen Stickstoff und den gleichfalls indifferenten Edelgasen enthalten sind, verlaufen die Verbrennungsvorgänge in der Luft viel weniger lebhaft als in reinem Sauerstoff. Bringt man in eine weithalsige, große Flasche, die mit reinem oder wenigstens stark konzentriertem Sauerstoff gefüllt ist, in einem eisernen Löffelchen brennenden Schwefel, so nimmt die an der Luft nur schwach bläuliche Flamme hellen intensivblauen Glanz an; desgleichen verbrennt Phosphor mit intensiver Lichtentwicklung viel heftiger als an der Luft. Glimmende Kohle glüht lebhaft auf, und selbst Eisen, das sich beim Glühen an der Luft nur langsam mit Oxid bedeckt, verbrennt im Sauerstoff mit lebhaftem Funkensprühen zu Hammerschlag. Um diese Verbrennung einzuleiten, steckt man an das untere Ende einer spiralförmig ausgebogenen Uhrfeder ein Stück Zündschwamm, bringt diesen zum Glühen und hält dann den Draht in die Sauerstoffflasche.

Eine ganz besonders helle Lichterscheinung zeigt ein im Sauerstoff brennender Magnesiumdraht; doch muß man in diesem Falle die Augen durch eine blaue Brille vor der übermäßigen Lichtwirkung schützen. Auch lockeres Zink, wie Zinkwolle, verbrennt im Sauerstoff mit prächtiger, blendend weißer Lichtentwicklung.

Diese Lichtentwicklung sowie die sonstigen Erscheinungen der Verbrennung sind Folgen der hohen Wärmeentwicklung bei der Vereinigung des Sauerstoffs mit den verbrennbaren Substanzen. Die Wärmemengen mißt man bekanntlich in *Kalorien,* und man versteht unter der im folgenden stets gebrauchten *Kilokalorie* (kcal) diejenige Wärmemenge, welche 1 kg Wasser von 14,5 °C auf 15,5 °C erwärmt. Weil uns die Verbrennungsvorgänge in erster Linie wegen der daraus gewinnbaren Wärmemenge interessieren, seien hier nur einige diesbezügliche Zahlen aufgeführt:

Bei vollständiger Verbrennung entwickeln:

1 g Phosphor	6 kcal
1 g Schwefel	2,2 kcal
1 g Kohle	8 kcal
1 g Magnesium	6 kcal
1 g Aluminium	7 kcal
1 g Eisen	1,7 kcal
1 g Zink	1,3 kcal

Gleiche Mengen eines Stoffes entwickeln beim Verbrennen stets jeweils gleiche Wärmemengen. Dabei ist es gleichgültig, ob sie an der Luft oder in reinem (konzentrierten) Sauerstoff verbrennen. Aber in letzterem findet die Verbrennung schneller statt, und es verteilt sich die Wärme auf ein geringeres stoffliches Quantum, weil der verdünnende

Stickstoff nicht mit erwärmt werden muß, so daß die Temperatur der Flamme höher steigt als in der Luftflamme, und zwar auf 2000 ... 2500 °C.

Damit eine Substanz in der Luft oder im reinen Sauerstoff brennt, muß sie zuvor auf eine bestimmte Temperatur erwärmt werden, die man die *Entzündungstemperatur* nennt. Diese ist bei den verschiedenen Körpern sehr verschieden. Beispielsweise fängt der farblose Phosphor an der Luft schon bei + 60 °C Feuer, der Schwefel bei 250 °C, die Kohle je nach ihrer Beschaffenheit bei 350 ... 550 °C. Die meisten als Brennstoffe bekannten festen und flüssigen Körper entzünden sich an der Luft bei 500 ... 650 °C; in reinem Sauerstoff liegt diese Temperatur um ungefähr 50 °C niedriger.

Ausnahmsweise, z. B. in Berührung mit rauhen Metallteilchen, können Äther- oder Alkohol-Luftgemische schon bei 200 °C entflammen.

Wenn ein evakuiertes Gefäß mit einem Vorratsraum voll Äther- oder Schwefelkohlenstoff-Luftgemisch schnell in Verbindung gesetzt wird, so kann *Stoßzündung* erfolgen.

Zu beachten ist, daß sich poröse Kohle, z. B. Aktivkohle, entzünden kann, wenn sie plötzlich mit flüssigem Sauerstoff oder mit an Sauerstoff angereicherter flüssiger Luft in Berührung kommt.

Besonders lebhaft verlaufen Verbrennungen, wenn der Sauerstoff hochkonzentriert als flüssiger Sauerstoff oder auch als flüssige Luft vorliegt. Dies läßt sich in eindrucksvoller Weise durch die folgenden Versuche zeigen:

Taucht man einen brennenden Span in flüssige Luft, so erlischt der Span nicht, sondern er brennt im Gegenteil viel lebhafter fort als in gasförmiger Luft. Besonders dann, wenn sich in der flüssigen Luft infolge teilweiser Verdampfung der Sauerstoff angereichert hat, gewährt diese Verbrennung ein prächtiges Schauspiel: Mit zischendem und knatterndem Geräusch und blendender Lichtentwicklung verbrennt der Span inmitten einer Umgebung von flüssiger Luft, jedoch, genauer betrachtet, nicht in dieser selbst, sondern in einer Hülle aus verdampfter Luft, die sich zwischen ihm und der flüssigen Luft befindet. Die Wärmeleitung dieser Gashülle ist so gering, daß die kühlende Wirkung der flüssigen Luft sich bei einer Entfernung von wenigen Millimetern nicht mehr auf die Flamme auswirken kann. Die von dem brennenden Holz entwickelte Wärme ist sehr viel größer als die Wärmemenge, die zur Verdampfung der für die Verbrennung nötigen Luft erfordert wird.

Mischt man feinst verteilte Holzkohle oder Kienruß mit flüssiger Luft in einem ausgehöhlten Holzklotz durch gutes Umrühren mit einem Holzspan, bis ein dicker Brei entstanden ist, und zündet diesen an, so fährt eine mächtige, überaus helle und heiße Flamme rauschend in die Höhe.

Noch jäher und deshalb auch gefährlicher wird die Verbrennung, wenn man mit Ruß bestäubte Watte mit flüssiger Luft tränkt und dann entzündet. Sie verbrennt dann so heftig wie Schießbaumwolle. In geeigneter Weise umhüllt und gezündet, dienen solche Gemische manchmal als Sprengstoffe im Grubenbetrieb, zum Roden von Stubben und dergleichen (*Oxyliquit-Sprengluftverfahren*).

Auch Eisen läßt sich in flüssigem Sauerstoff oder in 80 % Sauerstoff enthaltender flüssiger Luft verbrennen, wenn man einen spiralig gerollten Eisendraht an einer Stelle mit einem Gebläse zur hellen Weißglut erhitzt und schnell in die Flüssigkeit eintaucht.

Zum Schneiden oder Schweißen von dünnem Eisenblech kann man anstelle eines Gebläses auch eine gut gewickelte Zigarre verwenden, die man am einen Ende auf einen starken Draht gespießt hat. Nach dem Tränken mit flüssigem Sauerstoff bzw. hoch konzentrierter flüssiger Luft zündet man das freie Ende an, worauf die Zigarre mit heißer Stichflamme rauschend abbrennt.

Erwähnt sei noch, daß flüssiger Sauerstoff in Raketen zur schnellen Verbrennung der Treibmittel Verwendung findet.

Langsame Oxydation

Man nennt, wie schon erwähnt wurde, die Verbindung einer Substanz mit dem Sauerstoff *Oxydation*. Diese muß nun keineswegs unter Feuererscheinung vor sich gehen, sondern sie findet öfters auch bei gewöhnlicher Temperatur so langsam statt, daß man die Wärmeentwicklung meist nicht ohne weiteres wahrnehmen kann, obwohl sie schließlich denselben Betrag erreicht wie bei der schnell verlaufenden Oxydation der Verbrennung, wenn die Produkte der Verbrennung dieselben sind wie die der langsamen Oxydation und man beide Male von derselben Substanzmenge ausging. Das Rosten der Metalle ist ein solcher langsamer Oxydationsprozeß. Der wichtigste Vorgang dieser Art spielt sich im lebenden tierischen Organismus ab. Bei der Atmung wird der Sauerstoff der Luft in den Lungen bzw. der im Wasser gelöste in den Kiemen in großer Oberfläche dem Blut zugeführt und von dem dunkelroten Blutfarbstoff, dem Hämoglobin, locker zum hellroten Oxyhämoglobin gebunden. Dieses wandert mit dem Blutkreislauf in die Gewebe, gibt dort den Sauerstoff an die von der Verdauung aufgenommenen Stoffe, insbesondere an die Kohlehydrate, wie Stärke und Zucker, ab, die dadurch zu Wasser und Kohlensäure oxydiert werden. Dieser Vorgang erzeugt die Wärme und alle Energie, die der lebende tierische Organismus zur Erhaltung seiner Funktionen braucht.

Ein erwachsener Mensch atmet in der Stunde etwas mehr als $1/2$ m³ Luft ein, deren Sauerstoff er zu $1/5$ zurückhält, so daß in der ausgeatmeten Luft 16 Vol.-% Sauerstoff neben Stickstoff und Edelgasen, sowie 4,4 Vol.-% Kohlendioxid auftreten. Im Laufe von 24 h wird so etwa $1/2$ m³ Sauerstoff aufgenommen und verbraucht.

Den im Wasser durch Kiemen atmenden Tieren kommt der Umstand zugute, daß sich der Sauerstoff leichter im Wasser löst als der Stickstoff (1 l luftgesättigtes Wasser enthält bei 15 °C und 760 Torr 7,0 cm³ Sauerstoff und 13,5 cm³ Stickstoff), so daß die in Wasser gelöste Luft rund 35 % Sauerstoff enthält statt 21 %, wie die Luft der Atmosphäre.

Für manche niedere Organismen, z. B. die im Verdauungskanal des Menschen lebenden Erreger von Typhus und Cholera, ist der Sauerstoff überflüssig. Hemmend wirkt er auf die Erreger von Starrkrampf, Gasbrand und den Erzeuger des Wurstgiftes. Je nach ihrem Bedarf an Sauerstoff unterscheidet man die Lebewesen in aerobe (luftlebende) und anaerobe (ohne Luft lebende).

Der Lebensprozeß der Pflanzen verläuft im wesentlichen in umgekehrter Richtung wie der der Tiere. Zwar verbrauchen auch die Pflanzen in untergeordnetem Maße Sauerstoff, um einen Teil der Energie für ihre Lebensvorgänge zu gewinnen, aber in überwiegendem Maße spalten sie unter Aufnahme der Sonnenenergie des Lichtes mittels des Chlorophylls die Kohlensäure in freien Sauerstoff, der sich der Luft mitteilt, und Kohlenstoff, der, mit den Bestandteilen des Wassers verbunden, die Kohlehydrate liefert, die neben den weiterhin gebildeten Eiweißstoffen und Fetten die Substanz der Pflanze aufbauen. Indem die Pflanze dem Tier zur Nahrung dient und dabei ihre Bestandteile durch den Sauerstoff der Luft wieder zu Wasser und Kohlensäure oxydiert werden, halten sich die Entwicklung von freiem Sauerstoff durch die grünen Pflanzenteile und der Verbrauch dieses Gases von seiten der Tiere so weit das Gleichgewicht, daß die Zusammensetzung der Luft sich hinsichtlich des Sauerstoffgehaltes nicht merklich ändert.

Atome und Moleküle

Gesetz von der Erhaltung der Materie

Wenn bei der Verbrennung und beim Rosten ein Bestandteil der Luft, nämlich der Sauerstoff, aufgenommen wird, muß das Gewicht der Verbrennungs- oder, allgemein

gesagt, der Oxydationsprodukte größer sein als das der nicht oxydierten Ausgangsmaterialien. Dies läßt sich durch die folgende Versuchsanordnung[1]) zeigen.

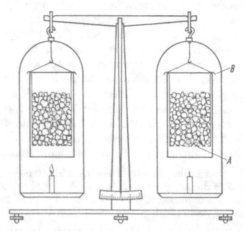

Abb. 4. Versuchsanordnung zur Veranschaulichung des Gesetzes von der Erhaltung der Materie

Man bringt auf die beiden Schalen einer Handwaage je ein Stück einer Kerze und darüber in einem Glaszylinder Natronkalk und gebrannten Kalk, so daß die Flammengase
ohne wesentliche Hinderung durchstreichen können. Das erreicht man am besten dadurch, daß man diese Stoffe in etwa nußgroßen Stücken auf das Drahtnetz A legt, das
durch Drähte B gehalten wird. Dann tariert man die Waage. Nun brennt man die rechte
Kerze an und sieht bald, daß diese Seite schwerer wird als die andere. Die Produkte der
Verbrennung, Kohlendioxid und Wasserdampf, werden nämlich von Kalk und Natronkalk gebunden, und sie wiegen, wie die Gewichtszunahme beweist, mehr als der inzwischen verbrannte Teil der Kerze. Nun löscht man diese aus und zündet die Kerze
auf der anderen Schale an, worauf die Waage sich wieder ins Gleichgewicht einstellt,
sobald die linksstehende Kerze ebensoweit abgebrannt ist, wie vorher die auf der rechten
Schale befindliche. Hat man vorher die beiden Kerzen gewogen, so kann man durch
erneute Wägung feststellen, daß beide um gleich viel an Gewicht abgenommen haben,
als die Waage wieder ins Gleichgewicht kam. Da dieses Gleichgewicht beweist, daß
auch die Verbrennungsprodukte auf beiden Seiten gleich viel wiegen, so folgt, daß für
gleiche Gewichte verbrannter Kerzensubstanz gleiche, aber erhöhte Gewichte an Verbrennungsprodukten erhalten werden.

Wiederholt man den Versuch mit zwei Schwefelstückchen statt der Kerzen oder mit
leicht entzündlichen Kohlestäbchen aus Faulbaumholz (Rotkohle), so findet man übereinstimmend, daß die Verbrennungsprodukte mehr wiegen als die ursprüngliche Substanz und daß ganz allgemein ein verbrennender Stoff eine ganz bestimmte Gewichts-
menge von Verbrennungsprodukten liefert. Die Verbrennung oder, wie wir aus dem
Vorhergehenden schon wissen, die Oxydation, d. h. die *Vereinigung mit dem Sauerstoff,
erfolgt demnach in ganz bestimmten Gewichtsmengen*, die für jeden Stoff charakteristisch, aber bei verschiedenen Stoffen verschieden sind.

[1]) Als einfachste Versuchsanordnung hängt man an die eine Seite der Waage einen Magnet,
taucht diesen in feinstes Eisenpulver, tariert und entzündet dann das strahlig anhaftende
Eisen mit einer Flamme.

Um dies auf einfache Weise nachweisen zu können, wiederholen wir die Verbrennung von Magnesiumdraht und Zinkwolle in mit reinem Sauerstoff gefüllten Flaschen, wobei wir aber nur so wenig von diesen Metallen anwenden, daß nach der Verbrennung noch reichlich Sauerstoff übrigbleibt. Zudem wiegen wir vor der Verbrennung das Metall und danach das weiße Oxid. So finden wir, daß unabhängig von der Höhe des Sauerstoffüberschusses von 1 g Magnesium stets 1,658 g Magnesiumoxid und von 1 g Zink stets 1,244 g Zinkoxid erhalten werden.

Mittels einer etwas komplizierten Versuchsanordnung können wir auch bestimmen, wieviel Sauerstoff hierbei verbraucht wurde und finden dann bei Magnesium für 1 g Metall 0,658 g Sauerstoff und bei Zink für 1 g 0,244 g Sauerstoff, also genau soviel Sauerstoff wie die Gewichtszunahme vom Metall zum Oxid beträgt.

Für Quecksilber hat man den analogen, aber, wie oben besprochen, weit langsameren Verlauf der Oxydation schon zu LAVOISIERS Zeiten mit der Waage verfolgt und gefunden, daß, auf unsere Gewichte umgerechnet, auf 1 g Quecksilber 1,08 g Quecksilber(II)-oxid (rotes Quecksilberoxid) und ein Sauerstoffverbrauch von 0,08 g treffen. Zudem konnte man hier durch stärkeres Erhitzen den Vorgang rückgängig machen und aus 1,08 g rotem Oxid wieder 1 g Metall und 0,08 g Sauerstoff herstellen.

Hieraus folgt, daß bei der Verbrennung und bei der langsamen Oxydation dieser Metalle die Vereinigung mit dem Sauerstoff nach ganz bestimmten Gewichtsverhältnissen stattfindet und daß das Produkt der Vereinigung, das Oxid, genau so viel wiegt wie die Summe des verbrauchten Metalls und des verbrauchten Sauerstoffs.

Da alle bisher gemachten, überaus zahlreichen Beobachtungen auch für andere Stoffe zum selben Ergebnis führten, können wir ganz allgemein sagen:

Der Sauerstoff verbindet sich mit anderen Stoffen nach ganz bestimmten Gewichtsverhältnissen, und die Produkte wiegen genau soviel, wie die Komponenten zusammen.

Hieraus folgt, daß auch bei den energischsten chemischen Prozessen, die wir kennen, nämlich bei den Verbrennungen, die Menge der wägbaren Materie erhalten bleibt: was an Gewicht der Ausgangsstoffe verbraucht wird, erscheint in den Produkten wieder.

Das gilt, wie man später fand, nicht nur für die Vorgänge der Vereinigung mit dem Sauerstoff, für die Bildung der Oxide, sondern ganz allgemein für alle chemischen Vorgänge.

Man nennt dies das *Gesetz von der Erhaltung der Materie,* das dem ersten Hauptsatz der Physik, dem *Gesetz von der Erhaltung der Energie,* vollkommen entspricht.

Unter den extremen Bedingungen der radioaktiven Vorgänge und der Atomumwandlung lassen sich zwar Materie und Energie in meßbaren Mengen ineinander umwandeln, doch bleibt dabei stets die Summe beider konstant. Für alle üblichen chemischen Vorgänge bleibt aber bestehen, daß wir, wie die Energie so auch die Materie, weder schaffen noch vernichten können.

Gesetz der konstanten und multiplen Proportionen

Die Tatsache, daß der Sauerstoff sich mit den anderen Elementen nach bestimmten Gewichtsverhältnissen vereinigt, ist nur ein spezieller Fall der weithin gültigen Erfahrung, *daß sich die Stoffe in ganz bestimmten Proportionen (Gewichtsverhältnissen), miteinander verbinden oder umsetzen.* Dies nennt man das *Gesetz der konstanten Proportionen.*

Hierauf kann man eine schärfere Definition des Begriffes der chemisch einheitlichen Verbindungen gründen, als dies auf S. 10 möglich war. Wenn wir z. B. bei der Verbrennung von Zink oder Magnesium von diesen Metallen mehr verwenden, als dem vorhandenen Sauerstoff entspricht, so bleibt der Überschuß des Metalls unverbrannt und vermengt mit dem Oxid zurück, das dadurch eine graue Färbung annimmt. Diese Produkte sind *heterogene Gemische* und keine einheitlichen Stoffe. Solche entstehen aber, wenn durch genügende Sauerstoffzufuhr das Zink oder Magnesium vollständig verbrannt wird. Ist mehr Sauerstoff vorhanden, als hierfür erforderlich ist, so bleibt der Überschuß an gasförmigem Sauerstoff unverbunden über dem Oxid zurück.

Ein einheitlicher Stoff enthält demnach die Bestandteile in ganz bestimmtem Mengenverhältnis gebunden, er ist nach dem Gesetz der konstanten Proportionen aufgebaut, sofern er aus mehr als einem Element besteht.

Nun kennen wir zahlreiche Fälle, in denen sich der Sauerstoff mit einem Element nach verschiedenen Gewichtsverhältnissen verbindet, aber dies widerspricht nicht dem Gesetz von den konstanten Proportionen; denn diese Produkte sind nach Aussehen und sonstigen physikalischen Eigenschaften, wie auch nach ihrem chemischen Verhalten voneinander verschieden, und für jedes dieser Produkte ist das Gewichtsverhältnis zwischen dem betreffenden Element und dem Sauerstoff ein ganz bestimmtes, wie es das Gesetz der konstanten Proportionen fordert.

Zum Beispiel kann 1 g Kohlenstoff sich mit 1,333 g Sauerstoff zu Kohlenmonoxid oder mit 2,666 g Sauerstoff zu Kohlendioxid verbinden,

oder 1 g Mangan kann sich mit 0,291 g Sauerstoff zum graugrünen regulär kristallisierten Mangan(II)-oxid,

aber auch mit 0,582 g Sauerstoff zum braunschwarzen tetragonal kristallisierten Braunstein (Mangan(IV)-oxid)

oder mit 1,018 g Sauerstoff zum jodähnlichen, violette Dämpfe bildenden Anhydrid der Permangansäure (Mangan(VII)-oxid) verbinden.

Auch bei den Verbindungen zwischen Sauerstoff und Stickstoff, Sauerstoff und Chlor und sonst noch vielfach werden uns solche Fälle begegnen.

Vergleichen wir nun die Mengenverhältnisse miteinander, in denen sich 1 g Kohlenstoff mit dem Sauerstoff verbindet, so finden wir diese gleich $1,333 : 2,666 = 1 : 2$; für die Mangan—Sauerstoffverbindungen gilt das Verhältnis $0,291 : 0,582 : 1,018 = 2 : 4 : 7$.

Die Mengen Sauerstoff, die sich mit einer gegebenen Menge eines Elements zu mehreren unter sich verschiedenen Verbindungen vereinigen, stehen demnach in einfachem Zahlenverhältnis zueinander.

Diese Gesetzmäßigkeit kehrt wieder, wenn wir statt Sauerstoff z. B. Chlor, Brom, Jod verwenden, und ganz allgemein bestätigt sich das *Gesetz der multiplen,* d. h. *vielfachen Proportionen,* das wir so formulieren:

Die Elemente können sich untereinander öfters in mehr als einem Gewichtsverhältnis zu verschiedenen Verbindungen vereinigen, doch entspricht jeder dieser Verbindungen ein ganz bestimmtes Gewichtsverhältnis, und die Gewichtsmengen eines Elementes, die mit einer gegebenen Menge des anderen Elementes sich verbinden, stehen in einfachem Zahlenverhältnis zueinander.

Es sei schon hier darauf hingewiesen, daß manche Metalle Verbindungen bilden, auf die sich die Gesetze der konstanten bzw. multiplen Proportionen nicht anwenden lassen, insofern als die Gewichtsverhältnisse der Elemente in diesen Verbindungen je nach ihrer Darstellung in mehr oder weniger breiten Bereichen verändert werden können, obwohl es sich um echte, einheitliche Verbindungen handelt. Freilich ändern sich dann die Eigenschaften der festen Verbindungen nach Maßgabe der Zusammensetzung. Als Beispiel sei das Eisenoxid, FeO, genannt, dessen Sauerstoffgehalt nicht konstant ist und stets etwas über dem theoretischen Wert der Formel FeO liegt.

Die Lehre von den Atomen — Elementzeichen — chemische Formeln

Die Frage nach dem inneren Bau der Materie hat schon die Philosophen des klassischen Altertums beschäftigt und verschiedene Beantwortung gefunden.

ANAXAGORAS (geb. 500 v. Chr.) nahm an, daß die Materie aus einem Urstoff bestehe und in einander gleichartige Teile unbegrenzt teilbar sei. Nach DEMOKRITOS (geb. um 460 v. Chr.) dagegen hat die Teilbarkeit bestimmte Grenzen, weil alle Körper aus zwar sehr kleinen, aber doch nicht unendlich kleinen Teilchen von verschiedenen Formen bestehen sollten, die nicht mehr weiter geteilt werden könnten. Er nannte diese Teilchen Atome (ἄτομος ≙ unteilbar) und versuchte die verschiedenen Sinneseindrücke der Stoffe durch die verschiedenen Formen der wirksamen Atome zu erklären.

Es fällt nicht schwer, zwischen diesen beiden Ansichten zu wählen. Wenn wir die Materie für unbegrenzt teilbar halten, können wir uns keine Vorstellungen über ihren feineren Bau machen, die uns helfen könnte, ihre verschiedenen Eigenschaften und Erscheinungsformen auf anschauliche Weise zu erklären. Es kann sich deshalb nur darum handeln, ob wir für die Anschauung der atomistischen Beschaffenheit des Stoffes Tatsachen anführen können, die sie bestätigen, und ob sie uns für das Verständnis chemischer Erscheinungen von Nutzen ist.

Schon die Tatsache, daß wir Gase, also die feinsten Aufteilungsformen der Materie, durch Glas, Metall und andere Stoffe so fest einschließen können, daß selbst die weitergehende Aufteilung durch elektrische Entladungen sie nicht in den Stand setzt zu entweichen, spricht gegen eine schrankenlose Aufteilungsmöglichkeit.

Wenn wir Zink, Magnesium, Phosphor, Kohle usw. verbrennen, so verschwinden diese Stoffe für unser Auge insofern, als wir sie in den Oxiden auch mit dem schärfsten Mikroskop nicht mehr wahrnehmen können, und bedenken wir, daß bei diesen Verbrennungen sehr hohe Temperaturen auftreten, so schließen wir, daß hier die Bedingungen für eine weitestgehende Aufteilung dieser Stoffe gegeben sind. Ließe sich diese Aufteilung ins Unbegrenzte fortsetzen, dann sollten sich bei der Bildung dieser Oxide die verbrennenden Stoffe mit dem Sauerstoff schrankenlos durchdrungen haben, wie es auch zunächst den Anschein hat.

Aber das Gesetz der konstanten Proportionen lehrt uns, daß keine schrankenlose Durchdringung stattfindet, sondern daß der Vereinigung der Elemente scharf bestimmte Grenzen gezogen sind. DALTON, der Begründer der modernen Atomlehre, zog 1803 daraus den Schluß, daß diese Grenzen in der Natur der Elemente selbst liegen, indem diese aus räumlich begrenzten Teilchen bestehen, die keine Durchdringung zulassen und demnach unteilbar, d. h. Atome sind.

Als endliche Gebilde und letzte Bestandteile der Materie müssen die Atome auch Masse und Gewicht besitzen. Ferner müssen sich die Atome eines Elementes untereinander chemisch gleichen, sonst könnten wir ihr Verhalten gegen andere Stoffe zur Zerlegung des Elementes verwerten, was dem Begriff des Elementes widerspricht.

Durch die Einführung des Atombegriffes werden die sonst rätselhaften Gesetze der konstanten und multiplen Proportionen ohne weiteres verständlich: Die Bildung der Oxide und weiterhin aller Verbindungen kann nach der Atomlehre nur in der Weise vor sich gehen, daß die Atome der verschiedenen Elemente sich miteinander verbinden, und zwar in bestimmter Anzahl, wenn die Verbindungen selbst wieder bestimmte und nicht schwankende Eigenschaften besitzen. Einer bestimmten Anzahl von Atomen entspricht aber nach dem Vorausgehenden ein bestimmtes Gewicht, und so erklärt sich das Gesetz der konstanten Proportionen.

Wenn zu einer Verbindung aus zwei Elementen noch mehr Atome eines derselben unter Bildung einer neuen Verbindung hinzutreten, so muß ebenso wie vorhin auch deren Anzahl eine bestimmte sein, und weil zwei bestimmte Zahlen in einem bestimmten Verhältnis zueinander stehen, so folgt hieraus die Erklärung des Gesetzes der multiplen Proportionen. Wenn dieses endlich, wie weiter oben gezeigt wurde, meist sehr einfache Zahlenverhältnisse ergibt, so folgt, daß sich in diesen Fällen ein Atom des einen Elementes nur mit einer kleinen Zahl von Atomen des anderen verbindet, z. B. 1 Atom Kohlenstoff mit 1 Atom Sauerstoff zu Kohlenmonoxid und mit 2 Atomen Sauerstoff zu Kohlendioxid; oder 1 Atom Mangan mit 1 Atom Sauerstoff zum Mangan(II)-oxid und 1 Atom Mangan mit 2 Atomen Sauerstoff zum Braunstein (Mangan(IV)-oxid) sowie endlich 2 Atome Mangan mit 7 Atomen Sauerstoff zum Anhydrid der Permangansäure (Mangan(VII)-oxid).

Freilich könnten wir zunächst auch annehmen, daß sich 2 Atome Kohlenstoff mit 2 Atomen Sauerstoff zu Kohlenmonoxid und 2 Atome Kohlenstoff mit 4 Atomen Sauerstoff zum Kohlendioxid vereinigen usw.; aber wir werden bald nachweisen können, daß die Annahme der zahlenmäßig kleinsten Verhältnisse die richtige ist.

Diese durch die Vereinigung der Atome entstandenen kleinsten Einheiten einer Verbindung nennt die Chemie *Moleküle* (von moles ≙ die Masse, molécule ≙ kleine Masse). Zur übersichtlichen Schreibweise verwendet die Chemie seit BERZELIUS (1813) für die Atome jedes Elementes als *Zeichen* einen oder zwei Buchstaben des lateinischen Namens des Elements, z. B. für Sauerstoff O (Oxygenium), für Wasserstoff H (Hydrogenium), für Kohlenstoff C (Carboneum), für Eisen Fe (Ferrum), für Schwefel S (Sulfur). Die Zeichen für alle Elemente enthält die Tabelle auf S. XII.

Die Zusammensetzung der Verbindungen wird dann durch Zusammenfügung der Elementzeichen zu einer *Formel* angegeben. Sind mehrere Atome eines Elementes in dem Molekül einer Verbindung enthalten, so schreibt man deren Zahl tiefgestellt rechts neben das Elementzeichen, z. B. erhalten wir für die vorstehend angeführten Sauerstoffverbindungen des Kohlenstoffs und Mangans die Formeln CO, CO_2, MnO, MnO_2, Mn_2O_7.

Bei komplizierten Verbindungen hilft man sich oft durch eine Aufteilung der Formel in einfache Komponenten, die man durch einen Punkt verbindet, z. B. schreibt man die Formel des Kaliminerals Carnallit, das in Kaliumchlorid, KCl, Magnesiumchlorid, $MgCl_2$, und Wasser, H_2O, zerlegt werden kann, $KCl \cdot MgCl_2 \cdot 6 H_2O$. Dabei gibt die Zahl vor einer Komponente an, wie oft diese in der Formel der Verbindung enthalten ist. Die Punkte bedeuten, daß die Komponenten nicht miteinander vermischt, sondern zu einer einheitlichen Verbindung verbunden sind.

Diese Formeln geben uns eine einfache Möglichkeit, die chemischen Reaktionen zu beschreiben. Wenn wir die in der Einleitung erwähnte Bildung von Eisensulfid aus Eisen und Schwefel darstellen wollen, schreiben wir die chemische Gleichung

$$Fe + S = FeS$$

Das Gleichheitszeichen bedeutet zunächst formal, daß die Anzahl der Atome jedes Elementes auf beiden Seiten der Gleichung dieselbe sein muß. Darüber hinaus bedeutet es, daß sich bei der Bildung des Eisensulfids je 1 Atom Eisen und Schwefel miteinander verbinden.

Die Atomlehre hat seit ihrer Begründung nicht nur alle bisher beobachteten Tatsachen zu deuten vermocht, sondern die Forscher der Chemie in den Stand gesetzt, die Möglichkeiten chemischer Umsetzungen vorauszusehen und danach mit Erfolg ihre Versuche einzurichten.

Daß die Atomlehre nicht nur eine Vorstellung oder Hypothese ist, die uns das reiche experimentelle Material der Chemie zu ordnen erlaubt, daß vielmehr die Atome wirklich existieren, hat die Physik in den letzten Jahrzehnten bewiesen. Am anschaulichsten wirken hier die Strukturbilder vom Bau der Kristalle, die aus den Interferenzen erschlossen werden, die Röntgenstrahlen beim Durchtritt durch die Kristalle geben. In diesen Bildern, wie sie z. B. auf S. 61 wiedergegeben sind, können wir die Lage jedes Atoms zu seinen Nachbarn genau erkennen.

Hieraus und aus anderen Experimenten kennen wir auch die absolute Größe der Atome. Die einzelnen Atome sind so klein und leicht, daß auf 1 g Wasserstoff 600 000 Trillionen Atome und auf 1 g Uran mehr als 2500 Trillionen Atome kommen (siehe hierzu S. 30).

Volumengesetz von Gay-Lussac

Während die Gewichtsverhältnisse, nach denen zwei Stoffe sich miteinander umsetzen, in einem zwar stets konstanten aber nicht ganzzahligen Verhältnis stehen, ergeben sich besonders einfache Zahlenverhältnisse für die Volumina bei Reaktionen, an denen gasförmige Stoffe beteiligt sind.

Um das Volumenverhältnis zu bestimmen, in dem sich Wasserstoff und Sauerstoff zu Wasser verbinden, läßt man ein bestimmtes Volumen reinen Wasserstoff, z. B. 10 ml, mit einem mäßigen Überschuß an Luft, z. B. 40 ml, im geschlossenen Raum verpuffen, mißt die danach eingetretene Volumenverminderung, in diesem Falle 15 ml, und bestimmt den im Gasrest noch vorhandenen Sauerstoff. Zieht man diesen von dem in der verwendeten Luft anfangs vorhandenen Sauerstoff ab, nämlich 8,32 − 3,32, so ergibt sich ein Sauerstoffverbrauch von 5,0 ml. Zur Ausführung solcher Bestimmungen verwendet man die Explosionspipette nach HEMPEL (Abb. 5).

Sie besteht aus dem Explosionsraum A, der oben mit der mehrfach gebogenen Kapillare C verbunden ist. Die Kapillare ist bei E durch ein mit einem Quetschhahn verschließbares Schlauchstück unterbrochen. Der Explosionsraum ist außerdem über den Hahn D mit einem heb- und senkbaren Niveaugefäß B verbunden. Am Übergang des Explosionsraumes in das Kapillarrohr befinden sich zwei in das Glas eingeschmolzene Platindrähte F.

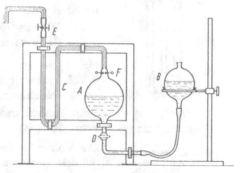

Abb. 5. Explosionspipette nach HEMPEL

Als Sperrflüssigkeit nimmt man Wasser oder für genaueres Arbeiten Quecksilber. Man mischt den Wasserstoff und die Luft in einer Gasbürette (siehe Abb. 2, B), treibt das Gemisch durch E in den Raum A, der zuerst ganz mit Wasser oder Quecksilber gefüllt sein muß, schließt den Quetschhahn E und — nach Herstellung eines Unterdruckes in A — den Glashahn D und läßt

bei F, zwischen den Enden der eingeschmolzenen Drähte, den Funken eines kleinen Induktions-
apparates überschlagen, wodurch die Verpuffung ausgelöst wird. Dann treibt man den Gasrest
wieder in die Gasbürette zurück, mißt das Volumen und erfährt so die infolge der Verpuffung
eingetretene Abnahme.

Daß man nicht reines Knallgas (s. S. 41), sondern eine durch Stickstoff und überschüssige Luft
stark verdünnte Mischung verpuffen läßt, hat seinen Grund darin, daß die Glasgefäße durch
die heftige Explosion von reinem Knallgas zertrümmert werden würden. Auch durch die Druck-
verminderung wird die Explosionswirkung geschwächt.

Vermindert man den Druck des Knallgases auf 240 Torr, so kann durch elektrische Funken
keine Explosion mehr hervorgerufen werden, desgleichen, wenn bei normalem Druck die auf
Seite 41 aufgeführten Explosionsgrenzen unterschritten werden.

Wir erfahren durch den beschriebenen Versuch, daß 2 Vol. Wasserstoff (vgl. oben 10 ml)
mit 1 Vol. Sauerstoff (vgl. oben 5 ml) sich zu Wasser verbinden, und da wir dessen
Menge feststellen können, läßt sich leicht berechnen, daß dieses Wasser als Wasserdampf 2 Vol. (nach obigen Mengen 10 ml) einnimmt, wenn wir die Temperatur am
Anfang und am Ende des Versuchs so hoch wählen (über 100 °C), daß das Wasser nicht
wie hier flüssig wird, sondern als Dampf verbleibt.

Zur Bestätigung dieses für die folgenden Betrachtungen höchst wichtigen Ergebnisses
überzeugen wir uns ferner noch davon, daß auch bei der Zersetzung des mit verdünnter
Schwefelsäure angesäuerten Wassers durch den elektrischen Strom in dem unten abge-

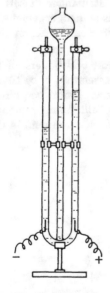

bildeten Wasserzersetzungsapparat (Abb. 6) nach A. W. HOFMANN
an der Kathode (Minuspol) 2 Raumteile Wasserstoff auftreten,
wenn an der Anode (Pluspol) 1 Raumteil Sauerstoff entwickelt
wurde.

Übereinstimmend kommen wir zur Grundgleichung der
Chemie:

2 Vol. Wasserstoff + 1 Vol. Sauerstoff liefern oder stammen
aus 2 Vol. Wasserdampf.

Ein ähnliches Beispiel bietet die Entstehung (oder Zersetzung)
von Chlorwasserstoff aus Chlor und Wasserstoff und von
Ammoniak aus Stickstoff und Wasserstoff; hier gelten die
Beziehungen:

1 Vol. Wasserstoff + 1 Vol. Chlor liefern oder stammen aus
2 Vol. Chlorwasserstoff

und

3 Vol. Wasserstoff + 1 Vol. Stickstoff liefern oder stammen
aus 2 Vol. Ammoniak.

Auch in allen anderen Fällen, in denen Gase sich miteinander
verbinden gilt:

Abb. 6. Apparat zur
Elektrolyse des Wassers
nach HOFMANN

*Die Volumina der Ausgangsstoffe stehen untereinander und
mit den Volumina der Reaktionsprodukte, wenn diese auch gasförmig sind, in einem einfachen ganzzahligen Verhältnis.*

Dies ist das *Gesetz von Gay-Lussac und Humboldt.*

Zur Erklärung dieser Tatsache, daß die Umsetzungen zwischen Gasen stets nach sehr
einfachen Volumenverhältnissen erfolgen, stellte AVOGADRO 1811 die Hypothese auf, *daß
sämtliche Gase unter gleichen Bedingungen der Temperatur und des Druckes in gleichen
Volumenteilen die gleiche Anzahl Gasteilchen enthalten.*

Diese Ansicht legte auch das gleichartige Verhalten der Gase gegen Änderungen des Druckes und der Temperatur nahe. Alle Gase, so sehr sie sich auch stofflich voneinander unterscheiden, folgen weit genug oberhalb ihres Verflüssigungspunktes dem *Gesetz von Boyle-Mariotte:*

$$p \cdot V = \text{konstant}$$

und dem *Gesetz von Gay-Lussac:*

$$V_t = V_0 \cdot (1 + \alpha t) \quad \text{(für konstanten Druck } p\text{)}$$
$$p_t = p_0 \cdot (1 + \alpha t) \quad \text{(für konstantes Volumen } V\text{)}$$

wobei $\alpha = 1/273{,}15$ grd^{-1}; $V_0(p_0) = $ Volumen (Druck) bei 0 °C.

Dies zwingt zu dem Schluß, daß der physikalische Bau der Gase, trotz ihrer chemisch-stofflichen Verschiedenheit, stets der gleiche sein muß, und dies können wir nur so auslegen, daß die Zahl der Gasteilchen – oder wie wir heute sagen – der Gasmoleküle unter gleichen Druck- und Temperaturbedingungen stets dieselbe ist.

Die *Hypothese von Avogadro* ist in der Folgezeit zu einem gesicherten Grundsatz der Chemie geworden.

Die Gasmoleküle sind in dauernder Bewegung und halten sich in der Schwebe, weil sie fortwährend gegen den Boden oder gegeneinander prallen und wie Billardkugeln zurückgeschleudert werden. Auf der Bewegung dieser Gasmoleküle beruht das Diffusionsvermögen (Durchdringungsvermögen) und das Ausdehnungsbestreben eines jeden Gases. Die Bewegung ist um so heftiger und die Geschwindigkeit der Moleküle um so größer, je höher die Temperatur des Gases ist.

Diese Geschwindigkeiten sind sehr groß, z. B. bei 0 °C im Durchschnitt für Wasserstoffmoleküle 1850 m/s, für Sauerstoff 460 m/s, bei 100 °C für Wasserstoffmoleküle 2150 m/s, für Sauerstoff 540 m/s.

Gehen wir bei der Reaktion zwischen Wasserstoff und Sauerstoff von 1 l Sauerstoff aus, so erhalten die vorstehenden Gleichungen die folgende Form:

(1) 2 l Wasserstoff + 1 l Sauerstoff $\rightleftharpoons$ 2 l Wasserdampf
(2) 1 l Wasserstoff + 1 l Chlor $\rightleftharpoons$ 2 l Chlorwasserstoff
(3) 3 l Wasserstoff + 1 l Stickstoff $\rightleftharpoons$ 2 l Ammoniak

Da aber nach Avogadro in 1 l bei allen Gasen die gleiche Zahl von Molekülen enthalten ist, können wir somit einfach schreiben:

(1) 2 Moleküle Wasserstoff + 1 Molekül Sauerstoff $\rightleftharpoons$ 2 Moleküle Wasserdampf
(2) 1 Molekül Wasserstoff + 1 Molekül Chlor $\rightleftharpoons$ 2 Moleküle Chlorwasserstoff
(3) 3 Moleküle Wasserstoff + 1 Molekül Stickstoff $\rightleftharpoons$ 2 Moleküle Ammoniak

Nach (1) liefert 1 Molekül Sauerstoff 2 Moleküle Wasserdampf, es muß sich deshalb das Sauerstoffmolekül in 2 oder ein Mehrfaches von 2 Atomen spalten.

Nach (2) liefert 1 Molekül Wasserstoff 2 Moleküle Chlorwasserstoff, es muß sich deshalb auch das Wasserstoffmolekül in 2 oder ein Mehrfaches von 2 Atomen spalten.

Da wir in allen bis jetzt untersuchten Umsetzungen von Wasserstoff bzw. Sauerstoff niemals ein Mehrfaches über 2 annehmen müssen, um die Volumenverhältnisse entsprechend zu deuten, halten wir die Zahl 2 selbst für richtig. Das Wasserstoffatom bezeichnen wir mit H, das Sauerstoffatom mit O und demgemäß ihre Gasmoleküle mit H_2 bzw. O_2. Dann lautet Gleichung (1):

$$2\,H_2 + 1\,O_2 \rightleftharpoons 2 \text{ Moleküle Wasserdampf}$$

In jeder der 2 Moleküle des entstandenen Wasserdampfes muß dieselbe Anzahl von Wasserstoff- bzw. Sauerstoffatomen vorhanden sein.

*Demnach muß 1 Molekül Wasserdampf 2 Atome Wasserstoff und 1 Atom Sauerstoff
enthalten, und die Formel für das gasförmige Wasser lautet dann H_2O.*

Die Gleichung für die Wasserbildung lautet dann:

$$2\,H_2 + O_2 = 2\,H_2O$$

Entsprechend leiten wir ab, daß auch in einem Molekül Chlor oder Stickstoff 2 Atome
Chlor bzw. Stickstoff enthalten sind, und daß die Formeln für Chlorwasserstoff HCl
und für Ammoniak NH_3 lauten. Die Gleichungen (2) und (3) schreiben wir also:

$$Cl_2 + H_2 = 2\,HCl$$
$$N_2 + 3\,H_2 = 2\,NH_3$$

Atom- und Molekulargewichte

Ableitung der Atomgewichte

Ebenso wie an der Frage nach der absoluten Zahl der Moleküle in 1 l Gas, so haben wir
an der Frage nach dem absoluten Gewicht der Atome kein unmittelbares Interesse. Das
absolute Gewicht der Atome ist sehr klein, weil, wie früher angegeben wurde, in 1 g
Wasserstoff rund 600 000 Trillionen Atome enthalten sind, so daß wir zu äußerst kleinen
Gewichten gelangen müßten, wenn wir das Gramm als Einheit beibehalten wollten. Wir
wählen deshalb anstelle des Gramms eine andere Einheit.

Da der Wasserstoff das leichteste aller Gase ist, war zu erwarten, daß seine Moleküle
und weiterhin auch seine Atome leichter sind als die aller anderen Stoffe. Deshalb hat
man zunächst das Gewicht von einem Wasserstoffatom als Einheit für die Berechnung
der Atomgewichte gewählt.

Die genauesten Bestimmungen ergeben, daß im Wasser auf 1 g Wasserstoff 7,9365 g
Sauerstoff entfallen. Da 2 Atome H an 1 Atom O gebunden sind, ergäbe sich das Atomgewicht des Sauerstoffs zu 15,8730.

Weil man die Atomgewichte früher weit häufiger aus der Analyse von Sauerstoff- als
aus der von Wasserstoffverbindungen mit größtmöglicher Genauigkeit ableiten konnte,
kam man überein, das Atomgewicht des Sauerstoffs genau = 16,0000 zu setzen und
dafür dem Wasserstoff das Atomgewicht von 1,0080 zuzuweisen.

Später fand man, daß die meisten Elemente Atome von verschiedener Masse besitzen.
Man nennt diese verschieden schweren Atome eines Elements *Isotope* (näheres siehe
S. 101). So enthält der Sauerstoff neben dem Isotop mit der dem Atomgewicht nahe-
liegenden Masse 16 in geringer Zahl Isotope mit den Massen 18 und 17. Der Kohlenstoff enthält neben dem Isotop mit der Masse 12 in geringer Menge ein zweites Isotop
mit der Masse 13. Man kann heute die Massenzahl dieser Isotope mit physikalischen
Methoden genauer bestimmen als es die chemischen Verfahren erlauben, das Atomgewicht zu ermitteln. Darum ist man 1961 übereingekommen, die Atomgewichte der
Elemente auf das häufigste Kohlenstoffisotop mit der Masse 12 zu beziehen.

*Das Atomgewicht gibt also an, wieviel Einheiten die Atome eines Elementes im Mittel
wiegen, wenn die Masse des häufigsten Kohlenstoffisotops = 12,00000 Einheiten gesetzt
wird.*

Die Atomgewichte geben nur das *Verhältnis* der Gewichte der Atome an. Sie sind daher Zahlen ohne Maßeinheiten.

Um die Gewichte der Moleküle auszudrücken, nehmen wir dieselbe Einheit, wie sie uns für die Atomgewichte diente. Das Molekulargewicht des Wasserstoffs ist dann 2,01594, weil das Molekül aus 2 Atomen (H_2) besteht. Das Molekulargewicht des Sauerstoffs ist 31,9988, weil das Molekül 2 Atome (O_2) enthält, und das Molekulargewicht des Wassers H_2O ist die Summe der Atomgewichte: 15,9994 + 2,01594 = 18,0153.

Gramm-Atom — Gramm-Mol

Zum einfachen Gebrauch bezeichnet man das Atomgewicht eines Elementes in Gramm als *Gramm-Atom* (abgekürzt g-Atom) und entsprechend das Molekulargewicht einer Verbindung in Gramm als *Gramm-Mol* (abgekürzt *Mol*). 1 g-Atom Wasserstoff ist also die Menge von 1,00797 g Wasserstoff, 1 Mol Wasserstoff die Menge von 2,01594 g Wasserstoff und 1 Mol Wasser die Menge von 18,0153 g Wasser.

Auch für die Angabe der Konzentration einer Lösung ist es oft zweckmäßig, das Molekulargewicht des gelösten Stoffes als Einheit zu wählen. So bezeichnet man eine Lösung, die in 1 l 1 Mol des gelösten Stoffes enthält, als *1 molare (2 molare, 0,1 molare) Lösung* (abgekürzt: 1 m Lösung, 2 m Lösung, 0,1 m Lösung).

Mit der Einführung der Größen Gramm-Atom und Mol können wir nun der Reaktionsgleichung in einfacher Weise die Mengen der reagierenden Stoffe entnehmen. Die Gleichung

$$2\,H_2 + O_2 = 2\,H_2O$$

sagt uns dann:

2 · 2,01594 g Wasserstoff und 31,9988 g Sauerstoff geben 2 · 18,0153 g Wasser.

Für die Umsetzung von Zink mit Salzsäure gilt:

$$Zn \quad + \quad 2\,HCl \quad = \quad ZnCl_2 \quad + \quad H_2$$
$$\underset{65,37\ g}{} \quad \underset{2\ \cdot\ 36,461\ g}{} \quad \underset{136,28\ g}{} \quad \underset{2,01594\ g}{}$$

Mit Hilfe des Dreisatzes läßt sich der Umsatz auch für andere Verhältnisse, als sie die Gramm-Atome oder Gramm-Mole angeben, leicht berechnen. Die rechnerische Behandlung der bei chemischen Reaktionen umgesetzten Stoffmengen nennt man *Stöchiometrie* (στοιχεῖον) ≙ Grundstoff, μέτρον ≙ Maß).

Molvolumen von Gasen

Da nach AVOGADRO gleiche Volumina von Gasen bei gleichen äußeren Bedingungen des Drucks und der Temperatur die gleiche Anzahl von Molekülen enthalten, stehen die Gewichte gleicher Volumina verschiedener Gase im Verhältnis ihrer Molekulargewichte. Dementsprechend muß 1 Mol eines jeden Gases — gleiche äußere Bedingungen vorausgesetzt — dasselbe Volumen einnehmen. Dieses *Molvolumen* eines idealen Gases beträgt bei 0 °C und 760 Torr 22,41 l.

Es sei ausdrücklich darauf hingewiesen, daß nur gasförmige Stoffe das gleiche Molvolumen besitzen, während die Molvolumina im flüssigen oder festen Zustand für die einzelnen Stoffe verschieden sind.

Mit Hilfe des Wertes von 22,41 l für das Molvolumen von Gasen lassen sich bei Reaktionen, an denen gasförmige Stoffe beteiligt sind, die Volumina der entstehenden bzw. reagierenden Gase berechnen. Wenn z. B. Zink in Salzsäure sich löst, so besagt die Gleichung:

$$Zn \quad + \quad 2\,HCl \quad = \quad ZnCl_2 \quad + \quad H_2$$

$$\underset{\text{65,37 g}}{} \qquad\qquad\qquad \underset{\text{2,016 g} \triangleq \text{22,41 l}}{}$$

daß die von 1 g-Atom Zink = 65,37 g Zink entwickelte Menge von 2,016 g Wasserstoff bei 0 °C und 760 Torr den Raum von 22,41 l einnimmt.

Für die Verbrennung von Kohlenstoff in Sauerstoff zu Kohlenmonoxid ergeben sich aus der Gleichung die folgenden Beziehungen:

$$2\,C \quad + \quad O_2 \quad = \quad 2\,CO$$

$$\underset{\text{2 · 12,011}}{} \qquad \underset{\text{22,41 l}}{} \qquad \underset{\text{2 · 22,41 l}}{}$$

Die Anzahl der Moleküle, die in 1 ml eines Gases bei 0 °C und 760 Torr enthalten ist, wurde von Loschmidt (1865) zu $2,0 \cdot 10^{16}$ berechnet; neuere Berechnungen ergeben $2,69 \cdot 10^{16}$.

Jedes Mol enthält $6,02 \cdot 10^{23}$ Moleküle. Diese Zahl wird als Loschmidtsche Zahl oder als Avogadrosche Konstante bezeichnet.

Um die Größe dieser Zahl eindrucksvoll zu erläutern, sei gesagt, daß 1 l Wasser, den man in den Ozean gießt, so viele Moleküle enthält, daß sich nach völliger Durchmischung in jedem Liter Wasser der Weltmeere noch 20 000 der hineingegossenen Moleküle befinden.

Da 1 ml Wasserstoff $9 \cdot 10^{-5}$ mg wiegt, folgt für das Gewicht von 1 Atom Wasserstoff $= 1,67 \cdot 10^{-21}$ mg und für das Gewicht eines Gasmoleküls vom Molekulargewicht $M = M \cdot 1,67 \cdot 10^{-21}$ mg. Die Durchmesser der Gasmoleküle liegen innerhalb der Grenzen $10^{-8} \ldots 10^{-7}$ cm.

Äquivalentgewicht

Als Äquivalentgewicht oder Gramm-Äquivalent (aequivalens $\triangleq$ gleichwertig), abgekürzt Val, bezeichnet man die Menge eines Stoffes, die sich mit 1,00797 g Wasserstoff verbindet oder diesen in einer Verbindung zu ersetzen vermag.

Das Äquivalentgewicht des Sauerstoffs, 1 Val Sauerstoff, ist also = 7,9997 g Sauerstoff, das des Stickstoffs im Ammoniak, NH_3, 4,6689 g = Atomgewicht des Stickstoffs geteilt durch 3. Den tausendsten Teil des Gramm-Äquivalents bezeichnet man als *Milliäquivalent*, abgekürzt mVal.

Es ist zu beachten, daß das Äquivalentgewicht eines Elementes im Gegensatz zum Atomgewicht verschiedene Werte haben kann. In den auf S. 22 angeführten Oxiden des Mangans, MnO, MnO_2, Mn_2O_7, sind jeweils verschiedene Mengen Mangan 1,00797 g Wasserstoff bzw. 7,9997 g Sauerstoff äquivalent, und zwar, wie sich aus den Zahlen aus S. 22 berechnen läßt: 27,469 g Mangan im MnO, 13,735 g Mangan im MnO_2 und 7,848 g Mangan im Mn_2O_7. Das Äquivalentgewicht des Mangans beträgt also im Mangan(II)-oxid 27,69, im Braunstein (Mangan(IV)-oxid) 13,735 und im Anhydrid der Permangansäure (Mangan(VII)-oxid) 7,848.

Das Äquivalentgewicht ist eine rein experimentelle Größe ohne irgendwelche theoretischen Voraussetzungen. Es hat besonders in der analytischen Chemie große praktische Bedeutung.

Molekulargewichtsbestimmung

Nach dem Gesetz von Avogadro können wir die Molekulargewichte gasförmiger Stoffe auch unabhängig von der Kenntnis ihrer Zusammensetzung nach rein physikalischen

Methoden bestimmen, und zwar zunächst aus der *Gas-* bzw. *Dampfdichte*, d. h. dem Gewicht der Volumeneinheit.

Ermitteln wir z. B. das Gewicht von 1 l Wasserdampf bei 105 °C und 760 Torr und das Gewicht von 1 l Wasserstoff unter denselben Bedingungen, so finden wir, daß ersteres 9mal so groß ist wie letzteres. Da nach Avogadros Gesetz alle Gase in gleichem Volumen unter denselben Druck- und Temperaturbedingungen dieselbe Anzahl von Molekülen enthalten, sagt uns diese Zahl 9, daß 1 Molekül Wasserdampf 9mal so schwer ist wie 1 Molekül Wasserstoff, und weil dessen Gewicht mit ≈ 2 angenommen wird, folgt hieraus das Molekulargewicht des Wasserdampfes mit ≈ 18.

Praktisch geht man so vor, daß Gewicht und Volumen eines Gases bestimmt werden. Durch Umrechnung auf 22,41 l für 0 °C und 760 Torr erhält man dann das Molekulargewicht.

Zur Molekulargewichtsbestimmung dienen die Methoden nach A. W. Hofmann, Dumas und nach V. Meyer, bei denen Menge, Volumen, Druck und Temperatur einer verdampften Substanz bestimmt werden (siehe dazu die Lehrbücher der Physik und der physikalischen Chemie).

Auch aus der Diffusionsgeschwindigkeit von Gasen durch kapillare Röhren oder kleinste Öffnungen können wir ihre Molekulargewichte ableiten, wenn wir die Diffusionsgeschwindigkeit des betreffenden Gases mit der des Wasserstoffs unter denselben Bedingungen vergleichen. Denn die Diffusionsgeschwindigkeiten zweier Gase verhalten sich umgekehrt wie die Quadratwurzeln aus der Dichte (vgl. S. 38). Die Dichten der Gase stehen aber, weil die Anzahl der Teilchen im selben Volumen die gleiche ist, im Verhältnis ihrer Molekulargewichte zueinander.

Die Ursache für diese Gesetzmäßigkeit liegt darin, daß das durchschnittliche Quadrat der Geschwindigkeit der Gasmoleküle bei gleicher Temperatur umgekehrt proportional zu dem Molekulargewicht ist, und dies ist wieder eine Folge davon, daß die mittlere kinetische Energie der Gasmoleküle $\dfrac{m \cdot v^2}{2}$ für jedes Gas bei gleicher Temperatur gleich groß ist.

Für feste oder flüssige, nicht unzersetzt verdampfende Stoffe können wir die Molekulargewichte aus der Gefrierpunktserniedrigung oder Siedepunktserhöhung, die sie in einem Lösungsmittel bewirken, bestimmen (Näheres siehe S. 56).

Wertigkeit und Strukturformeln

Betrachten wir die Formeln einiger Wasserstoffverbindungen, z. B. HCl, H_2O, NH_3 und CH_4, so folgt aus ihnen, daß 1 Atom Cl nur 1 H-Atom, 1 Atom O dagegen 2 H-Atome und je 1 Atom N bzw. C 3 bzw. 4 H-Atome bindet. Da man keine sicher definierte Verbindung kennt, in der 1 H-Atom an mehr als 1 Atom eines anderen Elementes gebunden ist, also z. B. keine Verbindung der Zusammensetzung HX_2 bekannt ist, hat man die zahlenmäßige Bindungsfähigkeit des Wasserstoffatoms — die *Valenz* oder *Wertigkeit* genannt wird — gleich 1 gesetzt. Die Wertigkeit eines Atoms eines anderen Elementes ist dann gleich der Zahl der H-Atome, die das betreffende Atom binden kann. So ist in den obengenannten Verbindungen das Chlor einwertig, der Sauerstoff zweiwertig, der Stickstoff dreiwertig und der Kohlenstoff vierwertig.

Will man die Wertigkeit eines Elementes in Verbindungen mit anderen Elementen, wie Chlor, Sauerstoff oder Stickstoff, angeben, z. B. die Wertigkeit des Zinks im Zinkchlorid, $ZnCl_2$, des Kupfers im Kupfer(II)-oxid, CuO, oder des Aluminiums im Aluminiumnitrid, AlN, so geht man von den aus den Wasserstoffverbindungen HCl, H_2O bzw. NH_3

bekannten Wertigkeiten für das Cl-, O- und N-Atom aus. Danach ist das Zink zwei-
wertig, denn es bindet 2 einwertige Cl-Atome (oder es ersetzt 2 H-Atome in 2 Molekülen
HCl, siehe Gleichung S. 30). Ebenfalls zweiwertig ist das Kupfer im Kupfer(II)-oxid, das
Aluminium ist dreiwertig.

*Die Wertigkeit eines Atoms ist die Zahl der H-Atome, die das betreffende Atom bindet
oder in einer Wasserstoffverbindung ersetzt bzw. aus ihr verdrängt.*

Da manche Elemente mit anderen Elementen, z. B. dem Sauerstoff, mehrere Verbindungen eingehen, können sie mit *verschiedener* Wertigkeit auftreten. So ist das Mangan
im MnO zweiwertig, im MnO_2 vierwertig und im Mn_2O_7 siebenwertig; der Kohlenstoff
im CO zweiwertig, im CO_2 dagegen vierwertig.

Der Wertigkeitsbegriff in der vorstehend abgeleiteten Form läßt sich auf die meisten
binären Verbindungen, d. h. auf Verbindungen, die nur aus zwei Elementen aufgebaut
sind, eindeutig anwenden. Bei anorganischen Verbindungen, die aus mehr als zwei
Elementen zusammengesetzt sind, und insbesondere bei den komplizierter aufgebauten
Komplexverbindungen, ist die Wertigkeit der beteiligten Elemente oft nicht so einfach
festzulegen, so daß eine Differenzierung des Wertigkeitsbegriffes erforderlich wird (siehe
dazu unter „Ladungszahl", „Oxydationsstufe" und „Bindigkeit").

Die Bindung der Atome in einem Molekül kann man durch einen Strich kennzeichnen.
Man gelangt dann zu den Valenzstrichformeln, die meist *Strukturformeln* genannt
werden. Die folgenden Formeln lassen erkennen, daß die Zahl der Valenzstriche, die ein
Atom mit anderen verbindet, gleich seiner Wertigkeit ist:

$$H-Cl \qquad \begin{matrix} H \\ H \end{matrix}\!>\!O \qquad \begin{matrix} H \\ H \\ H \end{matrix}\!\!>\!N \qquad O=C=O$$

Diese Strukturformeln haben sich besonders in der organischen Chemie bewährt. Über
die Bedeutung des Bindestrichs in der modernen Theorie der chemischen Bindung und
auf die Frage, bei welchen anorganischen Verbindungen er sinnvoll geschrieben werden
kann, werden wir im Kapitel „Chemische Bindung" sprechen.

Gültigkeit der Naturgesetze — umkehrbare Reaktionen — chemisches Gleichgewicht

Es soll hier darauf hingewiesen werden, daß die ungeheure Anzahl von Atomen oder
Molekülen, wie sie in einem sinnlich wahrnehmbaren stofflichen Quantum vorhanden
ist, die Gültigkeit unserer Naturgesetze bedingt. Denn die im einzelnen unregelmäßigen
und zufälligen Wärmebewegungen der Atome oder Moleküle und die daraus folgenden
gleichfalls zufälligen Einzelwirkungen vereinigen sich gemäß der Wahrscheinlichkeits-
rechnung zu einer Durchschnittswirkung, von der Abweichungen wegen der ungeheuren
Zahl der Einzelfälle in endlichen Zeiten nicht zu erwarten sind, die demnach gesetzmäßig erscheint. *Die gesetzmäßigen Vorgänge im Makrokosmos beruhen auf der Vielzahl der zufälligen Ereignisse im Mikrokosmos.*

Als Beispiel denke man an einen Spieler, der einen Würfel wirft. Man wird beobachten,
daß die Zahlen 1 ... 6 ohne irgendwelche Regelmäßigkeit in der Reihenfolge obenauf
kommen. Rein *zufällig* erscheint bald diese, bald jene Zahl.

Wenn nun aber der Beobachter oder ein registrierender Apparat nur den aus 1000
Würfen sich ergebenden Durchschnittswert für einen Wurf aufzeichnet, so wird er

finden, daß bei je 1000 Würfen dieser Wert nur wenig um 3,5 schwankt, bei je 1 Million Würfen fast genau auf 3,5 bleibt und bei je 1 Billion Würfen müßte genau der Wert 3,5 herauskommen und nicht mehr zufällig, sondern streng *gesetzmäßig* erscheinen. Bei 2 Würfeln käme schließlich der Wert 7 zustande. Die ungeheure Zahl von Molekülen in 1 mm³ bringt ein streng gesetzmäßiges Zusammenwirken schon in den kleinsten meßbaren Dimensionen hervor.

1. So zeigt z. B. ein Thermometer in einem Gas, das nach außen gegen Wärmeein- und -austritt geschützt ist, eine konstante Temperatur an, die der mittleren, durchschnittlichen kinetischen Energie $m \cdot \dfrac{v^2}{2}$ der Gasmoleküle entspricht, obwohl diese wegen der ungleichmäßigen, zufälligen Zusammenstöße untereinander und mit den Gefäßwänden, sich in sehr verschiedenen Bewegungszuständen befinden und demgemäß Bewegungsenergien $m \cdot \dfrac{v^2}{2}$ haben, die teils größer, teils kleiner sind als der am Thermometer gemessene mittlere Wert und die sich bei jedem Molekül zeitlich äußerst schnell ändern. Nicht die einzelnen Moleküle, wohl aber ihre Vielzahl zeigen eine konstante durchschnittliche Temperatur.

2. Der von einer eingeschlossenen Gasmasse auf die Wände ausgeübte Druck bleibt für eine gegebene Temperatur konstant. Er wird bewirkt durch die Bewegungsgröße $m \cdot v$ der aufprallenden Moleküle und muß für ein sehr kleines Flächenelement von Augenblick zu Augenblick wechseln, bald größer, bald kleiner sein als der am Ganzen gemessene Druck, je nachdem ein schneller oder langsamer bewegtes Molekül zufällig aufprallt. Nur die Vielzahl bewirkt den konstanten Druck.

Aus 1. und 2. folgt, daß das bekannte Gasgesetz $p \cdot v = n \cdot R \cdot T$ (wo p den Druck, v das Volumen, n die Anzahl der Mole, R die Gaskonstante und T die Temperatur des Gases bedeuten) nur für den unseren Sinnen zugänglichen Makrokosmos wegen der Vielzahl der in einem beobachtbaren Gasvolumen enthaltenen Moleküle gilt.

3. Die Vielzahl der zufälligen Ereignisse im Mikrokosmos der Moleküle beschränkt auch die Gültigkeit unserer Reaktionsgleichungen. Wenn wir z. B. den Vorgang der Wasserbildung in üblicher Weise formulieren: $2 H_2 + O_2 = 2 H_2O$, so drücken wir damit aus: 2 Moleküle H_2 und 1 Molekül O_2 geben 2 Moleküle H_2O, und in jedem beliebigen Volumen Knallgas (s. S. 41) setzen sich alle Moleküle restlos zu Wasser um, wenn der Vorgang irgendwie, z. B. durch einen Funken, ausgelöst worden ist. Dies trifft auch, soweit es die Genauigkeit unserer Meßmethoden erkennen läßt, zu, wenn wir die Reaktionswärme austreten lassen, so daß schließlich Wasser von nur mittlerer Temperatur entsteht. Solange aber die Temperatur höher als etwa 1000 °C bleibt, ist der Umsatz nicht vollständig (wie die genauen Zahlen auf S. 49 oben zeigen), weil von dieser Temperatur an das Wasser in nachweisbarem Grade wieder in Wasserstoff und Sauerstoff zerfällt: die Wasserbildung ist *umkehrbar* und wir drücken dies durch die *umkehrbare Reaktionsgleichung* aus:

$$2 H_2 + O_2 \rightleftharpoons 2 H_2O \quad \text{(oberhalb 1000 °C)}$$

Es ist nun zunächst nicht verständlich, warum bei einer bestimmten Temperatur, z. B. bei 1500 °C, sich Wasser bilden kann, während es doch bei derselben Temperatur wieder zerfällt. Nun ist eben zu bedenken, daß von der ungeheuer großen Anzahl von Molekülen, die ein meßbares Volumen Knallgas oder Wasserdampf enthält, infolge der ungeordneten, zufälligen Bewegungszustände, die ja das Wesen der Wärme ausmachen, die einzelnen Moleküle sich in sehr verschiedenen Bewegungs- und Schwingungszuständen befinden, obwohl die Temperatur des meßbaren Gasvolumens eine bestimmte ist. Denn die gemessene Temperatur gibt nur den Durchschnittswert und keineswegs den Einzelwert der Bewegungsenergie der Moleküle an. So werden stets einzelne Wassermoleküle, die besonders hohe Wärmeenergie aufgenommen haben, zersprengt werden. Weil dieser Zerfall Wärme verbraucht, erfolgt er im Vergleich zu der Bildung der Wassermoleküle um so häufiger, je höher die Temperatur ist. So wird sich für jede Temperatur ein *bewegliches Gleichgewicht* einstellen, bei dem in derselben Zeit gleich viele Wassermoleküle gebildet und zersetzt werden, so daß die Anzahl der im gegebenen Volumen vorhandenen H_2-, O_2- und H_2O-Moleküle sich nicht ändert. *Im Gleichgewichtszustand sind also die Geschwindigkeiten der Wasserbildung und des Zerfalls einander gleich.* Dies soll durch die umkehrbare Reaktionsgleichung (siehe S. 33) ausgedrückt werden.

Bei konstant gehaltener Temperatur macht dieses System den Eindruck, als blieben bestimmte Mengen von Wasserstoff, Sauerstoff und Wasserdampf unverändert nebeneinander bestehen: der Makrokosmos scheint zu ruhen, obwohl der Mikrokosmos (hier die Moleküle) sich unter dem Antrieb der Wärmebewegung in fortwährendem, gegenläufigem Umsatz befindet. Sinkt die Temperatur allmählich auf z. B. 600 °C herab, dann werden so selten Wassermoleküle durch die thermische Energie zersprengt, daß, soweit die Beobachtungsgenauigkeit reicht, alles Knallgas zu Wasser vereinigt ist und die Gleichung $2H_2 + O_2 = 2H_2O$ hinlänglich berechtigt ist.

Die auf dem Wechselspiel der Vielzahl von Molekülen beruhenden umkehrbaren Reaktionen und die ihnen zukommenden Gleichgewichte spielen in der Chemie eine sehr wichtige Rolle, wie sich bei der Ammoniaksynthese, bei dem Schwefelsäure-Kontaktprozeß, bei der Wassergasgewinnung und bei vielen anderen Reaktionen zeigen wird.

Reaktionswärme — exotherme und endotherme Reaktionen

Alle chemischen Umsetzungen sind mit Energieänderungen verbunden, die sich meist in Form von Wärme, Licht oder elektrischer Energie bemerkbar machen. Die Gleichung $2H_2 + O_2 = 2H_2O$ ist insofern unvollständig, weil sie uns nichts über die bei der Bildung von 2 Mol Wasser = 36,0307 g umgesetzten Energien aussagt. Um sie zu vervollständigen, schreiben wir die freiwerdende Wärme, die Reaktionswärme, gemessen in Kilokalorien (kcal) (siehe S. 17), auf die Seite der unter Wärmeentwicklung gebildeten Stoffe, also hier auf die Seite des Wassers:

$$2\,H_2 + O_2 \;=\; 2\,H_2O_{(flüssig)} + 136{,}8\,kcal\,[1])$$

Die auf 1 Mol = 18,0153 g Wasser frei werdende Wärme bezeichnet man als *Bildungswärme* des Wassers. Die Bildungswärme von 1 Mol flüssigem Wasser aus den Elementen beträgt also 68,4 kcal.

Die gleiche Wärme, die bei der Bildung von 1 Mol Wasser aus den Elementen frei wird, müssen wir auch wieder aufwenden, um 1 Mol Wasser in seine Bestandteile zu zerlegen, was bei hohen Temperaturen gelingt. Bildungs- und Zerfallswärme sind also stets gleich groß, sie unterscheiden sich nur durch das Vorzeichen.

Man spricht von einer *exothermen Reaktion*, wenn die Umsetzung unter Energieabgabe verläuft (positive Wärmetönung), und von einer *endothermen Reaktion*, wenn bei der

---

[1]) In der physikalischen Chemie gibt man der frei werdenden Wärme das negative Vorzeichen und schreibt die obenstehende Gleichung:

$$2\,H_2 + O_2 \;=\; 2\,H_2O_{(flüssig)} - 136{,}8\,kcal$$

Auch die angelsächsische Literatur ist diesem „Vorzeichenwechsel" gefolgt.

Umsetzung Energie aufgenommen wird (negative Wärmetönung). Die Wasserbildung ist ein exothermer Prozeß, die Spaltung in die Elemente ein endothermer Prozeß.

Große Wärmeentwicklung ist meist ein Zeichen dafür, daß eine Reaktion von selbst verlaufen kann. Doch ist dies nicht streng gültig, wie schon der Zerfall des Wassers bei hohen Temperaturen zeigt. Genaue Auskunft über die Richtung, in der die Reaktion von selbst verläuft, gibt erst das Gleichgewicht, und dieses ist wieder von der Temperatur und dem Druck abhängig. Dieses muß man kennen, wenn man den Ablauf einer Reaktion beurteilen will. Es ist darum von großem Wert, daß die physikalische Chemie Wege gewiesen hat, diese Gleichgewichte in vielen Fällen indirekt zu bestimmen oder sogar zu berechnen. So kann man bei der Entwicklung von Reaktionsvorhaben sich in manchen Fällen ein Urteil bilden, ob und wie eine Reaktion möglich ist und damit die experimentelle Verwirklichung sicherer erreichen.

Wasserstoff, H

Atomgewicht	1,0080
Schmelzpunkt	$- 262\,°C$
Siedepunkt (Temperaturfixpunkt)	$- 252,8\,°C$
Kritische Temperatur	$- 240\,°C$
Kritischer Druck	12,8 atm
Dichte des flüssigen Wasserstoffs beim Siedepunkt	0,07 g/ml
Gewicht von 1 l Wasserstoff bei 0 °C und 760 Torr	0,08988 g

Vorkommen

Der Wasserstoff ist, wie die Spektralanalyse ergibt, ein Bestandteil aller selbstleuchtenden Gestirne bzw. ihrer gasförmigen Umhüllung. Auch die Nebel des Sternenhimmels enthalten dieses Element. In unserer Atmosphäre finden sich nur geringe Spuren dieses Gases, sofern wir die unteren schweren Luftschichten berücksichtigen, nämlich 0,01 % Wasserstoff.

Der Wasserstoff gelangt aus natürlichen Gasquellen in die Luft. Solche Quellen findet man z. B. in den Staßfurter Salzbergwerken. Den Spalten im Carnallit entströmt fast reiner Wasserstoff, der vermutlich durch die radioaktive Wirkung der Kalisalze auf Wasser entstanden ist. Auch die Gasquellen der Petroleumgebiete enthalten Wasserstoff, desgleichen die Ausströmungen der Vulkane und Fumarolen.

In gebundener Form findet sich Wasserstoff in fast allen organischen Verbindungen. In weitaus größerer Menge ist er jedoch im Wasser gebunden, das zu 11,2 Gew.-% aus Wasserstoff und zu 88,8 Gew.-% aus Sauerstoff besteht.

Darstellung

Der billigste Ausgangsstoff für die Wasserstoffdarstellung ist das Wasser, aus dem durch Umsetzung mit reaktionsfähigen unedlen Metallen der Wasserstoff frei gemacht werden kann.

Besonders lebhaft reagieren *Natrium, Kalium* und *Calcium*. Wirft man ein Stück Natrium in Wasser, so bewegt sich das Metall unter lebhafter Gasentwicklung zischend auf der Oberfläche hin und her und reagiert mit diesem zu Natriumhydroxid (Ätznatron) und Wasserstoff:

$$2\,Na + 2\,H_2O = 2\,NaOH + H_2$$

Um das Gas aufzusammeln, drückt man kleine Stücke des Metalls mittels eines aus Drahtnetz geformten Löffels unter den mit Wasser gefüllten Zylinder (Abb. 7). Hält man das offen auf dem Wasser schwimmende Natrium mit einer kleinen Drahtschlinge fest, so entzündet sich der Wasserstoff und brennt mit gelber Flamme. Metallisches Kalium wirkt so energisch auf das Wasser ein, daß augenblicklich die Entzündung erfolgt. In diesem Fall ist die Flamme durch das verdampfende Kalium rötlichviolett gefärbt.

Aluminium und Silicium zersetzen, namentlich in Gegenwart von Natronlauge, gleichfalls das Wasser, und insbesondere das Silicium macht so große Mengen Wasserstoff frei (aus 28 g Silicium 48 l Wasserstoff bei 20 °C), daß man vielfach nach dieser Methode die Fesselballons füllte.

Zink und einige andere Metalle reagieren mit Wasser erst bei höheren Temperaturen:

$$Zn + H_2O = ZnO + H_2$$

Am einfachsten mischt man hierzu gleiche Teile Zinkstaub und gelöschten Kalk und erhitzt dies in einem Rohr aus schwer schmelzbarem Glas zur beginnenden Rotglut. Hierbei gibt der Kalk das beim Löschen gebundene Wasser ab, und dieses wird vom Zink zersetzt.

Um mittels Eisen das Wasser zu zersetzen, leitet man Wasserdampf durch ein mit Eisenspänen gefülltes rotglühendes Rohr:

$$3\,Fe + 4\,H_2O = Fe_3O_4 + 4\,H_2$$

Auf diese Weise hat schon im Jahre 1783 LAVOISIER aus Wasser Wasserstoff entwickelt.

Von großer Bedeutung ist, daß sich auch Kohlenstoff bei heller Glut (1000 °C) mit Wasserdampf unter Bildung von Kohlenmonoxid und Wasserstoff umsetzt:

$$C + H_2O = CO + H_2$$

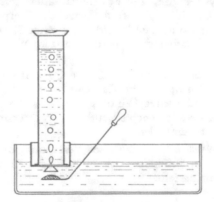

Abb. 7. Entwicklung von Wasserstoff aus Wasser
mittels Natrium

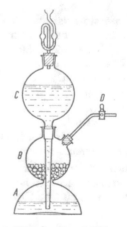

Abb. 8. Kippscher Gasentwickler

Dieses Gemisch, *Wassergas* genannt, ist die Hauptquelle für die *technische Darstellung* von Wasserstoff (Näheres darüber siehe in dem Kapitel Kohlenstoff unter Wassergas).

Weitere technische Verfahren zur Wasserstoffgewinnung beruhen auf dem Umsatz von Kohlenwasserstoffen, insbesondere von Methan, CH_4, mit Wasserdampf.

Auch unter der Einwirkung des elektrischen Stromes wird das Wasser unter Wasserstoff-entwicklung zerlegt (*Elektrolyse*). Hierzu elektrolysiert man verdünnte Natronlauge zwischen Eisenelektroden und erhält an der Anode Sauerstoff, an der Kathode Wasserstoff.

Beträchtliche Mengen von Wasserstoff gewinnt man in der chemischen Industrie als Nebenprodukt bei der Darstellung von Natrium- oder Kaliumhydroxid und Chlor durch Elektrolyse wäßriger Lösungen von Natriumchlorid oder Kaliumchlorid.

Der technisch dargestellte Wasserstoff kommt in stählernen Zylindern (Stahlflaschen), auf einen Druck von 100 ... 150 atm komprimiert, in den Handel. Sie sind durch einen roten Anstrich gekennzeichnet.

Die *Darstellung im Laboratorium* erfolgt am bequemsten durch Einwirkung von ver-dünnter Schwefelsäure oder Salzsäure auf Zink oder Eisen. Letzteres liefert jedoch neben dem Wasserstoff größere Mengen übelriechender Gase, und deshalb zieht man trotz des höheren Preises das Zink vor.

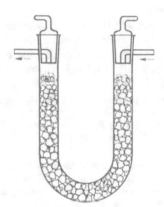

Abb. 9. Waschflasche zum Waschen von Gasen   Abb. 10. U-Rohr zum Trocknen von Gasen

Am besten bedient man sich hierzu eines Gasentwicklungsapparates nach KIPP (Abb. 8). Das granulierte Zink befindet sich in der mittleren kugelförmigen Erweiterung *B*, die verdünnte, meist 20 %ige Salzsäure im oberen und im unteren Raum *C* und *A*. Öffnet man den Hahn *D*, so drückt die Flüssigkeit die Luft heraus und gelangt zum Zink, wo der Umsatz, dessen Einzelheiten erst später näher besprochen werden können, nach der Gleichung

$$Zn + 2\,HCl = ZnCl_2 + H_2$$

vor sich geht. Schließt man den Hahn, so drückt der entwickelte Wasserstoff die Säure aus dem mit Zink beschickten Raum nach unten und von da in die obere Kugel, so daß das Zink, solange der Apparat nicht gebraucht wird, vor der Einwirkung der Säure geschützt ist.

Um den Wasserstoff von mitgerissenen Säurenebeln und von dem aus rohem Zink oder roher Salzsäure stammenden Arsenwasserstoff und anderen Beimengungen zu befreien, leitet man ihn durch zwei Waschflaschen (Abb. 9), von denen die erste mit Natronlauge, die zweite mit schwefelsaurer Kaliumpermanganatlösung gefüllt ist. Um schließlich das Gas zu trocknen, schaltet man noch eine solche Flasche mit etwas konzentrierter Schwefelsäure oder ein mit entwässertem Calciumchlorid gefülltes U-Rohr vor (Abb. 10).

Über die Bildung von Wasserstoff aus Hydriden siehe bei Calciumhydrid.

Eigenschaften

Physikalische Eigenschaften

Der Wasserstoff verhält sich bei gewöhnlicher Temperatur wie ein *ideales Gas*, das den Gesetzen von Boyle und Gay-Lussac mit großer Genauigkeit folgt und deshalb als Grundlage der neueren Thermometrie dient. Sein Siedepunkt von $-252{,}8\ ^\circ C$ unter Atmosphärendruck liegt dem absoluten Nullpunkt von $-273{,}16\ ^\circ C$ so nahe, daß man mit Hilfe des im Vakuum verdampfenden Wasserstoffs jenem nahekommen kann. Bei $-262\ ^\circ C$ erstarrt der Wasserstoff zu farblosen Kristallen. Oberhalb $-240\ ^\circ C$, der *kritischen Temperatur*, kann man den Wasserstoff nicht mehr verflüssigen; bei dieser Temperatur muß man einen Druck von rund 13 atm aufbieten, um die Vergasung zu verhindern.

Man verflüssigt den Wasserstoff, indem man das Gas auf 200 atm komprimiert und dann bei stärkster Kühlung durch im Vakuum verdampfte flüssige Luft nach dem Gegenstromprinzip sich ausdehnen läßt.

Die praktisch wichtigste physikalische Eigenschaft des Wasserstoffgases ist seine niedrige Dichte. Der Wasserstoff ist das leichteste Gas, von dem 1 l bei 0 $^\circ C$ und 760 Torr nur 0,08988 g wiegt, wogegen 1 l Luft unter denselben Bedingungen 1,2929 g wiegt. Die Luft ist demnach 14,4 mal schwerer als der Wasserstoff. Hierauf beruht der Auftrieb von Luftballons.

Man erreicht praktisch mit 1 m³ Wasserstoff einen Auftrieb von 1 kg Gewicht. Das zu etwa 50 % aus Wasserstoff, im übrigen aus spezifisch schwereren Gasen bestehende Leuchtgas gibt für 1 m³ nur 0,7 kg Auftrieb. Um zwei Personen mit der Gondel und Ausrüstung tragen zu können, muß ein mit Wasserstoff gefüllter Ballon 600 m³, bei Leuchtgasfüllung 1000 m³ Gas enthalten.

Diese Verwendung des Wasserstoffs geht zurück auf den Physiker CHARLES, der gleichzeitig mit MONTGOLFIER, dessen Ballon mit warmer Luft gefüllt war, im Jahre 1783 den ersten Wasserstoffballon steigen ließ. Während der Revolutionskriege (1793 bis 1796) wurden vier Wasserstoffballone zu Rekognoszierungszwecken verwendet, deren größter, Herkules genannt, gegen 30 Schuh (= 9 m) Durchmesser hatte. In der Schlacht von Fleurus (1794) sollen zwar diese Ballons in einer Höhe von 400 … 500 m wichtige Aufklärungsdienste geleistet haben, aber die Kosten für jede Füllung betrugen gegen 6000 Franken, so daß bei dem Geldmangel der damaligen Zeit man bald davon abkam und NAPOLEON (1799) die Luftschifferanstalt wieder auflöste.

Durch die großen Erfolge des Grafen v. ZEPPELIN ist die Verwendung von Wasserstoffballonen so allgemein bekannt, daß hierauf nicht weiter eingegangen werden soll. Freilich sind bei der Brennbarkeit des Wasserstoffs Explosionen nicht ganz zu vermeiden, wie z. B. die Katastrophe des Luftschiffes Hindenburg 1937. So haben für die Zukunft nur noch mit dem nicht brennbaren Heliumgas gefüllte Luftschiffe Bedeutung.

Mit der Dichte der Gase steht ihre Fähigkeit, durch enge Öffnungen zu entweichen, in engem Zusammenhang. Nach dem von BUNSEN aufgestellten *Ausströmungsgesetz* verhalten sich die Ausströmungsgeschwindigkeiten und auch die Diffusionsgeschwindigkeiten U_1 und U_2 zweier Gase umgekehrt wie die Quadratwurzeln aus ihren Dichten d_1 und d_2 :

$$U_1 : U_2 = \sqrt{d_2} : \sqrt{d_1}$$

Vergleicht man hiernach die Ausströmungsgeschwindigkeit eines Gases mit der von Luft, so findet man durch Rechnung aus der bekannten Dichte der Luft die des untersuchten Gases.

Bringt man über einem Zylinder aus porösem Ton Z ein Becherglas B (s. Abb. 11) und leitet durch H Wasserstoff unter dieses, so sammelt sich der Wasserstoff wegen seines im Vergleich zur Luft viel geringeren Gewichtes in dem nach unten offenen Glas an und dringt schneller durch die Poren der Tonwand in die Zelle hinein, als die Luft aus der Zelle in den äußeren Raum entweichen kann. Dadurch steigt der Druck innerhalb der Zelle, und das Gas drückt das in V befindliche Wasser aus dem verjüngten Ende S des Rohres R als Springbrunnen heraus. Nimmt man nun das Becherglas fort, so entweicht der Wasserstoff schneller aus der Tonzelle, als durch diese die Luft von außen nachdringen kann; der Druck sinkt, und das Wasser steigt infolgedessen im Rohr R empor.

Der Wasserstoff besitzt von allen Gasen die größte *Leitfähigkeit für Wärme*. Bringt man z. B. in einem mit der Öffnung nach unten gestellten, über Wasser mit Kohlendioxid oder Stickstoff gefüllten Glaszylinder eine Platinspirale elektrisch zum Glühen und verdrängt dann diese Gase durch Wasserstoff, so leuchtet die Spirale nicht mehr, weil sie im Wasserstoff viel mehr Wärme durch Leitung verliert als in den anderen Gasen. Wasserstoff leitet die Wärme 6mal besser als Luft.

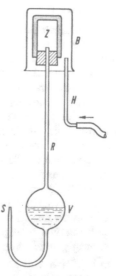

Chemische Eigenschaften

Löslichkeit

Die Löslichkeit von Wasserstoff in Wasser ist gering, so daß man ihn ohne erheblichen Verlust über Wasser aufbewahren kann. 1 l Wasser löst bei 0 °C und 760 Torr nur 21 ml Wasserstoff.

Abb. 11. Diffusion von Wasserstoff durch eine poröse Tonzelle

Auffallenderweise löst sich der Wasserstoff in einigen Metallen sehr leicht, so z. B. im Palladium. Dieses nimmt als schwammförmiges Metall das 850fache Volumen Wasserstoff auf. Auch das kompakte Metall absorbiert große Mengen Wasserstoff, und zwar als Elektrode bei der elektrolytischen Wasserstoffentwicklung über 600 Volumina, ohne — abgesehen von einer mäßigen Ausdehnung — sein Aussehen merklich zu ändern.

Auch Kupfer absorbiert nach A. SIEVERTS in festem und noch mehr in geschmolzenem Zustand reichliche Mengen Wasserstoff, so daß beim Erstarren ein Teil des gelösten Gases unter Spratzen entweicht, und zwar auf 1 Vol. Kupfer 4,8 Vol. Wasserstoff; Eisen gibt unter ähnlichen Bedingungen das 7fache, Nickel das 12fache Volumen Wasserstoff wieder ab. Erhitzt man Tantal in Wasserstoff auf 800 °C und kühlt dann langsam auf +15 °C ab, so werden von 1 g Tantal etwa 50 ml Wasserstoff gebunden, von 1 g Niob werden etwa 100 ml, von 1 g Titan etwa 400 ml bei Zimmertemperatur gebunden. Die Löslichkeit von Wasserstoff in Platin ist bei Zimmertemperatur geringer als in Kupfer, Nickel oder Eisen, steigt aber bei hoher Temperatur schnell an und beträgt für 100 g Platin bei 1135 °C 0,036 mg, bei 1240 °C 0,055 mg, bei 1340 °C 0,084 mg Wasserstoff. Deshalb dringt der Wasserstoff bei heller Rotglut durch die 1,1 mm dicke Wand eines Platinrohres hindurch (pro 1 m² in 1 min 490 ml). Aber auch Schmiedeeisen ist gegenüber Wasserstoff bei Rotglut 270mal durchlässiger als gegenüber Kohlenmonoxid. Hierauf beruht die große Schwierigkeit, mit Wasserstoff unter Druck bei höheren Temperaturen zu arbeiten, wie dies z. B. die technische Ammoniaksynthese erfordert.

Hydridbildung

Während in den eben erwähnten Fällen der Wasserstoff nach Art eines flüchtigen Metalls sich in den betreffenden Metallen löst, bildet er mit Natrium oder Kalium bei ungefähr 350 °C salzartige Verbindungen, Hydride, wie Kaliumhydrid, KH, Natriumhydrid, NaH, und mit Lithium bei 450 °C Lithiumhydrid, LiH. Calcium verbrennt im

Wasserstoff von 400 °C an und bildet unter starkem Aufglühen das Calciumhydrid, CaH₂ (Näheres über diese salzartigen Hydride siehe bei Lithium).

Brennbarkeit

Die wichtigste Eigenschaft des Wasserstoffs ist seine Brennbarkeit. Läßt man reinen Wasserstoff aus der Mündung eines Brenners ausströmen, so entzündet er sich zunächst nicht, sondern erst nachdem er auf die Entzündungstemperatur von etwa 640 °C durch einen anderen brennenden Körper gebracht wurde. Hierbei verbrennt der Wasserstoff mit dem Sauerstoff der Luft zu Wasser. Dies erkennt man leicht, wenn man ein größeres trockenes Becherglas mit der Öffnung nach unten über die Flamme hält. Alsbald zeigt sich an den Glaswänden ein aus Wassertröpfchen bestehender Beschlag. Diese Vereinigung zu flüssigem Wasser ist von einer sehr bedeutenden Wärmeentwicklung begleitet. Es werden auf 1 g verbrannten Wasserstoff ≙ 11,2 l 34,2 kcal entwickelt. Infolgedessen ist die Flamme sehr heiß, so daß ein hineingehaltener dünner Platindraht gelb glüht und ein Stückchen eines Gasglühstrumpfes blendend weißes Licht ausstrahlt. Die größte Hitze, ungefähr 2000 °C, findet man am Beginn des oberen Drittels der Flamme, etwas außerhalb der Mitte. Trotz dieser hohen Temperatur leuchtet die Wasserstoffflamme nur schwach bläulich, denn allgemein können Gase durch bloße Temperaturerhöhung viel weniger als feste Stoffe (vgl. Platindraht, Glühstrumpf) zur Lichtaussendung gebracht werden.

Um bei Gasen eine Lichtaussendung zu bewirken, unterwirft man sie dem Einfluß elektrischer Entladungen in einer *Geisslerröhre*. Damit die Entladung durchgehen kann, muß der Druck des Gases bis auf wenige Torr erniedrigt werden. Läßt man den hochgespannten Strom eines kleineren Funkeninduktors aus den Elektroden durch das Gas treten, so leuchtet die Kapillare in der Mitte des Rohres mit einem für das betreffende Gas charakteristischen Licht; bei Wasserstoff ist dieses Leuchten rötlich. Zerlegt man das Licht mit dem Spektralapparat, so findet man für Wasserstoff besonders vier starke Linien von den Wellenlängen in Ångström (1Å = 10⁻⁸ cm): $H_\alpha = 6565$, $H_\beta = 4863$, $H_\gamma = 4342$, $H_\delta = 4103$ (siehe Tafel I: Spektra der Hauptgase).

Mittels dieser Spektra lassen sich noch äußerst geringe Mengen mancher Gase nachweisen, z. B. von Wasserstoff noch 10^{-11} g, und auf diesem Wege erhalten wir Kunde von der Gegenwart des Wasserstoffs auf den fernsten Weltkörpern, wie schon beim Vorkommen des Wasserstoffs erwähnt wurde.

Weil der Wasserstoff bei der Verbrennung selbst Sauerstoff verbraucht, kann er natürlich die Verbrennung einer Kerze oder dergleichen nicht unterhalten. Bringt man ein hohes zylindrisches Glasgefäß über die Ausströmungsöffnung eines Wasserstoffapparates, und zwar mit der Mündung nach unten, so verdrängt der leichtere Wasserstoff die schwerere Luft, und das Gefäß füllt sich mit Wasserstoff. Bringt man dann eine Kerze von unten her in den Zylinder, so brennt der Wasserstoff an der Mündung, aber die Kerze im Innern erlischt, wie dies die Abb. 12 zeigt.

Brennt der Wasserstoff in Luft, so bietet ihm diese den Sauerstoff nur in verdünnter Form, so daß sich die entwickelte Wärme durch den anwesenden Stickstoff auf ein größeres Gasquantum verteilt und dadurch die Temperatur erniedrigt wird. Man erreicht viel höhere Temperaturen, wenn man dem Wasserstoff konzentrierten oder reinen Sauerstoff im *Knallgasgebläse* (Abb. 13) zuführt. Man leitet dabei den Sauerstoff durch das innere Rohr und den Wasserstoff durch das mantelförmig darüber geschobene äußere Rohr getrennt der gemeinsamen Öffnung zu. Mittels dieses Knallgasgebläses schmilzt man in der Technik Platin, Schmelzp. 1770 °C, selbst Aluminiumoxid, Schmelzp. 2050 °C, für künstlichen Korund, Saphir oder Rubin nach dem Verfahren von VERNEUIL. Auch Stahl oder Schmiedeeisen können auf diese Weise zum lokalen Schmelzen oder in

Gegenwart von überschüssigem Sauerstoff zum Verbrennen gebracht werden. Hierauf beruht das autogene Schweißen und Schneiden (siehe auch bei Acetylen).

Richtet man die Spitze einer kleinen Knallgasflamme gegen eine Kalkplatte, so strahlt diese intensiv weißes Licht aus (*Drummonds Kalklicht*). Noch besser eignen sich hierfür Zirkondioxidblättchen, die nicht nur haltbarer sind, sondern auch noch helleres, reiner weißes Licht liefern als die Kalkplatte.

Bei allen Versuchen, die auf der Verbrennung des Wasserstoffs beruhen, hat man mit größter Vorsicht darauf zu achten, daß sich dem Wasserstoff nicht schon vor der Entzündung Luft oder gar reiner Sauerstoff beimengt, weil sonst die Verbrennung des Gasgemisches äußerst schnell und mit explosiver Gewalt erfolgt. Deshalb stülpt man vor dem Anzünden des einem Wasserstoffentwicklungsapparat entströmenden Gases über die Austrittsöffnung ein Reagensröhrchen und hält es dann, die Öffnung immer nach unten, gegen eine Flamme. Ist noch Luft in dem Apparat, so brennt der Wasserstoff nicht ruhig, sondern es schlägt eine Flamme mit pfeifendem Geräusch durch das Innere des Röhrchens (*Knallgasprobe*).

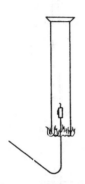

Sauer-
stoff

Wasserstoff

Abb. 12. Erlöschen einer Kerze
in Wasserstoff

Abb. 13. Knallgasgebläse

Die Grenzen für die Entzündbarkeit der Gemische mit Luft bei Normaldruck betragen für Wasserstoff 4...74%, für Methan 5...14%, für Kohlenmonoxid 12...74%. Hieraus geht hervor, daß der Wasserstoff in dieser Hinsicht zu den gefährlichsten Gasen gehört.

Die Entflammungstemperatur von Wasserstoff-Sauerstoffgemischen hängt beträchtlich von der Beschaffenheit der das Gas einschließenden Wände ab. Läßt man, um diese auszuschalten, beide Gase gegeneinander strömen, so tritt die Entzündung für Knallgas bei 642 °C ein (H. v. WARTENBERG).

Unter *Knallgas* im engeren Sinne versteht man die zur vollständigen Verbrennung günstigste Mischung von 2 Raumteilen Wasserstoff mit 1 Raumteil Sauerstoff. Am einfachsten erhält man diese durch Elektrolyse des Wassers in Gegenwart von 10 % Natriumsulfatlösung in dem in Abb. 14 abgebildeten Knallgasentwickler.

Um die Explosion des Knallgases gefahrlos vorführen zu können, füllt man in das Schälchen eine mäßig starke Seifenlösung, so daß sich das entweichende Gas in Form von Seifenblasen ansammelt. Sind deren genug entstanden, dann entfernt man den Entwickler und berührt die Seifenblasen mit einem brennenden Span, worauf sofort mit lautem Knall das Gas zu Wasser verbrennt. Hierbei wird die Verbrennungswärme des Wasserstoffs in weniger als $1/1000$ s frei. Dieser in äußerst kurzer Zeit stattfindende Energieaustritt bedingt die Explosion.

Um zu zeigen, wie eine Wasserstoff- oder auch eine Leuchtgasexplosion zustande kommt, bedient man sich der in Abb. 15 dargestellten Versuchsanordnung.

Eine dreifach tubulierte Flasche steht unter einem Drahtkorb, damit im Falle der Zertrümmerung die Splitter keinen Schaden anrichten können. Zunächst leitet man bei *L* Leuchtgas oder Wasserstoff ein und, nachdem die Luft verdrängt ist (Prüfung siehe oben), zündet man das Gas am oberen Rohrende an. Nun schließt man die Gaszufuhr und nimmt durch eine seitliche Öffnung im Drahtkorb den Stopfen *S* heraus, so daß Luft in die Flasche dringen kann. Bald darauf sieht man, wie die Flamme sich in die Öffnung des oberen Glasrohres zurückzieht und, weil sie keine Luft mehr von außen braucht, in dem Rohr hinunterläuft. Die Geschwindigkeit, mit der sich die Flamme fortbewegt, hängt von der Weite des Rohres sowie von dem Mischungsverhältnis der Gase ab, erreicht aber höchstens 30 m/s. Sobald die Flamme in der Flasche angelangt ist, folgt mit lautem, dröhnendem Schlag die Explosion. Diese kann sich bis zur *Detonation* steigern. Von einer Detonation spricht man, wenn die Reaktionsgeschwindigkeit einer explosionsartig verlaufenden Reaktion Überschallgeschwindigkeit erreicht. In reinem Knallgas beträgt die Detonationsgeschwindigkeit 2800 m/s.

Bei obiger Versuchsanordnung ist das Gemisch durch den Stickstoff der Luft stark verdünnt, so daß die Explosion viel schwächer ausfällt als bei reinem Knallgas.

Auf der abgemilderten Explosion von Wasserstoff oder anderen verbrennbaren Gasen und Dämpfen im Gemisch mit Luft beruhen unsere heutigen Explosionsmotoren (siehe auch bei Methan und Leuchtgas).

Die sehr bedeutende Energie, mit der sich Wasserstoff und Sauerstoff zu Wasser vereinigen, spielt in den Synthesen der anorganischen und der organischen Chemie eine sehr bedeutende Rolle, weil H-Atome mannigfacher Verbindungen mit den O-Atomen anderer Verbindungen in gemäßigter Reaktion als

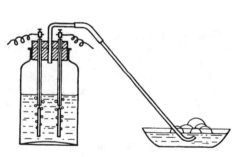

Abb. 14. Knallgasentwickler

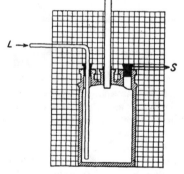

Abb. 15. Apparat zur Vorführung
einer Wasserstoffexplosion

Wasser austreten können, wonach sich die infolge des H- bzw. O-Austrittes ungesättigten Reste zu neuen Molekülen vereinigen. So wird die Wasserbildung zum treibenden Moment für die Synthesen, zum Vorspann, der die Verkettungsreaktion nach sich zieht. In solcher Weise kann auch die Bildungsenergie anderer einfacher Stoffe, wie z. B. die von Chlorwasserstoff, HCl, synthetisch nutzbar gemacht werden (siehe gekoppelte Reaktionen bei Chlorwasser).

Wasserstoff als Reduktionsmittel

Weil sich der Wasserstoff unter großer Energieentwicklung mit dem Sauerstoff verbindet, nimmt er bei erhöhter Temperatur vielen Oxiden den Sauerstoff: er reduziert diese und wird dabei selbst zu Wasser oxydiert.

Leitet man trockenen Wasserstoff über gepulvertes Eisen(III)-oxid, Fe_2O_3, so wird dieses wie folgt reduziert:

bei 250 °C zu Eisen(II,III)-oxid, Fe_3O_4:

$$3\,Fe_2O_3 + H_2 \;=\; 2\,Fe_3O_4 + H_2O$$

bei 500 °C zu Eisen(II)-oxid, FeO:

$$Fe_2O_3 + H_2 \;=\; 2\,FeO + H_2O$$

oberhalb 600 °C zum Metall:

$$Fe_2O_3 + 3\,H_2 \;=\; 2\,Fe + 3\,H_2O$$

Kupfer(II)-oxid wird bei 135 ... 140 °C schon zum Metall reduziert. Auf diesem Wege bestimmt man nach der Gleichung $CuO + H_2 = Cu + H_2O$ in der organischen Elementaranalyse neben dem Kohlenstoff auch den Wasserstoff durch Wägung als Wasser in einem Calciumchloridrohr.

Sehr einfach kann man die oxydierende Wirkung des Sauerstoffs und die reduzierende des Wasserstoffs zeigen, wenn man eine Kupferdrahtnetzrolle mit dem Gebläsebrenner so erhitzt, daß die Luft möglichst zum erhitzten Metall treten kann. Dieses wird infolge der Bildung von Kupfer(II)-oxid schwarz. Hält man danach die Rolle in das Innere einer großen Wasserstoff- oder auch Leuchtgasflamme, so wird sie unter Reduktion zu Metall glänzend rot. Man kann auch die schwach glühende, oxydierte Rolle in ein Reagensglas tauchen, auf dessen Boden sich etwas Asbest und einige Tropfen Methanol (Methylalkohol), CH_3OH, befinden. Dieses reduziert das Oxid mittels eines Teiles seines Wasserstoffs zu hellrotem Kupfer, während es selbst zu Formaldehyd oxydiert wird:

$$CuO + CH_3OH \;=\; Cu + CH_2O + H_2O$$

Je edler die Metalle sind, um so leichter werden ihre Oxide vom Wasserstoff reduziert und um so niedrigere Temperaturen sind hierfür erforderlich.

Sehr beständige Oxide, wie die von Chrom, Vanadin, Niob können durch Wasserstoff von 5 atm Druck bei 2500 °C reduziert werden, wenn man das hierbei gebildete Wasser stetig entfernt, indem man den Wasserstoff strömen läßt. Selbst Zirkon- und Thoriumoxid lassen sich so noch reduzieren, wenn andere Metalle zugegen sind, die, wie z. B. das Wolfram, die reduzierten Metalle aufnehmen (H. v. WARTENBERG).

In wäßrigen Salzlösungen können außer den Edelmetallen auch Kupfer, Nickel und Quecksilber aus ihren Salzen zu den Metallen reduziert werden, wenn man den Wasserstoff unter hohem Druck von etwa 200 atm wirken läßt (W. IPATIEW).

Trägheit der Gasmoleküle

Wenn wir Knallgas bei gewöhnlicher Temperatur in Glasgefäßen aufbewahren, so findet auch nach Monaten keine merkliche Wasserbildung statt. Diese Trägheit der beiden Gase, Wasserstoff und Sauerstoff, muß auffallen, wenn wir uns vergegenwärtigen, mit welcher Gewalt die Vereinigung nach Berührung mit einer Flamme plötzlich erfolgt. Beständen der gasförmige Sauerstoff und ebenso der Wasserstoff aus freien Atomen, so wäre uns die Trägheit bei gewöhnlicher Temperatur schwer verständlich.

Wir wissen aber, daß diese Gase nicht aus den freien Atomen, sondern aus Verbindungen der Atome, aus den Molekülen O_2 bzw. H_2 bestehen. Diese einfachsten Verbindungen, welche Sauerstoff- bzw. Wasserstoffatome bilden, sind nun sehr beständiger Natur, und um sie zu lösen, um also die freien Atome aus den Molekülen abzuspalten, bedarf es eines sehr bedeutenden Energieaufwandes.

Die zur Spaltung von 1 Mol Wasserstoff = 2 g in die Atome erforderliche Wärme, die Zerfallswärme, beträgt 103 kcal und der entsprechende Wert für 1 Mol Sauerstoff etwa 117 kcal.

Wenn sich nun Wasser bildet nach der Gleichung:

$$2 H_2 + O_2 = 2 H_2O_{(flüssig)} + 136,8 \text{ kcal} \quad \text{(bei 18 °C und konstantem Druck)}$$

so setzt sich diese Wärmeentwicklung zusammen aus der Bildungswärme von 2 Mol Wasser aus den freien Wasserstoff- und Sauerstoffatomen, vermindert um die Zersetzungswärme von 2 Mol Wasserstoff und 1 Mol Sauerstoff. Wir beobachten demnach bei der Wasserbildung nur den Überschuß an Wärme gegenüber der zur Spaltung der Wasserstoff- und Sauerstoffmoleküle erforderlichen Wärme.

Nun ist zwar wahrscheinlich nicht unbedingt eine Spaltung der Moleküle in die freien Atome notwendig, damit der Vorgang der Wasserbildung einsetzen kann. Zumindest ist aber eine Lockerung der Atome in den Molekülen H_2 und O_2 erforderlich, zu der den Molekülen des Knallgases zunächst Energie zugeführt werden muß.

Bringt man eine Flamme an das Knallgas, so genügt deren Temperatur, um an einem kleinen Teil der zunächst berührten Schicht diese Arbeit zu verrichten. Dieser Teil setzt sich zu Wasser um, und die hierbei entwickelte Wärme genügt, um weitere Gasschichten zum Umsatz zu bringen. Wegen dieser progressiven Steigerung der Wärmeentwicklung und damit der Temperatur braucht man zur Auslösung der Verbrennung nur einen winzigen Bruchteil der insgesamt umgesetzten Energie zuzuführen.

Zur Erklärung des raschen Fortschreitens solcher Reaktionen nimmt man an, daß die bei der Zündung gelieferten reaktionsfähigen Atome oder Molekülbruchstücke bei ihrer Vereinigung zu den Verbrennungsprodukten gleichzeitig weitere reaktionsfähige Gasteilchen liefern (*Kettenreaktion*, siehe unter Chlor). Im Falle der Knallgasreaktion sind als solche Teilchen außer H-Atomen besonders auch O H-Radikale wirksam, die wahrscheinlich nach $H_2 + O_2 = 2 O H$ entstehen und dann nach $O H + H_2 = H_2O + H$ und vielleicht nach $H + O_2 + H_2 = H_2O + O H$ weiterreagieren, Wasser erzeugen und ständig wieder neu gebildet werden (F. HABER und BONHOEFFER).

Atomarer Wasserstoff — atomarer Sauerstoff

Nach J. LANGMUIR beträgt der Zerfall (Spaltung der Moleküle in Atome) des Wasserstoffs bei 1 atm bei 3000 °K = 9 %, bei 4000 °K = 63 %, bei 5000 °K = 95 %. Solchen Temperaturen kann man im Lichtbogen zwischen Wolframelektroden nahekommen; bläst man einen Wasserstoffstrom hindurch, so treten freie H-Atome in solchen Massen aus, daß hinter dem Lichtbogen in dem Gasstrom Temperaturen bis etwa 5000 °K erreicht werden können, weil die H-Atome sich unter hoher Wärmeentwicklung, für 2 g Wasserstoff 103 kcal, wieder zu Molekülen vereinigen. Diese Wärmeentwicklung kann man verwenden, um Metalle zu schweißen, die sich wie Aluminium im Knallgas- oder Acetylen-Sauerstoffgebläse oxydieren. Die zugleich erreichten hohen Temperaturen erlauben sogar, Wolfram und Molybdän zu schweißen (*Arcatom-Verfahren*).

Noch bequemer kann man sich den atomaren Wasserstoff durch Vorbeileiten von Wasserstoff an einem hocherhitzten Wolframdraht oder durch Einwirkung elektrischer Glimmentladung auf Wasserstoff bei sehr niedrigem Druck herstellen.

Die freien H-Atome sind sehr reaktionsfähig; sie reduzieren Silbersalze, bilden mit vielen Metallen Hydride (E. PIETSCH), z. B. mit Blei den flüchtigen Bleiwasserstoff, und wirken auf höhere Kohlenwasserstoffe spaltend und hydrierend. Sie können auch von einem Gasstrom durch eine kurze Strecke Wasser getrieben werden und dann Knallgas zünden (F. HABER und BONHOEFFER). Zu H_2-Molekülen vereinigen sie sich meist erst durch Zusammenstöße an der Gefäßwand.

Die Lebensdauer des atomaren Wasserstoffs kann man verlängern, wenn man die Gefäßwände mit sirupöser Phosphorsäure überstreicht.

In ähnlicher Weise sind auch freie Sauerstoffatome sehr reaktionsfähig. Man kann diese durch Einwirkung einer elektrischen Glimmentladung auf molekularen Sauerstoff von sehr geringem Druck (etwa 1 Torr) herstellen. Dieser atomare Sauerstoff oxydiert Kohlenmonoxid, Cyan sowie unter starker Leuchterscheinung Dämpfe von Alkohol und Kohlenwasserstoffen (P. HARTECK und U. KOPSCH).

Katalyse

Als Mittel, um die auf dem Molekularzustand der Materie beruhende Trägheit zu beseitigen, verwendet der Chemiker in weitaus den meisten Fällen die Energie der Wärme, weil diese nicht nur die Bewegung der Moleküle als Ganzes steigert, sondern auch die Bewegung der Atome innerhalb der Moleküle erhöht, so daß diese schließlich in dem Molekularverband gelockert bzw. aus diesem frei werden.

Ein anderes Mittel, um schon bei niedrigen Temperaturen Reaktionen in Gang zu bringen oder zu beschleunigen, ist die *Katalyse* (κατάλυσις ≙ Auflösung, Aufhebung), deren Wesen in einem besonderen Abschnitt am Ende des Buches noch genauer erläutert werden soll.

Hier sei allgemein nur bemerkt, daß *ein Katalysator, ohne dauernd verändert zu werden, Reaktionen beschleunigt.*

Sehr schön läßt sich diese Wirkung zeigen, wenn man an den aus einem Bunsenbrenner in die Luft ausströmenden, nicht entzündeten Wasserstoff ein Stückchen einer ganz dünnen Platinfolie hält, die man vorher mit einigen Tropfen Platinchloridlösung betropft und dann in einer Flamme schwach geglüht hat, oder ein mit Platinasbest gefülltes, frisch ausgeglühtes Platindrahtnetz. Obwohl das Platin beim Heranbringen an den Gasstrom zunächst die gewöhnliche Temperatur hat, fängt es doch bald zu glühen an, weil zuerst nur an der Platinoberfläche die Wärme entwickelnde Wasserbildung erfolgt. Durch das glühende Platin wird bald der Wasserstoff entzündet und brennt mit Flamme weiter. Auf demselben Prinzip beruhen die im Haushalt verwendeten Gasanzünder, die einen dünnen Platindraht enthalten, der den Wasserstoff des Leuchtgases entzündet.

Schon im Jahre 1823 machte DÖBEREINER von dem oben beschriebenen Vorgang beim Bau seines Feuerzeuges Gebrauch. Dieses enthielt einen Zinkblock und verdünnte Schwefelsäure, die bei Inbetriebsetzung Wasserstoff entwickelten. Der Wasserstoff wurde beim Ausströmen durch lockeres Platin, sogenannten Platinschwamm, entzündet.

Außer Platin haben auch noch andere Metalle, wie Palladium und Nickel, die Fähigkeit, den Wasserstoff aus dem trägen Zustand in eine aktive Form zu bringen. Hiervon macht man zur Reduktion organischer Stoffe ausgedehnten Gebrauch.

Die bis zur Entzündung führende Katalyse von Wasserstoff-Luftgemengen beruht wahrscheinlich darauf, daß Platin und noch mehr Palladium zunächst den Wasserstoff lösen. In dieser metallischen Lösung ist der Wasserstoff in seine Atome aufgeteilt, und diese wirken auf den durch Adsorption an der Oberfläche reaktionsfähiger gewordenen Sauerstoff der Luft unter Wasserbildung. Hierdurch wird Wärme entwickelt, und diese genügt bei sehr dünnem Metallblech oder sehr lockerem Metallschwamm, um stellenweise Glut herbeizuführen, so daß die Entzündungstemperatur des Gasgemisches von ungefähr 640 °C erreicht wird.

Wie stark die Reduktionswirkung des Wasserstoffs durch die Lösung im Palladium gefördert wird, kann man zeigen, wenn man Wasserstoff zu einer Kupfer(II)-sulfatlösung leitet. Es tritt keine Reduktion ein. Gibt man aber etwas fein verteiltes Palladium hinzu, so scheidet sich bald metallisches Kupfer aus. Leitet man mit viel Luft verdünnten Wasserstoff durch eine Glaskapillare, in der sich ein wenig mit Palladium bedeckter Asbest befindet, so erfolgt schon bei 140 °C die Wasserbildung. Hierauf beruht eine sehr gute Bestimmung des Wasserstoffs in der Gasanalyse. Der Kohlenwasserstoff Methan, CH_4, wird bei dieser Temperatur nicht oxydiert.

Fein verteiltes, bei möglichst niederer Temperatur aus seinem Oxid reduziertes Nickel löst hinlängliche Mengen Wasserstoff, um bei Temperaturen von etwa 160 °C aufwärts kräftige Reduktionswirkungen zu ermöglichen; so werden im großen Maßstabe flüssige Fette durch Wasserstoffanlagerung in feste verwandelt (*Fetthärtung*).

Status nascendi

Hierunter versteht man den Zustand der Stoffe in dem Augenblick ihrer Entstehung. Dieser zeichnet sich durch eine auffallend große Reaktionsfähigkeit aus.

Ein einfacher Fall dieser Art liegt in dem aus Wasser oder Säuren austretenden Wasserstoff vor, z. B. wird aus Zink und verdünnter Säure der Wasserstoff zunächst in reaktionsfähiger Form entwickelt. Entsprechendes gilt im übrigen für alle Vorgänge, bei denen die Wasserstoffentwicklung in wäßriger Lösung erfolgt.

Um den Unterschied in der reduzierenden Wirksamkeit des freien, molekularen Wasserstoffs gegenüber dem nascierenden zu erkennen, braucht man nur einerseits den einem Kippschen Apparat entnommenen gasförmigen Wasserstoff durch eine Kaliumpermanganatlösung oder eine angesäuerte Kaliumdichromatlösung zu leiten und andererseits davon getrennt zu diesen Lösungen Zink und verdünnte Schwefelsäure zu geben. Im ersten Fall beobachtet man auch nach Stunden keine Farbenänderung, weil die freien H_2-Moleküle träger Natur sind, während im zweiten Falle das Permanganat sehr bald entfärbt und die Chromsäure zu grünem Chrom(III)-salz reduziert wird, weil der vom Zink in Freiheit gesetzte Wasserstoff von der Übermangansäure bzw. Chromsäure zu Wasser oxydiert wird, ehe er Zeit findet, in freien H_2-Molekülen zu entweichen.

Wasser, H_2O

Schmelzpunkt bei 760 Torr	0 °C
Schmelzpunkt bei 2000 at Druck	−20 °C
Tripelpunkt bei 4,6 Torr	0,0076 °C
Siedepunkt bei 760 Torr	100 °C
Kritische Temperatur des Wassers	374,2 °C
Dichte des Eises bei 0 °C	0,9167 g/cm³
Dichte des Wassers bei 0 °C	0,99987 g/ml
Dichte des Wassers bei 4 °C	1,00000 g/ml
Gewicht von 1 l Wasserdampf bei 100 °C und 760 Torr	0,597 g

Vorkommen

Völlig reines Wasser findet sich nirgends in der Natur, denn selbst die *atmosphärischen Niederschläge* enthalten neben Staubteilchen und Luft etwas Kohlensäure, Ammoniumnitrat und -nitrit sowie Wasserstoffperoxid und Spuren von Natriumsalzen gelöst. Das *Meerwasser* der großen Ozeane enthält durchschnittlich 3,5 % Salze, darunter größtenteils Natriumchlorid neben Magnesium- und Kaliumsalzen. Im Quell- und Brunnenwasser finden sich alle die löslichen Bestandteile des Bodens, durch den diese gedrungen sind, insbesondere das die Härte verursachende Calciumhydrogencarbonat und das Calciumsulfat (Gips) (über Härte des Wassers siehe bei Calcium). Das Wasser der Teiche, Seen, Flüsse ist außerdem noch durch Schlammteilchen und niedere Organismen oft so stark verunreinigt, daß es sich nicht ohne weiteres zum Trinken eignet.

Das beste *Trinkwasser* liefern die Gebirge, wo die kleinen herabrieselnden Bäche reichlich mit Luft gemischt und durch deren oxydierende Wirkung von organischen Stoffen befreit werden. Die meisten großen Städte sind auf das *Grundwasser* angewiesen, welches, aus größerer Tiefe und dem Untergrund unbewohnter Gelände geschöpft, bakterienfrei sein kann, da die Erdschichten als Filter wirken.

Reinigung

Zum Reinigen von Trinkwasser verwendet man als Filter häufig ausgedehnte, aus Kies und Sand hergestellte Flächen, die, mit den feinen Sinkstoffen des Wassers bedeckt, klares Wasser liefern und die Bakterien größtenteils zurückhalten. Ein Zusatz von Aluminiumsulfat, das mit den im Wasser gelösten Hydrogencarbonaten fein verteiltes Aluminiumhydroxid bildet, dient zur Verbesserung der Reinigung. Zur ganz sicheren Entkeimung wird oftmals noch Chlor in das Wasser eingeleitet.

Bei kleineren Filtrierapparaten, wie sie insbesondere in heißen Ländern wegen der Infektionsgefahr mit Ruhr, Typhus oder Cholera erforderlich sind, läßt man das Wasser durch Hohlzylinder aus gebrannter Kieselgur (*Berkefeld-Filter*) sowie aus porösem Ton rinnen.

Zur Klärung des Wassers von färbenden und riechenden Bestandteilen, auch von Chlor, nicht aber zum Entfernen von Krankheitskeimen, filtriert man das Wasser durch Aktivkohle (hochporöse Kohle).

Zum Entfernen gelöster Kalk-, Mangan- oder Eisensalze bedient man sich vielfach der Permutitfilter oder anderer Ionenaustauscher, auf die später noch zurückgekommen werden soll.

Für chemische Zwecke, insbesondere für analytische Arbeiten, kann das Wasser durch Ionenaustauscher ausreichend gereinigt werden, oder man destilliert das Wasser, wobei die nicht flüchtigen Bestandteile zurückbleiben. Aber auch solches *destillierte Wasser* enthält noch als regelmäßige Beimengung Kohlensäure gelöst und außerdem aus den Dichtungsstellen flüchtige organische Zersetzungsprodukte von Fetten oder Schmierölen.

Um auch diese zu entfernen, destilliert man nochmals aus einem Quarzglasgefäß unter Zusatz von Kalilauge und etwas Kaliumpermanganat und leitet die Dämpfe durch Rohre aus Zinn oder Silber. In Glasgefäßen löst das Wasser etwas Alkalisilicate auf, weshalb man zum Aufbewahren von reinstem Wasser Geräte aus Quarzglas oder Silber verwendet. Kupfer ist für solche Zwecke nicht verwendbar, weil es in Berührung mit Luft kleine Mengen von Kupferhydroxid an das Wasser abgibt, die sich fast noch empfindlicher als durch chemische Reaktionen an ihrer Giftwirkung auf gewisse Algen, wie Spirogyren, sowie auf die Erreger von Typhus und Cholera nachweisen lassen.

Um absolut reines Wasser zu erhalten, muß man den Zutritt der Luft fernhalten, weil sich nicht nur das Kohlendioxid aus der Luft, sondern sich auch die Luft selbst im Wasser auflöst. 1 l Wasser von 0 °C löst bei 1 atm 29,18 ml Luft auf, die zu 35 % aus Sauerstoff und zu 65 % aus Stickstoff besteht. Durch Auskochen des Wassers kann die Luft ziemlich vollständig entfernt werden.

Frisch destilliertes Wasser zeigt in 5 m dicker Schicht eine rein himmelblaue Farbe, aber nach dreitägigem Stehen erscheint es hellgrün, etwa wie eine verdünnte Lösung von Eisenvitriol gefärbt, ohne an Durchsichtigkeit zu verlieren. Dieser Farbumschlag wird durch niedere Organismen, grüne Algen, hervorgerufen, die sich später an den Glaswänden der Gefäße als grüner Belag ansetzen. Nach Zusatz von etwas Quecksilber(II)-chlorid, das als starkes Gift die niederen Organismen tötet bzw. ihre Entwicklung hindert, behält das frisch destillierte Wasser seine blaue Farbe unverändert bei. Auch das Eis erscheint in dicken Schichten blau gefärbt und in Gegenwart grüner Algen blaugrün, wie man dies an der Farbe der Gletscher beobachten kann.

Eigenschaften

Physikalische Eigenschaften

Die Dichte des Wassers erreicht ihren Höchstwert bei $+ 4 °C$. Oberhalb und unterhalb $+ 4 °C$ dehnt sich das Wasser aus, so daß die Dichte bei 0 °C 0,99987 g/ml[1]) und bei 14 °C 0,99927 g/ml, bei 22 °C 0,99780 g/ml beträgt.

Völlig reines Wasser leitet den elektrischen Strom fast gar nicht, aber schon sehr geringe Mengen von Kohlensäure oder Salzen erhöhen diese Fähigkeit so sehr, daß man mit Hilfe der Leitfähigkeit die Reinheit des Wassers auf das schärfste prüfen kann.

1932 ist es UREY gelungen, in dem Wasser einen geringen Gehalt an *schwerem Wasser* nachzuweisen. Dies ist das Deuteriumoxid, D_2O, das dem normalen Wasser, H_2O, sehr ähnlich ist: Dichte von D_2O = 1,107 g/ml, Maximum der Dichte bei $+ 11,6 °C$, Siedep. = $+ 101,4 °C$, Schmelzp. = $+ 3,8 °C$. (Nähere Angaben hierüber sowie über das dem Wasserstoff isotope Element Deuterium, D, mit dem Atomgewicht 2 siehe im Kapitel Isotope.)

Zerfall

Die Zersetzung des Wassers durch Metalle, Kohle sowie durch die Energie des elektrischen Stromes haben wir schon bei der Besprechung des Wasserstoffs kennengelernt, und es bleibt noch übrig, den Zerfall des Wassers unter dem Einfluß hoher Temperaturen zu besprechen.

Um die Spaltung im Sinne der Gleichung $2 H_2O = 2 H_2 + O_2$ durchzusetzen, muß dem Wasser dieselbe Wärmemenge zugeführt werden, die bei der Entstehung aus Sauerstoff und Wasserstoff frei wurde. Diese beträgt für 1 Mol flüssiges Wasser (= 18 g) 68,4 kcal, für 1 Mol Wasserdampf von 100 °C 57,8 kcal, woraus ohne weiteres klar wird, daß nur bei höchstkonzentrierter Wärmewirkung. d. h. nur bei sehr hohen Temperaturen, ein teilweiser Zerfall eintreten kann.

---

[1]) Das Volumen von 1 kg Wasser bei 4 °C ist gleich 1 l = 1000 ml = 1000,028 cm³. Bei sehr genauen Dichteangaben sind daher die Werte in den beiden Maßeinheiten g/cm³ und g/ml etwas voneinander verschieden.

Von 100 000 Wassermolekülen sind bei den folgenden Temperaturen zerfallen:

1000 °K	1500 °K	2000 °K	2500 °K	3000 °K	3500 °K
0,0258	20,2	582	4210	14 400	30 900

(siehe über das für jede Temperatur sich einstellende Gleichgewicht: $2 H_2 + O_2 \rightleftharpoons 2 H_2O$ auf S. 33).

Diese Spaltung des Wassers bei sehr hohen Temperaturen verhindert den augenblicklichen vollständigen Umsatz von Wasserstoff und Sauerstoff in der Knallgasflamme und läßt diese höchstens eine Temperatur von 3350 °C erreichen, während aus der Verbrennungswärme und der spezifischen Wärme des Wasserdampfes (= 0,465 für konstanten Druck) eine Temperatur von fast 10 000 °C folgen müßte. Im innersten, heißesten Teil der Knallgasflamme findet nur teilweise Wasserbildung statt, die erst in der äußeren kühleren Zone vollständig wird.

Reaktionen und Nachweis

Auf die äußerst mannigfaltigen Reaktionen des Wassers mit anderen Stoffen kann erst bei diesen näher eingegangen werden, doch seien die wichtigsten Mittel, die man zum Trocknen von Gasen oder Flüssigkeiten verwendet, hier schon erwähnt.

Calciumoxid (gebrannter Kalk), entwässertes Calciumchlorid, Silicagel, konzentrierte Schwefelsäure und ganz besonders Phosphorpentoxid binden das Wasser, und zwar letzteres so vollkommen, daß man in Gasen, die über Phosphorpentoxid getrocknet wurden, das äußerst charakteristische Spektrum des Wasserstoffs nicht mehr wahrnimmt, wenn man sie in der Geissler-Röhre durch elektrische Entladungen zum Leuchten bringt.

Um Spuren von Wasser nachzuweisen, löst man Bleijodid mit einem Drittel seines Gewichtes Kaliumjodid in Aceton, befeuchtet hiermit Filtrierpapier und läßt dieses im Exsikkator über Phosphorpentoxid trocknen. Spuren von Wasserdampf oder flüssigem Wasser färben dieses Papier gelb, weil aus dem farblosen Doppelsalz, $KPbJ_3$, das intensiv gelbe Bleijodid, PbJ_2, ausgeschieden wird.

Auch mit einer Lösung von Aluminiumäthylat in Dimethylbenzol (Xylol) kann man Spuren von Wasser an der Bildung einer weißen, voluminösen Fällung von Tonerde erkennen (F. HENLE).

Um kleine Mengen Wasser quantitativ zu bestimmen, kann man die Umsetzung mit Calciumcarbid, CaC_2, verwenden und das nach der Gleichung $CaC_2 + 2 H_2O = Ca(OH)_2 + C_2H_2$ gebildete Acetylen messen.

Sehr viel wird zur Wasserbestimmung das *Karl-Fischer-Reagens* verwendet, eine Lösung von Jod und Schwefeldioxid in einem Gemisch aus Pyridin und Methanol (Methylalkohol). Nach der Gleichung $J_2 + SO_2 + 2 H_2O = H_2SO_4 + 2 HJ$ bestimmt man aus der Menge des verbrauchten Jods die Menge des Wassers.

Größere Mengen Wasser wägt man nach dem Auffangen in einem tarierten, mit entwässertem Calciumchlorid, $CaCl_2$, oder Magnesiumperchlorat, $Mg(ClO_4)_2$, gefüllten Rohr.

Aggregatzustände

Festes Wasser (Eis)

Reines Wasser kristallisiert bei 0 °C in hexagonalen Kristallen, wenn man durch lebhafte Bewegung oder durch ein Eiskriställchen die Unterkühlung vermeidet. Dabei werden für 1 kg 79,67 kcal entwickelt, die umgekehrt zum Schmelzen des Eises wieder aufgewendet werden müssen. Hierauf beruht zum Teil der Temperaturausgleich unserer

Erdoberfläche durch die im Winter gefrierenden und im Frühling wieder auftauenden Wassermassen.

Während des Gefrierens dehnt sich das Wasser um $1/11$ seines Volumens aus, und durch den dadurch hervorgerufenen Druck sprengt das in den kapillaren Spalten der Gesteine enthaltene Wasser die Felsmassen und schafft damit den für die Vegetation erforderlichen Erdboden.

In den Zeiten, wo man noch keine Sprengstoffe kannte, sprengte man für den Bau der Alpenstraßen die Felsen durch Bohrlöcher, die mit Wasser gefüllt und durch die Kälte zum Gefrieren gebracht wurden.

Um diese gewaltsame Ausdehnung des gefrierenden Wassers zu zeigen, füllt man eine gußeiserne Bombe vollkommen mit Wasser, verschraubt sie dicht und legt sie in eine Mischung von Eis und Kochsalz, worauf alsbald unter dumpfem Krachen das Eisen zersprengt wird (Abb. 16).

Da das Wasser sich beim Schmelzen zusammenzieht, kann man durch mechanischen Druck den Gefrierpunkt des Wassers erniedrigen, und zwar bei einem Druck von n atm um $n \cdot 0{,}0072\ ^{\circ}C$. Unter einem Druck von 2000 atm schmilzt Eis nach TAMMANN bei $-20\ ^{\circ}C$.

Sehr einfach läßt sich diese Erscheinung vorführen, indem man um einen horizontal befestigten Eisblock eine Drahtschlinge legt, die durch ein daranhängendes Gewicht nach unten gezogen wird. Allmählich schneidet die Schlinge durch das Eis; aber oberhalb des

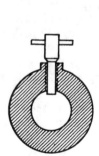

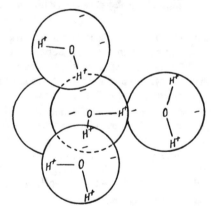

Abb. 16. Sprengen einer eisernen Bombe durch gefrierendes Wasser

Abb. 17. Tetraedrische Bindung der Wassermoleküle im Eis. Die großen Kugeln stellen die H_2O-Moleküle dar, in deren Außenhülle die mit H bezeichneten Wasserstoffatome liegen. Über die Bedeutung der +- und --Zeichen siehe S. 60.

Drahtes friert dieses wieder zusammen, weil der Druck nur nach unten ausgeübt wird. Schließlich fällt die Drahtschlinge samt dem Gewicht unter dem Eisblock heraus, und in diesem sieht man die Schnittfläche, die den Weg des Drahtes durch das Eis bezeichnet, aber durch Neubildung von Eis (Regelation) wieder zusammengewachsen ist.

Daß man durch äußeren Druck den Schmelzpunkt des Eises erniedrigen kann, ist nur ein Beispiel für einen allgemein gültigen Satz: Nach LE CHATELIER (1884) und BRAUN (1887) erfolgt *in jedem im Gleichgewicht befindlichen System unter der Einwirkung äußeren Zwanges eine Verschiebung in dem Sinne, daß hierdurch der äußere Zwang vermindert wird.* In unserem Falle vermindert das Eis den äußeren Zwang des Druckes, indem es unter Verflüssigung sein Volumen vermindert. *Dies ist das Prinzip des kleinsten Zwanges.*

Auf stellenweise Verflüssigung von Eis durch Druck glaubte man früher auch die Fortbe-
wegung, das Gleiten und Fließen der Gletscher zurückführen zu dürfen; aber die harte
Sprödigkeit des See- und Flußeises im Unterschied zum Gletschereis führt dazu, dieses als
besonderes Gebilde aufzufassen. Durch die Schneekristalle werden aus der Luft staubförmige
Salze sowie Ammoniak und Ammonnitrit absorbiert, worauf die bekannte Düngewirkung
der winterlichen Schneedecke beruht. Wenn sich die Schneekristalle aus der Firnmulde zum
Eis der Gletscher verdichten, so bleiben die Eiskörner von einer Hülle aus Wasser, gelösten
Salzen und Gasen umgeben, und auf dieser weichen Hülle können die Körner aufeinander
fortgleiten (BALAVINE). Die Rekristallisation, d. h. die Verdichtung von Schneekriställchen zu
den Eiskörnern, findet statt, wenn die Kristalle durch Druck aneinandergepreßt werden, so daß
diese Hülle weggequetscht wird (G. TAMMANN).

Die künstliche Darstellung von Schnee gelang erst 1933 M. K. HOFFMANN dadurch, daß er
bis fast zum Gefrierpunkt abgekühltes Wasser unter Zusatz von schaumbildenden Stoffen in
Luft von −3 °C versprühte. Sonst erhält man beim Gefrieren des Wassers stets kompaktes Eis.

Struktur von Eis und Wasser

Nach der Untersuchung der Röntgeninterferenzen von BERNAL und FOWLER (1933) besitzt das
Eis eine Struktur, in der jedes H_2O-Molekül an vier Nachbarmoleküle gebunden ist, die es
in tetraedrischer Anordnung umgeben. Jedes H-Atom liegt auf einer geraden Linie zwischen
zwei O-Atomen und jedes O-Atom inmitten eines Tetraeders von vier H-Atomen. Die Ordnung entspricht der SiO_2-Modifikation Tridymit, wobei anstelle der Si- und O-Atome die
O- und H-Atome des H_2O-Moleküls treten. Einen Ausschnitt aus dieser Struktur gibt die
Abb. 17.

Beim Schmelzen erfolgt ein teilweises Zusammenbrechen des Tridymitgitters, doch bleibt auch
in Wasser von 0 °C die tridymitartige Verknüpfung der H_2O-Moleküle über größere Bereiche
noch erhalten. Die höhere Dichte des Wassers von 0 °C gegenüber der von Eis erklärt sich
daraus, daß die Verbindungslinie O—H—O, die im Tridymit gerade ist, im Wasser gewinkelt
sein kann, wodurch die H_2O-Moleküle näher aneinander rücken. Zwischen 0 und 4 °C wandeln
sich die Reste der Tridymitstruktur zu dieser dichteren Packung um, so daß die Dichte bis 4 °C
noch ansteigt. Oberhalb 4 °C bewirkt die zunehmende thermische Bewegung der H_2O-Mole-
küle eine Ausdehnung des Wassers und damit eine Abnahme der Dichte. Doch bleiben auch
im Wasser die einzelnen H_2O-Moleküle zum überwiegenden Teil noch von vier anderen
H_2O-Molekülen tetraedrisch umgeben.

Gasförmiges Wasser (Wasserdampf)

Schon weit unterhalb des Gefrierpunktes verdampft das Wasser und entwickelt bei
jeder Temperatur einen bestimmten Dampfdruck, oberhalb dessen die Verdampfung
unter Bildung von flüssigem Wasser oder Eis rückgängig ist.

In der folgenden Tabelle ist der Sättigungsdruck des Wasserdampfes in Torr angegeben:

Temperatur in °C	Dampfdruck in Torr	Temperatur in °C	Dampfdruck in Torr
−15	1,4	90	525,8
0	4,6	100	760,0
+20	17,5	125	1 741
25	23,8	150	3 571
35	42,2	175	6 695
50	92,5	200	11 661

4*

Innerhalb des für praktische Zwecke besonders wichtigen Gebietes der Zimmertemperaturen beträgt der Dampfdruck des Wassers:

Temperatur in °C	Dampfdruck in Torr	Temperatur in °C	Dampfdruck in Torr
10	9,2	18	15,5
11	9,8	19	16,5
12	10,5	20	17,5
13	11,2	21	18,7
14	12,0	22	19,8
15	12,8	23	21,1
16	13,6	24	22,4
17	14,5	25	23,8

Demnach ist bei 100 °C der Dampfdruck des Wassers gleich dem Normaldruck der Atmosphäre, also gleich 760 Torr; das Wasser siedet bei 100 °C. Die zur Umwandlung von flüssigem Wasser von 100 °C in Dampf von 100 °C erforderliche Wärmemenge, die *Verdampfungswärme* des Wassers, beträgt für 1 kg 539 kcal. Bei diesem Vorgang vergrößert das Wasser sein Volumen auf das 1650fache und gibt infolgedessen Energie ab. Diese ist gleich der mechanischen Arbeit, die der Dampf bei seiner Bildung gegen den äußeren Druck leistet. Der Wärmewert dieser Arbeit beträgt aber nur etwa $1/14$ der gesamten Verdampfungswärme, die übrigen $13/14$ gehen in den Dampf als innerer Energiezuwachs desselben ein; sie werden dazu verbraucht, um die Entfernung der Wassermoleküle voneinander unter Überwindung der zwischen ihnen wirkenden Anziehungskräfte zu vergrößern.

Oberhalb 374,2 °C läßt sich der Wasserdampf durch Druck nicht mehr verflüssigen. Dies ist die *kritische Temperatur* des Wassers, der hier ausgeübte Druck des Dampfes, der *kritische Druck*, beträgt 217,5 atm.

Phasenregel — Schmelzdiagramm

Phasenregel

Das Wasser tritt in drei Aggregatformen auf, nämlich als Eis, flüssiges Wasser und Dampf, und jede dieser drei Formen stellt eine besondere, äußerlich und physikalisch von den anderen verschiedene Erscheinung, *eine Phase* dar (φαίνομαι ≙ erscheine), obwohl im chemischen Sinne stets dieselbe Substanz, nämlich das Wasser mit seinen Molekülen H_2O zugrunde liegt.

Es fragt sich nun, ob die Natur bei einer gegebenen Anzahl von Molekülarten unbegrenzt viele Phasen nebeneinander existieren läßt oder ob hierin eine Beschränkung gegeben ist.

Wir wissen, daß Eis, flüssiges Wasser und Dampf nur bei einer ganz bestimmten Temperatur nebeneinander existieren können. Schließt man diese drei Phasen in ein sonst leeres Gefäß ein, so beträgt der Druck 4,6 Torr und die Temperatur, nämlich der Gefrierpunkt bzw. Schmelzpunkt, + 0,0076 °C, während er unter Atmosphärendruck genau bei 0 °C liegen würde. Dieser Temperaturpunkt von + 0,0076 °C, der wegen des gleichzeitigen Vorhandenseins von drei Phasen auch *Tripelpunkt* genannt wird, ist ein *singulärer* (vereinzelter); und hier stehen die drei Phasen des Wassers in einem vereinzelten Gleichgewicht, in dem der Dampfdruck des Eises ebenso groß ist wie der des danebenbefindlichen flüssigen Wassers, nämlich gleich 4,6 Torr. Ändern wir die Temperatur für die Dauer um einen ganz geringen Betrag, so verschwindet eine Phase, nämlich oberhalb + 0,0076 °C das Eis und unterhalb + 0,0076 °C das flüssige Wasser. Wegen dieses Übergangs von einer Phase in die andere bezeichnet man diesen Punkt auch als Übergangspunkt. Gegen Änderungen der Temperatur ist das Gleichgewicht zwischen Eis, flüssigem Wasser und Dampf demnach labil (invariant).

Oberhalb von + 0,0076 °C steht das Wasser bis zur kritischen Temperatur mit dem Dampf im vollständigen, verschiebbaren Gleichgewicht; denn wenn beide in einem abgeschlossenen Gefäß erhitzt werden, so steigt entsprechend der Temperatur wohl der Dampfdruck, aber bei genügenden Wassermengen bleibt neben der Phase des Dampfes die der Flüssigkeit fortbestehen.

Unterhalb + 0,0076 °C tritt das Eis als feste Phase in das Gleichgewicht mit dem Dampf.

Diese Dampfdruckgleichgewichte gibt die Abb. 18 schematisch wieder. Die ausgezogenen Kurven zeigen bei Temperaturen unter + 0,0076 °C den Dampfdruck des Eises, oberhalb dieser Temperatur den des Wassers. Ist bei irgendeiner Temperatur der Wasserdampfdruck niedriger als es die Kurven angeben, so kann nur Wasserdampf allein vorhanden sein, denn das Eis oder das Wasser müßten bei dem zu niedrigen Druck des Dampfes verdampfen. Unter den Kurven liegt also das Gebiet, in dem allein Wasserdampf beständig ist. Der Punkt T bei + 0,0076 °C ist der Tripelpunkt. Es ist charakteristisch, daß die Dampfdruckkurven für Eis und Wasser bei diesem Punkt nicht ineinander übergehen, sondern sich schneiden. Denn Eis und Wasser sind zwei Phasen, die nicht kontinuierlich ineinander übergehen.

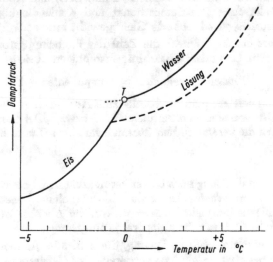

Abb. 18. Dampfdruckkurve von Eis und Wasser

Bei sehr vorsichtigem Arbeiten kann man Wasser etwas unter den Tripelpunkt abkühlen, ohne daß Eis sich ausscheidet. Dem *unterkühlten Wasser* entspricht die punktierte Dampfdruckkurve, die dem Kurvenzug über + 0,0076 °C folgt und jetzt über der Dampfdruckkurve des Eises verläuft. Unterkühltes Wasser hat einen höheren Dampfdruck als Eis bei derselben Temperatur. Das bedeutet, daß das unterkühlte Wasser instabil ist und sich leicht in Eis umwandelt.

Wir können demnach aus der *einen* Molekülart des Wassers, H_2O, nur Systeme aufbauen, in denen *zwei* Phasen miteinander in einem verschiebbaren Gleichgewicht stehen,

d. h. nebeneinander innerhalb gewisser Temperaturgrenzen stabil existenzfähig sind. Die *drei* Phasen, Eis, Wasser und Dampf können nur bei *einer* Temperatur und *einem* Druck, nämlich dem Tripelpunkt, nebeneinander bestehen.

Diese zunächst nur für das Wasser nachgewiesene Beziehung zwischen der Zahl der Molekülarten (hier 1) und der Zahl der in verschiebbarem Gleichgewicht nebeneinander existenzfähigen Phasen (hier 2) wurde von GIBBS auch auf andere, kompliziertere Systeme ausgedehnt, und allgemein lautet die *Phasenregel* wie folgt:

Es bedarf mindestens des Zusammenbringens von n verschiedenen Molekülarten, um n + 1 Phasen in ein verschiebbares Gleichgewicht bringen zu können. Wenn n Molekül-arten in n + 2 Phasen nebeneinander auftreten sollen, so ist ein Gleichgewichtszustand zwischen ihnen nur bei einer bestimmten Temperatur und einem bestimmten Druck möglich.

Es ist also für die *Koexistenz*, für das *Nebeneinanderbestehen*, der n + 2 Phasen ein singulärer Punkt, der *Übergangspunkt*, festgelegt.

Fügen wir demnach zu der einen Molekülart des Wassers noch eine zweite, etwa ein Salz, so können wir drei Phasen: festes Salz, Lösung, Wasserdampf, nebeneinander in verschiebbarem Gleichgewicht beobachten. Erhitzen wir dieses in einem Gefäß eingeschlossene System, so ändern sich zwar mit der Temperatur die Konzentration der Salzlösung und auch der Druck des Wasserdampfes, aber die drei Phasen bleiben nebeneinander bestehen.

Ebenso können wir auch zwei Molekülarten, Kalk, CaO, und Kohlendioxid, CO_2, drei Phasen: festen Kalk, festes Calciumcarbonat und Kohlendioxidgas, in ein mit der Temperatur variierendes, verschiebbares Gleichgewicht bringen.

Die Phasenregel beschränkt demnach die Zahl der Erscheinungsformen bei gegebener Zahl der Molekülarten. Leicht dem Gedächtnis einzuprägen ist sie in der folgenden Form:

$$\text{Phasen} + \text{Freiheiten} = \text{Komponenten} + 2$$

Unter Komponenten versteht man hierbei die zum Aufbau eines Systems erforderlichen Molekülarten (in den vorstehenden Beispielen H_2O bzw. H_2O + Salz bzw. CaO + CO_2) und unter Freiheiten die veränderlichen Zustandsvariablen (Druck und Temperatur).

Schmelzdiagramm

Um das System Salz und Lösung noch besser kennenzulernen, betrachten wir die Abb. 19, die das Schmelzdiagramm Wasser/Ammoniumchlorid (Salmiak) wiedergibt und für viele andere einfache Fälle als Beispiel dienen kann. Auf der Abszisse ist der Gehalt an Salz in der Lösung, auf der Ordinate die Temperatur aufgetragen.

Kühlt man eine verdünnte, wäßrige Lösung, die z. B. 5 % Ammoniumchlorid enthält, ab, so beginnt sie bei etwa − 2 °C zu gefrieren. Der Gefrierpunkt des Wassers wird durch Salze — oder andere leicht lösliche Stoffe — herabgesetzt, und zwar um so mehr, je mehr Salz gelöst war. Dies gibt die Kurve AK an. Beim Gefrieren scheidet sich aber das Wasser als reines Eis ab. Dadurch wird die Lösung konzentrierter, und dadurch sinkt wieder ihr Gefrierpunkt. So erfolgt bei weiterem Abkühlen das Gefrieren bei stetig sinkender Temperatur längs der Kurve BK. Schließlich muß die Konzentration der Lösung die Löslichkeitsgrenze des gelösten Stoffes erreichen. Wir sind dann beim Punkt K angelangt. Von jetzt ab scheiden sich Eis und Salz zugleich ab.

Auch beim Abkühlen einer konzentrierten Lösung, die z. B. 25 % Ammoniumchlorid enthält, erreicht man denselben Punkt. Jetzt scheidet sich aber bei etwa 7 °C beim Punkt C Salz ab. Bei weiterem Abkühlen schreitet die Salzausscheidung weiter fort, wodurch die Lösung stetig verdünnter wird, bis bei K der Gefrierpunkt der Lösung erreicht wird und sich neben dem Salz Eis ausscheidet.

Das innige Gemenge von Eis und Salz, das sich beim Punkt K ausscheidet, nennt man *Kryohydrat* oder *Eutektikum.* K ist der *kryohydratische Punkt* und zugleich für das System Salz—Wasser der *Quadrupelpunkt*, bei dem die vier Phasen Wasserdampf,

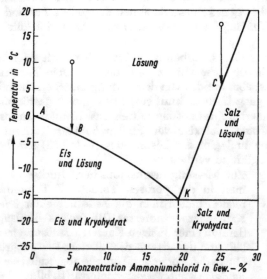

Abb. 19. Schmelzdiagramm des Systems Wasser/Ammoniumchlorid

Lösung, Eis und Salz miteinander im Gleichgewicht sind. Bei Wasser und Ammoniumchlorid liegt er bei $-16\,°C$ und $19,3\%$ NH_4Cl in der Lösung. Bei Natriumsulfat und Wasser bei $-1,25\,°C$ und $4,08\%$ Na_2SO_4, bei Wasser und Natriumchlorid bei $-21,2\,°C$ und $23,5\%$ NaCl, bei Magnesiumchlorid und Wasser bei $-33,6\,°C$ und $21,4\%$ $MgCl_2$, bei Calciumchlorid und Wasser bei $-55\,°C$ und $31,4\%$ $CaCl_2$.

Kältemischungen

Dieses Verhalten von Salzlösungen hat eine praktische Bedeutung. Vermischt man Eis von $0\,°C$ mit Ammoniumchlorid, so schmilzt das Eis und bildet mit dem Salz eine Lösung. Durch die beim Schmelzen des Eises und Auflösen des Salzes verbrauchte Wärme kühlt sich die Mischung ab. Der Lösungsvorgang schreitet aber weiter, da die Lösung ja einen tieferen Gefrierpunkt hat. Die Abkühlung kann so weit gehen, bis die Lösung die Temperatur und Zusammensetzung des kryohydratischen Punktes erreicht hat.

So kann man aus Eis und Salz Kältemischungen bereiten, deren Temperaturen weit unter $0\,°C$ liegen. Mit 80 Teilen Schnee und 20 Teilen Ammoniumchlorid erreicht man so eine Temperatur von $-15,5\,°C$; mit 60 Teilen Schnee und 30 Teilen Natriumnitrat $-17,5\,°C$.

Wasser als Lösungsmittel — elektrolytische Dissoziation

Osmose

Allgemeine Gesetzmäßigkeiten

Keine andere Flüssigkeit besitzt in dem Maße wie das Wasser die Fähigkeit, feste, flüssige oder gasförmige Stoffe der verschiedensten Art zu lösen, d. h. in einem solchen

Grade der Aufteilung aufzunehmen, daß diese Lösungen gegen das Licht völlig klar erscheinen. Dagegen erweisen sich Suspensionen, Emulsionen und meist auch kolloide Lösungen bei Durchstrahlung mit einem Lichtkegel trübe, sie zeigen den *Tyndalleffekt* ähnlich wie staubige oder mit Tabakrauch angefüllte Luft.

In der klaren Lösung sind die gelösten Stoffe in die einzelnen Moleküle aufgeteilt, die sich frei voneinander bewegen können. So ähnelt der gelöste Zustand dem gasförmigen, in dem die durch die Verdampfung voneinander getrennten Moleküle sich gleichfalls frei bewegen.

Wie die Moleküle eines Gases, so bewegen sich auch gelöste Moleküle im Raum mit Geschwindigkeiten, die der Quadratwurzel aus der absoluten Temperatur proportional sind. Ihre Bewegung ist aber auf den von dem Lösungsmittel erfüllten Raum beschränkt. Vermöge dieser Bewegung üben sie auch einen dem Druck gasförmiger Moleküle entsprechenden Druck innerhalb des Lösungsmittels aus, nämlich den *osmotischen Druck.* Dieser treibt die gelösten Moleküle von Stellen höherer Konzentration zu solchen niederer Konzentration und gibt der Lösung das Bestreben, sich bei Berührung mit Wasser soweit wie möglich zu verdünnen.

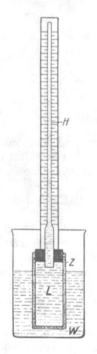

Abb. 20. Osmotische Zelle

Zur Messung des osmotischen Druckes (vgl. Abb. 20) schlägt man in der porösen Tonzelle Z Kupferhexacyanoferrat(II) nieder, indem man die Zelle mit einer 3%igen Lösung von Kaliumhexacyanoferrat (II) (gelbes Blutlaugensalz) füllt, sie dann in einer 3%igen Kupfersulfatlösung mehrere Tage stehen läßt und danach mit destilliertem Wasser gründlich auswäscht. Die in den Poren der Tonzelle abgeschiedene Haut von wasserhaltigem Kupferhexacyanoferrat(II) bildet eine *halbdurchlässige Membran,* die zwar die kleinen Moleküle des Wassers durchläßt, nicht aber oder wenigstens sehr viel schwerer die im Wasser gelösten Stoffe, wie beispielsweise die großen Rohrzuckermoleküle.

Statt der schwierig zu bereitenden Membran aus Kupferhexacyanoferrat(II) kann man zu einem Vorlesungsversuch auch Pergamentpapier oder Cellophan als Membran verwenden.

Füllt man die Zelle mit Rohrzuckerlösung und taucht sie in ein Becherglas mit reinem Wasser *W,* so kann die Lösung *L* durch die halbdurchlässige Membran hindurch Wasser aufnehmen, aber im allgemeinen keine gelösten Moleküle nach *W* hin abgeben. Diese stehen nach dem eben Gesagten unter dem Antrieb der Wärme, und ihre Bewegungen üben nach allen Seiten hin einen von der Konzentration und der Temperatur abhängigen Druck (den osmotischen Druck) aus, der bestrebt ist, das Volumen der Lösung zu vergrößern. Da dies nicht auf dem Wege möglich ist, daß die Zuckermoleküle in das Wasser *W* diffundieren, weil die Membran sie nicht durchläßt, muß das Wasser in umgekehrter Richtung durch die Membran nach oben strömen. Als Folge des osmotischen Druckes der gelösten Moleküle nimmt also das Volumen der Lösung *L* zu, und diese steigt in *H* so hoch, bis der hydrostatische Druck der hohen Wassersäule gegenüber dem niedrigen Niveau des Wassers in dem Becherglas dem osmotischen Druck das Gleichgewicht hält.

Die von PFEFFER und DE VRIES auf solche Art ausgeführten Bestimmungen ergaben schon für verdünnte Lösungen ganz bedeutende Druckwerte, z. B. für eine 1%ige Zuckerlösung bei 0 °C 0,656 atm, bei 6,8 °C 0,664 atm, bei 22 °C 0,722 atm.

Der osmotische Druck der im menschlichen Blut gelösten Stoffe beträgt etwas mehr als 5 atm und gleicht dem einer Kochsalzlösung von 0,95 g auf 100 g Wasser. Diese *physiologische Kochsalzlösung* kann deshalb ohne Nachteil in das Blut gebracht werden, wogegen eine konzentriertere den Blutkörperchen Wasser entzieht und diese zum Schrumpfen bringt, und eine verdünntere umgekehrt die Blutkörperchen aufquellen läßt.

Bei verdünnten Lösungen steigt der osmotische Druck proportional der Konzentration und proportional der absoluten Temperatur. VAN 'T HOFF hat aus solchen ursprünglich pflanzenphysiologischen Versuchsergebnissen abgeleitet, daß verdünnte Lösungen verschiedener Stoffe bei derselben Temperatur den gleichen osmotischen Druck ausüben, wenn sie in gleichem Flüssigkeitsvolumen die gleiche Anzahl gelöster Moleküle enthalten, wenn sie demnach *isomolekular* sind. Nicht die besondere chemische Natur des gelösten Stoffes und, wie sich weiterhin zeigte, auch nicht die chemische Natur des Lösungsmittels bestimmt die Größe des osmotischen Druckes, sondern dieser hängt nur ab von der Temperatur und von der Anzahl der in einem gegebenen Flüssigkeitsvolumen gelösten Moleküle.

Der Verteilungs- und Bewegungszustand der Moleküle in Lösung entspricht dem im Gas so genau, daß der osmotische Druck einer hinreichend verdünnten Lösung gleich dem Druck eines Gases von der Temperatur der Lösung ist, wenn 1 ml des Gases ebenso viele Gasmoleküle wie 1 ml der Lösung Moleküle des gelösten Stoffes enthält. Infolgedessen gelten für gelöste Stoffe die gleichen gesetzmäßigen Zusammenhänge zwischen Druck, Volumen und Temperatur wie für Gase, nur daß in der Gleichung $p \cdot v = n \cdot R \cdot T$ an die Stelle des Gasdruckes p jetzt der osmotische Druck π tritt: $\pi \cdot v = n \cdot R \cdot T$.

Besonders muß bemerkt werden, daß diese Gesetzmäßigkeiten nur für verdünnte Lösungen gelten, die weniger als 0,1 Mol der Substanz in 1 l Lösung enthalten, ebenso wie die Gasgesetze für gasförmige Stoffe nur dann gelten, wenn diese sich unter solchen Druck- oder Temperaturbedingungen befinden, die erheblich vom Verflüssigungspunkt entfernt sind. Andernfalls machen sich zwischen den Gasmolekülen anziehende Kräfte geltend, so wie auch gelöste Moleküle bei höheren Konzentrationen sich gegenseitig anziehen und in ihrer Bewegung stören.

Suspensionen, Emulsionen und leimartige, *kolloide Lösungen* (siehe bei Kieselsäure, Silber und Gold) enthalten zum Unterschied von den echten Lösungen die Stoffe in gröberem Zustande von geringerer Aufteilung (kleinerem Dispersionsgrad). Diese wenigen groben Teilchen verhalten sich wie wenige große Moleküle. Die kolloiden Lösungen zeigen deshalb nur geringen bis verschwindend kleinen osmotischen Druck (siehe über Kolloide bei Kieselsäure).

Gefrierpunktserniedrigung und Siedepunktserhöhung

Wie im Vorangehenden ausgeführt wurde, ist der osmotische Druck proportional der Zahl der gelösten Moleküle. Daher läßt sich aus dem osmotischen Druck das Molekulargewicht eines Stoffes im Zustand der Lösung ermitteln. Weil aber die oben skizzierte direkte Messung des osmotischen Druckes umständlich und zeitraubend ist, mißt man diesen meist nach indirekten Methoden aus der Siedepunktserhöhung oder der Gefrierpunktserniedrigung.

Daß der Gefrierpunkt einer Flüssigkeit durch gelöste Stoffe erniedrigt wird, ist eine Folge davon, daß der Dampfdruck der Flüssigkeit durch die gelösten Moleküle erniedrigt wird; denn beim Gefrieren wird reines Eis ausgeschieden. Abb. 18 zeigt, daß die tiefer verlaufende Dampfdruckkurve der Lösung erst bei tieferen Temperaturen die Dampfdruckkurve des Eises schneidet. Beim Abkühlen der Lösung kann sich erst in diesem Schnittpunkt Eis ausscheiden.

Bei sehr verdünnter Lösung ist die Dampfdruckerniedrigung einer Lösung proportional dem osmotischen Druck und proportional der Zahl der in der Volumeneinheit gelösten

Moleküle, aber ganz unabhängig von der Art dieser Moleküle. Also ist auch die Gefrierpunktserniedrigung proportional der Zahl der gelösten Moleküle. Da in 1 Mol verschiedener Substanzen stets die gleiche Anzahl von Molekülen enthalten ist, zeigen isomolekulare Lösungen die gleiche Gefrierpunktserniedrigung. So sinkt der Gefrierpunkt von Wasser um 0,186 °C, wenn man in 1000 g Wasser $^1/_{10}$ Mol Glycerin = 9,2 g oder $^1/_{10}$ Mol Harnstoff = 6 g oder $^1/_{10}$ Mol Glucose = 18 g löst.

Andererseits muß der Siedepunkt einer Lösung höher liegen, da erst bei höherer Temperatur der Dampfdruck den Druck der Atmosphäre — normal 760 Torr — erreicht. *Auch die Siedepunktserhöhung ist bei verdünnten Lösungen proportional der Zahl der gelösten Moleküle.*

Da die Zahl der gelösten Mole gleich dem Gewicht des gelösten Stoffes, dividiert durch das Molekulargewicht, ist, kann man aus der Gefrierpunktserniedrigung oder der Siedepunktserhöhung ΔT das Molekulargewicht M bestimmen:

$$\Delta T = E \cdot \frac{m}{M} \qquad\qquad M = E \cdot \frac{m}{\Delta T}$$

m ist das Gewicht des gelösten Stoffes in Gramm, die auf 1000 g des Lösungsmittels kommen, E die sogenannte molare Gefrierpunktserniedrigung oder Siedepunktserhöhung. Ihre Größe hängt nur vom Lösungmittel ab und ist natürlich für Gefrierpunkt und Siedepunkt verschieden. Die Werte für einige Lösungsmittel sind der folgenden Tabelle zu entnehmen.

Stoff	molare Gefrierpunktserniedrigung in °C	molare Siedepunktserhöhung in °C
Wasser	1,86	0,52
Ameisensäure	2,77	2,4
Eisessig	3,9	3,07
Benzol	5,07	2,64

Diese Methode der Molekulargewichtsbestimmung hat große praktische Bedeutung. Sie ist auch bei Stoffen anwendbar, bei denen die Bestimmung der Dampfdichte versagt, weil sie sich nicht unzersetzt verdampfen lassen. Vorausgesetzt ist allerdings, daß sie sich in einem Lösungsmittel lösen lassen.

Ionenlehre

Elektrolyte und Nichtelektrolyte

Bei verdünnten, wäßrigen, meist auch bei alkoholischen Lösungen von starken Säuren, starken Basen und Salzen (siehe dazu S. 66) ist die Gefrierpunktserniedrigung oder die Siedepunktserhöhung viel höher als man es nach der Konzentration und dem Molekulargewicht der Verbindungen erwarten sollte. In sehr verdünnten Lösungen von Natriumchlorid, NaCl, Kaliumnitrat, KNO_3, oder Salzsäure, HCl, erreichen die Werte den doppelten Betrag, bei Salzen, wie Calciumchlorid, $CaCl_2$, oder Natriumsulfat, Na_2SO_4, sogar den dreifachen Betrag. Da die Gefrierpunktserniedrigung bzw. Siedepunktserhöhung proportional der Zahl der gelösten Teilchen ist, folgt aus diesen Ergebnissen, daß die gelösten Verbindungen nicht als Moleküle NaCl, KNO_3, HCl, $CaCl_2$, Na_2SO_4 vorliegen, sondern daß bei NaCl, KNO_3 und HCl in der Lösung doppelt soviel Teilchen, bei $CaCl_2$ und Na_2SO_4 sogar dreimal soviel Teilchen vorhanden sein müssen. Es fragt sich nun, welcher Art diese Teilchen sind. Die neutralen Atome, zum Beispiel Natrium- und Chloratome, können es nicht sein, wie der Vergleich der Eigenschaften einer Natriumchloridlösung einerseits mit der lebhaften Reaktion von Natrium mit Wasser und dem stechenden Geruch und der grünen Farbe des Chlors andererseits deutlich zeigt. Die Frage hat SVANTE ARRHENIUS (1887) beantwortet, indem er darauf hinwies, daß die Stoffe, die in Lösungen einen ihrer Konzentration proportionalen osmotischen Druck ausüben, wie z. B. Zucker, Harnstoff oder Glycerin, den elektrischen Strom in diesen Lösungen nicht leiten, während die Lösungen von Säuren, Basen und Salzen den Strom leiten, und zwar in um so höherem Maße, je größer die aus der Gefrierpunktserniedrigung bzw. Siedepunktserhöhung berechnete Teilchenzahl in der Lösung ist. Stoffe der ersten Klasse nennt man *Nichtelektrolyte*, solche der zweiten Klasse *Elektrolyte*.

Der in diesem Zusammenhang wesentliche Teil der Ionenlehre von ARRHENIUS besagt, daß in den Lösungen der Elektrolyte frei bewegliche, elektrisch geladene Teilchen, *Ionen* (ἰών ≙ Wanderer), vorhanden sind. ARRHENIUS konnte zeigen, daß man aufgrund des elektrischen Leitvermögens wäßriger Lösungen zahlenmäßig zu annähernd demselben Betrag für die Teilchenzahl in solchen Lösungen gelangt, wie er sich aus der Gefrierpunktserniedrigung oder Siedepunktserhöhung berechnet. In einer verdünnten Natriumchloridlösung liegen demnach nur Natrium-Ionen und Chlorid-Ionen vor, in einer Kaliumnitratlösung Kalium-Ionen und Nitrat-Ionen. Da die Lösungen nach außen als Ganzes neutral sind, müssen die verschiedenartigen Ionen, z. B. die Natrium- und Chlorid-Ionen, entgegengesetzte und einander äquivalente Ladungen tragen. Vorzeichen und Größe dieser Ladungen lassen sich aus den Vorgängen bei der Elektrolyse ermitteln (siehe unten).

Während die Salze und die meisten anorganischen Basen auch im festen Zustand aus Ionen aufgebaut sind (siehe S. 61), bestehen die wasserfreien Säuren aus Molekülen. Wasserfreier Chlorwasserstoff, HCl, oder wasserfreie Essigsäure (Eisessig), leiten den elektrischen Strom nicht, sind also Nichtelektrolyte. Erst beim Lösen in Wasser werden sie zu Elektrolyten. Diesen Vorgang der Spaltung der Moleküle in Ionen nennt man *elektrolytische Dissoziation*. Die Dissoziation kann in verdünnter Lösung vollständig sein, wie es bei der Salzsäure der Fall ist, sie kann aber auch, wie bei der Essigsäure, selbst in sehr verdünnten Lösungen nur in geringem Umfang eintreten. Die Essigsäure zählt zu den schwachen Elektrolyten, die Salzsäure zu den starken Elektrolyten, zu denen auch die Salze und die meisten anorganischen Basen gehören.

In wenig verdünnten Lösungen starker Elektrolyte täuschen sowohl die Werte der Leitfähigkeit als auch die Größe der Gefrierpunktserniedrigung und der Siedepunktserhöhung eine unvollständige Dissoziation vor, und man hat daher früher angenommen, daß mit steigender Konzentration des Elektrolyten neben den Ionen undissoziierte Moleküle, z. B. NaCl-Moleküle, auftreten. Die Erklärung für die scheinbar unvollständige Dissoziation liegt jedoch darin, daß die entgegengesetzt geladenen Ionen sich in konzentrierten Lösungen zunehmend beeinflussen und daher nicht mehr frei und unabhängig voneinander beweglich sind.

Elektrolyse

Den Mechanismus der elektrischen Stromleitung in einem Elektrolyten haben wir uns folgendermaßen vorzustellen: Unter der Einwirkung einer elektrischen Spannung wandern die Ionen an die Elektroden, und zwar die positiv geladenen Ionen an den negativen Pol, die Kathode, die negativ geladenen Ionen an den positiven Pol, die Anode. Die ersten werden deshalb *Kationen*, die anderen *Anionen* genannt. Der Wasserstoff und die Metalle, z. B. Eisen, Zink, Kupfer, treten in Lösungen stets als Kationen auf, während die Nichtmetalle, wie Chlor und die Säurereste (z. B. das Nitrat-, Sulfat- oder Phosphat-

Ion) immer als Anionen vorliegen. Gelangen die Ionen an die Elektroden, so geben sie dort ihre Ladung ab und gehen in elektrisch neutrale Zink-, Kupfer-, Wasserstoff-, Chloratome über, die sich an den Elektroden als Metall abscheiden oder wie Wasserstoff oder Chlor als Gas entweichen, wenn nicht beim Stromdurchgang kompliziertere sekundäre Reaktionen stattfinden, wie es z. B. bei Natrium und Kalium der Fall ist.

Den Vorgang der Stromleitung durch eine Lösung unter Stoffabscheidung an den Elektroden nennt man *Elektrolyse*.

Die Leitfähigkeit eines Elektrolyten hängt davon ab, wieviel Ionen der Elektrolyt liefert, welche Ladung diese tragen, und wie groß deren Beweglichkeit ist. Als Beweglichkeit definiert man die Geschwindigkeit, mit der die Ionen bei einer gegebenen Spannung durch die Lösung wandern. Leitfähigkeitsmessungen sind von großer Bedeutung, weil man aus der Größe der Leitfähigkeit auf die Zahl der Ionen zurückschließen kann, in die eine Verbindung gespalten wird.

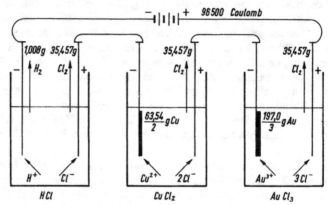

Abb. 21. Erläuterung des Faradayschen Gesetzes

Nach der von FARADAY (1834) aufgefundenen gesetzmäßigen Beziehung wird *durch eine Elektrizitätsmenge von 96500 Coulomb stets 1 Val (Gramm-Äquivalent) eines Stoffes abgeschieden (Faradaysches Gesetz)*. Wenn wir also 96500 Coulomb nacheinander durch drei wäßrige Lösungen von Salzsäure, HCl, Kupfer(II)-chlorid, CuCl$_2$, Gold(III)-chlorid, AuCl$_3$, schicken, wie es die Abb. 21 schematisch zeigt, so werden hierdurch 1,008 g Wasserstoff, $\frac{63,54}{2}$ g Kupfer und $\frac{197,0}{3}$ g Gold an den jeweiligen Kathoden abgeschieden, während gleichzeitig in jeder Lösung an der Anode 35,45 g Chlor frei werden. Wir müssen daraus folgern, daß jedes einzelne Ion eine kleinste positive bzw. negative elektrische Elementarladung oder ein ganzzahliges Vielfaches davon trägt. Diese Elementarladung ergibt sich in einfacher Weise, wenn wir die Menge von 96500 Coulomb durch die in 1 Val enthaltene Anzahl einwertiger Atome, das ist die Loschmidtsche Zahl, $6{,}02 \cdot 10^{23}$, dividieren. Sie beträgt also $1{,}602 \cdot 10^{-19}$ Coulomb. Das Wasserstoff-Ion bzw. das Natrium- oder Kalium-Ion tragen je eine solche positive Elementarladung. Das drücken wir durch die Schreibweise H^+, Na^+, K^+ aus. Jedes Kupfer-Ion im Kupfer(II)-chlorid oder Kupfer(II)-sulfat trägt zwei positive Ladungen, da zur Abscheidung von 1 g-Atom ($= 63{,}54$ g) $2 \cdot 96500$ Coulomb nötig sind. Wir schreiben daher Cu^{2+} und entsprechend Zn^{2+}, Ca^{2+} usw. Für die Gold-Ionen ergibt sich entsprechend eine dreifache Ladung Au^{3+}, während die Chlorid-Ionen wieder einfach, aber negativ geladen sind, was wir durch Cl^- ausdrücken. Analog schreiben wir für die Nitrat- und Sulfat-Anionen NO_3^-, SO_4^{2-}.

Ionenwertigkeit

Die Größe der Ladung der Ionen entspricht, wie wir jetzt erkennen, ihrer Wertigkeit. Diese hatten wir definiert, als die Zahl, die angibt, wieviel Atome Wasserstoff ein Element binden oder in einer Verbindung ersetzen kann. Da der Wasserstoff, wenn er als Ion auftritt, stets nur eine — und zwar meist positive — Ladung trägt, und ferner die Summe der positiven und negativen Ladungen in einem Elektrolyten stets gleich sein muß, da ja andernfalls die Lösung eine elektrische Ladung besäße, ist die *Wertigkeit der Elemente in Ionenverbindungen gleich ihrer Ionenladungszahl*. Man spricht daher *auch von Ionenwertigkeit* und sagt z. B. Natrium, Kalium treten positiv einwertig oder +1-wertig auf, Kupfer, Zink +2-wertig, Chlor −1-wertig usw.

Ionenbindung

Die Ionen entstehen in den meisten Fällen nicht erst bei der Lösung, sondern sie sind schon vorher in den zu lösenden Stoffen enthalten. Vornehmlich die Salze bestehen schon in festem und geschmolzenem Zustand aus Ionen, z. B. das Natriumchlorid aus Natrium- und Chlorid-Ionen.

In der Verbindung Natriumchlorid werden die Ionen durch die elektrostatischen Kräfte zusammengehalten, die zwischen positiv und negativ geladenen Teilchen wirken. Nach der *Coulombschen Gleichung* ist diese Kraft k gleich dem Produkt aus der Ladung des Kations e^+ und der Ladung des Anions e^- dividiert durch das Quadrat des Abstands a:

$$k = \frac{e^+ \cdot e^-}{a^2}$$

Die eben beschriebene Bindung nennt man *Ionenbindung* oder *heteropolare Bindung* (siehe hierzu auch das Kapitel: Chemische Bindung).

Kristallstruktur des Natriumchlorids

Im festen Natriumchlorid, das aus Kristallen besteht, bewirken die Coulombschen Kräfte zusammen mit dem Raumbedarf der Ionen eine sehr regelmäßige Ordnung, die Abb. 22 wiedergibt.

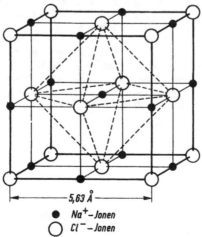

$\vdash$ ———— 5,63 Å ———— $\dashv$

● Na^+-Jonen
○ Cl^--Jonen

Abb. 22. Struktur des Natriumchlorids

Infolge der elektrostatischen Anziehung zwischen positiven und negativen Ladungen hat sich jedes Ion möglichst mit entgegengesetzt geladenen Ionen umgeben, das Na^+-Ion z. B. mit Cl^--Ionen. Die Cl^--Ionen nehmen dabei, um einander so fern wie möglich zu bleiben, weil sie sich ja als gleichgeladene Ionen mit der Kraft $k = \dfrac{e^- \cdot e^-}{a^2}$ abstoßen, die Ecken einer regelmäßigen Raumfigur ein. So ist jedes Na^+-Ion von sechs Cl^--Ionen umgeben, und umgekehrt, wie es das gleiche Mengenverhältnis von Na^+- und Cl^--Ionen verlangt, jedes Cl^--Ion von sechs Na^+-Ionen, und zwar steht jedes Ion einer Gattung, wie es die Abb. 22 für ein Na^+-Ion zeigt, im Mittelpunkt eines Oktaeders, während die sechs Ionen der anderen Gattung in den Ecken dieses Oktaeders angeordnet sind, wie dies durch die punktierten Linien angedeutet ist.

Bei der Betrachtung der Abb. 22 ist zu berücksichtigen, daß die Ionen im Verhältnis zu ihren Abständen viel zu klein gezeichnet sind, um die Bilder klarer zu gestalten. In Wirklichkeit hätte man sich die Ionenkugeln so groß zu denken, daß die benachbarten sich berühren.

Die zwischen den Ionen wirkenden starken elektrostatischen Kräfte haben zur Folge, daß die Ionen im Kristall nicht mehr frei beweglich sind. Sie erklären ferner die beträchtliche Härte und den hohen Schmelzpunkt der Salze.

Die Abbildung der Natriumchloridstruktur zeigt uns weiter, daß im Kristall keine gesonderten NaCl-Moleküle zu erkennen sind, denn da die Abstände von einem Na^+-Ion zu seinen sechs benachbarten Cl^--Ionen gleich groß sind, können wir nicht mehr ein bestimmtes Cl^--Ion dem Na^+-Ion zuordnen. Das gleiche gilt für die komplizierter gebauten Salze wie die Sulfate, Nitrate, Carbonate und viele Metalloxide und -sulfide. Bei solchen im festen Zustand aus Ionen aufgebauten Verbindungen hat daher der Molekülbegriff seine Berechtigung verloren. Dies müssen wir uns vor Augen halten, wenn wir trotzdem der Einfachheit halber in den chemischen Gleichungen die Formeln NaCl, $NaNO_3$ usw. gebrauchen.

Die Kristallstrukturen des Natriumchlorids und anderer Verbindungen werden experimentell aus der Messung der Interferenzen erschlossen, die *Röntgenstrahlen* beim Durchtritt durch Kristalle geben. Dabei wirken die einzelnen Ionen auf die Röntgenstrahlen in ähnlicher Weise beugend wie die Striche eines optischen Gitters auf die Lichtstrahlen in einem Gitterspektrographen. Diese Beugung der Röntgenstrahlen gelingt deswegen, weil die Abstände zwischen den Ionen in derselben Größenordnung liegen wie die Wellenlänge der Röntgenstrahlen, die z. B. bei der oft verwendeten Kupfer-K_a-Strahlung 1,542 Å (1 Å = 10^{-8} cm) beträgt. Diese von Max von Laue 1912 vorausgesagte Beugung gab sowohl den Beweis für die Wellennatur der Röntgenstrahlen, wie auch den für die Chemie höchst bedeutsamen *Beweis, daß die Materie aus einzelnen diskreten Teilchen besteht*, hier den Na^+- und Cl^--Ionen des Natriumchlorids. Da man aus der Kristallstruktur auch die Abstände der Na^+- und Cl^--Ionen entnehmen kann, ergibt sich auch die Zahl der Ionen (oder Atome), die in der Volumeneinheit oder der Gewichtseinheit der festen Stoffe vorhanden sind. So erhält man einen sicheren und zugleich sehr genauen Wert für die Loschmidtsche Zahl.

Lösungsvorgang

Dielektrizitätskonstante

Der Vorgang:

$$\underset{\text{fest}}{Na^+Cl^-} \longrightarrow \underset{\text{gelöst}}{Na^+ + Cl^-} \quad \text{oder} \quad \underset{\text{fest}}{Na^+NO_3^-} \longrightarrow \underset{\text{gelöst}}{Na^+ + NO_3^-}$$

ist naturgemäß nur möglich, wenn dem Vereinigungsbestreben zwischen den entgegengesetzten elektrischen Ladungen eine Hemmung entgegengesetzt wird, d. h., wenn die anziehende Kraft genügend vermindert wird. Eine solche, die elektrostatische Anziehung vermindernde Wirkung übt das Lösungsmittel in um so stärkerem Maße aus, je größer seine Dielektrizitätskonstante ist.

Um den auch für die Chemie wichtigen Begriff der Dielektrizitätskonstante zu erläutern, sei die folgende einfache Definition gegeben:

Die elektrostatische Wechselwirkung zweier elektrisch geladener Körper ändert sich je nach der Natur des Stoffes, in dem sie sich befinden. Ziehen sie sich im Vakuum mit der Kraft k an, so beträgt diese Kraft in einem anderen Medium $\dfrac{k}{\varepsilon}$, worin ε die Dielektrizitätskonstante des betreffenden Mediums bedeutet. Die Coulombsche Gleichung lautet also jetzt:

$$k = \frac{1}{\varepsilon} \cdot \frac{e^+ \cdot e^-}{a^2}$$

Die die elektrostatische Anziehung vermindernde und damit die Wiedervereinigung hemmende dielektrische Wirkung des Wassers ist eine Ursache dafür, daß in den wäßrigen Lösungen von starken Säuren, Basen oder ihren Salzen ungeheuer viel elektrisch geladene Teilchen, Ionen, nebeneinander auftreten können. Die elektrische Ladung eines Wasserstoff-Ions H^+ beträgt $1{,}602 \cdot 10^{-19}$ Coulomb, die Anzahl elektrisch geladener Teilchen in 6 %iger Salzsäure ist für 1 l zu 10^{24} positiv geladenen Wasserstoff- und zu ebensoviel negativ geladenen Chlorid-Ionen anzunehmen, woraus sich eine ungeheure Konzentration elektrischer Ladungen auf engem Raum ergibt, deren Vereinigungsbestreben durch die dielektrische Wirkung des Wassers verhindert wird.

Um die Sonderstellung des Wassers als Lösungsmittel in physikalischer und chemischer Hinsicht für die späteren Einzelfälle hervorzuheben, sei hier die Tabelle der Dielektrizitätskonstanten für einige Stoffe wiedergegeben.

Dielektrizitätskonstanten bei Zimmertemperatur

Stoff	ε	Stoff	ε
Luft, Gase fast wie Vakuum	1	Glimmer	7,1 … 7,7
Luft, flüssig	1,46	Schwefeldioxid, flüssig	13,8
Kohlendioxid, flüssig	1,58	Ammoniak, flüssig	15
Benzol	2,26	Äthanol (Äthylalkohol)	26
Kautschuk, vulkanisiert	2,6	Methanol (Methylalkohol)	31
Schwefelkohlenstoff	2,64	Nitrobenzol	36
Schwefel, fest	2 … 4	Glycerin	56
Diäthyläther	4,35	Ameisensäure	58
Quarz	4,7 … 5,0	Flußsäure	80
Chloroform	5	Wasser	81
Hartporzellan	5,7	Blausäure	95
Schwefelwasserstoff	5,75	Formamid	115
Glas	6,2 … 8,3		

Die hohe Dielektrizitätskonstante des Wassers verkleinert also die anziehenden Kräfte zwischen den Ionen auf den achtzigsten Teil. Daher kommt es, daß in verdünnten Lösungen die Kationen und Anionen des gelösten Stoffes sich fast unabhängig voneinander bewegen, so daß sie bei der Messung des osmotischen Druckes wie einzelne Moleküle zur Geltung kommen. Erst in konzentrierten Lösungen, bei denen sich die Kationen und Anionen viel näher bleiben, kommt die anziehende Wirkung merklich zur Geltung und hemmt ihre Bewegung, so daß der osmotische Druck vergleichsweise zu niedrig gemessen wird.

Obwohl die sehr hohe Dielektrizitätskonstante des Wassers wesentlich dazu beiträgt, daß beim Lösen eines Salzes die Coulombschen Kräfte im Kristall überwunden werden, so ist sie doch für sich allein nicht ausreichend, die Gitterkräfte zu überwinden. Wäre die Dielektrizitätskonstante allein bestimmend, dann müßte Blausäure ($\varepsilon = 95$) ein mit dem Wasser vergleichbares Lösungsvermögen für Salze haben, was aber nicht der Fall ist (K. FREDENHAGEN).

Solvate — Hydratation

Man hat früher die Lösungen als physikalische Gemenge bezeichnet und angenommen, daß nur physikalische und nicht auch chemische Kräfte die Auflösung bewirken. Aber schon die Tatsache, daß beim Auskristallisieren, zumal aus wäßrigen Lösungen, sehr oft ein Teil des Lösungsmittels in den Kristallen nach ganz bestimmten Gewichtsmengen gebunden mit austritt, beweist, daß die gelösten Stoffe vom Lösungsmittel gebunden werden; doch ist das Lösungsmittel meist in so großem Überschuß vorhanden, daß die Lösung im allgemeinen keine einer bestimmten Formel entsprechende stöchiometrische Zusammensetzung hat.

Es gilt heute als gesichert, daß die gelösten Teilchen mit dem Lösungsmittel zu *Solvaten* verbunden sind, und man führt die Fähigkeit einer Flüssigkeit, als Lösungsmittel zu dienen, auf das Vorhandensein chemischer Kräfte zurück, die das Lösungsmittel an den gelösten Stoff binden. Im Fall einer Lösung von Ionen im Wasser können wir die Natur dieser Kräfte angenähert beschreiben.

Auch das Wassermolekül können wir uns in einer, wie wir später sehen werden, vereinfachten Betrachtung aus Ionen aufgebaut denken, und zwar aus den positiv geladenen Wasserstoff-Ionen H^+ und dem doppelt so stark negativ geladenen Sauerstoff-Ion O^{2-}. Infolge der Kleinheit der H^+-Ionen sind diese allerdings so nahe und fest an die O^{2-}-Ionen gebunden, daß sie nicht frei in Erscheinung treten. Da die H^+-Ionen aber nicht symmetrisch das O^{2-}-Ion umgeben, sondern auf einer Seite desselben liegen[1]), fällt im H_2O-Molekül der Schwerpunkt der positiven Ladungen der Wasserstoff-Ionen nicht mit dem Schwerpunkt der negativen Ladungen des Sauerstoff-Ions zusammen. So kann sich das Wassermolekül nach außen noch als *Dipol* mit räumlich getrennter positiver und negativer Ladung betätigen. Wenn z. B. einem positiven Ion das negative Ende des Wassermoleküls zugekehrt ist (vgl. Abb. 23), so wird dieses nach der Gleichung $k = \dfrac{e^+ \cdot e^-}{a_1{}^2}$ angezogen, während das positive Ende zufolge seiner größeren Entfernung nach der Gleichung $k = \dfrac{e^+ \cdot e^+}{a_2{}^2}$ schwächer abgestoßen wird. In der Summe bleibt eine Anziehung übrig. Das entsprechend Umgekehrte gilt für die Bindung der Wassermoleküle an negative Ionen. So wirkt das Wasser lösend, indem es sich als elektrischer Dipol an die Ionen oder die positiven und negativen Teile der zu lösenden Moleküle anheftet und so *Hydrate* bildet. Zum Beispiel vertauschen bei der Lösung von Natriumchlorid in Wasser die Na^+-Ionen die sie im Kristall umgebenden Cl^--Ionen gegen die O^{2-}-Ionen der H_2O-Dipole, während die Cl^--Ionen sich statt mit Na^+-Ionen jetzt mit den H^+-Ionen der H_2O-Dipole umhüllen. Die Ionen sind demnach mit mehr oder weniger zahlreichen Wassermolekülen verbunden, sie sind *hydratisiert*, wie dies die Abb. 23 schematisch zu zeigen versucht.

---

[1]) Der Winkel $\dfrac{H}{H}\!\!\!> O$ beträgt 104,5°

Daß bei der Lösung von Salzen die Wassermoleküle durch die Ionen zu Hydraten gebunden werden, erkennt man auch daran, daß in konzentrierten Salzlösungen das Wasser die Fähigkeit, Gase wie N_2O oder NO zu lösen, verloren hat und man diese Gase ohne große Verluste über konzentrierter Natriumchloridlösung auffangen kann.

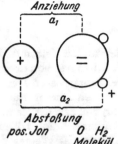

Die Zahl der bei der *Hydratation* an die Ionen gebundenen Wassermoleküle konnte noch nicht genau ermittelt werden. Sie ist sicher bei den einzelnen Ionen sehr verschieden, aber auch die ein einzelnes Ion umgebenden Wassermoleküle bleiben meist nicht auf die Dauer bei diesem, weil sie durch die Wärmebewegungen mit den Molekülen des Wassers ausgetauscht werden. Strenggenommen müßte man den Ionen stets das Zeichen $n\,H_2O$ beifügen, was aber zu störenden Weitläufigkeiten führen würde.

Abb. 23. Anziehung eines Kations auf das Dipolmolekül des Wassers

Die ausgeprägte Dipolnatur des Wassers ist zugleich auch die Ursache für seine eben erwähnte hohe Dielektrizitätskonstante.

Moleküle, die nicht in Ionen dissoziieren, können Dipole enthalten, z. B. die OH-Gruppen enthaltenden organischen Verbindungen, wie die Alkohole und der Rohrzucker, weil die OH-Gruppe — ähnlich dem Wassermolekül — als Dipol wirkt. Ähnlich den Ionen wirken diese Dipole anziehend auf die Wassermoleküle und bewirken so, daß die Moleküle dieser Stoffe mit Wasser in Lösung gehen.

Dipolfreie Moleküle, wie die Kohlenwasserstoffe, Benzine, Benzol, Naphthalin, Anthracen, sind in Wasser nicht löslich, wohl aber ineinander, weil hier die Verwandtschaft der Moleküle zu Anziehungskräften führt, die z. B. zwischen den Molekülen des Naphthalins und dem Benzol in der benzolischen Lösung durchaus ähnlich denen zwischen den Naphthalinmolekülen im festen Naphthalin sind.

Über andere „wasserähnliche" Lösungsmittel, wie flüssiges Ammoniak oder Schwefeldioxid, siehe das Kapitel: Wasserähnliche Lösungsmittel.

Lösungswärme

Bei der Lösung eines Stoffes kann je nach seiner Art Wärme frei werden oder gebunden werden, d. h., die Stoffe lösen sich je nachdem unter Erwärmung oder unter Abkühlung. Dies kommt daher, daß beim Lösen zwei Vorgänge ablaufen, deren Wärmetönung entgegengesetzt ist:

Erstens werden die Moleküle oder Ionen aus der Bindung im Kristall herausgetrennt; hierzu wird Wärme verbraucht.

Zweitens bilden die gelösten Moleküle oder Ionen mit dem Lösungsmittel Solvate, im Falle des Wassers Hydrate; hierbei wird die *Solvatations-* oder *Hydratationswärme* frei.

Je nachdem, welche der beiden Wärmemengen größer ist, erfolgt der Lösungsvorgang unter Abkühlung oder Erwärmung. Es ist charakteristisch dafür, daß manche wasserfreien Salze, wie entwässertes Calciumchlorid, $CaCl_2$, sich unter Erwärmen lösen. Löst man aber das kristallwasserhaltige Calciumchlorid, $CaCl_2 \cdot 6\,H_2O$, so erfolgt Abkühlung, weil hier das Calcium-Ion schon im Kristall mit Wassermolekülen umhüllt und gleichsam hydratisiert ist wie das Ion in der Lösung, so daß das Kation praktisch keinen Beitrag mehr zur Hydrationswärme liefert.

Säuren — Basen — Salze

Zu den Ionenverbindungen gehören die Säuren, Basen und Salze, die hier zusammenhängend besprochen werden sollen.

Säuren

Seit uralter Zeit muß die Wirkung von Säuren auf den Geschmackssinn von mancherlei Früchten her, von denen insbesondere die Zitrone reichliche Mengen freier Säure enthält, bekannt gewesen sein. Auch in den Blättern und Stengeln verschiedener, weit verbreiteter Pflanzen kommt eine sehr stark sauer schmeckende Substanz, das Kaliumtetraoxalat, vor, von dem die Namen Sauerklee (Oxalis acetosella) und Sauerampfer (Rumex acetosa) stammen. Schon frühzeitig lernte man, eine freie Säure, die Essigsäure, durch weitere Gärung des Weines darzustellen; und in der Bibel finden sich mehrfach Stellen, die beweisen, daß man sowohl die ätzende Wirkung dieser Säure als auch ihre Neutralisierung kannte.

So lautet Vers 26, Sprüche Salomos 10: Wie der Essig den Zähnen und der Rauch den Augen tut, so tut der Faule denen, die ihn senden.

Ferner Vers 20, Sprüche Salomos 25: Wer einem bösen Herzen Lieder singet, das ist wie ein zerrissenes Kleid im Winter und Essig auf der Kreide.

Sicher hat man auch schon seit langem die Rotfärbung beobachtet, die der Essig bei dem im Altertum zu Färbezwecken gebrauchten Lackmusfarbstoff (aus Flechten, wie Roccella tinctoris, mittels faulendem und deshalb ammoniakalischem Harn extrahiert) hervorruft.

Der saure Geschmack, der auf Zusatz von Kreide unter Aufbrausen verschwindet, sowie die Rötung von blauem Lackmus bilden noch heute die wesentlichsten, zum leichten Nachweis geeigneten Erkennungsmerkmale der Säuren.

Unter dem Einfluß von Säuren ändert sich außer beim Lackmus auch die Farbe von zahlreichen künstlichen Farbstoffen, wie Methylorange, Kongorot und Methylrot. Deshalb dienen solche Farbstoffe — sie werden *Indikatoren* genannt — zum Nachweis von Säuren und auch zum Nachweis von Alkalien, weil diese den von Säuren bewirkten Farbumschlag rückgängig machen (über Indikatoren siehe auch S. 73).

Die spezifisch sauren Wirkungen, wozu auch die Verzuckerung von Stärke und Cellulose, die Spaltung von Rohrzucker in Traubenzucker und Fruchtzucker, sowie noch manche andere hydrolysierende Eigenschaft gerechnet wird, kommen allen ausgeprägten Säuren, unabhängig von ihrer Zusammensetzung, qualitativ gleicherweise zu, treten aber oft erst in Gegenwart von Wasser auf. Daraus schließt man naturgemäß auf ein in allen diesen sonst sehr verschiedenen Stoffen gemeinsames Etwas, das Träger der Säurenatur sein muß.

Vergleichen wir nun die in wäßriger Lösung charakteristisch sauer wirkenden Stoffe: Salpetersäure, HNO_3, Schwefelsäure, H_2SO_4, Salzsäure, HCl, Phosphorsäure, H_3PO_4, Perchlorsäure (Überchlorsäure), $HClO_4$, so ergibt sich, daß als gemeinsames Etwas nur der Wasserstoff angenommen werden kann. Der ursprünglich, wie es sein Name sagt, für wesentlich gehaltene Sauerstoff kann keine Bedeutung haben, da er z. B. in der Salzsäure fehlt. Weil der Wasserstoff aber in vielen wasserstoffhaltigen Verbindungen, wie im Methan, CH_4, u. a. nicht sauer wirkt, muß für die saure Reaktion des Wasserstoffs in der Säure noch eine besondere Bedingung erfüllt sein.

Nun sind die wäßrigen Lösungen von allen Säuren gute Leiter für den elektrischen Strom und scheiden bei der Elektrolyse an der Kathode stets Wasserstoff ab. Wir müssen demnach annehmen, daß die Säuren in wäßriger Lösung im Sinne der folgenden Gleichungen in Ionen dissoziiert sind:

$$HNO_3 = H^+ + NO_3^- \qquad H_2SO_4 = 2\,H^+ + SO_4^{2-} \qquad HCl = H^+ + Cl^-$$

Dies bestätigt auch die Messung des osmotischen Druckes. *Allen Säuren ist also gemeinsam, daß sie in wäßriger Lösung Wasserstoff-Ionen, H⁺, auch Protonen genannt, abspalten. Danach sind Säuren wasserstoffhaltige Verbindungen, die Protonen abspalten können.*

Die Ionen des Säurerestes und das Wasserstoff-Ion sind, wie auf S. 64 dargelegt worden ist, nicht als isolierte Teile in der Lösung vorhanden, sondern mittels ihrer elektrischen Ladungen an die Dipole der Wassermoleküle gebunden. Insbesondere ist das Proton stets mit einem Molekül Wasser zu dem *Hydronium-Ion*, H_3O^+, verbunden, das selbst noch weitere Wassermoleküle angelagert hat. Der Kürze halber schreibt man meist für das Wasserstoff-Ion das Zeichen H^+.

Es hat sich weiter ergeben, daß nur die starken Säuren, wie Salzsäure, Salpetersäure, Perchlorsäure, in Wasser vollständig dissoziiert sind. Schwefelsäure ist in verdünnter Lösung vollständig, bei höheren Konzentrationen aber nur in HSO_4^-- und H^+-Ionen dissoziiert. Schwache Säuren, wie die Essigsäure, die die charakteristischen Eigenschaften, wie den sauren Geschmack, in schwächerem Maße zeigen, dissoziieren in Wasser nur sehr unvollständig. *Die Stärke einer Säure ist also durch die Menge der Wasserstoff-Ionen, die in der Lösung durch Dissoziation in Freiheit gesetzt werden, gegeben.*

Es sei hier ausdrücklich darauf hingewiesen, daß die Zahl der Wasserstoffatome im Säuremolekül nichts mit der Säurestärke zu tun hat. So ist die Salzsäure, HCl, mit 1 Wasserstoffatom eine stärkere Säure als die Phosphorsäure, H_3PO_4, mit 3 Wasserstoffatomen, weil erstere vollständig, letztere nur zu einem Teil in verdünnter Lösung dissoziiert ist.

Bei den vollständig dissoziierenden Säuren hemmen bei hohen Konzentrationen der Lösung die nahe benachbarten Ionen sich durch elektrostatische Anziehung gegenseitig in ihrer Beweglichkeit. Dadurch wird bei der Messung der Wasserstoffionenkonzentration eine nicht ganz vollständige Dissoziation vorgetäuscht.

Basen — Laugen

Neben den Säuren gibt es eine zweite Gruppe von Stoffen, die Basen, die durch gemeinsame Eigenschaften auffallen. Zu diesen gehören Kaliumhydroxid (Kalilauge, früher Ätzkali genannt), KOH, Natriumhydroxid (Natronlauge, Ätznatron), NaOH, Calciumhydroxid (Ätzkalk), $Ca(OH)_2$. Ihre wäßrigen Lösungen schmecken laugenhaft und färben rote Lackmuslösung blau, gelbes Curcumapapier braun. Man sagt, diese wäßrigen Lösungen reagieren *alkalisch* oder *basisch*.

Die Bezeichnung alkalisch stammt von dem arabischen Wort al Kalja, worunter man die aus pflanzlichen Aschen ausgelaugten Salze verstand, die aus Alkalicarbonaten (Pottasche bzw. Soda) bestehen, deren laugenhafter Geschmack seit langer Zeit bekannt ist. Auch wußte man schon vor mehr als 2000 Jahren, daß diese milden Laugen durch gebrannten und dann gelöschten Kalk ätzend gemacht werden und unterschied demgemäß später milde Alkalien (z. B. Soda oder Pottasche) von ätzenden (kaustischen) Alkalien (z. B. Ätzkali, Ätznatron). Auch das Ammoniak gehört dazu, das man im Gegensatz zu den nicht flüchtigen (fixen) Alkalien (Ätzkali und Ätznatron) flüchtiges Alkali oder Alkali volatile nannte.

Das elektrolytische Leitvermögen und der osmotische Druck zeigen, daß in der wäßrigen Lösung einer Base Kationen, wie z. B. Na^+, K^+, Ca^{2+}, und als Anionen OH^--Ionen vorliegen.

Auch das Ammoniak, NH_3, gibt mit dem Wasser Ionen nach:

$$NH_3 + HOH = NH_4^+ + OH^-$$

Die gleichartige alkalische Reaktion beruht auch hier auf einem und demselben Ion, nämlich dem einfach negativ geladenen *Hydroxid-Ion*, OH^-.

Allgemein definiert man Basen als Stoffe, die Hydroxid-Ionen enthalten bzw. durch Reaktion mit dem Wasser Hydroxid-Ionen liefern.

Die Hydroxide der Alkalimetalle, wozu insbesondere Natrium- und Kaliumhydroxid gehören, faßt man unter dem Namen *Alkalien* zusammen. Ihre wäßrigen Lösungen werden wegen des laugenhaften Geschmacks als *Laugen* bezeichnet (Natronlauge, Kalilauge).

Säure- und Basenanhydride

Bei den Sauerstoff enthaltenden Säuren, wie Schwefelsäure, H_2SO_4, Salpetersäure, HNO_3, u. a., kommt man durch Wasserabspaltung zu Oxiden, die mit Wasser wieder die Säuren zurückbilden, z. B.:

$$H_2SO_4 - H_2O = SO_3 \qquad \text{(Schwefeltrioxid)}$$
$$2\,HNO_3 - H_2O = N_2O_5 \qquad \text{(Distickstoffpentoxid, Salpetersäureanhydrid)}$$

Man nennt diese Verbindungen *Säureanhydride*. Zu ihnen gehören die meisten *Oxide der Nichtmetalle*, wie N_2O_5, SO_2, SO_3, CO_2, P_2O_5.

Auch viele Basen lassen sich zum Anhydrid entwässern, z. B. das Calciumhydroxid, $Ca(OH)_2$, zum Calciumoxid, CaO, dem gebrannten Kalk. Diese *Basenanhydride* sind meist *Oxide von Metallen.*

Neutralisation — Salzbildung

Gibt man zu einer verdünnten Säure, z. B. zu Salzsäure, HCl, die äquivalente Menge einer verdünnten Lauge, wie z. B. KOH, so treffen die Wasserstoff-Ionen mit den Hydroxid-Ionen zusammen und bilden Wasser, und zwar, weil dieses nur außerordentlich wenig dissoziiert ist, so gut wie vollständig nach der Gleichung:

$$H^+ + OH^- = H_2O$$

Da hierbei die die saure und alkalische Reaktion verursachenden Ionen gebunden werden, reagiert die Lösung weder sauer noch alkalisch, sondern *neutral.* Die Lösung enthält jetzt das Salz der Säure HCl mit der Base KOH, das Kaliumchlorid, KCl. Auf dieser Neutralisation von Säuren durch Basen beruht allgemein die Salzbildung in verdünnter wäßriger Lösung.

Der Vorgang beim Zusammenbringen von HCl und KOH erfolgt zunächst nur so, daß die H^+-Ionen sich mit den OH^--Ionen verbinden:

$$Cl^- + H^+ + OH^- + K^+ = Cl^- + HOH + K^+$$

während die Chlorid-Ionen, Cl^-, und die Kalium-Ionen, K^+, bei hinreichender Verdünnung als solche frei nebeneinander weiterbestehen. Da die Cl^-- und K^+-Ionen an der Umsetzung nicht beteiligt sind, können wir die Neutralisationsreaktion vereinfacht schreiben:

$$H^+ + OH^- = H_2O$$

Erst beim Konzentrieren der Lösung treten die Kationen der Base und die Anionen der

Säure zum kristallisierten festen Salz zusammen, das sich aus der Lösung dann ausscheidet.

Daß die Neutralisation zwischen starken Säuren und Alkalien nur auf der Vereinigung der H$^+$- und OH$^-$-Ionen zu H$_2$O-Molekülen beruht, geht auch daraus hervor, daß die bei der Neutralisation frei werdende Wärme, die *Neutralisationswärme*, stets gleich groß ist, wenn man verschiedene, vollständig dissoziierte Säuren, wie HCl, HNO$_3$, mit verschiedenen, vollständig dissoziierten Alkalien, wie NaOH, KOH neutralisiert. Sie beträgt bei der Bildung von 1 Mol H$_2$O stets 13,5 kcal.

Freilich gibt es einige Salze, wie das Quecksilber(II)-chlorid, HgCl$_2$, die in wäßriger Lösung nicht vollständig in Ionen dissoziiert sind. Im überwiegenden Maße aber dissoziieren die Salze nicht nur in wäßriger Lösung vollständig in Ionen, sondern sie sind auch im festen Zustand, im Kristall, aus Ionen aufgebaut, wie es das Beispiel des Natriumchlorids, NaCl, in der Abb. 22 deutlich zeigt.

Weil sich in den Salzen in den meisten Fällen der von der Säure stammende Teil bei erhöhter Temperatur verflüchtigt, während der von der Base stammende Teil, abgesehen vom Ammoniak, in der Regel hitzebeständig ist, hat man diesen auch als die Grundlage des Salzes, als dessen Basis bezeichnet.

Weitere Darstellungsmöglichkeiten von Salzen

Anstelle der Neutralisation von Säuren und Basen kann man auch die Umsetzung der entsprechenden Anhydride für die Darstellung von Salzen heranziehen, z. B. erhält man:

$$Calciumchlorid, CaCl_2, nach:\quad CaO\quad + 2\,HCl\ =\ CaCl_2\ + H_2O$$
$$Calciumcarbonat, CaCO_3, nach:\quad Ca(OH)_2 + CO_2\ =\ CaCO_3 + H_2O$$
$$oder\ nach:\quad CaO\quad + CO_2\ =\ CaCO_3$$

Salze entstehen auch bei der Auflösung von Metallen in Säuren. So reagiert das Zink mit Salzsäure nach:

$$Zn + 2\,H^+ + 2\,Cl^-\ =\ Zn^{2+} + 2\,Cl^- + H_2$$

Kürzen wir jetzt die Gleichung auf die Bestandteile, die bei der Reaktion tatsächlich eine Veränderung erleiden, so erhalten wir:

$$Zn + 2\,H^+\ =\ Zn^{2+} + H_2$$

Wir sehen also, daß es die H$^+$-Ionen der Säure sind, die die Auflösung des Metalles bewirkt haben und erkennen, daß auch bei dieser Reaktion die dissoziierten Wasserstoff-Ionen die Ursache für die Wirkung der Säure sind und das Maß für ihre Säurestärke geben.

Mehrbasige Säuren — Hydrogensalze

Säuren, die mehr als 1 Wasserstoffatom im Molekül enthalten, wie die Schwefelsäure, H$_2$SO$_4$, oder die Phosphorsäure, H$_3$PO$_4$, können mehr als ein Äquivalent einer Base zum Salz binden:

$$H_2SO_4 + 2\,NaOH\ =\ Na_2SO_4 + 2\,H_2O$$
$$H_3PO_4 + 3\,NaOH\ =\ Na_3PO_4 + 3\,H_2O$$

Man nennt solche Säuren darum allgemein *mehrbasig*. Die Schwefelsäure ist zweibasig, die Phosphorsäure dreibasig.

Bei der obigen Reaktion entsteht das Salz der Schwefelsäure, Na_2SO_4, das Natriumsulfat genannt wird. Läßt man auf 1 Mol Schwefelsäure nur 1 Mol Natronlauge einwirken, so erhält man nach:

$$NaOH + H_2SO_4 = NaHSO_4 + H_2O$$

ein Natriumsulfat, das noch ein Wasserstoff-Ion enthält und auch noch sauer reagiert. Solche H^+-Ionen enthaltenden Salze nennt man *Hydrogensalze (saure Salze)* (Hydrogenium ≙ Wasserstoff). Das $NaHSO_4$ hat also die Bezeichnung *Natriumhydrogensulfat*. Ganz entsprechend bildet die Kohlensäure, H_2CO_3, zwei Salze, das Natriumcarbonat, Na_2CO_3, und das saure Salz, Natriumhydrogencarbonat, $NaHCO_3$.

Salze mehrbasiger Säuren werden oft auch noch nach der Zahl der ersetzten Wasserstoffatome als primäre, sekundäre, tertiäre usw. *Salze* benannt, z. B. primäres Natriumcarbonat, $NaHCO_3$, sekundäres Natriumcarbonat, Na_2CO_3, oder primäres Natriumphosphat, NaH_2PO_4, sekundäres Natriumphosphat, Na_2HPO_4, und tertiäres Natriumphosphat, Na_3PO_4.

Obwohl in den Hydrogensalzen der Wasserstoff der Säure nicht vollständig durch Metalle ersetzt ist, reagieren die wäßrigen Lösungen mancher dieser Salze wie Natriumhydrogencarbonat, $NaHCO_3$, Dinatriumhydrogenphosphat, Na_2HPO_4, nicht sauer, weil sie sich von unvollstädig dissoziierten Säuren ableiten (ausführlicher über Salzbildung mehrbasiger Säuren siehe bei Phosphorsäure).

Saurer und basischer Charakter

Der Begriff der Säure ist zuerst vom sauren Geschmack abgeleitet worden, der, wie wir jetzt wissen, die Anwesenheit freier, beweglicher H^+-Ionen voraussetzt. Seitdem man aber weiß, daß die Säuren mit Basen Salze bilden, hat man den Begriff einer Säure erweitert und spricht bei all den Stoffen von einem *sauren Charakter*, die sich mit Basen zu salzartigen Verbindungen umsetzen können. So kommt es, daß man auch das Siliciumdioxid, SiO_2, dessen Verbindungen mit Basen einen großen Teil der am meisten verbreiteten Mineralien bilden, zu den Säureanhydriden rechnet, obwohl es im wasserhaltigen Zustand keine beständige Lösung gibt, die sauer schmeckt, oder auf blaues Lackmuspapier rötend wirkt.

Ähnlich hat man den Begriff der Basen erweitert und spricht von *basischem Charakter* bei Stoffen, die mit Säuren Verbindungen eingehen. Hierher gehören viele Metallhydroxide und -oxide wie Zinkhydroxid, $Zn(OH)_2$, Blei(II)-oxid, PbO, Eisen(II)-oxid, FeO, u. a., obwohl sie keine typischen alkalischen Reaktionen zeigen, z. B. rotes Lackmuspapier nicht bläuen. Doch können sie wie Basen oder Basenanhydride mit vielen Säuren Salze bilden.

Hydroxide und Oxide, die weder ausgeprägte Basen- noch Säureeigenschaften besitzen, können sich *amphoter* verhalten, d. h. gegenüber ausgeprägten Säuren reagieren sie als Base, gegenüber starken Basen dagegen als Säure. Beispielsweise bildet das Aluminiumhydroxid, $Al(OH)_3$, mit Säuren Aluminiumsalze, mit Basen Aluminate.

Über eine allgemeine Theorie der Säure-Basenfunktion siehe unter Brönstedsche Theorie im Anschluß an das Kapitel Stickstoff.

Das Massenwirkungsgesetz
und seine Anwendung auf die elektrolytische Dissoziation

Ionenprodukt des Wassers

Wir haben gesehen, daß die Neutralisation einer Säure durch eine Base auf der Vereinigung der H^+-Ionen der Säure mit den OH^--Ionen der Base unter Bildung von H_2O-Molekülen beruht. Diese Reaktion ist nun aber wieder rückläufig, indem die H_2O-Moleküle in H^+- und OH^--Ionen zerfallen können. Wir haben also auch im reinen Wasser ein Gleichgewicht, das wir durch die Gleichung:

$$H^+ + OH^- \rightleftharpoons H_2O$$

ausdrücken. Allerdings ist in reinem Wasser nur ein ganz kleiner Bruchteil der H_2O-Moleküle dissoziiert, wie aus der äußerst geringen Eigenleitfähigkeit von reinem Wasser hervorgeht.

Im Gleichgewichtszustand müssen in der gleichen Zeit ebensoviel H_2O-Moleküle dissoziieren wie sich aus den Ionen zurückbilden. Die Geschwindigkeit der Dissoziation muß der Menge der H_2O-Moleküle und damit auch ihrer Konzentration proportional sein, also:

$$v_1 = \text{Konz.}_{H_2O} \cdot k_1$$

wobei wir unter der Konzentration die Anzahl der Mole in 1 l verstehen. k_1 ist eine Konstante, die zur Umrechnung der Konzentration auf die Geschwindigkeit dient.

Die Geschwindigkeit der Bildung der H_2O-Moleküle aus den Ionen muß um so größer sein, je häufiger H^+- und OH^--Ionen in der Lösung zusammentreffen können, und dies wird wieder um so häufiger erfolgen, je mehr H^+-Ionen und je mehr OH^--Ionen in einem bestimmten Volumen der Lösung vorhanden sind. Die Geschwindigkeit muß also proportional dem Produkt der Konzentrationen der beiden Ionen sein:

$$v_2 = \text{Konz.}_{H^+} \cdot \text{Konz.}_{OH^-} \cdot k_2$$

Die Ausdrücke Konz._{H^+} und Konz._{OH^-} wählen wir so, daß sie hier die Anzahl der Gramm-Ionen in 1 l bedeuten. Entsprechend einem Gramm-Mol ist dabei 1 Gramm-Ion gleich dem Atomgewicht oder Molekulargewicht der Ionen in Gramm.

Da im Gleichgewicht beide Geschwindigkeiten dieselbe Größe haben, folgt für die Gleichung:

$$\text{Konz.}_{H^+} \cdot \text{Konz.}_{OH^-} \cdot k_2 = \text{Konz.}_{H_2O} \cdot k_1$$

Häufig drückt man die Konzentration eines Ions oder Moleküls dadurch aus, daß man das Formelzeichen in eckige Klammern setzt und schreibt dann die Beziehung für das Dissoziationsgleichgewicht des Wassers:

$$[H^+] \cdot [OH^-] = K \cdot [H_2O] \quad \text{oder} \quad \frac{[H]^+ \cdot [OH^-]}{[H_2O]} = K$$

Dabei ist $K = \dfrac{k_1}{k_2}$ also als Quotient der beiden Konstanten eine neue Konstante, die *Dissoziationskonstante.*

Dieses Gesetz, nach dem die Lage des Gleichgewichts durch die Konzentrationen der reagierenden Teile bestimmt wird, heißt *Massenwirkungsgesetz.* Es wurde von GULDBERG und WAAGE 1867 abgeleitet und bildet eine wichtige Grundlage für das Verständnis vieler chemischer Reaktionen. In Worten ausgedrückt besagt es:

Das Produkt der Konzentrationen der Ausgangsstoffe dividiert durch das Produkt der Konzentrationen der entstehenden Stoffe ist stets eine Konstante.

Für eine bestimmte Reaktion, wie hier die Dissoziation des Wassers, hängt die Größe des Wertes von K nur noch von der Temperatur ab.

Es sei aber schon hier darauf hingewiesen, daß das Massenwirkungsgesetz nur dann genau gilt, wenn die reagierenden Ionen oder Moleküle sich nicht gegenseitig in ihrer Beweglichkeit stören, was bei verdünnten Lösungen, wie hier bei den niedrigen H^+- und OH^--Konzentrationen, und bei verdünnten Gasen der Fall ist.

Löst man im Wasser eine Säure, so wird die Konzentration der H^+-Ionen sehr stark erhöht. Da auch diese H^+-Ionen mit den OH^--Ionen des Wassers H_2O-Moleküle bilden können, wird jetzt die Geschwindigkeit der Bildung von Wassermolekülen stark erhöht und das Gleichgewicht gestört. Es werden jetzt mehr Wassermoleküle gebildet als solche dissoziieren. Dadurch wird die Konzentration der H^+- und OH^--Ionen erniedrigt. Das Gleichgewicht stellt sich erst wieder ein, wenn wieder gilt: $[H^+] \cdot [OH^-] = K \cdot [H_2O]$. Bei diesem Gleichgewicht ist aber die Konzentration der H^+-Ionen viel größer als die der OH^--Ionen.

Da in verdünnten Lösungen die Konzentration der H_2O-Moleküle stets sehr viel größer ist als die Konzentration der H^+- und OH^--Ionen, wird jene durch die Neueinstellung des Gleichgewichts kaum verändert. So sind in 1 l reinem Wasser oder verdünnter Lösungen $1000/18 = 55{,}6$ Mol H_2O enthalten. Von diesen sind nur 10^{-7} Mol dissoziiert. Die Neueinstellung des Gleichgewichts kann höchstens diese 10^{-7} Mol wieder in undissoziiertes Wasser zurückführen, was natürlich keine beträchtliche Änderung in der Konzentration des undissoziierten Wassers bewirkt. Man kann diese praktisch als konstant ansehen.

Infolgedessen können wir in der obigen Gleichung den Ausdruck $[H_2O]$ mit der Dissoziationskonstanten K zu einer neuen Konstanten zusammenfassen und erhalten dann:

$$[H^+] \cdot [OH^-] = K_W$$

Diesen Ausdruck bezeichnet man als das *Ionenprodukt* des Wassers. Es beträgt bei Zimmertemperatur rund 10^{-14}.

K_W ist temperaturabhängig, und zwar wird der Wert mit steigender Temperatur größer, weil nach dem Prinzip vom kleinsten Zwang mit steigender Temperatur der Vorgang begünstigt wird, der Wärme verbraucht und das ist hier die Dissoziation in H^+ und OH^-. So beträgt K_W für 20 °C $0{,}68 \cdot 10^{-14}$, für 30 °C $1{,}5 \cdot 10^{-14}$, für 60 °C $9{,}6 \cdot 10^{-14}$.

Im reinen Wasser muß die Konzentration der H^+-Ionen gleich der der OH^--Ionen sein, denn jedes dissoziierende H_2O-Molekül liefert 1 H^+- und 1 OH^--Ion. Aus dem Ionenprodukt errechnet sich die Konzentration der H^+-Ionen im reinen Wasser zu 10^{-7} und die der OH^--Ionen zu ebenfalls 10^{-7}. Wir können auch sagen: In 10^7 l Wasser, das sind 10 Mill. l, sind $1{,}008$ g H^+-Ionen und $17{,}008$ g OH^--Ionen enthalten.

Ist die Konzentration der H^+-Ionen in der Lösung größer als 10^{-7}, also z. B. 10^{-5}, so muß entsprechend der Beziehung zwischen H^+- und OH^--Ionen die Konzentration der OH^--Ionen kleiner werden, in diesem Falle 10^{-9}. Die Lösung reagiert dann sauer. Umgekehrt wird bei alkalischer Reaktion die Konzentration der OH^--Ionen größer als 10^{-7} und die der H^+-Ionen kleiner als 10^{-7}. Wir können also nicht nur den Säuregrad einer Säure durch die Angabe der Konzentration der H^+-Ionen eindeutig festlegen, sondern auch den Alkalitätsgrad einer Base.

Zur Vereinfachung ist von SÖRENSEN für die Angabe des Säure- bzw. Alkalitätsgrades einer Lösung anstelle des Zahlenwertes der Wasserstoffionenkonzentration dessen

negativer Logarithmus gewählt worden. Man nennt diese Größe den *Wasserstoffionen-exponenten* und bezeichnet ihn mit dem Zeichen p_H (potentia hydrogenii).
Für $[H^+] = 10^{-7}$ ist also $p_H = 7$, für $[H^+] = 10^{-12}$ ist $p_H = 12$, für $[H^+] = 2 \cdot 10^{-4}$ ist $p_H = 4 - \log 2 = 3{,}70$.

In der folgenden Skala der p_H-Werte liegt in der Mitte bei $p_H = 7$ der *Neutralpunkt*, wie ihn reines Wasser zeigt. Von diesem geht nach links das Gebiet der sauren Reaktion zu kleinerem p_H-Wert, nach rechts das Gebiet der alkalischen Reaktion zu größerem p_H-Wert.

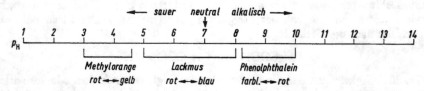

Bei $p_H = 4 \ldots 5$ reagiert eine wäßrige Lösung gegen Lackmus deutlich sauer, bei $p_H = 8 \ldots 9$ alkalisch; bei $p_H = 9 \ldots 10$ zeigt das an sich farblose Phenolphthalein durch Rotfärbung eine ausgesprochen alkalische Reaktion. Methylorange schlägt bei deutlich saurer Reaktion bei $p_H = 4{,}5$ von gelb nach rot um.

Aus dem logarithmischen Charakter des p_H-Wertes folgt, daß sein Wert Änderungen der sauren und alkalischen Reaktion besonders genau zwischen $p_H = 3$ und $p_H = 11$ angibt und darum in diesem Bereich seine größte praktische Bedeutung besitzt.

Indikatoren

Solche Farbstoffe, die ihre Farbe in einem schmalen p_H-Bereich ändern, wie Lackmus, Methylorange, Phenolphthalein, nennt man Indikatoren, weil der Farbumschlag den p_H-Wert, die saure oder alkalische Reaktion einer Lösung anzeigt. Die folgende Tabelle bringt einen Überblick über einige wichtige Indikatoren. Sie zeigt, daß man den p_H-Wert in weitem Bereich durch Indikatoren sehr einfach und rasch ermitteln kann. (Über den Farbumschlag der Indikatoren siehe auch S. 76.)

Indikatoren

Indikator	chemische Bezeichnung	Umschlags-bereich p_H	Farbumschlag sauer-alkalisch
Dimethylgelb	Dimethylaminoazobenzol	2,9 ... 4,0	rot-gelb
Methylorange	Dimethylaminoazobenzolsulfosaures Na	3,0 ... 4,4	rot-orangegelb
Bromphenolblau	Tetrabromphenolsulfophthalein	3,0 ... 4,6	gelb-blau
Methylrot	Dimethylaminoazobenzol-o-carbonsäure	4,2 ... 6,3	rot-gelb
Lackmus	—	5,0 ... 8,0	rot-blau
Bromthymolblau	Dibromthymolsulfophthalein	6,0 ... 7,6	gelb-blau
Thymolblau	Thymolsulfophthalein	8,0 ... 9,6	gelb-blau
Phenolphthalein	—	8,2 ... 10,0	farblos-rot
Thymolphthalein	—	9,3 ... 10,5	farblos-blau
Alizaringelb GG	p-Nitranilinazosalizyls. Na	10,1 ... 12,1	gelb-orangebraun

Es sei deutlich darauf hingewiesen, daß der p_H-Wert nur die Konzentration der dissoziierten H^+-Ionen angibt, also nur bei vollständig dissoziierten, verdünnten Säuren und Basen der Konzentration der Säure oder Base entspricht.

Dissoziationskonstante von schwachen Säuren

Während die starken Säuren, wie Salpetersäure, Salzsäure und Perchlorsäure in wäßriger Lösung vollständig in H^+-Ionen und die Anionen des Säurerestes dissoziieren, bleibt bei den schwachen Säuren, zu denen auch die Essigsäure, CH_3COOH, zählt, diese Dissoziation unvollständig. Der Unterschied in der Säurestärke hat also seine Ursache in dem Unterschied in der Konzentration an H^+-Ionen, die durch die Dissoziation in Freiheit gesetzt werden.

Der unvollständigen Dissoziation der schwachen Säuren liegt ein Gleichgewicht zugrunde, das wir zunächst für den Fall der Essigsäure ableiten wollen. Die Dissoziation dieser Säure erfolgt nach der Gleichung:

$$CH_3COOH \rightleftharpoons CH_3COO^- + H^+$$

Die Geschwindigkeit, mit der die Dissoziation erfolgt, ist nach dem Massenwirkungsgesetz um so größer, je höher die Konzentration der Essigsäuremoleküle in der Lösung ist. Sie kann also $= k_1 \cdot [CH_3COOH]$ gesetzt werden, wobei k_1 eine Proportionalitätskonstante ist und die eckigen Klammern in $[CH_3COOH]$ die Konzentration der Essigsäuremoleküle bedeuten. Die Geschwindigkeit der Rückbildung der Essigsäuremoleküle ist um so höher, je häufiger CH_3COO^-- und H^+-Ionen in der Lösung zusammentreffen. Sie ist darum dem Produkt der Konzentration beider Ionen proportional und kann $= k_2 \cdot [H^+] \cdot [CH_3COO^-]$ gesetzt werden. Für das Gleichgewicht muß dann gelten:

$$k_1 \cdot [CH_3COOH] = k_2 \cdot [H^+] \cdot [CH_3COO^-]$$

oder

$$\frac{[H^+] \cdot [CH_3COO^-]}{[CH_3COOH]} = \frac{k_1}{k_2} = K \tag{1}$$

Schreibt man die Konzentration $[H^+] = \dfrac{\text{Gramm-Ion } H^+}{V}$, wobei V das Volumen der Essigsäurelösung angibt, und entsprechend

$$[CH_3COO^-] = \frac{\text{Gramm-Ion } CH_3COO^-}{V} \quad \text{und} \quad [CH_3COOH] = \frac{\text{Gramm-Mol } CH_3COOH}{V}$$

so läßt sich die Gleichung (1) umformen zu:

$$\frac{\text{Gramm-Ion } H^+ \cdot \text{Gramm-Ion } CH_3COO^-}{\text{Gramm-Mol } CH_3COOH} = K \cdot V \tag{2}$$

Aus dieser Gleichung läßt sich ablesen, daß dieselbe Menge an Essigsäure, wofür wir einfach die Menge in Gramm-Mol CH_3COOH setzen können, um so stärker dissoziiert ist, je größer das Volumen V gewählt wird, in dem wir die Essigsäure lösen. Dies ist zwar auch ohne die obigen Überlegungen leicht verständlich, aber die Gleichung (2) gibt uns die exakte zahlenmäßige Beziehung zwischen den Dissoziationsgraden und verschiedener Verdünnung.

Für zahlreiche Säuren gilt ein entsprechendes Dissoziationsgleichgewicht mit der allgemeinen Gleichung:

$$\frac{[H^+] \cdot [\text{Säure-Anion}^-]}{[\text{Säuremolekül}]} = K \tag{3}$$

Die Dissoziationskonstante K ist natürlich für jede Säure verschieden. Sie gilt, wenn die Konzentration in Gramm-Ionen und Gramm-Mol pro Liter gemessen wird. Aus der Gleichung (2) erkennen wir, daß jede Säure bei gleicher Konzentration um so stärker dissoziiert ist, je größer K ist. *Die Dissoziationskonstante ist also ein Maß für die Säurestärke.* Die folgende Tabelle bringt die Dissoziationskonstanten für einige wichtige Säuren.

Dissoziationskonstanten einiger Säuren bei Zimmertemperatur

Bezeichnung	Formel	Diss.-Stufe	Diss.-Konst.
Ameisensäure	HCOOH	—	$2 \cdot 10^{-4}$
Orthoborsäure	H_3BO_3	—	$6 \cdot 10^{-10}$
Blausäure	HCN	—	$7 \cdot 10^{-10}$
Essigsäure	CH_3COOH	—	$2 \cdot 10^{-5}$
Fluorwasserstoffsäure (Flußsäure)	HF	—	$4 \cdot 10^{-4}$
Oxalsäure	$(COOH)_2$	1. Stufe	$6 \cdot 10^{-2}$
		2. Stufe	$6 \cdot 10^{-5}$
phosphorige Säure	H_3PO_3	1. Stufe	$7 \cdot 10^{-3}$
		2. Stufe	$2 \cdot 10^{-5}$
Phosphorsäure	H_3PO_4	1. Stufe	$1 \cdot 10^{-2}$
		2. Stufe	$8 \cdot 10^{-8}$
		3. Stufe	$5 \cdot 10^{-13}$
Schwefelsäure	H_2SO_4	1. Stufe	—
		2. Stufe	$2 \cdot 10^{-2}$
Schwefelwasserstoff	H_2S	1. Stufe	$9 \cdot 10^{-8}$
		2. Stufe	$1 \cdot 10^{-15}$
hypochlorige Säure (unterchlorige Säure)	HClO	—	$4 \cdot 10^{-8}$

Aus den Dissoziationskonstanten der Tabelle folgt, daß die Essigsäure in 1%iger Lösung nur zu $\approx 1\%$ in die Ionen dissoziiert ist.

Der Schwefelwasserstoff ist eine zweibasige Säure, da er zwei H^+-Ionen besitzt, die durch Basen neutralisiert werden können. Bei diesen Säuren dissoziiert zunächst nur 1 H^+-Ion nach der Gleichung:

$$H_2S \rightleftharpoons H^+ + HS^-$$

Für diese erste Stufe der Dissoziation gilt die erste Dissoziationskonstante der Tabelle. Die zweite Konstante gilt für die zweite Stufe nach der Gleichung:

$$HS^- \rightleftharpoons H^+ + S^{2-}$$

Entsprechend gelten bei der dreibasigen Phosphorsäure, H_3PO_4, die drei Dissoziationskonstanten für die drei Stufen der Dissoziation.

Die Dissoziation einer schwachen Säure kann durch den Zusatz ihrer löslichen Salze noch weiter zurückgedrängt werden; die Säure wird, wie man sagt, *abgestumpft.*

Dies folgt aus dem Massenwirkungsgesetz nach Gleichung (1): Durch Zusatz von Natriumacetat zur Essigsäure wird die Konzentration an CH_3COO^--Ionen in der Lösung stark erhöht, da das Salz CH_3COONa vollständig dissoziiert. Die Erhöhung der Konzentration der CH_3COO^--Ionen beschleunigt aber die Rückbildung von CH_3COOH-Molekülen. Denn, wenn man die Konzentration an CH_3COO^--Ionen auf das Zehnfache erhöht, wird die Häufigkeit des Zusammentreffens von H^+- und CH_3COO^--Ionen zehnmal so groß. Durch die Rückbildung der Essigsäuremoleküle verschwinden H^+-Ionen aus der Lösung, bis das Gleichgewicht eingestellt ist und der Bruch wieder den Wert der Konstanten erhält. In dem neuen Gleichgewicht sind jetzt weniger H$^+$- als CH$_3$COO$^-$-Ionen vorhanden und auch weniger H$^+$-Ionen als vor der Zugabe des Natriumacetats.

Das Abstumpfen der Essigsäure läßt sich in dem folgenden Versuch mit Hilfe eines Indikators verfolgen: Man gibt zu einer 0,1 molaren Essigsäurelösung Methylrot. Dieses wird rot gefärbt, weil die H$^+$-Ionenkonzentration angenähert 10^{-3}, $p_H = 3$, ist. Setzt man nun soviel Natriumacetat hinzu, daß die Acetationenkonzentration ein Gramm-Ion/Liter beträgt, so sinkt [H$^+$] auf $2 \cdot 10^{-6}$, $p_H = 5,7$ (wie sich leicht aus dem Wert von $K_{\text{Essigsäure}}$ berechnen läßt) und der Indikator schlägt von rot nach gelb um.

Ebenso wie die Acidität einer schwachen Säure durch Zusatz eines gleichionigen Salzes herabgesetzt wird, so wird auch die Basizität einer schwachen Base durch das dazugehörende Salz, z. B. Ammoniak durch Ammoniumchlorid, vermindert.

Es ist zu beachten, daß sich für die starken Säuren, wie Salpetersäure, Perchlorsäure, Salzsäure, keine Dissoziationskonstante messen läßt. Diese sind in wäßriger Lösung wohl stets vollständig in Ionen gespalten. Allerdings kann bei ihrer hohen Löslichkeit die Konzentration der Ionen so hoch werden, daß diese infolge der großen gegenseitigen Nähe sich in ihrer Beweglichkeit stören, wodurch eine unvollständige Dissoziation vorgetäuscht wird. Bei der Schwefelsäure gilt das gleiche für die erste Stufe der Dissoziation:

$$H_2SO_4 = H^+ + HSO_4^-$$

Dagegen läßt sich für die zweite Stufe:

$$HSO_4^- \rightleftharpoons H^+ + SO_4^{2-}$$

die Dissoziationskonstante messen. Aus dem Zusammenwirken beider Dissoziationsvorgänge folgt, daß eine 10%ige Lösung von Schwefelsäure sich ungefähr so verhält, als wäre von jedem Molekül nur ein H$^+$-Ion dissoziiert.

Auch bei den Basen unterscheidet man zwischen starken und schwachen Basen. Zu den starken zählen z. B. Kaliumhydroxid und Natriumhydroxid, zu den schwachen Ammoniak, Aluminiumhydroxid u. a. Hier sind aber andere Ursachen gegeben, wie die unvollständige Reaktion der NH$_3$-Moleküle mit dem Wasser oder die geringe Löslichkeit des Aluminiumhydroxids. Undissoziierte Moleküle NH$_4$OH oder Al(OH)$_3$ sind dagegen in der Lösung nicht enthalten. Die schwächere alkalische Wirkung beruht also nicht auf einer unvollständigen Dissoziation gelöster Moleküle.

Die Zurückdrängung der Dissoziation schwacher Säuren oder der Ionenbildung schwacher Basen durch Zusatz von H$^+$- bzw. OH$^-$-Ionen spielt bei der Benutzung der Indikatoren eine Rolle. Die meist verwendeten Indikatoren sind schwache organische Säuren (oder Basen), welche die Besonderheit zeigen, daß die undissoziierte Säure HX (bzw. Base) eine andere Farbe und Konstitution besitzt als das Farbstoff-Ion X$^-$. Es sei z. B. HX rot und X$^-$ gelb gefärbt, wie es beim Methylrot der Fall ist. In saurer Lösung werden dann fast nur die undissoziierten roten HX-Moleküle vorliegen. Setzt man nun eine Base hinzu und erniedrigt dadurch die Konzentration der H$^+$-Ionen, so wird das Gleichgewicht HX $\rightleftharpoons$ H$^+$ + X$^-$ nach rechts verschoben. Von einem bestimmten p_H-Wert an wird sich die Menge der X$^-$-Ionen durch eine Mischfarbe zwischen rot und gelb zu erkennen geben. Bei weiterer Erniedrigung von [H$^+$] werden praktisch fast nur noch die gelben X$^-$-Ionen vorliegen. So besitzt jeder Indikator zwischen zwei bestimmten p_H-Werten ein *Umschlagsgebiet*, dessen Lage auf der p_H-Skala von der Stärke der Indikatorsäure abhängig ist.

Hydrolyse

Die Alkalisalze der schwachen Säuren, z. B. der Essigsäure, der Blausäure, der Kohlensäure u. a., reagieren in wäßriger Lösung alkalisch. Dies wirkt zunächst erstaunlich, weil wir die alkalische Reaktion auf OH^--Ionen zurückführen müssen, die in den Salzen fehlen. Die Erklärung liegt darin, daß hier eine Reaktion des Salzes mit den Wassermolekülen erfolgt, die OH^--Ionen liefert, weil eine starke Base, aber nur eine schwache Säure entstehen, z. B.:

$$NaCN + H_2O = NaOH + HCN$$

Da das Salz durch das Wasser gleichsam in seine Bestandteile aufgelöst wird, nennt man den Vorgang *Hydrolyse*.

Genauer betrachtet verläuft der Vorgang folgendermaßen: Bei der Dissoziation liefert das vollständig dissoziierende Salz eine sehr hohe Konzentration an Alkali-Ionen und Anionen der schwachen Säure. Daneben sind durch die Dissoziation des Wassers eine geringe Menge an H^+- und OH^--Ionen vorhanden. Aus den H^+-Ionen und den Anionen der schwachen Säure bilden sich undissoziierte Säuremoleküle bzw. Hydrogen-Anionen, wenn es sich um eine mehrbasige Säure handelt. Durch die Bindung der H^+-Ionen wird das Ionenprodukt des Wassers $H_2O \rightleftharpoons H^+ + OH^-$ gestört, und infolgedessen dissoziieren laufend weitere H_2O-Moleküle zu H^+ und OH^-, bis die Gleichgewichte erreicht sind, die für die Dissoziation der Säure und des Wassers gelten.

Da die Alkali-Ionen an der Reaktion nicht beteiligt sind, läßt sich das Hydrolysengleichgewicht vereinfacht wiedergeben:

Z. B. für Natriumcyanid $\quad CN^- + HOH \rightleftharpoons HCN + OH^-$
für Natriumacetat $\quad CH_3COO^- + HOH \rightleftharpoons CH_3COOH + OH^-$
für Natriumcarbonat $\quad CO_3^{2-} + HOH \rightleftharpoons HCO_3^- + OH^-$

Die Menge der OH^--Ionen ist stets äquivalent der Menge der undissoziierten Säuremoleküle bzw. Hydrogen-Anionen. Je schwächer die Säure ist, d. h. je weniger sie zur Dissoziation neigt, um so mehr wird das Hydrolysengleichgewicht nach der rechten Seite der Gleichung verschoben sein und um so stärker wird die Lösung alkalisch reagieren.

Nomenklatur chemischer Verbindungen

Für die Benennung anorganischer Verbindungen gelten eine Reihe von Regeln, die im folgenden an einigen Beispielen kurz erläutert werden sollen [1].

Bei salzartigen Verbindungen ist der elektropositive Bestandteil (Kation) sowohl in der Formel als auch im Namen an erster Stelle zu nennen. Einatomige elektronegative Bestandteile (Anionen) erhalten die Endung -id, die an den (gegebenenfalls abgekürzten) lateinischen Namen des Elementes angefügt wird.

Beispiele: Natriumchlorid, Silbersulfid, Lithiumhydrid, Borcarbid, Sauerstoffdifluorid, Stickstoffoxid.

---

[1] Den ausführlichen Bericht der Nomenklaturkommission der internationalen Union für Chemie, „Richtsätze für die Nomenklatur der Anorganischen Chemie", siehe in den „Chemischen Berichten", Nr. 7/1959, S. XLVII—LXXXVI. Dieser Bericht ist auch als Sonderdruck im Verlag Chemie, Weinheim/Bergstraße, erschienen.

Bei den leicht flüchtigen Wasserstoffverbindungen ist es üblich, den Namen durch bloßes Aneinanderstellen der Bestandteile ohne Anhängung einer Endung zu bilden.

Beispiele: Chlorwasserstoff, Schwefelwasserstoff, Siliciumwasserstoffe.

Bilden zwei Elemente mehr als eine Verbindung miteinander, so kann die Kennzeichnung des Mengenverhältnisses der Bestandteile auf zwei Arten erfolgen:

1. Angabe der stöchiometrischen Zusammensetzung

Hierbei wird das Mengenverhältnis, in dem sich die Atome miteinander verbinden, durch griechische Zahlwörter angegeben, die dem Bestandteil, auf den sie sich beziehen, vorangestellt werden:

mono $\triangleq$ 1; di $\triangleq$ 2; tri $\triangleq$ 3; tetra $\triangleq$ 4;
penta $\triangleq$ 5; hexa $\triangleq$ 6; hepta $\triangleq$ 7; okta $\triangleq$ 8;
ennea $\triangleq$ 9; deka $\triangleq$ 10; hendeka $\triangleq$ 11; dodeka $\triangleq$ 12.

Das Zahlwort *mono* kann hierbei meist weggelassen werden. Diese Art der Bezeichnung ist meist bei homöopolaren Verbindungen, z. B. bei (binären) Verbindungen von Nichtmetallen, üblich.

Beispiele:

N_2O	Distickstoff(mon)oxid	NO_2	Stickstoffdioxid
NO	Stickstoffoxid	N_2O_4	Distickstofftetroxid
N_2O_3	Distickstofftrioxid	N_2O_5	Distickstoffpentoxid

Wenn keine Verwechslung möglich ist, wird bei häufig benutzten Namen eine Abkürzung vorgenommen, z. B. P_2O_5, Phosphorpentoxid, As_2O_3, Arsentrioxid.

2. Angabe der Wertigkeit

In salzartigen oder überwiegend heteropolaren Verbindungen wird nach einem Vorschlag von STOCK die Zusammensetzung durch Angabe der Wertigkeit ($\triangleq$ Ionenwertigkeit) ausgedrückt. Die Wertigkeit wird eingeklammert in römischen Ziffern hinter das Element gesetzt, auf das sie sich bezieht.

Beispiele:

MnO	Mangan(II)-oxid	$CuCl$	Kupfer(I)-chlorid
(sprich: Manganzweioxid)		$CuCl_2$	Kupfer(II)-chlorid
Mn_2O_3	Mangan(III)-oxid		
MnO_2	Mangan(IV)-oxid	SnS	Zinn(II)-sulfid (Zinnmonosulfid)
Mn_2O_7	Mangan(VII)-oxid	SnS_2	Zinn(IV)-sulfid (Zinndisulfid)

Früher war es üblich, die niedere Wertigkeitsstufe des Metalls durch Anhängen des Buchstabens *o* an den lateinischen Namen, die höhere durch Anhängung von *i* zu kennzeichnen, oder die niedere Wertigkeitsstufe des Metalls wurde durch Namen wie Chlorür, Bromür, Sulfür, Oxydul ausgedrückt. Da beide Arten der Bezeichnung sich im Handel und in der Technik noch hartnäckig halten, sollen sie hier den neuen wissenschaftlichen Bezeichnungen gegenübergestellt werden, aber in diesem Lehrbuch im folgenden nicht mehr gebraucht werden:

Beispiele:

	richtig	veraltet	
$FeCl_2$	Eisen(II)-chlorid	Ferrochlorid	Eisenchlorür
$FeCl_3$	Eisen(III)-chlorid	Ferrichlorid	Eisenchlorid
Cu_2O	Kupfer(I)-oxid	Cuprooxyd	Kupferoxydul
CuO	Kupfer(II)-oxid	Cuprioxyd	Kupferoxyd
Cu_2S	Kupfer(I)-sulfid	Cuprosulfid	Kupfersulfür
CuS	Kupfer(II)-sulfid	Cuprisulfid	Kupfersulfid

Die früher viel gebräuchlichen Namen, wie Chlornatrium, Schwefelkalium, Bromsilber usw., die auch heute noch im Handel und in der Technik anzutreffen sind, sollen nicht mehr verwendet werden und durch die Namen Natriumchlorid, Kaliumsulfid, Silberbromid ersetzt werden.

Die *Nomenklatur bei Komplexverbindungen* erfolgt nach den gleichen Grundsätzen. Die im Komplexion gebundenen Liganden gehen dem Zentralion voraus, meist unter Anhängung von -o (Chloro-, Cyano-, Hydroxo-, Aquo-, jedoch Ammin-).

Beispiele:

$[Cr(H_2O)_6]Cl_3$	Hexaaquochrom(III)-chlorid
$[Co(NH_3)_6](NO_3)_3$	Hexamminkobalt(III)-nitrat
$H_2[PtCl_6]$	Hexachloroplatin(IV)-säure

Bei den anionischen Komplexen der Salze wird die Wertigkeit [1]) des Zentralatoms dem auf -at endigenden Namen des Komplexes angefügt. Die Wertigkeitsbezeichnung kann weglassen werden, wenn die Zahl der ionogen gebundenen Gruppen oder Atome im Namen angegeben wird.

Beispiele:

$K_4[Fe(CN)_6]$	Kaliumhexacyanoferrat(II)
	Tetrakaliumhexacyanoferrat
$K_3[Fe(CN)_6]$	Kaliumhexacyanoferrat(III)
	Trikaliumhexacyanoferrat
$K_2[PtCl_6]$	Kaliumhexachloroplatinat(IV)

Wasserstoffperoxid und Ozon

Wasserstoffperoxid, H_2O_2

Schmelzpunkt	$-0,8\ °C$
Siedepunkt	$151\ °C$
Dichte bei 0 °C	$1,463\ g/ml$

Vorkommen und Bildung

Wasserstoffperoxid (Hydrogenperoxid, Hydrogenium peroxydatum) findet sich in geringer Menge in den atmosphärischen Niederschlägen, und zwar durchschnittlich 110 mg Wasserstoffperoxid, H_2O_2, auf 600 kg Regen und Schnee. Es entsteht allgemein bei der freiwilligen Oxydation anorganischer wie organischer Stoffe an der Luft, so bei der Oxydation von feuchtem Diäthyläther, von Terpentinöl, Indigoweiß, Hydrazobenzol usw., und ist in vielen pflanzlichen und tierischen Säften als regelmäßiges Nebenprodukt der Assimilation sowie wahrscheinlich als Zwischenstoff bei der Atmung nachgewiesen worden.

Um dieses weitverbreitete Vorkommen sowie die zahlreichen Bildungsweisen und die Darstellungsmethoden überblicken und verstehen zu können, faßt man am besten das *Wasserstoffperoxid als das erste Reduktionsprodukt des Sauerstoffmoleküls* auf. Unter dem Einfluß reduzierend wirkender Stoffe werden die beiden Sauerstoffatome des O_2-

---

[1]) Genauer definiert: Die Oxydationszahl (siehe dazu Seite 217) und das Kapitel Komplexverbindungen.

Moleküls zunächst nicht voneinander getrennt, sondern zu Peroxiden, $R\!\!\left\langle\begin{smallmatrix}O\\|\\O\end{smallmatrix}\right.$ gebunden

(R bedeutet einen oxydierbaren anorganischen oder organischen Stoff). Mit nascierendem Wasserstoff als Reduktionsmittel entsteht Wasserstoffperoxid, $H-O-O-H$.

So entsteht Wasserstoffperoxid aus einem Gemisch von 3 Vol. Sauerstoff und 97 Vol. Wasserstoff unter dem Einfluß der stillen elektrischen Entladung (Näheres über diese bei Ozon), wenn man das Gasgemisch langsam durch den Apparat gehen läßt und dabei mit flüssiger Luft abkühlt, und zwar bis zu 87 % der nach dem Sauerstoff berechneten Ausbeute (FRANZ FISCHER und M. WOLF).

Leitet man Sauerstoff zu der Kathode eines Wasserzersetzungsapparates, z. B. des Hofmannschen Apparates, so wird durch den dort nascierenden Wasserstoff das Sauerstoffmolekül zu Wasserstoffperoxid reduziert (M. TRAUBE). FRANZ FISCHER und O. PRIESS konnten so unter Verwendung 1 %iger Schwefelsäure an amalgamierten Goldelektroden bei einem Sauerstoffdruck von 100 atm eine 2,7 %ige Wasserstoffperoxidlösung bei einer Stromausbeute von 83 % darstellen.

Auch in Flammen kann Wasserstoffperoxid gebildet werden. Da aber dieses rasch zerfällt, muß man die heißen Gase möglichst schnell abkühlen, z. B. durch „Abschrecken" einer Wasserstoff-, Leuchtgas-, Kohlenmonoxidflamme an Eis, indem man die Spitze der Flamme gegen dieses richtet. Läßt man aus einem kleinen Gebläse innen Wasserstoff im äußeren rasch strömenden Sauerstoff brennen, so treten erhebliche Mengen Wasserstoffperoxid auf, die teilweise mit dem Sauerstoff Ozon geben: $H_2O_2 + O_2 = O_3 + H_2O$, teilweise aber auch im kondensierten Wasser der Flamme als wäßrige Lösung erhalten bleiben (K. A. HOFMANN, KRONENBERG sowie E. RIESENFELD).

Knallgas wird an einer rauhen Platinoberfläche, die teilweise mit verdünnter Schwefelsäure bedeckt ist, schon bei Zimmertemperatur zu Wasser vereinigt. Diese Katalyse führt zunächst zu Wasserstoffperoxid, das dann vom Wasserstoff weiter zu Wasser reduziert wird (K. A. HOFMANN).

Wenn Phosphor, Natriumamalgam, Zink, Calcium an feuchter Luft stehen, entwickeln sich stets hinreichende Mengen Wasserstoffperoxid, um auf einer etwa 1 cm darüber angebrachten fotografischen Platte im Dunkeln einen scheinbaren Belichtungseffekt hervorzurufen. Nach dem Entwickeln der Platte zeichnen sich diese und viele andere oxydierbare Stoffe mit ziemlich deutlichen Umrissen ab, so daß man irrtümlicherweise auf eine dunkle Strahlung der Materie, insbesondere der Metalle, schloß. Nach RUSSELL ist die Empfindlichkeit der fotografischen Platte so groß, daß noch $1 \cdot 10^{-8}$ g Wasserstoffperoxid auf 1 cm² nachweisbar sind.

Läßt man den molekularen Sauerstoff nicht auf Wasserstoff, sondern zunächst auf Natriummetall oder Bariumoxid bei höherer Temperatur wirken:

$$2\,Na + O_2 \;=\; Na_2O_2 \quad bzw. \quad 2\,BaO + O_2 \;=\; 2\,BaO_2$$

so erhält man Natrium- bzw. Bariumperoxid, aus denen durch verdünnte Säuren bei niederer Temperatur Wasserstoffperoxid in Freiheit gesetzt wird:

$$Na_2O_2 + 2\,H_2SO_4 \;=\; 2\,NaHSO_4 + H_2O_2 \tag{1}$$

$$BaO_2 + \;\;H_2SO_4 \;=\; \;\;BaSO_4 \;\; + H_2O_2 \tag{2}$$

Weil das Bariumsulfat in Wasser unlöslich ist, gewinnt man nach (2) eine reine verdünnte Lösung, nach (1) enthält diese Natriumhydrogensulfat.

Aus Bariumperoxid und Säure hat THÉNARD 1818 zuerst das Wasserstoffperoxid erhalten.

Darstellung

Die technische Darstellung von Wasserstoffperoxid erfolgt elektrolytisch über die Peroxodischwefelsäure bzw. die Peroxodisulfate (siehe unter Schwefel), die bei der Zersetzung mit Wasser Wasserstoffperoxid liefern:

$$H_2S_2O_8 + 2\,H_2O = 2\,H_2SO_4 + H_2O_2$$

In neuerer Zeit hat ein Verfahren Bedeutung gewonnen, das auf der Bildung von Wasserstoffperoxid bei der Einwirkung von molekularem Sauerstoff auf gewisse, leicht oxydable Verbindungen, z. B. auf Derivate des Anthrahydrochinons, beruht. Das hierbei aus dem Hydrochinon entstandene Anthrachinon kann mit Wasserstoff katalytisch wieder reduziert werden.

Um reines konzentriertes Wasserstoffperoxid zu erhalten, destilliert man die verdünnten Lösungen im Vakuum und dementsprechend bei niederer Temperatur, wobei zuerst fast nur reines Wasser, dann das konzentrierte Produkt übergeht. Dieses bildet nach wiederholtem Destillieren eine farblose bzw. erst bei 1 m Schichtdicke blaue Flüssigkeit, die schwach sauer reagiert und bei − 0,8 °C zu säulenförmigen Kristallen erstarrt.

Verwendung

Hochprozentiges Wasserstoffperoxid mit etwa 85 % H_2O_2 fand im zweiten Weltkrieg als durch seinen Zerfall Energie und Sauerstoff liefernde Substanz Verwendung für Raketenantrieb und für unter Luftausschluß, z. B. in getauchten U-Booten, laufende Verbrennungskraftmaschinen.

In den Handel kommt das Wasserstoffperoxid als 30%iges Präparat unter dem Namen *Perhydrol*. Es wird, um die Selbstzersetzung (siehe unten) zu verhindern, am besten in Glasflaschen aufbewahrt, die innen mit Paraffin überzogen sind oder in Polyäthylenflaschen. Für medizinische und analytische Zwecke dient eine 3%ige Lösung.

Eigenschaften

Allgemeine physikalische und chemische Eigenschaften

Mit dem Wasser zeigt das Wasserstoffperoxid nur eine entfernte, oberflächliche Ähnlichkeit, indem es sich mit manchen Salzen ähnlich wie das Kristallwasser zu Wasserstoffperoxid-Additionsverbindungen, *Peroxohydrate* genannt, verbindet, so mit Kaliumcarbonat zu Kaliumcarbonat-Diperoxohydrat, $K_2CO_3 \cdot 2\,H_2O_2$; mit Alkaliphosphaten zu Dinatriumhydrogenphosphat-Diperoxohydrat, $Na_2HPO_4 \cdot 2\,H_2O_2$, weiter mit den entsprechenden Salzen zu den Peroxohydraten $KH_2PO_4 \cdot 1\,H_2O_2$, $K_2HPO_4 \cdot 2{,}5\,H_2O_2$, $Na_4P_2O_7 \cdot 3\,H_2O_2$ (H. MENZEL), auch mit Natriumsulfat und ganz besonders mit Natriumboraten, siehe bei Bor.

Das Wasserstoffperoxid enthält mehr Energie als das äquivalente Gemisch von Wasser und molekularem Sauerstoff und zerfällt demgemäß *exotherm*, d. h. unter Wärmeentwicklung:

$$2\,H_2O_2 = 2\,H_2O + O_2 + 46\ kcal$$

Dementsprechend zersetzen sich schon verdünnte Lösungen bei längerem Aufbewahren, namentlich im Sonnenlicht und in Gegenwart katalytisch wirkender Stoffe. Als solche sind wirksam: Hydroxid-Ionen (selbst die Spuren von Alkali, die aus den Gläsern abgegeben werden, machen sich hierin schon bemerkbar), Eisen- und Kupferverbindungen, rauhe Oberflächen, wie Kieselerde, Glaspulver, Kohleteilchen und ganz besonders Mangan(IV)-oxid (Braunstein) sowie Platinmetalle.

Gibt man z. B. in 30%iges Wasserstoffperoxid etwas gepulvertes Mangan(IV)-oxid (Braunstein), oder bringt man die Flüssigkeit auf ein rauhes Platinblech, so tritt verpuffungsartige Zersetzung ein. Höchst konzentriertes Wasserstoffperoxid kann heftig explodieren, wenn Staubteilchen hineingeraten.

Aus dem Zerfall des Wasserstoffperoxids kann man Sauerstoff für Laboratoriumszwecke durch Zugabe von 10 ... 15 %igem Wasserstoffperoxid zu Mangan(IV)-oxid gewinnen.

Auch in vielen pflanzlichen und tierischen Flüssigkeiten, so in der Rübe, im Blut, im Speichel, finden sich Katalysatoren, die man wegen ihrer spezifisch zersetzenden Wirkung auf das Wasserstoffperoxid *Katalasen* nennt, und die neben dem Schutz vor stärkeren Konzentrationen an Wasserstoffperoxid wahrscheinlich auch für die Übertragung von Peroxidsauerstoff auf oxydable Stoffe im lebenden Organismus wirksam sind.

Wie BREDIG gezeigt hat, ist die Wirkung dieser Katalasen der von fein verteilten Platin-metallen insofern auffallend ähnlich, als beide, obwohl sie ganz verschiedenen Stoffklassen angehören, durch dieselben Bedingungen in ihrer Wirksamkeit gefördert bzw. verhindert werden:

Setzt man zu einer 3%igen Wasserstoffperoxidlösung eine Spur Platinsol[1] (siehe bei Platin), d. h. im kolloiden Lösungszustande befindliches, feinst verteiltes Platin, so findet bei alkalischer Reaktion schnell, bei saurer langsam die Zersetzung in Wasser und Sauerstoff statt, des-gleichen, wenn man anstelle des Platins einen Tropfen Blut verwendet. Hat man aber vorher diese Katalysatoren, nämlich Platin bzw. Blut, mit sehr geringen Mengen Cyanwasserstoff, Kaliumcyanid, Kohlenmonoxid, Jod, Schwefelkohlenstoff, Schwefelwasserstoff behandelt, so vermögen sie Wasserstoffperoxid nicht mehr oder erst nach längerer Zeit wieder zu zersetzen. Man spricht in solchen Fällen von einer *Vergiftung des Katalysators* bzw. des Kontaktes, um die Analogie der Schädigung der Blutkatalyse zum Ausdruck zu bringen.

Wahrscheinlich beruhen die Vergiftungen von festen Katalysatoren darauf, daß deren Ober-flächen die Gifte besonders stark anziehen und sich damit bedecken, so daß die zu katalysieren-den Stoffe dem Einfluß der Oberflächenkräfte entzogen werden.

Die Zersetzung des Wasserstoffperoxids wird durch Zusatz von 0,04 % Phenacetin, desgleichen Acetanilid (Antifebrin) sowie Harnstoff auffallend verzögert, so daß z. B. in Gegenwart von 1 : 2000 Acetanilid die Zersetzung in fünf Monaten 2,7 % beträgt. Unter dem Namen *Perhydrit* und *Ortizon* werden feste Präparate aus Wasserstoff-peroxid und Harnstoff in den Handel gebracht.

Auch Säuren, wie schon 0,0007 g Schwefelsäure im Liter, Phosphorsäure sowie besonders Natriumpyrophosphat wirken als Stabilisatoren.

Oxydierende Wirkungen

Weil das Wasserstoffperoxid unter Abgabe von Sauerstoff leicht zerfällt, wirkt es viel-fach als kräftiges Oxydationsmittel, besonders in Gegenwart von geringen Mengen Eisensalzen. So wird Indigolösung entfärbt, Eisen(II)-sulfat zu Eisen(III)-salz oxydiert, schweflige Säure zu Schwefelsäure, Jodwasserstoff zu Jod und Wasser, salpetrige Säure zu Salpetersäure, arsenige Säure zu Arsensäure, Chrom(III)-oxid in alkalischer Lösung zu Salzen der Chromsäure, Mangan(II)-oxid zu Mangan(IV)-oxid. Allgemein wird das Wasserstoffperoxid im chemischen Laboratorium als sauberes, keinen Rückstand hinter-lassendes Oxydationsmittel vielfach angewendet.

Im Blut und in vielen Pflanzensäften, z. B. in der Meerrettichwurzel, finden sich *Peroxydasen*, die organisch gebundenen Wasserstoff auf Wasserstoffperoxid übertragen und dadurch dessen oxydierende Wirkung vermitteln (H. WIELAND).

Auf der milden Oxydationswirkung verdünnter Wasserstoffperoxidlösungen beruht die Verwendung zum Bleichen von Haaren bzw. zum Blondfärben dunkler Haare in der Kosmetik und in der Pelzfärberei, zum Bleichen von Rohseide, Tussahseide, Straußen-

---

[1] Die katalysierende Wirkung des Platins ist so außerordentlich stark, daß noch 1 g dieses feinst verteilten Platins in 300000 l beliebige Mengen Wasserstoffperoxid deutlich zersetzt.

federn, Elfenbein usw., desgleichen in der Medizin als Antiseptikum, sowohl zur Wundbehandlung als auch zum Ausspülen der Mund- und Rachenhöhle. Auch in der Fotografie und in der Textilindustrie dient verdünntes Wasserstoffperoxid zum Beseitigen von Thiosulfatresten aus den Platten bzw. von Hypochloriten und Sulfiten aus den gebleichten Geweben.

Konzentriertes, z. B. 30%iges, Wasserstoffperoxid, erzeugt auf der Haut ein juckendes Brennen und weiße Flecken; doch gehen diese Erscheinungen bald ohne nachhaltige Schädigungen vorüber.

Sehr gefährlich sind Mischungen von hochprozentigem Wasserstoffperoxid mit oxydierbaren organischen Substanzen, z. B. mit Methanol oder Äthanol, die durch Stoß oder Schlag heftig explodieren können.

Reduzierende Wirkungen

Es erscheint zunächst befremdend, daß ein und dieselbe Substanz sowohl als Oxydationsmittel wie auch als Reduktionsmittel wirken kann, da Sauerstoffabgabe und Sauerstoffentzug sich auszuschließen scheinen. Erinnert man sich aber daran, daß das Wasserstoffperoxid seinen Bildungsweisen nach das erste Reduktionsprodukt des Sauerstoffmoleküls, nämlich $H-O-O-H$ ist, so wird seine Reduktionswirkung verständlich. Es wird das Wasserstoffperoxid wieder zum Sauerstoffmolekül werden und dabei die beiden Wasserstoffatome als Reduktionsmittel abgeben können.

Das Wasserstoffperoxid wirkt daher vielfach als ein sehr gutes, bequem zu verwendendes Reduktionsmittel. Gibt man zu einer Silbernitratlösung Wasserstoffperoxid und dann Kalilauge, so fällt nicht Silberoxid, sondern metallisches Silber aus, während Sauerstoff entweicht: $Ag_2O + H_2O_2 = 2 Ag + H_2O + O_2$, desgleichen, aber langsamer, wird Quecksilber(II)-oxid zum Metall reduziert. Goldchlorid gibt schon in verdünnter saurer Lösung das Metall, Kaliumpermanganatlösung wird in Gegenwart von verdünnter Schwefelsäure zu Mangan(II)-sulfat reduziert:

$$2 KMnO_4 + 5 H_2O_2 + 3 H_2SO_4 = K_2SO_4 + 2 MnSO_4 + 5 O_2 + 8 H_2O$$

Aus der hierbei entwickelten Sauerstoffmenge oder aus dem Verbrauch an Kaliumpermanganat kann man den Gehalt einer Lösung an Wasserstoffperoxid bestimmen. Chlorkalk, $CaOCl_2$, wirkt gleichfalls auf Wasserstoffperoxid oxydierend:

$$CaOCl_2 + H_2O_2 = CaCl_2 + O_2 + H_2O$$

und auf diesem Wege kann man sich im Kippschen Apparat aus schwach angesäuertem verdünnten Wasserstoffperoxid und gepreßten Chlorkalkstücken Sauerstoff in regelmäßigem Gasstrom herstellen.

Säurenatur des Wasserstoffperoxids — Peroxide

Während das Wasser neutral reagiert, erscheint das Wasserstoffperoxid als schwache Säure und reagiert in konzentrierter Lösung gegen Lackmuspapier deutlich sauer. Genauere Messungen von JOYNER ergaben, daß die Säurestärke des Wasserstoffperoxids erheblich hinter der von Kohlensäure zurücksteht. Doch hat J. D'ANS das salzartige Ammoniumhydrogenperoxid, NH_4HO_2, sowie das Diammoniumperoxid, $(NH_4)_2O_2$, und die Alkalisalze Kaliumhydrogenperoxid, KHO_2, und Natriumhydrogenperoxid, $NaHO_2$, darstellen können. Auch das Natriumperoxid, Na_2O_2, sowie das Bariumperoxid, BaO_2, sind Salze, aus denen durch verdünnte Salz- oder Schwefelsäure das Wasserstoffperoxid in derselben Weise freigemacht wird, wie sonst eine schwächere Säure durch eine stärkere. Gibt man

zu Barytwasser, Ba(OH)$_2$, Wasserstoffperoxid, so bildet sich Bariumperoxid, das wasserhaltig auskristallisiert.

Organische, explosive Peroxide können sich bei längerem Stehen von Diäthyläther an der
Luft bilden. Äußerst explosiv ist das Dimethylperoxid, CH$_3$—O—O—CH$_3$, aus 10%igem
Wasserstoffperoxid und Schwefelsäuredimethylester (Dimethylsulfat) erhältlich (A. RIECHE).

Nachweis

Ein wichtiges Peroxid ist das Peroxotitanylsulfat, [TiO$_2$]SO$_4$, dessen orangerote Farbe den
besten Nachweis des Wasserstoffperoxids gestattet. Als Reagens dient eine Lösung von
Titanylsulfat (siehe unter Titan), von der schon wenige Tropfen genügen, um in äußerst
verdünnten Wasserstoffperoxidlösungen noch eine deutliche Gelbfärbung hervorzurufen.
Konzentriertere Lösungen erscheinen rotgelb, und man kann mittels einer Vergleichs-
lösung den Gehalt an Wasserstoffperoxid aus der Stärke der Farbe, d. h. *kolorimetrisch*
bestimmen.

Thoriumnitratlösung wird durch Wasserstoffperoxid als gelatinöses Thoriumperoxid,
auch Cersalzlösung in Gegenwart von Natriumacetat als orangerotes Cerperoxid gefällt.

Die Bildung eines Peroxids und die nachfolgende reduzierende Wirkung des Wasserstoffperoxids beobachtet man in einem Versuch nacheinander, wenn man eine mit verdünnter Schwefelsäure angesäuerte Wasserstoffperoxidlösung mit Diäthyläther schüttelt,
dann einen Tropfen Kaliumdichromatlösung zugibt und wieder schüttelt. Der Äther
färbt sich zunächst tiefblau infolge der Bildung des blauen Chromperoxids, CrO$_5$
(R. SCHWARZ), bald aber verblaßt die blaue Farbe, und die wäßrige Lösung erscheint
grün, weil das Chromperoxid durch weiteres Wasserstoffperoxid bis zum grünen
Chrom(III)-salz reduziert wurde.

Autoxydation

Ähnlich wie mit dem nascierenden Wasserstoff und mit dem Natriummetall oder Bariumoxid
verbindet sich der molekulare Sauerstoff auch vielfach mit anderen oxydierbaren Stoffen zunächst zu Peroxiden, RO$_2$, die dann, wie das Wasserstoffperoxid selbst, ein Atom Sauerstoff
abgeben können, während sie das zweite Sauerstoffatom unter Bildung beständiger Oxide
verbrauchen.

Das abgegebene Sauerstoffatom wirkt dann auf andere Stoffe, die sich durch molekularen
Sauerstoff selbst nicht oxydieren lassen, oxydierend, und so kommt eine Sauerstoffübertragung
vom selbstoxydierbaren *Autoxydator* zum nicht selbstoxydierbaren Empfänger, *Akzeptor*,
zustande, bei der schließlich der Sauerstoff hälftig vom Autoxydator und hälftig vom Akzeptor
verbraucht wird.

Durch diese Auffassung vom Wesen der langsamen Oxydation, wie sie M. TRAUBE angebahnt
und C. ENGLER ausgebildet hat, wird uns die Aktivierung des Sauerstoffs durch selbstoxydier-
bare Stoffe verständlich, und wir wissen nun, wie die Trägheit des molekularen Sauerstoffs
bei niederen Temperaturen überwunden werden kann.

So oxydiert sich z. B. Natriumarsenit an der Luft erst nach Zusatz des selbstoxydablen Natrium-
sulfits (JORISSEN), Indigosulfosäure wird durch Sauerstoff nach Zusatz von Palladiumwasserstoff
oxydiert, desgleichen Kaliumjodidlösung zu Jod, Ammoniak zu salpetriger Säure. Letzteres
findet auch statt, wenn man Ammoniakwasser und Luft mit dem selbstoxydablen Kupfer
schüttelt. Ferner vermag der selbstoxydable Palladiumwasserstoff den freien Sauerstoff auf
Benzol unter Bildung von Phenol, auf Kohlenmonoxid unter Bildung von Kohlensäure zu
übertragen. Nach F. HABER vermag das Natriumsulfit bei seiner freiwilligen Oxydation an
der Luft Nickel(II)-oxid zum schwarzen höheren Nickeloxid zu oxydieren. W. MANCHOT hat
an vielen Beispielen aus der organischen Chemie die Sauerstoffübertragung von Autoxydatoren,
wie Indigoweiß, Hydroanthranol, auf Akzeptoren untersucht und stets die hälftige Verteilung
des Sauerstoffs bestätigt gefunden.

Vielfach kann man bei Autoxydationen das Auftreten von Wasserstoffperoxid nachweisen, indem das zuerst entstandene Peroxid durch Wasser gespalten wird: $RO_2 + H_2O = H_2O_2 + RO$, oder indem der bei der Autoxydation aus Wasser abgespaltene nascierende Wasserstoff das Sauerstoffmolekül aus der Luft zu Hydrogenperoxid reduziert.

So entsteht nach SCHÖNBEIN bei der Autoxydation von Blei an der Luft in verdünnter Schwefelsäure für jedes Molekül Bleisulfat ein Molekül Wasserstoffperoxid, desgleichen nach M. TRAUBE bei der Oxydation von Zink unter Wasser und Luft: $Zn + 2 H_2O + O_2 = Zn(OH)_2 + H_2O_2$.

Strukturformel des Wasserstoffperoxids

Wir haben die Strukturformel des Wasserstoffperoxids bisher, entsprechend der Bildung aus dem Sauerstoffmolekül und Wasserstoff, zu $H-O-O-H$ angenommen, wobei an jedem O-Atom ein H-Atom gebunden ist. Spektroskopische Untersuchungen (siehe am Schluß des Buches) bestätigen dies und ergeben darüber hinaus eine gewinkelte, nicht ebene Struktur,

$$\begin{array}{ccc} & O-O & \\ H & & H \end{array}$$

wobei der Winkel $H-O-O$ etwa $110°$ beträgt und die beiden OH-Gruppen um $90°$ gegeneinander verdreht sind.

Eine isomere Form, in der die beiden H-Atome an ein O-Atom gebunden sind, ist von GEIB und HARTECK (1932) durch Einwirkung von atomarem Wasserstoff auf Sauerstoff bei der Temperatur der flüssigen Luft erhalten worden.

Ozon, O_3

Schmelzpunkt	$-192\,°C$
Siedepunkt	$-112\,°C$
Kritische Temperatur	$-5\,°C$
Dichte des flüssigen Ozons	$1,6\ g/ml$
Dichte des Gases bei $0\,°C$ und 760 Torr	$2,15\ g/l$

Ozon wurde schon 1785 von VAN MARUM beim Durchschlagen elektrischer Funken durch Sauerstoff beobachtet, 1840 von SCHÖNBEIN als Beimengung in dem elektrolytisch entwickelten Sauerstoff aufgefunden und von MARIGNAC und DELARIVE als eine Modifikation des Sauerstoffs erkannt.

Der Name Ozon kommt von dem griechischen Verbum ὄζειν ≙ riechen und drückt die auffälligste Eigenschaft dieses Stoffes aus. Noch in einer Verdünnung von $1 : 500\,000$ Luft erkennt man das Ozon an seinem Geruch, der einerseits an Stickoxide, andererseits an Chlorkalk erinnert. Größere Mengen von Ozon erzeugen Atmungsbeschwerden, Nasenbluten, Kopfschmerzen und können sogar tödlich wirken.

Vorkommen

In einer Höhe von 10 ... 45 km ist die Erde von einer Ozonschicht umgeben, die durch die hier noch kräftige ultraviolette Strahlung der Sonne, und zwar durch deren kurzwelligen Anteil, gebildet wird. Diese Ozonschicht absorbiert ihrerseits die längerwellige ultraviolette Strahlung zwischen 2000 und 4000 Å unter Zerfall des Ozons. Durch diese Absorption in der Atmosphäre wird das Leben auf der Erdoberfläche vor der starken fotochemischen Wirkung der ultravioletten Strahlung geschützt.

Infolge der starken Absorption beträgt die Temperatur in der Ozonschicht etwa $+ 50\,°C$. Diese warme Zone ist die Ursache der anomalen Schallausbreitung („Zone des Schweigens").

Aus dieser Zone bringen abwärtsgehende Luftströmungen sehr geringe Mengen Ozon bis an die Erdoberfläche.

Bildung

Um die sehr zahlreichen Bildungs- und Darstellungsweisen das Ozons verstehen zu können, sei vorausgeschickt, daß dieses drei Sauerstoffatome im Molekül labil vereinigt enthält, entsprechend der Formel O_3. Damit nun das beständige Sauerstoffmolekül O_2 in Ozon übergehen kann, müssen zunächst seine Sauerstoffatome voneinander getrennt werden, um mit anderen O_2-Molekülen Ozon zu bilden:

$$O_2 + O = O_3$$

Diese Reaktion ist von P. HARTECK direkt durch Einwirkung von atomarem Sauerstoff auf O_2-Moleküle ausgeführt worden. Bei der technischen Darstellung erreicht man auch in den besten Ozonapparaten höchstens 15 % Ausbeute an Ozon. Bei der Unbeständigkeit des Ozons oberhalb Zimmertemperatur ist es unbedingt erforderlich, entweder die Ozonisierung bei niederen Temperaturen vorzunehmen oder die Gase so schnell wie möglich abzukühlen.

Auch bei vielen Reaktionen, bei denen der molekulare Sauerstoff bei niedriger Temperatur in Reaktion tritt oder bei denen Sauerstoff aus Verbindungen frei gemacht wird, entsteht Ozon.

Erhitzt man Sauerstoff auf etwa 2000 °C und kühlt dann äußerst schnell ab, so erreicht man nur eine Ozonisierung von 0,13 % (FRANZ FISCHER); doch kann man an der Spitze einer Wasserstoffflamme in Luft Ozon mittels der schwarzblauen Flecken, die dieses auf Silberblech erzeugt, nachweisen (W. MANCHOT). Durch Einblasen von Luft in brennendes Leuchtgas hat schon RUMINE (1872) Ozon erhalten.

Mit einem Mikrogebläse, innen Wasserstoff, außen Sauerstoff, kann man so reichlich Ozon erhalten, daß der Geruch in einem großen Hörsaal wahrnehmbar wird (K. A. HOFMANN). Hierbei entsteht das Ozon aus primär gebildetem Wasserstoffperoxid (siehe dort) nach: $H_2O_2 + O_2 = O_3 + H_2O$ (H. v. WARTENBERG, E. RIESENFELD).

H. v. WARTENBERG konnte die Bildung von Ozon aus Sauerstoff bereits bei 1100 °C dadurch nachweisen, daß er das heiße Gasgemisch durch Einleiten in eine gekühlte Kapillare schnell abschreckte. Da sich das Ozon durch Anlagerung von O-Atomen an O_2-Moleküle bildet, ließ sich so die *thermische Dissoziation des Sauerstoffs* nachweisen. Bei 1100 °C ist etwa der 10^6te Teil der O_2-Moleküle zerfallen.

Ferner gelingt die Ozonisierung von Sauerstoff mittels der ultravioletten Strahlen einer Quecksilberdampflampe. Auch die Strahlen der radioaktiven Stoffe erzeugen in Luft Ozon.

Bei der Elektrolyse verdünnter, gekühlter Schwefelsäure entwickelt sich an Platin- oder Goldanoden bei hoher Stromdichte Ozon. Man füllt z. B. eine Platinschale als Kathode mit 20 %iger Schwefelsäure, stellt sie in Eis und läßt in der Mitte der Oberfläche einen Platindraht als Anode in die Säure tauchen. Mit dem dort entwickelten Sauerstoff von 4 ... 5 % Ozongehalt kann man alle Reaktionen des Ozons ausführen. Noch bessere Ausbeuten erhält man bei der Elektrolyse von wäßriger Flußsäure.

Verengt man die Platinanode zu einem feinen, in die äußere Wand eines Glasrohres eingesetzten, schmalen Streifen und kühlt diese auf −14 °C, so kann man aus eiskalter verdünnter Schwefelsäure den Sauerstoff mit einem Gehalt von 28 % Ozon entwickeln (FRANZ FISCHER).

Bis zu 12 % Ozon im Sauerstoff gelangte H. v. WARTENBERG, indem er aus verdünnter Schwefelsäure durch Gleichstrom in einem als Anode dienenden gekühlten Platinrohr Sauerstoff entwickelte und dem Gleichstrom einen Wechselstrom überlagerte.

Ferner entsteht Ozon beim Zerfall von Wasserstoffperoxid, insbesondere von dessen Schwefelsäureverbindung, nämlich der Caroschen Säure (Peroxomonoschwefelsäure). Läßt man auf Bariumperoxid konzentrierte Schwefelsäure tropfen, so entweicht, namentlich bei guter äußerer Kühlung, ozonreicher Sauerstoff. Das aus Kaliumpermanganat und konzentrierter Schwefelsäure entstehende violette Mangan(VII)-oxid, Mn_2O_7, zerfällt schon bei gewöhnlicher Temperatur in Mangan(IV)-oxid und Sauerstoff, der so reich an Ozon ist, daß man damit Diäthyläther entzünden kann. Hierzu übergießt man in einem Schälchen etwa 3 g Kaliumpermanganat mit einigen Millilitern konzentrierter Schwefelsäure und nähert dann der Oberfläche ein mit Äther getränktes Asbestbündel, worauf alsbald Entflammung erfolgt.

Auch der aus Kaliumchlorat und Mangan(IV)-oxid (Braunstein) entwickelte Sauerstoff enthält durch den Geruch deutlich nachweisbare Mengen Ozon.

Am längsten bekannt ist die Bildung von Ozon unter der Einwirkung elektrischer Entladung auf Luft oder Sauerstoff. Schlägt z. B. der Funkenstrom eines größeren Induktors durch Luft, so riecht man alsbald Ozon, und wenn man durch Gegenüberstellung einer spitzen- und einer scheibenförmigen Elektrode der Entladung die Form des Glimmlichtes gibt, so steigt der Gehalt an Ozon bis auf mehrere Prozent.

Darstellung

Weitaus am besten erreicht man die Ozonisierung des Sauerstoffs, wie ziemlich allgemein die Aktivierung von Gasgemischen, mittels der sogenannten stillen elektrischen Entladung, wie sie zuerst SIEMENS (1858) und dann KOLBE anwandten.

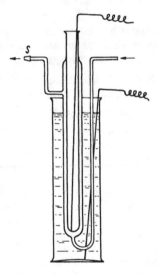

Hierzu belegt man ein doppelwandiges Glasrohr von etwa 2 cm innerem und 4 cm äußerem Durchmesser und 20 cm Länge außen und innen mit Stanniol, verbindet die beiden Beläge mit den Enden eines Induktors und leitet durch den Zwischenraum der beiden Glasrohre das Gas. Einfacher ersetzt man die Stanniolbeläge durch Umgebung des äußeren Rohres mit Wasser und durch Einführen eines Drahtes in das sonst leere innere Rohr (Abb. 24). Das Gas, in unserem Fall der Sauerstoff, tritt in der Richtung des Pfeiles ein, geht durch den Zwischenraum der beiden Glasrohre und tritt aus dem mit Glasschliff versehenen Ende S heraus. Die Drahtenden vermitteln die Verbindung mit dem Induktor. Durch Hintereinanderschaltung mehrerer solcher Rohre konnte C. HARRIES bei einem Durchsatz von 0,5 l Sauerstoff in der Minute 10 % Ozon und von 0,2 ... 0,25 l pro Minute sogar 13 ... 14 % Ozon erhalten.

Ähnliche Ausbeuten erreicht man mit Hilfe der neuen Siemens-Ozonapparate, wie sie jetzt für technische Zwecke Verwendung finden.

Abb. 24. Ozondarstellung durch stille elektrische Entladung

Von der aufgewendeten elektrischen Energie werden bei Zimmertemperatur etwa 2 %, bei − 180 °C aber bis 22 % zur Ozonbildung ausgenutzt. Meist erhält man etwa 20 g Ozon pro 1 kWh (E. BRINER).

Eigenschaften

In Wasser ist das Ozon schwer löslich. Bei normalem Druck und gewöhnlicher Temperatur werden nur 0,98 g Ozon von 1 l Wasser aufgenommen. Leichter löst sich Ozon in Eisessig oder in Tetrachlorkohlenstoff mit blauer Farbe (FRANZ FISCHER).

Konzentriertes Ozon ist blau gefärbt. Dies beobachtet man am besten, wenn man den ozonreichen Sauerstoff aus dem oben beschriebenen Ozonrohr unter Vermeidung von Kautschukverbindungen (weil diese mit Ozon lebhaft reagieren) mittels Schliffverbindungen oder Kunststoffschläuchen in eine dünnwandige Kühlfalle leitet, die von außen mit flüssiger Luft gekühlt ist. Die zunächst hellblaue Flüssigkeit wird nach dem Herausnehmen aus dem Kältebad zusehends tiefer blau bis indigoblau, da zunächst der leichter flüchtige Sauerstoff verdampft und das Ozon sich im Rückstand anreichert.

Das flüssige, reine Ozon ist tief violettblau gefärbt, und zwar so intensiv, daß man durch eine 0,1 mm dicke Schicht hindurch den Faden einer helleuchtenden Glühlampe nicht mehr sehen kann. Festes Ozon ist eine schwarze Masse von violettblauem Glanz. Die Lösung von Sauerstoff im flüssigen Ozon ist violett, die Lösung von Ozon in flüssigem Sauerstoff ist lichtblau gefärbt (E. H. RIESENFELD).

In dem charakteristischen Absorptionsspektrum des Ozons treten besonders zwei Bänder von den Wellenlängen 6095 und 5770 Å auf, die zu beiden Seiten der gelben Natriumdoppellinie liegen.

Schon bei gewöhnlicher Temperatur, schneller beim Erwärmen, zerfällt das Ozon in Sauerstoff:

$$2\,O_3 = 3\,O_2 + 68\,\text{kcal}$$

d. h. für 96 g Ozon werden 68 kcal entwickelt. Deshalb explodiert konzentriertes Ozon — wie es sich bei dem vorstehenden Versuch nach Verdampfung des Sauerstoffs schließlich in der Kühlfalle ansammelt — bei raschem Erwärmen oder in Berührung mit einem terpentinbefeuchteten Holzspan oder mit Spuren von Diäthyläther mit größter Gewalt unter Zertrümmerung des Glases. Bei Abwesenheit von organischen Verunreinigungen ist das reine, flüssige Ozon nicht explosionsgefährlich.

Durch Adsorption an Kieselgel läßt sich Ozon aus dem Gemisch mit Sauerstoff abtrennen und in adsorbiertem Zustand bequem handhaben, ja sogar versenden (G. A. COOK, 1956).

Bei gewöhnlicher Temperatur wird der Zerfall des Ozons katalytisch durch Alkalilösungen, wohl auch durch Wasser selbst beschleunigt. Die höheren Oxide von Mangan, Blei, Kobalt, Nickel sowie die Oxide von Eisen, Kupfer, Silber und auch die Platinmetalle zerstören das Ozon schnell.

In chemischer Hinsicht ist das Ozon naturgemäß ein ganz besonders starkes Oxydationsmittel. So wird Silberblech, am besten nach vorherigem kurzen Erwärmen, von Ozon mit einer Silberperoxidschicht bedeckt, die infolge ihrer geringen Dicke zunächst schöne bunte Interferenzfarben, meist von Rotbraun nach Stahlblau, erzeugt. Ein Quecksilbertropfen verliert in Berührung mit ozonhaltigem Sauerstoff seine Beweglichkeit und haftet am Glas, weil die Oberfläche oxydiert wird. Aus verdünnter Kaliumjodidlösung werden Jod und Kaliumhydroxid gebildet:

$$2\,KJ + O_3 + H_2O = 2\,KOH + J_2 + O_2$$

Dieses gleichzeitige Auftreten von freiem Jod und Kaliumhydroxid, das man mit Stärkelösung bzw. mit rotem Lackmus nachweist, unterscheidet das Ozon von den vielen sonstigen Oxydationsmitteln, die auch Jod abscheiden können, aber dabei stets das Alkali binden, wie z. B. das Chlor: $2\,KJ + Cl_2 = 2\,KCl + J_2$. Leitet man größere Mengen Ozon ein, so wird das Jod weiterhin zu Jodsäure, trockenes Jod zu Jod(III)-jodat oxydiert.

Enthält die Kaliumjodidlösung freies Alkali, so wird Ozon als Ganzes unter Jodatbildung aufgenommen: $KJ + O_3 = KJO_3$. Deshalb empfiehlt E. H. RIESENFELD zur *quantitativen Ozonbestimmung* einen Zusatz von Borsäure zur Kaliumjodidlösung, wodurch die schädliche Alkalität zurückgedrängt und die Lösung doch nicht so sauer wird, daß die in stärker saurer Lösung beobachtete Wasserstoffperoxidbildung eintreten könnte.

Chlor- oder Bromwasserstoffsäure werden zu freiem Chlor bzw. Brom oxydiert, Ammoniak zu salpetriger Säure und Salpetersäure. Alle Metalle, mit Ausnahme von

Gold, Platin, Iridium, werden zu den höchsten Oxiden oxydiert, Metallsulfide zu Sulfaten.

Auffallenderweise wird gasförmiger Wasserstoff im Dunkeln und bei gewöhnlicher Temperatur durch Ozon innerhalb einer Stunde nicht angegriffen, wohl aber im Lichte einer Quecksilberdampflampe (F. WEIGERT). Wasserstoffperoxid und Ozon zersetzen sich gegenseitig zu Wasser und Sauerstoff. Kohle wird schon bei gewöhnlicher Temperatur zu Kohlendioxid oxydiert.

Indigolösung wird zu gelbem Isatin oxydiert. Auf der oxydierenden Wirkung des Ozons beruht auch seine Verwendung als Bleichmittel und es dient deshalb zum Bleichen von Ölen, Fetten, Zellstoff, Wäsche usw.

Als starkes Oxydationsmittel dient Ozon zum Desinfizieren von Räumen, z. B. von Schlachthäusern. Es eignet sich auch gut zum Sterilisieren von Trinkwasser, da es fast alle Bakterien tötet, ohne daß dabei das Wasser durch irgendeinen Fremdstoff verunreinigt wird.

Nachweis

Auf der oxydierenden Wirkung des Ozons beruhen auch die zum Nachweis dienende Bräunung von Thallium(I)-hydroxidpapier, die Bläuung von Guajakharztinktur sowie die Rotviolettfärbung von Tetramethylbasenpapier. Dieses letztere, meist Arnolds Reagens genannt, bereitet man durch Tränken von Papier mit der alkoholischen Lösung von Tetramethyldiaminodiphenylmethan, $CH_2(C_6H_4N(CH_3)_2)_2$. Eine Verwechslung mit anderen Oxydationsmitteln ist bei Arnolds Reagens gut zu vermeiden, da z. B. höhere Stickoxide gelb, Chlor- oder Bromsäuren blau färben und Wasserstoffperoxid nicht färbt.

Ozonide

Beim Überleiten von Ozon über die gepulverten Alkalihydroxide entstehen intensiv orangefarbene Produkte. Durch Extraktion mit flüssigem Ammoniak läßt sich daraus das rote *Kaliumozonid*, KO_3, isolieren (KAZARNOVSKII, 1949). Auch die Bildung des entsprechenden *Caesium-* und *Natriumozonids*, CsO_3 bzw. NaO_3, konnte nachgewiesen werden (WHALEY und KLEINBERG, 1951). Durch Wasser werden diese Alkaliozonide äußerst heftig unter Sauerstoffentwicklung und unter Aussendung von Licht zersetzt, aus angesäuerter Kaliumjodidlösung machen sie Jod frei. Kaliumozonid entfärbt sich innerhalb mehrerer Stunden unter Zerfall in Sauerstoff und Kaliumperoxid. Caesiumozonid ist beständiger und zersetzt sich erst bei höherer Temperatur.

Höchst charakteristisch wirkt Ozon auf ungesättigte Kohlenwasserstoffe ein, indem es sich an die doppelten Bindungen $> C = C <$ anlagert, zu gleichfalls Ozonide genannten Verbindungen, die C. HARRIES näher untersucht hat, deren Struktur aber nach RIECHE zu

$$> C - O - C < \atop \diagdown O - O \diagup$$

anzunehmen ist.

Diese Ozonide sind dicke, farblose oder hellgrüne Öle von erstickendem Geruch, die meist sehr leicht heftig explodieren. Hierauf beruht die Entzündung von Terpentinöl durch Ozon und wahrscheinlich auch die des Diäthyläthers infolge seines Gehaltes an dem ungesättigten Vinylalkohol. Weil diese Ozonide in verdünnten Lösungen kräftig oxydierend wirken, vermögen ätherische Öle, wie Lavendelöl, reines Terpentinöl, Zimtöl, nach Behandlung mit verdünntem Ozon andere Stoffe zu bleichen.

Kautschuk nimmt Ozon ganz besonders lebhaft auf, weshalb beim Arbeiten mit Ozon alle Kautschukdichtungen an Apparaten zu vermeiden sind. Das Kautschukozonid liefert mit Wasser Lävulinaldehyd, worauf HARRIES seine erfolgreichen Forschungen über die chemische Struktur des Kautschuks gründete.

Struktur

Die Struktur des Ozons läßt sich auf Grund physikalischer Untersuchungen (Elektronenbeugung, Mikrowellenspektrum) durch ein gewinkeltes Modell

$$
\begin{array}{ccc}
 & O & \\
 \diagup & & \diagdown \\
O & & O
\end{array}
$$

mit einem Winkel von etwa 116° am mittleren O-Atom wiedergeben (SHAND und SPURR, 1943; TRAMBARULO, 1953).

Edelgase: Helium, Neon, Argon, Krypton, Xenon und Radon

Vorkommen und Eigenschaften

Den Anstoß zu der Entdeckung der Edelgase gab der von RAYLEIGH (1893) geführte Nachweis, daß atmosphärischer Stickstoff um 0,5 % schwerer ist als der aus chemischen Verbindungen abgeschiedene Stickstoff. Die von ihm anfangs gemeinsam mit RAMSAY vorgenommenen Untersuchungen führten zunächst zur Entdeckung des Argons, dann des Heliums und der anderen Glieder dieser Gruppe: Neon, Krypton und Xenon. Das beim Zerfall des Radiums entstehende radioaktive Radon, früher Emanation genannt, gehört gleichfalls in die Gruppe der Edelgase.

Der Gehalt der einzelnen Edelgase in der Luft ist sehr unterschiedlich. Den größten Anteil hat das Argon mit 0,9325 Vol.-%, den geringsten das Xenon mit $9 \cdot 10^{-6}$ Vol.-%.

Argon [ἀργός (aus α privativum und ἔργον) ≙ untätig] findet sich auch in verhältnismäßig großen Mengen in den Gasen solcher Quellen, die aus erheblichen Tiefen stammen, wie in den Geisern von Island, in den Quellen von Wildbad, Taunus und vielen Pyrenäenquellen.

Die gegenüber Neon und Krypton ungewöhnliche Häufigkeit des Argons in unserer Atmosphäre erklärt sich dadurch, daß Argon aus dem radioaktiven Isotop des Kaliums mit der Massenzahl 40 gebildet wird.

Helium kommt in Nordamerika in Erdgasen vor, die außer Stickstoff und Methan bis zu 2 Vol.-% von diesem Edelgas enthalten. Außerdem findet sich Helium in allen radioaktiven Gesteinen.

In der folgenden Tabel[1] sind die physikalischen Konstanten der Edelgase und Angaben über ihr Vorkommen in der Luft zusammengestellt.

Edelgase: Physikalische Konstanten und Vorkommen in der Luft

Element	Atomgewicht	Schmelzpunkt in °C	Siedepunkt in °C	Ionisierungs-energie in eV	Vol.-% in der atmosphärischen Luft
Helium, He	4,00260	−272,1	−268,9	24,46	0,0005
Neon, Ne	20,179	−248,67	−245,9	21,47	0,0018
Argon, Ar	39,948	−189,2	−185,7	15,68	0,9325
Krypton, Kr	83,80	−156,6	−152,9	13,93	0,0001
Xenon, Xe	131,30	−112	−107,1	12,08	0,000009
Radon, Rn	222	− 71	− 62	10,70	—

Der Name „Edelgase" soll die auffälligste Eigenschaft dieser Elemente zum Ausdruck bringen: Sie sind außerordentlich reaktionsträge. Bis 1962 waren keine Verbindungen der Edelgase bekannt. Wegen ihres inerten Charakters lassen sich die einzelnen Edelgase nur durch ihre physikalischen Eigenschaften charakterisieren und identifizieren, z. B. durch ihre Siedepunkte, Dichten und Spektren. Die große Reaktionsträgheit der Edelgasatome äußert sich weiterhin darin, daß sie sich nicht untereinander zu Molekülen vereinigen. Während alle andern gasförmigen Stoffe bei gewöhnlicher Temperatur mindestens aus zweiatomigen Molekülen bestehen, sind die Edelgase einatomig. Dies folgt aus dem Wert für das Verhältnis der spezifischen Wärmen bei konstantem Druck und konstantem Volumen, $c_p : c_v = 5/3 = 1{,}67$, wie es die kinetische Gastheorie für ein einatomiges Gas verlangt. Für einige Verwendungsmöglichkeiten der Edelgase ist von Bedeutung, daß sie im Verhältnis zu anderen Gasen wie Wasserstoff oder Stickstoff eine gute elektrische Leitfähigkeit besitzen und schon durch verhältnismäßig niedrige Spannungen zu leuchtenden Entladungen angeregt und sogar ionisiert werden. Diese energiereichen Ionen können sich an andere Atome anlagern. So sind z. B. in Helium He_2^+-Teilchen nachgewiesen worden. Jedoch haben diese Teilchen eine äußerst kurze Lebensdauer und zerfallen bei Zusammenstößen mit anderen Atomen oder beim Aufprallen auf die Gefäßwandungen.

Die Löslichkeit der Edelgase in Wasser ist bei den schwereren Gasen ziemlich beträchtlich. Sie steigt mit steigendem Atomgewicht vom Helium mit 1 Raumteil auf 100 Teile Wasser zum Xenon mit 12 Teilen auf 100 Teile Wasser bei 20 °C an (A. v. ANTROPOFF).

Unter Druck bilden die schweren Edelgase Argon, Krypton und Xenon mit Wasser bei tiefen Temperaturen kristallisierte „Gashydrate", z. B. 1 Kr · 5,7 H_2O. Im Gitter dieser *Einschluß(„Käfig")-verbindungen* sind jeweils 46 Wassermoleküle derart angeordnet, daß acht größere Lücken entstehen, in die die Edelgasatome wie in einen Käfig eingeschlossen sind (v. STACKELBERG, 1949). Das Verhältnis 46 : 8 = 5,75 : 1 bestimmt die stöchiometrische Zusammensetzung der Gashydrate, die auch von anderen Gasen, wie Schwefelwasserstoff, Schwefeldioxid, Chlor, Brom und Acetylen, gebildet werden.

Darstellung

Aus der Luft kann man die darin enthaltenen Edelgase auf chemischem Weg gewinnen, indem man den Luftsauerstoff und -stickstoff zur vollständigen Umsetzung bringt. So läßt sich der Sauerstoff durch Überleiten über glühendes Kupfer oder Calciumcarbid, das dabei zu Calciumoxid und Kohlenstoff reagiert, binden, oder man setzt ihn mit Wasserstoff um. Der Stickstoff wird durch Magnesiumpulver als Magnesiumnitrid, Mg_3N_2, oder auch durch Calciumspäne als Calciumnitrid gebunden.

In der Technik wird die Reindarstellung der Edelgase aus der Luft aufgrund der verschiedenen Siedepunkte durchgeführt.

Helium und Neon, die einen wesentlich niedrigeren Siedepunkt als Stickstoff haben, bleiben nach Verflüssigung des Stickstoffs im Restgas zurück; sie lassen sich durch Adsorption an tief gekühlter Aktivkohle und fraktionierte Desorption trennen, weil die Adsorption der Edelgase mit sinkendem Atomgewicht abnimmt. In den USA wird Helium in technischem Maßstab aus Erdgas gewonnen.

Krypton und Xenon sieden bei höheren Temperaturen als Sauerstoff und bleiben daher im flüssigen Sauerstoff gelöst. Nach einem von CLAUDE ausgearbeiteten Verfahren wird nur etwa ein zehntel Teil der Luft verflüssigt und mit diesem aus der restlichen, bis fast zum Taupunkt abgekühlten Luft Krypton und Xenon ausgewaschen. Man erhält einen an diesen beiden Edelgasen angereicherten flüssigen Sauerstoff, aus dem durch Rektifikation und Adsorption an Aktivkohle und anschließende fraktionierte Desorption schließlich reines Krypton und Xenon gewonnen werden. Bei dem sehr geringen Gehalt der Luft an diesen beiden Gasen ist eine rationelle Gewinnung nur in Großanlagen im Zusammenhang mit der Darstellung von flüssigem Sauerstoff rentabel.

Argon, das häufigste und technisch wichtigste Edelgas, liegt mit seinem Siedepunkt nur wenig unter dem des Sauerstoffs (− 183,0 °C). Nach dem Verfahren der Gesellschaft Linde wird bei der Rektifikation des flüssigen Sauerstoffs ein Sauerstoff-Argon-Stickstoff-Gemisch abgetrennt, und aus diesem durch weitere Rektifikation ein Rohgas mit 95 % Argon und 1 bis 3 % Sauerstoff gewonnen. Der Sauerstoff wird mit Wasserstoff in einem Kontaktverfahren vollständig entfernt. Aus dem sauerstofffreien, getrockneten Gas wird der restliche Stickstoff in einer weiteren Rektifikationssäule ausgeschieden. Man erhält schließlich ein Argon mit unter 0,01 Vol.-% Stickstoff.

Verwendung und Nachweis

Verwendung finden die Edelgase wegen ihrer leichten Ionisierung und des geringen Stromverbrauches in der Elektrotechnik für Glimmlampen und für Beleuchtungszwecke, ferner Argon und Krypton zur Füllung von Glühlampen. Argon wird im Laboratorium und vor allem in der Technik beim Schweißen als inertes Schutzgas benutzt.

Die technische Bedeutung des Heliums beruht auf seiner geringen Dichte und seiner Unbrennbarkeit, weshalb es als Traggas für Luftschiffe Verwendung gefunden hat.

Charakteristisch für Edelgase und zum Nachweis sehr geringer Mengen geeignet ist das Spektrum der in einer Geißlerröhre durch elektrische Entladungen zum Leuchten gebrachten Edelgase (siehe Spektra der Edelgase).

Helium

Schon früher hatte man die gelbe Heliumlinie im Spektrum der Sonnenprotuberanzen aufgefunden und danach das noch hypothetische Element benannt (ἥλιος ≙ Sonne) (JANSSEN, 1868, dann LOCKYER und FRANKLAND). Auch PALMIERI fand 1882 die Heliumlinie bei der spektroskopischen Untersuchung einer Lava aus dem Vesuv. Als dann RAMSAY und unabhängig von ihm CLEVE im Jahre 1895 das bis dahin für Stickstoff gehaltene Gas aus dem Mineral Cleveït untersuchten, fanden sie die zunächst ausgiebigste Quelle zur Darstellung von Helium.

Auch andere Uranmineralien, soweit sie primärer Abkunft und nicht zu sehr umgewandelt sind, enthalten Helium, weil dieses im Laufe des radioaktiven Zerfalls aus mehreren Uranabkömmlingen entsteht.

Bei Petrolia in Texas sowie in Ontario und Alberta strömen Gase mit z. B. 57 % Methan, 31 % Stickstoff, 10 % höheren Kohlenwasserstoffen, 0,93 % Helium und Spuren von Kohlendioxid und Sauerstoff aus der Erde. Mit Luftverflüssigungsapparaten unter Anwendung von Adsorptionskohle, die viel Sauerstoff und Stickstoff, aber nur verschwindende Mengen Helium adsorbiert, wird technisch reines Helium dargestellt.

Für das Arbeiten mit Helium ist es von Interesse, daß Helium, besonders bei erhöhter Temperatur und erhöhtem Druck, durch Glaswände diffundiert.

Zur Verflüssigung von Helium hat H. K. ONNES das Gas unter Kühlung mit flüssigem Wasserstoff bei − 258 °C auf 100 atm komprimiert und dann entspannt, wobei ein Teil als farblose, sehr leichte Flüssigkeit zurückblieb. Unter 2,2 °K geht das flüssige Helium in eine neue Modifikation, Helium II genannt, über, die sich bei Annäherung an den absoluten Nullpunkt wie eine völlig reibungsfreie *Supra-Flüssigkeit* verhält und eine ungewöhnlich hohe Wärmeleitfähigkeit besitzt.

Unter 3 Torr siedet das Helium bei − 271,5 °C, demnach nahe am absoluten Nullpunkt − 273,2 °C. Das Gebiet dieser Temperaturen beansprucht ein außerordentliches Interesse, weil hier manche Metalle, wie Quecksilber, Zinn, Blei, Indium, Thallium, Titan, Tantal, in einen *supraleitenden* Zustand gelangen, wo keine Joulesche Wärmeentwicklung mehr auftritt, so daß Ströme von 600 A widerstandslos durch Drähte von 1 mm Durchmesser geleitet werden. Man könnte so mit einer Drahtspule von 30 cm Durchmesser bei Heliumkühlung ein Magnetfeld von 100 000 Gauß herstellen. In einem Bleiring bleibt ein Induktionsstrom von 320 A (30 A auf 1 mm^2) stundenlang konstant.

Die Verwendung von Helium-Sauerstoffgemischen als Atemgas für Taucher bringt den Vorteil, daß sich Helium unter Druck viel weniger in Wasser aber auch im Blut löst als Stickstoff und beim Entlasten viel schneller entweicht, so daß die durch Schaumbildung infolge des Austritts von Stickstoff aus dem Blut bei raschem Aufstieg bewirkte Luftembolie (Taucherkrankheit) vermieden wird.

Auch Asthma- und Tuberkuloseleidenden ermöglicht das schneller diffundierende Helium-Sauerstoff-Gemisch ein leichteres Atmen als die atmosphärische Luft.

Weil das Heliumspektrum wegen der Schärfe und Stärke sowie wegen der gleichmäßigen Verteilung seiner Linien über das sichtbare Gebiet zur Einstellung von Spektralapparaten und als Vergleichsspektrum sich besonders gut eignet, seien die Wellenlängen hier aufgeführt: rot *7065*, *6678*, sehr hell leuchtend gelb *5876*, grün *5016*, *4922*, blau *4713*, indigoblau *4471*, *4386*, *4258*, violett *4012* und *3962* Å.

Neon, Argon, Krypton, Xenon und Radon

Das Neon und auch das Argon haben technische Bedeutung für Beleuchtungszwecke erlangt (OTTO SCHALLER und FRITZ SCHRÖTER, J. PINTSCH AG). In den mit Neon-Heliumgemisch unter 8...10 Torr gefüllten Glimmlampen geht schon unterhalb 220 V infolge des für diese Gase auffallend geringen Kathodenfalles die Entladung von einer großen Kathode zur nahen, kleinen Anode über, wobei nur das Kathodenglimmlicht auftritt. Solche Lampen eignen sich wegen ihres geringen Energieverbrauches sehr gut zu Signalzwecken, wobei man je nach der Form der Kathode der Leuchterscheinung beliebige Gestalt geben kann. Auch zum Gleichrichten von Wechselstrom eignet sich dieses Prinzip, weil der Strom nur in der Phase, in welcher die großflächige Elektrode Kathode ist, durchgelassen wird.

Kleine Geißlerröhrchen mit Neon-Heliumfüllung leuchten im elektrischen Wechselfeld auf und dienen zum Nachweis elektrischer Schwingungen. Hier kommt das hohe elektrische Leitvermögen der Edelgase zur Geltung, ebenso auch in der orangefarben leuchtenden Neonbogenlampe, die bei Verwendung einer Kathode aus Natriumamalgam schon mit 80 V betrieben werden kann.

Zu Reklamezwecken dienen die mit einigen 1000 V betriebenen orangerot leuchtenden Neonröhren und die neben Neon noch Argon und Quecksilberdampf enthaltenden blau leuchtenden Röhren.

Im Neonspektrum treten besonders viele orangegelbe Linien hervor.

Argon war das erste Edelgas, das zur industriellen Verwendung in der Glühlampenindustrie in technischem Maßstab gewonnen wurde. Es dient als inertes Gas zur Füllung der Glühlampen. Die Hauptmenge (95 % im Jahr 1965) des erzeugten Argons wird als Schutzgas bei der Lichtbogenschweißung verbraucht. Bei dem *Argonarc*-Verfahren wird Argon auf den zwischen einer Wolframelektrode und dem Werkstoff übergehenden Lichtbogen geblasen. Dieses Verfahren ermöglicht das Verschweißen von Nichteisenmetallen und hochlegierten Stählen ohne Flußmittel, verlangt aber ein Argon von hoher Reinheit („Schweißargon" mit bis zu 99,95 % Ar.).

Argon ist durch elektrische Spannungen ionisierbar und leitet dann den elektrischen Strom wesentlich besser als die zweiatomigen Gase. Je nach dem Druck, unter dem sich das Argon im Geißlerrohr befindet, und je nach der angelegten Spannung treten verschiedene Spektra hervor.

Bei sehr starker Verdünnung unter 1 Torr und hoher Spannung erscheint das „blaue Spektrum", bei etwa 3 Torr und geringerer Spannung das „rote Spektrum", oberhalb 100 Torr zeigt sich noch ein „weißes Spektrum". Höhere Spannung und größere freie Weglänge, entsprechend geringerem Druck, ergeben eine stärkere Beschleunigung der anregenden Elektronen. Damit verlagert sich die Anregung auf kürzere Wellenlängen. Das rote Spektrum wird dem angeregten Ar-Atom, das blaue dem Ar^+-Ion zugeschrieben.

Die Hauptlinien im roten Spektrum (siehe die Tafel) sind: orangegelb *6031*, blau *4703*, indigoblau *4272*, *4259*, violett *4201*, *4198*, *4192*, *4164*, *4159* Å. Im blauen Spektrum herrschen vor:

blau *4806, 4610*, indigoblau *4431, 4430, 4426, 4352, 4348, 4331, 4278, 4267*, violett *4228, 4104, 4072* Å.

Krypton und Xenon haben zunehmende Bedeutung gewonnen, da mit diesen Gasen die Argonfüllung der Glühlampen ersetzt wird. Als schwerere Gase behindern sie die Diffusion des vom Glühfaden austretenden Wolframdampfes an die Glühlampenwand, der sonst infolge des *Ludwig-Soret-Effektes* als das schwerere Gas im Temperaturgefälle bevorzugt an die kalte Glühlampenwand gelangt. So gestattet eine mit Xenon oder Krypton gefüllte Lampe eine höhere Belastung des Glühfadens und damit eine bessere Lichtausbeute aus der der Lampe zugeführten elektrischen Energie (PH. SIEDLER, 1938). Bei den mit Krypton gefüllten K-Lampen liegt die Lichtausbeute um 10 . . . 25 % höher als bei normalen Lampen. Xenon, das wegen seines hohen Atomgewichtes als Füllgas noch geeigneter als Krypton wäre, findet wegen seines hohen Preises z. Z. noch keine industrielle Verwendung.

Von den Linien des Kryptonspektrums fallen besonders eine orangegelbe *5871* und eine grüne *5570* Å auf. In dem mittels eines einfachen Funkens hervorgebrachten ersten Xenonspektrum herrschen die blauen, in dem durch sehr starke Funken erzeugten zweiten Spektrum herrschen die grünen Linien vor.

Radon entsteht aus Radium durch α-Zerfall. Es zerfällt selbst unter α-Strahlung mit einer Halbwertszeit von 3,8 Tagen. Es strahlt wegen seiner kurzen Halbwertszeit bei gleichem Gewicht sehr viel stärker als das reine Radium, dessen Halbwertszeit 1622 Jahre beträgt.

Radon findet sich weitverbreitet in den tieferen Erdschichten und gelangt von da aus mit Quellwässern an die Oberfläche sowie bei niederem Barometerstand in die Luft, der es durch Ionisation einen schwankenden Grad von elektrischem Leitvermögen verleiht. Die Radiumbäder, wie Bad Gastein und früher Oberschlema, verdanken ihren Ruf dem Gehalt der Quellen an Radon.

Radon löst sich leicht in fast allen Flüssigkeiten und wird von Aktivkohle bei niederer Temperatur quantitativ, bei + 15 °C nahezu vollständig adsorbiert.

Um das Radon vom Radium zu trennen, erhitzt man das Radiumsalz im Vakuum, oder man löst es in Wasser und saugt das Radon ab. Fällt man aus einer Lösung von Radiumbromid mittels Schwefelsäure das Radiumsulfat, so ist dieses zunächst frei von Radon und viel schwächer wirksam, erlangt aber bald seine ursprüngliche Strahlungsstärke wieder, weil das Radon neu entwickelt wird.

Flüssiges Radon ist an sich farblos, erregt aber das Glas durch seine radioaktive Strahlung zu lebhaft grüner Fluoreszenz.

Edelgasverbindungen

Als erste Edelgasverbindung erhielt BARTLETT 1962 aus Xenon und gasförmigem Platinhexafluorid ein gelbes bis rotes amorphes Produkt mit einer Zusammensetzung zwischen $XeF_2 \cdot PtF_4$ bis $XeF_2 \cdot PtF_4 \cdot PtF_6$. Kurz darauf gelang es im Argonne-Laboratorium in USA durch Abkühlen eines auf 400 °C erwärmten Xenon-Fluorgemisches auf − 78 °C *Xenontetrafluorid*, XeF_4, in farblosen Kristallen, Schmelzp. 114 °C, herzustellen. Zur gleichen Zeit erhielt R. HOPPE durch Funkenentladung in einem Xenon-Fluorgasgemisch bei − 78 °C *Xenondifluorid*, XeF_2, in farblosen, stark glitzernden Kristallen von charakteristischem Geruch, Sublimationsp. 120 °C. 1963 wurde im Argonne-Laboratorium *Xenonhexafluorid*, XeF_6 aus den Elementen bei erhöhter Temperatur unter 60—200 atm Druck erhalten. Die farblosen Kristalle schmelzen bei 46 °C zu einer hellgelben Flüssigkeit, Siedep. 87 °C. Der Dampf ist gelbgrün.

Diese drei Xenonfluoride sind thermodynamisch stabile Verbindungen, d. h. sie entstehen in exothermer Reaktion aus den Elementen. Die Bildungswärme z. B. für $XeF_{6\,(gas)}$ beträgt 79 kcal/Mol.

Die Existenz eines Oktafluorids ist noch nicht ganz gesichert.

Das XeF_2-Molekül besitzt lineare Struktur, XeF_4 ist eben und quadratisch gebaut mit einem Xe-F-Abstand von 1,95 Å.

Xenondifluorid und ebenso das Hexafluorid sind in wasserfreier Flußsäure löslich. Die Lösungen von XeF_6 wirken als starke Fluorierungsmittel und besitzen gute elektrische Leitfähigkeit, die wahrscheinlich auf das Vorhandensein von XeF_5^+- und HF_2^--Ionen zurückzuführen ist. Das Hexafluorid bildet mit Alkalifluoriden Doppelfluoride wie $RbXeF_7$ und Rb_2XeF_8.

Durch Wasser werden die Xenonfluoride zersetzt, und zwar XeF_2 unter Bildung von Xenon, Sauerstoff und Fluorwasserstoff, das Tetrafluorid dagegen unter Disproportionierung und Bildung von Xenon und einer Sauerstoffverbindung des Xe(VI), die auch bei der Hydrolyse von XeF_6 entsteht. Beim Eindampfen dieser Lösungen hinterbleibt farbloses, festes *Xenontrioxid*, XeO_3, das hoch explosiv ist. Die Hydrolyse von XeF_6 in alkalischem Medium führt unter Disproportionierung zu *Perxenaten* mit Xe(VIII), z. B. Na_4XeO_6 und K_4XeO_6 mit oktaedrischen $[XeO_6]^{4-}$-Ionen. Die Lösungen von XeO_3 und der Perxenate sind sehr starke Oxydationsmittel.

Mit 1 Mol Wasser reagiert XeF_6 zu *Xenonoxidtetrafluorid*, $XeOF_4$, einer farblosen Flüssigkeit, die bei $-28\,°C$ erstarrt. Auch die Verbindungen XeO_2F_2 und $XeOF_2$ konnten dargestellt werden.

Krypton bildet ein Difluorid, KrF_2, das bereits unter $0\,°C$ sublimiert, aber nur bei tiefen Temperaturen gegen einen Zerfall beständig ist.

Auch Radon reagiert mit Fluor, doch sind die Verbindungen bisher noch wenig untersucht worden.

Daß nur die höheren Edelgase Verbindungen bilden, beruht auf der in der Reihe vom Helium zum Radon zunehmend lockeren Bindung der äußersten Elektronen in den Atomen, wie dies auch aus dem Gang der Ionisierungsenergien in dieser Reihe deutlich hervorgeht, s. die Tabelle S. 90.

Das Periodische System der Elemente

Wir haben bei den Edelgasen eine Gruppe von Elementen kennengelernt, innerhalb derer eine auffallende Ähnlichkeit der Eigenschaften herrscht. Ähnliche Gruppen bilden auch die Elemente der Chalkogene Schwefel, Selen, Tellur und der Halogene Fluor, Chlor, Brom, Jod. Diese Gruppen treten überraschend deutlich hervor, wenn wir die gesamte Zahl der Elemente nach dem Atomgewicht ordnen.

Geschichte des Periodischen Systems

Bereits 1829 fand DÖBEREINER, daß in ihrem chemischen Verhalten übereinstimmende Elemente annähernd gleiche Differenzen ihrer Atomgewichte zeigen. Er stellte sie zu *Triaden* zusammen, z. B. Schwefel (32,1), Selen (79,0), Tellur (127,6) mit der Differenz von rund 47 Atomgewichtseinheiten; Chlor (35,5), Brom (79,9), Jod (126,9) mit rund 46 Differenz. Dies legte die Annahme nahe, daß ein innerer Zusammenhang zwischen den Eigenschaften der Elemente und ihren Atomgewichten besteht.

Daß dieser Zusammenhang periodischer Art sei, indem bei Anordnung der Elemente nach der Größe der Atomgewichte bestimmte Eigenschaften in gewissen Absätzen wiederkehren, zeigte NEWLANDS in seinem Gesetz der Oktaven (1864). Bald darauf (1869) gelang LOTHAR MEYER und MENDELEJEFF die auch in Einzelheiten befriedigende Einreihung der Elemente in das Periodische System.

Die periodische Anordnung der Elemente

Ordnet man die Elemente, mit Ausnahme von Wasserstoff, nach steigendem Atomgewicht in einer Reihe an, so beobachtet man eine gesetzmäßige Veränderung ihrer physikalischen und chemischen Eigenschaften, die jedoch an einer Stelle plötzlich abbricht. Die Eigenschaften des nächsten Elementes gleichen dann wieder denen des Ausgangselementes der Reihe. Dies wiederholt sich im ganzen fünfmal, so daß man die Gesamtzahl der Elemente, wenn man von den Lanthaniden (Seltenen Erden) absieht, in sechs Perioden anordnen kann (vgl. die folgende Tabelle).

Die Tabelle zeigt, daß zwei kurze Perioden von je acht Elementen und drei lange Perioden von je 18 Elementen (eingerechnet einige nicht in der Natur vorkommende) vorhanden sind. Die drei langen Perioden teilt man zweckmäßig wiederum in zwei Teile, zwischen denen jeweils drei sehr ähnliche Elemente, Fe—Co—Ni, Ru—Rh—Pd, Os—Ir—Pt, stehen. Man erhält dann die in der übernächsten Tabelle wiedergegebene Anordnung, in der die in ihrem chemischen Verhalten übereinstimmenden Elemente untereinander stehen. Der Teilung der langen Perioden ist dadurch Rechnung getragen, daß die Elemente in 8 Gruppen zusammengefaßt sind, die jede wieder in Neben- und Hauptgruppen geteilt sind. Die die 8. Hauptgruppe bildenden Edelgase werden in einer besonderen Gruppe, der 0. Gruppe, zusammengefaßt. Um Haupt- und Nebengruppen klar zu sondern, weicht die hier gewählte Anordnung etwas von der meist gebräuchlichen ab. Bei unserer Darstellung werden die unter den Elementen der beiden ersten Perioden stehenden Elemente als die der Hauptgruppe, die anderen als die der Nebengruppe bezeichnet.

Im Periodischen System zum Ausdruck kommende Gesetzmäßigkeiten

Die Wertigkeit der Elemente ändert sich gesetzmäßig im Verlauf der Horizontalreihen, sie bleibt im allgemeinen unverändert innerhalb einer Vertikalreihe oder Gruppe.

Die Elemente der nullten Gruppe, die Edelgase, sind nullwertig, d. h. sie haben keinerlei Neigung, sich mit anderen Elementen zu vereinigen, sie sind chemisch völlig indifferent.

Die Elemente der ersten Gruppe sind gegenüber den Halogenen, Wasserstoff und Sauerstoff einwertig, wie es aus den bekannten Verbindungstypen LiCl, LiH, Li_2O hervorgeht. Zu bemerken ist jedoch, daß in der Nebengruppe Kupfer gegenüber Sauerstoff und Halogenen ein- und zweiwertig, Gold ein- und dreiwertig auftreten kann.

Die Elemente der zweiten Gruppe sind zweiwertig, nur in der Nebengruppe tritt das Quecksilber in den Quecksilber(I)-verbindungen scheinbar einwertig auf, doch sind hier jeweils zwei Quecksilberatome miteinander verbunden, entsprechend der Formulierung ClHg—HgCl. In der dritten Gruppe befinden sich die überwiegend dreiwertigen Elemente. Doch lassen in der Hauptgruppe die beiden Chloride des Indiums, Indium(I)-chlorid, InCl, Indium(II)-chlorid, $InCl_2$, sowie das Thallium(I)-chlorid, TlCl, keinen Zweifel, daß diese Elemente auch anders als dreiwertig auftreten können.

Die Elemente der vierten Gruppe, besonders Kohlenstoff und Silicium, treten meist vierwertig auf, doch existieren auch Verbindungen, die sich zweifellos von dem zwei- und dreiwertigen Zustand ableiten, wie Zinn(II)- und Blei(II)-salze bzw. das Titan(III)-chlorid.

In der fünften Gruppe findet eine deutliche Scheidung der Wertigkeit gegenüber Wasserstoff und Sauerstoff statt. Gegenüber Wasserstoff treten die Elemente ausgesprochen dreiwertig, gegenüber Sauerstoff dagegen in der höchsten Oxydationsstufe fünfwertig

Periodisches System der Elemente — lange Form

Perioden	Hauptgruppen		Nebengruppen										Hauptgruppen					
	Ia	IIa	IIIb	IVb	Vb	VIb	VIIb	VIIIb			Ib	IIb	IIIa	IVa	Va	VIa	VIIa	VIIIa
1	1 H																	2 He
2	3 Li	4 Be											5 B	6 C	7 N	8 O	9 F	10 Ne
3	11 Na	12 Mg											13 Al	14 Si	15 P	16 S	17 Cl	18 Ar
4	19 K	20 Ca	21 Sc	22 Ti	23 V	24 Cr	25 Mn	26 Fe	27 Co	28 Ni	29 Cu	30 Zn	31 Ga	32 Ge	33 As	34 Se	35 Br	36 Kr
5	37 Rb	38 Sr	39 Y	40 Zr	41 Nb	42 Mo	43 Tc	44 Ru	45 Rh	46 Pd	47 Ag	48 Cd	49 In	50 Sn	51 Sb	52 Te	53 J	54 Xe
6	55 Cs	56 Ba	57 La und 58...71[1]	72 Hf	73 Ta	74 W	75 Re	76 Os	77 Ir	78 Pt	79 Au	80 Hg	81 Tl	82 Pb	83 Bi	84 Po	85 At	86 Rn
7	87 Fr	88 Ra	89 Ac und 90...103[2]															

[1]) Lanthaniden 58 Ce bis 71 Lu siehe folgende Tabelle.

[2]) Actiniden 90 Th bis 103 Lw siehe folgende Tabelle.

Periodisches System der Elemente

Die oberen ganzen Zahlen bedeuten die Ordnungsnummern der Elemente, die darunterstehenden geben die Atomgewichte an. Bedeutung der eckigen Klammern siehe Atomgewichtstabelle S. XI.

Perioden	0. Gruppe	1. Gruppe Nebengruppe	1. Gruppe Hauptgruppe	2. Gruppe Nebengruppe	2. Gruppe Hauptgruppe	3. Gruppe Nebengruppe	3. Gruppe Hauptgruppe	4. Gruppe Nebengruppe	4. Gruppe Hauptgruppe	5. Gruppe Nebengruppe	5. Gruppe Hauptgruppe	6. Gruppe Nebengruppe	6. Gruppe Hauptgruppe	7. Gruppe Nebengruppe	7. Gruppe Hauptgruppe	8. Gruppe	0. Gruppe
1		—	1 H 1,00797		—		—		—		—		—		—		2 He 4,0026
2	2 He 4,0026	—	3 Li 6,939	—	4 Be 9,0122		5 B 10,811		6 C 12,01115		7 N 14,0067		8 O 15,9994		9 F 18,9984		10 Ne 20,183
3	10 Ne 20,183		11 Na 22,9898		12 Mg 24,312		13 Al 26,9815		14 Si 28,086		15 P 30,9738		16 S 32,064		17 Cl 35,453		18 Ar 39,948
4	18 Ar 39,948	29 Cu 63,54	19 K 39,102	30 Zn 65,37	20 Ca 40,08	21 Sc 44,956	31 Ga 69,72	22 Ti 47,90	32 Ge 72,59	23 V 50,942	33 As 74,9216	24 Cr 51,996	34 Se 78,96	25 Mn 54,9381	35 Br 79,909	26 Fe 55,847 27 Co 58,9332 28 Ni 58,71	36 Kr 83,80
5	36 Kr 83,80	47 Ag 107,870	37 Rb 85,47	48 Cd 112,40	38 Sr 87,62	39 Y 88,905	49 In 114,82	40 Zr 91,22	50 Sn 118,69	41 Nb 92,906	51 Sb 121,75	42 Mo 95,94	52 Te 127,60	43 Tc [99]	53 J 126,9044	44 Ru 101,07 45 Rh 102,905 46 Pd 106,4	54 Xe 131,30
6	54 Xe 131,30	79 Au 196,967	55 Cs 132,905	80 Hg 200,59	56 Ba 137,34	57 La…71 Lanthaniden ¹) 138,91	81 Tl 204,37	72 Hf 178,49	82 Pb 207,19	73 Ta 180,948	83 Bi 208,980	74 W 183,85	84 Po 210	75 Re 186,2	85 At [210]	76 Os 190,2 77 Ir 192,2 78 Pt 195,09	86 Rn 222
7	86 Rn 222		87 Fr [223]		88 Ra 226,05	89 Ac 90…103 Actiniden ²) 227											

¹) Lanthaniden:

58 Ce 140,12	59 Pr 140,907	60 Nd 144,24	61 Pm [147]	62 Sm 150,35	63 Eu 151,96	64 Gd 157,25	65 Tb 158,924	66 Dy 162,50	67 Ho 164,930	68 Er 167,26	69 Tm 168,934	70 Yb 173,04	71 Lu 174,97

²) Actiniden:

90 Th 232,038	91 Pa 231	92 U 238,03	93 Np [237]	94 Pu [239]	95 Am [241]	96 Cm [242]	97 Bk [247]	98 Cf [249]	99 Es [252]	100 Fm [253]	101 Md [256]	102 No	103 Lw

auf, wie es aus den Verbindungen NH_3, PH_3, AsH_3, SbH_3, und N_2O_5, P_2O_5, As_2O_5, Sb_2O_5, V_2O_5, Nb_2O_5, Ta_2O_5 deutlich hervorgeht. Die Fünfwertigkeit in der höchsten Oxydationsstufe gilt auch gegenüber Halogenen, z. B. in PCl_5, $SbCl_5$.

Die Scheidung der Wertigkeit setzt sich in der sechsten Gruppe in demselben Sinne fort. Gegenüber Wasserstoff sind die Elemente zweiwertig, gegenüber Sauerstoff höchstens sechswertig, gemäß den Typen: H_2S, H_2Se, H_2Te und SO_3, SeO_3, TeO_3, CrO_3, MoO_3, WO_3. Bemerkenswert für den Beweis der Sechswertigkeit des Schwefels ist das Schwefelhexafluorid, SF_6.

Die Elemente der siebenten Gruppe sind gegen Wasserstoff einwertig, gegen Sauerstoff maximal siebenwertig, wie aus folgenden Verbindungen hervorgeht: HF, HCl, HBr, HJ, Cl_2O_7, J_2O_7, Mn_2O_7.

Die Elemente der achten Gruppe bilden mit Wasserstoff wohl Legierungen und Adsorptionsverbindungen, aber keine Hydride im chemischen Sinne. Dagegen können einige gegenüber Sauerstoff die höchste überhaupt bekannte Wertigkeit = 8 entfalten, wie aus den Tetroxiden OsO_4 und RuO_4 hervorgeht.

Auch die Fähigkeit, leicht flüchtige Hydride zu bilden, hängt von der Stellung der Elemente im Periodischen System ab: Alle Elemente der 4., 5., 6., 7. Gruppe, soweit sie der betreffenden Hauptgruppe angehören, geben bei Zimmertemperatur gasförmige Wasserstoffverbindungen, wie dies die folgende Übersicht zeigt:

4.	5.	6.	7. Gruppe
$C(H_4)$	$N(H_3)$	$O(H_2)$	$F(H)$
Si	P	S	Cl
Ge	As	Se	Br
Sn	Sb	Te	J
Pb	Bi	Po	—

Für Sn, Pb, Bi, Po wurde die Bildung solcher Hydride von F. Paneth nachgewiesen, bei den anderen Elementen ist sie längst bekannt. Alle diese Elemente stehen 1 ... 4 Stellen im System vor einem Edelgas, was im Zusammenhang mit der Valenztheorie von Kossel (siehe bei chemischer Bindung) Bedeutung gewinnen wird.

Bei dem Bor und dem Gallium greift die besprochene Fähigkeit auch nach der dritten Gruppe über. Die Hydride der Alkali- und Erdalkalimetalle gehören zu einem anderen Typus, denn in ihnen wirkt der Wasserstoff nach Art eines Halogens als negatives Ion (siehe bei Lithiumhydrid).

Metallischen Charakter haben die Lösungen von Wasserstoff in Ti, Nb, Ta, Fe, Ni, Co, Pt, Pd.

Außer den angeführten Gesetzmäßigkeiten ergeben sich aus dem Periodischen System noch manche andere, z. B. steht die Kristallform analog zusammengesetzter Verbindungen im Zusammenhang mit den Vertikalreihen, endlich auch der Schmelzpunkt der Elemente, die Bildungswärme der Oxide und Chloride, u. a. m.

Die Bedeutung des Periodischen Systems

Der Hauptwert des Periodischen Systems liegt ohne Zweifel in der Möglichkeit, bei weitem die meisten Elemente, die wichtigen ausnahmslos, nach ihrem chemischen und physikalischen Verhalten zu ordnen, wie dies auch in der Reihenfolge, nach der in diesem Buche die Elemente behandelt werden, zum Ausdruck kommt. Auch verdankt man dem System eine Anzahl bedeutender Einzelentdeckungen, geleitet von Analogieschlüssen, die sich aus dieser Zusammenstellung der Elemente ergeben.

Von besonderer Wichtigkeit waren die zur Zeit der Entdeckung noch vorhandenen Lücken im Periodischen System, die nicht nur die Existenz unbekannter Elemente vermuten ließen, sondern auch eine Vorherbestimmung der physikalischen und chemischen Eigenschaften ihrer selbst und ihrer Verbindungen oft bis in die Einzelheiten ermöglichten, da diese sich annähernd aus den Eigenschaften der Nachbarelemente in den Vertikal- und Horizontalreihen interpolieren lassen.

So hatte bereits MENDELEJEFF die Existenz eines Homologen des Siliciums, von ihm Ekasilicium genannt, vorhergesagt, das in der Tat später von CLEMENS WINKLER entdeckt und Germanium genannt wurde. Die Übereinstimmung der gefundenen und der vorausgesagten Eigenschaften war verblüffend. Ebenso fand die Vorhersage der Elemente Ekabor und Ekaaluminium in der Entdeckung des Scandiums und Galliums eine glänzende Bestätigung. Zu den letzten Elementen, die in der Natur aufgefunden wurden, gehören das Hafnium (G. v. HEVESY und COSTER, 1922), das das Homologe des Zirkoniums ist, und das Rhenium (I. und W. NODDACK, 1925), das Homologe des Mangans.

Unbefriedigend ist das Periodische System in der vorliegenden Form zunächst deshalb, weil viele von den Elementen der Lanthaniden darin nicht untergebracht werden können; denn außer Scandium, Yttrium, Lanthan gibt es noch Cer, Praseodym, Neodym, Promethium, Samarium, Europium, Gadolinium, Terbium, Dysprosium, Holmium, Erbium, Thulium, Ytterbium, Lutetium, die ihren Eigenschaften nach in die dritte Gruppe gehören, in der aber nur Platz für ein Element, das Lanthan, ist. Im Widerspruch mit dem Leitgedanken des Periodischen Systems der Elemente stehen die später zu besprechenden radioaktiven Elemente, nicht allein wegen ihrer großen Zahl, sondern vielmehr noch deshalb, weil sich dort die Erscheinung zeigt, daß Elemente von analytisch-chemisch völlig gleichen Eigenschaften verschiedene Atomgewichte besitzen. An derselben Stelle, wo man Blei einreiht, müßte man sieben Elemente unterbringen, bei Polonium sechs usw.

Vor allem aber zeigt Tellur, obwohl es als Homologes von Selen nach seinen Eigenschaften gelten muß, ein höheres Atomgewicht als das darauffolgende Jod der siebenten Gruppe. Desgleichen steht Argon als Edelgas vor dem Kalium, obwohl es seinem Atomgewicht nach hinter diesem bei Calcium Platz finden müßte. Auch bei Kobalt und Nickel entspricht das Atomgewicht nicht der chemischen Reihenfolge.

Der Grund für die Unvollkommenheit des Periodischen Systems jeglicher Anordnung liegt darin, daß die Atomgewichte nicht primäre, ursprüngliche Konstanten sind, sondern durch eine andere Fundamentalgröße ersetzt werden müssen.

Atommodell von Rutherford

Kernladungszahl

Die Ionenlehre hat den Nachweis erbracht, daß bei chemischen Reaktionen aus den neutralen Atomen oder Molekülen elektrisch geladene Ionen entstehen können.

Es gelang auch, durch hohe elektrische Spannungen verdünnte Gase in Bestandteile verschiedener elektrischer Ladung zu zerlegen, und zwar in positiv geladene Ionen oder Molekülreste (Kanalstrahlen) und in negative Teilchen sehr kleiner Masse (Kathodenstrahlen), die sich als die Elementarteilchen der negativen Elektrizität erwiesen, als die *Elektronen*. Ein Elektron trägt dieselbe negative elektrische Elementarladung von $1{,}602 \cdot 10^{-19}$ Coulomb wie ein einzelnes, einfach negativ geladenes Ion.

LENARD hat gezeigt, daß die Kathodenstrahlen durch kompakte Metalle hindurchfliegen. Man fand weiter, daß die α-Strahlen radioaktiver Stoffe, die zweifach positiv geladene

Helium-Ionen sind, feste Körper auf Entfernungen durchdringen können, die das 100 000-fache eines Atomdurchmessers betragen. Es mußte also auch in den festen Körpern noch sehr viel freier Raum vorhanden sein. Auf Grund des genauen Studiums der Bahnen dieser α-Strahlen in Gasen und festen Körpern entwarf RUTHERFORD (1911) das erste Modell für den Aufbau der Atome.

Jedes Atom besitzt einen äußerst kleinen, elektrisch positiven Kern, der praktisch die gesamte Masse trägt. Der Durchmesser dieses Kerns ist kleiner als 10^{-12} cm. Um diesen Kern kreisen in Abständen von der Größenordnung von 10^{-8} cm negative Elektronen, ähnlich wie die Planeten um die Sonne. Dabei hält die Zentrifugalkraft der Elektronen gerade der Anziehung durch die Coulombschen Kräfte zwischen dem positiven Kern und den Elektronen die Waage.

Die Zahl der Elektronen beträgt bei dem leichtesten Atom, beim Wasserstoff, 1. Dem *einen* Elektron entspricht *eine* positive Elementarladung des Kerns. Das Heliumatom besitzt zwei Elektronen und entsprechend eine Kernladung von zwei positiven Einheiten. Das Lithiumatom besitzt drei Elektronen und einen Atomkern mit drei positiven Ladungen, usf., bis schließlich im Atom des Urans 92 Elektronen den Kern umgeben.

Der Atomkern bleibt bei allen chemischen Reaktionen unverändert. Diese verändern nur die Zahl und Anordnung der Elektronen. So entstehen positive Ionen durch Abgabe von Elektronen, negative Ionen durch Aufnahme von Elektronen. Im einzelnen sind die chemischen Eigenschaften der Elemente und der Verbindungen durch die Anordnung der Elektronen in den Atomen bzw. in den Molekülen bedingt.

Da die Zahl der Elektronen im Atom durch die Zahl der positiven Ladungen des Kernes gegeben ist und da nur die letztere bei der Ionenbildung und allen anderen chemischen Reaktionen unverändert bleibt, bestimmt diese die Reihenfolge der Elemente im Periodischen System. Sie stimmt überein mit der Platznummer des Elements, der Ordnungszahl, und wird *Kernladungszahl* genannt. Sie beträgt bei Wasserstoff 1, bei Helium 2, bei Lithium 3 usf.

Diese Kernladungszahl läßt sich aus den Röntgenspektren der Elemente messen. So läßt sich beweisen, daß im Periodischen System entgegen dem Atomgewicht Kalium hinter Argon, Jod hinter Tellur und Nickel hinter Kobalt anzuordnen sind.

Die Kernladung bestimmt den Platz jedes Elementes im Periodischen System.

Isotope

Das Gewicht eines Elektrons beträgt nur $^1/_{1850}$ eines Wasserstoffatoms. Das Gewicht eines Atoms wird also praktisch durch die Masse des Kernes bestimmt. Diese wieder hat keinen unmittelbaren Einfluß auf die chemischen Eigenschaften eines Elementes.

Die radioaktiven Elemente lassen erkennen, daß Elemente mit genau gleichen chemischen Eigenschaften verschiedene Atomgewichte besitzen, also bei gleicher Zahl der Kernladung und der Elektronen verschieden schwere Kerne enthalten können. Solche Elemente mit gleicher Kernladung, aber verschiedenem Atomgewicht nennt man *Isotope* (ἴσος τόπος ≙ gleicher Ort), weil sie an der gleichen Stelle des Periodischen Systems untergebracht werden müssen (F. SODDY).

Wie am Schluß des Buches näher besprochen wird, hat sich gezeigt, daß auch die nicht radioaktiven Elemente vielfach aus mehreren Isotopen mit verschiedenem Atomgewicht bestehen. Doch betragen die Unterschiede im Atomgewicht der Isotopen eines Elementes nur wenige Atomgewichtseinheiten. Dies und die Übereinstimmung in den chemischen

Eigenschaften bewirkt, daß unter normalen Umständen keine Trennung der Isotope erfolgt und die Elemente einheitlich erscheinen. Nur bei Wasserstoff ist der Unterschied zwischen dem in der Häufigkeit überwiegenden Isotop mit dem Atomgewicht 1 gegenüber dem zu 0,02 % beigemengten Isotop mit dem Atomgewicht 2 so beträchtlich, daß auch die Eigenschaften beträchtlich differieren und man dem *schweren Wasserstoff* den besonderen Namen *Deuterium* gegeben hat.

Die Bestimmung der Atomgewichte der reinen Isotope hat ergeben, daß diese stets nahezu ganze Zahlen sind. Z. B. ergibt sich das nicht ganzzahlige Atomgewicht des Chlors mit rund 35,5 daraus, daß das Element aus zwei Isotopen mit den Atomgewichten 35,0 und 37,0 im Verhältnis 3 : 1 gemischt ist. Diese Ganzzahligkeit der Atomgewichte beruht darauf, daß die Kerne der Atome aus Bausteinen zusammengesetzt sind, die nahezu das Gewicht des Wasserstoffatoms besitzen. Diese Bausteine sind die Kerne der Wasserstoffatome, auch *Protonen* genannt, und ungeladene Teilchen der gleichen Masse, die *Neutronen*. (Näheres am Schluß des Buches.)

Bildung der Ionen

Aus dem Atommodell von RUTHERFORD konnten wir folgern, daß die Ionen aus den Atomen durch Abgabe oder Aufnahme von Elektronen entstehen. Dabei entsteht ein einfach positiv geladenes Kation durch Abgabe eines Elektrons, ein zweifach positives Kation durch Abgabe von zwei Elektronen, ein einfach negativ geladenes Anion durch Aufnahme eines Elektrons usw. *Die Zahl der abgegebenen oder aufgenommenen Elektronen ergibt die Ladung der Ionen und damit ihre Ionenwertigkeit.*

Blicken wir nun auf das Periodische System, so fällt dort als Besonderheit die Gruppe der Edelgase auf. Diese Elemente bilden keine Verbindungen, ja nicht einmal Moleküle. Die Elektronenhülle ihrer Atome ist jeder Veränderung abgeneigt und also besonders stabil.

Andererseits gilt für die Gruppe der Halogene Fluor, Chlor, Brom, Jod, die alle eine Stelle vor einem Edelgas stehen, daß diese Elemente bevorzugt negative Ionen mit einer Ladung bilden. Dabei gewinnt offenbar das Halogen-Ion durch die Aufnahme eines Elektrons die Elektronenzahl des nachfolgenden Edelgases. Die Alkalielemente Lithium, Natrium, Kalium, Rubidium und Cäsium stehen eine Stelle hinter den Edelgasen. Sie bilden stets einfach positiv geladene Ionen. Da sie dabei jeweils ein Elektron abgeben, gewinnen auch sie dabei die Elektronenzahl eines Edelgases. Ebenso gewinnen die Atome der Erdalkalielemente, wenn sie zweifach positiv geladene Ionen bilden, dabei die Elektronenzahl der Edelgase. Auch die dreifach geladenen Ionen des Aluminiums und der homologen Elemente der dritten Gruppe des Periodischen Systems haben die Elektronenzahl eines Edelgases. Entsprechendes gilt für die zweifach negativ geladenen Ionen des Sauerstoffs und Schwefels in den Oxiden und Sulfiden.

Allgemein gilt, daß die höchste positive oder negative Ladung der Ionen eines Elementes, das kurz hinter bzw. vor einem Edelgas steht, dadurch bestimmt ist, wieviel Elektronen es mehr oder weniger als das nächste Edelgas hat. Bei der Ionenbildung können nie mehr Elektronen abgegeben oder aufgenommen werden, als der Differenz im Elektronengehalt zu dem nächsten Edelgas entspricht.

Wie BOHR und KOSSEL (1913 bis 1923) zeigten, sind bei den Atomen der höheren Elemente die zahlreichen Elektronen auf mehrere konzentrisch angeordnete „Schalen" verteilt. Diese Schalen sind jeweils bei den Edelgasen voll besetzt, die erste bei Helium mit zwei Elektronen, die zweite bei Neon mit acht Elektronen usf. Bei der Bildung von Ionen und Verbindungen reagieren immer nur die äußersten Elektronen, die außerhalb der letzten abgeschlossenen Edelgasschale sich befinden, siehe das Kapitel „Bau der Atome".

Die Bildung positiver Ionen erfolgt dann besonders leicht, wenn das Element im Periodischen System kurz hinter einem Edelgas steht, so daß die Atome durch die Abgabe weniger Elektronen in Ionen mit der Elektronenkonfiguration des Edelgases übergehen können. Darum sind die Alkalimetalle die reaktionsfähigsten kationenbildenden Elemente.

Die Ionenbildung erfolgt um so schwerer, je mehr Elektronen bis zur Edelgaskonfiguration abgegeben werden müssen. So ist das Aluminium weniger reaktionsfähig als das Magnesium und dieses weniger reaktionsfähig als das Natrium.

Bei den Elementen einer Gruppe, die kurz hinter einem Edelgas steht, ist die Bindung der äußersten Elektronen um so lockerer, je größer das Atom ist bzw. je höher seine Ordnungszahl ist. So erfolgt die Bildung der Ionen zunehmend leichter vom Lithium zum Cäsium und vom Beryllium zum Barium: der unedle Charakter nimmt zu.

Bei den Elementen, die sehr weit hinter einem Edelgas stehen, Zink bis Brom, Cadmium bis Jod und Quecksilber bis Polonium, tritt an die Stelle der Edelgase eine neue Grenze für die Höchstladung der positiven Ionen. Sie wird bestimmt durch die Zahl der Elektronen, die abgegeben werden können, bis die Elektronenzahl des Cu^+-, Ag^+- oder Au^+-Ions erreicht ist.

Negative Ionen werden nur gebildet, wenn das Atom kurz vor einem Edelgas steht, so daß es durch Aufnahme von wenigen Elektronen ein Ion mit Edelgaskonfiguration bilden kann.

Die aufgenommenen Elektronen können um so fester gebunden werden, je kleiner das Ion und je niedriger seine Ladung sind. Daher sinkt die Beständigkeit vom F^- zum J^-, vom O^{2-} zum S^{2-}, Se^{2-} und Te^{2-} sowie vom Cl^- zum S^{2-} und P^{3-}.

Die Gestalt der Ionen darf man sich als die einer Kugel vorstellen. Diese Kugeln sind um so größer, je mehr Elektronenschalen in ihnen besetzt sind. Bei gleicher Elektronenzahl sind sie um so kleiner, je höher die Kernladung ist, die die Elektronenschalen nach dem Mittelpunkt zusammenzieht. Aus diesem Grunde sind die Kationen fast alle kleiner als die Anionen.

Oxydation und Reduktion als Elektronenübergang bei Ionenverbindungen

Die Bindung von Sauerstoff nannten wir Oxydation, die Wegnahme von Sauerstoff oder die Bindung von Wasserstoff Reduktion. Betrachten wir diese Vorgänge vom Standpunkt der Ionen, so sehen wir, da der Sauerstoff stets als zweifach negativ geladenes Ion in die Verbindungen eintritt, daß ein Ion um so mehr Sauerstoff binden kann, je höhere positive Ladung es gewonnen hat, d. h. je mehr Elektronen es abgegeben hat. Wenn z. B. das Kupfer sich mit Sauerstoff zum Kupferoxid oxydiert, gibt jedes Kupferatom dabei 2 Elektronen ab und bildet das zweifach positiv geladene Cu^{2+}-Ion, das dann ein O^{2-}-Ion zu Kupferoxid, $Cu^{2+}O^{2-}$, oder einfach CuO, aufnimmt.

Eine Ausnahme bilden die Peroxide und die Peroxoverbindungen, die sich vom H_2O_2 ableiten, in dem das O_2^{2-}-Ion als Ganzes nur zwei negative Ladungen trägt.

Wird das Kupferoxid mit Wasserstoff nach: $CuO + H_2 = Cu + H_2O$ zu Kupfer reduziert, so nimmt dabei das Cu^{2+}-Ion wieder 2 Elektronen auf und bildet das metallische Kupfer zurück. Das Reduktionsmittel, der Wasserstoff, H_2, liefert dabei diese beiden Elektronen und geht unter Oxydation in die zwei H^+-Ionen des H_2O-Moleküls über.

Oxydations- und Reduktionsvorgänge, die unter Beteiligung von Ionen verlaufen, sind also miteinander durch einen Übergang von Elektronen zwischen den reagierenden Stoffen verbunden, und man kann allgemein sagen:

Der Stoff, der oxydiert wird — das ist das Reduktionsmittel —, gibt Elektronen ab, und der Stoff, der reduziert wird — das ist das Oxydationsmittel —, nimmt Elektronen auf.

Oder mit anderen Worten:

Bei Ionen bedeutet Oxydation Zunahme der positiven bzw. Abnahme der negativen Ladung, und umgekehrt Reduktion Abnahme der positiven bzw. Zunahme der negativen Ladung.

Diese Definition reicht weiter, denn sie umfaßt z. B. auch die Vorgänge, an denen weder Sauerstoff noch Wasserstoff beteiligt sind.

So wird das Natrium zum Na^+-Ion oxydiert, auch wenn es sich mit Chlor verbindet, das dabei zum Cl^--Ion reduziert wird.

Ebenso wird das Eisen, wenn es statt mit Sauerstoff, mit Chlor verbrennt und dabei das Eisen(III)-chlorid, $FeCl_3$, bildet, oxydiert, denn jedes Eisenatom gibt drei Elektronen an drei Chloratome ab nach:

$$\begin{array}{ll} 2\,Fe & = 2\,Fe^{3+} + 6\,\ominus \quad (\ominus \triangleq 1\ \text{Elektron}) \\ 3\,Cl_2 + 6\,\ominus & = 6\,Cl^- \\ \hline 2\,Fe + 3\,Cl_2 & = 3\,FeCl_3 \end{array}$$

Auch die Auflösung eines Metalls in einer Säure ist eine Oxydations-Reduktionsreaktion (Redoxreaktion):

$$Zn + 2\,H^+ = Zn^{2+} + H_2$$

Das Metall wird zum positiven Ion oxydiert, das Wasserstoff-Ion zum elementaren Wasserstoff reduziert.

Aus der oben gegebenen Definition ergibt sich für die Formulierung von Oxydations- und Reduktionsreaktionen[1]), an denen Ionen beteiligt sind, die wichtige Forderung, daß die Summe der positiven und negativen Ladungen auf beiden Seiten der Gleichung stets gleich sein muß.

Stickstoff, N

Atomgewicht	14,0067
Schmelzpunkt	−210 °C
Siedepunkt (Temperaturfixpunkt)	−195,8 °C
Kritische Temperatur	−147 °C
Kritischer Druck	33,5 atm
Dichte des flüssigen Stickstoffs bei −195 °C	0,791 g/ml
Dichte des flüssigen Stickstoffs bei −200 °C	0,86 g/ml
Dichte des festen Stickstoffs bei −252,5 °C	1,026 g/cm³
Gewicht von 1 l gasförmigen Stickstoff bei 0 °C und 760 Torr	1,2505 g

---

[1]) Vgl. dazu auch S. 217 und den Abschnitt „Redoxpotentiale" bei Spannungsreihe.

Vorkommen

Der Stickstoff, N,[1]) ist zwar auf der uns zugänglichen Erdoberfläche einschließlich der Luft relativ schwach, nämlich mit nur 0,03 % vertreten, doch stehen, absolut genommen, gewaltige Vorräte dieses Elementes zur Verfügung, da die Luft zu $^4/_5$ ihres Volumens (78 Vol.-%) aus diesem Gas besteht. Ein viel kleinerer Teil findet sich gebunden im Salpeter, dem Kaliumnitrat, KNO_3, bzw. dem Natriumnitrat, $NaNO_3$, im Ammoniak, NH_3, sowie in den Eiweißarten der pflanzlichen und der tierischen Organismen. Ferner ist Stickstoff in Form von Nitriden im Granit gefunden worden, und schließlich bringen die vulkanischen Exhalationen dieses Element aus tieferen Erdschichten an die Oberfläche.

Bedeutung des Stickstoffs im Tier- und Pflanzenreich

Alleiniger Träger alles Lebens sind die chemischen Verbindungen des Eiweiß und der Nukleinsäuren. Sie enthalten neben Kohlenstoff, Sauerstoff und Wasserstoff stets Stickstoff.

Das Eiweiß wird in den Pflanzen aufgebaut. Sie nehmen den Stickstoff dazu aus Verbindungen, wie den Nitraten oder dem Ammoniak, und zum Teil auch mit Hilfe von Bakterien aus der Luft. Aus den Pflanzen gewinnen alle Tiere — die Pflanzenfresser unmittelbar — das Eiweiß, aus dem Fleisch, Haut, Haare, Horn und Sehnen bestehen. Der Abbau der pflanzlichen und tierischen Substanz sowie die Verwesung führen wieder zu Stickstoffverbindungen, die die Pflanzen erneut aufnehmen. Im Stalldünger werden tierische Abbauprodukte gesammelt, um sie der Pflanze wieder zuzuführen.

J. VON LIEBIG (1840) erkannte, daß für eine intensive Landwirtschaft dem Boden noch zusätzliche Stickstoffverbindungen zugegeben werden müssen. Sie werden als *künstliche Düngemittel* in Form von Nitraten oder Ammoniakverbindungen von der Industrie hergestellt. Durch künstliche Düngung ergänzt man noch andere von den Pflanzen benötigte anorganische Aufbaustoffe. Dies sind vor allem Kalisalze und Phosphate. Zur Erhaltung einer gesunden Struktur des Bodens wird dazu noch Kalk gegeben. Diese Stoffe entstehen in sich selbst überlassenen Böden allmählich durch die Verwitterung von Feldspaten, Glimmer, Apatit, Kalkspat und anderen Mineralen. Diese Nachlieferung aus der Verwitterung reicht aber nicht aus, wenn man Jahr für Jahr hohe Ernteerträge erzielen will. Durch die künstliche Düngung sind die Erträge des Bodens in Deutschland in den letzten 100 Jahren um mehr als die Hälfte gesteigert worden. Die Herstellung von Düngemitteln ist darum ein großer und wichtiger Zweig der chemischen Industrie geworden. Die Hauptmenge der Produktion an Stickstoffverbindungen dient im Frieden für die Herstellung von Düngemitteln.

In Spuren brauchen die Pflanzen außerdem noch Verbindungen von Kupfer, Bor, Mangan und Zink. Doch ist hier nur in Ausnahmefällen eine zusätzliche Versorgung des Bodens nötig.

Darstellung

Entzieht man der Luft den Sauerstoff mittels Phosphor, Kohle, Kupfer oder anderen oxydierbaren Stoffen, so bleibt ein Gas, das sowohl die Verbrennung als auch die Atmung nicht mehr unterhalten kann und deshalb Stickgas, Stickstoff (französisch: Azote) genannt wurde.

---

[1]) von Nitrogen ≙ Salpeterbildner.

Dieses Gas ist aber nicht der reine elementare Stickstoff, wie man bis 1893 allgemein annahm. RAYLEIGH fand, daß 1 l dieses Luftstickstoffs 1,2572 g, 1 l reiner, aus chemischen Verbindungen gewonnener Stickstoff aber nur 1,2506 g wiegt. Gemeinsam mit RAMSAY fand er, daß dieser Unterschied auf der Anwesenheit von spezifisch schweren Gasen, besonders Argon beruht (siehe S. 93).

Für weitaus die meisten, besonders für alle technischen Zwecke, hindern aber diese Beimengungen die Verwendung des Stickstoffs nicht, weil sie sich nicht an den chemischen Reaktionen beteiligen.

In der Technik gewinnt man Stickstoff durch Fraktionierung der flüssigen Luft, wobei der Stickstoff wegen seines tieferen Siedepunktes zuerst verdampft. Er wird in Stahlflaschen (Bomben) unter einem Druck von 150 atm in den Handel gebracht. Um die letzten Sauerstoffspuren aus diesem „Bombenstickstoff" zu entfernen, leitet man das Gas über erhitztes, fein verteiltes („aktives") Kupfer oder Eisen oder durch eine alkalische Pyrogallollösung.

Chemisch reinen Stickstoff erhält man durch Zersetzung von Stickstoffverbindungen, z. B. von Ammoniumnitrit.

Hierzu übergießt man in einem 2-l-Kolben (Abb. 25) 70 g festes Natriumnitrit mit einer lauwarmen Lösung von 200 g Ammoniumsulfat und 5 ml Ammoniakwasser in 600 ml Wasser, erwärmt gering und wäscht das entwickelte Gas mit einer Lösung von Kaliumdichromat in 10%iger Schwefelsäure.

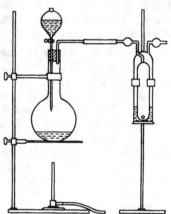

Abb. 25. Versuchsanordnung zur Darstellung von Stickstoff aus Natriumnitrit- und Ammoniumsulfatlösung

Hierbei entsteht aus dem Ammoniumsulfat und dem Natriumnitrit nach der Gleichung

$$(NH_4)_2SO_4 + 2\,NaNO_2 \;=\; Na_2SO_4 + 2\,NH_4NO_2$$

Natriumsulfat und Ammoniumnitrit. Letzteres zerfällt nach der Gleichung:

$$NH_4NO_2 \;=\; N_2 + 2\,H_2O$$

mit einer Geschwindigkeit, die man unter den oben gegebenen Bedingungen mit der Temperatur ziemlich gut regulieren kann.

Zur vollständigen Überführung von Nitrit in Stickstoff muß das Ammoniumsalz in großem Überschuß vorhanden sein (W. STRECKER).

Die zahlreichen anderen Möglichkeiten, den Stickstoff aus seinen Verbindungen freizumachen, sollen erst später besprochen werden.

Eigenschaften

Der Stickstoff ist ein farb-, geruch- und geschmackloses Gas. Er löst sich in Wasser geringer als der Sauerstoff (1 l Wasser von 0 °C lösen 23 ml Stickstoff). Reichlicher als Wasser absorbiert das Blut den Stickstoff, wobei der Stickstoff vom Hämoglobin locker gebunden wird (J. B. CONANT).

Der Stickstoff unterhält die Atmung ebensowenig wie die Verbrennung. Tiere ersticken in dem Gas, aber nicht deshalb, weil der Stickstoff schädlich wirkt, sondern weil der zum Lebensprozeß erforderliche Sauerstoff fehlt.

Bei −196 °C wird der Stickstoff flüssig. Um auf diese Temperatur zu kommen, kann man Stickstoff mit flüssiger Luft kühlen, die sich bei rascher Verdampfung durch Absaugen bis auf Temperaturen unter −200 °C bringen läßt. Der flüssige Stickstoff gefriert bei −210 °C. Um dies zu erreichen, kann man flüssigen Stickstoff in einem Dewargefäß unter vermindertem Druck rasch verdampfen lassen.

Stickstoff zeigt unter verminderten Druck in der Geißlerröhre ein aus sehr zahlreichen Linien bestehendes Bandenspektrum (siehe die Spektraltafeln am Ende des Buches).

Der gasförmige Stickstoff ist, wie aus seiner Darstellung als Rückstand der Luft bei den Prozessen der Verbrennung und der Atmung folgt, eine chemisch sehr träge Substanz, die wir im Laboratorium bei gewöhnlicher Temperatur mit keinem Element verbinden können. Wohl aber können niedere Organismen, die sich in den Wurzelknöllchen von Leguminosen, wie Lathyrus, Lupinus, Serradella, befinden, den Stickstoff der Luft assimilieren, d. h. sie vermögen ihn in organische Stickstoffverbindungen überzuführen (HELLRIEGEL, 1886). Deshalb pflanzt man auf Sandböden, die keine Stickstoffverbindungen enthalten, zunächst Lupinen und verwendet sie nach beendetem Wachstum durch Unterpflügen als stickstoffhaltigen Dünger für spätere Anpflanzungen von Nutzgewächsen (Gründüngung).

Die Trägheit des gasförmigen Stickstoffs beruht darauf, daß die Moleküle dieses Elementes, N_2, aus 2 Atomen bestehen, die sehr fest aneinander gebunden sind. *Die Moleküle des Stickstoffs N_2 sind die beständigste und festeste Verbindung, die der Stickstoff überhaupt bildet.* Um sie zu sprengen, bedarf es großer Energiemengen, die entweder der Verbindungsenergie anderer Elemente entnommen oder von außen her als Energie der Wärme oder der Elektrizität zugeführt werden müssen. Die Energie zur Spaltung von 1 Mol N_2 in die Atome, die *Zerfallsenergie*, beträgt 225 kcal. Diese Beständigkeit des Stickstoffmoleküls ist die Ursache dafür, daß sich der elementare Stickstoff, N_2, nur sehr schwer in andere Verbindungen überführen läßt und daß etliche Stickstoffverbindungen, die mehr als ein Stickstoffatom im Molekül gebunden enthalten, z. B. Azide, Diazoverbindungen u. a., heftig unter Bildung von Stickstoffmolekülen zerfallen.

Am schnellsten und vollständigsten bindet man den gasförmigen Stickstoff bei höherer Temperatur durch die Metalle Lithium, Calcium und Magnesium, wobei *Nitride* entstehen.

Leitet man trockenen Stickstoff durch ein teilweise mit Magnesiumpulver gefülltes Glasrohr und erhitzt es auf beginnende Glut, so geht das Pulver unter starker Wärmeentwicklung in das grünlich-gelbe *Magnesiumnitrid*, Mg_3N_2, über:

$$3 \, Mg + N_2 = Mg_3N_2$$

In entsprechender Weise reagiert Calcium zu *Calciumnitrid*:

$$3 \, Ca + N_2 = Ca_3N_2$$

Diese Nitride entwickeln beim Auftropfen von Wasser unter starker Erwärmung Ammoniak z. B.:

$$Mg_3N_2 + 6 \, H_2O = 2 \, NH_3 + 3 \, Mg(OH)_2$$

Ebenso bilden Aluminium, Bor, Silicium sowie besonders Titan und Vanadin bei hoher Temperatur mit Stickstoff Nitride (siehe dazu S. 118).

Sauerstoff und Stickstoff aus der Luft werden gleichzeitig an Magnesium gebunden, wenn man einen kleinen hohen Porzellantiegel mit Magnesiumpulver füllt, mit einem durchlochten Deckel bedeckt und so lange erhitzt, bis das Magnesium zu glühen beginnt. Dann stellt man die Flamme kleiner und läßt, nachdem die Glut verschwunden ist, völlig erkalten. Der Inhalt des Tiegels besteht dann oben überwiegend aus Magnesiumoxid, während sich unten ziemlich reines Magnesiumnitrid befindet.

Auch Calciumcarbid nimmt bei hoher Temperatur, allerdings viel langsamer als Calcium, Stickstoff auf und bildet *Calciumcyanamid*, $CaCN_2$ (siehe Calcium).

Weitere Möglichkeiten, das träge Stickstoffmolekül in reaktionsfähige Verbindungen zu überführen, bestehen in der Umsetzung mit Sauerstoff bei hoher Temperatur (Luftverbrennung siehe Stickstoffoxid) und besonders in der Vereinigung mit Wasserstoff zu Ammoniak, die für die Technik von größter Bedeutung ist.

Die Weltproduktion an gebundenem Stickstoff betrug 1956 etwa 8,5 Millionen Tonnen (ohne UdSSR), darunter nur 0,18 Millionen Tonnen als Chilesalpeter aus den Salpeterlagern in Chile. Ohne Zweifel werden aber auch heute noch sehr viel größere Mengen an atmosphärischem Stickstoff den Pflanzen durch die Wurzelknöllchenbakterien zugeführt (VIRTANEN, 1952).

Atomarer Stickstoff

Setzt man Stickstoff bei vermindertem Druck in einem Rohr, wie es Abb. 26 zeigt, einer Glimmentladung aus, so leuchtet der Stickstoff zunächst mit rötlichviolettem Licht. Stellt man den Strom ab, so sieht man im Dunkeln ein gelbliches Nachleuchten, das binnen 10 ... 20 s verschwindet. Diese von STRUTT (1913) entdeckte Erscheinung des „aktiven" Stickstoffs beruht auf der Bildung freier Stickstoffatome, die unter Lichtentwicklung sich wieder zu den Molekülen N_2 vereinigen. Zudem enthält der aktive Stickstoff noch elektrisch angeregte metastabile N_2-Moleküle.

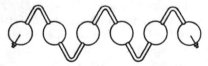

Abb. 26. Geißlersche Röhre zur Demonstration atomaren Stickstoffs

Die Stickstoffatome bilden bei gewöhnlicher Temperatur mit Quecksilber, Cadmium, Zink, Zinn und Blei Nitride, mit den Alkalimetallen Azide, z. B. Natriumazid, NaN_3, mit Äthylen und Acetylen Blausäure, HCN, vereinigen sich aber sehr schnell an den Gefäßwänden wieder zu N_2-Molekülen. Eine dünne, an den Wänden adsorbierte Gas- oder Wasserhaut hemmt die Wiedervereinigung und verlängert damit die Lebensdauer des aktiven Stickstoffs (E. TIEDE, B. LEWIS).

Stickstoff-Wasserstoffverbindungen

Ammoniak, NH₃

Schmelzpunkt	$-77{,}7\ °C$
Siedepunkt	$-33{,}4\ °C$
Kritische Temperatur	$132{,}4\ °C$
Kritischer Druck	$111{,}5$ atm
Dichte des flüssigen Ammoniaks bei $-35\ °C$	$0{,}6839$ g/ml
Gewicht von 1 l gasförmigen Ammoniak bei $0\ °C$ und 760 Torr	$0{,}7714$ g

Der Name Ammoniak stammt von dem schon lange bekannten Salmiak (Ammonium-chlorid), NH_4Cl, den man Sal ammoniacum nannte. Aus diesem wurde schon im 17. Jahrhundert mittels gelöschten Kalkes das Gas freigemacht.

Unter Sal ammoniacum verstand man ursprünglich das Steinsalz aus der Oase Ammon; der Name ging irrtümlich auf den ägyptischen Salmiak über. Später kam dieses Salz als Sal armeniacum aus Innerasien.

Vorkommen

Bei der Verwitterung nitridhaltiger Gesteine, wie Granit und altvulkanischer Massen, wird wohl in derselben Weise, wie weiter oben bei Calcium- und Magnesiumnitrid angegeben worden ist, etwas Ammoniak gebildet. Auch von Vulkanen wird in geringer Menge Ammoniak exhaliert. So findet man z. B. am Vesuv Ammoniumchloridkristalle vor.

Wahrscheinlich bilden sich Ammoniumnitrat und Ammoniumnitrit in höheren Schichten der Atmosphäre aus Stickstoff und Wasserdampf unter dem Einfluß elektrischer Entladungen, so daß durch Regen und Schnee dem Boden beträchtliche Mengen an für die Pflanzen verwertbaren Stickstoffverbindungen zugeführt werden.

Erhebliche Mengen von Ammoniumcarbonat entstehen bei der Fäulnis von pflanzlichen und tierischen Stoffen. Bis in die Mitte des vergangenen Jahrhunderts gewann man dieses Salz durch trockenes Erhitzen tierischer Abfälle. Der volkstümliche Name Hirschhornsalz für Ammoniumcarbonat weist hierauf hin.

Der Salmiak wurde von El Dschâbir (Persien) um etwa 900 n. Chr. an den Rändern schwelender Kohlenflöze beobachtet, wo er sich aus dem Rauch in glitzernden Kristallen abscheidet. Weiterhin gewann man das Salz als geschätztes, schweißtreibendes Heilmittel durch Schwelen des Mistes der Kamele und sonstiger Haustiere. Bei der unvollkommenen Verbrennung des Mistes, der in den baumleeren Steppen Innerasiens als Feuerungsmaterial dient, wird Ammoniak entwickelt, das sich mit der aus dem Natriumchlorid der salzreichen Nahrung stammenden Salzsäure zu Ammoniumchlorid, NH_4Cl, verbindet und in den Rauchfängen ansetzt.

Im tierischen und menschlichen Urin findet sich Harnstoff (siehe bei Cyansäure), der leicht in Ammoniumcarbonat übergeht. Ammoniumcarbonat reagiert alkalisch. Deshalb wurde der Urin (z. B. bei den Eskimos) als Waschmittel benutzt.

Darstellung

Allgemeines

Ammoniak wird heute überwiegend synthetisch aus den Elementen Stickstoff und Wasserstoff, zu einem geringen Teil aus Steinkohle gewonnen.

Steinkohle enthält 1 . . . 2 % organisch gebundenen Stickstoff. Bei der trockenen Destillation zur Leuchtgasgewinnung oder bei der Verkokung zur Herstellung von Hüttenkoks geht der Stickstoff zu etwa 25 % in Ammoniak über, das als Ammoniumcarbonat in den vorgelegten Waschwässern gelöst wird. Ist bei der Zersetzung der Steinkohlen viel Wasserdampf zugegen, wie bei dem Mondgasprozeß, so steigt die Ausbeute an Ammoniak bedeutend. Man kann nach diesem Verfahren auch aus Torf Ammoniak gewinnen. Da Ammoniumcarbonat flüchtig ist, führt man es für Handelszwecke (Düngemittel, Ausgangsmittel für die Ammoniakindustrie) in Ammoniumsulfat, $(NH_4)_2SO_4$, über. In den Kokereien erhält man aus 100 kg trockener Steinkohle durchschnittlich 1 kg Ammoniumsulfat.

Die *Synthese des Ammoniaks* aus Stickstoff und Wasserstoff ließ sich früher nur unvollkommen mit Hilfe elektrischer Entladungen erreichen.

Bringt man in das in Abb. 27 abgebildete Eudiometer ein Gemisch von 1 Vol. Stickstoff und 3 Vol. Wasserstoff über Wasser und läßt zwischen den oben eingeschmolzenen Drähten die Funken eines kleineren Induktors überspringen, so nimmt allmählich das Gasvolumen ab, und man findet in dem Sperrwasser deutlich nachweisbare Mengen Ammoniak. Durch die elektrischen Entladungen werden die Gasmoleküle des Stickstoffs und des Wasserstoffs gespalten, und beide Elemente vereinigen sich dann zu Ammoniak.

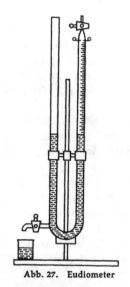

Umgekehrt werden aber auch Ammoniakmoleküle durch elektrische Entladungen wieder in Stickstoff und Wasserstoff gespalten, so daß keine vollständige Umsetzung erzielt wird. Doch läßt sich feststellen, daß sich 1 Vol. Stickstoff mit 3 Vol. Wasserstoff zu Ammoniak vereinigt, das in Gasform 2 Vol. einnimmt.

Aus der Volumengleichung

$$1 \text{ Vol. Stickstoff} + 3 \text{ Vol. Wasserstoff} = 2 \text{ Vol. Ammoniak}$$

können wir sowohl die Formel des Ammoniaks als auch die des Stickstoff- und Wasserstoffmoleküls ableiten (vgl. Formel des Wassers, S. 27). So gelangten wir zu dem Schluß, daß sowohl das Stickstoff- als auch das Wasserstoffmolekül entsprechend den Formeln N_2 und H_2 in zwei Atome teilbar ist und daß Ammoniak die Formeln NH_3 besitzt.

Setzen wir diese Formel in die letzte Gleichung ein, so erhalten wir:

$$N_2 + 3 H_2 = 2 NH_3$$

Abb. 27. Eudiometer

Auf etwas umständlichem Wege läßt sich feststellen, daß die Bildungswärme von 1 Mol NH_3 aus den Elementen bei 0 °C 10,9 kcal, bei 503 °C 12,7 kcal und bei 660 °C 13,15 kcal beträgt. Danach ist die Bildung von Ammoniak ein exothermer Vorgang.

Es war eine verlockende Aufgabe, diesen Stoff auch ohne Zuhilfenahme elektrischer Energie aus gasförmigem Stickstoff und Wasserstoff darzustellen. In der Tat ist es F. Haber (1909) nach Vorarbeiten von Ostwald und Nernst gelungen, diese Synthese zu verwirklichen.

Haber-Bosch-Verfahren

Grundlagen des Verfahrens

Für jede Temperatur bei gegebenem Druck, desgleichen für jeden Druck bei gegebener Temperatur, stellt sich schließlich ein bestimmtes Gleichgewicht $N_2 + 3 H_2 \rightleftharpoons 2 NH_3$ ein, indem in gleichen Zeiten gleich viel Ammoniakmoleküle gebildet werden und wieder zerfallen, d. h. die Geschwindigkeiten der beiden Reaktionen sind im Gleichgewicht gleich groß (siehe chemisches Gleichgewicht S. 32).

Nach dem Prinzip vom kleinsten Zwang (siehe S. 50) erfolgt in jedem im Gleichgewicht befindlichen System unter der Einwirkung äußeren Zwanges, d. h. bei Änderung der äußeren Bedingungen, wie Druck, Temperatur oder Konzentration, eine Verschiebung in dem Sinne, daß hierdurch der äußere Zwang vermindert wird. Steigert man nun bei konstanter Temperatur den Druck, so wird das Gleichgewicht im Sinne einer Druckabnahme verschoben. Dies führt zu verstärkter Ammoniakbildung, weil hierbei aus 4 Vol. Gas (1 Vol. $N_2 +$ 3 Vol. H_2) nur 2 Vol. Gas (2 Vol. NH_3) entstehen. Steigert man ferner bei konstantem Druck die Temperatur, so wird das Gleichgewicht nach der Seite der Temperaturverminderung, d. h. des Wärmeverbrauchs, verschoben. Dies führt zur Spaltung von Ammoniak; denn diese verbraucht ebensoviel Wärme wie die Bildung von Ammoniak entwickelt. Senkt man umgekehrt die Temperatur bei konstantem Druck, so wird vom System Wärme entwickelt, d. h. mehr Ammoniak gebildet werden, weil die Bildung von Ammoniak aus Stickstoff und Wasserstoff Wärme erzeugt (10,9 kcal für 1 Mol NH_3).

Das Prinzip vom kleinsten Zwang wird leicht verständlich, wenn man sich die Definition des Gleichgewichtsbegriffes vor Augen hält; denn in der Chemie wie in der Mechanik spricht man nur dann von einem wahren stabilen Gleichgewicht, wenn das System eine zwangsweise Verschiebung bis zu einer gewissen Grenze verträgt, ohne die Fähigkeit zu verlieren, nach Aufhebung des Zwanges wieder in die alte Ruhelage zurückzukehren. Ein Zwang, soweit er überhaupt auf das System wirkt, muß demnach von diesem vermindert werden; denn würde er unvermindert bleiben oder noch gesteigert werden, so müßte er schließlich die erträglichen Grenzen überschreiten und damit das System zerstören.

Solche Systeme, die den angetanen Zwang nicht vermindern, sondern vergrößern, sind nicht im wahren stabilen, sondern im scheinbaren, im labilen Gleichgewicht, wie z. B. das Schießpulver, das die Wärme des aufgefangenen Funkens infolge des hiervon angeregten inneren Vorganges so schnell vermehrt, daß Verpuffung erfolgt.

Als Beispiel für den Einfluß von Druck und Temperatur mögen die Angaben von HABER dienen. Die folgende Tabelle enthält die in einem stöchiometrischen Stickstoff-Wasserstoff-Gemisch maximal, d. h. im Gleichgewicht, zu erreichenden Volumenprozente Ammoniak.

Temperatur in °C	Vol.-% Ammoniak im Gleichgewicht bei einem Druck von			
	1 atm	100 atm	200 atm	300 atm
400	0,44	25,1	36,3	47,0
500	0,129	10,4	17,6	26,5
600	0,049	4,47	8,25	13,8
800	0,0117	1,15	2,24	—
1000	0,0044	0,44	0,87	—

Es liegt demnach im Interesse der Ammoniakausbeute, bei möglichst hohem Druck und möglichst niederer Temperatur das Gleichgewicht herbeizuführen. Aber je niederer die Temperatur ist, um so langsamer stellt sich das Gleichgewicht wegen der Trägheit der Moleküle N_2 und H_2 ein. Man muß also der Zeitersparnis halber bei mittlerer Temperatur arbeiten und dabei eine geringere Ausbeute an Ammoniak in Kauf nehmen.

Die im Sinne der Zeitersparnis erforderliche, hinsichtlich der Ammoniakausbeute aber nachteilige Temperatursteigerung kann man nun hier (wie in allen zu einem Gleichgewicht führenden Vorgängen) teilweise durch die Wirkung eines geeigneten Katalysators ersetzen, der, ohne das Gleichgewicht selbst zu verschieben, dessen Einstellung beschleunigt, indem er die Trägheit der Moleküle vermindert.

Praktische Durchführung

Nach dem Haber-Bosch-Verfahren leitet man das Gasgemisch bei 500 ... 550 °C unter einem Druck von 300 ... 350 atm über Kontaktmassen. Als Kontakt verwendet man feinst verteiltes aktives Eisen, das aus Eisen (II, III)-oxid, Fe_3O_4, durch Reduktion mit Wasserstoff entsteht und als „Beförderer" noch 1 % Kalium- und 3 % Aluminiumoxid enthält. Das den Kontakt verlassende Gas enthält 13 ... 15 % Ammoniak, das man durch Kühlung verflüssigt oder durch eingespritztes Wasser absorbiert. Das nicht umgesetzte Stickstoff-Wasserstoff-Gemisch wird erneut über den Kontakt geleitet.

Die großen Schwierigkeiten, die der technischen Durchführung der Ammoniaksynthese entgegenstanden, weil bei hohen Drucken und Temperaturen Stahl für Wasserstoff durchlässig ist und brüchig wird, während kohlenstoffarmes Eisen nicht die genügende Festigkeit zeigt, sind von C. Bosch überwunden worden.

Die für das Haber-Bosch-Verfahren notwendigen sehr großen Mengen von reinem Stickstoff und Wasserstoff werden aus Generatorgas und Wassergas gewonnen (Näheres siehe dort).

Als Ausgangsstoffe für den Stickstoff und den Wasserstoff dienen Luft und Wasser. Durch abwechselndes Überleiten von Luft und Wasserdampf über glühende Kohlen wird im Generatorgas- bzw. Wassergaserzeuger der Sauerstoff der Luft bzw. des Wassers an Kohlenstoff zu Kohlenmonoxid gebunden:

$$\text{Luft } (4\,N_2 + O_2) + 2\,C = 4\,N_2 + 2\,CO \text{ (Generatorgas)}$$
$$H_2O + C = H_2 + CO \text{ (Wassergas)}$$

Zur Erzeugung des Wasserstoffs dient auch die Reaktion

$$CH_4 + H_2O = CO + 3\,H_2$$

die bei 700 °C am Nickelkontakt unter Wärmeaufnahme erfolgt (Methankonvertierung).

Durch Umsetzung des Kohlenmonoxids mit weiterem Wasserdampf im Wasserstoff-Kontaktofen in Gegenwart von Eisenoxid als Katalysator wird nochmals Wasserstoff gewonnen ($CO + H_2O = CO_2 + H_2$) und so der größte Teil des Kohlenmonoxids aus dem Gasgemisch entfernt. Das gebildete Kohlendioxid, CO_2, läßt sich unter Druck mit Wasser, in dem es löslich ist, auswaschen. Die letzten Spuren von Kohlenmonoxid werden aus dem auf hohen Druck verdichteten Gas beim Durchströmen durch Kupfer(I)-verbindungen enthaltende Lösungen (Kupferlauge) entfernt, und das reine Gasgemisch wird im Verhältnis $1\,N_2 : 3\,H_2$ dem Ammoniak-Kontaktofen zugeleitet.

Die Ammoniak-Kontaktöfen haben eine Höhe von etwa 12 m und einen Durchmesser von 1 m und enthalten etwa 2 t Kontaktmasse. Die Reaktionswärme der Ammoniakbildung genügt, um nach anfänglichem Aufheizen im Betrieb die erforderliche Temperatur von 500...550 °C zu halten. Die Leistung eines solchen Ofens beträgt etwa 18 t in 24 h.

Auf den gleichen Grundlagen wie das Haber-Bosch-Verfahren beruhen andere, später entwickelte Synthesen, z. B. in Frankreich die nach Claude (1000 atm), in Italien nach Casale (600 atm) und Fauser (250 atm).

Die Darstellung von Ammoniak aus Luftstickstoff über Calciumcyanamid („Kalkstickstoff") wird heute praktisch nicht mehr durchgeführt. Jedoch hat die Bindung des Stickstoffs an Calciumcarbid zu Calciumcyanamid für Düngezwecke erhebliche Bedeutung (siehe unter Calcium).

Die Welterzeugung an synthetischem Ammoniak betrug 1936 etwa 1 500 000 t, 1956 aber etwa 6 500 000 t als Stickstoff gerechnet und damit etwa 80 % der Gesamtproduktion an gebundenem Stickstoff. Westdeutschland war hieran mit etwa 700 000 t beteiligt.

Um das Ammoniak in trockener Form aufbewahren und versenden zu können, wird es meist an Schwefelsäure zu Ammoniumsulfat, $(NH_4)_2SO_4$, an Salpetersäure zu Ammoniumnitrat, NH_4NO_3, manchmal auch an Salzsäure zu Ammoniumchlorid, NH_4Cl, oder an Kohlensäure zu Ammoniumcarbonat, $(NH_4)_2CO_3$, gebunden (siehe Ammoniumsalze).

Aus den Ammoniumsalzen kann man durch Umsetzung mit gelöschtem Kalk das Ammoniak wieder in Freiheit setzen, z. B.:

$$(NH_4)_2SO_4 + Ca(OH)_2 = 2\,NH_3 + CaSO_4 + 2\,H_2O$$

Hiervon macht man im Laboratorium zur Darstellung von Ammoniak gelegentlich Gebrauch. Man benetzt hierzu den gelöschten Kalk mit etwas Wasser, gibt die gepulverte Ammoniumverbindung (auf 15 Teile gelöschten Kalk 5 Teile Ammoniumverbindung) hinzu, schüttelt den Inhalt des Kolbens zu Klumpen und erwärmt dann auf 60...80 °C. Das entweichende Gas wird mit gebranntem Kalk getrocknet.

Eigenschaften

Das Ammoniak ist ein farbloses Gas von stechendem Geruch. Es läßt sich, wie sein Siedepunkt $-33,4\,^\circ$C zeigt, verhältnismäßig leicht verflüssigen, beispielsweise bei $10\,^\circ$C durch einen Druck von 6,3 atm, bei $20\,^\circ$C durch einen Druck von 8,8 atm. Man bringt deshalb das flüssige Ammoniak vielfach in Stahlflaschen komprimiert in den Handel. Da beim Verdampfen von 1 kg flüssigem Ammoniak bei $0\,^\circ$C 301,8 kcal gebunden werden, kann man mit Hilfe von verdampfendem Ammoniak Temperaturen bis zu $-40\,^\circ$C leicht erreichen und den umgebenden Stoffen große Wärmemengen entziehen. Man hat deshalb vielfach Ammoniak als Kühlmittel für Kühlschränke und Kühlanlagen verwendet, zieht aber heute andere Stoffe, wie Monochlortrifluormethan, CF_3Cl (Frigen 13, Freon 13), oder Difluordichlormethan, CF_2Cl_2 (Frigen 12, Freon 12), vor.

Flüssiges Ammoniak ist für zahlreiche Salze ein gutes Lösungsmittel, weil sich die Ammoniakmoleküle infolge ihres Dipolmoments (siehe S. 64) an die Ionen unter Bildung von Solvaten in ähnlicher Weise anlagern können wie die Wassermoleküle in wäßriger Lösung. Diese Lösungen im flüssigen Ammoniak zeigen ein beträchtliches Leitvermögen, während das reine Ammoniak eine nur sehr geringe elektrische Leitfähigkeit besitzt. Die Alkali- sowie die Erdalkalimetalle werden von flüssigem Ammoniak mit tiefblauer Farbe gelöst. Die vielen interessanten Umsetzungen, die sich in diesem Lösungsmittel durchführen lassen, werden in dem Kapitel „Wasserähnliche Lösungsmittel" am Schluß des Buches näher behandelt werden.

Die Fähigkeiten des Ammoniaks zur Bildung von Solvaten zeigt sich auch darin, daß sehr viele feste Stoffe an Stelle von molekularem Wasser (Kristallwasser) Ammoniak unter Bildung von *Amminen* binden können.

Gasförmiges Ammoniak ist in Wasser außerordentlich leicht löslich. Die Lösungswärme beträgt 8,4 kcal/Mol NH_3. Bei $0\,^\circ$C nimmt 1 Vol. Wasser mehr als sein tausendfaches Volumen Ammoniak auf und Eis schmilzt unter dem Gas sofort.

Füllt man einen durch Quecksilber abgeschlossenen Glaszylinder mit Ammoniak und bringt dann von unten ein Stückchen Eis hinein, so steigt das Quecksilber sofort empor, weil infolge der Absorption des Gases der Druck innen sinkt (Abb. 28).

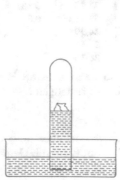
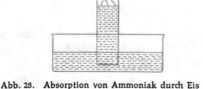

Abb. 28. Absorption von Ammoniak durch Eis   Abb. 29. Absorption von Ammoniak durch Wasser

Die große Geschwindigkeit, mit der Ammoniak von flüssigem Wasser absorbiert wird, läßt sich mit der in Abb. 29 gezeigten Versuchsanordnung vorführen.

Man füllt zunächst die obere, völlig trockene Flasche mit Ammoniak, indem man das Ammoniak durch das seitliche Rohr einströmen und durch das mittlere Glasrohr die Luft nach unten entweichen läßt (das untere Gefäß ist noch leer). Weil das Ammoniak im Verhältnis

17 : 29 leichter ist als die Luft, wird diese in dem Maße unten austreten wie sich oben das Ammoniak ansammelt. Wenn die Luft verdrängt ist, schließt man sowohl den Glashahn als auch die seitliche Klemmschraube und gießt in das untere Gefäß reichlich Wasser, das mit etwas Lackmus rot gefärbt ist. Öffnet man dann den Glashahn, so löst sich Ammoniak im Wasser, der innere Druck sinkt, und das Wasser steigt aus der oberen Öffnung des Glasrohres heraus. Dadurch wird die absorbierende Oberfläche des Wassers vergrößert und damit die Geschwindigkeit der Absorption gesteigert, so daß das Wasser wie ein Springbrunnen in das obere Gefäß hineinspritzt. War das obere Gefäß luftfrei, so füllt es sich schließlich vollkommen mit der verdünnten Ammoniaklösung. Beim Lösen des Ammoniaks schlägt der Lackmus-indikator nach Blau um und zeigt dadurch die basische Reaktion der wäßrigen Ammoniak-lösung an.

Eine mit Ammoniak von 1 atm Druck gesättigte wäßrige Lösung enthält auf 1 kg Wasser bei 0 °C 900 g Ammoniak, bei 20 °C 520 g Ammoniak, bei 40 °C 340 g Ammoniak, bei 100 °C 75 g Ammoniak. Mit steigender Temperatur nimmt demnach die Löslichkeit sehr stark ab, und wenn man die Lösung nicht unter Druck hält, sondern im offenen Gefäß auf 100 °C erhitzt, so ist bald alles Ammoniak als Gas entwichen. Hiervon macht man Gebrauch, um sich im Laboratorium aus der käuflichen konzentrierten wäßrigen Ammoniaklösung, die ungefähr 25 % Ammoniak enthält, das Gas darzustellen. Um das Gas von dem mitverflüchtigten Wasser zu befreien, trocknet man es mit gebranntem Kalk oder Natronkalk.

Der intensive Geruch des Ammoniakwassers, das auch „Salmiakgeist" genannt wird, zeigt, daß auch bei Zimmertemperatur Ammoniak aus der wäßrigen Lösung entweicht.

Durch die Aufnahme von Ammoniak dehnt sich das Volumen der Lösung so stark aus, daß ihre Dichte stets kleiner ist als die des reinen Wassers.

Tabelle zur Ermittlung des prozentualen Ammoniakgehaltes wäßriger Lösungen aus der Dichte bei 15 °C (nach LUNGE und WIERNIK)

Dichte in g/ml	Ammoniak in %	Dichte in g/ml	Ammoniak in %	Dichte in g/ml	Ammoniak in %	Dichte in g/ml	Ammoniak in %
1,000	0,00	0,965	8,59	0,930	18,64	0,895	30,03
0,995	1,14	0,960	9,91	0,925	20,18	0,890	31,73
0,990	2,31	0,955	11,32	0,920	21,75	0,885	33,67
0,985	3,55	0,950	12,74	0,915	23,35	0,880	35,60
0,980	4,80	0,945	14,17	0,910	24,99		
0,975	6,05	0,940	15,63	0,905	26,64		
0,970	7,31	0,935	17,12	0,900	28,33		

Bestimmt man die Dichte mittels eines Aräometers, so kann man an Hand der vor-stehenden Tabelle den Gehalt der Lösungen an Ammoniak feststellen.

Das Ammonium-Ion

Das Ammoniak reagiert in wäßriger Lösung zwar schwächer, aber doch qualitativ in demselben Sinne alkalisch wie Kaliumhydroxid oder Natriumhydroxid. Demnach müssen in dieser Lösung gleichfalls Hydroxid-Ionen vorhanden sein.

Aus dem Betrag der elektrischen Leitfähigkeit kann man auf die Anzahl der die Leit-fähigkeit bewirkenden Ionen schließen. Danach sind in einer 0,01 m wäßrigen Ammoniaklösung ungefähr 4 %, in einer 0,1 m Lösung etwas über 1 % und in einer 1 m Lösung 0,3 ... 0,4 % des insgesamt gelösten Ammoniaks in Form von Ionen ent-halten. Als Ursache nimmt man nach BRIGLEB (1942) an, daß das Ammoniak mit dem Wasser direkt die Ionen NH_4^+ und OH^- liefert nach:

$$NH_3 + H_2O \rightleftharpoons NH_4^+ + OH^-$$

Dieses Gleichgewicht ist aber, wie aus der Größe der Gleichgewichtskonstanten zu ersehen ist, sehr stark nach der linken Seite hin verschoben:

$$\frac{[NH_4^+] \cdot [OH^-]}{[NH_3]} \rightleftharpoons K' \cdot [H_2O] = K_{NH_3} = 1{,}75 \cdot 10^{-5} \ (18\ ^\circ C)$$

So ist der weitaus größere Teil des Ammoniaks im Wasser in Form von hydratisierten NH_3-Molekülen gelöst und nur ein kleiner Teil hat sich mit dem Wasser zu NH_4^+- und OH^--Ionen umgesetzt. Je verdünnter die Lösung ist, um so mehr H_2O-Moleküle können an der Reaktion teilnehmen und begünstigen nach dem Prinzip des kleinsten Zwanges die wasserverbrauchende Bildung der Ionen. So geht bei stärkerer Verdünnung prozentual ein größerer Teil der NH_3-Moleküle mit Wasser in die NH_4^+- und OH^--Ionen über.

Daß in Ammoniaklösungen in beträchtlicher Menge NH_3-Moleküle vorhanden sind, läßt die durch den Geruch nachweisbare Flüchtigkeit erkennen. (Über Ammoniak als Base siehe auch das Kapitel „Theorie der Säure-Basenfunktion", S. 146).

Da das Ammoniak mit Wasser nur sehr unvollständig OH^--Ionen (neben NH_4^+-Ionen) liefert, ist es im Vergleich zu Natriumhydroxid oder Kaliumhydroxid, die in Lösung vollständig in Ionen dissoziieren, eine viel schwächere Base. Setzt man daher zu einem Ammoniumsalz Kalium-, Natrium- oder Calciumhydroxid hinzu, so wird nach dem Massenwirkungsgesetz durch die hohe OH^--Ionenkonzentration dieser starken Basen das obige Gleichgewicht ganz nach der linken Seite hin verschoben und das Ammoniak, da es leicht flüchtig ist, aus seinem Salz „ausgetrieben".

Die Bildung des Ammonium-Ions NH_4^+ aus dem NH_3-Molekül erfolgt durch Aufnahme eines H^+-Ions ebenso wie die des Hydronium-Ions H_3O^+ aus dem H_2O-Molekül.

$$H_2O + HCl = [H_3O]^+ + Cl^-$$
$$NH_3 + HCl = [NH_4]^+ + Cl^-$$

Die Ursache liegt darin, daß in dem Molekül des Ammoniaks, NH_3, und ebenso im Wasser, OH_2, die H-Ionen auf einer Seite des N- bzw. O-Ions liegen und die Moleküle dadurch einen elektrischen Dipol besitzen. So kann der negativ geladene Stickstoff bzw. Sauerstoff noch ein H^+-Ion anziehen und an das Molekül binden. Die Ionen NH_4^+ und H_3O^+ nennt man einen *Komplex,* weil sie aus einem einfachen Molekül und einem H^+-Ion zusammengefügt sind. Der NH_4^+-Komplex ist beständiger als der H_3O^+-Komplex, so daß in Lösung die Umsetzung

$$NH_3 + H_3O^+ = NH_4^+ + H_2O$$

erfolgt. Da in Säuren sehr viele H_3O^+-Ionen vorliegen, reagiert das Ammoniak mit Säuren vollständiger unter Bildung von NH_4^+-Ionen als mit reinem Wasser.

Bei der Reaktion zwischen den Gasen NH_3 und HCl findet unmittelbare Anlagerung unter Bildung des Ammoniumsalzes statt:

$$NH_3 + HCl = NH_4^+Cl^-$$

Das Komplexion bindet im festen Salz als Ganzes die Anionen der Säuren. Dies drückt man durch die Komplexformel $[NH_4]X$ aus, wobei X das Anion der Säure bedeutet.

Die *Ammoniumsalze* entstehen also sowohl durch Neutralisation wäßriger Ammoniaklösungen als auch durch Umsetzung im Gaszustand.

Bläst man z. B. das aus einer Flasche mit konzentrierter Ammoniaklösung aufsteigende Gas gegen die Mündung eines mit rauchender Salzsäure gefüllten Gefäßes, so bilden sich dicke weiße Nebel, die nach REMY Tröpfchen von konzentrierter Ammoniumchloridlösung sind. Bei Ausschluß von Feuchtigkeit entsteht ein Rauch von kleinsten Ammoniumchloridkriställchen.

Mit Schwefelsäure bildet Ammoniak das *Ammoniumsulfat*, $(NH_4)_2SO_4$, mit Salpeter-säure das *Ammoniumnitrat*, NH_4NO_3.

Diese Ammoniumsalze sind den entsprechenden Salzen der Alkalimetalle, z. B. dem Kaliumchlorid, KCl, dem Kaliumsulfat, K_2SO_4, dem Kaliumnitrat, KNO_3, ähnlich und werden im Zusammenhang mit diesen später noch besprochen.

Verbrennung von Ammoniak

Wegen seines Gehalts an Wasserstoff ist das Ammoniak brennbar, wenn auch nicht in der Weise, daß eine Ammoniak-Luftflamme unter allen Umständen weiterbrennt.

Leitet man z. B. in die Leuchtgasflamme eines Bunsenbrenners, am besten durch die untere, sonst der Regulierung des Luftzutritts dienende Öffnung Ammoniak, so dehnt sich die Flamme bedeutend aus und nimmt eine für das verbrennende Ammoniak charakteristische gelbe Farbe an. Sperrt man die Leuchtgaszufuhr ab, so brennt das Ammoniak nicht weiter. Wenn man aber Luft mit 16 ... 27 Vol.-% Ammoniak mischt, so verpufft das Gemisch in geräumigen Gefäßen nach Zündung mit einer Flamme heftig. In engen Röhren, wie z. B. in der Buntebürette, kommt keine Verpuffung, wohl aber eine fortschreitende Verbrennung zustande, und zwar innerhalb der Grenzen von 19 ... 25 % Ammoniak. In großen Räumen, z. B. in Kellern, können Ammoniak-Luft-gemische auch unter 16 Vol.-% explodieren, und kleine Mengen brennbarer Gase oder Dämpfe erhöhen diese Gefahr sehr beträchtlich.

Ersetzt man die Luft durch reinen Sauerstoff, so verbrennt natürlich Ammoniak viel leichter und viel heftiger.

Man zeigt dies am besten in der Weise (Abb. 30), daß man in einem 2-l-Rundkolben mit kurzem Hals und weiter Öffnung 200 ml konzentriertes' Ammoniakwasser erhitzt. Dann führt man durch ein Metallrohr (am besten eins mit platinierter Spitze) Sauerstoff an die Öffnung des Kolbens, entzündet mit einem Bunsenbrenner und führt das Rohr in das Innere des Kolbens. Der Sauerstoff brennt mit fauchendem Geräusch und gelber Stichflamme im Ammoniak. Erhöht man die Sauerstoffzufuhr oder zündet man erst an, nachdem der Sauerstoff sich schon mit dem Ammoniak gemischt hat, so treten Verpuffungen ein. Vermindert man den Sauerstoffstrom, so brennt die gelbe Flamme teilweise aus der Öffnung heraus.

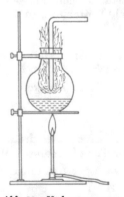

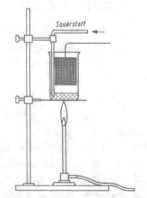

Abb. 30. Verbrennung von
Ammoniak durch Sauerstoff

Abb. 31. Verbrennung von Ammoniak durch Sauerstoff am Platinkontakt

Wie wir beim Wasserstoff gesehen haben, läßt sich dieser an der Luft durch den Kontakt mit Platinschwamm entzünden. In ähnlicher Weise erleichtert das Platin auch die Ver-brennung von Ammoniak durch Luft oder durch reinen Sauerstoff.

Man leitet hierzu einen Luftstrom zuerst durch eine Flasche mit konzentriertem Ammoniak-wasser von gewöhnlicher Temperatur und weiter durch ein 1,5 ... 2 cm weites Glasrohr, in dessen Mitte sich ein lockerer Pfropfen von platinierten Asbest befindet. Den Pfropfen erhitzt man von außen mit einem Bunsenbrenner. Der Asbest glüht bald auf, und es tritt in der Regel eine gelbe Flamme aus dem Asbest heraus. Erwärmt man aber schwächer, so unterbleibt diese Feuererscheinung, und es entweichen weiße Nebel von Ammoniumnitrit, NH_4NO_2, und Ammoniumnitrat, NH_4NO_3, aus dem offenen Rohrende.

Bringt man in ein Becherglas (Abb. 31) von etwa 200 ml Inhalt 30 ml konzentriertes Ammoniakwasser, erwärmt dieses gelinde, läßt durch das Glasrohr einen mäßig raschen Sauerstoffstrom zutreten und hängt dann in das Glas ein Netz aus dünnem Platindraht, das man direkt zuvor in einer Flamme erhitzt hat, so glüht das Netz hell auf, und es treten gleich-falls deutliche Nebel von Ammoniumnitrit auf. Steigert man sowohl die Ammoniakentwicklung als auch den Sauerstoffstrom, so geht diese langsam und nur am Platinkontakt verlaufende Verbrennung unter lebhafter Verpuffung in die gelbe Flamme über, die wir vorhin im Kolben beobachteten.

Die *Ammoniakverbrennung* wird heute großtechnisch zur Darstellung der Salpeter-säure durchgeführt. Man läßt dazu nach dem Vorschlag von WILHELM OSTWALD ein Ammoniak-Luftgemisch mit großer Geschwindigkeit durch engmaschige Netze aus Platin bei etwa 800 °C strömen. Das entstandene Stickstoffoxid, NO, wird mit Luft und Wasser zu Salpetersäure umgesetzt (siehe Stickstoffdioxid, S. 138).

Je nach den Reaktionsbedingungen kann die Verbrennung nach

$$4\,NH_3 + 5\,O_2 = 4\,NO + 6\,H_2O + 216\,kcal \tag{1}$$

oder nach

$$4\,NH_3 + 3\,O_2 = 2\,N_2 + 6\,H_2O + 302\,kcal \tag{2}$$

verlaufen.

Um die im Hinblick auf die Salpetersäuregewinnung erwünschte Reaktion (1) gegen-über der schädlichen (2) zu fördern, ist ein Überschuß an Sauerstoff günstig. Die Ver-wendung von reinem Sauerstoff bringt aber die Gefahr, daß die Temperatur so hoch steigt, daß eine Verpuffung nach (2) erfolgt. Deshalb wird Luft verwendet, die aber, um den nach (1) erforderlichen Sauerstoffüberschuß bieten zu können, nur ungefähr 9,5 ... 11,5 Vol.-% Ammoniak enthalten darf. Auch ist es, wie WILHELM OSTWALD gezeigt hat, zur Erzielung einer guten Ausbeute wesentlich, daß die Gase den Kontakt nur kurze Zeit (weniger als 1/1000 s) berühren, da andernfalls die Stickstoffbildung zu sehr hervortritt. Bei Verwendung von Platin als Katalysator, dem einige Prozent Rhodium zulegiert sind, erreicht man in der Praxis, daß bis zu 98 % des Ammoniaks zu Stickstoffoxid verbrannt werden.

Als Katalysator neben Platin ist auch wismuthaltiges Eisenoxid wirksam.

An alkalischen Oberflächen, wie gelöschtem Kalk oder Natronkalk, werden Ammoniak-Luft-gemische schon bei 350 °C ohne Verlust zu Nitrit und weiterhin zu Nitrat oxydiert, wobei die Geschwindigkeit durch Spuren von Nickel- oder Kupferoxid erheblich gesteigert werden kann (K. A. HOFMANN, 1927).

Nachweis

Zum Nachweis dient die blaue Färbung, die eintritt, wenn man zu einer wäßrigen Ammoniaklösung etwas Kupfersulfat gibt. Es bildet sich das intensiv blaue komplexe Tetramminkupfer(II)-Ion, das aus konzentrierten Lösungen als gut kristallisierendes Sulfat, $[Cu(NH_3)_4]\,SO_4 \cdot H_2O$, abgeschieden werden kann.

Der empfindlichste Nachweis von Ammoniak gelingt mit *Nesslers Reagens*. Um dieses herzustellen, gibt man zu einer Quecksilber(II)-chloridlösung so lange 5%ige Kalium-jodidlösung, bis der anfangs ausfallende Niederschlag von Quecksilber(II)-jodid, HgJ_2, sich größtenteils wieder gelöst hat. Es entsteht dabei das Komplexsalz Kaliumjodo-mercurat(II), $K_2[HgJ_4]$, das nach Zusatz von Kalilauge das fertige Reagens bildet.

Gibt man nun in einem großen Becherglas zu 1 l Wasser einen Tropfen verdünnter Ammoniaklösung und dann 5 ml Nesslers Reagens, so tritt eine stark orange- bis rötlichbraune Trübung auf, die von einer Quecksilberstickstoffverbindung, Hg_2NJ, herrührt.

Auf diese Weise lassen sich noch Spuren von Ammoniak im Trinkwasser nachweisen. Aus dem positiven Ausfall der Probe kann man den Schluß ziehen, daß solches Wasser durch Bodenschichten gedrungen ist, die zerfallende organische Stoffe enthalten. Es liegt dann die Vermutung nahe, daß fäulniserregende Bakterien, unter Umständen solche von pathogener Natur, zugegen sind. In solchen Fällen ist die besondere bakteriologische Untersuchung des Trinkwassers angezeigt.

Amide — Imide — Nitride

Der Wasserstoff des Ammoniaks ist durch Metall ersetzbar. Es können ein, zwei oder auch alle drei H-Atome des Ammoniaks durch Metallatome ersetzt werden, und wir erhalten dann die Amide, z. B. Lithiumamid, $LiNH_2$, die Imide, z. B. Lithiumimid, Li_2NH, und schließlich die Nitride, z. B. Lithiumnitrid, Li_3N, Magnesiumnitrid, Mg_3N_2.

Die Amide der Alkali- und Erdalkalimetalle entstehen beim Überleiten von Ammoniak über die betreffenden Metalle unter Entwicklung von Wasserstoff, die der anderen Metalle lassen sich oft durch Umsetzung der Metallsalze mit Kaliumamid in flüssigem Ammoniak gewinnen.

Die Nitride von reaktionsfähigen Metallen wie Lithium, Magnesium, Calcium, Aluminium, Titan u. a. entstehen unmittelbar aus den Elementen bei erhöhter Temperatur (siehe S. 107).

In vielen Fällen erhält man die Nitride besser durch Einwirkung von Ammoniak bei höherer Temperatur auf die Metalle oder Metallverbindungen, so z. B. Zinknitrid, Zn_3N_2, nach R. JUZA aus Zinkstaub und Ammoniak bei 600 °C, weiter Nickelnitrid, Ni_3N, aus Nickel oder Nickel-bromid, $NiBr_2$, bei 420 °C, Kobaltnitrid, Co_3N, aus Kobalt oder Kobaltfluorid, CoF_2, bei 390 °C, Indiumnitrid, InN, aus Ammoniumhexafluorindat, $(NH_4)_3InF_6$, bei 600 °C und Kupfernitrid, CuN, aus Kupferfluorid, CuF_2, bei 280 °C oder durch thermische Zersetzung der Amide, z. B. Cadmiumnitrid, Cd_3N_2, aus Cadmiumamid, $Cd(NH_2)_2$, Zinknitrid, Zn_3N_2, aus Zinkamid, $Zn(NH_2)_2$.

Bemerkenswert ist, daß die Oxide von Titan, Vanadin, Zirkonium, Niob, Tantal, Bor und Silicium sich mit Kohle im Stickstoffstrom bei etwa 1250 °C zu den Nitriden TiN, ZrN, VN, NbN, TaN, BN und Si_3N_4 umsetzen, obwohl die Oxide dieser Elemente bei 1250 °C von Kohlenstoff noch nicht zu Metall reduziert werden (E. FRIEDRICH).

An die Stelle der Wasserstoffatome im Ammoniak können aber auch Chlor, Brom, Jod, Schwefel oder Phosphor treten. Dabei bilden sich Chlor-, Brom-, Jod-, Schwefel- bzw. Phosphor-Stickstoffverbindungen. Diese Verbindungen sollen erst bei den betreffenden Elementen behandelt werden.

Hydroxylamin, NH_2OH

Schmelzpunkt	$+ 33$ °C
Siedepunkt bei 22 Torr	$+ 56{,}5$ °C

Darstellung

Hydroxylamin entsteht, wenn Nitrate, Nitrite oder Stickstoffoxide — mit Ausnahme von Distickstoffoxid, N_2O, — in saurer Lösung unter bestimmten Bedingungen reduziert werden. Von praktischer Bedeutung ist die katalytische Hydrierung von Stickstoffoxid, NO, am Platin-Kontakt. Die technische Darstellung nach TAFEL beruht auf der elektrolytischen Reduktion von Salpetersäure in 50%iger Schwefelsäure an amalgamierten Blei-Kathoden.

Ferner wird Hydroxylamin nach dem Verfahren von F. RASCHIG durch Reduktion von Natriumnitrit mit Natriumhydrogensulfit in saurer Lösung dargestellt. Hierbei entsteht zuerst nach

$$HONO + 2 HSO_3Na = HON(SO_3Na)_2 + H_2O$$

Natriumhydroxylamindisulfonat, das in der Hitze durch verdünnte Säuren zu Hydroxylamin und Hydrogensulfat gespalten wird:

$$HON(SO_3Na)_2 + 2 HOH = HONH_2 + 2 NaHSO_4$$

Bei dieser Reaktion bildet sich jedoch nicht das Hydroxylamin. Vielmehr entsteht in saurer Lösung ein Hydroxylammoniumsalz, z. B. das Hydroxylammoniumsulfat, $[H_3NOH]_2SO_4$, oder das Hydroxylammoniumchlorid, $[H_3NOH]Cl$. Letzteres unterscheidet sich vom Ammoniumchlorid, NH_4Cl, außer durch seine Löslichkeit in Alkohol und die stark saure Reaktion der wäßrigen Lösung charakteristisch beim trockenen Erhitzen im Reagensglas. Während hierbei das Ammoniumchlorid langsam sublimiert, schäumt das Hydroxylammoniumchlorid heftig auf und zerfällt größtenteils nach:

$$4 [H_3NOH]Cl = 2 NH_4Cl + N_2O + 3 H_2O + 2 HCl$$

Auch das Sulfat zersetzt sich beim Erhitzen lebhaft. Diese energische Zersetzung beruht auf der Verbrennung des Wasserstoffs durch den gleichfalls an Stickstoff gebundenen Sauerstoff.

Eigenschaften

Das wasserfreie Hydroxylamin, H_2NOH, bildet farblose Nadeln und explodiert beim schnellen Erhitzen. Man erhält es durch Erhitzen des tertiären Hydroxylammoniumphosphats im Vakuum oder durch Umsetzen des in Methylalkohol gelösten Chlorids mit der berechneten Menge Natriummethylat, Abfiltrieren von ausgeschiedenem Natriumchlorid und anschließender Vakuumdestillation der eingeengten Lösung. H. LECHER (1922) empfiehlt, zur Vermeidung einer Explosionsgefahr bei der Vakuumdestillation das Hydroxylamin aus der alkoholischen Lösung auszufrieren.

Auch die wäßrige Lösung des Hydroxylamins ist nicht beständig und zerfällt bald, namentlich in Gegenwart von Alkalihydroxid, überwiegend nach:

$$3 NH_2OH = NH_3 + N_2 + 3 H_2O$$

Daneben treten nur etwa 5 % N_2O auf gemäß der Nebenreaktion

$$4 NH_2OH = 2 NH_3 + N_2O + 3 H_2O$$

die durch Platinschwarz begünstigt werden kann.

Auch Nitrit entsteht beim alkalischen Zerfall von Hydroxylamin (K. A. HOFMANN).

Die Tatsache, daß Hydroxylamin mit Säuren Salze bildet, weist auf seinen basischen Charakter hin. Zur Salzbildung ist das Hydroxylamin ebenso wie das Ammoniak befähigt, weil der Stickstoff in diesen Verbindungen ein H^+-Ion von der Säure unter Bildung eines komplexen Ions anlagern kann:

$$NH_3 + HCl = [NH_4]^+Cl^- \qquad \text{Ammoniumchlorid}$$

$$H_2NOH + HCl = [H_3NOH]^+Cl^- \qquad \text{Hydroxylammoniumchlorid}$$

Jedoch ist der basische Charakter des Hydroxylamins im Vergleich zu Ammoniak sehr gering, so daß die Salze deutlich sauer reagieren. Bei Ausschluß von Wasser verhält sich das Hydroxylamin sogar als schwache Säure und liefert mit Kalk das salzartige $(HO)Ca(ONH_2)$, das beim Erhitzen kräftig verpufft. Aus metallischem Calcium und reinem Hydroxylamin entsteht das sehr explosive Calciumsalz, $Ca(ONH_2)_2$, mit Zinkhydroxid das kristallisierte, gleichfalls explosive $Zn(ONH_2)_2 \cdot 3\,NH_2OH$ (E. EBLER und E. SCHOTT).

Das Hydroxylamin kann sowohl *reduzierend* als auch *oxydierend* wirken. Oxydierend wirkt es nur, wenn der Reaktionspartner sehr stark reduzierende Eigenschaften besitzt. So wird frisch gefälltes Eisen(II)-hydroxid durch Hydroxylamin zu Eisen(III)-hydroxid oxydiert, wobei das Hydroxylamin selbst zu Ammoniak reduziert wird. Im gleichen Sinne wirkt Hydroxylamin auch auf die niederen Oxydationsstufen von Vanadin, Molybdän und Titan.

In den meisten Fällen verhält sich das Hydroxylamin seiner Darstellung entsprechend als ein reduziertes Stickstoffoxid und wirkt, indem es sich wieder oxydiert, als starkes Reduktionsmittel. Schon an der Luft oxydiert sich trockenes Hydroxylamin unter Temperaturerhöhung und Entwicklung von Stickstoffoxiden. Dieser Vorgang kann sich bis zur Entflammung steigern.

Aus Lösungen von Silbernitrat, Quecksilberchlorid oder Kupfersulfat fallen nach Zusatz von Hydroxylammoniumsulfat und Lauge unter starker Gasentwicklung (Stickstoff neben wenig Distickstoffoxid) dunkles Silber oder Quecksilber bzw. gelbes wasserhaltiges Kupfer(I)-oxid aus, das dann in rotes Kupfer(I)-oxid übergeht. Wenn man entsprechend wenig Kupfersalz verwendet, kann man das Hydroxylamin noch in großer Verdünnung nachweisen.

Wenn man Hydroxylamin in schwach saurer Lösung mit Eisen(III)-chlorid zum Sieden erhitzt und einige Minuten lang kocht, so wird nach RASCHIG dieses zu Eisen(II)-chlorid reduziert und das Hydroxylamin zu Distickstoffoxid, N_2O, oxydiert. In konzentrierter Schwefelsäure oder Phosphorsäure dagegen wird Eisen(II)-salz oxydiert und Hydroxylamin zu Ammoniumsalz reduziert. Wasserstoffperoxid, Kaliumpermanganat, Hypochlorit und Jod oxydieren Hydroxylamin je nach den Bedingungen zu Distickstoffoxid, Stickstoffoxid, salpetriger Säure oder Salpetersäure. Vanadinsäure macht in schwefelsaurer Lösung fast reinen Stickstoff frei, aus dessen Volumen man auf die Menge des Hydroxylamins schließen kann (K. A. HOFMANN).

Hydroxylamin wird als sauberes Reduktionsmittel in der quantitativen Analyse verwendet. Man kann z. B. Goldchlorid in saurer Lösung schnell zu Gold reduzieren, hingegen wird Platinchlorid zunächst nicht angegriffen.

Die viel geringere Beständigkeit des Hydroxylamins im Vergleich zum Ammoniak zeigt sich besonders deutlich im Verhalten gegen salpetrige Säure. Wir haben gesehen, daß in einer wäßrigen Lösung von Ammoniumsalz und Natriumnitrit die Ammonium- und Nitrit-Ionen langsam bei gewöhnlicher Temperatur, schneller beim Erwärmen reagieren nach:

$$NH_4NO_2 \;=\; N_2 + 2\,H_2O$$

Der analoge Vorgang verläuft bei Anwendung von Hydroxylammoniumsalz statt Ammoniumsalz schon in der Kälte lebhaft, beim Erwärmen konzentrierterer Lösungen sogar stürmisch. Dabei entsteht gleichfalls durch innere Verbrennung Wasser, daneben aber, weil mehr Sauerstoff vorhanden ist, nicht Stickstoff, sondern Distickstoffoxid:

$$NH_2OH \cdot HNO_2 \;=\; N_2O + 2\,H_2O$$

Das hier zwischendurch auftretende Hydroxylammoniumnitrit ist isomer mit dem Ammoniumnitrat, NH_4NO_3, und zerfällt im selben Sinne wie dieses, aber schon bei viel niedrigerer Temperatur. Dieser Zerfall von Hydroxylammoniumnitrit geht über die hyposalpetrige Säure und findet in der ersten Reaktionsstufe nach der Gleichung statt:

$$HONH_2 + ONOH \rightarrow HON\!=\!NOH + H_2O$$

Durch rechtzeitigen Zusatz von Silbernitrat und Natriumacetat kann man aus dem Reaktionsgemisch Silberhyponitrit abtrennen; anderenfalls verliert die hyposalpetrige Säure Wasser und geht in Distickstoffoxid über.

Mit Aldehyden und Ketonen bildet Hydroxylamin *Oxime*. Große Mengen Hydroxylamin werden zur Darstellung von Polyamiden (*Perlon*) gebraucht.

Hydrazin, H_2N-NH_2

Schmelzpunkt	$+ \; 1{,}8 \, °C$
Siedepunkt (unter 761,5 Torr)	$+ \, 113{,}5 \, °C$
Dichte des flüssigen Hydrazins bei 15 °C	1,0114 g/ml

Darstellung

Das Hydrazin wurde 1889 von TH. CURTIUS in komplizierter Reaktionsfolge aus organischen Stickstoffverbindungen erstmalig dargestellt. Später gelang RASCHIG die sehr einfache Darstellung durch Oxydation von Ammoniak mit Hypochlorit.

Nach dieser allen früheren weit überlegenen Methode fügt man in einem Kolben zu 200 ml 20%igem Ammoniak 5 ml einer 1%igen Leim- oder Gelatinelösung und hierauf 100 ml einer frisch bereiteten Natriumhypochloritlösung (aus etwa 5%iger Natronlauge durch Sättigung mit Chlor dargestellt). Dann erhitzt man rasch zum Sieden und hält die Flüssigkeit 30 min lang bei dieser Temperatur. Nach dem Erkalten wird mit verdünnter Schwefelsäure angesäuert und das auskristallisierte Hydraziniumsulfat abgesaugt. Man erhält etwa 6 g dieses Salzes.

Bei der eben beschriebenen Reaktion entsteht aus dem Ammoniak und der hypochlorigen Säure zunächst *Chloramin*

$$H_2NH + HOCl = H_2NCl + H_2O$$

das weiterhin mit Ammoniak das Hydraziniumsalz liefert:

$$H_2NCl + HNH_2 = [N_2H_5] \, Cl \tag{1}$$

Diese Reaktion verläuft langsamer als die Einwirkung von noch unverbrauchtem Chloramin auf das schon entstandene Hydrazin:

$$NH_2 \cdot NH_2 + 2 \, NH_2Cl = N_2 + 2 \, NH_4Cl \tag{2}$$

Das Endergebnis wäre dann:

$$3 \, NH_2Cl + NH_3 = 2 \, NH_4Cl + HCl + N_2$$

Man bekäme also kein Hydrazin, wenn nicht die Reaktion (2) gehemmt würde. Dies wird durch Zusatz von Leim (tierischem Leim aus Eiweißstoffen) erreicht, der die in den Reagenzien vorhandenen Spuren von Schwermetallen, besonders von Kupfer, bindet, die sonst die Reaktion (2) beschleunigen würden. Der Leim wirkt demnach als negativer Katalysator für die schädliche Reaktion (2) (M. BODENSTEIN).

Auch ohne Zugabe von Leim kann man die Nebenreaktion unterdrücken, wenn man nach J. DRUCKER (1948) die kupferfreie Lösung von Chloramin in Ammoniak rasch unter Druck auf 180 °C erhitzt.

Ein anderes technisches Verfahren geht von einer Harnstofflösung, $CO(NH_2)_2$, aus, die zusammen mit Natriumhypochloritlösung schnell auf 100 °C erhitzt wird und dabei unter Abspaltung von Kohlendioxid in guter Ausbeute Hydrazin gibt.

Kleine Mengen Hydrazin entstehen auch bei der Oxydation von Ammoniak in Luft-Wasserstoffflammen (K. A. HOFMANN und J. KORFIUN) sowie auch bei der Spaltung von Ammoniak durch elektrische Entladungen (G. BREDIG sowie A. KÖNIG).

Zur Isolierung des Hydrazins stellt man zunächst das Sulfat, $[N_2H_6]SO_4$, dar, weil es verhältnismäßig schwer löslich ist und sehr gut kristallisiert (dicke glänzende Tafeln des rhombischen Systems, die sich bei gewöhnlicher Temperatur in ungefähr 35 Teilen Wasser lösen).

Hydrazinhydrat

Erhitzt man Hydraziniumsulfat mit konzentrierter Kalilauge, so destilliert bei 120 °C unter Normaldruck oder bei 118,5 °C unter 740 Torr nicht das freie Hydrazin, sondern das Hydrat, $N_2H_4 \cdot H_2O$, als stark lichtbrechende, schwer bewegliche, fast ölige Flüssigkeit, die unterhalb $-40\,^\circ C$ erstarrt, bei $21\,^\circ C$ die Dichte 1,0305 g/ml besitzt, an der Luft raucht und einen schwachen, sehr eigenartigen Geruch zeigt, der zum Unterschied von freiem Hydrazin nicht an Ammoniak erinnert. Man bewahrt es in paraffinierten Flaschen auf, in denen es sich jahrelang unzersetzt hält. Glas wird durch Hydrazinhydrat stark angegriffen.

Die Entwässerung des Hydrats zum freien Hydrazin, N_2H_4, gelingt durch Bariumoxid oder nach R. Raschig einfacher dadurch, daß man das Hydrat mit festem Natriumhydroxid mischt, langsam bis auf $100\,^\circ C$ erwärmt und dann, nachdem alles Natriumhydroxid gelöst ist, über eine Kolonne abdestilliert. Das wasserfreie Hydrazin geht dann als Öl über, dessen Dämpfe organische Stoffe stark angreifen und giftig wirken.

Hochprozentiges Hydrazinhydrat wurde im Krieg als Brennstoff für Raketen z. B. zusammen mit hochprozentigem Wasserstoffperoxid, H_2O_2, benutzt.

Eigenschaften

Hydrazin ist weit reaktionsfähiger als das Ammoniak und setzt sich z. B. mit Natrium in vollkommen trockener Stickstoffatmosphäre zu Natriumhydrazid, $H_2N-NHNa$, um. Natriumhydrazid bildet glänzende Blätter, die bei der Einwirkung von Luftsauerstoff, Feuchtigkeit oder Alkohol äußerst heftig explodieren (W. Schlenk und Th. Weichselfelder). Auch Natriumamid, $NaNH_2$, liefert mit Hydrazin unter Ammoniakentwicklung Natriumhydrazid (R. Stollé). Auch das Zinkhydrazid, N_2H_2Zn, (E. Ebler) entflammt an der Luft. Selbst das freie Hydrazin oxydiert sich an der Luft und wird durch Sauerstoff in Stickstoff und Wasser übergeführt. Wasserfreies Hydrazin kann bei Überhitzung oder als Dampf im Gemisch mit Luft explodieren. Platinmohr oder Platinschwamm spalten das Hydrazin nach: $2\,N_2H_4 = 2\,NH_3 + N_2 + H_2$. Dieser Reaktionsfähigkeit und Zersetzlichkeit entspricht die negative Bildungswärme des Hydrazins, die für $N_2H_{4\,(fl)}$ $-12,0$ kcal beträgt.

Hydrazin hat wie Ammoniak und Hydroxylamin die Fähigkeit, Protonen unter Bildung von *Hydraziniumionen* anzulagern. Es reagiert daher in wäßriger Lösung alkalisch:

$$N_2H_4 + H_2O \rightleftharpoons N_2H_5^+ + OH^-; \qquad K_1 = 9 \cdot 10^{-7} \tag{1}$$

$$N_2H_5^+ + H_2O \rightleftharpoons N_2H_6^{2+} + OH^-; \qquad K_2 = 9 \cdot 10^{-16} \tag{2}$$

Das Gleichgewicht nach (2) liegt jedoch ganz auf der linken Seite. Daher sind $N_2H_6^{2+}$-Ionen in wäßriger Lösung nicht beständig und die Lösung z. B. des Sulfats, $[N_2H_6]\,SO_4$, reagiert sauer und enthält praktisch nur die Ionen $N_2H_5^+$, H^+ und SO_4^{2-}.

Hydrazin ist ein starkes Reduktionsmittel. Erhitzt man z. B. das Hydraziniumsulfat trocken im Rohr, so wird unter Entwicklung von Stickstoff, Wasser und Ammoniumsalzdämpfen der Sulfatschwefel zum Teil bis zum Schwefelwasserstoff reduziert. Setzt man zu Silber- oder Quecksilbersalzlösungen Hydraziniumsalz und Lauge, so fallen augenblicklich die Metalle aus, während Stickstoff entweicht. Kupfer(II)-oxid wird in alkalischer Lösung schnell zum Kupfer(I)-oxid reduziert. Hierbei, wie auch unter dem oxydierenden Einfluß von Jodsäure oder Vanadinsäure, wird das Hydrazin hauptsächlich zu Stickstoff und Wasser oxydiert. Nebenbei entsteht, zumal in stärker sauren Lösungen und mit Permanganat als Oxydationsmittel, auch Stickstoffwasserstoffsäure.

Ähnlich wie das Hydroxylamin reagiert auch das Hydrazin energisch mit salpetriger Säure. In neutraler Lösung zersetzt sich das Nitrit, $N_2H_5NO_2$, in Distickstoffoxid und Ammoniak:

$$N_2H_5NO_2 = NH_3 + N_2O + H_2O \tag{I}$$

In stark saurer Lösung entsteht Stickstoffwasserstoffsäure bis zu 95 %:

$$N_2H_5NO_2 = HN_3 + 2\,H_2O \tag{II}$$

Diese Stickstoffwasserstoffsäure wird aber von der salpetrigen Säure zerstört nach

$$HN_3 + HNO_2 = N_2 + N_2O + H_2O \tag{III}$$

so daß man höchstens 58 % Stickstoffwasserstoffsäure erhält (unter Verwendung von 16 % Phosphorsäurelösung) (F. SOMMER und H. PINKAS, 1916).

Mit Aldehyden und Ketonen reagiert Hydrazin in schwach alkalischer Lösung unter Wasserabspaltung zu Azinen und Hydrazonen, z. B. mit Benzaldehyd, C_6H_5-CHO, zu dem in Wasser unlöslichen Benzalazin, C_6H_5-CH = N—N = CH-C_6H_5 (Schmelzp. 93 °C), das zum *Nachweis des Hydrazins* dienen kann. Besonders häufig wird in der organischen Chemie anstelle von Hydrazin das Semicarbazid, H_2N-CO-NHNH$_2$, benutzt, um Aldehyde und Ketone in gut kristallisierbarer Form abzuscheiden.

Stickstoffwasserstoffsäure, HN$_3$, und Azide

Siedepunkt	+ 37 °C
Schmelzpunkt	— 80 °C

Darstellung

Die Stickstoffwasserstoffsäure wurde erstmalig von TH. CURTIUS (1890) aus Hippurazid dargestellt. Auch aus Diazoverbindungen, wie z. B. Diazoguanidinnitrat, läßt sich die Säure gewinnen. Als anorganische Ausgangsverbindungen sind das Hydrazinhydrat bzw. die Hydraziniumsalze geeignet, weil im Hydrazin schon zwei Stickstoffatome aneinandergebunden sind. Durch Umsetzung mit Äthylnitrit, mit Chlorstickstoff oder durch Oxydation mit Kaliumpermanganat, Wasserstoffperoxid und anderen Oxydationsmitteln läßt sich die Säure mit zum Teil guten Ausbeuten erhalten.

Die einfachste Darstellung der Stickstoffwasserstoffsäure und ihrer Salze, der *Azide*, beruht auf der Einwirkung von Distickstoffoxid auf Natriumamid bei 150 . . . 200 °C (W. WISLICENUS, 1892). Für die im einzelnen kompliziert verlaufende Reaktion (CLUSIUS, 1958) gilt die summarische Gleichung:

$$2\,NaNH_2 + N_2O = NaN_3 + NaOH + NH_3$$

Aus dem Natriumazid wird durch verdünnte Schwefelsäure die Stickstoffwasserstoffsäure gewonnen, die nach wiederholtem Fraktionieren bei 45 °C als 91 %ige Säure übergeht und mittels Calciumchlorid vollständig entwässert wird.

Eigenschaften

Die wasserfreie Stickstoffwasserstoffsäure ist eine wasserhelle, leicht bewegliche Flüssigkeit von sehr starkem, an Phosphorwasserstoff erinnernden Geruch, der auch bei sehr verdünnten wäßrigen Lösungen schon bemerkbar ist und eine unangenehme Schwellung der Nasenschleimhäute hervorruft, so daß man minutenlang nicht mehr imstande ist, durch die Nase zu atmen. In Mengen von 0,005 . . . 0,01 g kann die Säure bzw. ihr Natriumsalz nach wenigen Minuten die Sehkraft lähmen und tiefe Ohnmacht bewirken; doch verschwinden diese Schädigungen bei starker Atmung (nötigenfalls künstlicher) sehr bald wieder, weil das Gift im Organismus schnell zerstört wird (E. KAYSER).

Die wasserfreie Säure explodiert bei der geringsten Erschütterung mit außerordentlicher Heftigkeit, weshalb man die konzentrierte Säure nur mit großer Vorsicht handhaben darf. Auch im Dampfzustand tritt bei Berührung mit einem heißen Gegenstand oder nach Zündung durch einen Funken oder eine Flamme Explosion ein. Selbst die verdünnte Säure ist nicht ganz ungefährlich, da unter Umständen explosiver Zerfall eintreten kann. Die wäßrige Lösung der Säure entspricht in ihrer Säurestärke etwa der Essigsäure. Sie löst Metalle, wie Zink, Eisen, Magnesium und Aluminium, unter Wasserstoffentwicklung, wird aber hierbei, wie auch besonders durch Natriumamalgam, Natriumsulfid oder Eisen(II)-oxid, größtenteils zu Ammoniak und Hydrazin reduziert. Rauchende Jodwasserstoffsäure reduziert quantitativ zu Stickstoff und Ammoniak:

$$HN_3 + 2\,HJ = N_2 + NH_3 + J_2$$

Durch Oxydationsmittel, insbesondere durch Jod, läßt sich die Säure unter Umständen glatt zu Stickstoff oxydieren:

$$2\,HN_3 + J_2 = 3\,N_2 + 2\,HJ$$

Auf dieser Reaktion beruht die quantitative gasvolumetrische Bestimmung nach Raschig. Hierbei beobachtet man aber anfangs eine merkwürdige Indifferenz, so daß auf Zusatz von Jod zu einer mit Essigsäure angesäuerten Lösung des Natriumsalzes zunächst keine Reaktion erfolgt. Gibt man nun einen Tropfen einer Lösung von Natriumthiosulfat hinzu, so löst dieser augenblicklich den Vorgang aus. Der Mechanismus dieser *Thiosulfatkatalyse* ist noch nicht mit Sicherheit geklärt (F. Raschig, 1915, F. Feigl, 1928, und E. Abel, 1950).

Mit salpetriger Säure reagiert die Stickstoffwasserstoffsäure unter Bildung von Stickstoff und Distickstoffoxid:

$$HN_3 + HONO = N_2 + N_2O + H_2O$$

Diese Reaktion verläuft nach F. Sommer (1915) vollständig. Man kann auf diese Weise z. B. in der Analyse Salpetersäure von salpetriger Säure befreien.

Struktur

Durch physikalische Untersuchungen ist für die Stickstoffwasserstoffsäure eine lineare Verknüpfung der drei N-Atome im Molekül bewiesen worden (siehe S. 215). Zu dem gleichen Ergebnis hat die röntgenographische Untersuchung des N_3^--Ions in einigen Aziden geführt (W. H. Bragg und M. Barriere).

Azide

Eigenschaften

Die Azide ähneln in manchen Eigenschaften den Chloriden, so fällt z. B. aus schwach sauren Lösungen mit Silbernitrat ein käsiger Niederschlag von Silberazid aus, der dem Silberchlorid täuschend ähnlich sieht, aber zum Unterschied von diesem sich schon in verdünnter Salpetersäure auflöst. Auch das Quecksilber(I)-salz, HgN_3, und das Bleisalz, $Pb(N_3)_2$, sind wie die analogen Chloride in Wasser unlöslich bzw. schwerlöslich.

Sämtliche Azide sind thermisch instabil. Natriumazid zersetzt sich bei vorsichtigem Erwärmen auf 275 °C im Vakuum in gemäßigter Reaktion zu Natrium und Stickstoff. Beim raschen Erhitzen an der Luft versprüht es. Kalium-, Rubidium- und Cäsiumazid liefern beim thermischen Zerfall im Vakuum neben Metall und Stickstoff auch Nitride (R. Suhrmann und K. Clusius, 1926). Bariumazid verpufft schwach. Beim Ammoniumsalz ist der Zerfall schon recht heftig. Diese Verbindung verpufft heftiger als Schießpulver:

$$2\,NH_4N_3 = 3\,N_2 + H_2 + 2\,NH_3$$

Lithiumazid explodiert bei 250 °C mit lautem Knall, und die Azide der Schwermetalle, wie Silberazid, AgN_3, Quecksilberazid, HgN_3, Bleiazid, $Pb(N_3)_2$, Kupferazid, $Cu(N_3)_2$, explodieren beim Erhitzen wie auch durch Stoß und Schlag äußerst heftig. Das Bleiazid wird verwendet, um Sprengstoffe zur Detonation zu bringen. Bei der Handhabung dieses Azides ist zu beachten, daß größere Kristalle schon beim Zerbrechen explodieren können; man muß deshalb durch rasches Fällen ein kleinkristallines Pulver erzeugen. Ähnliches gilt auch für andere leicht explosive Salze.

Die heftige Detonation des Bleiazids kann man eindrucksvoll zeigen, wenn man ein 1 ... 2 mm großes Stück Bleiazid auf eine 1 mm starke Glasplatte legt, die auf beiden Seiten auf Holzblöcken gelagert ist, unter dem Bleiazidkörnchen aber frei liegt. Bei der Zündung mit einem glühenden Eisendraht schlägt das ohne jede Bedeckung aufgelegte Bleiazid ein Loch in die Glasplatte, ohne daß diese zerspringt.

Sehr gefährlich ist nach L. Birckenbach das Cadmiumazid, das schon beim Ankratzen mit einem Hornspatel äußerst heftig detoniert. Im Hochvakuum zwischen 100 und 220 °C zerfällt das Cadmiumazid im wesentlichen nach:

$$3\,Cd(N_3)_2 \rightarrow Cd_3N_2 + 8\,N_2$$

Die Explosion der Azide wie auch die der freien Säure unterscheidet sich von den Explosionen der meisten anderen Stoffe insofern, als sie auf einem Zerfall in die Elemente und nicht auf einer Verbrennung beruht. Dies mag zunächst verwunderlich erscheinen, weil man ohne Zweifel mit Recht erwartet, daß im Azid die Metall- und die Stickstoffatome mit nicht unerheblicher Kraft aneinander gebunden sind und daß die Trennung zunächst Energie verbraucht. Dieser Aufwand an Trennungsenergie wird aber überwogen durch die Bildung des Stickstoffmoleküls $N \equiv N$. Diese Verbindung ist die beständigste, die das Stickstoffatom bildet (siehe S. 107). Wenn demnach bei der Zersetzung von Stickstoffwasserstoffsäure nach der Gleichung

$$2\,HN_3 = 3\,N_2 + H_2$$

130 kcal frei werden (W. A. ROTH), so heißt das: um diesen Betrag überwiegt die Bildungsenergie von Stickstoff- und Wasserstoffmolekülen die zur Spaltung der Stickstoffwasserstoffmoleküle erforderliche Energie.

In der Explosion der Säure wie der Azide kommt schließlich nur die Energie wieder zum Vorschein, die wir für den Aufbau dieser künstlichen Gebilde aus dem trägen natürlichen Stickstoff N_2 aufwenden mußten.

Entsprechend diesem Energiegefälle ist die Stickstoffwasserstoffsäure auch in wäßriger Lösung durch Platinmohr zum katalytischen Zerfall zu bringen:

$$3\,HN_3 = 4\,N_2 + NH_3$$

Die Versuche, durch Elektrolyse der wasserfreien Säure unter Verbesserung der Leitfähigkeit durch Zusatz von Kaliumazid die Reste N_3 zum $(N_3)_2$-Molekül aneinanderzuketten, sind fehlgeschlagen. Man erhält bei der Elektrolyse nur die einfachen Stickstoffmoleküle N_2 neben Wasserstoff.

Halogenazide

Das Chlorazid, ClN_3, erhielt RASCHIG durch Ansäuern einer Lösung gleicher Moleküle Natriumazid und Natriumhypochlorit mit Essigsäure. Es entweicht ein farbloses, nach hypochloriger Säure riechendes Gas, das beim Erhitzen mit fahlblauer Flamme heftig explodiert. Als Vorlesungsversuch wird empfohlen, auf einem Holzklotz eine Messerspitze von kristallisierter Borsäure mit einigen Tropfen einer Mischung von gleichen Teilen $7^0/_0$iger Natriumazid- und Natriumhypochloritlösung zu befeuchten und das entweichende Gas mit einem Streichholz zu entzünden, worauf das Gas mit pfeifendem Knall explodiert.

Jodazid, JN_3, ist ein äußerst explosiver, hellgelber Stoff, der aus Silberazid, AgN_3, beim Schütteln mit ätherischer Jodlösung entsteht.

Cyanazid, CNN_3, aus Bromcyan und Natriumazid erhältlich, bildet farblose Nadeln, die durch Stoß oder Erhitzen auf 170 °C äußerst heftig explodieren:

$$CNN_3 = C + 2\,N_2 + 93\ kcal$$

Es sei noch das Natriumsalz der Azidothiokohlensäure, $NaSCN_3S \cdot 4\,H_2O$, erwähnt, das F. SOMMER aus Natriumazid und Schwefelkohlenstoff dargestellt hat. Dieses explodiert im wasserfreien Zustande beim Erhitzen sehr heftig, und das entsprechende Silbersalz wird schon durch die geringste Reibung zur Explosion gebracht.

Sauerstoffsäuren und Oxide des Stickstoffs

Salpetersäure, HNO₃

Siedepunkt	86 °C
Schmelzpunkt	−42 °C
Dichte	1,502 g/ml

Obwohl der Stickstoff mit dem Sauerstoff auch niedere Oxide, wie Distickstoffoxid, N_2O, Stickstoffoxid, NO, Stickstoffdioxid, NO_2, Distickstofftrioxid, N_2O_3, bildet, wollen wir zuerst das höchste Oxydationsprodukt, die Salpetersäure, behandeln, weil sie das wichtigste Oxydationsprodukt des Stickstoffs ist und weil das Studium der niederen Oxide die Kenntnis der Salpetersäure vielfach voraussetzt.

Vorkommen

Die Salze der Salpetersäure, die *Nitrate,* kommen in der Natur vor. Unter dem Namen Salpeter waren sie lange Zeit das einzige Ausgangsmaterial für die Darstellung aller Stickstoffoxide.

Ammoniumnitrat und Ammoniumnitrit finden sich in geringer Menge in den atmosphärischen Niederschlägen, wohl als Produkt der Einwirkung elektrischer Entladungen auf feuchte Luft (siehe S. 109). Ausgiebiger ist die Bildung von Nitraten bei der Verwesung stickstoffhaltiger organischer Substanzen im Boden in Gegenwart von Kationen, die starke Basen bilden, wie Natrium, Kalium oder Calcium, bei möglichst ungehindertem Luftzutritt, wie besonders in lockerem, sandigen Boden. Die Übertragung des Luftsauerstoffs auf das Ammoniak oder auf die stickstoffhaltigen Eiweißverbindungen durch salpeterbildende Bakterien, die langsame Verbrennung des Ammoniaks, findet überall an der Erdoberfläche statt, so daß man in jedem Ackerboden Nitrate nachweisen kann. Zur Anhäufung größerer Mengen ist aber neben den genannten Voraussetzungen ein trockenes, warmes Klima erforderlich, damit der entstandene Salpeter nicht vom Regen ausgewaschen wird. Auch gedeihen die salpeterbildenden Bakterien im warmen, trockenen Boden weit besser als im kalten, feuchten Boden. Deshalb finden wir Salpeterlager zumeist in tropischen oder subtropischen Gebieten.

Früher wurde der Salpeter als Kalisalpeter, KNO_3, aus Indien und China sowie aus Ägypten bezogen, wo er sich nach der Regenzeit auf kalireichen Böden in Kriställchen ansetzt. Der Name Salpeter (sal petrae $\triangleq$ Felsensalz) bringt dieses Vorkommen zum Ausdruck.

Die Bezeichnung Nitrate für die Salze sowie die pharmazeutische Benennung Acidum nitricum für die Salpetersäure, und die wissenschaftlichen Namen, wie Nitroverbindungen für die Abkömmlinge der Salpetersäure, stammen von dem lateinischen Wort nitrum. Es wurde von den Römern für mancherlei Salze, z. B. auch für die Soda, gebraucht (Näheres siehe bei Soda).

Die mächtigsten Salpeterlager, die bis zu dem Zeitpunkt, von dem an Salpetersäure synthetisch gewonnen wurde, den Bedarf der ganzen Kulturwelt deckten, befinden sich in regenlosen Teilen der Nordprovinzen von Chile: Atakama, Antofagasta und Tarapacá. Diese Lager enthalten neben Natriumchlorid, verschiedenen Sulfaten und kleineren Mengen Perchloraten sowie Jodaten im Durchschnitt 25 . . . 35 %, gelegentlich sogar bis 70 % Natriumnitrat, $NaNO_3$. Nach dem Umkristallisieren kommt dieses Material als Chilesalpeter oder Natronsalpeter in den Handel. Das Rohsalz wird Caliche genannt.

Auch in Kalifornien (Death Valley, San Bernardino) finden sich reiche Lager, desgleichen in Transkaspien (Schor Kala).

Gewinnung von Salpeter in früheren Zeiten

Zunächst genügten die aus Indien und China bezogenen Mengen Salpeter, um den geringen Bedarf des mittelalterlichen Abendlandes zu decken. Als dann gegen 1400 die Verwendung des Schießpulvers, das 70 % Salpeter enthält, zunahm, suchte man auch in Europa nach Salpeterlagern und fand sie in Ungarn, Galizien, im südlichen Rußland und in Spanien an mehreren ergiebigen Stellen. Wo diese fehlten, wie z. B. in Deutschland, Frankreich und der Schweiz, ahmte man die natürlichen Bedingungen nach und kam rein empirisch, ohne die geringsten Kenntnisse vom Wesen dieser Vorgänge zu besitzen[1]), zu so guten Erfolgen, daß in den beiden letztgenannten Ländern die Salpetergewinnung ein lohnender Zweig der Landwirtschaft wurde.

---

[1]) Bis 1800 etwa glaubte man noch vielfach, der Salpeter gehe aus dem Kochsalz durch eine Art Fäulnis hervor.

Die natürliche Salpeterbildung im Boden wurde schon vor vielen Jahrhunderten im alten mexikanischen Aztekenreich ausgenutzt: Durch Auslaugung künstlich angelegter Salpeterfelder wurde das Düngewasser für die tiefer liegenden Gärten bereitet. Diese „Salpeterbrandwirtschaft" diente später in Indien und seit etwa 1700 auch in Spanien zur Herstellung von kristallisiertem Kalisalpeter.

In der Schweiz und in Frankreich betrieb man „Salpetergruben", in denen man Kalk und lockeres Erdreich, am besten aus Heideboden, mit Dammerde, dem bakterienreichen Auslaugungsrückstand der Salpetererde, mischte und den Harn aus den Viehställen zulaufen ließ. Im Kanton Appenzell z. B. konnte man die Gruben fast jährlich auslaugen und erhielt nach Umsetzen (Brechen) mit Holzasche pro Kubikfuß Salpetererde bis zu einem halben Pfund Kalisalpeter. Aus größeren Viehställen gewann man jährlich gegen 10 Zentner Salpeter mit einem Wert von annähernd 50 Talern je Zentner (Mitte des 18. Jahrhunderts).

In Frankreich verbesserte man dieses Grubenverfahren (fosses a putréfaction) um 1750 noch dadurch, daß man die teilweise nitrifizierte Erde in die Salpeterplantagen (nitriéres) schaffte und dort, vor Regen geschützt, in Beeten mit tonigem Kalkboden bei geregeltem Luftzutritt ausreifen ließ. Durch zeitweises Begießen mit Harn, Mistjauche und Blutwasser konnte man die Ausbeuten verbessern. Als Gefäße wurden mit Vorliebe kupferne Kannen verwendet (siehe unter salpetriger Säure über Oxydation von Ammoniakwasser zu Nitrit durch Luft in Gegenwart von Kupfer).

In Deutschland bestanden vielfach die „Salpeter-Regale". Das waren Verfügungen der Landesherren, die die Landwirte zwangen, Salpetererde zu liefern, die von den mit besonderen Rechten ausgestatteten Salpetersiedern abgenommen wurde. Die Viehgehege mußten mit den aus Reisig, Stroh und Erde errichteten „Wellerwänden" umgeben werden. Die harnstoffhaltige Feuchtigkeit stieg darin kapillar empor und wurde so der Luft ausgesetzt.

Von 1820 an verschwanden allmählich die Salpeteranlagen in Europa, weil die Einfuhr von Salpeter aus Indien und dann aus Chile überhand nahm.

Über den Verbrauch an Salpeter zu Kriegszwecken gibt die folgende Tabelle von H. STAUDINGER Aufschluß:

Spanischer Erbfolgekrieg (um 1700)
> jährlich: 1000 ... 2000 t Salpeter
> täglich: etwa $1/2$ (Eisenbahn-) Wagen

Napoleon I. (um 1800):
> jährlich: 10 000 ... 20 000 t Salpeter
> täglich: etwa 3 ... 5 (Eisenbahn-) Wagen

Weltkrieg (1917):
> jährlich: 2 ... 4 Millionen t Salpeter und Salpetersäure
> täglich: etwa 500 ... 1000 (Eisenbahn-) Wagen

Darstellung der Salpetersäure

Früher (um 1300, vermutlich zuerst in Italien) stellte man Salpetersäure durch Erhitzen von natürlichem Salpeter mit Kupfervitriol und Alaun dar. Die letzteren gaben Schwefelsäure ab, durch die dann der Salpeter zersetzt wurde. Im späteren Mittelalter verwendete man hierfür bereits die freie Schwefelsäure.

Die älteren Namen für die Salpetersäure, wie Aqua dissolutiva, Aqua fortis, Aqua acuta, Spiritus nitri fumans, wurden allmählich durch die Bezeichnung Acidum nitri ersetzt, woraus dann die heutige pharmazeutische Benennung *Acidum nitricum* hervorging.

Die Zusammensetzung der Salpetersäure wurde 1784 bis 1786 von PRIESTLEY und LAVOISIER ermittelt.

Später stellte man Salpetersäure aus Natronsalpeter mittels Schwefelsäure in der Weise her, daß man auf 1 Mol Salpeter 1 Mol Schwefelsäure bei höchstens 130 °C wirken ließ:

$$NaNO_3 + H_2SO_4 = NaHSO_4 + HNO_3$$

Dieses Verfahren ist heute in der Technik von der Darstellung der Salpetersäure durch Oxydation des Ammoniaks und Umsetzung des Stickstoffoxids mit Luft und Wasser praktisch vollständig verdrängt worden (Näheres siehe dazu unter Stickstoffdioxid, S. 138).

Eigenschaften

Die Salpetersäure wird meist als konzentrierte wäßrige Lösung angewendet. *Konzentrierte Salpetersäure* mit 98 ... 99 % HNO_3 hat eine Dichte von 1,514 g/ml bei 15 °C und ist infolge Zerfalls in Stickstoffoxide gelb gefärbt. Sie raucht an der Luft, weil ihr Dampf mit dem Wasserdampf der Luft Nebel bildet. Deshalb wird sie auch rauchende Salpetersäure (Acidum nitricum fumans) genannt.

Durch Ausfrieren erhält man bei −42 °C schneeweiße Kristalle von völlig reiner Salpetersäure. Diese färbt sich aber bereits bei Zimmertemperatur und noch schneller am Licht unter Bildung von Stickstoffoxiden wieder gelb bis braunrot, so daß man absolut reine, flüssige Salpetersäure wohl niemals erhält.

Die reine Säure beginnt unter Atmosphärendruck bei 86 °C zu sieden, wobei sie teilweise in Wasser, Sauerstoff und Stickstoffoxide zerfällt, so daß im Destillat eine ungefähr 98%ige Säure erscheint. Unter vermindertem Druck von 24 Torr liegt der Siedepunkt bei 21,5 °C.

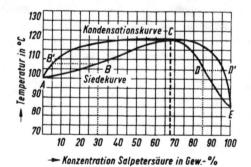

Abb. 32. Siedediagramm des Systems Wasser-Salpetersäure

In Abb. 32 ist das Siedediagramm des Systems Wasser-Salpetersäure bei Atmosphärendruck wiedergegeben. Die Punkte A und E entsprechen den Siedepunkten von reinem Wasser und reiner Salpetersäure. Alle Mischungen von Salpetersäure mit Wasser zeigen einen höheren Siedepunkt als die reine Säure. Dabei hat die Gasphase bis auf den ausgezeichneten Punkt C stets eine andere Zusammensetzung als die Flüssigkeit. Die Siedekurve (Liquiduskurve) $ABCDE$ gibt die Zusammensetzung der Flüssigkeit, die Kondensationskurve (Taupunktskurve) $AB'CD'E$ die der Gasphase, die sich mit der Flüssigkeit bei der betreffenden Temperatur im Gleichgewicht befindet. Erhitzt man z. B. eine 30%ige HNO_3-Lösung, so beginnt sie bei B zu sieden. Der Dampf dieser Säure hat aber die Zusammensetzung von B', ist also bedeutend reicher an Wasser als die ursprüngliche Säure. Dadurch konzentriert sich die Säure und ihr Siedepunkt steigt mit abnehmendem Wassergehalt, bis bei 68 % HNO_3 im Punkte C das Maximum der Siedekurve mit 120,5 °C erreicht ist. In diesem Punkt haben Flüssigkeit und Dampf die gleiche Zusammensetzung. Geht man von einer konzentrierteren Säure aus, z. B. von 85%iger Säure, so siedet diese bei D. Der mit dieser Säure im Gleichgewicht stehende Dampf ist jedoch reicher an HNO_3 (Punkt D'). Dadurch ändert sich die Zusammensetzung der Säure in Richtung auf geringere HNO_3-Gehalte und damit verbunden steigt ihr Siedepunkt kontinuierlich längs DC an.

Die bei 120 °C siedende 68%ige Säure läßt sich durch einfache Destillation ohne Zusatz wasserentziehender Mittel nicht konzentrieren. Man nennt das bei 120 °C konstant siedende Salpetersäure-Wassergemisch ein *azeotropes Gemisch*.

Die 68%ige Säure mit der Dichte 1,41 g/ml bei 15 °C ist die nichtrauchende, im anorganischen Laboratorium meist gebrauchte Form.

Zur Erzielung höherer Konzentrationen bindet man das Wasser an konzentrierte Schwefelsäure. Bei der Destillation erhält man dann die konzentrierte Salpetersäure mit 98 ... 99 %.

Die rauchende Salpetersäure wirkt äußerst stark auf die verschiedensten organischen Stoffe ein, zerstört Kork und Kautschuk sofort, erzeugt auf der Haut wie auf Wolle intensiv gelbe Flecken und zerstört tierische Gewebe so schnell, daß schon ein Tropfen solcher Säure genügt, um schmerzhafte Wunden hervorzurufen.

Salpetersäure mit mehr als 60 % HNO_3 wird besonders im Licht — mit abnehmendem Wassergehalt zusehends schneller — gespalten nach:

$$4\,HNO_3 \;\rightleftharpoons\; 4\,NO_2 + 2\,H_2O + O_2$$

Von dem in der Säure gelösten Stickstoffdioxid rührt die rötlichgelbe Farbe her, wie sie die konzentrierteren Säuren des Handels zeigen. Auch der Dampf ist dann entsprechend gefärbt.

Der rückläufige Vorgang, die Entfärbung, findet im Dunkeln bei Zimmertemperatur sehr langsam statt, indem folgende Reaktionen ablaufen:

$$2\,NO_2 + H_2O \;\longrightarrow\; HNO_2 + HNO_3 \;\text{(langsam)} \tag{I}$$

$$2\,HNO_2 \;\longrightarrow\; N_2O_3 + H_2O \;\text{(schnell)} \tag{II}$$

$$N_2O_3 \;\rightleftharpoons\; NO + NO_2 \;\text{(mit steigender Temperatur beschleunigt)} \tag{III}$$

$$2\,NO + O_2 \;\longrightarrow\; 2\,NO_2 \;\text{(im Gasraum schnell)} \tag{IV}$$

Weil das Distickstofftrioxyd, N_2O_3, in der Salpetersäure gelöst bleibt und dementsprechend auch das Stickstoffoxid, NO, nur in geringem Maße in den Gasraum tritt, wo es nach (IV) durch den Sauerstoff der Luft oxydiert wird, nimmt der Gesamtverlauf, d. h. die Entfärbung der Salpetersäure, längere Zeit in Anspruch: bei 10%igem Wassergehalt Monate, bei 30%igem Wassergehalt mehrere Tage, bei 50%igem Wassergehalt wenige Stunden, wenn man die zur Hälfte mit Luft gefüllten Flaschen im Dunkeln bei Zimmertemperatur aufbewahrt (K. A. Hofmann, 1936)

Läßt man die Dämpfe der Säure durch ein auf Rotglut erhitztes, mit porösen Tonscherben oder Bimssteinstücken gefülltes Rohr streichen, so findet vollkommener Zerfall statt, der nicht mehr von selbst zurückgeht:

$$4\,HNO_3 \;=\; 2\,N_2 + 2\,H_2O + 5\,O_2 - 0,8\,\text{kcal}$$

Die in Wasser gelöste Salpetersäure zählt zu den stärksten Säuren und ist dementsprechend in verdünnter Lösung vollständig in die Ionen NO^-_3 und H^+ dissoziiert. Die wasserfreie reine Salpetersäure besteht stattdessen zumindest zum größten Teil aus undissoziierten Molekülen $HONO_2$, die nicht sauer reagieren.

Eine besonders wichtige Eigenschaft der Salpetersäure ist ihre stark *oxydierende Wirkung*. Dabei wird sie je nach ihrer Konzentration und dem zu oxydierenden Stoff zu Stickstoffoxid (z. B. durch Kupfer bzw. Quecksilber, siehe S. 133) oder zu Distickstofftrioxid (durch Arsenik, siehe S. 137) oder zu Stickstoffdioxid reduziert.

Taucht man z. B. einen brennenden Holzspan in siedende rauchende Salpetersäure, so wird er unter heller Feuererscheinung energisch verbrannt. Auch glühende Kohlestückchen verbrennen sehr lebhaft, wenn man sie in rauchende Salpetersäure wirft. Vielfach tritt auch Selbstentzündung ein, wenn hochkonzentrierte Säure auf brennbare Stoffe, wie z. B. Holzspäne gelangt. So können sich Unglücksfälle ereignen, wenn ein Glasgefäß mit hochkonzentrierter Säure springt und die Säure auf das Holz des Bodens läuft, das dann entflammt. Bei einem solchen Brand bilden sich große Mengen Stickstoffoxide, die tödlich verlaufende Lungenaffektionen hervorrufen können.

Die meisten Metalle werden von Salpetersäure energisch oxydiert und dabei in Nitrate überführt. So lösen sich Kupfer, Zink, Blei, Quecksilber, Silber in etwa 60%iger Säure auf, wobei die meist in der Salpetersäure enthaltenen geringen Mengen von salpetriger Säure die Reaktion einleiten. Gold, Platin und Iridium werden nicht angegriffen. Man kann daher mit Salpetersäure Gold und Silber unterscheiden und trennen, worauf die frühere Bezeichnung „Scheidewasser" für die etwa 40 . . . 60%ige Säure zurückgeht.

Eigentümlicherweise werden einige sonst leicht oxydierbare Metalle, wie z. B. Eisen, Zinn, Chrom und Aluminium von hochkonzentrierter Salpetersäure nicht angegriffen. Bringt man z. B. eiserne Nägel oder granuliertes Zinn mit 68%iger Salpetersäure zusammen, so erfolgt keine Einwirkung. Gibt man aber verdünnte Säure hinzu, so wird das Eisen unter stürmischer Reaktion und Austritt von rotbraunen Dämpfen sofort gelöst oder das Zinn in ein weißes, unlösliches Pulver (Metazinnsäure) überführt.

Der Zustand, in dem sich unedle Metalle wie Edelmetalle verhalten, wird *Passivität* genannt. Sie beruht auf der Bildung einer dichten Oxidhaut, die das Metall von der Säure trennt. Diese Haut kann im Grenzfall aus nur einer Atomschicht bestehen, ist aber meist 20 . . . 100 Å dick. Die Haut bleibt aber nur unter dem überreichen Angebot der konzentrierten Säure dicht und wird schneller oder langsamer durchlässig, sobald die Säure mit Wasser verdünnt wird.

Die Passivität des Eisens und des reinen Aluminiums gegenüber der hochkonzentrierten Säure ist technisch sehr bedeutend, denn sie gestattet die Verwendung von Gefäßen aus diesen Metallen beim Arbeiten mit konzentrierter Salpetersäure.

Hochkonzentrierte Salpetersäure dient im Gemisch mit konzentrierter Schwefelsäure als *Nitriersäure* (Mischsäure) in der organischen Industrie zur Darstellung von Estern der Salpetersäure, z. B. von Nitrocellulose (Schießbaumwolle), von Celluloid und Filmen sowie von Nitroglycerin, dem wirksamen Bestandteil des Dynamits, ferner zum Nitrieren, d. h. zur Einführung der Nitrogruppe $-NO_2$. So wird das Phenol in Trinitrophenol (Pikrinsäure), das Benzol in Nitrobenzol und weiterhin in Dinitrobenzol, das Toluol in Trinitroluol (TNT), den Sprengstoff der Granaten und Bomben, übergeführt. Viele Nitroverbindungen sind Zwischenprodukte bei der Herstellung organischer Farbstoffe.

Die Welterzeugung an Salpetersäure betrug 1953 über 3 Millionen Tonnen. Die Hauptmenge dient in Form der 40- . . . 60%igen Säure zur Darstellung von Nitraten als Düngemittel sowie für Sprengstoffe (Ammonium- und Kaliumnitrat).

Nachweis

Zum Nachweis der Salpetersäure dienen die Blaufärbung mit Diphenylamin in konzentrierter Schwefelsäure, die Rotfärbung von Brucin unter derselben Bedingung, die Braunfärbung von Eisen(II)-sulfatlösung (siehe S. 136), die oxydative Entfärbung von Indigoschwefelsäure auch in verdünnter Lösung beim Erwärmen, die Fällung mit Nitronsulfat[1] als unlösliches Nitronnitrat, sowie die Reduktion zu Ammoniak mit einer Aluminium-Kupfer-Zink-Legierung (Devardasche Legierung) in alkalischer Lösung.

---

[1] Das Nitron ist eine komplizierte organische Base, nämlich Diphenylanilodihydrotriazol, $C_{20}H_{16}N_4$.

Distickstoffpentoxid, N_2O_5

Schmelzpunkt	30 °C
Siedepunkt (unter Zersetzung)	45 °C
Dichte	1,642 g/cm³

Distickstoffpentoxid (Stickstoffpentoxid, Salpetersäureanhydrid) entsteht durch Oxydation von Distickstofftetroxid, N_2O_4, mit Ozon (HELBIG), aus Silbernitrat und Chlor

$$2\,AgNO_3 + Cl_2 = 2\,AgCl + \tfrac{1}{2}\,O_2 + N_2O_5$$

(DEVILLE) oder am einfachsten durch Entwässerung von Salpetersäure mittels Phosphorpentoxid.

Die unterhalb + 8 °C farblosen, glänzenden, rhombischen Kristalle des Distickstoffpentoxids färben sich schon bei + 20 °C gelb, und oberhalb des Siedepunktes zerfällt Distickstoffpentoxid schnell in Stickstoffdioxid und Sauerstoff. Infolge dieser mit dem Zerfall verbundenen Volumenausdehnung entwickelt das Distickstoffpentoxid beim Aufbewahren in fest verschlossenen Gefäßen allmählich einen so starken Druck, daß die Gefäße schließlich zertrümmert werden.

Schwefel und Phosphor verbrennen in Gegenwart von Distickstoffpentoxid sehr heftig, weil Distickstoffpentoxid viel und nur locker gebundenen Sauerstoff enthält.

Mit konzentrierter Salpetersäure bildet Distickstoffpentoxid eine kristallisierbare Verbindung, $2\,HNO_3 \cdot N_2O_5$, mit der in der organischen Chemie Nitrierungen erzwungen werden können, die mit dem Salpetersäure-Schwefelsäure-Gemisch nicht erreichbar sind, z. B. Trinitrobenzol aus Dinitrobenzol.

Mit Wasser vereinigt sich das Pentoxid als Anhydrid der Salpetersäure sehr energisch:

$$N_2O_5 + viel\,Wasser = 2\,HNO_{3\,wäßrig} + 16\,kcal$$

Allgemein zeichnen sich die Anhydride starker Säuren vor denen schwacher Säuren durch große Verbindungswärme mit Wasser aus.

Als Gas und in Tetrachlorkohlenstofflösungen liegt Distickstoffpentoxid als symmetrisches Molekül $O_2N-O-NO_2$ mit einer Sauerstoffbrücke vor. Die Struktur des festen Pentoxids ist im Sinne eines Nitrylnitrates, $NO_2^+NO_3^-$, zu deuten (E. GRISON und DE VRIES, 1950).

Stickstoffperoxid, NO_3

Ein weißes Stickstoffperoxid hat R. SCHWARZ durch Glimmentladung in einem Gemisch von Stickstoffdioxid, NO_2, und überschüssigem Sauerstoff bei niederem Druck erhalten, das die

Struktur $O=N{\Large\langle}{\overset{O}{\underset{O}{|}}}$ besitzt. Es ist nur bei sehr tiefen Temperaturen beständig. Nach

H. I. SCHUMACHER entsteht das Stickstoffperoxid auch in schneller Reaktion aus Stickstoffdioxid und Ozon nach $NO_2 + O_3 = NO_3 + O_2$. Mit weiterem Stickstoffdioxid bildet sich sofort Stickstoffpentoxid nach $NO_3 + NO_2 = N_2O_5$.

Distickstoffoxid, N_2O

Schmelzpunkt	−102 °C
Siedepunkt	− 89 °C
Kritische Temperatur	+ 36 °C
Kritischer Druck	72 atm
Dichte beim Siedepunkt	1,2257 g/ml

Distickstoffoxid (früher als Stickoxydul bezeichnet) entsteht bei der Reduktion der höheren Oxide mittels feuchter Eisenfeilspäne oder auch durch Zinkspäne, Zinn(II)-

chlorid, Schwefelwasserstoff, schweflige Säure in Gegenwart von Platinschwarz, ebenso durch Kochen von 10 Teilen rauchender Salzsäure mit 1 Teil Salpetersäure (Dichte 1,38 g/ml) und 5 Teilen kristallisiertem Zinn(II)-chlorid. Auch aus Zink und verdünnter Salpetersäure bildet sich neben anderen Reduktionsprodukten reichlich Distickstoffoxid. Die zum Teil quantitativen Umsetzungen komplizierter Stickstoffverbindungen, wie Hydroxylamin, Hydrazin, Stickstoffwasserstoffsäure, aus denen man mittels Nitrit Distickstoffoxid darstellen kann, sind schon besprochen worden.

Die am meisten gebräuchliche Darstellungsmethode des Distickstoffoxids beruht auf der Zersetzung von Ammoniumnitrat nach der Gleichung:

$$NH_4NO_3 = N_2O + 2 H_2O_{gas} + 9 \, kcal$$

Man schmilzt das trockene Salz vorsichtig in einer geräumigen Retorte mit Hilfe einer Bunsenbrennerflamme und erhitzt es dann bis zur Gasentwicklung, die bei 170 °C beginnt. Ist die Gasentwicklung im Gange, entfernt man die Flamme, weil der Prozeß Wärme entwickelt und deshalb, namentlich bei größeren Mengen, längere Zeit von selbst weitergeht. Läßt die Gasentwicklung nach, dann belebt man sie wieder mit der Flamme, vermeidet aber stellenweise Überhitzung, weil diese zu einem explosionsartigen Verlauf der Zersetzung führen kann. Erhitzt man z. B. einige Kriställchen Ammoniumnitrat in einem Reagensglas mittels eines starken Gebläsebrenners (Teclubrenner), so geht die Gasentwicklung plötzlich in eine lebhafte Verbrennung über, und es schießt aus den sich zersetzenden Teilchen eine fauchende gelbe Stichflamme hervor. Dieser Vorgang läßt sich besonders in Gegenwart leicht verbrennbarer Stoffe bis zur Detonation steigern. Hierauf beruht die Verwendung von Ammoniumnitrat in der Sprengstofftechnik.

Ein einfaches Verfahren zur Darstellung von Distickstoffoxid ist auch die stürmische Umsetzung von Amidosulfonsäure mit wasserfreier Salpetersäure nach

$$HNO_3 + NH_2SO_3H = N_2O + H_2SO_4 + H_2O$$

Weil sich das Distickstoffoxid in Wasser reichlich löst (1 Vol. Wasser löst bei 10 °C 0,88 Vol., bei 15 °C 0,74 Vol., bei 20 °C 0,63 Vol.), fängt man das Gas über einer Kochsalzlösung oder über Kalilauge auf. Alkohol eignet sich zur Absorption des Gases bei gasanalytischen Arbeiten, da 1 Vol. bei 18 °C 3 Vol. löst.

Distickstoffoxid ist ein farbloses Gas von schwachem, angenehm süßlichem Geruch und Geschmack. In größeren Mengen eingeatmet, ruft es beim Menschen einen rauschartigen Zustand hervor, der sich individuell verschieden in Heiterkeit, Lachlust, Ideenflug bis zur Tollheit äußern kann. Wegen dieser Eigenschaften wird Distickstoffoxid auch Lachgas genannt. Außerdem setzt das Gas das Empfindungsvermögen herab. Es dient deshalb im Gemisch mit Sauerstoff bei Operationen als Narkotikum. Distickstoffoxid kann den Sauerstoff bei der Atmung keineswegs ersetzen, obwohl 2 Vol. Distickstoffoxid so viel Sauerstoff enthalten wie 5 Vol. Luft, da es in den Lungen nicht in Sauerstoff und Stickstoff gespalten, sondern ungespalten aufgenommen wird.

Wohl aber unterhält Distickstoffoxid die Verbrennung von Kohle, Phosphor, Magnesium, Natrium und Kalium merklich lebhafter als Luft. Ein glimmender Span entzündet sich in dem annähernd trockenen Gas in den meisten Fällen. Wasserstoff, mit dem gleichen Volumen Distickstoffoxid gemischt, verpufft beim Entzünden. Dabei bildet sich Wasser und Stickstoff. Das Volumen des entstehenden Stickstoffs ist gleich dem des eingesetzten Distickstoffoxids:

$$N_2O + H_2 = N_2 + H_2O$$

Aus dieser Reaktion ergibt sich die Formel des Distickstoffoxids.

Ebenso hinterbleibt beim Verbrennen von Natrium oder Kalium in Distickstoffoxid das gleiche Volumen Stickstoff. Auch Ammoniak, Kohlenmonoxid, Cyan, Schwefelwasserstoff und Phosphorwasserstoff können, mit Distickstoffoxid gemengt, zur Verpuffung und selbst zur Explosion gebracht werden.

Das Distickstoffoxid ist in bezug auf die Elemente Stickstoff und Sauerstoff eine endotherme Verbindung und zerfällt unter der Einwirkung elektrischer Funken oder beim Leiten durch ein auf Rotglut erhitztes Rohr unter Wärmeentwicklung größtenteils nach:

$$2\,N_2O \;=\; 2\,N_2 + O_2 + 39\,kcal$$

Zwischen 700 °C und 1350 °C entsteht auch Stickstoffoxid in steigendem Maß bis zu 20 % (E. BRINER).

Mit Wasser vereinigt sich Distickstoffoxid nur zu einem unbeständigen Hydrat $N_2O \cdot 6\,H_2O$; alkoholisches und wäßriges Alkali, selbst Natronkalk bei 300 °C reagieren mit Distickstoffoxid nicht. Erst bei Rotglut wirkt Kaliumhydroxid unter Bildung von Kaliumnitrit, Ammoniak und Sauerstoff ein. Katalytisch, z. B. durch Nickel aktivierter Wasserstoff reduziert das Oxid glatt zu Stickstoff und Wasser ohne Bildung von Ammoniak oder Hydrazin.

Distickstoffoxid unterscheidet sich von Sauerstoff oder Stickstoffoxid dadurch, daß sich Distickstoffoxid weder mit Stickstoffoxid noch mit Sauerstoff verbindet, während diese untereinander rotbraunes Stickstoffdioxid, NO_2, bilden.

Früher deutete man die Struktur des Distickstoffoxids entsprechend einer symmetrischen Anordnung der Atome NON. Die nahen Beziehungen zur Stickstoffwasserstoffsäure (siehe dort, A. ANGELI) führten dann zu der unsymmetrischen Formel NNO, die jetzt auch durch Ultrarotspektren bestätigt worden ist (siehe S. 215).

Stickstoffoxid, NO

Schmelzpunkt	$-163,6$ °C
Siedepunkt	-152 °C
Kritische Temperatur	$-\ 93,5$ °C
Kritischer Druck	64 atm

Darstellung im Laboratorium

Stickstoffoxid (Stickstoffmonoxid, Stickoxid) entsteht bei der Reduktion von Salpetersäure bzw. von Nitraten oder Nitriten in saurer Lösung, z. B. mit Eisen(II)-salzen, Schwefeldioxid oder Metallen, wie Kupfer und Blei. Im Laboratorium stellt man Stickstoffoxid meist aus Kupferspänen und Salpetersäure (Dichte 1,2 g/ml) dar und leitet das Gas durch Wasser und verdünnte Kalilauge:

$$3\,Cu + 2\,\overset{+5}{H}NO_3 + 6\,H^+ \;=\; 3\,Cu^{2+} + 2\,\overset{+2}{N}O + 4\,H_2O$$

Noch einfacher erhält man Stickstoffoxid durch Zersetzen von Natriumnitrit mit verdünnter Schwefelsäure im Kippschen Apparat:

$$3\,\overset{+3}{N}O_2^- + 2\,H^+ \;=\; 2\,\overset{+2}{N}O + \overset{+5}{N}O_3^- + H_2O$$

Völlig reines Stickstoffoxid entsteht beim Schütteln einer Lösung von Salpetersäure, salpetriger Säure, deren Salzen oder Estern in konzentrierter Schwefelsäure mit Quecksilber. Dieses wird dabei zu Quecksilber(I)-sulfat, Hg_2SO_4, oxydiert und reduziert die höheren Stickstoffoxide oder ihre Verbindungen quantitativ zu Stickstoffoxid, NO:

$$2\,HNO_3 + 6\,Hg + 6\,H^+ \;=\; 2\,NO + 3\,Hg_2^{2+} + 4\,H_2O$$

Auf Grund dieser Reaktion bestimmt man den Gehalt von Salpetersäure, salpetriger Säure, deren Salzen usw. im Nitrometer nach LUNGE (Abb. 33). Hierzu bringt man zuerst konzentrierte Schwefelsäure durch den Hahntrichter und dann die zu bestimmende

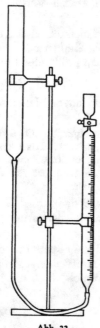

Abb. 33.
Nitrometer nach LUNGE
zur Bestimmung von
Nitraten und Nitriten

Lösung in konzentrierter Schwefelsäure über das Quecksilber
und bewirkt schließlich durch Schütteln den Umsatz.

Da 1 Mol gasförmiges Stickstoffoxid, NO, ($\approx$ 30 g) bei 0 °C
und 760 Torr 22,41 l Raum einnimmt und 1 Mol NO aus 1 Mol
HNO_3 bzw. aus 1 Mol NO_3^--Ion stammt, erfährt man so aus
der Volumenzunahme die Menge der Salpetersäure usw. in dem
analysierten Material.

Gewinnung durch Luftverbrennung

Da sich das Stickstoffoxid mit Luft und Wasser leicht in Salpetersäure überführen läßt, hat man früher der Gewinnung von
Stickstoffoxid aus Stickstoff und Sauerstoff, die als Bestandteile
der Luft ausreichend zur Verfügung stehen, großes Interesse
entgegengebracht.

Das Stickstoffoxid ist in bezug auf die Elemente Stickstoff und
Sauerstoff eine endotherme Verbindung und kann nach

$$2 NO = N_2 + O_2 + 43,2 \text{ kcal}$$

zerfallen. Dieser Zerfall beginnt bei 700 °C merklich, verläuft
bei 1600 °C schnell und wird durch elektrische Funken oder
durch einen glühenden Eisendraht sehr beschleunigt. BERTHELOT
konnte durch eine detonierende Knallquecksilberpille eine fortschreitende Verpuffung des Gases erreichen. Untersuchungen
von MUTHMANN und HOFER sowie insbesondere von NERNST
ergaben, daß sich bei hohen Temperaturen ein Gleichgewichts-
zustand entsprechend der umkehrbaren Reaktion $2 NO \rightleftharpoons N_2 + O_2$ einstellt. Dieses
Gleichgewicht wird bei sehr hohen Temperaturen nicht nur von der linken, sondern auch
von der rechten Seite aus schnell erreicht.

Nach dem Prinzip vom kleinsten Zwang (siehe S. 50) wird sich bei der Synthese von
Stickstoffoxid aus den Elementen mit steigender Temperatur das Gleichgewicht im Sinne
des Wärmeverbrauchs, also im Sinne der Stickstoffoxidbildung verschieben, weil die
Bildungswärme von 1 Mol NO $-21,6$ kcal beträgt.

Umgekehrt wird Abkühlung durch Wärmeentwicklung von seiten des Systems pariert
werden. Das führt zum Zerfall von Stickstoffoxid, weil hierbei für 1 Mol Stickstoffoxid
21,6 kcal entwickelt werden.

Will man demnach aus der Luft Stickstoffoxid erhalten, so muß man die extrem hohen
Temperaturen des Lichtbogens zu Hilfe nehmen und dafür sorgen, daß das stickstoff-
oxidhaltige Gas möglichst schnell auf unter 1500 °C gebracht wird, damit im Temperaturgefälle möglichst wenig Stickstoffoxid wieder in Stickstoff und Sauerstoff zerfallen
kann.

Nimmt man als Temperatur des Lichtbogens 4000 °C an, so führt das Gleichgewicht zu
etwa 10 % Stickstoffoxid. Dieses zerfällt aber beim Abkühlen im Temperaturbereich abwärts bis 2000 °C so schnell in Stickstoff und Sauerstoff, daß nach 5 s bei 2100 °C nur
noch 0,8 Vol.-% verbleiben. Man muß deshalb versuchen, das Gas von der hohen
Temperatur so schnell abzukühlen, daß die Zerfallsgeschwindigkeit des Stickstoffoxids
überholt wird, d. h. man versucht, das Gleichgewicht einzufrieren. Erst unterhalb 1500 °C
spielt die Zerfallsgeschwindigkeit keine Rolle mehr. Praktisch erreicht man aber eine so
schnelle Abkühlung nicht, es findet vielmehr ein bedeutender Verlust an Stickstoffoxid

statt, und man erzielte schließlich in den besten Anlagen nach dem Abkühlen nur 3 . . . 3,5 Vol.-%.

Durch besondere Ausbildung des Lichtbogens (Hörnerelektroden nach PAULING, Schönherrscher Ofen, elektrische Sonne nach BIRCKELAND und EYDE) hat man versucht, bei möglichst großem Durchsatz an Luft das gesamte Gas durch den Lichtbogen zu treiben.

Von der aufgewendeten Stromenergie werden bei der Luftverbrennung etwa 3 % zur Bildung von Stickstoffoxid genutzt. Die Ausbeuten, auf reine Salpetersäure berechnet, betragen nach dem Verfahren von BIRKELAND und EYDE für 1 kWh 70 g. Bei billigen elektrischen Energiequellen wie sie die Wasserkräfte in Notodden (Norwegen) bieten, erscheint dieses Verfahren auf den ersten Blick hin vorteilhaft. Man kann jedoch nur stark verdünnte Salpetersäure erzeugen, weil infolge der geringen Konzentration der Gase an Stickstoffoxid große Gasmengen durch die Absorptionsanlagen ziehen müssen, die deshalb das Stickstoffoxid nur bei Anwesenheit von viel Wasser annähernd vollständig aufnehmen können. Deshalb stellte man in Notodden aus der verdünnten Säure durch Neutralisation mit Kalk den Kalksalpeter, $Ca(NO_3)_2$, dar, der unter dem Namen Norgesalpeter als Düngemittel verwendet wurde.

Heute sind alle Verfahren zur Luftverbrennung stillgelegt. Die großen Anlagen der Norsk Hydro in Notodden, die früher nach dem Verfahren von BIRKELAND und EYDE arbeiteten, haben ihren Betrieb auf die Ammoniakoxydation umgestellt.

Die für die Herstellung der Salpetersäure erforderlichen großen Mengen von Stickstoffoxid werden heute praktisch nur noch durch Oxydation von Ammoniak mittels Luft an Platinkontakten gewonnen (siehe unter Ammoniak). Dieses Verfahren liefert viel konzentrierteres Stickstoffoxid, weil ja das Ammoniak fast quantitativ in dieses übergeht. Es ist deshalb leichter, aus diesen Gasen eine stärkere Salpetersäure zu gewinnen, als aus den Gasen der elektrischen Luftverbrennung.

Da die Bildung von Stickstoffoxid aus Stickstoff und Sauerstoff nur bei hoher Temperatur stattfindet, läßt sich voraussehen, daß auch bei der Verpuffung von Sauerstoff-Stickstoff-Wasserstoffgemengen Stickstoffoxid entsteht. In der Tat beobachtet man hierbei die Bildung von Quecksilbernitratkriställchen, wenn das Gas über Quecksilber abgesperrt wird. Diese Erscheinung führt bei allen auf der Verpuffung von Wasserstoff-Luftgemischen beruhenden Bestimmungsmethoden des Wasserstoffs zu Fehlern.

Eigenschaften

Das Stickstoffoxid ist ein farbloses Gas, dessen Dichte zu dem Molekulargewicht von rund 30 führt. Dies entspricht der Formel NO.

1 Vol. Wasser nimmt bei 0 °C nur 0,074 Vol., bei 10 °C 0,057 Vol. und bei 20 °C 0,047 Vol. Stickstoffoxid auf. Gesättigte Natriumchloridlösung sowie 30%ige Kalilauge lösen das Gas zunächst nicht merklich auf, wirken aber im Laufe mehrerer Tage zersetzend auf Stickstoffoxid.

Stickstoffoxid verbindet sich bei Temperaturen unter + 150 °C mit gasförmigem molekularem Sauerstoff zu Stickstoffdioxid, NO_2. Läßt man z. B. das farblose Gas aus einem Nitrometer an die Luft entweichen, so treten die charakteristischen rotbraunen Dämpfe von Stickstoffdioxid auf. Solange noch überschüssiges Stickstoffoxid vorhanden ist, reagiert es teilweise mit dem Stickstoffdioxid nach der Gleichung:

$$NO + NO_2 \rightleftharpoons N_2O_3$$

Leitet man trockenes Stickstoffoxid in flüssigen Sauerstoff, so scheiden sich in der Flüssigkeit grünlich gefärbte Flocken ab, die schon wenig oberhalb —180 °C überwiegend in Sauerstoff und das tiefblaue Distickstofftrioxid, N_2O_3, zerfallen und in denen nach SEEL (1952) vielleicht mit Distickstofftrioxid gemischtes gelbes Dinitrosylperoxid, $(NO)_2O_2$, vorliegt.

Von angesäuerter Kaliumpermanganatlösung wird Stickstoffoxid glatt zu Salpetersäure oxydiert, desgleichen durch andere starke Oxydationsmittel, wie Chromsäure oder hypochlorige Säure.

Obwohl das Stickstoffoxid prozentual weit mehr Sauerstoff enthält als die Luft und auch mehr als das Distickstoffoxid, erlischt doch brennender Schwefel in dem Gas sofort. Bedenkt man hierbei, daß Stickstoffoxid, falls es oxydierend wirkt, seinen Sauerstoff unter Wärmeentwicklung (für 1 Mol NO + 21,6 kcal) abgibt und dadurch die Verbrennungswärme gegenüber der in freiem Sauerstoff erzielten gesteigert wird, so erkennt man an dem Verlöschen der Schwefelflamme, daß man aus der schließlich frei werdenden Wärmemenge nicht den Eintritt einer Reaktion vorhersehen kann (siehe auch die Beständigkeit von Knallgas bei niederen Temperaturen). Wenn aber die Reaktion eintritt, was von bis jetzt meist noch unbekannten Bedingungen abhängt, dann muß sich natürlich die Wärmeentwicklung geltend machen. So verbrennen Kohle, Phosphor oder Magnesium im Stickstoffoxid mit glänzender Lichtentwicklung. Bringt man in einen über Natriumchloridlösung mit Stickstoffoxid gefüllten, verschließbaren Glaszylinder einige Tropfen Schwefelkohlenstoff, CS_2, schüttelt um und hält dann an die Mündung einen brennenden Span, so brennt in dem Zylinder, von oben nach unten mit mäßiger Geschwindigkeit fortschreitend, eine blendende bläulich-weiße Flamme, die sehr viel chemisch wirksame violette und ultraviolette Strahlen aussendet.

Salzsaure Zinn(II)-chloridlösung und katalytisch aktivierter Wasserstoff reduzieren Stickstoffoxid zu Ammoniak und Hydroxylamin, NH_2OH, Chrom(II)-salze reduzieren in neutraler Lösung zu Ammoniak, in saurer zu Hydroxylamin.

Nachweis

Zum Nachweis von Stickstoffoxid dient außer der Bildung von rotbraunen Stickstoffdioxiddämpfen mit dem Sauerstoff der Luft besonders die intensiv braune bis braunviolette Färbung, die das Gas in Eisen(II)-sulfatlösungen hervorruft. Hierbei entstehen braune Additionsverbindungen von Nitrosyleisen(II)-sulfat, $[FeNO]SO_4$, die statt des Eisen(II)-Ions das komplexe Ion, $[FeNO]^{2+}$, enthalten. Kristallisiert dargestellt wurde Nitrosyleisen(II)-monohydrogenphosphat, $[FeNO]HPO_4$, (MANCHOT). Die interessanten Stickstoffoxid-Schwefel-Eisensalze werden erst unter Eisen besprochen.

In Gegenwart von viel freier Schwefelsäure erscheint die Färbung mehr violett bis amethyst. Hierauf beruht der übliche Nachweis von Salpetersäure oder salpetriger Säure. Man mischt die Substanz oder ihre wäßrige Lösung mit konzentrierter Schwefelsäure, läßt erkalten und schichtet dann vorsichtig, ohne durchzumischen, eine ziemlich gesättigte Eisen(II)-sulfatlösung oben auf. Mit salpetriger Säure erscheint sofort an der Berührungszone der beiden Lösungen ein brauner bis braunvioletter Ring, der dadurch entsteht, daß durch die reduzierende Wirkung des Eisen(II)-salzes Stickstoffoxid gebildet wird, das sich an das noch unveränderte überschüssige Eisen(II)-sulfat anlagert.

Mit Salpetersäure dauert der Eintritt der Färbung längere Zeit. Er kann durch kleine Mengen von Chloriden sehr beschleunigt werden.

Erwärmt man diese Stickstoffoxid-Eisen(II)-salzlösungen, so entweicht das Stickstoffoxid. Hierauf beruht eine der obenerwähnten Darstellungsmethoden dieses Gases.

Auch Kupfer(II)-sulfat-, Kupfer(II)-chlorid- und Kupfer(II)-bromidlösungen bilden mit Stickstoffoxid im Verhältnis 1 Cu : 1 NO dunkelviolette Lösungen, und zwar Kupfer(II)-sulfat in konzentrierter Schwefelsäure, die beiden anderen Salze am besten in absolutem Alkohol gelöst (W. MANCHOT).

Von Hämoglobin (dem Blutfarbstoff) wird Stickstoffoxid unter Bildung einer Verbindung absorbiert, die dieselbe Kristallform und dasselbe Absorptionsspektrum wie das Sauerstoffhämoglobin zeigt.

Distickstofftrioxid, N_2O_3

Schmelzpunkt	−111 °C
Dichte bei −4 °C	1,456 g/ml

Distickstofftrioxid (Salpetrigsäureanhydrid, früher auch Stickstoffsesquioxid[1]) entsteht bei der Vereinigung von Stickstoffoxid mit Stickstoffdioxid (siehe unter Stickstoffoxid). Zur Darstellung läßt man Salpetersäure von der Dichte 1,35 g/ml auf grob gepulvertes, glasiges Arsentrioxid (Arsenik), As_2O_3, tropfen und verdichtet die tiefrotbraunen Dämpfe in einer mit Eis und Natriumchlorid stark gekühlten Vorlage. Dabei sammelt sich das Distickstofftrioxid als indigoblaue Flüssigkeit an. Sie beginnt schon bei $-10\,°C$ zu zerfallen, und bei $-2\,°C$ entweicht unter Schäumen Stickstoffoxid, während Stickstoffdioxid zurückbleibt. Später verdampft auch dieses, und man erhält bei gewöhnlicher Temperatur überwiegend nur ein gasförmiges Gemisch von Stickstoffoxid und Stickstoffdioxid, das sich trotz diesem Zerfall vielfach so wie die Verbindung N_2O_3 verhält, weil sich ein Gleichgewichtszustand: $N_2O_3 \rightleftharpoons NO + NO_2$ einstellt, in dem bei 15 °C die rechte Seite schon sehr stark begünstigt ist. Alkalilaugen nehmen dieses Gemisch unter Bildung von Nitrit schnell auf, weil Distickstofftrioxid sofort reagiert nach

$$N_2O_3 + 2\,NaOH = 2\,NaNO_2 + H_2O$$

und das Distickstofftrioxid nach Maßgabe dieses Verbrauches aus Stickstoffoxid und Stickstoffdioxid nachgeliefert wird. Ähnlich reagiert auch Anilin in saurer Lösung mit dem Gasgemisch unter Bildung von Diazoniumchlorid nach der Gleichung:

$$2\,C_6H_5NH_2 + N_2O_3 + 2\,HCl = 2\,[C_6H_5-N\equiv N]Cl + 3\,H_2O$$

In eiskaltem Wasser löst sich Distickstofftrioxid vorübergehend zu einer blauen Flüssigkeit, die unter Stickstoffoxidentwicklung in Salpetersäure übergeht:

$$3\,\overset{+3}{N_2O_3} + H_2O = 2\,\overset{+5}{H}NO_3 + 4\,\overset{+2}{N}O$$

Mit konzentrierter Schwefelsäure entsteht die Nitrosylschwefelsäure:

$$2\,H_2SO_4 + N_2O_3 = 2\,NO(SO_4H) + H_2O$$

Der Name Salpetrigsäureanhydrid für N_2O_3 geht darauf zurück, daß dieses Oxid beim Zerfall der salpetrigen Säure vorübergehend auftritt (siehe S. 140). Als Anhydrid dieser Säure sollte es die Struktur $O = N-O-N = O$ haben und farblos wie die salpetrige Säure und ihre Ester ONOR sein. Die intensiv blaue Farbe spricht dagegen für die Konstitution $ON-NO_2$, da die nicht an Sauerstoff gebundene Nitrosogruppe ON— auch sonst vielfach farbgebend wirkt (H. WIELAND).

Stickstoffdioxid, NO_2, und Distickstofftetroxid, N_2O_4

Schmelzpunkt	$-9\,°C$
Siedepunkt	$+21{,}3\,°C$
Dichte bei $-5\,°C$	$1{,}504$ g/ml
Dichte bei $0\,°C$	$1{,}491$ g/ml

Darstellung

Stickstoffdioxid entsteht aus Stickstoffoxid durch Vereinigung mit Sauerstoff

$$2\,NO + O_2 = 2\,NO_2$$

und aus Distickstofftrioxid, N_2O_3, beim Einleiten von Sauerstoff.

Zur Darstellung erhitzt man Bleinitrat in einer Retorte und fängt die Dämpfe in einer mit Eis und Natriumchlorid gekühlten Vorlage auf:

$$2\,Pb(NO_3)_2 = 2\,PbO + 4\,NO_2 + O_2$$

---

[1] Die Bezeichnung Stickstoffsesquioxid, zu deutsch Stickstoffanderthalboxid, drückt aus, daß auf 1 Stickstoffatom $1^1/_2$ Atome Sauerstoff treffen.

Eigenschaften

Stickstoffdioxid ist bei etwas erhöhter Temperatur ein rotbraunes Gas, das ein charakteristisches Absorptionsspektrum gibt. Im Spektralapparat sieht man eine große Zahl schwarzer Linien, die regelmäßig zu Bändern gruppiert das Spektrum durchsetzen, und zwar vom Rotgelb an mit gegen das violette Ende zunehmender Häufigkeit. Ein solches Spektrum nennt man ein Bandenspektrum. Die größte Intensität dieser Lichtabsorption beobachtet man bei $+100\,^{\circ}C$ ... $+150\,^{\circ}C$, beim Abkühlen wird der Dampf heller, bei $+21\,^{\circ}C$ verdichtet er sich unter Atmosphärendruck zu einer rotbraunen Flüssigkeit, die bei $+15\,^{\circ}C$ gelblich-rot, bei $10\,^{\circ}C$ gelb erscheint und unterhalb $-9\,^{\circ}C$ farblose Kristalle bildet.

Wie aus der mit sinkender Temperatur schnell zunehmenden Dampfdichte hervorgeht, beruht diese Änderung der Farbintensität auf der Bildung von Doppelmolekülen N_2O_4, dem *Distickstofftetroxid*.

In den Kristallen wie auch in der Flüssigkeit unterhalb $0\,^{\circ}C$ sind nur die farblosen N_2O_4-Moleküle vorhanden, die bei höherer Temperatur fortschreitend in die tiefrotbraun gefärbten einfachen Moleküle NO_2 zerfallen. Der nach der Gleichung $N_2O_4 \rightleftharpoons 2\,NO_2$ sich einstellende Gleichgewichtszustand verschiebt sich mit steigender Temperatur nach der rechten Seite, so daß bei $+64\,^{\circ}C$ und 760 Torr die Hälfte als N_2O_4, die Hälfte als NO_2 vorhanden ist und bei $+150\,^{\circ}C$ und 760 Torr der Zerfall in NO_2-Moleküle praktisch vollständig geworden ist. Weil diese Spaltung eine Vergrößerung des Volumens bewirkt, muß sie mit zunehmendem Druck abnehmen.

Die Bildung des Stickstoffdioxids aus Stickstoffoxid und Sauerstoff verläuft exotherm:

$$NO + \tfrac{1}{2}O_2 = NO_2 + 13{,}6\ kcal$$

Deshalb zerfällt Stickstoffdioxid bei Temperaturerhöhung wieder in Stickstoffoxid und Sauerstoff. Diese Spaltung beginnt bei $150\,^{\circ}C$ und ist bei $620\,^{\circ}C$ vollständig. Sie wird auch durch Licht von $\lambda < 4078$ Å bewirkt.

Stickstoffdioxid ist ein sehr kräftiges Oxydationsmittel, entzündet z. B. Kalium, verbrennt Wasserstoff beim Überleiten über Platin und wird hierbei bis zu Ammoniak reduziert. Auch Kohle, Schwefel und Phosphor können in Stickstoffdioxid lebhaft verbrennen. Ein Gemisch von Stickstoffdioxid mit Schwefelkohlenstoff explodiert nach geeigneter Zündung äußerst heftig und wurde auch versuchsweise als Sprengstoff verwendet. Die im Vergleich mit reiner Salpetersäure gesteigerte Oxydationswirkung der roten rauchenden Salpetersäure beruht auf der Gegenwart dieses Stickstoffdioxids.

Von fein verteiltem Kupfer wird Stickstoffdioxid lebhaft aufgenommen. Dabei bildet sich eine dunkelbraune, lockere Masse. Dieses sogenannte Nitrokupfer ist keine chemische Verbindung, sondern ein Adsorbat von Stickstoffdioxid an Kupfer(I)-oxid, Cu_2O, das bei Oxydation des Kupfers durch Stickstoffdioxid zunächst entsteht (A. Klemenc sowie J. R. Park).

Alkalihydroxide bilden mit Stickstoffdioxid Nitrit und Nitrat im wesentlichen nach der Gleichung:

$$2\,NO_2 + 2\,OH^- = NO_2^- + NO_3^- + H_2O$$

Diese Reaktion verläuft viel langsamer als die Bildung von Nitrit aus dem Gemisch von Stickstoffoxid und Stickstoffdioxid mit Alkalilauge (siehe bei Distickstofftrioxid).

Technische Darstellung der Salpetersäure

Gibt man zu den Kristallen von Distickstofftetroxid bei $-20\,^{\circ}C$ wenig Wasser, so tritt eine tiefgrüne Färbung auf, und es bilden sich zwei Schichten, eine obere schwachgrüne, die im wesentlichen aus Salpetersäure besteht, und eine untere tiefgrüne, die bei etwas mehr Wasser tiefblau wird und in Distickstofftrioxid, N_2O_3, übergeht. Durch reichlichen Wasserzusatz geht dieses Oxid in Salpetersäure und Stickstoffoxid über.

Im Endeffekt reagiert demnach Stickstoffdioxid mit Wasser nach der Gleichung

$$\overset{+4}{3\,NO_2} + H_2O = \overset{+5}{2\,HNO_3} + \overset{+2}{NO}$$

Weil das Stickstoffoxid mit gasförmigem Sauerstoff wieder das Dioxid bildet, gelangt man vom Stickstoffoxid in Gegenwart von Wasser und Luft schließlich zur Salpetersäure. Für diesen Vorgang, auf dem die technische Darstellung der Salpetersäure beruht, lautet die summarische Gleichung:

$$4\,NO + 3\,O_2 + 2\,H_2O = 4\,HNO_3$$

Um im Laboratorium die Bildung von Salpetersäure aus Stickstoffoxid zu zeigen, füllt man einen Glaszylinder über Wasser mit Stickstoffoxid, verschließt die Öffnung mit einer Glasplatte und stellt den Zylinder über einen zweiten gleich großen, der etwas Wasser enthält und mit Sauerstoff gefüllt ist, so daß die Glasplatte zwischen den beiden Öffnungen liegt. Zieht man diese trennende Glasplatte fort und achtet darauf, daß die Ränder der Gefäße dicht aufeinanderliegen, so bilden die beiden Gase zunächst tiefrotbraunes Stickstoffdioxid, das nach einiger Zeit verschwindet, während das Wasser in Salpetersäure übergeht.

Die Lebhaftigkeit dieses Vorganges läßt sich in demselben Apparat zeigen, der zur Vorführung der Löslichkeit von Ammoniak in Wasser dient (Abb. 29). Man füllt die obere, innen feuchte Flasche mit Stickstoffoxid, den unteren Zylinder mit durch Lackmus blaugefärbtem Wasser und leitet durch das seitliche Rohr in die obere Flasche langsam Sauerstoff ein. Die sofort auftretenden rotbraunen Dämpfe von Stickstoffdioxid werden von der Feuchtigkeit aufgenommen, wodurch der Druck im oberen Gefäß sinkt. Dementsprechend steigt Wasser durch das mittlere Rohr nach oben, und zwar bei richtiger Regulierung der Sauerstoffzufuhr so schnell, daß, ähnlich wie bei der Ammoniakabsorption, ein Springbrunnen entsteht. Dabei färbt sich das Wasser rot und füllt schließlich das ganze obere Gefäß aus, wenn nicht mehr Sauerstoff eingeleitet wurde, als es die obige Gleichung erfordert.

Die bei der Darstellung von Salpetersäure aus Stickstoffdioxid, Luft und Wasser erreichbare Konzentration der Säure ist abhängig von der Temperatur und dem Partialdruck des Stickstoffdioxids. Nach der Untersuchung von F. FOERSTER und M. KOCH erhält man bei gewöhnlicher Temperatur durch Einleiten von Luft mit 1 % Stickstoffdioxid in Wasser als höchste Konzentration eine 46%ige Salpetersäure, mit 2 % Stickstoffdioxid eine 52%ige, mit 5 % Stickstoffdioxid eine 56%ige Säure. Bei noch höherem Gehalt an Stickstoffdioxid entsteht eine 69%ige Salpetersäure, dann wird das Stickstoffdioxid nur noch sehr langsam bis zur Bildung von 78%iger Salpetersäure aufgenommen. Diese Säure kann durch Zugeben von flüssigem Stickstoffdioxid und Zuleiten von Sauerstoff in fast wasserfreie Säure übergeführt werden.

Im technischen Verfahren erhält man eine 45-...52%ige Salpetersäure. Diese Konzentration ist für die Verwendung als Nitriersäure zu gering und muß auf 98...99 % erhöht werden. Da dies durch einfache Destillation nicht erreichbar ist, weil eine 68%ige Säure unter Atmosphärendruck konstant bei 120,5 °C überdestilliert, entzieht man das Wasser mittels Schwefelsäure und treibt in einem mit säurefesten Füllkörpern gefüllten Turm durch von unten einströmenden überhitzten Wasserdampf oben die Salpetersäure aus. Die durch das Wasser verdünnte Schwefelsäure fließt unten ab. Die verdünnte Schwefelsäure wird dann durch Erhitzen wieder aufkonzentriert.

Nach dem Verfahren der Bayrischen Stickstoffwerke konzentriert man die wäßrige Salpetersäure durch Zugabe von Distickstofftetroxid (durch Kühlung aus den Verbrennungsgasen der Ammoniakoxydation gewonnen) und Sauerstoff unter 50 atm Druck in Autoklaven mit Aluminiumeinsatz und gewinnt so 98...99%ige Salpetersäure.

Struktur von N₂O₄ und NO₂

Nach physikalischen Messungen besitzt N_2O_4 die symmetrische Struktur O_2N-NO_2. Vielleicht liegt im Gleichgewicht hiermit eine geringe Menge als $ONONO_2$ bzw. $(NO)^+ (NO_3)^-$, Nitrosylnitrat, vor, denn einige Reaktionen des N_2O_4 lassen sich zwanglos nur mit dieser Form erklären (F. SEEL, 1952).

Nach beiden Formeln ist der Zerfall in die einfachen Moleküle NO_2 möglich:

$$O_2N \doteq NO_2 \ \rightleftharpoons \ 2\,NO_2 \ \rightleftharpoons \ ONO-NO_2$$

Das gleiche gilt für die Zerlegung durch Alkalien in Nitrat und Nitrit, denn O_2N-NO_2 wird sich wie ein Halogen (siehe dort) spalten lassen

$$O_2N-NO_2 + 2\,KOH \ = \ KNO_2 + KNO_3 + H_2O$$

analog wie

$$Cl-Cl + 2\,KOH \ = \ KCl + KClO + H_2O$$

Dagegen sind die Umsetzungen des Stickstoffdioxids mit Aziden und mit Natrium nur mit einer Formulierung des Oxids als Nitrosylnitrat zu erklären:

$$NO^+NO_3^- + N_3^- \ = \ N_2 + N_2O + NO_3^-$$

und

$$NO^+NO_3^- + Na \ = \ NaNO_3 + NO$$

Im Vergleich zu NO_2 ist N_2O_4 mit der Struktur O_2N-NO_2 als die gesättigte Verbindung aufzufassen, die bei Temperaturerhöhung in die beiden ungesättigten *Radikale* NO_2 zerfällt. Dem entspricht die tiefe Farbe des NO_2, die man auch sonst bei Radikalen beobachtet.

Salpetrige Säure, HNO₂

Darstellung und allgemeine Eigenschaften

Salpetrige Säure ist im freien Zustand nicht bekannt, weil sie schnell in Distickstofftrioxid übergeht. Auch ihre wäßrigen Lösungen sind nur in stark verdünntem Zustand und in der Kälte einigermaßen beständig. In diesen Lösungen wirkt die salpetrige Säure als mittelstarke bis schwache Säure und zeigt einen schwachen, an Essigsäure erinnernden Geruch. Aber schon bei gewöhnlicher Temperatur zerfallen die Lösungen in Distickstofftrioxid und weiterhin in Stickstoffoxid und Stickstoffdioxid. Hieraus bilden sich schließlich Stickstoffoxid und Salpetersäure (siehe bei Stickstoffdioxid):

$$3\,\overset{+3}{HNO_2} \ = \ \overset{+5}{HNO_3} + 2\,\overset{+2}{NO} + H_2O$$

Man kennt jedoch die Salze dieser Säure, die Nitrite, z. B. Natriumnitrit, $NaNO_2$, aus deren Lösung beim Ansäuern mit stärkeren Säuren die salpetrige Säure vorübergehend frei wird und so als äußerst reaktionsfähige Substanz zu den mannigfaltigsten Umsetzungen dient.

Die Nitrite der Alkalien stellte man aus den Nitraten durch Schmelzen mit gelinden Reduktionsmitteln, wie z. B. mit Bleischwamm, Kupfer oder Salzen der schwefligen Säure dar:

$$NaNO_3 + Pb \ = \ NaNO_2 + PbO$$

Heute wird Natriumnitrit direkt aus den Produkten der Ammoniakverbrennung mittels Soda gewonnen:

$$4\,NO + 2\,Na_2CO_3 + O_2 \ = \ 4\,NaNO_2 + 2\,CO_2$$

Da sich Kaliumnitrit und Natriumnitrit nur schwierig in reinem Zustand darstellen lassen und an der Luft Feuchtigkeit aufnehmen, wählt man oft das gut kristallisierbare, schwer lösliche Silbernitrit, $AgNO_2$, wenn man mittels Säure — in diesem Falle am besten verdünnter Salzsäure — bestimmte Mengen salpetriger Säure in wäßriger Lösung freimachen will.

Im Erdboden und in den Grund- und Brunnenwässern kommen häufig Nitrite vor, weil das Ammoniak der organischen Stoffe durch teils pathogene, teils unschädliche Mikroorganismen zu Nitriten oxydiert wird. Sehr kleine Mengen von Nitriten rechnet man zu den normalen Bestandteilen. Das Vorkommen größerer Mengen berechtigt jedoch zu dem Schluß, daß das Wasser durch Verwesungsvorgänge verunreinigt ist. Besonders der Cholerabazillus verwandelt Nitrate in Nitrite, weshalb der Nachweis von Nitriten aus hygienischen Gründen besondere Bedeutung hat.

Ferner entstehen Nitrite bei der Oxydation von Ammoniak mittels Wasserstoffperoxid sowie durch Luftsauerstoff in Gegenwart von Kupfer oder auch durch die Oxydationswirkung von in Ammoniakwasser gelöstem Kupferoxid. Besonders ergiebig läßt sich Ammoniak in Gegenwart von Kupferoxid elektrolytisch an der Anode oxydieren, wenn man der Flüssigkeit reichlich Alkali zusetzt; andernfalls entsteht Nitrat.

Mit Alkohol bildet die salpetrige Säure im Verhältnis zu ihrer Säurestärke auffallend leicht und schnell noch in großen Verdünnungen den fruchtartig riechenden Ester Äthylnitrit, C_2H_5ONO.

Reduzierende Eigenschaften

Wegen ihrer Beziehung zur Salpetersäure wirkt die salpetrige Säure als die sauerstoffärmere Verbindung häufig reduzierend. Sie wird z. B. von Kaliumpermanganat in verdünnter saurer Lösung vollständig zu Nitrat oxydiert:

$$5\,HNO_2 + 2\,MnO_4^- + 6\,H^+ = 5\,HNO_3 + 2\,Mn^{2+} + 3\,H_2O$$

Man kann deshalb aus dem Permanganatverbrauch auf die vorhandene Menge Nitrit schließen, falls keine anderen reduzierenden Stoffe zugegen sind. Auch geschlämmtes Bleidioxid oder Mangandioxid werden in verdünnt salpetersaurer Lösung auf Zugabe von Nitrit schnell zu den einfachen Oxiden reduziert, die sich als Nitrate in der Säure lösen.

Aus Nitritlösungen entsteht mit Wasserstoffperoxid beim Ansäuern eine gelbe persalpetrige Säure, die in Salpetersäure übergeht (KARL GLEU).

Die ungesättigte Natur von Alkalinitrit im Verhältnis zum -nitrat folgt aus der positiven Oxydationswärme:

$$2\,NaNO_{2\,fest} + O_2 = 2\,NaNO_3 + 50\,kcal$$

Die Bildungswärme von festem Natriumnitrit beträgt:

$$\tfrac{1}{2}\,N_2 + O_2 + Na = NaNO_2 + 86,6\,kcal$$

Diese hohe Bildungswärme ist darauf zurückzuführen, daß bei der Reaktion das Natrium mit großer Wärmeentwicklung oxydiert wird.

Oxydierende Eigenschaften

Merkwürdigerweise ist die salpetrige Säure in sehr vielen Fällen ein viel wirksameres *Oxydationsmittel* als die Salpetersäure, obwohl sie doch weniger Sauerstoff enthält als diese. Am besten erklärt man sich diese auch bei den Oxiden und Säuren des Chlors wiederkehrende Tatsache aus dem unfertigen und deshalb labilen Bau der salpetrigen Säure. Sie bietet als ungesättigtes, lückenhaftes Gebilde den anderen Stoffen viel mehr Angriffspunkte als die nach außen vollständiger abgeschlossene, gesättigte Salpetersäure. So macht die salpetrige Säure im Unterschied von der Salpetersäure aus angesäuerter Kaliumjodidlösung auch bei großer Verdünnung sofort Jod frei:

$$2\,NO_2^- + 2\,J^- + 4\,H^+ = 2\,NO + J_2 + 2\,H_2O$$

Desgleichen oxydiert die salpetrige Säure in essigsaurer Lösung Kaliumhexacyanoferrat(II) (gelbes Blutlaugensalz), $K_4[Fe(CN)_6]$, zu Kaliumhexacyanoferrat(III) (rotes

Blutlaugensalz), $K_3[Fe(CN)_6)]$, und bildet mit saurer Eisen(II)-sulfatlösung schon in der Kälte und bei starker Verdünnung sofort Eisen(III)-salz und Stickstoffoxid:

$$\overset{+3}{Fe^{2+}} + HNO_2 + H^+ = Fe^{3+} + \overset{+2}{NO} + H_2O$$

Die für die praktische Bedeutung der salpetrigen Säure ausschlaggebende spezifische Oxydationswirkung äußert sie aber gegen den an Stickstoff gebundenen Wasserstoff. Den einfachsten Fall dieser Art finden wir beim Ammoniumnitrit. Dieses zerfällt im festen Zustand beim gelinden Erwärmen unter Verpuffung:

$$NH_4NO_2 = N_2 + 2 H_2O + 75 \, kcal$$

Diese Reaktion, von der wir schon zur Gewinnung von chemisch reinem Stickstoff Gebrauch gemacht haben, läuft auch in wäßriger Lösung bei gewöhnlicher Temperatur langsam, beim Erwärmen rasch ab.

Der gasförmige Stickstoff geht demnach aus dem Ammoniumnitrit durch Wasserabspaltung und gegenseitige Bindung zweier Stickstoffatome hervor, denn die Verbindung $N \equiv N$ ist die stabilste Form, in der die Stickstoffatome überhaupt gebunden sein können.

Noch leichter als mit Ammoniumverbindungen reagiert die salpetrige Säure mit Verbindungen, die die Amino- oder Amidogruppe, $-NH_2$, enthalten, z. B. Harnstoff, $OC(NH_2)_2$, oder mit Amidosulfonsäure, H_2N-SO_3H. Das intermediär gebildete Harnstoffnitrit zerfällt in Stickstoff, Wasser und Kohlensäure:

$$OC(NH_2)_2 \cdot (HNO_2)_2 = CO_2 + 2 N_2 + 3 H_2O$$

Mit Amidosulfonsäure entstehen Stickstoff, Wasser und Schwefelsäure:

$$HONO + H_2N-SO_3H = N_2 + H_2O + H_2SO_4$$

Deshalb setzt man zur Beseitigung von salpetriger Säure bei präparativen und analytischen Arbeiten Harnstoff oder Amidosulfonsäure im Überschuß zu und säuert schwach an. Will man beispielsweise Nitrate neben Nitriten nachweisen, so muß man die Nitrite zunächst in der eben angegebenen Weise beseitigen, weil die salpetrige Säure mit Eisen(II)-sulfat und Schwefelsäure, Diphenylamin- oder Brucinschwefelsäure dieselben Reaktionen gibt wie die Salpetersäure.

Nachweis

Zum spezifischen Nachweis der salpetrigen Säure dient ihr Verhalten gegenüber der an Benzolkohlenwasserstoffreste gebundenen Aminogruppe, z. B. gegenüber Anilinsalzen.

In diesen Salzen — z. B. im Aniliniumchlorid, $[C_6H_5NH_3]Cl$ — ist die völlige Oxydation des Ammoniakrestes durch die teilweise Bindung an Kohlenstoff behindert, und so erstreckt sich die Einwirkung der salpetrigen Säure zunächst nur auf die Bildung der größtmöglichen Wassermenge:

$$[C_6H_5NH_3] \, Cl + ONOH \longrightarrow [C_6H_5-N\equiv N] \, Cl + 2 H_2O$$

Man nennt die zwei miteinander verketteten Stickstoffatome die *Diazogruppe*. Da sie dem Stickstoffmolekül $N \equiv N$ sehr nahesteht, geht sie leicht unter bedeutender Energieentwicklung in dieses über. Deshalb sind alle Diazoverbindungen explosiv. Trifft aber ein Diazoniumsalz auf ein zweites Molekül Aniliniumchlorid oder das damit verwandte Naphthylamin, so tritt in saurer Lösung eine Verkettung ein, und es bildet sich eine Azoverbindung, z. B.:

$$C_6H_5N_2Cl + HC_6H_4NH_3Cl \longrightarrow C_6H_5-N_2-C_6H_4NH_3Cl + HCl$$

Dieses Produkt, das Salz des Aminoazobenzols, ist in Lösung intensiv gelbrot gefärbt und stellt den einfachsten Vertreter einer außerordentlich großen Klasse künstlicher Farbstoffe dar, nämlich der *Azofarbstoffe*.

Viele Azofarbstoffe eignen sich für den Nachweis der salpetrigen Säure. Meist verwendet man hierzu eine 10%ige essigsaure Lösung, die 1 % Sulfanilsäure und 1 % α-Naphthylaminsalz enthält. Diese Lösung ist unter dem Namen *Lunges Reagens* bekannt. Gibt man in einem großen Becherglas zu 1 l Wasser einen Tropfen einer 1%igen Natriumnitritlösung und dann 5 ml von Lunges Reagens, so tritt bald eine blaurote Färbung auf.

Königswasser und Nitrosylchlorid, NOCl

Schon im späteren Mittelalter gebrauchte man eine Mischung aus 4 ... 6 Teilen Salzsäure mit 1 Teil Salpetersäure unter dem Namen Königswasser (aqua regia), weil es auch den König der Metalle, nämlich das Gold, auflöst.

Die Wirkung des Königswassers beruht auf der Oxydation der Salzsäure durch die Salpetersäure

$$HNO_3 + 3\,HCl = NOCl + Cl_2 + 2\,H_2O$$

und auf der angreifenden Wirkung des Chlors und des Nitrosylchlorids, NOCl, auf Metalle. Reines Nitrosylchlorid stellt man dar entweder durch Vereinigung von Stickstoffoxid mit Chlor bei 40 ... 50 °C an einem Kontakt oder besser durch Erwärmen von Nitrosylschwefelsäure (Nitrosylhydrogensulfat) mit Natriumchlorid:

$$NaCl + NOSO_4H = NOCl + NaHSO_4$$

Das Nitrosylchlorid, NOCl, ist ein gelbes Gas, das sich beim Abkühlen zu einer gelbroten, bei —5 °C siedenden Flüssigkeit und bei —65 °C zu blutroten Kristallen verdichtet. Oberhalb 100 °C macht sich ein Zerfall in Stickstoffoxid und Chlor bemerkbar. Durch reines Wasser wird das Nitrosylchlorid in salpetrige Säure und Salzsäure gespalten:

$$NOCl + H_2O = HNO_2 + HCl$$

In der als Königswasser dienenden, konzentriert sauren Lösung ist es aber in beträchtlicher Konzentration vorhanden und erteilt dieser eine rotgelbe Farbe.

Bei der Königswasserreaktion werden für 1 Mol Salpetersäure — bei Verwendung von 37%iger Salzsäure und 70%iger Salpetersäure — nach Ausgleich der Mischungswärme 20 kcal verbraucht (E. BRINER). Sind diese Säuren nur halb so konzentriert, dann beträgt der Wärmeverbrauch 27 kcal. Wegen dieses Wärmeverbrauchs entwickelt die Mischung nicht sogleich Chlor und Nitrosylchlorid, sondern diese treten erst nach Maßgabe der äußeren Wärmezufuhr auf. Deshalb läßt sich die Wirkung des Königswassers gut regulieren.

Läßt man 1 Teil konzentrierte Salpetersäure auf 3 Teile konzentrierte Salzsäure im geschlossenen Rohr einwirken, so sammelt sich unter der wäßrigen Flüssigkeit eine rotbraune, aus Nitrosylchlorid und Chlor bestehende Schicht an. Letztere bildet mit der wäßrigen Schicht die Ausgangssäuren zurück nach den Gleichungen:

$$NOCl + H_2O = HNO_2 + HCl$$
$$HNO_2 + Cl_2 + H_2O = HNO_3 + 2\,HCl$$

Die sich im Königswasser abspielende Reaktion

$$HNO_3 + 3\,HCl \rightleftharpoons NOCl + Cl_2 + 2\,H_2O$$

ist demnach umkehrbar, und zwar im Sinne der Bildung von Nitrosylchlorid und Chlor endotherm und von der äußeren Wärmezufuhr abhängig.

Das Nitrosylchlorid verbindet sich mit manchen Chloriden, wie z. B. mit Zinn(IV)-chlorid, $SnCl_4$, Antimonpentachlorid, $SbCl_5$, Titan(IV)-chlorid, $TiCl_4$, Blei(IV)-chlorid, $PbCl_4$, Aluminiumchlorid, $AlCl_3$, Wismut(III)-chlorid, $BiCl_3$, Eisen(III)-chlorid, $FeCl_3$, zu gelb bis rotgelb gefärbten Nitrosylverbindungen (H. GALL und H. RHEINBOLDT).

Nitrosyl- und Nitrylverbindungen

Die salpetrige Säure, HONO, dissoziiert als mittelstarke bis schwache Säure nur unvollständig in H^+ und NO_2^- und gibt mit den Alkalien Nitrite. Gegenüber anderen starken Säuren kann sie aber auch wie eine Base mit den Ionen OH^- und NO^+ reagieren und Nitrosylverbindungen bilden. Zu diesen gehört die aus Nitrit oder Distickstofftrioxid und konzentrierter Schwefelsäure darstellbare Nitrosylschwefelsäure, $NOSO_4H$, auch Nitrosylhydrogensulfat genannt (s. unter Schwefelsäure). Die Überchlorsäure bildet leicht ein entsprechendes Nitrosylperchlorat, $NOClO_4$. Andere hierher gehörende Verbindungen sind: Nitrosyldisulfat, $(NO)_2S_2O_7$, Nitrosyltetrafluoroborat, $NOBF_4$, Nitrosylhexachloroplatinat, $(NO)_2PtCl_6$, Nitrosylhexachlorostannat, $(NO)_2SnCl_6$, und Nitrosylhexachloroantimonat, $NOSbCl_6$. Die drei zuletzt genannten und einige andere ähnliche Verbindungen lassen sich aus Nitrosylchlorid und den betreffenden Metallhalogeniden darstellen.

Man hat früher die Nitrosylschwefelsäure und das Nitrosylperchlorat als Anhydride der salpetrigen Säure mit den betreffenden Sauerstoffsäuren aufgefaßt und ihnen die Konstitution $ON-O-SO_3H$ bzw. $ON-O-ClO_3$ zugeschrieben. Gegen diese Auffassung sprechen aber die zu hohe Gefrierpunktserniedrigung, die eine Lösung von Nitrosylschwefelsäure in konzentrierter Schwefelsäure gibt, und das elektrische Leitvermögen von in Nitromethan gelöstem Nitrosylperchlorat, $NOClO_4$. Danach müssen diese Verbindungen in diesen Lösungen in Form der Ionen NO^+ und HSO_4^- bzw. ClO_4^- vorliegen. Ein Beweis für den salzartigen Charakter dieser Nitrosylverbindungen ist schließlich darin zu sehen, daß sie meist die gleiche Kristallstruktur besitzen wie die entsprechenden Ammoniumsalze, wie es KLINKENBERG (1937) für Nitrosylperchlorat, $NOClO_4$, und Ammoniumperchlorat, NH_4ClO_4, Nitrosyltetrafluoroborat, $NOBF_4$, und Ammoniumtretrafluoroborat, NH_4BF_4, Nitrosylhexachloroplatinat, $(NO)_2PtCl_6$, und Ammoniumhexachloroplatinat, $(NH_4)_2PtCl_6$, u. a. nachgewiesen hat.

Wenig oder gar nicht dissoziiert sind das Nitrosylchlorid, $NOCl$, das gasförmige Fluorid, NOF, und das rote Rhodanid, $NOSCN$.

Das Nitrosyl-Ion ist gegen Wasser nicht beständig. Es reagiert mit den im Wasser vorhandenen OH^--Ionen unter Bildung von Nitrit bzw. salpetriger Säure:

$$NO^+ + 2\,OH^- = NO_2^- + H_2O$$

Daher geben alle Nitrosylverbindungen mit Wasser salpetrige Säure und deren Zersetzungsprodukte, z. B.:

$$NOSO_4H + HOH = HNO_2 + H_2SO_4$$

In anderen Lösungsmitteln aber, wie in Nitromethan und insbesondere in flüssigem Schwefeldioxid oder Nitrosylchlorid sind sie beständig, und es lassen sich in diesen Lösungsmitteln viele Nitrosylverbindungen darstellen und mit anderen Verbindungen umsetzen (BURG, 1948, SEEL, 1950).

Besonders charakteristisch für das Nitrosyl-Ion ist die Reaktion mit Aziden, bei der unter Zerfall des unbeständigen Nitrosylazids sofort Stickstoff und Distickstoffoxid entwickelt werden (vgl. dazu S. 124).

In entsprechender Weise wie sich von der Basenform der salpetrigen Säure die Nitrosylverbindungen ableiten, kann auch die Salpetersäure, $HONO_2$, in der Form der Ionen HO^- und NO_2^+ reagieren und Nitrylverbindungen mit dem NO_2^+-Kation geben. Diese sind gleichfalls nur bei weitgehendem Ausschluß von Wasser beständig und bilden sich daher nur, wenn wasserfreie Salpetersäure oder Distickstoffpentoxid mit anderen wasserfreien Säuren oder deren Anhydriden zusammentreffen (GODDARD, HUGHES und INGOLD, 1950). So entsteht Nitrylperchlorat beim Zusammengeben von Distickstoffpentoxid und wasserfreier Perchlorsäure in Nitromethan nach:

$$N_2O_5 + HClO_4 = NO_2ClO_4 + HNO_3$$

Diese Verbindung bildet farblose Kristalle, die sich bei 135 °C unter Abgabe von Stickstoffdioxid zersetzen. Aus Salpetersäure und Schwefeltrioxid entsteht Nitrylhydrogendisulfat:

$$HNO_3 + 2\,SO_3 = NO_2HS_2O_7$$

Dieses ist eine farblose, bei 100 … 150 °C sich zersetzende Substanz. Beim Zusammenbringen der Lösungen von Distickstoffpentoxid und Schwefeltrioxid in Nitromethan bilden sich je nach den angewandten Mengenverhältnissen Nitryldisulfat, $(NO_2)_2S_2O_7$, oder Nitryltrisulfat, $(NO_2)_2S_3O_{10}$. Zu diesen Verbindungen gehört auch das von E. WEITZ aus Salpetersäure und Oleum dargestellte Nitryltetrasulfat, $(NO_2)_2S_4O_{13}$.

Distickstoffpentoxid liegt im festen Zustand (siehe S. 131) und in den gut leitenden Lösungen in wasserfreier Salpetersäure als Nitrylnitrat, NO_2NO_3, vor.

Auch mit sauerstofffreien Säuren konnten Nitrylverbindungen dargestellt werden, · z. B. Nitryltetrafluoroborat (SCHMEISSER, 1952):

$$N_2O_5 + BF_3 + HF = HNO_3 + NO_2BF_4$$

Nitryltetrafluoroborat bildet mit Natriumfluorid in einfacher Weise Nitrylfluorid, NO_2F:

$$NO_2BF_4 + NaF = NaBF_4 + NO_2F$$

Das entsprechende Nitrylchlorid, NO_2Cl, entsteht aus Nitrosylchlorid und Ozon (SCHUHMACHER, 1929) oder einfacher aus wasserfreier Salpetersäure bzw. aus Distickstoffpentoxid und Chlorsulfonsäure (K. DACHLAU, 1930, INGOLD, 1950) nach:

$$2 N_2O_5 + 2 ClSO_3H = 2 NO_2Cl + NO_2HS_2O_7 + HNO_3$$

Es ist ein farbloses Gas (Siedepunkt −15 °C), das bei 170 °C in Stickstoffdioxid und Chlor zerfällt und mit Wasser salpetrige Säure und hypochlorige Säure liefert.

Hyposalpetrige Säure, $H_2N_2O_2$

Die hyposalpetrige Säure (früher untersalpetrige Säure genannt) entsteht aus Hydroxylamin, NH_2OH, durch Oxydation mit Kupfer-, Silber- oder Quecksilberoxid:

$$2 HgO + 2 H_2NOH \longrightarrow HON=NOH + 2 Hg + 2 H_2O$$

oder durch Oxydation mit salpetriger Säure:

$$HONO + H_2NOH \longrightarrow HON=NOH + H_2O$$

Die Ausbeute ist in beiden Fällen unbefriedigend.

Besser eignet sich die Hydroxylaminmonosulfonsäure, $HONH-SO_3H$ (siehe unter Schwefel), die durch Alkalien in das Alkalisalz der hyposalpetrigen Säure und der schwefligen Säure gespalten wird (F. RASCHIG):

$$2 HONH-SO_3H + 6 KOH = K_2N_2O_2 + 2 K_2SO_3 + 6 H_2O$$

Am bequemsten reduziert man eine 3 ... 5%ige Natriumnitritlösung in Gegenwart von 5 % Ätznatron mit flüssigem Natriumamalgam. Nach Neutralisieren fällt auf Zugabe von Silbernitratlösung das in Wasser unlösliche, gelbe Silberhyponitrit, $Ag_2N_2O_2$, aus.

Die Darstellungsweise nach E. WEITZ und W. VOLLMER beruht auf der Einwirkung von Stickstoffoxid auf die Lösung von Natrium in flüssigem Ammoniak oder Pyridin. Hierbei entsteht das weiße Nitrosylnatrium, $(NaNO)_x$, von noch unbekannter Konstitution, das beim Zersetzen mit Wasser neben Distickstoffoxid und Natronlauge Natriumhyponitrit bildet. Durch Zugabe von Alkohol fällt das Salz $Na_2N_2O_2 \cdot 9 H_2O$ aus, das bei 100 °C das Kristallwasser verliert. Bei höheren Temperaturen wird — bisweilen unter Aufglühen — Distickstoffoxid frei.

Die aus dem Silbersalz mit verdünnter Salzsäure freigemachte hyposalpetrige Säure zeigt nach der Gefrierpunktserniedrigung das der Formel $H_2N_2O_2$ entsprechende Molekulargewicht. Sie ist nach HANTSCH und SAUER eine sehr schwache Säure, die durch 1 Mol Alkali, entsprechend dem Salz KHN_2O_2, neutralisiert wird. Die wäßrigen Lösungen zerfallen schon in der Kälte allmählich, beim Erhitzen schnell, besonders in Gegenwart anderer Säuren, fast ausschließlich in Distickstoffoxid und Wasser.

Diese Reaktion $H_2N_2O_2 = N_2O + H_2O$ ist nicht umkehrbar, denn es ist bis jetzt unter keiner Bedingung gelungen, aus dem Distickstoffoxid die Säure oder ihre Salze herzustellen.

Der Äthylester der hyposalpetrigen Säure, $N_2O_2(C_2H_5)_2$, wurde von ZORN dargestellt, der gut kristallisierende Benzylester, $N_2O_2(CH_2C_6H_5)_2$, von HANTZSCH und KAUFMANN näher untersucht und das Molekulargewicht entsprechend dieser Formel bestimmt.

Die reine, wasserfreie hyposalpetrige Säure wird durch Umsetzung des Silbersalzes mit Chlorwasserstoff in Äther in Form weißer Kristallblättchen erhalten. Diese verpuffen heftig beim Reiben mit einem Glasstab, in Berührung mit Alkalien oder Säuren, zuweilen auch ohne äußere Veranlassung.

Die Struktur der hyposalpetrigen Säure wird im Sinne der Formel $HON=NOH$ gedeutet. Dies steht im Einklang mit ihrer Bildung durch Oxydation von Hydroxylamin, $HONH_2$, oder durch Reduktion der salpetrigen Säure, $HONO$.

Weitere Verbindungen des Stickstoffs mit Wasserstoff und Sauerstoff

Nitramid, H_2N-NO_2, und Nitrosamin, H_2N-NO

Das *Nitramid*, H_2N-NO_2 oder $HN=NO_2H$ (Imidosalpetersäure), hat dieselbe Molekularformel wie die hyposalpetrige Säure, aber es zeigt ein wesentlich anderes Verhalten. Es wurde aus dem Nitrourethan, $NO_2NHCO_2C_2H_5$, durch Überführung in das Kaliumsalz der Nitrocarbaminsäure, NO_2NH-CO_2K, und Spaltung des letzteren mittels eiskalter Schwefelsäure dargestellt. Das Nitramid kristallisiert in weißen, glänzenden Kristallen, die unter Zersetzung bei 72...75 °C schmelzen, bei raschem Erhitzen verpuffen und sich in Wasser, Alkohol und Äther leicht lösen. Die wäßrige Lösung reagiert schwach sauer, zersetzt sich nur langsam, entwickelt aber auf Zusatz von Alkalien oder auch nur schwach alkalisch reagierenden Stoffen augenblicklich Distickstoffoxid. Nur aus saurer Lösung konnte bei 0 °C das sehr unbeständige Quecksilber(II)-salz, HgN_2O_2, gefällt werden.

Die uns hier begegnende Erscheinung, daß zwei dem Verhalten nach verschiedenen Stoffen, wie hyposalpetriger Säure und Nitramid, dieselbe Molekularformel zukommt, bezeichnet man als *Isomerie* und solche Stoffe als *isomere* Stoffe.

Nitrosamin erhielten R. SCHWARZ und H. GIESE (1934) durch Reaktion von Distickstofftrioxid mit schmelzendem Ammoniak. Die rot gefärbte Verbindung, die als Amid der salpetrigen Säure aufzufassen ist, ist nur bei tiefen Temperaturen in flüssigem Ammoniak beständig.

Nitrohydroxylamin, $HONH-NO_2$

In naher Beziehung zur hyposalpetrigen Säure und zur salpetrigen Säure steht das von A. ANGELI entdeckte Nitrohydroxylamin, $HONH-NO_2$ oder $HON=NO_2H$. Es entsteht in Form des Natriumsalzes, $Na_2N_2O_3$, aus alkoholischer Lösung von Hydroxylamin und Äthylnitrat durch Natriumäthylat. Beim Ansäuern zerfällt das entstandene Nitrohydroxylamin bald einerseits in salpetrige und hyposalpetrige Säure

$$2 H_2N_2O_3 = 2 HNO_2 + H_2N_2O_2$$

andererseits in Stickstoffoxid und Wasser:

$$H_2N_2O_3 = 2 NO + H_2O$$

Das leicht lösliche Natriumsalz zerfällt leicht in Nitrit und den Nitroxylrest $=NOH$, der sich an Aldehyde zu Hydroxamsäuren, z. B. $CH_3-C(OH)=NOH$, anlagert oder sich zu hyposalpetriger Säure, $H_2N_2O_2$, bzw. zu Distickstoffoxid kondensiert. Durch den Sauerstoff der Luft wird hauptsächlich Natriumnitrit gebildet.

Im Gegensatz zur salpetrigen und zur hyposalpetrigen Säure bildet das Nitrohydroxylamin kein beständiges Silbersalz, dafür aber sind die Erdalkalisalze infolge ihrer Schwerlöslichkeit gut isolierbar.

Natriumnitroxylat, $Na_4N_2O_4$

Natriumnitroxylat fällt bei Reduktion einer Lösung von Natriumnitrit in flüssigem Ammoniak durch Natrium als gelber Niederschlag aus, entsteht auch durch kathodische Reduktion dieser Nitritlösung und zeichnet sich durch große Reaktionsfähigkeit aus (E. ZINTL, 1927).

Brönstedsche Theorie der Säure-Basenfunktion[1]

Wir haben bisher von der durch ARRHENIUS und OSTWALD präzisierten Definition der Säuren und Basen Gebrauch gemacht. Danach ist das Kennzeichen dieser Stoffe die

---

[1] Betrachtungen zu den Vorstellungen über Säuren und Basen finden sich bei J. BJERRUM, Angew. Chemie **63**, 527 (1951); L. EBERT und N. KONOPIK, Österr. Chem. Ztg. **50**, 9 (1949); B. EISTERT, Chem. Ztg. **74**, 241 (1950).

Dissoziation unter Bildung von H^+- bzw. H_3O^+- und OH^--Ionen. Das Wesen des Neutralisationsvorgangs beruht dann auf der Vereinigung der H^+- und OH^--Ionen zu H_2O-Molekülen.

Auf Grund dieser Definition ist Ammoniak keine Base, sondern ein Basenanhydrid, weil es erst durch die Umsetzung mit Wasser OH^--Ionen bildet. Die Neutralisation von Salzsäure durch Ammoniakwasser können wir uns als Vereinigung der H^+- und OH^--Ionen vorstellen, wobei die zunächst nur in geringer Menge vorhandenen OH^--Ionen über das Gleichgewicht

$$H_2O + NH_3 \rightleftharpoons OH^- + NH_4^+ \tag{I}$$

entsprechend ihrer Vereinigung mit den H^+-Ionen der Säure nachgebildet werden. Die Reaktion als Base ist hier erst an die Umsetzung mit Wasser gebunden. Wenn wir aber z. B. die Umsetzung zwischen Salzsäure und Ammoniak oder einem organischen Amin, wie z. B. Trimethylamin, $(CH_3)_3N$, unter Ausschluß von Wasser etwa in einem organischen Lösungsmittel durchführen, so erfolgt gleichfalls eine Neutralisation der Säure unter Bildung eines Salzes, z. B. $[(CH_3)_3NH]Cl$. Bei dieser Reaktion sind keine OH^--Ionen beteiligt. Vielmehr entsteht das Ammoniumsalz durch direkten Übergang *des Protons* (des H^+-Ions) von der Säure. Auch bei der Neutralisation von Salzsäure durch Ammoniak in Wasser ist es einfacher, die Reaktion als den Übergang eines Protons zu formulieren:

$$H_3O^+ + NH_3 \rightarrow H_2O + NH_4^+$$

BRÖNSTED hat 1923 diese Betrachtung zur Grundlage einer neuen Definition für Säuren und Basen genommen. Danach sind *Säuren und Basen Stoffe, die zur Abspaltung bzw. Anlagerung von Protonen fähig sind*. Der enge Zusammenhang zwischen Säure und Base ist gegeben durch das Gleichgewicht:

$$\text{Säure} \rightleftharpoons \text{Base} + H^+$$

Jede Säure wird durch die Abspaltung eines Protons zu einer Base, die wieder je nach ihrer Protonenaffinität unter Anlagerung des Protons zu einer Säure werden kann. Eine Säure und die dazu gehörende Base nennt man ein *korrespondierendes Paar*. Einige Beispiele dafür sind:

Säure	Base		Säure	Base	
HCl	$\rightleftharpoons Cl^-$	$+ H^+$	HPO_4^{2-}	$\rightleftharpoons PO_4^{3-}$	$+ H^+$
CH_3COOH	$\rightleftharpoons CH_3COO^-$	$+ H^+$	NH_4^+	$\rightleftharpoons NH_3$	$+ H^+$
HCN	$\rightleftharpoons CN^-$	$+ H^+$	H_3O^+	$\rightleftharpoons H_2O$	$+ H^+$
$H_2PO_4^-$	$\rightleftharpoons HPO_4^{2-}$	$+ H^+$	H_2O	$\rightleftharpoons OH^-$	$+ H^+$

Säuren und Basen können also neutrale Moleküle (Neutralsäuren bzw. -basen), aber auch Ionen (Kationensäuren bzw. -basen und Anionensäuren bzw. -basen) sein. Auch kann dasselbe Teilchen sowohl als Säure als auch als Base auftreten, wie die hier angeführten Beispiele HPO_4^{2-} und H_2O erkennen lassen.

Da niemals freie Protonen auftreten können, erfolgt der Übergang Säure $\rightarrow$ Base $+ H^+$ nur dann, wenn ein anderer Partner vorhanden ist, der die H^+-Ionen binden kann, d. h. also nach der Theorie von BRÖNSTED, wenn eine zweite Base vorhanden ist, die sich dann ihrerseits ins Gleichgewicht mit der zu ihr korrespondierenden Säure setzt. In welcher Richtung und in welchem Umfang dieser Protonenübergang stattfindet, hängt von der Protonenaffinität des Partners ab. In wäßriger Lösung übernehmen, wenn keine anderen Ionen oder Moleküle zugegen sind, die Wassermoleküle die Rolle des Partners. Es liegt daher stets ein doppeltes Säure-Basengleichgewicht vor, das allgemein folgendermaßen formuliert werden kann:

$$\text{Säure 1} + \text{Base 2} \rightleftharpoons \text{Base 1} + \text{Säure 2}$$

Als Beispiel sei die Reaktion von Salzsäure mit Wasser angeführt:

$$HCl + H_2O \rightleftharpoons Cl^- + H_3O^+ \tag{II}$$

Sie verläuft im Sinne des oberen Pfeiles ganz nach rechts, weil die Protonenaffinität des hier als Base wirkenden Wassers sehr groß ist und die Protonenaffinität der zu HCl korrespondierenden Base Cl⁻ äußerst gering ist. In einer wäßrigen Essigsäurelösung ist dagegen wegen der im Vergleich zu Cl⁻ stärkeren Protonenaffinität der $CH_3CO_2^-$-Ionen die Konzentration der H_3O^+-Ionen viel kleiner. Fügen wir zu der salzsauren oder essigsauren Lösung das stark protonenaffine Ammoniak hinzu, so ist jetzt in beiden Fällen das Ammoniak am stärksten protonenaffin und das Gleichgewicht dementsprechend beidemal weitgehend nach rechts verschoben:

$$H_3O^+ + NH_3 \rightleftharpoons H_2O + NH_4^+ \tag{III}$$

$$CH_3CO_2H + NH_3 \rightleftharpoons CH_3CO_2^- + NH_4^+ \tag{IV}$$

Ein Ion von besonders großer Protonenaffinität ist das OH⁻-Ion. Deshalb führt die Neutralisationsreaktion

$$H_3O^+ + OH^- \rightleftharpoons H_2O + H_2O \tag{V}$$

fast vollständig zur Wasserbildung.

Nach der Auffassung BRÖNSTEDs sind Hydroxide, wie NaOH oder KOH, keine Basen, sondern Salze, wie NaCl oder KCN, die in Wasser als Elektrolyte vollständig dissoziiert sind. Die eigentliche Base in den Hydroxiden ist das OH⁻-Ion, ebenso wie in NaCN das CN⁻-Ion die Base ist.

Der Vorteil der BRÖNSTEDschen Säure-Base-Auffassung besteht darin, daß eine ganze Reihe von Erscheinungen unter einem einheitlichen Gesichtspunkt zusammengefaßt werden können. Bei den Umsetzungen unter: (I) Übergang Basenanhydrid → Base, (II) Dissoziation einer Säure, (III) Reaktion starke Säure + Basenanhydrid, (IV) Reaktion schwache Säure + Basenanhydrid, (V) Neutralisation einer starken Säure durch eine starke Base handelt es sich stets um den gleichen Vorgang des Protonenübergangs.

Auch die als Hydrolyse bekannte Erscheinung läßt sich auf einen Protonenübergang zurückführen. Der schwach saure Charakter einer Lösung von NH_4Cl

$$NH_4^+ + H_2O \rightleftharpoons NH_3 + H_3O^+ \tag{VI}$$

stimmt mit der Aussage der Theorie BRÖNSTEDs überein, daß das Ion NH_4^+ eine schwache Säure ist. Die schwach basische Reaktion einer Lösung von Natriumacetat und die stärker basische einer Lösung von NaCN

$$CH_3COO^- + H_2O \rightleftharpoons CH_3COOH + OH^- \tag{VII}$$

$$CN^- + H_2O \rightleftharpoons HCN + OH^- \tag{VIII}$$

sind im Einklang damit, daß das $CH_3CO_2^-$-Ion eine schwache, das CN⁻-Ion eine stärkere Base genannt werden.

Wendet man das Massenwirkungsgesetz beispielsweise auf die Reaktion (VIII) an, so ergibt sich:

$$\frac{[HCN] \cdot [OH^-]}{[CN^-]} = K \cdot [H_2O] = K_{Base}$$

Kennt man den Wert von K_{Base}, so läßt sich die OH⁻-Ionenkonzentration einer Alkalicyanidlösung berechnen.

Die Konstante K_{Base} ist, wie sich leicht ableiten läßt, mit der Dissoziationskonstante der korrespondierenden Säure HCN durch die Beziehung verbunden:

$$K_{Säure} \cdot K_{Base} = K_{Wasser}$$

bzw.

$$p K_{\text{Säure}} + p K_{\text{Base}} = p K_{\text{Wasser}}$$

($p_K = -\log K$, $K_{\text{Wasser}} = 10^{-14} = $ Ionenprodukt des Wassers). **Aus den Werten für** $K_{\text{Säure}}$ (siehe S. 75) ergeben sich die Werte für K_{Base}.

Die Abstumpfung einer alkalischen Lösung durch Ammoniumchlorid und einer sauren Lösung durch Natriumacetat wird verständlich, wenn man die dabei wirksamen Ionen NH_4^+ oder CH_3COO^- als Säure oder Base bezeichnet. Viele Reaktionen, wie die Ester-Verseifung oder die Rohrzuckerspaltung werden durch Protonen abgebende Stoffe, andere Reaktionen durch Protonen aufnehmende Stoffe katalytisch beschleunigt. Bei diesen *Säure- oder Basekatalysen* ordnet sich die Wirksamkeit der Katalysatoren genau nach der BRÖNSTEDschen Einstufung als Säure oder Base.

Schließlich läßt sich der BRÖNSTEDsche Säure-Base-Begriff auch auf Lösungen in flüssigem Ammoniak übertragen, in denen wieder die charakteristischen Ionen NH_4^+ und NH_2^- durch einen Protonenübergang miteinander verknüpft sind (siehe das Kapitel „Wasser-ähnliche Lösungsmittel" am Schluß des Buches).

Aber gerade das Studium der wasserähnlichen Lösungsmittel hat auch die Grenzen der BRÖNSTEDschen Theorie erkennen lassen. Flüssiges SO_2 oder BrF_3 sind protonenfreie Lösungsmittel, auf die sich der BRÖNSTEDsche Säure-Base-Begriff nicht mehr anwenden läßt.

Die ursprüngliche Definition einer Säure oder Base (S. 67) galt für elektrisch insgesamt neutrale und meist isolierbare Verbindungen, wie HCl, H_3PO_4, H_2S, KOH. Die BRÖNSTEDsche Definition legt die Neigung zur Protonenabgabe oder -aufnahme zu-grunde. Sie kann dadurch die Begriffe „Säure" oder „Base" auf Ionen erweitern, wie OH^-, CN^-, NH_4^+, H_3O^+, die aber niemals isolierbar sind. Es bleibt dabei fraglich, ob die Vorteile der BRÖNSTEDschen Definition dazu zwingen, den Nachteil in Kauf zu nehmen, daß die Namen „Säure", „Base" und „Salz" in einem anderen Sinn gebraucht werden, als dies seit langem üblich ist. Die BRÖNSTEDsche Unterscheidung der verschiedenen Mole-küle und Ionen behielte denselben Wert, wenn diese nicht als Säure oder Base, sondern z. B. als *Protonendonatoren* und *Protonenakzeptoren* bezeichnet würden.

Über *Lewis-Säuren* und *-Basen* siehe das Kapitel hinter Bor.

Elemente der VI. Hauptgruppe (Chalkogene)

Zur VI. Hauptgruppe gehören die Elemente Sauerstoff, Schwefel, Selen, Tellur und Polonium. Im Periodischen System der Elemente ist der Schwefel das Homologe des Sauerstoffs, und in der Tat bestehen Analogien zwischen ihren Verbindungen: der Schwefel tritt gleich dem Sauerstoff gegenüber Wasserstoff und Metallen zweiwertig auf und kann diesen oft ersetzen. Da die Verbindungen der Metalle mit den beiden Elementen Schwefel und Sauerstoff die wichtigsten Erze bilden, faßt man beide Elemente sowie die homologen Elemente Selen und Tellur unter dem Namen *Chalkogene* (χαλκός ≙ Erz) zusammen.

Schwefel, S

Atomgewicht	32,06
Schmelzpunkt des rhombischen Schwefels	112,8 °C
Schmelzpunkt des monoklinen Schwefels	119,2 °C
Siedepunkt unter 760 Torr (Temperatur-Fixpunkt)	444,6 °C
Dichte des rhombischen Schwefels	2,07 g/cm³
Dichte des monoklinen Schwefels	1,96 g/cm³
Umwandlungspunkt des rhombischen Schwefels in den monoklinen	95,5 °C

Vorkommen

Der Schwefel[1]) kommt in der Natur sehr verbreitet vor. Einmal findet man ihn an Metalle gebunden in Form der Kiese, Glanze und Blenden, z. B. *Eisenkies*, FeS_2, *Bleiglanz*, PbS, *Zinkblende*, ZnS, dann an Sauerstoff gebunden in Form der Sulfate, z. B. *Anhydrit*, $CaSO_4$, *Gips*, $CaSO_4 \cdot 2H_2O$, *Kieserit*, $MgSO_4 \cdot H_2O$, *Schwerspat*, $BaSO_4$. Außerdem ist Schwefel wesentlicher Bestandteil des pflanzlichen und tierischen Eiweißes. Freier, elementarer Schwefel kommt vor in Kratern erloschener Vulkane, besonders aber in sedimentären Gesteinsschichten von tertiärem oder jüngerem Alter, in der Nachbarschaft von Gebieten mit ehemaliger oder noch andauernder vulkanischer Tätigkeit, und zwar in Lagern und Gängen, oder in flözartigen Lagern als Absatzprodukt schwefelwasserstoffhaltiger Quellen.

Der vulkanische Schwefel, der durch Sublimation auch heute noch am Ätna entsteht, ist meist selenhaltig und deshalb rötlich gefärbt. Er stammt aus dem in tieferen Schichten durch Hitze zersetzten Eisenkies, FeS_2, sowie aus der. Wechselwirkung von Schwefeldioxid und Schwefelwasserstoff. Der sedimentäre Schwefel ist wohl größtenteils aus dem Gips durch eine Art Fäulnis hervorgegangen. Hierbei entsteht zunächst Calciumsulfid, das dann durch Wasser und Kohlensäure in Calciumcarbonat und Schwefelwasserstoff zerlegt wird. Schwefelwasserstoff kommt auch in vielen Schwefelquellen an die Oberfläche und wird dort durch Luft, meist unter Vermittlung niederer Organismen, wie Beggiatoa alba, zu Schwefel und Wasser oxydiert. So gelangt der Schwefel in die tonigen und kalkigen Sedimente, aus denen der elementare Schwefel hauptsächlich gewonnen wird.

Bedeutende Schwefellagerstätten finden sich in den USA, in Mexiko, in der UdSSR, in Italien, Spanien und Japan.

Gewinnung und Verwendung

Die spanischen Schwefellager von Murcia und Albacete sind obermiozänen Alters. Die aus Kalken, Mergeln und Sandsteinen bestehende, etwa 9 m mächtige Schicht enthält ungefähr 30 % Schwefel.

Die gleichfalls obermiozänen Lager von Sizilien bei Catania, Girgenti und Caltanisetta liefern ein Material mit 10 … 40 % Schwefel. Es wurde früher durch Ausschmelzen in meilerähnlichen Haufen, Calcaroni genannt, verarbeitet. Hierbei wurde die erforderliche Wärme durch Verbrennung eines Teiles des Schwefels erzeugt, so daß nur gegen 50 % des Schwefels gewonnen werden konnten. Die in die Luft entweichende schweflige Säure verhinderte in der Nähe allen Pflanzenwuchs und schädigte die Gesundheit der Arbeiter schwer. Deswegen sind die Calcaroni durch gemauerte Ringöfen (siehe bei Kalkbrennen) ersetzt worden. Auch hier geschieht das Ausschmelzen durch Verbrennen eines Teils der Schwefelerze. Doch gelangen die mit Schwefel

---

[1]) Lateinisch: Sulfur; griechisch: θεῖον.

beladenen Verbrennungsgase nicht direkt ins Freie, sondern wärmen erst beim Durchstreichen der Kammern des Ringofens frische Schwefelerze vor. Hierbei schlägt sich der dampfförmige Schwefel nieder, und die Gase treten kalt ins Freie (Gill-Verfahren). So werden bis zu 80 % des Schwefels gewonnen.

Weitaus die größten Schwefellager finden sich in Louisiana und in Texas bei Matagorda. Diese Lager, die gleichfalls dem Miozän angehören, bestehen aus abwechselnden Schichten von mit Schwefel imprägniertem Kalkstein und reinem Schwefel, die in einer Mächtigkeit von 60 ... 100 m in 150 ... 350 m Tiefe liegen. Man durchbohrt die überlagernden Schwimmsande und senkt nach dem Verfahren von FRASCH 25 cm weite Rohre in das Lager ein. Durch diese Rohre werden zwei andere ineinandersteckende Rohre hinabgeführt. In dem Zwischenraum zwischen dem äußeren und zweiten Rohr drückt man Wasser von 175 °C hinab, das durch seitliche Öffnungen in das Schwefellager eindringt und den Schwefel dort zum Schmelzen bringt. Durch das innere Rohr wird heiße Druckluft von 40 atm. hinabgepreßt, die sich beim Austritt mit dem flüssigen, am Fußende des Rohres sich sammelnden Schwefel mischt und ihn spezifisch so leicht macht, daß er in der mittleren Rohrleitung als Schaum emporsteigt. Man läßt den Schwefel in große Holzkästen fließen und erkalten. Ein solches Bohrloch kann bis 400 t täglich fördern. Meist sind die Bohrlöcher etwa 100 m voneinander entfernt, weil sich das überhitzte Wasser ungefähr 50 m im Umkreis im Schwefellager ausbreitet.

In den Vereinigten Staaten wurde die Schwefelproduktion im Laufe der Zeit ganz enorm gesteigert: 1910: 259 700 t, 1925: 1 431 900 t, 1937: 2 800 000 t, 1956: 6 530 000 t.

Italien lieferte 1913: 386 300 t, 1925: 263 200 t, 1936: 349 000 t, 1956: 174 000 t Schwefel.

Als Schwefelmineral spielt besonders für die Darstellung von Schwefelsäure der Schwefelkies (Pyrit), FeS_2, eine große Rolle. Deutschland besitzt größere Kieslager bei Meggen im Siegener Land und bei Waldsassen am Fichtelgebirge. Die westdeutsche Förderung betrug 1957 600 000 t. Weitaus größere Mengen Pyrit müssen jedoch eingeführt werden, wobei Spanien als Lieferant an erster Stelle steht.

In zunehmendem Maße werden Schwefel- und Schwefelverbindungen aus dem in Braun- und Steinkohlen enthaltenen Schwefel (1 ... 3 %) gewonnen. Bei der Verkokung und der Hydrierung der Kohlen bildet der Schwefel Schwefelwasserstoff, H_2S. Dieser muß aus den Gasen ebenso wie aus dem Wassergas für die Ammoniaksynthese entfernt werden. Kokereigase enthalten 5 ... 15 g Schwefelwasserstoff, die Hydriergase der Steinkohlenhydrierung 20 ... 40 g Schwefelwasserstoff im Kubikmeter. Allein aus Kokereigasen wurden in Westdeutschland 1952 41 000 t Schwefel gewonnen. Aber bedeutend größere Mengen gehen bei der Verbrennung der Kohlen mit den Verbrennungsgasen als Schwefeldioxid in die Luft.

Aus Wassergas wird Schwefelwasserstoff an aktiver Kohle durch zugesetzte Luft zu Schwefel oxidiert. In den Gasanstalten, Kokereien und Hydrierwerken werden die Gase zur Entschwefelung entweder über Eisen(III)-hydroxid (*Gasreinigungsmasse*) geleitet, wobei sich Schwefel abscheidet, oder durch schwach alkalische Lösungen, z. B. von Alkalisalzen schwacher organischer Säuren, vor allem Aminosäuren, gepreßt, aus denen Schwefelwasserstoff in der Hitze wieder ausgetrieben werden kann (*Alkacidverfahren*). Der Schwefelwasserstoff wird dann im *Claus-Ofen* mit der berechneten Menge Luft über Bauxit bei 500 °C zu Schwefel oxidiert:

$$2\,H_2S + O_2 = 2\,S + 2\,H_2O$$

Auch kann ein Teil des Schwefelwasserstoffs zu Schwefeldioxid, SO_2, verbrannt werden und dieses mit weiterem Schwefelwasserstoff zu elementarem Schwefel umgesetzt werden:

$$2\,H_2S + SO_2 = 3\,S + 2\,H_2O$$

Von Bedeutung für die europäische Schwefelerzeugung dürften die großen Erdgasvorkommen bei Lacq (Südfrankreich) mit 15 % Schwefelwasserstoff werden.

Um aus dem Rohschwefel reinen Schwefel herzustellen, destilliert man ihn. Bei langsamer Abkühlung des Dampfes erhält man geschmolzenen Schwefel, der, in Stangenform gegossen, als *Stangenschwefel* in den Handel kommt. Läßt man aber die Dämpfe in weite Kammern strömen, deren Temperatur nicht über 112 °C steigen darf, so setzt sich der Schwefel in feinster Verteilung als blaßgelbe *Schwefelblume* ab. Sie enthält stets geringe Mengen Schwefelsäure und ist deshalb für manche Verwendungszwecke, z. B. für die Bereitung von Schießpulver, nicht geeignet.

Abgesehen von der Darstellung der schwefligen Säure, der Schwefelsäure und der anderen technisch wichtigen Schwefelverbindungen, dient der elementare Schwefel wegen seines niedrigen Entzündungspunktes von etwa 250 °C zur Herstellung von Schießpulver, Feuerwerkssätzen, Zündhölzern und dergleichen, wegen seiner leichten Schmelzbarkeit zum Kitten und zur Anfertigung von Abgüssen und zum Vulkanisieren von Kautschuk. Man knetet diesen für Weichgummi mit 0,8 ... 5 % Schwefel, für Hartgummi mit 25 ... 65 % zusammen und erhitzt dann auf höchstens 160 °C. In ähnlicher Weise läßt sich Teer mittels Schwefel zu einem asphaltähnlichen Pech härten, das für Eisen- und Dachanstriche dient.

Modifikationen und Erscheinungsformen des Schwefels

Der Schwefel bildet bei gewöhnlicher Temperatur ein kompliziertes Molekül S_8 und erst bei hoher Temperatur das einfache Molekül S_2.

Die bei gewöhnlicher Temperatur allein beständige Form ist der rhombisch kristallisierte Schwefel, *α-Schwefel*, mit der Dichte 2,07 g/cm³, der Härte 2,5, der spezifischen Wärme 0,17 cal · grd^{-1} · g^{-1} und der bekannten gelben Farbe. Er leitet die Wärme und die Elektrizität sehr wenig und dient deshalb auch als Isoliermaterial. Durch Reibung wird er stark elektrisch.

Das beste Lösungsmittel für Schwefel ist Schwefelkohlenstoff, der in 100 g bei 15 °C 37,15 g, bei 22 °C 46,05 g und bei 55 °C 181,34 g Schwefel aufnimmt. Gut löslich ist Schwefel auch in Dischwefeldichlorid, S_2Cl_2. Dagegen lösen Alkohol, Äther, Benzol und andere organische Lösungsmittel nur geringe Mengen.

Bei 112,8 °C schmilzt der α-Schwefel zu einer öligen, gut beweglichen gelben Flüssigkeit. Läßt man diese langsam zur Hälfte erstarren und gießt den flüssig gebliebenen Teil nach Durchbohrung der oberen Schicht ab, so findet man im Hohlraum sehr lange, dünne, fast farblose monokline Prismen von *β-Schwefel*, Dichte 1,975 g/cm³ bei 25 °C.

Dieser β-Schwefel ist unter gewöhnlichem Druck zwischen dem Erstarrungspunkt und 95,5 °C stabil, unterhalb dieser Temperatur geht er nach Berührung mit einem Kristall von α-Schwefel bald in diesen über. Auch ohne Berührung mit α-Schwefel wandelt er sich infolge freiwilliger Keimbildung früher oder später im gleichen Sinne um. α-Schwefel geht oberhalb 95,5 °C in Berührung mit β-Schwefel in diesen über. Man nennt den das Existenzgebiet dieser beiden Formen begrenzenden Temperaturpunkt *Umwandlungs-* oder *Übergangspunkt*. Unter erhöhtem Druck steigt dieser für 1 atm um 0,05 grd. Die beim Übergang von α-Schwefel in β-Schwefel verbrauchte bzw. bei der Umkehr entwickelte Wärme beträgt 0,086 kcal/g-Atom.

Nur beim Umwandlungspunkt stehen S_α und S_β im Gleichgewicht miteinander. Eine solche reversibel verlaufende Umwandlung nennt man auch eine *enantiotrope Umwandlung*. Verläuft dagegen die Umwandlung nur in einer Richtung, wie im Fall des Phosphors (siehe dort), so spricht man von einer *monotropen Umwandlung*.

Der β-Schwefel schmilzt bei 119,2 °C, und bei dieser Temperatur erstarrt auch eine frisch geschmolzene Schwefelschmelze. Wird die Schmelze jedoch einige Zeit über dem Schmelzpunkt gehalten, so tritt eine Erniedrigung des Erstarrungspunktes auf etwa 114 °C ein. Wahrscheinlich wird diese „Schmelzpunktserniedrigung" durch das Auftreten von Molekülen verschiedener Größe in der Schmelze hervorgerufen (siehe dazu S. 153).

Durch Abschrecken heiß gesättigter Lösungen von Schwefel in Alkohol, Terpentinöl, Benzol und dergleichen sowie bei langsamer Zersetzung alkoholischer Lösungen von Ammonium-sulfid an der Luft erhält man eine dritte Form des Schwefels in Gestalt von perlmutter-glänzenden, schwach gelblich-weißen monoklinen Blättchen, die sehr instabil ist und sich leicht in α-Schwefel umwandelt (MUTHMANN, 1890).

Erhitzt man den geschmolzenen Schwefel über 160 °C, so färbt er sich braun, wird zu-nehmend zähflüssiger, bei 220 °C dunkelbraun und ganz zähe wie Harz, bei 400 °C aber bis zum Siedepunkt von 444,6 °C wieder dünnflüssig.

Gießt man hoch erhitzten Schwefel mit dünnem Strahl in kaltes Wasser, so erhält man eine plastische, gelbe bis braune Masse, die sich ähnlich wie Kautschuk anfühlt und auch eine beträchtliche Elastizität besitzt. Dieser *plastische Schwefel* enthält je nach der Ab-schrecktemperatur 40 ... 60 % *μ-Schwefel*, der in Schwefelkohlenstoff unlöslich ist.

Auch die anderen in der Hitze entstandenen Schwefelformen, wie die Schwefelblumen und die Schwefelabscheidungen aus Schwefelwasserstoff, Thiosulfat, Polysulfiden und Dischwefeldichlorid, enthalten meist beträchtliche Mengen von in Schwefelkohlen-stoff unlöslichem Schwefel. Ob in diesen Schwefelabscheidungen noch weitere instabile Modifikationen vorliegen, ist noch nicht endgültig geklärt.

Der rhombische α- und der monokline β-Schwefel bestehen aus S_8-Molekülen. Dies zeigt die Siedepunktserhöhung einer Lösung von Schwefel in Schwefelkohlenstoff. Außerdem wurde dieser Sachverhalt von K. NEUMANN (1935) für den Dampf bei niederer Temperatur nachgewiesen. Die gleichen Moleküle besitzt der perlmutterglänzende monokline Schwefel.

Nach Untersuchung des Röntgenspektrums von E. WARREN (1935) bilden die Atome im S_8-Molekül einen Achterring (Abb. 34). Diese geschlossene räumliche Form bleibt sowohl in der Lösung als auch zunächst nach dem Schmelzen erhalten.

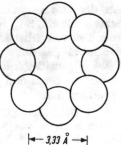

$\mapsto$ 3,33 Å $\dashv$

Abb. 34. S_8-Molekül

Beim Schmelzen bilden die S_8-Ringe zunächst eine dünnflüssige Schmelze (*λ-Schwefel*). Mit steigender Temperatur werden die Ringe aufgespalten und bilden oberhalb 160 °C zunehmend durch Aneinanderlagerung den *μ-Schwefel* in Gestalt von langen zickzack-förmigen Fäden aus 10000 und mehr Schwefelatomen. Diese Fadenstruktur hat K. H. MEYER (1934) im gedehnten plastischen Schwefel nachgewiesen. Der plastische Schwefel enthält außerdem noch in Schwefelkohlenstoff löslichen λ-Schwefel (K. NEU-MANN). In der Schmelze oberhalb 160 °C bewirken die langen Fäden die Zähflüssigkeit. Mit weitersteigender Temperatur zerfallen die Ketten in Bruchstücke von im Mittel S_6-Molekülen, aus denen auch der Dampf beim Siedepunkt besteht. Oberhalb 1000 °C existieren im Dampf fast nur noch S_2-Moleküle. Bei ungefähr 2000 °C läßt die Dichte-bestimmung eine teilweise Aufspaltung der S_2-Moleküle in freie Schwefelatome er-kennen.

Alle Formen des Schwefels gehen bei gewöhnlicher Temperatur in den rhombischen α-Schwefel über, am schnellsten nach kurzem Erwärmen auf 60 ... 80 °C. Durch Einbau von Phosphor, z. B. durch Zugabe von Diphosphorpentasulfid, P_2S_5, kann der plastische Schwefel für mehrere Wochen stabilisiert werden, wahrscheinlich als Folge der Ver-netzung der Ketten über die Phosphoratome.

Wird der Schwefel in Gegenwart von Wasser aus seinen Verbindungen frei gemacht, so tritt er oft als kolloider Schwefel in so feiner Verteilung auf, daß er in Lösung bleibt (über Kolloide siehe unter Kieselsäure).

Leitet man einen langsamen Strom von Schwefelwasserstoff in eine möglichst konzentrierte, kalte Lösung von schwefliger Säure und koaguliert dann mit Natriumchlorid, so ist dieser Schwefel danach in reinem Wasser löslich und liefert ein beständiges Sol (kolloide Lösung) (SVEN ODÉN).

In diesen Schwefelsolen liegen Gebilde mit 40 ... 60 S-Atomen vor, die an den Enden —SO₃H-Gruppen tragen und als hochmolekulare Polythionsäuren aufzufassen sind (E. WEITZ 1952). Die Endgruppen sind auch die Ursache für die Benetzbarkeit des kolloiden Schwefels und bewirken so die kolloide Löslichkeit.

In chemischer Hinsicht sind zum Unterschied von dem grob kristallinen Schwefel alle fein verteilten Sorten des kolloiden Schwefels durch die Fähigkeit ausgezeichnet, unter dem Einfluß von Wasserdampf und Luft schon bei gewöhnlicher Temperatur Schwefelsäure zu bilden. Hierbei kann Selbstentzündung eintreten.

Chemische Eigenschaften

An der Luft verbrennt Schwefel schon bei 250 °C mit schwach blauer Flamme zu Schwefeldioxid, SO_2. Mit allen Metallen verbindet er sich bei erhöhter Temperatur mit zum Teil sehr erheblicher Wärmeentwicklung zu *Sulfiden*. Doch ist die Bildungswärme der Sulfide gegenüber der der Oxide fast stets kleiner. Die Umsetzung mit Wasserstoff führt in gemäßigter Reaktion zu Schwefelwasserstoff. Auch mit den Halogenen Fluor, Chlor und Brom und mit Phosphor verbindet sich der Schwefel leicht. Dagegen kann er nicht unmittelbar mit Stickstoff reagieren.

Um die Bildungsenergie der Sulfide zu veranschaulichen, erhitzt man in einem 200-ml-Rundkolben Schwefel zum Sieden und wirft unechtes Blattgold oder Blattkupfer in den Dampf. Beide verbrennen mit tiefrotem Licht zu den Sulfiden. Gepulvertes Eisen gibt glänzende Lichtfunken, und brennendes Natrium glüht im Schwefeldampf mit blendendem Licht und starker Wärmeentwicklung, so daß das Glas meistens zerspringt.

Schwefel-Wasserstoffverbindungen

Wie die Molekulargröße des freien Schwefels (S_8 bei gewöhnlicher Temperatur, S_6 bei mittleren und S_2 bei hohen Temperaturen) beweist, haben die Schwefelatome eine im Vergleich mit dem Sauerstoff bedeutend gesteigerte Fähigkeit, sich untereinander zu verbinden. Diese bleibt unter Umständen auch noch bestehen, wenn andere Elemente sich mit dem Schwefel verbinden, und es kommen auf diese Weise Verbindungen zustande, in denen viele aneinanderhängende Schwefelatome enthalten sind.

So kennt man außer der einfachsten Verbindung von Schwefel und Wasserstoff, dem *Schwefelwasserstoff*, H_2S, von dem sich die *Metallsulfide* ableiten, höhere Schwefelwasserstoffe (*Polyschwefelwasserstoffe*), H_2S_x, denen die Polysulfide entsprechen. Für die homologe Reihe der Schwefel-Wasserstoffverbindungen ist der Name *Sulfane* gebräuchlich, der in Anlehnung an die Benennung der Wasserstoffverbindungen anderer Elemente, z. B. Alkane (Kohlenwasserstoffe), Silane, Borane, gewählt wurde (F. FEHÉR, 1953).

Von den Sulfanen leiten sich nicht nur formal, sondern auch genetisch die höheren Halogen-Schwefelverbindungen, die Chlor- und Bromsulfane sowie die Polythionsäuren ab.

Schwefelwasserstoff, H₂S

Molekulargewicht	34,080
Schmelzpunkt	−85,6 °C
Siedepunkt	−60,4 °C
Kritische Temperatur	100 °C
Dichte des flüssigen Schwefelwasserstoffs bei −60 °C	0,964 g/ml
Gewicht von 1 l des Gases bei 0 °C und 760 Torr	1,5392 g
Dielektrizitätskonstante bei 10 °C	5,9

Vorkommen

Schwefelwasserstoff findet sich in vielen Quellen infolge einer Reduktion von Gips zu Calciumsulfid und Zersetzung dieses Sulfids durch Kohlensäure:

$$CaS + H_2CO_3 = CaCO_3 + H_2S$$

Solche Quellen gibt es bei Aachen, Heilbrunn, Tölz, Leopoldshall, Aschersleben, Leukerbad, Montmorency, Bagnères, wo seit alters her diese *Schwefelwässer* als Heilmittel für Hautkrankheiten gebraucht werden. Auch die vielfach anzutreffenden Ortsnamen, wie Faulenbach, Faulenberg, beziehen sich auf das Vorkommen von Schwefelwasserstoff, weil dieser den charakteristischen Geruch nach faulen Eiern besitzt. Schwefelwasserstoff bildet sich außerdem beim Faulen pflanzlicher und besonders tierischer Stoffe aus dem in Eiweißen enthaltenen Schwefel. Manche Erdgasquellen enthalten beträchtliche Mengen Schwefelwasserstoff, so besonders die Vorkommen in Lacq (siehe S. 151).

Darstellung

Aus den Elementen entsteht Schwefelwasserstoff durch mehrtägiges Erhitzen auf 300 °C ziemlich vollständig, schneller beim Überleiten von Schwefeldampf und Wasserstoff über poröse Stoffe, wie Bimsstein, Kieselgur, Aktivkohle, oder Katalysatoren, wie Molybdändisulfid, MoS₂, oder Vanadinpentoxid, V₂O₅. Die Reaktion verläuft im Vergleich mit dem sehr großen Bildungsbestreben des analog zusammengesetzten Wassers nur träge. Dies hängt mit der auffallend geringen Wärmeentwicklung bei der Bildung von Schwefelwasserstoff zusammen:

$$H_2 + S_{fest} = H_2S_{Gas} + 4,76 \text{ kcal bzw.}$$
$$H_2 + S_{Gas} = H_2S_{Gas} + 19,61 \text{ kcal}$$

Meist stellt man Schwefelwasserstoff aus Eisen(II)-sulfid und roher Salzsäure im Kippschen Apparat dar:

$$FeS + 2\,HCl = FeCl_2 + H_2S$$

Dabei wird aus dem beigemengten Eisen stets etwas Wasserstoff frei. Sehr reinen Schwefelwasserstoff erhält man bei der analogen Zersetzung von Antimonsulfid.

Eigenschaften

Der Schwefelwasserstoff ist ein farbloses Gas, das nach faulen Eiern riecht und, in konzentrierter Form eingeatmet, durch Lähmung des Atemzentrums schnell tödlich wirkt. Die unterhalb der tödlichen Grenze eintretenden Vergiftungserscheinungen sind zunächst nur vorübergehend und verschwinden beim Einatmen von frischer Luft wieder. Auch ist der Geruch des Schwefelwasserstoffs so intensiv, daß man ihn noch in der 100 000fachen Verdünnung wahrnimmt, bei der eine beträchtliche Giftwirkung nicht mehr zu befürchten ist. Dennoch schädigt tagelanges Einatmen des verdünnten Gases.

Wie nach seiner Zusammensetzung zu erwarten ist, verbrennt Schwefelwasserstoff nach Berührung mit einer Flamme oder mit einer glühenden Kohle an der Luft mit blauer

Flamme. Hierbei wird der Wasserstoff zu Wasser und der Schwefel zu Schwefeldioxid oxydiert:

$$2 H_2S + 3 O_2 = 2 H_2O + 2 SO_2$$

Bei beschränktem Luftzutritt bildet sich nur Wasser, und der Schwefel wird in elementarer Form ausgeschieden.

Die nur teilweise Verbrennung des Schwefelwasserstoffs hängt mit der bei höheren Temperaturen eintretenden Spaltung in Wasserstoff und Schwefeldampf zusammen. Nach G. PREUNER erreicht dieser Zerfall bei Atmosphärendruck folgende Werte:

Temperatur in °C	227	427	627	827	1047	1237	1527	1727
Zerfall in %	0,023	0,26	2,3	9,1	24	40,9	64,8	76,1

Sehr heftig wird Schwefelwasserstoff von rauchender Salpetersäure oxydiert, so daß beim Eintropfen derselben in einen mit dem Gas gefüllten Zylinder unter Verpuffung freier Schwefel neben Wasser, Schwefelsäure und Stickstoffoxiden gebildet wird.

Auch Chlor und Brom wirken sehr energisch auf Schwefelwasserstoff ein. Dabei entstehen Salzsäure bzw. Bromwasserstoff und freier Schwefel, der sich weiterhin mit Chlor und Brom verbindet.

In Wasser löst sich Schwefelwasserstoff unter 760 Torr bei 10 °C zu 0,511 g, bei 20 °C zu 0,385 g auf 100 g Wasser. Dieses *Schwefelwasserstoffwasser* reagiert gegenüber Lackmuspapier schwach sauer; seine Säurestärke ist geringer als die der Kohlensäure, weshalb diese aus den Alkalisalzen den Schwefelwasserstoff teilweise verdrängt.

Als zweibasige Säure bildet Schwefelwasserstoff *Sulfide*, wie Na₂S, und *Hydrogensulfide*, wie NaHS. Die letzteren erhält man durch Einleiten von Schwefelwasserstoff in die Lösungen der Alkalihydroxide bzw. in Ammoniak bis zur Sättigung. Die neutralen, in Wasser leicht löslichen Alkalisulfide reagieren infolge Hydrolyse stark alkalisch:

$$S^{2-} + HOH = HS^- + OH^-$$

Schon an der Luft wird Schwefelwasserstoffwasser unter Abscheidung von zunächst milchigweißem amorphem Schwefel oxydiert. Läßt man Schwefelwasserstoff und Luft in einem größeren Glaskolben über feuchter Baumwolle stehen, so geht die Oxydation schließlich bis zu Schwefelsäure.

Auf alle stärkeren Oxydationsmittel wirkt Schwefelwasserstoff reduzierend. Man bestimmt den Gehalt wäßriger Lösungen aus dem Verbrauch an einer Jodlösung von bekannter Konzentration in Gegenwart von Natriumhydrogencarbonat, wobei nach der Gleichung

$$H_2S + J_2 = S + 2 HJ \quad \text{bzw.} \quad S^{2-} + J_2 = S + 2 J^-$$

neben Schwefel Jodwasserstoff entsteht, der vom Hydrogencarbonat gebunden wird.

Mit Schwermetallen bildet Schwefelwasserstoff beim Überleiten über freie Metalle in der Hitze und beim Einleiten in die Lösungen der betreffenden Salze meist sehr beständige und intensiv gefärbte Sulfide. So werden aus saurer Lösung gefällt: gelbes Arsen-, Zinn-, Cadmiumsulfid, orangerotes Antimonsulfid, schwarzes Blei-, Kupfer-, Quecksilber-, Silbersulfid; dagegen werden Eisen, Zink, Mangan aus alkalischer Lösung am besten mittels Ammoniumsulfid als Sulfide gefällt. Arsen-, Zinn- und Antimonsulfid lösen sich in Ammoniumsulfid oder Natriumsulfidlösungen zu *Thiosalzen*, die den Sauerstoffsalzen dieser Säuren entsprechen, z. B. (NH₄)₃AsS₃ entspricht (NH₄)₃AsO₃. Mit der Silbe „Thio" drückt man allgemein den Ersatz von Sauerstoff durch Schwefel aus. Auf diesem Verhalten der Schwermetalle gegenüber Schwefelwasserstoff bzw. Ammoniumsulfid beruhen die wichtigsten Trennungsmethoden der analytischen Chemie.

Mit flüssigem Schwefelwasserstoff bei −78 °C bilden die Halogenide von Aluminium, Beryllium, Zinn, Titan kristalline Thiohydrate, z. B. SnCl₄ mit 2 und mit 4 H₂S, farblos; TiCl₄, mit 1 und mit 2 H_2S, gelb. Löslich in flüssigem Schwefelwasserstoff sind CCl_4, CBr_4, $SiCl_4$, PCl_3, CS_2, SO_2. Thiohydrolyse tritt ein bei $AsCl_3 \rightarrow As_2S_3$, $PCl_5 \rightarrow PCl_3S$, $SbCl_5 \rightarrow SbCl_3S$, $S_2Cl_2 \rightarrow 3\,S$ (W. Biltz).

Zum Nachweis von Schwefelwasserstoff gebraucht man mit Bleiacetat getränktes Papier, sogenanntes Bleipapier, das sich unter Bildung von Bleisulfid, PbS, zunächst bräunt, dann schwärzt. Sehr empfindlich ist der Nachweis mittels Nitroprussidnatrium (siehe unter Eisen), das in Gegenwart von etwas Ammoniak oder Soda eine vergängliche, schön violette Färbung hervorruft. Die geringsten Spuren von Schwefelwasserstoff, wie sie in Wohnräumen vorhanden sind, machen sich durch die allmähliche Schwärzung von Silbergegenständen bemerkbar, wobei Silbersulfid gebildet wird.

Polyschwefelwasserstoffe (Sulfane), Polysulfide

Beim Kochen einer wäßrigen oder alkoholischen Lösung von Natriumsulfid oder Calciumsulfid mit Schwefel entstehen die gelben bis rotgelben Polysulfide, wie Na_2S_2, Na_2S_3, Na_2S_4, CaS_4 usw., doch nimmt die Beständigkeit von Na_2S_4 bzw. CaS_4 an sehr beträchtlich ab. Man nennt diese Polysulfide nach der Zahl der gebundenen Schwefelatome Disulfide, Tri-, Tetra-, Pentasulfide usw. Einige von diesen Polysulfiden, wie z. B. die Calciumpolysulfide, geben schon beim Waschen mit Schwefelkohlenstoff den größten Teil des lose gebundenen Schwefels wieder ab, so daß schließlich nur das Disulfid zurückbleibt.

Die einfachsten Vertreter der Polysulfide, nämlich die Disulfide, wie Natriumdisulfid, Na_2S_2, Ammoniumdisulfid, $(NH_4)_2S_2$, und Calciumdisulfid, CaS_2, entstehen aus den wäßrigen Lösungen der Hydrogensulfide durch Oxydation an der Luft:

$$NaSH + \tfrac{1}{2}O_2 + HSNa = Na\text{-}S\text{-}S\text{-}Na + H_2O$$

Auf der gelben Farbe beruht die Bezeichnung gelbes Natriumsulfid bzw. gelbes Ammoniumsulfid zum Unterschied vom farblosen Monosulfid Na_2S bzw. $(NH_4)_2S$.

Säuert man die Lösungen der Polysulfide mit stärkeren Säuren an, so wird nicht der entsprechende Polyschwefelwasserstoff frei, sondern dieser zerfällt in Berührung mit noch alkalisch reagierendem Polysulfid in Schwefelwasserstoff und feinst verteilten oder auch kolloiden Schwefel. Es entsteht eine weiße, milchige Trübung, die als Schwefelmilch, Lac sulfuris, bei gewissen Hauterkrankungen angewendet wird. Läßt man aber umgekehrt die Lösung des Polysulfids zu überschüssiger 20 . . . 25%iger Salzsäure fließen, so wird dieser Zerfall durch die dauernd saure Reaktion verhindert, und es bilden sich ölige Tröpfchen, die sich allmählich als dickes, schweres Öl am Boden des Gefäßes ansammeln.

Aus diesem rohen Polyschwefelwasserstoff haben J. Bloch sowie R. Schenk durch Destillieren unter vermindertem Druck das *Disulfan*, H_2S_2, als blaßgelbe bewegliche Flüssigkeit (Siedepunkt 75 °C bei 760 Torr, $\varrho = 1,367$ g/ml) sowie das *Trisulfan*, H_2S_3, als hellgelbe, bei tiefer Temperatur farblose Flüssigkeit (Schmelzpunkt -53 °C, $\varrho = 1,495$ g/ml bei 15 °C) gewonnen. Der Geruch des Trisulfans ist campherähnlich mit schwefligem Beigeschmack. Es zersetzt sich im Licht, beim Erwärmen sowie durch Wasser — besonders in Gegenwart von Alkalispuren — in Schwefel und Schwefelwasserstoff. Durch sehr vorsichtige Destillation gewann Fehér (1948) die zunehmend beständigeren Verbindungen *Tetrasulfan*, H_2S_4 (gelbe Flüssigkeit, $\varrho = 1,588$ g/ml), *Pentasulfan*, H_2S_5, und *Hexasulfan*, H_2S_6. Die Raman-Spektren sprechen für eine kettenförmige Anordnung der S-Atome in diesen Polyschwefelwasserstoffen.

Schwefel-Sauerstoffverbindungen
Schwefeldioxid (Schwefligsäureanhydrid), SO_2

Siedepunkt	$-10,02$ °C
Schmelzpunkt	$-75,5$ °C
Dichte des flüssigen Schwefeldioxids bei -8 °C	1,46 g/ml
Gewicht von 1 l des Gases bei 0 °C und 760 Torr	2,966 g
Kritische Temperatur	157 °C

Schwefeldioxid entsteht in manchen Vulkanen, wie z. B. Ätna und Vesuv, in beträchtlichen Mengen und bildet sich stets als erstes Produkt der Verbrennung von Schwefel oder Metallsulfiden.

Leitet man Luft oder Sauerstoff über erwärmten Schwefel, so bildet sich schon vor der Entzündung Schwefeldioxid, Entflammung tritt aber in Luft erst bei 250 °C ein. Auf dieser im Vergleich mit den meisten anderen brennbaren Stoffen auffallend niedrigen Entzündungstemperatur beruht die seit alters bekannte Verwendung des Schwefels zur Feuerbereitung[1]).

Obwohl bei der Verbrennung des Schwefels viel Wärme entwickelt wird, erlischt die blaue Schwefelflamme doch leicht bei stärkerer Luftströmung. In reinem Sauerstoff dagegen erfolgt die Verbrennung sehr energisch mit glänzend blauer Lichtentwicklung:

$$S_{\alpha_{fest}} + O_2 = SO_{2_{gasförmig}} + 70,9 \text{ kcal}$$

Der bei der Verbrennung des Schwefels auftretende bekannte, stechende, zum Husten reizende Geruch ist für Schwefeldioxid charakteristisch. Er ist so intensiv, daß man dieses Gas ohne weiteres auch in starker Verdünnung erkennt.

Im Laboratorium stellt man Schwefeldioxid am bequemsten durch Eintropfen von konzentrierter Schwefelsäure in konzentrierte 40 ... 50%ige Natriumhydrogensulfitlösung dar und reinigt das Gas durch Waschen mit Wasser und — zum Trocknen — mit konzentrierter Schwefelsäure.

Bisweilen reduziert man auch konzentrierte Schwefelsäure in der Hitze mit Kupferspänen. Bei dieser Reaktion bilden sich intermediär Kupfersulfid und Kupfer(I)-sulfat, die dann von der Schwefelsäure oxydiert werden:

$$Cu + 2 H_2SO_4 = CuSO_4 + SO_2 + 2 H_2O$$

Beim Kochen von Holzkohle mit konzentrierter Schwefelsäure entsteht gleichfalls Schwefeldioxid, aber gemischt mit Kohlendioxid:

$$C + 2 H_2SO_4 = CO_2 + 2 SO_2 + 2 H_2O$$

In der Technik gewinnt man große Mengen Schwefeldioxid sowohl durch Verbrennen von Schwefel als auch durch Erhitzen schwefelhaltiger Erze an der Luft (Rösten). Hierfür verwandte Erze sind hauptsächlich Schwefelkies (Pyrit), ferner Bleiglanz, PbS, Zinkblende, ZnS, und Kupferkies, CuFeS$_2$. Pyrit entwickelt beim Rösten genügend Wärme, um nach dem Erhitzen auf 350 ... 400 °C bei hinreichendem Luftzutritt ohne äußere Wärmezufuhr von selbst weiter zu brennen:

$$4 FeS_2 + 11 O_2 = 2 Fe_2O_3 + 8 SO_2$$

Zum Rösten bedient man sich großer Etagenöfen, die von einer zentral angebrachten, senkrechten Welle aus betrieben, den brennenden Kies über mehrere Etagen von oben nach unten dem Luftstrom entgegenbewegen. Auch Drehrohröfen in horizontaler Lage und Wirbelschichtöfen werden verwendet. Ein solcher mechanischer Röstofen kann an einem Tage mehr als 25 t Kies abbrennen. Die Hauptmenge des Schwefeldioxids wird zu Schwefelsäure verarbeitet (siehe dort).

Schwefeldioxid ist ein Pflanzengift und ruft, auch wenn es in großer Verdünnung mit Rauchgasen oder mit den Abgasen der Röstanlagen in die atmosphärische Luft gelangt, Flurschäden hervor, indem es weithin den Pflanzenwuchs zerstört. Insbesondere die Nadelhölzer sind der giftigen Wirkung des Schwefeldioxids ausgesetzt, weil sie auch

---

[1]) Das griechische Wort für Schwefel θεῖον heißt soviel wie überirdisch, übernatürlich, himmlisch, göttlich, womit ausgedrückt wurde, daß der Schwefel das göttliche Feuer dem Menschen übermittelt.

im Winter ihre grünen, assimilierenden Nadeln tragen. An diesen haftet bei den tieferen Temperaturen der Jahreszeiten eine Feuchtigkeitsschicht, in der sich das Schwefeldioxid sammelt und so konzentrierter einwirken kann als im trockenen Sommer.

Alle mit Stein- oder Braunkohlen oder mit Öl betriebenen Feuerungen entwickeln infolge des Schwefelgehalts dieser Brennstoffe Schwefeldioxid, so daß in der Nähe großer Städte die Nadelholzwaldungen zusehends absterben.

Von der Giftwirkung des Schwefeldioxids macht man zum Entlausen von Kleidern, zur Vertilgung von Ratten auf Schiffen sowie zum Ausräuchern von Wein- und Bierfässern Gebrauch. In die Fässer hängt man hierzu einen brennenden Schwefelfaden. Das beim Verbrennen entstehende Schwefeldioxid tötet die Spaltpilze. Diese Wirkung beruht auf der Spaltung des als Wuchsstoff wichtigen Vitamins B_1.

Schwefeldioxid läßt sich bei 15 ... 20 °C schon durch Druck von 4 ... 5 atm verflüssigen und verbraucht bei der Verdampfung unterhalb 0 °C 95 kcal je Kilogramm. Auf dieser Eigenschaft beruht seine Verwendung in Kältemaschinen.

Flüssiges Schwefeldioxid ist nach WALDEN ein vorzügliches Lösungsmittel für anorganische und organische Stoffe. Viele Salze, wie z. B. Kaliumbromid, Kaliumjodid und Eisenchlorid, leiten in dieser Lösung den elektrischen Strom wie in Wasser. (Über das Schwefeldioxid als „wasserähnliches" Lösungsmittel siehe das Kapitel am Schluß des Buches.)

Flüssiges Schwefeldioxid dient außerdem zur Isolierung aromatischer Kohlenwasserstoffe (z. B. Toluol, Xylol usw.) aus Erdölfraktionen, weil es diese Verbindungen leichter als Paraffine löst (Edeleanuverfahren).

Infolge seiner bedeutenden Bildungswärme ist das Schwefeldioxid nur durch besonders kräftige Reduktionsmittel, wie Magnesium, Aluminium, Kalium, Natrium, Calcium, in der Hitze reduzierbar und kann die Verbrennung von Holz, Kohle und dergleichen nicht unterhalten. Deshalb kann man Schornsteinbrände, in denen der Ruß in Brand bzw. Glut geraten ist, dadurch löschen, daß man unten Schwefel abbrennt, wodurch der Sauerstoff der Luft so weit verbraucht wird, daß der Ruß nicht mehr brennen kann.

Bei genügend hohen Temperaturen wirkt jedoch auch Kohlenstoff auf Schwefeldioxid reduzierend. So kann man zur Gewinnung von freiem Schwefel aus Schwefeldioxid dieses bei Temperaturen über 1100 °C mit Kohle umsetzen:

$$2\,SO_2 + 4\,C = 4\,CO + S_2$$

Bei mittlerer Rotglut verläuft die Reaktion komplizierter: Es bilden sich neben Kohlenmonoxid und Schwefel auch Kohlendioxid, Kohlenoxidsulfid, COS, und Schwefelkohlenstoff, CS_2 (B. RASSOW).

Schweflige Säure, H_2SO_3

Eigenschaften

100 g Wasser lösen unter 760 Torr bei 10 °C 15,4 g, bei 20 °C 10,64 g Schwefeldioxid unter Bildung von schwefliger Säure, H_2SO_3. Diese reagiert wohl sauer, zerfällt aber beim Kochen vollständig in gasförmiges Schwefeldioxid und Wasser. Wahrscheinlich sind in wäßriger Lösung keine H_2SO_3-Moleküle, sondern nur Ionen und hydratisierte SO_2-Moleküle enthalten (vgl. die entsprechenden Verhältnisse in einer wäßrigen Ammoniaklösung).

Die schweflige Säure reagiert wie eine ziemlich schwache zweibasige Säure. Sie wird aus ihren neutralen und sauren Salzen, den Sulfiten bzw. den Hydrogensulfiten (Bisulfiten), besonders in der Wärme durch Salzsäure oder Schwefelsäure verdrängt. Dabei entweicht unter Aufbrausen Schwefeldioxid. Besonders schwer löslich und deshalb charakteristisch sind Bariumsulfit, $BaSO_3$, und Bleisulfit, $PbSO_3$.

Neutralisiert man eine Lösung von schwefliger Säure nur zur Hälfte mit Natrium- oder Kaliumhydroxid, so kristallisieren aus solchen Lösungen nicht die Hydrogensulfite, sondern die Disulfite, $Na_2S_2O_5$ bzw. $2 K_2S_2O_5 \cdot 3 H_2O$ aus (F. FOERSTER, 1924, A. SIMON, 1955). Dies hängt mit der geringen Beständigkeit des Hydrogensulfit-Ions zusammen, das schon in wäßriger Lösung zur Wasserabspaltung und Bildung des Disulfit-Ions neigt:

$$2 HSO_3^- \rightleftharpoons S_2O_5^{2-} + H_2O$$

Beim Konzentrieren der Lösung verschiebt sich das Gleichgewicht nach der rechten Seite der Gleichung. Das Kaliumsalz wird unter dem Namen „Kaliummetabisulfit" in der Photographie für Entwickler- und Fixierbäder verwendet.

Die schweflige Säure ist ein gutes Bleichmittel für Seide, Wolle, Flachs, Jute, Hanf und insbesondere für Stroh, weshalb sie in der Strohhutindustrie viel gebraucht wird. Die bleichende Wirkung beruht auf der Fähigkeit der schwefligen Säure und ganz besonders der Hydrogensulfite, sich an natürliche Farbstoffe anzulagern, wodurch die Farbe verschwindet und meist lösliche, durch Wasser auswaschbare Verbindungen entstehen. So werden unter anderem auch die Farbstoffe der roten Rübe, des Gartenfuchsschwanzes sowie die synthetischen Farbstoffe, wie beispielsweise das Fuchsin, gebleicht. Erwärmt man z. B. die so entfärbte Fuchsinlösung mit verdünnter Salzsäure, so entweicht die schweflige Säure, und die rote Farbe kommt wieder zum Vorschein.

Von der Eigenschaft der schwefligen Säure und insbesondere der Hydrogensulfite, sich an gewisse organische Stoffe anzulagern, macht man bei der Gewinnung von Cellulose aus Holzfasern Gebrauch (Sulfitcellulose). Zur Behandlung des Holzes verwendet man eine Calciumhydrogensulfitlösung mit einem Gehalt von etwa 4 % SO_2 (Sulfitlauge). Sie löst die inkrustierenden Ligninstoffe auf und läßt reine Cellulose zurück. Die abfallenden Sulfitlaugen konnten bis jetzt nur teilweise in geeigneter Form verwertet werden und bilden einen großen Ballast der Cellulosefabriken; denn die Sulfitlauge darf man nicht ohne Klärung, die sehr umständlich ist, in die Flüsse ablassen, weil sonst alles tierische Leben zerstört wird. Eine gewisse Entlastung bringt die Gewinnung von Alkohol aus den vergärbaren organischen Bestandteilen der Sulfitlaugen (Sulfitspiritus) sowie ihre Verwendung als Nährflüssigkeit für Hefekulturen (Nährhefe).

Die chemisch wichtigste Eigenschaft der schwefligen Säure ist ihre Fähigkeit, reduzierend zu wirken. Dabei geht der Schwefel der Oxydationsstufe $+ 4$ in Schwefel der Oxydationsstufe $+ 6$ über. So reduziert schweflige Säure Permanganatlösung, Dichromatlösung, fällt aus Quecksilber(II)-chloridlösungen weißes, unlösliches Quecksilber(I)-chlorid, bei Anwendung eines Überschusses auch metallisches Quecksilber und fällt aus Goldchloridlösungen lehmfarbenes, feinverteiltes Gold. Leitet man über feinverteiltes Blei(IV)-oxid Schwefeldioxid, so bildet sich unter Aufglühen Bleisulfat. Braunstein wird von schwefliger Säure zu farblosem Mangan(II)-salz gelöst, wobei die schweflige Säure zu Sulfat und Dithionat oxydiert wird. Chlor oder Bromwasser oxydieren zu Schwefelsäure und werden selbst zu den Halogenwasserstoffsäuren reduziert:

$$Cl_2 + H_2SO_3 + H_2O = H_2SO_4 + 2 HCl$$

Auch Jod wird in Gegenwart von Natriumhydrogencarbonat von schwefliger Säure quantitativ zu Jodwasserstoff reduziert. Aus dem Jodverbrauch läßt sich der Gehalt an schwefliger Säure bestimmen.

An der Luft oxydieren sich die Lösungen der schwefligen Säure und ihrer Salze zu Schwefelsäure bzw. zu Sulfaten. Dieser Vorgang wird katalytisch durch kleine Mengen Selen beschleunigt, wie sie aus selenhaltigem Pyrit bisweilen in die Calciumhydrogensulfitlösung gelangen und so deren Verwendbarkeit in den Zellstofffabriken beeinträchtigen.

Eine ammoniakalische Lösung von Ammoniumsulfit (70 g auf 1 l Wasser) wird durch Spuren von Eisen-, Nickel-, Kupfer-, Mangansalzen, insbesondere aber von Kobaltsalzen so stark autoxydabel, daß sie den Sauerstoff der Luft ebenso schnell aufnimmt wie die hierfür in der Gasanalyse gebräuchliche alkalische Pyrogallollösung (D. Vorländer).

Unter Druck zersetzt sich die wäßrige Lösung bei etwa 160 °C nach:

$$3\,H_2SO_3 = S + 2\,H_2SO_4 + H_2O$$

Dieser Zerfall tritt auch beim Kochen von Ammoniumsulfit- und -hydrogensulfitlösungen unter Druck ein und führt zu Ammoniumsulfat und Schwefel:

$$(NH_4)_2SO_3 + 2\,NH_4HSO_3 = 2\,(NH_4)_2SO_4 + S + H_2O$$

Bei dem Selbstzerfall wäßriger Hydrogensulfitlösungen, der besonders durch kleine Mengen Selen sehr beschleunigt wird, entstehen zunächst Sulfat und Trithionat, das weiterhin in Sulfat und Thiosulfat zerfällt (F. Foerster).

Neben den vorwiegend reduzierenden Wirkungen kann aber die schweflige Säure, ähnlich wie die salpetrige Säure und andere unvollständige Oxydationsprodukte, auch *oxydierend* wirken. So oxydiert sie den aus Zink und Salzsäure entwickelten Wasserstoff zu Wasser und wird selbst zu Schwefel und auch bis zu Schwefelwasserstoff reduziert. Durch eine stark salzsaure Zinn(II)-chloridlösung wird schweflige Säure in der Wärme zu Schwefelwasserstoff reduziert, der das unter Oxydation gebildete Zinn(IV)-chlorid als gelbes Zinnsulfid fällt.

Praktisch wichtig ist die Oxydation des Schwefelwasserstoffs durch schweflige Säure zu freiem Schwefel:

$$H_2SO_3 + 2\,H_2S = 3\,S + 3\,H_2O$$

Bei der Reaktion dieser Verbindungen spielt die Gegenwart von flüssigem Wasser eine interessante Rolle. Leitet man in den in Abb. 35 gezeigten Apparat durch die beiden äußeren Röhren trockenes Schwefeldioxid und Schwefelwasserstoff, so findet keinerlei Reaktion statt, selbst dann nicht, wenn diese Gase 4 mg Wasserdampf im Liter enthalten. Sowie aber Tröpfchen oder Bläschen von flüssigem Wasser hinzutreten, setzt sich an und in diesen freier Schwefel ab. (Näheres über diesen Reaktionsverlauf siehe bei Polythionsäuren).

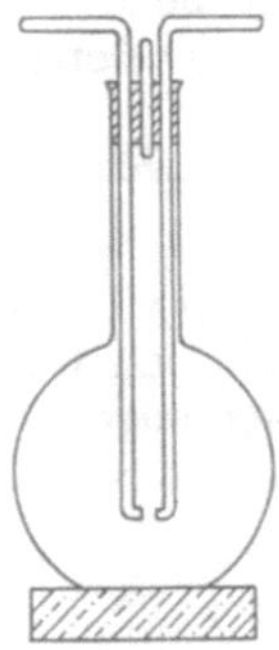

Abb. 35.
Regeneration von Schwefel
aus Schwefeldioxid und
Schwefelwasserstoff

Nachweis

Zum Nachweis der schwefligen Säure wie auch des Schwefeldioxids dient mit Quecksilber(I)-nitratlösung befeuchtetes Papier, das unter Ausscheidung von feinverteiltem Quecksilber gebräunt und dann geschwärzt wird; doch gibt Schwefelwasserstoff eine ähnliche Färbung. Am zuverlässigsten erkennt man das Schwefeldioxid an seinem Geruch.

Struktur und Konstitution

Im Molekül des SO_2 sind die beiden O-Atome unter einem Winkel von etwa 120° an das S-Atom gebunden (I). Die organischen Derivate der schwefligen Säure leiten sich von den

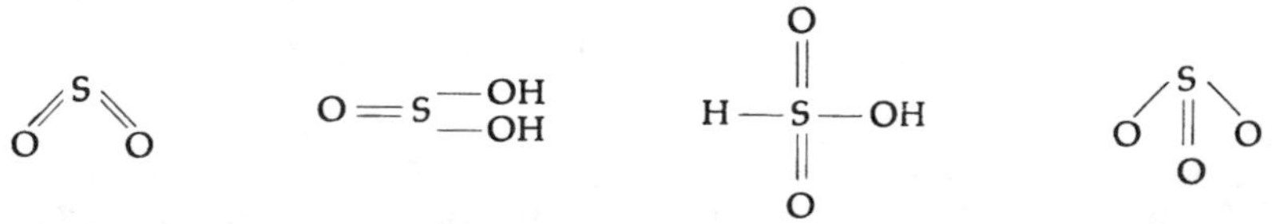

(I) (II) (III) (IV)

beiden Formeln (II) und (III) ab, und zwar die Dialkylsulfite $OS(OR)_2$ von (II), die Alkyl-sulfonsäureester $R-SO_2OR$ von (III). Das Hydrogensulfit-Ion tritt in wäßriger Lösung über-wiegend, wenn nicht sogar ausschließlich, in der Form $H-SO_3^-$ mit am Schwefel gebundenen Wasserstoff auf. (Über das Gleichgewicht $2\,HSO_3^- = S_2O_5^{2-} + H_2O$ siehe Seite 160). Für das Sulfition, SO_3^{--}, ergibt sich aus spektroskopischen Messungen eine pyramidale Struktur (IV).

Schwefeltrioxid (Schwefelsäureanhydrid), SO₃

Schmelzpunkt	16,8 °C
Siedepunkt	44,8 °C
Kritische Temperatur	218 °C
Dichte	1,982 g/cm³

Darstellung

Als Anhydrid der Schwefelsäure bildet sich Schwefeltrioxid bei der Entwässerung von Schwefelsäure durch Phosphorpentoxid. Auch die aus den Alkalihydrogensulfaten in der Hitze zunächst entstehenden Pyrosulfate liefern beim Glühen Schwefeltrioxid:

$$Na_2S_2O_7 = Na_2SO_4 + SO_3$$

Zur Darstellung des Schwefeltrioxids geht man von der rauchenden Schwefelsäure, dem Oleum (siehe S. 171) aus. Erwärmt man rauchende Schwefelsäure, so entweicht zunächst Schwefeltrioxid. Durch wiederholtes Destillieren des Trioxids erhält man es in Form von farblosen, undurchsichtigen, prismatischen Kristallen.

Von großer technischer Bedeutung ist die Darstellung von Schwefeltrioxid aus dem Schwefeldioxid der Pyrit-Röstgase durch Oxydation mit Luftsauerstoff in Gegenwart von Katalysatoren nach dem Kontaktverfahren.

Kontakt-Verfahren

Die Bildung von Schwefeltrioxid bei der Oxydation von Schwefeldioxid mit Luft in Gegenwart von Platin als Katalysator wurde schon 1831 von P. PHILIPS beschrieben. Die großtechnische Durchführung dieser Reaktion nach dem Kontakt-Verfahren geht auf die Untersuchungen von CL. WINKLER (1875) und insbesondere von R. KNIETSCH (Badische Anilin- und Sodafabrik, 1901) zurück.

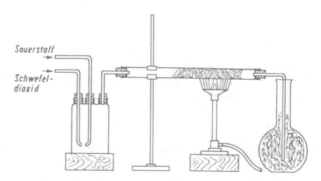

Abb. 36. Darstellung von Schwefeltrioxid am Platinkontakt

Zur Vorführung dieser Reaktion leitet man trockenen Sauerstoff und trockenes Schwefeldioxid durch ein Glasrohr, in dem sich platinierter Asbest befindet. Sobald dieser durch die darunter-gehaltene Flamme auf 400...450 °C erwärmt worden ist, treten dicke weiße Nebel von Schwefeltrioxid aus dem Rohr in die vorgelegte Flasche (Abb. 36).

Die Oxydation von Schwefeldioxid nach

$$2\,SO_2 + O_2 \rightleftharpoons 2\,SO_3 + 2 \cdot 23,5\,\text{kcal}$$

ist reversibel. Da die Bildung von Schwefeltrioxid exotherm verläuft, verschiebt sich das Gleichgewicht mit steigender Temperatur nach der linken Seite der Gleichung, also nach der Richtung des Zerfalls. Geht man von einem stöchiometrischen Gemisch von Schwefeldioxid und Sauerstoff entsprechend obiger Gleichung aus, so beträgt die Ausbeute an Schwefeltrioxid im Gleichgewichtszustand bei 400 °C 98,1 %, bei 500 °C 91,3 %, bei 600 °C 76,3 % und bei 900 °C nur noch 16,0 %. Zwecks hoher Ausbeute an Schwefeltrioxid muß der Prozeß also bei möglichst niederen Temperaturen — d. h. nicht wesentlich über 400 °C — durchgeführt werden. Jedoch ist dann die Reaktionsgeschwindigkeit wegen der Trägheit der Gasmoleküle viel zu gering. Man verwendet daher Kontaktsubstanzen, die den Prozeß schon bei niederer Temperatur mit der erforderlichen Geschwindigkeit katalysieren. Hierzu diente früher Platin, das in feinverteilter Form auf Kieselgel oder Magnesiumsulfat niedergeschlagen, bei 425 °C die Schwefeltrioxidbildung mit der erforderlichen Geschwindigkeit katalysiert. Heute verwendet man als Katalysator Vanadin-(V)-oxid, V_2O_5, mit Zusätzen von Metavanadaten, wie KVO_3 und $AgVO_3$, gleichfalls auf porösen Trägern. Der Vanadinmischkontakt spricht zwar erst bei etwas höheren Temperaturen an, ist aber widerstandsfähiger gegen geringe Mengen von Kontaktgiften, wie Arsenik, und außerdem billiger und leichter regenerierbar.

Im Hinblick auf eine hohe Ausbeute an Trioxid ist das Einhalten der günstigsten Temperatur während der Reaktion von großer Bedeutung. Infolge des exothermen Verlaufs der Trioxidbildung würde ohne geeignete Maßnahmen die Temperatur am Kontakt zu stark ansteigen und damit die Ausbeute schnell absinken. Es muß also die bei der Umsetzung entwickelte Wärme laufend abgeführt werden. Dies erreicht man durch Wärmeaustauscher, in denen die bei der Reaktion freiwerdende Wärme dazu dient, die noch nicht umgesetzten, kühleren Röstgase auf die erforderliche Reaktionstemperatur vorzuwärmen.

Um ganz allgemein die Schwierigkeiten, die der Übertragung von Laboratoriumsversuchen in den Großbetrieb hinsichtlich der Temperaturregulierung entgegenstehen, im Prinzip richtig beurteilen zu können, bedenke man stets, daß die Wärmeentwicklung und ebenso umgekehrt auch der Wärmeverbrauch der reagierenden Masse, also dem kubischen Inhalt r^3, proportional ist, während die für die Temperaturregulierung in Betracht kommende Oberfläche dem Quadrat r^2 entspricht. Ein chemischer Prozeß ist um so leichter regulierbar, je größer das Verhältnis von Oberfläche zu Inhalt, also je größer $\dfrac{r^2}{r^3} = \dfrac{1}{r}$ ist. Hieraus erkennt man ohne weiteres, daß die Regulierbarkeit mit steigenden Dimensionen, nämlich mit wachsenden Werten für r, abnimmt.

Außer von der Temperatur ist die Lage des Gleichgewichts auch noch von der Sauerstoffkonzentration abhängig. Erhöhung der Sauerstoffkonzentration begünstigt nach dem Massenwirkungsgesetz die Schwefeltrioxidbildung. Praktisch stellt man die Röstgase so ein, daß das Volumenverhältnis $SO_2 : O_2$ etwa 1 : 2 beträgt, z. B. 6 % SO_2, 12 % O_2 und 82 % Stickstoff.

Ein technisch sehr wichtiges Problem ist die Reinigung der aus den Röstöfen kommenden Gase von Staub, Kolloiden und gasförmigen Fremdstoffen, durch die die Kontaktsubstanzen in ihrer Wirksamkeit gelähmt (vergiftet) werden. Ein besonders gefährliches Kontaktgift ist Arsenik, das aus den arsenhaltigen sulfidischen Erzen beim Abrösten in die Röstgase gelangt und nur sehr schwer niederzuschlagen ist. Zur Reinigung werden die Gase mit Schwefelsäure gewaschen und elektrisch entstaubt.

Zur elektrischen Entstaubung nach dem Verfahren von COTTRELL werden die Gase durch eine Kammer geleitet, in deren Mitte ein dünner Draht gespannt ist, der gegen die Wandung der

Kammer mit hochgespanntem Gleichstrom auf etwa 80 000 V aufgeladen ist. Von dem Draht, der negativ geladen ist, werden Elektronen abgesprüht, die von den Staubteilchen aufgenommen werden. Die negativ geladenen Teilchen wandern im elektrischen Feld zur positiven Wand der Kammer, wo sie entladen werden und zu Boden sinken.

Das beim Kontaktprozeß gebildete Schwefeltrioxid wird nicht als solches kondensiert, sondern dient zur Darstellung von konzentrierter Schwefelsäure oder von Oleum (siehe dort).

Eigenschaften

Schwefeltrioxid ist schon bei gewöhnlicher Temperatur so leicht flüchtig, daß es an der Luft dichte Nebel bildet. Diese Nebel bestehen aus sehr kleinen Schwefelsäuretröpfchen, die durch die Vereinigung des Trioxids mit dem Wasserdampf der Luft entstehen. Schwefeltrioxid wirkt sehr stark wasserentziehend auf die verschiedensten organischen Stoffe, verkohlt z. B. Zellulose, Stärke, Kautschuk usw.

Das Schwefeltrioxid tritt in 3 Modifikationen auf. Bei schneller Kondensation aus dem Dampfzustand und bei Ausschluß von Feuchtigkeitsspuren entsteht eine eisblumenartige, weiße Masse ($\gamma - SO_3$), die bei 16,8 °C schmilzt. Aus der Schmelze kristallisiert bei 20 ... 30 °C, besonders rasch in Gegenwart geringer Mengen von Schwefelsäure, eine „asbestartige" Modifikation ($\beta - SO_3$), und man erhält bald eine weiße Masse aus seidenartig glänzenden, verfilzten Nadeln, die bei 32 °C schmilzt, bei schnellem Überschreiten des Schmelzpunkts zum Teil aber noch bis 60 °C fest bleiben kann. Schließlich existiert noch eine „hochschmelzende" Modifikation ($\alpha - SO_3$, Schmelzpunkt 62 °C), die unter besonderen Bedingungen erhalten werden kann. Die eisblumenartige γ-Modifikation besteht aus ringförmigen $(SO_3)_3$-Molekülen (I), während in der asbestartigen Modifikation wahrscheinlich kettenartige Gebilde (II) vorliegen. Im Dampfzustand existieren die einfachen SO_3-Moleküle, die eine ebene Struktur besitzen: Das Schwefelatom bildet die Mitte eines gleichseitigen Dreiecks aus Sauerstoffatomen. Das im Handel erhältliche Schwefeltrioxid ist ein nicht völlig wasserfreies Produkt und meist nicht einheitlich.

(I)   (II)

Die Verbindung einfacher Moleküle — z. B. der SO_3-Moleküle — zu höher molekularen Gebilden gleicher Zusammensetzung — wie die eisblumenartigen $(SO_3)_3$- oder der asbestartigen $(SO_3)_n$-Modifikation — nennt man *Polymerisation*.

Mit Wasser verbindet sich Schwefeltrioxid so lebhaft, daß beim Auftropfen von Wasser auf Schwefeltrioxid Explosion mit Lichtaussendung eintritt. Hierbei bildet sich Schwefelsäure

$$SO_3 + H_2O = H_2SO_4 + 21 \text{ kcal}$$

die dann beim Verdünnen mit Wasser weitere 20 kcal entwickelt. Für den gesamten Vorgang gilt dann (W. A. ROTH):

$$SO_3 + n H_2O = H_2SO_4 + (n-1) H_2O + 41 \text{ kcal}$$

Gefahrlos läßt sich Schwefeltrioxid mit Wasser vereinigen, wenn man ein großes, starkwandiges, zylindrisches Glasgefäß mit Wasser füllt und dann ein kleines, möglichst vollständig mit dem Trioxid gefülltes Glaskölbchen mit enger Öffnung hineinwirft. Dieses muß schwerer als das Wasser sein, damit es untersinkt, weil sonst an der Oberfläche das Trioxid verspritzt. Unter dem Wasser vereinigt sich das Trioxid mit diesem unter zischendem und polterndem Geräusch, ähnlich dem, das beim Eintauchen von glühendem Eisen in Wasser entsteht.

Trotz der sehr energischen Reaktion mit Wasser kann man Schwefeltrioxid in Wasser nicht vollständig absorbieren, weil ein großer Teil in Form von Schwefelsäurenebeln entweicht. Leitet man z. B. das von dem Platinkontakt kommende Gas in Wasser, so bildet sich nur wenig Schwefelsäure, während dichte weiße Nebel in die Luft entweichen, die auch von Kalilauge nicht aufgenommen werden. Diese unvollständige Absorption der Schwefelsäurenebel beruht wahrscheinlich darauf, daß die kolloiden Teilchen in den Gasblasen wenig beweglich sind und daher mit der Flüssigkeit nicht in Berührung kommen. Dagegen wird Schwefeltrioxid von 98%iger Schwefelsäure, die einen sehr geringen Wasserdampfdruck hat, sehr begierig aufgenommen. Von dieser Eigenschaft macht man in der Technik bei der Darstellung der konzentrierten Schwefelsäure und der rauchenden Schwefelsäure mit einem Gehalt von 15 bis 60 % SO_3 Gebrauch.

Die dichten weißen Nebel, die Schwefeltrioxid mit der Feuchtigkeit der Luft bildet, dienen als billigste, leicht herstellbare künstliche Nebel.

Als organisches Lösungsmittel für Schwefeltrioxid eignen sich Tetrachlorkohlenstoff, der geschmolzenes Trioxid in der Kälte ohne Nebenreaktionen löst, und trockenes Frigen (M. Schmidt, 1957).

Schwefeltrioxid reagiert nicht nur mit Wasser, sondern auch mit vielen anderen, insbesondere sauerstoffhaltigen Verbindungen, so z. B. mit Kaliumsulfat, K_2SO_4, zu Kaliumtrisulfat, $K_2SO_4 \cdot 2 SO_3 = K_2S_3O_{10}$ (Baumgarten und Thilo, 1938), mit Distickstoffpentoxid, N_2O_5, zu Nitryldisulfat, $(NO_2)_2S_2O_7$, oder Nitryltrisulfat $(NO_2)_2S_3O_{10}$ (siehe S. 144). Mit Chlorwasserstoff und Fluorwasserstoff bildet Schwefeltrioxid Chlorsulfonsäure, $ClSO_3H$, bzw. Fluorsulfonsäure, FSO_3H.

In Schwefeltrioxid löst sich Schwefel (ebenso wie in Phosphorpentoxid) mit blauer Farbe (siehe S. 174). Mit Selen gibt Schwefeltrioxid grüne, mit Tellur rote Lösungen.

Schwefelsäure, H_2SO_4

Schmelzpunkt	10,5 °C
Siedepunkt	338 °C unter Zersetzung
Dichte bei 15 °C	1,836 g/ml

Die Schwefelsäure findet sich frei in einigen heißen Quellen in Neu-Granada, Tennessee und Java als Produkt der Einwirkung überhitzter Wasserdämpfe auf Eisenvitriol. Eine Quelle im östlichen Texas enthält 5,3 g Schwefelsäure im Liter. In den Speicheldrüsen einiger Schnecken, wie Dolium galea, ist Schwefelsäure bis zu 2,5 % nachgewiesen worden. Viel weiter verbreitet ist die Schwefelsäure in Form ihrer Salze, der Sulfate, von denen Anhydrit, $CaSO_4$, Gips, $CaSO_4 \cdot 2 H_2O$, Kieserit, $MgSO_4 \cdot H_2O$, in Salzlagern in großen Massen vorkommen und nach dem Auslaugen der leichter löslichen Salze durch die Bodenwässer zunächst zurückbleiben. Auch Bariumsulfat (Schwerspat) und Strontiumsulfat (Cölestin) sind hier zu nennen. Pflanzen und Tiere enthalten Sulfate gelöst, und für das Wachstum der Pflanzen ist ein gewisser Gehalt des Bodens an Sulfaten erforderlich. Aus den aufgenommenen Sulfaten stammt der im Eiweiß gebundene Schwefel.

Darstellung

Schwefelsäure wird nach zwei Verfahren großtechnisch dargestellt:

1) nach dem Bleikammerprozeß
2) nach dem Kontaktprozeß

Nach dem Bleikammerprozeß gewinnt man auch heute noch wasserhaltige Schwefelsäure. Der Kontaktprozeß liefert unmittelbar konzentrierte Säure oder rauchende Schwefelsäure.

Bleikammerprozeß

Bis zum Jahre 1758 beruhte die Darstellung der Schwefelsäure auf der Zersetzung des an der Luft oxydierten Eisenvitriols. Dann fand man, daß beim Verbrennen von Schwefel mit Salpeter in feuchter Luft Schwefelsäure entsteht, und WARD richtete in Richmond bei London die erste Schwefelsäurefabrik nach diesem Verfahren ein. Daher stammt die früher gebräuchliche Bezeichnung *englische Schwefelsäure* für die konzentrierte Schwefelsäure.

Bald danach ersetzte man den Salpeter durch Salpetersäure und brachte das Schwefeldioxid in weiten, mit Bleiblech ausgelegten Kammern mit Stickstoffoxiden sowie mit Luft und Wasserdampf zur Reaktion.

Abb. 37 zeigt schematisch den Bleikammerprozeß. Die aus dem *Röstofen* austretenden Röstgase werden in den *Flugstaubkammern* von mechanisch mitgerissenen Verunreinigungen befreit, treten dann unten in den *Gloverturm* und von da aus in die *Kammern,* die bis zu 25 m Höhe bei etwa 50 m² Grundfläche besitzen. Hier trifft das Schwefeldioxid mit den höheren Stickoxiden zusammen und wird mittels Wasser, das von oben in feinster Verteilung einsprüht, in Schwefelsäure übergeführt. Dabei werden die höheren Stickstoffoxide größenteils bis zu Stickstoffmonoxid, NO, reduziert. Um dieses wieder in die oxydierend wirkenden höheren Oxide zu verwandeln, wird Luft zugeführt, so daß die anfangs gegebene Menge an Stickstoffoxiden schließlich den Sauerstoff der Luft auf eine fast beliebig große Menge Schwefeldioxid überträgt.

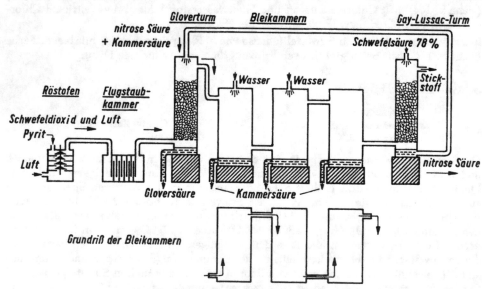

Abb. 37. Schema des Bleikammerprozesses

Da schon die Röstgase auf 7 % Schwefeldioxid 93 % Luft enthalten und zudem zur Oxydation Luft zugeleitet werden muß, entweichen aus den Kammern große Mengen Stickstoff, die einen Teil der Stickstoffoxide mit sich fortführen. Um diese aufzufangen, leitet man die abziehenden Gase durch den *Gay-Lussac-Turm,* der mit Füllkörpern beschickt ist, über die in feiner Verteilung konzentrierte Schwefelsäure herabrieselt. Diese absorbiert die Stickstoffoxide unter Bildung von Nitrosylschwefelsäure, $NOHSO_4$, die sich in der Schwefelsäure löst, während der Stickstoff durch den Schornstein entweicht. Die nitrose Säure des Gay-Lussac-Turmes wird, mit einem Teil der Säure aus den Bleikammern verdünnt und zum Ausgleich des Verlustes von nicht absorbierten Stickstoffoxiden mit neu zugefügter Salpetersäure vermischt, im Gloverturm über säurefeste Körper den ungefähr 300 °C heißen Röstgasen, wie sie aus der Flugstaubkammer kommen, entgegengeführt. Dabei gibt die nitrose Säure das Stickstoffoxid ab, und zugleich verdampft ein Teil des Wassers der Kammersäure, so daß aus dem Gloverturm Schwefelsäure von ungefähr 78 % herabläuft. Ein Teil dieser Säure wird wieder auf den Gay-Lussac-Turm zurückgebracht. Die Stickstoffoxide gehen mit den im Gloverturm auf 100 °C abgekühlten Röstgasen in die Bleikammern über und setzen sich in der ersten und zweiten Kammer erneut mit Luft, Schwefeldioxid und Wasserdampf um. Die dritte Kammer bezweckt die Abkühlung und Trocknung der Gase, bevor sie abermals in den Gay-Lussac-Turm gelangen. Demgemäß wird in die dritte Kammer kein Wasser eingespritzt. Die in den beiden ersten Kammern gebildete Schwefelsäuremenge ist etwa zehnmal so groß wie die im Gloverturm verwendete; sie enthält 65 % H_2SO_4. Diese *Kammersäure* ist für die Herstellung von Superphosphat aus Phosphorit sowie für die Darstellung von Ammoniumsulfat direkt verwendbar. Für andere Zwecke konzentriert man die Säure auf 96 %, indem man sie nach PAULING in Kolonnen den Dämpfen siedender konzentrierter Schwefelsäure entgegenrieseln läßt.

Neben den klassischen Bleikammerverfahren haben sich die modernen sogenannten „Turmverfahren" durchgesetzt. Sie stellen im Prinzip eine Kombination von mehreren Glover- und Gay-Lussac-Türmen dar, wobei die Schwefelsäurebildung in den Glovertürmen erfolgt.

Der im Bleikammerprozeß zur Schwefelsäurebildung führende *Reaktionsverlauf* ist noch nicht in allen Einzelheiten aufgeklärt. Eine Rolle als Zwischenprodukt spielt dabei nach LUNGE die Nitrosylschwefelsäure, $NOHSO_4$. Sie bildet sich aus Schwefeldioxid und Salpetersäure oder aus Stickstoffoxiden und Schwefelsäure.

$$SO_2 + HNO_3 = NOHSO_4 \tag{1}$$
$$2\,H_2SO_4 + NO + NO_2 = 2\,NOHSO_4 + H_2O \tag{2}$$

In der Tat tritt die Nitrosylschwefelsäure in Form der sogenannten Bleikammerkristalle auf, wenn in die Kammern zu wenig Wasser eingesprüht wird.

Sehr schön läßt sich die Entstehung von Nitrosylschwefelsäure zeigen, wenn man einen hohen Glaszylinder mit Glasstopfen zunächst mit trockenem Schwefeldioxid füllt, dann einige Tropfen rauchende Salpetersäure zufließen läßt und wieder verschließt. Unter beträchtlicher Erwärmung bilden sich zunächst die rotbraunen Dämpfe von NO_2. Nach dem Abkühlen hellt sich die Farbe auf, und an den Glaswänden setzen sich eisblumenartige Kristalle der Nitrosylschwefelsäure ab. Gibt man darauf etwas Wasser in den Glaszylinder und schwenkt diesen um, so verschwinden die Kristalle unter Abgabe von Stickstoffoxiden und Bildung von Schwefelsäure.

Im Gay-Lussac-Turm bildet sich die Nitrosylschwefelsäure nach (2). Zur vollständigen Absorption der Stickstoffoxide wird deren Oxydationsgrad der Gleichung entsprechend möglichst genau auf das Verhältnis 1 NO zu 1 NO_2 eingestellt. Im Gloverturm wird die Nitrosylschwefelsäure durch die heißen Röstgase zersetzt:

$$2\,NOHSO_4 + SO_2 + 2\,H_2O = 3\,H_2SO_4 + 2\,NO \tag{3}$$

Das Stickstoffoxid entweicht und wird durch die Luft zu Distickstofftrioxid bzw. dem Gemisch $NO + NO_2$ oxydiert.

In der Bleikammer spielt sich nun nach W. J. MÜLLER (1933) die eigentliche Reaktion in der Grenzfläche zwischen dem Gasraum und der wasserhaltigen Schwefelsäure ab. Diese bildet mit den Stickstoffoxiden nach (2) Nitrosylschwefelsäure, die aber zum Teil hydrolysiert:

$$NOHSO_4 + H_2O = HNO_2 + H_2SO_4 \tag{4}$$

Zugleich wird das Schwefeldioxid in der wasserhaltigen Schwefelsäure zu schwefliger Säure gelöst. Die entscheidende Oxydation verläuft dann in der Flüssigkeit:

$$2\,HNO_2 + H_2SO_3 = H_2SO_4 + 2\,NO + H_2O \tag{5}$$

Das Stickstoffoxid entweicht, wird im Gasraum oxydiert und kehrt nach (2) in den Kreislauf zurück.

Wie sich auch diese Reaktionen im einzelnen abspielen mögen, so wirken doch im Endverlauf des Bleikammerprozesses die Stickstoffoxide als Überträger des Sauerstoffs aus der zugeblasenen Luft auf die schweflige Säure nach der Gleichung:

$$2\,H_2SO_3 + O_2 = 2\,H_2SO_4$$

Bei dieser Reaktion wird der gegen schweflige Säure ziemlich träge molekulare Sauerstoff durch Bildung der viel reaktionsfähigeren salpetrigen Säure bzw. der Stickstoffoxide aktiviert.

Die aus dem Bleikammerprozeß stammende Schwefelsäure enthält als Verunreinigungen Arsen, Blei, Eisen und oft auch noch Stickstoffoxide. Das Arsen läßt sich durch Fällung als Sulfid mit Schwefelwasserstoff leicht entfernen.

Kontaktprozeß

Die Grundlagen des Verfahrens sind beim Schwefeltrioxid behandelt worden. Wegen der Eigenschaft des Schwefeltrioxids, sich mit Wasser nicht vollständig umzusetzen (siehe S. 165), leitet man das den Kontakt verlassende SO_3-haltige Gas in 98%ige Schwefelsäure. Zur Darstellung von konzentrierter Schwefelsäure wird in dem Maße, in dem das Trioxid aufgenommen wird, Wasser zugesetzt, so daß sich in der konzentrierten Säure letzten Endes die Umsetzung: $SO_3 + H_2O = H_2SO_4$ abspielt. Ohne Wasserzusatz erhält man die Oleumsorten, die nach dem Gehalt an freiem Schwefeltrioxid als 20 ... 65%iges Oleum in den Handel gelangen.

Den Prozentgehalt wäßriger Schwefelsäure ermittelt man am einfachsten aus der Dichte an Hand der Tabellen von LUNGE oder PICKERING. In der Technik gebraucht man ein von BAUMÉ eingeführtes Aräometer mit willkürlich gewählter Skala, deren Nullpunkt reinem Wasser und deren Grad 10 einer 10%igen Kochsalzlösung entspricht.

Tabelle zur Ermittlung des Prozentgehaltes wäßriger Schwefelsäure aus der Dichte

Dichte in g/ml bei 15 °C	Grad Baumé	Gew.-% Schwefelsäure	Dichte in g/ml bei 15 °C	Grad Baumé	Gew.-% Schwefelsäure
1,000	0,0	0,09	1,600	54,1	68,70
1,050	6,7	7,37	1,650	56,9	72,96
1,100	13,0	14,35	1,700	59,5	77,17
1,150	18,8	20,91	1,750	61,8	81,56
1,200	24,0	27,32	1,800	64,2	86,92
1,250	28,8	33,43	1,825	65,2	91,00
1,300	33,3	39,19	1,830	65,4	92,10
1,350	37,4	44,82	1,835	65,7	93,56
1,400	41,2	50,11	1,840	65,9	95,60
1,450	44,8	55,03	1,8405	66,0	98,52 u. 95,95
1,500	48,1	59,70	1,836	66,0	100,00
1,550	51,2	64,26			

Die Produktion und der Verbrauch an Schwefelsäure in Deutschland betrugen 1937 etwa 2 Millionen t, größtenteils aus spanischem Pyrit. Die Welterzeugung betrug 1937 14 Millionen t, 1956 etwa 39 Millionen t. Etwa 70 % der westdeutschen Produktion stammen aus dem Kontaktprozeß.

Eigenschaften

Die reine konzentrierte Schwefelsäure ist eine farblose, ölige Flüssigkeit (Dichte 1,836 g/ml bei 15 °C), die bei ungefähr 0 °C nach längerer Zeit kristallinisch erstarrt und dann bei 10,5 °C schmilzt. Daß die Säure zur Kristallisation wesentlich unter den Schmelzpunkt abgekühlt werden muß, hängt mit ihrer Zähflüssigkeit (Viskosität) zusammen, die die Entwicklung von Kristallkeimen verzögert. Setzt man der auf ungefähr 0 °C abgekühlten Flüssigkeit etwas kristallisierte Säure zu, so erstarrt alsbald die ganze Masse, und die Temperatur steigt infolge der mit der Kristallisation verbundenen Wärmeentwicklung auf + 10,5 °C.

Zum Unterschied von der rauchenden Schwefelsäure gibt die reine Schwefelsäure bei Zimmertemperatur keine Dämpfe ab, sie zeigt auch keinen Geruch. Doch schon bei 40 ... 50 °C entweicht allmählich Schwefelsäureanhydrid, wodurch die Säure wasserhaltig wird, so daß beim Sieden bei 338 °C wieder die Säure mit 1,5 % Wasser abdestilliert. Erhitzt man den Dampf höher, so schreitet die Spaltung

$$H_2SO_4 = SO_3 + H_2O$$

weiter fort, und bei 450 °C ist sie fast vollständig, wie es die Dampfdichte zeigt. Der Dampf der Schwefelsäure bildet an der Luft schwere, weiße Nebel und reizt so stark zum Husten, daß schon weniger als 0,1 % das Atmen fast unmöglich macht.

Die konzentrierte Schwefelsäure wirkt wasserentziehend und dient als Trocknungsmittel in Exsikkatoren, zum Trocknen von Gasen sowie zum Entziehen von Wasser aus Stoffen, in denen die Bestandteile des Wassers enthalten sind.

Verdünnt man die konzentrierte Schwefelsäure mit viel Wasser, so wird auf 1 Mol $\triangleq$ 98 g Säure eine Wärmemenge von 20 kcal entwickelt. Gießt man Wasser (1 Teil) zu Schwefelsäure (2 Teile), so erhitzt sich die Mischung so stark, daß die Flüssigkeit herausgeschleudert wird und Glasflaschen zerspringen. Deshalb verdünnt man die Säure stets so, daß man sie in dünnem Strahl zum Wasser fließen läßt, und nicht umgekehrt. Gießt man konzentrierte Schwefelsäure auf Eis, so wird dieses verflüssigt, und infolge der damit verbundenen Wärmebindung sinkt die Temperatur bis auf etwa −20 °C. Die negative Schmelzwärme des Eises überwiegt demnach die positive Verdünnungswärme der Säure.

Das Volumen der Gemische von Schwefelsäure und Wasser ist nicht gleich der Summe der Einzelvolumina, sondern stets kleiner, weil Kontraktion eintritt. Diese erreicht ihr Maximum bei dem Verhältnis: H_2SO_4 zu $2 H_2O$, woraus man auf die Existenz eines *Dihydrates*, $H_2SO_4 \cdot 2 H_2O$, schließt. Das *Monohydrat*, $H_2SO_4 \cdot H_2O$, bildet große, wasserhelle, sechsseitige Säulen vom Schmelzp. 8,62 °C und der Dichte 1,79 g/cm³ bei 0 °C. Mischt man die Kristalle (3 Teile) mit gestoßenem Eis (8 Teile), so sinkt die Temperatur auf −26 °C. Das Monohydrat kristallisiert bei Winterkälte sehr leicht in den Schwefelsäureballons, wodurch diese gesprengt werden. Deshalb vermeidet man den Versand dieser Säure und wählt hierfür die wasserfreie Säure oder das Oleum, wobei auch am Frachtgewicht gespart wird. Konzentrierte Säure kann besonders auch im Gemisch mit wasserfreier Salpetersäure (*Nitriersäure*) in eisernen Tanks aufbewahrt und auf den Eisenbahnen befördert werden.

Infolge der wasserentziehenden Wirkung verkohlt die Schwefelsäure Cellulose und Rohrzucker, und die rohe Säure sieht durch hineingeratene Staubteilchen meist dunkelbraun aus. Mischt man gepulverten Rohrzucker mit konzentrierter Schwefelsäure zu einem dicken Brei, so tritt bald Erwärmung ein, die Masse wird braun, dann schwarz, und es quillt eine äußerst voluminöse Kohle aus dem Gefäß hervor. Bei diesem Vorgang wird der Rohrzucker, $C_{12}H_{22}O_{11}$, hauptsächlich in Wasser und Kohlenstoff gespalten.

Die Schwefelsäure ist eine starke Säure, die sich in 1-molarer Lösung so verhält, als sei sie im Mittel in die Ionen HSO_4^- + H^+ dissoziiert (vgl. S. 67). Als zweibasige Säure kann sie zwei Reihen von Salzen bilden, primäre, saure Sulfate, die man *Hydrogensulfate* (*Bisulfate*) nennt, z. B. $NaHSO_4$, und sekundäre oder neutrale Sulfate, wie Na_2SO_4. Die saure Natur der primären Sulfate ist, weil das zweite H-Ion schwächer dissoziiert, viel geringer als die der freien Säure, so daß man mit Hilfe von Hydrogensulfat aus Natriumchlorid oder Nitraten erst bei Temperaturen oberhalb 100 °C die Säuren austreiben kann.

Die verdünnte Säure löst Zink und Eisen unter Wasserstoffentwicklung zu den Sulfaten. Konzentrierte oder fast wasserfreie Säure greift Eisen, zumal siliciumreiches Gußeisen, nicht an.

Konzentrierte Schwefelsäure wirkt bei höherer Temperatur *oxydierend* und löst Kupfer, Quecksilber, Silber zu Sulfaten, während sie selbst zu Schwefeldioxid reduziert wird (siehe S. 158). Auch Kohle und Schwefel werden von siedender konzentrierter Schwefelsäure zu Kohlendioxid bzw. Schwefeldioxid oxydiert. Phosphor scheidet in der Hitze freien Schwefel ab.

Verwendung

Konzentrierte, besonders rauchende Schwefelsäure dient in der organischen Chemie zur Einführung der Sulfogruppe (Sulfurierung) in Abkömmlinge des Benzols. Die dabei entstehenden Sulfonsäuren, z. B. die Benzolsulfonsäure, $C_6H_5-SO_3H$, sind starke Säuren.

Verreibt man den in Wasser unlöslichen Indigofarbstoff mit rauchender Schwefelsäure, so geht er in eine Mono- und weiterhin in eine Disulfonsäure über, die in Wasser löslich sind und als Indigoschwefelsäure im Laboratorium als Reagens auf oxydierende Stoffe, wie Salpetersäure oder Chlorsäure, dienen.

Im Gemisch mit wasserfreier Salpetersäure wird die konzentrierte Schwefelsäure bei der Herstellung von Schießbaumwolle, Nitroglycerin, Trinitrotoluol, Pikrinsäure und anderen Nitrokörpern gebraucht.

Mit Äthylalkohol, C_2H_5OH, verbindet sich konzentrierte Schwefelsäure zu Äthylschwefelsäure, $C_2H_5O-SO_3H$, aus der beim Erhitzen in Gegenwart von freier Schwefelsäure das Äthylen, $H_2C=CH_2$, als inneres Anhydrid des Alkohols entsteht, während durch neu hinzutretenden Alkohol dessen äußeres Anhydrid, der Äthyläther, $C_2H_5-O-C_2H_5$ (meist einfach Äther genannt), gebildet wird.

Außerdem werden sehr große Mengen Schwefelsäure von der Düngerindustrie verwendet, z. B. für die Darstellung von Superphosphat aus Phosphorit und von Ammoniumsulfat aus dem Ammoniak der Kokereien und Leuchtgasanstalten, zum Aufschluß des Ilmenits, zur Titanweißherstellung, weiter in der Kunstseide- und Zellwollindustrie zum Fällen der Kunstfaser.

Zum Füllen der Akkumulatoren braucht man eine 20%ige reine, eisenfreie Schwefelsäure. Diese Säure leitet den elektrischen Strom sehr gut, ohne das Bleisulfat beträchtlich zu lösen.

Außer für die Trennung von Silber und Gold dient konzentrierte Schwefelsäure in der Hitze als billiges Oxydationsmittel zur Oxydation organischer Stoffe, besonders dann, wenn als Katalysatoren Quecksilbersulfat oder Selen zugegen sind. Hierauf beruht auch der für die Analyse wichtige Abbau von stickstoffhaltigen organischen Stoffen zu Ammoniumsulfat nach KJELDAHL.

Nachweis

Die Sulfate der Alkalien und Erdalkalien gehen beim Glühen mit Kohle in Sulfide über, die gegen Silberblech oder Nitroprussidnatrium die bekannten Schwefelwasserstoffreaktionen geben.

Charakteristisch ist wegen seiner Schwerlöslichkeit in Wasser und auch in verdünnten Säuren das Bariumsulfat. Auch Bleisulfat und Benzidinsulfat sind so schwer löslich, daß sie zum Nachweis der Schwefelsäure oder ihrer löslichen Salze dienen können.

Rauchende Schwefelsäure und Pyroschwefelsäure

Im Mittelalter stellte man durch Glühen von entwässertem Alaun eine Lösung des Anhydrids in Schwefelsäure dar; um das Jahr 1450 wurde die Darstellung dieser rauchenden Schwefelsäure durch Glühen des an der Luft oxydierten und in der Wärme entwässerten Eisenvitriols gefunden. Dieser nach der Gleichung

$$2\ HOFeSO_4\ =\ Fe_2O_3 + SO_3 + H_2SO_4$$

verlaufende Vorgang lieferte von da an, zunächst in Böhmen bei Aussig, dann in Nordhausen am Harz, den Bedarf an rauchender Schwefelsäure, die man wegen ihrer ölig dickflüssigen Beschaffenheit Vitriolöl nannte.

Schwefeltrioxid, SO_3, löst sich in konzentrierter Schwefelsäure in jedem Verhältnis. Diese Lösungen nennt man rauchende Schwefelsäure (Oleum[1]), weil sie an der Luft infolge der Verdunstung von Schwefeltrioxid weiße Nebel bilden. Nach dem Kontaktverfahren stellt man, um Fracht zu sparen, meist ein hochprozentiges Oleum von 60 % SO_3-Gehalt her, das bei gewöhnlicher Temperatur flüssig ist (Schmelzp. 0 °C). Bei 80 % SO_3-Gehalt ist das Produkt fest (Schmelzp. 22 °C).

Naturgemäß wirkt die rauchende Schwefelsäure um so stärker wasserentziehend und sulfurierend, je höher ihr Gehalt an Schwefeltrioxid ist. Mischt man Sägespäne mit einer Säure von 20 % SO_3-Gehalt, so verkohlen sie unter lebhafter Wärmeentwicklung schnell. Eine definierte chemische Verbindung ist die Pyroschwefelsäure (Dischwefelsäure), $H_2S_2O_7$, Schmelzp. 35 °C, deren Alkalisalze, wie $K_2S_2O_7$, aus den sauren Sulfaten bei beginnender Rotglut unter Wasserabspaltung entstehen[2]):

$$2\ KHSO_4\ =\ K_2S_2O_7 + H_2O$$

Von der Trischwefelsäure sind nur Salze bekannt, z. B. das Kaliumsalz, $K_2S_3O_{10}$, das nach

$$K_2SO_4 + 2\ SO_3\ =\ K_2S_3O_{10}$$

entsteht und erst bei 150 °C unter Abgabe von SO_3 in das Disulfat, $K_2S_2O_7$, übergeht.

Das SO_4^{2-}-Ion

Betrachten wir die Bildung der Schwefelsäure aus Schwefeltrioxid und Wasser nach der Gleichung

$$SO_3 + H_2O\ =\ H_2SO_4 + 21\ kcal$$

so erscheint es zunächst sonderbar, daß zwei einfache, valenzmäßig gesättigte Moleküle sich noch so lebhaft miteinander zu dem komplizierten Molekül der Schwefelsäure vereinen, wobei eine Wärmemenge frei wird, die durchaus einer energischen chemischen Reaktion gleichkommt.

Im Schwefeltrioxid-Molekül ist das Schwefelatom von 3 Sauerstoffatomen in Form eines gleichseitigen Dreiecks umgeben. Das Schwefelatom ist zwar valenzmäßig, aber nicht *koordinativ* gesättigt, d. h. die 3 Sauerstoffatome schirmen das zentrale Schwefelatom noch nicht vollständig ab. Die Oberfläche des Schwefelatoms gibt Platz für insgesamt vier Sauerstoffatome. Deshalb polymerisiert sich das monomere SO_3-Molekül beim Übergang

---

[1] Die Bezeichnung Oleum rührt von dem alten Namen Vitriolöl für die rauchende Schwefelsäure her.

[2] Die Bezeichnung Pyrosulfat bedeutet: in der Hitze gebildet, von πῦϱ Feuer.

in den festen Zustand zu den verschiedenen Modifikationen, in denen jedes Schwefelatom von 4 Sauerstoffatomen tetraedrisch umgeben ist (siehe S. 164). Der 6wertige Schwefel hat also gegenüber Sauerstoff die *Koordinationszahl* vier.

Beim Zusammentreffen eines Schwefeltrioxid- und eines Wassermoleküls erfolgt zunächst eine Anlagerung des Wassermoleküls an das Schwefeltrioxidmolekül unter Erhöhung der Koordinationszahl des Schwefelatoms auf vier. Dann wandert ein Proton zu einem benachbarten Sauerstoffatom unter Aufspaltung der Doppelbindung, und das zurückbleibende OH-Ion wird an den Schwefel gebunden. Der Schwefel ist nach wie vor 6wertig, aber im Molekül der Schwefelsäure durch Bindung von 2 Sauerstoffatomen und 2 OH-Gruppen auch koordinativ gesättigt.

$$\begin{array}{c} O \\ \diagdown \\ O \end{array} S = O + O \begin{array}{c} H \\ \diagup \\ \diagdown H \end{array} \longrightarrow \begin{array}{c} O \\ \diagdown \\ O \end{array} S \begin{array}{c} O \\ \diagup \\ \diagdown O \end{array} \begin{array}{c} \\ \diagup H \\ \diagdown H \end{array}^{\!\!\!\!\!\!\!\!\Big] } \longrightarrow \begin{array}{c} O \\ \diagdown \\ O \end{array} S \begin{array}{c} O-H \\ \diagup \\ \diagdown O-H \end{array}$$

In Gegenwart von viel Wasser, d. h. in verdünnter Schwefelsäure, dissoziieren die beiden Wasserstoffatome als Protonen ab und lagern sich an Wassermoleküle zu Hydronium-Ionen, H_3O^+, an. Die nach Abspaltung der Protonen zurückbleibende Ladung ist jedoch nicht bei 2 bestimmten Sauerstoffatomen lokalisiert, sondern verteilt sich gleichmäßig auf alle vier Sauerstoffatome des Molekül-Ions. Wir drücken dies durch die Komplex-

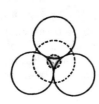

Abb. 38. SO_4^{2-}-Ion

formel $\begin{bmatrix} O & & O \\ & S & \\ O & & O \end{bmatrix}^{2-}$ aus. Alle 4 Sauerstoffatome sind im SO_4^{2-}-Ion vollkommen gleichwertig. Sie bilden ein reguläres *Tetraeder* mit dem Schwefelatom im Mittelpunkt, wie es Abb. 38 zeigt. Eine verfeinerte Darstellung vom Aufbau des SO_4^{2-}-Ions und der Reaktion des SO_3-Moleküls mit Wasser und anderen Molekülen, wie Chlorwasserstoff oder Fluorwasserstoff, werden wir im Kapitel „Chemische Bindung" kennenlernen.

Nitrosylschwefelsäure, (Nitrosylhydrogensulfat), NOHSO₄

Nitrosylschwefelsäure entsteht beim Einleiten von Schwefeldioxid in rauchende Salpetersäure in Form von eisblumenartigen Kristallen (siehe dazu S. 167).

$$HNO_3 + SO_2 = NOHSO_4$$

Auch aus Distickstofftrioxid und Schwefelsäure entsteht Nitrosylschwefelsäure:

$$NO + NO_2 + 2\,H_2SO_4 = 2\,NOHSO_4 + H_2O$$

Hierauf beruht im Gay-Lussac-Turm die Absorption der Stickstoffoxide durch die herabrieselnde konz. Schwefelsäure. Trägt man gepulvertes Natriumnitrit unter Umrühren in konzentrierte Schwefelsäure ein, so entweichen fast keine roten Dämpfe, weil diese sogleich von der Schwefelsäure gebunden werden. Stickstoffdioxid, NO_2, löst sich in konzentrierter Schwefelsäure zu einem Gemisch von Nitrosylschwefelsäure und Salpetersäure:

$$2\,NO_2 + H_2SO_4 = NOHSO_4 + HNO_3$$

Über die salzartige Konstitution der Nitrosylschwefelsäure siehe S. 144 unter Nitrosylverbindungen.

Die meist blätterig, federartig, bisweilen auch säulenförmig entwickelten rhombischen Kristalle schmelzen bei 73 °C. Durch Wasser wird die Nitrosylschwefelsäure zu Stickoxiden und Schwefelsäure zersetzt. Gibt man z. B. die Kristalle auf Eis, so schmelzen sie zu einer durch Distickstofftrioxid dunkelblau gefärbten Masse. Bei gewöhnlicher Temperatur und hinreichenden Wassermengen erhält man verdünnte Schwefelsäure und die Zersetzungsprodukte der salpetrigen Säure. Die erste Stufe dieser Zersetzung verläuft nach der Gleichung:

$$NOHSO_4 + H_2O = H_2SO_4 + HNO_2$$

Die Lösung der Nitrosylschwefelsäure in mäßig konzentrierter Schwefelsäure, die *nitrose Säure*, wird durch Schwefeldioxid in Schwefelsäure und Stickstoffoxid übergeführt:

$$2\,NOHSO_4 + SO_2 + 2\,H_2O = 3\,H_2SO_4 + 2\,NO$$

Hierauf beruht die denitrierende Wirkung des Gloverturms.

Um in der Schwefelsäure des Handels die nitrose Säure nachzuweisen, erwärmt man sie mit Resorcin, worauf bald eine intensiv violette Färbung eintritt. Gießt man dann einige Tropfen in einen großen Überschuß von verdünntem Ammoniakwasser, so entsteht eine in der Durchsicht bläulichrote Lösung, die prachtvoll gelbrot fluoresziert. Diese Farbe wird durch die Bildung eines auch technisch dargestellten Oxazinfarbstoffes hervorgerufen.

Bei längerem Schütteln mit Quecksilber wird die nitrose Säure quantitativ zu Stickstoffoxid reduziert. Hierauf beruht die Bestimmung der Säure im Nitrometer nach LUNGE (siehe unter Salpetersäure).

Schüttelt man die nitrose Säure, z. B. die aus 900 ml konzentrierter Schwefelsäure und 70 g Natriumnitrit dargestellte Lösung, mit Quecksilber, so ensteht eine blaue Färbung, die in Schwefelsäure auch noch bei 30 % Wasser kurze Zeit haltbar ist, aber besonders beim Erwärmen bald verblaßt, wobei Stickstoffoxid und Schwefelsäure entstehen. Die „blaue Säure" ist eine Anlagerung von Stickstoffoxid an Nitrosylschwefelsäure (MANCHOT, 1933). Sie entsteht auch beim Aufpressen von Stickstoffoxid auf Lösungen von Nitrosylschwefelsäure in Schwefelsäure (SEEL, 1953) oder durch vorsichtige Reduktion der nitrosen Säure mit Schwefeldioxid oder Ameisensäure. Bei −80 °C werden die Lösungen karminrot (MANCHOT). Auch andere Nitrosylverbindungen, wie $NOSbCl_6$ in flüssigem Schwefeldioxid, geben mit Stickstoffoxid blaue Lösungen. Aus dem Nitrosyl-Ion, NO^+, wird hier das Stickoxidnitrosyl-Ion, $N_2O_2^+$, gebildet (SEEL, 1957).

Peroxoverbindungen des Schwefels

Peroxodischwefelsäure, $H_2S_2O_8$

Peroxodischwefelsäure (früher Überschwefelsäure genannt), entsteht bei der Elektrolyse von 40 . . . 50%iger Schwefelsäure an der Anode, wenn diese gut gekühlt wird, und die Stromdichte dort entsprechend hohe Werte erreicht. Die Salze, besonders das gut kristallisierende Kalium- oder Ammoniumperoxodisulfat, werden technisch unter denselben Bedingungen elektrolytisch dargestellt.

Dieser Vorgang beruht auf der stufenweisen elektrolytischen Dissoziation der Schwefelsäure bzw. der sauren Sulfate und der Entladung der HSO_4^--Ionen, bei der sich die für sich nicht beständigen entladenen Gruppen zu dem Molekül der Peroxodischwefelsäure

$$HO_3S-O-O-SO_3H$$

zusammenschließen.

Hiernach enthalten die Peroxodisulfate die für das Wasserstoffperoxid, HO−OH, charakteristische Peroxogruppe, −O−O−. Deswegen ist die oft noch gebrauchte kürzere Benennung „Persulfat" nicht korrekt. Der Zusatz Per- oder Über- sollte nur für die höchsten Oxydationsstufen von Sauerstoffsäuren verwendet werden, die, wie die Perchlorate oder die Übermangansäure, keine Peroxogruppe enthalten.

Aus trockenen wie auch gelösten Alkalihydrogensulfaten bildet freies Fluor in guter Ausbeute Peroxosulfate, z. B.:

$$2\,KHSO_4 + F_2 = K_2S_2O_8 + 2\,HF$$

Als Derivate des Wasserstoffperoxids wirken die Peroxodisulfate oxydierend, z. B. zerfällt das Ammoniumperoxodisulfat in der Hitze unter teilweiser Verbrennung des Ammoniakwasserstoffs, das Kaliumperoxodisulfat gibt den Sauerstoff in elementarer Form ab. Löst man Ammoniumperoxodisulfat in Ammoniakwasser unter Zusatz von etwas Kupfersulfat und erwärmt, so tritt bald heftige Stickstoffentwicklung auf. Kocht man eine Lösung von Mangan(II)-sulfat mit Kaliumperoxodisulfat, so wird alles Mangan zu schwarzbraunem Mangandioxid oxydiert und gefällt. Chrom(III)-salze und Mangan(II)-salze werden durch Ammonperoxodisulfat in Gegenwart von etwas Silbernitrat quantitativ zu Chromaten bzw. Permanganaten oxydiert, wobei ein Überschuß des Oxydationsmittels beim Kochen zerstört wird.

In stark saurer Lösung werden die Peroxodisulfate in der Hitze schließlich vollständig zu Schwefelsäure und Wasserstoffperoxid hydrolysiert. Hierauf beruht die elektrolytische Darstellung des Wasserstoffperoxids in der Technik (siehe auch S. 80).

Peroxomonoschwefelsäure, H_2SO_5

Viel ausgeprägter treten die Oxydationswirkungen in der Peroxomonoschwefelsäure (Carosche Säure), $HO-OSO_3H$, hervor, die sich beim Befeuchten von Kaliumperoxodisulfat mit konzentrierter Schwefelsäure bildet und aus Chlorsulfonsäure und 100%igem Wasserstoffperoxid rein dargestellt werden kann:

$$H_2O_2 + ClSO_3H = H_2SO_5 + HCl$$

Die Peroxomonoschwefelsäure entwickelt schon bei gewöhnlicher Temperatur ozonreichen Sauerstoff, oxydiert Anilin, $C_6H_5NH_2$, zu Nitrosobenzol und Nitrobenzol, $C_6H_5NO_2$, verwandelt Aceton in ein Peroxid und behält ihre oxydierende Kraft auch noch in Gegenwart von Soda bei. Kaliumjodidlösung gibt mit der Caroschen Säure augenblicklich die entsprechende Menge freien Jods, während die Peroxodisulfate auch nach dem Ansäuern nur sehr allmählich Jod abscheiden.

In wäßriger Lösung tritt besonders in der Wärme Hydrolyse zu Schwefelsäure und Wasserstoffperoxid ein.

Schwefelperoxide

R. SCHWARZ und U. WANNAGAT (1956) erhielten aus Schwefeldioxid und Sauerstoff durch Glimmentladung bei niederem Druck Schwefelperoxide wechselnder Zusammensetzung $[(SO_3)_xO]_n$ in Form einer weißen, hochpolymeren Substanz. Sie spaltet bei Zimmertemperatur Sauerstoff ab und liefert mit Wasser neben Sauerstoff und Ozon Schwefelsäure und Peroxoschwefelsäure. Bei geeigneten Verhältnissen von Schwefeldioxid und Sauerstoff hat das Peroxid die Zusammensetzung $(S_2O_7)_n$. Ein Produkt dieser Zusammensetzung wurde schon von BERTHELOT (1878) beschrieben.

Niedere Oxide des Schwefels

Dischwefeltrioxid, S_2O_3

Schwefel löst sich in Schwefeltrioxid mit blauer Farbe (siehe auch S. 165). Trägt man trockene Schwefelblumen in einen Überschuß von reinem geschmolzenem Schwefeltrioxid ein, so bilden sich zunächst blaugrüne Tropfen, die bald zu einer malachitähnlichen Masse erstarren. Nach Entfernen des überschüssigen Trioxids entspricht das Produkt der Formel S_2O_3. Es zerfällt bei gewöhnlicher Temperatur langsam, bei Temperaturen über 50 °C schnell in Schwefeltrioxid, Schwefeldioxid und freien Schwefel:

$$S_2O_3 = S + SO_3$$
$$2 S_2O_3 = S + 3 SO_2$$

Durch kaltes Wasser wird die Verbindung sofort zu Schwefelsäure, schwefliger Säure und Schwefel zersetzt. Schwach rauchende Schwefelsäure löst Dischwefeltrioxid mit brauner, stark rauchende mit blauer Farbe.

Wahrscheinlich ist Dischwefeltrioxid eine hochpolymere Verbindung mit $-SSO_3-$-Ketten (R. APPEL, 1951). Auffallend ist seine blaue bis grüne Farbe.

Die Lösung von Schwefel in rauchender Schwefelsäure wird zur Herstellung einiger Schwefelfarben, wie z. B. des Thiopyronins, verwendet.

Dischwefelmonoxid, S_2O

Ein niederes Schwefeloxid, wahrscheinlich das Dischwefelmonoxid, bildet sich bei unvollständiger Verbrennung von Schwefel in Sauerstoff unter vermindertem Druck oder bei Glimmentladungen im Schwefel- und Schwefeldioxiddampf als farbloses Gas, das beim Kühlen mit flüssiger Luft ein orangerotes Kondensat bildet (P. W. SCHENK, 1933, MESCHI und MYERS, 1956).

Thioschwefelsäure, $H_2S_2O_3$

Die Salze der Thioschwefelsäure mit den Alkalien und Erdalkalien, die *Thiosulfate*, entstehen bei der Oxydation der Disulfide an der Luft

$$Na_2S_2 + 3\,O = Na_2S_2O_3$$

sowie beim Kochen der Sulfite mit Schwefel:

$$Na_2SO_3 + S = Na_2S_2O_3$$

Außerdem bilden sich Thiosulfate neben Polysulfiden in den wäßrigen Lösungen von Alkali- oder Erdalkalihydroxiden beim Erhitzen mit Schwefel, desgleichen in den Schmelzen von Soda oder Pottasche mit Schwefel, den sogenannten Schwefellebern.

Heute wird Thiosulfat in der Technik durch Kochen von Sulfitlösung mit Schwefel oder Polysulfid, Na_2S_2, hergestellt. Auch durch Einleiten von schwefeldioxidhaltigen Röstgasen in Natriumsulfidlösungen kann Thiosulfat gewonnen werden:

$$3\,Na_2S + 4\,SO_2 + H_2O = 3\,Na_2S_2O_3 + H_2S$$

Mit konzentriertem Schwefeldioxid verläuft die Reaktion im wesentlichen nach:

$$2\,Na_2S + 3\,SO_2 = 2\,Na_2S_2O_3 + S$$

Der hierbei gebildete Schwefel kann mit Sulfit zu weiterem Thiosulfat umgesetzt werden (C. J. HANSEN).

Die Bildung des Thiosulfats aus heißer Natriumsulfitlösung und Schwefel berechtigt zu der Bezeichnung Thiosulfat, weil dieses Produkt in ähnlicher Weise entsteht wie das Natriumsulfat aus Natriumsulfit und Sauerstoff. Im Thiosulfat-Ion $(S_2O_3)^{2-}$ wird ein O^{2-}-Ion des SO_4-Tetraeders durch ein S^{2-}-Ion vertreten. Allgemein drückt man mit der Vorsilbe „Thio" aus, daß Sauerstoff durch Schwefel ersetzt ist.

Das bekannteste Salz, das *Natriumthiosulfat*, $Na_2S_2O_3 \cdot 5\,H_2O$, kristallisiert sehr gut, ist leicht löslich und beständig. Dagegen zerfällt beim Ansäuern der wäßrigen Lösung die in Freiheit gesetzte Thioschwefelsäure bald in schweflige Säure und Schwefel, der bei verdünnten Lösungen als weiße, milchige Trübung erscheint.

In Gegenwart kleiner Mengen von Arsen-, Antimon- oder Zinnsalzen geht Thiosulfat nach dem Ansäuern größtenteils in Polythionsäuren über.

Bei Abwesenheit von Wasser konnte MAX SCHMIDT (1957) die Thioschwefelsäure als Ätherat aus Thiosulfat und Chlorwasserstoff oder aus Schwefelwasserstoff und Schwefeltrioxid in Äther bei −78 °C herstellen. Die wasserfreie Verbindung zerfällt beim Erwärmen quantitativ in Schwefeltrioxid und Schwefelwasserstoff.

Große Bedeutung hat das Natriumthiosulfat wegen seiner quantitativen Umsetzung mit Jod im Sinne der Gleichung:

$$2\,S_2O_3^{2-} + J_2 = S_4O_6^{2-} + 2\,J^-$$

Bei dieser Reaktion entsteht Natriumtetrathionat, und die äquivalente Menge Jod wird verbraucht. Hiervon macht man in der Maßanalyse bei der Bestimmung oxydierender Stoffe, die in saurer Lösung Jod freimachen, vielfältigen Gebrauch. Aus dem Verbrauch an Thiosulfat läßt sich die Menge des Jods und weiterhin des betreffenden Oxydationsmittels berechnen (siehe Jodometrie, S. 247).

In der Bleicherei gebraucht man das Natriumthiosulfat als *Antichlor* zur Entfernung des hartnäckig im Gewebe haftenden Chlors oder der hypochlorigen Säure, um eine nachträgliche Zerstörung der Faser zu verhindern. Dabei wird das Thiosulfat zu Sulfat oxydiert:

$$Na_2S_2O_3 + 4\,Cl_2 + 5\,H_2O = 2\,NaHSO_4 + 8\,HCl$$

In der Photographie dient das Natriumthiosulfat als *Fixiersalz* zum Lösen des nach dem Entwickeln noch vorhandenen Silberhalogenids, damit Filme, Platten und Papiere nicht am Licht durch Silberabscheidung weiterdunkeln. Beim Fixieren entsteht zunächst das Silbernatriumthiosulfat, $NaAgS_2O_3$, und aus diesem weiterhin leichtlösliche Komplexsalze, denen nach Messungen von O. SCHMITZ-DUMONT (1941) die Formel $Na_5[Ag(S_2O_3)_3]$ zukommt.

Dithionige Säure, $H_2S_2O_4$, und Sulfoxylsäure, H_2SO_2

Schon vor mehr als 170 Jahren beobachtete BERTHOLLET, daß sich Zink in schwefliger Säure ohne Wasserstoffentwicklung auflöst. SCHÜTZENBERGER isolierte das Natriumsalz (1873), stellte aber die unrichtige Formel $NaHSO_2$ dafür auf. Die heute noch gebräuchliche, aber irreführende Bezeichnung Hydrosulfit ist auf diese falsche Formel zurückzuführen. Erst BERNTHSEN und BAZLEN (1900) fanden, daß das Natriumsalz wasserstofffrei ist, und bewiesen die Formel $Na_2S_2O_4$.

Zur Darstellung des Natriumdithionits (früher auch Natriumhyposulfit genannt) wird in eine kräftig gerührte Suspension von Zinkstaub in Wasser bei 30 °C reines Schwefeldioxid eingeleitet:

$$Zn + 2\,SO_2 = ZnS_2O_4$$

Das dabei entstehende Zinksalz wird dann mit Soda umgesetzt. Das Natriumsalz, $Na_2S_2O_4 \cdot 2\,H_2O$, wird aus der Lösung mit Natriumchlorid ausgesalzen. Um das Präparat haltbar zu machen, muß das Kristallwasser durch wiederholtes Ausziehen mit absolutem Alkohol und Trocknen im Vakuum vollkommen entfernt werden. Technisch wird Natriumdithionit auch durch Reduktion von schwefliger Säure bzw. Hydrogensulfit mit Natriumamalgam gewonnen.

Beim Erwärmen mit Wasser zerfällt Natriumdithionit in Thiosulfat und Hydrogensulfit; an feuchter Luft nimmt das Salz rasch Sauerstoff auf, und es bilden sich Hydrogensulfat und Hydrogensulfit (J. MEYER):

$$Na_2S_2O_4 + O_2 + H_2O = NaHSO_4 + NaHSO_3$$

Auch wasserfreies Natriumdithionit zersetzt sich bei etwa 135 °C (K. GAERTNER):

$$2\,Na_2S_2O_4 = SO_2 + Na_2SO_3 + Na_2S_2O_3$$

Auf Metallsalze wirkt das Dithionit sehr stark *reduzierend*. Aus Silbernitratlösung fällt es Silber neben Silbersulfid. Goldsalze geben blaue bis purpurrote Lösungen von kolloidem Gold, Quecksilbersalze metallisches Quecksilber, Arsenik gibt amorphes, braunes Arsen. Titansulfatlösung wird zunächst intensiv rot, dann gelb gefärbt. Cadmium-, Zink-, Thallium-, Zinn-, Kobalt-, Nickel-, Bleisalze liefern Metallsulfide (BRUNCK).

Formaldehydlösung spaltet unter Hydrolyse der S—S-Bindung in Natriumhydrogensulfit, $NaHSO_3$, und in saures Natriumsulfoxylat, $NaHSO_2$, die sich weiter mit Formaldehyd zu den Salzen der Oxymethansulfonsäure, $HOCH_2-SO_3H$, und der Oxymethansulfinsäure, $HOCH_2-SO_2H$, verbinden. Das Natriumsalz der Oxymethansulfinsäure kommt unter dem Namen Rongalit in den Handel, desgleichen das Zinksalz, Dekrolin genannt.

Zur technischen Darstellung von Rongalit wird Zinkdithionitlösung (siehe oben) mit Formaldehyd umgesetzt und das dabei hälftig entstandene Oxymethansulfonat mit Zinkstaub zum Oxymethansulfinat reduziert. Schließlich wird mit Natronlauge unter Ausfällung von Zinkhydroxid das Natriumsalz erhalten.

Die technische Bedeutung von Dithionit, Rongalit und den durch Einwirkung von Aminen weiter daraus hervorgehenden Produkten liegt in der Fähigkeit, organische Farbstoffe, wie Indigo, Indanthren, Flavanthren usw., die in Wasser unlöslich sind, in alkalischem Medium in lösliche Reduktionsprodukte überzuführen, die von der Faser aufgenommen und danach an der Luft innerhalb des Gewebes wieder in die Farbstoffe zurückverwandelt werden (Küpenfärberei). Außerdem kann man durch Aufdrucken von Dithionit- oder Rongalitpasten auf Kattun oder Wolle, die mit einem Farbstoff gleichmäßig gefärbt sind, an einzelnen Stellen den Farbstoff unter Reduktion löslich machen und dann auswaschen, so daß weiße Muster auf den Stoffen entstehen (Ätzdruck). Diese Verfahren waren früher mit anderen Reduktionsmitteln nicht annähernd so einfach und vollkommen auszuführen, wie dies jetzt mit Hilfe der Dithionitpräparate möglich ist.

Die freie dithionige Säure ist nicht bekannt. Säuert man eine Natriumdithionitlösung an, so tritt unter Schwefelabscheidung kräftiger Schwefeldioxidgeruch auf:

$$2\,H_2S_2O_4 \;=\; 2\,H_2SO_3 + SO_2 + S$$

Die beim Ansäuern zunächst zu beobachtende Gelb- bis Orangefärbung dürfte der *Sulfoxylsäure*, H_2SO_2, zukommen, die wahrscheinlich primär beim Zerfall entsteht:

$$H_2S_2O_4 + H_2O \;=\; H_2SO_2 + H_2SO_3$$

Für das Dithionit-Ion, $S_2O_4{}^{2-}$, hat man zunächst die unsymmetrische Struktur $[OS-O-SO_2]^{2-}$ angenommen, wonach die Säure als Anhydrid der schwefligen Säure und der Sulfoxylsäure aufzufassen wäre. Die chemischen Eigenschaften sprechen jedoch mehr für eine symmetrische Struktur $[O_2S-SO_2]^{2-}$ mit einer $S-S$-Bindung (BAZLEN, 1927), der der Name Dithionit zukommt. Diese Struktur ist auch durch das Ramanspektrum bestätigt worden (SIMON und KÜCHLER, 1944).

Zwar geben die meisten Oxydationsmittel, wie Luftsauerstoff oder auch Jod, in wäßriger Lösung schließlich Hydrogensulfat, aber mit Braunstein oder Permanganat kann auch Dithionat $[O_3S-SO_3]^{2-}$ erhalten werden, wie auf Grund der symmetrischen Formel zu erwarten ist.

Die Sulfoxylsäure, die dem Rongalit zugrunde liegt und nach R. SCHOLDER (1935) auch ein unlösliches Kobaltsalz, $CoSO_2 \cdot 3\,H_2O$, bildet, hat wahrscheinlich die Konstitution einer Hydrogensulfinsäure, HSO_2H, mit einem direkt an Schwefel gebundenen Wasserstoffatom.

Eine Verbindung der gleichen Zusammensetzung entsteht vorübergehend bei der Verseifung von Schwefeldichlorid, SCl_2, und der aus diesem herstellbaren Ester $S(OR)_2$. Sie wirkt jedoch oxydierend auf Jodwasserstoff und dürfte nach GOEHRING (1944) als Schwefeldihydroxid, $S(OH)_2$, aufzufassen sein. Mit dieser Isomerie steht auch die verschiedene Lage der Röntgen-Emissionslinien des Schwefels im Ester bzw. im Rongalit in Einklang.

Dischwefeldihydroxid, $S_2(OH)_2$

Die Ester dieser Verbindung $S_2(OR)_2$ erhält man durch Umsetzung von Dischwefeldichlorid, S_2Cl_2, mit Natriummethylat in Petroläther (F. LENGFELD, 1895). Sie haben nach ihrem Ramanspektrum die Konstitution $H_3CO-S-S-OCH_3$ (M. GOEHRING, 1947). Durch Verseifung erhielten STAMM und GOEHRING (1939) eine unbeständige Lösung, die wahrscheinlich die freie Verbindung $S_2(OH)_2$ enthält und auf Eisen(II)-salze, Schwefelwasserstoff, Stickstoffwasserstoffsäure und Jodwasserstoff oxydierend wirkt, wobei sie selbst zu Schwefel reduziert wird. Da von der Verbindung $S_2(OH)_2$ bisher keine Salze hergestellt werden konnten, ist ihre saure Natur fraglich. Sie ist deshalb als Dischwefeldihydroxid, $S_2(OH)_2$, zu bezeichnen.

Dithionsäure, $H_2S_2O_6$

Dithionsäure entsteht als teilweises Oxydationsprodukt der schwefligen Säure in Form ihrer Salze aus wäßriger schwefliger Säure und den höheren Oxiden von Eisen, Nickel, Kobalt, insbesondere von wasserhaltigem, gefälltem Mangan(IV)-oxid, meist neben Sulfaten, auch aus schwefliger Säure und Kaliumpermanganat in saurer Lösung:

$$NaO_3SH + O + HSO_3Na = Na_2S_2O_6 + H_2O$$

Bei der Elektrolyse von neutralem oder alkalischem Natriumsulfit erhielt FOERSTER an einer Blei(IV)-oxidanode von hohem Potential neben Sulfat auch beträchtliche Mengen Dithionat.

Die Salze mit Kalium oder Rubidium, wie auch mit Blei, Strontium und Calcium sind kristallographisch interessant, weil sie trigonal-bipyramidal kristallisieren. Sie werden bei gewöhnlicher Temperatur von neutralen und alkalischen Oxydationsmitteln nicht angegriffen. Alle Salze sind in Wasser löslich, die meisten an der Luft beständig. Beim Erhitzen über 100 °C entwickeln sie Schwefeldioxid und hinterlassen Sulfat. Auch die freie Säure zerfällt beim Erwärmen nach:

$$H_2S_2O_6 = H_2SO_4 + SO_2$$

Sie läßt sich aber im Vakuum bis zu einer 30%igen Lösung ohne Zerfall konzentrieren.

Kocht man Dithionate mit stärkeren Säuren, so findet der eben beschriebene Zerfall statt, und die freigemachte schweflige Säure wirkt reduzierend. Reduktionsmittel, wie Natriumamalgam oder Zink und Säure, spalten in schweflige Säure.

Die Struktur ist im Sinne einer Disulfonsäure, HO_3S-SO_3H, zu deuten. Dies steht auch im Einklang mit der Röntgenstrukturuntersuchung der Alkalidithionate (HÄGG, 1932).

Polythionsäuren

Die Polythionsäuren haben die allgemeine Zusammensetzung $H_2S_xO_6$ mit $x = 3, 4, 5, 6$ und mehr und werden nach der Zahl der Schwefelatome im Molekül benannt: Trithionsäure, $H_2S_3O_6$, Tetrathionsäure, $H_2S_4O_6$, Pentathionsäure, $H_2S_5O_6$, Hexathionsäure, $H_2S_6O_6$ usw.

Diese Säuren finden sich in der *Wackenroderschen Flüssigkeit*, die man durch Sättigen von wäßriger schwefliger Säure mit Schwefelwasserstoff unter Kühlung und Lichtausschluß erhält. Man muß so oft nach längerem Stehen Schwefelwasserstoff zuleiten, bis alle schweflige Säure verbraucht ist. Die Wackenrodersche Flüssigkeit bildet eine in dicken Schichten undurchsichtige, in dünnen rot durchscheinende kolloide Lösung. Durch Erwärmen wird sie mehr durchscheinend, durch Abkühlen undurchsichtig. Auch nach dem Filtrieren bleibt die kolloide Trübung ·infolge der Anwesenheit von Schwefel, der in äußerst feinen Teilchen darin suspendiert ist, erhalten.

Aus der Wackenroderschen Flüssigkeit kristallisiert nach Zusatz von Bariumhydroxid das Bariumtetrathionat, $BaS_4O_6 \cdot H_2O$, aus konzentrierter Lösung mittels Kaliumacetat auch das Pentathionat.

Die Reaktionsfolge, die in der Wackenroderschen Flüssigkeit zur Bildung der Polythionsäuren führt, ist im einzelnen noch nicht geklärt. Wenn Schwefelwasserstoff und schweflige Säure im Verhältnis der Gleichung

$$2 H_2S + SO_2 = 3 S + 2 H_2O$$

miteinander reagieren können, bildet sich fast nur Schwefel. Ist jedoch Schwefelwasserstoff im Unterschuß, so entstehen Polythionsäuren. Wahrscheinlich tritt primär nach

$$H_2S + SO_2 \rightleftharpoons H_2S_2O_2$$

eine Verbindung $H_2S_2O_2$ auf (F. FOERSTER, 1922), in der die beiden Schwefelatome — wie Untersuchungen von H. B. VAN DER HEIJEDE (1954) mit radioaktiv indizierten Schwefelverbindungen ergeben haben — nicht gleichwertig sind. Diese Verbindung hat wahrscheinlich die Konstitution einer thioschwefligen Säure, $HSSO_2H$.

BLASIUS (1959) konnte mit Hilfe papierchromatographischer Methoden zeigen, daß als erste Polythionsäure in der Wackenroderschen Flüssigkeit Trithionsäure neben Thiosulfat nachzuweisen ist. Letzteres kann auch aus Schwefel und schwefliger Säure entstehen. Für den Aufbau bzw. Abbau von Polythionsäuren in der Wackenroderschen Flüssigkeit sind wahrscheinlich die Gleichgewichtsreaktionen mit Thiosulfat bzw. Sulfit von Bedeutung, die p_H-abhängig sind (STAMM und GOEHRING, 1941), z. B.:

$$S_4O_6^{2-} + HSO_3^{2-} \rightleftharpoons S_3O_6^{2-} + S_2O_3^{2-} + H^+$$

Polythionate entstehen auch durch Oxydation von Thiosulfat. So erhält man aus Thiosulfat mit Wasserstoffperoxid leicht Trithionat, mit Jod oder Kupfer(II)-salzen als Oxydationsmittel Tetrathionat. Beim Ansäuern einer wäßrigen Lösung von Thiosulfat und Nitrit entstehen Tetra- und Hexathionsäure.

In wäßriger Lösung zerfallen die höheren Polythionate mit der Zeit in Sulfat, Sulfit, Thiosulfat und Schwefel. Die schwefelreicheren Verbindungen vom Pentathionat an sind äußerst empfindlich gegen Spuren von Alkali und werden durch dieses zersetzt. Auch in stark saurer Lösung tritt beim Kochen Selbstzerfall ein, wobei Schwefelsäure, schweflige Säure und Schwefel gebildet werden.

Höhere Polythionsäuren mit bis zu 15 Schwefelatomen entstehen bei der Zersetzung von Natriumthiosulfat mit Salzsäure in Gegenwart von Dischwefeldichlorid, wie E. WEITZ (1952) durch fraktionierte Fällung der Benzidinsalze zeigen konnte. In den Schwefelsolen nach ODÉN finden sich noch höhere Glieder mit bis zu 60 Schwefelatomen.

Bei Ausschluß von Wasser lassen sich die Polythionsäuren in Form ihrer Ätherate durch Umsetzung von Polyschwefelwasserstoffen mit in Frigen gelöstem Schwefeltrioxid bei $-78\,^\circ C$ darstellen (MAX SCHMIDT, 1957):

$$H-S_x - H + 2\,SO_3 = HO_3S-S_x-SO_3H$$

Röntgenographische Strukturbestimmungen an Polythionaten haben eine unverzweigte Kettenstruktur $^-O_3S-S_x-SO_3^-$ erwiesen (ZACHARIASEN, 1954). Diese Konstitution steht im Einklang mit der Bildung dieser Verbindungen, z. B. der des Tetrathionats aus Thiosulfat und Jod oder der Polythionsäuren aus H_2S_x und Schwefeltrioxid (s. o.). Man kann daher die Polythionsäuren als Disulfonsäurederivate der Sulfane auffassen, so z. B. die Tetrathionsäure als Disulfandisulfonsäure.

Schwefel-Halogenverbindungen

Dischwefeldifluorid, S_2F_2, und Schwefeltetrafluorid, SF_4

Dischwefeldifluorid entsteht nach

$$Ag_2F_2 + 3\,S = Ag_2S + S_2F_2$$

beim Erwärmen auf etwa $120\,^\circ C$ als farbloses Gas (Schmelzpunkt $-105,5\,^\circ C$, Siedepunkt $-99\,^\circ C$). Es bildet an feuchter Luft Nebel und wird durch Wasser, ähnlich wie S_2Cl_2 zersetzt (M. CENTNERSZWER).

Schwefeltetrafluorid (Siedepunkt $-40\,^\circ C$, Schmelzpunkt $-124\,^\circ C$) ist ein farbloses, sehr giftiges Gas, das aus den Elementen bei $-75\,^\circ C$ entsteht. Einfacher läßt es sich durch Umsetzung von Schwefeldichlorid mit Natriumfluorid in Acetonitril bei $80\,^\circ C$ darstellen:

$$3\,SCl_2 + 4\,NaF = SF_4 + S_2Cl_2 + 4\,NaCl$$

Mit Wasser setzt sich Schwefeltetrafluorid sofort zu Thionylfluorid, SOF_2, und Fluorwasserstoff um. Wegen seiner großen Reaktionsfähigkeit gegenüber sauerstoffhaltigen Verbindungen eignet es sich zur Darstellung anorganischer und organischer Fluorverbindungen aus Oxiden bzw. Carbonsäuren, Aldehyden und Ketonen (MUETTERTIES, 1959), z. B.

$$UO_3 + 3\,SF_4 = UF_6 + 3\,SOF_2$$

Schwefelhexafluorid, SF_6

Schwefelhexafluorid, von MOISSAN aus Schwefel und Fluor dargestellt, sublimiert bei $-64\,^\circ$. Auffallenderweise ist dieses farblose Gas fast so indifferent wie Stickstoff. Es besitzt weder Geruch noch Geschmack, wird von Wasser, Alkalien und Kupferoxid auch in der Hitze nicht angegriffen und bildet mit Wasserstoff keinen Fluorwasserstoff. Natrium kann darin unverändert geschmolzen werden, greift aber bei etwa 600 °C merklich unter Bildung von Natriumsulfid und -fluorid an. Als Nebenprodukte entstehen bei der Darstellung von Schwefelhexafluorid noch die reaktionsfähigeren Fluoride Dischwefeldekafluorid, S_2F_{10}, Schwefeltetrafluorid, SF_4, Schwefeldifluorid, SF_2, und Dischwefeldifluorid, S_2F_2, sowie durch Reaktion dieser Fluoride mit der Glaswand Thionylfluorid, SOF_2, und Sulfurylfluorid, SO_2F_2 (O. RUFF).

Dischwefeldichlorid, S_2Cl_2, Schwefeldichlorid, SCl_2, und Dischwefeldibromid, S_2Br_2

Dischwefeldichlorid, früher auch Chlorschwefel genannt, wird durch Einleiten von trockenem Chlor in geschmolzenen Schwefel dargestellt und durch Destillation gereinigt. Das dunkelgelbe Öl raucht etwas an der Luft, riecht unangenehm und reizt die Augen zum Tränen (Siedep. 137 °C, Schmelzp. −76,5 °C, Dichte 1,68 g/ml). Dischwefeldichlorid löst bei gewöhnlicher Temperatur bis 67 % Schwefel auf und wird deshalb zum Vulkanisieren des Kautschuks verwendet. Wasser spaltet nach:

$$2\,S_2Cl_2 + 2\,H_2O = SO_2 + 3\,S + 4\,HCl$$

Leitet man bei 0 °C Chlor in Dischwefeldichlorid, so bildet sich Schwefeldichlorid, SCl_2. Diese Flüssigkeit sieht dunkelrotbraun aus und hat die Dichte 1,62 g/ml. Bei Zimmertemperatur ist das Schwefeldichlorid zu etwa 16 % dissoziiert (TH. M. LOWRY):

$$2\,SCl_2 \rightleftharpoons S_2Cl_2 + Cl_2$$

Das dem Dischwefeldichlorid analoge *Bromid* ist eine rote, ölige, die Glaswandungen nicht benetzende, schwere Flüssigkeit, Siedep. 57 °C bei 22 Torr.

Schwefeltetrachlorid, SCl_4

Schwefeltetrachlorid entsteht aus Schwefeldichlorid und Chlor bei −78 °C und ist eine gelbstichig weiße, feste Substanz, die oberhalb −30 °C unter teilweisem Schmelzen in Chlor und Schwefeldichlorid zerfällt. Wasser zersetzt Schwefeltetrachlorid ohne Schwefelabscheidung:

$$SCl_4 + 2\,H_2O = SO_2 + 4\,HCl$$

Mit Antimon(V)-chlorid, Titan(IV)-chlorid, Zinn(IV)-chlorid, Eisen(III)-chlorid und Jodtrichlorid bildet Schwefeltetrachlorid charakteristische Verbindungen (O. RUFF), z. B. $SbCl_5 \cdot SCl_4$, $SnCl_4 \cdot 2\,SCl_4$.

Chlorsulfane, S_xCl_2

Chlorsulfane sind orangerote ölige Flüssigkeiten und entstehen durch Kondensationsreaktionen zwischen Schwefelwasserstoff bzw. Polyschwefelwasserstoff und Schwefeldichlorid bei −80 °C, z. B.:

$$Cl-S-Cl + H-S-S-H + Cl-S-Cl = S_4Cl_2 + 2\,HCl$$

Bei Anwendung eines Überschusses von Schwefeldichlorid oder von Dischwefeldichlorid konnten die einzelnen Glieder dieser homologen Reihe bis S_8Cl_2 rein dargestellt werden (F. FEHÉR, 1957). Sie setzen sich mit Bromwasserstoff quantitativ zu den entsprechenden rotbraunen Bromsulfanen, S_xBr_2, um (F. FEHÉR, 1958).

Flüssiges Chlor löst bei niederer Temperatur Schwefel auf. Er bildet darin zunächst S_8-Moleküle, die allmählich in S_2-Moleküle zerfallen (BECKMANN).

Chloride der schwefligen Säure und der Schwefelsäure

Ersetzt man in einer Sauerstoffsäure, wie Schwefelsäure, $SO_2(OH)_2$, die OH-Gruppen durch Chlor, so erhält man Säurechloride. Sie werden durch Wasser wieder in die Sauerstoffsäure und Chlorwasserstoff hydrolysiert.

Thionylchlorid, SOCl₂

Thionylchlorid ist das Chlorid der schwefligen Säure und wird aus trockenem Schwefeldioxid und Phosphorpentachlorid, oder aus Schwefeldichlorid und rauchender Schwefelsäure und schließlich auch aus Phosgen, $COCl_2$, und Schwefeldioxid dargestellt:

$$SO_2 + PCl_5 = SOCl_2 + POCl_3$$

$$COCl_2 + SO_2 = SOCl_2 + CO_2$$

Thionylchlorid ist eine farblose, stark lichtbrechende, erstickend riechende Flüssigkeit, Siedep. $+79\,^\circ C$, Dichte 1,64 g/ml bei 20 °C, die sich mit Wasser lebhaft umsetzt:

$$SOCl_2 + H_2O = SO_2 + 2\,HCl$$

In der organischen Chemie wird Thionylchlorid zur Herstellung von Säurechloriden aus Säuren, als wasserentziehendes Mittel bei Synthesen sowie auch zur Einführung der Thionylgruppe (= SO) in Verbindungen der Benzolreihe verwendet.

Auf viele Metalloxide wirkt Thionylchlorid beim Erhitzen im zugeschmolzenen Rohr auf 300 °C chlorierend und gibt die entsprechenden wasserfreien Chloride bzw. Oxidchloride (H. HECHT und G. JANDER, 1947). Nach dem Schema

$$MeO + SOCl_2 = MeCl_2 + SO_2$$

entsteht als Nebenprodukt meist nur Schwefeldioxid. Auch lassen sich die wasserfreien Chloride aus den wasserhaltigen Salzen durch Behandeln mit Thionylchlorid darstellen:

$$CrCl_3 \cdot 6\,H_2O + 6\,SOCl_2 = CrCl_3 + 6\,SO_2 + 12\,HCl$$

Sulfurylchlorid, SO₂Cl₂, und Pyrosulfurylchlorid, S₂O₅Cl₂

Sulfurylchlorid ist das Dichlorid der Schwefelsäure. Zur Darstellung läßt man Schwefeldioxid und Chlor in Gegenwart von etwas Campher aufeinander wirken. Dieser löst zunächst ungefähr die gleiche Menge Schwefeldioxid, wird dadurch verflüssigt und nimmt dann weiterhin das Chlor auf. Noch leichter vereinigen sich Schwefeldioxid und Chlor an aktiver Kohle. Die Wärmeentwicklung beträgt 19 kcal, so daß das gebildete Sulfurylchlorid gasförmig entweicht (H. DANNEEL). Auch aus Chlorsulfonsäure, $ClSO_3H$, entweicht bei 200 °C Sulfurylchlorid.

Sulfurylchlorid ist eine leichtflüssige, wasserhelle, an der Luft schwach rauchende, äußerst stechend riechende Flüssigkeit, Siedep. 69 °C, Dichte 1,67 g/ml bei 20 °C, die leicht in Schwefeldioxid und Chlor dissoziiert. Mit eiskaltem Wasser bildet Sulfurylchlorid zunächst ein kristallines Hydrat, das in der Wärme zerfällt und zu Schwefelsäure und Salzsäure hydrolysiert.

Auch das Sulfurylchlorid dient in der organischen Chemie als wasserentziehendes, vielfach auch als sulfonierendes Mittel, indem es die SO_2-Gruppe in Kohlenstoffverbindungen unter Bildung der Sulfone, z. B. Diphenylsulfon, $(C_6H_5)_2SO_2$, einführt.

Das *Pyrosulfurylchlorid* ist das Chlorid der Pyroschwefelsäure, $H_2S_2O_7$. Es wird aus Schwefeltrioxid und Phosphorpentachlorid oder aus Schwefeltrioxid und Tetrachlorkohlenstoff, CCl_4, der dabei in Phosgen, $COCl_2$, übergeht, dargestellt (W. PRANDTL). Pyrosulfurylchlorid ist eine wasserhelle, leicht bewegliche, an der Luft kaum rauchende Flüssigkeit, Siedepunkt 153 °C, Dichte 1,844 g/ml bei 18 °C, die mit Wasser nur langsam reagiert und auf Selen und Tellur unter Bildung von $SeCl_4 \cdot SO_3$ bzw. $TeCl_4 \cdot SO_3$ chlorierend wirkt.

Chlorsulfonsäure, HSO₃Cl

Die Chlorsulfonsäure ist das Monochlorid der Schwefelsäure. Sie wird am besten dargestellt durch Einleiten von trockenem Chlorwasserstoff in rauchende Schwefelsäure mit 40 . . . 50 % SO_3-Gehalt oder direkt aus Schwefeltrioxid und Chlorwasserstoff:

$$SO_3 + HCl = HSO_3Cl$$

Chlorsulfonsäure ist eine farblose, an der Luft rauchende Flüssigkeit, Siedep. 152 °C, Dichte 1,76 g/ml bei 20 °C, die mit Wasser äußerst lebhaft reagiert:

$$HSO_3Cl + H_2O = H_2SO_4 + HCl$$

Sie ist das stärkste Sulfurierungsmittel und gestattet die Einführung der Sulfogruppe auch in den Fällen, wo rauchende Schwefelsäure versagt.

Läßt man Schwefeltrioxid auf Natriumchlorid einwirken, so entsteht das Natriumsalz der Chlorpyrosulfonsäure, NaO_3SOSO_2Cl, das von Wasser schnell zersetzt wird.

Fluorsulfonsäure, HSO₃F

Natriumfluorid und Ammoniumfluorid verbinden sich mit Schwefeltrioxid zu den Salzen der Fluorsulfonsäure, die in wäßriger Lösung kaum zerfallen und neutral reagieren. Entsprechend dieser Beständigkeit entstehen die Salze der Fluorsulfonsäure auch aus den Pyrosulfaten und Fluoriden beim trockenen Erhitzen oder in wäßriger Lösung. Die freie Fluorsulfonsäure, Siedep. 165,5 °C, wird aus den Lösungen von Fluoriden in rauchender Schwefelsäure durch einfache Destillation gewonnen (W. TRAUBE).

Fluorsulfinsäure, HSO₂F

Salze der Fluorsulfinsäure entstehen bei langandauernder Einwirkung von Schwefeldioxid auf Alkalifluoride. Die Kaliumverbindung KSO_2F hat die gleiche Struktur wie $KClO_3$. Hieraus geht hervor, daß es sich bei diesen Salzen nicht um SO_2-Addukte an Alkalifluoride handelt. Die feuchtigkeitsempfindlichen Fluorsulfinate setzen sich mit Verbindungen, die reaktionsfähiges Halogen enthalten, insbesondere mit anorganischen und organischen Säurechloriden, zu den entsprechenden Fluoriden um (F. SEEL, 1955), z. B.:

$$SOCl_2 + 2 KSO_2F = SOF_2 + 2 KCl + 2 SO_2$$

Sulfurylfluorid, SO₂F₂, und Pyrosulfurylfluorid, S₂O₅F₂

Das *Sulfurylfluorid*, das direkt aus Schwefeldioxid und Fluor entsteht, ist ein farbloses Gas vom Siedepunkt −50 °C, das bis 400 °C beständig ist und mit Wasser sehr langsam, schneller mit Kalilauge reagiert (M. TRAUTZ).

Pyrosulfurylfluorid (Siedepunkt 51 °C) läßt sich am besten aus Arsenpentoxid, As_2O_5, und Fluorsulfonsäure, HSO_3F, darstellen. Die sehr giftige Verbindung ist bis 350 °C beständig, wird aber durch Wasser sofort zu Fluorsulfonsäure hydrolysiert (HAYEK, 1955).

Schwefel-Stickstoffverbindungen

Zu den Schwefel-Stickstoffverbindungen rechnet man alle Verbindungen, in denen Schwefel direkt an Stickstoff gebunden ist. In diese Verbindungsklasse gehört demnach nicht die Nitrosylschwefelsäure mit ionogener Bindung der NO^+-Gruppe.

Die Verknüpfung von Schwefel und Stickstoff gelingt nur im Gefolge einer energieliefernden Reaktion. Als solche kommen in Betracht:

1. Die Bildung von Wasser bei der Umsetzung von salpetriger Säure oder Hydroxylamin mit schwefliger Säure, wobei diese in der Form HSO_3^- reagiert.

2. Die Bildung von Salzsäure oder Wasser bei der Umsetzung von Stickstoff-Wasserstoffverbindungen, insbesondere von Ammoniak und Hydrazin mit Halogen- oder Sauerstoffverbindungen des Schwefels.

Schwefel-Stickstoffsäuren

Die Schwefel-Stickstoffsäuren enthalten die Gruppe $-SO_3H$ oder $-SO_2H$ an Stickstoff gebunden. Die Salze der N-Sulfonsäuren sind zuerst von FREMY und später von RASCHIG näher untersucht worden. In diesen Verbindungen haftet der Schwefel in teilweise oxydierter Form mit bemerkenswerter Zähigkeit am Stickstoff, so daß mannigfache Umsetzungen möglich sind. Bei der Behandlung mit Säuren oder Alkalien erfolgt Hydrolyse der Stickstoff-Schwefelbindung, wobei stets Wasserstoff an Stickstoff und die OH-Gruppe an Schwefel treten.

Nitrilosulfonsäure, $N(SO_3H)_3$

Bei Umsetzung von 1 Mol Nitrit mit 3 Mol Hydrogensulfit wird der Sauerstoff im Nitrit durch drei Sulfogruppen ersetzt:

$$HONO + 3\,HSO_3Na \longrightarrow N\equiv(SO_3Na)_3 + 2\,H_2O$$

Dabei entsteht das Natriumsalz der Nitrilosulfonsäure, $N\equiv(SO_3H)_3$, deren Kaliumsalz nach Zusatz einer gesättigten Kaliumchloridlösung in glänzenden Nadeln auskristallisiert. In schwach saurer Lösung werden diese Salze zunächst einmal zu Kaliumimidodisulfonat und Hydrogensulfat hydrolysiert:

$$N\equiv(SO_3K)_3 + H_2O \longrightarrow HN=(SO_3K)_2 + KHSO_4$$

Diese *Imidodisulfonate* sind in alkalischer oder neutraler Lösung beständig und verbinden sich mit gelbem Quecksilberoxid zu den sehr schwer löslichen weißen Niederschlägen der Quecksilberimidodisulfonsäure, $Hg[N(SO_3K)_2]_2$. Das Triammoniumsalz, $NH_3 \cdot HN = (SO_3NH_4)_2$, entsteht auch direkt aus Schwefeltrioxid und trockenem Ammoniak. Auch beim Einleiten von Schwefeltrioxid in konzentrierte wäßrige Ammoniaklösung entsteht in sehr guter Ausbeute das Triammoniumsalz der Imidodisulfonsäure neben Ammonsulfat und wenig Amidosulfonat (P. BAUMGARTEN).

In saurer Lösung erfolgt, besonders in der Wärme, weiterhin Hydrolyse

$$HN=(SO_3K)_2 + H_2O \longrightarrow H_2N-SO_3K + KHSO_4$$

unter Bildung von Hydrogensulfat und Amidosulfonat. Dieses wird durch Säuren erst bei sehr lange andauerndem Kochen, schneller unter Druck bei 140 °C, endgültig zu Ammoniumsalz und Hydrogensulfat hydrolysiert.

Amidosulfonsäure, H_2N-SO_3H

Die freie Amidosulfonsäure ist sehr beständig und eignet sich wegen ihrer vorzüglichen Kristallisierbarkeit, und weil sie kaum hygroskopisch ist, sehr gut als Urtiter in der Acidimetrie. Bequemer als auf dem eben angegebenen Weg erhält man die Säure durch Sättigen einer konzentrierten Lösung von Hydroxylaminchlorid mit Schwefeldioxid unter anfänglicher Eiskühlung:

$$H_2NOH + HSO_3H \longrightarrow H_2NSO_3H + H_2O$$

Nach zwei bis drei Tagen kristallisiert die Säure in reinem Zustand fast vollkommen aus. Auch aus Harnstoff und rauchender Schwefelsäure ist die Amidosulfonsäure leicht zugänglich:

$$CO(NH_2)_2 + 2\,H_2SO_4 \longrightarrow H_2NSO_3H + NH_4HSO_4 + CO_2$$

Der kristallisierten Säure kommt auf Grund spektroskopischer Untersuchungen die Struktur eines inneren Salzes $^+H_3N-SO_3^-$ zu (VUAGNAT und E. L. WAGNER, 1957).

Die Amidosulfonsäure ist in zweifacher Hinsicht eine sehr reaktionsfähige Substanz: Einerseits geht die Sulfogruppe beim Erwärmen mit Phenolen glatt in Ammoniumsalze der Phenylschwefelsäuren über, andererseits reagiert die Amidogruppe mit einigen Metalloxiden unter Wasseraustritt. So entstehen z. B. die gut kristallisierenden Verbindungen $HgNSO_3Na$, $AgHNSO_3K$, $Au_2(NSO_3K)_3$, deren Metalle infolge der Stickstoffbindung vielfach andere Reaktionen zeigen als die gewöhnlichen Salze (K. A. HOFMANN). Salpetrige Säure oxydiert die Amidogruppe zu Stickstoff. Auf dieser Reaktion beruht die Zerstörung von Nitrit in der qualitativen Analyse:

$$HNO_2 + H_2NSO_3H = N_2 + H_2O + H_2SO_4$$

Mit hypochloriger Säure bildet die Amidosulfonsäure die *Chloramidosulfonsäure*, $ClNH-SO_3H$, deren Salze beim Erhitzen lebhaft verzischen (W. TRAUBE). Das oben erwähnte Kaliumimidosulfonat gibt mit Natriumhypochlorit ein Salz der Chlorimidodisulfonsäure, $ClN(SO_3K)_2$. Sie bildet farblose Kristalle, die allmählich in Stickstofftrichlorid, NCl_3, und Kaliumnitrilosulfonat, $N(SO_3K)_3$, zerfallen (F. RASCHIG).

Hydroxylamindisulfonsäure, $HON=(SO_3H)_2$

Läßt man auf 1 Mol Nitrit nur 2 Mol Sulfit einwirken, so entsteht das Salz der Hydroxylamindisulfonsäure:

$$HONO + 2 HSO_3Na \rightarrow HON=(SO_3Na)_2 + H_2O$$

Oxydiert man das Kaliumsalz mit Kaliumpermanganat in ammoniakalischer Lösung, so erhält man eine violette Lösung von *Kaliumnitrosodisulfonat*, $ON=(SO_3K)_2$, das in reinem Zustand orangegelb kristallisiert, in isomorpher Mischung mit anderen Salzen aber, sowie in Lösung, violett gefärbt ist. Magnetische Messungen von ASMUSSEN zeigten, daß der orangegelben Verbindung die dimolekulare Formel $(KO_3S)_2=(NO)-(NO)=(SO_3K)_2$ zukommt, während in der violetten Lösung die monomere Form mit vierwertigem Stickstoff vorliegt, die Radikalcharakter besitzt. Dies entspricht der Dissoziation: $N_2O_4 \rightleftharpoons 2 NO_2$. In alkalischer Lösung wird das Kaliumsalz durch Stickstoffmonoxid wieder zum Hydroxylamindisulfonat reduziert, wobei das Stickstoffmonoxid zu Nitrit oxydiert wird (H. GEHLEN):

$$ON(SO_3K)_2 + NO + NaOH \rightarrow NaNO_2 + HON(SO_3K)_2$$

Hydroxylaminmonosulfonsäure, $HONH-SO_3H$, und Hydroxylaminisomonosulfonsäure, H_2NOSO_3H

Durch Hydrolyse wird die Hydroxylamindisulfonsäure analog den eben beschriebenen Säuren zunächst in Hydroxylaminmonosulfonsäure übergeführt:

$$HON(SO_3H)_2 + H_2O \rightarrow HONH-SO_3H + H_2SO_4$$

Sie liefert mit Säure bei höherer Temperatur ein Hydroxylammoniumsalz, z. B.:

$$HONH-SO_3H + HCl + H_2O \rightarrow [HONH_3]Cl + H_2SO_4$$

Auf dieser Reaktion beruht die Darstellung von Hydroxylamin nach RASCHIG.

Läßt man Kaliumnitrit auf Hydrogensulfit nach der Gleichung

$$KNO_2 + 3 KHSO_3 \rightarrow HON(SO_3K)_2 + K_2SO_3 + H_2O$$

wirken und gibt rechtzeitig Blei(IV)-oxid hinzu, so entsteht das Trisulfonat $KO_3S-ON(SO_3K)_2$:

$$HON(SO_3K)_2 + K_2SO_3 + PbO_2 \rightarrow PbO + KO_3S-ON(SO_3K)_2 + KOH$$

Aus diesem wird mit stark verdünnten Säuren eine am Stickstoff befindliche KO_3S-Gruppe abgespalten und so das Kaliumhydroxylaminisodisulfonat, $KO_3SONHSO_3K$, gebildet. Dieses Salz ist isomer mit dem vorhin genannten Kaliumhydroxylamindisulfonat (F. RASCHIG).

Die Hydroxylaminisomonosulfonsäure, H_2NOSO_3H, erhielt F. SOMMER (1925) aus Hydroxylammoniumsalz und Chlorsulfonsäure. Sie wirkt zum Unterschied von der Hydroxylaminmonosulfonsäure, z. B. auf Kaliumjodid oxydierend und gibt mit Ammoniak Hydraziniumsulfat.

Beim Sättigen einer konzentrierten alkalischen Sulfitlösung mit Stickstoffmonoxid entsteht das Kaliumnitrosohydroxylaminsulfonat, $ON-N(OK)-SO_3K$, in dem Stickstoff an Stickstoff gebunden ist. Bei gelinder Reduktion bildet es demgemäß Kaliumhydrazinsulfonat.

Weitere Schwefel-Stickstoffsäuren

Sehr verwickelt verlaufen die Umsetzungen von Ammoniak mit Schwefeldioxid und Schwefeltrioxid. Schwefeldioxid gibt mit Ammoniak je nach den Reaktionsbedingungen verschiedene Verbindungen. Bei Schwefeldioxid-Überschuß und tiefen Temperaturen entsteht ein gelbes Produkt, $SO_2 \cdot NH_3$, das sich bei der Hydrolyse wie *Amidosulfinsäure*, NH_2-SO_2H, verhält. Bei Ammoniak-Überschuß bildet sich das rote Triammoniumsalz der Imidodisulfinsäure, $NH_4N(SO_2NH_4)_2$, oder bei tiefen Temperaturen und in Gegenwart von Äther als Lösungsmittel das weiße Ammoniumsalz der Amidosulfinsäure, $NH_2-SO_2NH_4$.

Beim Einleiten von Schwefeltrioxid in konzentrierte Ammoniaklösung entsteht als Hauptprodukt das schon oben erwähnte Triammoniumsalz der *Imidodisulfonsäure*, $NH_4N(SO_3NH_4)_2$. In Nitromethan gelöstes Schwefeltrioxid reagiert mit Ammoniak unter Bildung von Sulfimid $(SO_2NH)_n$ (siehe unten).

Hydrazin gibt mit Schwefeldioxid *Hydrazindisulfinsäure*, $HO_2S-NH-NH-SO_2H$, mit Schwefeltrioxid *Hydrazinmonosulfonsäure*, $H_2N-NHSO_3H$, die mit Kaliumnitrit das explosive *Kaliumazidosulfonat*, N_3SO_3K, gibt. Mit Chlorsulfonsäure, HSO_3Cl, und Hydrazin in Pyridin entsteht das Pyridinsalz der *Hydrazindisulfonsäure*, $HO_3S-NH-NH-SO_3H$, aus der mit Hypochlorit das gelbe *Kaliumazosulfonat*, $KO_3SN = NSO_3K$, erhältlich ist, das beim Reiben heftig explodiert und mit Wasser in Stickstoff, Kaliumhydrogensulfit und Kaliumhydrogensulfat zerfällt (E. KONRAD und L. PELLENS).

Sulfamid, $O_2S(NH_2)_2$, Sulfimid, $(O_2SNH)_3$ und Thionylimid, OSNH

Sulfamid (Schmelzpunkt 92 °C) bildet sich aus Sulfurylfluorid oder -chlorid und Ammoniak, auch aus Dimethylsulfat und flüssigem Ammoniak, wobei zunächst der Methylester der Amidosulfonsäure, $H_2N-SO_3CH_3$, entsteht. Das Sulfamid gibt mit starken Laugen Salze, z. B. $K[SO_2(NH)NH_2]$, mit Silbernitrat in ammoniakalischer Lösung ein Silbersalz, $SO_2(NHAg)_2$, und es läßt sich nitrieren zum Nitrosulfamid, $H_2NSO_2-NH-NO_2$, einer zweibasigen Säure, die ein explosives Silbersalz bildet.

Sulfimid entsteht bei der Umsetzung von Sulfurylchlorid mit Ammoniak neben Sulfamid oder von Schwefeltrioxid mit Ammoniak in Nitromethan neben Ammoniumtrisulfat, $(NH_4)_2S_3O_{10}$. Es wurde in Form des in weißen Nadeln kristallisierenden und in Wasser schwer löslichen Silbersalzes $(O_2SNAg)_3$ isoliert. Dieses gibt mit Jodmethyl das trimere N-Methylderivat (HANTZSCH, 1905).

Aus der Strukturuntersuchung des Silbersalzes folgt, daß das Sulfimid einen 6-Ring, wie das $(SO_3)_3$, bildet (siehe S. 164) mit 3 NH-Gruppen anstelle der Ringsauerstoffatome (K.R. ANDRESS, K. FISCHER, 1953). Auch ein tetrameres Silbersalz, $(O_2SNAg)_4$, das in Säuren schwer löslich ist, konnte von M. GOEHRING (1952) erhalten werden.

Thionylimid (Sulfinimid), Schmelzpunkt −94 °C, erhielt P. W. SCHENCK (1942) aus Thionylchlorid, $SOCl_2$, und Ammoniak in der Gasphase unter vermindertem Druck. Bei −70 °C polymerisiert es sich zu gelben Produkten. Nach M. GOEHRING (1951) wandelt sich das gelbe Thionylimid, OSNH, bei ganz kurzzeitigem Erhitzen auf 60 °C in das isomere rote SNOH, das als Oxim des Schwefelmonoxids aufzufassen ist, um.

Schwefelstickstoff S_4N_4

Schwefelstickstoff (Tetraschwefeltetranitrid) entsteht in komplizierter Reaktion aus den Schwefelchloriden, S_2Cl_2, SCl_2 oder SCl_4, am besten aus einem Gemisch von Schwefelchloriden im Verhältnis 1 S : 3 Cl und trockenem Ammoniak in Gegenwart indifferenter Lösungsmittel, wie Benzol oder Tetrachlorkohlenstoff. Schwefelstickstoff ist in Benzol, Dioxan und Schwefelkohlenstoff gut löslich.

Schwefelstickstoff bildet gelbrote, rhombische Nadeln oder Prismen, die bei 135 °C zu sublimieren beginnen, bei 178 °C schmelzen und bei 200 °C sowie durch Stoß, Schlag und Reibung heftig explodieren. Mit einer Flamme gezündet, brennen kleinere Mengen ohne Explosion mit blauer Flamme ziemlich schnell ab.

Der explosive Zerfall unter Luftabschluß liefert hauptsächlich Stickstoff und Schwefel, die entwickelte Wärmemenge beträgt für 1 Mol ($\triangleq$ 184 g) 129 kcal.

Schwefelstickstoff ist sehr reaktionsfähig. Mit verdünnten Alkalilaugen tritt hydrolytische Spaltung in Ammoniak, Thiosulfat und Trithionat ein, in stark alkalischen Lösungen erfolgt der Zerfall in Ammoniak, Thiosulfat und Sulfit. M. GOEHRING (1947) konnte bei der Hydrolyse als Primärprodukte neben schwefliger Säure Schwefeldihydroxid, $S(OH)_2$, durch dessen oxydierende Wirkung auf Jodwasserstoff nachweisen. Aus dem Verlauf der hydrolytischen Spaltung, die stets zu Ammoniak und Schwefel-Sauerstoffverbindungen führt, geht hervor, daß im Tetraschwefeltetranitrid der Stickstoff negativen, der Schwefel positiven Charakter besitzt und die Verbindung daher als ein Nitrid des Schwefels aufzufassen ist.

Chlorwasserstoff zerlegt in Salmiak und Chlorschwefel. Brom bildet granatrote Kristalle von $N_4S_4Br_6$. Ähnlich gefärbte Additionsprodukte entstehen mit $TiCl_4$, $SbCl_5$, $SnCl_4$, $MoCl_5$, WCl_4 usw.

In flüssigem Ammoniak löst sich Schwefelstickstoff bei $-40\,°C$, ebenso auch Dischwefeldinitrid, S_2N_2, (siehe unten) mit bordeauxroter Farbe. Nach dem Abdampfen des Ammoniaks bleibt ein rotes Produkt der Zusammensetzung $S_2N_2 \cdot NH_3$ zurück, das aber kein Ammoniakat, sondern wahrscheinlich ein Ammonolyseprodukt ist. Aus der bordeauxroten Lösung fällt auf Zugabe von Bleijodid das olivgrüne $Pb(NS)_2 \cdot NH_3$ aus, das im Vakuum das rotbraune PbN_2S_2 liefert. Quecksilberjodid gibt das hellgelbe $HgN_2S \cdot NH_3$. Auch andere Schwermetallverbindungen sind dargestellt worden. Mit Kaliumamid entstehen nebeneinander KNS und K_2N_2S (M. GOEHRING, 1954).

Aus dem in flüssigem Ammoniak gelösten Schwefelstickstoff entsteht bei 100 °C im geschlossenen Rohr eine tiefblauviolette Lösung, aus der beim Abdunsten der gesamte Schwefel auskristallisiert. Solche intensiv gefärbten Lösungen von tiefblauer bis violettblauer Farbe erhält man auch aus der ammoniakalischen Lösung durch Einleiten von Schwefelwasserstoff und aus der Lösung von Schwefel in wasserfreiem Ammoniak.

In Chloroform gelöstes S_2Cl_2 verbindet sich in der Wärme mit N_4S_4 zu N_3S_4Cl, dessen Chlor durch verschiedene andere Säurereste ersetzbar ist. Aus Schwefelstickstoff in Tetrachlorkohlenstoff gelöst, und AgF_2 entsteht in der Kälte weißes, kristallines $S_4N_4F_4$, beim Kochen farbloses, gasförmiges SN_2F_2 (O. GLEMSER, 1955).

Die Kristallstrukturuntersuchung gibt für das $(SN)_4$-Molekül einen 8-Ring (I), in dem alle S-N-Bindungen gleich lang sind (D. CLARK, 1952). Die vier N-Atome liegen in einer Ebene. Je zwei gegenüberliegende S-Atome liegen über und unter dieser Ebene. Dabei wird der Abstand zwischen den S-Atomen, die nicht miteinander durch Stickstoff verbunden sind, so gering, daß auch das Formelbild (II) als „Grenzformel" in Betracht kommt.

Außer Schwefelstickstoff existieren noch die Verbindungen Dischwefeldinitrid, S_2N_2, und $(SN)_x$. Das weiße Dischwefeldinitrid bildet sich bei der thermischen Zersetzung von Tetraschwefeltetranitriddampf im Vakuum bei 300 °C. Es detoniert schon beim Zerreiben, ebenso oberhalb 30 °C. Mit der Zeit polymerisiert es sich bei Zimmertemperatur zu messinggelbem $(SN)_x$, das in dünner Schicht im durchfallenden Licht tiefblau aussieht und sich wie ein Halbleiter verhält. Wahrscheinlich liegen in dieser Verbindung S-N-Ketten vor (M. GOEHRING, 1953).

Tetraschwefeldinitrid, S_4N_2

Tetraschwefeldinitrid bildet rote Kristalle, die bei 11 °C schmelzen. Es entsteht aus Schwefelstickstoff und Schwefel (UCKER, 1925) oder Schwefelkohlenstoff, in besserer Ausbeute aus

$Hg_5(SN)_8$ und S_2Cl_2 (MEUWSEN, 1951). Die Verbindung zerfällt schon bei 0 °C in einigen Stunden in Schwefel und S_4N_4, explodiert bei 100 °C und gibt bei alkalischer Hydrolyse den gesamten Stickstoff als Ammoniak ab.

Tetraschwefeltetraimid, $S_4N_4H_4$, und Heptaschwefelimid, S_7NH

Tetraschwefeltetraimid (Formel III) entsteht bei der Reduktion von Schwefelstickstoff mit alkoholischer Zinn(II)-chloridlösung. Es bildet farblose, in Wasser unlösliche Kristalle, die durch konzentrierte Laugen in Ammoniak und Thiosulfat gespalten werden. Mit Formaldehyd entsteht $(SNCH_2OH)_4$ in weißen Blättchen.

Vom Tetraschwefeltetraimid leiten sich 2 Quecksilbersalze ab: $Hg_2(SN)_4$, gelb, und $Hg_5(SN)_8$, gelb bis grün, mit 1- und 2wertigem Quecksilber (MEUWSEN, 1948 und 1950). Tetraschwefeltetraimid bildet einen gewellten 8-Ring wie das S_8-Molekül.

Heptaschwefelimid entsteht bei vielen Umsetzungen von Schwefelverbindungen mit Ammoniak, am besten aus Dischwefeldichlorid, S_2Cl_2, und Ammoniak in Tetrachlorkohlenstofflösung neben Schwefelstickstoff (ARNOLD, 1945). Es kristallisiert in weißen Blättchen, die bei 113 °C schmelzen. Die sieben S-Atome und die NH-Gruppe bilden einen gewellten 8-Ring, wie die acht S-Atome im S_8-Molekül (M. GOEHRING, 1951, J. WEISS, 1960).

Selen, Se

Atomgewicht	78,96
Schmelzpunkt des metallischen Selens	220 °C
Schmelzpunkt des monoklinen Selens	144 °C
Siedepunkt	688 °C
Dichte des metallischen Selens	4,80 g/cm³
Dichte des monoklinen Selens	4,47 g/cm³

Das Selen wurde 1817 von BERZELIUS im Bleikammerschlamm der Gripsholmer Schwefelsäurefabrik entdeckt und in Analogie zu Tellur (von Tellus, die Erde) nach σελήνη (Mond) benannt.

Vorkommen und Gewinnung

Selen kommt als Blei-, Kupfer- und Silberselenid vor, z. B. *Clausthalit*, PbSe, *Berzelianit*, Cu_2Se, *Eukairit*, $(Cu,Ag)_2Se$, *Crookesit*, $(Cu,Tl,Ag)_2Se$, doch sind Selenminerale äußerst selten. Dagegen enthalten viele sulfidische Eisen- und Kupfererze kleine Mengen Selen anstelle von Schwefel. Auch begleitet Selen oft den vulkanischen Schwefel, besonders auf den Lyparischen Inseln, und es färbt diesen deutlich orange-gelb.

Beim Abrösten der selenhaltigen sulfidischen Erze sammelt sich das Selen in dem Flugstaub bzw. im Bleikammerschlamm der Schwefelsäurefabriken, der ebenso wie der oft selenhaltig anfallende Anodenschlamm der Kupferraffination als Ausgangsmaterial für die Selengewinnung dient. Nach Oxydation zu Selenit bzw. Selenat wird das Selen reduzierend gefällt. Zur Reinigung des technischen Selens eignet sich am besten das leicht sublimierbare Selendioxyd, SeO_2.

Modifikationen

Als homologes Element des Schwefels bildet Selen mit diesem Mischkristalle, aber zum Unterschied vom Schwefel tritt es auch in einer metallischen Modifikation auf.

Vom *monoklinen roten Selen* sind zwei Modifikationen, α und β, bekannt, die sich durch das Achsenverhältnis unterscheiden. Es ist ein Nichtleiter und in Schwefelkohlenstoff löslich, aus dem es auch umkristallisiert werden kann. Jedoch ist die Löslichkeit bedeutend geringer als die von Schwefel. Im monoklinen Selen liegen Se_8-Moleküle vor.

Pulverig amorphes rotes Selen, Dichte 4,27 g/cm³, entsteht durch Fällung aus Selenverbindungen bei niederen Temperaturen. Es geht unter Schwefelkohlenstoff oder anderen organischen Flüssigkeiten in das monokline Selen über.

Glasig amorphes Selen bildet sich beim Abschrecken von geschmolzenem Selen.

Monoklines und amorphes Selen sind instabil und wandeln sich beim Erwärmen auf 150 °C in das sogenannte metallische Selen um. Das monokline Selen geht auch bei gewöhnlicher Temperatur in Gegenwart von Anilin, Chinolin und Pyridin in die metallische Modifikation über.

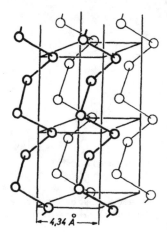

(siehe Abb. 39).

Das *metallische Selen* ist grau, in Schwefelkohlenstoff unlöslich und kristallisiert hexagonal. Im Gitter liegen gewinkelte, parallel zueinander orientierte Selenketten vor (siehe Abb. 39).

Die elektrische Leitfähigkeit des metallischen Selens ist an sich sehr gering ($\varphi \approx 10^{-6}\,\Omega^{-1}\,cm^{-1}$), nimmt aber bei Belichtung stark zu. Dies beruht darauf, daß durch die Lichtquanten Elektronen im Kristallgitter gelockert bzw. in Freiheit gesetzt werden (innerer Photoeffekt). Mittels einer dünnen, auf Glas ausgebreiteten Selenschicht, einer Selenzelle (auch Photowiderstand genannt), können bei einer angelegten Vorspannung Lichtimpulse in elektrischen Strom übersetzt werden, der dann beispielsweise ein Relais oder eine Alarmvorrichtung steuern kann.

Noch größere Bedeutung haben die Sperrschichtphotozellen (Photoelemente), die aus einem in dünner Schicht auf einen metallischen Leiter aufgetragenen Halbleiter bestehen, wie z. B. Silberselenid auf Selen oder Kupfer(I)-oxid auf Kupfer. Diese Zellen liefern ohne Anlegen einer Hilfsspannung elektrischen Strom von einer der Lichtintensität entsprechenden Stärke und finden z. B. als Belichtungsmesser, im Bildfunk und Tonfilm vielfache Verwendung.

Abb. 39. Kristallstruktur des metallischen hexagonalen Selens. Die Selenatome bilden Ketten, von denen jede als Schraubenlinie um die im Bilde senkrecht stehende Achse gewunden ist.

— 4,34 Å —

Im gelösten Zustand tritt Selen mit verschiedenem Molekulargewicht auf. In Diphenyl- oder Anthrachinonlösung liegen Se_8-Moleküle, in Jodlösung Se_2-Moleküle vor. Die Dampfdichte entspricht bei 900 . . . 1800 °C Se_2-Molekülen.

Kolloides Selen. Fällt man selenige Säure in stark salzsaurer Lösung mit schwefliger Säure, so erscheint das amorphe Selen zunächst als hellroter Niederschlag, der allmählich dunkler wird. In starker Verdünnung und bei Ausschluß starker Säuren bleibt das Selen in kolloider Form von zinnoberroter Farbe gelöst.

Am besten erhält man solche klaren, orange- bis dunkelroten Lösungen, wenn man etwa 2 g Natriumsulfit in 5 ml Wasser mit ungefähr der gleichen Menge gepulvertem oder gefälltem Selen kurze Zeit kocht, wodurch Natriumselenosulfat, Na_2SeSO_3, entsteht. Das Filtrat wird mit 1 . . . 2 l Wasser verdünnt und mit einigen Tropfen verdünnter Salzsäure angesäuert (JULIUS MEYER). Von ähnlicher Farbe, aber von entgegengesetzter, nämlich negativer Ladung, ist das aus seleniger Säure mittels Hydrazinhydrat oder einfacher durch Lösen von

Selen in Hydrazinhydrat und Eingießen in viel Wasser dargestellte Kolloid. Bei 0,084 g Selen in 1 ml Hydrazinhydrat und Eingießen unter Umrühren in 1 l Wasser ist dieses Kolloid gelb, bei weniger Wasser korallenrot bis blaustichigrot. Auch Gläser lassen sich mittels feinstverteiltem Selen in ähnlicher Weise färben.

Von nicht oxydierenden Säuren, wie Salzsäure, wird Selen nicht angegriffen, dagegen lösen Salpetersäure und konzentrierte warme Schwefelsäure. Mit rauchender Schwefelsäure entstehen intensiv grüne Lösungen. Ferner löst sich Selen in starken Laugen, in Alkalisulfiden, Alkalisulfiten und Alkalicyaniden.

Verbindungen des Selens

Selenwasserstoff, H_2Se und Selenide

Selenwasserstoff (Siedep. — 42 °C, Schmelzp. — 64 °C) läßt sich durch Überleiten von Wasserstoff über Selen oberhalb 400 °C in mäßiger Ausbeute oder am besten aus Aluminium- oder Magnesiumselenid mit starker Salzsäure darstellen. Der Geruch des Selenwasserstoffs erinnert an faulen Rettich. Seine Giftwirkung ist weit schlimmer als die von Schwefelwasserstoff, weil die Schleimhäute der Nase und Augen heftig und nachhaltig gereizt und entzündet werden. In Wasser löst sich das Gas leichter auf als Schwefelwasserstoff und zeigt deutlich saure Reaktion. An der Luft fällt bald rotes Selen aus. Überhaupt ist der Selenwasserstoff entsprechend seiner negativen Bildungswärme sehr unbeständig:

$$H_2 + Se_{kristallin} = H_2Se \; -17,5 \; kcal$$

Trotzdem kann man durch Erhitzen mit Selen noch aus organischen Verbindungen in milder Weise Wasserstoff abspalten (*Selendehydrierung*). Selenwasserstoff liefert mit schwefliger Säure je nach dem Mengenverhältnis entweder rotes Selen oder ein Gemisch von Selen und Schwefel.

Selenide erhält man beim Einleiten von Selenwasserstoff in luftfreie Alkalilaugen, beim Überleiten von Selenwasserstoff über erhitzte Metalle oder am einfachsten unmittelbar aus den Elementen. Auch Polyselenide, z. B. Na_2Se_2, Na_2Se_3, Na_2Se_4 u. a., sind bekannt.

Selendioxid, SeO_2, und selenige Säure, H_2SeO_3

Selendioxid (Selenigsäureanhydrid) entsteht beim Verbrennen von Selen in einem Stickstoffdioxid enthaltenden Sauerstoffstrom als weiße Kristallmasse, die bei 315 °C sublimiert. An der Luft durch eine Flamme gezündet, brennt das Selen von allein nicht weiter. Es färbt die Flamme blau und verbreitet dabei einen scharfen, rettichähnlichen Geruch.

Selendioxid ist in Wasser leicht zu *seleniger Säure* löslich, die als verhältnismäßig schwache Säure nur im geringen Umfang in H^+- und $HSeO_3^-$-Ionen dissoziiert ist. Aus konzentrierten Lösungen kristallisiert beim Eindunsten die Säure in durchsichtigen Kristallen. Die Lösung der Säure wird im Unterschied zu der schwefligen Säure sehr leicht zu rotem Selen reduziert. Die Reduktion mit Hydrazin oder mit schwefliger Säure in saurer Lösung verläuft quantitativ und kann zur Bestimmung von Selen dienen.

Schwefelwasserstoff erzeugt in wäßrigen Lösungen von seleniger Säure ein rötlichgelbes, aus Schwefel und Selen gemischtes Hydrosol.

Selensäure, H_2SeO_4, Selenate und Selentrioxid, SeO_3

Selensäure und ihre Salze, die Selenate, entstehen bei der Oxydation von Selen oder Selendioxid in saurer bzw. alkalischer Lösung mit starken Oxydationsmitteln. Zur Darstellung der Säure eignet sich am besten die Oxydation mit wäßriger Chlorsäure. Aus der im Vakuum konzentrierten Lösungen scheidet sich beim Abkühlen auf 0 °C das Monohydrat $H_2SeO_4 \cdot H_2O$, Schmelzp. 26 °C, ab. Die im Hochvakuum entwässerte Säure schmilzt bei 61 ... 62 °C. Beim Erhitzen unter normalem Druck zerfällt Selensäure in Wasser, Selendioxid und Sauerstoff. Die konzentrierte Selensäure ist der Schwefelsäure ähnlich und bildet z. B. auch eine Nitrosylverbindung, $NOHSeO_4$. Selensäure ist aber weniger stark ätzend und leichter reduzierbar, so z. B. schon durch Kochen mit konzentrierter Salzsäure, wobei Chlor entweicht. Die Salze gleichen vielfach den Sulfaten und sind meist mit diesen isomorph, wie z. B. Kupferselenat und Natriumselenat. Das Kaliumselenat ist bedeutend leichter löslich als das Kaliumsulfat. Calciumselenat, $CaSeO_4 \cdot 2H_2O$, ist viel leichter löslich als Calciumsulfat, $CaSO_4 \cdot 2H_2O$. Das Bariumselenat ist gleich dem Bariumsulfat in Wasser unlöslich, wird aber von Salzsäure gelöst. Das Hydraziniumselenat, $(N_2H_5)HSeO_4$, ist gleichfalls schwer löslich; es explodiert sehr heftig unter Entwicklung von rotem Rauch.

Selentrioxid läßt sich nicht durch Entwässern der Selensäure gewinnen. Die Darstellung gelang H. A. LEHMANN (1952) aus Kaliumselenat und Schwefeltrioxid. Selentrioxid tritt in Form langer, asbestartiger Nadeln oder würfelförmiger Kristalle auf, die bei 118 °C schmelzen. Mit Wasser reagiert es nicht so lebhaft wie Schwefeltrioxid.

Selenhalogenide

Selen wird zum Unterschied vom Schwefel durch Chlor lebhaft angegriffen. Hierbei bildet sich weißes *Selentetrachlorid*, $SeCl_4$, das bei etwa 196 °C sublimiert. Das *Diselendichlorid*, Se_2Cl_2, entsteht aus granuliertem, metallischen Selen mit der berechneten Menge flüssigen Chlors durch allmähliches Erwärmen auf 100 °C als rotbraune Flüssigkeit. Es zerfällt im Gegensatz zu dem Dischwefeldichlorid, S_2Cl_2, auch bei vorsichtigem Destillieren in freies Selen und das Tetrachlorid. Während aus Schwefel und siedendem Brom nur das Bromid, S_2Br_2, entsteht, liefert Selen mit Brom sowohl Se_2Br_2 als auch $SeBr_4$. Mit Wasser zerfallen die Selenchloride nach den folgenden Gleichungen:

$$2\,Se_2Cl_2 + 2\,H_2O \rightleftharpoons SeO_2 + 3\,Se + 4\,HCl$$

$$SeCl_4 + 2\,H_2O \rightleftharpoons SeO_2 + 4\,HCl$$

In starker Salzsäure gibt Diselendichlorid Gelbfärbung, die man bei roher Salzsäure gelegentlich bemerken kann.

Mit Schwefeltrioxid verbindet sich Selentetrachlorid und -tetrabromid zu $SeCl_4 \cdot SO_3$ (farblose Kristallmasse, Schmelzp. 165 °C), $2\,SeCl_4 \cdot 3\,SO_3$ (Schmelzp. 145 °C), $SeBr_4 \cdot 2\,SO_3$ (hellgelbe Nadeln), $SeOBr_2 \cdot SO_3$ (gelbe Kristalle) (W. PRANDTL).

Destilliert man ein Gemenge von Selendioxid mit Selentetrachlorid, so geht farbloses *Seleninylchlorid*, $SeOCl_2$, (Siedep. 180 °C und Schmelzp. 10 °C) über, das auch aus $SeO_2 \cdot 2\,HCl$ durch wasserentziehende Mittel erhalten wird (V. LENHER).

Selentetrafluorid, SeF_4, kann aus Selen und verdünntem Fluor dargestellt werden und ist eine farblose, an der Luft rauchende Flüssigkeit (Siedep. 106 °C), die durch Wasser vollständig in Fluorwasserstoff und selenige Säure zersetzt wird. Bei 300 °C entsteht aus Selen und Fluor *Selenhexafluorid*, SeF_6 als farbloses Gas. Es ist löslich in Alkohol und Aceton, unlöslich in 5⁰/oiger wäßriger Natronlauge.

Kaliumselenocyanat, KSeCN, und Selenstickstoff, Se_4N_4

Kaliumselenocyanat und Selenstickstoff entstehen auf dieselbe Weise wie die entsprechenden Schwefelverbindungen, zerfallen aber viel leichter als diese. So scheidet z. B. das Kaliumselenocyanat beim Ansäuern freies Selen ab, und der rote Selenstickstoff explodiert trocken schon bei leichtem Reiben mit einem Holzspan.

Tellur, Te

Atomgewicht	127,60
Schmelzpunkt	452 °C
Siedepunkt	1390 °C
Dichte	6,2 g/cm³

Dieses Element wurde 1782 von Müller von Reichenstein in Erzen aus Siebenbürgen entdeckt, 1798 von Klaproth genauer untersucht und von ihm benannt.

Vorkommen und Gewinnung

Tellur gehört zu den selten vorkommenden Elementen. Es findet sich in Form von Telluriden, gebunden an Gold, Silber, Kupfer, Blei und Wismut, z B. als blättriges *Wismuttellurid, Silbertellurid (Hessit),* Ag_2Te, *Silber-Goldtellurid,* $(Ag,Au)_2Te$, *Schrifterz (Sylvanit),* $(AuAg)Te_4$, *Blättererz (Nagyagit),* $(Pb,Au) \cdot (S,Te,Sb)_{1-2}$, besonders in Siebenbürgen, auch in Ungarn, Kalifornien, Brasilien und Bolivien in den dortigen Gold- und Silberlagerstätten. Auch die Golderze der Elfenbeinküste sind tellurhaltig. Ferner enthalten manche sulfidische Kupfererze kleine Mengen Tellur. Sehr selten findet es sich elementar, trigonaltrapezoedrisch kristallisiert.

Für die Gewinnung von Tellur geht man hauptsächlich von dem bei der elektrolytischen Kupferraffination anfallenden Anodenschlamm aus, in dem sich das im Rohkupfer als Verunreinigung enthaltene Tellur als Kupfertellurid anreichert. Um das noch unreine Tellur des Handels zu reinigen, wird es oxydierend gelöst und aus der Lösung mit schwefliger Säure gefällt. Weiterhin kann die Reindarstellung durch wiederholtes Umkristallisieren des basischen Tellur(IV)-nitrats aus salpetersaurer Lösung oder über die sehr gut kristallisierende Tellursäure erfolgen.

Eigenschaften

Vom Tellur ist nur eine metallische Modifikation bekannt. Sie kristallisiert hexagonal-rhomboedrisch, hat metallischglänzendes Aussehen und ist spröde. Die Kristallstruktur besteht analog der des Selens aus Atomketten (Abb. 39). Die elektrische Leitfähigkeit des Tellurs ist besonders bei erhöhter Temperatur schon recht beträchtlich ($\varphi \approx 10^2 \, \Omega^{-1} \cdot cm^{-1}$).

Tellur wird von Salzsäure oder Flußsäure nicht angegriffen, dagegen löst es sich leicht in Salpetersäure. Ähnlich wie Schwefel und Selen löst sich gefälltes Tellur auch in starker Kalilauge und in konzentrierten Alkali- und Ammonsulfidlösungen.

Die Analogie zwischen Tellur, Selen und Schwefel zeigt sich besonders auffällig in der Bildung intensiv gefärbter Lösungen mit Schwefeltrioxid, rauchender oder konzentrierter Schwefelsäure. Tellur löst sich darin langsam in der Kälte, schnell beim Erwärmen mit intensiv rubinroter Farbe, fällt beim Verdünnen mit Wasser wieder aus und wird bei längerem Erhitzen mit rauchender Säure zu Tellurdioxid oxydiert.

Verbindungen des Tellurs

Tellurverbindungen, insbesondere die Sauerstoffverbindungen und die einfacheren organischen Verbindungen sind giftig. Gelangen Spuren von Tellur in den menschlichen Organismus, so riecht der Atem durch entstandenes Dimethyltellur, $(CH_3)_2Te$, nach Knoblauch. Größere

Mengen wirken nachhaltig vergiftend auf das Nervensystem. Aus diesem Grunde müssen Wismutpräparate für den medizinischen Gebrauch besonders sorgfältig von dem das Wismut in seinen natürlichen Vorkommen begleitenden Tellur befreit werden.

Tellurwasserstoff, H₂Te, und Telluride

Tellurwasserstoff (Schmelzp. − 51 °C, Siedep. − 4 °C) läßt sich nicht aus den Elementen darstellen, da seine Bildungswärme stark negativ ist:

$$H_2 + Te = H_2Te -36,9 \, kcal$$

Die Zersetzung von Alkalitelluriden mit Säuren liefert nur geringe Ausbeuten. Zur Darstellung eignet sich die Zersetzung von Aluminiumtellurid, das etwa 30 % Aluminiumüberschuß enthält, mit 4 n Salzsäure (L. M. Dennis), oder die kathodische Reduktion von Tellur in 50%iger, starkgekühlter Schwefelsäure (W. Hempel).

Tellurwasserstoff ist ein farbloses, sehr giftiges und äußerst übelriechendes Gas, das bedeutend unbeständiger als Selenwasserstoff ist. In feuchtem Zustand zerfällt es schon bei gewöhnlicher Temperatur, selbst bei Ausschluß von Sauerstoff. Auch in Berührung mit Quecksilber zerfällt der Tellurwasserstoff.

Natriumtellurid, Na₂Te, ist aus den Elementen in flüssigem Ammoniak als weiße, sehr hygroskopische Verbindung erhältlich. Mit weiterem Tellur entstehen Polytelluride, z. B. das metallisch glänzende grauschwarze Na₂Te₂, das sich in Wasser zunächst mit roter Farbe löst und bald in Tellur und Natriumtellurid zerfällt. Zinktellurid ist gelb, Cadmiumtellurid braun, Nickeltellurid schwarz. An der Luft scheiden die löslichen Telluride elementares Tellur ab.

Tellurdioxid, TeO₂, und Tellurite

Tellurdioxid entsteht aus dem Metall beim Erhitzen im Sauerstoffstrom oder aus basischem Tellur(IV)-nitrat oberhalb 400 °C als farblose, bei 733 °C schmelzende Kristallmasse und tritt als weißer Rauch auf, wenn man Tellur oder tellurhaltige Erze in der Bunsenflamme erhitzt. Hierbei färbt sich diese fahlbläulichgrün. Das in Wasser nur äußerst wenig lösliche Oxid geht mit Salpetersäure in Lösung, aus der beim Eindunsten basisches Tellur(IV)-nitrat, 2 TeO₂ · HNO₃ bzw. Te₂O₃OH · NO₃ abgeschieden wird.

Beim Zusammenschmelzen von Tellurdioxid mit Alkalihydroxiden oder Alkalicarbonaten entstehen, je nach den Mengenverhältnissen, verschiedene aus Wasser kristallisierbare *Tellurite*, wie z. B. Kaliummonotellurit, K₂TeO₃ · 3 H₂O, Ditellurit K₂Te₂O₅, Tritellurit und selbst Tetratellurite, wie K₂Te₄O₉ · 4 H₂O, als mäßig lösliche Salze. Die Monotellurite nehmen an der Luft bei etwa 450 °C Sauerstoff auf und liefern die entsprechenden Tellurate. Mit steigendem Tellurgehalt nimmt diese Oxydierbarkeit ab und verschwindet bei den Tetratelluriten gänzlich (Lenher).

Tellursäure, Te(OH)₆, Tellurtrioxid, TeO₃, und Tellurate

Tellursäure (Orthotellursäure) entsteht durch Oxydation einer Lösung von Tellur oder Tellurdioxid in verdünnter Salpetersäure mit Chromsäure oder als Kaliumsalz durch Oxydation von Tellurdioxid in konzentrierter Kalilauge mit Wasserstoffperoxid. Aus der Lösung kann die Säure mit konzentrierter Salpetersäure gefällt werden.

Tellursäure bildet große, durchsichtige monokline, meist prismatische Kristalle, die in Wasser leicht löslich sind. Sie ist eine sehr schwache Säure, etwa wie Schwefelwasserstoff, die mit keinem Farbindikator titriert werden kann. Wäßrige, konzentrierte Lösungen von Tellursäure werden in der Hitze zu milchig trüben kolloiden Lösungen polymerisiert.

Bis 90 °C verliert Tellursäure, Te(OH)₆, noch kein Wasser, oberhalb 220 °C entsteht das gelbe *Tellurtrioxid*, TeO₃, das in Wasser sowie in Säuren und Laugen in der Kälte unlöslich ist. Oberhalb 400 °C zerfällt das Trioxid in Tellurdioxid, TeO₂, und Sauerstoff.

Von der Orthosäure leiten sich Salze ab, wie das von E. Zintl (1938) auf trockenem Wege aus Natriumoxid, Na₂O, und Natriummetatellurat, Na₂TeO₄, dargestellte Orthotellurat, Na₆TeO₆.

Aus alkalischen Lösungen der Tellursäure kristallisieren wasserhaltige Verbindungen aus, die wahrscheinlich als saure Salze der Orthotellursäure zu formulieren sind, z. B. $Na_2H_4TeO_6$. Doch gibt es auch Salze, die sich von einer wasserärmeren „Metasäure" ableiten, wie Na_2TeO_4 und K_2TeO_4. Sie bilden sich bei Entwässerung der sauren Orthotellurate.

Die Tellurate und ebenso die Tellurite sind in saurer und besonders in alkalischer Lösung leicht bis zum metallischen Tellur reduzierbar, z. B. durch schweflige Säure, Zink, Trauben-zucker und Dithionit. Bei Ausschluß starker Elektrolyte kann man verdünnte wäßrige Tellursäure mittels stark verdünnter Hydrazinhydratlösung in kolloides Tellur überführen (GUTBIER).

Tellur-Halogen-Verbindungen

Mit Chlor und Brom vereinigt sich das Tellur in der Wärme unter Feuererscheinung zum Tetrachlorid, $TeCl_4$ (farblose Kristalle vom Schmelzp. 225 °C und Siedep. 390 °C) bzw. Tetrabromid, $TeBr_4$, eine gelbe, lockere Masse, die leicht in das Dibromid und freies Brom zerfällt und im Vakuum bei 300 °C in feuerroten, kristallinen Krusten sublimiert.

Wasser spaltet diese Verbindung schließlich in tellurige Säure und Salzsäure bzw. Brom-wasserstoffsäure; doch entstehen mit Salmiak-, Kaliumchlorid- und Kaliumbromidlösungen in gelben bis roten Oktaedern kristallisierbare Chloro- und Bromosalze, wie $(NH_4)_2[TeCl_6]$, $(NH_4)_2[TeBr_6]$, $K_2[TeBr_6]$.

Aus trockenem Tellurtetrabromid und flüssigem Ammoniak entsteht ein Gemisch von Te_3N_4 und TeBrN, das beim Erhitzen explodiert (W. STRECKER).

Polonium, Po

Massenzahl des wichtigsten Isotops	210
Schmelzpunkt	250 °C
Dichte	9,2 g/cm³

M. CURIE entdeckte 1898 in der Pechblende ein dem Tellur ähnliches Element, das sich als ein Glied der Radiumzerfallsreihe erwies. Sie gab ihm nach ihrem Heimatland den Namen Polonium. Polonium mit der Massenzahl 210 zerfällt mit einer Halbwertszeit von 138 Tagen und liefert unter α-Strahlung Blei. Wegen dieser kurzen Halbwertszeit ist Polonium 210 nur begrenzt haltbar und kann aus der Pechblende nur in Milligrammengen gewonnen werden. Durch Einwirkung von Neutronen auf das Wismutisotop mit der Massenzahl 209 (siehe dazu den Abschnitt „Atomumwandlungen" am Schluß des Buches) stehen heute Grammengen dieses Poloniumisotops zur Verfügung. Auch wurden durch andere Kern-reaktionen bereits weitere Poloniumisotope mit erheblich längeren Halbwertszeiten erhalten, bis jetzt allerdings nur in Milligrammengen.

Das Metall ist etwa so edel wie Silber. Es kristallisiert bei Zimmertemperatur in dem einfach kubischen Gitter (BEAMER und MAXWELL, 1949). In diesem Gitter, das sonst nirgends auftritt, sind nur die Würfelecken mit Atomen besetzt. Diese Struktur leitet sich vom Kettengitter des Selens und Tellurs (Abb. 39) dadurch ab, daß der Bindungswinkel, der bei Selen 103 °, bei Tellur 102 ° beträgt, 90 ° wird und daß die Abstände der Atome in der Kette und zur nächsten Kette gleich groß werden. Im chemischen Verhalten ähnelt das Polonium dem Tellur. Das Element löst sich wie Schwefel, Selen und Tellur in rauchender Schwefelsäure, und zwar mit roter Farbe. Durch Reduktion mit aus Magnesium und Salzsäure hergestelltem naszierendem Wasserstoff entsteht ein flüchtiges *Hydrid*, das allerdings rasch zerfällt. (PANETH, 1922).

Dagegen sind viele *Polonide* hergestellt worden. Calciumpolonid, CaPo, kristallisiert wie die anderen Calcium-Chalkogenide im Kochsalzgitter. Das schwerlösliche gelbgrüne K_2PoCl_6 ist isomorph mit K_2TeCl_6. Wie beim Tellur gibt es ein flüchtiges *Poloniumdimethyl*.

Mit Sauerstoff bildet das Metall bei 250 °C gelbes bzw. rotes Poloniumdioxid, PoO_2.

Aus saurer Lösung wird durch Schwefelwasserstoff das schwarze *Sulfid*, PoS, gefällt.

Die starke Selbsterhitzung von nicht zu kleinen Mengen Polonium als Folge seiner intensiven α-Strahlung und seine nicht zu kurze Halbwertszeit geben die Möglichkeit zur Stromerzeugung mit Hilfe von Thermoelementen, so daß Polonium als Energiequelle zum Betreiben von Sendern und anderen Geräten in Satelliten von Interesse werden kann.

Löslichkeitsprodukt

Im allgemeinen werden schwache Säuren aus ihren Salzen durch starke Säuren ausgetrieben. Beispielsweise macht Salzsäure aus Eisensulfid Schwefelwasserstoff frei:

$$FeS + 2\,HCl = FeCl_2 + H_2S$$

Salzsäure setzt aus Natriumacetat Essigsäure in Freiheit:

$$CH_3COONa + HCl = NaCl + CH_3COOH$$

Im ersten Fall ist es dabei zweifellos wichtig, daß der Schwefelwasserstoff infolge seiner geringen Löslichkeit in den Gaszustand übergeht und flüchtig entweicht. Der Vorgang läuft aber auch ab, wenn die schwache Säure in Lösung bleibt, wie z. B. die Essigsäure. Die wesentliche Ursache liegt in der niedrigen Dissoziationskonstante der schwachen Säure. Diese führt dazu, daß die Anionen der schwachen Säure, z. B. die CH_3COO^--Ionen und die durch die starke Säure in großer Menge zugeführten H^+-Ionen undissoziierte Säuremoleküle bilden, die nun als die ausgetriebene schwache Säure in Erscheinung treten. Es gilt also z. B. die Gleichung:

$$Na^+ + CH_3COO^- + H^+ + Cl^- = Na^+ + Cl^- + CH_3COOH$$

Ebenso verläuft die Einwirkung von Säuren auf Carbonate, da die Kohlensäure, H_2CO_3, schwach dissoziiert ist und zudem zum größten Teil in Wasser und gasförmig entweichendes Kohlendioxid zerfällt. Das Entweichen der Kohlendioxidbläschen aus der Lösung bewirkt ein deutliches Aufbrausen, auch wenn festes Carbonat, z. B. Calciumcarbonat (Kreide), $CaCO_3$, reagiert. Darum dient Kreide seit alters her zum Nachweis der starken und der schwachen Säuren, wie z. B. der Essigsäure.

Ist das ursprüngliche Salz, wie z. B. Calciumcarbonat, $CaCO_3$, oder Eisensulfid, FeS, schwerlöslich, das entstehende Salz (Calciumchlorid, $CaCl_2$, bzw. Eisen(II)-chlorid, $FeCl_2$) aber leicht löslich, so löst die starke Säure das Salz der schwachen Säure auf.

Es überrascht, daß viele Sulfide durch Salzsäure nicht aufgelöst werden, ja daß z. B. Arsen-, Kupfer- und Quecksilbersulfid aus den Lösungen der Chloride trotz Gegenwart von Salzsäure durch Schwefelwasserstoff gefällt werden. Die Erklärung liegt darin, daß die starke Säure zunächst nicht direkt mit festen ungelösten Teilchen des Sulfids reagiert, sondern sich mit den Ionen ins Gleichgewicht setzt, die von dem festen Sulfid in die Lösung treten. Es gibt wohl feste Stoffe, die in Wasser absolut unlöslich sind, wie z. B. der Diamant, in den meisten Fällen sind aber die „unlöslichen" Stoffe nur sehr schwer löslich. Ihre Lösung ist schon gesättigt, wenn der gelöste Anteil eine ganz geringe, mit den üblichen Mitteln nicht nachweisbare Konzentration erreicht hat. Durch feinere Methoden, wie sie die Messung elektrochemischer Potentiale bietet, kann man diese Konzentration aber sicher und recht genau messen. Sind die schwer löslichen

Stoffe Salze, wie z. B. die Sulfide und die meisten anderen Niederschläge der analytischen Chemie, Silberchlorid, AgCl, Bariumsulfat, $BaSO_4$, Bleisulfat, $PbSO_4$, u. a. m., so enthält die Lösung nur die dissoziierten Ionen des Salzes.

Löslichkeitsprodukt von in Wasser schwer löslichen Salzen anorganischer Säure

Aluminiumhydroxid, frisch gefällt	$Al(OH)_3$	10^{-33}
Barium-carbonat	$BaCO_3$	$7 \cdot 10^{-9}$
-chromat	$BaCrO_4$	$2 \cdot 10^{-10}$
-sulfat	$BaSO_4$	$1 \cdot 10^{-10}$
Blei-chromat	$PbCrO_4$	$2 \cdot 10^{-14}$
-sulfat	$PbSO_4$	$1 \cdot 10^{-8}$
-sulfid	PbS	$1 \cdot 10^{-29}$
Cadmiumsulfid	CdS	$4 \cdot 10^{-29}$
Calcium-carbonat	$CaCO_3$	$1 \cdot 10^{-8}$
-oxalat	CaC_2O_4	$2 \cdot 10^{-9}$
-sulfat	$CaSO_4$	$6 \cdot 10^{-5}$
Eisen-(II)-sulfid	FeS	$4 \cdot 10^{-19}$
-(III)-hydroxid	$Fe(OH)_3$	$4 \cdot 10^{-38}$
Kobalt-sulfid	CoS	$2 \cdot 10^{-27}$
Kupfer-(I)-chlorid	$CuCl$	$1 \cdot 10^{-6}$
-(I)-jodid	CuJ	$5 \cdot 10^{-12}$
-(I)-thiocyanat	$CuSCN$	$2 \cdot 10^{-11}$
-(II)-sulfid	CuS	10^{-44}
Magnesium-ammoniumphosphat	$MgNH_4PO_4$	$2 \cdot 10^{-13}$
-hydroxid	$Mg(OH)_2$	$1 \cdot 10^{-11}$
Mangan(II)-sulfid	MnS	$7 \cdot 10^{-16}$
Nickel(II)-sulfid	NiS	$1 \cdot 10^{-27}$
Quecksilber(II)-sulfid	HgS	$1 \cdot 10^{-54}$
Silber-bromid	$AgBr$	$4 \cdot 10^{-13}$
-chlorid	$AgCl$	$1 \cdot 10^{-10}$
-chromat	Ag_2CrO_4	$2 \cdot 10^{-12}$
-jodid	AgJ	$1 \cdot 10^{-16}$
-sulfid	Ag_2S	$2 \cdot 10^{-49}$
Strontium-carbonat	$SrCO_3$	$2 \cdot 10^{-9}$
-oxalat	SrC_2O_4	$5 \cdot 10^{-8}$
-sulfat	$SrSO_4$	$3 \cdot 10^{-7}$
Zink-sulfid	ZnS	$1 \cdot 10^{-24}$

In der gesättigten Lösung aller Salze hat sich ein *Lösungsgleichgewicht* zwischen dem festen Salz (dem „Bodenkörper") und den gelösten Ionen eingestellt, in dem die Geschwindigkeit der Auflösung ebenso groß ist wie die Geschwindigkeit der Ausscheidung des festen Salzes. Die Geschwindigkeit des Auflösens ist um so größer, je größer die Oberfläche der Kristalle oder die der Teilchen des Bodenkörpers ist. Denn nur von der Oberfläche her gehen die Ionen in die Lösung.

Die Abscheidung von Ionen aus der Lösung zum festen Salz erfolgt im Gleichgewicht nur an derselben Oberfläche des Bodenkörpers. Eine Bildung von neuen Kristallen findet fast nur bei der Abscheidung des Bodenkörpers aus übersättigten Lösungen statt.

Damit aber keine Trennung elektrischer Ladungen erfolgt, geht die Abscheidung nur vor sich, wenn Kation und Anion an der Oberfläche zusammentreffen. Dies wird um so häufiger erfolgen, je größer die Oberfläche ist und je höher die Konzentration der Kationen und der Anionen in der Lösung ist. Für das Bleisulfid, PbS, gilt also nach dem Massenwirkungsgesetz im Gleichgewicht die Geschwindigkeitsgleichung:

$$k_1 \cdot \text{Oberfläche} \rightleftharpoons k_2 \cdot \text{Oberfläche} \cdot [Pb^{2+}] \cdot [S^{2-}]$$

Die Größe der Oberfläche hebt sich aus der Gleichung heraus, da sie Auflösung und Abscheidung in gleichem Maße beschleunigt. Es gilt also:

$$[Pb^{2+}] \cdot [S^{2-}] = \frac{k_1}{k_2} = L$$

Die Konstante L ist also das Produkt der Ionenkonzentrationen in der Lösung in Grammion pro Liter gemessen. Sie heißt *Löslichkeitsprodukt* und bestimmt die Löslichkeit des Salzes. Sie hat bei schwerlöslichen Salzen niedrige Werte. Die Tabelle gibt einen Überblick über die Löslichkeitsprodukte einiger wichtiger Verbindungen.

Ist gleichzeitig eine Säure in der Lösung, so setzen sich die H^+-Ionen der Säure mit den Anionen des Salzes ins Gleichgewicht, z. B. mit den S^{2-}-Ionen unter Bildung von undissoziiertem H_2S. Ist die Säure stark, so liegt in diesem Gleichgewicht nach

$$\frac{[H^+] \cdot [S^{2-}]}{[HS^-]} = K_1 \quad \text{und} \quad \frac{[H^+] \cdot [HS^-]}{[H_2S]} = K_2$$

die Konzentration der S-Ionen sehr tief. Solange dadurch der Wert des Löslichkeitsproduktes für das Salz unterschritten ist, muß das Salz dauernd neue Ionen in die Lösung senden. Das kann zur vollständigen Auflösung des Salzes führen, wenn dessen Löslichkeitsprodukt groß genug ist. So ist z. B. Zinksulfid, ZnS, in schwacher Salzsäure, Cadmiumsulfid, CdS, in starker Salzsäure (entsprechend der höheren H^+-Ionenkonzentration) löslich, während Quecksilber(II)-sulfid, HgS, nicht mehr löslich ist. Dies entspricht dem Gang der Löslichkeitsprodukte. Entsprechend können schwache Säuren, wie z. B. Essigsäure, viele in Salzsäure lösliche Niederschläge nicht auflösen, weil ihre H^+-Ionenkonzentration zu niedrig ist, zumal wenn sie durch Zugabe ihrer Salze, wie z. B. Natriumacetat, noch mehr abgestumpft werden. Dies nützt man bei vielen Fällungen aus.

Manche Sulfide, beispielsweise Mangansulfid, haben ein so hohes Löslichkeitsprodukt, daß sie nur dann annähernd vollständig ausgefällt werden können, wenn die H^+-Ionenkonzentration des reinen Wassers durch Zugabe von Ammoniak noch unter ihren geringen Wert erniedrigt wird.

Die Auflösung von in Salzsäure unlöslichen Sulfiden, wie z. B. Quecksilber(II)-sulfid, HgS, oder Arsen(III)-sulfid, As_2S_3, in Salpetersäure und Königswasser beruht nicht auf der Wirkung der H^+-Ionen, sondern darauf, daß die S^{2-}-Ionen durch die als Oxydationsmittel wirkenden Säuren zu Schwefel oder höheren Oxydationsprodukten oxydiert werden und damit aus dem Lösungsgleichgewicht herausgenommen werden.

Bau der Atome

Die chemischen Reaktionen spielen sich in der Elektronenhülle der Atome ab. Die Unterschiede zwischen den Elementen müssen also ihre Ursache in dem verschiedenen Bau der Elektronenhülle haben.

Nach RUTHERFORD nahm man an, daß die Elektronen im Atom den Kern auf planeten-ähnlichen Bahnen umkreisen und sich auf verschiedene „Schalen" verteilen, die jeweils bei den Edelgasen abgeschlossen (mit Elektronen aufgefüllt) sind. Es blieb aber unge-klärt, warum auf den „Schalen" nur eine ganz bestimmte, aber voneinander ver-schiedene Anzahl von Elektronen Platz findet, wie es die Länge der verschiedenen Perioden im Periodischen System zeigt, die 2, 8, 18 oder 32 Elemente beträgt.

Einen erheblichen Fortschritt in der Aufklärung der Struktur der Elektronenhülle konnte BOHR 1913 dadurch erzielen, daß er die Vorstellungen der Quantentheorie heranzog. Diese von PLANCK begründete und von STARK, EINSTEIN und anderen erwei-terte Theorie sagt aus, daß die Energie einer Strahlung, wie die des Lichtes, der Wärme-strahlung, der Röntgenstrahlung oder der elektrischen Wellen, in einzelnen diskreten Quanten übertragen wird, deren Energiebetrag E gleich der Schwingungszahl v, multi-pliziert mit einer Konstanten h, ist:

$$E = v \cdot h$$

Für jedes Strahlungsquant ist demnach das Produkt aus Energie und Schwingungszeit konstant:

$$E \cdot \frac{1}{v} = h$$

Dieses Produkt nennt man die *Wirkungsgröße* eines Strahlungsquants.

Da die Wirkungsgröße der einzelnen Quanten stets die gleiche ist, unabhängig davon, welche Schwingungszahl eine Strahlung hat, tritt die Wirkung bei Strahlungsvor-gängen also nur in gleich großen, unteilbaren Elementarquanten von der Größe h auf. Die Größe h wird als *Plancksches Wirkungsquantum bezeichnet.* Ihr Wert beträgt $6{,}62 \cdot 10^{-27}$ erg · s.

BOHR nahm nun an, daß auch bei dem periodischen Umlauf eines Elektrons um den Kern die Wirkungsgröße dieses Vorgangs nur ganze Vielfache des Elementarquantums h betragen könne. Für die Wirkungsgröße setzte er das Produkt aus Bewegungsgröße des Elektrons und dem Weg ein, den es bei einem Umlauf zurücklegt. Die einzelnen „Schalen", auf die die Elektronen im Atom verteilt sind, unterscheiden sich also zu-nächst durch die Anzahl der Wirkungsquanten, die das Elektron auf der Schale besitzt. Diese Anzahl bezeichnet man als die *Hauptquantzahl n.* Je größer n ist, um so größer ist auch die Energie des Elektrons in diesem Quantenzustand, und um so weiter ist es vom Kern entfernt.

Wenn einem Elektron Energie zugeführt wird, z. B. durch hohe Temperatur, kann diese dazu benutzt werden, ein Elektron auf einen Quantenzustand mit größerer Energie, oder wie man auch sagt, auf ein höheres *Energieniveau* zu heben, z. B. von dem untersten Niveau mit $n = 1$ auf das zweite mit $n = 2$ oder das dritte mit $n = 3$ usw. Wenn das Elektron darauf wieder auf ein niederes Niveau zurückfällt, gibt es die Energie wieder ab, und zwar diejenige Energie, die der Differenz seiner Energien auf den beiden Niveaus entspricht. Diese Energie wird als *ein* Quant einer Strahlung frei, und die Schwingungszahl dieser Strahlung v ist entsprechend der Quantentheorie gleich der Energiemenge dividiert durch h.

$$v = \frac{E}{h}$$

Diese Schwingungszahl entspricht einer Linie im Strahlungsspektrum des Atoms. Die Spektrallinien der Atome entstehen also nach Anregung durch Sprünge der Elektronen auf Niveaus niedrigerer Energie.

In dem einfachen Fall des Wasserstoffatoms, das nur ein Elektron besitzt, läßt sich die Energie des Elektrons auf den einzelnen Niveaus berechnen. Die Berechnung ergab, daß die Differenzen dieser Energien genau mit den bekannten Spektrallinien des Wasserstoffs übereinstimmten. Dies war ein glänzender Erfolg der Theorie von BOHR.

Aus der Theorie von BOHR folgte weiter, daß die Bindung des Elektrons auf einem Niveau von gleicher Wirkungsgröße, also gleicher Hauptquantenzahl n, bei verschiedenen Elementen um so fester sein muß, je höher die positive Ladung des Kerns ist. Diese Bindungsfestigkeit steigt also vom Wasserstoff zum Helium, zum Lithium, zum Beryllium usw. Zugleich wächst auch die Energiedifferenz, die frei wird, wenn ein Elektron, z. B. von dem Niveau mit $n = 2$ auf das Niveau mit $n = 1$ zurückspringt. Die diesem Sprung entsprechende Spektrallinie wird also umso kurzwelliger, je höher die Kernladung des Atoms ist.

Für die Sprünge der Elektronen auf das unterste Niveau mit $n = 1$ ließen sich die Energiebeträge für die Atome aller Elemente, und damit die Schwingungszahlen dieser Spektrallinien, in guter Übereinstimmung mit den gemessenen Werten berechnen und brachten so die Erklärung für die früher von MOSELEY gefundene Regel, daß bei diesen Linien, die man als Spektrallinien der K-Serie bezeichnet, die *Quadratwurzeln der Schwingungszahlen proportional der Ordnungszahl sind.*

Mit gewissen Einschränkungen ergab sich eine ähnliche Gesetzmäßigkeit auch für die langwelligeren Spektrallinien der L-Serie, die ausgesandt werden, wenn Elektronen von höheren Niveaus auf das Niveau mit $n = 2$ zurückspringen.

Die gesetzmäßige Begründung der *Moseley-Regel* hat die große Bedeutung, daß man für jedes Element durch Messung der Schwingungszahlen der K-Serie oder der L-Serie die Kernladungszahl, und damit den Platz im Periodischen System, einwandfrei ermitteln kann.

Die Spektrallinien der K-Serie liegen beim Wasserstoff bereits im Ultraviolett. Da sie mit steigender Ordnungszahl kurzwelliger werden, liegen sie bei den schwereren Elementen im Bereich der Röntgenlinien.

Diese *Analyse des Röntgenspektrums* bewies, daß das Kalium im Periodischen System hinter dem Argon einzusetzen ist, weil seine Kernladung um eine Einheit größer ist, und daß ebenso das Jod hinter dem Tellur und das Nickel hinter dem Kobalt seinen Platz findet. Dies stimmt mit dem chemischen Verhalten überein, steht aber in Widerspruch zu dem Atomgewicht.

Es zeigte sich weiter, daß das Uran unter den in der Natur vorkommenden Elementen die größte Kernladung besitzt und daß es im Periodischen System die 92. Stelle einnimmt. Das besagte aber, daß vom Wasserstoff bis zum Uran nur 92 Elemente existieren können, von denen damals 86 bekannt waren. Für die noch unbekannten Elemente konnte man genau den Platz im Periodischen System angeben und damit ihre chemischen Eigenschaften ungefähr voraussagen. Darüber hinaus konnte man mit großer Genauigkeit die Lage der Linien ihres Röntgenspektrums nennen und hatte so ein Mittel in der Hand, das ihre Anwesenheit anzeigen mußte.

So wurden durch planmäßiges Suchen von HEVESY und COSTER 1922 das Element 72, Hafnium, und von W. und I. NODDACK 1925 das Element 75, Rhenium, gefunden und rein dargestellt.

Elektronenwolken und Orbitale[1])

Für die weitere Aufklärung der Struktur der Elektronenhülle, und damit auch der Länge der Perioden, erwies sich der Gedanke als von fundamentaler Bedeutung, daß in einer Atomhülle, die mehrere Elektronen umfaßt, wie es vom Helium an bei allen Elementen der Fall ist, niemals 2 Elektronen in dem gleichen Zustand vorhanden sein können, sondern daß jedes Elektron sich von den anderen unterscheiden muß.

Diese Erkenntnis, die über den speziellen Fall des Atombaues hinaus Allgemeingültigkeit besitzt, wird als *Pauli-Verbot* bezeichnet (PAULI, 1925).

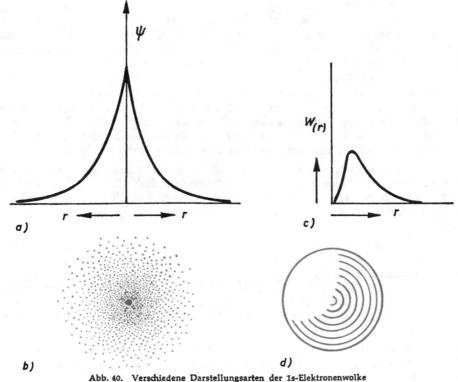

Abb. 40. Verschiedene Darstellungsarten der 1s-Elektronenwolke

Die erste Möglichkeit eines verschiedenen Zustandes der Elektronen gibt der Betrag der Gesamtwirkungsgröße ihres Zustandes, also die Hauptquantenzahl n.

BOHR versuchte diese für die Elektronen erlaubten Zustände dadurch weiter zu unterteilen, daß er die Existenz von einem Planetensystem ähnlichen Kreisbahnen und elliptischen Bahnen mit ausgewählter Exzentrizität annahm. 1927 wies aber HEISENBERG in seiner *Unschärferelation* darauf hin, daß solche dem Makrokosmos entlehnten Vorstellungen für die Elektronenhülle der Atome keinen physikalischen Sinn besitzen, weil die Unteilbarkeit des Wirkungsquantums es unmöglich macht, für ein Elektron

---

[1]) Es sei auf die Einführung von F. SEEL „Atombau und Chemische Bindung", Stuttgart, 1960 hingewiesen. Zum eingehenderen Studium kann die Darstellung in den Büchern von C. A. COULSON, „Valence", Oxford, 1956, von CARTMELL und FOWLES, „Valency and Molekular Structure", London, 1956, und von L. E. SUTTON, „Chemische Bindung und Molekülstruktur", Heidelberg, 1961, empfohlen werden.

für einen gegebenen Moment die Bewegungsgröße und den Ort zugleich genau anzugeben. Man kann aber statt dessen ein Maß für die Wahrscheinlichkeit nennen, mit der man ein Elektron an einem gegebenen Ort in der Atomhülle antrifft.

Für den Zustand eines Elektrons im Atom kann man als Gleichnis eine schwingende Staubwolke wählen. Für das niedrigste Niveau mit $n = 1$ besitzt diese Schwingung Kugelsymmetrie. Das Quadrat der *Schwingungsamplitude* ψ^2 gibt für jeden Ort in der Kugel die Wahrscheinlichkeit dafür an, daß man das Elektron dort antrifft (SCHRÖDINGER, 1926). ψ hat den höchsten Wert am Ort des Atomkerns und sinkt mit wachsendem Radius schnell ab, erreicht aber den Wert Null erst in unendlicher Entfernung vom Kern. Die Knotenfläche der Schwingung, für die ψ und $\psi^2 = 0$ sind, ist also eine Kugelfläche, die in unendlicher Entfernung den Kern umgibt. Die Abb. 40a gibt den Wert für ψ in Abhängigkeit vom Radius r wieder. In Abb. 40b deutet die Dichte der Punkte den Wert für ψ^2 in einer Ebene, die durch den Mittelpunkt des Atoms gelegt ist, an. Dem Elektron steht also der ganze unendliche Raum um den Atomkern zum Aufenthalt zur Verfügung. Es ist aber sehr unwahrscheinlich, daß es einmal in weiter Entfernung vom Kern, z. B. weiter als einige Ångström entfernt, angetroffen wird. Das Elektron hat sich gleichsam in eine Wolke aufgelöst, deren Dichte durch ψ^2 angegeben ist. Man kann darum den vom Elektron erfüllten Raum als *Elektronenwolke* bezeichnen. Im Englischen ist dafür das Wort *orbital*[1]) gebräuchlich. Da das Elektron negativ geladen ist, gibt ψ^2 zugleich die Verteilung der negativen Ladung in der Wolke an.

Berechnet man die Wahrscheinlichkeit dafür, daß man das Elektron in einem bestimmten Abstand vom Atommittelpunkt, also auf einer unendlich dünnen Kugelschale mit einem bestimmten Radius, findet, so erhält man die *Radialdichte* $W_{(r)}$ (im Englischen *radial density* genannt). Die Abb. 40c zeigt die Abhängigkeit der Radialdichte $W_{(r)}$ vom Radius r.

Die Radialdichte geht in sehr großer Entfernung vom Kern gegen Null, weil ψ^2 mit wachsendem Radius schneller abnimmt als die Kugeloberfläche zunimmt. Sie hat aber auch im Atommittelpunkt den Wert 0, weil die Fläche der Kugelschale $4\pi \cdot r^2$ den Wert 0 besitzt, wenn $r = 0$ ist und ψ^2 dort einen endlichen Wert hat. Dazwischen hat die Radialdichte ein Maximum. Es ist interessant, daß dieses Maximum in einem Abstand vom Atommittelpunkt liegt, der gleich dem Radius der von BOHR für $n = 1$ errechneten Kreisbahn ist.

Eine vereinfachte Darstellung ergibt sich, wenn man die Elektronenwolke durch eine Kugel beschreibt, die 90% der gesamten negativen Ladung des Elektrons enthält (Abb. 40d).

Dieser Quantenzustand des Elektrons wird mit dem Symbol 1s bezeichnet. Die Ziffer 1 gibt die Hauptquantenzahl an.

Die energiereicheren höheren Quantenzustände kann man dadurch beschreiben, daß man höhere Ordnungen der Schwingungen wählt, die mehrere Knotenflächen besitzen.

Für die Hauptquantenzahl $n = 2$ ist zunächst eine Elektronenwolke 2s möglich, die wie 1s Kugelsymmetrie hat, aber neben einer Knotenfläche im unendlichen Abstand noch eine zweite nahe dem Kern besitzt. Die Abb. 41a zeigt den Verlauf von ψ. Abb. 41b gibt den Verlauf der Radialdichte wieder, die jetzt zwei Maxima besitzen muß. Das äußere Maximum ist das höhere. Es liegt etwas außerhalb des Radius der von BOHR für $n = 2$ berechneten Kreisbahn. Abb. 41c zeigt einen Schnitt durch die

---

[1]) Orbital ist abgeleitet von orbit ≙ Planetenbahn und ist also dem wörtlichen Sinne nach eine überholte Bezeichnung. Sie wird in strengem Sinne nur für die räumliche Darstellung von ψ, nicht für ψ^2 angewendet.

Kugel und die Hohlkugel, die zusammen 90 % der Ladung enthalten. Die innere Knotenfläche ist in Abb. 41 c durch einen gestrichelten Kreis zwischen Kugel und Kugelschale angedeutet. Bei diesem Radius werden ψ und ψ^2 gleich 0. Den zwei Knotenflächen entspricht die Hauptquantenzahl 2.

Legen wir die innere Knotenfläche als Ebene durch den Atomkern, so teilt sich die Elektronenwolke in zwei Teile, die in der Abb. 42 als kugelähnliche Gebilde dargestellt sind, die wieder zusammen

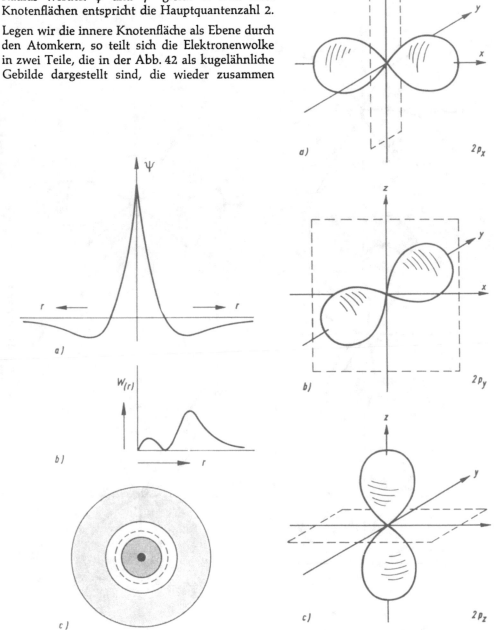

a)

b)

c)

Abb. 41. 2s-Elektronenwolke

a) $2p_x$

b) $2p_y$

c) $2p_z$

Abb. 42. 2p-Elektronenwolken

90 % der gesamten negativen Ladung des Elektrons enthalten. Dieser Quantenzustand wird mit dem Symbol 2p bezeichnet. Er läßt sich nach der Lage der Knotenebene im Raum in die drei voneinander unabhängigen Zustände mit den Elektronenwolken $2p_x$, $2p_y$ und $2p_z$ unterteilen (Abb. 42 a, b und c).

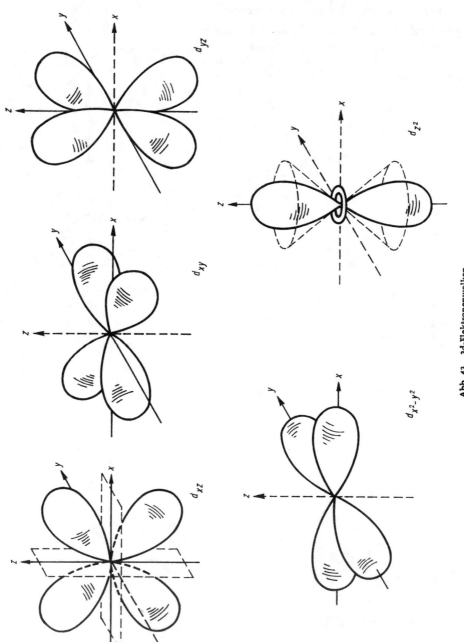

Abb. 43.   3d-Elektronenwolken

Man muß sich hier an Vorstellungen gewöhnen, die unserer sinnlichen Anschauung widersprechen. So ist das Elektron im 2p-Zustand mit gleicher Wahrscheinlichkeit in jeder der beiden „Kugeln" anzutreffen, während es niemals in der Knotenebene zwischen den beiden „Kugeln" angetroffen wird. Das Entsprechende gilt für die Verteilung des Elektrons auf Kugel und Hohlkugel in der 2s-Wolke. Wenn in einem Atom mit vielen Elektronen in der Hülle die 1s, 2s- und 2p-Zustände mit Elektronen besetzt sind, überdecken sich die Elektronenwolken, ohne daß die Existenz der einen die Existenz der anderen im Raum ausschließt.

Wenn die drei 2p-Orbitale $2p_x$, $2p_y$ und $2p_z$ mit Elektronen besetzt sind, liegt wieder eine kugelsymmetrische Ladungsverteilung vor.

Der Hauptquantenzahl n = 3 entsprechen Elektronenwolken mit drei Knotenflächen. Im 3s-Zustand unterteilen zwei in verschiedenen Abständen vom Kern angeordnete Kugelflächen als Knotenflächen die Elektronenwolke. Im 3p-Zustand ist jede „Kugel" durch eine weitere Knotenfläche geteilt. Neu kommt hier der 3d-Zustand hinzu, in dem zwei Knotenflächen als senkrecht aufeinander stehende, durch den Kern verlaufende Ebenen die Elektronenwolke in vier Segmente teilen, die ihrerseits in einer Ebene liegen.

Insgesamt gibt es fünf unabhängige räumliche Ladungsverteilungen für d-Elektronen. Bei drei von ihnen erstreckt sich die Ladungsdichte unter einem Winkel von 45° zu den Koordinatenachsen. Man bezeichnet sie je nach der Ebene, in der die vier Segmente liegen, mit d_{xz}, d_{xy} und d_{yz} (Abb. 43). Die Ladungsdichte kann sich aber auch in Richtung der Koordinatenachsen erstrecken. Hier gibt es jedoch nur zwei voneinander unabhängige Möglichkeiten. Bei der einen hüllen die vier Segmente die x- und die y-Achse ein. Das ergibt die Dichteverteilung $d_{x^2-y^2}$. Für die andere steht nur noch der Raum um die z-Achse zur Verfügung. Diese Dichteverteilung, d_{z^2} genannt, hat darum eine besondere Gestalt. Sie füllt dadurch die letzten Lücken aus.

Bei der Hauptquantenzahl 4 wird schließlich noch ein weiterer Zustand mit sieben unabhängigen Dichteverteilungen und dem Symbol 4f möglich.

Die Buchstaben s, p, d und f entstammen der Bezeichnung der zu diesen Elektronenniveaus gehörenden Spektralserien und entsprechen deren Erscheinungsform. Es bedeuten s sharp (scharf), p principal (Hauptserie), d diffus, f fundamental.

Ein einzelnes Elektron besitzt ein magnetisches Moment, das gemessen werden kann. Um diese Eigenschaft anschaulich zu machen, stellt man sich vor, daß das Elektron eine Rotation ausführe, die man *Spin* (englisch ≙ schnelle Drehung) nennt, und die

Unterteilung und Besetzung der Elektronenzustände

Hauptquantenzahl n	Bezeichnung des Zustandes	Anzahl der unabhängigen Orbitale	Höchstzahl der Elektronen in den Zuständen
1	1s	1	2
2	2s	1	2 ⎫
	2p	3	6 ⎭ 8
3	3s	1	2 ⎫
	3p	3	6 ⎬ 18
	3d	5	10 ⎭
4	4s	1	2 ⎫
	4p	3	6 ⎪
	4d	5	10 ⎬ 32
	4f	7	14 ⎭

einen ringförmig fließenden elektrischen Strom ergäbe, da das Elektron ja negativ geladen ist. Dieser Spin gibt die Möglichkeit, zwei Elektronen in derselben Elektronenwolke unterzubringen. Sie unterscheiden sich dann dadurch voneinander, daß ihre magnetischen Momente antiparallel zueinander orientiert sind. Solch ein Elektronenpaar hat kein nach außen wahrnehmbares magnetisches Moment mehr.

Die vorstehende Tabelle zeigt diese verschiedenen Möglichkeiten für die Unterbringung der Elektronen in der Atomhülle.

Aufbau des Periodischen Systems

Für das Atom jedes Elementes ergibt sich die Verteilung der Elektronen auf die verschiedenen Niveaus dadurch, daß im normalen Zustand die Elektronen stets die energieärmsten Niveaus besetzen. Die Energie der Niveaus wächst mit der Hauptquantenzahl und bei gleicher Hauptquantenzahl in der Reihenfolge s, p, d, f, wenn die jeweils niederen Niveaus mit Elektronen besetzt sind. Dies erklärt sich dadurch, daß die s-Elektronenwolke ein Maximum ihrer negativen Ladungsdichte am Atomkern hat, während die p-Elektronenwolke durch die Knotenebene vom Kern weggedrängt wird. In noch stärkerem Maße gilt dies für die d-Wolke mit zwei Knotenebenen im Kern. Die auf die p-Wolke wirkende positive Kernladung wird also durch die s-Wolke zum Teil aufgehoben oder abgeschirmt. Für die d-Wolke ist diese Abschirmung in entsprechender Weise noch wirksamer. Stehen mehrere energetisch gleichwertige Niveaus zur Besetzung zur Verfügung, z. B. die drei p- oder die fünf d-Niveaus, so wird jedes Niveau zunächst einfach besetzt, ehe eine Doppelbesetzung unter Antiparallelstellung der Spinmomente erfolgt (*Hundsches Prinzip*).

Bei der Angabe der Elektronenkonfiguration eines Atoms zählt man die Quantenzustände der einzelnen Elektronen der Reihe nach auf. Die Zahl der Elektronen in jedem Niveau schreibt man rechts über das Niveauzeichen. So lautet die Elektronenkonfiguration für Helium $1s^2$, für Kohlenstoff $1s^2\,2s^2\,2p^2$, für Argon $1s^2\,2s^2\,2p^6\,3s^2\,3p^6$.

Die nachstehende Tabelle bringt eine Aufstellung für die Elemente mit Ausnahme der Seltenen Erden. Die Verteilung der Elektronen auf den jeweils äußersten Niveaus wurde mit Hilfe der Spektren ermittelt und gilt darum für die Atome im Gaszustand.

Beim Helium ist mit 2 Elektronen bereits das 1s-Niveau voll besetzt. Das Unvermögen zu chemischen Reaktionen zeigt, daß die Elektronen auf dem voll besetzten Niveau sehr stabil gebunden sind. Das 3. Elektron des Lithiums kommt nun in einen 2s-Zustand. Dieses Elektron kann leicht unter Bildung des Lithium-Ions mit einer positiven Ladung abgegeben werden. Das Li^+-Ion hat die Edelgasstruktur des Heliums und ist darum sehr beständig. Entsprechend bildet das Beryllium Be^{2+}-Ionen unter Abgabe der beiden 2s-Elektronen. Bei den folgenden Elementen Bor, Kohlenstoff und Stickstoff besetzen die neu hinzukommenden Elektronen die drei 2p-Niveaus nacheinander, und erst vom Sauerstoff bis zum Neon werden die p-Niveaus unter Doppelbesetzung aufgefüllt. Die 2s- und 2p-Niveaus sind beim Neon mit $2 + 6 = 8$ Elektronen voll besetzt. Dies ist der Grund, warum die Länge der 2. Periode 8 Elemente beträgt. Das Neon ist wieder ein Edelgas. Da seine Elektronenkonfiguration sehr stabil ist, wird sie schon von den vorhergehenden Elementen unter Aufnahme von Elektronen und Bildung der F^--, O^{2-}-Ionen angestrebt. Das entsprechende gilt für die Bildung des H^--Ions mit Heliumkonfiguration in den salzartigen Hydriden.

Bei Kalium beginnt die erste scheinbare Unregelmäßigkeit. Das neu hinzukommende Elektron besetzt das 4s-Niveau statt eines 3d-Niveaus. Die Erklärung liegt darin, daß die Kernladung für die verhältnismäßig kernferne 3d-Wolke durch die bereits besetzten Niveaus sehr viel stärker abgeschirmt wird als für die bis in den Kern reichende 4s-Wolke. Erst beim Scandium wird die Besetzung des 3d-Niveaus nachgeholt. Dieses kann insgesamt 10 Elektronen aufnehmen, die bei den 10 Elementen Sc . . . Zn eingebaut werden. Beim Mangan ist das 3d-Niveau mit 5 Elektronen gerade zur Hälfte besetzt. Bis zu diesem Element können außer den beiden 4s-Elektronen noch alle 3d-Elektronen bei der Bildung von Verbindungen mit elektronegativen Elementen beteiligt sein, wie die Existenz von Sc(III)-, Ti(IV)-, V(V)-, Cr(VI)- und Mn(VII)-Verbindungen zeigt. Vom Titan ab sind daneben aber auch niedriger geladene Ionen beständig, wie besonders Cr^{3+} und Mn^{2+}. Außerdem können alle Elemente vom Titan bis zum Zink zweifach positiv geladene Ionen bilden, bei denen nur die 4s-Elektronen abgegeben werden.

Das auf das Mangan folgende Eisen bildet als beständigstes positives Ion das Fe^{3+}-Ion. Hieraus und aus der besonderen Beständigkeit der Mn^{2+}-Verbindungen folgt, daß das mit 5 Elektronen gerade halbbesetzte 3d-Niveau verhältnismäßig stabil ist.

Beim Zink ist das 3d-Niveau voll besetzt. Diese Elektronen können jetzt nicht mehr reagieren. Das Zink bildet nur noch Zn^{2+}-Ionen. Auch das Kupfer gibt bei der Bildung des Cu^{+}-Ions nur das 4s-Elektron ab. Häufiger reagiert es aber als Cu^{2+}-Ion mit 9 3d-Elektronen.

Beim Gallium tritt ein 4p-Elektron hinzu. Es ist das Homologe des Aluminiums. Der Ausbau geht dann weiter wie bei der 2. Periode und endet wieder mit einem Edelgas, dem Krypton. Die vor diesem stehenden Elemente Arsen, Selen und Brom können wie Phosphor, Schwefel und Chlor negative Ionen durch Elektronenaufnahme bilden. Die Länge dieser 4. Periode beträgt durch das Hinzukommen der 10 3d-Elektronen 18 Elemente und macht bei der auf S. 98 wiedergegebenen Anordnung des Periodischen Systems die Unterteilung in Haupt- und Nebengruppen erforderlich. Die Nebengruppen beginnen beim Scandium mit der Auffüllung des 3d-Niveaus.

Die 5. Periode gleicht vom Rubidium bis zum Xenon in ihrem Aufbau in allem Wesentlichen der 4. Periode.

Die 6. Periode beginnt wieder mit einem Alkalimetall, dem Cäsium, mit einem 6s-Elektron. Beim Lanthan wird die Besetzung des 5d-Niveaus begonnen. Bis hier ist das 4f-Niveau unbesetzt geblieben.

Elektronengruppierung in den Elementen des Periodischen Systems

Hauptquantenzahl n	1	2		3			4			
Elektronenbezeichnung	1s	2s	2p	3s	3p	3d	4s	4p	4d	4f
1. Periode										
1 H	1									
2 He	2									
2. Periode										
3 Li	2	1								
4 Be	2	2								
5 B	2	2	1							
6 C	2	2	2							
7 N	2	2	3							
8 O	2	2	4							
9 F	2	2	5							
10 Ne	2	2	6							

Hauptquantenzahl n	1	2		3			4			
Elektronenbezeichnung	1s	2s	2p	3s	3p	3d	4s	4p	4d	4f

3. Periode

	1s	2s	2p	3s	3p	3d	4s	4p	4d	4f
11 Na	2	2	6	1						
12 Mg	2	2	6	2						
13 Al	2	2	6	2	1					
14 Si	2	2	6	2	2					
15 P	2	2	6	2	3					
16 S	2	2	6	2	4					
17 Cl	2	2	6	2	5					
18 Ar	2	2	6	2	6					

4. Periode

	1s	2s	2p	3s	3p	3d	4s	4p	4d	4f
19 K	2	2	6	2	6		1			
20 Ca	2	2	6	2	6		2			
21 Sc	2	2	6	2	6	1	2			
22 Ti	2	2	6	2	6	2	2			
23 V	2	2	6	2	6	3	2			
24 Cr	2	2	6	2	6	5	1			
25 Mn	2	2	6	2	6	5	2			
26 Fe	2	2	6	2	6	6	2			
27 Co	2	2	6	2	6	7	2			
28 Ni	2	2	6	2	6	8	2			
29 Cu	2	2	6	2	6	10	1			
30 Zn	2	2	6	2	6	10	2			
31 Ga	2	2	6	2	6	10	2	1		
32 Ge	2	2	6	2	6	10	2	2		
33 As	2	2	6	2	6	10	2	3		
34 Se	2	2	6	2	6	10	2	4		
35 Br	2	2	6	2	6	10	2	5		
36 Kr	2	2	6	2	6	10	2	6		

Hauptquantenzahl n	1	2	3	4				5				6			7
Elektronenbezeichnung				4s	4p	4d	4f	5s	5p	5d	5f	6s	6p	6d	7s

5. Periode

	1	2	3	4s	4p	4d	4f	5s	5p	5d	5f	6s	6p	6d	7s
37 Rb	2	8	18	2	6			1							
38 Sr	2	8	18	2	6			2							
39 Y	2	8	18	2	6	1		2							
40 Zr	2	8	18	2	6	2		2							
41 Nb	2	8	18	2	6	4		1							
42 Mo	2	8	18	2	6	5		1							
43 Tc	2	8	18	2	6	6		1							
44 Ru	2	8	18	2	6	7		1							
45 Rh	2	8	18	2	6	8		1							
46 Pd	2	8	18	2	6	10									
47 Ag	2	8	18	2	6	10		1							
48 Cd	2	8	18	2	6	10		2							
49 In	2	8	18	2	6	10		2	1						
50 Sn	2	8	18	2	6	10		2	2						
51 Sb	2	8	18	2	6	10		2	3						
52 Te	2	8	18	2	6	10		2	4						
53 J	2	8	18	2	6	10		2	5						
54 Xe	2	8	18	2	6	10		2	6						

| Hauptquantenzahl n | 1 | 2 | 3 | 4 | | | | 5 | | | | 6 | | | 7 |
Elektronenbezeichnung				4s	4p	4d	4f	5s	5p	5d	5f	6s	6p	6d	7s
6. Periode															
55 Cs	2	8	18	2	6	10		2	6			1			
56 Ba	2	8	18	2	6	10		2	6			2			
57 La	2	8	18	2	6	10		2	6	1		2			
58 bis 71 Lanthaniden	2	8	18	2	6	10	1 bis 14	2	6	1		2			
72 Hf	2	8	18	2	6	10	14	2	6	2		2			
73 Ta	2	8	18	2	6	10	14	2	6	3		2			
74 W	2	8	18	2	6	10	14	2	6	4		2			
75 Re	2	8	18	2	6	10	14	2	6	5		2			
76 Os	2	8	18	2	6	10	14	2	6	6		2			
77 Ir	2	8	18	2	6	10	14	2	6	9					
78 Pt	2	8	18	2	6	10	14	2	6	9		1			
79 Au	2	8	18	2	6	10	14	2	6	10		1			
80 Hg	2	8	18	2	6	10	14	2	6	10		2			
81 Tl	2	8	18	2	6	10	14	2	6	10		2	1		
82 Pb	2	8	18	2	6	10	14	2	6	10		2	2		
83 Bi	2	8	18	2	6	10	14	2	6	10		2	3		
84 Po	2	8	18	2	6	10	14	2	6	10		2	4		
85 At	2	8	18	2	6	10	14	2	6	10		2	5		
86 Rn	2	8	18	2	6	10	14	2	6	10		2	6		
7. Periode															
87 Fr	2	8	18	2	6	10	14	2	6	10		2	6		1
88 Ra	2	8	18	2	6	10	14	2	6	10		2	6		2
89 Ac	2	8	18	2	6	10	14	2	6	10		2	6	1	2
90 Th[1])	2	8	18	2	6	10	14	2	6	10	1	2	6	1	2
91 Pa	2	8	18	2	6	10	14	2	6	10	2	2	6	1	2
92 U	2	8	18	2	6	10	14	2	6	10	3	2	6	1	2

Die auf das Lanthan folgenden Elemente bauen jetzt 4f-Elektronen ein. Auf diesem Niveau können 14 Elektronen Platz finden, daher folgen 14 Elemente vom Cer bis zum Lutetium. Dies sind die Lanthaniden. Die Wolken der 4f-Elektronen liegen zum großen Teil innerhalb der schon mit Elektronen voll besetzten 5s- und 5p-Wolken. Der Aufbau dieser Elemente erfolgt gewissermaßen im Innern der Elektronenhülle und macht sich nach außen nicht sehr bemerkbar. Daher sind sich diese 14 Elemente im chemischen Verhalten besonders ähnlich. Sie bilden bevorzugt dreiwertige positive Ionen unter Abgabe der beiden 6s- und des einen 5d-Elektrons. Erst das Element 72, das Hafnium, nimmt ein weiteres 5d-Elektron auf. Es ist damit das Homologe des Zirkons und des Titans. Ebenso sind die folgenden Elemente vom Tantal bis zum Edelgas Radon die Homologen der Elemente Niob bis Xenon und Vanadium bis Krypton.

Das zur 7. Periode gehörende Radium ist das Homologe des Bariums. Das Actinium ist mit dem $7s^2 6d^1$-Zustand das Homologe des Lanthans. Mit dem Thorium beginnt vielleicht eine neue, den Lanthaniden entsprechende Gruppe durch Einbau von 5f-Elektronen. Das letzte natürliche Element Uran würde dann den Zustand $5f^3 6s^2 6p^6 6d^1 7s^2$ haben.

Für die Elemente Titan ... Nickel und ihre Homologen Zirkon ... Palladium und Hafnium ... Platin, in deren Verbindungen Ionen auftreten, deren 3d- bzw. 4d- oder 5d-Niveaus unvollständig mit Elektronen besetzt sind, wie Ti^{3+}, Cr^{3+}, Mn^{2+}, Fe^{3+} usw. ist die Bezeichnung *Übergangselemente* gebräuchlich.

[1]) Vom Th ab ist die Verteilung der neu hinzugekommenen Elektronen noch nicht gesichert.

Chemische Bindung

Ionenbindung

Die Bildung einer Ionenverbindung, wie z. B. des Natriumchlorids aus den Atomen, besteht darin, daß die locker gebundenen Elektronen von den Metallatomen — das sind bei den Hauptgruppenelementen die Elektronen der äußersten Schale — zum Halogenatom übertreten und mit den äußeren Elektronen des letzteren eine edelgasähnliche Elektronenkonfiguration mit negativer Ladung bilden. Das Metallatom wird zum positiven Metall-Ion und das Halogenatom zum negativen Halogenid-Ion:

$$Na + Cl = Na^+ + Cl^-$$

Die entgegengesetzt geladenen Na^+- und Cl^--Ionen ziehen sich elektrostatisch an. Wenn bei der Reaktion festes Natriumchlorid entsteht, führen diese elektrostatischen Kräfte zur festen Bindung der Ionen aneinander im Kristallgitter (siehe S. 61). Entsteht das Natriumchlorid aber als verdünnte, wäßrige Lösung, so bleiben die Natrium- und Chlorid-Ionen unabhängig voneinander, weil die dielektrische Wirkung des Wassers die elektrostatischen Anziehungskräfte bis zur Unmerklichkeit verringert. Die elektrostatischen Kräfte der Ionen binden jetzt die Dipolmoleküle des Wasser (Hydratation s. S. 64). Das Wesen der Reaktion zwischen einem stark elektropositiven Metall, wie Natrium, und einem elektronegativen Element, wie Chlor, liegt also in der Bildung der Ionen aus den Atomen durch den Übertritt von Elektronen und in der nachfolgenden Absättigung der elektrostatischen Kräfte durch die Bindung der Ionen aneinander in der festen Verbindung oder an die Dipole eines Lösungsmittels.

Die Ionisierung der Metallatome erfordert stets Energie, weil das Elektron ja gegen die anziehende Kraft des zurückbleibenden Kations entfernt werden muß. So beträgt z. B. die *Ionisierungsarbeit* für 1 g-Atom gasförmiges Natrium 118 kcal. Andererseits liefert die Anlagerung eines Elektrons an ein elektronegatives Atom unter Bildung eines einfach geladenen Anions Energie, z. B. der Vorgang: $Cl + e^- \rightarrow Cl^-$ 86,6 kcal/g-Atom. Diese Größe nennt man die *Elektronenaffinität*. Aber insgesamt ist die Bildung der entgegengesetzt geladenen Ionen aus den neutralen Atomen stets ein Vorgang, der Energie erfordert, da die Ionisierungsenergie immer größer als die Elektronenaffinität ist. Daß die Bildung einer Ionenverbindung dennoch mit zum Teil recht erheblicher Energieabgabe verbunden ist, beruht darauf, daß die zur Bildung der Ionen aufgewendete Energie bei weitem überkompensiert wird durch die potentielle Energie, die als Folge der Anziehung der entgegengesetzt geladenen Ionen frei wird.

Da die Ionisierungsenergie der Metalle mit steigender Ladung der Kationen schnell anwächst, sind höher als maximal 4fach geladene Kationen nicht existenzfähig. Auch die Anionen können nur mit kleinen Ladungen auftreten, denn schon die Aufnahme eines zweiten Elektrons, wie bei der Bildung des O^{2-}-Ions, erfordert Energie.

Die Eigenschaften einer Ionenverbindung sind nun durch die Kräfte bestimmt, die zwischen den Partnern wirken. Wie KOSSEL (1916) gezeigt hat, kann man bei Ionenverbindungen diese Kräfte in erster Annäherung mit den elektrostatischen Kräften gleichsetzen, die zwischen positiv und negativ elektrisch geladenen Teilchen wirken. Die Ionen selbst können als Kugeln betrachtet werden, wobei die Größe der Kugelsphäre aus den Abständen entnommen werden kann, die die Ionen in den Verbindungen voneinander haben.

Für ideale Salze, wie für das Natriumchlorid, ist dies experimentell bestätigt worden. Durch sorgfältigste Auswertung der Intensität der Röntgeninterferenzen gelang es R. BRILL, C. HERMANN und CL. PETERS 1938 auf Anregung von H. G. GRIMM und noch genauer WITTE und

WÖLFEL 1955 im Natriumchloridkristall die Größe und Dichte der Elektronenhüllen für die Na⁺- und Cl⁻-Ionen zu messen. Die Abb. 44 gibt die Elektronendichten pro Å³ an. Diese Elektronendichte nimmt vom Mittelpunkt der Ionen nach außen ab. Man erkennt, daß die Cl⁻-Ionen erheblich größer sind als die Na⁺-Ionen, daß die Ionen bis auf ihre äußere dünnste Sphäre Kugelgestalt besitzen und daß zwischen ihnen die Elektronendichte nahezu auf 0 sinkt. Die Elektronenhüllen der Ionen sind also voneinander praktisch unabhängig.

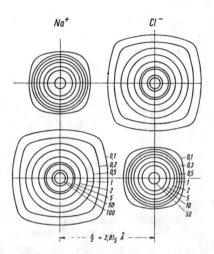

Abb. 44. Verteilung der Elektronendichte im Natriumchloridkristall. Schnitt durch die Atome in der Würfelfläche der Abb. 22. Die Zahlen an den Linien gleicher Dichte geben die Zahl der Elektronen pro Å³ an (WITTE und WÖLFEL, 1955)

Die Arbeit, die erforderlich ist, um zwei Ionen mit der Ladung e^+ und e^- und den Radien r_1 und r_2, die dicht nebeneinanderliegen, bis ins Unendliche voneinander zu entfernen, d. h. die Trennung ihrer Bindung zu bewirken, ist nach dem Gesetz von COULOMB:

$$A = \frac{1}{D} \cdot \frac{e^+ \cdot e^-}{r_1 + r_2}$$

(über die Bedeutung von D siehe S. 63). Es wächst also die Trennungsarbeit mit steigender Ladung der Ionen, und sie nimmt mit zunehmenden Ionenradien und dem hierdurch gegebenen Ionenvolumen ab.

Betrachten wir daraufhin die Hydroxide einer Horizontalreihe im Periodischen System, z. B. NaOH, Mg(OH)₂, Al(OH)₃. In dieser Reihe steigt die Ladung der Kationen von +1 bis +3 und zugleich nimmt der Ionenradius vom Na⁺ zum Al³⁺ infolge der steigenden Kernladung rasch ab. Beides wirkt sich in einer Zunahme der Festigkeit der elektrostatischen Bindung zwischen dem Kation und den Hydroxid-Ionen aus. Daher nimmt in dieser Reihe die Löslichkeit ab und, weil bei diesen Hydroxiden nur Ionen und keine undissoziierten Moleküle in Lösung gehen, gibt die Abnahme der Löslichkeit zugleich auch die Abnahme der Basizität wieder. Innerhalb einer homologen Reihe von Hydroxiden LiOH ... CsOH, Be(OH)₂ ... Ba(OH)₂ usw. verringern sich wegen des größer werdenden Kationenradius die Coulombschen Anziehungskräfte und damit nehmen Löslichkeit und Basizität der Hydroxide in diesen Reihen zu.

Geht man vom Al(OH)₃ in derselben Horizontalreihe zu Si(OH)₄ über, so stellt man fest, daß die Siliciumverbindung nicht mehr als Hydroxid, sondern als Säure reagiert. Man nennt die Verbindung daher Orthokieselsäure. Faßt man die Orthokieselsäure noch als aus Ionen aufgebaut auf, so ist einzusehen, daß die hohe Ladung des Si^{4+}-Ions die Sauerstoff-Ionen sehr fest bindet. Die Si—O-Bindung wird jetzt fester als die O—H-Bindung. Dazu trägt bei, daß die hohe Ladung des Siliciums auf das Proton der OH-Gruppe lockernd wirkt. Jedoch tritt eine Abdissoziation von H^+-Ionen in nur sehr geringem Umfang ein, und die Orthokieselsäure ist nur eine sehr schwache Säure.

In entsprechender Weise lassen sich die Unterschiede im Dissoziationsvermögen der einfachen Wasserstoffverbindungen der Elemente der 7. und 6. Gruppe erklären, wobei allerdings zu berücksichtigen ist, daß diese Verbindungen im undissoziierten Zustand nicht mehr ionogen aufgebaut sind. Die Halogenwasserstoffe HF, HCl, HBr und HJ dissoziieren in Wasser, in H^+ und Halogenid-Anionen. Von diesen ist das F^--Ion das kleinste Ion, so daß die anziehende Kraft zwischen den Fluorid-Ionen und den Protonen bzw. H_3O^+-Ionen besonders groß ist, während sie bei dem größten Ion dieser Reihe, dem J^--Ion, am kleinsten sein muß. So ist die Fluorwasserstoffsäure nur eine mittelstarke Säure, Jodwasserstoffsäure die stärkste Säure unter den Halogenwasserstoffsäuren. Eine ähnliche Zunahme der Säurestärke mit wachsendem Ionenradius des Anions findet man in der Reihe H_2O, H_2S, H_2Se und H_2Te, wie aus der Größe der Dissoziationskonstanten $2 \cdot 10^{-16}$ (H_2O), $9 \cdot 10^{-8}$ (H_2S), $2 \cdot 10^{-4}$ (H_2Se) und $2 \cdot 10^{-3}$ (H_2Te) zu ersehen ist.

Die Wasserstoffverbindungen der 5. Gruppe NH_3, PH_3, AsH_3, SbH_3 und BiH_3 haben in wäßriger Lösung keinen Säurecharakter mehr, weil die Fähigkeit zur Bildung negativer Ionen von der 7. zur 5. Hauptgruppe schnell abnimmt. Die beiden ersten Verbindungen NH_3 und PH_3 haben dagegen schon ausgeprägt basischen Charakter und binden H^+-Ionen zu NH_4^+ bzw. PH_4^+-Ionen. Dabei ist die Protonenaffinität des kleineren NH_3-Moleküls größer als die des PH_3-Moleküls.

Ähnlich wie die Löslichkeit und Basizität der Hydroxide wird allgemein das Verhalten einer Ionenverbindung durch Größe und Ladung ihrer Ionen beeinflußt, besonders in wäßriger Lösung. Dies zeigt sich im Verhalten der Verbindungen in der Analyse. Bei Elementen, die verschiedenen Gruppen des Periodischen Systems angehören, kann manchmal die anziehende Wirkung einer höheren Ladung gerade durch größeres Ionenvolumen ausgeglichen werden, das den entgegengesetzt geladenen Partner in größere Entfernung hält. So erklärt sich das ähnliche analytische Verhalten von Li^+ und Ca^{2+}, von Be^{2+} und Al^{3+}. Aus diesem Grunde ähnelt das Thorium in seinem analytischen Verhalten den dreiwertigen Seltenen Erden. Obwohl Rhenium kein selten vorkommendes Element ist, wurde es erst so spät entdeckt, weil es in seinen Eigenschaften dem Molybdän sehr ähnlich ist und mit diesem gering vermengt schwer erkennbar ist.

Atombindung

Bei sehr vielen chemischen Verbindungen lassen sich keine verschiedenen elektrischen Ladungen der beteiligten Atome nachweisen, wie z. B. bei den aus gleichen Atomen aufgebauten Molekülen H_2, N_2, O_2, Cl_2, S_8 und insbesondere bei den meisten organischen Kohlenstoffverbindungen. Bei diesen Molekülen tritt in Lösung im allgemeinen auch keine Dissoziation in Ionen ein. Die bindenden Kräfte zwischen den Atomen müssen hier also anderer Art als bei den Ionenverbindungen sein.

Einfachbindung

Wir haben gesehen, daß bei der Bildung einer Ionenverbindung, wie z. B. Natriumchlorid, das Halogenatom durch Aufnahme eines Elektrons zum negativen Halogenid-Ion wird und dadurch die stabile Konfiguration des nachfolgenden Edelgases (Argon) erreicht. Die Ausbildung einer abgeschlossenen Edelgasschale ist bei den Nichtmetallen aber auch auf einem grundsätzlich anderen Weg möglich. Betrachten wir dazu das Cl_2-Molekül. Das Cl-Atom hat 7 Außenelektronen mit der Verteilung $3s^2 3p^5$, wobei ein 3p-Zustand einfach besetzt ist. Im Cl_2-Molekül treten die beiden ungepaarten Elektronen zu einem Elektronenpaar mit antiparallelem Spin zusammen. Dieses Elektronenpaar gehört beiden Cl-Atomen zugleich an und muß daher auch bei beiden zur Elektronenhülle gezählt werden. Auf diese Weise erreicht jedes Cl-Atom die 8 Elektronen der Edelgaskonfiguration — ein *Oktett*, wie es LEWIS (1923) genannt hat. In der üblichen Darstellung der Elektronenpaare durch einen Strich erhalten wir für das Cl_2-Molekül folgende Elektronenformel (I)

$$|\overline{Cl}\cdot + \cdot \overline{Cl}| \rightarrow |\overline{Cl} - \overline{Cl}| \; ; \qquad H\cdot + \cdot H \rightarrow H - H$$

$$\text{(I)} \qquad\qquad\qquad\qquad \text{(II)}$$

Im einfachsten Molekül, dem H_2-Molekül, schließen sich die beiden Elektronen der beiden H-Atome zu einem Paar zusammen, wodurch jedes Atom die Heliumkonfiguration erlangt (II).

Man nennt diese Bindung *Atombindung* oder *homöopolare Bindung*, häufig auch *Kovalenzbindung*.

Nicht nur gleichartige Atome, sondern auch die Atome verschiedener Elemente können miteinander durch Atombindung verbunden sein. Als einfache Beispiele seien die Wasserstoffverbindungen der Elemente der 7. bis 4. Gruppe HF, H_2O, NH_3, CH_4 angeführt. Dem F-Atom mit der Konfiguration $2s^2 2p^5$ fehlt 1 Elektron zur Neonschale, das es durch Ausbildung eines gemeinsamen Elektronenpaares mit einem H-Atom gewinnt. Das O-Atom mit $2s^2 2p^4$ erreicht das Oktett durch Bindung von 2 H-Atomen. Entsprechend bindet das N-Atom — $2s^2 2p^3$ — 3 H-Atome und das C-Atom — $2s^2 2p^2$ — 4 H-Atome.

$$H-\overline{F}| \qquad \overset{H}{\underset{H}{>}}O\rangle \qquad \overset{H}{\underset{H}{\overset{}{}}}\!H\!\!\rightarrow\!N| \qquad \overset{H}{\underset{H}{>}}C\overset{H}{\underset{H}{<}}$$

Wir haben damit zugleich eine einfache Erklärung für die von 1 ... 4 ansteigende Wertigkeit dieser Elemente gegenüber Wasserstoff.

Es soll hier schon darauf hingewiesen werden, daß das Oktettprinzip nur für die Elemente der ersten Achterperiode streng gilt. Die Elemente der folgenden Perioden können in homöopolaren Verbindungen das Oktett überschreiten, weil bei ihnen wegen der höheren Hauptquantenzahl außer den s- und p-Niveaus auch noch die d-Niveaus für die Bindung zur Verfügung stehen.

Nach der Wellenmechanik kommt die Atombindung durch eine Überlagerung der Orbitale der beiden an der Bindung beteiligten Elektronen unter Ausbildung eines neuen Molekülorbitals (molecular orbital) zustande. Dies sei am Beispiel des H_2-Moleküls kurz skizziert.

Das H-Atom besitzt ein s-Elektron, dessen Schwingungszustand durch eine ψ-Funktion beschrieben werden kann. Nähern sich 2 H-Atome auf einen genügend geringen Abstand, so überlappen sich die Elektronenhüllen der beiden Atome. Mathematisch läßt sich der

durch die Überlappung entstandene neue Zustand der beiden Elektronen durch eine neue
ψ-Funktion darstellen, die sich durch Addition der beiden ursprünglichen ψ-Funktionen
der einzelnen Elektronen ergibt. Dieser neue Zustand ist dadurch charakterisiert, daß
die Elektronendichte zwischen den beiden H-Atomen einen hohen Wert annimmt. Die
beiden Elektronen lassen sich nicht mehr einem einzelnen H-Atom zuordnen, sondern
sie bilden *eine* Elektronenwolke, die beide Atomkerne umschließt und zusammenhält.
Die Abb. 45 soll diesen Zustand darstellen. Die Berechnung gibt bei Berücksichtigung
gewisser Verfeinerungen dieses Modells recht gut den experimentell gefundenen Wert
für die bei der Vereinigung von 2 H-Atomen zum H_2-Molekül freiwerdende Energie.

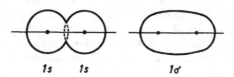

$1s$ $1s$ 1σ

Abb. 45. Elektronenwolke der σ-Bindung

Der Abb. 45 ist zu entnehmen, daß die Dichteverteilung der Elektronenwolke zur Verbindungslinie der beiden Atomkerne symmetrisch ist. Man nennt diesen Zustand einen
σ-Zustand und die Bindung eine *σ-Bindung*. Eine σ-Bindung wird nicht nur durch Überlagerung von zwei s-Elektronen (Beispiel H_2-Molekül) gebildet, sondern kann auch
durch die Überlagerung von zwei p-Elektronen (Beispiel F_2- oder Cl_2-Molekül) oder
eines s- und eines p-Elektrons (Beispiel H—F-Molekül) zustande kommen.

Aus dem Bild, das wir uns von der Atombindung gemacht haben, folgen zwei für
diese Bindungsart charakteristische Eigenschaften. Die eine davon ist, daß die Bindungskräfte eines Atoms nur auf eine ganz bestimmte, meist kleine Zahl von anderen Atomen
beschränkt sind. Denn die Zahl der Atombindungen, durch die ein Atom mit anderen
Atomen verbunden sein kann, ist durch die Zahl seiner einfach besetzten Elektronenzustände bestimmt. In homöopolaren Verbindungen behält der von alters her gebräuchliche Valenzstrich als Symbol für eine einzelne Bindung seinen Sinn. Er entspricht einem
bindenden Elektronenpaar. Daher setzt man in homöopolaren Verbindungen die Wertigkeit der Atome gleich der Zahl der bindenden Elektronenpaare oder Bindungsstriche.
Der Bindestrich hat deshalb auch nur bei homöopolaren Verbindungen eine Berechtigung,
nicht dagegen bei Ionenverbindungen, bei denen sich die Ladung eines Ions auf eine
größere Anzahl entgegensetzt geladener Ionen gleichmäßig verteilt.

Zweitens ist für die Atombindung charakteristisch, daß sie eine räumlich bevorzugte
Richtung besitzt. Wenn z. B. das O-Atom im H_2O-Molekül 2 H-Atome bindet, so
erfolgt die Bindung über die beiden einfach besetzten p-Orbitale. Da deren Achsen
senkrecht aufeinander stehen (siehe S. 201), muß das H_2O-Molekül gewinkelt sein
und zwar sollte der Winkel H—O—H 90 ° betragen. In Wirklichkeit ist er mit 104 °
etwas größer, was zum Teil auf die abstoßende Wirkung der beiden H-Atome zurückzuführen ist. Im H_2S-Molekül ist wegen des größeren H—S-Abstandes die Wechselwirkung zwischen den beiden H-Atomen schon wesentlich geringer und der Winkel
H—S—H beträgt 92 °, im H_2Se-Molekül wird er genau 90 °.

Wir sahen oben, daß die Wertigkeit der Atome in homöopolaren Verbindungen durch
die Zahl der einfach besetzten Orbitale gegeben ist. Demnach sollte das C-Atom mit
dem Grundzustand $2s^2\ 2p^2$ nur zweiwertig auftreten. Mit wenigen Ausnahmen leiten
sich aber die Kohlenstoffverbindungen vom vierwertigen Kohlenstoff ab. Man muß
daraus schließen, daß das C-Atom im Bindungs- oder Valenzzustand 4 einfach besetzte

Orbitale besitzt. Dazu muß ein Elektron des doppelt besetzten 2s-Zustandes in das energetisch höhere noch freie 2p-Niveau gehoben werden. Schematisch läßt sich dies wie folgt darstellen:

		2s	2p			2s	2p
Kohlenstoff	$2s^2\,2p^2$	⇅	↑ ↑ __	$2s^1\,2p^3$		↑	↑ ↑ ↑
Bor	$2s^2\,2p^1$	⇅	↑ __ __	$2s^1\,2p^2$		↑	↑ ↑ __

Grundzustand   Valenzzustand

Der Übergang in den Valenzzustand erfordert natürlich eine Anregungsenergie, die aber durch den bei der Ausbildung von 4 Atombindungen auftretenden Energiegewinn übertroffen wird. Entsprechendes gilt für das Boratom mit dem Grundzustand $2s^2\,2p^1$ und dem dreiwertigen Valenzzustand $2s^1\,2p^2$.

Die p-Elektronen sind zur Bindung besser geeignet als das s-Elektron, weil sich die p-Elektronenwolke bevorzugt in zwei Richtungen und weiter entfernt vom Kern erstreckt (siehe S. 201), so daß eine vollständigere Überlappung mit den Elektronen des zu bindenden Atoms eintreten kann. Man könnte daher erwarten, daß z. B. im Molekül des Methans, CH_4, 3 H-Atome anders, und zwar fester gebunden sind, als das 4. H-Atom. Tatsächlich sind aber die 4 H-Atome vollkommen gleichartig gebunden, denn sie umgeben das C-Atom in Form eines regelmäßigen Tetraeders, in dem alle 4 C—H-Abstände genau gleich sind. Daraus muß man schließen, daß aus dem einen s-Zustand und den 3 p-Zuständen durch Überlagerung 4 neue vollkommen gleichwertige Zustände entstanden sind. Der ursprüngliche s- bzw. p-Charakter der Elektronen ist also verlorengegangen. Man nennt diesen Vorgang *Valenzbastardisierung* oder auch meist *Hybridisierung*. Im Fall des C-Atoms ist — wie man sagt — ein sp³-*Hybrid* entstanden. Die 4 Elektronenwolken sind jetzt vollkommen gleichwertig geworden und erstrecken sich in Richtung der Eckpunkte eines Tetraeders. Sie sind noch exzentrischer als die ursprünglichen p-Orbitale und daher zur Verbindungsbildung bevorzugt geeignet. Ein eindrucksvolles Bild der tetraedrisch ausgerichteten sp³-Bindungen beim Kohlenstoffatom vermittelt die Elektronendichteverteilung im Diamantgitter in Abb. 60.

Beim Boratom mit dem Valenzzustand $2s^1\,2p^2$ führt die Überlagerung der 3 Orbitale zu einem sp²-Hybrid mit drei gleichwertigen Bindungsfunktionen, deren Elektronenwolken in einer Ebene mit dem Boratom liegen und untereinander einen Winkel von 120° bilden. Daher sind im BF_3- oder BCl_3-Molekül die 3 Halogenatome in Form eines gleichseitigen Dreiecks um das Boratom angeordnet.

Mehrfachbindungen

Die Bindung zwischen 2 Atomen kann auch durch 2 oder sogar 3 bindende Elektronenpaare bewerkstelligt werden. Man spricht dann von einer Doppel- bzw. Dreifachbindung. In den Valenz- und Elektronenformeln wird die Mehrfachbindung durch 2 bzw. 3 Striche symbolisiert, z. B. in den Bildern des Äthylens oder des Stickstoffs:

$$\begin{array}{c} H \\ \end{array}\!\!\!\Big\rangle C = C \Big\langle\!\!\!\begin{array}{c} H \\ \end{array} \qquad\qquad |N\equiv N|$$

Da die Dichteverteilung der Elektronenwolke des ersten bindenden Elektronenpaares symmetrisch zur Verbindungslinie der beiden Atomkerne liegt und den Raum zwischen den beiden Kernen erfüllt — σ-Bindung (s. S. 212) — müssen die Elektronenwolken für das 2. und 3. bindende Elektronenpaar eine andere Gestalt haben. Sie ist charakterisiert durch eine Knotenebene, für die ψ und ψ^2 null sind. Die Knotenebene, in der die beiden durch die Mehrfachbindung verbundenen Atome liegen, teilt die Elektronenwolke in zwei Segmente, die sich oberhalb und unterhalb der Ebene erstrecken. Diese Art der Dichteverteilung nennt man *π-Bindung* und die Elektronen, die an einer derartigen Bindung beteiligt sind, *π-Elektronen*.

Zur Veranschaulichung der Entstehung der π-Bindung möge das stark vereinfachte Bild für das Äthylen in Abb. 46 dienen.

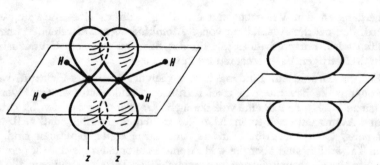

Abb. 46. Schematische Darstellung der π-Bindung im Äthylen
Die stark ausgezogenen Linien im linken Bild sollen die σ-Bindungen andeuten

Im Äthylen liegen, wie man aus physikalischen Untersuchungen weiß, die beiden C-Atome und die 4 H-Atome in einer Ebene. Diese 6 Atome sind miteinander durch σ-Bindungen, die einen Winkel von 120° bilden, verbunden. Daraus folgt, daß aus dem einen 2s-Elektron und den zwei 2p-Elektronen ($p_x p_y$) des Kohlenstoffs ein sp^2-Hybrid hervorgegangen ist. Das 4. an jedem C-Atom noch vorhandene p_z-Elektron steht senkrecht auf der Molekülebene, in der die 2 C- und 4 H-Atome liegen. Wenn der Abstand der C-Atome genügend gering ist, überlappen sich die beiden p_z-Elektronenwolken oberhalb und unterhalb der Molekülebene. Rechts in der Abbildung ist die Dichteverteilung der π-Elektronenwolke angedeutet.

Im N-Atom mit der Konfiguration $2s^2 2p^3$ stehen 3p-Elektronen zur Bindung zur Verfügung. Die beiden p_x-Orbitale von 2 N-Atomen bilden unter Überlappung eine σ-Bindung und die beiden dazu senkrecht stehenden p_y- und p_z-Orbitale 2 π-Bindungen.

Aus der üblichen Darstellung der Bindungsverhältnisse ist zu ersehen, daß die Überlappung bei der π-Bindung weniger vollständig ist als bei der σ-Bindung, d. h. die π-Bindung ist weniger fest als die σ-Bindung.

Es ist auch leicht zu ersehen, daß bei größer werdendem Abstand der Atome, wie er sich bei den Elementen der höheren Perioden infolge des zunehmenden Atomradius ergibt, die Ausbildung von π-Bindungen aus zwei p-Orbitalen nicht mehr möglich ist. Daher finden sich π-Bindungen zwischen gleichartigen Atomen nur bei den Elementen der ersten Achterperiode (vgl. dazu z. B. N_2 und die tetraedrische Struktur des P_4-Moleküls S. 264).

Semipolare Bindung

Bei der bisher besprochenen Atombindung liefert jedes der beiden durch die Bindung verbundenen Atome ein Elektron zum gemeinsamen Elektronenpaar. Es ist nun aber auch möglich, daß das bindende Elektronenpaar nur von einem der beiden Partner stammt. Dies sei am Beispiel der salpetrigen Säure und Salpetersäure erläutert. In der salpetrigen Säure ist der Stickstoff dreiwertig. Wie die Elektronenformel (I) erkennen läßt, befindet sich am N-Atom noch ein freies Elektronenpaar.

(I)　　　$H - \overline{O} - \overline{N}\diagdown_{O|}$　　　　　　　(II)　　　$H - \overline{O} - N\diagup^{O}\diagdown_{O|}$

Die Oxydation zur Salpetersäure kann man sich formal als eine Anlagerung eines O-Atoms an das freie Elektronenpaar am N-Atom vorstellen. Das Elektronenpaar bindet jetzt das O-Atom und füllt dessen Sextett zum Oktett auf, und da es sowohl zum N- als auch zum O-Atom zählt, bleibt auch das Oktett am N-Atom erhalten (II).

Denkt man sich das Molekül in der Weise zerlegt, daß die bindenden Elektronenpaare hälftig auf die beiden Bindungspartner aufgeteilt werden, so erhält das rechts stehende, einfach gebundene O-Atom insgesamt 7 Elektronen und somit eine negative Ladung. Auf das N-Atom entfallen hierbei aber nur 4 Elektronen, so daß es eine positive Ladung bekommt. Der einfachen N—O-Atombindung ist also eine polare Bindung überlagert. Man nennt diese Bindungsart eine *semipolare Bindung*.

Auch für die Stickstoffverbindungen N_2O, NO_2, N_2O_4 und für das N_3^-- sowie das NO_3^--Ion ergeben sich Strukturen, die, um möglichst das Oktett zu erreichen, sowohl homöopolare als auch semipolare Bindungen enthalten.

$\langle N = N = O \rangle$　　　　　　　　　　NO_2 Struktur　　　　　　　　N_2O_4 Struktur

N₂O　　　　　　　　　　　NO₂　　　　　　　　　　　N₂O₄

$\left[\langle N = N = N \rangle\right]^-$　　　　　$\left[\diagup^{O}\diagdown_{O} N = O \rangle\right]$

N₃⁻　　　　　　　　　　　　　NO₃⁻

Im NO_2 kann sich am Stickstoff kein Oktett ausbilden, weil das N-Atom 5, das O-Atom 6 Außenelektronen besitzen, so daß bei der Ausbildung von Elektronenpaaren zwischen N und O am Stickstoff ein „einsames" Elektron zurückbleiben muß. Dieses Elektron, das in der Formel durch einen kleinen Kreis dargestellt wird, ist die Ursache für den Radikalcharakter und den Paramagnetismus des NO_2 und für die leichte Reaktion $2\,NO_2 = N_2O_4$.

Die semipolare Bindung spielt eine wichtige Rolle in den Komplexverbindungen, z. B. den Amminen, und wird deshalb dort auch *koordinative Atombindung* genannt (siehe die Kapitel „Elektronenacceptoren und -donatoren" und „Komplexstruktur").

Mesomerie

Aus physikalischen Messungen, z. B. aus der Analyse der Schwingungsspektren und aus Atomabstandsbestimmungen, folgt, daß alle O-Atome bei NO_2, N_2O_4, NO_3^- und die 2 O-Atome im HONO$_2$-Molekül gleich gebunden sind. Man nimmt darum einen ständigen Wechsel, *ein Alternieren*, der Doppelbindungen an, um einen Ausgleich für die Einfach- und Doppelbindungen zu erhalten. Für das NO$_3^-$-Ion z. B. ergeben sich so drei gleichwertige Strukturen:

Alle drei Strukturen sind nur *Grenzstrukturen*, zwischen denen der wirkliche Bindungszustand liegt.

Man spricht in den Fällen, wo gleiche Strukturen sich nur durch die Elektronenverteilung unterscheiden, von mesomeren Strukturen oder von Mesomerie. Die Mesomerie bedeutet eine Erhöhung der Stabilität, so daß der wirkliche Energiegehalt des Moleküls tiefer liegt als der der Grenzstrukturen. Der Wechsel der Elektronenpaare in solchen Strukturen deutet schon an, daß jeder solchen Formel nur ein gewisses Maß an Wahrscheinlichkeit zukommt. Darum sind auch andere Formulierungen nicht auszuschließen. Während bei den Elementen der ersten 8er-Periode das Oktett niemals überschritten wird, können bei den anderen Elementen in einigen Fällen Strukturen mit 10, 12 oder sogar 16 gemeinsamen Elektronen als gesichert gelten, z. B. im PF$_5$ (I) oder SF$_6$ (II). Daher sind auch für die Oxide, Sauerstoffsäuren und Säureanionen dieser Elemente die „homöopolaren" Formeln (III ... VI) sehr wahrscheinlich. Im Ion der Perchlorsäure, ClO$_4^-$ (VII), sind wieder homöopolare und semipolare Bindungen gemischt (SIEBERT, 1954).

Die Entscheidung über das Vorliegen von einfachen oder mehrfachen Bindungen in diesen Molekülen und Komplexen gewinnt man durch Analyse der Schwingungsspektren, wie dies am Schluß des Buches im Abschnitt „Struktur der Moleküle" beschrieben wird.

Bindigkeit und Oxydationsstufe

Bindigkeit

Zählt man die Zahl der Elektronenpaarbindungen ab, die zu jedem Atom in den Formeln auf S. 215 gehören, so ergibt sich seine Bindigkeit (B. EISTERT). Danach ist z. B. der Stickstoff in den Formeln für N$_2$O$_4$ und NO$_3^-$ als vierbindig zu bezeichnen, im N$_2$O und N$_3^-$ liegen vier- und zweibindiger Stickstoff vor. Der Schwefel ist im SO$_2$ vierbindig, im SO$_4^{2-}$-Ion sechsbindig. Da die Bindigkeit sich erst aus der Strukturformel ergibt, läßt sie sich heute noch nicht in allen Fällen willkürfrei angeben (über· Bindigkeit und Wertigkeit siehe auch S. 308 ff.).

Oxydationsstufe

In all den Verbindungen, in denen keine selbständigen Ionen mehr vorliegen, ist die Angabe einer Ionenwertigkeit und Ladungszahl nicht angebracht. Hier verwendet man den Begriff der Oxydationsstufe. Diese erhält man, wenn man sich die Verbindung in einzelne Ionen zerlegt denkt. Die hierbei auf die Ionen entfallenden Ladungen sind die *Oxydationszahlen*.

Bei der Zerlegung einer Verbindung in die Ionen kann man bisweilen im Zweifel sein, welche Ladungen man den Ionen erteilen soll. Geht man von der Abstufung des elektronegativen Charakters bei den Elementen aus, so ergeben sich einige Regeln, die in der nachstehend angeführten Reihenfolge anzuwenden sind:

(1) Metalle (auch Bor und Silicium) erhalten stets positive Oxydationszahlen, Fluor stets die Oxydationzahl −1.

(2) Wasserstoff erhält die Oxydationszahl +1, Sauerstoff −2, soweit sich nicht durch (1) schon eine andere Oxydationszahl ergibt.

(3) Die übrigen Halogene bekommen die Oxydationszahl −1, soweit sich nicht durch (1) oder (2) schon eine andere Oxydationszahl ergibt.

Bei der Ermittlung der übrigen Oxydationszahlen in einer Verbindung ist zu berücksichtigen, daß die Summe aller Oxydationszahlen gleich der Gesamtladung der Verbindung sein muß.

Die so ermittelten Oxydationszahlen kann man über das betreffende Element schreiben, z. B.:

$$\overset{+5}{N}O_3^-, \quad \overset{+6}{S}O_4^{2-}, \quad \overset{+7}{Cl}O_4^-, \quad \overset{+4}{S}O_2, \quad \overset{+4}{N}O_2, \quad \overset{-3}{N}H_3, \quad \overset{-3}{N}H_4^+$$

Sind zwei gleiche Atome in einer Verbindung enthalten, so kann die auf beide Atome zusammen entfallende Ladung halbiert werden:

$$\overset{+4}{O_2N}-\overset{+4}{NO_2}, \quad \overset{+1}{N}=\overset{+1}{N}=O, \quad \overset{-2}{H_2N}-\overset{-2}{NH_2}, \quad \left[\overset{+5}{O_3S}-\overset{+5}{SO_3}\right]^{2-}$$

Der Gebrauch der Oxydationszahlen kann die Formulierung von Oxydations- und Reduktionsvorgängen, die mit einem Elektronenübergang verbunden sind, oft sehr erleichtern. So folgt aus den Oxydationszahlen des Schwefels im SO_2 (+4) und in der Dithionsäure (+5), daß letztere ein Oxydationsprodukt der schwefligen Säure ist und daß zu ihrer Darstellung aus schwefliger Säure zwei Oxydationsäquivalente notwendig sind. Für das Hydrazin folgt, daß es ein Oxydationsprodukt des Ammoniaks ist und daß zur Oxydation zu elementarem Stickstoff (±0) vier Oxydationsäquivalente verbraucht, zur Reduktion zu Ammoniak zwei Äquivalente abgegeben werden. In Verbindung mit den Ladungszahlen von Ionen lassen sich die stöchiometrischen Verhältnisse, auch komplizierterer Reaktionen, schnell übersehen, z. B. ergeben sich für die Oxydation von Kupfer durch Salpetersäure aus den Oxydationszahlen des N in HNO_3 (+5) und NO (+2) und den Ladungszahlen Cu^0 und Cu^{2+} leicht die Koeffizienten der Gleichung:

$$3\,Cu^0 + 2\,H\overset{+5}{N}O_3 + 6\,H^+ = 3\,Cu^{2+} + 2\,\overset{+2}{N}O + 4\,H_2O$$

Es muß allerdings darauf hingewiesen werden, daß es Verbindungen gibt, bei denen die Oxydationszahlen nicht willkürfrei festzulegen sind, weil man auch bei Anwendung obiger Regeln im Zweifel sein kann, welche Ladungen man den Ionen bei der Zerlegung geben soll. Dies zeigt z. B. die Reihe der Hydride PH_3, AsH_3, SbH_3, BiH_3, bei der die Ladung des

Wasserstoffs davon abhängt, wo man die Grenze zwischen Metall und Nichtmetall zieht, oder das Beispiel des Schwefelstickstoffs, $(SN)_4$, in dem man dem Schwefel und Stickstoff erst Oxydationszahlen geben kann, wenn man sein Verhalten bei der Hydrolyse kennt.

Übergänge zwischen den Bindungsarten

Allgemeines

Die Ionen- und Atombindung sind Idealfälle der chemischen Bindung. Bei den meisten anorganischen Verbindungen finden sich jedoch Übergänge zwischen diesen beiden Bindungsarten. Dafür bieten z. B. die Halogenide der 2. Achtergruppe im Periodischen System ein gutes Beispiel, wie etwa NaCl, $MgCl_2$, $AlCl_3$, $SiCl_4$, PCl_5, SCl_4, Cl_2. Anfangs- und Endglied dieser Reihe sind typische Vertreter der beiden Bindungsarten. Der Übergang von der einen zur anderen Bindungsart erfolgt aber nun nicht sprunghaft bei einem bestimmten Halogenid, sondern vollzieht sich kontinuierlich innerhalb der Reihe.

Bei der heteropolaren Bindung gilt nur im Idealfall, wie er annähernd bei den Alkalihalogeniden verwirklicht ist, daß die positiven Kationen und die negativen Anionen Kugelgestalt besitzen und ihre Struktur gegenseitig nicht stören. Im allgemeinen wird vielmehr ein Kation die Elektronenhülle eines Anions anziehen und den positiven Kern abstoßen und so dieses *deformieren* oder, wie man auch oft sagt, *polarisieren*. Ein Kation wird um so stärker deformierend wirken, je kleiner es ist, und je höher seine Ladung ist.

Die entsprechende Wirkung wird ein Anion auf ein Kation ausüben. Da aber die Anionen einen Überschuß an Elektronen besitzen, ist ihre Elektronenhülle groß und weniger fest an den Kern gebunden als bei den durch Abgabe von Elektronen gebildeten kleinen positiven Ionen. Die Deformation wird sich daher besonders stark bei den Anionen auswirken. Je höher geladen ein Anion ist, um so stärker wird es deformiert werden.

So konnten BRILL und Mitarbeiter (1948) durch die gleiche sorgfältige Röntgenuntersuchung, die auf S. 208 besprochen wurde, nachweisen, daß bereits im festen Magnesiumoxid keine reine Ionenbindung mehr vorliegt. In noch viel stärkerem Maße gilt dies für die Oxide, und besonders für die Sulfide, Selenide und Telluride der Übergangselemente, deren Ionen infolge der unvollständig besetzten d-Niveaus sehr stark polarisierend wirken. Die Polarisation kann schließlich soweit gehen, daß ein Elektronenpaar des Anions am Kation anteilig wird, d. h. die Ionenbindung ist in eine Atombindung übergegangen.

Es bestehen aber auch von Seiten der Atombindung Übergänge zur Ionenbindung. Im H_2-Molekül als Beispiel für eine Verbindung mit reiner Atombindung gehört das bindende Elektronenpaar beiden H-Atomen in gleicher Weise an. Im HCl-Molekül dagegen wird das Elektronenpaar sich bevorzugt bei dem stärker elektronegativen Chloratom aufhalten. Die Atombindung wird hier also in Richtung auf eine Ionenbindung polarisiert. Man kann den Bindungszustand durch die beiden mesomeren Grenzformeln:

$$H-Cl \leftrightsquigarrow H^+Cl^-$$

ausdrücken, wobei die homöopolare Formel den größeren Anteil hat. Durch den polaren Anteil bekommt das Wasserstoffatom eine geringe positive, das Chloratom eine geringe negative Ladung. Entsprechendes gilt auch für die andern Halogenwasserstoffe, für die Hydride der VI. und V. Hauptgruppe $H_2O \ldots H_2Te$, $NH_3 \ldots SbH_3$ und für viele andere Verbindungen.

Durch die Unsymmetrie der Ladungsverteilung entsteht in derartigen Verbindungen ein Dipolmoment. Dieses beträgt z. B. für Chlorwasserstoff 1,03 Debye, für Jodwasserstoff 0,38 Debye. Der größere Wert für Chlorwasserstoff deutet darauf hin, daß der polare Charakter in dieser Verbindung stärker ausgeprägt ist als im Jodwasserstoff. Auch die andern vorstehend aufgeführten Hydride besitzen ein Dipolmoment. Damit das Dipolmoment solcher Bindungen nach außen in Erscheinung treten kann, dürfen die Moleküle nicht zentrosymmetrisch gebaut sein, wie z. B. die tetraedrischen Moleküle CCl_4, SiF_4, oder das linear gebaute $O=C=O$, weil sich sonst die Dipolmomente der einzelnen Bindungen im Ganzen aufheben.

Die Abb. 47 gibt schematisch die Übergänge zwischen den beiden Bindungsarten wieder.

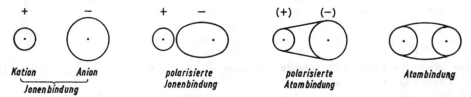

Abb. 47. Übergänge zwischen Ionen- und Atombindung

Elektronegativitätsskala nach Pauling

PAULING hat versucht, den polaren Charakter einer Bindung zahlenmäßig zu erfassen. Er ordnet jedem Element einen Wert zu, der ein Maß für die Elektronegativität des betreffenden Elementes ist, d. h. für das Bestreben, in einer Verbindung Elektronen zu sich herüberzuziehen. PAULING geht dabei von der Vorstellung aus, daß die Stärke einer Bindung A—X zwischen zwei verschiedenen Atomen A und X durch einen polaren Bindungsanteil vergrößert wird. Als Maß für die Bindungsstärke dient die Energie, die zur Spaltung der Bindung in die freien Atome erforderlich ist. Am Beispiel des Chlorwasserstoffs soll das Vorgehen von PAULING erläutert werden.

Die Spaltung der homöopolaren Bindung im H_2-Molekül $H-H \rightarrow 2\,H$ verbraucht 104 kcal. Die Spaltung der homöopolaren Bindung im Cl_2-Molekül $Cl-Cl \rightarrow 2\,Cl$ verbraucht 58 kcal. Der homöopolare Bindungsanteil beträgt also für ein H-Atom 52 kcal und für ein Cl-Atom 29 kcal. Würde die Verbindung H—Cl nur durch diese homöopolaren Bindungsanteile zusammengehalten, so sollten zur Spaltung des HCl-Moleküls $H-Cl \rightarrow H + Cl$ 81 kcal genügen. Tatsächlich werden aber 103 kcal benötigt. Den Mehrbetrag von 22 kcal führt PAULING auf den zusätzlichen Anteil an Ionenbindung im HCl-Molekül zurück.

Durch analoge Rechnung für HF, HBr, HJ, H_2O, NH_3 usw. erhält man die zusätzlichen „Ionen-Energien" für die einzelnen Bindungen. Aus diesen Energiewerten hat PAULING die Elektronegativitäten der an der Bindung beteiligten Atome als skalare Werte abgeleitet. Die Absolutwerte der Elektronegativitäten wurden willkürlich und zwar so gewählt, daß die Elemente zwischen Kohlenstoff und Fluor Werte zwischen 2,5 und 4,0 bekommen. Das Fluor als das elektronegativste Element erhielt den höchsten Wert 4,0. Für die Elemente der Hauptgruppen sind die Werte in der folgenden Tabelle zusammengestellt.

Elektronegativitäten der Elemente (nach PAULING)

			H 2,1			
Li 1,0	Be 1,5	B 2,0	C 2,5	N 3,0	O 3,5	F 4,0
Na 0,9	Mg 1,2	Al 1,5	Si 1,8	P 2,1	S 2,5	Cl 3,0
K 0,8	Ca 1,0	Ga 1,6	Ge 1,8	As 2,0	Se 2,4	Br 2,8
Rb 0,8	Sr 1,0	In 1,7	Sn 1,8	Sb 1,9	Te 2,1	I 2,5
Cs 0,7	Ba 0,9	Tl 1,8	Pb 1,8	Bi 1,9	Po 2,0	At 2,2

Die Werte für die Übergangsmetalle liegen zwischen 1,1 und 2,4, für die Reihe Sc ... Cu zwischen 1,3 und 1,9.

Es muß betont werden, daß die Paulingschen Elektronegativitäten nach einem empirischen Verfahren, das keine strenge physikalische Grundlage hat, berechnet worden sind. Mit der Elektronegativität nicht zu verwechseln ist der physikalisch exakt definierte Begriff der Elektronenaffinität (siehe S. 208). Im allgemeinen entspricht einer großen Elektronenaffinität auch ein hoher Wert der Elektronegativität.

Für den Chemiker können die Elektronegativitätswerte in vielen Fällen recht nützlich sein. Zum Beispiel sind nach der Tabelle im OF_2 der Sauerstoff und im Cl_2O das Chlor der positive Partner. Der Wasserstoff ist in den meisten flüchtigen Hydriden vom CH_4 bis zum HJ der positive Partner, aber in den Hydriden der Alkali- und Erdalkalimetalle, ferner in den Hydriden der Seltenen Erden und auch im Siliciumwasserstoff der negative Partner. Im S_4N_4 hat der Stickstoff negativen Charakter. Dem entspricht, daß die Hydrolyse zu Ammoniak und Schwefelsauerstoffverbindungen führt.

Zwischenmolekulare Kräfte

Es gibt noch andere Kräfte als die elektrostatischen Kräfte zwischen Ionen und die der Elektronenpaarbindung, welche den Zusammenhalt von Atomen oder Atomgruppen bewirken. Wir werden später die metallische Bindung kennenlernen, die für das große Gebiet der festen und geschmolzenen Metalle und ihrer Legierungen kennzeichnend ist.

Auch zwischen valenzmäßig gesättigten Molekülen können anziehende Kräfte wirken, z. B. Dipolkräfte, wenn die Moleküle Dipole enthalten und sich so orientieren, daß die verschieden geladenen Pole einander zugekehrt sind. Im Wasser, im Ammoniak und in den Halogenwasserstoffen wirken solche Kräfte im flüssigen Zustand.

Aber auch zwischen Molekülen, die kein Dipolmoment besitzen, können anziehende Kräfte wirken. Solche Kräfte verbinden z. B. in festem Schwefel, in flüssigem Sauerstoff,

Stickstoff und Chlor oder in den verflüssigten Edelgasen die Moleküle. Sie sind weiter zwischen allen, auch dipolfreien organischen Molekülen wirksam. Diese meist schwachen Kräfte bezeichnet man oft als *van der Waalssche Kräfte* oder *Dispersionskräfte*. Man denkt bei dem ersten Namen an die Anziehungskräfte zwischen Gasmolekülen, denen die *van der Waalssche Gleichung*

$$(p + a/v^2) \cdot (v - b) = RT$$

durch das Glied a/v^2 Rechnung zu tragen sucht. Bei Gasen mit Dipolmoment überwiegen im Ausdruck a/v^2 freilich die Dipolkräfte.

Für alle diese zwischenmolekularen Kräfte ist charakteristisch, daß sie erst bei sehr geringen Entfernungen wirksam werden. Dann können sie aber manchmal die Größenordnung der Anziehungskraft chemischer Bindung erreichen.

Elemente der VII. Hauptgruppe (Halogene)

Die Elemente der VII. Hauptgruppe Fluor, Chlor, Brom und Jod faßt man unter dem Namen *Halogene* (Salzbildner, von ἅλς ≙ Salz) zusammen, weil sie sich unmittelbar mit Metallen zu Salzen, den *Halogeniden*, verbinden, von denen das Natriumchlorid, NaCl, als Kochsalz am längsten bekannt ist. Auch verbinden sie sich ohne Vermittlung von Sauerstoff mit Wasserstoff zu Säuren, den Halogenwasserstoffsäuren HF, HCl, HBr und HJ.

Chlor, Cl

Atomgewicht	35,453
Schmelzpunkt	$-101\,°C$
Siedepunkt	$-34\,°C$
Kritische Temperatur	$144\,°C$
Kritischer Druck	76 atm
Dichte des flüssigen Chlors beim Siedepunkt	1,568 g/ml
Gewicht von 1 l Chlorgas bei 0 °C und 760 Torr	3,2 g
Die Dampfdichte entspricht bis 1200 °C Cl_2-Molekülen	

Geschichtliches

Das Chlor wurde 1774 von SCHEELE aus Salzsäure und Braunstein hergestellt und als dephlogistierte Salzsäure bezeichnet. BERTHOLLET hielt die Salzsäure wegen ihrer Säurenatur für eine Sauerstoffverbindung des hypothetischen Elements Murium und demgemäß das Chlor für ein höheres Oxid des Muriums, zumal das Chlor in Wasser gelöst unter der Einwirkung des

Sonnenlichts Sauerstoff entwickelt. Die Benennung Murium stammt von dem lateinischen Wort muria, die Salzbrühe, und fand sich bis vor kurzem noch in der pharmazeutischen Bezeichnung Acidum muriaticum für Salzsäure.

Erst DAVY erkannte 1810 im Chlor das freie Element und nannte dieses Chlor (von χλωρός ≙ gelbgrün) nach der Farbe des Gases.

Vorkommen

Der Chlorgehalt der uns bekannten Erdoberfläche beträgt etwa 0,19 %. Chlor gibt es jedoch wegen seiner Reaktionsfähigkeit nirgends im freien Zustand (elementar) in der Natur, sondern stets gebunden und zwar ausschließlich in Form von Chloriden. So kommen Natriumchlorid, Magnesiumchlorid und Kaliumchlorid in großen Mengen im Meerwasser und in den Salzlagern vor (siehe dazu näheres unter Vorkommen der Alkali- und Erdalkalimetalle). Das Wasser der Ozeane enthält 2 % Chlorid-Ionen, hauptsächlich als Natriumchlorid. In Kochsalz- und Solequellen steigt der Chloridgehalt bis auf 15 % an. Chlorwasserstoff tritt in geringer Menge in vulkanischen Gasen auf.

Darstellung

Das historische Verfahren zur Gewinnung des Chlors aus Mangan(IV)-oxid (Braunstein) und Salzsäure, das auch heute noch im Laboratorium zur Darstellung kleinerer Mengen des Elementes benutzt wird, beruhte auf der Bildung von Mangan(IV)-chlorid:

$$MnO_2 + 4\,HCl = MnCl_4 + 2\,H_2O$$

das beim Erwärmen in Mangan(II)-chlorid und freies Chlor zerfällt:

$$MnCl_4 = MnCl_2 + Cl_2$$

Die Wiedergewinnung des Mangan(IV)-oxids aus dem Mangan(II)-chlorid mittels gelöschtem Kalk und Luft (siehe bei Mangan) nach dem *Weldon-Verfahren* (1866) ermöglichte die Darstellung größerer Mengen von Chlor auf diesem Wege.

Auch unmittelbar durch Luftsauerstoff läßt sich Chlorwasserstoff zu Chlor oxydieren, wenn man als Sauerstoffüberträger Kupferoxid auf porösen Steinen, wie Bimsstein, dem erwärmten Luft-Chlorwasserstoffgemisch darbietet:

$$4\,HCl + O_2 = 2\,Cl_2 + 2\,H_2O + 28\,kcal$$

Dieser *Deacon-Prozeß* wird in modifizierter Form noch heute gelegentlich durchgeführt.

Seit der Einführung der *elektrolytischen Verfahren* (1890) zur Herstellung von Ätzkali und Ätznatron erhält man sehr große Mengen Chlor bei der Elektrolyse wäßriger Lösungen von Kaliumchlorid und Natriumchlorid, und zwar an der Anode, während sich an der Kathode die Alkalilauge ansammelt und Wasserstoff entweicht (näheres hierüber siehe bei den Alkalichloriden).

Auch die elektrolytische Gewinnung von Zink und Magnesium aus den Chloriden liefert nennenswerte Mengen Chlor.

Das elektrolytisch gewonnene Chlor wird, soweit es in den Betrieben nicht unmittelbar verwendet wird, nach Trocknung durch Anwendung von Drücken bis zu 12 atm verflüssigt und in Stahlflaschen bzw. Kesselwagen zum Versand gebracht.

Aus Magnesiumchlorid, das aus den Staßfurter Kalisalzbergwerken in beliebiger Menge zur Verfügung steht, kann man gleichfalls mittels Luftsauerstoff bei hoher Temperatur Chlor darstellen:

$$2\,MgCl_2 + O_2 = 2\,MgO + 2\,Cl_2$$

Die Alkalichloridelektrolyse liefert Chlor und Alkalihydroxid in äquivalenten Mengen. Eine steigende Nachfrage nach einem der beiden Produkte stellte die Industrie vor die Aufgabe, eine Verwendung für das andere Produkt zu finden. So führte eine zeitlang der zunehmende Bedarf an Natronlauge zur Kunstseideherstellung zu Überlegungen, was mit den großen Mengen Chlor aus der Alkalichloridelektrolyse geschehen solle. Heute haben sich die Verhältnisse wegen des großen Chlorverbrauchs durch die organische Industrie wieder geändert.

Die Welterzeugung an Chlor lag 1935 bei 0,65 Millionen t, erreichte aber 1955 schon 5,1 Millionen t. Den größten Verbrauch hat die organische Industrie für Chlorierungsreaktionen, z. B. zur Darstellung von gechlorten Kohlenwasserstoffen als Lösungsmittel, von Kunststoffen und organischen Zwischenprodukten. In der anorganischen Industrie wird Chlor für Chlorkalk und Bleichlaugen, zur Darstellung von Metallchloriden und zur Wiedergewinnung von Zinn aus Weißblechabfällen gebraucht.

Im Laboratorium kann man sich Chlor aus gepreßtem Chlorkalk, $CaCl(OCl)$, und Salzsäure im Kippschen Apparat darstellen:

$$CaCl(OCl) + 2\,HCl = CaCl_2 + Cl_2 + H_2O$$

Wenn ein höherer Reinheitsgrad erforderlich ist, stellt man es aus Kaliumdichromat, $K_2Cr_2O_7$, oder Kaliumpermanganat, $KMnO_4$, und Salzsäure dar:

$$2\,KMnO_4 + 16\,HCl = 5\,Cl_2 + 2\,MnCl_2 + 2\,KCl + 8\,H_2O$$

Eigenschaften

Physikalische Eigenschaften

Das Chlor ist ein gelbgrünes Gas, das 2,5mal soviel wiegt wie das gleiche Volumen Luft. Es ist außerordentlich reaktionsfähig, besitzt einen durchdringenden Geruch und greift die Atmungsorgane schon bei einer Verdünnung mit der 200fachen Menge Luft so heftig an, daß binnen weniger Minuten infolge der inneren Verätzungen Erstickung eintritt.

Nach K. B. Lehmann ist bei stundenlangem Einatmen ein Gehalt der Luft an Chlor von 0,01 % noch lebensgefährlich, 0,001 % ruft bereits schwere Schädigungen der Lunge hervor; 0,0001 % reizt noch die Atmungsorgane, ist aber nicht mehr gefährlich.

Chlor war der erste chemische Kampfstoff, der im 1. Weltkrieg mit Erfolg eingesetzt wurde. Später wurde er durch das Phosgen und andere „Grünkreuz-Kampfstoffe" verdrängt.

Der Siedepunkt des flüssigen Chlors unter Atmosphärendruck liegt bei −33 °C; bei 20 °C hat flüssiges Chlor einen Dampfdruck von 6,6 atm.

Flüssiges Chlor leitet den elektrischen Strom nicht, auch die Lösungen von Brom, Chlorwasserstoff und Wasser im Chlor sind fast gar nicht dissoziiert. Dies hängt mit der niederen Dielektrizitätskonstante des flüssigen Chlors (2,15 bei −60 °C) zusammen.

Chlorwasser

In Wasser löst sich Chlor beträchtlich: Bei 10 °C 3,1 Vol., bei 20 °C 2,26 Vol. in 1 Vol. Wasser. Bei Temperaturen unterhalb 8 °C scheidet sich das kristalline Chlorhydrat, $Cl_2 \cdot 6\,H_2O$, ab. Der kryohydratische Punkt, bei dem Eis und Chlorhydrat nebeneinander auskristallisieren, liegt bei −0,24 °C.

Das Chlorwasser, Aqua chlorata, zeigt Farbe und Geruch des freien Chlors, enthält aber neben diesem im Gleichgewicht Salzsäure und hypochlorige Säure

bzw.
$$Cl_2 + H_2O \rightleftharpoons HCl + HClO$$
$$Cl_2 + H_2O \rightleftharpoons H^+ + Cl^- + HClO$$

Näheres hierzu siehe S. 230·

Die hypochlorige Säure, zerfällt im Licht in Salzsäure und Sauerstoff, so daß die Reaktion von links nach rechts weiterschreitet, bis zuletzt nur noch Salzsäure in der Lösung vorhanden ist. Um das Licht, vor allem die für den Zerfall besonders wirksamen blauen und violetten Strahlen, abzuhalten, bewahrt man das Chlorwasser in braunen Glasflaschen auf.

Chemisches Verhalten

Allgemeine Eigenschaften

Das Chlor gehört zu den reaktionsfähigsten Elementen und verbindet sich, abgesehen von Stickstoff, den Edelgasen, Sauerstoff und Kohlenstoff, mit allen übrigen Elementen direkt, meist schon bei niederen Temperaturen und unter solcher Wärmeentwicklung, daß oft Feuererscheinung auftritt. Füllt man eine weithalsige Flasche mit Chlorgas und schüttet gepulvertes Arsen, Antimon oder Wismut hinein, so entstehen unter glänzender Feuererscheinung die Chloride $AsCl_3$, $SbCl_3$, $BiCl_3$.

Besonders eindrucksvoll läßt sich die Verbrennung von Blattkupfer, Kupfer-, Magnesium-, Zink- oder Stahlwolle zeigen, wenn man diese an einem eisernen Draht in einen mit Chlorgas gefüllten Standzylinder von etwa 1,5 l eintaucht und diesen sofort mit einer Glasplatte schließt. Um die spontane Zündung zu sichern, taucht man den Metallbausch bzw. die Metallwolle am unteren Ende in fein gepulvertes Antimon.

Phosphor bildet mit flüssigem Chlor unter Explosion, mit gasförmigem Chlor unter Feuererscheinung Phosphortrichlorid, PCl_3, und Phosphorpentachlorid, PCl_5. Kalium, Natrium, Magnesium behalten zwar bei $-80\,°C$ in flüssigem Chlor ihren Glanz, reagieren aber mit Chlorgas bei höherer Temperatur heftig, wenn das Chlor nicht ganz trocken ist. Auch Gold wird von Chlorgas in Goldchlorid verwandelt und von Chlorwasser schnell gelöst. Von dieser Eigenschaft macht man zum Extrahieren von Gold aus Kiesabbränden nach dem *Plattner-Verfahren* Gebrauch, bei dem das Eisenoxid ungelöst bleibt. Unechtes, aus einer Kupfer-Zinklegierung bestehendes Blattgold glüht beim Eintauchen in Chlorgas auf. Mit Zinn bildet Chlor Zinn(IV)-chlorid, $SnCl_4$. Hierauf beruht die Verwendung von Chlor zur Rückgewinnung des Zinns aus Weißblechabfällen.

Chlorknallgas

Mit Wasserstoff verbindet sich Chlor bei gewöhnlicher Temperatur im Dunkeln nicht, wohl aber im Licht besonders durch Einwirkung der energiereicheren blauen, violetten und ultravioletten Strahlen.

Im direkten Sonnenlicht oder unter der Einwirkung der von brennendem Magnesiumdraht ausgesandten Strahlen explodiert die Mischung gleicher Volumina Chlor und Wasserstoff ziemlich heftig, weshalb man sie auch Chlorknallgas nennt.

Hierbei entstehen aus 1 Vol. Chlorgas und 1 Vol. Wasserstoffgas 2 Vol. Chlorwasserstoffgas. Unter Berücksichtigung der bei der Knallgasreaktion (siehe bei Wasser) erörterten Hypothese von AVOGADRO folgt daraus die Gleichung

$$Cl_2 + H_2 = 2\,HCl$$

und aus dieser die Formel des Chlorwasserstoffs.

Die Bildungswärme von 1 Mol HCl (36,46 g) beträgt 21,9 kcal. Bei gleichem Volumen liefert also das Chlorknallgas sehr viel weniger Wärme als das Sauerstoffknallgas. Deshalb ist auch die Explosion von Chlorknallgas nicht so gewaltig wie die von Sauerstoffknallgas. Das schnelle Fortschreiten der Reaktion erklärt sich, ähnlich wie bei Knallgas, durch eine kettenmäßige Wiederbildung der reaktionsfähigen Atome. Durch Absorption eines Lichtquants entstehen aus dem Cl_2-Molekül 2 Cl-Atome, und diese reagieren weiter nach:

$$Cl + H_2 = HCl + H$$

$$\text{und} \quad H + Cl_2 = HCl + Cl \quad \text{usw.}$$

So können durch Spaltung eines Cl_2-Moleküls durch ein Lichtquant bis zu 500 000 Moleküle HCl gebildet werden (M. BODENSTEIN und W. NERNST, 1913).

Früher nahm man an, daß die Vereinigung von Chlor und Wasserstoff im sichtbaren Licht die Anwesenheit geringer Mengen von Wasserdampf erfordere. BODENSTEIN konnte aber zeigen, daß vollkommen reines, trockenes Chlor und Wasserstoff ebenso schnell reagieren wie bei Gegenwart von Wasserdampf. Der Grund, warum bei intensivem Trocknen die Reaktion oft ausbleibt, liegt darin, daß aus dem Trockenmittel eingeschleppter Staub die Kettenreaktion unterbricht. Mit Sicherheit ist eine reaktionsbeschleunigende Wirkung von Wasserdampf nur bei der Verbrennung von Kohlenmonoxid zu Kohlendioxid (siehe dort) nachgewiesen.

Senkt man eine Wasserstoffflamme in einen mit Chlorgas gefüllten Glaszylinder, so brennt sie darin weiter, und es treten dicke Salzsäurenebel auf. Um eine lange Zeit brennende Chlor-Wasserstoffflamme zu erhalten, bedient man sich der in Abb. 48 dargestellten Versuchsanordnung, bei der Wasserstoff in Chlor verbrannt wird. Wenn man in den Zylinder Wasserstoff einleitet und das Chlor durch das innere Rohr strömen läßt, brennt natürlich auch Chlor in Wasserstoff.

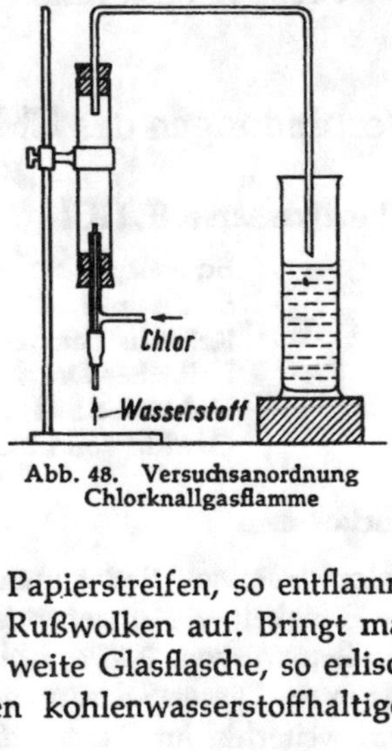

Abb. 48. Versuchsanordnung Chlorknallgasflamme

Chlorierende Wirkung

Infolge der bedeutenden Energie der Chlorwasserstoffbildung wirkt Chlor oft sehr energisch auf Kohlenwasserstoffverbindungen. Taucht man in einen mit Chlorgas gefüllten Glaszylinder einen mit Terpentinöl befeuchteten Papierstreifen, so entflammt das Terpentinöl, und neben Chlorwasserstoff treten dicke Rußwolken auf. Bringt man ein brennendes Wachskerzchen in eine mit Chlor gefüllte weite Glasflasche, so erlischt zwar die Flamme, aber die von der Kerze ausgehenden kohlenwasserstoffhaltigen Dämpfe entflammen unter Rußabscheidung.

Vielen organischen Verbindungen entzieht Chlor in gut regulierbarer Reaktion den Wasserstoff und tritt an seine Stelle. Es entstehen Chlorsubstitutionsprodukte, z. B. aus Benzol das Monochlorbenzol

$$C_6H_6 + Cl_2 = C_6H_5Cl + HCl$$

weiterhin Dichlorbenzol, Trichlorbenzol usw. bis Hexachlorbenzol. Toluol, $C_6H_5CH_3$, wird im Licht in der CH_3-Gruppe substituiert

$$C_6H_5CH_3 + Cl_2 = C_6H_5CH_2Cl + HCl$$

im Dunkeln im Benzolkern:

$$C_6H_5CH_3 + Cl_2 = C_6H_4ClCH_3 + HCl$$

Die chlorierten organischen Verbindungen haben unmittelbar oder als Zwischenprodukte vielseitige technische Bedeutung erlangt.

15 Hofmann, Anorgan. Chemie

Bleichende Wirkung

Bringt man eine Rose oder eine Tulpe in Chlorgas, so verschwindet zuerst das empfindliche Blattgrün und dann auch der rote Blütenfarbstoff. Abgesehen von einigen künstlichen Farbstoffen werden alle anderen, zumal die natürlichen, durch feuchtes Chlor schnell zerstört. Lackmuspapier wird in wenigen Sekunden gebleicht, desgleichen der Saft von roten Rüben. Hier beruht die Bleichung nicht wie bei der schwefligen Säure auf der Bildung farbloser Anlagerungsprodukte, sondern auf oxydativer Zerstörung der färbenden Substanzen. Im großen Maßstab bleicht man Leinen, Baumwolle, Jute, Papierstoff mit feuchtem Chlor, das man einer mit flüssigem Chlor gefüllten Stahlbombe entnimmt oder das man elektrolytisch aus einer 10 %igen Kochsalzlösung entwickelt, wobei der zu bleichende Stoff über die Anode ausgespannt wird.

Wie die Farbstoffe, so werden auch andere, kompliziertere organische Stoffe von feuchtem Chlor schnell zerstört, besonders auch Bakterien, so daß durch Chlor wohl die gründlichste Desinfektion bewirkt wird. Mit Chlor werden vielfach das Wasser der Badeanstalten und das Trinkwasser desinfiziert. Doch ist bei der Desinfektion mit Chlor zu bedenken, daß das Chlor bei längerer Wirkungsdauer auch andere Gegenstände angreift. Mit Chlor gebleichte Gewebe und sonstige Faserstoffe müssen durch Natriumthiosulfat (Antichlor) von den anhaftenden Chlorresten befreit werden, damit eine nachträgliche Zerstörung verhütet wird.

Verbindungen des Chlors

Chlorwasserstoff, HCl

Schmelzpunkt	$-113\,°C$
Siedepunkt	$-85\,°C$
Kritische Temperatur	$51\,°C$
Kritischer Druck	83 atm
Dichte des flüssigen Chlorwasserstoffs bei 0 °C	0,908 g/ml
Gewicht von 1 l Chlorgas bei 0 °C und 760 Torr	1,639 g

Vorkommen

Chlorwasserstoff findet man in vulkanischen Gasen und Dämpfen und verleiht diesen die Fähigkeit, die umgebenden Gesteine zu zersetzen. Physiologisch wichtig ist das Vorhandensein von 0,4 % Chlorwasserstoff im Magensaft neben Pepsin und anderen Enzymen. Dieser Salzsäuregehalt ermöglicht den ersten Teil des Verdauungsprozesses, dem weiterhin im Darmkanal die alkalische Verdauung folgt. Auch wirkt diese saure Reaktion des normalen Magensaftes zerstörend auf die meisten Bakterien und schützt so den Organismus vor Krankheitserregern.

Darstellung

Chlorwasserstoff wird technisch aus den Elementen durch Verbrennen von Chlor in einem geringen Überschuß von Wasserstoff gewonnen. Dieses Verfahren liefert ein sehr reines Produkt. Beträchtliche Mengen Chlorwasserstoff fallen bei der Chlorierung von Kohlenwasserstoffen an. Eine gewisse Rolle spielt auch noch die Zersetzung von Natriumchlorid durch konzentrierte Schwefelsäure. Diese Reaktion erfolgt in zwei Stufen:

$$NaCl + H_2SO_4 = NaHSO_4 + HCl$$

und

$$NaCl + NaHSO_4 = Na_2SO_4 + HCl$$

Die erste Reaktion beginnt schon in der Kälte, während die zweite erst bei Rotglut vollständig verläuft. Der entwickelte Chlorwasserstoff wird in Türmen aus keramischem Material oder gummiertem Eisen durch herabtropfendes Wasser gelöst. Die so gewonnene Salzsäure wird heute meistens in gummierten Eisentanks gelagert.

Im Laboratorium stellt man sich einen gut regulierbaren Chlorwasserstoffstrom am besten durch Eintropfen von konzentrierter Schwefelsäure in rauchende Salzsäure dar und trocknet das entweichende Gas über Bimsstein, der mit konzentrierter Schwefelsäure getränkt ist.

Eigenschaften

Entsprechend der hohen Energie, die bei der Vereinigung von Chlor und Wasserstoff frei wird, ist Chlorwasserstoff eine sehr beständige Verbindung, die die Verbrennung nicht unterhält und trotz ihres Wasserstoffgehalts durch Sauerstoff nicht verbrannt wird. Allerdings kann man mittels Kupferoxid den Sauerstoff der Luft auf den Chlorwasserstoff übertragen und so nach dem Deacon-Prozeß (siehe S. 222) Chlor darstellen. Diese Reaktion verläuft aber erst bei höherer Temperatur und mit mäßiger Geschwindigkeit. Einige Metalle, wie Natrium oder Kalium, können dem Chlorwasserstoff das Chlor so energisch entziehen, daß sie darin verbrennen.

Entzündet man auf einem eisernen Löffelchen ein Stück Natrium und taucht es dann in einen mit Chlorwasserstoff gefüllten Zylinder, so brennt es darin weiter.

Mit Ammoniak verbindet sich Chlorwasserstoff zu Ammoniumchlorid, NH_4Cl, wobei dieses zunächst dichte, weiße Nebel bildet, die sich später als Kristalle absetzen.

Chlorwasserstoffsäure, Salzsäure

Eigenschaften

Der Chlorwasserstoff „raucht" an der Luft, weil er mit dem Wasserdampf Nebel bildet. In Wasser löst er sich unter starker Wärmeentwicklung von 17 kcal (bei 1 Mol HCl auf 300 Mol H_2O), und zwar zu 474 Raumteilen HCl-Gas von Atmosphärendruck auf 1 Raumteil Wasser bei 10 °C. Die Lösung von Chlorwasserstoff wird Chlorwasserstoffsäure oder gewöhnlich Salzsäure genannt.

Um die Löslichkeit des Chlorwasserstoffs in Wasser zu zeigen, füllt man einen unten offenen Glaszylinder über Quecksilber mit dem Gas und bringt dann von unten ein Stückchen Eis hinein. Dieses schmilzt, und das Quecksilber steigt schnell empor. Mit dem beim Ammoniak besprochenen Apparat kann man das schnelle Eindringen von Wasser in die mit Chlorwasserstoff gefüllte Flasche zeigen.

Die Menge HCl in Gramm, die bei t °C und 760 Torr in 1 g Wasser gelöst wird, gibt die folgende Tabelle an:

t	g	t	g
0°	0,825	24°	0,700
6	0,793	30	0,673
12	0,762	36	0,649
18	0,731	40	0,633

Den Prozentgehalt p einer wäßrigen Salzsäure kann man ziemlich genau aus der Dichte bei 15 °C $= d^{15}$ nach der Formel $p = 200\,(d-1)$ berechnen. So enthält z. B. eine Säure von der Dichte 1,07 g/ml 14 % HCl, eine Säure von der Dichte 1,14 g/ml 28 %.

Die bei 15 °C gesättigte Säure enthält 43 % HCl und hat die Dichte 1,207 g/ml, verliert aber beim Durchleiten von trockener Luft so lange Chlorwasserstoff, HCl, bis der Gehalt nur noch 25 % beträgt. Sie raucht deshalb an der Luft und wird allmählich verdünnter.

Die *rauchende konzentrierte Salzsäure* des Handels hat die Dichte 1,19 g/ml und enthält 38 % HCl. Erhitzt man rauchende Salzsäure, so entweicht zunächst fast nur Chlorwasserstoff, bis eine Konzentration von etwa 20 % erreicht ist. Diese Säure erhält man auch durch Eindampfen verdünnter Lösungen, wobei anfangs Wasser entweicht. Die 20%ige Säure siedet als azeotropes Gemisch konstant bei 110 °C unter 760 Torr (siehe das ähnliche Verhalten der Salpetersäure).

Sättigt man konzentrierte Salzsäure bei −20 °C mit Chlorwasserstoff, so bilden sich Kristalle des Hydrats $HCl \cdot 2 H_2O$, die bei −18 °C schmelzen.

Die technische rohe Salzsäure ist meist durch Eisenchlorid gelb gefärbt und enthält außerdem aus der rohen Schwefelsäure stammendes Arsen als Arsentrichlorid sowie öfters auch selenige Säure. Auf diese beiden Beimengungen prüft man am einfachsten durch Erwärmen mit Zinnfolie (Stanniol), durch die gegebenenfalls braunes Arsen oder rotes Selen gefällt werden. Weil die Salzsäure vielfach zum Beizen von Metallen dient, kann der Arsengehalt infolge der Bildung von sehr giftigem Arsenwasserstoff gefährlich werden, wenn die zu beizenden Metalle mit der Säure Wasserstoff entwickeln.

Die sehr beträchtliche Wärmeentwicklung bei der Auflösung von HCl-Gas in Wasser (siehe oben) führt zu dem Schluß, daß hierbei eine chemische Veränderung des Chlorwasserstoffs eintritt. So unterscheiden sich der reine Chlorwasserstoff und seine wäßrige Lösung nicht nur physikalisch, sondern auch durch ihre Reaktionen. Während HCl-Gas Metalle, wie Zink oder Magnesium, bei gewöhnlicher Temperatur nicht angreift, gehen diese Metalle in Salzsäure unter Wasserstoffentwicklung in Lösung. Weiterhin ist der flüssige Chlorwasserstoff als homöopolare Verbindung praktisch ein Nichtleiter, die Salzsäure dagegen ein starker Elektrolyt, d. h. sie leitet den Strom infolge vollständiger elektrolytischer Dissoziation sehr gut:

$$HCl + H_2O = H_3O^+ + Cl^-$$

Erst durch die Vereinigung mit dem Wasser, in geringerem Maße auch mit Äther oder Alkoholen, wird der Chlorwasserstoff zur Säure und erlangt die Fähigkeit zur Bildung von Cl^-- und H^+-Ionen. Um diese elektrisch geladenen Teile so weit voneinander zu trennen, daß sie sich unabhängig voneinander als Ionen bewegen können, bedarf es einer jedenfalls sehr großen Trennungsarbeit, die gedeckt bzw. überboten wird von der Energie, mit der sich Cl^- und H^+ mit dem Wasser zu hydratisierten Cl^-- und H_3O^+-Ionen verbinden.

Es wird nun auch verständlich, daß Chlorwasserstoff ebenso wie andere leichtlösliche Gase, z. B. Ammoniak oder Schwefeldioxid, hinsichtlich ihrer Löslichkeit in Wasser nicht dem *Henry-Daltonschen Gesetz* gehorchen. Dieses Gesetz, das von schwerlöslichen Gasen, wie Sauerstoff oder Stickstoff, befolgt wird, besagt, daß die Löslichkeit proportional dem Gasdruck ist. Als Spezialfall des Verteilungssatzes (siehe unter Jod) gilt auch das Henry-Daltonsche Gesetz nur dann, wenn der Molekularzustand eines auf zwei Phasen (hier Gas und Lösung) sich verteilenden Stoffes in beiden Phasen der gleiche ist. Das ist jedoch bei Chlorwasserstoff, wie wir gesehen haben, nicht der Fall.

Die Elektrolyse von wäßriger Salzsäure liefert am negativen Pol Wasserstoff, am positiven Chlor. Weil Platin mit Chlor Platinchlorid gibt, darf man bei dieser Elektrolyse keine Platinanode verwenden. Geeignet ist eine Elektrode aus Iridium oder billiger und fast ebenso gut aus Kunstgraphit. Am Anfang dieser Elektrolyse tritt fast kein gasförmiges Chlor auf, weil es sich im Wasser beträchtlich auflöst. Später, wenn das Wasser mit Chlor gesättigt ist, erhält man schließlich in der Zeiteinheit ebensoviel Raumteile Chlor an der Anode wie Wasserstoff an der Kathode, wie dies nach der Zusammensetzung der Salzsäure zu erwarten ist (siehe unter Chlorknallgas und auch unter Wasser).

Entsprechend ihrer weitgehenden elektrolytischen Spaltung ist die wäßrige Salzsäure eine sehr starke Säure[1]), ähnlich wie die wäßrige Salpetersäure, und gibt alle typischen Säurereaktionen: Sie rötet blauen Lackmus und Methylorange auch bei hunderttausendfacher Verdünnung, löst Metalle, wie Zink oder Eisen, zu den Chloriden unter Wasserstoffentwicklung, treibt Kohlendioxid aus Calciumcarbonat (Marmor) oder Natriumhydrogencarbonat aus und neutralisiert auch die stärksten Basen.

Kupfer, Quecksilber sowie die Edelmetalle Silber, Gold und Platin werden von Salzsäure nicht angegriffen. In Gegenwart von Luft wird jedoch Kupfer als Kupfer(I)-chlorid und weiterhin als Kupfer(II)-chlorid gelöst. Die Oxide dieser Metalle sind in Salzsäure löslich. Auch Silberoxid löst sich in rauchender Salzsäure leicht auf und fällt erst nach starker Verdünnung mit Wasser als Silberchlorid vollständig aus.

Chlorid-Ionennachweis

Als *Reagens auf die Chlorid-Ionen* der Salzsäure wie auch die der gelösten Chloride dient Silbernitratlösung, die einen in Wasser und verdünnter Salpetersäure fast unlöslichen Niederschlag von Silberchlorid, AgCl, erzeugt, der sich auch bei stärkster Verdünnung noch als weiße, am Licht dunkelnde Trübung erkennen läßt. Quecksilber(I)-nitratlösung wird gleichfalls als weißes Quecksilber(I)-chlorid gefällt. Andere schwer lösliche Chloride liefern Blei- und Thallium(I)-salze.

Sauerstoffverbindungen des Chlors

Eine Übersicht über die bisher bekannten Chloroxide, Chlorsauerstoffsäuren und ihre Salze sowie über die Oxydationsstufe des Chlors in diesen Verbindungen gibt die folgende Tabelle.

Oxide und Sauerstoffsäuren des Chlors

Oxid	Säure	Salz	Oxydationsstufe des Chlors
Dichloroxid Cl_2O	hypochlorige Sr. $HClO$	Hypochlorite	$+1$
—	chlorige Sr. $HClO_2$	Chlorite	$+3$
Chlordioxid ClO_2	—	—	$+4$
—	Chlorsäure $HClO_3$	Chlorate	$+5$
Dichlorhexoxid Cl_2O_6	—	—	$+6$
Dichlorheptoxid Cl_2O_7	Perchlorsäure $HClO_4$	Perchlorate	$+7$

Von den 4 Chloroxiden sind nur das Dichloroxid, Cl_2O, und das Dichlorheptoxid, Cl_2O_7, Anhydride von Säuren. Sämtliche Oxide und die konzentrierten bzw. wasserfreien Chlorsauerstoffsäuren sind in bezug auf die Elemente Chlor und Sauerstoff endotherme Verbindungen, die stark oxydierend wirken, instabil sind und z. T.

---

[1]) Den sauren Geschmack kann man noch bei 0,0036 g HCl auf 100 ml Wasser wahrnehmen. Die äquivalente Menge Ätznatron, also 0,004 g NaOH, ist noch bei einer Verdünnung mit 70 ml Wasser geschmacklich festzustellen.

explosionsartig zerfallen. Deshalb lassen sich diese Verbindungen auch nicht unmittelbar aus Chlor und Sauerstoff darstellen.

Hypochlorige Säure, HClO, und Hypochlorite

Bildung und Darstellung

Die hypochlorige Säure bildet sich neben Salzsäure im Chlorwasser in reversibler Reaktion:

$$Cl_2 + H_2O \rightleftharpoons HClO + HCl + 0{,}22 \text{ kcal} \quad \text{(in verdünnter Lösung)}$$

Das Chlormolekül, in dem das Chlor die Oxydationsstufe ± 0 hat, disproportioniert in Wasser in das einfach negativ geladene Chlorid-Ion und in die hypochlorige Säure mit Chlor in der Oxydationsstufe $+1$. Man kann die Reaktion auch als eine Hydrolyse des Chlormoleküls auffassen.

Der Reaktionsmechanismus im Chlorwasser ist vermutlich wie folgt zu deuten: Das Chlor dissoziiert, wenn auch nur in sehr geringem Umfang in Cl^- und Cl^+. Das Cl^+-Ion, das wegen seines Elektronensextetts instabil ist und als starker Elektronenacceptor wirkt, reagiert mit den im Wasser vorhandenen OH^--Ionen zu hypochloriger Säure:

$$Cl^+ + OH^- \rightleftharpoons HClO$$

Durch das Zusammentreten von Cl^+- und OH^--Ionen wird das Dissoziationsgleichgewicht sowohl des Chlors als auch des Wassers gestört und die Reaktion schreitet fort. Doch führt sie nur zu einem Gleichgewicht, da in saurer Lösung hypochlorige Säure und Chlorid-Ionen wieder zu Chlor und Wasser rückreagieren.

Wegen der Umkehrbarkeit der Reaktion im Chlorwasser entsteht die hypochlorige Säure nur in mäßiger Konzentration. Bindet man aber die Salzsäure, so kann die rückläufige Reaktion nicht mehr eintreten, und es muß die theoretische Menge, nämlich die Hälfte des Chlors, zu hypochloriger Säure umgesetzt werden. Am besten erreicht man dies durch Zugabe von geschlämmtem Quecksilberoxid, das mit der Salzsäure braunes, fast unlösliches Quecksilberoxidchlorid bildet.

Zur Darstellung der hypochlorigen Säure leitet man zu in Wasser aufgeschwemmtem gelbem Quecksilberoxid bis zur Sättigung Chlor, dekantiert ab und reinigt die wäßrige hypochlorige Säure durch Destillation unter vermindertem Druck, wobei sie mit den ersten Anteilen übergeht. Fängt man das Destillat in einer auf $-20\,°C$ gekühlten Vorlage auf, so erhält man eine etwa $20 \ldots 25\%$ige Säure, die aber schon bei $0\,°C$ bald zerfällt.

Diese Methode, eine Gleichgewichtsreaktion zum vollständigen Verlauf nach einer Seite zu zwingen, indem man ein Reaktionsprodukt aus dem Gleichgewicht entfernt, findet vielfach Anwendung.

Leitet man Chlor in kalte Alkalilaugen, so entsteht nicht die freie hypochlorige Säure, sondern neben Chlorid ihr Alkalisalz, *Hypochlorit* genannt.

$$Cl_2 + 2\,NaOH = NaClO + NaCl + H_2O \qquad \text{bzw.}$$
$$Cl_2 + 2\,OH^- = ClO^- + Cl^- + H_2O$$

Mit Calciumhydroxid liefert Chlor den Chlorkalk, $Ca(OCl)Cl$, (siehe unter Calcium).

Eigenschaften

Im Gegensatz zur Salzsäure ist die hypochlorige Säure in verdünnter wäßriger Lösung nur in sehr geringem Umfang dissoziiert. Der niedrige Wert der Dissoziationskonstante von $3 \cdot 10^{-8}$ zeigt, daß sie eine der schwächsten Säuren ist; sie ist etwa 10 mal so schwach wie die Kohlensäure und wird demgemäß von dieser aus ihren Salzlösungen ausgetrieben. Hypochlorige Säure ist hingegen eines der stärksten Oxydationsmittel. Sie macht aus Jodwasserstoff Jod frei, oxydiert auch die Salzsäure zu Chlor bis·zum Gleichgewicht

$$HCl + HClO \rightleftharpoons Cl_2 + H_2O$$

verbrennt Oxalsäure zu Kohlendioxid und Wasser, Schwefelkohlenstoff zu Kohlendioxid und Schwefelsäure, führt Metallsulfide in die Sulfate über, Mangan-, Blei-, Kobalt- und Nickelsalze in die höheren Oxide usw.

Die Alkalihypochlorite und der Chlorkalk werden in großen Mengen in der Bleicherei, zum Ätzdruckverfahren sowie zu Desinfektions- und Sterilisierungszwecken verwendet. Die in der Textil- und Papierindustrie benutzten „Bleichlaugen" werden meist durch Einleiten von Chlor in Natronlauge oder auch durch Umsetzung von Chlorkalk mit Sodalösung hergestellt.

Als *Eau de Javelle* stellte BERTHOLLET schon im Jahre 1785 eine Bleichflüssigkeit durch Einleiten von Chlor in Pottaschelösung dar. Die Flüssigkeit enthält freie hypochlorige Säure und ist weniger beständig als die aus Natronlauge bereiteten Natriumhypochloritlösungen.

Die konzentrierte, 25%ige wäßrige Lösung der hypochlorigen Säure ist gelb, die verdünnte farblos. Ihr Geruch ist von dem des Chlors deutlich verschieden und vom Chlorkalk her allgemein bekannt. Auf die Haut wirkt konzentrierte hypochlorige Säure in wenigen Sekunden zerstörend. Im Dunkeln zersetzen sich die wäßrigen Lösungen langsam, schneller im diffusen Licht und sehr rasch im Sonnenlicht. Zersetzungsprodukte sind hauptsächlich Salzsäure und Sauerstoff, daneben treten auch freies Chlor und etwas Chlorsäure, $HClO_3$, auf. Katalytisch wirkende Stoffe, besonders Braunstein und höhere Oxide von Nickel und Kobalt, zerstören auch die Salze der hypochlorigen Säure schnell unter Sauerstoffentwicklung.

Dichloroxid, Cl₂O

Im wasserfreien Zustand ist die hypochlorige Säure nicht bekannt, weil sie vorher in ihr Anhydrid, *Dichloroxid*, früher Chlormonoxid genannt, übergeht.

Dieses Oxid stellt man dar durch Überleiten von stark gekühltem Chlor über gelbes Quecksilberoxid, das man vor der Verwendung durch Erhitzen auf 300 °C etwas dichter und damit weniger reaktionsfähig gemacht hat.

Das gelbbraune Gas läßt sich in einer Kältemischung zu einer dunkelbraunen Flüssigkeit vom Siedep. 3,8 °C verdichten. Beim Erwärmen, in Berührung mit brennbaren organischen Substanzen, oft auch schon bei gewöhnlicher Temperatur, zerfällt das Gas unter Explosion; Sonnenlicht spaltet in wenigen Minuten in die Elemente:

$$Cl_2O = Cl_2 + \tfrac{1}{2} O_2 + 21 \text{ kcal}$$

Das Dichloroxid ist demnach noch bedeutend stärker endotherm als die unterchlorige Säure. Seine Bildung beruht auf einer *gekoppelten Reaktion* (W. OSTWALD). Darunter versteht man zwei miteinander verbundene Reaktionen, von denen die eine exotherm ist und dabei die andere, nicht von selbst verlaufende endotherme Reaktion im Gefolge nach sich zieht. Hier ist die Bildung von Quecksilberchlorid die energieliefernde Reaktion, die die Vereinigung von Chlor und Sauerstoff zum Dichlormonoxid bewirkt:

$$2 Cl_2 + HgO = Cl_2O + HgCl_2$$

Die Neigung der hypochlorigen Säure, in ihr Anhydrid überzugehen, ist so bedeutend, daß sich auch in wäßriger Lösung das Gleichgewicht: $2 HClO \rightleftharpoons Cl_2O + H_2O$ bemerkbar macht. Man kann nämlich durch Schütteln mit Tetrachlorkohlenstoff bedeutende Mengen Dichloroxid ausziehen, wobei sich der Tetrachlorkohlenstoff braungelb färbt (ST. GOLDSCHMIDT). Auch durch einen Luftstrom wird aus der wäßrigen Lösung nicht hypochlorige Säure sondern Dichloroxid verdampft.

Nitroxychlorid, NO_3Cl

Ein Derivat der hypochlorigen Säure ist das *Nitroxychlorid*, NO_3Cl, (Schmelzp. $-107\ ^\circ C$), das sich quantitativ beim Auftauen eines Gemisches von Dichloroxid und Stickstoffpentoxid bildet (M. SCHMEISSER, 1957). Die Verbindung wurde zuerst von H. MARTIN (1956) aus Chlordioxid und Stickstoffdioxid erhalten. Sie hat wahrscheinlich die Konstitution $Cl-O-NO_2$, doch können manche Reaktionen durch Annahme eines polaren Grenzzustandes als „Chlornitrat", $Cl^+NO_3^-$, gedeutet werden. Nitroxychlorid eignet sich zur Darstellung wasserfreier, höherer Nitrate, z. B.

$$SnCl_4 + 4\,NO_3Cl = Sn(NO_3)_4 + 4\,Cl_2$$

Chlorige Säure, $HClO_2$, und Chlorite

Frei von Chloraten gewinnt man die den Nitriten (z. B. KNO_2) entsprechenden Chlorite (z. B. $KClO_2$) durch Zugabe von Wasserstoffperoxid und Alkalilauge oder Alkalicarbonat zu der tiefgelben, wäßrigen, konzentrierten Chlordioxidlösung. Dabei reduziert das Wasserstoffperoxid das Chlordioxid zur chlorigen Säure, $HClO_2$, und wird selbst zu Sauerstoff oxidiert:

$$2\,ClO_2 + H_2O_2 = 2\,HClO_2 + O_2$$

Die chlorige Säure ist zwar eine schwächere Säure als die Chlorsäure, wie ja auch die salpetrige Säure in dieser Hinsicht weit hinter der Salpetersäure zurücksteht, doch sind ihre Alkalisalze gegen Kohlensäure vollkommen beständig. Die Alkalisalze entstehen auch als Umwandlungsprodukte der Hypochlorite in alkalischen Lösungen:

$$2\,ClO^- = ClO_2^- + Cl^-$$

zerfallen aber in stark alkalischer Lösung nach:

$$3\,ClO_2^- = 2\,ClO_3^- + Cl^-$$

und werden bei schwach alkalischer Reaktion vom Hypochlorit zu Chlorat oxidiert:

$$ClO^- + ClO_2^- = ClO_3^- + Cl^-$$

Die angesäuerte verdünnte Chloritlösung oxidiert — zum .Unterschied von Chloratlösungen — Jodwasserstoff sofort zu Jod und dieses weiterhin zu Jodsäure. Besonders charakteristisch sind die gelben, sehr schwer löslichen Salze der chlorigen Säure mit Blei und Silber. Das Bleichlorit, $Pb(ClO_2)_2$, explodiert im Gemisch mit brennbaren Substanzen, wie z. B. Rohrzucker, durch Stoß und Schlag äußerst heftig und wurde zeitweise für Zündungszwecke gebraucht.

Natriumchlorit, $NaClO_2$, bzw. das beim Ansäuern einer wäßrigen Lösung entstehende Chlordioxid werden als faserschonendes Bleichmittel in der Textilindustrie verwendet.

Chlorsäure, $HClO_3$, Chlorate

Darstellung

Die Chlorsäure entsteht in Form ihrer Alkali- oder Erdalkalisalze beim Übersättigen der entsprechenden Laugen mit Chlor und anschließendem Erwärmen. Zunächst entstehen im alkalischen Medium Chlorid und Hypochlorit (siehe S. 230). Bei weiterem Einleiten von Chlor bilden sich wie im Chlorwasser hypochlorige Säure und Salzsäure. Die hypochlorige Säure oxydiert dann ihr eigenes Anion zu Chlorat:

$$2\,HClO + ClO^- = ClO_3^- + 2\,H^+ + 2\,Cl^-$$
$$2\,H^+ + 2\,ClO^- = 2\,HClO$$

Die Salzsäure macht aus Hypochlorit wieder hypochlorige Säure frei, die abermals mit Hypochlorit-Anionen Chlorat und Salzsäure erzeugt, so daß der geringe Säuregrad, wie er beim Übersättigen der Lauge mit dem Chlor eintritt, genügt, um alles Hypochlorit in Chlorat überzuführen. Diese Reaktionen verlaufen besonders in der Wärme schnell (F. FOERSTER).

Bleibt infolge von Chlormangel die Lösung alkalisch, so zerfällt das Hypochlorit in der Wärme größtenteils in Sauerstoff und Chlorid, und in geringer Menge entstehen die Alkalisalze der chlorigen Säure, $HClO_2$.

Rein schematisch läßt sich die Darstellung von Chloraten durch die folgende Gleichung ausdrücken:

$$6\,NaOH + 3\,\overset{\pm0}{Cl_2} = \overset{+5}{NaClO_3} + 5\,\overset{-1}{NaCl} + 3\,H_2O$$

Man sieht, daß von dem verhältnismäßig wertvollen Alkali nur $^1/_6$ in Chlorat und $^5/_6$ in das wertlose Chlorid übergehen. Darum gewinnt man besser die Salze der Chlorsäure elektrolytisch aus Natriumchlorid- oder Kaliumchloridlösung. Hierbei wird an der Anode Chlor frei, während sich an der Kathode Alkalilauge ansammelt und Wasserstoff als Gas entweicht. Durch Diffusion oder durch mechanisches Rühren erreicht man die Mischung des anodisch entstandenen freien Chlors mit der kathodisch gebildeten Alkalilauge. Hierdurch sind die Bedingungen zur Bildung von Hypochlorit und weiterhin von Chlorat gegeben.

Um die Reduktion dieser Produkte durch den an der Kathode naszierenden Wasserstoff zu vermeiden, gibt man zu der gesättigten Kaliumchloridlösung 0,5 % Kaliumdichromat. Es entsteht dann an der Kathode eine Art von Schutzhülle aus Chromhydroxid, die auf der Kathode eine mehr oder weniger ruhende Flüssigkeitsschicht festhält und dadurch verhindert, daß immer neues Hypochlorit bzw. Chlorat in direkte Berührung mit der Kathode gelangt und dort reduziert wird (E. MÜLLER).

Von den Salzen der Chlorsäure, den *Chloraten*, sei hier nur das in kaltem Wasser schwer lösliche *Kaliumchlorat*, $KClO_3$, erwähnt, dessen Eigenschaften bei den Kaliumsalzen eingehend behandelt werden.

Um die Chlorsäure zu gewinnen, fällt man aus der Lösung von Bariumchlorat das Barium mit der äquivalenten Menge verdünnter Schwefelsäure und läßt das Filtrat im Vakuum über Schwefelsäure eindunsten; doch gelangt man nur bis zu einer 52%igen Lösung, weil bei weiterem Konzentrieren, zumal in der Wärme oder im Licht, die Chlorsäure unter Entwicklung von Chlor und Sauerstoff in Perchlorsäure, $HClO_4$, zerfällt. In bezug auf Chlor, Sauerstoff und Wasser ist nämlich auch die Chlorsäure eine stark endotherme Verbindung:

$$4\,HClO_3\,(aq.) = 2\,Cl_2 + 5\,O_2 + 2\,H_2O + 4 \cdot 43\,kcal$$

Eigenschaften

Die 40%ige wäßrige Chlorsäurelösung wirkt sehr stark oxydierend, so daß damit getränkte Leinwand oder Filtrierpapierstreifen bald entflammen. Jod wird von Chlorsäure zu Jodsäure, Schwefel zu Schwefelsäure oxydiert, Indigosulfonsäure wird entfärbt. Rauchende Salzsäure liefert mit der konzentrierten Chlorsäure und ebenso mit Kaliumoder Natriumchlorat Chlor und Chlordioxid. Dieses gelbe Gemisch, *Euchlorin* genannt, wirkt in der Lösung wie auch im Gasraum äußerst stark oxydierend und dient zum Zerstören organischer Stoffe, um im Rückstand die anorganischen Bestandteile nachweisen zu können. Man macht davon besonders zur Bestimmung von Arsenik und anderen Metallgiften in Leichenteilen Gebrauch und fügt zu diesem Zweck zu der stark salzsauren Mischung in kleinen Anteilen Kaliumchlorat, um eine zu heftige Reaktion zu verhindern. Die Abhängigkeit der oxydierenden Wirkung der Chlorsäure bzw. der Chlorate von der Wasserstoffionen-Konzentration geht aus dem folgenden Versuch hervor:

Gießt man auf Kaliumchlorat konzentrierte Natriumhydrogensulfitlösung, so findet zunächst keine sichtbare Einwirkung statt, weil das schwach saure Hydrogensulfit nur Spuren von Chlorsäure frei machen kann. Diese genügen aber, um aus dem Hydrogensulfit etwas Hydrogensulfat zu liefern, dessen viel stärker saure Reaktion größere Mengen Chlorsäure aus dem Clorat in Freiheit setzt, so daß die anfänglich sehr geringe Reaktionsgeschwindigkeit durch die Produkte der Reaktion selbst, d. h. *autokatalytisch*, gesteigert wird. Nach 1 ... 2 min verläuft die Reaktion unter plötzlichem Aufsieden und Überschäumen der Mischung stürmisch:

$$HClO_3 + 3\,HSO_3^- = HCl + 3\,HSO_4^-$$

234 Chlor

Mit der konzentrierten Chlorsäure bzw. ihren Zerfallsprodukten kann man auch Phosphor unter Wasser verbrennen. Hierzu bringt man in ein mit Wasser teilweise gefülltes Kelchglas etwa 5 g Kaliumchloratpulver und ein Stück farblosen Phosphor, so daß beide unter dem Wasser liegen. Dann läßt man mittels einer Pipette oder eines Trichterrohres einige Tropfen konzentrierter Schwefelsäure auf den Boden des Gefäßes zu dem Salz dringen, worauf alsbald der Phosphor mit heller Lichtentwicklung und knatterndem Geräusch unter dem Wasser verbrennt.

Die von CHANCEL 1812 erfundenen Tunkzündhölzchen beruhten auf der Entflammung von Rohrzucker durch Chlorsäure. Mischt man nämlich gleiche Teile gepulverten Zucker und Kaliumchlorat auf Papier mit einer Federfahne und bringt an einem Glasstab einen Tropfen konzentrierter Schwefelsäure hinzu, so macht diese die Chlorsäure frei, die sofort den Rohrzucker verbrennt und damit die Entzündung der ganzen Mischung auslöst.

In stärkerer Verdünnung mit Wasser, etwa bei 5% Säuregehalt, ist die Chlorsäure auffallend beständig und verhält sich nach ihrem elektrischen Leitvermögen wie eine sehr starke Säure. Die schützende Wirkung des Wassers beruht auf der Umhüllung der Ionen mit Wassermolekülen durch ihre Hydratation, wodurch das ClO_3^--Ion stabilisiert wird.

Um verdünnte Chlorsäure oder schwach saure Chloratlösungen zu Chlorid zu reduzieren, bedarf es verhältnismäßig starker Reduktionsmittel. In der Analyse reduziert man die mit verdünnter Schwefelsäure angesäuerte Lösung mit Eisenpulver (ferrum reductum) oder Zinkstaub. Auch die Reduktion mit Eisen(II)-salzen oder mit schwefliger Säure führt zum Chlorid. Auf Indigosulfonsäure wirken schwach saure Chloratlösungen erst in der Wärme ein, aus Kaliumjodidlösung wird nur langsam und unvollständig Jod ausgeschieden. Auch Anilinsalz wird nicht oxydiert, ebensowenig Benzidin und Hydrochinon.

Gibt man aber zu solchen Lösungen eine Spur, etwa 1 mg Osmium oder Osmiumdioxid auf 1 l, so beginnt schon bei gewöhnlicher Temperatur sehr schnell die Abscheidung von Jod, die Entfärbung von Indigo, von Anilingrün, Benzidinviolett oder Chinhydron (K. A. HOFMANN). Die Wirkung des Osmiums beruht auf der Bildung von Osmiumtetroxid, OsO_4, auf Kosten des Sauerstoffs der angesäuerten Chloratlösung. Das Osmiumtetroxid wirkt oxydierend und wird selbst zu Osmiumdioxid, OsO_2, reduziert, das wieder durch das Chlorat oxydiert wird, so daß eine durch die Osmium-Sauerstoffverbindung vermittelte Übertragung des Sauerstoffs vom Chlorat auf das oxydierbare Objekt zustande kommt und damit die Reaktion katalysiert wird. Die Empfindlichkeitsgrenze einer 2%igen Anilin-Chloratlösung liegt bei 0,008 mg Osmiumtetroxid pro 50 ml.

Diese Katalyse von Chloraten durch Osmiumdioxid findet auch in ganz schwach sauren und vielfach auch noch in hydrogencarbonatalkalischen Lösungen statt.

Besonders wirkungsvoll gestaltet sich der Versuch, wenn man 10 g Kaliumchlorat mit 20 g pulverigem Arsenik mischt und mit 10 ... 20 ml Wasser bedeckt. Es findet auch nach Tagen keine merkliche Einwirkung statt. Gibt man aber 1 ... 2 mg Osmium oder eines seiner Oxide zu, so erfolgt nach wenigen Minuten heftige Oxydation unter Überschäumen der Masse.

Kombiniert man mit der sauerstoffübertragenden Wirkung der Osmiumoxide noch die Wasserstoffaktivierung durch Palladium und Platin, so kann man bei gewöhnlicher Temperatur den gasförmigen Wasserstoff in Gemischen mit Stickstoff und Methan schnell zu Wasser oxydieren und so analytisch aus der Volumenverminderung den Gehalt an Wasserstoff bestimmen.

Hierzu füllt man eine Hempelsche Gaspipette mit Tonröhren, die durch Eintauchen in Platinchloridlösung und Glühen mit einer dünnen Schicht Platin überzogen wurden, und gibt als Flüssigkeit eine Lösung von 5 g Natriumhydrogencarbonat, $NaHCO_3$, 35 g Natriumchlorat, $NaClO_3$, 0,01 g Osmiumdioxid, OsO_2 und 0,01 g Palladiumchlorid, $PdCl_2$, in 300 ml Wasser in die Pipette. Von reinem Wasserstoff werden in dieser Pipette in 10 min bis zu 80 ml zu Wasser oxydiert, Methan wird nicht angegriffen (K. A. HOFMANN, 1913).

Chlordioxid, ClO_2

Chlordioxid entsteht beim Anfeuchten von Kaliumchlorat mit konzentrierter Schwefelsäure. Hierbei wird die wasserfreie Chlorsäure in Perchlorsäure und Chlordioxid zerlegt. Das Oxid entweicht als rotgelbes Gas, das bei der geringsten Erwärmung unter heftiger Explosion in Chlor und Sauerstoff zerfällt.

Zur Darstellung erwärmt man ein Gemisch von 40 g Kaliumchlorat, 150 g kristallisierter Oxalsäure und 20 ml Wasser in einer Retorte im Wasserbad auf höchstens 60 °C. Das durch Oxydation der Oxalsäure entstandene Kohlendioxid verdünnt das Chlordioxid so weit, daß das Gas nicht mehr gefährlich explodieren kann. In einer mit Eis und Kochsalz gekühlten Vorlage sammelt sich das Chlordioxid als schweres, rotes Öl, das bei 10 °C unter 731 Torr siedet und bei −59 °C kristallinisch erstarrt. Weil dieses Öl ebenso wie der nicht verdünnte Dampf äußerst heftig explodieren können (Bildungswärme −23,5 kcal pro Mol ClO_2), und zwar oftmals ohne erkennbare äußere Ursache, empfiehlt es sich, niemals größere Mengen in der Vorlage aufzufangen, sondern diese stets zu wechseln, sobald sich einige Tropfen darin gesammelt haben. In Wasser löst sich das Chlordioxid mit gelber Farbe, ohne eine Säure zu bilden, desgleichen in Hydrogencarbonatlösungen. Mit Alkalilauge setzt es sich in ganz entsprechender Weise um wie das Stickstoffdioxid, nämlich zu Chlorat und Chlorit:

$$2\,KOH + 2\,ClO_2 = KClO_3 + KClO_2 + H_2O$$
$$2\,KOH + 2\,NO_2 = KNO_3 + KNO_2 + H_2O$$

Dichlorhexoxid, Cl_2O_6

M. Bodenstein erhielt Dichlorhexoxid aus Chlordioxid durch Belichten. Einfacher stellt man es nach H. J. Schumacher aus Ozon und dem mit Kohlendioxid verdünnten Chlordioxid dar. Dichlorhexoxid, ein tiefbraunrotes Öl, ist schwer flüchtig und bildet unter −1 °C rote Kristalle mit der Dichte 1,65 g/cm³. Im Dampfzustand ist es monomolekular. Bei langsamer Hydrolyse bildet Dichlorhexoxid Chlorsäure und Perchlorsäure. Dichlorhexoxid explodiert in Berührung mit brennbaren Stoffen auch noch bei −78 °C und zerfällt schon bei 15 °C merklich nach:

$$2\,Cl_2O_6 = Cl_2 + 3\,O_2 + 2\,ClO_2 + O_2$$

Perchlorsäure, $HClO_4$, Perchlorate

Die Namen Perchlorsäure und Perchlorate sollen sagen, daß das Chlor in diesen Verbindungen in der höchsten Oxydationsstufe, nämlich +7, vorliegt. Sie sind keine Derivate des Wasserstoffperoxids, da sie keine Peroxogruppe, $-O_2-$, enthalten. Die Vorsilbe „Per" darf nicht mit der Vorsilbe „Peroxo" verwechselt werden (siehe dazu unter Peroxodischwefelsäure, S. 173).

Darstellung

Die Perchlorsäure, früher auch Überchlorsäure genannt, ist die beständigste Sauerstoffsäure des Chlors und entsteht aus Chlorsäure beim Eindampfen der wäßrigen Lösung neben Chlor und freiem Sauerstoff.

Die Alkaliperchlorate entstehen aus den Chloraten beim Erhitzen auf ungefähr 400 °C, und zwar dann, wenn die anfangs dünnflüssige Schmelze unter Sauerstoffentwicklung zähflüssig geworden ist. Dies dauert beim Kaliumchlorat etwa eine halbe Stunde. Wenn keine katalysierenden Stoffe zugegen sind, vor allem kein Braunstein, verläuft der Umsatz im wesentlichen nach der Gleichung:

$$2\,KClO_3 = KClO_4 + KCl + O_2$$

Auch bei fortgesetzter Elektrolyse von Alkalichloridlösungen treten schließlich die Perchlorate auf, weil die an der Platinanode entladenen ClO_3^--Ionen mit dem Wasser unter Perchlorsäurebildung reagieren. Aus den Alkaliperchloraten wird die Perchlorsäure als analytisches Reagens zur Bestimmung von Kalium dargestellt, indem man das Kaliumperchlorat mit konzentrierter Schwefelsäure zerlegt und die wäßrige Lösung im Vakuum destilliert.

Die Mischungen von Perchlorsäure und Wasser haben unter Atmosphärendruck ein azeotropes Siedepunktsmaximum bei 203 °C. Bei dieser Temperatur enthalten Dampf und Flüssigkeit 72 Gew.-% $HClO_4$. Dampft man demgemäß verdünnte Lösungen, wie z. B. die käufliche 20%ige, ein, so entweicht zunächst überwiegend Wasser, von 130 °C an raucht die Säure, und sie konzentriert sich weiterhin unter Steigen des Siedepunktes bis 203 °C auf 72 % Gehalt (siehe das ähnliche Verhalten von Salpetersäure in Wasser, S. 128).

Diese 72%ige Perchlorsäure dient in der Analyse zum Auflösen von Stählen. Dabei kann der entweichende Wasserstoff mit den Perchlorsäuredämpfen explodieren, besonders in Gegenwart organischer Stoffe (W. DIETZ, 1939).

Aus der 72%igen Säure kann man die wasserfreie Perchlorsäure durch Zusatz von konzentrierter Schwefelsäure und Destillation bei 1 Torr erhalten.

Eigenschaften

Die wasserfreie Säure ist eine farblose, an der Luft rauchende Flüssigkeit (Dichte 1,764 g/ml bei 22 °C), die auf der Haut schmerzhafte, bösartige Wunden erzeugt, nur unter vermindertem Druck unzersetzt destilliert, unter 760 Torr aber von 90 °C an teilweise in Chlordioxid und Sauerstoff zerfällt. Auch bei gewöhnlicher Temperatur zersetzt sie sich nach einigen Tagen, oft tritt hierbei ohne äußeren Anlaß Explosion ein. Mit brennbaren Substanzen, wie Holzkohle, Papier, Holz und Äther, erfolgen regelmäßig sehr heftige Detonationen, desgleichen beim Aufgießen auf Phosphorpentoxid, weil hierbei ihr Anhydrid, das äußerst explosive Dichlorheptoxid, Cl_2O_7, entsteht.

Die Explosionsfähigkeit der wasserfreien Perchlorsäure beruht auf ihrer endothermen Natur. Der Zerfall in Chlor, Sauerstoff und Wasser liefert 15 kcal für 1 Mol.

In Gegenwart von Wasser ändert sich das Verhalten der Perchlorsäure von Grund auf, weil bei der Auflösung in Wasser ungewöhnlich viel Wärme frei wird, nämlich 20,3 kcal für 1 Mol, so daß die wäßrige Perchlorsäure eine exotherme Verbindung ist, deren Spaltung in Chlor, Sauerstoff und Wasser 5 kcal für 1 Mol erfordern würde.

Dementsprechend läßt sich wasserhaltige Perchlorsäure völlig gefahrlos handhaben, und man arbeitet meist mit ihr und nicht mit der wasserfreien Säure. Während diese erst bei −112 °C erstarrt, kristallisiert das Monohydrat, $HClO_4 \cdot H_2O$, in langen Nadeln vom Schmelzp. +50 °C und der Dichte 1,811 g/cm³ bei 15 °C.

Das Dihydrat, $HClO_4 \cdot 2 H_2O$, ist eine weiße Kristallmasse, die bei −17,8 °C schmilzt. Außerdem existieren noch die Hydrate: $HClO_4 \cdot 2^{1}/_2 H_2O$, Schmelzp. −30 °C, und zwei Formen des Trihydrats, $HClO_4 \cdot 3 H_2O$, vom Schmelzp. −43,2 °C bzw. −37 °C.

Die Perchlorsäure ist wohl die stärkste aller Säuren. In wäßriger Lösung ist sie vollständig dissoziiert. Sie wirkt dabei trotz ihres erhöhten Sauerstoffgehalts im Gegensatz zur wäßrigen Chlorsäure, chlorigen und hypochlorigen Säure nicht oxydierend, weder auf Indigolösung noch auf Jodwasserstoff, Chlorwasserstoff, Schwefelwasserstoff und schweflige Säure. Eisen und Zink lösen sich unter Wasserstoffentwicklung zu Perchloraten, ohne daß hierbei die Perchlorsäure reduziert wird. Die Reduktion zu Chlorid erfolgt erst durch Dithionit, Titan(III)-chlorid, Chrom(II)-chlorid und Eisen(II)-hydroxid, letzteres in alkalischer Lösung. Aluminium sowie schweflige Säure reduzieren wohl die Chlorsäure-, nicht aber die Perchlorsäurelösungen. Übergießt man Kaliumchlorat mit rauchender Salzsäure, so entweicht unter stürmischer Reaktion ein Gemisch von Chlor und Chlordioxid; dagegen bleibt Kaliumperchlorat unter rauchender Salzsäure unzersetzt. Während Kaliumchlorat, mit konzentrierter Schwefelsäure befeuchtet, das explosive Chlordioxid abgibt, verhält sich Kaliumperchlorat hiergegen völlig ruhig; beim Erhitzen destilliert langsam die Perchlorsäure in weißen Nebeln ab.

Perchlorate

Zum Unterschied von dem leicht löslichen Natriumperchlorat sind die Perchlorate von Kalium, Rubidium und Cäsium in Wasser und besonders in Wasser-Alkoholgemischen so schwer löslich, daß man die Perchlorsäure zur Trennung und Bestimmung dieser Alkalimetalle gebraucht.

Ammoniumperchlorat

Ammoniumperchlorat ist bei gewöhnlicher Temperatur vollkommen beständig und zerfällt oberhalb 200 °C in Chlor, Sauerstoff, Stickstoff und Wasser mit gelber Feuererscheinung:

$$NH_4ClO_4 = \tfrac{1}{2} Cl_2 + O_2 + \tfrac{1}{2} N_2 + 2 H_2O + 38 \text{ kcal}$$

Ammoniumchlorat, NH_4ClO_3, hingegen explodiert schon bei 102 °C und schließlich beim Aufbewahren von selbst. Hieraus geht abermals die größere Beständigkeit der Perchlorsäure- gegenüber den Chlorsäureverbindungen hervor.

Oxoniumperchlorat

Manche Säuren kristallisieren beim Konzentrieren als Hydrate. So bildet die Perchlorsäure beim Entzug des Wassers zunächst das Hydrat $HClO_4 \cdot H_2O$. Dieses Hydrat ist als Oxoniumperchlorat, $(H_3O)^+ClO_4^-$, zu formulieren, denn die Analogie mit dem Ammoniumperchlorat, $(NH_4)^+ClO_4^-$, folgt mit größter Deutlichkeit aus der röntgenographischen Übereinstimmung beider Verbindungen (M. VOLMER, 1924).

Nitrosylperchlorat, (NO)ClO$_4$

Betrachtet man eine konzentrierte, wäßrige Perchlorsäure, so fällt eine unverkennbare äußerliche Ähnlichkeit mit konzentrierter Schwefelsäure auf: Beide sind dickflüssig, beständig, rauchen beim Erhitzen und destillieren bei höherer Temperatur unzersetzt. Diese zunächst rein äußerliche Analogie zeigt sich auch im Verhalten gegen nitrose Gase.

Dampft man die 20 ... 30%ige Perchlorsäure des Handels soweit ein, bis ein eingetauchtes Thermometer 140 °C zeigt, kühlt ab und leitet dann bei Zimmertemperatur das aus Natriumnitrit und 68%iger Salpetersäure entwickelte Stickstoffoxidgemisch ein, so bilden sich bald farblose, doppelbrechende Kristallblättchen in solcher Menge, daß die Flüssigkeit fast erstarrt. Nach dem Absaugen im Porzellan- oder Glasfiltertiegel und Trocknen über Phosphorpentoxid ist das Nitrosylperchlorat rein.

Ähnlich wie die Bleikammerkristalle, $NO(HSO_4)$, ist das Nitrosylperchlorat in trockener Umgebung vollkommen beständig, erst bei 108 °C beginnt die Entwicklung von Stickstoffoxiden. Mit Wasser erfolgt sofortige Hydrolyse in Perchlorsäure und salpetrige Säure. Methylalkohol liefert sofort Methylnitrit; Äthylalkohol, Aceton und Äther entflammen oder explodieren nach wenigen Sekunden.

Besonders heftig reagiert das Nitrosylperchlorat mit den primären Aminen der Benzolreihe, Anilin, Toluidin usw. Befeuchtet man mit diesen Filterpapier und bringt ein Kriställchen Nitrosylperchlorat hinzu, so schießt sofort eine Flamme empor. Läßt man eiskaltes Anilin auf die Kristalle tropfen, so erfolgt heftige Explosion. Sie beruht auf der vorausgehenden Bildung des äußerst explosiven Diazoniumperchlorats, $C_6H_5-N_2-ClO_4$. Auch Harnstoff, Terpentinöl und viele andere Stoffe werden entzündet. Das an sich völlig ungefährliche und leicht darzustellende Nitrosylperchlorat eignet sich sehr gut für Vorlesungsexperimente anstelle der gefährlichen wasserfreien Perchlorsäure (K. A. HOFMANN). (Über die salzartige Konstitution von Nitrosylperchlorat siehe S. 144 unter Nitrosylverbindungen.)

Dichlorheptoxid, Cl_2O_7

Dichlorheptoxid (Perchlorsäureanhydrid) stellt man aus wasserfreier Perchlorsäure und Phosphorpentoxid dar. Es ist ein farbloses, flüchtiges Öl, Siedep. 82 °C, Schmelzp. −91,5 °C. Dichlorheptoxid zerfällt bei gewöhnlicher Temperatur allmählich in Chlor und Sauerstoff, aber beim Berühren mit einer Flamme oder durch Schlag explodiert es heftig.

Wegen dieser Explosionsgefahr ist es beim Arbeiten mit Dichlorheptoxid empfehlenswert, eine Lösung des Heptoxids in Tetrachlorkohlenstoff herzustellen (F. MEYER u. H. G. KESSLER, 1921).

Mit Chlordioxid gibt wasserfreie Perchlorsäure eine dunkelrotbraune Verbindung, die wohl auch die bekannte Färbung verursacht, die man an der Lösung von Kaliumchlorat in Schwefelsäure sowie bei der langsamen Zersetzung von Perchlorsäure beobachtet (D. VORLÄNDER).

Struktur und Beständigkeit der Chlorsauerstoffsäuren

Bei den Säuren des Chlors, des Schwefels und des Stickstoffs nimmt, wie wir gesehen haben, die Stärke der Säure mit der Zahl der Sauerstoffatome im Molekül zu, desgleichen die Beständigkeit, während die oxydierende Wirksamkeit in wäßriger Lösung abnimmt. Wenn man bedenkt, daß die Aufnahme des ersten Sauerstoffatoms in das Molekül der hypochlorigen Säure nur unter Aufbietung von Energie aus der Salzsäure- oder Chloridbildung möglich ist, sollte man meinen, daß die weitere Anhäufung von Sauerstoff in den Molekülen der chlorigen Säure, der Chlorsäure und schließlich der Perchlorsäure zunehmende Schwierigkeiten bieten würde und daß diese Gebilde um so labiler sein müßten, je höher die Zahl der Sauerstoffatome im Molekül wird. Dagegen lehrt die Erfahrung, daß von den Hypochloriten aus die Chlorate und Perchlorate und ebenso die freien Säuren durch freiwillige, von selbst verlaufende Reaktionen entstehen und daß der Sauerstoff um so fester sitzt, je mehr er angereichert ist.

Zur Erklärung dieser Tatsache betrachten wir die Elektronenformeln der vier Chlorsauerstoffsäuren:

In der Perchlorsäure bilden — ebenso wie in der Schwefelsäure — die Sauerstoffatome ein Tetraeder, das das Cl- bzw. S-Atom in der Mitte vollständig umhüllt und so vor Reduktion schützt. Die sauerstoffärmeren Verbindungen sind weniger symmetrisch gebaut, so daß das Cl-Atom nicht mehr abgeschirmt ist. Zudem befinden sich am Cl-Atom ein bzw. mehrere freie Elektronenpaare, die dem Molekül eine erhöhte Reaktionsbereitschaft verleihen.

Um die im Vergleich zu den konzentrierten Säuren bedeutend größere Beständigkeit der verdünnten Säuren zu verstehen, ist zu beachten, daß in den wäßrigen Lösungen nicht mehr die undissoziierten neutralen Säuremoleküle $HClO_4$, $HClO_3$ usw. vorliegen, sondern die Ionen ClO_4^-, ClO_3^- und H_3O^+, die durch eine Hydrathülle geschützt und voneinander getrennt sind. In entsprechender Weise erklären sich die Unterschiede im Verhalten der konzentrierten Schwefelsäure oder Salpetersäure einerseits und ihrer wäßrigen, stark verdünnten Lösungen andererseits.

Brom, Br

Atomgewicht	79,904
Schmelzpunkt	− 7,3 °C
Siedepunkt	58,8 °C
Dichte bei 0 °C	3,19 g/ml

Das Brom wurde 1826 von BALARD in den Mutterlaugen des Meerwassers aufgefunden und wegen seines intensiven Geruchs nach dem griechischen Wort $\beta\varrho\tilde{\omega}\mu o\varsigma$ ≙ Gestank benannt.

Vorkommen, Gewinnung und Verwendung

Im Meerwasser begleiten die Bromide in sehr geringer Konzentration die Chloride, so daß im Ozeanwasser nur 0,008 % Bromid gefunden werden. Das Verhältnis von Brom zu Chlor scheint im Meerwasser und in den Gesteinen annähernd dasselbe zu sein und 1 : 300 zu betragen. In den Tieren und Pflanzen des Meeres reichert sich das Brom merklich an. Der seit alters her berühmte Farbstoff der Purpurschnecke ist 6,6'-Dibrom-indigo.

Im Toten Meer sowie in den Salzsolen von Kreuznach, Heilbrunn, Kissingen, Sulza, Neusalzwerk, Bourbonne, Northwich ist verhältnismäßig viel Bromid enthalten.

Die wichtigste Fundstätte sind die Abraumsalze von Staßfurt. Dort wurden die leicht löslichen Bromide aus dem Zechsteinmeer bei der Kristallisation angehäuft. Der *Brom-karnallit*, $MgBr_2 \cdot KBr \cdot 6 H_2O$, ist in den Mutterlaugen der Staßfurter Karnallitindustrie so weit konzentriert, daß diese Endlaugen fast $^1/_3$ % Brom enthalten. In Nordamerika findet sich Brom in den Salzquellen von Ohio und Pennsylvanien.

Man gewinnt das Brom aus den Mutterlaugen der Karnallitbetriebe bzw. den Endlaugen von Meeressalinen durch Einwirkung von Chlorgas in Türmen:

$$MgBr_2 + Cl_2 = MgCl_2 + Br_2$$

Das so freigemachte Brom wird zur Reinigung destilliert. Die Welterzeugung betrug 1954 etwa 100 000 t Brom.

Das Brom wird technisch vielseitig verwendet, indem es anstelle von Chlor als Substituent in organische Verbindungen eingeführt wird, einesteils für synthetische Zwecke, anderenteils zur Vertiefung der Färbung, wie beim Eosin (Tetrabromfluorescein), oder zur Darstellung von Silberbromid für die Photographie. Große Mengen werden in den USA zur Herstellung von Äthylendibromid gebraucht, das dem als „Antiklopfmittel" dienenden Bleitetraäthyl zugesetzt wird, um den Niederschlag von Blei in den Zylindern der Otto-Motoren zu verhindern. Außerdem dienen Kaliumbromid, Ammoniumbromid, Bromural, Adalin und andere Brompräparate in der Medizin als nervenberuhigende und schlafbringende Mittel.

Eigenschaften

Das Brom ist eine tiefbraunrote, in dicken Schichten fast schwarze Flüssigkeit, die infolge des niederen Siedepunkts schon bei gewöhnlicher Temperatur stark verdampft Die Dämpfe sind braunrot. Der Geruch des Broms ist noch intensiver als der des Chlors und die Wirkung auf die Atmungsorgane bei 100 000facher Verdünnung mit Luft schon sehr beträchtlich. Bei 10 000facher Verdünnung erfolgt nach mehrstündigem

Einatmen meist tödliche Verätzung der Bronchien. Auf der Haut entstehen durch flüssiges Brom sofort tiefe schmerzhafte Wunden. Am besten hemmt man diese fressende Wirkung des Broms durch sofortiges Waschen mit Petroleum oder Benzol.

Unterhalb −7,3 °C ist Brom ein kristalliner, schwach metallisch glänzender Stoff von dunkelrotbrauner Färbung.

In Wasser löst sich Brom zu 3,5 % mit braunroter Farbe zu Bromwasser. Es wird vielfach als Oxydationsmittel im Laboratorium, besonders in alkalischer Lösung gebraucht. In alkalischer Lösung entsteht zunächst wie beim Chlor eine sehr reaktionsfähige niedere Sauerstoffverbindung, das Hypobromit:

$$Br_2 + 2 KOH = KBr + KBrO + H_2O$$

Bei niederen Temperaturen existiert das bei 6 °C zerfallende Hydrat $Br_2 \cdot 8 H_2O$ (Dichte 1,49 g/ml). In starker Salzsäure löst sich Brom bei Zimmertemperatur bis zu 24 %; Schwefelkohlenstoff und Chloroform mischen sich mit Brom in jedem Verhältnis und entziehen dieses der wäßrigen Lösung beim Schütteln so weit, bis zwischen den beiden Konzentrationen in dem Wasser einerseits und dem organischen Lösungsmittel andererseits ein bestimmtes Verhältnis eingetreten ist (Verteilungssatz, siehe bei Jod).

Im Dampfzustand liegen, wie aus der Dampfdichte folgt, Br_2-Moleküle vor; bei 1500 °C sind etwa 30 % in einzelne Bromatome aufgespalten.

In seinem chemischen Verhalten steht das Brom dem Chlor nahe, es wirkt auf Phosphor, Arsen, Antimon unter Feuererscheinung, verbindet sich mit Kalium sofort unter Explosion, nicht aber bei gewöhnlicher Temperatur mit Natrium. Silberchlorid und Silberbromid, Bleichlorid und Bleibromid, Thalliumchlorid und Thalliumbromid sind einander sehr ähnlich; doch sind die Bromide dieser Metalle deutlich gelb gefärbt. Die Alkalibromide sind leichter löslich als die entsprechenden Chloride. Bromwasser wirkt ähnlich, aber langsamer bleichend als gleichkonzentriertes Chlorwasser. Stärkekleister bildet mit Brom eine orangerote Additionsverbindung.

Verbindungen des Broms

Bromwasserstoff, HBr

Schmelzpunkt	−88,5 °C
Siedepunkt	−67 °C
Kritische Temperatur	90,4 °C

Bromwasserstoff entsteht aus Bromdampf und Wasserstoff mit erheblich geringerer Wärmeentwicklung als Chlorwasserstoff:

$$H_{2Gas} + Br_{2Gas} = 2 HBr_{Gas} + 2 \cdot 11,1 \text{ kcal}$$

Da die Bromwasserstoffbildung keine Kettenreaktion (siehe unter Chlorknallgas) ist, erfolgt die Umsetzung ohne Explosion.

Man erhält Bromwasserstoff am besten beim Leiten der Gase durch ein mit Platinasbest oder Aktivkohle beschicktes Rohr bei 150 . . . 300 °C.

Meist stellt man Bromwasserstoff aus mit Wasser befeuchtetem roten Phosphor durch Auftropfenlassen von Brom dar. Hierbei entsteht zuerst Phosphorpentabromid, das vom Wasser in Phosphorsäure und Bromwasserstoff gespalten wird:

$$PBr_5 + 4 H_2O = H_3PO_4 + 5 HBr$$

Aus Kaliumbromid kann man mit konzentrierter Schwefelsäure keinen reinen Bromwasserstoff erhalten, weil dieser durch die Schwefelsäure teilweise zu Brom oxidiert wird. Dies kann man durch Verwendung einer Mischung aus 3 Raumteilen Schwefelsäure und 1 Raumteil Wasser unter Zusatz von 1 . . . 2 % rotem Phosphor verhindern.

Mit konzentrierter Phosphorsäure dagegen kann man aus Natriumbromid oder Kaliumbromid direkt reinen Bromwasserstoff entwickeln.

Auch aus Benzol und Brom kann man Bromwasserstoff darstellen, weil das Brom, besonders in Gegenwart von katalytisch wirkendem Eisenbromid oder Aluminiumbromid, glatt substituierend wirkt nach:

$$C_6H_6 + 2\,Br_2 = C_6H_4Br_2 + 2\,HBr$$
$$\text{Dibrombenzol}$$

Vorteilhafter ist die Darstellung durch Eintropfen in schwach siedendes Tetralin (Tetrahydronaphthalin), weil hierbei das Brom überwiegend wasserstoffabspaltend auf das Tetralin wirkt.

Eine wäßrige Lösung von Bromwasserstoff erhält man am einfachsten durch Übergießen von Brom mit dem zehnfachen Gewicht Wasser und Einleiten von Schwefelwasserstoff bis zur Entfärbung:

$$Br_2 + H_2S = S + 2\,HBr$$

Um überschüssigen Schwefelwasserstoff zu vertreiben, erhitzt man schließlich zum Sieden und filtriert vom Schwefel ab.

Der Bromwasserstoff ist spezifisch schwerer als der Chlorwasserstoff; 1 l Bromwasserstoffgas wiegt bei 0 °C und 760 Torr 3,61 g. Er bildet an der Luft Nebel, hat einen stechenden, zum Husten reizenden Geruch und sehr stark sauren Geschmack. In Wasser löst sich Bromwasserstoff noch leichter als Chlorwasserstoff, nämlich 582 Vol. in 1 Vol. Wasser bei 10 °C. Die bei 0 °C gesättigte Lösung (Dichte 1,78 g/ml) enthält 82 % HBr, die bei 15 °C gesättigte Lösung (Dichte 1,52 g/ml) enthält 50 % HBr.

Beim Erhitzen verliert die konzentrierte Säure Bromwasserstoff, verdünnte dagegen Wasser, bis die Konzentration 48 % HBr beträgt. Diese Säure mit der Dichte 1,5 g/ml siedet bei 126 °C unzersetzt.

Bei niederen Temperaturen existieren mindestens 2 kristallisierte Hydrate, nämlich das Dihydrat, $HBr \cdot 2\,H_2O$, (Schmelzp. −11,3 °C) und das Tetrahydrat, $HBr \cdot 4\,H_2O$, (Schmelzp. −55,8 °C).

Die wäßrige Lösung ist eine starke Säure, die der Salzsäure an Leitfähigkeit und katalysierender Wirksamkeit gleichkommt. Auch im Verhalten gegen Metalle, Oxide usw. gleicht sie der Salzsäure soweit, daß Einzelaufzählungen hier überflüssig sind. Zum Unterschied von der Salzsäure ist die Bromwasserstoffsäure aber leichter oxydierbar, z. B. schon durch verdünnte Permanganatlösung. Konzentrierte Schwefelsäure wirkt auf Bromwasserstoff oxydierend:

$$H_2SO_4 + 2\,HBr = SO_2 + Br_2 + 2\,H_2O$$

Chlor treibt ebenso wie aus den Bromiden so auch aus Bromwasserstoff das Brom aus. Dagegen wirken Eisen(III)-salze und salpetrige Säure nicht oxydierend auf Bromwasserstoff zum Unterschied von Jodwasserstoff.

Sauerstoffverbindungen des Broms

Hypobromige Säure, HBrO

Hypobromige Säure entsteht beim Schütteln von Quecksilberoxid mit Bromwasser und kann durch wiederholten Zusatz von Quecksilberoxid und Brom bis auf 6 % HBrO gebracht werden. Diese gelbe Lösung wirkt ebenso bleichend wie die der hypochlorigen Säure, ist schon bei 30 °C zersetzlich und nur im Vakuum destillierbar.

Alkalihypobromitlösungen, aus Bromwasser und kalter Alkalilauge erhältlich, dienen in der analytischen Chemie als Oxydationsmittel, so zum Fällen von Mangan- oder Nickelsalzen als höhere Oxide, zur Überführung von Chromhydroxid in Chromate usw. Ein kristallisiertes Natriumhypobromit, $NaBrO \cdot 5\,H_2O$, konnte von R. Scholder (1952) dargestellt werden. Es zersetzt sich oberhalb 0 °C bald in Bromid, Bromat und auch Sauerstoff.

Bromdioxid, BrO_2, Dibromoxid, Br_2O

Bromdioxid bildet sich aus Bromdampf und Sauerstoff in der Glimmentladung als eigelbe Verbindung. Es ist unterhalb —40 °C vollkommen beständig, zersetzt sich aber bei höherer Temperatur (R. SCHWARZ und M. SCHMEISSER, 1937).

Bei der Zersetzung des Bromdioxids im Hochvakuum erhielten SCHWARZ und WIELE ein braunes Dibromoxid, Br_2O, das sich leicht in gekühltem Tetrachlorkohlenstoff mit moosgrüner Farbe löst. Auch das Dibromoxid zersetzt sich beim Erwärmen. Es schmilzt bei —17,5 °C unter teilweiser Zersetzung.

Bromsäure, $HBrO_3$, Bromate

Bromsäure entsteht beim Zerfall der hypobromigen Säure wie auch bei der Oxydation von Brom mit hypochloriger Säure. Beim Eindampfen auf dem Wasserbad läßt sich die Bromsäurelösung nur bis 5 % konzentrieren, im Vakuum erreicht man eine Konzentration von 50 %. Bei höheren Konzentrationen zerfällt Bromsäure in Brom und Sauerstoff.

Die Bromate, wie Kalium- und Bariumbromat, entstehen wie die Chlorate, nämlich beim Erwärmen der alkalischen Laugen mit etwas überschüssigem Brom, bei der Elektrolyse von Alkalibromiden bei 80 °C an glatter Anode, aber auch aus den Chloraten beim Schmelzen mit den Bromiden. Kaliumbromat wird in der Maßanalyse als Oxydationsmittel in salzsaurer Lösung verwendet.

Eine bromige Säure sowie Perbromsäure sind unbekannt.

Jod, J

Atomgewicht	126,9045
Schmelzpunkt	113,5 °C
Siedepunkt	184,5 °C
Dichte bei 25 °C	4,93 g/cm³
Dampfdichte bei 600 °C (Luft = 1)	8,72
Dampfdichte bei 1500 °C (Luft = 1) (Dissoziation der J_2-Moleküle in freie Atome)	4,5

Das Jod wurde 1811 von COURTOIS in dem zur Sodadarstellung dienenden Kelp (Asche von Seetangen) aufgefunden und nach der Farbe des Dampfes benannt (von ἰοειδής ≙ veilchenfarbig).

Vorkommen und Darstellung

Jod ist in der Natur weit verbreitet, aber stets nur in geringen Konzentrationen anzutreffen. Im Meerwasser sind etwa 0,0002 % Jod, und zwar wohl nur in organischer Bindung, vorhanden.

Die Algen des Meeres, insbesondere auch die Tange und einige Hornschwämme sowie die Korallen, häufen das Jod in Form von Dijodtyrosin (Jodgorgosäure) an. Auch die Landpflanzen enthalten ausnahmslos geringe Mengen Jod. Die in der Luft verbreiteten Sporen niederer Organismen sind relativ reich an Jod, so daß nach CHATIN 4000 l Pariser Luft 0,002 mg Jod enthalten. Die von einem Menschen in 24 h eingeatmete Jodmenge beträgt demnach in Paris 0,01 ... 0,005 mg. Kleine Mengen Jod sind für den menschlichen Organismus und wohl auch für die meisten höheren Organismen zur Aufrechterhaltung des normalen Stoffwechsels unentbehrlich.

Eine an Eiweiß gebundene jodhaltige Aminosäure, das Thyroxin, wird in der Schilddrüse[1]) als wichtiges Hormon für die Regulierung des Stoffwechsels gebildet. Bei Jodmangel tritt die als Kropf bekannte Wucherung der Schilddrüse ein. Bei Exstirpation der Schilddrüse folgen schwere Schädigungen, die zum Kretinismus führen, aber durch Verabreichung jodhaltiger Schilddrüsenpräparate gemildert werden können.

Durch Anhäufung von Seepflanzen in den Ablagerungen früherer Erdperioden, meist aus der Triaszeit sowie aus dem unteren Jura, sind manche Schichten so reich an Jod, daß die daraus hervordringenden Quellen wegen ihres Jodgehalts medizinische Bedeutung erlangt haben, wie z. B. bei Tölz, Heilbrunn in Bayern, bei Saxon, Lyon und Montpellier in Frankreich. Das Wasser der Quelle von Woodhall Spa bei Lincoln in Nordamerika ist durch freies Jod braun gefärbt. Sehr geringe Mengen Jod dürften sich wohl in allen Gesteinen und Wässern nachweisen lassen. Verhältnismäßig reich an Jod sind die Steinkohlen und besonders der Liasschiefer bei Boll in Württemberg.

Sehr wichtig ist das Vorkommen von Jodaten im Chilesalpeter, der stellenweise bis zu 0,1 % Jod enthält. Aus den beim Kristallisieren des Natronsalpeters verbleibenden Mutterlaugen mit 5 ... 10 g Natriumjodat, $NaJO_3$, im Liter stellt man das Jod durch Reduktion mit Schwefeldioxid in Türmen dar. Das hierbei abgeschiedene Rohjod wird durch Sublimation gereinigt. Die Weltproduktion betrug 1955 2000 t, davon zwei Drittel aus Chilesalpeter und ein erheblicher Teil aus Mineralquellen.

Ein kleiner Teil der Jodproduktion stammt aus der bis zu 0,4 % Jod enthaltenden Asche von Algen und Tangen des Meeres, die in Schottland Kelp, in der Normandie Varec genannt wird. Bei der Veraschung geht fast die Hälfte des Jods durch Verdampfung und Zersetzung der Jodide verloren. Doch verdient diese Darstellung Interesse, weil man die organische Substanz der Seetange als Klebe- und Appretierungsmittel (Norgine) verwenden kann und so das Jod als billiges Nebenprodukt gewinnt.

Um das Rohjod von Chlor, Brom und Cyanverbindungen zu reinigen, wird es unter Zusatz von etwas Kaliumjodid sublimiert, geringe Mengen am besten zwischen 2 Uhrgläsern auf dem Sandbad bei 50 ... 80 °C, größere Mengen aus Retorten. Auch durch Erhitzen von Jod mit einer geringen Menge konzentrierter Kaliumjodidlösung in einem bedeckten Becherglas bis zum Schmelzen, Erkaltenlassen und Abtropfen auf einem Trichter erhält man chlor- und bromfreies Jod. Die Cyanverbindungen entfernt man am vollständigsten durch Behandeln mit etwas Eisenpulver und wenig Kaliumcarbonat unter Wasser und darauffolgendes Sublimieren des getrockneten Jods.

Eigenschaften

Jod bildet graphitähnliche, grauschwarze Kristalle, die sich schon bei Zimmertemperatur beträchtlich verflüchtigen und einen an Walnußschalen erinnernden Geruch besitzen. Die Joddämpfe sind giftig und rufen an den Schleimhäuten der Atmungsorgane und der Augen hartnäckige katarrhalische Entzündungen (Jodschnupfen) hervor. Der Joddampf ist violett gefärbt und zeigt ein sehr charakteristisches bandenförmiges Absorptionsspektrum. Mit Luft verdünnt erscheint er in dicker Schicht blau, in dünner violett.

Das Jod besteht nicht nur im Dampfzustand, sondern auch im flüssigen und im festen Zustand aus J_2-Molekülen. Die Kristallstruktur zeigt das typische Bild eines *Molekülgitters* (Abb. 49). Im Kristall sind je 2 J-Atome in geringem Abstand und verhältnismäßig fest miteinander zu einem J_2-Molekül verbunden. Da in diesen Molekülen die Bindungskräfte der J-Atome abgesättigt sind, werden die einzelnen Moleküle im Kristall

---

[1]) Der Jodgehalt der Schilddrüse beträgt durchschnittlich 2 mg pro 1 g Trockensubstanz.

nur durch schwächere zwischenmolekulare Kräfte zusammengehalten. Dies zeigt sich deutlich in den großen Abständen von Molekül zu Molekül. So wird verständlich, daß sich ein Kristall — ganz anders als etwa ein Natriumchloridkristall — leicht in die freien Moleküle zerteilt, sei es, daß er sich beim Verdampfen verflüchtigt, sei es, daß er sich in einem Lösungsmittel auflöst.

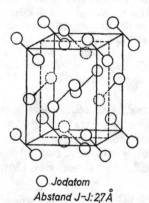

○ Jodatom
Abstand J–J: 2,7 Å

Abb. 49. Kristallstruktur von Jod

In Wasser löst sich Jod nur sehr wenig (1 Teil in 5500 Teilen Wasser von 10 °C) mit gelber Farbe. In Gegenwart von löslichen Jodiden, z. B. von Kaliumjodid oder von Jodwasserstoff, erhält man dagegen konzentrierte, dunkelbraune Lösungen, weil sich hierbei Anlagerungsverbindungen, wie KJ_3, bilden. So lösen sich z. B. 3,5 g Jod in einer Lösung von 6 g Kaliumjodid in 100 ml Wasser.

Leicht löslich ist das Jod in organischen Flüssigkeiten. Schwefelkohlenstoff, Tetrachlorkohlenstoff, Chloroform lösen mit violetter Farbe; Benzol, Äthylenchlorid und -bromid mit roter Farbe; Äther, Alkohol, Aceton mit brauner Farbe. Die Verschiedenheit der Färbung beruht auf der verschiedenen Solvatation der Jodmoleküle. In den violetten Jodlösungen sind die Jodmoleküle frei, in den braunen aber mit dem Lösungsmittel zu Solvat-Komplexen vereinigt.

Schüttelt man eine Lösung oder Suspension von Jod in Wasser mit einer der ebengenannten, im Wasser nicht löslichen organischen Flüssigkeiten, wie z. B. mit Äther, Schwefelkohlenstoff, Chloroform, Tetrachlorkohlenstoff, so verteilt sich das Jod zwischen den beiden Lösungsmitteln derart, daß das Verhältnis der Konzentration von Jod im organischen Solvens (c_1) zur Konzentration im Wasser (c_2) stets konstant ist, unabhängig von den absoluten Werten der Konzentration selbst:

$$\frac{c_1}{c_2} = K$$

Dies ist der *Nernst'sche Verteilungssatz*, der allgemein für die Verteilung eines Stoffes zwischen 2 Phasen (flüssig/flüssig oder flüssig/gasförmig) gilt, sofern der Molekularzustand des Stoffes in beiden Phasen der gleiche ist. Dies ist beim Jod der Fall. K ist die Gleichgewichtskonstante, die hier *Verteilungskoeffizient* genannt wird. Trennt man nun z. B. die Schwefelkohlenstoffschicht nach dem ersten Ausschütteln ab und schüttelt die zurückbleibende wäßrige Lösung abermals mit frischem Schwefelkohlenstoff, so stellt sich erneut das Verteilungsgleichgewicht ein, und man kann so in geometrischer Progression die Konzentration des Jods in der wäßrigen Schicht verringern. Hierauf beruht ein nicht nur zur Extraktion des Jods, sondern auch in zahlreichen anderen Fällen, besonders in der präparativen organischen Chemie geeignetes Verfahren, um Stoffe aus der wäßrigen Lösung oder Suspension auszuziehen. Da man hierzu meist Äther verwendet, nennt man diese Methode das „Ausäthern".

Sehr charakteristisch ist die Reaktion von Jod mit einigen Kolloiden, besonders mit Stärkelösung. Diese wird von geringsten Spuren Jod in Gegenwart von Jod-Ionen blau gefärbt. Auf dieser Reaktion beruht der für die Analyse höchst wichtige *Nachweis von freiem Jod*. Diese Jod-Stärkeverbindung ist in der Wärme unbeständig, so daß die Färbung bei etwa 70 °C verschwindet und erst beim Abkühlen wieder erscheint.

Die blaue Verbindung ist eine sogenannte *Einschlußverbindung*. Die Glucoseketten der Amylose — dem löslichen Bestandteil der Stärke — sind schraubenförmig angeordnet, so daß

Kanäle entstehen, in die das Jod eingelagert werden kann (R. E. RUNDLE, 1947, F. CRAMER, 1951).

Auch das basische Lanthanacetat (siehe unter Seltenen Erden) wird durch Jod blau gefärbt, sofern es in flockiger oder schleimiger Beschaffenheit oder als Hydrosol vorliegt, desgleichen das basische Praseodymacetat.

Medizinische Verwendung

Das Jod findet in der Medizin ausgedehnte Anwendung. Die offizinelle Jodtinktur ist eine Lösung von 7 % Jod und 3 % Kaliumjodid in 90%igem Alkohol und dient als Gewebsreiz und Desinfektionsmittel bei chirurgischen Operationen sowie auch zur Resorption der Reste von Entzündungsprozessen und einigen bestimmten Wucherungen. Die Naturseide löst bis zu 18 % Jod mit schön rostgelber Farbe und gibt freies Jod an Wunden in gemilderter Konzentration wieder ab (K. A. HOFMANN). In der Wundbehandlung spielte das Jodoform, CHJ_3, eine hervorragende Rolle, weil es nicht nur desinfizierend wirkt, sondern auch die Wundheilung selbst beschleunigt. Wegen seiner vielfachen Nebenwirkungen ist das Jodoform aber mehr und mehr durch andere jodabspaltende, aber weniger giftig wirkende Verbindungen (Vioform = Jodchlorooxychinolin, Yatren = Jodoxychinolinsulfonsäure) verdrängt worden. Als Jodkalium (Kaliumjodid) dient das Jod als Mittel bei tertiärer Lues. Außerdem spielt Jod in Form von organischen Jodverbindungen als röntgenschattengebendes Element neben Bariumsulfat eine bedeutende Rolle. Zur Verhütung des Jodmangelkropfes wird in der Schweiz, zum Teil auch in Süddeutschland vielfach „Vollsalz" verabreicht, das 5 mg Kaliumjodid auf 1 kg Kochsalz enthält.

Verbindungen des Jods

Jodwasserstoff, HJ

Schmelzpunkt	−50,8 °C
Siedepunkt	−35,7 °C

Jodwasserstoff kann aus Joddampf und Wasserstoff durch Überleiten über erwärmtes, fein verteiltes Platin dargestellt werden:

$$H_{2\,Gas} + J_{2\,Gas} = 2\,HJ_{Gas} + 2 \cdot 1{,}35\;kcal$$

Dieser Vorgang liefert jedoch meist keine gute Ausbeute.

Aus Kaliumjodid und konzentrierter Schwefelsäure erhält man fast keinen Jodwasserstoff, weil dieser von der Schwefelsäure weitgehend zu Jod oxydiert wird, wobei die Schwefelsäure bis zu Schwefel und Schwefelwasserstoff reduziert wird.

Am besten setzt man Jod mit Phosphor in Gegenwart von Wasser um, wobei nach

$$P + 5\,J + 4\,H_2O = H_3PO_4 + 5\,HJ$$

im Endergebnis Phosphorsäure und Jodwasserstoff entstehen.

In einem Destillierkolben mit aufgesetztem Tropftrichter werden 100 g Jod mit 10 g Wasser befeuchtet und durch den Tropftrichter 5 g roter Phosphor, mit 10 g Wasser zu einem dünnen Brei angerührt, allmählich zugegeben. Bei zu schnellem Einfließen des Phosphorbreis tritt Verpuffung ein. Das vom verdampfenden Jodwasserstoff mitgerissene Jod setzt sich fast vollständig im Halse des Destillierkolbens ab, die letzten Reste können durch etwas roten Phosphor in einem mit schwach befeuchteter Glaswolle beschickten U-Rohr vollständig umgesetzt werden.

Jodwasserstoff ist ein farbloses, schweres Gas. Oberhalb 180 °C nimmt der Jodwasserstoff eine violette Farbe an, weil der Zerfall in Jod und Wasserstoff beginnt, der mit steigender Temperatur entsprechend der positiven Wärmetönung der Jodwasserstoffbildung mehr und mehr nach der linken Seite der Gleichung (siehe oben) zunimmt.

Im Gleichgewichtszustand müssen die Bildungs- und Zerfallsgeschwindigkeit des Jodwasserstoffs einander gleich sein. Nach S. 71 sind die Geschwindigkeiten proportional der Konzentration der reagierenden Moleküle. Daher ist:

$$v_{\text{Bildung}} = k_1 \cdot c_{J_2} \cdot c_{H_2}$$
$$v_{\text{Zerfall}} = k_2 \cdot c_{HJ} \cdot c_{HJ} = k_2 \cdot c_{HJ}^2$$

Für $v_1 = v_2$ ergibt sich dann:

$$\frac{c_{J_2} \cdot c_{H_2}}{c_{HJ}^2} = K_c$$

Da die Konzentrationen in Mol/Liter proportional den Teildrucken p der Gase sind, können wir auch schreiben:

$$\frac{p_{J_2} \cdot p_{H_2}}{p_{HJ}^2} = K_p$$

K_p und K_c sind hier numerisch gleich, weil sich bei dieser Reaktion die Molzahl $(1\,H_2 + 1\,J_2 = 2\,HJ)$ nicht ändert.

Die Gleichgewichtskonstante K hat bei 445 °C den Wert 0,02. Hieraus läßt sich berechnen, daß bei dieser Temperatur 21 % des Jodwasserstoffs zerfallen sind. Dieses Gleichgewicht findet in der Physikalischen Chemie besonderes Interesse, weil es BODENSTEIN gelang, durch Messung der Reaktionsgeschwindigkeit in beiden Richtungen die beiden Geschwindigkeits-Konstanten k_1 und k_2 zu bestimmen.

Wie der Chlor- und Bromwasserstoff bildet der Jodwasserstoff an feuchter Luft weiße Nebel. Er löst sich bei 10 °C zu 416 Vol. auf 1 Vol. Wasser auf. Die bei 0 °C gesättigte Säure hat die Dichte 2,0 g/ml und besteht größtenteils aus dem Dihydrat $HJ \cdot 2\,H_2O$ vom Schmelzp. —43 °C.

Bei 127 °C siedet unter 760 Torr ein azeotropes Gemisch von 57 % HJ und der Dichte 1,7 g/ml, gleichgültig, ob man von rauchender oder verdünnter Säure ausgeht, weil aus der rauchenden Säure zunächst Jodwasserstoff, aus verdünnter Säure anfangs hauptsächlich Wasser abdestillieren.

Die wäßrige Lösung von Jodwasserstoff — Jodwasserstoffsäure genannt — ist eine sehr starke Säure. Sie ist jedoch wegen der leichten Oxydierbarkeit des Jodid-Ions wenig beständig. Schon an der Luft tritt Bräunung durch Jodausscheidung ein. Um dieses zu binden, gibt man blankes Kupfer oder fein verteiltes Silber zur Lösung. Auch Licht wirkt auf Jodwasserstoffsäure zersetzend, weshalb man die Säure in braunen Flaschen aufbewahrt. Eisen(III)-salze und Nitrite oxydieren Jodwasserstoffsäure bzw. saure Jodid-Lösungen:

$$2\,NO_2^- + 2\,J^- + 4\,H^+ = 2\,NO + J_2 + 2\,H_2O$$

nicht aber Chloride und Bromide. Führt man die Oxydation in der Hitze durch, so verflüchtigt sich das ausgeschiedene Jod und man kann auf diesem Wege Jodid aus einem Gemisch der Halogenide entfernen.

In der organischen Chemie hat man mit Hilfe der reduzierenden Wirkung der Jodwasserstoffsäure unter Druck bei höheren Temperaturen wichtige, zur Aufklärung der Konstitution vieler

Stoffe führende Umsetzungen erreicht. Man kann hiermit in weitgehendem Maße Sauerstoff aus seinen Bindungen an Kohlenstoff verdrängen und durch Wasserstoff, auch durch Jod selbst, ersetzen sowie Wasserstoff an ungesättigte Bindungen anlagern (*hydrieren*).

Jodide

Die Salze der Jodwasserstoffsäure unterscheiden sich von den Chloriden und Bromiden vielfach in der Löslichkeit, und zwar in dem Sinne, daß schwer löslichen Chloriden und Bromiden noch schwerer lösliche Jodide entsprechen, wie z. B. Silberjodid, Bleijodid und Quecksilberjodid. Die Jodide der Alkali- und Erdalkalimetalle sind dagegen viel leichter löslich als die gut löslichen Chloride und Bromide. In den Verbindungen mit Schwermetallen bewirkt Jod eine Farbvertiefung, z. B. Silberjodid gelb; Blei(II)-jodid glänzend goldgelb und Quecksilber(II)-jodid leuchtend rot.

Jodometrie

Jod ist ein sehr viel schwächeres Oxydationsmittel als Chlor und Brom, d. h. das Bestreben, negativ geladene Halogenid-Ionen zu bilden, ist beim Jod geringer als bei den beiden anderen Halogenen. Demgemäß scheiden Chlor und Brom aus Jodid-Lösungen sofort Jod ab, z. B.:

$$Cl_2 + 2\,J^- = J_2 + 2\,Cl^-$$

Auch andere Oxydationsmittel wie Ozon, Wasserstoffperoxid (in Gegenwart von Eisen(II)-salzen), Carosche Säure, Nitrite, Chromate, Eisen(III)-salze, die höheren Oxydationsstufen des Mangans u. a. oxydieren Jodid in saurer Lösung zu Jod.

Das von dem Halogen oder dem Oxydationsmittel aus Kaliumjodidlösung in äquivalenter Menge frei gemachte Jod färbt zugefügte Stärkelösung intensiv blau. Hierauf beruht der. im vorhergehenden schon oft herangezogene Nachweis oxydierender Stoffe. Zur quantitativen Bestimmung mißt man den zur Entfärbung der Jodstärkelösung erforderlichen Verbrauch an Natriumthiosulfat und berechnet nach der Gleichung:

$$2\,Na_2S_2O_3 + J_2 = 2\,NaJ + Na_2S_4O_6$$

(siehe bei Natriumthiosulfat) die Menge des freien Jods. Weil diese der Wirkung des Oxydationsmittels in äquivalentem Verhältnis entspricht, erfährt man hieraus schließlich auch die Menge des anfangs verwendeten Oxydationsmittels.

Da freies Jod seinerseits wieder stärkere Reduktionsmittel, wie Schwefelwasserstoff oder arsenige Säure, in Gegenwart von Natriumhydrogencarbonat oxydiert und selbst zu farblosem Jodid reduziert wird, kann man mit einer Lösung von Jod in Kaliumjodid Reduktionsmittel maßanalytisch bestimmen.

Auf diesen „jodometrischen" Verfahren beruht die quantitative maßanalytische Bestimmung sehr vieler Oxydations- und Reduktionsmittel.

Sauerstoffverbindungen des Jods

Jod tritt gegenüber Sauerstoff in den Oxydationsstufen $+1$, $+3$, $+5$ und $+7$ auf. Die Jod(I)- und Jod(III)-verbindungen zeigen schwach basischen Charakter, dagegen sind die sich vom 5- und 7-wertigen Jod ableitenden Verbindungen Jodsäure, HJO_3, und Perjodsäure, H_5JO_6, ausgesprochene Säuren.

Jod besitzt wegen seines nur schwach elektronegativen Charakters schon eine beträchtliche Affinität zum Sauerstoff. Daher sind die Jod-Sauerstoffverbindungen sehr viel beständiger und bilden sich leichter als die entsprechenden Chlor- und Bromsauerstoffverbindungen; z. B. wird Kaliumjodid in Gegenwart von kleinen Mengen Ätzkali durch Sauerstoff bei etwa 300 °C zu Jodat oxydiert (F. A. Henglein).

Hypojodige Säure, Jod(I)-hydroxid, JOH

Hypojodige Säure bildet sich zwar bei der Einwirkung kalter Alkalilaugen auf Jod infolge der Hydrolyse des Jodmoleküls und gibt sich durch die gelbe Farbe sowie einen an Safran erinnernden Geruch zu erkennen, ist aber eine außerordentlich schwache Säure, deren Alkalisalze selbst in stark alkalischer Lösung fast vollkommen hydrolysiert sind. Eine wichtige Rolle dürfte dieses niederste Oxid bei der Bildung von Jodoform aus Jod, Alkohol und Alkali oder Alkalicarbonat spielen.

Auch die stark bleichende Wirkung auf Farbstoffe, wie Indigo, die Entwicklung von Sauerstoff aus Wasserstoffperoxid und von Stickstoff aus Harnstoff beim Zusatz von Jod zu verdünnten Alkalilösungen erweisen die Existenz eines im Vergleich mit hypochloriger und hypobromiger Säure vielleicht noch stärker oxydierend wirkenden niederen Jodoxids. Aber dieses geht schon bei gewöhnlicher Temperatur in wenigen Minuten und beim Erhitzen augenblicklich in Jodate über.

Verbindungen, in denen Jod als einfach positiv geladenes Kation, J^+, auftritt, entstehen aus Jod und Silbersalzen in Gegenwart von Pyridin, z. B. das farblose Dipyridin-jod(I)-perchlorat, $[J(Pyr)_2]ClO_4$, (H. Carlsohn, 1932, M. J. Uschakow, 1935). Bei der Elektrolyse dieser Verbindungen wandert das Jod zur Kathode.

Jod(III)-hydroxid, J(OH)₃, Jod(III)-salze

Jod(III)-hydroxid ist in freiem Zustand nicht bekannt, doch existieren einige, allerdings ziemlich unbeständige Salze dieses Hydroxids mit Sauerstoffsäuren. Zu diesen sind auch die Oxide J_4O_9 und J_2O_4 zu rechnen.

Jod(III)-jodat, J_4O_9 oder $J(JO_3)_3$, bildet sich aus Jod und Ozon und läßt sich nach Fichter am besten aus Jodsäure und entwässerter Phosphorsäure als gelblichweißes Pulver darstellen, das hygroskopisch ist, Jod abgibt und auch trocken oberhalb 75 °C in Jod, Jodpentoxid und Sauerstoff zerfällt.

Dijodtetroxid, J_2O_4, erhält man als blaßgelbes, nicht hygroskopisches Pulver aus basischem Jod(III)-sulfat durch Behandeln mit Wasser. Die Struktur ist im Sinne eines basischen Jod(III)-jodats, $JO(JO_3)$, zu deuten.

Jod(III)-salze, wie das dunkelgelbe basische Sulfat, $(JO)_2SO_4 \cdot H_2O$, das man aus einer Lösung von Jodsäure in konzentrierter Schwefelsäure erhält, ferner das hellgelbe, neutrale Sulfat, $J_2(SO_4)_3$, das Perchlorat, $J(ClO_4)_3 \cdot 2H_2O$, und das farblose Acetat, $J(CH_3CO_2)_3$, sind von Fichter und Kappeler (1928) näher untersucht worden.

Die basischen Eigenschaften von Jodhydroxid können durch eine Bindung des Jods an Phenylgruppen so weit gesteigert werden, daß im Diphenyljodoniumhydroxid, $(C_6H_5)_2JOH$, eine stark alkalisch reagierende Base vorliegt, deren Salze ganz auffallend an die entsprechenden Thalliumsalze erinnern.

Jodsäure, HJO₃, Dijodpentoxid, J₂O₅

Jodsäure stellt man am besten durch Oxydation von Jod mit Salpetersäure (Dichte 1,5 g/ml) dar. Auch durch Chlorsäure in wäßriger Lösung läßt sich Jod beim Eindampfen vollständig zu Jodsäure oxydieren. Auf der Bildung von Jodsäure beruht die Erscheinung, daß aus den Lösungen von Jodiden durch Zugabe von Chlorwasser zunächst zwar Jod frei wird, dieses aber bei überschüssigem Chlorwasser unter Entfärbung wieder gelöst wird.

Die Jodsäure kristallisiert in farblosen, durchsichtigen, rhombischen Kristallen, die lichtempfindlich sind, schmeckt stark sauer und herbe und zerfließt an feuchter Luft. In wäßriger Lösung ist sie bei höheren Konzentrationen polymerisiert zu $(HJO_3)_2$ und $(HJO_3)_3$. Sie bildet neutrale und auch saure Salze, z. B. $KJO_3 \cdot HJO_3$ und ist isomorph mit mehreren organischen zweibasigen Säuren, wie Bernsteinsäure und Itakonsäure. Dies spricht für die besondere Häufigkeit der dimeren Form $H_2J_2O_6$.

Die Alkali- und Erdalkalijodate, wie Bariumjodat, kann man auch durch Lösen von Jod in den warmen Laugen darstellen, doch geht hierbei der größte Teil des Jods in Jodid über (siehe bei Chlorat).

Aus einer Kaliumbromatlösung verdrängt Jod das Brom vollständig unter Bildung von Jodat und freiem Brom.

Auf Kaliumchlorat in Wasser wirkt Jod komplizierter nach der Bruttogleichung:

$$2\,KClO_3 + J_2 + H_2O = KJO_3 \cdot HJO_3 + KCl + HOCl$$

Als Endprodukt entsteht Kaliumjodat neben Chlorsäure und Salzsäure (G. Gruber).

Die Jodsäure ist ein starkes Oxydationsmittel. Mit Jodwasserstoff liefert sie quantitativ Jod:

$$HJO_3 + 5\,HJ = 3\,J_2 + 3\,H_2O$$

Deshalb scheidet die Lösung von Jod in Alkalilaugen, nämlich das Gemisch von Jodat und Jodid, beim Ansäuern alles Jod in freier Form wieder ab. Mischt man in Lösung reines neutrales Jodat mit der dieser Gleichung entsprechenden Menge von reinem neutralen Jodid, so kann man hiermit stärkere Säuren quantitativ bestimmen, da jedes Säureäquivalent genau 1 Äquivalent Jod frei macht, das man mit Thiosulfatlösung maßanalytisch bestimmt. Desgleichen kann man mit einem Jodid-Jodatgemisch die bei der Hydrolyse von Salzen schwacher Basen, z. B. die von Aluminiumchlorid nach: $AlCl_3 + 3\,HOH = Al(OH)_3 + 3\,H^+ + 3\,Cl^-$ gebildeten H^+-Ionen abfangen und dadurch die Ausfällung des Hydroxids quantitativ durchführen.

Starke Salzsäure wird gleichfalls von Jodsäure oxydiert. Dabei entweicht Chlor und Jodtrichlorid, JCl_3, hinterbleibt.

Im Gegensatz zur Chlorsäure und Bromsäure läßt sich die Jodsäure durch Erwärmen auf $180 \ldots 200\,°C$ in ein beständiges Anhydrid, das *Dijodpentoxid*, J_2O_5, überführen. Dieses bildet weiße Kristallschuppen, die bei $300\,°C$ unter teilweisem Zerfall in Jod und Sauerstoff schmelzen, ohne zu verpuffen. Unterbricht man die Wärmezufuhr, so hört der Zerfall sogleich auf, erhitzt man längere Zeit, so wird er vollständig. Mit Wasser bildet sich wieder Jodsäure.

Das Verhalten der Jodsäure beim Erhitzen entspricht ihrer exothermen Bildung aus den Komponenten:

$$J_{2fest} + 3\,O_2 + H_2 = 2\,HJO_3 + 2 \cdot 57\,kcal$$

Auch das Dijodpentoxid entsteht aus den Elementen unter Wärmeentwicklung:

$$J_{2fest} + \tfrac{5}{2}\,O_2 = J_2O_{5fest} + 42,5\,kcal$$

Perjodsäure, H_5JO_6

Perjodsäure entsteht in Form ihrer Salze, der Perjodate, aus den Jodaten mittels Hypochlorit. Die Säure wird am besten aus dem Bariumsalz, $Ba_3H_4(JO_6)_2$, und $68°/oiger$ Salpetersäure dargestellt.

Die freie Säure, H_5JO_6, kristallisiert in farblosen, an der Luft zerfließenden Prismen, die bei $130\,°C$ unter teilweisem Übergang in Dijodpentoxid, J_2O_5, schmelzen. Eine Entwässerung zum Anhydrid ist nicht möglich. Bei gewöhnlicher Temperatur wie auch beim Kochen der wäßrigen Lösung ist die Säure beständig; doch wirkt sie auf Salzsäure, Schwefelwasserstoff und schweflige Säure oxydierend.

Die Perjodate leiten sich gewöhnlich von der Orthosäure, H_5JO_6, ab, die meist nur 1-, 2- oder 3basig auftritt. Doch konnte Zintl (1938) aus Natriummetaperjodat, $NaJO_4$, und Natriumoxid, Na_2O, bei $300\,°C$ ein Natriumorthoperjodat, Na_5JO_6, das bis $800\,°C$ beständig ist, darstellen. Dieses bildet sich auch aus Jodid, Natriumoxid und Sauerstoff bei $400\,°C$. Hieraus geht die Beständigkeit der höheren Jod-Sauerstoffverbindungen deutlich hervor. Von den Metaperjodaten ist das Natriumsalz, $NaJO_4$, leicht löslich, Kalium- und Rubidiummetaperjodat dagegen sind schwer löslich.

Fluor, F

Atomgewicht	18,9984
Schmelzpunkt	$-218\,^{\circ}C$
Siedepunkt	$-188\,^{\circ}C$
Gewicht von 1 l Gas bei 15 °C und 760 Torr	1,69 g
Dichte des flüssigen Fluors beim Siedepunkt	1,11 g/ml

Vorkommen

Die wichtigsten fluorhaltigen Minerale sind der *Flußspat*, CaF_2,[1]) der *Kryolith*, Na_3AlF_6 (Eisstein), von Ivigtut in Grönland, der meist fluorhaltige *Apatit*, $Ca_5(F,Cl,OH)(PO_4)_3$, und der *Topas*, $Al_2(F,OH)_2(SiO_4)$. Aus dem stets kleine Mengen Fluor enthaltenden Boden — sie stammen vom Apatit — nehmen die Pflanzen dieses Element auf, so daß z. B. die Blätter der Birke etwa 0,1 % Fluor in der Asche aufweisen. Bei den Getreidearten und Gräsern ist der Fluorgehalt mindestens ebenso groß. Mit der Pflanzennahrung gelangt das Fluor in den tierischen Organismus. Es ist an der Substanz des Zahnschmelzes und der Knochen beteiligt und wahrscheinlich im Apatit, $Ca_5(OH)(PO_4)_3$, als Ersatz des Hydroxids gebunden. Die Knochen und Zähne des Menschen enthalten ca. 0,05 % Fluor.

Elementares Fluor findet sich in einigen Varietäten des Flußspats, besonders dem von Wölsendorf, infolge der Spaltung von Calciumfluorid durch die radioaktive Wirkung der begleitenden Uransalze. Der Geruch dieses Wölsendorfer Flußspats soll vom freien Fluor herrühren, die violette Färbung von gelöstem Calcium (F. HENRICH).

Darstellung

Die Darstellung des Fluors gelingt nicht wie bei den anderen Halogenen durch Oxydation des Fluorwasserstoffs mit einem Oxydationsmittel, weil Fluor als Element mit dem stärksten elektronegativen Charakter selbst das stärkste Oxydationsmittel ist. Es ist also kein anderes Oxydationsmittel in der Lage, dem Fluorid-Ion ein Elektron zu entreißen. Die Oxydation des Fluorid-Ions kann daher nur anodisch und bei Ausschluß von Wasser erfolgen, denn bei der Elektrolyse einer wäßrigen Flußsäurelösung kommt es an der Anode nicht zur Entladung der F-Ionen, sondern statt dessen wird ozonreicher Sauerstoff entwickelt.

Erst im Jahre 1886 fand MOISSAN den Weg, um zum elementaren Fluor zu gelangen: Er elektrolysierte in einem U-Rohr aus Platin eine Lösung von Kaliumfluorid in wasserfreier Flußsäure an Platiniridiumelektroden. Als Verschlüsse dienten Stöpsel aus Flußspat. Hierbei wird aber durch das anodisch entwickelte Fluor sehr viel Platin verbraucht, und zwar auf 1 g Fluor etwa 4 g Platin.

Heute verwendet man als Elektrolyt entweder geschmolzenes $KF \cdot HF$ und arbeitet bei 240 °C in einer Apparatur aus Kupfer, Magnesium (Elektronmetall) oder Stahl mit Anoden aus Graphit, oder man elektrolysiert eine $KF \cdot 2HF$-Schmelze bei etwa 90 °C mit Kohle- oder Nickelelektroden.

---

[1]) Der Name des Flußspats rührt daher, daß er bei metallurgischen Prozessen als Flußmittel dient. Auf diese Eigenschaft geht auch der Name des Elementes (fluere ≙ fließen) zurück.

Während des zweiten Weltkrieges gewann die technische Erzeugung von Fluor große Bedeutung im Hinblick auf die Darstellung von Uranhexafluorid, UF_6, für die Isotopentrennung des Urans sowie von fluorierten Kohlenwasserstoffen. So wurden in den USA und auch in Deutschland Anlagen entwickelt, die eine Produktion von 50 t im Monat ermöglichten. Fluor kann in Stahlbomben in den Handel gebracht werden.

Eigenschaften

Fluor ist ein schwach gelbgrünes Gas von stechendem Geruch, der an Ozon und Chlor erinnert. Flüssiges Fluor ist schwach gelb. Es ist das reaktionsfähigste Element und verbindet sich mit Ausnahme von Sauerstoff, Stickstoff und den Edelgasen unmittelbar mit allen Elementen.

Auf Wasserstoff wirkt es bei gewöhnlicher Temperatur und im Dunkeln sofort ein und verbrennt darin mit blauer, rot gesäumter, sehr heißer Flamme unter Bildung von Fluorwasserstoff:

$$H_2 + F_2 = 2\,HF + 2 \cdot 64\,\text{kcal}$$

Auch bei sehr tiefen Temperaturen können Fluor und Wasserstoff noch explosionsartig miteinander reagieren. Doch sollen nach A. v. GROSSE (1955) beide Elemente bei $-78\,°C$ in jedem Verhältnis ohne Selbstentzündung mischbar sein, wenn Spuren von Fluorwasserstoff, HF, und Metalle, wie Kupfer, Eisen und Nickel, die die Umsetzung katalysieren, ausgeschlossen werden.

Wegen der großen Bildungstendenz des Fluorwasserstoffs reagiert Fluor auch mit allen wasserstoffhaltigen Verbindungen äußerst energisch. Aus Wasser wird zunächst Wasserstoffperoxid gebildet, dann wird ein Gemisch von Sauerstoff mit Ozon entwickelt, und es hinterbleibt lediglich Fluorwasserstoffsäure. Aus Chlorwasserstoff wird in sehr heftiger Reaktion Chlor in Freiheit gesetzt. Ebenso reagiert Fluor sehr energisch mit Ammoniak, Schwefelwasserstoff und organischen Verbindungen (siehe unten).

Die meisten Metalloxide geben Metallfluoride und freien Sauerstoff. Doch sind hochgeglühtes Aluminiumoxid (Sinterkorund) und Glas, letzteres bis 100 °C, gegen Fluor beständig.

Von den Metallen verbrennen die Alkalimetalle sowie Calcium sofort in Fluor, während die meisten anderen Metalle infolge einer zunächst auftretenden Umhüllung mit Fluoriden langsamer angegriffen werden.

Bei Kupfer, Silber, Nickel und Magnesium schützt diese Fluoridschicht die Metalle bis unterhalb Rotglut. Aus diesem Grunde eignen sich Kupfer und Magnesium als Werkstoffe für Fluorgeneratoren. Von den Edelmetallen sind Gold, Palladium, Rhodium und Iridium bei gewöhnlicher Temperatur gegen Fluor beständig, bei Dunkelrotglut bilden sie gleichfalls Fluoride. Auch Platin bleibt nur bis zu 100 °C widerstandsfähig, bei 500 . . . 600 °C wird lebhaft Platintetrafluorid, PtF_4, gebildet.

Bor, Silicium, Phosphor, Arsen, Antimon, Schwefel, Brom und Jod reagieren mit Fluor unter Feuererscheinung zu den entsprechenden Fluoriden.

Ganz besonders auffallend ist die bei keinem anderen Element sich wiederfindende Einwirkung auf Kohlenstoff in Form von Holzkohle bei gewöhnlicher Temperatur. Es bildet sich unter Wärmeentwicklung und Aufglühen hauptsächlich Kohlenstofftetrafluorid, CF_4. Organische Stoffe, besonders Kohlenwasserstoffverbindungen, werden bei direkter Einwirkung von Fluor unter Bildung von Fluorwasserstoff, Kohlenstofffluoriden und Kohle zerstört.

Bei Verdünnung mit Stickstoff und Anwendung von Katalysatoren, wie Silberfluorid oder einem Kupfernetz, läßt sich der Wasserstoff in organischen Verbindungen durch Fluor ersetzen. Diese fluorhaltigen Verbindungen haben als Pumpenöle für die Uranhexafluorid-trennung sowie als Spezialschmiermittel Bedeutung. Auch die höheren Fluoride, Silberdifluorid, AgF_2, Kobalttrifluorid, CoF_3, und Certetrafluorid, CeF_4, wirken in ähnlicher Weise fluorierend (CADY, V. GROSSE, FOWLER, 1947).

Verbindungen des Fluors

Fluorwasserstoff, HF

Schmelzpunkt	$-85\,°C$
Siedepunkt	$19{,}5\,°C$
Dichte des flüssigen Fluorwasserstoffs bei 13,6 °C	0,99 g/ml
Dampfdichte bei 26 °C (Wasserstoff = 2)	51,6
Dampfdichte bei 43 °C (Wasserstoff = 2)	26,5
Dampfdichte bei 88 °C (Wasserstoff = 2)	20,8

Darstellung

Zur Darstellung erwärmt man Flußspat mit konzentrierter Schwefelsäure und fängt den in Freiheit gesetzten Fluorwasserstoff in einer gut gekühlten Vorlage auf:

$$CaF_2 + H_2SO_4 = CaSO_4 + 2\,HF$$

Als Gefäßmaterial benutzt man im Laboratorium Platin oder Blei, in der Technik kohlenstoffarmen Stahl, der gegen wasserfreien Fluorwasserstoff beständig ist, so daß man heute Fluorwasserstoff in eisernen Drehöfen darstellt und in stählernen Druck-flaschen aufbewahrt.

Reinen Fluorwasserstoff stellt man im Laboratorium am besten aus Natrium- oder Kaliumhydrogenfluorid durch Erhitzen in Platin- oder Kupfergefäßen dar:

$$2\,KHF_2 = 2\,KF + 2\,HF$$

Die Entfernung der letzten Spuren Wasser gelingt durch Einleiten von Fluor.

Eigenschaften

Der wasserfreie Fluorwasserstoff raucht an der Luft und ist sehr hygroskopisch. Die Dämpfe und besonders die Flüssigkeit wirken überaus stark ätzend auf die Haut und rufen schmerzhafte Geschwüre hervor. Auch die wäßrige Lösung darf nicht mit der bloßen Haut in Berührung kommen. Besonders schlimm sind die Wirkungen, wenn die Säure unter den Fingernagel dringt. Dort ruft sie bald eiternde Entzündungen hervor. Deshalb muß man die Hände mit Gummihandschuhen schützen, wenn man mit Fluß-säure zu arbeiten hat. Ein gutes Gegenmittel bei Verätzungen ist nach langem Waschen mit lauwarmem Wasser eine Paste aus Glycerin und Magnesiumoxid (K. FREDENHAGEN und H. FREDENHAGEN).

Obwohl das Fluor von den Halogenen das niedrigste Atomgewicht hat, ist doch der Fluorwasserstoff im Gegensatz zu Chlor-, Brom- oder Jodwasserstoff bei Zimmertempe-ratur flüssig. Der auffallend hohe Siedepunkt hängt mit dem Molekularzustand zu-sammen. Im Dampfzustand enthält der Fluorwasserstoff neben HF-Molekülen noch Polymere, $(HF)_4$, $(HF)_3$, $(HF)_5$ u. a. m. und wird erst bei 80 °C einfach molekular, wie es die anderen Halogenwasserstoffverbindungen schon bei Temperaturen weit unter 0 °C sind. Die niederen Polymere $(HF)_n$ bestehen aus F—H—F—H-Ketten, dagegen ist nur für $n = 6$ mit dem Vorliegen ringförmiger Moleküle zu rechnen (BRIEGLEB, 1942,

E. U. FRANCK, 1959). Diese Assoziation zu größeren Molekülkomplexen charakterisiert das ganze Verhalten dieser Säure und ihrer Salze, der Fluoride.

Wasserfreier Fluorwasserstoff ist nach K. FREDENHAGEN wegen seiner hohen Dielektrizitätskonstante ein Lösungsmittel, das sehr gut leitende Lösungen gibt. Die Anionen gelöster Salze werden dabei stets in undissoziierte Säuremoleküle umgewandelt, so daß als einzige Anionen Fluorid-Ionen auftreten (siehe dazu das Kapitel „Wasserähnliche Lösungsmittel").

Flußsäure, HF, und Fluoride

Eigenschaften

Mit Wasser ist Fluorwasserstoff zwischen 0 und 19,4 °C in allen Verhältnissen mischbar. Die konzentrierten Lösungen rauchen unter Abgabe von Fluorwasserstoff an der Luft. Die käufliche Flußsäure enthält meist 40 % HF bei einer Dichte von 1,130 g/ml. Bei der Auflösung von 1 Mol HF-Gas in viel Wasser werden bei 25 °C 11,8 kcal entwickelt.

Der Wert der Dissoziationskonstanten der Flußsäure $K = 4 \cdot 10^{-4}$ zeigt, daß sie eine nur mäßig dissoziierte Säure ist. In verdünnter Lösung überwiegen die einfachen Moleküle HF, in konzentrierterer sind erhebliche Mengen der Doppelmoleküle $(HF)_2$ anzunehmen. In einer 2%igen Flußsäurelösung sind 6 % der Säuremoleküle dissoziiert, und zwar 5 % zu HF_2^-- und 1 % zu F^--Ionen.

Sehr auffallend ist die im Vergleich zu anderen Säuren sehr große Neutralisationswärme. Sie beträgt 16,4 kcal für 1 g-Äquivalent, während Salzsäure, Bromwasserstoffsäure, Salpetersäure und andere starke Säuren gegenüber starken Basen stets annähernd denselben, aber niedrigeren Wert von 13,7 kcal ergeben.

Zum Aufbewahren und Hantieren mit Flußsäure benötigt man Gefäße und Geräte aus Platin oder billiger aus Polyäthylen. Auch Silber und Kupfer sowie Monelmetall sind bei Ausschluß von Sauerstoff und Oxidationsmitteln gegen Flußsäure beständig. Blei wird bis zu einer Konzentration von 60 % HF praktisch nicht angegriffen. Dagegen lösen sich Eisen, Zink, Silicium und Zirkonium leicht in wäßriger Flußsäure.

Die besondere Neigung der Flußsäure, polymere Moleküle zu bilden, zeigt sich auch darin, daß aus flußsäurehaltigen Lösungen der Alkalifluoride nicht die den Chloriden, Bromiden oder Jodiden analogen neutralen Salze der Flußsäure, sondern die Hydrogenfluoride, KHF_2, $NaHF_2$, auskristallisieren. Dampft man eine mit Ammoniak übersättigte Flußsäurelösung zur Trockne ein, so erhält man das Ammoniumhydrogenfluorid, $(NH_4)HF_2$, das anstelle der freien Säure zum Aufschließen von Silicaten verwendet wird.

Hinsichtlich der Löslichkeit zeigen sich oft auffällige Unterschiede zwischen den Fluoriden einerseits und den übrigen Halogeniden andererseits. Während Calciumchlorid, -bromid oder -jodid in Wasser leicht löslich sind und an der Luft zerfließen, ist Calciumfluorid in Wasser schwerlöslich. Setzt man zu wäßriger Flußsäure oder ihren gelösten Alkalisalzen Calciumchlorid hinzu, so entsteht beim Abstumpfen der freien Säure mit Laugen ein voluminöser, gequollener Niederschlag von Calciumfluorid, der beim Abdampfen unter Ammoniakzusatz pulverig wird und sich danach in verdünnter Essigsäure nicht löst (*gravimetrische Fluorbestimmung*). Noch auffälliger zeigt sich der Unterschied der Flußsäure von den anderen Halogenwasserstoffsäuren gegenüber Silbernitratlösung. Während hiermit die unlöslichen Niederschläge von Silberchlorid, -bromid oder -jodid entstehen, ist Silberfluorid so leicht löslich, daß es an feuchter Luft zerfließt.

Komplexe Fluoride

Das Fluorid-Ion ist das kleinste Halogenid-Ion und besonders fähig, sich an einfache Fluoride unter Bildung komplexer Verbindungen anzulagern. So sind von den meisten

3- und höherwertigen Elementen, insbesondere den Metallen, viele *Fluorokomplexe* bekannt, die sich oft durch bemerkenswerte Beständigkeit auszeichnen. Genannt seien hier die Komplex-Ionen $[BF_4]^-$, $[AlF_6]^{3-}$, $[FeF_6]^{3-}$, $[SiF_6]^{2-}$, $[TiF_6]^{2-}$, $[ZrF_6]^{2-}$, $[SnF_6]^{2-}$, $[TaF_7]^{2-}$ und $[PbF_8]^{4-}$. Technische Bedeutung hat die Natriumverbindung des Aluminiumkomplexes, Na_3AlF_6, *Kryolith* genannt, für die elektrolytische Aluminiumdarstellung. Der entsprechende Eisenkomplex ist so wenig dissoziiert, daß der Nachweis des Eisens mit Rhodanid nicht mehr gelingt. Deshalb setzt man in der analytischen Chemie der Probelösung zur Tarnung des 3wertigen Eisens Natriumfluorid hinzu.

Fluorokomplexe entstehen oft schon durch Zusammengeben der wäßrigen Lösungen der einfachen Fluoride oder beim Auflösen der Oxide oder Hydroxide in Flußsäure (siehe den nächsten Abschnitt).

Glasätzung

Eine für die Praxis wichtige Eigenschaft von Fluorwasserstoff und von Flußsäure ist die Fähigkeit, Glas zu ätzen. Dabei geht die Kieselsäure des Glases in Siliciumfluorid und in Fluorokieselsäure bzw. deren Salze über:

$$SiO_2 + 4\,HF = SiF_4 + 2\,H_2O$$

und

$$SiO_2 + 6\,HF = H_2SiF_6 + 2\,H_2O$$

Um diese bei Kieselsäure noch näher zu besprechende Wirkung zu verwerten, überzieht man Glas mit Paraffin oder Wachs und ritzt in diese Schichten die Zeichnungen, so daß Stellen der Glasoberfläche freigelegt werden. Setzt man dann das Glas den Dämpfen der Flußsäure oder auch eines Gemisches von Flußspat und Schwefelsäure aus, so werden die bloßgelegten Stellen geätzt. Nach dem Ablösen des Überzugs erscheint auf dem sonst blanken Glas matt, wenn gasförmiger Fluorwasserstoff eingewirkt hatte. Wäßrige Flußsäure bringt durchsichtige Ätzungen hervor. Durch Zugabe von Ammoniumfluorid lassen sich Abstufungen im Durchsichtigkeitsgrad bewirken. Die Glasätzung mit Fluorwasserstoff war in Nürnberg schon Ende des 18. Jahrhunderts bekannt.

Verwendung

Die Hauptmenge der technisch gewonnenen Flußsäure dient zur Herstellung von künstlichem Kryolith für die Aluminiumerzeugung (siehe dort). Große Bedeutung hat wasserfreier Fluorwasserstoff als Lösungsmittel und Alkylierungskatalysator zur Herstellung hochklopffester Benzine aus Olefinen für Flugmotoren. Ferner wird Fluorwasserstoff zur Herstellung von Freon, CCl_2F_2, gebraucht, das als Kühlflüssigkeit in der Kälteindustrie das Ammoniak verdrängt hat.

Weiterhin finden Flußsäure und Fluoride für Glasätzungen und in der Mineralanalyse Verwendung. Die Glasätztinten enthalten als wirksamen Stoff Flußsäure oder Ammoniumbifluorid. Zum Aufschluß von Silicaten, insbesondere Gläsern, wird die Probe mit Flußsäure und Schwefelsäure abgeraucht. Dabei entweicht die Kieselsäure als Siliciumtetrafluorid, SiF_4, und die basischen Bestandteile bleiben als Sulfate zurück. Auf der Bildung von Siliciumtetrafluorid, SiF_4, beruht auch die Entkieselung des Rohres für weiche Rohrgeflechte.

Von der stark antiseptischen Wirkung der Fluoride macht man in der Spiritusbrennerei Gebrauch. Die Säure bzw. ihr Natriumsalz hemmt nämlich die Entwicklung von Spaltpilzen und wilden Heferassen, ohne bei richtiger Dosierung die normalen Hefezellen wesentlich zu schädigen. Diese gewöhnen sich an geringe Mengen von Fluoriden und liefern dann einen reineren Alkohol, der weniger Fuselöle enthält als der in Abwesenheit von Fluoriden erzeugte. In der Bierbrauermaische kann man durch Zusatz von 5 g 30%iger Flußsäure auf 1 hl die Milchsäure- und Buttersäuregärung unterdrücken.

Natriumfluorid und andere Fluoride haben sich als starke Antiseptika gegen holzzerstörende Pilze erwiesen und sind in ihrer Wirkung für die Konservierung von Hölzern dem Kupfersulfat und dem Zinkchlorid wesentlich überlegen. Die sauren Fluoride der Alkalien eignen sich zum Vertilgen von Küchenschaben und ähnlichem Ungeziefer.

Kleine Mengen von Fluoriden werden besonders in den USA dem Trinkwasser als Prophylaxe gegen Zahnkaries zugesetzt (Fluoridierung).

Sauerstoffverbindungen des Fluors

Wie schon erwähnt, reagiert Fluor nicht mit Sauerstoff, jedoch lassen sich unter der Einwirkung elektrischer Entladungen oder in gekoppelter Reaktion Verbindungen darstellen, in denen Fluor an Sauerstoff gebunden ist.

Sauerstoffdifluorid, OF_2, Disauerstoffdifluorid, O_2F_2, und Trisauerstoffdifluorid, O_3F_2

Sauerstoffdifluorid (Siedep. $-144,8$ °C, Schmelzp. -224 °C) ist von LEBEAU und DAMIENS (1929) durch Einleiten von Fluor in 20%ige Natronlauge als farbloses Gas dargestellt worden, das bei $-144,8$ °C zu einer orangefarbenen Flüssigkeit kondensiert. Es wirkt auf Kaliumjodidlösung oxydierend und ist weniger reaktionsfähig als Fluor. Der Zerfall nach:

$$OF_2 = \tfrac{1}{2} O_2 + F_2 + 5 \text{ kcal}$$

ist nur schwach exotherm.

Disauerstoffdifluorid und Trisauerstoffdifluorid (Ozonfluorid) entstehen bei der Einwirkung elektrischer Entladungen auf Fluor-Sauerstoffgemische unter vermindertem Druck bei der Temperatur des flüssigen Sauerstoffs. Dabei hängt es im wesentlichen von dem F_2/O_2-Verhältnis ab, welche der beiden Verbindungen entsteht. Bei Fluorüberschuß erhielt O. RUFF (1933) Disauerstoffdifluorid, O_2F_2, als orangefarbenes Kondensat, das bei $-163,5$ °C schmilzt und oberhalb -50 °C schnell in die Elemente zerfällt. Die Verbindung Trisauerstoffdifluorid, O_3F_2, bildet eine tiefrote Flüssigkeit, die bei -190 °C fest wird und sich schon bei -157 °C quantitativ in Sauerstoff und Disauerstoffdifluorid zersetzt. Trisauerstoffdifluorid ist eines der stärksten Oxydationsmittel und noch reaktionsfähiger als Fluor (S. AOYAMA, S. SAKURABA, 1938, und A. D. KIRSCHENBAUM, A. v. GROSSE, 1959).

„Hypofluorite"

Eine hypofluorige Säure und salzartige Hypofluorite konnten bisher nicht dargestellt werden. Doch gelang es CADY durch Einwirkenlassen von Fluor auf Sauerstoffsäuren bzw. ihre Derivate gasförmige, instabile, zum Teil hochexplosive Verbindungen darzustellen, in denen Fluor über Sauerstoff an ein Nichtmetall gebunden ist. So entsteht beim Durchleiten von Fluor durch mäßig konzentrierte Salpetersäure das explosive, stark oxydierend wirkende O_2NOF (Siedep. -42 °C), das durch Wasser nur langsam unter Sauerstoffentwicklung zersetzt wird (CADY, 1934). Konzentrierte Perchlorsäure gibt das gleichfalls explosive O_3ClOF Siedep. $-15,9$ °C. Weitere hierher gehörende Verbindungen sind: O_2SOF, F_4SOF und CF_3COF

Weitere Halogenverbindungen

Halogen-Stickstoffverbindungen

Im folgenden werden nur die vom Ammoniak sich ableitenden Halogen-Stickstoffverbindungen besprochen. Die Halogenazide, N_3X, sind schon bei der Stickstoffwasserstoffsäure auf Seite 125 und die Nitrosyl- sowie die Nitrylhalogenide auf Seite 143 behandelt worden.

Chlorstickstoff, NCl₃

Wasserfreies Ammoniak und trockenes Chlor reagieren bei Temperaturen von $-100\,°C$ abwärts unter Bildung von Ammoniumchlorid und Chlorstickstoff, NCl_3, nach:

$$4\,NH_3 + 3\,Cl_2 = 3\,NH_4Cl + NCl_3$$

Als Zwischenprodukte entstehen Chloramin, NH_2Cl, und Chlorimin, $NHCl_2$ (W. A. Noyes). In Gegenwart von Wasser werden Ammoniumsalze, besonders Ammoniumchlorid oder Ammoniumsulfat, durch Chlor sowie durch hypochlorige Säure gleichfalls stufenweise zu Chlorstickstoff substituiert. Chlorstickstoff ist eine dunkelgelbe, ölige Flüssigkeit (Dichte 1,653 g/ml), die unter $-40\,°C$ erstarrt, von durchdringend stechendem Geruch und sehr heftiger Wirkung auf den Kehlkopf und die Bronchien. Er wird durch Erschütterung, Erwärmung, aber auch schon durch bloße Berührung mit Staubteilchen, Kautschuk, dem fettigen Hauch, der auf Glasgefäßen haftet, zur stärksten Explosion gebracht.

Dabei wird nach der Gleichung

$$2\,NCl_3 = N_2 + 3\,Cl_2 + 110\,kcal$$

(W. A. Noyes) eine bedeutende Energiemenge frei. Die Detonationsgeschwindigkeit ist sehr groß und der Knall von 1...2 g detonierendem Chlorstickstoff wirkt in nächster Nähe fast betäubend. Dulong, der Entdecker dieses gefährlichen Stoffes (1812), und nach ihm Davy und Faraday (1813) wurden bei ihren Arbeiten mit Chlorstickstoff schwer verletzt. Man kennt auch heute noch nicht die Bedingungen, unter denen man reinen, unverdünnten Chlorstickstoff gefahrlos handhaben könnte.

Um die wesentlichsten Eigenschaften des Chlorstickstoffs vorzuführen, elektrolysiert man mit 6 V Spannung eine bei $35\,°C$ gesättigte Ammoniumchloridlösung in einem dickwandigen Becherglas mit Elektroden aus $^1/_2$ cm breiten, 5 cm langen Platinblechstreifen, die mittels Platindraht nahe am Boden des Glases eingeschmolzen, von da senkrecht nach oben gerichtet sind und einen Abstand von etwa 5 cm haben. Über die 30...35 $°C$ warme Ammoniumchloridlösung schichtet man ein wenig Terpentinöl. Bald nach dem Beginn der Elektrolyse bilden sich aus dem an der Anode entwickelten Chlor und dem Ammoniumchlorid Tröpfchen von Chlorstickstoff, die in der konzentrierten, spezifisch schweren Flüssigkeit nach oben steigen und in Berührung mit dem Terpentinöl unter lautem Knall explodieren. Nach einiger Zeit entflammt das Terpentinöl infolge der rasch aufeinanderfolgenden Explosionen, erlischt aber nach Bedeckung des Glasgefäßes mit einem Uhrglas.

Eine ziemlich ungefährliche, etwa 10%ige Lösung von Chlorstickstoff in Benzol stellt man dar durch Zufügen von Ammoniumchloridlösung zu einer mit Salzsäure angesäuerten Chlorkalklösung und Ausschütteln mit Benzol oder Tetrachlorkohlenstoff. Auch aus dem Gemisch von 1 l 5%iger, mit Chlor gesättigter Natriumhydroxidlösung und 100 ml 10%iger Ammoniumchloridlösung scheiden sich bald Tröpfchen von Chlorstickstoff ab, die man in 120 ml Benzol aufnimmt.

In Wasser ist der Chlorstickstoff ziemlich leicht löslich und reagiert dabei teilweise zu Ammoniak und hypochloriger Säure:

$$NCl_3 + 3\,H_2O \rightleftharpoons NH_3 + 3\,HOCl$$

Diese Reaktion ist umkehrbar; doch verschwinden infolge von Nebenreaktionen allmählich diese Stoffe, und es bleibt endlich nur Salzsäure und etwas salpetrige Säure im Wasser zurück. Natronlauge entwickelt fast nur Stickstoff, ohne Stickstoffoxide zu bilden, Jod bildet Jodtrichlorid, JCl_3, neben Stickstoff. Freies Ammoniak zerstört den Chlorstickstoff unter Bildung von Ammoniumchlorid und freiem Stickstoff; desgleichen setzt er sich mit verdünnter Ammoniumchloridlösung allmählich um nach:

$$NH_4Cl + NCl_3 = N_2 + 4\,HCl$$

Auch die organischen Homologen von Chlorstickstoff, wie z. B. Methyldichloramin, $CH_3 \cdot NCl_2$, ein äußerst stechend riechendes Öl vom Siedep. 60 $°C$, verpuffen beim Erhitzen, werden aber noch gefährlicher durch die, besonders im Sonnenlicht eintretende, zu Chlorstickstoff selbst führende Umlagerung.

Monochloramin, NH₂Cl

Monochloramin wurde von RASCHIG als stechend riechende, wäßrige Lösung aus verdünnter Natriumhypochloritlösung und Ammoniakwasser dargestellt

$$NH_3 + NaOCl = NH_2Cl + NaOH$$

und in Gegenwart von etwas Leim weiterhin mit Ammoniak zu Hydrazin umgesetzt (siehe unter Hydrazin). Für sich allein zerfällt das Monochloramin bald in Salzsäure, Stickstoff und Salmiak:

$$3\,NH_2Cl = NH_4Cl + 2\,HCl + N_2$$

Als Nebenprodukt entsteht auch Chlorstickstoff. Durch Ammoniakzusatz wird die Lösung haltbarer. Der Geruch des Monochloramins steht zwischen dem von Ammoniak und Chlorstickstoff, er erzeugt anhaltenden Kopfschmerz und Müdigkeit. Aus angesäuerter Kaliumjodidlösung wird quantitativ Jod frei:

$$NH_2Cl + 2\,HJ = NH_4Cl + J_2$$

Durch Silbernitrat wird aus der Monochloraminlösung in der Kälte langsam, beim Erwärmen schnell Silberchlorid gefällt. Mit überschüssigem Natriumhypochlorit wird sofort Chlorstickstoff gefällt.

Das reine Monochloramin bildet weiße, bei $-66\,^\circ$C schmelzende Kristalle, die schon bei $-50\,^\circ$C plötzlich unter stürmischer Stickstoffentwicklung in Ammoniumchlorid und Chlorstickstoff übergehen.

Bromstickstoff, NBr₃

Bromstickstoff ist in reiner Form noch unbekannt, doch konnte SCHMEISSER (1941) durch Oxydation von Ammoniak mit Brom bei niederem Druck ein tiefrotes Ammoniakat $NBr_3 \cdot 6\,NH_3$ darstellen, das sich bereits bei $-67\,^\circ$C schlagartig zersetzt.

Jodstickstoff, NJ₃

Unter dieser Bezeichnung faßt man die aus freiem Ammoniak und Jod entstehenden schwarzen Verbindungen zusammen, die wie der Chlorstickstoff stark endothermer Natur sind und unter Explosion zerfallen.

Aus einer mit Jod gesättigten Kaliumjodidlösung wie auch aus Jodtinktur, scheidet konzentriertes Ammoniakwasser eine braunschwarze Fällung von der Zusammensetzung $NJ_3 \cdot NH_3$ ab. Dieses Produkt erhält man auch durch Einwirkung von konzentriertem kalten Ammoniak auf gepulvertes Jod. Beim Behandeln mit Alkohol und Äther hinterbleibt schließlich der reine Jodstickstoff, NJ_3. Er explodiert häufig schon im feuchten Zustand, sobald das überschüssige Ammoniak abgedunstet oder mit Wasser weggewaschen ist. Sicher erfolgt die Explosion beim Zutropfen von Salzsäure.

Zum Vorlesungsversuch fällt man Jodtinktur mit überschüssiger, starker, wäßriger Ammoniaklösung, sammelt den dunklen Niederschlag auf einem Faltenfilter, wäscht mit verdünntem Ammoniakwasser, dann mit Alkohol und schließlich mit Äther. Das noch ätherfeuchte Filter mit dem Niederschlag zerteilt man schnell in kleinere Anteile und läßt diese auf Papier oder einem Holzbrett trocknen. Berührt man einen Teil mit einer Federfahne, so explodiert der Jodstickstoff mit lautem Knall unter Ausstoßen violetter Joddämpfe, wobei aber seltsamerweise nichtexplodierte Teilchen[1] fortgeschleudert werden, die später kleinere Teilexplosionen auslösen, wenn ein solches Teilchen berührt wird. Durch Schallwellen kann die Explosion auch ausgelöst werden, wenn diese so stark sind, daß sie durch grobmechanischen Stoß wirken können (E. BECKMANN).

---

[1] Dies ist ein besonders charakteristischer Fall für die auch sonst bisweilen beobachtete Erscheinung, daß eine Substanz ihre eigene Explosion nur unvollständig fortpflanzt.

Unter kaltem Wasser zersetzt sich Jodstickstoff langsam, unter warmem Wasser schnell in Stickstoff, Jod, Ammoniumjodid und -jodat, wobei die Hydrolyse intermediär zu Jodhydroxid, JOH, führt. Verdünnte Šalzsäure spaltet in Salmiak und Jodmonochlorid, Reduktionsmittel liefern Ammoniumjodid.

Aus der Lösung von Jod in flüssigem Ammoniak wurden das grüne $NJ_3 \cdot 3 NH_3$ und das braunrote $NJ_3 \cdot NH_3$ erhalten (J. Jander, 1959), die nicht explosiv sind und allmählich Ammoniak abgeben.

Stickstofftrifluorid, NF₃, Distickstofftetrafluorid, N₂F₄ und Stickstoffdifluorid, NF₂

Stickstofftrifluorid (Fluorstickstoff), ein farbloses, fischartig riechendes Gas, Siedep. $- 128,8\ ^\circ C$, wurde von O. Ruff (1931) durch Elektrolyse von geschmolzenem, wasserfreiem Ammoniumbifluorid bei etwa 125 °C dargestellt. Es ist im Gegensatz zum hochexplosiven Chlor- und Jodstickstoff eine exotherme Verbindung (Bildungswärme 27,2 kcal/Mol NF_3), die temperaturbeständig und sehr reaktionsträge ist und auch durch elektrischen Funken nicht zum Zerfall gebracht werden kann. Doch sind Mischungen von Stickstofftrifluorid mit Wasserstoff oder wasserstoffhaltigen Verbindungen, wie NH_3, H_2S oder Wasserdampf, explosiv und leicht durch Funken zündbar. Stickstofftrifluorid-Wasserdampfgemische bilden Fluorwasserstoff und Stickstoffoxide. Die bei dieser Reaktion frei werdende Energie rührt von der hohen Bildungswärme des Fluorwasserstoffs her.

Der gegenüber Chlorstickstoff und Jodstickstoff grundlegend andersartige Charakter von Stickstofftrifluorid ist darauf zurückzuführen, daß die Stickstoff-Fluorbindung wegen der starken Elektronegativität des Fluors in Richtung $^+N{-}F^-$ polarisiert ist, während im Chlor- und Jodstickstoff das Halogen positiven Charakter besitzt. Dem entspricht, daß die hydrolytische Spaltung von Chlorstickstoff zu Ammoniak und hypochloriger Säure führt.

Das NF_3-Molekül bildet ähnlich wie das NH_3-Molekül eine dreiseitige Pyramide. Bemerkenswert ist das kleine Dipolmoment von 0,2 Debye.

Neben Stickstofftrifluorid entstehen bei der Elektrolyse von Ammoniumbifluorid noch kleine Mengen der explosiven Verbindungen NHF_2 und NH_2F, die beim Überleiten des Gases über Mangan(IV)-oxid zerstört werden.

Leitet man Stickstofftrifluorid über Kupfer bei 400 °C, so entsteht *Distickstofftetrafluorid* (Tetrafluorhydrazin), N_2F_4, Siedep. $-73\ ^\circ C$ (C. B. Colburn und A. J. Kennedy 1958). Diese Verbindung ist insofern interessant, als sie leicht thermisch in das farblose *Stickstoffdifluorid*, NF_2, gespalten wird. Das Gleichgewicht:

$$F_2N - NF_2 \rightleftharpoons 2 \cdot NF_2 - 19,8\ kcal$$

liegt bei 300 °C ganz auf der rechten Seite. Stickstoffdifluorid besitzt wie das NO_2-Molekül durch das einsame Elektron am Stickstoff Radikalcharakter und ist sehr reaktionsfähig. Mit Chlor reagiert es zu $ClNF_2$, mit Stickoxid bei tiefen Temperaturen zu blauschwarzem Nitrosodifluoramin, $ON{-}NF_2$.

Auch die Verbindung $FN{=}NF$, *Distickstoffdifluorid* (Difluorazin), ist bekannt. Sie entsteht bei der thermischen Zersetzung von Fluorazid, N_3F.

Verbindungen der Halogene untereinander

Die Halogene können sich auch miteinander verbinden. Die Tendenz zur Verbindungsbildung ist um so ausgeprägter, je weiter die Halogene im Periodischen System auseinander stehen. So reagiert Chlor mit Brom nur sehr unvollständig zu Bromchlorid, BrCl, mit Jod dagegen liefert es in exothermer Reaktion Jodmonochlorid, JCl, und Jodtrichlorid, JCl_3. Fluor vereinigt sich mit den 3 anderen Halogenen in zum Teil sehr lebhafter Reaktion zu Halogenfluoriden.

Halogenfluoride

Chlorfluoride

Mit Chlor bildet Fluor das gelbliche, fast farblose *Chlormonofluorid*, ClF, (Siedep. $-100{,}1\,°C$, Schmelzp. $-155{,}6\,°C$). Bei einem Überschuß von Fluor entsteht bei $280\,°C$ Chlortrifluorid, ClF_3, (Siedep. $11{,}3\,°C$), das noch reaktionsfähiger ist als Fluor und sogar auf Aluminiumoxid, Al_2O_3, und Magnesiumoxid, MgO, unter Feuererscheinung fluorierend wirkt.

Chlorsäurefluorid (*Chlorylfluorid*), O_2ClF, (Siedep. $-6\,°C$, Schmelzp. $-115\,°C$), bildet sich aus Chlordioxid und mit durch Stickstoff verdünntem Fluor als farbloses Gas, das beständiger ist als Chlordioxid (SCHUMACHER, 1942).

Perchlorsäurefluorid (*Perchlorylfluorid*), O_3ClF, (Siedep. $-48\,°C$), wurde von ENGELBRECHT und ATZWANGER (1952) bei der Elektrolyse einer Lösung von Natriumperchlorat in wasserfreier Flußsäure als farbloses Gas erhalten. Es ist gegen Wasser vollkommen beständig, wird jedoch durch konzentrierte Laugen zu Fluorid und Perchlorat hydrolysiert.

Bromfluoride

Bromtrifluorid, BrF_3, (Schmelzp. $8{,}8\,°C$, Siedep. $135\,°C$), entsteht aus Fluor und Bromdampf bei $80 \ldots 100\,°C$ als schwachgelbe Flüssigkeit, die an der Luft stark raucht. Es kann in Nickel- oder Stahlgefäßen aufbewahrt werden und läßt sich mit Vorteil anstelle von Fluor zur Fluorierung anorganischer Verbindungen benutzen (siehe dazu das Kapitel: Wasserähnliche Lösungsmittel). Bei $200\,°C$ gibt Bromtrifluorid mit Fluor das farblose, äußerst reaktionsfähige *Brompentafluorid*, BrF_5 (Schmelzp. $-61\,°C$, Siedep. $40{,}5\,°C$). Brommonofluorid, BrF, ist äußerst unbeständig.

Jodfluoride

Jodpentafluorid, JF_5 (Schmelzp. $-8\,°C$, Siedep. $98\,°C$), entsteht aus den Elementen unter Feuererscheinung und ist eine farblose, schwere, sehr flüchtige Flüssigkeit, raucht an der Luft und zerfällt mit Wasser in Jodsäure und Fluorwasserstoffsäure (MOISSAN, 1930).

Jodheptafluorid, JF_7 (Sublimationsp. $4{,}5\,°C$), erhielt O. RUFF (1930) aus Jodpentafluorid und Fluor bei $250\,°C$. Das Gas läßt sich durch Wasser unter Nebelbildung zum Teil unzersetzt hindurchleiten.

Durch die Darstellung von JF_5 und JF_7 ist die 5- und 7wertige Oxydationsstufe des Jods einwandfrei nachgewiesen, von der sich auch die Jodsäure bzw. Perjodsäure ableiten.

Jod-Chlorverbindungen

Jodmonochlorid, JCl, entsteht, wenn man über trockenes Jod nur so lange Chlor leitet, bis das Jod völlig flüssig geworden ist. Es bildet rubinrote Nadeln vom Schmelzp. $27\,°C$. Eine weitere, instabile Modifikation schmilzt bei $13{,}9\,°C$. Mit Wasser bildet es sofort unter Jodabscheidung Jodsäure und Salzsäure.

Jodtrichlorid, JCl_3, wird aus Jod und flüssigem Chlor in Form pomeranzengelber Nadeln erhalten (Schmelzp. $110\,°C$ unter 16 atm.). Es ist sehr flüchtig, riecht durchdringend stechend und tritt mit Wasser in ein Hydrolysengleichgewicht. Die gelbe, wäßrige Lösung ist ein äußerst wirksames Antiseptikum, das noch in 1000facher Verdünnung die Keime von Bakterien schnell tötet. Mit Kaliumchlorid und auch mit anderen Chloriden tritt es zu intensiv gelben, kristallisierten *Tetrachlorojodaten*, wie $KJCl_4$, zusammen.

Jodtrichlorid dient in der organischen Chemie als sehr wirksamer Chlorüberträger, weil es Chlor abgibt und durch eingeleitetes Chlor immer wieder ergänzt wird.

Polyhalogenide

Jod löst sich leicht in Kaliumjodidlösung. Aus der Gefrierpunktserniedrigung und aus Leitfähigkeitsmessungen geht hervor, daß in der Lösung das Anion J_3^- vorliegt. Außer KJ_3 sind eine Reihe weiterer Polyhalogenide durch Anlagerung von Halogenmolekülen an Metallhalogenide dargestellt worden. Dabei hat man gefunden, daß die Leichtigkeit, mit der sich Polyhalogenide bilden, mit wachsender Größe des Kations, des Anions und des angelagerten Halogenmoleküls zunimmt. Lithium- und Natriumsalze und ebenso die Fluoride bilden keine Polyhalogenide, dagegen ist besonders das Cäsium befähigt, fast alle Kombinationen der 3 Halogene zu bilden, wie $CsClBr_2$, $CsBrCl_2$, $CsBrBr_2$, $CsJCl_2$, $CsJBr_2$ und $CsJJ_2$.

Die Konstitution der Polyhalogenide ist noch nicht gesichert. Da das aufgenommene Halogen als solches leicht wieder abgegeben wird — man kann dies an einer KJ_3-Lösung durch Ausschütteln mit Schwefelkohlenstoff prüfen — muß man eine lockere Anlagerung von Halogenmolekülen an die Halogen-Ionen zu Komplexen wie $(J^- \cdot J_2)$ annehmen.

Vergleichende Betrachtung der Halogene

Wie bei den Edelgasen und den Chalkogenen steigen auch bei den Halogenen mit wachsender Ordnungszahl die Schmelz- und Siedepunkte (siehe Tabelle, Sp. 1, 2). Fluor und Chlor sind bei Zimmertemperatur gasförmig, Brom flüssig, Jod fest.

Die oxydierenden Eigenschaften der freien Halogene und die Neigung zur Bildung der negativ geladenen Ionen nehmen vom Fluor zum Jod stark ab. Dies erkennt man u. a. daran, daß jedes Halogen die nachfolgenden Glieder aus den entsprechenden Halogeniden in Freiheit setzen kann (vgl. hierzu die Redoxpotentiale S. 416). Dem entspricht, daß bei den negative Halogenid-Ionen enthaltenden Halogeniden die Beständigkeit vom Fluorid zum Jodid abnimmt. Das kommt in dem Gang der Bildungswärmen der Halogenwasserstoffe aus den gasförmigen Elementen oder in der leichten Oxydierbarkeit der Jodide zum Ausdruck.

Bei den Halogensauerstoffverbindungen erfolgt in der gleichen Richtung eine Zunahme der Beständigkeit.

Beim Fluor ist der elektronegative Charakter am stärksten ausgeprägt. Damit hängt die Sonderstellung des Fluors zusammen, die sich in der auffallend großen Reaktionsfähigkeit des Elements und in der Beständigkeit der Fluoride zeigt. Die Reaktionsfähigkeit des Fluors beruht nicht auf einer besonders großen Elektronenaffinität des Fluoratoms, sondern zum Teil auf der geringeren Trennungswärme der Moleküle und

Wichtige Eigenschaften der Halogene

	Schmelz-punkt in °C	Siede-punkt in °C	Trennungs-wärme der gasförmigen Moleküle in kcal/Mol	Bildungswärme der Halogenwasserstoffe aus den gasförmigen Elementen in kcal/Mol	Radien der Halogenid-Ionen in A
Fluor	—218	—188	$\approx$40	64,5	1,33
Chlor	—101	— 34	57,8	21,9	1,81
Brom	— 7,3	+ 58,8	46,1	11,1	1,96
Jod	+113,5	+184,5	36,3	1,4	2,20

ganz besonders auf der Kleinheit des F⁻-Ions (siehe Tabelle, Sp. 3 und 5). Diese befähigt das Fluorid-Ion in wäßriger Lösung, die Wassermoleküle seiner Hydrathülle sehr nahe an sich heranzuziehen und bei der Bildung fester Salze sehr nahe an das Kation heranzurücken. Wegen des kleinen Abstandes erreicht die Coulomb-Energie besonders hohe Werte. Eine weitere Folge ist, daß gewisse Eigenschaften, wie Löslichkeit, Schmelz- und Siedepunkte beim Übergang von den Chloriden zu den Fluoriden eine auffallend starke Änderung erfahren, die in der Reihe der anderen Halogenide zwar auch in der gleichen Richtung, aber schwächer ausgeprägt auftritt, vgl. die Löslichkeit $AgF–AgJ$, $CaF_2–CaJ_2$, $AlF_3–AlCl_3$.

Elemente der V. Hauptgruppe (Phosphor, Arsen, Antimon)

Die V. Hauptgruppe wird von den Elementen Stickstoff, Phosphor, Arsen, Antimon und Wismut gebildet. Der Stickstoff und seine Verbindungen sind schon besprochen worden, und das Wismut soll erst bei den Metallen behandelt werden.

Noch deutlicher als in der VI. Gruppe kommt in der V. Gruppe mit steigendem Atomgewicht der Übergang vom Nichtmetall zum Metall zum Ausdruck. Die beiden Anfangsglieder Stickstoff und Phosphor sind Nichtmetalle, das Endglied Wismut ist ein ausgeprägtes Metall. Arsen bildet den Übergang zu dem schon überwiegend metallischen Antimon.

Alle Elemente dieser Gruppe bilden mit Wasserstoff flüchtige Hydride der allgemeinen Zusammensetzung XH_3. Ihre Beständigkeit nimmt vom Ammoniak, NH_3 mit steigendem Atomgewicht schnell ab. Die beiden Endglieder, Antimonwasserstoff und Wismutwasserstoff, sind schon sehr unbeständige Verbindungen.

Gegenüber Sauerstoff treten alle Elemente dieser Gruppe in den beiden Oxydationsstufen $+3$ und $+5$ auf. Bei den Anfangsgliedern ist die höhere, bei den letzten beiden Gliedern die niedere Oxydationsstufe beständiger. Die Sauerstoffverbindungen zeigen wie in den anderen Hauptgruppen des Periodischen Systems mit steigendem Atomgewicht eine Abnahme des Säurecharakters und entsprechend eine Zunahme der Basizität.

Phosphor, P

Atomgewicht	30,9738
Schmelzpunkt des weißen Phosphors	44,1 °C
Siedepunkt	280 °C
Dichte des weißen Phosphors	1,82 g/cm³
Dichte des kristallisierten roten Phosphors	2,20 g/cm³

Vorkommen

Das wichtigste Mineral ist der *Apatit*, $Ca_5(F,OH,Cl)(PO_4)_3$, von hexagonal-dipyramidaler Kristallform und der Härte 5, der sich in fast allen kristallinen Urgesteinen, wie Gneis und insbesondere Granit, findet, bisweilen Gänge bildend, wie in Norwegen bei

Oslo, aber auch in metamorphen Kalken sowie auf Zinnerzgängen vorkommt. Der dichte, feinfasrige oder erdige Phosphorit, der manchmal aus Vogelexkrementen und Anhäufungen von Knochen und Haifischzähnen entstanden ist, ist eine feinteilige Varietät des Apatits. Die Verwitterung dieser Gesteine läßt das Phosphat in den Wald- und Ackerboden gelangen.

Die Fundorte von Phosphaten erstrecken sich über die ganze Erde; besonders bevorzugt sind Florida, die Kolahalbinsel der UdSSR, Nordafrika und eine Anzahl kleinerer Inseln in Westindien und im Stillen Ozean. Häufig findet sich Phosphat in Nachbarschaft mit Eisenerzen, so z. B. auf Kola, bei Kiruna in Nordschweden, in Lothringen (Minette) und bei Salzgitter.

In Deutschland findet sich Phosphorit besonders im Lahntal in Klüften von devonischen Kalken. Im nördlichen Vorland des Harzes, bei Harzburg, kommen Phosphatknollen mit 28 % Calciumphosphat in Ablagerungen der Kreideformation vor. Die Phosphoritknollen des Helmstedter Lagers mit etwa 35 % Calciumphosphat stammen aus dem Tertiär. Auch an der Südküste der Ostsee zieht sich eine Zone phosphorithaltiger jüngerer Formationen hin.

Interessant ist das Vorkommen von hochwertigem Calciumphosphat auf manchen Inseln des Indischen Ozeans und der Südsee. Diese Inselphosphate sind meist recht jungen, höchstens tertiären Alters, oft auch neuzeitlich. Sie stammen, wie vielleicht alle Phosphoritlager jüngeren Datums, aus tierischen Exkrementen, besonders aus denen der das Meer bewohnenden Vögel. Diese scheiden als Eiweißabbauprodukt harnsaure Salze ab, die mit den Skeletteilen der Fische, die überwiegend aus Calciumphosphat bestehen, gemengt sind. Dieses Gemisch, der *Guano*, ist als Stickstoff- und Phosphordünger schon seit längerer Zeit bekannt.

Der Übergang der neuzeitlichen Guanolager zu den phosphatisierten Guanos und eigentlichen Inselphosphaten ist dadurch charakterisiert, daß mit der Abnahme der organischen Substanz und damit auch des Stickstoffgehalts eine Anreicherung des Phosphats stattgefunden hat. Dieser Vorgang ist eine Folge der Verwitterung bzw. Verwesung, durch welche die organischen Stoffe zu Kohlensäure und Ammoniak zersetzt werden, während das Calciumphosphat zurückbleibt.

Für Deutschland ist die *Thomasschlacke*, die bei der Stahlgewinnung anfällt, eine wichtige Quelle für hochwertige Calciumsilicatphosphate. Wo immer phosphathaltige Eisenerze im Hochofen verarbeitet werden, geht der gesamte Phosphor in das Roheisen über und erscheint bei dem zu Stahl oder Schmiedeeisen führenden Bessemer-Thomasprozeß in der Thomasschlacke wieder. Deshalb wird sogar absichtlich der Hochofen mit nicht verwertbaren geringwertigen Phosphaten beschickt, um den Phosphor in der Thomasschlacke anzureichern.

Die Bedeutung des Phosphors für die Tierwelt geht aus dem Hinweis hervor, daß die Knochen und Zähne größtenteils aus Calciumphosphaten bestehen und daß Eiweißstoffe vom Typus des Caseins sowie das den Fettstoffen verwandte Lecithin organisch gebundene Phosphorsäure enthalten. Auch die höheren Pflanzen brauchen zum Aufbau ihres Eiweißes, besonders in den Samen, Phosphorsäure. Darüber hinaus spielen intermediär gebildete Phosphorsäureverbindungen bei den chemischen Umsetzungen in den Lebewesen eine wichtige Rolle. Deshalb sind Phosphate ein wichtiger Bestandteil der künstlichen Düngemittel (siehe bei Superphosphat unter Calcium).

Elementarer Phosphor und seine Modifikationen

Der Phosphor tritt in 2 nichtmetallischen Modifikationen als *weißer (farbloser)* und *roter (violetter)* Phosphor sowie in einer metallischen Modifikation als *schwarzer Phosphor* auf.

Weißer Phosphor

Darstellung

Die Darstellung des weißen Phosphors gelang dem Alchemisten BRAND in Hamburg 1669, als er einen Liquor darstellen wollte, der Silber in Gold verwandeln könnte. Er dampfte Harn zur Trockene ein und glühte diesen Rückstand in Tonretorten unter Luftabschluß. Dabei entstand aus dem Phosphorsalz des Harns, $NH_4NaHPO_4 \cdot 4 H_2O$, zunächst Metaphosphat, $NaPO_3$, und aus diesem durch die reduzierende Wirkung der verkohlten organischen Stoffe elementarer Phosphor.

Zunächst blieb der Phosphor ein Kuriosum, das als Phosphorus mirabilis wegen seines Leuchtens angestaunt und zu außerordentlich hohen Preisen gekauft wurde. Erst nachdem MARGGRAF 1757 die Phosphorsäure entdeckt und SCHEELE 1769 ihr Vorkommen in den Knochen aufgefunden hatte, stellte man den Phosphor aus dem Calciumphosphat der Knochenasche in größeren Mengen dar. Hierzu entzog man dieser zunächst einen Teil des Kalkes mittels Schwefelsäure, dampfte das lösliche primäre Calciumphosphat, $Ca(H_2PO_4)_2$, ein, führte dieses durch Glühen in Metaphosphat über und reduzierte dann mit Kohle in tönernen Retorten bei heller Glut.

Gegenwärtig wird der Phosphor aus Rohphosphat nach der vereinfacht wiedergegebenen Reaktionsgleichung hergestellt:

$$2 Ca_3(PO_4)_2 + 6 SiO_2 + 10 C = 6 CaSiO_3 + 10 CO + P_4$$

Die hierfür erforderliche hohe Temperatur wird im elektrischen Ofen durch die Stromwärme erzeugt. Die aus dem Ofen abziehenden Phosphordämpfe werden in mit Wasser gefüllte Kondensationsgefäße geleitet, in denen sich gelber Phosphor in geschmolzenem Zustand abscheidet. Zur Reinigung wird der gelbe Phosphor nochmals destilliert, unter Wasser geschmolzen, mit Kaliumdichromatlösung und verdünnter Schwefelsäure entfärbt und als weißer Phosphor in Stangenform gegossen.

Auch im Hochofen kann Phosphor hergestellt werden, wenn die erforderliche hohe Temperatur durch Verbrennung von Kohle unter Anwendung von Heißluft erzeugt wird. Zur Erwärmung der Luft wird ein Teil der Reaktionsgase — Phosphor und Kohlenmonoxid (siehe obige Reaktionsgleichung) — in Winderhitzern verbrannt. Das hierbei gebildete Phosphorpentoxid wird anschließend auf Phosphorsäure verarbeitet.

Als Vorlesungsversuch kann man nach HEMPEL das elektrothermische Verfahren so ausführen, daß man einen senkrecht gestellten gewöhnlichen Gasglühlichtzylinder oben und unten mit Messingkappen verschließt. In jede dieser Kappen werden ein metallenes Röhrchen und eine Hülse zur Durchführung der als Elektroden dienenden Kohlenstifte eingelötet. Die untere weite Kohlenelektrode wird an der Spitze ausgehöhlt und hier hinein ein Gemisch aus 5 Teilen Knochenasche, 1,5 Teilen Holzkohle und 3 Teilen Quarzsand gebracht. Dann wird der Apparat mit Wasserstoff gefüllt und dieser an dem oberen Rohrende angezündet. Sobald man den Lichtbogen einschaltet, färbt sich die anfangs farblose Wasserstoffflamme durch den Phosphordampf grün, dann beschlägt die Wand des Zylinders mit rotem Phosphor.

Eigenschaften

Physikalische Eigenschaften

Der weiße (farblose) Phosphor ist im reinen Zustand vollkommen durchsichtig. Er läßt sich bei Zimmertemperatur ähnlich wie Wachs zerschneiden, doch darf man dies nur unter Wasser tun, weil sich der weiße Phosphor an der Luft leicht entzündet. Die kristalline Struktur des weißen Phosphors läßt sich an der Bruchfläche einer unter kaltem Wasser zerbrochenen Stange erkennen. Gut ausgebildete Kristalle des regulären Systems, meistenteils Rhombendodekaeder, erhält man beim Eindunsten der Lösung von Phosphor in Schwefelkohlenstoff. Sehr flächenreiche, diamantglänzende Kriställchen entstehen bei langsamem Sublimieren in evakuierten Röhren unter Lichtabschluß. Bei längerer Belichtung geht der Phosphor oberflächlich in die rote Form über.

Der Schmelzp. des weißen Phosphors liegt bei +44,1 °C, der Siedep. bei 280 °C, doch verdampft der weiße Phosphor schon bei gewöhnlicher Temperatur merklich. Dies zeigen der Geruch und die Dämpfe, die im Dunkeln leuchtend von der Oberfläche aufsteigen.

Reiner geschmolzener Phosphor bildet eine farblose, klare Flüssigkeit, die sehr zur Unterkühlung neigt und beim Erstarren eine klare Masse oder ein weißes, fein kristallines Produkt liefert.

Auch der reinste Phosphor ist sehr lichtempfindlich und färbt sich im festen wie im geschmolzenen Zustand im Sonnenlicht schon nach wenigen Sekunden gelb.

Mit Wasserdampf ist weißer Phosphor bei 100 °C so leicht zu verflüchtigen, daß man ihn auf diese Weise zur Reinigung destillieren kann. Dabei schließt man zweckmäßig den Luftzutritt durch eingeleitetes Kohlendioxid aus.

Die Dampfdichte des Phosphordampfes entspricht bis 1000 °C der Formel P_4. Nach V. MEYER und H. BILTZ nimmt bei 1500 °C die Dampfdichte beträchtlich ab. Hieraus ist auf den Zerfall in einfachere Moleküle zu schließen. A. STOCK konnte zeigen, daß der Zerfall lediglich nach der Gleichung $P_4 \rightleftharpoons 2\,P_2$ erfolgt. Bei 800 °C sind nur 1 % P_4-Moleküle zerfallen, bei 1200 °C aber schon mehr als die Hälfte.

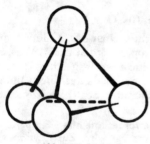

Abb. 50 P_4-Molekül

Im P_4-Molekül, das auch im weißen Phosphor vorliegt, bilden die P-Atome ein reguläres Tetraeder (Abb. 50). In diesem ist jedes P-Atom durch 3 Bindungen in Richtung der Tetraederkanten mit den anderen Atomen verbunden. Auf diese Weise erhält jedes P-Atom ein Oktett. Dieses wird beim Phosphor also nicht wie beim $N \equiv N$-Molekül durch eine Mehrfachbindung erreicht. Die *Mehrfachbindungsregel* besagt, daß mehrfache Bindungen meist nur von den Atomen der ersten Achterperiode ausgehen.

In Wasser ist der weiße Phosphor nur spurenweise löslich, auch in Alkohol, Glycerin, Eisessig nur wenig. Sehr viel mehr lösen Äther, Benzol, Terpentinöl und fette Öle, wie z. B. Lebertran. Sehr leicht lösen Chlorschwefel, Phosphortrichlorid, Phosphortribromid und Schwefelkohlenstoff. Auch in diesen Lösungen finden sich ausschließlich P_4-Moleküle.

Chemisches Verhalten

An der Luft entzündet sich der weiße Phosphor schon bei 60 °C und verbrennt mit gelblichweißer, helleuchtender Flamme zu Phosphorpentoxid:

$$2\,P + \tfrac{5}{2}\,O_2 \;=\; P_2O_{5\,\text{fest}} + 370\;\text{kcal}$$

Dabei werden für 1 kg Phosphor 5970 kcal frei. Weil der noch nicht verbrannte Phosphor hierbei zu einer zähen Flüssigkeit schmilzt, haften die abspritzenden Teilchen an der Haut und erzeugen weiterbrennend tiefgehende, sehr gefährliche Brandwunden.

Die auffallend leichte Entzündlichkeit des Phosphors zeigt man am besten in der Weise, daß man einige Tropfen der Lösung in Schwefelkohlenstoff auf Filtrierpapier an der Luft verdunsten läßt. Hierbei scheidet sich der Phosphor in so feiner Verteilung ab, daß infolge der Oberflächenvergrößerung die an der Luft einsetzende Oxydation die Temperatur bis zur Entzündung emportreibt und die betropften Stellen des Papiers hell aufflammen.

Wegen dieser Selbstentzündung diente der Phosphor im Kriege 1939 bis 1945 als Kampfmittel. Die großen Phosphorbrandbomben enthielten eine Lösung von Phosphor in Schwefelkohlenstoff im Gemisch mit Kautschuk.

Wegen des tiefliegenden Entzündungspunktes und wegen der sehr hohen Verbrennungswärme verbrennt der Phosphor auch noch in heißem Wasser, wenn in der in Abb. 51 gezeigten Apparatur durch das Glasrohr Sauerstoff zu Phosphor, der sich am Boden des mit Wasser zur

Hälfte gefüllten Reagensglases befindet, geleitet wird. Sobald durch die Flamme des Brenners die Temperatur des den Phosphor bedeckenden Wassers etwas mehr als 60 °C etreicht, brennen die vom Sauerstoffstrom umhergewirbelten Phosphortröpfchen unter dem Wasser mit lebhafter Lichterscheinung, wenn sie von den Sauerstoffbläschen berührt werden.

Auf der Oxydation des weißen Phosphors schon unterhalb des Entzündungspunktes beruht das Leuchten des Phosphors, von dem er auch seinen Namen φωσφόρος = Lichtträger erhalten hat.

Um dieses „phosphoreszierende" Leuchten zu zeigen, bedeckt man in einer weithalsigen Pulverflasche einige Stücke weißen Phosphors teilweise mit Wasser, so daß die Luft zu dem vom feuchten Phosphor ausgehenden Nebel hinzutreten kann, dieser selbst aber vor der Entzündung durch die kühlende Wirkung des Wassers geschützt ist. Im Dunkeln sieht man dann über den Stücken einen schwach bläulich leuchtenden Nebel, der beim Hineinhauchen in die Flasche in wallende Bewegung gerät.

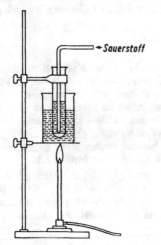

Abb. 51. Verbrennung von Phosphor
unter Wasser durch Sauerstoff

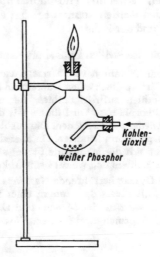

Abb. 52. Kühle Phosphorflamme

Noch deutlicher sichtbar wird dieses Leuchten, wenn man mit einer mit einem feuchten Tuch umwickelten Phosphorstange auf eine Tafel schreibt und diese im Dunkeln mit einem Tuch leicht überstreicht. Gefahrloser als mit weißem Phosphor läßt sich hierfür eine Mischung von Phosphor und Stearin verwenden, die man durch Zusammenschmelzen unter Wasser darstellt.

Am deutlichsten zeigt sich das Leuchten des weißen Phosphors in der kühlen Flamme von SMITHELLS (Abb. 52).

Man bringt in einen Rundkolben einige kleine Stückchen weißen Phosphor, leitet einen Kohlendioxidstrom von der Seite ein und erhitzt dann auf dem Wasserbad; das Kohlendioxid nimmt den Phosphordampf mit sich, und man sieht aus der Öffnung des Kolbens eine große, fahle, flammenähnliche Erscheinung hervortreten. Diese ist so kühl, daß man die Hand hineinhalten kann, ohne mehr als die vom Kolben ausgehende Wärme zu verspüren.

Merkwürdigerweise hört das Leuchten des Phosphors auf, wenn man reinen Sauerstoff von Atmosphärendruck zutreten läßt. Verdünnt man aber den Sauerstoff, indem man den Druck verkleinert oder ihn mit indifferenten Gasen, wie Stickstoff, mischt, so tritt das Leuchten bei einem bestimmten Teildruck des Sauerstoffs (am stärksten bei 5 %/o O_2) wieder auf. Viele Dämpfe, wie die von Alkohol, Äther, Kampfer, Naphthalin, Terpentinöl, ferner Schwefelwasserstoff, Äthylen, Acetylen und ganz besonders Jodbenzol, schwächen oder unterdrücken das Leuchten.

Zweifellos stammt die Lichtenergie aus der chemischen Energie, die bei der langsamen Oxydation frei wird, die aber nicht wie sonst in Wärme und damit schließlich indirekt in Strahlung übergeht, sondern die sich teilweise direkt in sichtbaren Lichtstrahlen äußert. Es liegt hier ein besonders charakteristischer Fall von *Chemolumineszenz* vor. Die allen festen oder flüssigen Stoffen und in geringerem Maße auch allen Gasen zukommende Eigenschaft, bei hoher Temperatur zu leuchten, nennt man *Thermolumineszenz*, weil hierbei die durch Wärme bewirkte hohe Temperatur die Strahlung erzeugt.

Der weiße Phosphor ist ein sehr starkes Gift und tötet in einer Menge von 0,1 g einen erwachsenen Menschen. Er wird vom Magen aus resorbiert und bewirkt unter Fettbildung in der Leber, dem Herzen und den Nieren schwere Funktionsstörungen. Als Gegenmittel gibt man 1 ... 3 g Kupfervitriol in 0,5 l Wasser, weil dadurch der Phosphor teils oxydiert, teils als schwarzes Kupferphosphid gebunden wird. Langanhaltendes Einatmen verdünnter Phosphordämpfe, wie dies in Zündhölzchenfabriken früher nicht vermieden werden konnte, erzeugt eine als Phosphornekrose bekannte Zerstörung des Kiefers und der Zähne.

Nachweis des weißen Phosphors

Nach dem Verfahren von MITSCHERLICH leitet man die aus einem Kochkolben entwickelten Wasserdämpfe durch einen Kühler und beobachtet im Dunkeln, ob innerhalb der Abkühlungszone Leuchten auftritt. Enthielt die im Kochkolben mit dem Wasser eingefüllte Substanz weißen Phosphor, so wird dieser mit den Wasserdämpfen verflüchtigt und an den kühleren Stellen wieder ausgeschieden. Die aus dem unteren Ende des Kühlers eindringende Luft bringt den Phosphor zum Leuchten. Da aber das Sieden des Wassers nicht ganz gleichmäßig erfolgt, verschiebt sich die leuchtende Stelle; sie rückt bei lebhaftem Sieden mehr gegen das untere Ende des Kühlers und weicht beim Abkühlen gegen den Kochkolben hin zurück.

Der von DUSART herrührende Nachweis des weißen Phosphors beruht auf der intensiv grünen Färbung, die dieser dem Innern einer Wasserstoffflamme erteilt (Abb. 53). Die zu prüfende Substanz, wie z. B. der Magen- und Darminhalt des Vergifteten, wird in einem Rundkolben mit Wasser gemengt, auf einem Wasserbad erhitzt und mit zugeleitetem Wasserstoff auf-

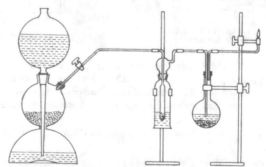

Abb. 53. Nachweis von weißem Phosphor nach DUSART

gerührt. Sobald die Luft verdrängt ist, zündet man den Wasserstoff am Brenner (am besten einem oben platinierten Metallrohr) an. Sind auch nur wenige Milligramm weißer Phosphor zugegen, so zeigt sich im Innern der bläulichen Wasserstoffflamme eine grüne Spitze. Dieses grüne, dem Phosphor eigentümliche Licht wird noch deutlicher, wenn man die Flamme mit einem weiten Glasrohr überdeckt oder sie an einem Porzellanschälchen teilweise unterdrückt.

Roter Phosphor

Der rote Phosphor ist die stabilere Modifikation und bildet sich aus der weißen bei höherer Temperatur und durch den Einfluß des Lichtes unter Wärmeentwicklung. Die

Umwandlungswärme beträgt für 1 g-Atom ($\approx$ 31 g) 4,4 kcal. Die Umwandlung verläuft nur in der Richtung P (weiß) $\rightarrow$ P (rot) und ist nicht umkehrbar. Man bezeichnet eine solche, nur in einer Richtung verlaufende Umwandlung als *monotrop*, während die in beiden Richtungen verlaufende Umwandlung des α- und β-Schwefels ein Beispiel für eine *enantiotrope* Umwandlung ist.

Obwohl der rote Phosphor bei allen Temperaturen die stabilere Modifikation ist, scheidet sich beim Abkühlen von Phosphordampf der weiße Phosphor ab.

Aus diesem und vielen anderen Beispielen leitete W. OSTWALD die Regel ab, daß bei der Bildung von Elementen oder Verbindungen mit mehreren Modifikationen zuerst die instabile Modifikation entsteht. Besser wird diese Regel durch die Erkenntnis von VOLMER ersetzt, die besagt, daß sich zuerst die weniger dichte Modifikation bildet.

Der gewöhnliche rote Phosphor ist kein einheitliches Produkt. Seine physikalischen und chemischen Eigenschaften sind in hohem Grade von den Bedingungen abhängig, unter denen die Umwandlung stattgefunden hat; doch sind alle roten Formen in Schwefelkohlenstoff unlöslich und ungiftig und weniger reaktionsfähig als der weiße Phosphor.

Darstellung

Der Übergang des weißen Phosphors in ein rotes Produkt beobachteten BERZELIUS und dann SCHRÖTTER (1845), als sie den weißen Phosphor unter Luftabschluß längere Zeit auf 260 °C erhitzten. In der Technik vollzieht man diese Umwandlung in eisernen Autoklaven durch Erhitzen des Phosphors auf 230 °C und später bis auf 350 °C, wenn die mit der Umwandlung verbundene Wärmeentwicklung nachgelassen hat. Sehr beschleunigt wird dieser Vorgang durch Zugabe geringer Mengen Jod. Das rot-violette, glasige, spröde Produkt von der Dichte 2,20 g/cm³ wird mit Wasser gemahlen und durch Behandeln mit Natronlauge von weißem Phosphor befreit.

In reinstem Zustand erhält man den roten Phosphor durch Kristallisation aus geschmolzenem Blei. Dieser *„Hittorfsche Phosphor"* bildet monokline Kristalle von der Dichte 2,316 g/cm³ bei 17 °C (G. LINK und A. STOCK).

Eigenschaften

Der aus dem Schmelzfluß erhaltene rote Phosphor unterscheidet sich von dem weißen zunächst durch seine Unlöslichkeit in Schwefelkohlenstoff und den anderen Lösungsmitteln, durch seine Härte (3,5), chemische Indifferenz gegen Natronlauge sowie durch die hohe Entzündungstemperatur von 430 . . . 440 °C für die reinsten Sorten, während die weniger reinen Handelsprodukte an der Luft bei 260 °C Feuer fangen. Der rote Phosphor schmilzt nicht (unter gewöhnlichem Druck), verdampft bei Zimmertemperatur nicht, leuchtet auch nicht im Dunkeln an der Luft und ist vollkommen ungiftig. Unter Druck schmilzt der rote Phosphor bei 600 °C. Die Schmelze erstarrt aber vollständig erst bei bedeutend niederer Temperatur. Man kann bei 550 °C lange Zeit hindurch in der sonst klaren Schmelze eine Ausscheidung von rotem Phosphor feststellen. Der Erstarrungs- und der Schmelzprozeß verlaufen also nicht wie bei einem einheitlichen Stoff. Sicherlich liegen bei 600 °C verschieden große Phosphormolekülverbände nebeneinander vor.

Bei der Bildung von rotem Phosphor durch Belichtung mit spektral zerlegtem Licht beginnt nach A. STOCK und H. SCHRADER die Wirksamkeit im mittleren Blau, erreicht ihr Maximum im Violett und nimmt im Ultraviolett ab. Diese photochemische Umwandlung findet auch noch bei -190 °C statt. Entfernt man den noch vorhandenen weißen Phosphor durch Sublimation, so hinterbleiben gelbrote, moosartige Gebilde, die sich meist schon bei 130 °C — wohl infolge der großen Oberflächenentwicklung — an der Luft entzünden.

Der sogenannte *hellrote Phosphor* wird am einfachsten nach SCHENCK dargestellt, indem man eine 10%ige Lösung von weißem Phosphor in Phosphortribromid 10 h lang zum Sieden erhitzt. Doch ist es außerordentlich schwer, das festgehaltene Lösungsmittel aus dem hellroten Produkt zu entfernen.

Sehr rein erhält man den hellroten Phosphor nach LUDWIG WOLF durch Reduktion von Phosphortribromid mit metallischem Quecksilber. Dieser 99,8%ige Phosphor ist mennige- bis zinnoberrot gefärbt, hat bei 24 °C eine Dichte von 1,876 g/cm³, färbt sich bei 250 °C vorübergehend braunschwarz, beim Erkalten wieder rot, ist unlöslich in Schwefelkohlenstoff und wird zum Unterschied von dem SCHENCKschen roten Phosphor durch Ammoniakwasser nicht verfärbt. Obwohl die Entzündungstemperatur erst bei ungefähr 300 °C liegt, oxydiert er sich langsam an feuchter Luft und wird von Laugen unter Phosphorwasserstoffentwicklung gelöst. In Gegenwart von Wasser werden Silber- und Quecksilberhalogenide, auch Kupfersulfat und Indigo reduziert. Die zur Bildung dieses Phosphors führende Reaktion

$$2\,PBr_3 + 3\,Hg = 3\,HgBr_2 + 2\,P$$

verläuft überwiegend in diesem Sinne bei mittleren Temperaturen und hohem Druck, läßt sich aber nach dem Prinzip vom kleinsten Zwang bei hoher Temperatur und vermindertem Druck umkehren, wenn man diesen roten Phosphor mit Quecksilberbromid gemischt in einem rechtwinklig gebogenen Einschmelzrohr auf 240 °C erhitzt und das andere Rohrende auf −15 °C abkühlt. Bald sammelt sich im gekühlten Teil Phosphortribromid an.

Der hellrote Phosphor enthält stets noch etwas Brom gebunden. Seine Reaktionsfähigkeit kommt am deutlichsten in seinem Verhalten gegen Alkalien zum Ausdruck. Er löst sich in Alkalilaugen unter stürmischer Entwicklung von nicht selbstentzündlichem Phosphorwasserstoff, Wasserstoff und Bildung von Hypophosphiten auf.

Auch mit Oxydationsmitteln, wie mit verdünnter Salpetersäure, reagiert der hellrote Phosphor viel lebhafter als der gewöhnliche, dunkler rote Handelsphosphor. Er hält in seinem gesamten chemischen Verhalten die Mitte zwischen diesem und dem weißen Phosphor.

Trotz seiner verhältnismäßig großen Reaktionsfähigkeit ist der hellrote Phosphor gleich dem dunkler roten ungiftig. Deshalb dient er heute als Ersatz des weißen Phosphors bei der Herstellung von Zündhölzern, die an jeder Reibfläche zünden sollen.

Struktur von schwarzem und rotem Phosphor

Eine *schwarze metallische Modifikation* des Phosphors mit der Dichte 2,70 g/cm³ hat P. W. BRIDGMAN aus dem weißen Phosphor durch Erhitzen auf 200 °C bei über 10 000 atm dargestellt.

Diese Modifikation ist rhombisch und leitet den elektrischen Strom. Nach WARREN ist jedes P-Atom mit 3 Nachbarn zu Doppelschichten verbunden, die sich durch den ganzen Kristall erstrecken und parallel übereinander gelagert sind.

Es ist wahrscheinlich, daß auch der rote Phosphor solche Schichtgitter bildet, aber in unregelmäßiger Verknüpfung, so daß sich als Folge des Fehlens der periodischen Regelmäßigkeit eine amorphe Struktur ergibt. In Lücken dieser unregelmäßigen Verknüpfung können die P-Atome durch Fremdatome abgesättigt sein, z. B. bei dem Schenckschen roten Phosphor durch Brom. Der Hittorfsche Phosphor bildet gleichfalls ein Schichtengitter, wahrscheinlich mit komplizierter Struktur und meistens mit erheblichen Störungen in der Verknüpfung der Atome. Diese Strukturen, in denen keine kleinen selbständigen Moleküle vorliegen, machen es verständlich, daß der rote und schwarze Phosphor unlöslich sind. Sie erklären aber auch, warum beim roten Phosphor je nach Farbe und Reaktionsfähigkeit andere Arten unterschieden werden.

Verwendung des Phosphors — Zündmittel

Die Hauptmenge der Produktion an elementarem Phosphor (1956: 283 000 t in USA, 11 300 t in Westdeutschland) wird auf Phosphorsäure und andere Phosphorverbindungen verarbeitet.

Roter Phosphor wird wegen der sehr starken Rauchentwicklung bei der Verbrennung zu Phosphorpentoxid (siehe S. 277) in Artilleriegeschossen (Zielmunition) und Wurfminen verwendet. Weiterhin dient roter Phosphor zur Herstellung von Zündhölzern. Seit alten Zeiten konnte der Mensch das Feuer durch Reiben eines zugespitzten Stabes aus hartem Holz in einer kleinen Vertiefung weichen Holzes erzeugen.

Diese Methode treffen wir heute noch vielfach bei wilden Völkerschaften an. Da, wo Feuerstein und Eisenkies (Pyrit) häufiger waren, schlug man aus diesen Stoffen Funken, die auf teilweise verkohltem Weidenholz, Weidenschwamm oder sonst leicht entzündlichen Stoffen aufgefangen wurden und diese ins Glühen brachten. Durch geschicktes Blasen konnte man aus dieser Glut an weichen Holzspänen oder getrocknetem Gras die Flamme entfachen. Die Völker, denen die Natur Schwefel darbot, wie die alten Etrusker, dann die Griechen und Römer, gebrauchten dieses schon bei 250 °C entflammbare Element, um auf kürzerem Wege aus der Glut die Flamme hervorzurufen. Als man den Stahl kennenlernte, ersetzte man durch diesen den schwerer zu erlangenden und wegen seiner Sprödigkeit wenig dauerhaften Pyrit, schlug also den Funken aus Stahl und Feuerstein und fing diesen in Zündschwamm auf, der später durch etwas Salpeter leichter entzündbar gemacht wurde. Die offene Flamme erzeugte man nach wie vor an teilweise verkohlter Pflanzenfaser (besonders Leinenstreifen) oder an Schwefelfäden.

Es ist bezeichnend für die Anspruchslosigkeit und infolge hiervon für die Rückständigkeit früherer Jahrhunderte in technischer Hinsicht, daß man diese Art der Feuererzeugung bis Anfang des 19. Jahrhunderts allgemein beibehielt, obwohl durch Reibung, Stoß und Schlag entzündbare Stoffe, darunter auch die Ende des 18. Jahrhunderts erfundenen, phosphorhaltigen Turiner Kerzen, schon bekannt waren. Auch für die Feuergewehre dienten Feuersteinschlösser noch bis 1820.

Zwar hatte CHANCEL in Paris 1812 die Tunkfeuerzeuge erfunden, die aus Hölzchen bestanden, deren Ende mit Schwefel und zuoberst mit einem Köpfchen aus Kaliumchlorat und Zucker überzogen war. Man tunkte dieses Ende in ein Gefäß, das mit konzentrierter Schwefelsäure getränkten Asbest enthielt. Weil aber bei der explosionsartigen Entzündung durch das Chlordioxid Schwefelsäure verspritzte, erfreuten sich diese Tunkfeuerzeuge keiner besonderen Beliebtheit.

Das Feuerzeug von DÖBEREINER (1823) (siehe unter Wasserstoff) war für den allgemeinen Gebrauch zu unhandlich. 1832 kamen die ersten Reibzündhölzchen in den Handel, deren Spitze eine mit Leim verfestigte Mischung aus Kaliumchlorat und Antimonsulfid enthielt. Zur Entzündung strich man diese Hölzchen an Sandpapier. Wohl im selben Jahre wurden die an jeder Reibfläche zündbaren Phosphorzündhölzchen erfunden. Aber sie wurden ihrer leichten Entzündbarkeit halber zunächst verboten und kamen erst im Jahre 1845 in den Handel. Diese Hölzchen aus leicht brennbarem Espen-, Pappel- oder Lindenholz waren am oberen Ende mit Schwefel bestrichen und enthielten im Köpfchen 1 %, weißen Phosphor mit sauerstoffabgebenden Stoffen, wie Salpeter und Mennige, und mit brennbaren Bindemitteln, wie Leim, Dextrin, Gummi arabicum sowie mit färbenden Stoffen, wie Berliner Blau. Wegen der außerordentlich einfachen Handhabung fanden diese Streichhölzer seit 1845 bald allgemeine Aufnahme, und es gelang nur mit Mühe, sie durch deutsches Reichsgesetz vom 10. Mai 1903 wieder abzuschaffen. Anlaß hierzu gaben die Giftigkeit sowie die allzu leichte Entzündlichkeit der meist ohne irgendwelche Vorsicht aufbewahrten, z. B. lose in den Kleidern getragenen Hölzchen. An ihre Stelle traten die schon früher als schwedische Zündhölzer bekannten, von dem deutschen Chemiker BÖTTGER im Jahre 1848 erfundenen Sicherheitszündhölzer. Diese enthalten am Hölzchen keinen Schwefelüberzug, auch keinen Phosphor im Köpfchen, sondern nur eine Mischung aus Kaliumchlorat und Schwefel, Antimonsulfid oder einem anderen brennbaren Sulfid mit soviel Bindemitteln, daß diese durch Reibung an indifferenten Flächen nur sehr schwer entzündet werden können. Erst durch Anstreichen an der mit rotem Phosphor, Eisenkies oder Antimonsulfid und Glaspulver überzogenen Reibfläche wird ein wenig Phosphor losgerieben, der mit dem Chlorat (siehe dort) Feuer fängt und so die Masse des Köpfchens zur Entzündung bringt. Um den Schwefelüberzug auf den Hölzchen zu vermeiden, wählt man sehr weiches Erlen- oder Espenholz und erhöht dessen Entflammbarkeit durch Tränken mit etwas Paraffin und gelegentlich auch mit Ammoniumphosphat, um das Nachglühen zu vermeiden.

Um die sich bald abnutzende Reibfläche überflüssig zu machen, kehrt man auch gelegentlich zu selbstzündenden Hölzchen zurück, ersetzt aber den giftigen weißen Phosphor durch den roten oder durch Phosphorsulfide. Eine Zündmasse aus rotem Phosphor, Kaliumchlorat und Calciumplumbat nebst Bindemitteln bestehend, ist kaum giftig und bei hinreichend starker Reibung an jeder rauhen Fläche entzündlich.

Auch auf das alte Funkenfeuerzeug ist man wieder zurückgekommen, wobei man Cerstahl gegen gehärteten Stahl reibt und diese sehr heißen Funken auf Benzindochte springen läßt.

Phosphor-Wasserstoffverbindungen und Phosphide

Phosphor bildet mit Wasserstoff 2 Verbindungen: den Phosphorwasserstoff, auch Phosphin genannt, PH_3, und den flüssigen Phosphorwasserstoff (Diphosphin), P_2H_4. Beide Verbindungen entsprechen formal den Stickstoffverbindungen NH_3 und N_2H_4.

Phosphorwasserstoff, PH_3

Phosphorwasserstoff (Phosphin), Siedep. $-87,4\,°C$, Schmelzp. $-133\,°C$, entsteht rein durch Zersetzung von Phosphoniumjodid, PH_4J, mit Alkalien:

$$PH_4J + KOH = PH_3 + KJ + H_2O$$

In unreinem Zustand, nämlich gemengt mit Diphosphin, P_2H_4, tritt Phosphorwasserstoff bei der Zersetzung von Phosphiden, z. B. von Calcium- oder Magnesiumphosphid, mit Wasser auf:

$$Ca_3P_2 + 6\,H_2O = 2\,PH_3 + 3\,Ca(OH)_2$$

Phosphorwasserstoff bildet sich auch beim Kochen von weißem Phosphor mit Laugen:

$$P_4 + 3\,KOH + 3\,H_2O = PH_3 + 3\,K(H_2PO_2)$$

Bei dieser Disproportionierungsreaktion wird ein Teil des Phosphors zu Phosphorwasserstoff reduziert auf Kosten eines anderen Teiles, der zur hypophosphorigen Säure, H_3PO_2, oxydiert wird.

Phosphorwasserstoff ist ein Gas von unangenehmem, an faulende Fische erinnernden Geruch und sehr giftigen Eigenschaften, das sich an der Luft bei etwa $150\,°C$ entzündet und mit glänzender Leuchterscheinung zu Phosphorsäure verbrennt.

Ist das Gas absolut trocken, so entzündet es sich oft spontan an der Luft. Während ein nicht völlig trockenes Gemisch von Phosphorwasserstoff mit Sauerstoff unter Atmosphärendruck nur sehr langsam reagiert, entzündet es sich, sobald man den Druck vermindert. Anscheinend gibt es wie für den weißen Phosphor so auch für den Phosphorwasserstoff eine Oxydationsgrenze. Immerhin können auch solche Gemische explodieren, wenn man das absperrende Quecksilber schüttelt.

Während das Ammoniak eine exotherme Verbindung ist, ist die Bildung des Phosphorwasserstoffs aus den Elementen schwach endotherm:

$$P_{weiß} + \tfrac{3}{2}\,H_2 = PH_3 - 2,2\,kcal$$

Phosphorwasserstoff unterscheidet sich ferner vom Ammoniak durch die leichte Entzündbarkeit und durch seine geringe Löslichkeit in Wasser: 1 Vol. Wasser absorbiert bei $18\,°C$ nur 0,11 Vol. PH_3. Die basische Natur, d. h. die Protonenaffinität des Phosphorwasserstoffs ist schwächer als die des Ammoniaks. Das zeigt sich darin, daß die den Ammoniumverbindungen entsprechenden Phosphoniumverbindungen, PH_4X ($X = Cl, Br, J$), durch Wasser zersetzt werden. Während Ammoniak mit Wasser bzw. Hydronium-

Ionen unter Bildung des Ammonium-Ions reagiert, gibt das Phosphonium-Ion ein Proton an das Wasser:

$$NH_3 + [H_3O]^+ \rightarrow NH_4^+ + H_2O$$
$$PH_4^+ + H_2O \rightarrow PH_3 + [H_3O]^+$$

Mit einigen Schwermetallhalogeniden bildet Phosphorwasserstoff instabile Anlagerungsverbindungen, z. B. $CuCl \cdot PH_3$ und $2\ AgJ \cdot PH_3$ (R. SCHOLDER, 1937). Im Vergleich zum Ammoniak ist jedoch beim Phosphin die Tendenz zur Bildung von Komplexverbindungen sehr viel geringer.

Das PH_3-Molekül hat wie das NH_3-Molekül die Gestalt einer dreiseitigen Pyramide mit dem P-Atom an der Spitze. Der Winkel H—P—H beträgt 92 °.

Phosphoniumhalogenide

Phosphorwasserstoff reagiert mit den Halogenwasserstoffen zu Phosphoniumsalzen, die leicht flüchtig sind und im Gaszustand wieder vollständig in die Komponenten zerfallen. Die Sublimationspunkte betragen: Phosphoniumchlorid, PH_4Cl, −28 °C, Phosphoniumbromid, PH_4Br, 30 °C und Phosphoniumjodid, PH_4J, 62 °C. Die Phosphoniumsalze sind sehr hygroskopisch und werden durch Wasser sofort in Phosphorwasserstoff und die Halogenwasserstoffsäuren gespalten (siehe unter Phosphorwasserstoff).

Zur Darstellung von Phosphoniumjodid wird eine Lösung von weißem Phosphor und Jod in Schwefelkohlenstoff nach Verdampfen des Lösungsmittels durch wenig Wasser zersetzt (siehe S. 275). Als Nebenprodukte entstehen phosphorige Säure und Jodwasserstoff. Phosphoniumjodid bildet wasserhelle, tetragonale Kristalle.

Phosphide

Neben der schwach basischen Natur des Phosphorwasserstoffs macht sich schon eine schwach saure Natur insofern bemerkbar, als er Kupfer-, Silber- und Quecksilbersalze unter Bildung von Phosphiden fällt.

Die Phosphide der Alkalien, Erdalkalien und des Aluminiums, wie Li_3P, Na_3P, Ca_3P_2, AlP, entstehen durch Zusammenschmelzen der Elemente unter Luftausschluß. Ca_3P_2 bildet sich neben $Ca_2P_2O_7$ auch beim Glühen von Kalk im Phosphordampf.

Magnesiumphosphid entsteht immer, wenn phosphathaltige Stoffe mit überschüssiger Magnesiumfeile erhitzt werden. Bei reinem Calciumphosphat, $Ca_3(PO_4)_2$, verläuft die Reaktion so heftig, daß man sie durch Verdünnen mit dem doppelten Gewicht Magnesiumoxid mäßigen muß. Diese Phosphide entwickeln mit Wasser oder Säuren hauptsächlich Phosphorwasserstoff.

Viele Metalle geben bei Einwirkung von Phosphordampf bei hohen Temperaturen nichtsalzartige Phosphide. Hierher gehören: CrP, MnP, MoP_2, Fe_3P, Fe_2P, Ni_2P, NiP_2, NiP_3 u. a. Sie zeigen metallähnliches Aussehen und sind gegen Wasser und Säuren beständig.

Diphosphin, P_2H_4

Diphosphin (flüssiger Phosphorwasserstoff) wird aus dem bei der Zersetzung von Calciumphosphid, Ca_3P_2, oder Magnesiumphosphid, Mg_3P_2, mit Wasser oder beim Kochen von weißem Phosphor mit Lauge erhaltenen Gasgemisch durch Abkühlung auf 0 °C kondensiert. Es bildet eine wasserhelle, stark lichtbrechende Flüssigkeit, die die Glaswände nicht benetzt und in Wasser untersinkt, ohne sich darin zu lösen. Diphosphin siedet bei einem Druck unter 735 Torr bei 57 °C und erstarrt unter −10 °C, zerfällt aber in der Wärme und besonders auch im Licht, vor allem in Berührung mit starker Salzsäure in PH_3 und den „festen Phosphorwasserstoff".

Diphosphin ist an der Luft selbstentzündlich und überträgt diese Eigenschaft auch auf seine Gemische mit dem Phosphin. So kommt es, daß der rohe Phosphorwasserstoff an der Luft sofort Feuer fängt. Das kann man in den folgenden Versuchen vorführen:

Man füllt ein etwa 100 ml fassendes Kölbchen zu ³/₄ mit 60⁰/oiger Kalilauge, gibt ein paar Stückchen weißen Phosphor hinzu, verschließt das Kölbchen mit einem Ableitungsrohr, das in Wasser taucht, und erwärmt im Sandbad. Bald entweicht durch das vorgelegte Wasser der rohe Phosphorwasserstoff in Blasen, die an der Luft Feuer fangen und zu weißen Rauchringen von Phosphorsäurenebel verbrennen.

Ersetzt man die wäßrige Kalilauge durch eine alkoholische, so entweicht der nicht selbstent-zündliche Phosphorwasserstoff.

Wirft man Stücke von Calciumphosphid in ein mit Wasser gefülltes Kelchglas, so treten gleich-falls selbstentzündliche Blasen von Phosphorwasserstoff hervor, während rauchende Salzsäure nicht selbstentzündliches Phosphin liefert, weil sie den flüssigen, selbstentzündlichen Phosphor-wasserstoff spaltet.

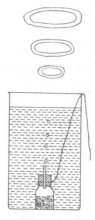

Sehr einfach und wirkungsvoll läßt sich nach K. A. Hofmann der selbstentzündliche Phosphorwasserstoff vorführen (Abb. 54), wenn man in ein Pulverfläschchen Bleichrote und darüber einige Stückchen Calciumphosphid gibt, das Fläschchen durch einen Korkstopfen mit Glasrohr von etwa 3 mm Weite verschließt und es mittels einer Schnur auf den Boden eines großen, 20 ... 25 cm hoch mit Wasser gefüllten Glasgefäßes hinabläßt. Hat man vorher in das Fläschchen einige Tropfen Äther gegeben und mit der Hand erwärmt, so wird infolge der Kontraktion unter Wasser etwas Wasser eingesaugt, und es entweichen Blasen von Phosphorwasserstoff, die sich an der Oberfläche des Wassers entzünden. Weil die Gasentwicklung den Wasserzutritt durch das Röhrchen zunächst verwehrt und erst dann wieder frei gibt, wenn das Gas teilweise entwichen ist, tritt das Wasser nur ab und an hinzu. Somit reguliert sich die Gasent-wicklung selbsttätig in einem Tempo, das von der Weite des Glas-röhrchens abhängt.

Der sogenannte *feste Phosphorwasserstoff* entsteht aus Diphosphin mit starker Salzsäure oder durch Belichtung als gelbe amorphe Fällung von wechselnder Zusammensetzung $P_{12}H_4$ bis $P_{12}H_6$. Er ist keine einheitliche Verbindung.

Abb. 54. Demonstration von selbstentzündlichem Phosphorwasserstoff

Phosphor-Halogenverbindungen

Eine Übersicht über die bisher bekannten binären Phosphorhalogenide gibt neben-stehende Tabelle.

Es lassen sich auch Halogenide mit zwei verschiedenen Halogenen darstellen, z. B. PCl_2F, PCl_2F_3, PBr_2F_3 u. a. Sämtliche Phosphor-Halogenverbindungen sind feuchtigkeitsempfind-lich und werden durch Wasser hydrolytisch gespalten.

Phosphorfluoride

Phosphortrifluorid, PF_3, läßt sich aus Phosphortrichlorid und gasförmigem Fluorwasserstoff oder Arsentrifluorid darstellen. Es ist ein farbloses, an der Luft rauchendes, giftiges Gas, das Glas nicht angreift. *Phosphorpentafluorid*, PF_5, bildet sich bei der Umsetzung von Phosphor-pentachlorid mit Arsentrifluorid. Die Verbindung ist auch bei hohen Temperaturen stabil (vgl. das andersartige Verhalten von Phosphorpentachlorid und -bromid).

Phosphortrichlorid, PCl_3

Phosphortrichlorid wird dargestellt, indem man über weißen Phosphor beim Schmelz-punkt trockenes Chlor leitet. Die Reaktionswärme nach der Gleichung

$$P + \tfrac{3}{2} Cl_2 = PCl_3 + 70 \text{ kcal}$$

ist so bedeutend, daß das gebildete Phosphortrichlorid ohne äußere Erwärmung abdestilliert. Zur Beseitigung von mitentstandenem Pentachlorid wird nochmals über Phosphor rektifiziert.

Phosphortrichlorid ist eine wasserhelle, an feuchter Luft rauchende Flüssigkeit von sehr stark zu Tränen reizendem Geruch, die sich nur in sauerstofffreien Lösungsmitteln unzersetzt auflöst, mit Wasser aber in Chlorwasserstoff und phosphorige Säure zerfällt:

$$PCl_3 + 3 H_2O = H_3PO_3 + 3 HCl + 64 kcal$$

Hydroxylhaltige organische Verbindungen, wie z. B. Carbonsäuren, werden durch Phosphortrichlorid in die Chloride übergeführt.

Führt man die Zersetzung von Phosphortrichlorid in hydrogencarbonatalkalischer Lösung durch, so entstehen neben Phosphit und kleinen Mengen Phosphat und Hypophosphat hauptsächlich Pyrophosphit, $Na_2[H_2P_2O_5]$ (E. THILO und D. HEINER, 1955).

Phosphorhalogenide

	Typ P_2X_4	Typ PX_3	Typ PX_5
Phospho·fluoride		Phosphortrifluorid, PF_3 Schmelzp. $-151,5\ °C$ Siedep. $-101,8\ °C$	Phosphorpentafluorid, PF_5 Schmelzp. $-83\ °C$ Siedep. $-75\ °C$
Phosphorchloride	Disphosphortetrachlorid, P_2Cl_4 Schmelzp. $-28\ °C$ Siedep. $180\ °C$	Phosphortrichlorid, PCl_3 Schmelzp. $-91\ °C$ Siedep. $76\ °C$	Phosphorpentachlorid, PCl_5 Sublimationsp. $162\ °C$
Phosphorbromide		Phosphortribromid, PBr_3 Schmelzp. $-40\ °C$ Siedep. $172,9\ °C$	Phosphorpentabromid, PBr_5 Schmelzp. $< 100\ °C$ unter Zersetzung
Phosphorjodide	Diphosphortetrajodid, P_2J_4 Schmelzp. $125,5\ °C$	Phosphortrijodid, PJ_3 Schmelzp. $61\ °C$	

Im Phosphortrichlorid und ebenso in den anderen Phosphortrihalogeniden befindet sich am Phosphoratom ein freies Elektronenpaar: $|P \equiv Cl_3$. Dadurch kann das Phosphortrichlorid als Elektronendonator wirken, d. h. Atome oder Moleküle mit einer Elektronenlücke — also Elektronenacceptoren — lagern sich an dieses Elektronenpaar an. So bildet Phosphortrichlorid mit Ozon oder dem Sauerstoff des Chlorats Phosphorylchlorid, $\langle O = P \equiv Cl_3$. Molekularer Sauerstoff wird jedoch nur langsam aufgenommen. Schwefel addiert sich zum Thiophosphorylchlorid, $SPCl_3$, und Chlor wird zum Phosphorpentachlorid gebunden. Auch an Halogenide, deren Elektronenkonfiguration nicht abgeschlossen ist, kann sich das Phosphortrichlorid anlagern. So entstehen Verbindungen, wie $PtCl_4 \cdot PCl_3$ und $PtCl_2 \cdot PCl_3$, die mit Alkoholen Platin-Phosphorigsäureester liefern.

Setzt man Phosphortrichlorid in einer Wasserstoffatmosphäre einer stillen elektrischen Entladung aus, so entsteht Diphosphortetrachlorid, P_2Cl_4, als farblose, an der Luft rauchende Flüssigkeit.

Phosphorpentachlorid, PCl_5

Phosphorpentachlorid entsteht aus Phosphor und überschüssigem Chlor als gelblich-weiße, glänzende Kristallmasse von eigenartigem, die Schleimhäute heftig reizendem Geruch. Die Dampfdichte entspricht nicht dem Molekulargewicht PCl_5, sondern ist ungefähr nur halb so groß, weil das Pentachlorid als Gas weitgehend zerfällt:

$$PCl_5 \rightleftharpoons PCl_3 + Cl_2$$

Die Farbe des Dampfes wird mit zunehmender Temperatur durch das beim Zerfall freiwerdende Chlor immer stärker gelbgrün. Nach Messungen von CAHOURS liegt das Zerfallsgleichgewicht unter Atmosphärendruck bei 182 °C zu 41,7 %, bei 250 °C zu 80 %, bei 300 °C zu 97,3 % auf seiten der Zersetzung. Bei 300 °C besteht demnach der Dampf fast nur noch aus Trichlorid und freiem Chlor. Demgemäß werden viele Metalle durch Phosphorpentachlorid in die Chloride übergeführt, und selbst Gold oder Platin lassen sich so chlorieren.

Wie schon beim Wassergleichgewicht (S. 33) und bei der elektrolytischen Dissoziation des Wassers ausführlich besprochen wurde, müssen im Gleichgewicht die Geschwindigkeiten des Zerfalls des Pentachlorids und der Bildung aus Trichlorid und Chlor einander gleich sein. Daraus ergibt sich (siehe S. 71) für das Gleichgewicht die Beziehung:

$$\frac{[PCl_3] \cdot [Cl_2]}{[PCl_5]} = K$$

in der die Größe K nur von der Temperatur abhängt. Man sieht, daß der Zerfall des Pentachlorids zurückgeht, wenn man dem Dampf überschüssiges Trichlorid oder Chlor zufügt.

Da die Reaktion $PCl_3 + Cl_2 = PCl_5 + 20$ kcal Wärme liefert, geht nach dem Prinzip des kleinsten Zwangs die Dissoziation des Phosphorpentachlorids mit sinkender Temperatur zurück, und beim Erkalten findet man das Pentachlorid wieder in seine glänzenden Kristalle zurückgebildet vor.

Mit 1 Mol Wasser liefert Phosphorpentachlorid das Phosphorylchlorid, $POCl_3$, mit hinreichenden Mengen Wasser setzt es sich sehr energisch zu Chlorwasserstoff und Phosphorsäure um:

$$PCl_5 + 4\,H_2O = H_3PO_4 + 5\,HCl + 123\,kcal$$

Dieser Austausch von Chlor gegen Sauerstoff ist aber nicht auf das Wasser beschränkt, sondern findet auch mit den meisten Hydroxylgruppen oder Sauerstoff enthaltenden Verbindungen statt. So zerfließt das Pentachlorid in Schwefeldioxid zu Thionylchlorid und Phosphorylchlorid; Schwefeltrioxid wird in Pyrosulfurylchlorid, Schwefelsäure in Chlorsulfonsäure übergeführt.

Von besonderer Bedeutung ist das Verhalten organischer Sauerstoffverbindungen gegen Phosphorpentachlorid. Säuren liefern die Säurechloride, z. B. gibt Essigsäure, CH_3COOH. Acetylchlorid, CH_3COCl, Alkohole gehen in die gechlorten Kohlenwasserstoffe über, z. B. Äthylalkohol, C_2H_5OH, in Äthylchlorid, C_2H_5Cl.

Mit zahlreichen Halogeniden, wie $HgCl_2$, BCl_3, $BiCl_3$, $FeCl_3$, $TiCl_4$, $SnCl_4$, $SbCl_5$ u. a., bildet Phosphorpentachlorid kristallisierte Komplexverbindungen, die wahrscheinlich überwiegend ionogen aufgebaut sind, z. B. der Komplex mit Antimonpentachlorid: $PCl_4^+ \cdot SbCl_6^-$.

Phosphorbromide und Phosphorjodide

Das farblose, bei Zimmertemperatur flüssige *Phosphortribromid*, PBr_3, und das gelbe, rhombisch kristallisierende *Phosphorpentabromid*, PBr_5, ähneln den entsprechenden Chloriden. Jedoch beginnt das Pentabromid schon unter 100 °C zu zerfallen.

Gegenüber Jod tritt Phosphor nicht mehr fünfwertig auf. Neben dem Trijodid gibt es noch eine niedere Verbindung, *Disphosphortetrajodid*, P_2J_4. Sie entsteht aus den Elementen unter starker Wärmeentwicklung, die man durch die Gegenwart von Schwefelkohlenstoff, der zugleich als Lösungsmittel dient, mäßigt. Nach dem Eindunsten der Lösung erhält man orangerote, dünne Prismen, die mit wenig Wasser Phosphoniumjodid und festen Phosphorwasserstoff, bei mehr Wasser aber phosphorige Säure, Jodwasserstoff und Phosphorwasserstoff geben.

Das *Phosphortrijodid*, PJ_3, das auf demselben Wege wie das Diphosphortetrajodid, aber mit größerer Jodmenge dargestellt wird, bildet dunkelrote, säulenförmige Kristalle. Sein Zerfall mit Wasser liefert neben phosphoriger Säure und etwas gelber, flockiger Ausscheidung Jodwasserstoff.

Ternäre Phosphorhalogenide

Halogenide mit zwei verschiedenen Halogenen sind sowohl vom dreiwertigen als auch vom fünfwertigen Phosphor bekannt. Hier sollen nur zwei interessante Verbindungen des fünfwertigen Phosphors erwähnt werden.

Läßt man auf Phosphortrifluorid Chlor einwirken, so entsteht gasförmiges *Phosphordichlorid-trifluorid*, PCl_2F_3, das sich bei $+8\,°C$ zu einer farblosen Flüssigkeit kondensiert. Eine Verbindung der gleichen Zusammensetzung aber mit anderen Eigenschaften entsteht bei Umsetzung von in Arsentrichlorid gelöstem Phosphorpentachlorid mit Arsentrifluorid. Dieses Produkt ist kristallin, sublimiert unter partieller Zersetzung bei etwa $135\,°C$ und besitzt in Acetonitril gelöst gutes Leitvermögen. Die Hydrolyse in Kalilauge führt hälftig zu Phosphat und Hexafluorophosphat. Alle diese Eigenschaften sprechen dafür, daß die kristallisierte Verbindung ionogen aufgebaut ist und die Struktur eines Tetrachlorophosphonium-hexafluorophosphats, $PCl_4^+PF_6^-$, hat (L. KOLDITZ, 1956).

Bei der thermischen Zersetzung von festem $PCl_4^+ \cdot PF_6^-$ bilden sich Phosphorpentafluorid und flüssiges Phosphortetrachloridmonofluorid, PCl_4F, Siedep. $+67\,°C$, Schmelzp. $-63\,°C$. Auch durch Chlorierung von Phosphordichloridmonofluorid, PCl_2F, ist diese Verbindung zugänglich. Führt man jedoch die Zersetzung von $PCl_4^+ \cdot PF_6^-$ in einem polaren Lösungsmittel, wie Acetonitril, durch, so erhält man farblose Kristalle, Sublimationsp. $175\,°C$, die die gleiche Zusammensetzung wie die Flüssigkeit haben, aber die ionogene Struktur $PCl_4^+F^-$ besitzen. Beide Formen lassen sich reversibel ineinander überführen. Diese ternären Phosphor-Chlor-Fluorverbindungen bieten das seltene Beispiel, daß eine Verbindung in zwei bindungsisomeren Formen — einmal homöopolar, das andere Mal ionogen — nebeneinander auftreten kann (L. KOLDITZ, 1957).

Struktur der Phosphorhalogenide

Die Trihalogenide $PF_3 \ldots PJ_3$ haben die Gestalt einer dreiseitigen stumpfen Pyramide, bei der das Phosphoratom mit dem freien Elektronenpaar die Spitze der Pyramide bildet. Der Winkel X—P—X beträgt für das Trifluorid $104°$, für das Trijodid $98°$.

Diphosphortetrajodid, P_2J_4, hat eine gewinkelte, zentrosymmetrische Struktur mit einer P—P-Bindung. Die Jodatome an den beiden Phosphoratomen stehen in trans-Stellung zueinander.

Phosphorpentafluorid und -pentachlorid liegen im Gaszustand als Moleküle vor. Die Halogenatome bilden eine trigonale Bipyramide um das Phosphoratom. Im Phosphorpentachloridmolekül sind die P—Cl-Abstände zu den beiden Chloratomen der Spitze der Pyramide größer ($2,19\,Å$) als zu den 3 Chloratomen in der Basisfläche ($2,04\,Å$) (ROUAULT, 1938). Mit diesem verschiedenen Abstand hängt wahrscheinlich die besondere Reaktionsfähigkeit von 2 Chloratomen im Pentachlorid zusammen, z. B. der leichte Zerfall in Phosphortrichlorid und Chlor sowie die Bildung von Phosphorylchlorid.

POCl₃, bei der Umsetzung mit Wasser. Nach SIEBERT (1951) sind die beiden Spitzenatome halbpolar gebunden, d. h. es liegt eine Mesomerie zwischen den beiden Grenzformen

$$^-Cl \qquad\qquad Cl$$
$$^+P \equiv Cl_3 \;\leftrightarrow\; _+P \equiv Cl_3$$
$$Cl \qquad\qquad ^-Cl$$

vor. Bei dieser Struktur bleibt das Oktett am Phosphoratom erhalten.

Das kristallisierte Phosphorpentachlorid hat ionogene Struktur und ist aus tetraedrischen PCl_4^+- und oktaedrischen PCl_6^--Gruppen aufgebaut (CLARK, POWELL, WELLS, 1942). Auch in polaren Lösungsmitteln liegt das Pentachlorid überwiegend in einer ionogenen Form vor. Die PCl_4^+-Gruppe findet sich ferner in den Anlagerungsverbindungen von Phosphorpentachlorid an Metallchloride (siehe S. 274).

Das kristallisierte Phosphorpentabromid ist gleichfalls ionogen aufgebaut, doch ist seine Struktur von der des Phosphorpentachlorids verschieden, denn im Kristallgitter zeichnen sich PBr_4^+ und Br^--Ionen ab (CLARK und POWELL, 1940).

Phosphor-Sauerstoff- und Phosphor-Schwefel-Halogenverbindungen

Phosphorylchlorid, POCl₃, früher auch Phosphoroxychlorid genannt, (Siedep. 105 °C, Schmelzp. 2 °C, Dichte 1,7 g/ml bei 10 °C), entsteht bei unvollständigem Umsatz von Phosphorpentachlorid mit Wasser. Am besten läßt man wasserfreie Oxalsäure einwirken, die dabei in Oxalylchlorid übergeht:

$$2\,PCl_5 + H_2C_2O_4 = 2\,POCl_3 + C_2O_2Cl_2 + 2\,HCl$$

Oder man setzt das Pentachlorid mit kristallisierter Borsäure um:

$$3\,PCl_5 + 2\,B(OH)_3 = 3\,POCl_3 + B_2O_3 + 6\,HCl$$

Auch aus Phosphortrichlorid und Sauerstoff sowie aus Pentachlorid und Phosphorpentoxid entsteht die Verbindung, z. B. nach:

$$3\,PCl_3 + KClO_3 = 3\,POCl_3 + KCl$$
$$3\,PCl_5 + P_2O_5 = 5\,POCl_3$$

Das Phosphorylchlorid ist eine stark lichtbrechende, farblose, an der Luft rauchende Flüssigkeit, die dem Trichlorid sehr ähnlich riecht und sich mit sauerstoffhaltigen organischen Stoffen meist ruhiger und glatter umsetzt als das Pentachlorid. Wasser führt Phosphorylchlorid in Phosphorsäure und Chlorwasserstoff über, wobei aber in der Kälte zunächst Dichlorphosphorsäure, HPO_2Cl_2, entsteht (H. MEERWEIN).

Phosphorylfluorid, POF₃, Sublimationsp. —38,8 °C, ist ein farbloses, stechend riechendes Gas, das man aus Phosphorylchlorid und gasförmigem Fluorwasserstoff erhält. Es gibt mit Wasser zunächst die ziemlich beständige Difluorphosphorsäure, HPO_2F_2, die in ihren Salzen hinsichtlich der Löslichkeit auffallende Ähnlichkeit mit der Perchlorsäure zeigt. Beim Kochen mit verdünnten Alkalilaugen entstehen Salze der Monofluorphosphorsäure, H_2PO_3F. Trägt man Phosphorpentoxid in 40%ige Flußsäure ein, so entstehen nebeneinander Mono-, Di- und Hexafluorphosphorsäure, HPF_6, (W. LANGE).

Pyrophosphorylchlorid, $P_2O_3Cl_4$, ist eine stark lichtbrechende, ölige Flüssigkeit, die unter einem Druck von 1 Torr bei 65 °C siedet. Es entsteht bei der Einwirkung von Distickstofftetroxid auf stark gekühltes Phosphortrichlorid. Mit Wasser oder Alkoholen reagiert es sehr heftig.

Bei der Darstellung von Pyrophosphorylchlorid entsteht nebenbei noch das sehr feuchtigkeitsempfindliche *Tetraphosphoryldekachlorid*, $P_4O_4Cl_{10}$, in Form farbloser Kristalle vom Schmelzp.

37 °C. Hydrolyse führt zu Phosphat und Hypophosphat. Hieraus ist zu schließen, daß der Phosphor in dieser Verbindung in den Oxydationsstufen +4 und +5 nebeneinander vorliegt (R. Klement, 1954).

Thiophosphorylchlorid, Siedep. 125 °C, Dichte 1,63 g/ml bei 22 °C, entsteht aus Phosphortrichlorid und Schwefel bei 130 °C, aus Phosphorpentachlorid und Schwefelwasserstoff sowie aus Schwefelkohlenstoff, Antimonsulfid und vielen anderen Sulfiden unter der Einwirkung von Phosphorpentachlorid. Der Dampf verbrennt nur schwierig. Mit Wasser wird die Verbindung in der Kälte langsam, in der Hitze rasch in Orthophosphorsäure, Schwefelwasserstoff und Salzsäure zersetzt. Thiophosphorylchlorid dient zur Gewinnung von Estern der Thiophosphorsäure, die als Schädlingsbekämpfungsmittel Bedeutung haben.

Ein gasförmiges *Thiophosphorylfluorid*, PSF_3, Siedep. −52,6 °C, gewann W. Lange durch Umsetzung von Phosphorpentasulfid, P_2S_5, mit Blei(II)-fluorid bei 200 °C.

Oxide des Phosphors

Der Phosphor bildet mit Sauerstoff die Oxide: Diphosphorpentoxid, P_2O_5, Diphosphortrioxid, P_2O_3, und Diphosphortetroxid, P_2O_4.

Diphosphortrioxid, P_2O_3

Diphosphortrioxid (Phosphor(III)-oxid), kurz auch Phosphortrioxid genannt, Schmelzp. 23,8 °C, Siedep. 173 °C, tritt bei langsamer Oxydation des gelben Phosphors an der Luft auf. Als erstes Oxydationsprodukt entsteht es beim Verbrennen von Phosphor und kann in raschem Luftstrom aus der Brennzone in eine gekühlte Vorlage getrieben werden.

Das gewöhnliche Diphosphortrioxid enthält noch etwa 2 % weißen Phosphor gelöst, der die Eigenschaften des Oxids merklich beeinflußt. Durch mehrmaliges Umkristallisieren aus Schwefelkohlenstoff und Umsublimieren nach Belichtung kann ein reines Oxid erhalten werden (Ch. C. Miller, 1928).

Das reine Diphosphortrioxid bildet durchscheinende, schneeweiße monokline Kristalle. Nach der Dampfdichte und der Gefrierpunktserniedrigung in Benzol entspricht das Molekulargewicht der Formel P_4O_6. Oberhalb 210 °C findet Zerfall statt in freien Phosphor und das Tetroxid:

$$2\,P_4O_6 = 2\,P + 3\,P_2O_4$$

Die Struktur des P_4O_6-Moleküls ist die gleiche wie die des As_4O_6-Moleküls, vgl. Abb. 56, S. 293.

Das reine Oxid zersetzt sich nicht am Licht, luminesziert nicht bei der Oxydation und setzt sich mit kaltem Wasser vollständig zu phosphoriger Säure um.

Mit heißem Wasser reagiert Phosphortrioxid heftig unter Gasentwicklung (PH_3?) und Bildung eines gelbroten Produktes. Unreine Präparate färben sich an der Luft unter Ausscheidung von Phosphor rot, zeigen bei der Oxydation Lumineszenz und fangen an der Luft bei 70 °C Feuer. Bei dieser Verbrennung entsteht Phosphorpentoxid.

Das Trioxid ist fast so giftig wie der weiße Phosphor selbst. Es lagert sich leicht an ungesättigte Kohlenwasserstoffe unter Bildung der Olefinphosphoroxide an (R. Willstätter).

Diphosphortetroxid, P_2O_4

Diphosphortetroxid entsteht aus einem Gemisch von Phosphortrioxid und Phosphorpentoxid im Vakuum bei 290 °C neben einem roten Phosphorsuboxid als farblose, stark glänzende Kristallmasse (tetragonales System). In Wasser löst sich das sehr hygroskopische Tetroxid zu phosphoriger Säure und Phosphorsäure:

$$P_2O_4 + 3\,H_2O = H_3PO_4 + H_3PO_3$$

Diphosphorpentoxid, P₂O₅

Diphosphorpentoxid (Phosphor(V)-oxid), kurz auch Phosphorpentoxid genannt, ist das Anhydrid der Orthophosphorsäure. Es entsteht als vollständiges Oxydationsprodukt des Phosphors immer, wenn dieser bei genügender Luft- oder Sauerstoffzufuhr verbrennt, und zwar unter außerordentlich starker Wärmeentwicklung:

$$2\,P_{weiß} + \tfrac{5}{2}\,O_2 = P_2O_5 + 370\,kcal$$

In der Technik stellt man Phosphorpentoxid durch Verbrennen von Phosphor in eisernen Trommeln dar.

Phosphorpentoxid tritt in mehreren Modifikationen auf. Das sublimierte Phosphorpentoxid ist ein weißes, schneeartiges, geruchloses Pulver, das sich, ohne zu schmelzen, oberhalb 300 °C ziemlich schnell verflüchtigt (Sublimationsp. 347 °C) und sich bei langsamer Abkühlung des Dampfes in stark lichtbrechenden rhomboedrischen Kristallen abscheidet. Erhitzt man das sublimierte (rhomboedrische) Pentoxid im geschlossenen Rohr auf 450 ... 500 °C, so wird es dichter und geht unter Polymerisation in die stabile rhombische Modifikation über, die weniger flüchtig ist und erst bei Rotglut schmilzt. Es läßt sich auch noch eine zweite rhombische Modifikation darstellen, und schließlich kann das Pentoxid auch glasig auftreten. Aus der Schmelze verdampft das Pentoxid vor Erreichen von Weißglut und scheidet sich aus dem Dampf wieder in der metastabilen rhomboedrischen Modifikation ab.

Im Dampfzustand und ebenso in der rhomboedrischen Modifikation bildet das Pentoxid P_4O_{10}-Moleküle. In diesen ist jedes P-Atom von 4 O-Atomen umgeben, von denen je weils 3 anderen P-Atomen gemeinsam sind. Vergleiche hierzu die Abb. 56 für das As_4O_6-Molekül, aus dem sich das P_4O_{10}-Molekül ergibt, wenn man die 4 As-Atome durch 4 PO-Gruppen ersetzt. Die stabile rhombische Modifikation ist aus PO_4-Tetraedern aufgebaut, die über drei O-Atome dreidimensional miteinander verknüpft sind.

Infolge der Polymerisierbarkeit des festen Phosphorpentoxids bei höheren Temperaturen sind die Handelsprodukte nicht immer gleichartig; insbesondere sind die glasigen Sorten weniger wirksame Trocknungsmittel.

Phosphorpentoxid leuchtet nach Belichtung mit grünem Lichtschein nach, und zwar um so stärker, je tiefer die Temperatur ist. Bei −180 °C ist dieses Leuchten glänzend hell, wenn man vorher auf das Objekt die Strahlen von brennendem Magnesium hat fallen lassen. Hoch gereinigte Phosphorpentoxidpräparate zeigen nach Chomse (1946) jedoch keine Lumineszenz. Wahrscheinlich ist die Lumineszenzfähigkeit auf Spuren von organischen Stoffen in den Handelsprodukten zurückzuführen.

Durch Kohle wird das Pentoxid bei sehr hoher Temperatur zu Phosphor reduziert; mit Oxiden, wie Na_2O, reagiert es bei 100 °C, mit BaO bei 250 °C heftig unter Phosphatbildung.

Die wichtigste Eigenschaft des Phosphorpentoxids ist seine Fähigkeit, äußerst begierig Wasser aufzunehmen. Dabei geht es in Metaphosphorsäure, $(HPO_3)_n$, und weiterhin in Orthophosphorsäure, H_3PO_4, über. Man kann mittels Phosphorpentoxid noch sehr geringe Spuren von Wasserdampf aus Gasen herausholen. Deshalb ist Phosphorpentoxid eins der besten Trockenmittel.

Wasserstoff- und sauerstoffhaltigen Substanzen entzieht das Pentoxid Wasser und liefert so z. B. die Säureanhydride N_2O_5 aus HNO_3 und SO_3 aus H_2SO_4. Vielfach macht man in der organischen Chemie von dieser wasserentziehenden Wirkung Gebrauch. Wie weit diese gehen kann, zeigt besonders auffällig die Bildung von Kohlensuboxid, $OC{=}C{=}CO$, aus Malonsäure, $HOOC{-}CH_2{-}COOH$ (Diels).

Säuren des Phosphors und deren Salze

Orthophosphorsäure, H_3PO_4

Die Phosphorsäure, die zur Unterscheidung von ihren Entwässerungsprodukten auch Orthophosphorsäure genannt wird, enthält fünfwertigen Phosphor, denn sie entsteht sowohl aus dem Pentoxid als auch aus dem Pentachlorid durch Einwirkung von Wasser. Ihre Salze, die Phosphate, sind die beständigsten Verbindungen, die der Phosphor bildet und umschließen das gesamte mineralische Vorkommen des Phosphors in der Natur. Der durchschnittliche Phosphatgehalt der kristallinen Urgesteine beträgt — als P_2O_5 gerechnet — 0,3 %, der der Sedimentgesteine nur etwa 0,15 %.

Darstellung und Eigenschaften

Zur Darstellung von Phosphorsäure ging man früher von Knochenasche aus, indem man das darin enthaltene Calciumphosphat mit verdünnter Schwefelsäure zu schwerlöslichem Calciumsulfat und Phosphorsäure umsetzte. Diese Phosphorsäure, wie sie schon GAHN auf SCHEELES Veranlassung hin 1777 darstellte, enthält aber immer etwas Magnesium und Spuren von Calcium.

Heute dienen als Ausgangsmaterialien Mineralphosphate. Diese werden entweder im nassen Aufschluß mit Schwefelsäure zu einer verdünnten Säure verarbeitet, die vornehmlich zur Herstellung von Düngemitteln verwendet wird, oder im Hochofen bzw. elektrischen Ofen unter Zusatz von Koks und Kieselsäure geschmolzen. Der dabei entweichende Phosphor (siehe Darstellung von Phosphor) wird zu Phosphorpentoxid verbrannt. Das Pentoxid wird mit Wasser oder verdünnter Säure umgesetzt, und man erhält so unmittelbar eine 80 . . . 90%ige reine Säure.

Sehr reine Phosphorsäure kann man aus Phosphorpentachlorid und Wasser (siehe oben) oder vorteilhafter durch Oxydation von weißem Phosphor mit Salpetersäure von der Dichte 1,2 g/ml darstellen. Stärkere Salpetersäure wirkt zu heftig ein und kann sogar zu Explosionen führen. Weil die Phosphorsäure oberhalb 120 °C Porzellan angreift, nimmt man die letzte Konzentrierung in einer Platin- oder Goldschale vor.

Die bei 150 °C erhaltene Phosphorsäure ist zunächst sirupförmig, erstarrt aber allmählich nach Animpfen mit einem Kriställchen zu klaren, harten, rhombischen Kristallen, die bei 42 °C schmelzen.

Die kristallisierte Phosphorsäure löst sich zum Unterschied von der Schwefelsäure nur mit geringer Wärmeentwicklung (2,7 kcal) in Wasser auf und mischt sich wie die Schwefelsäure damit in jedem Verhältnis. Sie wirkt viel weniger ätzend als die Schwefelsäure, verkohlt Zucker oder Cellulose zunächst nicht, löst aber auch Cellulose leicht auf und führt sie bei gewöhnlicher Temperatur langsam in amyloidähnliche Abbauprodukte über.

Phosphorsäure ist in Lösung eine viel schwächere Säure als Salpetersäure oder Schwefelsäure. Weil Phosphorsäure aber weniger flüchtig ist als diese Säuren, treibt sie diese in der Hitze aus ihren Salzen aus. Wegen ihrer milden sauren Natur dient sie vielfach an Stelle von Weinsäure oder Citronensäure als Säuerungsmittel, z. B. für Limonaden.

Die Hauptmenge der technisch hergestellten Phosphorsäure wird auf Düngemittel und verschiedene Phosphate, die in der Lebensmittelindustrie und als Waschmittel Verwendung finden, verarbeitet.

Salzbildung der Phosphorsäure als Typus einer mehrbasigen Säure

Die Phosphorsäure bildet als dreibasige Säure drei Reihen von Salzen, die man nach der Zahl der ersetzten Wasserstoffatome als primäre, sekundäre und tertiäre Salze benennt, z. B.

primäres Natriumphosphat, Natriumdihydrogenphosphat, NaH_2PO_4

sekundäres Natriumphosphat, Dinatriumhydrogenphosphat, Na_2HPO_4

tertiäres Natriumphosphat, Trinatriumphosphat, Na_3PO_4

Die Dissoziation der Phosphorsäure ist in wäßriger Lösung nicht sehr weitgehend und erfolgt stufenweise. Die Dissoziation in der ersten Stufe nach:

$$H_3PO_4 \rightleftharpoons H^+ + H_2PO_4^- \qquad\qquad K_1 = 10^{-2}$$

entspricht der Dissoziation einer mittelstarken Säure. Das primäre Phosphat-Ion dissoziiert wie eine schwache Säure nur wenig nach:

$$H_2PO_4^- \rightleftharpoons H^+ + HPO_4^{2-} \qquad\qquad K_2 = 8 \cdot 10^{-8},$$

so daß die primären Phosphate schwach sauer und dementsprechend die sekundären Alkaliphosphate infolge teilweiser Hydrolyse:

$$HPO_4^{2-} + HOH \rightleftharpoons H_2PO_4^- + OH^-$$

schon alkalisch reagieren. So beträgt der p_H-Wert einer 0,1 n NaH_2PO_4-Lösung 4,5, der einer Na_2HPO_4-Lösung 9,5. Die Dissoziation in der dritten Stufe:

$$HPO_4^{2-} \rightleftharpoons H^+ + PO_4^{3-} \qquad\qquad K_3 = 5 \cdot 10^{-13}$$

entspricht einer ganz schwachen Säure (vgl. dazu die Werte in der Tabelle auf S. 75). Daher reagieren die tertiären Alkaliphosphate infolge sehr weitgehender Hydrolyse stark alkalisch, und nur bei großem Überschuß von OH-Ionen kann die Dissoziation des letzten Protons erzwungen werden. Man kann die stufenweise Dissoziation der Phosphorsäure bei der Titration mit einer Lauge verfolgen, wenn man zwei verschiedene Indikatoren verwendet, deren Umschlagsgebiet mit den p_H-Werten von primärem bzw. sekundärem Phosphat zusammenfällt. Läßt man zu einer verdünnten Lösung von 1 Mol Orthophosphorsäure Natronlauge zutropfen, so färbt sich Methylorange gelb, wenn 1 Äquivalent Natronlauge zugegeben ist. Das entspricht der Bildung des primären Phosphats. Titriert man in einer zweiten Probe unter Verwendung des Indikators Thymolphthalein (Umschlagsgebiet p_H 9,3 . . . 10,5), so schlägt der Indikator nach blau um, wenn 2 Äquivalente Natronlauge unter Bildung des sekundären Phosphats zugegeben worden sind.

Die stufenweise Dissoziation der Phosphorsäure könnte zu der Annahme verleiten, daß die 3 Protonen von vornherein im Molekül der Säure verschieden beweglich und weiterhin verschieden gebunden sind. Die Unrichtigkeit einer solchen Folgerung ergibt sich ohne weiteres, wenn man berücksichtigt, daß das H_3PO_4-Molekül und die Ionen $H_2PO_4^-$ und HPO_4^{2-} verschiedene Gebilde sind. In der Phosphorsäure, H_3PO_4, sind die 3 Wasserstoffatome völlig gleich gebunden. Wenn aber eines abdissoziiert ist, dann bietet das Ion $H_2PO_4^-$ wesentlich veränderte Bedingungen für die Dissoziation des zweiten usw.

W. Ostwald hat hierzu einen sehr passenden Vergleich gegeben: Hat ein Spieler 3 Taler, so sind ihm diese gleich wert; verliert er einen, so steigen für ihn die beiden ihm noch verbliebenen an Wert usw.

Wegen der stufenweisen elektrolytischen Dissoziation lassen sich aus Alkaliphosphatlösungen anodisch die Peroxophosphate darstellen, z. B. $K_4P_2O_8$, das weniger stark oxydierend wirkt als das analoge Kaliumpersulfat (siehe bei Peroxodischwefelsäure), in saurer Lösung aber wie dieses eine Monopersäure, H_3PO_5, liefert (F. Fichter).

Phosphatpuffer

Eine Lösung, die äquimolare Mengen von primärem und sekundärem Phosphat enthält, zeigt einen p_H-Wert von 7,1. Gibt man zu dieser Lösung kleine Mengen einer starken Säure oder Base, so bleibt der p_H-Wert annähernd erhalten.

Um die Wirkungsweise dieses Puffers — so nennt man ein solches Gemisch — zu verstehen, betrachten wir die Gleichung für das Dissoziationsgleichgewicht des primären Phosphats:

$$\frac{[HPO_4^{2-}] \cdot [H^+]}{[H_2PO_4^-]} = K_2 ; \qquad [H^+] = K_2 \cdot \frac{[H_2PO_4^-]}{[HPO_4^{2-}]}$$

Für ein äquimolares Gemisch der beiden Phosphate wird der Bruch auf der rechten Seite der zweiten Gleichung gleich 1 und damit die Wasserstoffionenkonzentration gleich dem numerischen Wert der Dissoziationskonstanten. Bei Zugabe von Säure oder Lauge werden die H^+- bzw. OH^--Ionen von den HPO_4^{2-}- bzw. $H_2PO_4^-$-Ionen abgefangen. Solange die Menge der zugegebenen Säure oder Base im Verhältnis zur Menge des Phosphatgemisches klein bleibt, wird sich die Änderung des $H_2PO_4^-$: HPO_4^{2-}-Verhältnisses und damit auch die Änderung der H^+-Ionenkonzentration nur in sehr engen Grenzen bewegen. Der p_H-Wert sinkt z. B. erst dann um eine Einheit, wenn dem Puffer soviel Säure zugefügt wird, daß die Konzentration des primären Phosphats zehnmal so groß wie die des sekundären Phosphats ist. Am besten ist die Pufferwirkung für das Verhältnis $H_2PO_4^-$: HPO_4^{2-} gleich 1 : 1, für andere Verhältnisse wird es ungünstiger.

Ganz allgemein versteht man unter einem Puffer ein System aus einer schwachen Säure und dem dazugehörigen Salz bzw. aus einer schwachen Base und ihrem Salz. Im Fall des Phosphatpuffers ist das $H_2PO_4^-$-Ion die schwache Säure und das HPO_4^{2-}-Ion das Anion des dazugehörigen Salzes.

Analytisch wichtige Puffer sind die Systeme Essigsäure/Acetat mit $p_H = 4,7$ und Ammoniak/Ammoniumsalz mit $p_H = 9,3$, beide für ein Konzentrationsverhältnis von 1 : 1. Weiterhin spielen Pufferlösungen bei physiologischen Reaktionen, bei denen die Erhaltung des p_H-Wertes für den Ablauf der Reaktion von entscheidender Bedeutung ist, eine große Rolle.

Orthophosphate

Die Salze der Phosphorsäure werden im einzelnen bei den betreffenden Metallen besprochen werden. Doch sollen als besonders charakteristisch hier schon erwähnt werden: Das mittels ammoniak-ammoniumchloridhaltiger Magnesiumchloridlösung fällbare, für die analytische Bestimmung der Phosphorsäure wichtige Magnesiumammoniumphosphat, $MgNH_4PO_4 \cdot 6 H_2O$, das auch bei deutlich saurer Reaktion noch fällbare gelbe tertiäre Silberphosphat, Ag_3PO_4, und schließlich noch das aus salpetersaurer Ammoniummolybdatlösung als gelber, kristalliner Niederschlag sich abscheidende Ammoniummolybdatophosphat, $(NH_4)_3PO_4 \cdot 12 MoO_3 \cdot 6 H_2O$. Insbesondere das letztgenannte Salz dient zum Nachweis von Phosphorsäure, auch noch in sehr starker Verdünnung.

Pyrophosphorsäure, $H_4P_2O_7$, und Pyrophosphate

Pyrophosphorsäure (Diphosphorsäure) bildet sich beim Erhitzen von Orthophosphorsäure auf etwa 215 °C. Hierbei erfolgt durch Abspaltung von 1 Molekül Wasser aus 2 Molekülen Orthosäure teilweise Anhydridbildung nach:

$$2 H_3PO_4 - H_2O = H_2O_3P-O-PO_3H_2$$

Da nach dieser Methode eine weitergehende Entwässerung unvermeidbar ist, stellt man reine Pyrophosphorsäure aus dem beim Glühen von Dinatriumhydrogenphosphat, Na_2HPO_4, entstehenden Natriumpyrophosphat her. Dieses löst man in Wasser und fällt mittels Bleiacetat das schwer lösliche Bleipyrophosphat aus, das schließlich durch Schwefelwasserstoff zu Bleisulfid und einer wäßrigen Lösung der Pyrophosphorsäure zersetzt wird, die man im Vakuum bei niederer Temperatur konzentriert. Noch bequemer erhält man die Säure aus den Salzen in diesen und ähnlichen Fällen mit einer Austauschersäule (siehe bei Ionenaustauscher unter Aluminium).

Die Pyrophosphorsäure ist eine etwas stärkere Säure (K_1 und K_2 je $= 1 \cdot 10^{-2}$, $K_3 = 3 \cdot 10^{-7}$, $K_4 = 4 \cdot 10^{-9}$) als die Orthophosphorsäure und gibt zum Unterschied von der Orthosäure ein weißes Silbersalz, $Ag_4P_2O_7$. Bei gewöhnlicher Temperatur nimmt die Pyrosäure langsam Wasser auf und geht in die Orthophosphorsäure über. Durch 20 min langes Kochen der mit etwas Salzsäure oder Salpetersäure angesäuerten Lösung wird diese Umwandlung vollständig.

Die wasserfreie Säure ist eine farblose, glasige Masse, die erst nach monatelangem Stehen bei $-10\ ^\circ C$ im Exsikkator in mikroskopische Nädelchen übergeht. Der Schmelzpunkt dieser kristallinen Masse liegt bei 61 $^\circ C$.

Von den Salzen der Pyrophosphorsäure kennt man entsprechend den 3 verschiedenen Dissoziationskonstanten der Säure (siehe oben) 3 Reihen, nämlich sekundäre, $Me_2H_2P_2O_7$, tertiäre, $Me_3HP_2O_7$, und quaternäre, $Me_4P_2O_7$. Von den letzteren entsteht z. B. das Natriumsalz durch Erhitzen des sekundären Natriumphosphats auf Rotglut:

$$2\,Na_2HPO_4 = Na_4P_2O_7 + H_2O$$

Diese quaternären Alkalisalze reagieren infolge Hydrolyse schwach alkalisch und werden durch Wasser erst bei 280 $^\circ C$ schnell in die sekundären Orthophosphate zurückverwandelt.

Gibt man zu den Lösungen von Zink-, Blei-, Kupfer-, Silber-, Quecksilber- oder Eisensalzen Alkalipyrophosphate, so entstehen Niederschläge, die sich bei Überschuß von Alkalipyrophosphat wiedeı auflösen. Es bilden sich komplexe Salze, in denen die Schwermetalle auch bei deutlich alkalischer Reaktion nicht als Hydroxide ausfallen.

Erhitzt man die Pyrophosphorsäure über 300 $^\circ C$ in einer Goldschale oder auch (allerdings weniger zweckmäßig, weil etwas Platin aufgenommen wird) in einer Platinschale, so verliert sie Wasser und geht in Metaphosphorsäure, $(HPO_3)_n$, über.

Metaphosphorsäure, $(HPO_3)_n$

Metaphosphorsäure, auch glasige Phosphorsäure, Phosphorglas, Acidum phosphoricum glaciale genannt, ist keine einheitliche Substanz. Je nach der Art des Erhitzens zeigt die Schmelze wechselndes Verhalten, weil die Wasserabspaltung nicht innerhalb des Moleküls, sondern zwischen sehr vielen Molekülen erfolgt.

So läßt die glasige, amorphe Beschaffenheit der aus dem Schmelzfluß erstarrten Metaphosphorsäure den Schluß zu, daß es sich hier um ein Gemisch meist hochmolekularer Säuren handelt, die zwar stöchiometrisch ungefähr die Zusammensetzung HPO_3 haben, deren Moleküle aber verschieden groß sind. Deshalb schreiben wir die allgemeine Formel $(HPO_3)_n$.

Die bei 350 $^\circ C$ erhaltene Metaphosphorsäure ist eine klebrige Substanz, die an der Luft leicht zerfließt. Ähnlich verhält sich die aus Phosphorpentoxid an feuchter Luft zunächst entstandene Masse.

Geht man mit dem Erhitzen bis nahe an beginnende Rotglut, so sinkt der Wassergehalt der Schmelze noch unter den der Formel $(HPO_3)_n$ entsprechenden herab, und schließlich verdampft diese Masse, ohne in Phosphorpentoxid überzugehen.

Die wäßrige Lösung, die man auch aus Phosphorpentoxid und Eiswasser bereiten kann, reagiert stark sauer, koaguliert zum Unterschied von Ortho- oder Pyrophosphorsäure Hühnereiweiß, fällt Bariumchlorid auch in saurer Lösung und gibt nach annäherndem Neutralisieren mit Silbernitrat einen weißen Niederschlag. Bei längerem Stehenlassen der wäßrigen Lösung erfolgt Wasseraufnahme zur Orthophosphorsäure. Durch Kochen mit verdünnten Säuren wird diese Hydratisierung in 1 ... 2 h erreicht.

Kondensierte Phosphate

Nach dem Vorschlag von E. THILO (1955) unterscheidet man zweckmäßig zwischen den eigentlichen *Metaphosphaten*, die ringförmig gebaut sind (siehe Seite 286) und die Zusammensetzung $Me_n^+ (P_nO_{3n})^{n-}$ mit $n = 3$ oder $n = 4$ haben, und den *Polyphosphaten* mit Kettenstruktur und der Zusammensetzung $Me_n^+ (H_2P_nO_{3n+1})^{n-}$. Diese kondensierten Phosphate entstehen durch Erhitzen der primären Orthophosphate oder der sauren Pyrophosphate. Je nach der Natur des betreffenden Kations und der Art des Erhitzens erhält man hierbei verschiedene Produkte.

Beim Erhitzen von Natriumdihydrogenphosphat auf 200 ... 300 °C entsteht über zunächst gebildetes saures Pyrophosphat, $Na_2H_2P_2O_7$, das in Wasser unlösliche *Madrellsche Salz*, das kristallin ist und ein Kettengitter besitzt. Danach ist also der Polymerisationsgrad in festem Zustand praktisch unendlich, $(NaPO_3)_\infty$.

Bei höherer Temperatur, etwa 500 ... 600 °C, und langem Erhitzen geht das Madrellsche Salz irreversibel in das lösliche Natriumtrimetaphosphat, $Na_3(PO_3)_3$, über.

Bei etwa 620 °C schmilzt das Metaphosphat, wobei die Ringe aufbrechen und zu verschieden langen Ketten zusammenwachsen. Beim Abschrecken der Schmelze erhält man ein Glas, das als *Grahamsalz* bezeichnet wird. Seine Lösung in Wasser enthält also Polyphosphatketten verschiedener Länge, die sich wie Ionenaustauscher (siehe dazu unter Aluminium) verhalten. Wenn etwa $1/4$ der Natrium-Ionen gegen Calcium-Ionen ausgetauscht ist, werden letztere so fest und praktisch undissoziiert gebunden, daß die normalen Reaktionen der Calcium-Ionen ausbleiben (U. SCHINDEWOLF und BONHOEFFER, 1953). Das Grahamsalz wird daher unter dem Namen *Calgon* zum Enthärten des Wassers verwendet. Eine ähnliche Glasschmelze erhält man, wenn man *Phosphorsalz*, $Na(NH_4)HPO_4$, in der Bunsenflamme entwässert und schmilzt. Da die Schmelze Metalloxide mit charakteristischer Farbe löst, findet das Phosphorsalz in der analytischen Chemie Verwendung (*Phosphorsalzperle*).

Bei mehrstündigem Erhitzen von Kaliumdihydrogenphosphat, KH_2PO_4, auf über 450 °C entsteht das faserig-kristalline *Kurrolsche Salz*, $(KPO_3)_\infty$. Da die Kalium-Ionen besonders gut in die von den Sauerstoffatomen der Polyphosphatketten gebildeten Lücken hineinpassen, ist das Salz unlöslich. Durch Behandeln mit Natriumchloridlösung oder in Suspension mit einem mit Natrium-Ionen beladenen Harzaustauscher läßt es sich in das lösliche Natriumsalz umwandeln, dessen 0,01 n Lösung etwa so zäh wie Glycerin ist.

Verwendung der Phosphate

Natriumphosphate werden vielseitig in der Lebensmittelindustrie verwendet, die sauren Orthophosphate und das saure Pyrophosphat, $Na_2H_2P_2O_7$, zur Herstellung von Backpulvern, als Zusatz zu Marmeladen und Konserven und zur Bereitung von Schmelzkäse (hierfür dienten vor allem auch Polyphosphate). Weiterhin werden beträchtliche Mengen von Ortho- und Polyphosphaten zum Enthärten von Wasser (siehe oben) und wegen ihres Emulgierungsvermögens in Reinigungs- und Waschmitteln gebraucht.

Hypophosphorsäure, $H_4P_2O_6$, und Hypophosphate

Hypophosphorsäure (Unterphosphorsäure) findet sich unter den Produkten der langsamen Oxydation des Phosphors an feuchter Luft. Ihre Salze heißen Hypophosphate (ältere Bezeichnung: Subphosphate)

Aus rotem Phosphor kann man durch Oxydation mit Natronlauge und 3%igem Wasserstoffperoxid oder mit Natriumchlorit, das wenig lösliche saure Salz $Na_2H_2P_2O_6 \cdot 6 H_2O$ darstellen. Die freie Säure bildet rhombische Kristalle, $H_4P_2O_6 \cdot 2 H_2O$ (Schmelzp. 62 °C), reagiert stark sauer, gehört aber doch nur zu den schwächeren Säuren, sofern man die Leitfähigkeit berücksichtigt. Das Natriumsalz, $Na_4P_2O_6 \cdot 10 H_2O$, reagiert alkalisch.

Das Thoriumhypophosphat ist auch in stark salzsaurer Flüssigkeit unlöslich und eignet sich zur quantitativen Trennung des Thoriums von den Seltenen Erden. Titan-, Zirkonium- und Cer(IV)-salze werden gleichfalls gefällt.

Die Hypophosphorsäure enthält den Phosphor in der Oxydationsstufe +4 und sollte deshalb reduzierend wirken. Doch ist sie nicht imstande, Gold- oder Silberoxid zu reduzieren, sie wird auch von Wasserstoffperoxid oder Chromsäure nicht oxydiert.

Gibt man zu der mit Schwefelsäure stark angesäuerten Lösung etwas Permanganat, so bleibt die Rotfärbung lange Zeit bestehen. Erst beim Kochen tritt plötzliche Entfärbung auf, und dann reduziert die Hypophosphorsäure schnell weitere Mengen Permanganat, bis sie in Phosphorsäure übergegangen ist.

Die Beständigkeit gegen Oxydationsmittel bei gewöhnlicher Temperatur und die plötzliche Reduktionswirkung in der Nähe des Siedepunktes des Wassers bestätigen die Annahme, daß die Hypophosphorsäure die Struktur $H_2O_3P-PO_3H_2$ besitzt. Dies wurde durch P. NYLÉN röntgenographisch begründet und folgt auch aus dem Diamagnetismus der Salze. In der Hitze **kann** die Hypophosphorsäure in die einfacheren ungesättigten und demgemäß reduzierend wirkenden Radikale $-PO_3H_2$ zerfallen.

Für die bei der Oxydation von Natriumdialkylphosphit, $(RO)_2PONa$, mit Jod erhaltenen Ester $(RO)_4P_2O_2$ konnte die isomere Form mit unsymmetrischer Struktur $(RO)_2P-O-P(OR)_2$ nachgewiesen werden (A. E. ARBUSOW, 1931, M. BAUDLER, 1956).

$$\overset{\|}{O}$$

Phosphorige Säure, $H_2(HPO_3)$, und Phosphite

Phosphorige Säure mit einem direkt an Phosphor gebundenen H-Atom entsteht bei der langsamen Oxydation des Phosphors an feuchter Luft neben Phosphorsäure und Hypophosphorsäure. Zur Reindarstellung zersetzt man Phosphortrichlorid mit Wasser oder zur Mäßigung der Reaktion besser mit konzentrierter Salzsäure:

$$PCl_3 + 3 H_2O = H_3PO_3 + 3 HCl$$

Oder man zersetzt Phosphortrichlorid statt durch Wasser mittels Oxalsäure:

$$PCl_3 + 3 H_2C_2O_4 = H_3PO_3 + 3 CO_2 + 3 CO + 3 HCl$$

Die phosphorige Säure bildet eine farblose, kristalline Masse vom Schmelp. 74 °C, die in wäßriger Lösung stark sauer reagiert.

Nach der Darstellungsweise aus Phosphortrichlorid und Wasser sollte man erwarten, daß die 3 Chloratome einfach durch 3 Hydroxylgruppen ersetzt werden und so eine dreibasige Säure $P(OH)_3$ zustande kommt. Aber die phosphorige Säure wirkt nur zweibasig, enthält also nur 2 ionogen gebundene H-Atome. Durch Überführung in organische Verbindungen läßt sich nachweisen, daß 1 Wasserstoffatom direkt an Phosphor gebunden ist. Das führt zu der eingangs aufgestellten Formel.

Die meisten Salze, Phosphite genannt, sind mit Ausnahme der Alkalisalze und des Calciumsalzes schwer löslich und wenig charakteristisch.

Entsprechend der Wasserstoff-Phosphorbindung zerfallen die phosphorige Säure sowie auch ihre Salze beim trockenen Erhitzen in Phosphorwasserstoff neben Phosphorsäure bzw. Phosphaten:

$$4 H_3PO_3 = 3 H_3PO_4 + PH_3$$

In wäßriger Lösung wirkt phosphorige Säure stark reduzierend, sie fällt z. B. aus Quecksilberchloridlösung bei gewöhnlicher Temperatur langsam, beim Erhitzen schnell Quecksilber(I)-

chlorid und reduziert dieses weiterhin zu metallischem Quecksilber. Aus der Natriumphosphitlösung wird durch Silbernitrat zunächst das weiße Silberphosphit gefällt, das sich aber bald unter Reduktion zu metallischem Silber dunkel färbt.

Hypophosphorige Säure, $H(H_2PO_2)$, und Hypophosphite

Hypophosphorige Säure (unterphosphorige Säure) mit 2 wie bei der phosphorigen Säure direkt an Phosphor gebundenen H-Atomen entsteht als Kalium- oder Bariumsalz beim Kochen von weißem Phosphor mit den entsprechenden Laugen neben selbstentzündlichem Phosphorwasserstoff. Aus dem Bariumsalz gewinnt man mittels verdünnter Schwefelsäure oder einfacher aus dem Natriumsalz, NaH_2PO_2, über einen Ionenaustauscher in der H-Form die wäßrige Lösung der freien Säure, die man im Vakuum eindampft. Ihre Salze nennt man Hypophosphite.

Die wasserfreie Säure kristallisiert in farblosen Blättern vom Schmelzp. 26,5 °C. Sie löst sich in Wasser leicht mit saurer Reaktion auf, vermag aber nur 1 Wasserstoffatom zu ionisieren oder gegen Metalle auszutauschen. Alle Hypophosphite sind in Wasser leicht löslich. Beim Erhitzen zerfällt die wasserfreie Säure in Phosphorwasserstoff und Phosphorsäure:

$$2\,H_3PO_2 = H_3PO_4 + PH_3$$

Die hypophosphorige Säure wirkt weit stärker reduzierend als die phosphorige Säure, denn sie reduziert nicht allein die Verbindungen der Edelmetalle, sondern auch Kupfersulfat in 10...20%iger schwefelsaurer Lösung beim Erwärmen. Hierbei tritt zunächst infolge der Reduktion zu Kupfer(I)-salz Entfärbung ein, dann fällt rotbraunes Kupferhydrid (siehe unter Kupfer). Aus Silbernitratlösung wird durch hypophosphorige Säure nur metallisches Silber, kein Hydrid gefällt. Wismutchlorid wird aus salzsaurer Lösung durch hypophosphorige Säure als schwarzes, fein verteiltes Metall gefällt. Bei diesen Reduktionen geht die hypophosphorige Säure in phosphorige Säure über, während starke Oxydationsmittel zur Phosphorsäure führen. Konzentrierte Schwefelsäure oxydiert gleichfalls zu Phosphorsäure, während sie selbst zu Schwefeldioxid und freiem Schwefel reduziert wird. Starke Salpetersäure wirkt mit explosionsartiger Heftigkeit.

Diese stark reduzierenden Wirkungen der hypophosphorigen Säure erklären sich naturgemäß aus ihrem im Vergleich zu phosphoriger und besonders zu Phosphorsäure niedrigen Sauerstoffgehalt.

Infolge ihrer nahen strukturellen Beziehung zum Phosphorwasserstoff (siehe die Formel $H(H_2PO_2)$) kann sie aber auch zum Phosphorwasserstoff reduziert werden, und zwar nicht nur durch den Selbstzerfall beim Erhitzen (siehe oben), sondern auch durch Zink und Salzsäure in wäßriger Lösung.

Konstitution der Säuren des Phosphors

Die Konstitution der verschiedenen Phosphorsäuren wird weitgehend durch das Bestreben des Phosphoratoms bestimmt, sich mit 4 anderen Atomen zu umgeben, d. h. *das Phosphoratom äußert die Koordinationszahl 4*. Im $[PO_4]^{3-}$-Ion der Orthophosphorsäure bilden die 4 O-Atome ein Tetraeder um das P-Atom, genau so wie die O-Atome im $[SO_4]^{2-}$-Ion (siehe S. 172). Doch erhält das $[PO_4]^{3-}$-Ion (I) eine dreifach negative Ladung durch die Dissoziation der 3 Protonen des H_3PO_4-Moleküls.

Im Phosphat-Ion lassen sich die O-Atome unter Erhaltung der Koordinationszahl durch die einwertige F-Atome ersetzen, wodurch sich jedoch die Ladung des ganzen Ions ändert. Damit erhalten wir die Ionen der Monofluorphosphorsäure $[O_3PF]^{2-}$, der Difluorphosphorsäure $[O_2PF_2]^-$ und das neutrale Phosphorylfluorid OPF_3.

Im Pyrophosphat-Ion $[P_2O_7]^{4-}$ wird die Koordinationszahl 4 dadurch erreicht, daß ein O-Atom 2 Phosphoratomen gemeinsam angehört (II). Räumlich bilden die O-Atome 2 Tetraeder mit gemeinsamer Spitze im mittleren O-Atom.

Die Pyro- oder Diphosphorsäure ist die einfachste *„Polysäure"* des Phosphors. Durch weitere Verknüpfung von PO_4-Tetraedern entstehen die in den Tri- und Tetraphosphaten vorliegenden Anionen der Triphosphorsäure, $H_5P_3O_{10}$, und der Tetraphosphorsäure, $H_6P_4O_{13}$.

(I) Phosphatanion   (II) Pyrophosphatanion   (III) Polyphosphatanion im Kurrolschen Salz.

In dem nicht existierenden einfachen Metaphosphat-Ion PO_3^- würde der Phosphor nur die Koordinationszahl 3 annehmen. Deshalb schließen sich die PO_3^--Ionen zu polymeren Gebilden mit gemeinsamen O-Atomen zusammen. Dies kann einmal in der Weise erfolgen, daß sehr viele Ionen eine Kette bilden (III). Eine solche liegt im Anion des Kurrolschen Salzes $(KPO_3)_n$ vor, in dem n bis zu 20000 betragen dürfte. Auch das Madrellsche Salz sowie das Grahamsche Salz und die Phosphorsalzperle sind solche langkettigen Polyphosphate, die beiden letzteren als Gemische von Molekülen sehr verschiedener Kettenlänge.

Die Polymerisation kann aber auch nur auf wenige PO_3^--Glieder beschränkt bleiben, die zu einem Ring verknüpft sind. Im Trimetaphosphat, $Na_3[P_3O_9]$, liegt ein sechsgliedriger Ring (IV), im Tetrametaphosphat, $Na_4[P_4O_{12}]$, ein achtgliedriger Ring (V) vor. Diese Phosphate mit ringförmigen Anionen sind nach E. THILO die Metaphosphate im eigentlichen Sinne.

(IV) $[P_3O_9]^{3-}$-Anion   (V) $[P_4O_{12}]^{4-}$-Anion

Der Beweis für die Konstitution dieser beiden Metaphosphate liegt darin, daß durch Hydrolyse mit Alkali die Salze der Tri- bzw. Tetraphosphorsäure entstehen (E. THILO und R. RÄTZ, 1949), die auf diesem Wege am bequemsten zugänglich sind:

$$Na_3[P_3O_9] + 2\,NaOH = Na_5[P_3O_{10}] + H_2O$$
$$Na_4[P_4O_{12}] + 2\,NaOH = Na_6[P_4O_{13}] + H_2O$$

Das gleiche Strukturprinzip unter Bildung einer Kette oder eines Ringes findet sich auch beim SO_3, das die gleiche Gesamtelektronenzahl wie das PO_3^--Anion hat.

Auch in der Hypophosphorsäure, $H_4P_2O_6$, (VI), der phosphorigen Säure, H_3PO_3, (VII), und der hypophosphorigen Säure, H_3PO_2, (VIII), hat der Phosphor die Koordinationszahl 4, die bei der ersten Säure durch eine P—P-Bindung, in den beiden anderen Säuren dadurch erreicht wird, daß 1 bzw. 2 Wasserstoffatome in direkte Bindung mit dem Phosphoratom treten. Sie werden dort durch das eine bzw. die beiden einsamen Elektronenpaare gebunden, die am Phosphor noch zur Verfügung stehen.

(VI) Hypophosphatanion   (VII) Phosphitanion   (VIII) Hypophosphitanion

Die Formeln I . . . VIII sind so gezeichnet, daß der Phosphor in allen diesen Verbindungen ein Elektronendezett besitzt, wie es von SIEBERT (1954) begründet wurde (vgl. Formel V auf S. 216). Über die Wertigkeit des Phosphors in den zuletzt genannten Verbindungen siehe S. 308.

Phosphor-Schwefelverbindungen

Phosphorsulfide

Schwefel löst sich leicht in weißem Phosphor auf und erniedrigt dessen Schmelzpunkt so weit, daß bei gewöhnlicher Temperatur flüssige Lösungen entstehen. Erhitzt man aber Phosphor mit Schwefel in geeigneten Mengenverhältnissen, so entstehen die Verbindungen P_4S_3, P_4S_5, P_4S_7 und $P_2S_5(P_4S_{10})$, und zwar unter so starker Wärmeentwicklung, daß die Dämpfe an der Luft explosionsartig entflammen können. Um dies zu vermeiden, verdrängt man vorher die Luft durch trockenes Kohlendioxid und verwendet den trägeren roten Phosphor anstelle des weißen. Gründlich untersucht wurden diese Phosphorsulfide besonders von A. STOCK und seinen Mitarbeitern.

Tetraphosphortrisulfid, Schmelzp. 172,5 °C, Siedep. 407 °C, ist ein graugelbes, kristallines Produkt, das aus Schwefelkohlenstoff schwach hellgelbe, rhombische Prismen liefert. Alkohol oder Äther wirken nicht ein, Wasser entwickelt bei höheren Temperaturen Schwefelwasserstoff. An der Luft entzündet sich dieses Sufid bei 100 °C. Bei 40 . . . 60 °C an der Luft oder auch beim Kochen mit Wasser zeigt sich ein dem weißen Phosphor ähnliches Leuchten. Weil dieses Trisulfid weniger gefährlich ist als der weiße Phosphor, wird es für Zündhölzer, die an jeder Reibfläche zünden, verwendet (siehe unter Phosphor).

Tetraphosphorheptasulfid, P_4S_7, kann durch Destillieren im Vakuum gereinigt werden. Die bei 286 . . . 330 °C übergehende Fraktion besteht im wesentlichen aus dem in den meisten Lösungsmitteln unlöslichen Heptasulfid.

Diphosphorpentasulfid, P_2S_5, ist hellgelb gefärbt, schmilzt bei 250 °C und siedet bei 515 °C. Die Dichte des gelben Dampfes entspricht dem Molekulargewicht P_2S_5, die Siedepunktserhöhung in Schwefelkohlenstoff weist aber auf die doppelte Molekulargröße P_4S_{10} hin. Auch in der kristallisierten Verbindung liegen P_4S_{10}-Moleküle mit der Struktur des P_4O_{10}-Moleküls vor. An der Luft verbrennt das Pentasulfid mit bläulichweißer Flamme. Wasser spaltet in Phosphorsäure und Schwefelwasserstoff, sauerstoffhaltige, organische Verbindungen werden in Sulfide übergeführt. Aus Essigsäure entsteht Thioessigsäure, aus Bernsteinsäureanhydrid Thiophen, aus Alkohol Mercaptan.

Thiophosphate

Thiophosphate entstehen beim Zusammenschmelzen von Metallsulfiden mit Phosphorpentasulfid, die schwefelärmeren Tri-, Di- und Monothiophosphate aus dem Pentasulfid und mäßig starken Laugen. Bei längerem Kochen zerfallen diese Alkalisalze in Schwefelwasserstoff und Orthophosphat. In saurer Lösung vollzieht sich dieser Zerfall sehr schnell infolge Hydrolyse der in Freiheit gesetzten Thiophosphorsäuren. Doch gelang es R. KLEMENT (1947), bei Eiskühlung die verhältnismäßig beständige Monothiophosphorsäure, H_3PSO_3, in Lösung zu erhalten und im Vakuum bis zu einer öligen Flüssigkeit von etwa 84 % Gehalt anzureichern.

Phosphor-Stickstoffverbindungen

Phosphor-Stickstoffverbindungen entstehen nicht direkt aus den Elementen, sondern stets durch Einwirkung von Ammoniak auf Phosphorsulfid oder -pentoxid bzw. auf Phosphorchloride. Sie zeichnen sich meist durch sehr große Beständigkeit aus.

Phosphorstickstoff, P_3N_5

Phosphorstickstoff kann aus Phosphorpentasulfid und trockenem Ammoniak dargestellt werden (STOCK und HOFMANN). Er ist farblos, geruch- und geschmacklos, in allen Lösungsmitteln unlöslich, zerfällt beim Erhitzen im Vakuum auf sehr hohe Temperatur in die Elemente und wird von Wasser erst bei 180 °C rasch zersetzt. Chlor wirkt bei 600 °C unter Feuererscheinung ein, Sauerstoff bei noch höherer Temperatur.

Phosphornitrilchloride, $(PNCl_2)_n$

Phosphornitrilchloride entstehen aus Phosphorpentachlorid und Ammoniumchlorid im geschlossenen Rohr bei 120 ... 150 °C oder besser durch Kochen mit Tetrachloräthan am Rückflußkühler. Isoliert wurden $(PNCl_2)_3$, Schmelzp. 114 °C, Siedep. bei 10 Torr 124 °C, und $(PNCl_2)_4$, Schmelzp. 123,5 °C, Siedep. bei 10 Torr 185 °C (R. SCHENCK). Beide Verbindungen besitzen Ringstruktur mit abwechselnden N-Atomen und PCl_2-Gruppen (I). Durch längere Einwirkung von Wasser werden die Chloratome gegen Hydroxylgruppen ausgetauscht, und es entstehen die Metaphosphimsäuren. Bei längerem Erhitzen auf über 200 °C polymerisieren sich die Phosphornitrilchloride zu kautschukartigen Massen. Diese Polymerisate bestehen aus langen Kettenmolekülen, (II), die in gedehnten eingefrorenen Proben ein Faserdiagramm zeigen, ähnlich wie Kautschuk (K. H. MEYER). Die Polymerisation des Phosphornitrilchlorids beruht ebenso wie die der Metaphosphorsäure auf dem Bestreben des P-Atoms, die Koordinationszahl 4 zu erreichen.

(I) $(PNCl_2)_3$ (II) $(PNCl_2)_n$

Weitere Phosphor-Stickstoffverbindungen

Phospham (Phosphornitrilimid), $(NPNH)_n$, entsteht aus Phosphorpentachlorid und Ammoniakgas mit nachfolgendem Erhitzen unter Luftabschluß und ist ein weißes, lockeres Pulver, das auch bei Rotglut weder schmilzt noch verdampft, sich in Wasser nicht löst und beim Erhitzen an der Luft nur sehr langsam zu Pentoxid oxydiert wird. Schmelzendes Ätzkali spaltet Phospham unter Feuererscheinung in Ammoniak und Phosphat.

Phosphamid, $(OPNH_2NH)_n$, hinterbleibt beim Ausziehen der aus Phosphorpentachlorid und Ammoniak erhaltenen weißen Masse mittels Wasser als unlösliches, weißes Pulver, das beim Kochen mit verdünnten Säuren oder Alkalien zunächst nicht verändert wird.

Von den Amidoderivaten der Phosphorsäure sind bis jetzt nur die *Diamidophosphorsäure* und die *Monoamidophosphorsäure* bekannt. Letztere konnte von R. KLEMENT (1947) in kristallisierter Form als Monohydrat, $H_2PO_3NH_2 \cdot H_2O$, erhalten werden. Sie ist isomer mit dem Hydrolysenprodukt, dem Ammoniumdihydrogenphosphat, $NH_4H_2PO_4$.

Erhitzt man Phosphamid unter Luftabschluß, so entsteht ein erst bei Rotglut schmelzendes, glasig erstarrendes Produkt, *Phosphorylnitrid*, $(PON)_n$, genannt, das gleichfalls gegen hydrolysierende Einflüsse sehr beständig ist.

Die Leichtigkeit, mit der sich Phosphor an Stickstoff bindet, folgt auch aus den Versuchen von A. STOCK über die Einwirkung von flüssigem Ammoniak auf Phosphorpentasulfid. Hierbei entstehen die *Ammoniumsalze* der *Imido-* und der *Nitrilo-Thiophosphorsäure*, $(NH_4)_2PS_3NH$ bzw. $(NH_4)_2PS_2N$. Ersteres wird beim Schütteln mit wasserhaltigem Äther zum Ammoniumsalz der Trithiophosphorsäure, $(NH_4)_3PS_3O$, hydrolysiert. Wasser selbst führt weiter zum Dithiophosphat, $(NH_4)_3PS_2O_2 \cdot 2 H_2O$.

Erhitzt man die Imidothiosäure im Vakuum auf etwa 300 °C, so entsteht das Thiophosphorylnitrid, $(PSN)_n$, das Analogon des Phosphorylnitrids, $(PON)_n$, (siehe oben). Das Nitrid, $(PSN)_n$, ist gegenüber Wasser in der Kälte beständig.

Arsen, As

Atomgewicht	74,9216
Siedepunkt	$\approx 615\ °C$
Schmelzpunkt unter Druck	$\approx 817\ °C$
Dichte des rhomboedrischen metallischen Arsens	5,73 g/cm³
Dichte des schwarzen glasigen Arsens	4,73 g/cm³
Dichte des gelben nichtmetallischen Arsens	2,0 g/cm³

Vorkommen und Darstellung

Gediegenes metallisches Arsen findet sich vereinzelt als *Scherbenkobalt* oder *Fliegenstein* in dunkelgrauen Stücken, die aussehen, als wären sie Teile eines zersprungenen Napfes, ferner zusammen mit Antimon als *Allemontit*. Weit größere Mengen sind in den Arseniden und sulfidischen Erzen an Metalle gebunden, in denen ein Teil des Schwefels durch Arsen ersetzt ist: *Arsenkies*, FeSAs, *Arsenikalkies*, $FeAs_2$, *Glanzkobalt*, CoSAs, *Speiskobalt*, $CoAs_2$, *Arsennickelkies* (Gersdorffit), NiSAs, *Weißnickelkies* (Chloanthit), $NiAs_2$, *Rotnickelkies*, NiAs. Ferner sind zu nennen die Arsensulfide: *Realgar*, As_4S_4, *Auripigment*, As_2S_3, *Rotgiltigerz*, Ag_3AsS_3, und *Fahlerz*, ein Gemisch von Thioarseniten- und -antimoniten, und schließlich als Verwitterungsprodukt *Arsenik*, As_2O_3. Die Arsenerze sind oft unliebsame Begleiter von Zinkblende, Eisenkies, Kupfer-, Blei-, Kobalt- und Nickelerzen, bei deren Abröstung große Mengen Arsenik verdampfen und als Giftmehl oder Hüttenrauch aufgefangen werden müssen (siehe auch Arsentrioxid als Kontaktgift bei der Schwefeltrioxiddarstellung).

Die Gesamtproduktion von Arsenverbindungen in allen Industriestaaten belief sich vor dem letzten Weltkrieg jährlich auf ungefähr 40 000 ... 50 000 t As_2O_3. Hiervon wurde der größte Teil in Form von Calciumarsenat und Bleiarsenat zur Schädlingsbekämpfung verwendet. Infolge der zunehmenden Produktion organischer Schädlingsbekämpfungsmittel ist die Arsenproduktion immer stärker zurückgegangen.

Metallisches Arsen wird durch Zersetzung von Arsenkies in Gegenwart von etwas Eisen bei höherer Temperatur oder durch Reduktion von Arsenik mit Kohle gewonnen. Diese Methode spielt aber nur eine untergeordnete Rolle, weil das Metall nur beschränkt verwendet wird, so als Zusatz von 0,3 ... 1 % zum Blei für Schrotkörner. Geschmolzenes arsenhaltiges Blei zieht sich beim Austritt aus den Sieben leichter zu runden Kugeln zusammen, weil sich unter Oxydation ein leicht schmelzbares Bleiarsenit bildet, das die Tropfen überzieht (TAMMANN).

Eigenschaften

Modifikationen

Ebenso wie der Phosphor tritt auch das Arsen in 2 Modifikationen auf, nämlich als gelbes nichtmetallisches Arsen und als graues bis schwarzes, glänzendes metallisches Arsen. Die unterhalb des Sublimationspunktes allein beständige Form ist das *graue*

Arsen. Es kristallisiert rhomboedrisch, leitet den elektrischen Strom und ist so spröde, daß es leicht in der Reibschale gepulvert werden kann.

Erhitzt man das metallische Arsen unter Luftabschluß im geschlossenen Rohr, so schmilzt es bei 817 °C, unter gewöhnlichem Druck aber sublimiert es und entwickelt bei 615 °C einen Dampfdruck von 1 atm. Der Dampf ist durchsichtig zitronengelb und besteht bis zu 860 °C fast nur aus As_4-Molekülen, bei 1325 °C zeigt sich schon eine deutliche Abnahme der Molekulargröße, und bei 1700 °C sind nur noch As_2-Moleküle nachzuweisen (H. BILTZ und V. MEYER).

Das aus der Sublimation oder durch Kristallisieren von geschmolzenem Arsen rein gewonnene, metallische rhomboedrische Arsen ist silberweiß. Erst beim Lagern an der Luft wird es grau bis schwarz.

Das rhomboedrische Arsen besitzt ein Schichtgitter. In der Schicht bilden die Ebenen ein gewelltes Sechsecknetz, in dem die Atome abwechselnd über und unter der Mittelebene liegen. Jedes Atom bindet 3 nächste Nachbarn (Abb. 55).

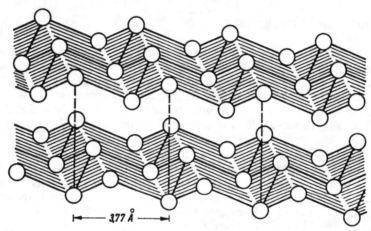

Abb. 55. Kristallstruktur des rhomboedrischen Arsens. Die dritte Schicht des Elementarkörpers ist in der Abbildung weggelassen

Beim Sublimieren von Arsen erhält man neben dem grauen Arsen noch schwarzes, spiegelartig glänzendes *glasiges Arsen* mit muschligem Bruch und solches in der Form von verwachsenen Stäbchen. Die Struktur dieser Form steht zu der des rhomboedrischen Arsens in ähnlichem Verhältnis wie die des roten zu der des schwarzen Phosphors. Die Verknüpfung der Atome ist fehlerhaft. Darum ist diese Form amorph und hat eine geringere Dichte (etwa 4,73 g/cm³) als das graue Arsen.

Reduziert man salzsaure Arseniklösungen mit Zinn(II)-chlorid, so entsteht Arsen von brauner Farbe und einer Dichte von etwa 4 g/cm³.

Das *gelbe Arsen* bildet sich beim schnellen Abkühlen des Arsendampfes, am besten durch Kühlung mit flüssiger Luft. Es löst sich in Schwefelkohlenstoff ähnlich dem weißen Phosphor leicht auf.

Aus der Lösung kristallisieren lichtgelbe, sehr stark lichtbrechende, reguläre Kristalle, die die Elektrizität nicht leiten und, in Schwefelkohlenstoff gelöst, das Molekulargewicht As_4 zeigen. Diese As_4-Moleküle besitzen die gleiche Struktur wie die P_4-Moleküle des weißen Phosphors. Das ein Molekülgitter bildende gelbe Arsen ist jedoch instabil und geht von selbst in die metallische Modifikation über. Durch Licht wird die Umwandlung beschleunigt.

Läßt man z. B. die Lösung des gelben Arsens in Schwefelkohlenstoff auf weißem Filtrierpapier im Dunkeln verdunsten, so zeigt dieses am Licht nur für Augenblicke eine gelbe Farbe, die sehr schnell in Braun und dann in Grau übergeht. Am wirksamsten erweisen sich hier, wie auch sonst meistens, die violetten und ultravioletten Strahlen. Die Temperatur hat, wie bei allen photochemischen Reaktionen, einen nur geringen Einfluß. Deshalb geht die Umwandlung im Licht auch bei −180 °C schnell vor sich.

Die Lösung des gelben Arsens in Schwefelkohlenstoff ist wesentlich beständiger, scheidet aber auch im Tageslicht allmählich rotbraune Flocken ab.

Chemisches Verhalten

Wie nahe das gelbe Arsen dem weißen Phosphor steht, zeigt neben dem eben beschriebenen Verhalten besonders die Flüchtigkeit bei gewöhnlicher Temperatur, die sich durch einen starken knoblauchartigen Geruch verrät, sowie die ausgeprägte Reduktionswirkung, z. B. gegen ammoniakalische Silbernitratlösung. Der knoblauchartige Geruch tritt stets auf, wenn arsenhaltige Stoffe auf Kohle mit dem Lötrohr erhitzt werden (Vorprobe auf Arsen).

Beim Erhitzen von Arsen an der Luft auf 200 °C oxidiert es sich unter deutlicher Lumineszenz. Oberhalb 400 °C verbrennt der Dampf des Arsens mit bläulich-weißer Flamme zu Arsentrioxid:

$$4 \, As + 3 \, O_2 = 2 \, As_2O_3 + 2 \cdot 157 \, kcal$$

Auch bei gewöhnlicher Temperatur bildet sich an feuchter Luft langsam Arsentrioxid, wodurch der Glanz des Metalls verschwindet.

Die Giftwirkung des so gebildeten Arsentrioxids hat man früher benutzt, um Fliegen zu töten. Hierzu brachte man in die schalenförmigen Stücke des mineralischen Arsens (Scherbenkobalt) Sirup, der allmählich hinreichende Mengen des Giftes aufnahm. Daher kommt der Name Fliegenstein. Der Name Scherbenkobalt bezieht sich auf die Form und drückt außerdem die unliebsame Beobachtung aus, daß aus diesem vielversprechenden metallisch schweren Mineral beim Schmelzen kein wertvolles Metall, sondern nur ein trüber Rauch entsteht. Die Bergleute früherer Jahrhunderte glaubten sich bei solchen Erscheinungen von den Berggeistern (Kobolden) geäfft und belegten mit dem Namen Kobalt nicht nur das metallische Arsen, sondern auch die arsenhaltigen Erze des von uns noch Kobalt genannten Metalls, weil es auch bei diesen Erzen nicht gelang, ein Metall zu erschmelzen.

Arsen-Sauerstoffverbindungen

Arsen bildet 2 Oxide: Arsen(III)-oxid, As_2O_3, und Arsen(V)-oxid, As_2O_5. Vom ersten leitet sich die arsenige Säure mit ihren Salzen, den Arseniten, ab, vom zweiten leiten sich die Arsensäure und die Arsenate ab.

Arsen(III)-oxid, As_2O_3

Arsen(III)-oxid, auch Diarsentrioxid, Arsentrioxid oder Arsenik genannt, entsteht beim Abrösten von arsenhaltigen Erzen (Giftmehl, Hüttenrauch).

Vorkommen und physiologische Eigenschaften

Als Mineral findet sich Arsenik als regulär kristallisierter Arsenolith (Arsenikblüte) und als monokliner Claudetit.

Manche eisenhaltige Mineralquellen enthalten Arsenik, so z. B. die Quellen von Levico und Roncegno bei Trient, die Guberquelle in Bosnien und die Dürkheimer Maxquelle, letztere 13 mg/l. In solcher Verdünnung genossen kann Arsenik die Blutbildung im

Knochenmark, in der Milz usw. fördern und so bei Bleichsucht, auch bei allgemeiner Nervenschwäche für einige Zeit einen Zustand des Wohlbefindens herbeiführen. Da Arsenik auch in den Hautgeweben ausgeschieden wird, vermag es dort durch einen besonders gearteten Reiz auf manche Leiden, auch auf solche von syphilitischer Natur, bessernd einzuwirken. Pferden gibt man kleine Mengen Arsenik, um das Fell glänzender zu machen und die Lebhaftigkeit zu erhöhen. In Tirol und Steiermark findet man Leute, die regelmäßig Arsenik zu sich nehmen, um die Anstrengungen des Bergsteigens besser überwinden zu können und die Kräfte zum Lastentragen zu erhöhen. Solche Arsenik-esser sehen eine Zeitlang gut aus, doch leidet schließlich ihr allgemeiner Ernährungs-zustand, und sie bekommen Katarrhe der Luftwege. Meist gehen diese Schädigungen aber nach Entziehung des Mittels wieder zurück.

Sehr geringe Mengen Arsenik finden sich stets im pflanzlichen und tierischen Organismus und beeinflussen dort wahrscheinlich die Oxydationsvorgänge. Als normalen Arsengehalt im Urin fand P. KLASON 0,01 mg/l.

Größere eingenommene Mengen Arsenik (von 0,1 g an) können einen erwachsenen Menschen töten, besonders wenn der Organismus nicht vorher durch kleinere Dosen gegen das Gift immunisiert wurde. Bei Gewöhnung können bis zu 0,5 g auf einmal vertragen werden.

Akute Arsenvergiftungen verlaufen unter heftiger Magen- und Darmentzündung mit Leib-schmerzen, Erbrechen, wäßrigen Ausleerungen, Wadenkrämpfen und führen in Ausnahme-fällen schon nach einigen Stunden, meist aber erst nach einem Tage zum Tode. Oft sieht die Krankheitserscheinung einem Choleraanfall täuschend ähnlich. Schon 0,03 g Arsenik rufen solche auffälligen Symptome hervor. Als Gegenmittel dienen zunächst gründliche Magen-ausspülung und Wasserzufuhr in den Darm.

Die Giftigkeit des Arseniks war schon im Altertum bekannt und wurde zu Verbrechen oft mißbraucht. Doch sind die Giftmorde durch Arsenik seltener geworden, nicht zuletzt, weil die analytische Chemie den Arsennachweis so verfeinert hat, daß Vergiftungsfälle auch noch nach Jahren aufgedeckt werden können (siehe unter Arsenwasserstoff).

Zum Vertilgen schädlicher Tiere, wie z. B. von Mäusen und Ratten, eignet sich zwar Arsenik wegen seiner Geruchlosigkeit und seines nicht auffallenden, nur schwach metallischen Ge-schmacks sehr gut (tödliche Dosis für 1 kg Lebendgewicht dieser Tiere 0,015 g Arsenik (E. SIEBERG)), doch sind durch Reichsgesetz in Deutschland alle arsenikhaltigen Präparate dem freien Verkehr entzogen worden.

Arsenikhaltige Seife gebraucht man in den Tropenländern, um Hölzer gegen die Termiten zu schützen. Kaliumarsenit dient unter dem Namen *Fowlersche Lösung* in der Medizin gegen Hautkrankheiten usw. sowie zum Konservieren von Tierbälgen. Größere Bedeutung hatte vor dem letzten Weltkrieg das Calciumarsenit im Obst- und Gartenbau zum Schutz gegen tierische Schädlinge. Heute wird es zur Bekämpfung des Kartoffelkäfers verwendet.

Nicht nur Arsenik, sondern auch alle anderen löslichen Arsenverbindungen anorganischer und organischer Natur sind giftig.

Von den pharmazeutisch gebrauchten Arsenverbindungen sei hier nur das Neosalvarsan zur Heilung der Syphilis erwähnt.

Eigenschaften

Modifikationen

Arsenik kann außer in der kubischen und der monoklinen Modifikation, die in der Natur als Arsenolith und Claudetit vorkommen, auch in einer glasig amorphen Form erhalten werden.

Die kubische Modifikation entsteht in Form sehr kleiner Oktaeder (Dichte 3,874 g/cm^3 bei 0 °C) bei sehr rascher Abkühlung aus dem Dampfzustand oder bei Abscheidung aus salzsaurer

Lösung, während aus schwach alkalischen Lösungen an der Luft bisweilen monokline Formen auftreten.

Die monokline Form kann durch mehrstündiges Erhitzen der oktaedrischen Kristalle in Gegenwart von einer Spur Wasser im zugeschmolzenen Glasrohr bei 218 °C (siedendes Naphthalin) erhalten werden. Sie hat die Dichte 4,15 g/cm³ und ist von −13 °C bis zum Schmelzpunkt bei 315 °C die stabile Modifikation (KARUTZ und STRANSKI, 1957).

Läßt man Arsenikdampf oberhalb 300 °C kondensieren, so entsteht eine glasig durchsichtige, farblose, amorphe Masse von muschligem Bruch mit der Dichte 3,71 g/cm³, die sich aber bald trübt und allmählich mit einer porzellanartigen Schicht bedeckt, die aus kleinen oktaedrischen Kriställchen besteht. Diese Kristallisation beruht auf der Gegenwart von Spuren Wasser, das sich aus der Luft niederschlägt. Sie wird durch Einschließen in völlig trockene Glasröhren verhindert.

In der kubischen Modifikation sind röntgenographisch As_4O_6-Moleküle nachgewiesen worden. Abb. 56 gibt das Bild eines solchen Moleküls wieder. Es ist ein abgeschlossenes Gebilde aus 4 As- und 6 O-Atomen. Jedes As-Atom ist innerhalb des Moleküls über 3 Sauerstoffatome mit den anderen 3 As-Atomen verbunden, jedes O-Atom bindet 2 As-Atome. Die hohe Regelmäßigkeit der Molekülstruktur wird deutlich, wenn man beachtet, daß die As-Atome die Ecken eines regulären Tetraeders, die O-Atome die Ecken eines regulären Oktaeders mit gleichem Mittelpunkt besetzen.

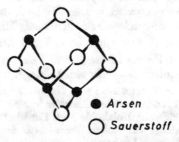

● *Arsen*
○ *Sauerstoff*

Abb. 56. Struktur des As_4O_6-Moleküls

Diese Anordnung zeigt, daß hier aus der Ionenbindung durch Deformation eine Atombindung geworden ist. Die homöopolaren Bindungen verlaufen von jedem Atom in den Tetraederrichtungen. Das wird besonders deutlich, wenn man sich die freien Elektronenpaare bei den

As ╞ und ⟨O⟨ Atomen dazu denkt.

Die gute Absättigung der Bindungskräfte im As_4O_6-Molekül läßt für den Zusammenhalt der Moleküle untereinander zum Kristall nur schwache zwischenmolekulare Kräfte übrig. Hieraus erklärt sich die Flüchtigkeit des Arseniks.

Das monokline Arsentrioxid kristallisiert in einem Schichtengitter. Die As- und O-Atome bilden ein Sechsecknetz. Jedes As-Atom ist über 3 O-Atome mit drei anderen As-Atomen verbunden, doch sind die Schichten wegen des Winkels O—As—O = 123 ° und As—O—As = 100 ° gewellt.

Bei der Abscheidung der regulären Kristalle aus stark salzsauren Lösungen beobachtet man im Dunkeln ein deutliches Leuchten von stark photochemischer Wirksamkeit. Diese Erscheinung wird von GUINCHANT und GERNEZ auf Tribolumineszenz zurückgeführt. Sie tritt auf, wenn die Kriställchen aneinanderstoßen und dabei zerbrechen.

Bei höheren Temperaturen geht Arsenik aus allen festen Formen unmittelbar in den Gaszustand über, kann aber unter Druck im geschlossenen Rohr als Flüssigkeit erhalten werden, die beim Abkühlen zu dem amorphen glasigen Arsenik erstarrt.

Der Dampf ist farblos und geruchlos und besteht zunächst aus As_4O_6-Molekülen, die mit steigender Temperatur zunehmend in die einfacheren As_2O_3-Moleküle dissoziieren (H. BILTZ). Dieser Zerfall ist bei 1800 °C vollständig.

Chemisches Verhalten

In Wasser löst sich die reguläre Form schwerer auf als die glasige amorphe. Nach 15stündigem kräftigem Rühren lösen sich bei 15 °C 16,6 g in 1 l Wasser. Diese Lösung enthält eine schwache Säure, die als arsenige Säure bezeichnet wird. Sie rötet blaues Lackmuspapier eben noch deutlich. In der Lösung sind überwiegend die Moleküle der metaarsenigen Säure, $HAsO_2$, neben denen der orthoarsenigen Säure, H_3AsO_3, vorhanden. Nach der Größe der Dissoziationskonstante ($K = 6 \cdot 10^{-10}$) steht die arsenige Säure unter dem Schwefelwasserstoff und etwa auf gleicher Stufe mit der Borsäure.

Die Alkaliarsenite leiten sich meist von der metaarsenigen Säure ab und bilden in Lösung Komplexe, die zu sauren Salzen, wie z. B. $KHAs_2O_4$, führen. Die Schwermetallarsenite, wie z. B. das schwerlösliche gelbe Silberarsenit, Ag_3AsO_3, und das weiße Bleiarsenit, $Pb_3(AsO_3)_2$, gehören zu den Orthoarseniten.

Von den Erdalkaliarseniten sind basische Salze bekannt, wie z. B. $2\,Ca(AsO_2)_2 \cdot CaO$, $2\,Sr(AsO_2)_2 \cdot SrO$ und das neutrale $Ba(AsO_2)_2$. Die unter dem Namen *Scheeles Grün* und *Schweinfurter Grün* geläufigen Kupferarsenite sollen bei Kupfer beschrieben werden.

Als mittlere Oxydationsstufe kann das As^{+3} entweder zum Metall reduziert oder zum As^{+5} oxydiert werden. Je nach der Natur des Reaktionspartners zeigt daher Arsenik oxydierende oder reduzierende Eigenschaften.

Oxydierend wirkt es z. B. auf Kohle und leicht oxydierbare Metalle.

Erhitzt man Arsenik mit Kohle im Glasrohr, so tritt oberhalb des Gemisches ein glänzender schwarzbrauner Spiegel von metallischem Arsen auf.

Man führt diesen zum Nachweis von Arsenik geeigneten Versuch meist so aus, daß man ein 3 ... 5 mm weites Glasrohr in eine Spitze auszieht, in diese das Pulver gibt und darüber ein Stückchen Holzkohle legt. Zunächst erhitzt man die Kohle, damit die Arsenikdämpfe an ihr infolge der hohen Temperatur reduziert werden und nicht unverändert darüber hinwegstreichen können.

Da Arsensulfid nicht von der Kohle reduziert wird, wählt man als Reduktionsmittel besser gepulvertes Kaliumcyanid, das mit Arsenik Kaliumcyanat, mit Arsensulfid Kaliumrhodanid und freies Arsen gibt:

$$As_2S_3 + 3\,KCN = 2\,As + 3\,KCNS$$

Stark reduzierende Metalle reduzieren Arsenik zum Teil sehr energisch; z. B. verpufft ein Gemisch von 10 Teilen Arsenik mit 4 Teilen Magnesiumfeile bei Berührung mit einer Flamme äußerst heftig mit heißer, intensiv weißer Flamme, weil die Verbrennungswärme des Magnesiums viel größer ist als die des Arsens:

$$As_2O_3 + 3\,Mg = 2\,As + 3\,MgO + 275\,kcal$$

An der Luft verbrennt der Arsendampf wieder zu Arsenik.

Wegen seiner oxydierenden Wirkung dient Arsenik als Glasmacherseife, um durch kohlige Teile oder infolge der Reduktion von Bleioxid zu metallischem Blei getrübte Glasflüsse zu klären.

Aus salzsaurer Lösung wird Arsenik durch Zinn(II)-chlorid als braunes Arsen gefällt (*Bettendorfs Reaktion*). Erhitzt man die salzsaure Lösung mit blankem Kupferdraht, so scheidet sich auf diesem ein zunächst metallische Anlauffarben zeigender, später brauner bis schwarzer Überzug von Arsen ab.

Von der reduzierenden Wirkung des dreiwertigen Arsens macht man bei der maßanalytischen Bestimmung von Arsenik bzw. Arsenit mit Jodlösung in Gegenwart von Natriumhydrogencarbonat Gebrauch:

$$\overset{+3}{As}O_3^{3-} + J_2 + H_2O \rightleftharpoons \overset{+5}{As}O_4^{3-} + 2\,J^- + 2\,H^+$$

Diese Reaktion ist jedoch umkehrbar, da das gebildete Arsenat in saurer Lösung auf Jodid-Ionen oxydierend wirkt. Wenn die Umsetzung in der gewünschten Richtung nach rechts vollständig verlaufen soll, müssen die entstehenden H-Ionen laufend gebunden werden. Dies erfolgt durch das neutralisierend wirkende Hydrogencarbonat. So lenkt nach dem Prinzip vom kleinsten Zwang die Wegnahme oder Zugabe von H-Ionen die Reaktion nach der einen oder anderen Seite.

Goldchloridlösung wird durch Arsenik zu Gold reduziert, Salpetersäure von der Dichte 1,4 g/ml zu einem äquimolekularen Gemisch von Stickstoffdioxid und Stickstoffmonoxid. Auf dieser Reaktion beruht die Darstellung von Distickstofftrioxid im Laboratorium.

Arsen(V)-oxid, As₂O₅

Arsen(V)-oxid (Diarsenpentoxid) entsteht nicht durch Verbrennen von Arsen, sondern nur durch Entwässern von Arsensäure, H_3AsO_4, bei schwacher Rotglut als weiße, amorphe Substanz, die bei höherer Temperatur schmilzt und zu einer glasigen durchsichtigen Masse von der Dichte 4,00 g/cm³ erstarrt. Bei der Verdampfung findet fast vollständiger Zerfall statt:

$$As_2O_5 = As_2O_3 + O_2 - 63 \text{ kcal}$$

An feuchter Luft zerfließt dieses Anhydrid und geht allmählich in Arsensäure, H_3AsO_4, über.

Arsensäure, H₃AsO₄, und Arsenate

Zur Darstellung dieser Säure dampft man Arsenik mit Salpetersäure zur Wasserbadtrockene ein, löst den Rückstand in Wasser und dampft das Filtrat abermals bis zur Sirupkonsistenz ein. Aus dem Rückstand scheiden sich langsam kleine farblose, bisweilen auch große prismatische oder tafelförmige Kristalle von der Zusammensetzung $2 H_3AsO_4 \cdot H_2O$ ab.

Die Arsensäure löst sich sehr leicht in Wasser auf, reagiert stark sauer und löst Eisen oder Zink unter Wasserstoffentwicklung. Nach der elektrischen Leitfähigkeit ist sie etwas schwächer als die Phosphorsäure, mit der sie vielfach ganz auffällige Ähnlichkeit zeigt. So kristallisieren die Salze KH_2AsO_4, KH_2PO_4, $(NH_4)H_2AsO_4$, $(NH_4)H_2PO_4$ im tetragonalen System, und zwar einander so ähnlich, daß MITSCHERLICH an diesen Beispielen 1819 die *Isomorphie* entdecken konnte.

Von Isomorphie spricht man, wenn die Kristalle von zwei verschiedenen Stoffen die gleichen Kristallformen und sehr ähnliche Winkel zwischen gleichen Flächen haben und die beiden Stoffe *Mischkristalle* bilden, in denen die Mengenverhältnisse der beiden Stoffe innerhalb gewisser Grenzen wechseln können. Isomorphe Stoffe zeigen die Fähigkeit gegenseitiger Überwachsung, so daß Kristalle der einen Substanz in der übersättigten Lösung der anderen weiterwachsen können. In der Regel kann man aus der Isomorphie verschiedener Stoffe rückwärts auf analoge chemische Zusammensetzung schließen. Über Isomorphie und Isotypie siehe auch im Kapitel „Der feste Zustand" am Ende des Buches.

Auch in der Löslichkeit stimmen die Arsenate mit den Phosphaten soweit überein, daß z. B. das Magnesiumammoniumarsenat, $MgNH_4AsO_4 \cdot 6 H_2O$, ebensogut zur quantitativen Fällung von Arsensäure dient, wie das analoge Phosphat für die Phosphorsäure analytisch gebraucht wird. Selbst in komplizierteren Fällen, wie in dem Niederschlag von Ammoniummolybdatoarsenat, bleibt diese Analogie erhalten.

Charakteristisch unterscheidet sich die Arsensäure von der Phosphorsäure, abgesehen von der weiter unten zu besprechenden Fällbarkeit mittels Schwefelwasserstoff, durch ihre *oxydierenden* Wirkungen. Sie führt z. B. schweflige Säure in Schwefelsäure über und wird dabei selbst zu arseniger Säure reduziert. Aus konzentrierter Salzsäure wird Chlor entwickelt und Arsen(III)-chlorid gebildet; doch ist diese Reaktion insofern umkehrbar, als beim Einleiten von Chlor in verdünntere wäßrige Lösung von Arsen(III)-chlorid Arsensäure entsteht.

Aus angesäuerter Kaliumjodidlösung scheidet die Arsensäure Jod ab und wird zu arseniger Säure reduziert, aber nur beim Kochen mit größerem Überschuß an Jodid und Salzsäure vollständig (siehe das Gleichgewicht bei Arsenik).

Beim Entwässern der Arsensäure entsteht, anders als bei der Phosphorsäure nach A. SIMON und E. THALER (1941), keine Pyroarsensäure. Vielmehr erhält man zunächst ein weißes kristallines Hydrat von der Zusammensetzung 3 As$_2$O$_5$ · 5 H$_2$O, das meist noch Mutterlauge enthält. Bei höherem Erwärmen zerfällt dieses Hydrat sehr langsam in Arsen(V)-oxid und Wasser.

Diese wasserärmeren Verbindungen lösen sich in Wasser unter fortschreitender Hydrolyse zu Arsensäure auf, doch hat A. ROSENHEIM die kristallisierten Pyroarsenate (NH$_4$)$_2$H$_2$As$_2$O$_7$ und (NH$_4$)$_4$As$_2$O$_7$ dargestellt.

Arsen-Schwefelverbindungen

Arsen bildet mit Schwefel 3 Verbindungen: rotes Realgar, As$_4$S$_4$, zitronengelbes Arsen(III)-sulfid, As$_2$S$_3$, und hellgelbes Arsen(V)-sulfid, As$_2$S$_5$. Außer durch Synthese aus den Elementen lassen sich das Trisulfid und das Pentasulfid durch Einwirkung von Schwefelwasserstoff auf saure Lösungen von Arsenik bzw. Arsensäure erhalten, das Pentasulfid allerdings nur bei Einhaltung bestimmter Bedingungen.

Das Trisulfid und das Pentasulfid sind in nichtoxydierenden Säuren, selbst in konz. Salzsäure, unlöslich. Die für die Sulfide des Phosphors charakteristische Hydrolysierbarkeit zeigt sich also bei den Sulfiden des mehr metallischen Arsens nicht, und so kommt es, daß in wäßrigen Lösungen von Arsen-Sauerstoffverbindungen umgekehrt Sauerstoff durch Schwefel ersetzt werden kann.

Die beiden Sulfide zeigen schwach saure Natur und bilden mit Alkali- und Ammoniumsulfiden lösliche *Thiosalze*, deren Entstehung der Bildung der Sauerstoffsalze aus Oxid und Lauge entspricht:

$$As_2O_3 + 2\,NaOH = 2\,NaAsO_2 + H_2O \qquad \text{Arsenit}$$
$$As_2S_3 + Na_2S = 2\,NaAsS_2 \qquad\qquad \text{Thioarsenit}$$
$$As_2S_5 + 3\,Na_2S = 2\,Na_3AsS_4 \qquad\qquad \text{Thioarsenat}$$

Verwendet man zur Lösung des Trisulfids gelbes Ammonsulfid, (NH$_4$)$_2$S$_2$, wie es in der qualitativen Analyse üblich ist, so erfolgt unter Oxydation die Bildung von Thioarsenat.

Auch Alkalihydroxide sowie Ammoniak und selbst Ammoniumcarbonat lösen gefälltes Trisulfid auf, wobei Gemische von Arseniten und Thioarseniten entstehen. Das Pentasulfid löst sich unter diesen Bedingungen zu Thioarsenaten, in denen nur ein Teil des Sauerstoffs der Arsensäure durch Schwefel ersetzt ist.

Die freien Thiosäuren sind nicht existenzfähig. Beim Ansäuern der Thiosalze fallen die Arsensulfide unter Schwefelwasserstoffentwicklung aus.

Lösliche Thiosalze bilden außer den Arsensulfiden auch die Antimonsulfide und Zinndisulfid. Dadurch wird die Abtrennung dieser Sulfide von den anderen durch Schwefelwasserstoff in saurer Lösung ausfallenden Sulfiden ermöglicht.

Realgar, As$_4$S$_4$

Realgar, früher Sandarach genannt, findet sich in der Natur in roten monoklinen Kristallen. Es bildet auch den Hauptbestandteil des durch Destillieren von Arsenkies, FeSAs, mit Pyrit, FeS$_2$, oder durch Zusammenschmelzen von 7 Teilen Arsen mit 3 Teilen Schwefel dargestellten roten Arsenglases. Reines Realgar, Dichte 3,5 g/cm^3, gibt beim Verreiben ein gelbes Pulver, das früher als Malerfarbe gebraucht wurde. Es schmilzt beim Erhitzen und erstarrt beim Erkalten wieder zu einer kräftig gelblichroten, kristallinen Masse.

Das Gitter ist aus As_4S_4-Molekülen aufgebaut (T. Ito, 1952), die auch beim Verdampfen oberhalb 450 ... 600 °C erhalten bleiben. Oberhalb 800 °C sind nur noch As_2S_2-Moleküle nachzuweisen. An der Luft erhitzt, verbrennt Realgar mit bläulichweißem Licht zu Arsenik und Schwefeldioxid. Mit Salpeter erfolgt bei höherer Temperatur heftige Umsetzung unter blendend weißer Lichterscheinung. Mischungen von Salpeter, Schwefel und Realgar liefern das schon den arabischen Chemikern des Mittelalters bekannte griechische Weißfeuer. Als geeignetes Mengenverhältnis gelten 24 Teile Salpeter, 7 Teile Schwefel und 2 Teile Realgar. Auch heute noch bildet Realgar einen wesentlichen Bestandteil von Feuerwerkssätzen, die weißes Signalfeuer geben.

Arsen(III)-sulfid, As_2S_3

Auch das Arsen(III)-sulfid (Diarsentrisulfid) kommt als monoklin kristallisiertes Auripigment, Dichte 3,43 g/cm³, in der Natur vor und wird wegen seiner goldgelben Farbe als Malerfarbe gebraucht. Das in der Technik durch Sublimieren von Arsenik und Schwefel gewonnene Operment (gelbe Arsenikglas) enthält nur geringe Mengen von Trisulfid, besteht im wesentlichen aus unverändertem Trioxid und ist deshalb giftig. Das reine kristallisierte Trisulfid wird von der verdünnten Salzsäure des Magens nicht gelöst, demgemäß auch nicht in nennenswerten Mengen aufgenommen und ist deshalb nicht giftig.

Reines Trisulfid schmilzt ziemlich leicht und erstarrt beim Erkalten zu einer roten Masse. Bei Ausschluß von Sauerstoff siedet das Trisulfid etwas oberhalb 700 °C, während es an der Luft verbrennt.

Der Dampf besteht aus As_4S_6-Molekülen, die die gleiche Gestalt wie die As_4O_6-Moleküle haben (siehe Abb. 56). Das kristallisierte Trisulfid bildet wie das monokline Arsentrioxid ein Schichtengitter.

Kocht man das Trisulfid längere Zeit mit starker Salzsäure, so verdampft es allmählich und sammelt sich im Destillat wieder an (Piloty und Stock).

Leitet man in eine wäßrige, nicht angesäuerte Arseniklösung Schwefelwasserstoff, so tritt bald eine intensiv gelbe Färbung ein. Aber das Trisulfid bleibt, besonders bei überschüssigem Schwefelwasserstoff, zunächst kolloid gelöst (über Kolloide siehe bei Kieselsäure). Schüttelt man diese gelbe Lösung mit feingepulvertem Bariumsulfat, so wird das Kolloid von diesem adsorbiert und gefällt (Vanino). Ähnlich wirken auch gepulverte Holzkohle, Calciumcarbonat oder Glaspulver. Auch durch Ausfrieren des Wassers wird das Kolloid gefällt und ist nach dem Schmelzen des Eises nicht mehr löslich. Am einfachsten und schnellsten wird das Arsen(III)-sulfidsol als unlöslicher Niederschlag durch Zusatz starker Elektrolyte, wie z. B. verdünnter Salzsäure, gefällt. Deshalb säuert man zur quantitativen Fällung von Arsenik mittels Schwefelwasserstoff von vornherein mit Salzsäure stark an.

Wie W. Spring, Lottermoser und W. Biltz nachgewiesen haben, tragen die Teilchen des kolloid gelösten Arsensulfids eine negative Ladung und wandern demgemäß im elektrischen Feld an die Anode.

Arsen(V)-sulfid, As_2S_5

Arsen(V)-sulfid (Diarsenpentasulfid) wird aus den Elementen in dem der Formel entsprechenden Verhältnis durch Zusammenschmelzen unterhalb 500 °C erhalten, da oberhalb dieser Temperatur der Dampf in Trisulfid und Schwefel dissoziiert.

Die Fällung von Pentasulfid aus Arsensäurelösungen durch Schwefelwasserstoff bietet gewisse Schwierigkeiten, da leicht Gemische von Trisulfid und Schwefel neben Pentasulfid ausfallen können. Die Erklärung liegt nach W. Foster (1916) darin, daß bei der Einwirkung von Schwefelwasserstoff auf Arsensäure zunächst stets die Monothioarsensäure, H_3AsO_3S, gebildet wird, die allmählich in Schwefel und arsenige Säure zerfällt. Dieser Zerfall wird durch steigende Salzsäurekonzentration und Temperaturerhöhung begünstigt. Bei schnellem Einleiten von Schwefelwasserstoff wird dieser Vorgang jedoch durch den Übergang der Monothiosäure in die Dithioarsensäure überholt, die sehr schnell nach Disproportionierung in

Tetrathioarsensäure, H_3AsS_4, und Arsensäure das Pentasulfid abscheidet. Neben der Salzsäurekonzentration und der Temperatur ist für die Fällung von reinem Pentasulfid also das Verhältnis der gelösten Schwefelwasserstoffmenge zu der zur vollständigen Ausfällung erforderlichen Menge ausschlaggebend. Deshalb ist besonders zu Beginn schnelles Einleiten von Schwefelwasserstoff erforderlich. Am sichersten erreicht man nach Mc. Cay die quantitative Fällung des Pentasulfids, wenn man die salzsaure Lösung in einer Druckflasche bei Zimmertemperatur rasch mit Schwefelwasserstoff sättigt und dann verschlossen 1 h in einem siedenden Wasserbad erhitzt.

Ähnliche Verbindungen wie mit Schwefel gibt das Arsen auch mit dem Selen, doch sind diese Produkte dunkler gefärbt, z. B. As_2Se_3: nach dem Schmelzen spiegelglänzend grauschwarz, As_2Se_5: gefällt rotbraun, geschmolzen glänzend schwarz.

Thioarsenate

Tetrathioarsenate sind in der Lösung von Arsen(V)-sulfid in Alkalisulfiden bzw. Polysulfiden enthalten. Kristallisiert wurden z. B. $Na_3AsS_4 \cdot 8 H_2O$, große blaßgelbe Kristalle, $(NH_4)_3AsS_4$ und $K_3AsS_4 \cdot H_2O$ dargestellt.

Mono-, Di- und Trithioarsenate entstehen bei der Einwirkung von Laugen auf das Pentasulfid oder von Schwefel auf Arsenite. Sie sind hauptsächlich von R. Weinland untersucht worden. Am längsten bekannt ist das primäre Kaliummonothioarsenat, KH_2AsO_3S, das sich beim Einleiten von Schwefelwasserstoff in eine Lösung von KH_2AsO_4 bildet.

Arsen-Halogenverbindungen

Alle Arsen-Halogenverbindungen können unmittelbar aus den Elementen dargestellt werden. Gegenüber Chlor, Brom und Jod tritt Arsen maximal dreiwertig, gegenüber Fluor fünfwertig auf.

Arsen(III)-chlorid, $AsCl_3$

Arsen(III)-chlorid (Arsentrichlorid), Siedep. 130,2 °C, Schmelzp. −18 °C, Dichte 2,167 g/ml bei 20 °C, entsteht aus dem gepulverten Metall und Chlor unter Feuererscheinung.

Die Dichte des Dampfes entspricht der Formel $AsCl_3$. Das Arsen(III)-chlorid raucht an der Luft und zerfällt mit Wasser teilweise in arsenige Säure und Salzsäure. Hierbei stellt sich ein Gleichgewicht ein, das durch überschüssige Salzsäure so weit nach links verschoben wird, daß Arsenik bei wiederholtem Kochen mit rauchender Salzsäure schließlich als Chlorid vollkommen überdestillieren kann:

$$AsCl_3 + 2 H_2O \rightleftharpoons HAsO_2 + 3 HCl$$

Hiervon macht man in der analytischen Chemie zur Abtrennung des Arsens Gebrauch.

Reines Arsen(III)-chlorid zeigt deutlich elektrisches Leitvermögen und löst Alkalijodide unter beträchtlicher Ionisierung. Auch Schwefel, Phosphor und Öle werden in erheblichem Maße gelöst.

Arsen(III)-bromid, $AsBr_3$

Arsen(III)-bromid bildet farblose, spröde, prismatische Kristalle, Schmelzp. 32,8 °C, Siedep. 221 °C, die sich wegen der sehr hohen molekularen Gefrierpunktserniedrigung ($E = 189$) als Lösungsmittel für kryoskopische Untersuchungen anderer Bromide gut eignen (Walden). Leicht löslich sind im Arsen(III)-bromid besonders Phosphor-, Antimon- und Zinnbromid, ferner Quecksilberjodid, Antimonchlorid und viele organische Stoffe.

Arsenjodide

Arsen(III)-jodid wird aus den Elementen oder aus Arsen(III)-chlorid und Jodwasserstoff dargestellt und durch Umkristallisieren aus organischen Lösungsmitteln gereinigt. Es bildet rote, glänzende, hexagonale Kristalle vom Schmelzp. 146 °C und dem Siedep. 400 °C. In wäßriger Lösung findet zwar teilweise Hydrolyse statt, doch bilden sich die Kristalle beim Einengen wieder zurück.

Diarsentetrajodid, As_2J_4, ist aus den Komponenten bei 230 °C im geschlossenen Rohr erhältlich und kristallisiert aus Schwefelkohlenstoff in dunkelkirschroten, dünnen Prismen. Wasser spaltet in das Trijodid und freies Arsen.

Arsenfluoride

Arsen(III)-fluorid, AsF_3, aus Arsenik und Fluorwasserstoff oder besser aus Fluorsulfonsäure (E. HAYEK, 1955) zugänglich, ist eine farblose, bewegliche, an der Luft rauchende Flüssigkeit vom Siedep. 63 °C, greift Glas an und setzt sich mit den Chloriden des Phosphors zu Phosphortrifluorid bzw. Phosphorpentafluorid um.

Arsen(V)-fluorid, AsF_5, von RUFF und GRAF aus den Elementen dargestellt, ist ein farbloses Gas, das sich bei —53 °C zu einer farblosen Flüssigkeit und bei —80 °C zu einer weißen Masse verdichtet. Es bildet mit feuchter Luft weiße Nebel, greift Glas in der Wärme an und setzt sich mit Zink, Eisen, Wismut, Blei und Quecksilber um.

Schon MARIGNAC erhielt aus Kaliumarsenat und Flußsäure die Salze der Fluoroarsensäure, wie $K_2AsF_7 \cdot H_2O$ und $KAsOF_4 \cdot H_2O$, die zu den analogen Verbindungen von Niob und Tantal hinüberleiten.

Arsenwasserstoff, AsH_3

Siedepunkt	— 55 °C
Schmelzpunkt	—113,5 °C

Arsenwasserstoff bildet sich stets bei der Einwirkung von naszierendem Wasserstoff auf die Sauerstoffverbindungen des Arsens. Fast frei von Wasserstoff erhält man das Gas aus Zinkarsenid, Zn_3As_2, mit verdünnter Schwefelsäure, aus Calciumarsenid oder Magnesiumarsenid und Wasser und besonders einfach aus Natriumarsenid und Wasser. Dieses Natriumarsenid stellt man durch Überleiten von Natriumdampf über Arsen bei 180 ... 200 °C dar.

Der Arsenwasserstoff entspricht formal dem NH_3 und PH_3, doch ist er in bezug auf die Elemente eine stark endotherme Verbindung:

$$AsH_3 = As + \tfrac{3}{2} H_2 + 41 \text{ kcal}$$

Er zerfällt demgemäß schon bei gewöhnlicher Temperatur, besonders in Berührung mit feinfasrigen Stoffen, wie Baumwolle oder Glaswolle, schnell beim Erhitzen auf 300 ... 400 °C in die Elemente.

Basische Eigenschaften sind beim Arsenwasserstoff nicht mehr zu beobachten, dagegen tritt der schwach saure Charakter in der Bildung der oben erwähnten Arsenide hervor.

Das Gas ist in Alkalilaugen fast unlöslich, in Wasser, Alkohol und Äther kaum löslich, wird aber von Terpentinöl reichlich aufgenommen. Der Geruch des reinen Gases ist sehr schwach, die Giftwirkung beim Einatmen sehr beträchtlich. Zwar liegt die Dosis zu akuter tödlicher Vergiftung wahrscheinlich ziemlich hoch, nämlich bei etwa 0,3 g, weil sich der Arsenwasserstoff nur wenig in den Flüssigkeiten der Atmungsorgane auflöst. Bei lange währendem Einatmen arsenwasserstoffhaltiger Luft wirkt aber dieses Gas selbst in sehr großer Verdünnung (0,05 Vol. in 1000 Vol. Luft) noch äußerst schädlich, indem es die roten Blutkörperchen auflöst. Deshalb sollen alle Vorgänge, bei denen naszierender Wasserstoff aus arsenhaltigen Gemischen frei wird, nur in gut ventilierenden Abzügen vorgenommen werden. Hierher gehört auch, was meist nicht beachtet wird, das Lösen von Zinn in roher Salzsäure sowie die Entwicklung von Wasserstoff aus Zink und Säure in den Kippschen Apparaten der Laboratorien. So haben sich wiederholt Arbeiter vergiftet, insbesondere beim Lösen von Zinn in roher Salzsäure sowie beim Füllen von Ballonen mit dem aus Eisen und Salzsäure bereiteten Wasserstoff. Charakteristisch für diese Vergiftung ist die Dunkelfärbung des Urins infolge der Zerstörung der roten Blutkörper.

Weil die Bildung von Arsenwasserstoff durch Reduktion von Arsenik oder Arsensäure mit Zink und verdünnter Schwefelsäure quantitativ verläuft, werden diese Stoffe durch Überführung in Arsenwasserstoff, besonders bei Vergiftungsfällen, nachgewiesen. Man bedient sich hierzu des Apparates von MARSH (Abb. 57).

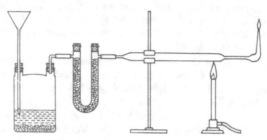

Abb. 57.   Probe auf Arsenik nach MARSH

In eine tubulierte Flasche gibt man 20 ... 30 g reines, granuliertes Zink und läßt durch den Trichter 20%ige reine Schwefelsäure einlaufen. Weil die Wasserstoffentwicklung bei reinen Reagenzien nur sehr träge verläuft, belebt man sie durch einen Tropfen Platinchlorid oder Kupfersulfat, leitet das Gas durch das mit granuliertem Calciumchlorid gefüllte U-Rohr in das aus schwer schmelzbarem Glas ausgezogene Rohr und prüft, ob die Luft verdrängt ist (siehe bei Wasserstoff).

Dann zündet man den Wasserstoff an und hält ein glasiertes Porzellanschälchen darüber. Waren die Reagenzien wirklich arsenfrei, so darf sich am Porzellanschälchen kein dunkler Fleck zeigen. Hierauf bringt man die auf Arsenik oder Arsensäure zu prüfende Substanz, mit konzentrierter Salzsäure verrieben, durch den Trichter in die Flasche. Bald nimmt die Wasserstofflamme eine fahlbläuliche Färbung an, und an dem von neuem wieder in die Flamme gehaltenen, vorher abgekühlten Porzellanschälchen treten dunkelbraune, glänzende Spiegel von Arsen auf, die bei zu langem Erhitzen der Stelle wieder verschwinden. Danach erhitzt man mit der Bunsenbrennerflamme das Glasrohr vor der Verengung. Dadurch wird der Arsenwasserstoff gespalten, und ein glänzend schwarzbrauner Arsenspiegel erscheint in der Verjüngung.

Auch Antimonoxide geben den Beschlag an der Porzellanschale und im Glasrohr, weil sich der dem Arsenwasserstoff ähnliche Antimonwasserstoff gleichfalls aus den Antimonoxiden und naszierendem Wasserstoff entwickelt. Aber die Antimonflecken sind rußartig schwarz und viel schwerer flüchtig. Außerdem lösen sich die Arsenflecken zum Unterschied von den Antimonflecken beim Betupfen mit Natriumhypochloritlösung oder alkalischem Wasserstoffperoxid sofort unter Bildung von Arsenit bzw. Arsenat auf.

Beim Einleiten von Arsenwasserstoff in verdünnte Silbernitratlösung fällt dunkles, metallisches Silber aus, während arsenige Säure in die Lösung geht:

$$AsH_3 + 6\,AgNO_3 + 3\,H_2O = H_3AsO_3 + 6\,Ag + 6\,HNO_3$$

Konzentrierte Silbernitratlösung liefert mit Arsenwasserstoff eine gelbe Verbindung $Ag_3As \cdot 3\,AgNO_3$, die mit Wasser Silberarsenid und dann mit Silbernitratlösung arsenige Säure und metallisches Silber liefert.

Auf dieser Reaktion beruht die sogenannte *Gutzeitsche Dütenprobe* auf Arsenik. Man setzt in ein Reagensglas, in dem sich Zink und Salzsäure nebst der auf Arsenik zu prüfenden Substanz befinden, einen Bausch trockener Watte oder Glaswolle und darüber ein Filterchen, dessen Spitze mit konzentrierter Silbernitratlösung (1 : 1) getränkt ist. Enthält die Substanz Arsenik, so färbt sich die Spitze gelb und auf Zusatz von Wasser schwärzlichbraun.

Noch einfacher als mittels des Marshschen Apparates kann man Arsenverbindungen, selbst die Sulfide, durch den aus Natriumformiat in der Hitze entwickelten Wasserstoff in Arsenwasserstoff überführen.

Erhitzt man z. B. 8 Teile bei 210 °C entwässertes Natriumformiat mit 3 Teilen Arsenpulver auf 400 °C, so entweicht ein Gas mit 12 ... 17 Vol.-% Arsenwasserstoff. Fast rein erhält man den Arsenwasserstoff aus Gemischen von Natriumarsenit und Natriumformiat. Man kann so noch Bruchteile eines Milligramms Arsen nachweisen, wogegen Antimonverbindungen zunächst nur das Metall liefern (A. C. VOURNASOS).

Auf der Entstehung organischer Arsenverbindungen beruht der sogenannte biologische Arsennachweis. Fügt man kleine Mengen Arsenik zu Brotbrei, auf dem eine Kultur von Schimmelpilzen (Penicillium brevicaule) wächst, so tritt nach einiger Zeit ein knoblauchartiger Geruch von Äthylarsin, $C_2H_5AsH_2$, auf, der so intensiv ist, daß man noch 0,01 mg Arsen deutlich wahrnimmt.

Destilliert man Kaliumacetat mit Arsenik, so entsteht ein äußerst giftiges, übelriechendes Gemenge von Kakodyloxid, $[As(CH_3)_2]_2O$, mit freiem Kakodyl.

Näheres hierüber siehe in dem Kapitel über metallorganische Verbindungen.

Antimon, Sb

Atomgewicht	121,75
Schmelzpunkt	630,5 °C
Siedepunkt	1380 °C
Siedepunkt im Kathodenlichtvakuum	735 °C
Dichte	6,69 g/cm³

Vorkommen

Gediegenes Antimon findet sich in hexagonalen Rhomboedern, meist mit Arsen zusammen, als *Allemontit* in Frankreich und auf Borneo sowie besonders in Queensland und Neu-Südwales.

Das wichtigste Antimonerz ist der *Antimonglanz*, Sb_2S_3, der wegen der oft auffälligen langgestreckt flachprismatischen Gestalt mit geschärften Kanten und spitzen Enden auch *Grauspießglanz*[1]) genannt wird. In kleinen Mengen findet sich der Grauspießglanz im Harz sowie in Ungarn, besonders aber in China, Mexiko und Bolivien. Mit anderen Metallsulfiden kommt Antimonsulfid vor, z. B. im dunklen *Rotgiltigerz*, Ag_3SbS_3, im *Jamesonit*, $2 PbS \cdot Sb_2S_3$, im *Bournonit*, $3 (Pb, Cu_2) S \cdot Sb_2S_3$, und im *Fahlerz*. Antimon(III)-oxid, Sb_2O_3, findet man in Form des regulär kristallisierenden *Senarmontit* und als rhombisch kristallisierendes *Weißspießglanzerz*.

---

[1]) Das Symbol Sb stammt von dem lateinischen Wort Stibium für den Spießglanz.

Der Grauspießglanz ist schon seit den ältesten Zeiten bekannt und diente den Orientalen zum Dunkelfärben der Augenbrauen. Auch stellte man schon seit altersher Geräte aus Antimon her — eine chaldäische Vase bezeugt dies — und die Ärzte verabreichten antimonhaltige Getränke, um Erbrechen herbeizuführen. Demselben Zweck diente auch die „ewige Pille". Sie wurde in Wein getan, um ihm eine Brechwirkung zu geben. Dabei verringerte die Pille ihr Gewicht nur unmerklich. Diese Wirkung beruht auf der Bildung löslicher Antimon(III)-verbindungen, die in saurem Medium unter der Mitwirkung von Luftsauerstoff entstehen. Im Brechweinstein hat sich diese Verwendungsweise bis auf unsere Tage erhalten.

Der Name Antimonium für Spießglanz findet sich zuerst bei CONSTANTINUS AFRICANUS (um 1050). Um 1600 erschien das Buch des sogenannten BASILIUS VALENTINUS „Currus triumphalis antimonii", in dem die medizinische Bedeutung der Antimonverbindungen gepriesen wurde.

Organische Antimonpräparate, wie Phenylantimonsäure, wurden zur Bekämpfung von Tropenkrankheiten, Malaria, Schlafkrankheit eingeführt (T. HÖRLEIN).

Darstellung und Verwendung

Zur Gewinnung des Metalls schmilzt man zunächst den Grauspießglanz und trennt ihn von der Gangart durch Ausfließenlassen auf schräger Unterlage, d. h. durch die sogenannte Seigerarbeit. Dieses „Antimonium crudum" wird dann mit metallischem Eisen umgeschmolzen, wobei Antimon und Eisensulfid entstehen (Niederschlagsarbeit), oder man führt das Antimonsulfid durch Glühen an der Luft (Rösten) in Oxid über und reduziert dieses mittels Kohle. Dargestellt wurden 1957 etwa 36 000 t Antimon, davon mehr als die Hälfte in Bolivien und Mexiko.

Um aus dem Metall noch die Beimengungen von Schwefel, Arsen, Kupfer und Eisen zu entfernen, schmilzt man mit Soda, wobei aber immer noch etwas Blei im Antimon verbleibt. Reinstes Antimon erhält man durch Reduktion von Antimonpentoxid, Sb_2O_5, mit Kaliumcyanid.

Die Verwendung des Metalls erstreckt sich hauptsächlich auf die Darstellung von Hartblei, einer Legierung aus Blei und bis zu 15 % Antimon, die, abgesehen von ihrer Härte, noch den Vorteil bietet, daß sie sich beim Erstarren ausdehnt und so die feinsten Teile der Form wiedergibt. Deshalb dienen Blei-Antimonlegierungen mit bis zu 24 % Antimon zur Herstellung von Buchdruckerlettern und Klischees (Letternmetall), ferner noch als Lagermetall und zum Füllen der Stahlmantelgeschosse für kleinkalibrige Gewehre. Legierungen von Zinn mit ungefähr 4 ... 15 % Antimon bilden das Britanniametall für silberähnliche Hausgeräte. Zur Herstellung stark beanspruchter Achsenlager für Maschinen dient das Weißgußmetall, eine Legierung von Zinn, Blei, Antimon und Kupfer.

Antimonsulfid wird in der Feuerwerkerei und der Zündholzindustrie gebraucht. Komplexe Antimonfluoride werden beim Färben von Baumwollgeweben verwendet. Auch die medizinische Verwendung von Antimonpräparaten ist noch immer ziemlich beträchtlich.

Eigenschaften

Das reine Antimon kristallisiert in Rhomboedern, besitzt eine bläulichweiße Farbe, vollkommenen Metallglanz, ein blätteriges, grobkristallines Gefüge und ist so spröde, daß es leicht gepulvert werden kann. Es hat die gleiche Struktur wie das rhomboedrische Arsen.

Eine labile Form des Metalls, allerdings mit 7 ... 20 Atomprozent Chlor, entsteht bei der Elektrolyse von Antimon(III)-chlorid in Salzsäure unter Einschaltung von Antimonmetall als Anode und einem Platindraht als Kathode. Diese Form geht beim Ritzen, Pulvern oder Erhitzen auf 200 °C unter Licht- und Wärmeentwicklung explosionsartig in das gewöhnliche Antimon über, wobei Trichlorid als weißer Rauch entsteht (E. Cohen). Dieses explosive Antimon ist amorph und entspricht in seiner fehlgeordneten Struktur dem amorphen Arsen mit der Besonderheit, daß noch Valenzen des Antimons mit Chlor abgesättigt sind (K. Krebs, 1955).

In einer gelben, nichtmetallischen, in Schwefelkohlenstoff löslichen Form erhielten A. Stock und Guttmann das Antimon aus flüssigem Antimonwasserstoff und ozonhaltigem Sauerstoff bei —90 °C. Dieses gelbe Antimon ist noch unbeständiger als das gelbe Arsen.

In der thermoelektrischen Spannungsreihe nimmt das Antimon hinter dem Silicium die oberste Stelle ein, d. h. wenn man das Antimon mit anderen Metallen zu einem Thermoelement zusammenlötet, so geht beim Erwärmen der Berührungsstelle der positive Strom zum Antimon. Antimon und Wismut kombiniert geben 10^{-4} V/Grad. Solche früher viel gebrauchte Thermosäulen geben etwa 3 % der zugeführten Wärme als elektrische Energie wieder ab.

Gegen Salzsäure oder verdünnte Schwefelsäure ist das Antimon beständig, Salpetersäure oxydiert zu Antimon(III)-oxid und Antimon(V)-oxid.

Erhitzt man das geschmolzene Metall an der Luft auf 700 ... 800 °C, so verbrennt der Dampf zu dichtem Rauch von Antimon(III)-oxid.

Antimon-Sauerstoffverbindungen

Antimon(III)-oxid, Sb_2O_3

Antimon(III)-oxid bildet sich beim Verbrennen von Antimon an der Luft, beim Überleiten von Wasserdampf über das Metall bei Rotglut oder beim Fällen von Antimon(III)-chloridlösungen mit Soda, Auswaschen und schwachem Glühen des Niederschlages. In der Technik wird das Oxid durch Abrösten von Grauspießglanz gewonnen. Das weiße, regulär kristalline Pulver geht beim Erhitzen in die rhombische Form über, färbt sich dann gelb, wird bei dunkler Rotglut flüssig und verdampft bei starker Rotglut. Entsprechend der Dampfdichte sind bei 1560 °C überwiegend Sb_4O_6-Moleküle vorhanden. Auch im regulär kristallisierten Oxid liegen Sb_4O_6-Moleküle vor (siehe die Kristallstruktur des Arsen(III)-oxids).

Das Trioxid wird als Zusatz zu Spezialgläsern verwendet, um Glanz und Härte zu erhöhen.

Durch Erhitzen mit Kohle, Wasserstoff, Kohlenmonoxid oder Kaliumcyanid wird das Trioxid leicht zum Metall reduziert. In Wasser, verdünnter Schwefelsäure oder verdünnter Salpetersäure ist das Oxid nicht löslich, wohl aber in Salzsäure, Weinsäure und Laugen.

Bei sehr langem Erhitzen auf 800 ... 900 °C an der Luft oder rascher im Sauerstoffstrom entsteht das Diantimontetroxid, Sb_2O_4, das nach röntgenographischen Untersuchungen ein Doppeloxid mit drei- und fünfwertigem Antimon, $Sb^{3+}Sb^{5+}O_4$, ist.

Antimon(III)-hydroxid (antimonige Säure)

Antimon(III)-hydroxid fällt am reinsten aus Brechweinsteinlösung durch verdünnte Schwefelsäure als Niederschlag mit wechselndem Wassergehalt.

Das Antimonhydroxid verhält sich amphoter, d. h. es bildet sowohl mit starken Basen als auch mit starken Säuren salzartige Verbindungen.

Aus der Lösung in Natronlauge kristallisieren $NaSbO_2$ und die Polyantimonite, $Na_2Sb_4O_7$, sowie aus fast neutralen bis sauren Lösungen (p_H 8 ... 2,5) $Na_2Sb_6O_{10} \cdot 2 H_2O$ (R. Scholder, 1958). Letzteres bildet große Oktaeder und ist in Wasser schwer löslich. Dagegen lösen sich die Kaliumsalze leicht in Wasser.

Antimonsalze

Die zum Unterschied von Phosphor und Arsen überwiegend metallische Natur des Antimons kommt in den basischen Eigenschaften des Oxids zur Geltung.

Löst man das Metall oder das Oxid in heißer konzentrierter Schwefelsäure auf, so entsteht *Antimonsulfat*, $Sb_2(SO_4)_3$, das beim Abkühlen in langen, seidenglänzenden Nadeln kristallisiert und an der Luft Wasser aufnimmt zu dem Hydrat, $Sb_2(SO_4)_3 \cdot 2,5\ H_2O$. Auch komplexe Sulfate sind bekannt, wie z. B. $K[Sb(SO_4)_2]$, kleine, sechsseitige, perlmutterglänzende Blättchen, und $NH_4[Sb(SO_4)_2]$, große, irisierende Blätter.

Auch wasserhaltige *Antimonphosphate* sind kristallisiert erhalten worden, sie entstehen z. B. aus gepulvertem Antimon und Phosphorsäure bei 350 °C neben Wasserstoff, Phosphorwasserstoff und Antimonwasserstoff (S. M. Horsch).

Antimonnitrat, $Sb(NO_3)_3$, entsteht beim Auflösen von Antimonoxid in kalter starker Salpetersäure und kristallisiert beim Eindunsten dieser Lösung über Ätzkali in kleinen, perlglänzenden Kriställchen.

Antimonacetat, $Sb(CH_3COO)_3$, wurde durch Kochen des Oxids mit Essigsäureanhydrid erhalten (Jordis und Meyer).

Komplexe Antimonoxalate, wie z. B. $Na[Sb(C_2O_4)_2] \cdot 2,5\ H_2O$, große, monokline Prismen, $NH_4[Sb(C_2O_4)_2] \cdot 6\ H_2O$, prismatische Kristalle, $K_3[Sb(C_2O_4)_3] \cdot 4\ H_2O$, sternförmig gruppierte Nadeln, sind von Rosenheim dargestellt worden.

Durch Wasser werden die Antimonsalze hydrolysiert und gehen zunächst teilweise in die basischen *Antimonoxidsalze* über, in denen die Gruppe —SbO mit dem Säurerest verbunden ist.

Brechweinstein, $K[Sb(C_4H_2O_6)H_2O] \cdot \frac{1}{2}H_2O$

Brechweinstein ist das wichtigste und eines der am längsten bekannten Antimonsalze. Er wird durch Kochen einer Weinsteinlösung mit Antimon(III)-oxid und Wasser erhalten. Das Salz kristallisiert in rhombischen Pyramiden, die an der Luft das Kristallwasser verlieren und sich bei 10 °C in 14 Teilen Wasser lösen. Die Lösung schmeckt unangenehm metallisch und wirkt brechreizerregend. Als Tartarus emeticus oder Tartarus stibiatus diente dieses Salz in der Maximaldosis von 0,2 g als Brechmittel. Brechweinstein wurde als Beizmittel in der Färberei im Verein mit Tannin zur Fixierung basischer Farbstoffe verwendet.

Die Konstitution des Brechweinsteins wurde früher im Sinne eines Kaliumantimonoxidtartrats(I) gedeutet, in dem eine Carboxylgruppe der Weinsäure durch die SbO-Gruppe besetzt ist. Gewichtige Gründe, wie die Einführung von 1 Molekül Pyridin unter Austausch von 1 Molekül Wasser sprechen jedoch für eine Formulierung als Kaliumantimontartrat(II) mit koordinativ vierwertigem Antimon (Reihlen, 1931).

$$
\begin{array}{ll}
\text{O}=\text{C}-\text{O}-\text{SbO} & \qquad \text{O}=\text{C}-\text{O} \\
\quad | & \qquad\qquad | \\
\text{H}-\text{C}-\text{OH} & \qquad \text{H}-\text{C}-\text{O} \Big\rangle \text{Sb} \cdot \text{OH}_2 \\
\quad | & \qquad\qquad | \\
\text{H}-\text{C}-\text{OH} & \qquad \text{H}-\text{C}-\text{O} \\
\quad | & \qquad\qquad | \\
\text{O}=\text{C}-\text{O}\ \text{K}^+ & \qquad \text{O}=\text{C}-\text{O}\ \text{K}^+ \\
\qquad\quad \text{(I)} & \qquad\qquad\quad \text{(II)}
\end{array}
$$

Antimon(V)-oxid, Sb_2O_5, und Antimonate

Antimon(V)-oxid kann aus Antimon durch wiederholtes Abdampfen mit Salpetersäure dargestellt werden. Es ist ein gelbliches Pulver, das nach A. Simon schon bei Temperaturen über

100 °C in ein Oxid, Sb_6O_{13}, und bei 820 °C in Sb_2O_4 mit drei- und fünfwertigem Antimon übergeht, sich in Wasser nicht merklich löst, aber doch blaues Lackmuspapier rötet. Aus dieser Trägheit gegen Wasser ersieht man deutlich den großen Unterschied des zu den typischen Metallen gehörenden Antimons vom Arsen und besonders vom Phosphor, deren Pentoxide sich lebhaft mit Wasser zu den leicht löslichen Säuren vereinigen.

Antimon(V)-oxid zeigt saure Eigenschaften und bildet mit Basen Antimonate. Doch sind freie Säuren, wie Ortho-, Meta- oder Pyroantimonsäure, nicht bekannt. Wenn man die Salze mit Säuren zersetzt, erhält man nur amorphe weiße Pulver, die sich in Wasser nicht oder nur kolloid auflösen.

Schmilzt man Antimon(V)-oxid mit Ätzkali im Silbertiegel und löst dann in Wasser auf, so erhält man das Kaliumhydroxoantimonat, $KSb(OH)_6$, das sich bei gewöhnlicher Temperatur langsam, bei 40 ... 50 °C schneller in Wasser löst. Es dient als Reagens auf Natriumsalze, weil das Natriumhydroxoantimonat, $NaSb(OH)_6$, in Wasser fast unlöslich ist.

Ein basisches Bleiantimonat entsteht beim Zusammenschmelzen von Brechweinstein, Kochsalz und Bleinitrat. Es dient als Malerfarbe unter dem Namen *Neapelgelb*.

Salze einer Trimetaantimonsäure, z. B. $K_2HSb_3O_9 \cdot 6 H_2O$, $Na_2HSb_3O_9 \cdot 4 H_2O$, entstehen beim Sättigen einer 5%igen Lösung von Kaliumantimonat mit Kohlensäure und nachträglicher Umsetzung des Kaliumsalzes mittels Natriumchlorid in das schwerer lösliche Natriumsalz (G. JANDER).

Antimon-Halogenverbindungen

Antimon(III)-chlorid, $SbCl_3$

Antimon(III)-chlorid (Antimontrichlorid, früher Butyrum antimonii [Antimonbutter] genannt), wird aus Grauspießglanz und konzentrierter Salzsäure dargestellt. Eisenfrei gewinnt man das Chlorid aus Antimonoxidchlorid, $SbOCl$, durch Abdampfen mit Salzsäure und Destillieren.

Das Destillat erstarrt zu einer durchscheinenden, weichen Masse von rhombischen Kriställchen, Dichte 3,14 g/cm³ bei 25 °C, Schmelzp. 73 °C, Siedep. 223 °C. Es ist in Schwefelkohlenstoff und Äther unzersetzt löslich.

In wenig Wasser löst sich das Trichlorid klar auf, durch viel Wasser wird es hydrolytisch gespalten, zunächst in das Oxidchlorid, $SbOCl$, und weiterhin bis zum wasserhaltigen Antimonoxid. Das Antimonoxidchlorid wurde früher unter dem Namen Algarotpulver medizinisch verwendet.

Das Antimon(III)-chlorid löst viele Stoffe auf und eignet sich wegen seiner hohen Depressionskonstante 184 für kryoskopische Molekulargewichtsbestimmungen. Anorganische Salze sind in diesem Lösungsmittel meist stark elektrolytisch dissoziert.

In wäßrigen Alkalichloridlösungen löst sich das Trichlorid klar auf und bildet die komplexen farblosen Salze, wie K_3SbCl_6, Kristallblätter, Na_3SbCl_6.

Sowohl diese Salze als auch das Antimon(III)-chlorid selbst dienen zum Brünieren von Eisen, z. B. von Gewehrläufen, weil sie auf dem Eisen einen rostschützenden Überzug von Antimon erzeugen. Auch verwendet man das Natriumsalz oder das Magnesiumchloriddoppelsalz anstelle des teureren Brechweinsteins zum Beizen von Geweben.

Antimon(V)-chlorid, $SbCl_5$

Antimon(V)-chlorid (Antimonpentachlorid) entsteht beim Verbrennen von Antimon in Chlor, wird aber einfacher durch Sättigen von Antimon(III)-chlorid mit Chlor dargestellt.

Das Antimon(V)-chlorid ist im reinen Zustand eine farblose, meist aber etwas gelbliche Flüssigkeit, Dichte 2,34 g/ml bei 20 °C, Siedep. 140 °C (unter beginnender Zersetzung in Trichlorid und Chlor), Schmelzp. 4,0 °C. Unter 30 Torr siedet das Antimon(V)-chlorid ohne Zersetzung bei 92 °C.

Wegen des leichten Zerfalls wirkt das Pentachlorid chlorierend auf viele organische Verbindungen. Da es durch Zuleiten von Chlor immer wieder regeneriert werden kann, wird es vielfach als Chlorüberträger gebraucht. Beispielsweise stellt man mittels Antimon(V)-chlorid aus Äthylen das Äthylenchlorid, aus Acetylen das Acetylendi- und tetrachlorid dar. Zu solchen Reaktionen ist das Antimon(V)-chlorid wohl deshalb ganz besonders befähigt, weil es mit sehr vielen organischen Verbindungen, besonders denen der Benzolreihe, Anlagerungen eingeht, die vielfach kristallisiert erhalten wurden.

Mit anorganischen Chloriden bildet das Pentachlorid Salze einer Chlorosäure, $HSbCl_6$, die besonders von WEINLAND gründlich untersucht wurden, z. B. $RbSbCl_6$, $KSbCl_6 \cdot H_2O$, sechsseitige Platten, $LiSbCl_6 \cdot 4 H_2O$, rechtwinklige, vierseitige Tafeln.

Mit kleinen Mengen eiskalten Wassers liefert das Pentachlorid Hydrate, wie z. B. $SbCl_5 \cdot H_2O$ und $SbCl_5 \cdot 4 H_2O$. Größere Mengen Wasser hydrolysieren vollkommen. Mit Oxalsäure entsteht die merkwürdige Verbindung $(SbCl_4)_2C_2O_4$ (R. ANSCHÜTZ).

Hexachloroantimonate(IV)

Beim Einleiten von Chlor in Antimon(III)-chlorid beobachtet man vorübergehend das Auftreten einer braunen Färbung, die sich auch beim Zusammengeben von Antimon(III)-chlorid und Antimon(V)-chlorid zeigt. Durch Zugabe von Rubidiumchlorid oder Cäsiumchlorid können aus dieser Lösung Hexachloroantimonate(IV) erhalten werden: $Rb_2[SbCl_6]$, grüngelb, und $Cs_2[SbCl_6]$, blauschwarz, die mit $K_2[PtCl_6]$ und $K_2[SnCl_6]$ isomorph sind. Magnetische Messungen an diesen Antimon(IV)-verbindungen sprechen jedoch dafür, daß nebeneinander $[Sb^{III}Cl_6]^{3-}$- und $[Sb^VCl_6]^-$-Ionen vorliegen. Damit könnte auch die tiefe Färbung der Salze im Zusammenhang stehen (ASMUSSEN, 1939).

Antimonbromide und Antimon(III)-jodid

Antimon(III)-bromid, $SbBr_3$, bildet farblose, rhombische Kristalle, Schmelzp. 96 °C, Siedep. 280 °C. Es ist hinsichtlich Bildung und Eigenschaften dem Trichlorid so ähnlich, daß hier eine nähere Besprechung unnötig erscheint.

Antimon(V)-bromid ist bisher im reinen Zustand nicht erhalten worden. Doch kennt man die schwarzen oder tiefdunkelroten Salze der Säure sowie die Säure, $HSbBr_6 \cdot 3 H_2O$, selbst.

Antimon(III)-jodid, SbJ_3, das aus den Elementen in Gegenwart von Toluol erhältlich ist, existiert in 3 verschiedenen Kristallformen, von denen die stabilste, rubinrote, hexagonal kristallisierte, mit Wismutjodid und Arsenjodid isomorph ist.

Antimonfluoride

Antimon(III)-fluorid, SbF_3, Schmelzp. 292 °C, erhält man aus dem Oxid und Flußsäure. Es bildet farblose, rhombische Pyramiden oder bei überschüssiger Säure kleine Schüppchen und unterscheidet sich vom Trichlorid besonders dadurch, daß es von Wasser zwar mit saurer Reaktion, aber ohne Abscheidung eines Oxidfluorids gelöst wird. Es dient deshalb als leicht lösliche Antimonbeize.

Antimon(V)-fluorid, SbF_5, Siedep. 150 °C, wird aus dem Pentachlorid und wasserfreier Flußsäure oder aus dem Trifluorid und Fluor dargestellt. Es bildet eine farblose viskose Flüssigkeit und zeigt eine Reihe bemerkenswerter Eigenschaften. So entspricht die Dampfdichte bei 152 °C dem trimeren, bei 252 °C dem dimeren Zustand. Schwefel löst sich in Antimon(V)-fluorid mit blauer Farbe, und nach Verdampfen des überschüssigen Fluorids hinterbleibt eine weiße feste Verbindung $(SbF_5)_2S$. Stickstoffmonoxid wird von Antimon(V)-fluorid absorbiert und bildet weißes $SbF_5 \cdot NO$, das bei 150 °C in die Bestandteile zerfällt. Mit Schwefeldioxid entsteht die Verbindung $SbF_5 \cdot SO_2$ (AYNSLEY, PEACOCK, ROBINSON, 1951). In Wasser löst sich Antimon(V)-fluorid unter heftigem Zischen klar auf. Aus dieser Lösung wird das Antimon durch Schwefel-wasserstoff nur äußerst langsam gefällt, desgleichen durch Alkalicarbonate oder freie Alkalien. Mit Alkalifluoriden entstehen gut kristallisierte Salze der Säure $HSbF_6$, die aber gegen Wasser weniger beständig sind als die Salze der Fluorophosphorsäure, HPF_6, (W. LANGE).

Antimon(V)-fluorid oder Antimon(V)-chlorid mit wasserfreier Flußsäure dienen als Fluor-überträger zur Darstellung von Fluorverbindungen aus organischen Chlorverbindungen, z. B. des Kältemittels Freon, CCl_2F_2, aus Tetrachlorkohlenstoff.

Antimon-Schwefel- und Antimon-Selenverbindungen

Antimon(III)-sulfid, Sb₂S₃

Antimon(III)-sulfid (Diantimontrisulfid), Dichte 4,6 g/cm³, Schmelzp. 550 °C, ist als Hauptmineral des Antimons unter dem Namen Grauspießglanz schon erwähnt worden. Aus Lösungen von Antimon(III)-salzen fällt durch Schwefelwasserstoff das Trisulfid als orangefarbene amorphe Modifikation in Flocken aus, die beim Trocknen dunkler werden und beim Schmelzen in das kristalline, grauschwarze Sulfid übergehen.

In kolloider Form entsteht das Sulfid aus einer höchstens 0,5%igen wäßrigen Lösung von Brechweinstein durch überschüssigen Schwefelwasserstoff als tiefrote, im durchfallenden Licht klare, im auffallenden Licht stark opalisierende Flüssigkeit, die von Elektrolyten schnell zum orangeroten, amorphen Sulfid koaguliert wird.

Ein karminrotes Trisulfid erhält man durch Erwärmen einer Lösung von Antimon(III)-chlorid in Natriumthiosulfat. Dieses Trisulfid fand als Antimonzinnober in der Malerei Verwendung. Die Farbvertiefung beruht auf höherer Teilchengröße. Meist sind die Präparate durch hydro-lytisch gefälltes Antimonoxid und durch Schwefel verunreinigt (DÖNGES und FRICKE, 1945).

Ein rotes *Oxidsulfid*, Sb_2S_2O, findet sich in der Natur als Rotspießglanzerz.

Antimon(V)-sulfid, Sb₂S₅

Antimon(V)-sulfid (Diantimonpentasulfid), das früher als Goldschwefel in der Medizin ge-schätzt wurde, wird am reinsten aus der Lösung von Antimon(V)-oxid in 12%iger Salzsäure mittels Schwefelwasserstoff dargestellt. Man erhält eine dunkelorangerote, amorphe Fällung, die beim trockenen Erhitzen auf 220 °C, beim Erwärmen mit Wasser auf 98 °C sowie unter der Einwirkung des Sonnenlichts in Schwefel und in das Trisulfid gespalten wird. Vom Trisulfid unterscheidet sich das Pentasulfid durch seine Löslichkeit in Ammoniakwasser beim Erwärmen. Praktische Verwendung fand das Pentasulfid früher im Gemisch mit rotem Trisulfid als Zusatz zum Kautschuk, weil es die Schwefelung (Vulkanisierung) dieses Materials beschleunigt. Die orangerote, dem Antimon(III)-sulfid ähnliche Farbe der heute verwendeten Kautschukwaren wird durch Farbstoffzusätze erreicht.

Als leicht und mit starker Wärmeentwicklung verbrennbare Stoffe dienen Antimon(III)- und (V)-sulfid im Gemisch mit Kaliumchlorat in der Zündwarenindustrie.

Für technische Zwecke wird Antimon(V)-sulfid aus dem Schlippeschen Salz durch verdünnte Schwefelsäure oder, um die Schwefelwasserstoffentwicklung zu vermeiden, nach C. J. HANSEN mit Polythionatlösungen abgeschieden:

$$2\,Na_3SbS_4 + 3\,Na_2S_3O_6 = Sb_2S_5 + 6\,Na_2S_2O_3$$

Thio- und Selenoantimonate

Die beiden Antimonsulfide liefern, ähnlich wie die Arsensulfide, Thiosalze, doch ist die Säurenatur beim Antimon weniger stark ausgeprägt, so daß die Antimonsulfide zwar in Alkalien und Alkalisulfiden, nicht aber in Ammoniumcarbonat löslich sind.

Vom Antimon(III)-sulfid leiten sich ab die Ortho-, Pyro- und Metathioantimonite, z. B. K_3SbS_3, farblose Kristalle, $KSbS_2$, rote Prismen, $K_4Sb_2S_5$, gelbe Oktaeder.

Beim Kochen mit Schwefel gehen die gelösten Thioantimonite in die Thioantimonate über. Von diesen zeichnet sich durch besonders große Kristallisationsfähigkeit das schon erwähnte *Schlippesche Salz*, $Na_3SbS_4 \cdot 9 H_2O$, aus. Es bildet große, farblose bis blaßgelbliche reguläre Tetraeder und wird durch Kochen von Grauspießglanzpulver mit $1/4$ seines Gewichts Schwefelblumen in $10^0/^0$iger Natronlauge dargestellt.

Mit dem Selen bildet das Antimon ähnliche Verbindungen wie mit dem Schwefel, doch ist die Färbung tiefer als bei diesen. Beispielsweise ist das von HOFACKER dargestellte Analoge zum Schlippeschen Salz, nämlich das *Natriumselenoantimonat*, $Na_3SbSe_4 \cdot 9 H_2O$, zwar mit diesem isomorph und bildet in allen Verhältnissen Mischkristalle mit der Schwefelverbindung, ist aber rot gefärbt.

Antimonwasserstoff, SbH_3

Antimonwasserstoff, Siedep. $-17\,^{\circ}$C, Schmelzp. $-88\,^{\circ}$C, entsteht zwar wie der Arsenwasserstoff bei der Einwirkung von naszierendem Wasserstoff aus Zink und Säuren auf Antimonoxide oder Antimonsalze, aber in viel geringerer Ausbeute. Zur Darstellung wird nach STOCK entweder eine Legierung aus 4 Teilen Zink und 1 Teil Antimon durch weinsäurehaltige Salzsäure zersetzt, oder man trägt fein gepulvertes Magnesiumantimonid in kalte verdünnte Salzsäure ein. Das entwickelte Gas wird durch Kühlung mit flüssiger Luft vom freien Wasserstoff getrennt, wieder verflüchtigt und bei $-65\,^{\circ}$C aufgefangen.

Der Antimonwasserstoff ist ein farbloses Gas von dumpfem, schwach an Schwefelwasserstoff erinnerndem Geruch und wohl ebenso giftig wie der Arsenwasserstoff. Schon sehr kleine Mengen des Gases erregen beim Einatmen Schwindel, Übelkeit und Kopfschmerz. Mäuse sterben in Luft mit einem Gehalt von $1\,^0/^0$ Antimonwasserstoff sofort und gehen noch bei einem Gehalt von $1/100\,^0/^0$ nach mehreren Stunden zugrunde.

Wasser löst $1/5$ seines Volumens an Antimonwasserstoff, Alkohol löst das 15fache, Schwefelkohlenstoff das 250fache Volumen des Gases bei $0\,^{\circ}$C.

Der Antimonwasserstoff ist eine so stark endotherme Verbindung, daß er unter Explosion, die bereits durch einen Funken ausgelöst werden kann, in die Elemente zerfällt. Nach STOCK und WREDE werden dabei für 1 Mol (125 g) 34 kcal entwickelt. Demgemäß findet auch schon bei gewöhnlicher Temperatur ein fortschreitender Zerfall statt, der durch das schon ausgeschiedene Metall zunehmend beschleunigt wird. Auch wäßrige Alkalien wirken stark zersetzend.

Mit dem Luftsauerstoff tritt schon bei $-90\,^{\circ}$C Oxydation ein, wobei das Antimon in der gelben Modifikation erscheint. Schwefelblumen bilden mit dem Antimonwasserstoff orangefarbenes Trisulfid und Schwefelwasserstoff.

Über den Nachweis von Antimonwasserstoff bei der Arsenprobe nach MARSH siehe S. 300.

Wertigkeit, Bindigkeit und Oxydationsstufe

Die Konstitution der Hypophosphat-, Phosphit- und Hypophosphitanionen (siehe S. 286) bietet für die Definition des Begriffs „Wertigkeit", wie er auf S. 32 gegeben wurde, Schwierigkeiten. In der organischen Chemie würde man in einem solchen Fall unbedenklich die Wertigkeit durch Abzählen der Zahl der Wasserstoffatome, die gebunden sind, und der Wasserstoffatome, die durch Bindung der Sauerstoffatome ersetzt werden, ermitteln. So bezeichnet man z. B. den Kohlenstoff in den Verbindungen CH_4, CH_3OH, CH_2O, $HCOOH$, CO_2 stets als vierwertig. Nach der gleichen Methode wäre der Phosphor in der phosphorigen Säure und in der hypophosphorigen Säure ebenso wie in der Phosphorsäure fünfwertig. Dieses Ergebnis ist formal zwar richtig, denn der Phosphor hat in all diesen Verbindungen seine 5 Valenzelektronen betätigt. Es ist aber andererseits unbefriedigend, wenn man z. B. bedenkt, daß man die phosphorige Säure durch Hydrolyse von Phosphortrichlorid erhält, in dem der Phosphor als dreiwertig zu bezeichnen ist. Ebenso unbefriedigend ist es, daß der Schwefel in der schwefligen Säure je nach der Formulierung

$$OS\left\langle\begin{array}{c}OH\\OH\end{array}\right. \qquad \text{oder} \qquad H{-}SO_3H$$

(siehe S. 161) sich einmal als vier- und das andere Mal als sechswertig ergäbe. Die Ursache liegt darin, daß man bei dieser Ermittlung der „Wertigkeit" eines Atoms, an das sowohl Wasserstoff- als auch Sauerstoffatome direkt gebunden sind, keine Rücksicht auf Unterschiede in der Oxydationsstufe nimmt.

Berechnet man für die phosphorige Säure nach den auf S. 217 gegebenen Regeln die Oxydationszahl, so erhält man $+3$. Diese gegenüber dem Phosphor in der Phosphorsäure ($+5$) niedrigere Oxydationszahl hat man auch im Sinn gehabt, als man den Namen phosphorige Säure wählte. In gleich guter Übereinstimmung mit dem Namen ergibt sich die Oxydationszahl des Phosphors in der hypophosphorigen Säure zu $+1$ und in der Hypophosphorsäure zu $+4$. In beiden Formulierungen der schwefligen Säure erhält man gleichfalls die dem Namen entsprechende Oxydationszahl $+4$.

Im Falle der genannten Kohlenstoffverbindungen ist die Angabe der Wertigkeit unter Vernachlässigung der Oxydationsstufe zweckmäßig, weil es sich hier um ausgeprägt homöopolare Verbindungen handelt, während man bei der Berechnung der Oxydationszahl von der Vorstellung positiver oder negativ geladener Ionen ausgeht. Auch hat hier der alte Begriff der Wertigkeit einen tieferen Sinn erhalten, weil die Wertigkeit zugleich eindeutig die *Bindigkeit* angibt. Da das Kohlenstoffatom für das Elektronenpaar jeder Bindung 1 Elektron beisteuert, ist die Zahl der Bindungen auch gleich der Zahl der Valenzelektronen, also gleich 4. Jeder Valenzstrich entspricht einer durch 1 Elektronenpaar bewirkten Bindung. Man wird auch in einigen einfachen homöopolaren anorganischen Verbindungen, in denen Wasserstoff und Sauerstoff gleichzeitig an ein anderes Atom gebunden sind, die Wertigkeit gleich der Bindigkeit setzen und z. B. sagen: Im Hydroxylamin, H_2NOH, ist der Stickstoff *dreiwertig* und zugleich *dreibindig*.

Auch bei der Phosphorsäure, der phosphorigen und der hypophosphorigen Säure könnte man zwar Wertigkeit und Bindigkeit in Einklang bringen, wenn man den Strukturformeln das Elektronendezett zugrunde legt. Das wiegt aber hier den Nachteil nicht auf, den die Vernachlässigung der Unterschiede in der Oxydationsstufe mit sich bringt.

Die Übereinstimmung zwischen Bindigkeit und Wertigkeit fällt weg, wenn semipolare Bindungen auftreten, weil bei dieser Bindung das bindende Elektronenpaar von *einem* der beiden Partner stammt. In diesen Verbindungen stimmt die Elektronenformel nicht mehr mit der alten Valenzstrichformel überein. Diese wurde z. B. für die Salpetersäure

in der Form $H{-}O{-}N\!\!\begin{array}{c}\nearrow O\\\searrow O\end{array}$ mit fünfwertigem Stickstoff geschrieben. Die Elektronen-

formel $H{-}O{-}N\!\!\begin{array}{c}\nearrow O\\\searrow O\end{array}$ (siehe Seite 215) zeigt aber, daß der Stickstoff vierbindig ist, weil

das Oktett durch homöopolare und semipolare Bindung erreicht wird. Die Valenzstrichformel der Perchlorsäure lautete $\begin{smallmatrix} O \\ HO \end{smallmatrix}\!\!>\!\!Cl\!\!<\!\!\begin{smallmatrix} O \\ O \end{smallmatrix}$. Das Chlor betätigt aber wahrscheinlich nur eine 6 Elektronenpaaren entsprechende Bindigkeit (siehe S. 216).

Für die beiden Beispiele Salpetersäure und Perchlorsäure stimmt die alte Definition der Wertigkeit mit der Oxydationszahl überein, weil hier die Wasserstoffatome nicht wie die Sauerstoffatome direkt an das Stickstoff- oder Chloratom gebunden sind.

Man muß sich damit abfinden, daß man zur Charakterisierung der chemischen Verbindungen nicht mit *einer* Definition der Wertigkeit auskommt.

In der organischen Chemie wird man die alte Definition der Wertigkeit bevorzugen und ihr den neuen Sinn beilegen, daß sie gleich der Bindigkeit ist.

In der anorganischen Chemie wird man meist den Begriff der *Oxydationszahl* bevorzugen, obwohl dieser manchmal nicht mit der alten Definition der Wertigkeit und manchmal nicht mit der Bindigkeit übereinstimmt.

In den ausgeprägt heteropolaren Salzen läßt sich die Angabe der Wertigkeit ohne Schwierigkeit auf die Ladung beziehen, die die Ionen tragen. Diese *Ionenwertigkeit* ist daher durch eine *Ladungszahl* mit Vorzeichen zu charakterisieren. Sie stimmt mit der Oxydationszahl überein.

Elemente der IV. Hauptgruppe (Kohlenstoff und Silicium)

Kohlenstoff, C

Atomgewicht	12,011
Sublimationspunkt des Graphits	$\approx 3900\ °K$
Tripelpunkt Graphit-Schmelze-Dampf bei 100 atm	$\approx 4000\ °K$

Der Kohlenstoff, C[1]), ist zwar auf der Erdoberfläche weit verbreitet, bildet aber doch vergleichsweise nur einen geringen Bruchteil, nämlich 0,09 % der uns erreichbaren Materie. Als Element tritt er in den beiden kristallisierten Formen des Diamanten und des Graphits sowie mehr oder weniger rein als Koks, Kunstkohle, Aktivkohle oder Ruß auf. Die natürlichen Kohlen, wie Braunkohle, Steinkohle, Anthrazit, sind Übergangsformen von Gemengen sehr komplizierter Verbindungen des Kohlenstoffs mit Wasserstoff und Sauerstoff zu elementarem Kohlenstoff.

Diamant

Physikalische Eigenschaften

Der Diamant, Dichte der farblosen Arten 3,52 g/cm³, der dunklen als Carbonados bezeichneten Formen 3,45 g/cm³, kristallisiert im regulären System als Oktaeder, Würfel, Hexakisoktaeder mit gekrümmten Kristallflächen und abgerundeten Kanten. Sehr oft zeigen sich auf den Flächen dreiseitig pyramidale Vertiefungen. Hieran kann man unter

---

[1]) C von carbo (lat.) die Kohle.

Berücksichtigung der sonstigen Eigenschaften den Diamanten am sichersten erkennen. Die Brechungsexponenten des Diamanten für Licht von der Wellenlänge $\lambda = 480$ mμ[1]) beträgt 2,437, für $\lambda = 508$ mμ 2,431, für $\lambda = 533$ mμ 2,425, für $\lambda = 589$ mμ = 2,417. Die hohe Lichtbrechung und Dispersion kommen durch den Schliff der Brillanten wirkungsvoll zur Geltung. Er wird, wie Abb. 58 zeigt, so gewählt, daß das auf den Brillanten auffallende Licht durch totale Reflexion zurückgeworfen und zugleich in die Spektralfarben von rot über gelb, grün nach blau zerlegt wird. So entsteht das prächtige Farbenspiel, das reine, farblose oder durch geringfügige Beimengungen gelb, rot oder blau gefärbte Diamanten zeigen. Deshalb wird er als Edelstein am meisten geschätzt. Auch der eigenartige, seidenähnliche Glanz des Diamanten hängt mit dem hohen Absolutwert der Lichtbrechung zusammen.

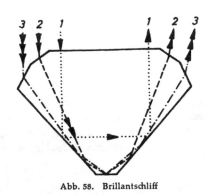

Abb. 58.   Brillantschliff

Da die Diamantkristalle dem regulären System angehören, sollten sie optisch einfach brechend sein, d. h. einen Lichtstrahl von bestimmter Wellenlänge nur in einer Richtung ablenken und nicht in zwei polarisierte Strahlen nach verschiedener Richtung zerlegen. Trotzdem sind fast alle Diamanten mehr oder weniger deutlich doppelbrechend und zeigen unter dem Polarisationsmikroskop bei gekreuzten Nikols lebhafte Irisfarben. Man führt diese anomale Doppelbrechung ähnlich wie bei schlecht gekühlten oder gepreßten Gläsern auf innere Spannungen zurück, denen der Diamant bei seiner Bildung ausgesetzt gewesen ist.

Wichtiger noch als Glanz und Farbenspiel ist eine andere Eigenschaft des Diamanten, besonders der dunkel gefärbten Sorten, nämlich die enorme Härte. Diese beträgt nach der Mohsschen Härteskala 10 und übertrifft alle bekannten Mineralien und Stoffe.

Da die Mohssche Härteskala (Diamant = 10, Korund = 9, Topas = 8, Quarz = 7) nur angibt, daß der Stoff mit niederer Nummer von demjenigen mit höherer geritzt wird, ohne die Größe des Härteunterschiedes zu berücksichtigen, gibt sie ein nur ganz unvollständiges Bild von der Leistungsfähigkeit dieser Stoffe als Hartmaterial. Um genauere Härtewerte zu erhalten, wird eine gegebene Menge Schleifpulver auf bestimmter Unterlage an Probekörpern bis zur Unwirksamkeit verschliffen und der an den Körpern erzielte Substanzverlust ermittelt. Setzt man so für Korund den Wert 1000, so ist er für Diamant 140 000, für Topas 194, für Quarz 175, für Kalkspat 5,6 und für Talk 0,04 zu setzen. Hieraus geht die gewaltige Überlegenheit der Härte des Diamanten über alle anderen Mineralien hervor.

Wegen seiner Härte und seines hohen Abnutzungswiderstandes dient der Diamant in Pulverform als Schleifmittel für Edelsteine, insonderheit für Diamanten selber, dann in Form von Kristallen oder Kristallsplittern als Einlage in die Spitzen von Gesteinsbohrern zum Bohren besonders harter Gesteinsarten sowie zum Schneiden von Glas. Hierfür ist nur eine natürliche Kristallkante zu gebrauchen, in deren Richtung der Schnitt geführt werden muß. Das Glas wird hierbei nicht bloß geritzt, sondern durch die Keilwirkung der unter Druck einsetzenden Kristallkante gespalten. Außerdem fertigt man aus durchbohrten Diamanten die Düsen zum Ziehen feinster Metalldrähte.

Die nicht als Schmucksteine, sondern lediglich wegen ihrer Härte verwendbaren Diamanten nennt man Diamantbort, die dunklen, besonders festen und harten werden Carbonados genannt.

---

[1] mμ $\triangleq$ Millimikron, 1 mμ = 10^{-9} m. Da diese Maßeinheit im gesamten Fachschrifttum gebräuchlich ist, behalten wir sie bei, obwohl sie laut DIN 1301 durch die Maßeinheit nm $\triangleq$ Nanometer (1 nm = 10^{-9} m) ersetzt wurde.

Diese Carbonados bestehen aus zahlreichen, regellos, aber fest zusammenhängenden kleinen Diamanten, zwischen denen stellenweise sehr dünne Schichten von schwarzem Kohlenstoff liegen (W. A. ROTH und W. GERLACH).

Man hat bei dem Gebrauch von Diamant stets zu beachten, daß er wohl sehr hart, aber zugleich auch ziemlich spröde ist, so daß man ihn in einem Stahlmörser leicht pulvern kann.

Kristallstruktur

Die Kristallstruktur des Diamanten zeigt den reinen Typus eines aus Atomen aufgebauten Gitters, bei dem die Atome miteinander durch homöopolare Bindungen verbunden sind. Das Kohlenstoffatom hat 4 Valenzelektronen über der Edelgasschale des Heliums und kann somit 4 homöopolare Bindungen eingehen. Dabei ordnet jedes Kohlenstoffatom die 4 benachbarten Kohlenstoffatome tetraedrisch um sich (Abb. 59). Die Energie der homöopolaren C—C-Bindung beträgt etwa 85 kcal. Da diese hohe Bindungsenergie den Diamantkristall in allen Richtungen zusammenhält, ohne eine Lücke zu bieten, besitzt der Diamant außerordentliche Härte und große chemische Beständigkeit. Wegen der tetraedrischen Anordnung seiner Atome hat man den Diamant auch als das Urbild der aliphatischen Verbindungen angesehen. Außerdem beträgt der Gitterabstand zweier Kohlenstoffatome wie in den aliphatischen Verbindungen 1,53 A.

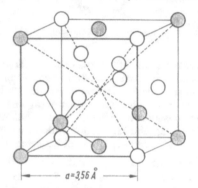

Abb. 59. Kristallstruktur des Diamanten. Für die in einer Ebene liegenden, durch einen grauen Kreis dargestellten Kohlenstoffatome ist aus Abb. 60 die Elektronendichte zu ersehen.

Die Elektronendichte im Diamant wurde zuerst von BRILL, GRIMM, HERMANN und PETERS (1938) bestimmt. In Abb. 60 ist die Neubestimmung durch WÖLFEL (1959) wiedergegeben. Das Bild zeigt die Elektronendichte in der Ebene, in der die 8 in Abb. 59 schraffiert gezeichneten Kohlenstoffatome liegen. Die Schichtlinien geben auch hier die Dichte der Elektronen an. Verfolgt man die Schichtlinien, so erkennt man, daß in der Mitte zwischen zwei durch eine homöopolare Bindung verbundenen Kohlenstoffatomen die Elektronendichte einen hohen Wert besitzt, daß also die beiden Kohlenstoffatome durch ihre räumlich gerichteten Elektronenwolken miteinander so verwachsen sind, wie es der Vorstellung von der homöopolaren Bindung als einem gemeinsamen Elektronenpaar entspricht.

Vorkommen und Gewinnung

Bis zum Anfang des 18. Jahrhunderts war Indien der einzige Fundort für Diamanten. 1723 wurden die Fundstellen von Brasilien (Minas Geraes) entdeckt, Anfang des 19. Jahrhunderts die des Ural, dann die von Australien, und 1867 fand man die ausgedehnten Vorkommen von Diamanten in Südafrika. Später sind bedeutende Lagerstätten in Südwest- und Nordwestafrika und besonders im Kongogebiet bekannt geworden. Das südafrikanische Vorkommen ist wissenschaftlich besonders interessant. Während alle anderen Lagerstätten sekundärer Art sind — Wasser oder der Wind zerkleinerten bei ihnen das ursprüngliche Gestein und bereiteten es zu „Seifen" auf — läßt hier die Lagerstätte Schlüsse auf die Entstehung des Diamanten zu. Dieser findet sich nämlich in Südafrika, besonders in der Gegend von Kimberley, in einer aus Serpentin (durch Wasser zersetzter Olivin, Mg_2SiO_4) bestehenden bläulichgrauen, oft grünlichgrauen Gesteinsmasse, dem blue ground, die vulkanische Schlote (pipes) ausfüllt. Diese

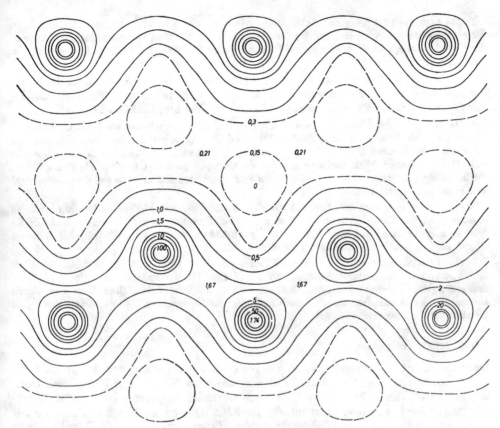

Abb. 60. Elektronendichte im Diamant, in der Ebene, in der die Mittelpunkte der Abb. 59 durch graue Kreise dargestellten Kohlenstoffatome liegen. Die Schichtlinien geben die Elektronendichte in Elektronen pro Å³ an (WÖLFEL, 1959).

Schlote zeigen ovalen bis kreisförmigen Querschnitt, setzen senkrecht in die Tiefe und verengen sich allmählich nach unten. Daraus muß man schließen, daß sie von vulkanischen Massen gebildet wurden, die unter gewaltigem Druck aus sehr großer Tiefe nach oben gepreßt wurden und die dort anstehende permisch-triasische Karruformation durchbrachen. Da hier die Diamanten vielfache Ätzfiguren aufweisen und oft so zersprungen sind, daß zusammengehörige Bruchstücke sich räumlich getrennt finden, ist nicht anzunehmen, daß die Diamanten sich erst bildeten, nachdem die vulkanischen Massen schon ihre Ruhelage in den oberen Erdschichten erreicht hatten, sondern daß die Diamanten in der geschmolzenen, in sehr tiefen Regionen unter hohem Druck stehenden Masse kristallisierten, fertig gebildet mit dieser nach oben befördert und dabei teilweise zerbrochen wurden. Später zudringende Wässer haben dann das ursprüngliche Muttergestein des Diamanten, den Kimberlit, größtenteils in wasserhaltige Magnesiumsilicate umgewandelt und so die Isolierung der Diamanten durch natürliche oder künstliche Wasch- und Schlämmprozesse vorbereitet.

Nach V. M. GOLDSCHMIDT ist der Diamant im Kimberlit als eine der ersten Ausscheidungen aus einer olivinreichen Silicatschmelze entstanden, d. h. bei mindestens 1800 °C. Neben dem Diamanten finden sich Eisenoxide, insbesondere eisenhaltige Spinelle und Eisensilicate. Weil diese bei gewöhnlichem Druck den Kohlenstoff jeder Form, also auch den Diamanten, bei 1800 °C zu gasförmigem Kohlenmonoxid oxydieren, muß bei der Bildung des Diamanten ein sehr hoher Druck von über 20 000 atm geherrscht haben, der die Bildung von Kohlenmonoxid und die Oxydation des Diamanten verhindert hat.

Obwohl man einige sehr große Diamanten, wie den 3024 Karat[1]) schweren „Cullinan", in diesen Schloten gefunden hat, ist der Gehalt des blue ground an Diamant nicht nur äußerst wechselnd, sondern auch durchschnittlich sehr gering. So wird er in den reichsten Gruben, wie der Kimberleygrube, nur zu 0,1 g auf 1000 kg Gestein gefunden.

Die Gesamtproduktion an Diamanten betrug 1949 13,6 Millionen Karat. Über die Hälfte hiervon stammte aus dem Kongogebiet. Südafrika, das früher das wichtigste Gewinnungsgebiet war, ist nur noch mit etwa ¹/₈ an der Gesamtproduktion beteiligt.

Für die Trennung des Diamanten von den begleitenden Gesteinsteilen wird das Gestein zerkleinert und in Trommeln oder Zentrifugen geschlämmt, wobei der Diamant sich mit den schweren Bestandteilen absetzt. Zur weiteren Trennung kann man bei Material aus Kimberlit mit Fett bestrichene Schütteltische verwenden, die die hydrophoben Gesteine, wie Diamant und Pyrit, festhalten. Diamanten aus Seifenlagern sind hydrophil und müssen aus dem Konzentrat von Hand ausgelesen werden.

Wie schon die gegenüber dem Graphit um etwa 0,4 kcal/g-Atom höhere Verbrennungswärme andeutet, ist der Diamant innerhalb der normalen Temperaturen und Drucke instabil. So geht er beim Erhitzen auf über 1500 °C in Graphit über. Wegen seiner beträchtlich höheren Dichte wird er jedoch bei sehr hohen Drucken stabil.

So gelang es WENTORF bei der General Electric Comp. in USA 1955 bei Drucken von über 50 000 atm und Temperaturen zwischen 1500 und 2500 °K aus kohlenstoffhaltigem Material millimetergroße Diamanten herzustellen. An Größe und Schönheit stehen diese *künstlichen Diamanten* den natürlichen zur Zeit noch nach, für die Anwendung als „Bortdiamanten" sind sie aber bereits konkurrenzfähig.

Chemisches Verhalten

Der Diamant ist sehr widerstandsfähig gegen chemische Agenzien auch bei hohen Temperaturen, soweit nicht Sauerstoff dabei wirksam wird. Säuren und Basen, auch Flußsäure, greifen ihn nicht an, wohl aber schmelzender Salpeter oder Alkalicarbonatschmelzen. Feingepulverter Diamant, der zunächst hydrophob ist, erhält durch die Behandlung mit konzentrierter Calciumhypochloritlösung eine hydrophile Oberfläche, wie die Seifendiamanten, so daß er in ammoniakalischem Wasser eine milchige Suspension gibt (K. A. HOFMANN).

An der Luft erhitzt, verbrennt der Diamant bei ungefähr 850 °C sehr langsam; im reinen Sauerstoff verbrennt er bei 700 . . . 800 °C mit hellem Aufleuchten zu Kohlensäure.

Graphit

Physikalische Eigenschaften

Der Graphit, Dichte 2,27 g/cm³, kristallisiert hexagonal, hat die äußerst geringe Härte von 0,5 . . . 1, ist undurchsichtig, schwarz und leitet im Gegensatz zum Diamanten die Wärme und den elektrischen Strom sehr gut. Er ist ein Leiter erster Klasse. Undurchsichtigkeit und elektrisches Leitvermögen einerseits, Durchsichtigkeit und Mangel an Leitfähigkeit andererseits stehen in engem Zusammenhang. Die Leitfähigkeit beruht auf der Anwesenheit von frei beweglichen Elektronen in dem Material (hier Graphit). Dagegen setzt die Durchlässigkeit für Licht die Gegenwart elastisch gebundener Elek-

---

[1]) Unter Karat verstand man ursprünglich das Gewicht eines Johannisbrotkerns, gegenwärtig 0,2 g. Diese Einheit ist allgemein üblich für die Bemessung von Edelsteinen nach dem Gewicht.

tronen voraus. Ein durchsichtiger Stoff mit elastisch gebundenen, also nicht frei ausbreitungsfähigen Elektronen, kann deshalb kein Leiter erster Klasse sein. Dagegen wird ein undurchsichtiger Stoff mit frei beweglichen Elektronen, je nach deren Zahl und je nach der räumlichen Nähe seiner Teilchen den elektrischen Strom mehr oder weniger gut leiten.

Kristallstruktur

Die Kristallstruktur des Graphits läßt seine Verschiedenheit vom Diamanten deutlich erkennen. Die Struktur ist durch die Untersuchungen von DEBYE und SCHERRER sowie HASSEL und MARK ermittelt worden. Graphit besitzt ein Schichtengitter (Abb. 61). Die Kohlenstoffatome werden in den Schichtebenen durch die homöopolare C—C-Bindung in Sechseckanordnung zusammengehalten. Die Energie der C—C-Bindung ähnelt hier dem Wert der aromatischen C—C-Bindung, und der Gitterabstand der Kohlenstoffatome beträgt, ähnlich wie in den aromatischen Verbindungen, 1,42 Å.

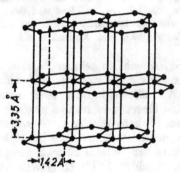

Abb. 61. Kristallstruktur des Graphits

Man kann sich den Kristall als aus übereinandergeschichteten riesengroßen aromatischen Molekülen aufgebaut denken. Wie in den aromatischen Molekülen gehören die vierten Valenzelektronen dem ganzen Molekül, also im Graphit der ganzen Schichtebene, an und können sich in dieser Ebene bewegen. Ihre Beweglichkeit bewirkt das metallische Leitvermögen, das darum in der Schichtrichtung etwa 10 000 mal größer ist als senkrecht zu ihr.

Die Bindung der Kohlenstoffatome im Sechsecknetz der Schichtebene ist sehr fest. Darum gelingt es nur bei sehr hoher Temperatur, den Kohlenstoff zu schmelzen oder zu verdampfen, weil dazu nicht nur die Sechseckebenen voneinander gelöst werden müssen, sondern auch die Kohlenstoffatome aus den einzelnen Ebenen herausgerissen werden müssen. Die Bindung zwischen den Schichtebenen ist ihrem großen Abstand von 3,35 Å entsprechend schwach. Darum erscheinen die Kristalle des natürlichen Graphits weich; sie lassen sich leicht längs den Sechseckebenen spalten oder verrücken, und die so entstehenden einzelnen dünnen Blättchen lassen sich dann auch leicht quer zu den Sechseckebenen teilen.

Vorkommen

Der Graphit findet sich in weit größerer Menge in der Natur als der Diamant, und zwar in Gängen und Lagern kristalliner Urgebirgsmassen, bisweilen, wie in Passau, auch in schuppiger Ausbildung im Gneis, dessen Glimmer er ersetzt. Die wichtigsten Vorkommen sind die in Sibirien, Ceylon, Madagaskar, Korea, Mexiko, Steiermark und in der Passauer Umgebung. Die Gesamtproduktion außerhalb Rußlands wurde für 1955 auf 150 000 t geschätzt. Hiervon lieferten Korea etwa 40 000 t, Mexiko 33 000 t, Österreich 18 000 t, Madagaskar 14 000 t, Ceylon und Westdeutschland je 10 000 t.

Bei diesen Vorkommen unterscheidet man nach der Güte und der Größe der Kristalle zwischen Flinz (ausgeprägte Kristallblättchen mit Durchmessern von zehntel Millimetern), kristallinem Graphit (dichte Aggregate) und amorphem, besser erdigem Graphit (stumpfe, schwarze Farbe). Manche gut ausgebildeten Flinze, wie die von Tikonderoga in USA, blähen sich nach dem Befeuchten mit rauchender Salpetersäure und darauffolgendem Erhitzen zur Rotglut infolge Bildung und Zerfall von Graphitnitrat sehr stark auf, während andere, wie die erdigen sibirischen, sich hierbei nicht verändern. Der der Lagerstätte entnommene Graphit ist oft stark verunreinigt. Aschegehalte über 50 % sind häufig.

Die größten Graphitkristalle haben Durchmesser von nur einigen Millimetern bei $^1/_{10}$ mm Dicke. Sie sind sehr selten und finden sich eingesprengt in Kalken, z. B. bei Franklin in USA und Pargas in Finnland.

Verwendung

Graphit dient als Schreibmaterial in den Bleistiften (daher der Name, von γράφειν ≙ schreiben), deren Härte man durch verschieden hohen Zusatz von Ton und durch verschiedene Brenntemperaturen abstuft. Ferner benutzt man ihn, gleichfalls mit Ton geformt und gebrannt, zu Schmelztiegeln, die infolge der Wärmeleitfähigkeit des Graphits Temperaturwechsel verhältnismäßig gut vertragen und das Schmelzgut vor dem Zutritt von Luftsauerstoff schützen, weil der Graphit diesen verbraucht. Graphit verwendet man auch als hitzebeständige und als rostschützende Anstrichfarbe, zum Einstauben der Sandformen in der Gießerei, damit der Formsand nicht an dem Gußmetall anbackt, und in der Galvanoplastik.

Der Graphitstaub haftet nämlich infolge seiner schuppigen Gestalt und der metallischen Natur der Schichtebene in einer äußerst dünnen, zusammenhängenden Haut auf dem bestrichenen Gegenstand und gestattet so, Formen auch aus nichtleitenden Stoffen auf galvanischem Wege zu reproduzieren, wobei gleichzeitig das Ablösen des Abdruckes durch die dünne Graphitschicht von der Form erleichtert wird.

Auch als Schmiermittel hat der Graphit Bedeutung, sowohl in reinem Zustand für Schmierung bei hohen Temperaturen als auch besonders als Zusatz zu Schmierölen, deren Schmierwirkung er wesentlich verbessert, weil er einmal infolge seiner metallischen Natur auf der Metalloberfläche einen haftenden Überzug bildet und zugleich als den Aromaten ähnlicher Kohlenstoff viel besser vom Öl benetzt wird als das Metall, so daß der Ölfilm zwischen den gegeneinander bewegten Metallteilen auch bei schlechteren Ölen nicht abreißt. Zum Schmieren ist besonders der *kolloide Graphit* geeignet, der aus dem gewöhnlichen Graphit durch intensives Mahlen in Öl hergestellt wird. Der Graphit wird dabei in kleine und sehr dünne Lamellen aufgeteilt, die nur noch etwa 100 Å dick sind und infolgedessen in der Flüssigkeit in Schwebe bleiben. Durch Netzmittel, wie Casein oder Tannin, kann die Benetzbarkeit so weit beeinflußt werden, daß der Graphit auch mit Wasser beständige Suspensionen bildet.

Wegen seiner einzigartigen Fähigkeit, zugleich den elektrischen Strom zu leiten und als Schmiermittel zu wirken, ist der Graphit für Bürsten und Stromabnehmer bei elektrischen Maschinen unersetzlich.

Eigenschaften

Stabilität des Graphits

Wo immer sich Kohlenstoff bei hohen Temperaturen und unter gewöhnlichen Druckverhältnissen aus Lösungen, wie z. B. aus Eisen im grauen Gußeisen oder aus gasförmigen Kohlenstoffverbindungen verschiedenster Art, abscheidet, erscheint er in der Modifikation des Graphits. Der Graphit ist im normalen Druckbereich die stabile Modifikation des Kohlenstoffs. Nach J. BASSET (1942) liegt der Tripelpunkt, bei dem Graphit, flüssiger und gasförmiger Kohlenstoff koexistent werden, bei etwa 100 atm und 4000 °K, der Sublimationspunkt etwa 100 grd tiefer.

Es fällt auf, daß bei der Abscheidung von Kohlenstoff, von extrem hohen Drucken abgesehen, stets die stabile Modifikation Graphit entsteht und nicht zuerst der instabile Diamant wie sonst (vgl. bei Phosphor). Dies beweist die Richtigkeit der Auslegung, die VOLMER der Ostwaldschen Regel gegeben hat, nämlich daß zuerst die Modifikation mit der geringeren Dichte entsteht, und diese ist hier ausnahmsweise der stabile Graphit.

Chemisches Verhalten — Graphitverbindungen

Gegen chemische Agenzien ist der Graphit ziemlich widerstandsfähig, doch verbrennt er von 700 °C an langsam an der Luft.

In einem Gemisch von konzentrierter Schwefelsäure und Salpetersäure wird der Graphit durch Kaliumchlorat zu *Graphitoxid* oxydiert. Es bildet grünlichgelbe Blättchen von der ungefähren Zusammensetzung $(C_8O_2(OH)_2)_n$, die beim Erhitzen unter Austritt von Kohlenmonoxid und Hinterlassen von Ruß verpuffen.

Die Bildung sowie die Eigenschaften des Graphitoxids sind in eigenartiger Weise durch die Struktur des Graphitkristalls bedingt.

Bei der Darstellung von Graphitoxid werden die vierten Elektronen der Kohlenstoffatome zum größten Teil gegen Sauerstoff oder Hydroxyl-Gruppen abgesättigt, die von dem längs der Kohlenstoffebenen eindringenden Oxydationsmittel geliefert werden. Der Zusammenhalt der Kohlenstoffatome innerhalb der Ebenen bleibt dabei erhalten, dagegen halten die einzelnen Kohlenstoffebenen untereinander nicht mehr im unveränderlichen Abstand zusammen. So kann sich beim Auswaschen des Produkts Wasser zwischen die Ebenen schieben und den Graphitoxidkristall unter Erweiterung des Abstandes der Kohlenstoffebenen reversibel aufquellen lassen (U. HOFMANN und FRENZEL, 1930).

Im Graphitoxid kann man jede einzelne, mit Sauerstoff abgesättigte Kohlenstoffebene als ein riesiges Molekül ansehen. Da das Sechsecknetz der Schichtebenen erhalten bleibt, entspricht der entstehende Graphitoxidkristall in seiner Gestalt weitgehend dem ursprünglichen Graphitkristall.

Die Quellung des Graphitoxids mit Wasser war das erste Beispiel einer innerhalb des Kristalls in einer Richtung — eindimensional — erfolgenden Quellung, die röntgenographisch eindeutig bestimmt werden konnte.

Graphitoxid besitzt die Eigenschaften einer Säure (THIELE, 1937). Dies bringt der alte Name *Graphitsäure* zum Ausdruck. Diese Eigenschaften beruhen auf den Wasserstoffatomen der Hydroxyl-Gruppen, die neben dem Sauerstoff an den Schichtebenen gebunden sind.

Eine Graphitfluorverbindung von der Zusammensetzung $(CF)_n$ *(Kohlenstoffmonofluorid)* konnte O. RUFF durch Einwirkenlassen von Fluor auf Graphit bei etwa 450 °C darstellen. Hier sind nach RÜDORFF (1947) Fluoratome an die Graphitschichtebenen gebunden. Bei Gegenwart von Fluorwasserstoff erfolgt die Bildung des Kohlenstoffmonofluorids aus Fluor und Graphit schon bei 200 °C. Bei Zimmertemperatur gibt Graphit mit Fluor in Gegenwart von Flußsäure schwarz-blaues $(C_4F)_n$.

Im Graphitoxid und Kohlenstoffmonofluorid ist durch die Valenzbetätigung der vierten Elektronen der aromatische Zustand der Sechseckebenen aufgehoben. Diese sind darum ähnlich wie in den hydroaromatischen Molekülen gewellt.

Mit den geschmolzenen oder dampfförmigen Alkalimetallen Kalium, Rubidium und Cäsium reagiert Graphit leicht unter Bildung von *Alkaligraphitverbindungen*, in denen die Alkalimetallatome als Schichten zwischen die Kohlenstoffebenen eingelagert sind (K. FREDENHAGEN, 1928, A. SCHLEEDE, 1932). Außer dem bronzefarbenen C_8Me existieren alkaliärmere blaue bis schwarze Verbindungen, wie C_{24}Me, C_{36}Me, C_{48}Me (RÜDORFF, 1954). Die Verbindungen sind als schichtförmig ausgebildete intermetallische Verbindungen der metallischen Graphitschichtebenen mit dem Alkalimetall zu deuten.

Bei vorsichtiger Oxydation unter konzentrierten Säuren bildet Graphit *salzartige Verbindungen*, die in der Aufsicht blau-metallisch glänzend, in der Durchsicht rotbraun gefärbt sind. Hier bilden Säureanionen und Säuremoleküle Schichtebenen zwischen den Kohlenstoffebenen, die die Metall-Ionen des Salzes vertreten. Es konnten Graphitbisulfat, Graphitperchlorat, Graphitnitrat, Graphitselenat und Graphitbifluorid dargestellt werden mit einer Zusammensetzung $C_{24}^+ \cdot HSO_4^- \cdot 2 H_2SO_4$; $C_{24}^+ \cdot ClO_4^- \cdot 2 HClO_4$ usw. (U. HOFMANN, FRENZEL und RÜDORFF, 1938).

Beim Erhitzen von Graphit mit wasserfreiem Eisen(III)-chlorid im geschlossenen Rohr entsteht eine eigenartig beständige Verbindung, in der $FeCl_3$-Schichten zwischen die Graphitschichten eingelagert sind (RÜDORFF und SCHULZ, 1940).

Auch zahlreiche andere Metallchloride lassen sich bei Gegenwart von Chlor in das Graphitgitter einlagern (Rüdorff, 1955).

Auch Brom und Jodmonochlorid können zwischen die Kohlenstoffschichten des Graphitgitters treten (Rüdorff, 1941, 1954). Mit Chlor bildet Graphit unter 0 °C *Chlorgraphit* (Juza, 1957).

Feinkristalline Kohlenstoffe

In der Technik bezeichnet man als Graphit nur die Formen des graphitischen Kohlenstoffs, deren Kristalle mit bloßem Auge oder im Lichtmikroskop sichtbar sind. Von diesem Graphit unterscheiden sich die feinkristallinen Kohlenstoffe in vielen Eigenschaften.

Retortengraphit und Glanzkohlenstoff

Äußerlich steht dem Graphit der Retortengraphit, auch Retortenkohle genannt, am nächsten. Er scheidet sich an den Wänden der Retorten bei der Leuchtgasfabrikation in festen, dichten Massen ab, weil die gasförmigen Destillationsprodukte der Steinkohle an den sehr heißen Retortenwänden teilweise unter Austritt von Kohlenstoff zerfallen. Retortengraphit enthält nur wenige Prozent Asche, hat die Dichte 2 g/cm³ und gleicht dem Graphit wegen seiner Widerstandsfähigkeit gegen chemische Einwirkungen und besonders wegen seines bedeutenden Leitvermögens für den elektrischen Strom. Er ist aber zum Unterschied vom Graphit sehr hart.

Zersetzt man Kohlenwasserstoffe bei tieferer Temperatur, am besten bei 800 °C, an glatten, chemisch nicht wirksamen Oberflächen, z. B. an glasiertem Porzellan, so erhält man eine auffallend glänzende Form des schwarzen Kohlenstoffs, die K. A. Hofmann und K. Röchling (1923) Glanzkohlenstoff nannten (Dichte 1,88 g/cm³). Seine Widerstandsfähigkeit gegen chemischen Angriff ist geringer als die der Retortenkohle, aber bedeutend stärker als die der sogenannten amorphen Kohlen. Glanzkohlenstoffschichten auf keramischen Trägern dienen als Kohleschichtwiderstände in der Rundfunkindustrie.

Glanzkohlenstoff und Retortengraphit sind nach den Ergebnissen der Röntgenuntersuchung kristalline Aggregate von sehr kleinen Graphitkriställchen. Die Kriställchen messen bei Retortengraphit etwa 40 Å, bei Glanzkohlenstoff 20 Å (U. Hofmann, 1926). Diese kleinen Graphitkriställchen sind dicht zusammengelagert, und zwar mit den Schichtebenen parallel zu der Oberfläche der Plättchen des Glanzkohlenstoffs und den kugeligen Partien des Retorten-graphits, so daß die Oberfläche spiegelnd glatt werden kann und polarisiertes Licht wie bei großen Kristallen einheitlich reflektiert (Ramdohr, 1928, und Ruess, 1947).

Man kann also bei der Abscheidung aus Kohlenwasserstoffen den schwarzen Kohlenstoff nur durch Veränderung der Abscheidungstemperatur in allen diesen Formen in kontinuierlichem Übergang erhalten. Bei etwa 2500 °C entsteht Graphit, bei 1500 °C Retortengraphit und bei 800 °C Glanzkohlenstoff. Kontinuierlich sinken mit fallender Darstellungstemperatur die Größe der Kristalle, die Dichte und die chemische Widerstandsfähigkeit, dabei steigt aber die Härte, die bei Retortengraphiten die Härte 8 der Mohsschen Skala erreichen kann, und bei Glanzkohlenstoff nicht viel darunter liegt. Dieser Anstieg der Härte wird durch die geringe Größe der Kriställchen und ihren dichten Zusammenschluß im kristallinen Aggregat bewirkt. Durch die Schichtung der Kristalle ist außerdem die Oberfläche der Stücke meist von den in sich fest zusammenhaltenden Schichtebenen gebildet, so daß ein Messer oder eine ritzende Kristallkante nicht zwischen die Schichtebenen dringen können (U. Hofmann).

Koks

Koks ist ein nichtrußender und nichtrauchender Brennstoff, der wegen seiner Festigkeit bei hoher Temperatur vielseitig verwendet wird. Er wird in großen Mengen aus Steinkohlen dargestellt. Dabei werden zugleich noch die wertvollen flüchtigen Bestandteile der Kohle gewonnen.

Zur Koksherstellung werden die geeigneten Sorten Steinkohle entweder zum Zweck der Leuchtgasgewinnung in Retorten aus feuerfesten Steinen geglüht (Gaskoks), oder man füllt feuchtes Kohlenklein, dessen Gangart durch nasse Aufbereitung entfernt wurde, in große Verkokungsöfen. Dort erhitzt man möglichst rasch auf etwa 1000 . . . 1200 °C und erhält so unter dem eigenen Druck der hochgeschichteten Kohlenmassen den dichten Hüttenkoks in großen basaltähnlich zerklüfteten Stücken. Hüttenkoks ist dichter und fester als Gaskoks, doch sind die Unterschiede nicht sehr beträchtlich. Der Koks besitzt große Festigkeit und eine Härte, die Steinkohle bei weitem übertrifft und in der Mohsschen Skala den Wert 8 erreichen kann. Die Zusammensetzung von Hüttenkoks nach Abzug der Asche (5 . . . 10 %) beträgt: 94 . . . 96 % C, 1 % H, 1 . . . 3 % O, 0,5 . . . 1 % N, 1 % S. Der Koks ist also schon weitgehend elementarer Kohlenstoff. Er besteht neben den Aschebestandteilen und Resten von Kohlenstoffverbindungen aus dicht und mit der Basis parallel gefügten, sehr kleinen Graphitkristallen von etwa 20 Å (RAMDOHR, 1928, sowie K. BIASTOCH und U. HOFMANN, 1940) und ähnelt somit dem Retortengraphit und Glanzkohlenstoff.

Wegen seiner Festigkeit und seines hohen Heizwertes von rund 8000 kcal für 1 kg aschefreie Substanz eignet sich der Hüttenkoks gut für metallurgische Zwecke, besonders für die Eisengewinnung im Hochofen. Koks dient in großen Mengen zur Erzeugung von Generator- und Wassergas sowie als Brennstoff für Kalk- und Zementöfen und für Feuerungen der verschiedensten Art. Er ist allerdings etwas schlechter entzündbar als Steinkohle, da er fast keine Kohlenwasserstoff-Verbindungen mehr enthält.

In Westdeutschland wurden 1952 35 Millionen t Koks gewonnen.

Bei der Koksgewinnung fallen große Mengen Ammoniak an (aus 100 kg trockenen Kohlen etwa 1,2 kg Ammoniumsulfat). Die Ammoniakausbeute ist bei der Kokerei infolge der Gegenwart von Wasserdampf höher als bei der Leuchtgasfabrikation. Außerdem gewinnt man bei der Kokerei ähnlich wie bei der Leuchtgasbereitung ein Gas von 4500 kcal Heizwert für 1 m³, und zwar in solchen Mengen, daß die deutschen Kokereien jährlich viele Milliarden Kubikmeter Heizgas auf diesem Wege liefern. Dazu kommen noch als wertvollstes Nebenprodukt 1,3 Millionen t Teer mit 400 000 t Benzol.

Kunstkohle und Kunstgraphit

Kohleelektroden werden aus aschearmen, entgasten Kohlen, wie Petrol- und Pechkoksen oder Anthrazit, zur Erhöhung der Leitfähigkeit und Temperaturwechselbeständigkeit meist unter Zusatz von Graphit nach Mahlen und Mischen mit Teer und Pech geformt und bei 1000 . . . 1100 °C gebrannt. Sie dienen als Elektroden für elektrische Öfen, z. B. zur Erzeugung von Calciumcarbid, Ferrosilicium u. a. sowie zur Aluminiumgewinnung. Für die Herstellung der Kohlestifte der Kino- und Bogenlampen und für Spektralkohlen sind reinste Kokse, Ruß und Retortengraphit erforderlich. Die Kohlen für Kohlebürsten und Stromabnehmer der elektrischen Maschinen enthalten außerdem noch Kunst- und Naturgraphite, um schmierend zu wirken. Durch mehrstündiges Erhitzen koksreicher Elektroden auf über 2500 °C entstehen Graphitelektroden, die wegen ihrer besseren Leitfähigkeit, Reinheit und chemischen Widerstandsfähigkeit vor allem für die Elektrostahlöfen und für wäßrige Elektrolyse gebraucht werden.

Gelegentlich benutzt man zum Brennen der Kohleelektroden die Wärme des technischen Verfahrens, zu dem sie dienen sollen, indem man einen mit dem Material für die Elektrode gefüllten Blechmantel als Elektrode einführt, der nach Maßgabe des Verbrauchs der Elektrode nachgeschoben wird (Söderberg-Elektrode).

Kohlenstoffsteine, aus Kokskörnern und Teer gebrannt, dienen für die Gestelle der Hochöfen als hochfeuerfeste Steine mit reduzierender Wirkung.

Durch Tränken mit Kunstharz gedichteter Kunstgraphit wird für chemische Apparate, z. B. für Wärmeaustauscher, verwendet.

Extrem reinen und sehr dichten Graphit benötigt man als Moderator zur Verlangsamung der Neutronen in Kernreaktoren.

Holzkohle, Aktivkohlen

Gewinnung

Die Holzkohle wird durch Erhitzen von Holz unter Luftabschluß entweder im Wald in Meilern oder zur Gewinnung der wertvollen Destillationsprodukte Holzteer, Holzessig, Holzgeist und Aceton in geschlossenen Retorten gewonnen. Die Holzkohle hat die Struktur des Holzes, ist sehr porös und schwimmt wegen der massenhaft in ihr vorhandenen Gasräume auf Wasser. Ihre wirkliche Dichte schwankt je nach der Herkunft und der Temperatur der Bereitung zwischen 1,7 und 1,8 g/cm³. Ihre Zusammensetzung hängt gleichfalls von der Temperatur ab, der man das ursprüngliche Holz aussetzt, sowie von der Schnelligkeit und Dauer des Erhitzens. Doch erhält man auch durch langes Glühen in der Praxis keinen reinen Kohlenstoff, sondern eine Substanz mit 94 % C, 1 % H, 5 % O und N.

Da die Kohle mit zunehmender Temperatur und Erhitzungsdauer dichter und deshalb weniger leicht entzündlich wird und sie auch ihre Adsorptionsfähigkeit mehr und mehr verliert, geht man beim Erhitzen absichtlich meist nicht über 500 ... 600 °C. Die für die Schwarzpulverfabrikation wichtige Rotkohle wurde mittels überhitzten Wasserdampfes von 300 ... 350 °C dargestellt und enthielt meist nicht über 72 % C. Solche bei möglichst niederer Temperatur bereitete, noch ganz unfertige Kohle entzündet sich an der Luft bei 300 °C und wird von dieser schon bei 100 °C merklich zu Kohlendioxid oxydiert.

Adsorption

Allgemeines

Wegen ihrer Porosität sind die Holzkohle und in noch höherem Grade die gleichfalls durch trockenes Erhitzen gewonnene Knochenkohle sowie die durch Eindampfen von Blut mit Kaliumcarbonat und Glühen dargestellte Blutkohle hervorragend geeignet, Gase, Dämpfe sowie höher molekulare gelöste Stoffe zu adsorbieren.

Unter *Adsorption* versteht man die Aufnahme eines gasförmigen oder gelösten Stoffes an der Oberfläche eines festen Körpers. Bei der *Absorption* dringt der betreffende Stoff in das flüssige oder feste Medium ein und wird dort gelöst.

Das Adsorptionsvermögen einer Kohle geht im wesentlichen parallel mit ihrer Oberflächenentwicklung und hängt demgemäß eng mit ihrer Porosität zusammen. Schmelzen die Ausgangsstoffe ohne starke Gasentwicklung bei der Verkohlung, so wird die Kohle dicht und wenig porös. Erfolgt die Verkohlung unter starker Gasentwicklung, oder verhindert man das Zusammenschmelzen durch beigemengte Fremdstoffe, wie z. B. Kalk, Zinkchlorid oder auch Ammoniumsalze, so bleibt nach Entfernung der Beimengungen (z. B. durch verdünnte Säure) die Kohle locker und hochporös. Nachträglich kann man die adsorbierende Wirksamkeit einer Kohle durch Oxydieren mit Wasserdampf, Luft oder Kohlendioxid erhöhen, weil hierdurch die Oberfläche infolge der teilweisen Oxydation zu Kohlenmonoxid und Kohlendioxid vergrößert wird (*Aktivierung*).

Solche höchst adsorptionsfähigen Kohlen bezeichnet man als *Aktivkohlen.*

Für ihre Herstellung können folgende Verfahren dienen:

1. *Chlorzinkverfahren:* Verkohlen von organischen Stoffen (Holz, Torf, Zucker-melasse) bei Gegenwart von Zinkchlorid oder ähnlichen Stoffen, die herausgelöst oder verflüchtigt werden können und dadurch ein Zusammensintern der entstehenden Kohle verhindern (Beispiel: Carboraffin).

2. *Noritverfahren:* Holzkohle, bei möglichst niederer Temperatur dargestellt, wird durch Anoxydieren im Wasserdampf (Abbrennen) aktiviert. Dadurch werden die Poren geöffnet und erweitert (Beispiel: Supranorit).

Beide Verfahren können natürlich kombiniert werden. Eine sehr gute Aktivkohle in harten Stücken liefern Kokosschalen.

Aktivkohlen enthalten oft beträchtliche Mengen aus der Luft adsorbierter Gase oder Dämpfe. Diese kann man durch Erhitzen im Vakuum auf etwa 300 °C größtenteils entfernen und da-durch die Oberfläche zu voller Wirksamkeit freilegen.

Adsorption von Gasen

1 g ($\approx$ 0,7 cm³) Aktivkohle adsorbiert bei 15 °C 440 ml $COCl_2$, 380 ml SO_2, 180 ml NH_3, 100 ml H_2S, 70 ml HCl, 50 ml CO_2. Dabei werden pro 1 g des kondensierten Gases 200 ... 500 cal frei. Eine gute Aktivkohle adsorbiert eine ihrem Gewicht gleiche Menge von Tetrachlorkohlenstoff aus halbgesättigtem Dampf. Mit sinkender Temperatur nimmt diese Adsorption sehr stark zu (J. DEWAR). 1 cm³ der aus Kokosnußfaser hergestellten braunschwarzen Kohle nimmt auf:

adsorbiertes Gas	aufgenommenes Gasvolumen (in ml bei 0 °C und 760 Torr) von 1 cm³ Kohle bei 0 °C	aufgenommenes Gas-volumen (in ml bei 0 °C und 760 Torr) von 1 cm³ Kohle bei −185 °C	bei der Adsorption ent-wickelte Wärme in cal	Siedepunkt in °C
H_2	4	35	9,3	−252,8
N_2	15	155	25,5	−195,8
O_2	18	230 (bei −180 °C)	34,0	−183,0
Ar	12	175	25,0	−185,8
He	2	15	2,0	−269,0
CO	21	190	27,5	−190,0

Von dieser stark auswählenden Adsorption kann man zur Trennung der Gase, z. B. zur Dar-stellung von heliumhaltigem Neon aus den leichter siedenden Anteilen der flüssigen Luft, sowie zur Herstellung tiefer Vakua Gebrauch machen. Abb. 62 zeigt eine kleine Geisslersche Röhre, an die ein Gefäß mit Kokoskohle angeschmolzen ist. Verbindet man die Elektroden-enden mit einem mittelgroßen Funkeninduktor, so geht entweder keine oder nur eine blitz-artige Funkenentladung durch, solange die Röhre mit Luft von Atmosphärendruck gefüllt ist. Nun erwärmt man das Gefäß mitsamt der Kokoskohle auf etwa 200 °C und saugt mit der Wasserstrahlpumpe die hierbei aus der Kohle tretenden, vorher adsorbierten Gase und Dämpfe größtenteils fort. Dann schließt man die Hähne und kühlt das Kohle enthaltende Gefäß durch vorsichtiges Annähern und schließliches Eintauchen in einen Becher mit flüssiger Luft. Setzt man jetzt den Funkeninduktor in Tätigkeit, so erblickt man bald das einem Druck von etwa 1 Torr entsprechende Entladungsbild. Dann aber breitet sich das Glimmlicht auf der Kathode aus, es tritt der dunkle Raum zwischen der Kathode und der Kapillare mehr und mehr hervor, während die Lichterscheinung im Anodenraum schwächer wird. Man ist nun bei un-gefähr ¹/₁₀ Torr angelangt. Der Druck sinkt aber noch weiter, und nun sieht man fast nur noch das grüne, fluoreszierende Leuchten des von den Kathodenstrahlen getroffenen Glases.

Entfernt man den Becher mit der flüssigen Luft, so verdampft die von der Kohle bei der tiefen Temperatur adsorbierte Luft in dem Maße, als die Wärme von außen zutritt, und die Entladungserscheinungen stellen sich in der umgekehrten Reihenfolge wieder ein.

Hochaktivierte Kohle darf nicht mit flüssiger Luft bzw. flüssigem Sauerstoff zusammentreffen, weil dabei oft Selbstentzündung und heftige Explosionen eintreten (J. TAYLOR).

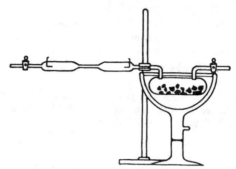

Abb. 62.   Gasadsorption durch Kokosnußkohle

Mit guter Adsorptionskohle kann man aus Leuchtgas die das Leuchten der Flamme bewirkenden Kohlenwasserstoffe (siehe bei Leuchtgas) binden und durch nachträgliches Erhitzen wieder austreiben.

Aus Röstgasen mit schwachem Schwefeldioxidgehalt kann man dieses Gas durch Aktivkohle bei niederen Temperaturen adsorbieren und durch nachträgliches Behandeln mit Wasserdampf hochkonzentriert frei machen, oder man kann an aktiver Kohle bei beginnender Rotglut das Schwefeldioxid zu Schwefel reduzieren und diesen nachträglich mit Lösungsmitteln, wie Ammonsulfidlösung, extrahieren.

Vor allem wird Aktivkohle in der Technik gebraucht zum Wiedergewinnen der Dämpfe von Lösungsmitteln, wie Benzol, Aceton, Schwefelkohlenstoff u. ä. aus den Abgasen oder zur Gewinnung flüchtiger Produkte, wie Gasolin. Die adsorbierten Lösungsmittel werden mit Wasserdampf ausgetrieben, wobei die Kohle regeneriert wird.

Endlich schützt die Aktivkohle in der Form der Gasmaskenkohle als wesentliche Substanz des Atemfilters den Träger einer Gasmaske vor fast allen Atemgiften.

Adsorption aus Lösungen

Eine ähnliche Erscheinung wie die Adsorption der Gase durch Kohle ist die Adsorption von gelösten Stoffen aus Flüssigkeiten. Doch kann hierbei das Lösungsmittel mit dem gelösten Stoff konkurrieren. Besonders gut werden aus wäßriger Lösung Kohlenstoffverbindungen, wie Aceton, die höheren Alkohole und organischen Säuren sowie organische Farbstoffe adsorbiert, da diese Stoffe in ihrer Natur der Oberfläche des Kohlenstoffs verwandt sind. Sie reichern sich in der adsorbierten Schicht an. In bezug auf den adsorbierten Stoff (z. B. Aceton) nennt man diese Adsorption eine *positive Adsorption*. Dagegen wird poröse Kieselsäure (siehe bei Silicagel) vom Wasser leichter benetzt als Kohle, sie adsorbiert deshalb ganz überwiegend Wassermoleküle und läßt Aceton und dergleichen in der Lösung angereichert zurück: *negative Adsorption* für z. B. Aceton usw.

Die positive Adsorption steigt im allgemeinen mit dem Molekulargewicht der gelösten Stoffe. Sind diese kolloider Natur, so werden sie von der Kohle meist so vollkommen adsorbiert, daß sie praktisch aus der Flüssigkeit verschwinden. Darauf beruht die Reinigung von Trinkwasser mittels Kohlefiltern (siehe bei Wasser) oder innen verkohlten Holztonnen, die Entfärbung des Zuckersaftes mittels Knochen- oder Holzkohle, die Entfernung der höher molekularen Fuselöle aus dem Rohspiritus, das Entziehen von Bitterstoffen oder Alkaloiden aus Pflanzensäften u. a.

In der Medizin werden Kohlepräparate zur Entgiftung des Darmkanals durch Adsorption von Bakterien-Toxinen angewendet.

Die bei der Adsorption in Lösungen adsorbierten Mengen sind wiederum erstaunlich. Eine gute Aktivkohle, wie Carboraffin, adsorbiert z. B. fast ihr eigenes Gewicht an organischen Farbstoffen aus ziemlich verdünnten Lösungen.

Bei vielen hydrolysierbaren Salzen, wie solchen des Aluminiums, des Eisens und der Seltenen Erden, kann die Kohle Trennungsarbeit leisten, indem sie den hydrolytisch abgespaltenen Basenteil fixiert und damit den Gleichgewichtszustand zugunsten weiterer Hydrolyse verschiebt.

Struktur der Aktivkohlen

Die gewaltigen Mengen, die Aktivkohlen aus Gasen und aus Lösungen adsorbieren können, werden verständlich durch den Nachweis, daß gute Aktivkohlen eine adsorbierende Oberfläche von etwa 800 m²/g besitzen. Diese Größe der Oberfläche ist wiederum möglich, weil die Aktivkohlen aus sehr kleinen Graphitkriställchen bestehen, deren Größe nach dem röntgenographischen Nachweis nur etwa 10 ... 20 Å beträgt und großen organischen Molekülen gleichkommt. Meist tragen diese Graphitkriställchen noch an der Oberfläche organische Zersetzungsprodukte. Deswegen liegt auch ihr Kohlenstoffgehalt unter 90 %. Durch Erhitzen auf 1000 °C im Wasserstoffstrom werden diese Verunreinigungen zersetzt, und man erhält elementaren Kohlenstoff, der nun vollständig aus Graphitkriställchen dieser Größe besteht. Die Adsorptionsleistung kann bei der Reinigung der Kohle in vollem Maße erhalten bleiben. Sie ist fast durchweg eine Wirkung der reinen Graphitoberfläche.

Von den Retortengraphiten, dem Glanzkohlenstoff und dem Koks, die aus ähnlich kleinen Graphitkriställchen bestehen, unterscheiden sich die Aktivkohlen weiterhin hauptsächlich dadurch, daß die Kriställchen nur zu sehr kleinen Aggregatteilchen von etwa 30 Å Größe zusammengewachsen sind. Diese Aggregatteilchen sind nach guter Aktivierung im Elektronenmikroskop sichtbar. In Abb. 63 kann man deutlich die einzelnen Teilchen am Rande des abgebildeten Kornes als feinste Pünktchen erkennen, und die Abb. zeigt, daß diese wiederum miteinander ein sehr lockeres „poröses" Gerüst aufbauen. Dieses Gerüst erst bildet die mikroskopisch sichtbaren Körner der Aktivkohle. Die im Elektronenmikroskopbild sichtbare Oberfläche der kleinen Aggregatteilchen ist die Oberfläche, an der sich die Adsorption abspielt (U. HOFMANN, 1950).

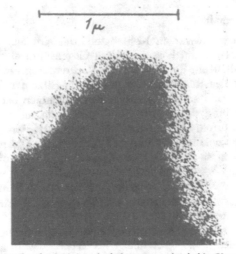

Abb. 63.   Elektronenmikroskopbild einer hochaktivierten Aktivkohle (Vergrößerung 37000fach)

Eine *amorphe Modifikation* des Kohlenstoffs, deren Existenz man früher wegen des mikroskopisch strukturlosen Aussehens der Aktivkohlen und auch der Ruße annahm, spielt in diesen keine Rolle, doch zeigen die kleinsten Graphitkriställchen nicht mehr die regelmäßige Übereinanderlagerung der einzelnen Schichtebenen wie die großen Graphitkristalle (U. HOFMANN und WILM, 1936).

Ein weiterer Beweis für die Graphitstruktur des früher für amorph gehaltenen feinstverteilten Kohlenstoffs ist der Nachweis des elektrischen Leitvermögens, das in der Größenordnung des Graphits liegt (E. BERL). Außerdem konnte FREDENHAGEN dieselben Alkaligraphitverbindungen mit Aktivkohlen erhalten, und O. RUFF konnte das Kohlenstoffmonofluorid $(CF)_n$ auch mit Supranorit darstellen.

Kohlenstoff als Katalysator

Aktivkohlen sind besonders gute Katalysatoren für Gasreaktionen, an denen Halogene beteiligt sind, z. B. für die Reaktionen von Chlor mit Schwefeldioxid oder Kohlenmonoxid, von Brom mit Wasserstoff und andere mehr.

Beim Arbeiten mit Kohlenstoff hat man zu beachten, daß die Oberfläche des Kohlenstoffs schon bei gewöhnlicher Temperatur reduzierend wirken kann, z. B. auf die Salze der Edelmetalle. Man macht davon zur Gewinnung des Goldes aus den Chlorwasserauszügen goldhaltiger Pyritabbrände Gebrauch, indem man die Lösungen über ausgedehnte Kohlefilter rinnen läßt, auf denen sich das Gold abscheidet.

Andererseits kann Kohle auf leicht oxydierbare Stoffe Luftsauerstoff übertragen.

Läßt man gebrauchte Kohlefilter, wie z. B. zur Trinkwasser- oder Rübensaftreinigung verwendete, an der Luft liegen, so wird der Luftsauerstoff auf die adsorbierten Keime oder Farbstoffe übertragen. Diese werden also oxydiert, und das Kohlefilter ist danach wieder zu neuem Gebrauch fertig. Wegen dieser Übertragung des Luftsauerstoffs verwendet man Aktivkohle an Stelle von Braunstein in den Luftsauerstoffelementen.

Leitet man schwefelwasserstoffhaltige Luft über Aktivkohle, so wird die Reaktion

$$2\,H_2S + O_2 = 2\,S + 2\,H_2O$$

durch die katalysierende Wirkung der Oberfläche eingeleitet, und der Kohlekontakt wird durch Reaktionswärme so stark erhitzt, daß geschmolzener Schwefel abtropft.

Ruß

Gewinnung und Eigenschaften

Unter Ruß versteht man schwarzen Kohlenstoff, der sich aus leuchtenden Flammen abscheidet, wenn man diese durch einen kalten Gegenstand abkühlt, oder wenn man durch ungenügende Luftzufuhr die vollständige Verbrennung verhindert. Es ist dies der Kohlenstoff, der aus kohlenstoffreichen Gasen durch die Hitze der Verbrennung frei wird, dabei ins Glühen gerät und so die Leuchtkraft der Flammen bedingt, aber bei Unterbrechung der Verbrennung durch vorzeitige Abkühlung als solcher erhalten bleibt. Je nach den Temperaturen, denen der Ruß ausgesetzt worden war, liegt seine Entzündungstemperatur zwischen 370 und 440 °C und seine Dichte bei 1,8 ... 2,1 g/cm³, doch sind die Rußflocken so locker zusammengesetzt, daß sie oft längere Zeit in der Luft schweben können. Wegen der Feinheit seiner Teilchen und seiner absolut schwarzen Farbe ist Ruß ein vorzügliches, bekanntes Farbpigment, z. B. für Druckerschwärze.

Als schwarze Farbe diente zuerst der *Lampenruß*, der durch unvollständige Verbrennung von Öl in Dochtlampen gewonnen wurde.

Der aus festen oder flüssigen Produkten, wie Teer, Pech und Anthrazenöl, (in USA) aber auch aus Erdgas, durch unvollständige Verbrennung hergestellte und in großen Kammern abgeschiedene Ruß heißt *Flammruß* (englisch: furnace black).

Durch Verbrennung gasförmiger Brennstoffe, wie Erdgas (USA), oder von verdampftem Naphthalin (Deutschland) und Abscheidung an gekühlten Flächen gewinnt man den besonders feinteiligen *Gasruß* (englisch: channel black), der das intensivste Schwarz liefert. Er ist als Füllstoff im Kautschuk zur Verstärkung der mechanischen Eigenschaften der Vulkanisate, vor allem der Autoreifen, von großer Bedeutung.

Spaltruß wird durch thermische Spaltung von Erdgasen (USA) oder Koksofengas (Deutschland) an 1000 ... 1400 °C heißen feuerfesten Steinen hergestellt. Auch durch explosive Zersetzung von Acetylen gewinnt man neben Wasserstoff einen sehr fein aufgeteilten Ruß. Dieser *Acetylenruß* wird für Trockenelemente als Zusatz zur Graphit-Braunsteinmasse verwendet.

Struktur

Die Struktur der Ruße zeigt das Elektronenmikroskop. Der Flammruß besteht aus Kugeln von etwa 1000 Å Durchmesser, die in sehr loser Fühlung die äußerst lockeren Flocken aufbauen (Abb. 64). Die Kugeln selbst sind Aggregatteilchen, die aus etwa 20 Å großen Graphitkristallen dicht zusammengefügt sind. Die Graphitkriställchen liegen in den Kugeln mit den Basisflächen parallel zur Kugelsphäre (U. HOFMANN, 1947, HALL, 1948, BOEHM 1958). Bei den Spaltrußen können die Kugeln einen Durchmesser bis zu 3000 Å besitzen. Bei Gasruß und Acetylenruß sind die Aggregatteilchen dagegen nur etwa 200 bzw. 300 Å groß. Die verstärkende Wirkung in Vulkanisaten und die Tiefe der schwarzen Farbe werden um so größer, je kleiner die Aggregatteilchen des Rußes sind.

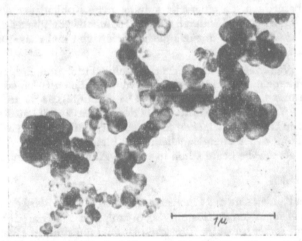

Abb. 64. Elektronenmikroskopbild eines Flammrußes (Vergrößerung 28 000fach)

Mineralische Kohlen

Arten

Mineralische Kohlen enthalten ihrer Zusammensetzung nach stets Gemenge hochkondensierter Kohlenstoff-, Wasserstoff-, Sauerstoff- und wohl auch Stickstoffverbindungen.

Am kohlenstoffreichsten ist der Anthrazit mit etwa 94 % C, 2 ... 3 % H, 2 ... 3 % O, 0,1 ... 0,5 % N und einem Heizwert von 8000 ... 9000 kcal pro 1 kg.

Die Zusammensetzung der Steinkohlen schwankt je nach ihrer Herkunft zwischen 75 ... 90 % C, 4,5 ... 5,5 % H, 5 ... 16 % O, 0,5 ... 1,5 % N, 1 ... 3 % S, 5 ... 10 % Asche. Sie liefert 7000 ... 8000 kcal pro 1 kg. Ihre Härte beträgt nach der Mohsschen Skala nur etwa 2.

Technisch unterscheidet man nach sinkendem Kohlenstoffgehalt und steigendem Gehalt an flüchtigen Bestandteilen geordnet:

Magerkohlen und Eßkohlen, die mit kurzer Flamme brennen, nicht rußen, wenig Gase liefern und keinen fest zusammengebackenen Koks, sondern einen sandigen, pulvrigen Destillationsrückstand hinterlassen. Sie dienen besonders für die Wassergasbereitung und für Heizzwecke.

Fettkohlen geben zwar nicht viel, aber mit stark leuchtender Flamme brennende Gase. Diese besonders im Ruhrgebiet häufigen Kohlen liefern gut zusammenbackende Rückstände und eignen sich deshalb für die Koksbereitung.

Gaskohlen geben viel Gas und gut gesinterten Koks.

Gasflammkohlen und *Flammkohlen* liefern etwa 40 % ihres Gewichtes an Gas und brennen deshalb mit langer Flamme. Sie geben einen schwach gebackenen oder nur lose gefritteten Koks.

Die Kohlenförderung Westdeutschlands betrug im Jahre 1952 120 Millionen t Steinkohlen und 80 Millionen t Braunkohlen. Die Weltproduktion wurde 1952 auf 1500 Millionen t Steinkohlen und 330 Millionen t Braunkohlen geschätzt.

Ein allgemeiner Mangel an diesem wichtigen Brennstoff ist in den nächsten hundert Jahren nicht zu befürchten, da einerseits ständig neue Kohlenlager entdeckt werden, z. B. sogar in der Antarktis, und andererseits die Technik des Bergbaues sich immer mehr vervollkommnet, so daß früher unzugängliche Tiefen von mehr als 1000 m unter der Oberfläche abgebaut werden können.

Seit dem letzten Weltkrieg haben neben der Kohle Erdöl und Erdgas (Methan) als Energielieferanten zunehmend an Bedeutung gewonnen. So entfielen schon 1952 in den USA von der gesamten Energieerzeugung 39,4 % auf Erdöl, 34 % auf Kohle, 22,5 % auf Erdgas und 4,1 % auf Wasserkräfte. Trotz der großen Vorräte an Kohle, Erdöl und Erdgas verlangt der enorm ansteigende Energiebedarf auf der ganzen Welt auf weite Sicht die Erschließung neuer Energiequellen. Hier bietet sich die bei der Kernspaltung freiwerdende Energie an, die heute schon in einigen Atomkraftwerken genutzt wird.

Entstehung der Kohlen

Alle mineralischen Kohlen sind aus Pflanzen entstanden. Da die Verwesung der Pflanzen an der Luft zur vollständigen Auflösung des organischen Materials führt, wie es z. B. der Waldboden mit seiner selbst im tropischen Urwald nur dünnen Humusschicht zeigt, muß sich die Kohle unter weitgehendem Abschluß vom Sauerstoff der Luft gebildet haben. Dies konnte geschehen, wenn die Zersetzung der abgestorbenen Pflanzen unter Wasser begann, wie wir es heute noch bei der Torfbildung sehen.

Kohlenstoffreiche Ablagerungen sind in den Gesteinen aller Formationen zu finden. Graphitschiefer beobachten wir im Gneis und Glimmerschiefer des gefalteten Grundgebirges. Im kambrischen Ton von Kanada findet sich eine kohlenreiche Einlagerung. Die silurischen Graptolithenschiefer enthalten bis zu 23 % Kohlenstoff. Schwarze Rußschiefer begegnen uns im Devon; dann folgen die mächtigen Steinkohlenlager des unteren und oberen Carbon und der nachfolgenden Permperiode. Triaskohlen sind aus Virginia und Deutschland bekannt, reich ist der asiatische Jura an Kohlenlagern, die Kreide von Hannover beginnt mit abbauwürdigen Kohlen, und in Nordamerika dauert die Kohlebildung der Kreideperiode bis ins Eozän. Endlich folgen die weitverbreiteten Braunkohlen der oligozänen und miozänen Tertiärschichten und die Torfablagerungen der Gegenwart. Die aus dieser Aufeinanderfolge sich ergebende Gesteinsreihe:

			Bildungszeit
Torf	mit durchschnittlich	55 % C	Gegenwart
Braunkohle	mit durchschnittlich	70 % C	Tertiär
Steinkohle	mit durchschnittlich	85 % C	Carbon
Anthrazit	mit durchschnittlich	92 % C	Carbon
Graphit	mit durchschnittlich	99 % C	Archäisch

scheint einer ununterbrochenen Umwandlungsreihe zu entsprechen. Doch braucht damit nicht immer das geologische Alter übereinzustimmen. So fand man bei Moskau Braunkohlen aus dem Carbon. Auch dürfte der Graphit meist nicht als Endziel dieser Reihe, sondern durch besondere Bedingungen, wie hohe Temperatur, entstanden sein. Der Nachweis, daß die Graphitlager von Ceylon echte Gänge im Gneis bilden, führte zu der Ansicht, daß solche Graphite auf eruptivem Wege entstanden seien. In zahlreichen anderen Fällen ist seither der Nachweis geführt worden, daß auch andere Graphitlager auf rein chemischem Wege gebildet worden sind.

Geologisch ließ sich feststellen, daß alle vorcarbonischen Kohlenschichten im Meer entstanden sind. Dagegen sind alle permischen, triasischen, jurasischen, kretazischen (Kreide) und tertiären Kohlen festländische Bildungen. Die Carbonkohlen jedoch stammen von Pflanzen, die in litoralen Brackwassersümpfen wuchsen. Ihre mächtige Entwicklung verdanken sie dem gewaltigen Aufschwung, den das Pflanzenleben nahm, als dieses fähig wurde, aus dem Meer heraus durch das Litoralgebiet in das Festland einzuwandern. Solange die Flora fast ausschließlich noch im Meer lebte, vermochte sie keine großen Anhäufungen von Kohle zu liefern. Auch als sie in die Süßwasserseen und Sümpfe des permischen Festlandes eingedrungen war, blieb die kohlebildende Kraft gering. Aber in den Zeiten, wo die Flora den Brackwassergürtel sumpfiger Küstengebiete durchschritt, häuften sich jene mächtigen Kohlenlager auf, die für die Obercarbonzeit der nördlichen Halbkugel so bezeichnend sind.

Auch allgemein klimatische Ursachen haben bei der carbonischen Kohlebildung eine Rolle gespielt. Nach der tiergeographischen Verbreitung ist anzunehmen, daß in den älteren paläozoischen Zeiten auf der ganzen Erde ein sehr gleichmäßiges Klima herrschte. Da die während der Carbon- und Permzeit in den Kohlenflözen niedergelagerten Mengen von Kohlenstoff ausschließlich durch den Assimilationsprozeß grüner Pflanzen aus atmosphärischer Kohlensäure entstanden sein müssen, kann man mutmaßen, daß das gesamte freie Kohlendioxid in den Hüllen der Erde damals beträchtlich höher war als gegenwärtig.

Von höheren Pflanzen dieser litoralen Sumpfflora beteiligten sich an der Kohlebildung Keilblattgewächse, Schachtelhalme, Schuppenbäume und Farne, sämtlich Pflanzen mit gewaltigem Blattreichtum und starker Entwicklung des unterirdischen Wurzelsystems, außerdem noch Algen, wie z. B. die Gattung Pila, die zwar so klein ist, daß auf 1 cm^3 etwa 250 000 Stück gehen, die aber doch ganze Schichten der sogenannten Bogheadkohlen bildet.

Aus der Tatsache, daß man zuweilen zentimeterdicke Zwischenschichten von Pollenstaub zwischen den Kohlenflözen findet, schließt man, daß die bewegte Luft und daß Windbrüche die Pflanzenteile, Äste, Zweige, Blätter, Samen, Fruchtstände und Pollen zusammentrieben. Wie zahlreiche Pilzhyphen zeigen, spielten Mikroben bei der Umwandlung dieses pflanzlichen Abfalls in Kohle eine wichtige Rolle. Unter Wasser bei Luftmangel vollzog sich eine Art von Gärung, bei der aus Cellulose oder Lignin Methan, Kohlendioxid und Wasser abgespalten wurden und Kohle hinterblieb.

Die Anwesenheit von Methan in den fetten Steinkohlen (manchmal 8 ml in 1 cm^3 Kohle), die gelegentlich durch die Bildung schlagender Wetter verhängnisvoll wird, bietet eine Gewähr dafür, daß die Bildung der Steinkohle auf einem Gärungsvorgang beruht, weil sich Methan bei der Gärung von Pflanzenstoffen im Schlamm als Sumpfgas noch heute vor unseren Augen bildet.

Durch diesen biologisch ablaufenden Vorgang entstanden aus den dem Torf ähnlichen Erstprodukten Braunkohlen. Dabei nahm der Gehalt an Cellulose stark ab, während das Lignin noch gut nachweisbar bleibt. Zugleich sind in der Braunkohle Huminsäuren gebildet worden.

Diese sind in Alkalien mit brauner Farbe lösliche kolloide Stoffe. Durch geochemische Einwirkung, wie erhöhter Druck und erhöhte Temperatur, können in weiterer Umwandlung die Steinkohlen entstanden sein, die keine Cellulose, kein Lignin und keine Huminsäuren mehr enthalten. Man bezeichnet diese Umwandlung, die zu einer stetigen Anreicherung an Kohlenstoff führt, als Inkohlung. Das Fortschreiten der Inkohlung wird auch innerhalb der Steinkohlen in der Reihe von den Flammkohlen zu den Magerkohlen sichtbar.

Unter besonderen Umständen entstanden gewisse Kohlenarten, die man technisch schon lange durch besondere Namen unterscheidet:

Die *Bogheadkohlen* sind, wie vorhin erwähnt, durch Anhäufung von Süßwasseralgen entstanden, deren Reste man mikroskopisch noch genau nachweisen kann.

Die *Kannelkohle* (von candle = Kerze, weil sie mit gelblicher Flamme wie eine Kerze brennt) stammt wesentlich von Sporen und sporenreichen Fruchtständen her. Außer leicht vergasbaren Stoffen, bis zu $^1/_5$ des Gewichtes, gibt sie bei der Destillation viel Paraffine. Boghead- und Kannelkohle gehören zu den Flammkohlen.

Der bei den Rauchschäden der Steinkohlenfeuerung sich so unliebsam bemerkbar machende Schwefelgehalt der Steinkohlen rührt von den Schachtelbäumen her; denn die Asche unserer Equisetaceen enthält jetzt noch über 14 % Calciumsulfat. Dieses wird durch gärende organische Stoffe zu Calciumsulfid reduziert, aus dem dann die Schwefelverbindungen in den Steinkohlen und auch die dort vielfach anzutreffenden Bildungen von Eisendisulfid, FeS_2, unter eindringenden eisenhaltigen Wässern stammen.

Die chemische Natur der Steinkohlen ist noch wenig bekannt; doch haben PICTET sowie FRANZ FISCHER durch Extraktion bei niederen Temperaturen verschiedene Bestandteile daraus isoliert, die größtenteils zu den hydroaromatischen Verbindungen, z. B. hydriertem Fluoren und ähnlichen, gehören.

Die seit mehr als 80 Jahren eingehend untersuchten Produkte der Steinkohlendestillation geben über die chemische Natur der Steinkohle keinen Aufschluß, weil durch die hohe Temperatur weitgehende chemische Umlagerungen stattfinden müssen. Diese Destillationsprodukte, kurz als Steinkohlenteer bezeichnet, sind ein sehr wichtiges Material der organischen Chemie.

Bei niederer Temperatur erhält man aus der Kohle einen Tieftemperatur- oder Urteer (FRANZ FISCHER), in dem petroleumartige Kohlenwasserstoffe und Phenole überwiegen, während der Teer aus den Leuchtgasanstalten und Kokereien statt dessen mehr Kohlenwasserstoffe der Benzolreihe enthält.

Diese Zersetzung der Kohle bei tiefen Temperaturen wird Schwelung genannt. Sie erfolgt bei 500 . . . 600 °C. Sie gibt größere Ausbeuten an dem wertvollen Teer gegenüber den gasförmigen Kohlenwasserstoffverbindungen. Der hinterbleibende Koks hat nicht die Festigkeit des Hüttenkokses, ist dafür aber leichter brennbar. Darum geht das Bestreben dahin, auch die Steinkohlenschwelung in großtechnischem Maßstab einzuführen.

Steinkohlenpetrographie

Einen Einblick in die Struktur der Steinkohlen gab die mikroskopische Untersuchung. Diese läßt auf einer angeschliffenen Probe verschiedene, meist streifenartige Bestandteile erkennen. Die wichtigsten sind:

> *Glanzkohle* oder *Vitrit*, meist der Hauptbestandteil, bewirkt bei den Gas- und Fettkohlen das gute Backvermögen des Kokses, stammt aus Holz und Rinde der Zweige und Stämme.

> *Mattkohle* oder *Durit*, von der Magerkohle bis zur Flammkohle von 7 . . . über 30 % ansteigend, ist der festeste Bestandteil, stammt z. T. aus Sporen und Blätter enthaltendem Faulschlamm und gibt darum viel flüchtige Bestandteile. Kannel- und Bogheadkohle kommen reinem Durit nahe.

> *Faserkohle* oder *Fusit*, mit etwa 3 . . . 5 % in allen Steinkohlenarten, zeigt deutlich noch die Zellstruktur und ähnelt einer Holzkohle; deswegen wird auch vermutet, daß er durch Waldbrände entstand; gibt sehr wenig Teer und pulvrigen Koks und zerspringt beim Mahlen spröde zu Staub.

Clarit wird manchmal noch zusätzlich unterschieden als Bestandteil mit zwischen dem Vitrit und Durit liegenden Eigenschaften.

Durch Röntgenuntersuchungen ist nachgewiesen worden, daß die Steinkohlen schon kleinste Graphitkriställchen enthalten (MAHADEVAN). Diese sind als etwa 10...20 Å große Keime von elementarem Kohlenstoff in das organische Material eingebettet (U. HOFMANN, 1940). Wenn im Laufe der Inkohlung das organische Material zersetzt wird, wachsen diese Kohlenstoffkeime. Weit fortgeschritten ist diese Kohlenstoffbildung schon beim Anthrazit. Das Endglied dieser Inkohlung dürfte der *Schungit* sein, der aus einem dichten Gefüge von Kohlenstoffkriställchen von etwa 40 Å Größe mit geringsten Resten dazwischengelagerten organischen Materials besteht (D. WILM und U. HOFMANN).

Braunkohlen

Die Braunkohlen stehen nach ihrer Abstammung dem Torf am nächsten, der sich noch heute in den Torfmooren durch einen Verwesungsprozeß aus Sumpfpflanzen des süßen Wassers, insbesondere Sphagnumarten, bildet. Doch war zu der Zeit, als sich die Braunkohlenlager zu bilden begannen, nämlich im Tertiär, das Klima im allgemeinen viel milder und feuchter, so daß eine sehr üppige Flora, insbesondere Taxodien (Sumpfzypressen), große Mengen kohlenstoffhaltigen Materials anhäufen konnte. Durch die Länge der inzwischen verstrichenen Zeit — die Geologen schätzen diese auf viele hunderttausend Jahre — ist aber die Verwesung viel weiter vorgeschritten als beim Torf, und der Druck der aufliegenden Schichten hat so weit verfestigend gewirkt, daß die Braunkohle der Steinkohle ähnlicher geworden ist. Von dieser läßt sie sich, wie schon der Name sagt, durch die braune Farbe, oder besser durch den braunen Strich auf mattem Porzellan, leicht unterscheiden und ebenso durch die Abgabe der braunen löslichen Huminsäuren in Alkali. Auch diese Huminsäuren enthalten bereits kleinste Graphitkeime als Kerne ihrer kolliden Teilchen.

Gute böhmische Braunkohle enthält lufttrocken noch etwa 20 % Wasser und gibt pro 1 kg 4500...5000 kcal Verbrennungswärme. Auf trockene und aschefreie Substanz berechnet, ergibt sich ihre Zusammensetzung zu 65...75 % C, 5...6 % H, 20...30 % O, 1...2 % N. Bei der trockenen Destillation liefert sie nicht wie hocherhitzte Steinkohle Stoffe der Benzolreihe, sondern überwiegend gesättigte Kohlenwasserstoffe (Paraffine).

Die deutschen Braunkohlen, besonders aus Sachsen, sind erdig, sehr wasserreich (40...60 % Wasser) und enthalten so viel unverbrennbare Beimengungen, daß pro 1 kg oft nur 2500 kcal Heizwert erzielt werden. Wegen ihrer Lagerung in den oberflächennahen Erdschichten sind sie aber so leicht abzubauen (meist nur Tagebau), daß sie als billigstes Heizmaterial von großer Bedeutung sind. Viele Fabriken wurden in der nächsten Nähe dieser Braunkohlenlager angelegt, z. B. bei Bitterfeld oder Knapsack, Köln, und können so ohne teure Kohlenfrachten den Energiebedarf ihrer Betriebe auch aus minderwertiger Braunkohle decken.

Die der Verkokung der Steinkohlen entsprechende Destillation der Braunkohlen wird bei 600 °C durchgeführt, um Brennöle, Schmieröle und Paraffin zu gewinnen. Bei dieser Braunkohlenschwelung bleibt der leicht brennbare, reaktionsfähige Braunkohlenschwelkoks zurück, der u. a. unter dem Namen Grudekoks für Feuerungen im Haushalt Verwendung findet.

Nach einem Verfahren der I. G. Farbenindustrie gelang es, Steinkohle und insbesondere Braunkohle mit Wasserstoff von über 100 atm Druck bei 500 °C zu Benzin, Heiz- und Schmierölen umzusetzen. Dabei wurden Sulfide von Eisen, Wolfram und Molybdän als Katalysatoren angewendet. Bei dieser *Kohleverflüssigung* wurden bis zu 95 % der Kohlesubstanz von Braunkohle oder nicht zu hoch inkohlter Steinkohle ausgenutzt.

Verbindungen des Kohlenstoffs mit Sauerstoff bzw. Wasserstoff und Sauerstoff

Die Verbindungen des Kohlenstoffs können hier nur zu einem geringen Teil behandelt werden, da sie in das Sondergebiet der organischen Chemie gehören. Einige aber, die für die anorganische Chemie von besonderer Bedeutung sind, sollen hier besprochen werden.

Kohlendioxid (Kohlensäureanhydrid), CO_2

Schmelzpunkt unter 5,3 atm Druck	$-57\ °C$
Sublimationspunkt (Temperaturfixpunkt)	$-78,5\ °C$
Kritische Temperatur	$31\ °C$
Kritischer Druck	73 atm
Dichte bei $-79\ °C$	$1,56\ g/cm^3$
Gewicht von 1 l Kohlendioxid bei 0 °C und 760 Torr	$1,977\ g$

Vorkommen

Die Luft [1]) enthält gegenwärtig auf 10 000 Raumteile 3 Raumteile Kohlendioxid, 1 m^3 Luft also 0,3 l Kohlendioxid, jedoch kann sich dieses Gas infolge der Verbrennungs- und Atmungsprozesse (die vom Menschen ausgeatmete Luft enthält 4 ... 5 % Kohlendioxid) stellenweise erheblich ansammeln.

Aus dem Erdinnern dringt manchmal, besonders häufig an alten vulkanischen Bruch- linien der Erdrinde, Kohlendioxid hervor, so bei Trier, Brohl, Andernach, Eyach, Bern- hardshall bei Salzungen, im Höllental im Frankenwald und in der Hundsgrotte von Neapel. Berüchtigt sind die Kohlendioxid-Bläser im oberschlesischen Steinkohlenrevier. In Deutschland wird an einigen Orten dieses natürliche Kohlendioxid aufgefangen, durch Druck verflüssigt und in den Handel gebracht. Auch in vielen Quellwässern kommt freies Kohlendioxid (Säuerlinge) vor.

Viel größere Mengen Kohlendioxid finden sich gebunden in Form von Salzen in der Natur. Die meisten Quell- und Flußwässer enthalten Calciumhydrogencarbonat, $Ca(HCO_3)_2$, gelöst, das in kleineren Mengen den erfrischenden Geschmack des Trink- wassers bewirkt, in größeren aber das Wasser hart macht (siehe unter Calcium).

In Form von „kohlensaurem Kalk", Kalkstein, Marmor, Kreide oder als Doppelsalz von Calcium- und Magnesiumcarbonat (Dolomit) sind ungeheure Mengen Kohlen- dioxid gebunden und dem Assimilationsprozeß entzogen. Bedenkt man, daß diese im Laufe der Erdgeschichte aus Sedimenten entstandenen, jetzt ganze Gebirge und weite Bedeckungen des flachen Landes bildenden Massen größtenteils aus ursprünglich freiem Kohlendioxid und dem bei der Verwitterung kristalliner Silicate frei werdenden Kalk gebildet wurden, so kommt man zu der Vermutung, daß in den ältesten Erdperioden der Kohlendioxidgehalt der Luft größer gewesen sein muß als er es heute ist. Ferner ergibt sich, daß der zwar allmählich, aber unaufhaltsam fortschreitende Verwitterungsprozeß der kristallinen Urgesteine immer neue Mengen Kohlendioxid bindender Basen liefert und damit das für den Assimilationsprozeß nötige freie Kohlendioxid vermindert, so daß schließlich das pflanzliche und damit auch das tierische Leben einem Kohlenstoff- mangel entgegengeht. Nur durch vulkanische Kräfte, nämlich durch die Hitze in tiefen Erdschichten, kann in der Natur aus dem Calciumcarbonat oder Dolomit wieder Kohlen- dioxid freigemacht werden. Da aber diese Carbonate als sedimentäre Bildungen mehr an der Oberfläche liegen müssen und die Erdrinde von außen nach innen zu mehr und mehr erkaltet, kann auf diese Weise die Verarmung an freiem Kohlendioxid wohl ver- zögert, aber nicht aufgehalten werden. Für die nächste Zukunft ist freilich durch die

---

[1]) Das Gesamtgewicht des Kohlendioxids in der Luft wird zu 2,1 Billionen t angenommen. Dazu kommt noch die im Meerwasser enthaltene Kohlensäure, deren Menge noch erheblich größer ist.

Verbrennung fester und flüssiger Brennstoffe eher mit einer Zunahme des Kohlendioxids in der Atmosphäre zu rechnen.

Der Kreislauf des Kohlenstoffs in der belebten Welt

Die Pflanze bildet in den grünen Chlorophyllkörpern mit Hilfe der Energie des Sonnenlichtes aus dem atmosphärischen Kohlendioxid und dem Wasser organische Substanz (vorwiegend Kohlehydrate, $(C_6H_{10}O_5)n$) und setzt dementsprechend Sauerstoff in Freiheit. Das Tier (und zum Teil auch die Pflanze selbst) verbrauchen diesen gebundenen Kohlenstoff und geben ihn bei der Atmung als Kohlendioxid wieder ab. Dabei ermöglicht die freiwerdende Energie dieser Oxydation die Lebensfunktionen. Sowohl Tiere als auch Pflanzen geben bei der Verwesung oder Verbrennung den Kohlenstoff gleichfalls wieder als Kohlendioxid ab. Zur Zeit beträgt der nach dem Schema

$$CO_2 + H_2O \underset{\text{Tier (Pflanze)}}{\overset{\text{grüne Pflanze}}{\rightleftarrows}} \text{organische Substanz} + O_2$$

organisch gebundene Kohlenstoff wahrscheinlich etwa die Hälfte der Menge des Kohlenstoffs, der in dem atmosphärischen Kohlendioxid enthalten ist.

Nach H. Schroeder kann die Menge des im Laufe eines Jahres von den grünen Gewächsen zerlegten Kohlendioxids auf 60 Billionen kg geschätzt werden. Hiervon entfallen 40 Billionen kg auf das Waldland, 14 Billionen kg auf Kulturflächen, 4 Billionen kg auf Steppen und 1 Billion kg auf Ödland. So werden jährlich etwa 35 Billionen kg organisches Material, und zwar überwiegend Cellulose, erzeugt.

Der Verbrauch an Kohlendioxid wird laufend durch den Abbau des organischen Materials in höheren und niederen Lebewesen zu Kohlendioxid wieder ergänzt, wobei in ungefähr 30 Jahren ein Umsatz erreicht wird, der der Gesamtmenge an Kohlendioxid in der Atmosphäre entspricht. Man ersieht hieraus, daß sich Pflanzen- und Tierwelt als Kohlenhydraterzeuger und -verbraucher zu ihrem Fortbestehen gegenseitig bedingen.

Darstellung

Im Laboratorium stellt man das Kohlendioxid am bequemsten im Kippschen Apparat aus Marmor und Salzsäure dar:

$$CaCO_3 + 2 HCl = CaCl_2 + H_2O + CO_2$$

Oder man erhitzt Magnesit auf 400 ... 500 °C

$$MgCO_3 = CO_2 + MgO$$

bzw. Natriumhydrogencarbonat auf 100 ... 200 °C:

$$2 NaHCO_3 = Na_2CO_3 + H_2O + CO_2$$

Der Kohlendioxidbedarf der Technik wird einmal aus den natürlichen Kohlendioxidvorkommen, zum anderen durch Gewinnung des Gases aus den Abgasen von Feuerungen oder aus den Kalköfen gedeckt. In ihnen wird Calciumcarbonat durch Glühen zerlegt:

$$CaCO_3 = CaO + CO_2$$

Eigenschaften

Physikalische Eigenschaften

Kohlendioxid ist unter gewöhnlichem Druck und bei gewöhnlicher Temperatur ein farbloses Gas, das im sichtbaren Teil des Spektrums keine merkbare Lichtabsorption ausübt. Wohl aber zeigt es in dem unserem Auge unsichtbaren Gebiet des Ultrarots zwei starke

Absorptionsbänder, die so ausgeprägt sind, daß schon der geringe Gehalt der Atmo-sphäre an Kohlendioxid (etwa 0,03 %) ausreicht, um sie erkennen zu lassen. Für die Erwärmung der Erdoberfläche ist diese Eigenschaft besonders bedeutend, weil die Wärmeabstrahlung des Bodens infolge der Absorption der ultraroten Wärmestrahlen durch das Kohlendioxid verhindert wird, während die sichtbaren Sonnenstrahlen un-gehindert die Erdoberfläche erreichen.

Bei 31 °C liegt die Grenze, oberhalb deren das Kohlendioxid durch noch so großen Druck nicht mehr verflüssigt werden kann. Man nennt diese die *kritische Temperatur* und den bei dieser Temperatur zur Verflüssigung gerade ausreichenden Druck von 73 atm den *kritischen Druck.*

Bei 0 °C braucht man 34,3 atm, bei −10 °C 26,0 atm, bei −20 °C 19,3 atm, bei −30 °C 14 atm, bei −40 °C 9,8 atm, bei −50 °C 6,6 atm zur Verflüssigung. Flüssiges Kohlen-dioxid ist nur unter Druck herstellbar, denn der Schmelzpunkt des Kohlendioxids liegt mit −57 °C (unter 5,3 atm Druck) höher als der Sublimationspunkt bei −78,5 °C, bei dem der Dampfdruck des festen Kohlendioxids bereits einen Druck von 1 atm erreicht.

Kohlendioxidschnee

Öffnet man das Ventil einer mit flüssigem Kohlendioxid gefüllten, schräg nach unten gerichteten Bombe, so wird flüssiges Kohlendioxid unter starkem Druck herausgepreßt. Es kann aber bei dem geringeren Druck der Umgebung von 1 atm nicht bestehen, son-dern verdampft zum Teil, und der Rest wird durch den mit dieser Verdampfung ver-bundenen Wärmeentzug unter den Schmelzpunkt, nämlich bis auf den Sublimationsp. −78,5 °C abgekühlt, so daß der Kohlendioxidrest zu einer schneeigen Masse erstarrt.

Die Sublimationswärme des festen Kohlendioxids beträgt bei −78,5 °C 137 cal pro 1 g. Dieser Kohlendioxidschnee bietet also einen sehr beträchtlichen Kältevorrat, mit dessen Hilfe man eingetauchte Gefäße abkühlen und den darin befindlichen Stoffen bedeutende Wärmemengen entziehen kann. Um aber die Berührung mit den abzukühlenden Gegen-ständen inniger zu gestalten, als dies der pulvrige Kohlendioxidschnee ermöglicht, mischt man ihn mit Methanol, Äthanol oder Aceton und erhält so ein Kältebad von etwa −80 °C.

Für die meisten Zwecke geeigneter als der Kohlendioxidschnee ist das unter dem Namen *Trockeneis* durch Anwendung von 40 . . . 50 atm Druck in Blockform gebrachte feste Kohlendioxid. Es findet vor allem für Tiefkühlung von Lebensmitteln ausgedehnte Verwendung. Außer der hohen Kühlleistung hat es den Vorteil, ohne Rückstand zu verdampfen.

Bildungsenergie von Kohlendioxid

Das Kohlendioxid entsteht aus Kohlenstoff beim Verbrennen unter sehr bedeutender Wärmeentwicklung von 7867 cal für 1 g Diamant oder 7829 cal für 1 g Graphit oder über 8000 cal für 1 g feinkristallinen Kohlenstoff, z. B. Koks. Auf 1 g-Atom Kohlenstoff, d. h. auf $\approx$ 12 g Kohlenstoff, kommt somit die Wärmeentwicklung von 94 . . . 98 kcal. Man kann daher aus 1 kg Kohlenstoff so viel Wärme gewinnen, wie erforderlich ist, um rund 8000 kg Wasser von 14 auf 15 °C zu erwärmen. Hierauf beruht die außer-ordentliche Bedeutung des Kohlenstoffs als Heizmaterial und Energiequelle unserer Wärmemaschinen. Dabei überbietet der Kohlenstoff die meisten anderen brennbaren Stoffe an kalorischer Wirkung. Es liefern pro 1 kg (Werte gerundet):

Eisen	1700 kcal	Aluminium	7000 kcal
Zink	1300 kcal	Kohlenstoff	8000 kcal
Natrium	2200 kcal	Silicium	8000 kcal
Phosphor	6000 kcal	Wasserstoff	34200 kcal
Magnesium	6000 kcal		

Wohl gleichwertig mit dem Kohlenstoff ist demnach das Silicium. Aber abgesehen von seiner kostspieligen Gewinnung, bildet es ein nicht flüchtiges, festes Verbrennungsprodukt, das Siliciumdioxid, SiO_2, das naturgemäß die weitere Verbrennung hemmen muß.

Wasserstoff ist zwar hinsichtlich seiner Verbrennungswärme dem Kohlenstoff weit überlegen, das Gas nimmt aber pro Kilogramm bei 0 °C und 760 Torr einen Raum von $11,2 \, m^3$ ein, deshalb sind andere Vorrichtungen zur Verbrennung nötig als bei dem festen, nicht flüchtigen Kohlenstoff.

Vor allem aber ist der Kohlenstoff das einzige Element, das uns als Kohle im verbrennungsfähigen Zustand in der Natur zur Verfügung steht. Alle anderen brennbaren Stoffe finden sich nur in oxydiertem, nicht mehr brennbarem Zustand, z. B. Wasser, Eisenoxid, Phosphate, Silicate usw.

Da bei der Bildung von Kohlendioxid aus Kohlenstoff und Sauerstoff ein so bedeutendes Quantum Energie frei wird, muß bei der Spaltung des Kohlendioxids wieder bedeutende Energie aufgeboten werden. Dieser Vorgang spielt sich mit Hilfe der Sonnenenergie in den grünen Pflanzenteilen ab nach dem Schema:

$$m \, CO_2 + n \, \text{Wasser} = C_m O_n H_{2n} + m \, O_2$$

Aus den Pflanzen entsteht dann im Laufe der Zeit die Kohle. Da uns die Kohle als Brennstoff den größten Teil unseres Energiebedarfes liefert, verwenden wir in ihr nur die im Laufe der Jahrmillionen aufgespeicherte Sonnenenergie.

In handlicher Form bietet sich uns der Wasserstoff verbunden mit dem Kohlenstoff in den Kohlenwasserstoffen der organischen Chemie, z. B. im Petroleum, $C_{12}H_{26}$ bis $C_{18}H_{38}$, mit einem Brennwert von rund 11000 kcal pro 1 kg, im Paraffin, Benzol und dergleichen.

Bei sehr hohen Temperaturen zerfällt das Kohlendioxid, mit der Temperatur zunehmend, in Kohlenmonoxid und Sauerstoff, wobei jeder Temperatur bei konstantem Druck ein bestimmtes Gleichgewicht zukommt:

$$2 \, CO_2 \rightleftharpoons 2 \, CO + O_2$$

Bei 1300 °C sind etwa 0,1 %, bei 1500 °C 0,5 %, bei 2000 °C 7,55 % in diesem Sinne zerfallen.

Struktur

Das Kohlendioxid ist als homöopolare Verbindung aufzufassen. Die beiden Sauerstoffatome sind jeweils durch eine doppelte Atombindung an das Kohlenstoffatom gebunden. So besteht die alte Valenzstrichformel $O{=}C{=}O$ zu Recht, wobei jeder Strich ein beiden Atomen gemeinsames Elektronenpaar bedeutet. Der C—O-Abstand ist mit 1,15 Å allerdings etwas kleiner als man für eine echte Doppelbindung erwarten sollte (1,22 Å), so daß vielleicht auch die mesomeren Formen $^{(-)}|\overline{O}{-}C{\equiv}O|^{(+)} \rightleftharpoons {}^{(+)}|O{\equiv}C{-}\overline{O}|^{(-)}$ am Bindungszustand mit einem geringen Gewicht beteiligt sind.

Chemisches Verhalten

Daß Kohlendioxid weder die Verbrennung noch die Atmung unterhalten kann, ist nach seiner Entstehung vorauszusehen. Tiere ersticken bald in einer kohlendioxidreichen Atmosphäre, und Flammen erlöschen darin. Um die letztgenannte Eigenschaft sinnfällig zu zeigen, benutzt man die in Abb. 65 abgebildete Zusammenstellung. Leitet man Kohlendioxid langsam in das Gefäß ein, so erlischt zunächst das untere Kerzchen, dann das nächste usw., weil das Kohlendioxid schwerer ist als die Luft und deshalb zu Boden sinkt. (Das Gewicht des Kohlendioxids (Molekulargewicht ≈ 44) verhält sich zu dem mittleren der Luft (≈ 29) wie 44 zu 29. Kohlendioxid ist also 1,5mal schwerer als Luft.) So prüft man auch mittels hinabgelassener brennender Kerzen Keller und Schächte auf

Ansammlung von Kohlendioxid, das Gärungen oder Bodenausströmungen entstammen kann, ehe sich Menschen hinabbegeben dürfen.

Ausgiebigen Gebrauch macht man von der flammentötenden Wirkung des Kohlendioxids in den Kohlensäurelöschapparaten. Die Kohlensäure-Trockenlöscher enthalten in einer kleinen Stahlbombe flüssiges Kohlendioxid und im Hauptbehälter pulvriges Natriumhydrogencarbonat. Öffnet man das Ventil, so bläst der Kohlendioxidgasstrom das Hydrogencarbonat gegen das brennende Objekt, wodurch der zur Verbrennung notwendige Sauerstoff durch das aus dem Hydrogencarbonat entwickelte Kohlendioxid unter die erforderliche Konzentration herabgedrückt wird. Statt Natriumhydrogencarbonat wird bei den Kohlensäureschneelöschern Kohlendioxidschnee auf den Brandherd gestäubt. Dieser kühlt das brennende Objekt unter die Entzündungstemperatur ab und deckt es durch die Schutzwirkung des Kohlendioxidgases ab.

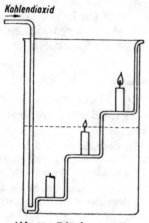

Abb. 65. Erlöschen von Kerzen in Kohlendioxid

Größere Mengen Kohlendioxid wirken eingeatmet auf das Atmungszentrum giftig, sie bewirken Schwindel, Schläfrigkeit, Bewußtlosigkeit und schließlich den Erstickungstod. Ein Gehalt der Luft von mehr als 5 % Kohlendioxid wirkt schon merklich giftig, doch verschwinden die Erscheinungen schnell, sobald frische, kohlendioxidarme Luft zugeführt wird, weil der tierische Organismus als normales Stoffwechselprodukt Kohlendioxid entwickelt (ein erwachsener Mensch gegen 6 g CO_2 in 10 min) und demgemäß auf die rechtzeitige Entfernung dieses Giftes durch die Atmung eingerichtet ist.

Obwohl das Kohlendioxid infolge seiner hohen Bildungswärme den Sauerstoff sehr fest gebunden enthält, kann man doch die Reduktion zu freiem Kohlenstoff erzwingen, wenn man das trockene Gas über erhitztes Kalium oder Magnesium in einem Rohr aus schwer schmelzbarem Glase leitet. Beide Metalle wirken von 500 °C an so stark auf das Kohlendioxid, daß unter Aufglühen neben Kaliumcarbonat bzw. Magnesiumoxid schwarzer Kohlenstoff ausgeschieden wird.

Besonders gut verläuft der Versuch, wenn man Kohlendioxidschnee mit etwa dem gleichen Gewicht Magnesiumfeile auf Asbestpappe mischt und dann von oben ein Stückchen brennenden Magnesiumdraht herabfallen läßt. Unter äußerst starker Lichtentwicklung verbrennt dann das Magnesium in dem aus dem festen Kohlendioxid abdampfenden gasförmigen Kohlendioxid zu Magnesiumoxid, während der Kohlenstoff als schwarzes Pulver zurückbleibt:

$$CO_2 + 2\,Mg = C + 2\,MgO$$

Dieser Vorgang verläuft unter sehr bedeutender Wärmeentwicklung, weil die Verbrennungswärme von 2 g-Atom Magnesium, das sind 48 g, $2 \cdot 144$ kcal beträgt, die Verbrennungswärme von 1 g-Atom $= 12$ g Kohlenstoff dagegen nur 96 kcal.

Im Wasser löst sich Kohlendioxid bei Normaldruck wie folgt:

°C	0	15	20	35	60
Raumteile CO_2	1,7	1,0	0,88	0,59	0,36

in 1 Raumteil Wasser. Mit steigendem Druck nimmt die Löslichkeit zu. Bei 20 °C sind bei 25 atm 16,3 und bei 50 atm 25,7 Raumteile Kohlendioxid in 1 Raumteil Wasser gelöst. Solche für Normaldruck übersättigte Lösungen geben beim Entlasten des Druckes einen Teil des Kohlendioxids unter Aufschäumen wieder ab. Wegen ihrer anregenden Wirkung

finden solche Lösungen als Sauerbrunnen, moussierende Limonaden sowie als Schaumwein Verwendung. Auch das Bier enthält von der Gärung her reichlich Kohlendioxid, nach dessen Entweichen das Getränk seinen erfrischenden Geschmack verloren hat. Um dies zu verhindern, preßt man Kohlendioxidgas aus einer mit flüssigem Kohlendioxid gefüllten Stahlflasche in das Bierfaß und treibt durch diesen Druck das Getränk zur Ausschankstelle (Bierpression).

Bildung von Kohlensäure

Die wäßrige Lösung des Kohlendioxids reagiert gegenüber blauer Lackmuslösung schwach sauer und färbt diese rotweinfarben (nicht ziegelrot wie eine starke Säure). Auch die rot gefärbte alkalische Lösung von Phenolphthalein wird entfärbt, Methylorange dagegen nicht verändert. Als wirksam kann in den Lösungen nicht das Kohlendioxid selber, sondern nur sein Hydrat H_2CO_3, die Kohlensäure, gelten, da nur diese Wasserstoff-Ionen abgeben kann:

$$H_2CO_3 \rightleftharpoons HCO_3^- + H^+$$

Weil Kohlensäurelösungen nur ganz schwach sauer reagieren und weil aus allen Carbonaten selbst durch schwache Säuren, wie Essigsäure, unter Aufbrausen Kohlendioxid ausgetrieben wird, nennt man die Kohlensäure gewöhnlich eine sehr schwache Säure.

Dies kann indessen nicht richtig sein, denn die der Kohlensäure $O{=}C{<}^{OH}_{OH}$ strukturell nahestehende Ameisensäure $O{=}C{<}^{H}_{OH}$ mit nur einer sauer wirkenden OH-Gruppe ist eine ziemlich starke Säure.

Der schwache Säurecharakter der Kohlensäure ist ähnlich wie der schwache Basencharakter der wäßrigen Ammoniaklösung (siehe dort) nur vorgetäuscht, weil das Gleichgewicht $CO_2 + H_2O \rightleftharpoons H_2CO_3$ ganz überwiegend auf der linken Seite der Gleichung liegt. Nach Messungen von THIEL und STROHECKER (1914) sind bei 4 °C in einer wäßrigen Lösung von 0,38 g CO_2 in 1 l Wasser nur 0,6 % des CO_2 zu H_2CO_3 bzw. den Ionen $H^+ + HCO_3^-$ umgesetzt, während mehr als 99 % als Anhydrid CO_2 vorliegen. Berücksichtigt man diese geringe Konzentration der als Säure allein in Betracht kommenden Moleküle H_2CO_3, so ist die Säurestärke der Kohlensäure nach dem Vorgang:

$$H_2CO_3 \rightleftharpoons HCO_3^- + H^+$$

doppelt so groß wie die der Ameisensäure.

THIEL und STROHECKER konnten das Verhältnis der Konzentrationen von CO_2, H_2CO_3 und $H^+ + HCO_3^-$ auf Grund der Beobachtung bestimmen, daß bei der Zugabe von Alkali zu einer wäßrigen Kohlensäurelösung nur ein sehr kleiner Teil sofort zur Neutralisation verbraucht wird, während die weitere Neutralisation langsam verläuft. Die schnell verlaufende Umsetzung entspricht der Reaktion der H_2CO_3-Moleküle und ihrer Ionen H^+ und HCO_3^-, die langsame Umsetzung dem Vorgang

$$CO_2 + OH^- = HCO_3^-$$

Durch den Abzug der H^+- und HCO_3^--Konzentration, die durch Leitfähigkeitsmessung bestimmbar ist, von der Summe der Konzentrationen von H_2CO_3, H^+ und HCO_3^- ergibt sich die Konzentration des undissoziierten Hydrates H_2CO_3. Die wahre Dissoziationskonstante der Kohlensäure, $K = \dfrac{[H^+] \cdot [HCO_3^-]}{[H_2CO_3]}$, hat den Wert $5 \cdot 10^{-4}$.

Daß das Hydrat H_2CO_3 sehr unbeständig ist und leicht Wasser verliert, kann nach den Erfahrungen der organischen Chemie nicht verwundern, weil ganz allgemein zwei an dasselbe Kohlenstoffatom gebundene Hydroxylgruppen unbeständig sind und unter Wasserverlust in das betreffende Anhydrid übergehen.

Die Kohlensäure bildet als zweibasige Säure zwei Reihen von Salzen, nämlich *Carbonate*, Me$_2$CO$_3$, und *Hydrogencarbonate (Bicarbonate)*, MeHCO$_3$. Diese werden erst bei den betreffenden Metallen ausführlich behandelt werden. Hier sei nur die für den Nachweis charakteristische Reaktion beschrieben.

Leitet man Kohlendioxid in Kalkwasser oder Barytwasser, so trübt sich die Flüssigkeit von niederfallendem, sehr schwer löslichem Calcium- oder Bariumcarbonat:

$$CO_2 + Ca^{2+} + 2\,OH^- = CaCO_3 + H_2O$$

Etwa vorhandenes Phenolphthalein wird in dem Maße entfärbt, als die OH$^-$-Ionen gebunden werden. Auf diese Weise kann man auch zeigen, daß die ausgeatmete Luft relativ viel (4...5 %) Kohlendioxid enthält. Leitet man längere Zeit einen kräftigen Strom von Kohlendioxid in Calcium- bzw. Bariumcarbonat enthaltende Lösungen ein, so geht das Carbonat allmählich wieder in Lösung, weil sich die leichter löslichen Hydrogencarbonate bilden:

$$CaCO_3 + CO_2 + H_2O = Ca(HCO_3)_2$$

Um das Kohlendioxid von anderen Gasen, wie Wasserstoff, Stickstoff, Sauerstoff und Kohlenmonoxid, zu trennen, läßt man das Gemisch durch Kalilauge oder über Natronkalk (Gemisch von Ätznatron mit Kalk) streichen.

Aus der Volumenverminderung kann man dann unmittelbar den Gehalt des Gases an Kohlendioxid erkennen. Hierzu verwendet man am einfachsten eine Buntebürette oder eine Hempelpipette mit zugehöriger Bürette (siehe unter Sauerstoff).

Die Absorption des Kohlendioxids durch Laugen nutzt man auch zum Sammeln von Gasen, die bei irgendeiner Reaktion entstehen. Man verdrängt aus der ganzen Apparatur die Luft durch einen mäßig schnellen Kohlendioxidstrom, der in einem Schiffschen Azotometer endet (Abb. 66).

Um das Zurücksteigen der 30...50%igen Kalilauge aus dem Azotometer zu verhindern, wird etwas Quecksilber in den gekrümmten Teil des gaszuführenden unteren Rohres gebracht. Sobald das durchgeleitete Gas im Azotometer von der Lauge bis auf winzige Bläschen absorbiert wird, ist die Luft verdrängt, und nun läßt man die beabsichtigte Reaktion ablaufen. Schließlich treibt man mit dem Kohlendioxidstrom alles entwickelte Gas in das Azotometer, wo es sich über der Lauge ansammelt und dann gemessen wird. Natürlich kann man auf diese Weise nur solche Gase bestimmen, die sich selbst nicht in der Lauge lösen.

Zur Erkennung von Carbonaten gibt man zu diesen eine stärkere Säure, z. B. 10%ige Salzsäure. Hierbei brausen die meisten Carbonate auf, ähnlich wie ein Brausepulver, das ja aus einer Mischung von Natriumhydrogencarbonat mit Weinsäure oder Citronensäure besteht. Der in der Natur vorkommende Dolomit, (Ca,Mg)CO$_3$, und der Magnesit, MgCO$_3$, geben nur allmählich Kohlendioxidbläschen ab. Hiervon machen die Geologen zur Unterscheidung des Dolomits vom Kalkstein Gebrauch.

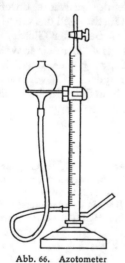

Abb. 66.   Azotometer

Kohlenmonoxid, CO

Schmelzpunkt	−205 °C
Siedepunkt	−191,6 °C
Kritische Temperatur	−140 °C
Kritischer Druck	34,5 atm
1 l Kohlenmonoxid wiegt bei 0 °C und 760 Torr	1,250 g

Darstellung und Bildung

So schwer es auch gelingt, das Kohlendioxid bis zum freien Kohlenstoff zu reduzieren, so ist die teilweise Reduktion bis zum Kohlenmonoxid nicht schwierig. Beim Überleiten von Kohlendioxid über glühende Kohlen erfolgt die umkehrbare Reaktion (siehe dazu S. 340).

$$CO_2 + C \rightleftharpoons 2\,CO - 41\,kcal$$

Kohlenmonoxid bildet sich neben Kohlendioxid, wenn Sauerstoff oder Luft in einem zur vollständigen Verbrennung ungenügenden Verhältnis auf glühende Kohlen treffen. Dies tritt bei schlecht ventilierten Öfen ein, besonders dann, wenn man vor dem Erlöschen der Kohlen den Abzug der Gase zum Schornstein hindert. Das giftige Kohlenmonoxid gelangt dann in die Atmosphäre der Räume. Hierauf sind viele Kohlenmonoxidvergiftungen zurückzuführen.

Auch beim Glimmen oder Schwelen pflanzlicher Stoffe entsteht neben Kohlendioxid überwiegend Kohlenmonoxid. Beispielsweise enthält der Tabakrauch stets mehrere Prozent dieses Giftes.

Große Mengen von Kohlenmonoxid werden in der Industrie durch Verbrennen von Kohle für Heizzwecke und für Synthesegase hergestellt (siehe unter Generator- und Wassergas 342).

Im Laboratorium wird Kohlenmonoxid durch Zersetzen von Ameisensäure dargestellt. Durch Eintropfen von konzentrierter Ameisensäure in konzentrierte Schwefelsäure von 70 ... 80 °C erhält man einen gut regulierbaren Gasstrom. Die Schwefelsäure wirkt hierbei wasserentziehend:

$$HCOOH = CO + H_2O$$

Auch aus Oxalsäure, $H_2C_2O_4$, wird durch heiße konzentrierte Schwefelsäure unter Wasserentzug Kohlenmonoxid neben dem gleichen Volumen Kohlendioxid entwickelt. Letzteres wird durch Kalilauge absorbiert, und so erhält man reines Kohlenmonoxid.

Erhitzt man Calciumoxalat, so entweicht fast reines Kohlenmonoxid, während Spuren von Kohle im Calciumcarbonat zurückbleiben:

$$CaC_2O_4 = CaCO_3 + CO$$

Kohlenmonoxid bildet sich auch bei der Zersetzung von gelbem Blutlaugensalz, $K_4[Fe(CN)_6]$, mit heißer 70%iger Schwefelsäure. Bei dieser Reaktion zerfällt der Cyanwasserstoff in Kohlenmonoxid und Ammoniumsulfat:

$$HCN + H_2O = CO + NH_3 \quad bzw. \quad (NH_4)_2SO_4$$

Auch aus Chloroform wird durch sehr konzentrierte, erwärmte Kalilauge Kohlenmonoxid entwickelt:

$$CHCl_3 + 3\,KOH = CO + 3\,KCl + 2\,H_2O$$

Eigenschaften

Physikalische Eigenschaften

Kohlenmonoxid ist ein farbloses, fast geruchloses Gas, das sich erst unterhalb −140 °C (kritische Temperatur; kritischer Druck 35 atm) verflüssigen läßt, sich in Wasser nur zu etwa 3 Vol.-% löst und sich den meisten Agenzien gegenüber bei gewöhnlicher Temperatur als eine wenig reaktionsfähige, anscheinend gesättigte Verbindung verhält. Bei erhöhter Temperatur und unter Druck kann es jedoch in sehr mannigfacher Weise reagieren.

Oxydation des Kohlenmonoxids

Gegenüber freiem Sauerstoff, auch in seinen reaktionsfähigsten Formen, wie Ozon oder Wasserstoffperoxid, und gegenüber vielen anderen Oxydationsmitteln ist das

Kohlenmonoxid bei Zimmertemperatur selbst in Gegenwart von typischen Sauerstoff-übertragern sehr beständig. Sogar unter dem in anderen Fällen sehr wirksamen Einfluß der stillen elektrischen Entladung wird es nur allmählich zu Kohlendioxid oxydiert. Sonnenlicht wirkt auf Sauerstoff-Kohlenmonoxidgemische nicht ein.

Dagegen wird Kohlenmonoxid von wäßriger Chromsäure in Gegenwart von Queck-silber(II)-chromat schon bei Zimmertemperatur ziemlich schnell zu Kohlendioxid oxy-diert (K. A. Hofmann und G. Schmitt).

Am schnellsten wird Kohlenmonoxid von einer mit Natriumacetat versetzten verdünnten Palladium(II)-chloridlösung oxydiert, wobei das austretende Palladium als schwarze, feinst verteilte Trübung so deutlich sichtbar wird, daß man diese Reaktion als den besten *qualitativen Nachweis* von Kohlenmonoxid bezeichnen darf (O. Brunck).

Wäßrige, mit Pyridin und wenig Natronlauge alkalisch gemachte Silbernitratlösung wirkt gleichfalls schnell oxydierend (W. Manchot).

Auch Silberoxid sowie Permanganatlösung in Gegenwart von etwas Silbersalz wirken, aller-dings langsamer, oxydierend ein. Für Gasmaskenfüllung bewährt sich eine Aktivmasse, auch Hopkalit genannt, von 95 % Mangan(IV)-oxid (aus Permanganat) und 5 % Kupfer(II)-oxid. Die Wirksamkeit dieser Masse hängt wesentlich von den Einzelheiten der Herstellung beider Bestandteile ab. Es ist gelungen, die Reaktionsfähigkeit der Aktivmasse so weit zu erhöhen, daß sie bei Zutritt von beispielsweise Leuchtgas aufglüht. Dabei oxydieren die Oxide das Kohlenmonoxid zu Kohlendioxid. Wasserdampf macht die Aktivmasse unwirksam. Deshalb wird in den Gasmasken Trocknung mit Natronkalk und dergleichen vorgesehen.

Jodsäure bzw. Jodpentoxid oxydieren Kohlenmonoxid von 150 °C aufwärts sehr schnell zu Kohlendioxid, während sie selbst zu freiem Jod reduziert werden (Gautier).

Bei gewöhnlicher Temperatur läßt sich Kohlenmonoxid in Gegenwart von Alkalilaugen und Kupfer oxydieren:

$$2\,CO + O_2 + 4\,NaOH = 2\,Na_2CO_3 + 2\,H_2O$$

Man kann in galvanischen Elementen vom Typ Kohlenmonoxid-Kupfer | Lauge | Kupfer-oxid-Luft elektrische Energie gewinnen, deren Menge etwa $^3/_5$ der bei der Kohlenmon-oxidverbrennung freiwerdenden Wärme entspricht (K. A. Hofmann, 1920).

In ammoniakalischen Kupfer(I)-salzlösungen läßt sich in Gegenwart von Luft Kohlenmonoxid laufend zu Ammoncarbonat oxydieren. Da der Luftsauerstoff dabei das Kupfer(I)-salz zu Kupfer(II)-salz oxydiert, muß man das Kupfer(II)-salz gelegentlich durch reines Kohlenmon-oxid wieder zu Kupfer(I)-salz reduzieren (K. Leschewski).

Mit Wasserdampf setzt sich Kohlenmonoxid bei erhöhter Temperatur in reversibler Reaktion unter Bildung von Kohlendioxid und Wasserstoff um:

$$CO + H_2O_{Gas} \rightleftharpoons CO_2 + H_2 + 10\ kcal$$

Dieses Gleichgewicht liegt oberhalb 830 °C überwiegend auf der linken Seite der Glei-chung, unterhalb 830 °C auf der rechten Seite. In Gegenwart von Katalysatoren, wie durch Reduktion gewonnenem Eisen, kann bei 500 °C ein fast vollständiger Umsatz des Kohlenmonoxids erreicht werden. Diese *Konvertierung des Kohlenmonoxids* ge-nannte Reaktion ist technisch sehr bedeutend, weil es mit ihrer Hilfe gelingt, aus Kohlen-monoxid und Wasserdampf Wasserstoff herzustellen.

Die Umsetzung von Kohlenmonoxid mit Wasser ist bei 500 °C auch in Gegenwart von Calciumoxid möglich. Dabei bindet dieses das entstehende Kohlendioxid laufend zu Calcium-carbonat (Merz und Weith):

$$CO + H_2O + CaO = CaCO_3 + H_2$$

Von Natronlauge wird Kohlenmonoxid von 120 °C an bei einem Druck von 3 ... 4 atm leicht unter Bildung von Natriumformiat (siehe bei Ameisensäure) aufgenommen:

$$CO + NaOH = HCOONa$$

Mit Chlor verbindet es sich im Sonnenlicht und insbesondere im Kontakt mit aktiver Kohle zu Phosgen (Carbonyldichlorid), $COCl_2$ (siehe S. 355).

Mit Schwefel liefert Kohlenoxid bei 300 °C teilweise Kohlenoxysulfid, COS (siehe S. 355), außerdem auch Kohlendioxid und Schwefelkohlenstoff:

$$2\,COS = CO_2 + CS_2$$

Kalium bildet mit Kohlenmonoxid bei 80 °C Hexaoxybenzolkalium, $C_6(OK)_6$.

Bildung von Metallcarbonylen

Kohlenmonoxid bildet mit verschiedenen Schwermetallen und Metallchloriden, zum Teil sogar auffallend leicht, Metallcarbonylverbindungen. An feinverteiltes Nickel, Eisen und Kobalt lagert es sich zu den Metallcarbonylen $Ni(CO)_4$, $Fe(CO)_5$ und $[Co(CO)_4]_2$ an. Besonders die leichte Bildung des Eisenpentacarbonyls ist beim Arbeiten mit Kohlenmonoxid unter Druck in Gegenwart von Eisen zu beachten (Näheres über Metallcarbonyle siehe das entsprechende Kapitel am Schluß des Buches).

An Kupfer(I)-chlorid lagert sich Kohlenmonoxid bei Zimmertemperatur unter Bildung von $CuCl \cdot CO \cdot 2\,H_2O$ an, wenn man das Gas in salzsaure oder ammoniakalische Kupfer(I)-chloridlösung leitet. Auf der hierbei eintretenden Volumenverminderung beruht die quantitave Bestimmung des Kohlenmonoxids in der Gasanalyse.

W. MANCHOT fand, daß Natriumpentacyanoamminoferrat(II), $Na_3[Fe(CN)_5NH_3]$, Kohlenmonoxid lebhaft aufnimmt, wobei das Ammoniak durch Kohlenmonoxid verdrängt wird.

Mit den Chloriden der Platinmetalle erhielt MANCHOT charakteristische Verbindungen, die sich an das von SCHÜTZENBERGER beschriebene $2\,PtCl_2 \cdot 3\,CO$ anschließen, nämlich $PdCl_2(CO)$, $RuCl_2(CO)_2$; $RhCl_2 \cdot RhO \cdot 3\,CO$; $OsCl_2(CO)_3$; $IrCl_2(CO)_2$. Auch $AuCl(CO)$ wurde dargestellt. Mit Silbersulfat in rauchender Schwefelsäure tritt Kohlenmonoxid in ein Gleichgewicht:

$$Ag_2SO_4 + CO \rightleftharpoons Ag_2SO_4 \cdot CO$$

Giftwirkung

Kohlenmonoxid wird besonders schnell und vollständig vom roten Blutfarbstoff, dem *Hämoglobin*, aufgenommen und von diesem sehr viel schwerer als Sauerstoff wieder abgegeben. Infolgedessen verdrängt das Kohlenmonoxid den Sauerstoff, der in den Lungen vom roten Blutfarbstoff aufgenommen werden sollte, aus dem Blut und unterbindet so den im wesentlichen auf einer Oxydation der aufgenommenen Nahrungsstoffe durch den mit dem Blut zirkulierenden Sauerstoff beruhenden Lebensprozeß. Dazu kommt noch eine spezifische Giftwirkung des Kohlenmonoxids auf das Nervensystem, so daß 10 ml pro Kilogramm Körpergewicht (für einen erwachsenen Menschen etwa 600 ml) tödlich wirken. Weil Kohlenmonoxid in den Lungen vollständig absorbiert und nur sehr langsam wieder aus dem Blut entfernt wird, genügen schon sehr geringe Konzentrationen von etwa 0,05 % Kohlenmonoxid in der Atmosphäre, um bei stundenlangem Einatmen tödliche Vergiftungen hervorzurufen; bei einer Kohlenmonoxidkonzentration von 0,3 % genügt hierfür bereits 15 min dauerndes Einatmen. Die Giftwirkung äußert sich anfangs in Kopfschmerzen und Schwindel, später in Lähmung, dann in Kinnbackenkrampf, und schließlich tritt bei Bewußtlosigkeit Erstickung ein. Aber auch weit unterhalb der tödlichen Dosis liegende Kohlenmonoxidkonzentrationen können bei häufigem Einatmen zu chronischer Vergiftung mit schwerer Schädigung führen. Besonders gefährlich ist das Kohlenmonoxid, weil es wegen seiner Geruchlosigkeit nicht rechtzeitig bemerkt wird. Schlecht ventilierte Öfen, undichte Leuchtgasleitungen (Leuchtgas enthält bis zu 18 % Kohlenmonoxid) sind die in Laienkreisen noch immer nicht genügend beachteten Ursachen für Kohlenmonoxidvergiftungen.

Das beste Mittel gegen Kohlenmonoxidvergiftung ist reichliche Zufuhr von Sauerstoff, die durch starkes Atmen, notfalls künstliches Atmen, in frischer Luft oder bei schweren Vergiftungsfällen in reinem Sauerstoff unter 1,5 . . . 2 atm Druck erreicht wird.

Totes und lebendes Blut wird durch Kohlenmonoxid hell kirschrot gefärbt, und die darin enthaltene Verbindung von Kohlenmonoxidhämoglobin zeigt ein ähnliches Absorptionsspektrum wie das Sauerstoffhämoglobin. Gibt man aber ein Reduktionsmittel, wie farbloses Schwefel-ammonium, Arsenik oder auch Tannin, hinzu, so verändern sich die vom Sauerstoffhämoglobin herrührenden Absorptionsstreifen im Rot gänzlich, während die des Kohlenmonoxidhämo-globins erhalten bleiben. Auf diese Weise erkennt man das Kohlenmonoxid auch noch in geringsten Mengen.

Verbrennung von Kohlenmonoxid

Bei höheren Temperaturen verbrennt das Kohlenmonoxid an der Luft mit blauer Flamme zu Kohlendioxid:

$$2\,CO + O_2 = 2\,CO_2 + 2 \cdot 68\,kcal$$

Für 1 Mol Kohlenmonoxid, d. h. für ≈ 28 g, werden demnach 68 kcal entwickelt. Dieser hohe Energiebetrag bedingt die Verwendung von Generatorgas, Hochofengas, zum Teil auch die von Wassergas für Kraft- und Heizzwecke.

Bei der Verbrennung des Kohlenmonoxids wirkt Wasser als Reaktionsvermittler. Die Vereinigung von Kohlenmonoxid mit molekularem Sauerstoff findet nämlich bei vollkommen trockenen Gasen trotz hoher Temperatur nicht oder nur mit viel geringerer Geschwindigkeit statt, als dann, wenn geringe Mengen Feuchtigkeit zugegen sind. Nach HINSHELWOOD verläuft die Reaktion wahrscheinlich primär nach

$$CO + H_2O = CO_2 + H_2$$

dann nach:

$$H_2 + O_2 = 2\,OH$$

Die weitere Reaktion erfolgt in einer Kette nach:

$$OH + CO = CO_2 + H$$
$$H + O_2 + CO = CO_2 + OH$$

Die Entzündungstemperatur von Kohlenmonoxid-Sauerstoffgemischen liegt für hohen Sauerstoffgehalt bei 630 . . . 650 °C, für hohen Kohlenmonoxidgehalt bei 700 . . . 715 °C. Die untere Grenze der Explosionsfähigkeit liegt bei 12,5 % CO in feuchter Luft, d. h. kohlenmonoxidärmere Gase können die Anfangszündung nicht mehr ausbreiten.

Die Geschwindigkeit, mit der sich die Flamme bei der Explosion eines Kohlenmonoxid-Sauer-stoffgemisches fortpflanzt, zeigt bei 70 . . . 75 % CO und 30 . . . 25 % O_2 ein Maximum mit 91 cm/s. Während des ersten Stadiums der langsamen Verbrennung breitet sich die Flamme unter Zündung von noch nicht verbrannten Schichten des Gasgemisches durch die heran-diffundierenden heißen und reaktionsfähigen Reaktionsprodukte der Kettenreaktion aus. Wenn aber der Druck so hoch angewachsen ist, daß die Verbrennung lediglich durch adiaba-tische Kompression bewirkt werden kann, dann entsteht die Detonationswelle, die sich etwa so schnell wie die Schallwellen in dem erhitzten Gase fortpflanzt. Während bei der langsamen Verbrennung (Verpuffung) Glasrohre dem Druck widerstehen, erhöht die Detonationswelle die Brisanz ganz außerordentlich, so daß auch Metallrohre zerschmettert werden können. Die Anordnung der Zündung und die Dimensionen der Explosionszylinder von Verbrennungs-motoren müssen so bemessen sein, daß das Gasgemenge schon vollständig verbrannt ist, bevor die Möglichkeit zur Ausbildung der Detonationswelle gegeben ist; denn die beweglichen Teile der Maschine würden solchen jähen Stößen nicht lange widerstehen.

Bei Kohlenwasserstoff-Luftgemischen breitet sich die Verbrennung im Motorzylinder mit etwa 10 . . . 20 m/s Geschwindigkeit aus.

Zerfall von Kohlenmonoxid — Boudouard-Gleichgewicht

Die Zersetzung des Kohlenmonoxids ist umkehrbar:

$$2\,CO \rightleftharpoons C + CO_2 + 41\,kcal$$

Nach dem Prinzip vom kleinsten Zwang wird sich das Gleichgewicht bei Steigerung der Temperatur nach der Seite hin verschieben, die Wärme verbraucht. Da in unserem Fall die Bildung von Kohlenmonoxid Wärme verbraucht, muß bei höherer Temperatur mehr und mehr Kohlenmonoxid entstehen. Umgekehrt wird Kohlenmonoxid mit sinkender Temperatur fortschreitend in Kohlenstoff und Kohlendioxid zerfallen. So fand BOUDOUARD für die Zusammensetzung des Gasgemisches folgende Werte:

Temperatur in °C	450	550	650	800
CO_2 in %	98	89,3	61	7
CO in %	2	10,7	39	93

Damit sich das Gleichgewicht bei tiefer Temperatur schnell einstellt, müssen Katalysatoren, wie Eisen, Nickel oder Kobalt vorhanden sein. Als Katalysator wirkt aber nach S. HILPERT und TH. DIECKMANN nicht das Metall, sondern das betreffende Metallcarbid, indem dieses durch Kohlenmonoxid in kohlenstoffreichere Carbide übergeführt wird, die unter Kohlenstoffabscheidung das normale Carbid zurückbilden.

Von 950 °C an wirkt das Kohlenmonoxid auf Eisenoxid ohne Carbidbildung oder Kohlenstoffabscheidung reduzierend. Dies ist der für die Eisengewinnung im Hochofen maßgebende Reduktionsprozeß. Sinkt im Hochofen die Temperatur unter 800 °C, so kann die Kohlenstoffabscheidung aus dem Kohlenmonoxid zu dichten Ansammlungen führen, die den Ofen teilweise verstopfen.

Die seit altersher schon bekannte Möglichkeit, Schmiedeeisen durch Erhitzen in Kohlepulverumhüllung bei beschränktem Luftzutritt zu stählen, beruht auf der Übertragung des Kohlenstoffs auf das Eisen unter Vermittlung des Kohlenmonoxids nach der vorausbeschriebenen Reaktion.

Bildungswärme von Kohlenmonoxid und Kohlendioxid

Wenn Kohlenstoff zu Kohlendioxid verbrennt, werden pro Gramm-Atom (12 g Kohlenstoff) 95 kcal entwickelt, bei der Verbrennung zu Kohlenmonoxid dagegen nur 27 kcal. Die Verbrennung von Kohlenmonoxid zu Kohlendioxid liefert demnach 68 kcal/Mol.

Diese Zahlen könnten zu dem Schluß verleiten, daß die Bindung des ersten Sauerstoffatoms an ein Kohlenstoffatom unter Bildung eines Moleküls Kohlenmonoxid mit sehr viel geringerer Energie erfolgt, als die Bindung des zweiten Sauerstoffatoms bei der Verbrennung des Kohlenmonoxids zu Kohlendioxid. Dies ist natürlich nicht zutreffend, denn dabei wird übersehen, daß die Verbrennungswärme des Kohlenstoffs zu Kohlenmonoxid für die Reaktion des festen Kohlenstoffs in Form des Graphits gilt:

$$C_{Graphit} + \tfrac{1}{2} O_2 = CO + 27 \text{ kcal} \tag{I}$$

Im Graphitgitter (siehe S. 315) sind die C-Atome aber nicht frei, sondern durch starke homöopolare Bindungen miteinander verbunden. Bei der Verbrennung des Kohlenstoffs müssen zunächst die Bindungen der Kohlenstoffatome in Gitter aufgetrennt werden. Die hierbei zu leistende Trennungsarbeit vermindert den Wärmeeffekt der Verbrennung des festen Kohlenstoffs.

Der bei der Reaktion (I) insgesamt in Erscheinung tretende Energiebetrag von 27 kcal ist nur die Differenz zwischen der Energie, die bei der Vereinigung von 1 g-Atom Kohlenstoffatomen und 1 g-Atom Sauerstoffatomen frei wird, und der Trennungsarbeit, die für die Aufspaltung von 1 g-Atom festen Kohlenstoffs sowie $\tfrac{1}{2}$ Mol molekularen Sauerstoffs in die freien Kohlenstoff- und Sauerstoffatome aufgewendet werden muß. Die für die Überführung von 1 g-Atom festen Kohlenstoffs in einzelne Atome erforderliche Energie beträgt etwa 170 kcal, die Trennungsarbeit von 1 Mol Sauerstoff in die Atome 117 kcal.

Bei der Verbrennung von Kohlenmonoxid zu Kohlendioxid

$$CO + \tfrac{1}{2} O_2 = CO_2 + 68 \text{ kcal} \qquad\qquad (II)$$

fällt die zur Lostrennung des Kohlenstoffs in Gleichung (1) erforderliche Arbeit weg. Darum wird hier viel mehr Wärme frei als bei der ersten Verbrennung zu Kohlenmonoxid.

Struktur des Kohlenmonoxids

Im Kohlenmonoxid erscheint der Kohlenstoff nur zweiwertig, weil er nur 1 Sauerstoffatom gebunden hat. Aus dem Raman-Spektrum und anderen physikalischen Messungen wissen wir aber, daß die Festigkeit der Bindung zwischen dem Kohlenstoff- und Sauerstoffatom im Kohlenmonoxid einer dreifachen homöopolaren Bindung entspricht. Die vollständige Strukturformel ist also:

$$|C \equiv O|$$

Sie weist dieselben Bindungsverhältnisse auf wie das Stickstoffmolekül $|N \equiv N|$. So erklärt sich die weitgehende Übereinstimmung physikalischer Eigenschaften bei beiden Verbindungen, wie Siede- und Schmelzpunkte, kritische Daten, u. a. m. Solche Moleküle mit verschiedener Zusammensetzung, aber gleicher Elektronenstruktur nannte LANGMUIR (1919) isoster. Ein anderes Beispiel für Isosterie geben CO_2, $\langle O{=}C{=}O \rangle$ und N_2O, $\langle N{=}N{=}O \rangle$.

Generatorgas, Wassergas

Kohlenstoff wird im Generatorgas- und Wassergasprozeß in ein für Gasfeuerungen geeignetes Heizgas überführt.

Generatorgas

Zur Erzeugung von Generatorgas bläst man im Generator durch eine 1 ... 3 m hohe Schicht von glühendem Koks oder Braunkohlen Luft. Dabei wird nach der Endgleichung

$$2 C + O_2 = 2 CO + 54 \text{ kcal}$$

Wärme erzeugt. Auf dem Generatorrost verbrennt die Kohle zunächst zu Kohlendioxid, das dann in zweiter Reaktion von der überschüssigen Kohle in der darauffolgenden Schicht mit der Temperatur zunehmend zu Kohlenmonoxid reduziert wird (siehe S. 341). Die Zusammensetzung von Generatorgas liegt bei 26 ... 29 % CO, 2 ... 5 % CO_2, 0,5 % CH_4, 1 ... 7 % H_2 und 60 ... 69 % N_2.

Dem Generatorgas ähnlich zusammengesetzt und ähnlich verwendbar ist das aus der Gicht des Hochofens abziehende *Gichtgas* mit etwa 24 % CO, 12 % CO_2 und 64 % N_2 (siehe bei Eisen).

Der Heizwert des Generatorgases ist mit 800 ... 1000 kcal für 1 m³ verhältnismäßig gering, weil das Gas einen hohen Prozentsatz an Stickstoff enthält. Einen wesentlich höheren Heizwert hat das Wassergas, das bei der Vergasung von Kohlenstoff mit Wasserdampf entsteht.

Wassergas

Trifft Wasserdampf mit glühenden Kohlen zusammen, so entstehen unter Wärmeverbrauch die brennbaren Gase Wasserstoff und Kohlenmonoxid:

$$C + H_2O_{\text{Gas}} = CO + H_2 - 31 \text{ kcal}$$

Bei Temperaturen von 1000 °C an abwärts macht sich die Umsetzung des Kohlenmonoxids mit weiterem Wasserdampf nach

$$CO + H_2O = CO_2 + H_2 + 10 \text{ kcal}$$

bemerkbar (siehe S. 338), so daß bei Wasserdampfüberschuß nach der Endgleichung

$$C + 2 H_2O = CO_2 + 2 H_2 - 21 \text{ kcal}$$

unter geringerem Wärmeverbrauch Kohlendioxid und Wasserstoff gebildet werden. Daher enthält Wassergas stets auch Kohlendioxid. Technisches Wassergas hat etwa folgende Zusammensetzung: 39 ... 44 % CO, 4 ... 5 % CO_2, 4 ... 6 % N_2, 48 ... 50 % H_2; Heizwert: 2600 kcal pro 1 m³.

Weil die Wassergasreaktion Wärme verbraucht, kühlen sich die Kohlen während des Überleitens von Wasserdampf ab. Der Prozeß kann nur weitergehen, wenn man die verbrauchte Wärme wieder zuführt. Dies geschieht in der Weise, daß man durch den Generator nach der Periode der Wassergaserzeugung Luft oder Sauerstoff leitet. Der Vorgang des Luftblasens erhitzt die Kohlen wieder unter Verbrennung zu Kohlenmonoxid bzw. Kohlendioxid und liefert Generatorgas.

Um die Nachteile des abwechselnden Luftblasens und Gasens beim Wassergasprozeß zu vermeiden, sind kontinuierlich arbeitende Verfahren eingeführt worden. Sie bedingen, daß der Wärmeverbrauch der Wassergasbildung laufend auf anderem Wege gedeckt wird. Dies erreicht man durch Anwendung von überhitztem Wasserdampf und von hochprozentigem, nach dem Linde-Verfahren gewonnenem Sauerstoff. Dadurch wird der zum Erhitzen des Stickstoffs nötige Wärmeverbrauch vermindert. Eine erhöhte Kohlendioxidbildung nimmt man hierbei in Kauf. Ein so gewonnenes Gas enthält etwa 38 % H_2, 38 % CO und 22 % CO_2.

Nach der *Lurgi-Druckvergasung* wird Braunkohle mit 95%igem Sauerstoff und überhitztem Wasserdampf bei 20 atm Druck in einem Umsatz zu einem Gas von 35 % H_2, 35 % CO_2, 16 % CH_4 und 14 % CO vergast, das nach Auswaschen des Kohlendioxids unter Druck mit einem Heizwert von über 4000 kcal pro Kubikmeter als Stadtgas verwendet werden kann.

Verwendung

Reines Wassergas dient zur Erzeugung sehr heißer Flammen. Generatorgas wird als das bei weitem billigste Gas in der Großindustrie für Heizungszwecke gebraucht. Das Wassergas wird aus Braunkohle so billig dargestellt, daß hierdurch neue Gebiete für die chemische Großindustrie zugänglich geworden sind. So liefert das Wassergasverfahren nach weiterer Umsetzung des im Wassergas enthaltenen Kohlenmonoxids mit Wasserdampf (siehe Konvertierung des Kohlenmonoxids) und Entfernen des Kohlendioxids durch Auswaschen mit Wasser unter Druck auf billigem Wege den Wasserstoff für die Ammoniaksynthese und die Kohlehydrierung.

Weiterhin ist es gelungen, aus Wassergas bei 350 °C und 200 atm Druck in Gegenwart von Katalysatoren, wie Zinkoxid-Chromoxid, das Kohlenmonoxid mit Wasserstoff zu Methanol (Methylalkohol) zu vereinigen:

$$CO + 2 H_2 = CH_3OH$$

Vom Methanol aus gelangt man durch Oxydation zum Formaldehyd, der für die Herstellung von Kunststoffen (Phenoplaste und Aminoplaste) in großen Mengen gebraucht wird. Auch kann man durch Abwandlung des Katalysators die Umsetzung so lenken, daß anstelle von Methanol höhere Alkohole, insbesondere die verschiedenen Butylalkohole, entstehen.

Schließlich kann man aus dem Wassergas mit geeigneten Katalysatoren, wie Kobalt und Nickel mit Thoriumzusatz, bei erhöhter Temperatur Gemische von höher molekularen Alkoholen und Kohlenwasserstoffen und ohne Anwendung von Druck Kohlenwasserstoffe der

Petroleumreihe erhalten. Dieses früher technisch durchgeführte *Fischer-Tropsch-Verfahren* brachte eine wertvolle Ergänzung der Darstellung von Benzin und Mineralölen durch direkte Hydrierung von Kohle.

Kohlenstoffsuboxide

Trikohlenstoffdioxid, $OC=C=CO$ (Siedep. 7 °C, Schmelzp. —107 °C), von O. Diels aus Malonester oder Malonsäure, $HO_2C—CH_2—CO_2H$, durch Wasserabspaltung mittels Phosphor-pentoxid dargestellt, bildet eine farblose, lichtbrechende, äußerst bewegliche Flüssigkeit von stechendem Geruch, die sich bald zu einem dunkelroten, festen Körper polymerisiert. Dieses auch „Rote Kohle" genannte Polymerisat besteht aus kleinen ebenen Molekülen, $(C_3O_2)_{12-20}$, in denen die C- und O-Atome Sechsecknetze bilden (Schmidt, Boehm und U. Hofmann, 1958). Mit Wasser gibt Trikohlenstoffdioxid, C_3O_2, wieder Malonsäure, mit Ammoniak das Malonamid, $H_2NOC—CH_2—CONH_2$.

Kleine Mengen von Trikohlenstoffdioxid entstehen nach E. Ott aus Kohlenmonoxid im Hoch-spannungswechselfeld eines Ozonisators.

Ein zweites Kohlenstoffsuboxid, $C_{12}O_9$, ist das Anhydrid der Mellithsäure (Benzolhexacarbon-säure), $C_6(CO_2H)_6$. Es wurde von H. Meyer und K. Steiner aus dieser Säure durch längeres Erhitzen mit Benzoylchlorid erhalten. Es ist eine kristallinische, in kaltem Wasser unlösliche, sehr beständige Substanz, die stöchiometrisch dadurch bemerkenswert erscheint, daß sie genau 50 % Kohlenstoff und 50 % Sauerstoff enthält.

Ameisensäure, HCOOH, und Formiate

Siedepunkt	100,5 °C
Schmelzpunkt	8,4 °C
Dichte bei 15,3 °C	1,226 g/ml

Während das Kohlenmonoxid bei gewöhnlicher Temperatur gegenüber Alkalien in-different ist, wirkt es bei Temperaturen von 120 °C an aufwärts, besonders unter 4 . . . 5 atm Druck, auf diese so schnell ein, daß es fast wie Kohlendioxid absorbiert wird. Nach der Gleichung

$$NaOH + CO = HCOONa$$

entsteht das Natriumsalz der Ameisensäure, *Natriumformiat*. Technisch wird es in großen Mengen durch Einpressen von Kohlenmonoxid in Kalkmilch, die Natrium-sulfat enthält, bei 160 °C unter Druck hergestellt und auf freie Ameisensäure oder Oxalsäure weiterverarbeitet.

Bei der Ameisensäure, $H—CO_2H$, ist 1 Wasserstoffatom direkt an 1 Kohlenstoffatom gebunden. Sie ist eine wasserhelle, stechend riechende und sehr stark ätzende Flüssig-keit. Die Säure wird von den Ameisen, insbesondere von der roten Waldameise, aus dem Hinterleibsende als Verteidigungsmittel sowie zur Hinderung der Fäulnis in den aus pflanzlichem Abfall aufgeführten Nestern abgesondert. Auch im natürlichen Honig wirkt Ameisensäure (etwa 0,5 %) konservierend. In den Brennhaaren der Nessel ist Ameisensäure nachgewiesen worden.

Ameisensäure und Essigsäure sind die billigsten Säuren aus der großen Gruppe der organischen Carbonsäuren: $R \cdot CO_2H$. Ameisensäure wird zur Konservierung von Fruchtkonserven und von Futtermitteln (*Silierung*), ferner zur Quellung von Kunst-stoffen, zum „Entkälken" (Neutralisieren) in der Lederindustrie und zur Koagulation des Gummirohsaftes in großen Mengen verwendet.

Die Säure und ihre Salze wirken auf Edelmetallverbindungen, z. B. ammoniakalische Silbernitratlösung, als saubere Reduktionsmittel, sie reduzieren auch beim Erwärmen Quecksilber(II)-chlorid zu Quecksilber(I)-chlorid. Erwärmt man gefälltes gelbes Quecksilberoxid mit verdünnter Ameisensäure, so löst es sich zunächst zu Quecksilber(II)-formiat, das dann zu schwerer löslichem, weißem kristallinem Quecksilber(I)-formiat und schließlich zu metallischem Quecksilber reduziert wird. Hierbei wird die Ameisensäure zu Kohlendioxid oxydiert. Im gleichen Sinne wirkt Permanganat in alkalischer Lösung unter Braunsteinausscheidung.

Entzieht man der Ameisensäure Wasser, z. B. durch Erwärmen mit konzentrierter Schwefelsäure, so entsteht reines Kohlenmonoxid (siehe S. 337):

$$HCOOH = CO + H_2O - 5 \, kcal$$

Dieser Zerfall erfolgt auch beim Erhitzen der Ameisensäuredämpfe über 200 °C, besonders an Kontakten, wie Aluminiumoxid oder Titandioxid. Edelmetalle, wie Ruthenium, Rhodium, Iridium und insbesondere Osmium (ERICH MÜLLER), wirken auf Ameisensäure dehydrierend:

$$HCOOH = CO_2 + H_2$$

Die Umkehr dieses Zerfalls, also die Reduktion von Kohlendioxid durch Wasserstoff zu Ameisensäure, ist FRANZ FISCHER durch kathodische Reduktion an blanken Zinkkathoden sowie BREDIG durch Einleiten von Wasserstoff in Hydrogencarbonatlösungen in Gegenwart von Palladium oder Platin gelungen.

Erhitzt man Natriumformiat unter Zusatz von $^1/_{20}$ seines Gewichts Ätznatron über 250 ... 360 °C, so wird nur Wasserstoff entwickelt, und es hinterbleibt nach der Gleichung

$$2 \, HCO_2Na = (CO_2Na)_2 + H_2$$

Oxalat, das oberhalb 440 °C mit dem Ätznatron weiterhin in Wasserstoff und Carbonat zerfällt. Ohne Zusatz von freiem Alkali zersetzen sich die Formiate in Kohlendioxid, Wasserstoff, Kohlenmonoxid, Wasser und organische Reduktionsprodukte der Ameisensäure, nämlich Formaldehyd, CH_2O, Methylalkohol, CH_3OH, Aceton, Furfurol und Empyreuma. Ganz besonders das Lithiumformiat und das Zinkformiat geben bedeutende Mengen an diesen Produkten (K. A. HOFMANN).

Essigsäure, CH₃COOH, und Acetate

Schmelzpunkt	16,6 °C
Siedepunkt	118,1 °C
Dichte bei 20 °C	1,049 g/ml

Die Essigsäure und ihre Salze, die Acetate, werden im anorganischen Laboratorium vielfach verwendet, so daß diese zu den einfachen organischen Carbonsäuren gehörenden Verbindungen hier kurz besprochen werden sollen.

Die Essigsäure ist in Form des Essigs und des Grünspans (basisches Kupferacetat) schon im Altertum bekannt gewesen und als „acetum", „acidum" namengebend für die Säuren geworden. Essigsäure bildet sich in Gegenwart bestimmter Mikroorganismen, der Essigpilze, bei der Gärung vieler organischer Substanzen, besonders von alkoholischen Flüssigkeiten. Durch diese Essiggärung wird aus Wein der Weinessig dargestellt. Für die technische Gewinnung war die trockene Destillation von Holz lange Zeit die einzige Quelle. Aus dem hierbei anfallenden Holzessig, der etwa 10 % Essigsäure enthält, wird die Säure durch Versetzen mit Kalkmilch als Calciumacetat gebunden. Nach Abtrennung gibt das Acetat bei der Destillation mit Schwefelsäure reine Essigsäure. Der steigende Bedarf der Technik an Essigsäure und Essigsäureestern für Lösungsmittel, für die Gewinnung von Celluloseacetat und für Arznei- und Farbstoffe hat zur synthetischen Darstellung der Essigsäure geführt. Bei ihr wird Acetaldehyd (siehe S. 363) durch Luft oxydiert:

$$CH_3CHO + \tfrac{1}{2}O_2 = CH_3COOH$$

Man erhält eine fast wasserfreie Säure.

Die reine Essigsäure wird als *Eisessig* bezeichnet, sie erstarrt bei 16,7 °C zu eisähnlichen Kristallen.

Die Essigsäure ist eine stechend sauer riechende, farblose Flüssigkeit. Sie gehört zu den schwachen Säuren. Ihre Dissoziationskonstante hat bei 18 °C den Wert $K = 1,75 \cdot 10^{-5}$. Daraus ergibt sich, daß in einer verdünnten Lösung, die 0,1 Mol ($\approx 7,0$ g) pro Liter enthält, nur 1,3 % der Säure dissoziiert sind und der p_H-Wert dieser Lösung 2,87 beträgt. Durch Zugabe eines löslichen Acetats wird die Konzentration der Acetat-Ionen erhöht und dadurch die Dissoziation der Säure noch weiter zurückgedrängt (s. S. 281). Man macht hiervon in der analytischen Chemie oftmals Gebrauch, um Niederschläge in sehr schwach saurem Medium auszufällen, z. B. Calciumoxalat, Bariumchromat oder Zinksulfid.

Fast alle *Acetate* sind in Wasser leicht löslich. Sie sollen im einzelnen bei den betreffenden Metallen besprochen werden. Die Schwermetalle neigen zur Bildung basischer Acetate, von denen das basische Kupferacetat und das basische Bleiacetat zu erwähnen sind.

Infolge der geringen Säurestärke der Essigsäure sind die Acetate in wäßriger Lösung hydrolytisch gespalten:

$$CH_3COO^- + HOH = CH_3COOH + OH^-$$

Daher reagiert eine Natriumacetatlösung schwach alkalisch. Man hat dies bei der maßanalytischen Bestimmung der Essigsäure und anderer schwacher Säuren zu beachten. Nach Zugabe der äquivalenten Menge Lauge ist der Neutralpunkt vom $p_H = 7$ schon überschritten, und man muß daher zur Erkennung des Endpunktes der Reaktion einen Indikator verwenden, der erst im schwach alkalischen Gebiet umschlägt, beispielsweise Phenolphthalein.

Bei den Acetaten der dreiwertigen Metalle, z. B. Eisen(III)-acetat, verläuft die Hydrolyse in der Hitze vollständig unter Ausfällung des Hydroxids. Hiervon kann man zur Trennung der dreiwertigen Metalle von den zweiwertigen Gebrauch machen.

Zum Nachweis der Essigsäure dient ihr charakteristischer Geruch beim Erhitzen mit verdünnter Schwefelsäure oder die Bildung von Kakodyloxid beim Erhitzen eines Acetats mit Arsenik:

$$4\,CH_3COONa + As_2O_3 = (CH_3)_2AsOAs(CH_3)_2 + 2\,Na_2CO_3 + 2\,CO_2$$

Die Anlagerungsverbindungen der Säurehalogenide der Essigsäure an koordinativ ungesättigte Metallhalogenide, wie BF_3, $AlCl_3$, $SbCl_5$, sind auf Grund ihrer Leitfähigkeit in flüssigem Schwefeldioxid als Acidiumsalze mit der Formulierung $CH_3CO^+BF^-_4$ und $CH_3COAlCl_4$, $CH_3COSbCl_6$ zu deuten (SEEL, 1943).

Oxalsäure, $C_2O_4H_2$, und Oxalate

Schmelzpunkt der wasserfreien Säure	189,5 °C
Dichte	1,653 g/cm³

Die Oxalsäure, HO_2C-CO_2H, kristallisiert aus wäßriger Lösung als Dihydrat, Schmelzpunkt 101,5 °C. Beim Erwärmen im Luftstrom auf 100 °C gibt sie Wasser ab und sublimiert dann bei 150 °C. Die Säure wird durch Erhitzen von Natriumformiat (siehe S. 345) und Zerlegung des Salzes mit stärkeren Säuren dargestellt. Früher gewann man sie aus dem Sauerklee, oxalis acetosella, in dem sie als Kaliumtetraoxalat (Kleesalz), $C_2O_4HK \cdot C_2O_4H_2 \cdot 2H_2O$, vorkommt. Als vorletztes Oxydationsprodukt von Zucker, Stärke u. ä. entsteht Oxalsäure unter der Einwirkung von Salpetersäure oder auch von schmelzendem Ätzkali auf Kohlehydrate. Sie wird als Zusatz zu Putzmitteln verwendet und dient als Kleesalz zum Lösen von Eisenhydroxid (Rostflecken der Wäsche) und seinen Verbindungen, wie Berliner Blau (lösliche Tinte).

Die Giftigkeit der Oxalsäure und ihrer leichter löslichen Salze beruht, wenigstens teilweise, darauf, daß sie dem Körper das wichtige Calcium entzieht. Sie erscheint im Harn als Calciumoxalat. Wasserentziehende Mittel sowie rasches Erhitzen bewirken den Zerfall, bei dem auch etwas Ameisensäure auftritt:

$$C_2O_4H_2 = CO_2 + CO + H_2O$$

Oxalsäure dissoziiert in der 1. Stufe als mittelstarke Säure ($K_1 = 6,5 \cdot 10^{-2}$), in der 2. Stufe als schwache Säure ($K_2 = 6,1 \cdot 10^{-5}$). Sie eignet sich in der Form des Dihydrats als direkt und bequem wägbare Säure zur Herstellung einer Lösung mit bekanntem Säuregehalt für die Maßanalyse.

Durch Permanganat in verdünnt schwefelsaurer Lösung wird die Oxalsäure, besonders in der Hitze und in Gegenwart von Mn^{2+}-Ionen, glatt zu Kohlensäure oxidiert, während das Permanganat zu Mangan(II)-salz reduziert wird:

$$5\,C_2O_4H_2 + 2\,MnO_4^- + 6\,H^+ = 10\,CO_2 + 8\,H_2O + 2\,Mn^{2+}$$

Die Mn^{2+}-Ionen beschleunigen katalytisch die Reaktion des Permanganats mit der Oxalsäure, so daß der Vorgang durch die Produkte der Reaktion selbst gefördert wird. Man nennt diese Erscheinung *Autokatalyse*.

Durch Peroxodisulfate in saurer Lösung und in Gegenwart von Silbersalzen wird die Oxalsäure gleichfalls sehr schnell oxidiert (quantitative Bestimmung des Wirkungswertes von Peroxodisulfaten).

Die neutralen Alkalioxalate sind in Wasser gut löslich, die Oxalate der zwei- und dreiwertigen Metalle dagegen schwerlöslich. Charakteristisch ist das Calciumoxalat, $CaC_2O_4 \cdot H_2O$, das aus essigsaurer Lösung gefällt zum Nachweis sowohl der Oxalsäure als auch des Calciums dient. Die Oxalate der Seltenen Erde und des Thoriums fallen sogar in schwach mineralsaurer Lösung aus und eignen sich daher zur Trennung der Metalle von Aluminium, Eisen und Zirkonium. Eine Reihe von Schwermetalloxalaten löst sich in überschüssigem Alkalioxalat unter Bildung von Oxalatokomplexen.

Zu erwähnen ist noch das Silberoxalat, $Ag_2C_2O_4$, das bei raschem Erhitzen ziemlich stark explodiert.

Elektrolytische Reduktion führt die Oxalsäure in Glyoxylsäure, $OHC–CO_2H$, und weiterhin in Glykolsäure, $HO \cdot CH_2–CO_2H$, über, so daß diese organischen Säuren gleichfalls rein anorganisch über die Ameisensäure aus Kohlenmonoxid dargestellt werden können.

Verbindungen des Kohlenstoffs mit Stickstoff, Schwefel und den Halogenen

Dicyan, NC–CN

Siedepunkt	$-21\,°C$
Schmelzpunkt	$-34,4\,°C$

Die Bildung von Dicyan aus elementarem Kohlenstoff und Stickstoff ist eine stark endotherme Reaktion:

$$2\,C_{Graphit} + N_2 = (CN)_2 \;\; -71\,kcal$$

Sie erfolgt beim Überschlagen eines Lichtbogens zwischen Graphitelektroden in Stickstoffatmosphäre. Ist auch noch Wasserstoff zugegen, so vereinigt sich das Dicyan mit diesem fast vollständig zum Cyanwasserstoff, HCN. Beide finden sich in geringer Menge im Hochofen- und Leuchtgas.

Dicyan entsteht auch aus Ammoniumoxalat und Phosphorpentoxid durch Wasserabspaltung:

$$C_2O_4(NH_4)_2 = (CN)_2 + 4 H_2O$$

Es kann daher als das Nitril der Oxalsäure aufgefaßt werden.

Zur Darstellung von Dicyan erhitzt man Quecksilbercyanid bzw. Silbercyanid. Dabei polymerisiert allerdings das frei gewordene Dicyan teilweise zum Paracyan, $(CN)_n$. Schon bei geringem Erwärmen liefert Quecksilbercyanid unter Wärmeentwicklung Dicyan, wenn Quecksilberchlorid zugegen ist. Dann bildet sich kein Quecksilber, sondern statt dessen entsteht Quecksilber(I)-chlorid:

$$Hg(CN)_2 + HgCl_2 = (CN)_2 + Hg_2Cl_2 + 0,4 \text{ kcal}$$

Auf nassem Wege erhält man Dicyan aus Kaliumcyanid, wenn man zunächst eine konzentrierte wäßrige Lösung von 1 Teil Kaliumcyanid in eine Lösung von 2 Teilen Kupfersulfat in 4 Teilen Wasser gießt. Die Reaktion findet anfangs unter Erwärmung von selbst statt, muß aber dann durch Wärmezufuhr zu Ende geführt werden:

$$2 Cu(CN)_2 = 2 CuCN + (CN)_2$$

Bei dieser Reaktion, ebenso wie bei der Darstellung aus Quecksilber(II)-cyanid wird das CN^--Ion oxydiert, während das zweiwertige Metall zum einwertigen reduziert wird.

Aus dem gefällten Kupfer(I)-cyanid wird nach dem Absitzenlassen oder Abfiltrieren durch Erhitzen mit Eisenchloridlösung der Rest des Dicyans frei gemacht. Zur Reinigung des Dicyans vom Cyanwasserstoff läßt man das Gas über mit Silbersulfatlösung befeuchtete Watte streichen.

An der Luft entzündet, verbrennt das Dicyan mit pfirsichblütenfarbiger Flamme, die von einem bläulichen Saum umgeben ist. Nach SMITHELLS findet die Verbrennung in der inneren, rötlichen Flamme zu Kohlenmonoxid, in der äußeren, blauen zu Kohlendioxid statt. Entzieht man der Verbrennungsluft alle Feuchtigkeit, so brennt die äußere Kohlenmonoxidflamme nicht mehr weiter, wohl aber die innere Cyanflamme:

$$C_2N_2 + O_2 = 2 CO + N_2$$

Weil das Dicyan aus den Elementen unter Aufnahme von 71 kcal entsteht und diese Energie samt der Verbrennungsenergie des Kohlenstoffs beim Verbrennen wieder austritt, sind Cyanflammen außerordentlich heiß (bis über 4500 °C) und die Explosionen von Cyangas-Sauerstoffgemischen überaus heftig. Mit einem Gemisch von Dicyan und Ozon erreichte A. v. GROSSE (1957) eine Flammentemperatur von 4900 °C.

Man erkennt das Dicyan an seinem stechenden, zu Tränen reizenden Geruch, an seinem charakteristischen Flammenspektrum sowie an der tief purpurroten Färbung von alkoholisch-alkalischer Pikratlösung, die auf der Bildung von Isopurpursäure beruht.

Die Giftwirkungen des Dicyans sind bei Warmblütern schwächer als die der Blausäure, während z. B. für Frösche beide Stoffe gleich giftig sind.

Cyanwasserstoff, Blausäure, HCN

Siedepunkt	25,7 °C
Schmelzpunkt	—14 °C
Dichte	0,7 g/ml

Darstellung

Im Laboratorium wird die Blausäure durch Eintropfen einer 15%igen Kaliumcyanidlösung in 60 °C warme 20%ige Schwefelsäure und Auffangen in einer mit Eis und Kochsalz gekühlten Vorlage dargestellt.

Technisch werden nach dem *Andrussow-Verfahren* Ammoniak und Methan am Platin-kontakt verbrannt

$$2\,NH_3 + 3\,O_2 + 2\,CH_4 = 2\,HCN + 6\,H_2O$$

und die Blausäure mit Wasser ausgewaschen. Auch durch Wasserabspaltung aus Formamid kann Blausäure gewonnen werden:

$$HCONH_2 = HCN + H_2O$$

Die Hauptmenge der Blausäure dient für organische Synthesen.

Eigenschaften

Die Blausäure ist eine farblose, bewegliche, mit rötlichblauer Flamme brennende Flüssig-keit. Ihr Geruch ist nur schwach stechend, erregt aber im Rachen ein charakteristisches, kratzendes Gefühl. Sie ist eine sehr schwache Säure und wird aus ihren Salzen, den *Cyaniden*, wie z. B. Kalium- oder Natriumcyanid, schon durch verdünnte Säuren, selbst durch Kohlensäure ausgetrieben. Der Wert der Dissoziationskonstante beträgt $7 \cdot 10^{-10}$. Infolge der geringen Säurestärke sind die Alkalicyanide weitgehend hydrolytisch ge-spalten und reagieren stark alkalisch:

$$CN^- + HOH = HCN + OH^-$$

Nach ihrer Struktur $H{-}C{\equiv}N|$ kann die Blausäure als Nitril der Ameisensäure aufgefaßt werden. Dem enspricht, daß sie durch heiße 70%ige Schwefelsäure in Kohlenmonoxid und Ammonsulfat gespalten wird (siehe unter Kohlenmonoxiddarstellung):

$$2\,HCN + 2\,H_2O + H_2SO_4 = 2\,CO + (NH_4)_2SO_4$$

Die isomere Form $H{-}N{\equiv}C|$, von der sich die organischen Isonitrile ableiten, ist in der reinen Säure wahrscheinlich nicht vorhanden.

Auffallend ist die ungewöhnlich hohe Dielektrizitätskonstante der Blausäure (144 bei 4 °C). Trotzdem ist die wasserfreie Säure nur ein mäßiges Lösungs- und Ionisierungsmittel für an-organische Salze. Gut dissoziiert sind in wasserfreier Blausäure KJ, $KMnO_4$, $FeCl_3$, HCl und H_2SO_4.

Sowohl die wasserfreie Säure als auch die verdünnte wäßrige Lösung werden durch Spuren von Alkalicyaniden, die beispielsweise aus dem Alkali des Glases entstehen, langsam unter Abscheidung dunkler, humusartiger Stoffe zersetzt. Durch Zusatz von kleinen Mengen von Mineralsäuren wird die Beständigkeit der Blausäure erhöht.

Da die Blausäure in Mengen von ungefähr 0,06 g an aufwärts eingeatmet das Atmungs-ferment blockiert und dadurch die Sauerstoffabgabe aus dem Blut auf die lebenswichtigen Organe sofort hemmt und eine „innere Erstickung" bewirkt, ist sie eines der am schnellsten tödlich wirkenden Gifte, von dem man wahrscheinlich schon vom Altertum an bis heute Gebrauch macht. Diese Verwendung wurde begünstigt durch die Verbreitung der Blausäure im Pflanzenbereich als ein Glykosid, Amygdalin, das sich in den bitteren Mandeln, den Kernen der Pflaumen, Kirschen und anderer Steinfrüchte vorfindet und durch die Fermententwicklung des begleitenden Emulsins in Blausäure, Traubenzucker und Benzaldehyd gespalten wird.

Gleichfalls an Zucker gebunden findet sich Blausäure in den Kirschlorbeerblättern und den Leinsamenkeimlingen sowie besonders in den Samen von Phaseolus lunatus (indische Mond-bohne).

Als Gift imponiert die Blausäure wegen ihrer schnellen Wirkung. Doch liegt die tödliche Menge (im Verhältnis zu manchen Alkaloiden und Glykosiden) ziemlich hoch (0,06 ... 0,1 g). Auch verschwinden infolge der leichten Zersetzlichkeit der Blausäure die Vergiftungser-scheinungen bei geringeren Mengen bald wieder. Chronische Vergiftungen durch Blausäure kommen nicht vor.

Kaliumcyanid liefert bei normalem Salzsäuregehalt des Magens oder besonders nach dem Genuß saurer Speisen bzw. Getränke sofort so viel Blausäure, daß die Giftwirkung hinter der der freien Blausäure kaum zurückbleibt (tödliche Dosis für reines Kaliumcyanid = 0,15 g).

Gegenmittel bei Blausäurevergiftungen lassen sich nur schwer anwenden, weil der Tod meist schon nach wenigen Minuten eintritt. Magenausspülung, künstliche Atmung, verbunden mit starken Nervenreizen, wie sie durch Übergießen mit kaltem Wasser herbeigeführt werden können, und Natriumthiosulfateinspritzungen bieten die wohl meist allein anwendbaren Mittel zur Wiederbelebung.

Man nutzt die Giftwirkung der Blausäure ausgiebig zum Vertilgen von Läusen und Wanzen sowie von Obstbaumschädlingen verschiedener Art, besonders in den großen Obstkulturen der westlichen Vereinigten Staaten. Hierzu wird am besten Calciumcyanid verwendet, das durch die Kohlensäure und die Feuchtigkeit der Luft genügend schnell Blausäure abgibt, um die mit Leinwandzelten umschlossenen Bäume in höchstens einer Stunde von allem Ungeziefer zu befreien.

Die Salze der Blausäure, insbesondere das Kaliumcyanid, werden bei den entsprechenden Metallen näher beschrieben. Erwähnt sei nur noch, daß die Namen Blausäure, Cyanwasserstoff und Cyan[1]) von dem blauen Niederschlag herrühren, den man aus Kaliumhexacyanoferrat(II) und Eisen(III)-salzen erhält und der als Berlinerblau schon seit mehr als zwei Jahrhunderten bekannt ist (näheres siehe unter Eisen).

Cyansäure, HOCN

Die Cyansäure entsteht in Form ihres Kaliumsalzes, des *Kaliumcyanats*, KOCN, durch Schmelzen von Kaliumcyanid an der Luft oder mittels eines Oxydationsmittels, wie Bleioxid, Mennige, Kaliumdichromat, sowie in Lösung mittels Permanganat oder Natriumhypochlorit.

Dampft man die nach dem Verhältnis: $2 \, KOCN + (NH_4)_2SO_4$ gemischte wäßrige Lösung von Kaliumcyanat und Ammoniumsulfat ein, so lagert sich das durch doppelte Umsetzung zunächst entstandene Ammoniumcyanat zu Harnstoff um:

$$NH_4(O\!-\!C\!\equiv\!N) \rightarrow O\!=\!C\!\begin{subarray}{l}-NH_2\\-NH_2\end{subarray}$$

Diese von WÖHLER im Jahre 1828 aufgefundene Synthese des Harnstoffs aus anorganischen Materialien erschütterte zuerst die bis dahin gültige Ansicht, daß die Produkte des lebenden Organismus nur unter dem Antrieb einer besonderen Kraft, der *vis vitalis* (Lebenskraft) entstünden. Der Harnstoff ist nämlich das normale Abbauprodukt des Eiweißes im höheren tierischen Organismus. Ein erwachsener Mensch sondert täglich bis zu 30 g Harnstoff ab. Harnstoff ist ein vorzügliches Stickstoffdüngemittel, das bei der Abwässerverwertung in den großen Städten bis jetzt nur teilweise genutzt wird.

Große Mengen Harnstoff als Düngemittel stellt man durch Erhitzen von Ammoniumcarbaminat auf 130 . . . 140 °C unter Druck her.

Das *Ammoniumcarbaminat*, $H_2N\!-\!CO_2NH_4$, entsteht aus trockenem Kohlendioxid und Ammoniak im Molverhältnis 1 : 2 unterhalb 60 °C und zerfällt bei gewöhnlichem Druck in der Wärme wieder in diese Bestandteile.

Die freie Cyansäure wird durch trockenes Erhitzen von Harnstoff dargestellt. Dabei entsteht zunächst die polymere Cyanursäure, $(HNCO)_3$. Cyansäure ist nur unter 0 °C beständig und bildet eine bewegliche, sehr flüchtige Flüssigkeit, die stark sauer reagiert und sehr stechend nach Eisessig riecht. Bei 0 °C geht sie schnell in das polymere Cyamelid, eine weiße, porzellanartige Masse, über. In wäßriger Lösung zerfällt Cyansäure in Ammoniak und Kohlensäure bzw. Ammoniumhydrogencarbonat.

---

[1]) Von χυάνεος stahlblau.

Die Hydrolyse erfolgt bei der Cyansäure ebenso wie bei allen anderen Verbindungen, in denen Kohlenstoff an dreiwertigen Stickstoff gebunden ist, in der Weise, daß sich das H-Ion an den Stickstoff, das OH-Ion an den Kohlenstoff anlagert:

$$HN{=}C{=}O + 2\,HOH = NH_3 + H_2CO_3$$

Die Knallsäure gibt hierbei entsprechend ihrer Konstitution HO—N=C| Hydroxylamin und Ameisensäure.

Die reine Säure hat auf Grund des Ramanspektrums die Struktur H—N=C=O (GOUBEAU, 1935). Auch im Silbersalz findet sich die gleiche Struktur mit direkter Bindung des Metalls an den Stickstoff: Ag—N=C=O. In den Alkalisalzen und in wäßriger Lösung dagegen liegt das Ion |N≡C—O|(⁻) vor. Vom Quecksilbersalz sind beide Formen bekannt (BIRKENBACH, 1935). Auch die Cyanursäure zeigt diese Isomerie (A. HANTZSCH).

Chlorcyan, ClCN, und Bromcyan, BrCN

Chlorcyan (Schmelzp. —6 °C, Siedep. 14 °C) und Bromcyan (Schmelzp. 52 °C, Siedep. 61 °C) können als die Halogenverbindungen der Cyansäure betrachtet werden. Sie entstehen beim Einleiten von Chlor bzw. Brom in Kaliumcyanidlösung. Beide Verbindungen sind äußerst giftig.

Knallsäure, HONC, und Fulminate

Die Knallsäure, HONC, ist mit der Cyansäure, HOCN, isomer. Unter Isomerie versteht man die besonders in der organischen Chemie sehr häufige Erscheinung, daß verschiedene Stoffe dieselbe Zusammensetzung haben (ἴσος gleich und μέρος Teil, Bestandteil). J. v. LIEBIG und F. WÖHLER (1824) haben die Salze der Knallsäure, die Fulminate, näher untersucht und am Beispiel von Knallsäure und Cyansäure den ersten Fall einer Isomerie gefunden.

Im freien Zustand ist die Knallsäure äußerst zersetzlich und geht schnell in höhermolekulare Verbindungen über. Durch wäßrige Salzsäure wird sie hydrolytisch in Hydroxylammoniumsalz und Ameisensäure gespalten.

Quecksilberfulminat, Knallquecksilber, $Hg(ONC)_2 \cdot \frac{1}{2} H_2O$, sowie das analoge Silbersalz, die aus den Metallen, Salpetersäure und Äthylalkohol dargestellt werden, blitzen beim Entzünden oberhalb 190 °C auf (daher die Bezeichnung Fulminat (lat. fulmen ≙ Blitz)). Sind diese Salze etwas dichter gepackt, so geht die Anfangszündung sehr schnell in die eigentliche Detonation über, die sich mit mehr als 4000 m/s fortpflanzt, wenn das Knallquecksilber vorher durch Pressen stark verdichtet war. Durch Stoß und Schlag setzt die Detonation sofort ein.

Dieser Umsatz beruht auf dem Übergang des Knallquecksilbers in Kohlenmonoxid und Stickstoff:

$$Hg(ONC)_2 = 2\,CO + N_2 + Hg + 122{,}3\,kcal$$

1 kg Knallquecksilber liefert also 430 kcal.

Um den kalorischen Effekt durch weitere Verbrennung des Kohlenmonoxids noch zu steigern, vermischt man 85 Teile Knallquecksilber noch mit 15 Teilen Kaliumchlorat und rührt mit einer Gummi- oder Leimlösung zu dickem Brei an, den man mittels Pressen aus einem Sieb körnt und dann trocknet. Diese Masse wird mit einem Druck von 250 kg/cm² in Kupferkapseln gepreßt (je Füllung 0,3 ... 3 g), die als Sprengkapseln zur Initiierung von Sprengstoffen dienen.

Das Knallquecksilber hat die Dichte 4,42 g/cm³. Man kann also verhältnismäßig große Mengen in engem Raum unterbringen (Ladedichte). Seine fast unbegrenzte Beständigkeit bei gewöhnlicher Temperatur ist ein weiterer Vorzug vor vielen anderen Initialzündern. Entdeckt wurde das Knallquecksilber durch HOWARD im Jahre 1800 und für Zündhütchen zuerst im Jahre 1815 durch J. EGG, einem Londoner Büchsenmacher, verwendet.

Rhodanwasserstoffsäure, HSCN, und Rhodanide

Schmilzt man Kaliumcyanid mit Schwefel, oder dampft man die Lösung von Kalium-cyanid bzw. von Blausäure mit gelbem Ammoniumsulfid zur Wasserbadtrockne ein, so entsteht das Kaliumsalz der Rhodanwasserstoffsäure (Thiocyansäure), HSCN.

BIRCKENBACH und BÜCHNER (1940) erhielten freien Rhodanwasserstoff aus Kaliumhydrogen-sulfat und Kaliumrhodanid und Kühlen des entweichenden Gases mit flüssiger Luft als schneeweißes emailleartig glänzendes Kondensat, das bei −110 °C schmilzt und sich bei höherer Temperatur polymerisiert.

Kaliumrhodanid (Kaliumthiocyanat), KSCN, dient als empfindliches Reagens auf Eisen(III)-salze, mit denen es eine intensiv rote Verbindung, Eisen(III)-rhodanid, Fe(SCN)$_3$, bildet. Von dieser Verbindung ist auch der Name abgeleitet (ῥόδεος, rosen-rot). Auf der Bildung des unlöslichen weißen Silber- oder Kupfer(I)-rhodanids beruht die maßanalytische Bestimmung von Silber und Kupfer nach VOLHARD.

Das Quecksilberrhodanid, Hg(SCN)$_2$, verglimmt angezündet unter starkem Aufquellen, wobei ein äußerst voluminöser Quecksilber, Stickstoff, Sauerstoff und Schwefel enthaltender Rück-stand, Mellon genannt, hinterbleibt (Pharaoschlangen).

Das freie *Rhodan*, (SCN)$_2$, entsteht aus Silberrhodanid, AgSCN, mittels Brom und besonders rein durch Zersetzung von Nitrosylrhodanid in flüssigem Schwefeldioxid (SEEL, 1953). Die farblosen Kristalle schmelzen bei etwa 15 °C unter Zersetzung. In der Spannungsreihe steht Rhodan zwischen Brom und Jod.

Ebenso wie Chlor setzt sich auch das freie Rhodan mit Wasser in ein Gleichgewicht:

$$(SCN)_2 + H_2O \rightleftharpoons NCSOH + NCSH$$

Die hyporhodanige Säure, NCSOH, geht schnell in Rhodanwasserstoffsäure, HSCN, und rhodanige Säure, NCSO$_2$H, über und zerfällt dann weiter über die Rhodansäure, NCSO$_3$H, in Blausäure und Schwefelsäure:

$$NCSO_3H + H_2O = HCN + H_2SO_4$$

Aus angesäuerten Rhodanidlösungen macht salpetrige Säure Rhodan frei, aber dieses ver-bindet sich mit dem Stickstoffoxid zum tiefroten Nitrosylrhodanid, NOSCN, was beim Eisen-rhodanid-Nachweis zu beachten ist.

Wegen der Ähnlichkeit von Dicyan, (CN)$_2$, und Rhodan, (NCS)$_2$, sowie ihren Wasserstoffver-bindungen mit den Halogenen und Halogenwasserstoffen bezeichnete L. BIRCKENBACH diese Verbindungen treffend als *Pseudohalogene*. Auch die Stickstoffwasserstoffsäure gehört zu den Pseudohalogenwasserstoffen.

Schwefelkohlenstoff, CS$_2$

Siedepunkt	46,2 °C
Schmelzpunkt (Temperaturfixpunkt)	−111 °C
Dichte	1,261 g/ml

Unter den Verbindungen des Kohlenstoffs mit dem Schwefel bildet der Schwefelkohlen-stoff (Kohlenstoffdisulfid), CS$_2$, das formale Analogon zum Kohlendioxid.

Darstellung

Schwefelkohlenstoff wurde 1796 zuerst von LAMPADIUS erhalten, als er Eisenkies, FeS$_2$, mit Kohle destillierte. Bei dieser Darstellungsweise sowie bei der zur Zeit üblichen beruht die Entstehung von Schwefelkohlenstoff auf der Einwirkung von Schwefeldampf auf glühende Kohlen:

$$C_{Graphit} + 2 S_{rhombisch} = CS_{2\,Dampf} - 21,9\,kcal$$

Bei dieser Reaktion wird also eine bedeutende Wärmemenge im Gegensatz zur Entstehung des Kohlendioxids aufgenommen.

In der Technik läßt man Schwefeldampf auf ausgeglühte Holzkohle einwirken, die in einer aufrecht stehenden Retorte auf 800 °C erhitzt wird. Den entweichenden Schwefelkohlenstoffdampf kondensiert man unter Wasser. Er wird durch Rektifikation von Schwefelwasserstoff und organischen Schwefelverbindungen gereinigt, die den widerlichen Geruch des Rohprodukts bewirken. Auch Durchschütteln mit Quecksilber und Quecksilbersulfat ist zur Reinigung geeignet.

Eigenschaften

Reiner Schwefelkohlenstoff riecht angenehm aromatisch, wird aber beim Aufbewahren im Licht, besonders in Gegenwart von etwas Wasser, wieder übelriechend. Er ist ein starkes Nervengift, das neben einer ausgeprägt narkotisierenden Wirkung seltsame Sinnestäuschungen und sogar Irresein hervorrufen kann. Personen, die einmal an einer Schwefelkohlenstoffvergiftung gelitten haben, behalten jahrelang eine spezifische Empfindlichkeit für dieses Gift.

Wegen seiner Giftigkeit wird der Schwefelkohlenstoff bisweilen noch zum Vertilgen von Pelzmotten und ähnlichen Schädlingen gebraucht, doch ist diese Verwendung wegen der auffallend leichten Entzündbarkeit der Dämpfe gefährlich. In Form des Kaliumxanthogenats, $S=C\diagup^{SK}_{\diagdown OC_2H_5}$, dient der Schwefelkohlenstoff zur Bekämpfung der Reblaus.

In physikalischer Hinsicht zeichnet sich der Schwefelkohlenstoff durch sein hohes Lichtbrechungsvermögen aus. Von anderen Flüssigkeiten übertreffen ihn hierin nur das Methylenjodid, das α-Bromnaphthalin und das Phenylsenföl. Vermöge dieser hohen Lichtbrechung würde er ein ideales Material für das Füllen von Prismen in optischen Instrumenten sein, doch wird diese Anwendung durch die Temperaturempfindlichkeit und die Zersetzlichkeit im Licht unter Gelbfärbung stark beeinträchtigt.

Die technische Bedeutung des Schwefelkohlenstoffs beruht auf seiner Fähigkeit, Jod, Phosphor, Schwefel, Fette, Harze, Campher und besonders Kautschuk zu lösen, sowie vor allem auf seiner Verwendung zur Herstellung von Kunstseide und Zellwolle.

In Wasser ist der Schwefelkohlenstoff kaum löslich, er mischt sich aber mit Alkohol, Äther, Benzol, Tetrachlorkohlenstoff, Chloroform in jedem Verhältnis.

Da Schwefelkohlenstoff aus zwei leicht brennbaren Stoffen, Kohlenstoff und Schwefel, unter Wärmeaufnahme entsteht, ist er begreiflicherweise brennbar und entwickelt dabei eine sehr große Wärmemenge:

$$CS_2\,\text{Dampf} + 3\,O_2 = CO_2 + 2\,SO_2 + 260\ \text{kcal}$$

Gemische von Schwefelkohlenstoffdampf und Luft können deshalb sehr gefährlich explodieren. Die untere Grenze der Entflammbarkeit liegt bei einem Gehalt von 0,063 g CS_2 in 1 l Luft. Bei Überschuß an Schwefelkohlenstoff scheidet sich Schwefel ab.

Im Gemisch mit Stickstoffoxid (siehe dort) brennt er mit äußerst hellem, bläulichweißem Licht.

Die Entzündungstemperatur des Schwefelkohlenstoffs an der Luft liegt bei 232 °C, also um etwa 400 grd niedriger als bei den sonst gebräuchlichen brennbaren Stoffen. Es genügt schon das Hineinfallen der heißen Asche von einer brennenden Zigarette, um die Dämpfe zu entzünden, desgleichen das Eintauchen eines vorher in der Flamme unterhalb Rotglut erwärmten Glasstabes. An rostigen Eisenoberflächen entzündet sich Schwefelkohlenstoff sogar schon wenig oberhalb 100 °C.

Da die Bildung des Schwefelkohlenstoffs aus den Elementen unter Energieaufnahme erfolgt, kann der Schwefelkohlenstoff auch ohne die Anwesenheit von Sauerstoff explosionsartig in Schwefel und Kohlenstoff zerfallen, wenn man im Dampf eine Pille Knallquecksilber detonieren läßt. Doch pflanzt sich die Explosion nur auf kurze Strecken hin fort.

Mit Lösungen von Alkalien oder Ammoniakwasser verbindet sich Schwefelkohlenstoff allmählich und gibt neben Carbonaten gelbrote Salze der *Trithiokohlensäure*, z. B. $(NH_4)_2CS_3$. Läßt man z. B. Schwefelkohlenstoff unter konzentriertem Ammoniakwasser in einer verschlossenen Flasche einige Tage stehen, so erhält man eine intensiv gelbrote Lösung, die sich als empfindliches Reagens auf Spuren von Schwermetallverbindungen eignet. Gibt man von der Lösung etwa 20 ml in 1 l Wasser und fügt dann einen Tropfen verdünnter Eisenchloridlösung hinzu, so entsteht eine prächtig bordeauxrote Färbung. Nickelsalze färben ähnlich, Kobaltsalze olivenbraun. Bleisalze geben zunächst eine rote Färbung. Es entstehen hierbei die Salze der Trithiokohlensäure meist als Ammoniakate, z. B. $Ni(NH_3)_3CS_3$, rubinrote Kristalle. Die Kobaltverbindung bildet diamantglänzende, schwarze Oktaeder (K. A. Hofmann und F. Wiede).

Aus Calciumhydrogensulfid oder Natriumhydrogensulfid und Schwefelkohlenstoff an der Luft bzw. in Gegenwart von Schwefel entstehen die bräunlichgelben Perthiocarbonate, z. B. $CaCS_4$.

Viskoseverfahren

Große Mengen Schwefelkohlenstoff werden zur Herstellung der als eine besondere Form der künstlichen Seide bekannten *Viskose* verwendet. Durchfeuchtet man nämlich Cellulose (Baumwollwatte oder Zellstoff aus Holz) mit einer 20%igen Natronlauge, preßt den Überschuß der Lauge lose ab und setzt dann diese Flocken in ein verschlossenes Gefäß über Schwefelkohlenstoff, so entsteht allmählich eine äußerst viskose, d. h. zähflüssige, klebrige Masse, die die Cellulose der Baumwolle, $(C_6H_{10}O_5)n$, als Xanthogenatsalz, $S=C\big\langle{}^{SNa}_{O-Celluloserest}$, gebunden enthält. Durch Pressen der Masse aus engen Düsen und Einführung der Fäden in verdünnte Säuren wird die Cellulose als glänzender Faden wieder abgeschieden. Durch geeignete Eingriffe erreicht man eine Kräuselung des Fadens, so daß der Baumwolle und der Wolle ähnliche Fasern (*Zellwolle*) entstehen.

Dieses Viskoseverfahren herrscht in Deutschland bei der Fabrikation von Kunstseide, Kunstfasern und Folien für Filme vor.

Trikohlenstoffdisulfid, C_3S_2, Kohlenstoffmonosulfid, CS, Kohlenstoffoxidsulfid, COS, und Selenkohlenstoff, CSe_2

Trikohlenstoffdisulfid (Kohlenstoffsubsulfid) wurde von A. Stock dargestellt, indem er in flüssigem Schwefelkohlenstoff zwischen Graphit und einer Metallelektrode (Zink oder Antimon) einen Lichtbogen übergehen ließ und das Produkt schließlich im Vakuum fraktionierte. Das Subsulfid ist eine leuchtend rote Flüssigkeit (Schmelzp. $-0,5\,°C$), die sehr stechend riecht und sich bald zu schwarzen Produkten polymerisiert. Weil dieses Subsulfid mit Anilin glatt Thiomalonanilid bildet, ist seine Struktur analog der des Kohlensuboxids als $S=C=C=C=S$ aufzufassen. Ihm ähnlich dargestellt wurden der *Selenschwefelkohlenstoff*, CSSe, eine intensiv gelbe, luftbeständige, stechend zwiebelartig riechende Flüssigkeit (Siedep. $84\,°C$) und der sehr unbeständige *Tellurschwefelkohlenstoff*, CSTe, eine leuchtend gelbrote Flüssigkeit (Schmelzp. $-54\,°C$).

Kohlenstoffmonosulfid, CS, bildet sich vorübergehend, wenn Metallsulfide, wie Magnesiumsulfid, Mangansulfid oder Kupfer(I)-sulfid mit Kohlenstoff auf $1300\,°C \ldots 1400\,°C$ erhitzt werden:

$$MgS + C = CS_{(Gas)} + Mg_{(Gas)}$$

Die d'em Boudouardgleichgewicht (siehe S. 340) entsprechende Reaktion

$$CS_2 + C = 2 CS$$

macht sich erst oberhalb 1300 °C bemerkbar (HARALD SCHÄFER, 1958).

Kohlenstoffoxidsulfid, $O=C=S$, (Siedep. —50,2 °C, Schmelzp. —138 °C) findet sich in den Schwefelwässern von Harkány und Parád in Ungarn. Es entsteht beim Überleiten von Schwefeldampf und Kohlenmonoxid über Aktivkohle bei 400 °C, durch Erhitzen von Schwefeltrioxid mit Schwefelkohlenstoff, aus Phosgen und Schwefelkohlenstoff bei 280 °C. Es kann auch aus Ammoniumrhodanid dargestellt werden:

$$2 NH_4SCN + 2 H_2SO_4 + 2 H_2O = 2 (NH_4)_2SO_4 + 2 COS$$

Reines Kohlenstoffoxidsulfid ist geruchlos und sehr giftig. Es nimmt jedoch in Berührung mit Feuchtigkeit Schwefelwasserstoffgeruch an, weil es durch Wasser allmählich zersetzt wird:

$$COS + H_2O = CO_2 + H_2S$$

Alkalilaugen lösen das Gas um so langsamer auf, je konzentrierter sie sind, weil nicht das Alkali, sondern das Wasser zunächst unter Bildung von Thiokohlensäure, H_2CSO_2, einwirkt. 1 Raumteil Wasser löst bei 20 °C 0,54 Raumteile COS, Alkohol 8 Raumteile, Toluol 15 Raumteile; gesättigte Kochsalzlösung löst nicht.

Bei höherer Temperatur zerfällt Kohlenstoffoxidsulfid teilweise nach:

$$2 COS \rightleftharpoons 2 CO + S_2$$

Diese Produkte setzen sich weiterhin um nach:

$$2 CO + S_2 \rightleftharpoons CO_2 + CS_2$$

Selenkohlenstoff, CSe_2, wurde von GRIMM und METZGER aus Selenwasserstoff und Tetrachlorkohlenstoff bei 500 °C dargestellt. Er ist eine schwere, goldgelbe Flüssigkeit (Dichte 2,68 g/ml), die bei 124 °C unzersetzt destilliert und bei —45,5 °C gefriert. Seine Bildungswärme ist mit —34 kcal stark negativ. Selenkohlenstoff riecht auffallend nach faulem Rettich und ist wie Schwefelkohlenstoff in allen organischen Lösungsmitteln löslich. Besonders in Lösung wird er durch Licht schnell zersetzt.

Tetrachlorkohlenstoff, CCl_4

Siedepunkt	76,7 °C
Schmelzpunkt	—23 °C
Dichte bei 20,4 °C	1,59 g/ml

Tetrachlorkohlenstoff (Tetrachlormethan, Kohlenstofftetrachlorid) wird durch Chlorierung von Methan gewonnen oder aus Schwefelkohlenstoff und Chlor am Eisenkontakt hergestellt, wobei der Schwefel in Freiheit gesetzt wird.

Tetrachlorkohlenstoff löst Fette und viele organische Substanzen. Deshalb wird er als Lösungs- und Fleckenreinigungsmittel verwendet. Gegenüber anderen hierfür gebräuchlichen Flüssigkeiten hat er den Vorzug, daß er nicht brennen kann. Deshalb dient er auch als Feuerlöschmittel.

Tetrachlorkohlenstoff ist gegenüber Wasser außerordentlich beständig und unterscheidet sich hierdurch von den Chloriden der anderen Nichtmetalle. Zu beachten ist jedoch, daß er ebenso wie Chloroform, $CHCl_3$, explosionsartig mit den Alkalimetallen reagieren kann und daher keinesfalls mit Natriumdraht getrocknet werden darf.

Phosgen, $COCl_2$

Phosgen (Siedep. 8 °C) ist das Säurechlorid der Kohlensäure. Es entsteht aus Tetrachlorkohlenstoff und rauchender Schwefelsäure neben Pyrosulfurylchlorid:

$$CCl_4 + 2 SO_3 = S_2O_5Cl_2 + COCl_2$$

Technisch wird es durch Vereinigung von Kohlenmonoxid und Chlor am Kohlekontakt hergestellt. Das sehr giftige, erstickend riechende Gas wurde im ersten Weltkrieg als Lungengift für Grünkreuzkampfstoffe verwendet. Durch Wasser wird Phosgen zu Kohlendioxid und Salzsäure hydrolysiert:

$$COCl_2 + H_2O = CO_2 + 2\,HCl$$

Ein *Carbonyldifluorid* (Fluorphosgen), COF_2, kann aus Kohlenmonoxid und Silberfluorid, AgF_2, (O. RUFF) oder einfacher aus Phosgen und Fluorwasserstoff unter Druck in Gegenwart von Aktivkohle (KWASNIK) dargestellt werden. Es ist farblos, riecht stechend, hydrolysiert schon mit Wasserdampf und ätzt Glas (Siedep. $-83\,°C$, Schmelzp. $-114\,°C$).

Kohlenstofftetrafluorid, CF_4

Während sich Kohlenstoff nicht unmittelbar mit Chlor, Brom oder Jod verbindet, reagiert er mit Fluor unter Feuererscheinung zu dem äußerst indifferenten Kohlenstofftetrafluorid (Siedep. $-128\,°C$, Schmelzp. $-183,6\,°C$).

Unter dem Namen *Freon* haben Difluordichlormethan, CCl_2F_2, und ähnliche Methan- und Äthanderivate in der Kälteindustrie anstelle des sonst verwendeten Ammoniaks große Bedeutung erlangt, da sie ungiftig sind. Difluordichlormethan (Siedep. $-29,8\,°C$) wird aus Tetrachlorkohlenstoff in wasserfreier Flußsäure mit Antimonpentafluorid als Fluorüberträger dargestellt.

Kohlenwasserstoffe

Infolge der homöopolaren Natur ihrer Bindungen haben die Kohlenstoffatome zum Unterschied von den meisten anderen Nichtmetallen und den metallischen Elementen die Fähigkeit, sich mit sich selbst in anscheinend unbegrenztem Maße zu verbinden. Diese Fähigkeit der Kohlenstoffatome wird durch Bindung der Kohlenstoffatome an andere Elemente oder Gruppen nicht beeinträchtigt und führt zur Bildung von Kohlenstoffketten und -ringen.

Die einfachsten Vertreter dieser unbegrenzt erscheinenden Stoffklasse finden wir in den Kohlenwasserstoffen. Ausgehend von dem niedrigsten Kohlenwasserstoff mit *einem* C-Atom, dem Methan, CH_4, gelangen wir durch Verknüpfung der Kohlenstoffatome zu den Homologen des Methans: dem Äthan, H_3C-CH_3, dem Propan, $H_3C-CH_2-CH_3$, dem Butan, $H_3C-CH_2-CH_2-CH_3$, Pentan, Hexan, Heptan, Oktan, Nonan, Dekan usw. Alle Verbindungen dieser Reihe haben die allgemeine Zusammensetzung C_nH_{2n+2}.

Die Gleichförmigkeit der Zusammensetzung dieser *aliphatischen Kohlenwasserstoffe* rührt von der Vierwertigkeit des Kohlenstoffatoms her. Jedes Kohlenstoffatom bindet mit seinen 4 Valenzelektronen 4 andere Kohlenstoff- oder Wasserstoffatome mit einer einfachen homöopolaren Bindung.

Die Vertreter dieser Reihe finden sich gemengt im Rohpetroleum, aus dem durch fraktionierte Destillation abgetrennt werden: Petroläther (Siedep. $30\ldots70\,°C$), Leichtbenzin (Siedep. $70\ldots120\,°C$), Ligroin (Waschbenzin), (Siedep. $100\ldots150\,°C$), Petroleum (Leuchtöl und Gasöl), (Siedep. $150\ldots300\,°C$). Dann folgen als Schmieröle dienende Rückstände sowie Pech. Im Paraffin, dem Destillationsprodukt bituminöser Braunkohlen, finden sich die sehr hochmolekularen Glieder von $C_{19}H_{40}$ bis $C_{36}H_{74}$.

Die Benennung Paraffin, die man auch auf die ganze Klasse von Kohlenwasserstoffen ausdehnt, rührt her von parum affine, d. h. zu wenig verwandt, zu wenig verbindungsfähig im chemischen Sinne. In der Tat sind diese Stoffe bei gewöhnlicher Temperatur sehr träge und werden nur durch Chlor oder Brom im Licht in Reaktion gebracht. Der Verbrennungswert der Paraffine beträgt durchschnittlich 12 000 kcal pro 1 kg.

Die Moleküle der oben genannten Kohlenwasserstoffe sind kettenförmig gebaut. Außer diesen offenen Kohlenstoffketten sind auch zahlreiche ringförmige (cyklische) Kohlenwasserstoffmoleküle bekannt, wie z. B. das Cyclohexan (Hexahydrobenzol), das sich neben anderen ähnlichen Verbindungen im Erdöl in wechselnden Mengen findet. Besonders reich daran ist das kaukasische Erdöl.

Cyclohexan

$$
\begin{array}{ccc}
 & \overset{H_2}{C} & \\
H_2C & & CH_2 \\
| & & | \\
H_2C & & CH_2 \\
 & \underset{H_2}{C} &
\end{array}
$$

Benzol

$$
\begin{array}{ccc}
 & \overset{H}{C} & \\
HC & & CH \\
\| & & \\
HC & & CH \\
 & \underset{H}{C} &
\end{array}
$$

Von diesen gesättigten Kohlenwasserstoffen unterscheiden sich die ungesättigten dadurch, daß sie eine oder mehrere Doppelbindungen besitzen, d. h. daß je 2 Kohlenstoffatome durch 2 Elektronenpaare miteinander verbunden sind. Der einfachste ungesättigte Kohlenwasserstoff ist das Äthylen, $H_2C=CH_2$, das sich vom Äthan, H_3C-CH_3, durch das Fehlen von 2 Wasserstoffatomen unterscheidet, wodurch an jedem Kohlenstoffatom je 1 Elektron verfügbar wird. Diese beiden Elektronen treten zu einem zweiten Elektronenpaar zusammen, und so wird die Bindung zwischen den Kohlenstoffatomen in eine durch 2 Bindungsstriche dargestellte Doppelbindung verwandelt (π-Bindung siehe S. 214). Das doppelt gebundene Kohlenstoffatompaar hat aber das Bestreben, durch Bindung fremder Atome zur Einfachbindung überzugehen, so daß diese Verbindungen ungesättigten Charakter besitzen.

Die *aromatischen Kohlenwasserstoffe*, eine besondere Klasse der cyklischen Kohlenwasserstoffe, leiten sich vom Benzol ab, das aus dem Steinkohlenteer gewonnen wird. Im Benzol sind 6 Kohlenstoffatome mit nur 6 Wasserstoffatomen zu dem sechseckförmigen Molekül C_6H_6 zusammengeschlossen. Die Absättigung der vierten Elektronen der Kohlenstoffatome wird durch abwechselnde Doppelbindungen dargestellt, doch erfolgt sie in Wirklichkeit in Mesomerie gleichmäßig über das ganze Molekül. Der den Doppelbindungen entsprechende ungesättigte Charakter fehlt diesen Kohlenwasserstoffen.

Aus der großen Gruppe der Kohlenwasserstoffe sollen hier nur diejenigen kurz behandelt werden, die aus anorganischen Ausgangsmaterialien direkt zugänglich sind.

Methan, CH_4

Siedepunkt	−161,5 °C
Schmelzpunkt	−182,6 °C
Kritische Temperatur	−82 °C
Kritischer Druck	55 atm

Methan entsteht bei der Gärung der Cellulose im Schlamm der Flüsse und Sümpfe — daher auch sein früherer Name Sumpfgas — und ist wohl auch durch diesen Prozeß genetisch mit der Steinkohle verbunden (siehe dort). In manchen Steinkohlenlagern, wie denen des westfälischen Reviers, tritt das Methan als Grubengas dauernd aus der Kohlenmasse hervor, bisweilen in so reichen Strömen (Bläsern), daß es in Leitungen und Gasometern aufgesammelt werden kann.

Weil das Methan von 5 % an aufwärts mit Luft gemischt durch eine Flamme oder einen heißen Funken explosiv verbrennt (schlagende Wetter), dürfen in solchen Gruben keine offenen Lampen gebraucht werden, sondern nur solche, die durch ein Drahtnetz vollkommen abgeschlossen sind.

Die kühlende und damit die Verbrennung unterbrechende Wirkung eines Drahtnetzes läßt sich aus der in Abb. 67 gezeigten Anordnung ersehen.

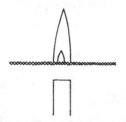

Abb. 67. Eine Bunsenbrennerflamme schlägt nicht durch ein Drahtnetz

Um das Durchschlagen von explosiven Gasgemischen durch Rohrleitungen zu verhindern, genügt es, an einer Stelle einen Pfropfen aus Drahtnetz oder aus Stahlwolle einzuschalten.

Zu beachten ist noch, daß das Methan im Verhältnis seines Molekulargewichts ($\approx$16) zu dem durchschnittlichen Molekulargewicht der Luft ($\approx$29) leichter ist als diese und sich deshalb besonders an den Decken und Kuppen der Gruben anhäuft. Von da gehen die schlagenden Wetter aus, die sich weiterhin über größere Strecken ausbreiten, indem sie den Kohlenstaub aufwirbeln, der dann mit der Luft gemischt die zerstörenden Explosionen bewirkt. Durch Vermengen des Kohlenstaubs mit Gesteinsstaub versucht man, diese Explosionen zu verhindern.

In gewaltigen Mengen entströmt Methan den Petroleumlagern bei Baku am Kaspischen Meer (heilige Feuer von Surachany) sowie den Erdgasquellen in Pennsylvanien und besonders in Texas. Auch in Italien, Frankreich und Deutschland sind ergiebige Methanvorkommen erbohrt worden.

Methan entsteht auch beim Cracken von Erdöl und bei der trockenen Destillation der Steinkohlen und ist deshalb im Leuchtgas bis zu 25 % vorhanden, desgleichen im Kokereigas.

Im Laboratorium gewinnt man Methan durch Glühen von entwässertem Natriumacetat mit gelöschtem Kalk:

$$CH_3CO_2Na + Ca(OH)_2 = CH_4 + CaCO_3 + NaOH$$

Oder man läßt warmes Wasser auf Aluminiumcarbidpulver tropfen:

$$Al_4C_3 + 12\,H_2O = 3\,CH_4 + 4\,Al(OH)_3$$

Diese Reaktion verläuft anfangs träge — deshalb läßt man von Anfang an warmes Wasser zutropfen — wird aber infolge der frei werdenden Wärme allmählich stürmisch. Weil das Aluminiumcarbid kleine Mengen freies Aluminium und meist ziemlich viel Aluminiumnitrid, AlN, enthält, entweichen mit dem Methan auch wechselnde Mengen Wasserstoff und Ammoniak.

Reiner Kohlenstoff liefert mit reinem Wasserstoff erst bei 1100 °C geringe Mengen (ungefähr 1 %) Methan (v. WARTENBERG). Diese schlechte Ausbeute erklärt sich aus dem weitgehenden Zerfall des Methans bei höheren Temperaturen. Schon bei 980 °C entsteht aus Methan mit großer Reaktionsgeschwindigkeit neben freiem Wasserstoff Kohlenstoff. Die Bildungswärme des Methans beträgt + 18 kcal/Mol.

Von 546 °C an entzündet sich Methan an der Luft und verbrennt mit kaum leuchtender Flamme zu Kohlendioxid und Wasser, wobei 1 Mol ($\approx$16 g) Methan 218 kcal entwickelt. 1 m³ Methan von 15 °C gibt demnach eine Verbrennungswärme von 9000 kcal. Das Methan ist deshalb ein sehr wirksames Heiz- und Kraftgas. Noch wertvoller ist das Methan als Rohstoff für organische Synthesen. Es läßt sich z. B. durch partielle Verbrennung mit 95%igem Sauerstoff oder Konvertierung mit Wasserdampf am Nickel-Kontakt bei 700 °C in ein Gemisch von Kohlenmonoxid und Wasserstoff verwandeln, das zur Methanolsynthese dient.

Mit Chlor reagiert Methan leicht explosionsartig unter Bildung von Chlorwasserstoff und freiem Kohlenstoff. Doch läßt sich eine schrittweise Substitution des Wasserstoffs durch Chlor erreichen, wenn man dieses mit Chlorwasserstoff verdünnt reagieren läßt.

Äthylen, H₂C = CH₂

Siedepunkt	−104 °C
Schmelzpunkt	−169 °C

Äthylen ist heute ein wichtiger Rohstoff zur Herstellung von Alkohol, Äthylenoxid bzw. dessen Folgeprodukten, von Styrol, Polyäthylen, Kunststoffen und vielen anderen mehr. Die Weltproduktion dürfte jährlich 1 Million t erreicht haben.

Im Laboratorium wird Äthylen aus Äthylalkohol durch Wasserabspaltung mittels konzentrierter Schwefelsäure dargestellt:

$$C_2H_5OH \rightarrow CH_2{=}CH_2 + H_2O$$

Auch durch Überleiten von Alkoholdämpfen über erhitztes Aluminiumoxid läßt sich Äthylen gewinnen. Technisch wird es überwiegend durch Spaltung („Cracken") von Erdöl gewonnen.

Die π-Bindung verleiht dem Äthylen einen ungesättigten Charakter (siehe S. 214), der sich in vielen Additions- und Polymerisationsreaktionen äußert.

Besonders leicht werden die Halogene addiert: Chlor liefert Äthylenchlorid, $ClH_2C{-}CH_2Cl$, (Siedep. 84 °C), früher „Öl der holländischen Chemiker" genannt. Von dieser Bezeichnung stammt der Name „ölbildendes Gas" für Äthylen und der Name *Olefine* für die ganze Gruppe dieser ungesättigten Kohlenwasserstoffe. Brom gibt Äthylenbromid, $BrH_2C{-}CH_2Br$, (Siedep. 131 °C, Schmelzp. 10 °C). Auf der Bildung dieser Verbindung beruht die volumetrische Bestimmung des Äthylens neben gesättigten Kohlenwasserstoffen in der technischen Gasanalyse.

Auch Quecksilber(II)-salze lagern nach K. A. HOFMANN und J. SAND in wäßriger Lösung Äthylen an und liefern dann unter Substitution je nach den besonderen Bedingungen: Äthenquecksilbersalze, $H_2C{=}CH{-}HgX$. Äthanolquecksilbersalze, $HOH_2C{-}CH_2{-}HgX$, und Äthylätherquecksilbersalze, $XHg{-}CH_2{-}CH_2{-}O{-}CH_2{-}CH_2{-}HgX$, die aber beim Zersetzen mit Salzsäure keinen Alkohol bzw. Äther geben, sondern Äthylen und Quecksilber(II)-chlorid zurückbilden.

Quecksilber(II)-acetatlösungen nehmen das Äthylen schnell auf, so daß man dieses Gas von gesättigten Kohlenwasserstoffen sehr gut trennen und aus der Volumenabnahme den Äthylengehalt bestimmen kann. Besonders gut eignet sich auch hierfür eine Lösung von 20 g Quecksilber(II)-nitrat in 100 ml 2n Salpetersäure, die mit Natriumnitrat gesättigt ist. Benzoldämpfe werden hiervon nicht aufgenommen und können nachträglich mit rauchender Schwefelsäure absorbiert werden.

Mit Palladium-, Platin- und Silbersalzen bildet Äthylen Komplexverbindungen, z. B. $PtCl_2 \cdot C_2H_4$ u. a., die im Hinblick auf die Bindungsverhältnisse besonders interessant sind.

Unter Druck und in Gegenwart von Aluminiumtrimethyl oder anderen Metallkatalysatoren polymerisiert sich Äthylen zum festen *Polyäthylen*, das als Kunststoff vielseitig angewendet wird.

Leuchtgas

Äthylen ist zu 2 % im Leuchtgas enthalten und erteilt ihm die den Namen rechtfertigende Eigenschaft, mit leuchtender Flamme zu brennen. Die weiteren wesentlichen Bestandteile des Leuchtgases sind: etwa 55 % Wasserstoff, 25 % Methan, 7 % Kohlenmonoxid, 2 % Kohlendioxid und bis zu 10 % Stickstoff. Sie geben keine leuchtende, sondern nur eine bläuliche Flamme, obwohl diese an ihrer heißesten Stelle 1600 ... 1800 °C erreicht. Dies beruht darauf, daß gasförmige Stoffe nur durch Aussenden von Spektrallinien leuchten, wozu sie sehr starker Anregungen, wie energischer chemischer Vorgänge, sehr hoher Temperatur oder elektrischer Entladungen bedürfen

Diese Bedingungen sind in einer Gasflamme nur in geringem Umfang gegeben, so daß sie nur wenig Licht aussendet. Gasflammen leuchten deshalb nur schwach und mit spektral gefärbtem Licht (Wasserstoff- und Methanflamme bläulich, Kohlenmonoxidflamme blau, Cyanflamme rötlich usw.).

Dagegen senden feste Stoffe bei Temperaturen von etwa 1000 °C neben den ultraroten auch die Strahlen des sichtbaren Lichts in allen Wellenlängen des Spektrums aus. Mit steigender Temperatur wird dabei das Strahlungsmaximum nach kürzeren Wellenlängen hin verschoben. Bei etwa 3500 °C rückt das Strahlungsmaximum in das Gebiet des sichtbaren Lichts, bei 4700 °C liegt es im Gelb, bei 5000 °C wird für unser Auge die Strahlenmischung des Tageslichts erreicht (über das abweichende Verhalten der Oxide einiger Seltener Erden siehe bei Cer).

Da die künstliche Beleuchtung einen Ersatz des Tageslichts bieten soll, eignen sich hierfür im allgemeinen die Gase nicht, sondern nur die festen Stoffe. Um eine schwach leuchtende Gasflamme hell und dem Tageslicht möglichst ähnlich leuchtend zu machen, läßt man sie auf feste Stoffe wirken, damit die Hitze der Flamme diese Stoffe zum kontinuierlichen, möglichst hellen Leuchten bringt.

In der alten Leuchtgasflamme spielte der in Form feinster, aber fester Teilchen schwebende Kohlenstoff die Rolle des festen Stoffes, weil das Äthylen zunächst in Methan und Acetylen, $HC \equiv CH$, zerfällt, und das Acetylen dann freien Kohlenstoff abgibt. Unterbricht man die Verbrennung durch Abkühlen der Flamme an einer kalten Fläche, so wird dieser Kohlenstoff als schwarzer Ruß sichtbar. Auch das Leuchten einer Benzin- oder Petroleumlampe sowie das Leuchten einer Wachs-, Paraffin- oder Stearinkerze und das Leuchten brennenden Holzes beruhen auf der Anwesenheit glühender Rußteilchen in den durch die Hitze vergasten und im Luftsauerstoff brennenden Zersetzungsprodukten dieser Stoffe.

Zur Gewinnung von gut leuchtendem Leuchtgas hat man gelegentlich den mangelnden Äthylengehalt durch Benzol- oder Öldämpfe ersetzt. Dieses Carburieren kann man am besten mit Hilfe des folgenden Versuchs demonstrieren:

Den Versuchsaufbau zeigt Abb. 68. Das eine Rohr ist leer, das andere mit Glaswolle, die man mit Benzol befeuchtet hat, locker gefüllt. Zunächst läßt man Wasserstoff oder Wassergas durch das leere Rohr streichen, während man den linken Hahn unter der Glaswolle verschließt.

Abb. 68. Carburieren von Wasserstoff mit Benzol

Aus dem oben angebrachten Brenner brennt das Gas mit kaum leuchtender, bläulicher Flamme. Dann öffnet man den linken Hahn. Sofort wird die Flamme durch die mitgeführten Benzoldämpfe helleuchtend.

Viel vollkommener als durch glühende Rußteilchen wird die Energie einer Gasflamme im Gasglühlicht durch den Auerstrumpf in die auf unser Auge wirkenden Lichtstrahlen umgesetzt (siehe unter Seltenen Erden). Dies ist die einzige Art, in der das Leuchtgas noch zur Beleuchtung verwendet wird. Hauptsächlich dient das Leuchtgas heute in Haushalt, Industrie und Laboratorien wegen seiner hohen Verbrennungswärme von 4000 ... 5000 kcal/m³ als Heizgas. Aus diesem Grunde wird es auch Stadtgas genannt. Der Geruch des Leuchtgases stammt von geringen Mengen organischer Schwefelverbindungen. Er ist sehr nützlich, da er vor dem im Leuchtgas enthaltenen geruchlosen, aber giftigen Kohlenmonoxid warnt. Anstelle von Leuchtgas werden heute vielfach billige Industriegase verwendet, die durch Ferngasleitungen verteilt werden. So wird Westdeutschland bis über Frankfurt hinaus vom Ruhrgebiet her mit Kokereigas beliefert.

Die Explosionsgrenzen von Leuchtgas-Luftgemischen liegen bei mindestens 5 und höchstens 30, für Wassergas bei 9 bzw. 55, für Kohlenmonoxid bei 12 bzw. 75, für Wasserstoff bei 4 bzw. 74 Vol.-% in der Mischung mit Luft.

Acetylen, $HC \equiv CH$

Siedepunkt	$-84\,°C$
Schmelzpunkt bei 1,25 atm	$-81\,°C$

Acetylen hat durch seine vielfältigen Reaktionsweisen in der organischen Chemie sehr große technische Bedeutung erlangt.

Formal leitet sich Acetylen von Äthylen, $H_2C{=}CH_2$, durch das Fehlen von 2 Wasserstoffatomen ab. Dadurch wird an jedem Kohlenstoffatom je 1 weiteres Elektron verfügbar, und beide Elektronen verstärken die Bindung zwischen den Kohlenstoffatomen zu einer dreifachen Bindung. Das wird durch 3 Bindestriche ($HC \equiv CH$) dargestellt. Die besondere Reaktionsfähigkeit solcher Stoffe mit zwei- oder dreifach gebundenen Kohlenstoffatomen ist darauf zurückzuführen, daß die Ladungswolke der zweiten bzw. dritten bindenden Elektronenpaare eine andere Symmetrie und Dichteverteilung (π-Bindung) als die einer Einfachbindung (σ-Bindung) hat (siehe S. 214).

Bildung und Darstellung

Die Bildung von Acetylen aus den Elementen ist eine stark endotherme Reaktion:

$$2\,C_{(Graphit)} + H_2 = C_2H_2 \; -55\,kcal$$

Deshalb ist Acetylen erst bei hohen Temperaturen stabil und bildet sich mit steigender Temperatur in wachsendem Maße, wenn ein Lichtbogen zwischen Graphit- oder Kohleelektroden in einer Wasserstoffatmosphäre übergeht. Auch beim thermischen Zerfall oder bei unvollkommener Verbrennung sehr vieler organischer Verbindungen tritt Acetylen auf. Es ist deshalb auch im Leuchtgas mit 0,06 % vertreten. Bei unvollständiger Verbrennung von Leuchtgas in einem zurückgeschlagenen Bunsenbrenner bilden sich recht beträchtliche Mengen Acetylen.

Technisch gewinnt man Acetylen, indem man entweder Kohlenwasserstoffe, wie sie bei der Kohlehydrierung anfallen, oder Erdgas sowie Kokereigas durch einen Lichtbogen leitet, oder aber man verbrennt Methan partiell mit Sauerstoff.

Die wichtigste Darstellung des Acetylen ist immer noch die Zersetzung von Calciumcarbid mit Wasser: $CaC_2 + 2\,H_2O = C_2H_2 + Ca(OH)_2$

Das aus Carbid gewonnene Gas ist nicht rein und hat durch Beimengungen von Schwefelwasserstoff und besonders von Phosphorwasserstoff (aus Calciumsulfid bzw. Calciumphosphid stammend) sowie auch von Ammoniak einen unangenehmen Geruch. Zur Reinigung leitet man das Gas durch angesäuerte Kupfernitratlösung, verdünnte Chromsäure, dann über ein Gemenge von Chlorkalk und Ätzkalk und zuletzt durch Natronlauge.

Eigenschaften

Das Acetylen ist bei Zimmertemperatur ungefähr in dem gleichen Volumen Wasser löslich. Gesättigte Salzlösungen lösen viel weniger Acetylen auf. Sehr leicht löslich ist Acetylen in Aceton, das bei 15 °C unter gewöhnlichem Druck sein 25faches, bei -75 °C sein 2000faches Volumen Acetylen aufnimmt. Da die Löslichkeit des Gases nahezu dem Druck proportional ist, nimmt 1 l Aceton von 15 °C bei 12 atm Druck etwa 300 l Acetylen auf. Auf diese Art wird das Acetylen in Stahlflaschen unter 15 atm Druck als „Dissousgas" in den Handel gebracht. Die Acetonlösung ist hierbei in Kieselgur aufgesaugt.

Reines Acetylen riecht nur schwach und nicht unangenehm und ruft beim Einatmen in größerer Konzentration einen Rausch und sogar Betäubung hervor, die aber an frischer Luft schnell verschwinden. Es diente gelegentlich unter dem Namen „Narcylen" in der Chirurgie als Narkotikum.

An der Luft läßt sich Acetylen von 335 °C an entzünden und verbrennt dann mit stark rußender Flamme. In geeigneten Brennern, die Acetylen fast vollständig verbrennen, erhält man eine intensiv weiße Flamme. Deshalb wurde früher Acetylen für Beleuchtungszwecke (z. B. in Fahrradlampen) verwendet.

Die Leuchtkraft der Acetylengasflamme ist bei gleichem Gasverbrauch 20mal größer als die der einfachen Leuchtgasflamme und 6mal größer als die des Gasglühlichts.

Die Intensität der Lichtaussendung beruht auf der außerordentlich hohen Verbrennungswärme des Acetylens (312 kcal pro Mol C_2H_2, das sind 13 000 kcal für 1 m³ bei 15 °C und 760 Torr) und der dadurch bewirkten hohen Temperaturen der ausgeschiedenen Rußteilchen. Die Temperatur der Acetylenluftflamme beträgt 1900 °C. In der Acetylensauerstoffflamme steigt sie bis auf 2700 °C. Hiervon macht man im Acetylensauerstoffgebläse für das autogene Schweißen und Schneiden von Eisen Gebrauch.

Infolge des sehr hohen Energieaustritts explodieren Gemische von Acetylen und Luft außerordentlich heftig und, was ganz besonders zu beachten ist, noch bei sehr niederem Acetylengehalt.

Während für Methanluftgemische die untere Grenze der fortschreitenden inneren Verbrennung bei 5 Vol.-% Methan liegt, können Gemische von 2,5 ... 80 % Acetylen in Luft oder 2,5 ... 93 % Acetylen in Sauerstoff die Zündung noch fortpflanzen.

Zur Vorführung bringt man in eine aufrecht gestellte, leere Granate (Kaliber 7,5 cm), von der man den Kopf abgeschraubt hat, 5 ... 10 ml Wasser, füllt mit Sauerstoff und wirft dann ein Stück Calciumcarbid von der Größe einer halben Haselnuß hinein. Nach einigen Sekunden taucht man einen brennenden Span in die Mündung, worauf das Acetylensauerstoffgemisch mit donnerndem Schlag explodiert, und zwar oft so heftig, daß die Granate umgeworfen wird. Deshalb klammert man sie zweckmäßig an ein Stativ.

Ein Gemisch von festem Acetylen mit flüssigem Sauerstoff, wie man es durch Einleiten von trockenem Acetylen in flüssige Luft bis zur breiartigen Beschaffenheit erhält, explodiert in Berührung mit einer Flamme außerordentlich heftig.

Zur Vorführung legt man einen mit flüssiger Luft getränkten, etwa hühnereigroßen Flock Baumwolle auf ein etwa 1 cm dickes, hohlliegendes Brett und bläst auf die Oberfläche möglichst gleichmäßig etwa 5 s lang trockenes Acetylen. Dann entfernt man die Acetylenleitung und zündet den Flock mittels eines langen Stockes an. Unter gewaltiger Detonation wird das Brett durchschlagen.

Auch für sich allein kann Acetylen wegen seiner stark negativen Bildungswärme explosionsartig in die Elemente zerfallen. Solche Explosionen treten besonders dann ein, wenn das Acetylen auf 2 und mehr atm komprimiert, durch einen am Gewinde eines stählernen Ventils gerissenen Funken an einer Stelle erhitzt wird. Reines Acetylen darf deshalb nicht wie andere komprimierte Gase in Stahlflaschen (Bomben) gefüllt werden, wohl aber läßt sich eine Acetylen-Acetonlösung, in Kieselgur aufgesaugt, in Stahlflaschen handhaben. Unterhalb 1,25 atm Druck oder in Form der Lösungen in Aceton läßt sich Acetylen selbst durch einen Knallquecksilberimpuls nicht mehr zur Explosion bringen.

Bei gewöhnlicher Temperatur zersetzt sich reines Acetylen nicht, wohl aber in Gegenwart von Katalysatoren. Sowohl die meisten Werkmetalle als auch Eisen und besonders Kupfer wirken in diesem Sinne, so daß sich in länger gebrauchten Rohrleitungen aus dem Acetylen Kohlenstoff absetzt.

Reaktionen des Acetylens

Die Halogene werden von Acetylen zu Halogeniden der Äthan- und Äthylenreihe addiert, und zwar nimmt die Reaktionsfähigkeit vom Chlor zum Jod stark ab. In der Technik chloriert man in Gegenwart von Antimon(V)-chlorid, das mit dem Acetylen zunächst die kristallisierte Verbindung $C_2H_2 \cdot SbCl_5$ bildet, aus der durch überschüssiges Chlor Acetylentetrachlorid, $CHCl_2–CHCl_2$, entsteht. Dieses gibt beim Behandeln mit Kalk unter Chlorwasserstoffabspaltung Trichloräthylen, $CHCl=CCl_2$, bei Reduktion mit Zink in Gegenwart von Wasser Dichloräthylen, $CHCl=CHCl$. Diese Stoffe und das Tetrachloräthylen, $CCl_2=CCl_2$, werden wegen ihrer Unentzündlichkeit und guten Lösungseigenschaften als Lösungs- und Extraktionsmittel für Fette, Öle, Harze und Lacke verwendet.

Große Bedeutung hat die Überführung von Acetylen in Acetaldehyd, CH_3CHO, erlangt, weil man aus diesem durch Oxydation Essigsäure oder durch Reduktion Äthylalkohol gewinnen kann.

Die Entstehung von Acetaldehyd aus Acetylen beruht auf der Aufnahme von Wasser:

$$HC\equiv CH + H_2O \rightarrow H_3C–CHO$$

Die Reaktion verläuft aber nur in Gegenwart von Katalysatoren, wie Quecksilbersalzen, in saurer Lösung, genügend rasch und vollständig. Leitet man Acetylen durch eine siedende Lösung von 3 Raumteilen Schwefelsäure und 7 Raumteilen Wasser unter Zusatz von mehreren Prozent Quecksilbersulfat, so bildet sich kontinuierlich Acetaldehyd. Das Quecksilber(II)-sulfat wie auch das Quecksilber(II)-nitrat oder -chlorid liefern mit Acetylen zunächst in mäßig saurer Lösung weiße Niederschläge des Salzes von Triquecksilber(II)-aldehyd, z. B. $[OHg_3C–CHO]_n(NO_3)_n$, die durch stärkere Säuren in der Hitze in Quecksilber(II)-salz und Acetaldehyd gespalten werden (K. A. HOFMANN).

Von den zahlreichen, technisch sehr wichtigen Additions-, Polymerisations- und Cyklisierungsreaktionen, zu denen das Acetylen fähig ist, seien hier nur erwähnt: die Addition von Chlorwasserstoff zu Vinylchlorid, $CH_2=CHCl$, das sich zum Kunststoff Polyvinylchlorid (PVC) polymerisieren läßt, die Anlagerung von Blausäure zu Acrylnitril, $CH_2=CHCN$, (Kunststoffe und Polyacrylnitrilfasern), die katalytische Vereinigung zu Vinylacetylen, $CH_2=CH–C\equiv CH$, das nach Addition von Chlorwasserstoff Chloropren und weiterhin kautschukartige Kunststoffe liefert und schließlich die Umsetzung zu Butadien, $CH_2=CH–CH=CH_2$, aus dem durch Polymerisation der künstliche Kautschuk Buna erhalten wird. An der Entwicklung der neueren Acetylenchemie ist besonders W. REPPE beteiligt gewesen.

Acetylide

Beim Einleiten von Acetylen in die wäßrigen Lösungen von Kupfer-, Silber- oder Quecksilbersalzen fallen Metallacetylide aus, in denen der Wasserstoff des Acetylens durch Metall ersetzt ist. Diese zu den Metallcarbiden gehörigen Verbindungen werden im Unterschied zum Calciumcarbid durch Wasser nicht hydrolytisch gespalten, sind aber sehr instabil und zerfallen beim Erhitzen oder sogar schon bei Reibung explosionsartig.

Aus salpetersaurer Silbernitratlösung fällt ein weißer Niederschlag von der ungefähren Zusammensetzung $HC_2Ag \cdot AgNO_3$, aus ammoniakalischer Lösung das gleichfalls weiße, käsig flockige Silberacetylid, $AgC\equiv CAg$ aus.

Aus ammoniakalischer Kupfer(I)-chloridlösung oder reiner aus einer Lösung von 1 g Kupfernitrat, 3 g Hydroxylaminsalz und 4 ml konzentriertem Ammoniak in 50 ml Wasser fällt intensiv rotes Kupfer (I)-acetylid, $Cu_2C_2 \cdot H_2O$, dessen auffallende Färbung reicht, um Spuren von Acetylen, wie sie z. B. im Leuchtgas vorhanden sind, mit Sicherheit zu erkennen. Noch empfindlicher wird dieser Nachweis, wenn man durch Zusatz kolloider Stoffe, wie Leim, dafür sorgt, daß das Acetylid nicht ausfällt, sondern kolloid gelöst bleibt. Man kann so noch 0,03 mg

Acetylen kolorimetrisch bestimmen und damit auch Wasser mittels seiner Reaktion mit Calciumcarbid indirekt empfindlich nachweisen.

Alkalische Quecksilbercyanidlösung wird von Acetylen als weißes, voluminöses, in trockenem Zustand höchst explosives Quecksilber(II)-acetylid, HgC_2, gefällt. Auch Palladiumsalze geben analoge Niederschläge. Goldchlorid wird zu metallischem Gold reduziert.

Das Kupfer(I)-acetylid verpufft etwas lebhafter als Schießpulver, das Silber- und das Quecksilberacetylid aber explodieren sehr heftig.

Bringt man etwa 0,5 g trockenes Silberacetylid auf steifes Papier, z. B. dünnen Karton, hält dieses mit einer Zange horizontal hoch und berührt dann von oben mit einer Flamme, so wird das Papier mit heftigem Knall nach unten durchschlagen. Größere Mengen von Kupfer(I)-acetylid können selbst metallene Rohre zertrümmern. Deshalb darf Acetylen nicht durch kupferne Leitungen geführt werden. Diese Explosionen, besonders die des Silberacetylids, sind insofern interessant, als sie den oft betonten Satz einschränken, daß Explosionen auf der jähen Ausdehnung bzw. Entwicklung von Gasen beruhen. Entscheidend für eine Explosion ist vielmehr, daß in kürzester Zeit große Energiemengen frei werden. Dann steigt die Temperatur so hoch, daß auch sonst feste Stoffe verdampfen.

Während das reine Silberacetylid, Ag_2C_2, an der Luft mit lautem Knall und merklicher Deformierung der Unterlage explodiert, erfolgt die Explosion in einem evakuierten Glaskolben ohne Knall und ohne Zertrümmerung des Gefäßes, weil hier kein die Stoßenergie übertragendes Gas vorhanden ist. Das aus salpetersaurer Lösung gefällte Silberacetylid jedoch enthält Silbernitrat und gibt deshalb bei der Explosion Gase ab, die an der Luft oder auch im Vakuum auf die Umgebung eine beträchtliche Detonationswirkung ausüben (J. Eggert und H. Schimank).

Carbide

Kohlenstoff verbindet sich mit vielen metallischen oder metallähnlichen Elementen bei hoher Temperatur zu Carbiden, die zum Teil hervorragende technische Bedeutung besitzen. Sie werden im einzelnen bei den betreffenden Elementen besprochen, weil diese das chemische Verhalten auffallend bestimmen. Die wichtigsten Gruppen der Carbide sollen jedoch schon kurz erwähnt werden.

Beryllium- und Aluminiumcarbid, Be_2C und Al_4C_3, werden durch Wasser in Metalloxid und Methan gespalten. Das Siliciumcarbid, SiC, ist bei nicht zu hohen Temperaturen gegen fast alle Reagenzien widerstandsfähig und fällt auch äußerlich durch seine große Härte auf. Die Carbide der Alkalimetalle Na_2C_2, K_2C_2 usw., der Erdalkalimetalle, CaC_2, SrC_2, BaC_2, des Silbers, Ag_2C_2, und des Kupfers, Cu_2C_2, können als Salze des Acetylens aufgefaßt werden, da sie bei der Zersetzung mit Wasser oder Säuren Acetylen liefern. Ähnlichen Salzcharakter haben wahrscheinlich auch die Carbide der Seltenen Erden, LaC_2, CeC_2, des Thoriums, ThC_2, und des Urans, UC_2, die bei der Zersetzung neben Acetylen noch Wasserstoff und Äthylen bilden.

Von diesen mehr oder weniger *salzartigen Carbiden* unterscheiden sich die *metallischen Carbide*, wie TiC, TaC, MoC, Mo_2C, WC, W_2C, die ausgesprochen metallische Eigenschaften haben, gegen Wasser und verdünnte Säuren beständig sind und sich z. T. durch große Härte und Beständigkeit auszeichnen. Die Strukturen dieser Carbide sind denen der reinen Metalle sehr nahe verwandt. Die relativ kleinen Kohlenstoffatome sind in Lücken einer dichten Kugelpackung der Metallatome eingelagert.

Schließlich sind noch die Carbide der Eisengruppe Fe_3C, Ni_3C, Mn_3C und das Chromcarbid, Cr_3C_2, zu erwähnen, von denen das Eisencarbid (Zementit) eine wichtige Rolle beim Aufbau der kohlenstoffhaltigen Eisensorten, besonders des Stahls, spielt. Sie sind gegen Säuren weniger widerstandsfähig und zeigen keine so ausgeprägten metallischen Eigenschaften wie die metallischen Carbide. Ihre Struktur steht in keiner näheren Beziehung mehr zu den Strukturen der reinen Metalle.

Silicium, Si

Atomgewicht	28,086
Schmelzpunkt	$\approx$1420 °C
Dichte	2,3 g/cm^3

Vorkommen

Nächst dem Sauerstoff ist das Silicium[1]) in größter Menge auf unserer Erdoberfläche vertreten, nämlich mit 25 % der uns z. Zt. zugänglichen Erdkruste.

Die besondere Häufigkeit der beiden Elemente Sauerstoff und Silicium in der Erde beruht darauf, daß die obere feste Erdkruste, die Lithosphäre, hauptsächlich von Gesteinen gebildet wird, die aus Quarz, SiO_2, und aus Verbindungen des Siliciumdioxids mit Metalloxiden, den Silicaten, bestehen. Zu den häufigsten Silicatmineralen gehören die Feldspäte *Orthoklas* (Kalifeldspat), $K[Si_3AlO_8]$, sowie *Albit* (Natronfeldspat), $Na[Si_3AlO_8]$, und *Anorthit*, $Ca[Si_2Al_2O_8]$, die zusammen in isomorpher Mischung die Plagioklase bilden, ferner sind zu nennen die kompliziert zusammengesetzten Hornblenden, der *Augit* und *Diopsid*, etwa $CaMg[Si_2O_6]$, die Glimmer *Muskowit*, $KAl_2(OH)_2[Si_3AlO_{10}]$, und *Biotit*, $K(Mg,Fe)_3(OH)_2[Si_3AlO_{10}]$, sowie *Olivin*, $(Mg,Fe)_2SiO_4$, und *Granat*, $Ca_3Al_2(SiO_4)_3$.

Diese Minerale sind bei der Erstarrung des flüssigen Magmas entstanden und bilden meist als Gemenge die kristallinen Ur- oder Erstarrungsgesteine, z. B. den Granit, der aus Feldspat, Quarz und Glimmer besteht. Durch Verwitterung der Urgesteine unter dem Einfluß von Wasser und Kohlensäure haben sich die Tone, die quarzhaltigen Sande und bei Wiederverfestigung die Sand- und Kalksteine sowie die Schiefer gebildet, die man zu den Sedimentgesteinen rechnet.

Siliciumdioxid, SiO$_2$

Schmelzpunkt	$\approx$1710 °C
Dichte (Quarz)	2,65 g/cm^3
Dichte (Cristobalit)	2,32 g/cm^3
Dichte (amorph)	2,2 g/cm^3

Natürliche Vorkommen

Die wichtigste Siliciumverbindung ist das Siliciumdioxid, das kristallisiert als *Quarz*, als *Tridymit* und *Cristobalit* sowie amorph und meist wasserhaltig auftreten kann.

Bis zu etwa 1100 °C ist der Quarz, dann bis zum Schmelzp. $\approx$1710 °C der Cristobalit stabil. Tridymit unterscheidet sich vom Cristobalit durch eine gestörte Schichtfolge des Kristallgitters, die durch die Gegenwart von Fremdionen, z. B. Aluminium-, Natrium- und Kalium-Ionen erzeugt wird (FLÖRKE, 1955).

Bei sehr hohen Drucken entstehen Modifikationen mit höherer Dichte: *Coesit*, Dichte 3,01 g/cm^3 und *Stishovit* mit Rutilgitter, Dichte über 4 g/cm^3.

---

[1]) von silex (lateinisch), der Kieselstein.

Große Mengen trigonal-trapezoedrisch kristallisiertes Siliciumdioxid finden sich in Form des Quarzes (Bergkristalls) (Härte 7) an und in der Erdoberfläche; denn der Quarz ist ein wesentlicher Bestandteil der kristallinen Urgesteine Gneis, Glimmerschiefer und Granit. Auch frei von anderen Mineralen tritt der Quarz in mächtigen Ausscheidungen aus dem umgebenden Urgestein hervor, z. B. im Pfahl des bayrischen Waldes. Die schönsten Quarzkristalle bis zu 1 m Länge finden sich in Hohlräumen kristalliner Urgesteine am St. Gotthard oder auch in solchen jüngerer vulkanischer Gesteine.

Bei der Abscheidung von kristallinem Siliciumdioxid, SiO_2, aus Glas oder aus Silicaten erhält man zunächst nicht die stabile Modifikation des Quarzes, sondern nach der Regel von OSTWALD und VOLMER zunächst die weniger dichten instabilen Modifikationen Cristobalit oder Tridymit. Zur Bildung von Quarzkristallen führt indessen, wie R. NACKEN (1944) feststellte, die Erhitzung von amorphem Siliciumdioxid mit Wasser unter hohem Druck in Gegenwart von Alkali. Es ist wahrscheinlich, daß die Quarzkristalle der Natur zum Teil auf diese Weise entstanden sind. Dafür sprechen auch die oft zahlreichen Einschlüsse von Wasser in den Kristallen. Daß bei der Kristallisation ein hoher Druck herrschte, kann man weiterhin daraus entnehmen, daß manche Einschlüsse aus flüssigem Kohlendioxid bestehen.

Infolge seiner Kristallsymmetrie ist der Quarz piezoelektrisch, d. h. er lädt sich beim Pressen längs den polaren zweizähligen Achsen elektrisch auf. Quarz hat deshalb als Steuerquarz große Bedeutung für die Hochfrequenztechnik.

Farbloser Bergkristall sowie die gefärbten Varietäten *Rauchquarz* (nelkenbraun), *Amethyst* (violett), *Citrin* (gelb) finden als Halbedelsteine Verwendung. Bergkristall wird wegen seiner Durchlässigkeit für ultraviolette Strahlen auch in der Optik benutzt. Die Ursache der Färbung des Amethysts ist bis jetzt noch nicht sicher erkannt. Es ist möglich, daß sie auf einem geringen Mangangehalt beruht, da ein solcher bei den meisten Amethysten nachgewiesen worden ist. Ebenso wie beim Rauchquarz ist die Färbung nicht beständig, sondern verändert sich beim Erwärmen, bis bei 400 °C Entfärbung eintritt. Beim Erhitzen bis 500 °C färbt sich dann der Amethystkristall gelb und wird zum künstlichen Citrin. Unter dem Einfluß von Radiumstrahlen erscheint die violette Färbung wieder.

Dichter Quarz besteht aus ineinander verwachsenen, kleineren Kristallen. Er bildet Felsmassen (Quarzitfelsen) und erscheint als *Rosenquarz* durch organische Beimengungen, vielleicht auch durch einen Titangehalt, rosenrot, als *Prasem* lauchgrün, als *Aventurin* mit zahlreichen, kleinen, meist rotbraunen Glimmerschüppchen durchsetzt oder von vielen feinen Rissen, auf denen sich Eisenhydroxid ausgeschieden hat, durchzogen.

Zu den kryptokristallinen Abarten gehören der helle *Chalcedon*, der durch Eisenverbindungen blaßrot bis blutrot gefärbte *Carneol*, der kastanienbraune *Sarder*, der infolge eines geringen Nickelgehaltes apfelgrüne *Chrysopras* und der *Moosachat* (Mokkastein), ein meist weißlichgrauer, stark durchscheinender Chalcedon, der zahlreiche zu Büscheln und Bündeln vereinigte Nadeln und Fasern einer dunkelgrünen Substanz enthält, die den Eindruck von eingeschlossenem Moos hervorrufen.

Der *Achat* ist ein Chalcedon, der aus vielen, verschieden gefärbten Lagen aufgebaut ist und meist als Ausfüllungsmaterial von Hohlräumen in Eruptivgesteinen, wie Melaphyren, Porphyren und Basalten, auftritt. Diese Hohlräume und demgemäß auch der sie mehr oder weniger vollkommen ausfüllende Achat besitzen oft kugelige bis mandelförmige Gestalt: Achatmandeln. Die meist lichten, weißlichen, gelblichen, rötlichen, daneben auch bisweilen lebhaft braunen, gelben, roten Farben der einzelnen Lagen oder Schichten lassen sich durch Einlegen des Achats in Farbstofflösungen prächtig und abwechslungsvoll färben. Besonders der seit altersher geschätzte *Onyx*, in dem weiße Lagen mit schwarzen wechseln, wird durch Einlegen in Sirup und spätere Behandlung mit konzentrierter Schwefelsäure nachgeahmt.

Außer zu Schmuckgegenständen wird der Achat, besonders in Idar-Oberstein an der Nahe, zu Reibschalen und Pistillen, Zapfenlagern für Kompasse und dergleichen verarbeitet, bei denen es neben der Härte auf Zähigkeit des Materials ankommt.

Der *Feuerstein* (*Flint*) ist ein inniges Gemenge von Quarz mit wasserhaltigem Siliciumdioxid. Infolge des Wasserverlustes nehmen die Knollen beim Liegen an der Luft eine weiße Verwitterungsrinde an. Der Feuerstein kommt hauptsächlich in der weißen Schreibkreide der oberen Kreideformation vor, und zwar in kugeligen und knolligen Konkretionen, die wahrscheinlich von den Skeletteilen der Kieselschwämme herrühren. Wegen seiner Härte und Festigkeit sowie wegen der Eigenart, beim Zerschlagen in Stücke mit scharfkantigem Bruch zu zerfallen, war der Feuerstein viele Jahrtausende lang das Material zur Herstellung von Beilen, Messern und Pfeil- bzw. Lanzenspitzen (Steinzeit). Mit diesen Waffen errang der Mensch in der Urzeit die Herrschaft über die Tierwelt, während ihn das aus Feuerstein und Eisenkies (Pyrit) geschlagene Feuer gegen die Kälte der langen eiszeitlichen Winter schützte. Noch im Anfang des vorigen Jahrhunderts erzeugte die Menschheit ganz allgemein den zündenden Funken durch Schlagen von Feuerstein an Stahl.

Unter *Opal* versteht man Übergänge von amorphem, etwas wasserhaltigem Siliciumdioxid zu Cristobalit von der Härte 5,5 . . . 6,5. Der *edle Opal* verdankt sein lebhaftes Farbenspiel der Interferenz des Lichts an zahlreichen, winzigen, teils mit Luft, teils mit einer sekundären Opalsubstanz ausgefüllten Spalten und Rissen, die das Material regellos durchziehen und als Austrocknungsrisse bei dem Erstarren des Opals aus gallertartiger Kieselsäure zu deuten sind. Der *Feueropal* zeigt dagegen eine ausgesprochene Körperfarbe von gelblichbraun bis braunrot. Der *Hydrophan* ist ein äußerst poröser und infolgedessen im lufttrockenen Zustand fast undurchsichtiger, trüber Opal, dessen Poren sich unter Wasser vollsaugen. Dadurch wird der Stein durchscheinend. *Gemeiner Opal* wird als Halbopal, Jaspopal, Milchopal, Holzopal, Kascholong und Kalmückenopal zu kleinen Gebrauchs- und Luxusgegenständen verarbeitet.

Kieselsinter mit 5 . . . 13 % Wasser bildet meist trübe, undurchsichtige bisweilen durchscheinende wachsglänzende Massen, die oft als Überkrustung von Pflanzenteilen auftreten. Häufig findet man ihn auch in lockeren, zerreiblichen Formen (Kieseltuff). Wasser löst von 200 °C an, unter Druck gehalten, Siliciumdioxid auf. Solche Lösungen treten als heiße Quellen in den Geisern von Island sowie in den mächtigen Sprudeln von Neuseeland zutage, scheiden dort wasserhaltiges Siliciumdioxid ab und bilden so die Kieselsinterablagerungen. Große Massen von Kieselsinter finden sich zusammen mit Opalarten im Yellowstone National Park im nordamerikanischen Staat Wyoming.

Infolge der raschen Abkühlung und wohl auch wegen des niederen äußeren Druckes erscheint Siliciumdioxid in den Sintern niemals kristallin, sondern stets amorph.

Kieselgur, auch *Infusorienerde* genannt, ist amorphes Siliciumdioxid mit 3 . . . 12 % Wasser. Sie besteht aus den Kieselpanzern von Diatomeen und zeigt deshalb organische Struktur.

Kieselgur stammt aus den zum Teil sehr mächtigen, tertiären, diluvialen und alluvialen Ablagerungen, die häufig mit Torf- und Moorbildungen in Verbindung stehen. Wichtig sind diejenigen der Lüneburger Heide. Dort liegt ein solches Kieselgurbecken von 3 km Länge und 1 km Breite neben vielen ähnlich großen Fundstellen vor. Häufig enthält Kieselgur so große Mengen Diatomeenfett, daß die Roherde, einmal entzündet, von selbst weiterbrennt. Dieses Fettgehalts wegen ist Kieselgur in Notzeiten des Mittelalters, auch während des Dreißigjährigen Krieges, als Nahrungsmittel verwendet worden.

Von besonderer Bedeutung sind die Aufnahmefähigkeit der Kieselgur für Flüssigkeiten, ihre Leichtigkeit und hohe Porosität. Sie absorbiert ungefähr das Fünffache ihres Eigengewichts an Flüssigkeiten, wie Brom (Bromum solidificatum), Nitroglycerin (Gurdynamit), wobei sich die hohlen Diatomeenpanzer mit der Flüssigkeit anfüllen. Im lufthaltigen Zustande bieten diese Gehäuse vorzüglichen Schutz gegen Wärmeströmungen sowie gegen Schallschwingungen. Die Kieselgur wird deshalb vielfach zur Umkleidung von Dampfröhren, zum Ausfüllen der Zwischenwände feuersicherer Geldschränke, als schalldämpfende Fußbodeneinlage und dergleichen mehr gebraucht. Ferner dient sie als Verpackungsmaterial für Säureballons sowie als Filtriermaterial. Meist verwendet man die durch Glühen (Calcinieren) von den organischen Beimengungen befreite Kieselgur, die infolge eines Gehaltes an Eisenoxid oft eine rötliche Farbe zeigt.

Der Kieselgur verwandt ist der Tripel (Polierschiefer) vom Tripelberg in Böhmen. Er dient zum Polieren von Metallen, Stein und ähnlichen Materialien.

In höheren Pflanzen, besonders den Halmen der Gräser und Körnerpflanzen, im Schilfrohr und -blatt, im Bambusrohr, im spanischen Rohr wie auch in den niedriger stehenden Schachtelhalmen findet sich Siliciumdioxid als Festigungsmittel. Als esterartige Verbindung tritt es in den Vogelfedern auf. So enthält z. B. die Asche aus den Fahnen der großen Schwungfedern von Ringeltauben bis zu 77 % Siliciumdioxid.

Struktur des Siliciumdioxids und der Silicate

Im Gegensatz zum einfach molekularen Kohlendioxid ist das Siliciumdioxid ein hochmolekulares Gebilde. Wenn wir trotzdem die Formel SiO_2 schreiben, so soll diese nicht die Molekülgröße, sondern nur die stöchiometrische Zusammensetzung ausdrücken. Im kristallisierten und auch im amorphen Siliciumdioxid verbinden die Sauerstoffatome je 2 Siliciumatome. Jedes Siliciumatom ist dann über 4 solche Sauerstoffbrücken mit

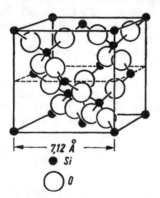

|← 7,12 Å →|

● Si

◯ O

Abb. 69. Kristallstruktur des Cristobalits, SiO₂, bei Temperaturen über 300 °C

4 Nachbarn verbunden. Diese chemischen Bindungen durchziehen in allen Richtungen den ganzen Kristall, ähnlich wie im Diamanten. Entsprechend diesem Aufbau ist das Siliciumdioxid zum Unterschied von Kohlendioxid sehr schwer schmelzbar, kaum flüchtig und gegen chemische Agenzien sehr träge. Die Abb. 69 gibt die Struktur des Cristobalits wieder. Sie läßt die tetraedrische Verknüpfung durch den ganzen Kristall gut erkennen. Die Si—O—Si-Bindung verläuft aber wahrscheinlich nicht gradlinig, wie es die Abbildung darstellt, sondern ist am O-Atom gewinkelt. Die Struktur des Quarzes ist etwas unübersichtlicher und dichter. Im amorphen Siliciumdioxid ist die Verknüpfung der Tetraeder miteinander regelloser (vgl. bei Wesen des Glaszustandes, S. 376).

Durch sehr vorsichtige Oxydation von Siliciummonoxid, SiO, (siehe S. 380) erhielten A. und A. Weiss (1954) eine kristalline Modifikation des Siliciumdioxids mit Faserstruktur, in der die Si—O-Tetraeder über je 2 gemeinsame O-Atome Kettenmoleküle bilden.

Die Struktur der Silicate beruht darauf, daß das Siliciumatom das Bestreben hat, sich tetraedrisch mit 4 Sauerstoffatomen zu umgeben. Im Quarz, Tridymit und Cristobalit entsteht dadurch ein den ganzen Kristall erfüllender Tetraederverband, der in allen Richtungen ohne Unterbrechung durch die festen Si—O-Bindungen zusammengehalten wird.

Bei den *Feldspäten* ist ein Teil der Siliciumatome durch Aluminiumatome ersetzt. Dadurch gewinnt der ganze Si—O—Al-Verband eine negative Ladung, er wird zum *Alumosilicat-Ion*, weil das Aluminium-Ion nur 3 positive Ladungen statt der 4 des Siliciums mitbringt. Zur Neutralisation sind in die Lücken des weitmaschigen Alumosilicat-Anions Alkali- und Erdalkali-Ionen entsprechend den Formeln $K[Si_3AlO_8]$ und $Ca[Si_2Al_2O_8]$ eingelagert. Bei diesen Formeln sind jeweils die zum Alumosilicat-Ion zusammengefügten Atome des Tetraederverbandes in eckige Klammern gesetzt.

Bei den *Glimmern* und *Tonmineralen* bilden die Si—O—Al-Tetraeder zweidimensionale Netze und hierdurch parallele Schichten.

Daher bestehen die Glimmer und Tonminerale aus blättchenartigen Kristallen und können leicht längs der Blättchenebene gespalten werden. Das Alumosilicat-Ion hat die Formel $[(Si,Al)_4O_{10}]$. In ähnlicher Weise hat die faserige Struktur der Hornblende ihre Ursache darin, daß die Si—O—Al-Tetraeder nur noch in einer Richtung zu parallel gelagerten Ketten vereinigt sind. Der Tetraederverband des Alumosilicat-Ions hat bei einfachen Ketten (Pyroxene) die Formel $[(Si,Al)O_3]$, bei Doppelketten (Amphibole) die Formel $[(Si,Al)_4O_{11}]$. In den *Orthosilicaten*, z. B. Olivin oder Granat, liegen schließlich einzelne SiO_4-Tetraeder zwischen den Magnesium- und Eisen-Ionen bzw. den Calcium- und Aluminium-Ionen (W. L. BRAGG).

Die Fasern des *Serpentinasbests* bestehen wahrscheinlich aus sehr dünnen Rohren, deren Wand gebogene Silicatschichten bilden, die zweidimensionale Tetraedernetze enthalten, wie wir sie bei den Tonmineralen (siehe oben) finden (W. NOLL, 1950).

Abb. 70 gibt ein schematisches Bild dieser Silicatnetze und -ketten. Je mehr Erdalkali- oder Alkali-Ionen in den Silicaten gebunden sind, um so weiter geht im allgemeinen die Aufteilung der Si—O-Struktur.

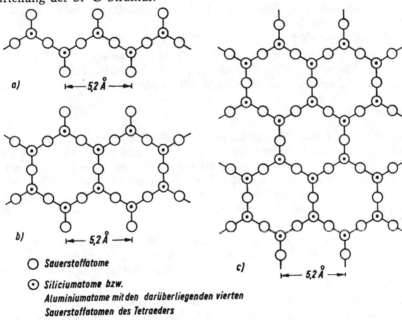

a) ⊢— 5,2 Å —⊣

b) ⊢— 5,2 Å —⊣

○ *Sauerstoffatome*

⊙ *Siliciumatome bzw.*
Aluminiumatome mit den darüberliegenden vierten
Sauerstoffatomen des Tetraeders

c) ⊢— 5,2 Å —⊣

Abb. 70. a) Si—O—Al-Kette in der Faser der Pyroxene
b) Si—O—Al-Doppelkette in der Faser der Amphibole
c) Si—O—Al-Netz in der Blättchenebene eines Glimmers

Der festeste Teil des Gitters ist der Si—O—Al-Tetraederverband, der damit den Habitus des Kristalls bestimmt. Die Bindung zwischen den Silicium- und den Sauerstoffatomen hält einen Mittelzustand zwischen einer Ionenbindung $Si^{4+}O^{2-}Si^{4+}$ und einer homöopolaren Atombindung Si—O—Si (BRILL, 1939).

Chemisches Verhalten des Siliciumdioxids

Die Flußsäure ist die einzige Säure, die Siliciumdioxid bei gewöhnlicher Temperatur löst. Sie bildet mit diesem Siliciumfluorwasserstoffsäure, H_2SiF_6. Metaphosphorsäure verbindet sich erst oberhalb 400 °C zu Silicophosphaten verschiedener Zusammensetzung, z. B. $SiO_2 \cdot P_2O_5$. Auffallend ist die gute Löslichkeit des Siliciumdioxids in alkalischen Lösungen von Brenzcatechin unter Bildung von Esterkomplexen (ARMIN WEISS, 1957).

Alkalisilicate

Laugen greifen kristallisiertes Siliciumdioxid auch beim Kochen nur langsam an. Hingegen wird amorphes Siliciumdioxid bei Wasserbadtemperatur ziemlich schnell unter Bildung von Alkalisilicaten gelöst.

Aus wäßrigen Natriumsilicatlösungen kristallisieren wasserhaltige Verbindungen aus, die nach THILO und MIEDREICH (1951) saure Salze der Ortho- oder Monokieselsäure, H_4SiO_4, sind. Aus stark alkalischen Lösungen scheidet sich das Trinatriumsalz, $Na_3(HSiO_4) \cdot 5\,H_2O$, ab, bei geringerer Alkalität treten Hydrate des Dinatriumsalzes auf, $Na_2(H_2SiO_4) \cdot aq$ (aq = 8, 5 oder 4 H_2O). Das im Handel erhältliche Natriummetasilicat, $Na_2SiO_3 \cdot 9\,H_2O$, ist nach THILO als $Na_2(H_2SiO_4) \cdot 8\,H_2O$ zu formulieren. Aus diesem läßt sich durch Behandeln mit Alkohol, wobei Natriumhydroxid hydrolytisch abgespalten wird, das Mononatriumsalz, $Na(H_3SiO_4)$, darstellen.

Aus verdünnten Alkalisilicatlösungen und Metallsalzlösungen lassen sich unter bestimmten Bedingungen definierte Metallsilicate, wie z. B. Calcium-, Barium-, Kupfer- und Silbersilicate darstellen (R. SCHWARZ, 1926, THILO, 1955).

Wasserfreie Alkalisilicate, wie z. B. das Natriumorthosilicat, Na_4SiO_4 (Schmelzp. 1018 °C), das Metasilicat, Na_2SiO_3 (Schmelzp. 1088 °C), oder das Disilicat $Na_2Si_2O_5$, entstehen beim Erhitzen von Siliciumdioxid mit Alkalicarbonaten oder Natriumoxid.

Wasserglas

Schmilzt man 3 . . . 4 Mol Siliciumdioxid mit 1 Mol Soda oder Pottasche oder mit der entsprechenden Menge Natriumsulfat unter Zusatz von etwas Kohle, so entstehen die Wassergläser, die zunächst als echte Gläser amorph erstarrende Schmelzen bilden. Durch längeres Erhitzen auf etwa 800 °C tritt Entglasen ein, indem sich Kristalle von Metasilicat, Na_2SiO_3, und von Disilicat, $Na_2Si_2O_5$, ausscheiden. Die Wassergläser sind schwierig zu lösen. Bei längerem Erhitzen mit wenig Wasser unter Druck bilden sich wasserhaltige Alkalisilicate.

Erhitzt man das amorphe Wasserglas längere Zeit unter Druck mit dem 5 . . . 10fachen Gewicht Wasser, so entstehen dickflüssige Lösungen. Dabei erfolgt eine weitgehende Hydrolyse, als deren Folge die Lösung neben Natrium- und Hydroxid-Ionen hochmolekulare Silicatanionen enthält.

Die Wasserglaslösungen stellen einen mineralischen Leim dar und finden zum Kitten von Glas- und Porzellanbruchstücken, zum Haltbarmachen von Eiern sowie als Zusatz zu Seifen, Wasch- und Reinigungsmittel und als Flammenschutzmittel ausgedehnte Verwendung. In der Anstrichchemie dient Wasserglaslösung wegen des aus ihr sich absetzenden Kieselsäurehäutchens zum Befestigen von Farben auf Stein oder Mauerwerk.

Wasserhaltiges Siliciumdioxid

Kieselsäuregel

Fügt man zu einer Wasserglaslösung eine verdünnte Säure hinzu oder leitet man Kohlendioxid ein, so bildet sich bei konzentrierten Lösungen sofort, bei verdünnten erst nach einiger Zeit gallertartiges wasserhaltiges Siliciumdioxid, auch *Kieselsäuregel* genannt. In diesem sind zunächst mehr als 90 % Wasser adsorbiert, das beim Trocknen ganz allmählich ohne sprungweise Änderung des Dampfdruckes austritt. Nach wiederholtem Abdampfen auf dem Wasserbad hinterbleibt ein weißes, sandiges, abfiltrierbares Pulver von immer noch wasserhaltigem amorphem Siliciumdioxid, das sich beim Kochen mit Alkalien, auch schon mit Sodalösung, auflöst.

Praktische Bedeutung hat das gelatinöse wasserhaltige Siliciumdioxid als Boden für Bakterien-kulturen sowie insbesondere als Träger der Elektrolytflüssigkeit in den sogenannten Trocken-elementen.

Über den Mechanismus, der zur Bildung der Kieselsäuregele führt, herrscht im Einzelnen noch keine volle Klarheit. Er dürfte sehr kompliziert und weitgehend von den Versuchs-bedingungen, wie der Konzentration und dem p_H-Wert der Lösung, der Temperatur u. a. abhängen. In verdünnten Alkalisilicatlösungen und bei einem p_H-Wert zwischen etwa 14 und 11 liegen wahrscheinlich nur die Ionen der Orthokieselsäure vor, wie sie auch in den wasserhaltigen festen Alkalisilicaten auftreten (siehe oben). Mit steigender Konzentration und sinkendem p_H-Wert kondensieren sich diese einfachen Ionen unter Wasserabspaltung und Ausbildung von Sauerstoffbrücken zu *Polysilicat-Anionen* bzw. bei gleichzeitiger Anlagerung von H^+-Ionen zu *Polykieselsäuren* (siehe dazu das Kapitel Polysäuren).

Ausgehend z. B. von dem Ion $H_3SiO_4^-$ lassen sich folgende Kondensationsreaktionen formu-lieren:

$$HO-\underset{\underset{OH}{|}}{\overset{\overset{O^{(-)}}{|}}{Si}}-OH \xrightarrow{-H_2O} HO-\underset{\underset{OH}{|}}{\overset{\overset{O^{(-)}}{|}}{Si}}-O-\underset{\underset{OH}{|}}{\overset{\overset{O^{(-)}}{|}}{Si}}-OH \xrightarrow{-H_2O} \ldots [H_{n+2}Si_nO_{3n+1}]^{n-}$$

Monosilicat-Anion   Disilicat-Anion   Polysilicat-Anion

Die OH-Gruppen werden durch überschüssiges Wasser in gewissem Sinne geschützt, weil die H_2O-Moleküle diese polaren Gruppen ähnlich wie ein Ion umhüllen. Je konzentrierter die Lösung ist, um so leichter kann die Kondensation eintreten. Sie wird auch durch steigende H^+-Ionenkonzentration begünstigt, weil bei Anlagerung von H^+-Ionen an die Silicat-Anionen deren Ladung und damit ihre abstoßende Wirkung aufeinander verringert wird. Die Konden-sation führt nicht nur zu kettenförmigen Ionen oder Molekülen, sondern auch zu verzweigten Gebilden. Mit zunehmender Teilchengröße gehen die echten Lösungen in kolloide Lösungen (*Sole*) über, bis sich schließlich wasserhaltiges Siliciumdioxid als Gel abscheidet (Näheres über Kolloide, Sole und Gele siehe S. 389).

Wenn durch geeignete Bedingungen, wie erhöhte Temperatur und langsamer Verlauf, die Möglichkeit gegeben wird, daß sich die Siliciumatome bei dieser räumlichen Verknüpfung regelmäßig zueinander lagern, entstehen die kristallinen Formen, zuerst der Cristobalit, oft noch mit Resten amorpher Kieselsäure verwachsen, wie in den Opalen. Wie schwierig diese Kristallisation ist, geht daraus hervor, daß die zur analytischen Bestimmung mit Salzsäure abgerauchte und geglühte Kieselsäure meist noch amorph ist. Da in der festen Kieselsäure der Zusammenhalt der Si—O—Si-Brücken sehr fest ist, findet eine rückläufige Vereinigung mit dem Wasser nicht ohne weiteres statt, sondern es bedarf hierzu der Wirkung von verdünnten Alkalilösungen oder der auflösenden Kraft höherer Temperaturen von 200 °C und mehr in Gegenwart von Wasser.

Kieselsäuresole

Kieselsäuresole erhält man durch Einlaufenlassen von verdünnter Wasserglaslösung in über-schüssige verdünnte Schwefelsäure und Dialysieren der klaren Flüssigkeit. Auch durch vor-sichtige Hydrolyse von Siliciumtetrachlorid und anschließende Dialyse sowie durch Verseifung von Orthokieselsäureestern lassen sich beständige Kieselsäuresole darstellen.

Die Kieselsäuregele können durch Salzsäure wie auch durch geringe Mengen von Alkali langsam wieder in Hydrosole umgewandelt (peptisiert) werden, und zwar genügt 1 Teil Natriumhydroxid in 10 000 Teilen Wasser, um 200 Teile amorphes Siliciumdioxid (in trockenem Zustand gerechnet) bei 100 °C in 60 min zu verflüssigen. Durch Dialyse läßt sich dieses Alkali größtenteils wieder entfernen, ohne das Kieselsäuresol zu fällen.

Sowohl künstliches Kieselsäuregel als auch das in der Natur vorkommende wasserhaltige Siliciumdioxid zeigen besonders deutlich in gewissen Stadien des Austrocknens unter dem Mikroskop eine waben- und zellenförmige Struktur. Das in den Zellenhohlräumen enthaltene Wasser ist schwach, das in der Zellensubstanz enthaltene aber stärker gebunden. Deshalb kann das erstere auch schon bei relativ höherer Konzentration des Wasserdampfes der Umgebung abgegeben werden als das letztere. Wird das Gel entwässert, so tritt der Umschlagspunkt ein, sobald anstelle des aus den Zellenhohlräumen verdampfenden Wassers Luft getreten ist. Dies macht sich in einer weißen Trübung des Gels bemerkbar. Gibt man dann Wasser zu, so entweicht die Luft wieder; aber wenn man das Gel höheren Dampfdrucken aussetzt, so wird nicht dieselbe Menge Wasser wieder aufgenommen, die bei der Entwässerung diesem Dampfdruck entsprach, vielmehr bleibt das Gel gegenüber seinem früheren Wassergehalt bei einem bestimmten Dampfdruck stets im Rückstand. Es tritt die Erscheinung der Hysteresis auf, das Adsorptionsvermögen hat infolge der Schrumpfung der Zellwände abgenommen. Durch die oben angegebene Wirkung verdünnter Alkalilaugen wird aber diese Einschrumpfung der Zellwände allmählich wieder behoben, die Quellung schreitet fort, bis schließlich soviel Wasser aufgenommen ist, daß der Unterschied des wasserhaltigen Gebildes gegenüber dem umgebenden Wasser nur sehr gering ist. Dann verschwindet der Oberflächenunterschied, die Oberflächenabgrenzung gegenüber dem Wasser tritt ganz zurück, und der Stoff verteilt sich (mischt sich) mit dem Wasser.

Getrocknete Kieselsäuregele

Getrocknete Kieselsäuregele sind unter dem Namen *Silicagel* im Handel und infolge ihrer wabenförmigen Struktur sehr porös. 1 g Kieselsäuregel kann eine innere Oberfläche von etwa 450 m² haben. Deshalb werden sie als vorzügliche Adsorptionsmittel für Dämpfe, Gase, gelöste Stoffe u. a. im Laboratorium und in der Technik vielseitig verwendet. Beispielsweise kann man mit Silicagel aus armen Röstgasen mit nur 1 ... 4 Vol.-% Schwefeldioxid dieses nahezu vollständig adsorbieren und durch Austreiben des adsorbierten Gases bei höherer Temperatur fast reines Schwefeldioxid freimachen. Unter dem Namen Blaugel dient Silicagel als Trocknungsmittel zur Füllung von Exsikkatoren. Die blaue Farbe wird durch Kobaltsalze hervorgerufen, die sich beim Feuchtwerden rosa färben. Das unwirksam gewordene, rosa gefärbte Gel kann durch Erwärmen wieder regeneriert werden.

Zur Darstellung des Silicagel mischt man äquimolekulare Mengen von Natriumsilicatlösung und verdünnter Schwefelsäure, worauf sich nach einigen Stunden eine Gallerte (elastisches Gel) bildet, die ausgewaschen, abgepreßt und dann durch Erhitzen auf 300 °C getrocknet wird.

Fein verteiltes amorphes Siliciumdioxid mit einer Primärteilchengröße von 100 ... 500 Å, wie es nach besonderen Fällungsverfahren aus Alkalisilicatlösungen als lockeres, voluminöses Pulver erhalten wird, hat heute in der Gummiindustrie als heller Verstärkerfüllstoff große Bedeutung. Es dient zur Herstellung von weißen und farbigen Gummimischungen mit hoher Verschleißfestigkeit (z. B. für Gummisohlen).

Besonders feinteilig ist das durch Verbrennen von Siliciumtetrachlorid mit Wasserstoff und Luft gewonnene *Aerosil*.

Definierte Kieselsäuren

Unter bestimmten Versuchsbedingungen läßt sich aus den Kieselsäuregelen im wesentlichen nur das adsorbierte und das in Hohlräumen befindliche Wasser entfernen, wobei definierte Kieselsäuren zurückbleiben. So erhielt R. Schwarz (1926), ausgehend von Lösungen definierter Alkalisilicate, wie Lithiumorthosilicat, Li_4SiO_4, Natriummetasilicat, Na_2SiO_3, und Natriumdisilicat, $Na_2Si_2O_5$, bei Fällung mit konzentrierten Säuren Gele, die nach wiederholter Behandlung mit trockenem Aceton und Alkohol nur noch etwa 13 % Wasser gebunden enthielten. Dies entspricht der Zusammensetzung der *Dikieselsäure*, $H_2Si_2O_5$. In feinpulvrigem und kristallinem Zustand (Röntgeninterferenzen) konnte die Dikieselsäure durch Zersetzung von kristallisiertem Natriumdisilicat, $Na_2Si_2O_5$, mit 80%iger Schwefelsäure sowie Auswaschen und Trocknen des zunächst noch wasserhaltigen Produkts dargestellt werden. Aus kristallisiertem Natriummetasilicat, Na_2SiO_3, ließ sich *Metakieselsäure*, H_2SiO_3, in entsprechender Weise herstellen, die jedoch schon bei Zimmertemperatur in die Dikieselsäure übergeht. Die Metasäure entsteht auch aus der faserigen Modifikation des Siliciumdioxids durch Umsetzen mit Wasser (A. und A. WEISS, 1954). Ferner gibt sich die Existenz der beiden Säuren, der Meta- und der Dikieselsäure, beim isothermen Abbau von unter bestimmten Bedingungen hergestellten Gelen durch Abbaustufen zu erkennen.

Selbstverständlich sind die Meta- und Dikieselsäure und die von ihnen abgeleiteten Silicate hochpolymer, weil das Silicium stets von 4 Sauerstoffatomen umgeben ist.

Durch Hydrolyse von Siliciumsulfid, SiS_2, an feuchter Luft und vorsichtiges Entwässern der Kieselsäure erhielt R. SCHWARZ (1955) Abbaustufen mit der Zusammensetzung der *Tetraorthokieselsäure*, $H_{10}Si_4O_{13}$, und der *Tetrametakieselsäure*, $H_8Si_4O_{12}$.

Die einfachsten niedermolekularen Formen von wasserlöslicher Kieselsäure, nämlich *Monokieselsäure* (*Orthokieselsäure*), H_4SiO_4, und *Orthodikieselsäure*, $H_6Si_2O_7$, stellte R. WILLSTÄTTER dar durch Einleiten von Siliciumtetrachloriddampf in Wasser unter Zugabe von Silberoxid, das die bei der Hydrolyse auftretende Salzsäure bindet. Die Monokieselsäure geht unter Wasserabspaltung zunächst in die Orthodikieselsäure, $H_6Si_2O_7$, über. Durch weitere Kondensation bilden sich dann die höheren Polysäuren, die mit zunehmendem Molekulargewicht schwerer diffundierbar werden.

Erst in sehr großer Verdünnung von etwa 10 … 100 mg/l ist niedermolekulare Kieselsäure — vielleicht in der Form der Monokieselsäure — in Lösung beständig (VAN LIER, OVERBECK und DE BRUIN, 1960).

Die Hydroxylgruppen der Kieselsäure, auch der Orthokieselsäure, dürften wahrscheinlich nur sehr schwach sauer reagieren. Deshalb sind Alkalisilicatlösungen stets hydrolytisch gespalten. Für die Orthokieselsäure sind nach verschiedenen Methoden Dissoziationskonstanten in der Größenordnung von 10^{-10} … 10^{-12} bestimmt worden.

Die Monokieselsäure und die löslichen niederen Polymerisationsstufen, die Oligokieselsäuren, unterscheiden sich von den höheren Polymerisationsstufen dadurch, daß sie den Dodekamolybdatokomplex bilden.

In hocherhitztem Wasserdampf unter hohem Druck ist Siliciumdioxid merklich flüchtig bzw. löslich, vielleicht als Monokieselsäure, so daß man das Speisewasser für Dampfkessel sorgfältig entkieseln muß, um Ansätze in den Dampfturbinen zu vermeiden.

Gläser

Quarzglas

Im Knallgasgebläse oder im elektrischen Ofen schmilzt der Quarz bei 1480 °C ohne in den bei dieser Temperatur stabilen Cristobalit überzugehen. Bei 1800 °C wird die Schmelze so dünnflüssig, daß sie in Form von Schalen, Tiegeln, Destillierkolben usw. gegossen werden kann. Diese Quarzglasgeräte sind gegenüber Säuren — mit Ausnahme von Flußsäure, hocherhitzter Phosphorsäure und Borsäure — sehr beständig. Außerdem vertragen sie jähe Temperaturwechsel, ohne zu springen. Diese Eigentümlichkeit beruht auf der im Vergleich zu gewöhnlichem Glas oder Porzellan geringen Ausdehnungsfähigkeit des glasigen Siliciumdioxids bei Temperatursteigerung. Der lineare Ausdehnungskoeffizient des Quarzglases beträgt nur den 18. Teil des weichen Glases. Infolgedessen sind auch bei sehr jähen Temperaturänderungen die inneren Spannungen zu schwach, um das Gefüge sprengen zu können. Man kann einen Quarzglastiegel rotglühend in Wasser tauchen oder mit Wasser gefüllt direkt über eine Gebläseflamme halten, ohne daß er springt. Wegen der hohen Durchlässigkeit für ultraviolette Lichtstrahlen dienen Quarzglaslinsen für Ultraviolettspektrographen und Quarzglasröhren für die Umhüllungen des Quecksilberlichtbogens in der Quecksilberlampe.

Weil das Klarschmelzen des Quarzes und das darauffolgende Blasen die Herstellungskosten erhöht, begnügt man sich häufig mit einer nur teilweisen Schmelzung (Frittung) der zu formenden Masse. Diese unter dem Namen *Quarzgut* bekannten Gegenstände sind infolge eingeschlossener Bläschen nicht durchsichtig, sondern nur durchscheinend mit weißem, seidenartigem Glanz.

Die Bezeichnung Quarzgut bzw. Quarzglas sind nicht streng wissenschaftlich, weil beim Schmelzen die Kristallstruktur verlorengeht und das entstandene Glas amorph, optisch isotrop bleibt.

Silicatgläser

Das allbekannte, als Schmuck und als Werkstoff hochgeschätzte Glas ist ein Silicat. Die Zusammensetzung nähert sich häufig der Formel $(Na_2O, K_2O) \cdot CaO \cdot 6 SiO_2$; doch ist Glas keine chemische Verbindung mit bestimmter Zusammensetzung. Es ist eine erstarrte Schmelze, die fest wurde, ohne zu kristallisieren. Das Glas ist darum stets amorph.

Die Kunst der Glasbereitung war den alten Ägyptern schon um 3000 v. Chr. bekannt und kam etwa um 800 v. Chr. zu den Phöniziern (Sidon), von da aus nach Rom und Byzanz und entwickelte sich vom 13. Jahrhundert an besonders in Venedig zu hoher Blüte. In Deutschland erfand man schon im 14. Jahrhundert die mit Zinnamalgam belegten Spiegel; in Böhmen wurde Glas seit dem 15. Jahrhundert hergestellt. Dort finden sich auch in Ablagerungen längs der Moldau grüne, rundliche Glaskugeln mit rauher, narbiger Oberfläche, die als Moldawit (böhmischer Chrysolith, Bouteillenstein) zeitweise zu Schmucksteinen geschliffen wurden. Man hielt diese früher für Beweise einer uralten Glasmacherkunst, faßt sie aber neuerdings als glasig erstarrte Meteoriten auf.

Jahrtausendelang diente das Glas nur zu Schmuckgegenständen oder zur Anfertigung von kleinen Salben- und Arzneiflaschen. Zwar kannte man kleine Glasfenster in der römischen Kaiserzeit, und bunte Kirchenfenster gab es schon im frühen Mittelalter, aber erst gegen Ausgang des Mittelalters versah man auch die Fenster von Wohnhäusern mit diesem für unsere heutigen Begriffe unentbehrlichen Schutz gegen Kälte und Nässe. Die Kunst, größere Fensterscheiben herzustellen, entwickelte sich erst vom 17. Jahrhundert an.

Die hauptsächlichsten Rohstoffe zur Glasbereitung sind Quarzsand, Soda, Natriumsulfat oder Pottasche und Kalkstein, Kreide oder Marmor, die innig gemengt als Glassatz in Glashäfen aus Ton oder in aus Schamottesteinen zusammengesetzten Wannenöfen zu einer flüssigen Masse geschmolzen werden. Als Klärungsmittel dient gelegentlich das Umrühren mit grünem Holz, wobei die Dampfentwicklung die Masse durchmischt, sowie ein Zusatz von gasbildenden Läuterungsmitteln, wie Natriumsulfat oder Arsenik und Salpeter, der auch das grünfärbende Eisen(II)-oxid in ein helleres gelbliches Eisen(III)-oxid verwandelt. Zur weiteren Aufhellung werden Entfärbungsmittel zugesetzt, meistens Braunstein, seltener Nickeloxid, Selen u. a., die durch ihre Komplementärfarben die Eisenfärbung aufheben.

Die wichtigsten Glassorten sind: *Fensterglas* (etwa 73 % SiO_2, 15 % Na_2O, 10 % CaO und 2 % MgO), *Kronglas* und (böhmisches) *Kristallglas* mit überwiegendem Kaliumgehalt anstelle von Natrium. *Flintglas* (Bleikristall) ist ein Kalium-Bleisilicat (neuerdings meist mit Borsäurezusatz), das bei seiner hohen Dichte das Licht stärker bricht als die kalkhaltigen Gläser. Kron- und Flintglas sind die ältesten optischen Gläser, die durch die Arbeiten von SCHOTT und ABBÉ in Jena hauptsächlich durch borsäure- und tonerdehaltige Barium-, Zink-, Antimon- und Fluorgläser ergänzt wurden und heute eine Gruppe von nahezu 200 Glasarten der verschiedenartigsten Zusammensetzung bilden.

Strass besteht aus einem Silicat- und Boratgemisch von Bleioxid, Kali und Natron und eignet sich wegen seines Glanzes und seiner guten Schleifbarkeit zur Herstellung von Edelsteinimitationen.

Email ist ein leichtflüssiges, meist borsäurehaltiges Glas, das durch Zumischen von Zinndioxid, Knochenasche und Zirkoniumoxid, ZrO_2, oder durch Ausscheiden von Titan(IV)-oxid, TiO_2, getrübt ist und zum Überziehen von Metallen, insbesondere von Stahlblech und Gußeisen, dient.

Durch Erhöhung des Kieselsäuregehalts werden die Gläser schwerer schmelzbar, meist auch widerstandsfähiger gegenüber Wasser und gegenüber sauren und alkalischen Lösungen. Wasser zersetzt gepulvertes Fensterglas unter Lösung des Alkalisilicats so schnell, daß man die alkalische Reaktion bald mit Phenolphthalein nachweisen kann.

Das gegen Temperaturwechsel und gegen die Angriffe von Wasser, Säuren und Alkalien besonders widerstandsfähige *Jenaer Geräteglas* ist ein Aluminoborosilicatglas mit geringem Alkaligehalt.

OTTO SCHOTT hat als erster nachgewiesen, daß die thermische Widerstandsfähigkeit des kieselsäurereichen Glases durch erhebliche Zusätze von Borsäure außerordentlich verbessert werden kann. Das Jenaer *Supremaxglas*, dessen Zusammensetzung von dieser Erkenntnis ausgeht, diente vorzugsweise für Gasglühlichtzylinder und -glocken. Eine weitere Verbesserung dieses Glases führte zum Jenaer *Duranglas*, bei dem die guten thermischen Eigenschaften mit guter chemischer Festigkeit vereint sind. Auf Grund der geringen Ausdehnungsfähigkeit beim Erwärmen lassen sich diese Gläser in größeren Wandstärken blasen und pressen. Sie dienen dann für chemische Geräte und für Kochzwecke.

Ein Lithium-, Berylliumborat ist das *Lindemann-Glas*, das infolge seines geringen Atomgewichts für Röntgenstrahlen durchlässiger ist als das gewöhnliche Glas und deshalb für Austrittsfenster an Röntgenröhren verwendet wird.

Bei höheren Temperaturen im Gebiet der Erweichung oder im Laufe sehr langer Zeiten scheiden viele Gläser allmählich kristalline Bestandteile aus, wie Tridymit, Cristobalit oder Calciumsilicate, wodurch das Glas entglast.

Um das Entglasen zu verzögern, setzt man den Glasschmelzen zugleich Kalium- und Natriumverbindungen zu. Dadurch wird der Erweichungspunkt des Glases herabgesetzt und so die Bearbeitung erleichtert. Auch ein Zusatz von Tonerde wirkt der Entglasung entgegen, erhöht aber den Erweichungspunkt. Gläser müssen unterhalb 1400 °C schmelzbar sein und für die meisten Verwendungen schon in der rußenden Gasflamme, also bei beginnender Rotglut, erweichen.

Besonders wichtig für die Verwendung des Glases ist im allgemeinen gleichmäßiges und langsames Abkühlen des Glases nach dem Schmelzen oder Erweichen. Zu rasch gekühlte Gläser springen beim Ritzen der Oberfläche infolge innerer Spannungen (z. B. Bologneser Glastropfen) und zeigen im polarisierten Licht Doppelbrechung, die den gutgekühlten Gläsern fehlt. Besonders gut gekühlt sind optische Gläser, die außerdem durch mehrstündiges Rühren mit einem Tonstab in flüssigem Zustand von Fäden und Schichtungen anderer Zusammensetzung und Lichtbrechung (Schlieren) befreit sind (homogenes Glas). Wichtig ist eine sorgfältige Kühlung (Alterung) auch für Thermometer, weil sie sonst Veränderungen des Nullpunkts zeigen. Außerdem müssen diese aus Glas geeigneter Zusammensetzung bestehen. Durch Abschrecken in Öl kann man den meisten Gläsern, besonders wenn sie dünn ausgeblasen sind, eine auffallende

Widerstandsfähigkeit gegen Stoß und Temperatureinflüsse geben. Derartig behandeltes Glas bezeichnet man als *gehärtetes* (besser *vorgespanntes*) *Glas*.

Glaswatte aus feinen Glasfäden dient als Filterstoff und zur Isolation gegen Wärme und Schall. Sehr dünn ausgezogene Glasfäden von wenigen Hundertstel Millimeter Durchmesser sind so biegsam, daß sie als Glasfaser zu Geweben verarbeitet werden und zur Verstärkung von Kunststoffen dienen.

Für die Herstellung gefärbter Glasflüsse werden Schwermetalloxide zugesetzt. Eisen(II)--oxid färbt grünlich bis blaugrün, Eisen(III)-oxid im Verein mit Manganoxiden braungelb (Bier- und Weinflaschen), Chromoxid erzeugt in geringen Mengen ein schönes Smaragdgrün. Wenn Eisen(III)- oder Chromoxid im Überschuß beim Erkalten in Kristallflittern auskristallisieren, entstehen die *Aventurine*. Kupferoxid färbt mattgrünblau, zusammen mit Chromoxid schön grün (Römer). In alkalireichen Gläsern färbt Kupferoxid auch himmelblau. Solches Glas diente in alten Zeiten in gepulvertem Zustand als *ägyptisches Blau* (Malerfarbe). Kobaltoxid färbt dunkelblau, und dieses Glas ist in gepulverter Form, als *Smalte* in der Malerei bekannt. Manganoxid färbt Kaligläser blauviolett, Natrongläser rotviolett (wahrscheinlich Mangan(III)-verbindung). Selen färbt rosenrot, Uranoxid färbt als Bleiuranat in steigenden Mengen und mit zunehmendem Gehalt an Alkalien orange bis rot. Silber löst sich schon bei 400 °C im Glas allmählich mit braungelber Farbe auf. Um diese Färbung zu erreichen, genügt es bereits, Silbernitratlösungen in zugeschmolzenen Glasröhren längere Zeit auf 250 . . . 300 °C zu erhitzen. Gold löst sich im Glas zunächst farblos, beim Erwärmen entsteht eine prachtvolle rote, etwas blaustichige Anlauffarbe (Goldrubin), besonders in Bleigläsern. Dabei bilden sich in der Glasmasse Goldteilchen von 0,01 . . . 0,04 µm Durchmesser (1 µm = 0,001 mm) (siehe kolloides Gold).

Ähnlich entsteht der dunkelrote Kupferrubin (undurchsichtig-leberartig der Hämatinon oder Porporino) beim Erwärmen von Kupfer(I)-oxid enthaltenden Flüssen oder beim Erweichen von Kupfergläsern in einer reduzierenden Flamme durch Ausscheidung von kolloidem Kupfer. Beim Kupferaventurin haben sich im roten Glas Kristallflitter von metallischem Kupfer ausgeschieden. Wichtige gelbe, orange und rote Anlauffarben liefern Gläser, denen eine Mischung von Cadmiumsulfid und -selenid zugesetzt wurde.

Wesen des Glaszustandes

Die Gläser sind unterkühlte Schmelzen, die nur infolge ungewöhnlich hoher Viskosität fest erscheinen. Sie besitzen also auch keinen Schmelzpunkt, sondern werden beim Erwärmen nur zunehmend weicher und flüssiger. Allerdings ändern sich manche Eigenschaften in einem schmalen Temperaturbereich so stark, daß man nach TAMMANN von einem *Transformationsintervall* spricht.

Im geschmolzenen und im erstarrten Glas bilden die Ionen kleinste, regelmäßig geordnete Bezirke.

Im erstarrten Quarzglas sind die Siliciumatome wahrscheinlich durch den ganzen festen Körper über Sauerstoffbrücken mit jeweils 4 Nachbarn tetraedrisch verknüpft. Die Anordnung wechselt aber von Stelle zu Stelle nach den vielerlei Möglichkeiten, auf die schon die verschiedenen Atomanordnungen in den kristallisierten Siliciumdioxidmodifikationen Quarz, Tridymit, Cristobalit hindeuten, so daß eine im kleinen regelmäßige, aber im großen regellose Anordnung entsteht (ZACHARIASEN und WARREN).

Diese wechselnde Anordnung gibt die Abb. 71 schematisch wieder. Um eine in der Ebene übersichtliche Darstellung zu erreichen, wurden die vierten O-Atome der SiO_4-Tetraeder weggelassen. Die Darstellung ist — unter Hinzufügung der vierten Si—O—Si-Bindung — in drei Dimensionen umzudenken. In der linken Hälfte der Abb. 71 ist zum Vergleich eine Schicht in der regelmäßigen Anordnung des Cristobalits eingezeichnet. Sie liegt in der Abb. 69 senkrecht zur Raumdiagonale des Würfels.

Im geschmolzenen Zustand werden durch die starken Wärmeschwingungen vorübergehend Si—O—Si-Brücken aufgespalten, wodurch eine Verschiebung der Strukturelemente gegeneinander und ein Fließen der Schmelze ermöglicht wird.

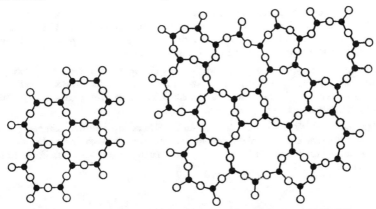

Abb. 71. Struktur des Quarzglases nach ZACHARIASEN und WARREN

Der Zustand des erstarrten Glases entsteht dadurch, daß beim Abkühlen die in der Schmelze zufällig und unregelmäßig gebildeten Verknüpfungen erhalten bleiben. Infolge der Zähigkeit der Schmelze und der Kompliziertheit der regelmäßigen Kristallstruktur bleibt auch bei sehr langsamer Abkühlung die Zeit noch zu kurz, um zur Ausbildung der Kristalle auszureichen.

Bei den Alkali-Erdalkaligläsern werden die Sauerstoff-Ionen dieser Oxide in das Si—O-Tetraedernetzwerk eingelagert. Nach

$$\text{>}Si-O-Si\text{<} \quad + Na_2O \quad = \quad \text{>}Si-ONa \quad NaO-Si\text{<}$$

oder

$$\text{>}Si-O-Si\text{<} \quad + CaO \quad = \quad \text{>}Si-O \quad Ca \quad O-Si\text{<}$$

wird das Netzwerk hierdurch in kleinere Bereiche getrennt (*Trennstellentheorie* von K. ENDELL und U. HOFMANN sowie A. DIETZEL, 1941).

Durch diese Bildung von Trennstellen erniedrigen Natriumoxid, Na_2O, Kaliumoxid, K_2O, Calciumoxid, CaO, und Blei(II)-oxid, PbO, die Temperatur der Erweichung und bei höheren Temperaturen die Viskosität.

$$\begin{array}{ccc} \text{>}Si-O & & F-Si\text{<} \\ & Ca & \\ \text{>}Si-F & & O-Si\text{<} \end{array}$$

Fluoride erzeugen bei gleicher Anzahl der Metall-Ionen die doppelte Anzahl an Trennstellen, wie es das Beispiel des Einbaus von Calciumfluorid, CaF_2, zeigt. Darauf beruht die altbekannte verflüssigende Wirkung des Flußspats auf Silicatschlacken, und davon leiten sich nicht nur sein Name, sondern auch die Namen Fluor, Flußsäure und Fluoreszenz ab.

Nicht zu große Mengen Aluminiumoxid, Al_2O_3, werden dagegen zu AlO_4-Tetraedern in das Si—O-Netzwerk eingebaut:

$$\overset{Na}{\underset{}{\text{>}Al-O-Si\text{<}}}$$

Aluminiumoxid verringert daher bei gleicher Anzahl der Alkali-Ionen die Anzahl der Trennstellen und erhöht die Viskosität. Das Quarzglas, dem die Trennstellen fehlen, hat die höchste Viskosität bzw. Erweichungstemperatur.

Titan(IV)-oxid, TiO_2, Zirkonium(IV)-oxid, ZrO_2, und Zinn(IV)-oxid, SnO_2, geben infolge der hohen Ladung der Kationen ihre Sauerstoff-Ionen meist nicht an das Si—O-Netzwerk ab Infolge ihrer Größe besitzen diese Kationen gegen Sauerstoff die Koordinationszahl 6 und können nicht wie die Aluminium-Ionen die Silicium-Ionen im Netzwerk ersetzen. So scheiden sich diese Oxide leicht als Fremdkörper im Glas aus und trüben das Glas (Email).

Die Färbung durch Schwermetalloxide ist oft von der Anzahl der Sauerstoff-Ionen des Netzwerkes abhängig, die das Schwermetall-Ion um sich koordinieren kann. Diese Anzahl ist um so höher, je beweglicher das Si—O-Netzwerk durch die Trennstellen ist. So färbt Cu^{2+} in alkalireichen Gläsern blau mit der hohen CuO_6-Koordination.

Weil sich das Si—O-Netzwerk entsprechend der Festigkeit der Bindung nur wenig beim Erwärmen ausdehnt, ist das Quarzglas viel besser temperaturwechselbeständig als die Alkali-Erdalkali-Silicatgläser. Im gleichen Sinne wirkt der Gehalt an Aluminiumoxid in den temperaturwechselbeständigen Gläsern.

Im erstarrten Zustand sind alle Gläser gegenüber dem kristallinen Zustand instabil. Je beweglicher das Netzwerk durch die Trennstellen ist, um so leichter erfolgt das Entglasen unter Ausscheidung von Kristallen des Tridymits, Cristobalits oder kristalliner Silicate, wie dies alte Gläser zeigen.

Elementares Silicium

Darstellung

Silicium kann durch Reduktion von Siliciumdioxid oder Siliciumhalogenverbindungen mit reaktionsfähigen Metallen, wie Natrium, Kalium, Magnesium, Aluminium oder Zink, dargestellt werden.

Magnesiumpulver wirkt auf fein verteiltes Siliciumdioxid, z. B. Kieselgur, sehr stürmisch ein, weil die Bildungswärme von 2 Mol MgO (288 kcal) um 83 kcal größer ist als die Bildungswärme von 1 Mol SiO_2 (205 kcal):

$$SiO_2 + 2\,Mg \;=\; Si + 2\,MgO + 83\,kcal$$

Unter der starken Wärmeentwicklung verdampft das Silicium und verbrennt wieder an der Luft. Weil das Gemisch schnell mit intensivem weißem Licht abbrennt und nur wenig weißer Rauch entsteht, wird die Mischung aus 1,25 Teilen geglühter Kieselgur und 1 Teil Magnesiumpulver für Blitzlicht verwendet.

Um die Reaktion des Siliciums mit Magnesium zu mäßigen, setzt man dem Gemisch Magnesiumoxid zu oder wählt einen Überschuß an Quarzsand. Geeignet sind z. B. Mischungen aus 60 Teilen Quarzsand, 48 Teilen Magnesiumpulver und 20 Teilen Magnesiumoxid, oder von 40 Teilen Quarzsand auf 10 Teile Magnesium, die in einem schwer schmelzbaren Reagensglas erhitzt werden, bis die Reaktion unter Aufglühen einsetzt. Durch Lösen des Magnesiumoxids in verdünnter Salzsäure und Abschlämmen des lockeren Siliciums vom unverbrauchten Quarzsand erhält man das Produkt als braunes Pulver von kristalliner Beschaffenheit und wechselndem Sauerstoffgehalt.

Um sehr fein verteiltes Silicium darzustellen, werden nach W. Manchot Lösungen von Silicium in geschmolzenem Aluminium von unter 10 % Siliciumgehalt durch Eingießen in kaltes Wasser jäh abgekühlt. Nach dem Auflösen des Metalls in verdünnten Säuren hinterbleibt sehr reaktionsfähiges Silicium, das mit Flußsäure in der Wärme stürmisch Wasserstoff entwickelt.

Sehr reines Silicium wird durch Reduktion von Siliciumchlorid, $SiCl_4$, mit Zinkdampf bei 950 °C (D. W. Lyon, 1949) oder durch thermische Zersetzung von Siliciumjodid, SiJ_4, bei 1000 °C im Vakuum (B. Rubin, 1956) erhalten.

Zu höchster Reinigung kann für Silicium wie auch in anderen Fällen das *Zonenschmelz-verfahren* dienen. Hierbei läßt man eine geschmolzene Zone durch einen Stab aus chemisch schon sehr reinem Silicium wandern. In der Schmelzzone bleiben die Verunreinigungen gelöst, und sie werden so an das Ende des Stabes transportiert. Solches Silicium mit weniger als 10^{-8} % Verunreinigungen und einem spezifischen elektrischen Widerstand von 3000 $\Omega \cdot$ cm und darüber hat großen Wert, weil man ihm durch genau dosierte geringste Zusätze an Fremdatomen, wie Antimon mit 5 Elektronen oder Aluminium mit 3 Elektronen, genau eingestellte Halbleitereigenschaften geben kann. Es findet ebenso wie entsprechend behandeltes Germanium als Kristallgleichrichter und Verstärker (Transistor) anstelle von Elektronenröhren in der Fernmelde- und Elektronentechnik (Radargeräte, elektronische Rechenmaschinen) Verwendung.

Im Hochofen entsteht Silicium durch Reduktion der kieselsäurehaltigen Beimengungen. Es wird vom Eisen aufgenommen und bildet einen wichtigen Bestandteil des Roheisens und insbesondere des säurefesten Gußeisens. Das Ferrosilicium mit 45 ... 90 % Silicium wird aus Quarz, Eisenspänen und Koks im elektrischen Ofen dargestellt.

Technisch wird grobkristallines Silicium mit meist geringem Eisengehalt aus Siliciumdioxid und Kohle im elektrischen Ofen gewonnen. Durch Zusatz von etwas Eisen wird die Bildung von Siliciumcarbid verhindert.

Eigenschaften

Physikalische Eigenschaften

Das grobkristallisierte, technische Silicium bildet dunkeleisenschwarze, metallisch glänzende, undurchsichtige reguläre Oktaeder oder Blättchen und Tafeln, die dem Graphit ähnlich sehen, aber so hart sind, daß sie Glas schneiden (Härte 7). Die elektrische Leitfähigkeit des Siliciums hängt außerordentlich stark von Art und Menge der Verunreinigungen ab. Technisches Silicium leitet etwas schlechter als kompakter Graphit. Absolut reines Silicium dürfte einen spezifischen Widerstand von 10^5 ... 10^6 $\Omega \cdot$ cm besitzen.

Die Kristallstruktur des Siliciums entspricht der des Diamanten.

Chemisches Verhalten

Kristallisiertes Silicium wird beim Erhitzen an der Luft selbst bei 1000 °C kaum angegriffen, da eine dünne Siliciumdioxidschicht die weitere Reaktion mit Sauerstoff verhindert. Mit Stickstoff verbindet es sich erst bei etwa 1300 °C zu Siliciumnitrid, Si_3N_4. Schwefel reagiert mit Silicium bei 600 °C unter Feuererscheinung und bildet das weiße Siliciumsulfid, SiS_2. Beim Überleiten von Chlor oder Brom über fein verteiltes Silicium bei 450 ... 500 °C entstehen Siliciumchlorid, $SiCl_4$, bzw. Siliciumbromid, $SiBr_4$. Die Reaktion mit Chlorwasserstoff liefert das Siliciumchloroform, $SiHCl_3$.

Silicium ist in allen Säuren unlöslich. Nur in sehr fein verteiltem Zustand wird es von Flußsäure angegriffen. Schnell löst es sich in Flußsäure bei Gegenwart von starken Oxydationsmitteln, wie Salpetersäure, HNO_3, Kaliumpermanganat, $KMnO_4$ u. a. Sehr empfindlich ist Silicium gegen alkalische Lösungen. Mit Wasser in Gegenwart von etwas Alkali reagiert es nach:

$$Si + 2\,H_2O = SiO_2 + 2\,H_2$$

Das Alkali wirkt auch hier in sehr geringen Mengen schon reaktionsbeschleunigend, so daß in Glasgefäßen bei längerem Kochen mit anfänglich reinem Wasser dieser Umsatz vor sich geht, wobei die kleinen Mengen Alkali, die aus dem Glas in Form von leicht hydrolysierbarem Natriumsilicat in Lösung gehen, hierfür genügen.

Silicide

Mit vielen Metallen, wie Calcium, Strontium, Barium, Magnesium, Beryllium, Mangan, Kupfer, Eisen, Nickel, Kobalt, Platin, Chrom, Molybdän, Wolfram, Tantal, Vanadium, Antimon, Wismut und Cer bildet Silicium kristallisierte Silicide. Metallurgische Bedeutung haben die Silicide des Eisens im Roheisen und als Zusatz zum Stahl und die des Kupfers in der Siliciumbronze.

Calciumsilicid, Ca_2Si, ist bei hohen Temperaturen ein sehr wirksames Reduktionsmittel. Eine Mischung von 4 Teilen technischem Calciumsilicid mit 6 Teilen Salpeter kann durch ein Streichholz gezündet werden und brennt mit äußerst hoher Temperatur ab.

Magnesiumsilicid, Mg_2Si, entsteht als blaugraues kristallines Produkt beim Erhitzen von Magnesium mit Silicium in einer Wasserstoffatmosphäre. Mit Säuren liefert es Siliciumwasserstoffe (siehe dort).

Die Bildung von Platinsilicid macht sich unangenehm beim Glühen von siliciumdioxidhaltigen Substanzen in Mischung mit Kohle im Platintiegel bemerkbar. Der Tiegel wird brüchig. Freies Silicium zerstört Platingeräte schon bei Rotglut sofort.

Die Alkalisilicide, Natriumsilicid, NaSi, und Kaliumsilicid, KSi, entzünden sich an der Luft (W. KLEMM, 1948). Dagegen zeigen Zink, Aluminium, Blei, Cadmium, Gold, Silber und Quecksilber zwar bei hoher Temperatur ein gesteigertes Lösungsvermögen für Silicium, scheiden dieses aber beim Abkühlen fast ganz wieder aus.

Weitere Verbindungen des Siliciums

Siliciummonoxid, SiO

Siliciummonoxid entsteht im gasförmigen Zustand beim Erhitzen von Siliciumdioxid oder Silicaten mit Silicium, Kohlenstoff, Siliciumcarbid, Ferrosilicium u. a. Reduktionsmitteln im Hochvakuum oberhalb 1200 °C (H. N. POTTER, 1907, K. F. BONHOEFFER, 1927, W. BILTZ, 1938, E. ZINTL, 1940). Zur Darstellung eignet sich am besten die Reaktion:

$$SiO_2 + Si = 2 SiO$$

Dieses niedere Siliciumoxid ist nur bei hohen Temperaturen stabil und zerfällt bei langsamem Abkühlen in Siliciumdioxid und Silicium. Beim Abschrecken des Dampfes bildet sich ein dunkler, glasig-amorpher Belag, der überwiegend aus Siliciummonoxid besteht (H. KÖNIG, 1948, G. GRUBE, 1949). Nach mehrstündigem Erhitzen auf 600 . . . 700 °C ist das amorphe Siliciummonoxid unter Disproportionierung zerfallen.

Siliciummonoxid entsteht auch bei der Einwirkung von sehr trockenem Wasserstoff auf Quarz und siliciumdioxidhaltige Materialien (H. V. WARTENBERG, 1949). Da Siliciummonoxid in Gegenwart von Wasserstoff mit Platin unter Silicidbildung reagiert, haben Pt/Pt–Rh-Thermoelemente in der üblichen keramischen Schutzfassung, wenn sie zur Messung hoher Temperaturen in einer Wasserstoffatmosphäre benutzt werden, oft nur eine kurze Lebensdauer.

Die Flüchtigkeit des Siliciummonoxids ermöglicht die technische Darstellung von Aluminiumoxid, Al_2O_3, aus Kaolin durch Glühen mit Silicium bei 1450 °C im Vakuum (E. ZINTL, 1940). Ferner lassen sich schwer reduzierbare Oxide, wie Niob(V)-oxid, Nb_2O_5, und Tantal(V)-oxid, Ta_2O_5, mit Silicium unter Bildung von Siliciummonoxid zu Metall reduzieren. Mit Siliciummonoxid als Reduktionsmittel kann man Metalle, wie Zink, Magnesium und Mangan, aus ihren Oxiden im Vakuum abdestillieren. Praktische Bedeutung hat Siliciummonoxid in Form dünner, im Hochvakuum aufgedampfter Schutzschichten auf Aluminiumspiegeln und ferner als Trägerfolie für elektronenmikroskopische Aufnahmen gefunden.

Siliciumcarbid, SiC

Siliciumcarbid (Carborundum), Dichte 3,2 g/cm³, kristallisiert in hexagonalen und rhomboedrischen, meist blättrig ausgebildeten Tafeln, seltener in kubischen Kristallen, die an sich farblos sind, aber gewöhnlich durch Beimengungen in der Durchsicht grün bis blau, im auffallenden Licht glänzend blauschwarz, bisweilen mit rötlichem Schimmer, gefärbt erscheinen. Die Ordnung der Atome folgt dem Diamantgitter, in dem jedes zweite Atom durch Silicium ersetzt wird, doch sind die Tetraeder in der rhomboedrischen und hexagonalen Modifikation anders als im regulären Diamant miteinander verknüpft. Dieser diamantähnlichen Struktur entspricht die große Härte (Härte 9,5), doch sind die Kristalle sehr spröde und besitzen ein geringes metallisches Leitvermögen.

Darstellung

Die Darstellung geschieht nach dem Verfahren von ACHESON durch Erhitzen eines Gemenges von Siliciumdioxid, Koks, Sägemehl und Natriumchlorid im elektrischen Widerstandsofen. Das Sägemehl dient zur Auflockerung des Reaktionsgemisches. Die Reaktion findet bei etwa 1650 °C statt (O. RUFF):

$$SiO_2 + 3\,C = SiC + 2\,CO$$

Die hohen Temperaturen des elektrischen Ofens sind für die Herstellung von Silicium wie auch von Siliciumcarbid erforderlich, weil die Reduktion nach der Gleichung

$$SiO_2 + 2\,C = Si + 2\,CO - 150\,kcal$$

sehr viel Energie verbraucht, da die zur Spaltung von Siliciumdioxid aufzubietende Energie weit größer ist als die Bildungswärme von 2 Mol CO.

Die Bildungswärme von Siliciumcarbid aus Silicium und Graphit bestimmte O. RUFF zu etwa 27 kcal.

Bei sehr hohen Temperaturen zerfällt das Siliciumcarbid allmählich, indem das Silicium wegdestilliert und Graphit zurückbleibt. Diese Spaltung macht sich bei 2200 °C schon bemerkbar.

Eigenschaften

Wegen seiner außerordentlichen Härte dient das Siliciumcarbid unter dem Namen *Carborundum* zur Herstellung von Schleifscheiben und Schleifsteinen sowie wegen seiner Leitfähigkeit und Temperaturbeständigkeit unter dem Namen *Silit* zur Herstellung von elektrischen Widerständen und Heizstäben oder Heizrohren. Siliciumcarbidsteine mit 50 ... 85 % Siliciumcarbid werden als sehr widerstandsfähige feuerfeste Baustoffe verwendet. Aus dem gleichen Grund wird Siliciumcarbid zunehmend für Kapseln in der Keramik verwendet. Siliciumcarbid ist äußerst beständig. Man kann die Kristalle an der Luft vor dem Gebläse glühen, ohne daß auch nur spurenweise eine Oxydation eintritt. Auch schmelzendes Chlorat, Salpeter, rauchende Salpetersäure oder Flußsäure sind unwirksam.

Schmelzendes Ätzkali bildet bei Luftzutritt allmählich Carbonat und Silicat. Durch Erhitzen mit Bleichromat wird der Kohlenstoff langsam, aber vollständig zu Kohlendioxid oxydiert (Analyse).

Siliciumfluorid, SiF₄

Zur Darstellung von Siliciumfluorid erhitzt man Quarzpulver mit Calciumfluorid und Schwefelsäure:

$$SiO_2 + 4\,HF = SiF_4 + 2\,H_2O$$

Sehr reines Siliciumfluorid wird aus Bariumhexafluorosilicat durch Erhitzen gewonnen:

$$BaSiF_6 = BaF_2 + SiF_4$$

Zur Trennung von Fluorwasserstoff leitet man das Gas durch ein auf Rotglut erhitztes, mit Glaswolle gefülltes Rohr, verflüssigt den Rest der Flußsäure bei $-60\,°C$ und läßt das Fluorid durch Kühlung mit flüssiger Luft erstarren.

Glas wird durch Siliciumfluorid nicht angegriffen. Gebrannter Kalk absorbiert es unter Feuererscheinung, wobei ein Gemenge von Siliciumdioxid und Calciumfluorid entsteht. Wahrscheinlich sind die Flußspatlager auf diesem Wege gebildet worden. Natrium und Kalium verbrennen in dem Gas unter Abscheidung von Silicium leicht zu Fluoriden.

Siliciumfluorid ist ein farbloses, stechend riechendes Gas, das an der Luft stark raucht. Bei Abkühlung geht es unmittelbar in den festen Zustand über (Sublimationsp. $-95\,°C$ bei 760 Torr), doch läßt es sich unter Druck verflüssigen (Siedep. $-65\,°C$ bei 1801 Torr, Schmelzp. $-77\,°C$ bei 1520 Torr).

Mit Wasser entstehen aus Siliciumfluorid unter Wärmeentwicklung gallertige Kieselsäure und Flußsäure, die sich aber dann mit weiterem Fluorid zu Fluorokieselsäure verbindet:

$$3\,SiF_4 + 2\,H_2O = SiO_2 + 2\,H_2SiF_6$$

Da Siliciumfluorid vielfach bei metallurgischen Prozessen, bei denen Flußspat oder Kryolith verwendet werden, entsteht, ist dieser Vorgang zugleich die technische Darstellungsweise von Fluorokieselsäure.

Siliciumfluoroform, SiHF₃

Siliciumfluoroform (Siedep. $-80\,°C$, Schmelzp. $-110\,°C$) wurde von Ruff und Albert aus Siliciumchloroform und Zinn- oder Titan(IV)-fluorid erhalten. Es zerfällt beim Erhitzen in Wasserstoff, Siliciumtetrafluorid und Silicium, ist brennbar und bildet mit Luft ein explosives Gemenge, das unter starker Detonation mit bläulicher Flamme zu Siliciumdioxid verbrennt. Wasser zersetzt Siliciumfluoroform in Kieselsäure, Flußsäure und Wasserstoff.

Hexafluorokieselsäure, H₂SiF₆

Hexafluorokieselsäure entsteht immer bei der Einwirkung wäßriger Flußsäure auf Siliciumdioxid, während Silicate die entsprechenden Salze der Fluorokieselsäure geben. Die wäßrige Lösung enthält keine merklichen Mengen freier Flußsäure, und die Auflösung von Siliciumdioxid erfolgt quantitativ nach der Gleichung:

$$SiO_2 + 6\,HF = H_2SiF_6 + 2\,H_2O$$

Die wasserfreie Verbindung ist nicht bekannt. Aus verdünnten Lösungen entstehen beim Eindampfen konzentriertere Lösungen, doch ist von etwa 13,3 % an mehr Siliciumfluorid als Flußsäure flüchtig, so daß sich die zurückbleibende Lösung an Flußsäure anreichert und deshalb Glas ätzt. Verdünnte wäßrige Lösungen können bei gewöhnlicher Temperatur in Glasgefäßen aufbewahrt werden, erst nach langer Zeit werden etwas Alkali und Calcium gelöst.

Nach ihrem elektrischen Leitvermögen ist die Fluorokieselsäure eine starke Säure. Von ihren Salzen sind das Cäsium-, Rubidium-, Kalium-, Natrium- und Bariumfluorosilicat schwerlöslich. Sehr leicht werden die Fluorosilicate durch Alkalien oder Alkalicarbonate, auch durch Ammoniak, zersetzt, wobei neben gallertiger Kieselsäure die Fluoride entstehen. Beim Glühen zerfallen die Fluorosilicate unter Verdampfung von Siliciumfluorid, beim Erhitzen mit konzentrierter Schwefelsäure entweichen Siliciumfluorid und Flußsäure, während Sulfate zurückbleiben. Hierauf beruht die Überführung von Silicaten in Sulfate zwecks Analyse.

In 100 g Wasser lösen sich

bei 17,5 °C: 0,65 g Na_2SiF_6, 0,12 g K_2SiF_6, 0,027 g $BaSiF_6$
bei 100 °C: 2,50 g Na_2SiF_6, 0,96 g K_2SiF_6, 0,085 g $BaSiF_6$

Die Hexafluorokieselsäure ist, wie auch ihre Salze, sehr giftig, sie wirkt schon in geringen Mengen gärungshemmend und dient zum Konservieren von Dextrin sowie als Antiseptikum gegen Pilzwucherungen an Tapeten und Hölzern von Wohnräumen. Zum Vertilgen von Schaben, Mäusen usw. dient Natriumfluorosilicat.

Siliciumtetrachlorid, $SiCl_4$

Siliciumtetrachlorid wird durch Glühen eines innigen Gemenges von reaktionsfähigem Siliciumdioxid mit Kohle im Chlorstrom oder direkt aus Silicium und Chlor dargestellt. Auch durch Chlorierung von Ferrosilicium ist Siliciumtetrachlorid erhältlich.

Siliciumtetrachlorid bildet eine farblose, an der Luft stark rauchende Flüssigkeit (Siedep. 57 °C, Schmelzp. −68 °C, Dichte 1,52 g/ml bei 0 °C). Mit Wasser setzt es sich lebhaft zu Kieselsäure und Salzsäure um.

Bei partieller Hydrolyse von Siliciumtetrachlorid in ätherischer Lösung entstehen Trichlorsilanol, Cl_3SiOH, und Siliciumoxidchloride (Chlorsiloxane), $Cl_3Si—O—SiCl_3$, $Si_3Cl_8O_2$, $Si_4Cl_{10}O_3$ (GOUBEAU, 1949, SCHUMB, 1957).

Das Anfangsglied der kettenförmig gebauten Oxidchloride der allgemeinen Formel $Si_nO_{n-1}Cl_{2n+2}$ bildet sich beim Durchleiten von Siliciumtetrachloriddampf und Sauerstoff durch ein glühendes Rohr. Die höheren Glieder bis $n = 7$ erhielt SCHUMB (1941) bei Umsetzung von Silicium mit einem Gemisch von Chlor und Sauerstoff bei Rotglut.

Mit vielen sauerstoffhaltigen Verbindungen reagiert Siliciumtetrachlorid unter Austausch von Chlor gegen Sauerstoff. So werden Essigsäure in Acetylchlorid, Nitrit in Nitrosylchlorid, Schwefeltrioxid in Pyrosulfurylchlorid, Phosphorpentoxid in Phosphorylchlorid übergeführt. Selbst mit Aluminiumoxid reagiert Siliciumtetrachlorid bei hohen Temperaturen unter Bildung von Aluminiumchlorid. Mit Alkoholen in benzolischer Lösung kann man die Ester der Orthokieselsäure erhalten, z. B. $Si(OCH_3)_4$. Mit Schwefelwasserstoff entstehen $SiCl_2S$ und $SiCl_3SH$, mit Ammoniak das unter −20 °C beständige, feste $[Si(NH_2)_2NH]_n$, das über 0 °C in das Diimid $[Si(NH)_2]_n$ übergeht (STOCK, 1923). Alkalimetalle wirken bis 200 °C nicht ein. Bei Rotglut erfolgt heftige Reaktion, wobei Silicium entsteht.

Höhere Siliciumchloride

Bei Einwirkung von Chlor auf eine Calcium-Siliciumlegierung (30...35 % Calcium) bei 150 °C entstehen neben etwa 66 % Siliciumtetrachlorid etwa 30 % *Disiliciumhexachlorid*, Si_2Cl_6, etwa 4 % *Trisiliciumoctachlorid*, Si_3Cl_8, und Spuren höherer Chloride (W. SCHUMB, 1939). In geringer Menge bilden sich Disiliciumhexachlorid und Trisiliciumoctachlorid auch bei der Chlorierung von Ferrosilicium und Silicium.

Disiliciumhexachlorid (Siedep. 147 °C) beginnt oberhalb 350 °C in Siliciumtetrachlorid und Silicium zu zerfallen und gibt bei Einwirkung von Luftfeuchtigkeit die sogenannte Silicooxalsäure $[(HO)OSi—SiO(OH)]_n$. Diese zerfällt im trockenen Zustand bei Stoß oder schnellem Erhitzen explosiv unter Abspaltung von Wasserstoff. Silicooxalsäure ist keine Säure. Sie liefert mit verdünnten Alkalilaugen Wasserstoff und Alkalisilicate. Noch empfindlicher ist die aus Trisiliciumoctachlorid mit Wasserdampf entstehende Silicomesoxalsäure $(Si_3O_6H_4)_n$ (L. GATTERMANN, 1899).

Höhere Siliciumchloride erhielt R. SCHWARZ (1938 bis 1952) beim Durchleiten von Siliciumtetrachloriddampf in Argonatmosphäre durch ein Quarzrohr, das innen einen glühenden Silitstab enthielt und außen stark gekühlt war („heiß-kaltes" Rohr). Aus dem zähflüssigen Kondensat, in dem neben dem unveränderten $SiCl_4$ auch Si_2Cl_6, Si_3Cl_8 u. a. enthalten waren, konnte bei 215 °C ein schwach gelbes Öl der Zusammensetzung $Si_{10}Cl_{22}$ isoliert werden. Wie die anderen Siliciumchloride ist diese Verbindung ungemein empfindlich gegen Wasser. Beim Berühren mit einer Flamme verbrennt sie zu Siliciumdioxid.

Aus sehr reinem Wasserstoff und Siliciumtetrachlorid entstand im „heiß-kalten" Rohr $Si_{10}Cl_{20}H_2$ als farbloses zähes Öl und daneben ein fester weißer Belag von der Zusammensetzung etwa $Si_{25}Cl_{52}$. Beim vorsichtigen Erhitzen von $Si_{10}Cl_{20}H_2$ im Vakuum bilden sich unter Abspaltung von Salzsäure und niederen Siliciumchloriden Produkte mit sinkendem Cl : Si-Verhältnis: bei 260 °C ein gelbes vaselinartiges $Si_{10}Cl_{18}$, vielleicht mit Dekalinstruktur, bei weiterem Erhitzen harzartige, in Benzol lösliche Produkte, bis bei 350 °C festes gelbes, in der Hitze orangerotes *Siliciummonochlorid*, $(SiCl)_n$ zurückbleibt, das wahrscheinlich endlos nach drei Richtungen vernetzte $>$SiCl-Gruppen enthält. Die Verbindung verbrennt mit Sauerstoff heftig bei 98 °C. Durch Luftfeuchtigkeit wird sie rasch hydrolysiert, mit Ammoniak ammonolysiert unter Ersatz der Cl- durch NH_2-Gruppen. Bei 600 ... 800 °C geht sie langsam in amorphes Silicium über.

Die Bildung der höheren Siliciumchloride im Abschreckrohr verläuft sehr wahrscheinlich über das *Siliciumdichlorid*, $SiCl_2$, das sich nach

$$SiCl_4 + Si \rightleftharpoons 2\,SiCl_2$$

oberhalb 900 °C in zunehmender Konzentration in der Gasphase bildet (H. SCHÄFER, 1952). Beim Abschrecken des Gasgemisches können Siliciumtetrachlorid und Siliciumdichlorid zu Si_nCl_{2n+2} reagieren.

Diese hochmolekularen Siliciumchloride übertreffen zwar im Molekulargewicht das langgliedrigste Chlorid des Kohlenstoffs, C_3Cl_8, bei weitem, zeigen aber in ihrer Empfindlichkeit gegen Sauerstoff und Feuchtigkeit deutlich, daß die für den Kohlenstoff so charakteristische Fähigkeit, kettenförmige Gebilde, in denen eine fast unbegrenzte Zahl von Kohlenstoffatomen aneinander gebunden ist, zu geben, beim Silicium nur vorübergehend durch die Kunst des Chemikers erzwungen werden kann (siehe auch weiter unten bei Siliciumwasserstoff).

Siliciumchloroform, $SiHCl_3$

Siliciumchloroform (Trichlorsilan) (Siedep. 31,7 °C, Schmelzp. —134 °C, Dichte 1,35 g/ml) wird durch Erhitzen von Silicium im trockenen Chlorwasserstoffstrom bei Temperaturen unterhalb Rotglut dargestellt. Auch durch Überleiten von Chlorwasserstoff über Ferrosilicium oder über Kupfersilicid entsteht das Siliciumchloroform, und zwar bis zu 80 % neben dem Tetrachlorid. Bei starker Rotglut spaltet sich das Siliciumchloroform nach der Gleichung

$$4\,SiHCl_3 \rightleftharpoons 3\,SiCl_4 + 2\,H_2 + Si$$

verbrennt an der Luft schon nach Berührung mit einem heißen Glasstab mit grünlicher Flamme zu Siliciumdioxid und Chlorwasserstoff neben Chlor, raucht an feuchter Luft stark und bildet mit eiskaltem Wasser das Dioxodisiloxan, $[(OSiH)_2O]_n$ (siehe S. 387). Mit absolutem Alkohol gibt das Siliciumchloroform einen Ester: $SiH(OC_2H_5)_3$. Mit trockenem Ammoniak entsteht das feste, farblose $[SiH(NH)]_2NH$, das bei 150 °C in das nicht flüchtige $(NSiH)_n$ und Ammoniak zerfällt und mit Salzsäure Siliciumchloroform zurückbildet (A. STOCK).

Gegen Metalle, selbst gegen Natrium, ist Siliciumchloroform auffallend beständig.

Weitere Silicium-Halogen-, -Schwefel- und -Stickstoffverbindungen

Siliciumtetrabromid, $SiBr_4$, (Siedep. 154 °C), aus Silicium und Brom erhältlich, stellt eine farblose, ölige, an der Luft rauchende Flüssigkeit dar. Bei Umsetzung mit der ätherischen Lösung mit Magnesium erhielt SCHMEISSER (1956) ein gelbes polymeres Siliciumbromid $(SiBr)_n$.

Siliciumtetrajodid, SiJ_4, erhielt SCHWARZ (1942) aus Silicium und Jod, und daraus mit feinverteiltem Silber bei 280 °C Disiliciumhexajodid, Si_2J_6. Auch ein dem Monochlorid entsprechendes Monojodid $(SiJ)_n$ wurde erhalten. Aus diesem entstand durch vorsichtige Hydrolyse eine elfenbeinfarbige hypokieselige Säure $[Si_2H(OH)_3]_n$.

Siliciumdisulfid, SiS_2, wird durch Zusammenschmelzen von feinverteiltem Silicium mit der dreifachen Menge Schwefel im Hessischen Tiegel bei Rotglut erhalten. Zur Reinigung sublimiert man das Rohprodukt bei vermindertem Druck. Man erhält farblose, seidenglänzende Nadeln, die sich an feuchter Luft in Kieselsäure und Schwefelwasserstoff zersetzen. Nach ZINTL und BUESSEM (1935) besitzt das Siliciumdisulfid Kettenmoleküle, in denen die Si—S-Tetraeder über je 2 gemeinsame S-Atome miteinander verbunden sind. Siliciumdisulfid kann entsprechend seiner Bildung aus Silicium und Schwefel im Hochofen oder Generator in reduzierender Atmosphäre entstehen.

Siliciumnitrid, Si_3N_4, entsteht aus Silicium und Stickstoff oberhalb 1300 °C, auch beim Glühen von Siliciumdioxid mit Kohle in Stickstoff, als weißes, bisweilen graues Pulver, das gegen Säuren, mit Ausnahme von Flußsäure, sehr beständig ist.

Siliciumperchlorat, $Si(ClO_4)_4$, aus Siliciumtetrachlorid und Silberperchlorat erhältlich, ist eine hochexplosive Flüssigkeit (SCHMEISSER, 1953).

Verbindungen des Siliciums mit Wasserstoff

Silane

Die Siliciumwasserstoffe, auch Silane genannt, die als Erster A. STOCK (1916) genau untersucht hat, sind interessant, weil sie bei formaler Analogie mit den Kohlenwasserstoffen die Eigenart des Siliciums, die Bindung an Sauerstoff schon bei gewöhnlicher Temperatur zu erwirken, besonders augenfällig zeigen.

Bis jetzt konnten die folgenden Glieder rein dargestellt bzw. ihre Bildung nachgewiesen werden:

Name	Formel	Siedep. in °C	Schmelzp. in °C
Monosilan	SiH_4	$-111,6$	$-184,7$
Disilan	Si_2H_6	$- 14,5$	$-132,5$
Trisilan	Si_3H_8	$+ 52,9$	$-117,4$
Tetrasilan	Si_4H_{10}	$+ 90$	$- 93,5$
Pentasilan	Si_5H_{12}	—	—
Hexasilan	Si_6H_{14}	—	—

Darstellung

Siliciumwasserstoffe bilden sich bei der Zersetzung von Magnesiumsilicid, Mg_2Si, mit Salzsäure. Wirft man Magnesiumsilicid in verdünnte Salzsäure, so wird neben Wasserstoff ein Gemisch von Siliciumwasserstoffen entwickelt, die an der Luft sofort Feuer fangen und mit knatterndem Geräusch verbrennen. Aber nur etwa 30 % des im Magnesiumsilicid enthaltenen Siliciums gehen in Siliciumwasserstoffe über, unter denen das Monosilan, SiH_4, überwiegt. Auf 1 Mol SiH_4 entstehen etwa 0,4 Mol Si_2H_6, 0,15 Mol Si_3H_8 und 0,06 Mol Si_4H_{10}.

Zur Trennung und Reinigung werden die Silane mit flüssiger Luft aus dem Gasgemisch kondensiert und anschließend im Hochvakuum in einer geschlossenen Apparatur (Stocksche Apparatur) der fraktionierten Destillation unterworfen.

Der Reaktionsverlauf bei der Zersetzung von Magnesiumsilicid durch Salzsäure ist sehr kompliziert und von R. SCHWARZ (1925) eingehend untersucht worden. Zu einem wesentlichen Teil setzt sich das Silicid mit der Säure zu Siliciumdioxid und Wasserstoff um:

$$Mg_2Si + 4\,HCl + 2\,H_2O = SiO_2 + 4\,H_2 + 2\,MgCl_2$$

Daneben verläuft die Reaktion:

$$Mg_2Si + 4\,HCl = SiH_2 + H_2 + 2\,MgCl_2$$

Sie liefert *Silen*, SiH_2, das sich als ungesättigte Verbindung polymerisieren kann. Aus den niederen Polymerisationsstufen des Silens entstehen mit Wasser die einzelnen Glieder der Silane und Prosiloxan, z. B. nach:

$$(SiH_2)_2 + H_2O = SiH_4 + H_2SiO$$
$$(SiH_2)_3 + H_2O = Si_2H_6 + H_2SiO$$

Prosiloxan, H_2SiO, reagiert mit Wasser zu Siliciumdioxid und Wasserstoff.

In besserer Ausbeute (etwa 70 %, bezogen auf Silicium im Magnesiumsilicid) neben sehr wenig Disilan und höheren Silanen erhält man das Monosilan, wenn das Silicid durch eine Lösung von Ammoniumchlorid in flüssigem Ammoniak zersetzt wird (JOHNSON, 1935, CLAASEN, 1958). Erhitzt man das Silicid vor der Zersetzung auf 900 °C, so enthält das Gas jedoch bis zu 20 % Si_2H_6. Auch bei der Zersetzung von Magnesiumsilicid mit $(N_2H_6)Cl_2$ in wasserfreiem Hydrazin entsteht neben 1 ... 2 % Disilan nur Monosilan (FEHÉR, 1955).

Reines Monosilan stellt man in guter Ausbeute aus Siliciumtetrachlorid und Lithium aluminiumhydrid, $LiAlH_4$ (siehe Aluminium) dar:

$$SiCl_4 + LiAlH_4 = SiH_4 + LiCl + AlCl_3$$

Entsprechend gibt Disiliciumhexachlorid, Si_2Cl_6, nur Disilan, Si_2H_6.

Monosilan, SiH_4

Monosilan ist ein farbloses Gas von schwachem, charakteristisch dumpfem Geruch. In konzentriertem Zustand riecht es widerlich und erzeugt Kopfschmerzen. Während es thermisch recht beständig ist — erst bei Rotglut zerfällt es in Silicium und Wasserstoff — reagiert es äußerst heftig mit Elementen und Atomgruppen, die elektronegativen Charakter besitzen, insbesondere mit Sauerstoff und den Halogenen. Kleine Mengen entzünden sich an der Luft meist nicht von selbst, größere Mengen, auch ganz reines Monosilan, entzünden sich dagegen häufig mit lautem Knall unter Abscheidung brauner Flocken.

Mit Wasser zersetzt sich Monosilan bei Zimmertemperatur langsam nach:

$$SiH_4 + 2\,H_2O = SiO_2 + 4\,H_2$$

Es liefert dabei also das Vierfache seines ursprünglichen Volumens an reinem Wasserstoff. Mit Laugen reagiert Monosilan in entsprechender Weise, und zwar um so schneller, je konzentrierter sie sind.

Mit trockenem Ammoniak, konzentrierter Schwefelsäure und organischen Flüssigkeiten reagiert Monosilan im allgemeinen nicht. Doch lassen sich stickstoffhaltige Derivate des Silans darstellen, wenn man die Halogensilane mit Ammoniak umsetzt.

So entsteht nach STOCK (1919) aus Monochlorsilan, H_3SiCl, und Ammoniak Trisilylamin, $(SiH_3)_3N$, als selbstentzündliche, im übrigen beständige Flüssigkeit (Schmelzp. −106 °C, Siedep. 52 °C), die durch Wasser in Siliciumdioxid, Ammoniak und Wasserstoff gespalten wird. SiH_3NH_2 und $(SiH_3)_2NH$ ließen sich nicht fassen. Letzteres zerfällt zu SiH_4 und SiH_2NH, das auch aus SiH_2Cl_2 und NH_3 entsteht und sich zu kieselsäureähnlichem, unlöslichem (SiH_2NH) polymerisiert.

Halogensilane

Mit Chlor und Brom reagiert Monosilan äußerst lebhaft unter Bildung der entsprechenden Siliciumhalogenide. Mit sehr verdünntem Halogen und bei Kühlung können Halogensilane erhalten werden. Besser zugänglich sind diese Verbindungen durch Halogenierung mit den Halogenwasserstoffen in Gegenwart von Aluminiumhalogenid, z. B.:

$$SiH_4 + HCl = SiH_3Cl + H_2$$

Monochlorsilan (Silylchlorid), Siedep. −30,4 °C, und *Dichlorsilan* (Silylenchlorid, Siedep. 8,3 °C, sind sehr reaktionsfähige Substanzen (über Trichlorsilan (Siliciumchloroform), SiHCl₃, siehe S. 384).

Monojodsilan, SiH₃J, Silyljodid, entsteht analog der Chlorverbindung aus Monosilan und Jodwasserstoff in Gegenwart von Aluminiumjodid und bildet eine an der Luft zersetzliche Flüssigkeit, Siedep. 45 °C (EMELÉUS, 1944). Es lagert sich an tertiäre Amine und Phosphine an, wobei feste, verhältnismäßig stabile quaternäre salzartige Verbindungen entstehen, wie z. B. [N(CH₃)₃SiH₃]J, [P(C₂H₅)₃SiH₃]J.

Mit Magnesiumsulfid liefert Monojodsilan das dem Thioäther, (CH₃)₂S, entsprechende Disilylsulfid, (SiH₃)₂S (EMELÉUS, 1953). Dieses Sulfid ist eine an feuchter Luft entzündliche Flüssigkeit (Siedep. 59 °C, Schmelzp. −70 °C).

Siloxane

Mit sehr verdünntem Wasserdampf reagieren die Halogensilane unter Austausch des Halogens gegen Sauerstoff und Bildung von Siloxanen:

$$2\,H_3SiCl + H_2O = (H_3Si)_2O \qquad \text{Disiloxan}$$
$$H_2SiCl_2 + H_2O = H_2SiO + 2\,HCl \qquad \text{Prosiloxan}$$
$$2\,HSiCl_3 + 3\,H_2O = (HSiO)_2O + 6\,HCl \quad \text{Dioxodisiloxan}$$

Disiloxan (Siedep. −15,2 °C) entspricht formal dem Methyläther, (CH₃)₂O, Prosiloxan dem Formaldehyd, H₂CO. Da eine Doppelbindung zwischen Silicium und Sauerstoff energetisch ungünstig ist, gehen Prosiloxan, H₂SiO, und Dioxodisiloxan, (HSiO)₂O, in hochpolymere feste Körper mit einfachen Si—O-Bindungen über.

Dioxodisiloxan ist ein weißer, voluminöser Körper, der oberhalb 300 °C in Siliciumdioxid, Wasser, braunes Silicium und Siliciumwasserstoff zerfällt. An der Luft erhitzt, verglimmt er mit phosphoreszierendem Licht, im Sauerstoffstrom verbrennt er mit glänzender Lichterscheinung.

Alle Siloxane werden durch Laugen unter Wasserstoffentwicklung in Silicate übergeführt, z. B.:

$$SiH_2O + 2\,NaOH = Na_2SiO_3 + 2\,H_2$$

Von den polymeren Siloxanen leiten sich formal durch Ersatz des Wasserstoffs gegen Alkylreste die technisch wichtigen *Silicone* ab. Sie werden durch Hydrolyse der Alkylsiliciumhalogenide dargestellt. (Siehe dazu das Kapitel Metallorganische Verbindungen unter Silicium.)

Disilan, Si₂H₆, und höhere Silane

Disilan wie auch die folgenden Glieder, *Trisilan,* Si₃H₈, und *Tetrasilan,* Si₄H₁₀, zerfallen schon im Tageslicht, verpuffen an der Luft augenblicklich und werden gleich dem Monosilan durch Wasser, schneller durch Alkalilaugen vollkommen zu Kieselsäure und Wasserstoff gespalten. *Pentasilan,* Si₅H₁₂, und *Hexasilan,* Si₆H₁₄, zerfallen noch viel schneller als die vorausgehenden Silane in die einfacheren Hydride und in ungesättigte, polymere Hydride, die als nicht flüchtige, amorphe Stoffe zurückbleiben.

Das feste *Polysilen,* (SiH₂)ₙ, von hellbrauner Farbe erhielt R. SCHWARZ bei der Zersetzung von Calciummonosilicid, CaSi, durch Eisessig. Es ist wie die anderen Silane an der Luft selbstentzündlich. Vermutlich besteht es aus langen Ketten von SiH₂-Gruppen. Beim Erhitzen im Vakuum entsteht aus ihm neben Silicium die Reihe der Silane. Darum ist es, wie schon erwähnt, wahrscheinlich, daß das Polysilen, besonders in seinen niederen Polymerisationsstufen, auch bei der Darstellung der Silane aus Magnesiumsilicid als primäres Zwischenglied entsteht.

Ein *Polysilin* der angenäherten Zusammensetzung (SiH)ₙ entsteht als zitronengelbes, festes Produkt bei der Behandlung von HSiBr₃ mit Magnesium in Gegenwart von Äther (SCHOTT, 1956).

Siloxene

Bei Einwirkung verdünnter alkoholischer Salzsäure auf Calciumdisilicid, $CaSi_2$, entsteht das weiße, unlösliche selbstentzündliche Siloxen, $Si_6O_3H_6$, (H. KAUTSKY, 1925). Siloxen ist hochpolymer und besteht wahrscheinlich aus zweidimensionalen Makromolekülen, in denen Si-Ringe vorliegen, die über Sauerstoffatome miteinander verknüpft sind. Die Wasserstoffatome, die sich im Siloxen leicht substituieren lassen, sind an die Siliciumatome gebunden.

Mit Brom entstehen Bromsiloxene und aus diesen mit wäßrigem Alkohol Oxysiloxene, deren Farbe sich mit zunehmender Anzahl der OH-Gruppen vertieft, z. B. $Si_6O_3H_5Br + H_2O \rightarrow$ $Si_6O_3H_5OH$ (gelb) $+ HBr$; $Si_6O_3H_3Br_3$ (gelbgrün) gibt analog das hellrote $Si_6O_3H_3(OH)_3$, $Si_6O_3H_2Br_4$ (tiefgelb) gibt das braunviolette $Si_6O_3H_2(OH)_4$, $Si_6O_3Br_6$ (orange), gibt das schwarze $Si_6O_3(OH)_6$.

Diese Oxysiloxene sind sehr zersetzlich und spalten bei 100 °C Wasserstoff ab unter Ausbleichen der Farbe. Sie zeigen bei Oxydation sehr starke Chemolumineszenz (siehe Phosphor) und leuchten unter Kathodenstrahlen oder Röntgenstrahlen sowie bei tiefen Temperaturen nach Belichtung (Phosphoreszenz).

Chlor wirkt auf Siloxen energisch ein und liefert schließlich unter Aufspaltung der Si—Si-Bindungen $Cl_3Si—O—SiCl_3$.

Vergleichende Betrachtung der Chemie des Kohlenstoffs und des Siliciums

Bei beiden Elementen sind die Oxide und die von ihnen abgeleiteten Carbonate und Silicate die stabilsten Verbindungen. Fast nur sie allein kommen in der unbelebten Natur der Erdoberfläche vor. Während aber der Kohlenstoff eine unbegrenzte Zahl von anderen Verbindungen zu bilden vermag, die genügend stabil sind, um den lebenden Organismus der Pflanzen- und Tierwelt aufzubauen, oder um als wertvolle Industrieprodukte zu dienen, können alle anderen Verbindungen des Siliciums nur durch die Kunst des Chemikers und meist nur zu vorübergehender Dauer erzeugt werden. Dies zeigt zum Beispiel der Vergleich der aliphatischen Kohlenwasserstoffe mit den formal gleich zusammengesetzten Silanen.

Dabei ist beiden Elementen gemeinsam, daß ihre Verbindungen vorwiegend homöopolaren Charakter haben, wobei sie beide bevorzugt vierbindig auftreten. Beide Elemente sind nicht imstande, in wäßriger Lösung freie Ionen zu bilden.

Der wesentliche Grund für ihre ganz verschiedenartige Chemie liegt darin, daß das Kohlenstoffatom erheblich kleiner ist als das Siliciumatom (vgl. die Atomvolumenkurve, Abb. 79). Darum ist die homöopolare Bindung C—C mit 1,54 Å erheblich kürzer als die Bindung Si—Si mit 2,35 Å und erheblich fester, wie es die Verdampfungswärme der Elemente zeigt, die bei gleicher Kristallstruktur beim Diamanten 170, beim Silicium 80 kcal pro Gramm-Atom beträgt. Daraus folgt die erheblich bessere Beständigkeit der Kohlenstoffketten und -ringe.

Andererseits erlaubt es der größere Umfang dem Siliciumatom, vier Sauerstoffatome zu binden. Dadurch wird eine bessere koordinative Absättigung erreicht als beim CO_2-Molekül und beim CO_3-Ion. Die Zweibindigkeit des Sauerstoffatoms führt weiter dazu, daß das Siliciumdioxid ein nach allen Richtungen des Raumes vernetzter unlöslicher Festkörper ist, der schon deswegen viel schwerer in Reaktion zu bringen ist als das flüchtige und lösliche CO_2-Molekül.

Die Bildung des CO_2-Moleküls setzt Doppelbindungen voraus. Doppelbindungen sind auch für viele andere Kohlenstoffverbindungen charakteristisch. Wie es Abb. 46 zeigt, entsteht eine Doppelbindung dadurch, daß sich die von der σ-Bindung nicht beanspruchten p-Orbitale überlappen. Dies ist aber wieder nur eine Folge der geringen Größe des Kohlenstoffatoms und der daraus folgenden geringen Länge der C—C-Bindung.

Kolloide

Bei der Besprechung der Alkalisilicate wurde schon darauf hingewiesen, daß beim Ansäuern dieser Lösungen kolloide Lösungen — Sole — entstehen, aus denen sich die hochmolekularen Kieselsäuren als wasserhaltiges Siliciumdioxid in Form eines Gels abscheiden. Da der kolloide Zustand weit über den Fall der Kieselsäure hinaus große Bedeutung besitzt, sollen im folgenden seine Besonderheiten zusammenhängend behandelt werden.

Schon bei oberflächlicher Betrachtung zeigen die kolloiden Lösungen oft deutliche Unterschiede gegenüber den normalen Lösungen. Die normalen Lösungen, wie etwa die von Kochsalz oder Rohrzucker in Wasser, gleichen physikalisch dem Lösungsmittel, z. B. dem Wasser, selbst. Beim Eindunsten wird der gelöste Stoff in Form fester Kristalle vom Lösungsmittel scharf getrennt. Viele kolloide Lösungen jedoch, z. B. solche von Leim, Gummi, Eiweiß, Seife, zeigen gegenüber dem Wasser auffällig veränderte Eigenschaften, z. B. dickflüssige, zähe Beschaffenheit beim Ausgießen, Schaumbildung beim Schütteln, öfters auch Opaleszenz oder die als *Tyndalleffekt* bekannte Trübung bei seitlicher Belichtung. Beim Eindunsten findet keine Trennung in gesättigte Lösung und Kristalle statt, die Flüssigkeit wird als Ganzes zäher, und zuletzt hinterbleibt das Kolloid als hornartiger oder glasiger Rückstand. Da beim Leim (griechisch κόλλα) dieses Verhalten allgemein bekannt ist, wählte GRAHAM (1862) die Bezeichnung kolloid, d. h. leimartig.

Größe der Kolloide

Tiefer in das Wesen des Unterschieds beider Gruppen können wir mit Hilfe der schon in der Einleitung und beim Wasser gekennzeichneten physikalischen Methoden eindringen. Während in normalen Lösungen der Gefrierpunkt des Lösungsmittels erniedrigt und der Siedepunkt erhöht ist, weil die gelösten Teile osmotischen Druck erzeugen, zeigen die Lösungen von Kolloiden diese Wirkungen in kaum nachweisbarem Grade. In diesem Sinne kann man auch zwischen echten Lösungen (Kristalloide) und Scheinlösungen (Kolloide) unterscheiden. Für letztere gilt auch die Bezeichnung *Sol* (von solutio, Lösung). Berechnet man aus den Änderungen, die das Wasser in seinen physikalischen Werten (Gefrierpunkt, Dampfdruck usw.) durch den gelösten Stoff erfährt, dessen Molekulargewicht, so findet man für Lösungen Zahlen, die mit den chemischen Molekülen übereinstimmen oder noch kleiner sind als diese (siehe das Kapitel: Wasser als Lösungsmittel, S. 62), während für Kolloide Molekulargewichte von 100 000 und mehr folgen.

Der Aufteilungsgrad (Dispersitätsgrad) in echten Lösungen ist demnach von höherer Ordnung als der in kolloiden Lösungen. Die Größenordnung der chemischen Moleküle, die echte Lösungen bilden, liegt zwischen 1...100 Å, die der Kolloide zwischen 100...10 000 Å Durchmesser.

Gegen Teilchen von dieser Größe sind gewöhnlich Papierfilter meist durchlässig, weil die Porenweite größer ist als 1000 Å. Verklebt man aber diese Poren teilweise durch Amyloid (gehärtete Filter) oder verwendet man feinstporige Membranen aus Kollodium (Membranfilter, Ultrafilter) so kann man die Kolloide auf dem Filter zurückhalten, während das Wasser und die echt gelösten Stoffe durchlaufen. Eine Membran aus Kupferhexacyanoferrat(II) auf porösem Ton läßt aber auch die Rohrzuckermoleküle vom Wasser scheiden (siehe S. 56), so daß keine scharfe Grenze zwischen höchst dispersen Kolloiden und echt gelösten Stoffen besteht.

Mit geeigneten Membranen kann man kolloide Lösungen durch *Dialyse* von Salzen und niedermolekularen Beimengungen reinigen, da diese durch die Poren der Membran diffundieren. Als Membran kann bei gröberen Kolloiden Pergamentpapier dienen.

Da die Größe der Kolloidteilchen von 100 . . . 10 000 Å in der Nähe und unterhalb der Wellenlänge des sichtbaren Lichts (4000 . . . 8000 Å) liegt, sind die Kolloidteilchen oft unsichtbar, und die Lösung erscheint dann klar. Doch kann man bei seitlicher Beleuchtung die Kolloidteilchen in ihrer Gesamtheit an dem seitwärts gestreuten Licht erkennen (Tyndalleffekt). Im Ultramikroskop von ZSIGMONDY und SIEDENTOPF werden durch intensive seitliche Beleuchtung die einzelnen Kolloidteilchen an dem von ihnen abgebeugten Licht sichtbar gemacht. So kann man Goldteilchen von 500 Å Durchmesser noch erkennen.

Der Vorgang ist vergleichbar mit dem Sichtbarwerden einzelner Staubteilchen in einem in das Zimmer fallenden Sonnenstrahl, aber in sehr viel feinere Dimensionen verlagert.

Von einer Dispersität der Materie von 10 000 Å an ist der Querschnitt im Verhältnis zum Gewicht der Teilchen schon so groß, daß der Reibungswiderstand ein länger währendes Schweben in der Flüssigkeit, entgegen der sedimentierenden Wirkung der Schwerkraft, bewirken kann und so *Suspensionen* zustande kommen. Bei feineren Kolloiden ist das Gewicht der Teilchen schon so klein, daß die Wärmebewegung die Sedimentation aufhebt.

Ionen an der Oberfläche der Kolloidteilchen

Als Folge der geringen Größe der Kolloidteilchen gewinnen die Wirkungen ihrer Oberfläche erhebliche Bedeutung.

Ein Würfel von 1 cm Seitenlänge hat eine Oberfläche von 6 cm²; teilt man ihn aber so oft, daß die Seitenlänge der einzelnen Würfelchen 10^{-3} cm beträgt, so bieten diese insgesamt eine Oberfläche von 6000 cm²; bei weiterer Teilung bis zu 10^{-6} cm wird die Gesamtoberfläche 600 m²; bei 10^{-7} cm Seitenlänge 6000 m² usw.

Eine Voraussetzung für die Bildung einer kolloiden Lösung ist, daß die Oberfläche der Kolloidteilchen von dem Lösungsmittel benetzt wird. In wäßriger Lösung spielt dabei die Dissoziation an der Oberfläche gebundener Ionen eine wichtige Rolle. Bei den Kolloiden der Metallhydroxide, wie Eisen(III)-hydroxid, Aluminiumhydroxid, Zinkhydroxid und Zirkoniumhydroxid, dissoziieren in wäßriger Lösung an der Oberfläche liegende Anionen. Das Kolloidteilchen wird dadurch positiv geladen gegenüber einer Hülle von in Wasser gelösten Anionen. Andere Kolloide geben bei der Dissoziation Kationen ab und laden sich negativ auf wie die Kieselsäure, ähnlich auch kolloides Selen, kolloider Schwefel und kolloide Sulfide. Die dissoziierenden Anionen oder Kationen können von dem Salz stammen, aus dem das Kolloid „gefällt" wurde. Fällt man z. B. Silberjodid aus überschüssigem Silbernitrat, so enthalten die Kolloidteilchen an ihrer Oberfläche zu viel Silber-Ionen, sind positiv geladen und tragen zum Ladungsausgleich in das Wasser dissoziierende Nitrat-Ionen. Bei Fällung mit überschüssigem Kaliumjodid sind die Kolloidteilchen durch einen Überschuß an Jod-Ionen negativ geladen und tragen dissoziierende Kalium-Ionen.

Die kolloiden Metalle Platin, Gold und Quecksilber bestehen aus kleinen Metallkriställchen, in deren Oberfläche, je nach der Darstellung saure Gruppen, wie Chlorosäuren oder -salze, eingebaut sind, die bei der Dissoziation die Kolloidteilchen negativ aufladen. Infolgedessen wandern solche Kolloide im elektrischen Feld jeweils an die entgegengesetzt geladene Elektrode, und zwar ebenso schnell wie die Ionen, weil die die Ladung tragende Oberfläche in gleichem Maße mit der Größe wächst wie der die Bewegung verlangsamende Querschnitt.

Die elektrische Ladung erhöht nun die Beständigkeit der schwebenden Teilchen, weil sie auf das als Dipol fungierende Wasser bindend wirkt. Die Hydratation der Oberfläche der Kolloidteilchen und der dissoziierten Ionen spielt hier für die Stabilität der kolloiden Lösung die gleiche Rolle wie die Hydratation der Ionen in einer Salzlösung.

Neutralisiert man diese Ladungen, z. B. durch Umsetzungen an der entgegengesetzten Elektrode oder durch Zugeben von geeigneten Ionen, wie Wasserstoff-Ionen oder Hydroxid-Ionen oder von mehrfach geladenen Ionen, die undissoziierbar an die Oberfläche gebunden werden, oder durch Zusammenbringen zweier entgegengesetzt geladener Kolloide, wie z. B. Zirkonhydroxid und Goldkolloid, so werden die Kolloide ausgeflockt.

Durch entgegengesetzte chemische Einwirkung kann man die Aufladung wieder erhöhen und die geflockten Kolloide wieder in Lösung bringen (vgl. auch bei Thoriumoxid). Hierzu sind bei negativ geladenen Kolloiden häufig Natrium-Ionen geeignet, weil die Natriumverbindungen besonders zur Dissoziation neigen. Wegen der Analogie mit der Auflösung von geronnenem Eiweiß durch Pepsine zu Peptonen bezeichnet man diesen Vorgang als *Peptisierung*.

Auch kann manchmal durch eine über die Flockung hinausgehende Ionenanlagerung der Ladungssinn des Kolloids umgekehrt werden und wieder eine Aufteilung erfolgen, wie bei den meisten Metallhydroxiden (*amphotere Kolloide*).

Wenn der Dispersitätsgrad im Verein mit der Ladung den Zustand der Scheinlösung bedingt, ohne daß die Teilchen hierzu Lösungsmittel (Wasser) in ihren inneren Bestand aufnehmen, so spricht man von *elektrokratischen* oder *lyophoben*[1]) (*hydrophoben*) ‚Zerteilungen. Diese sind gegen Elektrolytzusätze nach dem Vorausgehenden meist sehr empfindlich. Typische Vertreter hierfür sind die Kolloide von Schwefel, Selen, Tellur, Kohlenstoff sowie von Gold, Silber und Quecksilber.

Beständiger sind die kolloiden Lösungen solcher Stoffe, die wegen ihrer lockeren Ausbildung die Moleküle des Wassers oder des Lösungsmittels selbst in ihre Struktur aufnehmen, denn hierdurch werden diese Gebilde naturgemäß dem Wasser in dem Maße ähnlicher, je mehr sich dieses an ihrer Konstitution beteiligt. Mit zunehmender Annäherung an die physikalischen Konstanten des Wassers, besonders an die Dichte, schwinden die zur Absonderung treibenden Kräfte.

Solche *Hydratkolloide* oder *solvatokratischen* oder *lyophilen* (*hydrophilen*) *Zerteilungen* bedürfen jedenfalls in geringerem Grade als die elektrokratischen Zerteilungen der elektrischen Ladungen, um gelöst zu bleiben und sind deshalb weniger empfindlich gegen Elektrolytzusätze.

Darum erhöht man gelegentlich die Beständigkeit von lyophoben Zerteilungen durch Zugabe von einhüllenden lyophilen Kolloiden, wie z. B. beim kolloiden Gold durch Tanninlösung (*Schutzkolloide*).

Gegen Temperaturerhöhung oder gegen das Gefrieren sind aber die Hydratkolloide meist unbeständig, weil hierdurch Wasser aus ihrem Bestand genommen wird und damit die Trennung der Oberflächen von gelöstem Stoff und Flüssigkeit schärfer ausgeprägt wird.

---

[1]) Die Bezeichnungen „lyophob" oder „hydrophob" sind sprachlich unglücklich, denn die Oberfläche eines lyophoben Kolloids wird natürlich von dem Lösungsmittel benetzt und ist darum „lyophil".

Bleibt der Wasseraustritt in mäßigen Grenzen, so kann die Abscheidung einen Misch-charakter zwischen festem und flüssigem Aggregatzustand zeigen. Sie bildet ein *Gel* (von Gelatine abgeleitet), das meist durchsichtig oder durchscheinend auftritt und eine im Vergleich zu festen Stoffen nur geringe Formbeständigkeit besitzt. Während im Sol die Kolloidteilchen in der Flüssigkeit verteilt sind, ist im Gel die Flüssigkeit von Netzwerken eingeschlossen, die aus den Kolloidteilchen aufgebaut sind.

Vertreter dieser Klasse sowohl im Sol- als auch im Gelzustand sind besonders die im Pflanzen- und Tierkörper wichtigsten Bestandteile, wie die Eiweißarten, die Stärke, die leimgebenden Stoffe, Gummi, ferner manche Metallhydroxide und besonders die Kieselsäure.

Hinsichtlich der Fähigkeit, aus der abgeschiedenen Form durch Zugabe von Wasser wieder in Lösung zu gehen oder ungelöst zu bleiben, unterscheidet man noch *reversible* (umkehrbare) und *nicht reversible Kolloide.* Bei manchen Hydratkolloiden erfolgt der Übergang vom Gel zum Sol ganz allmählich unter Quellung, wie man dies an vielen Pflanzenschleimen beobachten kann.

Zwar kommt dem Wasser nicht nur zur Bildung von echten Lösungen, sondern auch von kolloiden Lösungen eine vor anderen Flüssigkeiten ausgezeichnete Fähigkeit zu, doch können auch andere flüssige und feste Stoffe (z. B. Glas) an seine Stelle treten. Die Fähigkeit, kolloide Lösungen zu bilden, scheint grundsätzlich bei allen festen Stoffen vorhanden zu sein. Es kommt dabei besonders auf die geeignete Wahl des Lösungs-mittels an. Der feste Stoff darf in diesem nicht echt löslich sein. Die notwendige feine Zerteilung kann man durch geeignete Fällung aus dem echt gelösten Zustand oder durch besonders feine Zerteilung des festen Stoffes durch Mahlen (Kolloidgraphit), oft auch durch elektrische Zerstäubung bei hoher Stromdichte erreichen.

Elemente der III. Hauptgruppe

Die III. Hauptgruppe wird von den Elementen Bor, Aluminium, Gallium, Indium und Thallium gebildet. Von diesen soll hier nur das Bor behandelt werden, weil die Chemie des Bors der des Siliciums in manchen Zügen verwandt ist. Die anderen Elemente dieser Gruppe mit ausgeprägtem Metallcharakter werden bei den Metallen besprochen.

Bor, B

Atomgewicht	10,81
Schmelzpunkt	$\approx 2300\,°C$
Dichte (kristallines tetragonales Bor)	$2,33\ g/cm^3$

Vorkommen

Bor findet sich an Sauerstoff gebunden in einigen Silicaten, wie Turmalin, Axinit, Dan-burit und Datolith, aus denen in vulkanischen Gegenden durch überhitzte Wasser-dämpfe Borsäure frei gemacht und mit dem Wasserdampf an die Erdoberfläche gebracht wird. So kommt kristallisierte Borsäure, meist mit Schwefel gemengt, als Sassolin vor im Krater der liparischen Insel Volcano und in den Lagunen der Maremmen von Toskana, wie besonders bei Sasso in der Nähe von Siena. Zwischen Volterra und Massa Marittima liegt ein Landstrich mit einer Fläche von etwa 20 km², in dem an vielen Stellen Wasserdämpfe dem Boden entströmen (Soffionen), die sich in den Lagunen zu einer Flüssigkeit verdichten, die 0,1 % Borsäure neben Schwefelverbindungen und Ammoniak enthält. Das Wasser des Sees bei Monte Rotondo zeigt einen Gehalt von 0,2 % Borsäure. Durch künstliche Bohrungen hat man die Austrittsstellen der Dämpfe erweitert und in besonderen Anlagen die 180...190 °C heißen Dämpfe in großen Becken zur Verdampfung der borsäurehaltigen Lösungen ausgenutzt.

Außerdem ist Borsäure im Meerwasser zu etwa 0,001 % enthalten und scheidet sich daraus zusammen mit den anderen Salzen ab als *Borax*, $Na_2B_4O_7 \cdot 10 H_2O$, *Colemanit*, $Ca[B_3O_4(OH)_3] \cdot H_2O$, *Ulexit*, $CaNaB_5O_9 \cdot 8 H_2O$, und *Boracit*, $Mg_3[B_7O_{13}Cl]$.

Diese Salze, insbesondere der Boracit, finden sich in den Staßfurter Kainitlagern, bei Ascotan in Peru, in den Kalikobergen von San Bernardino, im Deathtale der Gebiete von Oregon und Kalifornien. Aus den hochgelegenen Seen des inneren Tibet gelangten schon vor Jahrhunderten beträchtliche Mengen Borax unter dem Namen Tinkal in den Handel.

Alle diese Vorkommen haben aber nur noch geringe Bedeutung, nachdem 1925 in Kalifornien sehr große Lager an *Kernit*, $Na_2B_4O_7 \cdot 4 H_2O$, aufgefunden wurden, die heute zu etwa 95 % den Bedarf der westlichen Welt an Borverbindungen decken. Die Produktion belief sich 1955 in USA auf 252 000 t, berechnet auf B_2O_3. Aus den Fumarolen Toskanas werden etwa 2500 t Borsäure und Borax gewonnen.

Sehr geringe Mengen Borsäure finden sich in vielen Pflanzen, in der Zuckerrübe, in den Obst- und Beerenfrüchten, besonders im kalifornischen Wein, sowie im Hopfen und ganz untergeordnet auch im tierischen Körper. Geringe Mengen Borsäure sind für das Wachstum der Kulturpflanzen nötig, größere Mengen aber schädlich.

Darstellung

Mit einer Reinheit von über 99 % erhält man Bor durch Zersetzen von Borhalogeniden an einem heißen Wolfram- oder Tantaldraht im Vakuum oder in einer Wasserstoffatmosphäre. Je nach der Temperatur (600...1600 °C) und den sonstigen Bedingungen tritt das Bor amorph oder kristallin auf. Es sind vier Modifikationen bekannt, zwei rhomboedrische (α- und β-Bor) und zwei tetragonale. Die Strukturen sind kompliziert und enthalten als kleinste Einheit ein reguläres Ikosaeder aus 12 Boratomen (HOARD, 1943, MC-CARTY, 1958). Das Bor nimmt hinsichtlich seiner Struktur eine Sonderstellung unter allen anderen Elementen ein, die sehr viel einfachere Strukturen bilden.

Eigenschaften

Das braune bis schwarze *amorphe Bor* ist weich, färbt stark ab, geht bei langem Behandeln mit Wasser teilweise in braunrote kolloide Lösung, entzündet sich an der Luft bei 700 °C und verbrennt im Sauerstoff mit glänzendem Licht und grüner Flamme. Mit Chlor entsteht oberhalb 400 °C das Trichlorid, BCl_3, mit Brom von 700 °C an das Tribromid, BBr_3. Stickstoff wird bei 1200 °C zu Bornitrid, BN, gebunden. Starke Salpetersäure oxydiert unter Feuererscheinung.

Der spezifische Widerstand ist bei 0 °C rund 10^{12}mal so groß wie der von Kupfer. Doch fällt der Widerstand von 0 °C bis zu Rotglut im Verhältnis $10^7 : 1$ ab.

Das *kristallisierte Bor* ist chemisch sehr inert. Siedende Salzsäure und Flußsäure greifen es nicht an. In der Härte übertrifft es den Korund und kommt etwa dem Borcarbid gleich. Es kann zu Schleifwerkzeugen dienen.

Bei der Einwirkung von Kohlenstoff und Aluminium auf Calcium-, Strontium- und Barium-borat entstehen die *Boride*, Calciumborid, CaB_6, Strontiumborid, SrB_6, Bariumborid, BaB_6. Auch mit anderen Metallen vereinigt sich Bor bei hohen Temperaturen zu Metallboriden.

Boroxide und Borsäuren

Orthoborsäure, $B(OH)_3$, und Metaborsäure, HBO_2

Aus der Borsäure des Handels, z. B. aus dem Sassolin oder aus der mit Salzsäure ge-fällten Boraxlösung, erhält man durch Umkristallisieren in Wasser weiße, schuppige, schwach perlglänzende, durchscheinende, biegsame, fettig anzufühlende sechsseitige Blätter des triklinen Systems von der Zusammensetzung $B(OH)_3$, die sich in 100 Teilen Wasser bei 0 °C zu 1,95, bei 20 °C zu 4,0, bei 80 °C zu 17, bei 102 °C zu 29 Teilen lösen. Mit Wasserdämpfen ist diese Säure in beträchtlichem Maße flüchtig. Die wäßrige Lösung hat einen ganz schwach säuerlichen Geschmack, färbt Lackmus in kaltgesättigter Flüssigkeit weinrot, in heißgesättigter zwiebelrot und ordnet sich nach der elektrischen Leitfähigkeit hinsichtlich der Säurestärke zwischen Schwefelwasserstoff und Blausäure ein. Der saure Charakter der Borsäure beruht wahrscheinlich nicht auf einer Disso-ziation unter Abspaltung eines Protons, sondern auf der Bildung eines Hydroxo-Anions:

$$B(OH)_3 + H_2O \rightleftharpoons B(OH)_4^- + H^+ \qquad\qquad K = 7 \cdot 10^{-10}$$

Mit zunehmender Konzentration treten Polyanionen, wie $[B_3O_3(OH)_4]^-$, auf (siehe dazu Struktur der α-Metaborsäure, S. 395).

Die sehr schwach saure Natur der Borsäure wird außerordentlich durch Zusatz von Glycerin verstärkt, wobei eine ziemlich starke einbasige *Glycerinborsäure* entsteht, die man mit Alkalilaugen und Phenolphthalein als Indikator titrieren kann.

Macht man z. B. eine wäßrige Borsäure- und daneben eine wäßrige Glycerinlösung mit Natronlauge deutlich alkalisch, so daß beide Flüssigkeiten durch Phenolphthalein gerötet werden, und mischt dann diese Lösungen, so verschwindet die Rotfärbung sofort, und man muß eine ziemlich beträchtliche Menge Natronlauge, nämlich auf 1 Mol Borsäure 1 Äquivalent Lauge, zusetzen, damit die rote Farbe wieder erscheint. Die Glycerinborsäure enthält auf 1 Mol Borsäure 2 Mol Glycerin gebunden und hat vielleicht die Konstitution:

$$\begin{bmatrix} H_2C-O & & O-CH_2 \\ & {}^{\diagdown}B^{\diagup} & \\ HC-O & & O-CH \\ H_2C-OH & & HO-CH_2 \end{bmatrix} H$$

Außer Glycerin erhöhen auch andere organische Verbindungen mit mehreren Hydroxylgruppen die Stärke der Borsäure, z. B. Mannit, Gallussäure, 1-, 2-Dioxynaphthalin usw.

Mit Äthyl- oder Methylalkohol entstehen, besonders in Gegenwart von etwas Schwefel-säure oder Salpetersäure, flüchtige *Borsäureester*, z. B. $B(OCH_3)_3$ oder $B(OC_2H_5)_3$, die mit grün gesäumter Flamme brennen. Hierauf beruht ein *Nachweis der Borsäure*. Be-sonders charakteristisch ist die braunrote, nach dem Trocknen orangerote Färbung von

Curcumapapier durch salzsaure Borsäurelösung. Bringt man das so gefärbte Papier mit Ammoniak in Berührung, so tritt eine intensiv schwarzblaue Farbe auf. Diese Reaktion beruht auf der Verbindung der Borsäure mit dem Farbstoff der Curcuma.

Da die Borsäure bei Ausschluß von Wasserdämpfen kaum flüchtig ist, vermag sie in der Hitze auch die stärksten Säuren auszutreiben. So zersetzt sie bei Rotglut Natriumchlorid unter Bildung von Natriummetaborat, $NaBO_2$, und Verflüchtigung von Chlorwasserstoff oder Chlor (letzteres in Gegenwart von Luft), worauf zum Teil die Anwendung von Borsäure zu Glasierungszwecken beruht.

Nach teilweiser Entwässerung, z. B. im Vakuum der Wasserstrahlpumpe bei 100 °C, zeigt Borsäure starke Phosphoreszenz, d. h. sie leuchtet nach Belichtung (am besten mit Quecksilberdampflicht) mehrere Minuten lang fort. Hierfür sind Spuren organischer Beimengungen, am besten solche von zyklischer Struktur, erforderlich, und man kann so durch verschiedenartige Zusätze das Leuchten weitgehend beeinflussen (E. TIEDE).

Orthoborsäure kristallisiert in einem Schichtengitter. Die Schichten werden von ebenen $B(OH)_3$-Molekülen, die durch Wasserstoffbrückenbindungen untereinander verknüpft sind, gebildet. Der Winkel HO—B—OH beträgt 120°.

Bei 107 °C entsteht aus der Orthoborsäure die *Metaborsäure*, HBO_2, die bei sehr starkem Erhitzen in das glasige, sehr spröde *Bortrioxid* (Borsäureanhydrid), B_2O_3, übergeht. Von der Metaborsäure sind 3 Modifikationen bekannt (kubisch (stabil), monoklin und rhombisch).

Borate

Die aus wäßrigen Borsäurelösungen erhaltenen Borate leiten sich nicht von der Ortho- oder Metaborsäure ab, sondern von Polyborsäuren, die im freien Zustand nicht bekannt sind. Das wichtigste Salz ist das *Natriumtetraborat (Borax)*, $Na_2B_4O_7 \cdot 10\,H_2O$. Borax bildet große, farblose monokline Kristalle, die an trockener Luft oberflächlich verwittern. Die Lösung reagiert infolge Hydrolyse alkalisch.

Die Kristallstrukturbestimmung hat ergeben, daß Borax die Konstitution $Na_2[B_4O_5(OH)_4] \cdot 8\,H_2O$ hat. In dem Ion $[B_4O_5(OH)_4]^{2-}$ sind die Boratome über Sauerstoffbrücken miteinander verbunden; 2 Boratome haben die Koordinationszahl 4 und binden 3 Sauerstoffatome und 1 OH-Gruppe. Die beiden anderen Boratome sind von 2 Sauerstoffatomen und 1 OH-Gruppe umgeben (siehe Struktur I).

Auch in den anderen Polyboraten z. B. im Kaliumpentaborat, $KB_5O_8 \cdot 4\,H_2O$, und im Colemanit ist das Anion aus ebenen BO_3- und tetraedrischen BO_4-Gruppen aufgebaut.

(I) Tetraboratanion $[B_4O_5(OH)_4]^{2-}$ (II) Boroxolstruktur α—HBO_2 (III) Metaboratanion im $Ca(BO_2)_2$

In den Metaboraten, $NaBO_2$ und KBO_2, sowie in der rhombischen α-Metaborsäure bildet das Anion einen ebenen Sechsring mit Boroxolstruktur (Struktur II), im Calciummetaborat, $Ca(BO_2)_2$, lange gewinkelte Ketten (Struktur III). Das Bor hat hier gegenüber Sauerstoff nur die Koordinationszahl 3.

Verwendung von Borsäure und Boraten

Borsäure wirkt schwach desinfizierend ohne ätzende Eigenschaften und wird deshalb
in der Medizin als 3%ige Lösung bei katarrhalischen Erkrankungen der Augen und
des Rachens, ferner als Borsalbe, Borwatte sowie als Streupulver gegen die Fäulnis
von Fußschweiß angewendet. Die Borsäure wird sehr schnell durch die Haut aufgenommen. Auch zum Konservieren von Fleisch dient Borsäure.

Dabei ist aber zu beachten, daß die Borsäure zwar Fäulnis verhindert, nicht aber die Entwicklung der das Fleischgift (Wurstgift) erzeugenden Bakterien. Auch führt die Aufnahme
größerer Mengen Borsäure im Organismus durch spezifische Entfettung zu starker Gewichtsabnahme. Die desinfizierende Wirkung der Borsäure beruht wahrscheinlich darauf, daß sie
für die Bakterien unentbehrliche Vitamine durch Bildung von Borsäurekomplexen unwirksam
macht (R. KUHN, 1943).

Weiterhin dienen Borax und Bortrioxid wegen der Fähigkeit, Metalloxide zu lösen,
als Lötmittel und werden bei Hüttenprozessen, z. B. beim Kupferschmelzen (in Südamerika) sowie als Gußstahl-Schweißpulver (8 Teile Borax, 1 Teil Salmiak, 1 Teil Blutlaugensalz, 5 Teile Kolophonium) verwendet.

In der Glasfabrikation ersetzt Borsäure zum Teil die Kieselsäure und erhöht den Glanz
des Glases (Straß) sowie die Beständigkeit gegen Temperaturwechsel (Gasglühlichtzylinder, Jenaer Geräteglas) und hindert das Entglasen. Auch zum Glasieren von Stein-
gut- und Fayencewaren sowie zum Emaillieren eiserner Gebrauchsgegenstände setzt man
Borax den entsprechenden Glasflüssen zu, wobei noch die schönen Färbungen, die Borax
und die borsäurehaltigen Gläser durch Kupferoxid, Kobaltoxid, Uranoxid usw. erlangen,
zur Geltung kommen. Im Laboratorium benutzt man die *Boraxperle* zum Erkennen
solcher färbender Metalloxide.

Auch in der Gerberei dient Borax zum Vorbereiten der Häute. In der Weißwaren-
appretur und bei der Verfertigung von Dochten für Stearin- und Paraffinkerzen wird
Borsäure gebraucht, um die Stoffe zu steifen.

Boratperoxidhydrate und Peroxoborate

Erhebliche Mengen von sogenannten Perboraten dienen als Wasch- und Desinfektionsmittel (z. B. enthält Persil 10 % Perborat). Sie entstehen bei der Einwirkung von Wasserstoffperoxid oder Natriumperoxid auf Borate bzw. Borsäure. Die technisch wichtigste
Verbindung ist das *Natriummetaboratperoxidhydrat*, $NaBO_2 \cdot H_2O_2 \cdot 3\,H_2O$, das man
auch bei der Elektrolyse sodahaltiger Natriumboratlösungen über das an der Anode
zunächst gebildete Peroxocarbonat erhält. Dieses Salz ist eine Additionsverbindung
von Wasserstoffperoxid an Natriummetaborat und enthält keine Peroxogruppe,
—O—O—, (siehe Peroxodischwefelsäure); denn es scheidet aus neutraler Kaliumjodidlösung kein Jod ab, sondern nur reinen Sauerstoff infolge der katalytischen Zersetzung
des beim Lösen abgespaltenen Wasserstoffperoxids. Erst bei 120 °C hinterbleibt neben
Natriummetaborat eine echte Peroxoverbindung, das Natriumperoxoborat,

$$Na_2 \begin{bmatrix} O & & O & & O \\ | & \diagup B \diagdown & & \diagup B \diagdown & | \\ O & & O & & O \end{bmatrix}$$

das mit Wasser stürmisch Sauerstoff entwickelt (MENZEL, 1934). Das Natriumborat-
peroxidhydrat ist wenig löslich, so daß auch aus verdünnten Wasserstoffperoxidlösungen
der größte Teil als kristallisiertes Salz abgeschieden wird (FRITZ FOERSTER) und damit
in eine für den Handel geeignete Form gelangt.

Niedere Bor-Sauerstoffverbindungen

Durch Erhitzen eines Gemisches von Bor und Zirkoniumdioxid, ZrO_2, im Vakuum bei 1800 °C konnte E. ZINTL (1940) die Verflüchtigung von *Bormonoxid*, BO, wahrscheinlich machen, das sich aber beim Kondensieren wieder zersetzte.

Durch Umsetzung von Chlorborsäureestern mit Natriumamalgam erhielt E. WIBERG die Ester der *Hypoborsäure*, $B_2(OR)_4$. Der Hypoborsäuremethylester hat den Schmelzp. —24 °C, den Siedep. 93 °C. Diese Hypoborsäureester zerfallen leicht zu normalen Borsäureestern und elementarem Bor. Bei der Verseifung mit Wasser entsteht weiße kristalline Hypoborsäure, die sich in wäßriger Lösung leicht an der Luft zu Borsäure oxydiert und Permanganat- und Silbernitratlösung reduziert. WARTIK und APPLE (1955) erhielten die Hypoborsäure durch Hydrolyse von Dibortetrachlorid, B_2Cl_4, mit Wasserdampf bei Zimmertemperatur. Bei 200 °C entsteht aus ihr im Vakuum weißes Bormonoxid, das sich in Wasser wieder zu Hypoborsäure löst. Bei 600 °C entsteht daraus eine hellbraune, harte, schwer lösliche Modifikation des Bormonoxids.

Das Ammoniumsalz der Hydroxohypoborsäure, $(NH_4)_2[B_2(OH)_6]$, erhielt P. RAY (1941) aus den ammoniakalischen Lösungen von Magnesiumborid, MgB_2.

Verbindungen von Bor mit den Halogenen und anderen Nichtmetallen

Bortrichlorid, BCl_3

Bortrichlorid entsteht aus Bor und Chlor bei Rotglut sowie bei der Einwirkung von Chlor auf ein glühendes Gemenge von Borsäureanhydrid und Kohle oder durch Überleiten des leicht zugänglichen Bortrifluorids, BF_3, über wasserfreies Aluminiumchlorid als farblose, leicht bewegliche, an der Luft rauchende Flüssigkeit, Siedep. 13 °C, Dichte bei 4 °C 1,43 g/ml.

Mit Wasser spaltet sich das Trichlorid schnell in Salzsäure und Borsäure unter starker Wärmeentwicklung (79 kcal für 1 Mol). Mit SCl_4, NOCl, $POCl_3$, $FeCl_3$ bildet BCl_3 Anlagerungsverbindungen. Das analoge Bortribromid, BBr_3, siedet bei 90 °C (730 Torr). Bortrijodid, BJ_3, bildet farblose Kristalle, Schmelzp. 43 °C.

Ein niederes Borchlorid, B_2Cl_4, entsteht aus gasförmigem Bortrichlorid in der elektrischen Entladung zwischen Quecksilberelektroden. Es gibt mit Natriumhydroxid Natriummetaborat und Wasserstoff und zersetzt sich bei 0 °C teilweise in B_4Cl_4, das gelbliche, an der Luft entzündliche Kristalle bildet (SCHLESINGER, 1953), und in rotes B_8Cl_8.

Im B_4Cl_4-Molekül bilden die Boratome ein annähernd reguläres Tetraeder, wobei an jedes Boratom ein Chloratom gebunden ist. Die 8 Boratome im B_8Cl_8 sind in Form eines Antiprismas angeordnet.

Bortrifluorid, BF_3

Bortrifluorid erhält man aus einem Gemisch von 6 Mol KBF_4 + 1 Mol B_2O_3 und konzentrierter Schwefelsäure als farbloses Gas, das sich erst bei —101 °C verflüssigen läßt (Schmelzp. —128 °C). Es wird in Stahlflaschen in den Handel gebracht.

Bortrifluorid ist koordinativ ungesättigt, weil die 3 kleinen Fluoratome das Boratom nur ungenügend einhüllen. Es bildet darum viele Anlagerungsverbindungen, z. B. an Äther die destillierbare Verbindung $BF_3 \cdot (C_2H_5)_2O$, an Sulfate, $Na_2SO_4 \cdot BF_3$, $Cs_2SO_4 \cdot 2 BF_3$ (BAUMGARTEN, 1939) (siehe dazu auch S. 403). Die Verbindung mit Ammoniak BF_3NH_3 tritt in flüssigem Ammoniak als Säure auf, die Salze bildet, z. B.

(BF$_3$NH$_2$)Na (WIBERG, 1948). Bortrifluorid findet in der organischen Chemie vielfältige Verwendung als Katalysator, z. B. bei Alkylierungsreaktionen zur Herstellung hochwertiger Benzine (IPATJEFF und V. GROSSE, 1935).

Wasser zersetzt Bortrifluorid in Fluoroborsäure (Borfluorwasserstoffsäure), HBF$_4$, und Borsäure, doch kann als Zwischenglied eine Säure [BF$_3$OH]H · H$_2$O gefaßt werden, die für organische Synthesen brauchbar ist, weil sie sich an Olefine anlagert (H. MEERWEIN).

Eine wäßrige Lösung von Fluoroborsäure entsteht auch direkt aus Borsäure und Flußsäure. Die wasserfreie Säure ist nicht bekannt. In Lösung wirkt die Fluoroborsäure als starke Säure, deren Salze hinsichtlich der Löslichkeit weitgehende Analogie mit den Perchloraten aufweisen. Das hängt mit dem ähnlichen Bau von (BF$_4$)$^-$ und (ClO$_4$)$^-$ zusammen. Ähnlich der Perchlorsäure bildet die Fluoroborsäure mit Distickstofftrioxid ein Nitrosylborfluorid, NOBF$_4$, farblose Blättchen, leicht hydrolysierbar, im Vakuum unzersetzt sublimierbar.

Borsulfid, B$_2$S$_3$

Borsulfid aus Bor und Schwefeldampf oder aus Borsäure und Schwefelkohlenstoff bei höherer Temperatur dargestellt, bildet seidenglänzende, farblose Kriställchen, die mit Wasser sofort in Borsäure und Schwefelwasserstoff zerfallen.

Borstickstoffverbindungen

Bornitrid, BN

Bornitrid (Borstickstoff) bildet sich unter den verschiedensten Bedingungen, so beim Weißglühen von amorphem Bor in Stickstoff, in Ammoniak oder irgendwie stickstoffhaltigen Gasen, desgleichen beim Glühen von Borax mit Ammoniumchlorid, Kaliumhexacyanoferrat(II), Kaliumcyanid und Harnstoff. Von Borsäureanhydrid und Zuckerkohle wird Stickstoff schon bei 1300 °C, sehr schnell bei 1500 °C zu Bornitrid gebunden. Am reinsten erhält man Bornitrid aus Bortrichlorid und trockenem Ammoniak beim Durchleiten durch ein glühendes Rohr oder aus Borbromid mit flüssigem Ammoniak, wobei zunächst Boramid, B(NH$_2$)$_3$, dann Borimid, B$_2$(NH)$_3$, und bei 750 °C Bornitrid, BN, entsteht.

Bornitrid ist ein weißes, talkähnlich sich anfühlendes Pulver, das beim Erhitzen an der Luft erst bei sehr hohen Temperaturen in das Oxid übergeht, in Berührung mit einer Flamme aber hellgrün leuchtet, weil die Wasserdämpfe (sowie auch flüssiges Wasser bei 200 °C) die Spaltung in Borsäure und Ammoniak bewirken. Beim Schmelzen mit Kaliumcarbonat entstehen Kaliumborat und -cyanat.

Interessant ist, daß Bornitrid eine Kristallstruktur besitzt, die sich nur durch die Übereinanderlagerung der Schichtebenen von der des Graphits unterscheidet (R. S. PEASE, 1951). Dies ist eine Folge davon, daß die Gruppen B—N und C—C isoster sind (Isosterie siehe S. 342).

Bornitrid hat wie Graphit Schmierwirkung und läßt sich wie dieser zu Preßkörpern verarbeiten. Da es aber den elektrischen Strom nicht leitet und erst bei höherer Temperatur verbrennt, wird es vielleicht als Isoliermittel, als Werkstoff und als Schmiermittel für hohe Temperaturen an Bedeutung gewinnen.

Wie Graphit läßt sich Bornitrid bei 1400 °C und 70 000 atm in die dem Diamant entsprechende Modifikation umwandeln, die, weil sie erst bei 1900 °C verbrennt, wegen ihrer dem Diamant gleichen Härte interessant werden kann (WENTORF, 1957).

Borazol, B$_3$N$_3$H$_6$

Auch aus den Anlagerungsverbindungen von Ammoniak an Diboran entsteht beim Erwärmen unter Wasserstoffabspaltung Bornitrid. Geht man aber von Alkylderivaten des Diboran oder Alkylaminen aus, so bleibt die Wasserstoffabspaltung bei den alkylsubstituierten Derivaten der Borstickstoffwasserstoffe stehen, die den einfachen Kohlenwasserstoffen entsprechen, z. B.

den Derivaten des *Borazans*, BH_3-NH_3 (Äthan), *Borazen*, $BH_2=NH_2$ (Äthylen), *Borazin*, $BH\equiv NH$ (Acetylen) (E. WIBERG, 1948). Die ungesättigten Verbindungen polymerisieren leicht, die Borazinderivate dabei zu Derivaten des *Borazols*, $B_3N_3H_6$.

Diese Verbindung wurde schon von STOCK und POHLAND (1926) aus Ammoniak und Borwasserstoff bei 250...300 °C erhalten. Einfacher ist die Darstellung aus Lithiumborhydrid und Ammoniumchlorid bei 300 °C

$$3 \, LiBH_4 + 3 \, NH_4Cl = B_3N_3H_6 + 3 \, LiCl + 9 \, H_2$$

die mit 35%iger Ausbeute verläuft (SCHLESINGER, 1951). Borazol hat in seiner Struktur (Formel I) formale Ähnlichkeit mit dem Benzol (wie Bornitrid mit Graphit), Schmelzp. —58 °C, Siedep. 55 °C. Es riecht aromatisch und löst wie Benzol Fett. Borazol ist auffallend beständig und zerfällt bei 500 °C nur langsam. In der Reaktionsfähigkeit zeigen sich aber doch beträchtliche Unterschiede gegenüber Benzol, die aus der Polarität der B—N-Bindung resultieren. So wird Chlorwasserstoff an Borazol addiert (Formel II); dabei geht das Chlor an das elektropositivere Bor, der Wasserstoff an den elektronegativeren Stickstoff. Beim Erhitzen spaltet diese Verbindung nicht wieder Chlorwasserstoff ab, sondern Wasserstoff, und es entsteht B-Trichlorborazol (Formel III). Neben zahlreichen anderen Derivaten sind auch Trimethyl- und Hexamethylborazol, $B_3N_3(CH_3)_6$, dargestellt worden. Alle diese Verbindungen zeigen wieder die Verwandtschaft der B—N- mit der C—C-Gruppe (E. WIBERG, 1940—1948).

(I) mesomere Formen des Borazols (II) (III) B-Trichlorborazol

Borcarbid, B_4C

Borcarbid bildet sich beim Schmelzen von Borsäureanhydrid und Kohle als graphitähnliche, schwarze Masse sowie durch Auflösen von Bor und Kohlenstoff in Eisen, Silber oder Kupfer im elektrischen Ofen in schwarzen, glänzenden Kristallen. Diese sind gegen Chlor, Sauerstoff, Säuren äußerst beständig und so hart, daß sie Diamanten ritzen können (E. PODSZUS).

Borwasserstoffverbindungen

Borhydride, Borane

Darstellung

Reduziert man Bortrioxid mit überschüssigem Magnesium, so entsteht Magnesiumborid, aus dessen Umsetzung mit Säuren A. STOCK eine Reihe von Hydriden (Borane) isolierte. In der Empfindlichkeit gegen Temperatursteigerungen sowie gegen Wasser sind die Borane den Silanen besonders verwandt. Es ist auffallend, daß der einfachste Borwasserstoff, BH_3, nicht existiert, sondern daß die Reihe mit dem *Diboran*, B_2H_6, beginnt.

Rein gewonnen wurden bisher:

Name	Formel	Schmelzp. in °C	Siedep. in °C
Diboran	B_2H_6	−155,5	−92,5
Tetraboran	B_4H_{10}	−120	17,6
Pentaboran-9	B_5H_9	− 47	48
Pentaboran-11	B_5H_{11}	−123	63
Hexaboran	B_6H_{10}	− 63	82
Enneaboran	B_9H_{15}	− 20	
Dekaboran	$B_{10}H_{14}$	100	213

Die Zusammensetzung dieser Borane läßt sich durch die allgemeinen Formeln B_nH_{n+4} bzw. B_nH_{n+6} wiedergeben. Die Verbindungen der Reihe B_nH_{n+6} sind thermisch instabiler.

In dem aus Magnesiumborid entwickelten Rohgas findet sich hauptsächlich Tetraboran neben kleinen Mengen von Pentaboran-9, Hexaboran und Dekaboran. Das Tetraboran läßt sich auch darstellen nach:

$$2\,B_2H_5J + 2\,Na = B_4H_{10} + 2\,NaJ$$

Das Diboran ist nicht im Rohgas enthalten. Es entsteht beim Zerfall von Tetraboran bei 100 °C. Die Darstellung gelingt auch aus Bortrichlorid oder Bortribromid und Wasserstoff unter vermindertem Druck im Lichtbogen (SCHLESINGER, 1931, STOCK, 1934). Technisch wird es heute aus Lithiumaluminiumhydrid und Bortrichlorid gewonnen:

$$4\,BCl_3 + 3\,Li[AlH_4] = 2\,B_2H_6 + 3\,AlCl_3 + 3\,LiCl$$

Aus Diboran erhält man bei 180 °C Tetraboran und Pentaboran-11 und bei 250 °C mit Quecksilber als Katalysator Pentaboran-9. Bei 48stündigem Erhitzen von Diboran auf 120 °C oder von Tetraboran entsteht Dekaboran.

Eigenschaften

Die Borane sind farblos, riechen unerträglich widerlich und verursachen schon in kleinsten Mengen eingeatmet Kopfschmerzen und Übelkeit. Dekaboran bildet leicht sublimierbare, in Alkohol und Benzol lösliche Kristalle. An der Luft entzünden sich Diboran und die beiden Pentaborane, die anderen Borane sind, wenn sie rein sind, nicht selbstentzündlich.

Bei gewöhnlicher Temperatur sind Diboran und Pentaboran-9 sowie Dekaboran recht beständig. Hexaboran geht langsam unter Abspaltung von Wasserstoff in feste kristallinische, farblose und gelbe Hydride über. Am zersetzlichsten ist neben Pentaboran-11 das Tetraboran. Bis 100 °C zerfällt es hauptsächlich in Wasserstoff, Diboran und Pentaboran-9, bei höherer Temperatur in Wasserstoff, Pentaboran-9, Hexaboran und borreiche Hydride.

Es konnten auch hochpolymere, nichtflüchtige Borwasserstoffe dargestellt werden, wie das gelbe $(BH)_n$ aus Diboran bei elektrischer Entladung unter geringem Druck, das dem Polysilen und Polygermen ähnlich ist. Die wasserstoffärmsten von ihnen ähneln dem braunen elementaren Bor.

Reaktionen der Borane

Die Borane sind außerordentlich reaktionsfähige Verbindungen. Die meisten der folgenden Reaktionen vollziehen sich schon bei gewöhnlicher Temperatur.

Wasser hydrolysiert Diboran augenblicklich, Tetraboran mit mäßiger Geschwindigkeit, Dekaboran dagegen nur sehr langsam zu Borsäure und Wasserstoff, z. B.:

$$B_2H_6 + 6\,H_2O = 2\,B(OH)_3 + 6\,H_2$$

Analog bilden Alkohole teilweise Ester und Wasserstoff:

$$B_2H_6 + 4\,CH_3OH = 2\,BH(OCH_3)_2 + 4\,H_2$$

Die Halogene wirken auf Diboran, Tetraboran und Dekaboran ausschließlich wasserstoffsubstituierend. B_2H_5Br läßt sich als unbeständiges Gas (Siedep. etwa 10 °C) isolieren. $B_2H_4Br_2$, $B_2H_3Br_3$ usw. sind nicht existenzfähig, sondern verwandeln sich, wenn sie intermediär entstehen, schnell einerseits in Bortribromid, andererseits in B_2H_5Br und weiter in Diboran. Auch anfangs einheitliches B_2H_5Br enthält nach kurzem Stehen Bortribromid und Diboran. Bei den Chloriden liegen die Verhältnisse ähnlich: B_2H_5Cl ist ebenfalls höchst unbeständig. Bemerkenswert ist, daß sich die der organischen Chemie fremde Halogenierung mittels Halogenwasserstoff und Aluminiumhalogenid wie bei den Siliciumhydriden auch bei den Borhydriden anwenden läßt, z. B.:

$$B_2H_6 + HJ = B_2H_5J + H_2$$

Mit Kohlenmonoxid bildet Diboran ein *Borincarbonyl*, BH_3CO (BURG und SCHLESINGER, 1937), mit Phosphortrifluorid und mit Äther die Anlagerungsverbindungen BH_3PF_3 und $BH_3O(CH_3)_2$.

Mit Aminen entstehen die Anlagerungsverbindungen der Borazane und Borazene (siehe S. 399). Mit Trimethylamin bildet sich H_3B—$N(CH_3)_3$. Mit Dimethylamin ergibt sich zunächst H_3B—$NH(CH_3)_2$, bei 250 °C unter Wasserstoffentwicklung Dimethylaminoborin, $H_2B = N(CH_3)_2$, das sich bei niederen Temperaturen dimerisiert, Schmelzp. 73,5 °C (WIBERG, 1948). Mit flüssigem Ammoniak entsteht eine weiße Verbindung (STOCK, 1931), die wahrscheinlich die Struktur $[H_3NBH_2NH_3]^+(BH_4)^-$ besitzt (PARRY, 1958). Oberhalb 100 °C gibt Diboran mit Ammoniak unter Wasserstoffabspaltung das nicht flüchtige, polymere Aminoborin oder Borazen, $(H_2BNH_2)_n$, (WIBERG, 1948), bei 250 ... 300 °C dagegen Borazol, $B_3N_3H_6$.

Mit Natriumamalgam reagiert Diboran unter Bildung von Natriumboranat (W. V. HOUGH, L. J. EDWARDS und A. D. McELROY, 1958):

$$2\,B_2H_6 + 2\,Na = NaBH_4 + NaB_3H_8$$

Metallborhydride und Boranate

Metallborhydride sind von SCHLESINGER (1942) bei der Umsetzung von Diboran mit metallorganischen Verbindungen erhalten worden. *Lithiumborhydrid*, Lithiumboranat, $LiBH_4$, ist eine weiße, undeutlich kristalline Substanz, die bis 240 °C weder verdampft noch zersetzt wird, an der Luft beständig ist und durch Wasser nur langsam zersetzt wird. Noch beständiger gegen Wasser ist das *Natriumborhydrid*, $NaBH_4$. Die beiden Verbindungen lassen sich bequemer aus Bortrifluoridätherat und Lithium- bzw. Natriumhydrid in Äther darstellen. (G. WITTIG, 1951): $BF_3 + 4\,LiH = LiBH_4 + 3\,LiF$. Sie können oft mit Vorteil an Stelle von Lithiumaluminiumhydrid, $LiAlH_4$ (siehe bei Aluminium), zu mannigfaltigen Reaktionen verwendet werden. Berylliumborhydrid, $Be(BH_4)_2$, sublimiert bei 90 °C, entflammt an der Luft und reagiert heftig mit Wasser. Aluminiumborhydrid, $Al(BH_4)_3$, ist eine farblose, sehr reaktionsfähige Flüssigkeit, Siedep. 44,5 °C, die im chemischen Verhalten dem Diboran ähnelt.

Aluminiumborhydrid hat eine Verbrennungswärme von rund 1000 kcal/Mol. Daraus errechnet sich für das Verbrennungsgemisch $Al(BH_4)_3 + 6\,O_2$ eine ungewöhnlich hohe Wärmeausbeute pro Kilogramm, so daß diese Verbindung als Treibstoff für Raketen von Interesse ist.

Außer dem schon erwähnten Triboranat, NaB_3H_8, existiert auch noch ein Dekaboranat, $Na_2B_{10}H_{14}$, mit dem Anion $B_{10}H_{14}{}^{2-}$. Es entsteht aus $B_{10}H_{14}$ und einer Lösung von Natrium in flüssigem Ammoniak (TOENISKOETTER, 1956).

Stuktur der Borane

Die Untersuchung der Elektronenbeugung und der Molekülschwingungen spricht dafür, daß im Diboran jedes Boratom 2 Wasserstoffatome mit normalen homöopolaren Bindungen bindet. Die beiden übrigbleibenden Wasserstoffatome verbinden als Brücken die beiden Molekülhälften. Für diese Brückenbindung stehen 2 Elektronenpaare zur Verfügung, die je zu 2 Bor- und 1 Wasserstoffatom gehören (LONGUET-HIGGINS, 1949). Diese *Dreizentrenbindung* ist in der Strukturformel (I) durch das Zeichen $\perp$ angedeutet. Die 4 valenznormal gebundenen Wasserstoffatome und die beiden Boratome liegen in einer Ebene, die Brückenwasserstoffatome liegen darüber und darunter, so daß jedes Boratom von 4 Wasserstoffatomen in ungefähr tetraedrischer Anordnung umgeben ist.

(I) Diboran, B_2H_6 (II) Tetraboran, B_4H_{10}

Diese ungewöhnliche Deutung der Bindung, bei der 3 Atome durch 1 Elektronenpaar verbunden sind, wird gestützt dadurch, daß man sie auch dem Galliumhydrid, Ga_2H_6, zugrunde legen kann und daß eine analoge Bindung im dimeren Aluminiumtrimethyl, $Al_2(CH_3)_6$, und im polymeren Berylliumdimethyl, $[Be(CH_3)_2]_n$, vorliegen dürfte.

Die Dreizentrenbindung findet sich nur bei den sogenannten *Elektronenmangelverbindungen* (electron deficient compounds). Das sind Verbindungen, deren Elektronenzahl kleiner ist als die Zahl der insgesamt verfügbaren Orbitale. So hat beispielsweise B_2H_6 12 Elektronen, aber 14 Orbitale (jedes Boratom 4, dazu 6 s-Orbitale der Wasserstoffatome) und B_4H_{10} 22 Elektronen und 26 Orbitale. Im ersteren Fall hat das Molekül 2 Dreizentrenbindungen, im zweiten 4. Im Äthylen dagegen sind 14 Elektronen vorhanden und insgesamt auch 14 Orbitale verfügbar.

Auch in den höheren Borwasserstoffen tritt die Dreizentrenbindung (BHB) zwischen einigen Boratomen auf. Im wesentlichen leiten sich ihre Strukturen von dem Ikosaeder aus 12 Boratomen des elementaren Bors ab. Ausschnitte aus diesem Ikosaeder mit 4 ... 10 Boratomen bilden die Moleküle dieser Borane (LIPSCOMB, 1952 bis 1954). Im Tetraboran (Struktur II) sind die 4 Boratome in Form eines Tetraeders angeordnet und durch 4 Dreizentrenbindungen miteinander verbunden, 2 von ihnen noch zusätzlich durch eine einfache B—B-Bindung. Im Molekül des Dekaborans, $B_{10}H_{14}$, mit insgesamt 44 Elektronen, denen 54 Orbitale zur Verfügung stehen, treten dementsprechend 10 Dreizentrenbindungen auf, und zwar 4 BHB-Bindungen und 6 Bindungen, die jeweils 3 B-Atome verknüpfen.

Da die Borhydride zwischen den Erdalkalihydriden und den Kohlenwasserstoffen stehen, dürfte in der B—H-Bindung das Bor positiven und der Wasserstoff negativen Charakter haben. Dies folgt auch aus der Paulingschen Elektronegativitätenskala (siehe S. 220).

In den Anlagerungsverbindungen mit Kohlenmonoxid, Phosphortrifluorid, Äther und Aminen wird das für sich nicht beständige Borin, $B{\equiv}H_3$, durch Einbeziehung eines Elektronenpaares der angelagerten Moleküle unter Ausbildung der Viererkoordination und Vervollständigung des Oktetts stabilisiert:

$$H_3{\equiv}B{-}C{\equiv}O\,| \qquad H_3B{-}PF_3 \qquad H_3B{-}\underline{O}=(CH_3)_2 \qquad H_3{\equiv}B{-}N{\equiv}(CH_3)_3$$

Im salzartigen Lithiumborhydrid, $LiBH_4$, und Natriumborhydrid, $NaBH_4$, ist an das Borin ein negatives Wasserstoff-Ion angelagert (Formel III), während beim Beryllium- und noch ausgeprägter beim Aluminiumborhydrid Dreizentrenbindungen ähnlich wie im Diboran vorliegen dürften (Formel IV):

$$\left[\begin{matrix} H \\ H \end{matrix}{>}B{<}\begin{matrix} H \\ H \end{matrix} \right] Li^+ \qquad \begin{matrix} H \\ H \end{matrix}{>}B \overset{H}{\underset{H}{|}} Be \overset{H}{\underset{H}{|}} B{<}\begin{matrix} H \\ H \end{matrix}$$

(III)   (IV)

Auch in all diesen Verbindungen hat das Bor die Koordinationszahl vier.

Elektronenacceptoren und -donatoren, nucleophile und elektrophile Verbindungen

Im Bortrifluorid lernten wir eine Verbindung kennen, die mit Ammoniak und sauerstoffhaltigen Verbindungen, wie Wasser oder Äther, Anlagerungsverbindungen bildet. Der Grund für diese Reaktion ist, daß das Bor im $B{\equiv}F_3$ ein Elektronensextett und damit eine Elektronenlücke besitzt und zugleich koordinativ ungenügend abgeschirmt ist. Das Stickstoffatom im Ammoniak bzw. die Sauerstoffatome im Wasser und Äther bieten ein einsames Elektronenpaar, das zur Bindung herangezogen wird:

$$F{-}\overset{\displaystyle F}{\underset{\displaystyle F}{|}}B{-}NH_3 \qquad F{-}\overset{\displaystyle F}{\underset{\displaystyle F}{|}}B{-}O{<}\begin{matrix} C_2H_5 \\ C_2H_5 \end{matrix} \qquad \left[F{-}\overset{\displaystyle F}{\underset{\displaystyle F}{|}}B{-}F \right]$$

(I) Borfluorid-Ammoniak   (II) Borfluorid-Äther   (III) Tetrafluoroborat-Anion

Durch die semipolare bzw. koordinative Bindung erlangt das Bor ein Elektronenoktett und eine günstige koordinative Absättigung. Nicht nur neutrale Moleküle, wie in den Beispielen (I) und (II), können mit einem Elektronenpaar die Elektronenlücke am Bor auffüllen, sondern auch das F^--Ion im Tetrafluoroborat-Anion (III).

Bei der Bildung der Verbindungen sind die angelagerten Moleküle bzw. das F^--Ion *Elektronendonatoren*, das Bortrifluorid der *Elektronenacceptor*. Die Elektronendonatoren verhalten sich also *nucleophil* (von nucleus ≙ Kern, φιλεῖν ≙ lieben), das Bor im Bortrifluorid *elektrophil*[1]) (INGOLD, 1953).

---

[1]) Sprachlich richtiger wäre die Bezeichnung „elektronophil", denn elektrophil heißt „elektrische Ladung liebend" und diese kann sowohl negativ wie positiv sein, gemeint ist aber „negative elektrische Ladungen liebend", besser „einsame Elektronenpaare liebend".

Weitere Beispiele für elektrophile Komponenten sind: $BeCl_2$, BCl_3, $AlCl_3$, $ZnCl_2$, $SnCl_4$, $FeCl_3$, SO_3, das H^+-Ion sowie viele Kationen der Schwermetalle und für nucleophile Komponenten außer den schon genannten Molekülen Ammoniak, Wasser und Äther, Amine, Ketone, Fluorwasserstoff, Chlorwasserstoff weiterhin die Anionen OH^-, F^-, CN^- u. a. Dafür seien im folgenden einige Beispiele gebracht:

Donator		Acceptor		
Cl^-	$+$	$AlCl_3$	$\rightarrow$	$AlCl_4^-$
R_2O	$+$	$BeCl_2$	$\rightarrow$	$BeCl_2 \cdot OR_2$　$(R_2O = \text{Äther})$
$2\,H_2O$	$+$	$ZnCl_2$	$\rightarrow$	$H_2[ZnCl_2(OH)_2]$
$2\,HCl$	$+$	$SnCl_4$	$\rightarrow$	$H_2[SnCl_6]$
H_2O	$+$	SO_3	$\rightarrow$	H_2SO_4
NH_3	$+$	SO_3	$\rightarrow$	HO_3S-NH_2
OH^-	$+$	SO_3	$\rightarrow$	HSO_4^-
$4\,NH_3$	$+$	Cu^{2+}	$\rightarrow$	$[Cu(NH_3)_4]^{2+}$
NH_3	$+$	H^+	$\rightarrow$	NH_4^+
PCl_3	$+$	$PtCl_2$	$\rightarrow$	$PtCl_2 \cdot PCl_3$

Wie man sieht, ist die Bildung eines Komplexes, in dem die Partner durch eine koordinative Bindung verbunden sind, stets eine Acceptor-Donator-Reaktion. Der primär entstandene Komplex kann, wie das 3. und 4. Beispiel zeigen, anschließend unter Abspaltung von Protonen dissoziieren; es kann aber auch unter Protonenwanderung eine Umlagerung im Molekül eintreten, wie in dem Beispiel der Bildung der Schwefelsäure und Amidosulfonsäure (siehe dazu S. 172).

Die Bildung des Ammonium-Ions (vorletztes Beispiel) ist zugleich eine echte Säure-Basenreaktion. Ammoniak ist nach Brönstedt eine Base, weil es Protonen binden kann. Ein Molekül oder Ion kann aber ein Proton nur dann binden, wenn es ein freies Elektronenpaar besitzt. Es ist also die besondere Elektronenkonfiguration, die die basischen Eigenschaften hervorruft. G. Lewis (1923) hat daher die Elektronenkonfiguration einer Definition des Säure-Basenbegriffs zugrunde gelegt. Danach sind Säuren Elektronenacceptoren und Basen Elektronendonatoren, und das Wesen der Neutralisation besteht in der Bildung einer Atombindung:

$$H^+ + OH^- \rightarrow H-O-H$$
$$\text{oder}\quad F_3B + NH_3 \rightarrow F_3B-NH_3$$

Nach Lewis ist auch die Bildung eines Komplex-Ions, wie die des $[Cu(NH_3)_4]^{2+}$-Ions, eine Säure-Basenreaktion.

Obwohl die Lewis'sche Säure-Basendefinition versucht, Reaktionen zwischen sehr verschiedenartigen Partnern unter einem gemeinsamen Gesichtspunkt zu erfassen, ist sie jedoch in dieser allgemeinen Form unzweckmäßig, zumal sich die Säurenatur von Molekülen, wie HCl oder H_2SO_4, die keine Elektronenlücke besitzen, nach Lewis nur mit zusätzlichen Annahmen über den Mechanismus der Neutralisation erklären läßt. Trotzdem wird der Begriff *Lewis-Säure* für Elektronenacceptoren noch öfters gebraucht.

Metalle

Wesen des Metallzustandes

Metallische Eigenschaften

Überblicken wir die im vorausgehenden Teil beschriebenen Nichtmetalle, so fällt uns die Vielseitigkeit der Erscheinungen dieser Gruppe von Elementen auf. So bieten die Elemente Wasserstoff, Sauerstoff und Stickstoff gegenüber dem Schwefel, dem Phosphor, dem Kohlenstoff und den Halogenen, abgesehen von den chemischen Eigenschaften, rein äußerlich voneinander sehr verschiedenartige Merkmale. Auch die bei gewöhnlicher Temperatur festen oder flüssigen nichtmetallischen Elemente unterscheiden sich so auffällig voneinander, daß wir zunächst kein gemeinsames Kriterium dieser Grundstoffe herausfinden. Dazu kommt noch die Fähigkeit mancher Nichtmetalle, in verschiedenen Modifikationen aufzutreten, die untereinander äußerlich sehr verschieden sein können, wie z. B. weißer und roter Phosphor. Erst auf Grund chemischer Umsetzungen sind sie als Erscheinungsform desselben Elements zu erkennen.

Dagegen bieten die Metalle ein auffallend gleichförmiges äußeres Gepräge. Dies rührt daher, daß allen Metallen eine Reihe von Eigenschaften gemeinsam ist, die den Nichtmetallen fehlen.

Das wichtigste physikalische Kriterium des metallischen Zustandes ist die elektrische Leitfähigkeit. Die Metalle sind Elektronenleiter (Leiter erster Klasse). Das Fließen eines elektrischen Stromes ist bei ihnen nicht mit einer stofflichen Veränderung verbunden. Die Leitfähigkeit der Elektrolyte beruht dagegen auf der Ionenleitung (Leiter zweiter Klasse) und ist mit einer stofflichen Veränderung des Elektrolyten verbunden. Die Leitfähigkeit der Elektrolyte steigt mit der Temperatur zunächst bedeutend an, während die elektrische Leitfähigkeit der Metalle umgekehrt mit sinkender Temperatur wächst und bei den tiefsten Temperaturen in der Nähe des absoluten Nullpunkts, wo die elektrolytische Leitung fast aufhört, ganz enorm hohe Werte annimmt. So leitet z. B. Blei unter Kühlung mit siedendem Helium den elektrischen Strom, ohne daß ein meßbarer Widerstand vorhanden ist (Supraleitung, siehe bei Helium).

Mit der elektrischen Leitfähigkeit der Metalle stehen die hohe *Wärmeleitfähigkeit* und die *Undurchsichtigkeit* der Metalle in engem Zusammenhang. Nur in sehr dünnen Schichten lassen sie teilweise das Licht durchscheinen (siehe bei Gold). Endlich ist für alle Metalle im festen Zustand bei geeigneter Bearbeitung der *metallische Glanz* der Oberfläche charakteristisch.

Verdampft man ein Metall, so verschwinden die charakteristischen Merkmale des metallischen Zustandes; Metalldämpfe mischen sich ohne weiteres mit anderen Gasen und zeigen keine metallische Leitfähigkeit mehr. Sie sind auch oft gefärbt, doch stets durchsichtig.

Der metallische Charakter ist demnach an den festen und an den flüssigen Aggregatzustand gebunden.

Atomwärme der Metalle

Für die meisten Metalle im festen Zustand gilt die Regel von DULONG und PETIT (1819), wonach das Produkt aus spezifischer Wärme und Atomgewicht gleich der Konstante 6,2 cal/grd ist:

$$\text{Spezifische Wärme} \times \text{Atomgewicht} = 6,2 \text{ cal/grd}$$

So ist z. B. bei Zimmertemperatur die spezifische Wärme von Silber zu 0,0558, von Blei zu 0,0306, von Gold zu 0,0312, von Nickel zu 0,105, von Magnesium zu 0,246 cal/g · grd gefunden worden. Hieraus ergeben sich die entsprechenden Atomgewichte zu 111, 203, 199, 59, 25, die mit den unmittelbar bestimmten Atomgewichten 107,870 für Silber, 207,19 für Blei, 196,967 für Gold, 58,71 für Nickel, 24,312 für Magnesium so nahe übereinstimmen, daß hierin ein äußerst wertvolles Hilfsmittel gegeben war, um aus dem auf rein analytischem Wege genauestens zu bestimmenden Äquivalentgewicht das Atomgewicht zu ermitteln. Beispielsweise wurde das Äquivalentgewicht für Silber aus der Zusammensetzung des Silberchlorids zu 107,9 gefunden. Das Atomgewicht des Silbers kann zunächst irgendein ganzzahliges Vielfaches hiervon sein. Der Vergleich mit dem nach DULONG und PETIT mit nur annähernder Genauigkeit ermittelten Atomgewicht 111 zeigt, daß nur der einfache und nicht ein vielfacher Wert des Äquivalentgewichts als Atomgewicht zu setzen ist. Beim Gold ergibt sich aus der Analyse des Chlorids das Äquivalentgewicht zu 65,6557; um dem Atomgewicht nach DULONG und PETIT = 199 möglichst nahe zu kommen, bleibt von ganzen Zahlen als Faktor nur 3 übrig, und das genaue aus dem Äquivalentgewicht abgeleitete Atomgewicht ist demnach 3 · 65,6557 = 196,967.

Auf diese Weise hat man für die meisten Metalle die Atomgewichte bestimmt, und es ist von besonderem Vorteil, daß gerade diejenigen Metalle, die keine leichter flüchtigen Verbindungen bilden, aus deren Dampfdichte man Molekulargewicht und Atomgewicht ableiten könnte, bei gewöhnlicher Temperatur am genauesten der Regel von DULONG und PETIT folgen.

Bei Beryllium dagegen, dessen spezifische Wärme bei 15 °C 0,4 cal/g · grd beträgt, würde man aus dieser Regel ein Atomgewicht von ungefähr 16 finden, während die Dampfdichte des Berylliumchlorids zum Atomgewicht 9,0 führte. Dieser Wert ist auch mit der Stellung des Berylliums zu den anderen Elementen (siehe Periodisches System) in Einklang zu bringen.

Wenn die Gültigkeit der Regel von DULONG und PETIT bei Metallen mit kleinerem Atomgewicht unsicher wird, so versagt sie bei den Nichtmetallen bei gewöhnlicher Temperatur meist vollkommen, insbesondere bei Bor, Kohlenstoff und Silicium. Diese Elemente zeigen viel zu kleine spezifische Wärmen, doch hat H. F. WEBER 1875 nachgewiesen, daß hier die spezifische Wärme mit steigender Temperatur stark zunimmt und sich dem von der DULONG-PETITschen Regel geforderten Werte nähert.

Nach W. NERNST existiert für jedes Element ein Gebiet, in dem die DULONG-PETITSCHE Regel streng gilt; aber sie gilt für jedes Element dann nicht mehr, wenn man seine spezifische Wärme bei hinreichend tiefer Temperatur mißt. Die spezifische Wärme ist eine Funktion der absoluten Temperatur und nimmt mit sinkender Temperatur ab.

Ebenso wie man aus dem gleichartigen Verhalten der Gase gegen Änderungen des Druckes und der Temperatur auf eine gleichartige Struktur geschlossen hat, die in dem Gesetz von AVOGADRO den besten Ausdruck fand, so können wir auch die gemeinsamen Eigentümlichkeiten des metallischen Zustands auf den übereinstimmenden gleichförmigen Bau dieser chemisch sonst so verschiedenen Elemente zurückführen.

Da das Produkt aus der spezifischen Wärme und dem Atomgewicht gleich der Atomwärme ist, können wir die Regel von DULONG und PETIT auch folgendermaßen formulieren: Die Atomwärme der Metalle im festen Zustand ist annähernd gleich groß und beträgt bei Zimmertemperatur etwa 6,2 cal/grd. Nach der mechanischen Wärmetheorie ist Wärme die Energie der ungeordneten Bewegung der Moleküle bzw. der Atome. Die Temperatur ist ein Maß für den zeitlichen Mittelwert der Bewegungsenergie der einzelnen Moleküle. *Die Atomwärme ist danach die Energie, die man einem Gramm-Atom zuführen muß, damit seine Bewegungsenergie den einem Temperaturgrad entsprechenden Zuwachs erfährt.*

Bei einem festen Körper besteht diese Bewegungsenergie in Schwingungen der einzelnen Teilchen um ihre Ruhelage. Der gleiche Betrag der Atomwärme bei den meisten Metallen zeigt, daß die Anzahl dieser Teilchen pro Gramm-Atom die gleiche ist. Aus der Größe des Betrages von 6,2 cal/grd läßt sich ableiten, daß die schwingenden Teilchen die einzelnen Atome sind.

Daß die Bausteine der Metalle die einzelnen Atome und keine aus mehreren Atomen bestehenden Moleküle sind, folgt auch aus den Molekulargewichtsbestimmungen, die RAMSAY, TAMMANN, HEYCOCK und NEVILLE mit Hilfe der Gefrierpunkterniedrigung metallischer Lösungen ausgeführt haben. Sie haben bei sehr vielen Metallen ergeben, daß das Molekulargewicht in metallischen Lösungen so groß ist wie das Atomgewicht. Auch im Dampfzustand sind die Metalle überwiegend einatomig.

Endlich brachte die Ermittlung der Kristallstruktur unter Verwendung von Röntgenstrahlen den abschließenden Beweis, daß die Metalle zum Unterschied von den Nichtmetallen nicht aus mehratomigen Molekülen, sondern aus einzelnen Atomen aufgebaut sind.

Kristallstrukturen der Metalle

Da die Metalle aus unter sich gleichen Atomen aufgebaut sind, sind ihre Strukturen meist sehr einfach. Die Anordnung entspricht dann einer dichtesten Packung von Kugeln, die man erhält, wenn man gleich große Kugeln in eine Schachtel schüttet.

Hierbei legen sich die Kugeln in gleichseitigen Dreiecken in einer Ebene nebeneinander, wie es Abb. 72 für die mit A bezeichneten Kugeln zeigt. Die Kugeln der darauffolgenden Schicht bilden das gleiche Dreiecknetz. Sie legen sich derart auf die erste Schicht, daß

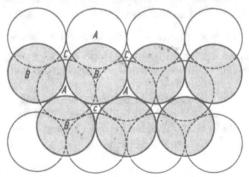

Abb. 72. Dichteste Kugelpackung

sie die jeweils aus 3 Kugeln der unteren Schicht gebildeten Mulden B besetzen. Je nachdem nun die folgende dritte Schicht entweder die gleiche Lage wie die erste Schicht (A) einnimmt, so daß eine Aufeinanderfolge ABAB . . . entsteht, oder die Lagen C besetzt — also Aufeinanderfolge ABCABC . . . — entstehen ihrer Symmetrie nach zwei verschiedene dichteste Kugelpackungen. Im ersten Fall ergibt sich hexagonale, im zweiten Fall kubische

Symmetrie. In beiden Gittern hat jedes Atom 12 Nachbarn oder, wie man auch sagt, die Koordinationszahl 12.

In der *hexagonal dichtesten Kugelpackung*, die in Abb. 73 wiedergegeben ist, kristallisieren das Magnesium und mit geringen Abweichungen viele andere Metalle, z. B. Beryllium, Zink, Cadmium, Titan, Osmium und Rhenium.

Die *kubisch dichteste Kugelpackung* wird von den Elementen Calcium, Aluminium, Kupfer, Silber, Gold, Blei, Platin, Iridium und γ-Eisen gebildet. Hier besetzen die Atome die Ecken und die Flächenmitten eines Würfels, vgl. Abb. 74. Daher wird dieses Gitter auch *kubisch* flächenzentriert genannt. Die drei strichpunktierten Linien geben die Spuren der Ebene an, in der z. B. die *A*-Kugeln der Abb. 72 liegen.

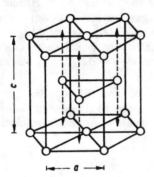 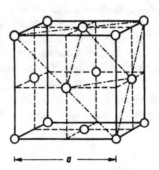 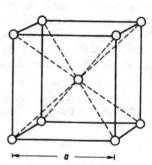

Abb. 73. Hexagonal dichteste Kugelpackung (Kristallstruktur des Magnesiums, $a = 3{,}202$ Å, $c = 5{,}23$ Å)

Abb. 74. Kubisch flächenzentriertes Gitter (kubisch dichteste Kugelpackung) (Kristallstruktur von Aluminium, $a = 4{,}04$ Å)

Abb. 75. Kubisch raumzentriertes Gitter (Kristallstruktur von α-Eisen, $a = 2{,}86$ Å)

Eine nicht sehr viel weniger dicht gepackte Struktur besitzen auch Lithium, Natrium, Kalium, Rubidium, Cäsium, Chrom, Molybdän, Wolfram und α-Eisen. Die Struktur dieser Metalle entspricht einem Würfel, dessen Ecken und dessen Mittelpunkt (im Innern des Würfels) mit Atomen besetzt sind. Jedes Atom hat also 8 Nachbarn. Sie trägt den Namen *kubisch raumzentriert* oder *kubisch innenzentriert* (Abb. 75).

Beim innenzentrierten Gitter ist zu beachten, daß jedes Atom außer den 8 nächsten Nachbarn mit dem Abstand $\dfrac{a}{2} \cdot \sqrt{3} = 0{,}866\,a$ (a = Gitterkonstante) noch 6 weitere Nachbarn mit nur wenig größerem Abstand — nämlich a — besitzt, so daß auch in dieser Struktur jedes Atom von einer großen Anzahl von anderen Atomen umgeben ist und damit die Raumerfüllung sehr gut wird.

Dagegen haben in den Kristallstrukturen der Nichtmetalle — von den einatomigen Edelgasen abgesehen — die Atome nur 1 ... 4 nächste Nachbarn, und zwar sowohl wenn sie Moleküle bilden, die in sich fest zusammengeschlossen in großem Abstand voneinander liegen, (J_2, P_4, S_8), als auch wenn sie zu einer Raumstruktur miteinander verbunden sind (Diamant).

Elektronendichte im Metall

Wie wir heute wissen, beruht die elektrische Leitfähigkeit der Metalle auf dem Transport von Elektronen. Fließt ein elektrischer Strom durch ein Metall, so bewegen sich Elektronen des Metalls vom negativen zum positiven Pol. Da die Stärke des Stromes nach dem Ohmschen Gesetz auch bei den niedrigsten Spannungen der Spannung streng proportional ist, müssen diese Elektronen im Metall von vornherein frei beweglich vorhanden sein.

Für die Anwesenheit freier, beweglicher Elektronen in den Metallen sprechen auch andere Erscheinungen. So können bei sehr hohen Spannungen, die meist über 1000 V betragen, Elektronen als Kathodenstrahlen aus metallischen Elektroden herausgeschleudert werden.

Auch durch Belichtung, zumal mit violettem und ultraviolettem Licht, kann ein Austritt von Elektronen bewirkt werden, besonders leicht aus der Oberfläche von Kalium, Rubidium und Cäsium (*Hallwachs-Effekt* und die lichtelektrische Kaliumzelle von ELSTER und GEITEL).

Technisch von großer Bedeutung ist der Austritt von Elektronen durch hohe Temperaturen (*Richardson-Effekt*). Hierauf beruhen die Glühelektroden, z. B. in den Elektronenröhren.

Da alle Metalle die Fähigkeit haben, unter Abgabe von Elektronen positive Ionen zu bilden, lag der Gedanke nahe, daß auch in den Kristallen der Metalle nicht neutrale Atome, sondern Metall-Ionen vorliegen, die ihre äußeren Elektronen abgegeben haben.

Diese Elektronen können wie ein Gas hin- und herströmen und füllen so den Zwischenraum zwischen den Metall-Ionen aus. Infolge ihrer negativen Ladung und der positiven Ladung der Metall-Ionen können sie das Metall aber nicht ohne weiteres verlassen, wenn nicht durch hohe Spannungen, durch hohe Temperaturen oder durch Lichtquanten die erforderliche Austrittsenergie erreicht wird. Doch können bei dichter Berührung zweier Metalle die Elektronen von einem zum anderen Metall überfließen. Hierauf beruht das Fließen des elektrischen Stroms durch einen Kontakt.

Die als spezifische Wärme den Metallen zugeführte Energie beeinflußt den Zustand der Elektronen nicht, sie dient nur zur Anregung der Schwingungen der Metall-Ionen. Durch die Wärmeschwingungen der Metall-Ionen wird die Beweglichkeit der Elektronen gemindert. Darum sinkt die Leitfähigkeit mit steigender Temperatur, mit sinkender Temperatur nimmt sie zu.

Dieses Bild der Metallstruktur konnte durch die von BRILL, HERMANN und PETERS (1944) sowie von WITTE und WÖLFEL (1955) durchgeführte röntgenographische Bestimmung der Elektronendichte des Aluminiums bewiesen und vertieft werden. Abb. 76 gibt die

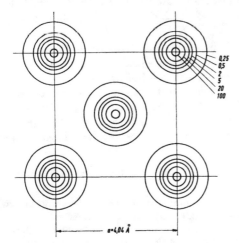

Abb. 76. Verteilung der Elektronendichte im Aluminiumkristall. Schnitt durch die Atome in der Würfelfläche der Abb. 74. Die Zahlen an den Linien gleicher Dichte geben die Zahl der Elektronen pro A³ an (WITTE und WÖLFEL, 1955).

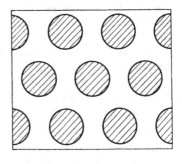

Abb. 77. Al³⁺-Ionen im Aluminiumkristall. Schnitt senkrecht zur Raumdiagonalen des Elementarwürfels in der in Abb. 74 durch eine Strichpunktlinie begrenzten Ebene. Die als Kreis dargestellten Al³⁺-Ionen enthalten je 10 Elektronen. Die 3 Valenzelektronen kann man sich auf den freien Raum zwischen den Ionen verteilt denken.

Verteilung der Elektronendichte in einem Schnitt durch die Atome in der Würfelfläche der Abb. 74 wieder. Abb. 77 bringt einen Schnitt in der durch die strichpunktierten Linien der Abb. 74 angegebenen Ebene, die senkrecht zur Raumdiagonale des Würfels verläuft. Der Radius der in Abb. 77 gezeichneten Kugeln ist so gewählt, daß jede gerade 10 Elektronen enthält und also einem Al^{3+}-Ion entspricht. Man kann ohne allzu große Willkür sagen, daß das Gitter aus Al^{3+}-Ionen aufgebaut ist, die in eine Grundmasse eingebettet sind, die aus den drei bei der Ionisation abgegebenen Leitungselektronen in fast gleichmäßiger Verteilung gebildet wird.

Diese Aluminium-Ionen nehmen nur 18 % des Kristallvolumens ein. Ähnliches gilt nach BRILL und Mitarbeitern (1938) für das Magnesium, das aus Mg^{2+}-Ionen und dem entsprechenden Elektronengas aufgebaut ist. Die Magnesium-Ionen nehmen nur 14 % des Kristallvolumens ein. Die übrigen 86 % werden von dem materiell dünnen Magma der Leitungselektronen erfüllt. Durch Vergleich mit dem Volumenbedarf der Magnesium-Ionen in salzartigen Verbindungen hatte W. BILTZ für den Volumenanteil der Magnesium-Ionen denselben Wert von 14 % ermittelt. Was uns in einem Metallstück als greifbar fest erscheint, ist also zum größten Teil der von dem fast gewichtslosen Elektronengas erfüllte Raum. Die oben zur Erklärung der Kristallstrukturen gewählte Bezeichnung einer „dichtesten Kugelpackung" darf also durchaus nicht wörtlich verstanden werden. Die Einfachheit und hohe Symmetrie der Strukturen wird vielmehr durch die gleichmäßige räumliche Verteilung der anziehenden Kräfte zwischen Ionen und Elektronengas bewirkt und vor allem dadurch, daß die abstoßenden Kräfte zwischen den Ionen dann im besten Gleichgewicht sind, wenn jedes Ion zu möglichst vielen Ionen seiner Umgebung den gleichen Abstand besitzt. Dies ist in Vollkommenheit nur im kubisch flächenzentrierten Gitter der Fall. Dieses Gitter ist das ideale Metallgitter, und es ist darum kein Zufall, daß die diese Struktur besitzenden Metalle Aluminium, Kupfer, Silber und Gold die beste Leitfähigkeit für den elektrischen Strom zeigen.

Das gleiche gilt für den flüssigen Zustand der Metalle. Nur sind hier die Wärmeschwingungen der Ionen so groß, daß die starre Ordnung verlorengeht und das Metall fließt, wobei im Innern die Metall-Ionen ständig ihre Plätze wechseln. Im Mittel bleibt aber auch in den flüssigen Metallen eine nicht ganz regellose Verteilung der Ionen gewahrt, wie wir dies auch beim Wasser kennenlernten. So konnten zuerst DEBYE und MENKE (1932) zeigen, daß im flüssigen Quecksilber die Atome eine dichteste Kugelpackung einzuhalten versuchen, die freilich dauernd durch die Wärmebewegung gestört wird.

Das feste und flüssige Metall enthält keine Atome mehr, sondern Ionen. Diese haben durch Abgabe ihrer Valenzelektronen ihren spezifisch chemischen Charakter in beträchtlichem Maße verloren. Darum tritt keine wesentliche Störung auf, wenn in die Nachbarschaft eines Ions das eines anderen Metalls tritt, besonders wenn es von ähnlicher Größe und Ladung ist. Deshalb sind die Metalle in weiten Grenzen im festen und ganz besonders im flüssigen Zustand mischbar. Hierauf beruht die Möglichkeit zur Darstellung der mannigfaltigen und oft technisch sehr wertvollen *Legierungen* (siehe dazu das Kapitel Legierungen).

Aufgrund der Mischbarkeit der Metalle ergibt sich aber auch, daß diese meist Verunreinigungen durch Fremdmetalle zäh festhalten.

War es zuerst das elektrische Leitvermögen, das die Herstellung reinen Kupfers von bis zu 99,99 % lohnend machte, so hat sich seitdem gezeigt, daß auch die Korrosionsbeständigkeit bei hoher Reinheit viel besser wird, z. B. bei Blei von 99,999 % und Zink von 99,99 %. Lithium von 99,99 % bleibt an der Luft 10 h lang blank, 99,9 %iges dagegen nur wenige Sekunden. Bei Aluminium wird die Festigkeit und Härtbarkeit der Legierungen durch eine Reinheit von 99,99 % verbessert. Hochreine Metalle besitzen oft nicht die Sprödigkeit, die man ihnen früher zuschrieb, und sind besser bearbeitbar, wie z. B. Titan, Zirkonium, Vanadium und Chrom.

Übergänge zwischen Metallen und Nichtmetallen — Halbmetalle

Allgemeines

Die Eigenart des metallischen Zustands kann letzten Endes auf die Fähigkeit der Metallatome, unter Abgabe von Elektronen positive Ionen zu bilden, zurückgeführt werden. *Der Unterschied zwischen Metallen und Nichtmetallen beruht somit darauf, daß die Metalle positive Ionen bilden können.*

Da das Bestreben, positive Ionen zu bilden, naturgemäß um so mehr zurücktritt, je mehr das Bestreben zur Bildung negativer Ionen hervortritt, finden wir im Periodischen System die Nichtmetalle auf den Plätzen nahe vor den Edelgasen. Da andererseits positive Ionen um so leichter gebildet werden, je größer und elektronenreicher die Atome sind, wird der metallische Charakter um so ausgeprägter, je weiter unten das Element in den Vertikalgruppen steht. So sind die Nichtmetalle auf ein Dreieck in den Hauptgruppen des Periodischen Systems (siehe die Tabelle S. 98) beschränkt, dessen Seiten vom Helium bis zum Radon (rechts in der Tabelle) und vom Helium bis zum Wasserstoff reichen und dessen Grenzlinie etwa über Wasserstoff, Kohlenstoff, Phosphor, Selen und Jod wieder zum Radon läuft. Längs der Grenze gibt es Elemente, die sowohl als Metalle als auch als Nichtmetalle auftreten, z. B. Kohlenstoff, Phosphor, Arsen, Antimon und Selen.

Die Metalle in der Nähe der Grenze, wie Bor, Graphit, Silicium, Germanium, graues Zinn, schwarzer Phosphor, Arsen, Antimon, Wismut und Tellur zeigen ein mangelhaftes metallisches Verhalten. Manche sind auffallend spröde. Sie kristallisieren in Gittern, in denen die Atome nur 2 ... 4 nächste Nachbarn haben (Silicium, Germanium, graues Zinn im Diamantgitter, Arsen, Antimon, Wismut in Schichtengittern, Selen, Tellur mit Kettengitter), die also stark vom echten Metalltyp abweichen und den Gittern von Nichtmetallen mit Atombindung ähneln. Sie haben ein geringes und mit der Temperatur zunehmendes elektrisches Leitvermögen. Man nennt sie *Halbmetalle*. Die Zunahme ihres Leitvermögens mit der Temperatur wird dadurch gedeutet, daß erst nach und nach durch die Wärme Elektronen aus den Atombindungen des Gitters in Freiheit gesetzt werden.

Ein Sonderfall liegt beim Graphit vor. Sein Leitvermögen wird durch die in der Schichtebene frei beweglichen vierten Valenzelektronen bewirkt. Dieses Leitvermögen nimmt wie bei einem echten Metall mit steigender Temperatur ab. Bei einem kompakten Stück Graphit, das stets aus sehr vielen Kristallen besteht, mißt man aber nur das um Größenordnungen geringere Leitvermögen an den Grenzen zwischen den Kristallen. Dieses nimmt mit der Temperatur zu.

Für die noch weiter von der Grenze entfernt liegenden Metalle Beryllium, Zink, Cadmium, Quecksilber, Indium, Thallium und weißes Zinn prägte W. KLEMM (1948) den Begriff *Metametalle*. Bei diesen Metallen liegt die spezifische elektrische Leitfähigkeit mit $10^1 ... 10^5 \, \Omega^{-1} \cdot cm^{-1}$ an der unteren Grenze der für echte Metalle charakteristischen Werte ($10^5 ... 10^6 \, \Omega^{-1} \cdot cm^{-1}$). Vor allem zeigen die Kristallstrukturen nicht die volle Regelmäßigkeit echter Metalle. Beispielsweise ist das kubisch flächenzentrierte Gitter bei Indium tetragonal verzerrt. Dadurch hat jedes Indiumatom nicht mehr 12 Nachbarn im gleichen Abstand, sondern 4 in etwas kleinerem Abstand als die anderen 8. Das hexagonale Gitter zeigt bei Beryllium, Zink, Cadmium und Thallium ein c- zu a-Achsenverhältnis, das deutlich vom Verhältnis der dichtesten Kugelpackung $= 1,633$ abweicht. So ist c/a für Zink 1,86, und die 12 Nachbarn der dichtesten Kugelpackung spalten in 6 Nachbarn mit dem Abstand 2,65 Å und 6 mit dem Abstand 2,94 Å auf. In diesen Strukturen ist die Dichte des Elektronengases nicht mehr gleichmäßig über den ganzen Kristall verteilt, sondern es zeichnet sich eine Verdichtung zwischen einer kleineren Zahl von Atomen ab. Dadurch bahnt sich ein Übergang von der gleichmäßigen

Elektronenverteilung in einem echten Metall zu den lokalisierten Atombindungen in einem Nichtmetall an. Bei den Halbmetallen ist diese „Struktur" des Elektronengases durch Ausbildung schwacher Atombindungen schon deutlicher ausgeprägt. So besteht kein prinzipieller Unterschied zwischen Metametallen und Halbmetallen, sondern nur ein Unterschied im Grad mit immer stärkerem Auftreten von Atombindungen und nichtmetallischem Charakter.

Metallische Bindung

Man kann sogar den Zustand in echten Metallen durch die Vorstellung beschreiben, daß die Leitungselektronen paarweise mit Atombindungen die Atome untereinander verbinden. Im Kupfer, Silber und Gold steht pro Atom 1 s-Elektron dafür zur Verfügung. Von jedem Atom geht also eine Elektronenpaarbindung aus, die dieses „abwechselnd" („in Resonanz") mit den 12 nächsten Nachbarn des Gitters verbindet. Jedes Atom hat in seinen 4s4p-, 5s5p-, 6s6p-Niveaus genügend Platz, genügend „metallische" Orbitale, um das Elektronenpaar anzunehmen.

Durch den Wechsel dieser Verknüpfung wird der Elektronenfluß bei der elektrischen Leitung bewirkt. In ähnlicher Weise kann man ja auch das Leitvermögen des Graphits durch das Wechseln (durch die Resonanz) der aus den vierten Valenzelektronen gebildeten Elektronenpaare über die ganze Schichtebene beschreiben.

Bei den Halbmetallen Tellur, Selen, Wismut, Antimon und Arsen, in deren Struktur jedes Atom ein komplettes sp^3-Oktett besitzt, ermöglichen die nahe darüber liegenden d-Niveaus den Wechsel der Verknüpfung von den nächsten zu den ferneren Nachbarn. Beispielsweise hat jedes Selen- und Telluratom im Gitter 2 nahe und 4 fernere Nachbarn. Daß alle 6 Nachbarn gebunden werden, zeigt der Übergang zum Gitter des Poloniums (siehe S. 193), in dem alle 6 Nachbarn gleich weit entfernt sind. Beim grauen Zinn, beim Germanium und vielleicht auch bei Silicium, die Diamantstruktur haben, sind wahrscheinlich die Atome zum Teil im zweiwertigen Zustand $/Sn\setminus$, d. h. sie haben ein einsames Elektronenpaar und binden nur 2 Nachbarn, so daß ein „metallisches" Orbital und 2 Nachbarn für das Wechseln der bindenden Elektronenpaare zur Verfügung stehen. Beim Kohlenstoff liegt die Energie dieses Zustandes zu hoch. Darum ist der Diamant ein Nichtleiter.

Normalpotentiale

Spannungsreihe

Nach dem Grade der chemischen Verbindungsfähigkeit teilt man die Metalle in edle und unedle ein. Zu den edlen zählen Gold, Silber, Platin, Iridium, Palladium und Rhodium, zu den unedlen alle übrigen Metalle. Diese Einteilungsweise hat aber, abgesehen von ihrem geringen praktischen Nutzen, nur beschränkten wissenschaftlichen Wert, da die chemischen Eigenschaften der Metalle von einem Element zum anderen abgestuft sind und somit eine einigermaßen bestimmte Grenze zwischen den edlen und den unedlen Metallen nicht existiert.

Die größere Verbindungsfähigkeit der unedlen Metalle bedeutet eigentlich nur, daß aus ihrem Kristallgitter leichter positive Ionen austreten können. Ein unedles Metall wird also ein größeres Bestreben haben, unter Abgabe von Elektronen in den Ionenzustand überzugehen als ein edles Metall. Daher wird das unedle Metall das edle Metall aus dessen Lösung unter Abscheidung des edlen Metalls verdrängen und selbst als Ion in Lösung gehen. Taucht man beispielsweise ein Kupferblech in eine Eisen(II)-sulfatlösung und ein Eisenblech in eine Kupfersulfatlösung, so geschieht im ersten Fall nichts, während sich im zweiten Fall auf dem Eisenblech rotes Kupfer abscheidet und Fe^{2+}-Ionen in Lösung gehen:

$$Fe + Cu^{2+} \longrightarrow Cu + Fe^{2+} \tag{1}$$

Eisen ist das unedlere Metall, das seine Elektronen an die Cu^{2+}-Ionen abgibt, es reduziert die Cu^{2+}-Ionen und wird selbst zu Fe^{2+} oxidiert. Bringt man in entsprechenden Versuchen ein Silberblech in eine Kupfersulfatlösung und ein Kupferblech in eine Silbernitratlösung, so bleibt das Silberblech unverändert, während das Kupfer sich in der Silbernitratlösung sofort mit einem schwarzen Belag von fein verteiltem Silber überzieht. Zugleich lassen sich in der Lösung Cu^{2+}-Ionen nachweisen. Von den beiden Metallen ist also Kupfer das unedlere, weil es seine Elektronen an Ag^+-Ionen abgibt:

$$Cu + 2\,Ag^+ \longrightarrow Cu^{2+} + 2\,Ag \tag{2}$$

Man kann auf diesem Wege qualitativ eine Reihenfolge der Metalle nach ihrem edlen bzw. unedlen Charakter festlegen. In diese Reihe läßt sich auch der Wasserstoff einordnen, auch wenn er kein Metall ist. Magnesium, Aluminium, Zink und Eisen lösen sich in verdünnter Salzsäure oder Schwefelsäure unter Wasserstoffentwicklung auf, z. B.:

$$Zn + 2\,H^+ \longrightarrow Zn^{2+} + H_2 \tag{3}$$

Der Vorgang entspricht der Verdrängung eines edlen Metalls durch ein unedles und beruht auf dem Übertritt von zwei Elektronen aus dem Zink auf die beiden H^+-Ionen. Die genannten Metalle sind also unedler als Wasserstoff, dagegen sind Kupfer, Silber, Quecksilber und Gold, die sich in nicht oxidierend wirkenden Säuren nicht lösen, edler.

Wohl aber sind Kupfer, Silber und Quecksilber in Salpetersäure löslich. Hierbei werden aber keine H^+-Ionen entladen, sondern als Oxydationsmittel wirkt die Salpetersäure, die Elektronen von dem Metall aufnimmt und selbst zu Stickstoffoxid reduziert wird:

$$3\,Cu + 2\,\overset{+5}{H}NO_3 + 6\,H^+ \longrightarrow 3\,Cu^{2+} + 2\,\overset{+2}{N}O + 4\,H_2O \tag{4}$$

Die Energie, mit der ein unedles Metall seine Elektronen den Ionen eines edlen Metalls aufdrängt, läßt sich elektrisch messen, wenn man den Vorgang der Elektronenabgabe und der Auflösung des unedleren Metalls räumlich von der Abscheidung des edlen Metalls trennt.

Bringt man ein Metall in eine Lösung seines Salzes, so stellt sich ein Gleichgewicht zwischen dem Metall und seinen Ionen in der Lösung ein, weil 1. aus dem Metall Ionen in die Lösung übergehen und 2. aus der Lösung Ionen sich auf dem Metall abscheiden. Durch den ersten Vorgang behält das Metall einen Überschuß an Elektronen und wird dadurch zu einer negativ gegen die Lösung aufgeladenen Elektrode. Durch den zweiten Vorgang lädt es sich positiv auf, weil die Ionen positive Ladung mitbringen. Durch die Aufladung wird aber gleichzeitig jeder Vorgang gebremst. Denn je höher das negative Potential ist, mit dem sich das Metall gegen die Lösung lädt, um so schwerer können Ionen mit positiver Ladung es verlassen, und um so leichter werden solche Ionen angelagert und umgekehrt. So kommt es zu einem Gleichgewicht, das je nachdem, ob zu Beginn der erste oder der zweite Vorgang überwiegt, sich bei negativem oder positivem Potential des Metalls gegen die Lösung einstellt. Je unedler ein Metall ist, um so höher negativ wird sein Potential gegen die Lösung werden.

Man kann nun das Gleichgewichtspotential eines Metalls gegen seine Lösung nicht messen, wohl aber die Potentialdifferenz, die zwischen zwei verschiedenen Metallen in den dazugehörigen Elektrolytlösungen besteht. Um beispielsweise die Spannung zwischen Zink und Kupfer zu messen, kombiniert man eine Zinkelektrode in einer Zinksulfatlösung mit einer Kupferelektrode in einer Kupfersulfatlösung und trennt die beiden Lösungen durch ein Diaphragma, damit die Kupfer-Ionen nicht zur Zinkelektrode gelangen und dort abgeschieden werden (vgl. dazu Abb. 78). Man kann die beiden Lösungen auch durch einen Stromschlüssel, d. h. durch eine gut leitende Elektrolytlösung, wie Kaliumchlorid, verbinden. Zwischen den beiden Elektroden besteht eine Potentialdifferenz, die ein Maß für die freie Energie des Vorgangs:

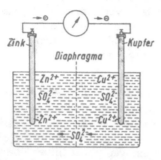

Abb. 78. Schema der Potentialmessung zwischen Zink- und Kupferelektrode (Daniell-Element)

$$Zn + Cu^{2+} \rightarrow Zn^{2+} + Cu \qquad (5)$$

ist. Verbindet man die Elektroden mit einem Draht, so fließen Elektronen vom Zink zum Kupferstab und zugleich gehen am Zinkstab Zn^{2+}-Ionen in Lösung und am Kupferstab scheidet sich Kupfer ab. Zur Aufrechterhaltung der Elektroneutralität der beiden Lösungen wandern Sulfat-Ionen und Kationen durch das Diaphragma. Die beiden Metalle bilden eine *galvanische Kette* (ein *galvanisches Element*), das früher zur Erzeugung von elektrischem Strom verwendet wurde (*Daniell-Element*). Die Spannung dieses Elements beträgt, wenn die Konzentration der Lösungen 1-molar ist, 1,11 V. Kombiniert man eine Kupferelektrode mit einer Silberelektrode in der entsprechenden Salzlösung, so fließen jetzt Elektronen vom Kupfer zum Silber als dem edleren Element, und Cu^{2+}-Ionen gehen in Lösung, während sich an der Silberelektrode aus der Lösung Silber abscheidet. Der Vorgang ist der gleiche wie bei Reaktion (2), nur sind Auflösung des Kupfers und Abscheidung des Silbers jetzt räumlich voneinander getrennt. Das Potential dieses Elements beträgt in einer 1 m Lösung 0,46 V. Für ein galvanisches Element aus den Elementen Zink und Silber ergibt sich dann eine Spannung von 1,11 V + 0,46 V = 1,57 V.

Da nicht die Einzelpotentiale, sondern nur die Potentialdifferenz zwischen zwei Elektroden der Messung zugänglich sind, hat man willkürlich das Potential eines Elements gleich 0 gesetzt und darauf die Potentiale aller anderen Elemente bezogen. Dieses Bezugselement ist der Wasserstoff. Um den Wasserstoff galvanisch wirksam werden zu lassen, benützt man eine *Wasserstoffelektrode*. Sie besteht aus einem Platinblech, das oberflächlich mit fein verteiltem Platin platiniert ist und in verdünnter Schwefelsäure von Wasserstoff von 1 atm Druck umspült wird. Der Wasserstoff löst sich in Platin und kann sich in dieser reaktionsfähigen („metallisierten") Form (siehe S. 45) mit den H^+-Ionen der Säure ins Gleichgewicht setzen.

Nun ist noch zu beachten, daß die Potentiale konzentrationsabhängig sind. Mit sinkender Konzentration des an dem Elektrodenvorgang beteiligten Ions wird die Tendenz des Metalls, als Ion in Lösung zu gehen, größer und damit die negative Aufladung höher werden. Die auf die Wasserstoffelektrode bezogenen sogenannten „Normalpotentiale" der Elemente, die in der folgenden Tabelle aufgeführt sind, gelten für eine wirksame Ionenkonzentration von 1 Mol/l.

Die „wirksame" Ionenkonzentration (Aktivität) a ist bei starken Elektrolyten nur für sehr verdünnte Lösungen annähernd gleich der gesamten Konzentration c. Mit zunehmender Konzentration der Lösung bleibt wegen der interionischen Wechselwirkung, die die freie Beweglichkeit der Ionen beeinträchtigt, die Aktivität gegenüber der Gesamtkonzentration c zurück, und es gilt die Beziehung: $a = f_a \cdot c$, wobei f_a der sogenannte Aktivitätskoeffizient ist. Er ist konzentrationsabhängig. Für sehr verdünnte Lösungen, in denen die idealen Gasgesetze gelten (siehe unter Osmose), geht f_a gegen den Wert 1. Das willkürlich mit 0 festgesetzte Potential der Normalwasserstoffelektrode bezieht sich auf eine Säure, deren H^+-Ionenaktivität 1 ist.

Für die Konzentrationsabhängigkeit des Potentials gilt die Beziehung:

$$\varepsilon = \varepsilon_0 + \frac{RT}{nF} \cdot \ln c$$

Dabei bedeuten ε_0 das Normalpotential, R die Gaskonstante, T die absolute Temperatur, n die Ladung des Ions in Faraday ($F = 96500$ C) und c die Ionenkonzentration bzw. -aktivität. Unter Einsetzen der Zahlenwerte für R und F und Umrechnung auf dekadischen Logarithmus ergibt sich für 25 °C:

$$\varepsilon = \varepsilon_0 + \frac{0,059}{n} \cdot \lg c$$

Für $c = 1$ ist ε definitionsgemäß gleich ε_0. Bei einwertigen Ionen, wie den H^+-Ionen ($n = +1$), bewirkt eine Erniedrigung der Ionenkonzentration um eine Zehnerpotenz eine Veränderung des Potentials um $-0,059$ V. Gegen die Normalwasserstoffelektrode hat also eine Wasserstoffelektrode in reinem Wasser ($p_H = 7$, $c_H = 10^{-7}$) ein Potential von $\varepsilon = -7 \cdot 0,059 = -0,413$ V.

Da man die Potentiale sehr genau messen kann und sie nur die dissoziierten Ionen anzeigen, läßt sich aus der Höhe des Potentials die Wasserstoffionenkonzentration einer Lösung sehr genau bestimmen (potentiometrische p_H-Messung).

In der Praxis benutzt man zur p_H-Messung allerdings meist nicht die Wasserstoffelektrode, weil sie gegen Verunreinigungen sehr empfindlich ist, sondern als Bezugselektrode andere Elektroden, deren Potentiale exakt definiert und gut reproduzierbar sind, z. B. eine Kalomelelektrode (Hg_2Cl_2/Hg in 1 n KCl) und nimmt als Elektrode in der Lösung, deren p_H-Wert bestimmt werden soll, eine Chinhydronelektrode oder die Glaselektrode.

Ordnet man die Elemente nach der Größe ihrer Normalpotentiale, so erhält man die Spannungsreihe (vgl. die folgende Tabelle). Je unedler ein Metall, um so negativer, je edler ein Metall, um so positiver ist sein Normalpotential. Das Metall mit dem höheren negativen (bzw. weniger positiven) Potential wirkt gegenüber den Ionen eines Metalls mit weniger negativem (bzw. höher positivem) Potential als Reduktionsmittel und reduziert diese zum Metall. Alle Metalle, deren Potentiale gegenüber der Wasserstoffelektrode negativ sind, lösen sich in verdünnten Säuren unter Wasserstoffentwicklung auf, während die Metalle mit positivem Potential von verdünnten Säuren nicht angegriffen werden. Voraussetzung ist allerdings, daß die Konzentration der Metall- und Wasserstoff-Ionen nicht zu verschieden ist. Da die Erniedrigung der Konzentration auf den zehnten Teil bei einwertigen Ionen das Potential um 0,059 V negativer, also unedler macht, wird der Einfluß der Konzentration freilich erst bedeutend, wenn die Konzentration der Metall-Ionen durch Bindung in Komplexen außerordentlich vermindert wird.

In reinem Wasser sollten sich alle Metalle auflösen, deren Potential niedriger als $-0,413$ V ist (siehe oben). Daß dies bei manchen Metallen, wie Eisen, Zink und Magnesium, nicht der Fall ist, hängt im wesentlichen damit zusammen, daß sich auf ihrer Oberfläche Oxid- bzw. Hydroxidschichten ausbilden, die in Wasser unlöslich sind und den weiteren Angriff des Wassers auf das Metall verhindern. Jedoch löst sich Zink ebenso wie Aluminium in verdünnter Natronlauge, obwohl die H^+-Ionenkonzentration in solchen

Normalpotentiale

Elektrodenreaktion	Normalpotential (ε_0) in V	Elektrodenreaktion	Normalpotential (ε_0) in V
Li $\rightleftharpoons$ Li$^+$ + e$^-$	—3,0	Se^{2-} $\rightleftharpoons$ Se + 2 e$^-$	—0,76
K $\rightleftharpoons$ K$^+$ + e$^-$	—2,9	S^{2-} $\rightleftharpoons$ S + 2 e$^-$	—0,50
Ca $\rightleftharpoons$ Ca^{2+} + 2 e$^-$	—2,8	4 OH$^-$ $\rightleftharpoons$ O$_2$ + 2 H$_2$O + 4 e$^-$	+0,40
Na $\rightleftharpoons$ Na$^+$ + e$^-$	—2,7	2 J$^-$ $\rightleftharpoons$ J$_2$ + 2 e$^-$	+0,54
Mg $\rightleftharpoons$ Mg^{2+} + 2 e$^-$	—2,5	2 Br$^-$ $\rightleftharpoons$ Br$_2$ + 2 e$^-$	+1,07
Al $\rightleftharpoons$ Al^{3+} + 3 e$^-$	—1,7	2 Cl$^-$ $\rightleftharpoons$ Cl$_2$ + 2 e$^-$	+1,36
Mn $\rightleftharpoons$ Mn^{2+} + 2 e$^-$	—1,05	2 F$^-$ $\rightleftharpoons$ F$_2$ + 2 e$^-$	+2,85
Zn $\rightleftharpoons$ Zn^{2+} + 2 e$^-$	—0,76		
Fe $\rightleftharpoons$ Fe^{2+} + 2 e$^-$	—0,44		
Cd $\rightleftharpoons$ Cd^{2+} + 2 e$^-$	—0,40		
Ni $\rightleftharpoons$ Ni^{2+} + 2 e$^-$	—0,25		
Sn $\rightleftharpoons$ Sn^{2+} + 2 e$^-$	—0,14		
Pb $\rightleftharpoons$ Pb^{2+} + 2 e$^-$	—0,13		
H$_2$ $\rightleftharpoons$ 2 H$^+$ + 2 e$^-$	0		
Cu $\rightleftharpoons$ Cu^{2+} + 2 e$^-$	+0,34		
Ag $\rightleftharpoons$ Ag$^+$ + e$^-$	+0,80		
Hg $\rightleftharpoons$ Hg^{2+} + 2 e$^-$	+0,86		
Au $\rightleftharpoons$ Au$^+$ + e$^-$	+1,5		

Lösungen noch um mehrere Zehnerpotenzen kleiner ist als im Wasser. Dies beruht darauf, daß Zink- und Aluminiumhydroxid in alkalischer Lösung lösliche Hydroxokomplexe bilden, und hierdurch die Oberfläche des Metalls immer wieder freigelegt wird.

Bei der Auflösung eines Metalls unter Wasserstoffentwicklung ist noch zu beachten, daß die Wasserstoffabscheidung an den meisten Metallen einer Hemmung unterliegt. Es ist dazu eine Spannung notwendig, die bei kräftiger Wasserstoffentwicklung oft um mehrere Zehntel Volt höher liegt, als es der aus den Normalpotentialen und den Konzentrationen der Lösungen folgenden Spannung entspricht. Diese *Überspannung* der Wasserstoffabscheidung ist besonders groß bei Quecksilber, Cadmium, Blei und Zink, und nur bei platiniertem Platin (Wasserstoffelektrode) gleich Null. (Näheres zur Überspannung siehe unter Zink.)

Da sich ähnlich dem Wasserstoff auch die Nichtmetalle Chlor, Brom, Jod und Sauerstoff über eine Platinelektrode mit ihren Ionen in einer Lösung ins Gleichgewicht bringen lassen, können auch für diese Elemente die Normalpotentiale gemessen werden. Hier gehen aber negativ geladene Ionen in Lösung und die Elektrode lädt sich zu um so höher positivem Potential auf, je reaktionsfähiger das Element ist, wie die Reihenfolge J$_2$, Br$_2$, Cl$_2$, F$_2$ zeigt.

Die Normalpotentiale und die Reihenfolge der Elemente in der Spannungsreihe gelten nur für die Elektrodenvorgänge in wäßriger Lösung. Da die Energie des Vorganges Me $\rightleftharpoons$ Me^{n+} + $n \cdot$ e$^-$ wesentlich auch von der Hydratation der Ionen abhängt, ergeben sich in anderen Lösungsmitteln als Wasser, z. B. in flüssigem Ammoniak, wegen der andersartigen Solvatation der Ionen andere Potentiale und eine andere Reihenfolge der Elemente.

Redoxpotentiale

Die Elektrodenvorgänge bei der Auflösung bzw. Abscheidung von Metallen beruhen auf Elektronenübergängen und sind daher Oxydations- und Reduktionsvorgänge. So wie in diesen Fällen kann man allgemein Oxydations- und Reduktionsvorgänge zwischen zwei verschiedenen Oxydationsstufen eines Elements elektromotorisch wirksam machen. Die hierbei sich einstellenden Normalpotentiale, wieder bezogen auf die Normalwasserstoffelektrode, bezeichnet man allgemein als Redoxpotentiale.

Taucht man z. B. ein Platinblech in eine Lösung ein, die Fe^{2+}- und Fe^{3+}-Ionen enthält, so versuchen die Fe^{2+}-Ionen an das Platin Elektronen abzugeben und sich zu Fe^{3+}-Ionen zu oxydieren, während die Fe^{3+}-Ionen vom Platin Elektronen aufzunehmen suchen, um sich zu Fe^{2+}-Ionen zu reduzieren. Überwiegt zuerst der erste Vorgang, so lädt sich die Platinelektrode negativ auf und bremst dadurch diesen Vorgang ab. Überwiegt zuerst der zweite Vorgang, so lädt sich die Platinelektrode positiv auf und bremst dadurch den zweiten Vorgang. So kommt es in jedem Fall wieder zu einem Gleichgewicht, bei dem die Aufladung der Elektrode zeigt, welcher Vorgang der stärkere war. Wählt man zu Beginn eine Lösung mit gleicher Ionenkonzentration der Fe^{2+}- und Fe^{3+}-Ionen, so gibt das Potential der Elektrode ein Maß für das Verhältnis von reduzierender Kraft der Fe^{2+}-Ionen zu oxydierender Kraft der Fe^{3+}-Ionen. Je negativer dieses Redoxpotential, um so stärker reduzierend wirkt die niedrigere Oxydationsstufe.

Die folgende Tabelle gibt eine Auswahl besonders wichtiger Redoxpotentiale. Bei Salpetersäure und Permanganat ist das Redoxpotential zusätzlich von der Konzentration der H^+-Ionen (und prinzipiell auch von der Konzentration der H_2O-Moleküle) abhängig, was man leicht erkennt, wenn man die Reaktionen mit Fe^{2+} als Ionengleichung schreibt:

$$MnO_4^- + 5\,Fe^{2+} + 8\,H^+ = Mn^{2+} + 5\,Fe^{3+} + 4\,H_2O$$
$$NO_3^- + 3\,Fe^{2+} + 4\,H^+ = NO + 3\,Fe^{3+} + 2\,H_2O$$

Deswegen werden die H^+-Ionen und H_2O-Moleküle in die Bezeichnung des Potentials mit aufgenommen.

Redoxpotentiale

Elektrodenreaktion				Normalpotential (ε_0) in V
Cr^{2+}	$\rightleftarrows$	Cr^{3+}	$+\ e^-$	$-0{,}41$
Sn^{2+}	$\rightleftarrows$	Sn^{4+}	$+\ 2\,e^-$	$+0{,}15$
Cu^+	$\rightleftarrows$	Cu^{2+}	$+\ e^-$	$+0{,}17$
Fe^{2+}	$\rightleftarrows$	Fe^{3+}	$+\ e^-$	$+0{,}77$
Hg_2^{2+}	$\rightleftarrows$	$2\,Hg^{2+}$	$+\ 2\,e^-$	$+0{,}91$
$NO + 2\,H_2O$	$\rightleftarrows$	NO_3^-	$+\ 4\,H^+ + 3\,e^-$	$+0{,}95$
$Mn^{2+} + 4\,H_2O$	$\rightleftarrows$	MnO_4^-	$+\ 8\,H^+ + 5\,e^-$	$+1{,}52$
Pb^{2+}	$\rightleftarrows$	Pb^{4+}	$+\ 2\,e^-$	$+1{,}69$
Ce^{3+}	$\rightleftarrows$	Ce^{4+}	$+\ e^-$	$+1{,}71$

Ob ein Redoxsystem gegenüber einem anderen Redoxsystem oxydierend oder reduzierend wirkt, hängt von den Potentialen der beiden Systeme ab. Je höher positiv das Potential ist, um so stärker ist die oxydierende Wirkung der höheren Oxydationsstufe, je negativer das Potential ist, um so stärker reduzierend wirkt die niedrigere Oxydationsstufe. So folgt beispielsweise aus den Werten der obenstehenden Tabelle, daß Sn^{4+}-Ionen gegenüber Cr^{2+}-Ionen oxydierend wirken:

$$2\,Cr^{2+} + Sn^{4+} \longrightarrow 2\,Cr^{3+} + Sn^{2+}$$

daß dagegen Sn^{2+}-Ionen gegenüber Fe^{3+}-Ionen reduzierend wirken:

$$Sn^{2+} + 2\,Fe^{3+} \longrightarrow Sn^{4+} + 2\,Fe^{2+}$$

Selbstverständlich kann man die Elektrodenvorgänge der letzten Tabelle mit den Redoxvorgängen der vorletzten Tabelle kombinieren. So bedeutet z. B., wenn das Potential $Zn/Zn^{2+} - 0,76$ Volt, das von $Fe^{2+}/Fe^{3+} + 0,78$ Volt beträgt, daß nach der Gleichung

$$Zn + 2\,Fe^{3+} = Zn^{2+} + 2\,Fe^{2+}$$

Zink die Fe^{3+}-Ionen zu reduzieren vermag, oder wenn das Potential $Cl_2/2\,Cl^- + 1,36$ Volt, das von $Sn^{2+}/Sn^{4+} + 0,15$ Volt beträgt, daß nach der Gleichung:

$$Sn^{2+} + Cl_2 = Sn^{4+} + 2\,Cl^-$$

das Chlor die Sn^{2+}-Ionen zu oxydieren vermag, während aus dem höheren Redoxpotential Mn^{2+}/MnO_4^- von 1,52 Volt folgt, daß Cl^--Ionen in saurer Lösung durch Permanganat zu Chlor oxydiert werden:

$$5\,Cl^- + MnO_4^- + 8\,H^+ \longrightarrow \tfrac{5}{2}\,Cl_2 + Mn^{2+} + 4\,H_2O$$

Atomvolumen der Metalle

Die Dichte der Metalle steht in einer bemerkenswerten Beziehung zu der obigen Spannungsreihe, indem die leichten Metalle an der Spitze stehen, dann vom Mangan an die schwereren Metalle folgen mit Dichten von meist 7 . . . 13 g/cm³ und die schwersten Metalle, wie Gold (Dichte 19,3 g/cm³), den Schluß bilden.

In näherem Zusammenhang als die Dichte selbst steht das Atomvolumen zu den chemischen Eigenschaften der Elemente und insbesondere der Metalle. Unter Atomvolumen versteht man den Quotienten aus Atomgewicht und Dichte, also den Ausdruck $\dfrac{\text{Atomgewicht}}{\text{Dichte}}$ oder, noch besser ausgedrückt, das Volumen in Kubikzentimetern, das von einem Gramm-Atom des Elements im festen Aggregatzustand eingenommen wird.

Um möglichst gut vergleichbare Bedingungen zu schaffen, sind in das nachstehende Diagramm (Abb. 79) die auf 0 °K extrapolierten Dichte-Werte eingetragen. Es gibt mit einigen, dem heutigen Stande der Forschung entsprechenden Änderungen das Bild wieder, das L. MEYER erhielt, als er 1870 eine Kurve entwarf, in der die Atomgewichte der Elemente in der Abszisse, die Atomvolumina in der Ordinate aufgetragen waren. Sieht man von den beiden ersten Elementen Wasserstoff und Helium ab, so stehen an der Spitze mit größtem Atomvolumen die Alkalimetalle Natrium, Kalium, Rubidium, Cäsium, deren Atomvolumina auch in dieser Reihenfolge zunehmen. Wie wir sehen werden, neigen diese Metalle am stärksten zur Bildung positiver Ionen und zersetzen Wasser, auch Eis, stürmisch unter Wasserstoffentwicklung.

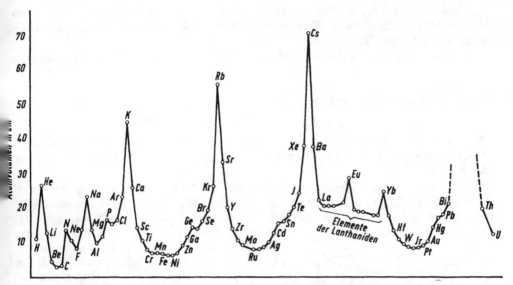

Abb. 79. Atomvolumina der Elemente (Reihenfolge der Elemente nach der Ordnungszahl)

Die auf den absteigenden Linien sich zunächst anschließenden Erdalkalimetalle Magnesium, Calcium, Strontium und Barium zeigen gleichfalls in dieser Reihenfolge zunehmende, aber gegenüber den Alkalimetallen merklich verminderte Reaktionsfähigkeit. An den niedersten Stellen liegen die trägeren Elemente. Mit zunehmendem Atomgewicht erreichen diese in dem letzten ausgeprägten Minimum bei Iridium, Platin und Gold den Charakter der Edelmetalle.

Elemente der I. Hauptgruppe (Alkalimetalle)

Die Alkalimetalle besitzen eine niedrige Dichte von $0{,}6 \ldots 1{,}88 \text{ g/cm}^3$, maximale Atomvolumina und im Zusammenhang hiermit größte Neigung zur Bildung positiver Ionen. Sie zersetzen Wasser in lebhafter bis stürmischer Reaktion unter Entwicklung von Wasserstoff und Bildung von Hydroxiden, die stärkste alkalische Wirkungen zeigen, pflanzliche und tierische Gewebe ätzen, Fette verseifen und mit starken Säuren neutrale Salze bilden. Die elektrolytische Dissoziation dieser Hydroxide, wie auch der Salze, ist bei hoher Löslichkeit vollständig. Darum gelten diese Stoffe als typische Repräsentanten der Alkalien und der Salze überhaupt. Die Alkalimetalle bilden nur + 1-wertige Ionen.

Die Verbindungen der Alkalimetalle färben eine Gasflamme sehr stark und geben charakteristische, aus ·verhältnismäßig wenigen Linien bestehende Spektren (siehe die Tafel am Ende des Buches).

In der Hitze des Lichtbogens oder des kondensierten Funkens werden auch die anderen Elemente gezwungen, ihre Spektrallinien auszusenden, die im sichtbaren, aber auch im ultravioletten Gebiet des Spektrums liegen können. Dadurch hat sich die Spektralanalyse zu einem wertvollen Hilfsmittel für den schnellen qualitativen und quantitativen Nachweis der Elemente erwiesen.

Der unedle Charakter, die Reaktionsfähigkeit, nimmt in der Reihe der Metalle vom Lithium bis zum Caesium zu. Dies ist eine Folge der Zunahme der Größe der Atomvolumina (vgl. Abb. 79).

Denn diese Zunahme darf man so deuten, daß in den Metallen das Elektronengas zunehmend lockerer an die Metall-Ionen gebunden ist, wodurch die Elektronen leichter abgegeben werden, z. B. bei der Reaktion mit Wasser unter Entladung von Wasserstoff-Ionen zu Wasserstoff-Molekülen:

$$2\,Me + 2\,H_2O = 2\,Me^+ + 2\,OH^- + H_2$$

Die geringere Festigkeit der Bindung zwischen Elektronengas und Metall-Ionen zeigt weiter die sinkende Austrittsarbeit für die Ausstrahlung von Elektronen durch Belichtung der Metalle.

Die Eigenschaften der Verbindungen selbst, die von Natrium an den ausgeprägtesten Ionencharakter haben, sind weitgehend von der Größe der Metall-Ionen abhängig, wie dies schon im Kapitel „Die chemische Bindung" besprochen wurde. Deutlich zeigt dies die Struktur der Chloride, die bis zum Rubidiumchlorid das Natriumchloridgitter

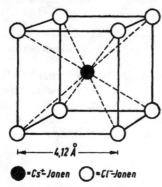

(Abb. 22 S. 61) besitzen. Im Cäsiumchlorid dagegen ist das Alkali-Ion so groß geworden, daß es nicht mehr 6, sondern 8 Chlorid-Ionen um sich ordnet, die nun die Ecken eines Würfels besetzen (Abb. 80).

Das erste Element der Reihe, das Lithium, fällt in seinen Eigenschaften heraus. Infolge seines besonders kleinen Ionenvolumens sind die elektrostatischen Kräfte so groß, daß dieses Element in der Reaktionsträgheit des Metalls und in den Eigenschaften seiner Verbindungen (schwerlösliches Carbonat und Phosphat u. a. m.) den größeren, aber dafür zweifach positiv geladenen Erdalkali-Ionen des Calciums ähnlich wird.

|← ——— 4,12 Å ——— →|

● = Cs⁺-Jonen   ○ = Cl⁻-Jonen

Abb. 80. Cäsiumchloridstruktur.
Die gleiche Struktur besitzen CsBr, CsJ, TlCl, TlBr, TlJ, NH₄Cl und NH₄Br.

Natrium, Na

Atomgewicht	22,9898
Schmelzpunkt	97,7 °C
Siedepunkt	883 °C
Dichte bei 20 °C	0,97 g/cm³
Dichte bei −187 °C	1,007 g/cm³

Geschichtliches

Schon bei den alten arabischen Alchemisten um das Jahr 900 findet sich das Wort Alkali vom arabischen al Kalja, womit man die aus der Asche von See- und Strandpflanzen ausgelaugte Soda, das Natriumcarbonat, Na_2CO_3, bezeichnete. Der gleiche Name wurde aber auch für das in der Asche von Landpflanzen vorkommende Kaliumcarbonat, K_2CO_3, gebraucht. Beide Alkalien hielt man für identisch und unterschied sie von dem Ammoniumcarbonat, $(NH_4)_2CO_3$, oder dem flüchtigen Alkali als fixes Alkali oder Laugensalz. Schon im alten Ägypten wußte man die fixen Alkalien durch gelöschten Kalk ätzend, kaustisch (vom griechischen Wort καίειν, brennen, ätzen) zu machen und unterschied hiervon die weniger ätzenden Laugensalze als milde Alkalien. BLACK wies dann 1756 nach, daß die milden Alkalien Verbindungen der ätzenden mit fixer Luft (Kohlensäure) sind, und DUHAMEL fand die Unterschiede zwischen dem in den Landpflanzen vorkommenden Alkali von dem des Steinsalzes. Dieses nannte man fortan Alkali minerale, jenes Alkali vegetabile. MARGGRAF lehrte 1758 die genauere Untersuchung der beiden auf Grund der Flammenfärbung. KLAPROTH führte 1796 die Bezeichnungen Kali und Natron ein, wonach dann die 1807 von DAVY abgeschiedenen Metalle genannt wurden.

Der Name Natrium stammt von dem ägyptischen Wort neter ab, worunter man die Soda, das Natriumcarbonat, verstand. Nach Jeremias 2, 22: „Und wenn du dich gleich mit Neter wüschest und nähmest viel Seife dazu" — diente die Soda als Waschmittel. Aus neter ist später das lateinische Wort nitrum für Soda hervorgegangen und daraus weiterhin die Bezeichnung sal nitri für den salzig schmeckenden Salpeter. Die späteren Chemiker nannten die Soda natrun oder natron zum Unterschied vom Salpeter, den sie mit nitrum bezeichneten.

Im englischen Sprachgebiet hat Natrium den Namen sodium.

Vorkommen

Ursprünglich waren die Alkalien wahrscheinlich nur in Form von Silicaten, wie besonders von Kali- und Natronfeldspat sowie Kaliglimmer, an Kieselsäure und Tonerde gebunden. Erst durch die Verwitterung wurden diese Stoffe frei. Sie gelangten ins Grundwasser, ins Quellwasser und schließlich ins Meer. Zum Teil wurden sie in neugebildeten Mineralien festgelegt. Da die glimmerartigen Verwitterungsneubildungen vorzugsweise Kalium aufnahmen, blieb mehr Natrium als Kalium im Wasser. So sammelte sich schließlich im Meer überwiegend das Natrium als Natriumchlorid an. Daher kommt es, daß Natrium und Kalium, obwohl sie beide gleichermaßen zu etwa 2,5 % auf unserer Erdoberfläche vertreten sind, im Meerwasser in sehr verschiedener Konzentration enthalten sind.

Das Wasser der Ozeane enthält bei einer Dichte von 1,025 g/ml bei 15 °C ziemlich gleichmäßig 3,5 % Salze, nämlich auf 1000 g Wasser 28 g Natriumchlorid, 3,5 g Magnesiumchlorid, 2,3 g Magnesiumsulfat, 1,3 g Calciumsulfat, 0,6 g Kaliumchlorid, 0,12 g Calciumhydrogencarbonat, neben kleineren Mengen von Bromiden, Boraten, Phosphaten, Kieselsäure, Ammoniak und organischen Basen. Die letztgenannten schwach basischen Stoffe bewirken beginnend alkalische Reaktion $p_H = 8,1$, obwohl im Liter etwa 70 mg Kohlendioxid, CO_2, frei gelöst sind.

Im Mittelmeer ist infolge der stärkeren Bestrahlung und Wasserverdunstung der Salzgehalt etwas höher, nämlich etwa 3,6 %; im Roten Meer noch höher, bis zu 3,9 %; doch bleibt das Verhältnis von Natrium zu Kalium ziemlich dasselbe wie in den Ozeanen. In der Ostsee sinkt der Salzgehalt von West nach Ost (mittlere Ostsee 0,9 %). Im Toten Meer sind etwa 23 % Salz enthalten. Das in den Ozeanen gelöste Natriumchlorid würde in trockener Form hinreichen, um sämtliche Kontinente mit einer mehr als 100 m hohen Schicht zu überziehen.

Neben dem im Feldspat und im Kochsalz des Meerwassers gebundenen Natrium spielen die anderen Natriumminerale, wie Glauberit (Natrium-Calciumsulfat), Blödit (Natrium-Magnesiumsulfat), Kryolith (Natrium-Aluminiumfluorid), Natronsalpeter usw. nur eine nebensächliche Rolle.

Physiologische Bedeutung

Die Pflanzen brauchen Kaliumsalze in weit größeren Mengen als Natriumsalze, sie nehmen Natriumsalze in beträchtlichem Maße nur auf, wenn diese in der Umgebung stark überwiegen, wie dies für die Pflanzen am Meeresstrande gilt. Für das tierische Leben sind dagegen Natriumsalze unbedingt erforderlich. Sie finden sich deshalb in allen tierischen Teilen, besonders im Blut. Der bei uns übliche Verbrauch an Kochsalz (Natriumchlorid) geht indessen weit über das Bedürfnis hinaus; denn viele Völker bereiten ihre Speisen ohne Salz und nehmen nur mit der pflanzlichen und tierischen Nahrung eine kaum den zehnten Teil unseres Verbrauchs betragende Menge Natriumchlorid zu sich. Allerdings hängt der Bedarf des Organismus an Kochsalz wesentlich von der Nahrung ab, und zwar in dem Sinne, daß um so mehr Natriumchlorid erforderlich ist, je mehr Kaliumsalze die Nahrung enthält. Deshalb ist der Salzverbrauch bei überwiegender Pflanzenkost größer als bei Fleischkost, womit auch die uralte Sitte zusammenhängt, dem Gast Brot und Salz vorzulegen. Den Göttern opferten die Griechen und Römer Feldfrüchte stets mit Salz vereint, Fleisch dagegen ohne diese Zugabe. Auch bei überwiegender Pflanzenkost bestehen Unterschiede, indem die kalireiche Kartoffel mehr Salz erfordert als die kaliarmen Getreidearten, insbesondere der Reis und die Hirse.

Allbekannt ist die Verwendung von Kochsalz und Salpeter (meist 50 Teile Natriumchlorid auf 1 Teil Natriumnitrat) zum Haltbarmachen von Fleisch- und Fischwaren. Das Natriumchlorid wirkt hierbei infolge der hohen Konzentration sterilisierend, weil durch den hohen osmotischen Druck das Protoplasma eingedrungener Keime zum Schrumpfen gebracht wird. Der Salpeterzusatz erhält die rote Farbe des Fleisches.

Die zu Einspritzungen, z. B. bei großen Blutverlusten, dienende physiologische Kochsalzlösung von gleichem osmotischen Druck wie das Blut enthält in 100 ml destilliertem Wasser 0,9 g Natriumchlorid.

Die *Ringerlösung*, die gleichfalls denselben osmotischen Druck wie die Körperflüssigkeit besitzt und 0,8 g Natriumchlorid, 0,02 g Kaliumchlorid, 0,02 g Calciumchlorid und 0,1 g Natriumhydrogencarbonat auf 100 ml Wasser enthält, entspricht in ihrer Zusammensetzung etwa dem Salzgehalt des Blutserums und ist geeignet, Zellen auch außerhalb des Organismus längere Zeit funktionsfähig zu erhalten.

Darstellung

Natrium entsteht bei der Reduktion von Natriumhydroxid oder Natriumcarbonat mit Kohle, Magnesium oder Aluminium in zum Teil heftiger Reaktion. Im technischen Maßstab ist die Reduktion von geschmolzenem Ätznatron mit Koks nach dem Verfahren von NETTO bis etwa 1890 durchgeführt worden. Doch sind diese und andere Schmelz-Reduktionsverfahren durch die elektrolytische Gewinnung des Metalls abgelöst worden.

DAVY, der Entdecker der Alkalimetalle Kalium und Natrium (1807), elektrolysierte in einer als Kathode geschalteten Platinschale ein Stück angefeuchtetes Ätznatron durch Berühren mit dem als Anode dienenden Platindraht unter Verwendung einer Voltaschen Säule als Stromquelle.

Die technische Durchführung der Elektrolyse von geschmolzenem Ätznatron gelang CASTNER, und dieses Verfahren diente bis in die zwanziger Jahre zur Gewinnung des Metalls. An seine Stelle trat die Elektrolyse von geschmolzenem Natriumchlorid. Die Natriumchloridelektrolyse hat gegenüber der Elektrolyse von Ätznatron den Vorteil des billigen Rohmaterials und des geringen Stromverbrauchs. Die technische Durchführung scheiterte zunächst daran, daß das Metall oberhalb des Schmelzpunktes von Natriumchlorid (800 °C) schon beträchtlich flüchtig ist (Siedep. von Natrium 883 °C), und bei dieser hohen Temperatur die meisten Werkstoffe von Natrium und Chlor angegriffen werden. Diese Schwierigkeit wurde behoben, indem man als Elektrolyten ein Gemisch von Natriumchlorid und Calciumchlorid verwendete. Durch die Zugabe von Calciumchlorid läßt sich der Schmelzpunkt bis etwa 610 °C herabsetzen. Die Zersetzungsspannung des Natriumchlorids ist unterhalb 800 °C niedriger als die des Calciumchlorids. In dem von Downs entwickelten Elektrolysiertiegel (Abb. 81) befindet sich in der Mitte die von unten eingeführte Graphitanode. Die Kathode aus Eisen ist ringförmig ausgebildet. Die über der Anode befindliche Auffangvorrichtung, die zur Ableitung des Chlors dient, ist seitlich zu einer Rinne ausgebildet, vor der ein Eisendrahtdiaphragma hängt. Dieses verhindert ein Eindringen des kathodisch abgeschiedenen Natriums in den Anodenraum. Das Natrium sammelt sich in der Rinne und steigt von dort durch ein Rohr in ein Sammelgefäß.

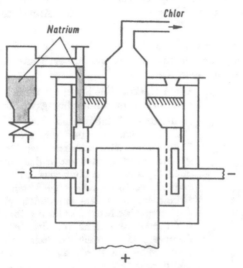

Abb. 81. Tiegel zur Natriumchloridelektrolyse nach DOWNS

Das in der Downszelle gewonnene Natrium ist durch geringe Mengen von gelöstem Calcium verunreinigt, die sich aber beim Abkühlen vor Erstarren des Natriums ausscheiden und abgetrennt werden können. Das Natrium enthält dann nur noch etwa 0,4 % Calcium. Durch weitere Reinigungsverfahren kann der Calciumgehalt auch unter 0,001 % herabgesetzt werden.

Eigenschaften

Physikalische Eigenschaften

Das Natrium ist bei gewöhnlicher Temperatur ein weiches Metall, das man mit den Fingern zusammendrücken kann. Es besitzt einen silberweißen Glanz, der aber an der Luft durch Oxidbildung bald verschwindet. Hierbei zeigt sich ein grünliches Leuchten, besonders dann, wenn man das Metall mittels einer Natriumpresse als dünnen Draht an die Luft treten läßt oder das Metall über Papier streicht, sowie bei der Einwirkung auf Wasser[1]. Unter reinem Petroläther oder Paraffinöl hält sich das Metall jahrelang unverändert. Gießt man das geschmolzene Metall nach teilweisem Erstarren aus einer

---

[1] Schon Davy beobachtete, daß Kalium und Natrium bei der Oxydation an der Luft leuchten. Am besten sieht man diese Erscheinung bei der flüssigen Legierung von Natrium und Kalium, die sich, in Tropfen ausgegossen, besonders in feuchter Luft unter Aufleuchten mit Hydroxid bedeckt.

mit Wasserstoff gefüllten Röhre aus, so findet man den Rest des Natriums in regulären Würfeln oder Oktaedern kristallisiert.

Natrium gehört zu den Metallen mit sehr guter elektrischer Leitfähigkeit. Seine Leitfähigkeit beträgt ein Drittel von der des Silbers. Auch die Wärmeleitfähigkeit ist sehr gut. Darum wird das flüssige Metall zur Kühlung bei Flugzeugmotoren und in Kernreaktoren verwendet.

Der Natriumdampf besteht überwiegend aus Natriumatomen, doch sind, wie aus spektroskopischen Daten und Dampfdruckmessungen folgt, auch Na_2-Moleküle vorhanden. Beim Siedepunkt unter Atmosphärendruck beträgt der Anteil der Na_2-Moleküle rund 16 %.

Die Farbe des Natriumdampfes erscheint in dickeren Schichten blau und bei hohen Temperaturen gelb, weil der Natriumdampf bei hoher Temperatur die Lichtstrahlen aussendet, die er bei tieferen absorbiert.

Diese *Umkehr des Spektrums* läßt sich mit Hilfe folgender einfacher Versuchsanordnung vorführen (Abb. 82):

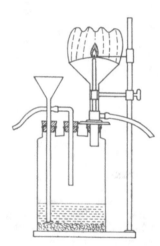

Abb. 82. Umkehr des Spektrums der Natriumflamme

In der dreifach tubulierten Flasche befindet sich metallisches Zink mit Salzsäure und etwas Natriumchlorid. Durch das Trichterrohr wird während des Versuchs Salzsäure nachgefüllt, während man durch das mittlere Rohr Wasserstoff oder Leuchtgas einleitet, das dann aus einem oben flach gedrückten, fächerartig erweiterten, eisernen Rohr herausströmt und nach dem Entzünden mit großer, flacher, durch das versprühte Natriumchlorid gelbgefärbter Flamme brennt. Stellt man nun dicht vor den hellleuchtenden Teil dieser Flamme einen kleinen Bunsenbrenner (Mikrobrenner), dessen Flamme durch eine an einem seitlich befestigten Platindraht angebrachte Sodaperle gleichfalls die gelbe Natriumfärbung angenommen hat, so erscheint, senkrecht von vorn beobachtet, diese kleine Flamme auf dem helleren Hintergrund der großen wie von einem dunklen rußenden Saum umgeben. An der kühleren Oberfläche der kleineren Flamme befinden sich kühlere Natriumdämpfe, durch die das gelbe Natriumlicht der großen Flamme hindurchdringen muß, ehe es in das Auge des Beobachters gelangt. Diese kühleren Natriumdämpfe nehmen die gelben Lichtstrahlen auf, die von den heißeren Natriumdämpfen der großen Flamme ausgesandt werden, und verdunkeln damit den helleren Hintergrund; genauer: sie absorbieren die auf sie eingestrahlte Energie und strahlen dieselbe unverändert, aber nach allen Seiten wieder aus, so daß in die ursprüngliche Strahlungsrichtung nur ein kleiner Bruchteil fällt.

Hieraus erklärt sich die Tatsache, daß man im Spektrum des Sonnenlichts an der Stelle, wo eine Natriumflamme die gelbe Doppellinie (siehe Spektren der Alkalimetalle) zeigt, eine dunkle Doppellinie wahrnimmt. Da auch die anderen Elemente nach dem *Kirchhoffschen Satz* diese Umkehr des Spektrums geben, ist das Sonnenspektrum, wie das der meisten leuchtenden Gestirne, von einer sehr großen Anzahl dunkler Linien durchsetzt, die man nach ihrem Entdecker die *Fraunhoferschen Linien* nennt. Diese lassen mit derselben Sicherheit auf die Gegenwart der betreffenden Elemente in der Gassphäre der Sonne schließen, wie die hellen Linien, die wir beobachten, wenn diese Elemente oder ihre Verbindungen in einer Flamme oder durch elektrische Entladungen zum Leuchten gebracht werden (siehe Vorkommen der Elemente auf anderen Weltkörpern).

Natrium und alle seine Verbindungen färben bei genügend hoher Temperatur eine Leuchtgas- oder Wasserstoffflamme so intensiv gelb, daß man hieran $3 \cdot 10^{-10}$ g Natrium noch erkennen kann. Da auch der Staub Natriumsalze enthält, kann man nur unter besonderen Vorsichtsmaßregeln eine Flamme erhalten, die die gelbe Natriumdoppellinie nicht zeigt. Die gelbe Doppellinie dient als bequem zu erzeugendes *monochromatisches Licht* für optische Messungen.

Chemisches Verhalten

In Quecksilber löst sich Natrium ebenso wie die anderen Alkalimetalle zu *Amalgamen*. Schon bei einem Gehalt von 1,5 % Natrium oder Kalium wird das Quecksilber dickflüssig, bei 3 % ist das Amalgam fest, und es kristallisieren dann Verbindungen aus, wie Na_3Hg oder auch $NaHg_6$.

Flüssiges Natriumamalgam wird in Gegenwart von Wasser oder Alkoholen vielfach als Reduktionsmittel gebraucht, besonders in der organischen Chemie zur Anlagerung von Wasserstoff (Hydrierung). Dabei zeigen sich aber spezifische, dem naszierenden Wasserstoff gemeinhin nicht zukommende Wirkungen. Nach R. WILLSTÄTTER wirkt das Natrium aus dem Amalgam unmittelbar auf den Reaktionspartner und erst nachträglich werden die angelagerten Natriumatome durch Wasser oder durch die Alkohole gegen Wasserstoff ausgetauscht. Ganz reines Natriumamalgam ist gegen reines Wasser sehr träge. Fremdmetalle, wie z. B. Zinn und Graphit, beschleunigen den Umsatz auffällig:

$$Na_{Amalgam} + HOH = NaOH + \tfrac{1}{2}H_2 + Hg$$

Die geringere Reaktionsfähigkeit von Natrium und Kalium in Form ihrer Amalgame gegenüber Wasser beruht darauf, daß durch die Amalgambildung der Energiegehalt der Metalle erniedrigt wird. Zudem ist die Vereinigung zum Amalgam mit einer lebhaften Wärmeabgabe verbunden.

Taucht man in schwach erwärmtes, völlig trockenes Quecksilber ein an einem Eisendraht aufgespießtes Stück Kalium oder Natrium, so vereinigen sich die Metalle unter Zischen und Dampfentwicklung. Die Wärmeentwicklung ist so erheblich, daß die Alkalimetalle Feuer fangen, wenn sie nicht sofort unter die Oberfläche des Quecksilbers gedrückt werden.

An feuchter Luft oxydiert sich Natrium sofort zu Hydroxid bzw. Carbonat. Beim Erwärmen in trockener Luft verbrennt es lebhaft zu Natriumperoxid. Mit reinem trockenen Chlor reagiert reines Natrium auch beim Erhitzen auf Rotglut nur langsam und nur, wenn es in feiner Verteilung vorliegt. Enthält das Chlor aber etwas Wasserdampf, so entzündet sich Natrium beim Erhitzen und verbrennt mit glänzend weißem Licht.

Mit Wasser setzt sich Natrium in stürmischer Reaktion unter Wasserstoffentwicklung um:

$$2\,Na + 2\,H_2O = 2\,NaOH + H_2 + 88\,kcal$$

Kleine Stücke des Metalls in Wasser geworfen schwimmen als geschmolzene Kügelchen auf der Wasseroberfläche unter lebhafter Bewegung infolge der Gasentwicklung. Solange die Kügelchen in Bewegung sind, entzündet sich der Wasserstoff nicht von selbst, sondern erst dann, wenn das Metall sich beispielsweise am Rande des Gefäßes festsetzt, so daß die Wärmeentwicklung konzentriert auftritt, oder wenn man die Metallstückchen auf einem Filtrierpapier auf die Wasseroberfläche bringt.

Natriumreste werden durch Zersetzung mit konzentriertem Äthyl- oder Methylalkohol beseitigt. Keinesfalls darf Natrium mit Tetrachlorkohlenstoff oder Chloroform zusammengebracht werden, weil hierbei Explosionen eintreten können (siehe S. 443).

Im flüssigen Ammoniak ist Natrium ebenso wie die übrigen Alkali- und Erdalkalimetalle mit tief blauer Farbe löslich. Mit diesen Lösungen lassen sich zahlreiche Reaktionen durchführen (siehe das Kapitel „Wasserähnliche Lösungsmittel").

Verwendung

Fast die Hälfte der Gesamterzeugung an Natrium, die 1958 200 000 t betrug, wird zu Bleinatriumlegierungen verarbeitet, die zur Herstellung des Antiklopfmittels Bleitetraäthyl dienen. Einen weiteren großen Anteil verwendet man in der organischen Chemie als Reduktionsmittel, z. B. zur Reduktion von Fettsäuren zu Alkoholen, die nach Veresterung als Alkylsulfonate für flüssige Seifen Verwendung finden, und zur Darstellung von Natriumcyanid über Natriumamid. Ferner wird Natrium für die Darstellung von Natriumperoxid, Natriumhydrid, in der Metallurgie und für organische Synthesen gebraucht.

Im Laboratorium benötigt man zu Draht gepreßtes Natrium, um organische Flüssigkeiten, wie Äther, völlig zu trocknen oder um in Gegenwart von Alkoholen durch den entwickelten Wasserstoff Reduktionen und Hydrierungen zu bewirken. Dem gleichen Zweck dient auch das Natriumamalgam.

Nachweis

Der Nachweis von Natrium in Verbindungen wird im allgemeinen durch die Flammenfärbung (siehe S. 424) bzw. spektroskopisch geführt. Von den wenigen schwerlöslichen Natriumsalzen kann zum qualitativen Nachweis größerer Mengen Natrium das Natriumhydroxoantimonat(V), $Na[Sb(OH)_6]$, dienen, das aus neutraler oder schwach alkalischer Lösung durch das entsprechende Kaliumsalz als weißer, körniger Niederschlag gefällt wird. Zur quantitativen Bestimmung ist die Fällung mit Magnesium- oder Zinkacetat und Uranylacetat als Natriummagnesiumuranylacetat, $NaMg(UO_2)_3(CH_3CO_2)_9 \cdot 6\,H_2O$, bzw. Natriumzinkuranylacetat, $NaZn(UO_2)_3(CH_3CO_2)_9 \cdot 6\,H_2O$, geeignet.

Zur Trennung von Kalium wird dieses mit Perchlorsäure als Kaliumperchlorat gefällt und das Natrium im Filtrat als Sulfat bestimmt.

Verbindungen des Natriums

Natriumhydrid, NaH

Mit Wasserstoff vereinigt sich Natrium bei 360 °C unter Wärmeentwicklung von 14 kcal pro Mol zu dem farblosen, kristallinen Natriumhydrid, NaH, Dichte 1,39 g/cm³, das im Vakuum bei 400 °C fast allen Wasserstoff wieder abgibt. Natriumhydrid entzündet sich im Sauerstoff schon bei 230 °C und wirkt, wie zu erwarten ist, äußerst kräftig reduzierend.

In den Hydriden der Alkalimetalle sowie im Calciumhydrid tritt der Wasserstoff als negatives Ion, H^-, auf. Aus den Lösungen dieser Hydride in geeigneten Schmelzen wird nämlich an der Anode nach Maßgabe des Faradayschen Gesetzes Wasserstoff entwickelt. In diesen Hydriden gewinnt der Wasserstoff wie ein Halogen durch Aufnahme eines Elektrons eine Edelgasschale, und zwar die des Heliums. Diese Hydride werden mit Recht als *salzartige Hydride* bezeichnet.

Natriumamid, NaNH₂

Aus der Lösung von Natrium in flüssigem Ammoniak (siehe S. 425) entsteht bei Gegenwart von Katalysatoren, wie Platin und Eisen, unter Wasserstoffentwicklung Natriumamid, $NaNH_2$, Schmelzp. 206 °C:·

$$2\,Na + 2\,NH_3 = 2\,NaNH_2 + H_2$$

Schneller und vollständiger verläuft dieser Vorgang beim Erwärmen von Natrium in trockenem Ammoniakgas auf 300 . . . 350 °C.

Das farblose, kristalline Natriumamid hat im Kristallgitter Ionenstruktur: $Na^+NH_2^-$. Es zerfällt beim Erhitzen im Vakuum oberhalb 200 °C, besonders leicht in Gegenwart von Platin, zu Natriumimid, Na_2NH, Natriumnitrid, Na_3N, und schließlich in Natrium, Stickstoff und Wasserstoff. Mit Wasser reagiert Natriumamid sehr heftig zu Natronlauge und Ammoniak.

An der Luft nimmt das Natriumamid Sauerstoff auf und wandelt sich schließlich in Nitrit um. Teilweise oxydierte Präparate, wie sie sich in mangelhaft verschlossenen Flaschen vorfinden, explodieren beim Erwärmen auf etwa 160 °C sehr heftig (K. A. HOFMANN).

Das Natriumamid diente zur Darstellung des früher sehr wichtigen Farbstoffes Indigo aus Phenylglycin, $C_6H_5-NH-CH_2-CO_2H$.

Erhitzt man Natriumamid mit Kohle, so entsteht *Natriumcyanamid*, Na_2N-CN:

$$2\,NaNH_2 + C = Na_2N-CN + 2\,H_2$$

Aus diesem bildet sich bei weiterem Kohlenstoffzusatz *Natriumcyanid*, NaCN, das vielfach anstelle von Kaliumcyanid technisch verwendet wird.

Mit Distickstoffoxid, N_2O, reagiert das Natriumamid beim Erwärmen nach

$$2\,NaNH_2 + ON_2 = NaN_3 + NaOH + NH_3$$

unter Bildung von *Natriumazid*, NaN_3, dem Ausgangsmaterial für die Herstellung von Bleiazid und anderen als Initialzünder dienenden Salzen der Stickstoffwasserstoffsäure (siehe S. 123).

Natriumperoxid, Na₂O₂

Natriumperoxid entsteht beim Verbrennen von Natrium an der Luft unter intensiv gelber, phosphoreszierender Lichtentwicklung.

Zur Ausführung des Versuchs legt man kleinere Stücke von metallischem Natrium auf eine geneigte Rinne aus Aluminiumblech, die von unten mit einem Teclubrenner so stark erhitzt wird, daß das Natrium Feuer fängt und dann dem durch die Wärmebewegung der Luft von unten zugesaugten Luftstrom entgegenläuft. Unter glänzender Feuererscheinung bildet sich eine unten abfließende Schmelze von Natriumperoxid.

In der Technik wird Natrium zunächst in einer rotierenden eisernen Trommel bei 150 . . 200 °C zu Natriumoxid, Na_2O, oxydiert. Dieses Natriumoxid wird dann in einem zweiten, ähnlich gebauten Rohrofen bei 350 °C zum Peroxid umgesetzt.

Das Natriumperoxid ist nach dem Erkalten eine blaßgelbe, sehr hygroskopische, leicht pulverisierbare Masse, die mit Wasser äußerst lebhaft Sauerstoff entwickelt:

$$2\,Na_2O_2 + 2\,H_2O = 4\,NaOH + O_2$$

Hierauf beruhte die Verwendung von Natriumperoxid für sich oder im Gemisch mit Kaliumperoxid zur Entwicklung von Sauerstoff. Die Erwärmung bei dieser Umsetzung ist so bedeutend, daß organische Stoffe, wie Papier und Holz, Feuer fangen, wenn sie mit Natriumperoxid und etwas Wasser in Berührung kommen.

Um dies zu zeigen, bringt man ein lockeres Gemisch von etwa 50 g Natriumperoxid mit ungefähr dem halben Volumen Sägespäne auf einen Ziegelstein und spritzt in die Mitte des Haufens einige Tropfen Wasser. Alsbald entzündet sich das Gemisch und verbrennt lebhaft·

Aluminiumpulver, mit dem gleichen Volumen Natriumperoxid auf Asbestpappe mit einem Glasstab lose gemischt, fängt bei Berührung mit Wasser oder Wasserdampf sofort Feuer.

In der analytischen Chemie oxydiert man mit einem Gemisch von gleichen Teilen Natriumperoxid und Soda beispielsweise Schwefelmineralien durch Schmelzen in einem Silber- oder Korundtiegel.

Bringt man Natriumperoxid allmählich unter Umrühren in eiskalte, verdünnte Schwefelsäure, so zerfällt es fast ohne Sauerstoffentwicklung in Natriumsulfat und Wasserstoffperoxid:

$$Na_2O_2 + H_2SO_4 = Na_2SO_4 + H_2O_2$$

Umgekehrt erhält man aus Natronlauge und Wasserstoffperoxid ein Hydrat des Natriumperoxids, $Na_2O_2 \cdot 8\,H_2O$, so daß kein Zweifel darüber besteht, daß man im Natriumperoxid ein Salz des Wasserstoffperoxids entsprechend $(Na^+)_2O_2^{2-}$ anzunehmen hat.

Natriumperoxid findet als Derivat des Wasserstoffperoxids Anwendung in der Bleicherei und dient als Ausgangsmaterial für die Darstellung anderer sauerstoffabgebender Verbindungen, besonders von Boratperoxidhydraten.

Natriumoxid, Na$_2$O

Natriumoxid entsteht aus Natriumperoxid beim Erhitzen mit Natriummetall in heftiger Reaktion. Außerdem kann man es gewinnen, indem man Natriumnitrat und -nitrit glüht und dabei allmählich Natrium zusetzt. Man erhält dann Natriumoxid als weiße, sehr unbeständige Substanz, die sich im Wasserstoffstrom erhitzt teilweise umsetzt:

$$2\,Na_2O + H_2 \rightleftharpoons 2\,NaOH + 2\,Na$$

Am besten stellt man reines Natriumoxid nach E. ZINTL und H. v. BAUMBACH aus Natriumazid mit Natriumnitrat bei 270 . . . 350 °C in glattem Umsatz dar:

$$5\,NaN_3 + NaNO_3 = 3\,Na_2O + 8\,N_2$$

Viele Salze einfacher Sauerstoffsäuren vereinigen sich beim Erhitzen mit Natriumoxid zu oxidreicheren Salzen, sogenannten *Orthosalzen*, wie z. B. Na_3NO_4, das gelbe Na_3NO_3, Na_3BO_3, Na_5JO_6, aber auch Na_5AlO_4, Na_4SnO_4 und das hellgrüne Na_3AgO_2 (ZINTL).

Natriumhydroxid, NaOH

Allgemeine Darstellung

Natriumhydroxid gewinnt man in reinster Form durch Einwirkung von Wasserdampf bei niederen Temperaturen auf Natrium (Natriumhydroxid ex metallo paratum).

Zur technischen Darstellung von Natriumhydroxid kaustifiziert man Sodalösung mit gelöschtem Kalk — dies ist eines der ältesten bekannten chemischen Verfahren —

$$Na_2CO_3 + Ca(OH)_2 = CaCO_3 + 2\,NaOH$$

oder man elektrolysiert Natriumchloridlösungen.

Gewinnung durch Alkalichloridelektrolyse

Elektrolysiert man eine wäßrige Natriumchloridlösung im Hofmannschen Apparat unter Verwendung von Kohleelektroden, so wird an der Anode das Chlorid-Ion entladen: $2\,Cl^- \rightarrow Cl_2 + 2\,\ominus$. Das Chlor löst sich zunächst im Wasser und entweicht nach erfolgter Sättigung des Wassers als Gas. Daß an der Anode die Cl^-Ionen und nicht die OH^-Ionen des Wassers entladen werden, obwohl die Abscheidungsspannung des Chlors mit 1,36 V größer als die des Sauerstoffs mit 0,81 V (für p_H 7) ist, beruht auf der Überspannung des Sauerstoffs an Graphit (siehe dazu unter Spannungsreihe). Die Na^+-Ionen wandern an die Kathode. An der Elektrode selbst werden aber nicht die Na^+-Ionen, sondern wegen des sehr viel weniger negativen Potentials die in geringer Menge im Wasser enthaltenen H^+-Ionen entladen und als H_2-Moleküle frei. Durch das Dissoziationsgleichgewicht des Wassers werden die H^+-Ionen laufend nachgeliefert und weiter entladen, so daß immer mehr OH^--Ionen zurückbleiben. So reichern sich in der Kathodenflüssigkeit Na^+- und OH^--Ionen an. Durch Einengen, wobei das Natriumchlorid zuerst auskristallisiert, wird die Kathodenflüssigkeit weiter konzentriert und schließlich Natriumhydroxid in fester Form gewonnen. Als wertvolle Nebenprodukte erhält man dabei Chlor und Wasserstoff.

Der technischen Durchführung dieses im Prinzip höchst einfachen Verfahrens stehen aber verschiedene Schwierigkeiten entgegen. Zunächst erfordert die Elektrolyse einen sehr hohen Aufwand an elektrischer Energie; denn nach dem Faradayschen Gesetz braucht man zur Abscheidung eines Gramm-Äquivalents stets 96 500 C (Coulomb), wenn alle Verluste vermieden werden. Bei den Alkalien ist der Umsatz infolge ihres niedrigen Äquivalentgewichts dem Gewicht nach geringer als bei der Abscheidung von Schwermetallen. Beispielsweise scheiden 96 500 C 107,9 g Silber oder 197,0 g Gold ab, aber nur 1 g Wasserstoff und 35,5 g Chlor unter gleichzeitiger Bildung von 40 g Natriumhydroxid. Außerdem braucht die Alkalielektrolyse eine Spannung von 3,5 … 4 V, die wegen des Widerstandes im Elektrolyten beträchtlich über der theoretischen Zersetzungsspannung von 2,2 V liegt.

Zur Bildung von 40,0 g Natriumhydroxid braucht man $\dfrac{96\,500}{60 \cdot 60}$ Ah (1 C = 1 As). Das sind bei 3,5 V Spannung theoretisch rund 0,094 kWh. Unter Berücksichtigung der unvermeidlichen Energieverluste sind zur Gewinnung von 1 kg Natriumhydroxid mindestens 2,5 kWh erforderlich. Deshalb konnte man an die Einführung des elektrolytischen Verfahrens für die Ätznatron-, für die Chlor- und für die Wasserstoffgewinnung erst herangehen, als durch den Generator die Stromerzeugung im großen zu billigen Preisen ermöglicht wurde. Die Chemische Fabrik Griesheim führte 1890 das elektrolytische Verfahren in Bitterfeld ein, da sich dort mit Hilfe der billigen, durch Tagebau zu gewinnenden Braunkohle die Kosten für 1 kWh damals auf 1 Pfg. beliefen.

Als sehr wesentliche Bedingungen für die Erzielung einer guten Stromausbeute muß verhindert werden, daß die im Kathodenraum entstehende Lauge durch Diffusion an die Anode gelangt, weil sie dort mit dem Chlor zu Chlorid und Hypochlorit, weiterhin auch zu Chlorat umgesetzt wird. Technisch wird die Alkalichloridelektrolyse nach zwei Verfahren, dem Diaphragmaverfahren und dem Amalgamverfahren, durchgeführt.

Diaphragmaverfahren

Bei diesem Verfahren werden, um die oben beschriebenen Nebenreaktionen zu verhindern, Kathoden- und Anodenflüssigkeit durch ein Diaphragma getrennt. Früher hat man zwischen Kathode und Anode eine Wand aus Zement und Kochsalz eingeschaltet, die nach Auflösung des Natriumchlorids genügend porös ist, um die Ionen durchtreten zu lassen, aber die Diffusion der Lauge zum Chlorwasser verhindert. Zweckmäßiger ist eine Anordnung, bei der die Kathode als Eisendrahtgewebe ausgebildet ist, über das ein mit Schwerspat abgedichtetes Asbestpapier gelegt ist, das als Diaphragma wirkt (Billiterzelle). Die Kathode liegt horizontal über dem Boden einer flachen Wanne und über ihr parallel die aus künstlichen Graphitplatten bestehenden Anoden. Die an der Kathode gebildete Lauge fließt nach unten ab.

Die nach dem Diaphragmaverfahren gewonnene Lauge läßt beim Konzentrieren auf 50 % NaOH den größten Teil des beigemengten Chlorids auskristallisieren.

Amalgamverfahren

In einem langgestreckten flachen Trog fließt über den Boden Quecksilber als Kathode. Darüber läuft die Kochsalzlösung. Von oben tauchen Anoden aus Graphit ein, an denen bei etwa 4 V Spannung das Chlor entwickelt wird. Am Quecksilber scheidet sich das Natrium unter Amalgambildung ab, weil das Natrium in dieser metallischen Lösung ein wesentlich edleres Potential besitzt, und das Quecksilber zugleich durch seine hohe Überspannung die Abscheidung von Wasserstoff erschwert. Das etwa 0,2 ... 0,4 % Natrium enthaltende Amalgam wird in einen zweiten Trog gepumpt und dort mit reinem Wasser — durch Graphit katalytisch beschleunigt — zu Natronlauge und Wasserstoff zersetzt.

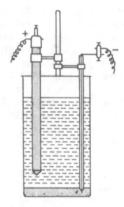

Abb. 83. Versuchsaufbau für Amalgamverfahren zur Natriumhydroxiddarstellung

Dieses heute vorherrschende Verfahren liefert reine, natriumchloridfreie Lauge, die für die Kunstseidenfabrikation benötigt wird.

Um das Amalgamverfahren dem Prinzip nach kennenzulernen, kann man sich der folgenden Versuchsanordnung (Abb. 83) bedienen: Als Elektrolyt dient eine 20%ige Natriumchloridlösung. Die Anode besteht aus einem Graphitstab; als Kathode dient am Boden des Gefäßes Quecksilber, dem die negative Spannung durch einen mittels Glasrohr isolierten Eisendraht zugeführt wird. Als Stromquelle gebraucht man eine 8-V-Batterie. Nach 10 min enthält das Quecksilber genügend Natrium, um nach dem Herausnehmen an reines Wasser beträchtliche Mengen Natriumhydroxid abzugeben, die durch die Rotfärbung von Phenolphthalein nachgewiesen werden können.

Das feste Natriumhydroxid, Ätznatron, wird durch Eindampfen in nickelplattierten eisernen Gefäßen, am besten im Vakuum gewonnen und kommt meist in Stangen oder Plätzchen gegossen in den Handel.

Eigenschaften

Natronlauge greift Glas- und Tongeräte, besonders in der Wärme, unter Auflösung der Kieselsäure stark an. In Formen aus Bronze kann man Ätznatron zu Stangen gießen. Auch Nickel und Kupfer widerstehen der Einwirkung gut, noch besser Silber und am besten Gold. Platingefäße werden von schmelzendem Ätznatron zerstört. Nickel- oder Eisentiegel sind bei Luftabschluß gegen die Schmelze ziemlich beständig.

Natriumhydroxid ist eine weiße, kristalline Substanz (Dichte 2,130 g/cm³), die wasserfrei bei 322 °C, in Gegenwart von 20 % Wasser schon bei 200 °C schmilzt, bei 1390 °C siedet, an feuchter Luft zerfließt und sich in Wasser unter starker Wärmeentwicklung löst.

In 100 Teilen Wasser lösen sich bei:

°C	0	10	20	50	80	110	192
Teile NaOH	43	80	107	145	313	358	520

Die Dichte wäßriger Natriumhydroxidlösungen beträgt bei 15 °C:

% NaOH	5	10	15	20	25	30	35	40	45	50
ϱ in g/cm³	1,0555	1,1111	1,1665	1,2219	1,2771	1,3312	1,3838	1,4343	1,4828	1,5303

Als Hydrate wurden kristallisiert dargestellt: das Monohydrat, NaOH · 1 H₂O, Schmelzp. 64,3 °C, das Dihydrat und mehrere höhere Hydrate, darunter 2 NaOH · 7 H₂O, Schmelzp. 15,6 °C.

Das Natriumhydroxid zählt zu den stärksten Basen. Es ist in wäßriger Lösung stets vollständig dissoziiert. Doch machen sich bei höheren Konzentrationen die interionischen Kräfte zwischen den Natrium- und den Hydroxid-Ionen auf die freie Beweglichkeit der Ionen bemerkbar, so daß eine Normallösung (40 g Natriumhydroxid im Liter) zu etwa 78 %, eine 0,1 n-Lösung zu etwa 90 % dissoziiert erscheint.

Mit Säuren vereinigt sich das Natriumhydroxid zu Salzen, wobei die Wärmeentwicklung so beträchtlich ist, daß mit starken Säuren, z. B. beim Auftropfen von konzentrierter Schwefelsäure auf gepulvertes Ätznatron, eine Explosion erfolgt.

Alkalimetrie — Acidimetrie — Normallösungen

Zur Bestimmung des Gehalts einer Lösung an Alkalihydroxid oder einer anderen Base mißt man das Volumen einer Säure von bekanntem Gehalt, das zur Neutralisation erforderlich ist (*Alkalimetrie*). Den Punkt, an dem die äquivalente Menge Säure zugesetzt ist, erkennt man am Umschlag eines geeigneten Indikators (siehe S. 73). Umgekehrt bestimmt man den Gehalt einer Säure aus dem zur Neutralisation erforderlichen Verbrauch einer verdünnten Natriumhydroxidlösung (*Acidimetrie*).

Um aus der Anzahl der verbrauchten Milliliter des Reagens ohne besondere Umrechnung die Menge der gesuchten Substanz zu erfahren, verwendet man bei diesen Neutralisationsanalysen ebenso wie bei anderen maßanalytischen Verfahren (Jodometrie, Manganometrie u. a.) sogenannte Normal- oder 0,1-Normallösungen, kurz mit n oder 0,1 n bezeichnet. Eine Normallösung enthält in 1 l 1 Val der wirksamen Substanz.

Eine Normalsäure enthält demnach in 1 l 1 g reaktionsfähigen Wasserstoff, z. B. eine 1 n Salzsäure 36,46 g HCl, eine 1 n Schwefelsäure 49,04 g H₂SO₄, eine 1 n Natronlauge 40,00 g NaOH, eine 1 n Barytlösung 85,68 g Ba(OH)₂. 0,1 n-Lösungen enthalten ¹/₁₀ dieser Mengen in 1 l.

Lösungen gleicher Normalität enthalten in gleichen Volumina dieselbe Anzahl von Äquivalenten.

Berechnungsbeispiel: Zur Neutralisation einer Alkalihydroxidlösung wurden 15,5 ml 0,1 n HCl-Lösung verbraucht. Da 1 ml einer 0,1 n HCl-Lösung 0,1 mVal enthält, sind in der zu bestimmenden Lösung 15,5 · 0,01 = 1,55 mVal = 1,55 · 40,00 mg NaOH enthalten.

Verwendung

Aus sehr vielen Salzen macht Natronlauge wegen ihrer äußerst starken Basizität die anderen Basen frei; so treibt sie Ammoniak aus seinen Salzen aus, fällt die Hydroxide aus Kupfer-, Eisen- und anderen Metallsalzen usw.

In der Technik findet Ätznatron ausgedehnte Anwendung, so zur Bereitung von Seifen, zur Enthärtung des Kesselspeisewassers, zu Ätznatronschmelzen in der organischen, besonders in der Farbenindustrie, zum Bäuchen und Merzerisieren der Baumwolle, zur Herstellung von Kunstseide und Zellwolle (Viscose) usw.

Die aus Fetten und Ätznatron bereiteten Seifen sind die Natriumsalze der Palmitin-, der Stearin- und der Ölsäure. Sie sind zum Unterschied von den butterartig weichen Kaliseifen, den Schmierseifen, fest und werden durch Kochsalz aus ihren Lösungen ausgesalzen. Die Wirkung der Seifen beruht einerseits darauf, daß die infolge der Hydrolyse entwickelte Alkalität die fettigen Schmutzstoffe verseift, aufquillt und benetzt, andererseits auf der verminderten Oberflächenspannung der Seifenlösung (Seifenschaum und Seifenblasen), durch die die gelockerten Staub- und Schmutzteilchen eingebettet und in eine schaumige, durch Wasser abwaschbare Suspension übergeführt werden. Bis zu einem beträchtlichen Grade ähneln diesen echten Seifen die Wassergläser (siehe bei Kieselsäure) oder die Natrium-Ionen enthaltenden Tone, die deshalb auch als Surrogate oder Streckmittel für Seifen dienen.

Natriumsalze

Von den Salzen des Natriums wie allgemein von den Salzen der Metalle sollen hier nur die für das betreffende Metall besonders charakteristischen oder die wegen des natürlichen Vorkommens wichtigen besprochen werden. In allen anderen Fällen ist unter den betreffenden Säuren nachzusehen.

Natriumchlorid, NaCl

Vorkommen und Gewinnung

Das Natriumchlorid (Kochsalz, Steinsalz) ist, wie schon erwähnt wurde, das wichtigste Natriummineral, aus dem die Mehrzahl der Natriumverbindungen hergestellt wird. In den durch Eindunstung des Meerwassers entstandenen Salzlagern treten in wechselnden Schichten mit dem Natriumchlorid Anhydrit, $CaSO_4$, und in den oberen Schichten Kalisalze und Magnesiumverbindungen auf.

Dies gilt besonders für die ausgedehnten Salzlager von Nord- und Mitteldeutschland, während in den Lagern von Wieliczka in Galizien die obere Schicht stark vermindert und verändert auftritt und im Salzkammergut, in Berchtesgaden und Hall die Kalisalze fehlen.

Die Gewinnung des Salzes geschieht entweder durch Losbrechen des fast reinen, großkristallinen Minerals oder durch Auslaugen mit Wasser und Eindampfen der Salzsole. Gelegentlich läßt man die Sole zuerst in Gradierhäusern über Dornenreisigwände herabrinnen, um sie durch Verdunsten zu konzentrieren.

Früher legte man auch ärmeren Steinsalzlagern und Solquellen großen Wert bei, wie die verbreiteten Ortsnamen Hall, Halle, Salzburg, Salzberg usw. erkennen lassen. Es ist aus der Geschichte bekannt, daß die Gewinnung sowie der Handel mit Salz und die damit verbundenen Gerechtsame eine bedeutende Rolle spielten, wie z. B. die Gründung von München erweist. Gegenwärtig könnten die norddeutschen Salzlager ganz Europa mit billigem und reinem Kochsalz versorgen, wenn nicht aus alter Zeit stammende Steuern und Zölle dem Welthandel entgegenstünden. So stellt man heute noch an der West- und Südküste von Frankreich sowie in Italien und Griechenland nach uraltem Verfahren Kochsalz durch Eindunstenlassen von Meerwasser in flachen Salzpfannen dar. Am Weißen Meer gewinnt man Kochsalz durch Ausfrierenlassen von Wasser und Eindampfen der so konzentrierten Mutterlauge. In Staßfurt, Leopoldshall und anderen norddeutschen Orten wird das mit den Kalisalzen gebrochene Steinsalz größtenteils wieder zur Verbauung der Lücken verwendet, weil der Bedarf für das Steinsalz zu gering ist.

Als besondere Varietät des Steinsalzes ist das Knistersalz von Wieliczka zu erwähnen, das beim Auflösen in Wasser einen knisternden Ton hervorbringt. Dies beruht auf dem Einschluß geringer Mengen gasförmiger Kohlenwasserstoffe, die beim Auflösen die Kristalle sprengen, sobald die umgebende Schicht dünn genug geworden ist. Über die Ursache der Farbe des *blauen* Steinsalzes siehe unter blauem Kaliumchlorid S. 445.

Als Beimengung kommen im nicht besonders gereinigten Kochsalz Magnesiumchlorid und Magnesiumsulfat vor, wodurch das Salz an der Luft feucht und zerfließlich wird. Außer durch Umkristallisieren entfernt man diese Stoffe auch durch Fällen mit Natriumphosphat und etwas Soda vor dem Eindampfen der Salzsole. Aus steuerpolitischen Gründen wird das für die Landwirtschaft bestimmte Viehsalz durch roten, eisenoxidhaltigen Ton denaturiert und so vom Speisesalz unterscheidbar gemacht.

In der Bundesrepublik wurden 1958 rund $3,7 \cdot 10^6$ t Steinsalz gewonnen, davon werden jährlich etwa 400 000 t als Speisesalz verbraucht. Die Welterzeugung betrug 1955 über $40 \cdot 10^6$ t. Die Hauptmenge des gewonnenen Natriumchlorids dient zur Sodaherstellung und zur Alkalichloridelektrolyse.

Eigenschaften

Das Natriumchlorid kristallisiert wasserfrei in regulären Würfeln, in Gegenwart von Harnstoff auch in Oktaedern. Große Stücke Steinsalz spalten ausgeprägt nach Würfelflächen; sie dienen in der Optik für Linsen und Prismen, weil Steinsalz die langen Wellen des ultraroten Strahlungsgebietes weniger stark absorbiert als Glas.

Erhitzt man die aus einer Lösung erhaltenen Kristalle des Natriumchlorids, so verknistern sie, d. h. sie zerspringen, weil die in den inneren Hohlräumen eingeschlossene Mutterlauge verdampft und dabei die Kristallrinde sprengt.

Bei 800 °C schmilzt das Salz und verdampft bei Rotglut schon sehr beträchtlich, Siedep. 1440 °C. Die Dichte des Natriumchlorids beträgt bei 17 °C 2,165 g/cm³.

In Wasser löst sich Natriumchlorid fast unabhängig von der Temperatur leicht auf.

In 100 Teilen Wasser lösen sich bei:

°C	0	10	20	30	40	50	60	70	80	90	100
Teile NaCl	35,6	35,7	35,8	36,0	36,3	36,7	37,1	37,5	38,0	38,5	39,1

Durch andere Natriumsalze, auch durch Ätznatron, sowie durch Chloride, z. B. auch durch Salzsäure, wird die Löslichkeit des Natriumchlorids bedeutend herabgesetzt. So fällt man für analytische Zwecke ganz reines Natriumchlorid aus seiner konzentriert wäßrigen Lösung durch Zugabe von konzentrierter Salzsäure aus.

Eine entsprechende Löslichkeitserniedrigung findet man auch bei anderen Salzen. Bariumchlorid fällt aus seinen Lösungen durch rauchende Salzsäure fast quantitativ. Chloride werden auch, beispielsweise in der Farbstoffindustrie, durch Kochsalz abgeschieden (*Aussalzen*).

In derselben Weise, wie Chloride durch Salzsäure gefällt werden, kann man lösliche Sulfate, Nitrate oder Perchlorate durch die entsprechenden Säuren fällen. Ebenso kann man Natriumsalze durch Natriumhydroxid, Kaliumsalze durch Kaliumhydroxid schwerer löslich machen. Praktische Bedeutung hat die Ausfällung von Seifen, den Natriumsalzen von Fettsäuren, durch Kochsalz.

Allgemein gilt: In Ionen dissoziierte Salze sind in Lösungen, die schon eines der Salz-Ionen enthalten, infolge Überschreitung des Löslichkeitsproduktes (siehe S. 194) schwerer löslich als in reinem Wasser oder in verdünnten fremden Salzlösungen. Denn die Löslichkeit der dissoziierten Salze wird durch das Löslichkeitsprodukt: [Kation] · [Anion] = konstant begrenzt, und hierbei rechnen alle Ionen der gleichen Art mit, auch wenn sie ursprünglich von einer anderen Verbindung stammen.

Fremde Salzlösungen können dagegen die Löslichkeit steigern, wenn ihre Ionen einen Teil der Ionen des zu lösenden Salzes zu anderweitigen Ionenverbindungen (Komplexen) aufnehmen und damit das Löslichkeitsprodukt unterschreiten oder, wenn sich aus dem Salz und der zugefügten gleichionigen Säure oder Base neue Salze bilden. So sind Silberchlorid oder Bleichlorid in stärkerer Salzsäure auffallend leicht löslich, weil sich Komplex-Ionen, wie $[AgCl_2]^-$ oder $[PbCl_4]^{2-}$, bilden (siehe auch bei Bleijodid). So wirkt die Schwefelsäure bei etwas höheren Konzentrationen auf Alkalisulfate nicht fällend, weil Hydrogensulfate entstehen, die sich ihrerseits in ganz anderen Verhältnissen lösen als die neutralen Sulfate. Denn jetzt sind nicht mehr SO_4^{2-}-Ionen, sondern HSO_4^--Ionen in der Lösung, für die ein neues Löslichkeitsprodukt gilt.

Beim Ausfällen von Lösungen sehr hoher Konzentration, wie bei dem Beispiel gesättigte Kochsalzlösung und rauchende Salzsäure, gilt allerdings das Massenwirkungsgesetz nicht mehr quantitativ, und es spielt auch der „Wettkampf" der Ionen um das Hydratationswasser eine wichtige Rolle.

Natriumhypochlorit, NaOCl, Natriumchlorat, NaClO₃, und Natriumperchlorat, NaClO₄

Natriumhypochlorit wird durch Einleiten von Chlor in Natronlauge oder durch Elektrolyse einer 10%igen Natriumchloridlösung ohne Diaphragma dargestellt und dient als Bleichmittel besonders in Papierfabriken. Die hierfür erforderliche 1...2%ige Lösung wird meist an Ort und Stelle durch Elektrolyse einer kalten Natriumchloridlösung bereitet und wegen ihrer geringen Haltbarkeit sogleich verbraucht.

Besonders nachteilig wirken bei allen Hypochloriten oder Hypobromiten Beimengungen von Kupferoxid, weil sie die Abspaltung von Sauerstoff beschleunigen.

Natriumchlorat unterscheidet sich von Kaliumchlorat durch seine viel bessere Löslichkeit und seine etwas größere Reaktionsfähigkeit. Es findet ebenso wie Calciumchlorat Anwendung zur Unkrautvertilgung. *Natriumperchlorat* zerfließt an der Luft zum Unterschied von schwer löslichem Kaliumperchlorat.

Natriumbromid, NaBr, und Natriumjodid, NaJ

Natriumbromid, Schmelzp. 747 °C, Siedep. 1392 °C, und Natriumjodid, Schmelzp. 662 °C, Siedep. 1304 °C, werden ähnlich dargestellt wie die entsprechenden Kaliumverbindungen (siehe dort). Sie kristallisieren in farblosen Würfeln. Bei gewöhnlicher Temperatur scheiden sich beide Verbindungen aus wäßriger Lösung als Dihydrate, NaBr · 2 H₂O bzw. NaJ · 2 H₂O aus.

Natriumcyanid, NaCN

Natriumcyanid wird technisch aus Natriumamid und Kohle (siehe Natriumamid) oder durch Absorption von synthetischer Blausäure in Natronlauge (siehe bei Blausäure) dargestellt. Es bildet farblose, in Wasser leicht lösliche Kristalle. Die Verwendung ist die gleiche wie die des Kaliumcyanids (siehe dort).

Natriumcarbonat (Soda), Na₂CO₃

Eigenschaften

Natriumcarbonat (sekundäres Natriumcarbonat) bildet als Dekahydrat, Na₂CO₃ · 10 H₂O, große, farblose, monokline Kristalle, Dichte bei 17 °C 1,446 g/cm³.

In 100 Teilen Wasser lösen sich bei:

°C	0	10	20	25
Teile Na₂CO₃	7,1	12,6	21,4	29,8

Bei 32,5 °C geht das Dekahydrat über in das Heptahydrat Na₂CO₃ · 7 H₂O und dieses bei 35,4 °C in das Monohydrat Na₂CO₃ · 1 H₂O. Dieses Monohydrat löst sich mit steigender Temperatur weniger leicht in Wasser.

In 100 Teilen Wasser lösen sich bei:

°C	50	60	70	80,5	88,4	104,8
Teile Na_2CO_3	47,5	46,4	45,8	45,2	45,2	45,1

(Über die Abhängigkeit der Löslichkeit von der Temperatur siehe S. 439.)

Die wasserfreie Verbindung, *calzinierte Soda*, entsteht über 112,5 °C, schmilzt bei 850 °C und verliert beim Glühen allmählich etwas Kohlendioxid. Die wäßrige Lösung reagiert infolge Hydrolyse stark alkalisch:

$$CO_3^{2-} + H_2O \rightleftharpoons HCO_3^- + OH^-$$

Deshalb wurde Soda früher oft an Stelle von Ätznatron verwendet. Da die HCO_3^--Ionen in geringem Umfang weiterreagieren nach: $HCO_3^- \rightleftharpoons CO_2 + OH^-$, gibt eine Soda-lösung beim Sieden an einen indifferenten Gasstrom etwas Kohlendioxid ab.

Technische Gewinnung

Ein Doppelsalz von Natriumcarbonat und -hydrogencarbonat, $Na_2CO_3 \cdot NaHCO_3 \cdot 2 H_2O$, findet sich kristallisiert am Strande der Natronseen von Ägypten als Trona oder von Venezuela als Urao. Diese Natronseen erhalten unterirdisch Zufluß von Hydrogencarbonat, das sich aus Kohlensäure und natronhaltigem Gestein bildet. In früherer Zeit hatte dieses natürliche Vorkommen für die Soda- und Salbenindustrie im unteren Ägypten bei Memphis Bedeutung. Später deckte man den Bedarf an Alkali aus der Asche von Holz und insbesondere aus der Asche von Seetangen, Kelp und Varec genannt. Als aber in der französischen Revolution alle Pottasche zur Schießpulverbereitung verbraucht wurde und die Zufuhr an spanischer Tang-asche durch die englischen Kriegsschiffe unterbunden war, erließ der Wohlfahrtsausschuß eine Aufforderung, die für die Seifenindustrie unentbehrliche Soda aus Natriumchlorid dar-zustellen, und Leblanc legte 1791 ein Verfahren vor, das zunächst mit Mitteln des Herzogs von Orleans durchgeführt wurde.

Leblanc-Verfahren

Der Leblanc-Sodaprozeß verläuft in folgenden Phasen: Zunächst werden aus Natriumchlorid durch Erhitzen mit Schwefelsäure oder Natriumhydrogensulfat Natriumsulfat und Chlorwasser-stoff dargestellt:

$$2 NaCl + H_2SO_4 = Na_2SO_4 + 2 HCl$$

Dann wird das Natriumsulfat mit Kohle und Calciumcarbonat geglüht, wobei zuerst Natrium-sulfid entsteht, das sich mit dem Kalk zu Soda und Calciumsulfid umsetzt:

$$Na_2SO_4 + 2 C = Na_2S + 2 CO_2$$

und

$$Na_2S + CaCO_3 = Na_2CO_3 + CaS$$

Die Schmelze wird mit Wasser ausgezogen. Dabei löst sich das Natriumcarbonat und Calcium-sulfid bleibt zurück.

Nach der Hinrichtung des Herzogs von Orleans übernahm der französische Staat die Soda-fabrikation, die dann bald zum Erliegen kam. Doch begann man in England 1814 nach dem Leblanc-Prozeß Soda technisch darzustellen. Diese Industrie entwickelte sich im Laufe der folgenden Jahrzehnte auch in den anderen Kulturstaaten zur Grundlage der chemischen Großindustrie. Der Leblanc-Prozeß erfordert zunächst große Mengen Schwefelsäure, machte also auch die Entwicklung der früher geringfügigen Schwefelsäurefabrikation nötig. Weiter liefert der Leblanc-Prozeß große Mengen Salzsäure, die in früherer Zeit die Grundlage der Chlorindustrie bildete. Eine Zeitlang war man wegen der Verwendung der Salzsäure in großer

Verlegenheit, und man hätte diese am liebsten ohne weiteres in die Luft austreten lassen, wenn nicht die Zerstörung des Pflanzenwuchses in der Nähe der Fabriken die Regierungen veranlaßt hätte, hiergegen besondere Gesetze zu erlassen (z. B. die preußische Alkaliakte 1863). Erst die Chlorkalkindustrie verschaffte in Verbindung mit dem Weldon-Prozeß (1866) (siehe bei Chlor) der Salzsäure und dem Chlor günstigen Absatz.

Solvay-Verfahren

Im Jahre 1838 nahmen. DYAR und HEMMING ein britisches Patent auf die Darstellung von Hydrogencarbonat und Soda aus wäßriger Lösung von Natriumchlorid und Ammoniak durch Einleiten von Kohlendioxid. Bei dieser Reaktion setzt sich das Ammoniumhydrogencarbonat mit dem Natriumchlorid zu Ammoniumchlorid und Natriumhydrogencarbonat um, das wegen seiner Schwerlöslichkeit größtenteils auskristallisiert:

$$NH_4HCO_3 + NaCl = NaHCO_3 + NH_4Cl$$

Über 20 Jahre lang blieb dieses Verfahren unbeachtet, weil man die hierfür erforderlichen Mengen Ammoniak nicht beschaffen zu können glaubte und weil die mit der Herstellung der Apparaturen verbundenen Schwierigkeiten damals nicht beseitigt werden konnten.

Erst nachdem die in größerer Zahl errichteten Gaswerke in ihren Waschwässern große und immer steigende Mengen Ammoniak produzierten, sah sich in den 60er Jahren des vergangenen Jahrhunderts ERNEST SOLVAY veranlaßt, dieses Ammoniak technisch zu verwerten. Er führte den jetzt nach ihm benannten Prozeß in einer Reihe großer Fabriken auf technisch vollendete Weise durch, obwohl sich auch damals noch Stimmen erhoben, die das Verfahren für aussichtslos hielten, weil man die Produktion an Ammoniak von seiten der Gasfabriken unterschätzte und glaubte, daß sich größere Verluste an diesem verhältnismäßig teuren Ausgangsmaterial nicht vermeiden ließen. Da aber später die Kokereien noch größere Mengen Ammoniak lieferten und SOLVAY die Apparatur so vervollkommnete, daß die Ammoniakverluste zurücktraten, hat der Solvay-Sodaprozeß den Leblanc-Prozeß verdrängt.

Man leitet in die gesättigte Kochsalzlösung unter Kühlung Ammoniak ein, dann sättigt man bei 50 °C mit Kohlendioxid, trennt das ausgeschiedene Natriumhydrogencarbonat von der Salmiaklösung und gewinnt daraus durch Erhitzen Soda und Kohlendioxid:

$$2\,NaHCO_3 = Na_2CO_3 + CO_2 + H_2O$$

Aus der Salmiaklösung macht man mit Kalk wieder das Ammoniak für den Prozeß frei.

Der große Vorteil dieses Verfahrens vor dem älteren Leblanc-Prozeß liegt darin, daß man ohne Umkristallisieren unmittelbar fast reines Hydrogencarbonat und calcinierte Soda gewinnt. Die calciumchloridhaltigen Endlaugen können kaum verwertet werden und bilden einen Ballast für die Fabriken.

Verwendung

Auf die Verwendung der Soda zur Darstellung von Ätznatron mittels gelöschtem Kalk ist schon weiter oben eingegangen worden. Sie dient weiter zur Herstellung von Seife und Glas sowie zum Einweichen von Wäsche und Weichmachen des Wassers und anstelle von Ätznatron zur Darstellung der vielseitig verwendbaren Natriumsalze, sowohl durch Umsetzung in Lösung als auch im Schmelzfluß.

Die Welterzeugung an Soda dürfte 1955 $11 \cdot 10^6$ t erreicht haben.

Natriumhydrogencarbonat, NaHCO$_3$

Natriumhydrogencarbonat (Natriumbicarbonat, primäres Natriumcarbonat, Speisesoda) ist in Wasser verhältnismäßig wenig löslich.

In 100 Teilen Wasser lösen sich bei:

°C	0	10	20	30	40
Teile NaHCO$_3$	6,9	8,2	9,6	11,1	12,7

Beim Erwärmen zerfällt Natriumhydrogencarbonat in Natriumcarbonat, Kohlendioxid und Wasser nach

$$2\,NaHCO_3 \rightleftharpoons Na_2CO_3 + CO_2 + H_2O$$

und zwar so leicht, daß der Dampfdruck des Kohlendioxids bei 60 °C 25 Torr, bei 100 °C 310 Torr entspricht.

Die wäßrige Hydrogencarbonatlösung reagiert schwach alkalisch infolge geringer Reaktion nach $HCO_3^- = CO_2 + OH^-$.

Natriumhydrogencarbonat dient in der Medizin (Bullrichsalz) als Mittel, um überschüssige Magensäure zu neutralisieren, da es infolge seiner ganz schwach alkalischen Reaktion, im Gegensatz zum Natriumcarbonat, ohne Schaden eingenommen werden kann; ferner im Gemenge mit Weinsäure und Citronensäure als Brausepulver sowie zusammen mit saurem Pyrophosphat in der Feinbäckerei als Backpulver, da es in der Hitze durch Kohlendioxidabspaltung das Gebäck auflockert. Auf der Fähigkeit, leicht Kohlendioxid abzuspalten, beruht auch die Verwendung von Natriumhydrogencarbonat in den Trockenfeuerlöschern.

Natriumnitrat, NaNO$_3$

Natriumnitrat (Chilesalpeter) kommt als Caliche in großen Lagern in den höher gelegenen Teilen von Chile und Peru vor (siehe auch bei Salpetersäure).

Hochwertige Caliche enthält etwa 50 % NaNO$_3$, 25 % NaCl, 4 % Na$_2$SO$_4$, 2 % MgSO$_4$, 2,5 % CaSO$_4$, 0,12 % NaJO$_3$ neben Wasser und Sand. Durch Auslaugen mit Wasser und Umkristallisieren wird der Salpeter gereinigt.

Natriumnitrat kristallisiert in würfelähnlichen Rhomboedern, ist mit Kalkspat, CaCO$_3$, isomorph und wächst auf dessen Kristallen weiter. Wegen der Gestalt nennt man das Natriumnitrat fälschlicherweise auch kubischen Salpeter oder Würfelsalpeter zum Unterschied vom prismatischen Kalisalpeter. Natriumnitrat hat einen Schmelzp. von 308 °C und bei 15 °C eine Dichte von 2,26 g/cm^3. Ein Gemisch von 54,5 Gew.-% KNO$_3$ und 45,5 % NaNO$_3$ schmilzt bei 218 °C (Eutektikum).

In 100 g Wasser lösen sich bei:

°C	0	10	20	30	40	50	60	70	80	90	100	119
g NaNO$_3$	73	80,5	88	94,9	102	112	122	134	148	162	180	209

Natronsalpeter dient in beschränktem Umfang als billiger Ersatz für Kalisalpeter, zu Sprengpulvern, Sprengsalpeter (75 % NaNO$_3$, 10 % S, 15 % Holzkohle) oder Petroklastit und ähnlichem. Zum Sprengen der Caliche in Chile dient ein Gemisch aus Natronsalpeter, Schwefel und Steinkohle. Über die Gewinnung von Kalisalpeter durch Umsatz von Natriumnitrat mit Kaliumchlorid siehe bei Kaliumnitrat.

Weitaus die größten Mengen Natronsalpeter verbraucht die Landwirtschaft als hochwertiges Stickstoffdüngemittel. In der chemischen Industrie bildete der Chilesalpeter bis zu Beginn des ersten Weltkrieges das Ausgangsmaterial für die Darstellung der Salpetersäure.

Die Gesamtförderung an Chilesalpeter betrug 1950 etwa $1,6 \cdot 10^6$ t.

Über Natriumnitrit siehe unter salpetrige Säure.

Natriumsulfat, Na_2SO_4

Natriumsulfat ist für sich und in Verbindung mit Magnesium- oder Calciumsulfat in vielen Salzablagerungen verbreitet, desgleichen in Mineralwässern und Salzsolen. Am Kaspischen Meer kristallisiert dieses Salz vielfach aus, und man gewinnt beträchtliche Mengen hiervon aus den natürlichen Vorkommen.

Bis 1914 war die Natriumsulfatherstellung eng mit der Salzsäurefabrikation aus Natriumchlorid und Schwefelsäure verbunden. Seitdem dieser Prozeß aber stark an Bedeutung verloren hat, deckt man den steigenden Bedarf an Natriumsulfat in Staßfurt aus den Magnesiumsulfat und Natriumchlorid enthaltenden Löserückständen der Kaliindustrie, aus denen bei tiefen Temperaturen Natriumsulfat als am schwersten lösliche Verbindung auskristallisiert.

Bei Temperaturen unter 32,38 °C (Temperaturfixp.) kristallisiert das Natriumsulfat als Dekahydrat (*Glaubersalz*), $Na_2SO_4 \cdot 10 H_2O$, in Form meist großer, durchsichtiger, monokliner Kristalle, die durch Wasserverlust an der Luft bald trüber werden und verwittern Der Geschmack dieses Salzes ist kühlend und etwas bitter. Es wird als Abführmittel verwendet.

Oberhalb 32,38 °C scheidet sich aus Natriumsulfatlösungen das wasserfreie Salz, Na_2SO_4, ab, das *Thenardit* genannt wird. Dieses bildet rhombische Kristalle.

Wasserfreies Natriumsulfat dient unter anderem zur Herstellung von Natriumsulfid, Glas und Ultramarin.

Die Löslichkeit des Natriumsulfats steigt mit der Temperatur bis 32,38 °C an, dann sinkt sie langsam wieder ab (vgl. die Löslichkeitskurve Abb. 84). Dieses auffallende Verhalten beruht darauf, daß unterhalb und oberhalb von 32,38 °C zwei verschiedene Bodenkörper im Gleichgewicht mit der gesättigten Lösung stehen, nämlich Glaubersalz

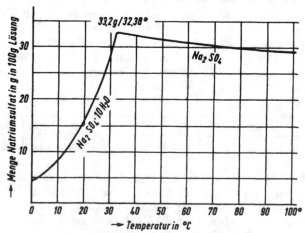

Abb. 84.   Löslichkeit von Natriumsulfat in Wasser

und Thenardit, zwei verschiedene Stoffe mit unterschiedlichem Kristallbau. Infolgedessen sind die Geschwindigkeiten der Auflösung und der Abscheidung bei beiden Verbindungen nicht gleich und führen zu einem unterschiedlichen Löslichkeitsprodukt für Glaubersalz und Thenardit. Nur bei 32,38 °C sind beide Stoffe gleich löslich und können daher nebeneinander bestehen.

Ähnliche Verhältnisse zeigen sich auch bei anderen Stoffen, die mit verschiedenem Wassergehalt kristallisieren können (siehe Soda), aber auch, abgesehen von den Hydraten, stets dann, wenn sich der Bodenkörper unter der Lösung während des Temperaturanstiegs irgendwie kristallographisch verändert. Knickpunkte in der Löslichkeitskurve zeigen das Auftreten eines neuen Bodenkörpers an.

Die Abhängigkeit der Löslichkeit von der Temperatur folgt dem Prinzip vom kleinsten Zwang. Mit steigender Temperatur verschiebt sich das Gleichgewicht eines Systems nach der Seite des Umsatzes, die einen Wärmeverbrauch erfordert, und mit fallender Temperatur umgekehrt nach der Seite der Wärmeentwicklung. Verbraucht nun ein Salz oder irgendein anderer löslicher Stoff bei der Auflösung Wärme, d. h. kühlt sich die Lösung beim Auflösen ab, was meistens der Fall ist, so nimmt die Löslichkeit mit steigender Temperatur zu. Wenn aber, wie beim Thenardit, Na_2SO_4, oder beim Monohydrat des Natriumcarbonats, $Na_2CO_3 \cdot H_2O$, die Auflösung unter Wärmeentwicklung vor sich geht, dann wird durch Wärmezufuhr die Löslichkeit vermindert, weil die Ausscheidung des gelösten Stoffes in diesem Falle Wärme verbraucht und dadurch der angetane Zwang, nämlich die Temperatursteigerung, vermindert wird.

Die *Lösungswärme* einer festen Substanz in Wasser hängt von zwei Größen ab. Einmal von der Wärme, die zur Aufteilung des Kristallgitters in die Ionen (oder Moleküle) verbraucht wird, zum anderen von der Wärme, die bei der Hydratation der sich lösenden Ionen (oder Moleküle) durch die Anlagerung von Wassermolekülen frei wird. Je nachdem, welcher Betrag größer ist, fällt die Lösungswärme negativ oder positiv aus. Es ist charakteristisch, daß sich das kristallwasserhaltige $Na_2SO_4 \cdot 10\,H_2O$, dessen Ionen schon im festen Salz gleichsam hydratisiert sind, unter Abkühlen, das wasserfreie Na_2SO_4, unter Erwärmen auflöst.

Über die Löslichkeit selbst, d. h. über die Konzentration der gesättigten Lösung einer Verbindung, sind unsere Kenntnisse auch heute noch im wesentlichen empirischer Art.

Natriumhydrogensulfat, $NaHSO_4$

Natriumhydrogensulfat (Natriumbisulfat, primäres Natriumsulfat) wird als Nebenprodukt bei der Zersetzung von Salpeter mit Schwefelsäure erhalten:

$$NaNO_3 + H_2SO_4 = NaHSO_4 + HNO_3$$

Beim Erhitzen von Natriumhydrogensulfat mit Natriumchlorid entstehen Natriumsulfat und Chlorwasserstoff. In Wasser ist Natriumhydrogensulfat mit saurer Reaktion leicht löslich. Es kristallisiert in vierseitigen, monoklinen Säulen als Monohydrat, $NaHSO_4 \cdot 1\,H_2O$. Bei ungefähr 300 °C entsteht daraus das Natriumpyrosulfat, $Na_2S_2O_7$.

Durch Anlagerung von Schwefeltrioxid an Natriumpyrosulfat erhielten E. Zintl und H. Roessler Natriumtrisulfat, $Na_2S_3O_{10}$.

Natriumthiosulfat, $Na_2S_2O_3 \cdot 5\,H_2O$

Natriumthiosulfat ist schon bei der Thioschwefelsäure, bei der Chlorbleiche und der Jodometrie besprochen worden.

Mit steigender Temperatur nimmt die Löslichkeit des Natriumthiosulfats sehr stark zu, so daß man bei 100 °C eine ziemlich dicke Flüssigkeit erhält. Filtriert man diese durch ein dichtes Papierfilter in völlig reine Glaskölbchen und verstopft dann die Mündung mit einem Wattebausch, so hat man nach dem Abkühlen auf gewöhnliche Temperatur übersättigte Lösungen, die monatelang unverändert bleiben. Taucht man aber einen Glasstab in kristallisiertes Natriumthiosulfat und danach in die übersättigte Lösung, so genügen schon die winzigen Kriställchen, die daran haften geblieben sind, um alsbald die Übersättigung aufzuheben. Vom Glasstab aus wachsen rasch radial nach allen Seiten die Kristalle des Salzes, und nach wenigen Minuten ist unter Wärmeentwicklung der Inhalt des Kölbchens zu einem nahezu festen Kristallbrei erstarrt. Läßt man die übersättigte Lösung offen an der Luft stehen, so dringen auch aus dem Staub der Umgebung bald die nötigen Kristallkeime ein, um die Kristallisation auszulösen.

Aus dem Vergleich der für sich beständigen übersättigten Lösung mit der durch einen Kristallkeim infizierten erkennt man die Bedeutung des Bodenkörpers für das Zustandekommen des Gleichgewichts in einer gesättigten Lösung. Der Bodenkörper bietet die Oberfläche, an der die Ausscheidung der Ionen rasch erfolgen kann. Dagegen erfolgt die Bildung neuer Kristalle schwer. Erst nach sehr langem Aufbewahren bilden sich auch spontan Kristallkeime in der übersättigten Lösung, und die Kristallisation beginnt dann ohne äußere Beeinflussung.

Natriumhydrogensulfit, NaHSO$_3$

Natriumhydrogensulfit (Natriumbisulfit) kommt in Form der 40 ... 45%igen wäßrigen Natriumhydrogensulfitlösung in den Handel. Aus dieser Lösung kann durch Zutropfenlassen von konzentrierter Schwefelsäure Schwefeldioxid nach Bedarf frei gemacht werden. Außerdem dient Natriumhydrogensulfit zum Bleichen von Wolle, Seide, auch von Stroh und zur Überführung aromatischer Aldehyde, wie Benzaldehyd, oder von Ketonen, wie Aceton, in kristallisierte Verbindungen, aus denen man die Aldehyde und Ketone in reiner Form durch Zersetzen mit Schwefel- oder Salzsäure abscheiden kann. Über die Nichtexistenz des festen Salzes siehe S. 160.

Natriumsulfid, Na$_2$S

Natriumsulfid, früher Schwefelnatrium genannt, wird aus Natriumsulfat durch Reduktion mit Kohle oder mit Wasserstoff bei 600 °C dargestellt. Es kristallisiert aus Wasser mit 9 Mol Kristallwasser in quadratischen Prismen.

Natriumsulfid dient in der Gerberei zum Enthaaren der Häute sowie im Verein mit Schwefel als Polysulfid zur Darstellung der Schwefelfarbstoffe (z. B. Vidalschwarz, Hydronblau usw.).

Natriumphosphate

Die Phosphate des Natriums können unter Hinweis auf das bei der Phosphorsäure schon Mitgeteilte hier nur kurz erwähnt werden. *Trinatriumphosphat* (tertiäres Natriumphosphat), Na$_3$PO$_4 \cdot$ 12 H$_2$O, reagiert infolge weitgehender hydrolytischer Spaltung (siehe S. 280) in Lösung stark alkalisch und wird darum zu Reinigungsmitteln (Imi) und auch zur Wasserenthärtung verwendet. *Dinatriumhydrogenphosphat* (sekundäres Natriumphosphat), Na$_2$HPO$_4 \cdot$ 12 H$_2$O, reagiert in Lösung schwach alkalisch (p_H etwa 9,5) und geht beim Schmelzen in das Pyrophosphat, Na$_4$P$_2$O$_7$, über. *Natriumdihydrogenphosphat* (primäres Natriumphosphat), NaH$_2$PO$_4$, kristallisiert zum Unterschied vom wasserfreien primären Kaliumphosphat mit ein oder mit zwei Molekülen Kristallwasser und reagiert in wäßriger Lösung schwach sauer (p_H etwa 4,5). Bei beginnender Rotglut entstehen daraus, je nach den besonderen Bedingungen, verschiedene kondensierte Phosphate, siehe S. 283. *Natriumammoniumhydrogenphosphat* (sekundäres Natriumammoniumphosphat), Na(NH$_4$)HPO$_4 \cdot$ 4 H$_2$O, findet sich im Harn und im Guano und wird unter dem Namen *Phosphorsalz* in der analytischen Chemie verwendet. Es bildet in der Bunsenflamme am Platindraht die aus Natriummetaphosphatglas bestehende Phosphorsalzperle, die manche Metalloxide mit charakteristischer Farbe auflöst:

z. B. wird sie in der Oxydationsflamme durch Kupfersalze blaugrün, durch Kobaltverbindungen blau, durch Manganverbindungen rotviolett, durch Eisen(III)-oxid gelb gefärbt, während in der Reduktionsflamme Titanoxid amethyst, Nioboxid braun, Wolfram- oder Molybdänoxid blau, Eisen(II)-oxid grünlich färbt.

Zum selben Zweck dient geschmolzener Borax, $Na_2B_4O_7$, (siehe Borsäure), der außerdem wegen der lösenden Wirkung auf Metalloxide beim Löten vielfach gebraucht wird.

Kalium, K

Atomgewicht	39,102
Schmelzpunkt	63,5 °C
Siedepunkt	776 °C
Dichte bei 20 °C	0,86 g/cm³

Im englischen Sprachgebiet hat Kalium den Namen potassium.

Vorkommen

Durch Abschnürung und darauffolgende Eindunstung vorzeitlicher Meeresteile bildeten sich die Salzlager, in denen naturgemäß das Natriumchlorid (Steinsalz) an Menge die anderen Salze bedeutend übertrifft. Weil aber die Kaliumsalze im Meerwasser in sehr viel geringerer Menge gelöst sind als das Natriumchlorid, sammelten sich jene in der bis zuletzt noch flüssig gebliebenen Mutterlauge über dem auskristallisierten Steinsalz an und bildeten beim völligen Eintrocknen die obere Schicht dieser Lager. Später wurden durch die eindringenden Regen- und Flußwässer die oben aufliegenden Kalisalze zuerst gelöst. Deshalb enthalten die heute noch bestehenden Salzlager meist keine oder nur sehr geringe Mengen von Kaliummineralien. Einige wenige Lagerstätten wurden durch vom Wind angewehten Ton vor dem Wasser geschützt und behielten ihre ursprüngliche Beschaffenheit fast unverändert bei.

Solche Salzlager mit reichem Kaliumgehalt finden sich außer bei Kalusz in Galizien und bei Mühlhausen im Elsaß besonders gut erhalten und in großer Ausdehnung in der mitteldeutschen Tiefebene bei Staßfurt, Leopoldshall, Braunschweig, Hannover, in Anhalt, in Sachsen und stellenweise in Thüringen. Dazu kommen sehr bedeutende Lager bei Solikamsk am Ural sowie auch in den USA im Staat Neumexiko.

Die Kalisalze bilden über dem Steinsalz eine nur wenige Meter mächtige Schicht, die man abräumen mußte, um zu dem gesuchten Steinsalz zu gelangen. Hiervon stammt die Benennung „Abraumsalz". Gegenwärtig spielen die Kaliumverbindungen in der Industrie und besonders als Düngesalze in der Landwirtschaft eine so große Rolle, daß man vielfach nur ihretwegen abbaut und das Steinsalz wieder zur Ausfüllung der Lücken in das Lager zurückschafft.

Als wichtigste deutsche Kaliumminerale kommen in Betracht: der *Sylvin*, KCl, der *Carnallit*, $KCl \cdot MgCl_2 \cdot 6 H_2O$, der *Kainit*, $KCl \cdot MgSO_4 \cdot 3 H_2O$, der *Schönit*, $K_2SO_4 \cdot MgSO_4 \cdot 6 H_2O$, der *Syngenit*, $K_2SO_4 \cdot CaSO_4 \cdot H_2O$ und der *Polyhalit*, $K_2SO_4 \cdot MgSO_4 \cdot 2 CaSO_4 \cdot 2 H_2O$.

Durch die Arbeiten von VAN'T HOFF ist die Kristallisation dieser und der mannigfachen sonst noch in den Staßfurter Lagern gefundenen Salze auf bestimmte Bedingungen der Temperatur und der Konzentration der einzelnen Bestandteile zurückgeführt worden.

Verwendung als Düngemittel

Die seit 1861 in Mitteldeutschland betriebene Förderung der Kalisalze hat einen großen Aufschwung genommen, weil die Nachfrage von seiten der Landwirtschaft stetig wächst. Während man früher als wichtigstes Kaliumsalz das Kaliumcarbonat (die Pottasche) durch Auslaugen der Holzasche gewann und somit dem Boden entzog, führt man gegenwärtig Kaliumsalze, insbesondere Kaliumchlorid, dem Ackerboden und den Wiesen als wichtige Düngemittel zu.

Die Entwicklung der deutschen Gesamtkaliförderung betrug (berechnet auf K_2O):

1880	68 000 t
1913	1 110 000 t
1937	1 970 000 t
1957	3 140 000 t

Von der Gesamtförderung von 1957 wurden etwa 95 % zu Düngemitteln verarbeitet. Die deutsche Produktion an Kalisalzen hatte bis 1914 das Weltmonopol und ist auch heute noch sehr bedeutend.

Die Bedeutung der künstlichen Düngung mit den wichtigsten Grundstoffen ist aus den folgenden Zahlen für die Weltproduktion (ohne UdSSR, Korea und China) für 1956 zu ersehen: N 6 760 000 t, P_2O_5 7 187 000 t, K_2O 6 283 000 t.

Wie groß der Bedarf unserer Nutzfrüchte an Kalium und Phosphor ist, zeigt die Analyse einiger Aschen:

	Kaliumgehalt bezogen auf K_2O	Phosphorgehalt bezogen auf P_2O_5
Kartoffeln	60 %	16,8 %
Weizenkörner	30,5 %	49 %
Gerstenkörner	25,5 %	10 %

Der Natriumgehalt dieser Aschen, bezogen auf Na_2O, liegt zwischen 1 und 3 %.

Die Wirkung der Kalisalze in den Pflanzen ist noch nicht vollständig geklärt. Wichtig ist sicher, daß die Kalisalzlösung in der Gewebsflüssigkeit eine regulierende Wirkung auf den Wasserhaushalt ausübt, wie diese im menschlichen Gewebe das Natriumchlorid bewirkt.

Darstellung

Zur Darstellung von metallischem Kalium hat man früher Kaliumcarbonat mit Kohle in eisernen Retorten bei heller Glut reduziert:

$$K_2CO_3 + 2 C = 2 K + 3 CO$$

Die Kaliumdämpfe wurden in Petroleum kondensiert. Als Übelstand ergab sich aber die schwer zu vermeidende Bildung von Kaliumhexaoxybenzol, $C_6O_6K_6$, wenn die Abkühlung der Dämpfe nicht sehr rasch erfolgte. Diese gelbliche, höchst merkwürdige Verbindung geht an feuchter Luft in sehr explosive Produkte über und ist in größeren Mengen kaum gefahrlos zu handhaben.

Heute gewinnt man Kalium durch Reduktion von Kaliumfluorid mit Calciumcarbid oder durch Elektrolyse einer Schmelze von Kaliumchlorid, Kaliumcarbonat und Kaliumhydroxid. Doch hat die Gewinnung von Kalium im Vergleich zu der des Natriums nur untergeordnete

Bedeutung, weil das Kalium teurer als das Natrium ist und seine größere Reaktionsfähigkeit die technische Verwendung zu gefährlich macht.

Will man für besondere Zwecke Kalium in feinste Verteilung bringen, so schmilzt man das Metall unter siedendem Toluol. Beim Umschütteln verteilt sich das Metall äußerst fein. Dieser Zustand bleibt auch beim Abkühlen erhalten.

Eigenschaften

Kalium ist ein weiches, mit dem Fingernagel zerteilbares, silberweißes Metall von hohem Glanz, der aber nur in völlig trockener Wasserstoffatmosphäre erhalten bleibt. An feuchter Luft bedeckt sich die glänzende Schnittfläche sofort mit einer trüben Schicht von Kaliumhydroxid. Unter Petroleum aufbewahrt, bildet sich ein dunkler Überzug, unter ganz reinem flüssigen Paraffin bleiben die Stücke ziemlich blank.

Der Kaliumdampf ist in der Nähe des Siedepunkts (776 °C) grünlich gefärbt, bei heller Rotglut violett. (Nach dem Kirchhoffschen Satz werden bei tieferer Temperatur die Strahlen absorbiert, die bei hoher ausgesendet werden; Umkehr des Spektrums, siehe bei Natrium.)

Auf Wasser wirkt das Metall nach der Gleichung

$$2 K + 2 H_2O = 2 KOH + H_2 + 90 \text{ kcal (bei Gegenwart von viel Wasser)}$$

so heftig ein, daß sich der Wasserstoff entzündet und, durch die Kaliumdämpfe gefärbt, mit rötlichvioletter Flamme verbrennt.

Alle Kaliumverbindungen färben eine Wasserstoff- oder sonstige Gasflamme rötlich-violett. Aus dem Spektrum kann man die Gegenwart von Kalium noch bei 100 000facher Verdünnung mit anderen Stoffen erkennen (siehe die Spektraltafel der Alkalimetalle). Die Intensität einer durch Kaliumchlorid gefärbten Flamme dient in der Agrikultur-chemie zur raschen und recht genauen quantitativen Bestimmung des Kaliums.

Wegen seiner außerordentlichen Fähigkeit, den Sauerstoff oder auch die Halogene zu binden, ist das Kalium ein sehr energisches Reduktionsmittel. Doch wird es hierin von Magnesium und Aluminium noch übertroffen, die sich außerdem leichter handhaben lassen.

Natrium und Kalium sind in flüssigem Zustand mischbar, in festem Zustand bilden sie eine Verbindung Na_2K. Den tiefsten Schmelzpunkt zeigt eine Legierung von der Zusammensetzung 1 Na : 2 K. Er liegt bei —12,5 °C. Diese Legierung ist bei gewöhnlicher Temperatur eine leichtbewegliche Flüssigkeit von Silberglanz mit der Dichte 0,9 g/ml, die an der Luft, besonders beim Herabtropfen aus 2 ... 3 m Höhe auf Holz Feuer fängt.

Überschichtet man einige Tropfen dieser Legierung in einem Reagensglas mit Chloroform, Tetrachlorkohlenstoff, Tetra- oder Pentachloräthan und läßt nach etwa 15 s das Glas aus 1 ... 2 m Höhe auf den Boden fallen, so erfolgt eine heftige Explosion unter Bildung von Alkalichloriden und Abscheidung von Kohle (H. STAUDINGER).

Verbindungen des Kaliums

Kaliumhydrid, KH

Mit trockenem Wasserstoff von 1,5 atm Druck verbindet sich Kalium oberhalb 300 °C zu dem in farblosen Nadeln kristallisierenden Kaliumhydrid, das bei Rotglut wieder in die Komponenten zerfällt. Es fängt an der Luft bald Feuer, bindet Kohlendioxid bei gewöhnlicher Temperatur zu Kaliumformiat

$$KH + CO_2 = KHCO_2$$

und liefert mit Schwefeldioxid Dithionit:

$$2 KH + 2 SO_2 = K_2S_2O_4 + H_2$$

Kaliumperoxide, Kaliumoxid

An der Luft verbrennt Kalium zum *Kaliumhyperoxid (Kaliumdioxid)*, KO_2, das nach dem Erkalten zu einer bräunlichen, orangegelben Masse erstarrt. Auf Kupfer-, Silber-, Eisen-, Platin- oder Goldblech abgebrannt, überträgt das brennende Kalium den Sauerstoff auf diese Metalle und führt sie in die höchsten Oxide über (K. A. HOFMANN).

Rein erhält man das Dioxid beim schnellen Einleiten von Sauerstoff in eine Lösung von Kalium in flüssigem Ammoniak bis zur Sättigung. Verdünnte Säuren spalten das Dioxid in Kaliumsalz, Sauerstoff und Wasserstoffperoxid, mit Wasser wird stürmisch freier Sauerstoff entwickelt, während Kaliumhydroxid in Lösung geht.

Die früher übliche Formulierung als Tetroxid, K_2O_4, ist auszuschließen, da Kaliumdioxid, KO_2, die gleiche Kristallstruktur wie Calciumcarbid, CaC_2, zeigt und aus K^+- und einfach negativ geladenen O_2^--Ionen aufgebaut ist.

Kaliumperoxid, K_2O_2, bildet sich in der Hitze aus dem Dioxid unter vermindertem Sauerstoffdruck und läßt sich auch aus Sauerstoff und in flüssigem Ammoniak gelöstem Kalium als weißes Produkt erhalten.

Dikaliummonoxid (Kaliumoxid), K_2O, entsteht aus Kalium und dem Dioxid oder beim Verbrennen von Kalium bei unvollständigem Luftzutritt. Zur Darstellung ist die Erhitzung von metallischem Kalium mit Kaliumnitrat nach

$$KNO_3 + 5 K = 3 K_2O + \tfrac{1}{2} N_2$$

geeigneter. Kaliumoxid ist farblos, in der Hitze gelb und zersetzt sich bei 350 ... 400 °C in Kaliumperoxid und Metall. Aus der Luft zieht es rasch Wasser und Kohlendioxid an und reagiert mit Wasser äußerst heftig zu Kaliumhydroxid.

Kaliumhydroxid, KOH

Kaliumhydroxid (Ätzkali, Kalium causticum, Lapis causticus) ist die technisch wichtigste Kaliumverbindung.

Darstellung

Zur Darstellung hat man früher die durch Auslaugen von Holzasche bereitete Pottaschelösung mit gelöschtem Kalk kaustifiziert:

$$K_2CO_3 + Ca(OH)_2 = 2 KOH + CaCO_3$$

Gegenwärtig erfolgt die Darstellung aus Kaliumchloridlösungen durch Elektrolyse, die analog der Natriumchloridelektrolyse durchgeführt wird.

Aus der durch Elektrolyse gewonnenen Lauge kristallisiert zunächst das Kaliumhydroxid als Dihydrat, $KOH \cdot 2 H_2O$, und als Monohydrat, $KOH \cdot H_2O$, schließlich bei 85 % KOH scheidet sich wasserfreies Kaliumhydroxid ab. Das Stangenätzkali des Handels enthält außer etwas Chlorid meist 20 % Wasser.

Eigenschaften

Kaliumhydroxid ist eine weiße, kristalline Substanz mit der Dichte 2,044 g/cm³, die frei von Wasser und Kaliumcarbonat bei 360 °C, in Gegenwart von 20 % Wasser schon bei 200 °C schmilzt, bei 1324 °C siedet, an feuchter Luft zerfließt und sich in Wasser unter starker Wärmeentwicklung löst, bei 15 °C bis zu 52 % KOH. Auch Äthyl- und besonders Methylalkohol lösen bedeutende Mengen Kaliumhydroxid auf (alkoholische Kalilauge).

Aus der Dichte kann man den Prozentgehalt wäßriger Kalilauge an Hand der folgenden Tabelle entnehmen:

% KOH	1	5	10	15	20	25
d_4^{15}	1,0083	1,0452	1,092	1,1396	1,1884	1,2387

% KOH	30	35	40	45	50	
d_4^{15}	1,2905	1,3440	1,3991	1,4558	1,5143	

Kalilauge greift ebenso wie Natronlauge Gerätematerialien an. Sie zerstört alle tierischen Gewebe, löst aus Holz das Lignin und greift bei längerer Einwirkung auch Cellulose an.

Die wäßrige Lösung des Kaliumhydroxids ist wie die der Natronlauge eine starke Base. Wie diese ist die Kalilauge in wäßriger Lösung vollständig dissoziiert, doch führt die Hemmung der Ionenbeweglichkeit bei sehr hohen Konzentrationen zu einem Maximum des elektrolytischen Leitvermögens bei etwa 6,7 Mol KOH im Liter.

Verwendung

In der Technik dient die Kalilauge zur Verseifung der Fette (Ester der Fettsäuren mit Glycerin) und liefert dabei die Kalisalze der Stearin- und Palmitinsäure, die als weiche Seife oder Schmierseife bekannt sind, zum Unterschied von den festen Natronseifen. Mit schmelzendem Ätzkali oder Ätznatron ersetzt man in der Teerfarbentechnik die Sulfogruppen gegen Hydroxyl und stellt so aus Naphthalinsulfonsäuren die Naphthole, aus Anthrachinonsulfonsäure das Alizarin dar usw. Ferner wird Kaliumhydroxid zur Darstellung von Kaliumdichromat und Kaliumpermanganat gebraucht.

Kaliumsalze

Kaliumchlorid, KCl

Kaliumchlorid kommt in der Natur als *Sylvin* vor.

Die Farbe des blauen Sylvins ist ebenso wie die des blauen Steinsalzes auf das Vorhandensein von freien Elektronen zurückzuführen, die sich bevorzugt in Lücken des Chlorid-Ionengitters (Gitterfehlstellen) aufhalten. Das Auftreten freier Elektronen beruht auf der Anwesenheit radioaktiver Stoffe, die mit den Salzen aus dem Zechsteinmeer vor mehr als 200 Millionen Jahren abgeschieden wurden. Das Kalium selbst sendet zwar β-Strahlen (freie Elektronen) aus, jedoch keine α-Strahlen (Heliumkerne). Nun enthalten aber die Kalisalzlager stets Helium eingeschlossen und daneben auch Blei, weshalb O. Hahn auf die ursprüngliche Beimengung von radioaktiven Salzen aus den Tiefenwässern bei der Kristallisation schließt.

Die blaue Farbe kann auch durch Bestrahlen von Sylvin oder Steinsalz mit Kathoden-, Röntgen- oder γ-Strahlen oder durch Einwirkung von Kalium- bzw. Natriumdampf hervorgerufen werden.

Da die vorhandenen Mengen dieses Minerals den technischen Bedarf an Kaliumchlorid bei weitem nicht decken, stellt man Kaliumchlorid aus dem massenhaft vorhandenen *Carnallit*, KCl · $MgCl_2$ · 6 H_2O, dar, indem man das Mineral mit wenig Wasser auf höhere Temperaturen erhitzt. Aus der Lösung, in der die einzelnen Ionen des Doppelsalzes vorliegen, kristallisiert Kaliumchlorid, das weniger gut löslich ist als das Magnesiumchlorid, teilweise schon in der Hitze, größtenteils aber während des Abkühlens aus.

Mit den an Magnesiumchlorid reichen Endlaugen geht etwas Kaliumchlorid verloren, daneben auch das stets vorhandene Rubidiumchlorid. (Über die Gewinnung von Brom aus diesen Endlaugen siehe unter Brom.) Auch das Hartsalz, ein Gemenge von Sylvin und Steinsalz, ist ein Hauptmaterial zur Gewinnung von Kaliumchlorid.

Kaliumchlorid bildet farblose Würfel mit einem Schmelzpunkt von 776 °C und einem Siedepunkt von 1411 °C. Die Dampfdichte wurde von NERNST bei 2000 °C entsprechend KCl gefunden.

Die heiß gesättigte wäßrige Lösung siedet bei 109,6 °C und enthält auf 100 Teile Wasser 59,3 Teile Salz, die bei 0 °C gesättigte Lösung enthält dagegen nur 28,5 Teile Salz.

Der Geschmack von Kaliumchlorid ist salzig, aber dabei etwas brennend. Zum Unterschied von Natriumchlorid wirkt das Kaliumchlorid wie alle löslichen Kalisalze in größeren Mengen auf Pflanzenfresser, z. B. Kaninchen, nicht aber auf Menschen deutlich giftig. Kleinere Mengen von Kalisalzen, wie sie durch pflanzliche Nahrungsmittel zugeführt werden, sind für den tierischen Organismus unentbehrlich.

Kaliumchlorat, KClO₃

Kaliumchlorat (Kalium chloricum der Pharmakopöe) entsteht, wie schon beim Chlor ausführlich besprochen wurde, beim Sättigen von Kalilauge mit Chlor in der Wärme oder bei der Elektrolyse von Kaliumchloridlösungen, wenn durch Umrühren das kathodisch gebildete Ätzkali mit dem anodisch frei gemachten Chlor gemischt wird (siehe hypochlorige Säure und Chlorsäure). Auch durch Umsetzung von Kaliumchlorid mit Natriumchlorat oder mit dem beim Einleiten von Chlor in heiße Kalkmilch gebildeten Calciumchlorat wird das Kaliumchlorat als das in der Kälte schwerer lösliche Salz gewonnen.

Kaliumchlorat bildet farblose, stark glänzende monokline Kristallblättchen, Dichte bei 17 °C 2,32 g/cm³, Schmelzp. 368 °C.

In 100 Teilen Wasser lösen sich bei:

°C	0	10	20	30	80	100
g KClO₃	3,3	5	7,1	10,1	39,6	56

Bei 104,4 °C, dem Siedepunkt der gesättigten Lösung, lösen 100 Teile Wasser 69,2 g KClO₃. Wegen dieser mit der Temperatur stark ansteigenden Löslichkeit läßt sich das Salz aus Wasser sehr gut umkristallisieren und in einem Zustand der Reinheit gewinnen, wie wenige andere Stoffe. Deshalb eignete sich das Kaliumchlorat als Grundlage genauer Atomgewichtsbestimmungen nach dem von STAS eingeführten Verfahren. Erhitzt man nämlich das Kaliumchlorat über 550 °C, so geht aller Sauerstoff fort, und es hinterbleibt Kaliumchlorid, $KClO_3 = KCl + \frac{3}{2} O_2$. Aus dieser Reaktion lassen sich die gewichtsmäßigen Beziehungen von Kalium und Chlor zum Sauerstoff ableiten.

Der Zerfall von Kaliumchlorat nach

$$2\,KClO_3 = 2\,KCl + 3\,O_2$$

entwickelt 25 kcal Wärme und ist als exotherme Reaktion leicht katalysierbar. Man kann durch Beimischen von $\frac{1}{10}$ des Gewichts an Braunstein, Kobalt(III)-oxid, Vanadinpentoxid oder Wolframsäure schon bei 150 °C einen glatten Zerfall des Chlorats bewirken.

Kaliumchlorat wird in der Zündholzindustrie gebraucht. Die Zündmasse der Sicherheitszündhölzchen wird aus Kaliumchlorat und Antimonsulfiden, Phosphorsulfiden oder Schwefel hergestellt. Diese entzündet sich beim Reiben an der mit rotem Phosphor bedeckten Fläche, weil das Chlorat in Berührung mit rotem Phosphor schon auf geringe mechanische Einwirkung von Reibung, Stoß und Schlag explosionsartig heftig reagiert.

Eine Mischung aus 4 Teilen Kaliumchlorat, 1 Teil rotem Phosphor und etwas Leim oder Gummi detoniert unter dem Hammer mit lautem Knall; sie diente früher als Armstrongsche Mischung zur Füllung von Schlagröhren für Geschütze, gegenwärtig bildet sie den Inhalt der Zündblättchen.

Auch beim Reiben von Kaliumchlorat mit Schwefel in einer Porzellanschale erfolgen lebhafte Teilexplosionen. Überhaupt sind Mischungen aus Chloraten und verbrennbaren Stoffen wegen ihrer Reibungsempfindlichkeit gefährlich.

Kaliumchlorat wirkt innerlich genommen giftig, da es den Blutfarbstoff in Methämoglobin verwandelt.

Bezüglich der Reaktionen des Chlorats in wäßrigen Lösungen und der Zersetzung durch Osmiumtetroxid siehe unter Chlorsäure.

Infolge des unter Energieentwicklung vor sich gehenden Zerfalls in Chlorid und Sauerstoff wirkt das Kaliumchlorat bei höherer Temperatur als äußerst heftiges *Oxydationsmittel*.

Gibt man zu schmelzendem Chlorat im Reagensglas kleine Stücke Schwefel oder Kohle, so verbrennen diese mit intensiver Lichtentwicklung. Genügt die Menge der brennbaren Substanz nicht, um allen Sauerstoff des Chlorats zu verbrauchen, so wird infolge der hohen Temperatur der überschüssige Sauerstoff frei und kann zu anderweitigen Oxydationen dienen. Hierauf beruhte die Verwendung von Gemischen aus Kaliumchlorat mit einigen Prozent Harz, Magnesiumpulver usw. in Patronenform zur Sauerstoffentwicklung für Atmungszwecke in abgeschlossenen Räumen. Berührt man eine solche Sauerstoff-Chloratpatrone mit einem glimmenden Span, so zersetzt sie sich allmählich unter Sauerstoffabgabe.

Ammoniakgas wirkt auf Kaliumchlorat von 200 °C an unter starker Wärmeentwicklung mit zunehmender Geschwindigkeit nach der Gleichung

$$3 \, KClO_3 + 2 \, NH_3 = KCl + 3 \, H_2O + Cl_2 + 2 \, KNO_3$$

(K. A. HOFMANN, 1924).

Kaliumperchlorat, $KClO_4$

Seltsamerweise finden sich erhebliche Mengen (bis zu 1 %) von Perchloraten im rohen Chilesalpeter, aus dem sie durch Umkristallisieren entfernt werden müssen, weil Perchlorate spezifische Gifte für die Wurzelhaare der Pflanzen sind.

Kaliumperchlorat entsteht aus Kaliumchlorat beim Erhitzen auf 480 ... 500 °C unter geringer Sauerstoffentwicklung, sofern kein Katalysator zugegen ist, hauptsächlich nach der Gleichung:
$$4 \, KClO_3 = 3 \, KClO_4 + KCl$$

Schon geringe Mengen Alkali oder Schwermetalloxide verringern die Ausbeute, weil sie den Zerfall des Perchlorats auch bei noch überschüssigem Chlorat begünstigen. Deshalb eignen sich Gefäße aus Quarz oder Jenaer Glas besonders gut (E. BLAU und R. WEINGARD).

Ist nach mehrstündigem Erhitzen auf 490 °C die anfangs dünnflüssige Schmelze zähe und trüb geworden, so bricht man das Erhitzen ab und kristallisiert das Salz aus Wasser um.

Kaliumperchlorat bildet rhombische Kristalle, die bei 299,5 °C unter Wärmeaufnahme von 3,3 kcal in eine reguläre Form übergehen. Auch bei den mit Kaliumperchlorat isomorphen Perchloraten von Rubidium, Cäsium, Thallium, Silber und Ammonium tritt in der Hitze die gleiche Umwandlung ein (D. VORLÄNDER). Oberhalb 500 °C zerfällt das Kaliumperchlorat gemäß:
$$KClO_4 \rightarrow KCl + 2 \, O_2 + 2 \, kcal$$

Diese Reaktion wird durch Katalysatoren, besonders durch Kupferoxidchlorid, sehr beschleunigt (K. A. HOFMANN und MARIN). Schwefel, Kohle usw. verbrennen im geschmolzenen Perchlorat ähnlich wie im Chlorat.

In 100 Teilen Wasser lösen sich bei:

°C	0	25	50	100
Teile KClO$_4$	0,71	1,96	5,34	18,7

Wegen dieser geringen Löslichkeit eignet sich das Perchlorat zum Nachweis von Kalium in Salzgemischen. Man verwendet 20%ige Perchlorsäure zum Fällen. In Alkohol ist das Kaliumperchlorat zum Unterschied vom Natriumperchlorat nicht löslich. Hierauf beruht eine quantitative Trennung dieser Alkalien.

Auch in der Sprengtechnik gebraucht man Kaliumperchlorat und zieht Mischungen dieses Salzes mit Paraffin, Harz oder Teer den kaliumchlorathaltigen Sätzen vor, weil Perchlorate gegen Stoß und Reibung weniger empfindlich sind als Chlorate (siehe das Verhalten von Perchlorsäure) und doch infolge ihres hohen, leicht abgebbaren Sauerstoffgehalts intensive, jähe Verbrennungen bewirken können. Für diese Zwecke wird das Kaliumperchlorat durch fortgesetzte Elektrolyse des Chlorats dargestellt.

Kaliumbromid, KBr

Kaliumbromid gewinnt man aus dem technischen „Bromeisen", Fe$_3$Br$_8$, dem Einwirkungsprodukt von Brom auf Eisen in Gegenwart von Wasser, durch Umsetzen mit Kaliumcarbonatlösung:

$$Fe_3Br_8 + 4\,K_2CO_3 = 8\,KBr + Fe_3O_4 + 4\,CO_2$$

Es kristallisiert in farblosen Würfeln, Dichte bei 25 °C 2,75 g/cm³, Schmelzp. 740 °C, Siedep. 1380 °C, die sich bei 20 °C zu 65 Teilen auf 100 Teile Wasser auflösen. Kaliumbromid dient in der Medizin als nervenberuhigendes Mittel und in der Photographie zur Erzeugung der lichtempfindlichen Bromsilbergelantineschicht.

Kaliumjodid, KJ

Kaliumjodid wird analog aus Fe$_3$J$_8$ oder Kupfer(I)-jodid, CuJ, und Kaliumcarbonat dargestellt oder durch Eintragen von Jod in Kalilauge, Glühen des Jodid-Jodatgemisches, evtl. unter Zusatz von Kohle zur leichteren Reduktion des Jodats. Es bildet reguläre Würfel, Dichte 3,13 g/cm³, Schmelzp. 680 °C, Siedep. 1330 °C, die sich bei 20 °C zu 144 Teilen auf 100 Teile Wasser lösen. Auch absoluter Alkohol löst beträchtliche Mengen, nämlich 1,8 g auf 100 g Alkohol von 20,5 °C. Kaliumjodid dient in der Medizin als wirksames Jodpräparat.

Die wäßrigen Lösungen nehmen Jod unter Bildung lockerer Anlagerungsverbindungen auf, wie KJ · J$_2$, die als Jodjodkaliumlösungen in der Jodometrie gebraucht werden (siehe unter Polyhalogenide bei Jod).

Kaliumfluorid, KF, und Kaliumhydrogenfluorid, KHF$_2$

Kaliumfluorid, Schmelzp. 856 °C, wird am besten durch starkes Erhitzen von Kaliumhydrogenfluorid, KHF$_2$, dargestellt. Es ist hygroskopisch, in Wasser leicht löslich und kristallisiert in der Kälte als Dihydrat aus. In Äthylalkohol lösen sich bei Zimmertemperatur 4,8 Teile Kaliumfluorid auf 100 Teile Lösungsmittel.

Kaliumhydrogenfluorid (Kaliumbifluorid), Schmelp. ≈ 220 °C, erhält man durch Eintragen von Kaliumcarbonat in eisgekühlte 40%ige Flußsäure. Das hygroskopische Salz läßt sich nur schwer vollständig entwässern, da auch die Schmelze noch Spuren von Wasser hartnäckig zurückhält. Bei 230 °C beträgt der Fluorwasserstoff-Partialdruck 50 Torr, bei 294 °C 167 Torr. Kaliumhydrogenfluorid dient ebenso wie die aus Kaliumfluorid und wasserfreier Flußsäure erhältlichen Verbindungen KF · 2 HF, Schmelzp. 70 °C, und KF · 3 HF, Schmelzp. 65,8 °C, als Elektrolyt zur Fluordarstellung.

Kaliumcyanid, KCN

Kaliumcyanid (Cyankalium) entsteht beim Erhitzen aller stickstoffhaltigen organischen Substanzen mit metallischem Kalium, in guter Ausbeute z. B. aus Harnsäure und einem Stückchen Kalium im Reagensrohr bei 500 °C in lebhafter Reaktion. Erwärmt man die wäßrige Lösung des Rückstands mit etwas Eisen(II)-sulfat in alkalischer Flüssigkeit, so entsteht Kaliumhexacyanoferrat(II), $K_4[Fe(CN)_6]$, das mit Eisen(III)-chlorid und Salzsäure Berlinerblau bildet. Hierauf beruht ein einfacher Nachweis von Stickstoff in kohlenstoffreicheren organischen Substanzen.

Zur Darstellung aller Cyanverbindungen ging man früher vom Kaliumhexacyanoferrat(II) (siehe unter Eisencyanide) aus. Dieses zerfällt beim Schmelzen unter Luftabschluß in Eisencarbid, Kohlenstoff, Stickstoff und Kaliumcyanid, das man durch Abfiltrieren der Schmelze auf porösen Tonfiltern oder durch Lösen in wäßrigem Alkohol von dem Rückstand trennt. Die eleganten und mit sehr guter Ausbeute arbeitenden Verfahren zur Gewinnung von Natriumcyanid (siehe unter Natriumcyanid) haben das Kaliumcyanid teilweise verdrängt, weil das Natriumcyanid bei höherem Gehalt an Cyanid und billigerem Preis alle technisch wichtigen Reaktionen des Kaliumcyanids gibt.

Kaliumcyanid kristallisiert aus Alkohol in farblosen Würfeln, Dichte 1,52 g/cm³. Die Bildungswärme aus den Elementen beträgt 28 kcal für 1 Mol. Im Handel findet man das Kaliumcyanid meist in Stangen gegossen, die sich in Wasser sehr leicht lösen. Die Lösung reagiert infolge hydrolytischer Spaltung stark alkalisch und riecht nach Blausäure. Beim Eindampfen zersetzt sich die Lösung weitgehend in Ammoniak und Kaliumformiat. Kaliumpermanganat oxydiert zu Kaliumcyanat, KOCN. Da selbst schwache Säuren, wie Kohlensäure, die Blausäure frei machen, wirkt das Kaliumcyanid bei normalem Säuregehalt des Magens ähnlich giftig wie Blausäure selbst (siehe unter Blausäure).

Im Laboratorium gebraucht man Kaliumcyanid vielfach als Reduktionsmittel zur Abscheidung von Metallen aus ihren Oxiden im Schmelzfluß, z. B. von Wismut, Antimon, Blei usw. Erhitzt man Arsenik oder Arsensulfid oder irgendein Arsenmineral mit Kaliumcyanidpulver im Reagensglas, so bildet sich ein sehr schöner Spiegel von braunem glänzenden Arsen an den kälteren Stellen des Glases. Doch hat man hierbei zu beachten, daß kräftigere Oxydationsmittel, wie Nitrate, Chlorate und ganz besonders Nitrite, das Kaliumcyanid wegen seiner geringen Bildungswärme so rapid oxydieren, daß heftigste Explosionen erfolgen. Deshalb verdünnt man solche Schmelzen meist mit dem doppelten Gewicht trockenen Natriumcarbonats.

Wegen ihrer Giftigkeit dienen Kalium- und Natriumcyanid zur Schädlingsbekämpfung. Außerdem werden große Mengen beider Salze zum Auslaugen von Gold aus den Amalgamationsrückständen verwendet, wobei sich unter Mitwirkung von Luftsauerstoff oder Brom lösliches Kaliumdicyanoaurat(I), $K[Au(CN)_2]$, bildet. Dieses sowie das analoge Silbersalz und eine ähnliche Nickelverbindung dienen zum galvanischen Vergolden, Versilbern oder Vernickeln. Auch in der Photographie gebrauchte man Kaliumcyanid als Lösungsmittel für das nicht reduzierte Silberbromid nach dem Entwickeln. Heute verwendet man statt dessen das ungiftige Natriumthiosulfat.

Beim Schmelzen mit Schwefel geht Kaliumcyanid über in *Kaliumrhodanid*, KSCN, das als sehr empfindliches Reagens auf Eisen(III)-salze dient.

Kaliumcarbonat, K_2CO_3

Kaliumcarbonat (sekundäres Carbonat) wurde, wie oben erwähnt, früher aus der Holzasche durch Auslaugen und Eindampfen in Töpfen („Pötten") gewonnen und deshalb Pottasche genannt. Gegenwärtig stellt man auf ähnlichem Wege noch Pottasche aus dem Glührückstand der Schlempe von vergorener Rübenmelasse und des mit Wasser aus roher Schafwolle ausgezogenen Wollschweißes dar, der bis zu 50 Gew.-% der Rohwolle beträgt und aus seifenartigen Kaliumverbindungen (z. B. Lanolin) besteht. In der Sowjetunion werden Sonnenblumenstengel zur Pottaschegewinnung verascht.

Technisch wird Pottasche aus Kalilauge und Kohlendioxid sowie durch Kalzinieren von Kaliumformiat dargestellt, das aus Kohlenmonoxid, Kaliumsulfat und Kalkmilch leicht bei 200 °C und 15 atm. zugänglich ist. Auch aus Kalisalzen kann Pottasche mit Magnesiumcarbonat und Kohlensäure nach ENGEL und PRECHT über das schwerlösliche Doppelsalz $KHMg(CO_3)_2 \cdot 4 H_2O$ gewonnen werden. Das Doppelsalz wird dann in Gegenwart von Wasser bei 120 °C in Kohlendioxid, Kaliumcarbonat und Magnesium-carbonat gespalten. Letzteres bleibt beim nachfolgenden Auslaugen mit Wasser zurück.

Kaliumcarbonat bildet eine weiße, kristalline Masse, Dichte 2,43 g/cm³, die bei 891 °C schmilzt, sich in Wasser sehr leicht auflöst.

In 100 Teilen Wasser lösen sich bei:

°C	0	25	50	100	130
Teile K_2CO_3	105	114	121	156	196

Die konzentrierte wäßrige Lösung ist ölig dickflüssig und wurde früher als Weinsteinöl (Oleum tartari) bezeichnet, weil sie durch Glühen von Weinstein und Zerfließenlassen des Rückstands an feuchter Luft gewonnen wurde.

Infolge starker hydrolytischer Spaltung nach

$$CO_3^{2-} + H_2O = HCO_3^- + OH^-$$

reagieren die wäßrigen Lösungen alkalisch, aber natürlich schwächer als reine Kalium-hydroxidlösungen.

Kaliumhydrogencarbonat, KHCO₃

Kaliumhydrogencarbonat (primäres Kaliumcarbonat, Kaliumbicarbonat), kristallisiert aus der mit Kohlensäure gesättigten Carbonatlösung in monoklinen, nicht zerfließlichen Säulen, die im Gegensatz zum Natriumhydrogencarbonat, leicht löslich sind, bei 20 °C zu 33 Teilen auf 100 Teile Wasser. Es reagiert in konzentrierter, kalter Lösung gegen Phenolphthaleïn an-nähernd neutral, nimmt aber beim Verdünnen, besonders nach längerem Stehenlassen infolge der Umsetzung

$$HCO_3^- = OH^- + CO_2$$

eine deutlich alkalische Reaktion an. Beim Kochen der Lösung entsteht unter Kohlensäure-abspaltung Kaliumcarbonat. Beim Erhitzen zerfällt das Hydrogencarbonat nach:

$$2 KHCO_3 = K_2CO_3 + CO_2 + H_2O$$

Der CO_2-Druck erreicht schon bei 100 °C 65 Torr, bei 127 °C 198 Torr.

Kalium-Oxalate

Von den Salzen des Kaliums mit Oxalsäure, dem *Kaliumoxalat* (neutrales oder sekundäres Kaliumoxalat), $K_2C_2O_4$, dem *Kaliumhydrogenoxalat* (saures oder primäres Oxalat), KHC_2O_4, das im Sauerklee und Sauerampfer vorkommt, und dem *Kaliumhydrogenoxalat-Oxalsäure-dihydrat (Kaliumtetraoxalat)*, $KHC_2O_4 \cdot H_2C_2O_4 \cdot 2 H_2O$, ist das letztere wegen seiner Ver-wendung unter dem Namen Kleesalz zur Beseitigung von Rostflecken, Tintenflecken, als Lösungsmittel für Eisenoxid und seine Verbindungen von Bedeutung. Es eignet sich wegen seines gut ausgeprägten, dreibasigen Säurecharakters als Ursubstanz für die maßanalytische Alkali- und Säurebestimmung sowie wegen seiner Reduktionswirkung gegen Kaliumpermanganat zur Einstellung dieses Oxydationsmittels, da es infolge seiner Schwerlöslichkeit aus Wasser völlig rein als Dihydrat kristallisiert. Doch zieht man für diesen Zweck meist die Oxalsäure, $H_2C_2O_4 \cdot 2\,H_2O$, vor.

Weinstein, $KHC_4H_4O_6$

Weinstein (tartarus, cremor tartari) ist das saure, primäre Salz der Rechtsweinsäure. Er kommt in der Natur hauptsächlich in den Weintrauben vor und wird bei der Gärung durch den sich bildenden Alkohol auf den Trestern und in den Fässern ausgefällt. Weinstein ist wenig löslich.

In 100 Teilen Wasser lösen sich bei:

°C	0	10	20
Teile $KHC_4H_4O_6$	0,32	0,40	0,57

Er wird in der Färberei als Beizmittel, in der Galvanoplastik und zur Backpulverherstellung verwendet. Früher gebrauchte man Weinstein als Ausgangsmaterial zur Gewinnung von Kaliumverbindungen, insbesondere von Kaliumcarbonat.

Kaliumnitrat, KNO_3

Kaliumnitrat (Kalisalpeter) kommt in der Natur, besonders in Ägypten, Ostindien und Tibet nach der Regenzeit als Auswitterung in trockenen Gegenden vor, wo pflanzliche und tierische Stoffe auf kalihaltigem Boden in Gegenwart von Luft und salpeterbildenden Bakterien verwesen (siehe S. 126). Dieser Salpeter (Felsensalz) kam als chinesischer Schnee oder Chinasalz nach dem Abendland.

Seit etwa 100 Jahren gewinnt man Kalisalpeter aus Chilesalpeter durch Umsetzung mit Kaliumchlorid (Konversionssalpeter).

Infolge der besonderen Löslichkeitsverhältnisse bei dem reziproken Salzpaar

$$NaNO_3 + KCl \rightleftharpoons KNO_3 + NaCl$$

läßt sich die Umwandlung des Chilesalpeters in Kalisalpeter auch in technischem Maßstab fast quantitativ durchführen.

Die Löslichkeit des Natriumchlorids ändert sich mit der Temperatur nur wenig (bei 20 °C 35,8 Teile, bei 100 °C 39,1 Teile in 100 Teilen Wasser), die des Kaliumnitrats steigt dagegen mit der Temperatur stark an.

In 100 Teilen Wasser lösen sich bei:

°C	0	20	30	100
Teile KNO_3	13,3	31,5	45,9	246

Bei hoher Temperatur ist von den 4 Salzen Natriumchlorid am schwersten löslich, bei niederen Temperaturen Kaliumnitrat. Trägt man daher ein äquimolares Gemisch von Kaliumchlorid und Natriumnitrat in kochendes Wasser ein, so scheidet sich Natriumchlorid ab, das in der Hitze abfiltriert wird. Beim Erkalten der Lösung kristallisiert dann Kaliumnitrat aus.

Kaliumnitrat kristallisiert bei niederen Temperaturen in großen rhombischen Prismen, die viel Mutterlauge einschließen. Deshalb wurde der zur Schießpulverbereitung bestimmte Salpeter durch Eindampfen und Abkühlen unter Umrühren als Mehlsalpeter abgeschieden. Die Dichte beträgt bei 16 °C 2,11 g/cm³, der Schmelzpunkt liegt bei 337 °C. Ein Gemisch von 55 Teilen Kaliumnitrat mit 45 Teilen Natriumnitrat hat als Eutektikum den niedrigsten Schmelzpunkt von 218 °C.

29*

Bei beginnender Rotglut verliert Kaliumnitrat Sauerstoff und geht zunächst in Kaliumnitrit, KNO_2, über, besonders leicht in Gegenwart oxydierbarer Substanzen, wie schwammförmiges Blei, das den Sauerstoff zur Bildung von Bleioxid und Mennige verbraucht. Bei stärkerer Glut zerfällt auch das Nitrit in Sauerstoff, Stickstoff und Kaliumoxid.

Zwar erfolgt die Sauerstoffentwicklung aus dem Salpeter zum Unterschied vom Kaliumchlorat nur unter Wärmeverbrauch und deshalb weit weniger energisch als bei diesem, doch brennen in stark erhitzten Salpeter hineingeworfene Stückchen von Schwefel, Kohle oder ein Holzspan mit großer Wärmeentwicklung und heller Lichtausstrahlung, ähnlich, aber weniger lebhaft als in Kaliumchlorat.

Auf dem stellenweise salpeterreichen Boden von Indien und dem inneren China hat man schon vor langer Zeit ähnliche Beobachtungen gemacht, wenn brennendes Holz in Berührung mit dem ausgewitterten Salpeter kam. Hieraus entwickelte sich dann die Kenntnis von den mittels Chinasalz (Salpeter) hergestellten Brandmischungen, die schließlich im Schießpulver ihre Vollendung erreichten. Auch heute noch dient Kaliumnitrat zur Herstellung von Schwarzpulver und Feuerwerkskörpern.

Das *Schwarzpulver* enthält etwa 75 % Salpeter, 10 % Schwefel und 15 % leicht entzündliche Holzkohle. Seit dem Ende des Mittelalters war es bis Ende des vergangenen Jahrhunderts das einzige Schieß- und Sprengmittel in Krieg und Frieden. Erst um die Jahrhundertwende wurde es nach und nach durch moderne Mittel verdrängt. Ein Nachteil des Schwarzpulvers ist seine weithin sichtbare Rauchentwicklung, weil bei der Explosion feste Stoffe, wie Kaliumcarbonat, -sulfat und -sulfid entstehen.

Sehr merkwürdig ist das Verhalten des schon von GLAUBER (1661) aus 3 Teilen Salpeter, 1,5 Teilen Schwefel und 1 Teil Pottasche gemischten Knallpulvers. Berührt man dieses direkt mit einer Flamme, so brennt es nur höchst unvollständig und gefahrlos ab. Schmilzt man aber die Mischung auf einem eisernen Löffel über einem Bunsenbrenner, so explodiert sie nach einiger Zeit heftig mit lautem dröhnendem Knall. Der Löffel wird durch die Gewalt des Stoßes nach unten abgebogen. Die explosionsartige Umsetzung in der Schmelze ist nach A. ANGELI auf die Umsetzung zwischen Nitrit und Thiosulfat, die sich beim Schmelzen aus den Ausgangsstoffen bilden, zurückzuführen.

Noch viel heftiger und deshalb äußerst gefährlich ist die Explosion von Gemischen aus Nitrit und im Vergleich zum Thiosulfat leichter verbrennbaren Substanzen, wie Kaliumcyanid oder Kaliumrhodanid.

Kaliumsulfide

Kaliumsulfid, K_2S, entsteht aus den Elementen unter Feuererscheinung beim schwachen Erwärmen. Zur technischen Darstellung reduziert man Kaliumsulfat mit Kohle oder Wasserstoff bei Rotglut. Das reinste Sulfid ist farblos, meist aber erscheint es durch einen Gehalt an Polysulfid gelblich oder durch Eisensulfid grünlich gefärbt. Aus der wäßrigen Lösung, die man auch durch Sättigung von einem Teil Kalilauge mit Schwefelwasserstoff und Zugabe eines weiteren Teils Kalilauge gewinnt, kristallisiert bei niederer Temperatur meist das Hydrat, $K_2S \cdot 5\,H_2O$, aus. Die Lösung reagiert infolge weitgehender hydrolytischer Spaltung zu Kaliumhydroxid und Kaliumhydrogensulfid stark alkalisch. Durch Sättigen mit Schwefelwasserstoff entsteht das *Kaliumhydrogensulfid*, KHS, durch Auflösen von Schwefel erhält man gelb- bis orangerote *Polysulfidlösungen*. In wasserfreiem Zustand sind bekannt K_2S_2 gelblich, K_2S_3 und K_2S_4 orangegelb, K_2S_5 orangerot, K_2S_6 rot. Von diesen ist das K_2S_5 am beständigsten.

Die aus Kaliumcarbonat und überschüssigem Schwefel bei 250 °C bereitete *Schwefelleber* (hepar sulfuris) ist ein Gemisch von Kaliumpentasulfid, K_2S_5, mit Kaliumthiosulfat, $K_2S_2O_3$, und gibt beim Ansäuern der Lösung mit verdünnten Säuren feinst verteilten Schwefel in Form der medizinisch verwendeten Schwefelmilch (lac sulfuris, siehe unter Schwefelwasserstoff).

Die *Monosulfide*, Me_2S, der Alkalimetalle können aus den Metallen und Schwefeldampf bei Luftabschluß dargestellt werden. Die Reaktion erfolgt unter Feuererscheinung; bei Natrium, Kalium, Rubidium und Cäsium mit fast derselben Wärmeentwicklung (für Natriumsulfid ergeben sich 90 kcal). Einfacher lassen sich die Monosulfide aus der Lösung der Alkalimetalle in flüssigem Ammoniak durch Zugabe von Schwefel darstellen. Bei Schwefelüberschuß bilden sich die in flüssigem Ammoniak löslichen Polysulfide.

An der Luft brennen die Monosulfide nach Berührung mit einem glühenden Glasstab wie Zunder ab. Kohlendioxid wird von 220 °C an sehr lebhaft unter Bildung von Carbonat und Kohlenstoffoxidsulfid, COS, aufgenommen.

In Wasser lösen sie sich sehr leicht unter starker Wärmeentwicklung; mit Schwefelkohlenstoff, CS_2, entstehen die roten Thiocarbonate.

Kaliumsulfat, K_2SO_4

Kaliumsulfat, K_2SO_4, ist vornehmlich für die Gewinnung von Alaun, Kaliumcarbonat und als Düngemittel wichtig. Billiger als aus Kaliumchlorid und Schwefelsäure stellt man das Salz aus den Kaliummineralien Kainit, Polyhalit und besonders aus Schönit, $K_2SO_4 \cdot MgSO_4$, durch Umsetzen mit Kaliumchlorid dar.

Kaliumsulfat bildet rhombische Kristalle von hexagonalem Habitus, Schmelzp. 1070 °C.

In 100 Teilen Wasser lösen sich bei:

°C	0	20	100
Teile K_2SO_4	7,4	11,1	24

Kaliumhydrogensulfat, $KHSO_4$

Kaliumhydrogensulfat (primäres Kaliumsulfat) entsteht aus Kaliumsulfat mit der äquimolekularen Menge Schwefelsäure sowie aus 1 Mol Kaliumchlorid und 1 Mol Schwefelsäure bei gewöhnlicher Temperatur. Es dient wegen seiner Fähigkeit, bei hoher Temperatur Schwefelsäure abzugeben, als Aufschlußmittel für schwer zersetzbare Mineralien, insbesondere Titanate, Niobate und Tantalate der Seltenen Erden.

Im Vakuum bei 340 °C geht das Salz in Pyrosulfat, $K_2S_2O_7$, über.

Durch Einwirkung von Schwefeltrioxid auf Kaliumsulfat oder Kaliumpyrosulfat erhielt P. BAUMGARTEN ein *Kaliumtrisulfat*, $K_2S_3O_{10}$. Dieses ist im Gegensatz zum Pyrosulfat hygroskopisch und zersetzt sich mit Wasser sofort zu Schwefeltrioxid und Kaliumpyrosulfat. Auch bei 150 °C erfolgt thermischer Zerfall in Schwefeltrioxid und Kaliumpyrosulfat.

Ammoniumverbindungen

Die Ammoniumsalze zeigen in ihrer Kristallform, ihrer Löslichkeit und bisweilen auch im chemischen Verhalten eine gewisse Ähnlichkeit mit den Kaliumsalzen. Die Ursache dieser Ähnlichkeit liegt darin, daß das NH_4^+-Ion in den Salzen als einheitliches Komplex-Ion wirkt, das die Ladung eines Alkali-Ions trägt und in der Größe zwischen Kalium und Rubidium steht. Auch in der Kristallstruktur stimmen die Ammoniumsalze oft mit den Alkalisalzen überein, wobei an Stelle des Alkali-Ions in den Ammoniumsalzen das tetraedrisch gebaute NH_4^+-Ion tritt.

Eine metallähnliche Natur des Ammoniumradikals NH_4 ergibt sich auch aus der Existenz des Ammoniumamalgams.

Übergießt man nämlich ein 1...2%iges Natriumamalgam mit konzentrierter Ammonium-chloridlösung, so tritt Ammonium an Stelle des Natriums in das Quecksilber über. Man erhält ein silberweiß glänzendes, butterartig weiches Ammoniumamalgam, das sich bei gewöhnlicher Temperatur unter starkem Aufquellen rasch in Ammoniak, Wasserstoff und Quecksilber zersetzt. Ebenso verhält sich das an einer Quecksilberkathode elektrolytisch aus Ammonium-salzen abgeschiedene Ammoniumamalgam. Kühlt man aber dieses bis nahe an 0 °C, so wird es beständiger und zeigt die Eigenschaften eines Alkalimetalls von hoher Lösungstension, indem es die edleren Metalle und sogar Barium aus den Lösungen ihrer Salze reduziert (A. COEHN).

Ein festes Ammoniumhydroxid, $NH_4^+OH^-$, oder Ammoniumoxid, $(NH_4)_2^+O_2^-$, ist wegen der im Vergleich zu Ammoniak, NH_3, größeren Protonenaffinität der Hydroxid- bzw. Sauerstoff-Ionen nicht existenzfähig. Die bei tiefen Temperaturen im System NH_3–H_2O auftretenden Kristalle von dieser Zusammensetzung sind als Hydrate $NH_3 \cdot H_2O$, Schmelzp. −79 °C, und $2 NH_3 \cdot H_2O$, Schmelzp. −78,2 °C, aufzufassen.

Ersetzt man alle Wasserstoffatome durch Methyl- oder Äthylgruppen, so wird das Komplex-Ion beständig, und Verbindungen, wie Tetramethylammoniumhydroxid, $[(CH_3)_4N]OH$, oder Tetraäthylammoniumhydroxid, $[(C_2H_5)_4N]OH$, sind alkaliähnliche, sehr starke Basen.

Die Ammoniumsalze, wie z. B. Ammoniumchlorid, NH_4Cl, zerfallen bei höherer Tempe-ratur in freies Ammoniak und die betreffende Säure.

Über die Darstellung der Ammoniumsalze aus Ammoniak und über die technische Bedeutung dieser Verbindungen ist bei Ammoniak nachzulesen. Hier sollen die Salze zunächst nur als Analoge der Kaliumsalze besprochen werden.

Ammoniumchlorid, NH_4Cl

Ammoniumchlorid (Salmiak), das schon seit dem Mittelalter bekannt ist, findet sich als vulkanisches Sublimat am Vesuv sowie bei Steinkohlenbränden. Es kristallisiert in regulären Kristallen, meist Oktaedern, die sich oft faserig anordnen, wie die technisch durch Sublimation aus den salzsauren Leuchtgas- und Kokereiwaschwässern dargestellten Salmiakkuchen zeigen. Die unter 184 °C beständige Modifikation besitzt das Gitter des Cäsiumchlorids (siehe S. 420).

Ammoniumchlorid schmeckt beißend scharf und ist wie alle Ammoniumsalze merklich giftig, wird aber vom Organismus bald im Harn und Schweiß ausgeschieden. Auf dieser schweißtreibenden Wirkung beruht die frühere Verwendung der Ammoniumpräparate in der Heilkunde. Die wäßrige Lösung reagiert zunächst ganz schwach sauer, $p_H \approx 5$, aber beim Eindampfen verflüchtigt sich etwas Ammoniak, und die Lösung reagiert dann stärker sauer. Trocken erhitzt, sublimiert Ammoniumchlorid. Bei 250 °C ist der Dampf vollständig in Ammoniak und Chlorwasserstoff zerfallen:

$$NH_4Cl \rightarrow NH_3 + HCl$$

Dieser Zerfall läßt sich sehr einfach in der Weise vorführen, daß man auf den Boden eines Reagensglases einige Gramm Ammoniumchlorid bringt, darüber in 5 cm Höhe ein Stück feuchtes blaues Lackmuspapier, dann einen Pfropfen aus Asbest oder besser noch aus Quarz-wolle und darüber ein Stück feuchtes rotes Lackmuspapier. Erhitzt man nun das Ammonium-chlorid bei horizontal gestelltem Rohr mit der Spitze einer entleuchteten Bunsenflamme, so verdampft es, und das infolge des Zerfalls frei gewordene Ammoniak dringt als spezifisch leichteres Gas durch die kapillaren Spalten des Asbestpfropfens rascher hindurch als der spezifisch schwerere Chlorwasserstoff. Durch die Anhäufung von Chlorwasserstoff diesseits und von Ammoniak jenseits des Pfropfens wird das untere blaue Lackmuspapier gerötet und das obere gebläut.

Der Zerfall des verdampften Ammoniumchlorids in Chlorwasserstoff und Ammoniak bedingt auch die Verwendung dieses Salzes beim Löten, weil die das Löten hindernden Metalloxide durch den Chlorwasserstoff als Chloride verdampft werden und so die Oberfläche des Metalls blank gelegt wird. Bringt man z. B. Kupferoxid mit Ammoniumchlorid gemischt auf einem Platinblech in eine nicht leuchtende Bunsenflamme, so färbt sich diese durch das verdampfte Kupferchlorid intensiv grünblau, während das Kupferoxid ohne Ammoniumchloridzugabe keine Färbung der Flamme bewirkt.

Eisenoxid mit Ammoniumchlorid im Reagensglas erhitzt, gibt ein rotgelbes Sublimat von sogenanntem Eisensalmiak (siehe auch unter Eisen(III)-chlorid).

Auch die blanken Metalle, wie Kupfer, Nickel und Eisen, werden im Temperaturbereich von etwa 250...320 °C vom Ammoniumchloriddampf viel stärker angegriffen als von der äquivalenten Menge Chlorwasserstoff (K. A. HOFMANN, 1925). Dies ist um so auffallender, als in beiden Fällen der gleiche Umsatz stattfindet, z. B.:

$$2\,Cu + 2\,HCl \rightarrow 2\,CuCl + H_2$$

Weil Ammoniumchlorid und auch Ammoniumnitrat in Wasser unter Wärmeverbrauch sehr leicht löslich sind, dienen sie im Laboratorium oft als Kältemittel. Eine billige Kältemischung erhält man z. B. durch loses Mengen von 1 Teil Ammoniumchlorid, 1,5 Teilen kristallisierter wasserhaltiger Soda und Zugeben von 3 Teilen Wasser. Die Temperatur sinkt dann von z. B. 20 °C auf −10 °C.

Ammoniumcarbonat, $(NH_4)_2CO_3$, Ammoniumhydrogencarbonat, NH_4HCO_3 und Ammoniumcarbaminat, $NH_4CO_2NH_2$

Das *Ammoniumcarbonat* des Handels (Hirschhornsalz, früher auch flüchtiges Laugensalz genannt) ist ein Gemisch oder vielleicht auch ein Doppelsalz des Ammoniumhydrogencarbonats mit dem Ammoniumsalz der Carbaminsäure (Amidokohlensäure), $NH_4CO_2NH_2$, etwa von der Zusammensetzung $1\,NH_4HCO_3 + 1\,NH_4CO_2NH_2$. Es wird heute, ebenso wie das Ammoniumhydrogencarbonat aus Ammoniakwasser und Kohlendioxid hergestellt. Beide Salze finden Verwendung in der Färberei, Wollwäscherei und seit langer Zeit als Backpulver, weil sie sich in der Wärme vollständig verflüchtigen, wobei die entwickelten Gase das Gebäck auflockern, ohne einen alkalischen Rückstand zu hinterlassen, wie dies bei dem auch als Backpulver dienenden Natriumhydrogencarbonat der Fall ist.

Früher wurde das Hirschhornsalz durch trockenes Erhitzen von stickstoffhaltigen Abfällen, wie Horn, Klauen, Hufen, Leder dargestellt, wobei man im Mittelalter großen Wert auf die besondere Herkunft legte, weil man glaubte, daß die medizinische Wirksamkeit hiervon abhängig sei. Faulender Harn diente wegen seines Gehaltes an Ammoniumcarbonat (aus dem Harnstoff, $CO(NH_2)_2$ durch Hydrolyse entstanden) den Eskimos als geschätztes Waschmittel an Stelle der Seife.

Wie schon der ammoniakalische Geruch des Hirschhornsalzes zeigt, gibt es an der Luft Ammoniak ab. Nach Einleiten von Ammoniak in die konzentrierte wäßrige Lösung kristallisiert beim Erkalten das normale Carbonat, $(NH_4)_2CO_3 \cdot H_2O$, aus, das sich an der Luft unter teilweiser Verflüchtigung rasch zersetzt und schließlich einen Rückstand von *Ammoniumhydrogencarbonat*, $NH_4 \cdot HCO_3$, hinterläßt. Dieses scheidet sich auch nach einiger Zeit aus einer konzentrierten Ammoniaklösung beim Sättigen mit Kohlendioxid in Form von großen, farblosen, rhombischen Prismen ab, die an trockener Luft weniger flüchtig sind als die Kristalle des sekundären Salzes.

Beim Zusammentreffen von Kohlendioxid und gasförmigem Ammoniak bildet sich *Ammonium-carbaminat:*

$$CO_2 + 2\,NH_3 = NH_4CO_2NH_2$$

Auch beim Einleiten von Kohlendioxid in wäßrige Ammoniaklösung entsteht zunächst fast ausschließlich das Carbaminat und aus diesem erst allmählich das Ammoniumcarbonat:

$$NH_4CO_2NH_2 + H_2O = (NH_4)_2CO_3$$

Die leichte Bildung des Carbaminats auch in wäßriger Lösung ist darauf zurückzuführen, daß die Reaktion zwischen Kohlendioxid und Ammoniak (siehe oben) sehr viel schneller verläuft als die Hydratisierung des Kohlendioxids in der Lösung zu Kohlensäure, H_2CO_3, (siehe S. 353) und daß nur letztere bzw. ihre Ionen HCO_3^- mit Ammoniak zu Carbonat reagieren.

Ammoniumsulfat, $(NH_4)_2SO_4$

Ammoniumsulfat ist schon bei Ammoniak als technisch wichtigstes Ammoniumsalz genannt worden, das von der Landwirtschaft als Stickstoffdünger in großen Mengen verbraucht wird. Um bei der sehr bedeutenden fabrikmäßigen Darstellung dieses Salzes aus den Waschwässern der Kokereien und Leuchtgasanstalten Schwefelsäure zu sparen, wird eine wäßrige Aufschlämmung von Gips mit Ammoniakgas und Kohlendioxid bei 55 ... 60 °C unter geringem Überdruck behandelt:

$$2\,NH_3 + CO_2 + H_2O + CaSO_4 = (NH_4)_2SO_4 + CaCO_3$$

In Deutschland wurden 1957 etwa 500 000 t Ammoniumsulfat in Gasanstalten und Kokereien gewonnen.

Das Ammoniumsulfat kristallisiert isomorph mit dem Kalium- und Rubidiumsulfat und löst sich bei 20 °C zu 75 g, bei 100 °C zu 100 g in 100 g Wasser. Beim trockenen Erhitzen wirkt· Ammoniak teilweise reduzierend auf Schwefelsäure, so daß neben Wasser auch Stickstoff und schweflige Säure entstehen.

Ammoniumnitrat, NH_4NO_3, und Ammoniumnitrit, NH_4NO_2

Ammoniumnitrat (Ammonsalpeter) wird aus Ammoniak und verdünnter Salpetersäure dargestellt.

Ammoniumnitrat tritt in fünf verschiedenen Modifikationen auf. Die zwischen −16 °C und 32 °C beständige Modifikation ist rhombisch und isomorph mit Kalisalpeter. Zwischen 32 °C ... 80 °C ist eine zweite rhombische Modifikation beständig, zwischen 84 °C ... 125 °C eine tetragonale und schließlich oberhalb 125 °C eine kubische Form. Ammoniumnitrat löst sich in Wasser außerordentlich leicht unter Abkühlung und dient deshalb mit Eis gemischt als Kältemittel.

Von 170 °C an zerfällt das Ammoniumnitrat in Distickstoffoxid, N_2O, und Wasser (siehe bei Distickstoffmonoxid) neben kleinen Mengen (etwa 2 %) Stickstoff, bei jähem Erhitzen verbrennt es mit gelber, fauchender Flamme zu Stickstoff, Wasser, Sauerstoff und Stickstoffoxiden. Deshalb wurde es früher als Nitrum flammans vom gewöhnlichen Salpeter unterschieden.

Schon geringe Beimengungen an Chloriden, wie Ammoniumchlorid oder Natriumchlorid, beschleunigen den Zerfall unter Chlorentwicklung.

Ammoniumnitrat dient in großen Mengen zur Herstellung der wegen ihrer kurzen Explosionsflamme für Kohlenbergwerke wichtigen schlagwettersicheren Sprengstoffe. Durch eine Zumischung von Natriumchlorid, das durch seine Verdampfung die Explosionstemperatur erniedrigt, wird die Wettersicherheit noch verbessert. Um den beim Zerfall des Ammoniumnitrats freiwerdenden Sauerstoff auszunutzen, werden Zusätze von organischen Nitroverbindungen oder von Aluminiummetall beigegeben.

Um die verbrennende Wirkung von Ammoniumnitrat zu zeigen, mischt man 16 g Zinkstaub mit 13 g Ammoniumnitrat und häuft das innige Gemenge auf Filtrierpapier an. Bringt man von oben einen Tropfen Wasser hinzu, so brennt die Masse bald mit großer Flamme ab.

Ammoniumnitrit wird in festem Zustand am einfachsten durch Überleiten von Luft und Ammoniak über Platinasbest bei möglichst niederer Temperatur und Verdichten der hierbei auftretenden dichten, weißen Nebel dargestellt. Es zerfließt an der Luft und zerfällt beim Erhitzen unter Verpuffung nach

$$NH_4NO_2 = N_2 + 2\,H_2O$$

desgleichen in wäßriger Lösung bei 60 ... 70 °C (siehe bei salpetriger Säure).

Ammoniumchlorat, NH₄ClO₃

Viel empfindlicher als das Ammoniumnitrat ist das Ammoniumchlorat, das bei 90 °C explodiert und sich bei längerem Aufbewahren von selbst entzünden kann. Weil dieses Salz aus Gemischen von Ammoniumnitrat und Kaliumchlorat durch doppelte Umsetzung, besonders beim Erwärmen entsteht, darf man Sicherheitssprengstoffen niemals Chlorate beimengen.

Ammoniumsulfide

Als farbloses und gelbes Schwefelammonium dienen im analytischen Laboratorium Sulfide des Ammoniums zur Fällung von Eisen-, Mangan-, Zink-, Kobalt- und Nickel-salzen als Sulfide sowie zum Lösen der mit Schwefelwasserstoff aus saurer Lösung gefällten Sulfide von Arsen, Zinn und Antimon in Form der Ammoniumthiosalze dieser Metalle.

Beim Sättigen von Ammoniakwasser mit Schwefelwasserstoff entsteht eine farblose Lösung von *Ammoniumhydrogensulfid*, (NH₄)HS. Gibt man zu dieser Lösung die gleiche Menge Ammoniakwasser hinzu, so erhält man das *farblose Schwefelammonium* der analytischen Chemie. Die Lösung reagiert stark alkalisch, weil das Gleichgewicht:

$$HS^- + NH_3 \rightleftharpoons S^{2-} + NH_4^+$$

ganz überwiegend auf der linken Seite der Gleichung liegt. Dies folgt u. a. aus der gleich großen Neutralisationswärme beim Zusammenbringen von 1 Mol Schwefelwasserstoff mit 1 Mol Ammoniak und 1 Mol Schwefelwasserstoff mit 2 Mol Ammoniak.

Wenn auch im farblosen Schwefelammonium vorwiegend NH_4^+-, HS^--, OH^--Ionen und Ammoniak vorhanden sind, so ist doch die Schwefel-Ionenkonzentration sehr viel höher als im Schwefelwasserstoffwasser, so daß das Löslichkeitsprodukt der in saurer Lösung nicht ausfallenden Sulfide von Eisen, Kobalt, Nickel und Zink überschritten wird. Denn infolge der alkalischen Reaktion des Schwefelammoniums bleibt die Wasserstoff-Ionen-konzentration klein, wodurch die Dissoziation der HS^--Ionen in H^+- und S^{2-}-Ionen begünstigt wird.

Das feste, farblose *Ammoniumsulfid*, (NH₄)₂S, aus flüssigem Ammoniak und Schwefelwasser-stoff bei Ausschluß von Wasser erhältlich, zersetzt sich schon bei Temperaturen weit unter 0 °C in Ammoniak und das bei gewöhnlicher Temperatur gleichfalls flüchtige Ammonium-hydrogensulfid.

Beim Einbringen von Schwefel in die farblose Schwefelammoniumlösung löst sich dieser unter Bildung von *Ammoniumpolysulfiden*. Unter Luftabschluß entsteht eine tiefrote Lösung, aus der das gelbe Ammoniumpentasulfid, (NH₄)₂S₅, kristallisiert. Die Existenz weiterer definierter Ammoniumpolysulfide, wie (NH₄)₂S₆ und (NH₄)₂S₄ ist noch fraglich. Das *gelbe Schwefelammon* entsteht beim Stehen des farblosen Schwefelammoniums an der Luft durch Oxydation. Es enthält Ammoniumpolysulfide. Schließlich tritt bei weiterer Oxydation wieder Entfärbung unter Bildung von Ammoniumthiosulfat, (NH₄)₂S₂O₃, ein.

Rubidium, Rb

Atomgewicht	85,4678
Schmelzpunkt	39 °C
Siedepunkt	713 °C
Dichte	1,53 g/cm³

Vorkommen und Darstellung

Rubidium wurde von BUNSEN und KIRCHHOFF im Jahre 1861 bei der spektralanalytischen Untersuchung des Dürkheimer Mineralwassers aufgefunden und nach den beiden charakteristischen Spektrallinien im Rot von rubidus ≙ dunkelrot benannt. Seine Flammenfärbung ist jedoch etwas blaustichiger als die des Kaliums.

Außer dem Vorkommen in den Silicaten Lepidolith und Leucit ist das Auftreten von Rubidiumsalzen als Begleiter der analogen Kaliumverbindungen in den Abraumsalzen von besonderer Bedeutung.

Nach WILKE-DÖFURT enthalten 100 Teile Carnallit von Aschersleben in der Kieseritregion 0,036, in der Carnallitzone 0,024 ... 0,035 Teile Rubidiumchlorid. Bei der Zersetzung von Carnallit in festes Kaliumchlorid und Magnesiumchloridlösung geht das Rubidium größtenteils in die Mutterlaugen. Doch gelangen bei einer jährlichen Förderung von 2 · 10⁶ t Carnallit viele Tonnen Rubidiumchlorid in die Düngesalze bzw. in die von der Industrie gebrauchten Kaliumverbindungen. Die Zuckerrübe und der Tabak nehmen verhältnismäßig große Mengen Rubidium neben dem Kalium auf, so daß die Schlempekohle und die Tabakasche leicht nachweisbare Mengen Rubidiumcarbonat enthalten.

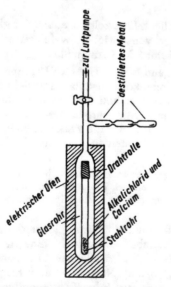

Rubidiumaluminiumalaun, $RbAl(SO_4)_2 \cdot 12 H_2O$, löst sich bei 20 °C nur zu 1,5 g, der analoge Kaliumalaun aber zu 6,0 g wasserfreies Salz auf 100 Teile Wasser. Auch der Rubidiumcarnallit, $RbCl \cdot MgCl_2 \cdot 6 H_2O$, ist schwerer löslich als der Kaliumcarnallit. So kann man durch wiederholtes Umkristallisieren das Rubidium leicht anreichern und große Mengen Rubidiumpräparate aus den Abraumsalzen gewinnen, sobald sich hierfür eine technische Verwendung findet.

Das Metall kann durch Elektrolyse des Chlorids abgeschieden werden. Im Laboratorium stellt man Rubidium aus dem Chlorid durch Erhitzen mit Calcium im Vakuum bei Rotglut dar (siehe Abb. 85). Auf gleiche Weise kann man auch Kalium und Cäsium gewinnen (N. D. COSTEANU). Zur Darstellung kleiner Mengen von sehr reinem Rubidium wie auch von Cäsium eignet sich die Umsetzung der Chromate mit Zirkonpulver oder die thermische Zersetzung der Azide im Hochvakuum (siehe S. 124).

Gleich dem Kalium ist das Rubidium radioaktiv und sendet β-Strahlen aus; doch sind diese weniger durchdringend, also von geringerer Geschwindigkeit, als die Strahlen des Kaliums. Cäsium aber ist trotz seines hohen Atomgewichts nicht radioaktiv.

Abb. 85. Darstellung der Alkalimetalle aus den Chloriden mit Hilfe von Calcium

Rubidium und Cäsium senden unter Belichtung in besonders starkem Maße Elektronen aus (Photozellen).

Verbindungen des Rubidiums

Mit Luft und mit Wasser reagiert Rubidium noch viel lebhafter als Kalium, so daß es sich schon in trockenem Sauerstoff bisweilen entzündet. Das vollständige Verbrennungsprodukt, *Rubidiumdioxid*, RbO_2, ist, wie das analoge Kaliumdioxid, eine braungelbe, kristalline Masse, die bei starkem Erhitzen im Vakuum das schwarze *Dirubidiumtrioxid*, Rb_2O_3, liefert. Nach W. KLEMM besteht das Dirubidiumtrioxid, Rb_2O_3, aus Rb^+-Ionen und einfach und zweifach negativ geladenen Ionen $O_2{}^{2-}$ und $O_2{}^{1-}$. Die Struktur des Rubidiumdioxids besteht analog dem Kaliumdioxid, KO_2, nur aus Rb^+- und $O_2{}^-$-Ionen. Das gleiche gilt für die analogen Cäsium-verbindungen. Bei überschüssigem Metall entsteht das *Rubidiumoxid*, Rb_2O, durchsichtig blaßgelbe Kristalle, die mit Wasser unter großer Wärmeentwicklung (80 kcal auf 1 Mol) in das gelöste *Rubidiumhydroxid*, $RbOH$, übergehen. Einfacher stellt man Rubidiumhydroxid aus der Lösung des Sulfats mit einem Anionenaustauscher dar.

Die Rubidiumsalze gleichen, abgesehen von Unterschieden in der Löslichkeit, den Kalium-salzen so sehr, daß auf eine besondere Beschreibung hier verzichtet werden kann.

Zum Nachweis und zur Trennung können das Rubidiumperchlorat (Löslichkeit bei 21 °C 1,09 g in 100 g Wasser) und das Chloroplatinat (Löslichkeit bei 20 °C 0,141 g auf 100 g Wasser) dienen. Auch Rubidiumfluorosilicat, Rb_2SiF_6, und besonders Rubidiumfluoroborat, $RbBF_4$, sind in Wasser noch schwerer löslich als die entsprechenden Kaliumsalze.

Cäsium, Cs

Atomgewicht	132,9055
Schmelzpunkt	28,5 °C
Siedepunkt	690 °C
Dichte	1,90 g/cm³

Cäsium wurde gleich dem Rubidium von BUNSEN mit Hilfe der Spektralanalyse aufgefunden (1860) und nach der blauen Doppellinie[1]) benannt.

Die Flammenfärbung des Cäsiums ist jedoch rotstichiger als die des Kaliums. Cäsium kommt als Begleiter von Kalium in vielen Mineralquellen und in den Staßfurter Salzlagern, aber nur in sehr geringen Mengen vor. Bis zu 32 % Cäsium enthält das seltene Mineral Pollux, $Cs[Si_2AlO_6] \cdot \frac{1}{2} H_2O$, von der Insel Elba.

Zur Trennung des Cäsiums von Kalium eignet sich außer dem sehr wenig löslichen Cäsium-alaun (0,46 g wasserfreies Salz auf 100 g Wasser bei 20 °C) und dem ähnlich löslichen Cäsiumperchlorat die Bildung schwer löslicher Doppelchloride mit Zinn und Antimon. Vom Rubidium trennt man das Cäsium auf Grund der Leichtlöslichkeit von Cäsiumcarbonat in Alkohol, während Rubidiumcarbonat darin kaum löslich ist.

Über die Darstellung des Metalls siehe bei Rubidium.

Wie Kalium, Natrium und Rubidium ist auch Cäsium ein silberhelles Metall. Es ist aber viel weicher als diese, fast so weich wie Wachs, und oxydiert sich an der Luft augenblicklich.

Ungewöhnlich ist die große Anzahl von Verbindungen zwischen Cäsium und Sauerstoff. Außer den Verbindungen Cäsiumdioxid, CsO_2, (gelb), Dicäsiumtrioxid, Cs_2O_3, (schwarz), Cäsiumper-oxid, Cs_2O_2, (gelblich) und Cäsiumoxid, Cs_2O, (weiß) existieren noch mehrere niedere Oxide („Suboxide") im Gebiet zwischen Cäsiumoxid, Cs_2O, und Cäsium, Cs, (RENGADE, 1907, BRAUER, 1947).

Cäsiumoxid, Cs_2O, reagiert mit Wasser äußerst heftig unter Zischen und Aufglühen. Auch auf absoluten Alkohol wirkt das Oxid so heftig, daß dieser sich dabei entzünden kann. In feuchtem Kohlendioxid entsteht sofort unter Feuererscheinung das Carbonat.

---

[1]) caesius ≙ himmelblau

Cäsiumhydroxid gehört mit den Tetraalkylammoniumhydroxiden zu den stärksten Basen, zerfließt an feuchter Luft sogleich, erhitzt sich im Wasser sehr stark und löst sich auch in Alkohol äußerst leicht.

Lithium, Li

Atomgewicht	6,941
Schmelzpunkt	179 °C
Siedepunkt	≈ 1330 °C
Dichte bei 20 °C	0,534 g/cm³

Vorkommen und Darstellung

Lithium findet sich in vielen Silicaten[1]), als Begleiter von Natrium, aber meist nur in Spuren. Größere Mengen Lithium enthalten der *Spodumen*, $(Li,Na)Al[Si_2O_6]$, mit ungefähr 4 % Lithium, der *Lepidolith* (Lithionglimmer), $K(Al,Li)_{2-3}(OH)_2[(Si,Al)_4O_{10}]$ mit 1 . . . 3 % Lithium, der *Triphylin*, $Li(Fe,Mn)PO_4$, mit 3 . . . 4 % Lithium.

Kleinere Mengen Lithiumsalze kommen weitverbreitet in anderen Gesteinen vor, so im Feldspat des Odenwaldes, in den Turmalinen, im Muschelkalk und im Frankendolomit. So gelangt das Lithium in den Wald- und Ackerboden, wo es von manchen Pflanzen, wie Tabak, Zuckerrohr und Holunder, besonders stark aufgenommen wird. Auch die meisten Mineralquellen enthalten deutlich nachweisbare Mengen Lithiumsalze. Die Friedrichsquelle in Baden-Baden enthält 9,6 mg Lithium in 1 l.

Zur Trennung des Lithiums von den stets begleitenden anderen Alkalien dient die Löslichkeit des Chlorids in Alkohol, die auffallend geringe Löslichkeit des Carbonats in Wasser und die Unlöslichkeit des Phosphats.

Das Metall wird durch Elektrolyse eines geschmolzenen Gemisches von Lithiumchlorid und Kaliumchlorid mit Anoden aus Graphit hergestellt. Nach KAHLENBERG kann man auch aus der Lösung von Lithiumchlorid in Pyridin das Metall elektrolytisch gewinnen.

Eigenschaften und Verwendung

Lithium ist ein silberweißes Metall, härter als Natrium und Kalium, zähe wie Blei, so daß es leicht zu Draht ausgezogen werden kann. Die Dichte ist so gering, daß das Metall selbst auf Petroläther schwimmt. Es verbrennt in Sauerstoff oder Luft ab 200 °C mit blendend weißer Flamme zu Lithiumoxid, Li_2O, dem nur geringe Mengen eines Peroxids beigemischt sind. In feuchter Luft oxydiert sich Lithium langsamer als Natrium oder Kalium. Mit Wasser wird, ähnlich wie bei diesen, aber weit weniger heftig, Wasserstoff entwickelt und Lithiumhydroxid gebildet. Entsprechend seinem kleinen Atomvolumen ist die Reaktionsfähigkeit des Lithiums viel geringer als die der anderen Alkalien. Dagegen nähert sich das Lithium in seinem Verhalten vielfach den Erdalkalimetallen und zeigt eine auffallende Affinität zum Wasserstoff und zum Stickstoff.

---

[1]) daher der Name, von λίθος Stein, Fels.

Zur Erkennung dient die rote Flammenfärbung der Lithiumsalze. Löst man z. B. Lithiumchlorid in Methylalkohol und brennt diesen in offener Schale ab, so leuchtet die Flamme mit karminrotem Licht. Spektroskopisch kann man durch die rote Lithium-linie noch Spuren dieses Elements mit Sicherheit nachweisen, hat aber dabei zu beachten, daß Lithium in den meisten Gläsern enthalten ist.

Lithium dient als Antioxydationsmittel in der Stahl- und Kupfermetallurgie sowie als Zusatz zu Aluminium- und Bleilegierungen, um die Härte zu erhöhen.

Lithiumseifen haben große Bedeutung als Zusatz zu hochwertigen Schmierfetten. Der Gesamtverbrauch an Lithiumsalzen wird für 1955 auf 9000 t geschätzt.

Über die Bedeutung des Lithiums in der Kernchemie siehe unter Tritium im Kapitel „Der Atomkern".

Verbindungen des Lithiums

Lithiumhydrid, LiH

Lithiumhydrid, LiH, erhält man am besten aus dem Metall und Wasserstoff in einem Schiffchen aus reinem Eisenblech, das in einem mit Nickelblech ausgekleideten Porzellanrohr erhitzt wird. Die Reaktion beginnt bei 400 °C und verläuft bei 500 °C lebhaft unter Wärmeentwicklung (21,5 kcal). Das farblose, regulär kristallisierte Lithiumhydrid färbt sich im Tageslicht und besonders schnell im ultravioletten Licht blau und wird von Quecksilber beim Erhitzen in Lithiumamalgam und Wasserstoff gespalten. Die elektrische Leitfähigkeit des geschmolzenen Lithiumhydrids steigt mit der Temperatur, und das Lithium wird an der Kathode, der Wasser-stoff an der Anode abgeschieden. Dieses Hydrid verhält sich demnach wie ein Halogenid und ist ein echtes Salz mit negativen Wasserstoff-Ionen (KURT PETERS, 1923). (Siehe auch unter Natriumhydrid, NaH.)

Auch die Röntgenuntersuchung hat ergeben, daß Lithiumhydrid und ebenso Natrium-, Kalium-, Rubidium- und Cäsiumhydrid dieselbe Kristallstruktur besitzen wie das Natriumchlorid. Die negativen Wasserstoff-Ionen nehmen dieselben Plätze ein wie die negativen Chlor-Ionen. Lithiumhydrid und Lithiumfluorid bilden in kleinen Grenzen Mischkristalle (E. ZINTL).

Große Bedeutung gewann die Umsetzung von Lithiumhydrid mit Aluminiumchlorid oder Aluminiumbromid zu *Lithiumaluminiumhydrid*, LiAlH$_4$, (siehe unter Aluminium) und mit Borfluorid zu *Lithiumborhydrid*, LiBH$_4$, (siehe unter Bor).

Lithiumnitrid, Li$_3$N, und Lithiumamid, LiNH$_2$

Lithiumnitrid bildet sich schon bei gewöhnlicher Temperatur binnen mehrerer Stunden aus dem Metall und trockenem Stickstoff. Bei 450 °C erfolgt die Vereinigung unter Aufglühen. Das Produkt zeigt grünlichen Metallglanz mit rubinroter Durchsicht, verbrennt beim Reiben unter Funkensprühen und liefert mit Wasser Lithiumhydroxid und Ammoniak:

$$Li_3N + 3 H_2O = 3 LiOH + NH_3$$

Beim Erhitzen im Wasserstoffstrom geht das Nitrid in das Hydrid und Ammoniak über, während umgekehrt das Hydrid im Stickstoffstrom bei höherer Temperatur das Nitrid ergibt. Zwischendurch entstehen Lithiumamid, LiNH$_2$, und Lithiumimid, Li$_2$NH (RUFF).

Wie die anderen Alkalimetalle und wie auch das Calcium löst sich Lithium in flüssigem Ammoniak zu einer tiefblauen Lösung. Aus dem beim Abdunsten hinterbleibenden Hexammin entsteht bei gewöhnlicher Temperatur, rascher beim Erwärmen auf 60 °C unter Wasserstoff-entwicklung *Lithiumamid*, das sich in glänzenden, durchsichtigen Kristallen abscheidet.

Lithiumoxid, Li₂O, und Lithiumhydroxid, LiOH

Lithiumoxid entsteht außer beim Verbrennen des Metalls an der Luft auch beim Erhitzen des Hydroxids, LiOH, in trockenem Wasserstoff auf 780 °C, desgleichen durch thermische Zersetzung von Lithiumcarbonat, Lithiumnitrat oder Lithiumperoxid.

Dieses erdig weiße Oxid greift zum Unterschied von den anderen Alkalioxiden Platin auch bei hohen Temperaturen nicht an und löst sich langsam in Wasser unter mäßiger Wärmeentwicklung zum Hydroxid. Das *Hydroxid* erhält man beim Eindampfen als Hydrat, LiOH · H₂O aus dem bei 450 °C das geschmolzene Hydroxid, LiOH, hervorgeht.

Das Lithiumhydroxid löst sich bei 30 °C zu 13 g auf 100 g Wasser zu einer stark alkalischen Flüssigkeit, deren Basenstärke etwa ebenso groß ist wie die äquivalenter Natrium- bzw. Kaliumhydroxidlösungen.

Lithiumsalze

Lithiumcarbonat, Li₂CO₃, wird am besten durch Fällen von Lithiumchloridlösungen mit Ammoniumcarbonat in der Wärme dargestellt und eignet sich wegen seiner Schwerlöslichkeit besonders gut zur Gewinnung reiner Lithiumpräparate.

In 100 g Wasser lösen sich bei:

°C	0	10	20	50	75	100
g Li₂CO₃	1,54	1,41	1,33	1,18	0,87	0,73

Die Löslichkeit in Wasser nimmt also zum Unterschied von den meisten anderen Salzen mit steigender Temperatur ab (vgl. hierzu Natriumsulfat, S. 438).

Ähnlich wie Natrium- oder Kaliumcarbonat ist auch das Lithiumcarbonat in wäßriger Lösung teilweise hydrolysiert und zwar in bei 18 °C gesättigter Lösung zu annähernd 5 %. In kohlensäurehaltigem Wasser ist Lithiumcarbonat infolge der Bildung von Hydrogencarbonat bedeutend leichter löslich als in reinem Wasser, ein Verhalten, durch das das Lithium den Erdalkalimetallen ähnelt.

Noch auffallender nähert sich das Lithium diesen Elementen im *Lithiumphosphat*, Li₃PO₄, das sich bei 18 °C in 2540 Teilen Wasser und in 3920 Teilen verdünntem Ammoniakwasser löst, also so schwer löslich ist, daß in dieser Form das Lithium quantitativ bestimmt werden kann

Lithiumnitrat zerfließt leicht an der Luft und ist sowohl in Wasser als auch in Alkoholen besonders in Methylalkohol, sehr leicht löslich.

Lithiumchlorid, LiCl, Schmelzp. 614 °C, Siedep. ≈ 1370 °C, schmeckt ähnlich wie Kochsalz und ist physiologisch nahezu ganz unschädlich. Schon bei 20 °C lösen sich 81 g Lithiumchlorid auf 100 g Wasser; auch Alkohole sowie Gemische von diesen mit Äther, Aceton, Eisessig, Phenol und Pyridin lösen Lithiumchlorid leicht auf. Viele Chloride von Schwermetallen verbinden sich mit Lithiumchlorid zu Doppelsalzen, wie LiCl · CuCl₂; LiCl · MnCl₂; LiCl · FeCl₂ usw. Trockenes Lithiumchlorid absorbiert auch Ammoniakgas, ähnlich wie dies das Calciumchlorid tut, zu verschiedenen Amminen, wie LiCl · NH₃, LiCl · 2 NH₃ usw.

Lithiumsulfat, Li₂SO₄, kristallisiert in monoklinen Tafeln und ist in Wasser leicht löslich, bei 20 °C 34,5 Teile, bei 100 °C 29,5 Teile auf 100 Teile Wasser.

Harnsaures Lithium, LiC₅H₃N₄O₃, löst sich in 368 Teilen Wasser von 20 °C, in 116 Teilen Wasser von 39 °C und in 39 Teilen kochendem Wasser. Es ist demnach in Wasser nur mäßig löslich, aber doch viel löslicher als die anderen Alkalisalze der Harnsäure, weshalb man annahm, daß durch Verabreichung von Lithiumpräparaten gichtische Harnsäurekonkretionen im Organismus aufgelöst werden. Doch überwiegen im Blut die Natriumsalze so sehr, daß die Bildung von harnsaurem Lithium fast ganz unterdrückt werden müßte. Aber das Lithium dringt leichter als die anderen Alkalien in die Gewebe ein, und damit hängt vielleicht die medizinische Wirksamkeit der Lithiumpräparate zusammen.

Elemente der II. Hauptgruppe (Erdalkalimetalle)

Die Erdalkalimetalle Beryllium, Magnesium, Calcium, Strontium, Barium und Radium gehören wie die Alkalimetalle zu den Leichtmetallen, denn die Dichte steigt in dieser Reihe von 1,6 g/cm³ nur bis 3,8 g/cm³ an. Sie bilden in allen Verbindungen zweifach positiv geladene Metall-Ionen. Die Oxide sind weiße, erdige, kaum oder schwer schmelzbare Pulver — daher der Name Erdalkalimetalle. In Verbindung mit Wasser bilden sie Basen, deren Stärke vom Beryllium zum Barium zunimmt und im Bariumhydroxid fast den Alkalihydroxiden gleichkommt.

Von den Salzen der Erdalkalimetalle sind die Chloride, Bromide, Jodide, Nitrate und Hydrogencarbonate in Wasser löslich, dagegen die Fluoride und die Verbindungen mit zwei- und dreiwertigen Anionen, wie die Sulfate, Carbonate, Phosphate und Oxalate, schwer löslich. Calcium-, Strontium- und Bariumchlorid färben die Bunsenbrennerflamme charakteristisch und geben schon bei dieser verhältnismäßig niedrigen Temperatur ausgeprägte Linienspektren.

Beryllium, Be

Atomgewicht	9,01218
Schmelzpunkt	1280 °C
Siedepunkt	$\approx$ 3000 °C
Siedepunkt in Wasserstoff von 5 Torr	$\approx$ 1530 °C
Dichte bei 20 °C	1,84 g/cm³
Härte	6 ... 7

Vorkommen

Beryllium bildet einen wesentlichen Bestandteil einiger Edelsteine, wie des *Beryll*, $Be_3Al_2[Si_6O_{18}]$, der, opak undurchsichtig, manchmal meterhohe, dicke hexagonale Prismen bildet und sich hauptsächlich in Brasilien, ferner in Südafrika, im Ural und in kleinen, allerdings nicht abbauwürdigen Vorkommen im Bayrischen Wald bei Bodenmais findet. Das Silicatanion des Berylls ist ein Ring aus 6 SiO_3-Gliedern, wie er aus Abb. 70 erkannt werden kann. Beryll, der durch einen Gehalt von etwa 0,3 % Chromoxid grün gefärbt erscheint, nennt man *Smaragd*. Er kommt nicht selten im Glimmerschiefer vor, ist aber meist durch Spalten, Risse und eingewachsene Glimmerplättchen für Schmuckstücke entwertet. Sehr schöne, schleifbare künstliche Smaragdkristalle, die mit den natürlichen übereinstimmen, wurden von den I. G.-Werken, Bitterfeld, hergestellt. Hellbläulichgrüner Beryll wird als *Aquamarin* bezeichnet. *Chrysoberyll*, $Al_2[BeO_4]$, ist in einer von Grün nach Rot schillernden Farbe als wertvoller Edelstein unter dem Namen Alexandrit bekannt. Der *Phenakit*, Be_2SiO_4, hat seinen Namen von der dem Quarz täuschend ähnlichen Kristallform. Außerdem ist Beryllium in den Silicaten *Euklas* und *Gadolinit*, in letzterem neben Seltenen Erden enthalten.

Darstellung, Eigenschaften und Verwendung

Beryllium wird durch Schmelzelektrolyse des Chlorids oder durch Reduktion des Fluorids mit Magnesium dargestellt.

Das silberweiße Metall ist in gegossenem Zustand spröde und zerfällt beim Hämmern (Schmieden), erlangt aber durch Sintern leichte Duktilität und günstige mechanische Eigenschaften (Festigkeit 2500 . . . 3000 kp/cm³). Neben der geringen Dichte und dem hohen Schmelzpunkt ist die Oxydationsbeständigkeit in trockener Luft bis 600 °C bemerkenswert. Gegen Wasser, Kalilauge und konzentrierte Salpetersäure ist das Metall durch eine dünne Oxidhaut geschützt. Verdünnte Säuren lösen es schon bei gewöhnlicher Temperatur (siehe das ähnliche Verhalten des Aluminiums).

Beryllium findet wegen seines niedrigen Atomgewichts und seines sehr geringen Neutronenabsorptions-Querschnitts hauptsächlich Verwendung als Moderator- und Reflektormaterial in Atomreaktoren. Außerdem dient es zur Herstellung von Legierungen mit Kupfer, dessen Härte und Festigkeit durch einige Prozent Beryllium bedeutend erhöht wird, ohne daß die hohe elektrische Leitfähigkeit und Wärmeleitfähigkeit herabgesetzt werden.

Verbindungen des Berylliums

Wie das Lithium nach vielen Eigentümlichkeiten aus der Reihe der Alkalimetalle heraus zur Gruppe der Erdalkalimetalle überleitet, so zeigt das Beryllium, obwohl es zu den Erdalkalimetallen gehört, manche Übereinstimmung mit den Elementen der dreiwertigen Erdmetalle, insbesondere mit dem Aluminium.

So ist, abgesehen von der Ähnlichkeit der freien Metalle, das Berylliumchlorid gleich dem Aluminiumchlorid in der Hitze leicht flüchtig. Das Hydroxid ist ebenso wie das des Aluminiums ein voluminöser, gequollener Niederschlag, der aus den Salzlösungen durch Ammoniak vollkommen gefällt wird und sich in Kalilauge oder Natronlauge als Hydroxoberyllat auflöst, so daß das Beryllium in der Analyse dem Aluminium folgt. Zum Unterschied von Aluminiumhydroxid wird das Berylliumhydroxid durch Ammoniumcarbonat gelöst und auf diese Weise abgetrennt. Eine Trennung ist auch über die Fluoride möglich, weil Berylliumfluorid, BeF_2, leicht löslich, Aluminiumfluorid, AlF_3, dagegen schwer löslich ist.

Berylliumhydrid, BeH_2, und Berylliumnitrid, Be_3N_2

Berylliumhydrid wird durch Umsetzung von Lithiumhydrid mit Berylliumchlorid in ätherischer Lösung erhalten und ist in seinen Eigenschaften dem Aluminiumhydrid ähnlich (WIBERG, 1951). Mit Stickstoff verbindet sich Beryllium bei 1000 °C zum *Nitrid*, Be_3N_2, einer farblosen, sehr harten Substanz, die durch heißes Wasser in das Hydroxid und Ammoniak gespalten wird.

Berylliumoxid, BeO

Berylliumoxid entsteht aus dem Hydroxid bei 350 . . . 450 °C als weißes, äußerst leichtes Pulver, das in Säuren löslich ist. Hochgeglühtes Berylliumoxid ist jedoch in Säuren mit Ausnahme von Flußsäure unlöslich. Der Schmelzpunkt des Oxids liegt bei 2530 °C, doch verflüchtigt es sich schon bei 2400 °C beträchtlich.

Berylliumsalze

Die Salze des Berylliums, wie z. B. das *Berylliumsulfat*, $BeSO_4 \cdot 4\,H_2O$, reagieren in wäßriger Lösung infolge beträchtlicher Hydrolyse wie die Aluminiumsalze sauer. Sie sind giftig, schmecken aber auffallend süß, so daß die ältere, in Frankreich übliche Bezeichnung Glucinium gut gewählt war.

Das mit Carbonaten gefällte *basische Berylliumcarbonat* wechselnder Zusammensetzung ist im trockenen Zustand so voluminös und locker, daß es beim geringsten Luftzug verstäubt.

Berylliumoxidacetat, $Be_4O(CH_3CO_2)_6$, Schmelzp. 284 °C, aus Berylliumhydroxid, $Be(OH)_2$, und Eisessig in Oktaedern erhältlich, ist in organischen Lösungsmitteln leicht löslich und bei 160 ... 170 °C (19 Torr) unzersetzt sublimierbar. Es eignet sich zur Reindarstellung von Berylliumverbindungen. Durch Erhitzen mit Essigsäureanhydrid auf 140 °C entsteht das normale, kristallisierte *Berylliumacetat*, $Be(CH_3CO_2)_2$. Dieses ist in Wasser, Essigsäure, Alkoholen usw. kaum löslich; beim trockenen Erhitzen oder Kochen mit Eisessig entsteht wieder das Oxidacetat.

Im Berylliumoxidacetat bilden die Berylliumatome ein reguläres Tetraeder mit dem Sauerstoffatom in der Mitte. Die CH_3CO_2-Gruppen verbinden längs der Tetraederkanten über die Sauerstoffatome je 2 Berylliumatome, so daß jedes Berylliumatom mit dem zentralen Sauerstoffatom zusammen von 4 Sauerstoffatomen umgeben ist (BRAGG, MORGAN, ASTBURY, 1926). Ähnlich wie Berylliumacetat verhält sich das Zinkacetat, das bei Destillation im Vakuum ein analoges Oxidacetat, $Zn_4O(CH_3CO_2)_6$ gibt.

Auch das *Berylliumformiat*, $Be(CHO_2)_2$, liefert beim Erhitzen unter vermindertem Druck als weißes Sublimat *Berylliumoxidformiat*, $Be_4O(CHO_2)_6$, das mit Wasser einen dicken Gummi bildet, der nach dem Eintrocknen unzersetztes Oxidformiat sublimieren läßt.

Ferner bildet Beryllium wie die Seltenen Erden mit Acetylaceton, $CH_3-CO-CH_2-CO-CH_3$, eine sublimierbare, in Äther und Schwefelkohlenstoff lösliche Verbindung, *Berylliumacetylacetonat*, $Be(C_5H_7O_2)_2$.

Mit dem eigentümlichen Verhalten des Berylliums gegen organische Säuren steht vielleicht auch die Beobachtung im Zusammenhang, daß Berylliumoxid bei 310 °C Dämpfe von Alkoholen und Säuren sehr schnell und vollständig katalytisch in die betreffenden Ester überführt (O. HAUSER, 1913).

Magnesium, Mg

Atomgewicht	24,305
Schmelzpunkt	650 °C
Siedepunkt	≈ 1100 °C
Dichte	1,74 g/cm³
Spezifische Wärme bei 0 °C	0,2456 cal/g · grd

Vorkommen

Die Erdoberfläche enthält 1,9 % Magnesium. Dieser Wert gilt aber nur für die obere Gesteinsschicht von 16 ... 60 km Tiefe, in der Quarz und Aluminiumsilicate überwiegen (*Sialschicht*). Darunter liegt eine spezifisch schwerere Schicht, in der Magnesiumsilicate vorherrschen. Diese *Simaschicht* ist viel mächtiger als die Sialschicht. Als Silicate des Magnesiums sind zu nennen der *Olivin*, Mg_2SiO_4, der *Enstatit*, $MgSiO_3$, die aus Olivin durch Zersetzung entstandenen wasserhaltigen Silicate *Talk*, $Mg_3(OH)_2[Si_4O_{10}]$,

Meerschaum, $2\,MgO \cdot 3\,SiO_2 \cdot 2\,H_2O$, und *Serpentin,* der als *Chrysotilasbest,*
$Mg_3(OH)_4[Si_2O_5]$, wegen seiner Unverbrennlichkeit (daher der Name Asbest) als
Asbestpappe, Asbestschnur sowie für hitzebeständige Dichtungen an Maschinenteilen
und für Asbestfilter bei stark sauren Lösungen vielfach verwendet wird. Vom *weißen
Chrysotilasbest,* Schmelzp. 1500 °C, ist der *Hornblendeasbest,* $Mg_7(OH)_2Si_8O_{22}$, zu
unterscheiden, der aber außer Magnesium auch Calcium und Eisen enthält, deswegen
bläulich gefärbt ist und einen erheblich tieferen Schmelzpunkt als Serpentinasbest,
nämlich 1100 °C besitzt. Auch im *Biotitglimmer,* in der *Hornblende,* im *Augit* und
vielen anderen Silicaten ist Magnesiumoxid enthalten. *Dolomit,* das Doppelsalz von
Magnesium- und Calciumcarbonat, $CaMg(CO_3)_2$, bildet ausgedehnte Gebirgszüge, z. B.
in den südlichen Alpen. Für die Industrie bedeutsam sind die Vorkommen von reinem
Magnesiumcarbonat, *Magnesit,* besonders auf Euböa sowie in der Steiermark und in
Kärnten.

Große Mengen löslicher Magnesiumsalze finden sich im Meerwasser und in den daraus
hervorgegangenen Salzlagern, besonders in den oberen Schichten mit den Kaliummineralien, so z. B. der *Carnallit,* $MgCl_2 \cdot KCl \cdot 6\,H_2O$, der *Kainit,* $KCl \cdot MgSO_4 \cdot 3\,H_2O$, der
Schönit, $K_2SO_4 \cdot MgSO_4 \cdot 6\,H_2O$, der *Langbeinit,* $K_2SO_4 \cdot 2\,MgSO_4$, der *Astrakanit,*
$Na_2SO_4 \cdot MgSO_4 \cdot 4\,H_2O$, der *Polyhalit,* $K_2SO_4 \cdot 2\,CaSO_4 \cdot MgSO_4 \cdot 2\,H_2O$ usw. In
stärkeren Schichten kommt in den Staßfurter Lagern der *Kieserit,* $MgSO_4 \cdot H_2O$ vor.
Für die deutsche Kalisalzindustrie bilden die Magnesiumsalze durch ihr massenhaftes
Vorkommen und ihre beschränkte Verwendbarkeit einen störenden Ballast.

Darstellung des Metalls

Magnesiumoxid ist durch Kohle erst bei sehr hohen Temperaturen von 1800 °C und darüber
reduzierbar (O. Ruff). Leichter kann man metallisches Magnesium aus geschmolzenem
Magnesiumchlorid, besonders in Gegenwart von Alkalichloriden und von Flußspat als Flußmittel, durch Natrium oder auch mit Calciumcarbid in Form kleiner Kügelchen abscheiden.

Gegenwärtig stellt man in der Technik Magnesium elektrolytisch aus einer Schmelze
von Magnesiumchlorid mit Natriumchlorid, Kaliumchlorid und Calciumchlorid bei etwa
700 °C und etwa 7 V Badspannung in eisernen Tiegeln dar, die als Kathoden dienen,
während die Anode aus Graphit besteht. Das Magnesiumchlorid wird hierzu durch
Umsetzen von Magnesit mit Kohle im Chlorstrom gewonnen, oder es wird entwässerter
Carnallit verwendet. In den USA wird Magnesiumhydroxid aus dem Meerwasser durch
Fällen des Magnesiumchlorids mit Kalk gewonnen. Auch gewinnt man das Metall auf
thermischem Wege durch Reduktion des Oxids mit Kohle im elektrischen Ofen oder
mit Silicium und Abkühlen des Magnesiumdampfes in einer Wasserstoffatmosphäre
oder im Vakuum.

Die Weltproduktion wurde für 1938 auf 25 000 t geschätzt, von denen 14 000 t, also
mehr als die Hälfte, auf Deutschland entfielen. Im Kriege wurde die Produktion gewaltig
gesteigert, z. B. in USA 1943 auf 173 000 t. 1953 wurden insgesamt etwa 145 000 t Magnesium gewonnen.

Eigenschaften

Magnesium ist ein silberweißes, hämmerbares Metall, das an trockener Luft bei gewöhnlicher Temperatur beständig ist und auch von Wasser nur langsam angegriffen wird.
Als *Elektronmetall* findet Magnesium mit etwa 8 % Aluminium und geringen Mengen

Zink, Silicium und Mangan legiert wegen seiner niedrigen Dichte von 1,8 g/cm³ und seiner Festigkeit vielseitige Verwendung für leichte Konstruktionen im Flugzeug- und Automobilbau. Durch Beizen mit Dichromatlösung und geeignete Lackierung läßt sich die Oberfläche gegen Korrosion, auch gegen Seewasser, schützen. Einen noch besseren Schutz erreicht man durch anodische Behandlung in über 30%/oiger Lösung von Alkalifluoriden (Flussalierung). Große Bedeutung hat Magnesium weiter als Zusatz zum Aluminium (siehe bei Duraluminium und Hydronalium).

Die elektrische Leitfähigkeit des Magnesiums beträgt 38 % von der des Kupfers.

Erhitzt man das Magnesium an der Luft auf etwa 800 °C, so verbrennt es mit glänzend bläulichweißer Flamme:

$$2\,Mg + O_2 = 2\,MgO + 2 \cdot 146\,kcal$$

Die außerordentlich hohe Wärmeentwicklung liefert sehr viel Licht, weil das gebildete Magnesiumoxid nicht schmilzt und nicht verdampft und somit als fester Körper von geringer spezifischer Wärme äußerst hoch erhitzt wird.

Nach dem *Stefan-Boltzmannschen Gesetz* ist die totale Energie der von einem schwarzen Körper (wie z. B. annähernd der Kohle) ausgesandten Strahlung proportional der vierten Potenz der absoluten Temperatur. Nun strahlt zwar Magnesiumoxid als weißer Körper weniger stark als Kohle, aber annähernd gilt auch hier dieses Gesetz, und man begreift, warum brennendes Magnesium in viel höherem als der Wärmeentwicklung einfach proportionalem Verhältnis mehr Licht aussendet als andere brennende Stoffe mit geringerer Verbrennungswärme.

Bläst man durch ein Glasrohr 0,2 g Magnesiumfeile in eine Bunsenbrennerflamme, so tritt eine so jähe, grelle Lichtentwicklung auf, daß das Auge für mehrere Sekunden geblendet ist. Ein Gemisch von 1 Teil Magnesiumfeile mit 2 Teilen Kaliumchlorat (auf einem Holzteller mit Holzspan mischen!) verpufft beim Entzünden und verbreitet dabei so viel Licht, daß es bei 0,1 g Magnesium auf mehrere Kilometer weit in dunkler Nacht wahrzunehmen ist. Besonders wichtig ist der Reichtum des Magnesiumlichts an den kurzwelligen, photographisch wirksamen Strahlen des Spektrums.

Im Sonnenlicht erzeugt brennendes Magnesium einen tiefen Schatten, weil die Intensität des Magnesiumlichts größer ist als die des Tageslichts. Wegen dieser Lichtentwicklung dient Magnesium in der Feuerwerkerei für Magnesiumfackeln, Leuchtkugeln, Raketen und in der Photographie für Blitzlichtpulver.

Außer dem eben erwähnten Gemisch von Kaliumchlorat mit Magnesiumfeile eignet sich insbesondere für etwas längere Belichtungsdauer eine Mischung aus gleichen Teilen Infusorienerde (Kieselgur) und Magnesiumpulver, die mit hellstem Licht und nur geringer Rauchbildung ziemlich ruhig abbrennt. Das Magnesium reduziert das Siliciumdioxid zunächst zu freiem Silicium, das aber dann an der Luft wieder verbrennt. Als Asche bleibt Magnesiumsilicat zurück.

Bei höherer Temperatur wirkt Magnesium fast auf alle Oxide und Chloride reduzierend. Technisch wichtig ist die Herstellung von Titan- und Zirkoniummetall aus den Chloriden durch Reduktion mit Magnesium. Auch ein Gemisch von Magnesiumpulver mit Kohlensäureschnee brennt, mit brennendem Magnesiumband gezündet, mit hellster Lichtentwicklung unter Ausscheidung von schwarzem Kohlenstoff. Desgleichen wird Wasserdampf bei hoher Temperatur sehr lebhaft reduziert:

$$Mg + H_2O = MgO + H_2 + 78\,kcal$$

Knochenasche (Calciumphosphat) wird beim Erhitzen mit Magnesiumpulver sehr energisch zu Calciumphosphid reduziert.

Auf Grund des hohen negativen Potentials, das Magnesium gegenüber Wasserstoff besitzt (siehe Spannungsreihe), sollte man erwarten, daß das Metall mit Wasser unter Entladung von H⁺-Ionen reagiert. Jedoch wird Magnesium durch Wasser in der Kälte nur sehr langsam angegriffen, wahrscheinlich deshalb, weil sich eine Haut von schwer löslichem Magnesiumhydroxid auf dem Metall absetzt und dieses hierdurch vor dem Zutritt des Wassers geschützt wird. In verdünnten Säuren löst sich Magnesium jedoch unter lebhafter Wasserstoffentwicklung.

Für die präparative Chemie ist die *Aktivierung von Magnesiumspänen* mittels Jod wichtig. Man führt sie am einfachsten so aus, daß man die Späne mit Jod im Gewichtsverhältnis 20 : 1 mischt, in einem Rundkolben über einer rußenden Bunsenbrennerflamme unter Umschwenken so lange erwärmt, bis das Jod verdampft ist und die Späne mit einer braunen Schicht überzogen sind. Dieses aktivierte Magnesium zersetzt nicht nur lebhaft Wasser und die einfacheren Alkohole, sondern vermag sich auch mit vielen organischen Sauerstoffverbindungen, insbesondere aber mit Halogenalkylen oder -arylen in Gegenwart von Äther zu Oxy- oder Halogeno-Magnesiumalkylen bzw. -arylen umzusetzen (siehe „Grignard-Reaktion" im Abschnitt „Die Metallorganischen Verbindungen").

Verbindungen des Magnesiums

Magnesium verbindet sich mit den Halogenen, Sauerstoff, Schwefel, Phosphor und anderen Nichtmetallen zum Teil in sehr heftiger Reaktion.

Magnesiumnitrid, Mg_3N_2, Magnesiumphosphid, Mg_3P_2, und Magnesiumarsenid, Mg_3As_2

Magnesiumnitrid entsteht aus den Elementen bei Rotglut neben Magnesiumoxid, auch bei der Verbrennung von Magnesium bei unvollständigem Luftzutritt. Die Bildungswärme beträgt 116 kcal pro Mol Magnesiumnitrid. Das Nitrid ist ein grünlich gelbes Pulver, das beim Erhitzen an der Luft, rascher im Sauerstoffstrom zu Oxid und Stickstoff verbrennt. Wasser sowie Säuren zersetzen es sofort unter starker Wärmeentwicklung nach:

$$Mg_3N_2 + 6\,H_2O = 3\,Mg(OH)_2 + 2\,NH_3$$

Methylalkohol liefert mit dem Nitrid Ammoniak und Trimethylamin.

Magnesiumphosphid erhält man beim Erhitzen von Magnesiumpulver mit rotem Phosphor sowie aus Phosphaten und Magnesium bei höherer Temperatur. Es bildet kleine, dunkelgrüngraue Kristalle, die sich mit Wasser in ganz analoger Reaktion wie das Nitrid umsetzen:

$$Mg_3P_2 + 6\,H_2O = 3\,Mg(OH)_2 + 2\,PH_3$$

Magnesiumarsenid entsteht aus Magnesiumpulver und Arsen beim Glühen im Wasserstoffstrom oder aus überschüssigem Magnesiumpulver und Arsenik unter heftiger Verbrennung. Es ist eine bräunliche Masse von metallischem Glanz, die durch Wasser und verdünnte Säuren unter Entwicklung von Arsenwasserstoff zersetzt wird.

Magnesiumhydrid, MgH_2

Magnesiumhydrid läßt sich aus den Elementen darstellen (WIBERG, 1951). Bei Gegenwart von ungesättigten Alkylhalogeniden und etwas Jod als Katalysatoren erhält man es bereits bei 5 atm und 175 °C mit einer Ausbeute von 99,6 % (J. P. FAUST, 1960). Auch durch Umsetzung von Lithiumhydrid mit Magnesiumbromid in ätherischer Lösung ist es zugänglich. Das Hydrid ist farblos, fest, nicht flüchtig und zerfällt im Vakuum erst oberhalb 280 °C. Es entzündet sich an der Luft nur in feiner Verteilung.

Magnesiumoxid, MgO

Magnesiumoxid (Bittererde, Talkerde, Magnesia usta) findet sich in der Natur als *Periklas* in farblosen bis dunkelgrünen Oktaedern. In isomorpher Mischung mit Kobalt(II)-oxid erscheint er rosenrot gefärbt, mit Nickel(II)-oxid grün, mit Mangan(II)-oxid blaßrosa. Man erhält diese künstlich gefärbten Periklaskristalle nach K. A. HOFMANN am besten aus Schmelzen von Magnesiumchlorid mit den betreffenden Oxiden unter beschränktem Luftzutritt, wodurch das Chlorid allmählich in Oxid übergeht. HEDVALL erhitzte zu demselben Zweck die Oxidgemische mit Kaliumchlorid als Kristallisationsmittel.

Zur technischen Darstellung des Magnesiumoxids geht man vom natürlich vorkommenden Magnesiumcarbonat, dem Magnesit, aus, der schon unterhalb Rotglut zerfällt:

$$MgCO_3 = MgO + CO_2$$

Auch aus dem Nitrat, Oxalat und Hydroxid läßt sich das Oxid in der Hitze leicht erhalten.

Magnesiumoxid ist ein weißes, sehr lockeres und deshalb leichtes Pulver, dessen Dichte bei anhaltendem Erhitzen zunimmt. Sie beträgt 3,65 g/cm³. Es ist äußerst schwer schmelzbar, Schmelzp. 2800 °C, verflüchtigt sich aber im elektrischen Ofen allmählich und scheidet sich in kristalliner Form ab. Wegen seiner Beständigkeit gegen hohe Temperaturen dient Magnesiumoxid zur Herstellung von Magnesiatiegeln und von feuerfesten Magnesitsteinen.

Solche mit 90 % Magnesiumoxid, 5 % Eisen(II)-oxid und 5 % Calciumoxid, Tonerde und Kieselsäure sintern oberhalb 1400 °C zu festen Stücken, die bis 2000 °C nicht schmelzen und als hochwertige feuerfeste Steine zur Ausfütterung von Öfen sowie auch zu Schmelztiegeln dienen.

Pulverförmiges Magnesiumoxid geht mit Wasser langsam in das Hydroxid, Mg(OH)₂, über.

Magnesiumoxid kristallisiert ebenso wie Calcium-, Strontium- und Bariumoxid im Natriumchloridgitter (siehe S. 61).

Magnesiumhydroxid, Mg(OH)₂

Magnesiumhydroxid kommt gelegentlich in der Natur als hexagonaler *Brucit* vor, ist schwer löslich und wird deshalb aus löslichen Magnesiumsalzen durch Alkalilaugen als wasserhaltiges, voluminöses, weißes Hydroxid gefällt. Jedoch fällt Ammoniak in Gegenwart von Ammoniumsalzen kein Hydroxid, weil durch die Anwesenheit von NH_4^+-Ionen das Gleichgewicht $NH_3 + H_2O \rightleftharpoons NH_4^+ + OH^-$ so weit nach links verschoben wird, daß die OH^--Ionenkonzentration nicht mehr zur Fällung des Magnesiumhydroxids ausreicht. Das Löslichkeitsprodukt für Magnesiumhydroxid lautet

$$[Mg^{2+}] \cdot [OH^-] \cdot [OH^-] = [Mg^{2+}] \cdot [OH^-]^2 = L$$

Aus dem Wert von $L = 10^{-11}$ ergibt sich die bei 18 °C in 1 l gelöste Menge Magnesiumhydroxid zu rund $2,15 \cdot 10^{-4}$ Mol = 0,0125 g und die Konzentration der Hydroxid-Ionen zu $2 \cdot 2,15 \cdot 10^{-4}$ Gramm-Ionen. Die Lösung reagiert also deutlich alkalisch, denn 10^{-4} Gramm-Ionen OH^- im Liter geben ein $p_H = 10$. In Gegenwart von Salzen, besonders von Ammoniumsalzen, ist die Löslichkeit viel bedeutender. Unter Salzbildung neutralisiert Magnesiumhydroxid auch die stärksten Säuren und eignet sich deshalb als Gegenmittel bei Vergiftungen mit Säure und bei zu starker Magensäure, zumal ein Überschuß des Magnesiumhydroxids die Magenschleimhaut nicht erheblich angreift.

Der Blättchengestalt des Brucit entspricht die Kristallstruktur, die ein *Schichtgitter* zeigt (Abb. 86). Man erkennt, daß jede Mg^{2+}-Schicht oben und unten begleitet ist von einer OH^--Schicht. In jeder Schicht bilden die OH^-- bzw. Mg^{2+}-Ionen ein dichtes Netz gleichseitiger Dreiecke. Die OH^--Ionen bilden für sich eine dichteste Kugelpackung hexagonaler Art. In die oktaedrischen Lücken dieser Packung sind die Mg^{2+}-Ionen eingefügt. Daraus folgt eine

Schichtenfolge OH⁻, Mg²⁺, OH⁻; OH⁻ ..., die der Reihenfolge der kubisch dichtesten Kugel-packung $ABCA$ ... entspricht.

In diesem sehr häufigen Gittertyp kristallisieren z. B. $MgBr_2$, MgJ_2, $FeBr_2$, FeJ_2, CdJ_2, CaJ_2, PbJ_2, $Ca(OH)_2$, $Mn(OH)_2$, $Fe(OH)_2$, SnS_2 u. a. m. Diese Verbindungen bilden Schichtgitter anstelle des Flußspatgitters (vgl. S. 480) infolge der Deformation der Br⁻-, J⁻-, OH⁻- und S²⁻-Ionen durch die kleinen Me²⁺-Ionen. Die Deformation der OH⁻-Ionen und der Platzbedarf der Magnesium-Ionen bewirken, daß das Brucit-Gitter in Richtung der c-Achse komprimiert ist, c : a ist gleich 1,52.

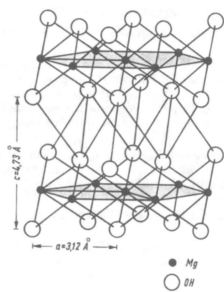

Abb. 86. Schichtengitter des Magnesiumhydroxids. Der Platz der Wasserstoffatome in den OH-Ionen ist röntgenographisch nicht nachweisbar

Magnesiumchlorid, $MgCl_2 \cdot 6\,H_2O$

Magnesiumchlorid kristallisiert aus den Carnallitmutterlaugen beim Eindampfen in zerfließlichen, äußerst leicht löslichen, säulenförmigen Kristallen von scharfem und bitterem Geschmack. Wegen seiner hygroskopischen Eigenschaften wird dieses Salz, mit Eis gemengt, als Kältemittel gebraucht. In den Baumwollspinnereien werden jährlich etwa 20 000 t verwendet, um die Baumwollfaser feucht und damit geschmeidig zu er-halten. Obwohl die Lösung neutral reagiert, vermag sie doch Chlorate und Nitrate in ähnlicher Weise zu aktivieren wie eine Säure. So kann man mit Kaliumchlorat und Magnesiumchloridlösung schon bei gewöhnlicher Temperatur aus Kaliumjodid Jod ab-scheiden und beim Kochen Anilinsalz zu Anilinschwarz oxydieren. Desgleichen läßt sich mit dieser Mischung Anthracen zu Anthrachinon und seinen Chloriden oxydieren (K. A. HOFMANN).

Erhitzt man das Magnesiumchlorid mit seinem Kristallwasser schnell bis über 150 °C, so tritt teilweise Hydrolyse ein:

$$MgCl_2 + H_2O = MgO + 2\,HCl$$

Sie läßt sich durch überhitzten Wasserdampf bei 300 ... 400 °C vervollständigen. Durch den Luftsauerstoff kann man bei beginnender Glut Chlor austreiben:

$$2\,MgCl_2 + O_2 = 2\,MgO + 2\,Cl_2$$

Nach beiden Verfahren wurden gelegentlich Chlorwasserstoff und freies Chlor dargestellt.

Trägt man lockere Magnesia in konzentrierte Magnesiumchloridlösung ein, so erstarrt die anfangs plastische Mischung nach einigen Stunden zu einer sehr harten, glänzend weißen, polierbaren Masse. Nach W. FEITKNECHT (1944) bildet sich beim Erhärten die Verbindung $MgCl_2 \cdot 5\,Mg(OH)_2 \cdot 7\,H_2O$, die infolge ihres hohen Kristallwassergehalts das Wasser aus dem Gemisch aufnimmt. Ihre extrem nadelige Ausbildungsform begünstigt das Einbindungsvermögen und die Festigkeit des Zements. Dieser *Magnesiazement* (Sorelzement) dient zu künstlichen Lithographiesteinen oder im Gemenge mit Sägespänen oder Korkabfällen als Xylolith oder Steinholz zum Belag von Fußböden, Tischen usw. Mit Baumwollfasern oder Holzschliff gemischt, lassen sich aus diesem Elfenbeinersatz schön glänzende Kunstgegenstände, auch Knöpfe und Billardkugeln herstellen. Allerdings ist der Magnesiazement, besonders bei überschüssigem Chloridgehalt, gegen Wasser auf die Dauer nicht beständig.

Aus Calciumsulfid setzt Magnesiumchloridlösung in der Hitze den Schwefelwasserstoff zum Teil in Freiheit, weil das durch Umsetzung entstandene Magnesiumsulfid durch heißes Wasser hydrolysiert wird:

$$MgS + 2\,H_2O = Mg(OH)_2 + H_2S$$

Diese Reaktion hatte früher für die Gewinnung von Schwefelwasserstoff aus den Rückständen des Leblanc-Sodaprozesses Bedeutung.

Wasserfreies Magnesiumchlorid erhält man durch längeres, langsames Erhitzen des Hydrats auf 150...200 °C oder des Doppelsalzes mit Ammoniumchlorid, $MgCl_2 \cdot NH_4Cl \cdot 6\,H_2O$, auf 400 °C in einem Chlorwasserstoffstrom, um die Hydrolyse des Magnesiumchlorids zu verhindern. Dieses wasserfreie Magnesiumchlorid schmilzt bei 710 °C zu einer wasserhellen, leicht beweglichen Flüssigkeit, die an der Luft stark raucht und mit Wasserdämpfen kristallisiertes Magnesiumoxid abscheidet.

Nach K. A. HOFMANN ist das geschmolzene Magnesiumchlorid für viele Oxide ein vorzügliches Lösungs- und Kristallisationsmittel. So erhält man schöne Kristalle von Cuprit, Cu_2O, Magnesiaferrit, $MgO \cdot Fe_2O_3$, Magnetit, Fe_3O_4, Magnesiumuranat, $MgUO_4$. Auch Metalle wie Platin und Gold liefern in dieser Schmelze gut ausgebildete Kristalle. Cerdioxid kristallisiert daraus in diamantartigen Oktaedern, andere Seltene Erden liefern kristallisierte Oxidchloride, wie ErOCl, PrOCl, NdOCl und SmOCl. Können die Flammengase teilweise zutreten, so wirkt die bei hoher Temperatur hydrolytisch abgespaltene Salzsäure verflüchtigend auf die Oxide von Kobalt, Nickel, Eisen, Mangan, Beryllium, Vanadium, Zink und Kupfer, während das kristallisierende Magnesiumoxid mit Kobalt(II)-oxid rosenrote, mit Nickel(II)-oxid grüne Mischkristalle bildet.

Mit Wasser erhitzt sich das wasserfreie Magnesiumchlorid sehr stark, weil es dabei in das Hydrat $MgCl_2 \cdot 6\,H_2O$ übergeht.

Magnesiumperchlorat, $Mg(ClO_4)_2$

Das wasserfreie Magnesiumperchlorat ist sehr hygroskopisch und wird vielfach als Trockenmittel sowie zur quantitativen Bestimmung des Wasserdampfes in der organischen Analyse verwendet. Es bildet Hydrate mit 2, 4 und 6 Molekülen Wasser.

Magnesiumnitrat, $Mg(NO_3)_2 \cdot 6\,H_2O$

Magnesiumnitrat kristallisiert in rhombischen Säulen, die sich in Wasser außerordentlich leicht auflösen und beim Erhitzen zum Teil zu Oxid und Salpetersäure hydrolysiert werden.

Magnesiumsulfat, $MgSO_4$

Magnesiumsulfat findet sich in großen Massen als *Kieserit*, $MgSO_4 \cdot 1\,H_2O$, in den Kalisalzlagern. In Wasser ist das Mineral erst nach längerem Kochen löslich. Natriumchlorid- oder Kaliumchloridlösungen greifen den Kieserit nicht merklich an, so daß die Trennung von den Kalisalzen nicht schwierig ist.

Als *Bittersalz*, $MgSO_4 \cdot 7\,H_2O$, scheidet sich Magnesiumsulfat aus wäßrigen Lösungen bei gewöhnlicher Temperatur in großen, wasserhellen, rhombischen Kristallen ab, die sich in Wasser leicht lösen, bitter schmecken und als Abführmittel verwendet werden sowie zum Appretieren von Textilien dienen. In vielen Mineralquellen bildet das Bittersalz den wirksamen Bestandteil, so in Saidschütz, Püllna, Epsom und Kissingen.

Bei höheren Temperaturen verliert das Heptahydrat stufenweise Wasser und geht zunächst in das Hexahydrat und dann in das Monohydrat über, deren jedes bei gegebener Temperatur einen bestimmten Dampfdruck zeigt (siehe das gegenteilige Verhalten bei dem amorphen, wasserhaltigen Kieselsäuregel). Von 200 °C an entweicht auch das letzte Wasser. Über die Doppelsalze von Magnesiumsulfat mit Kalium- und Natriumsulfat siehe unter Vorkommen von Magnesium in der Natur.

Magnesiumsulfid, MgS

Magnesiumsulfid wird durch Glühen von Magnesiumoxid oder Magnesiumsulfat in einem mit Schwefelkohlenstoff beladenen Stickstoffstrom bei 800 °C erhalten. Es zeigt ähnliche Phosphoreszenz wie Calciumsulfid. Durch Wasser wird es wie die anderen Erdalkalisulfide hydrolytisch gespalten (siehe S. 482).

Magnesiumcarbonat, MgCO₃

Magnesiumcarbonat findet sich als *Magnesit* in größeren Mengen auf Euböa, auf Lemnos sowie in den Alpen, z. B. an der Veitsch in der Steiermark und bei Radenthein in Kärnten. Noch viel größer ist die Verbreitung und die geologische Bedeutung von *Dolomit*, der in reinem Zustand ein echtes Doppelsalz, $CaMg(CO_3)_2$, ist.

Magnesit zerfällt schon bei 450 °C merklich in Magnesiumoxid und Kohlendioxid; bei etwa 540 °C erreicht der Dissoziationsdruck 760 Torr. Daher wird schon unterhalb Rotglut das gesamte Kohlendioxid in Freiheit gesetzt. Hiervon macht man zur Gewinnung von Magnesiumoxid Gebrauch.

Ein *basisches Magnesiumcarbonat* der ungefähren Zusammensetzung $4\,MgCO_3 \cdot Mg(OH)_2 \cdot 5\,H_2O$ wird aus Magnesiumsalzlösungen durch Soda als weißes, feines, sehr voluminöses Pulver gefällt, bisweilen im Gemenge mit Magnesiumhydroxid oder -carbonat, das in Form von Ziegeln als *Magnesia alba* in den Handel kommt. Die Magnesia alba dient als weißer Farbträger sowie als Putzpulver, besonders als Zahnpulver, und als säurebindendes Mittel in der Medizin.

Beim Sättigen mit Kohlendioxid unter Wasser wird Magnesiumhydrogencarbonat, $Mg(HCO_3)_2$, gelöst, das allmählich das Hydrat $MgCO_3 \cdot 3\,H_2O$ abscheidet. Dieses kommt gelegentlich in der Natur vor.

Leitet man zu einem Gemisch von Magnesiumoxid oder -carbonat und Kaliumchloridlösung Kohlendioxid, so bildet sich das schwer lösliche Kaliummagnesiumhydrogencarbonat, $KHCO_3 \cdot MgCO_3 \cdot 4\,H_2O$, dessen Bedeutung für die Gewinnung von Kaliumcarbonat schon dort erwähnt worden ist.

Magnesiumphosphate

Sekundäres und *tertiäres Magnesiumphosphat* begleiten in wechselnden Mengen das Calciumphosphat, so auch in der Knochenasche und in den Phosphoriten. Für den Nachweis und die quantitative Fällung sowohl der Phosphorsäure als auch der löslichen Magnesiumverbindungen eignet sich das *Magnesiumammoniumphosphat*, $MgNH_4PO_4$

· 6 H_2O, das in verdünnt ammoniakalischem Wasser sehr schwer löslich ist. Damit durch die alkalische Reaktion der Ammoniaklösung nicht Magnesiumhydroxid gefällt werden kann, setzt man Ammoniumchlorid zu (siehe unter Magnesiumhydroxid), während andererseits die erhöhte NH_4^+-Ionenkonzentration die vollständige Bildung des Magnesiumammoniumphosphat-Niederschlags begünstigt. Beim Glühen geht der Niederschlag in das Pyrophosphat, $Mg_2P_2O_7$, über, das gewogen wird.

Als *Magnesiamixtur* dient zur Phosphorsäurebestimmung eine Lösung von 10 Teilen kristallisiertem Magnesiumchlorid und 15 Teilen Ammoniumchlorid in 200 Teilen 4%igem Ammoniakwasser.

Kristallisiertes Magnesiumammoniumphosphat findet sich in rhombischen Kristallen als Struvit im Guano, bisweilen auch in strahligen Konkretionen in Harnsteinen.

Calcium, Ca

Atomgewicht	40,08
Schmelzpunkt	≈ 850 °C
Siedepunkt	1439 °C
Dichte	1,55 g/cm³

Vorkommen

Calcium ist auf der Erdoberfläche zu 3,4 % vertreten und bildet in Silicaten, wie *Kalkfeldspat, Anorthit*, $Ca[Si_2Al_2O_8]$, *Wollastonit*, $CaSiO_3$, sowie als Sulfat (als *Gips* und *Anhydrit*) und besonders als *Calciumcarbonat (Kalkstein, Marmor, Kreide)* einen wesentlichen Bestandteil der Erdkruste. Als Gerüst- und Gehäusematerial niederer und höherer Organismen, wie Globigerinen, Nummuliten, Korallen, Muscheln usw., spielt das Calciumcarbonat in den Meeren und Binnengewässern eine bedeutungsvolle Rolle, nicht nur deshalb, weil es als zu Stein erhärtetes Produkt die Formen einer längst vergangenen Tier- und Pflanzenwelt über Millionen von Jahren hinaus aufbewahrte, sondern mehr noch, weil es, von der Brandung des Meeres zu feinem Schlamm verteilt, sich absetzte und so den wesentlichsten Teil der Sedimente bildete, die unter dem Einfluß von kohlensäurehaltigen Wässern sich kristallinisch verfestigten. Unsere Kalksteinbrüche, unsere Kalkgebirge sind aus ursprünglich schlammigen Sedimenten hervorgegangen, sofern man von dem vergleichsweise unbedeutenden und hinsichtlich seiner Entstehung noch rätselhaften Urkalk im Gneis absieht. Die Verwendung des Calciumcarbonats als Baustein sowie nach dem Brennen und Löschen als Mörtel war schon den ältesten Kulturvölkern bekannt, und diese Stoffe ermöglichten dem Menschen die Begründung dauernder fester Wohnsitze, die Grundlage aller Kultur.

Noch vor dieser Zeit dienten die durch kohlensäurehaltiges Wasser aus den Kalkfelsen herausgewaschenen Klüfte und Höhlen dem Urmenschen zur Wohnung, als Schutz gegen wilde Tiere und gegen die Kälte der eiszeitlichen Winter.

Darstellung

Die Darstellung des Metalls bietet wegen der außerordentlichen Beständigkeit des Oxids, CaO, große Schwierigkeiten. Zwar wirkt Kohle bei den mit Hilfe des elektrischen Lichtbogens leicht erreichbaren Temperaturen reduzierend, aber das frei werdende Metall verbindet sich sogleich mit dem Kohlenstoff zu Calciumcarbid (siehe unten). Reines Calcium ist erst durch die Arbeiten von BORCHERS sowie RUFF und PLATO zugänglich geworden. Es wird durch Elektrolyse eines Gemisches von 85 % Calciumchlorid und 15 % Kaliumchlorid hergestellt.

Eigenschaften

Das von der oberflächlichen Kruste durch Abdrehen befreite Metall ist silberweiß, hart und sehr zähe, so daß es zu Platten und Stäben geformt werden kann. Wasser wird zwar schon bei gewöhnlicher Temperatur zersetzt, aber weil das entstehende Calciumhydroxid schwer löslich ist, schreitet die Reaktion zunächst nur mäßig schnell vorwärts und wird erst auf Zusatz von verdünnter Salzsäure sehr lebhaft. Fast alle Oxide werden durch Calcium reduziert; Kupferoxid oder Eisenoxid, mit fein verteiltem Calcium gemischt, können schon durch starken Schlag zur explosionsartigen Umsetzung gebracht werden. An der Luft verbrennen Calciumspäne in einer Flamme mit heller Lichtentwicklung. Die Bildungswärme des Calciumoxids aus den Elementen beträgt 152 kcal für 1 Mol.

Calcium kann infolge seines hohen Siedepunktes bei 800 °C aus Natriumchlorid metallisches Natrium in Freiheit setzen. Die entsprechenden Umsetzungen mit Rubidiumchlorid und Cäsiumchlorid dienen zur Darstellung von Rubidium und Cäsium.

Verbindungen des Calciums

Calciumhydrid, CaH_2

Die auffälligste Eigenschaft des metallischen Calciums ist seine Fähigkeit, im trockenen Wasserstoffstrom auf 300 . . . 400.°C erhitzt, unter heller Feuererscheinung das Hydrid zu bilden. Dieses kommt als weiße, kristalline Masse in den Handel. Calciumhydrid wirkt, mit Oxiden oder Sulfaten gemischt, beim Entzünden äußerst heftig reduzierend. Mit Wasser reagiert es nach:

$$CaH_2 + 2 H_2O = Ca(OH)_2 + 2 H_2$$

42 g Hydrid entwickeln $2 \cdot 22,4$ l Wasserstoffgas (von 0 °C und 760 Torr). Wo der ziemlich hohe Preis nicht wesentlich in Betracht kommt, kann das Calciumhydrid zum Füllen von kleineren Luftballons Verwendung finden.

Die Bildungswärme des Calciumhydrids aus den Elementen ist auffallend groß (45 kcal). Seine Struktur ist wie beim Lithiumhydrid als salzartiges Hydrid $Ca^{2+}(H^-)_2$ zu erklären.

Calciumnitrid, Ca_3N_2, und Calciumphosphid, Ca_3P_2

Reines Calcium bindet Stickstoff erst bei erhöhter Temperatur, besonders lebhaft bei 440 °C. Einige Prozent Natrium aktivieren das Metall gegenüber Stickstoff auch bei tieferen Temperaturen. Das meist braune, in reinem Zustand aber weiße Nitrid setzt sich ganz analog dem Magnesiumnitrid mit Wasser zu Calciumhydroxid und Ammoniak um.

Mit Ammoniakgas verbindet sich Calcium bei 15 °C unter lebhafter Wärmeentwicklung zu dem *Hexammin*, $Ca(NH_3)_6$, das wie Gold glänzt, den elektrischen Strom metallisch leitet, sich an der Luft entzündet und bei Luftabschluß bald in Calciumamid, $Ca(NH_2)_2$, übergeht.

Calciumphosphid entsteht, allerdings nicht in reiner Form, als kristallines rotbraunes Pulver beim Glühen von Kalk in Phosphordampf neben Calciumphosphat oder durch Reduktion von

Calciumphosphat mit Kohle im elektrischen Ofen. Es entwickelt mit Wasser das selbstentzündliche Phosphorwasserstoffgemisch (siehe Phosphorwasserstoff).

Calciumcarbid, CaC_2, und Calciumcyanamid, $CaCN_2$

Calciumcarbid wurde erstmals von WÖHLER im Jahre 1862 durch Eintragen von Kohle in eine geschmolzene Zinkcalciumlegierung dargestellt. Aus dem Carbid gewann er mit Wasser ein brennbares Gas, das Acetylen.

Die technische Darstellung des Carbids erfolgt fast ausschließlich in elektrischen Widerstandsöfen (Abb. 87) aus Kalk und Kohle nach der Gleichung:

$$CaO + 3C = CaC_2 + CO - 110 \text{ kcal}$$

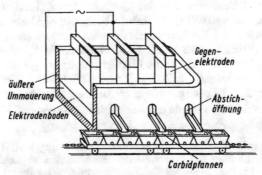

Abb. 87.   Calciumcarbidofen

Die Bildung des Calciumcarbids erfordert demnach eine erhebliche Reaktionswärme, die durch den elektrischen Strom dem Ofen zugeführt wird.

Die Mindesttemperatur, bei der unter Atmosphärendruck die Carbidbildung eintritt, ist von ROTHMUND zu 1620 °C bestimmt worden. Unterhalb dieser Temperatur bewirkt das Kohlenoxid die Rückbildung von Kalk und Kohlenstoff.

Die Betriebstemperatur eines Carbidofens liegt zwischen 1900 °C und 2100 °C. Das Carbid wird flüssig in gußeiserne Pfannen abgestochen und ist etwa 80%ig.

Beschickt wird ein Carbidofen mit einem Gemisch aus 10 Teilen gebranntem Kalk und 7 Teilen Koks. Als Elektroden werden meist selbstbrennende oder Söderberg-Elektroden verwendet. In den letzten Jahren wurden in Deutschland mehrere große Öfen zur Carbidherstellung errichtet, die bei einer Leistungsaufnahme bis zu 42 000 kW etwa 300 t Handelscarbid täglich herstellen können. Moderne Carbidöfen gestatten es, das wertvolle Kohlenmonoxid, das bei dem Prozeß entsteht, zur weiteren Verwendung aufzufangen. Die Haupthersteller von Carbid in Westdeutschland sind die Knapsack-Griesheim AG, die ihren Energiebedarf aus Braunkohle deckt, und die Süddeutschen Kalkstickstoffwerke, deren Strom den alpinen Wasserkraftwerken entstammt.

Die Weltproduktion an Carbid betrug 1958 etwa $7 \cdot 10^6$ t. In West- und Mitteldeutschland wurden davon $1,8 \cdot 10^6$ t hergestellt. Etwa 60 % des Carbids werden auf Acetylen verarbeitet, das Ausgangsprodukt für verschiedene Synthesen organischer Verbindungen ist, die wiederum größtenteils als Basisprodukte in der Kautschuk- und Kunststoffindustrie dienen. 20 % des erzeugten Carbids werden zur Herstellung von Kalkstickstoff verwendet. Weitere etwa 20 % dienen wiederum zur Herstellung von Acetylen zum autogenen Schweißen und Schneiden.

Reines Calciumcarbid, das durch Zersetzung von reinem Calciumcyanamid, $CaCN_2$, bei Temperaturen oberhalb 1250 °C dargestellt werden kann, ist farblos, durchsichtig und kristallin und hat eine Dichte von 2,2 g/cm³. Es schmilzt bei etwa 2300 °C und zerfällt bei 2500 °C in Calcium und Kohlenstoff.

Die Reaktion des Calciumcarbids mit Wasser verläuft nach folgender Gleichung:

$$CaC_2 + 2\,H_2O = Ca(OH)_2 + C_2H_2$$

Calciumcarbid ist ein starkes Reduktionsmittel und ist in der Lage, zahlreiche Metalloxide und auch deren Chloride zu reduzieren. So lassen sich z. B. Gemische mit Kupferoxiden und Kupferchloriden bzw. Eisenoxid und Eisenchloriden schon mit einem Zündholz zur heftigen Entflammung bringen, wobei Kupfer bzw. Eisen ausschmelzen.

Calciumcarbid reagiert mit Stickstoff nach FRANK-CARO nach der Gleichung:

$$CaC_2 + N_2 = CaCN_2 + C + 68\,kcal$$

Durch einige Prozent Calciumfluorid oder Calciumchlorid aktiviert, setzt die Reaktion bei etwa 900 °C ein und verläuft dann unter Wärmeentwicklung bei etwa 1100 °C zu Ende. Das durch den bei der Reaktion entstehenden feinverteilten Kohlenstoff schwarz gefärbte Produkt enthält 20 ... 23 % als *Calciumcyanamid*, $CaN-C\equiv N$, gebundenen Stickstoff neben Calciumoxid und hat die Handelsbezeichnung *Kalkstickstoff*. Der Kalkstickstoff ist ein sehr wichtiges, im Boden langsam lösliches Stickstoffdüngemittel, das neben seiner düngenden Wirkung auch noch unkrautvernichtende Eigenschaften hat.

Während des ersten Weltkrieges wurde aus Kalkstickstoff Ammoniak hergestellt nach:

$$CaCN_2 + 3\,H_2O = CaCO_3 + 2\,NH_3$$

Dieses Verfahren wurde aber vom Haber-Bosch-Prozeß abgelöst. Die Herstellung von Calciumcyanamid gelingt auch aus Calciumoxid, Ammoniak und Kohlenmonoxid bei etwa 800 °C. Es entsteht fast reines, farbloses Calciumcyanamid, sogenannter *weißer Kalkstickstoff* (H. FRANK). Kalkstickstoff dient ferner als Ausgangsmaterial zur Darstellung von Cyanamid, Dicyandiamid, Melamin und verwandten Produkten.

Calciumoxid, CaO

Darstellung

Calciumoxid, CaO, gebrannter Kalk, wird in großem Maße aus Calciumcarbonat, Kalkstein, Marmor oder Muschelkalk durch Brennen in Schachtöfen oder Drehrohröfen dargestellt.

Der Vorgang beim Brennen im Kalkofen beruht auf dem Zerfall des Carbonats nach der Gleichung:

$$CaCO_3 \rightleftharpoons CaO + CO_2 - 40\,kcal$$

Für jede Temperatur dieser Reaktion existiert ein bestimmter Gasdruck des Kohlendioxids, oberhalb dessen umgekehrt aus Calciumoxid und Kohlendioxid wieder Calciumcarbonat zurückgebildet wird. Bei 908 °C erreicht der Druck 760 Torr, bei 885 °C 730 Torr. Die niedrigste Brenntemperatur im Kalkofen liegt dementsprechend bei 900 °C, doch kann man in der Praxis etwa 1000 °C als Betriebstemperatur annehmen.

Der Zerfall des Calciumcarbonats wird durch mechanische Fortführung des Kohlendioxids beschleunigt zu Ende geführt. Hierzu werden die Kalköfen stets so eingerichtet, daß starke Zugluft das Kohlendioxid wegnimmt.

Eigenschaften

Reines, durch Brennen von Marmor dargestelltes Calciumoxid ist weiß, äußerlich amorph und porös. Es hat eine Dichte von 1,5 ... 3,1 g/cm³. Calciumoxid schmilzt im Lichtbogen bei etwa 2500 °C und erstarrt beim Erkalten zu regulär kristallinen Stücken von der Dichte 3,4 g/cm³.

Im Knallgasgebläse strahlt Kalk blendend weißes Licht aus, wovon man im *Drummondschen Kalklicht* Gebrauch machte. Enthält hierbei der Kalk oder der Wasserstoff Spuren von Antimon, so tritt eine himmelblaue, bei Spuren von Wismut kornblumenblaue Lumineszenz ein.

Mit Wasser vereinigt sich der bei sehr hohen Temperaturen gebrannte kristalline Kalk nur langsam, während der im Kalkofen bei Rotglut gewonnene poröse Kalk sofort Wasser einsaugt, wobei die Luft aus den Poren mit hörbarem Zischen entweicht. Dann erfolgt die Vereinigung mit dem Wasser, die Hydratisierung:

$$CaO + H_2O = Ca(OH)_2 + 15 \text{ kcal}$$

Dabei erhitzt sich die Masse so stark (bis etwa 450 °C), daß unter starker Dampfentwicklung ein staubiges Pulver entsteht und Schießbaumwolle sowie Schwefel entzündet werden. In der Praxis gibt man beim Löschen des gebrannten Kalkes etwa das 2,5...3-fache Volumen an Wasser zu, so daß ein steifer Kalkteig entsteht. Oft wird auch der Branntkalk mit Wasserdampf „trocken" zu pulvrigem *Kalkhydrat* gelöscht, das erst zum Gebrauch mit Wasser zum Kalkteig angerührt wird. Die plastischen Eigenschaften eines Kalkteiges sind von der Temperatur des Brennens, von Verunreinigungen und von der Menge des zum Löschen verwendeten Wassers abhängig. Durch Lagern („Sumpfen") kann man die Eigenschaften des Kalkteiges verbessern.

Wird ein mit wenig Wasser zum griesig-sandigen Pulver gelöschter („verbrannter") Kalk nachträglich mit mehr Wasser angerührt, so erlangt er auch bei reinsten Sorten kein Bindevermögen mehr. Ein mit zuviel Wasser gelöschter („ersäufter") Kalk bildet keinen „speckigen" Brei, weil dieser das Hydroxid in wenigstens teilweise kolloidem Zustand enthalten muß (V. KOHLSCHÜTTER).

Im Gemenge mit dem 2...4fachen Volumen Sand dient der Kalkbrei seit alten Zeiten als *Luftmörtel*, weil er in den Fugen der Bausteine erhärtet. Hierbei tritt zunächst das überschüssige Wasser aus (Abbinden des Mörtels), meist begünstigt durch die poröse Beschaffenheit der Ziegelsteine. Dann verwandelt das Kohlendioxid der Luft ganz allmählich das Calciumhydroxid in Calciumcarbonat, das als kristalline Masse die Bausteine und eingemengten Sandkörner verkittet. Dieses Erhärten des Luftmörtels schreitet von außen nach innen fort und dauert bei dickem Mauerwerk jahrhundertelang.

Zement

Von dem an der Luft erhärtenden Mörtel sind die unter Wasser erhärtenden hydraulischen Bindemittel zu unterscheiden: *Wasserkalk, Portlandzement, Hüttenzement, Traßzement*. Zur Darstellung dieser hydraulischen Bindemittel werden Mergel oder künstliche Gemische aus Kalk und Ton mit verschieden hohen Temperaturen gebrannt, wobei Calciumsilicate und Calciumaluminate entstehen. Wasserkalke werden unterhalb der Sinterung, Portlandzemente bis zur Sinterung, d. h. bis zum beginnenden Schmelzen gebrannt.

Das wichtigste hydraulische Bindemittel ist der aus Kalk und Ton bzw. Kalk und Hochofenschlacke bei 1500 °C gebrannte Portlandzement. Er enthält nicht weniger als 1,7 Gewichtsteile Calciumoxid auf 1 Gewichtsteil Kieselsäure, Tonerde und Eisenoxid.

Der gebrannte Klinker besteht zu etwa 60 % aus $3\,CaO \cdot SiO_2$, dem eigentlichen Träger der Erhärtung beim Anmachen mit Wasser, neben 15 % träger reagierendem $2\,CaO \cdot SiO_2$, dem als Anreger der Erhärtung wirkenden $3\,CaO \cdot Al_2O_3$ sowie anderen Calciumaluminaten und $4\,CaO \cdot Al_2O_3 \cdot Fe_2O_3$, das mildernd auf die stürmische Hydratation des $3\,CaO \cdot Al_2O_3$ einwirkt.

Den Portlandzementen gleichwertig sind die Hüttenzemente, die aus einer Mischung von etwa 70 % Portlandzementklinker (Eisenportlandzement) oder etwa 30 % Portlandzementklinker (Hochofenzement) neben geeignet granulierter, meist kalkreicher Hochofenschlacke bestehen. Traßzemente enthalten 20...40 % Traß.

Die gebrannten Klinker werden staubfein gemahlen. Zur Regelung der Abbindezeit werden bei der Herstellung 1 . . . 3 % Gips zugemahlen, um zu schnelles Abbinden zu verhindern.

Das *Abbinden des Zements* mit Wasser beruht auf der Neubildung zum Teil komplizierter kristallisierter wasserhaltiger Calciumsilicate bzw. Calciumaluminate und Calciumhydroxid. Bei der darauffolgenden Erhärtung führen die sich verfilzenden Kristallnadeln und Plättchen zu einer mit der Zeit zunehmenden Verfestigung, wobei der größte Teil des Wassers chemisch gebunden wird und ein kleiner Teil verdunstet.

Als hydraulische Zuschläge bezeichnet man solche natürliche oder künstliche, meist glasige Silicatgesteine, die für sich allein nicht die Fähigkeit haben, mit Wasser abzubinden, wohl aber in Gegenwart von Kalk bzw. Portlandzement. Hierzu gehören die schon den Römern bekannten jungvulkanischen Gläser von Pozzuoli beim Vesuv (Puzzolane) bzw. die griechische Santorinerde, ebenso der vulkanische Traß aus der Eifel.

Bei weitem die größte Bedeutung als hydraulischer Zuschlag hat die Hochofenschlacke, die aus den Verunreinigungen der zu verhüttenden Eisenerze und den Zuschlägen im Hochofen entsteht. Sie wird meist durch Einfließenlassen in Wasser granuliert, wobei es wesentlich ist, daß durch das schnelle Abkühlen ihre glasige Struktur erhalten wird. Eine entglaste, zum Teil kristallin gewordene Schlacke bindet nur schlecht mit Wasser ab. Allein in Deutschland werden mehrere Millionen Tonnen Hochofenschlacke je Jahr für Hüttenzemente verwendet.

Zement wird nicht rein verwendet, sondern fast stets in Mischung mit Sand bzw. gröberen Zuschlagstoffen (Beton).

Die jährliche Produktion von Zement betrug in Deutschland 1955 $19 \cdot 10^6$ t, die Weltproduktion fast $200 \cdot 10^6$ t.

Calciumhydroxid, Ca(OH)$_2$

Der gelöschte Kalk (Ätzkalk) dient außer zu bautechnischen Zwecken wegen seiner ausgeprägten Basennatur überall da, wo große Mengen Säuren gebunden werden müssen, wie zum Neutralisieren von Abfallsäuren, zum Entwickeln von Ammoniak aus seinen Salzen und zur Bindung von Chlor zu Chlorkalk.

Die kaustifizierende Wirkung von gelöschtem Kalk auf Soda und Pottaschelösungen ist schon den alten Chemikern bekannt gewesen und für die Seifenbereitung nutzbar gemacht worden (siehe unter Kalium- und Natriumhydroxid).

Wegen der ätzenden Eigenschaften dient der Kalk auch zum Urbarmachen des Bodens sowie zur Zerstörung organischer Stoffe, um die Fäulnis zu verhindern und einen hygienisch weniger gefährlichen Vermoderungsprozeß herbeizuführen. So beseitigte man in Paris 1793 bis 1794 die Opfer der Guillotine, indem man sie in Gruben mit gebranntem Kalk verscharrte.

Gebrannter, nicht gelöschter Kalk dient zum Austrocknen von Kellern, Grüften usw., weil er den Wasserdampf der Luft sowie Kohlensäure bindet.

Das Calciumhydroxid, Ca(OH)$_2$, Dichte 2,237 g/cm³ für die hexagonal kristallisierte Form, hält zwar das gebundene Wasser entsprechend seiner hohen Bildungswärme von 15 kcal (siehe oben) fester als das Magnesiumhydroxid, erreicht aber lange nicht die Beständigkeit der Alkalihydroxide. Der Wasserdampfdruck bei der Umsetzung Ca(OH)$_2 \rightleftharpoons$ CaO + H$_2$O beträgt bei 350 °C 100 Torr, bei 450 °C 760 Torr.

In Wasser löst sich das kristallisierte Calciumhydroxid nur wenig: Bei 18 °C lösen sich 0,128 g, bei 100 °C 0,078 g in 100 g Wasser, doch genügt diese Löslichkeit dafür, daß das Kalkwasser stark alkalisch reagiert. Mit Kohlendioxid erfolgt eine deutliche Fällung von Calciumcarbonat. Deshalb benutzt man das Kalkwasser zum Nachweis der Kohlensäure in der ausgeatmeten Luft. Wegen der geringen Löslichkeit verwendet man bei chemischen Umsetzungen nicht das Kalkwasser, sondern die Aufschlämmung von Calciumhydroxid im Wasser, die Kalkmilch.

Calciumchlorid, $CaCl_2$

Calciumchlorid entsteht in großen Mengen bei der Wiedergewinnung von Ammoniak aus den Filtraten des Solvay-Prozesses und wird nach dem Eindampfen und Entwässern bei etwa 700 °C als poröses, granuliertes Calciumchlorid oder als durchscheinend geschmolzene Masse wegen seiner hygroskopischen Eigenschaften als Trockenmittel für Gase sowie für organische Flüssigkeiten, wie Benzol, gebraucht. Es ist in Alkoholen und besonders in Wasser unter deutlicher Erwärmung leicht löslich. Das Hydrat $CaCl_2 \cdot 6 H_2O$ kristallisiert aus der wäßrigen Lösung in hexagonalen Säulen, löst sich sowohl in Wasser als auch in Eis unter starker Abkühlung und dient deshalb mit Schnee oder Eis gemischt als Kältemittel.

Chlorkalk

Chlorkalk (Calcaria chlorata) wird seit 1799 nach dem Verfahren von TENNANT durch Sättigen von pulverig gelöschtem Kalk mit nicht zu konzentriertem Chlor dargestellt und ist die billigste sowie für viele Zwecke handlichste Form, in der das Chlor in den Handel gebracht wird.

Der wirksame Bestandteil des Chlorkalks ist nach ODLING und LUNGE eine intramolekulare Verbindung von Calciumchlorid, $CaCl_2$, und Calciumhypochlorit, $Ca(OCl)_2$, von der Formel $Ca(OCl)Cl$, die aber in festem Zustand gewisse Eigentümlichkeiten zeigt, die sie von einem bloßen Gemisch beider Salze unterscheiden. Zudem enthält der Chlorkalk stets noch mehrere Prozent unveränderten Ätzkalk und Wasser. Nach B. NEUMANN ist das Calciumchlorid-hypochlorit im Chlorkalk an Calciumhydroxid im Verhältnis $3 Ca(OCl)Cl \cdot Ca(OH)_2 \cdot 5 H_2O$ gebunden.

An der Luft ist Chlorkalk im Gegensatz zu Calciumchlorid zunächst nicht zerfließlich, auch gibt er an Alkohol anfangs kein Calciumchlorid ab. Beim Erwärmen mit mäßig verdünntem Alkohol liefert der Chlorkalk Chloroform, $CHCl_3$. Kohlendioxid entwickelt neben untergeordneten Mengen von hypochloriger Säure hauptsächlich freies Chlor:

$$Ca(OCl)Cl + CO_2 = CaCO_3 + Cl_2$$

Hierauf beruht seine Anwendung als Bleichmittel für Baumwolle, Leinen, Papier, Lumpen und dergleichen sowie zum Ätzdruck. Bei diesem werden auf gleichmäßig gefärbten Stoffen durch Zerstörung des Farbstoffs weiße Muster erzeugt.

Daß für die bleichende Wirkung von Chlorkalk sowie auch für die der Hypochlorite der Alkalien das Hinzutreten einer Säure erforderlich ist, kann man erkennen, wenn man rotes Lackmuspapier in eine wäßrige Aufschlämmung von Chlorkalk teilweise eintaucht. Zunächst färbt sich das rote Papier infolge der alkalischen Reaktion des beigemengten Calciumhydroxids blau. Bringt man das Papier an die Luft, so zeigt sich an der oberen Grenze der benetzten Fläche eine weiße Zone, weil hier infolge der geringen Flüssigkeitsmenge das Kohlendioxid der Luft zunächst wirksam wird, dann schreitet von da aus allmählich die Entfärbung auf die ganze befeuchtete Fläche weiter. Haucht man auf das Papier, so bewirkt die höhere Konzentration der ausgeatmeten Luft an Kohlendioxid schnellere Entfärbung als die nur 0,04 % Kohlendioxid enthaltende atmosphärische Luft.

Leitet man in einen Glaskolben zu festem Chlorkalk Kohlendioxid, so zeigt sich bald die bekannte gelblichgrüne Farbe des freien Chlors.

Außer zum Bleichen dient der Chlorkalk auch zum Desinfizieren von Viehställen sowie zur Beseitigung des üblen Geruchs von Aborten oder faulenden Kadavern und zum Sterilisieren von Trinkwasser. Für 1 l Wasser genügt 15 min lange Behandlung mit 0,015 g Calciumhypochlorit (siehe im folgenden) und 0,08 g Natriumchlorid.

Läßt man Salzsäure zu Chlorkalk fließen, so wird Chlor freigemacht:

$$Ca(OCl)Cl + 2\,HCl = CaCl_2 + Cl_2 + H_2O$$

Man kann weiterhin nach Einwirkung auf Kaliumjodid das ausgeschiedene Jod mittels Thiosulfatlösung titrieren. In dieser Weise wird der Chlorkalk nach dem daraus zu gewinnenden Chlor bewertet. Gute Handelssorten haben einen Gehalt von 30 … 35 % wirksamem Chlor. Der Höchstgehalt beträgt 39 % Chlor.

Im Laboratorium kann man einen regulierbaren Chlorstrom in der Weise herstellen, daß man in einem Kippschen Apparat auf Stücke von gepreßtem Chlorkalk Salzsäure wirken läßt. Außerdem dient ein Gemisch von Chlorkalk und Ammoniak zur Entwicklung von Stickstoff sowie ein Gemisch von Chlorkalk und Wasserstoffperoxid zur Darstellung von freiem Sauerstoff:

$$Ca(OCl)Cl + H_2O_2 = CaCl_2 + O_2 + H_2O$$

Der Chlorkalk kann unter Sauerstoffentwicklung besonders im Sonnenlicht in Calciumchlorid übergehen. Deshalb bewahrt man Chlorkalk in dunklen Flaschen auf. Besonders schnell verläuft dieser Prozeß in Gegenwart von höheren Oxiden des Nickels, Kobalts und Mangans. Befeuchtet man z. B. Chlorkalk mit einer verdünnten Kobaltnitratlösung, so fällt zunächst schwarzes Kobalt(III)-oxid aus, dann beginnt die Masse unter Aufschäumen Sauerstoff zu entwickeln nach:

$$2\,Ca(OCl)Cl = 2\,CaCl_2 + O_2$$

Als noch chlorreicheres Präparat wird Calciumhypochlorit, $Ca(OCl)_2$, in den Handel gebracht, das aus dem kristallisierten Calciumhypochlorit, $Ca(OCl)_2 \cdot 4\,H_2O$, durch Entwässern im Vakuum gewonnen wird und mit Salzsäure nach

$$Ca(OCl)_2 + 4\,HCl = CaCl_2 + 2\,Cl_2 + 2\,H_2O$$

bis zu 80 % seines Gewichts an wirksamem Chlor abgibt. Trocken aufbewahrt ist dieses Präparat noch beständiger als Chlorkalk.

Calciumfluorid, CaF₂

Calciumfluorid kommt, wie beim Fluor schon besprochen worden ist, als Flußspat in großen, regulären Kristallen vor, die, je nach der Art der Beimengungen, gelb, grün, blau oder violett gefärbt sein können und als Ausgangsmaterial für Flußsäure sowie als Flußmittel bei der Verhüttung von Erzen dienen. Flußspatkristalle zeigen oft schwache Fluoreszenz. Sie gaben darum dieser Erscheinung den Namen.

Im Gegensatz zu dem zerfließlichen Calciumchlorid ist das Calciumfluorid in Wasser sehr schwer löslich (0,0016 g in 100 g Wasser von 18 °C). Es fällt auf Zusatz von Ammoniumfluorid zu Calciumchloridlösungen zunächst als voluminöser Niederschlag aus, der nach dem Abdampfen pulverig wird und zur quantitativen Bestimmung von Fluor dienen kann. Durch Wasserdampf bei hohen Temperaturen wird Calciumfluorid gleich dem Calciumchlorid hydrolytisch gespalten.

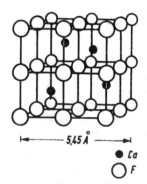

├─── 5,45 Å ───┤

● Ca
○ F

Abb. 88. Flußspatstruktur
Die gleiche Struktur besitzen u. a.
SrF₂, BaF₂, PbF₂, CdF₂, SrCl₂,
ZrO₂, ThO₂, CeO₂, UO₂ sowie unter
Vertauschung der Kationen und
Anionen Li₂O, Na₂O, K₂O, Li₂S,
Na₂S, K₂S und Mg₂Si (Antifluorit-
gitter).

Als wichtiges Beispiel für viele Verbindungen der Formel AB_2 bringt Abb. 88 die Kristallstruktur des Flußspats. Wie im Cäsiumchlorid besetzen die Fluorid-Ionen die Ecken eines Würfels. Da aber das Verhältnis der Anionen zu den Kationen hier doppelt so groß ist wie dort, wird nur jede zweite Würfelmitte von einem Calcium-Ion besetzt. Jedes Fluorid-Ion befindet sich im Mittelpunkt eines Tetraeders, dessen Ecken mit Calcium-Ionen besetzt sind. Um 1 Fluorid-Ion sind also nur 4 Calcium-Ionen, um 1 Calcium-Ion aber 8 Fluorid-Ionen angeordnet.

Calciumsulfat, $CaSO_4$

Calciumsulfat findet sich als *Anhydrit* in rhombischen Kristallen oder dichten Stücken den Steinsalzlagern beigemengt und bleibt nach der Auslaugung durch eindringende Wässer als Anhydritlager zurück. Indem diese allmählich mit dem Wasser in *Gips*, $CaSO_4 \cdot 2 H_2O$, übergehen und sich dabei ausdehnen, werden große Kräfte entwickelt, die zu bedeutenden geologischen Verschiebungen und Verwerfungen führen können.

Der Gips, $CaSO_4 \cdot 2 H_2O$, bildet große, monokline Kristalle, die manchmal eine schwalbenschwanzartige Zwillingsbildung zeigen und sich zu äußerst dünnen Platten spalten lassen (Marienglas), oder fasrige Aggregate (Fasergips) und dichte, körnige Massen als Alabaster bzw. Gipsstein.

Große Mengen Gips entstehen beim Neutralisieren der Sulfurierungflüssigkeiten in der Farbentechnik sowie aus den Calciumhydrogensulfitlaugen der Zellstoffindustrie durch nachträgliche Oxydation.

In Wasser ist der Gips schwer löslich, nämlich bei 18 °C 0,201 g, bei 100 °C 0,162 g in 100 cm³ Wasser.

Die Löslichkeit des Gipses wird gemäß dem Massenwirkungsgesetz, wie bei Natriumchlorid näher erläutert, durch die Gegenwart von gleichionigen Salzen verringert, also von allen Calciumsalzen und den Sulfaten mit Ausnahme von Ammoniumsulfat, das besonders bei größerer Konzentration die Löslichkeit des Calciumsulfats zum Unterschied vom Strontium- und Bariumsulfat erhöht. Auch die Chloride von Natrium, Kalium, Ammonium sowie besonders Ammoniumacetat erhöhen die Löslichkeit mit steigender Konzentration in zunehmendem Maße.

Gips dient in großen Mengen zur Herstellung von Gipsabgüssen, Stuckarbeiten, Gipsdielen und leichten Wänden, als Überzug auf Leinengeweben, Drahtnetzen und dergleichen sowie zu Gipsverbänden in der Chirurgie. Hierzu wird der Gips gebrannt und gepulvert und dann mit Wasser zu Gipsbrei angerührt, der nach einiger Zeit erhärtet. Dabei unterscheidet man nach der Brenntemperatur und Verwendungsart zwei Sorten, nämlich den Stuckgips und den Estrichgips.

Zur Herstellung von *Stuckgips* wird der Gips bei 130 ... 180 °C teilweise entwässert, wobei zunächst das Hemihydrat, $2 CaSO_4 \cdot 1 H_2O$, in seidenglänzenden, feinen Nadeln entsteht, das von 125 °C an langsam und bei 200 °C rasch in löslichen Anhydrit, $CaSO_4$, übergeht. Dieser bildet mit Wasser sofort das Halbhydrat zurück, und aus diesem entsteht weiterhin wieder der Gips als die am schwersten lösliche dieser Phasen in Kristallen, die vielfach ineinander wachsen und so den Zusammenhalt der erhärteten Masse bewirken.

Erhitzt man beim Brennen den Gips längere Zeit über 300 °C, so wird er *totgebrannt*, weil dabei das Hemihydrat und der lösliche Anhydrit in schwerlöslichen Anhydrit übergehen, der sich gleich dem natürlichen Anhydrit mit Wasser nur sehr langsam umsetzt.

Wird aber der letztere äußerst fein gemahlen bis zu etwa 0,006 mm Korngröße, so bindet er, namentlich in Gegenwart von etwas Ätzkalk, unter Wasser gut ab (Leukolith).

Estrichgips entsteht beim Brennen von Gipssteinen auf 1000 °C. Dabei entsteht etwas Calciumoxid, das den Anhydrit zur Hydratation anregt. Er liefert beim Abbinden mit Wasser fugenlose, wetterbeständige Gipsmassen für Fußbodenbelag.

In der Struktur unterscheiden sich Stuckgips und Estrichgips dadurch, daß ersterer die glänzenden Fasern des Halbhydrats aufweist, während letzterer in einer glasähnlich durchscheinenden Grundmasse Körnchen und Stäbchen von Anhydrit zeigt.

Hartmarmor wird aus gebrannten Gipsblöcken durch Tränken mit Kaliumsulfitlösung und darauffolgende Oxydation an der Luft erhalten, wobei ein Doppelsulfat $CaSO_4 \cdot K_2SO_4 \cdot 1\,H_2O$ entsteht, das in den Kalisalzlagern als Syngenit vorkommt.

Außerdem findet der Gips unter der Bezeichnung *Annalin* in der Papierindustrie als Füllstoff zur Cellulosemasse Verwendung, um dieser eine glatte, zum Schreiben geeignete Oberfläche zu erteilen. Häufig besteht auch die Schreibkreide nicht aus Calciumcarbonat sondern aus Gips.

Als Düngemittel dient der Gips einerseits, um dem Boden Calcium-Ionen zuzuführen, andererseits, um das im Ackerboden aus dem Stallmist entstehende flüchtige Ammoniumcarbonat durch doppelte Umsetzung zu binden:

$$CaSO_4 + (NH_4)_2CO_3 = CaCO_3 + (NH_4)_2SO_4$$

Von dieser Reaktion macht man auch zur Darstellung von Ammoniumsulfat aus dem in der Industrie gewonnenen Ammoniak Gebrauch.

Calciumsulfit, $CaSO_3 \cdot 2\,H_2O$

Calciumsulfit ist in Wasser kaum löslich, wohl aber in schwefliger Säure als Calciumhydrogensulfit, $Ca(HSO_3)_2$, dessen etwa 4%ige wäßrige Lösung zum Befreien der Holzcellulose von den inkrustierenden Ligninstoffen dient (siehe bei schwefliger Säure).

Calciumsulfid, CaS, Calciumhydrogensulfid, $Ca(SH)_2$, und Calciumpolysulfide

Calciumsulfid entsteht beim Glühen von Calciumsulfat mit Kohle:

$$CaSO_4 + 2\,C = CaS + 2\,CO_2$$

Bei längerer Einwirkung von Wasser wird Calciumsulfid in Calciumhydroxid, $Ca(OH)_2$, und lösliches Calciumhydrogensulfid, $Ca(SH)_2$, hydrolytisch gespalten.

Das *Calciumhydrogensulfid* hat die Eigenschaft, die Haare unter Aufquellen zu erweichen, so daß sie mit einem stumpfen Holzschaber von der Haut abgelöst werden können. In der Gerberei wendet man zu diesem Zweck Natriumsulfid und Natriumhydrogensulfid im Gemisch mit Calciumhydroxid zum „Äschern" an. Gemeinsam mit Arsensulfid dient das Calciumhydrogensulfid als salbenartiges Rhusma bei den Orientalen, um Bart- und Kopfhaare ohne Rasiermesser zu entfernen.

Calciumpolysulfide, wie Calciumpentasulfid, CaS_5, sind neben Calciumthiosulfat in der durch Kochen von Kalkmilch mit Schwefel dargestellten tieforangeroten Flüssigkeit enthalten. Beim Ansäuern entsteht die als Schwefelmilch, *lac sulfuris*, gegen Hautkrankheiten verwendbare Suspension von feinst verteiltem amorphen Schwefel in Wasser.

Leuchtstoffe

Die Chalkogenide von Calcium, Strontium, Barium, Zink, Cadmium und andere Stoffe, wie Silicate, Borate, Phosphate und Wolframate erlangen durch Zusatz von Spuren von Schwermetallen die Fähigkeit, absorbierte sichtbare oder unsichtbare Strahlen, wie ultraviolette, Röntgen-, Elektronen- oder α-Strahlen, in sichtbares Licht umzuwandeln. Dabei muß nach dem Gesetz von STOKES das ausgestrahlte Licht stets längerwellig sein. Die Lichtaussendung kann entweder sofort (Fluoreszenz) oder erst nach einer gewissen Verweilzeit (Phosphoreszenz) geschehen.

Der erste nachleuchtende „Leuchtstein" wurde im Jahre 1602 von dem Schuster Vincentius Casciorolus in Bologna entdeckt und aus einem Gemisch von gepulvertem Schwerspat (Bariumsulfat) mit Mehl durch Glühen dargestellt.

Um die Mitte des vorigen Jahrhunderts stellte Balmain leuchtendes Calciumsulfid her. Als Schwermetall-„Aktivator" wirkte hier Wismut. In der praktischen Anwendung sind zur Zeit die Sulfide des Zinks und des Cadmiums sowie einige Silicat- und Wolframatleuchtstoffe bedeutend. Grünleuchtendes Zinksulfid, die Sidotsche Blende, wurde gegen Ende des 19. Jahrhunderts entdeckt, sie enthält Kupfer als Aktivator (K. A. Hofmann und E. Tiede). Zinksulfid ohne fremde Beimischungen leuchtet ebenfalls mit blauer Farbe. Nach A. Schleede wirkt hier ein geringer stöchiometrischer Überschuß von Zink als Aktivator. Ebenso liegen die Verhältnisse beim Cadmiumsulfid, das ohne Fremdmetall dunkelrot leuchtet.

Weitere, nicht sulfidische Leuchtstoffe sind die Erdalkalioxide, Zinkoxid, Zinksilicat, Zinkberylliumsilicat, Calcium- und Magnesiumwolframat u. a. m.

Zum Unterschied von den Stoffen, bei denen die Ionen oder Moleküle auch im gelösten Zustand fluoreszieren, wie z. B. den Uranylsalzen und vielen organischen Verbindungen, ist das Leuchten aller dieser Substanzen nach Tiede und Schleede an den kristallinen Zustand gebunden. Erst durch Glühen, eventuell unter Zusatz von sogenannten Schmelzmitteln, wie z. B. von Alkalichloriden, Fluoriden, Boraten usw., sind sie leuchtfähig zu erhalten. Die als Aktivatoren notwendigen Schwermetalle sind wahrscheinlich als Metalle, seltener als Sulfide oder Oxide in der kristallinen Grundmasse verteilt. Da die Lösungsfähigkeit für diese Stoffe sehr beschränkt ist und ein Überschuß an den Schwermetallen durch dunkle Färbung das Licht innerhalb der Massen erstickt, dürfen diese, insbesondere Kupfer und Wismut, nur in Spuren zugegen sein, nämlich etwa 1 : 10000 der Gesamtmasse. Doch läßt sich das in Silicaten, Boraten, Phosphaten und auch im Zinksulfid als Aktivator wirkende Mangan infolge isomorphen Einbaus in das Grundgitter in viel höherer Konzentration anwenden (etwa 1 %).

Die Ursache des Leuchtens beruht darauf (Lenard, Muto, Riehl, Johnson), daß durch die Lichtabsorption ein Elektron in ein höher gelegenes Energieniveau gehoben wird, in dem es nicht ortsfest gebunden ist (Leitfähigkeitsband). Beim Rückgang des Elektrons schalten sich die Niveaus des Aktivators ein, so daß eine für diesen charakteristische Lichtaussendung erfolgt. Für die Annahme freier Elektronen in der belichteten Masse spricht vor allem auch die Steigerung der elektrischen Leitfähigkeit im erregenden Licht. Der Rückgang dieser Anregung unter Lichtentwicklung findet entweder sofort statt (Fluoreszenz), oder der Körper leuchtet nach dem Abschalten der erregenden Strahlung noch einige Zeit nach (Phosphoreszenz). In den meisten Fällen überlagern sich jedoch beide Erscheinungen.

Durch Erwärmen wird der Leuchteffekt der Phosphoreszenz erhöht, aber in der Dauer abgekürzt, so daß die Lichtsumme konstant bleibt. Besonders schön zeigt sich das Aufleuchten beim Einwerfen der belichteten Massen in heiße Flüssigkeiten oder in konzentrierte Schwefelsäure.

Die Leuchtfarben finden wichtige Anwendung als Röntgendurchleuchtungsschirme in der Diagnostik, in Braunschen Röhren für Fernsehzwecke und in Oszillographen. Hierfür sind nur Leuchtstoffe geeignet, die nicht nachleuchten. Bei den lang nachleuchtenden Anstrichfarben handelt es sich meist um kupferaktiviertes Zinksulfid. Bei den radioaktiven Leuchtfarben wird diesen eine kleine Menge α-strahlender radioaktiver Substanz zugesetzt (Leuchtzifferblätter an Uhren). Die Strahlenenergie wird dabei fast 100%ig in sichtbares Licht umgesetzt (P. M. Wolf und N. Riehl).

In den Leuchtstoffröhren wird die kurzwellige Strahlung einer Quecksilberlampe durch Leuchtstoffe, die die Glaswand verkleiden, unter dreimal besserer Ausnutzung der elektrischen Energie als in den Glühlampen in Licht umgewandelt. Die Farbe des Lichts hängt von der Zusammensetzung des Leuchtstoffs ab und kann entsprechend dem Verwendungszweck variiert werden.

Calciumcarbonat, $CaCO_3$

Calciumcarbonat ist, wie bereits erwähnt, in der Natur außerordentlich verbreitet als derber *Kalkstein*, feinkristalliner *Marmor*, lockerer *Kalksinter* oder in der Struktur der

Gehäuse von Meeresorganismen als *Kreide* sowie in Form von Muschelschalen als *Muschelkalk*. In schönen Kristallen tritt als Calciumcarbonat als ditrigonal-skaleno-edrischer *Kalkspat* auf, dessen reinste Varietät, der isländische *Doppelspat*, wegen der Doppelbrechung des Lichts zur Herstellung von Nicolschen Prismen für polarisiertes Licht dient. Als Absatz aus heißen Quellen erscheint das Calciumcarbonat in rhombischer Kristallform als *Aragonit*. Auch die Perlen bestehen aus Aragonit. Dieser ist die instabile Modifikation und dementsprechend reaktionsfähiger als der Kalkspat. Er färbt sich zum Unterschied von Kalkspat als Pulver beim Erwärmen mit 5%iger Kobaltnitratlösung rötlichlila. Das durch Fällen von löslichen Kalksalzen mit Ammoniumcarbonat bei gewöhnlicher Temperatur erhaltene Calciumcarbonat besteht aus kleinen Kalkspatkriställchen. In der Hitze fällt besonders aus Calciumhydrogencarbonatlösungen pulveriger Aragonit aus.

Abb. 89 zeigt die Kristallstruktur des Kalkspats in einem Ausschnitt aus dem Elementarrhomboeder. In Richtung der senkrechten Achse folgen Ebenen von Calcium- und Carbonat-Ionen aufeinander, jede mit der dichten Dreieckspackung. Die Struktur bringt den überzeugenden Beweis, daß die Carbonat-Ionen als geschlossene Gruppe im Kristall auftreten, wie die Chlorid-Ionen im Natriumchloridgitter. Das Carbonat-Ion selbst erweist sich als gleichseitiges Dreieck mit dem Kohlenstoffatom in der Mitte. — Auch die Ionenverteilung entspricht dem Natriumchloridgitter, nur ist dessen Würfel hier zum Rhomboeder verformt, weil die Carbonat-Ionen flach sind und nicht kugelig wie die Chlorid-Ionen.

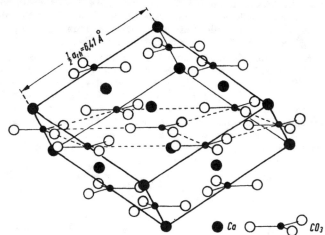

Abb. 89. Kalkspatgitter. Das gleiche Gitter bilden MgCO₃, MnCO₃, FeCO₃, CoCO₃ und ZnCO₃

Calciumcarbonat ist in reinem Wasser sehr schwer löslich; in 1 l werden gelöst: Kalkspat bei 25 °C 0,014 g, bei 50 °C 0,015 g, bei 100 °C 0,018 g; Aragonit bei 25 °C 0,015 g, bei 50 °C 0,016 g, bei 100 °C 0,019 g. Schon der geringe Gehalt der Luft an Kohlendioxid genügt, um unter Bildung von Calciumhydrogencarbonat, $Ca(HCO_3)_2$, die Löslichkeit von Kalkspat bei 25 °C auf das Dreifache zu erhöhen, und beim Sättigen mit Kohlendioxid unter Atmosphärendruck werden 0,9 g, unter erhöhtem Druck bis zu 3 g Calciumcarbonat als Hydrogencarbonat auf 1 l Wasser gelöst.

Solche Calciumhydrogencarbonatlösungen scheiden an freier Luft durch Zerfall und Verflüchtigung der Kohlensäure unterhalb 30 °C Kalkspat, oberhalb 30 °C Aragonit ab (V. KOHLSCHÜTTER):

$$Ca(HCO_3)_2 \rightleftharpoons CaCO_3 + H_2O + CO_2$$

Die Bildung und der Zerfall von Calciumhydrogencarbonat spielen in der Natur bei der Wiederverfestigung lockeren Kalkschlammes oder zertrümmerter Kalksteine, Gerölle, Geschiebe,

Schotter und dergleichen eine wichtige Rolle: Die besonders in tieferen Erd- und Meeresschichten an Kohlensäure reicheren Wässer sättigen sich mit Calciumhydrogencarbonat, das, als Kalkspat oder Aragonit auskristallisierend, die losen Teile zusammenwachsen läßt, während die bei der Zersetzung des Hydrogencarbonats freiwerdende Kohlensäure entweder entweicht oder von neuem lösend und wieder kristallisierend wirkt. Dasselbe Ziel, nämlich die Herstellung eines festen Verbandes zwischen losen Stücken, das der Mensch auf dem Umwege über das Brennen von Kalk, Löschen zu Kalkbrei und Erhärten des Mörtels an der Luft anstrebt, wird von der Natur zwar langsamer, aber weit vollständiger durch den Vorgang der Umkristallisation von Calciumcarbonat über das als Zwischenglied dienende Calciumhydrogencarbonat hinweg mit Hilfe der in Wasser gelösten natürlichen Kohlensäure erreicht.

Weiterhin bewirkt die Auflösung und Auswaschung von Calciumcarbonat durch kohlensäurehaltige Wässer die Bildung von Dolinen, Gängen und Höhlen sowie schließlich den Einbruch von Gebirgsmassen. In den Höhlen erzeugt wieder die Abscheidung von Kalkspatkristallisationen aus den hydrogencarbonathaltigen Wässern Drusen oder Tropfsteine, wie sie fast überall im Kalkgebirge zu finden sind.

Dem Trinkwasser verleiht das Calciumhydrogencarbonat den erfrischenden Geschmack, der das Quell- und Brunnenwasser vom destillierten Wasser unterscheidet.

Härte des Wassers

Nachteilig wirkt das Calciumhydrogencarbonat im Wasser, weil es im Verein mit Calciumsulfat und manchmal auch mit Magnesiumchlorid und -sulfat diesem die als Härte bezeichneten Eigenschaften verleiht.

Die Härte des Wassers äußert sich in der Fällung von Seifenlösung als flockiges Calciumstearat und -palmitat, so daß die Bildung eines weichen Seifenschaumes so lange ausbleibt, bis durch größere Mengen Seife die Calciumsalze gefällt sind. Dieser Mehrverbrauch an Seife sowie die Bildung schmieriger Flecken durch Kalkseifen machen hartes Wasser für Wäschereien ungeeignet. Durch vorausgehendes Kochen wird zwar das Calciumhydrogencarbonat zersetzt und damit ein Teil der Härte beseitigt (*vorübergehende Härte*), doch bleiben Calciumsulfat und die vorerwähnten Magnesiumsalze gelöst und bewirken die *bleibende Härte*.

Andererseits schätzen wir beim Waschen der Haut ein mäßig hartes Wasser, weil die überschüssige Seife sich durch Fällung als Calciumstearat und -palmitat besser abspülen läßt.

In Dampfkesseln gibt hartes Wasser den als Kesselstein bekannten Absatz von festhaftendem Calciumcarbonat, der Überhitzung und Durchbrennen der Kesselwände sowie eine verminderte Übertragung der äußeren Wärme auf das Wasser verursacht. Springt dann der Kesselstein an einer Stelle ab, so tritt das Wasser zu der glühenden Kesselwand und bewirkt infolge jäher Verdampfung Kesselexplosionen.

Die alten Römer gebrauchten zur Unterscheidung von hartem und weichem Wasser die Färbefähigkeit durch Rotwein. Entsprechend dem Gehalt an Erdalkalisalzen muß man einer gegebenen Menge Wasser steigende Mengen eines bestimmten Rotweins zugeben, bis sich bleibende gleichmäßige Färbung einstellt, weil die färbenden Önotannine durch das Erdalkali gefällt werden (A. TRILLAT). Gegenwärtig dient zu dieser Untersuchung das oben erwähnte Verhalten gegen Seifenlösung und zur quantitativen Bestimmung der Härte die chemische Analyse.

Als 1 deutscher Härtegrad gilt die Menge von 10 mg Calciumoxid oder 7,14 mg Magnesiumoxid im Liter Wasser.

Zur Beseitigung der Härte fällt man das Calciumhydrogencarbonat mit Ätzkalk oder vollständiger alle Calcium- und Magnesiumsalze mit Soda, Trinatriumphosphat und anderen geeigneten Stoffen oder man enthärtet mit Ionenaustauschern (siehe S. 523).

Calciumcarbonat ist endlich ein wichtiges Mittel zum Verbessern der Fruchtbarkeit der Ackerböden. Es neutralisiert die durch ein Übermaß an Humussäuren hervorgerufene schädliche saure Reaktion. Zugleich flocken die Calcium-Ionen des durch die Kohlensäure der Atmosphäre gebildeten Calciumhydrogencarbonats die Tonkolloide zu gröberen Teilchen aus. Diese krümelige Struktur bewirkt eine gute Durchlüftung des Bodens und verhindert beim Austrocknen die Bildung einer undurchlässigen Kruste.

Calciumnitrat, $Ca(NO_3)_2 \cdot 4 H_2O$

Calciumnitrat ist in Wasser und auch in Alkohol äußerst leicht löslich. Es zerfließt an feuchter Luft. Sein Vorkommen als Mauersalpeter sowie die Herstellung von Kalksalpeter, Norgesalpeter, sind schon bei Salpetersäure und bei Kalisalpeter besprochen worden.

Der technische *Kalksalpeter*, der aus Salpetersäure und Calciumcarbonat mit einem Zusatz von Ammoniumnitrat als Düngemittel technisch hergestellt wird, besteht im wesentlichen aus dem gut auskristallisierten Doppelsalz $5 Ca(NO_3)_2 \cdot NH_4NO_3 \cdot 10 H_2O$.

Calciumphosphate

Calciumphosphat fällt aus löslichen Calciumsalzen durch Natriumphosphat und Ammoniak als zuerst gequollener, dann allmählich pulverig werdender Niederschlag aus.

Der Niederschlag entspricht dabei meist nicht der Zusammensetzung des tertiären Salzes, $Ca_3(PO_4)_2$, sondern bei schwach saurem Medium ($p_H \approx 3$) mehr dem sekundären Phosphat, $Ca(HPO_4)$, bei neutralem oder schwach alkalischem p_H dem Hydroxylapatit, $Ca_5(OH)(PO_4)_3$.

Auch in der Natur findet sich das Calciumphosphat stets mit Calciumfluorid, Calciumchlorid oder Calciumhydroxid verbunden als *Apatit*, $Ca_5(F,Cl,OH)(PO_4)_3$, oder kryptokristallin als *Phosphorit* und als wichtiger Bestandteil der Knochen, deren anorganische Substanz 90 % Apatit und 10 % Calciumcarbonat enthält. Im Guano kommt ebenfalls Calciumphosphat neben harnsauren Salzen in großen Mengen vor.

Die Zahnsubstanz und auch der Zahnschmelz bestehen nach R. KLEMENT vorwiegend aus Hydroxylapatit, $Ca_5(OH)(PO_4)_3$. Infolge ihres Gehalts an organischer Substanz zeigen die Zähne Lumineszenz und Phosphoreszenz, und zwar um so stärker, je schöner und gesünder sie sind (E. TIEDE und H. CHOMSE).

Um die in den fast unlöslichen Rohphosphaten enthaltene Phosphorsäure für Düngezwecke nutzbar zu machen, muß sie durch geeignete Aufschlußverfahren in eine für die Pflanzen hinreichend schnell assimilierbare Form übergeführt werden. Das älteste technische Verfahren verwendet als Aufschlußmittel die Schwefelsäure. Man gelangt so zum *Superphosphat*, das neben Calciumsulfat hauptsächlich wasserlösliches, primäres Calciumphosphat, $Ca(H_2PO_4)_2$, enthält. An Stelle der Schwefelsäure kann man zum Aufschluß Phosphorsäure verwenden. Man gelangt so zum *Doppelsuperphosphat*, das kein Calciumsulfat enthält. Vielfach schließt man auch das Rohphosphat mit Salpetersäure auf und erhält dann einen Stickstoff-Phosphor-Mischdünger.

Aus dem wirtschaftlichen Bedürfnis heraus, die beträchtlichen Mengen an Schwefelsäure einzusparen, hat man nach einer ersten Anregung von LIEBIG Verfahren entwickelt, denen der sogenannte Glühaufschluß zugrunde liegt. Unter Glühphosphaten versteht man solche Phosphorsäuredüngemittel, die durch Vermengen des Rohphosphats mit Zuschlägen, wie Kalk, Kieselsäure und Alkalien, und Glühen gewonnen werden. Praktische Bedeutung erlangte das *Rhenania-Phosphat* von MESSERSCHMITT. Der Aufschluß erfolgt hier unter Zugabe von Soda und Sand, so daß durch den Glühprozeß Calciumnatriumphosphat, $CaNaPO_4$, in isomorpher Kristallisation mit Calciumorthosilicat, Ca_2SiO_4, entsteht (ROTHE und BRENEK, H. H. FRANCK, SCHLEEDE).

Auch ohne Alkalizuschlag, also nur mit Hilfe von Kalk und Kieselsäure, kann man zu einem brauchbaren Phosphatdünger gelangen, der *Thomasschlacke*, die als Nebenprodukt bei der Entphosphorung des Roheisens anfällt. Die Thomasschlacke enthält als wesentlichen Bestandteil Mischkristalle zwischen tertiärem Phosphat, $Ca_3(PO_4)_2$, und Orthosilicat, Ca_2SiO_4, (G. Trömel, 1948).

Eine bessere Düngewirkung wird erreicht, wenn man den Kalk-Kieselsäurezuschlag noch über den Anteil der Thomasschlacke steigert (Körber und Trömel). Nach Schleede ergeben sich dabei merkwürdigerweise — obgleich kein Natriumoxid zugegen ist — dem Rhenaniaphosphat ähnliche kristalline Produkte.

Alle Düngephosphate gehen über die Auflösung im Wasser des Bodens im Laufe der Zeit bei Gegenwart von Kalk in die stabile Verbindung des Apatits, in sauren Böden in unlösliche Eisen-Aluminium-Phosphate über, am schnellsten wohl das leichtlösliche Superphosphat. Da zunächst aber sehr feine, besser lösliche Fällungen gebildet werden, haben die Pflanzen während der Umbildung Gelegenheit, einen Teil des Phosphats aufzunehmen, bevor die gröberen schwerlöslichen Endformen entstehen.

In der Praxis bewertet man besonders die Thomasschlacken nach der Menge P_2O_5, die unter festgelegten Versuchsbedingungen von 2%iger Citronensäure gelöst wird (Wagner). Da die übrigen Glühphosphate eine durchweg erhöhte, meist 100%ige Citronensäurelöslichkeit aufweisen, bestimmt man hier den Düngewert mit Hilfe einer genau definierten Ammoncitratlösung (Petermann). In diesem Sinne spricht man von citronensäure- bzw. citratlöslicher Phosphorsäure in Düngemitteln.

Nachweis der Calciumverbindungen

Zum Nachweis der Calciumverbindungen dient die rotgelbe Färbung der Bunsenflamme, die, besonders bei flüchtigen Salzen, wie z. B. dem Chlorid, sehr stark auftritt (siehe die Spektraltafel). Als Fällungsreagens dient Ammoniumcarbonat, $(NH_4)_2CO_3$, oder noch besser Ammoniumoxalat, $(NH_4)_2C_2O_4$, weil Calciumcarbonat, $CaCO_3$, und besonders Calciumoxalat, CaC_2O_4, in Wasser fast unlöslich sind. Calciumoxalat wird auch durch Ammoniumsalze, wie Salmiak, und auch durch Essigsäure nicht gelöst.

Strontium, Sr

Atomgewicht	87,62
Schmelzpunkt	757 °C
Siedepunkt	1366 °C
Dichte	2,6 g/cm³

Vorkommen, Darstellung und Eigenschaften

Strontium kommt in der Natur nur in verhältnismäßig geringen Mengen vor, manchmal als Begleiter des Calciums in den Carbonaten. Hauptminerale sind der *Strontianit*, $SrCO_3$, nach einem Ort in Schottland benannt, der *Cölestin*, $SrSO_4$, sowie die Silicate *Heulandit* und *Brewsterit*.

Die Darstellung des Metalls erfolgt durch Reduktion des Oxids mit Aluminium oder durch Elektrolyse einer Schmelze von 2 Mol Strontiumchlorid und 1 Mol Kaliumchlorid.

Das Metall ist hellsilberglänzend, härter als Natrium, aber weicher als Calcium, läuft an der Luft gelb an und kann sich in feiner Verteilung an der Luft von selbst entzünden. Es entwickelt ähnlich dem Calcium aus Wasser, Methylalkohol, Äthylalkohol, Acetessigester, Malonester und Anilin reinen Wasserstoff. In flüssigem Ammoniak löst es sich mit blauer Farbe. Nach Abdampfen des Ammoniaks bleibt goldrotes Strontiumhexammin, $Sr(NH_3)_6$, zurück, das bei 0 °C in Strontiumamid, $Sr(NH_2)_2$, übergeht. Das Metall bindet Wasserstoff schon bei 260 °C lebhaft zum Hydrid, SrH_2. Mit Stickstoff verbindet sich Strontium von 380 °C an zum matt-schwarzen Nitrid, Sr_3N_2. Diese Reaktion geht bei Temperaturen von 700 ... 800 °C besonders schnell vor sich.

Verbindungen des Strontiums

Strontiumoxid, SrO, Strontiumhydroxid, Sr(OH)₂ und Strontiumperoxid

Strontiumoxid kann man durch starkes Glühen aus dem Carbonat, Nitrat, Hydroxid oder Sulfid durch Zersetzung mit Wasserdampf darstellen. Es verbindet sich mit Wasser unter lebhafter Wärmeentwicklung zu dem *Hydroxid*, das sich aus gesättigter Lösung als Oktohydrat, $Sr(OH)_2 \cdot 8 H_2O$, in tetragonalen Kristallen ausscheidet. Dieses Hydrat löst sich in Wasser bedeutend leichter auf als Calciumhydroxid.

In 100 Teilen Wasser lösen sich bei:

°C	0	10	20	30	40	50	80	100
Teile SrO	0,35	0,5	0,7	1,0	1,5	2,1	7,0	24

Demgemäß fällt eine gesättigte Strontiumhydroxidlösung aus einer Calciumchloridlösung einen Teil des Calciumhydroxids aus.

Strontiumperoxidhydrat kristallisiert ähnlich wie Calciumperoxidhydrat aus der Lösung des Hydroxids unter Zusatz von Wasserstoffperoxid als schwer löslicher Niederschlag aus, der bei 100 °C das Kristallwasser verliert. In Gegenwart von 30%igem Wasserstoffperoxid entsteht außerdem bei —5 °C Strontiumperoxid — Diperoxohydrat, $SrO_2 \cdot 2 H_2O_2$.

Strontiumsalze

Strontiumcarbonat, $SrCO_3$, kommt in der Natur als rhombisch kristallisierter Strontianit vor und fällt aus Strontiumsalzlösungen ebenso wie das Calciumcarbonat auf Zusatz von Ammoniumcarbonat und Ammoniak als weißes, fast unlösliches Pulver nieder.

Strontiumchlorid, $SrCl_2 \cdot 6 H_2O$, ist ähnlich wie das Calciumchlorid an feuchter Luft zerfließlich und in Wasser wie auch in Alkohol leicht löslich.

Strontiumsulfat, $SrSO_4$, kommt in der Natur als Cölestin vor.

Um aus dem Sulfat das Oxid oder lösliche Strontiumsalze herzustellen, wird es mit Natriumcarbonat geschmolzen. Hierbei entstehen lösliches Natriumsulfat und Strontiumcarbonat. Aus diesem wird durch Brennen Strontiumoxid und daraus mit Wasser Strontiumhydroxid hergestellt.

In Wasser löst sich das Strontiumsulfat schwerer auf als das Calciumsulfat.

In 1 l Wasser lösen sich bei:

°C	20	50	100
g SrSO₄	0,148	0,163	0,18

Deshalb erzeugt Gipslösung in Strontiumchlorid- oder -nitratlösung einen Niederschlag von Strontiumsulfat. Durch Ammoniumsulfat (10%ige Lösung) kann man Strontiumsulfat ausfällen, während Calciumsulfat gelöst bleibt.

Wegen der roten Flammenfärbung dienen Strontiumsalze in der Feuerwerkerei für rotes bengalisches Feuer. So verwendet man beispielsweise die Zusammensetzung 26 g Strontiumoxalat, 65 g Kaliumchlorat und 9 g Harz.

Barium, Ba

Atomgewicht	137,34
Schmelzpunkt	710 °C
Siedepunkt	1638 °C
Dichte	3,5 g/cm³

Vorkommen, Darstellung und Eigenschaften

Der Name Barium ist von seinem Hauptmineral, dem *Schwerspat*, $BaSO_4$, aus dem griechischen Wort βαρύς (≙ schwer) abgeleitet, nachdem SCHEELE aus diesem Mineral die Schwererde (terra ponderosa) abgeschieden hatte. Auch der *Witherit*, $BaCO_3$, kommt für die Gewinnung der Bariumverbindungen in Betracht. Von untergeordneter Bedeutung ist das Vorkommen im *Hartmanganerz, Psilomelan* und in dem Silicat *Harmotom*.

Das Metall kann ebenso wie das Strontium durch Schmelzflußelektrolyse gewonnen werden. In kleinen Mengen stellt man es besser aus dem Oxid durch Erhitzen mit Aluminium im Vakuum bei 1100 °C her.

Das silberweiße Metall, das so weich wie Blei ist, oxydiert sich sehr schnell an der Luft und läuft dabei schwarz an. Es reagiert mit Wasser und Alkohol lebhaft und kann mit Tetrachlorkohlenstoff ähnlich wie die Alkalimetalle gefährlich explodieren.

Verbindungen des Bariums

Die Salze des Bariums, besonders das Chlorid, färben die Flamme eines Bunsenbrenners gelbgrün (siehe Spektraltafel). Alle in Wasser oder in der verdünnten Salzsäure des Magens löslichen Bariumsalze sind starke Gifte. Die tödliche Dosis von Bariumchlorid liegt (durch den Magen aufgenommen) bei 0,1 g für 1 kg Körpergewicht. Bariumchloridvergiftungen haben Durchfall, Muskelerschlaffung und Lähmung zur Folge. Deshalb muß das für Röntgenaufnahmen des Darmkanals dienende Bariumsulfat völlig frei von Bariumchlorid oder Bariumcarbonat sein. Letzteres dient zum Vertilgen von Ratten und Mäusen.

Bariumhydrid, BaH_2, und Bariumnitrid, Ba_3N_2

Barium reagiert wie Calcium und Strontium mit Wasserstoff unter Bildung des *Hydrids*, BaH_2, und zwar schon bei 180 °C. Die Stickstoffabsorption beginnt bei 200 °C und führt bei 600 °C zum tiefschwarzen *Nitrid*, Ba_3N_2.

Bariumoxid, BaO, und Bariumhydroxid, $Ba(OH)_2 \cdot 8 H_2O$

Bariumoxid bildet sich aus Bariumcarbonat erst bei Weißglut. Glüht man aber das Carbonat mit Kohlepulver, so erfolgt der Zerfall leichter, weil das Kohlendioxid durch die Reduktion zu Kohlenmonoxid laufend entfernt wird:

$$BaCO_3 + C = BaO + 2 CO$$

Reines, kristallines Bariumoxid entsteht bei sehr starkem Glühen von Bariumnitrat. Es kristallisiert in Würfeln, Dichte 5,72 g/cm³, vereinigt sich mit Wasser noch heftiger als Calciumoxid und ist eines der stärksten alkalischen Trocknungmittel (siehe Darstellung von Hydrazin aus Hydrazinhydrat).

Bariumhydroxid kristallisiert aus wäßrigen Lösungen als Oktohydrat in tetragonalen Prismen, die sich in Wasser bedeutend leichter auflösen als Strontiumhydroxid und Calciumhydroxid.

In 100 g Wasser lösen sich bei:

°C	10	20	30	50	70
g BaO als Hydroxid	2,22	3,48	5,0	11,8	32

Wegen dieser höheren Löslichkeit und wegen der sehr starken Basizität fällt die Lösung von Bariumhydroxid aus Calcium- oder Strontiumsalzen die Hydroxide größtenteils aus, Magnesiumhydroxid wird vollkommen gefällt. Als *Barytwasser* wird die Lösung vielfach im Laboratorium verwendet, weil sie mit der starken Basizität noch die vorteilhafte Eigenschaft vereinigt, daß der Überschuß dieses Reagens durch Kohlensäure oder Ammoniumcarbonat sowie durch Schwefelsäure als unlösliches Bariumcarbonat oder Sulfat wieder beseitigt werden kann.

Zur Darstellung des Hydroxids reduziert man Bariumsulfat durch Glühen mit Kohle zu Bariumsulfid und kocht dieses mit Wasser und Kupfer(II)-oxid:

$$BaS + CuO + H_2O = Ba(OH)_2 + CuS$$

Oder man erhitzt Bariumsulfid oder auch Bariumcarbonat mit Wasserdampf auf Rotglut; schließlich kann man das Hydroxid aus dem Sulfid oder aus löslichen Bariumsalzen mit konzentrierter Natronlauge kristallisiert abscheiden.

Bariumperoxid, BaO₂

Bariumperoxidhydrat, $BaO_2 \cdot 8\,H_2O$, wird aus Barytwasser durch verdünntes Wasserstoffperoxid als kristalliner Niederschlag gefällt. In der Kälte entsteht mit überschüssigem konzentriertem Wasserstoffperoxid die Verbindung $BaO_2 \cdot 2\,H_2O_2$, aus der sich bei 30 °C das Monoperoxohydrat, $BaO_2 \cdot H_2O_2$, bildet (RIESENFELD).

Das wasserfreie *Bariumperoxid* wird aus Bariumhydroxid oder Bariumcarbonat durch Erhitzen im Luftstrom bei 500 ... 600 °C unter 2 atm Überdruck dargestellt:

$$2\,BaO + O_2 \rightleftharpoons 2\,BaO_2 + 39\,kcal$$

Diese Reaktion ist reversibel. Da die Peroxidbildung exotherm verläuft, wird der Zerfall des Peroxids mit steigender Temperatur begünstigt. Bei 795 °C beträgt der Sauerstoffdruck über Bariumperoxid 760 Torr. Hoher Sauerstoffdruck verschiebt das Gleichgewicht auf die Seite der Bariumperoxidbildung, niedriger Druck führt zum Zerfall des Peroxids. Zur raschen Einstellung des Gleichgewichts ist die Gegenwart von etwas Wasserdampf erforderlich. Der Zerfall des Bariumperoxids wird durch Zusatz von Siliciumdioxid wesentlich begünstigt; hierbei wird Bariumsilicat gebildet (J. A. HEDVALL, 1918).

Dagegen beträgt für Calciumperoxid (aus $CaO_2 \cdot 8\,H_2O$ dargestellt) der Sauerstoffdruck bei 255 °C schon mehr als 190 atm, so daß eine technische Darstellung dieses Peroxids aus Kalk und Sauerstoff nicht durchgeführt wird. (RIESENFELD).

Die Bildung von Bariumperoxid aus dem Sauerstoff der Luft bei niedriger Temperatur und erhöhtem Druck und die Abgabe von reinem Sauerstoff bei höherer Temperatur und vermindertem Druck ermöglichen die technische Darstellung reinen Sauerstoffs aus Luft; doch wird in der Technik hierfür die fraktionierte Destillation der flüssigen Luft vorgezogen.

Das Bariumperoxid dient als sehr wirksames *Oxydationsmittel* bei höherer Temperatur und deshalb als Sauerstoffträger bei manchen Zündsätzen. Zur Entzündung der Gemische aus Aluminiumgrieß und Eisenoxid (siehe Thermit) oder anderen Oxiden hat sich ein Gemisch von 15 Teilen Bariumperoxid mit 2 Teilen Magnesiumpulver, das durch Kollodiumlösung geformt und an einen Magnesiumband befestigt wird, als Zündkirsche sehr gut bewährt. Auch Gemische mit rotem Phosphor, Schwefel oder Antimonsulfid brennen lebhaft ab und werden mitunter als Köpfchen an Streichhölzern verwendet.

Mit konzentrierter Schwefelsäure entwickelt Bariumperoxid ozonreichen Sauerstoff. Verdünnte Schwefelsäure fällt Bariumsulfat und macht Wasserstoffperoxid frei.

Bariumchlorid, $BaCl_2 \cdot 2 H_2O$

Bariumchlorid wird aus Bariumsulfid durch Umsetzung mit Salzsäure oder mit Magnesiumchloridlösung dargestellt und schmilzt wasserfrei bei 960 °C unter geringer Zersetzung durch den Wasserdampf der Luft.

In 100 g Wasser lösen sich bei:

°C	10	20	100
g $BaCl_2$	33,3	35,7	58,7

In Alkohol ist es zum Unterschied von Strontiumchlorid und von Calciumchlorid schwer löslich. In Lösungen von Chloriden, z. B. von Natriumchlorid oder in Salzsäure, wird die Löslichkeit vermindert, und zwar durch 30%ige Salzsäure so weit, daß man hierdurch Bariumchlorid fast vollständig vom Calciumchlorid und Magnesiumchlorid trennen kann.

Bariumchlorat, $Ba(ClO_3)_2 \cdot H_2O$, und Bariumperchlorat, $Ba(ClO_4)_2$

Bariumchlorat wird aus heißem Barytwasser durch Sättigen mit Chlor neben Bariumchlorid erhalten. Es löst sich bei 20 °C zu 37 Teilen wasserfreien Salzes auf 100 Teile Wasser und zerfällt oberhalb 310 °C in Bariumperchlorat und Bariumchlorid. Bariumchlorat dient als Zusatz zu Feuerwerksmischungen für Grünfeuer (eine geeignete Mischung besteht aus 86 g Bariumchlorat und 14 g Harz) sowie zur Darstellung wäßriger Chlorsäurelösungen durch Fällung des Bariums mittels Schwefelsäure.

Bariumperchlorat ist in Wasser und Alkoholen auffallend leicht löslich.

Bariumnitrat, $Ba(NO_3)_2$

Bariumnitrat wird aus Bariumhydroxid, -carbonat oder -sulfid mit verdünnter Salpetersäure dargestellt. Es ist in Wasser nur mäßig löslich.

In 100 g Wasser lösen sich bei 20 °C 9,2 g, bei 100 °C 32,2 g $Ba(NO_3)_2$.

Durch Salpetersäure oder Alkohol wird das Salz fast vollständig gefällt. Es schmilzt bei 593 °C und dient zur Darstellung von Grünfeuer sowie wegen seiner verhältnismäßig geringen Empfindlichkeit als Sauerstoffträger bei Brand- und Sprengmischungen. Eine Mischung von 35 g Bariumnitrat, 20 g Aluminiumpulver, 12,5 g Schwefel und 2,5 g Harz brennt mit blendendweißem Licht ab (Weißfeuer).

Bariumsulfat, $BaSO_4$

Bariumsulfat kommt als *Schwerspat*, Dichte 4,50 g/cm³, in großen rhombischen Tafeln kristallisiert vor. In 1 l Wasser von 18 °C löst sich nur 2,4 mg Bariumsulfat (Löslichkeitsprodukt $= 10^{-10}$). Durch Sulfate oder andere Bariumsalze wird diese sehr geringe Löslichkeit noch weiter vermindert, so daß man aus verdünnter Schwefelsäure oder Sulfatlösungen die Schwefelsäure durch Bariumchloridlösung und umgekehrt aus dieser durch verdünnte Schwefelsäure das Barium quantitativ fällen kann.

Bei dieser wichtigen analytischen Methode ist zu beachten, daß bei gewöhnlicher Temperatur gefälltes Bariumsulfat so feinpulverig ist, daß es durch die Filter läuft. Man muß es, um einen gut abfiltrierbaren Niederschlag zu erhalten, siedend heiß aus verdünnt saurer Lösung fällen. Durch Erwärmen mit Ammoniumacetatlösung von ungefähr 10 % geht feinpulveriges Bariumsulfat in größere Kristalle über. Verdünnt man danach mit Wasser, so ist das Bariumsulfat gut und quantitativ filtrierbar.

Größere Bariumsulfatkristalle erhält man durch Umkristallisieren aus geschmolzenem Bariumchlorid oder Natriumsulfat. Beide lösen bei 1100 °C mehr als 10 % Bariumsulfat auf und scheiden beim Erkalten lange Tafeln ab, die mit natürlichem Schwerspat übereinstimmen.

Aus der Größe der in der Natur anzutreffenden Kristalle sehr schwer löslicher Verbindungen, wie Bariumsulfat oder Calciumcarbonat sowie vieler Sulfide der Schwermetalle, hat man oft den irrtümlichen Schluß gezogen, diese Kristalle seien aus den infolge der Schwerlöslichkeit äußerst verdünnten Lösungen im Laufe ungeheurer Zeiträume entstanden. Es wurde aber am Bariumsulfat nachgewiesen, daß sich in wenigen Jahrzehnten große Kristalle bilden können, wenn sich Lösungen von Bariumchlorid mit Alkalisulfat- oder Gipslösungen durch Diffusion nur allmählich vereinigen, so daß der Umsatz nur an der Grenzfläche, nicht aber im Innern der Lösungen erfolgt.

Bariumsulfat schmilzt erst bei 1350 °C. Der Zerfall in Oxid, Schwefeldioxid und Sauerstoff findet von 1600 °C an in erheblichem Maße statt. Siliciumdioxid setzt aus Bariumsulfat bei 1000 °C Schwefeltrioxid unter Bildung von Silicaten in Freiheit, desgleichen Eisen(III)-oxid bei 1000 °C unter Bildung von Bariumferrat(III). Kohle reduziert schon bei 600 °C:

$$BaSO_4 + 2\,C = BaS + 2\,CO_2$$

Auf diesem Wege werden aus Bariumsulfat über Bariumsulfid in den meisten Fällen die Bariumverbindungen gewonnen.

Feinpulveriges Bariumsulfat dient zum Füllen hochwertiger Papiere sowie unter dem Namen *Permanentweiß* oder *blanc fixe* als weiße Anstrichfarbe. *Lithopone*, aus Bariumsulfid und Zinksulfat hergestellt, enthält neben Zinksulfid Bariumsulfat.

Bariumcarbonat, BaCO₃

Bariumcarbonat kommt als *Witherit* in glänzenden, rhombischen Kristallen vor und wird gleich dem Calcium- und Strontiumcarbonat aus Bariumsalzlösungen durch Ammoniumcarbonat gefällt. Es ist thermisch beständiger als $SrCO_3$ und $CaCO_3$. Erst bei 1420 °C beträgt der Dissoziationsdruck des Kohlendioxids 1 atm, während $SrCO_3$ bei 1268 °C und $CaCO_3$ schon bei 908 °C den gleichen Druck erreichen. Durch Glühen des Carbonats mit Kohlenstoff, der das Kohlendioxid zu Kohlenmonoxid reduziert, wird der Zerfall in Bariumoxid erleichtert (siehe unter Bariumoxid).

Bariumcyanid, Ba(CN)₂, Bariumcyanamid, BaCN₂, und Bariumcarbid, BaC₂

Bariumcyanid und *Bariumcyanamid* entstehen außer durch Sättigen von Bariumhydroxid mit Blausäure auch beim Glühen von Bariumoxid mit Kohle im Stickstoffstrom nach den umkehrbaren Reaktionen:

$$BaO + 2\,C + N_2 \rightleftharpoons BaCN_2 + CO$$
$$BaO + 3\,C + N_2 \rightleftharpoons Ba(CN)_2 + CO$$

Man gelangt bei 1100 °C schon nach 2 h zu einer Mischung, die über 45 % Barium an Stickstoff gebunden hält. Eine intermediäre Bildung von Bariumcarbid kommt hierbei nicht in Frage, weil aus Bariumoxid und Kohle im Vakuum bei 1200 °C höchstens 8 % Carbid entstehen. Im elektrischen Ofen dagegen wird *Bariumcarbid* ebenso wie Calciumcarbid erhalten; es absorbiert bei heller Glut noch leichter als dieses den Stickstoff unter Bildung von Bariumcyanamid.

Radium, Ra

Massenzahl des wichtigsten Isotops	226,05
Schmelzpunkt	700 °C
Siedepunkt	1 140 °C
Dichte	6 g/cm³

Radium wurde von MARYA CURIE im Jahre 1898 bei der Suche nach den Ursachen der radioaktiven Strahlung in der Pechblende entdeckt und durch Umkristallisieren des Radium-Bariumchlorids aus salzsaurer Lösung isoliert.

Der Prozentgehalt an Radium ist auch in dem radiumreichsten Mineral, der *Pechblende*, UO_2, sehr gering und beträgt weniger als 1 g Radium auf rund 3500 kg Erz. Die Hauptmenge des Radiums wird in USA aus *Carnotit*, $K[UO_2(VO_4)] \cdot x\,H_2O$, im Kongostaat aus den Pechblenden des Kupfergebietes von Katanga und in der Tschechoslowakei aus Joachimstaler Pechblende gewonnen.

In praktisch wertloser Verdünnung von etwa $^1/_{100\,000}$ mg auf 1 t findet sich Radium in vielen Gesteinen der Erdoberfläche ebenso auch im Meerwasser.

Zur Darstellung des Metalls elektrolysierten M. CURIE und A. DEBIERNE eine wäßrige Radiumchloridlösung mit einer Quecksilberkathode. Aus dem hierbei erhaltenen Radiumamalgam konnte nach Abdestillieren des Quecksilbers im Wasserstoffstrom das silberweiße Metall erhalten werden. Es ähnelt dem Barium, ist jedoch viel flüchtiger als dieses und oxydiert sich an der Luft außerordentlich leicht.

Auch in den Eigenschaften seiner Verbindungen erweist sich das Radium, wie es seiner Stellung im Periodischen System entspricht, als das Homologe des Bariums. Das Radiumsulfat, $RaSO_4$, ist, wie das Bariumsulfat, in Wasser und verdünnten Säuren unlöslich, das Radiumcarbonat, $RaCO_3$, löst sich in Säuren auf. Das Chlorid und Bromid sind etwas schwerer löslich als die entsprechenden Bariumsalze und darum zur Trennung beider Elemente geeignet. Sehr charakteristisch ist die karminrote Flammenfärbung durch Radiumsalze.

Radium zerfällt unter Aussendung von α-Strahlen und Bildung des Edelgases Radon mit einer Halbwertszeit von 1620 Jahren.

Radioaktivität

Allgemeines

In den letzten Jahren des vergangenen Jahrhunderts wurden erstmals Elemente aufgefunden, deren Atome nicht unbegrenzt beständig sind, sondern unter Energieabgabe einem fortwährenden Selbstzerfall unterliegen. Den Anstoß zur Entdeckung dieser radioaktiven, d. h. durch Strahlung wirkenden Stoffe, gab die Beobachtung, daß die Röntgenstrahlen von dem grünen Fluoreszenzfleck des Glases der Entladungsröhre ausgehen. BECQUEREL verfiel auf den Gedanken, daß fluoreszierende Stoffe wohl auch ohne elektrische Anregung Röntgenstrahlen aussenden könnten. Er fand schon 1896, daß die Uransalze tatsächlich durch lichtdichtes Papier hindurch auf die photographische Platte wirken und auch ein Elektroskop auf mäßige Entfernung hin entladen. Bald ergab sich, daß hierzu nicht nur die fluoreszierenden Uranylsalze und Urangläser, sondern alle Uran-verbindungen, wie auch dieses Metall selbst, befähigt sind, daß also demnach diese „Radioaktivität" den Uranatomen zukommt. Ähnliche Beobachtungen machte bald darauf G. C. SCHMIDT (1898) mit Thoriumpräparaten.

Als darauf MARYA CURIE das Haupturanmineral, die Pechblende, prüfte, fand sie, daß diese drei- bis viermal wirksamer als das metallische Uran ist, und sie zog hieraus den Schluß, daß die Pechblende Stoffe enthalten müsse, die bedeutend stärker radioaktiv sind als das Uran selbst. Die chemische Untersuchung des Minerals führte dann 1898 zur Entdeckung des *Poloniums*, das dem Tellur gleicht, und des *Radiums*, das sich an das Barium anschließt. Die weitere Untersuchung der radioaktiven Erscheinungen hat dann in rascher Folge zur Auffindung zahlreicher in der Natur vorkommender radioaktiver Atomarten geführt (siehe Tabelle Seite 500).

Von Bedeutung für die Anreicherung radioaktiver Elemente ist die *Fällungs- bzw. Adsorptionsregel* von O. HAHN:

Ein Element wird aus beliebig großer Verdünnung mit einem kristallinen Niederschlag eines anderen in beträchtlicher Menge vorhandenen bzw. zugesetzten Elements dann ausgefällt, wenn es in das Kristallgitter des Niederschlags eintreten kann (Mischkristall-bildung).

Beispielsweise wird Radium trotz der enormen anfänglichen Verdünnung in den Pech-blendelösungen durch Zusatz von Bariumchlorid und verdünnter Schwefelsäure mit-gefällt. Bilden sich keine Mischkristalle, dann bleibt das radioaktive Element in Lösung, auch wenn seine dem erzeugten Niederschlag entsprechende Verbindung bei höherer Konzentration schwer löslich ist.

Durch Niederschläge von großer Oberfläche wird ein Element aus beliebig großer Ver-dünnung adsorbiert, wenn der Niederschlag durch Aufladung gegen die Lösung eine Ladung angenommen hat, die der Ladung des Elementions elektrisch entgegengesetzt ist, und wenn das Adsorbat in der vorliegenden Flüssigkeit schwer löslich ist.

Zur Abtrennung und Isolierung radioaktiver Elemente werden heute vielfach Ionen-austauscherharze verwendet.

Isotope

Der radioaktive Zerfall brachte, wie schon im Kapitel „Das Periodische System" erwähnt worden ist, die ersten Beispiele für Atomarten, die mit anderen radioaktiven Atomarten oder auch mit stabilen Atomarten in allen chemischen Eigenschaften so vollkommen übereinstimmen, daß man ihnen denselben Platz im Periodischen System und damit die gleiche Ordnungszahl zuweisen muß. Sie unterscheiden sich nur durch das Atom-gewicht und eventuell durch ihre radioaktiven Eigenschaften. SODDY gab 1913 solchen Atomarten den Namen Isotope.

Isotope haben die gleiche Kernladung und nur eine unterschiedliche Kernmasse. Für alle verschiedenen Atomarten, gleichgültig ob sie sich durch die Kernmasse oder durch die Kern-ladung oder durch beides unterscheiden, gebraucht man heute den Namen *Nuklide* (von Nucleus $\triangleq$ Kern).

Zur Kennzeichnung der Atomkerne schreibt man die *Massenzahl* (das auf ganze Zahlen abgerundete Atomgewicht) links oben vor das chemische Zeichen. Soll auch noch die Kernladungszahl angegeben werden, so wird diese links unten vor das Zeichen gesetzt, z. B. $^{238}_{92}U$ ist das Uranisotop der Masse 238.

Radioaktive Erscheinungen

Da Radium etwa dreimillionenmal stärker wirksam ist als Uran, genügen Bruchteile eines Milligramms von einem an Radium angereicherten Radium-Bariumpräparat, um die folgenden charakteristischen Erscheinungen der Radioaktivität nachzuweisen.

Lumineszenz

Ein Schirm von Sidotscher Blende (Zinksulfid) — oder von Bariumtetracyanoplatinat(II) und anderen Leuchtstoffen — leuchtet bei Annäherung des Präparates auf einige Millimeter Entfernung mit grünlichgelbem Licht. Auf dem Schirm gewahrt man unter dem Mikroskop, daß dieses Leuchten nicht gleichmäßig anhält, sondern von dem rasch aufeinanderfolgenden Aufblitzen der einzelnen Kriställchen des bestrahlten Objektes herrührt. Schon unter einer kleinen Lupe kann man dieses Szintillieren (Funkenwerfen) deutlich beobachten (Spinthariskop). Auch einige Mineralien, die unter der Einwirkung von Kathodenstrahlen charakteristisch aufleuchten, wie Willemit, Kunzit, Kalkspat, Flußspat, Diamant, werden durch radioaktive Strahlen in ähnlicher Weise erregt. Läßt man Kristalle von Flußspat oder Kalkspat einige Tage lang in nächster Nähe von einem Radiumpräparat liegen, so leuchten sie danach im Dunkeln fort, besonders wenn man sie auf etwa 100 °C erwärmt.

Im *Szintillationszähler* werden Anzahl und Intensität der Lichtblitze in einem geeigneten Kristall — z. B. in einem mit Thallium(I)-jodid aktivierten Natriumjodid-Einkristall für γ-Strahlen oder in einem Anthracenkristall für β-Strahlen — mit Hilfe eines Sekundärelektronenvervielfachers über ein elektrisches Zählwerk ausgezählt, so daß die radioaktive Strahlung quantitativ gemessen werden kann.

Ionisierende Wirkung

Durch die radioaktiven Strahlen werden die Luft wie auch alle anderen Gase ionisiert, d. h. die Moleküle werden in Elektronen und positive Molekül- bzw. Atom-Ionen gespalten. Werden die Ionen in einer Atmosphäre von übersättigtem Wasserdampf erzeugt, so wirken sie als Kondensationskeime für die Bildung von Wassertröpfchen, so daß die Bahn der Strahlen sichtbar wird (*Wilsonsche Nebelkammer*). Die ionisierende Wirkung der radioaktiven Strahlung wird zur Messung ihrer Intensität in Strahlungsmeßgeräten (Elektrometer, Ionisationskammer und *Geiger-Müller-Zählrohr*) ausgenutzt.

Chemische und physiologische Wirkung

Unter der Einwirkung radioaktiver Strahlen treten oft auf chemischen Reaktionen beruhende Veränderungen in dem bestrahlten Objekt auf. Manganhaltige Gläser färben sich allmählich violett, Diamanten werden verschiedenartig gefärbt, manchmal auch entfärbt, je nach der noch unbekannten Natur ihrer färbenden Beimengungen. Auch das Radiumbromid selbst färbt sich unter seinen aus dem Innern hervordringenden Strahlen bräunlich und sendet dabei ein schwaches Licht aus.

Die Luft wird durch die Strahlung teilweise in Ozon übergeführt, Wasser wird in Knallgas gespalten. Deshalb dürfen nur wasserfreie Radiumpräparate in Glasröhren eingeschmolzen werden. Wasserstoff wird so stark aktiviert, daß er Schwefel zu Schwefelwasserstoff, Arsenik zu Arsenwasserstoff und Phosphor zu Phosphorwasserstoff reduziert. Organische Stoffe, wie Papier, werden von den radioaktiven Strahlen allmählich zerstört, die Nervenenden der Haut werden entzündlich gereizt, Pflanzenkeime getötet, grüne Blätter zum Absterben gebracht.

Besonders die Auflösung der Krebszellen durch eingesenkte, Radium enthaltende Röhrchen hat in der Medizin große Erwartungen hinsichtlich der Bekämpfung von Krebswucherungen erweckt, doch sind leider die Erfolge gegen diese rätselhafte Krankheit bis jetzt noch unzuverlässig geblieben. Auf die Gegenwart eines Zerfallsproduktes des Radiums, nämlich des Radons, in Mineralquellen, wie dem Gasteiner Wasser, oder in dem Fangoschlamm führt man teilweise die anerkannte Heilwirkung bei nervösen, rheumatischen und gichtischen Erkrankungen zurück.

Sehr empfindlich ist die photographische Platte gegen die radioaktiven Strahlen. Durch licht
dichtes Papier hindurch erzeugt ein starkes Radiumpräparat in einigen Millimetern Entfernun
nach wenigen Sekunden schon einen entwickelbaren Belichtungseffekt, und auch äußers
verdünnte Präparate lassen auf diese Weise ihren Radiumgehalt bei längerer Expositionsdaue
noch erkennen.

Natur der radioaktiven Strahlung und Zerfallsgesetze

Man unterscheidet beim radioaktiven Zerfall drei ihrer Natur nach verschiedene Arten
von Strahlen, nämlich α-, β-, und γ-Strahlen, die ihren Ursprung in einem spontanen
Zerfall der Atomkerne haben. Von wenigen Ausnahmen abgesehen treten beim Zerfall
einer Atomart α- und β-Strahlen nicht zusammen auf (Ausnahmen: Verzweigung in der
Zerfallsreihe, siehe Seite 499), jedoch kann jede der beiden Strahlenarten noch von
γ-Strahlen begleitet sein. Auf Grund der Ablenkbarkeit im magnetischen und elektrischen
Feld ergibt sich über die Natur der Strahlen folgendes:

α-Strahlen

Die α-Strahlen sind sehr schnelle Materieteilchen (α-*Teilchen*). Ihre Massenzahl beträgt
4, ihre Ladung $+2$. Es sind also Heliumkerne, He^{2+}. Der Nachweis der Entstehung von
Helium konnte von RAMSAY (1903) durch das Auftreten des Heliumspektrums in geschlossenen, Radium enthaltenden Röhren erbracht werden. Die Geschwindigkeit der α-Strahlen
beträgt je nach der Natur der zerfallenden Atomart $1,5 \cdot 10^9 \ldots 2,25 \cdot 10^9$ cm $\cdot$ s^{-1}. Das
entspricht einer kinetischen Energie von $0,7 \cdot 10^{-5} \ldots 1,7 \cdot 10^{-5}$ erg pro Teilchen. Beim
Durchgang durch Materie werden die α-Teilchen aufgehalten, und ihre Bewegungsenergie setzt sich in Wärme, Licht oder in die potentielle Energie der ionisierten Luft-
moleküle um. Schon durch eine 9 cm dicke Luftschicht werden die schnellsten α-Strahlen
(ThC) in ihrer Geschwindigkeit so gebremst, daß sie nicht mehr ionisierend wirken.

Die bis zum Verschwinden der ionisierenden Wirkung in Luft zurückgelegte Strecke (in
Zentimetern gemessen) nennt man die *Reichweite*. Sie hängt natürlich von der Geschwindigkeit
der α-Teilchen ab und ist eine charakteristische Größe für die zerfallende Atomart.

β-Strahlen

Die *primären β-Strahlen* sind negative Elektronen, deren Geschwindigkeit bis zu 99 %
der Lichtgeschwindigkeit betragen kann. Sie haben eine sehr viel größere Durchdringungsfähigkeit als die α-Strahlen, wirken jedoch bedeutend schwächer ionisierend.

γ-Strahlen

Die γ-Strahlen sind elektromagnetische Wellen mit einer Wellenlänge von ungefähr
10^{-10} cm, die monochromatisch ausgestrahlt werden, wenn ein Atomkern nach Aussendung eines α- oder β-Teilchens unter Energieaustritt sich zum neuen Atomkern um-
ordnet. Die γ-Strahlung ist dann ein Maß für diese Veränderung, ihre Wellenlänge
beträgt für das α-strahlende Radiumatom $6,6 \cdot 10^{-10}$ cm.

Auf dem Wege vom Atomkern durch die Elektronenhülle kann ein γ-Strahl auch absorbiert werden und dabei seine Energie einem Elektron übertragen, das dann als *sekundärer
β-Strahl* herausfliegt.

Die γ-Strahlen haben die größte Durchdringungsfähigkeit. Sie dringen auch durch mäßig
dicke Metallschirme hindurch.

Zerfallsenergie

Die beim radioaktiven Zerfall in Form der Strahlung frei werdende Energie läßt sich kalorimetrisch messen. Dazu schließt man z. B. eine bestimmte Menge Radiumsalz in ein Bleigefäß ein, so daß die α- und β-Strahlen sowie ein möglichst großer Teil der γ-Strahlen von dem Metall absorbiert und ihre Energie in Wärme umgewandelt werden. So ergab sich, daß 1 g Radium samt seinen Zerfallsprodukten in 1 h 170 cal entwickelt. Während dieser Zeit zerfällt aber nur ein winziger Bruchteil der insgesamt vorhandenen Radium-atome (Halbwertszeit 1622 a siehe unten).

Eine Vorstellung von der ungeheuren Energie, die bei dieser Atomumwandlung frei wird, erhält man, wenn man die bei vollständigem Zerfall von 1 g Radium abgegebene Energie von $4,5 \cdot 10^6$ kcal mit der bei einer chemischen Reaktion abgegebenen Wärme vergleicht. So liefert z. B. 1 g Nitroglycerin bei der Detonation nur 1,47 kcal, die aller-dings in weniger als $1/10\,000$ s frei werden. Die Erklärung für die mit Atomumwandlungen verbundenen großen Energieänderungen hat erst die Einsteinsche Äquivalenzbeziehung zwischen Masse und Energie gegeben (siehe dazu das Kapitel „Der Atomkern" am Schluß des Buches).

Die gesamte Erdkruste enthält immerhin so viel Radium, daß hiervon in 1 h eine Energie von $5 \cdot 10^{10}$ cal entwickelt wird. Das kommt wohl für die Wärme im Innern der Erde in Betracht, während auf der Erdoberfläche die Sonnenbestrahlung mit 10^{20} cal/h weit überwiegt.

Die *Maßeinheit* der radioaktiven Strahlung ist das *Curie*, C. Es entspricht $3,7 \cdot 10^{10}$ Zerfallsprozessen pro Sekunde oder der Strahlung von 1 g Radium. Für schwach aktive Präparate benutzt man die kleineren Einheiten *Mikrocurie* ($1\,\mu C = 10^{-6}\,C$) und *Nanocurie* ($1\,nC = 10^{-9}\,C = 37$ Zerfallsprozesse pro Sekunde).

Zerfallsgesetze und Halbwertszeit

Allgemeines

Wie die intermittierende Aussendung von α- oder β-Strahlen beweist, befindet sich stets nur ein kleiner Teil der Atome einer radioaktiven Atomart im Zustand des Zerfalls. Dieser Zerfall wird durch äußere Bedingungen, z. B. Temperatur oder Druck, weder verzögert noch beschleunigt und erfolgt rein statistisch. Es gibt heute noch keine einfache Erklärung, durch welche Vorgänge die radioaktiven Atome nicht gleichzeitig, sondern nacheinander in diesen Zustand gelangen.

Die statistische Natur des radioaktiven Zerfalls geht aus der Beobachtung hervor, daß die Anzahl der in einem Zeitabschnitt dt zerfallenden Atome proportional der Anzahl der vorhandenen, noch nicht zerfallenen Atome N ist:

$$- \frac{dN_t}{dt} = \lambda N_t$$

λ wird als Zerfallskonstante bezeichnet. Sie ist ein Maß für die Zerfallswahrscheinlichkeit und ist eine charakteristische Größe für die betreffende radioaktive Atomart. Durch Integration ergibt sich die Exponentialgleichung:

$$N_t = N_0 \cdot e^{-\lambda t}$$

worin N_0 die Anzahl der zur Zeit $t = 0$ vorhandenen Atome bedeutet.

Die Strahlungsintensität, die proportional der Anzahl der zerfallenden Atome ist, nimmt also mit einer e-Funktion ab.

Zur unmittelbaren Veranschaulichung des zeitlichen Verlaufs des Zerfalls wird gewöhnlich statt der Zerfallskonstante λ die sogenannte *Halbwertszeit* T angegeben. Man
versteht darunter jene Zeit, innerhalb der die Anzahl der Atome auf die Hälfte des
Anfangswertes herabsinkt. Sie ist gegeben durch:

$$\frac{N_0}{2} = N_0 e^{-\lambda T} \quad \text{oder} \quad T = \frac{1}{\lambda} \ln 2$$

Das Verhältnis von $N_t : N_0$ und damit die Zerfallskonstante bzw. die Halbwertszeit ergibt sich
bei rasch zerfallenden Atomarten aus der gemessenen Abnahme der Strahlungsintensität
in Abhängigkeit von der Zeit. Nach Ablauf von 10 Halbwertszeiten ist die Aktivität eines
Präparates auf $1/2^{10}$, also auf rund ein Tausendstel ihres Anfangswertes abgesunken.

Die Halbwertszeit der sehr langlebigen radioaktiven Elemente wird aus dem Gewichtsverhältnis zu den Elementen mit direkt meßbarer Halbwertszeit in Mineralien bestimmt, in
denen sich das radioaktive Gleichgewicht (siehe unten) eingestellt hat. Bei sehr kurzlebigen
Elementen benutzt man die Beziehung von GEIGER und NUTTALL, die besagt, daß die Reichweite
der α-Strahlen mit abnehmender Halbwertszeit zunimmt.

So folgen für den Radiumzerfall $\lambda = 1{,}37 \cdot 10^{-11} \text{s}^{-1}$ und $T = 1622\,\text{a}$.

Radioaktives Gleichgewicht

Wenn eine radioaktive Atomart A in eine gleichfalls aktive Atomart B zerfällt, dann
stellt sich schließlich ein Gleichgewicht ein, das dadurch charakterisiert ist, daß in der
Zeiteinheit ebenso viele Atome B zerfallen wie durch den Zerfall von A nachgebildet
werden. Da der Zerfall sowohl von A als auch von B durch das Zerfallsgesetz (siehe oben)
bestimmt wird, gilt für den Gleichgewichtszustand:

$$\lambda_A \cdot N_A = \lambda_B \cdot N_B \quad \text{bzw.} \quad \frac{N_A}{N_B} = \frac{T_A}{T_B}$$

Im radioaktiven Gleichgewicht steht die Anzahl der Atome vom „Mutterelement" zu der
des „Tochterelements" im Verhältnis der Halbwertszeiten. Das radioaktive Gleichgewicht wird genau erst nach unendlich langer Zeit erreicht. In der Praxis begnügt man
sich damit, ein Vielfaches — z. B. das Achtfache — der Halbwertszeit des langlebigsten
radioaktiven Folgeelements abzuwarten.

Die radioaktiven Zerfallsreihen

Radium entsteht nicht unmittelbar aus Uran, sondern über eine Reihe von Zerfallsprodukten und liefert selbst wieder radioaktive Folgeprodukte. Das Anfangsglied dieser
Uranzerfallsreihe ist das Uranisotop ^{238}U. Außer dieser Zerfallsreihe sind seit langem
noch zwei weitere Reihen bekannt, die Thoriumzerfallsreihe mit dem Anfangsglied
^{232}Th und die Aktiniumzerfallsreihe, die ihren Ausgang in dem Uranisotop ^{235}U hat.

Uranzerfallsreihe

Eine Übersicht über die vom Uran 238 abstammenden radioaktiven Folgeprodukte gibt
die nachstehende Tabelle. Die Atomart der Zerfallsprodukte ist darin durch das Elementzeichen, die Massenzahl und die Ordnungszahl gekennzeichnet. Weiterhin sind der

Zusammenstellung die Art des Zerfalls (α- bzw. β-Zerfall), die Halbwertzeit T und die Reichweite der α-Strahlen zu entnehmen.

Aus den Halbwertszeiten ist zu ersehen, daß die Lebensdauer der radioaktiven Kerne äußerst verschieden ist, d. h. die Stabilität der Atomkerne der schwersten Elemente schwankt in weiten Grenzen.

Verschiebungssatz von Fajans und Soddy

Wenn ein radioaktiver Kern unter Aussendung eines α-Teilchens zerfällt, erniedrigt sich seine Massenzahl um 4 Einheiten und seine Ladung um 2 Einheiten. Da die Kernladungszahl gleich der Ordnungszahl im Periodischen System ist, muß das neu entstandene Element im Periodischen System zwei Stellen vor dem Ausgangselement stehen. Bei Zerfall unter β-Strahlung gibt der Kern 1 Elektron ab. Damit wächst seine positive Ladung um eine Einheit, und das neue Element rückt um einen Platz im Periodischen System vor, seine Massenzahl bleibt aber unverändert. Wenn demnach im Laufe der Umwandlung 1 α-Teilchen und 2 Elektronen ausgetreten sind, so ist ein Isotop des ursprünglichen Elements mit einer um 4 Einheiten kleineren Massenzahl entstanden (siehe in der Tabelle z. B. U I und U II).

Bei einigen Elementen der Uranzerfallsreihe kann der Kern entweder unter α- oder unter β-Aussendung zerfallen, d. h. es tritt eine *Verzweigung* der Reihe ein. So zerfällt z. B. Radium C zu 99,96 % unter Abgabe eines Elektrons in Radium C′, daneben aber zu 0,04 % unter Aussendung eines α-Teilchens in Radium C″ = $^{210}_{81}\text{Tl}$, das seinerseits durch β-Zerfall in Radium D übergeht. Ähnliche Verzweigungen treten bei Radium A und E auf.

Da eine Massenänderung nur beim α-Zerfall und dann stets um 4 Einheiten eintritt, lassen sich die Massenzahlen aller Atomkerne der Uranzerfallsreihe durch die Formel $4n + 2$ ($n = 59 \dots 51$) wiedergeben. Für die Actiniumreihe gilt $4n + 3$ ($n = 58 \dots 51$) und für die Thoriumreihe $4n$ ($n = 58 \dots 52$).

Einige Glieder der Uranzerfallsreihe

Von den Gliedern der Uranzerfallsreihe seien hier kurz die folgenden besprochen:

Ionium = $^{230}_{90}\text{Th}$ ist ein Thoriumisotop und wird daher aus Uranerzen mit sehr langlebigem ^{232}Th (siehe Seite 502) zusammen abgeschieden. Das aus Uranmineralien isolierte Thorium ist deshalb ungefähr hunderttausendmal aktiver als gewöhnliches, aus Thoriummineralien gewonnenes Thorium, und sein Prozentgehalt an Ionium ist wegen der relativ langen Lebensdauer dieser Atomart ($T = 8 \cdot 10^4$ a) beträchtlich.

Ionium zerfällt unter Aussendung von α-Strahlen in *Radium*, dessen Eigenschaften schon auf Seite 493 besprochen wurden.

Auch das Radium ist ein α-Strahler und liefert ein Folgeprodukt, das sich aber chemisch als ein Edelgas aus der Reihe He, Ne, Ar, Kr, X von den sonstigen mineralischen Bestandteilen der Uranerze unterscheidet. Dieses Gas nannte man zuerst Emanation (von emanare $\triangleq$ herausfließen, entstehen). Es wird heute als *Radon*, Rn (siehe Seite 95) bezeichnet.

Das Radon zerfällt selbst wieder unter Aussendung von α-Strahlen. Schließt man Radon in ein Glasrohr ein, so zeigt sich, daß nach einigen Wochen das ursprünglich vorhandene Eigenspektrum des Radons verschwunden und an dessen Stelle das Heliumspektrum getreten ist. Gleichzeitig sind aber die Glaswände des Rohres aktiv geworden. Der wegen seiner geringen Menge unsichtbare aktive Belag läßt sich chemisch und mechanisch entfernen. Diese neuen aktiven Produkte und deren weitere Abkömmlinge hat man, als ihre Natur noch unbekannt war, mit Radium A, Radium B usw. bis Radium G bezeichnet. Sie sind zwar zum größten Teil niemals in wägbarer Menge erhalten worden, doch konnte man ihre chemischen Eigenschaften und damit ihre Stellung im Periodischen System aus der Auswahl ableiten, in der sie bekannten

Elementen durch alle analytischen Reaktionen hindurch folgen. Beispielsweise fallen Radium B und Radium D stets zusammen mit Blei aus, wenn man dieses mit Schwefelwasserstoff, Schwefelsäure oder auf andere Weise abscheidet. Radium E folgt dem Wismut unter allen Bedingungen. Radium B und D sind also Isotope des Bleis, Radium E ist ein Wismutisotop. Radium D $\left(\begin{smallmatrix}210\\82\end{smallmatrix}Pb\right)$ wurde von K. A. Hofmann und Strauss (1900) entdeckt und auf Grund seiner chemischen Eigenschaften als Bleiisotop erkannt. Radium F $\left(\begin{smallmatrix}210\\84\end{smallmatrix}Po\right)$, *Polonium*, ist schon auf Seite 193 im Anschluß an Tellur behandelt worden.

Uranzerfallsreihe

Name	Atomart	Halbwertszeit[1] T	Reichweite der α-Strahlen in Luft von 15 °C
Uran I $\downarrow \alpha$	$^{238}_{92}U$	$4,5 \cdot 10^9$ a	2,67 cm
Uran X_1 $\downarrow \beta$	$^{234}_{90}Th$	24 d	
Uran X_2 $\downarrow \beta$	$^{234}_{91}Pa$	1,1 min	
Uran II $\downarrow \alpha$	$^{234}_{92}U$	$2,5 \cdot 10^5$ a	3,12 cm
Jonium $\downarrow \alpha$	$^{230}_{90}Th$	$8 \cdot 10^4$ a	3,19 cm
Radium $\downarrow \alpha$	$^{226}_{88}Ra$	1 622 a	3,39 cm
Radon $\downarrow \alpha$	$^{222}_{86}Rn$	3,8 d	4,12 cm
Radium A $\downarrow \alpha$	$^{218}_{84}Po$	3,05 min	4,72 cm
Radium B $\downarrow \beta$	$^{214}_{82}Pb$	26,8 min	
Radium C $\downarrow \beta$	$^{214}_{83}Bi$	19,7 min	
Radium C' $\downarrow \alpha$	$^{214}_{84}Po$	$1,5 \cdot 10^{-4}$ s	6,96 cm
Radium D $\downarrow \beta$	$^{210}_{82}Pb$	22 a	
Radium E $\downarrow \beta$	$^{210}_{83}Bi$	5 d	
Radium F $\downarrow \alpha$	$^{210}_{84}Po$	138 d	3,87 cm
Radium G	$^{206}_{82}Pb$	stabil	

[1] Es bedeuten: a = Jahre, d = Tage, h = Stunden, min = Minuten, s = Sekunden.

Das Endglied der Uran-Radiumzerfallsreihe ist das stabile *Radium G* $\left(^{206}_{82}\text{Pb}\right)$, auch Uranblei genannt, das in allen Eigenschaften mit dem natürlichen Blei übereinstimmt. Am Radium G wurde die Isotopie erstmals genau untersucht.

Radium G ist nach der Entwicklungsreihe aus dem Uran durch Verlust von nicht ins Gewicht fallenden Elektronen und von 8 α-Partikeln hervorgegangen. Da nun 8 Heliumatome einem abgerundeten Atomgewicht von $8 \cdot 4 = 32$ entsprechen, muß das Atomgewicht von Radium $G = 238 - 32 = 206$ sein. Es ist demnach erheblich niedriger als das Atomgewicht von Blei aus Bleiglanz und anderen uranfreien Mineralien, das zu 207,19 festgestellt wurde. Genaue Bestimmungen von O. Hönigschmid ergaben für das Blei aus reinem kristallisiertem Uranerz das Atomgewicht 206,05, wie es die vorige Berechnung für Radium G fordert.

Alter der Erde

Weil sich die Umwandlungen innerhalb der Uranreihe teilweise nur sehr langsam vollziehen, wie aus den Halbwertszeiten T ersichtlich ist, wird der Gehalt eines Uranpräparats oder eines Uranerzes an Radium mit dem Alter bis zu der Einstellung des radioaktiven Gleichgewichts (siehe Seite 498) zunehmen. Nun kann man berechnen, daß zur Einstellung des Gleichgewichts Radium/Uran mehr als 10 Millionen Jahre erforderlich sind. Da Pechblende und die meisten Uranminerale das Gleichgewichtsverhältnis Radium/Uran zeigen, muß ihr geologisches Alter mindestens die genannte Reihe von Jahren ausmachen.

Als Endglied des Uranzerfalls bleibt Radium G als inaktives Bleiisotop übrig. In Uranmineralen wächst das Verhältnis von Blei zu Uran mit dem geologischen Alter des Minerals, ist aber bei gleichem Alter in verschiedenen Mineralen immer konstant gefunden worden. Ist ein Uranmineral so dicht, daß Gase nicht durchdringen können, so muß das im Laufe der Umwandlung aus den Elementen abgespaltene Helium im Innern eingeschlossen bleiben, und man kann aus dem Heliumgehalt gleichfalls das Alter annähernd bestimmen.

So folgt für den norwegischen Bröggerit ein Alter von 900 Millionen Jahren, für die ostafrikanische Pechblende von Morogoro 600 Millionen, für Thorianit aus den Ceyloner Pegmatitgängen 500 Millionen, für Joachimstaler Pechblende 200 Millionen Jahre. Ein noch höheres Alter wurde für Monazit aus rhodesischem Pegmatit zu 2600 Millionen Jahren ermittelt. Die Erstarrung der Erdkruste liegt also noch weiter zurück, etwa 4000 Millionen Jahre. Mit dem Alter der Minerale ist auch das Alter der diese führenden geologischen Formationen bestimmt. Für das Unter-Präkambrium folgt ein Alter von 1,5 Milliarden Jahren, für die Zeit der Saurier im Mesozoicum 150 Millionen Jahre.

Actiniumzerfallsreihe

Kurz nach dem Auffinden der ersten beiden radioaktiven Elemente Polonium und Radium gelang im Jahre 1899 Debierne der Nachweis für die Existenz eines weiteren radioaktiven Elements, des Actiniums.

Actinium, Ac, findet sich in Uranerzen. Wegen der kurzen Halbwertszeit dieses Elements (28 a) ist der Actiniumgehalt des Urans jedoch äußerst gering (0,2 mg Ac/1000 kg U).

Lange Jahre herrschte Unklarheit über die Einordnung des Actiniums in das Periodische System und über den Ursprung der „Actiniumreihe". Aus dem konstanten U : Ac-Verhältnis in Uranmineralen mußte man schließen, daß sich die Actiniumzerfallsreihe vom Uran oder einem seiner Zerfallsprodukte ableitet. 1918 gelang O. Hahn und L. Meitner mit dem Auffinden des tantalähnlichen Protactiniums, Pa, zugleich der Nachweis, daß dieses neue radioaktive Element die Muttersubstanz des Actiniums ist. Da Protactinium mit der Ordnungszahl 91 ein α-Strahler ($T = 3,4 \cdot 10^4$ a) ist, war zugleich sichergestellt, daß Actinium in die dritte Gruppe des Periodischen Systems als Homologes des Lanthans mit der Ordnungszahl 89 einzuordnen ist.

Als Anfangsglied der Actiniumreihe wurde schließlich das Uranisotop 235 erkannt, das DEMPSTER (1935) auf massenspektroskopischem Wege im natürlichen Uran fand. Dieses nur zu 0,7 % im Uran enthaltene Isotop ist ein α-Strahler und zerfällt mit einer Halbwertszeit von $7,1 \cdot 10^8$ a in Uran Y, ein Thoriumisotop $\left({}^{231}_{90}\text{Th}, \ T = 25,6\,\text{a} \right)$, das seinerseits wieder unter β-Zerfall in ${}^{231}_{91}\text{Pa}$ übergeht. Das Endglied der Actiniumreihe, Ac D, ist wieder ein Bleiisotop, diesmal mit der Masse 207.

Thoriumzerfallsreihe

Die sich vom radioaktiven Thorium 232 ableitenden Folgeprodukte sind in der nachfolgenden Tabelle zusammengestellt.

Thoriumzerfallsreihe

Name	Atomart	Halbwertszeit T
Thorium $\downarrow \alpha$	${}^{232}_{90}\text{Th}$	$1,4 \cdot 10^{10}$ a
Mesothorium 1 $\downarrow \beta$	${}^{228}_{88}\text{Ra}$	6,7 a
Mesothorium 2 $\downarrow \beta$	${}^{228}_{89}\text{Ac}$	6,13 h
Radiothor $\downarrow \alpha$	${}^{228}_{90}\text{Th}$	1,90 a
Thorium X $\downarrow \alpha$	${}^{224}_{88}\text{Rn}$	3,64 d
Thoriumemanation $\downarrow \alpha$	${}^{220}_{86}\text{Ra}$	54,5 s
Thorium A $\downarrow \alpha$	${}^{216}_{84}\text{Po}$	0,16 s
Thorium B $\downarrow \beta$	${}^{212}_{82}\text{Pb}$	10,6 h
Thorium C $\downarrow \beta$	${}^{212}_{83}\text{Bi}$	60,5 min
Thorium C' $\downarrow \alpha$	${}^{212}_{84}\text{Po}$	$3 \cdot 10^{-7}$ s
Thorium D = Thoriumblei	${}^{208}_{82}\text{Pb}$	stabil

Das stabile Endglied der Thoriumreihe, das Thoriumblei, ist ein Bleiisotop mit dem Atomgewicht 208,0 (HÖNIGSCHMID).

Das wichtigste Glied der Thoriumreihe ist das Mesothorium 1 (O. HAHN, 1907), weil es in verhältnismäßig bedeutenden Mengen aus den Mineralen der Gasglühlichtindustrie (thoriumhaltiger Monazitsand) abgeschieden werden kann und sich wegen seiner sehr starken Radioaktivität dem Radium ähnlich verwenden läßt. Mesothorium 1 = $^{228}_{88}$Ra wird von Thorium durch Fällung zusammen mit Bariumsulfat abgetrennt. Die Trennung von Barium erfolgt wie beim Radium durch fraktionierte Kristallisation der Bromide oder Chloride. Da die meisten Thoriumminerale uranhaltig sind, enthalten technische Mesothoriumpräparate stets auch Radium (^{226}Ra).

Mesothorium 1 ist ein schwacher β-Strahler mit einer Halbwertszeit von 6,7 a. Die hohe Aktivität von Mesothoriumpräparaten beruht auf den stark aktiven Folgeprodukten, Mesothorium 2 und Radiothor. Deshalb steigt die Aktivität frischer Mesothoriumpräparate in drei Jahren auf ein Maximum, ist nach zehn Jahren so stark wie am Anfang, nach zwanzig Jahren nur noch halb so groß und sinkt schließlich auf den Wert des darin enthaltenen Radiums herab, weil sich die Halbwertszeiten von Mesothorium 1 und Radium verhalten wie 6,7 : 1620.

Verzweigungen treten in der Thoriumreihe bei Mesothorium 2, Thorium A und Thorium C auf.

Weitere natürliche radioaktive Elemente

Außer bei allen schweren Elementen mit Ordnungszahlen über 81 ist auch noch bei einigen anderen Elementen ein radioaktiver Zerfall beobachtet worden, so bei Kalium, Rubidium, Samarium, Lutetium und Rhenium. Das zu 0,012 % in Kalium vorhandene ^{40}K und ebenso ^{87}Rb (27,85 %) zerfallen unter β-Strahlung in Calcium bzw. Strontium; aus ^{147}Sm (14,94 %) entsteht unter α-Strahlung Neodym; aus ^{176}Lu (2,5 %) und ^{187}Re (62,9 %) unter β-Strahlung Hafnium und Osmium. Aber in all diesen Fällen ist die Strahlung wegen der sehr großen Halbwertszeiten äußerst schwach. Sie betragen für ^{87}Rb 6 · 10^{10} a, für ^{40}K 1,4 · 10^9 a.

Etwa 10 % des Kaliumisotops ^{40}K wandeln sich um unter Einfangen eines Elektrons in den Kern und bilden Argon, wodurch sich die auffallende Häufigkeit dieses Elements in der Atmosphäre erklärt.

Wegen der Anwesenheit von Kalium und Rubidium in häufigen Mineralen dient das Verhältnis K - Ar und Rb - Sr zur Altersbestimmung sehr alter Gesteine auf der Erde und in Meteoriten.

Verwendung der natürlichen radioaktiven Elemente

Außer zur Krebsbekämpfung, von der schon die Rede war, dienen Radium und vor allem Mesothorium, in geringen Mengen Zinksulfid oder anderen Leuchtstoffen zugesetzt, als radioaktive Leuchtfarben für Ziffern auf Uhren und Meßgeräten.

Von allergrößter Bedeutung war es aber, daß es mit Hilfe der von der Natur gebotenen radioaktiven Elemente mit ihrer energiereichen Strahlung gelang, die Atomkerne zur Reaktion zu bringen (siehe „Der Atomkern").

Elemente der III. Hauptgruppe
(Aluminium, Gallium, Indium und Thallium)

Das Anfangsglied der III. Hauptgruppe, das Bor, ist schon bei den Nichtmetallen im Anschluß an das Silicium behandelt worden.

Die Elemente dieser Gruppe haben als Valenzelektronen 2 s- und 1 p-Elektron und treten daher maximal dreiwertig auf. Aluminium und die höheren Homologen können aber auch nur mit dem einen p-Elektron unter Bildung einwertiger Verbindungen reagieren. Diese sind beim Aluminium und auch noch beim Gallium sehr unbeständig, beim Endglied der Reihe, dem Thallium, jedoch stabiler als die dreiwertigen Verbindungen.

Die Ähnlichkeit im chemischen Verhalten zwischen Aluminium einerseits und Gallium sowie Indium andererseits zeigt sich im amphoteren Verhalten der Hydroxide, in den Eigenschaften der Halogenide, in der Bildung von Hydriden und in den metall-organischen Verbindungen. Sie ist aber im Ganzen geringer als bei den entsprechenden Elementen der I. und II. Hauptgruppe. So geben Indium und besonders Thallium schon weitgehend abweichende Reaktionen, z. B. sind die Fällbarkeit und die Farbe der Sulfide unterschiedlich. Beide Elemente stehen dem Aluminium in ihren Eigenschaften ferner als die Nebengruppenelemente Scandium, Yttrium und Lanthan, die wie das Aluminium sehr unedle Elemente sind und sich mit Sauerstoff unter beträchtlicher Wärmeentwicklung zu erdigen, sehr schwer schmelzbaren Oxiden verbinden („Erdmetalle"). Die enge chemische Verwandtschaft zwischen Aluminium und den Nebengruppenelementen beruht darauf, daß die Ionen Al^{3+}, Sc^{3+}, Y^{3+} und La^{3+} die Edelgaskonfiguration s^2p^6 besitzen, während bei den Ionen Ga^{3+}, In^{3+} und Tl^{3+} die d-Niveaus aufgefüllt sind und eine abgeschlossene Schale $s^2p^6d^{10}$ mit insgesamt 18 Elektronen vorliegt, die infolge der entsprechend höheren Kernladung einen kleineren Ionenradius ergibt. Da aber die Unterteilung in Haupt- und Nebengruppen nach der Struktur der Elektronenhülle der Atome vorgenommen wird, sind Scandium, Yttrium und Lanthan mit 2 s- und 1 d-Elektron in die Nebengruppen einzuordnen und sollen zusammen mit den Lanthaniden bei den Übergangselementen besprochen werden.

Aluminium, Al

Atomgewicht	26,9815
Schmelzpunkt	658 °C
Siedepunkt	~ 2500 °C
Dichte bei 20 °C	2,70 g/cm³

Der Name Aluminium stammt von dem schon im Altertum bekannten Alaun, dem alumen der Römer, ab.

Vorkommen

Aluminium ist in Form seiner oxidischen Verbindungen eines der am weitesten verbreiteten Elemente; es bildet 7,5 % der uns zugänglichen Erdoberfläche, besonders im *Feldspat*, $K[Si_3AlO_8]$, und dessen Verwitterungsprodukt *Kaolin* (Porzellanton), $Al_2(OH)_4[Si_2O_5]$, und anderen Tonen, ferner in fast allen Glimmerarten, insbesondere im *Muskowit*, $KAl_2(OH)_2[Si_3AlO_{10}]$, als *Hornblende*, *Augit*, *Turmalin* und Kalkton- oder Eisentongranat. Aluminiumoxid, Al_2O_3, findet sich kristallisiert als *Korund*, durch Chromoxid rot gefärbt als *Rubin*, durch Titan und Eisen blau gefärbt als *Saphir* in rhomboedrischen Kristallen oder in dichten Massen als *Schmirgel*. Als kristallisiertes

Hydroxid, AlO(OH), tritt der *Diaspor* auf, ebenso der *Hydrargillit*, Al(OH)$_3$. Der technisch wichtige *Bauxit* enthält meist *Böhmit*, eine andere Modifikation des Hydroxids, gelegentlich aber auch Diaspor oder Hydrargillit. Er ist meist durch Eisenoxid rot gefärbt. *Chrysoberyll*, Al$_2$[BeO$_4$], und *Spinell*, MgAl$_2$O$_4$, bilden wertvolle Edelsteine. Der *Kryolith* (Eisstein) von Grönland ist ein Fluorosalz, Na$_3$AlF$_6$. *Türkis* ist basisches Tonerdephosphat und durch Kupferphosphat blau bis grün gefärbt.

Von pflanzenphysiologischem Interesse ist das Vorkommen größerer Mengen wasserhaltiger Tonerde in den Bärlappgewächsen sowie in dem auf Lateritboden wachsenden tropischen Alaunbaum (Symplocos lanzeolata).

Darstellung

Allgemeines

Die Aluminiumdarstellung bereitet wegen der hohen Bildungswärme des Oxids (399 kcal/Mol) bzw. des Chlorids (166 kcal/Mol) beträchtliche Schwierigkeiten. Kohlenstoff als Reduktionsmittel für das Oxid scheidet aus, weil Aluminium ein Carbid, Al$_4$C$_3$, bildet. Die kathodische Reduktion einer wäßrigen Aluminiumsalzlösung liefert wegen der hohen Abscheidungsspannung des Aluminiums (siehe Spannungsreihe S. 416) nur Wasserstoff. Für die technische Darstellung kommt daher nur die Schmelzflußelektrolyse infrage.

Die Darstellung des Metalls in pulverförmiger Form gelang zuerst WÖHLER (1828) durch Reduktion von wasserfreiem Aluminiumchlorid, AlCl$_3$, mit Kalium. Später (1845) konnte WÖHLER das Metall, das als „Silber aus Ton" großes Aufsehen erregte, auch in Form kleiner Kügelchen erhalten und seine Eigenschaften näher untersuchen. In Frankreich bemühte sich SAINTE-CLAIRE-DEVILLE, unterstützt durch Kaiser Napoleon III. um die technische Darstellung und Verwendung des Aluminiums und verbesserte das WÖHLERsche Verfahren durch Verwendung von Natrium als Reduktionsmittel. Hierzu mußte allerdings zunächst die Darstellung des Natriums vervollkommnet werden. Der Preis für das so dargestellte Aluminium sank zwar von 2400 Mk. für 1 kg (1855) auf 300 Mk. (1856) und 50 Mk. (1889), blieb aber für eine Massenverwendung des Metalls viel zu hoch, und zwar aus dem Grunde, weil durch Einsatz von 23 g Natrium im günstigsten Fall nur 9 g Aluminium gewonnen werden können:

$$AlCl_3 + 3\,Na = Al + 3\,NaCl$$

Schmelzflußelektrolyse

Die elektrolytische Darstellung des Aluminiums erfolgte erstmals 1854 von BUNSEN und SAINTE-CLAIRE-DEVILLE durch Elektrolyse einer Natriumchlorid-Aluminiumchlorid-Schmelze. Die technische Durchführung der elektrolytischen Reduktion war jedoch erst möglich, nachdem mit Hilfe der Dynamomaschine billiger elektrischer Strom zur Verfügung stand. Nach vielen Versuchen fanden schließlich HÉROULT, HALL und KILIANI (1889) eine befriedigende Lösung des Problems durch Elektrolyse einer Lösung von Aluminiumoxid, Al$_2$O$_3$, (7 %) in Kryolith, Na$_3$AlF$_6$, bzw. in einer geschmolzenen Mischung von Natrium- und Aluminiumfluorid zwischen Kohleelektroden bei 1000 °C. Die Vorgänge der Elektrolyse sind im einzelnen noch nicht ganz erforscht, doch wird letzten Endes Aluminiumoxid in Aluminium und Sauerstoff zerlegt, denn die Zersetzungsspannung des Aluminiumoxids ist mit 2,25 V (bei 950 °C) niedriger als die von Aluminiumfluorid (3,9 V) und Natriumfluorid (4,58 V). Der Sauerstoff verbrennt die Anodenkohle zu Kohlenmonoxid und Kohlendioxid. Als Nebenprodukt entsteht stets auch etwas Kohlenstofftetrafluorid. Nach Maßgabe der Metallabscheidung gibt man zu der Kryolithschmelze neue Mengen Tonerde hinzu, die aus Bauxit durch alkalischen Aufschluß und Entwässern erhalten wird.

Wegen des geringen Äquivalentgewichts des Aluminiums (9,0 g) und der unvermeidlichen Energieverluste, bedingt vor allem durch den Widerstand der Schmelze und der Elektroden sowie durch Wärmeverluste durch Leitung und Strahlung, sind für 1 kg Aluminium etwa 20 kWh erforderlich, so daß die Darstellung nur bei billigem Strom durch Wasserkräfte oder Braunkohlen lohnend ist.

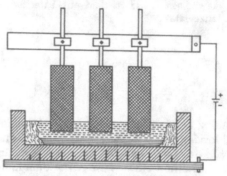

Abb. 90.   Darstellung von Aluminium durch Schmelzflußelektrolyse

Abb. 90 zeigt einen Elektrolysierofen zur Aluminiumgewinnung. Der Elektrolysierbehälter („Ofen") ist ein meist länglich viereckiger Eisenblechkasten; er steht auf einer starken, eisernen Bodenplatte, in der eine große Anzahl aufrecht stehender Stifte eingesetzt ist. Die Innenwände sind etwa 20 cm dick mit einer zähen Kohlepulverteermischung ausgestampft, die durch Glühen verkokt und gehärtet wird, so daß ein glattwandiger Innenraum zur Aufnahme der Schmelze entsteht. Als Kathode dient der Boden, dem durch eine breite Kupferlasche der Strom zugeführt wird, während von oben, in entsprechendem Abstand voneinander, die verstellbaren Kohleanoden hineinhängen. Ein solcher Ofen hat meist eine Kapazität von 15 000 ... 30 000 A bei einer Stromdichte von 0,4 A/cm² an der Kathode. Die Anoden müssen näher dem Boden als der Seitenwand stehen, damit nach dieser kein Strom übergeht. Die Seitenwände überziehen sich mit einer festen Kruste des Schmelzgemisches und sind so vor dem Angriff des Bades geschützt, während der Boden durch das sich ansammelnde Metall geschützt bleibt, das von Zeit zu Zeit ausgeschöpft oder seitwärts abgelassen wird. Die Spannung muß über der theoretischen Zersetzungsspannung, zwischen 5 V und 7 V, gehalten werden, um, außer der Überwindung der verschiedenen Widerstände, die zur Flüssighaltung des Bades erforderliche Hitze zu liefern.

Das analytisch gewonnene Hüttenaluminium erreicht bei Verwendung sehr reiner Ausgangsstoffe (siehe unter Aluminiumoxid, S. 511) einen Reinheitsgrad von 99,7 ... 99,8 %. Die Verunreinigungen bestehen hauptsächlich aus Silicium und Eisen. Durch elektrolytische Raffination im Schmelzfluß wird ein 99,99%iges Reinstaluminium erhalten.

Die Weltproduktion an Aluminium lag 1956 bei etwa 3,3·10⁶ t, wovon zwei Drittel auf die USA und Kanada entfielen. In Deutschland wurden 1964 404 000 t dargestellt, davon wurden 219 000 t in Aluminiumhütten erzeugt, der Rest durch Umschmelzen gewonnen.

Eigenschaften und Verwendung

Physikalische Eigenschaften

Aluminium ist ein silberweißes, glänzendes Metall, das wegen seiner geringen Dichte von 2,7 g/cm³, seiner schon in der Kälte guten Verformbarkeit und seiner Beständigkeit in Industrie und Haushalt vielfache Verwendung gefunden hat. Mit steigender Reinheit des Metalls nehmen Festigkeit und chemische Beständigkeit zu, die Härte dagegen ab. Die Zugfestigkeit beträgt für 99,998%iges Aluminium 11...14 kp/mm² (zum Vergleich Kupfer 40 kp/mm²). Bei etwa 600 °C wird das Aluminium brüchig und läßt sich zu Körnern (Aluminiumgrieß) und Pulver zerstampfen. Die elektrische Leitfähigkeit des Aluminiums ist etwa viermal größer als die des Eisens und erreicht etwas mehr als die Hälfte (62...64 %) von der des Kupfers. Deshalb wird Aluminium statt Kupfer auch zu Leitungsdrähten verwendet.

Verwendung

Infolge seiner dem Silber und Gold nahekommenden Dehnbarkeit läßt sich das Aluminium zu feinsten Drähten ausziehen und zu dünnsten Blättern aushämmern und walzen. Dieses Blattaluminium dient vielfach zu Verzierungen, zumal es im Gegensatz zum echten Blattsilber gegen Schwefelwasserstoff unempfindlich ist. Es findet auch als Ersatz von Stanniol Anwendung. Zu feinen Flittern zerrieben, kommt Blattaluminium als Aluminiumpulver, fälschlicherweise auch Aluminiumbronze genannt, in den Handel, um im Öl- oder Lackanstrich eiserne Gegenstände gegen Rost zu schützen.

Ein großer Teil des Aluminiums wird in der Eisen- und Stahlindustrie als Desoxydationsmittel verwendet, weil ein Zusatz von 0,1...1,5 Teilen auf 1000 Teile das geschmolzene Eisen vollkommen von gelöstem Oxid befreit und einen dichten, blasenfreien Guß ermöglicht.

Aluminiumlegierungen

Besonders große technische Bedeutung haben die Aluminiumlegierungen erlangt. A. WILM fand, daß Legierungen von Aluminium mit etwa 4 % Kupfer, 1 % Magnesium, 0,5 % Mangan und 1 % Silicium nach Erhitzen auf 500 °C und schnellem Abkühlen eine starke allmähliche Zunahme der Festigkeit bis auf etwa 50 kp/mm² bei gewöhnlicher oder erhöhter Temperatur zeigen. Dieses *Duraluminium* hat als Leichtmetall, insbesondere für den Flugzeugbau höchste Bedeutung.

Als *Hydronalium* wird eine Aluminiumlegierung mit etwa 7 % Magnesium und gelegentlichen geringen Zusätzen von Silicium wegen ihrer Beständigkeit gegen Seewasser beim Schiffbau verwendet sowie wegen der guten Polierfähigkeit für Metallbeschläge.

Um das Duraluminium und die anderen technischen Aluminiumlegierungen korrosionsbeständig zu machen, kann man sie nach dem *Eloxalverfahren*[1]) durch anodische Oxydation in verdünnten Säuren, wie Oxalsäure, Chromsäure oder Schwefelsäure mit einer einige 1/100 mm dicken amorphen Oxidschicht überziehen. Diese poröse Schicht wird dann mit Wachs, Öl oder geeigneten Lacken getränkt. Die Oxidschicht gibt der Oberfläche eine Härte, die fast die des Korunds erreicht. Sie läßt sich leicht färben, so daß auch Schmuckgegenstände aus Aluminium hergestellt werden können.

Legierungen von Kupfer mit 5...8 % Aluminium sind als *Aluminiumbronzen* wegen ihrer Elastizität und stahlartigen Festigkeit für Waagebalken im Gebrauch. Ein Zusatz von Zink ist für den Guß und für die mechanische Bearbeitung vorteilhaft. Silicium, das mit dem Tongehalt der Rohstoffe bis zu einigen Prozent in das Aluminium gelangen kann, beeinflußt dessen Eigenschaften zunächst ungünstig; ein höherer Siliciumgehalt von 11...14 % verleiht dieser *Silumin* genannten Legierung gute Gießbarkeit und nach Zusatz von Spuren Natrium bemerkenswerte Festigkeit.

---

[1]) Das Wort „Eloxal" bedeutet „elektrisch oxydiertes Aluminium" und ist ein eingetragenes Warenzeichen der Vereinigten Aluminiumwerke.

Chemische Eigenschaften

Von H. Goldschmidt wurde Aluminiumgrieß in die Metallurgie zur Reduktion von Mangan- und Chromoxid zu metallischem Mangan und Chrom eingeführt, die mittels Kohle nicht in brauchbarer Form erhalten werden. Dieses *Goldschmidtsche Verfahren,* (*aluminothermisches Verfahren*), das auch zur Reduktion anderer schwer reduzierbarer Metalloxide angewendet wird, beruht auf der den meisten Metalloxiden weit überlegenen Bildungswärme des Aluminiumoxids (399 kcal). Man mischt das Oxid mit der dem Sauerstoffgehalt entsprechenden Menge Aluminiumgrieß und zündet die Masse in einem Schamottetiegel von oben her durch eine Magnesium-Bariumperoxid-Zündkirsche. Unter meist sehr bedeutender Wärmeentwicklung verbrennt das Aluminium auf Kosten des Sauerstoffs aus dem betreffenden Oxid, und das reduzierte Metall läuft am Boden des Tiegels zum geschmolzenen Regulus zusammen. Das Aluminiumoxid von blätterig kristalliner Struktur wird dabei als Nebenprodukt gewonnen und kann als Schleifmittel anstelle des natürlichen Schmirgels verwendet werden.

Bei den entsprechenden Laboratoriumsversuchen ist zu berücksichtigen, daß infolge der kleinen umgesetzten Mengen und der verhältnismäßig großen Oberfläche die Temperatur nicht hoch genug steigt bzw. zu schnell sinkt, so daß man die Metalle meist nur in kleinen, in der Schlackenmasse verteilten Flittern oder Kügelchen erhält. Mittels einer von W. Prandtl und B. Bleyer (1909) gegebenen Versuchsanordnung lassen sich Vanadin, Mangan, Eisen, Kobalt, Chrom als rundlicher, einheitlich zusammengeschmolzener Regulus darstellen. Hierzu füllt man eine etwa 15 cm weite und 20 ... 25 cm hohe Blechbüchse mit festgestampftem Flußspatmehl und spart in der Mitte durch Einstellen eines 15 ... 20 cm langen und 3 ... 5 cm weiten Glaszylinders beim Füllen einen zylindrischen Raum aus, in dem man die Mischung von Oxid und Aluminiumgrieß festdrückt, um sie danach mittels Zündkirsche abzubrennen. Das Flußspatmehl hält die Wärme besser zusammen als ein Schamottetiegel und reinigt die Schmelze von der Schlacke.

Für Vanadin(V)-oxid, auch Chrom- und Manganoxid MnO oder Mn_3O_4 (keinesfalls MnO_2 verwenden) mischt man dem Aluminiumgrieß das gleiche bis doppelte Gewicht Calciumspäne bei und verwendet von dem Metallgemisch die dem Sauerstoffgehalt des Oxids entsprechende Menge. Die aluminothermisch dargestellten Metalle enthalten meist geringe Mengen Aluminium und sind nicht oxidfrei.

Als *Thermit* dient nach Goldschmidt eine Mischung von Aluminiumgrieß mit Hammerschlag, Fe_3O_4, um, durch eine Zündkirsche gezündet, in wenigen Sekunden reines Eisen in weißglühend flüssiger Form auszuschmelzen, das dann zum Schweißen und Verbinden von Eisenteilen gebraucht wird.

Ein Gemisch von 54 g Aluminiumgrieß mit 160 g Eisenoxid setzt sich nach der Gleichung $2 Al + Fe_2O_3 = Al_2O_3 + 2 Fe + 203$ kcal in 2 ... 3 s um. Nach H. v. Wartenberg wird dabei eine Temperatur von etwa 2400 °C erreicht. Zur Vorführung bedeckt man den Boden eines Blumentopfes mit einem Stück Weißblech und füllt den Tiegel mit Thermit, das gegen die Tiegelwandung mit einer 5 cm dicken Flußspatschicht isoliert ist. Unter den Tiegel kommt ein schräges Eisenblech und ein großes Sandbad. Beim Abbrennen des Thermits mit einer Zündkirsche schmilzt das Eisen das Weißblech durch und fließt aus der Öffnung des Tiegels als blendend weißglühende Flüssigkeit ab.

Auch als schwer zu löschender Brandsatz wurde Thermit in Brandbomben angewendet.

Gemische von Aluminiumpulver und Kupferoxid brennen mit explosionsartiger Schnelligkeit und so gewaltiger Wärmeentwicklung, daß fast alles Kupfer verdampft. Auch Umsetzungen mit Nitraten und Sulfaten, z. B. mit Natriumsulfat, führen zu Explosionen.

Daß trotz der sehr großen Verbrennungsenergie kompaktes Aluminium, als Blech oder Draht in eine Flamme gehalten, nicht brennt, hat seinen Grund in der sehr bedeutenden Wärmeleitfähigkeit des Metalls, wodurch die oberhalb des Schmelzpunktes liegende Entzündungstemperatur unter diesen Umständen nicht erreicht wird. Hält man aber Blattaluminium oder bläst man Aluminiumpulver in eine Flamme, so verbrennt das Aluminium mit blendend weißem Licht, ähnlich wie Magnesium, zum Oxid. Deshalb dient Aluminiumpulver auch als Zusatz zu Leuchtmassen aus Salpeter oder Chlorat und Schwefel sowie in dünner Folie oder dünnen Drähten in sauerstoffgefüllten Glasbirnen als *Vakublitz*.

In einer Chloratmosphäre erhitzt, verbrennt Aluminium zu Aluminiumchlorid. Selbst mit Jod verläuft die Umsetzung noch sehr lebhaft.

Ein Gemisch von 2 Teilen Aluminiumpulver mit 1 Teil Jod wird durch einen Tropfen Wasser schnell gezündet. Das Aluminium brennt dann unter Ausstoßen violetter Joddämpfe an der Luft weiter.

Bei gewöhnlicher und bei mittleren Temperaturen ist das Aluminium gegen Luft und Wasser sehr beständig, weil eine etwa 10^{-6} cm dünne Oxidhaut den Zutritt dieser Stoffe erschwert. Als Anode in Natriumhydrogencarbonatlösung bietet diese Oxidschicht dem Stromdurchgang einen großen Widerstand, während dasselbe Metall als Kathode den Strom fast ungehindert durchläßt. Man kann so mittels zweier Aluminiumzellen Wechselstrom in Gleichstrom überführen.

Salzsäure, verdünnte Laugen und Kochsalzlösungen greifen Aluminium sichtbar an, und zwar um so schneller, je weniger rein das Metall ist. Insbesondere ein Gehalt an Eisen und Kupfer vermindert die Widerstandsfähigkeit des Metalls. Verdünnte organische Säuren, wie Essigsäure und Citronensäure, lösen Aluminium erst bei 100 °C mit merklicher Geschwindigkeit auf. Salpetersäure greift weder in konzentrierter noch in verdünnter Form bei gewöhnlicher Temperatur an, erst beim Siedepunkt erfolgt lebhafte Oxydation. Diese Reaktionsfähigkeit schränkte die Verwendbarkeit des Aluminiums zu Geräten wesentlich ein, bis man lernte, durch oberflächliche Oxydation, z. B. durch das Eloxalverfahren, das Aluminium besser gegen Korrosion zu schützen.

Ganz besonders auffällig wirkt Quecksilberchlorid- oder -cyanidlösung auf Aluminium ein. Es bildet sich zunächst ein dünner Belag von Quecksilber auf dem Metall. Dieses ist dadurch derart aktiviert, daß Wasser lebhaft zersetzt wird und daß schon die Luftfeuchtigkeit ein unaufhaltsames Wachsen von feinster Fasertonerde bewirkt. Das *aktivierte Aluminium* dient zum Trocknen von Äther und in Gegenwart von Wasser als Reduktionsmittel, wobei der naszierende Wasserstoff auch bei neutraler Reaktion zur Wirkung gebracht werden kann (H. Wislicenus).

Gleichmäßiger reduzierend wirkt die *Devardasche Legierung* aus Aluminium, Zink und Kupfer.

Aluminiumverbindungen

Aluminiumäthylat

Das aus aktiviertem Aluminium und absolutem Alkohol bereitete Aluminiumäthylat [ungefähr $Al_2O(OC_2H_5)_4$] ist, in Xylol gelöst, ein empfindliches Reagens auf Wasser, da z. B. schon ein Wassergehalt von nur 0,05 % in Alkohol zur Ausfällung sichtbarer Mengen von Aluminiumhydroxid genügt.

Aluminiumhydrid, AlH_3

E. Wiberg (1948) erhielt Aluminiumhydrid durch Einwirkung einer elektrischen Glimmentladung auf ein Gemisch von Aluminiumtrimethyl, $Al(CH_3)_3$, und Wasserstoff. Einfacher wird es durch Umsetzung von Aluminiumchlorid oder Aluminiumbromid mit Lithiumhydrid oder Lithiumalanat (siehe unten) in ätherischer Lösung erhalten. Das zunächst monomolekulare

Hydrid polymerisiert sich rasch zum farblosen, festen, nicht flüchtigen $(AlH_3)_n$, das im Vakuum erst über 100 °C zerfällt, aber Wasser stürmisch zersetzt.

Alanate

Aluminiumhydrid reagiert mit den Alkali- und Erdalkalihydriden unter Anlagerung eines H^--Ions zu Alanaten. *Lithiumalanat* (Lithiumaluminiumhydrid), $LiAlH_4$, entsteht nach SCHLESINGER (1946) aus festem Lithiumhydrid und in Äther gelöstem Aluminiumchlorid oder -bromid:

$$4 \, LiH + AlCl_3 \; = \; LiAlH_4 + 3 \, LiCl$$

Es ist in reinem Zustand weiß, in Äther, Dioxan und Tetrahydrofuran leicht löslich. Bei 150 °C beginnt es unter Zersetzung zu schmelzen, doch setzt der thermische Zerfall schon etwa bei 120 °C ein. Lithiumalanat wird ähnlich wie Lithiumboranat in der organischen Chemie zur Reduktion polarer funktioneller Gruppen benutzt. Es dient ferner zum Ersatz von Halogen durch Wasserstoff, z. B. zur Herstellung von Alkylsilanen aus Alkylsiliciumhalogeniden, von Diboran aus Borchlorid, von Zinnwasserstoff, Monosilan und anderen Hydriden aus den entsprechenden Chloriden.

Natriumalanat (Natriumaluminiumhydrid), $NaAlH_4$, aus Natriumhydrid und ätherischer Aluminiumhydridlösung erhältlich (A. E. FINHOLT und H. J. SCHLESINGER, 1945), ist durch Umsetzung von Natriumhydrid mit Aluminium und Wasserstoff unter Druck und in Gegenwart von Tetrahydrofuran leicht zugänglich:

$$NaH + Al + 1\tfrac{1}{2} \, H_2 \; = \; NaAlH_4$$

Sowohl das Aluminium als auch das Natriumhydrid müssen durch Mahlung unter Luftausschluß und im flüssigen Medium aktiviert werden (H. CLASEN, 1961). Die Verbindung beginnt bei 183 °C zu schmelzen und zersetzt sich bei weiterer Temperaturerhöhung schnell; sie ist in Äther unlöslich, jedoch in Tetrahydrofuran gut löslich und wirkt in gleicher Weise wie Lithiumalanat reduzierend.

Auch *Magnesium-* und *Calciumalanat* sind bekannt.

Aluminiumcarbid, Al_4C_3

Aluminiumcarbid entsteht aus Kohle und Aluminiumoxid etwas unterhalb 2000 °C und tritt deshalb als Nebenprodukt bei der elektrolytischen Darstellung des Metalls auf. Diese in reinem Zustand hellgelbe Verbindung liefert mit Wasser Methan:

$$Al_4C_3 + 6 \, H_2O \; = \; 2 \, Al_2O_3 + 3 \, CH_4$$

Meist enthält dieses Methan noch Wasserstoff und Ammoniak infolge der Verunreinigung des Carbids durch metallisches Aluminium und durch Nitrid.

Aluminiumnitrid, AlN, und Aluminiumphosphid, AlP

Aluminiumnitrid erhält man aus Aluminiumpulver und Stickstoff bei 740 °C als bläulichgraues Pulver, das mit Wasser nur langsam, in Gegenwart von Alkali aber schnell in Aluminiumhydroxid und Ammoniak übergeht. Durch Spuren von Silicium wird Aluminiumnitrid phosphoreszierend, ähnlich wie das Bornitrid durch Kohlenstoff aktivierbar ist (E. TIEDE).

Das Nitrid bildet sich auch beim Überleiten von Stickstoff über ein Gemisch von Aluminiumoxid und Kohle bei 1700 °C:

$$Al_2O_3 + N_2 + 3 \, C \; = \; 2 \, AlN + 3 \, CO$$

Leitet man dann Wasserdampf über das Nitrid, so entweicht Ammoniak, und das Aluminiumoxid wird für erneute Nitridbildung wieder zurückerhalten. Nach diesem Verfahren hat man früher versucht, aus Luftstickstoff Ammoniak herzustellen (*Serpek*-Verfahren).

Aluminiumphosphid wird aus den Elementen durch Erhitzen dargestellt. Es zersetzt sich mit Wasser in Aluminiumhydroxid und Phosphorwasserstoff und soll, in Aluminiummetall gelöst, dessen Zähigkeit erhöhen.

Aluminiumsulfid, Al_2S_3

Aluminiumsulfid, aus geschmolzenem Aluminium und Schwefeldampf oder aus einem Gemisch der Elemente durch Abbrennen mit einer Zündkirsche darstellbar (W. Biltz), verbrennt an der Luft zu Aluminiumoxid, Al_2O_3, und Schwefeldioxid, SO_2. Es wird durch Wasser in Aluminiumhydroxid und Schwefelwasserstoff gespalten, löst im geschmolzenen Zustand feinteiliges Aluminiumoxid auf und läßt dieses beim Erkalten in Rhomboedern auskristallisieren.

Aluminiumoxid, Al_2O_3

Aluminiumoxid (Tonerde), Al_2O_3, kommt als farbloser bis schwarzer Korund, als roter Rubin und blauer Saphir in rhomboedrischen Kristallen von der Härte 9 und der Dichte 3,9 g/cm³ natürlich vor. Diese früher sehr teuren Edelsteine können durch die Verfahren von Verneuil und Miethe künstlich dargestellt werden, und zwar in vollendeter Reinheit und Größe, die den natürlichen Steinen mindestens gleichkommt. Die künstlichen Rubine dienen wegen ihrer Härte und Zähigkeit auch als Lagersteine für Uhren.

Aluminiumoxid schmilzt bei 2050 °C und erstarrt beim Erkalten zu blättrigen Massen, wie die Abfälle des Goldschmidtschen Verfahrens zeigen. Um nun schleifbare massive Steine zu erhalten, läßt man das Pulver (für Korund reines Aluminiumoxid, für Rubin Aluminiumoxid mit etwa 1 % Cr_2O_3, für Saphir mit 0,1 ... 0,2 % TiO_2 und etwas Fe_2O_3 gemischt) durch einen Knallgas- oder elektrischen Flammenbogen auf die Spitze eines kleinen Tonerdekegels fallen, wo sich die Tröpfchen des geschmolzenen Oxids zu einem kegelförmigen Schmelztropfen ansammeln. Dieser bildet einen optisch einheitlichen Kristall mit zumeist äußerlich sichtbarer hexagonal-prismatischer Umgrenzung, der öfters interessante Zwillingsbildung zeigt. Künstliche Rubine zeigen zum Unterschied von natürlichen nach Belichtung mit Kathodenstrahlen charakteristisches Nachleuchten (E. Tiede).

Gemeiner Korund ist durch Eisenoxid undurchsichtig gefärbt und dient, ebenso wie der Schmirgel und die Abfälle des Thermitverfahrens, als Schleif- und Poliermittel.

Durch Formen von Tonerde und Brennen bei etwa 1700 °C stellt man Geräte aus gesintertem Korund her, die selbst gegen Flußsäure und Ätzalkalien chemisch sehr widerstandsfähig sind, Temperaturen bis 1700 °C vertragen und sich z. B. als Spinndüsen bei mechanischer Beanspruchung sehr wenig abnutzen.

Die zur Aluminiumdarstellung verwendete Tonerde muß eisenfrei sein. Beim sogenannten *trockenen Aufschluß* wird Bauxit mit Soda unter Zusatz von Calciumcarbonat bei 1100 °C im Drehrohrofen aufgeschlossen. Beim Auslaugen der Schmelze geht Aluminat in Lösung, während das Natriumferrat(III) durch Wasser zu Eisen(III)-hydroxid (Rotschlamm) zersetzt wird. Im Rückstand findet sich auch die Kieselsäure als unlösliches Calciumsilicat. Aus der Aluminiumlösung wird Aluminiumhydroxid, $Al(OH)_3$, durch Einleiten von Kohlendioxid

$$2\,Na[Al(OH)_4] + CO_2 = 2\,Al(OH)_3 + Na_2CO_3 + H_2O$$

oder wie beim Bayer-Verfahren durch Ausrühren mit Aluminiumhydroxid gefällt.

Bei dem *Bayer-Verfahren*, das nur bei SiO_2-armem Ausgangsmaterial wirtschaftlich ist, aber die reinste Tonerde liefert, wird Bauxit mit Natronlauge unter Druck gelöst. Aus der beim Abkühlen übersättigten Aluminatlösung wird Aluminiumhydroxid durch Ausrühren mit frisch gefälltem Aluminiumhydroxid gefällt. Dieses wirkt als Kristallkeim, um die Kristallisation des sich ausscheidenden Hydroxids zum wasserunlöslichen Hydrargillit zu beschleunigen. Es hinterbleibt eine aluminatärmere, aber alkalireichere Mutterlauge, die von neuem zum Aufschließen verwendet werden kann. Durch

Glühen des ausgefällten Hydroxids erhält man das für die Schmelzflußelektrolyse erforderliche Oxid.

In den USA werden nach dem *Pedersen-Verfahren* kieselsäurereiche Bauxite mit Kalkstein im elektrischen Schachtofen auf Ferrosilicium und Calciumaluminat verarbeitet und dieses dann mit Sodalösung umgesetzt. Während des Krieges versuchte man, Tonerde aus Kaolin herzustellen durch Glühen auf 600 °C und Herauslösen von Aluminiumsulfit mit Schwefeldioxid unter Druck oder Glühen mit Kalk, Auslaugen mit Soda und Verwendung der Rückstände als Zement.

In Wasser löst sich Aluminiumoxid nicht auf, nach starkem Glühen wird es auch von Mineralsäuren nicht angegriffen. Beim Abrauchen mit Schwefelsäure erfolgt langsame Salzbildung; rascher bringt man es als Sulfat nach Schmelzen mit Natriumhydrogensulfat in Lösung.

Mit einer Reihe von zweiwertigen Metalloxiden bildet Aluminiumoxid kubisch kristallisierende Verbindungen, zu denen die auch in der Natur vorkommenden, oft als Edelsteine geschätzten *Spinelle*, $MgO \cdot Al_2O_3$, $ZnO \cdot Al_2O_3$, $FeO \cdot Al_2O_3$, gehören. Sie werden oft als Aluminate bezeichnet. Doch läßt die Kristallstruktur keine abgeschlossenen Gruppen $[AlO_2]^-$ oder $[Al_2O_4]^{2-}$ erkennen, vielmehr sind in den Spinellen die Al^{3+}- und Me^{2+}-Ionen in die Oktaeder- bzw. Tetraederlücken einer aus Sauerstoff-Ionen gebildeten dichtesten Kugelpackung eingelagert, so daß es richtiger ist, diese Verbindungen als Doppeloxide aufzufassen. Auch das als Malerfarbe verwendete *Thenards Blau*, $CoO \cdot Al_2O_3$, ist ein Spinell (siehe unter Kobalt). Es kann zum Nachweis für Aluminium dienen.

Die Erdalkalioxide Calciumoxid, Strontiumoxid und Bariumoxid geben beim Erhitzen mit Aluminiumoxid eine größere Anzahl von Doppeloxiden mit zum Teil komplizierter Zusammensetzung und Struktur, unter denen die Calciumaluminiumoxide, meist Calciumaluminate genannt, technische Bedeutung haben (siehe unter Zement).

Aluminiumhydroxid

Aluminiumhydroxid (wasserhaltige Tonerde) fällt aus den Lösungen von Aluminiumsalzen auf Zusatz von Ammoniak oder Alkalien als zunächst durchscheinender, sehr voluminöser, gallertartiger Niederschlag aus, der, wie die gefällte Kieselsäure, sehr große Mengen Wasser absorbiert und dieses beim Trocknen allmählich verliert. Hydroxylreiche organische Verbindungen, besonders Weinsäure, verhindern infolge von Komplexbildung die Fällung des Aluminiumhydroxids durch Ammoniak.

Durch die Untersuchungen von W. BILTZ, von F. HABER und BÖHM, und vor allem von R. FRICKE (1928–1946) hat sich gezeigt, daß beim Fällen von Aluminiumhydroxid aus saurer Lösung mit Ammoniaküberschuß in der Hitze *Böhmit*, AlO(OH), entsteht. Bei nur geringem Ammoniaküberschuß oder durch Hydrolyse von Aluminiumäthylat sowie durch Zersetzen von Wasser mit reinem Aluminium erhält man zunächst amorphes Hydroxid, das schnell unter Wasser „altert" und in Böhmit und weiter in *Bayerit* übergeht. Bayerit, Al(OH)$_3$, ist ein instabile Vorstufe des stabilen *Hydrargillit*, Al(OH)$_3$, und geht unter Lauge allmählich in diesen über.

Aus Aluminatlösungen (siehe unten) entsteht bei langsamer Fällung, z. B. mit Kohlensäure, bei Zimmertemperatur Hydrargillit, bei rascher Fällung Bayerit.

Frisch gefälltes Aluminiumhydroxid kann durch Behandeln mit verdünnter Essigsäure oder Aluminiumchlorid- und -acetatlösungen in kolloide Lösung gebracht und durch Dialyse gereinigt werden. Doch geht die Lösung bald aus dem Solzustand in das gallertige Gel über.

Beim Trocknen bei etwa 150 °C entsteht aus dem Hydrargillit unter Wasserabgabe der Böhmit, bei 400 °C aus diesem das kubische *γ-Aluminiumoxid*. Bei 1000 °C geht dieses in die α-Modifikation, den *Korund*, über. Der *Diaspor*, AlO(OH), geht beim

Entwässern bereits bei 500 °C in Korund über. Bei diesen Temperaturangaben ist aber zu beachten, daß die Umwandlungen meist nicht über ein Gleichgewicht gehen. Die Temperatur zeigt nur an, wann die — oft einseitige — Umwandlungsgeschwindigkeit beträchtlich geworden ist und wird daher, je nach Material und Erhitzungsgeschwindigkeit, höher oder tiefer gefunden.

Außer zur Gewinnung von reinem Aluminiumoxid für die Aluminiumdarstellung dient Aluminiumhydroxid zur Darstellung anderer Aluminiumsalze, z. B. des Sulfats und Fluorids. Feinverteiltes Hydroxid, das Sulfat enthält und durch Fällung aus Salzlösungen gewonnen wird, dient als *Teg* (Ton-Erde-Gel) anstelle von Ruß als heller Füllstoff für Kautschuk.

Amphoterer Charakter von Aluminiumhydroxid — Aluminate

Gefälltes Aluminiumhydroxid löst sich nicht nur in Säuren zu Aluminiumsalzen (siehe unten), sondern auch in starken Laugen, z. B. in Kalium- oder Natriumhydroxid. Hierbei entstehen unter Anlagerung von OH^--Ionen *Hydroxoaluminate*, die in Lösung nur bei einem Überschuß von OH^--Ionen beständig sind. Wird die OH^--Ionenkonzentration z. B. durch Zugabe eines Ammoniumsalzes oder durch Einleiten von Kohlendioxid vermindert, so fällt wieder Aluminiumhydroxid aus (siehe unter Aufschluß von Bauxit, S. 511).

Über die Konstitution der Hydroxoaluminate lassen sich noch keine endgültig gesicherten Angaben machen. Nach C. Brosset (1954) liegen in Lösung überwiegend oder ausschließlich die einfachen $Al(OH)_4^-$-Ionen vor. Brintzinger (1948) schloß dagegen aus Ionengewichtsbestimmungen nach der Dialysenmethode an verdünnten Lösungen auf die Existenz zweikerniger Hydroxoaluminatanionen.

Aus sehr stark alkalischen Lösungen (50 . . . 60 % Alkali) konnten als Bodenkörper Verbindungen von der Zusammensetzung $Na_2O \cdot Al_2O_3$, $Na_2O \cdot Al_2O_3 \cdot 2{,}5\,H_2O$, $Na_2O \cdot Al_2O_3 \cdot 2{,}67\,H_2O$, $4\,Na_2O \cdot Al_2O_3 \cdot 13\,H_2O$ (R. Scholder, 1948) und $K_2O \cdot Al_2O_3 \cdot 3\,H_2O$ (R. Fricke, 1930) erhalten werden.

Die Bildung von Hydroxosalzen, die sich außer bei Aluminiumhydroxid auch bei Zinkhydroxid, Kupfer(II)-hydroxid, Blei(II)-hydroxid, Zinn(II)-hydroxid u. a. findet, ist auf solche Hydroxide beschränkt, die selbst schwache Basen, d. h. wenig dissoziiert, sind. Die Eigenschaften dieser Hydroxide, sowohl mit Säuren als auch mit Basen Salze zu bilden, bezeichnet man als amphoteres Verhalten.

Aluminiumsalze

Alle Aluminiumsalze sind hydrolytisch gespalten und reagieren, soweit es sich um Salze starker Säuren handelt, deutlich sauer. Mit steigender Temperatur nimmt, wie bei allen hydrolytischen Reaktionen, der Hydrolysegrad zu. Wenn auch das Anion hydrolysiert wird, wie im Fall des Aluminiumacetats, tritt beim Kochen praktisch vollkommene Hydrolyse ein und der größte Teil des Aluminiums fällt als in der Hitze gealtertes und darum besonders schwer lösliches Hydroxid aus.

Auf dieser Hydrolyse der Aluminiumsalze und der Abscheidung von Aluminiumhydroxid beruht die Verwendung von Alaun und Aluminiumsulfat zum Beizen von Wolle und Baumwolle. Taucht man wollene oder baumwollene Zeuge oder Garne in Aluminiumsalzlösungen, so werden sie mit Aluminiumhydroxid beladen („gebeizt"). Sie erlangen hierdurch die Fähigkeit, schwach saure Phenolfarbstoffe zu Tonerdelacken zu binden. Insbesondere mit dem Alizarin, dem Farbstoff der Krappwurzel, wurden in dieser Weise seit alten Zeiten Baumwolle und Wolle dauerhaft rot gefärbt.

Alle löslichen Aluminiumsalze besitzen einen herben, adstringierenden Geschmack und wirken antiseptisch. Deshalb dienen Aluminiumsalze in der Heilkunde zu Spülungen und besonders die *essigsaure Tonerde*, eine 3%ige Lösung von basischem Aluminiumacetat, zu Umschlägen.

Auch der Ton (wasserhaltiges Aluminiumsilicat) hat wegen seiner austrocknenden, fäulnis-
hemmenden, schwach adstringierenden Wirkung bei der Wundbehandlung und als Styptikum
(Mittel gegen Darmkatarrh) Verwendung gefunden (*Bolus*). Alaun wurde im Altertum zur
Erhaltung menschlicher und tierischer Leichen, also zum Mumifizieren, benutzt.

Aluminiumsulfat, $Al_2(SO_4)_3 \cdot 18 H_2O$

Aluminiumsulfat wird für Färbereizwecke aus reiner, eisenfreier Tonerde und Schwefelsäure
dargestellt und wegen seiner sehr bedeutenden Löslichkeit in Wasser vielfach dem Alaun
vorgezogen. Es kristallisiert nur aus ganz konzentrierten Lösungen in perlmutterglänzenden
Blättchen, verliert beim Erhitzen unter Aufblähen zunächst das Kristallwasser und weiterhin
beim Glühen auch die Säure, so daß lockeres, weißes Aluminiumoxid zurückbleibt.

Aluminiumsulfat dient auch zum Leimen von Papier, indem man die Zellstoffmasse zunächst
mit einer alkalischen Lösung von Kolophonium, der Harzseife, tränkt und dann durch Zusatz
der Sulfatlösung ein Gemisch oder eine lockere Verbindung von Aluminiumhydroxid mit den
Harzsäuren in der Masse erzeugt, wodurch diese verklebt wird.

Alaun, $KAl(SO_4)_2 \cdot 12 H_2O$

Kaliumaluminiumalaun, meist kurz Alaun genannt, ist eines der am längsten bekannten
und schon von den alten Ägyptern verwendeten Salze. Er findet sich als Ausblühung
auf Alaunschiefer und in vulkanischen Gebieten auf Trachyt und Lava als Federalaun.

Der *Alaunschiefer*, auch Vitriolschiefer genannt, ist ein an Eisenkies, FeS_2, und kohligen Stoffen
reicher Tonschiefer silurischer oder devonischer Herkunft. Durch Verwitterung an feuchter
Luft oder durch Rösten geht der Eisenkies in Eisen(II)-sulfat und Schwefelsäure über, die zur
Bildung von Aluminiumsulfat und in Gegenwart von Kaliummineralien weiterhin zum Alaun
führt. Aus den wäßrigen Auszügen stellte man durch Einengen, nötigenfalls unter Zusatz von
Kaliumsulfat, den kristallisierten Alaun dar.

Demselben Zweck dient der *Alaunstein*, der bei Tolfa in Italien 2 m mächtige Gänge im
Trachyt bildet, auch in Ungarn und in der Auvergne vorkommt und durch Einwirkung von
Solfataren oder Schwefelquellen auf das Gestein entstanden ist. Der darin enthaltene *Alunit*,
$KAl_3(OH)_6(SO_4)_2$, liefert nach dem Auslaugen den infolge einer Beimengung an basischem
Sulfat in Würfeln kristallisierenden kubischen oder römischen Alaun.

Meist wird Alaun aus Aluminiumsulfat durch Zusatz von Kaliumsulfatlösung dargestellt.
Bringt man die gesättigten Lösungen zusammen, so erfolgt zunächst keine Ausscheidung;
aber nach Zugabe eines Alaunkriställchens oder beim Reiben der Gefäßwände mit
einem Glasstab fällt bald ein Kristallpulver aus. Durch langsame Kristallisation beim
Eindunsten gesättigter Lösungen oder allmähliches Erkalten warm gesättigter Lösungen
kristallisiert der Alaun in sehr großen, regulären, farblosen, durchsichtigen Oktaedern,
die besonders physikalisches Interesse bieten, weil sie die längerwelligen Wärmestrahlen
sehr vollkommen absorbieren, während sie für die sichtbaren Strahlen gut durchlässig sind.

Alaun löst sich in kaltem Wasser nur mäßig leicht auf:

In 100 g Wasser lösen sich bei

°C	0	20	40	60	100
g wasserfreies Salz	3,0	35	13,5	6,0	154

Deshalb kann Alaun leichter als die anderen Aluminiumsalze durch Umkristallisieren
gereinigt und besonders von Eisensulfat befreit werden. Das ist für die Färberei von besonderem Wert, weil Eisenhydroxid mit Alizarin und anderen Phenolfarbstoffen dunkle Farbtöne
gibt. Doch ersetzt man Alaun für die Zwecke der Färberei mehr und mehr durch das aus
reiner Tonerde hergestellte eisenfreie Aluminiumsulfat.

Die wäßrige Lösung von Alaun reagiert sauer und dient zum Haltbarmachen von Tierbälgen und Häuten (*Alaungerbung*).

Der Alaun ist der Typus einer Reihe meist gut kristallisierter Doppelsulfate, in denen anstelle des Kaliums auch Natrium, Ammonium, Rubidium und Cäsium ohne Änderung der regulären Kristallform und unter Beibehaltung des Wassergehalts treten können. Von den 12 Wassermolekülen sind stets 6 an das Aluminium-Ion gebunden. Anstelle des Aluminiums können die dreiwertigen Metalle Gallium, Titan, Vanadium, Chrom, Eisen, Kobalt und Mangan ähnliche Alaune bilden, wodurch die Mannigfaltigkeit dieser Gruppe beträchtlich erhöht wird.

Die Löslichkeit der Alkalialaune ($Me^IAl(SO_4)_2 \cdot 12\,H_2O$) nimmt vom Natrium zum Cäsium hin ab:

100 g Wasser lösen bei 20 °C die folgende Menge wasserfreies Salz:

Natriumalaun	39,7 g	Rubidiumalaun	1,5 g
Ammoniumalaun	6,6 g	Cäsiumalaun	0,5 g
Kaliumalaun	6,0 g		

Man kann also Rubidium und Cäsium vom Kalium für präparative Zwecke durch Umkristallisieren der Alaune trennen.

Alaun schmilzt beim Erhitzen in seinem Kristallwasser und liefert dann den gebrannten, wasserfreien Alaun (Alumen ustum). Beim Glühen entweicht Schwefelsäure. Von dieser Reaktion machte man früher (etwa seit 1300) Gebrauch, um aus Alaun und Salpeter Salpetersäure darzustellen.

Gibt man zu einer Alaunlösung in der Kälte Aluminiumhydroxid und Natronlauge, so scheidet sich zunächst ein basisches Salz, der sogenannte neutrale Alaun, $K_2SO_4 \cdot Al_2(SO_4)_3 \cdot 2\,Al(OH)_3$, ab, der sich bald wieder löst und in der Färberei Anwendung findet, weil die Lösung beim Erwärmen leicht Aluminiumhydroxid abgibt.

Aluminiumphosphat

Aluminiumphosphat von wechselnder Zusammensetzung fällt aus Aluminiumsalzen durch Natriumphosphat als amorpher, farbloser, wasserhaltiger, gallertiger Niederschlag, der sich in Säuren und Alkalien auflöst. Beim Glühen entweicht das Wasser, und es bleiben porzellanartige Massen zurück.

In der Natur finden sich der *Wavellit*, $[Al(OH)]_3(PO_4)_2 \cdot 4\,H_2O$, in rhombischen, radial angeordneten Nadeln, und der *Kalait*, $Al_2(OH)_3PO_4 \cdot H_2O$, der, durch Kupferoxid und etwas Eisenphosphat blau bis blaugrün gefärbt, den porzellanartigen Türkis bildet.

Durch Erhitzen konzentrierter Lösungen von Natriumaluminat und Phosphorsäure im abgeschmolzenen Rohr auf 250 °C erhält man wasserfreies Aluminiumphosphat, $AlPO_4$, das die Struktur des Quarzes besitzt. Aluminium und Phosphor sind regelmäßig auf die Gitterplätze des Siliciums verteilt.

Aluminiumoxalat

Aluminiumoxalat scheint nur als basische Verbindung $Al_2O_2(C_2O_4) \cdot 2\,H_2O$ zu existieren. Doch sind komplexe Oxalate, wie $Me_3^+[Al(C_2O_4)_3]$, bekannt. Aluminiumsalze werden weder durch freie Oxalsäure noch durch Ammoniumoxalat gefällt (Unterschied zu Seltenen Erden).

Aluminiumchlorid, AlCl₃

Aluminiumchlorid entsteht beim Verbrennen von Aluminium im Chlorstrom (Bildungswärme 166 kcal/Mol) oder beim Überleiten von Chlor über ein Gemenge von Aluminiumoxid und Kohle, auch aus Aluminium und Chlorwasserstoffgas. Es wird technisch aus Aluminiumoxid und Phosgen bei 600 °C dargestellt:

$$Al_2O_3 + 3\ COCl_2\ =\ 2\ AlCl_3 + 3\ CO_2$$

Aluminiumchlorid ist leicht flüchtig (Sublimationsp. ≈ 180 °C, Schmelzp. nur unter Druck von 2,5 atm bei 190 °C) und bildet im reinen Zustand (eisenfrei), wenn es aus dem Gaszustand abgeschieden ist, eine weiße Kristallmasse oder farblose Blättchen. Geschmolzenes Aluminiumchlorid ist gelblich. Wenig oberhalb des Sublimationspunktes besteht der Dampf nur aus Al_2Cl_6-Molekülen, die bei 700 °C vollständig in die einfachen Moleküle zerfallen sind. In vielen organischen Lösungsmitteln, wie Äther, Benzol oder Schwefelkohlenstoff, ist Aluminiumchlorid leicht löslich.

Wie die Elektronenbeugung und das Ramanspektrum ergeben haben, bilden die Chloratome im Al_2Cl_6-Molekül um die beiden Aluminiumatome 2 Tetraeder, denen eine Kante gemeinsam

ist. In ebener Darstellung läßt sich die Konstitutionsformel zu $\quad \begin{matrix} Cl & Cl & Cl \\ Al & Al \\ Cl & Cl & Cl \end{matrix} \quad$ formulieren. Das

kristallisierte Aluminiumchlorid bildet nach KETELAAR und MAC GILLAVRY (1947) ein Ionengitter (Schichtengitter). Daraus erklärt sich, daß das feste Aluminiumchlorid ein besseres Ionenleitvermögen besitzt als das geschmolzene und daß beim Schmelzen eine Volumenzunahme auf fast das Doppelte eintritt (W. BILTZ, 1923).

An feuchter Luft „raucht" Aluminiumchlorid infolge hydrolytischer Abspaltung von Chlorwasserstoff. Beim Eintragen in Wasser tritt unter Zischen und starker Erwärmung Hydratisierung unter Bildung von $[Al(OH_2)_6]^{3+}$-Komplexen ein. Das hochgeladene und kleine Al^{3+}-Ion bindet die Wassermoleküle sehr fest, was sich in der großen Lösungswärme von 79 kcal zu erkennen gibt. Aus wäßriger Aluminiumchloridlösung, die auch durch Auflösen von Aluminium oder Aluminiumhydroxid in Salzsäure erhältlich ist, kristallisiert das Hexahydrat, $AlCl_3 \cdot 6\ H_2O$.

Infolge Hydrolyse reagieren Lösungen von Aluminiumchlorid in Wasser sauer (siehe S. 513). Beim Eindampfen und Glühen erhält man daher nicht das wasserfreie Salz, sondern hauptsächlich Aluminiumoxid, weil sich Chlorwasserstoff verflüchtigt.

Aluminiumchlorid bildet zahlreiche Komplex- bzw. Anlagerungsverbindungen, z. B. mit Ammoniak die Ammine $AlCl_3 \cdot n\ NH_3$ mit $n = 6, 5, 3$ oder 1, mit Schwefeldioxid die Verbindung $AlCl_3 \cdot SO_2$, ferner Verbindungen mit Chloriden der Nichtmetalle, z. B. mit PCl_5, PCl_3, SCl_4, $SOCl_2$, $POCl_3$ und organischen Säurechloriden, wie Acetylchlorid. Alkalichloride geben Komplexverbindungen vom Typus $Me^+[AlCl_4]$.

Die große Reaktionsfähigkeit des Aluminiumchlorids ist in vielen Fällen wahrscheinlich darauf zurückzuführen, daß das Aluminium im monomeren Aluminiumchlorid ein Elektronensextett besitzt und bestrebt ist, dieses zum Oktett zu vervollständigen, d. h. es ist ein starker Elektronenacceptor (siehe S. 403). So liegen in den Anlagerungsverbindungen mit PCl_5, $POCl_3$, CH_3COCl, u. a. $AlCl_4^-$-Ionen vor, wie aus der Leitfähigkeit dieser Verbindungen zu schließen ist. Das Monammin ist eine Molekülverbindung, Cl_3Al—NH_3, in der das Ammoniak semipolar durch das Elektronenpaar am Stickstoff an das Aluminium gebunden ist. Dagegen besitzt das Hexammin, $[Al(NH_3)_6]^{3+}$, ebenso wie das Hydrat ein Ionengitter.

Auf der Anlagerungsfähigkeit von Halogenverbindungen an Aluminiumchlorid und der dadurch hervorgerufenen Änderung der Bindungskräfte in dem angelagerten Molekül beruht die Verwendung von wasserfreiem Aluminiumchlorid in der organischen Chemie für Synthesen nach FRIEDEL-CRAFTS, wie der Darstellung von Benzolhomologen aus Benzol und Halogenalkylen oder der Ketonsynthese aus Benzol und Säurechloriden. Außerdem findet Aluminiumchlorid als Katalysator beim Cracken des Erdöls und bei Polymerisationsreaktionen Verwendung.

Aluminiumoxidchlorid, AlOCl

Aluminiumoxidchlorid bildet sich beim Erhitzen von Aluminiumchlorid in Sauerstoffatmosphäre im abgeschmolzenen Rohr. Zur Darstellung ist die Umsetzung von Aluminiumchlorid mit Oxiden, wie V_2O_5, Fe_2O_3, TiO_2 und besonders mit As_2O_3 geeignet:

$$3\,AlCl_3 + As_2O_3 = 3\,AlOCl + 2\,AsCl_3$$

Nach Absublimieren bzw. Abdestillieren der Chloride bleibt das weiße, nicht flüchtige Aluminiumoxidchlorid zurück, das bei 700 °C in Aluminiumoxid und Aluminiumchlorid zerfällt (H. SCHÄFER, 1952).

Aluminiumbromid, $AlBr_3$, Aluminiumjodid, AlJ_3, und Aluminiumfluorid, AlF_3

Aluminiumbromid, Schmelzp. 97,5 °C, Siedep. 260 °C, entsteht aus den Elementen unter Feuererscheinung, es raucht an der Luft und verbindet sich mit Wasser explosionsartig heftig zu dem Hydrat $AlBr_3 \cdot 6\,H_2O$. Es verbrennt im Sauerstoffstrom mit Flamme zu Aluminiumoxid und Brom, weil die Affinität des Aluminiums zum Sauerstoff bedeutend größer ist als zum Brom.

Aluminiumjodid, Schmelzp. 191 °C, Siedep. 385 °C, ist aus den Elementen unter Schwefelkohlenstoff darstellbar. Es bildet als Dampf mit Luft ein explosives Gemisch.

Aluminiumfluorid wird wasserfrei aus Fluorwasserstoff und Aluminium oder Aluminiumoxid bei Rotglut erhalten, desgleichen aus Kryolith, Na_3AlF_6, durch Zusammenschmelzen mit Aluminiumsulfat. Es ist unlöslich in Wasser, Säuren und Alkalien und kann nur durch Glühen mit Calciumoxid oder Soda zersetzt werden.

In wäßriger Flußsäure löst sich Aluminiumhydroxid zunächst zu einem wasserhaltigen, in verdünnter Lösung beständigen Fluorid, das wegen seiner starken Hydrolyse zu Tonerdebeizen verwendet wird. In konzentrierter Lösung oder beim Eindampfen entsteht ein in Wasser nicht merklich lösliches Hydrat, $2\,AlF_3 \cdot 7\,H_2O$. Durch Zusatz von Natriumfluorid erhält man den künstlichen Kryolith, der, gleich dem Mineral, zur elektrolytischen Aluminiumdarstellung dient.

Außer Hexafluoroaluminaten, in deren Gitter isolierte $[AlF_6]^{3-}$-Oktaeder vorliegen, existieren noch Verbindungen mit der Zusammensetzung z. B. Tl_2AlF_5 und $TlAlF_4$. Auch in diesen komplexen Fluoroaluminaten ist jedes Al-Ion von 6 F⁻-Ionen oktaedrisch umgeben, jedoch haben die $[AlF_6]$-Oktaeder im Tl_2AlF_5 2 F⁻-Ionen, im $TlAlF_4$ 4 F⁻-Ionen gemeinsam, so daß Oktaederketten bzw. -schichten im Gitter auftreten (C. BROSSET, 1937).

Basische Aluminiumsalze

Lösungen von Aluminiumchlorid können mit Laugen bis zu einem Verhältnis von 2,5 OH⁻/g-Atom Aluminium versetzt werden, ohne daß ein bleibender Niederschlag von Aluminiumhydroxid ausfällt. Ähnlich hochbasische Aluminiumchloridlösungen erhält man durch Auflösen von Aluminium in einer Aluminiumchloridlösung. Letzteres hat insofern praktische Bedeutung, als man Aluminium mit ¹/₆ der für die Bildung von Aluminiumchlorid notwendigen Menge Säure in Lösung bringen kann. In solchen Lösungen liegen nach H. W. KOHLSCHÜTTER (1941) hochmolekulare Ionen, $[Al_x(OH)_y]^{(3x-y)+}$ mit ($x \geq 6$) vor (siehe dazu das Kapitel „Hydrolyse der Kationen"). Auf Zusatz von Natriumchlorid oder -sulfat kristallisiert basisches Aluminiumchlorid bzw. -sulfat aus. Die Strukturbestimmung des Sulfats führt zu der Formel $Na[Al_{13}O_4(OH)_{24}(H_2O)_{12}](SO_4)_4$. Das komplexe Aluminiumkation ist aus einem AlO_4-Tetraeder und 12 AlO_6-Oktaedern, die gemeinsame Kanten haben, aufgebaut (G. JOHANSSON, 1960).

Basische Aluminiumchloride finden praktische Verwendung in der Gerberei (Weißleder) und zum Hydrophobieren von Textilien. Über weitere Verwendung basischer Aluminiumsalze siehe unter Aluminiumsulfat und Alaun.

Aluminiumacetylacetonat, $Al[CH(CO \cdot CH_3)_2]_3$

Aluminiumacetylacetonat schmilzt bei 194 °C und siedet bei 315 °C unzersetzt, löst sich nicht in Wasser, wohl aber in Alkohol, Äther, Benzol, Chloroform und zeigt in diesen Lösungen wie als Dampf das einfache Molekulargewicht.

Verbindungen des einwertigen Aluminiums

Aluminium(I)-fluorid, -sulfid und -selenid entstehen durch Einwirkung von metallischem Aluminium auf die dreiwertigen Verbindungen bei höherer Temperatur; Aluminium(I)-chlorid, -bromid und -jodid aus Aluminium und den entsprechenden Manganhalogeniden oder aus den Halogenen und dem Metall bei sehr hohen Temperaturen. Alle diese Verbindungen sind aber nur im Gaszustand bei hohen Temperaturen beständig, beim Abkühlen zerfallen sie (KLEMM, 1947):

$$3 \text{ AlX} \rightleftharpoons 2 \text{ Al} + \text{AlX}_3$$

Nach BELETSKII (1953) existiert auch ein flüchtiges niederes Aluminiumoxid, Al_2O.

Technische Aluminiumsilicate

Ton und Tonwaren

Einfache Aluminiumsilicate finden sich in der Natur rhombisch kristallisiert als *Andalusit* und *Sillimanit* und triklin als *Disthen*, alle mit der Zusammensetzung $Al_2O_3 \cdot SiO_2$. Die sehr zahlreichen komplizierten tonerdehaltigen Silicate spielen beim Aufbau der kristallinen Erdkruste und der Verwitterungsrinde eine bedeutende Rolle und werden demgemäß in der Mineralogie und Petrographie ausführlich behandelt. Hier sollen nur die den Ton bildenden Minerale besprochen werden, da sie Rohstoffe der keramischen Industrie sind.

Man unterscheidet in der Keramik zwischen *Kaolinen*, die oft noch auf ihrer primären Lagerstätte liegen und weiß aussehen, und *Tonen* im engeren Sinne, die sich vom Wasser fortgeschlämmt auf sekundärer Lagerstätte finden und darum meist feiner, kolloider und plastischer sind und eingeschlämmte Verunreinigungen enthalten, die sie dunkler färben. Für die Eigenschaften des Tons sind neben Begleitmineralen, die wie Quarz, Kalkspat, Eisenoxide, Glimmer und Feldspat für sich allein keinen Ton bilden, charakteristische Tonminerale verantwortlich.

Tonminerale

Wichtige Tonminerale sind der *Kaolinit*, $Al_2(OH)_4[Si_2O_5]$, das vorherrschende Mineral der keramischen Kaoline und Tone, und der *Montmorillonit*, dessen Formel sehr vereinfacht $Al_2(OH)_2[Si_4O_{10}] \cdot n \, H_2O$ lautet, und der in hohen Gehalten den *Bentonit* bildet und auch meistens der wesentliche Bestandteil der zum Bleichen von Ölen viel verwendeten *Bleicherden* und *Fullererden* ist. Selten in reinem Zustand, aber dafür um so weiter verbreitet, finden sich glimmerartige Tonminerale, auch *Illit* genannt (R. E. GRIM und U. HOFMANN, 1936), mit niedrigerem Kaligehalt als z. B. der Muskowit. Illit ist der wichtigste natürliche Kalilieferant für die Pflanzen.

Im Montmorillonit und Illit ist das Silicium mehr oder weniger durch Aluminium und das Aluminium oft in erheblichem Maße durch Magnesium, Eisen und andere Ionen ersetzt, so daß die chemische Zusammensetzung stark variiert.

Überwiegend aus Kaolinit bestehen die Tone, die beim Brennen die feuerfeste Schamotte liefern. Mit Eisenoxid und vor allem Quarz gemengt bilden die Tonminerale den gemeinen Töpfer- und Ziegelton, Lehm oder Letten. Mergel enthalten dazu viel Calciumcarbonat. Im Ackerboden sind neben dem weitaus überwiegenden Quarz an Tonmineralen meist Illit und Kaolinit, seltener Montmorillonit enthalten.

W. NOLL ist es 1934 gelungen, durch Fällung von Aluminiumhydroxid und Kieselsäure und nachfolgendes Erhitzen auf etwa 300 °C mit Wasser unter Druck den Kaolinit synthetisch herzustellen. Bei gleichzeitiger Gegenwart von Natrium-Ionen konnte W. NOLL auf diesem

Wege auch den Montmorillonit erhalten. Bei Gegenwart von Kalium-Ionen entstehen glimmerartige Minerale.

Mit Wasser bildet der Ton einen zähen plastischen Teig, der beim Trocknen nicht zerrieselt, wie es etwa reiner Sand tut. Auch andere unplastische Stoffe, z. B. Quarz oder Feldspat, bindet der Ton zu einer plastischen Mischung ein, die in der Keramik „Masse" genannt wird. Man unterscheidet je nach Art und Menge der Tonminerale fette und magere Tone, was mehr oder weniger plastisch bedeutet.

Ursachen des plastischen Verhaltens

Die Tonminerale sind kristallin und haben den Glimmern verwandte Schichtgitter. Ihre Kristallgröße liegt aber meist unter 10^{-4} cm, so daß die Kristalle im Mikroskop einzeln nicht erkennbar sind. Sie sind kolloide Teilchen von plättchen- oder seltener leistenförmiger Gestalt. Daraus folgt eine große Oberfläche pro Masseneinheit, die bei Benetzung sehr viel Wasser binden kann. Montmorillonit kann sogar Wasser reversibel zwischen die Gitterschichten unter innerkristalliner Quellung aufnehmen wie das Graphitoxid, (U. HOFMANN, 1933). Dieses Quellungswasser geben die $n \cdot H_2O$ in der oben angeführten Formel an.

Die dünnen, wasserumhüllten Plättchen der Tonminerale sind vorzüglich geeignet, sich an die Körner von beigemengtem Quarz oder Feldspat anzuschmiegen, diese einzuhüllen und zu verkleben. Dieses Anhaften und Zusammenhalten wird unterstützt durch an die Oberfläche gebundene Kationen. Diese Kationen können wie bei einem Salz vom negativ zurückbleibenden Tonkristall abdissoziieren und gegen die Kationen einer Lösung ausgetauscht werden. Ihre Anziehungskraft auf Dipole und negative Ionen in der Oberfläche der festen Teilchen hält gemeinsam mit den Wasserhüllen die Masse zusammen, gestattet aber den Teilchen, sich gegeneinander zu verschieben und erfüllt so die Hauptmerkmale der Plastizität. Insbesondere gilt dies für Calcium-Ionen. Mit der Menge der austauschfähigen Kationen steigt die Plastizität bei den Tonmineralen im allgemeinen in der Reihenfolge Kaolinit—Illit—Montmorillonit.

Keramik

Aus der plastischen Masse fertigt man seit ältesten Zeiten Ziegelsteine und Gefäße. Dies geschieht auch heute noch oft mit der Hand bzw. unter Zuhilfenahme der Töpferscheibe oder durch Gießen einer mit Soda oder Wasserglas verflüssigten Masse in poröse Gipsformen. Die Verflüssigung beruht auf der Bindung von Natrium-Ionen an der Kaolinoberfläche unter Ausfällung der ursprünglich gebundenen Calcium-Ionen als Calciumcarbonat oder -silicat (U. HOFMANN, 1957). Zweiwertige Kationen geben der Masse einen festeren Zusammenhalt als einwertige Kationen. Nach dem Formen werden die Gegenstände getrocknet, wobei der größte Teil des beigemengten Wassers verdunstet. Hierauf folgt das Brennen, durch das auch das Wasser aus den Hydroxidgruppen der Tonminerale abgespalten wird und unter Umkristallisation ein harter Scherben entsteht. Der Wasserverlust beim Trocknen und Brennen verursacht ein starkes Schwinden, das bei sehr plastischen reinen Tonen zu Rissen und Sprüngen führt. Um dies zu vermeiden, wird das Schwinden durch Beimengen raumbeständiger Magerungsmittel, wie Quarzsand oder gebranntem Ton, zur Masse vermindert.

Je nach der Brenntemperatur und der Zusammensetzung der Masse bleiben die Gegenstände entweder porös, so daß sie Wasser ansaugen und an der Zunge kleben, oder sie brennen dicht und bilden nach dem Brennprozeß einen mehr oder weniger verglasten Scherben.

Kaolinit zerfällt oberhalb 450 °C unter Abgabe des Wassers in ein Gemenge von Aluminiumoxid und Siliciumdioxid. Die frei gewordene Tonerde ist zunächst in Säuren gut löslich. Das ermöglicht die Gewinnung der Tonerde aus Ton. Von 800 °C an geht das Aluminiumoxid in die schwer lösliche Form der γ-Tonerde über. Über 1000 °C bildet sich *Mullit*, $3 Al_2O_3 \cdot 2 SiO_2$, und die überschüssige Kieselsäure wird als Cristobalit ausgeschieden. Mullit ist der charakteristische Bestandteil der gebrannten keramischen Massen, z. B. des Porzellans.

Zum Schmelzen von reinem Ton reicht die Temperatur des Porzellanofens nicht aus, sondern nur zum beginnenden Sintern; der Scherben wird zwar hart, bleibt aber porös und saugend.

Als Flußmittel, die das Sintern und dann das Schmelzen erleichtern, wirken K_2O, CaO, FeO, MgO, Na_2O, die man als Feldspat, Kalkspat, Magnesit oder Dolomit der Masse beigeben kann. Das natürliche Flußmittel der Tone ist insbesondere der K_2O-Gehalt des in ihnen enthaltenen Illits. Bei tonerdereichen Massen wirkt bei hohen Temperaturen auch Quarz erniedrigend auf den Schmelzpunkt.

In der Praxis charakterisiert man die Brenntemperatur mittels der *Segerkegel*. Dies sind 2,5 oder 6 cm hohe, schmale dreiseitige Pyramiden, die aus Kaolinit oder Tonerde mit wechselnden Mengen von Zusätzen bereitet werden und verschieden leicht erweichen. Die Segerkegelskala beginnt bei 600 °C und endet mit dem Kegel 42 bei 2000 °C. Man stellt in die Öfen neben die zu brennenden Gegenstände 3 Kegel mit fortlaufender Nummernfolge. Wenn nach dem Schmelzen des ersten Kegels der mittlere so weit umgebogen ist, daß seine Spitze die Unterlage berührt, ist die gewünschte Brenntemperatur erreicht. Der dritte Kegel darf noch keine Formveränderung aufweisen. — Diese Temperaturmessung gibt keine absoluten Werte, erfaßt aber die Vorgänge beim keramischen Brennen, das eine Funktion von Temperatur und Zeit ist, besser als jedes andere Meßverfahren.

Einteilung der Tonwaren

Man teilt die Tonwaren ein in:

> *Sintergut (Tonzeug)* mit dichtem (verglastem) Scherben, der keine oder nur geschlossene Poren aufweist: *Porzellan* und *Steinzeug*.

> *Irdengut (Tongut)* mit porösem Scherben, der für den praktischen Gebrauch meist durch einen Glasurüberzug für Flüssigkeiten undurchlässig gemacht wird: *Steingut, Fayence, Majolika, Ofenkacheln, Töpferwaren*; unglasiert bleiben *Ziegeleierzeugnisse, Tonrohre, Blumentöpfe, Terrakotta* und die verschiedenen *feuerfesten Erzeugnisse*.

Sintergut

Porzellan

Porzellan war den Chinesen schon im 6. Jahrhundert n. Chr. bekannt und wurde in Deutschland im Jahre 1709 von J. F. BÖTTGER in Meißen erfunden. Es ist härter als Glas und Stahl, von dichtem, weißem Scherben und mit einer geschmolzenen durchsichtigen Glasur überzogen. Als Material dient für Berliner Hartporzellan ein Gemisch aus 55 Teilen Kaolin, 22,5 Teilen reinem Quarz und 22,5 Teilen Feldspat. Das Alkalioxid des Feldspats wirkt als Flußmittel. Das hieraus hergestellte Porzellan besteht aus einer glasigen Grundmasse, die mit zahlreichen nadelförmigen Mullitkristallen neben Cristobalit erfüllt ist und mehr oder weniger Luftbläschen von mikroskopischer Größe als geschlossene Poren aufweist.

Bei *technischem Porzellan* für elektrische und chemische Geräte legt man auf einen Scherben mit möglichst zahlreichen, eng miteinander verfilzten Mullitnadeln Wert, weil dadurch die mechanische Festigkeit, die thermische und chemische Widerstandsfähigkeit und das elektrische Verhalten günstig beeinflußt werden. Dies erreicht man durch Erhöhung des Kaolin- und Erniedrigung des Feldspatgehalts.

Die geformten und getrockneten Gegenstände werden im Rohbrand bei etwa 900 °C porös gebrannt, dann mit der überwiegend aus Feldspat, Quarz, Marmor, Magnesit und etwas Kaolin bestehenden Glasur durch Eintauchen in die fein gemahlene wäßrige Aufschlämmung überzogen, getrocknet und im Garbrand (Scharffeuer) bei $\approx 1400\,^\circ$C gut gebrannt, d. h. der Scherben wird vollkommen dicht gesintert und die Glasur ausgeschmolzen. Als beständige Unterglasurfarben, die auch den Garbrand aushalten, dienen Kobaltoxid für blau, Chromoxid für grün, Eisenoxid für rot, Mangan(IV)-oxid und Eisenoxid für schwarz, Uranoxid (U_3O_8) für braunschwarz, Kupfer(I)-oxid für rot im Reduktionsfeuer, Iridiumoxid für grau bis schwarz. Als Schmelz- oder Muffelfarben werden gefärbte Blei- oder Blei-Boratgläser, die für Aufglasurmalereien z. T. in Verbindung mit Edelmetallen, wie Glanz- oder Poliergold, Verwendung finden und auf die Glasur der fertigen Ware in einem dritten, dem sogenannten Muffelbrand, bei einer Temperatur von etwa 800 $^\circ$C aufgebrannt werden, benutzt.

Isolatoren, Wannen, Tiegel, Schalen, Röhren, Kühlschlangen usw. werden teilweise aus unglasiertem Hartporzellan im Scharffeuer gebrannt.

Weichporzellan (*Biskuit*) ist arm an Tonerde (Kaolin) aber reich an Siliciumdioxid und Flußmitteln (Feldspat), so daß der Garbrand schon bei etwa 1250 $^\circ$C erfolgt. Weichporzellan wird besonders für Kunstgegenstände gebraucht. Das chinesische Porzellan war ein Weichporzellan.

Knochenporzellan wird aus Kaolin und Knochenasche (Calciumphosphat) mit Zusätzen von Feldspat und Quarz hergestellt, und zwar zur Zeit insbesondere in England. In Anlehnung an die Hartsteingutfabrikation wird Knochenporzellan im ersten Brand hoch bei 1250 ... 1300 $^\circ$C gebrannt und nach dem Glasieren erst bei 1100 $^\circ$C glattgebrannt.

Steinzeug

Steinzeug wird aus geeigneten Tonen, die meist anstelle des Feldspats Illit als Flußmittel enthalten, hergestellt. Die gesinterten Scherben sind infolge unreinen Materials meist grau, gelb oder braun gefärbt. Steinzeug ist klingend hart, sehr widerstandsfähig gegen Chemikalien und wird deshalb in großen Mengen in der Technik für Säuregefäße, Rohrleitungen und Apparateteile verwendet. Für besondere Anforderungen werden Spezialmassen mit Zusatz von Korund und Sillimanit hergestellt. Auch das altdeutsche Geschirr sowie die Bierkrüge sind graubrennendes Steinzeug mit Salzglasur.

Steinzeug wird in einem Brand bei etwa 1200 $^\circ$C oft ohne Glasur hergestellt, weil die Beimengungen ein oberflächliches Verglasen ermöglichen. Durch Einstreuen und Verdampfen von Kochsalz in der Feuerung erzeugt man auf der Oberfläche der Steinzeuggeräte eine sehr harte und beständige Glasur.

Klinker werden aus Klinkertonen als wertvolle Bausteine hergestellt und müssen eine Festigkeit von mindestens 350 kp/cm^2 besitzen. Die Klinkertone sind im allgemeinen stark eisenoxidhaltig und ergeben je nachdem, ob der Brand oxydierend oder reduzierend geführt wurde, eine rote oder stahlblaue Farbe. Bei Gegenwart von Calciumcarbonat geht die Farbe durch Bildung von Calciumferriten in gelb über.

Irdengut

Steingut

Steingut hat einen erdigen Bruch, weiße, teilweise elfenbeinfarbige, saugende Scherben und erhält meist eine durchsichtige Blei-Borglasur. Es wird von Stahl geritzt. Die Masse besteht aus weißbrennendem Ton und Kaolin mit Quarzsand und Feldspat sowie Marmor. Der Rohbrand erfolgt bei 1100 ... 1300 $^\circ$C, der Glattbrand aber, im Gegensatz zum Porzellan, bei niedrigerer Temperatur, nämlich bei 1000 ... 1100 $^\circ$C. Dies ist durch die Verwendung niedriger schmelzender Glasuren möglich, und weil im Gegensatz zum Porzellan beim Steingut auf einen dichten Scherben verzichtet wird.

Fayence und *Majolika* haben einen aus mehr oder weniger gefärbten Tonen porös
gebrannten Scherben und sind mit undurchsichtiger weißer Zinn-Bleiglasur, die man
auch *Engobe* nennt, bedeckt. Sie können auf der Glasur kunstvoll bemalt werden und
waren schon im Altertum bekannt.

Töpfergeschirr, Terrakotta und *Ziegelsteine* werden aus unreinem Ton porös gebrannt
und zeigen infolge eines Gehalts an Eisenoxid meist eine rote, bei Kalkgehalt eine
gelbe Brennfarbe.

Feuerfeste Materialien

Feuerfeste Materialien sind solche Stoffe, deren Schmelzpunkt über 1580 °C liegen soll.
Am gebräuchlichsten sind die aus gebranntem, flußmittelarmem Ton (*Schamotte*) unter
Zusatz von plastischen feuerfesten Bindetonen hergestellten Schamotteerzeugnisse,
deren Schmelzpunkt im allgemeinen nicht unter 1670 °C liegen soll. Sie finden überall
dort Verwendung, wo ' hohe Temperaturen auftreten, vom Hausbrandofen bis zum
hochbeanspruchten Industrieofen und Hochofen.

Noch feuerfester sind hoch gesinterte oder elektrisch geschmolzene *Mullit-(Sillimanit-)
steine* mit etwa 70 % Tonerde oder *Silicasteine* mit etwa 96 % Siliciumdioxid aus
Quarzit mit 2 ... 3 % Ätzkalk gebrannt, wobei schmelzendes Calciumsilicat, $CaSiO_3$,
den beim Brand entstehenden Cristobalit und Tridymit verkittet.

Auch aus Aluminiumoxid (Korund), Chromoxid, Siliciumcarbid (Carborundum) sowie
aus gebranntem Magnesit (Sintermagnesit) fertigt man hochfeuerfeste Steine und
Geräte (siehe auch bei Zirkon).

Ultramarin

In der Natur findet sich ein schwefelhaltiges Natriumaluminiumsilicat, der *Lasurstein*
(Lapis lazuli), der wegen seiner schönen blauen Farbe als Halbedelstein sowie gepulvert
als Malerfarbe früher hochgeschätzt war. Nachdem man in Glasöfen an den Wänden
der Tontiegel oft lasursteinähnliche Massen beobachtet hatte, gelang es GMELIN (1828)
und GUIMET sowie KÖTTIG, das Lasurblau als Ultramarin darzustellen.

Die Darstellung von Ultramarin beruht auf dem Aufschluß von Kaolin mit Natriumsulfid bei 750 °C in geschlossenen Tonkapseln bei mäßigem Luftzutritt, wozu als Ausgangsstoffe Kaolin, Soda, Schwefel und Harz oder Pech dienen. Nach dem Brennen
und Abkühlen wird das Brenngut sorgfältig gemahlen und ausgewaschen, um das
mitentstandene Natriumsulfat zu entfernen. Blauer Ultramarin hat ungefähr die Formel
$[Na_4(Si_3Al_3O_{12})]S_2$. Bei Zugabe von Natriumsulfat und weniger Soda und Schwefel
entsteht ein schwefelärmerer grüner Ultramarin.

Ultramarin dient als ungiftige, intensiv leuchtend blaue bis violette Anstrich-, Maler-
und Druckfarbe, zum Färben von Kunststoffen sowie als Waschblau zum Verdecken der
gelblichen Farbe. Die Weltproduktion an Ultramarin beträgt etwa 30 000 t, wovon
etwa 3500 t in Deutschland hergestellt werden.

Wird blauer Ultramarin in Chlorwasserstoff oder mit Ammoniumchlorid bei Gegenwart von
Chlor auf 150 °C erhitzt, so geht er in violetten und dann in roten Ultramarin über.

Nach F. M. JAEGER sowie PODSCHUS und U. HOFMANN (1936) bildet das Alumosilicat-Ion
$(Si_3Al_3O_{12})$ im Kristallgitter ein weiträumiges Tetraedernetzwerk. Dieses bietet 4 gleichwertige
Plätze für die Natrium-Ionen, während nur 3 zur Neutralisation der Ladung des Silicat-Ions
nötig sind. Bei voller Besetzung des Gitters hat der $[Na_4(Si_3Al_3O_{12})]$-Komplex also eine
überschüssige positive Ladung. Diese wird durch Polysulfid-Ionen neutralisiert, die ungefähr
die Zusammensetzung S_2^- oder $S_2^{2-} + S_2$ haben.

Während Ultramarin gegen Alkalien ziemlich beständig ist, wird er von Säuren bald unter Schwefelwasserstoffentwicklung und Schwefelabscheidung (Polysulfid) zersetzt. Wasserfreie Schwefelsäure wirkt bei gewöhnlicher Temperatur nicht zersetzend, auch rauchende Schwefelsäure greift nicht an. An diesem Beispiel zeigt sich sehr deutlich, daß der Säurecharakter erst bei einer Verdünnung mit Wasser vollständig entwickelt wird.

Ultramarin kann in begrenztem Umfang die Natrium-Ionen gegen andere kleine Kationen austauschen.

Zeolithe und Ionenaustauscher

Zeolithe[1]) sind natürliche wasserhaltige Silicate, wie Natrolith, $Na_2(Si_3Al_2O_{10}) \cdot 2 H_2O$ und Chabasit, $Ca(Si_4Al_2O_{12}) \cdot 6 H_2O$, die durch die Einwirkung des Wassers auf basaltische Laven oder Phonolithe entstanden sind. Infolge der noch mehr als beim Ultramarin weiträumigen Kristallstruktur der Zeolithe lassen sich ihre Kationen durch Behandeln mit Salzlösungen gegen andere Kationen, z. B. Alkali- gegen Erdalkali-Ionen, austauschen.

Durch Zusammenschmelzen von Tonerdesilicaten mit Soda oder durch Fällen von Natrium-Aluminiumsilicatgelen und geeignetes Auswaschen und Trocknen gelang die künstliche Darstellung von amorphen, unlöslichen Körpern, die die an ihrer Oberfläche gebundenen Alkali-Ionen gegen andere Kationen einer Lösung austauschen. Diese Kationenaustauscher dienten vorzugsweise zum Enthärten des Wassers. Durch nachträgliche Behandlung mit Kochsalzlösung werden die aufgenommenen Kationen wieder durch Natrium ersetzt und so der Austauscher für erneute Verwendung regeneriert.

Später verwendete man für den gleichen Zweck natürlichen Grünsand, der das den Illiten verwandte Mineral Glaukonit enthält, das, wie die Tonminerale, an der Oberfläche der Kristalle austauschfähige Kationen besitzt.

Neuerdings werden aus Kunstharzen hergestellte Ionenaustauscher vorgezogen. Da sich in die Oberfläche der Kunstharze sowohl saure Carboxylat- und Sulfonatgruppen als auch basische quartäre Ammoniumgruppen einbauen lassen, können neben Kationen- auch Anionenaustauscher hergestellt werden. Man kann mit ihnen z. B. durch Austausch von Wasserstoff-Ionen schwer zugängliche Säuren aus ihren Salzen gewinnen, durch Austausch von Hydroxid-Ionen Säuren aus einer Lösung entfernen sowie durch kombinierte Anwendung chemisch reines Wasser herstellen.

Den natürlichen Zeolithen nachgebildet sind die *Molekülsiebe* der LINDE Co., USA, deren Gitterhohlräume in ihren lichten Weiten so eingestellt sind, daß sie zur Trennung von Gasen und Dämpfen, besonders von Kohlenwasserstoffen, nach den Ausmaßen der Moleküle geeignet sind (R. M. BARRER, 1949).

Schwermetalle

Die bisher besprochenen Metalle haben niedrige Dichten, die meist weit unter 4 g/cm^3 liegen. Alle anderen Metalle haben wesentlich höhere Dichten, die bis auf Gallium, Germanium, Titan und Vanadin mehr als 6 g/cm^3 betragen. Unter diesen Schwermetallen befinden sich alle sieben Metalle, die den alten Kulturvölkern bekannt waren und die diese technisch verwendeten: Gold, Silber, Quecksilber, Kupfer, Eisen, Zinn und Blei. Dies liegt daran, daß die Schwermetalle edler sind und sich darum leichter aus ihren Erzen gewinnen lassen, ja, wie das Gold, sogar gediegen vorkommen.

---

[1]) Zeolith $\triangleq$ Siedestein hat seinen Namen, weil er wegen seines Wassergehaltes vor dem Lötrohr siedet.

Die höhere Dichte folgt aus dem kleineren Atomvolumen (vgl. die Atomvolumenkurve auf S. 419). Das kleine Atomvolumen ist aber zugleich die Ursache für das edlere Verhalten, denn das Elektronengas ist dementsprechend dichter und fester an die Metall-Ionen im Metallkristall gebunden.

Mit der verhältnismäßig festen Bindung der Valenzelektronen hängt weiter zusammen, daß die Verbindungen dieser Metalle meist keine reinen Ionenverbindungen mehr sind, sondern daß die Anionen durch die Metall-Ionen deformiert werden. Besonders gilt dies für die Oxide, Sulfide und Jodide. Diese Deformation macht sich oft dadurch sichtbar, daß die Verbindungen farbig sind, und zwar entsprechend der stärkeren Deformation die Sulfide tiefer gefärbt als die Oxide und die Jodide tiefer gefärbt als die Chloride. Da die Sauerstoff-Ionen leichter deformierbar sind als die Hydroxid-Ionen, sind mit steigendem edlem Charakter die Oxide beständiger als die Hydroxide. Eine Folge der zunehmenden Deformation ist auch das immer häufigere Auftreten von schwer löslichen Verbindungen, insbesondere bei Sulfiden und Oxiden.

Endlich führt die deformierende Wirkung der Metall-Ionen zur Bildung stabiler Komplexe mit Ionen und Molekülen, die nunmehr zunehmend das analytische Verhalten charakterisieren.

Gallium, Ga

Atomgewicht	69,72
Schmelzpunkt	29,9 °C
Siedepunkt	1980 °C
Dichte bei 20 °C (fest)	5,9 g/cm³
Dichte bei 31 °C (flüssig)	6,1 g/ml

MENDELEJEFF hatte 1869 auf Grund des Periodischen Systems die Existenz eines Elements vorausgesagt, das er Ekaaluminium nannte, und auf dessen wesentlichste Eigenschaften er aus denen der benachbarten Elemente schloß. Die Entdeckung und die Untersuchung des Galliums bestätigen die Annahme MENDELEJEFFS.

Vorkommen, Darstellung, Eigenschaften

Gallium wurde von LECOQ DE BOISBAUDRAN im Jahre 1875 in einer Zinkblende von Pierrefitte aufgefunden. Auch einige andere Blenden enthalten Gallium, aber nur in sehr geringen Mengen, günstigenfalls etwa 0,001 %. Als selbständige Minerale sind der *Gallit*, $CuGaS_2$, mit der Struktur des Kupferkieses und der *Söhngeit*, $Ga(OH)_3$, bekannt (STRUNZ, 1958, 1965).

Das zinnähnliche Metall wird durch Elektrolyse der alkalischen Hydroxidlösung erhalten. Es eignet sich wegen seines niedrigen Schmelzpunktes und hohen Siedepunktes zur Füllung von Thermometern für hohe Temperaturen. Durch die Arbeiten von W. FEIT ist Gallium in größeren Mengen zugänglich geworden. Jährlich werden in Leopoldshall aus den Verhüttungsrückständen der Mansfelder Kupferschiefer, die neben Aluminiumphosphat etwa 1 ‰ Galliumphosphat enthalten, etwa 50 kg gewonnen.

In der Spannungsreihe steht das Gallium zwischen Indium und Zink. Im analytischen Verhalten ähnelt das dreiwertige Gallium dem Aluminium. Die Salze sind in wäßriger Lösung hydrolytisch gespalten. Durch Schwefelwasserstoff wird Gallium in schwach saurer Lösung nicht gefällt, jedoch in Gegenwart von durch Schwefelwasserstoff fällbaren Kationen mitgerissen. Aus ammoniumchloridhaltiger, ammoniakalischer Lösung fällt Ammonsulfid das Hydroxid. Zum *Nachweis* eignet sich der aus stark salzsaurer Lösung durch Kalium-hexacyanoferrat(II) entstehende weiße Niederschlag von $Ga_4[Fe(CN)_6]_3$. Spektralanalytisch läßt sich Gallium durch zwei violette Linien im Funkenspektrum erkennen. Die Flammen-färbung ähnelt der des Kaliums, ist aber etwas gelber.

Galliumverbindungen

Galliumhydrid

Galliumhydrid wurde als das zweite bisher bekannte Hydrid in der dem Diboran ent-sprechenden Struktur Ga_2H_6 von E. WIBERG (1942) aus Galliumtrimethyl und Wasserstoff unter Glimmentladung über Galliumwasserstoffmethylverbindungen als farblose Flüssigkeit erhalten, die bei —21,4 °C erstarrt und bei 139 °C siedet, aber schon bei 130 °C zu zerfallen beginnt. Aus LiH und $GaCl_3$ erhält man das polymere $(GaH_3)_x$ als farblose, feste Substanz, die beständiger ist und mit Wasser praktisch nicht reagiert.

Das analog erhältliche polymere Hydrid des Indiums, $(InH_3)_x$, zerfällt bereits oberhalb 80 °C. Von Thallium ist das komplexe Hydrid $Tl(GaH_4)_3$ dargestellt worden (WIBERG, 1952, 1957).

Gallium(III)-verbindungen

Gallium(III)-hydroxid, $Ga(OH)_3$

Gallium(III)-hydroxid fällt aus Gallium(III)-lösung durch Ammoniak oder Natriumhydroxid als zunächst amorphes Gel, das beim Altern in GaO(OH) mit der Struktur des Diaspors übergeht (ROY, 1952). Es gleicht dem Aluminiumhydroxid insofern, als es sich in überschüssiger Alkalilauge zu *Alkalihydroxogallaten* löst. Beim Erhitzen auf 500 °C geht GaO(OH) in Gallium(III)-oxid, Ga_2O_3, (α-Ga_2O_3 mit Korundstruktur) über. Beim Verglühen des Nitrats entsteht eine andere, kubische Modifikation des Oxids (In_2O_3-Typ).

Gallium(III)-sulfid, Ga_2S_3

Gallium(III)-sulfid entsteht aus Gallium und Schwefeldampf bei 1200 °C oder durch Überleiten von Schwefelwasserstoff über Gallium(III)-oxid bei 700 °C. Es ist schwach gelb, wird durch Wasser zersetzt und tritt in einer kubischen und einer hexagonalen Modifikation auf, die sich von der Zinkblende- bzw. Wurtzitstruktur ableitet, wobei die Plätze der Kationen nur zu $^2/_3$ statistisch besetzt sind (H. HAHN, 1949).

Gallium(III)-chlorid, $GaCl_3$

Gallium(III)-chlorid bildet farblose, an der Luft rauchende, sehr hygroskopische Kristalle, Schmelzp. 78 °C, Siedep. 201 °C. Im Gaszustand liegen beim Siedepunkt praktisch nur Ga_2Cl_6-Moleküle vor. Gallium(III)-chlorid eignet sich wegen seiner Löslichkeit in salzsäure-haltigem Äther zur Abtrennung des Galliums vom Aluminium. Es wirkt ähnlich wie Alu-miniumchlorid als Katalysator bei organischen Synthesen (ULICH, 1942).

Gallium(III)-sulfat, $Ga_2(SO_4)_3 \cdot 18 H_2O$

Gallium(III)-sulfat ist leicht löslich. Beim Kochen scheidet sich aus der Lösung ein basisches Sulfat ab, das sich zur Trennung von Zinksulfat eignet. Mit Ammonsulfat bildet Gallium(III)-sulfat einen Alaun.

Gallium(I)- und -(II)-verbindungen

Gallium(I)-oxid, Ga_2O, bildet sich nach BRUCKL und ORTNER (1930) beim Erhitzen von Gallium(III)-oxid mit Galliummetall über 500 °C als dunkelbraunes Sublimat. In entsprechender Weise ist das grauschwarze Ga_2S erhältlich. Ferner existieren GaBr und GaJ (CORBETT, 1958).

Formal zweiwertig tritt Gallium im farblosen Ga_2Cl_4, Schmelzp. 170 °C, Siedep. 534 °C, auf, das aus $GaCl_3$ und Gallium entsteht und die Struktur $Ga[GaCl_4]$ mit Ga^+ und Ga^{3+} besitzt. Das gelbe *Sulfid*, Ga_2S_2, aus den Elementen erhältlich, kristallisiert in einem Schichtengitter und enthält nicht wie das Chlorid Gallium in zwei verschiedenen Oxydationsstufen, sondern $^{2+}Ga-Ga^{2+}$-Ionen mit einer homöopolaren $Ga-Ga$-Bindung (vgl. die ähnliche Struktur von Hg_2Cl_2). Der Diamagnetismus der beiden Verbindungen ist im Einklang mit ihrer Struktur, denn isolierte Ga^{2+}-Ionen mit einem freien Elektron müßten paramagnetisch sein.

Indium, In

Atomgewicht	114,82
Schmelzpunkt	156 °C
Siedepunkt	$\approx$ 2000 °C
Dichte	7,30 g/cm^3

Vorkommen, Darstellung, Eigenschaften

Indium wurde von REICH und RICHTER im Jahre 1863 in einer Freiberger Zinkblende an der indigoblauen und violetten Linie des Flammenspektrums entdeckt und später auch in Zink-blenden vom Harz vorgefunden. Indium färbt die Flamme fahlblau.

Das Metall läßt sich leicht durch Elektrolyse gewinnen, ist silberweiß und bleiähnlich zähe, schwer flüchtig, verbrennt bei Rotglut an der Luft mit bläulichvioletter Flamme zu Indium(III)-oxid. Oxydierende Säuren, wie Salpetersäure, lösen das Metall leicht auf, Salzsäure und Schwefelsäure dagegen nur langsam.

Indiumverbindungen

Indium(III)-verbindungen

Weißes *Indium(III)-hydroxid*, $In(OH)_3$, aus Indiumsalzen durch Laugen oder Ammoniak gefällt, ist im Überschuß von Lauge zu Indaten löslich. Beim Erhitzen geht es in das hellgelbe, kubische *Indium(III)-oxid*, In_2O_3, über.

Indium(III)-sulfid, In_2S_3, wird aus den Salzen durch Schwefelwasserstoff als gelber Niederschlag gefällt, der sich nur wenig in Schwefelammonium löst. Mit Alkalisulfiden entstehen gelblich-weiße Thioindate (F. ENSSLIN).

Indium(III)-chlorid, $InCl_3$, Sublimationsp. 418 °C, ist dem Aluminiumchlorid ähnlich, des-gleichen entsprechen Indium(III)-sulfat und der dazugehörige Ammoniumalaun den Alu-miniumverbindungen.

Indium(I)- und -(II)-verbindungen

In der Oxydationsstufe $+1$ tritt Indium in dem roten bzw. gelben Indium(I)-chlorid, $InCl$, Schmelzp. 225 °C, auf, das aus Indium(III)-chlorid und Indium darstellbar ist und durch Wasser wieder in In^{3+} und Indium zerlegt wird. Auch $InBr$ und InJ sowie das schwarze Sulfid, In_2S, sind bekannt.

Wie Gallium bildet Indium auch formal zweiwertige Verbindungen, wie In_2S_2, In_2Br_4 und In_2J_4. Ob das Chlorid In_2Cl_4 (analog Ga_2Cl_4) existiert, ist fraglich, dagegen soll nach KLEINBERG (1958) im System $In-InCl_3$ eine Verbindung In_4Cl_6 auftreten, der vermutlich die Struktur $In_3^+(InCl_6)^{3-}$ zukommt.

Thallium, Tl

Atomgewicht	204,37
Schmelzpunkt	303 °C
Siedepunkt	1460 °C
Dichte	11,85 g/cm³

Die Dampfdichte oberhalb 1700 °C entspricht Tl_2-Molekülen

Vorkommen und Eigenschaften

Als thalliumreiche Minerale sind nur der selen- und kupferhaltige *Crookesit* und der *Lórandit*, ein Thioarsenit des Thalliums bekannt. Dagegen ist das Thallium, allerdings nur mit geringer Konzentration, weit verbreitet in Glimmern, Kalisalzen und besonders in Pyriten, bei deren technischer Abröstung es in den Flugstaub und Schlamm der Bleikammern gelangt. Besonders die westfälischen Kiese enthalten neben Zink auch Thallium. Beim Lösen des Zinkoxids wird ein Teil des Thalliums mitextrahiert und kann aus der Lösung durch metallisches Zink gleichzeitig mit Kupfer und Cadmium gefällt werden. Hieraus und ebenso aus dem Schlamm der Bleikammern löst man das Thallium mittels verdünnter Schwefelsäure und scheidet das Thalliumchlorid dann aus der Sulfatlösung durch Natriumchlorid ab. Dieses läßt sich nach Umfällen zum Metall reduzieren. Auch durch Elektrolyse der Salzlösungen ist Thallium leicht abzuscheiden, da das Normalpotential nur —0,32 V beträgt.

Sehr charakteristisch ist die grüne Farbe, die bei allen Thalliumverbindungen in der Bunsenbrennerflamme auftritt, und die von einer hellgrünen Linie $\lambda = 535$ mµ (siehe die Spektraltafel) herrührt. Aufgrund dieser Flammenfärbung wurde das Thallium 1861 von CROOKES entdeckt und entsprechend dem griechischen Wort $\vartheta\alpha\lambda\lambda\acute{o}\varsigma \triangleq$ grüner Zweig benannt.

Äußerlich gleicht das Thallium dem Blei ganz auffallend, es ist weich und zähe, weißglänzend, oxydiert sich an feuchter Luft bald zum Hydroxid bzw. Carbonat, hat eine hohe Dichte und einen niedrigen Schmelzpunkt.

In oxydierend wirkenden Säuren, wie Salpetersäure und starker Schwefelsäure, löst es sich ziemlich leicht auf.

In physiologischer Hinsicht nähert sich das Thallium dem Quecksilber und wirkt, besonders in leichter löslichen Verbindungen, als typisches Schwermetallgift. Thallium(I)-sulfat wird zur Ratten- und Mäusebekämpfung verwendet. Eine 0,02⁰/oige Thallium(I)-sulfatlösung eignet sich zum Imprägnieren von Holz.

Thalliumverbindungen

Thallium tritt in seinen Verbindungen in den Oxidationsstufen $+1$ und $+3$ auf, von denen die erstere die stabile ist. Das Normalpotential Tl^+/Tl^{3+} beträgt 1,2 V. Thallium(III)-verbindungen wirken daher oxidierend, z. B. auf Kaliumjodidlösung, Schwefelwasserstoff, schweflige Säure und selbst auf Wasserstoffperoxid. Sie werden leicht hydrolytisch gespalten. Die Thallium(I)-verbindungen ähneln einerseits den Alkaliverbindungen, z. B. durch die Löslichkeit und die starke Alkalität von Thallium(I)-oxid und Thallium(I)-hydroxid, andererseits wegen der Schwerlöslichkeit der Halogenide den Silber- und Bleiverbindungen.

Thallium(I)-verbindungen

Thallium(I)-hydroxid, TlOH

Thallium(I)-hydroxid bildet sich bei der Einwirkung von Sauerstoff und Wasser auf Thallium als stark alkalisch reagierende Lösung, aus der beim Konzentrieren das gelbe, prismatische Nadeln bildende Hydroxid gewonnen werden kann. Es ist in Wasser und Alkohol leicht löslich.

Schon bei 50 °C im Hochvakuum geht es in das schwarze, hygroskopische Thallium(I)-oxid Tl_2O, über, das oberhalb 300 °C im Vakuum flüchtig ist und mit Wasser wieder das Hydroxid bildet.

Entsprechend seiner alkaliartigen, stark basischen Natur bildet das Thallium(I)-oxid auch Silicate. Man stellt aus Mennige, Thalliumcarbonat und Quarzsand ein Thalliumflintglas her, das infolge seiner hohen Dichte (bis zu 5,6 g/cm³) das Licht noch stärker bricht als Kalium-flintglas und deshalb optischen Zwecken dient.

Thallium(I)-carbonat, Tl_2CO_3

Thallium(I)-carbonat, Schmelzp. 272 °C, ist im Unterschied zu den Carbonaten der anderen Schwermetalle in Wasser mit alkalischer Reaktion löslich (bei 20 °C zu etwa 5 g, bei 100 °C zu 27 g in 100 g Wasser) und ähnelt darin den Alkalicarbonaten.

Thallium(I)-sulfat, Tl_2SO_4

Thallium(I)-sulfat ist mit Kaliumsulfat isomorph und bildet gleich diesem einen Alaun, $TlAl(SO_4)_2 \cdot 12\ H_2O$, ist aber in kaltem Wasser wenig löslich.

Thallium(I)-nitrat, $TlNO_3$

Thallium(I)-nitrat, aus der Lösung von Thallium in verdünnter Salpetersäure darstellbar, bildet große rhombische Säulen, die bei 207 °C schmelzen und sich in Wasser ziemlich leicht zu neutralen Lösungen auflösen (bei Zimmertemperatur 10 g, bei 58 °C 44 g, bei 100 °C 414 g auf 100 g Wasser).

Thallium(I)-halogenide

Sehr charakteristisch sind die Thallium(I)-halognide, deren Eigenschaften vielfach mit denen der Silber- und Bleiverbindungen übereinstimmen. So ist das *Thallium(I)-fluorid*, TlF, gleich dem Silberfluorid schon in kaltem Wasser leicht löslich, während das *Thallium(I)-chlorid*, TlCl, wie Silberchlorid und Blei(II)-chlorid durch Salzsäure oder Chloride als weißer Niederschlag gefällt wird, der bald grobkristallin wird und sich in Wasser nur schwer auflöst (0,34 g auf 100 g Wasser bei 20 °C). Durch Licht verfärbt es sich. Das dem Kaliumplatin(IV)-chlorid, $K_2[PtCl_6]$, entsprechende $Tl_2[PtCl_6]$ ist in Wasser fast unlöslich.

Thallium(I)-bromid, TlBr, und -*jodid*, TlJ, sind dem Silberbromid bzw. dem Silberjodid ähnlich. Das tiefgelbe Thalliumjodid löst sich bei gewöhnlicher Temperatur in Wasser etwa im Ver-hältnis 1 : 17 000, bei 100 °C 1 : 800, schmilzt bei 440 °C und kann zur quantitativen Bestimmung von Thallium dienen. Beim Erhitzen wandelt sich das gelbe, rhombische Thalliumjodid in eine rote kubische Modifikation um.

Thallium(I)-sulfid, Tl_2S

Thallium(I)-sulfid fällt aus alkalischen oder schwach sauren Thalliumsalzlösungen durch Schwefelwasserstoff als schwarzer, oft kristalliner Niederschlag, der sich in Ammoniumsulfid nicht löst. Thallium(I)-sulfid verflüchtigt sich oberhalb 300 °C. Es kristallisiert in einem Schichtengitter (vgl. Abb. 86); die Schwefel-Ionen besetzen die Plätze der Mg^{2+}-Ionen, die Thallium-Ionen die Plätze der OH^--Ionen [„Anti-PbJ$_2$-Typ"]). Das aus den Elementen in Gegenwart von Sauerstoff dargestellte Sulfid zeigt bei Belichtung Widerstandsänderungen und findet in Photozellen Verwendung (Thallofidzellen).

Ein Polysulfid, Tl_2S_5, erhielt K. A. HOFMANN beim Eintragen von Thallium(I)-chlorid in mit Schwefel gesättigte Ammoniumsulfidlösung in Form glänzender, schwarzer Kristalle.

Thallium(III)-verbindungen

Thallium(III)-oxid, Tl_2O_3, ist schwarz bis braun. Es entsteht beim Erhitzen des Metalls in reinem Sauerstoff, beim Schmelzen von Thallium(I)-sulfat oder Thallium(I)-nitrat mit Kalium-hydroxid oder in wasserhaltiger Form bei Fällung von Thallium(III)-salzlösungen mit Ammoniak. Das gefällte Produkt gibt beim Entwässern schon unterhalb 60 °C Sauerstoff ab. In Säuren ist Thallium(III)-oxid zu den entsprechenden Thallium(III)-salzen löslich.

Thallium(III)-chlorid, $TlCl_3$, wird erhalten, wenn man Thallium(I)-chlorid unter Wasser erst mit Brom versetzt und dann dieses unter Einleiten von Chlor abdestilliert. Das sich beim Konzentrieren der Lösung abscheidende Hydrat mit etwa 4 Molekülen Wasser kann durch Behandeln mit Thionylchlorid in das wasserfreie, farblose Blättchen bildende Chlorid überführt werden, das bei 155 °C unter Chlorabgabe schmilzt und in Wasser, Alkohol und Äther sehr leicht löslich ist. Mit Alkalichloriden entstehen Komplexverbindungen, wie $K_3[TlCl_6]$, $K_2[TlCl_5 \cdot H_2O] \cdot H_2O$ und $Cs_3[Tl_2Cl_9]$. Die beim Auflösen von Thallium(I)-chlorid in Thallium(III)-chloridlösung erhältlichen Verbindungen $Tl_2Cl_4 \triangleq Tl^I[Tl^{III}Cl_4]$ und $Tl_4Cl_6 \triangleq Tl^I_3[Tl^{III}Cl_6]$ sind gleichfalls als komplexe Verbindungen aufzufassen (siehe ähnliche Verbindungen bei Gallium und Indium).

Elemente der IV. Hauptgruppe (Germanium, Zinn, Blei)

Nach dem Periodischen System schließen diese Metalle an die Gruppe Gallium, Indium, Thallium an. Mit zwei s- und zwei p-Valenzelektronen stehen sie nur noch vier Stellen vor einem Edelgas. Sie gehören in die Hauptgruppe als Homologe von Kohlenstoff und Silicium, zu denen das Germanium deutlich die Brücke bildet. Dementsprechend bilden alle Elemente flüchtige Hydride.

Germanium, Zinn und Blei können Me^{4+}- und Me^{2+}-Ionen bilden, wobei alle vier oder nur die zwei p-Elektronen abgegeben werden. Doch wird vom Germanium zum Blei der zweiwertige Zustand deutlich stabiler.

Germanium, Ge

Atomgewicht	72,59
Schmelzpunkt	958 °C
Siedepunkt	≈ 2700 °C
Dichte bei 20 °C	5,35 g/cm³

CLEMENS WINKLER fand bei mehrfach wiederholten Analysen des Argyrodits (siehe unten) einen Fehlbetrag von 6 ... 7 %, wodurch er zur Vermutung gelangte, daß neben Schwefel und Silber ein unbekanntes, der normalen Analyse entgangenes Element vorhanden sein müsse. Nach längerem Suchen gelang es ihm 1886, das Germanium als neues Element zu isolieren, das sich nach seinen Eigenschaften als das von MENDELEJEFF vorhergesagte Ekasilicium erwies.

Vorkommen und Gewinnung

Germanium findet sich in den selten vorkommenden Mineralen *Stottit*, $FeGe(OH)_6$, *Argyrodit*; Ag_8GeS_6, und *Germanit*. Letzteres, ein 5 ... 8 % Germanium enthaltendes sulfidisches Kupfer-Eisenerz, wird bei Tsumeb in Südwestafrika gefunden und dient als Ausgangsmaterial für die Darstellung von Germaniumverbindungen. Auch die Destillationsrückstände der Zinkgewinnung gewisser amerikanischer Zinkblenden aus Missouri und Wisconsin, die 0,01 %/c Germanium enthalten, werden auf Germaniumverbindungen verarbeitet. Bemerkenswert ist weiter das Vorkommen von etwa 0,001 % Germanium in den Steinkohlen.

Zur Gewinnung des Germaniums schließt man den Germanit mit Salpeter-Schwefelsäure auf und destilliert Germanium(IV)-chlorid im Cl_2-HCl-Strom wiederholt ab. Die Hydrolyse des Germanium(IV)-chlorids führt zum Germanium(IV)-oxid, aus dem das Metall leicht durch Reduktion mit Wasserstoff bei 600 °C gewonnen werden kann. Die letzte Reinigung erfolgt wie beim Silicium durch das Zonenschmelzverfahren.

Eigenschaften

Das Metall ist grauweiß, kristallisiert regulär im Diamantgitter, löst sich nicht in Salzsäure, wohl aber in Königswasser. Salpetersäure, desgleichen heiße konzentrierte Schwefelsäure oxydieren Germanium zu Germanium(IV)-oxid.

In der Reihenfolge Diamant — Silicium — Germanium nimmt die Stabilität der homöopolaren Bindung als Folge des größeren Atomabstandes ab. Damit sinkt der spezifische elektrische Widerstand, der bei sehr reinem Germanium nur noch $50\,\Omega \cdot cm$ beträgt. Wegen ihrer Halbleitereigenschaft dienen Germaniumkristalle als Transistoren in der Radiotechnik.

Die Weltproduktion stieg von 0,5 t im Jahre 1948 auf 19 t im Jahre 1954.

Germaniumverbindungen

Germanium(IV)-oxid (Germaniumdioxid), GeO_2

Germanium(IV)-oxid tritt in zwei Modifikationen auf, von denen die eine, die am häufigsten auftritt, mit Quarz, die andere mit Rutil, TiO_2, isomorph ist. Auffallend ist der große Unterschied in der Dichte von 4,28 g/cm^3 bzw. von 6,27 g/cm^3 für die beiden Modifikationen. Nur die quarzähnliche Modifikation bildet mit Wasser sehr verdünnte kolloide Lösungen, die sich beim Erhitzen zu einem Sol von schwach saurer Reaktion aufklären, woraus man auf die Existenz einer Germaniumsäure schließen kann. Ähnlich dem Zinndioxid verbindet sich Germanium(IV)-oxid sowohl mit Säuren als auch mit Alkalien. Durch Kohlensäure wird aus der alkalischen Lösung ein wasserhaltiges Oxid ausgeschieden. Im Schmelzfluß werden Germanate, wie Li_4GeO_4, Li_2GeO_3, Na_2GeO_3 und K_2GeO_3 erhalten.

Germanium(IV)-sulfid (Germaniumdisulfid), GeS_2

Germanium(IV)-sulfid fällt ähnlich wie Arsen(V)-sulfid nur aus stark sauren Lösungen von etwa 6 n Schwefelsäure hinreichend schnell und quantitativ aus. Das weiße, sehr feinteilige Sulfid zeigt in reinem Wasser starke Neigung zur Hydrolyse. Alkalien sowie Ammoniumsulfid bilden Thiosalze, die nur durch großen Überschuß an starken Säuren unter Fällung des Sulfids vollständig zersetzt werden.

Germanium-Halogenverbindungen

Germanium(IV)-chlorid, $GeCl_4$, Siedep. 83 °C, Dichte 1,87 g/cm^3, entsteht aus dem Metall, dem Sulfid oder dem Dioxid und Kohle beim Erhitzen im Chlorstrom, wenn jede Spur Wasser ausgeschlossen wird. Es sinkt in Wasser zu Boden und wird dann langsam hydrolysiert. Mit flüssigem Ammoniak entstehen, ähnlich wie aus Siliciumtetrachlorid, zunächst Germaniumimid, $Ge(NH)_2$, weiterhin $(GeN)_2NH$ und oberhalb 300 °C das Nitrid, Ge_3N_4.

Trichlormonogerman (Germaniumchloroform), GeHCl$_3$, Siedep. 75 °C, Schmelzp.—71 °C, wird durch Überleiten von Chlorwasserstoffgas über schwach erhitztes pulverförmiges Metall erhalten. Unter Aufglühen entweicht Wasserstoff:

$$Ge + 3\,HCl = GeHCl_3 + H_2$$

Trichlormonogerman ist eine farblose Flüssigkeit, die sich an der Luft infolge Bildung von Oxidchlorid milchig trübt und durch Wasser in orangegelbes Germanium(II)-hydroxid übergeht. Es zerfällt leicht in Germanium(II)-chlorid und Salzsäure.

Germanium(IV)-bromid, GeBr$_4$, bildet farblose Oktaeder, Schmelzp. 26 °C, *Germanium(IV)-jodid*, GeJ$_4$, eine orangerote Kristallmasse, Schmelzp. 146 °C.

Germanium(IV)-fluorid, GeF$_4$, ist wie Siliciumtetrafluorid ein farbloses Gas (Sublimationsp. —36,5 °C), das sich mit Wasser zu Germanium(IV)-oxid und Fluorogermaniumsäure, H$_2$GeF$_6$, umsetzt. Aus der Lösung von Germanium(IV)-oxid in Flußsäure fällt auf Zusatz von Kaliumchlorid Kaliumhexafluorogermanat, K$_2$GeF$_6$, farblose, hexagonale Platten, die sich in Wasser bei 18 °C zu 1 g auf 180 g, bei 100 °C zu 1 g auf 34 g Wasser lösen.

Germanium(II)-verbindungen

Die Germanium(II)-verbindungen zeigen gewisse Ähnlichkeit mit den Zinn(II)-verbindungen. *Germanium(II)-sulfid*, GeS, entsteht aus GeS$_2$ durch Reduktion im Wasserstoffstrom in dünnen Tafeln, die im auffallenden Licht grauschwarze Farbe und metallischen Glanz zeigen und im durchfallenden Licht lebhaft rot erscheinen. Die Bildung dieses Sulfids als kristalliner Anflug beim Erhitzen im Schwefelwasserstoff-Wasserstoffstrom gestattet den Nachweis von Germanium in Mineralen.

Germanium(II)-chlorid, GeCl$_2$, aus Germanium(II)-sulfid und Chlorwasserstoff oder besser aus Germanium(IV)-chlorid und Germanium darstellbar, bildet eine farblose, kristallisierte Masse, die an der Luft unter Bildung von Oxidchlorid stark raucht. Das Oxidchlorid färbt Korkverschlüsse intensiv rot. Die salzsaure Lösung wirkt stark reduzierend. *Germanium(II)-hydroxid*, Ge(OH)$_2$, entsteht aus GeCl$_2$ mit Laugen. Hieraus entsteht durch Erhitzen im Kohlendioxidstrom das grauschwarze *Germanium(II)-oxid*, GeO, das auch aus Germanium und GeO$_2$ im Vakuum bei 600...1000 °C als braunes bis gelbes Sublimat erhalten wird (BUES und v. WARTENBERG, 1951).

Germaniumwasserstoffe und Polygermen

Germaniumwasserstoff, GeH$_4$, entsteht aus Zink und verdünnter Schwefelsäure nach Zusatz von Germaniumchloridlösung im Apparat von MARSH, ähnlich wie AsH$_3$ oder SbH$_3$. Der entweichende Wasserstoff brennt mit bläulicher Flamme, die auf einem kalten Porzellandeckel metallisch glänzende Flecke hervorruft. Diese sind im durchfallenden Licht rot, im auffallenden grün gefärbt. Im erhitzten Glasrohr bildet sich ein Germaniumspiegel, der zum Unterschied vom Arsenspiegel nicht flüchtig ist und zunächst sehr schöne Irisfarben zeigt sowie bei zunehmender Dicke kupferfarbig und schließlich metallisch glänzend wird (F. PANETH).

Besser erhält man reinen Germaniumwasserstoff aus Magnesiumgermanid (analog dem Magnesiumsilicid, siehe unter Siliciumwasserstoff) und Ammoniumbromid in flüssigem Ammoniak.

Aus dem bei Auflösen von Magnesiumgermanid in Salzsäure entstehenden Gasgemisch hat DENNIS isoliert: *Monogerman*, GeH$_4$, Schmelzp. —165 °C, Siedep. —90 °C, *Digerman*, Ge$_2$H$_6$, Schmelzp. —109 °C, Siedep. 29 °C, *Trigerman*, Ge$_3$H$_8$, Schmelzp. —105,6 °C, Siedep. 110,5 °C. Oberhalb 350 °C zerfallen diese Germane (analog den Silanen) in die Elemente. AMBERGER (1959) gelang es, die thermisch noch weniger beständigen *Tetragerman*, Ge$_4$H$_{10}$, und *Pentagerman*, Ge$_5$H$_{12}$, zu isolieren.

Durch Zersetzen von Calciummonogermanid, CaGe, in Säuren erhielten R. SCHWARZ und P. ROYEN (1933) ein gelbes *Polygermen*, (GeH$_2$)$_x$ (vgl. Polysilen), das vermutlich aus langen Ketten aneinandergereihter —Ge(H$_2$)-Gruppen besteht. Beim Trocknen an der Luft entflammt das Polygermen.

Wie man aus dieser kurzen Schilderung des Germaniums ersehen kann, steht das Germanium als Glied der Kohlenstoffgruppe zwischen Silicium und Zinn, wobei es im allgemeinen in seinen Eigenschaften dem Silicium näher verwandt ist.

Zinn, Sn

Atomgewicht	118,69
Schmelzpunkt	231,90 °C
Siedepunkt	2430 °C
Dichte des weißen tetragonalen Zinns	7,28 g/cm³
Dichte des grauen Zinns bei 13 °C	5,76 g/cm³

Das Elementzeichen Sn kommt von dem lateinischen Wort „stannum". Die englische Bezeichnung lautet „Tin".

Vorkommen und Gewinnung

Das wichtigste Mineral, der tetragonal kristallisierte *Zinnstein* (Kassiterit), SnO_2, findet sich auf Zinnerzgängen der ältesten kristallinen Gesteine neben Quarz, Flußspat und Molybdänglanz, gelangt durch Zertrümmerung in die herabgespülten Gesteinsmassen und wird dort als Seifenzinnstein gewonnen, so z. B. im Erzgebirge, in Cornwall, Bolivien, China, Nigeria, Kongo sowie besonders auf Banka in Indonesien und bei Singapore. Die alten Ägypter bezogen dieses Material für ihre Bronzen aus dem nördlichen Persien. Die Phönizier holten sich das Zinn aus England.

Viel seltener findet sich in Cornwall der *Zinnkies*, Stannin, Cu_2FeSnS_4.

Der Zinnstein läßt sich leicht mit Kohle zu Metall reduzieren. Bankazinn ist mit 99,6 ... 99,7 % so rein, daß es direkt verkaufsfähig abgegeben wird.

Die Raffination des aus weniger reinen Erzen gewonnenen Rohzinns erfolgt durch Ausschmelzen auf schräger Unterlage (Seigern), wobei die höher schmelzenden Verunreinigungen, insbesondere das Eisen, zurückbleiben, sowie durch anschließende Oxydation der Verunreinigungen durch Durchblasen von Luft oder Wasserdampf (Polen). Durch Einrühren von Schwefel in die Schmelze werden Kupfer, Eisen und Arsen gebunden.

Eigenschaften

Physikalische Eigenschaften

Das in Blöcken gegossene Metall läßt beim Biegen infolge der Reibung der Kristallflächen ein knirschendes Geräusch, das „Zinngeschrei", vernehmen. Zinn tritt in einer metallischen und in einer halbmetallischen Modifikation auf. Die Struktur der halbmetallischen Modifikation entspricht wie bei Silicium und Germanium der des Diamanten. Die oberhalb 13,2 °C beständige Modifikation bildet tetragonale Kristalle. ist glänzend silberweiß, nur wenig härter als Blei, weicher als Gold und so dehnbar, daß es sich durch Auswalzen und nachfolgendes Ausschlagen mit Hämmern zu dem papierdünnen *Stanniol* verarbeiten läßt. Die Festigkeit ist gering, und ein Draht von 2 mm Dicke verträgt kaum eine Belastung von 20 kp.

Bei 200 °C ist Handelszinn so spröde, daß es gepulvert werden kann. Man führte diese Erscheinung früher auf das Auftreten einer zweiten metallischen Modifikation zurück, doch haben Untersuchungen an reinstem Zinn keine Anzeichen für eine Hochtemperaturmodifikation ergeben (MASON, 1939). Das Brüchigwerden des Handelszinns ist auf Verunreinigungen zurückzuführen, die mit dem Zinn im Bereich von 200 °C schmelzende Eutektika oder Lösungen bilden.

Die halbmetallische Modifikation ist grau und hat eine geringe Dichte (siehe oben).

Wie O. L. ERDMANN 1851 an alten Orgelpfeifen aus der Schloßkirche von Zeitz zuerst beobachtete, bedecken sich Zinngegenstände bei sehr langem Aufbewahren ohne sichtbaren äußeren Anlaß stellenweise oder auch ganz mit grauen, warzenförmigen Aufblähungen, aus denen ein graues Pulver herausquillt. Diese als „Museumskrankheit" in der Folge oft beobachtete Erscheinung läßt sich beliebig hervorrufen, wenn man weißes, metallisches Zinn mit der grauen Form „impft", z. B. reines Bankazinn ritzt und in den Ritz graues Zinn einstreicht, dann mit alkoholischer Pinksalzlösung befeuchtet und das Ganze bei 5 °C 16 Tage lang stehen läßt. Es zeigen sich dann, von der Impfstelle ausgehend, die grauen, beulenförmigen Wucherungen.

Das graue Zinn ist unterhalb 13 °C die stabile Form, und demgemäß verfällt das weiße, metallische Zinn dieser Umwandlung überall da, wo die mittlere Jahrestemperatur unter dieser Grenze liegt. Bei −15 °C ist die Umwandlungsgeschwindigkeit schon beträchtlich, bei −48 °C scheint sie am größten zu sein. Spuren von Aluminium (0,01 %) erhöhen die Umwandlungsgeschwindigkeit so stark, daß eine „akute" Zinnpest eintritt.

Chemische Eigenschaften

Bei gewöhnlicher Temperatur wird Zinn in Berührung mit Wasser und Luft nicht angegriffen. Bei längerem Erhitzen bedeckt sich aber das geschmolzene Metall allmählich mit einer grauen Schicht von Zinnoxid (Zinnasche). Bei Weißglut verbrennt Zinn an der Luft mit heller, weißer Flamme. Salzsäure und verdünnte heiße Schwefelsäure lösen Zinn unter Wasserstoffentwicklung zu Zinn(II)-salzen. Heiße konzentrierte Schwefelsäure gibt Zinn(II)-sulfat neben Schwefeldioxid. Salpetersäure wirkt je nach der Konzentration und Temperatur ganz verschieden ein: Wasserfreie Salpetersäure greift Zinn nicht an (Passivität, siehe bei Eisen), wasserhaltige konzentrierte sehr energisch, besonders beim Erwärmen, wobei das Zinn in weiße Metazinnsäure übergeht. Dagegen löst stark verdünnte, kalte Salpetersäure das Zinn allmählich zu Zinn(II)-nitrat. Alkalien lösen Zinn in der Wärme zu Stannaten.

Verwendung

Bekannt ist die Verwendung von Zinn zu Geschirren, die vor der Einführung des Porzellans in Mitteleuropa allgemein üblich war. Gegenwärtig dient in beschränkterem Maße für Bestecke das *Britanniametall*, eine Legierung aus Zinn mit einigen Prozenten Antimon und Kupfer sowie manchmal bis zu 10 % Blei. Die wichtigsten Zinn enthaltenden Legierungen sind die *Bronzen* (siehe unter Kupfer) und die Blei-Zinnlegierungen. Die bei 220 °C schmelzende Legierung aus gleichen Teilen Zinn und Blei wird als *Weich-* und *Schnellot* verwendet. Das Eutektikum mit 64 % Zinn schmilzt bei 181 °C. Das Zinnblei für Zinnsoldaten enthält 50 % Blei, für Orgelpfeifen 30 % Blei. In Zinnlegierungen, die mit Genußmitteln in Berührung kommen, z. B. Deckel von Bierkrügen, Tuben, Geschirr, darf der Bleigehalt 10 % nicht überschreiten.

Über die Hälfte der Zinnproduktion dient zur Herstellung von *Weißblech*. Hierzu wird weiches Eisenblech nach Abscheuern mit Salzsäure in geschmolzenes Zinn getaucht, so daß auf dem Eisen ein lückenloser Überzug von glänzend weißem Zinn entsteht.

Daneben wird jetzt in steigendem Maße die elektrolytische Verzinnung angewendet, weil sie schon bei kleineren Zinnauflagen porenfreie Bleche liefert. Da das Zinn um 0,3 V edler ist als Eisen, neigt es weniger zu Korrosion. Aber das Eisen wird durch den Zinnüberzug nur solange geschützt, als keine Verletzung der Oberfläche eintritt. Ritzt man Weißblech mit einem Nagel und setzt es dann feuchter Luft aus, so tritt an der beschädigten Stelle eine im Vergleich zu reinem Eisen beschleunigte Rostbildung auf, weil dann Zinn und Eisen unter der feuchten Oberflächenschicht ein Lokalelement bilden, in dem das Eisen als das unedlere Metall die Anode bildet und oxydiert wird (Lokalelement siehe bei Zink).

Überstreicht man Weißblech mit verdünntem Königswasser, so treten infolge der kristallinen Struktur des Zinns eisblumenartige Gebilde hervor (Moirée métallique).

Die Konservenindustrie hat die Nachfrage nach Weißblech und damit nach Zinn fortwährend gesteigert. Die Wiedergewinnung von Zinn aus Weißblechabfällen wird durch Lösen des Zinns in flüssigem Chlor als Tetrachlorid durchgeführt.

Die Welterzeugung an Zinn einschließlich der Wiedergewinnung aus Weißblechabfällen betrug 1958 175 000 t. Von der Bergwerksproduktion entfallen etwa 25 % auf Malaya.

Zinn(II)-verbindungen

Zinn tritt zweiwertig und vierwertig auf, die vierwertigen Verbindungen sind die beständigeren. Daher wirken Zinn(II)-salze reduzierend.

Zinn(II)-oxid, SnO

Zinn(II)-oxid entsteht als blauschwarzes oder schieferfarbenes Pulver bei längerem Erhitzen von Zinn(II)-chlorid mit Soda. Es verglimmt beim Erwärmen an der Luft zu Zinn(IV)-oxid. Unter Ausschluß von Luft zerfällt es zwischen 400 und 1000 °C in Zinn und Sn_3O_4, läßt sich aber bei schnellem Erhitzen unzersetzt bei 1050 °C schmelzen und siedet bei etwa 1400 °C (H. Spandau, 1947).

Zinn(II)-hydroxid, Sn(OH)₂

Zinn(II)-hydroxid fällt aus Zinn(II)-chloridlösung mit Ammoniak oder Soda als weißer Niederschlag und zeigt amphoteres Verhalten, denn es löst sich sowohl in Säuren zu den entsprechenden Zinn(II)-salzen als auch in Alkalilaugen zu Hydroxostannaten(II) (früher Stannite genannt), z. B. zu Natriumhydroxostannat(II), $Na[Sn(OH)_3]$. Diese wirken stark reduzierend, z. B. auf Wismuthydroxid oder Kupferhydroxid, die zum Metall reduziert werden, während das Stannat(II) zum Stannat(IV) oxydiert wird. Die Stannat(II)-lösungen zerfallen beim Erwärmen in fein verteiltes und darum dunkles Zinn und Stannat(IV).

Zinn(II)-chlorid, SnCl₂ · 2 H₂O

Zinn(II)-chlorid, auch Zinnsalz genannt, kristallisiert aus der Lösung von Zinn in warmer, starker Salzsäure als farblose, monokline Tafeln oder Säulen, die sich in ¹/₃ ihres Gewichts Wasser, auch in Alkohol leicht lösen und sich an der Luft unter Oxydation trüben. Mit viel Wasser tritt Hydrolyse zu basischem Salz ein. Zinn(II)-chlorid ist ein ausgezeichnetes Reduktionsmittel, es fällt z. B. Silber, Quecksilber, Gold (siehe Goldpurpur) aus ihren Salzen, reduziert in salzsaurer Lösung schweflige Säure zu

Schwefelwasserstoff, der das hierbei gebildete Zinn(IV)-chlorid als gelbes Zinn(IV)-sulfid fällt; Stickoxid wird zu Hydroxylamin reduziert. Vielfach wird Zinn(II)-chlorid verwendet, um Nitrokörper in Amine oder Diazoniumsalze in Hydrazine überzuführen, oder um weiße Muster auf gefärbten Stoffen zu erzeugen (Ätzdruck).

Beim Entwässern dieses Hydrats oder einfacher beim Erhitzen von Zinn in trockenem Chlorwasserstoff entsteht das wasserfreie Zinn(II)-chlorid als weiße, kristalline Masse, Schmelzp. 247 °C, Siedep. 604 °C. Die Dampfdichte entspricht den einfachen Molekülen $SnCl_2$.

Zinn(II)-sulfid, SnS

Zinn(II)-sulfid wird als dunkelbrauner Niederschlag aus Zinn(II)-salzlösungen durch Schwefelwasserstoff gefällt. Zum Unterschied von Zinn(IV)-sulfid, SnS_2, ist es in farblosem Ammoniumsulfid nicht löslich, doch wirken gelbes Ammonsulfid und Alkalipolysulfide lösend unter Bildung von Thiostannaten(IV). Beim Zusammenschmelzen von Zinn und Schwefel entsteht das Sulfid als metallisch glänzende, dunkle, wie Graphit abfärbende Masse mit dem Schmelzp. 880 °C.

Weitere Zinn(II)-Salze

Zinn(II)-sulfat, $SnSO_4$, kristallisiert aus der Lösung von Zinn in einem Gemisch aus 1 Vol. Schwefelsäure, 2 Vol. Salpetersäure (1,3) und 3 Vol. Wasser in Form weißer Nadeln, die sich bei 19 °C zu 18,8 g auf 100 g Wasser lösen.

Zinn(II)-nitrat, $Sn(NO_3)_2 \cdot 20\,H_2O$, wurde bei −20 °C in wasserklaren, sehr zersetzlichen Blättchen erhalten. Die Lösung von Zinn in 14%iger Salpetersäure führt zu einem Gemisch von Zinn(IV)- und Zinn(II)-nitrat.

Zinn(II)-acetat erhält man aus Zinn und fast wasserfreier Essigsäure bei langem Kochen. Es erinnert an das Berylliumacetat, weil es gleich diesem fast unzersetzt bei etwa 240 °C siedet.

Zinn(IV)-verbindungen

Zinn(IV)-oxid, (Zinndioxid) SnO₂

Zinn(IV)-oxid kommt als tetragonal im Rutilgitter kristallisierter Zinnstein in der Natur vor. Aus dem Metall entsteht dieses Oxid beim Glühen an der Luft als weißes, in Wasser und Säuren unlösliches Pulver, das oberhalb 1300 °C ohne zu schmelzen verdampft (Sublimationsp. bei etwa 1800 °C). Es nimmt beim Schmelzen mit Phosphorsalz dem Anatas (siehe bei Titan(IV)-oxid) ähnliche Formen an. Zinn(IV)-oxid trübt Glasflüsse milchigweiß und erhöht ihre Beständigkeit gegen Temperaturwechsel und chemische Agenzien. Es dient deswegen zur Herstellung von Glasuren und Emaillen. Als Säureanhydrid bildet es beim Schmelzen mit Alkalihydroxiden *Stannate(IV)*. Aus der Auflösung der Schmelze in Wasser lassen sich *Hexahydroxostannate(IV)*, wie $Na_2[Sn(OH)_6]$, und das gut kristallisierende $K_2[Sn(OH)_6]$, erhalten.

Wasserhaltiges Zinn(IV)-oxid, Zinnsäuren

Versetzt man Zinn(IV)-salzlösungen mit Ammoniak, oder säuert man Stannate(IV) vorsichtig an, so fällt ein weißer gallertiger, röntgenamorpher Niederschlag von sogenannter α-*Zinnsäure* mit wechselndem Wassergehalt aus, der sich in verdünnter

Säure und in Laugen leicht wieder löst. Nach längerem Stehen bei gewöhnlicher Temperatur oder schneller beim Erhitzen tritt Alterung ein, und die α-Zinnsäure geht unter Wasseraustritt in die β-Zinnsäure, auch Metazinnsäure genannt, über. Die β-Zinnsäure wird am einfachsten durch Abdampfen von Zinn mit verdünnter Salpetersäure dargestellt, wobei zunächst ein basisches Nitrat entsteht, das bei gründlichem Auswaschen infolge von Hydrolyse die Salpetersäure abgibt. Auch die β-Zinnsäure ist keine definierte Verbindung, sondern ein Oxidhydrat, $SnO_2 \cdot x\,H_2O$, mit wechselndem Wassergehalt und läßt im Röntgendiagramm schon die stärksten Linien des SnO_2-Gitters erkennen.

Die β-Zinnsäure ist ein weißes Pulver, unlöslich in Wasser, Ammoniak, verdünnter Salpeter- oder Schwefelsäure. Nach Behandeln mit konzentrierter Salzsäure oder Laugen löst sie sich in Wasser kolloid auf. Durch Kochen oder Schmelzen mit Alkalien, Abrauchen mit konzentrierter Schwefelsäure oder starker Salzsäure entstehen wieder die einfach molekularen Zinn(IV)-verbindungen.

Die β-Zinnsäure vermag bei ihrer Bildung Phosphorsäure zu binden. Hierauf beruhen die Fällung und Trennung der Phosphorsäure mittels Zinn und mäßig konzentrierter Salpetersäure in der analytischen Chemie.

Zinn(IV)-chlorid (Zinntetrachlorid), $SnCl_4$

Zinn(IV)-chlorid (früher Spiritus fumans Libavii genannt), wird durch Verbrennen von Zinn im Chlorstrom als farblose Flüssigkeit erhalten, Schmelzp. −33 °C, Siedep. 114 °C, Dichte 2,23 g/cm³. Sie raucht an feuchter Luft stark, weil sich verschiedene Hydrate bilden. Von diesen ist bei Zimmertemperatur das Pentahydrat, $SnCl_4 \cdot 5\,H_2O$, beständig. Dieses bildet auch den Hauptbestandteil des in der Färberei zum Avivieren, Beizen und insbesondere zum Beschweren der Seide verwendeten „Rosiersalzes". In wäßriger Lösung von Zinn(IV)-chlorid findet eine weitgehende Hydrolyse statt, doch wird diese durch Bildung der komplexen *Hexachlorozinnsäure*, $H_2[SnCl_6]$, beschränkt, deren Ammoniumsalz, $(NH_4)_2[SnCl_6]$, unter dem Namen *Pinksalz* gleichfalls in der Färberei zum Beizen dient. Auch mit Alkoholen und mit Äthern verbindet sich Zinn(IV)-chlorid. In der organischen Chemie wird es in einigen Fällen als Kondensationsmittel benutzt.

Die Verwendung von Zinnchloridpräparaten und von *Präpariersalz*, $Na_2[Sn(OH)_6]$, beruht darauf, daß sich Zinnsäure auf organischen Fasern als gleichmäßiger, fest haftender Überzug niederschlagen läßt, der mit sauren Farbstoffen schön gefärbte, beständige Lacke bildet.

Zinn(IV)-bromid, $SnBr_4$, Zinn(IV)-fluorid, SnF_4

Zinn(IV)-bromid, Schmelzp. 30 °C, Siedep. 203 °C, ist aus den Elementen erhältlich und steht im Verhalten dem Chlorid sehr nahe.

Zinn(IV)-fluorid wird aus Zinn(IV)-chlorid und wasserfreier Flußsäure dargestellt und sublimiert bei 705 °C als strahlig kristalline, hygroskopische Masse (Dichte bei 19 °C 4,78 g/cm³). Mit Wasser verbindet es sich unter Zischen und bildet sehr charakteristische komplexe Salze, wie $K_2[SnF_6]$, die den Fluorosilicaten entsprechen.

Zinn(IV)-sulfid (Zinndisulfid), SnS_2

Zinn(IV)-sulfid fällt als gelber, wasserhaltiger Niederschlag aus schwach sauren Zinn(IV)-salzlösungen durch Schwefelwasserstoff aus. Es verbindet sich mit Alkalisulfiden und Ammonsulfid zu löslichen Thiostannaten(IV), z. B. $Na_2SnS_3 \cdot 8\,H_2O$, $Na_4SnS_4 \cdot 18\,H_2O$ u. a. In Gegenwart von Oxalsäure wird wegen der Bildung eines wenig dissoziierten Oxalatokomplexes, $[Sn(C_2O_4)_4]^{4-}$, durch Schwefelwasserstoff kein

Sulfid gefällt. In goldfarbenen, hexagonalen, feinen Schuppen von graphitartiger Schmiegsamkeit wird Zinn(IV)-sulfid dargestellt durch langsames Erhitzen von 12 Teilen Zinn, 6 Teilen Quecksilber, 7 Teilen Schwefel und 6 Teilen Salmiak in einem Kolben, bis keine weißen Dämpfe mehr entweichen. Es dient als Musivgold (von Aurum mosaicum) für Malereizwecke, insbesondere zum Bronzieren in goldfarbenen Tönen.

Zinnwasserstoff, SnH₄

Zinnwasserstoff (Stannan), Schmelzp. $-150\,°C$, Siedep. $-52\,°C$, wurde von PANETH durch Reduktion von Zinn(II)-sulfat in schwefelsaurer Lösung an einer Bleikathode hergestellt. Bequemer ist die Reduktion von Zinn(II)-chlorid in verdünnter Salzsäure mit NaBH₄. Im Marshschen Apparat zerfällt Zinnwasserstoff unter Spiegelbildung. Zinnwasserstoff wirkt noch giftiger als Arsenwasserstoff und färbt die Wasserstoffflamme himmelblau mit rötlichem innerem Kegel.

Blei, Pb

Atomgewicht	207,2
Schmelzpunkt	327 °C
Siedepunkt	1750 °C
Dichte bei 20 °C	$11,34\ldots 11,37\ \mathrm{g/cm^3}$
Spezifische Wärme	$0,03\ \mathrm{cal/g\cdot grd}$

Das Elementzeichen Pb kommt von dem lateinischen Wort „plumbum". Der englische Name lautet „lead".

Vorkommen und Gewinnung

Das Hauptmineral ist der *Bleiglanz (Galenit)*, PbS. Er bildet blaugraue, metallisch glänzende, reguläre, meist würfelförmige Kristalle und findet sich sowohl in Gängen im Schiefer als auch in Nestern und Lagern im Sedimentärgestein, wie Kalkstein, Sandstein und Dolomit. Er führt $0,01 \ldots 0,1\ \%$ Silber. Das ist für die Silbergewinnung von großer Bedeutung.

Bleiglanz wird in Oberschlesien, besonders bei Tarnowitz, im sächsischen Erzgebirge, im Harz bei Clausthal und Goslar, in der Rheinprovinz bei Stolberg, in Westfalen (Siegerland) sowie in fast allen europäischen Staaten gewonnen. Auch Nordamerika, Mexiko, Spanien, Tunis, Algier, Vorderindien, Neusüdwales und Queensland besitzen reiche Bleiglanzlager.

Von untergeordneter Bedeutung sind die seltenen Minerale *Bleivitriol (Anglesit)*, PbSO₄, *Weißbleierz (Cerussit)*, PbCO₃, *Rotbleierz*, PbCrO₄, *Gelbbleierz*, PbMoO₄, *Scheelbleierz*, PbWO₄, *Jordanit*, 5 PbS · As₂S₃, *Bournonit*, 2 PbS · Cu₂S · Sb₂S₃, *Jamesonit*, 4 PbS · FeS · 3 Sb₂S₃.

Das heute größtenteils angewandte Bleigewinnungsverfahren besteht darin, den im Erz vorhandenen Bleiglanz durch Rösten in das Oxid zu überführen und dieses Oxid im Schachtofen mit Kohle zu Werkblei zu reduzieren. Wo wie bei einigen spanischen Lagerstätten sehr reiche Bleierze vorliegen, kann man den Bleiglanz durch Rösten in ein Gemisch von Oxid, Sulfid und Sulfat verwandeln, das sich dann umsetzt

$$PbS + PbSO_4 = 2\,Pb + 2\,SO_2$$

und

$$PbS + 2\,PbO = 3\,Pb + SO_2$$

Die aus dem Treibprozeß (siehe bei Silber) stammende Bleiglätte wird durch Glühen mit Kohle reduziert:

$$2\,PbO + C = 2\,Pb + CO_2$$

Das *Rohblei (Werkblei)* wird von Arsen, Antimon und Zinn durch oxydierendes Schmelzen in einem Flammofen befreit, wobei sich auf der Oberfläche Bleiarsenat, -stannat und -antimonat bilden und abgestrichen werden.

Das alte Raffinationsverfahren ist jetzt durch das *Harris-Verfahren* zur Werkbleiraffination teilweise verdrängt worden. Nach HARRIS wird das flüssige Werkblei durch eine Ätznatronschmelze gepumpt, der etwas Salpeter zugesetzt ist. Dieser oxydiert die zu entfernenden Nebenbestandteile Zinn, Arsen und Antimon zu Oxiden, die dann vom Ätznatron zu Stannat, Arsenat und Antimonat verschlackt werden. Die Trennung vom Silber nach dem Prozeß von PARKES wird beim Silber besprochen werden.

99,99%ig und frei vom Wismut gewinnt man Blei für Bleifarben und für chemische Anlagen durch elektrolytische Raffination unter Verwendung von Bleifluorosilicat als Elektrolyten. In kleinerem Maß läßt sich ganz reines Blei durch Schmelzen von Bleiweiß (Bleicarbonat) mit dem halben Gewicht Kaliumcyanid darstellen.

Die Weltproduktion an Blei für 1958 belief sich auf 2 400 000 t (davon die Vereinigten Staaten mit über 25 %, Mexiko und Australien mit je 15 %, Kanada 10 %).

Eigenschaften

Physikalische Eigenschaften

Das Blei zeigt nur auf frischen Schnittflächen einen graubläulichweißen Metallglanz, der an der Luft infolge von Oxydation bald verschwindet. Es ist weich wie Gips, läßt sich mit dem Messer leicht schneiden und gibt auf Papier einen grauen Strich. Die Duktilität ist so groß, daß man sehr dünne Blätter ausschlagen oder auswalzen und dünne Drähte ziehen kann, die aber nur geringe Festigkeit zeigen. 2 mm dicke Drähte reißen schon bei einer Belastung von 9 kp. Bei gewöhnlicher Temperatur läßt sich Blei unter einem Druck von 7500 kp/cm² zum Fließen bringen. Das ermöglicht die sehr bequeme Verarbeitung zu Bleiröhren. Da Bleigeräte niemals zersplittern können, sondern nur ausgebaucht werden, lassen sich explosive Stoffe in solchen Geräten verhältnismäßig gefahrlos handhaben. Hiervon macht man auch zur Messung der Brisanz im Bleiblock von TRAUZL Gebrauch.

Scheidet man Blei aus Nitrat- oder Acetatlösung elektrolytisch bzw. durch Zink ab, so bilden sich lange Nadeln (Bleibaum) aus gestreckten Oktaedern oder schwammartige Anhäufungen (Bleischwamm).

Kolloides Blei

Stellt man die Spitze eines dünnen Bleidrahtes in 1 ... 2%ger Natronlauge als Kathode einem größeren Bleiblech als Anode gegenüber und legt eine Spannung von 220 V an, so zerstäubt das Metall an der Kathode zu dunklen Wolken, die sich im Elektrolyten als grauschwarzes kolloides Blei verteilen.

Chemisches Verhalten

Beim Schmelzen unter Luftzutritt oxydiert sich das Blei zu Blei(II)-oxid (Bleiglätte), PbO. Kohlensäure oder organische Säuren bilden bei Luftzutritt Bleisalze. Dies ist bei der Verwendung des Metalls zu Gefäßen und Wasserleitungsrohren zu beachten. Enthält das Trinkwasser freie Kohlensäure, so löst es Bleicarbonat als Hydrogencarbonat auf. Sind aber, was meistens zutrifft, nur Hydrogencarbonate der Erdalkalien sowie deren Sulfate zugegen, so entsteht auf der Oberfläche des Metalls eine festhaftende, unlösliche Schicht von Sulfaten und Carbonaten, die den Eintritt löslicher Bleiverbindungen in das Wasser verhindert. Reines destilliertes Wasser löst in Gegenwart von Luft Blei als Bleihydroxid auf, wird aber vom Blei allein nicht zersetzt, da das Potential dieses Metalls nur um 0,12 V unedler ist als das des Wasserstoffs. In Salpetersäure ist Blei leicht löslich. Salzsäure führt schwammförmiges Blei unter Wasserstoffentwicklung in Bleichlorid über.

Physiologische Eigenschaften

Blei und alle seine Verbindungen, auch die in Wasser unlöslichen, werden vom Organismus aufgenommen und erzeugen schwere chronische Vergiftungen. Je nach den befallenen Organen zeigen sich Störungen des Allgemeinbefindens und der Ernährung, wie bleiches Aussehen, Bleisaum am äußeren Rande des Zahnfleisches, Bleikolik, Muskelschmerzen, Krämpfe und Lähmungen. Letztere machen sich bei Arbeitern geltend, die lange Zeit mit Bleirohren, Bleilettern und dergleichen zu tun haben, sowie bei Anstreichern, die dauernd bleihaltige Ölfarben verwenden. Besonders in dieser Form dringt das Gift allmählich durch die Haut zu den Muskeln und den motorischen Nerven.

Die alten Giftmischer kannten die schleichende Wirkung der Bleiverbindungen gut und benutzten sie, um ihre Opfer unter wenig auffälligen Symptomen zu beseitigen. Die „Erbschaftspulver" enthielten Bleiweiß sowie auch das Bleiacetat (Bleizucker), das wegen seines süßen Geschmacks in Speisen und Getränken leicht unterzubringen war.

Verwendung

Außer zu Bleirohren und Blech als Bedachungsmaterial dient Blei in der chemischen Industrie wegen seiner Beständigkeit gegenüber verdünnter Schwefelsäure zu Pfannen, Hähnen, Bottichen und besonders zum Auskleiden der Bleikammern. Große Mengen reinen Bleis werden zur Anfertigung von Akkumulatorenplatten verwendet. Die hohe Dichte und die bequeme Formbarkeit bedingen die Verwendung für die Herstellung von Geschossen. Flintenschrot wird unter Zusatz von 0,5 % Arsen hergestellt (siehe bei Arsen).

Durch Zusatz von Antimon wird die Härte des Bleies gesteigert (Legierungen mit 14 ... 23 % Antimon werden deshalb auch *Hartblei* genannt) und die Gießbarkeit günstig beeinflußt. *Letternmetall* enthält 10 ... 30 % Antimon, Lager- oder Weißgußmetall 15 % Antimon neben etwas Zinn (siehe unter Antimon). Für Lagermetalle wird auch Blei mit geringen Zusätzen von Natrium, Calcium, Barium und Kupfer legiert. Legierungen von Blei und Zinn dienen zum Löten.

Blei(II)-verbindungen

Blei(II)-oxid (Bleioxid), PbO

Blei(II)-oxid bildet sich beim Überleiten von Luft über geschmolzenes Blei. Sehr rein erhält man es durch Erhitzen von Blei(II)-carbonat. Wird bei der Darstellung der Schmelzpunkt des Blei(II)-oxids (890 °C) nicht überschritten, so bildet es ein gelbes Pulver, Dichte 9,5 g/cm³, das auch „Massicot" genannt wird. In großen Mengen entsteht Blei(II)-oxid beim Treibprozeß als geschmolzene Masse, die beim Erkalten blätterig kristallin erstarrt. Diese „Bleiglätte" zeichnet sich durch lebhaften Glanz aus.

Neben dem gelben rhombischen Blei(II)-oxid existiert eine rote, tetragonale Modifikation, die man durch Kochen von Bleihydroxid mit konzentrierter Lauge erhält. Bei
niedriger Laugenkonzentration entsteht nur die gelbe Modifikation. Bei gewöhnlicher
Temperatur ist die rote Form, oberhalb 488 °C die gelbe Form stabil, doch ist die
Umwandlungsgeschwindigkeit gelb → rot sehr klein, so daß selbst bei langsamem Abkühlen von Massicot oder Glätte die gelbe Modifikation erhalten bleibt.

Porzellan wird von schmelzendem Blei(II)-oxid unter Bildung von leicht schmelzbaren
Bleisilicaten zerstört. Auf der Bildung bleihaltiger Gläser beruht die Verwendung
von Blei(II)-oxid in der Ton- und Glasindustrie (siehe dort).

In Wasser löst sich Blei(II)-oxid nicht merklich auf, wohl aber selbst in stark verdünnter
Salpetersäure oder Essigsäure.

Blei(II)-hydroxid

Blei(II)-hydroxid fällt aus Bleiacetatlösungen durch Ammoniak als feinkristalliner, weißer
Niederschlag aus. Nach HÜTTIG (1931) existiert nur die Verbindung 2 PbO · H₂O bzw.
PbO · Pb(OH)₂. Sie verliert schon bei 100 °C Wasser, ist in Wasser mit deutlich alkalischer
Reaktion etwas löslich, zieht an der Luft Kohlendioxid an und löst sich in Säuren und Laugen.
Bei der Auflösung in Laugen werden wie bei Zink-, Kupfer- und Zinnhydroxid Hydroxosalze,
wie Na₂[Pb(OH)₄], gebildet (SCHOLDER, 1934). Alkaliplumbate(II) finden als Beizen für Baum-
wolle Verwendung. Calciumplumbat(II)-lösung färbt Haare, Wolle, Nägel infolge der Bildung
von Bleisulfid dunkel.

Blei(II)-sulfid, PbS

Blei(II)-sulfid kommt in der Natur als Bleiglanz in regulären Kristallen vor und entsteht
beim Zusammenschmelzen von Blei mit Schwefel oder durch Fällen gelöster Bleisalze
mit Schwefelwasserstoff als braunschwarzes bis glänzend schwarzes Pulver. Auf der
Bildung von Blei(II)-sulfid beruht das Dunkeln bleihaltiger Farben in Gemälden und
Ölanstrichen. Kristallisiertes Blei(II)-sulfid hat die Dichte 7,5 g/cm³, schmilzt bei 1114 °C
und verdampft im Vakuum schon oberhalb 600 °C merklich, in einer Stickstoffatmosphäre bei 860 °C. Bei 995 °C beträgt der Dampfdruck 17 Torr. Wegen dieser
auffallenden Flüchtigkeit bilden sich in Bleischachtöfen bedeutende Ansammlungen
von sublimiertem Bleiglanz.

Beim Erhitzen an der Luft entsteht ein Gemisch von Sulfat und Oxid, das sich mit
unverändertem Blei(II)-sulfid zu metallischem Blei umsetzt (siehe unter Darstellung
von Blei). Salpetersäure oxidiert Blei(II)-sulfid im Unterschied von Quecksilbersulfid
leicht zum Sulfat. Mit 10⁰/oiger Salzsäure setzt sich Blei(II)-sulfid zu Blei(II)-chlorid
und Schwefelwasserstoff um.

Blei(II)-sulfat, PbSO₄

Blei(II)-sulfat findet sich in der Natur als *Anglesit* in rhombischen Kristallen, ist
isomorph mit Schwerspat und Coelestin und entsteht aus Blei(II)-oxid oder löslichen
Bleisalzen durch verdünnte Schwefelsäure als weißer, pulvriger, spezifisch schwerer
Niederschlag, der sich in Wasser, besonders auf Zusatz von verdünnter Schwefelsäure oder Alkohol, äußerst wenig löst und deshalb zur quantitativen Fällung und
Bestimmung von Blei dient. Weinsäure löst Blei(II)-sulfat in Gegenwart von überschüssigem Ammoniak leicht zu Blei-Weinsäurekomplexen auf (Unterschied von Bariumsulfat). Auch in starker Kalilauge ist das Sulfat, ebenso wie auch andere schwer lösliche
Blei(II)-verbindungen, unter Plumbat(II)-bildung löslich.

Auf der Schwerlöslichkeit in verdünnter Schwefelsäure beruht die Widerstandsfähigkeit von Bleigefäßen gegen diese Säure (siehe Bleikammern und Konzentrierung der Schwefelsäure). Mehr als 60%ige Schwefelsäure löst Blei(II)-sulfat auf und greift deshalb in der Hitze das Metall an.

Bei 1100 °C schmilzt Blei(II)-sulfat unter teilweiser Abspaltung von Schwefeltrioxid. Silicate, wie z. B. Glas oder Porzellan, zersetzen das Sulfat unter Bildung von Bleisilicat.

Bleichromat, $PbCrO_4$

Bleichromat kommt in der Natur als Rotbleierz vor und fällt aus Bleisalzlösungen durch Alkalichromate oder -dichromate als orangegelbes, feines Pulver aus. Es ist trotz seiner Giftigkeit und beschränkten Haltbarkeit (Dunkeln von Ölgemälden, siehe bei Bleisulfid) die wichtigste gelbe Malerfarbe (Chromgelb), weil weder die Farbe noch der Glanz von anderen gelben Pigmenten erreicht werden.

Geschmolzenes und danach gepulvertes Bleichromat dient zur Analyse schwer verbrennlicher Kohlenstoffverbindungen. Es vermag selbst das Siliciumcarbid in der Hitze vollständig zu oxydieren.

Basisches Bleichromat entsteht aus Bleichromat durch Einwirkung verdünnter Alkalien und findet als tiefrotes Chromrot gleichfalls in der Ölmalerei Verwendung.

Ein *Bleiantimonat*, durch Rösten von antimonsulfidhaltigem Bleierz darstellbar, diente den alten Assyriern als gelbe Farbe.

Blei(II)-nitrat, $Pb(NO_3)_2$

Blei(II)-nitrat (Bleisalpeter) kristallisiert aus der Lösung von Blei oder Blei(II)-oxid in warmer verdünnter Salpetersäure in Form glänzend weißer Oktaeder aus, die beim Erhitzen auf 350 °C in Blei(II)-oxid, Sauerstoff und Stickstoffdioxid zerfallen (siehe dort), auf glühender Kohle verpuffen und bisweilen als Sauerstoffträger in Zündmischungen dienen. Blei(II)-nitrat löst sich leicht in Wasser auf, bei 20 °C 52 g auf 100 g Wasser, bei 100 °C 127 g auf 100 g Wasser, ohne nennenswerte hydrolytische Spaltung.

Bleiacetat, $Pb(CH_3CO_2)_2 \cdot 3 H_2O$

Bleiacetat (Bleizucker) kannten schon die alexandrinischen Alchemisten und stellten seine Lösungen aus Bleiweiß und Essig dar. Ihre arabischen Nachfolger überlieferten auch den Nachweis solcher Zusätze zu Nahrungsmitteln (z. B. zwecks Klärung von Sirupen) mit Hilfe von Schwefelwasserstoff, ohne aber die Natur des Schwefelwasserstoffs zu erkennen. Der Bleizucker wurde besonders wegen des intensiv süßen, hinterher metallisch zusammenziehenden Geschmacks sowie wegen seiner schleichenden Giftwirkung beachtet.

Bemerkenswert ist die Eigenschaft dieses Salzes, organische Stoffe leicht verbrennbar zu machen, so daß sich Papier nach dem Tränken mit Bleiacetatlösung und Trocknen wie Zunder entzünden läßt. Wahrscheinlich beruht dies auf der Bildung von pyrophorem, feinst verteiltem Blei während der Verbrennung.

In der wäßrigen Lösung liegen komplexe Bleiacetato-Kationen vor, die durch Perchlorsäure oder Salpetersäure kristallisiert abgeschieden werden, wie z. B. $[Pb_2(CH_3CO_2)_2](ClO_4)_2$, $[Pb_2(CH_3CO_2)_3]ClO_4$ usw. (R. WEINLAND).

Läßt man Blei(II)-oxid in größerer Menge als es der Zusammensetzung des Bleizuckers entspricht auf verdünnte Essigsäure einwirken, so entsteht der *Bleiessig*, in dem zwei basische Acetate, nämlich $Pb(CH_3CO_2)OH$ und $Pb(CH_3CO_2)_2 \cdot 2 Pb(OH)_2$, enthalten sind. Dieser Bleiessig gibt auf Zusatz von Leitungswasser mit dem darin enthaltenen Calciumhydrogencarbonat eine feine, weiße Trübung von basischem Bleicarbonat, die als *Goulardsches Wasser* wegen ihrer kühlenden Wirkung gegen leichtere Entzündungen der Augen und der Haut in großem Ansehen stand, heute aber, wie alle Bleiverbindungen, medizinisch gemieden wird.

Blei(II)-carbonat, PbCO₃

Blei(II)-carbonat findet sich in der Natur als *Cerussit* (Weißbleierz) in rhombischen, mit Aragonit, Strontianit und Witherit isomorphen Kristallen und kann durch Fällen von verdünnter Bleiacetatlösung mit Kohlensäure oder aus löslichen Bleisalzen und Ammoniumhydrogencarbonatlösung dargestellt werden.

Wichtiger als das Blei(II)-carbonat ist das schon seit etwa 550 v. Chr. bekannte *Bleiweiß*, ein basisches Bleicarbonat von der Zusammensetzung $2 PbCO_3 \cdot Pb(OH)_2$, das nach verschiedenen Verfahren dargestellt wird, die meist auf der Einwirkung von Kohlensäure auf Bleiessig beruhen.

Das beste Bleiweiß von größter Deckkraft liefert das alte *holländische Verfahren*, nach dem spiralförmig aufgerollte Bleiplatten in irdene, innen glasierte Töpfe gestellt werden, die am Boden Rohessig enthalten und mit Bleideckeln locker verschlossen sind. Diese Töpfe stellt man reihenweise in ein Gemisch von Pferdemist und ausgelaugter Gerberlohe. Die Fäulnis dieser Stoffe entwickelt unter mäßiger Selbsterwärmung Kohlendioxid, das langsam in die Tiegel eindringt und dort den Bleiessig fällt, der sich aus dem Blei, dem Essig und der Luft nach Maßgabe der Fällung immer wieder bildet, bis die Bleiplatten in die lockere Masse des basischen Carbonats zerfallen sind.

Ähnlich, aber schneller arbeitet das *deutsche Verfahren*, bei dem man dünne Bleiblechstreifen in geschlossenen Kammern aufhängt, durch deren siebartigen Boden Kohlendioxid aus einer Koksfeuerung zugleich mit Essigsäuredämpfen eindringt.

Die Eigenart dieser Verfahren dient dem Zweck, möglichst feinteiliges Bleiweiß zu erhalten; denn für eine gute Deckkraft eines weißen Pigments ist neben hohem Brechungsvermögen ein sehr feines Korn wichtig.

Bleiweiß besitzt von allen weißen Farbpigmenten neben seinem schönen Glanz bestes Haftvermögen und Wetterbeständigkeit, weshalb es trotz seiner Giftigkeit und Empfindlichkeit gegen Schwefelwasserstoff durch andere Weißpigmente nicht völlig verdrängt werden konnte. Doch werden heute Lithopone und Zinkweiß (siehe bei Zink) sowie Titanweiß in viel größeren Mengen verwendet.

Blei(II)-chlorid, PbCl₂

Blei(II)-chlorid, Schmelzp. 498 °C, Siedep. 954 °C, fällt aus Bleisalzlösungen durch Salzsäure oder lösliche Chloride als schwer löslicher, weißer, kristalliner Niederschlag aus, der sich bei 15 °C in 110 Teilen, bei 100 °C in 30 Teilen Wasser löst. Sehr verdünnte Salzsäure drückt nach dem Massenwirkungsgesetz infolge der Erhöhung der Chlor-Ionenkonzentration die Löslichkeit herab, starke Salzsäure dagegen steigert die Löslichkeit durch Bildung komplexer Ionen $PbCl_4^{2-}$.

Aus heißem Wasser kristallisiert das Blei(II)-chlorid in weißen, seidenglänzenden, rhombischen Nadeln oder Prismen, die nach dem Schmelzen zu einer hornartigen Masse erstarren.

Basische Bleichloride, wie $PbCl_2 \cdot PbO$, $PbCl_2 \cdot 2 PbO$, $PbCl_2 \cdot 4 PbO$, finden sich in der Natur und bilden im Gemenge mit Blei(II)-oxid das als Malerfarbe benützte *Kasseler Gelb*, zu dessen Darstellung man Mennige oder Blei(II)-oxid mit Salmiak erhitzt.

Diesen basischen Chloriden entsprechen ähnlich wie beim Quecksilber thiobasische Chloride, wie $PbCl_2 \cdot PbS$ und $PbCl_2 \cdot 2 PbS$, die als rote Niederschläge ausfallen, wenn man zu angesäuerter Blei(II)-chloridlösung allmählich Schwefelwasserstoffwasser zufügt. Von prächtig leuchtend roter Farbe sind die polysulfidischen Verbindungen $Pb_4S_6Cl_2$ und $Pb_3S_4J_2$, die aus den verdünnten Lösungen von Blei(II)-chlorid bzw. Blei(II)-jodid in Natriumthiosulfatlösung durch Belichtung bei Eiskühlung entstehen, während im Dunkeln nur schwarzes Blei(II)-sulfid ausfällt (K. A. Hofmann und V. Wölfl).

Blei(II)-jodid, PbJ_2

Blei(II)-jodid fällt aus Bleisalzen durch Jodide oder Jodwasserstoff als gelber, kristalliner Niederschlag aus, der aus heißem Wasser oder heißer Essigsäure in goldglänzenden, intensiv gelben, sechsseitigen Blättchen kristallisiert, bei 412 °C schmilzt und gegen 900 °C siedet. Mit Kaliumjodid entstehen mehrere Komplexsalze wie $K[PbJ_3] \cdot 2\,H_2O$, das dünne, blaßgelbe Nadeln bildet und aus Aceton auskristallisiert. Tränkt man mit dieser Acetonlösung Papier und läßt es im Vakuum über Phosphorpentoxid trocknen, so zeigt sich nur ein blaßgelber Ton. Spuren von Wasser scheiden Blei(II)-jodid ab und färben dadurch intensiv gelb (*empfindliches Reagens auf Wasser*).

Die Löslichkeitserniedrigung durch gleichnamige Ionen läßt sich an der wäßrigen Lösung von Blei(II)-jodid gut demonstrieren. Diese Lösung ist farblos, weil sie fast nur Pb^{2+}- und J^--Ionen enthält. Auf Zusatz von verdünnter Kaliumjodidlösung fällt Blei(II)-jodid in glänzend gelben Flitterchen aus, die zunächst wolkenartig in der Flüssigkeit schweben. Hier zwingt die Erhöhung der J^--Konzentration durch Überschreitung des Löslichkeitsproduktes die Blei-Ionen zur Bildung von Blei(II)-jodidkristallen. Ein Überschuß von Kaliumjodid wirkt dann weiterhin lösend durch Bildung von PbJ_3^--Ionen (W. A. ROTH).

Blei(IV)-verbindungen

Während bei Zinn die Oxydationsstufe $+4$ dem stabilen Endprodukt der Oxydation entspricht, trägt sie bei Blei einen unbeständigen Charakter und ist bestrebt, unter Entfaltung starker Oxydationswirkungen in die niedere Stufe $+2$ überzugehen.

Blei(IV)-oxid (Bleidioxid), PbO_2

Blei(IV)-oxid entsteht als unlöslicher Niederschlag bei der Elektrolyse von Bleisalzlösungen an der Anode, und zwar in saurer oder neutraler Lösung als Anhydrid, in alkalischer als kristallines Hydrat $PbO_2 \cdot H_2O$. Für die quantitative Analyse wichtig ist die elektrolytische Abscheidung von Blei(IV)-oxid aus warmer 5 ... 10 % freie Salpetersäure enthaltender Bleinitratlösung an einer mattierten Platinschale als Anode. Auf chemischem Wege erhält man das Oxid aus alkalischen Lösungen oder Suspensionen von Blei(II)-oxid durch Hypochlorite oder Hypobromite wie auch durch Schmelzen von Bleiglätte mit Kaliumchlorat und besonders leicht durch Erwärmen einer Bleiacetatlösung mit Bromwasser. Mennige und Calciumplumbat geben bei Zersetzung mit verdünnter Salpetersäure gleichfalls Blei(IV)-oxid.

Obwohl der Zerfall von Blei(IV)-oxid in Blei(II)-oxid

$$2\,PbO_2 \rightarrow 2\,PbO + O_2 \quad -28\,kcal$$

schwach endotherm verläuft, wirkt PbO_2 stark oxidierend. Es gibt schon bei etwa 40 °C Sauerstoff ab. Es entzündet sich beim Reiben mit rotem Phosphor oder Schwefel, glüht in Schwefeldioxid oder Schwefelwasserstoff auf, oxydiert unter Wasser salpetrige Säure zu Salpetersäure, oxydiert in verdünnt salpeter- und schwefelsaurer Aufschlämmung Mangan(II)-salze zur roten Permangansäure, macht aus angesäuerter Kaliumjodidlösung Jod frei und dient als oxydierender Zusatz zu den chlorathaltigen Köpfchen der Streichhölzer sowie in der Farbenchemie zum Oxydieren von Leukoverbindungen, wie Leukomalachitgrün, zu den Farbstoffen. Beim Erhitzen mit konzentrierter Schwefelsäure entsteht unter Sauerstoffentwicklung Bleisulfat. Wasserstoff wird schon bei 200 °C oxydiert, Wasserstoffperoxid wird in alkalischer oder neutraler Lösung unvollständig, in salpetersaurer Lösung quantitativ oxydiert nach:

$$PbO_2 + H_2O_2 + 2\,HNO_3 = Pb(NO_3)_2 + O_2 + 2\,H_2O$$

Nach dieser Reaktion läßt sich der Gehalt eines Blei(IV)-oxidpräparates bestimmen.

Blei(IV)-oxid ist kein Derivat des Wasserstoffperoxids, sondern enthält Blei in der Oxydationsstufe $+4$, denn mit Salzsäure entsteht nicht Wasserstoffperoxid, sondern Blei(IV)-chlorid
$PbCl_4$. Schließlich läßt die Kristallstruktur keine O_2-Gruppen erkennen, sondern die gleiche
Anordnung der Metall- und Sauerstoff-Ionen wie im Zinn(IV)-oxid und Rutil, TiO_2 (siehe
dort).

Bleiakkumulator

Das Potential PbO_2/Pb^{2+} beträgt 1,47 V, in schwefelsaurer Lösung erhöht es sich wegen
der geringen Pb^{2+}-Ionenkonzentration über dem schwerlöslichen Bleisulfat auf 1,68 V.
Durch Gegenüberstellung einer Bleidioxidplatte und einer Bleiplatte in verdünnter
Schwefelsäure steigt die Spannung zwischen den beiden Elektroden auf 2 V. Verbindet
man die beiden Platten miteinander durch einen Draht, so fließen Elektronen von der
Bleiplatte zur Bleidioxidplatte, weil einerseits die Bleiatome das Bestreben haben,
unter Abgabe von Elektronen in Pb^{2+}-Ionen überzugehen und andererseits das vierwertige Blei bestrebt ist, unter Aufnahme von Elektronen gleichfalls Pb^{2+}-Ionen zu
bilden. Die Bleiplatte wird zum negativen Pol, die Dioxidplatte zum positiven Pol
des Elements $Pb/H_2SO_4/PbO_2$. Auf beiden Elektroden geben die Pb^{2+}-Ionen mit den
SO_4^{2-}-Ionen der Lösung unlösliches Bleisulfat. Die Einzelvorgänge an den Elektroden
während des stromliefernden Vorgangs lassen sich folgendermaßen formulieren:

Bleiplatte (negativer Pol):	Pb	$\rightarrow$	$Pb^{2+} + 2\ominus$
	$Pb^{2+} + SO_4^{2-}$	$\rightarrow$	$PbSO_4$
Bleidioxidplatte (positiver Pol):	$PbO_2 + 4\,H^+ + 2\ominus$	$\rightarrow$	$Pb^{2+} + 2\,H_2O$
	$Pb^{2+} + SO_4^{2-}$	$\rightarrow$	$PbSO_4$

Für den Gesamtumsatz bei der Entladung ergibt sich:

$$Pb + PbO_2 + 2\,H_2SO_4 \overset{\text{Entladung}}{\underset{\text{Ladung}}{\rightleftharpoons}} 2\,PbSO_4 + 2\,H_2O$$

Da während der Entladung Schwefelsäure gebunden wird, verringert sich die Dichte
der Flüssigkeit. Man kann hieraus den Betrag der Umsetzung messen.

Durch Zuführung elektrischer Energie können die bei der Entladung verlaufenden
Vorgänge rückgängig gemacht werden. Dazu verbindet man die ursprüngliche Blei-
platte mit dem Minuspol, die ursprüngliche Bleidioxidplatte mit dem Pluspol einer Stromquelle. Beim Anlegen einer Spannung, die etwas über der Spannung des Akkumulators
liegt, werden in Umkehrung der oben genannten Gleichungen an der Kathode Pb^{2+}-
Ionen unter Aufnahme von Elektronen zu Bleiatomen reduziert, an der Anode Pb^{2+}-
Ionen zu vierwertigem Blei oxydiert, wobei unter Hydrolyse Bleidioxid gebildet wird.
Daher bedeckt sich beim Laden die Kathode mit schwammförmigem Blei, die Anode
mit Bleidioxid, und die Dichte der Flüssigkeit steigt infolge der Zunahme der Schwefel-
säurekonzentration.

Die bei der Ladung und Entladung an der Anode im einzelnen sich abspielenden Vorgänge
sind sicherlich noch komplizierter als es den Gleichungen entspricht. Nach DOLEZALEK beruht
die Bildung von Bleidioxid bei der Elektrolyse auf der anodischen Entladung von SO_4^{2-}-Ionen,
deren Rest mit dem Bleisulfat nach

$$PbSO_4 + SO_4 = Pb(SO_4)_2$$

Blei(IV)-sulfat gibt, das der Hydrolyse in Bleidioxid und Schwefelsäure unterliegt. Demgegen-
über sprechen Versuche von RIESENFELD (1933) dafür, daß bei der Aufladung zwischendurch
höherwertige basische Sulfate auftreten und daß als Endprodukt der Entladung ein basisches
Blei(II)-sulfat entsteht. Erst bei längerem Stehen des entladenen Akkumulators wandelt sich

dieses in normales Bleisulfat um und führt dann zu dem als „Sulfatisierung" bekannten Vorgang, der die Leistungsfähigkeit der Zelle herabsetzt.

Zur Herstellung der Akkumulatorplatten preßt man in ein gitterförmiges Bleigerüst einerseits schwammförmiges Blei und andererseits in eine ähnliche Platte Bleidioxid. Als Akkumulatorensäure dient eine sehr reine, vor allem eisenfreie 21%ige Schwefelsäure mit der Dichte 1,15 g/cm^3.

Das Aufladen des Bleiakkumulators ist nur möglich, weil die Elektrolyse der verdünnten Schwefelsäure (bzw. des Wassers), mit der reversiblen Zersetzungsspannung von 1,23 V durch die hohe Überspannung (s. S. 416) des Wasserstoffs und des Sauerstoffs an den Elektroden verzögert wird.

Mennige, Pb$_3$O$_4$

Mennige ist ein Doppeloxid, $2\,PbO \cdot PbO_2$, und seit alters als rote Farbe (minium) bekannt. Sie entsteht beim Erhitzen von Blei(II)-oxid mit Blei(IV)-oxid im Verhältnis 2 : 1, wird aber einfacher durch weitere Oxidation von Bleiglätte oder noch reiner aus Bleiweiß dargestellt durch Erhitzen im Luftstrom auf etwa 500 °C, bis die Masse den rein feurig roten Farbton zeigt. Aus geschmolzenem Salpeter kristallisiert die Mennige in kleinen Prismen mit der Dichte 9,08 g/cm^3. Oberhalb 500 °C verliert die Mennige Sauerstoff, bei 555 °C beträgt der Sauerstoffdruck 183 Torr, bei 636 °C 763 Torr. Durch verdünnte Salpeter- oder Schwefelsäure wird die Mennige in Blei(IV)-oxid und das betreffende Blei(II)-salz gespalten.

Mennige dient im Ölanstrich als wichtigste Rostschutzfarbe auf Eisen, weil sie dieses passiviert (siehe bei Eisen) und zugleich ein rasches Erhärten des Öls bewirkt, so daß sich über dem Metall eine schützende Decke bildet. Das gelbe Bleicyanamid wird für den gleichen Zweck verwendet.

Ein weiteres Bleioxid mit der angenäherten Zusammensetzung Pb$_2$O$_3$ bildet sich beim Abbau von Blei(IV)-oxid oder bei Oxidation von rotem Blei(II)-oxid unterhalb 320 °C.

Plumbate(IV)

Calciumorthoplumbat(IV), Ca$_2$PbO$_4$, entsteht aus Blei(II)-oxid und Calciumoxid beim Erhitzen an der Luft als bräunlich orangefarbenes Pulver, das durch verdünnte Säuren unter Abscheidung von Blei(IV)-oxid zerlegt wird. Beim Glühen entweicht Sauerstoff, und zwar bei 880 °C mit 47 Torr, bei 1000 °C mit 350 Torr, bei 1100 °C mit 940 Torr. Deshalb kann Calciumorthoplumbat(IV) zur Gewinnung von Sauerstoff aus der Luft dienen.

Kaliumhydroxoplumbat(IV), K$_2$[Pb(OH)$_6$], und das diesem analoge Natriumsalz werden durch Wasser in Alkalihydroxid und tiefbraunes, kolloides Blei(IV)-hydroxid gespalten. Am einfachsten gewinnt man die Alkaliplumbate durch anodische Auflösung von Blei in starker Kali- oder Natronlauge (G. Grube).

Mischt man die alkalischen Lösungen von Blei(II)- und -(IV)-oxid, so fällt bei mittlerer Alkalikonzentration ein Oxid mit der Zusammensetzung Pb$_2$O$_3 \cdot 3\,H_2$O und bei stärkerer Konzentration ein solches mit der Formel Pb$_3$O$_4$ aus.

Blei(IV)-chlorid (Bleitetrachlorid), PbCl$_4$, und Hexachloroplumbate(IV)

Blei(IV)-chlorid wird durch Eintragen von Ammoniumhexachloroplumbat(IV), (NH$_4$)$_2$[PbCl$_6$], in gekühlte konzentrierte Schwefelsäure dargestellt. Hierbei entweicht Chlorwasserstoff, und das Tetrachlorid scheidet sich als schwere, gelbe Flüssigkeitsschicht ab (Dichte 3,18 g/cm^3). Es ist dünnflüssig, erstarrt bei etwa —15 °C zu einer gelben, kristallinen Masse, raucht an feuchter Luft unter Zerfall in Chlor und Blei(II)-chlorid; bei 105 °C tritt Verpuffung ein. Kleine Mengen rauchender Salzsäure führen in der Kälte zur gelben, kristallinen Säure

H$_2$[PbCl$_6$], wenig eiskaltes Wasser liefert ein Hydrat, viel Wasser spaltet in Blei(IV)-oxid un Salzsäure.

Ammoniumhexachloroplumbat(IV), (NH$_4$)$_2$[PbCl$_6$], erhält man sehr leicht, wenn man Blei(II)- chlorid in rauchender Salzsäure suspendiert und unter Eiskühlung Chlor einleitet, bis eine intensiv gelbe Flüssigkeit entstanden ist. Aus dieser scheidet man mit Salmiak das Salz als zitronengelben Niederschlag ab, der aus glänzenden Oktaedern besteht, die mit (NH$_4$)$_2$[PtCl$_6$] isomorph sind. Entsprechend erhält man K$_2$[PbCl$_6$] und verschiedene Doppelsalze mit orga- nischen Basen.

In flüssigem Ammoniak gibt Ammoniumhexachloroplumbat(IV) Bleinitrilochlorid, PbNCl. Ähnlich reagieren bei Ammonolyse auch Zinn(IV)-chlorid, Germanium(IV)-chlorid und Siliciumtetrachlorid (R. SCHWARZ, 1932).

Weitere Blei(IV)-verbindungen

Blei(IV)-fluorid, PbF$_4$, wurde von v. WARTENBERG aus Blei(II)-fluorid im Fluorstrom über 250 °C erhalten. Es bildet weiße Kristalle, die schon durch Luftfeuchtigkeit in Blei(IV)-oxid und Fluorwasserstoff hydrolysiert werden.

Blei(IV)-sulfat, Pb(SO$_4$)$_2$, entsteht bei der Elektrolyse von 80%iger Schwefelsäure zwischen Bleielektroden an der Anode in Form von gelb- bis grünstichigen Kristallen, die durch Wasser zu Blei(IV)-oxid und freier Säure hydrolysiert werden.

Blei(IV)-acetat, Pb(CH$_3$CO$_2$)$_4$, entsteht nach K. A. HOFMANN am einfachsten aus Blei(IV)-oxid und Essigsäureanhydrid in glänzend weißen Prismen, die beim Erhitzen verpuffen und durch Wasser allmählich in analoger Weise wie das Blei(IV)-sulfat gespalten werden. Blei(IV)-acetat ist in vielen organischen Lösungsmitteln löslich und dient als Oxydationsmittel in der organischen Chemie zu Dehydrierungen, zur Substitution von —H gegen —OH und zur Addition von zwei Hydroxylgruppen an Doppelbindungen (O. DIMROTH, 1923, R. CRIEGEE, 1957).

Elemente der V. Hauptgruppe (Wismut)

Zur V. Hauptgruppe gehören Arsen, Antimon und Wismut. Arsen und Antimon wurden bereits bei den Nichtmetallen besprochen, weil sie neben der metallischen auch nicht- metallische Modifikationen besitzen. Beim Wismut ist keine nichtmetallische Modi- fikation bekannt. Seine Besprechung gehört daher an diese Stelle. Wie in der IV. Haupt- gruppe, so wird auch in der V. Hauptgruppe mit steigendem Atomgewicht die niedrigere Oxydationsstufe stabiler. Die Oxydation zur fünfwertigen Stufe gelingt beim Wismut nur mit sehr starken Oxydationsmitteln, und Wismut(V)-verbindungen wirken daher sehr energisch oxydierend.

Wismut, Bi

Atomgewicht	208,9806
Schmelzpunkt	271 °C
Siedepunkt	$\approx$ 1560 °C
Dichte bei 20 °C	9,78 g/cm^3
Spezifische Wärme	0,030 cal/g · grd

Vorkommen und Darstellung

Wismut findet sich gediegen in federartigen, gestrickten, häufiger derben Stücken, die bisweilen Arsen und Tellur enthalten, auf Kobalt- und Nickelerzgängen am Schneeberg und Annaberg in Sachsen und auch in Joachimstal (Böhmen). Das wichtigste Wismuterz ist *Wismutglanz*, Bi_2S_3. Die größten Vorkommen finden sich in Bolivien und Peru.

Zur Darstellung des Metalls röstet man die wismut-, nickel- und kobalthaltigen Erze, wodurch Schwefel und ein Teil des Arsens verflüchtigt werden, und schmilzt dann unter Zusatz von Kohle, Eisen und schlackenbildenden Zuschlägen ein. Hierbei entstehen zwei Schichten, von denen die spezifisch leichtere aus Kobalt- und Nickelarsenid, die spezifisch schwerere aus Wismut besteht, das leichter schmelzbar ist, deshalb länger flüssig bleibt und abgestochen wird. Das Rohwismut enthält noch Schwefel, Arsen, Antimon, Blei, Silber, Eisen, Nickel und Kobalt und wird durch Einschmelzen auf einer geneigten Eisenplatte abgeseigert, wobei die Beimengungen als schwerer flüssiges Gekrätze zurückbleiben. Zur weiteren Reinigung schmilzt man mit Soda und etwas Salpeter oder wenig Schwefel, um Arsen und Antimon zu verschlacken. Auch durch elektrolytische Raffination über ein Bad aus einer salzsauren Wismutchloridlösung kann das Rohwismut gereinigt werden.

Die Welterzeugung an Wismut betrug 1957 etwa 2200 t.

Eigenschaften

Geschmolzenes Wismut hat auffallenderweise eine höhere Dichte als das feste Metall, nämlich 10,055 g/ml in der Nähe des Erstarrungspunktes. Beim Festwerden dehnt sich das Metall so stark aus, daß Glasröhren oder Glaskugeln dadurch zersprengt werden. Läßt man geschmolzenes Wismut in einem engen Porzellantiegel erstarren, so quillt schließlich durch die bereits fest gewordene Decke flüssiges Metall hervor.

Eine Volumenabnahme beim Schmelzen wurde außer bei Wismut noch bei Gallium, Germanium (KLEMM, 1950) und Silicium (v. WARTENBERG, 1949) festgestellt. Dieses Verhalten ist eine Besonderheit dieser Halbmetalle (siehe S. 411).

Wismut ist ein rötlich silberweißes Metall mit grobkristalliner Struktur. Es ist spröde und läßt sich pulvern. Die elektrische Leitfähigkeit bei niederen Temperaturen nimmt unter der Einwirkung eines Magnets stark ab (Messung der magnetischen Feldstärke nach LENARD).

Man erhält das Metall in würfelähnlichen Rhomboedern, wenn man die Schmelze in einer völlig trockenen, runden Holzbüchse langsam erkalten läßt und das nur noch in der Mitte flüssig gebliebene Metall abgießt. Man findet dann die napfförmige Vertiefung mit treppenartig übereinander aufgebauten Kristallen bedeckt.

An trockener Luft ist Wismut beständig, an feuchter Luft wird es nur oberflächlich oxydiert. Beim starken Erhitzen an der Luft verbrennt Wismut mit schwach bläulichweißer Flamme zu einem braungelben Rauch von Wismutoxid. Salzsäure greift nicht an, Salpetersäure oder Chlor wirken lebhaft ein.

Verwendung

Wismut dient zur Herstellung leicht schmelzbarer Legierungen, unter denen das bei 94 °C schmelzende Rosesche Metall aus 2 Teilen Wismut, 1 Teil Blei und 1 Teil Zinn besteht. Die bei 70 °C schmelzende Woodsche Legierung enthält 7...8 Teile Wismut, 4 Teile Blei, 2 Teile Zinn und 1...2 Teile Cadmium. Das Eutektikum liegt bei 15 Teilen Wismut, 8 Teilen Blei, 4 Teilen Zinn und 4 Teilen Cadmium, der Schmelzp. bei 60 °C. Diese schon in heißem Wasser schmelzenden Legierungen dienen für Sicherungen von elektrischen Leitungen, die höher schmelzenden Legierungen auch für Sicherheitsringe an Dampfkesseln.

Für Klischees verwendet man gelegentlich eine Blei-Zinn-Antimonlegierung mit 7 ... 15 %
Wismut, die infolge der Ausdehnung beim Erstarren auch die feineren Konturen der Unterlage
scharf wiedergibt.

Wismutverbindungen

Wismut(III)-verbindungen

Wismut(III)-oxid, Bi_2O_3, und Wismut(III)-hydroxid, $Bi(OH)_3$

Wismut(III)-oxid kommt als Wismutocker in der Natur vor und wird durch Verbrennen von
Wismut an der Luft oder durch Glühen des basischen Nitrats hergestellt. Es schmilzt bei 820 °C
und greift ähnlich wie das Blei(II)-oxid Schmelztiegel und andere Silicate stark an. Kohle oder
Wasserstoff reduzieren Wismut(III)-oxid bei beginnender Glut zum Metall. Mit dem Sulfid
erfolgt schon bei verhältnismäßig niederer Temperatur ein dem Bleigewinnungsprozeß
ähnlicher Umsatz nach

$$2\,Bi_2O_3 + Bi_2S_3 = 6\,Bi + 3\,SO_2$$

Wismut(III)-hydroxid wird aus Wismutsalzen durch Ammoniak oder Alkalien als weißer
Niederschlag gefällt, der sich vom Bleihydroxid dadurch unterscheidet, daß er in überschüssiger
Alkalilauge kaum löslich ist. Bei 100 °C bleibt das wasserärmere Hydroxid BiO(OH) zurück.
In alkalischer Tartratlösung wird das Hydroxid von Traubenzucker zu dunklem Metall
reduziert (*Nylanders Reagens*). In gleichem Sinne wirkt alkalische Hydroxostannat(II)-lösung.

Wismut(III)-nitrat, $Bi(NO_3)_3 \cdot 5\,H_2O$

Wismut(III)-nitrat kristallisiert aus der eingeengten Lösung von Wismut in warmer 20%iger
Salpetersäure in großen, farblosen, triklinen Prismen, die sich in stark salpetersaurem Wasser
leicht auflösen, durch reines Wasser aber in das schwer lösliche, glänzend weiße Flitter bildende
basische Nitrat, *Wismutoxidnitrat*, BiONO_3, zersetzt werden. Unter dem Namen Bismutum
subnitricum (Magisterium Bismuti) dient dieses Präparat seit langer Zeit als gelindes Darm-
desinfiziens sowie in der Wund- und Hautbehandlung. In der Dermatologie hat sich auch das
basisch gallussaure Wismut, Bismutum subgallicum, unter dem Namen *Dermatol* eingeführt.
Auch als Antisyphilitika werden Wismutverbindungen gebraucht.

Im Vergleich zu den Arsen- oder Antimonverbindungen erscheint das Wismut ungefährlich.
Jedenfalls können mehrere Gramm eines Wismutpräparates ohne Schaden vertragen werden.

Wismutnitrat ist isomorph mit den Nitraten der Seltenen Erden. Auch das Oxalat ist in verdünnten Säuren fast unlöslich.

Wismut(III)-chlorid, $BiCl_3$, und Wismut(III)-jodid, BiJ_3

Wismut(III)-chlorid läßt sich am besten aus dem Metall im Chlorstrom darstellen. Es ist eine
weiße kristalline Masse, Schmelzp. 230 °C, Siedep. 447 °C, die mit wenig Wasser ein kristallisiertes
Hydrat, $BiCl_3 \cdot H_2O$, bildet, das man auch aus den salzsauren Lösungen von Wismutoxid oder
von Wismut in Königswasser beim Abdampfen erhält. Viel Wasser hydrolysiert Wismut(III)-
chlorid zu dem weißen, kristallinen Wismutoxidchlorid, BiOCl, das wegen seiner äußerst
geringen Löslichkeit zur Trennung des Wismuts vom Kupfer und Quecksilber dient.

Wismut(III)-jodid sublimiert aus einem Gemisch von Wismutpulver und Jod beim Erhitzen
im trockenen Kohlendioxidstrom in Form metallglänzender, jodähnlicher Blätter. Nach
BIRCKENBACH erhält man aus der mit Jod gesättigten, salzsauren Lösung von Zinn(II)-chlorid
und Wismut(III)-oxid metallisch glänzende, schwarzgrau gefärbte, hexagonal rhomboedrische
Kristalle von Wismut(III)-jodid. Durch Hydrolyse entsteht das ziegelrote *Wismutoxidjodid*,
BiOJ, das sich zur qualitativen und quantitativen Bestimmung von Wismut eignet. Hierfür
gibt man zu der möglichst schwach salpetersauren, verdünnten Wismutnitratlösung Kalium-
jodid, worauf zuerst schwarzes Wismut(III)-jodid, dann gelb gelöstes Kaliumtetrajodobismutat,
KBiJ_4, und beim Kochen mit viel Wasser das lösliche Oxidjodid entsteht.

Durch Ammonium- oder Bariumtetrajodobismutat werden zahlreiche Alkaloide gefällt.

Wismut(III)-sulfid, Bi_2S_3

Wismut(III)-sulfid kommt als Wismutglanz in stahlgrauen, glänzenden Prismen vor und läßt sich aus Wismut durch Zusammenschmelzen mit Schwefel oder durch Fällen mäßig saurer Wismutsalzlösungen durch Schwefelwasserstoff darstellen. Beim Zusammenschmelzen mit Alkalisulfiden entstehen lebhaft metallisch glänzende Thiosalze, wie $KBiS_2$ und $NaBiS_2$.

Wismut(V)-verbindungen

Kaliummetabismutat(V), $KBiO_3 \cdot$ aq., wird durch Oxydation von Wismut(III)-oxid mit überschüssigem Brom in siedender konzentrierter Kalilauge als violetter bis roter Niederschlag erhalten. Leichter erhält man das *Natriumtetraoxobismutat(V)*, Na_3BiO_4, ganz rein durch Erhitzen von Wismut(III)-oxid mit Natriumoxid an der Luft bei 650 °C (E. ZINTL, 1940).

Auch noch alkalireichere Verbindungen, wie das gelbstichige *Lithiumpentaoxobismutat(V)*, Li_5BiO_5, und das farblose *Lithiumhexaoxobismutat(V)*, Li_7BiO_6, sind erhältlich (R. SCHOLDER, 1958).

Beim Behandeln von Kaliummetabismutat(V) mit konzentrierter Salpetersäure in der Kälte entsteht vorübergehend das instabile, rote *Wismut(V)-oxid*, $Bi_2O_5 \cdot$ aq. Dieses gibt bei längerer Einwirkung der Säure Sauerstoff ab und geht schließlich in orangefarbenes *Wismutdioxid*, $BiO_2 \cdot$ aq., über, in dem vermutlich nebeneinander drei- und fünfwertiges Wismut vorliegen (R. SCHOLDER, 1941).

Die Fünfwertigkeit des Wismuts wird durch Darstellung des *Wismut(V)-fluorids*, BiF_5, aus Wismut(III)-fluorid im Fluorstrom bestätigt. Wismut(V)-fluorid bildet farblose Kristalle, die bei 550 °C sublimieren und an feuchter Luft Wismut(V)-oxid bilden (v. WARTENBERG, 1940).

Aus Wismut(V)-oxid gewann O. RUFF mittels Flußsäure und Kaliumfluorid das kristallisierte farblose Doppelfluorid $K(BiOF_4)$. Die Fluoridlösung oxydiert Salzsäure zu Chlor sowie Mn^{2+} zu MnO_4^- und gibt mit überschüssiger, kalter, verdünnter Natronlauge fast reines Natriumbismutat.

Wismutwasserstoff, BiH_3

Wie Arsen und Antimon bildet auch Wismut ein flüchtiges Hydrid, BiH_3, das zuerst von F. PANETH durch Einwirkung von konzentrierter Salzsäure auf eine Magnesium-Wismutlegierung nachgewiesen wurde. Es wird bequemer durch Reduktion von Wismut(III)-chlorid oder Wismut(III)-bromid mit Lithiumalanat hergestellt. Das Gas zerfällt bereits bei Raumtemperatur.

Calciumoxid wird durch Spuren von Wismut befähigt, am Rand einer Wasserstoffflamme mit kornblumenblauem Licht aufzuleuchten (DONAU). Hält man ein Stückchen Calciumcarbonat an einer Platinschlinge in die Flamme des nach dem Versuch nach PANETH entwickelten wismutwasserstoffhaltigen Gases, so tritt dieses kornblumenblaue Leuchten auf. Antimon erzeugt unter denselben Bedingungen eine himmelblaue Lumineszenz.

Elemente der I. Nebengruppe (Kupfer, Silber, Gold)

Diese drei Metalle haben bei voll aufgefülltem d-Niveau noch ein s-Valenzelektron und können darum alle positiv einwertig auftreten. Außerdem sind bei Kupfer noch die Kupfer(II)-verbindungen, bei Gold die Gold(III)-verbindungen beständig. Unter besonderen Umständen können auch die Oxydationsstufen $+ 3$ bei Kupfer sowie $+ 2$

und + 3 bei Silber erreicht werden. Das Auftreten höherer Oxydationsstufen bei diesen Elementen der ersten Gruppe ist darauf zurückzuführen, daß die letzten Elektronen des d-Niveaus noch nicht sehr fest gebunden sind.

Kupfer, Cu

Atomgewicht	63,54
Schmelzpunkt (Temperaturfixpunkt)	1083 °C
Siedepunkt	2595 °C
Dichte	8,92 g/cm^3
Spezifische Wärme	0,0915 cal/g · grd

Der Name Kupfer stammt von der römischen Benennung aes cyprium (nach der Insel Cypern), von der viel Kupfer geholt wurde. Später vereinfachte man die Bezeichnung in Cuprum.

Geschichtliches

Kein anderes Metall hat in der kulturgeschichtlichen Enwicklung des Menschen eine so große Rolle gespielt wie das Kupfer. Zunächst dienten die früher jedenfalls reichlicheren Funde des gediegenen Metalls dem Menschen der Steinzeit, um sich durch Aushämmern Geräte und Waffen herzustellen, die den aus Feuerstein und Knochen hervorgegangenen überlegen waren. Weiterhin bot auch die Darstellung von Kupfer aus seinen Erzen, besonders den oxidischen, durch Glühen mit Holzkohle keine besonderen Schwierigkeiten. So findet man in Chaldäa schon kupferne Gegenstände aus dem vierten Jahrtausend v. Chr. In Griechenland und Ägypten war vom Jahre 3000 bis 2500 v. Chr. nur das Kupfer als Werkmetall im Gebrauch, dann folgte (in Griechenland bis ungefähr zum Jahre 1000) die Bronze, danach das Eisen, während in Ägypten das Eisen schon um 1500 auftrat. Die Japaner besaßen noch um das Jahr 1700 n. Chr. im wesentlichen eine Kupfertechnik.

Einen großen Fortschritt gegenüber der Verwendung reinen Kupfers bedeutete die vom Osten aus erfolgte Einführung der Bronze, einer Legierung aus etwa 94 % Kupfer und 6 % Zinn, die härter als das Kupfer selbst und in Formen gießbar ist. Lagerstätten von Kupfer- und Zinnerzen hatten die Etrusker nahe beieinander, auch in Cornwall kommen Erzlager vor, die sowohl Kupferkies als auch Zinnstein enthalten.

Nach B. W. HOLMAN ist in Transvaal schon in sehr frühen Zeiten Bronze hergestellt worden, und zwar nach der Größe der Schlackenhaufen zu urteilen, in so bedeutenden Mengen, daß man annimmt, von dort aus sei auf dem Wege der Küstenschiffahrt der Bronzebedarf der alten Kulturländer wenigstens teilweise gedeckt worden.

Die Bronze (χαλκός) war das Material für die Waffen der homerischen Helden und der Römer zur Zeit des Königstums und blieb bei den gallischen und britannischen Keltenstämmen noch weit länger im Gebrauch. Dann traten Bronze und Kupfer hinter dem Eisen zurück, bis gegen Ende des vergangenen Jahrhunderts die aufstrebende Elektrotechnik neuerdings große Mengen Kupfer verlangte.

Vorkommen

Als Metall findet sich Kupfer in regulär kristallisierten Stücken, z. B. bei Schmöllnitz in Ungarn, in Cornwall, am Ural, in den Gruben von Falun (Schweden) sowie in besonders großen Mengen am Oberen See und in Neu-Mexiko.

Die beiden wichtigsten und verbreitetsten Kupfererze sind der *Kupferkies* (*Chalkopyrit*), $CuFeS_2$, und der *Kupferglanz*, Cu_2S, die meist von anderen sulfidischen Erzen des Eisen, Zink, Blei und Antimon sowie Arsen begleitet werden und oft auch silber- und goldhaltig sind. Der Kupfergehalt der geförderten Erze beträgt im Durchschnitt nur 2 ... 4 %. Seltener findet sich ein anderes Kupfer-Eisensulfid, das *Buntkupfererz*, Cu_5FeS_4. · Von Bedeutung sind ferner noch die oxidischen Minerale *Cuprit*, Cu_2O, *Malachit*, $CuCO_3 \cdot Cu(OH)_2$, und *Kupferlasur*, $2 CuCO_3 \cdot Cu(OH)_2$. Als basisches Chlorid findet sich Kupfer gelegentlich als *Atakamit*, $Cu_2(OH)_3Cl$.

Die Hauptfundorte für Kupfererze liegen in den Vereinigten Staaten, Chile, Kanada, Rhodesien und im Katangagebiet. In Deutschland findet sich bei Mansfeld ein 2 ... 2,5 % Kupfer enthaltender *Tonschiefer* (*Kupferschiefer*).

Weit verbreitet finden sich kleine Mengen Kupfer in vielen Gesteinen. Kupfer kommt auch in den meisten Pflanzen und im tierischen Organismus vor. Das Brot enthält etwa 0,004 g, die Kartoffel 0,002 g Kupfer pro 1 kg.

Darstellung

Sulfidische Kupfererze mit über 2 % Kupfer werden auf trockenem Wege zu Rohkupfer verarbeitet, während bei kupferärmeren und oxidischen Erzen und bei den kupferhaltigen Kiesabbränden die Gewinnung meist nach nassen Verfahren durchgeführt wird.

Verhüttung

Zunächst werden die durch Aufbereitung angereicherten Erze unvollständig abgeröstet, wobei zuerst überwiegend die begleitenden Metallsulfide oxidiert werden. Nach dem Abrösten muß noch genügend Schwefel in dem Röstgut vorhanden sein, um beim nachfolgenden reduzierenden Schmelzen im Schacht- oder Flammofen alles Kupfer als Kupfer(I)-sulfid, Cu_2S, und einen Teil des Eisens als Eisen(II)-sulfid, FeS, im „Rohstein" zu binden. Die Hauptmenge des Eisens wird als Eisensilicatschlacke abgezogen. Der Rohstein mit 40 ... 50 % Kupfer wird heute fast nur noch im Bessemer-Konverter (Bessemer-Birne, siehe bei Eisen) weiterverarbeitet. Hierbei wird durch eingeblasene Luft Eisen(II)-sulfid zu Eisen(II)-oxid oxidiert, das mit sauren Zuschlägen zu Eisensilicat verschlackt. In der anschließenden Periode spielen sich im Konverter die folgenden Reaktionen ab:

$$2 Cu_2S + 3 O_2 = 2 Cu_2O + 2 SO_2 + 186 \text{ kcal}$$
$$2 Cu_2O + Cu_2S = 6 Cu + SO_2 - 38 \text{ kcal}$$

Das erhaltene *Schwarzkupfer* mit 94 ... 97 % Kupfer ist noch durch Eisen, Zink, Blei, Arsen und Schwefel verunreinigt und wird nochmals mit schlackenbildenden Zuschlägen oxidierend und dann reduzierend zum *Garkupfer* (*Anodenkupfer*) mit 99 % Kupfer geschmolzen, das dann meist noch elektrolytisch raffiniert wird (siehe unten).

Bei den *nassen Verfahren* werden die Erze bzw. Kiesabbrände mit Wasser oder verdünnter Schwefelsäure unter Luftzutritt ausgelaugt, wobei zunächst Eisen(III)-sulfatlösungen entstehen, die das Kupfer als Sulfat lösen. Durch Eisenschrott scheidet man aus den Laugen metallisches Kupfer (*Zementkupfer*) ab.

Elektrolytische Raffination

Da schon geringe Beimengungen an anderen Metallen die elektrische Leitfähigkeit des Kupfers und damit seine wesentlichste Verwendung in der Elektrotechnik ungünstig beeinflussen, wird das Kupfer elektrolytisch raffiniert. Hierzu dienen Anoden aus schon vorraffiniertem

Kupfer mit nur geringen Mengen von Silber, Gold, Antimon, Arsen und Eisen in einem Elektrolyten, der 12 . . . 20 % Kupfersulfat und 4 . . . 10 % freie Schwefelsäure enthält. Bei der Elektrolyse geht Kupfer anodisch in Lösung und scheidet sich auf den Kathoden, die aus dünnem Kupferblech bestehen, als hochroter Niederschlag ab. Die im Anodenkupfer noch enthaltenen unedlen Metalle, wie Eisen und Zink, gehen gleichfalls in Lösung, werden aber in der sauren Lösung nicht kathodisch abgeschieden. Die Edelmetalle fallen als Anodenschlamm aus. Um einen reinen und festhaftenden Kupferniederschlag zu erhalten, benötigt man nur kleine Stromdichten von etwa 0,02 A/cm². Die Spannung beträgt nur etwa 0,2 V, weil sie nur den Widerstand des Bades zu überwinden braucht. Das Elektrolytkupfer enthält 99,94 % Kupfer.

Die Weltproduktion an Kupfer betrug 1958 3,4 Millionen t.

Eigenschaften und Verwendung

Physiologische Bedeutung

Im Blut der meerbewohnenden Mollusken spielt das kupferhaltige Hämocyanin dieselbe Rolle wie das eisenhaltige Hämoglobin in dem der Wirbeltiere. In den roten Flügelfedern der Turakos findet sich ein kupferhaltiger Farbstoff, das Turacin.

Oral eingenommene Kupferverbindungen, insbesondere der von Laien gefürchtete Grünspan, erweisen sich für den Menschen als ziemlich harmlos, denn es können z. B. in Form von Kupfersulfat von einem erwachsenen Menschen täglich 100 mg Kupfer ohne Schaden genossen werden. Größere Mengen wirken brechenerregend, ohne die gefährlichen Erkrankungen hervorzurufen, wie sie viele andere Schwermetalle, z. B. Blei oder Quecksilber, verursachen. Insbesondere wies L. Lewin nach, daß bei Arbeitern, die dauernd mit Kupfer zu tun haben, keine Störungen, wie sie etwa das Blei hervorruft, vorkommen, obwohl sich bei diesen Arbeitern das in den Körper gelangte Kupfer bisweilen in Form eines grünen Farbstoffes in den Kopfhaaren ausscheidet. Der menschliche Organismus ist durch den jahrtausendelangen Gebrauch kupferner Geräte an dieses Gift gewöhnt worden. Dagegen sind manche niedere Organismen sehr empfindlich gegen Kupferverbindungen. So sterben die Keime von Typhus, Ruhr, Cholera sowie viele Fäulnisinfusorien und manche Algen in kupfernen Gefäßen schnell ab, weil kleine Mengen von Cu^{2+}-Ionen durch den Luftsauerstoff in Gegenwart von Wasser gelöst werden. In kupfernen Vasen halten sich deshalb Blumensträuße besser als in gläsernen. Eine ausgeglühte oder blankgeriebene Kupfermünze wirkt in demselben Sinne.

In der Landwirtschaft beizt man das Saatgut mit einer 0,5%igen Kupfersulfatlösung, um die Sporen des Getreidebrandes Tilletia caries und Tilletia laevis unschädlich zu machen. Gegen die Peronospora infestans auf den Kartoffelblättern und gegen die Peronospora viticola auf den Weinblättern spritzt man eine dünne Mischung von Kupfersulfatlösung und Kalkmilch auf die grünen Pflanzenteile. Holz schützt man gegen den Hausschwamm durch Tränken mit Kupfersulfatlösung.

Bei jungen Weizen-, Erbsen-, Lattich- und Bohnenpflanzen wird das Wachstum der Wurzeln durch Zugabe von 0,2 mg Kupfersulfat auf 1 l Wasser außerordentlich gefördert.

Physikalische Eigenschaften

Reines Kupfer ist auf frischem Bruch rosa bis gelbrot. Enthält das Metall Kupfer(I)-oxid gelöst, so geht die Farbe mehr ins Purpurrote über. Hellglühendes, geschmolzenes Kupfer leuchtet mit blaugrünem Licht. Kupfer ist ein ziemlich hartes, dabei sehr zähes und dehnbares Metall, so daß es sich zu sehr dünnen Blättern ausstrecken und zu feinem Draht ausziehen läßt. Die Zugfestigkeit von reinem Kupferdraht beträgt 40 kp für 1 mm² Querschnitt. Kleine Beimengungen von Arsen, Antimon und Silicium erhöhen die Festigkeit, vermindern aber die elektrische Leitfähigkeit. Wegen seiner Zähfestigkeit eignet sich Kupfer wie kein anderes Metall zu Dichtungen für hohe Drucke, z. B. zu Verschlüssen von Autoklaven oder zu Führungsringen an Geschossen.

Das relative Wärmeleitungsvermögen (Silber = 100) ist für Kupfer = 94, für Eisen = 21, für Neusilber = 6. Deshalb verwendet man am besten kupferne Rohre, um in Lokomotiven die Wärme der Feuerung auf das Kesselwasser zu übertragen. Aus demselben Grunde fertigt man Kühlschlangen, Waschkessel und Braupfannen aus Kupfer.

Hinsichtlich der elektrischen Leitfähigkeit steht Kupfer neben Silber an der Spitze aller Metalle. Der Widerstand eines Drahtes von 1 mm² Querschnitt und 100 cm Länge beträgt bei 20 °C für Kupfer 0,0155 Ω, für Silber 0,0149 Ω, für Aluminium 0,024 Ω, für Wolfram 0,05 Ω, für Eisen 0,09 Ω, für Platin 0,1 Ω und für Chromnickel (80 % Nickel) 1,1 Ω. Deshalb kann Kupfer für elektrotechnische Zwecke durch kein anderes Metall, abgesehen vom teureren Silber, vollwertig ersetzt werden. Nur bei elektrischen Außenleitungen kann das Aluminium an seine Stelle treten, da Aluminiumdraht trotz größeren Querschnitts leichter gehalten werden kann.

Zum Dachdecken dient Kupferblech besonders wegen des schön hellgraugrünen Überzugs von basischem Kupfercarbonat (Patina), der sich allmählich bildet und das Metall vor weiterer Zerstörung schützt.

Kupferlegierungen

In sehr großem Maße dient Kupfer zur Herstellung von Legierungen. Unter diesen sind am wichtigsten die Legierungen mit Zinn, die die schon im Altertum verwendeten Bronzen ergeben, mit Zink, die als Messing bezeichnet werden und ferner die Legierungen mit Aluminium und mit Nickel.

Bronzen

Beim Schmelzen absorbiert Kupfer verschiedene Gase, wie Wasserstoff, Kohlenmonoxid und Schwefeldioxid, und gibt sie beim Erkalten unter „Spratzen" wieder ab, so daß es sich für den Guß nicht eignet. Durch Zugabe von Zinn wird dieser Nachteil beseitigt und das Metall zugleich härter und fester, allerdings auch weniger geschmeidig. Die alten Bronzen enthielten meist weniger als 6 % Zinn und waren deshalb noch schmiedbar. Die bis zur Einführung der Gußstahlrohre für Kanonenläufe verwendete Geschützbronze enthielt 88 % Kupfer, 10 % Zinn und 2 % Zink; in der Glockenbronze steigt der Zinngehalt bis zu 25 %. Die modernen Kunstbronzen enthalten neben 4 ... 8 % Zinn noch etwas Zink und Blei, wodurch die Gießbarkeit und Bearbeitungsfähigkeit erhöht werden. In den deutschen Kupfermünzen waren bis 1916 95 % Kupfer, 4 % Zinn und 1 % Zink enthalten. Die Phosphorbronzen für besonders zähfeste Maschinenteile bestehen aus etwa 91 % Kupfer, 9 % Zinn und Spuren Phosphor, der die Bildung von Kupfer(I)-oxid und Zinnoxid im Guß verhindert und so die Dichte und Festigkeit erhöht.

Für elektrische Leitungen, die auch gegen mechanische Einwirkungen widerstandsfähig sein müssen, wie z. B. für die Zuführungsdrähte und Schleifkontakte der Straßenbahnen, setzt man den Bronzen beim Umschmelzen Kupfersilicium mit 30 % Siliciumgehalt zu, so daß die Legierung ungefähr 1 ... 2 % Silicium enthält. Durch diesen Zusatz wird die elektrische Leitfähigkeit wenig vermindert, die Festigkeit und Härte aber bedeutend gesteigert.

Messing[1])

Lange bevor man metallisches Zink isolieren konnte, kannte man schon seine Legierungen mit dem Kupfer und stellte aus dem Aurichalcit (der Messingblüte), einem natürlichen Gemenge von basischem Kupfer- und Zinkcarbonat, Messing dar. Später fand man, daß durch Zusatz von Galmei zu den Kupfererzen die Veredlung des Metalls bewirkt wird. In der Praxis unterscheidet man Rot-, Gelb- und Weißguß.

---

[1]) Siehe hierzu auch das Kapitel „Legierungen".

Der rötlich, goldähnliche, sehr dehnbare und widerstandsfähige *Rotguß*, auch *Rotmessing* ode *Tombak* genannt, enthält 80 und mehr Prozent Kupfer neben Zink und Zinn. Der *Gelbguß* mi 30 ... 35 % Zink dient besonders für Maschinenteile, wobei ein Zusatz von Zinn die Härte un Politurfähigkeit, ein Zusatz von Eisen die Schmiedbarkeit, Festigkeit und Zähigkeit erhöh (Muntzmetall). Duranametall besteht aus Kupfer, Zinn, Aluminium, Eisen, Antimon un Cadmium. Es vereinigt die wertvollen Eigenschaften des Eisens mit einer großen Widerstands fähigkeit gegen Rostbildung. *Weißguß* enthält 50 ... 80 % Zink, ist blaßgelb, spröde und kan nur gegossen werden. *Talmi* ist vergoldetes Tombak. Unechtes Blattgold sowie Bronzefarb sind ausgehämmertes Tombak. Cuivre poli ist zinnhaltiges Messing.

Aluminiumbronzen enthalten 5 ... 10 % Aluminium neben Kupfer; sie sind fest und har wie Bronzen, dabei zähe wie Messing und stehen der Farbe nach Gold am nächsten. Sie dienen u. a. zur Anfertigung von Waagebalken.

Mit Nickel liefert Kupfer sehr zähe, weiße Legierungen, aus denen z. B. Münzen zu 1 DM und 50 Pf hergestellt werden. Die Legierung enthält 25 % Nickel und 75 % Kupfer. *Monelmetall* enthält 70 % Nickel und 30 % Kupfer. *Neusilber (Alpaka)* ist ein Messing mit 10 ... 25 % Nickel, wodurch die Härte, Polierbarkeit und chemische Widerstandsfähigkeit erhöht werden. Ähnlich zusammengesetzt sind *Konstantan* und *Nickelin*, die wegen ihres hohen elektrischen Leitungswiderstandes für Widerstände dienen. Ein Zusatz von Mangan erhöht den Widerstand und hält ihn in Temperaturgrenzen von 10 ... 30 °C konstant. Außerdem dient Mangan meist zusammen mit Eisen und Nickel dazu, den Kupferlegierungen eine höhere Festigkeit und Zähigkeit zu verleihen *(Manganin)*.

Legierungen mit etwa 70 % Kupfer, 30 % Mangan sind paramagnetisch, erlangen aber ferromagnetische Eigenschaften, wenn man Aluminium, Zinn, Wismut, Antimon, Arsen oder Bor zufügt. Die am stärksten ferromagnetischen *Heuslerschen Legierungen* erhält man aus Kupfer, Mangan und Aluminium, z. B. 59 % Cu, 26,5 % Mn und 14,4 % Al. Sie erreichen bis zu $^2/_3$ der Magnetisierung von Gußeisen und zeigen eine geringe Hysteresis. Ihre Umwandlungspunkte liegen zwischen 60 und 310 °C.

Chemisches Verhalten

Zwar kann Kupfer Wasserstoff-Ionen nicht entladen, da sein Potential um 0,34 V edler ist als das des Wasserstoffs (siehe S. 416), doch löst es sich bei Luftzutritt in verdünnten Säuren allmählich zu Kupfer(II)-salzen, desgleichen in verdünntem Ammoniak zu Kupfer(II)-tetramminhydroxid, $[Cu(NH_3)_4](OH)_2$, unter gleichzeitiger teilweiser Oxydation des Ammoniaks zu Nitrit. Auch bedeckt sich Kupferblech an feuchter Luft allmählich mit basischem Kupfer(II)-carbonat (Patina). Salpetersäure löst auch im verdünnten Zustand Kupfer zu Kupfer(II)-nitrat unter Entwicklung von Stickoxid (siehe dort). Heiße konzentrierte Schwefelsäure liefert Kupfer(II)-sulfat neben Schwefeldioxid, wobei zwischendurch Kupfer(I)-sulfid, Cu_2S, auftritt.

Beim Erhitzen in Sauerstoff oxidiert sich Kupfer zu Kupfer(II)-oxid [1]. Auch mit den Halogenen, Schwefel und Phosphor verbindet sich Kupfer leicht, nicht dagegen unmittelbar mit Stickstoff und Kohlenstoff.

Verbindungen des Kupfers

Kupfer bildet Kupfer(I)-verbindungen und Kupfer(II)-verbindungen. Bei den letzteren sind die Verbindungen mit Sauerstoffsäuren oder kleinen Halogen-Ionen (F^-, Cl^-)

---

[1] Wegen der Fähigkeit dieses dem edlen Gold äußerlich nicht unähnlichen Metalls, leicht Verbindungen einzugehen und wieder zu lösen, nannten die Alchemisten das Kupfer meretrix metallorum, das heißt „die Hure unter den Metallen".

beständig, bei den Kupfer(I)-verbindungen diejenigen mit den großen, leicht deformierbaren Anionen, wie J⁻, CN⁻, CNS⁻, S²⁻. Außerdem sind einige Kupfer(III)-verbindungen bekannt, die wenig beständig sind und stark oxydierend wirken

Kupfer(II)-verbindungen

Kupfer(II)-oxid, CuO

Kupfer(II)-oxid (Kupferoxid) entsteht als schwarzes Pulver beim Glühen des Hydroxids, Carbonats, Nitrats und Sulfats sowie aus dem Metall beim Erhitzen an der Luft:

$$2\,Cu + O_2 = 2\,CuO + 2 \cdot 37\,kcal$$

Diese Oxidbildung verläuft demnach im Vergleich zur Bildung anderer Metalloxide unter nur mäßiger Wärmeentwicklung, so daß der Sauerstoff leicht an oxydierbare Substanzen abgegeben wird. Hiervon macht man zur Bestimmung von Kohlenstoff, Wasserstoff und Stickstoff in der organischen Elementaranalyse Gebrauch, indem man die betreffenden Substanzen, mit Kupfer(II)-oxid gemischt, glüht, wobei Kohlendioxid, Wasser und Stickstoff entweichen.

Um die leichte Oxydierbarkeit des Kupfers und die schnelle Reduzierbarkeit des Oxids zu zeigen, hält man eine Rolle aus Kupferdrahtnetz in den äußeren, Luft enthaltenden Teil einer entleuchteten, großen Bunsenbrennerflamme. Alsbald läuft das Metall mit bunten Farben an und bedeckt sich dann mit einer dunklen Schicht des Oxids. Führt man danach die Rolle in die innere, schwach leuchtend gestellte Flamme ein, so erscheint das rote Kupfermetall wieder, und durch Eintauchen in ein Reagensglas, an dessen Boden sich etwas Methylalkohol in Asbest aufgesaugt befindet, wird die Rolle sogleich zu hellrotem blankem Metall reduziert.

Die niedrigste Temperatur, bei der Wasserstoff vom Kupferoxid oxydiert wird, dürfte 120 °C betragen.

Das bei etwa 200 °C durch Reduktion aus Kupfer(II)-oxid dargestellte Kupfer zeichnet sich durch große Reaktionsfähigkeit aus und entzündet sich bei gewöhnlicher Temperatur an der Luft (pyrophores Kupfer) unter Bildung von Kupfer(II)-oxid. Die erhöhte Reaktionsfähigkeit beruht sowohl hier als auch bei anderen in gleicher Weise hergestellten „aktiven" Metallen, z. B. Nickel oder Eisen, darauf, daß die Metallatome infolge ihrer bei der niederen Temperatur der Bildung geringen Beweglichkeit nur zu sehr kleinen Teilchen zusammentreten, wobei die Anzahl der in der Oberfläche liegenden Atome sehr groß bleibt. Man kann mit diesem aktiven Kupfer auf Infusorienerde als Trägersubstanz schon bei 170 °C die letzten Spuren Sauerstoff aus Stickstoff entfernen (F. R. MEYER, 1939).

Kupferperoxid, CuO₂ · H₂O

Ein Kupferperoxid entsteht bei der Einwirkung von 15 ... 30%igem Wasserstoffperoxid in neutraler Lösung auf eine wäßrige Suspension von fein verteiltem Kupfer(II)-hydroxid bei 0 °C als braune, kristalline Substanz, die leicht Sauerstoff und Wasser abgibt und in Kupfer(II)-oxid übergeht.

Kupfer(II)-hydroxid, Cu(OH)₂

Kupfer(II)-hydroxid fällt aus Kupfersulfatlösungen durch Alkalilaugen als hellblauer, gequollener, sehr wasserreicher Niederschlag, der bei gewöhnlicher Temperatur allmählich, beim Erhitzen schnell, auch unter Wasser, das Wasser abgibt und in dunkelbraunes, fast wasserfreies Oxid übergeht. Fällt man aber aus Kupfersulfatlösung zuerst basisches Nitrat oder Sulfat, z. B. durch mäßigen Ammoniakzusatz, und behandelt dann die ausgewaschene Fällung mit verdünnter Natronlauge, so bleibt himmelblaues, beständiges, kristallines Kupfer(II)-hydroxid zurück, das als *Bergblau* oder *Bremerblau* Verwendung

findet. Auch durch Zugabe von Ammoniumsulfat zu Kupfersulfatlösung und Fällun§
mit Natronlauge erhält man Kupfer(II)-hydroxid.

Kupfer(II)-hydroxid hat amphoteren Charakter, da es sich nicht nur in Säuren zu
Kupfer(II)-salzen, sondern auch in konzentrierten Laugen zu *Cupraten(II)* löst. In der
tiefblau gefärbten alkalischen Lösungen sind nach SCHOLDER (1933) Hydroxokomplex-
Ionen anzunehmen, die durch Anlagerung von OH^--Ionen an das Hydroxid entstehen

$$Cu(OH)_2 + 2\,OH^- \rightleftharpoons [Cu(OH)_4]^{2-}$$

In diesen alkalischen Lösungen ist das Kupfer leicht reduzierbar; daher dienen solche
Lösungen als Reagens zum Nachweis reduzierender Stoffe. Beispielsweise fällt Hydroxyl-
amin daraus sofort einen gelben Niederschlag, der beim Erwärmen in rotes Kup-
fer(I)-oxid, Cu_2O, übergeht. Auf der gleichen Reduzierbarkeit des alkalisch gelösten
Kupferhydroxids durch Traubenzucker beruht dessen Nachweis in der *Trommerschen*
Probe.

In Gegenwart von Weinsäure bzw. Tartrat-Ionen wird die Ausfällung von Kupfer(II)-
hydroxid durch Laugen verhindert, weil in diesen Lösungen die Konzentration der
Cu^{2+}-Ionen durch die Bildung von Kupfertartratkomplex-Ionen stark erniedrigt wird.
Solche Komplex-Ionen liegen in der *Fehlingschen Lösung* vor, die man durch Zusammengeben der Lösungen von Kupfersulfat, Seignettesalz und Natriumhydroxid erhält.
Sie dient in der Medizin zum Nachweis von Zucker im Harn. Gibt man zu der Fehlingschen Lösung Traubenzucker oder den darauf zu prüfenden diabetischen Harn, so
erfolgt bei gewöhnlicher Temperatur langsam, beim Erwärmen schnell die Reduktion
zu leuchtend rotem Kupfer(I)-oxid.

Hydrazin fällt zunächst auch Kupfer(I)-oxid, reduziert dieses aber weiterhin bis zum Metall.
Durch Reduktion von Kupferchloridlösungen mit aromatischen Hydrazinen lassen sich auf gut
gereinigten Glasoberflächen glänzende Kupferspiegel erzeugen (M. VOLMER).

Über die Löslichkeit von Kupfer(II)-hydroxid in Ammoniak siehe unter Kupferammine.

Kupfer(II)-sulfat, $CuSO_4 \cdot 5\,H_2O$

Kupfer(II)-sulfat (Kupfervitriol) bildet sich in der Natur durch Verwitterung schwefelhaltiger Kupfererze und gelangt so in die Grubenwässer, wo durch reduzierende Einflüsse teilweise wieder Kupfer ausgeschieden wird. Zur Darstellung löst man Kup-
fer(II)-oxid in verdünnter Schwefelsäure oder metallisches Kupfer in heißer konzentrierter Schwefelsäure oder in verdünnter Säure bei gutem Luftzutritt und kristallisiert
die heiße, wäßrige Lösung durch Abkühlen. Man erhält meist große, blaue, durchsichtige, trikline Kristalle.

Es lösen sich auf 100 g Wasser bei:

°C	0	15	30	50	100
g $CuSO_4$	14,9	19,3	25,5	33,6	73,5

Durch vorsichtiges Erwärmen geht das Pentahydrat in das blaßblaue Trihydrat,
$CuSO_4 \cdot 3\,H_2O$, über, dann in das ebenfalls blaßblaue Monohydrat, $CuSO_4 \cdot 1\,H_2O$.
Schließlich wird es zum wasserfreien, weißen Sulfat, $CuSO_4$, entwässert. Dieses wird
an der Luft durch Wasseraufnahme wieder blau, desgleichen unter wasserhaltigem
Alkohol. Hierauf beruht die qualitative Prüfung des konzentrierten Alkohols. Bei
starkem Glühen von Kupfer(II)-sulfat bildet sich reines Kupfer(II)-oxid.

Kupfersulfatlösungen sind merklich hydrolytisch gespalten (bei 55 °C etwa 0,1 % in
0,5 n Lösung) und reagieren demgemäß schwach sauer. Aus diesen Lösungen läßt sich
das Kupfer ohne gleichzeitige Wasserstoffentwicklung und ohne Bildung einwertigen

Kupfers in der der zugeführten Elektrizitätsmenge äquivalenten Menge elektrolytisch abscheiden, besonders zuverlässig aus der *Öttelschen Lösung*: 125 g Kupfer(II)-sulfat, 50 g Schwefelsäure (konz.), 50 g Alkohol auf 1000 g Wasser. Diese Lösung dient zur Füllung der Kupfercoulometer, um aus der an der Kathode ausgeschiedenen Kupfermenge die durchgegangene Strommenge zu messen. Nach dem Faradayschen Gesetz scheiden 96 500 Coulomb $\triangleq$ 26,8 Ah 1 g-Äquivalent Kupfer $\triangleq$ 63,54 : 2 = 31,77 g Kupfer aus der Kupfer(II)-sulfatlösung ab.

Weniger edle Metalle, wie Eisen oder Zink, fällen das Kupfer aus der Sulfatlösung. Hiervon macht man zur Gewinnung des Metalls aus den Zementwässern oder Abbrändelaugen von abgeröstetem kupferhaltigem Eisenkies Gebrauch.

Bemerkenswert ist auch, daß Kupfer(II)-sulfatlösungen selbst bei sehr starker Verdünnung die infraroten Wärmestrahlen absorbieren (EDER und MIETHE). Sie fanden deshalb früher in der Optik als Wärmeschutzfilter Anwendung.

Farbloser Phosphor fällt aus Kupfer(II)-sulfatlösung bald alles Kupfer als Metall, desgleichen wirken Natriumdithionit und Titan(III)-sulfat reduzierend, so daß hellrotes, feinst verteiltes Kupfer in der Flüssigkeit entsteht. Über die Reduktion mit hypophosphoriger Säure siehe bei dieser und bei Kupferhydrid.

Basische Sulfate, wie $CuSO_4 \cdot 3 Cu(OH)_2$ und $CuSO_4 \cdot 2 Cu(OH)_2$, entstehen bei unvollständiger Fällung von Kupfer(II)-sulfat. Ein gelbgrünes, basisches Sulfat fällt aus, wenn man eine Kupfer(II)-sulfatlösung mit Anilin schüttelt. Überschüssige starke Laugen führen stets zum Kupfer(II)-hydroxid (siehe oben).

Kupferammine

Ammoniakwasser fällt aus einer Kupfer(II)-sulfatlösung zunächst einen bläulichen Niederschlag von basischem Sulfat, bei Ammoniaküberschuß entsteht dann eine prachtvolle violettblaue Lösung, aus der durch Alkohol das kristallisierte *Kupfer(II)-tetramminsulfat*, $[Cu(NH_3)_4]SO_4 \cdot H_2O$, abgeschieden werden kann. Hierin ist das Cu^{2+}-Ion mit 4 Ammoniakmolekülen zu einem Komplex verbunden, ähnlich wie im *Kupfersulfat* selbst, $[Cu(H_2O)_4]SO_4 \cdot H_2O$, mit 4 Wassermolekülen. Auch die anderen Kupfer(II)-salze geben entsprechende Ammine.

Kupfer(II)-hydroxid löst sich in starkem Ammoniakwasser mit intensiv blauer Farbe zum Kupfer(II)-tetramminhydroxid, $[Cu(NH_3)_4](OH)_2$, das auch durch Einblasen von Luft in Kupferspäne unter Ammoniak leicht dargestellt werden kann. Es ist als *Schweizers Reagens* bekannt und besitzt die Eigenschaft, Cellulose aufzulösen. Durch Pressen der hierbei entstehenden viskosen Masse aus engen Düsen in verdünnte Säuren oder Laugen gewinnt man Cellulosefäden für künstliche Seide. (*Kupferseide*).

Mit organischen Aminosäuren, wie z. B. mit Glykokoll, bildet Kupfer sehr beständige und schwer lösliche *innerkomplexe Salze*, in denen das Cu^{2+}-Ion sowohl an die Carboxylgruppen als auch komplex an die Aminogruppen gebunden ist. Das graublaue Kupfer(II)-salz der α-Amino-n-Capronsäure ist bei 18 °C erst in 100 000 Teilen Wasser löslich und eignet sich deshalb zum Nachweis des Kupfers auch noch bei Verdünnungen, wo die rotbraune Fällung mit Kaliumeisen(II)-cyanid versagt.

Kupfer(II)-nitrat, $Cu(NO_3)_2 \cdot 6 H_2O$

Kupfer(II)-nitrat kristallisiert aus der Lösung von Kupfer in Salpetersäure nach weitgehendem Eindampfen in blauen, säulenförmigen, meist zentrisch gruppierten Prismen, die bei 26 °C in ihrem Kristallwasser schmelzen, an der Luft zerfließen und sich auch in Alkohol auflösen. Mit dieser Nitratlösung getränktes Papier ist nach dem Trocknen sehr leicht entzündlich. Umhüllt man die Kristalle von Kupfernitrat mit Stanniol, so tritt bald Entzündung ein, weil das Zinn zu Zinndioxid verbrannt wird.

Die wasserfreie Verbindung erhält man bei Einwirkung von flüssigem N_2O_4 auf Kupfer au der zunächst entstandenen Anlagerungsverbindung $Cu(NO_3)_2 \cdot N_2O_4$. Bemerkenswert ist, daf das dunkel-blaugrüne Kupfer(II)-nitrat im Vakuum bei 200 °C unzersetzt sublimiert werden kann (C. C. ADDISON, 1958).

Kupfer(II)-carbonate

Ein normales Kupfercarbonat ist nicht bekannt, tritt aber in Doppelverbindungen mit Alkali-carbonaten auf, wie z. B. das himmelblaue Natriumkupfercarbonat, $CuCO_3 \cdot Na_2CO_3 \cdot 3 H_2O$ das aus basischem Carbonat und Natriumcarbonatlösung entsteht, oder das gleichfalls blaue $CuCO_3 \cdot Na_2CO_3$, das aus basischem Carbonat und Natriumhydrogencarbonat mit wenig Wasser bei 160 °C im geschlossenen Rohr gebildet wird.

Fällt man Kupfer(II)-sulfatlösungen mit Natrium- oder Kaliumcarbonat in berechneten Mengen bei Zimmertemperatur, so entstehen grünlichblaue, kolloide Niederschläge von wechselnder Zusammensetzung, die unter der Mutterlauge allmählich in das kristalline Carbonat, $CuCO_3 \cdot Cu(OH)_2$, übergehen. Dieses kommt in der Natur als monoklin kristallisierter, meist strahlig kristalliner *Malachit* vor, der als Halbedelstein wegen seiner prächtig grünen Farbe und der schönen Schichtung geschätzt ist. Der gleichfalls sich in der Natur findende, monokline, blaue *Kupferlasur (Azurit)*, $2 CuCO_3 \cdot Cu(OH)_2$, entsteht bei der Einwirkung von Kupfer(II)-nitratlösung auf Kreide im geschlossenen Rohr bei gewöhnlicher Temperatur, wenn das sich entwickelnde Kohlendioxid 5 ... 8 atm Druck erreicht. Desgleichen bildet sich Kupferlasur aus dem gefällten basischen Kupfercarbonat unter 4 atm Kohlendioxiddruck oder aus dem Doppelsalz Natriumkupfercarbonat, $CuCO_3 \cdot Na_2CO_3 \cdot 3 H_2O$, durch feuchtes Kohlendioxid von 40 atm Druck.

Kupfer(II)-acetate

Kupfer(II)-acetat, $Cu(CH_3CO_2)_2 \cdot H_2O$, scheidet sich aus der Lösung von Kupfer(II)-oxid in Essigsäure in blauen, monoklinen Kristallen ab, in denen die Verbindung in Form dimerer Moleküle mit einer Cu—Cu-Bindung vorliegt (NIEKERK und SCHOENING, 1953).

Blaues basisches Kupfer(II)-acetat, $Cu(CH_3CO_2)_2 \cdot Cu(OH)_2 \cdot 5 H_2O$, wird technisch durch Einwirkung der aus gärenden Weintrestern entwickelten Essigsäuredämpfe auf Kupferplatten in Gegenwart von Luft dargestellt. Der ähnlich gewonnene Grünspan ist ein Gemenge von basischen Kupferacetaten.

Schweinfurter Grün, $Cu(CH_3CO_2)_2 \cdot 3 Cu(AsO_2)_2$, fällt beim Mischen siedend heißer konzen-trierter Lösungen von arseniger Säure und Kupfer(II)-acetat als intensiv grünes Kristall-pulver.

Scheeles Grün

Scheeles Grün (Schwedisches Grün) wird durch Fällung von Kupfer(II)-sulfatlösung mit Alkaliarsenit als zeisiggrüner Niederschlag von wechselnder Zusammensetzung erhalten. Es löst sich in Alkalilaugen mit blauer Farbe unter Komplexbildung. Beim Erwärmen fällt unter Oxydation des Arsenits zu Arsenat rotes Kupfer(I)-oxid aus. Unter besonderen Bedin-gungen wurden kristallisiert erhalten: $2 CuO \cdot As_2O_3$, $Cu(AsO_2)_2 \cdot 2 H_2O$ und $Cu_3(AsO_3)_2$.

Kupfer(II)-silicate

Kupfer(II)-silicate finden sich in der Natur, z. B. blaugrüner *Chrysokoll*, $CuSiO_3 \cdot 2 H_2O$, und smaragdgrüner *Dioptas*, $CuSiO_3 \cdot H_2O$. Das altberühmte *ägyptische Blau* ist ein Kupfercalcium-silicat, $CuO \cdot CaO \cdot 4 SiO_2$. In Gegenwart von Reduktionsmitteln, wie Eisenfeile, Ruß und Aktivkohle, löst sich Kupfer(II)-oxid in geschmolzenen Blei- und Kalkgläsern zunächst farblos auf, wahrscheinlich als Kupfer(I)-silicat. Beim Anwärmen läuft solches Glas unter Ausscheidung von feinst verteiltem Kupfer rot an und liefert den zum Überfangen von Glas dienenden Kupferrubin. Ein größerer Kupfergehalt führt zum intensiv hochroten, kleine Kupfer-würfelchen enthaltenden *Hämatinon* (antikes Porporino).

Kupfer(II)-halogenide

Kupfer(II)-chlorid, $CuCl_2 \cdot 2\,H_2O$, erhält man aus der salzsauren Lösung von Kupfer(II)-oxid in grünen, rhombischen Prismen, die sich leicht in Wasser, auch beträchtlich in Alkohol und Äther auflösen. Durch Erhitzen im Chlorwasserstoffstrom auf 150 °C entsteht das wasserfreie, braune bis gelbe $CuCl_2$, das bei stärkerem Erhitzen in Kupfer(I)-chlorid und Chlor zerfällt (bei 372 °C beträgt der Chlorpartialdruck 1,2 Torr); unter Luftzutritt geht es aber in Kupfer(II)-oxid und Chlor über. Auf der Bildung und Zersetzung des Chlorids nach den beiden Gleichungen

$$CuO + 2\,HCl = CuCl_2 + H_2O$$

und

$$2\,CuCl_2 + O_2 = 2\,CuO + 2\,Cl_2$$

beruhte die Darstellung von Chlor aus Chlorwasserstoff und Luft am Kupferoxidkontakt nach dem Deacon-Prozeß (siehe bei Chlor).

Auffallend ist die Verschiedenheit der Farbe von Kupfer(II)-chloridlösungen. Sehr verdünnte, wäßrige Lösungen sind hellblau gefärbt und enthalten wie Kupfersulfatlösungen überwiegend $[Cu(H_2O)_4]^{2+}$-Ionen. Konzentrierte, besonders salzsaure Lösungen erscheinen grünbraun, wahrscheinlich infolge der Bildung komplexer Ionen, wie $[CuCl_4]^{2-}$. Mittelstarke Lösungen zeigen die grüne Farbe des undissoziierten Salzes, das als Hydratkomplex $[CuCl_2(H_2O)_2]$ vorliegt.

Weil die Kupferhalogenide, insbesondere das Kupfer(II)-chlorid, die nichtleuchtende Bunsenbrennerflamme intensiv blaugrün färben, kann man die freien Halogene und ihre Verbindungen in Luft und anderen Gasen äußerst empfindlich nachweisen, indem man das Gas über eine schwach erhitzte Kupferdrahtnetzrolle leitet und diese danach in die Flamme hält.

Unter den *basischen Kupferchloriden* sei das unter dem Namen *Atakamit*, $Cu_2(OH)_3Cl$, bekannte Mineral aus Chile und Südaustralien erwähnt. Atakamit bildet smaragdgrüne, rhombische, meist stengelig blättrige Aggregate und kann künstlich durch Oxydation von Kupferblech in Berührung mit verdünnter Salzsäure oder Salmiaklösung dargestellt werden.

Kupfer(II)-fluorid, $CuF_2 \cdot 2\,H_2O$, kristallisiert aus der flußsäurehaltigen Lösung von Kupfer(II)-hydroxid oder -carbonat in blauen Kristallen, die beim Erhitzen im Fluorwasserstoffstrom zu weißem, schwer löslichem CuF_2 entwässert werden.

Während es noch ein wasserfreies *Kupfer(II)-bromid*, $CuBr_2$, (fast schwarze Kristalle) gibt, läßt sich ein Kupfer(II)-jodid nicht mehr darstellen, weil die Deformation des J^--Ions unter dem Einfluß des stark polarisierend wirkenden Cu^{2+}-Ions soweit geht, daß ein Elektron zum Cu^{2+}-Ion unter Bildung eines Cu^+-Ions übertritt. Beim Zusammentreffen von Cu^{2+}- und J^--Ionen bilden sich daher Kupfer(I)-jodid und Jod. Ähnliches gilt für das Cyanid und das Rhodanid.

Kupfer(II)-sulfid, CuS

Kristallisiertes Kupfer(II)-sulfid, von blauschwarzer Farbe beim Zerreiben, erhält man aus Kupfer und Schwefel oder Kupfer(I)-sulfid und Schwefelwasserstoff unterhalb 350 °C. Als schwarzer Niederschlag fällt Kupfer(II)-sulfid beim Einleiten von Schwefelwasserstoff in neutrale bis schwach mineralsaure Kupfer(II)-salzlösungen. Bei Fällung in der Hitze sowie beim Trocknen des Niederschlags in der Wärme macht sich ein Zerfall in Kupfer(I)-sulfid und Schwefel bemerkbar. Der aus dem Zerfall nach $2\,CuS \rightleftharpoons Cu_2S + S$ sich einstellende Schwefeldampfdruck erreicht bei 490 °C schon 510 Torr. Beim Erhitzen im Wasserstoffstrom auf 400 ... 500 °C wird Kupfer(II)-sufid vollständig zu Kupfer(I)-sulfid reduziert. Oberhalb 600 °C setzt die Reduktion zum Metall ein.

Das feuchte Kupfer(II)-sulfid oxydiert sich an der Luft langsam zu Sulfat. Deshalb soll bei der quantitativen Kupferbestimmung der Niederschlag mit schwefelwasserstoff-

haltigem Wasser ausgewaschen werden. In verdünnter bis mittelstarker Salzsäure is
Kupfer(II)-sulfid praktisch unlöslich (Löslichkeitsprodukt = $1 \cdot 10^{-44}$). Auch von Na
triumsulfid wird es nicht gelöst, während Alkalipolysulfide in geringem Maße lösen
wirken. Leicht löslich ist es in verdünnter warmer Salpetersäure unter gleichzeitige
Oxydation des Sulfidschwefels. In der Natur findet sich Kupfer(II)-sulfid als hexa
gonaler *Kupferindig (Covellin)*.

Kupfer(I)-verbindungen

Kupfer(I)-oxid, Cu_2O

Kupfer(I)-oxid kristallisiert in roten regulären Oktaedern und ist als Reduktionsprodukt der Fehlingschen Lösung mittels Hydroxylamin oder Traubenzucker bereits
erwähnt worden. In der Natur findet sich Kupfer(I)-oxid als *Rotkupfererz*. Beim Erhitzen von Kupfer unter mäßigem Luftzutritt entsteht es als rote Schicht auf dem
Metall. Kupfer(II)-oxid verliert oberhalb 800 °C Sauerstoff und geht in ein Gemisch
mit Kupfer(I)-oxid über, das bei 1100 °C schmilzt.

Ein Kupfer(I)-hydroxid ist nicht sicher bekannt. Der bräunlich-gelbe Niederschlag
der bei der Reduktion alkalischer Kupfer(II)-lösungen in der Kälte ausfällt, ist wahrscheinlich wasserhaltiges Kupfer(I)-oxid. Er geht beim Erwärmen in die wasserfreie
rote Form über. An der Luft oxydiert sich das Kupfer(I)-oxid schnell zum blauen
Kupfer(II)-hydroxid.

Durch Sauerstoffsäuren, wie z. B. durch verdünnte Schwefelsäure oder Phosphorsäure,
wird Kupfer(I)-oxid größtenteils in Kupfer(II)-salze und Kupfer gespalten:

$$2\,Cu^+ \;\rightleftharpoons\; Cu^{++} + Cu$$

Bei dieser Reaktion stellt sich ein Gleichgewicht ein, das durch Temperaturerhöhung
zugunsten von Cu^+ verschoben wird. Wird dementsprechend eine schwach angesäuerte
konzentrierte Kupfersulfatlösung mit Kupfer erhitzt, so nimmt sie dieses zu Kup-
fer(I)-sulfat auf und scheidet beim Erkalten Kupferkriställchen wieder ab.

Kupfer(I)-sulfat, Cu_2SO_4

Kupfer(I)-sulfat entsteht aus Kupfer(I)-oxid und konzentrierter Schwefelsäure, ist in der
überschüssigen Säure wenig löslich und bindet Kohlenmonoxid, Äthylen sowie Acetylen
(A. DAMIENS). Bekannt sind auch ein farbloses *Kupfer(I)-sulfit*, ferner als Verbindung
mit Kupfer in den Oxydationsstufen $+1$ und $+2$ das granatrote Kupfer(I,II)-sulfit,
$Cu_2SO_3 \cdot CuSO_3 \cdot 2\,H_2O$, (CHEVREUL, 1812).

Kupfer(I)-halogenide

Viel leichter zugänglich als die bisher erwähnten Kupfer(I)-verbindungen sind die
Halogenverbindungen des einwertigen Kupfers.

Kupfer(I)-chlorid, CuCl, wird am besten aus salzsaurer Kupfer(II)-chloridlösung und
Kupfer dargestellt. Es ist weiß und in Wasser schwer löslich. Aus Salzsäure kristallisiert
Kupfer(I)-chlorid in Tetraedern (Schmelzp. 425 °C, Siedep. ≈1400 °C). Die Dampfdichte bei 1600 ... 1700 °C entspricht der einfachen Formel CuCl. Völlig trocken ist
es gegenüber Luft und Licht beständig, im feuchten Zustand färbt es sich am Licht
violett bis schwarzblau. In Berührung mit Wasser erfolgt allmählich teilweise Hydrolyse
zum Kupfer(I)-oxid sowie teilweise Spaltung in Kupfer(II)-chlorid und metallisches
Kupfer. An der Luft oxydiert sich das feuchte CuCl bald zu grünen basischen Kup-
fer(II)-chloriden. Alkalien liefern Kupfer(I)-oxid.

Die farblose, salzsaure oder ammoniakalische Lösung von Kupfer(I)-chlorid dient in der Gasanalyse zur Absorption von Kohlenmonoxid und von Sauerstoff. Nach W. MANCHOT hat die Kohlenmonoxidverbindung die Zusammensetzung $CuCl \cdot CO \cdot 2 H_2O$.

Viel ausgeprägter als gegenüber Chlor ist die Neigung des Kupfers zur Bildung von Kupfer(I)-verbindungen gegenüber Jod, Cyan, Rhodan und Schwefel. So erhält man z. B. aus Kupfersulfatlösung und Kaliumjodid beim Erwärmen *Kupfer(I)-jodid* als weißen Niederschlag neben freiem Jod:

$$2 Cu^{2+} + 4 J^- = 2 CuJ + J_2$$

Diese Umsetzung ermöglicht eine *maßanalytische Bestimmung des Kupfers*, weil man das freie Jod mit Thiosulfat titrieren kann. In Gegenwart von schwefliger Säure wird alles Jod als Kupfer(I)-jodid gefällt.

Kupfer(I)-cyanid, CuCN, und Kupfer(I)-rhodanid, CuSCN

Kaliumcyanid fällt aus Kupfersulfatlösung zunächst einen grüngelben Niederschlag von Kupfer(I, II)-cyanid, der beim Erwärmen Cyan abgibt und weißes *Kupfer(I)-cyanid* hinterläßt. Dieses löst sich in Kaliumcyanid zu dem farblosen Kaliumtetracyano-cuprat(I), $K_3[Cu(CN)_4]$, auf, aus dem selbst durch Schwefelwasserstoff kein Sulfid mehr gefällt werden kann (analytische Trennung Kupfer/Cadmium). Auf der Bildung von farblosem, fast unlöslichem *Kupfer(I)-rhodanid*, aus Kupfersalzlösungen, Kalium-rhodanid und schwefliger Säure beruht die maßanalytische Bestimmung des Kupfers nach VOLHARD sowie eine gravimetrische Kupferbestimmung.

Kupfer(I)-sulfid, Cu₂S

Kupfer(I)-sulfid findet sich als wichtiges Kupfererz (*Kupferglanz*) auf Kupfererz-gängen neben Kupferkies, $CuFeS_2$, oder auch als Imprägnation in sedimentären Ge-steinen aus dem Zechstein, z. B. im Mansfelder Kupferschiefer. Kupfer(I)-sulfid bildet rhombische, stahlgraue, glänzende Kristalle, die man auch beim Verbrennen von Kupfer im Schwefeldampf oder beim Erwärmen von gefälltem Kupfer(II)-sulfid im Wasser-stoffstrom auf 400 ... 500 °C erhält. Ein kubisches Sulfid der Zusammensetzung $Cu_{1,8}S$ bzw. Cu_9S_5 bildet sich leicht bei unvollständiger Reduktion von Kupfer(II)-sulfid. Mit Eisensulfid bildet Kupfer(I)-sulfid ternäre Sulfide, wie den tetragonalen, messinggelben *Kupferkies*, $CuFeS_2$, und das braunrote, lebhafte Anlauffarben zeigende, regulär kri-stallisierte Buntkupfererz, Cu_5FeS_4.

Ein *Kupfer(I)-polysulfid*, NH_4CuS_4, kristallisiert in roten Nadeln aus der Lösung von Kupfer(II)-sulfid in Ammoniumpolysulfid (K. A. HOFMANN, 1903).

Kupfer(I)-nitride

Kupfer(I)-nitride entstehen aus Lösungen von Kupfer(II)-nitrat in flüssigem Ammoniak unter Einwirkung von Kaliumamid als explosive Niederschläge, wie z. B. das rote $Cu_3N \cdot n NH_3$, das dunkelbraune Cu_2NH, das schwarze Cu_3N und das gleichfalls schwarze $CuNK_2 \cdot NH_3$ (E. C. FRANKLIN). Das Nitrid Cu_3N erhält man auch beim Überleiten von Ammoniak über CuF_2 bei 280 °C (JUZA, 1939).

Kupferhydrid

Bei Reduktion von Kupfer(II)-sulfatlösung mit Hypophosphit fällt ein dunkelbrauner, sehr leicht oxydierbarer Niederschlag mit der angenäherten Zusammensetzung CuH aus. Er enthält stets noch Wasser, das nicht ohne Zersetzung des Hydrids entfernt werden kann. Schon bei 45 °C beginnt der Zerfall in die Elemente. Wasserfreies, hellrotbraunes Kupferhydrid erhielt

WIBERG (1952) durch Umsetzung von CuJ mit LiAlH$_4$. Es ist bemerkenswerterweise im Pyridin mit blutroter Farbe löslich.

Von Silber konnten mit LiAlH$_4$ nur komplexe Hydride, wie AgAlH$_4$, erhalten werden.

Kupfer(III)-verbindungen

Von den Kupfer(III)-verbindungen seien hier genannt: der stark oxydierend wirkende Perjodatkomplex, K$_7$[Cu(JO$_6$)$_2$], (MALATESTA, 1940), das blaßgrüne K$_3$CuF$_6$, das bei der Fluorierung eines Gemenges von CuCl und KCl entsteht (KLEMM und HUSS, 1949) und die Cuprate(III) Ba(CuO$_2$)$_2$ · H$_2$O (SCHOLDER, 1951) und KCuO$_2$ (WAHL und KLEMM, 1952).

Silber, Ag

Atomgewicht	107,868
Schmelzpunkt (Temperaturfixpunkt)	960,8 °C
Siedepunkt	1950 °C
Dichte für im Vakuum destilliertes ungepreßtes Metall (bei 20 °C)	10,5 g/cm^3
Spezifische Wärme	0,0559 cal/g · grd

Vorkommen

Das Silber, Ag [1]), findet sich als gediegenes Metall in den Silbererzgängen von Kongsberg in Norwegen, von Peru, vom Oberen See usw. in Würfel- und Oktaederform oder in haar-, auch federartig entwickelten Gebilden. Das wichtigste Silbererz ist der *Silberglanz* (Argentit), Ag$_2$S. Mit Arsen-, Antimon- bzw. Kupfersulfiden bildet Silbersulfid die Minerale *Strohmeyerit*, Ag$_2$S · Cu$_2$S, *lichtes Rotgiltigerz*, Ag$_3$AsS$_3$, *dunkles Rotgiltigerz*, Ag$_3$SbS$_3$, *Miargyrit*, AgSbS$_2$, sowie die meist kompliziert zusammengesetzten Sulfide *Polybasit* und *Fahlerz*; *Hornsilber*, AgCl, findet sich in Chile. Für die Silbergewinnung sind die geringen Silbergehalte von Kupfer-, Zink- und besonders von Bleisulfiden von größerer Bedeutung als die eigentlichen Silbererze. Bleiglanz enthält meist 0,01 . . . 0,03 %, gelegentlich bis über 1 % Silber.

Gewinnung

Trockene und nasse Verfahren

Die Gewinnung des Silbers beruht bei den trockenen Verfahren auf der Löslichkeit von Silber in Blei, Zink oder Kupfer. Die älteste Methode ist der *Treibprozeß*, bei dem man das Silber aus bleihaltigen Erzen bzw. aus anderen silberhaltigen Erzen nach Zusatz von Bleierzen als Bleilegierung ausbringt (siehe Bleigewinnung) und das erhaltene Werkblei durch Luft in der Hitze oxydiert, wobei die Bleiglätte PbO, abfließt und das Silber als Metall zurückbleibt. Das Ende der Treibarbeit erkennt man daran, daß sich der auf der Herdsohle verbleibende Regulus von Silber aus der Bleiglätte mit starkem Glanz abhebt („Silberblick"). Das so erhaltene Blicksilber enthält etwa 95 % Silber und wird zur Reinigung im Flammenofen oxydierend

---

[1]) lateinisch: argentum.

geschmolzen, bis alles Blei verschlackt ist. Wegen der mit der Wiedergewinnung des Bleis aus der Bleiglätte verbundenen hohen Kosten wird die Treibarbeit erst bei höheren Silbergehalten im Werkblei lohnend.

Um ein silberarmes Blei (bis herab zu 0,005 %) an Silber anzureichern, stellt man durch Zink-entsilberung ein „Reichblei" nach dem Verfahren von PARKES dar, indem man dem Werkblei Zink zusetzt. Zink und Blei sind im geschmolzenen Zustand nur wenig ineinander löslich und bilden daher zwei getrennte Schichten. Jedoch ist das Silber im geschmolzenen Zink sehr viel besser löslich als im Blei und geht daher in die Zinkschicht. Bei der Abkühlung schwimmt die zuerst erstarrende Zink-Silber-Bleilegierung als „Reichschaum" auf dem noch flüssigen Blei. Sie wird nach Abtrennung im Vakuum destilliert, wobei Zink übergeht und das Reichblei mit bis zu 50 % Silber zurückbleibt, das dann der Treibarbeit zugeführt wird.

Einfacher ist das Verfahren von BETTS, bei dem das silberhaltige Werkblei in einem Elektro-lyten von Siliciumfluorwasserstoffsäure und Kaliumfluorosilicat elektrolytisch raffiniert wird, wobei die Edelmetalle in den Anodenschlamm gehen. Bedeutende Mengen Silber (etwa 20 % der Weltproduktion) gewinnt man aus dem Anodenschlamm, der bei der elektrolytischen Kupferraffination anfällt.

Von den nassen Verfahren hat gegenwärtig nur die *Cyanidlaugerei* praktische Bedeutung. Sie beruht auf der Lösung von Silbersulfid in Natriumcyanidlösung bei gleichzeitiger Oxydation des Sulfidschwefels zu Sulfat:

$$Ag_2S + 4\,NaCN + 2\,O_2 = 2\,Na[Ag(CN)_2] + Na_2SO_4$$

Dem Lösen schließt sich das Fällen des metallischen Silbers aus dem Cyanidkomplex mittels Zink oder durch Elektrolyse an. Besonders in Mexiko und Kanada wird viel Silber auf diese Weise gewonnen.

Silberraffination

Das durch wiederholte Behandlung auf dem Treibherd feingebrannte Silber enthält noch wechselnde Mengen Gold und, sofern es aus Südamerika stammt, auch Platin. (Da früher fast alles Silber von dorther durch die spanischen Silberflotten nach Europa kam, enthalten die alten Silbermünzen meist nicht unbeträchtliche Mengen Platin.)

Zur völligen Reinigung des Silbers und zur Gewinnung von Gold bzw. Platin dient die *elektrolytische Raffination* nach MÖBIUS. Hierzu wird das Silber in Form von Platten anodisch in einem Elektrolyten, der Silbernitrat und verdünnte Salpetersäure enthält, gelöst und an der Kathode mit einer Reinheit von 99,95 ... 99,98 % abgeschieden. Die als Verunreinigungen im Anodensilber vorhandenen unedlen Metalle, wie Kupfer, Blei und Zinn, werden zwar auch gelöst, aber bei Einhaltung bestimmter Strombedingungen nicht abgeschieden. Die edlen Metalle Gold und Platin gehen anodisch nicht in Lösung und fallen als Anodenschlamm an.

Die Weltproduktion an Silber beträgt etwa 8000 t im Jahr. Sie liegt zu über 90 % in Nord-, Mittel- und Südamerika.

Verwendung

Silber wird zum Herstellen von Münzen, Schmuckwaren und Bestecken, in der Photo-graphie, für Tiegelmaterialien, zu Legierungen, in der Elektrotechnik, z. B. für Konden-satoren, zum Versilbern anderer Metalle und Legierungen, zum Belegen u. a. verwendet.

Versilberung

Zum Überziehen von Kupfer oder Legierungen, wie Messing, Neusilber u. a., mit Silber dient die galvanische Versilberung. Hierzu werden die zu versilbernden Gegenstände als Kathode in ein Bad aus Kaliumsilbercyanid, $K[Ag(CN)_2]$, eingehängt. Während der Elektrolyse gehen die Anoden, die aus Feinsilberblech bestehen, in Lösung, so daß der Silbergehalt des Bades konstant bleibt.

Für korrosionsbeständige Apparaturen in der chemischen Industrie wird heute zunehmend Kupfer und im Falle gleichzeitiger hoher mechanischer und thermischer Beanspruchung auch Stahl durch Aufschweißen bzw. Aufwalzen von dünnem Silberblech silberplattiert. Die „Plattierung" ist hinsichtlich Haftfestigkeit und Porosität der galvanischen Versilberung überlegen.

Silberspiegel

Der schöne, etwas rötliche Glanz des reinen Silbers hat schon J. v. Liebig veranlaßt, anstelle der mit Zinnamalgam belegten Spiegel versilbertes Glas einzuführen; doch war einerseits der Preis des Silbers damals verhältnismäßig hoch, und andererseits zog man den grünlichen Schein der Quecksilberspiegel vor. Heute haben Silberspiegel die Quecksilberspiegel ganz verdrängt.

Um Glas mit einem festhaftenden, glänzenden Silberspiegel zu überziehen, kommt es nach V. Kohlschütter vor allem darauf an, das Silber in Gegenwart von solchen Stoffen aus der Lösung zu reduzieren, die die Bildung größerer Metallkristalle hindern und dieses zunächst im kolloiden Zustand erhalten. Meist dient hierfür eine ammoniakalische, mit etwas Natriumhydroxid versetzte Silbernitratlösung, der man als Reduktionsmittel Milchzucker oder auch Seignettesalz zusetzt. (Über die Bildung explosiver Niederschläge aus diesen Lösungen siehe S. 570). Bei gewöhnlicher Temperatur erscheint der Spiegel nach einigen Minuten, beim schwachen Anwärmen sofort, wenn man einen Überschuß von Ammoniak vermieden hat. Auch eine Mischung aus 3%iger Silbernitratlösung (20 ml) mit 0,5 ml Methylalkohol und 0,5 ml Formalin eignet sich zum Versilbern von Glas bei gewöhnlicher Temperatur. Die zu versilbernden Glasflächen müssen zuvor auf das sorgfältigste poliert und von jeder Spur Fett befreit sein. Das erreicht man am sichersten durch Abwaschen mit Alkohol.

Eigenschaften

Kolloides Silber

Während energische Reduktionsmittel, wie Hydroxylamin oder Hydrazin, in alkalischer Lösung das Silber als hellgraues, kristallines Pulver ausfällen, kann man in Gegenwart von viel Seignettesalz oder Dextrin verdünnte Silbernitratlösungen durch verdünnte Eisen(II)-sulfat-Seignettesalzlösungen wie auch durch Formaldehyd oder Tannin als schokoladenbraunen Schlamm abscheiden, der sich nach dem Abdekantieren in reinem Wasser mit kaffeebrauner Farbe auflöst. Durch Beimengung anderer Kolloide, besonders von eiweißartigen Stoffen, wie lysalbin- und protalbinsaurem Natrium, steigt die Beständigkeit dieser wasserlöslichen Form des Silbers, weil das beigemengte Kolloid als Schutzkolloid wirkt (C. Paal).

Auch durch Erhitzen von citronensaurem Silber im Wasserstoffstrom auf 100 °C gewinnt man, je nach den besonderen Bedingungen kolloides Silber von gelber, roter oder blauer Farbe. Grüne bis braune Silberkolloide entstehen durch Reduktion von Silbernitrat-Wasserglaslösungen mittels Formaldehyd, rote Lösungen mit olivgrünem Reflex durch Reduktion der Lösung von 0,25 g Silbernitrat und 0,5 g Gummi arabicum in 200 ml Wasser mit wenig Hydrazinhydrat.

Neutrale Elektrolyte, wie Natriumsulfat oder Natriumnitrat, fällen das Sol; in reinem Wasser löst sich dieses wieder auf. Saure Elektrolyte, wie verdünnte Schwefelsäure oder Salzsäure, zerstören das Sol und scheiden gewöhnliches, unlösliches Silber ab. Kolloidgelöstes Silber wandert im elektrischen Feld langsam an die Anode und wird dort ausgeflockt. Die unter dem Ultramikroskop erkennbaren Teilchen von 100 ... 1000facher Größe der chemischen Moleküle sind nicht wie die Silber-Ionen einer Silbersalzlösung positiv, sondern negativ geladen, weil sie an ihrer Oberfläche Verbindungen tragen, in denen das Silber Säureanionen bildet (siehe über Kolloide unter Kieselsäure).

Auch im Glas löst sich Silber allmählich mit braungelber Farbe, wenn man Silberverbindungen der Glasschmelze zusetzt oder wenn man Silbersalzlösungen in Glasgefäßen eingeschlossen längere Zeit über 200 °C erhitzt.

Als *molekulares Silber* bezeichnet man feinst verteiltes metallisches Silber, wie man es durch Reduktion von feuchtem Silberchlorid mit Zinkstaub, mit Traubenzucker und Natronlauge, mit Formaldehyd und Sodalösung oder durch kathodische Reduktion von Silberchlorid unter verdünnter Schwefelsäure gewinnt. Es dient, besonders in der organischen Chemie, zur Bindung der letzten Spuren freier Halogene.

Physikalische Eigenschaften

Silber ist ein Edelmetall von rötlichweißem Glanz, guter Polierbarkeit und ähnlich dehnbar wie Gold, so daß es zu sehr dünnem Blattsilber ausgewalzt und zu feinen Drähten ausgezogen werden kann. Die unter der Goldschlägerhaut ausgehämmerte Silberfolie ist nur 0,0027 mm dick und läßt etwas Licht mit blaugrüner Farbe durch. Feinster Silberdraht (Filigrandraht) wiegt bei einer Länge von 2 km nur 1 g. Die Festigkeit beträgt ungefähr $^3/_4$ von der des Kupfers.

Unter Luftzutritt geschmolzen, nimmt 1 g Silber ungefähr 2 ml Sauerstoff auf, wodurch der Schmelzpunkt auf 955 °C (statt 960,8 °C im Vakuum) erniedrigt wird. Beim Erstarren entweicht der Sauerstoff unter „Spratzen" und Hinterlassung von Hohlräumen. Deshalb eignet sich reines Silber nicht zum Gießen in Formen. Man verwendet statt dessen für Münzen und Schmuckwaren meist Legierungen mit 20 % Kupfer, wodurch auch die Härte erhöht wird. (Über das System Silber-Kupfer siehe S. 580). Legierungen mit Cadmium und Zink anstelle von Kupfer haben einen niederen Schmelzpunkt und dienen als Silberlot.

Den Gehalt von Silberlegierungen an Silber bezieht man auf 1000 Teile, so daß z. B. eine 80%ige Legierung den Feingehalt 800 hat.

Chemisches Verhalten

Gegenüber Sauerstoff ist Silber ziemlich beständig doch bedeckt es sich bei Raumtemperatur mit einem dünnen Oxidfilm, der im Gegensatz zu den sonst passivierend wirkenden Oxidschichten auf unedlen Metallen den Angriff der verschiedensten Reagenzien auf Silber in Gegenwart von Luft erst möglich macht. So löst Wasser bei Zutritt von Luft allmählich nachweisbare Mengen Silber auf, die auf manche Algen ähnlich wie Kupfer schädigend wirken und an Speisegeräten die Entwicklung schädlicher Bakterien hemmen. Unter Ammoniakwasser löst sich Silber, besonders in feiner Verteilung bei Gegenwart von Sauerstoff bedeutend schneller zu [Ag(NH$_3$)$_2$]OH, und bei Zusatz von z. B. Ammoniumnitrat oder -sulfat entstehen bald Lösungen, die bis 1 g Silber auf 100 ml 7%iges Ammoniakwasser gelöst enthalten (K. A. HOFMANN, 1928).

Gegenüber geschmolzenem Natriumhydroxid ist Silber bei Luftausschluß bis 550 °C vollkommen beständig. In Kaliumhydroxidschmelzen ist der Angriff bei Gegenwart von Sauerstoff stärker als in Natriumhydroxidschmelzen. Auch mit Glas und den verschiedensten Oxiden reagiert Silber in der Hitze nur bei Gegenwart von Sauerstoff oder oxidierend wirkenden Stoffen.

Sehr empfindlich ist Silber gegenüber Schwefel oder Schwefelwasserstoffverbindungen, so daß silberne Löffel durch zwiebelhaltige Speisen mit dunklem Silbersulfid überzogen werden. Schon die minimalen Mengen flüchtiger Sulfide, wie sie sich in bewohnten Räumen finden, lassen das Silber mit der Zeit dunkeln. Um neuen Silbergeräten das Aussehen von altem Silber zu verleihen, taucht man sie in verdünnte Kaliumsulfidlösungen oder bringt sie in einen schwefelwasserstoffhaltigen Raum.

Durch etwa 1%ige Kaliumcyanidlösung oder durch verdünnte Thioharnstofflösung, die beide als Komplexbildner wirken, kann man das Silbersulfid von Silbergegenständen leicht entfernen und so den ursprünglichen hellen Glanz wieder herstellen. Als wirksamer Schutz gegen das Anlaufen hat sich bis jetzt nur ein dünner galvanischer Überzug von Palladium oder Rhodium bewährt.

Entsprechend seiner Stellung in der Spannungsreihe löst sich Silber in Säuren nur bei gleichzeitiger Oxydation. Heiße konzentrierte Schwefelsäure löst Silber unter Entwicklung von Schwefeldioxid zu Silbersulfat:

$$2\,Ag + 2\,H_2SO_4 = Ag_2SO_4 + SO_2 + 2\,H_2O$$

Salpetersäure wirkt je nach der Konzentration verschieden schnell unter Bildung von Silbernitrat und Stickstoffoxiden ein. In der Siedehitze wirkt selbst sehr verdünnte Salpetersäure schnell lösend. Chlor, Brom und Jod erzeugen auf Silber bei Raumtemperatur Silberhalogenidschichten, die dem weiteren Angriff der Halogene widerstehen. Mit trockenem Chlor erfolgt erst oberhalb 300 °C lebhafte Umsetzung.

Silberverbindungen

Silberoxid, Ag₂O

Silberoxid entsteht als schwarzbraunes Pulver beim Erhitzen von feinst verteiltem Silber auf 300 °C unter mehr als 15 atm. Sauerstoffdruck mit einer Bildungswärme von + 7 kcal/Mol. Zur Darstellung fällt man Silbernitratlösung mit kohlensäurefreier Alkalilauge und trocknet den dunkelbraunen Niederschlag bei 50 °C, wobei er aber noch etwa 2 % Wasser zurückhält.

Entsprechend der geringen Bildungswärme beginnt die Zersetzung des Silberoxids nach:

$$2\,Ag_2O = 4\,Ag + O_2$$

schon bei 160 °C und wird bei 250 °C lebhaft. Bei 300 °C beträgt der Zerfallsdruck 15 . . . 20 atm Sauerstoff. Auch im Licht wird langsam Sauerstoff entwickelt. Reduktionsmittel der verschiedensten Art führen das Oxid in Metall über, Wasserstoff reduziert schon von 100 °C an, Wasserstoffperoxid reagiert sehr energisch nach:

$$Ag_2O + H_2O_2 = 2\,Ag + O_2 + H_2O$$

Silberoxid ist in Wasser so weit löslich ($1,3 \cdot 10^{-3}$ g/100 g H_2O bei 20 °C), daß die Lösung deutlich alkalisch reagiert. An der Luft zieht es Kohlensäure an. Die meisten Schwermetalle, wie Wismut, Zink, Kupfer, Quecksilber, Eisen, Kobalt, Chrom, auch Beryllium und Aluminium werden durch Silberoxid aus ihren Salzen als Hydroxide gefällt. Ganz besonders stark basisch wirkt das Silberoxid wegen der Unlöslichkeit der Silberhalogenide auf Chloride, Bromide und Jodide, so daß aus Natriumchloridlösung teilweise Natriumhydroxid entsteht, und selbst die gegen Kaliumhydroxid beständigen organischen Ammoniumjodide, z. B. $(CH_3)_4NJ$, in die freien Basen, z. B. $(CH_3)_4NOH$, übergeführt werden.

Silbersulfid, Ag₂S

Silbersulfid, Schmelzp. 825 °C, das durch Überleiten von Schwefeldampf über Silber bei 250 . . . 300 °C dargestellt wird, kristallisiert rhombisch. Bei 175 °C wandelt es sich in eine kubische Modifikation (α-Ag₂S) um. Silbersulfid findet sich in der Natur als wichtigstes Silbererz, *Argentit*, zusammen mit Bleiglanz und bildet mit anderen

Sulfiden zahlreiche Doppelsulfide. Aus sauren Silbersalzlösungen fällt es durch Schwefelwasserstoff als schwarzer Niederschlag, der in Salpetersäure in der Wärme unter Schwefelabscheidung löslich ist. Das Sulfid besitzt von allen Silberverbindungen das kleinste Löslichkeitsprodukt: $[Ag^+]^2 \cdot [S^{2-}] = 2 \cdot 10^{-49}$. Es wird daher auch aus dem stabilen Cyanidkomplex durch Schwefelwasserstoff gefällt.

Silbernitrat, AgNO₃, und Silbernitrit, AgNO₂

Silbernitrat (argentum nitricum) kristallisiert aus der Lösung von Silber in Salpetersäure in farblosen, rhombischen, dicken Tafeln (Dichte 4,35 g/cm³, Schmelzp. 210 °C). Es ist zum Unterschied von den meisten anderen Schwermetallnitraten nicht hygroskopisch, löst sich aber sehr leicht in Wasser mit neutraler Reaktion auf. Es lösen sich bei 0 °C 115 g Silbernitrat, bei 20 °C 215 g, bei 50 °C 400 g, bei 100 °C 1000 g auf 100 g Wasser. Heißer Alkohol löst ¹/₅ seines Gewichts Silbernitrat auf.

Auf der Haut wirkt Silbernitrat oxydierend und ätzend unter Abscheidung von dunklem Silber. Als Höllenstein (lapis infernalis) dienen Stengelchen von geschmolzenem Silbernitrat, um Wucherungen zu beseitigen. Auch organische Stoffe, wie Papier und Staubteilchen, reduzieren Silbernitrat, besonders im Licht.

Aus wäßriger Silbernitratlösung scheidet sich bei der Elektrolyse genau die dem Strom äquivalente Menge Silber an der Kathode ab. Hierauf beruht die Verwendung zum Füllen der Silbercoulometer.

Da das Normalpotential des Silbers um 0,8 V edler ist als das des Wasserstoffs, fällt mit Palladium aktivierter Wasserstoff Silber aus. Ebenso scheiden die meisten Metalle aus Silbersalzlösungen Silber ab. Quecksilber bildet ein kristallisiertes Amalgam (arbor Dianea ≙ Baum der Diana genannt, wegen der zierlichen Verästelungen der Kriställchen).

Mit Lithium- und Natriumnitrat bildet das Silbernitrat isomorphe Mischungen, mit Kalium- und Thallium(I)-nitrat Doppelsalze.

Silbernitrit fällt aus Silbernitratlösungen durch Natriumnitritlösungen als gelblichweißes Kristallpulver aus, das aus heißem Wasser umkristallisiert werden kann und sich zum genauen Abwägen bestimmter Nitritmengen eignet.

Silberhalogenide

Während Silberfluorid äußerst leicht löslich ist, sind Silberchlorid, -bromid und -jodid sehr schwer löslich und deshalb für die analytische Chemie wichtig. Diesen drei Silberhalogeniden ähneln hinsichtlich der Löslichkeit die Verbindungen des Silbers mit den „Pseudohalogenen" (siehe Seite 352) Silbercyanid und Silberrhodanid, die gleichfalls analytische Bedeutung haben.

Silberfluorid, AgF

Silberfluorid erhält man aus der Auflösung von Silbercarbonat in Flußsäure. Es existieren ein weißes Dihydrat und ein gelbes Monohydrat. Das wasserfreie, äußerst hygroskopische Salz bildet eine gelbe, hornartige Masse.

Ein „Subfluorid" des Silbers, *Disilberfluorid*, Ag₂F, entsteht als definierte Verbindung beim Auflösen von Silber in konzentrierter Silberfluoridlösung in Form grün schillernder, metallisch glänzender Blättchen, die schon durch Luftfeuchtigkeit in Silber und Silberfluorid zerfallen. Es kristallisiert in einem Schichtengitter (Anti-PbJ₂-Typ) mit Ag—F—Ag-Schichtpaketen und hat bei Zimmertemperatur etwa die gleiche Leitfähigkeit wie Blei (HILSCH und v. WARTENBERG, 1957). Die Bindungsverhältnisse in dieser merkwürdigen Verbindung sind noch nicht geklärt.

Silberchlorid, AgCl, Silberbromid, AgBr, und Silberjodid, AgJ

Silberchlorid, Silberbromid und Silberjodid fallen als äußerst schwer lösliche, käsige Niederschläge beim Zusammentreffen von Ag⁺-Ionen mit den betreffenden Halogenid-

Ionen Cl⁻, Br⁻, J⁻ aus. Die Farbe der 3 Silberhalogenidniederschläge vertieft sich vom weißen Chlorid über das gelblichweiße Bromid zum rein gelben Jodid. Zum Unterschied von den meisten, in Wasser schwer löslichen Silbersalzen werden die Halogenide auch von verdünnter Salpetersäure nicht gelöst. Hierauf beruht der analytische Nachweis und die Abtrennung sowohl des Silbers als auch der Halogenid-Ionen. Die Schwerlöslichkeit und die direkte Wägbarkeit von Silberchlorid, -bromid und -jodid ermöglichen die quantitative Bestimmung des Silbers und der Halogene in dissoziierten oder sonst reaktionsfähigen Verbindungen. Die genauesten Äquivalentgewichtsbestimmungen gründen sich auf den Umsatz und die anschließende Wägung von Silberhalogenid.

Die schon beim Silberchlorid sehr geringe Löslichkeit in Wasser nimmt über das Bromid zum Jodid noch wesentlich ab, wie aus den Werten der Löslichkeitsprodukte

$$[Ag^+] \cdot [Cl^-] = 1 \cdot 10^{-10}, \qquad [Ag^+] \cdot [Br^-] = 4 \cdot 10^{-13} \text{ und } [Ag^+] \cdot [J^-] = 1 \cdot 10^{-16}$$

zu ersehen ist.

Durch überschüssige Halogen- oder Silber-Ionen wird die Löslichkeit entsprechend dem Massenwirkungsgesetz zunächst herabgedrückt. Höhere Konzentrationen an Halogenwasserstoffsäure oder Halogeniden wirken durch Bildung von Komplexionen, wie $[AgCl_2]^-$, $[AgJ_4]^{3-}$, lösend.

Auch konzentrierte Silbernitratlösung löst Silberhalogenid auf, z. B. eine 66⁰/₀ige Silbernitratlösung bei 90 °C auf 100 g Silbernitrat etwa 0,8 g Silberchlorid. Silberbromid wird unter denselben Bedingungen viermal leichter, Silberjodid fast hundertmal leichter als Silberchlorid gelöst. Es entstehen Doppelsalze vom Typus AgHal · AgNO₃.

Sehr leicht löslich ist Silberchlorid in Ammoniak unter Bildung von *Silber-Amminkomplexen*. In diesen Lösungen liegen überwiegend $[Ag(NH_3)_2]^+$-Ionen vor. Silberbromid löst sich aber schwer in Ammoniak und Silberjodid ist fast unlöslich. Dagegen sind alle 3 Silberhalogenide in Kaliumcyanid und Natriumthiosulfat unter Komplexbildung leicht löslich. In Cyanidlösungen liegen je nach der Konzentration die Ionen $[Ag(CN)_2]^-$ und $[Ag(CN)_3]^{2-}$ vor, in den Thiosulfatlösungen überwiegt das $[Ag(S_2O_3)_3]^{5-}$-Ion.

Die Tatsache, daß in Ammoniak Silberjodid nicht löslich, dagegen Silberchlorid leicht löslich ist, während in Kaliumcyanid sich beide Verbindungen lösen, beruht darauf, daß die sich nach dem Dissoziationsgleichgewicht $[Ag(NH_3)_2]^+ \rightleftharpoons Ag^+ + 2\,NH_3$ einstellende Silber-Ionenkonzentration in der ammoniakalischen Lösung kleiner ist als die Ag^+-Ionenkonzentration über Silberchlorid in Wasser, aber größer ist als der entsprechende Wert beim Silberjodid. Daher fällt aus der Lösung des Ammins bei Zugabe von Jodid-Ionen Silberjodid aus. Bei dem stabilen Cyanidkomplex ist die Dissoziation nach $[Ag(CN_2)]^- \rightleftharpoons Ag^+ + 2\,CN^-$ jedoch so gering, daß sogar das Löslichkeitsprodukt des Silberjodids unterschritten wird und das Jodid in Lösung geht.

Die Abnahme der Silber-Ionenkonzentration in der Reihe

$$AgCl \longrightarrow [Ag(NH_3)_2]^+ \longrightarrow AgJ \longrightarrow [Ag(CN)_2]^- \longrightarrow Ag_2S$$

in Wasser läßt sich durch den folgenden Versuch anschaulich zeigen: Man fällt aus einer Silbernitratlösung durch Zugabe von Natriumchloridlösung das Silberchlorid aus. Bei Ammoniakzusatz geht dieses wieder in Lösung. Setzt man nun Kaliumjodidlösung hinzu, so fällt gelbes Silberjodid aus, das wieder durch Kaliumcyanid gelöst werden kann. Schließlich fällt bei Zugabe von Natriumsulfid schwarzes Silbersulfid aus.

Silberchlorid und Silberbromid kristallisieren regulär im Natriumchloridgitter. Silberjodid tritt dagegen in drei Modifikationen auf: bis 137 °C regulär (Zinkblendestruktur siehe S. 592), zwischen 137 °C und 146 °C hexagonal (in der Atomanordnung des Wurtzit) und oberhalb 146 °C wieder regulär (mit ungeordneter Verteilung der Silber-Ionen). Die Schmelzpunkte betragen für Silberchlorid 455 °C, für Silberbromid 430 °C und für Silberjodid 557 °C.

Durch Licht werden die drei Silberhalogenide langsam zersetzt. Silberchlorid färbt sich am Licht lila, violett und zuletzt schiefergrau, wobei Chlor entwickelt wird und eine Adsorptionsverbindung von kolloidalem Silber an Silberchlorid hinterbleibt. Dieses „Photochlorid" kann auch aus Chlor und kolloidem Silber sowie aus Silberchlorid durch Reduktionsmittel, wie ammoniakalische Eisen(II)-salzlösung, erhalten werden. Zur Darstellung von kristallisierten „Silber-Photohaloiden" ließ W. REINDERS Silberchlorid aus ammoniakalischer Lösung im Licht oder aus einer Lösung von kolloidem Silber auskristallisieren. Im ersteren Falle erhält man Würfel und Oktaeder von indigoblauer Farbe mit etwa 1 % an das Silberchlorid adsorbiertem, kolloidem Silber. Im letzteren Falle erhält man gelbe, rote, rotviolette, blauviolette bis indigoblaue Produkte, je nach der angewendeten kolloiden Silberlösung. Außer dem kolloiden Silber werden auch kolloides Gold und einige organische Farbstoffe vom Silberchlorid adsorbiert.

Photographie

Die Lichtempfindlichkeit der Silberhalogenide bedingt ihre Verwendung in der Photographie. Für photographische Platten und Filme benutzt man eine Emulsion[1]) von Silberbromid mit wenigen Prozenten Silberjodid in Gelatine, für Kopierpapiere dagegen das weniger lichtempfindliche Silberchlorid.

Auf den photographischen Prozeß kann hier nur kurz eingegangen werden. Allgemein beruht er auf der durch das Licht bewirkten, anfänglich kaum merkbaren Zersetzung von Silberhalogenid und der Verstärkung durch Reduktionsmittel, wie Hydrochinon, Methol, Eisen(II)-oxalat usw., die das Silber sehr viel schneller an den durch die Belichtung geschaffenen Silberkeimen abscheiden und diese bis zum sichtbaren Negativ vergrößern, bevor das Silberhalogenid an den unbelichteten Stellen nennenswert reduziert wird (*Entwickeln*). Durch Natriumthiosulfat entfernt man das überschüssige, unverbrauchte Silberhalogenid und schützt so das Negativ vor weiterer Veränderung am Licht (*Fixieren*).

Silbercyanid, AgCN

Silbercyanid fällt als weißer, käsiger, dem Silberchlorid ähnlicher Niederschlag aus, wenn Silbersalzlösungen mit äquivalenten Mengen Kaliumcyanid zusammentreffen. Auch bei sehr starker Verdünnung wirkt ein Überschuß an Kaliumcyanid auflösend. Aus der Lösung kristallisiert das leicht lösliche Kaliumcyanoargentat, $K[Ag(CN)_2]$.

In 1 l Wasser lösen sich nur $2 \cdot 10^{-7}$ Mol Silbercyanid bei 20 °C auf. Beim Erhitzen von Silbercyanid entweicht die Hälfte des Cyans, während Paracyansilber zurückbleibt. Salzsäure spaltet Silbercyanid in Silberchlorid und Blausäure. Die Struktur des Silbercyanids enthält die Kettenmoleküle $-Ag-N\equiv C-Ag-N\equiv C-$ (WEST, 1936).

Silberrhodanid, AgSCN

Silberrhodanid ist ein gleichfalls weißer, gequollener, auch in verdünnter Salpetersäure fast unlöslicher Niederschlag, der mit überschüssigem Kaliumrhodanid das lösliche Komplexsalz Kaliumrhodanoargentat, $K[Ag(SCN)_2]$, bildet. Setzt man zu einer Silbernitratlösung eine geringe Menge Eisen(III)-sulfat und dann so lange eine Kaliumrhodanidlösung von bekanntem Gehalt hinzu, bis Rotfärbung infolge Bildung von Eisen(III)-rhodanid eintritt, dann ist für 1 g-Ion Ag^+ 1 Äquivalent SCN^- verbraucht worden (*Vollhardsche Silbertitration*).

---

[1]) Die gebräuchliche Bezeichnung „Emulsion" ist nicht korrekt. Es handelt sich um eine kolloide Aufteilung des festen Silberbromids in der Gelatine. Unter einer Emulsion versteht man aber eine kolloide Aufteilung einer Flüssigkeit in einer zweiten Flüssigkeit.

Weitere Silbersalze

Silbersulfat, Ag_2SO_4, wird durch Lösen des Metalls in heißer, konzentrierter Schwefelsäure dargestellt. Es bildet weiße, rhombische Kristalle, die isomorph mit wasserfreiem Natriumsulfa sind, schmilzt bei 652 °C und löst sich in Wasser nur wenig auf (bei 20 °C 0,8 g, bei 100 °C 1,4 g in 100 g Wasser).

Silbersulfit, Ag_2SO_3, fällt aus Silbernitratlösung durch Natriumsulfit als weißer in Essigsäure unlöslicher Niederschlag. Beim Erwärmen oder im Licht zersetzt es sich nach:

$$2 Ag_2SO_3 = 2 Ag + Ag_2SO_4 + SO_2$$

In überschüssigem Alkalisulfit löst es sich unter Komplexbildung, z. B. als Natriumsilbersulfit $Na[AgSO_3]$.

Silberphosphat, Ag_3PO_4, ist ein gelber Niederschlag, der unvollständig auch aus sekundären Alkaliphosphaten durch Silbernitrat unter Abspaltung freier Säure gefällt wird:

$$3 Ag^+ + HPO_4^{2-} = Ag_3PO_4 + H^+$$

Silberpermanganat, $AgMnO_4$, kann nach F. HEIN in gesättigter Lösung mit versilbertem Kieselsäuregel als Katalysator zur Oxidation von Wasserstoff in der Gasanalyse verwendet werden.

Silbercarbonat, Ag_2CO_3, wird aus löslichen Silbersalzen durch Alkalicarbonate gefällt, und ist ein blaßgelber, fast weißer Niederschlag, der im Licht und bei 200 °C zerfällt.

Silberacetat, $Ag(CH_3 \cdot CO_2)$, kristallisiert in schwer löslichen (bei 20 °C 10,4 g auf 1 l), glänzenden, flachen, biegsamen Nadeln, die beim Erhitzen Essigsäureanhydrid abgeben.

Silberoxalat, $Ag_2C_2O_4$, fällt aus Silbernitrat- und Oxalsäurelösung als weißer Niederschlag, der sich bei 110 °C zersetzt und beim schnellen Erhitzen bei 200 °C explodiert:

$$Ag_2C_2O_4 = 2 Ag + 2 CO_2$$

Silberacetylid, Ag_2C_2, siehe unter Acetylen.

Silberazid, AgN_3, fällt aus Silbernitratlösung und Natriumazid als weißer, käsiger Niederschlag aus, der aus wäßrigem Ammoniak umkristallisiert werden kann. Es schmilzt bei 250 °C, explodiert äußerst heftig und ist ebenso wie die Silberhalogenide lichtempfindlich.

Aus ammoniakalischen Silberlösungen, die zum Versilbern von Glas dienen, scheiden sich nach längerem Stehen dunkle Niederschläge ab, die bei Erschütterung der Gefäße ziemlich kräftig explodieren. Dieses *Knallsilber von Berthollet* (nicht zu verwechseln mit dem eigentlichen Knallsilber, dem Silberfulminat, AgONC, siehe unter Knallsäure) enthält das *Silbernitrid*, Ag_3N, das rein aus einer ammoniakalischen Silberoxidlösung durch Fällen mit Alkohol oder Aceton oder Versetzen mit festem Kaliumhydroxid gewonnen werden kann und sehr leicht explodiert (H. HAHN, 1949).

Silber(II)- und Silber(III)-verbindungen

Silber der Oxidationsstufe +2 liegt in einigen Komplexen mit organischen Stickstoffbasen, wie Pyridin oder o-Phenanthrolin vor, z. B. in dem orangefarbenen $[Ag(Pyr)_4]S_2O_8$, das durch Oxidation von Silbernitrat in Pyridin mit Kaliumperoxodisulfat erhalten wird (BELLUCI, 1912, HIEBER, 1928). Die Zweiwertigkeit des Silbers konnte weiter durch die Darstellung des dunkelbraunen *Silberdifluorids*, AgF_2, bewiesen werden (O. RUFF, 1934). Es bildet sich aus feinst verteiltem Silber und Fluor bei Raumtemperatur oder aus Silberchlorid und Fluor bei 250 °C und findet, wie andere höhere Fluoride, Kobalt(III)-fluorid und Mangan(III)-fluorid, zur Fluorierung organischer Verbindungen Verwendung. Durch Wasser wird Silber(II)-fluorid in Silberfluorid, Fluorwasserstoff und ozonreichen Sauerstoff gespalten.

Die Oxidationsstufe +2 des Silbers in den genannten Verbindungen ist auch durch magnetische Messungen bewiesen worden. Diese Verbindungen sind wegen der ungeraden Elektronenzahl des Ag^{2+}-Ions paramagnetisch (W. KLEMM, 1929).

Silber der Oxidationsstufen +2 und +3 enthält das schwarze kristalline Oxid, das durch anodische Oxidation von Silbernitrat in Salpetersäure entsteht. Seine Zusammensetzung entspricht recht genau der Formel $Ag_2O_3 \cdot 2\,AgO \cdot AgNO_3$. Durch Behandeln mit heißem Wasser geht diese Verbindung unter Sauerstoffentwicklung in *Silber(II)-oxid*, AgO, über. Auch die durch Oxydation von Silbersalzen mit Peroxodisulfat in alkalischer Lösung oder durch Oxydation von Silber mit Ozon erhaltenen schwarzen Produkte bestehen aus Silber(II)-oxid (E. M. Schwab und G. Hartmann, 1955). Nach Macmillan (1960) besitzt das Oxid die Struktur $Ag^{3+}(O{-}Ag{-}O)^{3-}$ mit Ag(I)- und Ag(III)-Ionen.

In den Perjodatkomplexen $Me_7{}^I[Ag(JO_6)_2] \cdot n\,H_2O$ mit $Me^I = Na^+$, K^+ oder H^+ liegt Silber in der Oxydationsstufe $+3$ vor. Das orangefarbene Kaliumsalz entsteht aus Silbersulfat und Kaliumperjodat bei Oxydation mit Kaliumperoxodisulfat in alkalischer Lösung. Auch die entsprechenden Kupfer(III)- und Gold(III)-Verbindungen sind bekannt (Malatesta, 1941).

Ferner konnten die gelben, feuchtigkeitsempfindlichen Tetrafluoroargentat(III)-Komplexe, $KAgF_4$, und $CsAgF_4$, durch Fluorierung eines Gemisches von Silberchlorid und Alkalichlorid dargestellt werden (W. Klemm, 1954, R. Hoppe, 1957).

Gold, Au

Atomgewicht	196,9665
Schmelzpunkt	1063 °C
Siedepunkt	2600 °C
Dichte bei 20 °C	19,29 g/cm³
Spezifische Wärme	0,0312 cal/g · grd

Vorkommen

Das Gold, Au [1]), findet sich hauptsächlich als freies Metall in der Natur, und zwar in primären Lagerstätten als „Berggold" auf Quarzgängen in meist feiner Verteilung, begleitet von Kupferkies, Arsenkies, Zinkblende, Bleiglanz, Antimonglanz, Silbererzen und besonders von Pyrit, der Gold in so feiner Verteilung enthält, daß es erst durch chemische Methoden daraus abgeschieden werden kann. Auf den Quarzgängen tritt Gold oft kristallisiert in regulären Oktaedern mit abstumpfenden Dodekaederflächen auf. Mit zunehmender Tiefe nimmt der Goldgehalt der Quarzgänge meist ab, er beträgt in günstigsten Fällen etwa 100 g, oft aber nur wenige Gramm je 1 t Gestein.

Beispielsweise enthalten in Transvaal die bis zu 40 m mächtigen Quarzlagergänge durchschnittlich 45 g Gold je 1 t und die Quarzkonglomerate etwa 23 g Gold neben Pyrit je 1 t Gestein (Witwatersrandgruben). Mittels der weiter unten beschriebenen chemischen Verfahren gewinnt man meist 97 % des Goldgehaltes.

Nach Verwitterung der goldführenden Gesteinsmassen wird das Gold vom Wasser weggewaschen und findet sich dann in sekundären Vorkommen als Seifen- oder Waschgold in den Flußsanden und Ablagerungen als Goldstaub, auch in Form von Goldkörnern und bisweilen in Gestalt von Goldklumpen, die wohl aus feineren Teilchen durch mechanischen Druck zusammengeschweißt wurden.

An Golderzen sind die tellurhaltigen Minerale *Sylvanit* mit 25 ... 30 % Gold und *Nagyagit*, eine Verbindung von Gold, Kupfer, Blei mit Tellur (siehe unter Tellur) zu erwähnen.

Mit dem Wasser der Flüsse werden große Mengen Gold, meist mit dem mehrfachen Gewicht Silber gemengt, in kleinen Flittern aus dem Urgebirge fortgespült. Ein Teil hiervon wird

---

[1]) lateinisch aurum

stellenweise im Sand der Flüsse abgesetzt, z. B. im mittleren Rheingebiet etwa 0,012 g in Kubikmeter Sand (F. Henrich). Hieraus wurden in Baden 1804 bis 1874 etwa 300 kg Rheingold gewonnen. Viel Gold bleibt im Flußwasser schwebend, und so gelangen mit dem Rheinwasser rund 200 kg Gold jährlich ins Meer. Die großen Ozeane enthalten durchschnittlich 0,01 mg, an der Ostküste von Grönland sogar bis zu 0,047 mg Gold pro Tonne. Mit dem Gold zusammen findet sich meist fünfmal so viel Silber im Meerwasser.

Nach den geschichtlichen Überlieferungen war der Goldreichtum der alten Kultur-völker sehr groß, jedenfalls viel bedeutender, als nach dem gegenwärtigen Goldvor-kommen in der alten Welt zu schließen wäre. Zweifellos sind die ehemals reichen Fundstellen in Asien und Europa fast erschöpft. Japan, China, Persien, Indien, Korea sowie der Ural, Siebenbürgen, Schweden und Norwegen stehen hinsichtlich der Gold-gewinnung weit zurück hinter Südafrika, dem Kongogebiet, Ostaustralien, Kalifornien, Kolorado und Alaska.

Gewinnung

Für die europäische Goldgewinnung spielt die Goldwäscherei aus dem Sande der Ströme, wie Rhein, Donau, Inn und Isar, keine Rolle mehr, einerseits deswegen, weil durch die Regulierung der Flußläufe der natürliche Schlämmprozeß, wie ihn die Frühjahrshochwässer bewirkten, verhindert worden ist, andererseits wegen der Steigerung der Arbeitslöhne in den letzten Jahrzehnten. Dagegen ist der an sich sehr geringe Goldgehalt sulfidischer Erze, wie Pyrit, Kupferkies und Silberglanz, insofern von Bedeutung geworden, als bei der elektrolytischen Raffination von Kupfer und Silber sowie bei der Entzinkung von Pyritabbränden nebenbei Gold erhalten wird.

Gegenwärtig kommen hauptsächlich nur die Amalgamierung und die Extraktion mit Alkali-cyanidlösung in Betracht.

Amalgamierung

Die goldhaltigen Gesteinsmassen werden gründlich zerkleinert, in Wasser suspendiert und über amalgamierte Kupferplatten geleitet. Von Zeit zu Zeit wird die Amalgamschicht abgekratzt und in eisernen Retorten erhitzt, wobei das Quecksilber zurückgewonnen wird.

Extraktion mit Alkalicyanid

Dieses von Mac Arthur und Forrest (1888) zuerst in Australien erprobte Verfahren er-möglicht auch die Auflösung kleinster, beim Amalgamverfahren nicht mehr erfaßbarer Goldteilchen.

Feinst verteiltes Gold löst sich in 0,1 ... 0,5%iger Natriumcyanidlösung, wobei intermediär in Gegenwart von Luft Wasserstoffperoxid auftritt (Bodländer):

$$2\,Au + 4\,NaCN + 2\,H_2O + O_2 = 2\,Na\,[Au(CN)_2] + 2\,NaOH + H_2O_2$$

und

$$2\,Au + 4\,NaCN + H_2O_2 = 2\,Na\,[Au(CN)_2] + 2\,NaOH$$

Aus der Lösung von Natriumcyanoaurat(I), Na[Au(CN)$_2$], schlägt man das Gold durch Zink oder durch Elektrolyse an Bleikathoden nieder.

Goldscheidung

Das Rohgold aus den eben beschriebenen Prozessen oder aus der elektrolytischen Silber- und Kupfergewinnung enthält außer Silber und unedlen Metallen oft auch noch Platinmetalle und bisweilen Tellur. Zur endgültigen Reinigung dient vorwiegend die Goldelektrolyse. Hierzu wird das Rohmetall als Anode in einer salzsauren Goldchloridlösung aufgelöst. An den Kathoden aus reinem Goldblech scheidet sich bei 60 ... 70 °C aus der 3 ... 4%igen Goldlösung zusammenhängendes Feingold ab. Die unedlen Metalle und ebenso Platin und Palladium bleiben im Elektrolyten, Silber fällt als Silberchlorid aus.

Die Gesamtproduktion an Gold beläuft sich auf etwa 1200 t im Jahr. Davon entfallen etwa 42 % auf die Südafrikanische Union, etwa 29 % auf die UdSSR und etwa 11 % auf Kanada. Etwa 10 % der Goldproduktion stammen aus der Verhüttung sulfidischer Erze.

Die ganze, seit der Entdeckung Amerikas bis 1924 gewonnene Goldmenge betrug 32 840 t im Wert von rund 160 Milliarden DM.

Eigenschaften

Physikalische Eigenschaften

Gold kristallisiert ebenso wie Kupfer und Silber kubisch (Struktur siehe S. 408). Die Kristalle zeigen Dodekaeder-, Oktaeder-, seltener Würfelflächen. Durch wiederholte Zwillingsbildung entstehen oft dentritische und blättrige Strukturen. Gut ausgebildete Kristalle erhält man aus dem Amalgam durch längeres Erhitzen auf 80 °C und darauf folgendes Behandeln mit verdünnter Salpetersäure. Mit Kupfer, Silber, Platin und Palladium bildet Gold lückenlose Reihen von Mischkristallen. Während das gefällte Gold lehmfarben aussieht, zeigt das dichte Metall den bekannten, prachtvollen gelben Glanz, der schon bei dem nur 0,00014 mm dicken Blattgold hervortritt und dem Gold seit uralten Zeiten vor allen anderen Metallen den Vorrang als Schmuckmetall sicherte.

Zwar siedet das Gold bei höherer Temperatur als das Kupfer, doch lehrt die praktische Erfahrung, daß sich Gold schon bei 1100 °C zu verflüchtigen beginnt, weshalb in allen großen Münzen Flugstaubsammelräume angebracht sind. Geschmolzenes Gold leuchtet mit grüner Farbe.

Infolge des hohen Atomgewichtes und der damit verbundenen geringen spezifischen Wärme von nur 0,0312 cal/g · grd fühlen sich goldene Gegenstände im Vergleich mit solchen aus Kupfer oder Silber, Eisen usw. warm an. Auf Silber gleich 100 bezogen ist die Wärmeleitfähigkeit des Goldes 75, die elektrische Leitfähigkeit 67. (Spezifischer Widerstand bei 20 °C 2,44 · $10^{-6} \Omega$ · cm.)

Die Dehnbarkeit und Geschmeidigkeit ist noch größer als die des Silbers, so daß feinster Golddraht von 2 km Länge weniger als 1 g wiegt und daß Blattgold sich zu 0,00014 mm Dicke ausschlagen läßt. Die absolute Festigkeit für gezogenen Golddraht beträgt 2700 kp auf 1 cm². Die Härte ist gering, so daß sich Feingold beim Versand oder Gebrauch stark abreibt und auf diese Weise große Mengen Gold im Laufe der Jahrtausende verlorengingen.

Für Münzen wird das Gold meist mit 10 % Kupfer legiert, wodurch die Härte gesteigert, allerdings auch der schön gelbe Glanz nach Rot verändert wird. Weißgold sind Gold-Palladiumlegierungen, oft auch mit Zusätzen von Nickel.

Für Schmucksachen dienen Legierungen von Gold mit Kupfer und Silber, deren Goldgehalt man in Tausendsteln oder in Karat angibt. Reines Gold ist 24karätig; 8karätiges Gold enthält demnach ¹/₃ seines Gewichtes an Gold, 12karätiges ¹/₂ usw. Auf dem Probierstein erkennt man den Goldgehalt daran, daß der glänzende Metallstrich beim Befeuchten mit 30%iger Salpetersäure nicht oder nur zum Teil verschwindet. Beim Betupfen mit Silbernitratlösung bleibt echtes Gold unverändert, während vergoldete, unedle Metalle um so schneller dunkles, metallisches Silber ausscheiden, je dünner die Vergoldung ist.

Zum Vergolden von Holz oder Tapeten dient Blattgold. Metallwaren werden durch Aufwalzen (Plattieren) oder durch Aufstreichen von Goldamalgam und nachfolgendes Erhitzen vergoldet. Einseitig goldplattiertes Rohmessing wird Doublé genannt. Am vorteilhaftesten vergoldet man versilberte oder verkupferte Metallflächen auf galvanischem Wege, indem man sie als Kathoden in einer Lösung von Knallgold in Kaliumcyanid einer Anode aus reinem

Goldblech gegenüberschaltet. Damit der Überzug zusammenhält, muß die Stromdichte möglichs gering gehalten werden und die Spannung so niedrig bleiben, daß kein Wasserstoff fre wird.

Porzellan und Glas vergoldet man mit Mischungen aus schwefelhaltigen organischen Öle und Goldchlorid, die beim Erhitzen schmelzen und glänzendes Gold zurücklassen. Glas läß sich auch mit einer Lösung von Goldchlorid in sehr verdünnter Kalilauge unter Zusatz vor Alkohol und Äther vergolden.

Kolloides Gold

Am längsten bekannt ist der Cassiussche Goldpurpur, der in verdünnten Goldsalzlösunger durch teilweise oxydiertes Zinn(II)-chlorid als purpur- bis braunrote Suspension auftritt, und zwar von solcher Färbekraft, daß man noch 1 Teil Gold in 100 Millionen Teilen Wasser nachweisen kann. Dieser Purpur ist eine Adsorption von kolloidem Gold an Zinnsäure und dient zum Glas- und Tonfärben. Besonders bleihaltige Glasflüsse lösen nämlich fein verteiltes Gold auf, und nach schnellem Abkühlen erhält man eine farblose, feste Lösung, die beim Erwärmen auf 390 °C prächtig rot anläuft. 1 Teil Gold auf 50 000 Teile Glas gibt noch schönen Goldrubin, bei 100 000 Teilen erhält man ein kräftiges, leuchtendes Rosa.

Wäßrige Lösungen von kolloidem Gold entstehen bei der Reduktion von Goldchloridlösungen durch die verschiedenartigsten Reduktionsmittel, wie Phosphor, Glycerin, Hypophosphite, Nitrite und Wasserstoffperoxid, gehen aber meist schnell in gelbliche Trübungen mit blauer Durchsicht über. Am leichtesten erhält man das Kolloid durch Erwärmen einer verdünnten, mit Kaliumhydrogencarbonat neutralisierten Goldchloridlösung unter Zusatz von einigen Tropfen Tanninlösung.

Ein sehr haltbares, rein rotes Goldhydrosol stellte ZSIGMONDY aus siedend heißer, mit Kalium-hydrogencarbonat schwach alkalisch gemachter Goldchloridlösung durch Zusatz von stark verdünntem Formaldehyd dar. Das verwendete Wasser muß frisch destilliert sein, und die Konzentration an Gold darf nicht über 0,1 % hinausgehen, sonst entstehen violette oder blaue Flüssigkeiten, die im auffallenden Licht trübe erscheinen und metallisches Gold absetzen. Nach der Dialyse kann bis zu 0,12 % konzentriert werden, die Lösung wird aber hierdurch unbeständiger. Alle Elektrolyte wirken koagulierend, Essigsäure färbt violettrot, dann tief-schwarz, worauf das Gold auszufallen beginnt; Quecksilber nimmt aus dem Goldhydrosol keine Spur Gold auf, Schimmelpilze werden rot bis schwarz gefärbt. Wie das kolloide Silber, so wandert auch das Goldhydrosol im elektrischen Feld an die Anode und wird dort aus-geflockt.

Kolloide Goldlösungen erhält man auch durch Berührung sehr verdünnter Goldchloridlösungen mit einer Wasserstoffflamme, wobei das aus der Luft entstandene Nitrit reduzierend wirkt (J. DONAU).

Die allgemeinst anwendbare Methode, um Metalle in kolloide Lösung zu überführen, besteht nach BREDIG in der Zerstäubung dünner Drähte als Kathoden unter schwach alkalischem Wasser durch Gleichstrom von 110 oder 220 V bei einer Stromstärke von 8 . . . 10 A.

Unter dem Ultramikroskop kann man die Goldteilchen in solchen Medien als Beugungs-scheibchen sichtbar machen und findet so, daß in 1 mm^3 Goldrubinglas mehrere Milliarden Goldteilchen vorhanden sind. Die kleinsten wahrnehmbaren Teilchen haben eine Masse von weniger als 10^{-15} mg und eine lineare Ausdehnung von $5 \cdot 10^{-6}$ cm. In einem hochroten Gold-hydrosol beträgt die Teilchengröße $2 \cdot 10^{-6}$ cm, wie es das Elektronenmikroskop zeigt.

Chemische Eigenschaften

Als sehr edles Metall ist Gold an der Luft, auch in der Hitze, vollkommen beständig. Von verdünnten und konzentrierten Säuren — mit Ausnahme von Königswasser — wird es nicht angegriffen. Königswasser löst Gold zu Tetrachlorogoldsäure, $HAuCl_4$. Auch Alkalihydroxide in Lösung oder im geschmolzenen Zustand wirken auf Gold nicht ein.

Dagegen greifen geschmolzene Alkaliperoxide unter Auratbildung Gold stark an. Gegen Fluor ist Gold bei Zimmertemperatur beständig, mit Chlor reagiert es bei mäßiger Temperatur zu Gold(III)-chlorid. Chlorwasser dagegen löst das Metall schon bei Zimmertemperatur.

Die Verbindungen des Goldes leiten sich von den Oxydationsstufen $+1$ und $+3$ ab, von denen im allgemeinen die höhere Oxydationsstufe, besonders in Komplexen, die beständigere ist. In Verbindungen mit großen und leicht polarisierbaren Anionen, wie CN^-, SCN^- und J^-, ist dagegen die Oxydationsstufe $+1$ die stabilere.

Goldverbindungen

Gold(III)-chlorid, $AuCl_3$, und Tetrachlorogoldsäure, $H[AuCl_4] \cdot 4 H_2O$

Gold(III)-chlorid entsteht aus fein verteiltem Gold und Chlor bei $200 \ldots 240\,°C$ als rotbraune kristalline Masse. Es läßt sich in einer Chloratmosphäre sublimieren und bildet dann rubinrote Nadeln. Im abgeschmolzenen Rohr schmilzt es bei $288\,°C$. Der Zerfall nach $AuCl_3 \rightarrow AuCl + Cl_2$ setzt schon unter $100\,°C$ ein und erreicht bei $257\,°C$ einen Druck von 1 atm. Die Strukturbestimmung hat ergeben, daß das Gitter aus ebenen $\overset{Cl}{\underset{Cl}{>}}Au\overset{Cl}{\underset{Cl}{<>}}Au\overset{Cl}{\underset{Cl}{<}}$ -Molekülen aufgebaut ist. Auch im Dampfzustand liegen Au_2Cl_6-Moleküle vor. In Wasser löst sich das Chlorid mit braunroter Farbe unter Bildung der komplexen Trichlorooxogoldsäure, $H_2[AuCl_3O]$, von der ein schwer lösliches gelbes Silbersalz, $Ag_2[AuCl_3O]$, bekannt ist. Die Lösungen in Alkohol und Äther sind goldgelb bis gelb. Mit Phosphorpentachlorid und Schwefeltetrachlorid bildet Gold(III)-chlorid kristallisierte Anlagerungsverbindungen.

Tetrachlorogoldsäure (Goldchloridchlorwasserstoffsäure) entsteht aus Gold(III)-chlorid durch Zugabe von Salzsäure, wobei die dunklere Farbe in reines Zitronengelb übergeht, sowie stets beim Einengen der Lösung von Gold in Königswasser oder salzsäurehaltigem Chlorwasser. Die langen, hellgelben Nadeln dieser Säure zerfließen an feuchter Luft und lösen sich auch in den meisten Alkoholen, Äthern und Ölen. Die wäßrige Lösung färbt die Haut purpurrot, indem kolloides Gold gebildet wird. Oxalsäure, Ameisensäure, Kohlenmonoxid, bei längerem Stehen und besonders im Licht auch Alkohol, sowie schweflige Säure, Hydroxylamin und Wasserstoffperoxid scheiden metallisches Gold als Niederschlag aus.

Das hellgelbe *Kaliumtetrachloroaurat*, $K[AuCl_4] \cdot 2 H_2O$, und das Ammoniumtetrachloroaurat, $NH_4[AuCl_4] \cdot n H_2O$, sind nicht nur in Wasser, sondern auch in Alkohol leicht löslich. Das ermöglicht die Trennung von den in Alkohol unlöslichen Salzen der Hexachloroplatinsäure, $Me_2[PtCl_6]$.

Gold(I)-chlorid, $AuCl$, und Gold(I)-jodid, AuJ

Gold(I)-chlorid wird als zitronengelbes Pulver am besten durch thermischen Abbau von Tetrachlorogoldsäure unter $200\,°C$ erhalten. Oberhalb $200\,°C$ macht sich der Zerfall in die Elemente schon deutlich bemerkbar. Bei $282\,°C$ erreicht der Dissoziationsdruck 1 atm. Durch Wasser, auch schon durch die Feuchtigkeit der Luft, wird Gold(I)-chlorid in Gold und Gold(III)-chlorid zersetzt. Chlorokomplexe, wie Natriumdichloroaurat(I), $NaAuCl_2$, sind nur in wäßriger Lösung bekannt. Sie entstehen durch Reduktion von Tetrachloroaurat(III)-Lösungen mit schwefliger Säure.

Die Brom-Goldverbindungen entsprechen im wesentlichen den Chloriden; dagegen ist ein Gold(III)-jodid bei gewöhnlicher Temperatur nicht existenzfähig, und man erhält statt dessen immer das zitronengelbe *Gold(I)-jodid*, AuJ, das in Wasser noch schwerer löslich und wohl deshalb auch beständiger ist als das Monochlorid und -bromid. Die Struktur enthält ähnlich dem AgCN und AuCN Molekülketten —Au—J—Au—J— (A. und A. WEISS, 1956). Durch Komplexbildung wird die Beständigkeit des Trijodids erhöht, und man kann Jodokomplexe, wie Na[AuJ₄], in schwarzen, glänzenden Kristallen erhalten.

Gold-Cyanverbindungen

Mit dem Cyan bildet das Gold zahlreiche Komplexsalze, die sich von einer *Tetracyanogold(III)-säure*, $H[Au(CN)_4]$, und von der besonders beständigen *Dicyanogold(I)-säure*, $H[Au(CN)_2]$ ableiten. Bedeutung für die Goldgewinnung und die elektrolytische Vergoldung hat das *Kaliumdicyanoaurat(I)* *(Kaliumgold(I)-cyanid)*, $K[Au(CN)_2]$, das beim Auflösen von fein verteiltem Gold in Kaliumcyanidlösung an der Luft und als Anodenprodukt aus Gold in gelösten Cyaniden entsteht. Aus der wäßrigen Lösung kristallisiert das Salz wasserfrei in farblosen, rhombischen Oktaedern, die sich in kaltem Wasser zu etwa 14 % auflösen. Versetzt man in der Wärme die Lösung des Kaliumsalzes mit Salzsäure, so fällt gelbes *Gold(I)-cyanid*, AuCN, aus.

Gold(III)-hydroxid und Gold(III)-oxid

Aus Gold(III)-chloridlösung fällt mit Natriumcarbonat braunes *Gold(III)-hydroxid*, auch Goldsäure genannt, aus. Der röntgenamorphe Niederschlag hält hartnäckig Alkali-Ionen adsorbiert gebunden. Die Entwässerung führt zunächst zu AuO(OH), und bei über 100 °C zu dem schwarzbraunen Oxid, Au_2O_3, doch ist die vollständige Entwässerung anscheinend stets mit einer beginnenden Zersetzung in die Elemente verbunden. Gold(III)-hydroxid löst sich in konzentrierten Säuren und in warmen konzentrierten Laugen. Aus den alkalischen Lösungen kristallisieren Aurate(III) wie das blaßgelbe Kaliumaurat(III), $K[AuO_2] \cdot 3\,H_2O$.

Gold(I)-hydroxid und Gold(I)-oxid sind bisher nicht mit Sicherheit nachgewiesen worden.

Goldsulfide

Aus einer Lösung von Chlorogoldsäure bzw. Gold(III)-chlorid erhält man mit Schwefelwasserstoff in der Kälte die schwarzen Sulfide Au_2S_3 bzw. Au_2S_2. In der Hitze wirkt Schwefelwasserstoff auf Gold(III)-salze unter Ausfällung von Gold nur reduzierend. Auch ein Gold(I)-sulfid, Au_2S, und Alkalithioaurate(I), wie Na_3AuS_2 und $NaAuS_2 \cdot 4\,H_2O$, sind bekannt.

Gold-Stickstoffverbindungen

Mit Ammoniak verbindet sich Gold(III)-hydroxid zu explosiven unter dem Namen *Knallgold* bekannten Verbindungen mit der angenäherten Zusammensetzung $2\,Au(OH)_3 \cdot 3\,NH_3$. Durch Auflösen von Knallgold in Kaliumcyanid erhält man chloridfreie Lösungen, die deshalb für galvanische Vergoldung besonders geeignet sind.

Aus Gold(III)-chloridlösung fällt mit überschüssigem Ammoniak zunächst ein Gemenge von $2\,Au(OH)_3 \cdot 3\,NH_3$ und $HN(AuNH_2Cl)_2$. Ist viel Salmiak zugegen, so fällt nur das gelbrote *Diamidogoldchlorid*, $(NH_2)_2AuCl$. Längere Behandlung mit Ammoniakwasser führt schließlich zu dem einheitlichen *Amminohydroxid*, $2\,Au(OH)_3 \cdot 3\,NH_3$, das beim Trocknen in das *Triamminogold(III)-oxid*, $Au_2O_3 \cdot 3\,NH_3$, übergeht (E. WEITZ).

In Gegenwart von Ammoniumnitrat bildet sich das farblose *Tetramminogold(III)-nitrat*, $[Au(NH_3)_4](NO_3)_3$, dem eine große Reihe ähnlicher Salze mit anderen Säuren entspricht.

Aus Gold(I)-chlorid und Ammoniakwasser scheidet sich das farblose, kristalline Ammin, $AuNH_3Cl$, ab, das durch Alkalien in einen weißen explosiven Niederschlag übergeht.

Gold(II)-verbindungen

In der Literatur sind mehrere Verbindungen mit Gold in der Oxydationsstufe + 2 beschrieben, so das dunkelrote Chlorid, Au_2Cl_4, das analoge Bromid, Au_2Br_4, das Sulfid, Au_2S_2, und das scharlachrote Sulfat $(AuSO_4)_2$. Sie sind als Gold(I)- Gold(III)-Verbindungen aufzufassen.

womit auch die auffallende Färbung dieser Verbindungen nach der Erfahrungsregel zusammenhängt, daß ein im Kristall in mehreren Oxydationsstufen auftretendes Element farbvertiefend wirken kann. Doch ist die Frage, ob es sich bei den genannten Produkten um einheitliche, definierte Verbindungen handelt, noch umstritten. Mit Sicherheit liegt dagegen 1- und 3wertiges Gold nebeneinander in der Cäsiumverbindung $Cs_2Au_2Cl_6$ vor. In dem dem Perowskit verwandten Gitter treten lineare $Cl-Au^I-Cl$- und ebene $Au^{III}Cl_4$-Gruppen auf (N. ELLIOT und L. PAULING, 1938).

Legierungen

Die Chemie der Legierungen ist wegen ihrer großen technischen Bedeutung zu einem wichtigen Teilgebiet der *Metallkunde* geworden, für deren Studium auf Speziallehrbücher verwiesen werden muß. Doch sollen hier die wichtigsten und grundlegendsten Erkenntnisse behandelt werden.

Da im Metall die Elemente als positive Ionen in das Elektronengas eingebettet sind und darum mehr oder weniger vollständig ihre Valenzelektronen verloren haben, ist es oft möglich, die Ionen eines Metalls ohne tiefgehende Änderungen zum Teil durch die Ionen eines anderen Metalls zu ersetzen. So sind sehr viele Metalle in geschmolzenem Zustand miteinander mischbar und bilden dann nach dem Erstarren Legierungen. Erfolgt bei Abkühlen eine Scheidung in ein Gemisch verschiedener Kristalle, so haften doch diese Kristalle meist fest zusammen unter Bildung eines dichten Aggregates, weil das Elektronengas auch die Kristalle verschiedener Metalle noch miteinander zusammenhalten kann. Vielfach aber werden die Elemente beim Erstarren nicht voneinander getrennt, sondern bilden im festen Zustand *Mischkristalle* oder *intermetallische Verbindungen* bzw. *Phasen*.

Zur Erforschung der Legierungen und zur Feststellung, ob Gemenge, Mischkristalle oder intermetallische Phasen vorliegen, hat sich unter Führung von G. TAMMANN besonders die *thermische Analyse* bewährt. Hierzu läßt man Schmelzen zweier Metalle mit verschieden gewählter Zusammensetzung abkühlen und beobachtet die Temperaturänderungen mit der Zeit (Abkühlungskurve) und die Ausscheidung der Kristalle.

Eutektische Legierungen

Das einfachste Bild ergibt sich, wenn die beiden Metalle zwar im geschmolzenen Zustand unbegrenzt mischbar sind, sich aber beim Erstarren vollständig entmischen. Dies trifft auf das Paar Antimon—Blei zu, wenn von der geringfügigen Löslichkeit von Antimon im festen Blei und umgekehrt abgesehen wird. Hier verläuft der Vorgang so, wie es auf S. 55 für das Gefrieren einer Ammoniumchloridlösung erläutert wurde. Abb. 91 gibt das Schmelzdiagramm (Zustandsdiagramm) des Systems Antimon-Blei wieder.

Auf der Abszisse sind die Mengen des Antimons von 100...0 und die des Bleis von 0...100 in Gewichtsprozent aufgetragen, auf der Ordinate die Temperaturen. Die fallenden und steigenden Kurven *Sb—E* und *E—Pb* geben die Temperaturen an, bei denen die erste Kristallausscheidung aus der Schmelze erfolgt. In einer Schmelze von 60 % Antimon und 40 % Blei

können wir das Antimon als Lösungsmittel, das Blei als gelöste Substanz ansehen. Kühlt ma
diese Schmelze ab, so erfolgt bei etwa 520 °C die Ausscheidung der ersten Antimonkristalle
Dadurch wird die Schmelze ärmer an Antimon, die Bleilösung im Antimon also konzentrierter

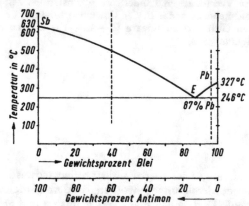

Abb. 91. Schmelzdiagramm Antimon-Blei. Keine Mischbarkeit

Der Erstarrungspunkt sinkt dementsprechend, wie der Gefrierpunkt einer wäßrigen Lösung
sinkt, wenn die Salzkonzentration steigt. Die Temperatur, die zunächst mit der Zeit in einem
bestimmten Maße abnahm, sinkt mit der Ausscheidung der Antimonkristalle langsamer, weil
bei der Kristallisation Wärme frei wird, die die Abkühlung verzögert (Knickpunkt der Abkühlungskurve). Mit weiterer Ausscheidung von Antimonkristallen sinkt der Erstarrungspunkt
immer tiefer längs der Kurve Sb—E. — Ganz analog erfolgt beim Abkühlen einer Schmelze
mit 5 % Antimon, bei der das Blei als Lösungsmittel angesehen werden kann, die Ausscheidung
der ersten Bleikristalle bei etwa 300 °C und dann weitere Bleiausscheidung mit Sinken der
Erstarrungstemperatur längs Pb—E. In beiden Fällen erreichen die Ausscheidungskurven den
Punkt E bei 246 °C und 87 % Blei, das *Eutektikum*, wo die Schmelze sowohl an Antimon als
auch an Blei gesättigt ist. Bei dieser Temperatur scheiden sich gleichzeitig Kristalle von Blei
und Antimon in dichtem Gemenge als eutektisches Gemisch ab, bis alles erstarrt ist. Solange
bleibt die Temperatur bei 246 °C. Die Abkühlungskurve zeigt also hier eine Haltestrecke, bei
der sich die Temperatur während einer gewissen Zeit nicht ändert. Erst wenn die ganze
Schmelze erstarrt ist, erfolgt weitere Abkühlung. — Erwärmt man die erstarrte Legierung
von beliebiger Zusammensetzung, so erfolgt stets bei 246 °C das Schmelzen des eutektischen
Gemisches und dann anschließend das Schmelzen der übrigbleibenden Antimon- oder Bleikristalle mit längs der Kurve Sb—E oder Pb—E ansteigender Temperatur.

Die Trennung der Schmelze in die beiden Metalle beim Erstarren wird durch die Röntgenuntersuchung des erstarrten Materials bestätigt, die stets nur die Interferenzen der Antimon-
und der Bleikristalle einzeln oder nebeneinander zeigt.

Zur Untersuchung der erstarrten Schmelzen gibt es neben der Röntgenuntersuchung noch eine
ältere sehr wertvolle Methode: die mikroskopische Untersuchung. In den meisten Fällen sind
die ausgeschiedenen Kristalle unter dem Mikroskop gut sichtbar. Ihre Gestalt in dem angeschliffenen, dicht verwachsenen kristallinen „Gefüge" und ihr Verhalten bei vorsichtigem
Lösen in verdünnten Säuren („Anätzen") gibt die Möglichkeit, die verschiedenen Kristallarten
zu unterscheiden. Das eutektische Gemisch hebt sich meist durch besonders feines „Gefüge"
hervor.

Die Legierung Antimon-Blei hat als Hartblei, Lager- und Letternmetall technische Bedeutung. Die Zusammensetzung wird meist mit 85 % Blei und 15 % Antimon gewählt,
sie liegt also in der Nähe des eutektischen Gemisches. Denn infolge des feinen Gefüges
ist das Eutektikum oft besonders gut bearbeitbar (εὐτεκτικός). Auch für andere technische
Legierungen wird das Gemisch gern in der Nähe der eutektischen Zusammensetzung
gewählt, ż. B. für Silumin (Silicium—Aluminium).

Mischkristalle

Der nächst einfachste Fall für das Erstarren einer Metallschmelze ist gegeben, wenn zwei Metalle nicht nur im flüssigen, sondern auch im festen Zustand unbegrenzt ineinander löslich sind, wenn sie also bei jedem Mengenverhältnis Mischkristalle bilden. Die Voraussetzung sind gleiche Kristallstruktur und bis auf etwa 15 % ähnliche Gitterabstände bei naher chemischer Verwandtschaft, also Zugehörigkeit zur selben Gruppe im Periodischen System (Silber—Gold, Kalium—Rubidium—Cäsium, Calcium—Strontium, Silicium—Germanium) oder bei den Übergangselementen zu benachbarten Gruppen (Kupfer—Nickel, Niob—Tantal—Molybdän—Wolfram). Als Beispiel sei hier das System Silber—Gold besprochen.

Das Schmelzdiagramm (Abb. 92) zeigt nur zwei Linien, die *Liquiduskurve* und die *Soliduskurve*. Wird eine Schmelze von 50 % Silber und 50 % Gold abgekühlt, so scheiden sich bei Erreichen der Liquiduskurve bei A die ersten Kristalle ab. Diese sind aber reicher an dem Metall mit dem höheren Schmelzpunkt (Gold) und haben die Zusammensetzung B, die die Soliduskurve bei der gleichen Temperatur anzeigt. Dadurch wird die Schmelze reicher an Silber, und die Erstarrungstemperatur sinkt längs der Liquiduskurve $A_1, A_2 \ldots$ Mit diesen Erstarrungstemperaturen sind die Kristalle mit der Zusammensetzung $B_1, B_2 \ldots$ im Gleichgewicht. Läßt man der Abkühlung sehr lange Zeit, so nehmen die zuerst ausgeschiedenen Kristalle B aus der Schmelze die notwendige Menge Silber auf, um die im Gleichgewicht beständigen Kristalle $B_1, B_2 \ldots$ zu bilden. Wenn alle Kristalle die Zusammensetzung B_n der Ausgangsschmelze erreicht haben, muß auch die ganze Schmelze erstarrt sein. —

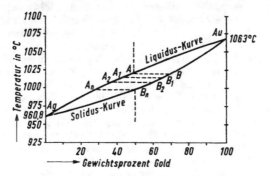

Abb. 92. Schmelzdiagramm Silber-Gold. Vollständige Mischbarkeit

Praktisch erfolgt die Abkühlung meist zu rasch, so daß die ersten Kristalle B von den folgenden Kristallen B_1, B_2 usw. umhüllt werden, bis schließlich als letztes sich reines Silber ausscheidet und wir eine inhomogen erstarrte Schmelze erhalten. Dieses Gemisch kann aber durch Erwärmen unter dem Schmelzpunkt homogenisiert werden. Bei stärkerem Erwärmen tritt beim Erreichen der Soliduskurve wieder die erste Schmelze auf, diesmal aber mit einer silberreicheren Zusammensetzung als das erstarrte Gemisch, und dann läuft der ganze Vorgang analog in umgekehrter Richtung ab. — Die Röntgenuntersuchung zeigt, daß die ausgeschiedenen Kristalle die gleiche Struktur wie die beiden reinen Metalle haben (kubisch dichteste Struktur), aber die Gitterkonstante liegt zwischen den beiden Werten der reinen Metalle.

Das gleichartige System Kupfer—Nickel hat technische Bedeutung für die Legierungen der *Nickelmünzen*, des *Konstantan* und des *Nickelin*.

Wenn die Gitterkonstanten stärker verschieden sind, wie bei Kupfer—Gold, können sich beim Erwärmen der zunächst regellos gemischten Mischkristalle geordnete Phasen ausbilden, z. B. in der Nähe der Zusammensetzung Cu_3Au und $CuAu$ mit möglichst regelmäßiger Verteilung der verschiedenen Atome.

Sehr viel häufiger ist der Fall, daß zwei Metalle im festen Zustand nur innerhalb eine
beschränkten Bereiches Mischkristalle bilden, aber geschmolzen unbeschränkt mischba
sind. Ein wichtiges Beispiel gibt das System Kupfer–Silber (Abb. 93). Weitere Beispiel
bieten Aluminium–Silicium, Blei–Zinn.

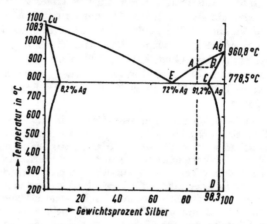

Abb. 93. Schmelzdiagramm Kupfer-Silber. Teilweise Mischbarkeit

Bei der Temperatur des Eutektikums können das Kupfer 8,2 % Silber und das Silber 8,8 %
Kupfer lösen. Das System enthält bei dieser Temperatur eine *Mischungslücke* von 8,2 ... 91,2 %
Silber. Kühlt man z. B. eine Schmelze mit 85 Gew.-% Silber und 15 Gew.-% Kupfer ab, so
scheiden sich bei der Temperatur von 870 °C kupferhaltige Mischkristalle aus Silber ab. Und
zwar haben diese die Zusammensetzung B mit etwa 5 % Kupfer, weil diese Kristalle bei
dieser Temperatur mit der kupferreicheren Schmelze im Gleichgewicht sind. Ag–C ist hier
die zur Liquiduskurve Ag–E gehörige Soliduskurve. Beim weiteren Abkühlen steigt der
Kupfergehalt der Schmelze bis zum Eutektikum E (72 % Silber), und gleichzeitig wächst der
Kupfergehalt der ausgeschiedenen Silberkristalle bis zum Wert C mit 8,8 % Kupfer, wenn
man ihnen Zeit läßt, mit der Schmelze ins Gleichgewicht zu kommen. Bei 778,5 °C erstarrt
dann der Rest der Schmelze unter Ausscheidung des eutektischen Gemisches von Silberkristallen mit etwa 8,8 % Kupfer und Kupferkristallen mit etwa 8,2 % Silber. Bei tieferer
Temperatur sinkt die Löslichkeit von Kupfer im Silber längs der Linie C–D (und ähnlich
die Löslichkeit des Silbers in den Kupferkristallen). Bei langsamer Abkühlung scheiden sich
darum aus den festen Silberkristallen silberhaltige Kupferkristalle aus. Kühlt man dagegen
rasch ab, so erhält man die Silberkristalle mit dem zu hohen Kupfergehalt als unterkühlte,
labile Mischkristalle. (Das gleiche gilt für die Abkühlung der silberhaltigen Kupferkristalle.)
Durch Erwärmen auf eine geeignete Temperatur unter dem Eutektikum kann man dann oft,
bevor die Ausscheidung des zuviel gelösten Kupfers erfolgt, eine dauerhafte eigenartige
Erhöhung der Festigkeit und Härte des Materials erreichen, die als *Vergütung* technisch hohe
Bedeutung besitzt.

Die Röntgenuntersuchung der erstarrten Schmelze zeigt nur die Interferenzen der beiden
Metalle einzeln oder nebeneinander, gegebenenfalls mit einer Änderung der Gitterkonstante
entsprechend dem Gehalt der Mischkristalle an dem anderen Metall.

Die technisch wichtigen *Silberlegierungen* mit z. B. 10 ... 20 % Kupfer enthalten, wie
das Schmelzdiagramm zeigt, silberreiche Mischkristalle und das Eutektikum mit silber-
und kupferreichen Mischkristallen.

Die Vergütung des *Duraluminiums* mit 3 ... 6 % Kupfer im Aluminium beruht auf
denselben Gründen, da das Schmelzdiagramm Aluminium–Kupfer auf der Aluminium-
seite der Abb. 93 entspricht.– Auch Hydronalium und Elektron bleiben mit unter 12 %
Magnesium im Aluminium bzw. unter 10 % Aluminium im Magnesium im Bereich der

bei eutektischer Temperatur möglichen Mischkristalle, ebenso die Aluminiumbronzen mit bis 10 % Aluminium im Kupfer. Auch die technisch verwertbaren Legierungen des *Messings* und der *Bronze* bleiben innerhalb oder in der Nähe der Löslichkeit von Zink bzw. Zinn im Kupfermischkristall. Diese Beispiele zeigen die hohe technische Bedeutung der Mischkristallbildung. Dazu kommt, daß im Mischkristall das edlere Metall den unedleren Charakter seines Partners verdecken kann, z. B. das Silber und das Gold in den technischen Silber–Kupfer- und Gold–Kupfer-Legierungen oder das Kupfer im Messing und in der Bronze.

Intermetallische Verbindungen oder Phasen

Allgemeines

Während z. B. alle Mischkristalle von Silber mit 0 ... 8,8 % Kupfer als dieselbe Phase in Erscheinung treten (vgl. die Erläuterung dieses Begriffes auf S. 52), da kontinuierliche Übergänge zwischen ihnen bestehen, bilden intermetallische Verbindungen neue Phasen im System. Im Idealfall sind sie wie die reinen Metalle im Zustandsdiagramm durch ein Maximum der Schmelzkurve charakterisiert. Die reine Verbindung schmilzt und erstarrt dann wie die reinen Metalle bei einer bestimmten Temperatur. Einen solchen einfachen und übersichtlichen Fall zeigt das System Magnesium–Blei.

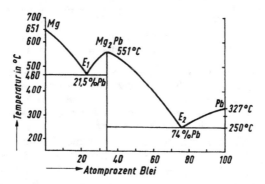

Abb. 94. Schmelzdiagramm Magnesium-Blei. Intermetallische Verbindung Mg_2Pb

In Abb. 94 sind auf der Abszisse die Mengen des Magnesiums und Bleies in Atomprozent aufgetragen.

$$\text{Atom-\% Blei} = \frac{\text{g-Atom Blei}}{\text{g-Atom Magnesium} + \text{g-Atom Blei}} \cdot 100$$

In der Mitte hebt sich bei 67 Atom-% Magnesium und 33 Atom-% Blei die intermetallische Verbindung mit der Zusammensetzung Mg_2Pb und der Erstarrungstemperatur 551 °C deutlich heraus. Dieses Maximum der Schmelzkurve heißt auch *dystektischer Punkt*.

Da die Verbindung Mg_2Pb mit den Elementen Magnesium und Blei keine Mischkristalle bildet, entspricht das Zustandsdiagramm vollkommen der Abb. 91, nur daß wir jetzt zwei Teildiagramme mit zwei eutektischen Punkten E_1 und E_2 aneinandergeführt haben.

Zum Erkennen einer intermetallischen Verbindung dient wieder das Röntgenbild. Di- intermetallische Verbindung zeigt meist die Interferenzen einer andersartigen Kristall struktur als die der Komponenten, wie das Kaliumjodid eine andere Kristallstruktu besitzt als Kalium und als Jod. So besitzt das Magnesium die hexagonal dichteste Struktur, das Blei das kubisch dichteste Gitter, die Verbindung Mg_2Pb das Flußspat gitter mit Magnesium anstelle der Fluor-Ionen und Blei anstelle der Calcium-Ionen.

Wenn die intermetallische Verbindung unterhalb ihres Schmelzpunktes zerfällt, wird das Schmelzdiagramm komplizierter. Hierfür bietet das System Natrium—Kalium ein Beispie! (Abb. 95).

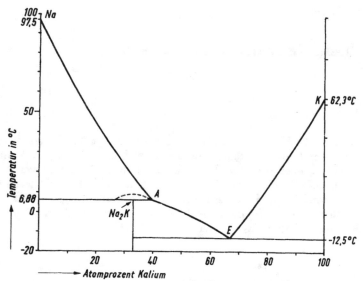

Abb. 95. Schmelzdiagramm Natrium-Kalium. Intermetallische Verbindung Na_2K, inkongruent schmelzend

Bei 33,3 Atom-% Kalium liegt die Verbindung Na_2K. Diese Verbindung existiert aber nicht mehr in der Schmelze, sondern zerfällt beim Erwärmen bei 6,88 °C in festes Natrium und eine Schmelze von der Zusammensetzung A. Infolgedessen wird der Zerfallspunkt Na_2K von der vom Schmelzpunkt des Natrium zum Eutektikum E laufenden Kurve überdeckt. Zwischen Natrium und Na_2K liegt nun kein Eutektikum mehr.

Die stöchiometrische Zusammensetzung der intermetallischen Verbindungen ist oft nicht eindeutig oder konstant, wie es gerade beim Mg_2Pb der Fall war. Viele inter- metallische Verbindungen bilden Mischkristalle mit beträchtlicher Breite der Zusammen- setzung. Man spricht darum allgemein von *intermetallischen Phasen*. Auch bei den Verbindungen der Übergangsmetalle mit den Chalkogenen zeigen sich solche Ab- weichungen vom Gesetz der konstanten Proportionen wie beim Magnetkies, $Fe_{(n-1)}S_n$, beim FeO oder TiO.

Während die Mischkristalle meist die Eigenschaften ihrer Bestandteile wiedergeben, sind die intermetallischen Verbindungen diesen weniger ähnlich. Meist sind sie spröde, oft besitzen sie auch ein schlechteres Leitvermögen für den elektrischen Strom als die reinen Metalle. In beiden Änderungen lassen sie die Verwandtschaft mit den Verbindungen der Metalle, wie den Sulfiden oder Oxiden, erkennen, doch bleibt der metallische Charakter noch vorherrschend. Infolge dieses geminderten metallischen Charakters haben die intermetallischen Phasen meist keine technische Bedeutung, doch bieten sie erhebliches wissenschaftliches Interesse.

Hume-Rothery-Phasen

Ein besonders wichtiges Beispiel für breite intermetallische Phasen gibt das System Kupfer–Zink.

Die Abb. 96 bringt der Einfachheit halber nur den unteren Teil des Zustandsdiagramms bei Zimmertemperatur, ohne die Erstarrungs- und Schmelzlinien. Dafür sind die Phasen durch Schraffur hervorgehoben. Sie werden der Reihenfolge nach mit steigendem Zink-gehalt als α-, β-, γ-Phase usw. bezeichnet. Die zinkreichen Phasen haben für das technisch verwertbare Messing keine Bedeutung. Dieses liegt im Gebiet der α-Phase und enthält unter 42 Gew.-% Zink.

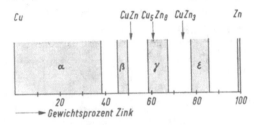

Abb. 96. Phasendiagramm Kupfer-Zink

Das Kupfer, das im kubisch dichtesten Gitter kristallisiert, kann bis zu 39 Gew.-% Zink aufnehmen (α-Messing). Dabei nehmen die Zinkatome dieselben Plätze wie die Kupfer-atome in statistischer Verteilung ein. Die Gitterkonstante wächst etwas entsprechend dem größeren Raumbedarf des Zinks.

Als nächste Phase folgt das β-Messing mit 46 ... 50 % Zink. Die Zusammensetzung dieser intermetallischen Verbindung liegt in der Nähe, aber außerhalb der Formel CuZn. Die Phase hat Cäsiumchloridstruktur mit soweit möglich regelmäßig wie die Cäsium- und Chlor-Ionen verteilten Kupfer- und Zinkatomen. Über 500 °C wird mit steigender Temperatur diese Ver-teilung unregelmäßiger.

Zwischen 59 % und 67 % Zink existiert die γ-Phase in der Gegend der Formel Cu_5Zn_8 mit einer besonderen komplizierten kubischen Struktur mit 52 Atomen in der Elementarzelle (γ-Messing-Struktur).

Dann folgt zwischen 78 % und 86 % Zink die ε-Phase in der Nähe der Formel $CuZn_3$ mit hexagonal dichter Struktur.

Den Schluß bildet das Zink (η-Phase), das etwas Kupfer in seinem hexagonal dichtesten Gitter unter Mischkristallbildung lösen kann. Die beiden hexagonal dichten Strukturen der ε- und η-Phase unterscheiden sich durch das Achsenverhältnis a/c der hexagonalen Zelle.

Höchst auffällig ist nun, daß dieselbe Reihenfolge der Strukturen auch bei anderen Systemen erscheint, aber mit ganz anderen absoluten Werten der Zusammensetzung. So treten bei dem die Bronze bildenden System Kupfer–Zinn eine β-, γ- und ε-Phase mit denselben Strukturen wie beim Messing auf. Wieder liegen diese Phasen bei höheren Zinn-Gehalten als die technischen Bronzen. Die Tabelle bringt die ungefähre stöchio-metrische Zusammensetzung der Phasen. Die Formeln sind dabei manchmal sehr kompliziert, wie $Cu_{31}Sn_8$. Die Erklärung gibt die *Regel von Hume-Rothery*, die besagt, daß für die Struktur das Verhältnis der Valenzelektronen zur Gesamtzahl der Atome maßgebend ist. Dabei werden dem Kupfer ein Valenzelektron, dem Zink zwei, dem Zinn vier Valenzelektronen zugeschrieben. Die Regel bestätigt sich auch für viele andere intermetallische Verbindungen, von denen eine kleine Auswahl in den unteren Zeilen der Tabelle aufgeführt ist. Dabei wird den Metallen der VIII. Gruppe Eisen, Kobalt, Nickel, Platin usw. kein Valenzelektron zugerechnet.

Der Sinn der Regel wird verständlich, wenn wir bedenken, daß im Metall die Atom als Ionen vorliegen, die in das Elektronengas eingebettet sind, das aus den abgegebene Valenzelektronen gebildet wird. Für die Struktur der Ionenkristalle ist das Verhältni von Anzahl und Ladung der Kationen und Anionen von Bedeutung (vgl. die Struktur von NaCl, CaF$_2$ und ZnS). An deren Stelle treten hier als negativer Partner de Gitters das Elektronengas und als positiver Partner die Metall-Ionen. — In den auf geführten intermetallischen Phasen gibt das Kupfer nur ein Valenzelektron ab, we das zweite, wie in den Kupfer(I)-Ionen, in das 3 d-Niveau zurückgezogen wird, da dadurch mit 10 Elektronen vollständig aufgefüllt wird. Ebenso können bei Eisen, Kobalt Nickel, Platin usw. die Valenzelektronen in das 3 d-, 4 d- oder 5 d-Niveau eingezogen sein, das dadurch beim Nickel, Palladium und Platin vollständig wird, so daß keine Valenzelektronen ins Elektronengas abgegeben worden sind.

Beispiele zur Hume-Rothery-Regel

Bezeichnung der Phasen	β	γ	ε	
mittlere stöchiometrische Zusammensetzung	$CuZn^{II}$ Cu_5Sn^{IV} Cu_3Al^{III} Ag^IZn Fe^0Al Ni^0Al	Cu_5Zn_8 $Cu_{31}Sn_8$ Cu_9Al_4 Ag_5Zn_8 $Pt_5^0Zn_{21}$ Ni_5Zn_{21}	$CuZn_3$ Cu_3Sn $Ag_5^IAl_3$ $AgZn_3$ $Cu_{13}Sb_3^V$ $FeZn_7$	Messing Bronze
Verhältnis der Zahl der Valenzelektronen zur Zahl der Atome	3 : 2 (21 : 14)	21 : 13	7 : 4 (21 : 12)	
Struktur der Phase	kubisch raum- zentriert (CsCl)	kubisch besonderer Ordnung	hexagonal dicht	

Die Breite der Phasen zeigt schon, daß die Hume-Rothery-Regel nicht streng gilt. Dies wird um so mehr verständlich, wenn wir bedenken, daß auch bei den Ionenkristallen die Struktur nicht allein durch Anzahl und Ladung der Ionen bedingt ist. Beispielsweise bewirkt bei Natriumchlorid und Cäsiumchlorid das Verhältnis der Ionengrößen eine Änderung der Struktur. Dem entspricht hier der verschiedene Platzbedarf der beiden Metalle. So ist es eine notwendige, aber nicht zwingende Voraussetzung für die Bildung von Hume-Rothery-Phasen, daß beide Metalle bei verschiedener Kristallstruktur sich in den Atomabständen um nicht mehr als 15 % unterscheiden. Das niedrigerwertige Metall muß in einer kubisch flächenzentrierten Modifikation kristallisieren können.

Laves-Phasen

Bei einem Verhältnis der Atomradien zweier Metalle A und B von ungefähr 1,22 bilden sich häufig Phasen der Zusammensetzung AB_2, die zwei ineinandergesetzten Metallgittern gleichen. Abb. 97 gibt als Beispiel die Struktur MgCu$_2$. In dem Gitter sind die Abstände der A-Atome voneinander und der B-Atome voneinander kleiner als die nächsten Abstände A—B. Zur

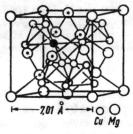

|← ——7,01 Å——— →|○ O
Cu Mg

Abb. 97. Kristallstruktur
einer Laves-Phase, MgCu₂

Deutung beachte man, daß die kleineren B-Atome (Cu) sechs B-Nachbarn in der gleichen Anordnung wie in der kubisch dichtesten Kugelpackung besitzen. Es fehlen dem mit ● bezeichneten Atom nur noch die sechs im Sechseck um die Mitte gelagerten B-Atome zur 12er Koordination des kubisch flächenzentrierten Gitters. Statt dieser sechs B-Atome sind sechs A-Atome (Mg) herumgeschlungen, mit ⊙ bezeichnet, die mit ihresgleichen ein Diamantgitter bilden. Mit einer chemischen Bindung hat diese Struktur nichts zu tun, vielmehr damit, daß bei weitgehend räumlicher Durchmischung doch jedes Metall das fremde in möglichst weiter Entfernung hält und daß dabei die B-Atome einen Teil der eigenen Gitterordnung bewahren.

Dieses Prinzip bleibt auch bei den beiden anderen Laves-Phasen mit den Beispielen MgZn₂ und MgNi₂ gewahrt, doch ist ihre Struktur hexagonal und somit weniger symmetrisch.

Zintl-Phasen

Nach E. Zintl (1932) kristallisiert die intermetallische Verbindung NaTl mit kubisch flächenzentriertem Gitter, ebenso kristallisieren NaIn, LiAl, LiGa, LiIn. Die Strukturanalyse ergab im einzelnen die Anordnung der Abb. 98. Sowohl die Tl- als auch die Na-Atome geben für sich die Struktur des Diamanten (Abb. 59). Die Messung der Abstände zeigt weiter, daß der Radius des edleren Metalls (Tl) so groß ist wie im reinen Metall, dagegen der des unedleren Metalls (Na) ganz beträchtlich kleiner. Das edlere Metall trägt die Struktur, das unedlere ist nur in die Lücken eingefügt.

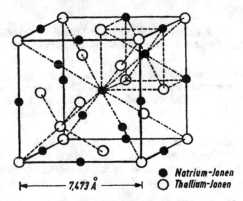

● Natrium-Ionen
○ Thallium-Ionen

|← —— 7,473 Å —— →|

Abb. 98. Kristallstruktur des Natrium-Thallium. Die Thallium-Ionen bilden für sich allein das Diamantgitter, vergleiche Abb. 59 und das links unten eingezeichnete Tetraeder. Dasselbe Gitter besitzen die Natrium-Ionen

Zur Deutung hat Zintl angenommen, daß hier ein Übergang in eine polare Bindung vorliegt, die im Grenzfall eine Struktur Na⁺Tl⁻ mit positiven Natrium- und negativen Thallium-Ionen ergäbe. Dann hätte das Tl⁻ gerade vier Valenzelektronen wie der Kohlenstoff und kann mit diesen wie der Kohlenstoff im Diamantgitter ein Tetraedernetz aufbauen, das als Makroanion dreidimensional den ganzen Kristall ausfüllt und in seine Lücken die positiven Natrium-Ionen, die jetzt genügend klein sind, aufnimmt, wie bei den Feldspäten in das dreidimensionale Gerüst des Alumosilicat-Anions die Alkali- und Erdalkali-Ionen eingefügt sind.

Mit dieser Vorstellung über die Konstitution steht der Diamagnetismus von NaTl im Einklang
Die Lithiumlegierungen LiAl und LiIn zeigen allerdings einen temperaturunabhängigen Para
magnetismus in der Größenordnung, wie man ihn für das Elektronengas in metallischen
Systemen findet (W. KLEMM und H. FRICKE, 1955), und besitzen demnach noch überwiegend
Metallcharakter.

Im gleichen Gitter wie NaTl kristallisieren auch LiZn und LiCd.

Noch mehr tritt der Ionencharakter hervor bei den Zintl-Phasen, die unedle Metalle
wie Lithium und Magnesium, oft mit Metallen bilden, die höchstens 4 Stellen vor einem
Edelgas stehen, wie Silicium, Germanium, Zinn, Blei, Arsen, Antimon und Wismut
Diese Phasen haben häufig valenzmäßige Zusammensetzung mit schmaler Phasenbreite
wie Mg_2Si, Mg_2Ge, Mg_2Sn, das schon erwähnte Mg_2Pb, Mg_3As_2, Mg_3Sb_2, Mg_3Bi_2
Li_4Sn, Li_4Pb, Li_3As, Li_3Sb, Li_3Bi, und kristallisieren in Gittern, die wie das CaF_2-, Mn_2O_3-,
La_2O_3-, LaF_3-, BiF_3-Gitter für Ionengitter typisch sind, im Gegensatz zu typisch
metallischen Strukturen, wie sie die Hume-Rothery- und Lavesphasen besitzen. Für
den Übergang der Bindung in Richtung auf die Ionenbindung spricht auch die beträchtliche Wärmeentwicklung bei der Vereinigung der Metalle zu diesen Verbindungen, die
häufig explosionsartig heftig erfolgt. Bei den Elementen, die nur 2 oder 1 Stelle vor einem
Edelgas stehen, kommen wir schließlich zu den aus Kationen und Anionen aufgebauten
Verbindungen, wie den Oxiden, Sulfiden und Halogeniden, MgO, MgS, $MgCl_2$ usw.

Von besonderer Bedeutung ist dabei der wieder von ZINTL (1931) geführte Nachweis,
daß die Metalle, die höchstens 4 Stellen vor einem Edelgas stehen, tatsächlich Anionen
bilden können. Dies ergab die Darstellung und die Elektrolyse der Verbindungen Na_4Sn_9,
Na_4Pb_7, Na_4Pb_9, Na_3As_7, Na_3Sb_7, Na_3Bi_5 in flüssigem Ammoniak. Diese Verbindungen
sind in Na-Ionen und die komplexen Ionen Pb_9^{4-} usw. dissoziiert, die aus einem Pb^{4-}-Ion
und angelagerten Pb-Atomen bestehen, ähnlich den Polyjodiden, wie KJ_3.

Nickelarsenidphasen

Die weniger unedlen Übergangsmetalle bilden mit Metallen, die höchstens 5 Stellen vor einem
Edelgas stehen, häufig Phasen mit einer Struktur, die nach dem Nickelarsenid, NiAs, benannt
wird (Abb. 99).

Die Struktur zeigt Verwandtschaft mit der NaCl-Struktur, wenn wir diese so aufstellen, daß
eine Raumdiagonale senkrecht steht. Bei Natriumchlorid folgen dann die Na- und Cl-Ebenen
mit dichter Dreieckspackung in der Reihenfolge $ABCA$..., der kubisch dichtesten Packung, im
Nickelarsenid folgen die As-Atome aber mit der Reihenfolge $ABAB$..., der hexagonal
dichtesten Packung.

Die Verwandtschaft äußert sich auch darin, daß z. B. in der Reihenfolge FeSn — FeSb — FeTe
das zweite Metall immer deutlichere Neigung zur Bildung von Anionen besitzt. Die im gleichen
Typ kristallisierenden Verbindungen Eisensulfid, Kobaltsulfid, Nickelsulfid stehen schon den
Ionenverbindungen nahe. Auch bei den Nickelarsenidphasen kommt also die Ionenbindung
mit ins Spiel.

Wichtiger aber ist eine andere Besonderheit. Gegenüber dem NaCl-Gitter liegen im NiAs-Gitter
die Ni-Atome nahe übereinander längs der hexagonalen Achse. Die Ursache für die Bildung
des Nickelarsenidgitters ist, daß die Atome der Übergangsmetalle sich schon in merklichem Maße
durch Atombindungen längs der hexagonalen Achse zu Ketten verknüpfen, und zwar durch
die Elektronen der d-Niveaus. Deswegen entstehen die Nickelarsenidphasen nur mit Über-
gangsmetallen. Die Phasen behalten trotz Atombindung und Ionencharakter noch metallische
Eigenschaften, freilich in gemindertem Maße, wie z. B. geringeres Leitvermögen.

Die oft beträchtliche Phasenbreite bei den Chalkogeniden mit Nickelarsenidstruktur hat ihre
Ursache darin, daß die Kationenschichten unvollständig besetzt sein können, wobei sich die
Ladung der verbleibenden Kationen erhöht. So ist z. B. im Cr_2S_3 jede zweite Kationenschicht
nur zu $1/3$ besetzt. Schreitet der Abbau der Kationenschichten noch weiter fort, so geht die

Nickelarsenidstruktur schließlich in die in Abb. 100 wiedergegebene Struktur über, die sich bei vielen Verbindungen AB_2 findet (vgl. auch Abb. 86). Dieser Übergang ist in den Systemen Nickel-Tellur und Kobalt-Tellur beobachtet worden, in denen nur eine einzige Phase existiert, deren Zusammensetzung von NiTe ... NiTe$_2$ bzw. CoTe ... CoTe$_2$ reicht.

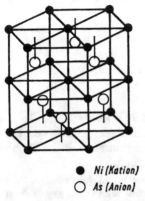

Ni (Kation)
As (Anion)

Abb. 99. Nickelarsenidstruktur

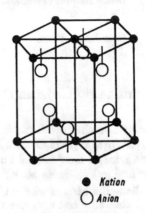

Kation
Anion

Abb. 100. Cadmiumjodidstruktur

Bei hochgeladenen „Anionen" können auch Lücken im Anionengitter der Nickelarsenidstruktur durch überschüssige Kationen aufgefüllt werden, so daß die Zusammensetzung z. B. die „Formel" Fe$_2$Ge, Co$_3$Sn$_2$, Ni$_2$In erhält.

Hiermit sind nur die wichtigsten Typen intermetallischer Phasen aufgezählt. Viele gehören zu anderen weniger häufigen Typen. Kurz sei noch hingewiesen auf die *Einlagerungsmischkristalle*, bei denen Elemente mit sehr kleinen Atomen, wie Kohlenstoff und Stickstoff sowie Wasserstoff, in die Lücken eines Metallatomgitters eingelagert sind. Hierher gehören viele metallische Carbide, Nitride und Hydride, wie TiC, VC, TaC, TiN, TaN und CrN. Als wichtigstes Beispiel wird später beim Eisen das System Eisen-Kohlenstoff besprochen werden.

Elemente der II. Nebengruppe (Zink, Cadmium, Quecksilber)

Die Elemente Zink, Cadmium und Quecksilber besitzen 2 s-Elektronen als Valenzelektronen und treten daher ebenso wie die in der II. Hauptgruppe stehenden Erdalkalimetalle zweiwertig mit zweifach positiven Kationen in Verbindungen ein. Die Ionen Zn^{2+}, Cd^{2+} und Hg^{2+} haben aber zum Unterschied von diesen kein Edelgasniveau mit 8 Außenelektronen, sondern wegen des mit 10 Elektronen aufgefüllten d-Niveaus insgesamt 18 Außenelektronen. Dies bedingt trotz sehr ähnlicher Ionenradien von Mg^{2+} und Zn^{2+} oder Ca^{2+} und Cd^{2+} im chemischen Verhalten wesentliche Unterschiede zwischen den Elementen der Haupt- und Nebengruppe. Das Quecksilber kommt auch in der Oxydationsstufe $+1$ vor und erinnert hierin entfernt an das Silber. Doch liegen in Wirklichkeit Hg_2^{2+}-Ionen vor. Wieder nimmt in dieser Gruppe der edle Charakter vom Zink zum Quecksilber zu.

Zink, Zn

Atomgewicht	65,38
Schmelzpunkt (Temperaturfixpunkt)	419,5 °C
Siedepunkt	907 °C
Dichte bei 20 °C	7,1 g/cm³
Spezifische Wärme	0,092 cal/g · grd

Vorkommen und Gewinnung

Als Zinkminerale sind die *Zinkblende* ZnS, der *Galmei (Zinkspat)* $ZnCO_3$, das *Zinksilicat* $Zn_4(OH)_2[Si_2O_7] \cdot H_2O$, auch Zinkglas oder Kieselzinkerz genannt, von Bedeutung. Zinkblende wird in Deutschland an mehreren Orten gewonnen, z. B. im Rammelsberg bei Goslar und in Westfalen als Beimengung in Eisenkiesen.

Die Darstellung des Metalls war in China und Indien schon im 13. Jahrhundert bekannt. Sie gelang in Europa aber erst Ende des 18. Jahrhunderts, obwohl man schon gegen Ausgang des Mittelalters den Galmei zur Veredlung des Kupfers gebrauchte und bei der Verhüttung der gemischten Erze die als Messing bekannte wertvolle Kupfer-Zinklegierung gewann. Wegen der Flüchtigkeit des Zinks bei den zur Reduktion des Oxids erforderlichen hohen Temperaturen entwich das Zink, wenn es nicht von Kupfer als Legierung zurückgehalten wurde, und der Dampf verbrannte zu weißem lockerem Zinkoxid, das man Lana philosophica (philosophische Wolle) nannte.

Erst nachdem RUBERG die heute noch übliche Destillation aus tönernen Retorten, sogenannten Zinkmuffeln, anwandte, konnte man das Metall herstellen. Heute wird die Darstellung vielfach im Elektroofen vorgenommen. Sulfidische Erze werden vor der Destillation durch Rösten in das Oxid übergeführt.

Wegen der hohen Bildungswärme des Oxids:

$$2 Zn + O_2 = 2 ZnO + 2 \cdot 83 \text{ kcal}$$

verläuft die Reduktion mit Kohle nach:

$$ZnO + C \quad = Zn + CO$$

und

$$ZnO + CO = Zn + CO_2$$

unter Wärmeverbrauch erst bei 1100 ... 1300 °C, demnach weit oberhalb des Siedepunktes des Metalls.

In den zunächst kalten Vorlagen sammelt sich aus dem Zinkdampf ein lockeres, graues, aus Oxid und Metall bestehendes Pulver, der *Zinkstaub*. Später, wenn die Vorlagen über 420 °C erwärmt sind, kondensiert sich tropfbar flüssiges Metall.

Das so erhaltene *Hüttenzink* enthält 98,5 % und in modernen Anlagen bis zu 99,5 % Zink. Die weitere Reinigung erfolgt durch Destillation in Kolonnen aus Siliciumcarbid zum *Feinzink* mit 99,99 % Zink.

Ähnliche Reinheit besitzt das *Elektrolytzink*. Um aus gerösteten Zinkerzen das Zink elektrolytisch auszubringen, wird durch Auslaugen mit verdünnter Schwefelsäure eine annähernd neutrale Zinksulfatlösung gewonnen. Diese wird ohne Diaphragma mit Aluminiumblech als Kathode und Bleiblech als Anode bei 3 V elektrolysiert, bis etwa 50 % des Zinks ausgefällt sind. Hiernach wird die erhaltene schwefelsaure Lösung zur Auslaugung wieder verwendet.

Die Gewinnung von Zink hoher Reinheit ist von Interesse, weil das Zink um so besser gegen Korrosion beständig ist, je reiner es ist.

Die Weltproduktion an Zink betrug 1954 etwa $2,4 \cdot 10^6$ t, von denen etwa ein Drittel elektrolytisch hergestellt wurden.

Eigenschaften und Verwendung

Zink ist ein bläulichweißes, glänzendes Metall von blättrig kristallinem Gefüge, bei gewöhnlicher Temperatur ziemlich spröde, läßt sich aber bei 100 ... 150 °C leicht zu Blech auswalzen und zu Draht ziehen.

An der Luft oxidiert sich das Metall oberflächlich zu Zinkoxid bzw. basischem Zink-carbonat, die eine dichte, festhaftende Schicht bilden, so daß der weitere Zutritt von Luft ausgeschlossen und damit eine weitere Korrosion verhindert wird. Wegen dieser vorteilhaften Eigenschaft dient Zinkblech für Regenrinnen und zum Bedecken von Dächern sowie besonders zum Verzinken von Eisenblech und Eisendraht. Hierfür wird das Eisen durch Abbeizen mit Säuren von Oxid vollständig gereinigt und in geschmolzenes Zink eingetaucht.

Beträchtliche Mengen Zink werden für Legierungen, besonders mit Kupfer, verbraucht. Für Rotguß (Tombak) setzt man dem Kupfer bis 18 % Zink zu, für Gelbguß (Messing) 30 ... 40 % Zink (siehe auch unter Kupfer). Legierungen aus Feinzink mit 4 % Aluminium und bis zu 1 % Kupfer werden für Druckguß verwendet.

An der Luft bis zum Siedepunkt erhitzt, verbrennt Zink mit heller, bläulich-weißer Flamme. Wegen der hellen Lichtentwicklung wird Zinkdraht, meist zusammen mit Magnesiumdraht, zu Fackeln verarbeitet.

Nach der Spannungsreihe übertrifft das Zink den Wasserstoff bei weitem hinsichtlich der Fähigkeit, als positiv geladenes Ion in Lösung zu gehen. Taucht aber reines Stangenzink mit blanker Oberfläche in verdünnte Schwefelsäure, so erfolgt trotzdem keine Wasserstoffentwicklung. Dies beruht auf der hohen *Überspannung* des Wasserstoffs an Zink. Unter Überspannung versteht man die Erscheinung, daß für eine merkliche elektrolytische Wasserstoffabscheidung eine höhere Spannung notwendig ist, als aus der Spannungsreihe folgt. Ihre Ursache hat die Wasserstoffüberspannung in einer Verzögerung oder Hemmung der Entladung der H^+-Ionen zu H-Atomen an dem betreffenden Metall. An manchen Metallen, wie Nickel, Kupfer, Silber, Gold und besonders an rauhem Platin, tritt diese Verzögerung des Entladungsvorgangs in weit geringerem Maße ein. Diese Metalle zeigen deshalb nur niedrige oder praktisch keine Überspannung. Die Hemmung der Wasserstoffentwicklung an reinem Zink kann daher aufgehoben werden, wenn diese Metalle mit dem Zink in Berührung gebracht werden. Wird die Zinkstange unter der Säure z. B. mit einem Platindraht berührt, so entweicht jetzt der Wasserstoff an dem Platin in Gasblasen, während das Zink als Ion in Lösung geht. An dem edleren Metall werden die Wasserstoff-Ionen entladen. Die hierfür benötigten Elektronen fließen vom Zink durch den metallischen Kontakt hinzu, so daß ein *Lokalelement* entsteht. Am meisten gefördert wird die Aufhebung der Überspannung, wenn die Metalle durch Zusatz von Kupfersulfat, Silbernitrat oder Platinchlorid in feiner Verteilung auf der Oberfläche des Zinks niedergeschlagen werden. Bei den weniger reinen Handelszinksorten genügen die vorhandenen Beimengungen von Kupfer, Eisen, Blei, Arsen, um die Wasserstoffentwicklung in sauren oder alkalischen Flüssigkeiten zu beschleunigen.

Auch das Rosten und allgemein die Korrosion unedler Metalle an feuchter Luft werden durch Beimengung edlerer Fremdmetalle beschleunigt, wenn sich Lokalelemente dadurch ausbilden können, daß die Fremdmetalle niedrigere Überspannung für die Wasserstoffabscheidung haben oder durch Übertragung des Luftsauerstoffs als Sauerstoffelektrode wirken können.

So wird ein eiserner Gegenstand, z. B. eine Schere, durch einen Überzug mit dem edleren Nickel nur solange geschützt, als der Überzug das Eisen lückenlos bedeckt. Platzt der Überzug an einer Stelle ab, so bildet sich an feuchter Luft zwischen den beiden Metallen ein Lokal element, und die Korrosion verläuft wegen der niedrigeren Überspannung am Nickel schnelle als bei reinem Eisen.

Zink dient wegen seiner starken elektromotorischen Wirksamkeit zur Herstellung der Lösungselektroden in galvanischen Elementen.

Hierfür wird das Zink manchmal durch Abreiben mit Quecksilber oberflächlich amalgamiert Die Überspannung des Wasserstoffs am Quecksilber ist größer als die am Zink. So kann sich kein Lokalelement ausbilden. Durch die Amalgamation wird das Zink aber edler, so daß dieses nicht in Lösung geht und vor nutzlosem Verbrauch in Ruhezeiten geschützt wird.

Heiße Alkalilaugen lösen besonders in Gegenwart von Eisenpulver Zink unter Wasser stoffentwicklung und Bildung von Alkalihydroxozinkaten (siehe unten). Aus demselben Grunde ist Zinkstaub in alkalischer oder ammoniakalischer Flüssigkeit ein gutes Reduktionsmittel, z. B. für die Überführung von Nitraten in Ammoniak, von Azobenzol in Hydrazobenzol, von Nitrobenzol in Phenylhydroxylamin usw. Im Gemenge mit gelöschtem Kalk entwickelt Zinkstaub bei höherer Temperatur lebhaft Wasserstoff.

Ein Gemisch von Zinkstaub mit Ammoniumnitrat entflammt nach Befeuchten mit einem Tropfen Wasser. Mit Tetrachlorkohlenstoff gemischter Zinkstaub bildet die „Bergermischung", die beim Abbrennen dichte Nebel von Zinkchlorid und -oxid erzeugt.

Zinkverbindungen

Zinkhydrid, ZnH_2

Zinkhydrid wurde von WIBERG (1951) durch Umsetzung von Zinkjodid mit Lithiumaluminiumhydrid in ätherischer Lösung als farblose, feste Substanz hergestellt, die Wasser zersetzt und im Vakuum bei 90 °C langsam zerfällt. Das analog darstellbare *Cadmiumhydrid*, CdH_2, zerfällt bereits bei −20 °C, *Quecksilberhydrid*, HgH_2, schon bei −125 °C.

Zinkoxid, ZnO, und Zinkhydroxid, $Zn(OH)_2$

Zinkoxid kommt, durch Beimengungen rötlich gefärbt, als Rotzinkerz in der Natur vor. Es entsteht beim Verbrennen des Metalls als feinteiliges Produkt sowie durch thermische Zersetzung des Hydroxids, Carbonats, Oxalats oder Nitrats als lockeres Pulver. Zinkoxid ist bei niederen Temperaturen rein weiß, in der Hitze gelblich. Es kristallisiert hexagonal im Wurtzitgitter (siehe S. 592). Als Zinkweiß findet Zinkoxid mit Öl verrieben als Weißpigment für wetterfeste Anstriche Verwendung. Mit Kobaltnitratlösung befeuchtet und dann geglüht, liefert es ein grünes Farbpigment (*Rinmans Grün*, siehe unter Kobaltoxide). Ferner dient Zinkoxid in der Kosmetik für Puder und Schminken und wegen seiner schwach antiseptischen und austrocknenden Wirkung als Grundlage für Streupuder, Zinksalben und -pasten. Weitere Verwendung findet es in der Glasindustrie und keramischen Industrie, für Email und als Zusatz zu Kautschukvulkanisaten.

In Wasser löst sich Zinkoxid nicht merklich und reagiert deshalb neutral, doch ist es in verdünnten Säuren leicht löslich.

Zinkhydroxid fällt aus Zinksalzlösungen durch Zusatz von Alkalilaugen oder Ammoniak als weißer gequollener Niederschlag aus, der erst nach längerem Stehen unter der Flüssigkeit kristalline Struktur annimmt. Zinkhydroxid besitzt amphoteren Charakter: es löst sich nicht nur in Säuren, sondern auch in Alkalilaugen leicht auf. Hierbei entstehen unter Anlagerung von OH^--Ionen *Hydroxozinkate*. Kristallisiert wurden erhalten $Na[Zn(OH)_3] \cdot 3\,H_2O$, und $Na_2[Zn(OH)_4] \cdot 2\,H_2O$ (R. SCHOLDER, 1933). Auch n Ammoniak ist das Hydroxid unter Bildung von Amminkomplexen, $[Zn(NH_3)_4]^{2+}$, leicht löslich.

Das kristallisierte Zinkhydroxid tritt in 5 Modifikationen auf. Von diesen ist die Struktur des stabilen ε-$Zn(OH)_2$ insofern bemerkenswert, als es nicht wie die anderen Hydroxide $Me(OH)_2$ in einem Schichtengitter kristallisiert (siehe Brucitgitter S. 470), sondern aus $Zn(OH)_4$-Tetraedern aufgebaut ist, die dreidimensional über die OH-Gruppen miteinander vernetzt sind, ähnlich wie die SiO_4-Tetraeder im Cristobalit. Jedes OH^--Ion ist von 2 Zn^{2+}- und 2 weiteren OH^--Ionen umgeben, wobei der kurze Abstand OH—OH für die Ausbildung von Wasserstoffbrückenbindungen spricht. Die gleiche Struktur wie ε-$Zn(OH)_2$ besitzt auch $Be(OH)_2$.

Zinksulfat, $ZnSO_4 \cdot 7 H_2O$

Zinksulfat (Zinkvitriol) wird aus Zinkblende durch oxydierendes Rösten an der Luft dargestellt. Es entsteht auch beim Lösen von Zink oder Zinkoxid in Schwefelsäure. Zinksulfat kristallisiert in großen, farblosen, mit Bittersalz isomorphen, rhombischen Säulen. Es löst sich in 100 Teilen Wasser bei 10 °C zu 48,4, bei 20 °C zu 53,1, bei 40 °C zu 70 Teilen $ZnSO_4$ mit schwach saurer Reaktion infolge teilweiser Hydrolyse. Bei 39 °C geht das 7-Hydrat in das 6-Hydrat über und bei 70 °C entsteht das Monohydrat, $ZnSO_4 \cdot H_2O$. Das letzte Wasser wird erst oberhalb 240 °C abgegeben.

In der Pharmazie wird Zinksulfat (zincum sulfuricum) als mildes Ätz- und Desinfektionsmittel vielfach verwandt. Im Magen wirken alle löslichen Zinkverbindungen brechenerregend.

Zinkchlorid, $ZnCl_2$

Zinkchlorid bildet Hydrate mit 1, 1,5, 2,5, 3 und 4 Mol H_2O. Das wasserfreie Salz schmilzt bei 262 °C und siedet bei 732 °C. Es zieht sehr lebhaft Feuchtigkeit an. Deshalb wird es in der organischen Chemie vielfach verwendet, um Reaktionen zu bewirken, die unter Wasseraustritt verlaufen. In Wasser löst sich das wasserfreie Zinkchlorid unter beträchtlicher Erwärmung zu einer ätzenden, sauer reagierenden Flüssigkeit, die die starke Hydroxosäure, $H_2[ZnCl_2(OH)_2]$, enthält. Sie verwandelt Cellulose in eine stärkeähnliche, durch Jod färbbare Masse. Deshalb dient „Chlorzinkjodlösung" zum mikroskopischen Nachweis der Zellmembranen. Auch das Imprägnieren von Balken und Holzschwellen mit Zinkchloridlösung beruht auf diesem Quellungsvorgang des Holzstoffes, der beim Eintrocknen einen luftundurchlässigen Überzug auf den Fasern gibt, wodurch diese vor den Atmosphärilien geschützt werden. Außerdem wirkt das Zinkchlorid antiseptisch und verhindert Pilzwucherungen. Weil das Zinkchlorid Metalloxide unter Bildung basischer Salze auflöst, wird es zum Abbeizen von Metallen beim Löten oder Verzinken gebraucht.

Zinkcarbonat, $ZnCO_3$

Zinkcarbonat bildet das Mineral Zinkspat oder Galmei. Durch Fällen von Zinksalzen mit Alkalicarbonaten erhält man, ähnlich wie bei Magnesia alba, ein basisches Carbonat von wechselnder Zusammensetzung.

Zinksulfid, ZnS

Darstellung und Eigenschaften

Zinksulfid fällt als weißer Niederschlag aus Zinksalzlösungen mit Schwefelammon. Da es in Mineralsäuren leicht löslich ist, nicht aber in verdünnter Essigsäure (Löslichkeitsprodukt $L = 10^{-24}$), wirkt Schwefelwasserstoff auf eine Zinksalzlösung nur dann fällend, wenn die nach $Zn^{2+} + H_2S = ZnS + 2\,H^+$ auftretenden H^+-Ionen durch Zugabe von Acetat abgefangen werden.

Hierbei, wie auch bei manchen anderen Schwermetallsulfiden, macht man die auffällige Beobachtung, daß verhältnismäßig geringe Konzentrationen freier Säure, z. B. Salzsäure oder Schwefelsäure, die anfängliche Fällung von Sulfid aus dem Salz durch Schwefelwasserstoff verhindern, wogegen die bereits fertige Fällung gegen erheblich konzentriertere Säuren beständig bleibt.

Diese Erscheinung erklärt sich daraus, daß aus den Ionen des Metalls und dem Schwefelwasserstoff zunächst sehr feinverteilte und damit oberflächenreiche, gegen Säure empfindliche Sulfide entstehen, deren Bildung also durch freie Säure verhindert wird. Sobald aber diese Keime nach Abstumpfung der Säure zustande gekommen sind, wachsen sie zu gröber kristallinen, oberflächenarmen und deswegen unlöslichen, gegen Säuren viel beständigeren Sulfiden zusammen, deren Zersetzung viel konzentriertere Säuren erfordert als die der Primärsulfide.

Zinksulfid tritt in zwei Modifikationen auf: regulär als *Zinkblende* und hexagonal als *Wurtzit*. Letzterer findet sich in der Natur nur selten. Die dunkle Farbe der natürlich vorkommenden Blende rührt von Verunreinigungen durch Eisen her. Durch Erhitzen im Schwefelwasserstoffstrom geht Zinkblende in Wurtzit über, der bei hohen Temperaturen die stabile Modifikation ist. Die Umwandlung erfolgt oberhalb 1000 °C, doch läßt sich in Gegenwart geringer Mengen von Alkalichloriden schon bei niedrigeren Temperaturen eine Umwandlung nachweisen.

Das durch Fällen einer Zinklösung mit Schwefelwasserstoff oder Natriumsulfid erhaltene Sulfid hat Blendestruktur. Wird dagegen die Fällung bei Überschuß von S^{2-}-Ionen durchgeführt, indem die Zinklösung in die Sulfidlösung gegeben wird, so bildet sich Wurtzit (P. W. Schenk, 1947).

Geglühtes Zinksulfid wird als weißes Farbpigment gebraucht, vor allem in Form von *Lithopone*, das man durch Fällen von Zinksulfatlösung mit Bariumsulfid und Glühen des Gemisches von Zinksulfid und Bariumsulfat darstellt.

Geglühtes Zinksulfid färbt sich im feuchten Zustand durch Belichtung grau, weil freies Zink abgespalten wird. Dieser Zerfall wird durch Zusatz von Spuren Kobaltsalz vor dem Glühen vermieden.

Zinkblende- und Wurtzitstruktur

Die Strukturen von Zinkblende und Wurtzit sind einander insofern ähnlich, als in beiden jedes Zinkatom von 4 Schwefelatomen und wieder jedes Schwefelatom von 4 Zinkatomen tetraedrisch umgeben sind. Der Unterschied beruht auf der verschiedenen Verknüpfung der ZnS_4- und SZn_4-Tetraeder im Gitter, die bei der Blende zu kubischer, beim Wurtzit zu hexagonaler Symmetrie führt, wobei noch hinzukommt, daß im Wurtzit das Tetraeder der Schwefelatome etwas verzerrt ist. Die Atomanordnung in der Zinkblende ist die gleiche wie die der Kohlenstoffatome im Diamantgitter, wobei die Plätze der Kohlenstoffatome abwechselnd mit Zink und Schwefel besetzt sind (vgl. Abb. 59). Die gleiche Struktur besitzen u. a. Cadmiumsulfid, Quecksilber(II)-sulfid (schwarz), Kupfer(I)-chlorid, Kupfer(I)-bromid, Kupfer(I)-jodid und Silberjodid. In der Wurtzitstruktur kristallisieren u. a. Berylliumoxid, Zinkoxid, Cadmiumsulfid und Aluminiumnitrid.

Im allgemeinen rechnet man diese Verbindungen zu den Ionenverbindungen. Jedenfalls dissoziieren alle diese Halogenide und Sulfide in Wasser, wenn auch nur wenig, in gelöste Ionen.

Wahrscheinlich ist aber hier schon eine beträchtliche Deformation der heteropolaren Bindung in Richtung zur homöopolaren Bindung bzw. zur koordinativen Atombindung erfolgt. Denn es ist zu beachten, daß die Metall-Ionen im Kristall dieser Verbindungen von 4 Schwefel- bzw. Halogen-Ionen umgeben sind. Jedes dieser Metall-Ionen hat gerade 8 Elektronen weniger als ein Edelgas. Bei koordinativer Atombindung erhält es durch die 4 Elektronenpaare seiner Nachbarn die Edelgaskonfiguration.

Dementsprechend finden wir Zinkblende- und Wurtzitstruktur bei Verbindungen mit stark polarisierend wirkendem Kation und leicht deformierbarem Anion, also bevorzugt bei den Jodiden, Sulfiden, Seleniden und Nitriden der Schwermetalle der Nebengruppen oder bei sehr kleinen Kationen wie Be^{2+} oder Al^{3+}.

Zinksulfidphosphore

Enthält Zinksulfid Spuren von Kupfer oder Mangan (etwa $1:10000$), so erlangt es die Fähigkeit, nach Belichtung im Dunkeln fortzuleuchten, oder auch bei Auftreffen von Röntgenstrahlen und ultraviolettem Licht, Kathodenstrahlen oder α-, β- und γ-Strahlen radioaktiver Stoffe aufzuleuchten (K. A. HOFMANN).

Unter dem Namen *Sidotsche Blende* dienen solche Präparate für Röntgenschirme oder für den Nachweis stärkerer radioaktiver Stoffe. Geringe Mengen Mangansulfid ($1:5000$) erteilen solchem kristallisierten Zinksulfid die Eigenschaft der Triboluminiszenz, d. h. beim Reiben oder Schütteln mit harten Teilchen, wie Glasperlen, blitzen die Kriställchen mit rötlichem Lichte auf.

Bei starker Belichtung steigt die Leitfähigkeit bis auf das Vielhundertfache (B. GUDDEN; siehe auch bei Calciumsulfid und den Leuchtstoffen).

Cadmium, Cd

Atomgewicht	112,40
Schmelzpunkt (Temperaturfixpunkt)	320,9 °C
Siedepunkt	765 °C
Dichte bei 20 °C	8,64 g/cm³
Spezifische Wärme	0,055 cal/g · grd

Vorkommen und Darstellung

Dieses Metall findet sich, wie der Name von Cadmia ≙ Galmai ausdrücken soll, als Begleiter von Zink und dessen Erzen, besonders in der Zinkblende, und wurde von STROMEYER· und HERMANN im Zinkstaub aufgefunden.

Wegen der größeren Flüchtigkeit des Cadmiums gegenüber der des Zinks reichert sich das Cadmium im Zinkstaub (siehe S. 588) an und kann aus diesem nach Auflösen elektrolytisch oder durch Zink abgeschieden werden. Auch durch fraktionierte Destillation des Rohzinks läßt sich das darin enthaltene Cadmium zusammen mit wenig Zink abscheiden, das in gleicher Weise wie der Zinkstaub auf reines Cadmium verarbeitet wird.

Eigenschaften und Verwendung

Cadmium ist wie das Zink glänzendweiß, aber viel weicher und duktiler. An der Luft erhitzt, verbrennt Cadmium zu einem braunen Rauch von Cadmiumoxid. In der Spannungsreihe steht Cadmium zwischen Zink und Wasserstoff. Es löst sich daher in Säuren unter Wasser stoffentwicklung und wird aus seinen Lösungen durch Zink wieder ausgefällt.

Cadmium- oder Cadmiumamalgam-Elektroden dienen zur Herstellung von Elementen kon stanter Spannung, z. B. den Weston-Elementen. Hauptsächlich findet Cadmium als rost schützender Überzug auf Eisen Verwendung. Die Überzüge werden elektrolytisch au: Natriumcadmiumcyanidlösungen abgeschieden. Zum Schutz des weichen Cadmiumüberzug: vor dem Abgreifen wird darüber ein Chromüberzug aufgetragen. Der Chromüberzug allein ist nicht rostschützend, da er stets Poren enthält. Infolge dieser technischen Verwertung is* die Produktion an Cadmium bedeutend gestiegen und beträgt jährlich etwa 9000 t.

Cadmiumverbindungen

Das braune *Cadmiumoxid*, CdO, ist unschmelzbar und feuerbeständig, wird aber zum Unter schied von Zinkoxid durch Wasserstoff, und zwar schon von 300 °C an, lebhaft reduziert. Die Bildungswärme beträgt für 1 Mol Cadmiumoxid 65,2 kcal. Das *Hydroxid* ist farblos und nur in sehr konzentrierter Alkalilauge teilweise zu Cadmaten, z. B. $Na_2[Cd(OH)_4]$, löslich (R. SCHOLDER).

Überschüssiges Ammoniak bildet mit den gelösten Cadmiumsalzen Ammine, unter denen das Perchlorat $[Cd(NH_3)_4](ClO_4)_2$, und Fluoroborat, $[Cd(NH_3)_4](BF_4)_2$, durch ihre geringe Löslichkeit auffallen.

Cadmiumsulfat, $3\,CdSO_4 \cdot 8\,H_2O$, fällt durch seine komplizierte stöchiometrische Zusammen setzung auf. Auf Grund der Kristallstruktur ist die Formulierung $3\,Cd(H_2O)_2SO_4 \cdot 2\,H_2O$ vorzuziehen, weil nur 6 Wassermoleküle direkt an Cadmium gebunden sind. Die gesättigte wäßrige Lösung enthält bei 20 °C 76,9 g $CdSO_4$ in 100 ml.

Cadmiumchlorid, $CdCl_2 \cdot 2,5\,H_2O$, ist sehr leicht in Wasser löslich, bildet aber ein fast unlösliches Doppelsalz, Rb_4CdCl_6, wenn die Rubidiumchloridlösung im Überschuß angewendet wird. Das wasserfreie Chlorid schmilzt bei 568 °C und siedet bei 960 °C.

Cadmiumjodid, CdJ_2, kristallisiert beim Eindunsten einer Lösung von Cadmiumoxid oder Cadmiumcarbonat in wäßrigem Jodwasserstoff wasserfrei in farblosen Tafeln aus und ist in einem Gemisch von Alkohol und Äther löslich. Die geringe Leitfähigkeit der Lösungen von Cadmiumchlorid, -bromid und -jodid läßt darauf schließen, daß in den Lösungen zum großen Teil undissoziierte Moleküle vorliegen (vgl. Quecksilber(II)-chlorid).

Cadmiumsulfid, CdS, fällt aus alkalischen oder mäßig sauren Lösungen von Cadmiumsalzen als gelber bis orangeroter Niederschlag, der sich zum Unterschied von Arsensulfid in Am moniumsulfid nicht auflöst. Auch aus dem Cyanidkomplex $K_2[Cd(CN)_4]$ wird das Sulfid durch Schwefelwasserstoff gefällt (Unterschied von Kupfer!). In der Natur findet sich das Cadmium sulfid als Greenockit in hexagonalen Kristallen.

Cadmiumsulfid wird in der Malerei als sehr dauerhafte gelbe Farbe geschätzt (Cadmiumgelb). Gemische von Cadmiumselenid und Cadmiumsulfid werden als Cadmiumrot in Abstufungen von dunkelblaustichigrot, reinrot, orange und gelb hergestellt.

Quecksilber, Hg

Atomgewicht	200,59
Schmelzpunkt (Temperaturfixpunkt)	−38,87 °C
Siedepunkt	356,58 °C
Dichte bei 20 °C	13,546 g/ml
Spezifische Wärme	0,032 cal/g · grd

Vorkommen

Metallisches Quecksilber[1]) findet sich nur selten in Tröpfchen, zuweilen auch als Silberamalgam in den Quecksilbererzen. Unter diesen ist das wichtigste der *Zinnober* (Korallenerz), HgS, der in bituminösen, silurischen und carbonischen Sedimentschichten bei Almaden in Spanien, Idria in Krain, Moschellandsberg in der Rheinpfalz, Nikitowka in Südrußland sowie an einigen Stellen in Italien, Ungarn und Kalifornien vorkommt. Quecksilber(I)-chlorid findet sich in Texas als Quecksilberhornerz. Kleine Mengen Quecksilber sind auch im Fahlerz verbreitet.

Beim Quecksilber ist die Allgegenwart von Spuren in der Größenordnung von 1 : 100 Millionen nachgewiesen (A. Stock).

Gewinnung und Reinigung

Die Gewinnung des Metalls geschieht meist in Schachtröstöfen, in denen bei Luftzutritt die Zinnober enthaltenden Erze verbrannt werden:

$$HgS + O_2 = Hg + SO_2$$

Das Schwefeldioxid entweicht und der Quecksilberdampf wird in Kammern kondensiert.

Reines Quecksilber erhält man durch Destillieren von reinem Zinnober mit Eisenfeilspänen:

$$HgS + Fe = Hg + FeS$$

Zur Reinigung des Quecksilbers im Laboratorium entfernt man zunächst die mechanischen Verunreinigungen, wie Staub, Glassplitter und dergleichen. Dazu verwendet man ein Papierfilter, dessen Spitze mit einer Nadel durchstoßen ist, oder ein Glasfilter. In Quecksilber gelöste unedle Metalle, wie Kupfer, Blei, Zinn u. a., werden entfernt, indem man das Quecksilber in dünnem Strahl durch ein etwa 1,5 m langes Rohr, das mit 8 %iger Salpetersäure gefüllt ist, hindurchschickt. Dabei werden die unedlen Metalle schneller gelöst als das Quecksilber. Die letzte Reinigung des Metalls erfolgt durch Vakuumdestillation.

Größere Mengen Quecksilber können in kurzer Zeit dadurch gereinigt werden, daß man das Metall in einem Rundkolben im Dampfbad auf 150 °C erwärmt und Luft durch das Quecksilber leitet. Die unedlen Metalle scheiden sich auf der Oberfläche als Oxidschicht ab. Das in dieser Schicht enthaltene fein verteilte Quecksilber kann durch Schütteln mit Salzsäure wiedergewonnen werden.

Um die beim Arbeiten im Laboratorium anfallenden Quecksilberabfälle zu reinigen, sammelt man diese in einer dickwandigen Flasche mit unten angebrachtem Hahn unter konzentrierter, mit Quecksilber(I)-sulfat gesättigter Schwefelsäure.

Sehr hartnäckig folgen die Edelmetalle Silber und Gold dem Quecksilber durch die üblichen Reinigungsmethoden hindurch. Hierauf beruhten die irrtümlichen Angaben über Umwandlung von Quecksilber in Gold. Nur durch wiederholte sehr langsame Destillation im Hochvakuum erhält man ganz reines Quecksilber (E. Tiede sowie E. Riesenfeld).

Eigenschaften und Verwendung

Quecksilber ist ein silberweißes, glänzendes Metall. Es ist das einzige Metall, das bei Raumtemperatur flüssig ist. Die elektrische Leitfähigkeit ist ziemlich gering, steigt aber bei tiefen Temperaturen unterhalb des Erstarrungspunktes beträchtlich an.

---

[1]) Die englische Bezeichnung für Quecksilber ist Mercury. Das Symbol Hg kommt von Hydrargyrum ≙ Wasser—Silber.

Die Flüchtigkeit von Quecksilber ist bei gewöhnlicher Temperatur nur gering: der Dampfdruck beträgt bei 0 °C 0,00019 Torr, bei 20 °C 0,0012 Torr, bei 100 °C 0,27 Torr. Trotzdem erfordert die große Giftigkeit des Quecksilberdampfes Vorsicht beim Arbeiten mit metallischem Quecksilber, besonders deshalb, weil im Laboratorium Quecksilber leicht verschüttet werden kann, das sich in Ritzen und Spalten der Arbeitstische und des Fußbodens in vielen kleinen Kügelchen festsetzt und infolge der großen Oberfläche dann schneller verdampft. Quecksilbervergiftungen äußern sich in Müdigkeit, Schlaflosigkeit, Erkrankungen des Zahnfleisches und führen bei chronischer Vergiftung schließlich zu schweren Störungen des Nervensystems. Auf die Gefahren chronischer Quecksilbervergiftungen hat STOCK (1926) nachdrücklich hingewiesen.

Quecksilberdampf wird durch elektrische Entladungen zum intensiven Leuchten gebracht und sendet dabei sehr reichlich ultraviolette Strahlen aus, die bei Umhüllung des Lichtbogens mit Quarzglas oder Uviolglas größerenteils nach außen treten können. Da das ultraviolette Licht chemisch besonders wirksam ist, benutzt man Quecksilberlampen für photochemische Reaktionen und zur Fluoreszenzanalyse. Die Luft absorbiert die ultravioletten Strahlen und zeigt bald deutlichen Ozongeruch. Wasser wird merklich in Wasserstoff, Sauerstoff und Wasserstoffperoxid zerlegt; Nitrate werden teilweise in Nitrite und Sauerstoff gespalten; die meisten künstlichen und natürlichen Farben werden an feuchter Luft durch das von den Strahlen gebildete Ozon bzw. Wasserstoffperoxid schnell gebleicht, und aus Jodiden wird Jod frei gemacht. Auf das ungeschützte Auge wirken die ultravioletten Strahlen schädigend, weil heftige Augenentzündungen hervorgerufen werden, die bis zur Erblindung infolge Zerstörung der Retina führen können. Gewöhnliches Glas absorbiert diese wirksamen ultravioletten Strahlen hinreichend, so daß eine Brille vor diesen Schädigungen schützt.

Auf manche gasförmige Verbindungen wirkt ultraviolettes Licht sowohl bildend als auch zerlegend, so daß sich bei der Bestrahlung ein stationärer Zustand herstellt, z. B. bei der Bildung und Zersetzung von Chlor-, Brom-, Jodwasserstoff, Kohlendioxid und Schwefeltrioxid. Dabei ist der im Licht sich einstellende Endzustand von der Temperatur weitgehend unabhängig. So führt die Vereinigung von Schwefeldioxid und Sauerstoff bzw. die Zersetzung von Schwefeltrioxid zwischen 50 °C und 800 °C zu demselben Endzustand bei 65 % Schwefeltrioxid (A. COEHN).

Weil das Quecksilberdampflicht kein kontinuierliches Spektrum hat, sondern aus einzelnen, scharf begrenzten Spektrallinien besteht, ist es dem Auge fremdartig und läßt gefärbte Stoffe in falscher Farbe erscheinen. Durch den Reichtum an ultravioletten Strahlen ähnelt das Quecksilberlicht der Wirkung nach dem Sonnenlicht an hochgelegenen Stellen und dient deshalb als künstliche Höhensonne für Heilzwecke.

Im Laboratorium wird Quecksilber vielfach zum Füllen von Thermometern und Barometern sowie als Absperrflüssigkeit beim Arbeiten mit Gasen verwendet. Die dynamische Wirkung von strömendem Quecksilberdampf wird in der Hochvakuumpumpe nach M. VOLMER ausgenützt.

Quecksilber bildet mit einer Reihe von Metallen, insbesondere mit den Alkalimetallen, Silber, Gold, Zink und Cadmium Legierungen, die *Amalgame* genannt werden. Auf die Verwendung von Alkaliamalgamen zu Reduktionszwecken und auf ihre Bildung bei der Alkalichloridelektrolyse ist schon beim Natrium hingewiesen worden. Bedeutende Mengen Quecksilber braucht man bei dem Amalgamierungsverfahren zur Goldgewinnung sowie zur Feuerversilberung und -vergoldung.

Quecksilber war schon Jahrhunderte vor PARACELSUS (1493 bis 1541) in der Medizin bekannt und wurde von diesem in ausgedehnter Weise unter Opposition gegen die damals herrschende galenische Theorie gebraucht. Lange Zeit diente das Metall mit Fett verrieben als graue Salbe gegen Hautkrankheiten sowie als Spezifikum gegen Syphilis (Lues). Heute spielen Quecksilber und Quecksilberverbindungen in der Medizin kaum noch eine Rolle.

Kolloides Quecksilber erhält man durch Reduktion einer verdünnten Quecksilber(I)-nitrat-lösung mit Zinn(II)-nitrat. Aus der bräunlich grauen Lösung fällt besonders nach Zusatz von Elektrolyten eine Adsorption von kolloidem Quecksilber an Metazinnsäure, die sich in reinem Wasser wieder auflöst.

Die Weltproduktion an Quecksilber beträgt rund 8000 t im Jahr, von denen Italien und Spanien zusammen etwa die Hälfte liefern.

Verbindungen des Quecksilbers

Im chemischen Verhalten steht das Quecksilber den Edelmetallen nahe, weil das Queck-silber bei gewöhnlicher Temperatur auch an feuchter Luft nicht rostet und die Ver-bindungen meist sehr leicht reduzierbar sind. Unter lufthaltigem Wasser geht metallisches Quecksilber langsam als Oxid nachweislich in Lösung (STOCK). Mit Fluor, Chlor und Schwefel verbindet sich das Metall schon bei Raumtemperatur. Salzsäure und verdünnte Schwefelsäure sind ohne Einwirkung, weil das Quecksilber edler als der Wasserstoff ist. Dagegen wirken Salpetersäure und konzentrierte warme Schwefelsäure lösend. Hierbei entstehen, je nachdem, ob das Metall oder die Säure im Überschuß sind, Quecksilber(I)- oder Quecksilber(II)-verbindungen. In den Quecksilber(I)-verbindungen liegen jedoch, wie beim Quecksilber(I)-chlorid noch begründet werden wird, nicht Hg^{1+}-Ionen, sondern Hg_2^{2+}-Ionen vor, in denen 2 Hg-Ionen durch 1 Elektronenpaar homöopolar zusammengehalten werden. Die Neigung zu homöopolarer Bindung zeigt das Quecksilber auch in der geringen Dissoziation der Halogenide und des Sulfids sowie in der sehr eigenartigen leichten Bildung von Verbindungen, die Kohlenstoff oder Stick-stoff direkt an Quecksilber gebunden enthalten.

Quecksilber(II)-verbindungen

Die Quecksilber(II)-salze zeigen ein sehr unterschiedliches Verhalten, je nachdem die Säure zu den Sauerstoffsäuren oder zu den Halogenwasserstoffsäuren gehört. Erstere bilden auffallend leicht basische Salze, letztere neigen so wenig zur Dissoziation, daß vielfach die normalen Salzreaktionen ausbleiben.

Quecksilber(II)-oxid, HgO

Quecksilber(II)-oxid entsteht als rotes kristallines Pulver aus Quecksilber und reinem Sauerstoff oder Luft oberhalb 300 °C, jedoch nur unvollständig, weil bei 400 °C auch schon die gegenläufige Reaktion anfängt. Bei Rotglut wird der Zerfall in wenigen Minuten vollkommen. Die Bildungswärme beträgt 21,6 kcal/Mol.

Auf der Bildung und dem Zerfall von Quecksilberoxid bei wenig von einander verschiedenen Temperaturen beruht der schon beim Sauerstoff besprochene, von LAVOISIER gelieferte Nach-weis, daß das Rosten in einer Vereinigung von Metall und einem Bestandteil der Luft besteht.

Von gelber Farbe erscheint das aus Quecksilberchlorid oder Quecksilbernitratlösung mit Laugen gefällte Quecksilber(II)-oxid. Die gelbe Form ist sehr viel feiner verteilt und in 1 l Wasser bei 25 °C mit 0,05 ... 0,15 g etwas besser löslich als die rote mit 0,04 ... 0,05 g.

Das rote Quecksilberoxid ist aus Ketten —O—Hg—O—Hg— aufgebaut (AURIVILIUS, 1956). Das gelbe Quecksilberoxid hat wahrscheinlich eine ähnliche Struktur.

Quecksilber(II)-oxid ist leicht zum Metall reduzierbar, z.B. durch Hydroxylamin, Hydrazin und Wasserstoffperoxid. Bei diesem Vorgang tritt vorübergehend ein Peroxid, HgO_2, dann freier Sauerstoff auf. Das Metall erscheint zunächst infolge der feinen Verteilun, grau und sammelt sich erst später zu den silberglänzenden Tröpfchen.

Quecksilber(II)-sulfat, HgSO₄

Quecksilber(II)-sulfat entsteht beim Abrauchen von Quecksilber mit einem leichter Überschuß konzentrierter Schwefelsäure nach:

$$Hg + 2\,H_2SO_4 = HgSO_4 + SO_2 + 2\,H_2O$$

Es ist ein weißes, aus sternförmig gruppierten Blättern bestehendes, schweres Pulver Mit wenig Wasser kristallisiert das Hydrat HgSO₄·H₂O in farblosen, harten, rhombischen Säulen.

Mit viel Wasser tritt sofort Hydrolyse ein. Gießt man zu einer etwas höheren Schicht des weißen Kristallpulvers Wasser, so bildet sich sogleich oben eine gelbe Zone von basischem Salz, früher Turpethum minerale genannt, das sich nur im Verhältnis 1 : 2000 löst. Die überstehende Lösung reagiert infolge Hydrolyse sauer:

$$3\,HgSO_4 + 2\,H_2O = HgSO_4 \cdot 2\,HgO + 2\,H_2SO_4$$

Beim Auswaschen mit viel heißem Wasser gibt dieses basische Salz weiterhin Schwefelsäure ab.

Turpethum minerale ist ein Oxoniumsalz, $([Hg_3O_2]SO_4)_n$. Das Kation bildet ein Sechsecknetz mit Sauerstoff in den Ecken und Quecksilber in den Kantenmitten (NAGORSEN, LYNG, A. u. A. WEISS, 1962).

Quecksilber(II)-nitrat, Hg(NO₃)₂ · 8 H₂O

Quecksilber(II)-nitrat kristallisiert aus der Lösung von Quecksilber in überschüssiger, heißer, starker Salpetersäure in großen, farblosen, rhombischen Kristallen, die, ähnlich wie das Sulfat, durch Wasser zu schwer löslichen basischen Salzen hydrolysiert werden.

Quecksilber(II)-chlorid, HgCl₂

Quecksilber(II)-chlorid, auch Sublimat genannt, wird seit mehr als 200 Jahren durch trockenes Erhitzen von Quecksilber(II)-sulfat und Natriumchlorid dargestellt:

$$HgSO_4 + 2\,NaCl = HgCl_2 + Na_2SO_4$$

Es entsteht auch aus Quecksilber und Chlor oder aus Quecksilberoxid und Salzsäure, kristallisiert in weißen, glänzenden, rhombischen Prismen (Dichte 5,44 g/cm³), die bei 276 °C schmelzen und bei 302 °C unzersetzt sieden.

In 100 Teilen Wasser lösen sich bei:

°C	0	10	20	30	40	100
Teile HgCl₂	5,7	6,57	7,39	8,43	9,62	54

Alkohol löst bei gewöhnlicher Temperatur ungefähr ¹/₂, Äther ¹/₁₆ seines Gewichts Quecksilberchlorid. Die wäßrige Lösung enthält hauptsächlich HgCl₂-Moleküle. Daneben erfolgen in geringem Umfang hydrolytische Reaktionen, insbesondere nach der Gleichung (ARMIN WEISS und K. DAMM, 1955):

$$2\,HgCl_2 + H_2O = [Hg(OH)]^+ + HgCl_3^- + H^+ + Cl^-$$

Demgemäß bleibt das elektrische Leitvermögen weit hinter dem der meisten Chloride zurück. Damit hängt die auffallende Beständigkeit gegenüber konzentrierter Schwefelsäure eng zusammen. Diese greift das Quecksilber(II)-chlorid bei gewöhnlicher Temperatur nicht an. Beim Erhitzen verflüchtigt sich das Chlorid mit der Schwefelsäure und setzt sich an den oberen kühleren Wänden des Reagenzglases kristallisiert an. Silbernitratlösung fällt dementsprechend aus Quecksilberchloridlösung nur teilweise das Chlorid als Silberchlorid.

Überschüssige Alkalilaugen fällen gelbes Quecksilberoxid aus. Ist aber das Chlorid im Überschuß, so vereinigt sich dieses mit dem Oxid zu den unlöslichen basischen Chloriden $2\,HgCl_2 \cdot HgO$, farblose bis leicht gelbliche Tetraeder; $HgCl_2 \cdot Hg(Cl,OH)_2 \cdot 2\,HgO$, gelbe Kristalle; $HgCl_2 \cdot 2\,HgO$, schwarze oder rote Kristalle; $HgCl_2 \cdot 4\,HgO$, braune oder schwarze Kristalle (ARMIN WEISS, 1954) (siehe die Verwendung von gelbem Quecksilberoxid bei der Darstellung von hypochloriger Säure). Auch Soda oder Pottasche sowie nach längerer Einwirkung auch Alkalihydrogencarbonate erzeugen infolge ihrer basischen Reaktion ähnliche Niederschläge.

Quecksilber(II)-chlorid ist ein sehr starkes Gift, das in Mengen von 0,2...0,4 g einen erwachsenen Menschen tötet. Wegen seiner antiseptischen Wirkung wurde es früher, im Gemisch mit Natriumchlorid, in 0,1%iger Lösung vielfach als Desinfektionsmittel verwendet. Durch den Natriumchloridzusatz wird die Bildung der neutral reagierenden Komplex-Ionen $[HgCl_3]^-$ und $[HgCl_4]^{2-}$ erreicht. Die bactericide Wirkung des Quecksilber(II)-chlorids beruht auf seiner Reaktion mit den Sulfhydrylgruppen, —SH, der Eiweißstoffe in den Bakterien unter Bildung von Mercaptiden (P. FILDES). Verwendet wird es noch zur Konservierung von Tierbälgen sowie zum „Kyanisieren" von Holz für Eisenbahnschwellen und Telegrafenmasten.

Weitere Quecksilber(II)-halogenide

Im auffälligen Gegensatz zum Quecksilber(II)-chlorid wird das *Quecksilber(II)-fluorid*, Schmelzp. 645 °C, durch Wasser sofort hydratisiert und dann weitgehend hydrolysiert. Es kann deshalb in wasserfreier Form nicht aus Quecksilber(II)-oxid und Flußsäure dargestellt werden, sondern man muß hierfür Quecksilber(I)-fluorid mit Chlor oxydieren und dann Quecksilber(II)-chlorid von Quecksilber(II)-fluorid durch Destillation trennen (O. RUFF).

Das *Quecksilber(II)-bromid* zeigt keine bemerkenswerten Unterschiede zum Quecksilberchlorid, wohl aber fällt das *Quecksilber(II)-jodid*, HgJ_2, schon äußerlich durch seine intensiv rote Farbe auf. Man stellt Quecksilber(II)-jodid entweder durch Erhitzen der Komponenten oder durch Fällen einer Quecksilber(II)-chloridlösung mit der berechneten Menge Kaliumjodid dar. Ein Überschuß von diesem löst zu dem blaßgelblichen Komplexsalz $K_2[HgJ_4]$, dessen alkalische Lösung als *Neßlers Reagens* zum Nachweis von Ammoniak dient (siehe dort).

Das Jodid bildet rote, tetragonale Kristalle, die sich bei 18 °C in 25 000 Teilen Wasser, bei 23 °C in 50 Teilen Äthylalkohol und in 25 Teilen Methylalkohol auflösen. Bei 130 °C wandelt sich diese rote Form in leuchtend gelbe, rhombische Kristalle um, die weiterhin schmelzen und unzersetzt sieden. Aus dem Dampf und aus der Schmelze tritt beim Abkühlen zunächst die gelbe Form hervor, die unterhalb des Umwandlungspunktes von 130 °C einzelne rote Punkte zeigt, von denen aus der Übergang in die rote Form fortschreitet.

Auch unterhalb 130 °C scheidet sich zunächst das gelbe Jodid ab, wenn man Quecksilber(II)-chloridlösung mit Kaliumjodid fällt oder in die heiß gesättigte alkoholische Lösung Wasser eingießt.

Sehr auffällig sind die Farbänderungen, die Kupfer(I)- und Silber-Quecksilberjodid beim Erwärmen erleiden. Das hochrote Kupfer(I)-Quecksilberjodid, Cu_2HgJ_4, geht bei 70 °C in eine schwarze Form über und nimmt beim Abkühlen wieder die rote Farbe an. Das hellgelbe Silber-Quecksilberjodid, Ag_2HgJ_4, wird bei 40 °C fast plötzlich orangefarben. Solche Verbindungen benutzt man als *Thermokolorfarben*, um das Erreichen bestimmter Temperaturen anzuzeigen.

Die schon im Quecksilber(II)-chlorid schwache Salznatur ist im Quecksilber(II)-jodid und -cyanid verschwunden, so daß diese gegen verdünnte Alkalilaugen oder Silbernitratlösung keine Reaktionen auf Quecksilber- oder Halogenid-Ionen mehr zeigen.

Kristallstruktur der Quecksilber(II)-halogenide

Während Quecksilber(II)-fluorid in einem Koordinationsgitter, nämlich im Calciumfluori◁ gitter, kristallisiert, bildet Quecksilber(II)-chlorid ein Molekülgitter. Das rote Quecksilber(II) jodid kristallisiert in einem Schichtengitter, während die Struktur des Quecksilber(II)-bromid einen Übergang vom Molekülgitter zum Schichtengitter darstellt.

Quecksilber(II)-cyanid, $Hg(CN)_2$

Quecksilber(II)-cyanid entsteht aus allen Cyaniden mit Ausnahme von Kaliumhexa cyanokobaltat(III) und Palladium(II)-cyanid beim Erwärmen mit gefälltem Quecksilber oxid und Wasser. Es kristallisiert in farblosen, quadratischen Säulen, Dichte 4,0 g/cm³ löst sich ziemlich leicht in Wasser, wenig in Alkohol. Beim trockenen Erhitzen zerfäll◁ Quecksilber(II)-cyanid in Quecksilber und Dicyan, das sich teilweise zu festem Paracyar polymerisiert, doch läßt sich ein Teil unzersetzt verflüchtigen (Näheres siehe bei Cyan)

Nach dem äußerst geringen elektrischen Leitvermögen kann die wäßrige Lösung nur minimale Mengen von Quecksilber- und Cyanid-Ionen enthalten. Demgemäß fäller mäßig konzentrierte Alkalilaugen kein Oxid oder basisches Salz, und verdünnte Silber nitratlösung gibt nur allmählich eine leichte Trübung von weißem, unlöslichem Silber cyanid, Palladium(II)-chlorid fällt jedoch sofort Palladium(II)-cyanid aus.

Mit Alkalicyaniden entstehen komplexe Cyanide, z. B. $KHg(CN)_3$ oder $K_2Hg(CN)_4$. Nach K. A. HOFMANN und WAGNER können auch andere Anionen, wie OH^-, NO_3^- und $CH_3CO_2^-$ zum Komplex addiert werden, so daß aus konzentrierteren Lösungen kristallisierte Anlage rungsverbindungen, wie $Hg(CN)_2 \cdot KOH$; $Hg(CN)_2 \cdot AgNO_3$; $Hg(CN)_2 \cdot AgCH_3CO_2$ entstehen. Ist nun die Säure des addierten Silbersalzes schwach, so findet sekundär eine Umlagerung statt, so daß aus Quecksilbercyanid durch Silberacetat-, nicht aber durch Silbernitratlösung fast alles Cyanid als Silbercyanid gefällt wird. Im ähnlichen Sinne wirkt das Hydroxid-Ion bei genügender Konzentration. Deshalb scheidet höchst konzentrierte Kalilauge bei schwachem Erwärmen gelbes Quecksilberoxid aus.

Mit gelbem Quecksilberoxid verbindet sich das Cyanid beim Kochen der wäßrigen Lösung zu dem schwer löslichen weißen, basischen Cyanid, $Hg(CN)_2 \cdot HgO$, das lebhaft verpufft. Dieses hat die Struktur NC—Hg—O—Hg—CN (ARMIN WEISS u. G. HOFMANN, 1960).

Quecksilber(II)-sulfid, HgS

Quecksilber(II)-sulfid findet sich in der Natur in roten, trigonaltrapezoedrischen Kristallen als Zinnober, seltener in schwarzen Tetraedern als regulärer Metazinnabarit. Fällt man Quecksilber(II)-salze mit Schwefelwasserstoff, so entsteht zuerst schwarzes Queck silbersulfid, das sich beim Umschütteln mit dem noch unverbrauchten Quecksilber(II)-salz zu weißen, den basischen Salzen entsprechenden Verbindungen $HgX_2 \cdot 2 HgS$ umsetzt, die bei fortgesetztem Einleiten von Schwefelwasserstoff schließlich das schwarze, auch in starken Mineralsäuren unlösliche Sulfid liefern. Dieses löst sich in Alkalisulfidlösungen ziemlich leicht zu Thiosalzen mit dem Komplex HgS_2^{2-}, wie z. B. zu $K_2HgS_2 \cdot 5 H_2O$, auf.

Da Zinnober in Alkalisulfiden schwerer löslich ist als das schwarze Sulfid, muß dieses bei längerem Erwärmen mit verdünnter, zur vollkommenen Auflösung unzureichender Alkalisulfidlösung in die rote Form übergehen. Auf diese Weise stellt man den leuchtend roten, für Malereizwecke dienenden Zinnober dar. Durch Sublimieren von schwarzem Quecksilbersulfid erhält man dunkelroten Zinnober. Auch durch längeres Erwärmen bei 280 °C geht nicht besonders gereinigtes schwarzes Sulfid in Zinnober über (KRUSTINSONS, 1941).

An der Luft erhitzt, verbrennt Quecksilber(II)-sulfid mit blauer Flamme zu Schwefeldioxid, wobei das Quecksilber verdampft. Königswasser löst Quecksilbersulfid allmählich zu Quecksilber(II)-chlorid; Salzsäure oder verdünnte Salpetersäure wirken nicht ein; dementsprechend ist Zinnober nicht giftig.

Zinkblende, gefälltes Cadmiumsulfid und Metazinnabarit kristallisieren im gleichen Gitter, Zinnober dagegen in einem verzerrten Kochsalzgitter. Die steigende Schwerlöslichkeit, die die Löslichkeitsprodukte $ZnS = 1 \cdot 10^{-24}$, $CdS = 4 \cdot 10^{-29}$, $HgS = 3 \cdot 10^{-54}$ zeigen, beruht auf der mit dem edlen Charakter der Metalle steigenden Deformation, die den Verbindungen zunehmenden homöopolaren Charakter verleiht, wie er sich auch in Quecksilber(II)-jodid und Quecksilber(II)-cyanid zeigt.

Quecksilber-Stickstoffverbindungen

Quecksilber zeigt ein auffallendes Bestreben, den an Stickstoff gebundenen Wasserstoff unter Ausbildung der sehr beständigen Quecksilber-Stickstoffbindung zu ersetzen. Beispiele für die leichte Bildung von Hg—N-Verbindungen sind die schon auf S. 183 f. aufgeführten Verbindungen $HgNSO_3Na$ und $Hg[N(SO_3K)_2]_2$.

Die bekannteste Quecksilber-Stickstoffverbindung ist das weiße *unschmelzbare Präzipitat* (*Amidoquecksilberchlorid*), NH_2HgCl, das aus Quecksilber(II)-chloridlösung durch Zugabe von Ammoniak fällt:

$$HgCl_2 + 2\,NH_3 = NH_2HgCl + NH_4Cl$$

Es zersetzt sich beim Erhitzen ohne zu schmelzen in Quecksilber(I)-chlorid, Ammoniak und Stickstoff. In Gegenwart von viel Ammoniumchlorid fällt durch Ammoniak dagegen das *schmelzbare Präzipitat* (*Diamminoquecksilberchlorid*), $Hg(NH_3)_2Cl_2$.

Die *Millonsche Base*, $Hg_2NOH \cdot 2\,H_2O$, entsteht beim Schütteln von gelbem Quecksilber(II)-oxid mit konzentriertem Ammoniak als blaßgelbes, in Wasser unlösliches Pulver. Nach Trocknen bei 100 °C bleibt das braune Monohydrat zurück, das im Ammoniakstrom bei 125 °C in das dunkelbraune, beim Reiben oder stärkeren Erhitzen explodierende $Hg_2NOH \cdot NH_3$ übergeht. Die Salze der Millonschen Base entstehen aus der Base durch Behandeln mit den entsprechenden Säuren oder besser aus Quecksilber(II)-salzlösungen durch Fällung mit verdünntem Ammoniak, z. B. aus Quecksilber(II)-nitrat das gelblich-weiße $Hg_2N(NO_3)$. Das entsprechende Jodid, Hg_2NJ, ist neben Quecksilber(II)-jodid in dem braunen Niederschlag beim Ammoniaknachweis mit Neßlers Reagens enthalten. Chlorid und Bromid bilden sich aus den Amidoverbindungen bei längerer Behandlung mit Wasser, wobei intermediär das Imid, Hg_2NHX_2, auftritt:

$$2\,HgNH_2X = Hg_2NX + NH_4X$$

Die Kristallstrukturuntersuchung ergibt, daß in den genannten Verbindungen der Stickstoff vierbindig wie im NH_4^+-Ion ist und daß die Quecksilber-Stickstoffbindung überwiegend homöopolaren Charakter hat. In den $Hg(NH_3)_2X_2$-Verbindungen liegen einzelne H_3N^+—Hg—$^+NH_3$-Gruppen vor (MAC GILLAVRY und BIJVOET, 1936), in den $HgNH_2X$-Verbindungen lange —$^+NH_2$—Hg—$^+NH_2$—Hg-Ketten (LIPSCOMB, 1951; RÜDORFF und BRODERSEN, 1952). In der Millonschen Base, dem Jodid und Bromid bilden Stickstoff- und Quecksilberatome ein dreidimensionales Raumnetz wie die Silicium- und Sauerstoffatome im Hochtridymit (RÜDORFF und BRODERSEN, 1953). Die Anionen und Hydratwassermoleküle sind in Hohlräumen des Gitters eingelagert. Beim Nitrat entspricht das Quecksilbernitridraumnetz der Anordnung des Cristobalits (LIPSCOMB, 1951). In allen diesen Verbindungen zeigt sich die eigenartige Neigung des Quecksilbers, mit einem sp-Hybrid zweibindig zu reagieren.

Fällt man eine Quecksilber(II)-chloridlösung mit überschüssigem Ammoniak und leitet dann Schwefeldioxid ein, so entsteht eine klare Lösung, aus der je nach dem Ammoniakgehalt das Ammoniumsalz der Quecksilberdisulfonsäure, $Hg(SO_3NH_4)_2$, oder der Chlorquecksilbersulfonsäure, $ClHg—SO_3NH_4$, erhalten werden. Hieraus bildet sich mit Ammoniaküberschuß das Ammoniumsalz der Amidoquecksilbersulfonsäure $NH_4[H_2N—Hg—SO_3]$.

Quecksilbertetrammine, wie $[Hg(NH_3)_4]SO_4$ oder $[Hg(NH_3)_4](ClO_4)_2$ bilden sich aus den entsprechenden Quecksilber(II)-salzen mit konzentriertem Ammoniak in Gegenwart von Ammoniumsalzen (R. WEITZ).

Quecksilber(I)-verbindungen

Quecksilber(I)-verbindungen entstehen aus den Quecksilber(II)-salzen und Quecksilbe:
entsprechend dem Schema $HgX_2 + Hg = Hg_2X_2$. Der Umsatz findet aber in wäßrige:
Lösung nicht vollkommen statt, sondern strebt einem Gleichgewicht zu, das für da:
Nitrat dem Verhältnis von 120 Mol $Hg_2(NO_3)_2$ zu 1 Mol $Hg(NO_3)_2$ entspricht. Beständig
sind das Chlorid, Fluorid und die Salze mit Sauerstoffsäuren. Dagegen existieren kein:
Quecksilber(I)-verbindungen mit leicht polarisierbaren Anionen wie CN^-, S^{2-} und O^{2-}
Beim Zusammentreffen von Hg_2^{2+}-Ionen mit diesen Anionen tritt Disproportionierung
in Quecksilber(II)-salze und Quecksilber ein.

Quecksilber(I)-chlorid, Hg_2Cl_2, und Quecksilber(I)-jodid, Hg_2J_2

Quecksilber(I)-chlorid (Kalomel) wird auf trockenem Wege durch Sublimation:

$$HgCl_2 + Hg = Hg_2Cl_2$$

oder auf nassem Wege durch Fällen einer Quecksilber(I)-nitratlösung mit Natriumchlorid
dargestellt. Auch durch Reduktion von Quecksilber(II)-chloridlösung mit schwefliger
Säure oder Zinn(II)-chlorid kann man Quecksilber(I)-chlorid fällen:

$$2\,HgCl_2 + SnCl_2 = Hg_2Cl_2 + SnCl_4$$

Diese Reduktion führt jedoch leicht weiter bis zum Quecksilber.

Das durch Sublimation bereitete Quecksilber(I)-chlorid bildet eine schwere, glänzend
gelblichweiße, faserig kristalline Masse (Dichte $7,16\ g/cm^3$), deren Kristalle dem tetragonalen System angehören. Das gefällte Quecksilber(I)-chlorid ist ein gelblichweißes
Pulver. Beim Erhitzen sublimiert Quecksilber(I)-chlorid bei 380 °C zum Unterschied
vom zunächst schmelzbaren Quecksilber(II)chlorid in gelblichweißen Kristallkrusten.
Die Dampfdichte entspricht zwar bereits bei 65 °C der Formel HgCl, doch folgt aus
der Wärmetönung der Verdampfung, daß der Dampf aus Quecksilber(II)-chlorid und
Metall besteht infolge des Zerfalls $Hg_2Cl_2 = Hg + HgCl_2$ (K. NEUMANN, 1942). So wird
auch ein in den Dampf gebrachtes Goldblättchen sofort amalgamiert.

Danach ist die Verbindung doppelmolekular, Hg_2Cl_2 zu formulieren, womit auch die
Eigenschaften am besten übereinstimmen, so z. B. der im Licht erfolgende Zerfall in
Metall und Chlorid, die schon bei gewöhnlicher Temperatur sofort vollständige Spaltung
in Metall und Chlorid beim Behandeln mit Pyridin, die Bildung von Quecksilberoxid
und fein verteiltem Metall durch Alkalilaugen sowie die Bildung von weißem Präzipitat,
$HgNH_2Cl$, und fein verteiltem Metall durch Ammoniak. Die Schwarzfärbung durch die
beiden letztgenannten Reagenzien hat den Namen Kalomel ($\triangleq$ schön schwarz, καλός
μέλας) für das Quecksilber(I)-chlorid veranlaßt.

Auch auf röntgenographischem Wege konnte nachgewiesen werden, daß im Queck-
silber(I)-chlorid $^+Hg-Hg^+$-Ionen vorliegen. Nach W. KLEMM wird dies darüber hinaus
durch den Diamagnetismus des Kalomel bestätigt, denn Hg^+-Ionen wären infolge ihres
einzelnen s-Elektrons paramagnetisch (siehe Abschnitt Magnetochemie, S. 608).

Quecksilber(I)-jodid fällt aus Quecksilber(I)-salzen durch Kaliumjodid als gelbliches
Pulver, das, besonders mit überschüssigem Kaliumjodid, schnell in Quecksilber(II)-jodid
und Metall zerfällt. Diese Disproportionierung der Quecksilber(I)-verbindung verläuft
beim Sulfid und Cyanid so schnell, daß man diese Stoffe nicht darstellen kann, sondern
statt ihrer nur Quecksilber(II)-sulfid bzw. Quecksilber(II)-cyanid neben Metall erhält.

Weitere Quecksilber(I)-salze

Quecksilber(I)-nitrat, $Hg_2(NO_3)_2 \cdot 2 H_2O$, am einfachsten aus überschüssigem Queck-silber und warmer Salpetersäure erhältlich, ist in Wasser mit saurer Reaktion infolge Hydrolyse löslich und gibt mit viel Wasser, besonders in der Wärme, gelbe basische Salze, deren Bildung durch Zugabe von Salpetersäure verhindert werden kann. Das Quecksilber(I)-sulfat, Hg_2SO_4, ist in verdünnter Schwefelsäure schwer löslich und geht mit viel Wasser in sehr schwer lösliche grüngelbe basische Salze über.

Gibt man zu Quecksilber(I)-salzen Alkalilaugen, so entsteht vielleicht zunächst Queck-silber(I)-oxid, Hg_2O, aber dieses zerfällt jedenfalls sehr leicht in das Metall und Queck-silber(II)-oxid. Das feinverteilte Metall färbt die Masse schwarz. Ammoniakwasser erzeugt gleichfalls schwarze Niederschläge, die aus den entsprechenden Quecksilber(II)-verbindungen und fein verteiltem Quecksilber bestehen.

Das rote Quecksilber(I)-chromat, Hg_2CrO_4, ist in Wasser und verdünnter Salpetersäure unlöslich. Beim Erhitzen bleibt grünes Chrom(III)-oxid zurück.

Bei seiner Bildung aus Quecksilber und verdünnter Chromsäure beobachtet man sehr auffällige Bewegungserscheinungen, die auf der Änderung der Oberflächenspannung infolge elektrischer Aufladung des Metalls gegenüber dem Elektrolyten beruhen. Man bedeckt hierzu in einer Schale mit ebenem Boden von etwa 10 cm Durchmesser eine in der Mitte liegende Queck-silberschicht von etwa 2,5 cm Durchmesser mit 1%iger Schwefelsäure und bringt außerhalb des Quecksilbers an den inneren Rand der Schale ein etwa 0,5 cm dickes Stück Kalium-dichromat. Wenn die von hier aus in die Lösung diffundierende Chromsäure das Metall erreicht, so gerät dieses an der vom Chromat abgewendeten Seite in pulsierende Bewegung, die so stark werden kann, daß das Quecksilber auf das Chromat hingeschleudert wird.

Hydrolyse der Kationen und basische Salze

Allgemeines

Alle Salze mit drei- und höherwertigen Kationen und die meisten Salze mit zweiwertigen Kationen sind in wäßriger Lösung hydrolytisch gespalten und reagieren, sofern sie das Anion einer starken Säure enthalten, mehr oder weniger stark sauer. Die zur Deutung dieser Erscheinung früher übliche Formulierung, z. B. im Fall von Eisen(III)-chlorid: $FeCl_3 + 3 H_2O = Fe(OH)_3 + 3 HCl$, kann dem tatsächlichen Reaktionsgeschehen nicht entsprechen, denn in einer solchen Lösung liegt Eisen(III)-hydroxid weder als undisso-ziiertes Molekül noch in kolloider oder kristalloider Form vor. Analog zur Hydrolyse mehrwertiger Anionen, wie PO_4^{3-} oder S^{2-}, verläuft auch die Hydrolyse der höher-wertigen Kationen stufenweise z. B.:

$$Fe^{3+} \quad\quad + H_2O \rightleftharpoons Fe(OH)^{2+} + H^+ \tag{1 a}$$

$$Fe(OH)^{2+} + H_2O \rightleftharpoons Fe(OH)_2^+ + H^+ \tag{1 b}$$

Erst bei hinreichender Erniedrigung der Wasserstoffionenkonzentration durch Zugabe von Lauge fällt das unlösliche Hydroxid bzw. Oxidhydroxid aus. Jedoch ist der Reaktions-mechanismus der Hydrolyse bei den Kationen ein anderer und sehr viel komplizierter als bei den Anionen (siehe S. 77). Schon A. WERNER, P. PFEIFFER und N. BJERRUM haben

darauf hingewiesen, daß man bei Betrachtung der Hydrolysevorgänge der Kationen v‹
den in wäßriger Lösung zunächst vorliegenden hydratisierten Kationen [Me(H$_2$O)$_x$]
ausgehen muß. Die saure Reaktion kommt dadurch zustande, daß diese Aquo-Katione
Wasserstoff-Ionen abspalten, d. h. als Säure fungieren. Für ein dreiwertiges Katic
ergibt sich folgendes Schema:

$$[Me(H_2O)_x]^{3+} \rightleftharpoons [Me(H_2O)_{x-1}(OH)]^{2+} + H^+ \rightleftharpoons [Me(H_2O)_{x-2}(OH)_2]^+ + 2\,H^+ \quad (:$$

Da die Zahl der an das Kation gebundenen Wassermoleküle nicht mit Sicherhe
bekannt ist, schreibt man die Hydrolysereaktion meist in der vereinfachten Form, w:
es unter (1) in dem speziellen Fall des Fe^{3+}-Ions angegeben wurde.

Die Abspaltung des Protons aus dem Aquokation erfolgt unter dem Einfluß der ab
stoßenden Wirkung der positiven Ladung des Kations. Je höher geladen und je klein€
dieses ist, desto leichter wird das Proton abgegeben. Deshalb gilt allgemein, wenn ma:
von spezifischen Einflüssen einiger Kationen absieht, daß die dreifach geladenen Katione:
(Al^{3+}, Cr^{3+}, Fe^{3+}) stärker hydrolytisch gespalten sind, als die zweifach geladenen (Mg^{2}
Fe^{2+}, Co^{2+}, Ni^{2+}) während die einfach geladenen und großen Alkali-Ionen infolge ihr€
geringen Feldstärke praktisch nicht mehr in der Lage sind, aus den nur locker gebundene:
Wassermolekülen der Hydrathülle ein Wasserstoff-Ion abzuspalten. Daher reagiere:
ihre Salze neutral, soweit nicht Hydrolyse am Anion eintritt.

Die Hydrolysevorgänge sind natürlich Gleichgewichtsreaktionen, und es lassen sich au:
den experimentell bestimmten Ionenkonzentrationen ebenso wie für die Dissoziatio:
einer schwachen Säure Gleichgewichts- oder Aciditätskonstanten berechnen. Für di€
unter (1 a) angegebene Reaktion z. B. beträgt K ungefähr 10^{-3}. Aus dem Vergleich mi
dem Wert für die Dissoziationskonstante der Essigsäure, $K = 2 \times 10^{-5}$, ersieht man
daß eine verdünnte Eisen(III)-nitrat- bzw. -perchloratlösung stärker sauer reagiert al:
eine gleich konzentrierte Essigsäurelösung.

Der Primärvorgang bei der Hydrolyse ist also stets die Bildung eines Monohydroxo-
kations. Die Wiederholung des Vorgangs der Protonenabspaltung, die durch Zugab€
einer Base begünstigt wird, führt dann im Fall eines zweiwertigen Kations zur Ausfällung des Hydroxids bzw. Oxids:

$$Mg^{2+} + H_2O \rightleftharpoons MgOH^+ + H^+; \quad MgOH^+ + H_2O \rightleftharpoons Mg(OH)_2 + H^+$$

im Fall eines höherwertigen Kations zur Bildung eines Dihydroxokations (siehe (1 b)).
Diese einfachen Hydroxokationen können sich nun in Abhängigkeit vom p_H-Wert und
der Konzentration zu mehrkernigen Komplexen assoziieren (N. BJERRUM, 1908,
G. JANDER, 1936, L. E. SILLÉN, seit 1952). So ist z. B. die Existenz der zweikernigen
Komplexionen [Cr$_2$(OH)$_2$]$^{4+}$, [Fe$_2$(OH)$_2$]$^{4+}$ und [Pb$_2$(OH)$_2$]$^{2+}$ bei der Hydrolyse der
entsprechenden Salze innerhalb bestimmter p_H-Bereiche nachgewiesen worden. In
Berylliumlösungen tritt in einem größeren Konzentrationsbereich vor Ausfällung des
Hydroxids das dreikernige Komplexion [Be$_3$(OH)$_3$]$^{3+}$ auf, in Zinn(II)-lösungen das Ion
[Sn$_3$(OH)$_4$]$^{2+}$ und in Wismut(III)-lösungen ein sechskerniger Komplex [Bi$_6$(OH)$_{12}$]$^{6+}$
oder [Bi$_6$O$_4$(OH)$_4$]$^{6+}$. Auch hier ist die Zahl der Wassermoleküle, die zur Vervollständigung der Koordinationszahl noch an das Kation gebunden werden, experimentell
nicht bestimmbar.

In den vorstehend angeführten Beispielen beschränkt sich die Assoziation bevorzugt
auf eine definierte Anzahl von Kationen – 2, 3 oder 6 – wobei die Verknüpfung der
Kationen über die Hydroxylgruppen („Verolung") oder nach Abspaltung von H$_2$O
aus 2 OH-Gruppen über Sauerstoffatome erfolgt. Die Assoziation kann aber auch, wie
es im Fall der Ionen Sc^{3+}, In^{3+}, Th^{4+} und UO$_2^{2+}$ nachgewiesen ist, zu einer ganzen Reihe

von hochmolekularen Komplexen führen, die nebeneinander in der Lösung vorliegen. Ihre Entstehung darf man sich vielleicht durch wiederholte Anlagerung der einfachen Hydroxokationen vorstellen, wie z. B.

$$n \cdot In(OH)_2{}^+ \longrightarrow [In(OH)_2In(OH)_2 \ldots]_n{}^{n+}$$

Neben den einfachen Assoziationsvorgängen ist auch die Entstehung vernetzter Gebilde möglich. So wird verständlich, daß die Ausfällung von Metallhydroxiden je nach den Reaktionsbedingungen zu Produkten unterschiedlicher Struktur und Zusammensetzung führt. Beispiele hierfür sind u. a. die Ausfällung von Aluminium, Chrom und Eisen.

Struktur der basischen Salze

Bekanntlich versteht man unter basischen Salzen Verbindungen, in denen die Hydroxid-Ionen des Metallhydroxids nur zum Teil durch Säureanionen ersetzt sind. Solche basischen Salze werden insbesondere von den 2- und 3wertigen Metallen Kupfer, Zink, Cadmium, Quecksilber, Kobalt, Nickel, Magnesium, Aluminium, Chrom, Eisen, Wismut u. a. gebildet (Beispiele siehe unter den betreffenden Metallen). Zu den basischen Salzen sind auch die Oxidhalogenide, wie $HgCl_2 \cdot {}^1/_2 \ldots 4\,HgO$, $PbCl_2 \cdot PbO$, $BiOCl$ u. a. zu rechnen.

Basische Salze erhält man auf verschiedenen Wegen, z. B. bei der unvollständigen Fällung von Salzen mit Laugen oder Alkalicarbonaten oder bei der Einwirkung von Metallhydroxiden oder Oxiden auf die entsprechenden Metallsalze. Je nach der Temperatur, der OH^-- und Metall-Ionenkonzentration können mehrere Verbindungen mit verschiedenem Verhältnis $MeX_2 : Me(OH)_2$ entstehen.

In dem vorangehenden Abschnitt sind die Vorgänge, die in einer Salzlösung vor Ausfällung der basischen Salze bzw. der Hydroxide ablaufen, sowie die Zusammensetzung der in diesen Lösungen auftretenden Ionen behandelt worden. Hier soll auf die Struktur der festen basischen Salze bzw. der Oxidhalogenide eingegangen werden. Dabei ist darauf hinzuweisen, daß man aus der stöchiometrischen Zusammensetzung der kristallisierten basischen Salze im allgemeinen keine Rückschlüsse auf Zusammensetzung und Größe der Ionen in der Lösung ziehen kann und umgekehrt. Denn die experimentellen Befunde über die Ionengröße in Lösung beziehen sich auf verdünnte Lösungen. Die Ausfällung der basischen Salze erfolgt aber meist aus konzentrierteren Lösungen. Sie ist ferner mit einer Abspaltung der die gelösten Ionen stabilisierenden Wassermoleküle verbunden, so daß weitere Kondensationsvorgänge, die zur Ausbildung von 2- und 3-dimensionalen Riesenmolekül-Ionen führen können, der Kristallisation vorausgehen werden. Die Zusammensetzung der kristallisierten basischen Salze ist weitgehend durch die Koordinationszahl des Kations und die Gitterenergie der betreffenden Struktur bestimmt.

In vielen Fällen ist bereits eine vollständige röntgenographische Strukturbestimmung von basischen Salzen gelungen. Als einfaches Beispiel sei hier die Struktur des Cadmiumhydroxidchlorids, $Cd(OH)Cl$, angeführt (HOARD, 1933). Dieses bildet ein Schichtengitter. Der Typus eines solchen Schichtengitters ist in Abb. 86 für den Brucit, $Mg(OH)_2$, wiedergegeben. Im Fall des Cadmiumhydroxidchlorids ist das Gitter aus parallelen Ebenen von Cadmium-Ionen aufgebaut, die auf der einen Seite von ebensolchen Ebenen von Chlorid-Ionen, auf der anderen Seite von Ebenen von Hydroxid-Ionen gefolgt sind. Nach W. FEITKNECHT, der das Gebiet der basischen Salze seit 1926 eingehend untersucht hat, sind außer solchen „Einfachschichtengittern" auch „Doppelschichtengitter" möglich bei denen zwei verschiedene Arten von Schichtpaketen abwechselnd am Aufbau beteilig sind, z. B. Metallhydroxidschichten vom Brucittyp wechseln mit (OH)MeX-Schichten ab Schließlich ist auch innerhalb der Ebenen der Hydroxid-Ionen ein Austausch eine Teiles derselben durch Halogenid-Ionen möglich. Es ist einleuchtend, daß diese verschiedenen Strukturmöglichkeiten eine große Anzahl von basischen Salzen wechselnde Zusammensetzung ergeben können.

Die leichte Bildung unlöslicher basischer Salze mit wechselndem und zum Teil auch nicht stöchiometrischem Verhältnis $MeX_2 : Me(OH)_2$ kann also zumindest bei den basischen Halogeniden der 2wertigen Metalle darauf zurückgeführt werden, daß sowohl die Hydroxide als auch die Halogenide für sich Schichtenstrukturen aufweisen und daß die einzelnen Schichten wegen ihrer strukturellen Ähnlichkeit sich gegenseitig vertreten können.

Es gibt aber auch zahlreiche Fälle, in denen die Struktur der basischen Salze in keiner Beziehung zu den Strukturen des betreffenden Hydroxids und des neutralen Salzes steht. Bei den Aluminiumsalzen wurde schon das basische Sulfat erwähnt, in dessen Gitter das komplexe Ion $[Al_{13}O_4(OH)_{24}(H_2O)_{12}]^{7+}$ auftritt. Als weiteres Beispiel sei hier nur noch auf die Struktur des basischen Zirkoniumchlorids S. 619 verwiesen.

Auch bei Oxidhalogeniden, wie BiOCl, InOCl und FeOCl, findet man Schichtengitter. In diesen etwas komplizierteren Strukturen ist die Schichtenfolge in den einzelnen Schichtpaketen Cl Me O Me Cl, wobei die zentrale O-Ionenschicht doppelt soviel Atome enthält wie jede Cl-Schicht.

Im basischen Quecksilberchlorid, $HgCl_2 \cdot 4 HgO$, liegen Quecksilber- und Chlorid-Ionen in einer Schicht zwischen Schichten aus Quecksilber- und Sauerstoff-Ionen.

Ein Beispiel für eine Struktur mit gewinkelten Me—O—Me—O—Ketten ist das Titanoxidsulfat (siehe S. 612).

Daß aber auch ganz andere Anordnungen möglich sind, zeigt das Quecksilberoxidchlorid, $2 HgCl_2 \cdot HgO$, das die Struktur eines Oxoniumsalzes $[(ClHg)_3O]^+Cl^-$ besitzt (A. und A. Weiss, und G. Nagorsen, 1953).

Übergangselemente

Als Übergangselemente behandeln wir diejenigen Elemente der Nebengruppen, deren Chemie eine Reihe von Besonderheiten gemeinsam ist, so daß sie sich sehr erheblich von den Elementen der Hauptgruppen unterscheiden. Dies sind nach der Ordnungszahl geordnet die Elemente Titan bis Nickel, Zirkonium bis Palladium, Hafnium bis Platin.

Die Sonderstellung der Übergangselemente ist auf die Elektronenkonfiguration ihrer Ionen zurückzuführen. Sämtliche Übergangselemente können Ionen mit unvollständig besetztem d-Niveau bilden.

Bei der großen Anzahl der d-Elektronen, von denen je 10 auf dem gleichen Niveau Platz finden, ist die Einfügung der letzten Elektronen nur von geringem Einfluß auf das chemische Verhalten, so daß sich die jeweils letzten Elemente in den großen Perioden Eisen—Kobalt—Nickel, Ruthenium—Rhodium—Palladium, Osmium—Iridium—Platin auffallend ähnlich werden.

Der Einbau der d-Elektronen beginnt bekanntlich in der III. Gruppe bei Scandium, Yttrium und Lanthan und ist bei Zink, Cadmium und Quecksilber beendet, doch liegen in den Verbindungen dieser Elemente Ionen mit abgeschlossener Elektronenkonfiguration vor, und zwar Sc^{3+}-, Y^{3+}-, La^{3+}-Ionen mit 8 Außenelektronen, wie das Al^{3+}-Ion, und Zn^{2+}-, Cd^{2+}-, Hg^{2+}-Ionen mit insgesamt 18 Außenelektronen. Eine Ausnahme bilden nur die Hg_2^{2+}-Ionen des einwertigen Quecksilbers. Die gleiche Konfiguration mit 18 Elektronen haben die einwertigen Ionen von Kupfer, Silber und Gold. Deshalb haben wir diese Elemente in Zusammenhang mit Zink, Cadmium und Quecksilber außerhalb der Übergangselemente besprochen.

Alle Übergangselemente sind Metalle. Unter ihnen finden sich die technisch wichtigen Metalle Eisen, Nickel, Chrom und Mangan.

Charakteristisch für die Übergangselemente ist, daß sie oft in mehreren Oxydationsstufen auftreten können, z. B. Mangan $+1 \ldots +7$, Chrom $+1 \ldots +6$. Die Übergänge zwischen den einzelnen Oxydationsstufen vollziehen sich oft mit großer Leichtigkeit, und daher begegnet man bei diesen Elementen einer ganzen Reihe von wichtigen Redox-Systemen.

Weiter wirken die Ionen der Übergangselemente stark polarisierend. Infolgedessen bilden diese Elemente bevorzugt Komplexverbindungen, und zwar vielfach von ganz auffallend großer Beständigkeit. Dabei erfolgt nicht nur eine Deformation der Anionen, sondern auch die Kationen selbst erleiden rückwirkend Veränderungen in ihrer Elektronenhülle. (Näheres siehe im Kapitel: „Komplexverbindungen".)

Mit der auf die Kationen rückwirkenden Polarisation hängt die oft auftretende Färbung der Verbindungen dieser Elemente zusammen. Von den Alkalimetallen bis zum Scandium fehlen lebhaft gefärbte Verbindungen. Von der Zinkgruppe an werden sie wieder seltener. Die Farbe zeigt stets an, daß locker gebundene Elektronen vorliegen, die bereits durch die energiearmen Quanten des sichtbaren Lichts unter Absorption angeregt werden. Die Polarisation verstärkt zwar die Bindung zwischen den Ionen, lockert aber die Elektronen gegenüber ihrem Zustand in den ungestörten Ionen.

In den kristallisierten Verbindungen der Übergangselemente treten häufig die d-Elektronen benachbarter Kationen miteinander in Wechselwirkung, wobei sich Atombindungen ausbilden können, die wieder ihrerseits die Gitterstruktur solcher Verbindungen beeinflussen. So kristallisieren die Sulfide FeS, NiS, CoS, CrS nicht wie die Erdalkalisulfide im Natriumchloridgitter, sondern in der Struktur des Nickelarsenids (siehe S. 587).

Auch freie Elektronen, und zwar in mit der Temperatur zunehmendem Maße, treten bei den Verbindungen der Übergangselemente mit leicht polarisierbaren Anionen auf, so daß viele Oxide und Sulfide Halbleiter sind, z. B. Fe_3O_4, MoS_2, UO_2.

Die Möglichkeit zur Ausbildung von Atombindungen, der leichte Wechsel der Oxydationsstufe und das Auftreten freier Elektronen haben zur Folge, daß die Eigenschaften der Verbindungen der Übergangselemente, besonders der Chalkogenide, Nitride und Phosphide, oft schon beträchtlich von den Eigenschaften salzartiger Verbindungen abweichen. Dies zeigt sich auch besonders darin, daß die niederen Oxide und Sulfide von Titan, Vanadium, Chrom und Eisen, die Nickel-, Molybdän- und Wolframoxide mehr oder weniger Sauerstoff oder Schwefel enthalten können als der stöchiometrischen Zusammensetzung entspricht. Beispielsweise kann das Titanmonoxid alle Werte von $TiO_{0,6}$ bis $TiO_{1,3}$ annehmen. Für diese Fälle hat sich die Bezeichnung *Phase* eingeführt, in Anlehnung an die Phasen bei intermetallischen Verbindungen. Denn die verschieden zusammengesetzten Titanoxide zwischen $TiO_{0,6}$ und $TiO_{1,3}$ sind keine verschiedenen festen Phasen, wie etwa PbO und PbO_2, sondern stehen in kontinuierlichem Übergang miteinander. Es gibt sogar Phasen, die wie das sogenannte Eisen(II)-oxid überhaupt nu mit etwas höherem Sauerstoffgehalt als es der Formel FeO entspricht, existenzfähi sind.

In der Struktur erklärt sich die Phasenbreite in derartigen Systemen durch unvollständig Besetzung der Kationen- oder Anionengitterplätze, wobei der Ladungsausgleich durc Ladungswechsel der Kationen erfolgt. (Siehe dazu auch das Kapitel „Der feste Zustand".

Schließlich sei darauf hingewiesen, daß viele Ionen der Übergangselemente para magnetisch sind. Da das magnetische Verhalten bei den Übergangselementen vielfach mit Erfolg zur Konstitutionsaufklärung herangezogen wird, soll hier ein kurzer Abschnitt über den Magnetismus eingefügt werden.

Magnetochemie[1])

Bekanntlich unterscheidet man zwischen diamagnetischen Stoffen einerseits und para magnetischen bzw. ferromagnetischen andererseits. Para- und ferromagnetische Stoffe werden in ein inhomogenes Magnetfeld hineingezogen, diamagnetische erfahren dagegen eine Abstoßung. Da die anziehende oder abstoßende Kraft durch die scheinbare Gewichts änderung, die die Stoffe im Magnetfeld erfahren, gemessen werden kann, lassen sich magnetische Messungen verhältnismäßig leicht durchführen und sind zu einem wichtigen Hilfsmittel für die Konstitutionsaufklärung geworden.

Das Verhalten der paramagnetischen Stoffe erklärt sich dadurch, daß die Atome oder Ionen dieser Stoffe ein permanentes magnetisches Moment besitzen, das sich beim Hineinbringen in ein äußeres Magnetfeld in die Feldrichtung einzustellen versucht. Dieser Einstellung wirkt jedoch die thermische Bewegung der Atome entgegen, so daß mit steigender Temperatur die Ausrichtung der Momente unvollständiger wird. Daher ist die Suszeptibilität/Mol, χ_{mol}, paramagnetischer Stoffe umgekehrt proportional der absoluten Temperatur:

$$\chi_{mol} \doteq \frac{C}{T} \; (Curiesches \; Gesetz)$$

Diamagnetische Substanzen besitzen an sich kein permamentes magnetisches Moment. Durch ein äußeres Feld wird jedoch in ihnen ein Moment induziert, das nun aber dem äußeren Feld stets entgegengesetzt gerichtet ist. Daher ist die Suszeptibilität diamagne tischer Stoffe negativ. Außerdem ist sie temperaturunabhängig, denn die Erzeugung der induzierten Momente wird durch die Wärmebewegung der Atome nicht beeinflußt.

Abgesehen vom Vorzeichen unterscheidet sich die Suszeptibilität diamagnetischer und paramagnetischer Stoffe auch durch die Größenordnung. Sie ist bei paramagnetischen Stoffen etwa $10^2 \ldots 10^3$mal größer.

Das permanente Moment paramagnetischer Substanzen wird von den Elektronen hervorgerufen. Jedes Elektron hat ein magnetisches Spinmoment. Außerdem besitzen

---

[1]) Zur näheren Unterrichtung sei auf W. KLEMM, Magnetochemie, Leipzig 1936 und P. W. SELWOOD, Magnetochemistry, New York 1956, verwiesen.

diejenigen Elektronen, deren Dichteverteilung nicht kugelsymmetrisch ist, also die p-, d- und f-Elektronen, noch ein weiteres magnetisches Moment, für das man die alte, vom Bohrschen Atommodell abgeleitete, Bezeichnung *Bahnmoment* gebraucht. Die Erfahrung hat gezeigt, daß die Bahnmomente sich im allgemeinen nicht bemerkbar machen, weil sie durch die benachbarten elektrischen Felder der Ionen in den Kristallen oder durch die Dipole des Lösungsmittels in ihrer freien Einstellbarkeit gehindert werden. Eine wichtige Ausnahme stellen die Seltenen Erden dar, bei denen die magnetischen Momente von den im Innern der Elektronenhülle liegenden 4 f-Elektronen herrühren, so daß hier Bahn- und Spinmomente wirksam werden.

Da jedes Orbital nur mit 2 Elektronen besetzt werden kann, die sich nur noch durch die Richtung des Spins unterscheiden, heben sich bei voll besetzten Orbitalen die Einzelspinmomente auf. Solche Atome oder Ionen sind diamagnetisch. Daher sind die Edelgase diamagnetisch und ebenso alle Ionen, deren s-, p- oder d-Niveaus abgeschlossen sind. Als Beispiel seien genannt die Ionen mit 8 Außenelektronen, Konfiguration s^2p^6, wie:

$$Na^+, K^+, Mg^{2+}, Ca^{2+}, Al^{3+}, Cl^-, O^{2-}, S^{2-} \text{ usw.,}$$

ferner die Ionen mit 18 Außenelektronen, Konfiguration $s^2p^6d^{10}$, wie

$$Cu^{1+}, Zn^{2+}, Cd^{2+}, Hg^{2+}, Ga^{3+}, Pb^{4+}$$

und schließlich die Ionen, bei denen außerhalb einer abgeschlossenen „Schale" das folgende s-Niveau mit 2 Elektronen besetzt ist, also die Ionen mit $8 + 2$ Elektronen, wie P^{3+} und S^{4+} und die Ionen mit $18 + 2$ Elektronen, wie $Ga^+, Sn^{2+}, Pb^{2+}, Sb^{3+}$ usw.

Auch bei der Ausbildung einer Atombindung zwischen 2 Atomen besetzen die Elektronen ein gemeinsames Orbital mit antiparallelem Spin und rufen somit kein magnetisches Moment hervor. Deshalb sind auch Moleküle, wie H_2, N_2, CH_4, diamagnetisch.

In allen Fällen aber, in denen ein oder mehrere Orbitale mit nur 1 Elektron besetzt sind, muß ein magnetisches Moment in Erscheinung treten. Daraus folgt, daß zumindest alle Atome, Ionen oder Moleküle mit ungerader Elektronenzahl paramagnetisch sind. Als Beispiel seien angeführt: H-Atome, die Moleküle NO, NO_2, ClO_2, die Radikale der organischen Chemie und die Ionen Cu^{2+}, Ti^{3+}, V^{4+}.

Eine Besonderheit liegt bei dem O_2-Molekül vor, das trotz gerader Elektronenzahl paramagnetisch ist. Von den 8 Elektronen, die in den beiden Sauerstoffatomen dem 2p-Zustand angehören, bilden 6 Elektronen paarweise 3 Atombindungen mit antiparallelem Spin, während die 2 übrigbleibenden 2 freie Zustände des Moleküls besetzen, so daß ihre Spinmomente zur Wirkung kommen. Diese 2 einzelnen Elektronen heben durch ihre lockernde Wirkung ungefähr die bindende Wirkung eines Elektronenpaares auf, so daß die Stärke der Bindung zwischen den beiden Sauerstoffatomen der einer doppelten Bindung — mit 2 Elektronenpaaren — nahekommt.

Bei der Besetzung des d-Niveaus in der ersten Reihe der Übergangselemente werden die fünf 3d-Orbitale, weil sie energetisch gleichwertig („entartet") sind, zunächst mit je 1 Elektron besetzt. Das hat zur Folge, daß hier auch bei Ionen mit gerader Elektronenzahl Paramagnetismus auftreten kann. So nimmt z. B. in der Reihe der zweiwertigen Ionen das magnetische Moment von Ti^{2+} mit $3d^2$ bis zum Mn^{2+} mit $3d^5$ zu. Erst bei dem darauf folgenden Fe^{2+}-Ion mit $3d^6$ ist jetzt ein Orbital doppelt besetzt. In der Reihe $Mn^{2+}Fe^{2+}Co^{2+}Ni^{2+}Cu^{2+}$ sinkt das magnetische Moment wieder, bis beim Zn^{2+} alle 5 Orbitale mit insgesamt 10 Elektronen besetzt sind und Diamagnetismus auftritt.

Die Größe des magnetischen Moments ist nur von der Anzahl der nicht zu Paaren vereinigten Elektronen abhängig, nicht aber von der Ladung der Ionen. Deshalb haben Mn^{2+}- und Fe^{3+}- oder V^{2+}-, Cr^{3+}- und Mn^{4+}-Ionen das gleiche magnetische Moment.

Diese aus der Elektronenzahl zu berechnenden Momente stimmen aber mit den ge messenen Werten meist nur bei den Sulfaten und Nitraten, zum Teil auch noch bei de Halogeniden angenähert überein, während sich bei den Chalkogeniden oft sehr vie kleinere Momente ergeben. Man muß daraus den Schluß ziehen, daß in den Chalko geniden keine ungestörten Ionen mehr vorliegen, sondern daß sich Atombindunger zwischen den Kationen über die 3 d-Elektronen ausgebildet haben, wie dies schon in den vorangehenden Kapitel erwähnt wurde.

Besondere Verhältnisse liegen bei den Metallen vor. Ihr Magnetismus setzt sich zu sammen aus dem der Ionen, die das Metallgitter bilden, und dem Magnetismus des Elektronengases. Für das Elektronengas findet man einen sehr geringen temperatur unabhängigen Paramagnetismus, d. h. das Elektronengas verhält sich so, als ob der größte Teil der Elektronen zu Paaren mit antiparallelem Spin vereinigt wäre.

Für den *Ferromagnetismus* ist charakteristisch, daß die Suszeptibilität von der Feldstärke abhängig ist und besonders hohe Werte annimmt. Außerdem ist der Ferromagnetismus an den kristallinen Zustand gebunden.

Nach HEISENBERG sieht man die Ursache ferromagnetischer Erscheinungen in der Ausbildung von Atombindungen zwischen einer größeren Zahl von Metall-Ionen im Gitter mittels der 3d-Elektronen. Somit besteht eine nahe Beziehung zwischen Ferromagnetismus und dem soeben erwähnten niedrigen Paramagnetismus („Antiferromagnetismus") bei den Chalkogeniden der Übergangselemente, und tatsächlich findet man auch oft in diesen Systemen bei einer bestimmten Zusammensetzung Ferromagnetismus, wie z. B. beim Magnetkies. Wesentlich für die Atom bindung, die zum Ferromagnetismus führt, ist jedoch, daß die Spinmomente der Elektronen parallel gerichtet sind.

Ferromagnetismus findet man nicht nur bei den reinen Metallen, Eisen, Kobalt, Nickel und ihren Verbindungen, sondern auch bei Legierungen und Verbindungen nichtferromagnetischer Metalle. Ein Beispiel hierfür ist die beim Kupfer erwähnte Heuslersche Legierung.

Elemente der IV. Nebengruppe (Titan, Zirkonium, Hafnium)

In der IV. Nebengruppe stehen die Elemente Titan, Zirkonium und Hafnium. Sie treten vierwertig auf, doch sind vom Titan auch drei- und zweiwertige Verbindungen bekannt, die allerdings sehr unbeständig sind. Die drei Elemente bilden hochschmelzende Dioxide, deren basischer und saurer Charakter nur schwach ausgeprägt ist.

Titan, Ti

Atomgewicht	47,90
Schmelzpunkt	1800 °C
Dichte bei 17 °C	4,5 g/cm³

Vorkommen

Im Durchschnitt enthält die Silicathülle unserer Erde 0,6 % Titandioxid, TiO_2. Titan gehört also keineswegs zu den seltenen Elementen.

Titan ist in Form des Dioxids in den kristallographisch verschiedenen Formen des *Rutils*, *Brookits* und *Anatas* in kristallinem Urgestein, besonders in Glimmerschiefern, Phylliten und Tonschiefern, verbreitet. Besonders häufig finden sich Rutilkristalle in Verwachsungen mit Quarz.

Basalt enthält nachweisbare Mengen Titandioxid. *Titanit*, $CaTiO[SiO_4]$, kommt in Syeniten, *Perowskit*, $CaTiO_3$, in metamorphischen Kalken und Kalkeinlagerungen im Chloritschiefer vor. Zusammen mit Nioboxid und Tantaloxid findet sich Titandioxid im Euxenit, dem Yttrotantalit, dem Samarskit und Äschynit, die auch wegen ihres Gehaltes an Seltenen Erden bemerkenswert sind.

Seine weite Verbreitung verdankt Titan besonders dem Umstand, daß es in den Silicaten stets in geringer Menge enthalten ist, weil es in den Kristallstrukturen das Aluminium zum Teil ersetzen kann. Sehr häufig findet es sich auch in oxidischen Eisenerzen. Deshalb enthalten viele technische Eisensorten Titan. Das wichtigste Vorkommen ist der *Ilmenit*, $FeTiO_3$, der das Ausgangsmaterial für die technische Darstellung des Metalls und des Titandioxids ist.

Darstellung

Die *Darstellung* von reinem Titan bot längere Zeit große Schwierigkeiten, weil sich das Metall sehr leicht mit Sauerstoff, Kohlenstoff und Stickstoff verbindet. Die Reduktion des Dioxids mit Kohle liefert daher nur carbid- und nitridhaltige Produkte. Reines Titan erhält man aus Titan(IV)-chlorid und Natrium in einer eisernen Bombe. Das reinste Metall läßt sich durch die thermische Zersetzung von Titan(IV)-jodid nach dem Aufwachsverfahren von VAN ARKEL und DE BOER (1935) gewinnen. Die technische Darstellung erfolgt nach dem *Kroll-Verfahren* durch Reduktion des Titan(IV)-chlorids mittels Magnesium. Sie liefert zunächst nur ein schwammiges Metall, das nachträglich im Lichtbogenofen unter Vakuum oder unter Argon zu duktilem Metall umgeschmolzen wird. Auch die technische Darstellung durch Reduktion von Titan(IV)-chlorid mit Natrium ist durchführbar. Die Bedeutung, die dieses Metall für die Technik in letzter Zeit erlangt hat, geht daraus hervor, daß die Jahresweltproduktion von 1948 bis 1957 von 2 t auf 35 000 t gestiegen ist.

Eigenschaften und Verwendung

Titan ist ein silberweißes glänzendes Metall. Es ist beständig gegenüber Salpetersäure (Passivierung) und Alkalien. Leicht löslich ist es in Flußsäure und auch in Schwefelsäure. Das reine Metall gleicht in seinen mechanischen Eigenschaften dem Stahl, ist aber korrosionsfester und bedeutend leichter. Es findet darum trotz des hohen Preises zunehmende Anwendung als Werkstoff und für metallische Überzüge. Als Ferrotitan dient es zur Herstellung von warmfesten Spezialstählen. Auch Legierungen mit Aluminium, Chrom und Mangan haben technische Bedeutung.

Titanverbindungen

Die beständigen Titanverbindungen leiten sich vom vierwertigen Titan ab, während die dreiwertigen und in noch höherem Maße die zweiwertigen Verbindungen stark reduzierend wirken. Hydratisierte Ti^{4+}-Ionen sind wegen der hohen Feldstärke des Ti^{4+} nicht existenzfähig. In Lösung treten Hydroxokationen, wie $Ti(OH)_2^{2+}$ und $Ti(OH)_3^+$, auf. Dahe> erhält man in Gegenwart von Wasser auch stets nur basische Salze. In diesen, wie z. B> im Titanoxidsulfat, $TiO(SO_4)$, liegen aber keine TiO^{2+}-Ionen vor, sondern $-Ti-O-Ti-O$ Ketten, zwischen denen die Anionen gebunden sind.

Titandioxid (Titan(IV)-oxid), TiO_2

Eigenschaften und Darstellung

Titandioxid tritt in drei Modifikationen auf: als Rutil und Anatas, beide tetragonal, und> als rhombischer Brookit. Oberhalb 800 °C wandeln sich Anatas und Brookit monotrop> in Rutil um. Das in der Natur vorkommende Titandioxid ist oft durch Verunreinigunge> dunkel gefärbt. Das reine Dioxid ist ein weißes, in der Hitze gelbes Pulver. Es zeichnet sich durch ein hohes Lichtbrechungsvermögen und hohe Dispersion aus und übertrifft darin sogar den Diamanten.

Geglühtes Titandioxid ist in allen Säuren und auch in Alkalihydroxiden praktisch un löslich. Es kann durch Abrauchen mit konzentrierter Schwefelsäure, Schmelzen mit Kaliumpyrosulfat oder Alkalicarbonaten aufgeschlossen werden.

Oberhalb 1000 °C macht sich beim Erhitzen im Vakuum der thermische Zerfall nach $2\,TiO_2 \longrightarrow 2\,TiO_{2-x} + xO_2$ bemerkbar. Beim Schmelzp. (1870 °C) beträgt der Sauerstoff partialdruck über dem Oxid 600 Torr. Schon bei sehr geringen Abweichungen von der stöchio metrischen Zusammensetzung, z. B. bei $TiO_{1,997}$, ist das Oxid blau und zeigt Halbleiter eigenschaften.

Die Kristallstruktur des Rutils zeigt die Abb. 101. Jedes Titan-Ion ist von 6 Sauerstoff-Ionen umgeben, die ein etwas verzerrtes Oktaeder um das Titan-Ion bilden. Jedes Sauerstoff-Ion gehört stets zu 3 Oktaedern um 3 verschiedene Titan-Ionen. In Richtung der c-Achse sind die TiO_6-Oktaeder über eine Oktaederkante zu Ketten verknüpft. Man kann sich leicht davon über zeugen, daß diese Anordnung das stöchiometrische Verhältnis 1 Ti : 2 O wiedergibt. Greifen wir dazu ein TiO_6-Oktaeder heraus, so sehen wir, daß die Ladung jedes Sauerstoff-Ions nur zu $1/3$ gegenüber dem betrachteten Titan-Ion aufgerechnet werden kann, da 3 Oktaeder in jedem Sauerstoff-Ion zusammenstoßen. Somit entfallen auf jedes Titan-Ion $6/3 = 2$ Sauerstoff-Ionen.

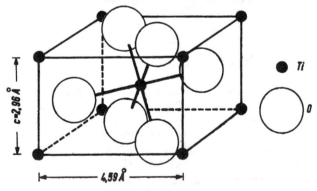

Abb. 101.   Rutilstruktur

In der Struktur des Rutils kristallisieren GeO_2, SnO_2, PbO_2, MnO_2, RuO_2, OsO_2, IrO_2 und zahlreiche Difluoride, wie MgF_2, ZnF_2, CoF_2, NiF_2 u. a. In einem monoklin verzerrten Rutilgitter treten VO_2, MoO_2, WO_2 und ReO_2 auf.

Wasserhaltiges Titandioxid entsteht aus Titan(IV)-lösungen durch Hydrolyse sowie durch Fällung mit Ammoniak. In sehr reiner Form erhält man es als gallertigen weißen bis durchscheinenden Niederschlag durch Hydrolyse von Titan(IV)-chlorid oder aus mehrfach umkristallisiertem Kaliumhexafluorotitanat, K_2TiF_6, mit verdünntem Ammoniak. In der Kälte frisch gefällte Präparate sind in Säure leicht löslich. Durch längeres Erhitzen altert das Gel und wird schwerer löslich.

Titandioxid verhält sich amphoter, doch sind sowohl der basische als auch der saure Charakter nur sehr schwach ausgeprägt. Der schwach basische Charakter zeigt sich unter anderem darin, daß Titandioxid beim Abrauchen mit Schwefelsäure bis fast zur Trockne nicht das normale Sulfat, sondern ein basisches Sulfat, *Titanoxidsulfat*, $TiOSO_4$, bildet. Dieses ist in kaltem Wasser löslich, doch fällt aus der Lösung, besonders nach Zusatz von verdünnter Essigsäure, bei mehrstündigem Kochen alles Titan als wasserhaltiges Titandioxid aus.

Die wäßrige Lösung von Titanoxidsulfat ist das beste *Reagens auf Wasserstoffperoxid*, wie umgekehrt Wasserstoffperoxid ein gutes Mittel zur Erkennung gelöster Titanverbindungen ist. Die rotgelbe bis gelbe Färbung ist noch bei weniger als 0,01 % Titan deutlich; sie beruht auf der Bildung des Peroxotitanyl-Ions $[TiO_2]^{2+}$.

In konzentrierter wäßriger Oxalsäure löst sich wasserhaltiges Titandioxid zu einer grünlichgelben Flüssigkeit, die zu einem Sirup eindunstet, mit Alkalioxalaten aber kristallisierbare Salze, wie $K_2[TiO(C_2O_4)_2] \cdot 2 H_2O$, liefert.

Der saure Charakter des Dioxids ist noch schwächer ausgeprägt als beim Siliciumdioxid. Denn die beim Schmelzen mit Alkalicarbonaten entstehenden *Alkalititanate*, z. B. Na_2TiO_3, $Na_2Ti_2O_5$, $Na_2Ti_3O_7$ u. a., zerfallen mit Wasser infolge Hydrolyse so weitgehend, daß alles Titan als wasserhaltiges Dioxid zurückbleibt.

Perowskitstruktur

Mit sehr vielen Oxiden zweiwertiger Metalle bildet Titandioxid beim Glühen Doppeloxide der allgemeinen Zusammensetzung $Me^{2+}TiO_3$, die vielfach auch Titanate genannt werden. Zu diesem gehört der Perowskit (Calciumtitan(IV)-oxid), $CaTiO_3$, mit nahezu kubischer Struktur, die in etwas vereinfachter Form in Abb. 102 wiedergegeben ist.

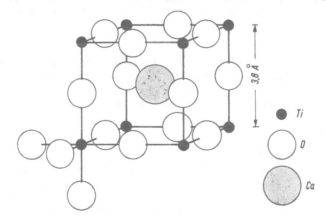

Abb. 102. Kristallstruktur des Perowskit, $CaTiO_3$

In der hier gewählten Darstellung besetzen die Titan-Ionen die Eckpunkte eines Würfels. Die Sauerstoff-Ionen liegen auf den Mitten der Würfelkanten, während in der Mitte des Würfels das Calcium-Ion Platz findet. Die Sauerstoff-Ionen umgeben jedes der Titan-Ionen in Form eines Oktaeders, wie es links unten im Bilde unter Heranziehung der Sauerstoff-Ionen der anschließenden Elementarzellen angedeutet ist. Dabei gehört jedes Sauerstoff-Ion gleichzeitig zu zwei Oktaedern, wodurch eine räumliche Verknüpfung der TiO_6-Oktaeder durch den ganzen Kristall zustande kommt. Auf jedes Titan-Ion entfallen so im Durchschnitt dre Sauerstoff-Ionen, wie es der Formel $CaTiO_3$ entspricht.

Das Calcium-Ion ist von 12 Sauerstoff-Ionen in gleichem Abstand umgeben. Titan un Calcium haben also im Perowskit gegenüber Sauerstoff die Koordinationszahlen 6 und 12. Di Struktur läßt im Gegensatz zur Formel $CaTiO_3$ keine einzelnen TiO_3-Gruppen erkennen un unterscheidet sich dadurch charakteristisch von den echten Salzen, wie den Carbonaten Nitraten, in denen CO_3- bzw. NO_3-Komplexe im Gitter vorliegen.

Der Perowskittyp ist bei Doppeloxiden ABO_3 sehr weit verbreitet. Voraussetzung für sei Auftreten ist, daß das A-Kation bedeutend größer als das B-Kation ist. (Vgl. die Koordinations zahlen von Ca^{2+} und Ti^{4+} im $CaTiO_3$.) Als Beispiele seien genannt KUO_3, $KTaO_3$, $BaZrO_3$ $BaSnO_3$, $LaMnO_3$. Durch Verzerrung der Sauerstoffoktaeder bzw. durch verschiedenartige Verknüpfung der Oktaeder entstehen tetragonale, rhombische, rhomboedrische und hexagonale Perowskitstrukturen. So tritt Bariumtitan(IV)-oxid in 5 Modifikationen auf. Von diesen ist die zwischen 5 °C und 120 °C beständige tetragonale Form wegen ihrer hohen Dielektrizitäts konstante, die über 20 000 betragen kann, für die Herstellung von Kondensatoren wertvoll.

Im kubischen Perowskitgitter kristallisieren auch viele Doppelfluoride, z. B. $KMgF_3$, $KNiF_3$ u. a

Wenn bei Doppeloxiden ABO_3 das A-Kation etwa ebenso groß wie das B-Kation ist, so tritt die Struktur des Ilmenits, $FeTiO_3$, auf, die in enger Verwandtschaft zur Struktur des Korunds, Al_2O_3, steht.

Niedere Titanoxide

Titan(III)-oxid, Ti_2O_3, bildet sich beim Überleiten eines Gemisches von Wasserstoff und Titantetrachlorid über Titandioxid bei Weißglut und wird am besten aus Titandioxid und Titan bei 1600 °C dargestellt. Es bildet schwarze, mit Fe_2O_3 und Al_2O_3 isomorphe Kristalle. Die Zusammensetzung der Ti_2O_3-Phase reicht von $TiO_{1,56}$ bis $TiO_{1,46}$ (P. EHRLICH, 1941). Zwischen den Oxiden Ti_2O_3 und TiO_2 treten noch weitere Phasen Ti_3O_5, Ti_4O_7 usw. einer Serie Ti_nO_{2n-1} auf, deren Struktur in naher Beziehung zum Rutilgitter steht.

Durch Erhitzen eines Gemisches von 1 Teil Titandioxid und 1 Teil Titan auf 1550 °C erhielten W. DAWIHL und K. SCHRÖTER goldgelbes hartes *Titanmonoxid*, TiO, das sich an der Luft erst bei 800 °C zum Titandioxid oxydiert. Über die Phasenbreite von Titanmonoxid siehe S. 607.

Titansulfide

Titandisulfid, TiS_2, aus dem Titantetrachlorid und trockenem Schwefelwasserstoff bei Rotglut dargestellt, bildet metallglänzende, bronzefarbene bis olivgrüne Schuppen, die gegenüber Wasser auffallend beständig sind. Außerdem treten im System Titan-Schwefel noch das graphitfarbene Sulfid, TiS_3, eine Ti_3S_4-Phase und TiS, auf.

Titanhalogenide

Titan(IV)-fluorid, Titantetrafluorid, TiF_4, aus Titan(IV)-chlorid und wasserfreier Flußsäure dargestellt, ist ein weißes, lockeres Pulver, Siedep. 284 °C, das mit Wasser unter Zischen das Hydrat $TiF_4 \cdot 2 H_2O$ und mit Flußsäure die *Fluorotitansäure*, H_2TiF_6, bildet. Diese stellt man am besten aus wasserhaltigem Titandioxid durch Lösen in Flußsäure dar und gewinnt aus ihr das sehr gut kristallisierende Kaliumsalz, Kaliumhexafluorotitanat(IV), K_2TiF_6, in stark glänzenden Blättchen, von denen sich 1 Teil bei 0 °C in 177 Teilen Wasser, bei 10 °C in 110 Teilen, bei 20 °C in 78 Teilen Wasser löst.

Titan(III)-fluorid, TiF_3, ist aus Titanhydrid und Fluorwasserstoff bei 700 °C als dunkelbraun violettes Pulver erhältlich (P. EHRLICH, 1954).

Titan(IV)-chlorid, Titantetrachlorid, $TiCl_4$, wird technisch aus Titandioxid und Kohle im Chlorstrom bei 800 °C oder im Laboratorium einfacher durch Überleiten von Tetrachlor kohlenstoffdampf über Titandioxid bei Rotglut dargestellt und ist eine intensiv stechend riechende, wasserhelle Flüssigkeit vom Siedep. 136 °C und dem Schmelzp. −30 °C, die an feuchter Luft raucht, mit Wasser unter starker Wärmeentwicklung weitgehend hydrolytisch gespalten wird, aber mit starker Salzsäure die intensiv gelbe *Hexachlorotitansäure*, H_2TiCl_6, bildet. Sie liefert mit Ammoniak und organischen Basen gut kristallisierte Salze, wie Ammoniumhexachlorotitanat(IV), $(NH_4)_2TiCl_6 \cdot 2\,H_2O$, (ROSENHEIM).

Auch mit wasserfreiem Ammoniak verbindet sich Titan(IV)-chlorid z. B. zu $TiCl_4 \cdot 6\,NH_3$, desgleichen mit den Chloriden des Phosphors, des Schwefels, ferner mit Äthern, Ketonen, Estern usw.

Die Reduktion von Titan(IV)-chlorid mittels Wasserstoff führt zunächst zum Titan(II)-chlorid, das sich unterhalb 400 °C mit Titan(IV)-chlorid zu *Titan(III)-chlorid* (Titantrichlorid), $TiCl_3$, vereinigt, bei höherer Temperatur aber mit Chlorwasserstoff wieder zu Titan(IV)-chlorid und Wasserstoff umsetzen kann. Zur Darstellung des dunkelvioletten, kristallinen Titan(III)-chlorids wird Titan(IV)-chlorid durch Wasserstoff bei höchstens 400 °C reduziert und das Trichlorid im Vakuum bei 425 °C sublimiert. Erhöht man die Temperatur schnell auf 450 °C, so zerfällt Titan(III)-chlorid in Titan(IV)-chlorid und schwarzes Titan(II)-chlorid (O. RUFF). Wie die magnetischen Messungen von KLEMM und KROSE (1947) zeigen, erfolgt schon im kristallisierten Titan(III)-chlorid mit der Temperatur steigend eine Disproportionierung in Ti^{2+}- und Ti^{4+}-Ionen.

Mit Wasser bildet das Trichlorid ein grünes und ein violettes Hydrat.

Titan(III)-lösungen

In wäßriger Lösung wird sowohl das Titan(IV)-chlorid als auch das Titan(IV)-sulfat durch elektrolytische Reduktionen wie auch durch Zink und Säure zu violetten Lösungen des dreiwertigen Titans reduziert. Nach FÖRSTER sind diese Lösungen bei vollständiger Reduktion durchsichtig, rein violett gefärbt, aber schon kleine Mengen der nicht reduzierten Titan(IV)-verbindungen bewirken undurchsichtige, tintenartige, schwarzviolette Färbung.

An der Luft oxydieren sich die sauren Titan(III)-lösungen langsam zu Titan(IV)-verbindungen, während sich das durch Alkalien gefällte dunkelbraune Hydroxid so energisch oxydiert, daß es Wasser zersetzen kann.

Die Titan(III)-salzlösungen sind starke Reduktionsmittel, das Redoxpotential Ti^{3+}/Ti^{4+} beträgt —0,04 V. Gold-, Silber- und Quecksilbersalze werden zu den Metallen reduziert, Kupfer(II)-salze in salzsaurer Lösung zu Kupfer(I)-chlorid, in schwefelsaurer Lösung aber bis zu metallischem Kupfer. Gibt man zu einer Lösung des violetten Titan(III)-sulfats einige Tropfen Kupfersulfatlösung, so scheidet sich in der Flüssigkeit nach kurzer Zeit leuchtend rotes Kupfer in feinster Verteilung aus.

Auch schweflige Säure und selenige Säure werden durch Titan(III)-lösungen zu den Elementen, Perchlorate in saurer Lösung zu Chloriden reduziert.

Da Titan(III)-chloridlösungen bei Gegenwart von freier Säure und Ausschluß von Luft beständig sind, werden sie besonders in Eisenhüttenlaboratorien zur maßanalytischen Bestimmung des Eisens viel gebraucht (*Titanometrie*).

Charakteristisch für das dreiwertige Titan ist die intensive Violettfärbung, die auftritt, wenn heiße Lösungen von Alkalicitraten mit Titan(III)-chlorid- oder -sulfatlösung versetzt werden. Die violette Farbe der *Phosphorsalzperle* bei reduzierendem Schmelzen rührt gleichfalls von dreiwertigem Titan her.

Titancarbid, TiC, Titannitrid, TiN, Titanhydride

Titancarbid bildet sich beim Glühen von Titandioxid oder Titan mit Kohlenstoff und beim Carburieren von Titan mit Kohlenwasserstoff. Im Aussehen ähnelt es dem Metall, ist aber in Salzsäure nicht löslich und wird auch von Wasserdampf bei 700 °C nicht zersetzt. Es löst bei hoher Temperatur Kohlenstoff und scheidet diesen Überschuß beim Erkalten als Graphit wieder ab. Titancarbid schützt als Oberflächenschicht vor mechanischer und chemischer Abnutzung und dient in Mischkristallen mit Tantal- und Wolframcarbid mit Kobalt gesintert als Hartmetall-Legierung für verschleißfeste Schneidewerkzeuge.

Das bronzefarbene *Titannitrid* erhält man in reinem Zustand durch Erhitzen von $TiCl_4 \cdot 6 NH_3$ im Ammoniakstrom oder aus Titan und Stickstoff bzw. Ammoniak bei 1500 °C. Es entsteht in mehr oder weniger reinem Zustand bei allen Reduktionen, die Titan liefern, wenn der Luftstickstoff nicht auf das sorgfältigste ausgeschlossen wird. Es ist gegen Säuren, auch Flußsäure, und Alkalien sehr beständig.

Titancarbid und -nitrid besitzen metallische Leitfähigkeit. Sie kristallisieren im Natriumchloridgitter; die Kohlenstoff- bzw. Stickstoffatome sind in die oktaedrischen Lücken einer kubisch dichten Packung von Titanatomen eingelagert. Beim Nitrid reicht die Phasenbreite von $TiN \ldots TiN_{0,42}$, beim Carbid von TiC sogar bis $TiC_{0,28}$ (EHRLICH, 1949).

Die C- und N-Atome können sich im Gitter gegenseitig ersetzen, so daß Carbid-Nitrid-Mischkristalle entstehen. Solche Mischkristalle treten immer dann auf, wenn titanhaltige Verbindungen in Gegenwart von Kohle und Stickstoff geglüht werden. Sie bilden sich deshalb auch in Hochöfen bei der Verhüttung titanhaltiger Erze und treten dort in Form kupferroter Würfel auf.

Titanhydrid. Titan nimmt beim Erwärmen in einer Wasserstoffatmosphäre unter Erhalt seiner hexagonalen Struktur (hexagonale Kugelpackung) Wasserstoff bis zur Zusammensetzung $TiH_{0,5}$ auf. Weitere Wasserstoffaufnahme führt zu einer kubischen Phase, die von TiH bis nahe an TiH_2 reicht. In beiden Phasen besetzen die Wasserstoffatome die tetraedrischen Lücken in einer dichten Packung der Metallatome. In der kubischen Phase entsprechen die Lagen der Titan- und Wasserstoffatome der Anordnung der Calcium- und Fluorid-Ionen im Calciumfluoridgitter. Oberhalb 400 °C verlieren die wasserstoffreichen Produkte wieder Wasserstoff, beim Erhitzen auf 1000 °C im Vakuum tritt vollständiger Zerfall ein. Die Bildungswärme des Hydrids beträgt nach SIEVERTS 18 kcal pro g-Atom Wasserstoff. Mit der Aufnahme von Wasserstoff ist eine Volumenzunahme des Metalls verbunden. Zugleich wird das Titan spröde und kann dann leicht gepulvert werden. Titanhydrid ist grau bis schwarz und an der Luft bei Raumtemperatur beständig, verbrennt jedoch leicht beim Erhitzen.

Außer Titan bilden noch Zirkonium, Hafnium, Thorium, Vanadin, Niob, Tantal und die Metalle der Seltenen Erden sowie Uran derartige Hydride, die ihrem Charakter nach den Übergang von den Lösungen des Wasserstoffs in Metallen, beispielsweise Wasserstoff in Platin, zu den salzartigen Hydriden darstellen.

Nachweis von Titanverbindungen

Zum Nachweis dienen entweder die empfindliche Reaktion mit Wasserstoffperoxid (siehe S. 83) oder die charakteristische tiefrote Färbung mit Chromotropsäure (1,8-Dioxy-3,6-Naphthalin-disulfonsäure), die noch sehr geringe Mengen gelöster Titan(IV)-verbindungen erkennen läßt (K. A. HOFMANN). Auch mit anderen aromatischen Oxysäuren, wie z. B. mit Salicylsäure, entstehen braunrot bis gelb gefärbte Verbindungen.

Verwendung der Titanverbindungen

Große Bedeutung hat Titandioxid als Rutil und Anatas wegen seiner hohen Lichtbrechung in dem zu den besten weißen Farb- und Lackpigmenten zählenden Titanweiß gefunden. Dieses wird durch Aufschließen von Ilmenit mit konzentrierter Schwefelsäure, hydrolytische Fällung und Glühen gewonnen. Teilweise wird es auch auf Bariumsulfat und Calciumsulfat, die als Verschnittmittel dienen, aufgefällt. Es dient ferner zum Aufhellen von Linoleum und Gummi, in der Papierindustrie, zum Mattieren von Kunstfasern, als Zusatz zum Glas, wodurch eine höhere Lichtbrechung und höherer Glanz hervorgerufen werden, und zur Trübung von Emails durch Ausscheidung von Rutilkristallen. In der Keramik, besonders in der Porzellanmalerei, dient das Dioxid zur Erzielung eines gelben Farbtons und wird deshalb auch bei der Herstellung künstlicher Zähne angewendet. Die Weltproduktion an Titandioxid lag 1957 bei etwa 800 000 t.

Titanoxidsulfat, Titanoxalat usw. werden in der Farbenindustrie verwendet, weil viele organische Oxysäuren, wie Salicylsäure, Chromotropsäure, durch gelöste Titansalze intensiv rot gefärbt werden und das wasserhaltige Titanoxid gute Beizeneigenschaften für saure Farbstoffe hat.

Zirkonium, Zr

Atomgewicht	91,22
Schmelzpunkt	1860 °C
Dichte bei 18 °C	6,4 g/cm³

Vorkommen

In der Form des Zirkoniumsilicats, $ZrSiO_4$, als Mineral *Zirkon* genannt, findet sich das Zirkonium ziemlich verbreitet in Syeniten und Pegmatiten und in anderen Eruptivgesteinen. Durch Verwitterung solcher Gesteine gelangt der Zirkon häufig zusammen mit Ilmenit und Rutil in die sogenannten Seifen; das sind durch Flüsse gebildete Ansammlungen spezifisch schwerer Gesteinstrümmer. Die größten Zirkonvorkommen finden sich in Australien, das der Hauptlieferant ist, ferner in den USA in Florida und Kalifornien.

Zirkon kristallisiert tetragonal, hat die Härte 7,5 und ist oft, besonders in Ceylon, so rein anzutreffen, daß er als Edelstein verwendet wird. Die gelblichroten Zirkone nennt man Hyazinth, die heller gefärbten Jargon. Als verwitterter Zirkon findet sich der Malakon.

In Brasilien (Pocos de Caldas bei Minas Geraes) kommt bevorzugt Zirkoniumdioxid (*Baddeleyt*), ZrO_2, mit einem Reinheitsgrad von 80 ... 90 % vor. Diese Vorkommen sind wahrscheinlich hydrothermalen Ursprungs. Die brasilianischen Lagerstätten haben jedoch an Bedeutung verloren.

Darstellung und Eigenschaften

Die Reduktion des Oxids, ZrO_2, gelingt mit Hilfe von Magnesium, Aluminium oder Kohle im elektrischen Lichtbogen nur unvollständig, oder sie liefert ein carbidhaltiges, unreines Material. Die technische Darstellung erfolgt ähnlich wie beim Titan aus $ZrCl_4$, durch Umsetzung mit Magnesium in Argonatmosphäre. Reinstes Zirkonium wird bei der thermischen Zersetzung von ZrJ_4 nach VAN ARKEL erhalten.

Zirkonium sieht wie Stahl aus mit einer dem Gußeisen ähnlichen Bruchfläche; es ist luftbeständig, läßt sich leicht schleifen und polieren, wird von Salzsäure, Salpetersäure und Schwefelsäure auch in der Wärme nur wenig angegriffen, dagegen lösen Königswasser oder Flußsäure leicht auf. Beim Erwärmen in Sauerstoff entsteht eine Oxidschicht, die das kompakte Metall bis zu heller Glut vor weiterer Oxydation schützt. Zirkoniumpulver kann sich dagegen schon unterhalb 200 °C an Luft entzünden. Stickstoff wird oberhalb 1000 °C zum gelblichen, chemisch äußerst widerstandsfähigen Nitrid, ZrN, gebunden. Chlor und ebenso Chlorwasserstoff bilden bei dunkler Rotglut Zirkonium(IV)-chlorid. Schmelzendes Kaliumhydroxid oxydiert unter Wasserstoffentwicklung.

Reines Zirkonium dient wegen seiner hohen Neutronendurchlässigkeit als Werkstoff für Kernreaktoren.

Zirkoniumverbindungen

Die Darstellung von Zirkoniumverbindungen geht meistens von den Zirkonsanden aus, die durch Schmelzen mit Alkalihydroxiden oder im elektrischen Ofen mit Koks, Kalk und Eisen aufgeschlossen werden. Zur Abtrennung des Zirkoniums sind das in konzentrierter Salzsäure schwerlösliche basische Chlorid, oder die in Wasser schwer löslichen basischen Sulfate geeignet.

Für die Verwendung des Zirkoniums in Kernreaktoren ist eine vollständige Entfernung de Hafniums notwendig, das einen 600fach so hohen Einfangquerschnitt für Neutronen hat wi Zirkonium. Dies gelingt durch fraktionierte Destillation der Anlagerungsverbindungen vo: Phosphorylchlorid an die Tetrachloride, $MeCl_4 \cdot POCl_3$, die sich im Siedepunkt um 5 grd unter scheiden, oder besser auf dem Wege durch wiederholte Extraktion mit geeigneten Lösungs: mitteln (siehe bei Hafnium).

Zirkonium tritt in seinen Verbindungen fast ausschließlich vierwertig auf (siehe daz: jedoch unter Zirkoniumhalogenide). Das Oxid, ZrO_2, hat amphoteren Charakter; sei: basischer Charakter ist aber etwas stärker ausgeprägt als beim Titandioxid. Die normaler Zirkoniumverbindungen, wie das Chlorid, das Sulfat, das Acetat u. a., sind nur be weitgehendem Ausschluß von Wasser erhältlich. In wäßriger Lösung werden di« Zirkoniumsalze hydrolytisch unter Bildung von Hydroxokationen gespalten. Daher bilde• Zirkonium zahlreiche basische Salze. Sehr ausgeprägt ist das Bestreben, durch Anlagerung von Anionen Komplexe zu bilden. So löst sich das auf Zusatz von Oxalsäure zu einer Zirkoniumsalzlösung ausfallende basische Oxalat, $ZrO(C_2O_4)$, in weitere: Oxalsäure zu einem Oxalatokomplex auf. Diese Eigenschaft kann man zur Trennung des Zirkoniums von den Seltenen Erden ausnutzen. Alkalicarbonate, besonders Ammoniumcarbonat, lösen die zunächst entstehende Fällung von basischem Carbonat zu Alkalizirkoniumcarbonaten. Auch Nitrato-, Sulfato- und Fluorokomplexe sind in großer Anzahl bekannt. Charakteristisch für Zirkonium ist die auch aus stark salzsaurer Lösung eintretende Fällung mit Natriumphosphat und Natriumhypophosphat.

Die beim Schmelzen von Zirkoniumdioxid mit Alkalihydroxiden entstehenden „Zirkonate", wie Li_2ZrO_3, die ihrer Struktur nach aber Doppeloxide sind, zerfallen in Gegenwart von Wasser unter Abscheidung von wasserhaltigem Zirkoniumdioxid.

Zum *Nachweis* von Zirkonium dient der rote bis rotviolette Farblack mit Alizarin S, der zum Unterschied von den entsprechenden Lacken von Eisen und Titan in Salzsäure unlöslich ist.

Zirkoniumdioxid, ZrO_2

Zirkoniumdioxid (Zirkonerde) entsteht beim Glühen des wasserhaltigen Oxids. Das bei ungefähr 3000 °C geschmolzene Zirkoniumdioxid ist nach dem Erkalten weiß, viel fester als Quarzglas, gegen Temperaturschwankungen unempfindlich und fast so hart wie Korund. Es ist gegen alle Säuren widerstandsfähig mit Ausnahme von konzentrierter heißer Schwefelsäure und Flußsäure. Schmelzende Alkalicarbonate greifen geglühtes Zirkondioxid an. Reines Zirkoniumdioxid strahlt, wenn man es auf hohe Temperaturen, z. B. in einer Knallgasflamme erhitzt, ein blendend weißes Licht aus.

Zirkoniumhalogenide

Zirkoniumtetrafluorid, ZrF_4, entsteht in wasserhaltiger Form aus der Lösung des basischen Chlorids oder aus Zirkoniumdioxid und konzentrierter Flußsäure. Das durch Erhitzen entwässerte Fluorid sublimiert und bildet schneeweiße, stark lichtbrechende Kristalle. In Flußsäure oder Alkalifluoriden ist das Fluorid unter Bildung von ZrF_6^{2-}-Ionen leicht löslich. Das Kaliumhexafluorozirkonat, K_2ZrF_6, kristallisiert in rhombischen Prismen und löst sich bei 15 °C zu 1,41 Teilen, bei 100 °C zu 25 Teilen in 100 Teilen Wasser. Bei großem Überschuß von Kaliumfluorid erscheinen auch reguläre Oktaeder von K_3ZrF_7.

Zirkoniumtetrachlorid, $ZrCl_4$, Sublimationsp. 331 °C, wird aus dem Metall oder aus Zirkoniumdioxid und Kohle im Chlorstrom dargestellt. Es bildet weiße, sehr hygroskopische Kristalle.

Das *basische Chlorid*, $Zr(OH)_2Cl_2 \cdot 7 H_2O$, scheidet sich beim langsamen Abkühlen einer heißen, salzsauren Lösung in seidenglänzenden tetragonalen Kristallen ab. Technisch wird es durch Aufschluß von Zirkoniumdioxid und Phosgen gewonnen. Es ist in Wasser leicht, in konzentrierter Salzsäure in der Kälte schwer löslich. Die früher übliche Formulierung als Oxidchlorid, $ZrOCl_2 \cdot 8 H_2O$, entspricht nicht der Struktur. Im Kristallgitter treten $[Zr_4(OH)_8]^{8+}$-Ionen auf. 4 Zr^{4+}-Ionen in quadratischer Anordnung sind durch je 2 Hydroxid-Ionen miteinander verbunden. Außerdem sind noch 4 Wassermoleküle an jedes Zr^{4+}-Ion gebunden.

Durch Reduktion der Zirkonium(IV)-halogenide mit Aluminium oder Zirkonium bei 450 °C entstehen die niederen Halogenide $ZrCl_3$, $ZrBr_3$, ZrJ_3 und ZrJ_2.

Verwendung von Zirkonverbindungen

Zirkoniumdioxid wird wegen seines außerordentlich hohen Schmelzpunktes von 2700 °C zur Herstellung von Schmelztiegeln und anderen feuerfesten chemischen Geräten verwendet. Hierzu wird die gereinigte Zirkonerde mit gallertigem, wasserhaltigem Zirkoniumdioxid und Stärkekleister vermischt, in Formen gepreßt und nach dem Austrocknen im elektrischen Ofen bei 2300 °C hartgebrannt. Solche Geräte sind gegenüber Temperaturschwankungen und chemischen Einflüssen sehr widerstandsfähig.

Weiterhin ist Zirkoniumdioxid ein vorzügliches Trübungsmittel für Email, da es diesem eine hohe Beständigkeit gegenüber kochenden Säuren und Reduktionsmitteln verleiht und sie unempfindlich gegen Abschrecken mit kaltem Wasser macht.

Die technisch wichtigste Zirkoniumverbindung ist das basische Chlorid, das in der Keramik, zur Gewinnung von Zirkonlegierungen, als Textilhilfsmittel und zum Weißgerben verwendet wird.

Hafnium, Hf

Atomgewicht	178,49
Schmelzpunkt	1700 °C
Dichte	13,3 g/cm³

G. v. HEVESY und D. COSTER fanden dieses Element in fast allen Zirkoniummineralen mit Hilfe des Röntgenspektrums und konnten es rein darstellen. Sie benannten es nach Hafniae (Kopenhagen). Es ist dem Zirkonium im analytischen Verhalten so ähnlich, daß nur durch oft wiederholte Operationen eine allmähliche Trennung möglich ist.

So ist z. B. das Kaliumhexafluorohafniat, K_2HfF_6, etwas leichter löslich als das entsprechende Zirkonat; umgekehrt ist das basische Chlorid des Hafniums schwerer löslich als die entsprechende Zirkoniumverbindung. Das Hafniumhydroxid ist basischer als das Zirkoniumhydroxid und demgemäß durch Ammoniak oder Natriumthiosulfat schwerer fällbar; auch ist das Hafniumsulfat bis 500 °C beständig, während Zirkoniumsulfat von 400 °C an zerfällt. Hochprozentige Hafniumpräparate erhält man durch mehrfach wiederholte Extraktion der ammonrhodanidhaltigen, sauren Lösungen der Sulfate von Zirkonium und Hafnium mit geeigneten Lösungsmitteln, z. B. Äther oder Methylisobutylketon (W. FISCHER, 1947). Auch mit Hilfe von Ionenaustauschern lassen sich sehr reine Hafniumpräparate gewinnen.

Die Dichten der Oxide: Zirkoniumdioxid 5,6 g/cm³ und Hafniumdioxid 9,67 g/cm³ unterscheiden sich so beträchtlich, daß man in Gemischen den Gehalt an Hafniumdioxid aus der Dichte ermitteln kann.

Hafniumcarbid, HfC, hat den höchsten bisher bekannten Schmelzpunkt (4160 °C).

Elemente der V. Nebengruppe (Vanadin, Niob, Tantal)

Zur V. Nebengruppe gehören die Elemente Vanadin, Niob und Tantal. Sie treten bevor zugt in der Oxydationsstufe + 5 auf. Die Pentoxide besitzen den Charakter von Säure anhydriden und bilden mit Basen Salze. Deshalb wurden die Oxide früher aud *Erdsäuren* genannt. Die Beständigkeit der höchsten Oxydationsstufe nimmt, wie be allen Elementen der Nebengruppen, mit steigendem Atomgewicht zu.

Vanadin, V

Atomgewicht	50,9414
Schmelzpunkt	1720 °C
Dichte	5,96 g/cm³

Vorkommen, Darstellung und Verwendung

Entdeckt wurde das Vanadin im Jahre 1830 von SEFSTRÖM in dem aus Taberger Erzen hergestellten Eisen. Der Name stammt von Vanadis, einem Beinamen der Göttin Freya.

Vanadin ist in der Natur weit verbreitet; es steht an 14. Stelle in der Reihenfolge der Häufigkeit der Elemente. Es findet sich aber meist nur in geringen Mengen, vor allem in Eisenerzen, die bis zu 1 % V_2O_5 enthalten können, sowie in Tonen, Basalten und in vielen Ackerböden. Die Aschen der Zuckerrübe, des Weinstocks, der Buche und der Eiche enthalten Spuren von Vanadin. Zu erwähnen ist noch der Vanadingehalt mancher Erdöle und der daraus hergestellten Kokse.

Bei der Verhüttung vanadinhaltiger Eisenerze geht das Vanadin zunächst in das Roheisen, beim Konverterprozeß jedoch in die Schlacke, aus der man nach Anreicherung Vanadin(V)-oxid für die Darstellung von Ferrovanadin gewinnt.

Von den sehr selten vorkommenden Mineralen, die für die Vanadingewinnung jedoch von untergeordneter Bedeutung sind, seien der *Mottramit* (Blei-Kupfervanadat), der *Vanadinit* (chlorhaltiges Bleivanadat), der *Roscoelit* (vanadinhaltiger Muskowit) und der *Patronit* (Vanadinsulfid) genannt. Die Hauptvorkommen dieser Minerale liegen in Peru (als Patronit) und in Rhodesien sowie in Südwestafrika.

Die Darstellung des Metalls bot früher außerordentliche Schwierigkeiten, weil die meisten Reduktionsmittel nicht bis zum reinen Metall führen.

Reines Vanadin gewinnt man durch Reduktion von Vanadin(V)-oxid oder Vanadin(III)-oxid mit Calcium. Das silbergraue Metall ist duktil und läßt sich kalt bearbeiten. Es löst sich in Flußsäure und oxydierend wirkenden Säuren, dagegen nicht in verdünnter Salzsäure. Auch die Reduktion von Vanadin(III)-chlorid mit reinstem Wasserstoff führt bei 900 °C zu pulverförmigem Metall mit 99,85 % Vanadin (TH. DÖRING).

Verwendung findet Ferrovanadin in der Stahlindustrie, da durch Vanadinzusatz die Härte und Leistungsfähigkeit von Werkzeug- und Panzerstahl erhöht werden. Vanadin(V)-oxid dient als sauerstoffübertragender Kontakt und hat bei der Schwefeltrioxidkatalyse (Kontaktprozeß) das Platin verdrängt.

Vanadinverbindungen

Vanadincarbid, VC, und Vanadinnitrid, VN

Aus Vanadin oder Vanadinoxiden und Kohlenstoff entsteht bei 2000 °C das sehr harte, dunkle Carbid, VC, mit Natriumchloridstruktur (Schmelzp. 2810 °C), dessen Homogenitätsbereich von $VC_{0,92}$ bis $VC_{0,74}$ reicht. Außerdem existiert noch eine V_2C-Phase. Stickstoff verbindet sich mit dem Metall zu dem Nitrid, VN, das durch eine Kaliumhydroxid-Schmelze unter Oxydation in Vanadat und Ammoniak gespalten wird.

Vanadin(V)-oxid, V_2O_5, und Vanadate (V)

Vanadin(V)-oxid, (Vanadinpentoxid), entsteht als beständigstes Oxid beim Glühen der niederen Oxide an der Luft. Zur Reindarstellung erhitzt man Ammoniummetavanadat im Sauerstoffstrom auf 600 °C. Es bildet ein orange- bis rotgelbes Pulver, das bei 690 °C unzersetzt zu einer braunroten kristallinen Masse schmilzt. Die Bildungswärme beträgt 373 kcal/Mol. In Wasser ist Vanadin(V)-oxid äußerst wenig löslich. In Schwefelsäure und Salpetersäure löst es sich in der Wärme mit schwach gelber Farbe unter Bildung von Vanadyl(V)-Kationen $[VO_2]^+$. Salzsäure löst unter Chlorentwicklung zu blauen Vanadyl(IV)-salzen. Mit Alkalien entstehen Vanadate und Polyvanadate.

Es gibt eine große Anzahl von *Polyvanadaten*, deren Zusammensetzung und Struktur noch nicht in allen Fällen gesichert ist. Sie entstehen durch Wasserabspaltung, d. h. also durch Kondensation aus den Orthovanadat-Ionen, VO_4^{3-}, unter Verbrauch von H^+-Ionen (siehe das Kapitel Polysäuren S. 642). Das Orthovanadat-Ion ist nur in stark alkalischer Lösung beständig. Aus diesen Lösungen kristallisieren die *Orthovanadate*, $Me^I_3VO_4$. Schon in schwach alkalischen Lösungen (p_H 12 ... 10,6) tritt eine Kondensation zum Divanadat-Ion ein:

$$2\,VO_4^{3-} + 3\,H^+ \;\rightleftharpoons\; HV_2O_7^{3-} + H_2O$$

In neutralen Lösungen ist die Existenz eines Trivanadatanions, $[V_3O_9]^{3-}$ nachgewiesen. Aus diesen Lösungen erhält man die sogenannten Metavanadate, Me^IVO_3. Von diesen ist das in kaltem Wasser schwer lösliche und in gesättigter Ammonchloridlösung fast unlösliche *Ammoniummetavanadat*, NH_4VO_3, wichtig, weil man durch Umkristallisieren dieses Salzes zu sehr reinen Vanadinverbindungen gelangt. Das weiße Quecksilber(I)-vanadat ist sogar in verdünnter Salpetersäure sehr schwer löslich und eignet sich zur quantitativen Abscheidung des Vanadins. Beim Glühen an der Luft hinterlassen beide Verbindungen Vanadin(V)-oxid.

Vom Kaliummetavanadat, $KVO_3 \cdot H_2O$, ist die Struktur bekannt. Das Gitter ist aus $(VO_3^-)_n$-Doppelketten aufgebaut. Jedes Vanadinatom ist annähernd tetraedrisch von 4 Sauerstoffatomen umgeben, von denen 2 zugleich zu benachbarten Vanadinatomen gehören. 2 solcher Ketten sind in der Weise zusammengelagert, daß die Vanadinatome die Koordinationszahl 5 erhalten.

Lösungen, die Ortho-, Di- oder Trivanadat-Ionen enthalten, sind farblos. In schwach sauren Lösungen (p_H 5 ... 3) tritt eine orange Färbung auf, die den Dekavanadat-Ionen $[V_{10}O_{28}]^{6-}$, bzw. $[HV_{10}O_{28}]^{5-}$ und $[H_2V_{10}O_{28}]^{4-}$ zuzuschreiben ist (H. BRITTON, 1940, F. ROSOTTI, 1946). Aus diesen Lösungen erhält man die tieforangeroten Dekavanadate, z. B. $K_6[V_{10}O_{28}] \cdot 10\,H_2O$. Mit sinkendem p_H-Wert gehen die Dekavanadat-Ionen in die blaßgelben Vanadyl(V)-Kationen, VO_2^+, über:

$$[H_2V_{10}O_{28}]^{4-} + 14\,H^+ \;\rightleftharpoons\; 10\,VO_2^+ + 8\,H_2O$$

Bei $p_H < 2$ liegen fast ausschließlich VO_2^+-Kationen vor.

Beim Ansäuern konzentrierter Vanadatlösungen beobachtet man vor der Bildung der orange Dekavanadat-Ionen das Auftreten einer dunkelroten Färbung, die nach G. JANDER von einem Oktovanadat-Ion herrühren soll, das in Gegenwart von Phosphorsäure unter Bildung einer Phosphor-Oktovanadinsäure stabilisiert wird.

Die Polyvanadate geben mit seleniger Säure, Zinnsäure und Kieselsäure sehr mannigfach komplexe Salze. Durch Kochen von Vanadin(V)-oxid mit absolutem Alkohol wurde der hell gelbe Ester $VO_4(C_2H_5)_3$ dargestellt, weiterhin auch der Trivanadinsäureester, $V_3O_9(C_2H_5)_3$ und der Hexavanadinsäureester, $V_6O_{17}(C_2H_5)_4$ (W. PRANDTL).

Mit Tannin geben die wasserlöslichen Vanadate nach einiger Zeit eine grünschwarze Tinte

Schmelzen von Vanadin(V)-oxid mit wenig Natriumoxid oder mit Natriummetavanadat zeigen wie das Silber die Eigentümlichkeit, beim Erkalten zu „spratzen", d. h. es wird lebhaft Sauer stoff abgegeben. Dieser Vorgang beruht darauf, daß beim Abkühlen unter Sauerstoffent wicklung Reduktion zu Vanadaten(IV),(V) erfolgt, z. B. zu $Na_2O \cdot 2\,VO_2 \cdot 5\,V_2O_5$, das schwarze graphitähnliche Kristalle mit Halbleitereigenschaften bildet. Sie gehören zu einer Reihe $Na_xV_2O_5$ mit x zwischen 0,15 und 0,33.

Peroxovanadinverbindungen

In stark schwefelsaurer Lösung reagieren die Vanadylkationen mit Wasserstoffperoxid unter Bildung der intensiv braunrot gefärbten Monoperoxovanadyl-Ionen $[V(O_2)]^{3+}$. Beim Aus schütteln mit Äther geht das Vanadin zum Unterschied vom blauen Chromperoxid nicht in die Ätherschicht, so daß durch diese Reaktion Vanadin neben Chrom nachgewiesen werden kann.

In schwach alkalischer bis schwach saurer Lösung liegen in Gegenwart von viel Wasserstoff peroxid die Ionen der gelben Diperoxoorthovanadinsäure, $[VO_2(O_2)_2]^{3-}$, vor (K. F. JAHR, 1941). Aus alkalischen, konzentrierten und gekühlten Vanadatlösungen erhält man mit viel Wasserstoffperoxid blaue Tetraperoxovanadate: $Na_3[V(O_2)_4] \cdot aq$. Auch von Niob und Tantal sind die Salze der gleichen Peroxosäuren bekannt.

Niedere Vanadinoxide

Aus Vanadin(V)-oxid entsteht mit gelinden Reduktionsmitteln, z. B. beim Schmelzen mit Oxalsäure, das tiefblaue, fast schwarze *Vanadin(IV)-oxid*, VO_2, das man am reinsten durch Erhitzen eines stöchiometrischen Gemisches von Vanadin(III)-oxid und Vanadin(V)- oxid erhält. Durch Glühen des Vanadin(V)-oxids im Wasserstoffstrom gelangt man zum schwarzen *Vanadin(III)-oxid*, V_2O_3, das im Korundgitter kristallisiert. Außer diesen Oxiden sind noch nachgewiesen $VO_{2,17}$, eine Reihe von Phasen der Zusammensetzung V_nO_{2n-1} mit $n = 3 \ldots 8$, die in ihrer Struktur dem Vanadin(IV)-oxid nahestehen, und schließlich *Vanadin(II)-oxid*, VO.

Vanadinsulfide und Thiovanadate

Mit Schwefel bildet Vanadin die Sulfide V_3S, VS, V_2S_3, und instabiles VS_4. Vanadin(III)-sulfid erhält man auch aus Vanadin(III)-oxid und Schwefelwasserstoff oder Vanadin(V)-oxid und Schwefelkohlenstoff. Auf Zugabe von gelbem Ammoniumsulfid zu einer Vanadatlösung entstehen rotbraune Lösungen von Thiovanadaten(V), aus denen beim Ansäuern ein braunes instabiles Sulfid etwa von der Zusammensetzung V_2S_5 ausfällt. Schwefelwasserstoff reduziert in saurer Lösung zu blauen Vanadin(IV)-salzen.

Vanadinhalogenide

Die wasserfreien *Chloride* des Vanadins sind intensiv gefärbt: Vanadin(II)-chlorid, VCl_2, apfelgrüne, glimmerglänzende, hexagonale Tafeln (Cadmiumjodidstruktur), in Wasser mit grauvioletter Farbe löslich; Vanadin(III)-chlorid, VCl_3, glänzende, hygroskopische, violette, dem Chrom(III)-chlorid ähnliche Tafeln, die sich in verdünnter Salzsäure mit grüner Farbe lösen; Vanadin(IV)-chlorid, VCl_4, dunkelbraunrote Flüssigkeit vom Siedep. 150 °C, gibt eine blaue, wäßrige Lösung, in der VO^{2+}-Kationen vorliegen. Ein Vanadin(V)-chlorid existiert nicht. Mit Brom und Jod bildet Vanadin als halogenreichste Verbindung Vanadin(III)-bromid, VBr_3, und Vanadin(III)-jodid, VJ_3.

Von den *Oxidchloriden* seien genannt: Vanadinoxidtrichlorid, $VOCl_3$, hellgelbe Flüssigkeit, Siedep. 127 °C, aus Vanadin(V)-oxid und Chlor unter Sauerstoffentwicklung oder aus den niederen Oxiden und Chlor darstellbar, ferner das orangerote Vanadindioxidmonochlorid, VO_2Cl, und das grüne kristalline Vanadinoxiddichlorid, $VOCl_2$.

Von den Fluoriden stellte O. RUFF dar: Vanadin(III)-fluorid, VF_3, gelbgrün; Vanadin(IV)-fluorid, VF_4, braungelb; Vanadinoxidtrifluorid, VOF_3, hellgelbliche Krusten, die bei 300 °C schmelzen; Vanadin(V)-fluorid, VF_5, rein weiß, Siedepunkt 111 °C, löst sich in Wasser mit rotgelber Farbe auf. Auch komplexe Fluoride, wie das grüne K_3VF_6, das hellrosa-gelbliche K_2VF_6 und daß weiße KVF_6 sind bekannt.

Weitere Vanadin(IV)-, (III)- und (II)-verbindungen

Reduziert man eine salzsaure Vanadin(V)-lösung mit Zink, so treten nacheinander auf: die blauen Vanadyl(IV)-verbindungen, in denen das Kation $[VO]^{2+}$ vorliegt, das grüne Vanadin(III)-Ion und schließlich das lavendelgrauviolette Vanadin(II)-Ion. Schwefelwasserstoff reduziert nur bis zur vierwertigen, Jodwasserstoff und Dithionit bis zur dreiwertigen Oxidationsstufe.

An der Luft oxidieren sich das zwei- und dreiwertige Vanadin, während das vierwertige Vanadin beständiger ist. Dieser leichte Wechsel der Oxidationsstufe bedingt die Fähigkeit der Vanadinsalze, auf oxydierbare Verbindungen Sauerstoff zu übertragen. So dient ein Zusatz von 1 Teil Ammoniumvanadat zu 10 000 Teilen Anilinchlorhydrat und Kaliumchlorat in der Anilinschwarzfärberei.

Von den Salzen der niederen Oxidationsstufen des Vanadins sind wegen ihrer Analogie zu den Eisensalzen interessant das rotviolette, mit Eisen(II)-sulfat isomorphe $VSO_4 \cdot 7 H_2O$, durch elektrolytische Reduktion an einer Quecksilberkathode in Kohlendioxidatmosphäre darstellbar; das braungelbe, dem gelben Blutlaugensalz entsprechende $K_4[V(CN)_6] \cdot 3 H_2O$ sowie die violetten Alaune, z. B. $KV(SO_4)_2 \cdot 12 H_2O$, die man aus schwefelsaurer Vanadinsäurelösung an einer Bleikathode erhält. An der Luft oxidieren sich diese Verbindungen sehr schnell. Sie wirken als starke Reduktionsmittel, so daß man durch Vanadin(III)-sulfat Kupfer aus einer Kupfersulfatlösung abscheiden kann.

Niob, Nb

Atomgewicht	92,9064
Schmelzpunkt	≈ 2500 °C
Dichte	8,56 g/cm^3
Spezifische Wärme	0,065 cal/g · grd

Der Name Niob wurde von HEINRICH ROSE (1844) wegen der Verwandtschaft dieses Elements mit dem Tantal festgelegt, obwohl das von HATCHETT (1801) entdeckte *Columbium* mindestens teilweise aus Niob bestand. Der Name Columbium, Zeichen Cb, wird in der englischen und amerikanischen Literatur gelegentlich heute noch gebraucht.

Vorkommen

Niob findet sich als Niobat neben Tantalat in mehreren der bei den Seltenen Erden erwähnten Minerale. Als Ausgangsmaterial dient der *Niobit* (Columbit) $(Fe,Mn)[(Nb,Ta)O_3]_2$, der ziemlich verbreitet im Granit vorkommt (Böhmerwald, Ural, Südnorwegen, Finnland, Grönland).

Darstellung und Eigenschaften

Durch Aufschließen von Niobit mit Kaliumhydrogensulfat und Auskochen der Schmelze mi
Wasser bleibt das Oxidgemisch zurück, das man am besten durch Überführung in die Kalium
fluorokomplexe und fraktionierte Kristallisation reinigt. Während nämlich Kaliumfluoro
tantalat, K_2TaF_7, in schwach flußsäurehaltigem Wasser sich bei 15 °C nur 1 : 200 löst, ist da
Kaliumoxofluoroniobat, $K_2NbOF_5 \cdot H_2O$, (perlmutterglänzende Blättchen), schon in 12 Teile
Wasser löslich. Auch das aus stark flußsauren Lösungen entstehende normale Kaliumfluoro
niobat, K_2NbF_7, ist bedeutend leichter löslich als die Tantalverbindung.

Zur Niob-Tantaltrennung ist auch die Extraktion des Niob aus schwach saurer Fluoridlösun
mit einem organischen Lösungsmittel geeignet. Durch Abrauchen der Doppelfluoride mi
Schwefelsäure und Auskochen mit Wasser gewinnt man die wasserhaltigen Oxide.

Zur Darstellung des Metalls werden Preßlinge von Nioboxid und -carbid im Vakuum auf
über 1800 °C erhitzt (BALKE, 1948).

Aus Kaliumoxofluoroniobat, K_2NbOF_5, erhält man beim Glühen mit Natrium dunkelfarbiges
pulvriges Metall, das im Vakuumofen umgeschmolzen wird.

Das metallische Niob ist glänzend hellgrau, duktil und löst sich in Säuren, auch in Königswasser nicht auf. An Härte gleicht es dem Schmiedeeisen, läßt sich aber gut walzen und
schweißen. Eisen-Nioblegierungen dienen zur Herstellung warmfester Stähle für Gasturbinen
und Raketen.

Niobverbindungen

Niobhydride und -carbide

Durch kathodische Hydrierung von Niob gelang es H. MÜLLER (1959), die Wasserstoffaufnahme
zu steigern und ein *Niobdihydrid* mit der Zusammensetzung NbH_2 zu erhalten. Dieses
Niobdihydrid hat Flußspatstruktur. Es zerfällt aber schon bei Zimmertemperatur in das
Monohydrid, NbH, und Wasserstoff. Das Monohydrid kann man auch durch Auflösen von
Wasserstoff in Niob bei 300 °C erhalten (SIEVERTS, 1941).

Durch Glühen von Niobmetallpulver in einer Stickstoffatmosphäre entstehen die Nitride NbN
und Nb_2N. Auch die Carbide NbC und Nb_2C werden aus Niob und Kohlenstoff durch Glühen
erhalten (G. BRAUER).

Nioboxide und Niobate

Als Ausgangsverbindung für viele andere Niobverbindungen dient das *Niobpentoxid* (Niob(V)-
oxid), Nb_2O_5, das ein weißes, in der Hitze gelbliches Pulver bildet und in Säuren, außer Flußsäure, unlöslich ist. Durch Reduktion mit Wasserstoff bei 1000 °C entsteht daraus schwarzes
Niob(IV)-oxid, NbO_2, das sogar in Flußsäure unlöslich ist, und aus diesem mit Niobpulver
bei über 1200 °C hellgraues *Niob(II)-oxid*, NbO. Dieses Oxid kristallisiert in einem Natriumchloridgitter, in dem $1/4$ der Kationen- und Anionenplätze in regelmäßiger Folge unbesetzt
bleibt (G. BRAUER, 1941).

Beim Schmelzen von Niob(V)-oxid mit Alkalihydroxiden oder -carbonaten im Verhältnis
1 Nb_2O_5 : 1 Me^I_2O erhält man die in Wasser schwerlöslichen *Metaniobate* $LiNbO_3$, $NaNbO_3$
u. a. mit Perowskitstruktur. Auch *Orthoniobate*, wie Na_3NbO_4, sind auf diesem Wege erhältlich.
Aus der wäßrigen Lösung einer Schmelze mit einem großen Überschuß von Kaliumcarbonat
kristallisieren je nach dem p_H-Wert verschiedene Salze, die sich von einer Hexaniobsäure
$H_8[Nb_6O_{19} \cdot aq]$ ableiten (G. JANDER, 1960). Aus diesen Lösungen fällt verdünnte Schwefelsäure
oder auch schweflige Säure wasserhaltiges Niob(V)-oxid als Gel, das in Laugen, nicht aber in
Ammoniak löslich ist.

Niobhalogenide

Beim Erwärmen des Metalls im Chlorstrom oder einfacher aus Niob(V)-oxid mit Tetrachlor-kohlenstoffdampf bei 250 °C entsteht das *Niob(V)-chlorid*, $NbCl_5$. Es bildet gelbe Nadeln mit dem Schmelzp. 194 °C und dem Siedep. 240,5 °C. Niob(V)-chlorid wird durch Aluminium zu braunem *Niob(IV)-chlorid*, $NbCl_4$, reduziert. Da Tantal(V)-chlorid schwerer reduziert wird und leichter flüchtig als Niob(IV)-chlorid ist, kann man über das Niob(IV)-chlorid aus Niob-Tantalpräparaten sehr reine Niobverbindungen darstellen (H. Schäfer, 1951).

Das durch Reduktion von Niob(V)-chlorid mit Wasserstoff darstellbare *Niob(III)-chlorid* hat eine für ein Halogenid ungewöhnliche Phasenbreite: vom grünen $NbCl_{2,67}$ ($= Nb_3Cl_8$) bis zum braunen $NbCl_{3,1}$. Das aus Niob und $NbCl_{2,67}$ herstellbare *Niob(II)-chlorid*, $NbCl_2$, ist wieder stöchiometrisch zusammengesetzt (H. Schäfer, 1959). Das *Niob(V)-fluorid*, NbF_5, bildet farblose Prismen, Schmelzp. 72 °C, Siedep. 225 °C. Ferner ist das Niob(IV)-fluorid, NbF_4, bekannt. Dagegen sind anscheinend das Niob(III)-fluorid und ebenso die entsprechende Tantalverbindung nicht existenzfähig (W. Rüdorff, H. Schäfer 1962). Mit Brom und Jod bildet Niob alle Verbindungen von NbX_5 bis NbX_2. Von den Oxidhalogeniden sei das farblose $NbOCl_3$ genannt.

Tantal, Ta

Atomgewicht	180,9479
Schmelzpunkt	$\approx 3000\ °C$
Dichte	$16,6\ g/cm^3$
Spezifische Wärme	$0,033\ cal/g\ grd$

Vorkommen

Die seltsame Benennung Tantal hat der Entdecker Ekeberg (1802) gewählt, „teils um dem Gebrauch zu folgen, der die mythologischen Benennungen billigt, teils um auf die Unfähigkeit des Elementes, mitten in einem Überschuß von Säure etwas davon an sich zu reißen und sich damit zu sättigen, eine Anspielung zu machen".

Tantal findet sich in dem mit Niob (Columbit) nahe verwandten *Tantalit*, $(Fe,Mn)[(Ta,Nb)O_3]_2$, in Finnland, Maine und Green-Bushes (Australien).

Da die Dichte der Tantalate beträchtlich höher ist als die der Niobate — sie beträgt für reinen Tantalit $8\ g/cm^3$, für Niobit $5,4\ g/cm^3$ — kann man hieraus den technisch wertvollen Tantalgehalt dieser in allen Mischungsverhältnissen vorkommenden Minerale direkt ermitteln.

Darstellung, Eigenschaften und Verwendung

Die Verarbeitung des Tantalit auf das Metall entspricht der des Niobit. Am besten eignet sich hierfür die Reduktion von Kaliumheptafluorotantalat, K_2TaF_7, mit Natrium und das Sintern des so gewonnenen, dunkelgrauen Pulvers im Hochvakuum in direktem Stromdurchgang. Vom Niob unterscheidet sich das Tantal durch seine größere Duktilität und den viel höheren Schmelzpunkt. Man hat deswegen um das Jahr 1910 größere Mengen Tantal dargestellt und als Glühdraht in den Tantallampen verwendet. Heute ist das Tantal durch Wolfram aus diesem Anwendungsgebiet verdrängt worden; doch haben die Elastizität von

Tantalblech, die stahlähnliche Festigkeit und die Widerstandsfähigkeit gegen Alkalien und
Säuren, mit alleiniger Ausnahme von Flußsäure, dem Tantal Anwendung für chirurgische
Instrumente, Schreibfedern und als Ersatz für Platin verschafft. Nach O. Brunck ist Tantal
als Kathodenmaterial sogar dem Platin mehrfach überlegen, weil es sich weder mit Zink noch
mit Cadmium legiert und gegen starkes Königswasser vollkommen beständig ist. Als Anode
bedeckt sich das Tantal mit einer dunkelblauen Oxidschicht, die den Strom nicht durchläßt

An der Luft erhitzt, färbt sich das Metall bei 400 °C blau, bei 600 °C grauschwarz und verbrennt schließlich mit heller Lichtentwicklung zu weißem Tantal(V)-oxid.

Das *Tantalcarbid*, TaC, von goldenem Glanz hat den sehr hohen Schmelzpunkt von 3880 °C
Einen noch höheren Schmelzpunkt, etwa 3900 °C, haben Mischkristalle von Tantalcarbid und
Hafniumcarbid. Tantalcarbid findet zusammen mit Titancarbid und Wolframcarbid in Hart-
metallen Verwendung.

Tantalverbindungen

Tantal und Niob sind sich in ihren chemischen Eigenschaften sehr ähnlich. Jedoch ist die
Oxydationsstufe + 5 beim Tantal noch beständiger als beim Niob. So läßt sich Tantal(V)-oxid
selbst bei sehr hohen Temperaturen durch Wasserstoff nicht reduzieren. Tantal(IV)-oxid, TaO_2,
ist bisher nur in Mischkristallen mit Niob(IV)-oxid einwandfrei nachgewiesen. Auch durch
Reduktion in wäßriger Lösung lassen sich die niedrigeren Oxydationsstufen nicht erhalten.
Der basische Charakter ist beim Tantal etwas stärker ausgeprägt als beim Niob. Das zeigt
sich z. B. darin, daß der Niob-Fluorkomplex, K_2NbF_7, leicht hydrolisiert und in das Oxidfluorid,
K_2NbOF_5, übergeht, der entsprechende Tantalkomplex, K_2TaF_7, aber unter gleichen Bedingungen beständig ist.

Tantalpentoxid, *Tantal(V)-oxid* Ta_2O_5, ist ein weißes, in allen Säuren außer Flußsäure,
unlösliches Pulver. In wasserhaltiger Form („Tantalsäure") fällt es aus Tantalaten beim
Ansäuern aus.

Durch Schmelzen des Pentoxids mit Alkalicarbonaten entstehen Meta- und Orthotantalate.
Aus der wäßrigen Lösung dieser Schmelzen kristallisieren *Polytantalate*, deren Zusammensetzung noch nicht ganz gesichert ist. Nach Jander (1956) existieren nur Pentatantalate
$7 MeI_2O \cdot 5 Ta_2O_5 \cdot xH_2O$. Nach einer Strukturbestimmung von Lindquist (1954) ist das
Kaliumtantalat ein Hexatantalat, $4 K_2O \cdot 3 Ta_2O_5 \cdot 16 H_2O = K_8[Ta_6O_{19}] \cdot 16 H_2O$. Windmaisser
(1941) nimmt an, daß Penta- und Hexatantalate nebeneinander bestehen und kontinuierlich
ineinander übergehen können. Das Kaliumpolytantalat ist in Wasser ziemlich leicht löslich,
das Natriumsalz löst sich dagegen nur zu 1 Teil in 493 Teilen Wasser bei 15 °C, in 162 Teilen
bei 100 °C; in verdünnter Natronlauge oder Sodalösung ist das Salz praktisch unlöslich.

Aus der Lösung des Oxids in Flußsäure fällt auf Zugabe von Kaliumhydrogenfluorid *Kaliumheptafluorotantalat*, K_2TaF_7, das zum Unterschied von Kaliumoxofluoroniobat, $K_2NbOF_5 \cdot 2 H_2O$,
schwer löslich ist. Beim Glühen verliert es durch Verflüchtigung von Tantal(V)-fluorid an
Gewicht, doch läßt es sich beim Abrauchen mit Schwefelsäure ohne Verlust in das Tantal(V)-
oxid überführen. Bei sehr hohen Fluoridkonzentrationen entstehen Oktofluorotantalate, wie
Na_3TaF_8. In diesen Komplexen bilden die 8 Fluorid-Ionen um das Tantal ein archimedisches
Antiprisma.

Tantal(V)-chlorid, $TaCl_5$, erhält man aus dem Metall im Chlorstrom oder durch Erhitzen
von Tantal(V)-oxid in Tetrachlorkohlenstoffdampf bzw. in einem mit Chlorschwefel beladenen
Chlorstrom als gelbe, kristalline Masse vom Schmelzp. 221 °C und dem Siedep. 239 °C.
Erhitzt man Tantal(V)-chlorid mit Aluminium unter Luftabschluß, so geht die Reduktion über
Tantal(IV)-chlorid, $TaCl_4$, Tantal(III)-chlorid, $TaCl_3$, zum Tantal(II)-chlorid, $TaCl_2$. Das Tan-
tal(III)-chlorid löst sich in Wasser mit grüner Farbe, Tantal(II)-chlorid bleibt als schwarzgrüner
Rückstand ungelöst, während Tantal(V)-chlorid zur Tantalsäure hydrolysiert wird (O. Ruff).

Tantal(V)-fluorid, TaF_5, von Ruff aus dem Metall und Fluor dargestellt, bildet farblose Prismen
vom Schmelzp. 97 °C und dem Siedep. 229 °C.

Elemente der VI. Nebengruppe (Chrom, Molybdän, Wolfram)

Zur VI. Nebengruppe gehören die Schwermetalle Chrom, Molybdän und Wolfram, deren niedere Oxydationsstufen Basennatur zeigen, während die Oxide der höchsten Oxydationsstufe, MeO_3, als Säureanhydrid wirken und Salze liefern, die besonders beim Chrom mehrfach mit den Sulfaten übereinstimmen. Doch herrscht die Neigung zur Bildung von Polysäuren, besonders bei Molybdän und Wolfram, entschieden vor. Wieder nimmt, wie in der IV. und V. Nebengruppe, die Beständigkeit der höchsten Oxydationsstufe — hier + 6 — mit steigendem Atomgewicht zu.

Chrom, Cr

Atomgewicht	51,996
Schmelzpunkt	1890 °C
Siedepunkt	2480 °C
Dichte	7,2 g/cm³

Vorkommen

Abgesehen von Chromgranat, Chromturmalin und Rotbleierz, findet sich Chrom in einigen Mineralen der Spinellgruppe, wie im Chromspinell und besonders im *Chromeisenerz, (Chromit)*, $FeCr_2O_4$. Es ist das Ausgangsmaterial für alle Chromverbindungen, kristallisiert kubisch und bildet unregelmäßig gestaltete, zuweilen linsenförmige Ausscheidungen in Olivingesteinen oder den aus ihnen hervorgegangenen Serpentinen. Durch vollkommene Zerstörung des Muttergesteins entstehen die aus angereichertem Chromeisenerz bestehenden Chromeisenlager. Solche Lager werden in den UdSSR, der Türkei, Südrhodesien, der Südafrikanischen Union, auf den Philippinen, in Neucaledonien, Jugoslawien, Griechenland und Kuba ausgebeutet. Die Weltproduktion an Chromeisenstein betrug 1957 etwa $4,6 \cdot 10^6$ t.

Darstellung und Verwendung von Chrom und Chromverbindungen

Die Gewinnung von Chrom gelingt nicht durch Reduktion des Oxids mit Kohle, weil bei der erforderlichen hohen Temperatur nur Carbide, wie Cr_3C_2, Cr_7C_3 und $Cr_{23}C_6$ entstehen. Mit sehr sorgfältig getrocknetem Wasserstoff läßt sich Chrom(III)-oxid schon bei 1000 °C zum Metall reduzieren (G. GRUBE). Bei der Elektrolyse von Chromchloridlösungen an Quecksilberkathoden entsteht ein weiches, glänzendes Chromamalgam, aus dem im Vakuum das Quecksilber abdestilliert wird, wobei Chrom zurückbleibt. Auch aus wäßriger Lösung von Chrom(III)sulfat und Chromsäure erhält man bei hoher Stromdichte kathodisch wasserstoffhaltiges Chrom, das durch Erhitzen im Vakuum vom Wasserstoff befreit werden kann.

Am einfachsten reduziert man Chrom(III)-oxid aluminothermisch. In den Schlacken, die bei diesem Verfahren anfallen, findet man gelegentlich dunkelrote Rubinkriställchen.

Sehr viel größere Bedeutung als die Gewinnung von reinem Chrom hat die Darstellung von *Ferrochrom*. Dazu wird Chromeisenstein mit Kohle im elektrischen Ofen reduziert.

Das Ferrochrom mit etwa 60 % Cr wird durch „Frischen" mit Chromerz, oft unter Zugabe von Silicium, im Elektrohochofen mit basischem Futter von seinem Kohlenstoffgehalt befreit und dient zur Herstellung von Stahllegierungen.

Zur Herstellung von Chromverbindungen wird das Chromerz durch Schmelzen mit Soda an der Luft oder durch Aufschluß mit Kaliumhydroxid und Luft zu Alkalichromaten oxydiert.

Chromverbindungen finden ausgedehnte Verwendung in Form der Chromate als Oxydationsmittel und zur Bereitung der Metallchromate, die als Chromfarben (der Name Chrom kommt vom griechischen Wort $\chi\varrho\tilde{\omega}\mu\alpha \triangleq$ Farbe) gebraucht werden sowie in Form der Chrom(III)-salze in der Lederindustrie und für grüne Farbpigmente (siehe S. 630).

Chrom wird ferner für korrosionsbeständige Überzüge für Stahl verwendet. Bei der elektrolytischen Verchromung scheidet man das Chrom meist auf einer Zwischenschicht von Cadmium, Nickel oder Kupfer ab.

Eigenschaften

Chrom ist ein silberweißes, glänzendes, sehr hartes Metall, das Glas ritzt und sich an der Luft sowie auch unter Wasser nicht oxydiert. Diese große Härte des metallischen Chroms ist auf die Anwesenheit von Wasserstoff oder geringer Mengen von Oxiden im Metall zurückzuführen. Das reinste, im Wasserstoffstrom bei 1600 °C ausgeglühte Metall ist zäh und duktil. Chrom kristallisiert ebenso wie Molybdän und Wolfram im kubisch innenzentrierten Gitter. Die bei der Elektrolyse erhältliche hexagonale Form ist kein reines Chrom, sondern enthält Wasserstoff. Gegen Salpetersäure und als Anode in verdünnter Schwefelsäure wird das Chrom passiv, indem es sich mit einer nur wenige Moleküle dicken, aber dichten Oxidhaut bedeckt.

Stellt man 2 Chrombleche als Anode und Kathode in 10%iger Schwefelsäure einander gegenüber, so löst sich an der Anode rotgelbe Chromsäure, an der Kathode unter Wasserstoffentwicklung grünes Chrom(III)-salz auf. Bringt man danach beide Stücke in verdünnte Salzsäure oder Schwefelsäure, so löst sich das kathodisch beeinflußte Chrom weiterhin unter Wasserstoffentwicklung zu Chrom(III)-salz, das anodisch behandelte dagegen bleibt indifferent wie ein Edelmetall. Berührt man aber das letztere unter der Flüssigkeit mit einem Zinkstab, so daß am Chrom Wasserstoff frei wird, so ist die Passivität beseitigt, und nun löst sich auch dieses Stück in der verdünnten Säure. Umgekehrt wird das kathodisch aktivierte Chrom passiv, wenn man es als Anode schaltet oder mit rauchender Salpetersäure kurze Zeit behandelt.

Oft findet man, daß an ein und demselben Stück des Metalls aktive und passive Schichten abwechseln, so daß verdünnte Salzsäure oder Schwefelsäure rhythmisch, d. h. abwechselnd schneller und langsamer, mit deutlichen Ruhepausen auflösen.

Chromverbindungen

Chrom kann in den Oxydationsstufen $+1 \ldots +6$ auftreten. Am beständigsten sind die Chrom(III)-verbindungen, die manche Übereinstimmung mit den Aluminiumverbindungen zeigen. Zahlreich sind die z. T. sehr beständigen Chrom(III)-komplexe. Durch Oxydation gehen die Chrom(III)-verbindungen in die Chromate(VI) über. Die Chrom(II)-verbindungen sind wenig beständig und wirken stark reduzierend. Die Verbindungen der Oxydationsstufen $+1, +4$ und $+5$ sind in Lösung unbeständig.

Chrom(II)-verbindungen

Chrom(II)-chlorid, $CrCl_2$, wird durch Glühen von Chrom(III)-chlorid im Wasserstoffstrom oder von metallischem Chrom in Chlorwasserstoffgas in Form von schwer flüchtigen, weißen, glänzenden Nadeln erhalten, die sich in Wasser mit blauer Farbe auflösen. Diese Lösung stellt man einfacher durch Reduktion von stark salzsauren Chrom(III)-chloridlösungen mittels Zinkgranalien unter Luftabschluß dar. Nach W. TRAUBE gelingt auch die elektrolytische Reduktion an reinen Bleikathoden, und zwar am besten mit violetten Chrom(III)-salzlösungen. Durch Zusatz von starker Salzsäure kann man bei tiefen Temperaturen auch Hydrate des Chrom(II)-chlorids mit 4 und 6 Mol Wasser in blauen Kristallen abscheiden.

Chrom(II)-chloridlösungen absorbieren Luftsauerstoff außerordentlich schnell und müssen deshalb unter einer dünnen Schicht Ligroin aufbewahrt werden. Aber auch so sind diese Lösungen nicht lange haltbar, weil sie, besonders schnell in der Wärme, Wasser unter Wasserstoffentwicklung zersetzen und in Chrom(III)-salze übergehen. Das Redoxpotential Cr^{2+}/Cr^{3+} beträgt $-0{,}41$ V. Salpeter sowie Hydroxylamin werden nach Zusatz von Alkali zu Ammoniak reduziert, Distickstoffoxid zu Stickstoff; Acetylen liefert mit den sauren Lösungen Äthylen; Maleinsäure und Fumarsäure geben Bernsteinsäure (W. TRAUBE).

Nach H. LUX (1958) wird die Zersetzung von Chrom(II)-salzlösungen durch geringe Mengen Fremdmetall beschleunigt. Durch Auflösen von reinstem Elektrolytchrom in Schwefelsäure erhält man eine blaue, einigermaßen beständige Chrom(II)-sulfatlösung, aus der das blaue, an der Luft beständige Chrom(II)-sulfat, $CrSO_4 \cdot 5\,H_2O$, auskristallisiert.

Verhältnismäßig beständig sind wegen ihrer Schwerlöslichkeit das rote Chrom(II)-acetat und -formiat, $Cr(CO_2H)_2 \cdot 2\,H_2O$, sowie besonders das gleichfalls rote Chrom(II)-malonat, $CrC_3O_4H_2 \cdot 2\,H_2O$, aus denen man durch Salzsäure die blaue Chrom(II)-chloridlösung wieder erhält.

Das rote Chrom(II)-acetat bildet im Kristall dimere Moleküle. Die Struktur entspricht der des Kupfer(II)-acetats (NIEKERK und SCHOENING, 1953). Aus dem Diamagnetismus der Verbindung folgt, daß die Besetzung der 3d-Orbitale des Cr^{2+}-Ions ($3d^4$) in dieser Verbindung eine andere als in den blauen, paramagnetischen Chrom(II)-salzen ist.

Durch Reduktion einer Lösung von Tri-α,α'-dipyridylchrom(II)-perchlorat mit Magnesiumpulver konnte HEIN (1952) den blauschwarzen Chrom(I)-komplex $[Cr(Dipy)_3]ClO_4$ darstellen.

Chrom(III)-verbindungen

Chrom(III)-oxid, Cr_2O_3, und Chrom(III)-hydroxid, $Cr(OH)_3$

Das beständigste Oxid des Chroms ist das *Chrom(III)-oxid,* das beim Glühen der höheren Sauerstoffverbindungen als graugrüner Rückstand hinterbleibt, der in Wasser, Säuren und Alkalien nicht löslich ist, aber durch Abrauchen mit Schwefelsäure in Chrom(III)-sulfat oder durch Schmelzen mit Soda und Salpeter in lösliches Chromat übergeht. In grünen, stark glänzenden, hexagonalen Kristallen entsteht dieses Oxid aus Kaliumdichromat durch Glühen mit Natriumchlorid oder durch längeres Erhitzen im Wasserstoffstrom.

Chrom(III)-oxid schmilzt bei 2000 °C, löst sich aber leicht in Glasflüssen mit grüner Farbe auf. Auch der Smaragd und der Chromgranat sind durch Chrom(III)-oxid grün gefärbt. In strontiumhaltigen Gläsern färbt Chrom(III)-oxid bläulich; chromoxidhaltiges Aluminiumoxid bildet den roten Rubin. Der rote Rubin ist ein Mischkristall von Chrom(III)-oxid und Korund, $\alpha-Al_2O_3$. Hohe Chrom(III)-oxidgehalte liefern grüne Mischkristalle. Mit vielen Oxiden zweiwertiger Metalle, wie Magnesiumoxid, Zinkoxid und Nickeloxid bildet Chrom(III)-oxid Chromspinelle, zu denen auch der oben erwähnte Chromeisenstein gehört. (Über Spinelle siehe bei Aluminium.) Die im elektrischen Ofen dargestellten, fast schwarzen, sehr harten Erdalkalichrom(III)-oxide widerstehen metallischen Schmelzen sehr gut und dienen als Unterlagen für die Bearbeitung von geschmolzenem Chrom.

Chrom(III)-hydroxid fällt in amorphem Zustand aus Chrom(III)-salzen durch Ammonia in bläulichgraugrünen Flocken aus, die sich, ähnlich wie das Aluminiumhydroxid, i Alkalilaugen unter Bildung grüner Hydroxochromate(III) auflösen. Unter besondere Bedingungen lassen sich auch kristallisiertes $Cr(OH)_3$ und $CrO(OH)$ darstellen.

Sowohl das wasserfreie Chrom(III)-oxid als auch nur teilweise entwässerte Produkte die durch Reduktion von Dichromatlösungen in der Hitze und unter Druck dargestell werden, haben wegen ihres lebhaften Farbtons und ihrer Wetterbeständigkeit al grüne Farbpigmente (Chromoxidgrün bzw. Chromoxidhydratgrün) technische Bedeutung erlangt.

Chrom(III)-sulfid, Cr_2S_3

Chrom(III)-sulfid entsteht nur auf trockenem Wege, z.B. durch Einwirkung von Schwefel-wasserstoff auf Chrom(III)-chlorid bei Rotglut. Es bildet schwarze Blättchen, die gegenüber verdünnten, nicht oxidierenden Säuren beständig sind. Beim Schmelzen von Alkalichromaten mit Soda und Schwefel entstehen Thiochromate(III), z. B. das rotbraune $NaCrS_2$.

Chrom(III)-salze — Hydratisomerie

Die Chrom(III)-salze reagieren ebenso wie die Aluminium- und Eisen(III)-salze infolge Hydrolyse und der leichten Bildung von Hydroxokationen sauer (siehe S. 603). Ein Beispiel für ein kristallisiertes basisches Salz mit einem mehrkernigen Hydroxokation ist das basische Acetat (siehe unten).

Einige wasserhaltige Chrom(III)-salze zeigen eine Besonderheit insofern, als man je nach den Bedingungen, unter denen die Abscheidung aus wäßriger Lösung erfolgt, Verbindungen erhält, die sich bei gleicher analytischer Zusammensetzung durch Farbe und Reaktionsfähigkeit und eine verschiedene Konstitution unterscheiden.

Das beste Beispiel dieser Hydratisomerie findet sich beim Chrom(III)-chlorid, das 3 verschiedene Hydrate von der Formel $CrCl_3 \cdot 6 H_2O$ bildet, nämlich 1 graublaues, das blauviolette Lösungen gibt, und 2 grüne, die sich in Wasser mit grüner Farbe auf-lösen.

In dem graublauen Chlorid sind alle 3 Chlorid-Ionen ionogen gebunden und dissoziieren in Lösung, wie durch elektrische Leitfähigkeitsmessungen, kryoskopische Bestimmungen und durch die Fällbarkeit des gesamten Chlorids mit Silbernitrat nachgewiesen werden kann. Hier sind die 6 Wassermoleküle an das Cr^{3+}-Ion gebunden und bilden mit diesem den Hexa-aquokomplex $[Cr(H_2O)_6]^{3+}$. Dieser Komplex liegt auch in den anderen graublauen bis violetten kristallwasserhaltigen Chrom(III)-salzen bzw. ihren Lösungen vor.

Von den beiden grünen Hydraten reagiert das eine mit 2 Chlorid-Ionen; denn aus der frisch bereiteten salpetersäurehaltigen Lösung werden zwei Drittel des Gesamtchlorids als Silber-chlorid gefällt, und aus dem kristallisierten Salz kann ein Molekül Wasser ohne chemische Veränderung entfernt werden. Dieses Hydrat ist demnach ein Chloro-pentaquo-chrom(III)-chlorid, $[CrCl(H_2O)_5]Cl_2 \cdot 1 H_2O$. Das andere grüne Hydrat enthält in Lösung nur eins von den 3 Chloratomen in dissoziiertem Zustand und 2 Wässermoleküle locker gebunden, woraus die Formel $[CrCl_2(H_2O)_4]Cl \cdot 2 H_2O$ folgt.

Bei den Sulfaten tritt als neuer Typ noch ein grünes Chrom(III)-sulfat, $Cr_2(SO_4)_3 \cdot 6 H_2O$, hinzu, das aus alkoholischer Lösung keine Bariumsulfatfällung gibt, also alle Sulfat-Ionen komplex gebunden am Chrom enthält.

Chrom(III)-halogenide

Das wasserfreie *Chrom(III)-chlorid* entsteht beim Glühen von Chrom(III)-oxid und Kohle im Chlorstrom, aus Chrom(III)-oxid und Tetrachlorkohlenstoff oder einfacher aus dem Metall und Chlor in Form glänzend pfirsichblütenroter Kristallblätter, die sich in Wasser zunächst nicht lösen und auch mit Silbernitrat nicht reagieren, auf Zusatz von Chrom(II)-chlorid oder geringen Mengen von Reduktionsmitteln, wie Zink und Säure oder Zinn(II)-chlorid, aber unter Wärmeentwicklung als Hydrat mit grüner Farbe in Lösung gehen.

Das wasserfreie *Chrom(III)-bromid*, $CrBr_3$, und das *Chrom(III)-jodid*, CrJ_3, sind schwarz und ebenso wie Chrom(III)-chlorid in Wasser unlöslich.

Chrom(III)-fluorid dient in Form des Hydrats so wie auch in Form seiner Doppelsalze wegen seiner weitgehenden Hydrolysierbarkeit zu Chrombeizen in der Färberei. Das Chrom(III)-hydroxid bildet nämlich dem Aluminiumhydroxid ähnliche, aber dunkler gefärbte Lacke mit sauren Farbstoffen.

Chromalaun und Chromsulfat

Chromalaun, $KCr(SO_4)_2 \cdot 12 H_2O$, kristallisiert wie Aluminiumalaun in großen, regulären Oktaedern, ist aber violett gefärbt. Die violette Lösung färbt sich in der Wärme grün, weil die $[Cr(H_2O)_6]^{3+}$-Ionen in Sulfatokomplex-Ionen übergehen. Durch Entmagnetisieren von Gemischen von Chromalaun und Aluminiumalaun wurden Temperaturen von 0,004 ° K erreicht.

Das violette *Chrom(III)-sulfat*, $Cr_2(SO_4)_3 \cdot 18 H_2O$, gibt ebenso wie der Alaun in der Hitze grüne Lösungen.

Basische Chromsulfate werden in großen Mengen aus den bei der Darstellung von Anthrachinon mittels Chromsäure-Schwefelsäure abfallenden Mutterlaugen gewonnen. Sie besitzen infolge von Beimengung organischer Stoffe meist einen unangenehmen Geruch. Diese „Chrombrühen" werden in der Gerberei viel gebraucht, um das Chromleder herzustellen. Dabei erfolgt eine Stabilisierung des Kollagens (Eiweiß) durch komplexe Bindung des Chroms an die Carboxylgruppen der Glutamin- und Asparaginsäurereste.

Chrom(III)-acetat

Außer dem violetten normalen Chrom(III)-acetat, $[Cr(H_2O)_6](CH_3CO_2)_3$, das beim Auflösen von Chrom(III)-hydroxid in Eisessig entsteht, existiert noch ein grünes, basisches Acetat. Es leitet sich von dem Hexaacetato-dihydroxotrichrom(III)-hydroxid, $[Cr_3(CH_3CO_2)_6(OH)_2]OH$, ab. Das außerhalb des Komplexes gebundene Hydroxid-Ion kann in den Salzen durch das Acetat-Ion und andere Anionen ersetzt werden.

Chrom(III)-ammine

Durch Ersatz der Wassermoleküle in den Aquokomplexen entstehen die sehr beständigen Chromamminkomplexe. Den gelben Hexamminkomplex, $[Cr(NH_3)_6]Cl_3$, erhält man aus Chrom(III)-chlorid und flüssigem Ammoniak. Es können auch Wasser- und Ammoniakmoleküle nebeneinander gebunden sein und weiterhin Anionen in den Komplex eintreten. Von den zahlreichen Verbindungen seien hier als Beispiele erwähnt das rote schwerlösliche Chloropentamminchrom(III)-chlorid, $[CrCl(NH_3)_5]Cl_2$, der Chlorodiaquotriamminkomplex, $[CrCl(H_2O)_2(NH_3)_3]^{2+}$, der bei der Fällung von Chrom(III)-salzen mit Ammoniak in Gegenwart von viel Ammoniumchlorid in Lösung auftreten kann, und schließlich der unlösliche neutrale Komplex, $[Cr(NH_3)_3Cl_3]$. Werden mehr als 3 Ammoniakmoleküle im Komplex durch Anionen ersetzt, so entstehen anionische Komplexe. Zu diesen gehört das Ammoniumtetrarhodanodiamminchromat(III),

$$NH_4[Cr(SCN)_4(NH_3)_2] \cdot H_2O,$$

Reineckes Salz genannt. Es entsteht durch Eintragen von Ammoniumdichromat in geschmolzenes Ammoniumrhodanid. Reineckes Salz wird in der analytischen und präparativen Chemie verwendet, weil es mit Kupfer(I)- und Quecksilber(II)-salze. sowie mit einer Reihe von komplexen Kationen und Organometallbasen schwerlöslich« gut kristallisierte „Reineckeate" gibt.

Chrom(IV)- und Chrom(V)-verbindungen

Durch thermischen Abbau von Chrom(VI)-oxid, CrO_3, läßt sich schwarzes Chrom(IV)-oxic CrO_2, erhalten. Vier- bzw. fünfwertiges Chrom liegt in den Fluoriden CrF_4 (braun) und CrF (feuerrot) vor, die v. WARTENBERG (1942) aus metallischem Chrom oder Chrom(III)-chlorid in Fluorstrom bei 200 ... 500 °C erhielt. Aus Chrompulver und Fluor entsteht unter hohen Druck bei 400 °C neben CrF_5 auch hellgelbes Chromhexafluorid, CrF_6, das sich schon be −80 °C im Hochvakuum in CrF_5 und Fluor zersetzt (GLEMSER, 1963).

Die Fluorierung von Gemischen von Chrom(III)-chlorid und Kaliumchlorid führt nur z Fluorochromaten(IV). Das fleischfarbene Kaliumhexafluorochromat(IV), K_2CrF_6, disproportio niert beim Erhitzen in Kaliumhexafluorochromat(III), K_3CrF_6, und Chrom(V)-fluorid (HUS und KLEMM, 1950).

Ein leuchtend grünes Bariumchromat(IV), Ba_2CrO_4, erhielt R. SCHOLDER (1953) bei der Um setzung der Hydroxoverbindung $Ba_3[Cr(OH)_6]_2$ mit Bariumhydroxid in reinstem Stickstoff be 900 °C. Die Oxydation wird dabei durch den freiwerdenden Wasserdampf bewirkt. Auch Erdalkalichromate(V) sind bekannt und thermisch sehr stabil, z. B. das blauschwarze Barium chromat(V), $Ba_3(CrO_4)_2$, das aus Bariumchromat(VI), $BaCrO_4$, und Bariumcarbonat oder Bariumoxid im Stickstoffstrom bei 600 ... 1000 °C erhältlich ist.

Chrom(VI)-verbindungen

Chrom(VI)-oxid, Chromtrioxid, CrO_3

Chrom(VI)-oxid (Chromsäureanhydrid), fälschlich auch Chromsäure genannt, wird aus festem Natriumdichromat, $Na_2Cr_2O_7 \cdot 2 H_2O$, und konzentrierter Schwefelsäure bei 180 ... 190 °C hergestellt. Es bildet carmoisinrote Prismen, die an feuchter Luft zu einer stark sauren Flüssigkeit zerfließen. Die wäßrige, sauer reagierende Lösung ist leuchtend gelbrot. Oberhalb des Schmelzpunktes (196 °C) verflüchtigt sich das Chrom(VI)-oxid zum Teil; überwiegend findet aber ein thermischer Abbau unter Sauerstoffabgabe statt, wobei intermediär mehrere Chromoxidphasen, darunter Chrom(IV)-oxid, CrO_2, auftreten, bis schließlich bei genügend hoher Temperatur Chrom(III)-oxid zurückbleibt. Mit konzentrierter Schwefelsäure erhitzt, liefert Chrom(VI)-oxid reinen Sauerstoff neben Chrom(III)-sulfat. Die oxydierende Wirkung ist sehr stark, so daß beim Auftropfen von Alkohol oder Äther auf Chrom(VI)-oxid Entzündung eintritt, ebenso beim Darüberleiten von trockenem Ammoniak, wobei dieser zu Stickstoff verbrannt wird.

Diese Reaktion läßt sich am besten so vorführen, daß man einen großen Kristall von Ammoniumdichromat mit der Bunsenbrennerflamme berührt. Unter Aufglühen und hörbarem Rauschen schreitet die Zersetzung ohne weitere äußere Erhitzung durch die Masse fort, und der entwickelte Wasserdampf mit dem Stickstoff bläst graugrüne Flocken von Chrom(III)-oxid in die Luft:

$$(NH_4)_2Cr_2O_7 = Cr_2O_3 + N_2 + 4 H_2O$$

Verdünnter Alkohol wird von Chrom(VI)-oxid in lebhafter Reaktion zu Aldehyd oxydiert:

$$2 CrO_3 + 3 CH_3 \cdot CH_2OH = Cr_2O_3 + 3 CH_3 \cdot CHO + 3 H_2O$$

In essigsaurer oder schwefelsaurer Lösung dient Chrom(VI)-oxid, besonders in der organischen Chemie, als starkes Oxydationsmittel zur Darstellung von Chinonen, wie Anthrachinon, und Säuren. Ferner dienen Lösungen von Chrom(VI)-oxid zur elektro-lytischen Verchromung.

Um die bei der Verwendung von Chrom(VI)-oxid als Oxydationsmittel anfallenden Chrom(III)-salzlösungen wieder zu regenerieren, werden diese meist anodisch oxydiert.

Die Haut wird durch eine Lösung von Chrom(VI)-oxid unter Schrumpfung und späterer Erhärtung braun gefärbt. Hierauf beruht die Anwendung der Chromsäurelösungen in der Histologie zur Anfertigung von Dünnschnitten für die mikroskopische Untersuchung.

Im Magen wirken Chrom(VI)-oxid und lösliche Chromate als starkes Gift, doch warnt der stark saure, ätzende Geschmack vor unfreiwilliger Vergiftung. Bei der sehr ausgedehnten Verwendung von Chrompräparaten in der Technik muß man wissen, daß alle Chromverbindungen, wenn sie in Staubform in die Nase gelangen, eine charakteristische Zerstörung der Nasenscheidewand und weiterhin der tiefer liegenden Gewebe veranlassen. Hierfür genügt schon die dauernde Beschäftigung mit chromgebeizten Geweben, wie sie bei Näherinnen vorkommt.

Chromate und Dichromate

Die freie Chromsäure ist nicht bekannt, wohl aber ihre Salze, die .Chromate. Ihre Formeln gleichen denen der Sulfate, und sie sind auch vielfach mit diesen isomorph. Beispielsweise entsprechen das gelbe *Kaliumchromat*, K_2CrO_4, und das gelbe *Natriumchromat*, $Na_2CrO_4 \cdot 10\,H_2O$, dem rhombischen Kaliumsulfat, K_2SO_4, und dem monoklinen Glaubersalz. Auch sind *Bleichromat* (Chromgelb) und *Bariumchromat* wie die Sulfate dieser Metalle in Wasser sehr schwer löslich.

Die Darstellung der Chromate beruht auf der Oxydation von Chrom(III)-oxid bzw. Chromeisenstein beim Erhitzen an der Luft in Gegenwart alkalisch reagierender Stoffe, wie Soda oder Kalk. Zusatz von Salpeter oder Chlorat beschleunigt diesen Vorgang, kommt aber nur für analytische Zwecke in Betracht. Auch in wäßriger Lösung kann man Chrom(III)-verbindungen zu Chromat oxydieren, sowohl in alkalischer Lösung, wenn man den grünen Alkalihydroxochromaten(III) Hypochlorite, Hypobromite oder Wasserstoffperoxid zufügt, als auch in saurer Lösung mit Peroxodisulfat oder Chlorat.

Säuert man eine Alkalichromatlösung an, so schlägt die Farbe von gelb nach rotgelb um. Hierbei treten 2 Chromat-Ionen zum *Dichromat-Ion* zusammen:

$$2\,CrO_4{}^{2-} + 2\,H^+ \rightleftharpoons Cr_2O_7{}^{2-} + H_2O$$

Während bei den Sulfaten in saurer Lösung $HSO_4{}^-$-Ionen entstehen und die Wasserabspaltung aus den sauren Sulfaten unter Bildung der Pyrosulfate erst in der Hitze und bei Ausschluß von Wasser erfolgt, sind beim Chrom die entsprechenden $HCrO_4{}^-$-Ionen nicht existenzfähig, und es tritt schon in Lösung sofort die Wasserabspaltung ein. Der für die Dichromate auch heute noch gebräuchliche Name Pyrochromate geht auf die formelmäßige Übereinstimmung mit den Pyrosulfaten zurück.

Der Übergang des Chromats in das Dichromat ist reversibel. Gibt man zu einer Dichromatlösung Lauge, so werden die wenigen im Gleichgewicht vorhandenen H^+-Ionen laufend durch die OH^--Ionen gebunden und alles Dichromat in gelbes Chromat überführt. Auch bei großer Verdünnung einer Dichromatlösung liegt das Gleichgewicht weitgehend auf der linken Seite der obigen Gleichung. Dies ist an der gelben Farbe sehr verdünnter Lösungen zu erkennen.

In stark saurer Lösung geht die Kondensation weiter und führt zur Bildung von roten Trichromat-Ionen, $Cr_3O_{10}{}^{2-}$, und braunroten Tetrachromat-Ionen, $Cr_4O_{13}{}^{2-}$, bis schließlich in konzentriert saurer Lösung das Anhydrid der Chromsäure, CrO_3, abgeschieden wird (vgl. dazu den Abschnitt „Polysäuren" S. 642).

Kaliumdichromat, $K_2Cr_2O_7$, kristallisiert in großen, gelblichroten, asymmetrischen, dicke Tafeln aus der warmgesättigten, angesäuerten Lösung des normalen Chromats. E schmilzt bei etwa 400 °C und zerfällt erst bei etwa 900 °C in kristallisiertes Chrom(III) oxid, Sauerstoff und gelbes Kaliumchromat:

$$2 K_2Cr_2O_7 = Cr_2O_3 + 2 K_2CrO_4 + \tfrac{3}{2} O_2$$

Die gelbrote, wäßrige Lösung reagiert infolge teilweiser Bildung von $CrO_4{}^{2-}$-Ione (siehe oben) sauer, schmeckt metallisch bitter und enthält im gesättigten Zustand au 100 Teile Waser bei

°C	10	20	40	100
Teile Salz gelöst	8,5	13	29	102

Kaliumdichromat wirkt stark oxydierend. Aus angesäuerter Kaliumjodidlösung mach 1 Mol Dichromat 6 g-Atom Jod frei:

$$Cr_2O_7{}^{2-} + 6 J^- + 14 H^+ = 2 Cr^{3+} + 3 J_2 + 7 H_2O$$

Weil das Kaliumdichromat leicht sehr rein darzustellen ist, benutzt man es in der Jodometrie, um entsprechend der vorstehenden Gleichung eine genau definierte Menge Jod in Freiheit zu setzen.

Beim Kochen der salzsauren Lösung wird Chlor entwickelt, schweflige Säure wird zu Schwefelsäure, Schwefelwasserstoff zu Schwefel, Eisen(II)-salz zu Eisen(III)-salz oxydiert, wobei stets das Chromat zum Chrom(III)-salz reduziert wird. Naszierender Wasserstoff reduziert bis zu Chrom(II).

Natriumdichromat, $Na_2Cr_2O_7 \cdot 2 H_2O$, wird gelegentlich dem Kaliumdichromat vorgezogen, weil es billiger und in Wasser leichter löslich ist.

Zur Darstellung von Natriumdichromat wird Chromeisenstein mit Soda und etwas Kalk oder Dolomit in rotierenden, mit Gas, Kohlenstaub oder Öl geheizten Telleröfen bei starkem Luftzutritt unterhalb der Sinterungstemperatur schwach geglüht. Das Reaktionsprodukt wird mit Wasser ausgezogen und mit Kohlendioxid unter Druck abgesäuert, wobei Natriumhydrogencarbonat ausfällt, das wieder in den Prozeß geht. Aus der Dichromatlauge kristallisiert schließlich beim Eindampfen das sehr leicht lösliche Natriumdichromat aus. Natriumdichromat wirkt stark oxydierend und entzündet z. B. Glycerin in Gegenwart von wenig Wasser (60 Teile Natriumdichromat, 12 Teile Glycerin, 4 Teile Wasser) beim Verreiben, wobei sehr voluminöses Chrom(III)-oxid entsteht.

Mischungen von Dichromaten mit Leim finden wegen ihrer Lichtempfindlichkeit in der Photographie Anwendung. An den belichteten Stellen entstehen unter Reduktion der Chromsäure dunkle Verbindungen mit Chrom(III)-oxid oder Chrom(III)-chromat mit der Leimsubstanz, die in Wasser nicht löslich sind (vgl. Chromleder, S. 631). Wird z. B. eine Metallplatte mit dichromathaltigen Eiweiß- oder Leimschichten überzogen und nach der Belichtung unter einem Negativ mit Wasser behandelt, so werden die nicht belichteten Stellen aufgelöst und dort das Metall für eine Tiefätzung freigelegt (Autotypie). Auf diese Weise kann man auch auf Papier mittels der durch Belichtung unlöslich gewordenen Teile ein Pigmentbild erzeugen, das als Ersatz für Silberkopien dient.

Zur quantitativen Fällung von Chromat(VI) eignet sich das auf Zusatz von Quecksilber(I)-nitratlösung ausfallende, in stark verdünnter Salpetersäure schwer lösliche rote *Quecksilber(I)-chromat*, Hg_2CrO_4. Beim Glühen bleibt das direkt wägbare Chrom(III)-oxid zurück.

Kaliumchlorochromat, $KClCrO_3$, erhält man, wenn man Kaliumdichromat mit starker Salzsäure nur kurze Zeit bis zur Auflösung kocht und dann erkalten läßt. Es kristallisiert in großen, gelbroten Säulen, die mit reinem Wasser in Kaliumdichromat und Kaliumchlorid zerfallen.

Beim Erhitzen entweichen unter teilweiser Reduktion des sechswertigen Chroms Chlor und Sauerstoff. Konzentrierte Schwefelsäure entwickelt Chromylchlorid.

Chromylchlorid, CrO_2Cl_2, und Chromylfluorid, CrO_2F_2

Chromylchlorid stellt man aus $K_2Cr_2O_7$, KCl und konzentrierter Schwefelsäure dar. Es ist eine blutrote, an der Luft rauchende Flüssigkeit, Dichte 1,915 g/ml bei 25 °C, Schmelzp. −97 °C, Siedep. 117 °C, die auf Schwefel, Phosphor, Ammoniak, Alkohol usw. unter Entflammung einwirkt. Wird der Dampf mit Wasserstoff gemischt durch ein glühendes Rohr geleitet, so entsteht dunkelgrünes ferromagnetisches Chromoxid mit einem höheren Sauerstoffgehalt als der Zusammensetzung Cr_2O_3 entspricht. Wasser spaltet Chromylchlorid in Salzsäure und Chromsäure.

Chromylfluorid bildet tiefviolettrote Kristalle vom Schmelzp. 32 °C und entsteht leicht aus Chrom(VI)-oxid und wasserfreiem Fluorwasserstoff. Die leicht flüchtige Verbindung ist auch gegenüber Quarz extrem reaktionsfähig und wird darum zweckmäßig in siliciumdioxidfreien Apparaten hergestellt (A. v. GROSSE, 1951).

Chromperoxid und Peroxochromate

Während alkalische Hydroxochromat(III)-lösungen durch Wasserstoffperoxid zu Chromaten oxydiert werden, wird in saurer Lösung das sechswertige Chrom vom Wasserstoffperoxid unter Sauerstoffentwicklung zu Chrom(III)-salz reduziert. Zwischendurch tritt hierbei das intensiv blaue Chromperoxid, CrO_5, auf, das in ätherischer Lösung einige Zeit haltbar ist und einen sehr empfindlichen *Nachweis* von Chrom erlaubt. Hierzu überschichtet man eine mit verdünnter Schwefelsäure angesäuerte Wasserstoffperoxidlösung mit Äther und gibt unter Umschütteln einen Tropfen Chromatlösung hinzu, worauf sich der Äther sofort intensiv blau färbt.

Im Chromperoxid sind an das Chrom 2 O_2-Gruppen und 1 Sauerstoffatom gebunden (I). Zur Vervollständigung der Koordinationszahl des Komplexes kann noch ein Molekül Äther oder Pyridin, Chinolin, Anilin u. a. m. angelagert werden. Diese Anlagerungsverbindungen explodieren beim Erwärmen, manchmal auch ohne erkennbare äußere Ursache, sehr heftig und gehen in Berührung mit Wasser unter Sauerstoffentwicklung bzw. teilweiser Oxydation des Amins in Chrom(III)-hydroxid und Chromat über.

Mit Kalilauge entsteht ein blaues Peroxochromat, $K_2Cr_2O_{12} \cdot 2 H_2O$. Auch hier liegt das Chrom, wie die Konstitutionsformel (II) erkennen läßt, in der Oxydationsstufe $+6$ vor (R. SCHWARZ).

(I)   (II)   (III)

Mit Ammoniak liefert die blaue, ätherische Perchromsäurelösung das braune, kristallisierte Ammin, $(NH_3)_3CrO_4$, von dem aus die Triamminochrom(III)-salze, $(NH_3)_3CrX_3$, zugänglich sind. Ähnlich aufgebaut ist das unter der Einwirkung von Kaliumcyanid aus der Perchromsäure entstehende Salz $(KCN)_3CrO_4$.

Einen anderen Typus von roten Peroxochromaten, $Me_3CrO_8 \cdot aq.$, stellte E. RIESENFELD aus alkalischen Chromatlösungen mittels Wasserstoffperoxid dar. Besonders das Kaliumsalz zeichnet sich durch gute Kristallisationsfähigkeit und Beständigkeit aus. Aus der Konstitutionsformel (III) mit 4 O_2^{2-}-Gruppen folgt für das Chrom die Oxydationsstufe $+5$. Dies wurde auch durch magnetische Messungen bestätigt.

Molybdän, Mo

Atomgewicht	95,94
Schmelzpunkt	2620 °C
Siedepunkt	etwa 4800 °C
Dichte	10,2 g/cm³

Vorkommen, Darstellung und Eigenschaften

Bleimolybdat, $PbMoO_4$, auch Gelbbleierz oder Wulfenit genannt, findet sich meis
in geringen Mengen auf Bleiglanzgängen in Kärnten und an der Zugspitze. Wichtige
ist der *Molybdänglanz*, MoS_2, der auf Zinnerzgängen und Wolframitlagerstätten vor
kommt, z. B. im sächsischen Erzgebirge, auf der schwedischen Insel Ekholmen, i
Norwegen, ferner auf Pegmatitgängen in Maine, Nevada, Oregon, in Südaustralien be
Nord-Yelta, in Neusüdwales und Queensland. Der wichtigste Produzent für Molybdän
erze ist heute Nordamerika, dann folgen mit Abstand Kanada, Chile, Korea und
Mexiko.

Der Molybdänglanz bildet lebhaft bleigrau glänzende, biegsame Blätter, die so weich
sind wie Graphit und gleich diesem abfärben. Deshalb wurde er früher mit Graphi
verwechselt und wie dieser Wasserblei genannt. Hierher stammt auch der Name Molybdän nach dem griechischen Wort μόλυβδος für Blei. Noch im 16. Jahrhundert diente
der Molybdänglanz zum Schreiben auf Papier. Heute wird reines Molybdänsulfid als
Trockenschmiermittel bei Temperaturen bis 400 °C sowie als Zusatz zu Schmierölen
gebraucht. Die größte Menge wird auf Ferromolybdän für die Erzeugung von Molybdän-
stahl verarbeitet. Außerdem ist das Ammoniummolybdat ein viel gebrauchtes Reagens
auf Phosphorsäure und wird noch zum Blaufärben von Glasuren, von Leder und Gummi
verwendet.

Weil das Rohmaterial meist nur bis zu etwa 1 % Molybdänglanz enthält und dieses mit ihm
schwer trennbar verwachsen ist, wird das Sulfid zunächst durch Rösten zu Molybdän(VI)-
oxid, MoO_3, oxydiert. Reinstes Molybdän wird durch Reduktion von reinem MoO_3 mit
Wasserstoff gewonnen. Für die Verwendung als Legierungsbestandteil im Stahl wird überwiegend durch Reduktion mit Aluminium oder Silicium oder elektrothermisch mit Kohle
Ferromolybdän hergestellt. Die Weltproduktion (ohne Sowjetunion) betrug 1952 22 000 t,
davon 90 % in den USA.

Das Metall zeigt auf frischer Bruchfläche weißen Metallglanz, ist spröde und sehr schwer
schmelzbar, verbrennt im Sauerstoffstrom bei Rotglut und wird von oxydierenden Säuren oder
Schmelzen lebhaft angegriffen.

Molybdänverbindungen

Molybdän(VI)-oxid, Molybdäntrioxid, MoO₃, und Molybdate(VI)

Molybdän(VI)-oxid (Molybdänsäureanhydrid) entsteht aus Molybdänglanz beim Rösten
an der Luft oder beim Abdampfen mit Salpetersäure wie auch aus dem Ammoniummolybdat durch Erhitzen unter Luftzutritt. als farblose, blätterig kristalline Masse, die
bei 795 °C schmilzt. Die Verdampfung beginnt schon weit unterhalb des Schmelzpunktes bei 600 °C.

Als Hydrate sind von G. F. HÜTTIG $MoO_3 \cdot 1\,H_2O$ und $MoO_3 \cdot 2\,H_2O$ nachgewiesen worden.
Das letztere entsteht in gelben Krusten bei längerem Aufbewahren einer salpetersäurehaltigen Ammoniummolybdatlösung.

Erwärmt man Molybdän(VI)-oxid im Chlorwasserstoffgas auf 150 ... 200 °C, so sublimiert
ein flüchtiges Oxidchlorid, $MoO_2(OH)Cl$, in farblosen Kristallen.

Geglühtes Molybdän(VI)-oxid ist in Wasser und Säuren, mit Ausnahme von Flußsäure und starker Schwefelsäure, unlöslich. Leicht löslich ist es in Laugen und Ammoniak zu Molybdaten.

Die einfachen *Molybdate* (Monomolybdate), wie Natriummolybdat(VI), Na_2MoO_4, die in der Zusammensetzung den Sulfaten und Chromaten entsprechen, kristallisieren nur aus stark alkalischen Lösungen aus. Aus neutralen oder schwach sauren Lösungen erhält man dagegen Polymolybdate von komplizierter Zusammensetzung und sehr verschiedenem Verhältnis von Me^I_2O zu MoO_3.

So hat z. B. das beim Einengen der ammoniakalischen Lösung auskristallisierende *Ammoniummolybdat* (Ammoniumparamolybdat) die Zusammensetzung $(NH_4)_6Mo_7O_{24} \cdot 4 H_2O$.

Entsprechend der Neigung zur Bildung von Polymolybdänsäuren entstehen auch mit anderen Säuren komplexe Verbindungen. Unter diesen ist wichtig die 1 : 12-Phosphormolybdänsäure von der Zusammensetzung $H_3[PMo_{12}O_{40}] \cdot 12 H_2O$, (Konstitution siehe S. 644) weil ihr Ammoniumsalz, $(NH_4)_3[PMo_{12}O_{40}] \cdot 6 H_2O$, aus verdünnt salpetersaurer Lösung von Ammoniummolybdat und einem beliebigen löslichen Phosphat als tiefgelber, kristalliner Niederschlag ausfällt und sich somit zum Nachweis und zur quantitativen Bestimmung der Phosphorsäure sehr gut eignet, vorausgesetzt, daß die salpetersaure Molybdatlösung im Überschuß zugegen ist, da sich sonst leichter lösliche, molybdänärmere Säuren bzw. Salze bilden. Ganz ähnlich der Phosphorsäure verhält sich hier die Arsensäure. Über weitere Polymolybdate siehe unter Polysäuren S. 643.

Schwach alkalische Molybdatlösungen geben mit Wasserstoffperoxid rote, sehr explosive *Tetraperoxomolybdate*, z. B. $K_2[Mo(O_2)_4]$ (GLEU, 1932), während aus schwach sauren Lösungen blaßgelbe *Diperoxomolybdate*, wie $K[HMoO_6] \cdot 2 H_2O$ (K. F. JAHR, 1940) erhalten werden.

Niedere Molybdänoxide, Molybdänblau

Durch Reduktion von Molybdän(VI)-oxid im Wasserstoffstrom unterhalb 470 °C wird blauviolettes, kupferglänzendes *Molybdän(IV)-oxid*, MoO_2, erhalten. Oberhalb 500 °C erfolgt Reduktion zum Metall. Nur aus Molybdän(VI)-oxid und Molybdänmetall lassen sich noch die weiteren Oxide Mo_4O_{11} (violett); Mo_8O_{23} und Mo_9O_{26} (blauschwarz) erhalten, die einer Reihe von Oxiden der allgemeinen Zusammensetzung Mo_nO_{3n-1} angehören (HÄGG, MAGNELI, 1944, GLEMSER, 1950).

Als Molybdänblau bezeichnet man die tiefblauen Fällungen oder kolloiden Lösungen, die man aus schwach angesäuerten Molybdatlösungen durch Behandeln mit Reduktionsmitteln wie Zink, Aluminium oder schwefliger Säure bzw. organischen Stoffen, wie Zucker (besonders am Licht), erhält. Als kristallisierte Verbindungen sind im Molybdänblau die Hydroxide $Mo_2O_5(OH)$ mit Molybdän in den Oxidationsstufen $+6$ und $+5$ sowie $MoO_2(OH)$ neben anderen amorphen Verbindungen nachgewiesen. Die weitere Reduktion führt zu bordeauxrotem $Mo_3O_7(OH)_8$ und grünem $MoO(OH)_2$ mit vierwertigem Molybdän (GLEMSER, 1951 und 1956).

Raucht man eine Molybdänverbindung oder ein molybdänhaltiges Erz mit konzentrierter Schwefelsäure im offenen Schälchen ab, so tritt nach dem Erkalten an feuchter Luft oder schneller beim Anhauchen eine sehr charakteristische blaue Färbung auf, die zum *Nachweis* des Molybdäns dienen kann.

Durch Reduktion von Phosphormolybdänsäure in saurer Lösung mit Zinnchlorid oder anderen Reduktionsmitteln erhält man besonders intensiv blau gefärbte Lösungen, die zu einer wichtigen kolorimetrischen Bestimmung der Phosphorsäure dienen.

Molybdänsulfide

Aus den Elementen erhält man als einzig stabile Verbindung das *Molybdän(IV)-sulfid*, Molybdändisulfid, den Molybdänglanz, MoS_2 (siehe S. 636). Beim Einleiten von Schwefelwasserstoff in alkalische Molybdatlösungen entstehen Thiomolybdate(VI), wie z. F das sich in blutroten Kristallen mit grünem Glanz ausscheidende *Ammoniumthic molybdat*, $(NH_4)_2MoS_4$. Beim Ansäuern der Lösungen fällt das *Molybdän(VI)-sulfic* MoS_3, als dunkelbrauner oder fast schwarzer Niederschlag aus. Von derselben Zu sammensetzung ist der aus verdünnten, schwach sauren Molybdatlösungen durc Schwefelwasserstoff allmählich ausfallende Niederschlag. Beim Erhitzen zerfällt da Molybdän(VI)-sulfid in Molybdän(IV)-sulfid, MoS_2, und Schwefel. Mit Schwefe gesättigte Ammoniumpolysulfidlösung liefert glänzend schwarze Kristalle vor $(NH_4)MoS_6 \cdot H_2O$ (K. A. HOFMANN).

Molybdän(IV)-sulfid kristallisiert in einem Schichtengitter. Das Gitter besteht au Schichten von Molybdänatomen, die beiderseitig von Schwefelatomen umgeben sind Jedes Molybdänatom hat in diesen MoS_2-Schichtpaketen 6 Schwefelatome zum Nach barn, die aber nicht wie im Cadmiumjodidgitter oktaedrisch, sondern trigonal-prismatisch um die Molybdänatome angeordnet sind. Die gleiche Struktur besitzen $MoSe_2$, WS_2 WSe_2 und ReS_2.

Molybdänhalogenide

Sechswertiges Molybdän liegt im Molybdän(VI)-fluorid, MoF_6, vor, das O. RUFF aus dem Metall und Fluor als farblose, kristalline Substanz darstellte, Schmelzp. 17 °C, Siedep. 35 °C ferner in den gleichfalls farblosen Oxidfluoriden, $MoOF_4$ und MoO_2F_2, desgleichen im Oxid-chlorid, MoO_2Cl_2.

Gegenüber Chlor ist Molybdän maximal fünfwertig und bildet das grünschwarze, kristalline Molybdän(V)-chlorid, $MoCl_5$, das bei 194 °C schmilzt und bei 268 °C siedet. Die Dichte des dunkelroten Dampfes entspricht der angegebenen Formel.

Dreiwertiges Molybdän tritt im Molybdän(III)-chlorid, $MoCl_3$, auf, das durch Reduktion des Molybdän(V)-chlorids mittels Wasserstoff als dunkelrotes, dem roten Phosphor täuschend ähnliches Produkt entsteht. Beim Erhitzen erfolgt Zerfall in das braune Molybdän(IV)-chlorid, $MoCl_4$, und das gelbe, sehr schwer flüchtige Molybdän(II)-chlorid, $MoCl_2$.

Mit Silbernitrat wird aus Molybdän(II)-chlorid nur $^1/_3$ der Cl$^-$-Ionen gefällt. Von diesem Chlorid leiten sich Verbindungen vom Typ $(Mo_6Cl_8)X_6$ ab. Aus der alkalischen Lösung kristallisieren gelbe Nadeln der Chlorosäure, $H_2[Mo_6Cl_8)Cl_6] \cdot 8 H_2O$, von der auch ein Ammoniumsalz bekannt ist. Aus der alkalischen Lösung wird durch Essigsäure das lichtgelbe basische Chlorid $[(Mo_6Cl_8)(OH)_4(H_2O)_2] \cdot 12 H_2O$ gefällt. In der Mo_6Cl_8-Gruppe, die in diesen Verbindungen und wahrscheinlich auch im Dichlorid, $(Mo_6Cl_8)Cl_4$, vorliegt, umgeben 8 Cl$^-$-Ionen in den Ecken eines Würfels ein Mo_6-Oktaeder. Dieser Komplex ist dann von weiteren 6 Ionen umgeben (BROSSET, 1945).

Bei der elektrolytischen Reduktion von Molybdänsäure in starker Salzsäure entstehen zunächst (an platinierter Kathode ausschließlich) die smaragdgrünen Lösungen des fünfwertigen Molybdäns, aus denen durch Alkalichloride grüne, oktaedrische Kristalle, wie z. B. $K_2[MoOCl_5]$, erhalten werden. Bei vollständiger Reduktion, am besten an Blei- oder glatten Platinelektroden, entstehen die rotbraunen oder olivenfarbenen Lösungen mit dreiwertigem Molybdän, aus denen durch Alkalihalogenide rote Kristalle von $K_2[MoCl_5H_2O]$ oder $K_3[MoCl_6]$ entstehen (F. FOERSTER).

Molybdäncyankomplexe

Besonders auffällig sind nach der Anzahl der direkt an das Metall gebundenen Gruppen die gelbe Cyanomolybdänsäure, $H_4[Mo(CN)_8] \cdot 6 H_2O$, sowie ihre gleichfalls gelben, gut kristalli-sierenden Salze, z. B. Kaliumcyanomolybdat, $K_4[Mo(CN)_8] \cdot 2 H_2O$, (A. ROSENHEIM). Die 8 CN-Liganden bilden im $[Mo(CN)_8]^{4-}$- und ebenso im $[W(CN)_8]^{4-}$-Ion um das Zentral-Ion nicht, wie man erwarten sollte, einem Würfel, sondern ein Pyramidentetraeder (Tristetraeder), ein Tetraeder mit einer stumpfen Pyramide auf jeder Fläche (HOARD, 1939). In Lösung jedoch hat das Ion die Symmetrie eines archimedischen Antiprismas (STAMMREICH, 1960).

Schüttelt man Molybdatlösung mit Kaliumcyanid und Natriumamalgam, so kristallisieren die rosenroten Salze $K_4[MoO_2(CN)_4] \cdot 8 H_2O$ und $Na_4[MoO_2(CN)_4] \cdot 14 H_2O$ (K. A. HOFMANN).

Wolfram, W

Atomgewicht	183,85
Schmelzpunkt	3380 °C
Siedepunkt	$\approx$ 6000 °C
Dichte	19,3 g/cm³
Spezifische Wärme	0,032 cal/g · grd

Der angelsächsische Name für Wolfram lautet „Tungsten".

Vorkommen

Neben dem *Scheelit*, $CaWO_4$, und dem *Scheelbleispat*, $PbWO_4$, findet sich als wichtigstes Wolframmineral der *Wolframit*, $(Mn,Fe)WO_4$, auf Zinnerzgängen sowie in den daraus hervorgegangenen eluvialen Seifen. In Deutschland bzw. Böhmen gibt es solche Zinnerzgänge im Erzgebirge bei Schlaggenwald, Zinnwald und Sadisdorf. Größere Mengen Wolframit finden sich in China, Burma, Indonesien, Colorado, USA, Portugal, Spanien, Brasilien, Bolivien und Queensland.

Die Weltproduktion (ohne Sowjetunion und China) an Wolframerzen betrug 1954 25 000 t als WO_3 gerechnet.

Verwendung

Die größte Menge der Wolframerze wird für die Darstellung von Wolframstahl verbraucht, der wegen seiner außerordentlich hohen Härte zu Messern (zum Glasschneiden), Spitzen für Drehspindeln und Stahlbohrer gebraucht wird. Diese Wolframstähle, z. B. der Schnelldrehstahl mit 15...18 % Wolfram, 2...5 % Chrom und 0,6...0,8 % Kohlenstoff, werden zum Unterschied vom gewöhnlichen, kohlenstoffhaltigen Stahl auch bei beginnender Glut nicht enthärtet und ermöglichen dadurch das Schneiden und Bohren von hartem Gußeisen ohne Rücksicht auf die Erwärmung. Weiterhin wird Wolfram wegen seines hohen Schmelzpunktes und seiner Festigkeit als hochwertiges Material für Glühlampendrähte verwendet. In Form des Wolframcarbids dient es zur Herstellung der Hartmetalle.

Darstellung und Eigenschaften

Um besonders für die Glühlampenindustrie möglichst reines Wolfram herzustellen, wird der Wolframit mit überschüssiger Soda bei Luftzutritt im Flammofen oder mit Natriumhydroxid unter Druck aufgeschlossen. Das Natriumwolframat wird gelöst, filtriert, mit Calciumchlorid gefällt und das ausgewaschene Calciumwolframat mit Salzsäure in Wolframtrioxid übergeführt. Dieses Oxid wird wiederholt als Ammoniumwolframat gelöst und mit Salzsäure gefällt. Aus dem so gereinigten Wolframtrioxid entsteht beim Glühen in Nickelschiffchen im Wasserstoffstrom bei 1200 °C oder mit Holzkohle ein größerenteils aus metallischem Wolfram bestehendes schwarzgraues Pulver. Dieses wird in feste Stücke gepreßt und eventuell in eine Wasserstoffatmosphäre durch elektrische Widerstandsheizung gesintert. Die Wolframdraht lampe hat alle anderen Metallfadenlampen verdrängt, weil der Faden auf höhere Temperature erhitzt werden kann und darum für die gleiche Lichtstärke weniger Strom verbraucht.

Als Legierungszusatz zum Stahl wird Wolfram aus dem Wolframit mit Kohle im elektrische Ofen in Form des Ferrowolframs mit 75 ... 85 % W und weniger als 1 % C hergestellt.

An der Luft sowie gegenüber Schwefelsäure, Salpetersäure und Flußsäure sowie gegenübe Laugen, ist Wolfram sehr beständig. Beim Abrauchen mit Schwefelsäure oder beim Schmelzer mit Alkalien sowie beim Glühen im Sauerstoffstrom entstehen Trioxid, WO_3, bzw. desser Alkalisalze. Auch ein Gemisch von Flußsäure und Salzsäure löst das Metall.

Wolframverbindungen

Wolframcarbide

Mit Kohle oder mit Kohlendioxid bei hoher Temperatur bildet Wolfram die metallisch grauer Carbide W_2C, WC und W_3C_2. Das Carbid, WC, mit 6 % Kobalt gesintert, dient unter dem Namen Widia als Ersatz von Diamant in Bohrwerkzeugen und als Schnelldrehstahl. In dieser und anderen Hartmetallen ist das Carbid Träger der Härte; das Zusatzmetall, das beim Sintern schmilzt und die Carbidkörner verkittet, bewirkt die Zähigkeit. Neben dem Wolfram-carbid, WC, können in den Hartmetallen auch die Tantal- und Titancarbide, TaC und TiC, letzteres in Mengen von 5 ... 30 %, enthalten sein.

Wolframtrioxid, Wolfram(VI)-oxid, WO_3, und Wolframate(VI)

Das beständigste Oxid, das *Wolframtrioxid* (Wolframsäureanhydrid) ist ein gelbes, oberhalb 900 °C flüchtiges Pulver, das sich in Wasser und Säuren nicht löst, aber von Ammoniakwasser oder Alkalilaugen unter Bildung von löslichen Wolframaten aufgenommen wird.

Aus alkalischen und neutralen Lösungen der Alkaliwolframate kristallisieren *Mono-wolframate*, wie Natriumwolframat(VI), $Na_2WO_4 \cdot 2 H_2O$. Schwach saure Lösungen ($p_H \approx 6$) geben beim Konzentrieren die *Parawolframate* mit der Zusammensetzung $5 Me^I_2O \cdot 12 WO_3$, die Dodekawolframate mit dem Anion $[W_{12}O_{41} \cdot aq.]^{10-}$ sind. Bei weiterem Säurezusatz werden die *Metawolframate* erhalten, die $1 Me^I_2O$ auf $4 WO_3$ enthalten und auch Dodekawolframate $M_6[W_{12}O_{39} \cdot aq.]$ sind (siehe dazu unter Poly-säuren S. 644).

Gibt man schließlich zu 1 Mol Wolframat mindestens 2 Mol Salpetersäure, so fällt in der Kälte ein weißer Niederschlag, der die Zusammensetzung $WO_3 \cdot 2 H_2O$ hat und beim Stehen oder in der Hitze in gelbes, in Säuren unlösliches *Wolfram(VI)-oxidhydrat* (Wolframsäure), $WO_3 \cdot H_2O$, übergeht.

Ähnlich wie die Molybdänsäure liefert auch die Wolframsäure sehr mannigfaltige komplexe Säuren, z. B. mit Phosphorsäure eine 1-Phosphor-12-wolframsäure, $H_3[PW_{12}O_{40}]$, mit Kiesel-säure eine 1-Silicium-12-wolframsäure, $H_4[SiW_{12}O_{40}]$, mit Jodsäure eine 1-Jod-6-wolframsäure, $H_7[JW_6O_{24}]$, mit Borsäure eine 1-Bor-12-wolframsäure, $H_5[BW_{12}O_{40}]$. An Stelle des Bors kann auch dreiwertiges Eisen treten, z. B. in dem hellgelben Ammoniumhexawolframato-ferrat(III), $(NH_4)_4H_5[FeW_6O_{24}] \cdot 9 H_2O$.

Die Erdalkaliwolframate $CaWO_4$ bis $BaWO_4$ sind in Wasser schwer löslich. Das reine Calcium-wolframat fluoresziert unter Röntgenstrahlen intensiv blau ohne Nachleuchten. Schon sehr geringe Beimengungen von Arsenat bewirken Verminderung der Fluoreszenz und länger anhaltendes Nachleuchten (E. TIEDE und A. SCHLEEDE).

Aus alkalischer oder neutraler Lösung von Alkaliwolframaten kristallisieren bei Gegenwart von viel Wasserstoffperoxid gelbe *Tetraperoxowolframate*, $Na_2[W(O_2)_4] \cdot aq.$, aus schwach sauren Lösungen farblose *Diperoxowolframate*, $Na[HWO_6]aq.$ (K. F. Jahr, 1938).

Niedere Wolframoxide — Wolframbronzen

Durch Reduktion im Wasserstoffstrom unterhalb 700 °C geht Wolframtrioxid in das dunkelbraune *Wolframdioxid*, WO_2, über. Bei vorsichtiger Reduktion oder Umsetzung von Wolframdioxid mit Wolfram können das blaue $W_{10}O_{29}$ und das violette W_4O_{11} erhalten werden, doch handelt es sich um Phasen mit nicht scharf begrenztem Sauerstoffgehalt (Glemser, 1950).

Reduziert man das Wolframdioxid oder Wolframsäure mit Zinn(II)-chloridlösung oder Zink und Säure, so entstehen wie beim Molybdän tiefblau gefärbte Produkte, die in ihrer Gitterstruktur den Ausgangsoxiden nahestehen, jedoch weniger Sauerstoff als diese enthalten (Glemser, 1943).

Die wegen ihres prächtigen Metallglanzes und ihrer intensiven, bunten Farben wertvollen *Wolframbronzen* werden durch Erhitzen von Natriumwolframat, Wolframtrioxid und Wolframdioxid im Vakuum oder durch teilweise Reduktion von Natriumwolframaten in der Schmelze mittels Wasserstoff oder auch mittels Zinn sowie durch Elektrolyse an der Kathode gewonnen. Sie haben die allgemeine Zusammensetzung Na_xWO_3 mit $x \approx 0.9 \ldots 0.3$. Mit sinkendem Alkaligehalt vertieft sich die Farbe, z. B. $Na_{0.9}WO_3$, goldgelb, $Na_{0.8}WO_3$, rotgelb, $Na_{0.6}WO_3$, rot, $Na_{0.3}WO_3$, blau. Ihre Struktur leitet sich vom $NaWO_3$ (Perowskitgitter) ab, in dessen Gitter Natrium-Ionen fehlen (Hägg, 1935). Die hohe Elektronenleitfähigkeit und der Magnetismus sprechen für das Vorhandensein von freien Elektronen (Sienko, 1950).

Wolframsulfide

Beim Sättigen von alkalischen Wolframatlösungen mit Schwefelwasserstoff entstehen Thiowolframate, aus denen durch Säuren braunes *Wolframtrisulfid*, WS_3, abgeschieden wird. Dieses zerfällt beim Erwärmen in Schwefel und das *Wolframdisulfid*, WS_2, das wie beim Molybdän als einziges Wolframsulfid aus den Elementen darstellbar ist (Glemser, 1948).

Wolframhalogenide

Wolframhexachlorid (Wolfram(VI)-chlorid), WCl_6, das aus dem Metall und Chlor bei dunkler Rotglut unter Aufglühen entsteht, bildet ein schwarzviolettes, kristallines Aggregat, Schmelzp. 275 °C, Siedep. 347 °C. In Gegenwart von Feuchtigkeit entstehen die Oxidchloride $WOCl_4$, rot, Schmelzp. 211 °C, Siedep. 228 °C, und WO_2Cl_2, gelb, Schmelzp. 266 °C.

Das *Wolframpentachlorid*, WCl_5, entsteht aus WCl_6 beim Erhitzen im Wasserstoffstrom in Form von glänzendschwarzen Nadeln, die bei 248 °C schmelzen und bei 276 °C sieden. Der Dampf ist grünlichgelb gefärbt.

Stärkere Reduktion führt zum *Wolframtetrachlorid* und schließlich zum *Wolframdichlorid*.

Wolframhexafluorid, WF_6, aus Metall und Fluor darstellbar, ist ein farbloses Gas, das ungefähr sechsmal schwerer als Luft ist, bei 20 °C flüssig wird und bei 2 °C zu einer schneeähnlichen Masse erstarrt.

Reduziert man Kaliumwolframat mit Salzsäure und Zinn bei ungefähr 50 °C, bis die Färbung von Blau durch Violett, Rotbraun nach Dunkelgelbgrün übergegangen ist und sättigt dann mit Chlorwasserstoff, so kristallisiert ein gelbbraunes Salz, $K_3W_2Cl_9$, mit dreiwertigem Wolfram. Das analoge Rubidiumsalz ist grüngelb, das Cäsiumsalz gelb gefärbt. Im $W_2Cl_9{}^{3-}$-Ion bilden die Chlorid-Ionen 2 Oktaeder, die eine Fläche gemeinsam haben. Die beiden Wolframatome in der Mitte der Oktaeder sind, wie aus dem Magnetismus der Verbindung hervorgeht, durch eine W—W-Bindung verbunden.

Aus $K_3W_2Cl_9$ entsteht durch überschüssiges Kaliumcyanid das gelbe, komplexe Cyanid, $K_4[W(CN)_8] \cdot 2\,H_2O$, das durch Oxidationsmittel in das hellgelbe Salz $K_3[W(CN)_8]$ übergeht. (Über die Struktur vgl. Molybdäncyanokomplexe.)

Polysäuren

Bei den Alkalichromaten haben wir gesehen, daß in saurer Lösung Chromat-Ionen unter Wasseraustritt zum Dichromat-Ion, und in sehr stark saurer Lösung weiter zum Tri- und Tetrachromat-Ion zusammentreten. Diese Kondensation von einfachen Anionen zu Polyanionen findet sich noch viel ausgeprägter beim Vanadin, Molybdän und Wolfram, so daß die einfachen Vanadate, Molybdate, Wolframate nur aus stark alkalischen Lösungen erhalten werden können. Auch auf die IV. und III. Gruppe des Periodischen Systems greift die Bildung von Polysäuren über, wie es die Existenz z. B. der Disilicate und der Tetraborate beweist.

Sind am Aufbau einer Polysäure bzw. eines Polyanions nur gleichartige Anionen beteiligt, wie bei den Polychromaten, so spricht man von Isopolysäuren, bzw. Isopoly-anionen. Es können aber auch andere Säuren, insbesondere schwache bis mittelstarke Sauerstoffsäuren von Nichtmetallen, wie Phosphorsäure, Arsensäure, Kieselsäure, Jod-säure und Tellursäure, hinzutreten und Heteropolysäuren bilden, von denen als bekanntester Vertreter das Ammoniumsalz der Phosphormolybdänsäure beim Molybdän schon besprochen worden ist.

Während von den Isopolysäuren, mit Ausnahme der Metawolframsäure, nur die Salze bekannt sind, lassen sich aus den Salzen der Heteropolysäuren mit Hilfe von Ionen-austauschern oder durch Ausschütteln der stark salzsauren Lösungen mit Äther auch die freien Säuren im kristallisierten Zustand darstellen.

Eine erste umfassende Systematik der großen Anzahl von Iso- und Heteropolysäuren gelang MIOLATI (1907), COPAUX (1909) und ROSENHEIM (1919), indem sie die Struktur dieser Ver-bindungen auf der Grundlage der Wernerschen Komplexverbindungen zu deuten versuchten. Danach sind die Polysäuren von den einfachen Anionen der Sauerstoffsäuren durch Ersatz der Sauerstoff-Ionen durch Säureanionen abzuleiten, so z. B. die Di-, Tri- und Tetrachromate von dem Chromatanion, CrO_4^{2-}, durch stufenweisen Ersatz von 1, 2 und 3 Sauerstoff-Ionen durch CrO_4^{2-}-Ionen. Diese Vorstellungen führten aber bei Verbindungen, wie dem Ammonium-molybdatophosphat, bei dem auf 1 Phosphoratom 12 Molybdatreste kommen, zu Schwierig-keiten, weil der Phosphor in der Orthophosphorsäure nur koordinativ vierwertig ist, also nur 4 Sauerstoffatome substituiert werden können. Man war zu der Annahme gezwungen, daß sich diese und ähnliche Verbindungen von höherbasigen Sauerstoffsäuren ableiten, im Fall der 1-Phosphor-12-molybdänsäure von einer siebenbasigen Säure H_7PO_6, die durch Aufnahme von 2 Mol Wasser aus der Orthophosphorsäure, H_3PO_4, entstanden sein sollte, und daß in dieser Säure die 6 Sauerstoff-Ionen durch Dimolybdat-Ionen $Mo_2O_7^{2-}$ ersetzt sind. Deshalb hat man früher das gelbe Ammoniummolybdatophosphat als $(NH_4)_3H_4[P(Mo_2O_7)_6]$ formuliert. Diese Vorstellungen über den Aufbau der Polysäuren sind aber durch die experi-mentellen Untersuchungen widerlegt worden.

Die Aufklärung der Konstitution der Polyanionen ist in neuerer Zeit von zwei Seiten aus gefördert worden, einmal durch Verfolgung des Reaktionsablaufes bei der Bildung der Polyanionen in wäßriger Lösung, zum anderen durch röntgenographische Struktur-bestimmung der kristallisierten Verbindungen.

G. JANDER (1929) hat als erster die Bildung der Polyanionen in Lösung mit modernen chemischen und physikalischen Methoden studiert. Er versuchte aus der Diffusions-bzw. Dialysegeschwindigkeit die Ionengewichte und damit die Zusammensetzung der Polyanionen zu ermitteln. Die Ergebnisse sind aber in einer Reihe von Fällen nicht mit neueren Untersuchungen über die Zusammensetzung ·der Polyanionen in Einklang zu bringen. Wahrscheinlich beruht dies darauf, daß die Wanderungsgeschwindigkeit der Ionen in keinem eindeutig definierten Zusammenhang mit ihrer Masse steht.

Isopolyanionen

Die Kondensation der einfachen Anionen zu Polyanionen verläuft, wie das Beispiel Chromat $\rightleftharpoons$ Dichromat zeigt, stets unter Verbrauch von Protonen. Durch OH^--Ionen werden die Polyanionen wieder aufgespalten. Den Kondensationsvorgang kann man verfolgen, wenn man von einer Lösung, die das einfache Anion in bekannter Konzentration enthält, ausgeht und die Änderung des p_H-Wertes der Lösung bei allmählicher Zugabe von verdünnter Säure nach Einstellung des Gleichgewichts mißt. Liegt eine größere Anzahl von Meßreihen für verschiedene Konzentrationen vor, so lassen sich die in der Lösung sich einstellenden Gleichgewichte rechnerisch erfassen (LINDQUIST, SILLÉN seit 1959).

Im folgenden seien die Ergebnisse für die eingehend untersuchten Polymolybdate kurz besprochen:

In stark alkalischen Lösungen existiert ausschließlich das MoO_4^{2-}-Ion. Mit sinkendem p_H-Wert setzt Kondensation ein und bei $p_H = 5$ liegen in der Lösung *Heptamolybdatanionen* vor:

$$7\,MoO_4^{2-} + 8\,H^+ \rightleftharpoons [Mo_7O_{24}]^{6-} + 4\,H_2O$$

Dieser Schritt verläuft wahrscheinlich über das $HMoO_4^-$-Ion.

Mit sinkendem p_H-Wert der Lösung treten die Hydrogen-Heptamolybdatanionen $[HMo_7O_{24}]^{5-}$ und auch $[H_2Mo_7O_{24}]^{4-}$ auf. Die aus diesen Lösungen auskristallisierenden sogenannten „Paramolybdate" sind, wie auch die Strukturbestimmung ergeben hat, Heptamolybdate, z. B. das Ammoniumparamolybdat, $(NH_4)_6[Mo_7O_{24}] \cdot 4\,H_2O$ (LINDQUIST, 1950). Schließlich treten in noch stärker sauren Lösungen ($p_H \approx 3$; 1,5 H^+/MoO_4^{2-}) *Oktomolybdatanionen*, $[Mo_8O_{26}]^{4-}$, auf. Aus diesen Lösungen erhält man dann die „Metamolybdate", die wegen ihrer stöchiometrischen Zusammensetzung $Na_2O \cdot 4\,MoO_3 \cdot x\,H_2O$ früher auch als Tetramolybdate bezeichnet wurden, tatsächlich aber Oktomolybdate $Na_4[Mo_8O_{26}] \cdot x\,H_2O$ sind. Für die Existenz von Anionen mit einem noch höheren Kondensationsgrad als 8 in Lösung liegen bisher keine Anzeichen vor.

In Abbildung 103 und 104 sind die Strukturen des Hepta- und Oktomolybdatanions wiedergegeben. Die Ionen sind aus MoO_6-Oktaedern aufgebaut, die über gemeinsame Kanten miteinander verknüpft sind.

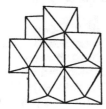

Abb. 103. Struktur des Heptamolybdat-Anions [Mo$_7$O$_{24}$]$^{6-}$ nach J. LINDQUIST (1950)

Abb. 104. Struktur des Oktomolybdat-Anions [Mo$_8$O$_{26}$]$^{4-}$ nach J. LINDQUIST (1950). Ein Oktaeder rechts hinten ist verdeckt.

Bemerkenswert ist, daß sich Anionen, deren Kondensationsstufe zwischen dem Monomolybdat-Ion und dem Heptamolybdat-Ion liegt, in Lösung nicht nachweisen lassen, obwohl die Kondensation zweifellos stufenweise erfolgt. Wohl aber lassen sich durch Schmelzen von Molybdäntrioxid mit Soda Di- und Trimolybdate herstellen. Die Dimolybdate, $Me_2^I Mo_2O_7$, enthalten aber nicht isolierte $Mo_2O_7^{2-}$-Ionen, sondern Anionenketten aus MoO_6-Oktaedern, die außerdem noch über MoO_4-Tetraeder miteinander verknüpft sind.

Über die Ionengröße der beim Ansäuern von Wolframatlösungen entstehenden Polyanionen gehen die Ansichten noch auseinander. Sicher ist jedoch, daß der Kondensationsgrad der Polywolframatanionen — Hexa- und bzw. nur Dodekawolframat-Ionen — ei: anderer als der der Polymolybdatanionen ist.

Die aus schwach saurer Lösung erhaltenen Parawolframate mit der Zusammensetzun: 5 $Me_2O \cdot 12\,WoO_3 \cdot x\,H_2O$ sind auf Grund der Strukturuntersuchungen von LINDQUIS: (1952) Dodekawolframate. Nach der analytischen Zusammensetzung sollte man ein Io: $[W_{12}O_{41}]^{10-}$ erwarten. Die Strukturbestimmung an der Natriumverbindung 5 Na_2C $\cdot 12\,WO_3 \cdot 29\,H_2O$ führt aber zu einem Ion mit der Zusammensetzung $[W_{12}O_{46}]^{20-}$ dessen Aufbau die Abbildung 105 zeigt.

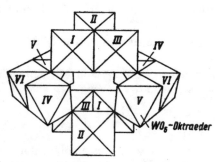

Abb. 105. Struktur des Parawolframat-Anions [W_{12}O_{46}]^{20-} nach J. LINDQUIST (1952)

Das Ion ist aus 12 WO_6-Oktaedern aufgebaut von denen sich je 3 als Gruppe herausheben Die 4 Gruppen sind über gemeinsame Ecker miteinander verknüpft. In der Gruppe I — II — III hat jedes Oktaeder mit den beider anderen 2 Kanten gemeinsam, in der Gruppe IV—V—VI hat nur das mittlere Oktaeder VI gemeinsame Kanten mit den beiden anderer Oktaedern IV und V. Die Sauerstoff-Ionen bilden eine annähernd hexagonal dichteste Kugelpackung.

Um den Zusammenhang zwischen der analytischen Zusammensetzung und der Struktur des Ions herzustellen, muß man annehmen, daß 5 Sauerstoff-Atome von den Kristallwassermolekülen am Aufbau des Polyanions beteiligt sind. Über die Art der Bindung der 10 dazugehörigen Wasserstoffatome läßt sich aus der Struktur nichts sagen. Eine naheliegende Möglichkeit ist, daß sie an die Sauerstoffatome unter Bildung von OH-Ionen gebunden sind entsprechend $[W_{12}O_{36}(OH)_{10}]^{10-}$.

Auch die aus etwas stärker sauren Lösungen auskristallisierenden „Metawolframate" sind Dodekawolframate mit dem Anion $[W_{12}O_{39} \cdot aq.]^{6-}$.

Heteropolysäuren

Die Röntgenanalyse der 1-Phosphor-12-wolframsäure, $H_3[PW_{12}O_{40}]$, die kristallisiert als 5-Hydrat oder als 29-Hydrat auftritt, liefert für das Anion die in Abbildung 106 dargestellte Struktur (KEGGIN, 1933, JAHR, 1941).

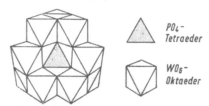

PO_4- Tetraeder

WO_6- Oktaeder

Abb. 106. Struktur der 1-Phosphor-12-wolframsäure nach KEGGIN und JAHR. 3 WO_4-Oktaeder liegen auf der Rückseite des PO_4-Tetraeders

Um die zentrale PO_4-Gruppe sind 12 WO_6-Gruppen in Gestalt von Oktaedern angeordnet, die alle durch gemeinsame Sauerstoffatome miteinander verknüpft sind. Dabei lassen sich Gruppen von je 3 Oktaedern erkennen, innerhalb derer jedes Oktaeder mit den beiden anderen 2 Kanten gemeinsam hat, während alle drei zusammen 1 Sauerstoffatom mit dem zentralen PO_4-Tetraeder gemeinsam besitzen. Die Anionen $[PW_{12}O_{40}]^{3-}$ oder — um die 4 Oktaedergruppen hervorzuheben — in anderer Schreibweise $[P(W_3O_{10})_4]^{3-}$ bilden in dem kristallisierten 29-Hydrat der Säure ein Diamantgitter, in dessen Lücken die Wassermoleküle Platz finden.

Die gleiche Struktur wie die 1-Phosphor-12-wolframsäure hat auch die 1-Phosphor-12-molybdänsäure, $H_3[PMo_{12}O_{40}] \cdot 29\,H_2O$. Die Alkalisalze dieser Säure sind isomorph mit den 5-Hydraten der 1-Phosphor-12-wolframsäure (ILLINGWORTH und KEGGIN, 1935).

Als Zentralatom können außer Phosphor auch Arsen, Silicium und Bor eintreten in den analog gebauten Anionen der Arsenwolframsäure, Siliciumwolframsäure, $H_4[SiW_{12}O_{40}]$, Borwolframsäure, $H_5[BW_{12}O_{40}]$.

Auffallend ist, daß die Metawolframsäure mit den Heteropolysäuren vom Typus 1:12 isomorph ist. Das bedeutet, daß in dem Kegginschen Modell das zentrale Nichtmetallatom (P) fehlt und die Metawolframsäure danach als $H_6[H_2W_{12}O_{40}]$ zu formulieren ist.

Elemente der VII. Nebengruppe
(Mangan, Technetium, Rhenium)

Zur VII. Nebengruppe gehören die Elemente Mangan, Technetium und Rhenium. Entsprechend der Gruppennummer können sie maximal siebenwertig auftreten. Diese Oxydationsstufe ist beim Rhenium recht stabil, während die Mangan(VII)-verbindungen sehr starke Oxydationswirkungen zeigen. In der Reihe der zweiwertigen Ionen der ersten Reihe der Übergangselemente Ti^{2+} bis Cu^{2+} nimmt das Mn^{2+}-Ion eine Sonderstellung ein, die auf das mit 5 Elektronen halb besetzte $3d$-Niveau zurückzuführen ist. So sind die Mangan(II)-salze fast farblos und beständig, zeigen geringe Neigung zur Bildung von Komplexen, und das Mangan(II)-sulfid kristallisiert wie die Erdalkalisulfide im Natriumchloridgitter.

Mangan, Mn

Atomgewicht	54,9380
Schmelzpunkt	1260 °C
Siedepunkt	≈1900 °C
Dichte	7,2 g/cm^3
Spezifische Wärme bei 20 °C	0,116 cal/g · grd

Der Name Mangan rührt vom Braunstein her, der früher mit Magneteisen verwechselt, dann von PLINIUS als eine weibliche Art von Magnes aufgefaßt und später als Magnesia nigra bezeichnet wurde. Die Glasmacher nannten den Braunstein Manganesa und gebrauchten ihn als Glasseife zum Reinigen der durch Eisenoxide gefärbten Gläser. Aus Manganesa ist dann der Name Manganesium und hieraus Mangan hervorgegangen.

Unter der Bezeichnung Magnesia verstand man ursprünglich sehr verschiedene, in der Gegend der Stadt Magnesia vorkommende Minerale. Der Braunstein galt als minderwertiges Material und wurde darum weiblich benannt!

Vorkommen

Mangan ist in der Natur zu 0,08 % in der uns bekannten Erdoberfläche vorhanden und im Mineralreich gleich dem Eisen weit verbreitet. Für die Gewinnung kommen in

Betracht die oxidischen Erze: *Braunstein (Pyrolusit)*, MnO_2, der wasserhaltige *Wad*, de *Polianit*, gleichfalls MnO_2, der *Braunit*, Mn_2O_3, der *Hausmannit*, Mn_3O_4, ein tetragonale Spinell, und der *Manganit*, $Mn_2O_3 \cdot H_2O$. Auch das *Hartmanganerz (Psilomelan)* mit de ungefähren Zusammensetzung $Ba_2[Mn_{15}O_{30}] \cdot 4 H_2O$, wird technisch verwertet.

Diese Manganerze kommen meist zusammen mit Eisenerzen vor. Hauptfundorte ir Deutschland sind Ilmenau am Thüringer Wald, Ilfeld am Harz, Gießen und Oberroßbach Die reichsten Vorkommen finden sich in Südrußland ferner in Indien und Südafrika.

Das Mangan dient im wesentlichen als Zusatz in der Eisenindustrie für die Herstellung von manganhaltigem Roheisen, das bei der Stahlbereitung entoxydierend und ent- schwefelnd wirkt.

Die Weltproduktion an Manganerzen betrug 1951 (ohne Sowjetunion) etwa 2 Millionen $ als Mangan berechnet.

Darstellung und Eigenschaften

Das Metall kann durch Reduktion der Oxide mit Silicium im elektrischen Ofen hergestellt werden. Die technisch wichtigen Eisenlegierungen, wie Spiegeleisen mit 5 . . . 20 % Mangan und Ferromangan mit 30 . . . 90 %, meist 80 % Mangan, werden im Hochofen unter Zusatz von Kalk oder im elektrischen Ofen dargestellt. Mit steigendem Mangangehalt muß man die Ofentemperatur und die Basizität der Schlacke erhöhen.

Am schnellsten und einfachsten gelangt man zu geschmolzenem Mangan nach dem Verfahren von GOLDSCHMIDT, indem man 23 Teile Mn_3O_4 mit 7 Teilen Aluminiumgrieß mittels Zündkirsche im Hessischen Tiegel abbrennt. Auch durch Elektrolyse einer wäßrigen Lösung von 350 g Mangan(II)-chlorid und 30 g Ammoniumchlorid im Liter bei 26 °C und 20 A/dm² läßt sich Mangan abscheiden. Zur Reinigung auf 99,99 % wird das Metall bei 1 . . . 2 Torr destilliert.

Mangan ist ein hellgraues bis stahlgraues Metall mit meist bunten Anlauffarben, ungefähr so hart wie Feldspat und so spröde, daß es im Stahlmörser gepulvert werden kann. Kleine Mengen Silicium steigern die Härte so sehr, daß auch gehärteter Stahl von Mangan geritzt wird.

In der Spannungsreihe steht das Mangan zwischen Aluminium und Zink; es zersetzt deshalb Wasser bei gewöhnlicher Temperatur und wird von wäßrigen Säuren schnell angegriffen. An der Luft erhitzt, verbrennt es zu lockerem Mn_3O_4, im Chlorstrom zu Mangan(II)-chlorid.

Mit Kohle entsteht bei 1600 °C im Vakuumofen Mangancarbid, Mn_3C. Das mit Kohlenstoff gesättigte Mangan schmilzt unter 1220 °C und fängt unter 20 Torr bei 1590 °C zu sieden an. Die erstarrte Schmelze zeigt im Innern Anhäufungen von lebhaft glänzenden Nadeln des Carbids, das sehr weich ist (Härte 1 . . . 2). Auch aus Mangan und Methan erhält man bei 750 °C Mangancarbid.

Manganverbindungen

Mangan kann in allen Oxydationsstufen von $+ 1 . . . + 7$ auftreten. In saurer Lösung ist die zweiwertige, in alkalischer Lösung die vierwertige Oxydationsstufe am stabilsten.

Als zweiwertiges Ion gleicht das Mangan dem Magnesium einerseits und dem zweiwertigen Eisen andererseits. In der Permangansäure mit Mangan in der Oxydationsstufe +7 erinnert es entfernt an das gleichfalls in der VII. Gruppe stehende Chlor, insofern nämlich, als sich die formale Analogie zwischen $KMnO_4$ und $KClO_4$ auch in der Kristallstruktur ausprägt.

Mangan(II)-verbindungen

Mangan(II)-oxid, MnO, und Mangan(II)-hydroxid, Mn(OH)$_2$

Mangan(II)-oxid hinterbleibt beim Glühen der höheren Oxide im Wasserstoffstrom sowie beim Glühen des Oxalats als grünlichgraues Pulver. Aus einer Kaliumchloridschmelze kristallisiert es in graugrünen bis hellgrünen Würfel-Oktaederformen, die mit Kobalt(II)-oxid Mischkristalle von grünbrauner Farbe bilden.

Mangan(II)-hydroxid fällt aus Mangan(II)-salzlösungen durch Alkalilaugen als weißer Niederschlag, der sich an der Luft unter Oxydation schnell braun färbt. Hierauf beruht eine Methode zum Nachweis und zur Bestimmung des im Wasser gelösten Sauerstoffs. Versetzt man nach dem Umschütteln mit angesäuerter Kaliumjodidlösung, so wird das höhere Oxid wieder zum Mangan(II)-salz reduziert und eine dem vorher aufgenommenen Sauerstoff äquivalente Menge Jod freigemacht, die man mit Natriumthiosulfat titriert.

Mangan(II)-sulfid, MnS

Aus Mangan(II)-salzlösungen wird Mangan(II)-sulfid durch Schwefelammonium als hellfleischfarbener, flockiger, voluminöser Niederschlag gefällt, der sich schon in sehr verdünnten Mineralsäuren, auch in Essigsäure, auflöst und an der Luft schnell oxydiert. Aus konzentrierter Manganacetatlösung kann man durch Schwefelwasserstoff unter Druck rotes, kristallines Mangan(II)-sulfid abscheiden, das im Zinkblendegitter kristallisiert. Gibt man zu einer Mangan(II)-chloridlösung Salmiak und etwas Ammoniak und läßt die Mischung langsam zu farblosem Ammoniumsulfid fließen, so scheidet sich das Mangan(II)-sulfid in grünen bis schwarzen regulären Kriställchen ab, die die gleiche Kristallstruktur wie Natriumchlorid haben. Wegen ihrer Dichte und ihrer Beständigkeit beim Auswaschen eignet sich diese Form besonders gut zur Trennung des Mangans von den Erdalkalien. In der Natur kommt das Sulfid als Manganblende verhältnismäßig selten vor.

Mangan(II)-salze

Mangan(II)-sulfat, $MnSO_4$, wird beim Abrauchen aller Manganoxide mit Schwefelsäure bis zur beginnenden Rotglut als weißer Rückstand erhalten, der aus wäßriger Lösung je nach den besonderen Bedingungen schwach rosenrot gefärbte Hydrate bildet.

Das Heptahydrat, $MnSO_4 \cdot 7\,H_2O$, kristallisiert zwischen −11,4 und 8,6 °C in Formen des Eisenvitriols. Das Pentahydrat, $MnSO_4 \cdot 5\,H_2O$, ist zwischen 8,6 und 24,1 °C unter der gesättigten Lösung beständig. Es ist isomorph mit Kupfervitriol. Das Monohydrat, $MnSO_4 \cdot 1\,H_2O$, ist in Berührung mit der gesättigten Lösung oberhalb 24,1 °C beständig und hinterbleibt auch beim Entwässern der anderen Hydrate als fast farblose, kristalline Masse, die erst bei 300 °C das Wasser verliert. Durch Alkoholzusatz kann aus kaltgesättigter Lösung auch ein dimorphes Tetrahydrat gefällt werden.

Mangan(II)-chlorid, $MnCl_2$, kann aus den Manganoxiden oder dem wasserhaltigen Chlorid durch Erhitzen im Chlorwasserstoffstrom dargestellt werden. Es bildet rosenrote, blättrige, zerfließliche Kristalle, die bei 650 °C schmelzen und bei höherer Temperatur verdampfen. Die Dampfdichte entspricht ziemlich gut der einfachen Formel. Aus der wäßrigen Lösung kristallisiert das blaßrote Hydrat $MnCl_2 \cdot 4\,H_2O$.

Mangan(II)-carbonat, $MnCO_3$, kommt in der Natur isomorph mit Kalkspat, Zinkspa und Eisenspat als hemiedrisch rhomboedrischer Manganspat von hellrötlicher Farb meist auf Brauneisenerzlagern vor. Aus Mangan(II)-salzlösungen fällt durch Sod. weißes, pulvriges Mangan(II)-carbonat, das sich in reinem Wasser nicht, wohl aber i kohlensäurehaltigem Wasser unter Bildung von Hydrogencarbonat löst. Dieses finde sich neben Calcium- und Eisenhydrogencarbonat in manchen Mineralwässern gelös und dürfte zur Bildung oxidischer Manganerzlager wesentlich beigetragen haben. A der Luft wird es langsam zu höheren Manganoxiden oxydiert.

Mangan(II)-oxalat, $MnC_2O_4 \cdot 2\,H_2O$, fällt aus Lösungen von Mangan(II)-salzen durch wäßrig Oxalsäure als weißes, kristallines Pulver, das sich bei 25 °C zu 0,312 g ($\triangleq$ 0,00218 Mol) i 1 l Wasser löst. Es ist demnach fast fünfzigmal löslicher als Calciumoxalat und etwa doppelt s gut löslich wie Magnesiumoxalat.

Mangan(II)-ammoniumphosphat, $MnNH_4PO_4 \cdot H_2O$, fällt ähnlich (aber mit anderem Wassergehalt) wie das Magnesiumammoniumphosphat aus salmiakhaltigen Mangan-salzlösungen durch Natriumphosphat und Ammoniak als rötlich silberglänzender, blättriger Niederschlag aus, der in verdünntem Ammoniakwasser nicht löslich ist und beim Glühen Mangan(II)-pyrophosphat, $Mn_2P_2O_7$, hinterläßt. Auf diese Weise wird das Mangan am besten gravimetrisch bestimmt.

Kaliumhexacyanomanganat(II), $K_4[Mn(CN)_6] \cdot 3\,H_2O$, wird durch Einlegen von festem Kalium-cyanid in die konzentrierte Lösung von Manganacetat unter zeitweiligem Zusatz einiger Tropfen Wasser in tiefblauen, quadratischen Tafeln erhalten. Selbst konzentrierte Lösungen dieses blauen Salzes sind nur schwach gelb gefärbt; sie können Stickoxid unter Bildung von violettrotem Trikaliumpentacyanonitrosomanganat, $K_3[MnNO(CN)_5]$, aufnehmen (W. MAN-CHOT).

Durch Reduktion mit Aluminium entsteht das farblose, stark reduzierend wirkende $Na_5[Mn(CN)_6]$ mit Mangan in der Oxidationsstufe $+1$ (W. MANCHOT und H. GALL).

Beim Kochen mit Wasser sowie auch durch freiwillige Oxydation an der Luft entsteht das Kaliumhexacyanomanganat(III), $K_3[Mn(CN)_6]$, das große rote Prismen bildet, die mit rotem Blutlaugensalz, $K_3[Fe(CN)_6]$, isomorph sind.

In diesen Verbindungen schließt sich das Mangan eng dem Eisen an, das nach dem Atom-gewicht unmittelbar auf das Mangan folgt. Doch sind die Mangancyanide viel unbeständiger als die entsprechenden Eisencyanide und werden bei längerem Kochen mit Wasser hydrolysiert.

Mangan(III)-verbindungen

Mangan(III)-hydroxid, MnO(OH), findet sich als Manganit, das wasserfreie Oxid, Mn_2O_3, als Braunit in den Manganerzlagern. Man erhält dieses Oxid beim Erhitzen des Dioxids an der Luft.

Während durch Kali- oder Natronlauge gefälltes Mangan(II)-hydroxid an der Luft in schwarzes Mangan(IV)-oxid, MnO_2, übergeht, kann man aus Lösungen von Mangan(II)-chlorid und Salmiak nach Zugabe von Ammoniak durch Luft gelbbraunes, hydratisches Mangan(III)-oxid, $Mn_2O_3 \cdot H_2O$, abscheiden. Komplexbildende Säuren, wie Flußsäure, Blau-säure und Oxalsäure, lösen im verdünnten Zustand dieses Mangan(III)-oxid zu komplexen Mangan(III)-verbindungen. Auch konzentrierte Schwefelsäure, Phosphorsäure und Salzsäure lösen zu Mangan(III)-salzen. Konzentrierte Salpetersäure dagegen fällt alles Mangan als Mangan(IV)-oxid aus.

Auch aus gefälltem Mangan(IV)-oxid erhält man durch Erwärmen mit konzentrierter Schwefel-säure *Mangan(III)-sulfat* als dunkelgrünen Schlamm, der sich durch Absaugen auf porösem Ton und Waschen mit konzentrierter, stickoxidfreier Salpetersäure annähernd reinigen läßt. Das grüne Pulver zerfließt an feuchter Luft zu einer violetten Flüssigkeit, die sich beim Verdünnen mit Wasser rotbraun färbt und sich dann durch Ausscheidung von Mangan-hydroxid bräunlich trübt. Die Dreiwertigkeit des Mangans in dieser Verbindung wird ewiesen durch die Existenz von Alaunen, unter denen der Rubidiumalaun, $RbMn(SO_4)_2$ 12 H_2O, und der Cäsiumalaun, beides korallenrote Kristallpulver, am leichtesten darstellbar sind.

Mangan(III)-phosphat, $MnPO_4 \cdot H_2O$, entsteht durch Oxydation von Mangansulfatlösung in Gegenwart von Phosphorsäure und Essigsäure mittels Kaliumpermanganat bei 100 °C als grünlichgrauer Niederschlag, der sich in Wasser nicht löst, wohl aber in konzentrierter Schwefelsäure oder Phosphorsäure mit violetter Farbe. Diese Lösung erhält man auch beim Eindampfen von Mangansalzen mit Phosphorsäure und Salpetersäure bis 150 °C, wobei sich manchmal ein saures Pyrophosphat als lilafarbener Niederschlag abscheidet.

Auf der Bildung von violettem $Na_3[Mn(PO_4)_2]$ beruht auch der *Nachweis von Mangan* in der Phosphorsalzperle bei oxydierendem Schmelzen.

Mangan(III)-acetat, $Mn(CH_3CO_2)_3$, ist leicht darstellbar, und zwar in wasserfreier Form als braune Kristallmasse aus Mangan(II)-nitrat, $Mn(NO_3)_2 \cdot 6 H_2O$, und Essigsäureanhydrid oder als das gleichfalls braune Dihydrat durch Einwirkung der berechneten Menge Kaliumpermanganat auf Mangan(II)-acetat in Gegenwart von überschüssiger, reiner Essigsäure.

Kaliummangan(III)-oxalat, $K_3[Mn(C_2O_4)_3] \cdot 3 H_2O$, entsteht als tiefrote Lösung aus einer Mischung von gefälltem Mangan(IV)-oxid und Eis mit der berechneten Menge Kaliumoxalat und Oxalsäure. Durch Fällen mit Alkohol erhält man fast schwarze, an den Kanten rot durchscheinende, monokline Prismen, die mit dem entsprechenden Eisen(III)salz Mischkristalle bilden.

Mangan(IV)-verbindungen

Mangandioxid (Mangan(IV)-oxid), MnO_2

Mangandioxid findet sich in der Natur selten als tetragonal kristallisierender Polianit, häufiger aber als Pyrolusit oder *Braunstein*, auch Weichmanganerz genannt, von identischer Struktur, aber in Pseudomorphose nach dem rhombischen Manganit (STRUNZ, 1943), aus dem es in lockerem Zustand entstanden ist.

Zur Darstellung erhitzt man Mangan(II)-nitrat über 200 °C, oder man schmilzt die niederen Manganoxide mit Kaliumchlorat. Auch durch anodische Oxydation von Mangan(II)-sulfatlösungen wird Mangandioxid erhalten. Der so gewonnene, künstliche Braunstein ist ein schwarzes, kristallines Pulver, das unter Druck Metallglanz annimmt und wie der natürliche Braunstein ein guter Halbleiter ist.

Das *Leclanché-Element* enthält als Kathode Braunstein, der zur besseren Leitfähigkeit mit Graphit vermischt ist, als Anode amalgamiertes Zink und als Elektrolyt Salmiak. Durch Stärke kann der Elektrolyt in eine steife Gallerte verwandelt werden, so daß das Element als Trockenbatterie weiteste Anwendung, z. B. für Taschenlampenbatterien, findet. Bei der Stromlieferung bildet das Zink Zinkchlorid. Zum Ausgleich wird Wasserstoff durch das Mangandioxid zu Wasser oxydiert. Die Spannung beträgt fast 2 V. Gelegentlich wird Braunstein durch Aktivkohle ersetzt, die den Sauerstoff der Luft auf den Wasserstoff überträgt.

Auf 530 °C erhitzt, beginnt Mangandioxid merklich zu zerfallen nach der umkehrbaren Reaktion:

$$4\,MnO_2 \rightleftharpoons 2\,Mn_2O_3 + O_2$$

bei heller Rotglut hinterbleibt schließlich Mn_3O_4. Wegen dieser Sauerstoffabgabe dient der Braunstein als Oxydationsmittel, besonders zur Entfärbung von Glas als Glasmacherseife. Er löst sich in geschmolzenem Glas zu Mangan(II)-silicat und oxydier dabei Kohle, Sulfide und Eisen(II)-silicate, so daß die dunklen und grünen Färbunge gebleicht werden. Daher stammt auch der Name Pyrolusit (von $\pi\tilde{v}\varrho$, Feuer, und $\lambda o\acute{v}\varepsilon\iota\nu$ waschen). Solche durch Braunstein entfärbten Gläser werden langsam am Licht, schnelle durch radioaktive Strahlen violett gefärbt. In Gegenwart von Salpeter und bei oxy dierenden Flammengasen im Glasofen werden Gläser unter Bildung von Mangan(III) silicaten rotviolett bis blauviolett und bei Zusatz von Eisen(III)-oxid braun gefärb (Rheinweinflaschen). Braune Glasuren erzeugt man durch Gemenge von Braunstei und Eisenoxid auf Töpferwaren. Steingut, Klinker, Ziegel usw. werden auf gleich Weise gefärbt.

Auch für Zündholz- und Feuerwerkssätze wird bisweilen Braunstein als Sauerstoffträge zugegeben. Zum Erhärten von Ölen in Sikkativen werden Mangan(II)-salze organischer Säuren viel gebraucht, weil der aus ihnen sich abscheidende Braunstein den Sauerstoff de Luft auf die ungesättigten Ölsäuren (Leinöl, Ricinusöl, Mohnöl) überträgt und so derer Verharzung beschleunigt.

Unter Ammoniakwasser überträgt feines, gefälltes Mangandioxid den Luftsauerstoff, so daß Nitrite und Nitrate entstehen.

Auf Asbest feinverteilter Braunstein, der durch Glühen von Mangannitrat entsteht, unterhält die Oxydation von Alkohol- oder Ätherdämpfen in ähnlicher Weise wie Platinasbest.

Die katalytischen Wirkungen von Mangan(IV)-oxid auf Wasserstoffperoxid und Kaliumchlorat sind schon bei diesen Stoffen besprochen worden.

Wasserhaltiges Mangandioxid von brauner bis schwarzer Farbe entsteht bei der Fällung von Mangan(II)-salzlösungen durch Alkalien in Gegenwart von Hypochloriten oder Hypobromiten, bei der Reduktion von Manganaten und Permanganaten in alkalischer Lösung sowie bei der Hydrolyse der Salze mit vierwertigem Mangan. Es wirkt in dem selben Sinne, aber schneller oxydierend als das wasserfreie Mangandioxid und zeigt schwach saure Eigenschaften, so daß die in Gegenwart von Alkalien oder Erdalkalien erzielten Fällungen stets einen Teil der Metallkationen binden. Der Psilomelan oder das Hartmanganerz besteht im wesentlichen aus Bariummangan(IV)-oxid, $BaO \cdot 2\,MnO_2$. Beim Glühen von Kaliumpermanganat bleibt das schwarzbraune Kaliummangan(IV)-oxid, $K_2O \cdot 2\,MnO_2$ zurück. Zahlreiche Calciummangan(IV)-oxide wurden durch Erhitzen von Mischungen aus Calciumchlorid, Calciumoxid und Mangan(II)-chlorid an der Luft erhalten, z. B. $2\,CaO \cdot MnO_2$ in braunroten Kristallen; $CaO \cdot MnO_2$ in glänzend schwarzen Prismen; $CaO \cdot 3\,MnO_2$, in schwarzen Nadeln.

Unter den Verbindungen von Mangandioxid mit Säuren ist das *Mangan(IV)-sulfat* von technischem Interesse. Es wird als tiefbraune Lösung bei der anodischen Oxydation von Mangan(II)-sulfat in starker Schwefelsäure (45° Baumé) an Bleidioxid- oder Platinanoden erhalten sowie durch wechselseitige Umsetzung von Mangan(II)-salz und Kaliumpermanganat in starker Schwefelsäure bei 50 °C. Hierbei scheidet sich das Sulfat manchmal in schwarzen Kristallen von der Zusammensetzung $Mn(SO_4)_2$ ab, die sich in 60%iger Schwefelsäure mit tiefbrauner Farbe lösen, durch Wasser aber unter Braunsteinfällung hydrolysiert werden.

An Mangananoden lassen sich außer Mangan(IV)-sulfat auch Mangan(III)-sulfat sowie Mangan(III)-nitrat und Mangan(III)-acetat darstellen. Schließlich geht die Oxydation bis zur freien Permangansäure.

Das Mangan(IV)-sulfat dient als Oxydationsmittel, um aromatische Kohlenwasserstoffe mit Seitenketten zu Aldehyden oder Säuren zu oxydieren.

Halogenverbindungen des drei- und vierwertigen Mangans

Bis etwa zum Ende des vorigen Jahrhunderts war Braunstein ein unentbehrliches Material zur Darstellung von Chlor aus Salzsäure.

Löst man Braunstein in kalter, konzentrierter Salzsäure, so entsteht zunächst eine tiefbraune Flüssigkeit, die neben Mangan(III)-chlorid auch Mangan(IV)-chlorid enthält, nach:

$$MnO_2 + 4\,HCl = MnCl_4 + 2\,H_2O$$

Beim Erwärmen entweicht Chlor, und es bleibt Mangan(II)-chlorid zurück:

$$MnCl_4 = MnCl_2 + Cl_2$$

Das Mangan(II)-chlorid ließ sich nach dem Weldon-Verfahren mit gelöschtem Kalk und Luft zu Calciummangan(IV)-oxid (siehe oben) „regenerieren".

Bei der Einwirkung von kaltem, mit Chlorwasserstoff gesättigtem Tetrachlorkohlenstoff auf Mangan(IV)-oxid entstehen sowohl Mangan(III)-chlorid als auch Mangan(IV)-chlorid. Mangan(III)-chlorid wird von kaltem Äther mit violetter Farbe gelöst. Mangan(IV)-chlorid bleibt dabei als rötlichbrauner Rückstand zurück, der sich nur in kaltem, absolutem Alkohol mit roter Farbe unzersetzt löst. Durch Wasser werden beide Chloride in die Oxide und Salzsäure gespalten.

Beim Erhitzen von Mangan(II)-fluorid im Fluorstrom bildet sich oberhalb 250 °C weinrotes *Mangan(III)-fluorid*, MnF_3.

In Form von Chlorokomplexen lassen sich die beiden Chloride kristallisiert erhalten, wie z. B. K_2MnCl_5, dunkelrote Oktaeder oder Würfel; Cs_2MnCl_5, grauschwarze, rot durchscheinende Kriställchen, und K_2MnCl_6, tiefdunkelrotes Kristallpulver, desgleichen $(NH_4)_2MnCl_6$. Das Kaliumhexafluoromanganat(IV), K_2MnF_6, bildet goldgelbe hexagonale Täfelchen, die durch Wasser bei gewöhnlicher Temperatur langsam, rascher in der Wärme, zu Braunstein und Flußsäure hydrolysiert werden. K_2MnF_6 entsteht auch als höchstes Oxidationsprodukt bei der Fluorierung eines Gemisches von $MnCl_2$ und KCl (HUSS und KLEMM, 1950).

Mangan(V)-verbindungen

In stark alkalischen Schmelzen geben Manganverbindungen mit starken Oxydations-mitteln, wie Natriumnitrit, himmelblaues Manganat(V), $Na_3MnO_4 \cdot 10\,H_2O$. Auch durch Reduktion stark alkalischer Manganat- und Permanganatlösungen kann das Manganat(V) erhalten werden (H. LUX, 1946). Die reinen, wasserfreien Alkalimanganate(V) lassen sich aus den Manganaten(VI) und Alkalihydroxid oder aus Mangan(IV)-oxid und Alkalihydroxid im Sauerstoffstrom nach:

$$2\,MnO_2 + 6\,NaOH + \tfrac{1}{2}O_2 = 2\,Na_3MnO_4 + 3\,H_2O$$

als dunkelblaugrünes Pulver darstellen, das in Laugen mit himmelblauer Farbe löslich ist (R. SCHOLDER, 1954).

Manganate(VI) und Permanganate (Manganate(VII))

Kaliummanganat(VI), K_2MnO_4

Alle Manganoxide und Manganverbindungen geben beim Schmelzen mit Alkali-hydroxiden oder Alkalicarbonaten an der Luft grüne Manganate(VI), $Me^I_2MnO_4$. Beispielsweise wird ein Gemisch von 1 Mol Mangan(IV)-oxid mit mindestens 2,5 Mol Kaliumhydroxid durch Erhitzen im feuchten Luftstrom praktisch vollständig zu Kalium-manganat(VI) oxydiert. Bei Ausschluß von Wasserdampf entstehen Manganat(V) und Manganat(VI) nebeneinander.

Schneller verläuft die Oxydation nach Zusatz von Chloraten oder Nitraten. Beim Ein-dunsten der grünen wäßrigen Lösung solcher Schmelzen entsteht das Kaliummanganat in schwarzgrünen, rhombischen Kristallen, die das gleiche Kristallgitter wie Kaliumsulfat, -selenat und -chromat haben. Bei stärkerem Erhitzen zerfällt das Manganat unter Sauer-stoffentwicklung, und bei 668 °C erreicht der Sauerstoffdruck 1 atm.

Die alkalischen grünen Manganatlösungen wirken unter Braunsteinabscheidung stan oxydierend. Stumpft man die alkalische Reaktion ab, so zerfällt das Manganat in Braunstein und Permanganat nach:

$$3\,MnO_4^{2-} + 2\,H_2O = 2\,MnO_4^- + MnO_2 + 4\,OH^-$$

und zwar vollständig, wenn die entstehenden Hydroxid-Ionen neutralisiert werden.[1] In der Technik oxydiert man zur Permanganatdarstellung die Manganatlösung elektro lytisch zwischen Eisen- oder besser Nickelelektroden. Auch kann man so aus Braunsteir und Alkali direkt Permanganat gewinnen.

Kaliumpermanganat, KMnO₄

Kaliumpermanganat kristallisiert aus den durch Glaswolle oder Asbest filtrierten Lösungen in rhombischen Prismen, die mit Kaliumperchlorat isomorph sind und mit ihm eine lückenlose Reihe von Mischkristallen bilden. Im frischen Zustand sind die Kaliumpermanganatkristalle bronzebraun mit metallischem Glanz; an der Luft treten infolge teilweiser Zersetzung durch die Kohlensäure und den Staub violette bis stahl- blaue Anlauffarben auf. Die Lösung in Wasser ist tiefviolettrot gefärbt und enthält im Sättigungszustand bei 10 °C 4,4, bei 20 °C 6,5, bei 30 °C 9,1, bei 40 °C 12,5, bei 75 °C 32,4 g Kaliumpermanganat in 100 g Wasser.

Kaliumpermanganat ist auch in verdünnter Lösung ein sehr starkes Oxydationsmittel und findet deshalb sowohl in der präparativen als auch in der analytischen Chemie, besonders in der Maßanalyse, ausgedehnte Anwendung. In saurer Lösung wird es zu farblosem Mangan(II)-Salz unter Aufnahme von 5 Elektronen reduziert:

$$MnO_4^- + 8\,H^+ + 5\,\ominus = Mn^{2+} + 4\,H_2O$$

In neutraler oder alkalischer Lösung geht die Reduktion über das grüne Manganat(VI) bis zum Braunstein, so daß 1 Mol Kaliumpermanganat nur mit 3 Oxydationsäquivalenten wirksam ist, entsprechend der allgemeinen Formulierung:

$$MnO_4^- + 4\,H^+ + 3\,\ominus = MnO_2 + 2\,H_2O$$

Das Oxydationspotential MnO_4^-/Mn^{2+} beträgt 1,52 V, das Potential MnO_4^-/MnO_2 1,67 V. Dabei wird in beiden Fällen die Gegenwart einer an Wasserstoff-Ionen normalen Lösung zugrunde gelegt, weil nach den obigen Gleichungen auch die H^+-Ionen an dem Redox-Gleichgewicht teilnehmen.

Kaliumpermanganat entwickelt mit konzentrierter Kalilauge Sauerstoff unter Bildung von grünem Manganat(VI). Mischt man 2 Teile gepulvertes Kaliumpermanganat mit 1 Teil trockenem Glycerin, so tritt schnell Entzündung ein. Filtrierpapier wird oxydiert und scheidet Braunstein ab. Deshalb muß man Permanganatlösungen durch Glaswolle oder Asbest filtrieren.

Mangan(II)-salze werden von Permanganat in neutraler oder schwach saurer Lösung zu Mangandioxid oxydiert; Wasserstoffperoxid gibt mit verdünnt schwefelsaurer Lösung von Permanganat Sauerstoff. Hierauf beruht die *gasvolumetrische Bestimmung* von Wasserstoffperoxidlösungen. Oxalsäure wird in Gegenwart von Mangan(II)-salzen von verdünnt schwefelsaurer Permanganatlösung zu Kohlensäure oxydiert, desgleichen Kohlenoxid nach Zusatz von Silbernitrat. Salpetrige Säure läßt sich quantitativ zu

---

[1] Weil hierbei die grüne Farbe des Manganats in die rote Farbe des Permanganats umschlägt, nannte man das Manganat früher mineralisches Chamäleon und übertrug diese Bezeichnung auch auf das Permanganat.

Salpetersäure oxydieren, schweflige Säure zu Schwefelsäure; Schwefelwasserstoff, Arsenwasserstoff, Phosphorwasserstoff lassen sich aus Gemengen mit Wasserstoff am besten durch Waschen mit Permanganatlösung entfernen.

Calciumpermanganat gibt den Sauerstoff viel leichter ab als das beständigere Kaliumpermanganat, so daß beim Auftropfen von Alkohol sofort heftige Reaktion erfolgt, die sich bis zur Entzündung steigert. Auch Papier oder Watte können durch Calciumpermanganatpulver entflammt werden.

Auf der intensiv violettstichig-roten Farbe des MnO_4^--Ions, die auch noch in großer Verdünnung zu erkennen ist, beruht ein empfindlicher *qualitativer Nachweis* von Mangan. Dazu oxydiert man die Probe, in der das Mangan als Mangan(II)-sulfat vorliegen soll, mit gefälltem Bleidioxid und 20...30%iger Salpetersäure oder besser mit Peroxodisulfat in 20%iger Schwefelsäure in Gegenwart von Ag^+-Ionen als Katalysator.

Die Permangansäure erhält man in wäßriger Lösung aus dem Bariumsalz und verdünnter Schwefelsäure; sie ist nach den Leitfähigkeitsbestimmungen eine sehr starke, einbasige Säure. Verdünnte Lösungen sind bei Ausschluß von Staub und anderen reduzierenden oder katalysierenden Stoffen (z. B. fein verteiltes Platin) ziemlich beständig und können bis zu 20 % $HMnO_4$ konzentriert werden. Beim weiteren Einengen scheidet sich unter Sauerstoffentwicklung Braunstein ab.

Mangan(VII)-oxid, Mn_2O_7

Mangan(VII)-oxid (Manganheptoxid) entsteht aus gepulvertem Kaliumpermanganat und 90%iger Schwefelsäure in der Kälte als in der Aufsicht grün metallisch glänzende, in der Durchsicht rote, ölige Flüssigkeit, Dichte 2,4 g/ml, Schmelzp. 6 °C. Die Zersetzung beginnt schon bei Zimmertemperatur und wird über 55 °C leicht zu einer heftigen Explosion, bei der unter Sauerstoffabspaltung braune Flocken von MnO_2 und Mn_2O_3 ausgestoßen werden. Organische Stoffe, wie Alkohol oder Äther, die man an einem Asbestlappen über die Flüssigkeit bringt, werden sogleich entflammt. Hierbei ist wohl in erster Linie der beim Zerfall entwickelte ozonreiche Sauerstoff wirksam. In reinem Eisessig löst sich das Heptoxid unzersetzt, ebenso in wasserfreier Schwefelsäure mit grüner Farbe. An feuchter Luft entsteht aus Mangan(VII)-oxid wieder Permangansäure.

Technetium, Tc

Massenzahl des langlebigsten Isotops	99
Schmelzpunkt	2200 °C
Dichte	11,5 g/cm³

Dieses Element wurde 1937 von PERRIER und SEGRE durch Kernreaktionen aus Molybdän hergestellt und als das erste auf künstlichem Wege erhaltene Element nach τεχνητός, künstlich, benannt. Das langlebige Isotop mit der Massenzahl 99, Halbwertszeit $5 \cdot 10^5$ a, steht heute aus der Uranspaltung in Kilogrammengen zur Verfügung.

In seinen Eigenschaften ist das Technetium dem Rhenium ähnlicher als dem Mangan. So wird aus einer stark salzsauren Lösung der roten Pertechnetiumsäure, $HTcO_4$, mit Schwefelwasserstoff das dunkelbraune Sulfid, Tc_2S_7, gefällt. Durch Reduktion dieses Heptasulfids mit Wasserstoff erhält man das silberweiße Metall. Im Sauerstoffstrom verbrennt das Metall zu hellgelbem, sublimierbarem Tc_2O_7.

Die Reduktion von Pertechnetiumsäure in saurer Lösung führt anders als bei der Permangansäure zum schwarzen Technetium(IV)-oxid, TcO_2, das im Gegensatz zum Mangan(IV)-oxid oder Rhenium(IV)-oxid bei 1100 °C im Vakuum unzersetzt sublimiert.

Rhenium, Re

Atomgewicht	186,2
Schmelzpunkt	3170 °C
Dichte	20,5 g/cm³
Spezifische Wärme	0,033 cal/g · grd

Das Rhenium ist das höhere Homologe des Mangans, steht aber nach Vorkommen und chemi`
schem Verhalten dem Molybdän so nahe, daß es nur durch Röntgenanalyse entdeckt werde•
konnte. Es wurde von I. und W. NODDACK im Jahre 1925 in norwegischem Columbit auf`
gefunden, weiterhin im Alvit, Gadolinit und im Molybdänglanz. Beträchtliche Mengen vo•
Rhenium werden aus den Rückständen, die bei der Molybdängewinnung anfallen, gewonnen`
Um die Aufklärung der Chemie des Rheniums haben sich neben I. und W. NODDACK un•
W. FEIT besonders W. BILTZ, W. GEILMANN und O. RUFF verdient gemacht.

Darstellung, Eigenschaften und Verwendung

Zur Trennung des Rheniums vom Molybdän kann man dieses als Ammoniummolybdatophosphat fällen und aus den Mutterlaugen schließlich das farblose Kaliumperrhenat, $KReO_4$,
abscheiden. Aus Kaliumperrhenat, besser noch aus Ammoniumperrhenat, wird durch Reduktion`
mit Wasserstoff das in feiner Verteilung schwarze Metall erhalten.

Die Hoffnungen, die man auf einen sehr hohen Schmelzpunkt des Metalls gesetzt hatte,
wurden enttäuscht. Der Schmelzp. (3170 °C) liegt niedriger als der des Wolframs. Doch findet
das Metall wegen seiner Beständigkeit gegen Korrosion als Überzug auf optischen — glas-
freien — Spiegeln Verwendung. Rheniumlegierungen werden für Schreibfederspitzen anstelle
des teuren Osmiums verwandt.

Rheniumverbindungen

Rhenium zeigt in seinen Verbindungen nur noch geringe Analogie mit dem Mangan. Im
Vergleich zu diesem sind stets die höheren Oxydationsstufen gegenüber den niederen bestän-
diger. In alkalischer Lösung gehen alle niederen Oxydationsstufen schnell und quantitativ durch
Oxydation in die siebenwertige Stufe über.

Rhenium-Sauerstoffverbindungen

Das beständigste Oxid ist das gelbe *Heptoxid* (Rhenium(VII)-oxid), Re_2O_7. Es entsteht durch
Oxydation des Metalls bei hohen Temperaturen, Schmelzp. 220 °C, Siedep. 450 °C. Die
Bildungswärme beträgt für 1 Mol Re_2O_7 aus dem Metall und Sauerstoff 298 kcal. Ihm entspricht die *Perrheniumsäure*, $HReO_4$, die aus dem Metall durch Oxydation mit Salpetersäure
erhalten werden kann und farblose Salze (*Perrhenate*) bildet.

Wie das Kaliumperchlorat, so ist das farblose *Kaliumperrhenat* in Alkohol schwer löslich.
In 90%igem Alkohol lösen sich bei 18,5 °C 0,30 g/l. Zur *quantitativen Bestimmung* ist das
Nitronperrhenat besonders geeignet.

Das rote *Rheniumtrioxid*, ReO_3, wurde durch Reduktion des Rheniumheptoxids mit Rhenium
oder mit Rheniumdioxid bei 200 ... 250 °C dargestellt. Beim Lösen in Natronlauge disproportioniert es in Perrhenat und niedere Oxide. Das grüne Bariumrhenat(VI), $BaReO_4$, konnte
durch Schmelzen von Bariumperrhenat mit Natronlauge und Rheniumdioxid hergestellt
werden, zersetzt sich aber gleichfalls in Wasser und Lauge.

Das schwarze *Rheniumdioxid*, ReO_2, entsteht durch Reduktion von Rheniumheptoxid mit metallischem Rhenium bei 600 °C. Da Rheniumdioxid unlöslich ist, können die entsprechenden Rhenate(IV), z. B. das braune Na_2ReO_3, nur durch Schmelzen mit Alkalihydroxiden hergestellt werden. Bei Hydrolyse unter Sauerstoffausschluß entsteht aus diesem ein Hydroxid des vierwertigen Rheniums. Ein Hydroxid des dreiwertigen Rheniums von schwarzer Farbe kann ebenfalls nur bei vollständigem Luftausschluß durch Einwirken von Natronlauge auf Rhenium(III)-chlorid, $ReCl_3$, erhalten werden. Beide niederen Hydroxide oxydieren sich leicht zu Rhenium(VII)-oxid.

Rheniumsulfide

Rheniumheptasulfid, Re_2S_7, erhält man durch Fällung von sauren Perrhenatlösungen mit Schwefelwasserstoff als schwarzen Niederschlag, der sich an der Luft leicht oxydiert. Durch Erhitzen erhält man aus diesem unter Wärmeentwicklung (!) *Rheniumdisulfid*, ReS_2, das auch direkt aus den Elementen hergestellt werden kann.

Rheniumhalogenverbindungen

Aus dem Metall entsteht im Chlorstrom das tief braunschwarze Rheniumpentachlorid, $ReCl_5$. Mit Salzsäure bildet dieses unter Chlorentwicklung die grüne Hexachlororhenium(IV)-säure, H_2ReCl_6. Durch Reduktion des Pentachlorids mit Rhenium oder auch durch Erhitzen im Stickstoffstrom erhält man rotes Rheniumtrichlorid. Dieses ist aus Re_3Cl_9-Molekülen aufgebaut, in denen 3 Re-Atome durch Atombindungen miteinander zu einem Dreieck verbunden sind. In Lösungen entstehen durch Reduktion Rhenium(II)- und Rhenium(I)-verbindungen, die stark reduzierend wirken.

Rheniumpentachlorid gibt mit Sauerstoff bei 70 °C dunkelbraunes $ReOCl_4$, Schmelzp. 29,3 °C, Siedep. 223 °C, bei höheren Temperaturen das beständige, farblose ReO_3Cl, Schmelzp. 4,5 °C, Siedep. 131 °C.

Aus Rhenium und sauerstofffreiem Brom entsteht bei 500 °C das rotbraune beständige trimere Rheniumtribromid, Re_3Br_9.

Mit Fluor liefert Rhenium bei 300 °C das gelbe hygroskopische Rheniumhexafluorid, ReF_6, Schmelzp. 18,8 °C, Siedep. 35,6 °C. Mit sauerstoffhaltigem Fluor und ebenso durch Fluorierung von Rheniumdioxid entsteht das Oxidfluorid, $ReOF_5$, Schmelzp. 40,8 °C, Siedep. 72,8 °C. Aus ReF_6 und Fluor unter Druck konnte das blaßgelbe Rheniumheptafluorid, ReF_7, Schmelzp. 48,3 °C, erhalten werden (MALM, 1960). Aus dem Pentafluorid, ReF_5, entsteht in der Hitze kristallines ReF_4, von dem sich die farblosen oder schwach rosa gefärbten Komplexsalze MeI_2ReF_6 ableiten. Außer dem oben genannten Oxidfluorid gibt es noch ReO_3F, ReO_2F_3, $ReOF_4$, $ReOF_3$ und ReO_2F_2.

Bei der Einwirkung von Kalium oder Lithium auf Perrhenatlösungen erhielten GRISWOLD (1952) und VON GROSSE (1953) weiße Verbindungen, die komplexe Hydride, vielleicht mit der Zusammensetzung $Li[ReH_4] \cdot 2 H_2O$, sind. Diese Metallhydride lösen sich in Wasser ohne Zersetzung.

Elemente der VIII. Gruppe (Eisen, Kobalt, Nickel)

Zur VIII. Gruppe gehören einerseits die einander nahe verwandten Elemente Eisen, Kobalt und Nickel, andererseits die gleichfalls eine natürliche Familie bildenden Platinmetalle Ruthenium, Rhodium, Palladium, Osmium, Iridium und Platin, die im folgenden Kapitel behandelt werden.

Eisen, Fe

Atomgewicht	55,847
Schmelzpunkt	1535 °C
Siedepunkt	3000 °C
Dichte	7,86 g/cm³
Spezifische Wärme bei 15 °C	0,11 cal/g · grd

Die Beschreibung des Eisens muß hinsichtlich des metallurgischen Teiles wesentlich beschränkt werden, weil dieses außerordentlich große Gebiet im Unterricht als spezielles Studium behandelt wird und in besonderen Lehrbüchern eingehend beschrieben wird. Hier können nur die wichtigsten Tatsachen behandelt werden.

Vorkommen

Die aus dem Weltraum zu uns gelangenden Meteorite sind meist Silicate wie die *Chondrite*; oft bestehen sie aber aus metallischem Eisen mit abwechselnden nickelhaltigen Schichten, so daß auf angeschliffenen Flächen beim Ätzen die bekannten *Widmannstättenschen Figuren* entstehen.

Diese *Eisenmeteorite, Siderite* genannt (vom griechischen σίδηρος, Eisen), fallen meist in großen, einzelnen Stücken. Der größte Eisenmeteorit wurde bei Hoba in Südwestafrika (1920) gefunden und wiegt etwa 60 t.

Körner von metallischem Eisen kommen auch in irdischen Gesteinen, wie im Basalt, im Glimmerschiefer und in vulkanischen Gängen von Grönland vor. Auf der Insel Disko an der Westküste Grönlands fand man lose Blöcke von metallischem Eisen, die wohl durch vulkanische Tätigkeit hervorgebracht worden sind.

Diese natürlichen Funde boten, kalt gehämmert, dem Menschen zuerst das Material für die Herstellung eiserner Waffen, woraus sich deren frühzeitiges, aber nur vereinzeltes Auftreten während der Kupfer- und Bronzezeit erklärt. Bei den Eskimos fand Ross 1819 eiserne Werkzeuge vor, die sicher aus natürlichem Eisen stammten.

Auch aus seinen Erzen scheint das Eisen schon sehr früh an verschiedenen Orten gewonnen worden zu sein. Den Einwohnern von Amerika war der Gebrauch des Eisens zur Zeit der Entdeckung dieses Weltteils teilweise schon bekannt. Auf dem armenischen Hochland, in Indien und später in Ägypten (Memphis) wurde Eisen schon vor der Bronze aus den Erzen dargestellt.

Im ganzen Altertum kannte man nur ein Herstellungsverfahren für Eisen, nämlich die Reduktion von Eisenoxid im Rennfeuerbetrieb. Hierbei wurde in kleinen Gruben oder niedrigen, aus Ton hergestellten Öfchen mit Holzkohle unter Benutzung von Blasebälgen geglüht. So entstand nach einigen Stunden ein poröser, mit Schlacke durchsetzter, schwammiger Eisenklumpen, der durch Ausschmieden die Gebrauchsgegenstände lieferte. Eine höhere Kohlung wurde durch Zugabe von mehr Holzkohle oder von harzreichen Stoffen erzielt und so neben weichem Schmiedeeisen auch der härtere Rohstahl gewonnen. Weil die Eigenschaften des Eisens sowohl vom Kohlenstoffgehalt als auch von Beimengungen an Phosphor, Schwefel, Silicium und Mangan sehr stark beeinflußt werden, konnten die Erzeugnisse der Alten nur bei besonderer Kunstfertigkeit so gut sein, daß sie der Bronze gleichkamen oder diese übertrafen. So erklären sich die Sagen von berühmten Schmieden und Schwertern sowie das Fortbestehen von Bronzewaffen neben den Eisenwaffen.

Erst zu Beginn unserer Zeitrechnung konnten die Römer das weiche Luppeneisen durch nachträgliche lokale Kohlung (siehe bei Zementation) für Lanzenspitzen und Messerschneiden in zuverlässiger Weise stählen (B. NEUMANN).

Die Herstellung des Gußeisens im Hochofen begann im 16. Jahrhundert.

Unter den Eisenerzen sind die wichtigsten: der *Magneteisenstein*, Fe_3O_4, der *Roteisen-stein (Eisenglanz, Hämatit)*, Fe_2O_3, *Nadeleisenerz*, $FeO(OH)$, mit wechselndem Wasser-gehalt *Limonit (Brauneisenerz)* genannt, der *Spateisenstein*, $FeCO_3$, und der *Pyrit (Schwefelkies)*, FeS_2. Außerdem ist das Eisen ein wesentlicher Bestandteil sehr vieler Silicate und Bodenarten, die durch Eisenoxidhydrat oft braun bis rot gefärbt erscheinen. Auch viele Quellen enthalten Eisen als Hydrogencarbonat gelöst. Die höheren lebenden Organismen, z. B. die rotblütigen Tiere, brauchen Eisen für den eisenhaltigen Blutfarbstoff, das Hämoglobin.

Darstellung

Reines Eisen

Chemisch recht reines Eisen erhält man durch Reduktion von reinem Eisenoxid im Wasserstoffstrom bei niederer Temperatur von ungefähr 500 °C als ein an der Luft verglimmendes (pyrophores), dunkelgraues Pulver, bei starker Rotglut als dichtere, aber poröse, schwammige Masse, die durch Glühen im Kalktiegel vor dem Knallgas-gebläse zusammengeschmolzen wird.

Durch Elektrolyse wäßriger Eisensalzlösungen erhält man an der Kathode stark wasser-stoffhaltiges Eisen, das spröde ist und bald rissig wird. Hiermit hängt auch die Durchlässigkeit von Eisen für Wasserstoff zusammen, wie man sie bei der Herstellung von Ammoniak aus Stickstoff und Wasserstoff an den eisernen Umhüllungen beobachtet hat. Aus Eisenhydrogencarbonatlösungen kann man fast wasserstofffreies Eisen dar-stellen, besser aber nach FRANZ FISCHER aus einer Lösung von gleichen Teilen kristallisier-tem Eisen(II)-chlorid und Calciumchlorid in der 1,6fachen Menge Wasser bei 110 °C. An einer Kathode aus dünnem, mit einem Hauch von metallischem Arsen überzogenem Kupferblech scheidet sich das Eisen in zusammenhängenden, grauweiß glänzenden Lamellen ab, die sich leicht von der Kathode ablösen lassen. Solch reines Eisen ist wenig elastisch und so schlaff, daß es eher einem Stück Papier als einem Metall ähnelt.

Reinstes Eisen wird durch Zersetzen von Eisencarbonyl, $Fe(CO)_5$, bei etwa 250 °C dargestellt. Es enthält als einzige Verunreinigung Kohlenstoff und Sauerstoff. Beide stammen von dem am Eisen katalysierten Kohlenmonoxidzerfall und den damit ver-bundenen Folgereaktionen. Durch Umschmelzen mit der berechneten Menge Eisenoxid kann der Kohlenstoff- und Sauerstoffgehalt auf unter $^1/_{100}$ % herabgesetzt werden. Derartig reines Eisen besitzt die praktisch wichtige Eigenschaft, daß es ohne Hysteresis und darum ohne erheblichen inneren Arbeitsverbrauch magnetisierbar ist. Es eignet sich deshalb in Form dünner Bleche gut für die Kerne von Elektromagneten.

Technisches Eisen (Roheisen)

Wegen seiner dem reinen Eisen gegenüber besseren mechanischen Eigenschaften ver-wendet man für fast alle Zwecke mehr oder weniger kohlenstoffhaltige Eisensorten, deren Ausgangsprodukt das im Hochofen gewonnene Roheisen ist.

Den Aufbau eines Hochofens zeigt Abb. 107: Bei der Gicht werden von der Bühne aus die in Eisenoxid übergeführten Erze, gemischt mit Koks und schlackenbildenden Zuschlägen, eingetragen. Für basische Gangart — unter Gangart versteht man mineralische Bei-mengungen der Erze — setzt man kieselsäurereiche Gesteine, für saure Gangart Kalk

zu, damit sich bei der Temperatur des Hochofens eine schmelzbare Schlacke in de
Nähe des Eutektikums der Oxide CaO–SiO$_2$–Al$_2$O$_3$ bildet, die abläuft und eine Ver
einigung der reduzierten Eisenteile ermöglicht. Durch die Windleitungen wird heiß
Luft eingeblasen, durch den Eisenabstich läßt man das sich im Gestell sammelnde
geschmolzene Metall, durch den Schlackenabstich die leichtere, auf dem Eisen schwim
mende Schlacke ab.

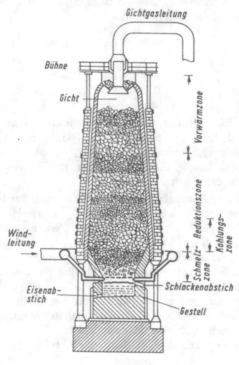

Abb. 107. Hochofen

Im Hochofen spielen sich folgende Vorgänge ab:

In der Vorwärmzone unterhalb der Gicht wird die Beschickung bei ungefähr 200 °C
getrocknet und dabei aufgelockert. In der folgenden Reduktionszone werden die Eisen-
oxidstücke durch das aus Koks und Luft im unteren Teil des Hochofens entstehende,
nach oben strömende Kohlenmonoxid (Näheres siehe dort) zu lockerem Eisen reduziert:

$$Fe_2O_3 + 3\,CO = 2\,Fe + 3\,CO_2 \quad und \quad Fe_3O_4 + 4\,CO = 3\,Fe + 4\,CO_2$$

Die Temperatur der Reduktionszone von 500 ... 900 °C reicht bei weitem nicht aus,
um das reduzierte Eisen zum Schmelzen zu bringen, aber in der Kohlungszone nimmt
der Eisenschwamm bei etwa 850 °C den durch Zerfall des Kohlenoxids entstandenen
fein verteilten Kohlenstoff auf.

Es ist beim Kohlenoxid schon besprochen worden, daß sich das Gleichgewicht

$$2\,CO \rightleftharpoons C + CO_2$$

mit sinkender Temperatur nach rechts verschiebt, wobei die Einstellung des Gleichgewichts durch Eisen katalysiert wird.

Wird die Temperatur im Hochofen zu niedrig, so kann die Kohleabscheidung zur Bildung von Kohledecken führen, die den Gang unterbrechen („Hängen" des Hochofens).

Durch die Aufnahme von Kohlenstoff wird das Eisen leichter schmelzbar und fließt in der 1500 °C heißen Schmelzzone zusammen. Hier bildet sich auch aus Kalk und Quarz die flüssige Schlacke. Vorher wird ein Teil des Eisens zu Eisensilicat gebunden, das teilweise in die Schlacke übertritt, größerenteils aber in der Schmelzzone durch den festen Kohlenstoff des Kokses zu Metall reduziert wird. Nur durch festen Kohlenstoff, nicht durch Kohlenmonoxid, werden bei Weißglut Mangan, Phosphor und Silicium aus den Beimengungen der Eisenerze reduziert. Diese Elemente mischen sich mit dem Eisen, während der Schwefel größtenteils vom Kalk gebunden wird. Im Gestell sammelt sich das Eisen unter der flüssigen Schlacke und wird aus der Abstichöffnung in Formen aus Sand oder Gußeisen abgelassen bzw. zur Weiterverarbeitung in den Konverter gebracht.

Der Hochofen erfordert ununterbrochenen Betrieb und bleibt meist mehrere Jahre in Tätigkeit. Seine Höhe beträgt bis zu 40 m. Er liefert in 24 h bis zu 1300 t Eisen und etwa ebensoviel Schlacke, die für Bausteine, Schlackensteine, Pflastersteine und auch für Zement (Hochofenzement) verwendet wird.

Der Hochofenbetrieb muß dauernd beaufsichtigt werden, besonders hinsichtlich der Temperatur, die man durch den Gebläsewind reguliert. Die sicherste Kontrolle bietet die Analyse der abziehenden Gichtgase.

Diese Gase enthalten normalerweise 60 Vol.-% Stickstoff, 28 Vol.-% Kohlenmonoxid, 13 Vol.-% Kohlendioxid neben wenig Wasserstoff und Methan mit einem Heizwert von 800 kcal/m³. Daß neben Kohlendioxid immer auch Kohlenmonoxid auftritt, rührt daher, daß die Reaktion

$$Fe_2O_3 + 3\,CO \rightleftharpoons 2\,Fe + 3\,CO_2 + 4\,kcal$$

umkehrbar ist und bei niederer Temperatur, wie sie an der Gicht herrscht, die Bildung von Kohlendioxid, bei höherer die von Kohlenmonoxid begünstigt ist.

Die Gichtgase dienen wegen ihres Gehalts an brennbarem Kohlenmonoxid zur Vorwärmung des Gebläsewindes und zum Betrieb von Gasmotoren zur Krafterzeugung.

Während 1856 die Gesamterzeugung der Welt an Roheisen etwa $6 \cdot 10^6$ t betrug, hat sie sich in den folgenden 60 Jahren verzehnfacht und ist in dauerndem Steigen begriffen, wie die folgenden Zahlen beweisen:

	Welt- produktion in 10⁶ t	Davon					
		Vereinigte Staaten in 10⁶ t	Deutsch- land in 10⁶ t	Groß- britannien in 10⁶ t	Frankreich in 10⁶ t	UdSSR in 10⁶ t	Japan in 10⁶ t
1920	61	38	6	8	3	0,3	—
1925	74	37	10	6	9	2	—
1937	104	38	16	9	8	15	—
1950	132	59	10 [1]	10	8	20	—
1961	264	91	25	15	18	65 [2]	16

Wenn auch die in Deutschland verhütteten Eisenerze zum großen Teil aus dem Ausland, besonders aus Schweden, eingeführt werden, greift man doch in starkem Maße auch auf die einheimischen Erze zurück. Diese geben infolge ihres niedrigen Eisengehalts

[1] Bundesrepublik
[2] Ostblock ohne China

von etwa 30 % sehr viel mehr „saure" Kieselsäure enthaltende Schlacken. Das Roheise: bleibt dabei schwefelhaltig und muß nachträglich durch Glühen mit Soda entschwefe: werden. Um diesen besonderen Verhältnissen bei der Verhüttung Rechnung zu tragen wurden in der Nähe des großen Eisenerzvorkommens bei Salzgitter nordwestlich de Harzes in den dreißiger Jahren große Eisenwerke errichtet.

Die technisch wichtigsten Eisensorten

Chemisch reines Eisen besitzt für die Technik nur eine untergeordnete Bedeutung. Fas allein hergestellt und angewendet wird Eisen, das stark durch die natürlichen Bei: mengungen der Erze sowie durch die bei der Verhüttung hineingelangten Zusätze verändert ist.

Nach Art und Grad dieser Beimengungen sowie nach Art der Bearbeitung werden die technischen Eisensorten eingeteilt.

Gußeisen

Das im Hochofen durch Reduktion der Eisenerze mittels Koks gewonnene Material heißt *Roheisen*. Infolge der starken Beimengung (insgesamt etwa 10 %) von Kohlenstoff (3 ... 4 %), Silicium, Phosphor, Schwefel und Mangan liegt sein Schmelzpunkt zwischen 1050 und 1200 °C. Noch kurz unterhalb seines Schmelzpunkts ist Roheisen spröde, es kann deshalb nicht vor dem Hammer geschmiedet werden; dagegen ist unmittelbar über dem Schmelzpunkt die Schmelze dünnflüssig und besonders bei einem Gehalt an Phosphor leicht gießbar. Nach dieser Eigen-schaft wird Roheisen auch häufig als Gußeisen bezeichnet, und zwar unterscheidet man nach dem Aussehen graues Gußeisen (Grauguß) und weißes Roheisen.

Das *graue Gußeisen* mit der Dichte 7,03 ... 7,13 g/cm³ enthält in geschmolzenem Zustand 3,5 ... 4 % Kohlenstoff gelöst, der sich beim Erstarren fast vollständig in Form von Graphit kristallinisch ausscheidet und beim Lösen in Salzsäure ungelöst zurückbleibt. Dieser Aus-scheidung verdankt das graue Gußeisen seine Farbe. Sein Bruch ist grobkörnig, das Gefüge ungleichmäßig, die Festigkeit demgemäß nicht sehr beträchtlich. Vor allem ist das graue Guß-eisen sehr spröde. Graugußstücke springen unter einem kräftigen Hammerschlag. Dagegen ist das graue Roheisen verhältnismäßig weich, so daß es vor dem Rohmeißel gut bearbeitet werden kann. Graugußstücke zeigen scharfe Konturen und ein gefälliges Äußere, weil das leichtflüssige Material die Formen gut ausfüllt und sich beim Erkalten nicht zusammenzieht, sondern sich infolge der Ausscheidung des Kohlenstoffs ein wenig ausdehnt. Graues Roheisen enthält stets viel (etwa 2,5 %) Silicium, das die Ausscheidung des Graphits bewirkt. Dagegen ist sein Mangangehalt gering (selten über 1 %).

Enthält Roheisen wenig Silicium und 1 ... 5 % Mangan, so erfolgt beim Abkühlen keine Ausscheidung von Graphit; das Material behält seine helle Farbe und heißt dann *weißes Roheisen*. Dieses enthält auch in festem Zustand den Kohlenstoff gebunden, und zwar als Eisencarbid (Zementit), Fe_3C. Dieser bleibt ungelöst als Pulver zurück, wenn das Eisen in säurefreien Lösungsmitteln, z. B. in Diammoniumkupfer(II)-chlorid, gelöst wird.

Das weiße Roheisen mit der Dichte 7,58 ... 7,73 g/cm³ hat ein feinkörniges Gefüge. Es ist fester als graues Gußeisen, dabei aber so hart, daß es vor der Feile meist gar nicht, vor dem Meißel nur bei Verwendung besonders harter Werkzeugstähle bearbeitet werden kann. Da es sich beim Erstarren beträchtlich zusammenzieht, füllt es trotz seines verhältnismäßig niederen Schmelzpunktes (1050 °C und höher) die Formen nicht scharf aus. Es wird deshalb nur zu solchen Gußstücken verwendet, die nachträglich durch Entkohlen der Oberfläche bearbeitbar gemacht werden (vgl. Temperguß), oder auf Stahl verarbeitet.

Gießt man graues Roheisen in stark abgekühlte Formen, so wird durch die rasche Kühlung der Oberfläche dort die Ausscheidung des Graphits verhindert. Man erhält also Gußstücke, die innen aus grauem, oberflächlich aus weißem Roheisen bestehen (Hartguß). Nach diesem Verfahren werden z. B. die Kaliberwalzen oder die Backen für Zerkleinerungsmaschinen hergestellt. Infolge ihrer glasharten Oberfläche sind sie äußerst schwer zu bearbeiten.

Während reines Eisen nur wenig Kohlenstoff lösen kann, steigt die Löslichkeit durch Zusatz von Mangan erheblich, so daß man leicht ein Metall mit einem Gehalt von 5 % Kohlenstoff bei einem Gehalt von 6 . . . 30 % Mangan erhalten kann. Dieses besitzt rein weiße Farbe, erstarrt mit großblättrigem Gefüge, zeigt große spiegelnde Flächen und heißt deshalb *Spiegeleisen.* Noch reicher an Kohlenstoff und Mangan ist das *Ferromangan.*

Stahl und Stahlgewinnung

Allgemeines

Das Roheisen wird durch Weiterverarbeitung in schmiedbares Eisen, das man Stahl nennt, übergeführt. Dazu müssen der Kohlenstoffgehalt bis auf 1,5 %, unter Umständen bis auf 0,05 % sowie alle anderen Beimengungen möglichst vollständig entfernt werden. Bei einem Kohlenstoffgehalt von unter 0,6 % und einer Dichte von 7,79 . . . 7,85 g/cm^3 hat das schmiedbare Eisen einen sehr hohen Schmelzpunkt (1450 . . . 1500 °C). Die Schmelze ist strengflüssig und zum Gießen ungeeignet. Dagegen erweicht das Eisen schon weit unterhalb seines Schmelzpunktes und kann in diesem Zustand durch Hämmern und Pressen ausgezeichnet bearbeitet werden. Es ist sehr fest, aber nicht spröde, sondern zäh und gleichzeitig weich. Stahl mit einem Kohlenstoffgehalt zwischen 0,6 und 1,5 % und der Dichte 7,60 . . . 7,80 g/cm^3 schmilzt bei 1350 . . . 1450 °C. Die Schmelze wird erst weit über ihrem Schmelzpunkt dünnflüssig und gießbar. Trotz der durch die hohe Temperatur bedingten Abnutzung der Gießformen wird Stahlguß häufig verwendet, da das Material den äußersten Anforderungen an Festigkeit, wie sie z. B. für Lokomotivtreibräder oder Geschützrohre verlangt wird, vollauf genügt.

Durch Erhitzen und rasches Abkühlen wird der Stahl gehärtet. Das ursprünglich schmiedbare Material wird „stahlhart". Dabei wird der abgeschreckte Stahl um so härter, je höher sein Kohlenstoffgehalt ist. Zugleich wächst seine Elastizität. Weil die fertigen Schmiedestücke durch einfaches Abschrecken glashart und federnd elastisch gemacht werden können, ohne aber dabei ihre Zähigkeit und Festigkeit einzubüßen, ist Stahl das geschätzteste Material für stark beanspruchte Werkzeuge.

Die folgende Übersicht gibt einige Beispiele für den Kohlenstoffgehalt und für die Anwendungsgebiete des Stahls.

Feinbleche, Stahlrohre	0,06 . . . 0,12 % C
Baustahl	0,1 . . . 0,6 % C
Messer, Hämmer	0,45 . . . 0,55 % C
Eisenbahnschienen	0,5 . . . 0,6 % C
Federn, Sägen	0,5 . . . 0,8 % C
Rasiermesser, Lagerkugeln	1,1 % C
Fräser, Feilen	1,3 % C

Von den zahlreichen Verfahren zur Überführung von Roheisen in Stahl sind der Frischfeuer- und Puddelprozeß heute ohne größeres Interesse. Fast ausschließlich angewendet werden das *Windfrischverfahren (Konverterverfahren)* und das *Siemens-Martin-Verfahren.*

Windfrischverfahren

Im Windfrischverfahren gelangt das flüssige Roheisen direkt in einen besonderen Apparat, den Konverter (Abb. 108). Ein kurzer, am oberen Ende sphärisch verjüngter, in einem Mundstück endender, senkrecht zur Längsachse drehbarer Zylinder trägt einen siebartig durchlöcherten Boden, durch den aus der Windkammer Luft eingeblasen wird. Im Innern besitzt die Birne ein Futter aus feuerfestem Material, entweder einem kieselsäurereichen, mit Quarzsand gemischten Ton (saures Futter; *Bessemerverfahren*) oder einem sehr ho ͦ (tot) gebrannten, mit entwässertem Steinkohlenteer gebundenen Dolomit (basisches Futter *Thomasverfahren*). Die Verwendung von Dolomit gestattet auch die Verarbeitung vo ͥ phosphorhaltigem Roheisen, die nach dem älteren Bessemerverfahren nicht möglich war Große Konverter fassen bis zu 50 t Roheisen.

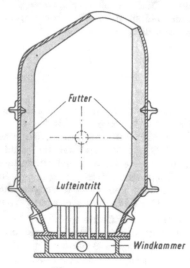

Abb. 108. Konverter

Die chemischen Vorgänge beim Windfrischen bestehe ͥ im wesentlichen in einer Verbrennung der Beimen ͥ gungen des Roheisens durch den Luftsauerstoff. Di ͥ Verbrennungswärme der Beimengungen muß nic ͪ nur die Wärmeverluste decken, sondern auch di ͣ Temperatur der Schmelze bis auf etwa 1600 °C — die Gießtemperatur des Stahls — erhöhen. Zuerst ver ͨ brennen Silicium und Mangan, dann Phosphor, darau ͥ Kohlenstoff und zuletzt das Eisen. Der Verlauf de ͥ Verbrennung kann oberflächlich durch Betrachten de ͥ aus der Mündung herausschlagenden Flamme, gena ͧ nur durch Entnahme von Schlacken und Stahlkorn ͨ proben verfolgt werden.

Der im Eisen gelöste Phosphor kann in einer Birne mit saurem Futter nicht entfernt werden, weil bei de ͥ hohen Temperaturen der Schmelze Eisen in Gegen ͨ wart von Kieselsäure auf Phosphorpentoxid redu ͨ zierend wirkt:

$$P_2O_5 + 5\,Fe + 5\,SiO_2 = 5\,FeSiO_3 + 2\,P$$

Diese Reduktion findet nicht statt, wenn Silicium ͨ dioxid und Phosphorpentoxid durch Kalk gebunden werden. Darum gibt man beim Thomasverfahren reichlichen Kalkzuschlag in die Birne und ver ͨ wendet siliciumarmes Roheisen. Der im Eisen gelöste Phosphor, der durch Zuschläge von Phosphaten im Hochofen angereichert werden kann, deckt anstelle des Siliciums den Wärme ͨ bedarf. Die Schlacke liefert ein wertvolles Düngemittel, das Thomasmehl (siehe bei Calcium).

Siemens-Martin-Verfahren

Das Siemens-Martin-Verfahren ist ein Mischverfahren, bei dem ein Gemisch von Roheisen und Abfalleisen (Schrott) auf einem Herd bei beschränktem Luftzutritt durch Generatorgas ͨ feuerung zusammengeschmolzen wird. Der Oxidgehalt des Schrotts trägt zur Oxydation des Kohlenstoffs und der anderen Beimengungen des Roheisens bei. Die Verbrennung der Bei ͨ mengungen erfolgt bei hoher Temperatur und langsam. Deshalb erfolgt der Verlauf besser als bei dem rasch arbeitenden Konverterverfahren, und die Qualität des erzeugten Materials wird schärfer getroffen.

Die Auskleidung des Herdes ist heute meist basisch (Dolomit).

Mit Hilfe des Siemens-Martin-Verfahrens kann die Stahlerzeugung bis zu 40 % und mehr aus Schrott stammen und beträchtlich über der Roheisenerzeugung liegen. Das Fassungs ͨ vermögen der Öfen liegt meist bei 100 t.

Die zum Schmelzprozeß erforderliche Wärme kann auch durch elektrische Energie zugeführt werden. Bei diesem *Elektrostahlverfahren* geht ein Lichtbogen zwischen Kohle- bzw. Graphit ͨ elektroden und der Schmelze, die die andere Elektrode bildet, über.

Außer den bisher genannten wichtigen Prozessen gibt es noch eine Anzahl seltener an ͨ gewendeter Verfahren, bei denen die Herstellung ganz bestimmter Eisenarten bezweckt wird. So verwandelt man bisweilen nach dem *Tempergußverfahren* gegossene Gegenstände aus weißem Roheisen durch Erhitzen mit gepulvertem Eisenoxid (Roteisenstein) oberflächlich oder auch vollkommen in Stahl, wodurch bei komplizierteren Formen oder bei Massenartikeln, wie Schlüsseln oder Schlössern, die mühsame Einzelschmiedung von Hand vermieden wird.

Die Umkehrung des Temperns ist die *Zementation*. Bei diesem Verfahren wird weicher Stahl durch Erhitzen in Kohlepulver oberflächlich oder vollkommen gehärtet. Schneller erreicht man eine oberflächliche Stählung im Ammoniakstrom oder durch Erhitzen mit Härtungspulvern, die im wesentlichen aus gelbem Blutlaugensalz bestehen.

Legierte Stähle

Für sehr stark beanspruchte Maschinenteile, Schiffs- und Motorenwellen, Panzerplatten sowie für Werkzeuge zur Stahlbearbeitung werden besondere Stahllegierungen hergestellt, die außer Kohlenstoff, Silicium und Mangan noch Chrom, Nickel, Wolfram, Molybdän und Vanadin enthalten. Alle diese Metalle müssen dem Stahl am Ende seiner Verarbeitung zugesetzt werden, da sie beim Windfrisch- oder Siemens-Martin-Prozeß verbrennen würden. Zu diesem Zweck wird der Stahl mit den gewünschten Beimengungen noch einmal umgeschmolzen, und zwar unter möglichst vollkommenem Luftabschluß. Dieser wurde früher durch das sehr teure und mühsame Tiegelgußschmelzen in bedeckten Graphittiegeln, die von Hand getragen werden müssen und deshalb nur klein sein können, erreicht. Heute verwendet man weit billiger und vorteilhafter Lichtbogenöfen. Gelegentlich dient auch induzierter Wechselstrom als Wärmequelle.

Ein Zusatz von Nickel macht den Stahl außerordentlich zäh; eine Legierung mit 25 % Nickel kann, ohne zu zerreißen, auf die doppelte Länge ausgezogen werden. Chrom macht den Stahl verschleißfest und schützt ihn gegen Korrosion. Kombination von Nickel und Chrom liefert ein Material von hoher Zähigkeit. Der Kruppstahl V2A enthält 0,2 % Kohlenstoff, 18 % Chrom und 8 % Nickel, V4A-Stahl zusätzlich noch 2 % Molybdän. Zusätze von Nickel oder von Wolfram machen den Stahl selbsthärtend, d. h. er braucht zum Härten nicht abgeschreckt zu werden, es genügt also die gewöhnliche Abkühlung an freier Luft. Werkzeuge aus hochprozentigem Wolframstahl (bis zu 20 % Wolfram) schneiden noch bei dunkler Rotglut, ohne stumpf zu werden. Das ermöglicht ein sehr rasches Arbeiten und demgemäß erhebliche Zeitersparnis. Molybdän bis zu 10 %, Vanadin in wenigen Prozenten zugesetzt, wirken wie Wolfram.

Das System Eisen-Kohlenstoff

Als verhältnismäßig beständige Verbindung bildet sich bei hoher Temperatur aus Eisen und Kohlenstoff Eisencarbid, Fe_3C, *Zementit* genannt, das man als Rückstand der elektrolytischen Auflösung von angelassenem Tiegelgußstahl in 4%iger Salzsäure in Form von hellgrauen, mikroskopischen Blättchen erhält, Dichte 7,5 g/cm³. Zementit verbrennt an der Luft bei 150 °C und löst sich in heißer, starker Salzsäure unter Entwicklung von Wasserstoff und Bildung von Kohlenwasserstoffen, darunter auch solchen der Äthylenreihe. Solche Gemische mit wohl noch unbekannten, sehr übelriechenden Beimengungen entweichen auch beim Lösen von kohlenstoffhaltigem Eisen in verdünnten Säuren.

Als endotherme Verbindung mit einer Bildungswärme von −5 kcal/Mol zerfällt der Zementit bei langsamem Abkühlen, besonders in Gegenwart von Silicium, unter Graphitabscheidung (vgl. graues Roheisen, Gußeisen). Wenn man demnach größere Mengen von diesem Carbid darstellen will, muß man reinstes Eisen mit Zuckerkohle im elektrischen Ofen sättigen und das Produkt durch Ausgießen auf Eisenblech oder Einfließenlassen in Wasser schnell zum Erstarren bringen. Danach wird das Eisen mit sehr verdünnter Säure gelöst und das Carbid im Rückstand erhalten.

Das Zustandsdiagramm (Abb. 109) zeigt, daß sich Kohlenstoff in geschmolzenem Eise auflöst. Beim raschen Abkühlen scheidet sich je nach dem Kohlenstoffgehalt primä entweder *Austenit* (γ-Eisen), oder Zementit, beim sehr langsamen Abkühlen Graph aus. Der eutektische Punkt liegt in beiden Fällen bei etwa 1150 °C und 4,3 % Kohlen stoff. Das feste eutektische Gemisch von Austenit und Zementit heißt *Ledeburit*.

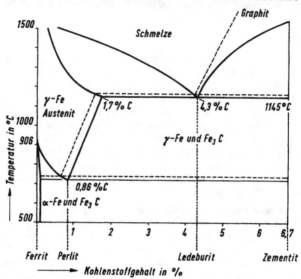

Abb. 109. Zustandsdiagramm Eisen–Kohlenstoff. Die ausgezogenen Linien gelten für die Ausscheidung von Zementit, die gestrichelten für die Ausscheidung von Graphit.

Der kubisch flächenzentriert kristallisierende Austenit kann bis zu 1,7 % Kohlenstoff (bei 1145 °C) in die Oktaederlücken seines Gitters in fester Lösung aufnehmen. Unterhalb dieser Temperatur scheiden sich aus der festen Phase des Austenit Zementit (oder Graphit) und α-Eisen aus. Das bei 721 °C und 0,86 % Kohlenstoff entstehende gleichmäßige „eutektoide" Gefüge aus α-Eisen und Zementit heißt *Perlit*. Das kubisch raumzentrierte α-Eisen, auch *Ferrit* genannt, kann nur Spuren Kohlenstoff lösen.

Graues Roheisen und Gußeisen enthalten schwarze Graphitblätter und Zementit in hellen Perlit eingeschlossen. Weißes Roheisen enthält hauptsächlich Zementit in Perlit eingebettet, bei rascher Abkühlung kann statt des Perlits Martensit (siehe unten) auftreten. Der Zementit wird durch das Mangan unter Bildung von Mischkristallen aus Mangan- und Eisencarbid stabilisiert.

Wird der Kohlenstoff enthaltende Austenit sehr rasch um je 100 grd pro Sekunde abgekühlt (abgeschreckt), so hat der Kohlenstoff nicht genügend Zeit, Zementit zu bilden oder sich gar als Graphit auszuscheiden. Er bleibt im Gitter des Eisens stecken. Bei etwa 1,5 % Kohlenstoff bleibt dadurch das Austenitgitter bis zur Zimmertemperatur erhalten. Bei etwa 0,8 % Kohlenstoff führt die Umwandlung zu einem α-Eisen mit stark gestörter Struktur. Das sonst kubische Gitter ist durch den eingelagerten Kohlenstoff tetragonal verzerrt. Diese Phase bezeichnet man als *Martensit*. Sie bewirkt in erster Linie die Härte und Elastizität des abgeschreckten Stahls (Beispiele: Messerklingen, Uhrfedern).

Die Umwandlung Austenit → Martensit bzw. Austenit → Ferrit wird durch Legieren mit gewissen Metallen, z. B. Nickel, Chrom und Wolfram, verhindert.

Beim Erwärmen des gehärteten Stahls (Anlassen) oder bei langsamem Abkühlen aus dem Zustand des homogenen Austenits über etwa 900 °C findet der Kohlenstoff Zeit, aus dem Austenitgitter herauszudiffundieren und Zementit zu bilden. Es entsteht Perlit neben α-Eisen oder Zementit. Dadurch wird der Stahl schmiedbar (Beispiele: Nägel, Stahlträger, Kesselbleche).

Nach ihrer Struktur unterscheidet man *ferritische, martensitische* und *austenitische* Stähle. Der V2A-Stahl beispielsweise ist ein austenitischer Stahl.

Eigenschaften des Eisens

Physikalische Eigenschaften

Kompaktes, reines Eisen ist silberweiß, sehr polierfähig und weicher (Härte 4,5) als Schmiedeeisen, so daß es sich mit einem Stahlmesser schneiden läßt. An Zähigkeit steht es dem Nickel nahe und kann zu sehr feinem Draht ausgezogen werden. Es erweicht in der Rotglut und läßt sich zusammenschweißen, d. h. durch Hämmern oder Pressen aus einzelnen Stücken vereinigen. Im Vakuum läßt sich Eisen bei der Temperatur des elektrischen Ofens leicht verdampfen. Aus dem Schmelzfluß erstarrt reines Eisen oft grob kristallin, und durch Reduktion von Eisen(II)-chlorid mittels Wasserstoff erhält man reguläre, glänzende Oktaeder. Auch Schmiedeeisen nimmt unter dem Einfluß höherer Temperaturen und mechanischer Erschütterungen allmählich grob kristalline Struktur an und wird dadurch brüchig.

Eisen tritt in 3 Modifikationen auf: als *α-Eisen* bis 906 °C, als *γ-Eisen* (*Austenit*) bis 1400 °C und als *δ-Eisen* bis zum Schmelzpunkt bei 1535 °C. Im α- und δ-Eisen bilden die Eisenatome ein innenzentriertes, kubisches Gitter (vgl. Abb. 75 S. 408), im γ-Eisen ein flächenzentriertes kubisches Gitter (kubisch dichte Packung, Abb. 74 S. 408).

Eisen ist ebenso wie Nickel und Kobalt ferromagnetisch. Bei 768 °C geht der Ferromagnetismus in den normalen Paramagnetismus über. Man nennt diese Temperatur den magnetischen Umwandlungspunkt oder *Curie-Punkt*. Während reines Eisen bei Entfernung der magnetisierenden Erregung seinen Magnetismus weitgehend wieder verliert, also geringe Remanenz besitzt, bleibt bei kohlenstoffhaltigen Sorten, besonders bei Stahl, eine hohe Restmagnetisierung zurück.

Das Eisen oberhalb des Curie-Punktes bis zum Umwandlungspunkt bei 906 °C wird oft als *β-Eisen* bezeichnet, doch besteht zwischen α- und β-Eisen in der Atomanordnung im Kristall kein Unterschied.

Chemische Eigenschaften

Allgemeines

Eisen ist ein unedles Metall und rostet an feuchter Luft, wobei die mit Kohlensäure gesättigte, adhärierende Wasserschicht zunächst wahrscheinlich Eisenhydrogencarbonat bildet, das dann zu Eisenhydroxid weiteroxydiert wird. Gegenüber reinem, luftfreiem Wasser ist Eisen verhältnismäßig beständig, weil sich an der Oberfläche eine Schutzschicht von Hydroxid bildet; sind im Wasser aber Magnesiumsalze, insbesondere Magnesiumchlorid gelöst, so tritt starke Korrosion ein. Hierauf beruht die schädliche Wirkung magnesiumsalzhaltiger Wässer, z. B. von Seewasser, auf Dampfkessel.

Mit Wasserdampf reagiert Eisen von 200 °C an merklich, bei Rotglut, besonders wenn es in fein verteilter Form vorliegt, sehr lebhaft nach:

$$3\,Fe + 4\,H_2O = Fe_3O_4 + 4\,H_2,$$

so daß man auf diesem Wege Wasserstoff darstellen kann.

An der Luft oxydiert sich feinstverteiltes, aus Oxalat oder Oxid im Wasserstoffstrom unterhalb Rotglut dargestelltes Eisenpulver (ferrum reductum) so rasch, daß die Masse infolge der Wärmeentwicklung aufglüht und zu Eisenoxid verbrennt. Beim Schmieden von glühendem Eisen verbrennen die abspringenden Teile zu Eisen(II, III)-oxid, das deshalb auch Hammerschlag genannt wird. Verbrennt das Eisen im reinen Sauerstoff, so wird infolge der hohen Temperatur gleichfalls kein Eisen(III)-oxid, Fe_2O_3, sondern Eisen(II, III)-oxid gebildet, während bei mäßigem Glühen unter Luftzutritt Eisen(III)-oxid entsteht.

Verdünnte Säuren lösen Eisen unter Entwicklung von Wasserstoff, der durch Beimengungen von Kohlenwasserstoffen, Siliciumverbindungen und anderen Gasen einen sehr unangenehmen Geruch besitzt.

Auch kohlensäurehaltige Wässer lösen Schmiedeeisen bei Luftabschluß allmählich auf nach:

$$Fe + 2\,H_2CO_3 = Fe(HCO_3)_2 + H_2$$

Konzentrierte Schwefelsäure und konzentrierte Salpetersäure, auch ein Gemenge von beiden, nämlich die zum Nitrieren gebrauchte Mischsäure, greifen Gußeisen nicht an, so daß man zum Versand wie auch zur Darstellung dieser Säuren eiserne Geräte verwenden kann, siehe dazu unter Passivität des Eisens.

Durch Legieren des Eisens mit anderen Metallen ändern sich die Eigenschaften des reinen Eisens beträchtlich. So ist das im Hochofen darstellbare *Ferrosilicium,* ein Gußeisen mit bis zu 20 % Silicium, gegenüber heißer verdünnter Schwefelsäure beständig, so daß man in Apparaten aus Ferrosilicium verdünnte Schwefelsäure eindampfen kann. Selbst wasserhaltige Salpetersäure greift kaum an.

Der V2A-Stahl (siehe S. 663) ist gegenüber verdünnter etwa 30%iger Salpetersäure bis zu 40 °C noch beständig und dient deshalb für Salpetersäurepumpen sowie für viele andere Zwecke als nichtrostender Stahl (Nirosta).

Passivität des Eisens und Korrosionsschutz

Ohne die Passivität des Eisens gegenüber konzentrierter Schwefelsäure und Salpetersäure wäre die Entwicklung der chemischen Großindustrie kaum möglich gewesen. Bei der Passivierung bildet sich auf dem Eisen eine schützende Oxidschicht. Die rostschützende Wirkung der Mennigeanstriche dürfte gleichfalls auf der Passivierung des Eisens durch Bildung eines Oxidüberzugs beruhen. Auch durch Glühen in Wasserdampf erzeugt man auf Eisenblech eine schützende Oxidschicht, um Konservenbüchsen ohne Verwendung von Zinn herzustellen.

Die sonstigen Korrosionsschutzmittel, wie Einfetten, Lackieren, Ölanstriche, Verzinnen, Verzinken und Emaillieren, sind schon früher besprochen worden. Bei der *Phosphatierung* als Rostschutz wird durch Behandeln des Eisens mit Lösungen von Phosphorsäure und Eisen-, Mangan- und Zinkphosphat auf dem Metall eine festhaftende, schützende Schicht dieser Phosphate erzeugt.

Nitridhärtung

Um geformte schmiedeeiserne Stücke oberflächlich zu härten, kann man sie glühend mit Ammoniak behandeln. Dabei entstehen nach Untersuchungen von HÄGG, BRILL sowie von EISENHUT und KAUPP feste Lösungen von Stickstoff in Eisen, ähnlich den festen Lösungen von Kohlenstoff in Eisen (siehe bei Stahl) von austenit- und martensitartiger Struktur. Bei sehr starker Stickstoffaufnahme werden die Nitride Fe_4N und Fe_2N gebildet.

Eisen als Katalysator bei der Ammoniak-Synthese

Eisen bewirkt bei 350 ... 450 °C die Vereinigung von Stickstoff und Wasserstoff zu Ammoniak und bildet, durch Aluminiumoxid und Kaliumoxid stabilisiert, den Katalysator für die Ammoniaksynthese.

Um das Eisen in wirksamer Verteilung zu erhalten, geht man von einem Mischkristall zwischen Eisen(II,III)-oxid und Aluminiumoxid mit Kaliumoxid aus, in dem das Eisen erst durch den Wasserstoff des Betriebsgases durch Reduktion in höchst aktiver Form gebildet wird. Als Ausgangssubstanz können auch andere Eisenverbindungen, die durch Wasserstoff reduzierbar sind, dienen, wie z. B. komplexe Eisencyanide; doch haben MITTASCH und KUSS nachgewiesen, daß für die Katalyse nur das durch die Reduktion entstandene reine metallische Eisen wirksam ist. Das Eisen muß aber durch Beimengungen in fein verteiltem aktivem Zustand erhalten werden. Dieses bewirkt im gebräuchlichen Katalysator das Aluminiumoxid, das zum Teil als Spinell, $FeO \cdot Al_2O_3$, ein stabiles Gerüst zur Erhaltung der größtmöglichen Oberfläche bildet. Darüber hinaus macht das freie Aluminiumoxid Spuren von Sauerstoff im Reaktionsgas, die das Eisen gegen Stickstoff inaktiv machen, unschädlich, da es das dadurch entstehende Eisen(II)-oxid, FeO, zu Spinell bindet (A. MITTASCH und R. SCHENCK).

Eisenverbindungen

Eisen tritt in den meisten Verbindungen 2- oder 3wertig auf. Das Redoxpotential Fe^{2+}/Fe^{3+} in ionennormaler Lösung beträgt $+ 0,78$ V. Mit starken Oxydationsmitteln in alkalischem Medium entstehen Ferrate(VI). Außerdem existieren auch noch Ferrate(V) und Ferrate(IV).

Eisen-Sauerstoffverbindungen

Eisenoxide

Ein *Eisen(II)-oxid* ist bisher nicht in reinem Zustand erhalten worden. Bei allen Reduktionsversuchen von Eisen(III)-oxid mittels trockenem Kohlenmonoxid oder Wasserstoff sowie beim Erhitzen von Eisen(II)-oxalat gelangt man zu Gemischen, die mehr oder weniger metallisches Eisen enthalten.

Nach R. SCHENCK ist zwischen Fe und Fe_3O_4 nur eine Eisen-Sauerstoffverbindung existenzfähig, die etwas mehr Sauerstoff enthält als es der Formel FeO entspräche. Man nennt diese Phase „Wüstit". Sie besitzt Natriumchloridstruktur. Dem Sauerstoffüberschuß entsprechen unbesetzte Kationenplätze und Eisen(III)-Ionen.

Eisen(III)-oxid (Eisenoxid), Fe_2O_3, findet sich in der Natur als hexagonal rhomboedrisch kristallisierter Eisenglanz (Hämatit, Roteisenerz) von meist glänzend schwarzer Farbe, die beim Pulvern in Braunrot übergeht. Dieses Mineral ist sehr verbreitet und vertritt im Gneis, Granit und Glimmerschiefer oft den Glimmer (Eisenglimmer); es bildet auch Lager und Gänge in älteren Formationen, die als hochwertige Eisenerzlager große Bedeutung besitzen (böhmisches Erzgebirge, Elba, Schottland, Neuseeland). Außer dem derben, dichten Roteisenerz kommen auch faserige, oben abgerundete Aggregate vor (roter Glaskopf). Unter dem Namen Hämatit oder Blutstein werden feinfaserige, dunkelstahlgraue, zuweilen ins Rötliche übergehende Sorten zu Schmucksteinen verarbeitet.

Große Kristalle von Eisen(III)-oxid erhält man durch Schmelzen mit Borax oder durch Überleiten von chlorwasserstoffhaltiger Luft bei starker Rotglut, desgleichen beim Zersetzen von Eisenchloriddämpfen durch Luftzutritt.

Als braunrotes, in Säuren unlösliches Pulver hinterbleibt Eisen(III)-oxid beim Glühe von Eisenhydroxid sowie beim Abrösten von Pyrit. Besonders das beim Erhitzen vo basischem Eisen(II)-sulfat erhaltene Eisen(III)-oxid („Caput mortuum") zeigt ein sehr gleichmäßige, feinpulvrige Struktur und schön rote Farbe. Deshalb wird es zur Polieren von Glas, Metallen sowie auch von Edelsteinen als Polierrot (Englischrot sowie als Anstrich- und Malerfarbe viel gebraucht (Venetianischrot, Pompejanischrot Auch das „Meißener Drachenrot" ist Eisen(III)-oxid. Der Handelswert solcher Produkt ist so hoch, daß manchmal sulfidische Eisenerze, wie Magnetkies, lediglich daraufhi abgeröstet werden (Bodenmais im Bayrischen Wald). Dabei läßt sich durch geeignet Zusätze und durch besondere Regulierung die Farbe von Hellrot bis Purpurviolet variieren. Tiefviolettes Eisen(III)-oxid wird z. B. beim Schmelzen von Eisen(III)-oxi mit 6 % Kochsalz, Kaliumchlorid oder Borax erhalten. Auch bei der Reduktion vo Nitrobenzol mit Eisen lassen sich gelbe und rote Eisenoxidfarben gewinnen. Die Unter schiede in der Farbe beruhen nur auf verschiedener Korngröße.

Die Bildungswärme von Eisen(III)-oxid aus den Elementen beträgt 198 kcal/Mol.

Eisen(III)-oxid kristallisiert ebenso wie Chrom(III)-oxid im Korundgitter. Außer diesem α-Fe_2O_3 gibt es noch eine zweite, kubische Modifikation — γ-Fe_2O_3 genannt — die die Spinellstruktur hat (siehe dazu unter Ferrite).

Eisen(II, III)-oxid, Fe_3O_4, kommt in der Natur als regulär kristallisiertes Magneteisen-erz (Magnetit) in Granit, kristallinen Schiefern und Basalten vor. Größere Magnet-eisenerzlager finden sich z. B. im nördlichsten Schweden und am Ural. Infolge der Reinheit dieses Erzes ist der daraus hergestellte schwedische Stahl besonders hoch-geschätzt und z. B. zu Uhrfedern geeignet. Kristalle des tief schwarzen Eisen(II, III)-oxids entstehen beim Glühen von Eisen(II)-chlorid und Ammoniumchlorid unter Luft-zutritt sowie beim Schmelzen von Eisensilicaten mit Kalk und beim Erhitzen von Eisen(III)-oxid mit wasserfreiem, geschmolzenem Magnesiumchlorid neben Magnesia-ferrit, $MgO \cdot Fe_2O_3$. Weiterhin bildet sich Eisen(II, III)-oxid beim Verbrennen von Eisen als „Hammerschlag" sowie bei der Oxydation des Metalls durch Wasserdampf.

Aus Eisen(III)-oxid entsteht Eisen(II, III)-oxid unter Sauerstoffentwicklung oberhalb 1200 °C. Sein Schmelzpunkt liegt bei etwa 1530 °C, die Bildungswärme aus den Ele-menten beträgt 267 kcal/Mol.

Die meisterhafte Beherrschung des Farbwechsels zwischen Eisen(III)-oxid und Eisen(II, III)-oxid durch oxydierenden oder reduzierenden Brand ermöglichte den griechischen Töpfern die Herstellung ihrer schwarz- und rotfigurigen Vasen (TH. SCHUMANN, 1942, U. HOFMANN, 1962).

Eisen(II, III)-oxid ist sehr beständig gegenüber Säuren und oxydierend wirkenden Reagenzien, selbst gegenüber Chlor. Weil es außerdem eine gute elektrische Leitfähigkeit besitzt, wurden eine zeitlang Elektroden zur Alkalichlorid- und Chlorat-Elektrolyse aus geschmolzenem Magnetit hergestellt. Zur Struktur von Eisen(II, III)-oxid siehe unter Ferrite.

Ein Eisenperoxid von der ungefähren Zusammensetzung FeO_3 erhielten H. WIELAND und E. STEIN durch Versetzen einer alkoholischen Lösung von Eisen(II)-chlorid mit 30%igem Wasserstoffperoxid und Fällen mit alkoholischer Kalilauge bei —60 °C. Das Peroxid zerfällt bei Temperaturen über —30 °C.

Ferrite

Eisen(III)-oxid bildet mit zahlreichen Metalloxiden Doppeloxide, meist „Ferrite" genannt. Die Alkaliverbindungen $LiFeO_2$, $NaFeO_2$, $KFeO_2$, $K_2Fe_2O_4$, $K_2O \cdot 11\,Fe_2O_3$ u. a. entstehen durch starkes Erhitzen oder durch Schmelzen von Alkalicarbonaten oder -hydroxiden mit Eisen(III)-oxid. Durch Wasser werden diese Verbindungen unter Abscheidung von Eisen(III)-

ydroxid zersetzt. Die Lithiumverbindung ist strukturell bemerkenswert, weil sie oberhalb
70 °C im Natriumchloridgitter mit statistischer Verteilung der Kationen kristallisiert. Die
Natriumverbindung tritt in einer roten und einer grünen Modifikation auf.

Ingewöhnlich erscheint die Zusammensetzung der Bariumverbindungen $BaFe_{12}O_{19}$, $BaFe_{15}O_{23}$
und $BaFe_{18}O_{27}$, von denen die beiden letzteren neben Fe^{3+}- auch Fe^{2+}-Ionen enthalten. Diese
Verbindungen sind stark ferromagnetisch und finden zur Herstellung von Dauermagneten
mit hoher Koerzitivkraft Verwendung.

Mit zweiwertigen Oxiden, wie MgO, ZnO, CdO, NiO, CoO, bildet Eisen(III)-oxid Doppeloxide vom Spinelltypus $MeO \cdot Fe_2O_3$, die wegen ihrer elektrischen und magnetischen Eigenschaften großes wissenschaftliches und technisches Interesse besitzen.

Die Elementarzelle des Spinellgitters enthält 32 Sauerstoffatome, die eine annähernd kubisch
dichteste Kugelpackung bilden. In der normalen Spinellstruktur befinden sich 8 Me^{2+}-Ionen
jeweils im Mittelpunkt von aus 4 O^{2-}-Ionen gebildeten Tetraedern (Tetraeder-Lagen) und
16 Me^{3+}-Ionen im Mittelpunkt von aus 6 O^{2-}-Ionen gebildeten Oktaedern (Oktaeder-Lagen).
Bei der sogenannten inversen Spinellstruktur ist die Verteilung der Kationen eine andere.
Die Hälfte der Me^{3+}-Ionen besetzt die Tetraederlagen, die andere Hälfte ist zusammen mit
den Me^{2+}-Ionen auf die Oktaederlagen verteilt. Auch Übergänge zwischen den beiden
Strukturen mit nicht geordneter Verteilung der Kationen sind möglich. Man kann die
normale und die inverse Struktur durch die Formeln $Me^{2+}[Me_2^{3+}]O_4$ und $Me^{3+}[Me^{2+}Me^{3+}]O_4$
kennzeichnen. Unter den Ferriten findet man Vertreter beider Strukturen. Der Zinkferrit
besitzt die normale Struktur $Zn[Fe_2]O_4$ und zeigt den normalen Paramagnetismus der Fe^{3+}-
Ionen. Im Magnesiumferrit dagegen sind die Kationen ganz überwiegend wie im inversen
Spinell verteilt: $Fe^{3+}[Mg^{2+}Fe^{3+}]O_4$. Diese Verbindung ist aber ferromagnetisch. Hier ist
das Auftreten des Ferromagnetismus an die besondere Verteilung der Kationen im Gitter
gebunden.

Auch der Magnetit, $FeO \cdot Fe_2O_3$, ist ein Spinell, und zwar ein inverser Spinell, $Fe^{3+}[Fe^{2+}Fe^{3+}]O_4$.
Die elektrische Leitfähigkeit des Eisen(II,III)-oxids beruht nach VERWEY und DE BOER auf einem
Elektronenübergang zwischen den auf gleichwertigen Plätzen im Gitter befindlichen Eisen-
Ionen: $Fe^{2+} \rightleftharpoons Fe^{3+} + \ominus$. Man nennt Verbindungen, deren Leitfähigkeit auf einem Wechsel
der Oxydationsstufe beruht, *Valenzhalbleiter*. Wahrscheinlich hängt auch die tiefschwarze
Farbe des Eisen(II,III)-oxids mit dem leichten Wechsel der Oxydationsstufe zusammen.

Während Eisen(II)-oxid und Eisen(III)-oxid paramagnetisch sind, ist Eisen(II,III)-oxid stark
ferromagnetisch. Durch vorsichtige Oxydation von Eisen(II,III)-oxid unterhalb 350 °C wird
jedoch ein ferromagnetisches Eisen(III)-oxid, γ-Fe_2O_3 oder Maghemit genannt, erhalten.
Dieses wandelt sich von 500 °C an aufwärts in das paramagnetische, rhomboedrische α-Fe_2O_3
um. Im ferromagnetischen γ-Fe_2O_3 ist die Spinellstruktur des Eisen(II,III)-oxids erhalten
geblieben, doch sind von den insgesamt 24 Kationenplätzen in der Elementarzelle des
Spinellgitters (8 Tetraeder- und 16 Oktaederlagen) nur $21\frac{1}{3}$ Plätze durch Fe^{3+}-Ionen besetzt,
so daß im Gitter Leerstellen vorhanden sind. Auch hier besteht also ein Zusammenhang
zwischen dem Auftreten von Ferromagnetismus und der Verteilung der Kationen im Gitter.
Feinkörniges γ-Fe_2O_3 und Magnetit dienen zur Herstellung der Magnetophonbänder.

Eisenhydroxide

Eisen(II)-hydroxid, $Fe(OH)_2$, fällt aus Eisen(II)salzlösungen mit Alkalilaugen bei Luftabschluß als weißer, flockiger Niederschlag, der sich äußerst leicht oxydiert und dabei
durch graugrüne, dunkelgrüne und schwärzliche Zwischenstufen hindurch in rotbraunes
Eisen(III)-hydroxid übergeht. Trockenes, reines Eisen(II)-hydroxid ist an der Luft pyrophor (FRICKE und RIHL, 1943).

Aus Gemischen von Eisen(II)- und Eisen(III)-salzen entsteht beim Kochen mit überschüssigen Alkalilaugen dichtes, pulvriges, schwarzes, *wasserhaltiges Eisen(II,III)-
hydroxid* (Eisenschwarz, früher Aethiops martialis genannt), das beim Entwässern in
Eisen(II,III)-oxid übergeht.

Durch Kochen von ferrum reductum mit höchst konzentrierter Natronlauge stellte R. SCHOLDE (1936) das blaugrüne *Hydroxoferrat(II)*, $Na_2[Fe(OH)_4]$, dar.

Eisen(III)-hydroxid mit wechselndem Wassergehalt fällt aus Lösungen von Eisen(III) salzen durch Alkalien, Ammoniak oder Alkalicarbonate als im Überschuß dieser Rea genzien nicht löslicher, gelb- bis rostbrauner, flockiger Niederschlag aus, der be längerem Waschen mit Wasser kolloid in Lösung geht. Ein blutrotes, klares Sol erhäl man bei der Dialyse von Eisen(III)-chlorid- oder -acetatlösungen. Stärkere Elektrolyte wie Alkalien, Säuren oder Salze, scheiden gallertiges, rotbraunes Hydroxid ab.

Gefälltes Hydroxid bindet durch Adsorption Arsenik und diente deshalb als Gegengift Gemische von wasserhaltigem Eisenoxid mit Alkali oder Kalk werden als *Lux-* ode *Lautamasse* zur Reinigung des Leuchtgases von Cyan und Schwefelwasserstoff ver wendet.

Das gefällte Eisen(III)-hydroxid ist zunächst amorph. Beim Entwässern erhält man keine bestimmten Hydrate, sondern der Dampfdruck nimmt stetig mit dem Wasser gehalt des Rückstandes ab, und dieser trocknet zu einer amorphen, dichten braunen Masse ein, die beim Glühen den Hämatit, α-Fe_2O_3, hinterläßt. Vorsichtige Alterung kann auch zum *Nadeleisenerz* (*Goethit*), α-$FeO(OH)$, führen, das in rhombischen Nadeln in der Natur vorkommt. Als zweite Modifikation, γ-$FeO(OH)$, findet sich in der Natur seltener der gleichfalls rhombische, aber in Tafeln kristallisierende *Lepidokrokit* (*Rubinglimmer*).

Durch Entwässern bei 250 °C entsteht aus dem γ-$FeO(OH)$ das ferromagnetische γ-Fe_2O_3.

Das *Brauneisenerz* (der *Limonit*) besteht überwiegend aus Nadeleisenerz, besitzt aber wechselnden Wassergehalt und bildet keine deutlichen Kristalle, oft aber feinfaserige Aggregate von trauben- oder nierenförmiger Oberfläche, manchmal auch tropfsteinförmige Gebilde. Es findet sich als häufigstes und für Deutschland wichtigstes Eisenerz in Sedimentablagerungen des braunen Jura (Bohnerze, Eisenoolith). Eisenocker und Eisenrost sind feinteiliges Eisen hydroxid von wechselndem Wassergehalt.

Eisenocker diente schon vor 20 000 Jahren in der Eiszeit den Menschen als Farbe für ihre vollendet schönen Höhlengemälde.

Eisen(III)-hydroxid setzt sich in hochkonzentrierten Laugen zu *Hydroxoferraten(III)* um. Das farblose $Na_5[Fe(OH)_8] \cdot 5\ H_2O$ ist auch durch Oxydation des Hydroxoferrat(II), $Na_2[Fe(OH)_4]$, mit Sauerstoff oder Brom zugänglich. Oberhalb 100 °C entsteht je nach den Bedingungen grünes oder rotes Natriumferrit, $NaFeO_2$ (R. SCHOLDER, 1936).

Ferrate(VI), -(V) und -(IV)

Ferrate(VI) mit dem Anion FeO_4^{2-} entstehen bei der Oxydation von Eisen(III)-hydroxid mit Chlor in Gegenwart von konzentrierten Laugen oder bei anodischer Oxydation von Eisen unter Kalilauge sowie beim raschen Erhitzen von Eisenfeile mit dem doppelten Gewicht Salpeter als schwarzviolette Kristalle, wie z. B. K_2FeO_4, die sich in Wasser mit intensiv kirschroter Farbe lösen, aber bald unter Sauerstoffentwicklung Eisen(III)-hydroxid abscheiden. Etwas beständiger ist das unlösliche, rote Bariumferrat, $BaFeO_4$.

Durch thermische Zersetzung der Ferrate(VI) oder einfacher durch Oxydation der Hydroxo ferrate(III) bei 300 ... 450 °C gelangt man zu schwarzen *Ferraten(IV)*. Bekannt sind die Metaferrate $BaFeO_3$ und Li_2FeO_3 sowie die Orthoferrate Ba_2FeO_4 und Sr_2FeO_4 (R. SCHOLDER, 1953). Ein *Ferrat(V)*, K_3FeO_4, erhielten KLEMM und WAHL (1954) durch Erhitzen von Kalium oxid und Eisen(III)-oxid in einer Sauerstoffatmosphäre auf 450 °C. Die schwarze Verbindung disproportioniert beim Lösen in Wasser zu Ferrat(VI) und Eisen(III)-hydroxid.

Eisensulfide

Eisensulfide finden sich in der Natur als teilweise wichtige Eisen- und Schwefelminerale. Als stabile Phasen treten im System Eisen-Schwefel nur die beiden Sulfide FeS und FeS_2 (Pyrit) auf.

Eisen(II)-sulfid, FeS, kommt unter dem mineralogischen Namen Troilit in Eisenmeteoren vor und wird durch Zusammenschmelzen von Eisenabfällen mit Schwefel oder Pyrit dargestellt. Es bildet eine kristalline, metallglänzende, dunkle, bisweilen graugelbe Masse, die in reiner Form bei $\approx 1195\,^{\circ}C$ schmilzt. Es dient im Laboratorium zur Entwicklung von Schwefelwasserstoff:

$$FeS + 2\,HCl = FeCl_2 + H_2S$$

Aus Eisensalzlösungen durch Ammoniumsulfid gefälltes Eisen(II)-sulfid ist grünlich-schwarz, in verdünnten Mineralsäuren leicht löslich und an der Luft zu Eisenhydroxid und Schwefel oxidierbar.

Die Phasenbreite der hexagonalen, im NiAs-Gitter kristallisierenden FeS-Phase reicht bis etwa $FeS_{1,15}$. Dem Schwefelüberschuß entsprechen Lücken im Eisen-Ionengitter. Bis zur Zusammensetzung $FeS_{1,10}$ sind die Präparate paramagnetisch, im Gebiet zwischen $FeS_{1,11}$ und $FeS_{1,15}$ tritt ohne wesentliche Änderung der Gitterstruktur Ferromagnetismus auf. Innerhalb dieses Gebiets liegt auch die Zusammensetzung des in der Natur als Mineral vorkommenden *Magnetkieses* von bronzebrauner Farbe. Er bildet sich aus Markasit oder Pyrit durch Zerfall bei Temperaturen oberhalb $500\,^{\circ}C$.

Eisendisulfid, FeS_2, tritt in zwei kristallographisch und chemisch verschiedenen Formen auf, nämlich als regulär kristallisierter, glänzend blaßgelber *Pyrit* (Schwefelkies) mit der Dichte $5,1\ g/cm^3$ und als rhombischer zinnweißer *Markasit* (Speerkies; so genannt wegen der spitzen Ausbildung seiner Formen) Dichte $4,9\ g/cm^3$.

Beide, insbesondere der häufigere Pyrit, dienen als wichtigste Schwefelminerale, die sich an der Luft bei $400 \ldots 500\,^{\circ}C$ entzünden und unter Wärmeentwicklung zu Schwefeldioxid und Eisen(III)-oxid verbrennen (siehe bei Schwefeldioxid).

Pyrit und noch leichter Markasit werden von feuchter Luft zu Eisen(II)-sulfat und Schwefelsäure oxidiert, und zwar mit so großer Wärmeentwicklung, daß hierdurch Kohlenflöze oder Schwefelkieshalden in Brand geraten können.

In verdünnten, nicht oxidierend wirkenden Säuren sind beide Formen unlöslich.

Pyrit und Markasit sind Disulfide des zweiwertigen Eisens. Die Kristallstruktur des Pyrits, die der des Natriumchlorids sehr ähnlich ist, enthält S_2^{2-}-Ionen auf den Plätzen der Cl^--Ionen.

Das häufige Auftreten dieser Sulfide in Sedimenten aller Formationen, auch in Steinkohlenlagern und oft als Versteinerungsmaterial tierischer Überreste, ist durch die Arbeiten von V. Rodt sowie E. T. Allen erklärt worden. Danach ist die Entstehung von Disulfid, FeS_2, als Pyrit oder Markasit zunächst an das Zusammentreffen von Schwefelwasserstoff mit fast neutralen oder schwach sauren Eisenwässern gebunden. Bei saurer Reaktion und niederer Temperatur tritt Markasit auf, sonst entsteht der Pyrit. Markasit geht bei höherer Temperatur in Pyrit über, weshalb Pyrit in heißen Wässern der Tiefe, Markasit in kühleren Oberflächenwässern gebildet wird.

Außer durch Zersetzung von Eisen(III)-sulfid (siehe unten) entsteht das Disulfid aus gefälltem oder geschmolzenem Eisen(II)-sulfid beim Kochen mit Wasser und Schwefel oder bei langsamem Zutritt von Na_2S_3-Lösung zu einer siedenden Eisen(II)-sulfatlösung, wenn alkalische Reaktion stets vermieden wird.

Eisen(III)-sulfid, Fe_2S_3, wurde noch nicht kristallin erhalten. Das röntgenamorphe Reaktionsprodukt der Umsetzung von feuchtem Eisen(III)-hydroxid und Schwefelwasserstoff mit der

Zusammensetzung Fe_2S_3 löst sich zunächst in verdünnter Salzsäure vollkommen unter A[
scheidung von Schwefel:

$$Fe_2S_3 + 4\,HCl = 2\,FeCl_2 + 2\,H_2S + S$$

Durch Alterung entstehen Eisen(II)-sulfid und Eisendisulfid, von denen das letztere in ver
dünnter Salzsäure unlöslich ist. Bei langsamem Zutritt von feuchter Luft wird Eisen(III)-sulfi
zu Schwefel und Eisen(III)-hydroxid oxydiert. Es ist wie alle anderen Eisensulfide bei genügen
feiner Verteilung pyrophor.

Bei der Fällung von Eisen(III)-chlorid in flüssigem Ammoniak oder organischen Amine
mit Schwefelwasserstoff fallen schwarze Verbindungen der Zusammensetzung $Fe_2S_3 \cdot NR$
aus, die im Vakuum bei 100 °C Ammoniak bzw. das Amin abgeben. Der Rückstand de
Zusammensetzung Fe_2S_3 gibt beim Erhitzen auf 150...300 °C ein Gemisch von Eisen(II)
sulfid und Pyrit (Boehm, 1962).

Beim Zusammenschmelzen von Eisen, Schwefel und Alkalicarbonaten oder Metallsulfider
sowie bei der Fällung von komplex gelösten Fe^{3+}-Ionen mit Sulfid-Ionen in alkalischer
Lösung entstehen stets kristallisierte *Thioferrate(III)*, wie $KFeS_2$, $NaFeS_2$ oder $AgFeS_2$. Auch
die Minerale Kupferkies, $CuFeS_2$, und Buntkupfererz, Cu_3FeS_3, gehören hierher. Die Struktu
des schwarzglänzenden $KFeS_2$ besteht aus den SiS_2 analogen FeS_2-Ketten mit dazwischen
gelagerten Kalium-Ionen.

Eisensalze

Eisensulfate

Eisen(II)-sulfat entsteht als Heptahydrat, $FeSO_4 \cdot 7\,H_2O$, das auch Eisenvitriol genannt
wird, gelegentlich in der Natur durch freiwillige Oxydation von Eisensulfiden, besonders
von Markasit, und liefert so die Schwefelsäure der alaunhaltigen Schiefer. Zur Darstellung in der Technik läßt man Schwefelkies mit oder ohne vorausgegangene teilweise
Röstung an der Luft verwittern, oder man löst Eisen in verdünnter Schwefelsäure.
Auch bei der Fällung von Zementkupfer aus Kupfersulfat mit Eisen wird Eisenvitriol
gewonnen. Es bildet blaßgrüne, meist monokline, mit Bittersalz und Zinksulfat-Hepta-
hydrat isomorphe, rhombische Kristalle, die unter Verlust von Wasser verwittern und
bei 300 °C das wasserfreie, weiße Sulfat $FeSO_4$ hinterlassen. Doch muß beim Entwässern die Luft ferngehalten werden, weil sich das Eisen(II)-sulfat leicht zu basischem
Eisen(III)-sulfat oxydiert.

In 100 Teilen Wasser lösen sich bei:

°C	10	20	50	80
Teile $FeSO_4$	20	27	48	44

Die Lösung reagiert infolge geringfügiger Hydrolyse schwach sauer, oxydiert sich an
der Luft unter teilweiser Abscheidung von Eisen(III)-hydroxid und basischem Eisen(III)-
sulfat und wirkt dementsprechend reduzierend, z. B. auf Goldsalze oder auf Salpetersäure. Das im letzteren Fall gebildete Stickstoffoxid löst sich in der überschüssigen
Eisen(II)-sulfatlösung zu braunem Nitrosyleisen(II)sulfat, $[FeNO]SO_4$ (siehe bei Stickstoffoxid). Auf Grund der quantitativ verlaufenden Oxydation verdünnt schwefelsaurer
Eisen(II)-sulfatlösungen durch Kaliumpermanganat kann man den Gehalt einer Eisen(II)-
salzlösung aus dem Permanganatverbrauch bestimmen:

$$MnO_4^- + 5\,Fe^{2+} + 8\,H^+ = Mn^{2+} + 5\,Fe^{3+} + 4\,H_2O$$

Eisen(III)-salze werden zuvor durch Zink und verdünnte Schwefelsäure oder durch
Zinn(II)-chlorid zu Eisen(II)-salz reduziert.

Beständiger gegen den Luftsauerstoff als Eisen(II)-sulfat und deshalb zur Einstellung der Permanganatlösung auf einen bestimmten Eisenwert geeignet ist das Ammoniumeisen(II)-sulfat, $(NH_4)_2Fe(SO_4)_2 \cdot 6 H_2O$, das auch *Mohrsches Salz* genannt wird.

Beim Glühen zerfällt Eisen(II)-sulfat nach dem Entwässern in rotes Eisenoxid, Schwefeldioxid und Schwefeltrioxid.

Eisen(II)-sulfat wurde schon im Altertum zur Wundbehandlung und zum Schwarzfärben des Leders verwendet. Gegenwärtig wird es für Eisenbeizen in der Färberei, zur Unkrautbeseitigung auf Äckern und zur Herstellung der Tinte gebraucht.

Eisentinten entstehen aus Eisen(II)-sulfatlösungen nach Zusatz von Gerbsäuren, wie z. B. Tannin oder Gallussäure, unter teilweiser Oxydation an der Luft, so daß Eisen(II, III)-tannate usw. zustande kommen, die als dünnflüssige Kolloide mit geeigneten Verdickungsmitteln, oft auch unter Zusatz blaufärbender Stoffe, wie Berlinerblau in oxalsaurer Lösung, verwendet werden.

Bei der amorphen Beschaffenheit der in den Tinten vorliegenden Verbindungen ist zwar deren Natur bis jetzt nicht näher aufgeklärt, doch dürfte es sich um Analoge zu den von WEINLAND dargestellten Salzen der violetten Dibrenzcatechineisen(III)-säure, $H[FeH_2O(C_6H_4O_2)_2]$, bzw. der roten Tribrenzcatechineisen(III)-säure, $H_3[Fe(C_6H_4O_2)_3]$, und der dunkelkupferroten Disalicylatoeisen(III)-säure, $H[Fe(OC_6H_4CO_2)_2]$, handeln.

Eisen(III)-sulfat, $Fe_2(SO_4)_3$, läßt sich als wasserfreies Salz durch Kochen von Eisen(II)-sulfat mit konzentrierter Schwefelsäure oder durch Auflösen von Eisen(III)-oxid in Schwefelsäure darstellen. Es kristallisiert in rosa Plättchen, die sich in Wasser nur langsam unter Hydrolyse mit gelbbrauner Farbe lösen. Die Auflösung wird durch Eisen(II)-Ionen katalytisch beschleunigt.

Ammoniumeisen(III)-alaun, $NH_4Fe(SO_4)_2 \cdot 12 H_2O$, kristallisiert in großen, blaßamethystfarbenen Oktaedern, desgleichen der noch beständigere Rubidiumeisenalaun, während der Kaliumeisenalaun nur in der Nähe des Gefrierpunktes gut ausgebildete Kristalle liefert. In wäßriger Lösung tritt weitgehende Hydrolyse ein, wie an der braunen Farbe schon äußerlich zu erkennen ist.

Der Paramagnetismus des Eisenammoniumalauns ermöglicht, durch Ausnutzung des Wärmeverbrauchs bei der Entmagnetisierung extrem tiefe Temperaturen unter $0,1\,°K$ zu erreichen (vgl. auch Gadoliniumsulfat). Bei $0,03\,°K$ wird der Alaun ferromagnetisch, wodurch die Wirkung noch verbessert wird. So konnte DE HAAS die Temperatur von $0,0034\,°K$ erreichen.

Eisenphosphate

Eisen(II)-phosphat, $Fe_3(PO_4)_2 \cdot 8 H_2O$, fällt aus Eisen(II)-sulfatlösungen durch Natriumphosphat als weißer Niederschlag aus, der sich an der Luft grünlich und später blau färbt. Hierbei geht ein Teil des Eisens in die dreiwertige Oxydationsstufe über. Auch das dieser Formel entsprechende Mineral Vivianit zeigt meist eine blaue Farbe. Es findet sich in Torfmooren und als Begleiter von Raseneisenerz oder von Brauneisenerz. Hieraus stammt der Phosphorgehalt des Roheisens. Dies gilt insbesondere auch vom Kakoxen (zu Deutsch „übler Gast"), einem basischen Eisen(III)-phosphat, $Fe_2(OH)_3PO_4 \cdot 4\frac{1}{2} H_2O$. Auch Arsenate, wie Skorodit, $FeAsO_4 \cdot 2 H_2O$, und Ferrisymplesit, $Fe_3(OH)_3(AsO_4)_2 \cdot 5 H_2O$, kommen in Brauneisenerzlagern vor.

Das aus Eisen(III)-salzlösungen durch Phosphat-Ionen gefällte *Eisen(III)-phosphat* von wechselnder Zusammensetzung ist ein gelblichweißer, flockiger Niederschlag, der sich in verdünnter Essigsäure nicht löst und sich deshalb zur *Trennung der Phosphorsäure* von den Alkalien und Erdalkalien eignet.

In stärker sauren Lösungen löst sich das Eisen(III)-phosphat zu komplexen Verbindungen, wie $[Fe(PO_4)_2]^{3-}$ oder $[Cl_3FePO_4]^{3-}$, die nahezu farblos sind. Deswegen setzt man bei der Titration von Eisen(II)-verbindungen mit Permanganat Phosphorsäure zu, um die störende Gelbfärbung der Lösung durch die entstehenden Eisen(III)-verbindungen zu vermeiden.

Eisen(II)-carbonat, FeCO₃

Eisen(II)-carbonat bildet den gelblichen, mit Kalkspat, Dolomit und Magnesit iso morphen, hemiedrisch rhomboedrisch kristallisierenden Eisenspat (Siderit), der, meis manganhaltig, aber frei von Phosphaten, ein wichtiges Eisenmineral ist. (Es bildet z. B den Erzberg in der Steiermark bei Leoben.) Das aus luftfreien Eisen(II)-salzlösunge durch Alkalicarbonate gefällte Eisen(II)-carbonat ist ein weißer Niederschlag, der a der Luft unter Abgabe von Kohlendioxid bald in Eisen(III)-oxid übergeht.

In kohlensaurem Wasser löst sich Eisen(II)-carbonat ähnlich wie die Erdalkalicarbonat als Hydrogencarbonat auf und gelangt so in die Eisensäuerlinge (Stahlwässer), die durcl ihren tintenartigen Geschmack auffallen und gegen Bleichsucht dienen sollen (Bad Steben Schwalbach, Levico, Roncegno, Pyrmont). Auch andere Eisen(II)-verbindungen, wie Eisen(II) chlorid und -sulfat, oft durch Reduktionsmittel stabilisiert, werden medizinisch verwendet um die Bildung des eisenhaltigen Blutfarbstoffes zu begünstigen. An der Luft scheiden di Eisenwässer wasserhaltiges Eisenoxid ab und bilden so die als Eisenocker, Raseneisenerz und Sumpferz bekannten Ablagerungen, aus denen wahrscheinlich auch das Brauneisenerz hervor gegangen ist.

Um Eisen und Mangan enthaltende Grundwässer zum Trinken und Waschen verwendba zu machen, wird Luft durchgeleitet, so daß die Hydrogencarbonate durch Oxydation in die unlöslichen höheren Oxide übergehen.

Eisenoxalate

Eisen(II)-oxalat, $FeC_2O_4 \cdot 2 H_2O$, fällt aus Eisen(II)-salzlösungen durch Oxalsäure und lösliche Oxalate als gelbes, kristallines Pulver, das sich zu 1 Teil in 4500 Teilen kaltem Wasser und in 3800 Teilen heißem Wasser auflöst. Beim Glühen unter Luftabschluß hinterbleiben Präparate der angenäherten Zusammensetzung FeO. Mit überschüssigem Alkalioxalat entstehen goldgelbe, wasserlösliche komplexe Oxalate, wie $K_2[Fe(C_2O_4)_2] \cdot 2 H_2O$, die wegen ihrer reduzierenden Wirkung in der Photographie als Oxalatentwickler verwendet wurden. Bei der Oxydation gehen sie in die smaragdgrünen, komplexen Eisen(III)-oxalate, wie $K_3[Fe(C_2O_4)_3] \cdot 3 H_2O$ über. Auf der Löslichkeit von Eisenoxid in saurem Kaliumoxalat beruht die Verwendung dieses Salzes zum Entfernen von Rost- oder Tintenflecken aus der Wäsche.

Eisenacetate

Eisen(II)-acetat, $Fe(CH_3CO_2)_2 \cdot 4 H_2O$, wird als Lösung gebraucht, um Leder dunkel zu färben. Ein einfaches Eisen(III)-acetat ist nicht bekannt, sondern es bilden sich statt dessen stets komplizierte Salze eines Hexaacetatodihydroxotrieisen(III)-hydroxids,

$$[Fe_3(CH_3CO_2)_6(OH)_2]OH,$$

die der Chrom(III)-verbindung entsprechen (WEINLAND). Kocht man die roten Eisen(III)-acetatlösungen mit verdünnter Natriumacetatlösung, so tritt vollständige Hydrolyse ein, und alles Eisen fällt als $Fe(OH)_3$ aus. Auf diesem Wege kann man Eisen vom Zink und Mangan trennen.

Eisenhalogenide

Eisen(II)-chlorid, $FeCl_2$, wird durch Glühen von Eisen im trockenen Chlorwasserstoffstrom oder durch Reduktion von Eisen(III)-chlorid mit Wasserstoff in farblosen, weichen Schuppen erhalten, die bei 674 °C schmelzen und sich oberhalb dieser Temperatur verflüchtigen. Beim Abkühlen des Dampfes scheiden sich glänzende, farblose, dünne Blättchen ab.

Aus der Lösung von Eisen in Salzsäure kristallisieren hellgrüne Kristalle des sehr leicht löslichen Hydrats $FeCl_2 \cdot 4 H_2O$.

Eisen(III)-chlorid, $FeCl_3$, läßt sich aus Eisendraht oder technisch aus Eisenschrott im Chlorstrom bei Rotglut darstellen und bildet metallglänzende, grün schimmernde, dunkle Blätter oder hexagonale Tafeln von granatroter Durchsicht. Eisen(III)-chlorid ist leicht flüchtig, läßt sich aber bei 220 ... 300 °C nur im Chlorstrom unzersetzt sublimieren, da schon oberhalb 200 °C ein Zerfall in Eisen(II)-chlorid und Chlor eintritt. Im Dampfzustand liegen Fe_2Cl_6-Moleküle, von etwa 750 °C an aber nur noch die einfachen $FeCl_3$-Moleküle vor.

In organischen Lösungsmitteln, wie Alkohol, Äther, Aceton und Benzol, desgleichen in Phosphorylchlorid und Thionylchlorid ist wasserfreies Eisenchlorid löslich. Es dient als Halogenüberträger bei der Chlorierung aromatischer Kohlenwasserstoffe sowie als Katalysator (Friedel-Krafts-Reaktionen).

Aus der Lösung in feuchtem Äther scheiden sich am Licht nach einiger Zeit Kristalle von $FeCl_2 \cdot 2 H_2O$ ab.

An feuchter Luft zerfließt das Chlorid zu einem dunkelbraunen Öl, mit Wasser löst es sich unter starker Wärmeentwicklung sofort auf. Infolge der weitgehenden hydrolytischen Spaltung reagieren wäßrige Eisenchloridlösungen stark sauer und zeigen eine rotbraune Farbe, die von Hydroxoaquoeisen-Ionen, wie $Fe(OH)^{2+}$ und $[Fe_2(OH)_4]^{2+}$ (siehe S. 603), herrührt. Bei der Dialyse tritt Salzsäure durch die Membran, und kolloides Eisenhydroxid bleibt zurück.

Aus den gelben, mit Salzsäure angesäuerten wäßrigen Lösungen kristallisiert das Hydrat $FeCl_3 \cdot 6 H_2O$ in gelben, strahligen Aggregaten, die beim Erhitzen größerenteils in Salzsäure und Eisenoxid zerfallen, sich zum Teil aber auch als wasserfreies Chlorid verflüchtigen. In den stark salzsauren, gelben Lösungen von Eisenchlorid liegen Chlorokomplexe vor.

Salmiak kristallisiert aus Eisenchloridlösungen in roten Mischkristallen mit einem Gehalt an Eisenchlorid bis zu 13,5 %, wenn die Lösung weniger als 0,5 Mol $FeCl_3$ auf 1 Mol NH_4Cl enthält; sonst entstehen Doppelsalze (Chlorosalze) (E. Grüner).

Das schwarze *Eisen(III)-bromid*, $FeBr_3$, ähnelt in seinen Eigenschaften weitgehend dem Chlorid, der Zerfall in Eisen(II)-bromid und Brom erreicht aber schon bei 139 °C einen Druck von 760 Torr.

Wasserfreies, schwarzes *Eisen(II)-jodid*, FeJ_2, entsteht als Sublimat beim Erhitzen von Eisen und Jod. In fein verteilter Form bildet es sich durch thermische Zersetzung von Eisentetracarbonyljodid, $Fe(CO)_4J_2$. Es ist sehr hygroskopisch. Aus Eisenpulver und Jod unter Wasser bildet sich das blaßgrüne Hydrat, $FeJ_2 \cdot 4 H_2O$. Ein Eisen(III)-jodid ist in festem Zustand nicht bekannt, dagegen treten beim Erhitzen von Eisen(II)-jodid und Jod in der Gasphase FeJ_3 und Fe_2J_6 auf (H. Schäfer, 1955).

Eisen(III)-fluorid, FeF_3, entsteht aus Eisen und Fluor oder Eisen(III)-chlorid und wasserfreiem Fluorwasserstoff. Beim Erhitzen im Fluorwasserstoffstrom auf 1000 °C geht es unter teilweiser Verflüchtigung, aber ohne zu schmelzen, in blaßgrüne Kristalle über, die in Wasser kaum löslich sind. Aus der Lösung von Eisenhydroxid in wäßriger Flußsäure kristallisiert das blaßrosafarbene Hydrat $FeF_3 \cdot 4,5 H_2O$. Über Na_3FeF_6 siehe bei Fluor.

Eisen(III)-rhodanid

Zur Erkennung von nicht komplex gebundenen Fe^{3+}-Ionen in Lösung dient die auf Zugabe von Kalium- oder Ammoniumrhodanid auftretende intensive Rotfärbung, die wahrscheinlich auf undissoziiertes Eisen(III)-rhodanid, $Fe(SCN)_3$, zurückzuführen ist. Beim Ausschütteln der Lösung mit Äther geht das Eisenrhodanid in die Ätherphase. Mit

Rhodanid-Ionen im Überschuß entstehen Rhodanatokomplexe, wie [Fe(SCN)$_6$]$^{3-}$, doc ist die Stabilität der Komplexe gering, so daß beim Verdünnen mit Wasser wiede Dissoziation eintritt.

Eisencyanide

Eisen(II)- oder Eisen(III)-cyanid existieren wahrscheinlich nur als komplexe Verbin dungen, wie Fe$_2$[Fe(CN)$_6$] (S. 677), die sich von der *Hexacyanoeisen(II)säure* (Eisen(II) cyanwasserstoffsäure), H$_4$[Fe(CN)$_6$], oder von der *Hexacyanoeisen(III)-säure* (Eisen(III) cyanwasserstoffsäure), H$_3$[Fe(CN)$_6$], ableiten. Der bekannteste und wichtigste Vertrete: dieser Klasse ist das *Kaliumhexacyanoferrat(II)* (Ferrocyankalium, *gelbes Blutlaugen* *salz*), K$_4$[Fe(CN)$_6$] · 3 H$_2$O.

Gibt man zu einer Eisen(II)-salzlösung eine Kaliumcyanidlösung, so fällt zunächst ei rötlichbrauner Niederschlag aus, der sich beim Erwärmen in überschüssiger Kalium cyanidlösung mit blaßgelber Farbe zu Kaliumhexacyanoferrat(II) löst.

Zur Darstellung glühte man früher trockene, stickstoffhaltige tierische Substanzen, wie Hornspäne, Lederstücke, eingedampftes Blut oder Schlachthausabfälle mit Eisenspänen und Pottasche unter Luftabschluß, wobei zunächst Kaliumcyanid und Eisensulfid entstehen, die sich beim Auslaugen mit Wasser zu Kaliumhexacyanoferrat(II) umsetzen. Heute geht man zumeist von der aus reaktionsfähigem Eisenoxid oder -hydroxid bestehenden Gasreinigungs masse aus, die nach längerem Gebrauch neben Schwefel und Eisensulfid größere Mengen verschiedener Eisencyanverbindungen enthält. Beim Kochen mit Kalkmilch geht Calcium hexacyanoferrat(II), Ca$_2$[Fe(CN)$_6$], in Lösung und wird mit Kaliumchlorid als schwer lösliches Kalium-Calciumsalz, K$_2$Ca[Fe(CN)$_6$], gefällt. Aus diesem erhält man schließlich durch heiße Pottaschelösung das Kaliumhexacyanoferrat(II).

Kaliumhexacyanoferrat(II) kristallisiert in großen gelben, monoklinen Kristallen, die sich in dünne weiche Blätter spalten lassen. An trockener Luft verlieren sie Kristall wasser. Beim Abrauchen mit konzentrierter Schwefelsäure entstehen Eisen(II)-sulfat, Kaliumsulfat, Ammoniumsulfat und Kohlenmonoxid, beim Schmelzen Kaliumcyanid, Stickstoff und Eisencarbid.

Die Hexacyanoeisen(II)-säure fällt aus der mit Salzsäure angesäuerten, gesättigten Lösung von Kaliumhexacyanoferrat(II) beim Schütteln mit Äther als dessen Oxonium salz in weißen, glänzenden Blättern aus und wird im Vakuum über Schwefel säure als weißes Pulver erhalten, das sich an der Luft bald bläut und sich mit Äther wieder lebhaft zu H$_4$[Fe(CN)$_6$] · 2 (C$_2$H$_5$)$_2$O vereinigt.

Kaliumhexacyanoferrat(III) (*rotes Blutlaugensalz*, Ferricyankalium), K$_3$[Fe(CN)$_6$], ent steht aus dem Kaliumhexacyanoferrat(II) durch Sättigen der Lösung mit Chlor oder durch Oxydation mit angesäuertem Permanganat sowie mit gefälltem Bleidioxid und Kohlensäure. Es kristallisiert in bräunlichroten, monoklinen Prismen, die ein goldgelbes Pulver geben. Die wäßrige Lösung ist intensiv gelb gefärbt und scheidet an der Luft, besonders im Licht, allmählich ein blaues Pulver ab. Infolge der geringeren Beständigkeit wirkt Kaliumhexacyanoferrat(III) zum Unterschied von Kaliumhexacyanoferrat(II) im Magen unter Blausäureabspaltung giftig (siehe bei Blausäure). Alkalische Lösungen wirken stark oxydierend und machen aus Wasserstoffperoxid Sauerstoff frei, wobei Kaliumhexacyanoferrat(II) zurückgebildet wird.

Die Dissoziationskonstanten der Komplexionen [Fe(CN)$_6$]$^{4-}$ und [Fe(CN)$_6$]$^{3-}$ sind sehr klein, so daß die normalen Reaktionen auf Fe^{2+}- und Fe^{3+}-Ionen ausbleiben.

Durch Belichtung werden Kaliumhexacyanoferrat(II) und -(III) in wäßriger Lösung hydro lytisch in umkehrbarer Weise gespalten. Bestrahlt man z. B. eine mit etwas Phenolphthalein versetzte $K_4[Fe(CN)_6]$-Lösung im direkten Sonnenlicht, so erfolgt nach wenigen Minuten starke Rotfärbung, weil freies Alkali austritt, das im Dunkeln wieder verschwindet. Die Hydrolyse beruht wahrscheinlich auf der Bildung von Pentacyano-aquoferrat(II)-Ionen:

$$[Fe(CN)_6]^{4-} + 2 H_2O \rightleftharpoons [Fe(CN)_5H_2O]^{3-} + HCN + OH^-$$

Bei Luftzutritt färbt sich die blaßgelbe Lösung intensiv gelb, und es scheidet sich allmählich Eisenhydroxid ab. Bei Luftabschluß kann man auch die Bildung von niederen Eisenoxiden beobachten (O. BAUDISCH).

Berlinerblau und Turnbullsblau

Die Entdeckung des Berlinerblau geht auf eine Beobachtung des Berliner Färbers DIESBACH (1704) zurück. Dieser erhielt, als er ein durch organische stickstoffhaltige Verbindungen verunreinigtes und geglühtes Ätzkali mit Eisen(II)-sulfat zusammenbrachte, einen blauen Niederschlag. Bald darauf stellte DIPPEL dieses Blau durch Glühen von Blut mit Pottasche und Fällen des wäßrigen Auszugs mit angesäuerter, an der Luft oxidierter Eisen(II)-sulfat-lösung dar. Von dieser Entdeckung stammt die Benennung Berlinerblau und weiterhin die Bezeichnung Cyan (χυάνεος, stahlblau) sowie der Name Blausäure für den Cyanwasserstoff.

Als Berlinerblau bezeichnet man die blauen Niederschläge aus Hexacyanoferrat(II)-lösung und Eisen(III)-salzen. Treffen diese in gleichmolaren Mengen zusammen, so entsteht nach

$$K_4[Fe(CN)_6] + FeCl_3 = KFe[Fe(CN)_6] + 3 KCl$$

zunächst das kolloide sogenannte lösliche Berlinerblau, $KFe[Fe(CN)_6]$, mit wechselndem, auch im Vakuum und in der Wärme nicht ganz zu beseitigendem Wassergehalt. Der blaue, flockig-schleimige Niederschlag löst sich nach dem Abfiltrieren in reinem Wasser als tiefblaues Kolloid, das durch Salzlösungen wieder ausgeflockt wird und beim Trocknen kupferroten Glanz annimmt. Selbst stark verdünnte Alkalien, auch Ammoniak oder Alkalicarbonate, fällen schnell Eisenhydroxid aus und bilden Alkalisalze der Hexacyanoeisen(II)-säure zurück:

$$2 KFe[Fe(CN)_6] + 6 KOH = 2 K_4[Fe(CN)_6] + 2 Fe(OH)_3$$

Durch überschüssiges Eisen(III)-salz wird schließlich alles Alkali gegen dreiwertiges Eisen ersetzt unter Bildung von gleichfalls äußerlich amorphem, schlammigem und stets wasserhaltigem unlöslichem Berlinerblau, $Fe_4^{III}[Fe(CN)_6]_3$, das sich nicht in Wasser, aber in verdünnter Oxalsäure (blaue Tinte) auflöst und gegen verdünnte Alkalien ein wenig widerstandsfähiger ist als das lösliche Blau.

Die Eisen(II)-verbindungen der Hexacyanoeisen(II)-säure sind farblos (Berliner Weiß). Sie entstehen beim Fällen von luftfreier Kaliumhexacyanoferrat(II)-lösung mit reinem Eisen(II)-salz, wobei sich je nach den Mengenverhältnissen die Verbindungen $K_2Fe[Fe(CN)_6]$ und $Fe_2[Fe(CN)_6]$ bilden. Diese oxidieren sich an der Luft zu einem Berlinerblau, das gegenüber dem aus Fe(III)-salz und Kaliumhexacyanoferrat(II) gefällten Blau geringe Unterschiede in der Farbnuance zeigt und eine etwas höhere Beständigkeit gegen Alkali besitzt.

Zur Darstellung der technischen Präparate fällt man meist aus Kaliumhexacyanoferrat(II) mit Eisen(II)-salzen den „Weißteig", der mit Kaliumchlorat zum Berlinerblau oxidiert wird.

Das Kaliumeisen(II)-hexacyanoferrat(II), $K_2Fe[Fe(CN)_6]$, hinterbleibt auch beim Kochen von Kaliumhexacyanoferrat(II) mit verdünnter Schwefelsäure als gelblich-weißes, aus kleinen Würfeln bestehendes Pulver. Bei Oxydation mit Wasserstoffperoxid in saurer Lösung entsteht Williamsons Violett, das die gleiche Zusammensetzung wie das lösliche Berlinerblau, $KFe[Fe(CN)_6]$, besitzt.

Unter der Bezeichnung *Turnbullsblau* unterscheidet man vom Berlinerblau die Fällunge von Kaliumhexacyanoferrat(III) mit Eisen(II)-salz. Nach K. A. HOFMANN ist es aller dings wahrscheinlich, daß bei der Fällung ein Wechsel der Oxydationsstufe erfolg und Turnbullsblau wie Berlinerblau Eisen(III)-salze der Hexacyanoeisen(II)-säure sind

Werden demgemäß die Mengenverhältnisse so gewählt, daß 1 Mol Eisen(II)-salz au 1 Mol Kaliumhexacyanoferrat(III) trifft

$$K_3[Fe(CN)_6] + FeCl_2 = KFe[Fe(CN)_6] + 2\,KCl$$

so ist dieses sogenannte lösliche Turnbullsblau identisch mit löslichem Berlinerblau während bei überschüssigem Eisen(II)-salz Niederschläge entstehen, die außerhalt des Komplexes auch zweiwertiges Eisen gebunden halten und sich als *Pariserblau* von unlöslichen Berlinerblau anfangs nach Farbe und Lichtbeständigkeit etwas unterscheiden. Nach vollständigem Auswaschen unter Luftzutritt verschwinden unter Oxydation des außerhalb des Komplexes gebundenen Eisens diese geringfügigen Unterschiede mehr und mehr. Doch gelingt es wohl kaum, bei verschiedenen Ausgangsmaterialien, wie gelbem Blutlaugensalz und Eisen(III)-salz einerseits, rotem Blutlaugensalz und Eisen(II)-salz andererseits, hinsichtlich der Deckkraft und der Verteilungsfähigkeit vollkommen identische Präparate zu erhalten, was bei der kolloiden Beschaffenheit dieser Stoffe auch nicht verwunderlich ist.

Die röntgenographische Strukturanalyse der Eisencyanide durch KEGGIN (1936) hat zur Aufklärung der Konstitution dieser komplizierten Verbindungen beigetragen. Danach besetzen im Kaliumeisen(II)-hexacyanoferrat(II), $K_2Fe[Fe(CN)_6]$, die Eisenatome die Eckpunkte eines Würfels mit der Kantenlänge $\approx 5{,}1$ Å. Die CN^--Ionen liegen wahrscheinlich auf den Würfelkanten, so daß jedes Eisen-Ion oktaedrisch von 6 CN^--Gruppen umgeben ist. In der Mitte des Würfels sitzt das Kalium-Ion. Diese Struktur entspricht dem Perowskit (vgl. S. 613) und läßt keinen Unterschied zwischen dem innerhalb und außerhalb des Komplexes gebundenen Eisen in obiger Formel erkennen. Im löslichen Berlinerblau, $KFe^{III}[Fe(CN)]_6$, ist nur jeder zweite Würfel in der Mitte mit einem Kalium-Ion besetzt, wodurch sich die Kante des Elementarwürfels auf 10,2 Å verdoppelt.

Alle blauen Eisencyanverbindungen enthalten das Eisen in den beiden Oxydationsstufen $+2$ und $+3$, und hiermit hängt wahrscheinlich auch ihre intensive Färbung zusammen, nach der schon an vielen vorhergehenden Beispielen erläuterten Erfahrung, daß die Anwesenheit zweier Oxydationsstufen eines Elements in derselben Verbindung beson- ders intensive Farbe hervorrufen kann (vgl. Molybdänblau, Cer-Uranblau, Eisentinten, Hammerschlag, das tiefblaue Cäsium-Antimon(III, V)-chlorid, $Cs_4Sb^{III}Sb^VCl_{12}$, und die tiefgefärbten Alkalieisen(II, III)-bromide, wie $KFe^{II}Fe_2^{III}Br_9 \cdot 3\,H_2O$, VON WALDEN).

Demgemäß gibt Kaliumhexacyanoferrat(II) mit oxidfreiem Eisen(II)-salz einen weißen Niederschlag und Kaliumhexacyanoferrat(III) mit Fe^{2+}-freiem Eisen(III)-salz nur eine braune Lösung.

Eisenblaupapier enthält Alkalieisen(III)-oxalat und Kaliumhexacyanoferrat(III) neben über- schüssigem Alkalioxalat. Im Dunkeln bleibt dieses Papier gelb, im Licht tritt infolge teilweiser Reduktion des Kaliumhexacyanoferrat(III) grüne, dann graublaue Färbung auf, die nach dem Wässern rein blau wird.

Aus Kaliumhexacyanoferrat(II)-lösung und Kupfer(II)-salzen fällt ein rotbrauner Niederschlag aus, der im wesentlichen wasserhaltiges *Kupfer(II)hexacyanoferrat(II)* mit wechselndem Alkaligehalt ist und als *Hatchetts-Braun* bezeichnet wird. Gleichfalls rotbraune Niederschläge entstehen mit Uranylsalzen und Molybdaten. Auch die meisten anderen zweiwertigen Schwermetallkationen, wie Zn^{2+}, Ni^{2+}, Co^{2+} u. a., geben in Wasser schwerlösliche Hexacyanoferrate(II).

Pentacyanoferrate, Prusso- und Prussisalze

Ersetzt man im gelben bzw. im roten Blutlaugensalz ein Cyanid-Ion durch einen anderen Liganden, so erhält man die Pentacyanoferrate(II) bzw. Pentacyanoferrate(III), die früher als Prusso- und Prussiverbindungen bezeichnet wurden.

Nitroprussidnatrium (Dinatriumnitrosylpentacyanoferrat), $Na_2[Fe(CN)_5NO] \cdot 2\,H_2O$, entsteht beim Erwärmen von Kaliumhexacyanoferrat(II) mit verdünnter Salpetersäure und anschließendem Neutralisieren mit Soda in granatroten, rhombischen Prismen (über die Konstitution dieser Verbindung siehe S. 744). Die rötlichbraune Lösung wird durch Alkalisulfide vorübergehend intensiv rotviolett gefärbt, indem wohl eine Schwefelstickoxidverbindung, $Na_4[Fe(CN)_5NOS]$, auftritt. Freie Alkalien verhindern diese Reaktion, weil die beständige, intensiv rötlichgelbe Nitritoverbindung entsteht:

$$[Fe(CN)_5NO]^{2-} + 2\,OH^- \rightleftharpoons [Fe(CN)_5NO_2]^{4-} + H_2O$$

wie z. B. das Natriumpentacyanonitritoferrat(II) (*Prussonitritnatrium*), $Na_4[Fe(CN)_5NO_2]$ $\cdot 10\,H_2O$, das gelbrote, monosymmetrische Tafeln bildet.

Konzentriertes Ammoniak verdrängt die Nitritgruppe unter Bildung der Amminverbindung, $Na_3[Fe(CN)_5NH_3] \cdot 6\,H_2O$, hellgelbe, feine Nadeln.

Alkalische Natriumsulfitlösung liefert den Sulfitokomplex (Prussosulfitnatrium), $Na_5[Fe(CN)_5 SO_3] \cdot 9\,H_2O$, hellgelbe, radial vereinigte Nadeln. Arsenitlösung bildet das analoge $Na_4[Fe(CN)_5AsO_2] \cdot 10\,H_2O$, rötlichgelbe, büschelig vereinte Nadeln.

Durch Hydroxylamin oder Phenylhydrazin sowie durch längere Einwirkung von Schwefelwasserstoff wird die Nitritgruppe in alkalischer Lösung entfernt und durch Wasser ersetzt, so daß $Na_3[Fe(CN)_5H_2O] \cdot 7\,H_2O$, gelbe Prismen, entsteht.

Kohlenmonoxid kann in mehrere der soeben erwähnten Prussosalze neben den 5 Cyangruppen unter Bildung von Pentacyanocarbonylferrat(II), $K_3[Fe(CN)_5CO]$, eintreten. Auch aus der Gasreinigungsmasse konnte diese Verbindung erhalten werden.

Durch Oxydation gehen die Pentacyanoferrate(II) in die intensiv gefärbten Pentacyanoferrate(III) über. Während die ersteren mit Eisen(III)-chlorid blaue bis violette Färbungen geben, werden die Pentacyanoferrate(III) durch Eisen(III)-chlorid nicht gefällt.

Diese Verbindungsklasse zeigt deutlich, daß nach dem Ersatz eines CN^--Ions durch sehr verschiedenartige Liganden wie NO, NO_2^-, NH_3, H_2O, SO_3^{2-}, AsO_2^- und CO die Zahl der Liganden erhalten bleibt. Stets gibt die Summe der noch vorhandenen 5 CN-Ionen mit dem austauschbaren Liganden die Zahl 6 (K. A. HOFMANN, 1900).

Nitrosyleisenverbindungen

Der einfachste Vertreter dieser merkwürdigen Klasse liegt in der braunen Nitrosyleisen(II)-sulfatlösung vor, wie sie bei dem bekannten Nitratnachweis mit Eisen(II)-sulfat und Schwefelsäure auftritt. Nach W. MANCHOT hat diese Verbindung die Zusammensetzung $[Fe(NO)]SO_4$. Auch im Nitroprussidnatrium, $Na_2[FeNO(CN)_5]$, ist Stickstoffoxid an Eisen gebunden.

Leitet man Stickstoffoxid in die farblosen oder blaßgrünen ammoniakalisch wäßrigen Lösungen der Eisen(II)-ammine, z. B. $[Fe(NH_3)_6]Cl_2$, oder $[Fe(H_2O)(NH_3)_5]SO_4$, so erhält man braune Nitrosylpentammineisen(II)-salze, $[Fe(NO)(NH_3)_5]X_2$ (E. WEITZ).

Auffallend leicht entstehen die folgenden Verbindungen. Sättigt man z. B. eine Lösung von Eisen(II)-sulfat in überschüssigem Thiosulfat mit Stickstoffoxid, so erhält man sehr schön kristallisierte Eisendinitrosylthiosulfate, wie Kaliumeisendinitrosylthiosulfat, $K[Fe(NO)_2S_2O_3$ · H_2O, bronzeglänzende, rotbraune Blättchen, oder, $Rb[Fe(NO)_2S_2O_3]$ · H_2O, diamantglänzende schwarze Spieße (HOFMANN und WIEDE).

Mit Kobaltsalz ensteht in analoger Weise $K_3[Co(NO)_2(S_2O_3)_2]$ · $2 H_2O$, bronzeglänzende schwarzbraune Kristalle (W. MANCHOT).

Bei längerem Durchleiten von Stickstoffoxid durch eine Aufschlämmung von gefälltem Eisen sulfid in verdünnten Alkalisulfiden entstehen die schwarzen Salze von Heptanitrosyleisen sulfid, z. B. $K[Fe_4(NO)_7S_3]$, glänzend rabenschwarze Nadeln, desgleichen das Natrium- und das Ammoniumsalz, die sich außer in Wasser auch in Alkohol mit tiefbrauner Farbe auflösen

Trotz der sehr komplizierten Zusammensetzung entstehen diese schwarzen *Roussinschen Salze* sehr leicht unter verschiedenartigen Bedingungen, wie z. B. beim Eintropfen von Eisen(II)-sulfat in heiße Lösungen von Nitriten und Alkalisulfiden. Das Ammoniumsalz bildet sich auch aus in Wasser aufgeschlämmtem, gefälltem Eisensulfid und Stickstoffoxid oder aus Eisen(II)-hydroxid, Schwefelkohlenstoff und Stickstoffoxid, wobei das Stickstoffoxid durch teilweise Reduktion das zur Salzbildung erforderliche Ammoniak liefert. Einfacher zusammengesetzt sind die roten, unbeständigen Roussinschen Salze, die, wie das rotbraune $K[Fe(NO)_2S]$, aus den vorhergehenden Salzen durch starke Alkalilauge hervorgehen. Für den entsprechenden Äthylester, schwarze, hexagonale Platten, und den Phenylester ergeben kryoskopische Bestimmungen das doppelte Molekulargewicht (HOFMANN und WIEDE, 1895). Sie entstehen auch direkt aus Gemischen der betreffenden Mercaptane mit Eisen(II)-sulfat und Alkalilauge beim Sättigen mit Stickstoffoxid.

Auch vom Kobalt kennt man analoge Verbindungen, wie $Co(NO)_2SC_2H_5$, $Co(NO)_2SC_6H_5$, während die entsprechenden Nickelverbindungen nur je 1 NO auf 1 Ni enthalten (W. MANCHOT).

Eisencarbonyle

Leitet man Kohlenmonoxid über feinteiliges reaktionsfähiges, z. B. bei 400 °C aus Eisen(II)-oxalat im Wasserstoffstrom erhaltenes Eisen, so entsteht bei Zimmertemperatur Eisenpentacarbonyl, $Fe(CO)_5$, als gelbe Flüssigkeit, Dichte 1,49 g/cm³ bei 0 °C, Siedep. 105 °C, Schmelzp. −20 °C. Bei 140 °C beginnt der Zerfall in Eisen und Kohlenmonoxid.

Zu der von A. MITTASCH ausgearbeiteten technischen Darstellung wird Kohlenmonoxid unter etwa 100 atm bei 150 ... 200 °C über fein verteiltes Eisen geleitet; die Bildungswärme beträgt hierbei 190 kcal für flüssiges Eisenpentacarbonyl.

Zusätze von 0,2 Vol.-% Eisenpentacarbonyl zum Autobenzin verhindern das „Klopfen" der Motore, indem sie die günstige, verpuffungsartige Verbrennung (Inflammation) fördern und so das Gasgemisch umsetzen, ohne daß Detonationen erfolgen. Durch Verbrennen von Eisenpentacarbonyl an der Luft entsteht sehr reines rotes Eisen(III)-oxid. Die Darstellung von reinstem Eisen aus Eisenpentacarbonyl durch thermische Zersetzung ist auf S. 657 schon erwähnt worden.

Aus der Bildungsweise des Eisencarbonyls erklärt sich wohl die längst bekannte Tatsache, daß erwärmte Eisenplatten in Zimmeröfen für Kohlenmonoxid durchlässig sind, sowie das Auftreten eines Eisenoxidbeschlages an Auerstrümpfen, wenn zur Gasbeleuchtung stark kohlenmonoxidhaltiges Gas, wie Wassergas, durch eiserne Rohre geleitet wird.

Im Sonnenlicht scheiden sich aus Eisenpentacarbonyl orangerote Kristalle des *Dieisenenneacarbonyls*, $Fe_2(CO)_9$, ab.

Beim Erwärmen entsteht aus Dieisenenneacarbonyl unter teilweiser Rückbildung des Pentacarbonyls das dunkelgrüne trimere *Tetracarbonyl*, $[Fe(CO)_4]_3$. Dieses erhält man auch aus der braunen Lösung von Eisenpentacarbonyl in Alkalilauge durch Luftsauerstoff oder Oxydationsmittel, wie Mangan(IV)-oxid, wobei zwischendurch der flüchtige *Eisencarbonylwasserstoff*, $Fe(CO)_4H_2$, entsteht. (Näheres hierüber und über weitere Reaktionen der Eisencarbonyle siehe in dem Kapitel „Metallcarbonyle".)

Kobalt, Co

Atomgewicht	58,9332
Schmelzpunkt	1495 °C
Siedepunkt	2900 °C
Dichte	8,9 g/cm³

Vorkommen und Gewinnung

Die Bezeichnung Kobalt wurde schon von PARACELSUS auf Erze angewendet, die trotz ihres vielversprechenden Äußeren bei der damals unvollkommenen Verhüttung kein Metall gaben. Später wurden darunter Minerale verstanden, die Glas blau färbten. BRANDT stellte 1735 zuerst das unreine Metall, den „Kobaltkönig" dar, dessen Zähflüssigkeit und Magnetisierbarkeit er hervorhob.

Kobalt ist ein regelmäßiger Begleiter des Nickels und findet sich neben diesem, aber in bedeutend geringerer Menge im Meteoreisen und auf den Nickelerzgängen als *Speiskobalt*, $(Co, Ni, Fe)As_{2-3}$, *Kobaltglanz*, $CoAsS$, *Kobaltarsenkies* (*Glaukodot*), $(Fe, Co)AsS$, *Safflorit*, $CoAs_2$, *Kobaltnickelkies* (*Linneit*), $(Ni, Co, Fe)_3S_4$, sowie als Kobaltmanganerz gebunden an Mangan(IV)-oxid.

Die Hauptmenge des technisch dargestellten Kobalts stammt aus Kupfer-, Eisen- und anderen Erzen, die Kobalt in nur sehr geringen Konzentrationen (bis 0,2 %) enthalten und bei deren Verhüttung Kobalt als Nebenprodukt gewonnen wird. So können Schwefelkiesabbrände zur Gewinnung von Kobalt neben Kupfer und Zink aufgearbeitet werden.

Die Hauptproduzenten von Kobalt sind das Kongo-Gebiet (Katanga), Canada, USA, Rhodesien und Australien. Die Weltproduktion wurde für 1957 auf 14 000 t geschätzt, davon entfielen auf Westdeutschland etwa 6,7 %.

Zur technischen Darstellung des Metalls geht man von den durch Rösten größtenteils arsenfrei gemachten Kobaltoxiden (Zaffer, Safflor) aus. Nach einem der Kupferkonzentrierung ähnlichen Verfahren wird das Kobalt aus sulfidischen Erzen als Stein oder bei arsenhaltigen Erzen als Speise angereichert. Diese werden nach völligem Abrösten in Säure gelöst, und aus der Lösung wird nach Abtrennung von Arsen, Eisen und anderen Begleitern zur Trennung von Nickel mit Natriumhypochlorit Kobaltoxid gefällt. Durch Reduktion mit Kohle gewinnt man das Metall.

Reines Kobalt wird aus seinen Oxiden oder aus dem Oxalat im Wasserstoffstrom schon bei 400 °C als grauschwarzes, pyrophores Pulver erhalten, das erst bei Weißglut zum kompakten Metall zusammenschmilzt.

Eigenschaften und Verwendung

Das geschmolzene Metall ist glänzend stahlgrau und ferromagnetisch. Der Curiepunkt liegt bei 1100 °C. An feuchter Luft ist Kobalt beständig. Von verdünnten Mineralsäuren wird es langsam, schneller von Salpetersäure zu Kobalt(II)-salzen gelöst.

Kobalt ist ein wichtiger Legierungsbestandteil. Der größte Teil der Kobaltproduktion wird für die Herstellung von Magneten, hochwarmfesten Legierungen, Legierungen hoher Verschleißfestigkeit (Stellit mit 50 % Co, 35 % Cr und 15 % W) sowie als Einbettungsmaterial für Hartmetalle zu Schnelldrehstählen (Widia) verbraucht.

Kobaltverbindungen

Kobalt-Kohlenstoff- und Kobalt-Stickstoffverbindungen

Mit Kohlenstoff gesättigte Kobaltschmelzen enthalten ähnlich wie Eisen das *Carbid*, Co_3C das aber beim Abkühlen vollständig zerfällt.

Erhitzt man pulverförmiges, bei niedriger Temperatur reduziertes Kobalt in Kohlenmonoxid unter 100 atm Druck auf 150 ... 200 °C, so entsteht nach L. MOND das *Kobalttetracarbonyl* $[Co(Co)_4]_2$, Schmelzp. 51 °C, in orangeroten Kristallen.

Im Ammoniakstrom bildet pyrophores Kobalt bei 350 °C die Nitride Co_2N und Co_3N (JUZA, 1945).

Kobaltoxide und Kobalthydroxide

Kobalt(II)-oxid, CoO, hinterbleibt bei starkem Glühen des Carbonats bzw. der anderen Oxide oder beim Erhitzen des Metalls im Wasserdampfstrom als hellolivenfarbenes Pulver. Beim Schmelzen von Kobaltoxiden mit Magnesiumchlorid unter beschränktem Luftzutritt entstehen CoO—MgO-Mischkristalle als rosenrote Oktaeder oder Würfel (Magnesiarot).

Aus Kobaltoxiden und Zinkoxid bildet sich schon bei Rotglut und ohne Gegenwart von Flußmitteln *Rinmansgrün* als interessantes Beispiel für eine schnelle Reaktionsfähigkeit fester, nicht geschmolzener Stoffe (HEDVALL, 1914).

Rinmansgrün ist keine einheitliche Verbindung. Bei Temperaturen über 1000 °C und nicht mehr als 30 % CoO bilden sich dunkelgrüne Kristalle, die CoO im Gitter des hexagonalen Zinkoxids gelöst enthalten. Ist mehr als 70 % CoO zugegen, so entstehen rote Kristalle, die eine Lösung von ZnO im kubischen Kobalt(II)-oxid darstellen. Unterhalb 1000 °C und in Gegenwart von Sauerstoff bildet sich ein malachitgrüner Spinell, $ZnCo_2O_4$, mit Kobalt in der Oxydationsstufe + 3 (NATTA, 1929; HEDVALL, 1932).

In Kaliumsilicatgläsern löst sich Kobaltoxid mit blauer Farbe. Zur Darstellung von blauem Kobaltglas, das gepulvert unter dem Namen *Smalte* zum Blaufärben von Porzellanglasuren oder Emails dient, werden Kobaltoxid, Quarz und Kaliumcarbonat zusammengeschmolzen (Beispiel: Meißener Zwiebelmuster).

Das blaue Kobaltglas ist ein Kaliumkobaltsilicat mit wechselnder Zusammensetzung. Das Auftreten der blauen Farbe dürfte sehr wahrscheinlich damit zusammenhängen, daß die Co^{2+}-Ionen im Glas tetraedrisch von 4 O^{2-}-Ionen der SiO_2-Tetraedernetze umgeben sind. Denn auch in anderen oxidischen Gittern, in denen CoO_4-Tetraeder vorliegen, färbt das Co^{2+}-Ion blau (siehe z. B. unten Thenardsblau) oder manchmal auch grün (siehe ZnO—CoO-Mischkristalle). Dagegen führt oktaedrische Sauerstoffkoordination zum Auftreten einer roten Farbe, wie in den MgO—CoO-Mischkristallen und in den CoO-reichen CoO—ZnO-Mischkristallen.

Seit langer Zeit ist eine blaue Kobaltfarbe, das Coeruleum (Bleuceleste) bekannt, die man aus Kobaltoxid, Zinn(IV)-oxid und Kieselsäure darstellte. Nach J. A. HEDVALL liegt hierin ein Gemisch von blauem Kobaltorthosilicat, Co_2SiO_4, mit dem dunkelgrünblauen Orthostannat, Co_2SnO_4, vor. Später wurde neben der Smalte viel das aus Aluminiumsulfat und Kobaltnitrat beim Glühen entstehende *Thenardsblau*, CoO · Al_2O_3, verwendet, das aus einer Borsäureschmelze in Oktaedern kristallisiert und ein Spinell ist. Unter geschmolzenem Kaliumchlorid kann man bei 1200 °C auch ein grünes Kobaltaluminat, 4 CoO · 3 Al_2O_3, erhalten.

Kobalt(II)-hydroxid, $Co(OH)_2$, fällt aus Kobaltsalzen durch Alkalilaugen als zunächst blauer Niederschlag aus, der sich nach einiger Zeit rosa färbt. Bei unvollständiger Fällung setzt sich das blaue Hydroxid mit Kobalt(II)-chlorid zu einem basischen Chlorid, 4 $Co(OH)_2$ · $Co(OH)Cl$, mit Doppelschichtengitter um (siehe S. 606).

An der Luft oxydiert sich Kobalt(II)-hydroxid langsam zu braunem *Kobalt(III)-hydroxid*, $Co(OH)_3$. Schneller und vollständiger entsteht dieses in Gegenwart von Hypochloriten oder Hypobromiten, wobei aber teilweise auch wasserhaltiges *Kobalt(IV)-oxid*, $CoO_2 \cdot x\,H_2O$, gebildet wird. In Salpetersäure oder Schwefelsäure lösen sich diese höheren Kobalt-Sauerstoffverbindungen unter Sauerstoffentwicklung, in Salzsäure unter Chlorentwicklung zu Kobalt(II)-salzen.

Trikobalttetroxid, Co_3O_4, entsteht beim Erhitzen der Oxide und Hydroxide sowie des Oxalats, des Carbonats und Nitrats an der Luft als schwarzes Pulver, das in einer chlorwasserstoffhaltigen Atmosphäre bei hoher Temperatur in harte, glänzend stahlgraue Oktaeder übergeht, die von verdünnten Säuren kaum angegriffen werden. Co_3O_4 hat wie Fe_3O_4 Spinellstruktur und enthält Co^{2+}- und Co^{3+}-Ionen entsprechend $Co^{2+}[Co_2^{3+}]O_4$ (J. ROBIN, 1952, und P. COSSEE, 1956).

Kobalt(III)-oxid, Co_2O_3, ist auf trockenem Wege nicht zu erhalten. Bei der Entwässerung von Kobalt(III)-hydroxid tritt gleichzeitig ein Verlust an Sauerstoff ein, und man erhält nur Co_3O_4. Beim Glühen von Kobaltnitrat mit Zink-, Nickel- und Mangannitrat entstehen die Spinelle $ZnCo_2O_4$, $NiCo_2O_4$, $MnCo_2O_4$.

Bariumkobaltat(IV), Ba_2CoO_4, entsteht als rotbraunes Pulver aus Kobalt(II)hydroxid und Bariumhydroxid oder Bariumcarbonat im Sauerstoffstrom bei 1050 °C (R. SCHOLDER und H. WELLER, 1953). Sehr wahrscheinlich existiert auch ein *Kaliumkobaltat(V)*, $KCoO_3$ (W. KLEMM und K. WAHL, 1954).

Kobaltsulfide

Mit Schwefel bildet Kobalt außer dem *Kobaltmonosulfid*, CoS, noch mehrere Verbindungen: CoS_2, Co_3S_4, Co_9S_8, Co_4S_3. Aus essigsaurer Lösung fällt durch Schwefelwasserstoff schwarzes CoS, das die Struktur des NiAs besitzt. Aus ganz schwach mineralsaurer Lösung fällt hexagonales CoS vermischt mit kubischem Co_9S_8 (DÖNGES, 1947). Das mit Ammonsulfid gefällte Kobaltsulfid ist röntgenamorph. Für die Säurelöslichkeit von gefälltem Kobaltsulfid gilt das gleiche wie für Nickelsulfid (siehe dort).

Kobalt(II)-salze

Kobalt(II)-chlorid, $CoCl_2 \cdot 6\,H_2O$, bildet himbeerrote, monokline Säulen und besitzt die merkwürdige Eigenschaft, schon bei gelindem Erwärmen auf 30 ... 35 °C, z. B. schon in der warmen Hand, eine tiefblaue Farbe anzunehmen.

Hierauf beruht die Verwendung einer verdünnten Kobaltchloridlösung als sympathetische Tinte, da die Schriftzüge zunächst kaum wahrnehmbar sind, beim Erwärmen sich aber blau entwickeln, oder die Verwendung zu Wetterbildern und Wetterblumen, die schon bei gewöhnlicher Temperatur einen um so mehr blauen Farbton annehmen, je trockener die Atmosphäre ist.

Eine ähnliche Farbänderung, wie sie das wasserhaltige Kobalt(II)-chlorid beim Erwärmen zeigt, kann man auch an den übrigen Kobalt(II)-salzlösungen wahrnehmen, wenn man rauchende Salzsäure im Überschuß zugibt, am besten bei gleichzeitigem Zusatz von Alkohol. Am intensivsten blau gefärbt und zum *Nachweis* kleiner Mengen von Kobaltsalzen besonders geeignet ist die Lösung von *Kobaltrhodanid* in einem Amylalkohol-Äthergemisch in Gegenwart von überschüssigem Ammoniumrhodanid. Aus Ammoniumrhodanidlösung kristallisiert das blaue Ammoniumsalz $(NH_4)_2[Co(SCN)_4]$.

In den rosafarbenen Lösungen liegen überwiegend Hexaaquokationen, $[Co(H_2O)_6]^{2+}$ vor, in den blauen salzsauren oder rhodanidhaltigen Lösungen $[CoX_4]^{2-}$-Ionen.

Das wasserfreie Kobalt(II)-chlorid entsteht aus dem Hydrat beim gelinden Erwärme
oder aus dem Metall bzw. dem Kobalt(II)-sulfid im Chlorstrom. Es ist blaßblau gefärk
und sublimiert beim Erhitzen, ohne zu schmelzen, in leinblütenblauen Kristallflittern.

Kobalt(II)-fluorid, $CoF_2 \cdot 2 H_2O$, erhält man aus der Lösung von Kobaltcarbonat in Fluf
säure. Das wasserfreie Fluorid ist gleichfalls rosa, aber schwer löslich.

Kobalt(II)-nitrat, $Co(NO_3)_2 \cdot 6 H_2O$, kristallisiert aus den salpetersauren Lösungen von Kobal
oxiden, Kobaltcarbonat oder Kobaltmetall in roten Säulen oder monoklinen Tafeln.

Kobalt(II)-sulfat, $CoSO_4 \cdot 7 H_2O$, bildet rote, monokline Prismen, die sich bei 10 °C zu 30,
bei 20 °C zu 36,2 Teilen $CoSO_4$ auf 100 Teile Wasser lösen, beim Erwärmen unter Wasser
verlust rosenrote, hellere Färbung annehmen und schließlich als wasserfreie, wägbare Forr
hinterbleiben.

Kobalt(II)-carbonat, $CoCO_3$, entsteht aus Kobalt(II)-chloridlösung und Calciumcarbonat ode
einer mit Kohlensäure gesättigten Natriumhydrogencarbonatlösung bei 150 °C in hellrote
Rhomboedern. Das violette Hydrat $CoCO_3 \cdot 6 H_2O$ geht aus dem anfangs amorphen Nieder
schlag von Kobaltnitrat mit Natriumhydrogencarbonatlösung bei längerem Stehen in de
Kälte hervor.

Die mittels Soda oder Pottasche gefällten Niederschläge sind basische Carbonate von blauer
violetter bis pfirsichblütenroter Färbung.

Kobalt(II)-oxalat, $CoC_2O_4 \cdot 2 H_2O$, fällt aus Kobalt(II)-salzen durch Oxalsäure fast vollständig als rosafarbenes Pulver aus, das sich in Wasser oder verdünnter Oxalsäure nich
löst, aber mit Alkalioxalaten lösliche Doppelsalze wie $K_2Co(C_2O_4)_2 \cdot 6 H_2O$, bildet.

Kobalt(III)-verbindungen

Die einfachen Kobalt(III)-verbindungen sind sehr unbeständig. So löst sich das
Kobalt(III)-hydroxid, wie oben schon erwähnt wurde, in Mineralsäuren unter Entwicklung von Sauerstoff bzw. Chlor lediglich zu Kobalt(II)-salzen. Entsprechendes
gilt für das Kobalt(III)-fluorid und -sulfat. Dagegen bildet das dreiwertige Kobalt sehr
beständige Komplexverbindungen. Das Bestreben zur Bildung von Kobalt(III)-kom-
plexen ist so groß, daß die entsprechenden Kobalt(II)-verbindungen schon durch den
Luftsauerstoff oxydiert werden, oder sogar, wie der Cyanidkomplex, Wasser unter
Wasserstoffentwicklung zersetzen. Die verschiedene Beständigkeit der normalen und
komplexen Verbindungen des zwei- und dreiwertigen Kobalts kommt deutlich in den
Redoxpotentialen zum Ausdruck. So beträgt das Normalpotential Co^{2+}/Co^{3+} + 1,88 V,
das Potential der Cyanokomplexe —0,81 V.

Kobalt(III)-fluorid, CoF_3, entsteht aus Kobalt(II)-fluorid im Fluorstrom oberhalb 350 °C als
schmutzig-olivenbraunes Produkt. Bei Fluorierung von Kobalt(II)-chlorid in Gegenwart von
Kaliumchlorid wird ein hellblaues komplexes Fluorid, $K_3[CoF_6]$, erhalten (W. KLEMM, 1953).

Kobalt(III)-sulfat, $Co_2(SO_4)_3 \cdot 18 H_2O$, bildet sich bei anodischer Oxydation einer mit
Kobalt(II)-sulfat gesättigten 8 n Schwefelsäure bei 0 °C an einer Platinanode. Die blaugrünen
Kristallblättchen lösen sich in Wasser nur unter Sauerstoffentwicklung und Rückbildung
von Kobalt(II)-sulfat. Der zugehörige Ammoniumkobalt(III)-alaun bildet tiefblaue, reguläre
Oktaeder.

Kaliumhexacyanokobaltat(III), $K_3[Co(CN)_6]$, entsteht beim Zusatz von überschüssigem
Kaliumcyanid zu Kobalt(II)-salzlösungen aus dem zunächst gebildeten sehr unbeständigen,
dunkelvioletten Kaliumpentacyanokobaltat(II), $K_3[Co(CN)_5]$, durch Luftsauerstoff oder Zersetzung von Wasser unter Wasserstoffentwicklung:

$$2 [Co(CN)_5]^{3-} + 2 H^+ + 2 CN^- = 2 [Co(CN)_6]^{3-} + H_2$$

Es bildet blaßgelbe, monokline Kristalle, die mit Kaliumhexacyanoferrat(III) isomorph, aber
viel beständiger als dieses sind. Bromwasser und Lauge sind gegenüber Kaliumhexacyano-
kobaltat(III) zum Unterschied von Kaliumtetracyanonickelat(II), $K_2[Ni(CN)_4]$, wirkungslos,
auch geschlämmtes Quecksilberoxid greift zum Unterschied von den Eisencyaniden die Lösung

eim Kochen nicht an, weil die Dissoziation des Kobaltcyanidkomplexes äußerst gering ist. uecksilber(I)-nitrat fällt das Quecksilber(I)-salz, $Hg_3[Co(CN)_6]$, als weißen Niederschlag, er beim Glühen im Wasserstoffstrom das Metall hinterläßt (Methode zur Bestimmung von :obalt neben Nickel).

Auch die freie Hexacyanokobalt(III)-säure, $H_3[Co(CN)_6]$, aus dem Kupfer- oder Bleisalz nittels Schwefelwasserstoff abgetrennt, ist sehr beständig, reagiert stark sauer, bildet farblose Nadeln und kann in einen Ester übergeführt werden.

Durch Reduktion von Kaliumhexacyanokobaltat(III) mit Kalium in flüssigem Ammoniak rhielt HIEBER (1952) den braunvioletten, sehr luftempfindlichen Komplex $K_4[Co(CN)_4]$, in dem Kobalt die Oxydationsstufe 0 besitzt.

liumhexanitrokobaltat(III), $K_3[Co(NO_2)_6] \cdot 1$ oder 2 H_2O, fällt aus Kobalt(II)-salzlösungen und überschüssigem Kaliumnitrit bzw. Natriumnitrit und Kaliumchlorid nach dem Ansäuern nit verdünnter Essigsäure als gelbes Kristallpulver aus. Hierbei wird das zunächst entstandene Kobalt(II)-nitrit von der freigemachten salpetrigen Säure zum komplexen Kobalt(III)-salz oxydiert. Bei 15 °C braucht das Kaliumsalz die 1120fache, das analoge Rubidium- und Cäsiumsalz die 20 000fache Menge Wasser zur Auflösung.

Als Reagens auf die Salze von Kalium, Rubidium und Cäsium dient am besten die braungelbe Lösung des leicht löslichen Natriumsalzes, $Na_3[Co(NO_2)_6]$, die man aus 30 g kristallisiertem Kobaltnitrat und 50 g Natriumnitrit in 150 ml Wasser unter Zusatz von 10 ml Eisessig bereitet. Die mit Kaliumsalzen entstehenden gelben Niederschläge enthalten neben dem Trikaliumsalz auch das Dikaliumnatriumsalz, $K_2Na[Co(NO_2)_6]$. Die Kaliumsilbersalze $K_2Ag[Co(NO_2)_6]$ und $KAg_2[Co(NO_2)_6]$ sind noch viel schwerer löslich als die vorausgenannten. Gibt man demnach zur Natriumhexanitrokobaltat(III)-lösung zunächst etwas Silbernitrat, so wird hierdurch die Empfindlichkeit der Reaktion ganz außerordentlich gesteigert. Man erkennt so noch 1 Teil Kalium in 10 000 Teilen Wasser an dem sofort ausfallenden, gelben Niederschlag, Rubidium und Cäsium sind noch bei 0,7, Thallium bei 0,3 Teilen auf 10 000 Teile Wasser nachweisbar. Praktisch unlöslich ist das Quecksilber(I)-salz, $Hg_3[Co(NO_2)_6]$ (L. L. BURGESS).

Die auffallende Beständigkeit des Komplexes $[Co(NO_2)_6]$ ergibt sich unter anderem auch aus der Existenz eines gelben Natriumhydrazinsalzes, $NaN_2H_6[Co(NO_2)_6]$, das erst bei langem Aufbewahren im Vakuum eine Reaktion zwischen Hydrazin und den Nitritgruppen unter schließlicher Bildung von $Na[(NO_2)_4Co(NONH)_2]$, Natriumtetranitrodinitrosohydrazinkobaltat(III), zeigt. Bei schwach alkalischer Reaktion greift das Hydrazin tiefer in den Komplex ein unter Bildung von $[(HO)_2(NO_2)_4Co_2(N_2H_4)_3]$, das beim Erhitzen heftig verpufft (K. A. HOFMANN).

Sehr charakteristisch und zur *Trennung des Kobalts* von Eisen, Nickel und Zink geeignet ist der tiefrote, schwerlösliche Lack mit α-Nitroso-β-Naphthol, $(C_{10}H_6ONO)_3Co$, der bei vorsichtigem Verbrennen mit nachfolgendem Glühen an der Luft Co_3O_4 hinterläßt. (Über die Struktur siehe S. 754.)

Kobaltammine

Die soeben beschriebenen Cyano-, Nitro- und Sulfitoverbindungen enthalten Kobalt in der Oxydationsstufe + 3 als Bestandteil komplexer Anionen. Viel zahlreicher sind die Kobalt(III)-salze, in denen kationische Komplexe aus dem Co^{3+}-Ion mit Ammoniak und Aminen vorliegen.

Auch die Kobalt(II)-salze nehmen Ammoniak auf und bilden Kobalt(II)-amminsalze, wie z. B. $CoCl_2 \cdot 6 NH_3$ oder $Co(NO_3)_2 \cdot 6 NH_3$. Diese Verbindungen sind aber unbeständig, verlieren in trockenem Zustand leicht einen Teil des Ammoniaks und oxydieren sich in wäßriger Lösung schon an der Luft zu den sehr beständigen Kobalt(III)-amminen.

Wie hier der Sauerstoff zunächst einwirkt, zeigt das Kobalt(II)-amminrhodanid, $Co(NH_3)_4(CNS)_2$, das aus ammoniakalischer Lösung an der Luft ein braunschwarzes

Dekammin-peroxo-dikobalt(III)-salz, [(NH$_3$)$_5$CoO$_2$Co(NH$_3$)$_5$](CNS)$_4$, abscheidet, da
mit Wasser unter Sauerstoffentwicklung wieder zerfällt. Der Sauerstoff wird demnac
anfänglich nur zum unbeständigen Peroxid gebunden. Weiterhin gibt aber das Primär
oxid je nach den besonderen Bedingungen Kobalt(III)-ammine. Diese sind so außer
ordentlich zahlreich, daß ein näheres Eingehen hier nicht möglich ist. Die wissenschaft
liche Bedeutung dieser von JÖRGENSEN und von A. WERNER gründlich erforschter
Körperklasse wird in dem besonderen Abschnitt über Komplexverbindungen dargeleg
werden.

Übersicht über die wichtigsten Kobaltammine

Bezeichnung	Formel	Farbe

Mit dreiwertigem positivem Ion. Die außerhalb des Komplexes stehenden, mit X bezeichneter
Säurereste sind sämtlich ionisierbar.

Bezeichnung	Formel	Farbe
Hexamminkobalt(III)-salze, Luteokobaltsalze	[Co(NH$_3$)$_6$]X$_3$	gelb
Aquopentamminkobalt(III)-salze, Roseokobaltsalze	[H$_2$OCo(NH$_3$)$_5$]X$_3$	rosenrot
Diaquotetramminkobalt(III)-salze, Tetramminroseokobaltsalze	[(H$_2$O)$_2$Co(NH$_3$)$_4$]X$_3$	hochrot
Triaquotriamminkobalt(III)-salze, Triamminroseokobaltsalze	[(H$_2$O)$_3$Co(NH$_3$)$_3$]X$_3$	
Tetraquodiammin- oder Diamminroseokobaltsalze	[(H$_2$O)$_4$Co(NH$_3$)$_2$]X$_3$	

Mit zweiwertigem positivem Ion. Die innerhalb des Komplexes stehenden Halogenatome
oder Säurereste sind im Gegensatz zu den außerhalb stehenden, mit X bezeichneten Säureresten nicht ionisierbar, durch die üblichen Fällungsreaktionen nicht aufzufinden und bleiben
beim Übergang von Nitrat in Chlorid, Sulfat oder Carbonat erhalten.

Bezeichnung	Formel	Farbe
Chloropentamminkobalt(III)-salze, Chloropurpureokobaltsalze	[ClCo(NH$_3$)$_5$]X$_2$	purpurrot
Bromopentamminkobalt(III)-salze, Bromopurpureokobaltsalze	[BrCo(NH$_3$)$_5$]X$_2$	purpurrot
Nitratopentamminkobalt(III)-salze, Nitratopurpureokobaltsalze	[NO$_3$Co(NH$_3$)$_5$]X$_2$	purpurrot
Nitropentamminkobalt(III)-salze, Xanthokobaltsalze	[NO$_2$Co(NH$_3$)$_5$]X$_2$	braungelb
Chloroaquotetramminkobalt(III)-salze, Chloropurpureotetramminkobaltsalze	[ClH$_2$OCo(NH$_3$)$_4$]X$_2$	violett
Chlorodiaquotriamminkobalt(III)-salze, Chloropurpureotriamminkobaltsalze	[Cl(H$_2$O)$_2$Co(NH$_3$)$_3$]X$_2$	
Chlorotriaquodiamminkobalt(III)-salze, Chloropurpureodiamminkobaltsalze	[Cl(H$_2$O)$_3$Co(NH$_3$)$_2$]X$_2$	

Mit einwertigem positivem Ion. Von den Halogenatomen oder Säureresten ist nur der außerhalb des Komplexes stehende ionisierbar.

Bezeichnung	Formel	Farbe
Dichlorotetramminkobalt(III)-salze, Dichloropraseokobaltsalze	[Cl$_2$Co(NH$_3$)$_4$]X	grün
Dinitrotetramminkobalt(III)-salze, Croceokobaltsalze mit der folgenden Verbindung stereoisomer	[(NO$_2$)$_2$Co(NH$_3$)$_4$]X	orangegelb
Dinitrotetramminkobalt(III)-salze, Flavokobaltsalze	[(NO$_2$)$_2$Co(NH$_3$)$_4$]X	gelb

·ezeichnung	Formel	Farbe
:arbonatotetramminkobalt(III)-salze	$[CO_3Co(NH_3)_4]X$	violettrot
)ichloroaquotriamminkobalt(III)-salze, Dichrosalze	$[Cl_2H_2OCo(NH_3)_3]X$	von Grün nach Rot-braun dichroitisch
)ichlorodiaquodiamminkobalt(III)-salze,)ichlorodiamminpraseokobaltsalze	$[Cl_2(H_2O)_2Co(NH_3)_2]X$	

Nichtdissoziierende Verbindungen. Alle drei Säurereste sind innerhalb des Komplexes gebunden.

Trinitrotriamminkobalt, Triamminkobalt(III)-nitrit von (GIBBS); mit der folgenden Verbindung stereoisomer	$[(NO_2)_3Co(NH_3)_3]$	orangegelb
Trinitrotriamminkobalt, Triamminkobalt(III)-nitrit von (ERDMANN)	$[(NO_2)_3Co(NH_3)_3]$	orangegelb
Trinitratotriamminkobalt, Triamminkobalt(III)-nitrat	$[(NO_3)_3Co(NH_3)_3]$	

Verbindungen mit einwertigem Anion.

Kaliumtetranitrodiamminkobaltat(III)	$K[(NO_2)_4Co(NH_3)_2]$	braun
Kaliumdinitrooxalatodiamminkobaltat(III)	$K[(NO_2)_2C_2O_4Co(NH_3)_2]$.	

Diese Zusammenstellung, die noch durch viele ähnliche Beispiele erweitert werden könnte, gibt zunächst einen Begriff von der außerordentlichen Vielfältigkeit der Kobalt(III)-komplexe, die durch die Möglichkeit erhöht wird, anstelle von 2 Molekülen Ammoniak 1 Molekül Äthylendiamin, $H_2N \cdot C_2H_4 \cdot NH_2$, einzuführen, wobei meist ausgezeichnet kristallisierende und sehr beständige Analoge entstehen.

Die Tabelle läßt klar erkennen:

1. daß die Oxydationsstufe des Kobalts konstant $+3$ bleibt, unbeeinflußt von dem Funktionswechsel der Säurereste oder Halogenatome;

2. daß zum Aufbau des Komplexes neben den Ammoniakmolekülen auch die Moleküle des Wassers dienen können, woraus folgt, daß zwischen Amminen und Hydraten kein prinzipieller Unterschied besteht, wenn auch die Beständigkeit oft verschieden groß ist.

   Die beiden letzten Verbindungen der Tabelle zeigen weiter, daß von den Kobalt(III)-amminen Übergänge zu den komplexen Salzen mit Kobalt im Anion bestehen, so daß demnach auch diese Gruppe von Salzen keine Sonderstellung einnimmt und derselben gesetzmäßigen Ordnung unterliegt wie die Ammine.

3. Summiert man die Anzahl der an das Kobalt(III)-Ion im Komplex gebundenen Moleküle und Ionen, so findet man stets die Summe 6. Nur hat man für die Carbonato (CO_3)- oder für die Oxalato (C_2O_4)-Gruppe die auch nach der Wertigkeit gegebene Zahl 2 einzusetzen. Die Koordinationszahl beträgt hier, wie in vielen früher besprochenen Fällen 6 (siehe z. B. die Fluorosäuren von Silicium, Titan, die Chlorosäuren von Zinn, Blei, später auch von Platin, die Hydroxosäuren von Zinn und Blei oder Platin und vor allem die Cyanosäuren von Eisen und Kobalt).

Die tiefere Bedeutung dieser Koordinationszahl und die besondere Art der Bindung der Liganden in den Kobalt(III)-komplexen und anderen besonders stabilen Komplexen wird im Kapitel „Komplexverbindungen" behandelt werden.

Nickel, Ni

Atomgewicht	58,71
Schmelzpunkt	1455 °C
Siedepunkt	2900 °C
Dichte	8,9 g/cm³

Die Chinesen kennen seit alter Zeit nickelhaltige Legierungen, aber das reine Metall wurd
erst von CRONSTEDT 1751 abgeschieden. Der Name kommt von der spottweisen Bezeichnung
Kupfernickel her, womit man das Arsennickel, NiAs, belegte, weil die Bergleute in früheren
Zeiten trotz des kupferähnlichen Metallglanzes daraus kein Metall erhalten konnten. Di
Enttäuschung darüber, daß anstelle eines zu erwartenden glänzenden Metallregulus nur ei
dunkles Pulver entstand, weckte den Aberglauben, daß die bösen Berggeister, Nickel un
Kobolde genannt, hierbei ihr Spiel trieben. So kam auch der Name Kobalt für das den
Nickel verwandte Metall auf.

Vorkommen und Darstellung

Das wichtigste Erz ist der *Eisennickelkies* (Pentlandit), (Fe, Ni)S, der stets von Kupferkies begleitet ist. Geringere Bedeutung haben: *Arsennickel* (*Rotnickelkies*), NiAs,
Antimonnickel (*Breithauptit*), NiSb, *Gersdorffit*, NiAsS, *Ullmannit*, NiSbS, *Chloanthit*
(*Weißnickelkies*), NiAs$_{2-3}$, der mit Speisekobalt isomorph ist. Diese arsenhaltigen
Erze finden sich auf den Kobalt- und Nickelerzgängen, meist zusammen mit Wismut,
im sächsischen Erzgebirge und bei Frankenstein in Schlesien. Als dem Chrysotil entsprechendes Magnesium-Nickelsilicat kommt *Garnierit*, (Ni, Mg)$_3$(OH)$_4$[Si$_2$O$_5$], besonders in Neukaledonien, vor. Außerdem enthalten der Magnetkies und manche Eisenkiese
Nickel, desgleichen die Olivine und Serpentine. Mit Eisen zusammen findet sich Nickel
als Metall im Meteoreisen in regelmäßig abwechselnden Schichten.

Etwa 90 % der Nickelproduktion stammt aus sulfidischen Erzen, in denen der Eisen-
nickelkies mit Magnetkies und Kupferkies vergesellschaftet ist. Neben den kanadischen
Vorkommen spielen noch die Vorkommen in der UdSSR und die neukaledonischen
Garnieritvorkommen eine Rolle. Die Weltproduktion belief sich 1958 auf 224 000 t
Nickel.

Die Verfahren zur Nickeldarstellung sind recht kompliziert und richten sich nach der Art
des Erzes (sulfidisch, arsenhaltig oder oxidisch). Die sulfidischen Erze, die die wichtigsten
Ausgangsmaterialien sind, werden nach dem gleichen Verfahren wie bei der Kupfergewinnung
auf einen kupfer- und nickelhaltigen Stein verarbeitet. Durch sehr langsames Abkühlen
des geschmolzenen Steins wird eine Trennung in eine Kupfer(I)-sulfid- und eine Nickel-
sulfidphase erreicht. Nach Mahlen und Trennung der Sulfide durch magnetische Aufbereitung
und Flotation wird das Nickelkonzentrat zu Nickeloxid abgeröstet. Dieses wird durch Kohle
zu Rohnickel reduziert, das elektrolytisch raffiniert werden kann. Man kann auch den
Nickelstein nach Abröstung mit Wassergas reduzieren, wobei sich Nickelcarbonyl, Ni(CO)$_4$,
verflüchtigt. Dieses wird bei 180 °C thermisch zersetzt. Dieser *Mondsche Nickelprozeß* gibt
ein sehr reines Nickel. Statt Wassergas wurde von der I. G. Farbenindustrie Kohlenmonoxid
unter hohem Druck angewendet.

Eigenschaften und Verwendung

Nickel zeigt weißen, etwas gelbstichigen Metallglanz und läßt sich schmieden und
schweißen. An Dehnbarkeit nähert es sich dem Kupfer und kann zu Blech gewalzt

ind zu Draht gezogen werden. Nickel ist ebenso wie Eisen ferromagnetisch, doch iegt der Curie-Punkt schon bei 370 °C, beim Eisen erst bei 768 °C. Es ist ziemlich corrosionsbeständig und verändert sich nicht an feuchter Luft.

Der Hauptabnehmer für Nickel ist die Stahlindustrie. Durch Legieren mit Nickel wird ler Stahl fester und zäher. Korrosionsfeste Stähle enthalten neben Chrom 8 ... 12 % Nickel; noch höhere Nickelgehalte haben die hochtemperaturbeständigen Stähle. Die Legierungen mit Kupfer sind bei diesem Metall schon besprochen worden. Wichtig sind noch die Nickel-Chromlegierungen, die wegen ihrer Säurebeständigkeit besonders in der chemischen Industrie Verwendung finden. Auch als Heizleiter dienen Nickel-Chromlegierungen, die in eisenfreien Legierungen 80 % Ni, in eisenhaltigen 18 ... 60 % Ni enthalten. Die Verwendung des Nickels für rostschützende Überzüge auf Stahl hat heute geringere Bedeutung.

Feinstverteiltes Nickel, wie man es aus dem Oxid, dem Carbonat oder Oxalat bei möglichst niederen Temperaturen durch Reduktion mit Wasserstoff erhält, löst beträchtliche Mengen Wasserstoff. In diesem Zustand ist der Wasserstoff so reaktionsfähig, daß er fähig wird, sich an ungesättigte Kohlenstoffverbindungen anzulagern. Diese von SABATIER aufgefundene Hydrierungsmethode dient außer zur Gewinnung von Cyclohexan, Cyclohexanol, Tetralin (Tetrahydronaphthalin) u. dgl. besonders zur Fetthärtung. Dabei werden die ungesättigten Fettsäuren der flüssigen Fette und Öle zu Palmitinoder Stearinsäure hydriert, deren Glycerinester die festen Fette bilden. Hierfür gibt man zu dem Öl oder flüssigen Fett etwas Nickelformiat und leitet bei Temperaturen von etwa 200 °C Wasserstoff unter Druck hinzu. Kleine Beimengungen von Kupfer begünstigen die Hydrierung.

Für solche Hydrierungen besonders geeignet ist das *Raney-Nickel*. Dieses erhält man aus einer Nickel-Aluminiumlegierung durch Herauslösen des Aluminiums mit Natronlauge.

Die Wasserstoffübertragung verläuft umso schneller, je feiner verteilt das Nickel ist. Deshalb sind teilweise reduziertes Nickeloxid bzw. Nickelcarbonat usw. wirksamer als das durch völlige Reduktion dichter gewordene Metallpulver. Auflockern durch beigemengte Kieselgur wirkt gleichfalls günstig.

Die Existenz eines definierten *Nickelhydrids*, NiH_2, das sich nach SCHLENK und WEICHSELFELDER aus Nickelchlorid und Phenylmagnesiumbromid in einer Wasserstoffatmosphäre als schwarzer Niederschlag bilden soll, ist noch umstritten.

Geschmolzenes Nickel löst Kohlenstoff — bei 2100 °C bis zu 6,2 % —, doch scheidet sich dieser beim Abkühlen als Graphit ab. Ein unbeständiges *Nickelcarbid*, Ni_3C, entsteht aus Kohlenmonoxid und Nickelpulver bei 270 °C neben Kohlendioxid. Dieses Carbid katalysiert die Reaktion $2 CO \rightleftharpoons CO_2 + C$ bei 270 ... 420 °C zugunsten der Kohlenstoffabscheidung, wobei zwischendurch vielleicht ein sehr unbeständiges, kohlenstoffreicheres Carbid entsteht. Diese Carbide bilden mit Wasserstoff bei 250 ... 270 °C glatt Methan. Hieraus wird die Methansynthese aus Wassergas am Nickelkontakt verständlich (H. A. BAHR und TH. BAHR).

Besonders leicht verbindet sich fein verteiltes Nickel mit Kohlenmonoxid bei 80 ... 100 °C zu dem von MOND, LANGER und QUINCKE (1888) entdeckten *Nickeltetracarbonyl*, $Ni(CO)_4$, einer farblosen, stark lichtbrechenden Flüssigkeit, Dichte 1,32 g/cm³ bei 17 °C, Siedep. 43 °C, Schmelzp. —25 °C. Der Dampf zerfällt bei 180 °C und liefert reinstes bis 99,99%iges Nickel.

Mit Ammoniak bildet Nickel bei 445 °C ein schwarzes *Nitrid*, Ni_3N, das auch aus Nickelfluorid und Ammoniak entsteht.

Nickelverbindungen

Nickel löst sich beim Erwärmen in Salzsäure und verdünnter Schwefelsäure unte Wasserstoffentwicklung, in verdünnter Salpetersäure unter Abgabe von Stickoxide zu Nickel(II)-salzen. Nur die zweiwertige Oxydationsstufe ist bei Nickel beständig Von ihr leiten sich auch die komplexen Nickelammine ab. Jedoch kann durch stark Komplexbildner drei- und vierwertiges Nickel stabilisiert werden.

Nickeloxide und Hydroxide

Nickeloxid, NiO, Schmelzp. 1990 °C, hinterbleibt beim Glühen des Hydroxids, Nitrats, Carbonats oder Oxalats. Es sieht gelb aus, wenn bei der Darstellung während des Abkühlens jeglicher Luftzutritt ausgeschlossen wird. Hochgeglühtes Nickeloxid ist in Säuren nur sehr schwer löslich. Durch Wasserstoff wird das Oxid je nach seiner Beschaffenheit schon bei 100 . . . 400 °C zu sehr feinteiligem, pyrophorem Metall reduziert, bei höheren Reduktionstemperaturen erhaltenes Metall ist weniger reaktionsfähig.

Beim Erhitzen auf 200 . . . 300 °C an der Luft oxydiert sich Nickeloxid in geringem Umfang und wird über dunkel olivgrün schnell schwarz. Auch durch schwaches Erhitzen des Carbonats oder Nitrats entstehen schwarze Oxide mit einem etwas höheren Oxydationsgrad als es der Formel NiO entspricht. Bei starkem Glühen gehen sie in stöchiometrisches NiO über. Die schwarzen Oxide lösen sich in Säuren unter Sauerstoffentwicklung zu Nickel(II)-salzen; mit Salzsäure wird Chlor entwickelt.

In dem schwarzen, nicht stöchiometrisch zusammengesetzten Oxid, das ebenso wie das reine Nickeloxid im Natriumchloridgitter kristallisiert, ist ein kleiner Teil der Ni^{2+}-Ionen durch Ni^{3+}-Ionen ersetzt. Da das Sauerstoff-Ionengitter unverändert bleibt, ist mit dem Übergang $Ni^{2+} \rightarrow Ni^{3+}$ das Auftreten von Leerstellen im Kationengitter verbunden.

Nickel(II)-hydroxid, $Ni(OH)_2$, fällt durch Alkalilaugen aus Nickelsalzlösungen als apfelgrüner, voluminöser Niederschlag, der sich zum Unterschied von Mangan(II)- oder Eisen(II)-hydroxid nicht an der Luft oxydiert. Auch Wasserstoffperoxid wirkt nicht oxydierend, wohl aber Alkalihypochlorit- oder hypobromit, wobei braunschwarzes, dichtes und deshalb gut filtrierbares, höheres Oxid, im Grenzfall mit der ungefähren Formel $NiO_2 \cdot x\ H_2O$ ausfällt.

Nach O. GLEMSER (1950) existieren mehrere wasserhaltige Nickeloxide und Nickelhydroxide zwischen dem Oxydationsgrad NiO und NiO_2, die alle unbeständig sind und leicht Sauerstoff abspalten.

In dem von EDISON angegebenen Eisen-Alkalilauge-Nickel-Akkumulator wirkt NiO(OH) als Elektrode, die im arbeitenden Akkumulator unter Oxydation der Eisenelektrode zu $Ni(OH)_2$ reduziert und beim Laden wieder aufoxydiert wird.

Nickelsulfide

Nickelsulfid, NiS, bildet als Mineral Millerit oder Haarkies rhomboedrische, dünne, messinggelbe Prismen, die auf Kupferkiesgängen vorkommen. Auch die kanadischen Magnetkiese enthalten Nickelsulfid und liefern den größten Teil der Nickelproduktion.

Durch Tempern von Nickelsulfid bei 700 °C und schnelles Abschrecken erhält man das Sulfid in einer hexagonalen Modifikation vom NiAs-Typ (siehe S. 587). Die Stabilität des hexagonalen Nickelsulfids wird durch einen geringen Schwefelüberschuß begünstigt.

In der hexagonalen Form erhält man Nickelsulfid auch beim Fällen von Nickelsalzen mit Schwefelwasserstoff aus essigsaurer Lösung. Es ist zum Unterschied von gefälltem

Mangan- und Zinksulfid in kalter 5%iger Salzsäure nicht löslich. Das mit Ammoniumsulfid gefällte Nickelsulfid ist röntgenamorph und in verdünnter Salzsäure zunächst leicht löslich, wird aber in Gegenwart von Ammoniumpolysulfid oder bei Luftzutritt unter Aufnahme von Schwefel gleichfalls schwerlöslich (DÖNGES, 1945).

Ein schwefelreicheres Sulfid, Ni_3S_4, vom Spinelltypus, entsteht aus Nickelsalzlösung und Alkalipolysulfiden bei 160 °C oder aus Natriumhydrogensulfit und Nickel bei 200 °C in dunklen, würfelförmigen Rhomboedern. Aus den Elementen ist es nicht erhältlich. Es kommt in der Natur in Mineralen der Linneitgruppe vor.

Nickeldisulfid, NiS_2, entspricht dem Pyrit und entsteht als dunkelgraues bis schwarzes Pulver beim Erhitzen aus Nickelsulfid und Schwefel. Aus den Elementen ist noch ein messinggelbes, hexagonales Sulfid, Ni_3S_2, erhältlich.

Nickelsalze und -komplexe

Die Salze des Nickels, wie *Nickelnitrat*, $Ni(NO_3)_2 \cdot 6\,H_2O$, *Nickelsulfat*, $NiSO_4 \cdot 7\,H_2O$, und *Nickelchlorid*, $NiCl_2 \cdot 6\,H_2O$, bilden hell- oder dunkelgrüne, in Wasser leicht lösliche Kristalle; die wasserfreien Salze sind gelb gefärbt. *Nickelcarbonat*, $NiCO_3$, fällt aus Nickelsalzlösungen durch Alkalihydrogencarbonate, verliert aber leicht Kohlendioxid und geht in hellgrünes, basisches Carbonat über. Dieses entsteht auch durch Fällung mit Soda direkt. Die grüne Farbe der Nickelsalzlösungen wird durch das Hexaaquokation $[Ni(H_2O)_6]^{2+}$ hervorgerufen, das auch in den kristallisierten, wasserhaltigen Verbindungen vorliegt.

Überschüssiges Ammoniak löst Nickelsalze zu blauen Lösungen, aus denen schön gefärbte *Ammine* auskristallisieren, wie z. B. Nickelhexamminchlorid, $[Ni(NH_3)_6]Cl_2$, blaue Oktaeder; $[Ni(NH_3)_6]Br_2$, blauviolette Oktaeder; Tetramminnickelsulfat, $[Ni(NH_3)_4]SO_4 \cdot 2\,H_2O$, dunkelblaue Prismen; Tetramminnickelnitrat, $[Ni(NH_3)_4](NO_3)_2 \cdot 2\,H_2O$, saphirblaue Oktaeder. In den Tetramminen hat das Nickel ebenso wie in den Hexamminen die Koordinationszahl 6, weil noch $2\,H_2O$-Moleküle an das Nickel-Ion gebunden sind: $[Ni(NH_3)_4(H_2O)_2]^{2+}$.

Nickelcyanid fällt als grünlicher, wasserreicher Niederschlag aus Nickelsalzlösungen durch Kaliumcyanid und löst sich im überschüssigen Kaliumcyanid mit gelber Farbe unter Bildung des diamagnetischen Tetracyanokomplexes $[Ni(CN)_4]^{2-}$ auf, der beim Erwärmen mit Brom und Natronlauge unter Abscheidung von braunschwarzem Nickeldioxid und Entwicklung von Bromcyan zersetzt wird. Schüttelt man die gelbe Lösung mit Kalium- oder Natriumamalgam in einer Wasserstoffatmosphäre, so nimmt sie eine rote Farbe an, wobei das Cyanid $K_2[Ni(CN)_3]$ mit Nickel in der Oxydationsstufe $+1$ entsteht. Als rote Fällung wird dieser Nickelkomplex durch Reduktion von Kaliumtetracyanonickelat(II), $K_2[Ni(CN)_4]$, in flüssigem Ammoniak mit Kalium oder Natrium erhalten. Mit Stickstoffoxid verbindet sich das komplexe Nickel(I)-cyanid zu $K_2[Ni(NO)(CN)_3]$ (W. MANCHOT).

Läßt man auf 1 Mol Kaliumtetracyanonickelat(II) in flüssigem Ammoniak mindestens 2 g-Atom Kalium einwirken, so fällt ein Niederschlag, der nach Waschen mit Ammoniak kupferrot gefärbt ist und die Zusammensetzung $K_4[Ni(CN)_4]$ zeigt. Das Nickel hat in dieser Verbindung die Oxydationsstufe 0 wie im Tetracarbonyl. Dieses „Cyanyl" färbt sich an der Luft sofort schwarz und löst sich in Wasser unter Wasserstoffentwicklung zu $K_2[Ni(CN)_3]$ (EASTES und BURGESS, 1944).

Ähnlich wie $K_2[Ni(CN)_4]$ lassen sich auch die entsprechenden Palladium- und Platinkomplexe $K_2[Pd(CN)_4]$ und $K_2[Pt(CN)_4]$, mit Natriumamalgam zu komplexen Metall(I)-cyaniden reduzieren (W. MANCHOT). In flüssigem Ammoniak entstehen mit Kalium die der Nickelverbindung entsprechenden Cyanyle $K_4[Pd(CN)_4]$ und $K_4[Pt(CN)_4]$.

Zur Absorption von Benzol aus Gasen eignet sich eine ammoniakalische Lösung von Nickelcyanid. Es scheiden sich weiße, würfelähnliche Kristalle von $Ni(CN)_2 \cdot NH_3 \cdot C_6H_6$ ab, aus denen in der Hitze alles Benzol unverändert entweicht. Auch Thiophen, Furan oder Pyrrol werden anstelle von Benzol aufgenommen, nicht aber deren Substitutionsprodukte. Diese

Verbindungen sind „Einschlußverbindungen" (K. A. Hofmann, 1903). Das Gitter besteht aus Schichten, in denen jedes Nickel-Ion quadratisch von 4 CN⁻-Ionen umgeben ist. Jedes zweite Nickel-Ion erhält durch 2 NH_3-Moleküle oktaedrische Konfiguration. Zwischen diesen Schichten finden Benzol oder Moleküle ähnlicher Größe Platz (Powell, 1952).

Zum Nachweis und zur Trennung des Nickels, insbesondere von Zink und Kobalt, eignet sich das schwerlösliche, gelbe, kristalline Dicyandiamidinsalz, $Ni(N_4H_5C_2O)_2 \cdot 2 H_2O$, sowie das himbeerrote *Nickeldimethylglyoxim* (Nickeldiacetyldioxim), $Ni(C_4H_7N_2O_2)_2$ (Tschugajew) das oberhalb 120 °C sublimierbar ist. Über die Struktur dieser „innerkomplexen Salze" siehe S. 754.

Nickel(IV)-verbindungen

Außer dem unbeständigen Dioxid sind keine einfachen Nickel(IV)-verbindungen bekannt. Doch kann diese Oxydationsstufe durch Komplexbildung stabilisiert werden, z. B. in dem leuchtend roten K_2NiF_6, das aus Nickelchlorid, Kaliumchlorid und Fluor bei 275 °C erhältlich ist (W. Klemm, 1949), in dem schwarzen $BaNiO_3$ aus Bariumperoxid und Nickeloxid im Sauerstoffstrom bei 450 °C (J. Lander, 1951) und in Verbindungen mit organischen Thiosäuren, die zur Bildung innerer Komplexe befähigt sind (Hieber, 1949).

Elemente der VIII. Gruppe (Platinmetalle)

Allgemeines

Die Platinmetalle bilden eine natürliche Familie sowohl wegen des gemeinsamen Vorkommens in der Natur als auch wegen ihrer vielfach übereinstimmenden physikalischen und chemischen Eigenschaften. Sie sind sämtlich schwer schmelzbar, haben eine hohe Dichte und sind mit Ausnahme von Palladium und Osmium gegenüber chemischen Agenzien sehr beständig, so daß die Mehrzahl unter die edelsten Metalle zu zählen ist. Im gebundenen Zustand neigen sie noch stärker als die anderen Edelmetalle zur Komplexbildung, und ihre salzartigen Verbindungen geben nur selten normale Ionenreaktionen. Die Chemie der Platinmetalle ist deshalb außerordentlich kompliziert und mannigfaltig und kann hier nur teilweise behandelt werden.

Entsprechend ihrer Stellung im Periodischen System haben Ruthenium, Rhodium und Palladium eine niedere Dichte (12,6 . . . 11,9 g/cm³), Osmium, Iridium und Platin eine sehr viel höhere Dichte (22,48 . . . 21,4 g/cm³).

Vorkommen

Mit Platina, dem Diminutivum des spanischen Wortes Plata ≙ Silber, bezeichnete man die zuerst in Südamerika im Sande der Flüsse aufgefundenen Metallkörper, deren Natur Wollaston (1803), Tennant (1804), Claus (1845) analytisch erforschten.

Platinmetalle kommen in der Natur gediegen sowie als Begleiter sulfidischer und arsenidischer Nickelerze vor. Gediegenes Platin findet man in basischem Gestein sowohl in primären Lagerstätten (hauptsächlich in Südafrika) als auch in sekundären Lagerstätten (in der Sowjetunion im Ural sowie in Columbien). Die Hauptlagerstätten der Nickelerze befinden sich in Kanada und ebenfalls in Südafrika. Beide Formen der Vorkommen unterscheiden sich hinsichtlich ihrer Zusammensetzung. In gediegenen Vorkommen ist vor allem der Palladiumgehalt sehr niedrig. Beispielsweise hatte ein Platinklumpen aus Nischne-Tagilsk folgende Zusammensetzung: 87,3 % Pt, 0,7 % Ir, 0,3 % Rh, 0,5 % Pd, 0,4 % Ru, 0,9 % Osmium-Iridium, 9 % Fe. Die Vorkommen in sulfidischen Schwermetallen unterscheiden sich durch das fast vollständige Fehlen von Osmium und Iridium sowie durch einen sehr hohen Palladiumgehalt von den gediegenen Vorkommen. Die Zusammensetzung der Rückstände des Mond-Nickel-Verfahrens ist beispielsweise: 1,85 % Pt, 1,91 % Pd, 0,56 % Au, 15,42 % Ag, 0,19 % Rh, 0,16 % Ru, 0,04 % Ir.

Im Jahre 1956 wurde die Weltproduktion der Platinmetalle auf 28 800 kg geschätzt, wovon Südafrika und Kanada mit 42,1 % und 41,5 % über 80 % lieferten. Es folgen die Sowjetunion mit etwa 11 %, Columbien mit 3 % und die USA mit 2,5 %.

Der Anteil des Palladiums an der Gesamterzeugung der Platinmetalle hat sich in den letzten Jahren zu Ungunsten des Platins erhöht. Von der obengenannten Welterzeugung entfallen etwa 64 % auf Platin, 33 % auf Palladium und nur 3 % auf Iridium, Osmium, Rhodium und Ruthenium. Aus den kanadischen Nickelerzen wird heute mehr Palladium als Platin gewonnen, während die südafrikanische Produktion zu 70 % aus Platin besteht.

Aufbereitung und Trennung

Zur Aufbereitung bedient man sich eines mechanischen Waschverfahrens, das bei der hohen Dichte der Platinkörner leicht ausführbar ist.

Die nickelhaltigen Magnet- und Kupferkiese von Sudbury (Kanada) enthalten Platinerze als Arsenide und Sulfide. Bei der elektrolytischen Nickelanreicherung geht das Platin in den Anodenschlamm.

Die technische Trennung eines Konzentrats, z. B. aus der kanadischen Nickelindustrie, beginnt mit einer Königswasserbehandlung. Ein Teil des Platins, das mit Rhodium, Iridium und Ruthenium legiert vorliegt, bleibt ungelöst zurück. Die Lösung wird bis zur Sirupkonsistenz abgedampft, um die Salpetersäure nach Möglichkeit zu entfernen und um vierwertiges Iridium in den dreiwertigen Zustand zu überführen. Nach der Abtrennung des Ungelösten wird das Gold zuerst aus der Lösung mit Eisen(II)-sulfat gefällt, anschließend erfolgt die Ausfällung des Platins mit Ammoniumchlorid als gelber Platinsalmiak, $(NH_4)_2[PtCl_6]$, der durch Glühen in *Platinschwamm* überführt wird. Der Schwamm wird im Kalktiegel mit Hochfrequenzerhitzung zum Barren geschmolzen. Aus der Mutterlauge der Platinfällung läßt sich *Palladium* durch Oxydation mit Chlor als leuchtendroter Palladiumsalmiak, $(NH_4)_2[PdCl_6]$, abscheiden. Nach einem anderen Verfahren versetzt man die Platinmutterlauge mit überschüssigem Ammoniak, wodurch das zuerst fleischrot gefällte Palladium als Tetramminkomplex in Lösung geht. Nach dem Ansäuern mit Salzsäure fällt gelbes Dichlorodiamminpalladium, $Pd(NH_3)_2Cl_2$. Beide Fällungen werden in der Muffel zu Palladiumschwamm verglüht.

Die saure Mutterlauge der Palladiumfällung wird mit Zink oder Eisen auszementiert. Das ausreduzierte Edelmetall kann neben restlichem Platin noch Rhodium, Iridium und Ruthenium enthalten. Es wird mit dem unlöslichen Rückstand der Königswasserlösung vereinigt. Man schmilzt das Material reduzierend mit Bleiglätte, Soda, Kohle und zusätzlichem Blei. Ein Teil des Bleis der hierdurch gebildeten Bleilegierung wird im Treibofen als Bleiglätte, die in den Prozeß zurückläuft, entfernt. Die anfallende Bleilegierung löst sich weitgehend in Salpetersäure, wobei nur etwas Platin und die Hauptmenge des Rhodiums und Rutheniums und das gesamte Iridium als unlöslicher Rückstand zurückbleiben. Aus der Lösung wird Silber als Chlorid durch Zugabe von Salzsäure abgeschieden. Die Ausfällung des Platins und Palladiums erfolgt wie oben beschrieben.

Der unlösliche Rückstand der Salpetersäureextraktion wird mit Natriumhydrogensulfat geschmolzen, wodurch Rhodium als Sulfat wasserlöslich wird. Man extrahiert den Schmelzkuchen mit heißem Wasser und trennt vom Ungelösten ab. Durch Behandlung mit Soda wird Rhodiumhydroxid gefällt, das mit Salzsäure als Chlorid gelöst wird. Durch Umsetzung mit Natriumnitrit entsteht das leicht lösliche Natriumhexanitrorhodiat(III), $Na_3[Rh(NO_2)_6]$, das durch Ausfällen der schwer löslichen Ammoniumverbindung $(NH_4)_3[Rh(NO_2)_6]$ mit Ammoniumchlorid gereinigt wird. Man zersetzt mit Salzsäure und kommt so zu reinen Rhodium chloridlösungen, die als Hydroxid oder als in Alkohol schwer lösliches Ammoniumchlor rhodiat gefällt und in metallisches *Rhodium* übergeführt werden können.

Der unlösliche Rückstand der Hydrogensulfatschmelze wird mit Ätzkali und Salpeter be dunkler Rotglut geschmolzen. *Ruthenium* geht in wasserlösliches Kaliumruthenat über. Au der wäßrigen Aufschwemmung des Schmelzkuchens läßt es sich durch Einleiten von Chlo in einer Destillationsapparatur zu Ruthenium(VIII)-oxid, RuO_4, oxydieren und verflüchtigen Dieses wird in alkoholischer Salzsäure aufgefangen. Die Lösung wird eingedampft und redu zierend verglüht.

Der iridiumreiche oxidische Rückstand der Alkali-Salpeterschmelze ist in Königswasse löslich. Er enthält außer *Iridium* noch etwas Platin. Durch fraktionierte Kristallisation de Ammoniumchloroplatinats und -iridats können beide voneinander getrennt werden.

Platin, Pt

Atomgewicht	195,09
Schmelzpunkt	1770 °C
Dichte	21,4 g/cm³
Spezifische Wärme	0,0318 cal/g · grd

Eigenschaften

Reines Platin ist grauweiß, metallglänzend, etwa so weich wie Kupfer und sehr dehnbar, so daß es zu dünnen Blechen und Folien ausgehämmert oder gepreßt und zu sehr feinen Drähten ausgezogen werden kann. In der Weißglut läßt es sich schweißen, weshalb man früher den aus Platinsalmiak erhaltenen Platinschwamm, ohne ihn zu schmelzen, durch Hämmern und Pressen zu Platingeräten verarbeiten konnte. Durch Zusatz von anderen Platinmetallen, hauptsächlich von Iridium, kann Platin mechanisch und chemisch widerstandsfähiger gemacht werden. Geschmolzenes Platin nimmt Sauerstoff auf und gibt ihn beim Erkalten unter Spratzen wieder ab. Rotglühendes Platin läßt Wasserstoff im Gegensatz zu anderen Gasen leicht hindurchdiffundieren.

Verwendung

Die Verwendung des Platins hat sich im Laufe der Jahre erheblich geändert. In Rußland wurde Platin zeitweise zu Münzen verarbeitet, doch hat der schwankende Preis des Metalls diesen Versuch bald zwecklos werden lassen.

Allbekannt ist seine Verwendung für Schmuckzwecke. Wegen seines gegenüber Gold unauffälligen weißen Glanzes wird Platin besonders zur Fassung von Brillanten gewählt. Doch spielt heute die technische Anwendung die bei weitem größere Rolle: So sind im Jahre 1956 in den USA 77 % des Konsums von der chemischen Industrie, 11 % von der Elektroindustrie, 2 % für Dentallegierungen und medizinische Instrumente und nur 9 % zur Schmuckwarenherstellung benötigt worden. Ebenso liegen die Verhältnisse auch in den europäischen Ländern.

In der chemischen Technik macht man von der Beständigkeit des Platins gegenüber chemischen Angriffen bei hohen Temperaturen Gebrauch. Das Hauptanwendungsgebiet bilden die Katalysatoren. Wenn auch das Kontaktschwefelsäureverfahren schon seit Jahrzehnten vom Platin- zum Vanadinsäurekontakt übergegangen ist, so steigt doch der Platinverbrauch für die Verbrennung von Ammoniak zu Stickoxid mit dem ständig zunehmenden Stickstoffbedarf der Landwirtschaft laufend an. Als Katalysatoren werden hier Legierungen des Platins mit 5 . . . 10 % Rhodium verwendet.

Nach dem zweiten Weltkrieg hat sich Platin in der Treibstoffveredlung ein neues großes Absatzgebiet erobert. Für die Cyclisierung, Dehydrierung und Aromatisierung der Naphthene und für die Isomerisierung unverzweigter Paraffine werden Katalysatoren mit einigen Zehntelprozent Platin auf aktiver Tonerde oder Aluminiumsilicat verwendet, um die Klopffestigkeit der Treibstoffe entsprechend den ständig steigenden Ansprüchen der Motorenindustrie, speziell für Flugzeugmotoren, zu verbessern. Auch die Arzneimittelindustrie benötigt für die schonende Hydrierung ihrer empfindlichen Antibiotika Platinkatalysatoren.

Für die Herstellung von Persulfat und Perborat wird Platin als Anodenmaterial verwendet. Glas, Basalt und Quarz werden mittels Platin- oder Platin-Rhodium-Spinndüsen zu Glaswolle, Basaltwolle und Quarzwolle versponnen. Auch in der Kunstseide- und Zellwollindustrie werden platinhaltige Legierungen seit Jahren als Düsenwerkstoff verwendet. Tiegel mit einem Gewicht von mehreren Kilo Platin dienen zum Erschmelzen von Spezialgläsern für optische Zwecke.

In der Elektroindustrie dient Platin als Hauptlegierungsbestandteil der Werkstoffe für hochwertige elektrische Kontakte und für Potentiometerdrähte in der Schwachstromtechnik. Für Widerstandsthermometer und Thermoelemente werden reinstes Platin und Platin-Rhodiumlegierungen verwendet.

Für den analytisch arbeitenden Chemiker ist das Platin als Gerätemetall wegen seines hohen Schmelzpunktes und wegen seiner Beständigkeit gegenüber allen Säuren mit Ausnahme von Königswasser unersetzlich. Alkalicarbonate greifen im Schmelzfluß kaum an, wohl aber Alkalihydroxide, Salpeter, Sulfide, Thiosulfate, Kaliumcyanid, Phosphate und Silicate, die beiden letzten in Gegenwart von Kohle. Kohle allein bewirkt schon eine Auflockerung des Gefüges, und beim Glühen eines Platintiegels auf einem rußenden Brenner wird das Metall grau und brüchig.

Von verdünnter Salzsäure wird Platin in Gegenwart von Kaliumchlorid unter Bildung von Chloroplatinat angegriffen. Das ist bei der Aufarbeitung von mit Natrium- und Kaliumcarbonat aufgeschlossenen Silicaten zu beachten (H. v. WARTENBERG, 1953).

Silicium sowie einige Metalle, wie Blei, Zinn, Antimon und Nichtmetalle, vor allem Phosphor, Arsen und Schwefel, legieren sich mit Platin bei Rotglut und bewirken das Durchschmelzen der Geräte durch Bildung eutektischer Legierungen mit sehr niedrigen Schmelzpunkten.

Schmelzendes Lithiumchlorid oder Magnesiumchlorid greifen Platintiegel stark an und führen zur Ausscheidung von Platinkristallen.

Platintiegel sind vor dem Gebrauch durch Ausschmelzen mit Kaliumhydrogensulfat und längeres Glühen vor dem Gebläse zunächst auf konstantes Gewicht zu bringen. Oberhalb 1100 °C erleiden auch die gereinigten Metalle Platin und Iridium einen fortschreitenden Gewichtsverlust, der mit wachsendem Sauerstoffdruck der Umgebung zunimmt und auf der Bildung flüchtiger Oxide beruht (H. SCHÄFER, 1959). Palladium verdampft wohl als solches, da die Gewichtsabnahme von der Natur des umgebenden Gases unabhängig ist.

Katalytische Wirkungen

Wichtig ist die Erfahrung, daß die Platinmetalle Verbrennungsvorgänge sehr stark beschleunigen. Beispielsweise verläuft die Veraschung von Filtern in Platintiegeln schneller als in Porzellantiegeln. Die Wirkung des Platinkontakts zur Entzündung vo Wasserstoff an der Luft, zur Darstellung von Schwefeltrioxid aus Schwefeldioxid un Luft und zur Darstellung von Stickstoffoxid durch Verbrennung von Ammoniak wurd bereits früher erwähnt. Diese katalytischen Wirkungen der Platinmetalle sind so star daß sich darauf ein höchst empfindlicher Nachweis dieser Stoffe gründen läßt.

Nach L. J. Curtman tränkt man mit der Königswasserlösung des Metalls dünnes Asbestpapie und erhitzt es zur Rotglut. Dieses Asbestpapier wird dann in den kalten Gasstrom eine Bunsenbrenners mit offener Luftzufuhr gebracht. Ist Platin zugegen, so beginnt das Asbes papier zu glühen, und zwar, wenn (unter günstigen Umständen) von Platin nicht wenige als 0,002 mg, von Palladium nicht weniger als 0,0005 mg, von Iridium 0,005 mg, von Rhodiun 0,001 mg zugegen sind. Osmium und Ruthenium sind unwirksam.

Sehr einfach läßt sich die Kontaktwirkung des Platins vorführen, wenn man einen Platin tiegel in einem weiten Tondreieck aufhängt, mit einem Bunsenbrenner zum Glühen bringt dann die Flamme für einige Sekunden abstellt und abermals das Leuchtgas-Luftgemisch gege den Tiegelboden aufsteigen läßt. Dieser wird bald hellglühend, ohne daß sich das Leuchtgas welches nur am Tiegel verbrannt wird, entzündet (Oberflächenverbrennung).

Je feiner verteilt das Platin ist und je geringer die Wärmeleitung dadurch wird, um sc wirksamer sind solche Kontakte. Verwendet wird es sowohl in feiner Verteilung als *Platinmohr* oder Platinoxid nach Adams als auch niedergeschlagen auf Träger, wie Tonerde, Asbest, aktive Kieselsäure und Kohle. In manchen Fällen wird Platin auch kolloid gelöst verwendet.

Platinasbest erhält man durch Tränken von Asbest mit 1 ... 2%iger Platin(IV)-chloridlösung und Glühen. Zur Darstellung von Platinmohr reduziert man eine 10%ige Platinchloridlösung mit Formaldehyd und Natronlauge bei gewöhnlicher Temperatur. Nach 12 h wird abfiltriert und so lange mit Wasser gewaschen, bis das Platin anfängt, als schwarze Flüssigkeit durch- zulaufen. Dann wird auf porösem Ton abgesaugt und das kohlschwarze Pulver im Vakuum über Phosphorpentoxid getrocknet.

Kolloides Platin gewinnt man entweder nach Bredig durch kathodische Zerstäubung von dünnem Platindraht unter schwach alkalischem Wasser oder durch Reduktion einer sehr verdünnten Platinchloridlösung (1 : 2000) mit Hydrazinhydratlösung gleicher Konzentration in Gegenwart von 0,5 % Gummi arabicum oder Dextrin. Als rotes, dem Goldpurpur von Cassius entsprechendes Kolloid erhält man das Platin durch Reduktion sehr verdünnter Platinchloridlösungen mit Zinn(IV)-chloridhaltigem Zinn(II)-chlorid.

Fein verteiltes Platin nimmt erhebliche Mengen Wasserstoff auf und aktiviert diesen, so daß man hierdurch ähnliche, wenn auch schwächere Reduktionswirkungen in Flüssig- keiten herbeiführen kann wie mit Palladium.

Störend wirkt in manchen Fällen die Empfindlichkeit des Platins gegenüber Katalysator- giften; so wird beispielsweise die Aktivität für die Oxydation von Ammoniak durch Gold vernichtet. Schwefel- und Arsenverbindungen sowie Verbindungen des Bleis und Siliciums können die Katalyse wesentlich verzögern, da sie mit dem Platin Ver- bindungen eingehen, die ebenfalls zur Inaktivierung oder Zerstörung der Platinkata- lysatoren führen.

Über Katalysatoren und Katalyse siehe im Kapitel Katalyse.

Platinverbindungen

Platin tritt in seinen Verbindungen meistens in der Oxydationsstufe $+2$ oder $+4$ auf. Sechswertiges Platin liegt nur in den sehr unbeständigen Verbindungen Platin- trioxid, PtO_3, und Platinhexafluorid, PtF_6, vor. Vom zwei- und vierwertigen Platin leiten sich zahlreiche Komplexverbindungen ab. In den Platin(IV)-komplexen hat Platin die Koordinationszahl 6, in den Platin(II)-komplexen die Koordinationszahl 4.

Platinoxide und -sulfide

Fein verteiltes Platin in Form von Schwamm oder Mohr kann zwar bei erhöhter Temperatur, besonders unter Druck, beträchtliche Mengen Sauerstoff aufnehmen, doch bilden sich hierbei wahrscheinlich keine definierten Platinoxide. Ein wasserhaltiges braunes *Platindioxid*, etwa $PtO_2 \cdot H_2O$, das als Hydrierungskatalysator sehr wirksam ist, entsteht durch Zusammenschmelzen von Hexachloroplatin(IV)-säure, $H_2[PtCl_6]$, mit Natriumnitrat (PtO_2 nach ADAMS). Auch aus einer Hexachloroplatin(IV)-säurelösung und Natriumcarbonat entsteht ein Produkt ähnlicher Zusammensetzung. Beim Erhitzen zerfällt das Dioxid in Platin und Sauerstoff.

Schwarzes, wasserhaltiges *Platinmonoxid* fällt aus einer Tetrachloroplatin(II)-säurelösung, H_2PtCl_4, durch Alkalihydroxid. Es oxydiert sich an der Luft sehr leicht. Eine Entwässerung zu Platinmonoxid ist jedoch nicht möglich. Ein sehr unbeständiges Oxid, $PtO_3 \cdot x\,H_2O$, entsteht durch elektrolytische Oxydation einer Lösung des Dioxids in Kilauge.

Auf der Bildung von gasförmigem PtO_2, beruht nach H. SCHÄFER (1960) die Verflüchtigung von Platin beim Erhitzen in Gegenwart von Sauerstoff auf 1100 ... 1200 °C.

Mit Schwefel bildet Platin die schwarzen *Sulfide* PtS und PtS_2, die beim Einleiten von Schwefelwasserstoff in Platin(II)- bzw. Platin(IV)-lösungen ausfallen oder direkt aus den Elementen zugänglich sind. Das Monosulfid ist selbst in Salpetersäure unlöslich.

Platinfluoride

Platinhexafluorid, PtF_6, wurde von WEINSTOCK, CLAASSEN und MALM (1957) durch Überleiten von Fluor über dünne Platindrähte neben PtF_4, als schwarze, im geschmolzenen Zustand rote flüchtige Verbindung, Siedep. 69 °C, erhalten. *Platintetrafluorid*, PtF_4, bildet ein hellbraunes Pulver, das mit Wasser nur langsam reagiert. Es wird am besten aus Platin und Bromtrifluorid dargestellt (A. SHARPE, 1950). Ein Platindifluorid konnte bisher nicht erhalten werden.

Platintetrachlorid, $PtCl_4$, und Hexachloroplatinsäure, $H_2[PtCl_6]$

Platintetrachlorid wird durch Erhitzen von Hexachloroplatinsäure im Chlorstrom auf 350 ... 370 °C als rostbraune Masse erhalten; bei weiterem Erhitzen bis 580 °C entsteht das braungrüne *Platindichlorid*, $PtCl_2$. Beim Lösen des Platintetrachlorids in Wasser entsteht durch Anlagerung von Wassermolekülen die Hydroxosäure $H_2[PtCl_4(OH)_2]$.

Dampft man die Königswasserlösung von Platin mit Salzsäure wiederholt zur Trockne, so entsteht die gelbe *Hexachloroplatinsäure* (Platinchloridchlorwasserstoff), $H_2[PtCl_6]$ $\cdot 6\,H_2O$, die sich in Wasser, Alkohol und Äther leicht löst. Die Ammonium-, Kalium-, Rubidium- und Cäsiumsalze, $Me_2[PtCl_6]$, bilden gelbe, oktaedrische Kristalle, die nach der angegebenen Reihenfolge in Wasser zunehmend schwerer löslich sind und durch Alkohol quantitativ gefällt werden. Das Ammoniumhexachloroplatinat(IV) wird auch Platinsalmiak genannt. Das Natriumsalz, $Na_2[PtCl_6] \cdot 6\,H_2O$, dagegen kristallisiert nur aus sehr konzentrierter wäßriger Lösung in großen orangegelben, triklinen Prismen, die sich auch in Alkohol auflösen.

Hexachloroplatinsäure ist erheblich schwieriger zum Metall zu reduzieren als Tetrachlorogoldsäure, $H[AuCl_4]$. Während diese Säure durch salpetrige Säure, schweflige Säure, Oxalsäure, Eisen(II)-sulfat und Hydroxylammoniumchlorid in Lösung schon bei gewöhnlicher Temperatur reduziert wird, muß zur vollständigen Reduktion von Hexachloroplatin(IV)-säure mit Ameisensäure wiederholt abgedampft werden. Gasförmiger Wasserstoff wirkt auf die Lösung nach längerer Zeit im Sonnenlicht reduzierend. Dabei macht man die interessante Beobachtung, daß zunächst keine sichtbare Veränderung erfolgt. Sowie sich aber Spuren von

Platin gebildet haben, schreitet die Reduktion schnell fort, weil der im Platin gelöste Wasse: stoff weit wirksamer ist als der gasförmige, molekulare. Zink, Eisen und andere uned! Metalle scheiden pulvriges, schwarzes Platin ab, Hydrazin und Formaldehyd in alkalischt Lösung geben zunächst braunes, kolloides Platin.

Mit Silbernitrat gibt Chloroplatinsäure das gelbe Silbersalz, $Ag_2[PtCl_6]$. Dieses wird dur(warmes Wasser in Silberchlorid und in die in großen monoklinen Prismen kristallisierend *Dihydroxotetrachloroplatin(IV)-säure*, $H_2[PtCl_4(OH)_2] \cdot 3\,H_2O$, zerlegt. Aus den Alkalisalze dieser Säure entstehen bei schwach alkalischer Reaktion schließlich Verbindungen de Hexahydroxosäure, $H_2[Pt(OH)_6]$.

Bei den vom vierwertigen Platin abgeleiteten Amminen, wie $[Pt(NH_3)_6]Cl_4$, $[Pt(NH_3)_5Cl]Cl$ $[Pt(NH_3)_4Cl_2]Cl_2$, $[Pt(NH_3)_3Cl_3]Cl$, $[Pt(NH_3)_2Cl_4]$, $K[PtNH_3Cl_5]$ und der Hexachloroplatin(IV) säure, $H_2[PtCl_6]$, sowie der Hexahydroxoplatin(IV)-säure, $H_2[Pt(OH)_6]$, ist der schrittweis Übergang vom Ammin zur Säure deutlich zu verfolgen.

Platindichlorid, $PtCl_2$, und komplexe Platin(II)-verbindungen

Platindichlorid wird am besten aus der Chloroplatin(IV)-säure durch Erhitzen auf 240 °C als braunes, in Wasser unlösliches Pulver dargestellt. Im Kohlenoxidstrom bilden sich bein Erwärmen gelbe, etwas flüchtige Platincarbonylhalogenide: $[PtCl_2 \cdot CO]_2$; $PtCl_2 \cdot 2\,CO$ $2\,PtCl_2 \cdot 3\,CO$. Auch Phosphortrichlorid wird angelagert zu $PtCl_2 \cdot PCl_3$; $PtCl_2 \cdot 2\,PCl$ und $2\,PtCl_2 \cdot PCl_3$, aus denen durch teilweise Hydrolyse die platin(II)-chloridphosphorige: Säuren, wie $PtCl_2 \cdot P(OH)_3$, hervorgehen.

Platin(II)-chlorid ist aus Pt_6Cl_{12}-Molekülen mit oktaedrischer Pt_6-Gruppe. aufgebaut (K. BRODERSEN und H. G. VON SCHNERING, 1965).

Mit Salzsäure oder Kaliumchloridlösung reagiert Platin(II)-chlorid zu *Tetrachloroplatin(II)-säure*, $H_2[PtCl_4]$, oder *Kaliumtetrachloroplatinat(II)*, $K_2[PtCl_4]$. Dieses Salz wird am einfachster durch längeres Kochen von $K_2[PtCl_6]$, mit Kaliumoxalatlösung dargestellt und kristallisier! in granatroten Prismen.

Durch Umsetzen mit Kaliumnitrit entsteht daraus Kaliumtetranitritoplatinat(II), $K_2[Pt(NO_2)_4]$, in farblosen, monoklinen Kristallen; mit Kaliumsulfit das *Sulfit*, $K_6[Pt(SO_3)_4]$, in schwach strohgelben, sechsseitigen Prismen; mit Kaliumcyanid das *Kaliumtetracyanoplatinat(II)*, $K_2[Pt(CN)_4] \cdot 3\,H_2O$, in rhombischen Kristallen, die bei durchfallendem und quer auf die Säulenachse treffendem Licht gelb, bei in der Richtung der Achse auffallendem Licht lebhaft blau erscheinen.

Dieser prächtige Pleochroismus (Mehrfarbigkeit) zeigt sich auch bei den anderen Salzen der *Cyanoplatin(II)-säure*, $H_2[Pt(CN)_4]$, wie dem Bariumsalz, $Ba[Pt(CN)_4] \cdot 4\,H_2O$: tief zitronen-gelbe, durchsichtige Kristalle, die auf den Prismenflächen violettblau schillern und in der Achsenrichtung mit gelbgrüner Farbe durchsichtig sind. Dieses Salz wird, auf steifem Karton aufgetragen, gebraucht, um Kathodenstrahlen, Röntgenstrahlen und die α- oder β-Strahlen der radioaktiven Stoffe als gelbgrünes Fluoreszenzlicht sichtbar zu machen.

Sehr charakteristische Platin(II)-ammine erhält man bei der Einwirkung von Ammoniak auf $K_2[PtCl_4]$.

Zunächst entsteht das grüne, unlösliche Salz von MAGNUS, $[Pt(NH_3)_4]PtCl_4$, dann das farblose erste Chlorid von REISET, $[Pt(NH_3)_4]Cl_2$, hieraus beim Erhitzen das schwefelgelbe zweite Chlorid von REISET, $[Pt(NH_3)_2Cl_2]$. Mit Ammoniumcarbonat statt Ammoniak erhält man das isomere orangegelbe Chlorid von PEYRONE, $[Pt(NH_3)_2Cl_2]$. Über die Ursache der Isomerie von REISETS und PEYRONES Chlorid siehe im Kapitel „Komplexverbindungen". Ferner ist das orangegelbe Salz von COSSA, $K[PtNH_3Cl_3]$, bekannt.

Ähnlich wie mit Ammoniak verbindet sich Platin(II)-chlorid auch mit organischen Sulfiden, wie Methylsulfid, $(CH_3)_2S$, zu ausgezeichnet kristallierten Komplexsalzen. Man kennt, wie bei REISETS zweitem Chlorid und PEYRONES Chlorid, zwei isomere Formen von $[Cl_2Pt \cdot 2\,(CH_3)_2S]$, und auch das Analoge zum grünen Salz von MAGNUS, $[Pt \cdot 4\,(CH_3)_2S]PtCl_4$, ist bekannt.

Palladium, Pd

Atomgewicht	106,4
Schmelzpunkt	1555 °C
Dichte	11,9 g/cm³

Vorkommen und Darstellung

Außer im Platinerz findet sich Palladium mit Gold legiert in der sogenannten Jacutinga der brasilianischen Itabirite sowie neben Gold und Bleiselenid bei Tilkerode/Südharz und in sehr geringer Menge fast in jedem Silber aus der Treibarbeit.

Die Trennung von Gold sowie von den aus der Mutterlauge des Platinsalmiaks mit Kupfer oder Zink gefällten Metallen beruht auf der Löslichkeit von Palladium in heißer Salpetersäure sowie auf der Fällbarkeit als rotes Kaliumhexachloropalladat(IV), $K_2[PdCl_6]$, und auf der keinem anderen Metall sonst zukommenden Fähigkeit, aus Quecksilbercyanidlösung das Cyan als unlösliches Palladium(II)-cyanid zu fällen. Vom Silber läßt sich das Palladium als lösliches Palladium(II)-chlorid, $PdCl_2$, leicht trennen.

Den Namen Palladium gab WOLLASTON nach dem damals (1802) entdeckten kleinen Planeten *Pallas.*

Eigenschaften und Verwendung

Palladium unterscheidet sich vom Platin durch seinen helleren Glanz. Zu 30 % mit Silber legiert, schützt es dieses vor dem Anlaufen durch Schwefelwasserstoff. Diese Legierungen haben für Zahnersatzteile und elektrische Kontakte große Bedeutung erlangt. Speziell in der Elektrotechnik werden große Mengen Palladium sowohl in reiner Form als auch in Form von Legierungen verwendet. Von der gesamten Palladiumproduktion verbrauchen die Elektroindustrie etwa 75 %, die chemische Industrie etwa 10 % und die Dental- und Schmuckwarenindustrie etwa 5 ... 10 %. Legierungen von Gold mit Palladium haben eine dem Silber ähnliche helle Farbe, sind aber chemisch beständiger als dieses und werden deshalb als Weißgold zu Schmuck verarbeitet.

Beim Erhitzen an der Luft läuft Palladium unter Oxydation mit bunten Irisfarben an. Von Säuren wird es viel leichter gelöst als die anderen Platinmetalle und nähert sich hierin am meisten dem Silber.

Eine wichtige Eigenschaft des Palladiums ist seine dem Platin beträchtlich überlegene Fähigkeit, Wasserstoff zu lösen, wobei Aufspaltung zu atomarem Wasserstoff erfolgt, der wie der nascente Wasserstoff wirken kann. Zum Unterschied von Platin und Nickel nimmt bei Palladium die Wasserstoffaufnahme mit sinkender Temperatur zu.

Blankes Palladium nimmt als Blech oder Draht nach dem Erwärmen auf 100 °C beim Abkühlen etwa das 600fache Volumen gasförmigen Wasserstoff auf, ohne dabei sein metallisches Aussehen zu verändern.

Auch Legierungen von Palladium mit Silber (bis zu 40 %) nehmen Wasserstoff mindestens so leicht auf wie das reine Metall. Die von der Legierung gelöste Wasserstoffmenge ist entsprechend der Aufteilung eines Wasserstoffmoleküls in 2 Atome proportional der Quadratwurzel aus dem Gasdruck (A. SIEVERTS).

Mit fein verteiltem und noch besser mit kolloid gelöstem Palladiumwasserstoff haben C. PAAL sowie SKITA zahlreiche wichtige Reduktionen organischer Verbindungen durchgeführt. Für technische Zwecke ist aber die Reduktion mit Nickel und Wasserstoff vorzuziehen.

Palladiumschwarz wirkt auch als Katalysator bei Oxydationsprozessen, und zwar na<
H. WIELAND in der Weise, daß durch das Palladium zunächst dem Objekt Wasserstoff en
zogen wird, der dann durch Luftsauerstoff oder andere Oxydationsmittel zu Wasser oxydie.
wird. Durch solche primäre Dehydrierung wird Kohlenoxid über das intermediäre Hydra
nämlich über die Ameisensäure hinweg, zu Kohlendioxid, und Aldehyde werden üb<
die Hydrate zu Carbonsäuren oxidiert. Auch Traubenzucker wird bis zu Kohlensäure oxydier

Palladiumkatalysatoren mit Trägersubstanzen wie bei Platin spielen eine große Rolle b<
der Wasserstoff- und Sauerstoffreinigung sowie bei der Herstellung von Arzneimitteln.

Eine geheizte Palladiumkapillare läßt den Wasserstoff so rasch hindurchdiffundieren, da
man Wasserstoff aus Gasgemischen abtrennen kann.

Palladiumverbindungen

Wie Platin tritt auch Palladium in den Oxydationsstufen $+2$ und $+4$ auf, doch sin<
die vierwertigen Verbindungen wenig beständig. Palladium(IV)-halogenide sind nur in
komplexer Form bekannt. Mit Fluor entsteht als fluorreichste Verbindung das schwarze
sehr hygroskopische Palladium(III)-fluorid, PdF_3, mit Chlor nur Palladium(II)-chlorid
$PdCl_2$.

Mit Sauerstoff reagiert Palladium bei Rotglut zu schwarzem, in allen Säuren unlöslichen
Palladium(II)-oxid, PdO. In wasserhaltiger Form erhält man dieses Oxid als braunen Niederschlag durch Hydrolyse verdünnter Palladium(II)-nitratlösungen.

Mit Schwefel bildet Palladium mehrere *Sulfide*, darunter PdS_2, PdS und Pd_4S. Das Monosulfid, PdS, entsteht auch aus salzsauren Palladium(II)-lösungen mit Schwefelwasserstoff.

In warmer Salpetersäure löst sich Palladium zu *Palladium(II)-nitrat*, $Pd(NO_3)_2$, das
aus der dunkelbraunen Lösung in langen, braungelben, äußerst zerfließlichen Prismen
auskristallisiert. In kochender Schwefelsäure ist Palladium wenig löslich, leichter in
schmelzendem Kaliumhydrogensulfat. Fein verteiltes Palladium wird auch von Salzsäure
unter Luftzutritt, schneller von Königswasser, zur braunen *Chlorosäure*, $H_2[PdCl_6]$,
gelöst, deren Lösung aber schon beim Kochen Chlor abgibt und in *Palladium(II)-chlorid*,
$PdCl_2$, übergeht. Dieses kristallisiert aus der wäßrigen Lösung als Dihydrat in rotbraunen, zerfließlichen Kristallen. Das wasserfreie, im Chlorstrom aus dem Metall
dargestellte Chlorid ist granatrot gefärbt.

Kaliumtetrachloropalladat(II), $K_2[PdCl_4]$, kristallisiert in braungelben, mit $K_2[PtCl_4]$
isomorphen Säulen.

Die braune Lösung von Palladiumchlorid ist besonders in Gegenwart von Natrium-
acetat sehr empfindlich gegenüber reduzierenden Einwirkungen und färbt sich, in
Papier aufgesaugt, in einer Atmosphäre von Leuchtgas, Kohlenoxid, Äthylen und
Wasserstoff bald schwarz.

Stickoxid vereinigt sich mit Palladium(II)-chlorid zu dem dunkelbraunen $PdCl_2 \cdot 2\,NO$
und mit Palladium(II)-sulfat zum smaragdgrünen $PdSO_4 \cdot 2\,NO$, die durch Wasser unter
Stickoxidentwicklung zersetzt werden. Kohlenoxid wird nur bei gewöhnlicher Temperatur
und bei Gegenwart von Methanoldampf als Katalysator zum $PdCl_2 \cdot CO$ aufgenommen
(W. MANCHOT).

Kaliumhexachloropalladat(IV), $K_2[PdCl_6]$, kristallisiert aus der mit Chlor gesättigten Lösung
in kleinen, roten Oktaedern, die beim Erwärmen oder längerem Kochen mit Wasser Chlor
abgeben und in Palladium(II)-chlorid übergehen.

Palladium(II)-jodid, PdJ_2, fällt aus Palladiumsalzlösungen durch Kaliumjodid als schwarzer,
charakteristischer Niederschlag aus, der in Wasser und Alkalien unlöslich ist, sich aber im
Überschuß von Kaliumjodid mit dunkelbrauner Farbe auflöst.

alladium(II)-cyanid, Pd(CN)$_2$, wird aus den Palladiumsalzlösungen durch Quecksilbercyanid
ls amorpher, gelblichweißer Niederschlag gefällt, der in Wasser unlöslich, in Salzsäure
chwer, in Ammoniak leicht löslich ist. Obwohl das Quecksilbercyanid in wäßriger Lösung
ur sehr wenig Cyanid-Ionen abgibt, fällt es aus Palladiumsalzen Palladiumcyanid dennoch
ofort aus, ein Beweis für die geringe Löslichkeit des Palladium(II)-cyanids.

Лit Ammoniak liefert das Palladium(II)-chlorid eine Reihe von Palladium(II)-amminen, die
len Amminen des zweiwertigen Platins vielfach entsprechen, aber gegenüber Säuren und
eißem Wasser unbeständiger sind als diese.

esonders charakteristisch ist das gelbe *Diamminopalladium(II)-chlorid*, [(NH$_3$)$_2$PdCl$_2$], weil
s in kaltem Wasser fast unlöslich ist und aus der Lösung in Ammoniakwasser durch Salzsäure
vieder abgeschieden wird. Über diese Verbindung kann man das Palladium vorteilhaft
einigen. Beim Erhitzen hinterbleibt Palladiumschwamm.

Zum analytischen *Nachweis* ist auch die gelbe Fällung mit Dimethylglyoxim in schwach
mineralsaurer Lösung geeignet.

Ruthenium, Ru

Atomgewicht	101,07
Schmelzpunkt	1950 °C
Dichte	12,6 g/cm^3

Vorkommen und Eigenschaften

Außer im Platinerz und besonders im Osmiridium kommt das Ruthenium als Mineral
Laurit, (Ru, Os)S$_2$, in Borneo und Oregon vor. Der Name Ruthenium wurde von dem
Entdecker CLAUS 1845 nach Rußland ≙ Ruthenenland gegeben.

Über die Gewinnung des Metalls aus den Platinerzen siehe S. 694.

Das im Knallgasgebläse geschmolzene Metall hat graue Farbe und ist beinahe so hart wie
Osmium, so daß Rutheniumlegierungen ebenfalls als Material für Schreibfederspitzen
dienen.

Wie Gold, so löst sich Ruthenium in Königswasser besonders leicht dann, wenn zuerst
Salzsäure und danach Salpetersäure zugegeben werden, wogegen die Berührung mit Salpetersäure das Metall passiviert.

In der oxidierenden Knallgasflamme brennt das Ruthenium unter Funkensprühen mit
rußender Flamme.

Rutheniumverbindungen

Durch Schmelzen mit Ätzkali im Silbertiegel, am besten unter Zusatz von Salpeter oder
Chlorat, wird Ruthenium mit grüner Farbe gelöst. Nach Wasserzusatz entsteht eine orangegelbe Lösung, die die Haut durch Ablagerung von Oxid schwarz färbt und beim Einengen
das *Kaliumruthenat(VI)*, K$_2$RuO$_4$ · H$_2$O, liefert. Dieses bildet grünglänzende, in dünner
Schicht rot durchscheinende, rhombische Kristalle. Beim Ansäuern erfolgt Disproportionierung
zu wasserhaltigem Dioxid und Perruthenat.

Chlor färbt die Ruthenatlösung unter Bildung von *Kaliumperruthenat*, $KRuO_4 \cdot H_2O$, grün, das in schwarzen, quadratischen Kristallen dargestellt wurde.

Dem Osmiumtetroxid entspricht das *Rutheniumtetroxid*, RuO_4. Dieses sublimiert beim Einleiten eines starken Chlorstromes in die Ruthenatlösung in goldgelben, glänzenden, rhombischen Prismen, schmilzt bei 25,5 °C, siedet etwas über 100 °C, verflüchtigt sich schon bei 15 °C sehr beträchtlich und riecht ähnlich wie Ozon. Der gelbe Dampf schwärzt organische Stoffe ähnlich wie Osmiumtetroxid, reizt die Schleimhäute des Halses sehr empfindlich und soll bisweilen explosionsartig zerfallen.

In Wasser löst sich das Rutheniumtetroxid nur wenig auf, ohne eine Säure zu bilden. Alkohol oder Wasserstoffperoxid reduzieren zum Dioxidhydrat. Mit Kalilauge entstehen unter Sauerstoffentwicklung beim Erwärmen Perruthenat und dann Ruthenat.

In guter Ausbeute erhält man RuO_4 durch Oxydation des Ruthenium(III)-chlorids mit Natriumbromat in siedender verdünnter Salzsäure. Es läßt sich — ähnlich dem Osmiumtetroxid — als starkes Oxydationsmittel für Alkohole, Aldehyde und Äther sowie zur Spaltung der Kohlenstoffdoppelbindung verwenden.

Rutheniumdioxid, RuO_2, hinterbleibt nach dem Erhitzen des Metalls im Sauerstoffstrom als indigoblaues, metallglänzendes, in Säuren unlösliches Pulver. Bei 1000 °C entstehen tetragonale, mit Zinnstein und Rutil isomorphe, sehr harte Kristalle.

Salzsäure reduziert die Ruthenatlösung wie auch das Rutheniumtetroxid unter Chlorentwicklung zu braungelbem *Rutheniumtrichlorid*. Auch aus dem Metall und Chlor entsteht zwischen 300 und 840 °C nur das Trichlorid (L. Wöhler). Dieses kristallisiert mit Kaliumchlorid als braunviolettes komplexes Salz, $K_2[RuCl_5(H_2O)]$, dessen wäßrige, orangegelbe Lösung sich beim Erwärmen leicht zersetzt, undurchsichtig schwarz wird und schließlich einen schwarzen, voluminösen Niederschlag abscheidet. Auch die verdünntesten Lösungen dieses Salzes werden beim Erhitzen schwarz wie Tinte, eine Erscheinung, die als sehr empfindliche Reaktion auf Ruthenium gelten darf. Schwefelwasserstoff fällt einen dunklen Niederschlag, während sich die Lösung lasurblau färbt. Zink färbt unter Reduktion erst lasurblau und scheidet dann metallisches Ruthenium ab.

Aus dem Kaliumruthenat kann man auch das *Hexachlororuthenat(IV)*, $K_2[RuCl_6]$, in roten Oktaedern erhalten, die sich in Wasser mit hellroter Farbe auflösen.

Mit Kaliumcyanid gibt das Kaliumruthenat das komplexe Salz $K_4[Ru(CN)_6] \cdot 3 H_2O$ in farblosen Kristallen. Diese Analogie zum Eisen wird vervollständigt durch das Kaliumnitrosopentacyanoruthenat, welches auch die beim Nitroprussidsalz bekannte, ähnliche blaustichig rote Färbung mit Schwefelammon gibt (F. Krauss, sowie W. Manchot).

Von zwei- und dreiwertigem Ruthenium leitet sich, ähnlich wie bei Kobalt, eine große Anzahl von Amminokomplexsalzen mit der Koordinationszahl 6 ab, die insbesondere von K. Gleu studiert wurden, so z. B. die Praseosalze, $[Ru(NH_3)_4Br_2]X \cdot H_2O$, mit trans-Konfiguration und die stereoisomeren cis-Violeosalze, die Purpureosalze, $[Ru(NH_3)_5Cl]X_2$, die Luteosalze, $[Ru(NH_3)_6]X_3$, die Roseosalze, $[Ru(NH_3)_5 \cdot H_2O](NO_3)_3$, das Sulfitoammin, $[Ru(NH_3)_4(HSO_3)_2]$ $\cdot H_2O$, und zahlreiche andere mehr.

Als höchste Halogenverbindung des Rutheniums ist Ruthenium(VI)-fluorid, RuF_6 von Claasen (1961) durch Verbrennung des gepulverten Metalls mit Fluor erhalten worden. Die dunkelbraune, mäßig flüchtige Verbindung, Schmelzp. 54 °C, zerfällt bei 200 °C in Fluor und Ruthenium(V)-fluorid, RuF_5, das schon O. Ruff als dunkelgrüne Verbindung darstellte, die an der Luft raucht und sich rasch oxydiert, Schmelzp. 101 °C, Siedep. etwa 270 °C.

Rhodium, Rh

Atomgewicht	102,905
Schmelzpunkt	1960 °C
Dichte	12,4 g/cm^3

Vorkommen, Eigenschaften und Verwendung

Außer in dem Platinerz findet sich Rhodium mit Gold zusammen in geringer Menge in Mexiko. Die Trennung von den bei der Fällung des Platinsalmiaks in der Mutterlauge bleibenden anderen Platinmetallen, besonders von Iridium, beruht auf der Fällung des Iridiums als Chloroiridat, $(NH_4)_2[IrCl_6]$, und der Kristallisation des Rhodiumsalzes, $(NH_4)_3[RhCl_6]$, sowie auf der Löslichkeit des Rhodiums in der Hydrogensulfatschmelze. Nach der Farbe der rosaroten Chlororhodiumsalze wurde das Metall Rhodium genannt (von ῥόδεος ≙ rosenrot).

Kompaktes Rhodium ist ein nahezu silberweißes glänzendes Metall, das in der Hitze zu Blech und Draht verarbeitet werden kann. Es wird von keiner Säure, auch nicht von Königswasser, angegriffen. Auch eine Legierung von 30 % Rhodium mit 70 % Platin widersteht diesem Reagens. Schmelzendes Kaliumhydrogensulfat wirkt aber auf Rhodium kräftig ein, und danach löst Wasser ein gelbes Doppelsulfat, das sich auf Zusatz von Salzsäure rot färbt. Im Gemisch mit Natriumchlorid wird Rhodium von Chlor bei erhöhter Temperatur in die obenerwähnten löslichen, roten Doppelchloride übergeführt.

Platinlegierungen mit 1...10 % Rhodium geben den besten Katalysator für die Ammoniakverbrennung und die Blausäurefabrikation.

In dem Thermoelement von LE CHATELIER besteht der eine Draht aus reinem Platin, der andere aus Platin mit 10 % Rhodium legiert. Man kann an der Verbindungsstelle unter Einschalten eines Galvanometers in den Stromkreis Temperaturen bis zu 1500 °C messen. Wegen des hohen Lichtreflexionsvermögens (75...80 %) werden Rhodiumüberzüge für hochwertige, anlaufbeständige Spiegel verwendet sowie zum Schutz von Schmuckwaren. Auch die Schwachstromtechnik verwendet mit Rhodiumüberzügen versehene Kontakte.

Kleine Mengen von Rhodium neben Wismut, Chrom und Antimon werden den keramischen Edelmetallfarben, wie Glanzgold und Glanzsilber, zugesetzt, die bei der Dekoration von Glas und Porzellan Verwendung finden.

Rhodiumverbindungen

Das Natriumsalz, $Na_3[RhCl_6] \cdot 12\,H_2O$, kristallisiert in tiefroten, leicht löslichen Prismen, das Kaliumsalz, $K_2[RhCl_5H_2O]$, in roten Blättern.

Während das wasserhaltige, dunkelrote Chlorid $RhCl_3 \cdot 4\,H_2O$ sich in Wasser und Alkohol leicht auflöst, ist das mittels konzentrierter Schwefelsäure daraus dargestellte, auch direkt aus Rhodiumpulver und Chlor erhältliche, wasserfreie *Rhodium(III)-chlorid*, $RhCl_3$, ein braunrotes, in Wasser, Salzsäure und Königswasser zunächst unlösliches Kristallpulver (vgl. Chrom(III)-chlorid).

Aus Lösungen von Rhodium(III)-chlorid, $RhCl_3$, fällt mit Kaliumjodid unlösliches Rhodium(III)-jodid, RhJ_3 (J. MEYER).

Versetzt man die Lösung von Rhodiumchlorid mit überschüssiger Kalilauge, so färbt sie sic allmählich gelb, aber es entsteht auch beim Erhitzen keine Fällung. Tröpfelt man Alkohol i die alkalische Lösung, so entsteht schon bei gewöhnlicher Temperatur eine schwarze Fällun von Rhodium, während die übrigen Platinmetalle unter diesen Umständen erst beim Erhitze abgeschieden werden. Auch Ameisensäure fällt in der Hitze Rhodiummohr. Überschüssig Ameisensäure wird von diesem zu Kohlensäure und Wasserstoff katalysiert. Beim Koche mit Hydrazinhydrat werden auch die Rhodiumammine quantitativ zu metallischem Rhodiur reduziert (A. GUTBIER).

Osmium, Os

Atomgewicht	190,2
Schmelzpunkt	$\approx 2700\,^{\circ}\text{C}$
Dichte	22,48 g/cm^3

Darstellung, Eigenschaften und Verwendung

Osmium wird beim Auflösen von Platinerz oder beim Aufschließen des hierbei bleibenden Rückstands bzw. des natürlichen Osmiridiums mit Natriumchlorid im feuchten Chlorstrom als Tetroxid verflüchtigt und daraus mit Salzsäure und metallischem Quecksilber bzw. Zink oder mit Schwefelammonium gefällt. Diese Niederschläge hinterlassen beim Erhitzen im Wasserstoffstrom das Metall als schwarzes Pulver, das unter dem Polierstahl Metallglanz annimmt.

Osmiumhaltige Rückstände werden auch durch die Alkali-Salpeterschmelze aufgeschlossen. Die wäßrige Lösung des Schmelzkuchens säuert man in einer Destillationsapparatur mit Salpetersäure kräftig an, beim Erhitzen wird das Osmium als Tetroxid mit dem Luftstrom in eine alkalische Vorlage übergetrieben.

Kompaktes Osmium hat bläulichweißen Metallglanz, ähnlich wie das Zink, und ist der spezifisch schwerste aller Stoffe. Aus der Legierung mit Zink hinterbleibt beim Abdestillieren des Zinks und Glühen des Rückstands im Kohletiegel vor dem Knallgasgebläse das Metall als metallisch glänzende, Glas ritzende Masse, die von Königswasser nicht angegriffen wird.

Wegen des sehr hohen Schmelzpunktes wurde zeitweise Osmiumdraht für Glühlampen verwendet, dann aber durch Tantal und später durch Wolfram ersetzt.

Osmiumlegierungen mit anderen Platinmetallen geben wegen ihrer hohen Festigkeit und geringen mechanischen wie chemischen Abnutzung das beste Material für die Spitzen der Schreibfedern.

Osmiumverbindungen

Die interessanteste Osmiumverbindung und eine der merkwürdigsten Verbindungen überhaupt ist das *Osmiumtetroxid (Osmium(VIII)-oxid)*, OsO$_4$. Schon an der Luft oxydiert sich fein verteiltes Osmium, bisweilen unter Selbstentzündung, zu diesem flüchtigen und stark nach Chlordioxid riechenden höchsten Oxid. Von dem Geruch stammt auch der Name Osmium nach dem griechischen Wort ὀσμή ≙ Geruch.

Zur Darstellung wird die aus Kaliumosmat(VI) bestehende Schmelze von Osmium und Salpeter durch Chromsäure und Schwefelsäure zersetzt oder das pulvrige Metall in einer Kugelröhre im langsamen Sauerstoffstrom erhitzt. Das meiste Tetroxid setzt sich in einer daran angeschlossenen zweiten Kugel, die mit Eis gekühlt wird, ab. Die vom Sauerstoff mitgerissene kleine Menge absorbiert man mit Ammoniakwasser oder alkoholischer Kalilauge.

Osmiumtetroxid kristallisiert in blaßgelblichen, fast farblosen, monoklinen Kristallen vom Schmelzp. $\approx 40\,°C$ und Siedep. 130 °C. Schon bei gewöhnlicher Temperatur ist dieses Oxid, das sich doch von einem schwerst schmelzbaren und nicht verdampfbaren Metall ableitet, flüchtig. Die Dämpfe sind sehr giftig und bewirken besonders Augenentzündungen. Durch die meisten organischen Stoffe, insbesondere aber durch Fette, wird schwarzes Osmiumdioxid, OsO_2, abgeschieden, weshalb das Tetroxid in der Mikroskopie zum Nachweis von Fett dient.

Osmiumtetroxid wirkt stark oxydierend und wird aus dem niederen Oxid sowohl durch Sauerstoff als auch durch Chlorate schnell wieder hergestellt, worauf sich die Aktivierung von Chloratlösungen für Oxydationszwecke gründet (siehe S. 234).

Durch Addition von OsO_4 an ungesättigte Kohlenstoffverbindungen, wie Olefine, entstehen die dunkelfarbigen, gut kristallierten Ester der Osmiumsäure, über die der Sauerstoff auf das organische Objekt übertragen wird (R. CRIEGEE).

In Wasser löst sich dieses Oxid allmählich ohne saure Reaktion auf. Auch mit verdünnten Alkalien erfolgt keine Salzbildung. Ist aber Alkohol zugegen, so wirkt dieser reduzierend, und es scheidet sich das schwerlösliche *Kaliumosmat(VI)*, $K_2OsO_4 \cdot 2\,H_2O$, als dunkelviolettrotes Kristallpulver oder in dunkelgranatroten Oktaedern ab.

Mit konzentrierten Alkalilaugen vereinigt sich Osmiumtetroxid zu gelb bis rotbraun gefärbten, kristallisierten Dihydroxotetraoxoosmaten(VIII), wie z. B. $K_2[OsO_4(OH)_2]$. Mit Alkalifluoriden entstehen analoge Fluoroosmate, wie z. B. $Rb_2[OsO_4F_2]$ (F. KRAUSS und D. WILKENS).

Eine Lösung von Osmiumtetroxid (10 Teile) in konzentrierter Kalilauge (15 Teile) gibt nach Zusatz von starkem Ammoniakwasser (4 Teile) gelbe, quadratische Oktaeder von *Kaliumosmiamat*, $K(OsO_3N)$, nach der Gleichung:

$$OsO_4 + KOH + NH_3 = K[OsO_3N] + 2\,H_2O$$

Bei der Reduktion von Osmiumtetroxid in alkalischer Lösung gelangt man auch durch starke auf 440 °C hinterbleibt aus diesem Salz das indigoblaue $KOsO_3$. Mit kalter rauchender Salzsäure wird nicht der Stickstoff, sondern der Sauerstoff durch Chlor verdrängt, und es entsteht die Verbindung $K_2(OsNCl_5)$ in rubinroten Prismen.

Die sich hier zeigende, auffallend starke Affinität des Osmiums zum Stickstoff äußert sich auch in der sehr bemerkenswerten Fähigkeit von metallischem Osmium, die Vereinigung von Stickstoff und Wasserstoff zu Ammoniak schneller zu bewirken, als irgendein anderer Katalysator.

Bei der Fluorierung von Osmium entsteht nicht, wie es O. RUFF annahm, Osmiumoktofluorid, sondern *Osmiumhexafluorid*, OsF_6, (WEINSTOCK und MALM, 1958), eine leicht flüchtige, zitronengelbe, kristalline Substanz, Schmelzp. 32 °C, Siedep. 46 °C. Der farblose Dampf greift die Haut sehr stark an, schwärzt Papier augenblicklich, entzündet Paraffinöl und wird von Metallen zu Osmiumtetrafluorid, OsF_4, reduziert.

Bei der Reduktion von Osmiumtetroxid in alkalischer Lösung gelangt man auch durch starke Reduktionsmittel, wie Hydrazinhydrat, nur zu dem schwarzen *Dioxidhydrat*, $OsO_2 \cdot 2\,H_2O$, das bei 100 °C zu dem blauschwarzen, an den Bruchstellen indigoähnlichen Osmiumdioxid, OsO_2, eintrocknet. Aus dem Dioxidhydrat bestehen auch die schwarzen Reduktionsprodukte des Osmiumtetroxids mit organischen Stoffen.

Das Dioxidhydrat geht außerordentlich leicht als blauschwarzes Kolloid in Lösung und ist dann einer der wirksamsten Wasserstoffperoxidkatalysatoren; noch 10^{-9} g sind an der Sauerstoffentwicklung bemerkbar.

Das beim Glühen des Dioxids im Wasserstoffstrom hinterbleibende pulvrige Osmiummetall liefert mit Chlor die *Chloride* $OsCl_4$, $OsCl_3$ und $OsCl_2$. Die Salze der Hexachlorosäure, $H_2[OsCl_6]$, sind rot bis braunrot gefärbt und zum Teil gut kristallisierbar.

Auf der Bildung von Osmium(II)-jodid, OsJ_2, beruht die für den analytischen Nachweis wichtige, tief smaragdgrüne Färbung, die Tetroxid in Kaliumjodidlösung nach Zugabe von etwas Salzsäure bewirkt.

45 Hofmann, Anorgan. Chemie

Iridium, Ir

Atomgewicht	192,2
Schmelzpunkt	2450 °C
Dichte	22,4 g/cm³

Vorkommen, Darstellung, Eigenschaften und Verwendung

Im Platinerz ist das Iridium teilweise mit dem Platin legiert, teilweise mit dem Osmium zu Osmiridium vereinigt. Letzteres kommt auch neben dem Platinerz als selbständiges Mineral vor und hinterbleibt beim Auflösen von Platinerz im Königswasser größerenteils ungelöst.

Der in Königswasser lösliche Teil des Iridiums fällt auf Zusatz von Salmiak mit dem Platinsalmiak gemischt als rotschwarzer *Iridiumsalmiak*, $(NH_4)_2[IrCl_6]$, aus. Schon geringe Mengen Iridium lassen sich neben viel Platin an der roten Farbe der Salmiakfällung erkennen. Das Osmiridium wird zunächst mit Zink geschmolzen und durch Lösen dieses Metalls in Salzsäure als feines, schwarzes Pulver abgeschieden. Dieses geht im Gemenge mit Natriumchlorid durch Erhitzen im Chlorstrom auf 300 ... 400 °C in die Chloride über und liefert dann mit Salmiak gleichfalls den Iridiumsalmiak.

Zur Trennung von Platin- und Iridiumsalmiak kann man die erheblich größere Löslichkeit des letzteren in Wasser benutzen. Auch kann man den gemischten Platiniridiumsalmiak durch schwaches Glühen in Metallschwamm verwandeln, diesen wieder in Königswasser lösen und durch Eindampfen bis 125 °C die Hexachloroiridiumsäure in Iridiumtrichlorid überführen, das dann zum Unterschied von der unverändert gebliebenen Hexachloroplatinsäure durch Salmiak nicht gefällt wird.

Ein beliebtes analytisches Verfahren zur Trennung von Platin und Iridium ist die Bleischmelze bei 1000 °C im Kohletiegel. Wird der Bleiregulus mit verdünnter Salpetersäure behandelt, so löst sich nur Blei. Aus dem abfiltrierten Rückstand löst verdünntes Königswasser nur das Platin, so daß platinfreies Iridium zurückbleibt. Das Verfahren wird auch im Scheidebetrieb durchgeführt.

Iridium ist ein weißes, sprödes Metall, das wegen seines hohen Schmelzpunktes gelegentlich für Geräte (Iridiumrohre, Iridiumschiffchen) verwendet wird, in denen man durch elektrische Widerstandsheizung Bestimmungen bei hohen Temperaturen ausführen kann. Iridiumtiegel sind gegen Phosphate, Silicate, Kohle und Königswasser widerstandsfähig. Das fein verteilte, nicht geschmolzene Iridium ist tiefschwarz gefärbt und dient zum Schwarzfärben auf Glas oder Porzellan, indem man das Hydroxid aufträgt und dann stark glüht.

Legierungen von 10 ... 20 % Iridium mit Platin sind härter und auch gegenüber chemischen Agenzien insbesondere auch gegenüber Chlor widerstandsfähiger als reines Platin und werden deshalb auch für Elektroden und Kontakte verwendet.

Infolge Bildung eines flüchtigen Oxids, vermutlich des Trioxids, IrO_3 (H. SCHÄFER, 1959), sind Iridium- und Platin-Iridiumgeräte nicht so gewichtskonstant wie solche aus Platin oder Platin-Rhodium.

Iridiumverbindungen

Die beständigen Iridiumverbindungen leiten sich vom drei- und vierwertigen Iridium ab, die Oxydationsstufe + 6 liegt im Iridiumhexafluorid, IrF_6, und Iridiumtrioxid, IrO_3, vor.

Iridium ist nach dem Glühen selbst in Königswasser unlöslich. Durch Schmelzen mit Kaliumhydroxid und Salpeter wird es oxydiert und ist dann in Königswasser löslich.

Am vollständigsten gelingt der Aufschluß durch Erhitzen des mit Natriumchlorid gemengten, fein verteilten Metalls im feuchten Chlorstrom. Dabei entsteht Natriumhexachloroiridat(IV), $Na_2[IrCl_6]$.

Beim Glühen in Sauerstoff oxydiert sich feinst verteiltes Iridium zu schwarzem *Iridiumdioxid*, IrO_2. In wasserhaltiger Form entsteht dieses Oxid aus Hexachloroiridium(IV)-säurelösung, $H_2[IrCl_6]$, durch Kalilauge. Dabei fällt zunächst das rote Kaliumhexachloroiridat(IV), $K_2[IrCl_6]$, aus, das sich aber in überschüssiger Lauge mit olivgrüner Farbe löst. Beim Erwärmen wird die Farbe heller, dann rosa und violett, bis zuletzt intensiv blaues wasserhaltiges Iridiumdioxid ausfällt. Beim Erhitzen geht dieses in das wasserfreie kristallisierte Iridiumdioxid über. Aus Iridium(III)-chloridlösungen erhält man mit Alkalilauge das grünliche, in der Hitze schwarze *Iridium(III)-hydroxid*, $Ir(OH)_3$, das sich leicht an der Luft zu blauem vierwertigem Oxid oxydiert. Von diesem Farbenwechsel stammt der Name Iridium (vgl. Iris).

Mit Fluor verbindet sich Iridium zu dem gelben *Iridiumhexafluorid*, IrF_6, (Schmelzp. 44 °C, leicht flüchtig), das mit weiterem Iridium Iridiumtetrafluorid, IrF_4, gibt (O. Ruff).

Mit Chlor reagiert feinverteiltes Iridium bei etwa 600 °C zu olivgrünem bis schwarzem *Iridiumtrichlorid*, $IrCl_3$, das in Säuren und Laugen unlöslich ist. Bei höheren Temperaturen (770 °C) entsteht braunes *Iridiumchlorid*, $IrCl_2$.

Ein Monochlorid, IrCl, existiert wahrscheinlich nicht (K. Brodersen, 1961). Auch das wasserfreie Iridiumtetrachlorid konnte bisher nicht rein dargestellt werden, wohl aber ist die komplexe Chlorosäure, $H_2[IrCl_6] \cdot 6 H_2O$, schwarze Nadeln, bekannt. Von ihr leiten sich die schwarzroten *Hexachloroiridate(IV)* ab. Diese gehen durch Reduktion in die grünen *Hexachloroiridate(III)* über, z. B. $Na_3[IrCl_6] \cdot 12 H_2O$. Mit Schwefelwasserstoff als Reduktionsmittel fällt erst nach längerer Zeit das *Sulfid* Ir_2S_3 als brauner Niederschlag aus.

Unter den zahlreichen komplexen Iridiumamminen ist besonders das Chloropentamminiridiumchlorid, $[Ir(NH_3)_5Cl]Cl_2$, charakteristisch, das beim Umkristallisieren der Produkte von Iridiumtrichlorid oder -tetrachlorid mit Ammoniak aus verdünntem heißem Ammoniakwasser entsteht und sich in bräunlichgelben, oktaedrischen Kristallen abscheidet, die isomorph sind mit den analogen Verbindungen von Kobalt und Rhodium. Da 1 Teil zur Lösung bei gewöhnlicher Temperatur ungefähr 150 Teile Wasser erfordert, eignet sich dieses Salz besonders zur völligen Trennung des Iridiums von den anderen Platinmetallen, mit Ausnahme von Rhodium.

Seltene Erden

Scandium, Sc, Yttrium, Y, Lanthan, La, und Actinium, Ac, sind im Periodischen System in die III. Nebengruppe eingeordnet, weil ihre Valenzelektronen im s- und d-Niveau (s^2d^1) liegen, während Gallium, Indium und Thallium mit (s^2p^1) zur III. Hauptgruppe gehören. In alle Verbindungen treten aber Scandium, Yttrium, Lanthan und Actinium als dreifach positiv geladene Ionen ohne die Valenzelektronen ein, und höchstwahrscheinlich sind sie als solche auch im metallischen Zustand ihrer Elemente enthalten. Diese Ionen haben im Gegensatz zu den dreifach positiv geladenen Ionen von Gallium, Indium und Thallium die Edelgaskonfiguration und darum erheblich größere Volumina als diese. Daher sind Scandium, Yttrium, Lanthan und Actinium im chemischen Verhalten dem Aluminium näher verwandt als Gallium, Indium oder Thallium.

Auf das Lanthan folgen vom Cer bis zum Lutetium 14 Elemente:
58 *Cer* Ce, 59 *Praseodym* Pr, 60 *Neodym* Nd, 61 *Promethium* Pm, 62 *Samarium* Sm, 63 *Europium* Eu, 64 *Gadolinium* Gd, 65 *Terbium* Tb, 66 *Dysprosium* Dy, 67 *Holmium* Ho, 68 *Erbium* Er, 69 *Thulium* Tm, 70 *Ytterbium* Yb, 71 *Lutetium* Lu.

Bei diesen Elementen wird das 4 f-Niveau mit 14 Elektronen aufgefüllt. Die Elemente bilden aber bevorzugt Verbindungen, in die sie nach Abgabe der $s^2 d^1$-Elektronen als positiv dreiwertige Ionen eintreten. Darum sind sie chemisch dem Yttrium und Lanthan sehr ähnlich. Man nennt diese 14 Elemente daher die Lanthaniden. Entsprechend ihrem Vorkommen in der Natur, faßt man die Lanthaniden einschließlich Yttrium und Lanthan unter dem Namen „Seltene Erden" zusammen. Auch das Scandium soll trotz seiner deutlich verschiedenen Eigenschaften, der Gewohnheit folgend, in dieser Gruppe behandelt werden.

Der Name „Seltene Erden" ist insofern irreführend, als diese Elemente am Aufbau der Erdrinde stärker beteiligt sind als manche lang bekannten Elemente, wie z. B. Silber, Quecksilber oder Cadmium. Sie sind in zahlreichen Gesteinen anzutreffen, doch meist nur in äußerst geringen Konzentrationen, und nur selten hat in gewissen Mineralen eine Anreicherung dieser Elemente stattgefunden.

Vorkommen

In der Hauptsache kommen die Elemente der Seltenen Erden als Phosphate und Silicate, bisweilen auch als Titanate, Niobate und Tantalate vor. Das wichtigste Mineral ist der *Monazit*, $CePO_4$. Weiterhin sind zu nennen: Cerit, $H_3(CaFe)Ce_3Si_3O_{13}$, Orthit, $(Ca, Ce, La, Na)_2(Al, Fe, Mn, Mg, Be)_3OH(SiO_4)_3$, Bastnäsit, $CeF(CO_3)$, Thorit, $ThSiO_4$, und Thorianit, $(Th, U)O_2$. In diesen Mineralen überwiegen die Elemente Lanthan bis Samarium, während die darauffolgenden Glieder Europium bis Lutetium zusammen mit dem Yttrium als Hauptbestandteil vornehmlich im Gadolinit, $Y_2Fe(SiBeO_5)_2$, Keilhauit, $(Y, Al, Fe)_2SiO_5 \cdot TiCaSiO_5$, Xenotim, YPO_4, Fergusonit, $Y(NbTa)O_4$, Yttrotantalit, $Y_4(Ta_2O_7)_3$ und in den kompliziert zusammengesetzten Niobaten und Tantalaten Euxenit, Polykras, Blomstrandin, Samarskit anzutreffen sind. Auf diese Anreicherung der einen oder anderen Gruppe in den natürlichen Vorkommen geht die auch heute in der Praxis noch gebräuchliche Einteilung in *Ceriterden* und *Yttererden* zurück.

Die Minerale der Seltenen Erden finden sich zumeist in Graniten und Pegmatiten des schwedisch-norwegischen Urgebirges, außerdem in Grönland, Nordkarolina, Brasilien und Australien. Die bergmännische Abtrennung aus diesen ursprünglichen Lagerstätten ist wegen der Härte des Gesteins und wegen der sporadischen, unregelmäßigen Verteilung dieser Minerale kaum lohnend. Um so mehr kommt für die technische Verarbeitung in Betracht die natürliche Ansammlung des wegen seines verhältnismäßig hohen Thoriumgehaltes besonders wichtigen Monazits in dem nach Verwitterung der ursprünglichen granitischen Gesteine entstandenen und durch die fließenden Gewässer von den spezifisch leichteren Teilen gesonderten Monazitsand.

Dieser Monazitsand enthält das Mineral in Gestalt von kleinen, bräunlichen Körnern mit der hohen Dichte von 4,8 ... 5,5 g/cm³, weshalb man früher dieses Material ohne Kenntnis der chemischen Zusammensetzung ($CePO_4$) als Ballast für die aus Brasilien nach Hamburg zurückkehrenden Schiffe benutzte. Das massenhafte Vorkommen des Monazitsandes besonders in Brasilien (Bahia), Nordkarolina, Idaho, Australien, Borneo, Afrika (Nyassaland und Pretoria), Travancore (Südspitze von Vorderindien), Ceylon sowie auch in Norwegen und am Ural, und der 3 ... 9 % Thorium betragende Gehalt des durch Schlämmen aufbereiteten Sandes ermöglichten die Entwicklung der Gasglühlichtindustrie. (Über den Aufschluß des Monazits siehe unter Thorium.)

Atombau der Seltenen Erden

Die Seltenen Erden bieten ein gutes Beispiel für den engen Zusammenhang zwischen dem Atombau und den chemischen bzw. physikalischen Eigenschaften eines Elementes.

Wie schon erwähnt, besitzen Scandium, Yttrium und Lanthan als äußerste Elektronen jeweils zwei s-Elektronen und ein Elektron in dem darunter liegenden d-Niveau, die alle drei gleich leicht abgegeben werden können. Daher bilden diese Elemente dreiwertig positive Ionen mit Edelgaskonfiguration analog dem Al^{3+}.
Sämtliche Elemente der Lanthanidengruppe haben wie das Lanthan zwei 6s- und ein 5d-Elektron. Vom Cer an werden die neu hinzukommenden Elektronen in das 4f-Niveau eingebaut, das durch die weiter nach außen reichenden vollbesetzten 5s- und 5p-Niveaus nach außen abgeschirmt ist. Die 4f-Elektronen betätigen sich daher meist nicht bei chemischen Umsetzungen. Aus diesem Grunde treten alle Elemente der Lanthanidengruppe dreiwertig auf. (Über die Elektronenkonfiguration von Sc^{3+}, Y^{3+}, La^{3+} und den Lanthaniden siehe auch die Tabelle S. 206 u. f.)

Lanthanidenkontraktion

Der Einbau der 4f-Elektronen im Innern der Atome ist von nur geringem Einfluß auf das Ionenvolumen. Unter der Einwirkung der in der Lanthanidenreihe zunehmenden Kernladung erfolgt vielmehr eine Kontraktion der Elektronenhülle, so daß vom La^{3+} bis zum Lu^{3+} die Ionenvolumina allmählich kleiner werden und, wie die Zahlen für die Ionenradien in der nachstehenden Tabelle erkennen lassen, beim Ho^{3+} wieder die Größe des Y^{3+}-Ions erreichen, obwohl zwischen diesen beiden Elementen 37 andere Elemente ihren Platz im Periodischen System finden. Nun wissen wir, daß eine Reihe von analytischen Eigenschaften, wie Löslichkeit und Basizität, im wesentlichen durch die Ladung, die Größe und äußere Elektronenkonfiguration der Ionen bestimmt wird. Da in der Lanthanidenreihe bei gleicher Ladung und gleicher äußerer Elektronenkonfiguration die Ionenradien sich von Element zu Element nur wenig ändern, wird die große Ähnlichkeit im analytischen Verhalten dieser ganzen Elementgruppe verständlich. Der Gang der Ionenradien von La^{3+} zu Lu^{3+} erklärt auch die in dieser Richtung verlaufende Abnahme der Basizität der Hydroxide und schließlich die bevorzugte Vergesellschaftung der stärker basischen Oxide der ersten Glieder mit Cer und der darauffolgenden schwächer basischen Oxide mit Yttrium in der Natur, die zu der Einteilung in Cerit- und Yttererden geführt hat.

Ionenradien der Seltenen Erden in Å

Sc^{3+} 0,83, Y^{3+} 1,06, La^{3+} 1,22,
Ce^{3+} 1,18, Pr^{3+} 1,16, Nd^{3+} 1,15, Sm^{3+} 1,13, Eu^{3+} 1,13, Gd^{3+} 1,11
Tb^{3+} 1,09, Dy^{3+} 1,07, Ho^{3+} 1,05, Er^{3+} 1,04, Tm^{3+} 1,04, Yb^{3+} 1,00, Lu^{3+} 0,99

Diese Lanthanidenkontraktion (V. M. GOLDSCHMIDT) hat zur Folge, daß zwischen den Ionenradien der auf das Lutetium folgenden Elemente Hafnium bis Platin und der entsprechenden darüberstehenden Elemente Zirkon bis Palladium nur geringe Unterschiede bestehen. Deshalb zeigen hier die homologen Elemente dieser beiden Perioden untereinander größere Ähnlichkeit als mit den entsprechenden Elementen der vierten Periode, vgl. z. B. die Elemente der VI. und VIII. Gruppe.

Die Oxydationsstufen + 2 und + 4

Für das Auftreten von zwei- und vierwertigen Ionen bei einigen Vertretern der Seltenen Erden hat W. KLEMM (1929) eine anschauliche Systematik gegeben. Vom Cer bis zum Lutetium wird das 4f-Niveau mit Elektronen besetzt. Da Ionen, bei denen nur voll besetzte Niveaus vorliegen, besonders stabil sind, bildet das Lutetium ausschließlich Lu^{3+}-Ionen mit voll besetztem 4f-Niveau. Dieselbe Konfiguration kann das vor dem

Lutetium stehende Ytterbium bilden, wenn es nur 2 Elektronen abgibt und das dritt
zur Vervollständigung des 4f-Niveaus benutzt. Daher tritt das Ytterbium auch zwei
wertig auf. Auch das am Beginn der Seltenen Erden stehende La^{3+}-Ion hat nur vo.
besetzte Niveaus. Dieselbe Konfiguration besitzt das Ce^{4+}-Ion. Daher tritt Cer auc
vierwertig auf.

Wie wir dies beim Mn^{2+}-Ion schon kennengelernt haben, ist das halbbesetzte d-Nivea
verhältnismäßig stabil. Das gleiche gilt für das halbbesetzte f-Niveau. Daher ist da
Gadolinium stabil dreiwertig, weil das Gd^{3+} 7 Elektronen im 4f-Niveau und sonst vol
besetzte Niveaus hat. Dieser Stabilität entspricht, daß das Europium zweiwertig und
das Terbium vierwertig sein kann.

Abb. 110 bringt dies schematisch zum Ausdruck. Ein Strich noch oben bedeutet die Bildung
vierwertiger Ionen, ein Strich nach unten die Bildung zweiwertiger Ionen. Die Länge der
Striche gibt ein ungefähres Maß der Beständigkeit. Die Größe der Punkte deutet die relative
Stabilität der dreiwertigen Ionen an. Man sieht, daß auch das Praseodym noch eine gewisse
Neigung zur Bildung vierwertiger Ionen, das Samarium eine Neigung zur Bildung zwei-
wertiger Ionen hat.

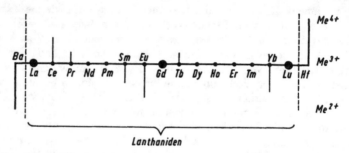

Abb. 110. Schematische Darstellung der Ionenwertigkeit der Seltenen Erden nach W. KLEMM

Die Neigung zur Bildung zweiwertiger Ionen bei Europium und Ytterbium zeigt sich auch
beim Betrachten der Kurve der Atomvolumina (Abb. 79, S. 419). Die Atomvolumina dieser
beiden Elemente sind ungewöhnlich hoch und nähern sich dem Atomvolumen des zweiwertigen
Bariums. Bei Cer und Terbium sinkt das Atomvolumen etwas unter den Kurvenzug in
Richtung auf den Wert des Hafniums, entsprechend der Fähigkeit zur Bildung vierwertiger
Ionen.

Auch die magnetische Untersuchung der Elemente ergab, daß im Europium und Ytterbium
zweiwertige Ionen das Metallgitter aufbauen, im Samarium zwei- und dreiwertige Ionen, im
Cer und Terbium vier- und dreiwertige, und im Lanthan, Neodym, Gadolinium, Erbium,
Thulium und Lutetium dreiwertige Ionen.

Durch Reduktion mit Strontiumamalgam konnten NODDACK und HOLLECK auch Scandium-
Cer-, Praseodym-, Neodym- und Gadoliniumverbindungen teilweise zur zweiwertigen Stufe
reduzieren. Die leichtere Reduzierbarkeit von Samarium, Europium und Ytterbium hob sich
aber deutlich heraus.

Durch Umsetzung der Trijodide von Lanthan, Cer, Neodym und Thulium mit den ent-
entsprechenden Metallen bei höheren Temperaturen lassen sich die zweiwertigen Verbindungen
LaJ$_2$, CeJ$_2$, NdJ$_2$ und TmJ$_2$ herstellen (L. B. ASPREY, 1960, und J. D. CORBITT, 1961). Diese
Verbindungen sind blauschwarz bis schwarz, instabil und reagieren stürmisch mit Wasser.
Lanthan- und Cer(II)-jodid besitzen metallische Leitfähigkeit, so daß in diesen Verbindungen
wahrscheinlich Me^{3+}-Kationen und freie Elektronen vorliegen.

Bei Neodym und Dysprosium konnte das Auftreten der Oxydationsstufe $+4$ nachgewiesen
werden, allerdings bisher nur in Fluorokomplexen vom Typ Cs$_3$MeF$_7$ (R. HOPPE, L. B. ASPRAY,
1959).

Chemische Eigenschaften der Seltenen Erden

Die einzelnen Glieder der Seltenen Erden zeigen als dreiwertige Ionen so geringe Unterschiede im analytischen Verhalten, und die Löslichkeiten entsprechender Verbindungen sind so ähnlich, daß die Isolierung der einheitlichen Bestandteile des Gemisches trotz der eifrigen Bemühungen zahlreicher hervorragender Forscher erst nach mehr als 100jähriger Arbeit vollständig gelungen ist.

Von den dreiwertigen Verbindungen sind ähnlich wie bei Aluminium, die *Oxide*, *Hydroxide*, *Fluoride*, *Carbonate*, *Phosphate* und *Oxalate* in Wasser schwer löslich. Die Chloride, Nitrate und Sulfate kristallisieren mit Kristallwasser und bilden mit den entsprechenden Alkali-, Ammonium- und Magnesiumsalzen gut kristallisierende Doppel- bzw. Komplexsalze.

Die *Hydroxide*, $Me(OH)_3$, fallen als gallertige Niederschläge aus den Salzlösungen durch Ammoniak oder Alkalihydroxide. Entsprechend dem Ionenvolumen liegt die Löslichkeit — oder die Basizität — der Hydroxide zwischen der des Aluminiumhydroxids und der der Erdalkalihydroxide und zeigt innerhalb der Reihe der Seltenen Erden eine charakteristische Abstufung. Sie steigt vom schwach basischen $Sc(OH)_3$ über das $Y(OH)_3$ zum stark basischen $La(OH)_3$, um dann in der Reihe der Lanthaniden wieder allmählich bis zum Lutetium abzufallen, wobei das Holmiumhydroxid in der Basenstärke etwa dem Yttriumhydroxid gleichkommt. In der gleichen Reihenfolge steigt und fällt auch die Bildungswärme der Oxide (siehe S. 712). Die Hydroxide werden infolge ihrer stärkeren Basizität zum Unterschied von Beryllium- und Aluminiumhydroxid durch überschüssige Lauge nicht gelöst.

Das wichtigste gemeinsame Merkmal ist die Fällbarkeit durch Oxalsäure aus mineralsaurer Lösung als *Oxalate*, wodurch diese Gruppe von allen anderen Stoffen verhältnismäßig leicht und bei Wiederholung dieser Fällung vollständig getrennt werden kann.

Auch die *Fluoride*, die selbst in verdünnter Salpetersäure schwer löslich sind, sind zur Abtrennung der Seltenen Erden geeignet.

Die wasserfreien *Chloride*, $MeCl_3$, sind schwer schmelzbar und ziemlich schwer flüchtig, lösen sich in Wasser, Alkohol und feuchtem Äther unter starker Erwärmung und mäßiger Hydrolyse leicht auf. Man stellt sie durch Erhitzen der Oxide in einem mit Dischwefeldichlorid beladenen Chlorstrom oder am einfachsten durch Erhitzen der Oxide mit der doppelten Menge Ammonchlorid dar. Mit Ausnahme des Scandiumchlorids sind sie in wäßrig-ätherischer Salzsäure sehr schwer löslich. (W. FISCHER, 1949.)

Die Tendenz zur Komplexbildung ist bei den Seltenen Erden — abgesehen vom Scandium — wegen ihrer verhältnismäßig großen Ionenradien und ihrer geringen polarisierenden Wirkung nur schwach ausgeprägt. Beständige Komplexe werden mit sauerstoffhaltigen Chelatbildnern, wie Acetylaceton und anderen Diketonen, sowie mit mehrbasigen organischen Oxy- und Aminosäuren gebildet. Die Acetylacetonate sind in Wasser unlöslich, in organischen Lösungsmitteln, besonders in Alkohol, gut lösliche und kristallisierende Verbindungen.

Trennung und Reindarstellung

Verhältnismäßig leicht lassen sich Cer in vierwertigem Zustand und Europium, Samarium und Ytterbium im zweiwertigen Zustand abtrennen, weil sie in diesen Wertigkeitsstufen andere Eigenschaften als die dreiwertigen Seltenen Erden besitzen. Die Trennung der dreiwertigen Seltenen Erden bereitete früher dagegen sehr große

Schwierigkeiten. Man nutzte dazu die Abstufung der Basizität der Hydroxide und die geringen Löslichkeitsunterschiede gewisser gut kristallisierender Doppelsalze aus. Die Trennung erfolgt heute in kontinuierlichen Verfahren durch Ionenaustausch an Kunstharzaustauschern (G. E. BOYD und F. H. SPEDDING, 1947) und führt zu sehr reinen Präparaten.

Man tauscht zunächst die Me^{3+}-Ionen an einem stark sauren Kationenaustauscher ein. Dabei nimmt das Ioneneintauschvermögen in der Reihenfolge von La^{3+} zu Lu^{3+} hin ab. Dieses ist wahrscheinlich damit zu erklären, daß die Hydratation der Ionen mit abnehmender Ionengröße ($La^{3+} > Lu^{3+}$) zunimmt und die stärker hydratisierten Ionen von den negative Ladung tragenden Gruppen des Austauschers schwächer gebunden werden. Dieser an sich schwache Trenneffekt wird bei der Eluierung durch Komplexbildung verstärkt. Man eluiert mit Zitronensäure oder Citratlösung oder anderen geeigneten Komplexbildnern. Da die Komplexe umso weniger dissoziiert sind, je kleiner der Ionenradius des Metallkations ist, erfolgt die Eluierung in der Reihe $La^{3+} \longrightarrow Lu^{3+}$ zunehmend leichter, so daß aus der Austauschersäule die Lanthaniden in der Reihenfolge Lu^{3+} zuerst und La^{3+} zuletzt tropfen.

Eine Trennung der Seltenen Erden gelingt auch durch Verteilung geeigneter Verbindungen wie der Nitrate oder Rhodanide, zwischen zwei flüssigen, nicht miteinander mischbaren Phasen beispielsweise wäßrige Lithiumnitratlösung oder Salpetersäure und Tributylphosphat oder Ketonen (W. FISCHER, 1937, 1954).

Die Kontrolle des Fortschritts der analytischen Trennung und der Reinheit der erhaltenen Präparate wird heute auf spektroskopischem Wege vorgenommen.

Darstellung und Eigenschaften der Metalle

Die Darstellung der Metalle gelingt nicht durch Reduktion der Oxide mit Kohle, weil sich bei hohen Temperaturen die Carbide MeC_2 bilden, sondern sie erfolgt durch Elektrolyse der geschmolzenen wasserfreien Chloride, meist unter Zusatz von Natrium- oder Kaliumchlorid zur Herabsetzung des Schmelzpunktes, oder durch Reduktion der Chloride bzw. Fluoride mit Calcium. Die Metalle sind silberweiß und bedecken sich an der Luft bald mit einer Oxidschicht. Als unedle Metalle lösen sie sich in verdünnten Säuren. Sogar mit Wasser erfolgt schon in der Kälte langsame Reaktion unter Wasserstoffentwicklung. Europium und Ytterbium lösen sich wie die Alkali- und Erdalkalimetalle in flüssigem Ammoniak mit blauer Farbe, die anderen Lanthaniden sind jedoch in Ammoniak unlöslich (I. WARF und W. KORST, 1956). Die Verbrennungswärme zum Oxid Me_2O_3 beträgt 65 ... 75 kcal für 1 Grammäquivalent und liegt somit in der Nähe der betreffenden Werte für Aluminium mit 67 kcal oder Magnesium mit 72 kcal.

Wasserstoff wird von den Seltenen Erdmetallen zum Teil schon bei Raumtemperatur unter Bildung von *Hydriden* leicht aufgenommen, die im Grenzfall die stöchiometrische Zusammensetzung LaH_3, CeH_3 u. s. f. erreichen (SIEVERTS, 1930, DIALER, 1954). Zwei Wasserstoffatome bilden mit dem Metallatom in salzähnlicher Bindung ein Flußspatgitter. Das dritte Wasserstoffatom wird in die Lücken des Gitters aufgenommen.

Farbe der Lanthaniden

Farbige Verbindungen finden sich nur in der Lanthanidengruppe und zwar bei den dreiwertigen Ionen von Praseodym bis Europium und von Dysprosium bis Thulium: Praseodym grün, Neodym violettrosa, Samarium topasgelb, Europium hellrosa, Dysprosium grünlichgelb, Holmium orangegelb, Erbium rosa, Thulium blaßblaugrün. Alle übrigen Seltenen Erden bilden farblose Ionen.

Eigenartig ist, daß diese Färbung nicht wie bei anderen farbigen festen oder gelösten Verbindungen auf einer breiten kontinuierlichen Absorption im sichtbaren Gebiet

beruht, sondern daß sich im Spektroskop schmale, spektrallinienähnliche Absorptionsstreifen zeigen (vgl. die Absorptionsspektren in Abb. 111).

Weil die farbigen Glieder, besonders Neodym und Praseodym, stets gemengt mit den anderen,
meist farblosen Erden in der Natur vorkommen, kann man aus den intensiven Absorptionsstreifen, besonders den im Gelb nahe der Natriumlinie liegenden, ohne weiteres die Gegenwart
der Seltenen Erden im Felsgestein sowie im losen Sand nachweisen. Man braucht hierzu
nur ein kleines Taschenspektroskop auf die von der Sonne bestrahlten Massen zu richten
und erkennt mit einem Blick an den dunklen Streifen auf dem hellen Regenbogenspektrum
des Tageslichtes die Anwesenheit von Mineralen der Seltenen Erden.

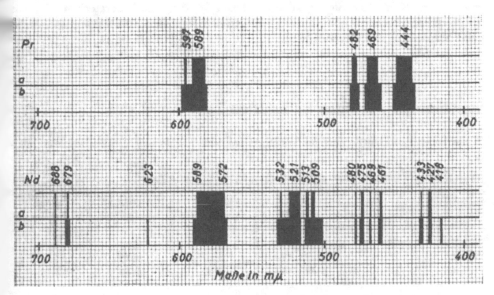

Abb. 111. Absorptionsspektrum von Praseodym- und Neodymchloridlösung bei 50 mm Schichtdicke. Konzentration bei a = 0,125 g-Atom/l, bei b = 0,5 g-Atom/l (nach PRANDTL, 1934)

Die Absorption des Lichtes beruht stets auf einer Anregung der am lockersten gebundenen Elektronen, die auf ein höheres Niveau gehoben werden. Im Normalfall
trifft dies die äußersten Elektronen. Da deren Niveaus in den festen und gelösten
Verbindungen durch die umliegenden Ionen und Atome verschiedenartig beeinflußt
werden, hat die Energie dieser Niveaus über ein weites Gebiet wechselnde Werte.
Daraus folgt ein breites verwaschenes Spektralgebiet der Absorption.

Bei einzelnen Atomen im Dampfzustand sind die äußersten Niveaus ungestört, daher
absorbieren diese mit den bekannten scharfen Spektrallinien.

Bei den Ionen der Lanthaniden sind die am lockersten gebundenen Elektronen auf dem
4 f-Niveau im Innern der Elektronenhülle untergebracht. Da dieses Niveau durch die
weiter nach außen reichenden 5 s- und 5 p-Niveaus vor äußerer Einwirkung geschützt
ist, erfolgt die Absorption in schmalen, den Spektrallinien ähnlichen Bereichen.

Je fester die Elektronen auf dem 4 f-Niveau gebunden sind, um so höhere Energie ist
zu ihrer Anregung erforderlich. Bei den besonders stabilen Elektronenkonfigurationen
des La^{3+}-, Gd^{3+}- und Lu^{3+}-Ionen liegt die Absorption darum im Ultraviolett. Daher
rührt die Farblosigkeit ihrer Verbindungen. Je weiter die Ionen von dieser stabilen
Konfiguration entfernt sind, um so intensiver wird die Färbung, wie dies besonders
Pr^{3+} und Nd^{3+}, Ho^{3+} und Er^{3+} zeigen (HELLWEGE, 1947).

Verwendung der Seltenen Erden

Während die Seltenen Erden zuerst nur als eine praktisch wertlose Kuriosität angesehe₁
wurden, sind durch das Gasglühlicht von AUER VON WELSBACH Thorium und Cer z
technischer Bedeutung gelangt. Weiterhin haben die Ceritmetalle im Cerstahl (sieh
S. 715) als Desoxydationsmittel für Metallschmelzen und zur Herstellung von Legie
rungen, sowie Neodym- und Praseodymoxid für Neophangläser und farbige Kunstgläse
Verwendung gefunden (siehe unter Neodym). Die Oxide und besonders die Fluorid
der Ceriterden dienen wegen ihrer selektiven Strahlung als Leuchtsalze zur Imprä
gnierung der Kohlestifte für Bogenlampen hoher Leistung. Im Laboratorium wird vo₁
der stark oxydierenden Wirkung des vierwertigen Cers in saurer Lösung präparativ
und analytisch Gebrauch gemacht.

Scandium, Sc, Yttrium, Y, Lanthan, La

In der folgenden Tabelle sind die wichtigsten Daten für diese drei Metalle zusammengestellt.

Physikalische Eigenschaften von Scandium, Yttrium und Lanthan

Element		Atom-gewicht	Schmelz-punkt in °C	Siede-punkt in °C	Dichte in g/cm³
Scandium	Sc	44,9559	1539	2730	2,99
Yttrium	Y	88,9059	1509	2930	4,48
Lanthan	La	138,9055	920	3470	6,17

Scandium- und Yttriumverbindungen

Scandium entspricht in seinen Eigenschaften dem von MENDELEJEFF aus dem Periodischen
System vorhergesagten „Ekabor" und wurde von NILSON 1879 entdeckt. Es findet sich in
sächsischen und böhmischen Wolframiten und Zinnerzen bis zu 0,2 % als Oxid, sowie in
brasilianischem Zirkon. Ziemlich rein kommt Scandium in dem seltenen Mineral Thortveitit,
$Sc_2(Si_2O_7)$, vor. Wegen seines besonders kleinen Ionenradius nimmt Scandium in seinem
chemischen Verhalten eine Sonderstellung ein und ist darum auch in den Mineralen der
Seltenen Erden nur spurenweise enthalten.

Scandiumoxid, Sc_2O_3, ist rein weiß und nach dem Glühen in verdünnten, kalten Säuren
unlöslich.

Scandiumhydroxid, $Sc(OH)_3$, das auch in einer wasserärmeren Form ScOOH auftritt, ist
zwar stärker basisch als Aluminiumhydroxid, löst sich aber doch noch in sehr konzentrierter
Natronlauge zu Hydroxoscandat.

Die farblosen Salze sind in erheblichem Grade hydrolytisch gespalten und neigen zur
Bildung von Komplex- bzw. Doppelsalzen. Auf Komplexbildung beruht die Löslichkeit des
Fluorids in konzentrierten Alkalifluoridlösungen unter Bildung von $[ScF_6]^{3-}$-Ionen und ebenso
die Löslichkeit des Carbonats in Alkalicarbonatlösungen. Besonders charakteristisch sind
das sich beim Einengen in der Siedehitze abscheidende, schwer lösliche Scandiumnatrium-
carbonat, $Sc_2(CO_3)_3 \cdot 4 Na_2CO_3 \cdot 6 H_2O$, und das schwer lösliche Doppelsulfat, $Sc_2(SO_4)_3$
$\cdot 3 K_2SO_4$.

Das *Oxalat*, $Sc_2(C_2O_4)_3 \cdot 5 H_2O$, ist in verdünnten Mineralsäuren viel leichter löslich als die
anderen Oxalate dieser Gruppe und fällt nur bei großem Überschuß an Oxalsäure aus saurer

Lösung annähernd vollständig aus. Alkalioxalate, im Überschuß zugesetzt, lösen das Oxalat wieder auf.

Scandiumchlorid ist in ätherisch-wäßriger Salzsäure zum Unterschied von Aluminiumchlorid, Yttriumchlorid und den Chloriden der Lanthaniden leicht löslich und läßt sich dadurch quantitativ von diesen Elementen trennen (W. FISCHER, 1949). Auch das Rhodanid eignet sich nach W. FISCHER wegen seiner Löslichkeit in Äther vorzüglich zur Trennung des Elementes von den anderen Seltenen Erden sowie von Zirkonium, Hafnium und Thorium.

Wegen der schwach basischen Natur des Scandiumhydroxids wird das Scandium gleich dem Zirkonium und Thorium, aber zum Unterschied von den anderen Cerit- und Yttererden, durch Natriumthiosulfatlösung in der Siedehitze vollständig als basisches Thiosulfat gefällt.

Yttriumoxid, Y_2O_3, bildet den Hauptbestandteil (etwa 50...70 %) der Yttererden. Es kristallisiert wie Scandiumoxid kubisch. *Yttriumfluorid*, YF_3, bildet mit Calciumfluorid „anomale Mischkristalle" (siehe S. 800) und löst sich in geschmolzenem Natriumfluorid zu $NaYF_4$, das bei hohen Temperaturen im CaF_2-Gitter kristallisiert. Das leicht lösliche Nitrat kristallisiert mit 4 Mol Kristallwasser.

Lanthanverbindungen

Lanthan ließ sich aus den Cerit- und Monaziterden bei der Kristallisation der Ammonium- oder Magnesiumdoppelnitrate in den schwerst löslichen Anteilen konzentrieren. Der Name stammt von λανθάνειν ≙ verborgen sein, weil sich das Element weder durch Farbe noch durch spezifische Reaktionen in den Ceriterden verrät.

Das *Oxid*, La_2O_3, ist das am stärksten basische unter den Seltenen Erden, zieht im geglühten Zustande an der Luft Kohlendioxid an und löscht sich mit Wasser unter Wärmeentwicklung, ähnlich wie gebrannter Kalk. Es bildet, wie auch Ce_2O_3, Pr_2O_3 und Nd_2O_3 ein hexagonales Gitter, während die anderen Oxide der Seltenen Erden Me_2O_3 kubisch kristallisieren. Das *Sulfat* kann auch durch starkes Glühen nicht zersetzt werden. Aus wäßriger Lösung kristallisiert das schlecht lösliche Hydrat $La_2(SO_4)_3 \cdot 9 H_2O$. Bemerkenswert ist das *basische Lanthanacetat*, das sich in Berührung mit Jod dunkelblau wie Jodstärke färbt.

Nach W. BILTZ führt man diese Reaktion am besten in der Weise aus, daß man eine Lösung von Lanthanacetat mit etwas Jodlösung versetzt und vorsichtig so viel Ammoniak zugibt, daß die braungelbe Jodfärbung eben noch nicht verschwindet. Erwärmt man, so fällt allmählich ein dunkelblauer Niederschlag aus, wobei das Jod von dem basischen Lanthanacetat adsorbiert wird.

Lanthaniden

In der folgenden Tabelle (s. S. 716) sind die wichtigsten Daten der Lanthaniden zusammengestellt.

Cer, Ce

Bei der technischen Gewinnung des Thoriums aus Monazitsand fallen beträchtliche Mengen von Ceriterden mit überwiegendem Cergehalt als Nebenprodukt an, für die, abgesehen von dem kleinen Anteil, der für die Auerglühstrümpfe und für Leuchtsalze in Bogenlampenkohlen gebraucht wird, zunächst keine Verwendungsmöglichkeit bestand, bis es AUER v. WELSBACH gelang, den Ceriterden im Cerstahl ein Absatzgebiet zu erschließen.

Für die Herstellung des Cerstahles ist eine Abtrennung des Cers nicht notwendig. Man elektrolysiert das Gemisch der wasserfreien Chloride unter Zusatz von Natrium- oder Kaliumchlorid und erhält das Cermischmetall oder Rohcer, das nach Zulegieren von 30 %

Physikalische Eigenschaften der Lanthaniden

Element		Atom-gewicht	Schmelz-punkt in °C	Siede-punkt in °C	Dichte in g/cm³
Cer	Ce	140,12	795	3470	6,77
Praseodym	Pr	140,907	935	3130	6,78
Neodym	Nd	144,24	1024	3030	7,00
Promethium	Pm	147 *			
Samarium	Sm	150,4	1072	1900	7,54
Europium	Eu	151,96	826	1440	5,26
Gadolinium	Gd	157,25	1312	3000	7,90
Terbium	Tb	158,9254	1356	2800	8,27
Dysprosium	Dy	162,50	1407	2600	8,54
Holmium	Ho	164,9303	1461	2600	8,80
Erbium	Er	167,26	1497	2900	9,05
Thulium	Tm	168,934	1545	1730	9,33
Ytterbium	Yb	173,04	824	1430	6,98
Lutetium	Lu	174,97	1652	3330	9,84

* Massenzahl des zuerst entdeckten Isotops

Eisen an Härte und Sprödigkeit gewinnt und für Zündsteine Verwendung findet. Infolge der niedrigen Entzündungstemperatur der Ceritmetalle, die für reines Cer in Sauerstoff bei 150...160 °C liegt, genügt die beim Reiben an einer Stahlkante erzeugte Wärme, um die abgesplitterten feinsten Teilchen zu entzünden. Die abspringenden Funken sind wegen der hohen Verbrennungswärme von 233 kcal/Mol CeO_2 sehr heiß.

Weiterhin haben die Ceritverbindungen zum Aufhellen des grünlichen Farbtons von Glasflüssen Verwendung gefunden. Größere Zusätze an reinem Ceroxid geben gelbe Schmuckgläser.

Die Gewinnung von reinen Cerverbindungen, wie sie für die Imprägnierung der Glühstrümpfe erforderlich sind, gelingt verhältnismäßig leicht durch Abtrennung des Cers von den anderen Ceriterden über das sehr schwach basische Cer(IV)-hydroxid oder über schwerlösliche basische Cer(IV)-verbindungen, wenn man die Lösungen in der Wärme mit Kaliumpermanganat, Kaliumbromat oder Hypochlorit oxydiert. Reinste Präparate erhält man über das Ammoniumcer(IV)-nitrat, $(NH_4)_2[Ce(NO_3)_6]$, (siehe unten), durch Zugabe von Ammoniumnitrat zu der salpetersäurehaltigen Cer(IV)-lösung oder durch Ausschütteln einer 4...6 n Salpetersäurelösung von Cer(IV)-salz mit Äther (R. und E. BOCK, 1950).

Cer tritt positiv drei- und vierwertig auf. Die farblosen Cer(III)-verbindungen sind mit Ausnahme des Cer(III)-hydroxids die beständigeren Verbindungen und zeigen weitgehende Übereinstimmung in den Eigenschaften mit den anderen dreiwertigen Seltenen Erden. Die Cer(IV)-verbindungen sind gelb bis rot gefärbt, zersetzen sich in wäßriger Lösung leicht unter Bildung von Cer(III)-salzen und wirken in saurer Lösung als starke Oxydationsmittel. Das Redoxpotential Ce^{4+}/Ce^{3+} beträgt $+1,6$ V, ist also größer als das Oxydationspotential von Kaliumpermanganat in saurer Lösung. Das verhältnismäßig beständige Cer(IV)-sulfat kann darum in der Maßanalyse bei potentiometrischen Titrationen anstelle von Kaliumpermanganat verwendet werden. Ameisensäure, Methylalkohol und Essigsäure werden, besonders im Sonnenlicht, durch Cer(IV)-sulfat oxydiert (A. BENRATH).

Durch Komplexbildung, wie sie auch in stark saurer Lösung erfolgt, wird die Beständigkeit der Cer(IV)-salze erhöht. Bekannt sind Salze vom Typus $Me^I_2[CeCl_6]$ und $Me^I_2[Ce(NO_3)_6]$

Cer(III)- und Cer(IV)-salze zeigen keine Absorptionsbänder im sichtbaren Teil des Spektrums, sondern nur einseitige kontinuierliche Auslöschung am violetten Spektralende. Cerhaltige Brillengläser dienen deswegen zum Schutz der Augen beim Arbeiten mit Lichtbogenlampen und dergleichen.

Cer(IV)-verbindungen

Cerdioxid, CeO_2, entsteht beim Glühen aller Cer(III)- oder Cer(IV)-salze mit flüchtigem Säurerest. Es ist in reinstem Zustand weiß mit ganz schwach gelblichem Stich, die geringsten Beimengungen von Praseodym färben rötlich, erheblichere von 1 % an rotbraun bis dunkelbraun. Cerdioxid kristallisiert im CaF_2-Gitter. In wäßrigen Säuren ist Cerdioxid unlöslich. Dagegen löst es sich leicht in konz. Salzsäure nach Zusatz von Jodwasserstoff oder in starker Salpetersäure und Wasserstoffperoxid. Beim Abrauchen mit konzentrierter Schwefelsäure entsteht gelbes, lösliches Cer(IV)-sulfat.

Das leuchtend rote Ammoniumcer(IV)-nitrat, $(NH_4)_2[Ce(NO_3)_6]$, ist in Wasser leicht, aber in konzentrierter Salpetersäure ziemlich schwer löslich, so daß man es in guter Ausbeute und, was für die Reindarstellung der Cerpräparate wichtig ist, frei von den anderen Seltenen Erden mit Salpetersäure auskristallisieren kann. Auch die sehr weitgehende Hydrolyse verdünnter Cer(IV)-salzlösungen dient zum Trennen des Cers von den übrigen Seltenen Erden, da beim Kochen basische Salze ausfallen.

Cer(IV)-fluorid, CeF_4, entsteht aus Cer(III)-chlorid im Fluorstrom bei gewöhnlicher Temperatur und ist in Wasser unlöslich (W. KLEMM, 1934). Durch Fluorierung von Cerdioxid im Gemisch mit Alkalichloriden entstehen die Alkalifluorocerate(IV) $Me^I_2CeF_6$ und $Me^I_3CeF_7$ (R. HOPPE und K. RÖDDER, 1962).

Cer(III)-verbindungen

Das gelbe bis olivenfarbene Cer(III)-oxid, Ce_2O_3, entsteht bei langer Reduktion von Cer(IV)-oxid durch Wasserstoff bei über 1000 °C. Dabei treten zwischendurch blaue CeO_2—Ce_2O_3-Mischkristalle auf. Geringe Mengen von Praseodym erleichtern die Reduktion des Cer(IV)-oxids wesentlich (G. BRAUER, 1951). Das Hydroxid, $Ce(OH)_3$, wird aus Cer(III)-salzen durch Laugen als weißer Niederschlag gefällt, der sich an der Luft rötlich bis violett färbt und zuletzt in gelbes Cer(IV)-hydroxid übergeht.

Wegen der größeren Beständigkeit des Cer(IV)-hydroxids in alkalischer Lösung wirkt ein Zusatz von Cer(III)-salz in alkalischem Medium reduzierend. Hierbei werden Silber-, Gold- und Quecksilberoxid zu den Metallen, Kupfer(II)-oxid zu Kupfer(I)-oxid reduziert. Versetzt man eine Cer(III)-salzlösung mit ammoniakalischer Silbernitratlösung und erwärmt gelinde, so scheidet sich eine Adsorptionsverbindung von Cer(IV)-hydroxid und Silber als tiefschwarzer, flockiger Niederschlag ab, woran man noch 0,004 mg Cer(III)-salz in 2 ml erkennen kann.

Um die Cer(III)-salze zu Cer(IV)-salzen zu oxydieren, verwendet man Kaliumpermanganat in neutraler oder schwach alkalischer Lösung sowie insbesondere Ammoniumperoxodisulfat in heißer, verdünnt schwefelsaurer Lösung, oder man oxydiert die Salzlösungen an einer Platinanode.

Mit Schwefel bildet Cer verschiedene Sulfide: das grünlichgelbe CeS, das dunkle Ce_2S_3 und das braune CeS_2. Letzteres ist ebenso wie LaS_2 ein Polysulfid und leitet sich, wie der Magnetismus zeigt, vom Ce^{3+} ab.

Cerperoxide

Gibt man zu einer Cer(III)-salzlösung Ammoniumacetat und etwas Wasserstoffperoxid, so fällt beim Erwärmen auf 40 °C braunrotes Cerperoxidacetat aus, das so intensiv gefärbt ist, daß man noch 1 Teil Cer in 10 000 Teilen Flüssigkeit nachweisen kann.

Auch der Luftsauerstoff vermag ein Cerperoxid zu bilden, wenn man eine Lösung von Cer(III)-salz in konzentrierte Kaliumcarbonatlösung einträgt und das so entstandene Kaliumcer(III)-carbonat mit Luft schüttelt. Allmählich färbt sich diese Lösung tief dunkelrot, indem zunächst Cer(IV)-salz und Wasserstoffperoxid entstehen:

$$Ce_2(CO_3)_3 + 2\,H_2O + O_2 = Ce_2(CO_3)_3(OH)_2 + H_2O_2$$

und weiterhin das Wasserstoffperoxid die rotbraune Peroxocer(IV)-verbindung erzeugt.

Ist bei dieser Autoxydation (siehe unter Sauerstoff und Wasserstoffperoxid) ein Akzeptor wie arsenige Säure, zugegen, so verbraucht dieser das Wasserstoffperoxid unter Bildung von Arsenat, und es entsteht die gelbe Cer(IV)-verbindung, die nicht mehr imstande ist, Sauerstoff aufzunehmen. Andere Akzeptoren an Stelle der arsenigen Säure, wie z. B. Traubenzucker reduzieren nicht nur Wasserstoffperoxid und die Peroxocer(IV)-verbindung, sondern auch die einfache Cer(IV)-verbindung zu Kaliumcer(III)-carbonat, und dieses ist dann wieder fähig von neuem mit Luftsauerstoff Cer(IV)-salz und Wasserstoffperoxid zu erzeugen, die abermals auf den Traubenzucker oxydierend wirken, so daß bei stärkeren Reduktionsmitteln das Kaliumcer(III)-carbonat als Sauerstoffüberträger wirkt (JOB und L. WÖHLER).

Die Bedeutung des Cerdioxids für die Glühlichtindustrie

Die lange bekannte Erscheinung, daß die Oxide der Seltenen Erden, wie man sie in feinster Verteilung durch Verglühen der in Filtrierpapier aufgesaugten Nitratlösung erhält, in einer Bunsenflamme mit intensivem, teilweise gefärbtem Lichte strahlen, brachte AUER V. WELSBACH in den achtziger Jahren des vergangenen Jahrhunderts auf den glücklichen Gedanken, hiermit die Lichtausbeute der Leuchtgasflammen zu erhöhen. Damals war man fast allgemein der Ansicht, daß die durch die neu erfundene Dynamomaschine mächtig geförderte elektrische Beleuchtung in Kürze das Leuchtgas verdrängen werde, und man erging sich schon in pessimistischen Betrachtungen über die Zukunft der organischen Farbstofftechnik, die damals auf den Teer der Leuchtgasfabriken als Rohmaterial angewiesen war. Wie überflüssig solche Besorgnisse waren, bewies die Folgezeit, indem einerseits durch AUER V. WELSBACH der Leuchtgasbrenner in vollkommenere, der elektrischen Glüh- oder Bogenlampe lange Zeit gleichwertige Form gebracht wurde, und andererseits die gewaltig aufstrebende Eisenindustrie mit dem Teer ihrer Kokereien den Rohstoff für die Farbstofftechnik in weit größerer Menge lieferte als die Leuchtgasindustrie.

Unter den zahllosen Mischungsverhältnissen Seltener Erden erwies sich nach DROSSBACH als das günstigste, die höchste Lichtausbeute gebende: 99 % Thoriumdioxid mit 1 % Cerdioxid.

Man saugt diese Stoffe als konzentrierte Nitratlösung in einem lockeren Gewebe aus Baumwolle oder Ramiefaser auf, trocknet unter Erhaltung der zylindrokonischen oder halbkugeligen Form des Gewebes und verglüht dann unter besonderen Vorsichtsmaßregeln, so daß die Asche der Oxide als lockeres Gerüst erhalten bleibt. Um dieses für den Transport etwas dauerhafter zu machen, tränkt man mit einer Kollodiumlösung. Die so gebrauchsfertigen Glühstrümpfe werden über einer entleuchteten Gasflamme entzündet, wobei das Kollodium verbrennt und das feinmaschig poröse Erdgemisch durch die Flamme zu gelblichweißem, dem Tageslicht nahekommendem Leuchten gebracht wird.

Die besten Auerstrümpfe verbrauchen je Hefnerkerze und Stunde bei aufrecht stehendem Strumpf 1,0 l Leuchtgas, entsprechend 5 kcal, bei abwärts hängendem Strumpf 0,8 l Leuchtgas, entsprechend 4 kcal, unter Verwendung von Preßgas als Invertlicht 0,4 l Leuchtgas, entsprechend 2 kcal, während die modernen Wolframdrahtlampen 0,5 kcal erfordern.

Nach dem Stephan-Boltzmannschen Gesetz wächst die Gesamtstrahlung eines festen Körpers mit der vierten Potenz der absoluten Temperatur, aber von der Gesamtstrahlung besteht zunächst der weitaus größte Teil aus den im Ultrarot liegenden Wärmestrahlen. Der Bruchteil der Strahlung, der sich unserem Auge als Lichtstrahlung kundgibt, wächst jedoch in sehr viel höherem Maße mit der Temperatur, bei Weißglut etwa mit der 14ten Potenz der absoluten Temperatur, d. h., daß z. B. bei 1725 °C eine Temperaturerhöhung um 50 °C eine

Zunahme der Lichtstrahlung von 1 auf 1,4 mit sich bringt. Das Maximum der Lichtausbeute liegt allerdings erst bei 6500 °C mit 14 % der Gesamtstrahlung. Zur Erzielung einer guten Lichtausbeute ist es deshalb erforderlich, den Glühkörper in der Flamme auf eine möglichst hohe Temperatur zu bringen. Das reine Thoriumdioxid hat nun die Eigenschaft, sowohl im ultraroten als auch im sichtbaren Gebiet schlecht zu strahlen. Es erreicht daher in der Flamme durch die geringe Wärmeabstrahlung hohe Temperaturen, leuchtet aber selbst nur wenig. Ist in dem Thoriumdioxid jedoch Cerdioxid gelöst, so strahlt dieses der hohen Temperatur entsprechend besonders intensiv, wobei hinzukommt, daß bei hohen Temperaturen das Cerdioxid im gelben bis blauen Spektralbereich bevorzugt emittiert und somit eine gefärbte Temperaturstrahlung ergibt (RUBENS). Überschreitet man die Löslichkeitsgrenze des Cerdioxids in Thoriumdioxid (1 %), so wirkt das ungelöste, mechanisch beigemengte Cerdioxid unter Erhöhung der Wärmestrahlung nachteilig auf den Leuchteffekt. — Die gefärbte Temperaturstrahlung wird auch bei der Imprägnierung von Bogenlampenkohlen mit Ceritfluoriden ausgenützt.

Praseodym bis Gadolinium

Praseodym, Pr

Praseodym findet sich in den Ceriterdenmineralen in etwa halb so großen Mengen wie Neodym und wurde neben diesem von AUER VON WELSBACH (1885) aus dem bis dahin für einheitlich gehaltenen Didym abgeschieden. Bei der Elektrolyse von Lösungen der Erdoxide in geschmolzenem Kaliumhydroxid im Nickeltiegel scheidet sich an der Anode das Praseodym mit Cer als vierwertiges Oxid ab (G. BECK).

Der Name kommt von der grünen Farbe der Salze her ($\pi\varrho\acute{\alpha}\sigma\iota\nu\sigma\varsigma \triangleq$ lauchgrün), deren Absorptionsspektrum Maxima bei $\lambda = 597, 589, 482, 469, 444$ mμ aufweist.

Das diesen Salzen zugrunde liegende Oxid Pr_2O_3 ist gelb gefärbt, geht beim Erhitzen im Sauerstoffstrom auf 300 °C oder beim Schmelzen mit Natriumchlorat in das tiefschwarze $Pr_6O_{11} = PrO_{1,83}$ über. Außerdem existieren noch die Praseodym-Sauerstoffphasen $PrO_{1,80}$ und $PrO_{1,72}$ mit Pr^{3+} und Pr^{4+}. Das Dioxid mit Fluoritstruktur ist bei 300 °C nur unter einem Sauerstoffdruck von 50 atm darstellbar.

Schon sehr geringe Mengen Praseodym färben ein cerhaltiges Erdgemisch zimtbraun unter Bildung einer festen Lösung von Praseodym in Cer(IV)-oxid.

Ein Praseodym(IV)-fluorid konnte bis jetzt noch nicht erhalten werden, wohl aber komplexe Fluoride $Me^I_3PrF_7$ und $Me^I_2PrF_6$ (R. HOPPE und W. LIEBE, 1962).

Neodym, Nd

Neodym wird gleich dem Praseodym aus dem von der Thorerdeindustrie abfallenden Gemisch der Monaziterden gewonnen.

Das Oxid Nd_2O_3 zeigt in völlig reinem Zustande nach dem Glühen eine hellblaue Färbung mit schwach rötlicher Fluoreszenz. Geringe Beimengungen von Praseodym oder Mangan erzeugen eine graubraune Mißfärbung.

Die Salze des Neodyms sind violettrosa gefärbt und zeigen eine prächtige Fluoreszenz von Rosa nach Blau und Violett, besonders deutlich, wenn man sie als feine Kristallpulver, wie z. B. das Oxalat, auf weißem Papier ausgebreitet, im auffallenden Sonnenlicht betrachtet. Die Nitratlösung (siehe Abb. 111) zeigt im durchfallenden Licht die folgenden Hauptabsorptionen: $\lambda = 679$, $\lambda = 594 \ldots 562$, $\lambda = 532 \ldots 509$, $\lambda = 475$, $\lambda = 469$, $\lambda = 427$ mμ. An Stelle des breiten Absorptionsbandes im Rot treten bei mittlerer Konzentration die Streifen $\lambda = 677$ und $\lambda = 740$ mμ auf.

Neodymoxid neben Praseodymoxid enthaltendes Neophanglas dient bei Farbuntüchtigkeit, um grün und rot stärker hervorzuheben, sowie als Hilfe bei der Analyse mittels der Flammenfärbungen, weil es mit einem schmalen Absorptionsstreifen im Gelben die meist störende

Natriumlinie herausfängt. Es ist hierin dem sonst benutzten Kobaltglas weit überlegen. Wege der zusätzlichen Absorption im Ultrarot und Ultraviolett gibt das Neophanglas sehr gu' Sonnenschutzgläser. Mit reinem Neodym- oder Praseodymoxid gefärbte Gläser werden wege ihrer eigenartigen, schönen Färbung als Kunstgläser benutzt.

Promethium, Pm

Von CORYELL, MAVINSKY und GLENDEUM wurde 1945 aus den Spaltprodukten des Uran (siehe S. 826) das Isotop mit der Massenzahl 147 isoliert, das mit einer Halbwertszeit vo 2,3 a unter β-Strahlung in ein Samariumisotop übergeht.

Promethium ist streng dreiwertig. Seine Verbindungen sind rosa gefärbt, nur Promethium chlorid, $PmCl_3$, ist in festem Zustand gelb.

Samarium, Sm

Samarium findet sich sowohl in den Mineralen der Ceriterden als auch in denen der Ytter erden. Das schwach gelbe Oxid Sm_2O_3 bildet topasgelbe Salze, deren Lösungen folgend Hauptabsorptionsbänder aufweisen: $\lambda = 560, 500, 480, 464 \ldots 402$ mμ; doch ist die Absorptior erheblich geringer als bei Neodym und Praseodym.

Durch Reduktion von Samarium(III)-chlorid oder -bromid im völlig trockenen Wasserstof bei 400 °C oder mit Calciumamalgam in alkoholischer Lösung entsteht das rotbraune Chlorid $SmCl_2$. In wäßriger Lösung läßt sich Samarium praktisch nicht zur zweiwertigen Stufe reduzieren (Unterschied von Eu und Yb). Da das ^{147}Sm als α-Strahler mit $7 \cdot 10^{11}$ a Halb wertszeit zerfällt, ist Samarium schwach radioaktiv, etwa $^1/_3$ so stark wie Kalium.

Europium, Eu

Europium kommt im Monazitsand nur zu 0,002 % vor. URBAIN und LACOMEE haben (1904) die Reindarstellung mittels der Kristallisation des Magnesium-Wismutnitratdoppelsalzes erreicht. Einfacher läßt es sich durch wiederholte elektrolytische Reduktion zur zweiwertigen Stufe in Form des schwer löslichen weißen Europium(II)-sulfats abtrennen. Sehr rein erhält man es, wenn man aus der mit Zink und Salzsäure reduzierten Lösung durch Einleiten von Chlorwasserstoffgas das Europium(II)-chloridhydrat fällt (MC COY, 1937).

Das Oxid Eu_2O_3 und die Salze sind schwach rosa gefärbt. In dem ziemlich schwachen Absorptionsspektrum treten hervor: $\lambda = 526, 465, 394, 385, 381, 376, 362$ mμ (W. PRANDTL). Europium(II)-oxid, EuO, ist blau-rot.

Durch Reduktion von Europium(III)-chlorid im trockenen Wasserstoffstrom entsteht farbloses Europium(II)-chlorid. Auf analoge Weise erhielt W. KLEMM die anderen Europiumdihalogenide und aus Europium(II)-chlorid mit Schwefel im Wasserstoffstrom bei 600 °C das schwarze Sulfid, EuS.

Die Europium(II)-verbindungen ähneln in ihren Eigenschaften den Strontium- und Bariumverbindungen und haben die gleichen Kristallstrukturen. In wäßriger Lösung sind die Europium(II)-salze farblos und bei Luftausschluß beständig.

Die blaue Lösung von Europiummetall in flüssigem Ammoniak (siehe S. 789) zeigt das gleiche Absorptionsspektrum wie die Lösung von Natrium oder Kalium in Ammoniak und enthält solvatisierte Eu^{2+}-Ionen (W. RÜDORFF und W. OSTERTAG, 1963).

Gadolinium, Gd

Gadoliniumoxid und die Gadoliniumsalze sind farblos, doch treten nach URBAIN im ultravioletten Spektrum starke Absorptionsbänder bei $\lambda = 311$ und 305 mμ auf.

Gadoliniumsalze sind stark paramagnetisch. Kühlt man Gadoliniumsulfat in einem starken Magnetfeld durch Verdampfen von flüssigem Helium bis auf wenige Grade absoluter Temperatur ab, und schaltet dann das Magnetfeld aus, so erreicht man durch den Wärmeverbrauch bei der Entmagnetisierung sehr tiefe Temperaturen (DEBYE). F. SIMON kam so bis auf 0,1 grd an den absoluten Nullpunkt heran.

Das Gadolinium ist ferromagnetisch (URBAIN, KLEMM).

Terbium bis Lutetium

Terbium, Tb

URBAIN hat die Isolierung dieses Elements durch Kristallisation des Wismutdoppelnitrats und des Äthylsulfats erreicht. Das Oxid, Tb_2O_3, ist weiß, die Lösungen sind farblos, doch tritt bei stärkerer Anreicherung eine schwache Linie $\lambda = 488$ mμ auf.

Beim Glühen des Oxids oder des Nitrats an der Luft erhält man eine braune Oxidphase $TbO_{1,75}$ ($= Tb_4O_7$) mit Tb^{3+} und Tb^{4+}. In reinem Sauerstoff steigt bei 350 °C der Sauerstoffgehalt bis $TbO_{1,83}$ ($= Tb_6O_{11}$). Die Zusammensetzung TbO_2 kann nur durch Oxydation mit atomarem Sauerstoff erreicht werden.

Terbium(III)-fluorid reagiert mit Fluor bei 300 ... 500 °C zu farblosem TbF_4 (B. CUNNINGHAM, 1954). Auch der Fluorokomplex Cs_3TbF_7 ist bekannt (R. HOPPE und K. RÖDDER, 1961).

Zur Anreicherung kann man das Terbium als höheres Oxid durch Oxydation der Lösung von Oxiden der Seltenen Erden in geschmolzenem Kaliumhydroxid mit Kaliumchlorat abscheiden (G. BECK, 1939).

Dysprosium, Dy

Dysprosium gehört nach dem Yttrium zu den häufigsten Elementen der Yttererden. Es wurde 1886 von LECOQ DE BOISFAUDRAN aus dem Holmium abgetrennt und von URBAIN rein erhalten. Das farblose Oxid Dy_2O_3 bildet grünlichgelbe Salze mit diffusen Absorptionsbändern $\lambda = 753, 475, 453, 451, 427$ mμ. Der Name kommt von δυσπρόσοδορ ≙ unzugänglich, weil das Element schwer von Holmium abzutrennen war.

Holmium, Ho

Holmium ist zuerst aus den Yttererden von HOLMFERG angereichert worden. Die Isolierung war die schwierigste Aufgabe auf dem Gebiet der Seltenen Erden, weil das Holmium zu den seltensten Elementen der Yttererden gehört und hartnäckig von den sehr viel häufigeren Elementen Yttrium, Dysprosium und Erbium begleitet wird. Die Reindarstellung gelang erst 1940 W. FEIT durch Fraktionierung der Bromate und basischen Nitrate, wobei über 10 000 Kristallisationen durchgeführt werden mußten.

Das Oxid ist schwach gelb, die Salze sind lichtorangegelb gefärbt und zeigen als Hauptabsorptionen $\lambda = 639 ... 640, 543 ... 535, 485, 453 ... 449, 422 ... 417$ mμ.

Erbium, Er

Erbium wurde 1908 von K. A. HOFMANN aus den schwach basischen Anteilen der Yttererden durch kombinierte Anwendung der Nitratzersetzung, Ammoniakfällung, Formiatkristallisation, Äthylsulfatkristallisation usw. rein dargestellt. Das Oxid Er_2O_3 zeigt eine sehr schöne, zarte, rosa Farbe, desgleichen die Salze. Die Färbung der Lösungen erscheint ziemlich schwach, weil die Hauptabsorptionen im grünen Spektralteil von denen im Rot teilweise kompensiert werden. Die charakteristischen Absorptionsstreifen liegen bei $\lambda = 653, 541, 523, 521, 491 ... 487, 453 ... 450$ mμ.

Die außerordentlich starke selektive Lichtabsorption der Erbiumsalze tritt noch viel stärker hervor beim reinen, ausgeglühten Erbiumoxid. Im Licht einer Bogenlampe erblickt man im Spektralapparat sehr zahlreiche scharfe dunkle Linien, die gruppenweise und regelmäßig zu Banden angeordnet sind, deren Kanten durch starke Doppellinien gebildet werden. Diese Maxima entsprechen der Lage nach den Stellen der größten Absorptionen der Nitratlösungen nur ungefähr, indem sie im Vergleich zu diesen stark nach dem roten Ende zu verschoben sind.

Thulium, Tm

Thulium liegt nach der Basennatur des Oxids zwischen Erbium und dem Ytterbium. Es is von JAMES dargestellt worden. Die Salze zeigen eine blaßblaugrüne, im künstlichen Lich smaragdgrüne Färbung mit den Hauptabsorptionsstreifen bei $\lambda = 699, 682, 658$ und $464\,m\mu$.

Ytterbium, Yb, und Lutetium, Lu

Im schwächst basischen Teil der Yttererden findet sich ein Oxidgemisch, das man frühe als Ytterbinerde bezeichnete. Daraus hat AUER v. WELSBACH (1905) durch Fraktionierung der Ammoniumdoppeloxalate die Oxide zweier Elemente dargestellt, die er Aldebaranium und Cassiopeium nannte. Auch URBAIN hat durch Kristallisation des Nitrats in salpetersaurer Lösung die Ytterbinerde gespalten und die Komponenten Neo-Ytterbium und Lutetium genannt, die mit AUER v. WELSBACHS Aldebaranium und Cassiopeium identisch sind. Heute werden die Elemente Ytterbium und Lutetium genannt.

Vom Ytterbium lassen sich auch zweiwertige Salze herstellen. Durch elektrolytische Reduktion in schwefelsaurer Lösung an amalgamierten Bleikathoden erhält man grünes Ytterbiumsulfat, $YbSO_4$, das zur Reindarstellung von Verbindungen dieses Elementes dienen kann.

Actinium und die Actiniden

Die Actiniden vom Thorium bis zum Element 103, Lawrencium, sind die Folgeelemente des Actiniums, wie die Lanthaniden die des Lanthans. Da das 5f-Niveau wie das 4f-Niveau 14 Elektronen aufnehmen kann, umfaßt die Gruppe ohne das Actinium wieder 14 Elemente. Im Gegensatz zu den Lanthaniden sind aber bei den ersten Elementen der Actiniden höhere Oxydationsstufen stabil, beim Thorium die vierte, beim Protactinium die fünfte, beim Uran die sechste Stufe. Erst von der Mitte der Gruppe ab wird die dritte Oxydationsstufe so vorherrschend wie bei den Lanthaniden.

Die auf das Uran folgenden Transurane sind durch Kernreaktionen hergestellt worden, die ersten aus Uran durch Neutroneneinfang und β-Zerfall, die folgenden in ähnlicher Weise aus den vorhergehenden Elementen, wobei ein immer stärkerer Neutronenfluß notwendig ist, die letzten durch Beschuß mit hochgeladenen Ionen von Kohlenstoff, Sauerstoff oder Bor. Mit steigender Ordnungszahl sinken die Ausbeuten und die Halbwertszeiten der erhaltenen Isotope, so daß die Erweiterung des Periodischen Systems über die Actiniden hinaus sehr schwierig wird.

An der Herstellung der Transurane und an der Aufklärung ihrer chemischen Eigenschaften hat G. T. SEABORG ein besonderes Verdienst[1].

---

[1] Für ein eingehenderes Studium der Actiniden sei verwiesen auf:
I. H. KATZ und G. T. SEABORG „The Chemistry of the Actinide Elements"
London: Methuen & Co. 1957;
F. WEIGEL „Die Chemie der Transplutoniumelemente" Fortschritte der chemischen Forschung 4 Seite 51—137, Springer, Heidelberg 1962.

Actinium, Ac

Massenzahl des langlebigsten Isotops	227
Schmelzpunkt	1050 °C
Siedepunkt	3000 °C
Dichte	10,07 g/cm³

n der Natur kommen die beiden Isotope ^{227}Ac, „*Actinium*", mit einer Halbwertszeit von 28 a in der Actiniumreihe (siehe S. 501) und ^{228}Ac, „*Mesothorium 2*", mit einer Halbwertszeit on 6 h in der Thoriumreihe (siehe S. 503) vor.

Das Metall wurde 1954 von STITES, SALUTSKY und STONE in Milligrammengen durch Reduktion les Actinium(III)-fluorids, AcF₃, mit Lithiumdampf hergestellt. Die Eigenschaften ähneln weitgehend denen des Lanthans.

Da 1 t Pechblende nur 1 mg Actinium enthält, und da Actinium von Lanthan schwer zu trennen ist, waren zunächst nur Lanthanpräparate in Milligrammengen mit einigen Prozent Actinium zu erreichen. Erst 1950 gelang es HAGEMANN, Milligrammengen von Actinium-verbindungen mit 95 % Reinheit herzustellen und zwar durch Bestrahlen von Radium(II)-bromid, RaBr₂, im Reaktor mit Neutronen und anschließendem β-Zerfall des ^{227}Ra.

$$^{226}Ra + n \longrightarrow \,^{227}Ra \xrightarrow{\beta^-} \,^{227}Ac$$

Die Eigenschaften des Actiniums und seiner Verbindungen ähneln dem Lanthan. Das Oxid, Phosphat, Sulfat, Fluorid, Chlorid und Bromid sind mit den entsprechenden Lanthanver-bindungen isomorph. Wie dieses, tritt Actinium stets als Ac^{3+}-Ion in seine Verbindungen ein.

Thorium, Th

Atomgewicht	232,038
Schmelzpunkt	1845 °C
Dichte	11,2 g/cm³

Vorkommen und Gewinnung

Hinsichtlich des Vorkommens und des analytischen Verhaltens steht das Thorium den Seltenen Erden nahe. Die Benennung nach dem altgermanischen Donnergott Thor stammt von BERZELIUS (1828).

Das Thorium ist radioaktiv, und zwar zerfällt es unter α-Strahlung und Bildung der wichtigen Thoriumreihe radioaktiver Elemente, unter denen besonders das Mesothorium Bedeutung hat (siehe S. 503).

Im Monazit, CePO₄, ist Thorium isomorph als ThSiO₄ oder durch diadoche Vertretung 2 Ce—Th + Ca oder Mg eingebaut. Der Thoriumgehalt des Monazits beträgt etwa 4 ... 12 % berechnet auf ThO₂.

Zur Gewinnung wird der Monazitsand mit heißer konzentrierter Schwefelsäure oder mit Natronlauge aufgeschlossen. Aus dem sauren Aufschluß fällt bei Erniedrigung der Acidität auf $\approx p_H 1$ Thorium als Phosphat, verunreinigt noch durch Seltene Erden und Uran. Nach Umsetzung des Phosphats mit Natronlauge in das Hydroxid wird dieses in Salpetersäure gelöst. Durch Lösungsmittelextraktion unter Verwendung von Tributylphosphat werden reine Thoriumpräparate gewonnen.

Das Metall wird durch Reduktion von Thoriumdioxid mit Calcium gewonnen. Es ist silbe: weiß und duktil, oxydiert sich an der Luft besonders in der Wärme, doch schützt die Oxic schicht das darunterliegende Metall vor weiterem Angriff. Verdünnte Säuren greifen nu langsam an, durch konzentrierte Salpetersäure wird das Metall passiviert.

Legierungen mit einem Zusatz von Thorium zeichnen sich durch erhöhte Warmfestigkei und Zunderfestigkeit aus und finden daher beispielsweise für Heizleiter in elektrische Öfen und für Strahltriebwerke Verwendung. Bedeutung kann die Verwendung von Thoriur in Brutreaktoren gewinnen.

Thoriumverbindungen

Thoriumsalze reagieren infolge Hydrolyse sauer. In der wäßrigen Lösung liegen wahr scheinlich mehrkernige Hydroxokationen wie $[Th(OH)_3Th]_n^{n+4}$ vor.

Thoriumdioxid, ThO_2

Thoriumdioxid mit dem hohen Schmelzpunkt von 3050 °C hinterbleibt aus dem wasser-haltigen Oxid, Sulfat, Nitrat oder Oxalat nach dem Glühen als weißes, feines Pulver, das durch Schmelzen mit Borax in gut kristallisierter Form, Dichte 9,69 g/cm³, erhalten werden kann. Das Oxid ist in Säuren fast unlöslich und muß durch Abrauchen mit Schwefelsäure oder durch Schmelzen mit Hydrogensulfat in lösliches Sulfat übergeführt werden.

Namentlich das aus dem Oxalat bei nicht zu hoher Temperatur bereitete Oxid wird durch Abdampfen mit verdünnter Salzsäure oder Salpetersäure „angeätzt", d. h. oberflächlich an-gegriffen, und danach von Wasser als Kolloid zu einer weißen, milchigen Flüssigkeit gelöst, die im durchfallenden Licht klar orangegelb erscheint. Durch Elektrolyte wird dieses Sol sofort gefällt. Auch das mit Lauge oder Ammoniak gefällte wasserhaltige Oxid geht nach vollständigem Wegwaschen der Salze beim Erwärmen mit verdünnter Thoriumnitratlösung kolloid in Lösung. Diese beim Aluminiumhydroxid schon besprochene Erscheinung zeigt sich bei den meisten durch Laugen kleisterig fällbaren Hydroxiden; sie beruht darauf, daß durch Bildung salzartiger Gruppen an der Oberfläche der Gelteilchen und nachfolgende Dissoziation der Cl^-- oder NO_3^--Ionen die Gelteilchen elektrische Ladungen[1]) erhalten, die sie befähigen, sich im Wasser aufzulösen (Peptisierung) (vgl. auch den Abschnitt Kolloide auf S. 391).

Die Bedeutung des Thoriumdioxids für die Glühlichtindustrie ist schon bei Cer (S. 718) besprochen worden.

Weitere Thoriumverbindungen

Das wasserfreie *Thoriumsulfat* löst sich zu 25 % in eiskaltem Wasser, geht aber in dem Temperaturbereich von 0 ... 43 °C in das schwer lösliche Hydrat $Th(SO_4)_2 \cdot 9 H_2O$ über, von dem bei 10 °C 1,02, bei 20 °C 1,25, bei 30 °C 1,85, bei 40 °C 2,83 Teile $Th(SO_4)_2$ auf 100 Teile Wasser gelöst bleiben.

Versetzt man eine konzentrierte salpeter- oder salzsaure Lösung von Thoriumhydroxid bei etwa 20 °C mit einer dem Thorium äquivalenten oder wenig überschüssigen Menge von Schwefelsäure, so fällt das Oktohydrat, $Th(SO_4)_2 \cdot 8 H_2O$, in feinen, monoklinen Kriställchen aus, die sich bei 15 °C zu 1,38 g, bei 25 °C zu 1,85 g auf 100 g Wasser lösen und zur end-gültigen Reinigung des Thoriumoxids sich ebenso gut eignen wie das 9-Hydrat.

Thoriumnitrat, $Th(NO_3)_4 \cdot 12 H_2O$, löst sich sehr leicht in Wasser und Alkohol und dient zum Imprägnieren der Glühstrümpfe.

---

[1]) Kolloides Thoriumoxid wandert im elektrischen Feld nach der Kathode, ist also positiv geladen.

Basisches Thoriumcarbonat fällt aus Thoriumsalzlösungen durch Alkalicarbonate als weißer, amorpher Niederschlag aus, der sich in überschüssigem Alkalicarbonat und in Ammonium-carbonatlösung zu komplexen Carbonatothoraten, $Na_6[Th(CO_3)_5]$, auflöst. Hierauf beruht eine wichtige technische Trennungsmethode des Thoriums von den Ceriterden.

Thoriumoxalat, $Th(C_2O_4)_2 \cdot 6\,H_2O$, ist in Säuren noch schwerer löslich als die Oxalate der seltenen Erden und fällt auch bei Gegenwart freier Mineralsäuren praktisch vollständig aus. Überschüssige Alkali- oder Ammoniumoxalatlösung löst unter Bildung komplexer Oxalato-thorate, wie $(NH_4)_4[Th(C_2O_4)_4]$ und $(NH_4)_6[Th(C_2O_4)_5]$, die beim Ansäuern mit starken Mineralsäuren zerfallen und das normale Oxalat wieder abscheiden.

Thoriumchlorid, $ThCl_4$, Schmelzp. 820 °C, Siedep. unter Zersetzung über 1000 °C, wird am besten dargestellt durch Glühen des Oxids in einem mit Chlorschwefel gesättigten Chlor-strom nach:

$$2\,ThO_2 + S_2Cl_2 + 3\,Cl_2 = 2\,ThCl_4 + 2\,SO_2$$

Thoriumfluorid, $ThF_4 \cdot 2{,}5 \ldots 3\,H_2O$, fällt aus Thoriumsalzlösungen auf Zusatz von Fluß-säure. Durch Erhitzen im Fluorwasserstoffstrom kann es zum wasserfreien Fluorid entwässert werden, das auch aus Thoriumdioxid und Fluorwasserstoffgas bei 600 °C zugänglich ist.

Ganz besonders charakteristisch sind die Fällungen des Thoriums als *Jodat* mittels Kalium-jodat in salpetersaurer Lösung, sowie als *Hypophosphat*, $ThP_2O_6 \cdot 11\,H_2O$, mit Natrium-hypophosphat, aus stark salzsaurer Lösung.

Thoriumacetylacetonat, $Th(C_5H_7O_2)_4$, Schmelzp. 171 °C, ist aus Thoriumnitrat und in Ammoniak gelöstem Acetylaceton erhältlich und kristallisiert in farblosen Prismen, die in Alkohol und Chloroform löslich sind. Im Vakuum ist es unter teilweiser Zersetzung destillierbar.

Eine Verbindung mit *dreiwertigem Thorium*, ThJ_3, erhielt Hayek (1949) durch Umsetzung des gelben Thoriumjodids, ThJ_4, mit metallischem Thorium bei 600 \ldots 800 °C in Form metallisch grauer Nadeln, die durch Wasser zu Thoriumhydroxid und Thorium zersetzt werden.

Protactinium, Pa

Massenzahl des langlebigsten Isotops	231,0359
Schmelzpunkt	1600 °C
Dichte	15,37 g/cm³

1 t natürliches Uran enthält 314 mg Protactinium. Das Protactinium wurde von O. Hahn und L. Meitner 1918 entdeckt. Es ist ein Glied der Zerfallsreihe des ^{235}U-Isotops und als α-Strahler mit einer Halbwertszeit von 34 300 a das Mutterelement des Actiniums.

Die Isolierung des Protactiniums gelang A. v. Grosse (1927) hauptsächlich auf Grund der gegenüber Tantal(V)-oxid, Ta_2O_5, stärkeren Basizität des Protactinium(V)-oxids, Pa_2O_5, und der Ähnlichkeit mit dem analytischen Verhalten seiner Nachbarn Thorium und Uran.

Das Metall, das aus Protactinium(IV)-fluorid, PaF_4, durch Reduktion mit Barium hergestellt wird, ist silberweiß und duktil.

Gleich Niob und Tantal bildet das Protactinium das gut kristallisierte schwerlösliche Hepta-fluorokomplexsalz K_2PaF_7.

Reduktion des weißen Protactinium(V)-oxids, Pa_2O_5, im Wasserstoffstrom bei 1500 °C führt zum schwarzen kubischen Protactinium(IV)-oxid, PaO_2.

Aus Protactinium(V)-oxid sind die Pentahalogenide, das weiße PaF_5 oder das weiße $PaCl_5$ zugänglich.

Aus Protactinium(IV)-oxid oder durch Reduktion der Pentahalogenide wurden das rotbraune Protactinium(IV)-fluorid, PaF_4, und das grüngelbe Protactinium(IV)-chlorid, $PaCl_4$, erhalten.

Das Metall bildet mit Wasserstoff bei 250 °C das schwarze Hydrid PaH_3, das mit UH_3 isomorph ist (Sellers, Fried, Elson und Zachariasen, 1954).

Uran, U

Atomgewicht	238,029
Schmelzpunkt	1150 °C
Dichte	18,7 g/cm³

Vorkommen

Das wichtigste Uranmineral ist das Uranpecherz, auch *Pechblende* genannt. Einig
Niobate und Titanate der Seltenen Erden, wie Euxenit, Samarskit und Polykras, ent
halten nennenswerte Mengen Uran. Im Monazit finden sich nur etwa 0,4 % Uran
was aber bei der Verwendung dieses Minerals in der Glühlichtindustrie immerhin i
Betracht kommt.

Weit verbreitet sind die *Uranglimmer*. Sie besitzen Schichtgitter, in denen zwischen der
Schichten mit der Zusammensetzung $[UO_2(XO_4)]^-$, wobei X = P, As, V sein kann
Kationen eingelagert sind, die ausgetauscht werden können und den Kristallen inner
kristallines Quellvermögen verleihen (ARMIN WEISS und U. HOFMANN, 1952). Sie
können leicht durch Fällung hergestellt werden. Der *Carnotit* $K[UO_2(VO_4)] \cdot x\,H_2O$
wird in Nordamerika auf Uran verarbeitet.

Die Pechblende, UO_2, bildet meist derbe, glänzendschwarze, bisweilen nieren- und
schalenförmige Ausscheidungen auf Kobalt- und Nickelerzgängen oder in zinnerz-
führenden Graniten. Die Gegenwart von Flußspat spricht für die Bildung aus sehr
heißen Exhalationen. Wichtige Fundorte sind Katanga im Kongogebiet und Canada,
sowie Joachimsthal in Böhmen, doch werden ständig neue Lagerstätten erschlossen.

Die angegebene Formel für die Pechblende entspricht nur annähernd der wirklichen Zusammensetzung; in manchen Lagerstätten hat eine Oxydation zu U_3O_8 stattgefunden. Stets
finden sich neben Uran auch Blei, Eisen, Wismut und Seltene Erden. In dem verwandten
norwegischen Bröggerit ist Thorium zu mehreren Prozenten enthalten, so daß dieses Mineral,
wie der durch Verwitterung daraus entstandene Cleveït, auch als Thoriummineral gelten
darf. Die gewöhnliche derbe Pechblende enthält 20 … 30 % Beimengungen an anderen
Oxiden, außerdem auch noch Stickstoff und Helium.

Darstellung von Uran und Uranverbindungen

Die durch Magnetscheidung oder Flotation angereicherten Erze werden, wenn sie kalkhaltig
sind, mit Sodalösung oxydierend aufgeschlossen. Hierbei geht Uran als Natriumuranyl-
carbonat in Lösung. Es wird dann durch Natronlauge als Natriumdiuranat ausgefällt. Bei
kalkarmem Gestein wird mit Schwefelsäure oxydierend zu löslichen anionischen Sulfato-
uranylkomplexen wie $[UO_2(SO_4)_2]^{2-}$, aufgeschlossen, die aus der Lösung durch Anionenaustauscher gebunden werden. Durch Eluieren mit Säuren erhält man Uranylsalzlösungen,
aus denen mit Ammoniak Ammoniumdiuranat gefällt wird. Die endgültige Reinigung des
Urans erfolgt aus salpetersauren Uranylnitratlösungen durch Extraktion mit organischen
Lösungsmitteln, insbesondere mit Tributylphosphat. Für die Anwendung in Kernreaktoren
muß die Reinheit des Urans sehr hoch sein, insbesondere dürfen stark Neutronen absorbierende Elemente wie Gadolinium und Bor nicht anwesend sein.

Zur Darstellung des Metalls wird Urantetrafluorid mit Calcium oder Magnesium
reduziert. Eine Reduktion der Oxide mit Kohlenstoff führt nur zu Carbiden.

Reines metallisches Uran besitzt silbrigen Glanz, bedeckt sich jedoch an der Luft schon bei Zimmertemperatur mit einer goldgelben und schließlich schwarzen Oxidschicht. Fein verteiltes Uran ist pyrophor. Mit kochendem Wasser reagiert es unter Wasserstoffentwicklung zu Urandioxid. In verdünnter Salzsäure ist es leicht löslich, während Flußsäure, Schwefelsäure und Phosphorsäure nur langsam angreifen.

Uran tritt in drei Modifikationen auf. Das bis 668 °C stabile, rhombische α-Uran kristallisiert in einem eigenen Gittertyp. Die elektrische Leitfähigkeit des Urans ist etwa so groß wie die des Eisens.

Die überragende Bedeutung des Urans für die Energiegewinnung in Kernreaktoren und für die Atombombe, die dieses Element zu dem begehrtesten Rohstoff werden ließ, wird im Kapitel „Der Atomkern" besprochen werden.

Die Produktion an Uran ist im Steigen. Sie lag in den USA 1959 bei rund 20 000 t.

Uranverbindungen

Uran tritt in den Oxydationsstufen $+6 \ldots +2$ auf. Die beständigen Uranylsalze und Uranate leiten sich vom Uran(VI) ab. Durch Reduktion der Uranylsalze entstehen die grünen Uran(IV)-salze. Hierbei tritt zwischendurch das Uranyl(V)-Ion, UO_2^+, auf. Uran(III)-verbindungen, wie das rote Trichlorid, sind in wäßriger Lösung starke Reduktionsmittel und zersetzen Wasser unter Wasserstoffentwicklung.

Urancarbid und -hydrid

Aus Uran oder Urandioxid und Kohle entstehen bei hoher Temperatur die Carbide UC und UC_2. Urancarbid und ebenso Uran waren die ersten Katalysatoren für die Ammoniaksynthese.

Mit Wasserstoff reagiert Uran bei gewöhnlicher Temperatur langsam, bei 225 °C schnell zu dem schwarzen Uranhydrid, UH_3, Dichte 10,5 g/cm³, das bei stärkerem Erhitzen wieder in die Elemente zerfällt. Es leitet den elektrischen Strom fast so gut wie Uranmetall. Das Hydrid ist sehr reaktionsfähig, entzündet sich an der Luft in fein verteiltem Zustand und kann mit Vorteil zur Darstellung vieler Uranverbindungen an Stelle des weniger reaktionsfähigen kompakten Metalls verwendet werden.

Uranoxide

Uran bildet mit Sauerstoff mehrere Verbindungen bzw. Phasen mit zum Teil beträchtlichem Homogenitätsbereich.

Urantrioxid, UO_3, und Uranate(VI)

Urantrioxid (Uran(VI)-oxid) hinterbleibt beim Erhitzen von Uranylnitrat oder von Ammoniumdiuranat im Sauerstoffstrom auf 500 °C als hellgelbes bis orangefarbenes hygroskopisches Pulver. Am reinsten erhält man es durch thermische Zersetzung des Peroxids bei 350 °C. Oberhalb 500 °C gibt es Sauerstoff ab und geht schließlich in Triuranoktoxid, U_3O_8, über. In Säuren ist das Trioxid leicht zu Uranylsalzen löslich. Mit Wasser geht es langsam in ein gelbes Hydrat, $UO_3 \cdot H_2O$, über.

Urantrioxid färbt Glasflüsse intensiv gelb mit grüner Fluoreszenz. Bei den hohen Temperaturen des Porzellanofens scheidet sich das braunschwarz färbende U_3O_8 ab.

Mit Metallcarbonaten oder Oxiden bildet Urantrioxid beim Erhitzen die gelben bis orangefarbenen Uranate(VI) wie Na_2UO_4, K_2UO_4, $MgUO_4$, Mg_3UO_6, $BaUO_4$, $NiUO_4$

u. a. Die aus Uranylsalzlösungen durch Laugen oder Ammoniak gefällten gelben wasserhaltigen Niederschläge, die gewöhnlich als Diuranate bezeichnet werden, sind wahrscheinlich Polyuranate, beispielsweise das in Gegenwart von überschüssigem Alkalihydroxid beständige $Na_6U_7O_{24} \cdot 16\,H_2O$ (W. C. WAMSER, 1952).

Wird eine verdünnte Lösung von Uranylnitrat mit verdünnter Kalilauge gefällt und mit Schwefelwasserstoff gesättigt, so entsteht ein gelber Niederschlag, der beim Durchleiten von Luft und Erwärmen mit Kaliumcarbonatlösung das lebhaft karminrote, kristalline Kaliumuranrot mit einem Atomverhältnis von 5 U : 2 S liefert. Wahrscheinlich handelt es sich um ein kompliziert zusammengesetztes Thiouranat.

Uranperoxid und Peruranate

Aus Uranylsalzen fällt Wasserstoffperoxid gelblichweißes Peroxid, $UO_4 \cdot 2\,H_2O$ aus. In Gegenwart von Natronlauge reagiert Wasserstoffperoxid mit Uranylsalzen zu orangegelben in Wasser leicht löslichen Peroxouranaten.

Triuranoktoxid, U_3O_8

Durch Glühen an der Luft unterhalb 800 °C gehen Urantrioxid und Urandioxid in das moosgrüne, rhombisch kristallisierende Triuranoktoxid über, das in gröberer Form fast schwarz aussieht. Bei noch stärkerem Erhitzen, besonders im Vakuum, verliert U_3O_8 ($= UO_{2,67}$) Sauerstoff bis etwa zur Zusammensetzung $UO_{2,59}$ unter Erhalt der Kristallstruktur. Triuranoktoxid ist als Doppeloxid entsprechend $U_2O_5 \cdot UO_3$ aufzufassen.

Urandioxid, UO_2

Dieses Oxid entsteht beim Glühen von Triuranoktoxid im Wasserstoffstrom bei 900 °C als braunes Pulver oder bei höheren Temperaturen als metallglänzende kristalline Substanz. Durch längeres Glühen von Natriumuranat(VI) mit geschmolzenem Magnesiumchlorid erhält man das Dioxid in Gestalt glänzend schwarzer Würfel. Urandioxid löst sich in Säuren nur bei gleichzeitiger Oxydation.

Urandioxid kristallisiert im Fluoritgitter. Bei vorsichtiger Oxydation oberhalb 200 °C entsteht eine weitere Fluoritphase, U_4O_9 ($= UO_{2,25}$), in der ein Sauerstoff-Ion pro Elementarzelle in Lücken des Gitters eingelagert ist.

Urandioxid bildet sowohl mit Thoriumdioxid als auch mit Cerdioxid eine lückenlose Reihe von Mischkristallen. Während aber die Farbe der UO_2–ThO_2-Mischkristalle sich additiv aus den Farben der Komponenten zusammensetzt, sind die UO_2–CeO_2-Mischkristalle blau. Diese auffallende konstitutive Farbe hängt wahrscheinlich mit einem Elektronenübergang zwischen den Metall-Ionen im Gitter zusammen, der mit dem leichten Wechsel der Oxydationsstufen

$$Ce^{4+} + U^{4+} \rightleftharpoons Ce^{3+} + U^{5+}$$

verbunden ist. Hierfür spricht die durch den Einbau von CeO_2 erhöhte Elektronenleitfähigkeit des Urandioxids (W. RÜDORFF, 1953).

In diese Mischkristallreihe gehört das von K. A. HOFMANN (1915) aus Cer- und Uransalz in einer Magnesiumchloridschmelze erhaltene Ceruranblau mit der angenäherten Zusammensetzung $2\,CeO_2 \cdot UO_2$. In wasserhaltiger Form entsteht ein ähnliches Produkt, wenn man Cer(III)- und Uranylsalzlösungen mit Lauge fällt. Der hierbei entstehende, zunächst lehmfarbene Niederschlag färbt sich nach einiger Zeit graublau.

Uranylsalze

Urantrioxid löst sich in Säuren zu Lösungen, die das Uranyl(VI)-Ion, $UO_2{}^{2+}$, enthalten. Aus salpetersaurer Lösung kristallisiert das Uranylnitrat, $UO_2(NO_3)_2 \cdot 6\,H_2O$, in großen,

:elben, grün fluoreszierenden Prismen, die sich in Wasser, Alkohol und anderen
»rganischen Lösungsmitteln leicht lösen. In wäßriger Lösung hydrolysieren die Uranyl-
,alze. Sie bilden mit vielen Anionen komplexe Ionen wie z. B. $[(UO_2)(SO_4)_2]^{2-}$.
Mit Alkali- oder Ammoniumcarbonat im Überschuß entstehen lösliche Carbonato-
:omplexe, wie $(NH_4)_4[UO_2(CO_3)_3]$, die eine Trennung des Urans von Aluminium,
:isen und den meisten Seltenen Erden ermöglichen. Zu den komplexen Uranylsalzen
;ehört auch das aus *Uranylacetat*, $UO_2(CH_3CO_2)_2 \cdot 2 H_2O$, mit Magnesiumacetat ent-
:tehende lösliche Magnesiumuranylacetat, dessen Lösung zur quantitativen Bestimmung
/on Natrium dient. Hierbei fällt das gelbe, schwer lösliche *Natriummagnesiumuranyl-
1cetat*, $NaMg(UO_2)_3(CH_3CO_2)_9 \cdot 6 H_2O$, aus.

Uran(IV)-salze

Reduziert man Uranylsalze mit starken Reduktionsmitteln, wie Zink und Säure, oder
mit Dithionit, so entstehen die grünen Uran(IV)-salze. Diese zeigen in vieler Hinsicht
große Ähnlichkeit mit den entsprechenden Thoriumverbindungen, weil die Ionenradien von U^{4+} und Th^{4+} in der Größe sich nur wenig voneinander unterscheiden. So
ist das in Wasser schwer lösliche Oktohydrat des Uran(IV)-sulfats isomorph mit
$Th(SO_4)_2 \cdot 8 H_2O$. Die Ähnlichkeit zeigt sich weiterhin in der Fällbarkeit mit Flußsäure
als $UF_4 \cdot 2 H_2O$, oder mit Oxalsäure als Oxalat sowie in der Bildung zahlreicher
Komplexe.

Mit Laugen fällt aus Uran(IV)-salzlösungen ein brauner, an der Luft leicht oxydierbarer
Niederschlag von wasserhaltigem Uran(IV)-hydroxid.

Uran(V)-verbindungen

Vorsichtige Reduktion verdünnter Uranyl(VI)-lösungen führt zunächst zum Uranyl(V), UO_2^+.
Diese Ionen sind jedoch nur in einem engen p_H-Bereich und in verdünnter Lösung vorübergehend haltbar, denn sie disproportionieren sehr leicht in UO_2^{2+}- und U^{4+}-Ionen. Fünfwertiges Uran liegt in den Pentahalogeniden (siehe unten) vor. Das Pentoxid, U_2O_5, existiert
nicht, jedoch lassen sich Uranate(V), wie die braunen oder violetten Verbindungen $NaUO_3$,
KUO_3, $Mg(UO_3)_2$, $Cd(UO_3)_2$ u. a. darstellen (RÜDORFF, LEUTNER, KEMMLER 1962).

Uranhalogenverbindungen

Beim Verbrennen von Uran in Chlor oder beim Glühen eines Gemenges von Triuranoktoxid
mit Kohle im Chlorstrom entstehen das dunkelgrüne, mit rotem Dampf sublimierbare
Tetrachlorid, UCl_4, und das leichter flüchtige, aber weniger beständige, braune Nadeln
bildende *Pentachlorid*, UCl_5, das in Tetrachlorkohlenstofflösung dimer vorliegt. Die Kristallstruktur des Pentachlorids läßt UCl_6-Oktaeder erkennen, die über je 2 Chloratome zu Ketten
vereinigt sind. Bei 120...150 °C im Vakuum disproportioniert UCl_5 in UCl_4 und das
schwarze bis dunkelgrüne äußerst feuchtigkeitsempfindliche *Hexachlorid*, UCl_6, (Schmelzp.
177,5 °C unter Zerfall in UCl_4 und Cl_2).

Urantrichlorid, UCl_3, entsteht durch Reduktion des Tetrachlorids mit Wasserstoff in Form
dunkelroter Nadeln. Die purpurrote salzsaure Lösung kann auch elektrolytisch gewonnen
werden. Konzentrierte Schwefelsäure fällt rote Kriställchen des sauren Sulfats, $U(HSO_4)(SO_4)$.

Das *Hexafluorid*, UF_6, stellte O. RUFF aus dem Uranpentachlorid und Fluor sowie aus
metallischem Uran oder Urancarbid mit Fluor dar. Es bildet farblose, monokline, an der
Luft rauchende, sehr flüchtige Kristalle vom Sublimationsp. 56 °C. Die Dampfdichte entspricht
der einfachen Formel UF_6. Durch Spuren Wasser wird Uranhexafluorid hydrolysiert zu
Uranylfluorid, $UO_2F_2 \cdot x H_2O$, das mit gelbgrüner Farbe leicht in Wasser löslich ist. Von
Kaliumfluorid wird Uranhexafluorid unter Bildung der intensiv gelb gefärbten Verbindung
$3 KF \cdot UF_6$ absorbiert. Das leicht flüchtige Uranhexafluorid ist geeignet zur Trennung der

Uranisotopen und hat deswegen große Bedeutung für die Anreicherung des spaltbare⟩ Isotops ^{235}U.

Außer dem Hexafluorid existieren das schwarze bis violettrote, gegen Wasser wenig empfind⟩ liche *Trifluorid*, UF$_3$, das beständige und schwer flüchtige *Tetrafluorid*, UF$_4$, und das farblos⟩ *Pentafluorid*, UF$_5$. Urantetrafluorid bildet mit Uranpentafluorid die schwarzen kristalline⟩ Verbindungen U$_2$F$_9$ und U$_4$F$_{17}$. Urantetrafluorid gibt mit anderen Metallfluoriden zahlreich⟩ Komplexe, wie z. B. KUF$_5$, K$_2$UF$_6$, Na$_3$UF$_7$, KU$_6$F$_{25}$, KU$_3$F$_{13}$, KU$_2$F$_9$.

Neptunium, Np, und Plutonium, Pu

	Neptunium	*Plutonium*
Massenzahl der wichtigsten Isotope	237	239
Schmelzpunkt	640 °C	635 °C
Dichte	20,5 g/cm^3	19,8 g/cm^3

Bei der Einwirkung von Neutronen auf das Isotop ^{238}U entstehen instabile Uranisotope, die in Isotope des Elementes mit der Ordnungszahl 93 übergehen. Dieses Element erhielt von den Entdeckern McMillan und Abelson (1940) den Namen Neptunium, Np, nach dem Planeten Neptun, der auf den Planeten Uranus folgt. Die beiden wichtigsten Isotope entstehen nach:

$$^{238}_{92}U + ^1_0n \longrightarrow ^{239}_{92}U \xrightarrow{\ T\ =\ 23\ min\ } ^{239}_{93}Np + \beta \quad \text{und}$$

$$^{238}_{92}U + ^1_0n \longrightarrow ^{237}_{92}U + 2^1_0n; \qquad ^{237}_{92}U \xrightarrow{\ T\ =\ 7\ Tage\ } ^{237}_{93}Np + \beta$$

Von diesen beiden Neptuniumisotopen ist ^{237}Np ein α-Strahler mit der langen Halbwertszeit von $2,2 \cdot 10^6$ a. Es ist in Amerika schon in Kilogrammengen dargestellt worden. Das ^{239}Np zerfällt mit einer Halbwertszeit von 2,3 d unter β-Emission und verwandelt sich dabei in das Element 94, Plutonium, Pu:

$$^{239}_{93}Np \xrightarrow{\ T\ =\ 2,3\ Tage\ } ^{239}_{94}Pu + \beta$$

^{239}Pu ist ein langlebiger α-Strahler mit 24 000 a Halbwertszeit (Seaborg, 1941).

Ein anderes Pu-Isotop entsteht durch Einwirkung äußerst energiereicher α-Strahlen auf Uran nach: $^{238}_{92}U + ^4_2He \longrightarrow ^1_0n + ^{241}_{94}Pu$

Auch aus Uranerzen sind die beiden langlebigen Isotopen von Neptunium und Plutonium, ^{237}Np und ^{239}Pu, isoliert worden. Ihre Bildung in der Natur dürfte auf die gleichen Reaktionen wie oben zurückzuführen sein. Der Plutoniumgehalt der Pechblende beträgt bestenfalls $1 : 4 \cdot 10^{15}$.

Das langlebigste, aber nicht das wichtigste Plutoniumisotop ist das Isotop mit der Massenzahl 242 und der Halbwertszeit $5 \cdot 10^5$ a.

Plutonium 239 wird im Brutreaktor in technischem Maßstab hergestellt, da es für Atombomben Verwendung findet (siehe das Kapitel „Der Atomkern").

Das Isotop ^{238}Pu mit der Halbwertszeit 92 a soll wegen seiner intensiven α-Strahlung bereits als Energiequelle in Satelliten dienen.

Wie das Uran bilden Neptunium und Plutonium flüchtige Hexafluoride, NpF$_6$ und PuF$_6$, doch nimmt die Stabilität in der Reihenfolge der Elemente ab.

n den Neptunyl(VI)- und Plutonyl(VI)-verbindungen liegen $[NpO_2]^{2+}$- bzw. $[PuO_2]^{2+}$-Ionen or, die mit dem $[UO_2]^{2+}$-Ion große Ähnlichkeit zeigen, wie z. B. die Bildung schwer löslicher komplexer Acetate $Na[PuO_2](CH_3CO_2)_3$ beweist. Neptunylsulfat- und -nitratlösungen sind hellrosa, das kristallisierte $[PuO_2](NO_3)_2 \cdot x\,H_2O$ orangefarben. Während aber die Uranyl-alze durch schweflige Säure nicht reduziert werden, gehen die $[NpO_2]^{2+}$-verbindungen hier-bei in die gelbgrünen Neptunium(IV)-verbindungen, die $[PuO_2]^{2+}$-verbindungen sogar in die blauen Plutonium(III)-verbindungen über. Auf diesem W. ge ist eine Trennung der beiden Transurane vom Uran möglich. Neptunium und Plutonium lassen sich auf Grund der leichteren Oxydierbarkeit des Np^{4+} zu $[NpO_2]^{2+}$ mit Bromat trennen. Schwerlöslich sind NpF_4, PuF_4, $Pu(JO_3)_4$ und das rotbraune Plutonium(IV)-sulfat.

Americium, Am

Massenzahl des wichtigsten Isotops	241
Schmelzpunkt	1000 °C
Dichte	11,7 g/cm³

Das erste Americiumisotop 241 wurde 1944 von SEABORG hergestellt. Es erhielt seinen Namen in Analogie zum Europium der Lanthanidenreihe.

^{241}Am mit der Halbwertszeit von 475 a ist in Grammengen, ^{243}Am mit der Halbwertszeit 7950 a in Milligrammengen käuflich.

Bekannt sind die Oxydationsstufen $+3$, $+4$, $+5$ und $+6$, die Stufe $+3$ ist die stabilste. Die lachsfarbenen Americium(III)-salze haben ähnliche Eigenschaften wie die Salze der Lanthaniden, z. B. ist $Am_2(C_2O_4)_3$ schwerlöslich.

Das wichtigste Oxid ist das bernsteinfarbene Dioxid AmO_2.

Curium, Cm, Berkelium, Bk und Californium, Cf

	Curium	Berkelium	Californium
Massenzahl des wichtigsten Isotops	242	247	249

Curium erhielt seinen Namen analog zum Gadolinium der Lanthanidenreihe zu Ehren von PIERRE und MARIE CURIE. Es wurde von SEABORG 1944 erstmals hergestellt. ^{242}Cm ist in Grammengen hergestellt worden. Es hat wegen seiner Halbwertszeit von 162 d und wegen seiner extrem hohen α-Aktivität vielleicht als Energiequelle für Weltraumsatelliten Bedeutung.

Vom Curium ab folgt das chemische Verhalten der Actiniden den Lanthaniden.

In wäßriger Lösung sind nur die farblosen *Curium(III)-salze* bekannt. Doch sind ein schwarzes CmO_2 und ein grünlichgelbes CmF_4 hergestellt worden.

Die magnetische Susceptibilität des CmF_3 entspricht der Besetzung des 5 f-Niveaus mit 7 Elektronen wie bei Gadolinium.

Berkelium ist erst in Millionstel Grammengen hergestellt worden. Es erhielt 1949 seinen Namen analog zum Terbium (nach der Stadt Ytterby in Schweden) von der Stadt Berkeley, wo es erstmals erhalten wurde.

Berkelium bildet in wäßriger Lösung Berkelium(III)- und Berkelium(IV)-Salze.

Auch *Californium*, das 1950 erstmals von SEABORG hergestellt wurde, ist in Millionstel Grammengen verfügbar. In wäßriger Lösung existieren nur die farblosen Californium(III)-Salze, die sich den Lanthansalzen ähnlich verhalten.

Die letzten Transurane mit den Ordnungszahlen 99 ... 103, die Elemente *Einsteiniun* Es, *Fermium*, Fm, *Mendelevium*, Mv, *Nobelium*, No, und *Lawrencium*, Lw, sind noc nicht in wägbaren Mengen erhalten worden. Doch konnte bis zum Mendelevium fi die Verbindungen in wäßriger Lösung die Oxydationsstufe + 3 nachgewiesen werde: Vom Americium an wird die radioaktive Strahlung der Isotope so intensiv, daß ih: Untersuchung nur in Gloveboxen mit mit Blei gefütterten Gummihandschuhen möglic ist.

Komplexverbindungen

Die Chemie der Komplexverbindungen bildet einen wesentlichen Teil der anorganischer Chemie, weil alle Metalle ausnahmslos zur Komplexbildung befähigt sind. Es sei nu daran erinnert, daß fast alle Metallsalze in wäßriger Lösung Aquometall-Komplex-Ionen bilden und daß weiterhin die Hydrolyse dieser Lösungen auf der Bildung von kom‹ plexen H_3O^+-Ionen und Hydroxometall-Kationen zurückzuführen ist. Die Bedeutung der Komplexverbindungen liegt aber auch darin, daß sich unter diesen Verbindunger zahlreiche Vertreter finden, die praktisch wichtig sind. So macht man in der analytischer Chemie von der Komplexbildung zur Abtrennung, Bestimmung oder auch zur Tarnung von Metallen Gebrauch; Komplexverbindungen spielen bei der Trennung und Rein- darstellung von Metallen durch Extraktion (Gold, Silber, Lanthaniden und Actiniden) eine Rolle, desgleichen bei der elektrolytischen Abscheidung von Metallen, in der Färberei (Tonerdelacke), in der Gerberei (Chromgerbung), bei der Wasserenthärtung (siehe S. 755), um nur einige Beispiele zu nennen. Von überragender Bedeutung sind die Komplexverbindungen in der Biochemie. Chlorophyll enthält Magnesium, Hämo- globin Eisen komplex gebunden, und viele Fermente, die als Katalysatoren die Lebens- vorgänge steuern, sind Metallkomplexe.

Schließlich darf nicht vergessen werden, daß die Vorstellungen über die Natur der chemischen Bindung durch das Studium der Komplexverbindungen wesentlich gefördert worden sind.

Moleküle und Ionen als Liganden

Ein Komplex besteht aus einem Zentralatom oder -Ion (meist einem Metallkation) und den Liganden. Darunter versteht man die an das Zentralatom unmittelbar gebun- denen Moleküle, Atome oder Ionen. Unter den Molekülen, die als Liganden auftreten können, sind an erster Stelle Wasser und Ammoniak zu nennen.

Die Auffassung, daß viele feste Hydrate Komplexverbindungen sind, ergibt sich aus der oft beträchtlichen Hydratationswärme der wasserfreien Salze sowie aus der Tatsache, daß erst durch die Verbindung mit Wasser Farbe und Reaktionsfähigkeit herbeigeführt werden. So entsteht aus dem wasserfreien weißen $CuSO_4$ mit wenig Wasser das blaue, kristallisierte $CuSO_4 \cdot 5\,H_2O$ oder aus dem blauen hexagonalen $CoCl_2$ das rote, mono- kline Hydrat $CoCl_2 \cdot 6\,H_2O$. Das wasserfreie, pfirsichblütenrote $CrCl_3$ ist in Wasser unlöslich, das graublaue Hydrat $CrCl_3 \cdot 6\,H_2O$ dagegen leicht löslich. Die komplexe Natur dieser und vieler anderer Hydrate ist durch röntgenographische Strukturbe- stimmung bewiesen worden.

Ebenso wie das H_2O-Molekül kann auch das NH_3-Molekül als Ligand auftreten, weil es gleichfalls ein beträchtliches Dipolmoment besitzt. Dieses Dipolmoment rührt beim Ammoniak daher, daß das Molekül die Gestalt einer dreiseitigen Pyramide besitzt mit dem Stickstoffatom an der Spitze der Pyramide (siehe unter Struktur der Moleküle). Da die bindenden Elektronen wegen der größeren Elektronegativität des Stickstoffs diesem mehr als dem Wasserstoff angehören, ergibt sich bei einer solchen Konfiguration eine Unsymmetrie der Ladung.

An Stelle von Ammoniak können auch Amine Liganden in Komplexen sein, insbesondere Äthylendiamin, $H_2N-C_2H_4-NH_2$, und Pyridin C_5H_5N (weitere Beispiele siehe S. 752 ff.).

Besonders zahlreich sind Komplexe mit Anionen als Liganden. So können Halogenide mit Halogenid-Ionen, Cyanide mit Cyanid-Ionen, Hydroxide mit Hydroxid-Ionen, Sulfide mit Sulfid-Ionen Halogeno-, Cyano-, Hydroxo- bzw. Thio-Komplexe bilden. Einige Beispiele hierfür sind in der folgenden Übersicht aufgeführt.

$$
\begin{aligned}
BF_3 &+ F^- &= [BF_4]^- & \qquad HgJ_2 &+ 2J^- &= [HgJ_4]^{2-} \\
AlF_3 &+ 3F^- &= [AlF_6]^{3-} & \qquad CuCN &+ 3CN^- &= [Cu(CN)_4]^{3-} \\
SiF_4 &+ 2F^- &= [SiF_6]^{2-} & \qquad Cd(CN)_2 &+ 2CN^- &= [Cd(CN)_4]^{2-} \\
SbF_5 &+ F^- &= [SbF_6]^- & \qquad Cu(OH)_2 &+ 2OH^- &= [Cu(OH)_4]^{2-} \\
JCl_3 &+ Cl^- &= [JCl_4]^- & \qquad Fe(SCN)_3 &+ 3SCN^- &= [Fe(SCN)_6]^{3-} \\
PtCl_4 &+ 2Cl^- &= [PtCl_6]^{2-} & \qquad Sb_2S_5 &+ 3S^{2-} &= 2[SbS_4]^{3-}
\end{aligned}
$$

Ferner sind Nitrato-, Nitrito-, Sulfato-, Carbonato-, Oxalato-, Acetato- und viele andere Komplexe bekannt. Schließlich können Anionen auch zusammen mit H_2O- oder NH_3-Molekülen als Liganden auftreten, wie die bei der Hydratisomerie der Chrom(III)-Salze, den Chromamminen, den Kobalt- und Platinkomplexen aufgeführten Verbindungen erkennen lassen.

Komplexe mit neutralen Molekülen als Liganden haben als Ganzes natürlich die Ladung des Zentral-Ions und da dieses meistens ein Metall-Kation ist, sind diese Komplex-Ionen entsprechend der Ladung des Kations positiv geladen. Bei den Komplexen mit Anionen als Liganden ergibt sich die Ladung des Komplex-Ions aus der Summe der Ladungen von Zentral-Ion und Liganden. Wird die Ladung des Zentral-Ions durch die Ladung der Anionen gerade kompensiert, wie beispielsweise in den Verbindungen $[CrCl_3(NH_3)_3]$, $[Co(NO_2)_3(NH_3)_3]$, $[PtCl_2(NH_3)_2]$, so sind die Komplexe neutral und Nichtelektrolyte.

Früher hat man auch die Anionen der Sauerstoffsäuren wie SO_4^{2-}, NO_3^-, PO_4^{3-} u. a. zu den Komplexen gerechnet, weil man die Bildung dieser Ionen formal auf die Anlagerung von Sauerstoff-Ionen an die neutralen Oxide zurückführen kann, beispielsweise $SO_3 + O^{2-} = SO_4^{2-}$. Tatsächlich entstehen diese Ionen aber durch Abspaltung von Protonen aus den undissoziierten Säuremolekülen und dissoziieren nicht in das Säureanhydrid und O^{2-}-Ionen. Sie sind daher sinnvoller ebenso wie die Ionen CN^-, NCS^-, $C_2O_4^{2-}$, $CH_3CO_2^-$ als Molekül-Ionen aufzufassen.

Koordinationszahl und räumlicher Bau der Komplexe

Alfred Werner hat darauf hingewiesen, daß die Anzahl der an das Zentralatom unmittelbar gebundenen Liganden, die sogenannte Koordinationszahl, weitgehend unabhängig von den spezifischen Eigenschaften der Liganden ist, wobei es auch gleichgülti; ist, ob es sich bei den Liganden um Ionen oder um neutrale Moleküle handelt. A: häufigsten findet sich die Koordinationszahl[1]) (K. Z.) 6. Als Beispiele seien aufgeführt d: zahlreichen Chrom(III)-, Kobalt(III)- und Eisen(III)-Komplexe, die Verbindungen m: den Ionen $[AlF_6]^{3-}$, $[SiF_6]^{2-}$, $[PF_6]^-$, $[SnCl_6]^{2-}$, $[PbCl_6]^{2-}$, $[TiF_6]^{2-}$, $[SbCl_6]^-$, un $[PtCl_6]^{2-}$, weiter die Hexammine $[Ni(NH_3)_6]X_2$, $[Co(NH_3)_6]X_2$ und viele Hydrate.

Sehr häufig begegnet man auch der K. Z. 4. Außer den in der vorstehenden Tabell schon aufgeführten Verbindungen seien noch die Ionen $[NH_4]^+$, $[Cu(NH_3)_4]^{2+}$, $[Ni(CN)_4]^{2-}$ $[PdCl_4]^{2-}$, $[Pt(NH_3)_4]^{2+}$, $[AuCl_4]^-$, $[Zn(OH)_4]^{2-}$ genannt.

Neben diesen beiden häufigsten K. Z. 6 und 4 sind andere Zahlen nur selten anzu. treffen.

Die K. Z. 8 findet sich in den Cyanokomplexen des Molybdäns und Wolframs und in $[TaF_8]^{3-}$-Ion.

Komplexe mit der K. Z. 7 sind in den Fluorokomplexen $[ZrF_7]^{3-}$, $[NbF_7]^{2-}$, $[TaF_7]^{2-}$. $[PaF_7]^{2-}$ und $[UF_7]^{3-}$ bekannt.

Sehr selten sind Komplexe mit der K. Z. 5. Hierher gehören $Fe(CO)_5$ und $[Ni(P(C_2H_5)_3)_2Br_3]$ und einige ähnliche Verbindungen.

Über Komplexe mit der K. Z. 3 ist bis jetzt nichts Sicheres bekannt. Fast alle Komplexe, für die man auf Grund ihrer stöchiometrischen Zusammensetzung die K. Z. 3 erwarten sollte, haben in Wirklichkeit eine höhere K. Z., siehe das Beispiel $K_2[Ni(CN)_3]$ auf Seite 735.

Der K. Z. 2 begegnen wir bei einigen Komplexen des Ag(I), Au(I) und Hg(II), wie $[Ag(NH_3)_2]^+$, $[Ag(CN)_2]^-$, $[Au(CN)_2]^-$ und im $[Hg(NH_3)_2]^{2+}$-Ion.

Die auffallende Bevorzugung der K. Z. 4 und 6 gegenüber den ungeraden Zahlen 3, 5 und 7 erklärt sich daraus, daß jeder Ligand so viel wie möglich Platz für sich beansprucht, und daß die Liganden außerdem, wenn sie Ionen oder Dipole sind, sich gegenseitig abstoßen, so daß sie sich mit gleichen Abständen voneinander in den Ecken eines hochsymmetrischen Körpers anordnen. Sechs Liganden bilden stets ein *Oktaeder*, vier Liganden meist ein *Tetraeder*, unter besonderen Bedingungen jedoch auch ein *Quadrat*.

Die oktaedrische Anordnung bei 6 Liganden ist von A. WERNER auf chemischem Wege durch Darstellung isomerer Verbindungen nachgewiesen worden, vgl. dazu den folgen- den Abschnitt. Auch für die K. Z. 4 konnte in einigen Fällen auf dem gleichen Wege entschieden werden, ob tetraedrische oder ebene Konfiguration vorliegt. Später sind diese Ergebnisse durch Ermittlung der Kristallstrukturen vollauf bestätigt worden. Die Ursachen, die bei vierzähligen Komplexen zum Auftreten einer ebenen Anordnung führen, können erst im Zusammenhang mit der Bindung in Komplexen besprochen werden.

Aus der röntgenographischen Strukturbestimmung und durch andere physikalische Methoden ist auch für die übrigen Koordinationszahlen die geometrische Anordnung der Liganden erschlossen worden:

---

[1]) Es sei daran erinnert, daß der Begriff der Koordinationszahl nicht auf Komplexe beschränkt ist, sondern auch auf nichtkomplexe Verbindungen angewendet wird und ganz allgemein die Zahl der nächsten Nachbarn eines bestimmten Atoms oder Ions bedeutet. So hat das N-Atom in der Salpetersäure die K. Z. 3, das S-Atom in der Schwefelsäure die K. Z. 4, das Na^+-Ion im Natriumchloridgitter die K. Z. 6 usw.

Acht Liganden bilden im $[Mo(CN)_8]^{4-}$-Ion (in Lösung) und ebenso im $[TaF_8]^{3-}$-Ion ein archimedisches Antiprisma. Die 7 F^--Ionen im $[ZrF_7]^{3-}$-Ion sind in Form einer pentagonalen Bipyramide, die 5 CO-Moleküle im $Fe(CO)_5$ in Form einer trigonalen Bipyramide um das Zentralatom angeordnet.

In den komplexen Ionen mit der K. Z. 2 liegen lineare Gruppen vor (vgl. dazu das Kapitel „Struktur der Moleküle").

Bei der Ermittlung der K. Z. ist zu berücksichtigen, daß 2fach geladene Ionen, wie das Carbonat-Ion, CO_3^{2-}, oder das Oxalat-Ion, $C_2O_4^{2-}$, wenn sie als Liganden auftreten, meist 2 Koordinationsstellen besetzen. So hat das Kobalt in dem Carbonatokomplex $[Co(CO_3)(NH_3)_4]^+$ die K. Z. 6. Auch neutrale Moleküle können als 2- und *mehrwertige* bzw. *mehrzählige* Liganden auftreten. Ein Beispiel für einen 2-zähligen neutralen Liganden ist das oben erwähnte Äthylendiamin, das über die 2 N-Atome an das Zentralatom gebunden ist. Das Ion der Nitrilotri-essigsäure, $N(CH_2CO_2^-)_3$, ist ein 4-zähliger Ligand, weil es über die Sauerstoff-Ionen der Carboxylgruppen und über das N-Atom gebunden werden kann, und der Ion der Äthylendiamintetraessigsäure kann sogar als 6-zähliger Ligand auftreten (siehe dazu S. 755).

Komplexe mit 2- und mehrzähligen Liganden nennt man *Chelatkomplexe* (χηλή ≙ die Krebsschere), weil das Zentral-Ion von den Liganden wie von einer Krebsschere erfaßt wird (vgl. dazu die Formeln auf S. 753 und S. 754).

Bei vielen Komplexen kann man die K. Z. aus der stöchiometrischen Zusammensetzung der Verbindung allein nicht entnehmen. Diese ergibt sich oft erst aus der Kristallstruktur.

Sehr charakteristische Hydrate, wie z. B. $FeSO_4 \cdot 7\,H_2O$ oder $CuSO_4 \cdot 5\,H_2O$, kristallisieren mit einer Anzahl von H_2O-Molekülen, die von den Koordinationszahlen 6 und 4 abweichen. Hier liegt die Erklärung darin, daß nicht alle H_2O-Moleküle gleichartig gebunden sind, da sich nicht nur das Metall-Ion, sondern auch das SO_4^{2-}-Ion hydratisieren kann. Man erkennt dies auch daran, daß oft ein H_2O-Molekül selbst bei höheren Temperaturen hartnäckig zurückgehalten wird. Sondert man dieses Molekül vom Komplex ab, so folgen die Formeln $[Fe(H_2O)_6]SO_4 \cdot H_2O$ und $[Cu(H_2O)_4]SO_4 \cdot H_2O$ (siehe dazu S. 751). Beim Kupfersulfat erhält sich die Sonderstellung des einen H_2O-Moleküls auch beim Übergang in das Ammin $[Cu(NH_3)_4]SO_4 \cdot H_2O$.

In den drei formelmäßig übereinstimmenden Verbindungen $Hg(NH_3)_2Cl_2$, $Pt(NH_3)_2Cl_2$ und $Cd(NH_3)_2Cl_2$ haben die Metalle verschiedene Koordinationszahlen. Das Hg-Atom ist mit 2 NH_3 verbunden, das Pt-Atom ist von 2 NH_3 und 2 Cl umgeben und hat daher die K. Z. 4. Dagegen liegen in der Cadmiumverbindung nicht mehr isolierte Komplexe vor sondern den ganzen Kristall durchziehende Ketten von Oktaedern mit jeweils zwei gemeinsamen Kanten (I). Die Oktaeder mit dem Cadmium in der Mitte werden aus 2 NH_3 und 4 Cl gebildet, wobei die Cl-Atome stets zwei Oktaedern gemeinsam sind. In der Verbindung $K_2[Ni(CN)_3]$ hat das Ni nicht die K. Z. 3 sondern 4, weil das Anion ein zweikerniger, ebener Komplex mit zwei CN-Brücken ist, siehe (II) (NAST, 1953). Auf die Struktur der Verbindung $Ni(CN)_2 \cdot NH_3 \cdot C_6H_6$, in der Nickel die Koordinationszahl 6 hat, ist schon auf S. 692 hingewiesen worden.

(I)   (II)

Manchmal sind auch einfache Verbindungen auf Grund ihrer Kristallstruktur a komplexe Verbindungen aufzufassen. Ein solcher Fall liegt bei Palladium(II)-chlorid vo Hier sind PdCl₄-Gruppen, in denen 4 Cl das Pd annähernd quadratisch wie in de vierzähligen Komplexen des Nickels und Platins umgeben, durch dazwischenliegend Pd-Ionen zu Ketten verbunden, so daß man die Verbindung als Komplex Pd[PdCl formulieren kann. Auf die komplexe Natur des Fe(CN)₂, entsprechend Fe₂[Fe(CN)₆ wurde schon bei Eisencyanid S. 676 hingewiesen.

Isomerie bei Komplexen

Geometrische Isomerie

Im folgenden soll kurz geschildert werden, wie auf rein chemischem Wege die geo metrische Anordnung der Liganden bei den Platin(II)- und den Kobalt(III)-komplexer von A. WERNER ermittelt wurde.

Es gibt beim Platin zwei isomere Verbindungen von der Formel [(NH₃)₂PtCl₂], die al. REISETS zweites Chlorid und als PEYRONES Chlorid unterschieden werden. Diese Isomerie ist durch röntgenoptische Untersuchungen von A. SCHLEEDE und F. ROSENBLATT bestätig worden. Da diese Isomerie nicht auf verschiedener chemischer Bindung beruhen kann, denn in beiden Fällen sind, wie der Nichtelektrolytcharakter beweist, sowohl die Ammoniak-moleküle als auch die Chlorid-Ionen direkt an Platin gebunden, so muß sie durch eine ver-schiedene Anordnung im Raume oder in der Ebene bedingt sein. Bei einer räumlichen Anordnung stehen die Ammoniakmoleküle und die Chlorid-Ionen in den Ecken eines Tetraeders stets, während sich das Platin im Zentrum befindet. Da aber zwei Ecken eines Tetraeders stets unmittelbar nebeneinander liegen, kann ein tetraedrisches Gebilde, wie [(NH₃)₂PtCl₂], keine verschiedene räumliche Anordnung ergeben, die tatsächlich bestehende Isomerie läßt sich so nicht erklären.

Wohl aber ist dies ohne weiteres möglich, wenn die Chlorid-Ionen und die Ammoniak-moleküle um das Platin herum in einer Ebene liegen; denn die beiden Formen I und II sind offenbar voneinander verschieden. Stellung I bezeichnet man nach einem in der organischen Chemie gebräuchlichen Ausdruck als cis-, die Stellung II als trans-Form, von cis diesseits und trans jenseits. Peyrones Chlorid besitzt die cis-Form, wie u. a. durch Überführung in die Diammin-äthylendiamin- und Diamminoxalato-verbindung III, bewiesen wurde, da das Äthylendiaminmolekül und das Oxalat-Ion nur zwei benachbarte Cl-Ionen im Komplex ver-treten können.

$$
\begin{array}{ccc}
\underset{\text{H}_3\text{N}}{\overset{\text{H}_3\text{N}}{\diagdown}}\!\!\text{Pt}\!\!\underset{\text{Cl}}{\overset{\text{Cl}}{\diagup}} &
\underset{\text{Cl}}{\overset{\text{H}_3\text{N}}{\diagdown}}\!\!\text{Pt}\!\!\underset{\text{NH}_3}{\overset{\text{Cl}}{\diagup}} &
\underset{\text{H}_3\text{N}}{\overset{\text{H}_3\text{N}}{\diagdown}}\!\!\text{Pt}\!\!\underset{\text{O}-\text{C}=\text{O}}{\overset{\text{O}-\text{C}=\text{O}}{\diagup}}
\end{array}
$$

$$\text{I. cis} \qquad\qquad \text{II. trans} \qquad\qquad\qquad \text{III.}$$

Die Isomerie der beiden Platin(II)-ammine, [(NH₃)₂Cl₂Pt], führte demnach zur Annahme der flächenhaften viereckigen Anordnung des Komplexes.

In der gleichen Weise bilden cis-trans-Isomere die Diamminopalladium(II)-salze.

Für die Komplexe mit der K. Z. 6 fand man entsprechende Fälle von geometrischer Isomerie.

Man kannte nämlich als Isomere bei gleicher chemischer Bindung die Croceo- und Flavo-kobaltammine, beide [Co(NO₂)₂(NH₃)₄]X, die grünen Praseosalze und die violetten Violeo-salze, beide [CoCl₂(NH₃)₄]X. Bezeichnen wir die Ammoniakmoleküle mit A, die Säurereste bzw. Chlor-Ionen mit B, so läßt die oktaedrische Anordnung in der Tat diese Isomerie zu, wie sie aus der Abb. 112 zu ersehen ist. Dabei haben die Croceo- und Praseoverbindungen die trans-Form und die Flavo- und Violeoverbindungen die cis-Form.

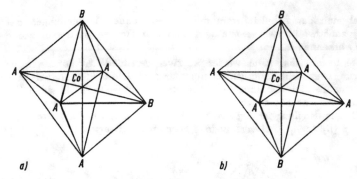

Abb. 112. Isomerie von Diacidotetramminkobalt(III)-salzen
a) Kantenstellung (cis-Form)   b) Diagonalstellung (trans-Form)

Dagegen würde die flächenhafte Anordnung des Komplexes zu einem Sechseck drei Isomere fordern, entsprechend den ortho-, meta- und para-Isomeren beim Benzol, demnach mehr, als tatsächlich existieren.

Auch bei Verbindungen mit dem Komplex [CoA$_3$B$_3$] sind bei oktaedrischer Anordnung zwei Isomere zu erwarten, je nachdem die B- oder A-Liganden in drei Ecken angeordnet sind, die in einer Oktaederfläche liegen, oder in drei Ecken auf der Schnittfläche des Oktaeders, wie dies aus den Zeichnungen (Abb. 113) zu ersehen ist. Hier entspricht der erste Fall der Kantenstellung, der zweite der Diagonalstellung.

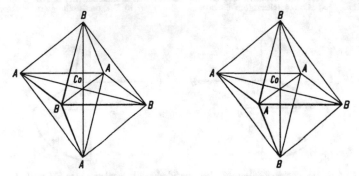

Abb. 113. Isomerie von Triacidotriamminkobalt(III)-verbindungen

In der Tat sind bei einigen Verbindungen der allgemeinen Formel [CoA$_3$B$_3$] zwei verschiedene Formen dargestellt worden, wie z. B. bei den Trinitro-triammin-kobaltverbindungen, [Co(NO$_2$)$_3$(NH$_3$)$_3$].

Optische Isomerie

In der organischen Chemie wird die Auffassung von der tetraedrischen Gruppierung der an das Kohlenstoffatom gebundenen Atome oder Reste auf die Existenz von optisch isomeren Verbindungen gegründet. Diese treten auf, wenn ein Kohlenstoffatom vier verschiedene Atome oder Reste trägt, nach dem Schema CR$_1$R$_2$R$_3$R$_4$. Hier sind zwei Formen möglich, die im Verhältnis von Bild und Spiegelbild zueinander stehen und sich nur dadurch voneinander unterscheiden, daß die eine Form die Ebene des polarisierten Lichtes nach links, die andere in gleichem Maße nach rechts dreht.

Auch bei den anorganischen Komplexen vom sechszähligen Typus kennt man solche optischen Isomerien. Sie treten auf, wenn sich am Aufbau des Komplexes koordinativ zweizählige Liganden beteiligen wie Äthylendiamin, H$_2$N · C$_2$H$_4$ · NH$_2$, oder das Oxalation $^-$O$_2$C—CO$_2{}^-$.

Bezeichnet man das Äthylendiamin mit en, so können Verbindungen mit dem Komple $[CoB_2en_2]$ zunächst in zwei geometrisch isomeren Formen auftreten, wie die Zeichnunge (Abb. 114) erkennen lassen.

Die Kantenform selbst kann wieder in zwei verschiedenen Formen auftreten, die zwa symmetrisch, aber nicht kongruent zueinander sind. Die beiden Figuren in Abb. 115 könne. nicht miteinander zur Deckung gebracht werden, obwohl sie in allen Einzelheiten über einstimmen. Die eine ist vielmehr das Spiegelbild der anderen[1]). Beide sind *Spiegelbildisomere* Bei der Diagonalstellung ist dagegen nur eine Form möglich. Im ganzen sind also von eine Verbindung $[B_2Me\,en_2]$ drei verschiedene Formen zu erwarten.

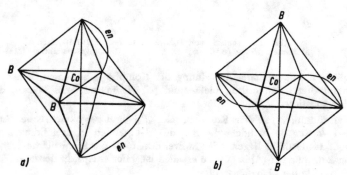

Abb. 114. Isomerie bei Diacido-bis-äthylendiaminkobalt(III)-salzen
a) Kantenstellung (cis-Form)   b) Diagonalstellung (trans-Form)

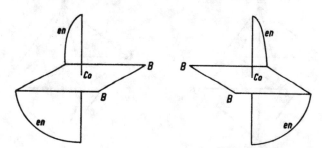

Abb. 115. Spiegelbildisomerie bei Diacido-bis-äthylendiaminkobalt(III)-salzen

Ihre Darstellung ist in der Tat gelungen. Die beiden Spiegelbilder der Kantenform müssen natürlich in ihren Eigenschaften vollkommen übereinstimmen, da sie ja chemisch und räumlich vollkommen gleichwertig gebaute Gebilde sind. Einzig und allein unterscheiden sie sich durch ihr Verhalten gegen polarisiertes Licht. Das eine Spiegelbild dreht in Lösung die Polarisations- ebene eines Lichtstrahles um einen gewissen Winkel nach rechts, das andere um den gleichen Winkel nach links. Die Verbindungen sind optisch aktiv.

Die Verbindung der Diagonalform unterscheidet sich dagegen von diesen beiden in genau gleicher Weise wie zwei gewöhnliche geometrische Isomere, z. B. durch die Farbe.

Bei der Darstellung der Verbindungen der Kantenformen entstehen stets beide Spiegelbild- isomeren gleichzeitig in gleicher Menge. Ihre Trennung ist nur möglich durch Herstellung der Salze der Komplex-Ionen mit optisch-aktiven organischen Verbindungen. Sie gelang WERNER bei den zu den Flavo- und Violeo-Reihen gehörenden Dinitro- bzw. Dichloro-bis- äthylendiaminkobalt(III)-salzen. Zugleich wurde hierdurch bestätigt, daß bei den Salzen

---

[1]) Zur Veranschaulichung sei an den Vergleich des rechten mit dem linken Handschuh erinnert.

dieser Reihen die Äthylendiamingruppen in Kantenstellung und die Säuregruppen in cis-Stellung angeordnet sind. Dagegen besetzen die Säuregruppen der Croceo- und Praseo-Salze die trans-Stellung.

In entsprechender Weise ließen sich auch die Triäthylendiaminkobalt(III)-salze und die Kobalt(III)-trioxalate in zwei entgegengesetzt optisch aktive Formen zerlegen. Durch die Herstellung der optisch aktiven Komplexe dieser Art konnte die Oktaederkonfiguration auch bei anderen sechsfach koordinierten Verbindungen bewiesen werden. Sie wurde auch für solche Komplexe angenommen, von denen sich wegen der Gleichheit der Liganden keine isomeren Verbindungen herstellen lassen. Diese Annahme ist durch die röntgenographischen Strukturbestimmungen in allen untersuchten Fällen bestätigt worden.

Bindungsisomerie

Eine weitere Isomerie ergibt sich beim Nitrit-Ion, NO_2^-, das in den gelben bis braunen Nitrokomplexen über das N-Atom, in den roten Nitritokomplexen über das O-Atom gebunden ist. Letztere sind weniger beständig und wandeln sich leicht in die Nitroverbindungen um. Diese Art der Isomerie hat WERNER nicht sehr glücklich Salzisomerie genannt.

Beständigkeit der Komplexe

Dissoziationskonstante und stufenweise Dissoziation von Komplexen

Wie alle Reaktionen zwischen Ionen ist auch die Bildung komplexer Ionen eine Gleichgewichtsreaktion. Sofern die Konzentrationen der Reaktionspartner im Gleichgewichtszustand experimentell bestimmt werden können, lassen sich für die Komplexbildung bzw. für den Komplexzerfall (die Dissoziation) Gleichgewichtskonstanten berechnen. So wurde die Gleichgewichtskonstante z. B. für die Reaktion

$$Cu^{2+} + 4\,NH_3 \rightleftharpoons [Cu(NH_3)_4]^{2+} \text{ zu}$$

$$\frac{[Cu^{2+}] \cdot [NH_3]^4}{[Cu(NH_3)_4]^{2+}} = 10^{-13,3}$$

bestimmt. Diese Größe bezeichnet man als *Dissoziationskonstante des Komplexes*[1]. Zweckmäßig gibt man hier wie auch bei anderen Gleichgewichten nur den negativen dekadischen Logarithmus der Gleichgewichtskonstanten an, den man mit pK bezeichnet. Für die beschriebene Reaktion ist also $pK = 13,3$. Je größer dieser Wert ist (je kleiner also die Dissoziationskonstante ist), umso weniger ist der Komplex dissoziiert und umso größer ist die thermodynamische Stabilität des Komplexes.

Eine genaue Betrachtung des eigentlichen Reaktionsmechanismus zeigt, daß Komplexbildung und -zerfall in Lösung Austauschreaktionen sind, denn bei der Bildung eines Ammin- oder Cyanokomplexes in Wasser werden ja komplex gebundene H_2O-Moleküle durch NH_3 bzw. CN^--Ionen ersetzt. Umgekehrt werden beim Zerfall des Komplexes die Liganden gegen H_2O-Moleküle ausgetauscht. Ein solcher Austausch geht natürlich stufenweise vor sich. Es liegen daher in Lösung meist mehrere Komplex-Ionen nebeneinander vor, deren Konzentration wieder durch ihre Gleichgewichtskonstante bestimmt wird. So sind in einer Lösung von Kupfer(I)-cyanid in Alkalicyanid je nach der

---

[1] In der Literatur wird oft der reziproke Wert angegeben, den man *Stabilitätskonstante* oder auch *Assoziationskonstante* nennt.

CN^--Konzentration außer dem $[Cu(CN)_4]^{3-}$-Komplex auch noch die Ionen $[Cu(CN)_3]^{2-}$ und $[Cu(CN)_2]^-$ vorhanden, wobei man der Einfachheit wegen wie bei den hydrat sierten Ionen die an das Kation gebundenen H_2O-Moleküle nicht aufführt. Meisten überwiegt eine Ionenart, die dann auch in fester Form als Salz isoliert werden kanr z. B. bei den Kupfer-Amminkomplexen der $[Cu(NH_3)_4]^{2+}$-Komplex.

Wenn das Gleichgewicht praktisch fast vollständig auf der Seite des Komplex-Ion liegt, werden die normalen Fällungs- und Nachweisreaktionen der den Komplex auf bauenden Ionen ausbleiben, weil die Ionenkonzentration in der Lösung zu gering ist um das Löslichkeitsprodukt eines schwerlöslichen Salzes zu überschreiten. So fällt z. B aus einer $K_3[Cu(CN)_4]$-Lösung durch OH^--Ionen kein Kupfer(I)-oxid mehr aus, und auch durch Schwefelwasserstoff wird kein Sulfid gefällt. Solche beständigen Komplex Ionen bleiben bei Umsetzungen als Ganzes erhalten und geben neue für sie charakteri stische Reaktionen, wie die Fällung des $SiF_6{}^{2-}$-Ions als Bariumhexafluorosilicat $BaSiF_6$ oder des $[Fe(CN)_6]^{4-}$-Ions als Kupferhexacyanoferrat(II), $Cu_2[Fe(CN)_6]$, zeigt. Be stärker dissoziierten Komplexen (große Dissoziationskonstante) kann die Komplex bildung durch Erhöhung der Konzentration der Dissoziationsprodukte gefördert werden So bildet sich z. B. der Komplex $[CuCl_4]^{2-}$ nur bei großem Überschuß von Cl^--Ionen Weitere Beispiele liefern die Auflösung von Silber- und Bleichlorid in konzentrierter Salzsäure.

Verbindungen, wie den Carnallit, $MgCl_2 \cdot KCl \cdot 6\,H_2O$, oder den Alaun, $KAl(SO_4)_2 \cdot 12\,H_2O$, die in Lösung vollständig in die Einzel-Ionen dissoziiert sind, rechnet man im allgemeinen nicht mehr zu den Komplexverbindungen, sondern zu den *Doppel-salzen*. Doch ist zwischen Komplex- und Doppelsalzen keine scharfe Grenze zu ziehen, weil der Grad der Dissoziation weitgehend von den äußeren Bedingungen, wie Tempe-ratur und Konzentration, abhängig ist.

Kinetische Stabilität der Komplexe

Die Größe der Dissoziationskonstante steht in keinem Zusammenhang mit der Ge-schwindigkeit von Komplexbildung und -zerfall. Der Gleichgewichtszustand ist ja nur dadurch charakterisiert, daß die Geschwindigkeiten in beiden Richtungen gleich groß sind. Man kann diese Geschwindigkeiten durch Austausch mit radioaktiv markierten Liganden messen. Dies gelingt dadurch, daß man beispielsweise zu einer $[Fe(CN)_6]^{4-}$-Ionen enthaltenden Lösung Natriumcyanid gibt, dessen CN^--Ionen radioaktives ^{14}C enthalten. Durch Ausfällung des Komplex-Ions nach gewissen Zeitintervallen läßt sich feststellen, wieviel des aktiven Cyanids in den Komplex durch Austausch eingetreten ist. Bei derartigen Untersuchungen hat sich herausgestellt, daß manche Komplexe mit sehr kleiner Dissoziationskonstante, also thermodynamisch sehr stabile Komplexe, außerordentlich schnell die Liganden mit ihrer Umgebung austauschen. So erfolgt beispielsweise beim $[Hg(CN)_4]^{2-}$-Komplex mit $K = 10^{-42}$ und ebenso beim $[Ni(CN)_4]^{2-}$-Komplex mit $K = 10^{-22}$ der Austausch so schnell, daß bei sofortiger Ausfällung des Komplexes nach Zugabe des aktiven Cyanids schon das gesamte inaktive Cyanid des Kom-plexes ausgetauscht worden ist. Solche Komplexe sind also kinetisch reaktionsfähig *(labil)*. Dagegen tauscht der $[Fe(CN)_6]^{4-}$-Komplex, dessen Dissoziationskonstante mit 10^{-37} größer als die des Quecksilbercyanidkomplexes ist, nur sehr langsam aus. Er ist kinetisch träge oder, wie man sagt, *inert*. Andere Beispiele für inerte Komplexe sind die Trioxalatokomplexe von Co^{3+} und Cr^{3+}, während der entsprechende Fe^{3+}-Komplex zu den labilen Komplexen zu zählen ist. Außer dem Oxalatokomplex gehören auch die meisten anderen Chrom(III)-komplexe zu den inerten Komplexen, und diesem Umstand ist es zuzuschreiben, daß durch Silbernitrat aus dem Chlorokomplex $[Cr(H_2O)_4Cl_2]Cl$

zunächst nur das außerhalb des Komplexes gebundene Chlorid gefällt wird. Erst nach einiger Zeit wird durch Ligandenaustausch von Cl^- gegen H_2O auch das übrige Chlorid gefällt.

Die Bindung in Komplexen

Werners Koordinationslehre

Die Zusammensetzung einfacher Verbindungen wie KF, HCl, NH_3, BF_3, SiF_4 oder $PtCl_4$ läßt sich mit der Annahme bestimmter Wertigkeiten für die miteinander verbundenen Atome erklären. Diese Verbindungen können aber noch miteinander reagieren und neue Verbindungen mit ganz anderen Eigenschaften, wie beispielsweise NH_4Cl, KBF_4, K_2SiF_6, H_2PtCl_6 u. a., bilden. Die klassische Valenzlehre konnte die Bindung in solchen komplexen Verbindungen, die man früher Verbindungen höherer Ordnung nannte, nicht erklären, zeigt doch die Dissoziation in die Ionen $[NH_4]^+$, $[SiF_6]^{2-}$, $[PtCl_6]^{2-}$ usw., daß die Atome des Stickstoffs, Siliciums und Platins mehr Atome eines anderen Elements binden können als ihrer Wertigkeit entspricht. Die gleiche Schwierigkeit ergab sich für die sehr beständigen Amminkomplexe, wie die Kobalt(III)-ammine mit 6, 5, 4 oder 3 Molekülen NH_3 auf 1 CoX_3, bei denen die normalen Reaktionen auf Kobalt und Ammoniak und zum Teil sogar auch auf die Anionen X ausbleiben.

Eine Erklärung für diese Erscheinungen gab ALFRED WERNER (1893) mit seiner Koordinationslehre. Werner ging von der Vorstellung aus, daß ein Atom oder Ion über seine normale Wertigkeit hinaus noch weitere bindende Kräfte, die er Nebenvalenzen nannte, äußern kann. Die unmittelbar in erster Sphäre an ein Metallatom gebundene Anzahl von Ionen oder Moleküle ist für jedes Element konstant und eine für dieses Element charakteristische Größe (seine Koordinationszahl). Damit ergeben sich für die oben genannten Kobaltammine die Formeln $[Co(NH_3)_6]X_3$, $[CoX(NH_3)_5]X_2$, $[CoX_2(NH_3)_4]X$ usw. (vgl. S. 686), mit denen sich die wesentlich anderen Eigenschaften dieser Verbindungen erklären lassen.

Das Ionenmodell

Ein erster Schritt auf dem Wege zum Verständnis der bindenden Kräfte in den Komplexen wurde getan, als KOSSEL (1916) und später MAGNUS (1922) sowie VAN ARKEL und DE BOER (1929) die Komplexbindung auf elektrostatischer Grundlage zu deuten versuchten. Nimmt man mit KOSSEL an, daß Verbindungen, wie BF_3 oder SiF_4 aus den Ionen B^{3+} bzw. Si^{4+} und F^- aufgebaut sind, dann läßt sich durch Berechnung der Coulombschen anziehenden und abstoßenden Kräfte aus der Ladung und den Abständen der Ionen leicht zeigen, daß die Anlagerung eines vierten F^--Ions an ein Bortrifluoridmolekül zu einem BF_4^--Komplex Energie liefert. Entsprechendes gilt für die Bildung des SiF_6^{2-}-Ions aus SiF_4 und 2 F^--Ionen. Die Anlagerung eines fünften F^--Ions an BF_4^- oder eines siebenten F^--Ions an SiF_6^{2-} liefert dagegen keine Energie mehr.

Im SiF_6^{2-}-Ion sind die 6 F^--Ionen gleich fest an das Zentral-Ion gebunden, weil die Ladung des Kations auf alle F^--Ionen gleich stark wirkt. Darum sind sie auch gleich weit vom Zentral-Ion entfernt. Da sich die negativen Ionen infolge ihrer gleichen Ladung abstoßen, nehmen sie ihren Platz in den Ecken eines regelmäßigen Körpers ein, in diesem Fall eines Oktaeders.

Bei ionogener Bindung im Komplex ist die Festigkeit der Bindung im wesentliche durch das Coulombsche Gesetz bestimmt. Die Stabilität wird also mit zunehmende Ladung und abnehmender Größe des Zentral-Ions wachsen. Darum sind bevorzug Kationen die Zentral-Ionen in Komplexen. Aus dem gleichen Grund besteht bei de verhältnismäßig großen Alkali-Ionen keine Neigung zur Komplexbildung. Auch vo der Größe und der Ladung des Anions wird die Festigkeit der Bindung abhängig sein Bei gleichem Kation sind beispielsweise Fluorokomplexe häufiger anzutreffen un beständiger als Chloro- und Jodokomplexe.

Für die K. Z. ist das Größenverhältnis von Kation zu Ligand entscheidend. Al Beispiele seien aufgeführt: $[BF_4]^-$ und $[AlF_6]^{3-}$, $[FeCl_4]^-$ und $[FeF_6]^{3-}$, $[PbCl_6]^{2-}$ un $[PbF_8]^{4-}$

Gleichfalls macht es keine Schwierigkeiten, die Bindung von neutralen Molekülen die einen Dipol besitzen, wie H_2O oder NH_3, in den Hydraten und Amminen z erklären. Man wird allerdings erwarten, daß diese Ionen-Dipolbindung nicht seh fest ist und daß das gebundene Wasser oder Ammoniak leicht wieder abgegeben wird Das ist auch bei vielen Hydrat- und Amminkomplexen der Fall, wie z. B. in den Ver- bindungen $[Mg(H_2O)_6]X_2$, den Eisen(III)- oder Kobalt(II)-amminen.

Wenn das Dipolmoment allein für die Festigkeit der Bindung des Liganden maß- gebend wäre, sollte man erwarten, daß die Aquokomplexe gegenüber den Ammin- komplexen stets bevorzugt sind, weil das Dipolmoment des H_2O-Moleküls mit 1,87 Debye größer als das des NH_3-Moleküls mit 1,3 Debye ist. Tatsächlich bilden auch die Alkali-, Erdalkali-, Aluminium- und andere Ionen mit Edelgaskonfiguration in wäßriger Lösung keine Amminkomplexe. Aber bei anderen Ionen liegen die Verhältnisse gerade umgekehrt, wie beispielsweise die leichte Bildung des Kupfertetramminkomplexes $[Cu(NH_3)_4]^{2+}$ aus dem Aquo-Komplex $[Cu(H_2O)_4]^{2+}$ bei Zugabe von Ammoniak zu einer wäßrigen Kupfer(II)-Salzlösung zeigt, obwohl in wäßriger Lösung bei der Reaktion die H_2O-Moleküle in großem Überschuß vorhanden sind. Entsprechendes gilt für die Ionen Ni^{2+}, Co^{2+}, Co^{3+}, Fe^{2+}, Ag^+, Zn^{2+}, Cd^{2+} u. a. m. Nun ist zu beachten, daß die vorstehenden Werte für die Dipolmomente nur für die freien Moleküle gelten. In nächster Nähe eines Kations wird aber die Elektronenhülle des NH_3- bzw. H_2O-Moleküls verzerrt, d. h. das Molekül wird polarisiert. Die Polarisierbarkeit des Ammoniaks ist aber größer als die des Wassermoleküls. Dem permanenten Dipolmoment wird durch die Polarisation ein induziertes Moment überlagert und daher kann bei stark polarisierend wirkenden Ionen, wie den Ionen der Übergangselemente mit unvoll- ständig besetztem d-Niveau, das Gesamtmoment und damit die „Feldstärke" des Ammoniaks größer als die des Wassers werden.

Mit Hilfe des einfachen Ionenmodells kann man zwar Bildung und Eigenschaften einer Reihe von komplexen Verbindungen verstehen, aber das Modell reicht zu einer umfassen- den Deutung des ganzen Gebietes noch nicht aus. Es lassen sich beispielsweise damit nicht erklären: die große Beständigkeit der Chrom(III)- und Kobalt(III)-ammine, der gegen- seitige Ersatz von NH_3-Molekülen und Anionen in diesen Komplexen, ohne daß sich dadurch die Stabilität der Komplexe wesentlich ändert, weiterhin der Ersatz von Ammo- niak oder Anionen durch Kohlenoxid und Stickstoffoxid, obwohl diese Moleküle ein sehr kleines Dipolmoment besitzen. Schließlich gibt das Ionenmodell keine Erklärung, warum der $[Pt(CN)_4]^{2-}$-Komplex eben gebaut ist oder warum in der Reihe der Cyano- komplexe beim Eisen der Hexacyanokomplex des 2-wertigen Eisens, $[Fe(CN)_6]^{4-}$, beständiger ist als der des höher geladenen 3-wertigen Eisens, $[Fe(CN)_6]^{3-}$, während das etwa gleich große Ni^{2+}-Ion nur noch einen Tetracyanokomplex bildet.

Man muß daher annehmen, daß in Komplexverbindungen auch kovalente Bindungen zwischen Zentral-Ion und Ligand auftreten können, wobei natürlich Übergänge zwischen den Bindungsarten möglich sind. Die moderne Behandlung der Bindung in den Komplexen auf quantenmechanischer Grundlage geht aber — und das ist methodisch bedingt — von den beiden Idealfällen, nämlich der Atombindung oder der Ionenbindung, aus.

Die Theorie der kovalenten Bindung in Komplexen

Sidgwick hat 1923 die Vorstellung entwickelt, daß die Liganden in einem Komplex durch Atombindungen an das Zentral-Ion gebunden werden. Alle Anionen und die als Liganden auftretende Moleküle, wie $|NH_3, H_2\overline{O}|$ und $|C\equiv O|$, besitzen ein oder mehrere freie Elektronenpaare. Ein solches Elektronenpaar kann unter Ausbildung einer koordinativen Atombindung die Bindung zwischen Ligand und Zentral-Ion bewirken. Durch eine röntgenographische Strukturbestimmung an den Kobalt(III)-amminen konnten K. Meisel und W. Tiedje (1927) nachweisen, daß der Abstand Co—N wesentlich kleiner ist als den Ionenradien entspräche. W. Biltz nannte solche Komplexe Durchdringungskomplexe, weil sich offenbar die Elektronenhüllen der Partner gegenseitig durchdringen.

Es zeigte sich weiterhin, daß in sehr vielen Komplexen, die sich durch besondere Stabilität auszeichnen, die Summe der Außenelektronen des Zentral-Ions und der bindenden Elektronenpaare der Liganden die Elektronenzahl des nächst folgenden Edelgases erreicht. Beispiele hierfür bringen der folgende Abschnitt und das Kapitel „Metallcarbonyle".

Magnetisches Verhalten der Komplexe der Übergangsmetalle

Bei der Diskussion der Bindungsverhältnisse in Komplexen hat das magnetische Verhalten dieser Verbindungen eine bedeutende Rolle gespielt. Man fand nämlich, daß sich die weniger beständigen Komplexe von Eisen, Kobalt und Nickel magnetisch normal verhalten, d. h. sie besitzen den gleichen hohen Paramagnetismus wie die einfachen nicht komplexen Salze. Dagegen ist die Mehrzahl der sehr stabilen Komplexe diamagnetisch oder nur noch schwach paramagnetisch. Die folgende Tabelle gibt einige Beispiele dafür.

Zahl der „freien" Elektronen einiger Salze und Komplexverbindungen des Eisens und Kobalts auf Grund des gemessenen Magnetismus

Salze		magnetisch normale Komplexe „spin free"		magnetisch anomale Komplexe „spin paired"	
$FeCl_2$	4	$[Fe(H_2O)_6]Cl_2$	4	$K_4[Fe(CN)_6]$	0
$FeSO_4$	4	$[Fe(NH_3)_6]Cl_2$	4	$K_3[Fe(CN)_5CO]$	0
				$Na_3[Fe(CN)_5NH_3]$	0
				$Na_5[Fe(CN)_5SO_3]$	0
$FeCl_3$	5	$Na_3[FeF_6]$	5	$K_3[Fe(CN)_6]$	1
$Fe_2(SO_4)_3$	5	$K_3[Fe(C_2O_4)_3] \cdot 3 H_2O$	5	$Na_2[Fe(CN)_5NO]$	0
$CoCl_2$	3	$[Co(NH_3)_6]Cl_2$	3		
		$K_3[CoF_6]$	4	$[Co(NH_3)_6]Cl_3$	0
				$[Co(NH_3)_3(NO_2)_3Cl]$	0
				$K_3[Co(CN)_6]$	0
				$K[Co(H_2O)_6](SO_4)_2$	0
$NiCl_2$	2	$[Ni(NH_3)_6]Cl_2$	2	$K_2[Ni(CN)_4]$	0

Der Paramagnetismus der einfachen Salze stammt von den Kationen der Übergangs
elemente und wird durch die nicht kompensierten Spinmomente der 3 d-Elektrone
hervorgerufen (siehe das Kapitel „Magnetochemie" S. 608). Wenn in den magnetisd
normalen Komplexen die magnetischen Eigenschaften des Zentral-Ions unveränder
erhalten geblieben sind, so folgt daraus, daß die Besetzung der 3 d-Zustände in
Kation durch die Komplexbildung nicht verändert wird. Dagegen ist man bei der
magnetisch anomalen Komplexen zu der Annahme gezwungen, daß die in der
freien Ionen wirksamen Spinmomente der Elektronen im Komplex durch Antiparallel
stellung kompensiert werden, d. h. daß die Verteilung der Elektronen im Komplex ein
andere als im freien Ion ist. Dies sei am Beispiel des diamagnetischen $[Fe(CN_6)]^{4-}$-Ion
des gelben Blutlaugensalzes erläutert.

Das Fe^{2+}-Ion hat die Konfiguration $3 d^6$, wobei einer der fünf 3 d-Zustände doppel
besetzt ist, so daß die Spinmomente von 4 Elektronen magnetisch wirksam werden.
Das Cyanid-Ion mit der Elektronenstruktur $^{(-)}|C{\equiv}N|$ ist diamagnetisch, denn es besitz
nur Elektronenpaare mit antiparallelem Spin. Durch das einsame Elektronenpaar am
negativ geladenen C-Atom ist das Cyanid-Ion leicht polarisierbar. In einer groben
anschaulichen Darstellung kann man für die Bildung des Komplex-Ions $[Fe(CN)_6]^{4-}$
folgendes Bild entwerfen: Das Fe^{2+}-Ion wirkt auf das Cyanid-Ion so stark polarisierend,
daß die Elektronenwolke des freien Elektronenpaares am C-Atom zum Eisen-Ion herüber-
gezogen und an dessen Elektronensystem anteilig wird. So entsteht das Komplex-Ion
mit der Struktur $[Fe-(C{\equiv}N|)_6]^{4-}$. Durch die Ausbildung der koordinativen Atom-
bindung ändert sich nichts an der Gesamtzahl der Elektronen von Zentral-Ion und
Liganden. Darum bleibt die Ladung des Komplex-Ions die gleiche, wie wenn es noch
aus Ionen bestünde.

Das Fe^{2+}-Ion hat sechs Elektronen mehr als das Edelgas Argon. Durch die sechs Liganden
gewinnt es im Komplex $6 \cdot 2 = 12$ Elektronen. Es hat jetzt 18 Elektronen mehr als
das Argon und damit die Elektronenzahl des Edelgases Krypton. In diesem sind alle
Orbitale doppelt besetzt ($3 d^{10} 4 s^2 4 p^6$). Dasselbe gilt jetzt auch für das Komplex-Ion
$[Fe(CN)_6]^{4-}$ und erklärt dessen diamagnetisches Verhalten. Auch bei dieser Komplexbildung wird also das Streben nach einer abgeschlossenen Elektronenkonfiguration
sichtbar. Diese wird aber hier von dem Zentral-Ion mit den Liganden geteilt.

Da auch die Moleküle $|C{\equiv}O|$ und $|NH_3$ ein einsames Elektronenpaar besitzen, können
diese Liganden das Cyanid-Ion in den Pentacyanoferraten(II) (Prussosalze), die alle
gleichfalls diamagnetisch sind, ersetzen. Ähnliches gilt für das $|NO_2^-$- und das $|SO_3^{2-}$-
Ion.

Im $[Fe(CN)_6]^{3-}$-Komplex des roten Blutlaugensalzes erreicht bei der gleichen Bindung
die Summe der Elektronen des Zentral-Ions und der Liganden nur $5 + 2 \cdot 6 = 17$
Elektronen, also 1 Elektron weniger als im Krypton. Darum zeigt dieser Komplex
noch den Paramagnetismus, der dem magnetischen Moment von 1 Elektron entspricht,
und darum ist das rote Blutlaugensalz weniger beständig als das gelbe. Es wirkt
deswegen oxidierend, denn durch Aufnahme eines Elektrons:

$$[Fe(CN)_6]^{3-} + \ominus \longrightarrow [Fe(CN)_6]^{4-}$$

kann wieder die stabile Elektronenkonfiguration mit 18 Elektronen gebildet werden.

Ersetzen wir im roten Blutlaugensalz ein Cyanid-Ion durch Stickstoffoxid, so kommen
wir zum Nitroprussidnatrium, $Na_2[Fe(CN)_5NO]$, das wieder diamagnetisch ist; denn
das $|\dot{N}{=}\overline{O}|$ bringt drei Elektronen in den Komplex ein. Selbstverständlich ist das
NO hier unmittelbar nicht durch drei Elektronen an das Zentral-Ion gebunden. Deswegen formulieren HIEBER und SEEL (1942) die Verbindung ausgehend vom Nitrosyl-

on, $(|N\equiv O|)^+$, das wir vom Nitrosylperchlorat her kennen und das hier dadurch entsteht, daß das Stickstoffoxid zunächst ein Elektron an das Fe^{3+}-Ion·abgibt, bevor dann die Bindung über das einsame Elektronenpaar des Stickstoffs erfolgt.

In den Kobalt(III)-amminen und in den Ionen $[Co(CN)_6]^{3-}$ und $[Co(NO_2)_6]^{3-}$ sowie $Co(OH_2)_6]^{3+}$ gewinnt das zentrale Co^{3+}-Ion wieder durch die Elektronenpaare der Liganden die Edelgaszahl des Kryptons, weil dem Co^{3+}-Ion ebenso wie dem Fe^{2+}-Ion gerade $2 \cdot 6$ Elektronen dazu fehlen.

Mit dem Bestreben zur Bildung eines Komplexes mit 18 gemeinsamen Elektronen läßt sich auch die leichte Oxydierbarkeit der wenig beständigen Kobalt(II)-ammine erklären. Diese gehören zu den magnetisch normalen Komplexen. Die Gesamtzahl der Elektronen von Co^{2+} ($3d^7$) und 6 NH_3-Molekülen beträgt $7 + 6 \cdot 2 = 19$ Elektronen, also 1 Elektron mehr als der Edelgaskonfiguration entspricht. Durch Abgabe des einen Elektrons unter Oxydation von $Co^{2+} \rightarrow Co^{3+} + \ominus$ wird eine Konfiguration mit 18 Elektronen erreicht. Das Co^{3+}-Ion bildet dann einen diamagnetischen Komplex.

Bei den Kobalt(III)-amminen können sich nicht nur NH_3- und H_2O-Moleküle im Komplex vertreten, sondern auch Cl^-- und Br^--Ionen, wobei wieder diese Ionen je ein Elektronenpaar zu der gemeinsamen Elektronenhülle beisteuern. Auch das NO_3^--Ion kann mit einem Elektronenpaar seiner O-Atome eintreten. Das Nitrit-Ion ist in den Nitritokomplexen über 1 Elektronenpaar von einem der beiden O-Atome, in den Nitrokomplexen über das Elektronenpaar am N-Atom gebunden. Bei den 2-zähligen Carbonato- und Oxalato-Ionen beteiligen sich je 2 O-Atome dieser Liganden mit einem Elektronenpaar.

Einige weitere diamagnetische Komplexe mit 18 gemeinsamen Elektronen sind die Verbindungen $K_4[Mo(CN)_8]$, $K_4[W(CN)_8]$ und $K_2[PtCl_6]$.

Aber es gibt auch diamagnetische Komplexe mit nur 16 gemeinsamen Elektronen. Hierher gehören die ebenen Komplexe mit der K. Z. 4 von Ni^{2+}, Pd^{2+} und Pt^{2+}, die sämtlich die Konfiguration d^8 haben. Als Beispiele seien $[Ni(CN)_4]^{2-}$, $[Pd(CN)_4]^{2-}$, $[PtCl_4]^{2-}$ und $[Pt(CN)_4]^{2-}$ aufgeführt.

Paulings „valence-bond"-Methode

Die in der Grundannahme sehr einfache Vorstellung über die Ausbildung von Atombindungen in den stabilen Komplexen ist durch quantenmechanische Berechnungen von PAULING (1932) erweitert und vertieft worden.

Nach PAULING können gerichtete kovalente Bindungen zwischen Zentral-Ion und Liganden nur dann auftreten, wenn am Zentral-Ion freie Orbitale für die Aufnahme von Elektronenpaaren der Liganden vorhanden sind. Dies sei an einigen Beispielen und zur Erleichterung des Verständnisses mit Hilfe eines Schemas (Abb. 116) für die Elektronenverteilung in den Ionen und Komplexen erläutert.

Im Cu^+ und Zn^{2+}-Ion mit abgeschlossenem $3d$-Niveau ($3d^{10}$) stehen für die Elektronen der Liganden der eine $4s$- und die drei $4p$-Zustände zur Verfügung. Durch Hybridisierung entstehen daraus 4 neue, untereinander gleichwertige Orbitale, die nach den Eckpunkten eines Tetraeders gerichtet sind (sp^3-Hybrid, siehe S. 213). Daher bildet das Cu^+-Ion den tetraedrischen Komplex $[Cu(CN)_4]^{3-}$.

Sechs nach den Eckpunkten eines Oktaeders gerichtete gleichwertige Bindungsfunktionen ergeben sich durch Hybridisierung von zwei d-Zuständen — und zwar dem $d_{x^2-y^2}$- und d_{z^2}-Zustand — einem s- und drei p-Zuständen. Bei den Ionen Ti^{3+}($3d^1$), V^{3+}($3d^2$) und Cr^{3+}($3d^3$) ist eine d^2sp^3-Hybridisierung möglich, weil in diesen Ionen stets wenigstens

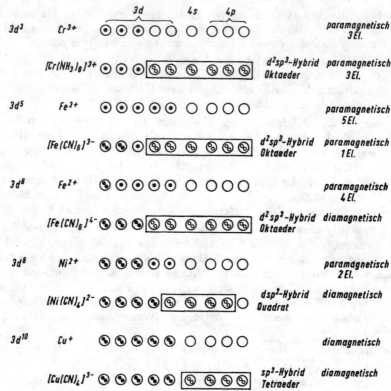

Abb. 116. Schematische Darstellung der Besetzung der 3d-, 4s- und 4p-Orbitale in den freien Ionen und in Komplexen für einige Übergangsmetalle nach PAULING

zwei d-Orbitale unbesetzt sind. So erklärt es sich, daß diese Ionen oktaedrische Komplexe bilden, beispielsweise die Hexacyanokomplexe $[Me(CN)_6]^{3-}$.

Bei Ionen mit 5 und mehr d-Elektronen tritt aber die Schwierigkeit auf, daß keine unbesetzten d-Orbitale zur kovalenten Bindung zur Verfügung stehen. Nach PAULING gilt in diesem Fall nicht mehr die *Hundsche Regel* (siehe S. 204) über die Besetzung gleichwertiger Orbitale im freien Ion, sondern die Elektronen verteilen sich derart, daß eine möglichst große Anzahl von d-Zuständen unbesetzt bleibt und zur Aufnahme der Elektronen von den Liganden zur Verfügung steht.

Betrachten wir wieder das $[Fe(CN)_6]^{4-}$-Ion. In diesem Komplex besetzen die sechs 3d-Elektronen des Fe^{2+}-Ions — anders als im freien Ion — nur 3 von den insgesamt 5 d-Orbitalen. Zur Aufnahme der Elektronenpaare der Cyanid-Ionen stehen damit wieder zwei 3d-, das eine 4s- und drei 4p-Orbitale zur Verfügung. Das Fe^{2+}-Ion kann also 6 kovalente, nach den Ecken eines Oktaeders gerichtete Bindungen betätigen. Da alle Zustände doppelt besetzt sind, ist das Ion diamagnetisch. Die gleiche Betrachtung gilt für das Co^{3+}-Ion mit derselben Elektronenkonfiguration 3 d^6. Im $[Fe(CN)_6]^{3-}$-Ion ist bei dem entsprechenden Vorgang ein 3 d-Orbital nur mit einem Elektron, dessen Spinmoment noch magnetisch wirksam ist, besetzt.

Durch die 6 Elektronenpaare der Cyanid-Ionen erhält das Zentral-Ion eine ungewöhnlich hohe negative Ladung, beispielsweise das Eisen im $[Fe(CN)_6]^{4-}$ die Ladung —4. Um diese auszugleichen, nimmt PAULING an, daß Elektronenpaare des Zentral-Ions eine π-Bindung zum Cyanid-Ion bilden entsprechend $Fe=C=N|$.

Die Ionen Ni^{2+}, Pd^{2+} und Pt^{2+} haben acht d-Elektronen, die auf die fünf d-Orbitale, wie aus der Abb. 116 hervorgeht, verteilt sind. Durch Paarbildung kann hier nur ein d-Zustand freiwerden. Nach PAULING sind von den 5 freien Orbitalen 4 zur Bildung von kovalenten Bindungen bevorzugt geeignet und zwar $d_{x^2-y^2}$, s sowie p_x und p_y. Da $d_{x^2-y^2}$, p_x und p_y in einer Ebene liegen, führt die Hybridisierung (dsp²) zu einer quadratischen Anordnung der Liganden um das Zentral-Ion und zu Diamagnetismus bei 16 Elektronen in Übereinstimmung mit den Ergebnissen bei $[Ni(CN)_4]^{2-}$, $[Pd(CN)_4]^{2-}$, $[Pt(CN)_4]^{2-}$ und $[Pt(NH_3)_2Cl_2]$.

Die PAULINGsche Theorie hat sich als sehr nützlich erwiesen, kann sie doch u. a. zwanglos den Übergang der K. Z. 6 in 4 bei den Cyanokomplexen in der Reihe Eisen, Kobalt und Nickel, ferner die ebene Anordnung der Liganden in den Komplexen des 2wertigen Nickels und der homologen Ionen sowie den anomalen Magnetismus vieler Verbindungen erklären.

Aber es gibt auch einige Verbindungen, die einer Deutung nach PAULING Schwierigkeiten bereiten. Vor allem ist etwas unbefriedigend, daß die PAULINGsche Theorie für die Bindung beispielsweise in den Eisen-, Kobalt- und Nickelkomplexen nur die Alternative vorsieht: ionogene Bindung in den magnetisch normalen Komplexen und kovalente Bindung in den magnetisch anomalen Komplexen.

Ligandenfeldtheorie

VAN VLECK (1935) hat darauf hingewiesen, daß die Annahme von kovalenten Bindungen zwischen Liganden und Zentral-Ion nicht notwendig ist, um den Magnetismus der magnetisch anomalen Komplexe zu erklären, sondern daß man auch mit einem Ionenmodell zu dem gleichen Ergebnis kommen kann, wenn die Störungen berücksichtigt werden, die die Elektronenzustände im Kation durch die Ladungen der Liganden erfahren. Hiermit beschäftigt sich die sogenannte Kristallfeldtheorie oder — wie man heute meist im Hinblick auf ihre erweiterte Anwendung auf Komplexverbindungen sagt — die Ligandenfeldtheorie. Im folgenden sollen kurz einige wesentliche Gesichtspunkte dieser Theorie an Beispielen erläutert werden.

Die Kristallfeldtheorie geht in ihren Grundlagen auf Berechnungen von BETHE (1929) zurück. Sie wurde erstmalig von PENNEY und SCHLAPP (1932) und von VAN VLECK angewendet, um die magnetische Suszeptibilität von Komplexen zu errechnen. In neuerer Zeit hat diese Theorie bei den Chemikern größere Beachtung gefunden, nachdem es mit ihrer Hilfe ISE und HARTMANN (1951) gelang, die Absorptionsspektren von Ionen der Übergangselemente zu deuten. Mit Erfolg ist die Kristallfeldtheorie auch bei der Behandlung der Stereochemie komplexer und nichtkomplexer Verbindungen herangezogen worden (ORGEL, GRIFFITH, NYHOLM u. a., seit 1952).

In einem freien Kation sind die Orbitale gleicher Nebenquantenzahl — beispielsweise die fünf 3 d-Orbitale — energetisch gleichwertig, sie sind wie man sagt „entartet". Befindet sich das Kation jedoch in einem Kristallgitter einer Verbindung oder als Kation in einem Komplex, so rufen die negativen Ladungen der Anionen bzw. der Dipole ein elektrisches Feld und damit eine Störung der Energiezustände der Elektronen hervor. Wegen der abstoßenden Wirkung, die das negativ geladene Kristallfeld bzw. Ligandenfeld auf die Elektronen ausübt, werden die Orbitale insgesamt eine höhere Energie haben als im freien Ion. Die Störung wirkt sich aber auf die fünf 3 d-Orbitale, je nach der Symmetrie des Feldes (Liganden-oktaeder, -tetraeder usw.) in verschiedener Weise aus. Dadurch kommt es zu einer Aufhebung der Entartung und zu einer Aufspaltung der Energiezustände.

Als einfachsten Fall betrachten wir die Bildung eines Komplexes mit 6 gleichartige Liganden in den Ecken eines regulären Oktaeders, in dessen Mitte sich das Katio eines Übergangmetalles befinden soll (Abb. 117). Wenn sich die Liganden auf d x-, y- und z-Achse dem Zentral-Ion bis auf den Gleichgewichtsabstand nähern, werden diejenigen Orbitale, die sich in Richtung der Liganden erstrecken, nämli $d_{x^2-y^2}$ und d_{z^2}, energetisch ungünstiger werden als die Orbitale d_{xy}, d_{xz} und d_{yz}, d zwischen die Liganden ausgerichtet sind, vergleiche dazu die Darstellung der Orbita in Abb. 43 S. 202. Es kommt zu einer Aufspaltung in zwei Gruppen, wie es die Abb. 118 unter b schematisch zeigt. Die drei Orbitale der energetisch tieferliegenden Gruppe werden unter der Bezeichnung d_ε-Orbitale (auch t_{2g} genannt), die beiden andern als d_γ-Orbitale (oder e_g) zusammengefaßt.

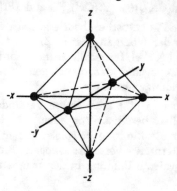

Die Energiedifferenz ΔE zwischen den d_ε- und d_γ-Orbitalen, die man experimentell aus den Spektren bestimmen kann, ist abhängig von der Ladung des Kations. Für die zweiwertigen Aquokomplexe der 1. Übergangsreihe liegt sie bei 8 000 ... 14 000 cm^{-1} (23 ... 40 kcal/Mol). Für die 3-wertigen Kationen ist sie bedeutend ($\sim$13 000 ...

Abb. 117.   Ligandenoktaeder

21 000 cm^{-1}) größer. Die Größe ΔE ist weiterhin auch abhängig von der Feldstärk der Liganden. Diese wieder wird durch Größe, Ladung und Polarisierbarkeit de Liganden bestimmt. Je näher die negative Ladung des Liganden an das Zentral-Ion heranrücken kann, desto größer ist die Feldstärke des Liganden. Aus der Verschiebung der Absorptionsbanden bei Ersatz eines Liganden durch einen anderen hat man folgende Reihe für die Liganden in Komplexen der Übergangsmetalle, nach steigender Feldstärke geordnet, aufgestellt („spektrochemische Reihe"):

$$Cl^- < F^- < OH^- < C_2O_4^{2-} \sim H_2O < NCS^- < NH_3 < en < CN^-.$$

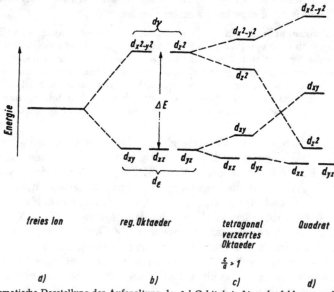

Abb. 118.   Schematische Darstellung der Aufspaltung der 3 d-Orbitale in Ligandenfeldern verschiedener Symmetrie

...as NH_3-Molekül besitzt, wie schon auf S. 742 besprochen wurde, wegen seiner ...rößeren Polarisierbarkeit eine größere Feldstärke als das H_2O-Molekül. Die größte ...eldstärke hat das CN^--Ion.

...)ie Besetzung der Energiezustände mit Elektronen ist abhängig von der Energie-...ifferenz ΔE. In der Reihe Ti^{3+} ... Cr^{3+} ($3d^1$ ... $3d^3$) besetzen die Elektronen die ...nergetisch tieferliegenden d_ε-Orbitale und zwar jeden Zustand einfach. Im Mn^{3+}- und ...e^{3+}-Ion können das 4. und 5. Elektron sich entweder im d_γ-Zustand oder aber auch ...nit antiparallelem Spin im d_ε-Zustand befinden. Die Doppelbesetzung eines Energie-...ustandes wird, weil sie wegen der gegenseitigen Abstoßung der Elektronen Energie ...rfordert, erst dann eintreten, wenn ΔE größer wird als die zur Paarbildung auf-...uwendende Energie. Dieser Fall wird bei großer Feldstärke der Liganden vorliegen ...starkes Feld).

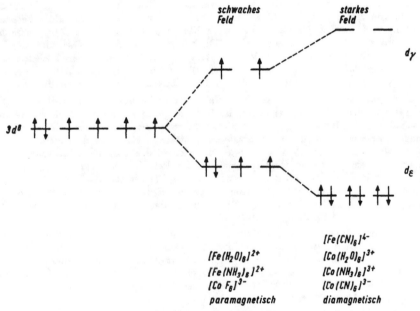

Abb. 119. Aufspaltung für die Konfiguration $3\,d^6$ im Oktaederfeld

Abb. 119 zeigt schematisch die Elektronenverteilung für die Ionen Fe^{2+} und Co^{3+}, beide $3\,d^6$, in einem schwachen und in einem starken Ligandenfeld und bringt dazu einige Beispiele. Beim Fe^{2+}-Ion sind im schwachen Feld der Liganden F^-, H_2O und NH_3 alle Orbitale einfach besetzt wie im freien Ion, so daß diese Komplexe den normalen Paramagnetismus des Fe^{2+}-Ions besitzen. Im Englischen werden Komplexe dieser Art auch spin free- oder high spin-Komplexe genannt.

Im Cyano-Komplex, $[Fe(CN)_6]^{4-}$, bewirkt die große Feldstärke des CN^--Ions eine so starke Aufspaltung der d-Orbitale, daß es energetisch günstiger ist, wenn die 6 Elektronen des Fe^{2+}-Ions die d_ε-Orbitale doppelt besetzen. Da die Spinmomente kompensiert sind, ist der Komplex diamagnetisch. Im Englischen: spin paired- oder low spin-Komplexe.

Die Aufspaltung beim 3-wertigen Kobalt ist wegen der höheren Ladung des Kations bei gleichen Liganden größer als beim Fe^{2+}-Ion. Hier liegt schon im Aquo- und Ammin-

komplex der Fall des starken Feldes vor, so daß diese Komplexe diamagnetisch sin
Nur noch das F^--Ion als schwacher Ligand bildet einen magnetisch normalen Komple
Einen besonders interessanten Fall für die Ligandenfeldtheorie bietet die Stereochem
der Kupfer(II)-verbindungen. Aus Strukturuntersuchungen folgt, daß das Cu^{2+}-Ion bevorzu
die K. Z. 4 mit ebener Anordnung der Liganden hat. In größerer Entfernung sind darübe
und darunter je ein weiterer Ligand angeordnet, so daß das Cu^{2+} unter Einbeziehung diese
beiden weiter entfernt liegenden Liganden die K. Z. 6 hat, wobei die Liganden ein tetragon.
verzerrtes Oktaeder bilden.

Auch für die Struktur der einfachen, nicht komplexen Kupfer(II)-verbindungen ist charak
teristisch, daß sie eine niedrigere Symmetrie besitzen, als die entsprechenden Verbindunge
der anderen 2-wertigen Übergangsmetalle. So kristallisiert Kupfer(II)-oxid in einem verzerrte
NaCl-Gitter, während die Oxide MnO, FeO, CoO und NiO kubisch sind, oder CuF_2 bilde
abweichend von den anderen Difluoriden ein monoklines Rutilgitter.

Die besondere Stereochemie der Kupfer(II)-verbindungen läßt sich folgendermaßen erkläre
Wir gehen von einem regulären Ligandenoktaeder aus und erhalten die schon besprochen
Aufspaltung in d_ε- und d_γ-Orbitale. Von den 9 Elektronen des Cu^{2+}-Ions ($3\,d^9$) befinden sic
6 in den d_ε- und 3 in den d_γ-Orbitalen. Da bei einem regulären Oktaeder die beide
d_γ-Zustände energetisch gleichwertig sind, gibt es für die Verteilung der 3 Elektronen au
die beiden Orbitale zwei Möglichkeiten: $(d_{x^2-y^2})^1(d_{z^2})^2$ oder $(d_{x^2-y^2})^2(d_{z^2})^1$. Im ersten Fal
ist d_{z^2} doppelt besetzt, im zweiten Fall $d_{x^2-y^2}$. Beide Zustände haben die gleiche Energie.

Nehmen wir nun einmal an, daß die Verteilung der Elektronen dem 1. Fall entspricht. In
Richtung der z-Achse herrscht jetzt wegen der Besetzung von d_{z^2} mit 2 Elektronen die größere
Elektronendichte. Die beiden Liganden in dieser Richtung werden dadurch stärker abgestoßen
und einen größeren Abstand zum Zentral-Ion einnehmen als die 4 Liganden, die auf der
x- und y-Achse liegen. Aus dem regulären Oktaeder wird ein in der z-Richtung gedehntes
Oktaeder. Eine entsprechende Überlegung führt im Fall der Besetzung $(d_{x^2-y^2})^2(d_{z^2})^1$ zu
einem in der z-Richtung gestauchten Oktaeder. Es ergibt sich also, daß für die Elektronenkonfiguration $3\,d^9$ ein verzerrtes Oktaeder gegenüber dem regulären Oktaeder energetisch
begünstigt ist (*Jahn-Teller-Verzerrung*). Die Struktur der meisten Kupfer(II)-verbindungen
entspricht dem Fall 1 mit gedehntem Oktaeder.

Die Stabilisierung eines tetragonal verzerrten Oktaeders für die Konfiguration $3\,d^9$ ist auch
aus der schematischen Darstellung der Energieniveaus für die verschiedenen Elektronenzustände (Abb. 118) zu entnehmen. Für ein in Richtung der z-Achse gedehntes Oktaeder
gilt die Reihenfolge der Energiezustände entsprechend der Abb. 118 c. Die Besetzung
$(d_{z^2})^2(d_{x^2-y^2})^1$ im gedehnten Oktaeder bringt einen Energiegewinn gegenüber der gleichen
Besetzung im regulären Oktaeder.

·Ganz ähnliche Verhältnisse wie für die Elektronenkonfiguration d^9 ergeben sich für die
Konfiguration d^4 (Mn^{3+}, Cr^{2+}) mit 1 Elektron in einem der beiden d_γ-Orbitale. Daher ist auch
beim Mn^{3+}-Ion für die K. Z. 6 die kubische Symmetrie erniedrigt. So kristallisiert der Spinell
$Mn_3O_4 = MnO \cdot Mn_2O_3$ nicht wie die anderen Spinelle kubisch, sondern tetragonal.

Abschließend sei noch auf die Nickel(II)-Verbindungen eingegangen. Das 2wertige
Nickel bildet 6fach koordinierte Komplexe, wie $[Ni(NH_3)_6]Cl_2$, die den normalen
Paramagnetismus des Ni^{2+}-Ions zeigen. Von den 8 Elektronen ($3\,d^8$) befinden sich 6 in
den d_ε- und 2 mit parallelem Spin in den beiden d_γ-Orbitalen. Auch in einem starken
Ligandenfeld kann, solange die oktaedrische Symmetrie erhalten bleibt, keine Spin-
paarung eintreten, weil die beiden d_γ-Orbitale gleiche Energie haben. Es läßt sich nun
an Hand des schematischen Energiediagramms (Abb. 118) zeigen, daß im starken
Ligandenfeld, wie es die CN^--Ionen hervorrufen, eine Anordnung der Liganden in
Form eines Quadrats um das Ni^{2+}-Ion gegenüber dem Oktaeder stabiler ist. Die ebene
Anordnung kann man aus dem Oktaeder herleiten, wenn man die beiden Liganden
auf der z-Achse entfernt. Dadurch wird die Entartung der beiden d_γ-Orbitale aufgehoben. Der Zustand d_{z^2} kommt jetzt energetisch tiefer zu liegen, weil sich auf der

z-Achse keine negativen Ladungen mehr befinden, während $d_{x^2-y^2}$ wegen der 4 Liganden in der x-y-Ebene energetisch ungünstiger wird (vgl. Abb. 118 d). Die Aufspaltung der d_ε-Orbitale läßt sich entsprechend erklären. Eine Verteilung der 8 Elektronen auf die 4 energetisch am tiefsten liegenden Orbitale d_{xz}, d_{yz}, d_{z^2} und d_{xy} sowie Nichtbesetzung von $d_{x^2-y^2}$ bringen einen Energiegewinn gegenüber der Verteilung der Elektronen in einem oktaedrischen Komplex. Da die 4 Orbitale doppelt besetzt sind, ist die Verbindung diamagnetisch.

Für die Kationen der 2. und 3. Reihe der Übergangsmetalle ist die Aufspaltung im Ligandenfeld sehr viel größer als für die Kationen der 1. Reihe, weil die Elektronenwolke der 4 d- und 5 d-Elektronen sich weiter vom Kern entfernt. Die Komplexe dieser Elemente gehören daher meist zu den magnetisch anomalen Komplexen.

Die Ligandenfeldtheorie führt bei vielen Verbindungen hinsichtlich ihrer Koordinationszahl, der geometrischen Anordnung ihrer Liganden und des Magnetismus zu dem gleichen Ergebnis wie die PAULINGsche Theorie. Sie hat darüber hinaus den Vorzug, daß sich damit Symmetrieabweichungen, wie am Beispiel der Kupfer(II)-Verbindungen gezeigt wurde, und ferner, was hier nicht behandelt werden konnte, Besonderheiten im magnetischen Verhalten (Beteiligung von Bahnmomenten am Gesamtmoment) und die Absorptionsspektren deuten und zum Teil sogar berechnen lassen. Es darf aber nicht übersehen werden, daß die rein elektrostatische Behandlung der Wechselwirkung zwischen Zentral-Ion und Liganden nur eine Vereinfachung und eine erste Näherung darstellt. Je mehr die Bindung in einem Komplex durch Delokalisierung der Elektronen der Liganden den Charakter einer kovalenten Bindung annimmt, desto weniger genau werden die Aussagen der Ligandenfeldtheorie. Deshalb lassen sich Verbindungen wie die Metallcarbonyle oder die Aromatenkomplexe der Übergangsmetalle nicht mehr nach dieser elektrostatischen Theorie behandeln.

Eine Beschreibung dieser Verbindungen ist mit Hilfe der allgemeiner anwendbaren, aber quantitativ weniger ergiebigen „Molecular-orbital"-Theorie möglich. Doch kann hierauf nicht näher eingegangen werden, weil zum Verständnis dieser Theorie eingehende Kenntnisse der Quantenmechanik notwendig sind.

Wasserstoffbrückenbindung

Die Einreihung der Hydrate oder Kristallwasserverbindungen in das System der Komplexe bringt einige Besonderheiten. Wir erwähnten schon, daß die Zahl der H_2O-Moleküle der hydratisierten Ionen in wäßriger Lösung meist nicht eindeutig bestimmt werden kann. Da das Wasser ja stets im Überfluß vorhanden ist, ist man auf indirekte Methoden angewiesen, die wie die Wanderungsgeschwindigkeit im elektrischen Feld nur unsichere Werte liefern. Dagegen läßt sich die Zahl der H_2O-Moleküle leicht bestimmen, wenn eine Verbindung mit Kristallwasser aus der Lösung kristallisiert.

Wenn die Kristallwassermoleküle zu dem Komplex eines Kations gehören, so macht die Deutung ihrer Bindung, wie wir sehen, keine Schwierigkeiten. Anders aber ist es, wenn Wassermoleküle an das Anion einer Sauerstoffsäure gebunden sind. Auf S. 735 hatten wir schon darauf hingewiesen, daß z. B. in den Sulfaten ein H_2O-Molekül an das SO_4-Ion — und sogar mit besonderer Festigkeit — gebunden ist, entsprechend der Formel $[Cu(H_2O)_4]SO_4 \cdot H_2O$.

Hier besteht zwischen dem SO_4-Ion und dem H_2O-Molekül eine Bindung besonderer Art. Wie es die Formel (I) andeuten soll, ist das eine Proton sowohl an das O-Ion

des Wassermoleküls wie an ein O-Ion des Sulfat-Ions gebunden und hält dadurc
beide zusammen Man nennt diesen besonderen Typ einer Bindung *Wasserstoffbrücke.*

$$
\begin{array}{cc}
& O_2 \qquad\qquad\qquad O_2 \\
& \quad\; O \;\; \overset{S}{} \;\; O \ldots \qquad\qquad O \;\; \overset{S}{} \;\; O \ldots \\
H \qquad H \qquad\qquad H \qquad H \\
\;\diagdown O \diagup \qquad\qquad\qquad \diagdown O \diagup
\end{array}
$$

(I)

$$
\begin{array}{c}
O \qquad\qquad\qquad O{-}H \cdots OH_2 \\
\diagdown C {-} C \diagup \\
H_2O \cdots H{-}O \qquad\qquad O
\end{array}
$$

(II)

In den Alaunen $Me^{I}Me^{III}(SO_4)_2 \cdot 12\,H_2O$ sind 6 H_2O-Moleküle komplex an da:
Me^{III}-Ion gebunden. Die anderen 6 H_2O-Moleküle bilden Wasserstoffbrücken zwische
jenen H_2O-Molekülen und den SO_4-Ionen (SPANGENBERG, 1949).

Für das Oxalsäuredihydrat ist die Struktur (II) mit ähnlichen Wasserstoffbrücken durc
sehr genaue Röntgenuntersuchungen belegt worden (BRILL, 1937, AHMED, 1953).

Solche Wasserstoffbrücken bewirken auch den Zusammenhalt der H_2O-Moleküle im
Eis und im flüssigen Wasser. Sie können röntgenographisch durch den geringere
Abstand der beiden durch das Proton verbundenen O-Ionen erkannt werden und durc
die Erniedrigung der Frequenz der O—H-Schwingung im Sinne einer Lockerung der
ursprünglichen OH-Bindung.

Diese Wasserstoffbrücken spielen in der organischen Chemie eine große Rolle. Sie
erklären z. B. die Dimerisation von Alkoholen und Carbonsäuren. Sie wirken nicht nur
zwischen O-Ionen, sondern auch zwischen F-Ionen und erklären z. B. die Stabilität
des HF_2^--Ions entsprechend der Formel $[F{-}H \cdots F]$. Wasserstoffbrücken zwischen
$\diagup N{-}H$-Gruppen und $O{=}C\diagdown$ -Gruppen sind im Eiweiß von hoher Bedeutung.

Chelatkomplexe

Chelatkomplexe entstehen, wie schon auf S. 735 erwähnt ist, wenn ein Ligand 2 oder
mehrere Koordinationsstellen in einem Komplex besetzt. Sie zeichnen sich oft durch
sehr große Stabilität aus. So beträgt der pK-Wert für den Äthylendiaminkomplex
$[Ni(en)_3]^{2+}$ 18,3, für den Amminkomplex $[Ni(NH_3)_6]^{2+}$ nur 8,6, obwohl in beiden
Verbindungen 6 N-Atome an das Nickel gebunden sind. Die Voraussetzung für die
Entstehung eines besonders stabilen Chelatkomplexes sind gegeben, wenn der Ligand
mit dem Zentral-Ion einen Fünf- oder Sechsring bilden kann. Einige Beispiele für
neutrale, 2-zählige Liganden, die Fünfringe bilden können, sind: Äthylendiamin (I),
2-, 2'-Dipyridyl (II) und o-Phenanthrolin (III).

$$
\begin{array}{c}
H_2C \;{-}\; CH_2 \\
| \qquad\quad | \\
H_2N \diagup \quad \diagdown NH_2
\end{array}
$$

(I)   (II)

Diese Moleküle können über das freie Elektronenpaar der N-Atome kovalente Bindungen zu dem Zentral-Ion eingehen.

CH₃ structures (III) and (IV)

(III) (IV)

Der rote Phenanthrolin-Eisen(II)-Komplex, [Fe(o-phen)₃]²⁺, in dem das Eisen wieder die
K.Z. 6 hat, dient unter dem Namen Ferroin als Indikator für Redox-Reaktionen. Durch
Oxydation geht er in den schwach blauen [Fe(o-phen)₃]³⁺-Komplex über.

Ein anionischer Chelatbildner ist das Oxalat-Ion, vgl. dazu S. 736.

Sehr zahlreich sind die Beispiele für 2-zählige Liganden, die eine negative Ladung
tragen und außerdem noch im Molekül ein N-, O- oder S-Atom enthalten, das als
Elektronendonator gegenüber einem Metallkation wirken kann. Liganden dieser Art
fungieren also im Komplex sowohl als Anion als auch als neutrales Molekül und
führen daher oft zu elektrisch neutralen Verbindungen, die Nichtelektrolyte sind.
Solche Liganden sind meist Anionen schwacher organischer Säuren, oder organische
Verbindungen, die wie das Acetylaceton (IV) in einer tautomeren Form als Säure
reagieren können.

Als einfaches Beispiel für einen Chelatkomplex dieser Art diene das Glykokollkupfer.
In dieser Verbindung ist das Kupfer mit 2 Anionen des Glykokolls (Aminoessigsäure,
H_2N-CH_2-COOH) verbunden, wie es das Formelbild (V) zeigt. Die zweifach positive
Ladung des Cu^{2+}-Ions wird durch die Ladungen der O-Ionen der beiden Carboxylgruppen neutralisiert. Außerdem ist das Kupfer an 2 N-Atome der Aminogruppen
gebunden, wodurch es die K.Z. 4 erhält und mit den beiden Glykokoll-Molekülen
zwei Fünfringe bildet.

(V) (VI)

Aus Formel (VI) ist die Struktur der Acetylacetonate der 2-wertigen Metalle, wie z.B.
des Berylliums zu ersehen. Das Acetylaceton reagiert hier in der rechts in (IV) aufgeführten Enol-Form. Die dreiwertigen Kationen von Eisen, Chrom, Aluminium und
anderen Metallen binden 3 Moleküle Acetylaceton und erhalten dadurch die K.Z. 6
im Komplex.

Man nennt diese Art der Chelatkomplexe aus alter Gepflogenheit auch heute noch
vielfach *innerkomplexe Verbindungen*, doch besteht kein prinzipieller Unterschied
hinsichtlich ihrer Konstitution gegenüber Chelatkomplexen mit neutralen oder negativen
Liganden. Zu diesen innerkomplexen Verbindungen gehören viele für die analytische
Chemie und die Beizenfärberei wichtige Verbindungen, die ihre Beständigkeit und
zum Teil auch ihre auffallende Farbe sowie ihre Unlöslichkeit in Wasser der Chelat-
bildung verdanken.

Im folgenden sollen die Strukturen einiger analytisch wichtiger Verbindungen behande werden.

Im *Dimethylglyoximnickel* (Diacetyldioximnickel), $Ni(C_4H_7O_2N_2)_2$, bildet das Ni^{2+}-Io mit zwei Dimethylglyoxim-Ionen einen 4-zähligen, diamagnetischen Komplex, in der das Nickel-Ion von 4 N-Atomen in einer Ebene umgeben ist. Die ebene Anordnun wird durch das Auftreten der cis-trans-Isomerie bei dem analog gebauten Benzy methyl-glyoximnickel bewiesen, bei dem je eine CH_3-Gruppe der beiden Dimethy glyoximmoleküle durch einen Benzylrest ersetzt ist. Das Dimethylglyoxim reagier als sehr schwache Säure nur mit 1 H-Atom, obwohl die Dissoziationskonstanten fü die 1. und 2. Stufe mit p_K 10,9 und 11,6 sehr nahe beieinander liegen. Dadurch kan das Nickel 2 Dimethylglyoxim-Ionen binden und 4 N-Atome zur koordinativen Bindun gewinnen. Die beiden anderen H-Atome bilden Wasserstoffbrücken zwischen de O-Atomen, so daß zwei weitere Fünfringe entstehen. Diese Struktur, siehe (VII), wurd in den Grundzügen schon von P. PFEIFFER entworfen, von W. KLEMM durch magnetisch Messungen bestätigt und schließlich von MILONE und TAPPI durch Röntgenunter suchungen bewiesen.

(VII)

Das Nickeldimethylglyoxim ist sehr viel weniger löslich als das Kupfersalz. Man nimmt darum an, daß die im Kristall übereinanderliegenden flachen Moleküle durch je ein 3 d-Elektronenpaar von Ni- zu Ni-Atom verbunden sind, so daß das Ni einen d^2sp^3-Valenz-bastard gewinnt.

Im *α-Nitroso-β-naphtholkobalt*, $Co(C_{10}H_6O_2N)_3$, reagiert das α-Nitroso-β-naphthol in der Oximform. Das Co^{3+}-Ion ersetzt nicht nur die H-Atome der Oximgruppen von 3 Molekülen, sondern bindet auch die benachbarten O-Atome in koordinativer Atom-bindung (VIII), so daß das Kobalt koordinativ sechszählig wird.

(VIII) (IX) (X)

Entsprechendes gilt für die Bindung in den 8-Oxychinolatkomplexen, von denen besonders das Magnesium 8-oxychinolat (IX) analytisch von Bedeutung ist.

Zu den innerkomplexen Verbindungen gehören die in der Färberei benutzten Farblacke von Aluminium, Chrom und Zinn mit Phenolfarbstoffen. In dem roten Aluminium-Alizarinlack bindet das Al-Ion drei Alizarinmoleküle über die O-Atome der α-Oxygruppe und die O-Atome des Chinonringes (X).

Auch die Alkalikupfertartrate, die in der Fehlingschen Lösung vorliegen, sind Chelatkomplexe, in denen das Cu^{2+}-Ion an die O-Atome der Hydroxyl- und Carboxylgruppen gebunden ist. In diesen Verbindungen wie auch in anderen komplexen Tartraten von Al^{3+}, Cr^{3+}, Fe^{3+} und Sb^{3+}, in denen die Metalle durch die Komplexbildung maskiert sind, wirkt die Weinsäure wahrscheinlich als 4-basige Säure (P. PFEIFFER, 1948). Doch ist die Konstitution dieser Verbindungen im einzelnen nicht mit Sicherheit aufgeklärt.

Komplexonate. Die durch innere Komplexbildung eintretende Stabilitätserhöhung von Komplexen zeigt sich besonders deutlich beim Calcium, das normalerweise wie die anderen Erdalkali-Ionen keine beständigen Komplexe bildet, aber mit geeigneten organischen stickstoffhaltigen Säuren äußerst stabile Komplexe ergibt. Hierher gehören die Nitrilotriessigsäure, (XI) Trilon A oder auch *Komplexon I* genannt, und die Äthylendiamintetraessigsäure, (XII) Trilon B, *Komplexon II*, die über die Carboxylgruppen und die N-Atome das Ca^{2+}-Ion so fest binden, daß die normalen Reaktionen des Calciums ausbleiben. Da die Calciumkomplexe wasserlöslich sind, fanden die Trilone zuerst in der Textilwäscherei als wertvolle Enthärtungsmittel Anwendung. Heute bedient man sich dieser Verbindungen mit Erfolg in der analytischen Chemie, da außer Calcium auch Magnesium und viele andere Metallkationen sehr beständige Komplexonate geben (G. SCHWARZENBACH, 1947).

$$|N{\Large\langle}\begin{matrix}CH_2{-}CO_2^-\\CH_2{-}CO_2^-\\CH_2{-}CO_2^-\end{matrix}\qquad\qquad \begin{matrix}{}^-O_2C{-}CH_2\\{}^-O_2C{-}CH_2\end{matrix}{\Large\rangle}\overline{N}{-}C_2H_4{-}\overline{N}{\Large\langle}\begin{matrix}CH_2{-}CO_2^-\\CH_2{-}CO_2^-\end{matrix}$$

$$(XI)\qquad\qquad\qquad\qquad\qquad (XII)$$

Die Bedeutung vieler dieser hier genannten Verbindungen verweist sie schon mehr in das Gebiet der organischen Chemie. Doch soll zum Schluß noch darauf hingewiesen werden, daß die beiden wichtigsten Komplexe überhaupt, das Chlorophyll und der rote Blutfarbstoff, gleichfalls innerkomplexe Verbindungen des Magnesiums bzw. des Eisens sind.

Metallcarbonyle und verwandte Verbindungen

Wiederholt sind uns bereits Verbindungen begegnet, in denen, wie im $Cu(CO)Cl \cdot 2 H_2O$, im $Fe(NO)SO_4$ oder in den Kobalt- und Eisenkomplexen, die Moleküle CO oder NO an Metall-Ionen gebunden sind. Darüber hinaus bilden einige Metalle Verbindungen, die ausschließlich Kohlenoxid oder Kohlenoxid und Stickstoffoxid an Metall gebunden enthalten. Diese Carbonyle und Nitrosyle mit ihren Derivaten stellen eine Gruppe von Verbindungen mit besonderen Eigenschaften dar, die überdies für die Erkenntnis der Möglichkeiten chemischer Bindung viel Interessantes bringt. Es ist vor allem W. HIEBER und seinen Mitarbeitern zu danken, daß die Chemie dieser Verbindungen in reicher Vielfalt erschlossen wurde.

Carbonyle[1])

Wegen ihrer technischen Bedeutung sind das Eisenpentacarbonyl, $Fe(CO)_5$, und das Nickelcarbonyl, $Ni(CO)_4$, bereits bei den betreffenden Elementen besprochen worden.

---

[1]) Eine zusammenfassende Darstellung über diese Verbindungen findet sich bei R. NAST, Ullmann 12. Bd. (1960) Seite 312 ff.

Von solchen nur ein Metallatom im Molekül enthaltenden Carbonylen sind bisher nu
bekannt geworden:

$$Cr(CO)_6 \qquad Fe(CO)_5 \qquad Ni(CO)_4$$
$$Mo(CO)_6 \qquad Ru(CO)_5$$
$$W(CO)_6 \qquad Os(CO)_5$$

Die Erklärung für die eigenartige stöchiometrische Zusammensetzung dieser Carbonyl
gab SIDGWICK (1934). Das Kohlenoxid besitzt die Elektronenkonfiguration $|C{\equiv}O|$
Das einsame Elektronenpaar am Kohlenstoffatom ist bekanntlich befähigt, sich i
koordinativer Atombindung mit dem Zentralatom eines Komplexes zu vereinigen
Bei den Carbonylen entsteht hierdurch die Elektronenkonfiguration $Me(-C{\equiv}O|)_n$
Berücksichtigt man, daß das Chromatom über der Elektronenzahl des Argons 6 Elektronen, das Eisenatom 8 Elektronen und das Nickelatom 10 Elektronen besitzen, s
erhalten diese Atome durch 6, 5 oder 4 Kohlenoxidmoleküle gerade die 18 Elektronen
die zu der Elektronenzahl des Kryptons nötig sind. Das Zentralatom dieser Carbonyl
und ihrer Homologe besitzt also eine Edelgashülle, in die die Kohlenoxidmoleküle
eingeflochten sind. Diese Carbonyle sind dementsprechend diamagnetisch und, wozu
auch die Umhüllung durch die Kohlenoxidmoleküle beiträgt, leicht flüchtig.

Bei dieser Struktur würde das Metallatom eine der Zahl der Kohlenoxidmoleküle entsprechende negative Ladung erhalten. Zum teilweisen Ausgleich besitzt die Bindung nach

$$Me(-C{\equiv}O|)_n \rightleftharpoons Me(=C{=}\overline{O}|)_n$$

einen „Doppelbindungsanteil", für den bei den Carbonylen von Chrom, Eisen und Nickel
auch der Me—C-Abstand und die Ultrarotabsorption sprechen. Die π-Bindung zwischen
Metall und Kohlenstoff kommt dadurch zustande, daß ein Elektronenpaar aus dem d-Niveau
des Metallatoms ein freies p-Orbital im Kohlenoxidmolekül besetzt, wenn dieses in der
mesomeren Grenzform $|C{=}\overline{O}|$ vorliegt (d_π-p_π-Bindung).

Im Nickeltetracarbonyl sind die 4 Kohlenoxidmoleküle tetraedrisch um das Metallatom
angeordnet. Dies ist verständlich, wenn man bedenkt, daß im Nickelatom ($3\,d^{10}$) die
fünf d-Orbitale doppelt besetzt sind. Für die kovalente Bindung der Kohlenoxidmoleküle stehen eine 4s- und drei 4p-Orbitale zur Verfügung, die durch Hybridisierung
vier neue, nach den Eckpunkten eines Tetraeders gerichtete Bindungsfunktionen ergeben.
Die Metalle der VI. Nebengruppe haben die Konfiguration d^6. Die 6 Elektronen
besetzen in den Carbonylen drei d-Orbitale ($d_\epsilon{}^6$), so daß für die kovalente Bindung
insgesamt zwei d-, eine s- und drei p-Orbitale verfügbar sind, die zu einem d^2sp^3-Hybrid
mit oktaedrischen Bindungsfunktionen führen. Durch röntgenographische Kristallstrukturbestimmung und mit Hilfe der Elektronenbeugung an den Molekülen im Gaszustand ist die nach der Theorie zu erwartende oktaedrische Anordnung der 6 Kohlenoxidmoleküle in den Hexacarbonylen sichergestellt (RÜDORFF, 1935, BROCKWAY, 1938).
Die Pentacarbonyle von Eisen, Ruthenium und Osmium haben ihrem dsp^3-Hybrid
entsprechend die Anordnung einer trigonalen Bipyramide, wie z. B. das Phosphorpentachloridmolekül (SHELINE und PITZER, 1950).

Das zwischen Eisen und Nickel stehende Kobalt (Ordnungszahl 27) und entsprechend
Rhodium (45) und Iridium (77) sowie die Elemente der VII. Gruppe Mangan (25),
Technetium (43) und Rhenium (75) bilden wegen ihrer ungeraden Elektronenanzahl
keine Carbonyle mit einem Metallatom im Molekül. Als metallärmste Carbonyle entstehen statt dessen die zweikernigen Carbonyle

$$[Mn(CO)_5]_2 \qquad\qquad\qquad [Co(CO)_4]_2$$
$$[Tc(CO)_5]_2 \qquad\qquad\qquad [Rh(CO)_4]_2$$
$$[Re(CO)_5]_2 \qquad\qquad\qquad [Ir(CO)_4]_2$$

sie sind sämtlich kristallin und weniger flüchtig als die monomeren Carbonyle, aber wie diese diamagnetisch. Vanadin (23) bildet sowohl ein paramagnetisches monomeres Hexacarbonyl, $V(CO)_6$, als auch ein dimeres Carbonyl $[V(CO)_6]_2$.

Bei einigen dieser zweikernigen Carbonyle treten wahrscheinlich Me—Me-Bindungen auf, beispielsweise im $[Re(CO)_5]_2$. Doch können nach Ultrarotuntersuchungen auch Kohlenoxidmoleküle als zweibindige Ketogruppen-Brücken zwischen beiden Molekülhälften liegen, wie im $[Co(CO)_4]_2$.

$[Re(CO)_5]_2$ $[Co(CO)_4]_2$

Es fällt auf, daß Carbonyle nur von den Übergangselementen gebildet werden, also von Elementen, die ein unvollständig besetztes d-Niveau haben. Diese Elektronenanordnungen sind besonders geneigt, sich durch koordinative Atombindungen zur Edelgaszahl zu ergänzen. Der zunehmend schwierigeren Darstellung in der Reihe Nickel-, Eisen-, Chromcarbonyl entspricht es, daß vom Titan noch kein Carbonyl erhalten werden konnte. Hier müßte auch die große Zahl von 7 CO-Molekülen aufgenommen werden, was schon aus räumlichen Gründen schwierig sein dürfte. Jenseits des Nickelcarbonyls ist noch ein Kupfercarbonyl, $Cu(CO)_3$, bekannt geworden, das wahrscheinlich wie das Kobaltcarbonyl mehrkernig ist.

Eigenschaften und Darstellung

Eigenschaften

Die Carbonyle sind Nichtelektrolyte, lösen sich aber mehr oder weniger in organischen Lösungsmitteln, wie Äther und Benzol, und lassen sich zum großen Teil bei Ausschluß von Luft sublimieren oder destillieren. Bei etwas höherer Temperatur zerfallen sie leicht in Metall und Kohlenoxid (siehe Carbonyleisen, S. 657, und Mondnickelprozeß, S. 688). Alle Carbonyle, besonders die flüchtigen, sind sehr giftig.

In den Carbonylen können die CO-Moleküle partiell oder vollständig durch geeignete andere Moleküle substituiert werden, die einsame Elektronenpaare besitzen. Wenn auch bei den schon länger bekannten Verbindungen $Cr(CO)_3Pyr_3$, $Re(CO)_3Pyr_2$, $Fe(CO)_3(NH_3)_2$ und $Ni(CO)_3Pyr_2$ die Deutung der Struktur heute noch ungesichert ist (HIEBER, 1952), so erfolgt diese Substitution doch ohne Zweifel, wenn organische Phosphine, Arsine und Stibine eingeführt werden, z. B. zu $(C_6H_5)_3PFe(CO)_4$, $(C_6H_5)_3AsNi(CO)_3$ (REPPE, 1948), oder die entsprechenden Trihalogenide zur Anwendung kommen, wobei auch eine vollständige Substitution zu den thermisch sehr beständigen Verbindungen $Ni(-PX_3)_4$ (X = F, Cl, Br) durchgeführt werden kann (IRVINE und WILKINSON, 1951). Auch Isonitrile wirken mit dem einsamen Elektronenpaar des Kohlenstoffatoms substituierend, wobei das vollständig substituierte $Ni(CNC_6H_5)_4$, Nickeltetraisonitril, größere Beständigkeit zeigt als das Carbonyl (HIEBER, 1950).

Wegen dieser leichten Substituierbarkeit sind diese und andere Carbonylderivate wichtig Katalysatoren für Synthesen mit Kohlenoxid und Acetylen („Reppe-Chemie").

Über weitere Reaktionen der Carbonyle siehe unter Carbonylhalogenide und Carbony hydride.

Darstellung

Eisenpentacarbonyl und Nickeltetracarbonyl entstehen aus den möglichst fein verteilter Metallen mit Kohlenoxid unter lebhafter Wärmeentwicklung, und zwar von etwa 5 bzw. 43 kcal pro Mol. Hoher Kohlenoxiddruck und mäßige Erwärmung sind für di Bildung der Carbonyle vorteilhaft.

Dieses Verfahren wurde durch die von HIEBER eingeführte Hochdrucksynthese wesent lich verbessert. Hierbei kommt reinstes Kohlenoxid unter sehr hohem Druck von etwa 200 bis über 400 atm bei erhöhter Temperatur auf die Sulfide oder Halogenide de: Metalle zur Einwirkung, wobei oft die Anwesenheit eines Schwefel oder Haloger bindenden Elementes, wie Kupfer oder Silber, von Vorteil ist.

Als drittes Verfahren benutzten JOB und CASSAL (1926) die Einwirkung von Kohlenoxic auf die ätherische Lösung des Metallchlorids bei Gegenwart einer Grignardverbindung doch hat dieses Verfahren nur eine beschränkte Bedeutung bei den Carbonylen vor Chrom, Molybdän und Wolfram.

Nickel- und Eisencarbonyl können nach REPPE (1953) schon aus den wäßriger Lösungen der Ammine und Kohlenoxid bei 150 atm und 150 ... 180 °C in guter Ausbeute dargestellt werden.

Ein neues Verfahren, insbesondere zur Darstellung von Chrom- und Mangancarbonyl, der Ethyl-Corp. Detroit (1958) setzt das Metallchlorid in Tetrahydrofuran mit Benzo- phenonnatrium um und läßt dann Kohlenoxid bei 150 °C und 200 atm einwirken.

Reine Metallcarbonyle

Hier soll eine kurze Übersicht über die Verbindungen gegeben werden, die ausschließlich Kohlenoxid an Metall gebunden enthalten.

Vanadinhexacarbonyl

Das monomere, paramagnetische Hexacarbonyl, $V(CO)_6$, bildet dunkelblaue Kristalle, die sich in Toluol zum gelben dimeren Carbonyl lösen. Vanadincarbonyl wurde durch Einwirkung von Kohlenoxid auf Ditoluolvanadin erhalten (PRUETT und WYMANN, 1960). Es zersetzt sich bereits bei 50 °C.

Chrom-, Molybdän- und Wolframhexacarbonyl

Chromhexacarbonyl wurde durch das Verfahren von JOB und CASSAL (siehe oben) zugänglich. Molybdänhexacarbonyl, dessen Bildung schon MOND bei der Einwirkung von Kohlenoxid unter hohem Druck auf Molybdän beobachtet hatte, und ebenso Wolframhexacarbonyl werden am besten aus den Metallchloriden und Kohlenoxid durch Hochdrucksynthese in Gegenwart von Kupfer dargestellt. Alle drei Carbonyle bilden farblose, leicht sublimierbare Kristalle, die infolge hoher Lichtdispersion am Licht ein auffallend schönes Farbenspiel zeigen. Die Carbonyle zerfallen im Dampfzustand bei 180 ... 200 °C.

Mangan-, Technetium- und Rheniumpentacarbonyl

Manganpentacarbonyl, $[Mn(CO)_5]_2$, bildet gelbe, sublimierbare Kristalle und entsteht aus aktivem Mangan(II)-jodid in Äther mit Magnesiummetall und Kohlenoxid unter Druck (BRIMM, LYNCH und SESNY, 1954). Die entsprechende Technetiumverbindung, die farblos ist, wurde in Milligramm-Mengen von HIEBER (1961) aus Tc_2O_7 mit Kohlenoxid im Hochdruckverfahren hergestellt.

Das dimere Rheniumcarbonyl, $[Re(CO)_5]_2$, bildet sublimierbare Kristalle, Schmelzp. 177 °C und wurde von HIEBER (1941) durch die Hochdrucksynthese aus Re_2O_7, $KReO_4$ oder Re_2S_7 erhalten. — Aus Halogeniden entstehen nur die Carbonylhalogenide, z. B. $Re(CO)_5J$. — Das Pentacarbonyl ist entsprechend seiner dimeren Struktur wenig flüchtig, wenig löslich, aber auffallend beständig. Es wird von konzentrierten Mineralsäuren und Alkalien nicht angegriffen und läßt sich unter Kohlenoxid noch bei 200 °C unzersetzt sublimieren.

Eisen-, Ruthenium- und Osmiumcarbonyle

Neben dem schon besprochenen Eisenpentacarbonyl sind bekannt:

Dieisenenneacarbonyl, $Fe_2(CO)_9$, goldgelbe, nicht sublimierbare Kristalle, die im Sonnenlicht aus $Fe(CO)_5$ entstehen. Es zersetzt sich bei Temperaturen über 100 °C und wird bei vorsichtigem Erwärmen disproportioniert zu $Fe(CO)_5$ und dem trimeren *Eisentetracarbonyl*, $[Fe(CO)_4]_3$, dunkelgrüne Kristalle, die sich bei 140 °C weiter zersetzen.

Rutheniumpentacarbonyl, $Ru(CO)_5$, farblose, leichtflüchtige Flüssigkeit, Schmelzp. −22 °C wurde zuerst von W. und I. MANCHOT (1936) aus dem Metall und Kohlenoxid bei 180 °C und 200 atm hergestellt. Besser erhält man es durch die Hochdrucksynthese aus Ruthenium(III)-jodid bei Gegenwart von Silber.

$Ru_2(CO)_9$, orangefarbene, sublimierbare Kristalle, entsteht leicht aus dem Pentacarbonyl durch Licht oder bei 50 °C. Durch weitere Kohlenoxidabspaltung entsteht $[Ru(CO)_4]_3$ in grünen Nadeln.

Osmiumpentacarbonyl, $Os(CO)_5$, wenig flüchtige Flüssigkeit, Schmelzp. −18 °C, wurde von HIEBER (1942) durch Hochdrucksynthese aus dem Jodid oder dem Tetroxid bei Gegenwart von Kupfer erhalten. Daneben entsteht gleichzeitig $Os_2(CO)_9$, kanariengelbe Kristalle, Schmelzp. 224 °C, sublimierbar und löslich in Benzol. Ein metallreicheres Carbonyl konnte noch nicht hergestellt werden.

Kobalt-, Rhodium- und Iridiumcarbonyle

Das dimere *Kobalttetracarbonyl*, $[Co(CO)_4]_2$, bildet orangerote, leicht lösliche Kristalle, Schmelzp. 51 °C, und wurde zuerst von MOND (1908) aus dem Metall und Kohlenoxid bei 200 °C und 100 atm gewonnen. Besser erhält man es durch die Hochdrucksynthese aus Kobalt(II)-jodid bei Gegenwart von Kupfer (HIEBER, 1939). Beim Schmelzpunkt erfolgt Zerfall in Kohlenoxid und $[Co(CO)_3]_4$, schwarze Kristalle, die sich bei 60 °C zersetzen.

Die *Rhodiumcarbonyle* $[Rh(CO)_4]_2$, gelbrote, gut lösliche Kristalle, Schmelzp. 76 °C unter beginnender Zersetzung, ferner $[Rh(CO)_3]_n$, ziegelrote Kristalle, beständiger als das Tetracarbonyl und noch oberhalb 150 °C sublimierbar, sowie das schwarze $Rh_4(CO)_{11}$, das kaum löslich und nicht sublimierbar ist und sich erst oberhalb 200 °C zersetzt, entstehen bei der Hochdrucksynthese aus den Rhodiumhalogeniden sowie auch aus dem feinverteilten Metall.

Ausgehend vom Iridium(III)-jodid führt die Hochdrucksynthese zum dimeren *Iridiumtetracarbonyl*, $[Ir(CO)_4]_2$, das grüngelbe, leicht lösliche und leicht sublimierbare Kristalle bildet. Daneben entsteht das *Tricarbonyl*, $[Ir(CO)_3]_n$, sattgelbe schwerflüchtige und unlösliche Kristalle, die sich erst oberhalb 210 °C zersetzen.

Nickeltetracarbonyl

Vom Nickel ist nur das Tetracarbonyl bekannt (siehe auch S. 689). Es bildet sich nich nur sehr leicht aus fein verteiltem Nickel, sondern auch schon beim Schütteln von frisc gefälltem Nickelsulfid in alkalischer Suspension mit Kohlenoxid (MANCHOT, 1929 BEHRENS, 1955):

$$NiS + 5\,CO + 4\,OH^- = Ni(CO)_4 + CO_3^{2-} + S^{2-} + 2\,H_2O$$

Die Darstellung aus Nickelamminen in wäßriger Lösung nach REPPE ist schon erwähr worden.

HIEBER (1949) konnte zeigen, daß die Bildung besonders dann leicht erfolgt, wen Ni(II)-verbindungen unter Disproportionierung zugleich in Carbonyl und in Ni(IV) verbindungen übergehen können, die durch Komplexbildung stabilisiert werden.

So bildet Nickel(II)-dithiobenzoat mit Natriumhydrogensulfid und Kohlenoxid in alkalische Lösung quantitativ zur Hälfte Nickeltetracarbonyl und zur Hälfte den Komplex.

$$\left(C_6H_5-C\!\!\begin{array}{c}S\\S\end{array}\right)_2 Ni\begin{array}{c}S\\S\end{array}Ni\left(\begin{array}{c}S\\S\end{array}C-C_6H_5\right)_2$$

in dem die Ni(IV)-Ionen, z. T. innerkomplex an sechs Liganden gebunden sind, wodurc sie die Elektronenzahl des Kryptons erreichen, wie sie ja auch das Nickelatom im Ni(CO) besitzt.

Kupfercarbonyl

Nach ROBINSON (1944) existiert wahrscheinlich ein Carbonyl mit der zu erwartenden Zusammensetzung $[Cu(CO)_3]_x$. Doch sind die Eigenschaften noch nicht näher bekannt.

Zusammenfassende Betrachtung

Bei der Betrachtung dieser jetzt bekannten Carbonyle kommt das ausgeprägt homologe Verhalten der zusammengehörigen Elementgruppen Chrom—Molybdän—Wolfram, Mangan—Technetium—Rhenium, Eisen—Ruthenium—Osmium, Kobalt—Rhodium—Iridium deutlich zur Geltung. Verständlicherweise nimmt die Flüchtigkeit und Löslichkeit der Carbonyle mit steigender Zahl der Metallatome im Molekül ab, wobei zugleich die Stabilität wächst. In der Eisen- und Kobaltgruppe treten mit steigender Ordnungszahl die Carbonyle mit größerer Metallatomzahl stärker in den Vordergrund.

In den Perioden nimmt die Stabilität der Carbonyle mit steigender Ordnungszahl ab. So sind in der Reihe W—Re—Os—Ir keine entsprechenden Platincarbonyle bekannt; ebenso fehlen entsprechende Carbonyle des Palladiums. Die kohlenoxidreichsten Carbonyle folgen in ihrer Zusammensetzung genau der Reihenfolge in der Periode $Me(CO)_6$, $[Me(CO)_5]_2$, $Me(CO)_5$, $[Me(CO)_4]_2$, $Me(CO)_4$.

Carbonylhalogenide

Wir haben schon zahlreiche Fälle kennengelernt, in denen Metallhalogenide Kohlenoxid unter Bindung an das Metall-Ion aufnehmen, wie z. B. $Cu(CO)Cl \cdot 2\,H_2O$, $Au(CO)Cl$, $Pd(CO)Cl_2$, $Pt(CO)_2Cl_2$. Umgekehrt läßt sich auch durch Einwirkung von Halogen auf die in Äther gelösten oder flüssigen Carbonyle, wie $Fe(CO)_5$, das CO ersetzen oder an Carbonyle, wie $[Re(CO)_5]_2$, Halogen addieren, wobei aber nie mehr als zwei Halogenatome gebunden werden, z. B. $Fe(CO)_4Br_2$, $Re(CO)_5J$.

Die Bildung aus den Halogeniden und CO wird durch hohen Druck erleichtert, so daß diese Verbindungen häufig bei der Hochdrucksynthese entstehen und für die Bildung der Carbonyle als wichtige Zwischenverbindungen wirksam sind, wie HIEBER in zahlreichen Fällen zeigen konnte. Beispielsweise können bei der Hochdrucksynthese der Reihe nach aus Osmium-halogeniden die Verbindungen $Os(CO)_3X_2$, $Os(CO)_4X_2$, $[Os(CO)_4X]_2$ und auf dem Wege des thermischen Abbaues $Os(CO)_2X_2$ erhalten werden. Iridium(III)-chlorid gibt bereits bei gewöhnlichem Druck über 100 °C neben $COCl_2$ zuerst $Ir(CO)_2Cl_2$, dann $Ir(CO)_3Cl$, das zum Teil weiter reagiert zu $[Ir(CO)_3]_n$, so daß dieses Carbonyl ohne Anwendung von Druck erhalten werden kann.

Die Carbonylhalogenide haben meist keinen Salzcharakter mehr. Insbesondere zeigen die CO-reichen Jodide $Fe(CO)_4J_2$, $Re(CO)_5J$ aber auch die $Rh(CO)_2$-monohalogenide ausgesprochen den Charakter eines Carbonyls, sind sublimierbar und in organischen Lösungsmitteln löslich. Nicht sicher bekannt sind Carbonylhalogenide bislang bei Chrom, Molybdän, Wolfram und bei Nickel. Dagegen ist ihr Bildungbestreben besonders ausgeprägt in der letzten Periode vom Rhenium zum Platin. Bei Rhenium entsteht bei der Hochdrucksynthese aus Halogeniden an Stelle des Carbonyls stets das Carbonylhalogenid $Re(CO)_5X$.

Carbonylhydride

Die erste Verbindung dieser interessanten Gruppe erhielt HIEBER (1932). Eisenpenta-carbonyl reagiert beim Schütteln mit der wäßrigen Lösung starker Basen nach der Gleichung:

$$Fe(CO)_5 + 3\,OH^- = HFe(CO)_4^- + CO_3^{2-} + H_2O$$

Beim Ansäuern wird nach

$$HFe(CO)_4^- + H^+ = H_2Fe(CO)_4$$

der *Eisencarbonylwasserstoff* frei. Dieser zerfällt zwar bereits oberhalb -20 °C unter Wasserstoffabspaltung, kann aber durch Destillieren im Hochvakuum bei tieferer Temperatur gewonnen werden als farblose Flüssigkeit, Schmelzp. -70 °C. In ähnlicher Reaktion ließ sich der *Kobaltcarbonylwasserstoff*, $HCo(CO)_4$, darstellen, hellgelbe Flüssigkeit, Schmelzp. -26 °C, die oberhalb -18 °C zerfällt. Beide Carbonylhydride werden durch Luftsauerstoff sofort oxydiert.

Es zeigte sich weiter, daß die Carbonylhydride der ungeraden Elemente sich auch bei der Hochdrucksynthese gewinnen lassen, wenn etwas Wasser oder Wasserstoff enthaltende Verbindungen anwesend sind. So konnte HIEBER (1934 ... 1943) neben $HCo(CO)_4$ auch den Rhodiumcarbonylwasserstoff, $HRh(CO)_4$, herstellen, schwachgelbe Flüssigkeit, Schmelzp. -12 °C, und die Bildung von $HIr(CO)_4$ wie auch von $H_2Os(CO)_4$ qualitativ durch den allen Carbonyl-hydriden charakteristischen widerlichen Geruch nachweisen. Sehr beständig auch gegenüber Luft sind die Carbonylhydride des Mangans, $HMn(CO)_5$, Schmelzp. $-24{,}6$ °C und des Rheniums, $HRe(CO)_5$. Das letzte spaltet erst über 100 °C Wasserstoff ab (HIEBER, 1957, 1959). Die Elemente ungerader Ordnungszahl bilden bevorzugt Carbonylhydride, weil sie ein einzelnes Elektron — von einem H-Atom — benötigen, um die gerade Elektronenzahl eines Edelgases zu erreichen. So entsteht $HCo(CO)_4$ ähnlich leicht wie $Ni(CO)_4$, z. B. auch durch Schütteln von Kobaltsulfid in alkalischer Suspension mit Kohlenoxid und nachträgliches Ansäuern. Es ist noch nicht sicher bekannt, an welcher Stelle des Moleküls die Wasserstoffatome gebunden sind. Doch fand EWENS (1939) mit Hilfe der Elektronenbeugung, daß die 4 Kohlen-oxidgruppen das Metallatom im Kobalt- und Eisencarbonylhydrid tetraedrisch umgeben, so daß die Wasserstoffatome in der Gestalt der Moleküle nicht in Erscheinung treten. Das gleiche gilt für das Mangancarbonylhydrid, dessen 5 CO-Gruppen wie bei $Fe(CO)_5$ eine trigonale Bipyramide bilden. Nach WILKINSON (1959) ist es wahrscheinlicher, daß die Wasser-stoffatome an das Metallatom gebunden sind als an die Kohlenoxidgruppe.

Die Carbonylhydride sind in wäßriger Lösung bei Luftausschluß beständig und bilden echte Säuren. Kobaltcarbonylhydrid ist wie eine starke Säure vollständig dissoziiert, aber nur zu $3 \cdot 10^{-2}$ Mol/l löslich (REPPE, 1949, HIEBER, 1953). Die anderen Carbonylhydride sind schwache Säuren. Eisencarbonylhydrid gleicht in wäßriger Lösung in de ersten Dissoziationsstufe der Essigsäure, in der zweiten dem HS^--Ion, löst sich abe nur zu 10^{-3} Mol/l. Dementsprechend bilden die Hydride Salze, z. B. bei der Darstellun mit starken Basen *Alkalicarbonylate*, die allerdings schwer zu isolieren sind. Scho: länger bekannt sind Salze mit organischen Basen, wie $[H \cdot Pyr]^+[HFe(CO)_4]^-$ $[N(CH_3)_4]^+[HFe(CO)_4]^-$, und mit Schwermetallamminen der Eisengruppe, wi $[Fe(NH_3)_6]^{2+}[HFe(CO)_4]_2^-$ oder $[Fe(NH_3)_6]^{2+}[Co(CO)_4]_2^-$. Kobalttetracarbonyl gibt mi konzentriertem Ammoniak in wäßriger Lösung unter Entbindung von Kohlenoxi: das Carbonylat $[Co(NH_3)_6]^{2+}[Co(CO)_4]_2^-$, Eisentetracarbonyl mit Äthylendiami> $[Fe(en)_3]^{2+}[Fe(CO)_4]^{2-}$. In flüssigem Ammoniak bilden die Carbonylhydride gut disso ziierte isolierbare Ammoniumsalze, die sich zu den in flüssigem Ammoniak schwer löslichen Alkali- und Erdalkalisalzen, z. B. $Li_2Fe(CO)_4$, $Na_2Fe(CO)_4$, $CaFe(CO)_4$ $Ca[Co(CO)_4]_2$ umsetzen lassen (HIEBER und BEHRENS, 1949). Die Alkalisalze lasse: sich auch leicht durch Reduktion der Carbonyle in flüssigem Ammoniak oder in Tetra hydrofuran mit Alkalimetall herstellen. Auf diese Weise wurden die gelben Alkalisalz: der noch nicht isolierten Carbonylhydride $Na_2[Cr(CO)_5]$ und $Na_2[Mo(CO)_5]$ erhalten (BEHRENS 1955, 1959).

Auch die Salze mehrkerniger Carbonylhydride wurden hergestellt. Beim Nickel gelang die Darstellung des roten Ammins $[HNi(CO)_3]_2 \cdot 4 NH_3$ (BEHRENS, 1961).

Als schwache Säuren bilden die Carbonylhydride Ester, z. B. durch Methylieren mit Diazo methan, durch Umsetzen der Alkalisalze mit Alkylhalogenid oder durch Grignardierung der Carbonylbromide. Durch die Alkylgruppe wird die Geometrie der Carbonylgruppen geändert. So haben $Mn(CO)_5R$ und $Re(CO)_5R$ oktaedrische Konfiguration (HIEBER, 1960).

Verbindungen anderen Typs erhält man mit den Schwermetallen der II. bis IV. Gruppe, z. B. mit Zink, Cadmium, Quecksilber oder Thallium, wenn bei der Hochdrucksynthese des Kobaltcarbonyls diese Metalle zugegen sind (HIEBER, 1942).

Die Zusammensetzung der Verbindungen $Zn[Co(CO)_4]_2$, $Hg[Co(CO)_4]_2$, $Tl^I Co(CO)_4$ $Tl^{III}[Co(CO)_4]_3$ entspricht zwar dem stöchiometrischen Ersatz von Wasserstoff durch Metall. Mit starken Säuren geben sie Carbonylwasserstoff und Metallsalz. In ihrem hydrophoben Verhalten, der Sublimierbarkeit und der guten Löslichkeit in indifferenten Mitteln wie Benzol, zeigen sie aber keine Salznatur, sondern verhalten sich wie mehrkernige Carbonyle. Die entsprechenden Eisencarbonylverbindungen sind ebensowenig wie der Eisencarbonylwasser stoff durch die Hochdrucksynthese zugänglich.

Doch erhält man auffallend leicht die schon 1928 von H. HOCK dargestellte Verbindung $Hg[Fe(CO)_4]$ aus dem Pentacarbonyl mit wäßriger Quecksilber(II)-acetatlösung, bräunlich gelbe, nicht flüchtige, unlösliche Kristalle, die also wohl eine polymere Struktur besitzen.

Durch Umsetzen von Eisencarbonyl- oder Kobaltcarbonylwasserstoff in wäßriger Lösung bei Gegenwart von Magnesium- und Calciumhydroxid mit den Halogeniden metallorganischer Basen erhielt HEIN (1941 bis 1957) bei Luftausschluß eine Reihe von Verbindungen, wie $(C_2H_5)_2Pb \cdot Fe(CO)_4$; $(CH_3Hg)_2 \cdot Fe(CO)_4$; $[(C_6H_5)_3Pb]_2 \cdot Fe(CO)_4$; $(C_6H_5)_3Pb \cdot Co(CO)_4$, in denen das eine Metall an Kohlenoxid, das andere an organische Radikale gebunden ist. Die Verbindungen sind nicht salzartig, sondern haben niedrige Schmelzpunkte und lösen sich in Benzol oder Benzin. Sie sind somit den mehrkernigen Carbonylen verwandt.

Nitrosyle

In den Carbonylen kann die CO-Gruppe zum Teil durch die NO-Gruppe ersetzt werden. Nach SEEL (1942) leiten sich diese Nitrosyle von der dem $|C\equiv O|$ isosteren Form des Nitrosyl-Ions $(|N\equiv O|)^+$ ab. Dementsprechend nimmt das Metallatom von

:dem NO-Molekül ein Elektron auf. Da zugleich das einsame Elektronenpaar am
»tickstoffatom des NO-Ions eine Atombindung mit dem Metallatom eingeht, bringt
:des NO-Ion 3 Elektronen in das Molekül ein.

\us [Fe(CO)₄]₃ in Fe(CO)₅ gelöst und aus [Co(CO)₄]₂ erhält man durch Einwirkung
·on Stickstoffoxid die beiden rotgefärbten flüssigen, leicht flüchtigen Nitrosylcarbonyle
˙e(CO)₂(NO)₂ und Co(CO)₃(NO) (HIEBER, 1933).

\m einfachsten werden beide Verbindungen durch Ansäuern einer Lösung der Alkali-
·arbonylate in Gegenwart von Nitrit nach z. B.

$$Fe(CO)_4{}^{2-} + 2\,NO_2{}^- + 4\,H^+ = Fe(CO)_2(NO)_2 + 2\,CO + 2\,H_2O$$

:rhalten (SEEL, 1952). Beide Verbindungen sind wie das Ni(CO)₄ tetraedrisch gebaut
(BROCKWAY, 1935). Für beide ist also auch die gleiche Elektronenkonfiguration mit der
Elektronenzahl des Kryptons anzunehmen, wie es sich gleichfalls errechnet, wenn jedes
CO-Molekül zwei Elektronen und jedes NO-Molekül drei Elektronen den Elektronen des
Metallatoms beisteuert. Wahrscheinlich hat den gleichen Bau das grüne Mangannitrosyl-
carbonyl, Mn(CO)(NO)₃, das BARRACLOUGH und LEWIS (1960) aus Mn(CO)₅J und Stickstoffoxid
erhielten.

Ein reines Nitrosyl ist noch nicht sicher bekannt. Das von MANCHOT (1929) aus Fe(CO)₅ mit
Stickstoffoxid bei 45 °C im Schießrohr erhaltene schwarze Fe(NO)₄ ist seiner Konstitution
nach ungeklärt. Es ist vielleicht ein Dinitrosyleisenhyponitrit (NO)₂FeN₂O₂.

Daß nur eine begrenzte Zahl von NO-Molekülen in den Nitrosylverbindungen gebunden
werden kann, und daß die Zersetzlichkeit mit steigender Anzahl der NO-Moleküle
wächst, ist in gutem Einklang mit der Auffassung von SEEL, wonach das Metallatom
vom NO-Molekül ein Elektron übernimmt, bevor es das NO⁺-Ion bindet, und also
zunehmend negativ geladen wird.

Aus den Halogeniden erhielt HIEBER (1940) durch Einwirkung von Stickstoffoxid, zum Teil
unter Zusatz von halogenbindendem Metall, die leichtflüchtigen Nitrosylmonohalogenide
Fe(NO)₃Cl, Co(NO)₂Cl, Ni(NO)Cl, Fe(NO)₂Br, Fe(NO)₂J, u. a. m., von denen nur das erste
die 18-Elektronenschale erreicht, aber dessen ungeachtet sich sehr leicht zersetzt.

Komplexe Acetylide der Übergangsmetalle
„Alkinylo-Komplexe"

Diese Gruppe von Verbindungen wurde seit 1952 von R. NAST erschlossen. Das Acetylid-Ion,
|C≡C—R, (R = H, CH₃, C₆H₅) ist bei gleicher Ladung isoelektronisch mit dem |C≡N|-Ion.
Dementsprechend werden vielfach die gleichen Komplexe gebildet. Wie bei den Cyaniden
und den Carbonylen wird das Acetylid-Ion mit dem einsamen Elektronenpaar an das
Metall gebunden, Me(—C≡C—R)ₙ. Der Einfachbindung überlagert sich auch hier eine
Doppelbindung Me(=C=C̄—R)ₙ. Als Folge der sehr geringen Säurestärke des Acetylens
werden alle Verbindungen durch Wasser zersetzt. Die meisten Verbindungen explodieren
schon bei niederen Temperaturen. Die Darstellung erfolgt in flüssigem Ammoniak durch
Umsetzung der löslichen Rhodanide oder Nitrate der Metalle mit Alkaliacetylid.

Als Beispiele seien genannt: K₃[Cr(C≡CH)₆], Na₂[Mn(C≡CH)₄], K₄[Fe(C≡CR)₆],
K₃[Co(C≡CH)₆], Na₂[Ni(C≡CR)₄], K[Cu(C≡C—CH₃)₂], K₂[Zn(C≡CH)₄].

Auch der Komplex mit Nickel(0) K₄[Ni(C≡CH)₄] konnte wie bei den Cyaniden durch
Reduktion mit Kalium hergestellt werden.

Aus Kupfer(I)-jodid und Kaliumacetylid wurde das Acetylid CuC≡CH hergestellt, das
bereits über —45 °C in Acetylen und das schwarzrote Cu₂C₂ zerfällt, das viel leichter
explodiert als das aus wäßriger Lösung gefällte Hydrat (siehe S. 363).

Relativ am beständigsten sind die Komplexe des Phenylacetylids, weil sich wahrscheinlich d Phenylreste an der Mesomerie beteiligen. Auch halb oder ganz besetzte d-Niveaus d Zentralatoms wirken stabilisierend. So sind die Komplexe des Mn(II), Ni(0), Cu(I) und Zn(I nicht mehr explosiv, wohl aber noch pyrophor.

Aromatenkomplexe der Übergangsmetalle

1951 erhielten MILLER, TEBBOTH und TREMAINE sowie KEALY und PAUSON das Dicyclc pentadienyl-Eisen als erste dieser interessanten Verbindungen. WILKINSON un E. O. FISCHER klärten 1952 die Struktur auf.

Das Cyclopentadienyl-Anion, $C_5H_5^-$, (I) hat wie das Benzol 3 π-Elektronenpaare. Da Eisen tritt als Fe^{2+}-Ion in den Komplex ein und besitzt noch 6 Elektronen im 3 d-Niveau Durch die 6 π-Elektronenpaare der zwei $C_5H_5^-$-Ionen gewinnt es wie das $[Fe(CN)_6]^{4-}$-Io die Elektronenzahl des Krypton. Das Fe^{2+}-Ion ist zwischen die beiden Fünfringe de C_5H_5-Anionen eingeschlossen, die ein pentagonales Antiprisma bilden (II). Man ha die Struktur sehr anschaulich mit einem „sandwich" verglichen. WOODWARD wies 195: nach, daß die beiden Fünfringe, ohne daß sich der Komplex sonst verändert, durch Friedel-Crafts-Reaktionen substituiert werden können, daß sie also tatsächlich aro matischen Charakter haben. Er gab darum der Verbindung den Namen „Ferrocen". Die orange gefärbte Verbindung, Schmelzp. 173 °C, ist in organischen Lösungsmitteln leicht löslich, sublimierbar und auffallend stabil auch gegen Hydrolyse.

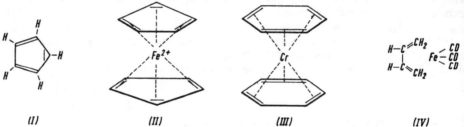

(I)   (II)   (III)   (IV)

WILKINSON und FISCHER stellten mit ihren Schülern in rascher Folge eine große Zahl analoger Verbindungen her, von denen hier genannt seien:

$$Ti(C_5H_5)_2, \; V(C_5H_5)_2, \; Cr(C_5H_5)_2, \; Mn(C_5H_5)_2, \; Co(C_5H_5)_2, \; Ni(C_5H_5)_2 .$$

Die Edelgaselektronenzahl ist also bei diesen Verbindungen nicht die Voraussetzung, sie wird sogar bei Kobalt und Nickel überschritten, doch ergibt sie besonders stabile Komplexe, wie $Fe(C_5H_5)_2$ und das Kation $[Co(C_5H_5)_2]^+$.

Die Darstellung erfolgt über die Grignardverbindung des Cyclopentadiens und ·das Metallchlorid oder über das Alkalimetallcyclopentadienyl und ein geeignetes Metall salz in flüssigem Ammoniak oder Tetrahydrofuran. Fein verteiltes Eisen reagiert sogar unmittelbar mit dem Dampf bei 375 °C nach

$$Fe + 2\,C_5H_6 \;=\; Fe(C_5H_5)_2 + H_2$$

Die analoge Verbindung, das *Dibenzolchrom*, $Cr(C_6H_6)_2$, erhielt E. O. FISCHER, 1955 durch Umsetzen von Chrom(III)-chlorid mit Benzol, Aluminium und Aluminiumchlorid im Einschlußrohr bei 150 °C; später durch Kochen am Rückfluß durch Zugabe von etwas Mesitylen

$$3\,CrCl_3 + 2\,Al + AlCl_3 + 6\,C_6H_6 \;=\; 3\,[Cr(C_6H_6)_2]^+ \cdot AlCl_4^-$$

und Reduktion des Kations mit Dithionit. Hier gewinnt das Chrom die Elektronenzahl des Kryptons wie im Carbonyl $Cr(CO)_6$. Die Struktur (III) zeigt wieder ein „sandwich". Die braunschwarze Verbindung, Schmelzp. 285 °C, ist in Benzol und Toluol löslich, beständig gegenüber Wasser, sublimierbar und zerfällt erst über 300 °C im Hochvakuum.

Wieder seien von den vielen von FISCHER und seinen Mitarbeitern seitdem hergestellten Benzolkomplexen als Auswahl genannt:

die Homologen $Mo(C_6H_6)_2$ und $W(C_6H_6)_2$, ferner die Kationen $[Mn(C_6H_6)_2]^+$, $Tc(C_6H_6)_2]^+$, $[Re(C_6H_6)_2]^+$, die zweiwertigen Kationen des Fe, Ru, Os und die dreiwertigen Kationen des Co, Rh, Ir, die alle die Elektronenzahl des folgenden Edelgases besitzen. Das $V(C_6H_6)_2$ ist entsprechend paramagnetisch mit einem ungepaarten Elektron.

Da sich die Aromaten des Komplexes substituieren lassen und ebenso substituierte Aromaten sich einführen lassen, wie Inden statt Cyclopentadien oder Toluol, Mesitylen usw. statt Benzol, ist die Zahl der schon dargestellten und noch darstellbaren Komplexe sehr groß.

Sie wird noch größer dadurch, daß sich die Aromaten zum Teil durch Kohlenoxid ersetzen lassen, und zwar durch Umsetzung der Aromatenkomplexe mit den Carbonylen, z. B. nach

$$Cr(C_6H_6)_2 + Cr(CO)_6 = 2\,Cr(C_6H_6)\,(CO)_3$$

Die gemischten Komplexe sind der Carbonylregel folgend mono- oder dimer, z. B. $C_5H_5V(CO)_4$, $[C_5H_5Cr(CO)_3]_2$, $C_5H_5Mn(CO)_3$, $[C_5H_5Fe(CO)_2]_2$, $C_5H_5Co(CO)_2$, wobei zu beachten ist, daß in diesen Cyclopentadienylverbindungen die Metalle formal als Me^+ vorliegen.

Die dimeren Komplexe binden Wasserstoff unter Bildung der monomeren Säuren, z. B. $C_5H_5CrH(CO)_3$. Auch Stickoxid läßt sich einführen, z. B. im C_5H_5NiNO (WILKINSON wie FISCHER, 1954, 1955).

Wahrscheinlich noch folgenreicher ist die Entdeckung, daß sich auch Olefine als Liganden in die Komplexe einführen lassen, z. B. Äthylen, Butadien, Cyclobutadien, Cyclohexadien, Cyclooctatetraen. Das Butadieneisentricarbonyl hat schon 1930 REIHLEN hergestellt (IV). Es ist dem Eisenpentacarbonyl isoelektronisch.

Sonderkapitel

Metallorganische Verbindungen

Etwa die Hälfte aller Elemente besitzt die Fähigkeit, mit Alkylgruppen, z. B
Methyl-,CH_3-, Äthyl-,C_2H_5-, oder Arylgruppen, wie Phenyl-,C_6H_5-, Verbindungen ein
zugehen, bei denen ein Kohlenstoffatom des organischen Restes direkt an das Elemen
gebunden ist. Von diesen Körpern bilden die Alkylderivate des Sauerstoffs und
Schwefels, der Halogene sowie des Stickstoffs und Phosphors einen wesentlicher
Bestandteil der organischen Chemie, verleihen doch diese Elemente den trägen Kohlen
wasserstoffen überhaupt erst ihre Reaktionsfähigkeit. In den Lehrbüchern der organischen Chemie werden hingegen die metallorganischen Verbindungen allgemein seh
kurz behandelt. Auf diese weniger für die Chemie des Kohlenstoffs als für die
Charakteristik der Metalle wichtigen Körper soll deshalb hier etwas näher eingeganger
werden[1]).

Bunsens klassische Untersuchungen über die Verbindungen des einwertigen Radikals
Kakodyl, $(CH_3)_2As$-, waren für die Radikaltheorie von großer Bedeutung, und die
Arbeiten Franklands über die Metallalkyle eröffneten die Möglichkeit, aus Dampf-
dichtebestimmungen dieser leicht flüchtigen Verbindungen die Atomgewichte und
Wertigkeiten einer Reihe von Metallen zu bestimmen. Dann gewannen die Zinkalkyle
auch praktische Bedeutung für die Synthesen der organischen Chemie; später wurden
sie nach der Entdeckung Grignards durch die hierfür noch besser brauchbaren organischen Magnesiumverbindungen abgelöst. In der Medizin benutzt man metallorganische
Verbindungen als Heilmittel, von denen das Neo-Salvarsan hier genannt sei. In der
Technik werden Bleitetraäthyl als gut wirkendes Antiklopfmittel und die Silicone als
hochwertige Schmier- und Isoliermittel verwendet. Durch die Arbeiten von W. Schlenk,
K. Ziegler, G. Wittig u. a. eröffneten die alkalimetallorganischen Verbindungen neue
synthetische Möglichkeiten in der organischen Chemie.

Besonders wichtige metallorganische Verbindungen, die auch als Ausgangsmaterial für
die Alkylierung anderer Elemente sehr gebräuchlich sind, bilden einige Metalle der
II. Gruppe des Periodischen Systems. Deswegen soll diese Gruppe zuerst besprochen
werden.

Verbindungen der Elemente der II. Gruppe

Magnesium

Bringt man blanke Magnesiumspäne unter absolutem, über Natriumdraht getrocknetem
Äther mit einem trockenen Halogenalkyl, z. B. Äthylbromid, C_2H_5Br, zusammen, so

---

[1]) Eine ausführliche Beschreibung des ganzen Gebiets findet sich bei E. Krause und
A. v. Grosse: „Die Chemie der metallorganischen Verbindungen", Berlin, 1937, sowie
Runge, „Organometallverbindungen", Stuttgart, 1944.

erfolgt nach einiger Zeit lebhafte Reaktion, und das Metall geht unter Bildung eines Äther-Additionsproduktes von Alkylmagnesiumbromid in Lösung (GRIGNARD, 1900):

$$C_2H_5Br + Mg + 2(C_2H_5)_2O \rightarrow C_2H_5MgBr \cdot 2(C_2H_5)_2O$$

Diese nach ihrem Entdecker benannte *Grignard-Reaktion* verläuft am lebhaftesten bei Alkyl-jodiden; ruhiger reagieren die Bromide, am trägsten die Chloride. In der aromatischen Reihe ist die Reaktionsgeschwindigkeit allgemein geringer. Man benutzt hier zweckmäßig die Bromide, während man in der aliphatischen Reihe den Chloriden den Vorzug geben sollte, da diese am wenigsten Nebenprodukte liefern.

Das Alkylmagnesiumhalogenid reagiert nämlich teilweise mit dem unverbrauchten Alkyl-halogenid, besonders bei den Jodiden, unter Bildung von Kohlenwasserstoff, z. B. mit n-Propyljodid:

$$C_3H_7MgJ + C_3H_7J \rightarrow MgJ_2 + C_6H_{14}$$

Diese und andere Nebenreaktionen machen sich besonders bei den höheren Gliedern sowie bei sekundären und tertiären Alkylhalogeniden störend bemerkbar.

Bei Verwendung von Alkylchloriden oder Arylbromiden beginnt die Grignard-Reaktion auch beim Erwärmen nicht von selbst; man wirft dann einige Kriställchen Jod auf die Magnesiumspäne und läßt diese ruhig liegen. Die Einwirkung beginnt dann bald, erkennbar am Aufsieden des Äthers, Entfärbung des Jods und Trübung des umgebenden Äthers an der Berührungsstelle von Jod und Magnesium.

Der Äther ist für die rasche Bildung der Alkylmagnesiumhalogenide wesentlich, weil er die Oberfläche des Magnesiums durch Lösen der Reaktionsprodukte stets frei hält.

Die Alkyl- und Aryl-Magnesiumhalogenide RMgX (R = Alkyl- bzw. Aryl-Gruppe, X = Halogen) reagieren sehr lebhaft mit Wasser und reaktionsfähigen Wasserstoff enthaltenden Verbindungen unter Bildung des entsprechenden Kohlenwasserstoffs. So liefert Methylmagnesiumjodid Methan:

$$2\,CH_3MgJ + 2\,HOH \rightarrow 2\,CH_4 + Mg(OH)_2 + MgJ_2$$

Die große Bedeutung dieser Verbindungen für die organische Chemie liegt darin, daß sie sich mit Verbindungen, die polarisierbare Bindungen, wie C-Halogen oder $>C=O$ enthalten, unter Bildung einer neuen C—C-Bindung umsetzen. Dabei reagiert die Grignardverbindung gleichfalls in einer polarisierten Form $\overset{(-)(+)}{RMgX}$. Das Prinzip dieser Reaktion sei an folgenden Beispielen erläutert:

Kohlendioxid gibt bei Mäßigung der Reaktion und im Überschuß angewandt (z. B. beim Einwerfen von Kohlendioxidschnee) eine Carbonsäure. So liefert Phenyl-magnesiumbromid Benzoesäure nach:

$$C_6H_5MgBr + O=C=O \rightarrow C_6H_5C\overset{\displaystyle O}{\underset{\displaystyle O-MgBr}{\diagup\diagdown}}$$

Die durch die Anlagerung entstandene Verbindung wird durch Wasser leicht hydrolytisch in die Carbonsäure und basisches Magnesiumhalogenid bzw. ein Gemenge von $Mg(OH)_2$ und $MgBr_2$ gespalten:

$$C_6H_5C\overset{\displaystyle O}{\underset{\displaystyle O-MgBr}{\diagup\diagdown}} + HOH \rightarrow C_6H_5COOH + Mg(OH)Br$$

Ist die Magnesiumverbindung im Überschuß, so reagieren beide C=O-Bindungen des Kohlendioxids und es entsteht nach Hydrolyse ein Keton z. B. Benzophenon:

$$2\,C_6H_5MgBr + O=C=O \rightarrow (C_6H_5)_2C(OMgBr)_2 \overset{H_2O}{\rightarrow} (C_6H_5)_2CO + 2\,Mg(OH)Br$$

Ketone setzen sich mit der Grignardverbindung zu tertiären Alkoholen, beispielsweise Triphenylcarbinol um:

$$(C_6H_5)_2C=O + C_6H_5MgBr \rightarrow (C_6H_5)_3COMgBr \overset{+\,H_2O}{\rightarrow} (C_6H_5)_3COH + Mg(OH)Br$$

Die Grignardverbindungen sind, wie die Beispiele zeigen, außerordentlich vielseit
anwendbar, um Alkyl- oder Aryl-Gruppen in organische Verbindungen einzuführe:
Sie sind aber auch zur Alkylierung und Arylierung der meisten andern Meta
brauchbar.

In den Grignard-Lösungen sind nicht allein, wie in den obigen Gleichungen zur einfacher
Formulierung angenommen, Alkylmagnesiumhalogenide, sondern auch Magnesiumhalogeni
und Magnesiumdialkyle bzw. ihre Ätheradditionsprodukte enthalten. Es besteht ein Gleid
gewicht nach:

$$2 \, RMgX \rightleftharpoons MgR_2 + MgX_2$$

Diese Dialkyle kann man rein gewinnen, wenn man in Quecksilberdialkylen das Quecksilbe
durch Magnesium verdrängt:

$$(CH_3)_2Hg + Mg \longrightarrow (CH_3)_2Mg + Hg$$

Magnesiumdimethyl sublimiert beim Erhitzen von Methylmagnesiumchlorid bei 0,2 Torr au
190 °C in weißen Kristallen (H. GILMAN und R. E. BROWN, 1930). Die übrigen Magnesium
dialkyle sind nur als amorphe, unschmelzbare, nicht flüchtige und in indifferenten Lösungs
mitteln unlösliche Stoffe bekannt, die sich an der Luft sogleich entzünden und durch Wasse
mit explosionsartiger Heftigkeit zersetzt werden. Mit Kohlendioxid reagieren sie unter Auf
glühen.

Beryllium

Die Berylliumdialkyle gewinnt man am besten nach E. KRAUSE und B. WENDT (1923) durch
Umsetzung von wasserfreiem Berylliumchlorid mit Organomagnesiumhalogeniden. Berylliumdimethyl bildet weiße Nadeln, die bei ca. 200 °C sublimieren. Die übrigen bekannten
Berylliumalkyle sind Flüssigkeiten. Die Berylliumalkyle sind an der Luft selbstentzündlich
und ähnlich den Alkylmagnesiumverbindungen sehr reaktionsfähig. *Berylliumdimethyl* ist
analog dem Diboran, B_2H_6, eine „Elektronenmangelverbindung" und bildet deswegen Ketten
$>Be(CH_3)_2Be(CH_3)_2Be(CH_3)_2>$, auf die schon die Nadelgestalt der Kristalle hinweist.

Die den Organomagnesiumhalogeniden analogen, ebenfalls ätherlöslichen Alkylberyllium-
halogenide bilden sich erst bei längerem Erhitzen von Alkyljodiden mit Beryllium, wobei
etwas Quecksilberchlorid die Reaktion einleitet.

Calcium, Strontium und Barium

Diese Metalle der Hauptgruppe der II. Gruppe des Periodischen Systems zeigen geringe
Neigung, Alkylverbindungen einzugehen. Nach E. BECKMANN läßt sich Calcium mit Alkyl-
jodiden in ätherischer Lösung nach Art der Grignardschen Reaktion zur Einwirkung bringen,
jedoch verläuft die Umsetzung sehr träge. Die in der Ätherlösung enthaltenen luft- und
wasserempfindlichen Alkylcalciumjodide könnten ähnlich den Grignardschen Magnesiumverbindungen für Synthesen benutzt werden, sind jedoch ohne praktische Bedeutung. Noch
schwieriger bilden sich die ähnlichen Strontium- und Bariumverbindungen (G. GRÜTTNER,
H. GILMAN).

Zink

FRANKLAND fand 1849, daß Zink auf Alkyljodide unter Bildung von Alkylzinkjodiden einwirkt:

$$Zn + RJ \longrightarrow RZnJ$$

Diese bilden weiße, kristalline Körper, die beim Erhitzen in Zinkjodid und Zinkdialkyl
zerfallen:

$$2 \, RZnJ \longrightarrow ZnJ_2 + ZnR_2$$

Um die Reaktion des Zinks mit dem Alkyljodid, die träger verläuft als die Bildung der
Alkylmagnesiumhalogenide, in Gang zu bringen, benutzt man statt des reinen Metalls meist
eine durch Erhitzen von Zinkfeile mit Kupferbronze hergestellte' oberflächliche Legierung
(Zink-Kupferpaar).

Die Zinkdialkyle sind farblose Flüssigkeiten, z. B. *Zinkdimethyl,* $Zn(CH_3)_2$, Schmelzp. —40 °C, Siedep. 46 °C, *Zinkdiäthyl,* $Zn(C_2H_5)_2$, Schmelzp. --28 °C, Siedep. 118 °C. Sie entzünden sich in der Luft von selbst und brennen mit blauer Flamme unter Ausstoßen weißer Wolken von Zinkoxid. Gegenüber Kohlendioxid sind sie beständig. Dieses Gas ist wegen seiner schwere geeigneter als Stickstoff oder gar Wasserstoff, um die Verbindungen bei ihrer Handhabung vor Berührung mit dem Luftsauerstoff zu schützen.

Zinkdiphenyl, aus Quecksilberdiphenyl und Zink erhältlich, bildet weiße Nadeln, Schmelzp. 106 °C, die sich an der Luft ohne Selbstentzündung zu Zinkoxid und Diphenyl oxydieren.

Mit Wasser reagieren alle Zinkalkyle sehr heftig unter Bildung von Zinkhydroxid und Kohlenwasserstoff. Auch gegenüber anderen Verbindungen mit negativen Liganden besitzen sie eine außerordentliche Reaktionsfähigkeit. Sie wurden bereits von ihrem Entdecker FRANKLAND zu grundlegenden Synthesen der organischen Chemie verwendet und besaßen jahrzehntelang für synthetische Zwecke Bedeutung, bis sie von den bequemer zu handhabenden Magnesiumverbindungen abgelöst wurden.

Cadmium

Cadmiumblech wirkt auf Jod- oder Quecksilberalkyl erst bei höherer Temperatur ein, wobei sich die gebildete Verbindung größtenteils wieder zersetzt. Man gewinnt die Cadmiumalkyle durch Umsetzung von Alkylmagnesiumhalogenid mit wasserfreiem Cadmiumbromid und isoliert sie aus dem Reaktionsgemisch durch Destillation im Hochvakuum als farblose Flüssigkeiten, die sich, mit Ausnahme der beständigeren Methylverbindung, besonders am Licht rasch stahlblau färben und metallisches Cadmium ausscheiden. Oberhalb 150 °C beginnt rascher Zerfall, der bei 180 °C verpuffungsartig zunimmt. An der Luft oxydieren sich die Cadmiumalkyle lebhaft unter Rauchentwicklung; beim Auftropfen auf Papier erfolgt Selbstentzündung. Wasser zersetzt nur allmählich unter knisterndem Geräusch, das sich stundenlang fortsetzt (E. KRAUSE).

Quecksilber

Im Gegensatz zu den bisher besprochenen metallorganischen Verbindungen der II. Gruppe sind die Alkyl- und Arylverbindungen des Quecksilbers, in denen dieses Element zweiwertig auftritt, durchweg luft- und wasserbeständig.

Ihr besonderes Gepräge erhalten die organischen Quecksilberverbindungen durch die Leichtigkeit, mit der sich das Quecksilber mit dem Kohlenstoff verbindet. So reagieren Quecksilber(II)-salze direkt mit organischen Verbindungen mannigfacher Art nach dem Schema:

$$RH + HgX_2 \rightarrow RHgX + HX$$

unter Bildung von Organoquecksilbersalzen. Diese direkte Einführung von Quecksilber in organische Verbindungen, von K. A. HOFMANN in der aliphatischen, dann von O. DIMROTH in der aromatischen Reihe 1898 aufgefunden, ist so allgemeiner Anwendung fähig, daß man in Analogie zum Nitrieren, Sulfurieren, Bromieren organischer Verbindungen vom „Mercurieren"[1]) spricht.

Diese Mercurierung ist nicht auf den Eintritt eines Quecksilberatoms in das Molekül beschränkt; sie liefert (wie ja auch z. B. die Bromierung) besonders in der aliphatischen Reihe leicht weitergehend mercurierte Produkte, in denen sogar alle Wasserstoffatome durch Quecksilber substituiert sein können.

So entsteht beim Kochen von gelbem Quecksilberoxid mit Alkohol und Kalilauge nach K. A. HOFMANN (1898) schließlich „Mercarbid", $[OHg_3C—CHg_3O]_n(OH)_{2n}$, als stark basische, hellgelbe Substanz, die beim Erhitzen explodiert. Das hochpolymere, in Wasser unlösliche Mercarbid hat die Eigenschaften eines Anionenaustauschers (A. und A. WEISS, 1955).

---

[1]) Vom lateinischen Namen des Quecksilbers ≙ mercurius.

Auch Kaliumacetat wird beim Kochen mit gelbem Quecksilberoxid und starker Kalilaug substituiert unter Bildung einer vollständig mercurierten Essigsäure, $[OHg_3C—COOH]_n(OH)$, desgleichen Acetaldehyd von Quecksilber(II)-salzen in wäßriger Lösung bei gewöhnliche Temperatur. Mit Quecksilber(II)-chlorat z. B. kristallisiert das Chlorat $[Hg_2C—CHO]_n(ClO_3)$ allmählich in glänzend weißen Prismen, die schon beim Schütteln unter der Flüssigke äußerst heftig explodieren (K. A. HOFMANN, 1905).

Auch an doppelte Bindungen lagern sich nach K. A. HOFMANN und J. SAND Quecksilber(II) salze an, so z. B. in wäßriger Lösung an Äthylen. Je nach den Versuchsbedingungen entstehen bisweilen unter Substitution von Wasserstoff Äthenquecksilbersalze, $H_2C=CHHgX$, Äthanol quecksilbersalze, HOC_2H_4HgX, oder Äthylätherquecksilbersalze, $(XHg—C_2H_4)_2O$. Obgleic diese Verbindungen beim Zersetzen mit starker Salzsäure keinen Alkohol bzw. Äther bilden sondern Äthylen und Quecksilber(II)-salz zurückliefern, enthalten sie doch das Quecksilbe zweifellos an Kohlenstoff gebunden und sind keine lockeren Anlagerungsverbindunge (K. A. HOFMANN und K. LESCHEWSKI).

Quecksilber(II)-acetatlösungen nehmen das Äthylen so glatt auf, daß man das Gas au diese Weise von gesättigten Kohlenwasserstoffen quantitativ trennen kann.

Auch Acetylen wird von Quecksilber(II)-salzen aufgenommen und liefert zunächst in mäßig saurer Lösung weiße Niederschläge von Triquecksilber(II)-aldehyd, z. B. $[OHg_3C—CHO]_n$ $(NO_3)_n$, die durch Säuren in der Hitze in Quecksilber(II)-salz und Acetaldehyd gespalten werden und bei der technischen Darstellung von Acetaldehyd aus Acetylen und Wasser in Gegenwart von Quecksilbersalzen eine Rolle spielen (K. A. HOFMANN, 1898).

Weil das Quecksilberatom keine Doppelbindungen bildet, sind alle Verbindungen dieser Art mit mehr als einem Hg am C hochpolymer.

Auch in der aromatischen Reihe erfolgt die Mercurierung sehr leicht, so daß es oft genügt, den aromatischen Kohlenwasserstoff mit Quecksilberoxid oder Quecksilber(II)-salz (meist nimmt man das Acetat) auf dem Wasserbad zu erwärmen. Da sich statt der einfachen Kohlenwasserstoffe auch solche verwenden lassen, die Substituenten aller Art, wie NO_2-, NH_2-, HSO_3-, HCO_2-, OH-Gruppen, auch Metalle, wie Arsen enthalten, ist die Anwendungsmöglichkeit der Reaktion sehr groß. Einige dieser Verbindungen haben Eingang in die Medizin gefunden.

Noch leichter als der Benzolring läßt sich das Thiophen, C_4H_4S, mercurieren, und man kann dies zur Gewinnung thiophenfreien Benzols benutzen (O. DIMROTH).

Bei der Mercurierung organischer Stoffe mit Quecksilbersalzen entstehen stets Ver-bindungen, die Quecksilber nur mit einer Bindung am Kohlenstoff gebunden enthalten, während die zweite noch einen negativen Liganden trägt. Um auch diese noch mit einem Kohlenwasserstoffradikal zu besetzen, bedarf es besser wirksamer Verfahren.

Die Quecksilberdialkyle stellt man gewöhnlich durch Behandeln der Alkyljodide oder -bromide mit niedrigprozentigem Natriumamalgam dar (FRANKLAND, 1853), z. B.

$$2\,CH_3J + Hg + 2\,Na \longrightarrow (CH_3)_2Hg + 2\,NaJ$$

oder durch Umsatz von Alkylmagnesiumhalogeniden mit Quecksilberhalogenid.

Interessant ist die Bildung von CH_3HgCl und $(CH_3)_2Hg$ aus Aluminiumcarbid und wäßriger Quecksilber(II)-chloridlösung. In der gleichen Weise kann man mit Aluminiumcarbid Arsen, Antimon, Wismut und Zinn methylieren (S. HILPERT und M. DITMAR).

Die Quecksilberdialkyle sind gegen Luft und Wasser beständige, farblose Flüssigkeiten von charakteristischem süßlichem Geruch. Das Einatmen ihrer Dämpfe erzeugt schwerste Schädigung des Zentralnervensystems. Sie sind monomolekular; die niederen Glieder sind bei gewöhnlichem Druck, die höheren im Vakuum unzersetzt destillierbar. Nur das Quecksilberdimethyl ist unbegrenzt haltbar; die übrigen scheiden im Verlauf längerer Zeiträume metallisches Quecksilber aus (E. KRAUSE). *Quecksilberdimethyl*, $(CH_3)_2Hg$, Siedep. 96 °C, besitzt die relativ hohe Dichte von 3,08 g/ml bei 19 °C, so daß die

iedesteinchen bei der Destillation oben schwimmen. Es benetzt Glas nur unvoll-
ommen.

alzsäure spaltet aus den Quecksilberdialkylen in der Wärme eine Alkylgruppe ab:

$$R_2Hg + HCl \longrightarrow RHgCl + RH$$

reies Halogen wirkt schon in der Kälte ein:

$$R_2Hg + J_2 \longrightarrow RHgJ + RJ$$

Methylquecksilberchlorid, CH_3HgCl, bildet farblose, sehr leicht sublimierende Blättchen,
Schmelzp. 170 °C; Methylquecksilbersulfid, $(CH_3Hg)_2S$, ist weiß; in der Hitze zerfällt es in
Quecksilbersulfid und Quecksilberdimethyl.

Mit feuchtem Silberoxid liefern die Alkylquecksilberhalogenide Alkylquecksilberhydroxide,
RHgOH, die schwach basisch reagieren.

Die Quecksilberdiaryle sind kristallisiert, z.B. *Quecksilberdiphenyl*, farblose Nadeln, Schmelzp.
120 °C. Mit Quecksilberchlorid setzt es sich zu Phenylquecksilberchlorid um, das schwerlösliche, glänzende Blättchen, Schmelzp. 250 °C, bildet:

$$(C_6H_5)_2Hg + HgCl_2 \longrightarrow 2\ C_6H_5HgCl$$

Wie Quecksilberchlorid, so lassen sich auch die Halogenverbindungen anderer Elemente mit
Quecksilberdiphenyl in Reaktion bringen, z. B.

$$2\ (C_6H_5)_2Hg + BBr_3 \longrightarrow (C_6H_5)_2BBr + 2\ C_6H_5HgBr$$
$$2\ (C_6H_5)_2Hg + SbCl_3 \longrightarrow (C_6H_5)_2SbCl + 2\ C_6H_5HgCl$$

Alkylverbindungen des einwertigen Quecksilbers konnten noch nicht hergestellt werden.

Verbindungen der Elemente der I. Gruppe

Die Alkyl- und Arylverbindungen der Alkalimetalle übertreffen an Reaktionsfähigkeit
alle bis jetzt bekannten metallorganischen Verbindungen. Die niederen Glieder entflammen an der Luft und reagieren mit Wasser mit explosionsartiger Heftigkeit.

Lithium

Die Lithiumalkyle gewinnt man nach W. SCHLENK und J. HOLTZ (1917) aus Lithium
und Quecksilberalkylen in Benzinlösung unter trockenem Stickstoff, z. B.:

$$Hg(C_2H_5)_2 + 2\ Li = Hg + 2\ LiC_2H_5$$

Lithiumalkyle und -aryle bilden sich auch aus Lithium und Halogenalkyl bzw. Halogenaryl in Äther gelöst mit sehr guter Ausbeute (K. ZIEGLER und COLONIUS, 1930):

$$RHal + 2\ Li \longrightarrow RLi + LiHal$$

Lithiumäthyl bildet farblose sechseckige Tafeln und läßt sich aus warmem Benzin
gut umkristallisieren. Es schmilzt bei 95 °C und destilliert bei höherer Temperatur
zum Teil unzersetzt. An der Luft entzündet sich das Lithiumäthyl sofort von selbst
und verbrennt mit leuchtend roter Lithiumflamme. Mit Wasser entsteht unter heftigster
Reaktion Lithiumhydroxid und Äthan; Äther bildet Lithiumalkoholat.

Die Eigenschaften der Lithiumalkyle ändern sich in ganz auffallender Weise mit der Natur der
an das Lithium gebundenen Alkylgruppe. So ist Lithium-n-propyl, $Li \cdot n\text{-}C_3H_7$, eine Flüssigkeit, die auch in einer Kältemischung nicht erstarrt, und wiederum Lithiummethyl ein ähnlich
den Natriumalkylen in allen Lösungsmitteln äußerst schwer lösliches mikrokristallines Pulver,
das man durch doppelten Umsatz von Lithiumäthyl mit Quecksilberdimethyl (in Benzinlösung)
darstellen kann:

$$2\ LiC_2H_5 + Hg(CH_3)_2 \longrightarrow 2\ LiCH_3 + Hg(C_2H_5)_2$$

Ähnlich kann man *Lithiumphenyl*, LiC$_6$H$_5$, außer aus Lithium und Quecksilberdiphenyl au‹ durch Umsetzung von Lithiumäthyl mit Quecksilberdiphenyl gewinnen. Es bildet feine Kristal› Lanzetten und ist ebenfalls selbstentzündlich (W. SCHLENK und J. HOLTZ).

Das *Lithiumbenzyl*, LiCH$_2$C$_6$H$_5$, unterscheidet sich von den sonst farblosen Lithiumalkyle‹ durch eine leuchtend gelbe Färbung (vgl. Natriumbenzyl) (F. HEIN).

Lithiumorganische Verbindungen werden für synthetische Zwecke heute oft anstelle vo‹ Grignardverbindungen verwendet, da sie in vielen Fällen bessere Ausbeuten liefer› (WITTIG). Gewisse Halogenide reagieren mit ihnen unter Austausch des Halogen‹ gegen das Metall, z. B.:

Auch eignen sich lithiumorganische Verbindungen zur erschöpfenden Alkylierung‹ So liefert Jodtrichlorid mit Lithiumphenyl das zitronengelbe, instabile Triphenyljo‹ (WITTIG, 1948), siehe auch S. 777.

Natrium, Kalium, Rubidium und Cäsium

Die zum Teil flüssige oder lösliche Kristalle bildenden Lithiumalkyle nehmen in der Gruppe‹ der Alkalimetalle eine Sonderstellung ein und bilden in ihren Eigenschaften eine Parallele zu‹ den Berylliumalkylen. Dagegen sind die einfacheren Natriumalkyle feste, nicht schmelzbare‹ und auch nicht flüchtige Körper von salzartigem Aussehen, die in den üblichen indifferenten Lösungsmitteln vollkommen unlöslich sind. In der Selbstentzündlichkeit und Reaktionsfähig- keit übertreffen sie die Lithiumalkyle. Natriumäthyl setzt sich sogar mit Benzol teilweise unter Bildung von Natriumphenyl (SCHORIGIN) um, so daß als indifferentes Medium bei der Dar- stellung der einfacheren Verbindungen nur Benzin Verwendung finden kann.

Metallisches Natrium sowie Kalium, Rubidium und Cäsium verdrängen verschiedene Metalle, wie Zink, Cadmium, Quecksilber und Blei aus ihren Alkylverbindungen unter Bildung von Alkalialkylen, jedoch führt z. B. die Einwirkung von Natrium bzw. Rubidium auf Zinkäthyl nur zu nicht trennbaren Additionsverbindungen. Man gewinnt die Natriumalkyle nach W. SCHLENK und J. HOLTZ am besten durch Einwirkung von Natrium auf Quecksilberalkyle. Während das Natriummethyl, -äthyl, -n-propyl, -n-octyl und -phenyl farblose, in indifferenten Lösungsmitteln vollkommen unlösliche Stoffe sind, macht wiederum die Benzylverbindung eine Ausnahme: sie bildet intensiv granatrote Kriställchen, die zwar in Benzol und Gasolin unlöslich sind, sich aber in Äther zu einer dunkelgelbroten, allerdings wenig haltbaren Flüssigkeit lösen. Diese leitet den elektrischen Strom, und das Natrium ist hier, ähnlich wie in den weiter unten zu besprechenden Verbindungen des Natriums, mit freien Radikalen als positives Ion an den Kohlenstoff gebunden (W. SCHLENK).

Die gleiche salzähnliche Natur zeigen die Komplexverbindungen von Natrium-, Kalium- und Rubidiumäthyl mit Zinkäthyl. In Zinkäthyl gelöst, leiten sie den elektrischen Strom etwa so gut wie eine 0,1 n Kaliumchloridlösung (F. HEIN).

Dem Benzylnatrium sehr ähnlich sind die von SCHLENK entdeckten Verbindungen der Alkali- metalle mit freien organischen Radikalen, die sich direkt durch Addition bilden. Schüttelt man Triphenylmethylchlorid, (C$_6$H$_5$)$_3$CCl, in ätherischer Lösung mit Natriumamalgam, so lagert das zunächst entstehende freie Triphenylmethyl, (C$_6$H$_5$)$_3$C ·, sogleich Natrium an und bildet *Triphenylmethylnatrium*, (C$_6$H$_5$)$_3$CNa, als ziegelrote, anfangs in Äther lösliche, später unlösliche Masse. Farbe und elektrische Leitfähigkeit dieser Verbindung sowie der zahlreichen nalogen Stoffe erklären sich offenbar durch die Bildung des mit schweren aromatischen Gruppen belasteten Kohlenstoffanions.

Aus Triphenylmethylnatrium und Tetramethylammoniumchlorid entsteht nach Schlenk Triphenylmethyltetramethylammonium:

$$[(CH_3)_4N]Cl + NaC(C_6H_5)_3 \longrightarrow [(CH_3)_4N]C(C_6H_5)_3 + NaCl$$

Analog setzt sich Benzylnatrium mit Tetramethylammoniumchlorid zu Benzyltetra-methyl-ammonium, $C_6H_5CH_2 \cdot N(CH_3)_4$ um. Beide sind leuchtend rot, sehr sauerstoff- und wasser-empfindlich und verkohlen an der Luft. Die Pyridinlösung leitet den elektrischen Strom. Man kann diese dem Benzyl- bzw. Triphenylmethylnatrium überraschend ähnlichen Verbindungen als Salze des Tetramethylammoniumions auffassen.

Die Alkalimetalle können sich nicht nur an freie Radikale, sondern auch an Doppelbindungen direkt anlagern, besonders wenn diesen aromatische Gruppen benachbart sind, und zwar ist hier ihr Anlagerungsbestreben oft größer als das der Halogene. So addiert Tetraphenyl-äthylen, $(C_6H_5)_2C=C(C_6H_5)_2$, Natrium leicht zum dunkelroten *Dinatriumtetraphenyläthan*, während mit Chlor nur ein unbeständiges Dichlorid entsteht und Brom überhaupt nicht aufgenommen wird. Auf die Additionsfähigkeit von Alkalimetallen und von alkalimetall-organischen Verbindungen an C=C-Bindungen ist die Polymerisierbarkeit von Butadien (Buna) zurückzuführen (K. Ziegler). Auch andere Doppelbindungen, wie =C=N—, —N=N—, =C=O, addieren Alkalimetall. Benzophenon addiert zunächst 1 Atom Natrium zum tiefblauen „Metallketyl",

$$(C_6H_5)_2C=O + Na \longrightarrow (C_6H_5)_2C-ONa$$

das als freies Radikal mit dreiwertigem Kohlenstoff aufzufassen ist und weiterhin Natrium aufnimmt und in die rotviolette Lösung des eigentlichen Natriumalkyls übergeht (W. Schlenk):

$$(C_6H_5)_2C-ONa + Na \longrightarrow (C_6H_5)_2C\begin{cases} ONa \\ Na \end{cases}$$

Die angeführten Reaktionen bilden nur einen kleinen Ausschnitt aus dem insbesondere von Schlenk sehr eingehend bearbeiteten Gebiet.

Kalium zeigt sich noch reaktionsfähiger als Natrium und liefert z. B. direkt mit Triphenyl-methan unter Wasserstoffentwicklung Triphenylmethylkalium, $(C_6H_5)_3CK$, spaltet symme-trisches Tetraphenyläthan unter Bildung von Kaliumdiphenylmethyl, $(C_6H_5)_2CHK$, und reagiert mit Äthern.

Natriumalkyle entstehen — obgleich das allgemein nicht direkt zu beobachten ist — auch bei der Einwirkung von Natrium auf Halogenalkyle und spielen als Zwischenprodukte bei der bekannten *Wurtz-Fittigschen Synthese* eine Rolle.

Kupfer, Silber und Gold

Die Alkylverbindungen der Metalle der I. Nebengruppe sind wenig beständig. Wie in der VIII. Gruppe (siehe dort) sind merkwürdigerweise gerade die des edelsten Metalls am besten charakterisiert. Das Gold tritt in ihnen dreiwertig auf, jedoch ist eine erschöpfende Alkylierung nicht gelungen.

Diäthylgoldbromid, $(C_2H_5)_2AuBr$, entsteht in sehr schlechter Ausbeute aus Goldbromid und Äthylmagnesiumbromid und bildet bei gewöhnlicher Temperatur flüchtige, campherartig riechende, farblose Nadeln, die bei 58 °C schmelzen und bei 70 °C verpuffen.

Auch die direkte Aurierung des aromatischen Kerns ist gelungen (M. Kharasch):

$$C_6H_6 + AuCl_3 \longrightarrow HCl + C_6H_5 \cdot AuCl_2$$

Silberphenyl, AgC_6H_5, bildet sich bei der Einwirkung von Silberhalogenid auf Phenyl-magnesiumbromid; das Rohprodukt explodiert nach dem Trocknen in kurzer Zeit von selbst (E. Krause und B. Wendt). Beständiger, jedoch ebenfalls sehr zersetzlich, ist das Silberphenyl-

Silbernitrat, $(C_6H_5Ag)_2 \cdot AgNO_3$, das beim Vereinigen alkoholischer Lösungen von gemischte
aromatischen Zinn- und Bleiverbindungen mit alkoholischer Silbernitratlösung wie bei ein
Ionenreaktion direkt als leuchtendgelber Niederschlag ausfällt (E. Krause und M. Schmitz
Ebenso fällt Silbermethyl, $AgCH_3$, aus methylalkoholischer Lösung von Silbernitrat ur
Bleitetramethyl. Es verpufft bereits bei —20 °C (Theile, 1943). Die sehr explosiven Acetyli₄
des Silbers sind schon beim Acetylen erwähnt worden.

Kupferphenyl, CuC_6H_5, bildet sich aus Kupfer(I)-jodid und Phenylmagnesiumbromid a
weißes Pulver, das sich beim Aufbewahren bald in Diphenyl und Kupfer zersetzt. Wasse
hydrolysiert in der Kälte langsam in Benzol und rotes Kupfer(I)-oxid (R. Reich). In d₄
aliphatischen Reihe zersetzen sich die bei der analogen Reaktion gebildeten Kupferalky₄
sofort beim Entstehen unter Bildung von gesättigten und ungesättigten Kohlenwasserstoffe₄
Über Kupferacetylid siehe bei Acetylen.

Verbindungen der Elemente der III. Gruppe

In der III. Gruppe sind metallorganische Verbindungen vom Bor, Aluminium, Gallium
Indium und Thallium bekannt.

Bor

Die Bortrialkyle entstehen aus Borsäureester oder Bortrichlorid mit Zinkalkyler
(Frankland), z. B.:

$$2\,B(OC_2H_5)_3 + 3\,Zn(CH_3)_2 = 2\,B(CH_3)_3 + 3\,Zn(OC_2H_5)_2$$

Die höheren Glieder gewinnt man am besten aus dem bequem zugänglichen Borfluorid
mit organischen Magnesiumverbindungen (E. Krause und R. Nitsche). Die Boralkyle
sind gegenüber Wasser und verdünnten Säuren beständig, oxydieren sich jedoch an der
Luft so lebhaft, daß in der Regel Entzündung eintritt, und brennen mit grüner Borflamme.
Bortrimethyl, $(CH_3)_3B$, ist ein Gas, Siedep. —20 °C, Schmelzp. —161,5 °C. Es ist im
Gegensatz zum Borwasserstoff monomolekular und besitzt zwischen —25 °C und
100 °C völlig normale Dampfdichte. Bortriäthyl, Schmelzp. —92,9 °C, Bortri-n-propyl
usw. sind ebenfalls monomolekular.

Auch Übergangsglieder zu den Boranen (siehe bei Bor) sind dargestellt worden, wie z. B.
Monomethyl-diboran, $CH_3B_2H_5$ (Siedep. —78,5 °C bei 55 Torr), Dimethyldiboran, $(CH_3)_2B_2H_4$
(Siedep. —2,6 °C bei 760 Torr) usw., die durch Wasser sofort unter Wasserstoffentwicklung
gespalten werden (Schlesinger).

Bortriphenyl, $(C_6H_5)_3B$, kristallisiert in dicken, sechsseitigen Säulen, die bei 136 °C
schmelzen. Es siedet bei 15 Torr bei 203 °C unzersetzt. An der Luft oxydieren sich die
Kristalle unter Rauchentwicklung und starker Erhitzung (E. Krause und R. Nitsche).
Das Bortriphenyl besitzt in benzolischer Lösung das einfache Molekulargewicht.

Die Boralkyle zeigen große Neigung zur Bildung von Verbindungen, in denen das Bor die
Koordinationszahl 4 zeigt, wie sie ja auch von anorganischen Verbindungen, z. B. HBF_4,
bekannt ist. Bortrimethyl-Ammoniak, $(CH_3)_3BNH_3$, bildet stark lichtbrechende Kristalle vom
Schmelzp. 94 °C, die sich aus Äther umkristallisieren lassen und nicht selbstentzündlich sind.
Es siedet bei 170 °C unter völligem Zerfall, während die kryoskopische Untersuchung der
benzolischen Lösung das dem unzersetzten Ammin entsprechende Molekulargewicht ergibt
(A. Stock und F. Zeidler). Säuren liefern das Bortrimethyl zurück, das so gereinigt werden
kann.

Auch Kalilauge, Natronlauge, Calcium- und Bariumhydroxid absorbieren kräftig das Bortrimethyl, wahrscheinlich unter Bildung von Hydroxosalzen, $Na[R_3BOH]$ (Seel, 1946).
Phenylgruppen verstärken die Beständigkeit der Anlagerungsverbindungen. So ist Bor-

Triphenylammoniak völlig stabil gegen die Einwirkung des Luftsauerstoffes (E. KRAUSE). Die Ursache liegt in der Bildung eines Oktetts am Bor durch eine semipolare Atombindung nach $R_3 \equiv B—NH_3$ (siehe auch „Metallorganische Komplexverbindungen" S. 776).

Mit Natriumcyanid reagiert Triphenylbor zu Natriumtriphenylcyanoborat,

$$Na[(C_6H_5)_3BCN],$$

das unter dem Namen Cäsignost zur Bestimmung von Cäsium dient, weil das entsprechende Cäsiumsalz sehr schwer löslich ist (G. WITTIG, 1951). Die Säure

$$H[(C_6H_5)_3BCN],$$

ist in verdünnter Lösung vollständig dissoziiert, zerfällt aber mit der Zeit in Blausäure und Triphenylbor (W. RÜDORFF und D. HAACK, 1961).

Sehr merkwürdig ist das Verhalten des Bortriphenyls gegenüber Natrium und anderen Alkalimetallen. Es verhält sich hier analog dem Triphenylmethyl und bildet den Triphenylmethylalkalimetallen nicht nur formal analoge, sondern auch in den Eigenschaften sehr ähnliche, intensiv gefärbte und luftempfindliche Stoffe von der Formel $(C_6H_5)_3BMe$. Die Darstellung solcher Verbindungen gelingt nur mit Hilfe von Borverbindungen, die aromatische Gruppen enthalten, wie z. B. auch Bortri-p-tolyl. Die Cyclohexyl- und Propylverbindungen reagieren nicht (E. KRAUSE und H. POLACK), wohl dagegen die sonst aliphatischen Charakter zeigende Benzylverbindung (E. KRAUSE und P. NOBBE).

Das *Triphenylbornatrium* ist in Tetrahydrofuranlösung bimolekular $Na_2[(C_6H_5)_3B—B(C_6H_5)_3]$. Je größer die am Bor gebundenen Substituenten sind, desto größer ist die Neigung, monomolekulare Radikale in Lösung zu bilden (TING LI CHU, 1956).

Dem leuchtend gelben Triphenylbornatrium, das vom Luftsauerstoff sofort entfärbt wird, entzieht Triphenylmethyl das Natrium unter Bildung des leuchtendroten Triphenylmethylnatriums, ebenso Quecksilber in sehr großem Überschuß (E. KRAUSE und H. POLACK).

Allmählicher Zutritt von Luft oxydiert die Bortrialkyle zu den schwach sauren, in Wasser leicht löslichen Alkylborsäuren, deren niedere Glieder leicht flüchtig sind und durch den gewürzhaften Geruch und den süßen Geschmack auffallen, z. B. Äthylborsäure, $(C_2H_5)B(OH)_2$, bei 40 °C sublimierende Kristalle und n-Propylborsäure, $(nC_3H_7)B(OH)_2$, leicht mit Wasserdämpfen flüchtige Kristalle vom Schmelzp. 107 °C. Die Diäthylborsäure, $(C_2H_5)_2BOH$, ist unbeständig und oxydiert sich an der Luft zu Monoäthylborsäure.

Die *Phenylborsäure*, $C_6H_5B(OH)_2$, kristallisiert aus Wasser in sehr langen, farblosen Nadeln vom Schmelzp. 216 °C und ist stärker sauer als Borsäure ($K = 0,00037$). Es sind von ihr auch Salze bekannt. Sie verliert im Gegensatz zur Borsäure leicht Wasser und geht in das bei 190 °C schmelzende und oberhalb 360 °C unzersetzt siedende Anhydrid, C_6H_5BO, über. Nach WIBERG (1948) sind diese Säuren wahrscheinlich als Hydroxosäuren zu formulieren, z. B. $H[(C_2H_5)_2B(OH)_2]$.

Die Alkylborhalogenide, $RBCl_2$ und R_2BCl, aus Borhalogenid und Quecksilberalkylen erhältlich, rauchen an der Luft und werden durch Wasser in Alkylborsäuren, durch Alkohol in deren Ester überführt. So ist z. B. Diphenylborsäure, $(C_6H_5)_2BOH$, durchdringend nach Dill riechende Kristalle, dargestellt worden (MICHAELIS).

Aluminium

Die Aluminiumalkyle gewinnt man durch Erhitzen von Quecksilberalkylen mit Aluminium (BUKTON, ODLING). Es sind farblose Flüssigkeiten, die sich unter Stickstoff unzersetzt halten, an der Luft entzünden und im Gegensatz zu den Boralkylen auch durch Wasser, und zwar explosionsartig heftig zersetzt werden. Weiterhin unterscheiden sich die Aluminiumalkyle von den Boralkylen durch ihre starke Neigung zur Assoziation, die sich in der aliphatischen Reihe schon in den auffällig hohen Siedepunkten zu erkennen gibt.

Aluminiumtrimethyl, $(CH_3)_3Al$, siedet bei 130 °C und erstarrt bei 0 °C kristallin. Sein sogar im Dampf dimeren Zustand formuliert man ähnlich wie beim Diboran als „Elel tronenmangelverbindung" mit brückenbildenden Methylgruppen:

$$CH_3 \diagdown \underset{CH_3}{\diagup} Al \underset{\cdots CH_3}{\overset{CH_3 \cdots}{\diagup}} Al \underset{CH_3}{\overset{CH_3}{\diagdown}}$$

Aluminiumtriphenyl, $(C_6H_5)_3Al$, ist kristallisiert (HILPERT und GRÜTTNER). Eigentümlich i die Fähigkeit der Aluminiumalkyle, sich mit Äther zu sehr beständigen, unzersetzt destillie baren, aber ebenfalls selbstentzündlichen Ätheraten zu vereinigen. Man erhält sie am ei fachsten durch Einwirkung von Halogenalkyl auf Späne von Elektron (etwa 15 % Al) unte Äther (E. KRAUSE und B. WENDT). Auch Ammoniakate, z. B $(C_6H_5)_3Al \cdot NH_3$, sind bekann Alkylaluminiumchloride und -jodide, z. B. $(CH_3)_2AlCl$ oder CH_3AlCl_2 bzw. $(C_2H_5)_2AlJ$ ode $C_2H_5AlJ_2$, sind aus Halogenalkylen und Aluminium erhältlich. Sie geben mit Äther Ätherat sind bimolekular, leicht entzündlich und reagieren mit Wasser heftig (V. GRIGNARD).

Nach ZIEGLER (1955) lassen sich Aluminiumalkyle unmittelbar aus Aluminium, Wasserstо und Olefinen herstellen nach der Gleichung:

$$Al + 3\ CH_2{=}CHR + 1{,}5\ H_2 \longrightarrow Al(CH_2{-}CH_2R)_3$$

Diese Reaktion gewinnt dadurch besondere Bedeutung, daß Aluminiumalkyle als Kata lysatoren für die Polymerisation von Olefinen wirksam sind (Niederdruckpolyäthylen nac ZIEGLER).

Gallium

Galliumtriäthyl, $Ga(C_2H_5)_3$, und *Galliumtrimethyl,* $Ga(CH_3)_3$, sind dimer und oxydierer sich wie das Indiumtrimethyl leicht an der Luft.

Thallium

In den organischen Thalliumverbindungen tritt Thallium immer dreiwertig auf. Von der Alkylverbindungen des Thalliums sind die Dialkylthalliumsalze, R_2TlX, am leichtesten erhältlich und am beständigsten. Man gewinnt sie durch Zutropfen einer ätherischen Lösung von Alkylmagnesiumhalogenid zu einer ätherischen Thallium(III)-chloridlösung. Die Alkyl thalliumsalze ähneln in manchen Eigenschaften den Thallium(I)- und Silbersalzen. So sind die Chloride, Bromide und Jodide zunehmend schwer, die Fluoride viel leichter löslich (E. KRAUSE und A. v. GROSSE). Die Salze mit Sauerstoffsäuren sind mit Ausnahme der bemerkenswert schwerlöslichen Nitrate meist löslich. Mit Silberoxid lassen sich aus den Bromiden oder Chloriden *Alkylthalliumhydroxide,* R_2TlOH, darstellen, deren stark alkalisch reagierende Lösungen ähnlich dem Thallium(I)-hydroxid aus der Luft Kohlendioxid anziehen. Nach Messungen von F. HEIN sind sie stärkere Basen als die Alkylquecksilberhydroxide und Triäthylbleihydroxide (siehe dort).

Die Dialkylthalliumsalze sind gegenüber Luft und Wasser beständige Stoffe; die Zersetzung (bisweilen unter Verpuffung) erfolgt meist erst oberhalb 200 °C. Die Dialkylthallium halogenide sind autokomplex und besitzen in Benzollösung mindestens das doppelte Molekulargewicht.

Thalliumtriäthyl, $(C_2H_5)_3Tl$, bildet sich aus Diäthylthallium(III)-chlorid und Lithiumäthyl. Es ist eine goldgelbe, bewegliche, nur im Hochvakuum unzersetzt siedende Flüssigkeit von einem an Bleitetraäthyl erinnernden Geruch, die zwar luftbeständig ist, aber an feuchter Luft raucht, weil sie durch Wasser in Diäthylthalliumhydroxid und Äthan gespalten wird (H. P. A. GROLL). Dagegen ist Thalliumtriphenyl, $(C_6H_5)_3Tl$, farblos und kristallisiert in Nadeln, die bei 189 °C schmelzen.

Metallorganische Komplexverbindungen

Bor- und aluminium- sowie mit abnehmender Beständigkeit zink- und beryllium organische Verbindungen sind besonders befähigt, mit metallorganischen Stoffen stabile nd kristallisierte Komplexverbindungen, wie $[(C_6H_5)_4B]Li$, $[(C_6H_5)_4Al]Li$ und $(C_6H_5)_3Zn]Li$ zu bilden (WITTIG, 1947). So addiert Bortriphenyl glatt Lithiumphenyl um *Lithiumtetraphenylborat*

$$
\begin{array}{c}
C_6H_5 \\
| \\
C_6H_5-B \\
| \\
C_6H_5
\end{array}
+ C_6H_5Li \longrightarrow
\left[
\begin{array}{c}
C_6H_5 \\
| \\
C_6H_5-B-C_6H_5 \\
| \\
C_6H_5
\end{array}
\right] Li
$$

wobei das metallorganisch bindende Elektronenpaar des Lithiumphenyls das Sextett zu einer Achterschale auffüllt. Das Lithium- und Natriumsalz sind in Wasser leicht, die entsprechenden Verbindungen mit Kalium, Rubidium, Cäsium und Ammoniak dagegen sehr schwer löslich. Unter dem Handelsnamen *Kalignost* wird das $Na[B(C_6H_5)_4]$ zur quantitativen Bestimmung von Kalium auch in Gegenwart von Natrium und Erdalkalien verwendet.

Verbindungen der Elemente der IV. Gruppe

Silicium

Wie schon im Kapitel „Silicium" ausführlich besprochen wurde, sind die den Kohlenwasserstoffen entsprechenden Siliciumwasserstoffe, die Silane, sehr unbeständig. Ersetzt man in ihnen den Wasserstoff ganz oder auch nur größtenteils durch Alkylgruppen, so resultieren außerordentlich beständige Verbindungen, die an Indifferenz und Temperaturbeständigkeit den Paraffinen kaum nachstehen. Nicht nur die Kohlenstoff-Siliciumbindung erweist sich in ihnen als sehr fest, sondern es existieren auch beständige Hexaalkylderivate des Disilans und der höheren Silane. Noch beständiger sind die Alkylsilicium-Sauerstoffverbindungen. Ihre Polymerisationsfähigkeit wird in den Siliconen technisch nutzbar.

Im Siliciumtetrachlorid läßt sich das Halogen durch Einwirkung von Zinkalkylen oder Alkylmagnesiumhalogeniden, die mit fortschreitender Substitution immer träger einwirken, schrittweise durch Alkyl ersetzen, so daß man außer Siliciumtetraalkylen auch *Alkylsiliciumtrihalogenide*, $RSiHal_3$, *Dialkylsiliciumdihalogenide*, R_2SiHal_2, und *Trialkylsiliciumhalogenide*, R_3SiHal, erhalten kann. Die Alkylsiliciumhalogenide sind den Siliciumtetrahalogeniden ähnliche, an der Luft rauchende Flüssigkeiten. Die Alkoholyse liefert wie die des Siliciumtetrachlorids Ester als farblose Flüssigkeiten, von denen die des Typus $R_2Si(OR)_2$ und R_3SiOR durch ihre schwere Verseifbarkeit auffallen.

Silicone

Die Alkylsiliciumhalogenide werden durch Wasser hydrolysiert, und zwar die Alkylsiliciumtrihalogenide zu meist amorphen und allgemein unlöslichen, hochpolymeren Alkylkieselsäuren, $[RSiO(OH)]_n$, die Dialkylsiliciumdihalogenide zu hochpolymeren Dialkylsiliciumoxiden, $[R_2SiO]_n$, zähen, sirupartigen, in Wasser unlöslichen, in organischen Lösungsmitteln löslichen Massen, die man „Dialkylsilicone" genannt hat, obgleich sie nichts mit Ketonen gemeinsam haben. Die Trialkylsiliciumhalogenide liefern alkoholähnliche Silicole. Diese sind monomolekulare, den tertiären Alkoholen in mancher Beziehung ähnliche Flüssigkeiten, die mit Natrium unter „Silicolat"-Bildung Wasserstoff entwickeln und sich durch wasserentziehende Mittel in die ebenfalls sehr beständigen Äther, $R_3Si—O—SiR_3$, farblose, in Wasser unlösliche, unzersetzt destillierbare Flüssigkeiten, überführen lassen.

Die Polymerisation dieser allgemein Silicone genannten Verbindungen beruht darauf, daß die $Si=O$-Doppelbindung im Gegensatz zur $C=O$-Doppelbindung nicht beständig ist, sondern daß

statt dessen eine Vernetzung mit anderen Siliciumatomen über Si—O—Si-Brücken erfolg
wobei jedes Si-Atom die tetraedrische Koordination gewinnt. Bei der Hydrolyse gebe
Dihalogenide R_2SiX_2 endlose Ketten

$$\begin{array}{ccc} R & R & R \\ | & | & | \\ -O-Si-O-Si-O-Si- \\ | & | & | \\ R & R & R \end{array}$$

Trihalogenide $RSiX_3$ vernetzen

$$\begin{array}{c} R \\ | \\ -O-Si-O- \\ | \\ O \\ | \end{array}$$

und Monohalogenide R_3SiX brechen die Ketten ab

$$\begin{array}{c} R \\ | \\ -O-SiR \\ | \\ R \end{array}$$

Vorzugsweise werden Methyl- und daneben Phenylsiliciumhalogenide verwendet. Die so ent
stehenden Polymerisate finden technische Anwendung, weil sich unter ihnen harz-, kautschuk
und ölartige Stoffe gewinnen lassen, die als wasserabweisende Imprägnierungsmittel, elek
trische Isoliermittel, Kunststoffe und Schmiermittel brauchbar sind. Sie ändern ihre Eigenschaften wenig mit der Temperatur und halten Temperaturen bis 180 °C aus, denen die
organischen Öle und Harze nicht gewachsen sind.

Für die technische Anwendung wurden die Silicone dadurch zugänglich, daß es ROCHOW (1945)
gelang, die Alkylsiliciumhalogenide aus Alkylhalogenid und Siliciumpulver mit Kupferpulver
bei etwa 300 °C herzustellen. Arylsiliciumhalogenide werden entsprechend mit Silber als
Katalysator hergestellt.

Alkylsilane

Die Siliciumtetraalkyle, SiR_4, die man auch aus Siliciumtetrachlorid, Alkylhalogenid und
Natrium erhält, zeichnen sich — auch die gemischten — durch besondere Indifferenz und
Beständigkeit aus. In der aliphatischen Reihe sind es farblose, ligroin- oder petroleumähnlich
riechende Flüssigkeiten, die weder von konzentrierter Schwefelsäure noch von Laugen an-
gegriffen werden, z. B. $Si(CH_3)_4$, Siedep. 26 °C; in der aromatischen Reihe sind es kristallisierte
Verbindungen, die zum Teil nahe an dunkler Rotglut noch unzersetzt destillieren.

Die Trialkylsilane, R_3SiH, unter anderem durch Alkylierung von Siliciumchloroform erhältlich,
sind gleichfalls gegen konzentrierte Schwefelsäure beständig. Brom substituiert den an Silicium
gebundenen Wasserstoff leicht.

Hexamethyldisilan, $(CH_3)_3Si—Si(CH_3)_3$, Siedep. 112 °C, Schmelzp. 12,5 °C, soll ebenfalls
gegen Schwefelsäure beständig sein, bildet sich jedoch bei der Alkylierung des Disilicium-
hexachlorids mit Methylmagnesiumbromid nur in schlechter Ausbeute, weil unter Spaltung
der Si—Si-Bindung nebenher Tetramethylmonosilan entsteht (BYGDÉN). Die Verbindung
ist farblos, ebenso wie das durch Reduktion von Triphenylsiliciumchlorid mit Natrium von
SCHLENK dargestellte, bei 354 °C (!) unzersetzt schmelzende, sehr schwerlösliche Hexaphenyl-
disilan.

Das Silicium kann auch ein Kohlenstoffatom eines Ringsystems ersetzen, wie das Dimethyl-
cyclopentamethylenmonosilan,

$$(CH_3)_2Si \left\langle \begin{array}{c} CH_2—CH_4 \\ CH_2—CH_2 \end{array} \right\rangle CH_2$$

zeigt (BYGDÉN), sowie optische Asymmetrie bewirken.

;ermanium

)ie metallorganischen Verbindungen des Germaniums sind den entsprechenden Zinnver->indungen so analog, daß auf eine nähere Besprechung verzichtet werden kann.

'inn

)as Zinn bildet als vierwertiges Element sehr beständige Alkylverbindungen. Man ‹ennt auch Verbindungen des zweiwertigen Metalls; sie sind gefärbt und zeigen Veigung, in Abkömmlinge höherwertigen Zinns überzugehen. Dem Zinn kommt wie lem Silicium und Germanium die Fähigkeit zu, Alkylverbindungen mit zwei oder vielleicht auch mehr direkt verbundenen Zinnatomen im Molekül zu liefern, die farblos sind.

Die Alkylzinnverbindungen sind unter den Alkylverbindungen der typischen Metalle wohl die beständigsten; zu ihrer Gewinnung können alle Alkylierungsmethoden dienen, die uns bisher begegnet sind.

Die Zinntetraalkyle sind farblose, mit organischen Lösungsmitteln mischbare, in Wasser unlösliche Flüssigkeiten von schwachem ätherischen Geruch. Sie sind luft- und wasserbeständig. *Zinntetraäthyl* siedet bei 180 °C unzersetzt. Mit konzentrierter Salzsäure entsteht Triäthylzinnchlorid:

$$(C_2H_5)_4Sn + HCl \longrightarrow (C_2H_5)_3SnCl + C_2H_6$$

Halogen spaltet ebenfalls eine Alkylgruppe ab:

$$(C_2H_5)_4Sn + J_2 \longrightarrow (C_2H_5)_3SnJ + C_2H_5J$$

Die entstehenden Trialkylzinnhalogenide sind mit Ausnahme der hochschmelzenden Fluoride (E. KRAUSE) Flüssigkeiten; sie sind wasserbeständig und besitzen einen sehr unangenehmen, beißenden Geruch. Die Dialkylzinndihalogenide kann man außer durch weitere Einwirkung von Halogen auch durch Erhitzen von Zinn mit Halogenalkyl darstellen. Sie bilden farblose Kristalle, die von Wasser kaum hydrolysiert werden im Gegensatz zu den Alkylzinntrihalogeniden, die man aus den Alkylzinnsäuren im Halogenwasserstoffstrom darstellt.

Die Trialkylzinnhydroxide entstehen aus den Halogeniden mit Lauge als kristalline, schwache Basen, von denen nur die niederen Glieder in Wasser etwas löslich sind. Das Triphenylzinnhydroxid, $(C_6H_5)_3SnOH$, gibt nach O. SCHMITZ-DUMONT (1941) beim vorsichtigen Entwässern, z. B. mit Acetonitril, das feste $(C_6H_5)_3Sn$—O—$Sn(C_6H_5)_3$ vom Schmelzp. 124 °C, das sich als ätherartige Verbindung in wasserfreiem Alkohol löst. Die Dialkylzinnoxide, in Wasser, Alkohol und Äther unlösliche weiße Pulver, ähneln in den Eigenschaften etwa dem Aluminiumhydroxid. Frisch gefälltes Diäthylzinnoxid ist in Alkali löslich, wird jedoch durch Kohlendioxid wieder ausgefällt. Ähnlich verhält sich die etwas stärker saure, ebenfalls amphotere Methylzinnsäure, CH_3SnOOH, die aus Natriumstannit und Jodmethyl erhältlich ist (PFEIFFER):

$$CH_3J + Na_2SnO_2 \longrightarrow CH_3SnOONa + NaJ$$

Von aromatischen Zinntetraalkylen sei das *Zinntetraphenyl* erwähnt, das in mit Silicium- und Bleitetraphenyl isomorphen, weißen Prismen kristallisiert, die bei 225 °C schmelzen. Mit 4 verschiedenen Liganden bildet das Zinn optisch aktive Verbindungen.

Das Zinn kann wie das Silicium als Bestandteil eines heterocyclischen Systems auftreten, z. B. im Diäthylcyclopentamethylenzinn, einem nach Fichtennadelextrakt riechenden, dünnflüssigen Öl, das sich mit Brom in der Kälte unter einseitiger Ringöffnung zum Diäthyl-ε-brom-amylzinnbromid, $(C_2H_5)_2Sn <^{Br}_{CH_2(CH_2)_3CH_2Br}$ aufspalten läßt. Das aus diesem mit Äthylmagnesiumbromid erhältliche Triäthyl-ε-bromamylzinn, $(C_2H_5)_3Sn(CH_2)_5Br$, gibt eine normale Magnesiumverbindung, die zu mannigfachen Synthesen dienen kann.

Die Alkylverbindungen des zweiwertigen Zinns sind besonders in der aromatischen Reihe näher bekannt. *Zinndiphenyl*, $(C_6H_5)_2Sn$, bildet ein orangegelbes Pulver, das sich in Benzol

mit tiefroter Farbe löst. Die Lösung trübt sich an der Luft bald unter Ausscheidung vo
Diphenylzinnoxid. In Gegenwart von Phenylmagnesiumbromid erfolgt bei 100 °C üb
Komplexverbindungen unter Zinnabscheidung Umlagerung zum Hexaphenyldistannan:

$$3 \ (C_6H_5)_2Sn \ \longrightarrow \ Sn + (C_6H_5)_3Sn{-}Sn(C_6H_5)_3$$

ein Vorgang, der bei den höhermolekularen Zinndiarylen nicht mehr gelingt. Hier reduzie
man die Triarylzinnhalogenide mit Natrium:

$$2 \ (C_6H_5)_3SnBr + 2 \ Na \ \longrightarrow \ 2 \ NaBr + (C_6H_5)_3Sn{-}Sn(C_6H_5)_3$$

Das Hexaphenyldistannan bildet völlig farblose Kristalle, die bei 233 °C unzersetzt zu farblose
Flüssigkeit schmelzen, die sich bei 250 °C wohl unter fortschreitender Dissoziation, gelblic
färbt und sich bei 280 °C unter Zinnabscheidung zersetzt (E. KRAUSE und R. BECKER). In seh
verdünnter Lösung ist es ähnlich wie auch das prächtig kristallisierte Hexacyclohexyldistannan
$(C_6H_{11})_6Sn_2$, in kleinere Moleküle gespalten (E. KRAUSE und R. POHLAND), die aber nich
Radikalnatur haben. Die genannten Verbindungen sind vollkommen luftbeständig im Gegen
satz zu ihren flüssigen, durchdringend riechenden, jedoch farblosen und unzersetzt destillier
baren Analogen der aliphatischen Reihe.

Nach C. A. KRAUS gibt Trimethyl- oder Triphenylzinnbromid mit Natrium in flüssigen
Ammoniak Trialkylzinnatrium: $R_3SnBr + 2 \ Na \ \longrightarrow \ NaBr + R_3SnNa$, das sich mit Ammo
niumsalz umsetzt zum Trialkylstannan:

$$R_3SnNa + NH_4NO_3 \ \longrightarrow \ NaNO_3 + NH_3 + R_3SnH$$

Die Verbindungen bilden farblose Flüssigkeiten, die unter Luftabschluß haltbar sind; Säurei
spalten den Wasserstoff sehr leicht ab, z. B.:

$$(C_6H_5)_3SnH + HCl \ \longrightarrow \ (C_6H_5)_3SnCl + H_2$$

Blei

Die beständigsten Verbindungen leiten sich vom vierwertigen Blei ab. Sie sind farblos,
luftbeständig, von einfachem Molekulargewicht und etwas unbeständiger als die ent
sprechenden Zinnverbindungen. Doch sind auch Derivate · des zweiwertigen Bleis
bekannt.

Die intensiv gefärbten Bleidialkyle sind sehr zersetzlich und oxydabel. Beim Erwärmen
zerfallen sie unter Abscheidung von metallischem Blei zunächst unter Bildung von Hexa
alkyldiplumbanen: $3 \ PbR_2 \ \longrightarrow \ Pb + 2 \ Pb_2R_6$

Die aliphatischen Diplumbane sind Flüssigkeiten, die aromatischen und hydroaromatischen
gut kristallisiert und schwach gefärbt. Die Molekulargewichtsbestimmungen an verdünnten
Lösungen sprechen für einen Zerfall in einfachere Bruchstücke, doch können magnetisch
keine Radikale R_3Pb nachgewiesen werden.

Die niederen Glieder liefern beim Erhitzen unter nochmaliger Bleiabscheidung Bleitetraalkyle:

$$2 \ Pb_2R_6 \ \longrightarrow \ Pb + 3 \ PbR_4$$

Von Bleidialkylen ist in der aliphatischen Reihe nur das Di-sec-propylblei bekannt, das
als rotes, sehr oxydables Öl bei der elektrolytischen Reduktion von Aceton an einer Blei
kathode entsteht (TAFEL):

$$2 \ (CH_3)_2CO + Pb + 6 \ H \ \longrightarrow \ [(CH_3)_2CH]_2Pb + 2 \ H_2O$$

Beständiger ist das aus Phenylmagnesiumbromid und Bleichlorid unter starker Kühlung
entstehende, ein rotes Pulver bildende Bleidiphenyl $(C_6H_5)_2Pb$ (E. KRAUSE und G. G. REISSAUS,
1922). Kühlt man weniger, so entsteht das *Hexaphenyldiplumban*, $(C_6H_5)_3Pb{-}Pb(C_6H_5)_3$,
das sehr beständig und der Zinnverbindung täuschend ähnlich ist. Dieses läßt sich weiter
zum *Bleitetraphenyl*, $(C_6H_5)_4Pb$, umlagern und ist fast farblos im Gegensatz zu den höher
molekularen Gliedern, z. B. dem zart grünlichgelben Hexa-p-Xylyldiplumban und dem gold
gelben, mit der farblosen Zinnverbindung isomorphen, in sechseckigen Blättchen kristalli
sierten Hexacyclohexyldiplumban, $(C_6H_{11})_6Pb_2$.

)ie Bleitetraalkyle sind farblose, bis etwa 160 °C beständige Flüssigkeiten von ▸harakteristisch süßlichem, bisweilen fruchtartigem Geruch, z. B. *Tetramethylblei,* ▸iedep. 110 °C, *Tetraäthylblei,* Siedep. ca. 200 °C. Das Einatmen der Dämpfe erzeugt ▪eben einer auffälligen Senkung des Blutdrucks schwerste Störungen des Zentral- ▪ervensystems. Dennoch hat das Bleiäthyl große technische Bedeutung erlangt, seitdem ▪nan gelernt hat, die Gefahren der Vergiftung zu vermeiden. Ein Zusatz von 0,02 . . .),1 Vol.-% Bleiäthyl zum Benzin der Verbrennungsmotoren verhindert das „Klopfen" ▪nd erlaubt höhere Verdichtung des Brennstoffgemisches, wodurch der Wirkungsgrad ▪es Motors erhöht wird. Es wird aus Na_4Pb und Äthylhalogenid hergestellt.

▪ei der thermischen Zersetzung von Bleitetraalkyl konnte F. PANETH eine Bildung ▪on kurzlebigem freiem Methyl, CH_3-, und Äthyl, C_2H_5-, nachweisen, die sich direkt ▪nit Metallen, wie Zink, Blei, Antimon und Quecksilber zu Metallalkylen vereinigen ▪assen.

▪alogene führen die Bleitetraalkyle sogleich in Dihalogenide oder Blei(II)-halogenid über. Bei Kühlung mit Kohlendioxidschnee erhält man jedoch quantitativ die Monohalogenide (G. GRÜTTNER und E. KRAUSE). Die Trialkylbleihalogenide bilden farblose, in organischen Lösungsmitteln lösliche Kristalle von unangenehmem beißendem Geruch; die aliphatischen Vertreter zersetzen sich leicht unter Bildung von Blei(II)-halogenid; die Fluoride sind wie beim Zinn schwer löslich (E. KRAUSE und E. POHLAND). Kalilauge führt in die ziemlich stark basischen Trialkylbleihydroxide, R_3PbOH, über, die beständiger sind. Die Dialkylbleidi-halogenide sind sehr schwer löslich und verlieren leicht die organischen Bestandteile unter Bildung von Blei(II)-halogenid. Die aromatischen Vertreter sind relativ stabiler.

Durch Alkylierung der Alkylbleihalogenide lassen sich gemischte Bleitetraalkyle herstellen, die sehr beständig sind. Auch Bleialkyle mit 4 verschiedenen Radikalen konnten dargestellt werden.

Das Blei kann wie das Zinn und Silicium ein Ringglied eines heterocyclischen Systems bilden, jedoch verharzt das nach Lindenblüten riechende Diäthylcyclopentamethylenblei, $(CH_2)_5 > Pb(C_2H_5)_2$, allmählich (G. GRÜTTNER und E. KRAUSE).

An der Luft unbeständig sind auch die Benzylbleiverbindungen, die, auch wenn sie vierwertiges Blei enthalten, merkwürdigerweise gefärbt sind (vgl. Lithium- und Natriumbenzyl). Die entsprechenden Zinn- und Siliciumverbindungen sind indessen farblos.

Verbindungen der Elemente der V. Gruppe

Arsen

Arsen bindet sich leicht an Kohlenstoff. So kann man aromatische Stoffe oft ähnlich dem „Mercurieren" durch Erhitzen mit Arsensäure „arsenieren". Diese Verbindungen halten häufig energische Eingriffe in den aromatischen Rest, wie Nitrierung, Reduktion, Diazotierung, Sulfurierung, Mercurierung, unversehrt aus.

Die Alkylarsine, $RAsH_2$, erhält man am besten durch Reduktion der Arsinsäuren mit amalgamiertem Zinkstaub und Salzsäure, z. B. CH_3AsH_2, Siedep. 2 °C, ein widerlich riechendes Gas, das sich an der Luft lebhaft oxydiert. Ähnlich sind die Dialkylarsine, R_2AsH, darstellbar. So entsteht $(CH_3)_2AsH$ durch Reduktion von Kakodylchlorid, $(CH_3)_2AsCl$ (siehe später), mit platiniertem Zink und Salzsäure unter Alkohol als farblose Flüssigkeit, Siedep. 36 °C, die sich an der Luft entzündet.

Trimethylarsin, $(CH_3)_3As$, erhält man aus Arsentrichlorid und Zinkmethyl oder Methyl-magnesiumjodid. Es soll die organische Arsenverbindung sein, die sich beim biologischen Arsennachweis durch die Tätigkeit von Penicillium brevicaule bildet. *Triphenylarsin,* $(C_6H_5)_3As$, stellt man gewöhnlich nach MICHAELIS durch Einwirkung von Natrium auf ein Gemisch von Arsentrichlorid und Chlorbenzol dar. Es bildet farblose, trikline Tafeln, die bei 60 °C schmelzen und sich im Kohlendioxidstrom oberhalb 360 °C unzersetzt destilliere lassen. Beim Erhitzen mit Phosphor im Rohr gibt das Triphenylarsin Triphenylphosphin u elementares Arsen. Ähnlich liefert Triphenylstibin mit überschüssigem Arsen bei 350 ° Triphenylarsin neben Antimon (KRAFFT und NEUMANN). Charakteristisch für die Trialky arsine ist ihre Fähigkeit, mit $HgCl_2$ oder H_2PtCl_6 Anlagerungsverbindungen, $R_3As \cdot HgCl$ $R_3As \cdot H_2PtCl_6$, zu geben, Halogen zu Dihalogeniden, R_3AsHal_2, zu binden, und sich m Jodalkylen zu Tetraalkylarsoniumjodiden, $R_3R'AsJ$, zu vereinigen. Eine direkte Anlagerun von Halogenaryl an Arylarsine findet nicht statt. Doch läßt sich die Darstellung von z. ! Tetraphenylarsoniumchlorid, $(C_6H_5)_4AsCl$, Schmelzp. 257 °C, durch Grignardierung vo Triphenylarsinoxid erzwingen (F. BLICKE). Den direkt oder aus den Dihalogeniden erhäl lichen Oxiden, R_3AsO, entsprechen beständige Sulfide, R_3AsS.

Von den alkylärmeren Arsenverbindungen, die sich leichter darstellen lassen, sind Ab kömmlinge dreiwertigen Arsens die Dialkylarsenoxide und die Monoalkylarsenoxide sowi ihre Salze; Derivate des fünfwertigen Elements sind die Dialkyl- und Monoalkylarsin säuren. Reduktion der beiden ersten ergibt als „ungesättigte Arsenverbindungen" Tetra alkyldiarsine, $R_2As—AsR_2$, und Arsenoverbindungen, $(RAs)_n$.

Das bekannteste Dialkylarsenoxid ist das *Kakodyloxid*, $[(CH_3)_2As]_2O$, das als Haupt produkt bei der Destillation eines Gemisches gleicher Teile Arsenik und Kaliumaceta entsteht:

$$4\,CH_3COOK + As_2O_3 \longrightarrow (CH_3)_2AsOAs(CH_3)_2 + 2\,K_2CO_3 + 2\,CO_2$$

Die Zusammensetzung der auf diese Weise schon von CADET 1760 erhaltenen „rauchenden arsenikalischen Flüssigkeit" wurde von BUNSEN 1837 aufgeklärt, dessen Untersuchungen für die Entwicklung der Strukturchemie von großer Bedeutung waren.

Das infolge eines Gehalts an freiem Kakodyl (siehe später) selbstentzündliche Roh produkt führt man mit konzentrierter Salzsäure und Quecksilberchlorid in *Kakodyl chlorid*, $(CH_3)_2AsCl$, über, das durch Destillation mit Ätzkali das reine Kakodyloxid liefert. Es ist eine Flüssigkeit, Dichte 1,49 g/ml bei 9 °C, Siedep. 150 °C, reizt die Schleimhäute heftig und riecht ekelerregend. Dieser Geruch hat nach Vorschlag von BERZELIUS der ganzen Körperklasse den Namen Kakodylverbindungen eingebracht (κακώδης ≙ stinkend). Auch die durch Oxydation des Kakodyloxids, z. B. mit Queck silberoxid entstehende Dimethylarsinsäure, $(CH_3)_2AsO(OH)$, nennt man nach ihrem Ausgangsmaterial Kakodylsäure, ihre Salze Kakodylate. Man benutzt sie, wie auch die Monoalkylarsinsäure, $RAsO(OH)_2$, wegen ihrer im Vergleich zu den anorganischen Arsenverbindungen geringeren Giftigkeit in therapeutischen Präparaten, um Arsen dem Organismus zuzuführen.

In der aromatischen Reihe lassen sich aus vielen organischen Verbindungen, z. B. Phenolen und Aminen, Arsinsäuren direkt durch Schmelzen mit Arsensäure gewinnen, z. B. aus Arsensäure und Anilin die p-*Aminophenylarsinsäure*, $NH_2C_6H_4AsO(OH)_2$ (EHRLICH, 1905). Das schon 1902 unter dem Namen Atoxyl in den Handel gebrachte saure Natriumsalz diente wegen seiner Wirksamkeit gegen Trypanosomen und Spirillen als Mittel gegen Schlaf krankheit und Syphilis, besitzt jedoch oft gefährliche Nebenwirkungen (Erblindung).

Den einfachsten Vertreter der aromatischen Arsenoverbindungen, das Arsenobenzol, $(C_6H_5As)_6$, stellt man nach MICHAELIS durch Reduktion von Phenylarsenoxid oder Phenyl arsinsäure mit phosphoriger Säure dar. Es bildet schwach gelb gefärbte Nadeln, die bei 212 °C zu einer gelben Flüssigkeit schmelzen. Bei stärkerem Erhitzen entsteht Triphenylarsin neben Arsen. Die 6 Arsenatome bilden einen Sechsring. Die Phenylgruppen sind radial nach außen gerichtet (K. HEDBERG, 1961). Die entsprechende Methylverbindung, $(CH_3As)_5$, ist pentamer. Sie bildet ein hellgelbes, schweres Öl vom Siedep. 190 °C bei 13 Torr, das sich zu einem schwarzbraunen, unlöslichen Pulver polymerisiert und beim Destillieren mit Wasserdampf in Trimethylarsin und Arsen zerfällt (AUGER sowie J. H. BURNS, 1957).

Vom hexameren Arsenobenzol leitet sich das *Salvarsan* (EHRLICH — HATA) ab. Es ist das Hydrochlorid des Oxyaminophenylarsens. Statt seiner wird heute zur Bekämpfung von Spirochäten das Neo-Salvarsan

$$\left[\begin{array}{c} \text{HO} \diagdown \diagup \text{—As} \\ \text{NaO}_2\text{S—H}_2\text{C—HN} \end{array} \right]_6$$

bevorzugt, weil es nicht sauer reagiert und sich nicht so schnell an der Luft zu dem sehr viel giftigeren Arsinoxid oxydiert.

Von den Verbindungen des Typus R_2As—AsR_2 ist das sogenannte freie *Kakodyl* zu nennen, dessen Dampfdichte jedoch der Formel $[(CH_3)_2As]_2$ entspricht. Es ist eine farblose Flüssigkeit, Siedepunkt 170 °C, Schmelzpunkt —6 °C, die sich an der Luft entzündet. Man erhält sie z. B. aus ihrem Chlorid durch Reduktion mit Zink. Auch das Phenylkakodyl, $(C_6H_5)_2As$—$As(C_6H_5)_2$, Schmelzp. 135 °C, das lange weiße Nadeln bildet, ist aus Diphenylarsinoxid mit phosphoriger Säure darstellbar und entzündet sich leicht an der Luft. Beim Erhitzen zersetzt es sich in Triphenylarsin und Arsen.

Erwähnt sei noch, daß alle organischen Arsenverbindungen wegen ihrer Giftigkeit beim Arbeiten die größte Vorsicht verlangen. Viele, insbesondere die halogenhaltigen Arsenverbindungen, wie Phenyldichlorarsin, $C_6H_5AsCl_2$, wirken nicht nur als Atmungsgift, sondern erzeugen auch auf der Haut tiefe, eiternde und schwer heilende Wunden. Verbindungen dieser Art dienten im ersten Weltkrieg als Kampfstoffe. Besonders das Diphenylarsinchlorid, $(C_6H_5)_2AsCl$, und das Diphenylarsincyanid, $(C_6H_5)_2AsCN$, bildeten die Substanz der als furchtbare Reizstoffe wirkenden Blaukreuzkampfstoffe.

Wie der Phosphor, so können auch Arsen und Antimon den Stickstoff im Piperidin- und Pyrrolidinring ersetzen.

Antimon

Die tertiären Stibine erhält man aus Kaliumantimonid und Alkyljodiden oder aus Antimontrichlorid und Zinkalkylen, z. B. *Trimethylstibin*, Siedep. 81 °C, und *Triäthylstibin*, Siedep. 159 °C. Beides sind in Wasser unlösliche Flüssigkeiten von zwiebelartigem Geruch, die sich an der Luft von selbst entzünden. *Triphenylstibin*, $(C_6H_5)_3Sb$, ist kristallisiert und luftbeständig, es ist im Vakuum unzersetzt destillierbar.

Ein Antimonkakodyl, $(CH_3)_2Sb$—$Sb(CH_3)_2$, hat F. PANETH aus Antimonspiegeln und freiem Methyl (siehe Bleimethyl) als glänzend rote Nadeln erhalten, die sich auffallenderweise in organischen Solventien farblos lösen.

Durch Addition von Jodalkylen an die tertiären Stibine entstehen quartäre Stiboniumjodide, z. B. $(C_2H_5)_4SbJ$, die sich in die alkaliähnlichen Stiboniumhydroxide überführen lassen. Durch gemäßigte Einwirkung von Sauerstoff bilden sich die Trialkylstibinoxide, R_3SbO, die stark basisch sind und deren wäßrige Lösung Metallsalze fällt. Der reduzierende Charakter der tertiären Stibine ist so ausgeprägt, daß sie mit rauchender Salzsäure Wasserstoff entwickeln, z. B.:

$$(C_2H_5)_3Sb + 2\,HCl \longrightarrow (C_2H_5)_3SbCl_2 + H_2$$

Wismut

Die Trialkylbismutine können analog den Antimontrialkylen dargestellt werden. Sie oxydieren sich gleich diesen an der Luft meist unter Entzündung, jedoch sind die aromatischen, kristallisierten Verbindungen luftbeständig. Zersetzung durch Erhitzen tritt bei den aliphatischen Bismutinen bereits bei 150 °C ein und nimmt wie bei den Blei- und Cadmiumalkylen bisweilen explosionsartigen Verlauf. Gegen Wasser sind die tertiären Bismutine in der Kälte beständig, zersetzen sich jedoch bei längerem Kochen.

Pentaphenylverbindungen

WITTIG gelang (1948 bis 1952) durch Einwirkung von Lithiumphenyl auf die Tetr
phenyljodide von Phosphor, Arsen und Antimon die Darstellung von Pentapheny
phosphor, Pentaphenylarsen und Pentaphenylantimon. Aus $(C_6H_5)_3BiCl_2$, das durc
Addition von Chlor an $(C_6H_5)_3Bi$ zugänglich ist, wurde das Pentaphenylwismut erhalte
Diese Verbindungen besitzen das Dipolmoment Null. Sie sind somit homöopola
gebaut und zeigen, daß das Elektronenoktett bei den Elementen Phosphor bis Wismu
überschritten werden kann.

Verbindungen der Elemente der VI. Gruppe

Selen

Den aus der organischen Chemie bekannten Schwefelmercaptanen, RSH, und Dialkylsulfiden
R_2S, analoge Selenmercaptane und Dialkylselenide erhält man durch Destillation von saurer
oder neutralem Kaliumselenid mit Kaliumalkylsulfat:

$$KSeH + ROSO_3K \longrightarrow RSeH + K_2SO_4$$
$$K_2Se + 2\,ROSO_3K \longrightarrow R_2Se + 2\,K_2SO_4$$

Das *Selenmercaptan*, C_2H_5SeH, ist eine flüchtige Flüssigkeit von widrigem Geruch und schwac
saurem Charakter. Mit Quecksilberoxid entsteht ein Mercaptid, $Hg(SeC_2H_5)_2$. Selenophenol
C_6H_5SeH, siedet bei 183 °C. Die Dialkylselenide, z. B. $(CH_3)_2Se$, Siedep. 58 °C, addierer
ähnlich den Schwefelalkylen leicht Halogene, Sauerstoff oder Alkyljodide. Die im letzterer
Fall entstehenden Trialkylselenoniumverbindungen, R_3SeX, können mit Silberoxid in Selen-
oniumbasen überführt werden. Gleich diesen besitzen auch die Dialkylselenoxide, R_2SeO,
stark basischen Charakter und bilden Salze, z. B. $(C_2H_5)_2Se(NO_3)_2$.

Tetraphenylselen, $(C_6H_5)_4Se$, erhielt WITTIG (1952) aus $(C_6H_5)_3SeHal$ und LiC_6H_5. In entsprechender Weise ist der hellgelbe Tetraphenylschwefel darstellbar.

Auch die Abkömmlinge des sechswertigen Selens, wie Diphenylselenon, $(C_6H_5)_2SeO_2$,
Schmelzp. 155 °C, und Selenonsäuren, $RSeO_2OH$ (ANSCHÜTZ), sind bekannt.

Aus Kaliumdiselenid, K_2Se_2, und Alkylsulfat lassen sich auch Dialkyldiselenide darstellen, die
gefärbt sind.

Tellur

Während Verbindungen des Typus RTeH bisher nur in der aromatischen Reihe bekannt sind
— Tellurophenol, orangerote Flüssigkeit, entsteht, wie auch analog Selenophenol und Thio-
phenol, bei der Einwirkung von Tellur auf Phenylmagnesiumbromid —, können die Dialkyltelluride analog den Selenverbindungen erhalten werden. Tellurdimethyl, $(CH_3)_2Te$, Siedep.
82 °C, und Tellurdiäthyl, $(C_2H_5)_2Te$, Siedep. 137 °C, zeichnen sich durch anhaftenden wider-
wärtigen Knoblauchgeruch aus. Tellurdiphenyl, $(C_6H_5)_2Te$, ein dickes Öl, stellt man aus
Tellurdibromid mit Phenylmagnesiumbromid dar; nebenher entsteht etwas $(C_6H_5)_2Te_2$.

Die Dialkyltelluride lassen sich leicht in Abkömmlinge vierwertigen Tellurs überführen, z. B.
in die schwach basischen Oxide, R_2TeO, oder z. B. in $(C_2H_5)_2TeBr_2$.

Trialkyltelluroniumhalogenide kann man aus Tellurtetrachlorid mit Alkylmagnesiumhalogeniden erhalten, z. B. $(C_2H_5)_3TeCl$, Schmelzp. 174 °C. Auch ein purpurfarbiges Trijodid,
$(C_2H_5)_3TeJ_3$, Schmelzp. 76,5 °C, ist bekannt. Die gemischten Trialkyltelluroniumhalogenide
ließen sich in optische Isomere spalten (T. M. LOWRY). Tellurtetraalkyle existieren nicht.

Verbindungen mit Übergangsmetallen

Die Übergangsmetalle bilden im allgemeinen keine einfachen Alkyl- oder Arylverbindungen.
Doch sind auch echte metallorganische Verbindungen bekannt, wie' das rote Triphenylchrom-
Tetrahydrofuranat, $(C_6H_5)_3Cr \cdot 3\,(C_4H_8O)$ (H. H. ZEISS und W. HERWIG, 1957).

Auch komplexe Verbindungen wurden erhalten, z. B. durch Umsetzen der Halogenide mit Lithiumalkyl oder -aryl das Li[Mn(CH$_3$)$_3$] (BEERMANN und CLAUSS, 1959), oder die Ätherate Li$_3$[Cr(C$_6$H$_5$)$_6$] · 2,5 (C$_2$H$_5$)O. (F. HEIN und R. WEISS, 1958) und Li$_3$[W(C$_6$H$_5$)$_6$] · 3 (C$_2$H$_5$)$_2$O H. FUNK und HANKE, 1959).

Besonderes Interesse verdient das von LICHTENWALTER (1938) aus Trimethylplatinjodid, (CH$_3$)$_3$PtJ, und Natriummethyl hergestellte farblose, tetramere *Platintetramethyl*, [Pt(CH$_3$)$_4$]$_4$. Es ist wieder eine „Elektronenmangelverbindung". Zum koordinativen Ausgleich besetzen 4 Platinatome und 4 CH$_3$-Gruppen abwechselnd die Ecken eines Würfels. Jedes Platinatom trägt nach außen 3 CH$_3$-Gruppen, so daß das Platin oktaedrische Koordination erhält (RUNDLE, 1947).

Wasserähnliche Lösungsmittel

In dem Kapitel „Wasser als Lösungsmittel" ist eingehend besprochen worden, daß das ausgeprägte Lösungsvermögen des Wassers für salzartige Stoffe hauptsächlich auf seiner Fähigkeit beruht, mit den Ionen Hydrate zu bilden. Neben der Hydratbildung, die mit der geringen Größe und dem großen Dipolmoment der Wassermoleküle zusammenhängt, ist für die dissoziierende Wirkung des Wassers auf die gelösten Verbindungen auch die hohe Dielektrizitätskonstante des Wassers von Bedeutung.

Wenn man sich nun fragt, ob es nicht auch andere Flüssigkeiten gibt, die ähnlich wie Wasser zur Solvatbildung befähigt sind und deshalb als Lösungsmittel dienen können, so liegt es nahe, an das Ammoniak zu denken: Dieses kann mit Ionen gleichfalls Komplexe, die Ammine, bilden, und ist in dieser Fähigkeit bei den Ionen der Übergangsmetalle sogar dem Wasser überlegen. Tatsächlich ist auch, wie E. C. FRANKLIN, C. A. KRAUSS u. a. gezeigt haben, das flüssige, wasserfreie Ammoniak für viele anorganische und auch organische Stoffe ein ausgezeichnetes Lösungsmittel. Es hat wegen der vielfältigen Umsetzungsmöglichkeiten der in ihm gelösten Stoffe nicht nur theoretisch, sondern auch präparativ zunehmend an Bedeutung gewonnen.

Die Lösungen von Salzen in flüssigem Ammoniak besitzen elektrolytisches Leitvermögen und zeigen die auch von wäßrigen Lösungen her bekannten Erscheinungen der Solvolyse, der Neutralisation und der Amphoterie. Wegen dieser weitgehenden Parallelität der Erscheinungen und Vorgänge in Wasser und in flüssigem Ammoniak nennt G. JANDER das Ammoniak ein wasserähnliches Lösungsmittel.

Außer dem Ammoniak sind als ionisierende Lösungsmittel noch zu nennen: flüssiges Schwefeldioxid, Fluorwasserstoff, wasserfreie Blausäure, flüssiger Schwefelwasserstoff, Essigsäureanhydrid, wasserfreie Salpetersäure und Schwefelsäure, geschmolzenes Quecksilberbromid, Jod und Bromtrifluorid. Wenn auch diese Stoffe als Lösungsmittel in der anorganischen Chemie bis jetzt noch nicht die gleiche Verbreitung wie das Ammoniak gefunden haben, so sind doch eine ganze Reihe von bemerkenswerten Umsetzungen in diesen Solventien durchgeführt worden, die zum Teil auch die Darstellung von bisher unbekannten Verbindungen ermöglicht haben [1].

---

[1] Für ein eingehendes Studium des ganzen Gebietes sei auf die Monographienreihe JANDER/SPANDAU/ADDISON „Chemie in nichtwäßrigen ionisierenden Lösungsmitteln", Vieweg & Sohn, 1963, ff., verwiesen. Protonenfreie anorganische Lösungsmittel siehe H. SPANDAU und V. GUTMANN, Angew. Chemie **64,** 93 (1952).

Konstanten von Wasser und nichtwässrigen, ionisierenden Lösungsmitteln

	Molekular-gewicht	Siedep. in °C	Schmelzp. in °C	Dielektrizitäts-konstante	Dipolmoment e. s. E.	Eigenleitfähigkeit in rezipr. $\Omega \cdot cm$
Wasser	18,015	100	0	81 (18 °C)	$1,87 \cdot 10^{-18}$	$4,41 \cdot 10^{-8}$ (18 °C
Ammoniak	17,03	—33,35	—77,7	22 (—34 °C)	$1,3 \cdot 10^{-18}$	$3 \cdot 10^{-8}$ (—37 °C
Flußsäure	20,01	+19,5	—85	83,6 (0 °C)	—	$1,4 \cdot 10^{-5}$ (0 °C
Schwefel-dioxid	64,07	—10,02	—75,5	13,8 (14,5 °C)	$1,9 \cdot 10^{-18}$	$1 \cdot 10^{-7}$ (0 °C

Chemie in flüssigem Ammoniak

Das Arbeiten mit flüssigem Ammoniak verlangt einige apparative Besonderheiten, weil sein Siedep. bei —33,35 °C liegt und die Umsetzungen unter Feuchtigkeitsausschluß und oft auch unter Sauerstoffausschluß durchgeführt werden müssen. Als Kältemittel zur Verflüssigung des Ammoniaks bedient man sich des leicht zu beschaffenden Trockeneises, mit dem in Gemisch mit Aceton Temperaturen bis zu —80 °C erreichbar sind. Bei 0 °C beträgt der Dampfdruck des Ammoniaks 4,8 atm, so daß auch in geschlossenen, starkwandigen Gefäßen bei diesen und höheren Temperaturen Umsetzungen durchgeführt werden können.

Den beiden Lösungsmitteln Wasser und Ammoniak ist eine äußerst geringe Eigen-leitfähigkeit gemeinsam, die auf einer Eigendissoziation beruht:

$$2\,H_2O \rightleftharpoons H_3O^+ + OH^-$$
$$2\,NH_3 \rightleftharpoons NH_4^+ + NH_2^-$$

Sehr viele anorganische Salze zeigen eine hohe Löslichkeit in flüssigem Ammoniak, die in manchen Fällen sogar die Löslichkeit in Wasser übertrifft. Allgemein gilt, daß die Nitrate, Nitrite, Jodide, Cyanide, Rhodanide und Acetate gut löslich sind, während die Hydroxide, Fluoride und Salze mit zwei- und dreiwertigen Anionen ebenso wie Oxide und Sulfide unlöslich sind. Von den Alkalisalzen zeichnen sich die Ammonium-salze durch besonders gute Löslichkeit aus. Während aber alle Salze in Wasser stets vollständig dissoziiert sind, verhalten sie sich in flüssigem Ammoniak, wie aus der Leitfähigkeit und der Messung der Gefrierpunktserniedrigung folgt, wie mittelstarke bis schwache Elektrolyte, d. h. sie sind nur zum Teil dissoziiert.

Auf Grund der Löslichkeitsunterschiede mancher Salze in Wasser und flüssigem Ammoniak verlaufen Umsetzungen in flüssigem Ammoniak bisweilen in anderer Richtung als in Wasser. Ein Beispiel ist die Reaktion:

$$2\,AgNO_3 + BaCl_2 \underset{\text{in } NH_3}{\overset{\text{in } H_2O}{\rightleftharpoons}} 2\,AgCl + Ba(NO_3)_2$$

Sie führt in Wasser zur Ausfällung von Silberchlorid, in Ammoniak verläuft sie aber in umgekehrter Richtung unter Abscheidung von Bariumchlorid, weil dieses in Ammoniak von den 4 Salzen am schwersten löslich ist.

Säure- und basenanaloge Stoffe

Nach der für die Chemie wäßriger Lösungen üblichen Definition werden Ver-bindungen, die H^+- bzw. H_3O^+-Ionen liefern, als Säuren, und solche, die OH^--Ionen liefern, als Basen bezeichnet. Die Ionen H_3O^+ und OH^- sind zugleich die Ionen, in die das Lösungsmittel Wasser dissoziieren kann. In analoger Weise müssen in flüssigem Ammoniak Verbindungen, die die Ionen des Lösungsmittels Ammoniak, also die Ionen NH_4^+ und NH_2^- abdissoziieren können, die Rolle von Säuren und Basen in diesem Lösungsmittel übernehmen. Die Ammoniumverbindungen NH_4X sind also in flüssigem Ammoniak keine Salze, sondern „Säureanaloge" und die Metallamide, $MeNH_2$, „Basenanaloge".

Der Säurecharakter der Ammoniumsalze in flüssigem Ammoniak ist schon seit langem von der Diversschen Flüssigkeit her bekannt (DIVERS, 1873). Diese erhält man durch Einwirkung von gasförmigem Ammoniak auf Ammoniumnitrat bei 0 °C, wobei Verflüssigung des Salzes eintritt. Die konzentrierte Lösung löst unter Wasserstoffentwicklung die Alkali- und Erdalkalimetalle, ferner Zink und Cadmium. In der Lösung von Ammoniumbromid, -jodid, -cyanid und -rhodanid in flüssigem Ammoniak sind außer den genannten Metallen weiterhin Cer, Lanthan, Mangan, Kobalt, Nickel und Eisen sowie seine Legierungen unter Bildung der betreffenden Metallamminsalze löslich. Der Lösungsvorgang z. B.

$$2\,NH_4^+ + Mg = Mg^{2+} + 2\,NH_3 + H_2$$

entspricht vollkommen der Auflösung eines Metalls in Säuren:

$$2\,H_3O^+ + Mg = Mg^{2+} + 2\,H_2O + H_2$$

Die Verwendung von in flüssigem Ammoniak gelösten Ammoniumsalzen kann gelegentlich präparative Vorteile gegenüber der Verwendung wäßriger Säuren bieten und wurde z. B. zur Darstellung der Silane und Germane (siehe dort) aus Magnesiumsilicid und -germanid von JOHNSON (1934) benutzt.

Wie es von Säuren und Basen in wäßriger Lösung her bekannt ist, zeigen auch manche Indikatoren, wie z. B. Thymolblau oder Methylorange, in flüssigem Ammoniak auf Zusatz von Ammoniumverbindungen bzw. Metallamiden die „saure" oder „basische" Reaktion durch Farbumschlag an.

Der Neutralisation von Säure und Base in Wasser entspricht im flüssigen Ammoniak die *neutralisationsanaloge Umsetzung* zwischen Ammoniumsalz und Amid, wobei in beiden Fällen die Moleküle des Lösungsmittels gebildet werden:

$$KOH + [H_3O]Cl = KCl + 2\,H_2O$$
$$KNH_2 + [NH_4]Cl = KCl + 2\,NH_3$$

Die „Neutralisationswärme" ist in flüssigem Ammoniak sogar größer als in Wasser.

Auch die Erscheinung der *Amphoterie* ist in flüssigem Ammoniak zu beobachten. Gibt man zu einer Lösung von Zinkrhodanid in flüssigem Ammoniak eine Lösung von Kaliumamid in flüssigem Ammoniak, so fällt zunächst ein weißer Niederschlag von Zinkamid:

$$Zn(CNS)_2 + 2\,KNH_2 = Zn(NH_2)_2 + 2\,KCNS$$

Bei weiterem Zusatz von Kaliumamidlösung erfolgt Wiederauflösung des Niederschlags unter Bildung von Kaliumtetraamidozinkat:

$$Zn(NH_2)_2 + 2\,KNH_2 = K_2[Zn(NH_2)_4]$$

Amidoverbindungen sind außer von Zink auch von Beryllium, Magnesium, Aluminium, Zinn, Chrom und Kobalt bekannt geworden.

Dem Vorgang der Hydrolyse entspricht in flüssigem Ammoniak die Ammonolyse, die zu ammonobasischen Verbindungen führen kann. Als Beispiel sei die Ammonolyse des Bleijodids formuliert:

$$2\,PbJ_2 + 6\,NH_3 = Pb(NH_2)_2 \cdot PbNH_2J + 3\,NH_4J$$

Auch das unschmelzbare Präzipitat, HgNH$_2$Cl, ist ein ammonobasisches Salz, das si⟨
durch Ammonolyse des Quecksilberchlorids bereits in wäßriger Lösung bildet:

$$HgCl_2 + 2 NH_3 = HgNH_2Cl + NH_4Cl$$

Präparativ von Bedeutung ist die Ammonolyse von Salzen des Hydroxylamins und d⟨
Hydrazins. Setzt man Hydroxylamin- oder Hydrazinsulfat oder -phosphat mit flüssige⟩
Ammoniak um, so bilden sich Ammonsulfat bzw. -phosphat, die in flüssigem Ammonia⟨
unlöslich sind und abfiltriert werden können, während das freie Hydroxylamin bzw. Hydrazi
in Ammoniak löslich sind und nach Verdampfen des Ammoniaks leicht rein gewonnen werde
können:

$$[NH_3OH]_2SO_4 + 2 NH_3 = (NH_4)_2SO_4 + 2 NH_2OH$$

Die Ammonolyse kann auch zu Amiden und unter weiterer Ammoniakabspaltung
besonders bei erhöhter Temperatur, zu Imiden und Nitriden führen. Als Beispiel se
die Umsetzung zwischen Germaniumtetrachlorid und Ammoniak angeführt, die zu
nächst das Imid liefert:

und

$$GeCl_4 + 6 NH_3 = Ge(NH)_2 + 4 NH_4Cl$$

$$Ge(NH)_2 \xrightarrow{150\,°C} (GeN)_2NH \xrightarrow{350\,°C} Ge_3N_4$$

Der unter Abspaltung von Ammoniak erfolgende Übergang: Amid → Imid → Nitrid is⟨
mit dem Übergang des Hydroxids in das Oxid unter Wasserabspaltung in Parallele z⟨
setzen. So entsprechen die Imide und Nitride im „Ammonosystem" den Oxiden im
„Aquosystem", wie die folgenden Reaktionen erkennen lassen:

$$2 (H_3O)J + PbO = PbJ_2 + 3 H_2O$$
$$2 (NH_4)J + PbNH = PbJ_2 + 3 NH_3$$
$$3 (NH_4)J + BiN = BiJ_3 + 4 NH_3$$

Lösungen von Metallen und Nichtmetallen in Ammoniak

Von den Nichtmetallen ist weißer Phosphor in Ammoniak gut löslich. Rhombischer Schwefel
wird von flüssigem Ammoniak erst bei —11,5 °C angegriffen und gibt dann eine auch bei
tiefen Temperaturen beständige blaue Lösung, in der teilweise Ammonolyse des Schwefels
zu Schwefelstickstoff und Ammoniumsulfiden bzw. Polysulfiden erfolgt (RUFF, 1911).

Am längsten bekannt ist die Fähigkeit des flüssigen Ammoniaks, die Alkali- und Erdalkalimetalle zu lösen. Die Löslichkeit erreicht dabei beträchtliche Werte. So lösen sich bei —33 °C
in 100 g Ammoniak 24,6 g Natrium (= 1 g-Atom Natrium auf 5,48 Mol Ammoniak). Diese
konzentrierten Lösungen der Alkali- und Erdalkalimetalle sehen kupferfarben metallisch aus.
Beim Verdünnen werden sie zunächst tiefschwarz, dann blau und durchsichtig. Auffallend
ist das elektrische Verhalten dieser Lösungen. Die verdünnten Lösungen zeigen eine Leitfähigkeit, die etwa ebenso groß ist wie die Leitfähigkeit einwertiger Elektrolyte in Wasser. Mit
steigender Konzentration des Metalls sinkt die Leitfähigkeit zunächst ab, um dann in Gebieten
hoher Konzentrationen fast sprunghaft anzusteigen und Werte zu erreichen, die in der
Größenordnung der Leitfähigkeit von Quecksilber liegen. Auch aus dem magnetischen Verhalten dieser Lösungen muß man annehmen, daß das gelöste Metall in den konzentrierten
Lösungen noch in einem weitgehend metallischen Zustand vorliegt, während in den verdünnten blauen Lösungen vollkommene Dissoziation in positive Metall-Ionen und solvatisierte
Elektronen eingetreten ist. Die blaue Farbe dieser Lösung rührt wahrscheinlich von den
durch NH$_3$-Moleküle solvatisierten Elektronen her, denn alle Alkali- und Erdalkalimetalle
weisen in flüssigem Ammoniak unabhängig von der Natur des Kations das gleiche Absorptionsspektrum auf.

Eine physikalische Besonderheit dieser Lösungen, die mit ihrer Struktur zusammenhängen
muß, ist die außerordentlich geringe Dichte dieser Lösungen. So hat die gesättigte Lithium-
lösung bei 20 °C eine Dichte von 0,48 g/ml und ist in diesem Temperaturbereich die leichteste
Flüssigkeit, die man kennt (HUSTER und VOGT, 1937).

Die Lösungen von Lithium und Natrium in flüssigem Ammoniak sind einigermaßen beständig, dagegen erfolgt bei Kalium langsam und bei Rubidium und Cäsium zunehmend schneller unter Wasserstoffentwicklung die Bildung des Amids. In Gegenwart von Platinschwarz wird diese Umsetzung katalytisch beschleunigt. Die Erdalkalimetalle Calcium, Strontium und Barium werden aus den Lösungen nach Abdampfen des Ammoniaks in Form von kupferroten metallisch glänzenden Amminen der Zusammensetzung $Me(NH_3)_6$ erhalten.

Die ammoniakalischen Lösungen der Alkalimetalle ermöglichen die Darstellung vieler auf anderen Wegen nicht oder nur schwer zugänglicher Verbindungen.

Mit Schwefel, Selen und Tellur lassen sich die Alkalimono- und Polychalkogenide darstellen, von denen die Monochalkogenide in Ammoniak unlöslich sind. ZINTL (1931) konnte durch potentiometrische Titration die Sulfide Na_2S bis Na_2S_7, die Selenide Na_2Se bis Na_2Se_6 und die Telluride Na_2Te bis Na_2Te_4 nachweisen. Durch Umsetzung mit As_2S_3, Sb_2S_3 und BiJ_3 konnte er weiterhin die Existenz der Arsenide Na_3As, Na_3As_3, Na_3As_5, Na_3As_7, der Antimonide Na_3Sb, Na_3Sb_3, Na_3Sb_7 und der Bismutide Na_3Bi, Na_3Bi_3, Na_3Bi_5 nachweisen. Die Bildung dieser polyanionigen Verbindungen, zu denen auch die Polyhalogenide wie KJ_3 u. a. gehören, greift sogar bis auf die IV. Gruppe über und führt zu Polystanniden und Polyplumbiden, wie Na_4Pb_7 und Na_4Pb_9.

Der salzartige Charakter dieser Verbindungen ergibt sich aus der Tatsache, daß bei der Elektrolyse von Na_4Pb_9 Blei an der Anode abgeschieden wird, und zwar durch 1 F $\approx$ 2,25 g-Atom Blei $\triangleq$ 9 Pb/4. Die Konstitution dieser Anionen $[Pb_9]^{4-}$ und $[Pb_7]^{4-}$ ist wie die der Polyhalogenidanionen durch Anlagerung von neutralen Atomen an die negativen Anionen zu deuten: $[Pb^{4-} \cdot Pb_8]$ und $[Pb^{4-} \cdot Pb_6]$. Durch die Umhüllung mit Bleiatomen wird das wegen seiner hohen negativen Ladung für sich allein nicht beständige Anion Pb^{4-} stabilisiert. Diese Verbindungen sind jedoch nur in der ammoniakalischen Lösung existenzfähig, in der die Alkali-Ionen solvatisiert vorliegen, wodurch ihre Wirkung auf die Anionen abgeschwächt ist. Beim Verdunsten des Ammoniaks entstehen Blei-Natriumverbindungen, die nicht mehr salzartigen, sondern intermetallischen Charakter besitzen.

Mit den Salzlösungen von Metallen der III., II. und I. Gruppe bilden die ammoniakalischen Lösungen der Alkalimetalle unlösliche intermetallische Verbindungen, wie $NaTl$, $NaZn_{12}$, $NaCd_5$, $NaCd_7$, $NaAu$.

Durch seine systematischen Untersuchungen hat ZINTL zeigen können, daß Elemente, die 1...4 Stellen vor einem Edelgas stehen, zur Bildung dissoziierter negativer Ionen befähigt sind, deren Ladung der Wertigkeit gegen Wasserstoff entspricht.

Beim Einleiten von Sauerstoff in die Auflösungen der Alkalimetalle in Ammoniak bilden sich Peroxide, Na_2O_2, K_2O_2, und bei Kalium, Rubidium und Cäsium weiterhin die Dioxide KO_2, RbO_2, CsO_2.

Beim Einleiten von Kohlenoxid bilden sich weiße explosive Salze des hypothetischen Acetylendiols, wie $KO-C\equiv C-OK$ (E. WEISS und W. BUCHNER, 1965). Mit Acetylen entsteht $NaC\equiv CH$, mit Phosphorwasserstoff KPH_2. Besonders vielfältig sind die Reaktionen der ammoniakalischen Metallösungen mit halogenhaltigen organischen Verbindungen, die zur quantitativen Halogenbestimmung oder zu synthetischen Zwecken benutzt werden können. Hierbei können höhere Kohlenwasserstoffe oder Amine oder auch freie Radikale erhalten werden, wie z. B. bei der Umsetzung mit Triphenylmethylchlorid:

$$(C_6H_5)_3CCl + Na = (C_6H_5)_3C + NaCl$$

Die analoge Reaktion bei zinnorganischen Verbindungen führt zu langkettigen Stannanen.

Chemie in flüssigem Schwefeldioxid

Das Lösungsvermögen von flüssigem Schwefeldioxid und die Eigenschaften dieser Lösungen sind zuerst von P. WALDEN (1899) und in neuerer Zeit besonders von G. JANDER eingehend untersucht worden. Von den Salzen lösen sich in flüssigem Schwefeldioxid u. a. die Alkalijodide (mit gelber Farbe), Alkalirhodanide, $AlCl_3$, $FeCl_3$

und CoJ_2. Sehr gut löslich sind die alkylsubstituierten Ammoniumsalze, wie $(CH_3)_4N$.
Alle diese Lösungen leiten den elektrischen Strom mehr oder weniger gut. Jod ist m
weinroter Farbe löslich. Besonders groß ist die Anzahl der löslichen organischen Stoff
Das selektive Lösungsvermögen von Schwefeldioxid gegenüber Kohlenwasserstoffer
von denen die aliphatischen, gesättigten fast unlöslich sind, die ringförmigen un
ungesättigten gut löslich sind, wird im Edeleanu-Verfahren technisch ausgenutzt.
Die Fähigkeit des Schwefeldioxids, als Lösungsmittel zu dienen, ist wahrscheinlic
auch wieder durch Solvatbildung bedingt. Es ist auch eine Reihe von festen Schwefe
dioxidsolvaten dargestellt worden, wie z. B. $LiJ \cdot 2 SO_2$, $NaJ \cdot 4 SO_2$, $BaJ_2 \cdot 4 SO_2$ un
$\cdot 2 SO_2$. Doch ist die Bindungsenergie der Schwefeldioxidmoleküle meist wesentlic
kleiner als die der Wasser- oder Ammoniakmoleküle in den Hydraten und Amminer
Dementsprechend zerfallen die Schwefeldioxidsolvate schon bei niederen Temperaturer
Auffallend beständig sind die Solvate $AlCl_3 \cdot SO_2$ und $(CH_3)_4NCl \cdot 2 SO_2$, die ers
bei 80 °C das Schwefeldioxid abgeben.
Die geringe Eigenleitfähigkeit auch des reinsten flüssigen Schwefeldioxids ist wahr
scheinlich auf eine Eigendissoziation zurückzuführen:

$$2 SO_2 \rightleftharpoons SO^{2+} + SO_3^{2-}$$

Infolgedessen sind nach G. JANDER die Sulfite in flüssigem Schwefeldioxid „Basen
analoge". „Säureanaloge" gibt es in flüssigem Schwefeldioxid anscheinend nicht, d
die Thionylverbindungen, SOX_2, nur nach $SOX_2 \rightleftharpoons SOX^+ + X^-$ dissoziieren und
keine SO^{2+}-Ionen liefern (vgl. dazu S. 822).
In sehr viel geringerem Maße als bei Wasser und Ammoniak sind bei Schwefeldioxi
Solvolysereaktionen zu beobachten. Während sich die Tetrahalogenide von Silicium, Tita
oder Zinn mit Wasser und Ammoniak sehr lebhaft umsetzen, sind diese Verbindungen ii
Schwefeldioxid beständig. Auch Antimontri- und -pentachlorid lösen sich in Schwefeldioxic
ohne Zersetzung. Dagegen erfolgt bei Phosphorpentachlorid und -pentabromid Solvolyse unter
Bildung von Phosphorylhalogeniden und Thionylhalogeniden:

$$PCl_5 + SO_2 = POCl_3 + SOCl_2$$

Die entsprechende Umsetzung mit Phosphorpentabromid ist die bequemste Methode zur
Darstellung des Thionylbromids. Bei den höheren Halogeniden von Vanadin, Tantal, Molyb-
dän und Wolfram ermöglicht die Solvolyse die saubere präparative Darstellung definierter
Oxidhalogenide, wie $WOCl_4$.
Schließlich zeigen auch gewisse Sulfite in flüssigem Schwefeldioxid amphoteres Verhalten.
Beispielsweise reagiert Aluminiumchlorid mit Tetramethylammoniumsulfit, das sich wegen
seiner guten Löslichkeit in Schwefeldioxid zu Umsetzungen eignet, unter Bildung eines
weißen, voluminösen Niederschlags von Aluminiumsulfit

$$2 AlCl_3 + 3 [(CH_3)_4N]_2SO_3 = 6 [(CH_3)_4N]Cl + Al_2(SO_3)_3$$

der sich bei schneller weiterer Zugabe der Sulfitlösung wieder zu einem Sulfitosalz auflöst:

$$Al_2(SO_3)_3 + 3 [(CH_3)_4N]_2SO_3 = 2 [(CH_3)_4N]_3[Al(SO_3)_3]$$

Durch Zusatz einer Thionylverbindung kann das Aluminiumsulfit wieder ausgefällt werden:

$$2 [(CH_3)_4N]_3[Al(SO_3)_3] + 3 SOCl_2 = Al_2(SO_3)_3 + 6 [(CH_3)_4N]Cl + 6 SO_2$$

Das ausgefällte Aluminiumsulfit gleicht in seiner gallertigen Beschaffenheit dem in Wasser
gefällten Aluminiumhydroxid und zeigt wie dieses unter Verringerung der Löslichkeit
Alterungserscheinungen.

Fluorwasserstoff als Lösungsmittel

Eine Chemie in Fluorwasserstoff ist erst durch die Arbeiten von K. FREDENHAGEN
(seit 1931) erschlossen worden. Die experimentellen Schwierigkeiten sind beim Fluor-

wasserstoff wegen seiner Gefährlichkeit für die Haut und seiner Reaktionsfähigkeit
selbst mit Quarz bedeutend größer als bei den bisher besprochenen wasserähnlichen
Lösungsmitteln.

Wasserfreier Fluorwasserstoff besitzt ein hohes Lösungs- und Ionisierungsvermögen
für einige anorganische und sehr viele organische Stoffe. Von Salzen sind gut löslich
die Alkalifluoride, -nitrate, -sulfate, -acetate, ferner Bariumfluorid und Silber- und
Thalliumfluorid und -sulfat. Unlöslich sind die Fluoride CaF_2, MgF_2, CuF_2, ZnF_2,
HgF_2, AlF_3, CrF_3 und FeF_3. Die Halogenide sind unlöslich, oder sie setzen sich wie
die Alkali- und Erdalkalihalogenide und Aluminiumchlorid unter Entweichen von
Halogenwasserstoff zu den Fluoriden um. Die Unlöslichkeit der Halogenwasserstoffe,
HCl, HBr und HJ in Fluorwasserstoff im Gegensatz zu ihrer hohen Löslichkeit und
vollständigen Dissoziation in Wasser ist bemerkenswert, weil Fluorwasserstoff und
Wasser eine fast gleich große Dielektrizitätskonstante besitzen. Dies beweist, daß die
Dielektrizitätskonstante allein nicht entscheidend für das Lösungsvermögen eines Stoffes
ist.

Als Besonderheit der Lösungen in Fluorwasserstoff fällt auf, daß sie, soweit die gelösten
Stoffe dissoziiert sind, als Anionen fast stets nur F^--Ionen enthalten. Dies folgt aus der
Leitfähigkeit und der Siedepunktserhöhung der Lösungen. So besitzt z. B. Essigsäure,
die in Wasser nur ein schwacher Elektrolyt ist, in Fluorwasserstoff fast die gleiche
hohe Leitfähigkeit und Siedepunktserhöhung wie eine Lösung von Kaliumfluorid in
Fluorwasserstoff. Die Erklärung liegt darin, daß zunächst eine Solvatation der Essigsäure
unter Anlagerung von einem Molekül Fluorwasserstoff erfolgt und dann Dissoziation
unter Bildung eines Acetonium-Kations und eines Fluorid-Anions eintritt:

$$CH_3CO_2H + HF \longrightarrow CH_3CO_2H \cdot HF \longrightarrow [CH_3CO_2H_2]^+ + F^-$$

Während also die Essigsäure in Wasser an die Wassermoleküle H^+-Ionen abgibt, nimmt
sie umgekehrt in Fluorwasserstoff von diesem Protonen auf. Denn Fluorwasserstoff
ist in höherem Maße als Wasser zur Protonenabgabe befähigt, wie es schon die bekannte
Umsetzung mit Wasser beweist:

$$HF + H_2O \longrightarrow H_3O^+ + F^-$$

Aus dem gleichen Grund zeigen Lösungen von Kaliumacetat oder -nitrat in Fluorwasserstoff eine doppelt so hohe Leitfähigkeit und Siedepunktserhöhung wie gleich-
konzentrierte Lösungen von Kaliumfluorid. Denn die in Wasser binären Elektrolyte
Kaliumacetat und Kaliumnitrat liefern in Fluorwasserstoff 4 Ionen entsprechend den
Umsetzungen:

$$CH_3CO_2K + 2\,HF \longrightarrow K^+ + [CH_3CO_2H_2]^+ + 2\,F^-$$
$$KNO_3 \quad + 2\,HF \longrightarrow K^+ + [H_2NO_3]^+ \quad + 2\,F^-$$

Als einziges Beispiel für eine analoge Reaktion in wäßrigem Medium läßt sich die Umsetzung
von Alkaliamiden mit Wasser anführen:

$$NaNH_2 + 2\,H_2O \longrightarrow Na^+ + [NH_4]^+ + 2\,OH^-$$

Doch verläuft hier die Umsetzung entsprechend dem Gleichgewicht

$$NH_4^+ + OH^- \rightleftharpoons NH_3 + H_2O$$

nur unvollständig.

Bei verschiedenen sauerstoffhaltigen Anionen treten noch weitere Reaktionen mit Fluorwasserstoff ein. Sulfate liefern überwiegend Fluorsulfonsäure:

$$K_2SO_4 + 4\,HF \longrightarrow 2\,K^+ + HSO_3F + H_3O^+ + 3\,F^-$$

Chromate geben rotes, flüchtiges Chromylfluorid, CrO_2F_2, Permanganate smaragdgrüne MnO_3F (WIECHERT, 1950).

Die einzigen lösungsmittelfremden Anionen, die in größerer Konzentration in Fluorwasser stoff auftreten können, sind das Perchlorat- und Perjodatanion.

Zusammenfassend ergibt sich, daß mit Ausnahme der beiden zuletzt genannten Anione: alle anderen lösungsmittelfremden Anionen in Fluorwasserstoff fast vollständig Solvolyse erleiden. Darum lassen sich in diesem Lösungsmittel keine Fällungs- un Neutralisationsreaktionen wie in Ammoniak oder Schwefeldioxid durchführen.

Es sei noch darauf hingewiesen, daß die Einführung von Fluor in organische aliphatisch Verbindungen durch Umsetzung der entsprechenden Halogenverbindungen mit wasserfreien Fluorwasserstoff in Gegenwart von Antimontrifluorid glatt erfolgt, z. B. die Herstellung vor „Freon" (Verdampfungsmittel in Eismaschinen):

$$CCl_4 + 2\,HF \longrightarrow CCl_2F_2 + 2\,HCl$$

Auch zu Alkylierungsreaktionen wird heute Fluorwasserstoff in großtechnischem Ausmaß herangezogen.

Weitere wasserfreie Lösungsmittel

Bromtrifluorid ist nicht nur ein gutes Fluorierungsmittel für Fluorierungen in flüssiger Phase, sondern auch ein ionisierendes Lösungsmittel für viele Fluoride. Die Löslichkeit von Fluoriden in Bromtrifluorid geht annähernd parallel mit der im Wasser.

Bromtrifluorid zeigt eine verhältnismäßig hohe Eigenleitfähigkeit von $8 \cdot 10^{-3}\,\Omega^{-1} \cdot cm^{-1}$ (bei 25 °C), die auf eine Eigendissoziation zurückzuführen ist:

$$2\,BrF_3 \rightleftharpoons BrF_2^+ + BrF_4^-$$

In der gleichen Weise, wie Oxide mit Wasser Säuren oder Basen geben, lagert sich Brom trifluorid an viele Fluoride an unter Bildung der „säureanalogen" Difluorobromonium verbindungen, z. B.

$$BrF_3 + SbF_5 = [BrF_2][SbF_6]$$

oder unter Bildung der „basenanalogen" Tetrafluorobromate

$$BrF_3 + AgF = Ag[BrF_4]$$

zwischen denen neutralisationsanaloge Umsetzungen unter Bildung neuer komplexer Fluoride möglich sind:

$$[BrF_2][SbF_6] + Ag[BrF_4] = Ag[SbF_6] + 2\,BrF_3$$

Da Bromtrifluorid zugleich fluorierend wirkt, kann man zur Darstellung komplexer Fluoride oft auch von den Metallen oder ihren Oxiden oder Salzen ausgehen. So geben Gold und Silber mit Bromtrifluorid über die intermediär gebildeten Fluoride AgF und AuF_3 und die Verbindungen $AgBrF_4$ und $(BrF_2)AuF_4$ letzten Endes die Komplexverbindung $Ag[AuF_4]$. Entsprechend führt die Einwirkung von Bromtrifluorid auf Silber und Vanadin(III)-chlorid zu $AgVF_6$. (H. J. EMELEUS, A. A. WOOLF, V. GUTMANN, 1948—1951).

Auch in den anderen, am Anfang dieses Kapitels aufgezählten Lösungsmitteln lassen sich zwischen säureanalogen und basenanalogen Verbindungen, die die positiven bzw. negativen Ionen des Lösungsmittels abdissoziieren können, neutralisationsanaloge Umsetzungen durch führen. Gleichfalls sind in diesen Lösungsmitteln die Erscheinungen der Solvolyse beobachtet und gelegentlich zur präparativen Darstellung mit Erfolg benutzt worden, wie z. B. zur Darstellung wasserfreier Nitrate aus Acetaten in *Salpetersäure* oder wasserfreier Acetate aus Chloriden in *Essigsäureanhydrid* (G. JANDER, 1943 bis 1949).

Der feste Zustand

Raumgitter

Die Kristallographen waren schon von jeher bemüht, die natürlich vorkommenden festen Verbindungen nach ihrer äußeren Erscheinung systematisch zu ordnen. Man kam schließlich zu der Einsicht, daß die regelmäßige äußere Erscheinung der Kristalle durch eine periodische Anordnung der Atome im Innern bedingt sein müsse mit einer Symmetrie, die der äußeren Erscheinung nicht widersprechen dürfe. Die Atome des Kristalls bilden also nicht ein regelloses Durcheinander, sondern ein für jeden Kristall charakteristisches räumliches Gitter, das *Raumgitter* (A. BRAVAIS).

Die kleinste Einheit dieses Raumgitters, die alle Symmetrieelemente des ganzen Raumgitters schon enthält und daher zur Beschreibung der Atomanordnung des Gitters genügt, nennt man die *Elementarzelle*. In den Abbildungen der Gitterstrukturen wird meistens nur die Elementarzelle angegeben. Ihre Abmessungen sind die Gitterkonstanten.

Nun ist aus der Optik bekannt, daß ein Strichgitter, mit Licht aus einer punktförmigen Lichtquelle bestrahlt, eine Anzahl punktförmiger Gitterspektren liefert, unter der Voraussetzung, daß die Wellenlänge des Lichts von ähnlicher Größenordnung ist wie die Abstände der Striche im Gitter.

In analoger Weise erzeugen auch Punktgitter und die allerdings optisch bisher nicht benutzten Raumgitter unter den angeführten Bedingungen Gitterspektren. Wenn man demnach einen Kristall mit einer Lichtart bestrahlt, deren Wellenlänge von gleicher Größenordnung ist wie die Abstände der Atome bzw. Moleküle des Kristalls, so müssen sich hinter dem Kristall Gitterspektren zeigen. In der älteren Kristalloptik beobachtete man aber keine derartige Erscheinung, weil die Wellenlängen des sichtbaren Lichts viel größer sind als die Abstände der Atome in den Kristallen. Dagegen besitzen wir in den Röntgenstrahlen eine sehr kurzwellige Lichtart, deren Wellenlänge von gleicher Größenordnung ist wie die Atomabstände, nämlich 10^{-8} cm $= 1$ Å. Läßt man also einen Röntgenstrahl auf einen Kristall fallen, so erhält man, wie dies v. LAUE gezeigt hat (1912), auf einer dahinter aufgestellten photographischen Platte Gitterspektren durch Interferenz des Röntgenlichts im Raumgitter des Kristalls. Aus der Anordnung und der Intensität dieser Spektren ist es in vielen Fällen möglich, eindeutige Schlüsse über die Anordnung der Atome zu ziehen und ihre Abstände zu berechnen.

Vorteilhaft ist es hierbei, mit monochromatischem Röntgenlicht zu arbeiten und einen gut ausgebildeten Kristall in besonders bevorzugten kristallographischen Richtungen zu durchstrahlen (*Drehkristallverfahren* nach BRAGG und POLANYI). Doch gelingt es auch oft bei mikrokristallinen Substanzen mit einem etwas abgeänderten Verfahren, die Kristallstruktur zu bestimmen (*Debye-Scherrer-Verfahren*).

Man erhält aber nur dann scharf ausgeprägte Interferenzbilder, wenn eine große Zahl von Atomen regelmäßig angeordnet ist, nicht aber bei regelloser Lagerung in amorphen Körpern oder in Flüssigkeiten. Diese geben nur ganz unscharfe, verwaschene Interferenzen, die annähernd dem mittleren Abstand der regellos gelagerten oder sich durcheinander bewegenden Moleküle entsprechen.

Die Anzahl der wirklich amorphen („röntgenamorphen") festen Stoffe ist übrigens viel kleiner, als man bisher angenommen hat. Die Röntgenoptik zeigt, daß z. B. die schwarzen Formen des Kohlenstoffs und die kolloiden Metalle aus kleinen unsichtbaren Kristallen bestehen und daß auch die aus der analytischen Chemie bekannten sulfidischen oder hydroxidischen Niederschläge kristalliner Natur sind, oder doch in kurzer Zeit sich kristallinisch ordnen.

Je nach der Art der Gitterbausteine und der zwischen ihnen herrschenden Bindungs
kräfte unterscheidet man:

> Ionengitter
>
> Molekülgitter
>
> Atomgitter
>
> Metallgitter

In manchen Fällen ist die Zuordnung eines Strukturtyps zu einer dieser Klassen mit
einer gewissen Willkür verbunden, da es Strukturen gibt, die Übergänge zwischen
diesen Klassen darstellen und die besonders dann auftreten, wenn im Kristall zwischen
den Gitterbausteinen verschiedenartige Bindungen nebeneinander vorliegen.

Im folgenden soll ein kurzer zusammenfassender Überblick über die wichtigsten, an
verschiedenen Stellen dieses Buches besprochenen Strukturen gegeben werden.

Ionengitter

In den Ionengittern sind die Gitterplätze von positiven und negativen Ionen derart
besetzt, daß jedes Ion von einer bestimmten Anzahl entgegengesetzt geladener Ionen
umgeben ist. Für jedes Ionengitter ist somit eine Koordinationszahl charakteristisch.
Deshalb spricht man auch von Koordinationsgittern. Wie bei den Komplexen sind
die Zahlen 6, 8 und 4 bevorzugt. Welche Koordinationszahl auftritt, hängt auch hier
im wesentlichen von den Größenverhältnissen von Kation zu Anion und der Ladung
der Ionen ab (siehe unten).

Ionenradien

Man kann in erster Annäherung annehmen, daß die Ionengitter aus starren Kugeln aufgebaut
sind, die sich berühren. Diese Vorstellung ist durch die Bestimmung der Elektronendichte im
NaCl-Gitter (vgl. Abb. 44, S. 209) befriedigend bestätigt worden. Kennt man von einem Ion
die wirkliche Größe, so kann man die röntgenographisch bestimmten Partikelabstände auf
Kation und Anion aufteilen und Ionenradien errechnen. Auf der Grundlage der Werte für
das F^--Ion und das O^{2-}-Ion, deren Größe aus refraktometrischen Messungen ungefähr
bekannt war (WASASTJERNA, 1923), hat V. M. GOLDSCHMIDT (1926) die Radien der wichtigsten
Ionen ermittelt (vgl. die folgende Tabelle). Unabhängig davon sind auf theoretischem Wege
von PAULING (1927) sämtliche Ionenradien berechnet worden, die mit den Werten von
GOLDSCHMIDT im allgemeinen gut übereinstimmen.

Nach den genauen Messungen der Elektronendichte im NaCl- und LiF-Kristall von WITTE
und WÖLFEL (vgl. Abb. 44) dürften die Werte einer Korrektur bedürfen, die aber für den
praktischen Gebrauch nicht ins Gewicht fällt.

Die so ermittelten Ionenradien sind auch nicht als unveränderliche Größen anzusehen. Es hat
sich gezeigt, daß man in Gittern mit der Koordinationszahl 8 um etwa 3 % größere, in
Gittern mit der Koordinationszahl 4 um 6 % kleinere Werte annehmen muß. Merkliche
Verkürzungen der Ionenabstände treten auch bei Vorliegen starker Polarisationseffekte auf.

Cäsiumchloridgitter

Die Koordinationszahl 8 bestimmt den Aufbau des Cäsiumchloridgitters, in dem jedes
Ion von 8 entgegengesetzt geladenen Ionen in Form eines Würfels umgeben ist (vgl.
Abb. 80, S. 420). Diese Struktur tritt nur bei den großen, einwertigen Kationen Cs^+, Tl^+
und NH_4^+ auf, siehe die Beispiele S. 420.

Geometrisch läßt sich berechnen, daß das CsCl-Gitter bei einem Radienverhältnis von Kation
zu Anion, das kleiner ist als 0,73, nicht mehr stabil sein kann, weil dann kein Kationen-

Empirische Ionenradien (in Å) nach V. M. GOLDSCHMIDT für die Koordinationszahl 6
in Strukturen des NaCl-Typus.

Ladung	Kationen											
1 +	Li	Na	K	Rb	Cs	NH₄	Tl	Ag				
	0,78	0,98	1,33	1,49	1,65	1,43	1,49	1,13				
2 +	Be	Mg	Ca	Sr	Ba	Zn	Cd	Hg	Mn	Fe	Co	Ni	Pb
	0,34	0,78	1,06	1,27	1,43	0,83	1,03	1,12	0,91	0,83	0,82	0,78	1,32
3 +	Al	Sc	Y	La	Ga	In	Tl	Cr	Mn	Fe		¹)
	0,57	0,83	1,06	1,22	0,62	0,92	1,05	0,64	0,70	0,67		
4 +	Si	Ti	Zr	Ce	Ge	Sn	Pb	V	Mn	Mo	W	U	Th
	0,39	0,64	0,87	1,02	0,44	0,74	0,84	0,61	0,52	0,68	0,68	1,05	1,10

¹) Die Ionenradien der dreiwertigen Seltenen Erden siehe S. 709.

Ladung	Anionen			
1 —	F	Cl	Br	J
	1,33	1,81	1,96	2,20
2 —	O	S	Se	Te
	1,32	1,74	1,91	2,11

Anionenkontakt mehr besteht. Tatsächlich wird diese Grenze von den im Cäsiumchloridgitter kristallisierenden Verbindungen auch nicht unterschritten.

Natriumchloridgitter

Die Koordinationszahl 6 findet sich im Natriumchloridgitter, dem verbreitetsten Vertreter eines Ionengitters (Abb. 22, S. 61). Hier ist jedes Ion oktaedrisch von 6 anderen Ionen umgeben. Jede Ionenart bildet für sich ein flächenzentriertes kubisches Gitter (kubisch dichte Packung, vgl. Abb. 74, S. 408). Da die Anionen — mit Ausnahme des F^--Ions — stets beträchtlich größer sind als die Kationen, kann man das NaCl-Gitter als eine dichte Packung der Anionen auffassen, in deren Lücken die kleineren Kationen eingefügt sind.

In der NaCl-Struktur kristallisieren:

die Halogenide von Li, Na, K, Rb; NH₄Cl (oberhalb 138 °C), NH₄Br (oberhalb 186 °C), AgF, AgCl, AgBr;

die Hydride der Alkalimetalle,

die Oxide, Sulfide, Selenide von Mg, Ca, Sr, Ba; ferner CdO, CoO, FeO, MnO, MnS (grün); NiO, PbS.

Natriumchloridstruktur besitzen ferner auch Salze mit komplexem Anion, z. B. NaClO₃ und NaBrO₃ und die Hochtemperaturmodifikationen der Alkaliperchlorate, MeClO₄. Die Plätze der Cl^--Ionen des NaCl-Gitters sind hier von den Schwerpunkten der Anionen ClO_3^-, BrO_3^- bzw. ClO_4^- besetzt.

Eine infolge der flachen Gestalt der CO_3^{2-}-Ionen zum Rhomboeder deformierte NaCl-Struktur liegt schließlich beim Kalkspat vor (vgl. dazu S. 484 mit Abb. 89).

Nickelarsenidgitter

Der Koordinationszahl 6 begegnet man auch bei der Nickelarsenidstruktur (Abb. 99, S. 587), die sich bei den Chalkogeniden der Übergangselemente und bei intermetallischen

Verbindungen findet. Doch bilden hier im Gegensatz zum NaCl-Gitter die Anionen eine hexagonal dichteste Kugelpackung. Die NiAs-Struktur ist aber keinesfalls meh zu den reinen Ionengittern zu rechnen, sondern stellt einen Übergang einerseits z den Atomgittern, andererseits zu den metallischen Gittern dar, vgl. dazu S. 586.

Zinkblendegitter und Wurtzitgitter

Geometrische Überlegungen führen, ähnlich wie beim CsCl-Gitter, für das NaCl-Gitte zu einer unteren Stabilitätsgrenze, die bei einem Radienverhältnis $r_{Kation} : r_{Anion} = 0,4$ liegt. Bei kleinerem Radienverhältnis treten dann vielfach das Zinkblendegitter (Abb 59, S. 312) oder das Wurtzitgitter auf, die beide durch die Koordinationszahl 4 charak terisiert sind und sich nur durch die Symmetrie unterscheiden. Die Tatsache, daß di Partikelabstände der in der Blende- oder Wurtzitstruktur kristallisierenden Verbin dungen stets sehr viel kleiner sind als die Summe der Ionenradien nach GOLDSCHMID1 deutet auf einen Übergang von der Ionen- zur Atombindung in diesen Gittern hin Zinkblendestruktur besitzen u. a.: BeS, CdS, CdSe, HgS (schwarz), ZnS, ZnSe, CuCl, CuBr CuJ und AgJ.

Wurtzitstruktur findet sich bei: BeO, ZnO, ZnS, CdS, CdSe, AlN, GaN, InN und NH_4F

Calciumfluoridgitter

Während in den bisher besprochenen Ionengittern der allgemeinen Zusammensetzung AB beide Ionenarten stets die gleiche Koordinationszahl besitzen, sind die Ionengitter von Verbindungen des Typus AB_2 durch 2 Koordinationszahlen gekennzeichnet, da in der Elementarzelle doppelt soviel B- wie A-Ionen vorhanden sein müssen.

Sehr verbreitet ist das Calciumfluoridgitter (Fluoritgitter) mit den Koordinationszahlen 8 und 4 siehe Abb. 88, S. 480. Es findet sich bei Difluoriden und Dioxiden mit großem Kation, siehe die Beispiele S. 480.

Auch zahlreiche Komplexverbindungen, wie $[Ni(NH_3)_6]X_2$, $[Co(NH_3)_6]X_2$, $[Cd(NH_3)_6]J_2$ u. a. m. besitzen Fluoritstruktur. Hier besetzt das große komplexe Kation als Ganzes die Plätze der Ca^{2+}-Ionen.

Weiterhin findet sich die CaF_2-Struktur bei den Oxiden, Sulfiden und Seleniden der Alkalimetalle, Me_2X und bei Komplexverbindungen, wie $K_2[PtCl_4]$, $(NH_4)_2[PtCl_6]$, $K_2[SnCl_6]$, $K_2[SiF_6]$, $Rb_2[SbCl_6]$, $(NH_4)_2[PbCl_6]$ und vielen anderen. In diesen Ver bindungen besetzen die Kationen die Plätze der F^--Ionen und die komplexen Anionen die Plätze der Ca^{2+}-Ionen (*Antifluorittypus*).

Rutilgitter

Mit abnehmendem Radienverhältnis $r_{Kation} : r_{Anion}$ tritt ein neues Gitter mit den kleineren Koordinationszahlen 6 und 3 auf, das Rutilgitter, Abb. 101, S. 612. Im Rutil gitter kristallisieren die Difluoride mit kleinem Kation, wie MgF_2, ZnF_2, NiF_2 und die Dioxide TiO_2, SnO_2, PbO_2, MnO_2, TeO_2. In den Verbindungen VO_2, MoO_2 und WO_2, deren Kationen 1 bzw. 2 d-Elektronen besitzen, ist das Rutilgitter monoklin verzerrt.

Bei sehr kleinem Kation haben nur noch 4 Anionen Platz um das Kation. Dies führt zu Strukturen mit den Koordinationszahlen 4 und 2, wie sie im Quarz, Tridymit oder Cristobalit (siehe Abb. 69, S. 368) vorliegen. Ähnlich wie bei der Zinkblende- und Wurtzitstruktur liegen auch in diesen Strukturen keine reinen Ionen mehr vor. Die Bestimmung der Elektronendichte im Quarz spricht deutlich für einen Übergang von der Ionen- zur Atombindung (BRILL, HERMANN, PETERS, 1939).

Schichtengitter

Wenn die Polarisationswirkungen zwischen Kation und Anion merklich werden, so erfolgt eine Aufspaltung des Koordinationsgitters, und es kommt zur Ausbildung eines Schichtengitters, vgl. Abb. 86, S. 470 und Abb. 100, S. 587 (CdJ$_2$-Struktur). Man kann ein solches Schichtengitter auffassen als ein nur noch zweidimensionales Koordinationsgitter — innerhalb der Schichten hat jedes Kation die Koordinationszahl 6, und jedes Anion gehört zu 3 Kationen —, während senkrecht zu den Schichten der Aufbau den Molekülgittern entspricht. Die schwachen Kräfte zwischen den einzelnen Schichtpaketen, XMeX, führen dazu, daß die Kristalle bevorzugt in Richtung der Schichtebenen wachsen und daher blättchenförmige Gestalt besitzen und daß die Kristalle parallel zu den Schichtebenen leicht spaltbar sind.

Das kaum polarisierbare F$^-$-Ion bildet in den Difluoriden mit großem Kation noch ein reines Koordinationsgitter (CaF$_2$), aber die Chloride, Bromide und Jodide sowie die Hydroxide der zweiwertigen Metalle mit kleinem Kation (Mg, Co, Ni, Fe) und ebenso die Disulfide und Diselenide mit den großen, leicht polarisierbaren Anionen S^{2-}, Se^{2-}, bilden fast ausnahmslos Schichtengitter.

Bei extremem Radienverhältnis und sehr starken Polarisationswirkungen geht die Aufspaltung des Gitters noch weiter. Es heben sich dann AB$_2$-Gruppen als Moleküle heraus, und die Ionenbindung ist in eine mehr oder weniger starke polare Atombindung übergegangen. Beispiele hierfür sind CO$_2$, CS$_2$.

Bei den Verbindungen vom Typus AB$_3$ treten Koordinationsgitter nur noch bei geringen Polarisationswirkungen zwischen Kation und Anion auf, so bei einigen Fluoriden, wie BiF$_3$, AlF$_3$, ScF$_3$, FeF$_3$, CoF$_3$ und den Trioxiden WO$_3$, ReO$_3$. Die Struktur des ReO$_3$ und ScF$_3$ ist sehr ähnlich der des Perowskits (Abb. 102, S. 613) unter Weglassung des Ca^{2+}-Ions in der Mitte der Elementarzelle.

Bei den Trichloriden, -bromiden und -jodiden bewirkt dagegen die Polarisation die Ausbildung von Schichtengittern, zu denen z. B. CrCl$_3$ oder FeCl$_3$ mit ihren blättchenförmigen Kristallen gehören. Der Aufbau dieser Gitter ist dem CdJ$_2$ nahe verwandt, jedoch bilden die Kationen kein Dreiecknetz, sondern ein Sechsecknetz.

Auch die Kristalle vieler Hydroxide, Me(OH)$_2$, bestehen aus Schichtengittern (siehe Abb. 86, S. 470). Zwischen zwei Schichten aus OH$^-$-Ionen in dichter Dreieckpackung ist eine Schicht von Metall-Ionen in derselben Ordnung eingefügt. Bei Hydrargillit und Bayerit, Al(OH)$_3$, liegen die Metall-Ionen in Sechsecknetzen zwischen den beiden OH-Schichten. Nadeleisenerz und Diaspor, Böhmit und Rubinglimmer haben jeweils die gleichen Strukturen, und zwar den Me(OH)$_2$-Kristallen ähnliche Schichtengitter. Doch gibt es auch Hydroxide, die nicht in Schichtgittern, sondern in dreidimensionalen Koordinationsgittern kristallisieren, wie dies für Be(OH)$_2$ sowie für die Hydroxide von In, Sc, Y, La und der Seltenen Erden von FRICKE und SEITZ (1947) nachgewiesen wurde.

Gitterenergie

Unter der Gitterenergie versteht man die Energie, die notwendig ist, um 1 Mol einer kristallisierten Verbindung in die einzelnen Gitterbausteine, also Ionen, Moleküle oder Atome, aufzuspalten. Die Gitterenergie spielt bei allen denjenigen Vorgängen und Eigenschaften eine Rolle, bei denen die Gitterbausteine aus dem Gitterverband gelöst werden, so bei der Sublimation, beim Schmelzen und beim Lösen. Auch die Härte der Kristalle wird durch die Gitterenergie bestimmt. Bei den reinen Ionenverbindungen, wie Natriumchlorid oder Calciumfluorid, ist die Gitterenergie ganz überwiegend durch die elektrostatische Wechselwirkung zwischen den Ionen bestimmt und erreicht, da die elektrostatischen Kräfte sehr beträchtlich sind, hohe Werte. Dementsprechend sind Ionenverbindungen schwer flüchtig, zeigen hohe Schmelz- und Siedepunkte, und ihre Kristalle sind hart.

Bei den in Schichtengittern kristallisierenden Verbindungen wird die Gitterenergie klein sein als bei den reinen Koordinationsgittern. Deshalb sind diese Verbindungen wenige schwer flüchtig.

Molekülgitter

Ein von den Ionengittern grundsätzlich abweichendes Bauprinzip zeigen die Moleküi gitter, in denen sich einzelne Moleküle als besondere Baugruppen hervorheben, wobe der Abstand zwischen den Atomen eines Moleküls kleiner ist als der zwischen Atome benachbarter Moleküle. Ein Beispiel für ein Molekülgitter bringt die Abbildung de Struktur des Jods (Abb. 49, S. 244). In Molekülgittern kristallisieren von den Elementen Schwefel (S_8-Moleküle), Phosphor (P_4-Moleküle), die Halogene und Stickstoff, Sauer stoff und Wasserstoff im festen Zustand. Auch bei einer Reihe leicht flüchtiger Ver bindungen ist die Bildung von Molekülgittern nachgewiesen worden, z. B. bei CC CO_2, Hg_2Cl_2, As_4O_6 (Abb. 56 S. 293), CBr_4, CJ_4, SnJ_4, WCl_6, $Cr(CO)_6$, $Mo(CO)$ und $W(CO)_6$. Vor allem aber bildet die große Mehrzahl der organischen Verbindunger Molekülgitter.

Die Ausbildung von reinen Koordinationsgittern ist schon bei Verbindungen des Typus AB_4 wie den Tetrahalogeniden, im allgemeinen nicht mehr möglich, weil dann sehr hohe Koordi nationszahlen auftreten müßten (mindestens 8), die bei den meist kleinen Zentralatomer nicht verwirklicht werden können: bei den Verbindungen vom Typ AB_5, AB_6 usw. sinc Koordinationsgitter aus dem gleichen Grunde ausgeschlossen.

Es ist allerdings auch möglich, daß im Gitter an Stelle einzelner Moleküle AB_x in einer Richtung ein oder mehrere B-Atome 2 A-Atomen gemeinsam angehören, d. h. daß ein Teil der B-Atome Brücken zwischen den A-Atomen bildet und Molekülketten entstehen. Ein solcher Fall liegt z. B. im UCl_5 vor. Jedes U-Atom ist von 6 Cl-Atomen oktaedrisch umgeben, wobei nur 4 Cl-Atome zu einem U-Atom allein gehören, die beiden anderen dagegen Brücken zu den benachbarten U-Atomen bilden. Durch die Bildung einer solchen Ketten- oder Fadenstruktur wird eine Erhöhung der Koordinationszahl erreicht (vgl. dazu auch die Struktur der Al_2Cl_6-Moleküle, S. 516, des SiS_2, S. 385 oder des $Be(CH_3)_2$, S. 402).

Ähnliche Kettenstrukturen bilden sehr wahrscheinlich die asbestartige Modifikation des SO_3 und das CrO_3. Hier bilden die O-Atome um das Zentralatom Tetraeder, die miteinander über je ein gemeinsames Sauerstoffbrückenatom zu einer endlosen Kette verbunden sind.

Dem verhältnismäßig großen Abstand zwischen den Molekülen in den Molekülgittern entsprechen geringe Gitterenergien. Daher sind solche Stoffe leicht flüchtig und zeigen niedere Schmelz- und Siedepunkte, und ihre Kristalle sind weich. Man kann umgekehrt mit ziemlicher Sicherheit aus der Flüchtigkeit einer Verbindung auf das Vorliegen eines Molekülgitters zurückschließen.

Atomgitter

Der reinste Vertreter eines Atomgitters ist der Diamant (siehe Abb. 59, S. 312). Diese Struktur findet sich bei den Elementen der IV. Gruppe C, Si, Ge und Sn (grau). Die Gitterpunkte sind durch Atome besetzt, wobei jedes Atom im Mittelpunkt eines Tetraeders liegt und durch 4 Elektronenpaare mit seinen 4 Nachbarn verbunden ist.

Die gleiche Struktur findet sich auch bei Verbindungen von Elementen aus der III. oder II. oder I. Gruppe mit Elementen aus der V. bzw. VI. bzw. VII. Gruppe. Ausgehend z. B. vom Germanium erhält man so die Reihe: Ge, GaAs, ZnSe, CuBr. Damit ist der Übergang von der Diamantstruktur zur Zinkblendestruktur vollzogen Charakteristisch ist, daß in dieser Reihe von Verbindungen mit gleicher Gesamtelektronenzahl die Abstände der Atome fast konstant bleiben. Etwas Ähnliches ist bei reinen Ionenverbindungen, wie etwa NaCl—MgO, nicht zu finden, und man muß daraus folgern, daß in den Verbindungen mit Zinkblendestruktur keine reine Ionenbindung mehr vorliegt.

Die in der Diamantstruktur kristallisierenden Elemente vervollständigen durch die 4 Atombindungen ihre Elektronenkonfiguration zum Oktett. Auch bei den Elementen der V. und VI. Gruppe bestimmt das Bestreben zur Vervollständigung des Oktetts die Struktur. Dies wird bei den metallischen Modifikationen von As und Sb und bei Bi, deren Atome 5 Außenelektronen besitzen, dadurch erreicht, daß jedes Atom nur noch mit 3 Nachbarn durch Atombindung verbunden ist. Hierdurch kommt es zur Ausbildung von Schichtenstrukturen (siehe Abb. 55). Bei Se und Te mit je 6 Elektronen wird das Oktett schon bei Bindung an nur 2 Nachbarn erreicht. Die Atome dieser Elemente bilden daher im Gitter Ketten (siehe Abb. 39); doch sind bei diesen Elementen in der V. und VI. Gruppe die Atombindungen nur schwach, und die Elektronen können sich z. T. frei im Gitter bewegen, wie es die metallische Leitfähigkeit zeigt.

Die Atome der Elemente der VII. Gruppe — die Halogene — benötigen schließlich nur noch einen Partner zur Auffüllung ihrer Elektronenschale und bilden daher reine Molekülgitter mit X_2-Molekülen.

Eine Besprechung der Metallgitter kann an dieser Stelle unterbleiben, da diese Gitter bei den Metallen (siehe S. 407) und Legierungen (siehe S. 577) schon ausführlicher behandelt worden sind.

Isomorphie und Isotypie

Der Begriff der Isomorphie ist von MITSCHERLICH (1819) am Beispiel der Phosphate und Arsenate (siehe S. 295) entwickelt worden und bezog sich auf die Eigenschaft, daß zwei Stoffe bei analoger Zusammensetzung in demselben Kristallsystem mit sehr ähnlichen Winkeln der Flächen kristallisieren und die Fähigkeit besitzen, Mischkristalle zu bilden. Auf Grund unserer Kenntnis vom Bau der Kristalle werden wir die Definition schärfer fassen können und sagen: Isomorph sind Kristallarten von gleichem (oder ganz ähnlichem) Formel- und Strukturtypus, die zur Bildung homogener Mischkristalle befähigt sind und somit das Kennzeichen engster chemischer Verwandtschaft tragen (v. GROTH, 1874, STRUNZ, 1936).

Als Beispiel für Isomorphie seien außer den schon erwähnten Phosphaten und Arsenaten die Alaune, ferner die Salzpaare $CaCO_3$—$SrCO_3$—$BaCO_3$, $CuSO_4$—$ZnSO_4$, NaCl—AgCl, $BaSO_4$—$KMnO_4$ und die Elemente Ag—Au genannt. Wie man sieht, können auch chemisch recht verschiedene Verbindungen, wie $BaSO_4$ und $KMnO_4$, isomorph sein. Wir haben bei den Ionengittern schon darauf hingewiesen, daß diese in ihrem Bau von der Anzahl und der relativen Größe der Ionen bestimmt werden, wobei der chemische Charakter der Ionen weniger wichtig ist. Die beiden Ionen SO_4^{2-} und MnO_4^- sind fast gleich groß, weil die Größe dieser tetraedrischen Gebilde fast nur durch die 4 O^{2-}-Ionen bestimmt ist. Da sich auch die K^+- und die Ba^{2+}-Ionen in der Größe nicht sehr wesentlich voneinander unterscheiden, kommt es bei beiden Verbindungen zur Ausbildung des gleichen Strukturtypus, in dem jetzt K^+ durch Ba^{2+} und MnO_4^- durch SO_4^{2-} ersetzbar sind.

Mischkristallbildung, die nach obiger Definition ein Kriterium der Isomorphie ist, kann also nur bei ähnlichen Ionen- oder Atomradien der sich gegenseitig vertretenden Partikeln erfolgen, wobei die Differenz der Radien maximal etwa 15 % betragen kann.

Auch einzelne Ionen können sich bei ähnlicher Größe gegenseitig im Gitter vertreten, z. B. Mg und Fe im Olivin, $(Mg, Fe)SiO_4$, und vielen Silicaten, oder Fe, Co, Ni in Sulfiden und Arseniden, z. B. $(Fe, Ni, Co)S_2$, Fe und Mn im $(Fe, Mn)_3O_4$, Ce, Th und U sowie Nb und Ta im Äschynit u. v. a. Schließlich können auch Ionenpaare mit gleicher Wertigkeitssumme einander teilweise ersetzen, z. B. $Na + Si \rightleftharpoons Ca + Al$ in den Mineralen der Feldspatgruppe. Diese isomorphe Vertretbarkeit (*Diadochie* nach STRUNZ) erklärt die oft sehr variable Zusammensetzung vieler Minerale.

Sind die Abweichungen zwischen den Ionen- oder Atomradien oder in den Polarisationseigenschaften größer, so erfolgt auch bei Verbindungen des gleichen Strukturtyp keine Mischkristallbildung. Dies ist z. B. bei NaF und NaJ oder bei MgS und PbS der Fall. Solche Kristalle, die zwar zum gleichen Formel- und Strukturtypus gehören, aber zur Mischkristallbildung in merklichem Umfang nicht mehr befähigt sind, nennt man *isotyp* (RINNE, 1894, HLAWATSCH, 1913, STRUNZ, 1936). Der Begriff der Isotypie ist also weitreichender und allgemeiner als der der Isomorphie.

Die Beispiele für Isotypie sind sehr zahlreich, angeführt seien hier nur: NaCl—MgO—PbS—TiC (Natriumchloridstruktur); BeS—ZnS—HgS—CuCl—SiC (Zinkblendestruktur).

Besondere Verhältnisse liegen vor, wenn zwei Verbindungen, die nicht dem gleichen Formel- und Strukturtypus angehören, Mischkristalle bilden. Ein gut untersuchtes Beispiel bildet das Paar CaF_2—YF_3 (GOLDSCHMIDT, 1926, ZINTL, 1939). Calciumfluorid kann bis zu 25 Mol-$^0/_0$ YF_3 unter Erhaltung der Flußspatstruktur aufnehmen. Hierbei werden die Ca^{2+}-Ionen schrittweise durch die gleich großen Y^{3+}-Ionen ersetzt und die zusätzlichen F^--Ionen in Lücken des Gitters eingebaut. Solche Lücken finden sich in der Mitte der aus F^--Ionen gebildeten Würfel, die nicht von Ca^{2+}-Ionen besetzt sind (vgl. dazu Abb. 88, S. 480). Wenn im CaF_2-Gitter alle Lücken durch F^--Ionen besetzt sind, dann liegt ein neuer Strukturtyp vor, wie er sich bei manchen Trifluoriden findet (BiF_3-Typus). Die Mischkristallbildung zwischen CaF_2 und YF_3 beruht also auf der nahen strukturellen Verwandtschaft zweier Gitterstrukturen. Ein ganz ähnlicher Fall liegt im System Nickel—Tellur vor, wo die nahe strukturelle Beziehung zwischen NiAs- und CdJ_2-Struktur zur Ausbildung nur einer einzigen Phase zwischen NiTe und $NiTe_2$ führt (vgl. dazu S. 587).

Während bei diesen beiden Beispielen die Mischkristallbildung durch Einlagerung von Ionen in Lücken des einen Gitters erfolgt, (CaF_2 bzw. NiTe), können auch Mischkristalle zwischen zwei strukturell verschiedenen Verbindungen unter Ausbildung von *Leerstellen* entstehen. So nimmt CeO_2 bis zu 44 Mol-$^0/_0$ La_2O_3 unter Erhalt der Struktur (CaF_2) auf. Hierbei werden die Ce^{4+}-Ionen durch La^{3+}-Ionen ersetzt und zum Ausgleich der Ladungen bleibt für je zwei in das Gitter eingetretene La^{3+}-Ionen ein Anionenplatz (O^{2-}) frei (ZINTL, 1939).

Das Auftreten von Leerstellen, und zwar sowohl im Kationen- als auch im Anionenteilgitter, erklärt auch die oft beträchtliche Phasenbreite der Chalkogenide der Übergangselemente, wie dies schon bei TiO, FeO, FeS und anderen Beispielen erwähnt worden ist, vgl. dazu S. 607 f.

Reaktionen im festen Zustand

Reaktionen im festen Zustand haben für viele technische Verfahren und Vorgänge große Bedeutung. Es sei nur an die Anfangsreaktionen bei der Bildung der keramischen Körper, z. B. des Porzellans, aus den Ausgangsstoffen Kaolin, Quarz und Feldspat erinnert, an die Bildung des Zementklinkers, an die Bildung der Spinelle aus den Oxiden oder an das Zundern der Metalle. Eingehend untersucht wurden die Reaktionen zwischen bzw. an festen Stoffen von J. A. HEDVALL, G. HÜTTIG, W. JANDER, G. TAMMANN,

C. TUBANDT und C. WAGNER. Aus dem sehr umfangreichen Untersuchungsmaterial sollen hier einige wichtige Ergebnisse beschrieben werden[1]).

Nach TAMMANN (1926) gilt die Faustregel, daß Reaktionen zwischen festen Oxiden oder Salzen etwa oberhalb 0,5 $T_{Schm.}$ ($T_{Schm.} \triangleq$ absolute Schmelztemperatur), zwischen Metallen schon oberhalb 0,3 $T_{Schm.}$ mit merklicher Geschwindigkeit beginnen.

Der erste Schritt einer Reaktion zwischen zwei festen Stoffen ist die Bildung einer dünnen Reaktionsschicht oder -haut an den Berührungsstellen der Kristalle. Die weitere Umsetzung ist nur möglich, wenn mindestens einer der beiden Reaktionspartner durch die Reaktionshaut diffundiert. Dabei kann der Materietransport an der Grenzfläche der Kristalle (Korngrenzendiffusion) oder auch durch das Kristallgitter erfolgen.

Die Reaktion im festen Zustand wird erleichtert, wenn nur sehr kleine Atome wandern müssen, z. B. der Kohlenstoff bei der Zementation des Eisens oder bei der Ausscheidung des Zementits aus dem γ-Eisen zum Perlit. Bei vielen Reaktionen wandern aus dem gleichen Grunde bevorzugt die Kationen, z. B. die Mg- und Al-Ionen bei der Bildung des Spinells, $MgAl_2O_4$, aus den Oxiden oder die Cu-Ionen und Fe-Ionen bei der Bildung der Anlaufschicht auf der Oberfläche der Metalle (C. WAGNER, 1938). Beim Silberjodid sind die im Vergleich zu den J-Ionen kleinen Ag-Ionen bei höherer Temperatur bereits so beweglich, daß die Verbindung ein gutes Ionen-Leitvermögen besitzt.

Die Diffusion im Innern der Kristalle verläuft meist an Fehlern des Kristallgitters. Wichtige Beispiele für solche Gitterfehler sind die folgenden:

In vielen Kristallen, besonders auch in Metallkristallen, sind *Versetzungen* von Gitterbereichen gegeneinander vorhanden, die Flächen oder Linien mit etwas größerem Ionenabstand für die Diffusion anbieten.

Eine andere Fehlordnung erwähnten wir schon im Abschnitt „Isomorphie und Isotypie". Bei ihr werden *Leerstellen* im Kationengitter dadurch ausgeglichen, daß ein entsprechender Teil der Kationen eine höhere Ladung besitzt. Zum Beispiel enthalten FeO und FeS zum Ausgleich der Leerstellen Fe^{3+}-Ionen (Abb. 120a).

Bei höherer Temperatur erhält jeder Kristall zusätzlich im Gleichgewicht mit der Temperatur Fehlordnungen. Dabei unterscheidet man:

Die *Frenkelsche Fehlordnung* (Abb. 120b), bei der Ionen, und zwar meist Kationen, auf Zwischengitterplätze gewandert sind und ihre ursprünglichen Plätze als Leerstellen hinterlassen haben. Sie tritt auf, wenn die Größe der Kationen

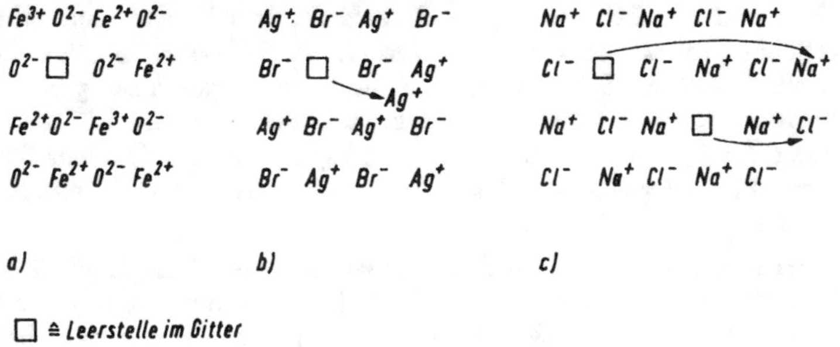

$Fe^{3+}\ O^{2-}\ Fe^{2+}O^{2-}$	$Ag^+\ Br^-\ Ag^+\ Br^-$	$Na^+\ Cl^-\ Na^+\ Cl^-\ Na^+$
$O^{2-}\ \square\ \ O^{2-}\ Fe^{2+}$	$Br^-\ \square\ \ Br^-\ Ag^+$	$Cl^-\ \square\ \ Cl^-\ Na^+\ Cl^-\ Na^+$
	$\searrow Ag^+$	
$Fe^{2+}O^{2-}\ Fe^{3+}\ O^{2-}$	$Ag^+\ Br^-\ Ag^+\ Br^-$	$Na^+\ Cl^-\ Na^+\ \square\ \ Na^+\ Cl^-$
$O^{2-}\ Fe^{2+}O^{2-}\ Fe^{2+}$	$Br^-\ Ag^+\ Br^-\ Ag^+$	$Cl^-\ Na^+\ Cl^-\ Na^+\ Cl^-$
a)	b)	c)

$\square \triangleq$ *Leerstelle im Gitter*

Abb. 120. Fehlordnung und Leerstellen im Kristallgitter
a) Beispiel für FeO, FeS, Cu_2O
b) Frenkelsche Fehlordnung
c) Schottkysche Fehlordnung

[1]) Für ein eingehenderes Studium sei auf K. HAUFFE, Reaktionen an und in festen Stoffen, Springer, 1955, verwiesen.

und Anionen sehr verschieden ist und wenn die Polarisation der Ionen groß ist, z. B. bei AgCl und AgBr. Als Beispiel sei erwähnt, daß der Anteil der Ag^+-Ionen auf Zwischengitterplätzen beim AgBr bei Zimmertemperatur 10^{-5} %, in der Nähe des Schmelzpunktes aber 1 % beträgt.

Die *Schottkysche Fehlordnung*, bei der sowohl Kationen- als auch Anionenplätze leer sind. Die austretenden Ionen lagern sich an die Oberfläche des Kristalls an (Abb. 120 c). Sie tritt z. B. bei den Alkalihalogeniden auf.

Als Beispiel für eine Reaktion im festen Zustand soll die von C. WAGNER (1938) sehr genau erforschte Bildung der Anlaufschicht aus Kupfer(I)-oxid auf Kupfer beschrieben werden.

Im Cu_2O-Gitter liegt die Fehlordnung vom Typ der Abb. 120 a vor. Ein Teil der Kationenplätze ist leer. Zum Ausgleich sind andere Kationenplätze mit Cu^{2+}-Ionen besetzt. Beim Wachsen der Anlaufschicht lagert sich Sauerstoff auf der Außenseite an. Dabei bleiben zunächst Kationenplätze leer. Vom Metall her wandern Cu^+-Ionen und Elektronen durch die Cu_2O-Schicht zur Sauerstoffseite.

Die Wanderung erfolgt im einzelnen dadurch, daß die Kationen-Leerstellen von benachbarten Cu^+-Ionen besetzt werden. Die Leerstellen wandern also dabei von der Sauerstoffseite zum Metall. Darum spricht man von einer Defektleitung. Die Elektronenwanderung erfolgt entsprechend von den Cu^+-Ionen zu den Cu^{2+}-Ionen.

Bei der Bildung der Anlaufschicht aus Zinkoxid auf Zink wandern dagegen nicht Leerstellen, sondern überschüssige Zn^{2+}-Ionen, die Zwischengitterplätze besetzen, und Elektronen vom Metall durch die Oxidschicht zur Sauerstoffseite.

Aktive feste Stoffe

Bei der Darstellung fester Stoffe erhält man diese oft zunächst in einem besonders „aktiven" Zustand, der sich z. B. in erhöhter Reaktionsfähigkeit, vermehrtem Adsorptionsvermögen und gesteigerter katalytischer Fähigkeit äußert. Hierfür ist es günstig, wenn die Bildung bei niederer Temperatur oder schnell vor sich geht, oder wenn Fremdsubstanzen die Kristallisation stören. Bekannt sind z. B. das pyrophore Eisen, das noch deutlich hygroskopische γ-Al_2O_3, die Aktivkohlen und Ruße, in gewissem Sinne auch die kolloiden Metalle, wie Gold, Silber oder Kupfer. An vielen bei der Entwässerung von Hydroxiden gewonnenen Oxiden, wie MgO, Fe_2O_3, ZnO, hat FRICKE (1943) diesen aktiven Zustand sehr sorgfältig untersucht.

Hierher gehört auch die Beobachtung, daß feste Stoffe während einer Modifikationsänderung erhöhte Reaktionsfähigkeit besitzen (*Hedvall-Effekt*). So zeigt z. B. die Oxydationsgeschwindigkeit von Schwefel durch Kaliumpermanganatlösung bei 95,5 °C, dem Umwandlungpunkt $\alpha \rightleftharpoons \beta$-Schwefel, ein ausgeprägtes Maximum. Ein weiteres Beispiel ist die Bildung des Spinells Thenardsblau, $CoAl_2O_4$, aus den Oxiden. Sie erfolgt im Umwandlungsgebiet des γ-Al_2O_3 in das α-Al_2O_3 von 900 . . . 1000 °C erheblich schneller (HEDVALL, 1937).

FRICKE wies nach, daß diese aktiven Stoffe einen erhöhten Energiegehalt besitzen, der sich z. B. als erhöhte Lösungswärme messen läßt. Die Erhöhung kann bis zu 10 kcal/Mol betragen. Dies führt oft zu meßbarer Verlagerung der Reaktionsgleichgewichte, an denen aktive Stoffe beteiligt sind. Das erste Beispiel brachte MITTASCH (1902) durch Messung des Gleichgewichts Ni + 4 CO $\rightleftharpoons$ Ni(CO)$_4$ an aktivem schwammförmigem Nickel gegenüber kompaktem Nickel. FRICKE konnte zeigen, daß viele Hydroxide, wie $Cu(OH)_2$ u. a., unter „normaler feuchter" Luft nur deswegen nicht zu den stabilen Oxiden entwässert werden, weil bei niederer Temperatur aus ihnen nur sehr energiereiche aktive Oxide entstehen können. Als besonders auffälliges Beispiel erhielt THIESSEN durch Reduktion von Goldoxid mit Wasserstoff ein aktives Goldpräparat, das noch bei 450 °C unter Sauerstoff chemisch leicht nachweisbare Mengen Goldoxid zurückbildete.

Ganz besondere Bedeutung besitzen die aktiven Stoffe als Katalysatoren, wovon insbesondere HÜTTIG viele Beispiele untersuchte. Auch das bei der Ammoniak-Synthese als Katalysator wirksame Eisen, das erst im Katalysatorrohr durch Reduktion von Eisenoxiden entsteht, ist so reaktionsfähig, daß es an die Luft gebracht sofort in Oxid übergeht.

Die Ursache für den aktiven Zustand liegt darin, daß infolge der niederen Temperatur, der schnellen Darstellung oder störender Fremdsubstanzen die aktiven Stoffe noch nicht die volle Regelmäßigkeit großer Kristalle erreicht haben. Sie können noch amorph sein, wie z. B. das leichter als der stabile Grauspießglanz lösliche orangerote Antimontrisulfid, oder sie können sehr geringe Kristallgröße und damit sehr große Oberfläche besitzen, wie Aktivkohlen und Ruße, γ-Al_2O_3 oder kolloides Gold. Sehr häufig sind Unregelmäßigkeiten im Aufbau des Gitters die Ursache, wie dies BÜSSEM und vor allem FRICKE bei aktivem Zinkoxid, aktivem Eisen und anderen Stoffen zeigten.

Die Erforschung dieser aktiven Stoffe weist nachdrücklich darauf hin, daß die physikalischen und chemischen Eigenschaften, wie Reaktionswärme, Reaktionsfähigkeit und chemische Gleichgewichte, bei festen Stoffen anders als im gasförmigen und gelösten Zustand nicht allein durch die chemische Zusammensetzung und Modifikation des Stoffes bestimmt sind, sondern auch durch den Zustand, in dem sich die Kristalle des festen Stoffes befinden, durch ihre Größe und durch ihre Gitterstörungen. Dies ist um so wichtiger, als die festen Stoffe bei vielen Reaktionen zuerst im aktiven Zustand entstehen.

Chemie der Oberfläche

Es ist wichtig zu beachten, daß unsere Kenntnis vom Bau der festen Stoffe, besonders der Kristalle, nur die Anordnung der Atome oder Ionen im Innern des festen Körpers wiedergibt. Sie zeigt auch die Absättigung und den Ausgleich der bindenden Kräfte nur für das Innere. Diese Absättigung der Bindungen der Atome muß notwendig an den Außenseiten der festen Körper, an der Oberfläche, in anderer Weise erfolgen, als es der Struktur im Innern entspricht. Im allgemeinen sind diese Atome weniger fest gebunden als es der Bindungsfestigkeit des ganzen Kristalls entspricht, da sie ja nur mit einem Teil in den Kristall hineinreichen. In verstärktem Maße gilt dies von den Atomen, die an den Rändern oder Ecken des Kristalls sitzen. Diese Atome werden darum zuerst reagieren, wenn der feste Körper sich an einer chemischen Reaktion beteiligt. Sie werden auch zuerst gelöst werden und zuerst verdampfen. Damit steht im Zusammenhang, daß der Wärmeinhalt und die chemische Aktivität fester Stoffe mit der Größe der Oberfläche steigen, worauf schon im vorhergehenden Abschnitt hingewiesen wurde.

Oft können die Atome der Oberfläche mit von außen an den Kristall herankommenden Molekülen Verbindungen eingehen, ohne daß sie dabei vom Kristall abgelöst werden. Solche chemischen Reaktionen der Oberfläche lassen sich dann mit einfachen chemischen Mitteln nachweisen, wenn die festen Stoffe eine so geringe Teilchengröße besitzen, daß die freiliegende Oberfläche viele Quadratmeter pro Gramm beträgt.

So ist z. B. der „Ionenaustausch" an der Oberfläche der Ionenaustauscher oder der Tonminerale altbekannt. Bei den Tonmineralen sind es vorwiegend Kationen wie H^+, Na^+, K^+, Mg^{2+}, Ca^{2+}, bei den Ionenaustauschern auf Kunststoffbasis sowohl Kationen als Anionen, die salzartig an der Oberfläche gebunden sind. Sie können in Wasse dissoziieren, so daß sie mit den Kationen der Lösung ein Austauschgleichgewicht ein stellen. Hierauf beruhen die Wasserenthärtung durch Ionenaustauscher und ein beträcht licher Teil der Wirkung des Tons im Ackerboden und bei der Verwendung al keramischer Rohstoff.

In den Aktivkohlen kann die Oberfläche der sehr kleinen Graphitkristalle mit den Sauerstoff der Luft *Oberflächenoxide* bilden, die je nachdem, ob sie bei 400 ... 500 °C oder bei Zimmertemperatur entstehen, in wäßrigen Lösungen der Oberfläche die Eigen schaften einer Säure oder einer Base geben. Die „sauren Oberflächenoxide" machen di Kohle von Wasser gut benetzbar. Sie lassen sich in weiterer Reaktion wie die Hydroxyl oder Carboxylgruppen organischer Verbindungen umsetzen (U. HOFMANN und G. OHLE RICH, 1950, H. P. BOEHM, 1962). Die „basischen Oberflächenoxide" wirken in de Luftsauerstoffelementen wahrscheinlich als Sauerstoffelektroden an Stelle des sons üblichen Braunsteins (BRINKMANN, 1949).

Die Oberfläche des Siliciumdioxids — auch die des Quarzes — enthält Silanolgruppen $\searrow$Si—OH, mit denen sich viele der üblichen Reaktionen des Siliciums durchführen lassen (H. W. KOHLSCHÜTTER, 1957, W. STÖBER, 1957, H. P. BOEHM, 1959).

Auch die *Passivierung* der Metalle, wie Eisen oder Chrom, beginnt mit der Bildung eines Oberflächenoxids, auf das dann allerdings meist eine mehrere Molekülschichten dicke Oxidschicht aufwächst.

Die Ladung der Kolloidteilchen gegen die Lösung wird durch die Dissoziation solcher Ober flächenverbindungen bewirkt, wobei die dissoziierten Ionen eine diffuse Hülle um das Teilchen bilden, deren Ladung der Ladung des Teilchens entgegengesetzt und äquivalent ist. Die Änderung dieser Oberflächenverbindungen durch Reaktion mit in Wasser gelösten Ver bindungen und die Zurückdrängung oder Verstärkung der Dissoziation sind wichtige Ursachen für die Flockung oder Peptisation von Kolloiden.

Die Struktur dieser Oberflächenverbindungen ist im allgemeinen der Struktur der entsprechenden molekularen Verbindungen verwandt. Doch wird sie, was verständlich ist, auch von der inneren Struktur des Festkörpers beeinflußt. So konnte FRICKE (1936, 1946) zeigen, daß bei den Aluminiumhydroxiden in der Reihenfolge: frisch gefälltes amorphes $Al(OH)_3 \rightarrow$ Böhmit $\rightarrow$ Bayerit $\rightarrow$ Hydrargillit die Oberfläche in wäßriger Lösung immer weniger stark basisch und immer mehr sauer reagiert. Auffallend ist es auch, daß H_3O-Ionen, die austauschfähig an die Oberfläche von Tonmineralen gebunden sind, so stark sauer reagieren wie Essigsäure (U. HOFMANN und FRÜHAUF, 1961).

Adsorption

Bei der Adsorption an einer Oberfläche gilt nicht mehr der einfache Verteilungssatz (siehe dazu S. 228 und 244): $Konz_1 = k \cdot Konz_2$, wonach das Verhältnis des sich zwischen zwei Phasen (z. B. Wasser, Schwefelkohlenstoff) verteilenden gelösten Stoffes konstant ist, sondern dieser Satz nimmt eine kompliziertere Gestalt an.

Man hat zunächst versucht, durch Einführung eines Exponenten in den Verteilungssatz dem Rechnung zu tragen und die Adsorptionsgleichung geschrieben: $(konz_1)^x = k \cdot konz_2$ (H. FREUNDLICH). Besser begründet war die Adsorptionsgleichung von LANGMUIR und VOLMER. Sie ging davon aus, daß der Lösung eines Stoffes in dem dreidimensionalen Volumen einer Flüssigkeit die Adsorption in der zweidimensionalen Oberfläche des Adsorptionsmittels, des Adsorbens, entspricht. Der Verteilungssatz gilt für die Adsorption aber nur, solange die Oberfläche erst wenige Moleküle adsorbiert hat (sogenanntes *Henry-Gebiet* der Adsorption). Denn der Verteilungssatz gilt auch nur für sehr verdünnte Lösungen. Er setzt ja voraus, daß die

Moleküle, wenn sie sich infolge Erhöhung der Konzentration in der einen Phase nun auch in der zweiten Phase anreichern wollen, dort dieselben Zustände vorfinden wie die Moleküle, die vorher bei geringerer Konzentration dorthin gelangt waren.

Nun ist die Adsorption eines Stoffes an einem Adsorbens aber oft so intensiv, daß schon bei mäßigen Konzentrationen oder niedrigen Drucken des zu adsorbierenden Stoffes die Oberfläche zum größten Teil bedeckt wird. Bei weiterer Drucksteigerung können also nur immer weniger Moleküle auf der Oberfläche Platz finden. Diesem entscheidenden Einfluß des Platzbedarfs der Moleküle trägt die *Langmuir-Volmersche Adsorptionsgleichung* Rechnung:

$$a = \frac{p}{k + \beta \cdot p}$$

Hier bedeutet a die Konzentration des adsorbierten Stoffes an der adsorbierten Oberfläche, p die Konzentration in der Lösung oder den Gasdruck, k die Konstante und β den Platzbedarf der adsorbierten Moleküle. Bei sehr kleinem Wert von p ist dann $\beta \cdot p$ zu vernachlässigen, so daß die adsorbierte Menge p proportional ist, also dem Verteilungssatz gehorcht. Bei sehr großem p wächst auf der rechten Seite der Nenner (k $+ \beta \cdot p$) im selben Verhältnis wie der Zähler (p), so daß die Konzentration des adsorbierten Stoffes (a) mit wachsendem p nicht mehr zunimmt. In diesem Zustand ist die Sättigung der adsorbierenden Oberfläche erreicht, es können keine neuen Moleküle des zu adsorbierenden Stoffes auf der Oberfläche Platz finden.

Es ist zu beachten, daß die Langmuir-Volmersche Gleichung nichts darüber voraussetzt, welche Kräfte bei der Adsorption wirksam werden, wenn nur ein umkehrbares Gleichgewicht vorliegt. Sie setzt aber voraus, daß nur eine monomolekulare Bedeckung stattfindet. Dies gilt z. B. für den Kationenaustausch an der Oberfläche der Tonminerale.

Sehr häufig, und zwar gerade bei der Adsorption von Molekülen aus dem Gaszustand oder aus einer Lösung bedarf die Langmuir-Volmer-Gleichung einer Ergänzung, weil die Adsorption nicht damit ihr Ende findet, daß sich die Oberfläche mit einer monomolekularen Schicht des Adsorbats bedeckt. Vielmehr lagert sich mit steigendem Dampfdruck oder steigender Konzentration darüber eine zweite Schicht, eine dritte Schicht usw. Diesem Verlauf trägt eine kompliziertere, von BRUNAUER, EMMETT und TELLER (1938) entwickelte Gleichung besser Rechnung. Sie hat sich so gut bewährt, daß man sie mit Erfolg zur Bestimmung der Größe der Oberfläche eines Adsorbens benützt.

Wenn der zu adsorbierende Stoff gasförmig ist, und wenn das Adsorbens Poren besitzt, wie es z. B. bei den Aktivkohlen der Fall ist, kommt es bei genügend hohem Dampfdruck zu einer

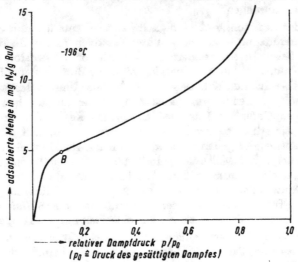

Abb. 121. Adsorptionsisotherme von Stickstoff bei −196 °C an einem Ruß mittlerer Feinheit

Kapillarkondensation, die die Poren mit dem flüssigen Adsorbat füllt. Schließlich kommt e in nächster Nähe des Sättigungsdampfdruckes auch auf der glatten Oberfläche des Adsorben zur Kondensation von flüssigem Adsorbat.

Die Abb. 121 zeigt als typisches Beispiel die Adsorptionsisotherme von Stickstoff bei —196 °° an einem Ruß von mittlerer Feinheit. Bei dem Punkt B entspricht die adsorbierte Meng einer monomolekularen Bedeckung. In dem weiteren Anstieg der Kurve verrät sich di Ausbildung mehrerer Schichten des Adsorbats auf der Oberfläche des Adsorbens. Der steil Anstieg in der Nähe des Sättigungsdruckes (bei $p/p_0 > 0.8$) beruht auf der Kondensatio von flüssigem Stickstoff in den Spalten („Poren") zwischen den Rußteilchen (*Kapillarkonden sation*) und schließlich an der Oberfläche der Rußteilchen (vgl. dazu Abb. 64 auf S. 325).

Katalyse

Nach W. OSTWALD (1901) sind Katalysatoren Stoffe, die als Zusatz in geringen Mengen die Geschwindigkeit von Reaktionen stark erhöhen und nach erfolgter Reaktion unverändert daraus hervorgehen.

Der Katalysator kann mit den reagierenden Verbindungen eine Phase bilden, wie z. B. die Mn^{2+}-Ionen bei der Katalyse der Reduktion von Permanganat oder die Spuren Wasserdampf bei der Kohlenoxidverbrennung; dann spricht man von *homogener Katalyse*.

Bildet der Katalysator eine besondere Phase, wie z. B. das metallische feste Eisen bei der Katalyse der Bildung von Ammoniak aus Stickstoff und Wasserstoff oder das Platin bei der Oxydation von Schwefeldioxid mit Sauerstoff zu Schwefeltrioxid, so spricht man von *heterogener Katalyse*.

Weil der Katalysator aus der Reaktion unverändert hervorgeht, kann er das Gleichgewicht nicht verändern. Er erhöht nur die Geschwindigkeit der Gleichgewichtseinstellung in beiden Richtungen.

Eine Erhöhung der Reaktionsgeschwindigkeit kann bekanntlich auch ohne Katalysator durch Temperaturerhöhung — allerdings unter Verschiebung der Gleichgewichtslage — erreicht werden. Beispielsweise reagiert ein Gemisch von Wasserstoff und Bromdampf bei Zimmertemperatur, obwohl ein Energiegefälle zur Bromwasserstoffbildung drängt, mit so geringer Geschwindigkeit, daß praktisch kein Umsatz festzustellen ist. Erst bei wesentlich höherer Temperatur (etwa 400 °C) verläuft die homogene Reaktion mit meßbarer Geschwindigkeit. Das Ausbleiben einer Reaktion bei niedrigen Temperaturen beruht, wie schon mehrfach betont wurde, darauf, daß die Atome in den Molekülen fest aneinander gebunden sind. Damit die Reaktion eintreten kann, muß zunächst die Bindung in den Molekülen gelockert bzw. gesprengt werden. Mit steigender Temperatur nimmt eine immer größere Anzahl von Molekülen aus der Wärme der Umgebung die notwendige Energie auf, um in einen reaktionsfähigen Zustand zu gelangen. Die hierfür erforderliche Energie nennt man die *Aktivierungsenergie*. Sie läßt sich aus der Zunahme der Reaktionsgeschwindigkeit mit der Temperatur berechnen.

Wenn der Katalysator die Geschwindigkeit der Gleichgewichtseinstellung erhöht, so muß dies darauf beruhen, daß die Aktivierungsenergie der betreffenden Reaktion durch den Katalysator herabgesetzt wird. Dies ist nur möglich, wenn die Reaktion in Gegenvart des Katalysators einen anderen Weg geht. Der Katalysator schaltet sich in die chemische Reaktion ein, indem er mit dem einen Reaktionsteilnehmer in eine Wechselwirkung tritt. Diese kann soweit gehen, daß eine instabile neue Verbindung, ein Molekül, ein Ion oder ein Radikal entstehen, die dann schnell mit dem anderen Reaktionspartner reagieren. Diesen Fall findet man bevorzugt bei der homogenen Katalyse.

So dürfen wir bei der katalytischen Wirkung von Wasserdampf auf die Kohlenoxidverbrennung annehmen, daß das Wasser zunächst nach $H_2O + CO = CO_2 + H_2$ Wasserstoff liefert, der wieder mit Sauerstoff nach $H_2 + O_2 = 2\,OH$ reaktionsfähige OH-Radikale bildet, die nun eine homogene Reaktionskette aufbauen nach:

$$OH + CO = CO_2 + H \quad und \quad H + CO + O_2 = CO_2 + OH$$

Bei der heterogenen Katalyse wird der Reaktionspartner durch *Chemisorption* an der Katalysatoroberfläche in einen reaktionsfähigen Zustand versetzt. Dabei versteht man unter Chemisorption ganz allgemein alle Zustände zwischen einer rein physikalischen, nur durch van der Waal'sche Kräfte hervorgerufene Adsorption und einer echten chemischen Bindung zu einer Oberflächenverbindung, in denen der adsorbierte Stoff leichter anregbar ist als im freien Zustand.

Aus Untersuchungen an Metallen und halbleitenden Metalloxiden weiß man, daß die Chemisorption mit einem Wechselspiel der Elektronen zwischen Katalysator und Reaktionspartner verbunden ist. Elektronegative Moleküle wie Sauerstoff oder die Halogene können gegenüber dem Katalysator als Elektronenacceptoren, andere Moleküle wie Kohlenoxid als Elektronendonatoren auftreten. Ob es dabei zu einem Elektronenübertritt zwischen der Katalysatoroberfläche und dem absorbierten Molekül unter Bildung einer Verbindung kommt oder ob nur eine Polarisation der adsorbierten Moleküle eintritt, bleibt dabei offen. Als gesichert darf jedenfalls gelten, daß in der Katalysatoroberfläche durch die chemisorbierten Moleküle die Anzahl oder die Beweglichkeit der Elektronen verändert wird, denn man hat an sehr dünnen Metallschichten und auch an Oxiden nach Eintritt der Adsorption Widerstandsänderungen nachweisen können.

Umgekehrt können durch Änderung der Elektronenkonzentration in einem Metall dessen katalytische Eigenschaften stark beeinflußt werden. So wird beispielsweise im Kupfer schon durch eine geringe Mischkristallbildung mit Nickel die Elektronenkonzentration erniedrigt, weil das Nickel mit der Konfiguration $3\,d^{10}$ in das Kupfergitter eingebaut wird. Als Katalysator für die Zersetzung von Wasserstoffperoxid ist der Mischkristall weniger wirksam als das reine Kupfer.

Als Beispiel für eine heterogene Katalyse sei die Oxydation von Ammoniak zu Stickstoffoxid am Platinkontakt genannt. Sehr wahrscheinlich wird hierbei das Sauerstoffmolekül an der Platinoberfläche durch Polarisation oder durch die Bildung einer Verbindung soweit aktiviert, daß es mit den Ammoniakmolekülen leichter reagieren kann als im Gaszustand. Entsprechendes dürfte auch wohl für die Bildung von Schwefeltrioxid aus Schwefeldioxid und Sauerstoff am Platinkontakt gelten.

Bei der heterogenen Katalyse wirkt der Katalysator im Prinzip ebenso wie z. B. das Kupfer bei 250 °C auf die Vereinigung von Wasserstoff und Sauerstoff zu Wasser, wobei die folgende Reaktionskette abläuft:

$$Cu + \tfrac{1}{2}\,O_2 = CuO,$$
$$CuO + H_2 = H_2O + Cu$$

Der Unterschied ist aber, daß das Kupfer im Innern durchreagiert und weitgehend in CuO verwandelt wird, so daß der Reaktionsweg leicht zu erkennen ist, während bei der Reaktion am Katalysator nur die Oberfläche des Katalysators wirksam ist. Bei der geringen Zahl der

Katalysatoratome und der adsorbierten Moleküle in der Oberfläche ist es sehr viel schwierig und meist noch nicht gelungen, die Zwischenstufen der Reaktion zu erkennen.

Recht kompliziert sind die Vorgänge bei der Ammoniaksynthese an Eisen. Hier spie die Aktivierung des Stickstoffs am Katalysator eine wesentliche Rolle. Hinzu komm aber auch, daß das Eisen bei Temperaturen von 550 °C an Wasserstoff zu lösen verma und zwar, wie auch Platin, Palladium und andere Metalle, unter Aufspaltung in di Atome.

Die Erniedrigung der Aktivierungswärme durch den anderen Weg, den die Reaktio am Katalysator nimmt, ist oft sehr beträchtlich. So beträgt beispielsweise die Akti vierungsenergie für den homogenen Zerfall des Distickstoffoxids nach:

$$N_2O = N_2 + \tfrac{1}{2}O_2$$

≈ 59 kcal, weswegen die Reaktion auch bei hoher Temperatur nur langsam abläuft Mit Gold als Katalysator erniedrigt sich die Aktivierungsenergie auf etwa 29 kcal Als weiteres Beispiel sei noch die Bromwasserstoffsynthese aus den Elementen erwähnt Hier beträgt die Aktivierungsenergie für die homogene Gasreaktion 41 kcal, für die durch Graphit oder Aktivkohle katalysierte Reaktion dagegen nur noch ≈ 13 kcal.

Die technisch sehr wichtige Eigenschaft mancher Katalysatoren, unter verschiedene Reaktionsmöglichkeiten zwischen zwei Reaktionspartnern eine bestimmte zu kata lysieren, die im Gaszustand ohne Katalysator nicht abläuft, steht dementsprechend damit im Zusammenhang, daß die Aktivierungsenergie gerade für diese Reaktion an dem betreffenden Katalysator am niedrigsten liegt.

Wesentlich ist bei jeder katalytischen Reaktion, daß die Bindung der chemisorbierten Moleküle an der Katalysatoroberfläche nur schwach ist, damit die Moleküle leicht und schnell weiterreagieren können und die Katalysatoroberfläche wieder für die Chemi sorption neuer Moleküle zur Verfügung steht.

Wenn wir wegen der sehr geringen Mengen der an der Katalysatoroberfläche aktivierten Moleküle über den wirklichen Verlauf der allermeisten katalytischen Reaktionen noch sehr wenig Sicheres wissen, so darf dies um so weniger verwundern, als wir ja auch bei den meisten ohne Katalysator verlaufenden Reaktionen nicht wissen, wie sie sich im einzelnen abspielen. Wenn wir die Gasreaktion:

$$4\,AsH_3 + 6\,O_2 = As_4O_6 + 6\,H_2O$$

oder die Ionenreaktion:

$$JO_3^- + 5\,J^- + 6\,H^+ = 3\,J_2 + 3\,H_2O$$

schreiben, so geben wir nur das stöchiometrische Verhältnis und die Molekülgröße der Ausgangsstoffe und der Endprodukte an, ohne etwas über den Weg auszusagen. Sicher ist nur, daß die Reaktion nicht so abläuft, daß etwa $4\,AsH_3$- und $6\,O_2$-Moleküle sich an einem Ort in einem Augenblick zu der Reaktion zusammenfinden, sonst würde die Reaktion äußerst langsam verlaufen, weil dieses gehäufte Zusammentreffen so vieler Gasmoleküle kaum jemals erfolgen kann.

Da ein Katalysator chemisch sehr reaktionsfähig sein muß, besteht stets die Gefahr, daß er mit Fremdstoffen Verbindungen eingeht, die beständig sind und ihn dadurch außer Funktion setzen. Solche Stoffe kennen wir bereits als *Katalysatorgifte*. So wird bekanntlich die Oberfläche des Platins durch As_2O_3 für die katalytische SO_3-Bildung und durch CN^--Ionen für die katalytische H_2O_2-Zersetzung untauglich oder vergiftet.

Weil feste Katalysatoren mit ihrer Oberfläche wirken, ist es wichtig, den Katalysator in feinster Verteilung anzuwenden, damit die Oberfläche möglichst groß ist. Bei der NH_3-Synthese stellt man dazu das Eisen erst unter dem Reaktionsgas durch Reduktion us Eisenoxid dar und wendet es in einer so fein verteilten Form an, daß es infolge einer großen Oberfläche so reaktionsfähig ist, daß es, an die Luft gebracht, pyrophor verbrennt. Um zu verhindern, daß die feinen Körner des Katalysators infolge der Reaktionstemperatur zu groben Körnern zusammenkristallisieren, kann man sie räumlich voneinander trennen, indem man sie auf einen Träger von selbst großer Oberfläche aufträgt, wie z. B. der V_2O_5-Katalysator für die SO_3-Katalyse auf Kieselgur zur Reaktion gebracht wird. Auch die Wirkung von Zuschlägen, wie Al_2O_3 und K_2O zum Eisenkatalysator des Haber-Bosch-Verfahrens beruht zumindest zum Teil auf derselben Ursache.

Manchmal ist es wahrscheinlich, daß nicht die gesamte Oberfläche eines Katalysators reaktionsfähig ist; z. B. wird der Eisenkatalysator bei der NH_3-Synthese durch minimale Mengen von Sauerstoff unwirksam, die nur einen kleinen Bruchteil der Oberfläche bedecken können und dort durch Bildung von Sauerstoffverbindungen die Stickstoffbindung verhindern (ALMQUIST und BLACK, 1926). Nach TAYLOR nimmt man an, daß in diesen Fällen die Katalyse nur von besonders *aktiven Stellen* der Oberfläche bewirkt wird. Diese aktiven Stellen können z. B. Atome sein, deren Bindungskräfte besonders unvollständig abgesättigt sind, weil sie aus der ebenen Oberfläche herausragen oder an Ecken oder Kanten liegen. Gerade solche Atome werden besonders wirksam sein und dadurch den ersten Schritt der katalytischen Reaktion beschleunigen.

Andererseits ist die Katalyse der Bildung von Bromwasserstoff aus den Elementen an der Oberfläche des Kohlenstoffs eine Reaktion, bei der mit Sicherheit aktive Stellen keine Rolle spielen, sondern bei der die intakte Basisfläche der Graphitkristalle wirksam ist (U. HOFMANN, 1944).

In vielen Fällen nehmen für sich unwirksame Zusätze zu Katalysatoren auf die Reaktion selbst Einfluß. Bei der Methanol-Synthese aus Kohlenmonoxid und Wasserstoff lenken geringe Zusätze von Chromoxid zum Zinkoxidkatalysator die Reaktion zu ausschließlicher Methanolbildung; mit Zinkoxid-Eisenoxid entstehen dagegen überwiegend Kohlenwasserstoffe (A. MITTASCH). Die spezifische Wirkung solcher Zusätze kann allgemein damit zusammenhängen, daß durch den Zusatz das Gitter des Hauptkontaktstoffes verzerrt wird, oder daß eine neue Verbindung, z. B. bei Oxiden ein Spinell, in sehr feiner Verteilung oder eine reaktionsfähige Zwischenverbindung entstehen, die die chemisorbierten Moleküle gerade in einer Richtung reaktionsfähig machen.

Solche Beimengungen, die den Wert eines Katalysators erhöhen oder die Katalyse zu besonders erwünschten Reaktionsprodukten lenken, nennt man *Verstärker*, *Aktivatoren* oder *Promotoren*. Die Möglichkeit, so durch Gemische ganz besondere Wirkungen zu erzielen, vermehrt die vielseitige Anwendbarkeit der katalytischen Verfahren.

Von den bisher behandelten echten katalytischen Reaktionen, die mit einer Herabsetzung der Aktivierungswärme verbunden sind, muß man solche Reaktionen unterscheiden, bei denen die Oberfläche eines Festkörpers eine Reaktion begünstigen kann, weil sie die bei der Reaktion auftretende Wärme aufnimmt.

Bei Reaktionen vom Typ $A + B = AB$, bei denen ein einziges Molekül entsteht, würde ein Zusammenstoß im Gasraum meist nicht zur Bildung des Moleküls AB führen können, weil dieses ja im Moment der Bildung die zum Zerfall genügende Bildungsenergie enthält und darum meist zerfällt, bevor es durch weitere Zusammenstöße diese Energie auf andere Moleküle zerstreuen kann. Erfolgt die Bildung des Moleküls AB aber in der Adsorptionsschicht auf einem festen Körper, so kann dieser die Bildungsenergie aufnehmen und als Wärme abführen. Solche Reaktionen $A + B = AB$ sind besonders wichtig für den Abbruch von Reaktionsketten, z. B. H + Cl = HCl bei der Chlorknallgas-Reaktionskette. Hierau beruht die von Bodenstein bei vielen Gasreaktionen nachgewiesene kettenabbrechende Wirkun von Staub oder die Wirkung eines Metalles als Wand bei Schweißen mit atomarem Wasser stoff, weil erst am Metall die Reaktion H + H = H_2 rasch verlaufen kann.

Eindrucksvoll ist der Vergleich der Leistung verschiedener Katalysatoren:

Heterogene Katalyse. Bei der Bromwasserstoffbildung aus den Elementen liefer bei 150 °C:

100 C-Atome in der Oberfläche des Kohlenstoffs in der Stunde 10 Molekül HBr. Ähnlich dürfte die Leistung des Eisenkatalysators bei der Ammoniak synthese sein.

Homogene Katalyse. Bei der Zersetzung einer Lösung von Wasserstoffperoxi zersetzen:

100 Fe^{3+}-Ionen in der Stunde 3,6 Moleküle H_2O_2,

100 Fe^{3+}-Ionen im Hämin gebunden in der Stunde 3600 Moleküle H_2O_2

Biokatalyse

100 Moleküle Katalase zersetzen in der Stunde $3 \cdot 10^{10}$ Moleküle H_2O_2. Andere Enzyme setzen $1 \cdot 10^5$ Moleküle pro Sekunde und Enzymmolekül um.

Diese unvergleichlich hohe Leistung der Katalysatoren des lebenden Organismus ermöglicht den zeitgerechten Ablauf der Lebensvorgänge. Unsere technischen Katalysatoren sind dagegen lahme Werkzeuge.

Struktur der Moleküle

Selbständige Moleküle treten in der anorganischen Chemie zwar nicht so häufig auf wie in der organischen Chemie. Ihre Bedeutung darf aber auch nicht unterschätzt werden. Bestehen doch alle gasförmigen Verbindungen aus Molekülen, und diese Moleküle bleiben bei den leichtflüchtigen Stoffen auch im flüssigen und festen Zustand weitgehend erhalten.

Methoden zur Strukturaufklärung

Der Bau dieser Moleküle ist vielfach, besonders bei den organischen Verbindungen, aus den chemischen Eigenschaften der Moleküle erschlossen worden. Die so abgeleiteten Molekülfiguren konnten bei Verbindungen, die im festen Zustand Molekülgitter bilden, in vielen Fällen durch Bestimmung der Atomlagen im Kristall bestätigt werden. Gelegentlich ist auch die Konstitution komplizierter organischer Moleküle erst durch die röntgenographische Strukturbestimmung erschlossen worden, so beispielsweise die Konstitution des Vitamins B_{12}. Debye (1930) gelang es, an Gasmolekülen Röntgenstrahlen zur Interferenz zu bringen und aus den Interferenzlagen und Interferenzintensitäten die Molekülstruktur in einfachen Fällen zu berechnen. An Stelle der Röntgenstrahlen haben Mark und Wierl mit Erfolg Kathodenstrahlen verwendet, die gleichfalls Welleneigenschaften haben und Interferenzspektren geben.

Daneben gibt es eine Reihe anderer Verfahren, die im speziellen Teil dieses Buches wiederholt genannt wurden, die auf indirektem Wege zu oft sehr genauen Aussagen über den Bau der Moleküle führen. Sie sind in gleicher Weise oft auch für die Aufklärung des Baues komplexer Ionen anwendbar.

Magnetochemie

Die Bedeutung der *Magnetochemie* ist schon bei Besprechung der Komplexverbindungen eingehend geschildert worden. Sie ist in derselben Weise in manchen Fällen zur Aufklärung der Struktur der Moleküle herangezogen worden.

Dipolmoment

Die Messung der Dielektrizitätskonstante läßt im Verein mit der Messung des Brechungsvermögens erkennen, ob das Molekül einen Dipol besitzt (DEBYE). Schon bei Besprechung des Wassers war darauf hingewiesen worden, daß das Dipolmoment des Wassers zeigt, daß die 2 H-Atome nicht linearsymmetrisch beiderseits des O-Atoms gebunden sind, sondern auf einer Seite liegen, so daß das Molekül die Struktur eines Dreiecks besitzt mit einem Winkel von 104 ° am O-Atom, der dem Tetraederwinkel nahe kommt.

Bandenspektren

Freie Atome geben ein Spektrum von scharfen Linien, bei dem jede Linie durch das Zurückfallen eines angeregten Elektrons auf ein tieferes Quantenniveau verursacht ist (siehe S. 197). Im Spektrum der Moleküle ist jede solche Linie zu einer Gruppe von nahe beieinanderliegenden Linien zu einer Bandengruppe aufgelöst. Die einzelnen Linien einer Bandengruppe werden durch denselben Elektronensprung ausgelöst, sie unterscheiden sich nur durch kleine Werte der Schwingungszahl, und damit nach der Planckschen Beziehung (Energie eines Lichtquants = Schwingungszahl × Konstante h) durch kleine Werte der Energie, die von den Schwingungen der Atome im Molekül bzw. von der Rotation des Moleküls zu der beim Elektronensprung frei werdenden Energie zugeliefert werden. Die Zahl der Schwingungsmöglichkeiten ist durch den Bau des Moleküls festgelegt. Die Frequenz der Schwingungen ist durch die Masse der schwingenden Atome oder Atomgruppen und die Festigkeit der Bindung, die Frequenz der Rotation wieder durch die Masse der Atome und die Abstände im Molekül bestimmt. So kann man durch Analyse der Bandenspektren diese Größen ermitteln (J. FRANCK und R. MECKE).

Die Analyse der Bandenspektren erlaubt in vielen Fällen, die Stärke der Bindung in einem Molekül zu bestimmen. So wurden auf diesem Wege die genauesten Bestimmungen der Zerfallswärme der Moleküle H_2, O_2, N_2 u. a. durchgeführt.

In Flammen und in durch elektrische Entladung angeregten Gasen konnten neue, nur unter diesen Bedingungen existenzfähige Moleküle nachgewiesen werden, wie He_2, Na_2, K_2 oder OH, NH, C_2. Gerade diese letzten radikalartigen Moleküle spielen eine wichtige Rolle als Kettenträger und Zwischenglieder im Reaktionsablauf der Knallgas-, Ammoniak- oder Kohlenwasserstoffflamme.

Ultrarotspektren

Die Schwingungen und Rotationen der Moleküle können auch ohne Elektronensprünge durch direkte Absorption von Lichtquanten angeregt werden oder solche aussenden, wenn bei der Schwingung oder Rotation elektrische Ladungen oder Momente im Molekül bewegt werden, was ja meist der Fall ist. So erhält man direkt die Schwingungs- und Rotationsfrequenzen. Da es sich hierbei um Wärmeschwingungen handelt, liegt die Wellenlänge dieser Lichtquanten im Ultrarot. So geben auch die Ultrarotspektren Auskunft über die Struktur der Moleküle, wie dies z. B. beim Ozon erwähnt wurde.

Ramaneffekt

Die Quanten einer elektromagnetischen Strahlung verhalten sich beim Zusammenstoß m materiellen Teilchen, wie z. B. den Atomen eines Moleküls, so, als ob sie selbst Träghe und Masse besäßen, und können auf diese Energie übertragen, die die Atome im Molek in Schwingungen versetzt, oder auch Schwingungsenergie von diesen übernehmen (V. RAMA 1928). Diese Wechselwirkung ist am besten mit den Quanten des kurzwelligen sichtbare oder des ultravioletten Lichts zu beobachten. Dazu benutzt man die Spektrallinien der Qued silberdampflampe und untersucht das seitwärts abgebeugte Licht. Durch die Wechselwirkun ändert sich die Energie des Lichtquantes und damit nach der Planckschen Gleichung $E = h \cdot$ seine Schwingungszahl bzw. Wellenlänge. Aus der Differenz der Wellenlänge der Ramar linie gegenüber der ursprünglichen Quecksilberlinie ergibt sich die von den Atomen de Moleküls aufgenommene oder abgegebene Schwingungsenergie.

Der Ramaneffekt bringt den experimentellen Vorteil, daß man in einem spektroskopisc bequemen Wellenlängenbereich arbeiten kann. Er läßt sich bei Flüssigkeiten und Dämpfe aber auch in einigen Fällen bei festen Stoffen messen.

Reine Ionenbindungen, wie sie z. B. im Natriumchlorid vorliegen, zeigen den Ramaneffek nicht; sie sind inaktiv. Ramanaktive Bindungen müssen stets einen Anteil an Elektronenpaar bindung haben. Ramaneffekt und Ultrarotspektrum ergänzen sich oft glücklich dadurch, daf ramaninaktive Schwingungen ultrarotaktiv sind und umgekehrt.

Die Auswertung von Ultrarot- und Ramanspektren erlaubt Aussagen über die Symmetrie des Moleküls, über die Art der Verknüpfung der Atome im Molekül und schließlich auch über die Bindungsfestigkeit bestimmter Bindungen. So treten im Ramanspektrun der wasserfreien Salpetersäure Linien auf, die der OH-Gruppe und der Nitrogruppe —NO_2 zugehören. Diese Linien verschwinden beim Verdünnen mit Wasser, dafür kommen die Linien des NO_3^--Ions zum Vorschein. Die wasserfreie Salpetersäure ist also nicht dissoziiert und hat die Struktur HO—NO_2. Ebenso läßt sich durch das Ramanspektrum der Nachweis erbringen, daß in der konzentrierten Schwefelsäure $(HO)_2SO_2$-Moleküle, in der konzentrierten Perchlorsäure HO—ClO_3-Moleküle vor liegen. Als weiteres Beispiel sei auf die Strukturformeln der phosphorigen Säure, $H_2[HPO_3]$, und der hypophosphorigen Säure, $H[H_2PO_2]$, verwiesen (siehe S. 286). Hier sind 1 bzw. 2 H-Atome direkt an das Phosphoratom gebunden, denn es treten im Ramanspektrum dieser beiden Säuren in der genannten Reihenfolge zunehmend intensiv die Linien der vom Phosphin, PH_3, bekannten P—H-Bindung auf.

Beispiele für die Ermittlung der Bindungsfestigkeit und den „Bindungsgrad" in Molekülen aus spektroskopischen Messungen sind die Moleküle $|C{\equiv}O|$ und das Ion NO_3^- (siehe dazu S. 342 und S. 215).

Übersicht über einfache Molekülstrukturen

Es ist schon mehrfach in diesem Buch auf die geometrische Gestalt der Moleküle eingegangen worden. Hier soll ein kurzer zusammenfassender Überblick über die bei einfachen Molekülen und Molekül-Ionen der allgemeinen Formel AX_n auftretenden Strukturen gegeben werden. Dabei wird sich zeigen, daß die Molekülstruktur nicht nur durch die stöchiometrische Zusammensetzung, sondern ebenso auch dadurch bestimmt wird, ob und wieviel freie, d. h. nicht bindende Elektronenpaare am Zentralatom A vorhanden sind.

Moleküle AX_2

Diese Moleküle sind linear, wenn das Atom A keine freien Elektronenpaare besitzt (Abb. 122 a).

3eispiele: CO_2, CS_2, COS, HCN, N_2O, $BeCl_2$, $HgCl_2$, XeF_2 und die Ionen N_3^-, NCO^-, JO_2^+, $[Ag(CN)_2]^-$.

Ein oder zwei freie Elektronenpaare am mittleren Atom führen zu einer gewinkelten Struktur (Abb. 122 b).

3eispiele: Die Hydride der sechsten Gruppe $H_2O \ldots H_2Te$ (siehe S. 212), OF_2, Cl_2O, ClO_2, SO_2, SCl_2 und die Ionen NO_2^-, ClO_2^- u. a.

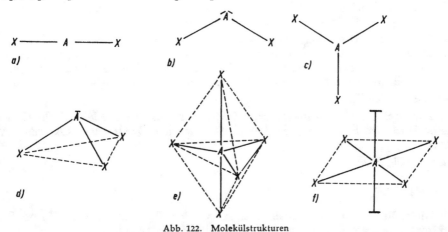

Abb. 122. Molekülstrukturen

Moleküle AX_3

Wenn kein freies Elektronenpaar am Atom A vorhanden ist, sind zwei Strukturen möglich:

a) Das Atom A liegt in der Mitte eines gleichseitigen Dreiecks, das von den X-Atomen gebildet wird (Abb. 122 c).

Beispiele: Die Trihalogenide des Bors $BF_3 \ldots BJ_3$, SO_3 (im Gaszustand) und die Ionen NO_3^-, CO_3^{2-} und BO_3^{3-}.

Sind die drei an A gebundenen Atome X nicht identisch, so beträgt der Winkel im Dreieck nicht mehr 120 °.

Beispiel: $COCl_2$.

b) Das Atom A strebt die Koordinationszahl 4 an und bildet den Mittelpunkt eines Tetraeders aus 4 X-Atomen. Dies ist aber nur möglich, wenn sich 2, 3 oder mehrere Moleküle AX_3 zusammenlagern. Bei einer Dimerisierung treten 2 AX_3-Moleküle so zusammen, daß 2 Tetraeder eine Kante, entsprechend $X_2AX_2AX_2$, gemeinsam haben.

Beispiele: Al_2Cl_6, Al_2Br_6, Al_2J_6, Ga_2Cl_6, In_2Cl_6.

Treten drei oder mehrere Moleküle zusammen, so sind die Tetraeder über je zwei Ecken miteinander zu einem Ring, wie im trimeren $(SO_3)_3$ oder $(PNCl_2)_3$, bzw. zu langen Ketten, wie im asbestartigen $(SO_3)_n$ oder $(PNCl_2)_n$, verknüpft (siehe S. 164 und S. 288).

Wie die Beispiele erkennen lassen, tritt die unter a) genannte Struktur bevorzugt dann auf, wenn das Zentralatom einem Element der ersten Achter-Periode angehört, weil diese Atome verhältnismäßig klein sind und schon von drei anderen Atomen genügend abgeschirmt werden.

Befindet sich ein freies Elektronenpaar am Atom A, so hat das Molekül die Gestalt einer stumpfen Pyramide mit dem Atom A an der Spitze. Das freie Elektronenpaar ergänzt die Pyramide zum Tetraeder (Abb. 122 d).

Beispiel: Die Hydride und Trihalogenide der Elemente der 5. Hauptgruppe NH_3, P⟩ usw., NF_3, PF_3, PCl_3, XeO_3, ferner $SOCl_2$ und die Ionen SO_3^{2-}, ClO_3^-, BrO_3^-, JO_3^-.

Moleküle AX_4

Ohne freies Elektronenpaar an A. Die Moleküle haben Tetraedergestalt.

Beispiel: Die Hydride und Halogenide der Elemente der 4. Gruppe CH_4 ... CF_4, CC⟩ usw. SO_2Cl_2 und die Ionen ClO_4^-, SO_4^{2-}, PO_4^{3-}, BF_4^-, PCl_4^+.

Das A-Atom besitzt ein freies Elektronenpaar. Dieses wirkt sich so aus, wie wenn ei⟩ 5. Atom an A gebunden wäre, d. h. die Struktur leitet sich von einer trigonalen Bipyra⟩ mide (Abb. 122 e) ab. Dabei erstreckt sich die Elektronenwolke des einsamen Elektronen⟩ paars bevorzugt in Richtung auf eine Ecke der trigonalen Mittelebene der Bipyramide⟩ Beispiel: SF_4, $TeCl_4$.

Mit zwei freien Elektronenpaaren am Zentralatom bildet das Molekül ein Quadrat Die beiden freien Elektronenpaare vervollständigen das Quadrat zum Oktaeder (Abb 122 f).

Beispiel: JCl_4^-, XeF_4.

Moleküle AX_5

Die Moleküle haben die Gestalt einer trigonalen Bipyramide, wenn keine freien⟩ Elektronenpaare am Zentralatom vorhanden sind (Abb. 122 e).

Beispiel: PF_5, PCl_5 (im Gaszustand).

Besitzt dagegen das Zentralatom A ein freies Elektronenpaar, so bilden die 5 X-Atome⟩ eine tetragonale Pyramide mit dem Atom A in der Basisebene. Die Elektronenwolke⟩ des freien Elektronenpaares ergänzt die Struktur zum Oktaeder.

Beispiel: JF_5.

Moleküle AX_6

Die 6 X-Atome bilden ein reguläres Oktaeder um A.

Beispiel: SF_6, SeF_6, H_5JO_6 und die Ionen PF_6^-, SiF_6^{2-} u. a.

Der Atomkern

Natürliche Isotope der Elemente

Die radioaktiven Erscheinungen der am Ende des Periodischen Systems stehenden Elemente haben gelehrt, daß Atome mit identischen chemischen Eigenschaften aber verschiedenen Atomgewichten existieren können. Dieses Ergebnis wurde richtunggebend für die weitere Entwicklung unserer Vorstellungen von der Natur der Atomkerne. Es gewann noch an Bedeutung, als fast zur gleichen Zeit bei der Kanalstrahlenanalyse des Neons (J. J. THOMSON, 1912) die ersten Beobachtungen gemacht wurden, die darauf hinwiesen, daß auch die nichtradioaktiven Elemente mehrere Isotope enthalten können.

)er eindeutige Nachweis von 2 Neonisotopen mit den Massen 20 und 22 gelang ASTON 1919, und in rascher Folge wurden bei zahlreichen weiteren Elementen isotope Atomarten gefunden.

Nachweis der Isotope

Da sich die Isotope eines Elements wegen der gleichen Anordnung der Elektronenhülle chemisch nicht voneinander unterscheiden, können nur physikalische Methoden, und auch diese nur, soweit sie die Verschiedenheit der Masse verwerten lassen, zum Nachweis von Isotopen herangezogen werden.

Besonders erfolgreich erwies sich die von ASTON entwickelte elektromagnetische Analyse der Kanalstrahlen, die *Massenspektrographie*. Sie beruht auf der Ablenkung der als Kanalstrahlen bekannten positiven Gasteilchen (ionisierten Atomen oder Molekülen) durch ein elektrisches und magnetisches Feld, wobei das Verhältnis von Ladung zu Masse die Bahn bestimmt. Kanalstrahlen verschiedener Masse werden dabei durch das elektrische und magnetische Feld voneinander getrennt, wie die Lichtstrahlen verschiedener Wellenlänge durch das Beugungsgitter eines Spektrographen.

Die klassische Methode ASTONS wurde durch die *Bandenspektroskopie* ergänzt. Da man aus den Spektralbanden von Molekülen, wie früher kurz besprochen wurde, die Schwingungen und Rotationen in den Molekülen ermitteln kann, kann man auch die Masse der daran beteiligten Atome bestimmen, z. B. wird ein Molekül aus 2 leichteren Atomen raschere Schwingungen ausführen als ein Molekül aus 2 schwereren Atomen.

So wurden auf diese Weise die Isotope ^{13}C von R. T. BIRGE, ^{15}N von J. NAUDE, ^{17}O und ^{18}O von GIAUQUE und JOHNSTON zuerst entdeckt.

Heute sind bereits bei 60 Elementen verschiedene natürliche Isotope nachgewiesen worden. Von den „Reinelementen", die also nur aus einer Atomart bestehen, seien hier die leichten Elemente Be, F, Na, Al und P genannt.

Durch Entwicklung und konsequente Anwendung der Ionenoptik der bei der Kanalstrahlenanalyse verwendeten Ablenkfelder gelang es, Massenspektrographen zu bauen (MATTAUCH und HERZOG), mit denen bei der Bestimmung der Masse der einzelnen Isotope eine wahrhaft „spektroskopische" Genauigkeit erreicht wurde, so daß die Fehlergrenze der ermittelten Werte in günstigen Fällen unter 10^{-5} Atomgewichtseinheiten liegt. Auch die Häufigkeit der einzelnen Isotope konnte aus der Intensität der den einzelnen Isotopen entsprechenden Kanalstrahlen sehr genau bestimmt werden. Durch Kombination beider Werte konnte das Atomgewicht des aus den Isotopen gemischten Elements berechnet werden. Diese Bestimmung liefert heute die Werte für die Atomgewichte.

Häufigkeit einzelner Isotope

Obwohl weitaus die meisten Elemente Gemische von Isotopen sind, ist doch das Atomgewicht eines Elements innerhalb der vom Chemiker meist benötigten Genauigkeit konstant, unabhängig von der Herkunft, dem geologischen und geographischen Vorkommen des Materials, an dem es bestimmt wurde. Eine Ausnahme bilden die erwähnten Fälle, bei denen sich ein Isotop eines Elements durch radioaktiven Zerfall in einem Mineral gebildet hat, wie das Blei aus Uran oder Thorium. Aber auch in den natürlichen Vorkommen von Kohlenstoff, Sauerstoff, Silicium und besonders von Bor und Schwefel sind kleine Unterschiede nachgewiesen worden. So ist das leichte Isotop ^{32}S im Schwefelwasserstoff und in den Sulfiden, das schwere Isotop ^{34}S in den Sulfaten angereichert. Entsprechend enthält Kalkstein etwas mehr von dem schweren Isotop ^{13}C, das zu 1 % dem Isotop ^{12}C beigemischt ist.

Die bisher größte Zahl von 10 natürlichen Isotopen ist beim Zinn gefunden worden.

Das Uran besteht zu 99,3 % aus ^{238}U, dem Mutterelement der Radiumreihe, zu 0,7 % au ^{235}U, dem Mutterelement der Actiniumreihe und zu 0,006 % aus ^{234}U.

Das Rubidium besteht zu 72,2 % aus ^{85}Rb und zu 27,8 % aus ^{87}Rb. Das Isotop 87 i radioaktiv und die Ursache der β-Strahlung. Bei seinem Zerfall liefert es das Sr-Isotop 8 (O. HAHN und J. MATTAUCH). Das Strontium selbst besteht zu 82,7 % aus ^{88}Sr, zu 9,8 % au ^{86}Sr, zu 7,0 % aus ^{87}Sr und zu 0,5 % aus ^{84}Sr.

Das Kalium besteht zu 93,1 % aus ^{39}K, zu 6,9 % aus ^{41}K und zu 0,01 % aus ^{40}K. Nur da K-Isotop 40 ist radioaktiv und bildet zum größeren Teil unter β-Strahlung das ^{40}Ca-Isotop Zum kleineren Teil fängt es ein Elektron ein und bildet ^{40}Ar. Das Calcium wiede besteht zu 96,92 % aus ^{40}Ca, zu 2,13 % aus ^{44}Ca, zu 0,64 % aus ^{42}Ca, zu 0,18 % au ^{48}Ca, zu 0,13 % aus ^{43}Ca und zu 0,003 % aus ^{46}Ca.

Das Neon besteht zu 90,51 % aus ^{20}Ne, zu 9,21 % aus ^{22}Ne und zu 0,28 % aus ^{21}Ne.

Bei den Isotopen des Kryptons verdient es besonderes Interesse, daß die orangerot Spektrallinie des ^{86}Kr mit der Wellenlänge 6057,8021 Å heute die Basis der Längen messung ist, weil sie konstanter ist und sich genauer messen läßt als das in Pari aufbewahrte Urmeter.

Auch der Sauerstoff besteht aus Isotopen, und zwar neben ^{16}O mit 99,76 % aus ^{17}C mit 0,04 % und ^{18}O mit 0,20 %.

Anreicherung und Trennung von Isotopen

Zur Anreicherung und Trennung von Isotopen eines Elements in wägbaren Mengen können physikalische Verfahren benutzt werden, bei denen die Masse der Teilchen von Bedeutung ist. So gelang zum erstenmal beim Quecksilber eine Verschiebung des Isotopenverhältnisses durch Ausnutzung der verschiedenen Verdampfungsgeschwindigkeit der leichteren und schwereren Atome (BRÖNSTED und HEVESY, 1922). Die bei der fraktionierten Destillation im Hochvakuum bei niederer Temperatur am weitesten getrennten Fraktionen ergaben die Atomgewichte 200,564 neben 200,632. Eine sehr weitgehende Trennung der Neonisotope konnte G. HERTZ (1932) durch Diffusion durch poröse Tonwände erreichen. Er erhielt ein Gas, das zu über 99 % aus ^{20}Ne bestand.

Dieses Verfahren findet eine besonders bedeutsame Anwendung zur Anreicherung des für Kernreaktoren (siehe S. 826) wichtigen Isotops ^{235}U mit Hilfe des flüchtigen Uranhexafluorids.

Ein sehr wirksames Verfahren zur Isotopentrennung wurde von CLUSIUS und DICKEL (1938) durch Ausnutzung der *Thermodiffusion* gefunden. In einem Raum, der ein Temperaturgefälle besitzt, diffundieren die schwereren Moleküle eines Gasgemisches nach der kalten, die leichteren Moleküle nach der warmen Seite (*Ludwig-Soret-Effekt*, siehe auch bei Xenon, S. 95). In einem viele Meter langen aufrechtstehenden Rohr, das außen gekühlt und im Innern der Länge nach von einem elektrisch zum Glühen gebrachten Draht durchzogen war, konnten unter Mitwirkung der Konvektionsströmung und Verwendung von Chlorwasserstoffgas die beiden Isotope des Chlors ^{35}Cl und ^{37}Cl in praktisch reinem Zustand getrennt erhalten werden. Seitdem wurden viele Isotope, z. B. ^{18}O und ^{15}N, auf diesem Wege mit 100 % Reinheit gewonnen.

Als geeignet zur Anreicherung größerer Mengen des für biologische Untersuchungen wichtigen Stickstoffisotopes ^{15}N hat sich das von UREY (1937) entwickelte chemische Austauschverfahren erwiesen. Bei diesem Verfahren wird gasförmiges Ammoniak in wiederholtem Austausch mit einer wäßrigen Lösung von Ammoniak oder eines Ammoniumsalzes gebracht. Die schwereren Moleküle des ^{15}NH$_3$ reichern sich in der flüssigen Phase an, während das leichtere ^{14}NH$_3$ bevorzugt in der Gasphase verbleibt.

n Amerika wurden während des letzten Krieges riesige Massenspektrographen eingesetzt, um das wichtige Isotop ^{235}U über das flüchtige Uranhexafluorid für die Atombomben zu gewinnen.

Deuterium, D

Massenzahl 2

Ein interessantes Ergebnis der Isotopenforschung war der von H. C. UREY (1932) geführte Nachweis, daß auch der Wasserstoff aus Isotopen besteht, und zwar zu 99,984 % aus ^1H und zu 0,016 % aus ^2H. Das Gewicht der Atomkerne der beiden Isotope steht bei diesen Isotopen im Verhältnis 1 : 2.

Der außerordentlich große Unterschied im Gewicht der beiden Wasserstoffkerne führt zu einem Unterschied in den Energieniveaus des Elektrons, der einen erheblichen Unterschied in der Lage der Atomspektrallinien ergibt. So entdeckte UREY das ^2H-Isotop. Heute läßt die Auflösung der „Hyperfeinstruktur" der Spektrallinien auch die Isotope der schweren Elemente erkennen (KOPFERMANN, 1932).

Der große Unterschied in der Kernmasse bewirkt bei Wasserstoff und Deuterium deutliche Unterschiede im chemischen Verhalten. Die Atome in dem Molekül eines Elementes oder einer Verbindung führen ihrem Wärmeinhalt entsprechend Schwingungen gegeneinander aus. Diese Schwingungen kommen auch beim absoluten Nullpunkt der Temperatur nicht ganz zur Ruhe, es bleibt ein Gehalt an „Nullpunktsenergie" erhalten. Nach der Quantentheorie wächst die Größe dieser Nullpunktsenergie mit der Schwingungszahl der Atomschwingungen, und diese ist wieder um so größer, je kleiner die Masse der Atome ist. So ist beim $^1H_2$-Molekül die Nullpunktsenergie größer als beim $^2H_2$-Molekül. Die Wärmeenergie, die durch Temperaturerhöhung zugeführt wird, lagert sich über die Nullpunktsenergie. Stets bleibt aber das $^1H_2$-Molekül bei gleicher Temperatur energiereicher als das $^2H_2$-Molekül, und seine Atome sind damit stets reaktionsfähiger. Entsprechendes gilt auch für alle Verbindungen der beiden Wasserstoffisotope.

Aus diesem Grunde bezeichnet man das Wasserstoffisotop ^2H wie ein besonderes Element mit dem Namen Deuterium (von τὸ δεύτερον ≙ das Zweite) und dem Zeichen D. Im Wasser findet es sich in entsprechend geringer Menge als D_2O und DHO.

Bei der Elektrolyse von Wasser (am besten einer etwa 1 %igen Natronlauge an Nickelelektroden) reichert sich D_2O infolge der etwas höheren Überspannung des Deuteriums in der Elektrolytlauge an. So sind große Mengen Deuterium rein dargestellt worden. Zweckmäßig geht man dabei von technischen Elektrolytlaugen aus, die nach längerem Gebrauch einen aufs fünffache angereicherten Gehalt an Deuterium besitzen können. Aus einer Tonne werden so etwa 10 ml D_2O gewonnen.

Andere Verfahren reichern das Deuterium durch fraktionierte Destillation von flüssigem Wasserstoff an oder benutzen die Austauschreaktion

$$HDO + H_2S \rightleftharpoons H_2O + HDS$$

Da das Deuterium reaktionsträger ist als der Wasserstoff, ist auch die Zerfallswärme von D_2 um 1,8 kcal größer als die von H_2. Der Schmelzpunkt mit —254,6 °C und der Siedepunkt mit —249,7 °C liegen höher als bei H_2. Mit Br_2 reagiert D_2 bei 300 °C fünfmal langsamer als H_2.

Der geringeren Reaktionsfähigkeit des Deuteriums entsprechend ist auch das *schwere Wasser*, D_2O, ein schlechteres Lösungsmittel und bewirkt geringere Dissoziation.

Hier ist zu beachten, daß es verschiedene Arten von schwerem Wasser gibt, da ja auch der Sauerstoff schwerere Isotope, ^{18}O und ^{17}O, besitzt. Da diese sogar häufiger sind als das Deuterium, ist z. B. in Wasser viel mehr $^1H_2{}^{18}O$ als D_2O vorhanden. Bei den Sauerstoffisotopen sind aber die Unterschiede im chemischen Verhalten verschwindend klein, so daß sie z. B.

bei der Elektrolyse nicht angereichert werden. So versteht man im allgemeinen unter schwere Wasser das in großen Mengen dargestellte D_2O.

Die Auffindung verschiedener Isotope von Sauerstoff und Wasserstoff hat gezeigt, daß da Wasser physikalisch kein einheitlicher Stoff ist. Dies hat zunächst einige Aufregung ve ursacht, da unsere Gewichts-, Temperatur- und Wärmeeinheiten auf der Dichte, dem Schmelz und Siedepunkt und der spezifischen Wärme des Wassers beruhen. Bei D_2O liegt z. B. di Dichte bei 0 °C bei 1,107 g/ml, der Schmelzpunkt bei 3,8 °C und der Siedepunkt bei 101,4 °C Es hat sich aber gezeigt, daß unter den natürlichen Bedingungen keine beträchtliche Trennun; des Isotopengemisches des Wassers erfolgt. So reichern sich zwar infolge der Verdunstun; in den Ozeanen die schwereren Isotope an. Der Unterschied in der Dichte beträgt abe zwischen Wasser aus Schnee und aus den Ozeanen nur 3,8 Millionstel. Regenwasser ist nu um 2,5, Quellen- und Flußwasser nur um 1,5 Millionstel leichter. Bei der normalen Destillatio; von Wasser findet keine meßbare Trennung statt.

Über das Wasserstoffisotop mit der Masse 3, *Tritium*, siehe S. 823.

Da man Deuterium entweder durch die geringere Wärmeleitfähigkeit des D_2-Gases oder nach Verbrennen zu D_2O durch die höhere Dichte gut nachweisen kann, wird es viel benutzt, um durch Untersuchung des Austausches gegen H in Verbindungen Aufklärung über die Konstitution dieser Verbindungen zu erlangen.

In Übereinstimmung mit der Erfahrung findet der Austausch in D_2O-haltigem Wasser bei allen Molekülen mit sauer reagierenden Wasserstoffatomen statt, ferner bei den Hydroxylgruppen und Enolgruppen organischer Verbindungen, dagegen nicht bei Kohlenwasserstoffen, mit Ausnahme des Acetylens, bei diesem aber auch nur in alkalischer Lösung. In D_2O gelöste Ammoniumverbindungen tauschen alle vier H-Ionen des NH_4-Ions aus, weil das NH_4-Ion nach $NH_4^+ + NH_3 = NH_3 + NH_4^+$ stets im Gleichgewicht mit NH_3-Molekülen H^+-Ionen austauscht. Hieraus ergibt sich ein neuer Beweis für die Gleichwertigkeit der vier H-Ionen in diesem Komplex. In gleicher Weise werden die an N gebundenen H-Atome in organischen Verbindungen ausgetauscht.

Auch mit in starken Komplexen gebundenen Ammoniakmolekülen erfolgt ein langsamer Austausch der H-Atome, z. B. bei $[Co(NH_3)_6]^{3+}$ oder $[Pt(NH_3)_4]^{2+}$.

Die an das Phosphoratom im $H_2[HPO_3]$ und $H[H_2PO_2]$ gebundenen Wasserstoffatome werden dagegen nicht ausgetauscht.

Wie die Unterschiede im chemischen Verhalten zwischen H_2 und D_2 gering sind, so sind auch bisher keine Deuteriumverbindungen dargestellt worden, deren chemische Eigenschaften von denen der Wasserstoffverbindungen beträchtlich verschieden wären.

Niedere Organismen, wie Algen, können in reinem D_2O leben. Höhere Lebewesen werden bereits durch 30 % D_2O geschädigt.

Kernreaktionen

Gleich der Wertigkeit und Bindungsfähigkeit sind alle chemischen Eigenschaften der Elemente auf die Wirkung der äußersten Elektronen zurückzuführen. Auch die durch hohe Temperaturen oder chemische Reaktionen bewirkten Lichtausstrahlungen sowie umgekehrt die farbgebenden Lichtabsorptionen beruhen nur auf den Elektronen der äußersten und teilweise auch der nächst inneren Bahnen. In die tieferen Schichten des Atoms, besonders in den Kern, dringen solche Eingriffe nicht, sie verändern vorübergehend die Oberfläche, und diese regeneriert sich vom Kern aus dirigiert stets wieder, so daß eine Elementumwandlung durch Hitze, Lichtbestrahlung oder chemische Einwirkungen nicht möglich ist.

Von den Radioelementen abgesehen, erwiesen sich die Atome unserer Elemente als dauerhaft, und Versuche, durch äußere Eingriffe Elemente zu zerlegen oder aufzubauen, erschienen fürs erste aussichtslos. Gelang es doch nicht einmal bei den von selbst zerfallenden Radioelementen, ihre inneren Vorgänge irgendwie zu beeinflussen, weder durch tiefe noch durch hohe Temperaturen oder durch elektrische Einwirkungen. Diese Widerstandsfähigkeit hängt ursächlich mit den ungeheuren Energiemengen zusammen, die bei den Atomumwandlungen umgesetzt werden (vgl. die Zahlen auf S. 827).

Wenn sich nun unsere bisherigen Hilfsmittel, wie Temperatur oder elektrische Energie, als ungenügend erwiesen, um Elemente zu zerlegen, so bestand hierfür doch Aussicht, sobald Energiekonzentrationen von viel höherer Größenordnung als bisher anwendbar wurden. Solche boten sich in den von Radioelementen ausgehenden α-Strahlen, die eine Geschwindigkeit von mehr als 10^9 cm/s erreichen.

Die kinetische Energie eines α-Teilchens von der Reichweite 7 cm (RaC') beträgt $1{,}3 \cdot 10^{-5}$ erg, das gibt pro Mol Helium ($= 4$ g) rund $2 \cdot 10^8$ kcal.

Die Energie radioaktiver Teilchen wird häufig in Megaelektronenvolt (MeV) angegeben. (1 MeV $= 10^6$ eV $= 3{,}83 \cdot 10^{-17}$ kcal.)

Mit solchen Geschossen aus Heliumkernen hat als erster RUTHERFORD (1919) den Kern des Stickstoffatoms zur Reaktion gebracht. Er fand, daß Stickstoff, von α-Strahlen getroffen, seinerseits Protonen abgibt, die nach beliebiger Richtung fortfliegen. Diese Protonen stammen aus den Stickstoffkernen. Da das Stickstoffatom dabei nur ein Proton mit einer positiven Ladung verliert und einen Heliumkern mit zwei positiven Ladungen gewinnt, nimmt seine Kernladung um eine Einheit zu, und aus dem Stickstoffatom wird ein Sauerstoffatom. Da der Heliumkern die Masse 4 und das Proton die Masse 1 hat, muß das Gewicht des Atoms um drei Einheiten zunehmen. Diese Umwandlung gibt die Gleichung wieder:

$$^{14}_{7}\text{N} + {}^{4}_{2}\text{He} \longrightarrow {}^{17}_{8}\text{O} + {}^{1}_{1}\text{H}$$

Damit diese Kernreaktion erfolgt, müssen die Atomkerne von den α-Geschossen getroffen werden, und die Kerne sind so winzig (10 000mal kleiner als die Atome selbst), daß nur äußerst selten Treffer gelingen. Zudem erschwert die positive Ladung der Atomkerne den selbst positiv geladenen α-Teilchen das Eindringen. Wird beim Durchfliegen eines Atoms der Kern nicht getroffen, so wird die Geschwindigkeit des α-Teilchens durch Einwirkung der negativ geladenen Elektronenhülle gemindert. Diese Bremsung bewirkt, daß weitaus die meisten α-Teilchen schließlich stecken bleiben, bevor sie mit einem Kern reagieren konnten. So treffen von einer Million α-Geschossen nur etwa zehn einen Kern, obwohl jedes durch hunderttausend Atome hindurchfährt, ehe es seine Durchschlagskraft einbüßt. Wenn alle α-Teilchen aus 1 g Radium in einem Jahre nur 160 mm^3 Helium bilden, kann bei der Seltenheit der Treffer hierbei aus dem Stickstoff nur $8 \cdot 10^{-4}$ mm^3 Wasserstoff abgesplittert werden. Diese winzigen Mengen Wasserstoff lassen sich bestimmen, weil jeder austretende Wasserstoffkern infolge seiner elektrischen Ladung in feuchter, durch rasche Expansion abgekühlter Luft die Spur seiner Bahn in Form von Nebeltröpfchen hinterläßt, die bei starker Beleuchtung für das Auge und die photographische Platte wahrnehmbar ist. Der hierfür benutzte Apparat heißt nach seinem Erfinder *Wilsonkammer*. RUTHERFORD und CHADWICK konnten diese Atomumwandlung durch α-Strahlen bei den meisten leichten Elementen beobachten.

Außer den α-Strahlen bewirken auch Strahlen von Protonen und Deuteronen (Kerne des Deuteriums) und andere Kerne leichter Elemente beim Auftreffen auf Kerne eine Elementumwandlung, z. B. nach der Gleichung:

$$^{27}_{13}\text{Al} + {}^{1}_{1}\text{H} \longrightarrow {}^{24}_{12}\text{Mg} + {}^{4}_{2}\text{He}$$

Die für Kernumwandlungen benötigten Teilchen hoher Energie erhält man, indem man zunächst Kanalstrahlen in einer Gasentladungsröhre erzeugt und die geladenen Teilchen durch hohe Spannungen beschleunigt. In dem von E. LAWRENCE entwickelten Cyclotron

konnten Deuteronenströme erzeugt werden, deren Energie einigen hundert Millionen e▪
entspricht. Heute werden schon Milliarden eV = 1000 MeV erreicht.

1930 beobachteten BOTHE und BECKER, daß aus Beryllium durch α-Strahlen ein▪
Strahlung ausgelöst wurde, die in der Wilsonkammer zunächst unsichtbar blieb, abe▪
aus Paraffin Protonenstrahlen auslöste. Diese Strahlung besaß ein ungewöhnliche
Durchdringungsvermögen. Sie wurde durch 10 cm Blei erst zur Hälfte absorbiert. Diese
Durchdringungsvermögen übertrifft bei weitem das der γ-Strahlen. CHADWICK erkannte
daß die Strahlung aus Teilchen bestand, die die Masse eines Protons, aber keine Ladun▪
besitzen, und gab ihnen den Namen *Neutronen* und das Zeichen n. Genau genomme▪
beträgt das „Atomgewicht" eines Neutrons 1,0086. Das Neutron wird heute ebens▪
wie das Proton als ein Elementarteilchen der Materie angesehen. Aus dem Berylliumatom▪
entsteht bei der Umwandlung ein Kohlenstoffatom nach der Gleichung:

$$^{9}_{4}\text{Be} + ^{4}_{2}\text{He} \rightarrow ^{12}_{6}\text{C} + ^{1}_{0}\text{n}$$

Auch Neutronen können Atomkerne umwandeln, wie es FERMI (1934) zeigte. Dabe▪
kann das Neutron einfach im Kern unter Bildung des nächst schwereren Isotops aufgenommen werden, es kann aber auch ein Heliumkern oder ein Proton unter Bildun▪
eines um zwei oder eine Einheit der Kernladung niedrigeren Elements herausgeschlagen▪
werden. Die Neutronen dringen, da sie keine Ladung haben, auch in die hochgeladenen▪
Kerne der schweren Elemente ein, die α- und Protonenstrahlen nur schwer eindringen▪
lassen. Vielfach sind sogar langsame Neutronenstrahlen, die nur die normale thermische
Geschwindigkeit von Gasmolekülen haben, sogenannte „thermische" Neutronen,
besonders wirksam. Da Neutronenstrahlen heute in den Kernreaktoren (siehe S. 826)
in großen Intensitäten zur Verfügung stehen, sind sie ein besonders oft angewendetes
Mittel, um Kernreaktionen auszuführen.

Auch sehr kurzwellige γ-Strahlen, wie die des Thorium C", können infolge der hohen▪
Energie ihrer Quanten ($= h\nu$) Atomkerne umwandeln (Kernphotoeffekt), wobei z. B.
nach $^{2}_{1}\text{H} + h\nu = ^{1}_{1}\text{H} + ^{1}_{0}\text{n}$ Neutronen ausgesandt werden.

Für die Gleichungen der Kernreaktionen hat sich eine abgekürzte Schreibweise eingeführt, z. B. für die erwähnten Reaktionen:

$$^{14}\text{N} \ (\alpha, \text{p}) \ ^{17}\text{O}$$
$$^{27}\text{Al} \ (\text{p}, \alpha) \ ^{24}\text{Mg}$$
$$^{9}\text{Be} \ (\alpha, \text{n}) \ ^{12}\text{C}$$
$$^{2}\text{H} \ (\gamma, \text{n}) \ ^{1}\text{H}$$

Hierbei bedeuten:

Abkürzung	p	d	n	α	β^-	β^+	γ
Erklärung	Proton	Deuteron	Neutron	Heliumkern	Elektron	Positron	γ-Quant

Künstliche Radioaktivität

Besondere Folgen hatte ein Versuch von CURIE und JOLIOT (1934), die α-Strahlen auf
Aluminium einwirken ließen. Nach der Gleichung

$$^{27}\text{Al} \ (\alpha, \text{n}) \ ^{30}\text{P}$$

entstand neben einem Neutron ein Isotop des Phosphors. Dieses Phosphorisotop war
radioaktiv und zerfiel mit einer Halbwertszeit von 2,5 min. Dabei sandte es eine
Strahlung aus, die Teilchen von der Masse eines Elektrons, aber mit positiver Ladung
enthielt, und verwandelte sich in ^{30}Si. Diese positiven Elektronen (*Positronen*) waren
schon früher von ANDERSON (1932) entdeckt worden. Unter anderem entstehen sie

aus sehr energiereicher γ-Strahlung, z. B. der des ThC'', beim Durchgang durch Elemente wie Kupfer oder Blei. Dabei verwandelt sich ein Strahlungsquant in ein Positron und ein Elektron. Das Positron ist kurzlebig. Es verschwindet nach einiger Zeit, wenn seine kinetische Energie abgenommen hat, durch Zusammenstoß mit einem Elektron unter Aussendung von zwei Strahlungsquanten.

Auch aus zahlreichen anderen Elementen wurden durch α-Strahlen und ebenso durch Protonen- und Deuteronenstrahlen radioaktive Isotope erhalten. Diese künstlichen radioaktiven Elemente zerfallen oftmals auch unter Aussendung von β-Strahlen wie die altbekannten Radioelemente.

Mit Neutronen lassen sich alle Elemente in radioaktive Elemente verwandeln, und zwar oftmals in mehrere Isotope, so daß die Gesamtzahl der bekannten künstlich radioaktiven Nuklide mehr als 1000 beträgt. Dabei liegt die Halbwertszeit zwischen Bruchteilen von Sekunden und vielen Millionen Jahren.

Die Neutronen gaben auch die Möglichkeit, die Elemente jenseits des Urans herzustellen (siehe bei Transuranen, S. 722) und die letzten Lücken des Periodischen Systems auszufüllen.

So wurden das Element 43, Technetium Tc, das Element 61, Promethium Pm, und das Element 85, Astat At, hergestellt. Das Element 87, Francium Fr, wurde als Nebenprodukt des natürlichen Actiniumzerfalls und ebenso ein Astatisotop als Nebenprodukt des natürlichen Zerfalls der verschiedenen Poloniumisotope entdeckt. Alle bisher bekannten Isotope dieser Elemente sind radioaktiv. Die langlebigsten sind ^{99}Tc mit $5 \cdot 10^5$ a, ^{145}Pm mit 30 a, ^{210}At mit 8 h und ^{223}Fr mit 21 min Halbwertszeit.

Verwendung von radioaktiven Nukliden als Indikatoren

Die Verwendbarkeit natürlicher und künstlicher radioaktiver Nuklide als Indikatoren in der Chemie, die auf F. PANETH und G. v. HEVESY zurückgeht, beruht auf der außerordentlichen Schärfe, mit der man radioaktive Stoffe auch noch in unwägbaren Mengen durch ihre Strahlung nachweisen kann, und auf der Untrennbarkeit der radioaktiven Isotope im Gemenge mit ihren nichtradioaktiven Isotopen. Auf diese Weise kann man Elemente „markieren" und sie in Konzentrationen nachweisen, wie dies durch die besten analytisch-chemischen Methoden nicht erreichbar ist. Es kann hier nur auf einige wichtige Anwendungsmöglichkeiten hingewiesen werden.

Löslichkeitsbestimmung

Die Löslichkeit sehr schwer löslicher Verbindungen, wie z. B. die des Bleichromats, ist wegen der unvermeidlichen analytischen Fehler nicht durch Eindampfen eines größeren Volumens der gesättigten Lösung zu bestimmen. Mischt man aber dem Blei kleine Mengen von isotopem Thorium B (^{212}Pb) zu, mißt die Radioaktivität einer gewogenen Menge dieses Gemisches, führt dasselbe in Chromat über und sättigt damit Wasser, so kann man aus der beim Abdampfen von einigen Millilitern der Lösung hinterbleibenden Radioaktivität das Gewicht des Rückstandes erfahren.

Der Nachweis, daß Wismut ein flüchtiges Hydrid bilden kann, gelang auf dem Wege, daß dem Wismut isotopes ThC (^{212}Bi) zugesetzt wurde. Die Aktivität des bei der Säurezersetzung des Magnesiumbismutids entweichenden Wasserstoffs wies auf das Vorhandensein von Spuren einer flüchtigen Wismutverbindung hin.

Bei Reaktionen im festen Zustand können durch radioaktive Nuklide Diffusionsvorgänge, Mischkristallbildung, Gefügeänderungen u. dgl. verfolgt werden.

Austauschreaktionen

Von ganz besonderem Wert ist die Untersuchung von Austauschreaktionen mit Isotopen, auf die schon beim Deuterium hingewiesen wurde. Durch die Verwendung radioaktiver Nuklide ist heute bei allen Elementen die Möglichkeit gegeben, derartige Austauschreaktionen z untersuchen. So wurde gefunden, daß zwischen Bleichlorid und Bleitetraphenyl in Pyridi und zwischen Bleinitrat und Diphenylbleinitrat in wäßrigem Amylalkohol kein Austausc der Bleiatome stattfindet, obwohl bei den untersuchten Kombinationen immer nur der eine Molekülart die Fähigkeit zur elektrolytischen Dissoziation fehlte. Dagegen findet zwische Bleinitrat und Bleichlorid in Wasser oder Pyridin sofort Austausch statt, ebenso zwische Blei(II)-acetat und Blei(IV)-acetat in Eisessig. Der letzte Fall ist vom elektrochemische: Standpunkt aus besonders interessant, weil die reversible Austauschbarkeit der Blei(II)- un Blei(IV)-Ionen innerhalb der kurzen Versuchsdauer nicht mit derselben Bestimmtheit aus de Dissoziationstheorie vorausgesagt werden konnte, wie das im vorher erwähnten Beispie möglich war.

Für die Untersuchung der Konstitution und der Reaktionsweise von Schwefelverbindunge: eignet sich das radioaktive Schwefelisotop ^{35}S. Stellt man Thiosulfat aus gewöhnliche: Sulfit und ^{35}S dar und gibt dann Silbernitrat hinzu, so findet sich in dem letzten Ende entstandenen Silbersulfid die gesamte Aktivität. Die beiden Schwefelatome im Thiosulfat sinc also ungleichwertig und werden nicht gegeneinander ausgetauscht.

Unter Verwendung von ^{35}S und ^{18}O konnte festgestellt werden, daß beim Zusammenbringen von Schwefeldioxid und Schwefeltrioxid die Sauerstoffatome, nicht aber die Schwefelatome ausgetauscht werden. Dies ist so zu deuten, daß zwischen den Molekülen eine Umsetzung ohne Änderung des Oxydationsgrades nach $SO_2 + SO_3 \rightleftharpoons SO^{2+} + SO_4^{2-}$ stattfindet, vergleichbar dem Protonenaustausch im Wasser (J. L. HUSTON, 1951).

R. E. JOHNSON (1951) untersuchte den Austausch zwischen Thionylchlorid und flüssigem Schwefeldioxid, um festzustellen, ob $SOCl_2$ in SO^{2+} und $2 Cl^-$ dissoziiert. Für diesen Fall ist ein schneller und vollständiger Austausch der Schwefelatome zu erwarten, denn die Eigendissoziation des Schwefeldioxids liefert nach $2 SO_2 \rightleftharpoons SO^{2+} + SO_3^{2-}$ gleichfalls SO^{2+}-Ionen. Es konnte aber nur ein sehr geringer Austausch beobachtet werden, so daß man annehmen muß, daß Thionylchlorid praktisch nur in $SOCl^+$ und Cl^- dissoziiert. Andere Versuche haben gezeigt, daß auch die Sauerstoffatome zwischen Thionylchlorid und Schwefeldioxid nicht ausgetauscht werden (E. GRIGG, 1950). Es findet also auch keine Wechselwirkung nach $SO_2 + SOCl_2 \rightleftharpoons SO^{2+} + SO_2Cl_2^{2-}$ statt. Aus beiden Untersuchungen zusammen ergibt sich, daß Thionylchlorid die Kationenkonzentration des Schwefeldioxids nicht erhöht und somit keine säureanaloge Verbindung ist (vgl. S. 790).

Mit dem radioaktiven Eisenisotop ^{59}Fe wurde festgestellt, daß in Lösung zwischen $[Fe(CN)_6]^{4-}$ und $[Fe(CN)_6]^{3-}$ nur ein sehr langsamer Austausch erfolgt, der wohl auf einen Elektronenübergang zurückzuführen ist, und weiterhin, daß zwischen Fe^{3+} und $[Fe(CN)_6]^{3-}$ im Dunkeln kein Austausch erfolgt, während zwischen Fe^{3+} und $[Fe(C_2O_4)_6]^{3-}$ ein sofortiger Austausch erfolgt.

Von ganz außerordentlichem Wert haben sich die radioaktiven Isotope ^{14}C, ^{32}P, ^{59}Fe und ^{131}J, die heute schon in wägbaren Mengen hergestellt werden, in der Chemie, Biologie und Medizin erwiesen, weil mit ihrer Hilfe Reaktionen, Stoffwechselvorgänge und die Verteilung bestimmter Stoffe im Organismus verfolgt werden können.

Aber auch wegen ihrer intensiven und weitreichenden Strahlung finden manche radioaktive Isotope eine immer größer werdende Anwendung. So dient die weitreichende γ-Strahlung des ^{60}Co zur Materialprüfung im Durchstrahlungsverfahren, aber auch zur Krebsbekämpfung. Statt der natürlichen radioaktiven Nuklide werden auch künstliche Nuklide in Leuchtziffern verwendet. Als Energiequelle für Geräte in Satelliten können Nuklide mit energiereicher α-Strahlung und geeigneter Halbwertszeit, wie ^{238}Pu mit der Halbwertszeit 92 a dienen.

Altersbestimmung mit ^{14}C

Wertvolle Dienste für die Altersbestimmung, besonders vorgeschichtlicher Funde, leistet das radioaktive Kohlenstoffisotop mit der Masse 14. Es entsteht in großen Höhen der Atmosphäre beim Auftreffen von Neutronen auf Stickstoffatome:

$$^{14}N(n, p)^{14}C$$

^{14}C ist ein β-Strahler mit einer Halbwertszeit von 5760 a. In oxydierter Form als CO_2 ist es dem gewöhnlichen Kohlendioxid beigemengt und wird mit diesem zusammen assimiliert. Über die Pflanzenfresser gelangt ^{14}C auch in den tierischen Organismus. Daher hat jede Zelle eine sehr geringe, aber konstante Aktivität, solange sie lebt. Stirbt nun der Organismus, so unterbleibt die weitere Aufnahme von ^{14}C, und die vorhandene Aktivität verringert sich durch den radioaktiven Zerfall. Aus der Messung der heute noch vorhandenen ^{14}C-Aktivität kann daher der Zeitpunkt des Absterbens des betreffenden Organismus berechnet werden. Diese von LIBBY (1947 bis 1952) entwickelte Methode eignet sich für Altersbestimmungen von ursprünglich lebendem Material, dessen Alter zwischen 400 und etwa 50 000 Jahren liegt. In einer Nebenreaktion nach

$$^{14}N(n)^{12}C + {}^3T$$

entsteht in der oberen Atmosphäre das Wasserstoffisotop *Tritium*, T, das über das Wasser dem lebenden Organismus zugeführt wird. Es zerfällt unter β-Strahlung mit einer Halbwertszeit von 12,5 a. Es kann zur Prüfung des Alters von Wein und zur Untersuchung des natürlichen Wasserhaushalts dienen.

Aufbau der Atomkerne

Der Zerfall der radioaktiven Elemente und die künstlichen Atomumwandlungen zeigen, daß die Atomkerne aller Elemente nichts Einheitliches sind. Schon 1815 ist von PROUT die Hypothese aufgestellt worden, daß alle Elemente aus Wasserstoffatomen aufgebaut seien. Diese Hypothese wurde fallengelassen, als sich zeigte, daß das Atomgewicht sehr vieler Elemente wesentlich von der Ganzzahligkeit und damit von einem Vielfachen des Atomgewichts des Wasserstoffs abweicht. Diese Abweichung erklärt sich durch das Vorhandensein von Isotopen.

Der Wasserstoff hat das Isotopengewicht 1,00781 und die positive Ladung 1. Bei allen anderen Elementen ist die Masse der Atomkerne im Vergleich zur Ladung größer und sogar meist mehr als doppelt so groß.

Man vermutete deswegen zuerst, daß außer Wasserstoffkernen (Protonen) auch Elektronen in den Kernen gebunden seien, die die positive Ladung entsprechend erniedrigen. Da die Atomkerne aber sehr viel niedrigere magnetische Momente haben als sie von den Elektronen bekannt sind, und auch andere zwingende Gründe dagegen sprechen, ist die von HEISENBERG gegebene Deutung widerspruchsfreier, nach der nur Neutronen und Protonen die Atomkerne aufbauen. Die abstoßenden Kräfte der Protonen werden durch eine nur in sehr großer Nähe wirkende Anziehungskraft überwunden, wobei die Neutronen helfend mitwirken. Für die Art der Bindung zwischen Protonen und Neutronen ist es dabei charakteristisch, daß sie den Anschein erweckt, als würde die elektrische Ladung dauernd zwischen den Protonen und Neutronen ausgetauscht. Ein Heliumkern, ^4_2He, besteht also aus 2 Protonen und 2 Neutronen.

Auch bei den Kernen der darauffolgenden Elemente bleibt die Zahl der Neutronen gleich der Zahl der Protonen, wie beim $^{12}_6C$, $^{16}_8O$ und $^{32}_{16}S$, oder sie ist nur um ein weniges höher, wie beim ^7_3Li, $^{23}_{11}Na$ und $^{35}_{17}Cl$. Vom Calcium ab überwiegt die Zahl der Neutronen in immer stärkerem Maße, bis schließlich im $^{238}_{92}U$ 146 Neutronen nötig sind, um die 92 Protonen zusammenzuhalten.

Wenn beim radioaktiven Zerfall β-Strahlen, also Elektronen, ausgesandt werden, muß sich im Kern ein Neutron in ein Proton und das austretende Elektron verwandeln. Wenn Positronen ausgesandt werden, wandelt sich ein Proton in ein Neutron um. Dabei richtet sich die Strahlung oft danach, daß das Neutronen-Protonenverhältnis dem stabiler Nuklide angeglichen wird. Beispielsweise strahlt das Radium D (^{210}Pb) mit einer größeren Massenzahl, also größerer Neutronenzahl, als die stabilen Bleiisotope β-Strahlen, um die Protonenzahl zu erhöhen, und das Ionium (^{230}Th) strahlt α-Teilchen,

um bei seiner gegenüber dem stabileren Thorium 232 zu niedrigen Massenzahl d.
Verhältnis von Neutronen zu Protonen günstiger zu gestalten.

Massendefekt und Massenverlust

Die genaue Bestimmung der Masse der einzelnen Nuklide zeigt, daß diese nicht gena
gleich der Summe der Massen ihrer Protonen oder Neutronen ist, sondern stets etwa
kleiner bleibt. Beispielsweise hat der Kern des Heliums die Masse 4,0015. 2 Protone.
mit der Atommasse 1,0073 und 2 Neutronen mit der Atommasse 1,0086 würden abe
die Masse 4,0318 ergeben. Beim Zusammentritt von 2 Protonen und 2 Neutronen zur
Heliumkern tritt also ein Massenverlust von rund 0,03 Atomgewichtseinheiten ein. Di
Masse des Neutrons und Protons im Heliumkern ist geringer und beträgt durchschnitt
lich 1,0004. Dieser Wert wird bei schwereren Elementen noch kleiner. Beim Kern de:
Kohlenstoffisotops ^{12}C beträgt er 0,99973. Er erreicht das Minimum mit 0,9986 bei ^{52}Cr
Dann steigt der Wert wieder an und erreicht bei den letzten natürlichen Elemente
wieder den Betrag 1,00000.

Von HASENÖRL ist gefolgert worden, daß die Energie, wenn sie in Form einer Strahlung
auftritt, eine Masse besitzt, deren Wert proportional der Energiemenge dividiert durch
das Quadrat der Lichtgeschwindigkeit ist. Nach der Relativitätstheorie von EINSTEIN
gilt diese Beziehung allgemein für jede Energie, gleichgültig in welcher Form sie sich
befindet und lautet quantitativ:

$$m = E/c^2$$

Diese Äquivalenz von Masse und Energie ist wiederholt — zunächst qualitativ —
bestätigt worden, so durch Messung des Massenzuwachses schnell bewegter Elektronen,
durch den Ramaneffekt (siehe S. 812) und auf andere Weise. Einen weiteren Beweis
brachte die Entstehung eines Elektrons und eines Positrons aus einem Lichtquant einer
γ-Strahlung, die zeigt, daß sich hier Strahlungsenergie in Masse und elektrische Energie
umwandelt.

Bei einer chemischen Reaktion, die Energie aussendet, muß also die Masse der Reaktionsteilnehmer nach der Reaktion kleiner sein als vorher. Es läßt sich aber übersehen,
daß dieser Massenverlust viel zu klein ist, als daß er gemessen werden könnte. Anders
ist es aber bei Atomumwandlungen, bei denen 100 000mal größere Energien umgesetzt
werden. Nach obiger Gleichung entspricht einer Energie von 10^{10} kcal eine Masse von
0,5 g.

Bei vielen Kernreaktionen konnten sowohl die freiwerdende Energie als auch der
Massenverlust quantitativ bestimmt werden. Der Vergleich ergab, daß für die insgesamt gewonnene Energie genau der Betrag an Masse verloren ging, der der Gleichung
$E = m \cdot c^2$ entspricht.

Man kann also die Masse des Kerns im Vergleich zu der Masse der freien Protonen und
Neutronen als unmittelbares Maß für die Energie ansehen, mit der die Protonen und
Neutronen im Kern gebunden sind. Danach sind die Kerne mit dem Atomgewicht um 52 am
stabilsten. Mit steigendem Atomgewicht nimmt die Stabilität der Kerne wieder langsam ab,
doch ist auch noch bei den schwersten Kernen jedes Proton und Neutron mit sehr hoher
Energie im Kern gebunden. Aber wenn diese Elemente unter radioaktiver Strahlung zerfallen,
wird wegen der relativ niedrigeren Kernmasse der Folgeelemente Energie frei. So erklärt
sich der mit Energieabgabe verlaufende α-Zerfall der natürlichen radioaktiven Elemente am
Ende des Periodischen Systems.

Beim Vergleich der gesamten Nuklide ergibt sich, daß Kerne mit ungerader Massenzahl
energiereicher und darum seltener sind als Kerne mit gerader Massenzahl. Als besonders
häufig heben sich Kerne mit *magischen Kernzahlen* heraus, bei denen die Zahl der
Neutronen oder Protonen 2, 8, 20, 28, 50, 82 oder 126 ist. Kerne mit magischen

Protonenzahlen geben verhältnismäßig viele stabile Isotope, z. B. $_{20}$Ca mit 6, $_{50}$Sn mit 9 stabilen Isotopen. Den Einfluß der magischen Zahlen auf die relative Häufigkeit eines Isotops zeigt die folgende Tabelle:

Relative Häufigkeit einiger Isotopen

Kern	Magische Zahlen der		Relative Häufigkeit des Isotops in %
	Protonen	Neutronen	
$_{2}^{4}$He	2	2	~100
$_{8}^{16}$O	8	8	99,76
$_{19}^{39}$K	—	20	93,1
$_{20}^{40}$Ca	20	20	96,92
$_{24}^{52}$Cr	—	28	83,46
$_{38}^{88}$Sr	—	50	82,74
$_{82}^{208}$Pb	82	126	51,55

Diese magischen Zahlen spielen nach JENSEN und GOEPPERT-MAYER (1949) für den Aufbau der Kerne eine ähnliche Rolle wie die Elektronenzahlen der Edelgase 2, 10, 18, 36, 54 für die Hülle der Atome.

Magnetische Kernmomente

Die Atomkerne, bei denen entweder die Zahl der Protonen oder der Neutronen oder beide ungerade sind, haben magnetische Momente. Kein magnetisches Kernmoment haben also z. B. $_{6}^{12}$C, $_{8}^{16}$O, $_{16}^{32}$S. Da die Kernmomente um rund 3 Zehnerpotenzen kleiner sind als die uns schon bekannten Spinmomente der Elektronen, treten sie bei den üblichen magnetischen Messungen nicht in Erscheinung.

Ortho- und Parawasserstoff

Die magnetischen Kernmomente führen zu 2 Modifikationen des Wasserstoffmoleküls. Bei der Bindung zweier Protonen im H_2-Molekül können sich die magnetischen Kernmomente parallel ($\uparrow\uparrow$) oder antiparallel ($\uparrow\downarrow$) zueinander einstellen. Die parallele Form bezeichnet man mit Orthowasserstoff, die antiparallele mit Parawasserstoff. Beide Formen können beim Erwärmen Rotationsenergie nur in diskreten, bei beiden verschiedenen Quantenbeträgen aufnehmen, und zwar Orthowasserstoff nur in ungeraden, Parawasserstoff nur in geraden ganzzahligen Beträgen. Somit müssen die durch die Molekülrotation beeinflußten spezifischen Wärmen beider Modifikationen verschieden sein. Der Parawasserstoff hat die höhere spezifische Wärme (HEISENBERG, HUND und DENNISON).

Bei Zimmertemperatur beträgt das stabile Verhältnis von Ortho- und Parawasserstoff 3 : 1. Dagegen ist bei sehr tiefen Temperaturen fast ausschließlich der energieärmere Parawasserstoff stabil. Es gelang BONHOEFFER und HARTECK (1929) durch Adsorption von Wasserstoff an aktiver Kohle bei der Temperatur von flüssigem Wasserstoff reinen Parawasserstoff herzustellen. Reiner Orthowasserstoff konnte durch Gaschromatographie erhalten werden.

Magnetische Kernresonanz

Man kann die Kernmomente der Atome durch ihre Resonanz mit einem hochfrequenten Magnetfeld nachweisen. Besonders geeignet sind die Kerne von ^{1}H, ^{19}F und ^{31}P aber auch von ^{13}C, ^{17}O und ^{35}S. Da die Frequenz der Kernresonanz durch die Umgebung des

Kerns beeinflußt wird, kann man aus der Frequenz, bei der die Resonanz erfolg
Schlüsse über die Lage und die Bindung der Atome im Molekül ziehen. So erhält ma
z. B. beim Äthylalkohol, $CH_3 \cdot CH_2OH$, 3 Resonanzfrequenzen für das Proton, j
nachdem ob es der CH_3-, der CH_2- oder der OH-Gruppe angehört. Die Methode läf
sich auf Flüssigkeiten und Gase anwenden. Sie ist ein wichtiges Hilfsmittel zu
Strukturaufklärung organischer aber auch anorganischer Verbindungen.

Antimaterie

DIRAC hatte 1930 vorhergesagt, daß es zu jedem Elementarteilchen ein Antiteilche
geben könne, wobei beide sich z. B. nur durch das Vorzeichen der Ladung voneinande
unterscheiden, wie das bald darauf gefundene Positron vom Elektron. 1955 gelan
O. CHAMBERLAIN und E. SEGRÉ der Nachweis, daß beim Beschuß von Kupfer mi
Protonen von $6 \cdot 10^3$ MeV *Antiprotonen* gebildet werden, Teilchen mit der Mass
des Protons aber mit negativer Ladung. Im Jahr darauf gelang bereits der Nachwei
von *Antineutronen*. Während ein freies Neutron mit einer Halbwertszeit von 10^3 s ir
ein Proton und ein Elektron zerfällt, zerfällt ein Antineutron in ein Antiproton und
ein Positron. Die Antiteilchen vernichten sich beim Zusammentreffen mit normaler
Teilchen unter Verwandlung in Energie wie ein Elektron beim Zusammentreffen mi
einem Positron. Für sich allein im leeren Raum sind sie jedoch so stabil wie die
normalen Elementarteilchen. Es wäre darum denkbar, daß irgendwo im Kosmos, allerdings nicht innerhalb unseres Milchstraßensystems, wo keine normale Materie existiert,
eine Antiwelt besteht, deren Atome im Kern Antiprotonen und Antineutronen, in der
Hülle Positronen enthalten.

Kernreaktor und Atombombe

Auf eine von allem bisherigen abweichende Kernreaktion stießen FERMI sowie O. HAHN
und L. MEITNER (1935) bei der Bestrahlung von Uran mit Neutronen. 1938 konnten
HAHN und STRASSMANN nachweisen, daß der Urankern mit langsamen Neutronen, die
nur noch die Geschwindigkeit gewöhnlicher Gasmoleküle haben, in 2 mittelschwere
Kerne, z. B. von Barium und Krypton, Strontium und Xenon oder andere Paare,
gespalten wird. Dabei reagiert, wie A. v. GROSSE, NIER, BOOTH und DUNNING 1940
nachwiesen, der Kern des Isotops ^{235}U. Da der Urankern im Verhältnis mehr Neutronen
enthält als die leichteren Elemente, sind die Isotope der entstehenden Elemente zu reich
an Neutronen und zerfallen unter β-Strahlung. Außerdem werden auch bei der Spaltung
direkt Neutronen frei, und zwar auf 1 vom Uran eingefangenes Neutron etwa 2,5 neue
Neutronen. Hier bot sich die Möglichkeit, nach Art einer Kettenreaktion eine Kernreaktion in Gang zu bringen, die sich von selbst durch die Neutronenvermehrung
fortpflanzt und ungeheure Energiemengen liefern muß, weil die Summe der Energie-
inhalte der Kernspaltstücke kleiner ist als der Energieinhalt des Urankerns, wie es die
Kernmassen zeigen.

In den Vereinigten Staaten gelang es in den Jahren 1942/45, diese Kettenreaktion
zu verwirklichen. Bei der Spaltung des ^{235}U-Kerns entstehen infolge des hohen Energie-
gewinns sehr schnelle Neutronen. Diese müssen erst auf dem Wege durch die Materie
durch Zusammenstöße verlangsamt werden, um mit niedriger Geschwindigkeit wieder
von neuen ^{235}U-Kernen eingefangen zu werden. Damit die Neutronen auf ihrem Wege
nicht von anderen Elementen eingefangen werden, muß das Uran von höchster Reinheit
sein (unter 10^{-4} % Verunreinigungen). Zur Verlangsamung der Neutronen sind reinster
Graphit oder reinstes schweres Wasser, D_2O, geeignet. Mit einem geringeren Wirkungsgrad kann auch reines gewöhnliches Wasser verwendet werden.

Die Durchführung der Kettenreaktion erfolgt im Kernreaktor. Reinstes Uran wird in einzelnen Stücken, Platten oder Stäben von einigen Zentimetern Dicke in Graphit, schweres Wasser oder Wasser eingebettet. Je nach der Größe oder dem Zweck des Reaktors kann das Uran den natürlichen Gehalt von 0,7 % ^{235}U enthalten oder an ^{235}U angereichert sein. Durch Neutronen, die sich überall zufällig aus der kosmischen Strahlung (siehe S. 831) einfinden, löst sich die Reaktion im ^{235}U von selbst aus. Die neu entstehenden Neutronen werden im Graphit verlangsamt, gelangen wieder ins Uran und erzeugen dort die Spaltung in vermehrtem Umfang. Ein Teil der Neutronen reagiert mit dem Isotop ^{238}U und liefert über Neptunium das langlebige Plutoniumisotop ^{239}Pu. Steigert sich die Reaktion zu hoher Intensität, so kann sie durch Einschieben von Cadmiumstäben gemäßigt werden, die die Neutronen ohne schädliche Folgereaktion unter Bildung stabiler Isotope abfangen. Solch ein Reaktor liefert gewaltige Wärmemengen, 1 t Uran etwa den Gegenwert von 30 000 t Kohle.

In Deutschland wurde ein Reaktor mit D_2O zur Verlangsamung der Neutronen konstruiert, der 1945 vor der Inbetriebnahme stand. Vorher waren in den USA jedoch schon mehrere Reaktoren in Betrieb. Heute existieren nicht nur zahlreiche Versuchsreaktoren, sondern auch Reaktorkraftwerke zur Stromerzeugung sowie Unterseeboote und Überwasserschiffe, die mit Kernenergie betrieben werden. Solche Schiffe können z. B. 12mal um die Erde fahren, ehe sie neuen Brennstoff aufnehmen müssen.

Weiter können in Kernreaktoren infolge des hohen Neutronenangebotes die verschiedensten Kernreaktionen durchgeführt werden und künstliche Elemente und radioaktive Isotope der verschiedensten Elemente grammweise und kilogrammweise dargestellt werden, wie wir es schon erwähnt haben.

In den USA wurde der Kernreaktor zunächst dazu benutzt, um Plutonium herzustellen oder, wie man sagt, um im „Brutreaktor" Plutonium „auszubrüten". Das ^{239}Pu wird von langsamen Neutronen wie ^{235}U gespalten und liefert wieder eine Kettenreaktion.

Werden ^{235}U oder ^{239}Pu in Mengen von einigen Kilogramm zu einem Stück zusammengefügt, so werden die Neutronen in der Masse selbst genügend verlangsamt, und die Kettenreaktion steigert sich zur Detonation der Atombombe. Die erste Atombombe bestand noch aus hochangereichertem ^{235}U, das aus natürlichem Uran, in dem es zu 0,7 % vorhanden ist, durch Isotopentrennung über das Uranhexafluorid gewonnen wurde. Später wurde ^{239}Pu verwendet. Die Atombombe bestand aus einzelnen Stücken einer Kugel von der Größe etwa einer Kokosnuß. Durch rasches Zusammenfügen oder Zusammenschießen erfolgte die Zündung. Da im Moment der Detonation die Kugel auseinanderfliegt, kommt nur ein Bruchteil des Materials zur Reaktion. Trotzdem entsprach die Wirkung der detonierenden Atombombe der von etwa 20 000 t des Sprengstoffes Trinitrotoluol (TNT). Zusätzlich entsteht noch durch die radioaktiven Folgeprodukte eine intensive radioaktive Strahlung von gefährlicher Wirkung.

Noch sehr viel verheerender ist die Wirkung der Wasserstoffbombe, in der der große Masseverlust bei der Bildung von He-Kernen aus leichten Elementen ausgenützt wird. Die Reaktion verläuft wahrscheinlich über das Wasserstoffisotop mit der Masse 3, das Tritium.

Tritium, ^3_1T, kann im Kernreaktor aus dem Lithiumisotop ^{6}Li nach $^6Li + {}^1n \rightarrow {}^4He + {}^3T$ hergestellt werden. Tritium kann mit Deuterium nach $^3T + {}^2D \rightarrow {}^4He + {}^1n$ reagieren, wobei wieder ein Neutron freigesetzt wird. Die Explosion der Wasserstoffbombe könnte also darauf beruhen, daß Neutronen, die von einer Plutoniumbombe geliefert werden, auf Lithiumdeuterid einwirken.

Während man für die Plutoniumbombe eine kritische Masse nicht überschreiten konnte, weil die Stücke nicht von selbst explodieren durften, kann man die Wasserstoffbombe mit mehr „Sprengstoff" ausrüsten. Man schätzt, daß die Wirkung der stärksten

Wasserstoffbombe 50 Millionen t Trinitrotoluol entspricht. Diese Energieentwicklu
ist gewaltig, doch sei zum Vergleich darauf hingewiesen, daß die in einem kräftig<
Gewitter freigesetzte Energie von der gleichen Größenordnung ist.

Wenn es in Zukunft gelänge, die Bildung des Heliumkerns aus leichteren Kernen, z. !
aus Deuteriumkernen, in „gezähmter", kontrollierter Reaktion durchzuführen, wä:
die Menschheit für einige Zeit alle Energiesorgen los, denn das Wasser der Ozear
stünde für das Ausgangsmaterial zur Verfügung.

Elementbegriff

Die alten Begriffe Atom und Element haben durch die Entwicklung der Kernchemi
ihre ursprünglich wesentlichsten Kriterien, die Unzerlegbarkeit und Unverwandelbarke:
sowie bei Isotopengemischen die Einheitlichkeit, eingebüßt. Dies hat aber der Zweck
mäßigkeit dieser Begriffe keinen Abbruch getan. Denn bei allen normalen chemischer
Reaktionen erfolgt keine Elementumwandlung, und der Kern der Atome bleib
intakt. Selbst wenn eine geringe Verschiebung des Isotopengehalts eintreten sollte, s<
bleibt diese mit der einzigen Ausnahme bei Wasserstoff und Deuterium ohne Einflu:
auf das chemische Verhalten. Dafür haben wir mit einer viel besseren Kenntnis vo:
Bau und Art der Atome auch eine einfachere und genauere Definition für den Begrif:
„Element" gewonnen und können sagen:

Ein chemisches Element ist ein Stoff, dessen sämtliche Atome gleiche Kernladung haben

Die Chemie außerhalb der Erdoberfläche

Unsere Kenntnisse von der Materie erstrecken sich zunächst nur auf die uns unmittelbar
zugängliche Oberfläche der Erde einschließlich der Meere und der tieferen Schichten
der Atmosphäre. Auf dieses beschränkte Gebiet beziehen sich auch die Angaben über
die relative Häufigkeit der Elemente, wie sie an vielen Stellen dieses Buches gemacht
worden sind.

Über die höheren Schichten der Atmosphäre der Erde haben wir durch Raketengeschosse
die erste sichere Auskunft erhalten. Danach ist bis in 100 km Höhe das Verhältnis
der Zusammensetzung aus Sauerstoff, Stickstoff und Edelgasen das gleiche wie in der
uns umgebenden Luft, wenn man das Ozon der Ozonschicht als Sauerstoff rechnet. In
noch größeren Höhen sind freilich die O_2- und N_2-Moleküle zunehmend in die Atome
gespalten.

Im Innern unseres Planeten herrscht dagegen eine andere Verteilung der Elemente als
an der Oberfläche; denn die Dichte der ganzen Erdkugel beträgt 5,52 g/cm³, während
die in der Erdkruste weitverbreiteten Gesteine nur eine Dichte von durchschnittlich
2,6 g/cm³ besitzen. Wahrscheinlich überwiegen schwere Metalle, wie besonders das
Eisen, im Erdinnern. Das steht damit im Einklang, daß fremde Weltkörper, die als
Meteorite zu uns gelangen, oft aus gediegenem Eisen bestehen.

In den *Meteoriten* sind fast alle auf der Erde bekannten Elemente nachgewiesen worden.
Ihrer Zusammensetzung nach unterscheidet man die häufigeren Steinmeteorite (Silicate),
und die selteneren Eisenmeteorite. Da in den Meteoriten auch sulfidische Erze, wie der
Troilit genannte Magnetkies, vorkommen, entspricht ihre Zusammensetzung ungefähr

...en von GOLDSCHMIDT angenommenen drei Zonen im schaligen Aufbau unserer Erde, ...er *lithophilen* und *chalkophilen Zone* und dem *siderophilen Kern* (siehe S. 12). Auch ...ie Häufigkeit der Elemente ist ähnlich der auf unserer Erde, wenn man die weit ...rößere Häufigkeit von Magnesium und Eisen und die geringere Häufigkeit von Aluminium unterhalb der Erdkruste berücksichtigt. Aus dem Gehalt an radioaktiven Elementen wird ihr Alter zu höchstens $5 \cdot 10^9$ Jahren berechnet. Sie sind nicht älter als die irdischen Gesteine. Die Atomgewichte der in den Meteoriten gefundenen Elemente sind nur unwesentlich verschieden von den Atomgewichten der auf der Erde vorkommenden Elemente. Fast stets ist auch das Mischungsverhältnis der Isotope dasselbe. Allerdings ist es wahrscheinlich, daß die Meteorite nur aus unserem Planetensystem stammen.

Um von der Materie im Weltraum Kenntnis zu erlangen, sind wir auf die *Spektralanalyse* angewiesen, deren Zuverlässigkeit hinsichtlich der Erkennung der meisten Elemente an unseren irdischen Stoffen erprobt worden ist.

Wo irgend im Weltraum die Materie unter der Einwirkung hoher Temperatur oder elektrischer Entladung Licht aussendet, können wir ihre Natur mit Hilfe des Spektralapparates erforschen, sofern die Stärke und Art des bis zu unserem Auge oder bis zur photographischen Platte gelangenden Lichtes zur Beobachtung hinreicht.

Auch auf die ungeheuren Entfernungen, die das Licht trotz seiner Fortpflanzungsgeschwindigkeit von 300 000 km/s erst nach Jahrmillionen zurücklegt, finden wir die unverkennbaren Spektrallinien der uns auf der Erde bekannten Elemente.

Die Erde ist nur ein Planet, der um unseren nächsten Fixstern, die Sonne, kreist. Die Sonne wieder gehört zu einem System von 10^{11} anderen Fixsternen, das ungefähr eine Linse mit einem Durchmesser von 100 000 Lichtjahren und einer Dicke von 20 000 Lichtjahren bildet. Die meisten dieser Sterne umgeben uns deswegen in einem Gürtel, der als „Milchstraße" am Sternenhimmel sichtbar wird. Alle dem Auge einzeln sichtbaren Sterne gehören dem Milchstraßensystem an.

Das Milchstraßensystem ist selbst nur eines unter vielen Millionen ähnlicher Sternsysteme, von denen das 2 000 000 Lichtjahre entfernte, etwa gleich große spiralförmige System des Andromedanebels noch dem bloßen Auge sichtbar ist.

Die Masse der Erde beträgt $6 \cdot 10^{27}$ g, die der Sonne $2 \cdot 10^{33}$ g. Die gesamte Masse des Weltalls wird auf 10^{60} g geschätzt.

Das Spektrallicht der *Sonne* und der *Fixsterne* zeigt, wie FRAUNHOFER zuerst fand, dunkle Linien auf hellem Untergrund. Nach dem Kirchhoffschen Satz über die Beziehung zwischen Lichtaussendungs- und Lichtaufnahmevermögen geben die dunklen Linien ebenso sichere Kunde vom Vorhandensein der betreffenden Elemente wie die hellen Linien des Flammen-, Funken- oder Bogenspektrums. Doch lassen sie erkennen, daß über der leuchtenden Sonnenoberfläche kältere Dämpfe der fraglichen Stoffe lagern, durch welche das Licht absorbiert wird (siehe bei Natrium). Im Sonnenspektrum konnte der größere Teil der irdischen Elemente nachgewiesen werden.

Die Sonne gehört zu den *gelben Sternen*, deren Temperatur in der leuchtenden Oberfläche oder, besser gesagt, in der Außenschicht 6000 °K beträgt. Weiter gibt es weiße Sterne mit höherer Temperatur der Oberfläche und rote Sterne mit kälterer Oberfläche.

Unter den roten Sternen gibt es einige, deren Leuchtkraft eine gewaltige Größe anzeigt. Zu diesen *Roten Riesen* mit einer Oberflächentemperatur von 2000 ... 4000 °K gehören Beteigeuze im Orion mit einem Durchmesser vom 300fachen der Sonne, weiter Antares im Skorpion, Aldebaran im Stier und Arktur im Bootes mit einer Ausdehnung von 300, 37 und 27 Sonnendurchmessern. Zum Vergleich sei darauf hingewiesen, daß der

Durchmesser der Erdbahn 215 Sonnendurchmesser beträgt. Die Gesamtmasse dies⸱ Sterne ist nicht im gleichen Maße größer, so daß ihre Materie sehr viel weniger did ist als die der Sonne.

Sehr heiße *weiße Sterne* mit 10 000 ... 20 000 °K Oberflächentemperatur sind Siriu⸱ Vega in der Leier und Regulus im Löwen. Ungewöhnlich hohe Dichten vo 0,1 ... 10 t/cm³ haben die *Weißen Zwerge*. Die Materie ist in ihnen zu einer dichte Packung von Elektronen und Atomkernen entartet.

Außer in der dichten Form der Sterne findet sich die Materie auch in feinster Aufteilun⸱ in den *Nebeln* des Weltraumes[1]), wie es der mit bloßem Auge sichtbare Orionnebe zeigt. Diese Nebel senden zum Teil eigenes Licht aus, zum Teil reflektieren sie auc nur das Licht benachbarter Sterne, wie die lichtschwachen Nebel, die den Sternhaufeɪ der Plejaden ausfüllen. Sie bestehen aus Staubteilchen von 1 μ Größe bis herab z⸱ Gasmolekülen. Daneben gibt es auch nichtleuchtende Nebel, die sich durch di⸱ Absorption des Sternenlichtes als „dunkle Wolken" am Sternenhimmel verraten, z. B da, wo durch ihre Anwesenheit die Milchstraße in mehrere Äste geteilt erscheint.

Manchmal ist in diesen Nebeln die Materie so außerordentlich verdünnt, daß di⸱ Elemente Spektrallinien aussenden, die unter irdischen Bedingungen fehlen (sogenannt⸱ „verbotene Linien"), in denen man früher unbekannte Elemente vermutete.

Nirgends im Weltraum sind Elemente gefunden worden, die wir nicht schon von deɪ Erde kennen. Ja es hat sich sogar ergeben, daß die relative Häufigkeit der Element⸱ und ihrer Isotopen im Kosmos ähnlich ist, wenn wir von den in den Fixsternen weit häufigeren Elementen Wasserstoff und Helium absehen. Für den Kosmos gilt das Verhältnis: 75 % Wasserstoff, 23 % Helium und 2 % schwerere Elemente.

Auch über die nicht selbstleuchtenden Weltkörper kann die Spektralanalyse durch Untersuchungen des reflektierten Lichtes Auskunft geben.

So erkennt man im Spektrum der *Kometen* die Bänder des C_2-Moleküls, von Cyan, Kohlenoxid, Stickstoff, sowie die Natriumdoppellinie.

Im Gegensatz zu dem blühenden Leben auf der Oberfläche der Erde bieten die anderen großen *Planeten* keine Möglichkeit für ein höher entwickeltes Leben. *Merkur* hat infolge der Nähe der Sonne keine Atmosphäre. Die Atmosphäre der *Venus* ist reich an Kohlendioxid. Darunter liegt eine dichte Wolkendecke, deren Materie noch unbekannt ist. *Mars* hat nur eine sehr dünne Atmosphäre aus Stickstoff mit Spuren Sauerstoff, Kohlendioxid und Wasser. In der Nähe seines Äquators ist die Existenz von niederen Pflanzen, wie Flechten und Moosen, wahrscheinlich. Die starke Atmosphäre des *Jupiter* und *Saturn* besteht aus Methan und Ammoniak, daneben wahrscheinlich aus Wasserstoff und Wasser. Der Ring des Saturns wird von festen Teilchen, vielleicht aus Eispartikeln, gebildet. Bei *Uranus* und *Neptun* nimmt der Gehalt an Wasserstoff zu. Unser *Mond* hat keine Atmosphäre.

Es könnte sein, daß auch Erde und Mars ursprünglich vor 3 bis 4 · 10⁹ Jahren eine *Uratmosphäre* aus Wasserstoff und den flüchtigen Wasserstoffverbindungen Methan, Ammoniak und Wasser besessen haben. Die sonnenfernen kalten und großen Planeten mit hoher Schwerkraft haben sie heute noch zum erheblichen Teil. Die kleinere und wärmere Erde hat zunächst den Wasserstoff verloren, dann den Wasserstoff aus Ammoniak, Methan und zum Teil aus Wasser. Es blieben Stickstoff und Sauerstoff, die Hauptbestandteile unserer heutigen Atmosphäre. Aus dem Methan wurde Kohlendioxid, das durch die Verwitterung der Silicatgesteine in den Carbonaten gebunden wurde. Der kleinere Mars hat auch diese Atmosphäre schon zum größten Teil verloren.

---

[1]) Von diesen Nebeln sind zu unterscheiden die nur scheinbar nicht in Sterne aufgelösten Gebilde, die wie der schon erwähnte Spiralnebel in der Andromeda in Wahrheit riesige Sternsysteme außerhalb der Milchstraße sind.

n der Uratmosphäre gab es keinen Sauerstoff und damit keine Ozonschicht, die das Ultraviolett der Sonne absorbierte. So konnten in der Uratmosphäre durch das Ultraviolett organische Verbindungen gebildet werden, die die Bausteine der zum Leben befähigten Stoffe sind, wie Aminosäuren, Formaldehyd, Blausäure u. a. (S. MILLER, 1957). Vielleicht haben sich aus diesen Bausteinen die ersten Eiweißmoleküle und Nukleinsäuren gebildet, die ein unseren heutigen Viren ähnliches anaerobes „Leben" führen konnten und aus denen sich im Zuge der Änderung der Atmosphäre vor etwa $2 \cdot 10^9$ Jahren die höheren Lebewesen entwickelten.

In der Sonne finden wir die nahezu ausschließliche *Quelle aller Energie*, die wir verbrauchen können. Denn allein die Strahlung der Sonne läßt das Wasser verdampfen und liefert so die Wasserkräfte, sie läßt die Pflanzen assimilieren und liefert so alle Nahrung und darüber hinaus Holz, Kohle und Erdöl.

Mit einer Masse von etwa $2 \cdot 10^{33}$ g strahlt die Sonne jährlich etwa $3 \cdot 10^{33}$ cal aus. Diese Strahlung kann in den 1,5...2 Milliarden Jahren, seit denen Lebewesen auf der Erde vorkommen, nicht erheblich nachgelassen haben. Wollte man diese Energieerzeugung durch chemische Reaktionen erklären, so könnte diese Quelle nur für einige Jahrhunderte ausreichen. Durch Kontraktion infolge der Schwerkraft könnte die Ausstrahlung nur für 10 Millionen Jahre gedeckt werden. Nachdem auch alle sonst möglichen Energiequellen sich bei genauerer Prüfung als ganz unzureichend erwiesen haben, um den gewaltigen Strahlungsverlust zu decken, bleiben nur Kernreaktionen als energieliefernder Vorgang übrig.

Hier ist es nun naheliegend, an eine Bildung von Helium aus Wasserstoff zu denken. Die Beziehung zwischen Energie und Masse, $E = m \cdot c^2$, ergibt, daß hierbei für 1,008 g Wasserstoff 163 Milliarden cal frei werden. Nach einer Überschlagsrechnung von v. WEIZSÄCKER würde diese Energie die Strahlung der Sonne reichlich für eine Milliarde Jahre decken, wenn nur 1 % der Sonnenmasse an Wasserstoff umgewandelt wird.

Der Gehalt der Sonne an Wasserstoff ist dazu reichlich groß genug. Man hat Grund anzunehmen, daß der Wasserstoff die Hälfte bis drei Viertel der Sonnenmasse ausmacht.

Die Temperaturen an der Oberfläche der Sterne von 2000...20 000 °K reichen nicht aus, um Kernreaktionen auszulösen. Aber im Innern der Sterne herrschen höhere Temperaturen, im Innern der Sonne z. B. $15 \cdot 10^6$ °K bei einem Druck von über $200 \cdot 10^6$ atm, die eine solche Verwandlung von Materie in Strahlung ermöglichen, und indem die Strahlung in der Sternenmaterie absorbiert und in Wärme und Licht umgewandelt wird, kann so die ungeheure Energielieferung der leuchtenden Gestirne erklärt werden (A. S. EDDINGTON und R. A. MILLIKAN).

Die für die Energieentwicklung der Sonne wichtige Kernreaktion ist die Bildung von Helium aus Wasserstoff. Sie kann nach BETHE und v. WEIZSÄCKER unter Mitwirkung von Kohlenstoff im folgenden Cyklus ablaufen: Die erste Reaktion lautet

$$^{12}C + {}^{1}H = {}^{13}N$$

^{13}N zerfällt unter Positronenaussendung und bildet ^{13}C. Dieser Kern reagiert nach

$$^{13}C + {}^{1}H = {}^{14}N$$

Dann folgt

$$^{14}N + {}^{1}H = {}^{15}O$$

Dieser Kern ist wieder radioaktiv und zerfällt in Positronen und ^{15}N. Dieses bildet endlich nach der Gleichung

$$^{15}N + {}^{1}H = {}^{12}C + {}^{4}He$$

Helium und liefert den eingangs verwendeten Kohlenstoffkern wieder zu neuer Reaktion zurück.

Daß außerhalb der Erde noch andere Vorgänge ablaufen, deren Energieentwicklung weit über alle irdischen Maße hinausgeht, schließt man aus der von HESS (1912) entdeckten *kosmischen*

Strahlung. Diese Strahlung, die aus dem Weltraum kommend auf die Erde trifft, h: Teilchen und Quanten mit einer Energie von meist 1 ... 10 Milliarden eV, die die Energi der Quanten der härtesten γ-Strahlen um das Tausendfache übertrifft. Infolgedessen dring diese Strahlung mit ihren härtesten Anteilen tief in die Erde ein, und ist auch in Bergwerke noch nachzuweisen.

Die kosmische Strahlung kommt wahrscheinlich aus dem Milchstraßensystem. Sie besteh außerhalb der Erdatmosphäre vorwiegend aus Protonen.

In der kosmischen Strahlung ist zum ersten Mal die Verwandlung von Energie in Mass sichtbar geworden. 1932 fand C. ANDERSON in der Wilsonkammer die Umwandlung eine Quants der kosmischen Strahlung in ein Elektron und ein Positron, dessen Existenz hier zun ersten Mal erkannt wurde. Die die Oberfläche erreichende kosmische Strahlung enthält darun stets auch Elektronen und Positronen.

In dem harten Anteil der kosmischen Strahlung sind 1933 von P. KUNZE besonders geartet Teilchen beobachtet worden, die ANDERSON 1936 wieder entdeckte und *Mesonen* nannte Heute kennen wir bereits eine Vielzahl solcher Teilchen. Alle tragen die positive oder negativ Ladung eines Elektrons, sind aber sehr kurzlebig. Ihre Masse besitzt verschiedene Wert zwischen dem 200- und 2500fachen eines Elektrons. Sie werden in der kosmischen Strahlung erzeugt und zerfallen wieder unter Aussendung verschiedener Elementarteilchen und Quanten. Das vorübergehende Auftreten solcher Mesonen spielt nach YUKAWA auch in den Atomkernen für den Austausch der Ladung zwischen Neutronen und Protonen eine wichtige Rolle.

Auch *die Sterne leben und sterben.* Es gibt Sterne, die bis zu $10 \cdot 10^9$ a alt sind, und es gibt Sterne, die nur etwa $5 \cdot 10^6$ a alt sind. Sterne werden und vergehen. Vielleicht entstanden sie aus ursprünglich im Weltall verteiltem Wasserstoff. Unsere Sonne gehört wie die meisten Sterne zu den Sternen der Hauptreihe, bei denen die absolute Helligkeit der Oberflächentemperatur folgt. Sie ist bis zu $10 \cdot 10^9$ a stabil und „lebt" von der Verwandlung von Wasserstoff in Helium in ihrem Kern. Wenn in den Sternen der Hauptreihe im Kern der Wasserstoff verbraucht ist, läuft die Heliumbildung in Schalen nach außen. Die Sterne dehnen sich darum aus und werden zu Roten Riesen. Der Kern zieht sich zusammen und wird dadurch heißer. Bei über $100 \cdot 10^6$ °K beginnt in ihm die „Verbrennung" von ^4He zu ^{12}C, ^{16}O, ^{20}Ne bis ^{40}Ca. Wegen der hohen Leuchtkraft (Größe) der Roten Riesen verbraucht sich die Energie liefernde Energiequelle schneller. Die Riesen kontrahieren wieder und werden zu Weißen Zwergen, die sich infolge ihrer kleinen Oberfläche und ihrer hohen Dichte nur langsam in Milliarden Jahren abkühlen und endlich erkalten.

Bei der Kontraktion zum Weißen Zwerg kann im Innern die Temperatur auf über $5 \cdot 10^9$ °K steigen. Dann erst wird durch Kernverschmelzung die Bildung der schweren Atomkerne möglich. Die plötzlich freiwerdende Energie kann dazu führen, daß der Stern als *Supernova* auseinanderfliegt. Eine in unserem Milchstraßensystem entstehende Supernova ist tagelang so hell, daß sie am Tage sichtbar ist. Solche Supernovae wurden 1054 in China, 1572 von Tycho Brahe und 1604 von Kepler beschrieben.

Für das *Alter der Elemente der Erde* läßt sich ein recht zuverlässiger Wert angeben. Das Isotopenverhältnis der Elemente der natürlichen radioaktiven Zerfallsreihen liefert für die Zeit seit der Erstarrung der Erdkruste ein Alter von $4,5 \cdot 10^9$ Jahren. Weiter folgt daraus, daß das Element Uran selbst nicht älter sein kann als $6 \cdot 10^9$ Jahre. Sonst müßte vorher ^{235}U viel häufiger gewesen sein als ^{238}U. Das gleiche folgt für das Kalium mit dem radioaktiven Isotop ^{40}K. Unsere Elemente sind also nicht älter als 6 Milliarden Jahre. Die Materie unserer Erde und der Sonne ist wahrscheinlich schon einmal durch das Innere eines Sternes gegangen und dort „durchgekocht" worden (H. H. VOGT, 1965).

VIEWEG

Aus dem Chemie-Programm

Gordon M. Barrow

Physikalische Chemie

Aus dem Englischen übersetzt von
G. W. Herzog.

*Band 1: Einführung in die Gastheorie,
Quantentheorie, Thermodynamik*

4., durchgesehene Auflage 1978.
VIII, 271 Seiten mit 67 Abbildungen.
(uni-text). Paperback

*Band 2: Aufbau und Eigenschaften
der Kerne, Atome und Moleküle*

3., neu bearbeitete Auflage 1977.
VII, 292 Seiten mit 114 Abbildungen
und 21 Tabellen. (uni-text). Paperback

*Band 3: Mischphasenthermodynamik,
Elektrochemie, Reaktionskinetik*

3., neu bearbeitete Auflage 1977.
VIII, 378 Seiten mit 147 Abbildungen
und 63 Tabellen. (uni-text). Paperback

Gesamtausgabe:

3. Auflage 1979. XV, 948 Seiten mit
328 Abbildungen und 119 Tabellen.
Gebunden

Gordon M. Barrow und Gerhard W. Herzog

**Physikalische Prinzipien und ihre
Anwendung in der Chemie**

Eine elementare Darstellung physikalisch-
chemischer Grundlagen. 1979. XII,
377 Seiten mit 158 Abbildungen.
(uni-text). Paperback

Peter Paetzold

Einführung in die Allgemeine Chemie

2., durchgesehene Auflage 1979. VII,
228 Seiten mit 33 Abbildungen. (vieweg
studium, Bd. 5). Paperback

Walter J. Moore

Der feste Zustand

Eine Einführung in die Festkörperchemie
anhand sieben ausgewählter Beispiele.
Aus dem Englischen übersetzt von
J. Friedmann. 1977. VIII, 164 Seiten mit
76 Abbildungen. (uni-text). Paperback

Hermann Rau

**Kurze Einführung in die Physikalische
Chemie**

Herausgegeben von Wolfgang Kraus. 1977.
VIII, 232 Seiten mit 97 Abbildungen.
Kartoniert

VIEWEG

Chemie in der
REIHE WISSENSCHAFT (eine Auswahl)

Günter Eppert

Einführung in die Schnelle Flüssigchromatographie
(Hochdruckflüssigchromato-graphie)

1979. 189 Seiten mit 25 Abbildungen und 10 Tabellen. Gebunden

Gerhard Geiseler und Heinz Seidel

Die Wasserstoffbrückenbindung

1978. 218 Seiten mit 72 Abbildungen und 27 Tabellen. Gebunden

Horst Kehlen, Frank Kuschel und Horst Sackmann

Grundlagen der chemischen Kinetik

1975. 196 Seiten mit 35 Abbildungen und 9 Tabellen. Gebunden

Karlheinz Lohs und Dieter Martinetz

Entgiftungsmittel — Entgiftungsmethoden

1979. 162 Seiten mit 22 Abbildungen und 7 Tabellen. Gebunden

Burkart Philipp und Gerhard Reinisch

Grundlagen der makro-molekularen Chemie

2., bearbeitete Auflage 1976. 359 Seiten mit 53 Abbildungen und 9 Tabellen. Gebunden

Wolfgang Wagner

Chemische Thermodynamik

3. Auflage 1975. 203 Seiten mit 22 Abbildungen. Gebunden

Spektren der Sonne und wichtiger Elemente

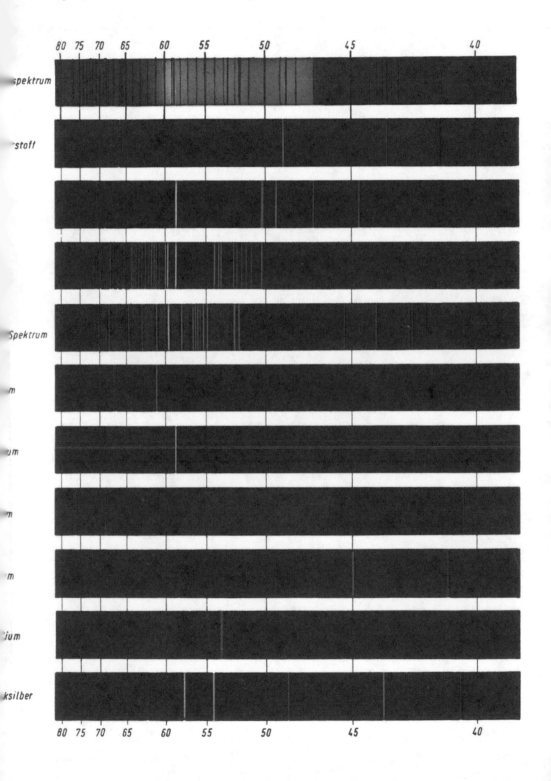